JN422404

Conversion Factors

Quantity	SI	Conversion
Acceleration	1 m/s^2	$= 4.2520 \times 10^7$ ft/h^2
Area	1 m^2	$= 1550.0$ $in.^2$
		$= 10.764$ ft^2
Density	1 kg/m^3	$= 0.06243$ lb_m/ft^3
Energy	1 J (0.2388 cal)	$= 9.4782 \times 10^{-4}$ Btu
Force	1 N	$= 0.22481$ lb_f
Heat transfer rate	1 W	= 3.4121 Btu/h
Heat flux	1 W/m^2	$= 0.3170$ $Btu/h \cdot ft^2$
Heat generation rate	1 W/m^3	$= 0.09662$ $Btu/h \cdot ft^3$
Heat transfer coefficient	1 $W/m^2 \cdot K$	$= 0.17611$ $Btu/h \cdot ft^2 \cdot °F$
Kinematic viscosity and diffusivities	1 m^2/s	$= 3.875 \times 10^4$ ft^2/h
Latent heat	1 J/kg	$= 4.2992 \times 10^{-4}$ Btu/lb_m
Length	1 m	= 39.370 in.
		= 3.2808 ft
	1 km	= 0.62137 mile
Mass	1 kg	$= 2.2046$ lb_m
Mass density	1 kg/m^3	$= 0.06243$ lb_m/ft^3
Mass flow rate	1 kg/s	$= 7936.6$ lb_m/h
Mass transfer coefficient	1 m/s	$= 1.1811 \times 10^4$ ft/h
Power	1 kW	= 3412.1 Btu/h
		= 1.341 hp
Pressure and stress[1]	1 N/m^2 (1 Pa)	$= 0.020885$ lb_f/ft^2
		$= 1.4504 \times 10^{-4}$ $lb_f/in.^2$
		$= 4.015 \times 10^{-3}$ in. water
		$= 2.953 \times 10^{-4}$ in. Hg
	1.0133×10^5 N/m^2	= 1 standard atmosphere
	1×10^5 N/m^2	= 1 bar
Specific heat	1 $kJ/kg \cdot K$	$= 0.2388$ $Btu/lb_m \cdot °F$
Temperature	K	= (5/9)°R
		= (5/9)(°F + 459.67)
		= °C + 273.15
Temperature difference	1 K	= 1°C
		= (9/5)°R = (9/5)°F
Thermal conductivity	1 $W/m \cdot K$	$= 0.57779$ $Btu/h \cdot ft \cdot °F$
Thermal resistance	1 K/W	$= 0.52753$ $°F/h \cdot Btu$
Viscosity (dynamic)[2]	1 $N \cdot s/m^2$	$= 2419.1$ $lb_m/ft \cdot h$
		$= 5.8015 \times 10^{-6}$ $lb_f \cdot h/ft^2$
Volume	1 m^3	$= 6.1023 \times 10^4$ $in.^3$
		$= 35.315$ ft^3
		= 264.17 gal (U.S.)
Volume flow rate	1 m^3/s	$= 1.2713 \times 10^5$ ft^3/h
		$= 2.1189 \times 10^3$ ft^3/min
		$= 1.5850 \times 10^4$ gal/min

[1] The SI name for the quantity pressure is pascal (Pa) having units N/m^2 or $kg/m \cdot s^2$.

[2] Also expressed in equivalent units of $kg/s \cdot m$.

Principles of
Heat and Mass Transfer

Incropera

Frank P. Incropera
David P. DeWitt
Thedore L. Bergman
Adrienne S. Lavine

부준홍 · 고한서 · 권오명 · 김만영 · 설승윤 · 손영석 · 윤 린 · 하지수 | 옮김

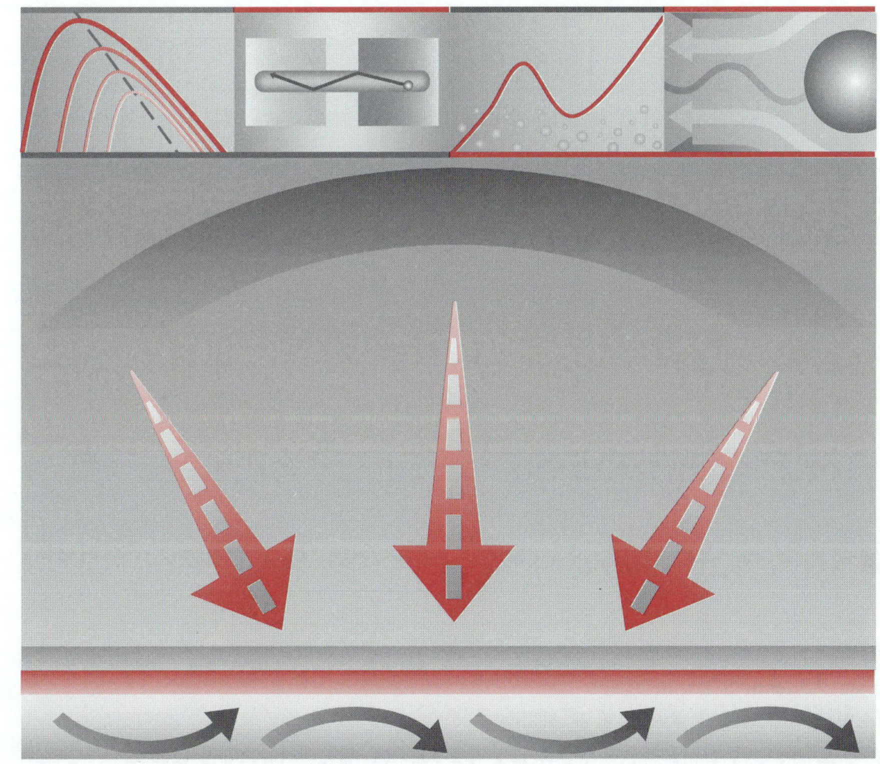

WILEY

TEXTBOOKS
텍스트북스

Incropera's Principle of Heat and Mass Transfer, Global Edition, Eighth Edition
Theodore L. Bergman, Adrienne S. Lavine

ISBN 978-1-119-38291-1

옮긴이 소개

부준홍 한국항공대학교

고한서 성균관대학교

권오명 고려대학교

김만영 전북대학교

설승윤 전남대학교

손영석 동의대학교

윤 린 한밭대학교

하지수 계명대학교

Incropera
열전달 8th Edition

발행일 2026년 2월 25일 발행
지은이 Theodore L. Bergman, Adrienne S. Lavine
옮긴이 부준홍, 고한서, 권오명, 김만영, 설승윤, 손영석, 윤린, 하지수
발행인 임은정 발행처 (주)텍스트북스 주소 서울특별시 영등포구 양평로 30길 14, 세종앤까뮤스퀘어 1109호
전 화 02-702-5725, 6 팩스 02-702-5727 웹사이트 www.textbooks.co.kr
등록번호 제2022-000098호

ISBN: 978-89-93543-82-7 93550
정가 **45,000원**

저자 서문

Frank Incropera는 그의 **서문의 서두**에서 복합판(multi-edition)의 원작자가 Incropera와 DeWitt으로부터 Bergman과 Lavine으로 이전된 연표를 독자들과 공유하였다. 우리는 교재에 참여한 15년 동안 내내 해설 자료의 질을 가장 중요하게 취급해야 한다는 Frank의 주장에 고취되었으며 이에 깊은 주의를 기울여 왔다. 또한 우리는 열전달이 결정적인 역할을 하는 전통적 및 비전통적인 에너지 발생으로부터 잠재적인 기후변화에 이르기까지 수많은 예제를 제공함으로써 열전달의 관련성을 입증하는 것을 시도해 왔다.

2007년 이후 공학교육은 예상치 못한 발전을 이루었다. 예를 들어, 모든 정치적 지도층에서 고등교육의 비용 증가가 현재 논의되고 있다. 수업을 담당하는 교사로서 그리고 대학생의 학부모로서 이 우려는 영향이 없지 않다. 이에 부응하여 우리는 교재의 면 수를 줄이고 자매 교재인 *Introduction to Heat Transfer*의 신판 제작을 중단하여 교재의 가격을 억제하기 위한 조치를 취했다. 교육학적인 면에서 우리는 많은 예제와 장별 연습문제의 난이도를 경감시켰다. 새로운 장별 연습문제를 추가하는 것 외에 기존 문제들을 대폭 수정하였으며, 이들은 종종 풀이를 위한 접근방법의 변경을 필요로 한다.

Incropera의 *Principles of Heat and Mass Transfer*에서는 엄밀하고 체계적인 문제풀이 방법론 그리고 학생들이 열 및 물질 전달의 개념을 숙지하고 연습할 것을 요구하는 넓은 범위의 응용 지향적이고 기초적인 장별 연습문제를 제공한다. 우리는 학생들과 현장의 엔지니어들이 전문직 활동 기간 내내 사용할 수 있는 값진 자원의 역할을 할 교재를 만들기 위해 지속적으로 노력하고 있다.

접근방법과 조직

우리는 다음 4개의 광범위한 학습목표를 고수한다.

1. 학생들은 주제와 관련한 용어의 의미와 물리적 원리를 자기 것으로 만들어야 한다.
2. 학생들은 열전달 또는 질량전달을 포함하는 어떠한 과정이나 계에 대해서도 적절한 전달현상을 묘사할 수 있어야 한다.
3. 학생들은 열 또는 질량전달률이나 물질의 온도 또는 농도를 계산하는 데 필수적인 입력사항들을 사용할 수 있어야 한다.

4. 학생들은 실제 과정이나 계를 대표하는 모델을 전개하고, 이에 관한 해석으로부터 과정 및 시스템의 설계 또는 성능 등에 관한 결론을 도출할 수 있어야 한다.

각 장의 마지막 부분에는 중요한 개념들이 복습되어 있고, 학생들의 이해 정도를 시험하고 증진시킬 수 있는 질문들을 수록하였다.

복잡한 모델을 포함하는 문제나 매개변수 민감도(parameter sensitivity) 고찰 등을 포함하는 문제들은 본 교재와 연관하여 개발되고 다듬어진 *Interactive Heat Transfer* (*IHT*) 소프트웨어 패키지로 다루는 것을 추천한다. 이 소프트웨어는 직각적인 사용자 인터페이스, 광범위한 열물성치 데이터베이스, 교재에 나오는 내장된 대류상관식 그리고 다른 유용한 특징들을 구비하고 있어 학생들이 약 한 시간 정도면 기본적 사용법을 익힐 수 있다. *IHT*의 사용을 쉽게 하기 위해 설명 자료 중 선정된 예제들에는 왼쪽에 보이는 바와 같은 "*IHT*" 아이콘으로 표시되어 있다. 이 문제들은 *IHT* 소프트웨어 내에 실례로 포함되어 있어서 학생들이 이러한 문제를 어떻게 하면 쉽고 빠르게 풀 수 있는지를 관찰할 수 있다. *IHT*에 관한 보다 많은 정보는 이 서문의 뒤쪽에 서술하였다. 다차원 열전도 문제를 풀 수 있는 소프트웨어 패키지로 쉽게 구할 수 있는 것들이 다수 존재하기 때문에, 이전에 학생들에게 사용하도록 했던 유한요소 소프트웨어는 중단하였다.

일부 숙제 문제들은 컴퓨터를 사용하여 풀어야만 한다. 다른 일부 문제들은 손으로 계산하는 것과 더불어 컴퓨터를 추가로 사용해야 한다. 후자의 접근방법은 오랜 사용으로 확인된 바, 학생들이 컴퓨터로 계산한 결과의 타당성을 손으로 계산한 결과로 확인하는 습관을 갖도록 장려한다. 컴퓨터에 의한 풀이 방법은 한번 검증하고 나면, 이를 매개변수 계산을 수행하는 데 활용할 수 있다. 손 계산과 컴퓨터에 의한 풀이를 모두 포함하는 문제들은 앞부분에 네모를 쳐서 표시하였다. 예를 들면, [(b)], [(c)], 또는 [(d)] 등과 같다. 또한 이 특징으로 인해 교수들은 과제를 부과할 때 손 계산으로 풀 수 있는 문제들에 집중하고, 컴퓨터 계산 부분을 부과하지 않는 풍부한 문제들을 활용할 수 있다는 이점이 있다. 예를 들어, [1.25]처럼 번호에 네모가 쳐진 문제들은 그 전체를 컴퓨터 기반으로 풀어야 한다.

세계판(Global Edition)에 새로워진 내용

교재의 크기는 축소되었으나, 우리는 해석적인 풀이가 용이한 문제들에 중점을 두어 일부 새로운 문제들을 추가하고 몇몇 장별 연습문제를 수정하였다. 수정된 많은 문제들은 변경된 풀이 방법이 필요하다. 교재 내에서 열역학을 다루는 부분은 다양한 형태의 에너지와 이들이 열전달에 관련한 사항을 명백히 하도록 개선하였다. 마이크로와 나노 스케일 열전달과 열적 경계 저항에 대해서는 새로운 내용이 추가되었다. 혼합대류는 좀 더 심도 있게 제시하였다.

강의 내용

본 교재의 내용은 다년간 열 및 물질전달의 새롭고 기초적인 개념들과 열전달 원리를 적용하는 참신한 방법들의 발전에 부응하여 개선되어 왔다. 다양한 교육목적을 갖는 광범위한 공학 전공과 대학들이 본 교재를 이용한다. 더구나 본 교재는 입문적인(초급) 교과목에서뿐 아니라 많은 대학에서 고급 교과목에도 사용된다. 이러한 다양성을 염두에 두어 저자들은 한 학기(semester) 또는 한 쿼터(quarter)의 강좌 동안 다루어야 할 전체 내용을 조합하여 교재를 만들려고 하지 않았다. 오히려, 본 교재는 입문적 열전달 강좌에서 다루어야 할 기초적인 내용과 함께 대학의 목적과 가용한 시간 또는 교수나 실무 종사자의 관심에 따라 다루어질 수 있는 선택적인 내용들을 포함하고 있다.

열 및 물질전달 **열 및 물질전달의 초급 과목**에 대한 과목개요의 작성에 도움이 되기 위해 다음 내용들을 제안한다(**열전달의 초급 과목**에 대한 제안은 뒷부분에 서술한다).

제1장 서론은 열전달에 관한 모든 논의를 준비하는 단계이다. 여기서는 열역학과 열전달 사이의 과학적 연관성 그리고 열전달의 유용성을 설명한다. 이 장은 전체 내용을 그대로 다루어야 한다. **제2장 전도 개론**의 많은 내용은 초급 과목에 매우 중요하며, 특히 2.1절 전도율 방정식, 2.3절 열확산 방정식 그리고 2.4절 경계조건 및 초기조건 등이 여기에 해당한다. 2.2절 물질의 열물성치는 초급 과목에서 상세히 다룰 필요는 없다.

제3장 1차원 정상상태 열전도는 교수의 관심에 따라 선정할 수 있는 일부 내용이 포함되어 있다. 선택적인 내용으로는 3.1.5절 다공성 매질과 3.7절 1차원 정상상태 열전도의 기타 응용 등이 포함된다. **제4장 2차원 정상상태 열전도**의 내용은 기본적 개념과 근사직 기법을 모두 제시하고 있으므로 중요하다. 제4장 전체를 다루는 것을 추천하지만, 만일 시간이 부족하면 일부 교수는 4.4절 유한차분 방정식과 4.5절 유한차분방정식의 해 등을 포함하지 않을 수 있다. **제5장 과도 열전도**는 전체를 다루는 것을 추천하지만, 교수에 따라 5.8절에서 5.10절은 일부 내용만 다루는 것을 선호할 수 있다.

제6장 대류 개론의 내용은 종종 학생들이 잘 이해하기 어렵다. 그렇지만 제6장은 기본적 개념을 깊이 있게 도입하고 제7장으로부터 제11장까지 내용의 준비과정이다. 초급의 열 및 물질전달 과목에서 제6장은 전체 내용을 다루어야 한다.

제7장 외부 유동은 제6장의 내용을 토대로 하여 여러 중요한 개념을 도입하고, 학생들이 나머지 본문 내용에서는 물론 이후의 전문분야 실무에서 내내 활용해야 할 대류상관식들을 제시한다. 7.1절부터 7.5절까지는 모든 열 및 물질전달의 초급 과목에 포함할 것을 추천한다. 그러나 7.6절로부터 7.8절까지는 선택사항이다. 마찬가지로, **제8장 내부 유동**은 나머지 본문 내용에서는 물론 이후의 전문분야 실무에서 사용해야 할 내용을 포함하고 있다. 그러나 초급 과목에서는 8.6절부터 8.8절까지를 선택적으로 볼 수 있다.

부력에 의해 유발되는 유동은 **제9장 자유대류**에서 취급한다. 초급 과목에서 제9장 대부분의 내용이 다루어져야 하나, 9.7절 평행 평판 채널 내에서의 자유대류는 선택적 내용에 포함된다. **제10장 비등과 응축**에서 10.5절 강제대류 비등, 10.9절 반지름 방향계에서의 막응축, 10.10절 수평관 내에서의 응축 등은 초급 과목에서 선택적인 내용이다. 그러나 만일 시간이 부족하면 학생들이 교재의 나머지 부분을 이해하는 능력에 영향 없이 생략할 수 있다. **제11장 열교환기**는 전체 내용을 다룰 것을 추천하나, 11.6절 추가 고려사항은 초급 과목에서 중요하지 않게 취급할 수 있다.

본 교재의 발간 시부터 차별적인 특징은 **제12장 복사의 과정과 성질**에서 복사 열전달을 깊이 있게 다룬 것이다. 이 장의 내용은 아마도 이전보다는 최근에 더욱 유용할 것이다. 그러나, 12.9절은 고급 과목에서 다루어도 된다. **제13장 표면 사이의 복사열교환**은 시간이 허용되면 다루거나, 중급의 열전달 과목에서 다루어도 무방하다.

제14장 확산 질량전달은 화학공정에서 생명공학에 이르기까지 다양한 현대 응용 분야와 관련이 있으며, 열 및 물질 전달을 위한 입문 과정에서 전체적으로 다루어야 한다. 그러나 정체매질과 관련된 문제가 관심 대상인 경우 14.2절을 건너뛰거나 후속으로 다룰 수 있다.

열전달 열전달의 입문적 과목에서 본 교재를 사용할 때는 다음과 같은 구조를 추천한다.

제1장부터 제5장까지에 대한 추천 내용은 위에서 설명한 열 및 물질전달의 초급 과목에 대한 것과 동일하다. **제6장 대류 개론**을 시작하기 전에 학생들이 **제14장 확산 질량전달**의 서론부에 있는 질량전달의 정의를 검토해 볼 것을 추천한다. 질량전달의 정의를 확실히 하면, 예를 들어 Fick's law, Sherwood 수 및 Schmidt 수, 증발 냉각 등에 초점을 두는 나머지 내용은 명백해질 것이므로 다룰 필요가 없다. 예를 들어, 제6장 내에서 6.1.3절 농도 경계층, 6.2.2절 질량전달, 6.7.1절 열 및 질량전달 상사 그리고 6.7.2절 증발 냉각 등은 모두 생략할 수 있다.

제7장 외부 유동에서 다룰 내용은 위에서 열 및 물질 전달의 초급 과목에 대해 추천한 바와 동일하다. 제7장에서 생략 가능한 내용은 예를 들어 예제 7.3과 같이 명백할 것이다. **제8장 내부 유동**에서 8.9절 대류 질량전달 그리고 **제9장 자유대류**에서 9.10절 대류 질량전달은 다룰 필요가 없다.

제10장으로부터 제13장까지의 다룰 내용에 대해서는 위에서 열 및 물질 전달의 초급 과목에 대해 추천한 바와 동일하다. **제14장 확산 질량전달**에서는 서론부 내용을 제외하면 열전달 과목에 포함되지 않는다.

장별 연습문제에서 질량전달이나 증발냉각 등 열전달 과목에서 부과되어서는 안 되는 문제들은 문제의 뒷부분에 모아져 있으며 적절한 제목으로 구분된다.

감사의 글

우리는 수년간 소중한 제안을 해 준 많은 동료들과 그들의 학생들에게 감사를 표하고자 한다. 이번 판에서 제5장의 과도 열전도 내용을 향상시켜준 제안에 대해 University of California, Los Angeles의 Laurent Pilon에게 감사한다. 우리는 또한 Haifan Liang, Umesh Matter 그리고 Hilbert Li 등 3명의 실무 공학자들에게 제3장의 열전발전과 확장표면 그리고 제13장의 기체 복사 관련 내용을 개선하는 데 조언해준 것에 대해 감사를 표한다.

Brigham Young University의 Matthew Jones에게도 제12장의 흑체복사함수 표를 개선한 것에 대해 감사를 전한다. 마지막으로, University of St. Thomas의 John Abraham에게 제7장의 내용에 관해 도움이 되는 많은 제안을 해 준 것에 감사한다.

끝으로, 우리들의 배우자인 Tricia와 Greg에게 함께 한 사랑과 지난 15년간 겪어 온 인내에 대해 깊이 감사한다.

Theodore L. Bergman (tberg@ku.edu)
Lawrence, Kansas

Adrienne S. Lavine (lavine@seas.ucla.edu)
Los Angeles, California

보충자료 및 웹사이트 자료

본 교재의 자매 웹사이트는 www.wiley.com/college/bergman이다. 학생들은 적절한 링크를 클릭하면

본 교재의 **선정된 연습문제들에 대한 답**과 **배부용 보충 자료**를 볼 수 있다. 보충 섹션(supplemental Sections)은 교재 전체에 걸쳐 왼쪽 여백에 보이는 아이콘으로 확인할 수 있다.

교수용(for instructors only)으로 제공되는 자료는 학생들에게 제공되는 자료와 **해답집**, **강의용 파워포인트**(PowerPoint) **슬라이드** 그리고 자신만의 강의자료를 만들고자 하는 사람들을 위해 교재에 있는 그림들의 전자식 버전을 담은 있는 **이미지 갤러리**(Image Gallery) 등을 포함한다. 교수용 해답집은 **교과목에서 이 교재를 필수적으로 요구하는 교수들만을 위한 것으로서 저작권이 보호된 자료이다.**[1]

Interactive Heat Transfer 4.0은 자매 웹사이트에서 학생들과 교수들 모두에게 무료로 제공된다. '접근방법과 조직'에서 저자들이 기술한 것과 같이, 이 사용하기 쉬운 소프트웨어 도구는 교재의 많은 문제들을 푸는 데 유용한 모델링과 계산을 수행하는 기능을 갖고 있으며, 많은 형태의 문제에서 '만일(what-if)'에 대한 답을 구하고, '탐구적 해석'(exploratory analysis)을 빠른 시간 내에 수행할 수 있도록 한다.

[1] 교수들이 해답집에서 발췌한 내용은 본 교재를 채택한 교과목에 등록한 학생들에게만 비영리적으로 시험 또는 강의의 목적으로 배부하기 위해 복사가 가능하다. **그 외에 저작권자의 허가를 받지 않고 해답집의 내용을 복사하거나 번역하는 것은 1976 미국 저작권법 107조 또는 108조에서 허가된 범위를 위반하므로 불법이다.**

역자 서문

본서는 2017년 Wiley 사에서 출간한 *Incropera's Principles of Heat and Mass Transfer*, Global Edition을 번역한 것이다. 그동안 Incropera, DeWitt, Bergman, Lavine 등 4인이 공저한 교재들은 내용에 열전달만을 담고 있는지 아니면 질량전달을 포함하는지에 따라 제목에 Heat Transfer 또는 Heat and Mass Transfer 등을 사용하여 두 개의 버전이 공존해 왔다. 그러나 저자 서문에서 밝혔듯이 최근 이들을 통합하여 향후로는 단일 교재로만 출간되면서 실질적인 저자는 Bergman과 Lavine으로 변경되었다.

그동안 본서의 모체가 되는 열전달(또는 열 및 질량전달) 교재는 4년제 학사과정 열전달(또는 열 및 질량전달) 교과목용으로 출판된 여러 책들 중에서 가장 내용이 충실하고 기본적인 개념을 쉽게 이해할 수 있도록 구성되어 있기 때문에 국내외의 수많은 대학에서 교과서로 채택해 왔다. 한편 현장의 엔지니어들에게도 훌륭한 전문 참고서가 되어 왔다. 통합된 Global Edition은 이전 버전의 장점을 유지하는 것에 더해 최근의 공학적 실제와 수요를 보다 많이 반영하도록 개선되었으며, 향후로도 지금까지의 평판을 유지할 것으로 기대한다. Global Edition이 열전달과 질량전달의 내용을 모두 포함하고 있으나, 대학이나 전공의 목적에 따라 열전달만을 교수할지 아니면 질량전달을 포함하여 교수할지에 따른 선택적 내용은 저자 서문에 잘 설명되어 있는 추천 사항을 참고하면 문제가 없을 것으로 생각한다.

원서의 저자들이 일관되게 유지해 온 교재의 특징으로는 무엇보다도 열 및 질량전달과 관련한 최근의 학문적 동향을 반영하고, 최신의 응용 사례를 도입하여 학생들이 보다 실제적인 면을 학습할 수 있도록 하는 데 중점을 두고 있다는 점을 들 수 있다. 이러한 철학은 매번 개정판이 출간될 때마다 확인할 수 있으며, 이와 관련한 상세한 내용은 저자 서문에서 확인할 수 있다.

열전달(또는 열 및 질량전달)은 다른 주요 공학주제와 마찬가지로 기본 개념과 원리의 이해가 가장 중요하다. 한편, 공학의 실제에서 많은 유용한 도구를 사용할 수 있으며, 실제로 방대한 자료와 계산과정을 처리하기 위해서는 이들을 적절히 활용할 수 있어야 효과적으로 기술적 업무를 수행할 수 있는 시대가 되었다. 그러나 컴퓨터로 계산된 결과는 항상 그 타당성을 검증할 수 있어야 하며, 이러한 관점에서 해석적 접근방법은 지속적으로 필요하다고 할 수 있다.

국내에서는 동일 원저자들의 다른 버전별로 역서들이 출간되어 왔으나, 원서의 통합에 따라 기존 두 버전의 역자들을 재구성하여 새로운 역자진이 구성되었다. 역자들은 국내 대학에서 열전달(또는 열 및 질량전달)을 공부하는 학생들과 현장의 전문 인력들이 원서에 담긴 내용을 보다 명확히 이해할 목적으로 번

역서를 택한다는 점을 중시하여, 번역에는 가능한 오류가 없고 내용이 명료하도록 하는 데 주의를 기울였다.

역자들은 본서가 열전달(또는 열 및 질량전달)의 기초를 다지고자 하는 학생들에게 매우 훌륭한 교재가 될 것이며, 실무에 종사하는 공학도들에게도 유용한 전문서적이 될 것으로 확신한다. 번역을 하는 과정에서 용어는 가능한 범위에서 기계용어집을 참고하였으며, 영어식 표현을 우리말의 어법에 맞도록 변환하기 위해 노력하였다. 그러나, 아직 미흡한 부분이 많이 있을 것으로 생각한다. 이러한 점에서 독자들의 많은 관심, 지적과 제안을 기대한다.

끝으로, 이 책의 출판을 위해 노력해 주신 텍스트북스 관계자 여러분께 감사드린다.

2019년 2월

역자 대표

차례

CHAPTER 9 *자유대류*

CHAPTER 12 *복사의 과정과 성질* 685

Symbols

A	area, m^2
A_b	area of prime (unfinned) surface, m^2
A_c	cross-sectional area, m^2
A_p	fin profile area, m^2
A_r	nozzle area ratio
a	acceleration, m/s^2; speed of sound, m/s
Bi	Biot number
Bo	Bond number
C	molar concentration, $kmol/m^3$; heat capacity rate, W/K
C_D	drag coefficient
C_f	friction coefficient
C_t	thermal capacitance, J/K
Co	Confinement number
c	specific heat, $J/kg \cdot K$; speed of light, m/s
c_p	specific heat at constant pressure, $J/kg \cdot K$
c_v	specific heat at constant volume, $J/kg \cdot K$
D	diameter, m
D_{AB}	binary mass diffusivity, m^2/s
D_b	bubble diameter, m
D_h	hydraulic diameter, m
d	diameter of gas molecule, nm
E	thermal plus mechanical energy, J; electric potential, V; emissive power, W/m^2
E^{tot}	total energy, J
Ec	Eckert number
$\dot{E}_g$	rate of energy generation, W
$\dot{E}_{in}$	rate of energy transfer into a control volume, W
$\dot{E}_{out}$	rate of energy transfer out of control volume, W
$\dot{E}_{st}$	rate of increase of energy stored within a control volume, W
e	thermal internal energy per unit mass, J/kg; surface roughness, m
F	force, N; fraction of blackbody radiation in a wavelength band; view factor
Fo	Fourier number
Fr	Froude number
f	friction factor; similarity variable
G	irradiation, W/m^2; mass velocity, $kg/s \cdot m^2$
Gr	Grashof number
Gz	Graetz number
g	gravitational acceleration, m/s^2
H	nozzle height, m; Henry's constant, bar
h	convection heat transfer coefficient, $W/m^2 \cdot K$; Planck's constant, $J \cdot s$
h_{fg}	latent heat of vaporization, J/kg
h'_{fg}	modified heat of vaporization, J/kg
h_{sf}	latent heat of fusion, J/kg
h_m	convection mass transfer coefficient, m/s
h_{rad}	radiation heat transfer coefficient, $W/m^2 \cdot K$
I	electric current, A; radiation intensity, $W/m^2 \cdot sr$
i	electric current density, A/m^2; enthalpy per unit mass, J/kg
J	radiosity, W/m^2
Ja	Jakob number
J_i^*	diffusive molar flux of species i relative to the mixture molar average velocity, $kmol/s \cdot m^2$
j_i	diffusive mass flux of species i relative to the mixture mass average velocity, $kg/s \cdot m^2$
j_H	Colburn j factor for heat transfer
j_m	Colburn j factor for mass transfer
k	thermal conductivity, $W/m \cdot K$
k_B	Boltzmann's constant, J/K
k_0	zero-order, homogeneous reaction rate constant, $kmol/s \cdot m^3$
k_1	first-order, homogeneous reaction rate constant, s^{-1}
k''_1	first-order, surface reaction rate constant, m/s
L	length, m
Le	Lewis number

$\dot{M}_i$	rate of transfer of mass for species *i*, kg/s
$\dot{M}_{i,g}$	rate of increase of mass of species *i* due to chemical reactions, kg/s
$\dot{M}_{\text{in}}$	rate at which mass enters a control volume, kg/s
$\dot{M}_{\text{out}}$	rate at which mass leaves a control volume, kg/s
$\dot{M}_{\text{st}}$	rate of increase of mass stored within a control volume, kg/s
$\mathcal{M}_i$	molecular weight of species *i*, kg/kmol
Ma	Mach number
m	mass, kg
$\dot{m}$	mass flow rate, kg/s
m_i	mass fraction of species *i*, ρ_i/ρ
N	integer number
N_L, N_T	number of tubes in longitudinal and transverse directions
Nu	Nusselt number
NTU	number of transfer units
N_i	molar transfer rate of species *i* relative to fixed coordinates, kmol/s
N_i''	molar flux of species *i* relative to fixed coordinates, kmol/s · m^2
$\dot{N}_i$	molar rate of increase of species *i* per unit volume due to chemical reactions, kmol/s · m^3
$\dot{N}_i''$	surface reaction rate of species *i*, kmol/s · m^2
$\mathcal{N}$	Avogadro's number
n_i''	mass flux of species *i* relative to fixed coordinates, kg/s · m^2
$\dot{n}_i$	mass rate of increase of species *i* per unit volume due to chemical reactions, kg/s · m^3
P	power, W; perimeter, m
P_L, P_T	dimensionless longitudinal and transverse pitch of a tube bank
Pe	Peclet number
Pr	Prandtl number
p	pressure, N/m^2
Q	energy transfer, J
q	heat transfer rate, W
$\dot{q}$	rate of energy generation per unit volume, W/m^3
q'	heat transfer rate per unit length, W/m
q''	heat flux, W/m^2
q^*	dimensionless conduction heat rate
R	cylinder radius, m; gas constant, J/kg · K
$\mathcal{R}$	universal gas constant, J/kmol · K
Ra	Rayleigh number
Re	Reynolds number
R_e	electric resistance, Ω
R_f	fouling factor, m^2 · K/W
R_m	mass transfer resistance, s/m^3
$R_{m,n}$	residual for the *m, n* nodal point
R_t	thermal resistance, K/W
$R_{t,c}$	thermal contact resistance, K/W
$R_{t,f}$	fin thermal resistance, K/W
$R_{t,o}$	thermal resistance of fin array, K/W
r_o	cylinder or sphere radius, m
r, ϕ, z	cylindrical coordinates
r, θ, ϕ	spherical coordinates
S	solubility, kmol/m^3 · atm; shape factor for two-dimensional conduction, m; nozzle pitch, m; plate spacing, m; Seebeck coefficient, V/K
S_c	solar constant, W/m^2
S_D, S_L, S_T	diagonal, longitudinal, and transverse pitch of a tube bank, m
Sc	Schmidt number
Sh	Sherwood number
St	Stanton number
T	temperature, K
t	time, s
U	overall heat transfer coefficient, W/m^2 · K; internal energy, J
u, v, w	mass average fluid velocity components, m/s
u^*, v^*, w^*	molar average velocity components, m/s
V	volume, m^3; fluid velocity, m/s
v	specific volume, m^3/kg
W	width of a slot nozzle, m
$\dot{W}$	rate at which work is performed, W
We	Weber number
X	vapor quality
X_{tt}	Martinelli parameter
X, Y, Z	components of the body force per unit volume, N/m^3
x, y, z	rectangular coordinates, m
x_c	critical location for transition to turbulence, m
$x_{\text{fd},c}$	concentration entry length, m
$x_{\text{fd},h}$	hydrodynamic entry length, m
$x_{\text{fd},t}$	thermal entry length, m
x_i	mole fraction of species *i*, C_i/C
Z	thermoelectric material property, K^{-1}

Greek Letters

α	thermal diffusivity, m^2/s; accommodation coefficient; absorptivity
β	volumetric thermal expansion coefficient, K^{-1}
Γ	mass flow rate per unit width in film condensation, kg/s · m
γ	ratio of specific heats
δ	hydrodynamic boundary layer thickness, m
δ_c	concentration boundary layer thickness, m
δ_p	thermal penetration depth, m
δ_t	thermal boundary layer thickness, m
ε	emissivity; porosity; heat exchanger effectiveness
ε_f	fin effectiveness
η	thermodynamic efficiency; similarity variable
η_f	fin efficiency
η_o	overall efficiency of fin array
θ	zenith angle, rad; temperature difference, K
κ	absorption coefficient, m^{-1}
λ	wavelength, μm
λ_{mfp}	mean free path length, nm
μ	viscosity, kg/s · m

ν kinematic viscosity, m^2/s; frequency of radiation, s^{-1}
ρ mass density, kg/m^3; reflectivity
ρ_e electric resistivity, Ω/m
σ Stefan–Boltzmann constant, $W/m^2 \cdot K^4$; electrical conductivity, $1/\Omega \cdot m$; normal viscous stress, N/m^2; surface tension, N/m
Φ viscous dissipation function, s^{-2}
φ volume fraction
ϕ azimuthal angle, rad
ψ stream function, m^2/s
τ shear stress, N/m^2; transmissivity
ω solid angle, sr; perfusion rate, s^{-1}

Subscripts
A, B species in a binary mixture
abs absorbed
am arithmetic mean
atm atmospheric
b base of an extended surface; blackbody
C Carnot
c cross-sectional; concentration; cold; critical
cr critical insulation thickness
cond conduction
conv convection
CF counterflow
D diameter; drag
dif diffusion
e excess; emission; electron
evap evaporation
f fluid properties; fin conditions; saturated liquid conditions; film
F forced convection
fd fully developed conditions
g saturated vapor conditions
h hydrodynamic; hot; helical
i general species designation; inner surface; initial condition; tube inlet condition; incident radiation
L based on characteristic length
l saturated liquid conditions
lat latent energy
lm log mean condition
m mean value over a tube cross section
max maximum
N natural (free) convection
o center or midplane condition; tube outlet condition; outer
p momentum
ph phonon
R reradiating surface
r, ref reflected radiation
rad radiation
S solar conditions
s surface conditions; solid properties; saturated solid conditions
sat saturated conditions
sens sensible energy
sky sky conditions
ss steady state
sur surroundings
t thermal
tr transmitted
v saturated vapor conditions
x local conditions on a surface
λ spectral
∞ free stream conditions

Superscripts
$*$ molar average; dimensionless quantity
tot total energy (all forms)

Overbar
$\bar{}$ average conditions; time mean

CHAPTER 01

서론

Introduction

열역학에서 에너지는 계와 그 주위와의 상호작용에 의해 전달될 수 있는 것으로 배웠다. 이들 상호작용을 일과 열이라 부른다. 그러나 열역학은 상호작용이 일어나는 과정의 양 끝 상태들을 다루며, 그 상호작용의 본질이나 상호작용이 일어나는 시간 변화율에 관한 정보를 제공하지 못한다. 이 책의 목적은 열전달의 방식(mode)들을 공부하고 열전달률(heat transfer rate)을 계산하기 위한 관계식의 유도를 통해 열역학적 해석을 확장하는 것이다.

이 장에서는 몇 가지 의문을 제기함으로써 이 책에서 취급되는 많은 논제에 대한 기초를 마련하고자 한다. **열전달이란 무엇인가? 열은 어떻게 전달되는가? 이것을 공부하는 것이 왜 중요한가?** 첫 번째 목적은 열전달 과정의 기초가 되는 기본적인 개념과 원리에 대한 올바른 인식을 구축하는 것이다. 두 번째 목적은 과학기술과 사회와 관련된 문제들을 풀기 위해 열역학 제1법칙(에너지보존법칙)과 함께 열전달의 지식을 적용할 수 있는 방법을 예시하는 것이다.

1.1 열전달이란 무엇이며 어떻게 전달되는가?

열전달이란 무엇인가? 이 질문에 대해 간략하지만 일반적으로 다음과 같이 열전달을 정의하면 충분한 답변이 될 것이다.

열전달(또는 열)은 온도차에 의한 열에너지 이동이다.

하나의 매질 내에서 또는 매질 사이에서 온도차가 존재할 때는 언제나 열전달이 반드시 일어난다.

그림 1.1에 나타낸 것과 같이 열전달 과정의 다른 형태들을 **방식**(mode)이라고 한다. 고체나 액체와 같이 정지한 매질 내에 온도구배가 존재할 때, 그 매질을 통해 일어나는 열전달을 **전도**(conduction)라 한다. 반면에 온도가 서로 다른 표면과 이동하는 유체 사이에서 일어나는 열전달을 **대류**(convection)라 한다. 열전달의 세 번째 형태는 **열복사**(thermal radiation)라고 한다. 유한한 온도의 모든 표면은 전자기파 형태로 에너지를 방출한다. 그러므로 중간 매질이 없어도 온도가 서로 다른 두 표면 사이에서는 복사에 의하여 정미(net) 열전달이 일어난다.

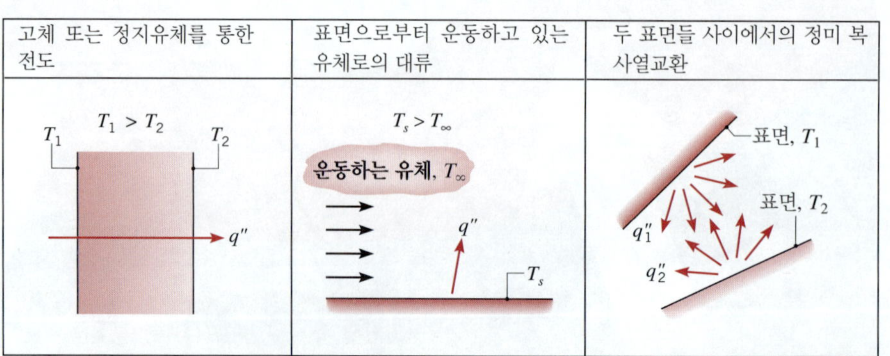

그림 1.1 전도, 대류 및 복사의 열전달 방식.

1.2 물리적 근원과 전달률 방정식

공학자로서 열전달 방식의 근간을 이루는 **물리적 기구**(physical mechanism)를 이해하고 단위시간당 전달되는 에너지의 양을 정량화하는 전달률 방정식을 다루는 것은 중요하다.

1.2.1 전도

전도(conduction)라는 용어를 언급할 때는 **원자와 분자 활동**(atomic and molecular activity) 개념을 바로 연상해야 하는데, 이는 이 수준에서의 과정들이 전도 방식의 열전달을 구성하기 때문이다. 전도는 입자 사이에서의 상호작용에 의해 물질 내의 보다 활동적인 입자로부터 덜 활동적인 입자로 에너지가 전달되는 것으로 볼 수 있다.

전도의 물리적인 기구는 기체에 대하여 열역학적 배경으로부터 잘 알고 있는 개념을 이용하면 가장 쉽게 설명할 수 있다. 온도구배(온도차에 의한 기울기)가 존재하는 기체를 고려하되, **체적운동**(bulk motion) 또는 **거시적 운동**(macroscopic motion)이 없다고 가정하자. 그림 1.2에 나타낸 것처럼 기체가 서로 다른 온도로 유지되고 있는 두 표면 사이의 공간을 채우고 있을 때, 임의의 위치에서의 온도가 그 위치에 인접한 기체 분자들의 에너지와 어떻게 연관되는지 살펴보자. 이 에너지는 분자들의 내부 회전운동과 진동운동뿐만 아니라 불규칙적 병진운동과도 관련되어 있다.

분자 에너지가 높을수록 온도가 더 높아지며, 인접하는 분자들이 계속해서 충돌할 때, 보다 활동적인 분자들로부터 덜 활동적인 분자들로 에너지 전달이 일어난다. 온도구배가 존재하면 전도에 의한 에너지 전달은 온도가 감소하는 방향으로 일어나야 한다. 이것은 그림 1.2로부터 분명히 알 수 있듯이 분자 충돌이 없는 경우에도 마찬가지이다. 분자들이 **불규칙적인** 운동으로 위와 아래로부터 계속해서 x_o 위치의 가상평면을 통과하고 있다. 그러나 위에서 오는 분자들은 아래로부터 오는 분자들보다 더 높은 온도를 가지고 있으므로, 이 경우 **정미** 에너지 전달은 양의 x 방향으로 일어나야 한다. 불규칙한 분자운동에 의한 정미 에너지 전달을 에너지 **확산**(diffusion)이라고 한다.

액체에서는 분자들이 더욱 조밀하게 배치되어 있으며, 분자 상호작용이 더 강하고 더 빈번하지만 거의 같은 상황이 일어난다. 마찬가지로 고체 내에서의 전도는 격자진동의 형태인 원자운동으로 일어난다. 최신의 관점으로는, 에너지 전달이 원자운동에 의해 유도된 **격자파**(lattice wave)

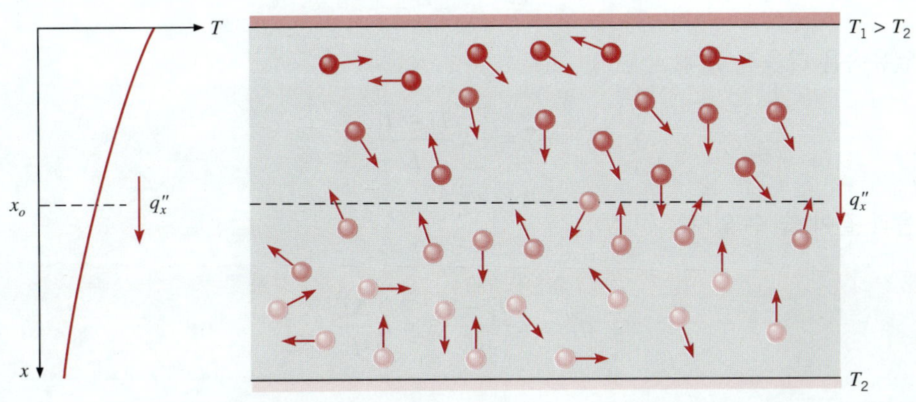

그림 1.2 분자 활동에 의한 에너지 확산과 전도 열전달의 관계.

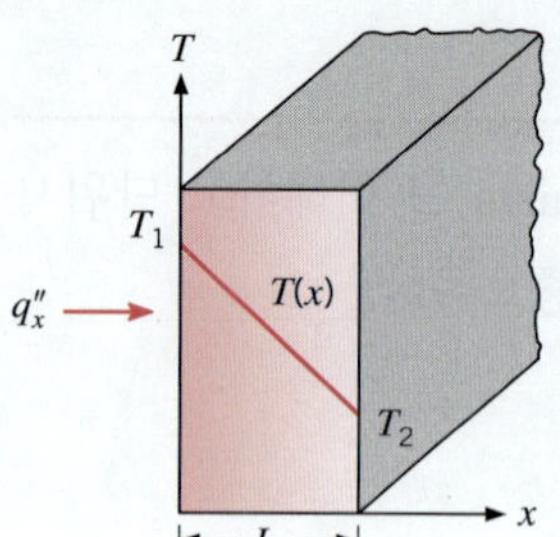

그림 1.3 전도에 의한 1차원 열전달(에너지 확산).

에 기인한다고 본다. 전기 부도체(electrical nonconductor) 내에서 에너지 전달은 오로지 이러한 격자파에 의해서만 일어나며, 도체(conductor) 내에서는 격자파와 더불어 자유전자의 병진운동에 의해서도 에너지 전달이 일어난다. 전도 현상과 관련된 중요한 물성치들은 2장과 부록 A에서 다루고 있다.

전도 열전달의 예는 무수히 많다. 뜨거운 커피 잔에 갑자기 넣은 금속 스푼의 바깥쪽 끝은 스푼을 통한 에너지의 전도에 의하여 결국 뜨거워질 것이다. 겨울에는 난방하는 방으로부터 바깥공기로 상당한 에너지 손실이 있다. 이 손실은 주로 바깥공기로부터 실내공기를 분리하고 있는 벽을 통한 전도 열전달에 기인한다.

열전달 과정은 적절한 **전달률 방정식**(rate equation)으로 정량화할 수 있다. 이 식들을 사용하여 단위시간당 전달된 에너지의 양을 계산할 수 있다. 열전도에 대한 전달률 방정식은 **Fourier의 법칙**으로 알려져 있다. 그림 1.3에 나타낸 바와 같이 온도분포가 $T(x)$인 1차원 평면벽에 대한 전달률 방정식은 다음과 같이 표현된다.

$$q_x'' = -k\frac{dT}{dx} \tag{1.1}$$

열유속(heat flux) q_x''(W/m^2)은 전달방향인 x 방향에 **수직인** 단위면적당 열전달률이며, 이 방향으로의 **온도구배**(temperature gradient) dT/dx에 비례한다. 비례상수 k는 **열전도율**(thermal conductivity, W/m·K)로 알려진 **전달 물성치**(transport property)[1]이며 벽 재료의 특성이다. 음의 부호가 나타나 있는 것은 온도가 감소하는 방향으로 열이 전달되기 때문이다. 그림 1.3에 나타낸 것처럼 온도분포가 **선형적**(linear)인 **정상상태** 조건하에서 온도구배는 다음과 같이 표현될 수 있다.

$$\frac{dT}{dx} = \frac{T_2 - T_1}{L}$$

그리고 열유속은 다음과 같다.

$$q_x'' = -k\frac{T_2 - T_1}{L}$$

또는 다음과 같이 쓸 수 있다.

$$q_x'' = k\frac{T_1 - T_2}{L} = k\frac{\Delta T}{L} \tag{1.2}$$

[1] 역자주) 원어 'property'는 기계용어집에서 '상태량' 또는 '성질'로 제시하고 있음. 본 교재에서는 열 및 물질전달과 연관된 성질이라는 의미를 나타내기 위해 '물성치' 또는 '물성'으로 번역함.

이 방정식은 **열유속**, 즉 **단위면적**당의 열전달률을 나타내는 것임에 유의하라. 면적이 A인 평면벽을 통한 전도 **열전달률** $q_x(W)$은 열유속과 면적을 곱한 것으로, $q_x = q''_x \cdot A$이다.

예제 1.1

어떤 공업용 가열로의 벽이 두께가 0.15 m이고, 열전도율이 1.7 W/m·K인 내화벽돌로 만들어져 있다. 정상상태에서 안쪽 표면과 바깥쪽 표면의 온도를 측정해 보니 각각 1400 K와 1150 K이다. 높이 0.5 m, 폭 1.2 m인 한 측면 벽을 통한 열손실률은 얼마인가?

풀이

제시자료: 벽 두께, 면적, 열전도율, 표면온도가 주어진 정상상태.

풀이대상: 벽의 열손실.

개략도:

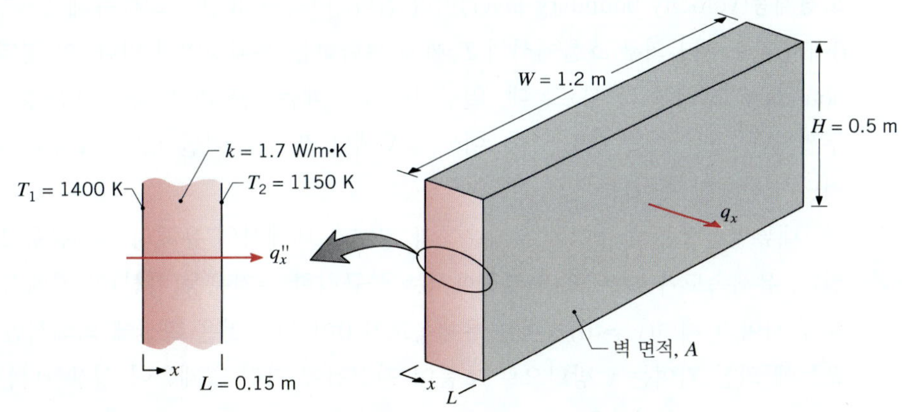

가정:

1. 정상상태 조건이다.
2. 벽을 통한 1차원 전도이다.
3. 열전도율은 일정하다.

해석: 벽을 통한 열전달은 전도에 의한 것이므로 열유속은 Fourier의 법칙으로부터 구할 수 있다. 식 (1.2)를 사용하면 다음과 같다.

$$q''_x = k\frac{\Delta T}{L} = 1.7\ \text{W/m}\cdot\text{K} \times \frac{250\ \text{K}}{0.15\ \text{m}} = 2833\ \text{W/m}^2$$

열유속은 단위면적의 단면을 통한 열전달률을 나타내고, 이것은 벽 표면 전체에 대해 균일(일정)하다. 따라서 벽 면적 $A = H \times W$를 통한 열손실은 다음과 같다.

$$q_x = (HW)q''_x = (0.5\ \text{m} \times 1.2\ \text{m})2833\ \text{W/m}^2 = 1700\ \text{W} \qquad \triangleleft$$

부가설명: 열 흐름의 방향 그리고 열유속과 열전달률 사이의 차이점에 유의하라.

1.2.2 대류

대류열전달 **방식**은 **두 가지 기구**(mechanism)를 통해 일어난다. **불규칙적 분자운동**(random molecular motion) 또는 **확산**(diffusion)에 의한 에너지 전달과 더불어 유체의 **체적적**(bulk) 또는 **거시적**(macroscopic) 운동에 의해서도 에너지가 전달된다. 후자의 유체운동은 어떤 순간에도 많은 수의 분자들이 집합적으로 또는 집합체로서 움직인다는 사실과 연관된다. 온도구배가 존재하는 경우에 이러한 운동은 열전달에 기여한다. 집합체 내에서도 분자들은 불규칙한 운동을 유지하기 때문에, 총 열전달은 분자들의 불규칙한 운동에 의한 에너지 전달과 유체의 체적운동에 의한 에너지 전달과의 중첩에 의해 일어난다. 관습적으로, 이러한 중첩 전달을 나타낼 때는 **대류**(convection)라는 용어를 사용하고, 체적 유체운동(bulk fluid motion)에 의한 전달을 나타낼 때에는 **유동대류**(advection)라는 용어를 사용한다.

운동하는 유체와 경계표면이 서로 다른 온도일 때, 그 사이에서 일어나는 대류열전달이 특히 관심의 대상이 된다. 그림 1.4에서와 같이 가열된 표면 위의 유체 흐름을 고려하자. 유체와 표면 간 상호작용의 결과로 유체 내에서는 속도가 표면에서 0으로부터 유동의 유한한 속도 u_∞까지 변하는 영역이 발달한다. 이 유체영역을 **수력학적 경계층**(hydrodynamic boundary layer) 또는 **속도경계층**(velocity boundary layer)이라 한다. 더욱이 표면온도와 유체온도가 다르면, 온도가 $y = 0$에서 T_s로부터 외부 흐름에서의 T_∞까지 변화하는 유체영역이 있다. 이 영역을 **열경계층**(thermal boundary layer)이라 부르는데, 열경계층의 두께는 속도가 변하는 속도경계층에 비하여 얇거나, 두껍거나, 또는 같을 수도 있다. 어느 경우에나 $T_s > T_\infty$이면 표면으로부터 외부 흐름으로 대류열전달이 발생할 것이다.

대류열전달은 불규칙한 분자운동과 경계층 내에서의 유체의 체적운동 모두에 의하여 이루어진다. 유체속도가 낮은 표면 부근에서는 불규칙한 분자운동(확산)이 지배적이다. 사실상, 표면과 유체 사이의 계면($y = 0$)에서는 유체속도가 0이므로, 열은 확산에 의해서만 전달된다. 체적 유체운동에 의한 기여는 x 방향으로 흐름이 진전됨에 따라 경계층이 **성장**한다는 사실에서 비롯된다. 요컨대 표면에서 경계층 안으로 전도된 열은 하류로 쓸려 내려가게 된다. 경계층 현상을 이해하는 것은 대류열전달을 이해하는 데 필수적이다. 유체역학에 관한 지식이 대류 해석에서 중요한 역할을 하는 것은 이 때문이다.

대류열전달은 유동의 본질에 따라 분류될 수 있다. 홴(fan), 펌프, 대기의 바람과 같은 외부 수단에 의해 유동이 발생되는 경우를 **강제대류**(forced convection)라 한다. 예로서 그림 1.5a와 같이 여러 층의 인쇄 회로기판에 있는 고온 전자부품들을 냉각하기 위해 홴을 사용하여 강제대류로 공기를 공급하는 경우를 생각할 수 있다. 이와 대조적으로, 유체 내에서 온도변화에 의한 밀도

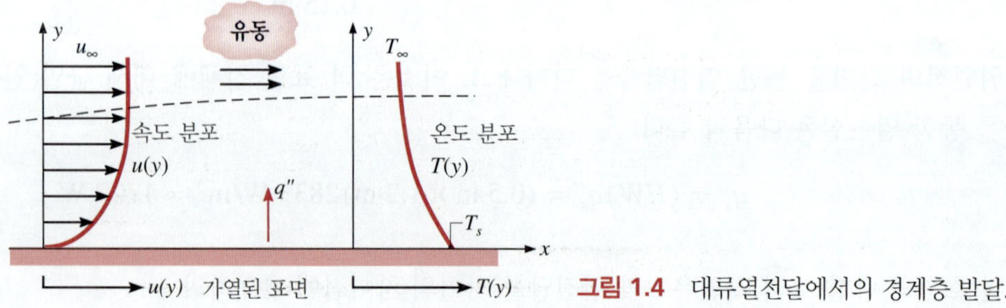

그림 1.4 대류열전달에서의 경계층 발달.

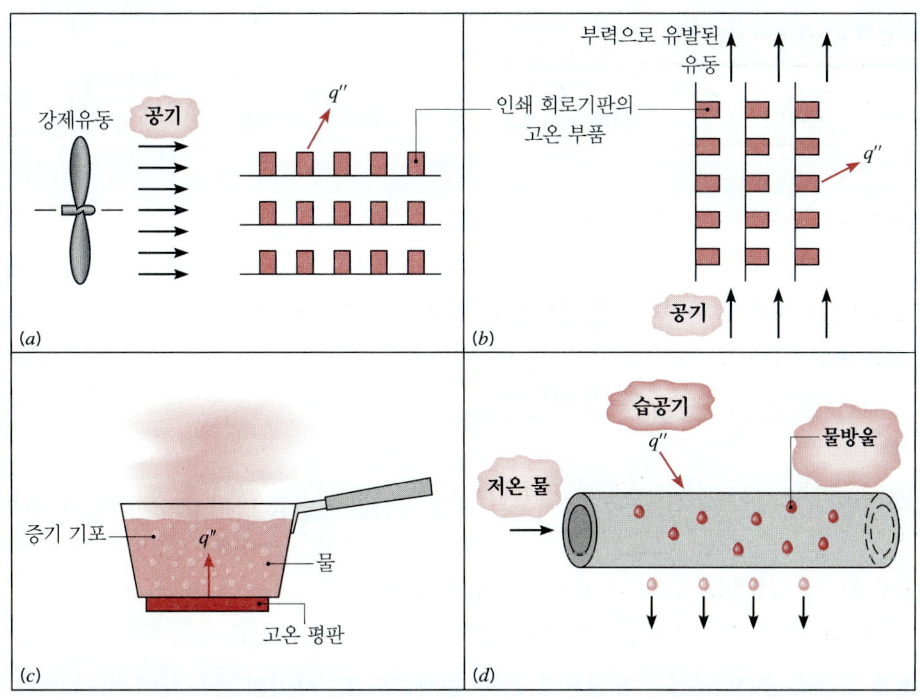

그림 1.5 대류열전달 과정. (*a*) 강제대류. (*b*) 자연대류. (*c*) 비등. (*d*) 응축.

차로부터 발생하는 부력에 의하여 흐름이 일어나는 것을 **자유대류**(free convection) 또는 **자연대류**(natural convection)라고 한다. 자유대류의 한 예로, 정지하고 있는 공기 속에 수직으로 배열된 회로기판들에 있는 고온 부품들에서 일어나는 열전달을 들 수 있다(그림 1.5*b* 참조). 부품들과 접촉하고 있는 공기의 온도가 상승하고 그 결과 밀도가 감소한다. 이 공기는 주위 공기보다 더 가벼워졌기 때문에, 부력으로 인해 데워진 공기는 회로기판으로부터 상승하고 차가운 주위 공기가 유입하여 그 자리를 채우는 수직운동이 유발된다.

그림 1.5*a*에 **순수한** 강제대류 그리고 그림 1.5*b*에 **순수한** 자연대류를 나타냈지만, **강제대류와 자연대류가 혼합(복합)된** 조건도 존재할 수 있다. 예로서 그림 1.5*a*의 유동과 관련한 속도가 작거나 부력이 크다면, 가해진 강제유동과 견줄 만한 크기의 2차 유동(secondary flow)이 유발될 수도 있다. 이 경우에, 부력에 의해 유발된 흐름은 강제유동에 수직 방향이 될 것이며, 부품들로부터의 대류열전달에 상당한 영향을 미칠 수 있다. 그림 1.5*b*에서 홴으로 공기를 회로기판 사이의 위쪽으로 흐르도록 송풍하면 부력에 의한 유동을 돕는 방향으로 혼합대류가 발생하고, 아래쪽으로 흐르도록 송풍하면 부력에 의한 유동을 거스르는 방향으로 혼합대류가 발생할 것이다.

위에서 전도와 체적 유체운동의 복합된 효과에 의하여 유체 내에서 발생하는 에너지 전달로서 대류열전달을 기술하였다. 대표적으로, 전달되는 에너지는 유체의 **현열에너지**(sensible energy) 또는 **내부 열에너지**(internal thermal energy)이다. 그러나 그 밖에 **잠열**(latent heat)교환이 추가되는 대류과정도 있다. 일반적으로 이 잠열 교환은 유체의 액체와 증기상태 사이의 상변화와 관련되어 있다. 이 교재에서 관심을 두는 두 가지 특별한 경우는 **비등**(boiling)과 **응축**(condensation)이다. 예로서 끓는 물(그림 1.5*c* 참조)의 냄비 바닥에서 발생하는 증기 기포에 의해, 또는 냉각수 파이프(그림 1.5*d* 참조)의 외부 표면에서 수증기의 응축에 의해 유발된 유체운동으로 대류열전달이 일어난다.

표 1.1 대류열전달계수의 대표적인 값

과정	h $(\mathrm{W/m^2 \cdot K})$
자유대류	
기체	2–25
액체	50–1000
강제대류	
기체	25–250
액체	100–20,000
상변화가 있는 대류	
비등 또는 응축	2500–100,000

대류열전달 과정의 본질적 특성이 무엇이든 간에 적합한 전달률 방정식의 형태는 다음과 같다.

$$q'' = h(T_s - T_\infty) \tag{1.3a}$$

여기서 **대류 열유속** $q''(\mathrm{W/m^2})$은 표면온도 T_s와 유체온도 T_∞ 사이의 온도차에 비례한다. 이 식을 **Newton의 냉각법칙**(Newton's law of cooling)이라 하고, 비례상수 h(단위: $\mathrm{W/m^2 \cdot K}$)를 **대류열전달계수**(convection heat transfer coefficient)라 한다. 대류열전달계수는 표면의 기하학적 형상, 유체운동의 형태, 유체의 열역학적 물성치와 전달 물성치에 의해 영향을 받는 경계층 내에서의 조건들에 따라 달라진다.

대류열전달을 공부하는 목적은 궁극적으로 h를 결정할 수 있는 방법을 습득하는 것이다. 이 방법들은 6장에서 다루겠지만, 전도 문제(2장에서 5장까지)의 풀이에서 종종 대류열전달은 경계조건으로서 주어질 것이다. 이러한 문제들의 풀이에서는 표 1.1에 주어진 대표적인 값을 이용하여 h를 알고 있는 것으로 가정한다.

식 (1.3a)를 사용할 때, 대류 열유속은 열이 표면으로부터 전달된다면($T_s > T_\infty$) **양**(positive)이고, 열이 표면으로 전달된다면($T_\infty > T_s$) **음**(negative)이라고 가정한다. 그러나 $T_\infty > T_s$일 때 Newton의 냉각법칙을 다음과 같이 표현할 수 있다.

$$q'' = h(T_\infty - T_s) \tag{1.3b}$$

이 경우 열이 표면으로 전달될 때 열전달은 양의 값이 된다.

1.2.3 복사

열복사(thermal radiation)는 온도가 절대 0도가 아닌 물질에 의하여 **방사**되는(emitted) 에너지이다. 본 과정에서는 고체 표면으로부터의 복사에 대해 주로 다루겠지만, 방사는 액체와 기체로부터 일어날 수도 있다. 방사는 물질의 형태에 관계없이 그를 구성하는 원자나 분자들에서 전자배열의 변화에 의해 일어난다. 복사장의 에너지는 전자기파[또는 광자(photons)]에 의하여 전달된다. 전도나 대류에 의한 에너지 전달은 매질을 필요로 하나, 복사는 그렇지 않다. 실제로, 복사전달은 진공 중에서 가장 효과적으로 일어난다.

그림 1.6a에 있는 표면에 대하여 복사전달 과정을 생각하자. 표면에서 **방사된** 복사는 표면 내부에 있는 물질의 열에너지로부터 발생하며, 단위면적당 방출된 에너지율(W/m^2)을 표면의 **방사도**(emissive power) E라 한다. 방사도에는 상한이 있으며, 이것은 **Stefan-Boltzmann 법칙**(Stefan-Boltzmann law)에 의해 다음과 같이 규정된다.

$$E_b = \sigma T_s^4 \tag{1.4}$$

여기서 T_s는 표면의 **절대온도(K)**이고, σ는 **Stefan-Boltzmann 상수**($\sigma = 5.67 \times 10^{-8}$ W/$m^2 \cdot K^4$)이다. 이러한 표면을 이상적인 복사체 또는 **흑체**(blackbody)라 한다.

실제 표면에서 방사되는 열유속은 같은 온도의 흑체로부터의 열유속보다 작으며, 다음 식으로 주어진다.

$$E = \varepsilon\sigma T_s^4 \tag{1.5}$$

여기서 ε은 **방사율**(emissivity)이라 하는 표면의 방사 물성치이다. 이 물성치는 $0 \le \varepsilon \le 1$ 범위의 값을 가지며, 표면이 흑체에 비하여 얼마나 효과적으로 에너지를 방사하는가를 나타내는 척도이다. 방사율은 표면의 물질과 표면처리 상태에 크게 의존하며, 부록 A에 대표적인 값들이 나타나 있다.

복사는 또한 주위로부터 표면에 **입사** (또는 투사)될 수도 있다. 복사는 태양과 같은 특별한 열원으로부터, 또는 관심의 대상이 되는 표면이 노출된 다른 표면으로부터 입사될 수 있다. 열원에 상관없이 표면의 단위면적에 입사하는 모든 복사율을 **조사**(irradiation) G라 한다(그림 1.6a 참조).

조사의 일부 또는 전부는 표면에 의하여 **흡수**될 수 있으며, 그 결과 물질의 열에너지가 증가한다. 단위 표면적당 흡수되는 복사 에너지율은 **흡수율**(absorptivity) α라고 하는 표면 복사 물성치로 계산할 수 있다. 즉

$$G_{abs} = \alpha G \tag{1.6}$$

여기서 $0 \le \alpha \le 1$이다. $\alpha < 1$이고 표면이 **불투명**(opaque)하다면, 조사의 일부는 **반사**된다. 표면이 **반투명**(semitransparent)하다면 조사의 일부는 **투과**될 수도 있다. 그러나 흡수된 복사는 물체의 열에너지를 증가시키고 방사된 복사는 물체의 열에너지를 감소시키지만, 반사된 복사와 투과된

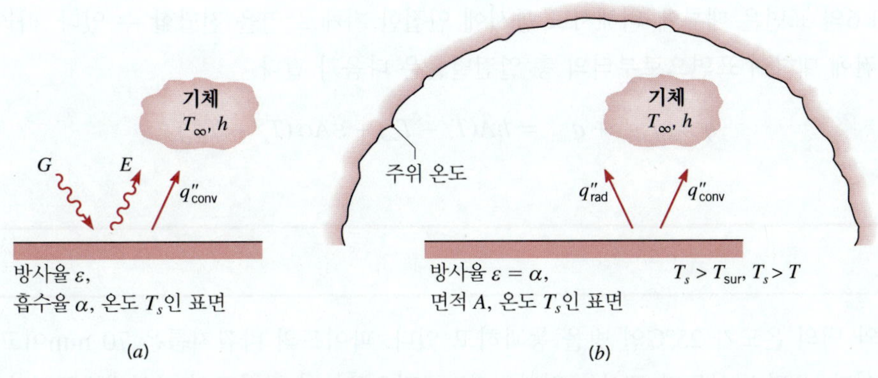

그림 1.6 표면과 그 주위 사이의 복사 열교환.

복사는 물체의 열에너지에 영향을 미치지 못한다. α의 값은 표면 그 자체뿐만 아니라 조사의 성질에 따라 달라진다. 예로서 동일한 표면이라 하더라도 그 표면의 태양복사에 대한 흡수율은 가열로의 벽에서 방사된 복사에 대한 흡수율과 다를 수 있다.

많은 공학적인 문제에서(태양복사 또는 매우 높은 온도의 열원으로부터의 복사를 포함하는 문제를 제외하고), 복사 열전달에 대해 액체는 불투명하다고 생각할 수 있으며, 기체는 투명하다고 가정할 수 있다. 고체는 금속의 경우와 같이 불투명일 수도 있고, 일부 폴리머나 반도체 물질로 만들어진 박판의 경우에서와 같이 **반투명**일 수도 있다.

자주 볼 수 있는 경우로서 온도 T_s인 작은 표면과 그것을 완전히 둘러싸고 있는 훨씬 큰 등온 표면 사이에서 복사 열교환이 일어나는 특별한 경우를 고려해 보자(그림 1.6*b*). **주위**(surrounding)란, 예를 들면 밀폐된 작은 표면의 온도 T_s와는 다른 온도인 T_{sur}의 방 또는 가열로의 벽과 같은 넓은 표면이다($T_{sur} \neq T_s$). 이러한 조건에서는 작은 표면으로의 조사를 T_{sur}인 흑체로부터의 방사, 즉 $G = \sigma T_{sur}^4$으로 근사적으로 나타낼 수 있는데 이는 12장에서 다룰 것이다. 작은 표면이 $\alpha = \varepsilon$인 **회체표면**(gray surface)이라고 가정하면 표면으로부터의 **정미**(net) 복사 열전달률은 다음과 같다.

$$q''_{rad} = \frac{q}{A} = \varepsilon E_b(T_s) - \alpha G = \varepsilon\sigma(T_s^4 - T_{sur}^4) \tag{1.7}$$

이 식은 복사방사에 의하여 방출된 열에너지와 복사흡수에 의하여 얻은 열에너지 사이의 차를 나타낸다.

많은 경우의 응용에서 정미 복사 열교환을 다음 식의 형태로 나타내는 것이 편리하다.

$$q_{rad} = h_r A(T_s - T_{sur}) \tag{1.8}$$

여기서 식 (1.7)로부터 **복사열전달계수**(radiation heat transfer coefficient) h_r은 다음 식과 같다.

$$h_r \equiv \varepsilon\sigma(T_s + T_{sur})(T_s^2 + T_{sur}^2) \tag{1.9}$$

여기서는 대류와 유사한 방법으로 복사 형태를 모델화한 것이다. 이렇게 열전달률을 두 온도들의 4제곱의 차가 아니라 온도차에 비례하는 것으로 표현함으로써 복사 전달률 방정식을 **선형화**하였다. 그러나 대류열전달계수 h의 온도에 대한 의존도는 일반적으로 미미하지만, h_r은 온도에 크게 의존한다는 것에 주의해야 한다.

그림 1.6의 표면은 대류에 의해서도 동시에 인접한 기체로 열을 전달할 수 있다. 따라서 그림 1.6*b*의 조건에 대하여 표면으로부터의 총 열전달률은 다음과 같다.

$$q = q_{conv} + q_{rad} = hA(T_s - T_\infty) + \varepsilon A\sigma(T_s^4 - T_{sur}^4) \tag{1.10}$$

예제 1.2

IHT

단열되지 않은 증기 파이프가 공기와 벽의 온도가 25°C인 방을 통과하고 있다. 파이프의 바깥지름은 70 mm이고, 표면 온도와 방사율은 각각 200°C와 0.8이다. 표면 방사도와 조사는 얼마인가? 표면으로부터 공기로의 자연대류열전달계수가

15 W/m^2·K이라면, 파이프의 단위 길이당 표면으로부터의 열손실률은 얼마인가?

풀이

제시자료: 단열하지 않은 파이프의 지름, 방사율 및 고정된 벽온도와 공기온도를 갖는 방 안에서의 표면온도.

풀이대상:

1. 표면 방사도와 조사.
2. 단위 길이당 파이프의 열손실 q'.

개략도:

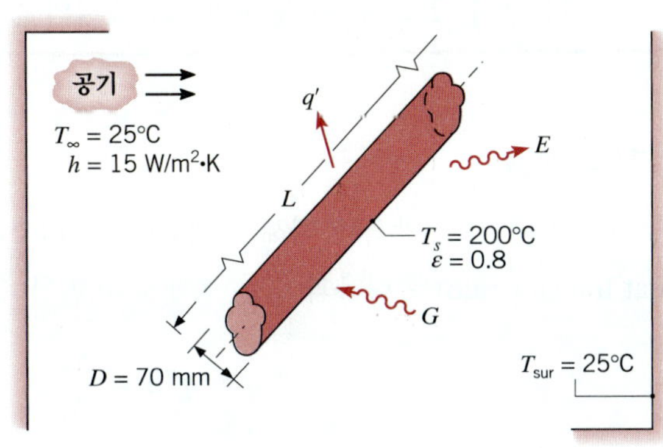

가정:

1. 정상상태 조건이다.
2. 파이프와 방 사이에서의 복사 열교환은 작은 표면과 그것을 둘러싸고 있는 훨씬 더 큰 표면 사이에서의 열교환이다.
3. 표면 방사율과 흡수율은 같다.

해석:

1. 표면 방사도는 식 (1.5)로부터 계산할 수 있고, 조사는 $G = \sigma T_{sur}^4$이다. 따라서

$$E = \varepsilon\sigma T_s^4 = 0.8(5.67 \times 10^{-8}\ \text{W/m}^2 \cdot \text{K}^4)(473\ \text{K})^4 = 2270\ \text{W/m}^2 \quad \triangleleft$$

$$G = \sigma T_{sur}^4 = 5.67 \times 10^{-8}\ \text{W/m}^2 \cdot \text{K}^4 (298\ \text{K})^4 = 447\ \text{W/m}^2 \quad \triangleleft$$

2. 파이프로부터의 열손실은 방 안 공기로 대류에 의한 것과 벽과 복사 열교환에 의한 것이다. 따라서 $q = q_{conv} + q_{rad}$이고 $A = \pi DL$이므로, 식 (1.10)으로부터

$$q = h(\pi DL)(T_s - T_\infty) + \varepsilon(\pi DL)\sigma(T_s^4 - T_{sur}^4) \quad \triangleleft$$

따라서 파이프의 단위 길이당 열손실은 다음과 같다.

$$q' = \frac{q}{L} = 15\ \text{W/m}^2 \cdot \text{K}(\pi \times 0.07\,\text{m})(200 - 25)°\text{C}$$
$$+ 0.8(\pi \times 0.07\ \text{m})\ 5.67 \times 10^{-8}\ \text{W/m}^2 \cdot \text{K}^4(473^4 - 298^4)\text{K}^4$$
$$q' = 577\ \text{W/m} + 421\ \text{W/m} = 998\ \text{W/m} \quad \triangleleft$$

부가설명:

1. 대류(또는 전도) 열전달률에 대한 온도차를 계산할 때 온도는 °C 또는 K 단위로 표시할 수 있다. 그러나 복사 열전달률을 계산할 때는 K로 표시되어야 한다는 것에 주의해야 한다.
2. 파이프로부터의 정미 복사 열전달률은 다음과 같이 나타낼 수 있다.

$$q'_{rad} = \pi D(E - \alpha G)$$
$$q'_{rad} = \pi \times 0.07 \text{ m } (2270 - 0.8 \times 447) \text{ W/m}^2 = 421 \text{ W/m}$$

3. 이 문제에서는 T_s가 T_{sur}에 비하여 크고, 자유대류에 관한 열전달계수가 작기 때문에 복사 열전달률과 대류열전달률은 서로 비교할 만한 크기이다. T_s의 값이 작고 강제대류에 관한 h 값이 큰 경우에는 흔히 복사효과를 무시할 수 있다. 복사열전달계수는 식 (1.9)로부터 계산할 수 있으며, 이 문제의 조건에서의 값은 $h_r = 11 \text{ W/m}^2\cdot\text{K}$이다.

1.2.4 열저항 개념

앞 절에서 열전달의 세 가지 방식에 대해 소개했다. 식 (1.2), (1.3) 및 (1.8)을 보면 알 수 있듯이, 열전달률(heat transfer rate)은 다음과 같은 형태로 표현될 수 있다.

$$q = q''A = \frac{\Delta T}{R_t} \tag{1.11}$$

여기서 ΔT는 관련 온도차이고 A는 열전달 방향에 수직인 면적이다. 여기서 R_t로 표현된 양은 **열저항**(thermal resistance)이라고 부르며 열전달의 세 가지 다른 방식에 따라 다른 형태를 취하고 있다. 예를 들어 식 (1.2)에 면적 A를 곱하면 이를 $q_x = \Delta T/R_{t,c}$로 다시 쓸 수 있다. 여기서 $R_{t,c} = L/kA$는 전도와 관련된 열저항으로 K/W의 단위를 가진다. 열저항의 개념은 제3장에서 자세히 다룰 예정이며, 복잡한 열전달 문제를 해결하는 데 매우 유용하게 쓰이는 것을 볼 수 있을 것이다.

1.3 열역학과의 관계

열전달과 열역학은 상당히 상호 보완적이고 밀접하게 연관되어 있지만, 이 둘 사이에는 근본적인 차이점이 존재한다. 열역학을 수강한 사람이라면 열교환은 시스템과 그 주위 사이에서 에너지 전달을 해 주는 주요 기구들 중 하나이기 때문에, 열역학 제1법칙과 제2법칙에서 극히 중요한 역할을 한다는 것을 알 수 있을 것이다. 열역학은 시스템(system, 또는 '계')이 하나의 상태에서 다른 상태로 변할 때 필요한 에너지의 **양**(amount)을 열의 형태로 계산하는 데 사용될 수 있지만, 열교환을 일으키는 기구들이나 **열교환율**을 계산하기 위해 존재하는 방법들은 전혀 고려하지 않는다. 열전달은 열이 교환되는 열전달률을 구체적으로 정량화하는 학문이다. 예를 들어 식 (1.2), (1.3) 및 (1.7)로 표시되는 전달률 방정식들을 이용한다. 실제로 열전달의 원리는 엔지니어에게 열역학의 개념을 적용시킬 수단을 제공하는 경우가 자주 있다. 예를 들어 건설하고자 하는 발전소의 실제 크기는 열역학만으로는 결정할 수 없으며, 설계 단계에서 열전달의 원리까지도 적용해야 한다.

이 절에서 남은 부분은 열전달과 열역학 사이의 관계에 대해 다룰 것이다. **열역학 제1법칙**(에너지보존법칙)은 열전달 문제의 해결을 위해 유용하고 때로는 필수적인 출발점이 되기 때문에,

1.3.1절에서 제1법칙의 일반적인 형태를 전개할 것이다. **열역학 제2법칙**에 의해 정의되는 **열기관**(heat engine)의 이상적인 효율(Carnot 효율)은 1.3.2절에서 다룰 예정이다. 열기관과 주위 사이의 열전달에 대한 실제적인 설명을 통해 열기관의 실제 효율이 더욱 제한된다는 것을 보일 것이다.

1.3.1 열역학 제1법칙(에너지보존)과의 관계

열역학 제1법칙은 계의 총에너지(total energy)가 보존된다고 서술하고 있는데, 여기서 총에너지란 그림 1.7의 개략도에 보이는 바와 같이 역학적에너지(운동에너지와 위치에너지로 구성됨)와 내부에너지로 구성된다. 내부에너지는 열에너지(이는 후에 보다 면밀하게 정의됨)와 그 이외의 형태의 내부에너지(화학적 및 핵 에너지 등)로 세분할 수 있다. 총에너지가 보존되므로 계 안의 에너지 양이 변화할 수 있는 유일한 방법은 에너지가 계의 경계를 넘어가는 것이다. **밀폐계**(물질의 출입이 없는 계)에 대해서는 경계를 통한 열전달과, 계가 하거나 받은 일의 두 가지만 존재한다. 이로 인해 밀폐계에 대해서 제1법칙은 다음 식으로 나타난다. 열역학을 수강했다면 이 식이 친숙할 것이다.

$$\Delta E_{st}^{tot} = Q - W \tag{1.12a}$$

여기서 ΔE_{st}^{tot}는 계 내에 저장된 총에너지의 변화량이고, Q는 계로 전달된 **정미**(net) 열이며 W는 계에 의해 행해진 **정미** 일이다. 이것을 그림 1.8a에 도식화하였다.

제1법칙은 물질이 통과할 수 있는 **검사면**(control surface)에 의해 경계가 설정된 공간적 영역인 **검사체적**(control volume) 또는 **개방계**(open system)에도 적용할 수 있다. 검사체적으로 들어가는 질량과 검사체적을 나가는 질량은 에너지를 운반한다. 에너지 유동대류(energy advection)라고 부르는 이 과정이 부가적으로 에너지가 검사체적의 경계를 통과할 수 있는 제3의 방법이다. 요약하면, 열역학 제1법칙은 검사체적과 밀폐계에 대해 다음과 같이 매우 간단하게 서술할 수 있다.

1. 총에너지보존: 시간 간격(Δt)에 걸친 열역학 제1법칙

> **검사체적 내에 저장된 에너지의 증가량은 검사체적에 들어간 에너지 양에서 검사체적을 나간 에너지 양을 뺀 것과 같아야 한다.**

공학도들은 흔히 열적 및 역학적 형태의 에너지에 주의를 집중한다. 열에너지와 역학적에너

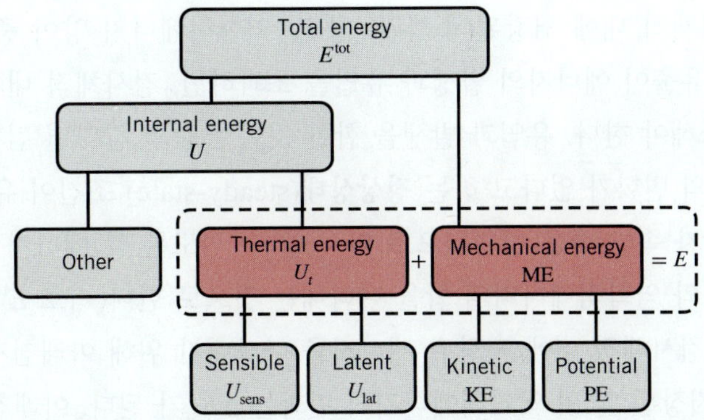

그림 1.7 총에너지의 구성요소. 열전달에서는 열에너지와 역학적에너지의 합인 E가 관심의 대상이다.

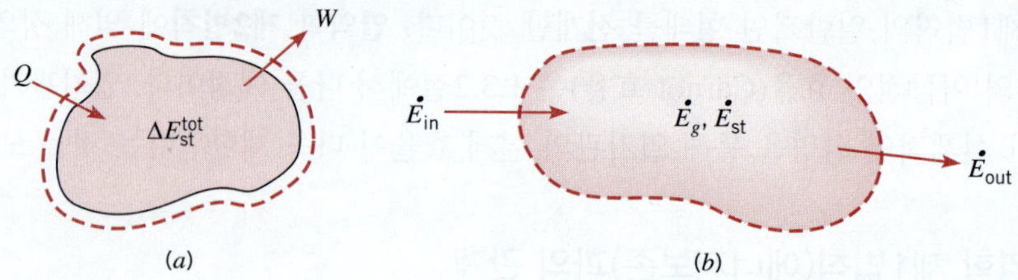

그림 1.8 에너지보존: (*a*) 시간 간격에 걸친 밀폐계에 대한 보존, (*b*) 임의의 순간에 검사체적에 대한 보존.

지의 합은 보존되지 않을 수도 있다는 것을 인지해야 한다. 왜냐하면 다른 형태의 에너지와 열에너지 사이에서 변환이 있을 수 있기 때문이다. 예를 들어 계의 내부에서 화학반응이 일어나 화학에너지가 감소하면, 그것은 계의 열에너지 증가를 초래할 것이다. 그러므로 **열에너지 발생**(이것은 양 또는 음이 될 수 있음)을 초래하는 에너지 변환을 고려할 수 있다. 그래서 열전달 해석을 위해 적합한 제1법칙의 서술은 다음과 같다.

2. 시간 간격(Δt)에 걸친 열 및 역학적에너지보존

> **검사체적 내에 저장된 열 및 역학적에너지의 증가량은 검사체적에 들어간 열 및 역학적에너지 양에서 검사체적으로부터 나간 열 및 역학적에너지 양을 빼고, 검사체적 내에서 발생된 열에너지 양을 더한 것과 같아야 한다.**

이 표현은 **시간 간격** Δt에 걸쳐 적용되며, 모든 에너지 항은 줄(joule) 단위로 측정된다. 제1법칙은 모든 순간적 시간(시각) t에서 각각 충족되어야 하므로, 이 법칙은 **전달률 기준**(rate basis)으로도 공식화할 수 있다. 즉 어느 순간에 매 초당 줄(즉 W)로 측정된 모든 **에너지율** 사이에는 평형이 성립되어야 한다. 이것을 말로 표현하면 다음과 같다.

3. 임의의 순간(t)에서의 열 및 역학적에너지보존

> **검사체적 내에 저장된 열 및 역학적에너지의 증가율은 검사체적에 들어간 열 및 역학적에너지율에서 검사체적으로부터 나간 열 및 역학적에너지율을 빼고, 검사체적 내에서 발생된 열에너지율을 더한 것과 같아야 한다.**

열 및 역학적에너지의 유입(inflow)과 발생(generation)이 열 및 역학적에너지의 유출(outflow)을 초과한다면, 검사체적 내에 저장된(축적된) 열 및 역학적에너지 양이 증가해야 한다. 만일 열 및 역학적에너지의 유출이 에너지의 발생과 유입을 초과하면, 검사체적 내에 저장된 열 및 역학적에너지의 양은 감소해야 한다. 유입과 발생을 합한 것이 유출과 같다면 검사체적 내에 저장된 열 및 역학적에너지 양의 변화가 없다고 하는 **정상상태**(steady-state) 조건이 유지되어야 한다.

위의 네모 상자 속 서술을 방정식으로 다시 쓸 수 있도록 각 에너지 항에 대한 기호를 정의한다. E는 열에너지와 역학적에너지의 합을 나타내는 것으로 한다(기호 E^{tot}는 총에너지를 나타내는 것과 구분하여). 검사체적 내에 저장된 에너지를 나타내기 위해 아래첨자 *st*를 사용하면, 시간 간격 Δt에 걸쳐서 저장된 열 및 역학적에너지의 변화는 ΔE_{st}가 된다. 아래첨자 in과 out은 각각 검사체적에 들어가고 검사체적에서 나간 에너지를 언급한다. 마지막으로 열에너지 발생은 기호 E_g로 나타낸다. 따라서 위 네모 상자 안의 에너지보존에 관한 서술 2는 아래와 같이 쓸 수 있다.

$$\Delta E_{\mathrm{st}} = E_{\mathrm{in}} - E_{\mathrm{out}} + E_g \tag{1.12b}$$

다음으로, 전달률을 나타내기 위해 각 항 위에 점을 사용하면, 두 번째 네모 속 서술은 다음과 같이 된다.

$$\dot{E}_{\mathrm{st}} \equiv \frac{dE_{\mathrm{st}}}{dt} = \dot{E}_{\mathrm{in}} - \dot{E}_{\mathrm{out}} + \dot{E}_g \tag{1.12c}$$

이 표현은 그림 18*b*에 개략도로 나타나 있다.

제1법칙을 적용할 때는 항상 적절한 검사체적과 검사면을 확인하고서 시작해야 하며, 거기에 순차적으로 해석을 적용한다. 첫 번째 단계는 점선을 그려 검사면을 표시하는 것이다. 두 번째 단계는 해석을 시간 간격 Δt[식 (1.12b)]에 대하여 수행할지 또는 전달률 기준[식 (1.12c)]으로 수행할지를 결정하는 것이다. 이 선택은 풀이의 목적과 문제에서 정보가 주어진 방법에 의존한다. 다음 단계는 풀고자 하는 문제와 관련된 에너지 항들을 확인하는 것이다. 이 마지막 단계를 수행하는 과정을 보다 확실하게 하기 위해, 이 절의 나머지 부분에서는 열 및 역학적에너지방정식인 식 (1.12b) 및 (1.12c)에 포함된 항들을 명확히 설명하고자 한다.

열적 및 역학적에너지, *E* 앞에서도 언급했듯이 **역학적에너지**는 운동에너지 (KE = $\frac{1}{2}mV^2$, 여기서 m은 질량, V는 속도)와 위치에너지(PE = mgz, 여기서 g는 중력가속도이며 z는 수직 좌표)의 합이다.

그림 1.17에 보이듯이 **열에너지**는 **현열 성분** U_{sens}와 **잠열 성분** U_{lat}으로 구성된다. 전자는 물질을 이루는 원자 및 분자의 병진, 회전 그리고 진동 운동을 나타내고, 후자는 고체, 액체 및 기체 상태들 사이의 상변화에 영향을 주는 분자간의 힘과 연관되어 있다. 현열에너지는 주로 온도변화와 관련한 부분이다 (이는 압력에도 의존한다). 잠열에너지는 상변화와 연관된 성분이다. 예를 들어, 검사체적 내의 물질의 온도가 상승하면 이의 현열에너지는 증가한다. 만일 검사체적 내의 물질이 고체에서 액체로 변하거나 (**용해**), 액체에서 증기로 변하면 (**기화, 증발, 비등**) 잠열에너지는 증가한다. 반대로, 만일 상변화가 기체에서 액체로 일어나거나 (**응축**), 액체에서 고체로 일어나면 (**응고, 동결**) 잠열에너지는 감소한다.

이 논의에 의하면 **저장된 열 및 역학적에너지의 변화**는 $\Delta E_{\mathrm{st}} = \Delta(\mathrm{KE} + \mathrm{PE} + U_t)$로 주어지며, 여기서 $U_t = U_{\mathrm{sens}} + U_{\mathrm{lat}}$이다. 많은 열전달 문제에서 운동에너지와 위치에너지의 변화는 열적 에너지의 변화에 비해 상대적으로 적어서 무시할 수 있다. 게다가 만일 상변화가 없으면 관련 있는 유일한 항은 현열에너지의 변화, 즉 $\Delta E_{\mathrm{st}} = \Delta U_{\mathrm{sens}}$이다. 이상기체 또는 **비압축성** 물질(밀도가 일정하다고 취급 가능한 물질)에 대해서는 현열에너지의 변화를 $\Delta U_{\mathrm{sens}} = mc_v\Delta T$ 또는 변화율로 나타내면 $dU_{\mathrm{sens}}/dt = mc_v dT/dt$로 표현할 수 있다.

에너지발생, E_g 에너지는 **내부에너지**의 일부이며, 내부에너지는 물질의 열역학적 상태에 관련한 에너지라는 사실을 상기하면 에너지 발생을 이해하는데 도움이 된다. 내부에너지는 현열 및 잠열 성분 외에도 **화학적 성분**, **핵 성분**, 전기 또는 자기적 에너지와 같은 다른 성분들을 포함한다. 화학적 성분은 원자 간의 화학적 결합에 저장된 에너지를 나타내며 핵 성분은 핵의 결합력을 나타낸다. E_g로 표현되는 **에너지 발생**은 어떤 다른 형태(화학, 핵, 전기, 자기 등)의 내부에너지를 열 적 또는 역학적에너지로 변환하는 것에 관련된다. 이것은 **체적적 현상**(volumetric phenomenon)이다. 즉, 이것은 검사체적 내부에서 발생하며 일반적으로 체적의 크기에 비례한다. 우리는 연소에 의해 화학적 에너지가 현열에너지로 변환될 때 에너지가 발생한다는 것을 이미 알고 있다. 다른 예로서, 전류가 도체를 통과할 때 저항 가열에 의해 전기에너지로부터 변환이 발생한다. 즉, 검사체적 내에서 전류 I가 저항 R을 통과하면 전기에너지는 I^2R의 율로 소산되며, 이것이 체적 내에서 열에너지의 발생(또는 방출)률에 해당한다.

에너지 유입 및 유출, E_{in} 및 E_{out} 유입 항과 유출 항은 표면현상(surface phenomenon)에 관련된 것이다. 즉 이들은 오직 검사면에서 일어나는 과정하고만 유일하게 연관되어 있으며, 일반적으로 표면적에 비례한다. 앞에서 검토한 것처럼 에너지 유입 및 유출 항은 열전달(전도, 대류 및/또는 복사에 의한)과 계의 경계에서 일어나는 일의 상호작용(예를 들면 경계의 변위, 회전축 및/또는 전자기적 효과에 의한)을 포함한다. 질량이 검사체적 경계를 통과하는 경우에는(예를 들면 유체유동이 포함된 경우), 유입 및 유출 항은 검사체적을 출입하는 질량에 의해 운반되는 에너지(열 및 역학적에너지)도 포함한다. 예를 들어 경계를 통해 들어가는 질량유량이 $\dot{m}$ 질량유량과 같이 들어가는 열 및 역학적에너지 전달률은 $\dot{m}(u_t + \frac{1}{2}V^2 + gz)$이다. 여기서 u_t는 단위질량당 열에너지이다. **질량유량**은 $\dot{m} = \rho VA_c$로 나타낼 수 있는데, 여기서 ρ는 유체의 밀도, A_c는 유체가 유동하는 채널의 단면적이다. **체적유량**은 단순히 $\dot{\forall} = VA_c = \dot{m}/\rho$이다.

검사체적의 경계를 통과하는 유체가 있는 검사체적에 제1법칙을 적용할 때는, 일의 항을 두 개의 부분으로 나누는 것이 통상적이다. 첫째로 **유동일**(flow work)이라고 하는 것은 압력에 의한 힘이 경계를 통해 흐르는 유체에 한 일과 관련되어 있다. **단위질량**(unit mass)에 대한 일의 양은 압력과 유체의 비체적의 곱(pv)과 같다. 그 외 부분의 일(유동일을 포함하지 않는)에 대해서는 관습적으로 기호 $\dot{W}$를 사용한다. 정상상태($dE_{st}/dt = 0$)에서 작동하고 열에너지 발생이 없다면, 식 (1.12c)는 열역학에서 다룬 다음 형태의 정상유동 에너지방정식(그림 1.9)으로 축소된다.

$$\dot{m}(u_t + pv + \tfrac{1}{2}V^2 + gz)_{in} - \dot{m}(u_t + pv + \tfrac{1}{2}V^2 + gz)_{out} + q - \dot{W} = 0 \qquad (1.12d)$$

괄호 안에 있는 항들은 유입 및 유출 위치에서 유체의 단위질량에 대하여 나타낸 것이다. 이

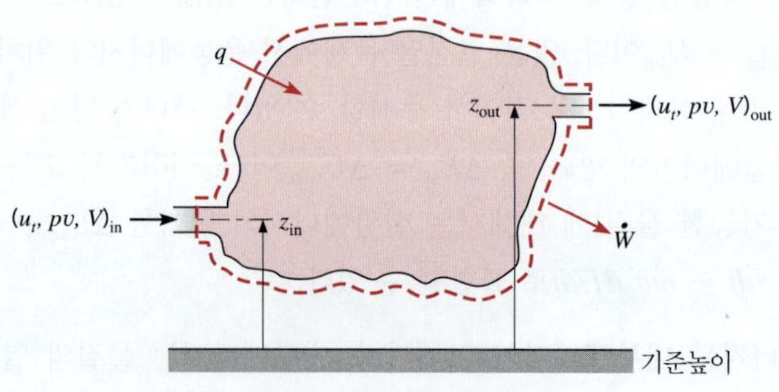

그림 1.9 정상유동 개방계에 대한 에너지보존.

들에 질량유동률 $\dot{m}$을 곱하면, 해당하는 형태의 에너지(열에너지, 유동일, 운동에너지 및 위치에너지)가 검사체적에 들어가거나 검사체적에서 나가는 변화율이 된다. 단위질량당 열에너지와 유동일의 합은 단위질량당 엔탈피(enthalpy) $i = u_t + pv$로 대체할 수 있다.

이 교재에서 관심의 대상이 되는 대부분의 개방계 응용에서, 식 (1.12d)의 유입 조건과 유출 조건 사이에서 잠열 에너지의 변화는 무시할 수 있으므로, 열에너지는 오직 현열에너지로만 나타난다. 유체를 **일정한 비열**을 갖는 **이상기체**(ideal gas)로 근 사화하면, 입구와 출구 흐름 사이에서 엔탈피(단위질량당) 차이는 $(i_{\text{in}} - i_{\text{out}}) = c_p(T_{\text{in}} - T_{\text{out}})$로 나타낼 수 있는데, 여기서 c_p는 정압비열이며, T_{in}과 T_{out}은 각각 입구와 출구에서의 온도이다. 유체가 **비압축성 액체**(incompressible liquid)라면, 유체의 정압비열과 정적비열이 같으므로 $c_p = c_v \equiv c$가 되고, 식 (1.12d)에서 현열에너지(단위질량당)의 변화는 $(u_{t,\text{in}} - u_{t,\text{out}}) = c(T_{\text{in}} - T_{\text{out}})$로 축약된다. 압력강하가 매우 크지 않다면, 액체에 대한 유동일을 나타내는 항들의 차이 $(pv)_{\text{in}} - (pv)_{\text{out}}$는 무시할 수 있다. 따라서 이상기체나 잠열 변화가 없는 비압축성 액체에 대해서는 종종 근사식 $i_{\text{in}} - i_{\text{out}} = c_p\,(T_{\text{in}} - T_{\text{out}})$을 사용하는 것이 적합하다.

단순화된 정상유동 열에너지 발생 이미 정상상태 조건과 열 또는 역학적에너지 발생이 없다고 가정하였으면, 위의 문장에서 논의한 바와 같은 근사식 $i_{\text{in}} - i_{\text{out}} = c_p\,(T_{\text{in}} - T_{\text{out}})$을 역시 적용한다. 여기에 더하여 운동에너지와 위치에너지의 변화가 무시할 만하고 일을 무시할 만하다고 가정하면 식 (1.12d)는 **단순화된 정상유동의 에너지식**으로 축약된다.

$$q = \dot{m}c_p(T_{\text{out}} - T_{\text{in}}) \tag{1.12e}$$

식 (1.12e)의 우변은 이상기체에 대한 정미 엔탈피(열에너지와 유동일의 합) 유출률 또는 비압축성 유체에 대한 정미 열에너지 유출률을 나타낸다.

많은 공학적 실제에서 식 (1.12e)의 가정을 만족하므로, 이 식은 유동하는 유체의 열전달 해석에 사용된다. 이것은 본 교재에서 내부유동에서의 대류열전달을 학습할 때 사용할 것이다.

예제 1.3

한 풍력 터빈의 날개가 비교적 느린 속도로 큰 축을 회전시킨다. 회전속도는 $\eta_{\text{gb}} = 0.93$의 효율을 갖는 기어박스에 의해 증가된다. 그 다음에는 기어박스의 출력축이 $\eta_{\text{gen}} = 0.95$의 효율로 전기 발전기를 구동시킨다. 기어박스, 발전기 그리고 관련 장비를 포함하고 있는 실린더형 **나셀**(nacelle)의 길이는 $L = 6$ m, 지름은 $D = 3$ m이다. 터빈이 $P = 2.5$ MW의 전력을 생산하고, 공기 온도와 주위 온도가 각각 $T_\infty = 25°\text{C}$와 $T_{\text{sur}} = 20°\text{C}$라고 할 때, 나셀 내부의 최소 작동 가능 온도를 구하라. 나셀의 방사율은 $\varepsilon = 0.83$이며 대류열전달계수는 $h = 35\ \text{W/m}^2\cdot\text{K}$이다. 날개 허브에 인접해 있는 나셀 표면은 단열 상태로 볼 수 있으며, 태양 복사는 무시한다.

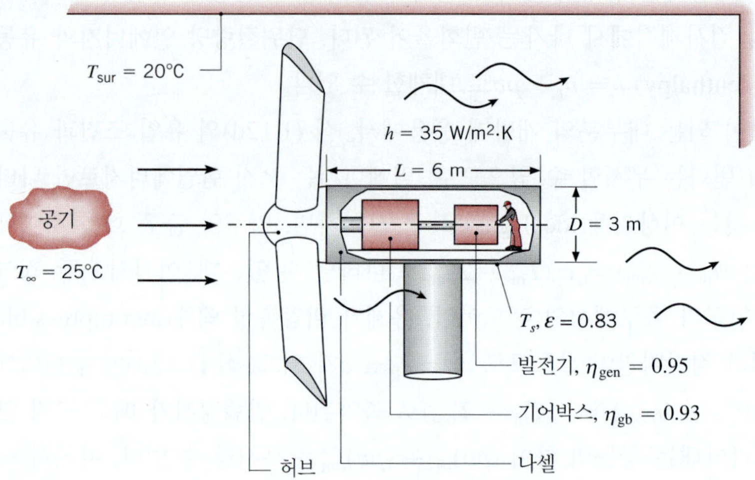

풀이

제시자료: 풍력 터빈에 의해 생성된 전력, 기어박스와 발전기 효율, 나셀의 방사율과 크기, 대기 온도와 주위 온도 및 열전달계수.

풀이대상: 나셀 내부의 최소 작동 가능 온도.

개략도:

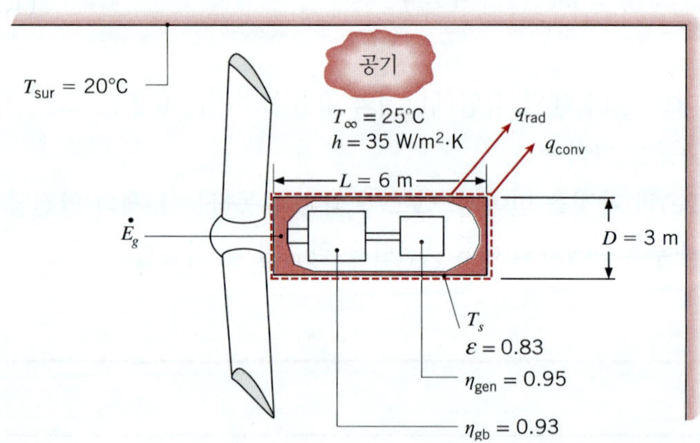

가정:

1. 정상상태 조건이다.
2. 큰 주위 공간이다.
3. 날개 허브에 닿아 있는 나셀 표면은 단열되어 있다.

해석: 나셀의 온도는 나셀 내부의 최소 작동 가능 온도를 말하며, 이 온도를 구하기 위하여 열역학 제1법칙을 사용할 수 있다. 정상상태하에서 나셀로부터 공기와 주위로의 열전달률을 계산하기 위한 첫 번째 단계는 나셀에서 에너지평형을 실행하는 것이다. 이 단계는 **총**에너지보존이나 **열 및 역학적**에너지보존식을 사용하여 완성할 수 있다. 두 가지 접근 방법을 비교할 것이다.

총에너지보존 1.3절에 있는 제1법칙에 관한 세 개의 상자 중 첫 번째는 전달률(rate) 체제로 전환하여 다음과 같은 식 형태로 나타낼 수 있다.

$$\frac{dE_{st}^{tot}}{dt} = \dot{E}_{in}^{tot} - \dot{E}_{out}^{tot} \tag{1}$$

정상상태 조건에서, 이 식은 $\dot{E}_{in}^{tot} - \dot{E}_{out}^{tot} = 0$으로 축소된다. $\dot{E}_{in}^{tot}$ 항은 나셀로 들어가는 역학적 일 $\dot{W}$에 해당하며 $\dot{E}_{out}^{tot}$ 항은 전력 P와 나셀에서 나오는 열전달률 q를 포함하고 있다. 그러므로 다음과 같은 식이 된다.

$$\dot{W} - P - q = 0 \tag{2}$$

열에너지와 역학적에너지의 보존 위 방법에 대한 대안으로 식 (1.12c)로부터 열에너지와 역학적에너지보존을 표현할 수 있다. 정상상태 조건에서 이 식은 다음과 같이 축소된다.

$$\dot{E}_{in} - \dot{E}_{out} + \dot{E}_g = 0 \tag{3}$$

여기서 $\dot{E}_{in}$은 마찬가지로 역학적 일 $\dot{W}$에 해당한다. 그러나 $\dot{E}_{out}$는 **오직** 나셀에서 나오는 열전달률 q만을 포함한다. E는 열 및 역학적 형태의 에너지만을 나타내기 때문에 전력을 포함하지 않는다. 발전기에서 역학적에너지가 전기에너지로 변환되고, 이것이 역학적에너지를 감소시키는 역할을 하기 때문에 전력은 발생 항에서 나타난다. 따라서 $\dot{E}_g = -P$로 표현할 수 있다. 따라서 식 (3)은 다음과 같이 된다.

$$\dot{W} - q - P = 0 \tag{4}$$

이것은 식 (2)와 같다. 어떠한 방법으로 제1법칙을 적용하더라도, 열전달률을 표현한 식은 다음과 같이 전개된다.

$$q = \dot{W} - P \tag{5}$$

역학적인 일과 전력은 기어박스 효율 및 발전기 효율로 연관되어 있다.

$$P = \dot{W}\eta_{gb}\eta_{gen} \tag{6}$$

그러므로 식 (5)는 다음과 같이 쓸 수 있다.

$$q = P\left(\frac{1}{\eta_{gb}\eta_{gen}} - 1\right) = 2.5 \times 10^6 \text{ W} \times \left(\frac{1}{0.93 \times 0.95} - 1\right) = 0.33 \times 10^6 \text{ W} \tag{7}$$

전달률 방정식의 적용 열전달은 나셀의 외부 표면으로부터 대류와 복사로 인한 것이며, 이는 각각 식 (1.3a)와 (1.7)로 얻어진다. 따라서 다음과 같이 된다.

$$q = q_{rad} + q_{conv} = A[q''_{rad} + q''_{conv}]$$
$$= \left[\pi DL + \frac{\pi D^2}{4}\right][\varepsilon\sigma(T_s^4 - T_{sur}^4) + h(T_s - T_\infty)] = 0.33 \times 10^6 \text{ W}$$

또는

$$\left[\pi \times 3\ \text{m} \times 6\ \text{m} + \frac{\pi \times (3\ \text{m})^2}{4}\right]$$
$$\times [0.83 \times 5.67 \times 10^{-8}\ \text{W/m}^2 \cdot \text{K}^4 (T_s^4 - (273+20)^4)\text{K}^4$$
$$+ 35\ \text{W/m}^2 \cdot \text{K}(T_s - (273+25)\text{K})] = 0.33 \times 10^6\ \text{W}$$

앞의 식은 해를 바로 구할 수 있는 형태는 아니나, 표면온도는 시행착오법(trial and error) 또는 책에 동반하는 *IHT* (*Interactive Heat Transfer*) 소프트웨어와 같은 소프트웨어 패키지를 사용하여 쉽게 구할 수 있다. 그러면 다음 값을 얻을 수 있다.

$$T_s = 416\ \text{K} = 143°\text{C}$$

부가설명:

그것만으로도 효율 향상은 풍력 터빈으로 인한 이익을 늘리고, 투자비용 및 운전비용을 모두 줄일 수 있다.

1. 나셀 내에서 발생하는 열이 나셀 내부로부터 표면으로 전달되고, 표면으로부터 공기와 주위로 전달되어야 하므로 나셀 내부의 온도는 나셀 외부 표면의 온도 T_s보다 높아야 한다.
2. 높은 온도는 예를 들자면 문제의 서술에서 예시한 바와 같이 작업자가 일상적 보수 작업을 하는 데 장애가 된다. 이 온도를 수용 가능한 수준으로 낮추기 위해서 휀이나 송풍기를 사용하는 열관리 수단이 적용되어야 할 것이다.
3. 기어박스 또는 발전기의 효율을 증가시키면 보다 많은 전력을 생산하고 열관리 장치의 크기와 비용을 절감할 수 있다. 향상된 효율은 그것만으로도 풍력터빈으로 발생한 수익을 증대시키고 투자비용과 운전비용을 모두 줄일 수 있다.
4. 열전달계수는 일정한 값이 아니라 날개가 나셀을 스쳐 지나갈 때마다 주기적으로 변할 것이다. 따라서 열전달계수의 값은 시간에 대한 평균값으로 나타낸다.

예제 1.4

IHT

지름이 D이고, 단위 길이당 전기저항이 R'_e인 긴 도체의 막대가 초기에는 대기 및 그 주위와 열평형을 이루고 있다. 막대에 전류 I가 흐를 때 이 평형이 교란된다. 전류가 흐르는 동안 시간에 따른 막대의 온도변화를 계산하는 데 사용할 수 있는 방정식을 유도하라.

풀이

제시자료: 지름과 전기저항이 정해진 막대의 온도가 전류의 통과로 인해 시간에 따라 변한다.

풀이대상: 막대에 대해 시간에 따른 온도변화를 지배하는 방정식.

개략도:

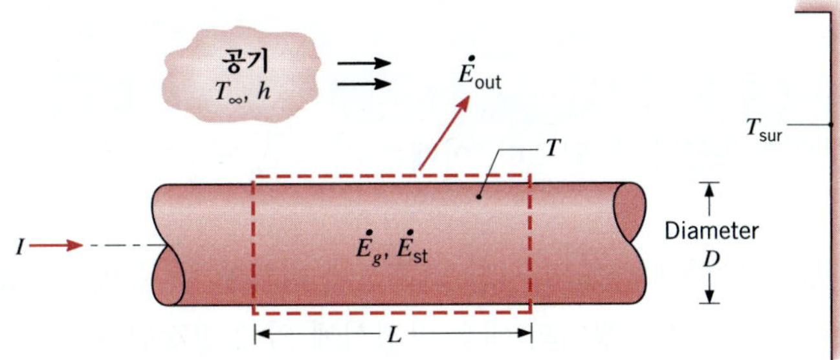

가정:

1. 임의시간 t에서 막대의 온도는 균일하다.
2. 물성치는 일정하다(ρ, c_v, $\varepsilon = \alpha$).
3. 막대의 외부표면과 주위 사이에서의 복사 열교환은 작은 표면과 큰 밀폐공간 사이에서의 열교환이다.

해석: 미지의 온도를 결정하기 위해 열역학 제1법칙을 사용할 수 있다. 이 경우에 관련된 항들은 표면으로부터 대류와 복사에 의한 열전달, 도체 내에서 전기저항식 가열로 인한 에너지 발생 및 열에너지 저장의 변화를 포함한다. 온도의 변화율을 구하고자 하므로 열역학 제1법칙을 한 순간시간에 적용해야 한다. 따라서 막대에 대하여 길이 L의 검사체적에 식 (1.12c)를 적용하면 다음 식이 얻어진다.

$$\dot{E}_g - \dot{E}_{out} = \dot{E}_{st}$$

여기서 에너지 발생은 전기적인 저항가열에 의한 것으로 다음과 같다.

$$\dot{E}_g = I^2 R'_e L$$

가열은 검사체적 내에서 균일하게 일어나며, 또한 체적 열발생률 $\dot{q}$(W/m^3)의 항으로도 나타낼 수 있다. 따라서 전체 검사체적에 대한 열발생률은 $\dot{E}_g = \dot{q}V$이고, 여기서 $\dot{q} = I^2R'_e/(\pi D^2/4)$이다. 표면으로부터 대류와 정미 복사에 의한 에너지 유출률은 각각 식 (1.3a)와 식 (1.7)에서 다음과 같다.

$$\dot{E}_{out} = h(\pi DL)(T - T_\infty) + \varepsilon\sigma(\pi DL)(T^4 - T^4_{sur})$$

그리고 에너지 저장의 변화는 온도변화에 의한 것으로 다음과 같다.

$$\dot{E}_{st} = \frac{dU_{sens}}{dt} = mc_v\frac{dT}{dt} = \rho V c_v \frac{dT}{dt}$$

여기서 ρ와 c_v는 각각 막대 재질의 질량밀도와 비열이며, V는 막대의 체적 $V = (\pi D^2/4)L$이다. 위의 전달률 방정식을 에너지평형식에 대입하면 다음과 같다.

$$I^2R'_eL - h(\pi DL)(T - T_\infty) - \varepsilon\sigma(\pi DL)(T^4 - T^4_{sur}) = \rho c_v\left(\frac{\pi D^2}{4}\right)L\frac{dT}{dt}$$

따라서 다음과 같다.

$$\frac{dT}{dt} = \frac{I^2 R_e' - \pi Dh(T - T_\infty) - \pi D\varepsilon\sigma(T^4 - T_{sur}^4)}{\rho c_v(\pi D^2/4)}$$ ◁

부가설명:

1. 고체와 액체는 보통 비압축성으로 취급할 수 있으며, 이때는 $c_v = c_p = c$가 된다. 이 가정은 본 교재의 나머지 부분에서도 적용된다.
2. 위의 방정식을 수치적으로 적분하여 막대 온도의 시간 의존성에 대하여 풀 수 있다. 정상상태에서는 $dT/dt = 0$이 될 것이므로, 그때의 막대 온도는 다음과 같은 형태의 대수 방정식에 의해 결정된다.

$$\pi Dh(T - T_\infty) + \pi D\varepsilon\sigma(T^4 - T_{sur}^4) = I^2 R_e'$$

3. 고정된 주위 조건들(h, T_∞ T_{sur}) 및 고정된 막대의 형상(D)과 상태량(ε R_e')에 대하여 정상상태 온도는 열에너지 발생률에 의존하므로, 결국 전류값에 의존하게 된다. 냉각 공기(h = 100 W/m^2·K, T_∞ = 300 K)가 순환되고 있는 비교적 큰 밀폐공간(T_{sur} = 300 K) 내에 있는 단열되지 않은 구리선(D = 1 mm, ε = 0.8, R_e' = 0.4 Ω/m)을 고려하자. 이 값들을 앞의 방정식에 대입하고 $0 \le I \le 10$ A 범위 내의 운전 전류에 대하여 막대 온도를 계산하면 다음과 같은 결과를 얻을 수 있다.

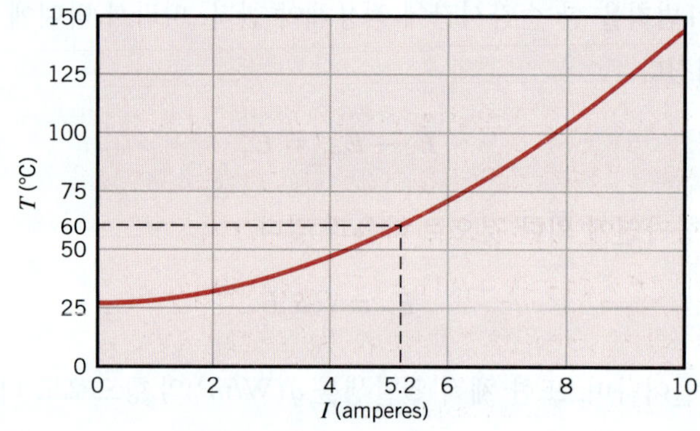

4. 안전 때문에 최대 운전온도를 T = 60°C로 규정한다면, 전류는 5.2 A를 초과해서는 안 된다. 이 온도에서 복사에 의한 열전달(0.6 W/m)은 대류에 의한 열전달(10.4 W/m)보다 매우 작다. 따라서 막대 온도를 안전 한계 내로 유지하면서 더 큰 전류로 운전하기를 원한다면, 순환 공기의 속도를 증가시켜 대류열전달계수를 증가시켜야 할 것이다. h = 250 W/m^2·K에 대하여 허용할 수 있는 최대 전류를 8.1 A로 증가시킬 수 있다.
5. 이 교재용 *IHT* 소프트웨어는 부가설명 1에 있는 에너지평형과 같은 문제를 풀고 부가설명 2의 도식적 결과를 얻는데 특히 유용하다.

예제 1.5

IHT

질량 m인 얼음이 융해온도($T_f = 0$)에서 한 면의 폭이 W인 정육면체 용기 속에 들어 있다. 용기의 벽은 두께가 L이고 열전도율이 k이다. 얼음을 녹이기 위하여 벽의 바깥 표면들을 온도 $T_1 > T_f$로 가열할 경우, 얼음의 질량을 전부 녹이는데 필요한 시간을 나타내는 식을 구하라.

풀이

제시자료: 얼음의 질량과 온도, 용기 벽의 크기, 열전도율 및 바깥 표면온도.

풀이대상: 얼음을 녹이는 데 필요한 시간을 나타내는 식.

개략도:

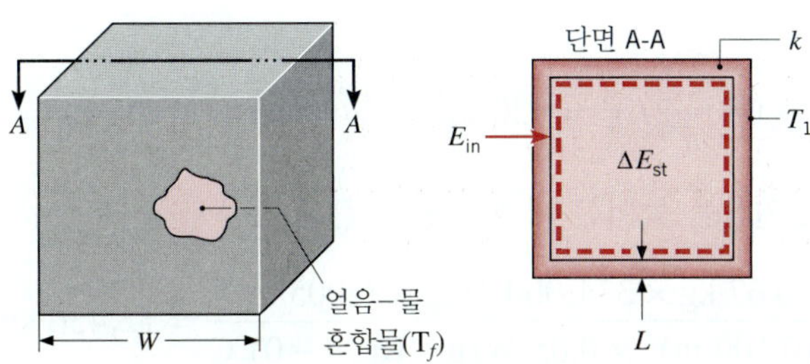

가정:

1. 벽의 안쪽 표면온도는 모든 과정을 통해 T_f이다.
2. 물성치가 일정하다.
3. 각 벽을 통한 전도는 정상상태 1차원이다.
4. 벽 하나의 열전도 면적은 대략 $W^2(L \ll W)$이다.

해석: 녹는 시간 t_m을 구해야 하므로, 시간 간격 $\Delta t = t_m$에 걸쳐 열역학 제1법칙을 적용해야 한다. 따라서 얼음–물 혼합물에 대한 검사체적에 식 (1.12b)를 적용하면 다음과 같다.

$$E_{in} = \Delta E_{st} = \Delta U_{lat}$$

여기서 검사체적 내에 저장된 에너지의 증가는 고체상태로부터 액체상태로의 변환과 관련된 잠열의 변화에만 기인한다. 열은 용기 벽을 통해 전도에 의해 얼음으로 전달되고, 벽을 통한 온도차는 융해과정 동안 $(T_1 - T_f)$로 유지되므로 벽을 통한 전도에 의한 열전달률은 다음과 같이 일정하다.

$$q_{cond} = k(6W^2)\frac{T_1 - T_f}{L}$$

그리고 유입되는 에너지 양은 다음과 같다.

$$E_{in} = \left[k(6W^2)\frac{T_1 - T_f}{L}\right]t_m$$

이러한 상변화를 초래하는 데 필요한 고체의 단위질량당 에너지 양을 **융해잠열**(latent heat of fusion) h_{sf}라고 한다. 따라서 저장된 에너지의 증가는 다음과 같다.

$$\Delta E_{st} = mh_{sf}$$

열역학 제1법칙 식에 대입하면 다음을 구할 수 있다.

$$t_m = \frac{mh_{sf}L}{6W^2k(T_1 - T_f)}$$ ◁

부가설명:

1. 얼음이 초기에 과냉되었다면 여러 가지 복잡한 일이 발생할 것이다. 저장의 항은 얼음을 과냉상태 온도로부터 융해 온도로 만드는 데 필요한 현열에너지(내부에너지)의 변화를 포함해야 할 것이다. 이 과정 동안에 온도구배가 얼음 내에서 발생할 것이다.
2. 한 면의 폭 $W = 100$ mm, 벽두께 $L = 5$ mm, 열전도율 $k = 0.05$ W/m·K인 공동(cavity)을 고려하자. 공동 속에 있는 얼음의 질량은 다음과 같다.

$$m = \rho_s(W - 2L)^3 = 920 \text{ kg/m}^3 \times (0.100 - 0.01)^3 \text{ m}^3 = 0.67 \text{ kg}$$

바깥 표면온도 $T_1 = 30°\text{C}$라면, 얼음을 녹이는 데 필요한 시간은 다음과 같다.

$$t_m = \frac{0.67 \text{ kg} \times 334{,}000 \text{ J/kg} \times 0.005 \text{ m}}{6(0.100 \text{ m})^2 \times 0.05 \text{ W/m} \cdot \text{K}(30 - 0)°\text{C}} = 12{,}430 \text{ s} = 207 \text{ min}$$

얼음의 밀도와 융해잠열은 각각 $\rho_s = 920$ kg/m^{3}과 $h_{sf} = 334$ kJ/kg이다.

3. t_m에 대한 앞에서의 식에서 K와 °C의 단위는 서로 상쇄되는 것에 유의하라. 열전달 해석에서 이러한 상쇄가 자주 사용되는데, 이는 두 단위들이 모두 **온도차**에 관련되기 때문이다.

표면 에너지평형 어떤 매질의 표면에 에너지보존 조건을 적용하는 경우가 자주 있을 것이다. 이 특별한 경우에 있어서 검사면은 물리적 경계의 양쪽에 위치하며, 질량이나 체적을 둘러싸지 않는다(그림 1.10 참조). 따라서 식 (1.12c)의 보존 방정식에서 열발생 항과 저장 항은 더 이상 관련이 없으며, 표면 현상만을 취급하면 된다. 이 경우에 대하여 에너지보존 조건은 다음과 같다.

$$\dot{E}_{\text{in}} - \dot{E}_{\text{out}} = 0 \tag{1.13}$$

매질 내에서 열에너지 발생이 일어나더라도 그 과정은 검사면에서 에너지평형에 영향을 미치지 못할 것이다. 더욱이 이 에너지보존 조건은 **정상상태**(steady-state)와 **과도**(transient) 조건 모두에 대해 적용된다.

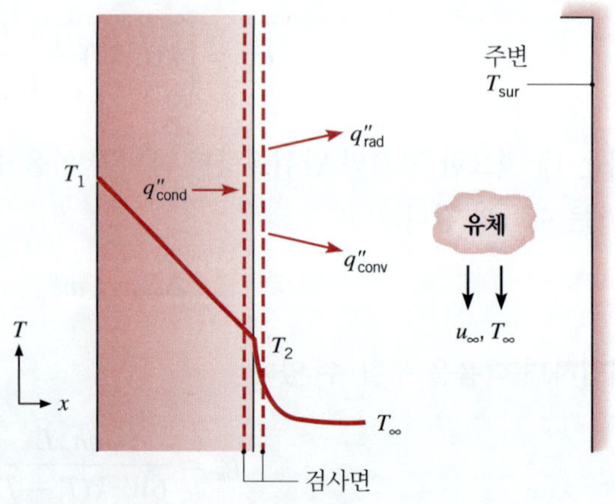

그림 1.10 매질 표면에서의 에너지보존에 대한 에너지평형.

그림 1.10의 검사면에 대하여 세 개의 열전달 항을 나타내었다. 이들은 단위면적에 대하여 매질로부터 검사면으로의 전도(q''_{cond}), 표면으로부터 유체로의 대류(q''_{conv}) 그리고 표면으로부터 주위로의 정미 복사교환(q''_{rad})이다. 에너지평형은 다음과 같다.

$$q''_{cond} - q''_{conv} - q''_{rad} = 0 \tag{1.14}$$

여기서의 각 항은 적절한 전달률 방정식인 식 (1.2), (1.3a) 및 (1.7)로 나타낼 수 있다.

예제 1.6

IHT

사람은 넓은 범위의 환경조건 하에서 거의 일정한 중심 온도 $T_c = 37°C$를 유지하기 위하여 열생성률과 열손실률을 조절할 수 있다. 이 과정을 **체온조절**(thermoregulation)이라 한다. 인체와 주위 사이의 열전달을 계산하는 관점에서, 한 층의 피부(skin)와 지방(fat)층에 초점을 두어, 바깥 표면은 주위에 노출되고 안쪽 표면은 중심 온도보다 약간 낮은 온도 $T_i = 35°C = 308$ K를 갖는다고 한다. 두께가 $L = 3$ mm이고 유효 열전도율 $k = 0.3$ W/m·K인 피부/지방층을 갖는 사람을 고려한다. 그 사람은 표면적 $A = 1.8\ m^2$이고 목욕 옷을 입고 있다. 피부의 방사율은 $\varepsilon = 0.95$이다.

1. 사람이 $T_\infty = 297$ K인 고요한 공기 중에 있을 때 피부 표면온도와 주위로의 열손실률은 얼마인가? 공기로의 대류열전달 특성은 $h = 2\ W/m^2 \cdot K$인 자연대류계수로 나타난다.
2. 사람이 $T_\infty = 297$ K인 물 속에 있을 때 피부 표면온도와 열손실률은 얼마인가? 물로의 열전달 특성은 $h = 200\ W/m^2 \cdot K$인 대류열전달계수로 나타난다.

풀이

제시자료: 두께를 알고 있는 피부/지방층의 내부 표면온도, 열전도율, 방사율 및 표면적. 대기조건.

풀이대상: 공기 중의 사람과 물 속에 있는 사람에 대한 피부 표면온도와 열손실률.

개략도:

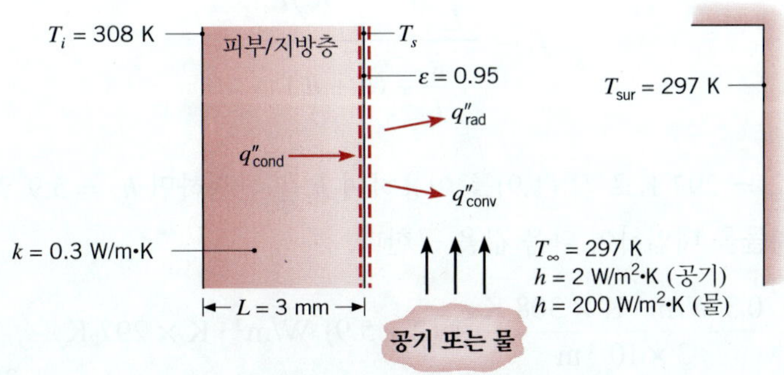

가정:

1. 정상상태 조건이다.
2. 피부/지방층을 통한 1차원 전도 열전달이다.
3. 열전도율은 균일하다.

4. In part 1. 피부 표면과 주위 사이에서의 복사 열교환은 작은 표면과 공기 온도를 갖는 큰 밀폐공간 사이에서의 복사 열교환이다.
5. 액체 물은 열복사에 비투과체이다.
6. 목욕복은 몸으로부터의 열손실에 아무런 영향이 없다.
7. 태양 복사는 무시할 수 있다.
8. 문제 2에서 몸은 물 속에 완전히 잠겨 있다.

해석:

1. 피부 표면온도는 피부 표면에서 에너지평형을 고려함으로써 얻을 수 있다. 식 (1.13)으로부터

$$\dot{E}_{\text{in}} - \dot{E}_{\text{out}} = 0$$

단위면적을 기준으로 하면 다음과 같이 된다.

$$q''_{\text{cond}} - q''_{\text{conv}} - q''_{\text{rad}} = 0$$

또는 식 (1.2), (1.3a) 및 (1.7)을 대입하여 다시 정리하면 다음과 같이 된다.

$$k\frac{T_i - T_s}{L} = h(T_s - T_\infty) + \varepsilon\sigma(T_s^4 - T_{\text{sur}}^4)$$

유일한 미지수는 T_s이지만, 복사 항이 4제곱에 의존하기 때문에 명시적으로 방정식을 풀 수 없다. 그러므로 방정식을 반복적 방법에 의해 풀어야 한다. 이 방법은 손으로 직접 하거나, *IHT*를 이용하거나, 또는 다른 방정식 솔버(solver)를 이용하여 풀 수 있다. 손으로 직접 풀기 위해, 복사열유속을 식 (1.8)과 (1.9)를 사용하는 복사열전달계수의 항으로 나타낸다. 즉

$$k\frac{T_i - T_s}{L} = h(T_s - T_\infty) + h_r(T_s - T_{\text{sur}})$$

$T_{\text{sur}} = T_\infty$로 놓고 T_s에 대하여 풀면 다음과 같이 된다.

$$T_s = \frac{\dfrac{kT_i}{L} + (h + h_r)T_\infty}{\dfrac{k}{L} + (h + h_r)}$$

추측한 값 $T_s = 305$ K와 $T_\infty = 297$ K로 식 (1.9)를 이용하여 h_r을 산정하면 $h_r = 5.9\ \text{W/m}^2\cdot\text{K}$를 얻을 수 있다. 그러고 나서 위의 방정식에 수치들을 대입하여 다음 값을 구한다.

$$T_s = \frac{\dfrac{0.3\ \text{W/m}\cdot\text{K} \times 308\ \text{K}}{3 \times 10^{-3}\ \text{m}} + (2 + 5.9)\ \text{W/m}^2\cdot\text{K} \times 297\ \text{K}}{\dfrac{0.3\ \text{W/m}\cdot\text{K}}{3 \times 10^{-3}\ \text{m}} + (2 + 5.9)\ \text{W/m}^2\cdot\text{K}} = 307.2\ \text{K}$$

이 새로운 값 T_s로 h_r과 T_s를 다시 계산할 수 있는데, 이것들이 변하지 않는다. 따라서 피부 온도는 307.2 K ≅ 34°C이다. ◁

열손실률은 피부/지방층을 통한 전도를 계산함으로써 구할 수 있다. 즉

$$q_s = kA\frac{T_i - T_s}{L} = 0.3\ \text{W/m}\cdot\text{K} \times 1.8\ \text{m}^2 \times \frac{(308 - 307.2)\ \text{K}}{3 \times 10^{-3}\ \text{m}} = 146\ \text{W} \quad \triangleleft$$

2. 액체 물은 열복사에 대한 불투과체이므로 피부 표면으로부터의 열손실은 오직 대류에 의한 것이다. 앞의 식에서 $h_r = 0$을 이용하면 다음과 같이 된다.

$$T_s = \frac{\dfrac{0.3\ \text{W/m}\cdot\text{K} \times 308\ \text{K}}{3 \times 10^{-3}\ \text{m}} + 200\ \text{W/m}^2\cdot\text{K} \times 297\ \text{K}}{\dfrac{0.3\ \text{W/m}\cdot\text{K}}{3 \times 10^{-3}\ \text{m}} + 200\ \text{W/m}^2\cdot\text{K}} = 300.7\ \text{K} \quad \triangleleft$$

그리고

$$q_s = kA\frac{T_i - T_s}{L} = 0.3\ \text{W/m}\cdot\text{K} \times 1.8\ \text{m}^2 \times \frac{(308 - 300.7)\ \text{K}}{3 \times 10^{-3}\ \text{m}} = 1320\ \text{W} \quad \triangleleft$$

부가설명:

1. 복사 열교환을 포함하는 에너지평형을 고려할 때, 복사 항에 나타나는 온도는 절대온도(K)로 표시되어야 하고, 혼동을 피하기 위하여 모든 항에서 절대온도를 사용하는 것이 좋은 습관이다.

2. 문제 1에서 대류 및 복사에 의한 열손실은 각각 37 W와 109 W이다. 따라서 복사 열전달을 무시하는 것은 합리적이지 않다. 문제 설명에서 복사의 중요성을 나타내지 않았을지라도, 열전달계수가 작을 때는(기체로의 자연대류에 대해 자주 그러함) 복사 열전달을 포함하여 고려하도록 주의해야 한다.

3. 전형적인 신진대사 열발생률은 100 W이다. 사람이 물 속에 너무 오랫동안 머물러 있다면, 몸 중심 온도가 떨어지기 시작할 것이다. 물에서 열손실이 큰 것은 열전달계수가 더 크기 때문인데, 이것은 공기에 비해 물의 열전도율이 훨씬 더 크기 때문이다.

4. 문제 1에서 34°C의 피부 온도는 편안한 값이지만, 문제 2에서 28°C의 피부 온도는 불편할 정도로 차가운 값이다

보존 법칙의 적용: 방법론 열전달을 해석하려면 1.2절에 기술된 전달률 방정식에 익숙해야 할 뿐만 아니라, 식 (1.12)와 (1.13)의 에너지보존 조건을 다룰 수 있어야 한다. 만일 몇 개의 기본법칙들을 준수한다면 이 평형식들을 간단히 적용할 수 있다.

1. 점선이나 실선들에 의하여 표시된 검사면으로 적절한 검사체적을 정의해야 한다.

2. 적절한 시간 기준을 확인해야 한다.

3. 관련되는 에너지 과정들을 명확히 확인해야 하며, 각 과정을 적절한 설명이 붙은 화살표로 검사체적에 표시하여야 한다.

4. 그 다음에 보존 방정식을 쓰고, 방정식의 관련된 항에 적절한 전달률 식을 대입해야 한다.

에너지보존 조건을 **유한한**(finite) 검사체적 또는 **미소**(differential) 검사체적에 적용할 수 있다는 것을 인식하는 것이 중요하다. 유한한 검사체적의 경우에는 계 전체의 거동을 지배하는 방정식이 얻어진다. 미소 검사체적에서는 계의 각 위치에서의 조건들에 대하여 풀 수 있는 미분방정식이 얻

어진다. 미소 검사체적은 2장에서 다루며, 검사체적의 두 가지 형태는 이 책 전체에서 광범위하게 사용된다.

1.3.2 열역학 제2법칙과 열기관 효율 사이의 관계

이 절에서는 다양한 에너지 변환장치들을 관리하고 효율을 증진시키는 데 열전달이 어떻게 중요한 역할을 하는지 보이고자 한다. 열기관은 연속적 또는 주기적으로 작동하면서 열을 일로 변환하는 장치라는 것을 상기하자. 예를 들면 내연기관, 발전소, 열전장치(7.2절 참조) 등이 있다. 열기관의 효율을 올리는 것은 상당히 중요한 주제이다. 예를 들어 효율이 더 높은 연소기관은 주어진 양의 일을 하는 데 더 적은 연료를 소모하고 그에 따라 오염 물질이나 이산화탄소와 같은 배기가스를 더 적게 배출한다. 효율이 더 높은 열전장치(thermoelectric device)의 경우 폐열로부터 더 많은 전기를 생산할 수 있다. 에너지 변환 장치의 종류에 관계없이, 에너지 변환 효율의 향상을 통해 그 장치의 크기, 무게 및 비용을 줄일 수 있다.

열역학 제2법칙은 효율이 주요 관심 대상이 될 때 주로 언급되며, 같은 의미라도 다른 여러 방법으로 표현될 수 있다. **Kelvin-Planck 서술**(Kelvin-Planck statement)은 특히 열기관의 작동과 연관되어 있다[1]. 이는 다음과 같다.

> **열역학적 사이클로 작동되면서 단일 열저장조로부터 열전달에 의해 받은 열에너지를 모두 일로 변환시켜 주위로 전달하는 그 어떤 시스템도 존재할 수 없다.**

열역학적 사이클(thermodynamic cycle)이란 시스템의 초기 상태와 최종 상태가 같은 과정이다. 결과적으로, 시스템에 저장된 에너지는 초기 상태와 최종 상태 사이에서 변하지 않으며, 열역학 제1법칙 식 (1.12a)는 $W = Q$로 정리된다.

Kelvin-Planck 서술의 결과는 열기관이 두 개 또는 그 이상의 열저장소를 통해 열을 교환하여, 고온의 열저장소로부터 열에너지를 받고 저온의 열저장소로 열에너지를 방출해야 한다는 것이다. 따라서 들어온 열을 모두 일로 변환하는 것은 불가능하며, $W = Q_{in} - Q_{out}$이다. 여기서 Q_{in}과 Q_{out}은 모두 양수로 정의된다. 즉 Q_{in}은 고온의 열원에서 열기관으로 전달된 열이며, Q_{out}은 열기관에서 저온의 열원으로 전달된 열이다.

열기관의 효율은 시스템에 전달된 열에 대한 변환된 일의 분율로 정의되며, 이는 다음과 같이 표현된다.

$$\eta \equiv \frac{W}{Q_{in}} = \frac{Q_{in} - Q_{out}}{Q_{in}} = 1 - \frac{Q_{out}}{Q_{in}} \tag{1.15}$$

제2법칙은 또한 **가역**(reversible) 과정에서, 비 Q_{out}/Q_{in}은 두 열저장조의 절대온도의 비와 같다는 것을 말해 준다[1]. 따라서 가역 과정으로 작동되는 열기관의 효율, 즉 **카르노 효율**(Carnot efficiency) η_C는 다음과 같다.

$$\eta_C = 1 - \frac{T_c}{T_h} \tag{1.16}$$

여기서 T_c와 T_h는 각각 저온 열저장조(thermal reservoir)와 고온 열저장조에서의 절대온도이다. 카르노 효율은 두 온도 사이에서 작동하는 어떤 열기관이 달성할 수 있는 최대 효율이다. **실제** 열기관은 비가역 과정에서 작동할 수밖에 없으므로, 더 낮은 효율을 가질 것이다.

열역학 지식으로부터, 열전달이 가역적으로 일어나기 위해서는 열기관과 열저장조 사이의 무한히 작은 온도차에서 일어나야 한다는 것을 알고 있다. 그러나 예를 들어 식 (1.2), (1.3) 및 (1.7)로 구체화된 열전달 기구들에 관한 지식에 따르면, 열전달이 일어나기 위하여 열기관과 열저장조 사이에 영이 아닌 온도차가 있어야 한다는 것을 실감하고 있다. 이러한 현실로 인해 비가역성이 발생하며 효율이 감소한다.

앞의 문단에서 설명한 개념을 토대로, 우리는 지금 열이 열저항 $R_{t,h}$를 통해 열기관으로 전달되고 또다른 열 저항 $R_{t,c}$를 통해 열이 열기관으로부터 추출되는 좀 더 현실적인 열기관의 모델 [2~5]을 고려한다(그림 1.11). 여기서 첨자 h와 c는 각각 열기관의 고온부와 저온부를 말한다. 1.2.4절에서 언급했듯이, 이러한 열저항은 전도, 대류 및 복사 등의 기구를 통해 열기관과 열저장조 사이에서 영이 아닌 온도차를 통한 열전달과 관련된다. 예를 들어 열저항은 두 개의 열저장조로부터 열기관을 분리시키는 벽을 통한 전도를 나타낼 수 있다. 두 개의 열저장조의 온도는 T_c와 T_h로 유지되는 반면에 열기관 온도가 그림에 나타난 것과 같이 $T_{h,i} < T_h$와 $T_{c,i} > T_c$인 것에 주목하라. 열기관은 **내부** 가역적(internally reversible)이며 카르노 효율로 작동한다고 가정한다. 그러나 **이제** 카르노 효율은 **열기관의 내부 온도** $T_{h,i}$와 $T_{c,i}$로 표현된다. 그러므로 실제(비가역) 열전달 과정을 고려한 수정 효율 η_m은 다음과 같다.

$$\eta_m = 1 - \frac{Q_{\text{out}}}{Q_{\text{in}}} = 1 - \frac{q_{\text{out}}}{q_{\text{in}}} = 1 - \frac{T_{c,i}}{T_{h,i}} \tag{1.17}$$

여기서 어떤 시간 간격 동안에 걸친 열 **유동**의 비율 $Q_{\text{out}}/Q_{\text{in}}$은 이에 대응하는 열**전달률**의 비 $q_{\text{out}}/q_{\text{in}}$으로 대체된다. 이러한 대체는 1.3.1절에서 논의된 것처럼 어느 순간에서 에너지보존을 적용한 것이다.[2] 열저항의 정의를 이용하면, 열기관 내외로의 열전달률은 다음과 같이 주어진다.

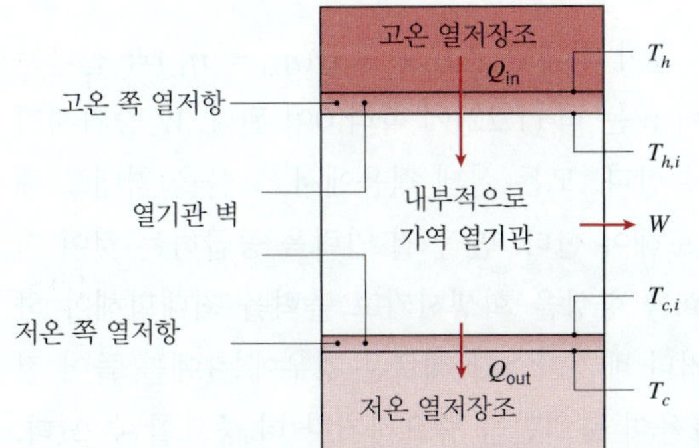

그림 1.11 열저항을 통과하여 고온 열저장조 및 저온 열저장조와 열을 교환하는 내부 가역적 열기관.

[2] 열기관은 연속적인 정상 유동 과정을 겪는다고 가정한다. 따라서 모든 열과 일 과정은 동시에 일어나고, 해당하는 항목들은 와트(W) 단위로 표시될 것이다. 다른 시간 간격에 걸쳐 순차적으로 일어나는 열과 일 과정을 포함하고 사이클의 과정을 수행하는 열기관에 대해서는 각 과정에 대해 시간 간격을 도입하는 것이 필요하며, 각 항목은 줄(J)로 표시될 것이다.

$$q_{\text{in}} = (T_h - T_{h,i})/R_{t,h} \tag{1.18a}$$

$$q_{\text{out}} = (T_{c,i} - T_c)/R_{t,c} \tag{1.18b}$$

열기관의 내부 온도에 대하여 식 (1.18)을 다음과 같이 풀 수 있다.

$$T_{h,i} = T_h - q_{\text{in}}R_{t,h} \tag{1.19a}$$

$$T_{c,i} = T_c + q_{\text{out}}R_{t,c} = T_c + q_{\text{in}}(1 - \eta_m)R_{t,c} \tag{1.19b}$$

식 (1.19b)에서, 식 (1.17)을 사용하여 q_{out}은 q_{in} 및 η_m에 관련되어 있다. 따라서 좀 더 실제적인, 수정 효율은 다음과 같이 표현될 수 있다.

$$\eta_m = 1 - \frac{T_{c,i}}{T_{h,i}} = 1 - \frac{T_c + q_{\text{in}}(1 - \eta_m)R_{t,c}}{T_h - q_{\text{in}}R_{t,h}} \tag{1.20}$$

η_m에 대해서 풀면 다음과 같이 된다.

$$\eta_m = 1 - \frac{T_c}{T_h - q_{\text{in}}R_{\text{tot}}} \tag{1.21}$$

여기서 $R_{\text{tot}} = R_{t,h} + R_{t,c}$이다. 열저항 $R_{t,h}$와 $R_{t,c}$가 무한히 작게 되는 경우에만(또는 $q_{\text{in}} = 0$이라면) $\eta_m = \eta_C$인 것이 쉽게 입증된다. R_{tot}의 실제(0이 아닌) 값에 대하여, $\eta_m < \eta_C$이며, R_{tot} 또는 q_{in}이 증가할수록 η_m은 더 많이 저하한다. 극단적인 경우에 대하여 $T_h = T_c + q_{\text{in}}R_{\text{tot}}$일 때 $\eta_m = 0$인 것에 주목하라. 이것은 식 (1.16)에 나타낸 것처럼 카르노 효율이 0이 아님에도 불구하고 동력이 전혀 생산되지 않는다는 것을 의미한다.

효율에 더해서, 열기관에서 고려해야 할 다른 중요한 인자는 다음 식으로 주어지는 열기관의 출력이다.

$$\dot{W} = q_{\text{in}}\eta_m = q_{\text{in}}\left[1 - \frac{T_c}{T_h - q_{\text{in}}R_{\text{tot}}}\right] \tag{1.22}$$

식 (1.21)을 설명하면서, $q_{\text{in}} = 0$이라면 열기관의 효율이 최대인 카르노 효율($\eta_m = \eta_C$)과 같다는 것을 이미 알고 있다. 그러나 이러한 상황하에서 출력 $\dot{W}$는 식 (1.22)에 따라 0이 된다. $\dot{W}$ 증가시키기 위해서는, 효율을 감소시키더라도 q_{in}은 증가해야 한다. 모든 실제 적용에서, 효율을 최대로 해주는 것과 출력을 최대로 해주는 것을 두고 비교 검토해야 한다. 만약 열 입력을 공급하는 것이 저렴하다면(예를 들어 폐열이 출력으로 전환될 때), 효율 향상을 희생시키고 출력을 최대화해야 하는 경우가 있을 수 있다. 반대로, 만약 연료가 비싸거나 배기가스가 해로운 경우에는(예를 들어 전통적인 화석 연료 발전소의 경우), 에너지 변환의 효율이 출력만큼 중요하거나 더 중요할 수 있다. 어떠한 경우든, 열전달과 열역학 법칙들을 사용하여 열기관의 실제 효율과 출력을 결정해야 한다.

지금까지 열기관에 대해 제2법칙을 적용하는 것에 대해서만 논의하였으나, 앞서 분석한 것은 지금 시대의 중요한 문제를 해결하는 데 있어 열전달과 열역학 법칙들을 어떻게 결합하여 사용하는지 보여 주고 있다.

예제 1.7

대형 증기 원동소에서, 석탄의 연소를 통한 열 발생률이 $q_{in} = 2500$ MW이고, 이때 화염 온도가 $T_h = 1000$ K이다. 열은 원동소에서 $T_c = 300$ K로 흐르는 강으로 배출된다. 열은 연소 생성물로부터 보일러의 큰 관 외부로 복사와 대류에 의해 전달된다. 이때 보일러 관을 통해 전도가 일어나며, 관 내부로부터 작동 유체(물)로 대류가 일어난다. 저온부에서는 외부 응축기 관 표면에서 증기의 응축이 일어나 열이 원동소로부터 방출되며, 응축기 관 벽을 통해 전도가 일어나고, 응축기 관 내부로부터 강물로 대류가 일어난다. 전도, 대류 및 복사가 복합된 효과를 고려한 고온부와 저온부에서의 열저항은 **설계 조건**하에서 각각 $R_{t,h} = 8 \times 10^{-8}$ K/W와 $R_{t,c} = 2 \times 10^{-8}$ K/W이다.

1. 저온 열저장조와 고온 열저장조와의 열전달 효과를 고려해 원동소의 효율과 출력을 계산하라. 원동소를 내부적으로 가역 열기관으로 취급하라.
2. 시간이 지나면, 연소가 일어난 부분의 보일러 관에 석탄 슬래그(slag)가 축적될 것이다. 이러한 **파울링 과정**(fouling process)으로 인해 고온부의 열저항은 $R_{t,h} = 9 \times 10^{-8}$ K/W로 증가한다. 동시에, 생물학적 물질들이 응축기 관의 강물 쪽에 축적되어, 저온부의 열저항을 $R_{t,c} = 2.2 \times 10^{-8}$ K/W로 증가시킨다. 이러한 오염된 상태하에서 원동소의 효율과 출력을 구하라.

풀이

제시자료: 내부 가역적 열기관의 열 공급률과 고온부와 저온부의 온도. 깨끗한 상태와 오염된 상태하에서 고온부 및 저온부와 열기관 사이에 존재하는 열 저항들.

풀이대상:

1. 깨끗한 상태에서의 효율과 출력.
2. 오염된 상태에서의 효율과 출력.

개략도:

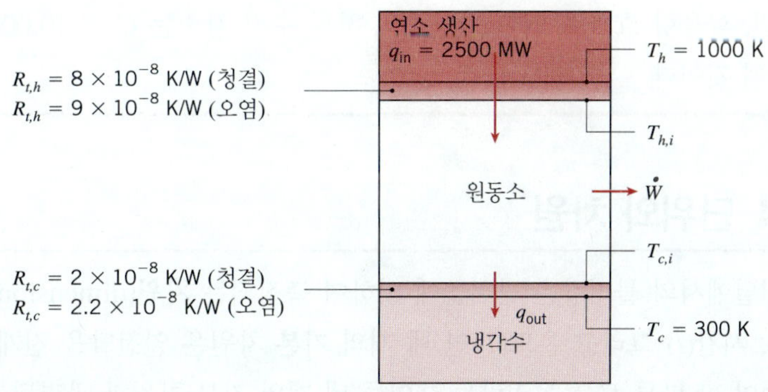

가정:

1. 정상상태 조건이다.
2. 원동소는 내부 가역적 열기관으로 작동한다. 따라서 효율은 수정 효율이다.

해석:

1. 내부 가역적인 원동소의 수정 효율은 원동소의 저온부와 고온부에서 실제 열전달 효과를 고려한 식 (1.21)로 주어진다.

$$\eta_m = 1 - \frac{T_c}{T_h - q_{in} R_{tot}}$$

여기서 깨끗한 상태에 대하여

$$R_{tot} = R_{t,h} + R_{t,c} = 8 \times 10^{-8} \text{ K/W} + 2 \times 10^{-8} \text{ K/W} = 1.0 \times 10^{-7} \text{ K/W}$$

따라서

$$\eta_m = 1 - \frac{T_c}{T_h - q_{in} R_{tot}} = 1 - \frac{300 \text{ K}}{1000 \text{ K} - 2500 \times 10^6 \text{ W} \times 1.0 \times 10^{-7} \text{ K/W}} = 0.60 = 60\% \quad \triangleleft$$

출력은 다음과 같이 주어진다.

$$\dot{W} = q_{in} \eta_m = 2500 \text{ MW} \times 0.60 = 1500 \text{ MW} \quad \triangleleft$$

2. 오염된 상태하에서, 앞의 계산 과정을 반복하면 다음과 같이 된다.

$$\eta_m = 0.583 = 58.3\% \text{ and } \dot{W} = 1460 \text{ MW} \quad \triangleleft$$

부가설명:

1. 이 두 온도 사이에서 작동하는 원동소의 실제 효율과 출력은 앞에서 계산한 값에 비해 훨씬 작을 것이다. 이것은 원동소 내부의 다른 비가역적 조건들 때문이다. 이러한 비가역적 조건들을 종합적으로 고려하더라도, 파울링 효과에 의해 효율과 출력은 더 떨어질 것이다.

2. Carnot 효율은 $\eta_C = 1 - T_c/T_h = 1 - 300 \text{ K}/1000 \text{ K} = 70\%$이다. 이에 상응하는 출력은 또한 $\dot{W} = q_{in}\eta_C = 2500 \text{ MW} \times 0.70 = 1750 \text{ MW}$가 될 것이다. 따라서 저온 열서장소와 고온 열저장조와의 비가역적 열전달 효과를 무시한다면, 원동소의 출력이 상당히 과대하게 예측될 것이다.

3. 파울링 효과에 의해 원동소의 출력은 $\Delta P = 40$ MW가 감소한다. 만약 원동소 운영자가 전기를 \$0.08/kW·h의 가격으로 판매한다고 가정하면, 파울링 효과로 인한 원동소의 하루 수지 감소는 $C = 40{,}000 \text{ kW} \times \$0.08/\text{kW·h} \times 24 \text{ h/day} = \$76{,}800/\text{day}$가 될 것이다.

1.4 단위와 차원

열전달에서의 물리량은 단위들에 의하여 측정되는 **차원**(dimension)으로 나타낸다. 길이(L), 질량(M), 시간(t) 그리고 온도(T)인 네 개의 **기본** 차원은 열전달을 전개하기 위하여 필요하다. 관심을 가져야 할 다른 모든 물리량들은 이들 네 개의 기본 차원과 관련된다.

미국에서는 관습적으로 다음과 같은 **영국단위계**(English system of units)에 의하여 차원을 측정하는데, 여기서의 **기본단위**(base unit)는 다음과 같다.

차원		단위
길이(L)	→	foot (ft)
질량(M)	→	pound mass (lb_m)
시간(t)	→	second (s)
온도(T)	→	degree Fahrenheit (°F)

표 1.2 SI 기본단위와 보조단위

물리량과 기호	단위와 기호
길이(L)	meter (m)
질량(M)	kilogram (kg)
물질의 양(C)	mole (mol)
시간(t)	second (s)
전류(I)	ampere (A)
열역학적 온도(T)	kelvin (K)
평면각[a](θ)	radian (rad)
입체각[a](ω)	steradian (sr)

[a]보조 단위.

다른 물리량들을 규정하는 데 필요한 단위는 이 그룹으로부터 도출될 수 있다.

1960년에 SI(Systé International d'Unités) 단위계가 제11차 General Conference on Weights and Measures에서 정의되었으며, 세계적인 표준으로 추천되었다. 이러한 추세에 부응하여 미국 기계학회(ASME)는 1974년부터 ASME의 모든 발행물에 SI 단위의 사용을 의무화하였다. 이러한 이유와 더불어, 영국단위계보다 조작상 편리하기 때문에 이 책의 계산에서는 SI 단위를 사용한다. 그러나 공학자들은 앞으로 얼마 동안은 영국단위계로 표시된 결과를 취급해야 할 것이기 때문에, 영국단위계를 SI 단위로 환산할 수 있어야 한다. 편리하게 사용할 수 있도록 부록에 환산계수를 첨부하였다.

이 책에서 필요한 SI **기본**단위는 표 1.2에 요약되어 있다. 이들 단위에 대해 1 mol은 12 g의 탄소-12(^{12}C) 내에 존재하는 만큼의 원자 수나 분자 수를 가지는 물질의 양이며, 이것이 그램-몰(mol)이다. 비록 몰이 SI 단위계에서 물질의 단위량으로 추천되었지만, 킬로그램-몰(kmol, kg-mol)을 취급하는 것이 더 일관성이 있다. 1 kmol은 단순히 ^{12}C의 12 kg 내에 있는 원자들만큼의 원자 수나 분자 수를 갖는 물질의 양이다. 주어진 문제 내에서 올바르게 사용한다면, mol이나 kmol을 사용하는 데 있어서 어떠한 어려움도 발생하지 않는다. 물질의 분자량은 mol이나 kg-mol과 관련된 질량이다. 한 예로서, 산소의 분자량 $\mathcal{M}$은 16 g/mol 또는 16 kg/kmol이다.

온도의 SI 단위는 켈빈(Kelvin)온도이지만, 섭씨온도 눈금도 널리 사용되고 있다. 섭씨온도 영도(0°C)는 다음과 같은 열역학적 눈금[3]으로서 273.15 K에 상당한다.

$$T(\mathrm{K}) = T(°\mathrm{C}) + 273.15$$

[3] 전하량(electrical charge)을 나타내는 단위 C(coulomb)의 사용과 혼동되지 않도록 섭씨온도를 나타낼 때는 도(degree) 기호(°)를 붙여 °C로 표기한다.

표 1.3 선정된 물리량에 대한 SI 유도단위

양	이름과 기호	식	SI 기본단위에 의한 표현
힘	newton (N)	$m \cdot kg/s^2$	$m \cdot kg/s^2$
압력과 응력	pascal (Pa)	N/m^2	$kg/m \cdot s^2$
에너지	joule (J)	$N \cdot m$	$m^2 \cdot kg/s^2$
동력	watt (W)	J/s	$m^2 \cdot kg/s^3$

표 1.4 곱을 의미하는 접두사

접두사	기호	환산계수
femto	f	10^{-15}
pico	p	10^{-12}
nano	n	10^{-9}
micro	μ	10^{-6}
milli	m	10^{-3}
centi	c	10^{-2}
hecto	h	10^{2}
kilo	k	10^{3}
mega	M	10^{6}
giga	G	10^{9}
tera	T	10^{12}
peta	P	10^{15}
exa	E	10^{18}

그러나 두 가지 눈금에서 **온도차**는 같으며 °C나 K로 나타낼 수 있다. 또한 시간의 SI 단위는 초이지만, 다른 시간 단위(분, 시간 그리고 일)가 매우 흔히 사용되므로, 일반적으로 SI 단위와 함께 이들을 사용하는 것이 허용되고 있다.

SI 단위는 미터 단위계의 체계적인 형태를 포함한다. 즉 기타 모든 단위는 환산계수를 포함하지 않는 식을 사용하여 기본단위로부터 유도될 수 있다. 선정된 양에 대한 유도단위(derived unit)는 표 1.3에 열거되어 있다. 힘은 newton으로 측정되며, 1 N의 힘은 질량이 1 kg인 물체를 1 m/s^2로 가속시킨다. 따라서 $1\ N = 1\ kg \cdot m/s^2$이다. 압력의 단위(N/m^2)는 흔히 pascal로 불린다. SI 단위계에서는 에너지(열, 기계, 또는 전기)의 단위로서 joule(J)이라는 단위가 존재하며, $1\ J = 1\ N \cdot m$이다. 에너지율, 즉 동력에 관한 단위는 J/s이며, 여기서 초당 1 joule은 1 watt(1 J/s = 1 W)에 상당한다. 극히 크거나 작은 수를 취급할 필요가 자주 있으므로, 표기를 단순화하기 위하여 한 세트의 표준 접두사를 도입하였다(표 1.4). 한 예로 1 megawatt(MW) = 10^6 W이고, 1 micrometer (μm) = 10^{-6} m이다.

1.5 열전달 문제의 해석: 방법론

이 교재의 주목적은 독자들이 열전달 과정을 포함하는 공학 문제를 풀 수 있도록 준비시키는 것이다. 이 목적을 위하여 각 장의 끝에 많은 문제들이 주어져 있다. 이들 문제를 푸는 동안에 이 과목의 기초를 깊이 이해하게 될 것이고, 이들 기본사항을 공학 문제의 풀이에 적용할 수 있는 능력에 확신을 얻게 될 것이다.

문제를 푸는 데 있어서 규정된 체제에 따른 체계적인 절차를 사용할 것이다. 따라서 모든 예제에서 이 절차를 계속 적용하고, 학생들이 문제를 풀 때 그것을 사용하도록 요구한다. 이것은 다음과 같은 단계로 구성된다.

1. **제시자료:** 문제를 주의 깊게 읽은 후, 문제에 대하여 주어진 것이 무엇인지를 간단하고 명료하게 기술한다. 문제의 문장을 반복하는 것이 아니다.
2. **풀이대상:** 구해야 할 것을 간단하고 명료하게 기술한다.
3. **개략도:** 물리적인 계의 개략도를 그린다. 보존 법칙의 적용이 예측된다면, 개략도 위에 필요한 검사면(들)을 점선으로 나타낸다. 개략도에 적절한 설명이 붙은 화살표로 관련된 열전달 과정을 표시한다.
4. **가성:** 문세를 단순화하는 데 직절한 모든 가정을 열기한디.
5. **물성치:** 뒤이은 계산에 필요한 물성치를 나타내고, 물성치를 얻은 출처를 표시한다.
6. **해석:** 적절한 보존 법칙을 적용하여 해석을 시작하고, 필요에 따라 전달률 방정식을 도입한다. 수치를 대입하기 전에 가능한 한 완전하게 해석을 한다. 원하는 결과를 얻는 데 필요한 계산을 수행한다.
7. **부가설명:** 결과를 검토한다. 이러한 검토에는 중요한 결론의 요약, 처음 가정들의 검증 그리고 부가적으로 **가상할 수 있는(what-if) 문제**와 **매개변수 민감도**에 대한 계산을 수행함으로써 얻은 경향의 추론이 포함된다.

위의 단계 1부터 4까지의 중요성을 과소평가해서는 안 된다. 이 단계들은 해를 구하기 전에 문제에 관하여 생각할 수 있는 유용한 기회를 제공한다. 단계 7에서 컴퓨터 기반의 계산을 수행함으로써 부가적인 통찰력을 얻을 수 있는 것이 바람직하다. 이 교재에 동반되는 소프트웨어는 그러한 계산을 하는 데 적당한 도구를 제공한다.

예제 1.8

IHT

2000 W/m^2의 균일한 조사(irradiation)를 공급하는 적외선 램프에 노출시켜서 평판 위의 도장(coating)을 경화시킨다. 이 도장은 조사의 80%를 흡수하고 방사율이 0.50이다. 이것은 또한 온도가 각각 20°C와 30°C인 공기 흐름과 큰 주위에 노출되어 있다.

1. 평판과 대기 사이의 대류열전달계수가 15 $W/m^2 \cdot K$이라면, 평판의 경화온도는 몇 도인가?
2. 마모와 내구성을 포함하는 도장의 최종 특성은 경화가 일어나는 온도에 의존한다고 알려져 있다. 공기 유동 장치로 경화된 표면 위에서 공기 속도와 대류열전달계수를 제어할 수 있으나, 프로세스 기술자는 온도가 대류열전달계수에 어떻게 의존하는가를 알아야 한다. $2 \le h \le 200$ $W/m^2 \cdot K$에 대하여 표면온도를 h의 함수로 계산하고 도표로 나타내어 원하는 정보를 제시하라. 경화온도가 50°C일 때 h의 값을 구하라.

풀이

제시자료: 주어진 복사 물성치를 갖는 도장이 적외선 램프로부터의 조사에 의해 경화된다. 도장으로부터의 열전달은 대기로의 대류와 주위와의 복사 열교환이다.

풀이대상:

1. $h = 15\ \text{W/m}^2\cdot\text{K}$에 대한 경화온도.
2. $2 \le h \le 200\ \text{W/m}^2\cdot\text{K}$에서 경화온도에 대한 공기 유동의 영향, 경화온도가 50°C일 때의 h 값.

개략도:

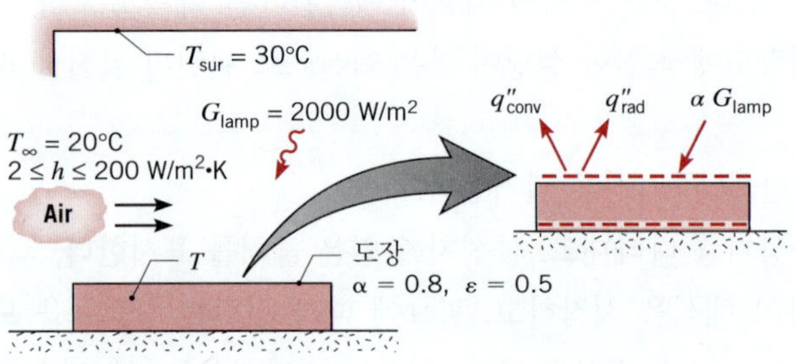

가정:

1. 정상상태 조건이다.
2. 평판의 뒤 표면으로의 열손실은 무시한다.
3. 평판은 큰 주위 안에 있는 작은 물체이고, 도장은 주위로부터의 조사에 대하여 $\alpha_{sur} = \varepsilon = 0.5$의 흡수율을 갖는다.

해석:

1. 이 과정은 정상상태 조건에 부합되고, 뒤 표면에서 열전달이 없기 때문에 평판은 등온($T_s = T$)이어야 한다. 따라서 노출된 표면을 검사면으로 놓고 식 (1.13)을 적용함으로써, 또는 전체 평판을 검사면으로 놓고 식 (1.12c)를 적용함으로써 구하려는 온도를 결정할 수 있다. 후자의 방법을 택하고 내부에너지 발생이 없다는 것($\dot{E}_g = 0$)을 인식하면 식 (1.12c)는 다음과 같이 축약된다.

$$\dot{E}_{in} - \dot{E}_{out} = 0$$

여기서 정상상태 조건에 대하여 $\dot{E}_{st} = 0$이다. 도장에 의한 램프 조사의 흡수로 인한 유입 에너지와, 주위로의 대류와 정미 복사 열전달에 의한 유출 에너지를 고려하면 다음과 같이 된다.

$$(\alpha G)_{lamp} - q''_{conv} - q''_{rad} = 0$$

식 (1.3a)와 (1.7)에 이들을 대입하면 다음과 같이 된다.

$$(\alpha G)_{lamp} - h(T - T_\infty) - \varepsilon\sigma(T^4 - T_{sur}^4) = 0$$

수치들을 대입하면

$$0.8 \times 2000\ \text{W/m}^2 - 15\ \text{W/m}^2\cdot\text{K}(T - 293)\ \text{K} - 0.5 \times 5.67 \times 10^{-8}\ \text{W/m}^2\cdot\text{K}^4\,(T^4 - 303^4)\ \text{K}^4 = 0$$

이를 시행착오법(trial-and-error)에 의해 풀면, 다음 값을 얻는다.

$$T = 377\ \text{K} = 104°\text{C}$$ ◁

2. 주어진 범위 내에서 선택된 h의 값에 대하여 앞에서의 에너지평형식을 풀어서 결과를 도면으로 나타내면 다음과 같다.

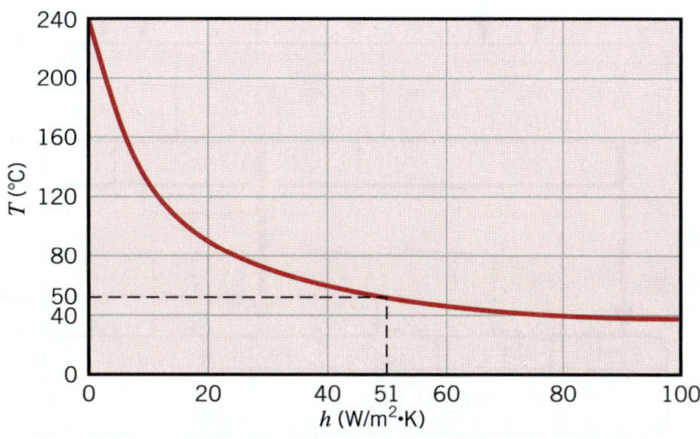

원하는 경화온도가 50°C라면, 공기 유동은 다음과 같은 대류열전달계수를 제공해야 한다.

$$h(T = 50°\text{C}) = 51.0\ \text{W/m}^2 \cdot \text{K}$$ ◁

부가설명:

1. 도장(면)의 온도는 공기 속도를 증가시켜 대류열전달계수를 증가시키는 방법으로뿐 아니라, T_∞와 T_{sur}을 감소시킴으로써 낮출 수 있다.
2. 평판으로부터의 열전달에 대한 대류와 복사의 상대적인 기여도는 h에 따라 크게 변한다. $h = 2\ \text{W/m}^2\cdot\text{K}$, $T = 204°\text{C}$일 때는 복사 열전달이 지배적이다($q''_{rad} \approx 1232\ \text{W/m}^2$, $q''_{conv} \approx 368\ \text{W/m}^2$). 반대로 $h = 200\ \text{W/m}^2\cdot\text{K}$, $T = 28°\text{C}$일 때는 대류열전달이 지배적이다($q''_{conv} \approx 1606\ \text{W/m}^2$, $q''_{rad} \approx -6\ \text{W/m}^2$). 사실 이 조건에 대하여 평판 온도는 주위 온도보다 약간 낮고, 정미 복사 열교환이 평판으로 일어난다.

1.6 열전달의 관련성

열전달 효과를 이해하고, 어떤 상황에서 전개되는 열전달률과 온도를 예측하는 데 필요한 기법을 개발하는 데는 많은 시간이 필요하다. 이 지식의 가치는 무엇이며, 어떤 문제에 이것을 적용할 수 있는가? 열전달이 결정적인 역할을 하는 폭넓은 응용분야를 예시하기 위하여 몇 개의 예를 들어 보자.

인류를 위한 충분한 에너지를 공급하는 것이 어려운 일이라는 것은 많이 알려진 사실이다. 적절한 에너지 공급은 연료 산업 생산성뿐만 아니라, 많은 세계 인구에 안전하게 마시고 먹을 수 있는 물과 음식을 공급하고 생명을 위협하는 질병을 치료하는 데 필요한 위생 시설을 제공하는 데 필요하다.

열전달이 에너지 문제에 얼마만큼의 역할을 하고 있는지에 대해 알아보기 위해, 그림 1.12a에 나타낸 것과 같은 미국에서의 에너지 사용을 나타내는 흐름도를 살펴보자. 현재 미국에서 연간 소

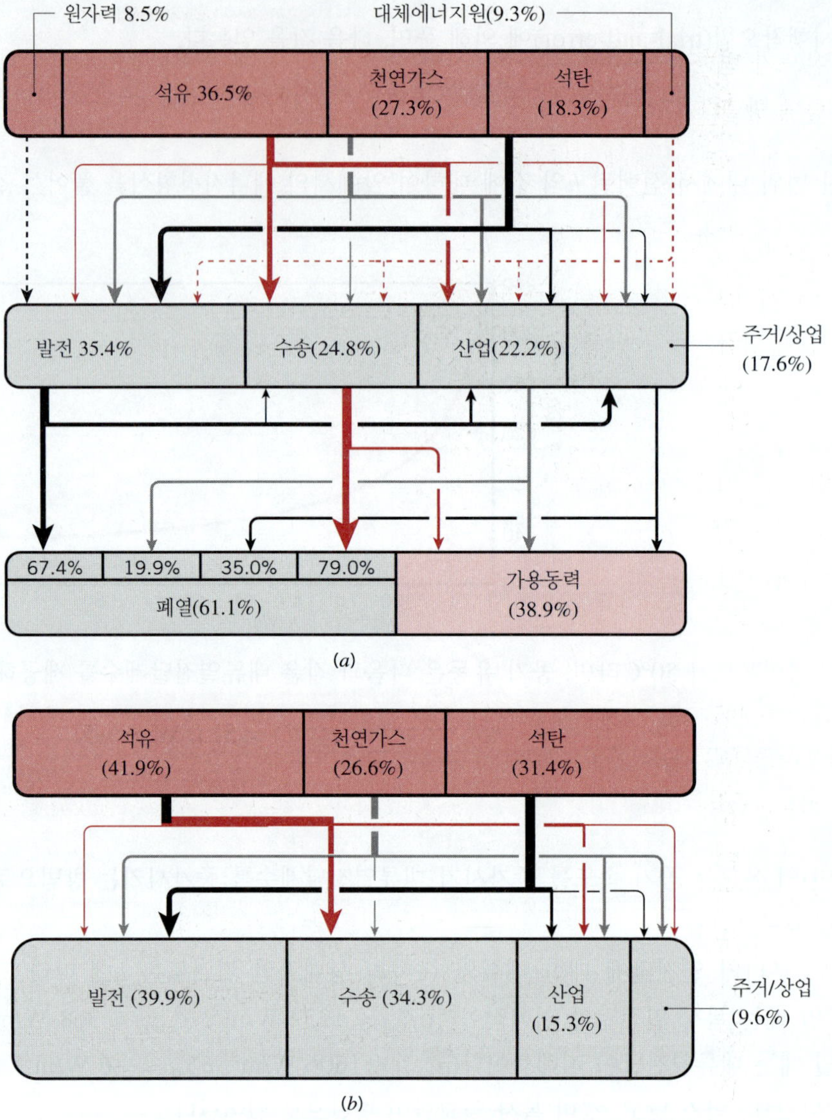

그림 1.12 2012년 미국의 에너지 소비와 연관된 CO_2 배출에 대한 흐름도. (*a*) 에너지 생산과 소비. (*b*) 화석연료원 및 최종 용도별 이산화탄소. 화살표 폭은 흐름의 상대적인 크기를 나타낸다.

비되는 100 EJ의 에너지에서 거의 61%가 열의 형태로 소비되고 있다. 전기를 생산하는 데 사용된 에너지의 70% 정도가 열의 형태로 손실되고 있다. 석유에 기반을 둔 연료에 거의 독점적으로 의존하는 수송 부분을 보면, 소비된 에너지의 21%만을 겨우 이용하고 있으며 나머지 79%가 열의 형태로 방출되고 있다. 산업 부분과 주거/상업 용도로 쓰이는 에너지는 좀 더 효율적이지만, **에너지 절약**을 위한 기회는 풍부하다. 열역학과 열전달의 수단을 이용하는 창의적인 열공학은 (1) 에너지를 생산하고 변환하는 효율을 향상시키고, (2) 에너지 손실을 줄이고, (3) 폐열의 많은 부분을 회수하기 위한 새로운 방법을 이끌어 낼 수 있다.

그림 1.12*a*에서 보듯이, **화석연료**(석유, 천연가스 및 석탄)가 미국과 같은 많은 나라에서 에너지 포트폴리오를 지배하고 있다. 화석 연료의 연소는 막대한 양의 이산화탄소를 만들어 낸다. 연간 미국에서 연소로 인해 방출된 이산화탄소의 양은 현재 5.07 Eg(5.07 × 10^{15} kg)이다. 더 많

은 이산화탄소가 대기 내로 배출될수록, 대기 속에서 복사 열전달 메커니즘이 변하게 되며, 이로 인해 지구의 온도가 변하게 될 것이다. 미국과 같은 나라에서 전기 발전과 수송 부분이 에너지 사용으로 대기 중에 방출하는 전체 CO_2 양의 75%를 차지한다(그림 1.12*b*).

공학자들이 열전달의 원리를 적용해서 에너지와 환경에 관해 **지속 가능** 문제를 해결할 수 있는 방법으로 무엇이 있을까?

가스터빈 엔진(gas turbine engine)의 효율은 작동 온도를 높임으로써 상당히 향상될 수 있다. 오늘날 이들 엔진 내부에서 연소 가스의 온도는 터빈 블레이드(blade)와 베인(vane)을 만드는 데 사용되는 신형 합금의 용융점을 훨씬 초과한다. 안전한 작동을 위하여 대표적으로 다음 세 가지 방법에 의해 달성되고 있다. 첫 번째 방법으로, 상대적으로 차가운 가스가 터빈 블레이드의 선단에서 작은 구멍을 통해 분사되는 것이다(그림 1.13). 이들 가스는 아래로 흐르면서 블레이드를 감싸서 고온의 연소 가스로부터 터빈 블레이드를 격리시키는 것을 돕는다. 두 번째 방법으로, 열전도율이 매우 낮은 얇은 층인 세라믹 **열차단 코팅**(thermal barrier coating)을 블레이드와 베인에 적용해 추가적인 단열층을 제공하는 것이다. 이러한 코팅은 10,000 K 이상에서 작동할 수 있는 플라스마 스프레이 건과 같은 극단적인 고온 열원을 이용해 엔진 부품에 용해한 세라믹 분말을 분무함으로써 생성된다. 세 번째 방법으로, 열전달 공학자들은 가스 터빈 엔진이 이러한 극단적인 조건하에서 작동하도록 터빈 블레이드와 베인의 냉각을 고려해서 복잡한 내부 냉각 통로가 있도록 주의 깊게 설계하는 것이다.

대체에너지원은 대부분 국가의 에너지 포트폴리오에서 적은 부분을 차지하고 있으며, 미국의 경우가 그림 1.12*a*의 흐름도에 예시되어 있다. 에너지를 생산할 수 있는 자원인 바람, 태양 조사와 같은 현상은 간헐적으로 일어나기 때문에 광범위하게 사용하는 데는 제한을 받고 있고, 전력 생산이 적은 기간 동안에 사용할 수 있도록 잉여 에너지를 저장할 수 있는 창의적인 방법이 시급히 필요하다. 태양조사와 관련하여, 태양광은 집광하여 유체를 매우 높은 온도까지 가열할 수 있다. 그러면 가열된 유체를 발전소로 보내서 재래식 증기터빈 또는 다른 열기관을 구동할 수 있다. 그러나 만일 집열된 태양에너지의 일부를 낮 동안 저장했다가 야간에 활용할 수 있으면 태양 구동 전력을 하루 종일 생산할 수 있다. 게다가 전력 생산을 하루 전체에 걸쳐 분산시키면 매일 생산해야 할 동일한 양의 전기에너지를 공급하면서도 정격전력(electric power rating)을 반으로 줄일 수 있다. 따라서 축열장치를 사용하면 발전소의 규모와 비용을 약 반 정도로 줄일 수 있다. 축열장치를 출입하는 대량의 열을 전달시키기 위해서는 열저항이 매우 작은 특성을 갖는 혁신적 열전달 설계가 필요하다. 태양열 전력 생산을 보다 효율적이고 실용적으로 만들기 위해서는 열에너지 저장을 위한 이러한 장치의 개발이 핵심적인 요소이다[7].

지난 수십 년 동안의 **정보기술 혁신**에 의해 산업 생산성의 현저한 성장은 전세계적으로 생활의 질을 향상시켜 왔다. 많은 정보과학 기술의 혁신은, 규모의 관점에서 나노스케일의 집적회로(integrated circuit)로부터 열발생 장치로 채워진 대규모 데이터 센터(data center)까지의 범위에 걸쳐서, 시스템의 정확한 온도제어를 보장하는 열전달 공학의 발달에 의해 가능하게 되었다. 전자장치들이 더 빨라지고 보다 많은 기능들을 구비하게 될수록 더 많은 열에너지를 발생시킨다. 동시에 이 장치들은 더욱 소형화되고 있다. 불가피하게 열유속(W/m^2)과 체적 열발생률(W/m^3)이 증가하더라도 장치의 작동 온도는 장치의 신뢰성을 보장하기 위하여 적절히 낮게 유지되어야 한다.

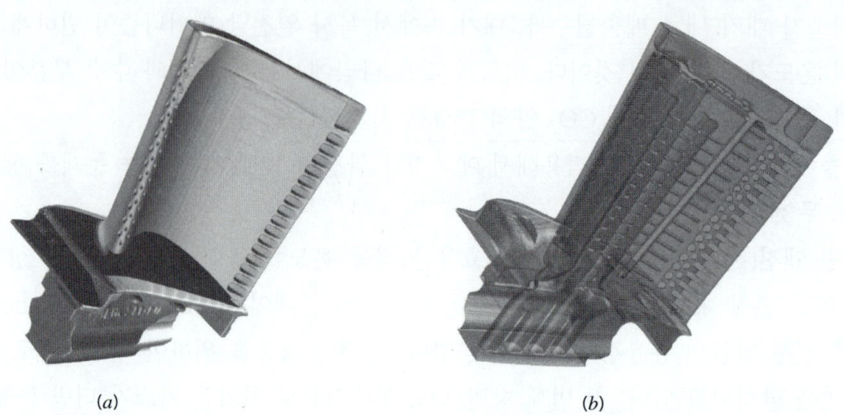

그림 1.13 가스터빈 블레이드. (a) 냉각 가스의 분사를 위한 구멍을 보여 주는 외부 형상. (b) 내부 냉각 통로를 보여 주는 X선 형영상.(FarField Technology, Ltd., Christchurch, New Zealand 제공.)

마이크로프로세서 관련 기술을 더욱 개선하는 것은 현재 이들 아주 미소한 장치를 냉각시킬 수 있는 능력때문에 제한되고 있다[8]. 정책 입안자들은 계산 비용을 계속해서 감소시키고, 사회적으로는 지난 30년간 두드러졌던 생산성 향상을 지속할 수 있을지에 대한 우려를 나타내고 있는데, 특히 전자제품 냉각에서 열전달을 향상시킬 필요성을 언급하고 있다[9]. 미래에 산업 생산성을 지속적으로 보장하는 데 열전달에 대한 지식이 어떻게 도움이 될 수 있을 것인가?

열전달은 공학적인 장치들뿐만 아니라 자연계에서도 중요하다. 온도는 모든 생명체에서 생물학적 반응을 조절하고 유발하며, 궁극적으로 병과 건강한 상태를 구분한다. 두 가지 흔한 예로 인체의 과도한 냉각으로 발생하는 **저체온증**(hypothermia)과, 덥고 습한 환경에서 유발되는 **일사병**(heat stroke)이 있다. 두 가지 모두 치명적이며, 생리학적 한계치를 넘는 인체의 심부체온(core temperature)과 관련이 있다. 두 실병은 인체 표면에서 발생하는 대류, 복사, 증발 과정, 몸 안에서의 열 이동, 인체 내부에서 발생하는 대사 에너지와 직접적으로 연관되어 있다.

최근 레이저 수술과 같은 **의공학 기술**의 발달은 기본적인 열전달 원리를 성공적으로 적용함으로써 가능하게 되었다[10, 11]. 뜨거운 물체와 접촉하여 발생하는 온도 증가는 열 **화상**(burn)을 유발하지만, **고열치료**(hyperthermal treatment)는 암과 같은 병변을 의도적으로 제거할 수 있다. 이와 유사하게, 매우 낮은 온도는 **동상**(frostbite)을 유발하지만, 의도적인 국부 동결을 이용하여 **저온수술**(cryosurgery)을 하는 동안에 병든 조직을 선택적으로 제거할 수 있다. 그러므로 많은 의학적 치료법과 기기는 주변의 건강한 조직은 그대로 둔 채, 병든 조직을 가열하거나 냉각시켜 파괴하는 방식으로 실시된다.

많은 의료기기를 설계하고 용도에 맞도록 적절하게 사용하는 방법을 개발하는 능력은, 열치료 과정에서 온도분포나 화학치료법(chemotherapy)에서 화학물질의 분포를 예측하고 제어하려는 공학자의 능력에 달려 있다고 볼 수 있다. 포유류 조직은 그림 1.14에 나타나 있듯이 조직의 형상으로 인해 치료가 까다롭다. 열로 치료한 부위의 세정맥과 모세혈관 구조 내부에서 혈류는 대류 과정을 통해 열전달에 영향을 미친다. 보다 큰 정맥과 동맥은 인체 전반에 보통 짝을 이루어 분포하는데, 이들은 서로 다른 온도의 혈액을 이송하여 열에너지의 대류율도 서로 다르다. 그러므로 정맥과 동맥은 **대향유동 열교환기**(counterflow heat exchanger)와 같은 형태로 존재하며, 이 사이에 있는 고체상의 조직을 통해 따뜻한 동맥류가 좀 더 차가운 정맥류와 열에너지를 교환한다. 보

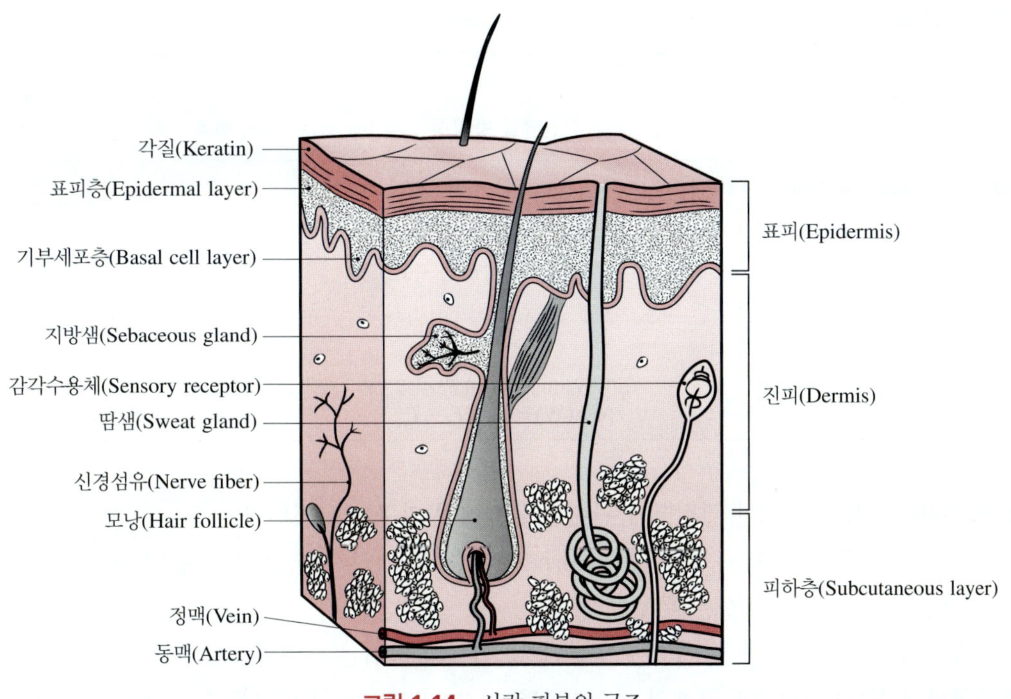

그림 1.14 사람 피부의 구조.

다 미세한 모세혈관 연결망도 치료 부위에 혈액을 **순환**시키며 국부적인 온도에 영향을 미친다.

이어지는 장들의 많은 예제와 과제에서 이러한 열적 시스템은 물론 이와는 다른 많은 **열적 시스템**(thermal system)의 해석들도 다룰 것이다.

1.7 요약

이 장의 많은 내용이 앞으로 더 상세히 기술되겠지만, 여기서는 열전달에 관한 개요에 대하여 합리적으로 설명하였다. 여러분은 몇 가지 열전달 방식과 그들의 물리적인 원리를 알아야 한다. 또한 물리적인 상황이 주어졌을 경우에 관련된 전달현상을 파악할 수 있어야 한다. 이 능력을 발전시키는 중요성을 과소평가해서는 안 된다. 여러분은 열전달 현상을 계산하는 데 필요한 방법을 구하기 위하여 많은 시간을 투자해야 할 것이다. 그러나 실제 문제를 풀기 위하여 이 방법들을 사용하기 전에, 물리적으로 무엇이 일어날 것인지를 예측할 수 있는 직관을 가져야 한다. 한 마디로 말해서, 문제를 고찰하고, 거기에 적절한 전달현상을 파악할 수 있어야 한다. 예제와 이 장의 끝에 있는 문제들이 이러한 직관을 개발하는 데 도움을 줄 것이다.

전달률 방정식의 중요성을 인식하고, 전달률 방정식을 사용하여 전달률을 계산하는 것에 숙달되어야 할 것이다. 표 1.5에 요약된 방정식들을 기억해야 한다. 또한 보존 법칙의 중요성을 인식하고, 검사체적을 명백하게 나타내도록 해야 한다. 전달률 방정식과 함께 보존 법칙은 수많은 열전달 문제들을 푸는 데 이용될 수 있다.

마지막으로 열전달 과제의 기초인 전문용어와 물리적인 개념에 대해 이해해야 한다. 다음의 질문에 대답함으로써 이 장에서 소개된 중요한 용어와 개념을 이해하고 있는지 테스트해 보라.

표 1.5 열전달 과정의 요약

형태	기구	전달률 방정식	식 번호	수송 물성치 또는 계수
전도	불규칙적 분자운동에 의한 에너지 확산	$q''_x(\mathrm{W/m^2}) = -k\dfrac{dT}{dx}$	(1.1)	k (W/m · K)
대류	불규칙적 분자운동에 의한 에너지 확산과 체적운동(유동대류)에 의한 에너지 전달	$q''(\mathrm{W/m^2}) = h(T_s - T_\infty)$	(1.3a)	h (W/m² · K)
복사	전자기파에 의한 에너지 전달	$q''(\mathrm{W/m^2}) = \varepsilon\sigma(T_s^4 - T_{sur}^4)$ or $q(\mathrm{W}) = h_r A(T_s - T_{sur})$	(1.7) (1.8)	ε h_r (W/m² · K)

- **전도, 대류** 및 복사에 의한 열전달과 관련된 **물리적인 기구**는 무엇인가?
- 무엇이 열전달을 일으키는 구동 포텐셜(driving potential)인가? 전하의 이동에 대한 이 포텐셜과 열전달 그 자체의 유사성은 무엇인가?
- **열유속**과 **열전달률** 사이의 차이점은 무엇인가? 이들의 단위는 무엇인가?
- **온도구배**란 무엇인가? 온도구배의 단위는 무엇인가? 온도구배와 열유동과의 관계는 무엇인가?
- **열전도율**이란 무엇인가? 열전도율의 단위는 무엇인가? 열전달에 있어서 열전도율이 무슨 역할을 하는가?
- **Fourier의 법칙**이란 무엇인가? Fourier의 법칙에 대한 식을 기억해서 쓸 수 있는가?
- **정상상태** 조건하에서 매질을 통해 전도에 의한 열전달이 일어난다면, 어느 순간에 매질 내의 온도가 위치에 따라 변하는가? 어느 위치에서 시간에 따라 온도가 변하는가?
- **자연대류**와 **강제대류** 사이의 차이점은 무엇인가?
- **수력학적 경계층**이 발달하기 위해서는 무슨 조건이 필요한가? **열경계층**이 발달하기 위해서는 무슨 조건이 필요한가? 수력학적 경계층을 가로질러 무엇이 변하는가? 열경계층을 가로질러 무엇이 변하는가?
- 액체나 증기의 흐름에 의한 대류열전달에 액체/증기 상변화의 특징이 없다면, 전달되는 에너지의 본질은 무엇인가? 상변화가 있다면 어떠한가?
- **Newton의 냉각법칙**이란 무엇인가? 냉각법칙에 대한 식을 기억해서 쓸 수 있는가?
- Newton의 냉각법칙에서 **대류열전달계수**는 무슨 역할을 하는가? 대류열전달계수의 단위는 무엇인가?
- 표면으로부터 또는 표면으로의 대류열전달은 표면에 의해 경계가 형성된 고체에 무슨 효과를 주는가?
- Stefan-Boltzmann 법칙은 무엇을 예측하고, 온도의 단위로 무엇을 사용해야 하는가? Stefan-Boltzmann 법칙에 대한 식을 기억해서 쓸 수 있는가?
- **방사율**이란 무엇이며, 표면에서의 복사 열전달 특성을 나타내는 데 있어서 방사율은 무슨 역할을 하는가?
- **조사**(irradiation)란 무엇이며, 조사의 단위는 무엇인가?
- 입사복사에 대한 **불투명** 표면의 반응을 특징짓는 두 가지 결과는 무엇인가? 어느 결과가 표면

과 접하고 있는 매질의 열에너지에 영향을 미치며, 어떻게 영향을 주는가? 무엇이 이 결과의 특징을 나타내는 물성치인가?

- **복사열전달계수**의 이용에는 어떤 조건들이 관련되어 있는가?
- 작은 등온표면과 큰 등온표면 사이에서의 정미 복사 열교환을 나타내는 데 사용된 식을 쓸 수 있는가?
- 온도가 높은 고체표면이 이보다 더 온도가 낮은 주위에 노출되어 있는 것을 고려해 보자. (1) 고체표면이 다른 고체와 완전히 접촉되어 있다면, 어떤 형태에 의해 표면으로부터 열이 전달되는가? (2) 고체표면이 흐르는 액체에 노출되어 있다면, 어떤 형태에 의해 표면으로부터 열이 전달되는가? (3) 고체표면이 흐르는 기체에 노출되어 있다면, 어떤 형태에 의해 표면으로부터 열이 전달되는가? (4) 고체표면이 빈 방 안에 있다면, 어떤 형태에 의해 표면으로부터 열이 전달되는가?
- **시간 간격**에 걸쳐서 에너지보존을 적용하는 것과 임의의 순간에 에너지보존을 적용하는 것 사이의 근본적인 차이점은 무엇인가?
- **열에너지 저장**이란 무엇인가? 이것은 **열에너지 발생**과는 어떻게 다른가? 이 용어들은 표면 에너지평형에서 무슨 역할을 하는가?

예제 1.9

밀폐된 플라스틱 보온병이 뜨거운 커피로 가득 채워진 채로 공기와 벽의 온도가 일정하게 유지되고 있는 방 안에 있다. 커피의 냉각에 기여하는 모든 열전달 과정을 나타내고, 보다 성능이 우수한 용기 설계에 도움이 될 수 있는 사항을 기술하라.

풀이

제시자료: 뜨거운 커피는 플라스틱 플라스크, 공기공간 및 플라스틱 덮개에 의하여 더 차가운 주위와 분리되어 있다.

풀이대상: 관련된 열전달 과정.

개략도:

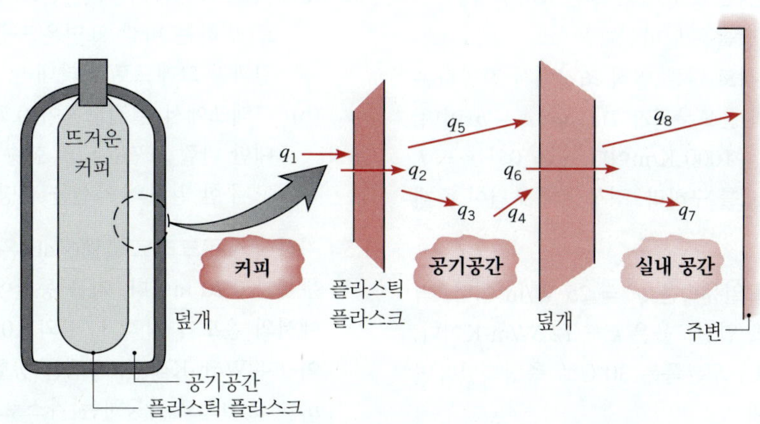

커피로부터의 에너지 전달 경로는 다음과 같다.

q_1: 커피로부터 플라스크로의 자유대류

q_2: 플라스크를 통한 전도

q_3: 플라스크로부터 공기로의 자유대류

q_4: 공기로부터 덮개로의 자유대류

q_5: 플라스크의 바깥 표면과 덮개 안쪽 표면 사이의 정미 복사 열교환

q_6: 덮개를 통한 전도

q_7: 덮개로부터 실내공기로의 자유대류

q_8: 덮개의 바깥 표면과 주위 사이의 정미 복사 열교환

부가설명: 설계 개선 방안은 (1) 정미 복사를 줄이기 위하여 플라스크와 덮개에 대하여 알루미늄이 도금(낮은 방사율)된 표면을 사용하고, (2) 자유대류를 억제하기 위하여 공기공간을 진공으로 하거나 충전재를 사용하도록 하는 것이다.

참고문헌 *References*

1. Moran, M. J., and H. N. Shapiro, *Fundamentals of Engineering Thermodynamics*, Wiley, Hoboken, NJ, 2004.
2. Curzon, F. L., and B. Ahlborn, *American J. Physics*, **43**, 22, 1975.
3. Novikov, I. I., *J. Nuclear Energy II*, **7**, 125, 1958.
4. Callen, H. B., *Thermodynamics and an Introduction to Thermostatistics*, Wiley, Hoboken, NJ, 1985.
5. Bejan, A., *American J. Physics*, **64**, 1054, 1996.
6. U.S. Environmental Protection Agency, *Inventory of U.S. Greenhouse Emissions and Sinks:* 1990–2012, Publication EPA 430-R-14-003, 2014.
7. Shabgard, H., T. L. Bergman, and A. Faghri, *Energy*, **60**, 474, 2013.
8. Bar-Cohen, A., and I. Madhusudan, *IEEE Trans. Components and Packaging Tech.*, **25**, 584, 2002.
9. Miller, R., *Business Week*, November 11, 2004.
10. Diller, K. R., and T. P. Ryan, *J. Heat Transfer*, **120**, 810, 1998.
11. Datta, A.K., *Biological and Bioenvironmental Heat and Mass Transfer*, Marcel Dekker, New York, 2002.

연습문제 *Problems*

전도

1.1 강성을 갖는 사출 단열 시트의 열전도율이 $k = 0.029$ W/m·K이다. 이 재질로 만들어진 두께 25 mm의 시트를 가로질러 측정한 온도차가 $T_1 - T_2 = 10°C$이다.

(a) 2 m × 2 m의 절연 시트를 통한 열유속은 얼마인가?

(b) 단열 시트를 통한 열전달률은 얼마인가?

1.2 예제 1.1의 내화벽돌 벽이 서로 다른 열적 조건에서 작동하는 것을 고려한다. 어떤 순간의 온도분포가 $T(x) = a + bx$이며, 여기서 $a = 1400$ K, $b = -1000$ K/m이다. $x = 0$와 $x = L$에서 열유속 q_x'', 열전달률 q_x를 구하라. 정상상태 조건이 존재하는지 기술하라.

1.3 평면벽의 왼쪽 면에 적용된 열유속은 $q'' = 25$ W/m^{2}이다. 벽의 두께는 $L = 12$ mm이고, 열전도율은 $k = 12$ W/m·K이다. 벽 표면온도가 왼쪽은 50°C, 오른쪽은 30°C로 측정되었다면 정상상태 조건이 존재하는가?

1.4 냉방된 실내 공기가 단면적이 20 m^{2}이고 두께가 0.30 m인 콘크리트 벽에 의하여 대기와 분리되어 있다. 벽 안쪽 표면의 온도가 25°C로 유지되어 있고, 콘크리트의 열전도율은 1 W/m·K이다.

(a) 겨울과 여름의 극단 온도에 해당하는 −15°C에서 38°C로 변하는 바깥 표면온도에 대하여 열손실을 구하고, 그 결과를 그래프로 나타내라.

(b) 그래프에서 열전도율이 0.75, 1.25 W/m·K인 벽 재질에 대한 바깥 표면온도의 함수로서 열손실을 나타내라. 그리고 구한 일련의 곡선을 설명하라.

1.5 지하실의 콘크리트 슬랩(slab)은 길이가 11 m, 폭이 8 m이며, 두께가 0.20 m이다. 겨울 동안에 슬랩의 위 표면과 바닥 표면에서의 온도가 각각 17°C와 10°C이다. 콘크리트의 열전도율이 1.4 W/m·K라면, 슬랩을 통한 열손실률은 얼마인가? 효율 $\eta_f = 0.90$으로 작동하는 가스로로 지하실을 가열한다면, 천연

가스의 가격이 C_g = \$0.01/MJ일 때 일일 열손실 비용은 얼마인가?

1.6 안쪽 표면과 바깥 표면의 온도가 각각 35°C와 15°C인 두께 60 mm의 나무판을 통하는 열유속이 35 W/m^{2}일 때, 나무의 열전도율은 얼마인가?

1.7 두께 5 mm인 유리창의 안쪽 표면과 바깥 표면의 온도가 각각 15°C와 5°C이다. 크기가 1 m × 3 m인 창을 통한 열손실은 얼마인가? 유리의 열전도율은 1.4 W/m·K이다.

1.8 두께 50 mm인 나무판의 내부 및 외부 표면온도가 각각 40℃와 20℃일 때 열유속이 40 W/m^{2}으로 계산되었다. 이 나무의 열전도율은 얼마인가?

1.9 제안된 한 Brayton 사이클 가스터빈의 열역학적 분석에 의하면 발생 정미 동력이 P = 5 MW이다. 평균온도 T_c = 400°C인 압축기는 평균온도 T_h = 1000°C인 터빈에 의해 열전도율 k = 40 W/m·K, 길이 L = 1 m, 지름 d = 70 mm인 축을 통해 구동된다.

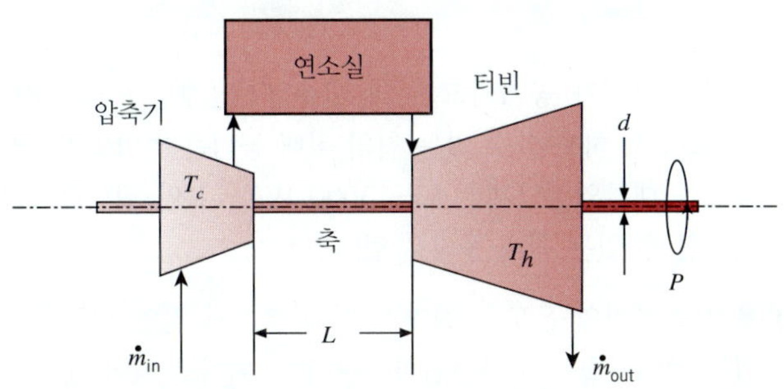

(a) 고온 터빈을 가열된 압축기에 연결하는 축을 통한 정상상태 전도 열전달률을 열역학에 근거한 해석에 의해 예측되는 정미 동력과 비교하라.

(b) 한 연구팀은 가스터빈 크기를 축소하되, 모든 크기를 동일한 비율로 유지할 것을 제안한다. 연구팀은 (a)와 같이 고온과 저온이 존재하며, 가스터빈의 정미 동력 출력은 장치의 전체 체적에 비례한다고 가정한다. 0.005 m ≤ L ≤ 1 m의 범위에 걸쳐 터빈의 정미 동력 출력에 대해 축을 통한 열전도의 비율을 그래프로 나타내라. L = 0.005 m인 축소된 장치가 가능한가?

1.10 평면벽의 한쪽 면에 적용된 열유속이 q'' = 25 W/m^{2}이다. 반대쪽 면은 온도 30°C인 공기에 노출되어 있고, 대류열전달계수가 25 W/m^2·K이다. 공기에 노출된 벽의 표면온도가 50°C로 측정되었다. 이때 정상상태 조건이 존재하는가? 만약에 아니면 시간에 따라 벽의 온도가 증가하는가 또는 감소하는가?

1.11 열전도율이 0.75 W/m·K인 벽돌 벽을 통과하는 열전달률이 열전도율 0.25 W/m·K이고 두께 100 mm인 복합벽을 통과하는 열전달률의 80%가 된다면 이 벽돌 벽의 두께는 얼마인가? 두 벽의 표면온도 차이는 같다.

1.12 바닥 두께가 5 mm이고 지름이 200 mm인 냄비를 알루미늄(k = 240 W/m·K) 또는 구리(k = 390 W/m·K)로 만들었다. 물을 끓이기 위해 사용했을 때, 물에 노출된 바닥의 표면은 110°C이다. 열이 600 W의 율로 스토브에서 냄비로 전달된다면, 두 종류의 재질에 대하여 스토브와 접촉하고 있는 표면의 온도는 각각 얼마인가?

1.13 정사각형 실리콘 칩(k = 150 W/m·K)이 한 변 폭 w = 5 mm, 두께 t = 1 mm이다. 칩은 기판에 부착되어 있고, 칩의 앞면은 냉각제에 노출되어 있으며 옆면과 뒷면은 단열되어 있다. 만약 칩의 뒷면에 부착된 회로에서 4 W가 소산된다면, 정상상태에서 뒷면과 앞면 사이의 온도차는 얼마인가?

대류

1.14 움직이는 차의 창문 밖으로, 또는 흐르는 물 속에 손을 뻗어 대류 냉각을 경험해 본 적이 있을 것이다. 손의 표면온도가 30°C일 때 다음 각 경우에 대류 열유속을 계산하라. (a) 대류열전달계수가 40 W/m^2·K인 −5°C의 공기 속에서 자동차가 35 km/h로 달릴 때와 (b) 대류열전달계수가 900 W/m^2·K인 10°C의 물 속에서 0.2 m/s의 속도로 흐를 때, 어떤 상태가 더 차갑게 느껴지는가? 이 결과를 보통의 실내 조건하에서 대략 30 W/m^{2}의 열손실과 비교하라.

1.15 40°C의 공기가 전기가열기가 내장된 지름 25 mm인 긴 원통 위를 흐른다. 일련의 시험을 통해, 공기의 여러 자유흐름 속도 V에 대하여 원통의 표면온도를 300°C로 유지하는 데 필요한 단위 길이당 동력 P'을 측정하였다. 그 결과는 다음과 같다.

공기속도, V (m/s)	1	2	4	8	12
동력, P' (W/m)	450	658	983	1507	1963

(a) 각 속도에 대한 대류열전달계수를 구하고 그 결과를 그래프로 나타내라.

(b) 속도에 대한 대류열전달계수의 의존성이 $h = CV^n$ 형태라고 가정할 때 (a)의 결과로부터 매개변수 C와 n을 구하라.

1.16 벽의 내부와 외부 표면온도가 각각 22°C와 10°C이다. 내부와 외부의 공기 온도는 각각 26°C와 10°C이다. 내부와 외부의 대류열전달계수는 각각 5와 20 W/m^2·K이다. 내부 공기에서 벽으로, 벽으로부터 외부 공기로, 그리고 벽으로부터 내부 공기로의 열유속을 계산하라. 벽은 정상상태 조건에 있는가?

1.17 움직임이 없는 공기 속에 매달려 있는 뜨겁고 얇은 수직 평판에서의 자연대류열전달계수는 평판을 냉각시키면서 시간

에 따른 평판의 온도변화를 관찰함으로써 구할 수 있다. 평판은 등온이며, 주위와의 복사교환은 무시한다고 가정하고, 평판의 온도가 225°C이고 시간에 따른 평판 온도변화(dT/dt)가 −0.022 K/s일 때 순간 대류열전달계수를 구하라. 주위 공기 온도는 25°C이고, 평판의 크기는 0.3 × 0.3 m이며, 질량은 3.75 kg, 비열은 2770 J/kg·K이다.

1.18 전기저항 가열기가 지름 30 mm인 긴 원통 속에 내장되어 있다. 온도가 25°C이고 속도가 1 m/s인 물이 원통을 가로질러 흐를 때, 원통 표면온도를 90°C로 균일하게 유지하는 데 필요한 단위 길이당 전력은 28 kW/m이다. 반면에 온도가 25°C이고 속도가 10 m/s인 공기가 흐를 때는 같은 표면온도를 유지하기 위하여 단위 길이당 전력 400 W/m이 필요하다. 물과 공기 흐름에 대한 대류열전달계수를 계산하고 이를 비교하라.

1.19 변속기 케이스가 한 변이 W = 0.30 m이고, 엔진으로부터 P_i = 150 hp의 동력 입력을 받는다.

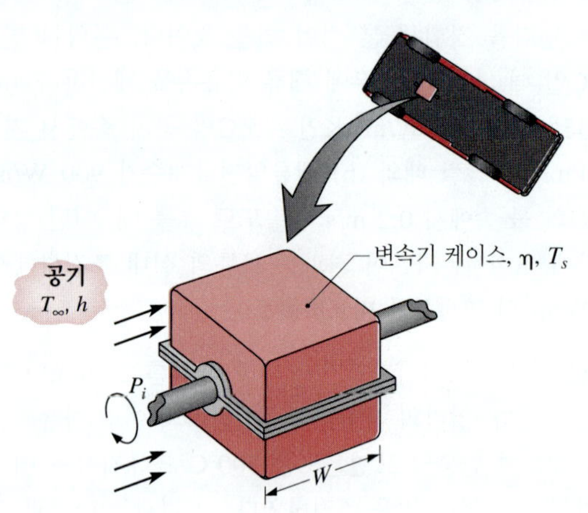

변속기 효율이 η = 0.93이고, 케이스 위의 공기 흐름은 T_∞ = 30°C이고, h = 200 W/m^2·K일 때, 변속기의 표면온도는 얼마인가?

1.20 카트리지 전기가열기가 길이 L =200 mm이고 바깥지름 D = 20 mm인 원통 모양이다. 정상 운전 조건하에서, 20°C이고 대류열전달계수 h = 5000 W/m^2·K인 흐르는 물 속에 잠겨 있을 때 가열기는 2 kW를 소비한다. 가열기 양 끝으로부터의 열전달을 무시할 때, 표면온도 T_s를 구하라. 만일 가열기가 작동하는 동안 부주의로 물의 흐름이 중단되었다면 가열기 표면은 20°C이고, h = 50 W/m^2·K인 공기에 노출된다. 대응하는 표면의 온도는 몇 도인가? 이러한 사고의 결과는 무엇인가?

1.21 공기 흐름의 속도를 측정하는 일반적인 방법은 공기 흐름 내에 전기적으로 가열된 와이어[**열선 유속계**(hot-wire anemometer)라 부른다]를 공기 흐름 방향에 수직으로 삽입하는 것이다. 와이어에서 발산된 전기에너지는 강제대류에 의해 공기로 전달된 것으로 간주한다. 따라서 주어진 전력에 대하여 와이어의 온도는 공기 속도에 따라 변하는 대류열전달계수에 따라 변한다. 길이가 L = 20 mm이고 지름이 D = 0.5 mm인 와이어를 고려하자. 이에 대한 상태의 보정을 $V = 6.25 \times 10^{-5} h^2$로 정했다. 속도 V와 대류열전달계수 h의 단위는 각각 m/s와 W/m^2·K이다. 온도 T_∞ = 20°C의 공기에 적용할 때, 전압강하가 5 V이며 전류는 0.1 A인 조건에서 유속계의 표면온도 T_s = 70°C를 유지하고 있다. 공기의 속도는 얼마인가?

1.22 사각 등온 칩의 한 모서리의 폭 w = 5 mm이고, 앞면이 T_∞ = 15°C인 냉각제의 흐름에 노출되어 있고, 옆면과 뒷면은 잘 단열되어 있는 기판에 부착되어 있다. 신빙성의 관점에서, 칩의 온도는 T = 85°C를 넘지 않아야 한다.

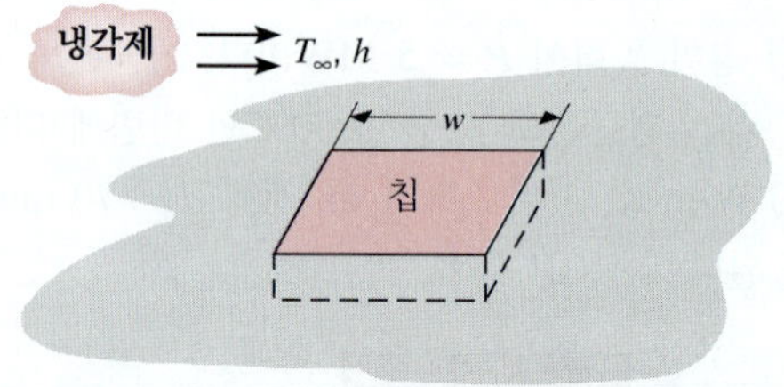

만일 냉각제가 공기이고 이의 대류열전달계수 h = 250 W/m^2·K라면, 허용할 수 있는 칩의 최대 동력은 얼마인가? 또 냉각제가 대류열전달계수 h = 3000 W/m^2·K인 절연유체라면, 허용할 수 있는 최대 동력은 얼마인가?

1.23 옷감 건조기의 온도 조절기가 벽에 부착된 절연 패드에 붙어 있는 전기가열기에 연결된 바이메탈 스위치로 되어 있다.

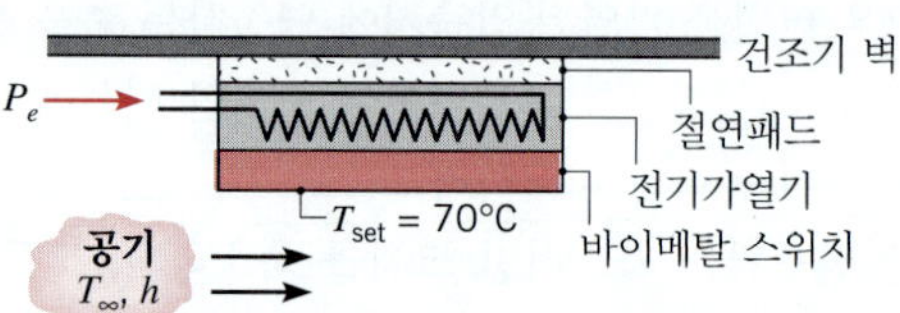

스위치는 최대 건조기의 공기 온도 70°C에서 열리도록 조정되어 있다. 더 낮은 공기 온도에서 건조기를 작동하기 위하여 공기 온도 T가 T_{set}보다 낮을 때는 스위치의 온도가 70°C(T_{set})에 도달할 때까지 충분한 동력이 가열기에 공급된다. 만일 공기와 노출된 30 mm^{2}의 스위치 표면 사이에서의 대류열전달계수가 25 W/m^2·K라면, 건조기의 원하는 공기 온도 T_∞ = 50°C를 얻기 위해 가열기 동력 P_e는 얼마나 필요한가?

복사

1.24 길이가 30 m이고, 지름이 120 mm이며 단열이 안 된 공업용 스팀 파이프가 빌딩을 관통하고 있다. 빌딩의 벽과 공기의 온도는 30°C이다. 가압된 스팀은 파이프 표면온도를 150°C로 유지시키며, 자연대류와 관련된 계수 h = 10 W/m^2·K이다.

표면의 방사율 $\varepsilon = 0.8$이다.

(a) 스팀 라인으로부터의 열손실률은 얼마인가?

(b) 스팀이 효율 $\eta_f = 0.90$으로 운전되는 가스연소 보일러에서 발생된다면, 천연가스의 값이 $C_g = \$0.02/\text{MJ}$일 때 스팀 라인으로부터의 연간 열손실 비용은 얼마인가?

1.25 1차원 평면벽이 $x = 0$ 위치에서 대류 및 복사 조건에 노출되어 있다. 주변 공기와 주위의 온도는 각각 $T_\infty = 20°\text{C}$와 $T_{\text{sur}} = 40°\text{C}$이다. 대류열전달계수는 $h = 20\ \text{W/m}^2\cdot\text{K}$이며 노출된 표면의 흡수율은 $\alpha = 0.78$이다. 벽 표면의 온도가 $T_s = 24°\text{C}$이면 벽으로의 대류 및 복사 열유속을 구하라. 노출된 벽 표면은 회체(gray)이며 주위는 매우 크다고 가정한다.

1.26 난방 또는 냉각 장치에 의해 방 온도를 동일하게 유지하고 있는 조건하에서 겨울에는 차갑게 느끼던 사람이 여름에는 쾌적하게 느끼는 것은 이상한 것이 아니다. 일년 내내 실내 공기 온도를 20°C로 유지하고 있고, 방의 벽 온도는 여름과 겨울에 각각 27°C와 14°C인 방을 고려함으로써, 이 경우에 대하여 (입증하는 계산값을 가지고) 납득할 만한 설명을 하라. 방 안에 있는 사람의 노출된 표면은 일 년 내내 온도가 32°C이고, 방사율이 0.90이라고 가정할 수 있다. 사람과 방 공기 사이에서 자연대류에 의한 열전달과 관련된 계수는 대략 $2\ \text{W/m}^2\cdot\text{K}$이다. 여름철에 대류에 의한 열저항과 복사에 의한 열저항의 비는 얼마인가? 겨울철에는 이 저항들의 비가 얼마인가?

1.27 지름 0.6 m인 구형의 행성 탐사선은 170 W를 소비하는 전자 장치를 탑재하고 있다. 만일 탐사선 표면의 방사율이 0.85이고, 예를 들어 태양과 같은 다른 표면으로부터 복사열을 받지 않는다면 탐사선의 표면온도는 얼마인가?

1.28 한 계측장치의 바깥 표면이 지름 $D = 100\ \text{mm}$인 구형이고 방사율 $\varepsilon = 0.25$이다. 이 장치는 벽의 온도가 77 K를 유지하고 있는 모의 실험실의 넓은 공간 속에 놓여 있다. 만일 전자 부품 작동의 온도 범위를 $40 \le T \le 85°\text{C}$로 제한한다면, 이 장치에 대해 허용 가능한 동력 소비의 범위는 얼마인가? 방사율을 0.20과 0.30으로 고려함으로써 방사율 변화의 효과를 보여주고, 결과를 그래프로 나타내라.

1.29 연습문제 1.17를 고려하자. 그러나 평판이 주위 온도 25°C인 진공 속에 있다. 평판의 방사율은 얼마인가? 표면에 의해 방사된 복사 열전달률은 얼마인가?

1.30 마이크로회로 위에 전기 전도성의 얇은 필름을 입히는 데 이용되는 진공 시스템은 전기가열기에 의해 300 K로 유지되는 바닥판과, 용기 벽 안쪽에서 액체질소 냉각 루프에 의해 77 K로 유지되는 덮개막으로 구성된다. 아래쪽이 단열되어 있는 원형 바닥판은 지름이 0.3 m, 방사율이 0.25이다.

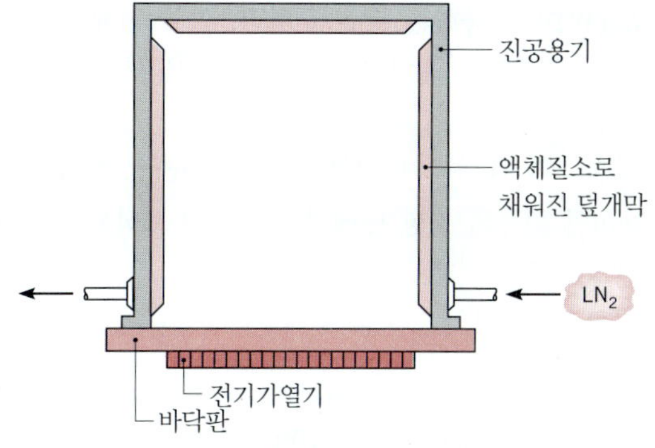

(a) 바닥판 가열기에 공급되는 전기 동력은 얼마인가?

(b) 액체질소의 증발열이 125 kJ/kg이면, 덮개막에 공급해야 할 액체질소의 유량은 얼마인가?

(c) 액체질소 소모를 줄이기 위해 얇은 알루미늄박($\varepsilon = 0.09$)을 바닥판에 부착시키는 것이 제안된다. 이렇게 함으로써 원하는 효과를 얻을 수 있는가?

열역학과의 관계

1.31 예를 들어 하루 종일 태양구동 전기를 생산하도록 하기 위해 에너지 저장 방법이 필요하다. 일정 질량의 저장매체에 대해 현열에너지 저장 용량과 위치에너지 저장 용량의 비를 다음과 같이 나타낼 수 있음을 보여라.

$$R = \frac{\Delta E_{\text{st},t}}{\Delta E_{\text{st,PE}}} = \frac{c\Delta T}{gz}$$

여기서 ΔT는 열저장과 관련한 최고 및 최저 온도의 차이며, c는 비열, z는 위치에너지 저장에 관한 수직 좌표이다. 암석 혼합 콘크리트(stone mix concrete)를 저장매체로 고려하여 $\Delta T = 100°\text{C}$와 $z = 100\ \text{m}$에 대한 R의 값을 구하라. 이 문제에서 주어진 매개변수들에 대해 열 또는 위치에너지 저장 방법 중 어느 쪽이 더 효과적인가?

1.32 배선도에 나와 있는 것과 같이 전기 저항이 배터리에 연결되어 있다. 짧은 과도 기간이 지난 후, 저항은 거의 정상상태 온도인 95°C로 균일해진다. 반면에 배터리와 도선은 25°C의 주위 온도로 유지된다. 도선의 전기저항은 무시한다.

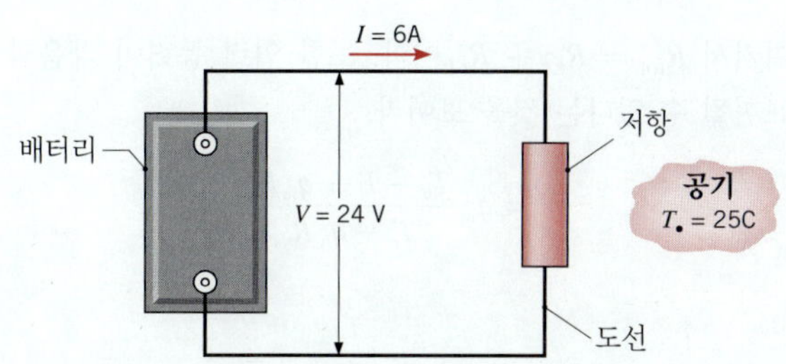

(a) 주위에 검사면을 배치하고, 식 (1.12c)를 적용하는 시스템으로서 저항을 고려하자. $\dot{E}_{\text{in}}(\text{W})$, $\dot{E}_g(\text{W})$, $\dot{E}_{\text{out}}(\text{W})$ 및

$\dot{E}_{st}$(W)에 대응하는 값을 구하라. 만일 전체 시스템에 대하여 검사면을 배치한다면, $\dot{E}_{in}$, $\dot{E}_g$, $\dot{E}_{out}$ 및 $\dot{E}_{st}$의 값은 얼마인가?

(b) 만일 전기에너지가 지름 D = 60 mm, 길이 L = 250 mm인 원통의 저항 내에서 균일하게 소산된다면 체적 열발생률 $\dot{q}$W/m^3)은 얼마인가?

(c) 저항으로부터의 복사를 무시한다면 대류열전달계수는 얼마인가?

1.33 가압수(p_{in} = 10 bar, T_{in} = 110°C)가 질량유량 $\dot{m}$ = 1.5 kg/s으로 지름 D = 100 mm이고 길이 L = 10 m인 수직관의 아래 쪽으로 들어간다. 관은 연소실 안에 위치하고 있어, 관으로 열전달이 일어난다. 관의 상부에는 p_{out} = 7 bar, T_{out} = 600°C인 과열증기로 존재한다. 관에 들어가고 나가는 다음 양들의 변화율을 구하라: (a) 열과 유동일이 조합된 크기, (b) 역학적에너지, (c) 물의 총에너지. 또한, (d) 열전달률 q를 구하라. 힌트: 열역학 책으로부터 관련된 물성치를 얻을 수 있다.

1.34 연습문제 1.33의 관과 입구 조건을 고려한다. 열전달률 q = 3.89 MW로 관으로 열이 전달된다. 출구 압력 p = 8 bar일 때 다음을 구하라: (a) 출구에서의 물의 온도, (b) 열과 유동일이 조합된 크기의 변화, (c) 역학적에너지의 변화, (d) 관의 입구에서 출구까지 물의 총에너지. 힌트: 개략적 산정으로 (a) 풀이에서, 역학적에너지의 변화를 무시한다. 열역학 책으로부터 관련된 물성치를 얻을 수 있다.

1.35 내부적으로 가역적인 냉장고는 실질적인 열전달 과정을 고려하여 다음과 같은 수정 성능계수를 갖는다.

$$\text{COP}_m = \frac{q_{in}}{\dot{W}} = \frac{q_{in}}{q_{out} - q_{in}} = \frac{T_{c,i}}{T_{h,i} - T_{c,i}}$$

여기서 q_{in}은 냉장고의 냉각률, q_{out}은 열 방출률, $\dot{W}$입력 동력이다. 저장조 온도 T_c와 T_h, 저온측 열저항 $R_{t,c}$, 고온측 열저항 $R_{t,h}$ 및 q_{in}의 항으로 COP$_m$을 다음과 같이 나타낼 수 있다는 것을 제시하라.

$$\text{COP}_m = \frac{T_c - q_{in}R_{tot}}{T_h - T_c + q_{in}R_{tot}}$$

여기서 $R_{tot} = R_{t,c} + R_{t,h}$이다. 또한 입력 동력이 다음과 같이 표현될 수 있다는 것을 보이라.

$$\dot{W} = q_{in}\frac{T_h - T_c + q_{in}R_{tot}}{T_c - q_{in}R_{tot}}$$

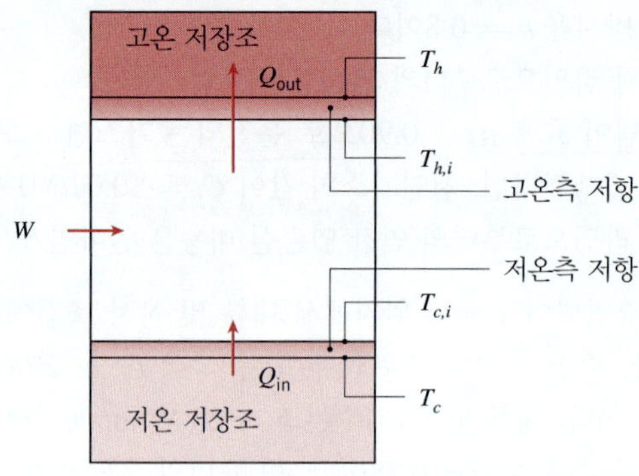

1.36 가정용 냉장고가 저온 저장조 온도 T_c = 5°C와 고온 저장조의 온도 T_h = 25°C로 작동한다. 새것일 때 저온측과 고온측의 열저항이 각각 $R_{c,n}$ = 0.05 K/W와 $R_{h,n}$ = 0.04 K/W이다. 시간이 지남에 따라 냉장고 뒤에 위치한 냉장고의 응축 코일에 먼지가 쌓이게 되어 고온측의 열저항이 $R_{h,d}$ = 0.1 K/W로 증가한다. 냉장고의 냉각률이 q_{in} = 750 W이기를 원한다. 연습문제 1.35의 결과를 사용하여 (a) 깨끗한 코일 상태와 (b) 오염된 코일 상태하에서 수정된 성능계수와 필요한 입력 전력 $\dot{W}$ 구하라.

에너지평형과 다중 모드 효과

1.37 측면의 폭 L = 15 mm인 칩이 기판에 부착되어 있다. 기판은 벽과 공기의 온도가 T_{sur} = 25°C로 유지되어 있는 밀폐공간 속에 설치되어 있다. 칩은 방사율 ε = 0.60이고, 최대 허용 온도 T_s = 85°C이다.

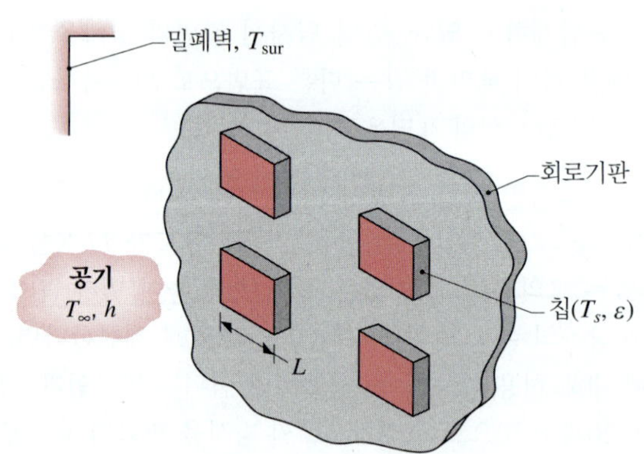

(a) 열이 복사와 자연대류에 의해 칩으로부터 제거된다면, 각 칩의 최대 운전동력은 얼마인가? 대류열전달계수는 칩과 공기의 온도차에 달려 있고, 대략 $h = C(T_s - T_\infty)^{1/4}$이다. 여기서 C = 4.2 W/m^2·K$^{5/4}$이다.

(b) 휀을 사용하여 밀폐공간을 통해 공기흐름을 유지시켜 주고, h = 250 W/m^2·K인 강제대류에 의해 열이 전달된다면, 최대 운전동력은 얼마인가?

1.38 연습문제 1.19의 변속기 케이스를 고려하자. 그러나 지금은 그라운드/섀시와의 복사 열교환을 고려하자. 그라운드/섀시는

대략 $T_{sur} = 30°C$인 큰 주위라고 간주할 수 있다. 변속기 케이스의 방사율 $\varepsilon = 0.80$이라면, 표면온도는 몇 도인가?

1.39 태양광 전지 패널용 실리콘 박판을 만드는 하나의 방법은 실리콘이 녹아 있는 용기를 관통해서 용융점이 높은 물질로 만들어진 두 개의 가느다란 줄을 위쪽으로 통과시키는 것이다. 실리콘은 용융조의 표면 부근에서 줄들의 위로 응고되면서, 고체 실리콘 판은 천천히 용기 밖 위쪽으로 당겨진다. 실리콘은 고형 실리콘 분말 형태로 실리콘이 녹아 있는 용기에 공급하여 보충된다. 폭이 $W_{si} = 85$ mm이고, 두께가 $t_{si} = 150$ mm인 실리콘 박판을 당기는 속도는 $V_{si} = 20$ mm/min이다. 실리콘은 높이 $H = 350$ mm, 지름 $D = 300$ mm이고, 전력이 공급되는 원통형 성장 체임버 내에서 녹는다. 성장 체임버의 노출된 실리콘 표면온도는 $T_s = 320$ K이며, 노출된 표면에서 대응하는 열전달계수는 $h = 8$ W/m^2·K이고, 이 표면에서의 방사율은 $\varepsilon_s = 0.9$이다. 고체 실리콘 분말의 온도는 $T_{si,i} = 298$ K이고, 고체 실리콘 판은 $T_{si,o} = 420$ K인 체임버에서 나온다. 주위 온도와 대기 온도는 모두 $T_\infty = T_{sur} = 298$ K이다.

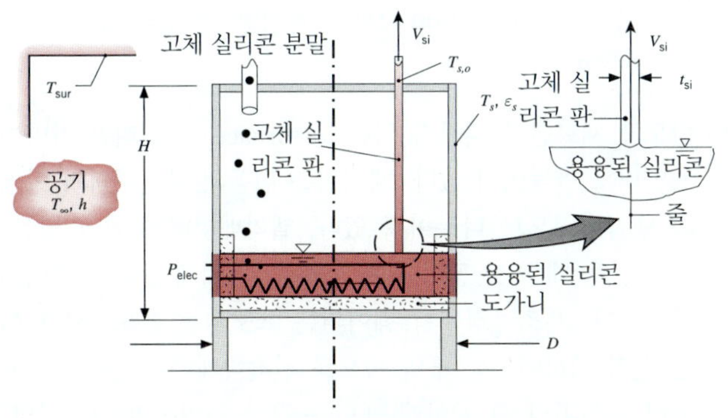

(a) 정상상태에서 장치를 작동하는 데 필요한 전력 P_{elec}를 구하라.

(b) 태양광 전지 패널이 시간 평균 태양열유속 $q''_{sol} = 180$ W/m^{2}을 흡수하고 패널의 변환 효율(흡수된 태양력에 대한 생산전력의 비율)이 $\eta = 0.20$일 때, 이 실리콘 판 생산설비가 소모하는 전기에너지를 상쇄하기 위해 충분한 전기에너지를 생산하려면 태양광 패널을 얼마나 오래 운전해야 하는가?

1.40 예제 1.3에 나오는 풍력 터빈의 나셀(nacelle)의 내부 표면과 기어박스와 발전기의 외부 표면 사이에서 열은 복사와 대류에 의해 전달된다. 기어박스와 발전기에 연관된 대류 열유속은 각각 $q''_{conv,gb} = h(T_{gb} - T_\infty)$와 $q''_{conv,gen} = h(T_{gen} - T_\infty)$로 나타낼 수 있다. 여기서 주위 온도는 $T_\infty \approx T_s$(이것은 나셀의 온도이다)이며, $h = 40$ W/m^2·K이다. 기어박스와 발전기의 외부 표면에서의 방사율은 $\varepsilon = 0.9$이다. 기어박스와 발전기의 표면적이 각각 $A_{gb} = 6$ m^{2}와 $A_{gen} = 4$ m^{2}일 때 이들의 표면온도들을 구하라.

1.41 방사능 폐기물을 길고 벽 두께가 얇은 원통형 용기 속에 채워 넣었다. 폐기물은 $\dot{q} = \dot{q}_o[1 - (r/r_o)^2]$의 관계에 따라 균일하지 않게 열에너지를 발생시킨다. 여기서 $\dot{q}$는 단위체적당 국소 에너지 발생률이고, $\dot{q}_o$은 상수이며 r_o는 용기의 반지름이다. 용기를 온도가 T_∞이고 균일한 대류열전달계수가 h인 액체 속에 담가 놓으면 정상상태가 유지된다.

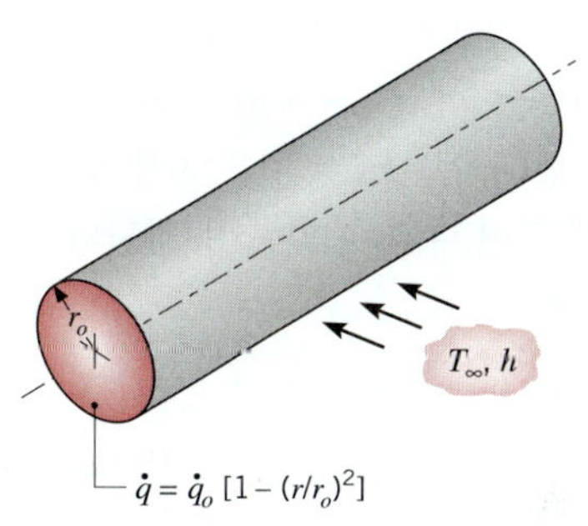

용기의 단위 길이당 발생되는 총에너지율에 대한 식을 구하라. 이 결과를 이용하여 용기벽의 온도 T_s에 대한 식을 구하라.

1.42 두께 4 mm인 알루미늄 판이 수평으로 놓여 있고, 그 밑면은 잘 단열되어 있다. 판의 윗면에는 방사율이 0.25이면서 입사되는 태양복사의 80%를 흡수하도록 특별히 얇은 코팅을 하였다. 알루미늄의 밀도 ρ와 비열 c는 각각 2700 kg/m^{3}과 900 J/kg·K이다.

(a) 판의 온도가 35°C이고, 판의 윗면이 온도 $T_\infty = 30°C$인 대기와 입사 열유속이 900 W/m^{2}인 태양복사에 갑자기 노출된다. 판의 표면과 대기 사이의 대류열전달계수 $h = 20$ W/m^2·K이다. 판 온도의 초기 변화율은 얼마인가?

(b) 정상상태 조건에 도달할 때 판의 평형온도는 얼마인가?

1.43 혈액 가열기는 환자에게 혈액을 수혈 주사하는 동안에 사용되는 것이다. 이 기구는 혈액 은행으로부터 온 10°C의 혈액을 200 mL/min의 유량에서 37°C로 가열한다. 혈액이 사각형 횡단면이 6.4 mm × 1.6 mm인 길이 2 m의 튜브를 통해 흐른다. 요구된 온도 증가를 얻기 위하여 혈액에 부가해야 할 열전달률은 얼마인가? 유체는 속도를 거의 0으로 가정할 수 있는 큰 탱크로부터 시작되어 길이 2 m 튜브를 타고 수직으로 아래로 흐른다면, 운동에너지 변화와 위치에너지 변화의 크기는 얼마인가? 혈액의 상태량은 물의 상태량과 비슷하다고 가정한다.

1.44 온도 $T_m = 5°C$에서 냉장 보관되는 우유의 종이 용기를 고려하자. 더운 여름날 부엌의 온도는 $T_\infty = 30°C$이다. 용기의 네 면들의 높이는 $L = 150$ mm이고, 폭은 $w = 80$ mm이다. 부엌에 놓여 있는 우유 종이 용기를 다시 냉장고에 넣기 전까지의 시간 $t = 10$ s, 60 s 및 300 s 동안에 우유 종이 용기로 전

달된 열량을 구하라. 우유 종이 용기의 각 면에 자연대류와 관련된 대류열전달계수는 h = 10 W/m^2·K이다. 표면 방사율은 0.90이다. 이 과정 동안 우유 종이 용기 온도가 5°C로 유지된다고 가정한다. 부모님께서 식품 안전과 관련해 특정 음식에 대한 냉장의 중요성을 이야기하였다. 우유 종이 용기를 냉장고에 빨리 넣어야 한다는 중요성에 대해 에너지보존의 관점에서 설명하라.

1.45 지붕 재료로 흔히 사용되는 아연 도금 강판의 방사율은 300 K 부근의 온도에서 ε = 0.13이며, 이때 태양조사에 대한 흡수율은 α_s = 0.65이다. G_S = 850 W/m^2, T_∞ = 18°C 및 h = 7 W/m^2·K인 낮에 이 재료로 만든 지붕 위에서 이웃 고양이들이 편안하게 걸어 다닐 수 있는가? 강판의 바닥면은 단열되어 있다고 가정한다.

1.46 어닐링(annealing) 공정의 한 단계에서 304 스테인리스 강판은 전기로 가열되는 오븐을 V_s = 10 mm/s의 속도로 통과할 때 300 K에서 1250 K로 된다. 강판의 두께와 폭은 각각 t_s = 8 mm와 W_s = 2 m이고 오븐의 높이, 폭 및 길이가 각각 H_o = 2 m, W_o = 2.4 m 및 L_o = 25 m이다. 오븐의 윗면과 네 개의 옆면은 300 K인 대기와 큰 주위에 노출되어 있고, 대응하는 표면온도, 대류열전달계수 및 방사율은 각각 T_s = 350 K, h = 10 W/m^2·K 및 ε_s = 0.8이다. 오븐 밑바닥 표면 역시 350 K이고, 두께가 0.5 m이며 바닥 온도가 300 K인 콘크리트 패드 위에 있다. 오븐에 요구되는 공급전력 P_{elec}를 구하라.

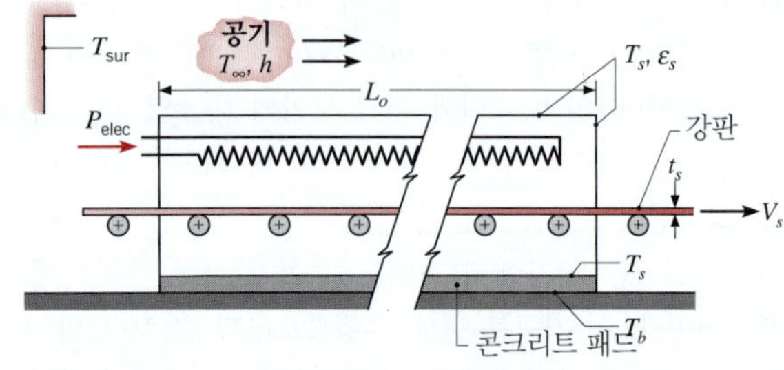

1.47 반도체 재료 가공처리에서 중요한 단계인 어닐링은 짧은 시간 동안에 실리콘 웨이퍼(silicon wafer)를 고온으로 신속하게 가열함으로써 수행될 수 있다. 모형도는 높은 온도 T_h에서 작동하는 열판(hot plate)을 사용하는 방법을 나타낸 것이다. 초기 온도 $T_{w,i}$인 웨이퍼를 열판으로부터 분리 간극 L의 위치에 갑자기 놓는다. 분석의 목적은 간극 내에서 가스를 통한 전도에 의한 열유속과 열판과 차가운 웨이퍼 사이에서 복사 열교환에 의한 열유속을 비교하는 것이다. 웨이퍼의 온도에서 초기시간 변화율 $(dT_w/dt)_i$도 역시 관심의 대상이다. 열판과 웨이퍼의 표면은 흑체로서 간주하고, 지름 D는 간극 L에 비해 대단히 크다고 가정하면, 복사 열유속은 $q''_{\text{rad}} = \sigma(T_h^4 - T_w^4)$로 나타낼 수 있다. 실리콘 웨이퍼는 두께 d = 0.78 mm, 밀도는 2700 kg/m^3, 비열은 875 J/kg·K이다. 간극 내에 있는 가스의 열전도율은 0.0436 W/m·K이다.

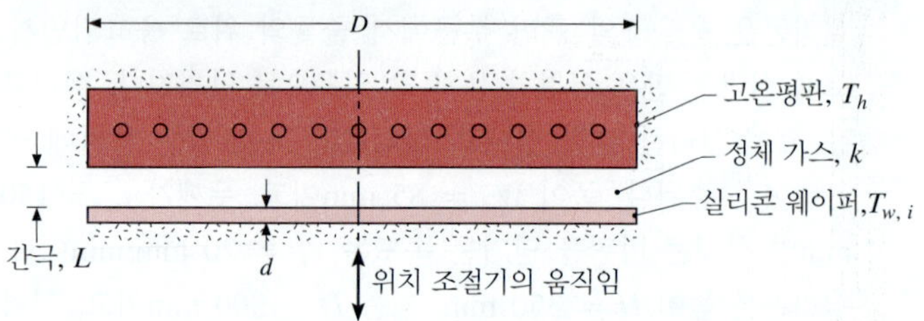

(a) T_h = 600°C이고 $T_{w,i}$ = 20°C일 때, 간격 L = 0.2 mm를 관통하는 복사 열유속과 전도에 의한 열유속을 계산하라. 또한 각 가열 형태로부터 기인한 $(dT_w/dt)_i$의 값을 구하라.

(b) 간극 0.2, 0.5 및 1.0 mm에 대하여, $300 \le T_h \le 1300$°C에 대한 열판 온도의 함수로서 열유속과 온도-시간 변화를 구하라. 두 종류의 열전달 방식의 상대적인 중요성과 가열과정에서 간극의 효과에 대하여 언급하라. 10초 이내에 웨이퍼를 900°C까지 가열할 수 있는 조건은 무엇인가?

1.48 반도체 재료를 처리하기 위한 노(furnace)가 실리콘 카바이드 체임버로 만들어져 있다. 체임버는 위쪽의 가열구역과 아래쪽의 냉각구역으로 나누어져 있다. 엘리베이터가 가장 낮은 위치에 있을 때 로봇 팔이 위치 고정용 핀 위에 실리콘 웨이퍼를 삽입한다. 제조공정에서 웨이퍼는 요구되는 온도-시간 이력을 얻기 위하여 고온구역 쪽으로 신속하게 움직인다. 이 위치에서 웨이퍼의 위와 아래 표면은 각각 체임버의 고온구역 및 저온구역과 복사 열교환을 한다. 각 영역 온도는 T_h = 1500 K와 T_c = 330 K이고, 웨이퍼의 방사율과 두께는 각각 ε = 0.65와 d = 0.78 mm이다. 주위 가스는 T_∞ = 700 K이고 웨이퍼의 위쪽과 아래쪽 표면에서의 대류열전달계수는 각각 8과 4 W/m^2·K이다. 실리콘 웨이퍼의 밀도는 2700 kg/m^{3}이고 비열은 875 J/kg·K이다.

(a) 웨이퍼의 온도 $T_{w,i}$ = 300 K와 도면에 나타난 웨이퍼의 위치에 해당하는 초기조건에 대하여, 상응하는 웨이퍼 온도의 시간변화율 $(dT_w/dt)_i$를 결정하라.

(b) 웨이퍼가 이 위치에 지속적으로 있을 경우, 웨이퍼에 의해 도달되는 정상상태 온도를 구하라. 이 상황에서 대류열전달은 얼마나 중요한가? 수직거리의 함수로서 웨이퍼 온도

가 어떻게 변화할지를 예상하여 스케치하라.

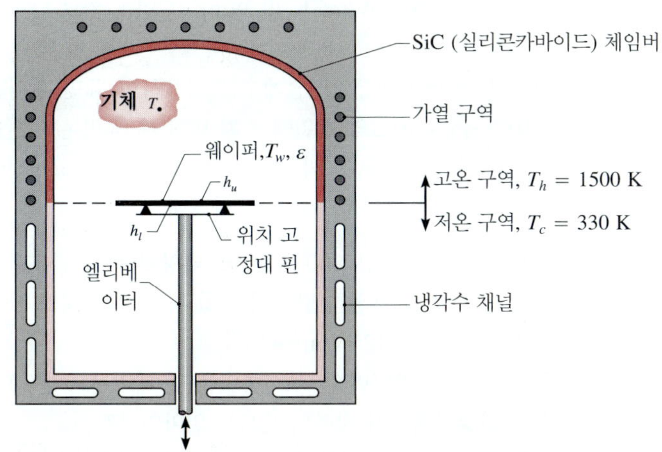

1.49 정상상태 조건하에서 예제 1.4의 도체 막대를 고려하자. 부가 설명 3에서 제안한 것처럼 막대의 온도는 막대 주위의 공기흐름 속도를 바꿈으로써, 즉 대류열전달계수를 변경함으로써 제어할 수 있을 것이다. 대류열전달계수의 효과를 고려하기 위하여, h = 50, 100 및 250 W/m^2·K의 값에 대하여 I에 대한 T를 그래프로 나타내라. 표면 방사율의 변화가 막대 온도에 중요한 영향을 미치는가?

1.50 비열 447 J/kg·K이고 질량 0.60 kg인 표준 등급 철로 만든 작은 구를 물–얼음 혼합물 속에 갑자기 넣었다. 가느다란 열전대 와이어를 구에 매달아 온도가 6.35초 동안 15°C에서 14°C로 변화하는 것을 관찰하였다. 같은 지름의 금속 구를 가지고 실험을 반복했다. 그러나 이 구는 질량이 1.348 kg으로 성분을 모르고 있다. 관찰된 것과 같은 온도변화가 4.59초 동안 일어났다면 성분을 모르는 이 재료의 비열은 얼마인가?

1.51 크기가 60 mm × 55 mm × 30 mm인 휴대폰 충전기가 콘센트에 연결되어 있으나 사용하지 않고 있을 때, 표면온도가 T_s = 40°C이다. 충전기의 표면은 방사율이 ε = 0.92이고 자유대류열전달계수가 h = 4.5 W/m^2·K이다. 방의 공기 온도와 벽 온도는 각각 T_∞ = 22°C와 T_{sur} = 20°C이다. 만약 전기 비용이 C = \$0.18/kW·h이라면, 충전기를 사용하지 않을 때 콘센트에 연결된 충전기에 의해 하루 동안에 드는 비용은 얼마인가?

1.52 구 모양의 스테인리스강(AISI 302) 용기에 화학반응물을 저장하고 있는데, 이 반응물은 용기의 안쪽 면에 균일한 열유속 q''_i을 공급한다. 용기를 온도가 $T_\infty < T_i$인 액체 속에 갑자기 넣는다. 여기서 T_i는 용기 벽의 초기온도이다.

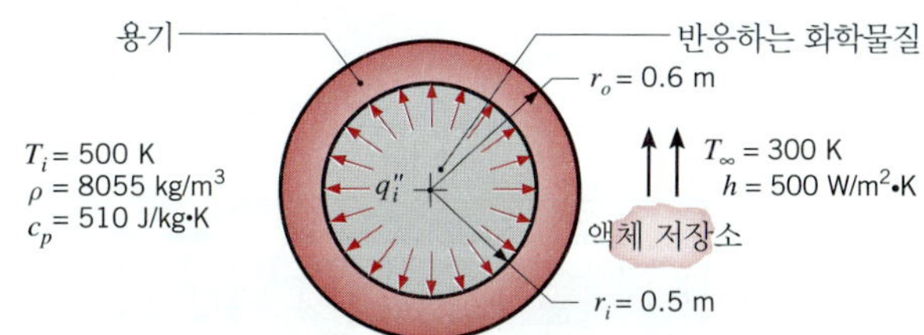

(a) 용기 벽 내의 온도구배를 무시하고, 열유속 q''_i이 일정하다고 가정할 때, 과도과정 중에 시간에 따른 벽의 온도변화를 지배하는 방정식을 구하라. 만약 q''_i = 10^5 W/m^{2}라면, 벽온도의 초기 변화율은 얼마인가?

(b) 벽의 정상상태 온도는 얼마인가?

(c) 대류열전달계수는 용기 주위의 유체흐름과 연관된 속도나 액체 속에 비등을 유발하기에 충분히 큰 벽온도의 어느 쪽인가에 따라 좌우된다. h의 범위가 100 ≤ h ≤ 10,000 W/m^2·K일 때, h의 함수로서 정상상태 온도를 계산하고 그래프로 나타내라. 이 작동이 수용될 수 없는 그 이하의 h 값이 있는가?

1.53 냉동칸(freezer compartment)이 제대로 작동하지 않을 때에는 두께 2 mm의 서리층으로 덮인다. 냉동칸이 20°C의 주위공기 속에 있고, 서리층의 노출된 표면으로부터 자연대류에 의해 대류열전달계수가 h = 2 W/m^2·K일 경우, 서리가 완전히 녹을 때까지 필요한 시간을 구하라. 서리는 질량 밀도가 700 kg/m^{3}이고 융해잠열이 334 kJ/kg이라고 가정할 수 있다.

1.54 우즈(Wood's) 금속의 수직 슬랩(slab)이 한쪽 표면 위에 있는 기판에 결합되어 있고, 반대편 표면 위에 레이저 소스에 의해 균일하게 조사를 받을 때 녹는다. 금속은 초기에 T_f = 72°C의 용융 온도에 있으며, 용융된 금속은 용융되자마자 중력에 의해 흘러내린다. 레이저 복사에 대한 금속의 흡수율은 α_1 = 0.4이며, 용융 금속의 융해잠열은 h_{sf} = 33 kJ/kg이다.

(a) 주위와 대류나 복사 열교환에 의해 조사된 표면으로부터의 열전달은 무시한다. 레이저 조사가 5 kW/m^{2}이라면 순간적인 용융률(kg/s·m^2)은 얼마인가? 조사가 2초 동안 유지된다면, 재료가 얼마나 제거되는가?

(b) T_∞ = 20°C 및 h = 15 W/m^2·K로 주위공기에 대한 대류와 큰 주위(ε = 0.4, T_{sur} = 20°C)와의 복사 열교환을 허용한다면, 조사 동안 순간적인 용융률은 얼마인가?

1.55 어떤 컴퓨터가 다섯 개의 인쇄회로기판(PCB)의 배열로 구성되어 있고, 각 PCB는 P_b = 20 W의 동력을 소산하고 있다. 기판에 있는 전자부품의 냉각은 인접한 기판에 의해 형성된 통로에 똑같이 분배된 공기의 강제유동에 의해 이루어진다. 부품으로부터 공기로의 열전달과 연관된 대류열전달계수는 약 h = 200 W/m^2·K이다. 온도 T_i = 20°C의 공기가 컴퓨터 콘솔로 들어가며, 흐름은 동력 소비가 P_f = 25 W인 홴에 의해 구

동된다.

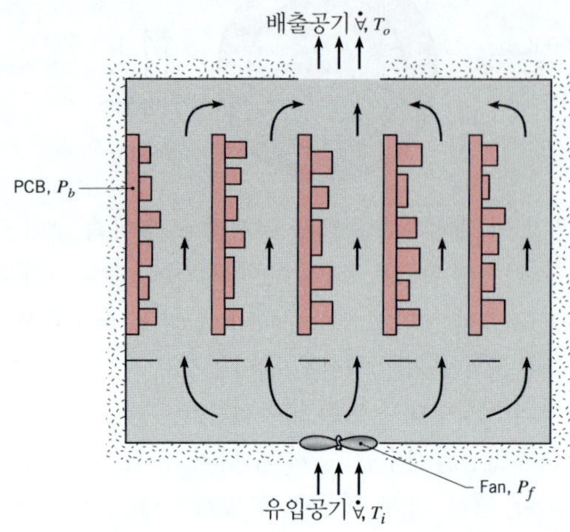

(a) 공기 유동의 온도 상승 $(T_o - T_i)$가 15°C를 초과하지 않는다면, 공기의 최소 허용 체적 유량 $\dot{\forall}$는 얼마인가? 공기의 밀도와 비열은 각각 대략 ρ = 1.161 kg/m³과 c_p = 1007 J/kg·K이다.

(b) 열적인 손상을 가장 받기 쉬운 부품은 표면적에서 1 W/cm²를 소산한다. 열적 손상에 대한 가능성을 최소화하기 위하여, 부품을 PCB의 어디에 설치해야 하는가? 이 위치에서 표면온도는 얼마인가?

1.56 연습문제 1.17의 조건을 고려하자. 그러나 주위 온도는 25°C이고 주위와의 복사 열교환은 무시한다. 대류열전달계수가 6.4 W/m²·K이고 평판의 방사율은 ε = 0.42이라면, 평판 온도가 225°C일 때 평판 온도의 시간 변화율 dT/dt를 구하라. 대류에 의한 열손실과 복사에 의한 열손실을 구하라.

1.57 우리가 음식으로 소비하는 대부분의 에너지는 우리들의 모든 신체 기능을 수행하는 과정에서 열에너지로 전환되고 궁극적으로 우리 신체로부터 열로서 빠져나간다. 하루 2100 kcal를 소비하는 사람을 고려하자.(일반적으로 음식 칼로리로 언급되는 것은 실질적으로 킬로칼로리인 것에 주목하라.) 이 중 2000 kcal는 열에너지로 전환된다.(남아 있는 100 kcal는 주위에 일을 하는 데 사용된다.) 사람의 표면적은 1.8 m²이고 수영복을 입고 있다.

(a) 사람은 20°C인 방 안에 있고 대류열전달계수는 3 W/m²·K이다. 이 공기 온도에서 사람은 많은 땀을 흘리지 않는다. 사람의 평균 피부온도는 얼마인가?

(b) 주위온도가 33°C이라면 편안한 피부온도 33°C를 유지하기 위하여 필요한 땀 발생률은 얼마인가?

1.58 연습문제 1.1을 고려하자.

(a) 단열재의 노출된 차가운 표면이 T_2 = 20°C이라면, 단열재의 차가운 쪽의 대류열전달계수는 얼마인가? 주위 온도 T_{sur} = 320 K이고 대기 온도 T_∞ = 5°C이며 방사율 ε = 0.95이다. 결과를 W/m²·K 및 W/m²·°C의 단위로 나타내라.

[b] (a)에서 계산된 대류열전달계수를 사용하여 표면 방사율이 $0.05 \le \varepsilon \le 0.95$의 범위에 걸쳐 변할 때 표면온도 T_2를 구하라. 단열재의 고온 벽 온도가 T_1 = 30°C로 고정되어 유지되고 있다. 결과를 그래프로 나타내라.

1.59 주차장에 있는 차 지붕은 800 W/m²의 태양열 복사 열유속을 흡수하고, 안쪽 면은 완전히 단열되어 있다. 지붕과 대기 사이의 대류열전달계수는 12 W/m²·K이다.

(a) 주위와의 복사 열전달을 무시하였을 때 대기온도가 20°C라면, 정상상태에서 지붕의 온도는 얼마인가?

(b) 같은 대기온도에서 지붕 표면 방사율이 0.8일 때, 지붕의 온도는 얼마인가?

[c] 대류열전달계수는 지붕 위의 공기흐름 상태에 따라 변하여 흐름 속도가 증가함에 따라 증가한다. $2 \le h \le 200$ W/m²·K에 대하여 h의 함수로서 판의 온도를 계산하여 그래프로 나타내라.

1.60 두꺼운 스테인리스강 주물 표면 위의 공기흐름과 연관된 대류열전달계수를 구하기 위한 실험에서 표면에 수직인 가상선을 따라 표면으로부터 10 mm와 20 mm 거리의 주물 내에 열전대를 삽입한다. 강의 열전도율은 15 W/m·K이다. 만약 공기 온도가 100°C일 때, 강의 내부에서 50°C와 40°C의 온도가 측정되었다면, 대류열전달계수는 얼마인가?

1.61 공기 및 벽의 온도가 $T_\infty = T_{sur}$ = 5°C인 지하실의 천장에 사각형의 강제유동 공기 가열 덕트가 매달려 있다. 덕트의 길이는 15 m이고, 단면적은 350 mm × 200 mm이다.

(a) 평균 표면온도가 50°C인 보온되지 않은 덕트에 대하여 덕트로부터의 열손실률을 산정하라. 표면 방사율과 대류열전달계수는 각각 대략 0.5와 4 W/m²·K이다.

(b) 58°C로 가열된 공기가 4 m/s의 속도로 덕트에 들어갔을 때의 열손실이 (a)의 결과와 같다면, 바깥 표면온도는 몇 도인가? 공기의 밀도와 비열은 각각 ρ = 1.10 kg/m³과 c_p = 1008 J/kg·K로 가정할 수 있다.

1.62 송전소에서 사용하기 위하여 제안된 버스 바(bus bar)의 단면은 높이 H = 600 mm이고 폭 W = 200 mm인 사각형이다. 바 재질의 전기 고유저항 ρ_e($\mu\Omega$·m)는 온도의 함수로 $\rho_e = \rho_{e,o}[1 + \alpha(T - T_o)]$이다. 여기서 $\rho_{e,o}$ = 0.0828 $\mu\Omega$·m, T_o = 25°C 및 α = 0.0040 K⁻¹이다. 페인트를 칠한 바닥 표면의 방사율은 0.8이고, 주위 온도는 30°C이다. 바와 30°C인 주위 공기 사이에서의 대류열전달계수는 10 W/m²·K이다.

(a) 바가 균일한 온도 T로 있다면, 바를 통해 60,000 A의 전

류가 흐를 때 정상상태 온도는 얼마인가?

(b) $10 \le h \le 100$ W/m^2·K에 대하여 대류열전달계수의 함수로 바의 정상상태 온도를 계산하고 그래프로 나타내라. 120°C 이하의 안전운전 온도를 유지하기 위하여 요구되는 최소 대류열전달계수는 얼마인가? 방사율의 증가는 이 결과에 상당한 영향을 주겠는가?

1.63 물을 가열하기 위하여 사용되는 평판형 태양열 집열기 위에 800 W/m^{2}의 태양 열유속이 입사된다. 집열기의 면적은 4 m^{2}이고, 태양열 복사의 90%가 덮개 유리를 통과하여, 흡수판에 의하여 흡수된다. 남은 10%는 집열기로부터 반사된다. 물은 흡수판 뒤쪽의 관 통로를 통하여 흐르고, 입구 온도 T_i로부터 출구 온도 T_o로 가열된다. 작동 시의 온도 30°C인 덮개 유리는 방사율이 0.94이며, −10°C의 하늘과 복사 열교환을 한다. 덮개 유리와 25°C인 대기 사이의 대류열전달계수는 10 W/m^2·K이다.

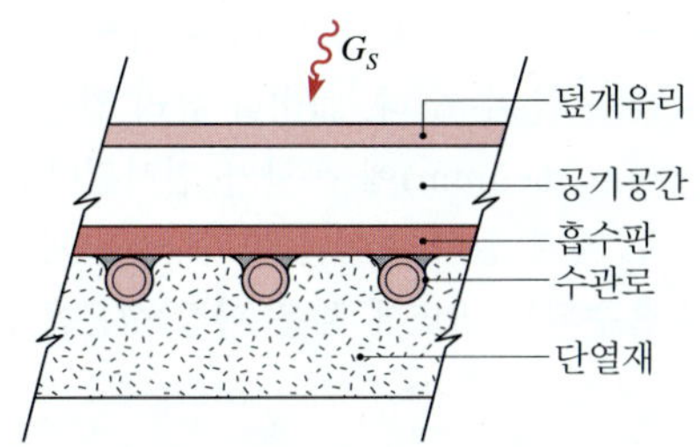

(a) 집열기의 단위면적당 집열된 유용한 열량 q''_u에 관한 식을 구하기 위하여 집열기에 전체적인 에너지평형식을 세우고, q''_u의 값을 구하라.

(b) 유량이 0.01 kg/s일 때, 물의 온도 상승 $(T_o - T_i)$를 계산하라. 물의 비열은 4179 J/kg·K라 가정한다.

(c) 집열기 효율 η를 집열기로 입사된 태양열 에너지에 대한 축적된 유용한 열의 비로 정의한다. η의 값은 얼마인가?

과정 검증

1.64 열시스템의 성능을 분석할 때, 공학자는 관련 열전달 현상을 모두 점검할 수 있어야 한다. 그래야만 시스템의 거동을 적절하게 정량화할 수 있다. 다음의 시스템에 관하여 시스템 개략도에 적절하게 명칭이 붙은 화살표를 사용하여 관련 현상을 나타내고, 문제에 나타나 있는 부가적인 질문에 답하라.

(a) 여름철 아스팔트 포장도로의 온도를 결정하는 열전달 과정을 점검하고, 도로 표면에 대한 에너지평형을 기술하라.

(b) 마이크로파(microwave) 복사는 플라스틱, 유리, 세라믹은 투과하지만, 물과 같은 극성분자를 갖는 물질들에게는 흡수되는 것으로 알려져 있다. 마이크로파 복사에 노출된 물 분자들은 일렬로 정렬되고, 10^9 s^{-1} 이상의 주파수에서 마이크로파 복사와 같이 정렬이 역전되기 때문에 열이 발생된다. 마이크로웨이브 오븐에서 조리하는 것과 통상적인 복사식 또는 대류식 오븐에서 조리하는 것을 비교하라. 각 경우에서 음식을 가열하는 물리적 기구(mechanism)는 무엇인가? 어떤 오븐이 더 높은 에너지 이용 효율을 갖는가? 무엇 때문인가? 마이크로파 가열은 옷을 건조하는 데도 고려되고 있다. 마이크로파 건조기의 작동은 재래식 건조기와 어떻게 다른가? 어떤 것이 더 높은 에너지 이용 효율을 갖고 있고, 그 이유는 무엇인가?

(c) 할머니께서는 겨울철 난방 요금을 줄이는 것에 대하여 관심이 많다. 할머니의 생각은 가을에 첫 추위가 온 직후에, 2중 판 유리창 위에다 단단한 폴리스티렌 판 단열재를 느슨하게 부착하는 것이다. 발포단열재의 판이 (i) 안쪽 표면에 (ii) 바깥쪽 표면에 설치되었을 때, 추운 겨울밤에 관련된 열교환 과정을 규명하라. 응결로 인한 손상을 피하기 위해, 어떤 배치가 더 선호되어야 하는가? 발포단열재가 적소에 설치되지 않으면 창 유리판에는 응결이 일어나지 않는다.

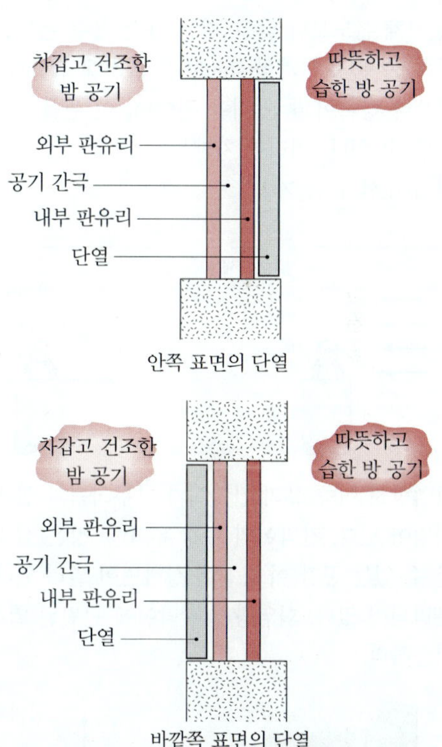

(d) 단열 성능을 개선하는 건축 재료의 개발에 상당한 관심이 모아지고 있다. 그러한 재료의 개발은 내부공간의 난방 요구량을 줄임으로써 에너지보존에 커다란 기여를 할 것이다. 그림에 나타낸 복합재료를 사용함으로써 우수한 구조와 우수한 단열성능을 얻을 수 있다는 것이 제안되어 왔다. 이 재료는 두 판 사이에 끼워진 사각 단면의 셀을 갖는 벌집구조(honeycomb)로 이루어져 있다. 셀에는 공

기가 채워져 있고 벌집구조 매트릭스뿐만 아니라 판은 열전도율이 낮은 플라스틱으로 만들어진다. 복합재료의 성능과 관련된 모든 열전달 과정을 나타내고, 이 성능을 높일 수 있는 방법을 제시하라.

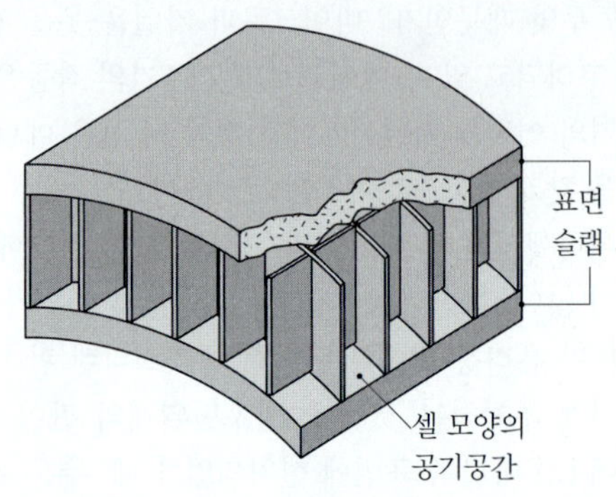

(e) 열전대의 접합점을 기체의 흐름 내에 삽입하여 채널을 통해 흐르는 고온 기체흐름의 온도를 측정하는 데 사용된다. 채널 표면은 냉각되므로 그 온도는 가스의 온도보다 낮다. 접합점 표면에 관련된 열전달 과정을 기술하라. 이 접합점이 기체 온도보다 낮은, 같은, 또는 높은 온도를 측정할 수 있는가? 복사 차폐물(shield)은 열전대 접합점을 둘러싸고 있으나 양끝이 뚫린 작은 관이며, 이 관을 통하여 기체가 흐를 수 있다. 이러한 차폐물은 온도 측정의 정확성을 어떻게 개선시키는가?

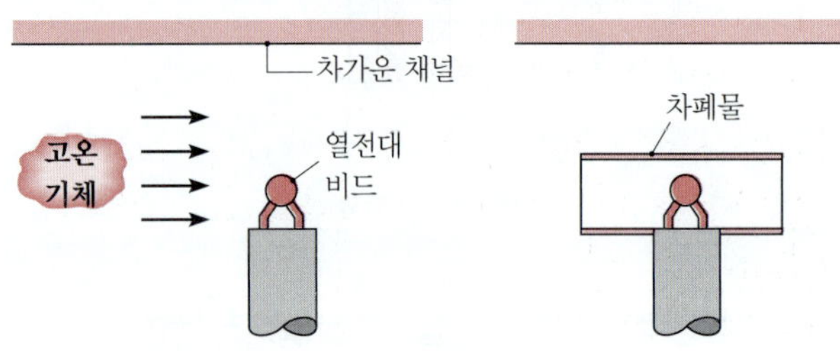

(f) 화염방지 이중 유리 칸막이가 나무화덕과 실내 사이에 설치되어 있다. 칸막이의 수직 유리 두 장은 실내 공기가 흐를 수 있는 공간(이 공간은 상하면이 열려 있다)에 의하여 분리되어 있다. 화염방지 칸막이에 관련된 열전달 과정을 기술하라.

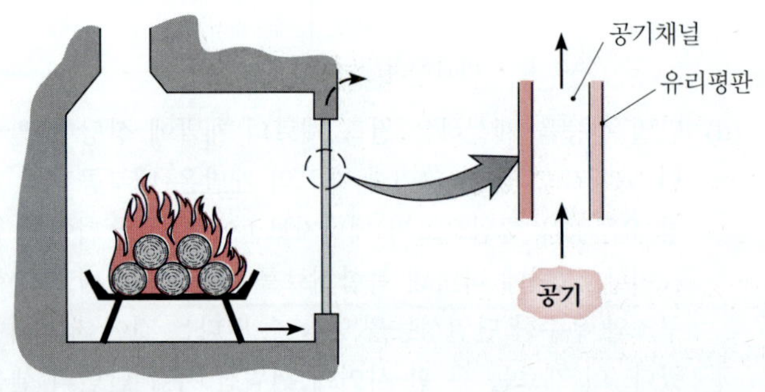

(g) 열전대의 접점을 고체 물질의 온도를 측정하기 위해 사용한다. 그 접점을 작은 원형 구멍 안에 삽입하여 에폭시로 제자리에 고정한다. 접점과 연관된 열전달 과정을 확인하라. 그 연결점이 고체 물질의 온도보다 더 낮은, 또는 그와 같은, 또는 그보다 더 높은 온도를 감지할 것인가? 에폭시의 열전도율이 접점의 온도에 어떤 영향을 주는가?

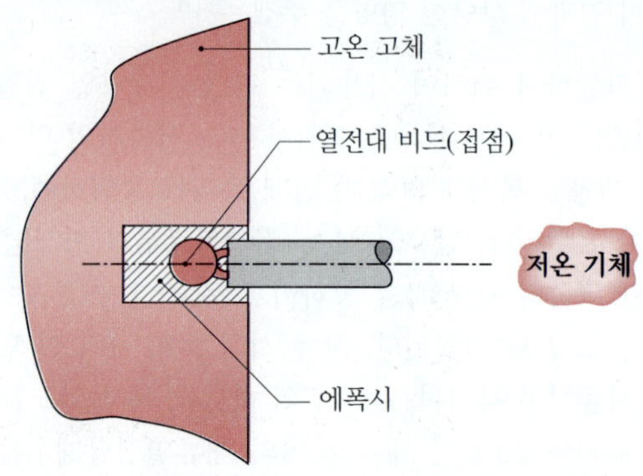

1.65 자연환경(옥외)에서 열전달을 포함한 다음과 같은 문제를 생각하면 태양열 복사는 긴 파장과 짧은 파장 성분으로 구성되어 있다는 것을 알 수 있다. 물이나 유리 같은 반투명 매질(semitransparent medium)에 복사가 입사된다면 복사의 비굴절 부분에 두 가지 일이 일어날 것이다. 긴 파장 성분은 매질의 표면에 흡수되는 반면에 짧은 파장 성분은 표면을 투과한다.

(a) 창문의 창유리의 수는 가열된 방 안으로부터 바깥 대기로의 열손실에 많은 영향을 미친다. 단일창과 이중창 각각의 경우에 대하여 관련되는 열전달 과정을 기술함으로써 단일창문과 이중창문을 비교하라.

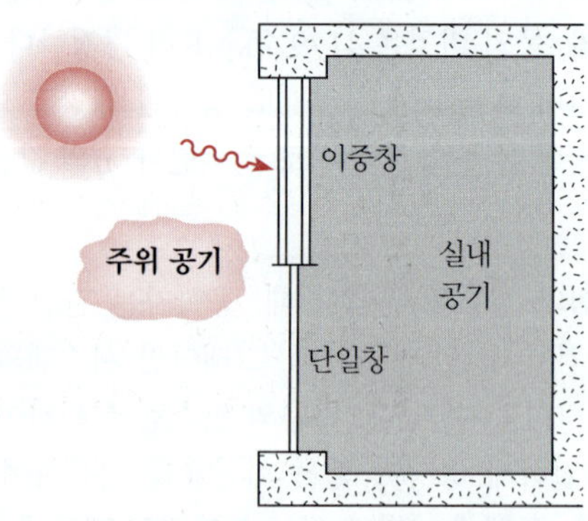

(b) 전형적인 평판 태양열 집열기에서 흡수판의 뒷면과 잘 접촉하고 있는 관을 통하여 순환하고 있는 작동유체에 의해 에너지가 집열된다. 그 뒷면은 주위로부터 단열되어 있고, 흡수판은 전면에서 태양열 복사를 받는데, 보통 하나 또는 그 이상의 투과판으로 덮여 있다. 먼저 덮개판이 없는 흡수판에 대하여 그리고 하나의 덮개판이 있는 흡수판에 대하여 관련 열전달 과정을 기술하라.

(c) 아래에 나타낸 태양열 에너지 집열기의 모양은 농업용으

로 사용되어 온 것이다. 공기는 단면이 정삼각형 형태인 긴 덕트를 통하여 흐른다. 삼각형의 한 면은 이중창의 반투과 덮개로 구성되는 반면, 나머지 두 면의 내부는 검게 페인트를 칠한 알루미늄 판으로 덮여 있으며, 외부는 스티로폼 단열층으로 싸여 있다. 햇빛이 비치는 동안 이 시스템에 들어간 공기는 가열되어 온실, 곡물 건조장치, 또는 저장 시스템으로 이송된다.

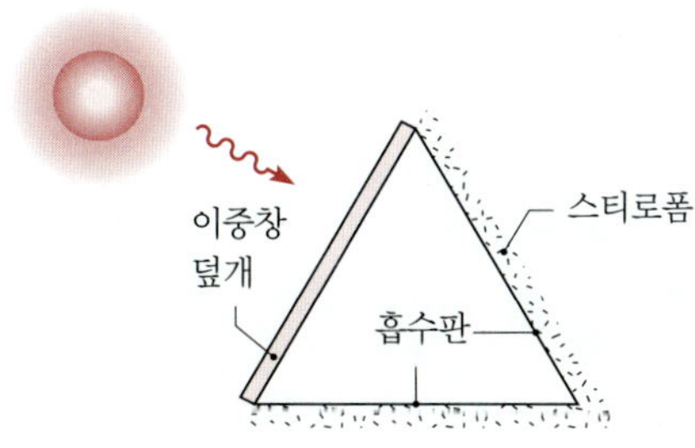

덮개판, 흡수판 그리고 공기와 관련된 모든 열전달 과정을 기술하라.

(d) 진공관식 태양열 집열기(evacuated-tube solar collector)는 평판 집열기에 비하여 향상된 성능을 가질 수 있다. 이것은 태양 복사열을 투과시키는 바깥쪽 관에 둘러싸인 안쪽 관으로 구성되어 있으며, 관 사이의 동심 공간은 진공으로 만든다. 안쪽 관의 불투명 표면은 태양 복사열을 흡수하고, 작동 유체는 태양열 에너지를 집열하기 위해 내부 관을 통과한다. 일반적으로 집열기 설계는 반사판 앞에 배열된 이러한 관들의 열로 구성된다. 이 장치의 성능과 관련된 모든 열전달 과정을 기술하라.

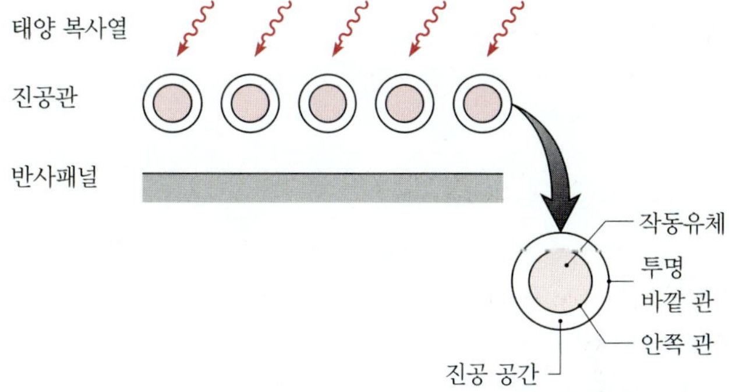

CHAPTER

02

전도 개론

Introduction to Conduction

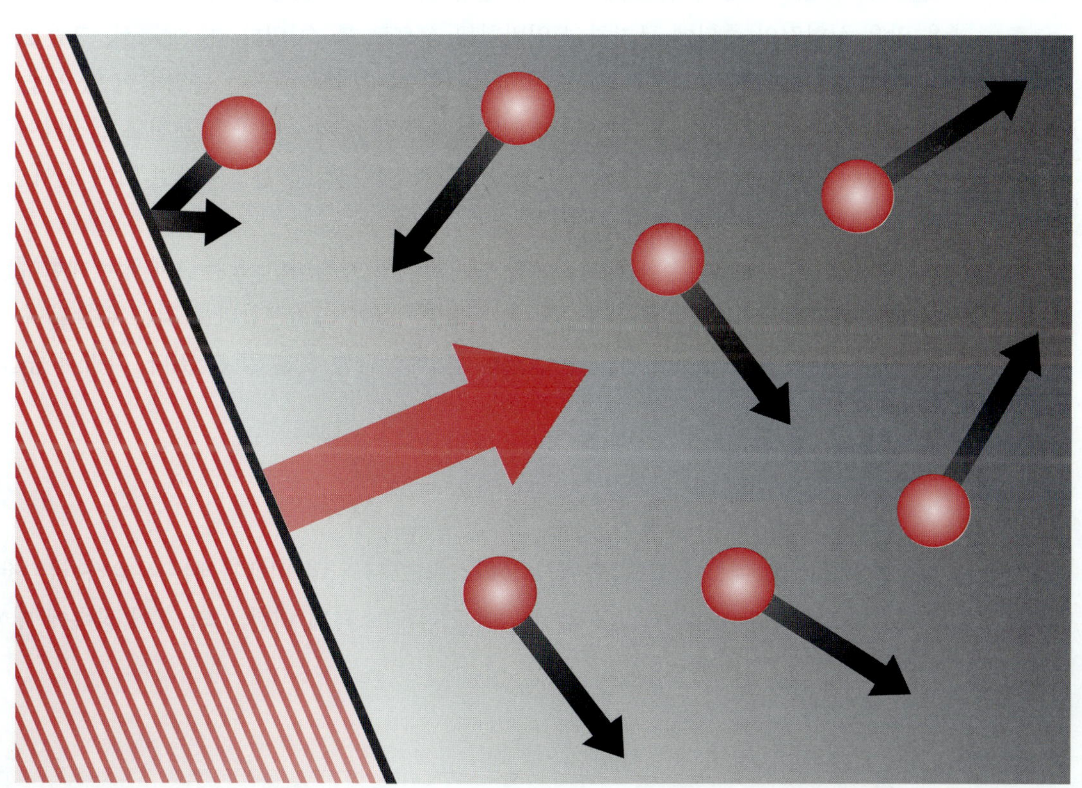

전도(conduction)는 온도구배에 기인한 매질 내에서의 에너지 전달이며, 물리적인 기구(mechanism)는 원자나 분자의 불규칙한 활동이라는 것을 상기하자. 1장에서 우리는 전도 열전달이 **Fourier 법칙**에 의해 지배되고, 매질 내에서 온도가 변하는 형태(**온도분포**)를 알아야 열유속을 결정하기 위한 법칙을 사용할 수 있다는 것을 배웠다. 개론에서는 단순화된 조건(평면벽에서, 1차원, 정상상태 전도)에만 관심을 제한시켰다. 그러나 Fourier 법칙은 복잡한 형상에서의 다차원 과도상태의 전도에도 적용할 수 있다.

이 장의 목표는 두 가지이다. 첫 번째 목표는 Fourier의 법칙을 더 깊이 이해할 수 있도록 전개하는 것이다. Fourier의 법칙의 근원은 무엇인가? 기하학적으로 다른 형태에 대하여 Fourier의 법칙은 어떤 형태를 갖는가? 비례상수(**열전도율**)는 매질의 물리적 성질에 따라 어떻게 달라지는가? 두 번째 목표는 기본 원리로부터 출발하여 매질 내에서 온도분포를 지배하는 **열방정식**(heat equation)이라고 하는 일반적 방정식을 전개하는 것이다. 이 방정식의 해로부터 온도분포를 알 수 있으며, 이것을 Fourier의 법칙과 함께 사용하면 열유속을 결정할 수 있다.

2.1 전도 전달률 방정식

전도 전달률 방정식, 즉 Fourier의 법칙이 1.2절에서 소개되었지만, 지금은 이것의 근원을 고찰해 보기에 적절한 단계이다. Fourier의 법칙은 **현상학적**(phenomenological)이다. 즉 이것은 기본법칙으로부터 유도되었다기보다는 관찰된 현상으로부터 도출된 것이다. 따라서 전도 전달률 방정식은 많은 실험적인 증거에 근거하여 일반화된 식으로 볼 수 있다. 한 예로서, 그림 2.1의 정상상태 전도 실험을 고려해 보자. 재질을 알고 있는 원통 막대의 측면이 단열되어 있으며, 양 끝 면들은 서로 다른 온도($T_1 > T_2$)로 유지된다. 온도차에 의해 양의 x 방향으로 전도 열전달이 일어난다. 따라서 열진달률 q_x를 측정할 수 있으며, q_x가 다음 변수들, 즉 온도차 ΔT, 막대 길이 Δx, 그리고 횡단면적 A에 따라 어떻게 달라지는지를 결정하고자 한다.

먼저 ΔT와 Δx를 일정하게 하고 A가 변화한다고 가정하면, q_x는 A에 정비례한다는 것을 알 수 있다. 마찬가지로 ΔT와 A를 일정하게 하면, q_x가 Δx에 반비례한다는 것을 관찰할 수 있다. 마지막으로 A와 Δx를 일정하게 하면, q_x는 ΔT에 정비례한다는 것을 알 수 있다. 따라서 종합적인 결과는 다음과 같다.

$$q_x \propto A\frac{\Delta T}{\Delta x}$$

재질을 바꾸어도(예를 들면 금속에서 플라스틱으로) 위의 비례관계는 유효하다는 것을 알 수 있을 것이다. 그러나 A, Δx 및 ΔT 값이 같아도, 플라스틱에 대한 q_x의 값이 금속에 대한 값보다 더

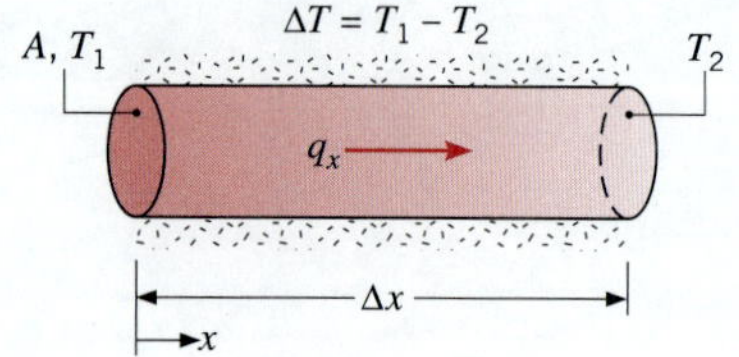

그림 2.1 정상상태 열전도 실험.

작을 것이라는 사실도 또한 알 수 있다. 이 사실은 물질 거동의 척도가 되는 계수를 도입함으로써 비례관계를 등식으로 바꿀 수 있다는 것을 시사한다. 따라서 다음과 같이 쓸 수 있다.

$$q_x = kA\frac{\Delta T}{\Delta x}$$

여기서 **열전도율**(thermal conductivity) k(단위는 W/m·K)는 물질의 중요한 **물성치**(property)이다. 위의 식에 $\Delta x \to 0$의 극한을 취하면, 다음과 같은 **열전달률**(heat rate) 식을 얻는다.

$$q_x = -kA\frac{dT}{dx} \tag{2.1}$$

또한 **열유속**(hweat flux)에 대해서는 다음과 같다.

$$q_x'' = \frac{q_x}{A} = -k\frac{dT}{dx} \tag{2.2}$$

열은 항상 온도가 감소하는 방향으로 전달되기 때문에 음의 부호가 필요하다는 것을 기억하자.

식 (2.2)에 나타낸 바와 같이 Fourier의 법칙은 열유속이 방향성을 갖는 양이라는 것을 내포한다. 특히 q_x''의 방향은 횡단면적 A에 **수직**이다. 또는 더 일반적으로 말하면, 열흐름의 방향은 항상 **등온**(isothermal) 표면이라고 하는 온도가 일정한 표면에 수직인 방향일 것이다. 그림 2.2는 **온도구배**(temperature gradient) dT/dx가 음인 평면벽 내에서, 열흐름 q_x''의 방향을 나타낸 것이다. 식 (2.2)로부터 q_x''은 양의 값이 된다. 등온표면들은 x 방향에 수직인 평면들이라는 것에 유의하라.

열유속이 벡터량인 것을 감안하면, 보다 일반적인 전도 전달률 방정식(**Fourier의 법칙**)의 표현은 다음과 같이 쓸 수 있다.

$$\mathbf{q}'' = -k\nabla T = -k\left(\mathbf{i}\frac{\partial T}{\partial x} + \mathbf{j}\frac{\partial T}{\partial y} + \mathbf{k}\frac{\partial T}{\partial z}\right) \tag{2.3}$$

여기서 ∇은 삼차원 ∇ 연산자이고, $\mathbf{i}, \mathbf{j}, \mathbf{k}$는 x, y, z 방향의 단위벡터이며, $T(x, y, z)$는 스칼라 온도장(temperature field)이다. 열유속 벡터는 등온 표면에 수직이라는 사실이 식 2.3에 내재되어 있다. 따라서 Fourier의 법칙의 다른 형태는 다음과 같다.

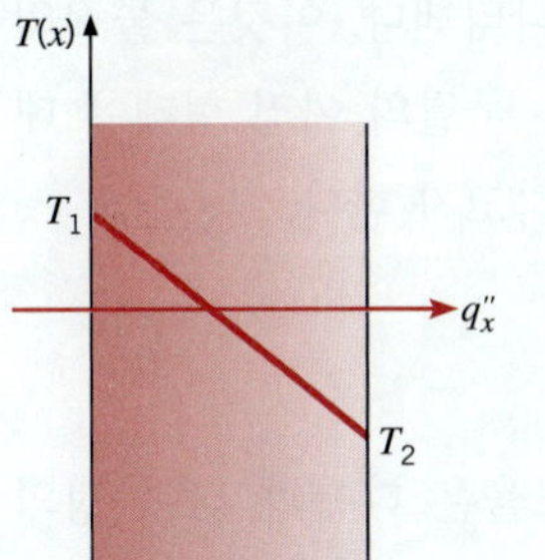

그림 2.2 1차원에서 좌표계, 열 흐름 방향 및 온도구배 사이의 관계.

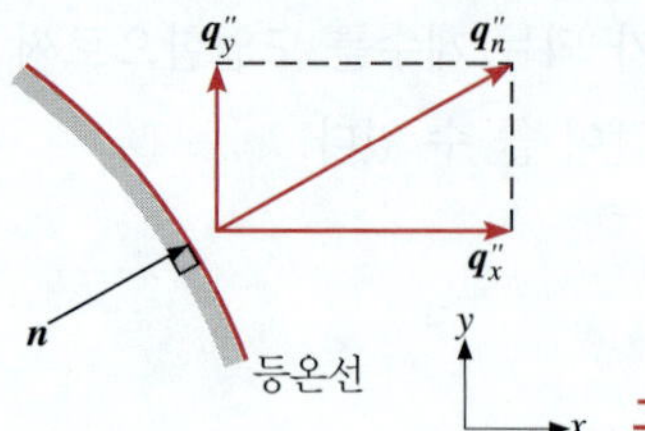

그림 2.3 2차원 좌표계에서 등온선에 수직인 열유속 벡터.

$$\mathbf{q}'' = q_n''\mathbf{n} = -k\frac{\partial T}{\partial n}\mathbf{n} \tag{2.4}$$

여기서 q_n''은 그림 2.3에서 2차원인 경우에 대하여 나타난 바와 같이 **등온선**(isotherm)에 수직인 $\mathbf{n}$ 방향으로의 열유속이다. 열전달은 $\mathbf{n}$ 방향의 온도구배에 의하여 유지된다. 또한 열유속 벡터를 성분별로 분해할 수 있으며, 직교좌표에서 $\mathbf{q}''$에 대한 일반식을 다음과 같이 쓸 수 있다.

$$\mathbf{q}'' = \mathbf{i}q_x'' + \mathbf{j}q_y'' + \mathbf{k}q_z'' \tag{2.5}$$

여기서 식 (2.3)으로부터 q''의 각 성분은 다음과 같이 된다.

$$q_x'' = -k\frac{\partial T}{\partial x} \qquad q_y'' = -k\frac{\partial t}{\partial y} \qquad q_z'' = -k\frac{\partial T}{\partial z} \tag{2.6}$$

이들 각각의 식은 **표면을 가로지르는** 열유속과 표면에 수직인 방향으로의 온도구배와의 관계를 나타낸다. 또한 전도가 일어나는 매질을 **등방성**(isotropic)으로 가정한 사실이 식 (2.3)에 암시되어 있다. 이러한 매질에 대한 열전도율의 값은 좌표방향에 무관하다.

Fourier의 법칙은 전도 열전달의 기본이며, 주요한 특징은 다음과 같이 요약된다. 이것은 기본법칙으로부터 유도될 수 있는 식이 아니고, 실험적 증거를 바탕으로 일반화된 식이다. 또한 이것은 중요한 물질의 물성치, 즉 열전도율을 **정의**하는 식이다. 더욱이 Fourier의 법칙은 열유속이 등온선에 수직이고, 온도가 감소되는 방향으로 향한다는 것을 나타내는 벡터식이다. 끝으로, 이 법칙은 물질의 상태(고체, 액체, 또는 기체)에 관계없이 모든 물질에 대하여 적용할 수 있다는 것에 유의하라.

2.2 물질의 열물성치

Fourier의 법칙을 사용하기 위해서는 물질의 열전도율을 알아야 한다. **전달 물성치**(transport property)로 부르는 이 물성치는 확산과정에 의하여 전달된 에너지율을 나타낸다. 이것은 물질의 상태와 관계가 있는 원자와 분자의 물리적 구조에 의존한다. 이 절에서는 물질의 여러 형태에 대하여 물질 거동의 중요한 면을 파악하고, 대표적인 물성치들의 값을 제시하고자 한다.

2.2.1 열전도율

식 (2.6)의 Fourier의 법칙으로부터 x 방향으로의 전도와 관련된 열전도율은 다음과 같이 정의된다.

$$k_x \equiv -\frac{q_x''}{(\partial T/\partial x)}$$

y 방향과 z 방향의 열전도율 (k_y, k_z)에 대하여 유사한 정의를 할 수 있다. 그러나 등방성 물질에 대해서는 열전도율이 열전달 방향에 무관하므로 이 경우에 $k_x = k_y = k_z \equiv k$가 된다.

앞의 식으로부터, 주어진 온도구배에 대하여 전도 열유속은 열전도율이 증가함에 따라 증가한다. 일반적으로 고체의 열전도율은 액체의 열전도율보다 크고, 액체의 열전도율은 기체의 열전도율보다 크다. 그림 2.4에 도시한 것처럼, 고체의 열전도율은 기체의 열전도율보다 10^4배 더 클 수 있다. 이 경향은 두 상태에서 분자 간 간격의 차이에 크게 기인한다.

고체상태 현대적인 관점에서 물질을 보면, 고체는 자유전자와 원자들로 구성되어 있는데, 원자는 격자(lattice)라고 불리는 주기적인 배열에 의해 속박되어 있다. 따라서 열에너지의 전달은 자유전자의 이동과 격자 진동파라는 두 가지 효과에 기인한 것이라 할 수 있다. 입자와 유사한 현상으로 바라볼 때, 격자 진동 양자를 **포논**(phonon)이라고 한다. 순수 금속에서는 전도 열전달에 대하여 전자가 지배적으로 기여하지만, 절연체나 반도체에서는 포논이 지배적으로 기여한다.

분자운동론에 의해 열전도율은 다음 식으로 나타난다[1].

$$k = \frac{1}{3}C\bar{c}\lambda_{\text{mfp}} \tag{2.7}$$

금속과 같은 전도성 물질에 대하여, $C \equiv C_e$는 단위체적당 전자 비열이고, $\bar{c}$는 평균 전자속도이며, $\lambda_{\text{mfp}} \equiv \lambda_e$는 전자 평균자유경로(mean free path)이다. 전자 평균자유경로는 물질 내에서 전자가 결함(imperfection)이나 포논과 충돌하기 전에 이동한 평균 거리이다. 비전도성 고체 내에서, $C \equiv C_{\text{ph}}$는 포논의 비열이고, $\bar{c}$는 평균 음속이며, $\lambda_{\text{mfp}} \equiv \lambda_{\text{ph}}$는 포논 평균자유경로로서, 이는 다시 결함 또는 다른 포논과의 충돌에 의해 결정된다. 모든 경우에 있어서 **에너지 운반자**(energy carrier, 즉 전자 또는 포논)의 평균자유경로가 증가할수록 열전도율은 증가한다.

전자와 포논이 고체 내에서 전도 열전달로 이어지는 열에너지를 운반할 때, 열전도율은 다음과 같이 나타낼 수 있다.

$$k = k_e + k_{\text{ph}} \tag{2.8}$$

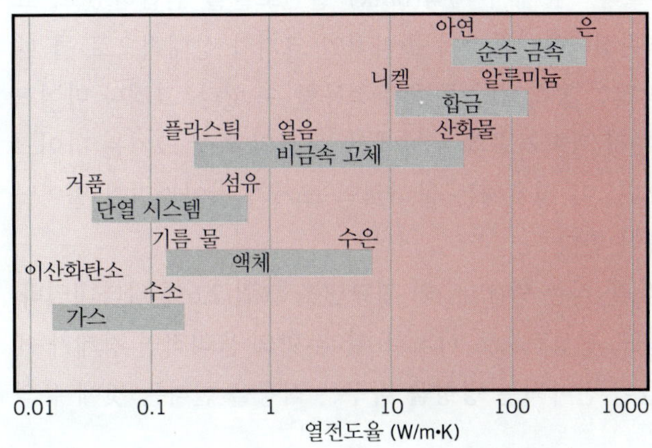

그림 2.4 상온 상압에서 여러 가지 물질 상태에 대한 열전도율의 범위.

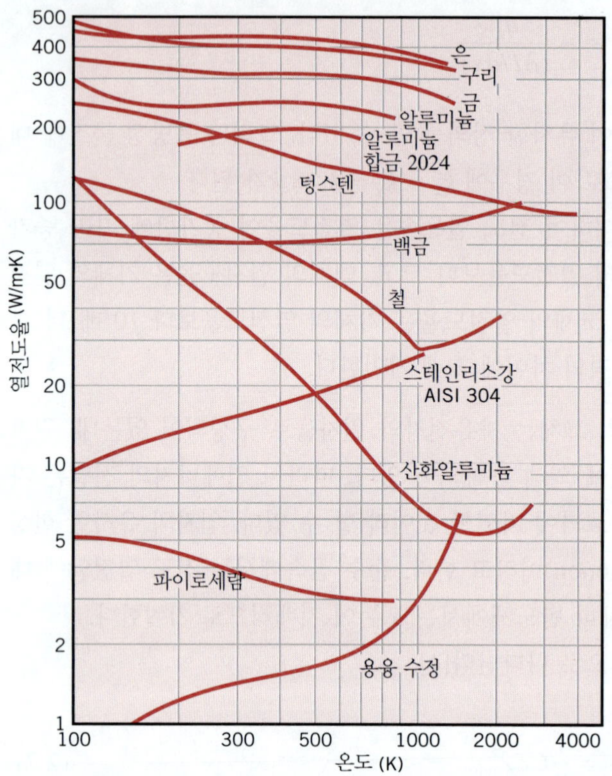

그림 2.5 여러 가지 고체들에서 열전도율의 온도 의존성.

1차적 근사로 k_e는 전기 고유저항 ρ_e에 반비례한다. 순수 금속에서는 ρ_e가 낮으므로 k_e가 k_{ph}보다 매우 크다. 이에 반하여, 대체로 ρ_e가 훨씬 큰 합금에서는 k에 관한 k_{ph}의 기여를 무시할 수 없다. 비금속 고체에서 k는 원자와 격자 사이에서의 상호작용 빈도가 감소할수록 증가되는 k_{ph}에 의하여 주로 결정된다. 유리와 같은 비결정(amorphous) 물질보다 더 높은 열전도율을 갖는 수정과 같은 결정성(잘 배열된) 물질에서, 격자배열의 규칙성은 k_{ph}에 대하여 큰 영향을 준다. 실제로, 다이아몬드나 산화베릴륨과 같은 결정체로 된 비금속 고체에 대해서 k_{ph}는 아주 커서, 알루미늄과 같은 양도체의 k 값을 능가할 수 있다.

대표적인 금속 및 비금속 고체에 대하여 k의 온도 의존성을 그림 2.5에 나타내었다. 공학적으로 중요한 물질에 대한 값은 표 A.1(금속 고체)과 표 A.2 및 A.3(비금속 고체)에 나타내었다. 열전도율에 대해 좀 더 상세히 알고자 하면 참고문헌 [2]를 참조하라.

고체상태: 마이크로스케일 및 나노스케일 효과 앞에서 **체적**(bulk) 열전도율을 언급하였고, 표 A.1에서 A.3까지에 열거된 열전도율 값은 관심 있는 물질의 물리적인 크기가 상대적으로 클 때 사용하기에 적절하다. 이것은 대부분의 일상적인 공학적인 문제에 적용할 수 있다. 그러나 마이크로일렉트로닉스(microelectronics)와 같은 여러 과학기술의 분야에서, 물질의 특성 크기는 마이크로미터 또는 나노미터의 치수가 될 수 있으며, 이 경우에는 물리적인 크기가 작아지면서 일어날 수 있는 k의 변경 가능성을 감안하여 주의해야 한다.

동일한 물질로 되어 있으며 두께 L_1과 L_2를 갖는 **막**(film)의 횡단면을 그림 2.6에 나타내었다. 열에너지의 전도와 관련한 전자 또는 포논들도 정성적으로 나타나 있다. 막의 물리적인 경계가 에너지 운반자를 분산시키고, 에너지 운반자들이 전파되는 **방향을 바꾸**는 작용을 한다는 것에 유의

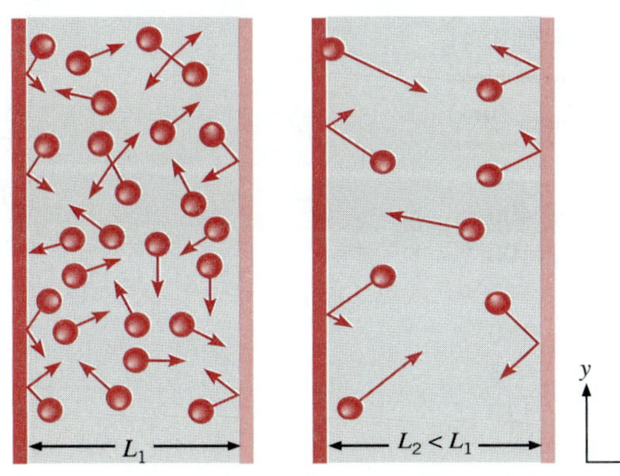

그림 2.6 전자 또는 포논의 궤도. (*a*) 경계효과를 갖는 상대적으로 두꺼운 막에서, (*b*) 상대적으로 얇은 막에서.

하라. L/λ_{mfp}[1]가 큰 경우(그림 2.6*a*)에는, 경계가 **평균** 에너지 운반자 경로의 길이를 감소시키는 효과기 미미하므로, 전도 열전달은 체적 물질(bulk material)에 대해 설명한 것처럼 일어난다. 그러나 막이 더 얇아지면, 그림 2.6*b*에 나타낸 것처럼 물질의 물리적인 경계는 에너지 운반자가 지나는 평균 **정미** 거리를 감소시킬 수 있다. 더욱이 얇은 x 방향으로 움직이는(x 방향으로 전도를 나타내는) 전자와 포논은 y 방향으로 움직이는 에너지 운반자보다 더 심각하게 경계에 의해 영향을 받는다. 이와 같이 L/λ_{mfp}가 작은 특성을 갖는 막에 대해 $k_y < k_x < k$인 것을 알게 되는데, 여기서 k는 막 물질의 체적 열전도율이다.

$L/\lambda_{\text{mfp}} \geq 1$인 경우에, k_x 및 k_y의 예측치들은 다음 식으로부터 20% 이내의 오차 범위에서 산정할 수 있다[1].

$$\frac{k_x}{k} = 1 - \frac{\lambda_{\text{mfp}}}{3L} \tag{2.9a}$$

$$\frac{k_y}{k} = 1 - \frac{2\lambda_{\text{mfp}}}{3\pi L} \tag{2.9b}$$

식 (2.9a, b)에 의하면 $L/\lambda_{\text{mfp}} > 7$($k_x$에 대하여)이고 $L/\lambda_{\text{mfp}} > 4.5$($k_y$에 대하여)이라면 k_x 및 k_y의 값은 체적 열전도율의 대략 5% 이내에 있다는 것을 알 수 있다. $T \approx 300$ K에서 여러 물질에 대하여 마이크로스케일 효과를 고려해야 하는 임계 막 두께는 물론 평균자유경로의 값이 표 2.1에 포함되어 있다. $\lambda_{\text{mfp}} < L < L_{\text{crit}}$인 막에 대해, k_x 및 k_y는 식 (2.9a, b)에 나타난 체적 열전도율보다 작아진다. $L/\lambda_{\text{mfp}} < 1$인 경우에 대해 열전도율 값을 예측하기 위한 일반적인 가이드라인은 존재하지 않는다. 고체에서 λ_{mfp}의 값은 온도가 증가함에 따라 감소한다는 것을 유의하라.

그림 2.6*b*의 경우에서처럼 물리적인 경계로부터 분산되는 것뿐만 아니라, 에너지 운반자는 물질 내부에 첨가한 화학적 **첨가제**(dopant)에 의해서, 또는 원래는 균질(homogeneous)이었던 물질 내에서 물질의 개별 클러스터(cluster)를 분리하는 **입자경계**(grain boundary)에 의해서 방향이 바꾸어질 수 있다. **나노구조 물질**(nanostructured material)이란 화학적으로는 원래의 물질과 동일하지만, 열적으로 처리하여 최종 물질에서는 매우 작은 입자크기로 만든 것이며, 열전달의 관점에서는 입자경계에서 에너지 운반자의 산란과 반사를 매우 크게 증가시킨다.

[1] 무차원 값 λ_{mfp}/L은 누센(Knudsen) 수로 알려져 있다. 큰 누센 수(작은 L/λ_{mfp})는 나노 또는 마이크로 스케일 효과가 큼을 의미한다.

표 2.1 T ≈ 300 K에서 여러 물질에 대한 평균자유경로 및 임계 막두께[3, 4]

물질	λ_{mfp} (nm)	$L_{crit,x}$ (nm)	$L_{crit,y}$ (nm)
산화알루미늄	5.08	36	22
다이아몬드(IIa)	315	2200	1400
갈륨아비산염	23	160	100
금	31	220	140
실리콘	43	290	180
이산화실리콘	0.6	4	3
산화이트륨 안정화 지르코니아	25	170	110

나노구조로 된 산화이트륨 안정화 지르코니아(yttria-stabilized zirconia) 덩어리의 열전도율 값이 그림 2.7에 나타나 있다. 이 특수 세라믹은 가스터빈 엔진과 같은 고온 연소 장치 내에서 단열의 목적으로 폭넓게 사용된다. 전도는 포논 전달에 의해 지배적으로 수행되며, 포논 에너지 운반자의 평균자유경로는 표 2.1로부터 300 K에서 $\lambda_{mfp} = 25$ nm이다. 입자크기가 25 nm보다 작은 특성 길이로 감소하면(그리고 단위체적당 물질 내에서 입자경계를 더 많이 도입할 때), 열전도율이 심각하게 감소한다. 그림 2.7의 결과를 보다 고온의 범위로 외삽(extrapolation)하는 것은 추천하지 않는다. 왜냐하면 평균자유경로는 온도의 증가에 따라 감소하고($T \approx 1525$ K에서 $\lambda_{mfp} \approx 4$ nm), 물질의 입자들은 상승된 온도에서 합쳐지고, 흡수되고, 확대될 수 있기 때문이다. 그러므로 L/λ_{mfp}는 고온에서 더 크게 되고, 나노스케일(nanoscale) 효과로 인한 k의 감소는 덜 두드러지게 된다. 나노 구조 물질 내에서의 열전달에 관한 연구에서는 공학자들이 열전도율을 감소시키거나 증가시키기 위하여 나노 구조물을 교묘하게 조절할 수 있는 새로운 방법들을 밝혀내는 것을 계속하고 있다[5]. 잠재적으로 이런 중요한 결과물은 가스 터빈 엔진 기술[6], 마이크로 전자 공학[7] 및 재생 에너지[8] 등과 같은 응용을 포함한다.

유체상태 유체상태는 액체와 기체 모두를 포함한다. 유체상태에서는 고체상태보다 분자 사이의 간격이 매우 넓고, 분자운동이 보다 더 불규칙적이므로, 열에너지 전달은 덜 효과적이다. 따라서

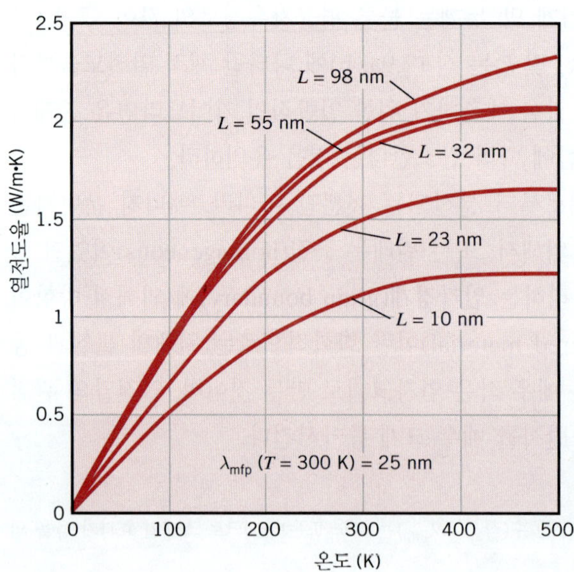

그림 2.7 온도 및 평균 입자크기의 함수로서 측정된 산화이트륨 안정화 지르코니아의 열전도율[3].

일반적으로 기체와 액체의 열전도율은 고체의 열전도율보다 더 작다.

기체의 열전도율에 대한 온도, 압력 및 화학종(species, 성분)의 효과는 기체 운동학 이론(참고문헌 [9] 참조)에 의하여 설명될 수 있다. 이 이론에 의하면, 열전도율은 기체의 밀도, 평균분자 속도 $\bar{c}$, 그리고 충돌하기 전에 에너지 운반자(분자)가 이동한 평균거리인 평균자유경로 λ_{mfp}에 정비례한다.

$$k \approx \frac{1}{3} c_v \rho \bar{c} \lambda_{\text{mfp}} \tag{2.10}$$

이상기체에 대하여, 평균자유경로는 다음과 같이 나타낼 수 있다.

$$\lambda_{\text{mfp}} = \frac{k_B T}{\sqrt{2}\pi d^2 p} \tag{2.11}$$

여기서 k_B는 Boltzmann 상수로 $k_B = 1.381 \times 10^{-23}$ J/K이고, d는 기체 분자의 지름으로 그림 2.8에 대표적인 값들이 나열되어 있으며, p는 압력이다. 예상한 대로, 평균자유경로는 고압 또는 저온 조건에서 조밀하게 쌓여 있는 분자들로 인해 그 값이 작아진다. 평균자유경로는 또한 분자 지름에도 영향을 받는데, 크기가 큰 분자일수록 작은 분자에 비해 충돌이 많은 경향이 있다. 극소로 작은 분자의 경우에 한해서, 분자들은 충돌하지 않으며, 평균자유경로는 무한값을 가진다. 평균 분자 속도 $\bar{c}$는 가스의 운동 이론에 의해 결정될 수 있으며, 식 (2.10)은 궁극적으로 다음과 같이 표현될 수 있다.

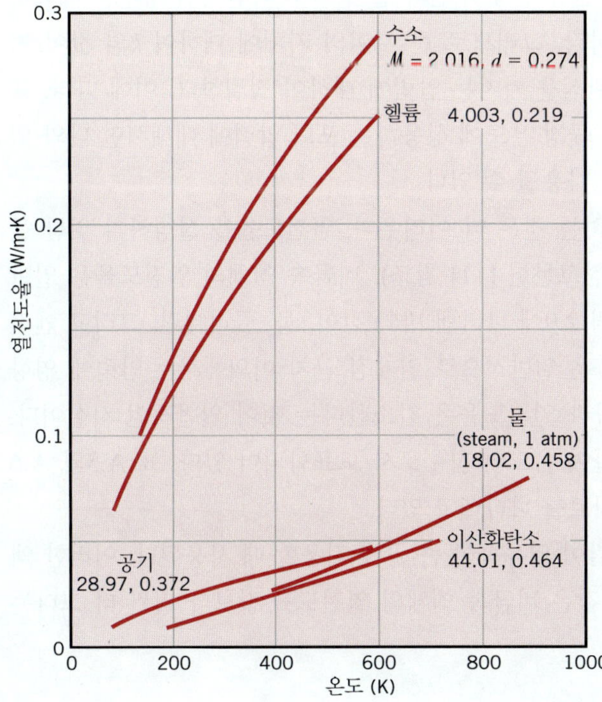

그림 2.8 대기압 상태에서 특정 기체들에 대한 열전도도의 온도 의존성. 기체의 분자 지름(d)과 분자량($\mathcal{M}$)을 표시하였음.

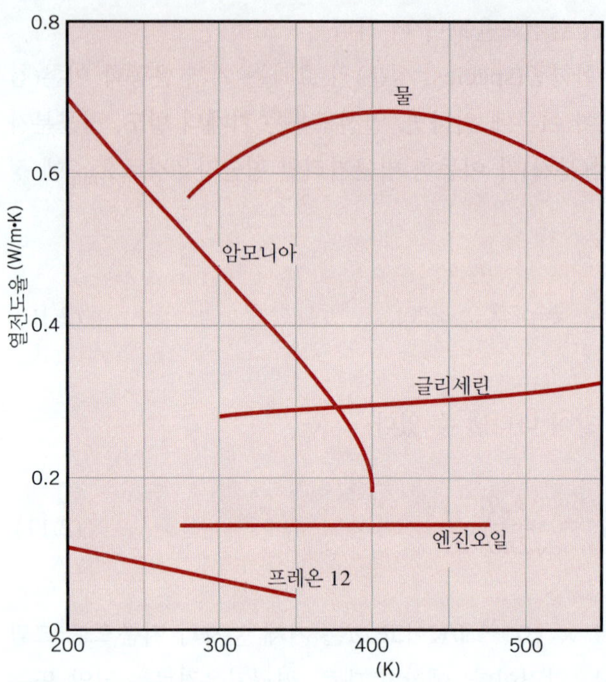

그림 2.9 포화상태에서 여러가지 비금속 액체들에 대한 열전도율의 온도 의존성.

$$k = \frac{9\gamma - 5}{4}\frac{c_v}{\pi d^2}\sqrt{\frac{\mathcal{M}k_B T}{\mathcal{N}\pi}} \tag{2.12}$$

여기서 매개변수 γ는 비열비로 $\gamma \equiv c_p/c_v$이다. 또한 $\mathcal{N}$은 Avogadro 수로서 $\mathcal{N} = 6.022 \times 10^{23}$이며, 1몰당 분자의 수를 나타낸다. 비록 더 정확한 모델이 개발되었지만, 식 (2.12)는 기스의 열전도율을 결정하는 데 사용될 수 있다[10].

중요한 사실은 열전도율은 예를 들어 완전한 진공 조건과 같이 아주 극단적인 경우를 제외하고는 압력에 독립적인 값이라는 것에 주목하라. 그러므로 큰 부피의 기체에 대하여 k의 값이 기체 압력에 독립적이라는 가정은 이 책에서 관심을 가지는 압력에 대하여 적절하다. 이에 따라, 표 A.4에 나와 있는 k의 값이 대기압 상태 혹은 규정 온도에 상응하는 포화 압력에 대해서만 나와 있더라도, 이 값들은 더 넓은 압력 범위에 걸쳐 사용될 수 있다.

액체상태와 연관된 분자의 조건을 기술하는 것은 더 어려우며, 열전도율을 설명하기 위한 물리적인 기구는 명확하게 알려져 있지 않다(참고문헌 [11] 참조). 비금속 액체의 열전도율은 일반적으로 온도가 증가함에 따라 감소한다. 그림 2.9에 나타낸 바와 같이, 물, 글리세린, 그리고 엔진오일은 대표적인 예외이다. 액체의 열전도율은 일반적으로 임계점 근처 이외에서는 압력에 영향을 받지 않는다. 또한 분자량이 증가함에 따라 열전도율은 감소한다는 것이 일반적인 사실이다. 열전도율의 값은 종종 포화상태 액체에 대하여 온도의 함수로서 도표화되어 있다. 표 A.5와 A.6에서는 여러 종류의 일반적인 액체에 관한 자료를 나타내고 있다.

액체 금속은 보통 원자력발전소에서와 같이 열유속이 큰 곳에 적용할 때 사용된다. 이러한 액체의 열전도율이 표 A.7에 나타나 있다. 그 값은 비금속 액체의 열전도율 값보다 훨씬 더 크다는 것에 유의하라(참고문헌 [12] 참조).

유체상태: 마이크로스케일 및 나노스케일 효과 고체상태에 대해서, 시스템의 특성 치수가 작아지게 되면, 특히 L/λ_{mfp}의 작은 값에 대하여, 유체의 체적 열전도율은 수정될 수 있다. 그림 2.6*b*에 나타낸 얇은 고체 막의 경우와 유사하게, 유체가 작은 물리적 치수에 구속되어 있어 얇은 유체층을 가로지르는 전도에 영향을 미칠 때, 분자의 평균자유경로는 제한된다.

최종 **현탁액**(suspension)의 전달 물성치를 맞추기 위해 유체와 고체의 **혼합물**(mixture)은 또한 공식화될 수 있다. 예를 들어 **나노유체**(nanofluid)는 나노 크기의 고체 입자들이 뿌려져 있는 **바탕 액체**(base liquid)이다. 이들의 매우 작은 크기는 고체 입자들이 바탕 액체 내에 오랜 시간 동안 부유 상태로 있게 해 준다. 열전달 관점에서, 나노유체는 그림 2.9에 값이 나와 있듯이 바탕 액체의 상대적으로 낮은 열전도율을 높여 주기 위해 그림 2.5에 나와 있듯이 대체적으로 열전도율이 높은 특성을 가지고 있는 고체 입자를 사용한다. 대표적인 나노유체는 명목상 구형 나노 입자인 Al_2O_3 혹은 CuO를 뿌린 물이다.

단열 시스템 단열재는 열전도율이 낮은 재료들로 구성되어 더 낮은 시스템의 열전도율을 얻기 위하여 이들을 조합한 것이다. 전통적인 **섬유형**(fiber-type), **분말형**(powder-type), 그리고 얇은 **조각형**(flake-type) 단열재에서는, 고체 물질이 공기공간 사이에 미세하게 분산되어 있다. 이러한 시스템은 **유효 열전도율**(effective thermal conductivity)로 특성을 나타내는데, 유효 열전도율은 공기로 채워지거나 비어 있는 공간의 성질과 체적분율뿐 아니라, 고체물질의 열전도율과 표면복사 성질에 의존한다. 이 시스템에서의 특별한 매개변수는 시스템의 체적 밀도(고체 질량/전체 체적)이며, 이것은 물질을 채우는 방법에 따라 크게 달라진다.

만약 고체 물질의 일부를 접착시키거나 녹여서 속이 빈 작은 공간들을 형성한다면, 견고한 매트릭스(matrix)가 만들어진다. 이 공간들이 서로 밀폐될 때, 그 시스템을 **세포형**(cellular) 단열재라고 한다. 이러한 단단한 단열재의 예로는 플라스틱과 유리 재질로 특별하게 만들어진 **포말 시스템**(foamed system)이 있다. **반사**(reflective) 단열재는 반사율이 큰 다층구조의(multilayered) 평행하고 얇은 판이나 박판(foil)으로 이루어져 있으며, 복사 에너지를 열원 쪽으로 반사하기 위하여 간격이 벌어져 있다. 박판 사이의 간격은 공기의 흐름을 제한하도록 설계되고, 고성능 단열재에서는 공간이 진공으로 되어 있다. 모든 형태의 단열재에서 중공체적 내의 공기를 빼내는 것은 시스템의 유효 열전도율을 감소시킬 것이다.

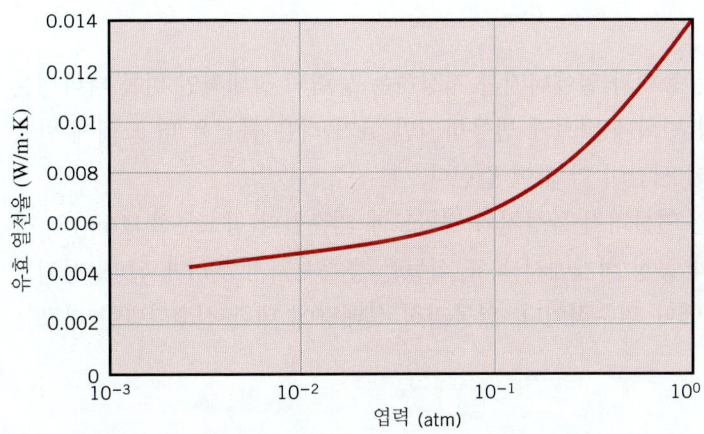

그림 2.10 $T \approx 300$ K에서 압력의 함수로서 측정한 탄소 첨가 실리카 에어로젤의 열전도율[15].

이 단열 시스템들을 통한 열전달은 다음의 몇 개의 방식들을 포함할 수 있다는 것을 인식하는 것이 중요하다. 고체 물질을 통한 전도, 중공체적 내의 공기를 통한 전도나 대류, 고체 매트릭스 표면들 사이의 복사 열교환 등이 그것이다. 유효 열전도율은 이들의 모든 과정을 고려하는데, 선정된 단열 시스템에 대한 값들이 표 A.3에 요약되어 있다. 부가적인 배경 정보나 자료는 참고문헌 [13, 14]를 이용하라.

얇은 막에서와 같이, 마이크로 및 나노스케일 효과는 단열 물질의 유효 열전도율에 영향을 줄 수 있다. 체적비로 약 5%의 고체물질과 $L \approx 20$ nm의 작은 구멍 안에 갇힌 95%의 공기로 만들어진 나노구조의 실리카 에어로젤(silica aerogel)에 대한 k 값이 그림 2.10에 나타나 있다. $T \approx 300$ K에서 대기압에서의 공기에 대한 평균자유경로는 대략 80 nm인 것에 유의하라. 기체 압력이 감소하면, 갇히지 않은 기체에 대해서는 λ_{mfp}가 증가할 것이나, 갇힌 공기의 분자운동은 작은 구멍의 벽에 의해 제한을 받으므로, k는 그림 2.4에 나타난 통상적인 물질의 열전도율에 비해 극단적으로 작은 값으로 감소한다.

2.2.2 그 외의 관련 물성치들

열전달 문제의 해석에서는 물질의 여러 물성치를 사용하게 된다. 이 물성치들을 일반적으로 **열물리적**(thermophysical) 물성치라 하며, **전달**(transport) 물성치와 **열역학적**(thermodynamic) 물성치라는 두 가지 명확히 다른 범주들을 포함한다. 전달 물성치는 열전도율(열전달에 대한) k와 동점성계수(운동량 전달에 대한) n와 같은 확산율 계수들을 포함한다. 한편 열역학적 물성치는 시스템의 평형상태에 대한 것이다. 밀도(ρ)와 비열(c_p)은 열역학적 해석에서 널리 사용되는 두 가지의 물성치이다. 보통 **체적열용량**(volumetric heat capacity)이라고 불리는 ρ_{c_p}(J/m^3·K)는 물질이 열에너지를 저장하는 능력의 정도를 나타낸다. 밀도가 큰 물질은 전형적으로 비열이 작기 때문에, 에너지 저장 매질로 매우 유효한 많은 고체와 액체는 서로 비교될 만한 열용량($\rho_{c_p} > 1$ MJ/m^3·K)을 갖고 있다. 그러나 기체는 밀도가 매우 작기 때문에 열에너지 저장($\rho_{c_p} \approx 1$ kJ/m^3·K)에 적당하지 못하다. 부록 A의 표에 광범위한 고체, 액체 및 기체에 대한 밀도와 비열이 열거되어 있다.

열전달 해석에서 열용량에 대한 열전도율의 비는 **열확산율**(thermal diffusivity)이라고 하는 중요한 물성치이며, 그 단위는 m^2/s로서 다음과 같다.

$$\alpha = \frac{k}{\rho c_p}$$

이것은 물질이 열에너지를 전도하는 능력과 열에너지를 저장하는 능력의 상대적인 비를 나타내는 기준이다. α가 큰 물질은 열적 환경 변화에 빠르게 반응하지만, α가 작은 물질은 더 느리게 반응하여 새로운 평형조건에 도달하는 데 시간이 더 많이 걸린다.

공학 계산의 정확도는 알고 있는 열물리적 물성치의 정확도에 의존한다(참고문헌 [16~18] 참조). 부정확한 물성치 사용은 장치와 공정 설계에서 목표 성능을 충족시키지 못하게 된다. 신뢰도 높은 물성치 선정은 어느 공학해석에나 필수적이다. 열물리적 상태량에 대한 신뢰할만한 자료는 참고문헌 [19]에서 얻을 수 있다.

예제 2.1

IHT

열확산율 α는 과도 전도를 제어하는 전달 물성치이다. 부록 A로부터 적절한 k, ρ 및 c_p 값을 사용하여 주어진 온도에서 다음 물질에 대한 α를 계산하라: 300 K와 700 K의 순수 알루미늄, 1000 K의 탄화규소(silicon carbide) 및 300 K의 파라핀.

풀이

제시자료: 열확산율 α의 정의.

풀이대상: 선정된 물질과 온도에 대한 α 값.

물성치: 표 A.1에서 순수 알루미늄(300 K)

$$\left.\begin{aligned}\rho &= 2702\ \text{kg/m}^3\\ c_p &= 903\ \text{J/kg}\cdot\text{K}\\ k &= 237\ \text{W/m}\cdot\text{K}\end{aligned}\right\}\alpha = \frac{k}{\rho c_p} = \frac{237\ \text{W/m}\cdot\text{K}}{2702\ \text{kg/m}^3 \times 903\ \text{J/kg}\cdot\text{K}}$$

$$= 97.1 \times 10^{-6}\ \text{m}^2/\text{s} \qquad \triangleleft$$

표 A.1에서 순수 알루미늄(700 K)

300 K에서	$\rho = 2702\ \text{kg/m}^3$
700 K에서 (선형보간에 의함)	$c_p = 1090\ \text{J/kg}\cdot\text{K}$
700 K에서 (선형보간에 의함)	$k = 225\ \text{W/m}\cdot\text{K}$

따라서 다음 값을 얻는다.

$$\alpha = \frac{k}{\rho c_p} = \frac{225\ \text{W/m}\cdot\text{K}}{2702\ \text{kg/m}^3 \times 1090\ \text{J/kg}\cdot\text{K}} = 76 \times 10^{-6}\ \text{m}^2/\text{s} \qquad \triangleleft$$

표 A.2에서 탄화규소(1000 K)

$$\left.\begin{aligned}&\text{300 K 에서}\\ &\text{1000 K에서}\\ &\text{1000 K에서}\end{aligned}\right\}\alpha = \frac{87\ \text{W/m}\cdot\text{K}}{3160\ \text{kg/m}^3 \times 1195\ \text{J/kg}\cdot\text{K}} \qquad \begin{aligned}\rho &= 3160\ \text{kg/m}^3\\ c_p &= 1195\ \text{J/kg}\cdot\text{K}\\ k &= 87\ \text{W/m}\cdot\text{K}\end{aligned}$$

$$= 23 \times 10^{-6}\ \text{m}^2/\text{s} \qquad \triangleleft$$

표 A.3에서 파라핀(300 K)

$$\left.\begin{aligned}\rho &= 900\ \text{kg/m}^3\\ c_p &= 2890\ \text{J/kg}\cdot\text{K}\\ k &= 0.24\ \text{W/m}\cdot\text{K}\end{aligned}\right\}\alpha = \frac{k}{\rho c_p} = \frac{0.24\ \text{W/m}\cdot\text{K}}{900\ \text{kg/m}^3 \times 2890\ \text{J/kg}\cdot\text{K}}$$

$$= 9.2 \times 10^{-8}\ \text{m}^2/\text{s} \qquad \triangleleft$$

부가설명:

1. 알루미늄과 탄화규소의 열물리적 물성치의 온도 의존성에 주의하라. 예를 들면 탄화규소에 대해서 $\alpha(1000\ \text{K}) \approx 0.1$

$\times\ \alpha$(300 K)이므로, 이 물질의 물성치는 온도 의존성이 매우 크다.

2. a의 물리적인 설명은 α가 에너지 저장(ρc_p)에 대한 열전달(k)의 정도를 제공한다는 것이다. 일반적으로 금속성 고체는 높은 α 값을 가지지만, 비금속(예, 파라핀)은 낮은 α 값을 갖는다.
3. 공학적인 계산을 위한 물성치의 선형보간은 일반적으로 허용된다.
4. 더 높은 온도에서 낮은 온도(300 K)의 밀도를 사용하는 것은 열팽창 효과를 무시한 것이지만, 이것 역시 공학적인 계산을 위해서는 허용된다.
5. *IHT* 소프트웨어는 툴바 버튼의 *Properties*에서 선택된 고체, 액체 및 기체에 대한 열물리적 물성치의 라이브러리(library)를 제공하고 있다. *IHT*에 있는 예제 2.1을 참고하라.

예제 2.2

구형의 나노 입자가 서로 접촉하지 않고 균일하게 퍼져 있는 나노유체의 체적 열전도율은 다음과 같이 근사화될 수 있다.

$$k_{\mathrm{nf}} = \left[\frac{k_p + 2k_{\mathrm{bf}} + 2\varphi(k_p - k_{\mathrm{bf}})}{k_p + 2k_{\mathrm{bf}} - \varphi(k_p - k_{\mathrm{bf}})}\right]k_{\mathrm{bf}}$$

여기서 φ는 나노 입자의 체적분율이며, k_{bf}, k_p 및 k_{nf}는 각각 바탕 유체, 입자 및 나노유체의 열전도율이다. 이와 마찬가지로 동점성계수는 다음과 같이 근사화될 수 있다[20].

$$\mu_{\mathrm{nf}} = \mu_{\mathrm{bf}}(1 + 2.5\varphi)$$

온도 T = 300 K와 입자 체적분율 $\varphi = 0.05$에서 물과 Al_2O_3 나노 입자의 혼합물에 대하여 k_{nf}, ρ_{nf}, $c_{p,\mathrm{nf}}$, μ_{nf} 및 α_{nf} 값을 구하라. 입자의 열물리적 물성치는 k_p = 36.0 W/m·K, ρ_p = 3970 kg/m^3 및 $c_{p,p}$ = 0.765 kJ/kg·K이다.

풀이

제시자료: 구형의 나노 입자를 포함한 나노유체의 체적 열전도율과 점도에 대한 표시. 나노 입자의 물성치.

풀이대상: 나노유체의 열전도율, 밀도, 비열, 동점성계수 및 열확산율의 값.

개략도:

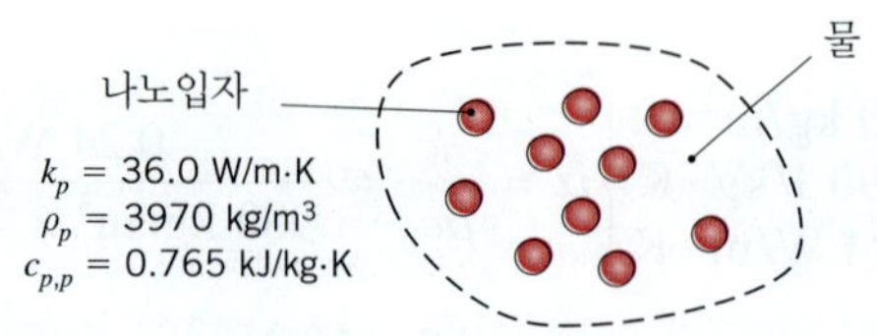

가정:

1. 물성치는 일정하다.
2. 밀도와 비열은 나노 스케일 현상에 의해 영향을 받지 않는다.

물성치: 표 A.6 (T = 300 K)**:** 물; k_{bf} = 0.613 W/m·K, ρ_{bf} = 997 kg/m^3, $c_{p,bf}$ = 4.179 kJ/kg·K, $\mu_{bf} = 855 \times 10^{-6}$ N·s/m^2

해석: 문제 설명으로부터

$$k_{nf} = \left[\frac{k_p + 2k_{bf} + 2\varphi(k_p - k_{bf})}{k_p + 2k_{bf} - \varphi(k_p - k_{bf})}\right]k_{bf}$$

$$= \left[\frac{36.0\ \mathrm{W/m\cdot K} + 2\times 0.613\ \mathrm{W/m\cdot K} + 2\times 0.05(36.0 - 0.613)\ \mathrm{W/m\cdot K}}{36.0\ \mathrm{W/m\cdot K} + 2\times 0.613\ \mathrm{W/m\cdot K} - 0.05(36.0 - 0.613)\ \mathrm{W/m\cdot K}}\right] \times 0.613\ \mathrm{W/m\cdot K}$$

$$= 0.705\ \mathrm{W/m\cdot K} \quad \triangleleft$$

개략도에 나온 검사체적을 전체 체적 V라고 하자. 그러면 나노유체의 평균밀도 ρ_{nf}는 체적 내의 전체 질량을 전체 체적으로 나눈 값이 된다.

$$\rho_{nf} = [\rho_{bf}V(1-\varphi) + \rho_p V\varphi]/V \quad \triangleleft$$

즉,

$$\rho_{nf} = 997\ \mathrm{kg/m^3} \times (1 - 0.05) + 3970\ \mathrm{kg/m^3} \times 0.05 = 1146\ \mathrm{kg/m^3} \quad \triangleleft$$

비슷하게 평균비열은 단위 온도 차이당 저장되는 전체 에너지를 질량으로 나눈 값으로 정의된다.

$$c_{p,nf} = [\rho_{bf}V(1-\varphi)c_{p,bf} + \rho_p V\varphi c_{p,p}]/(\rho_{nf}V)$$

따라서

$$c_{p,nf} = \frac{997\ \mathrm{kg/m^3} \times 4.179\ \mathrm{kJ/kg\cdot K} \times (1 - 0.05) + 3970\ \mathrm{kg/m^3} \times 0.765\ \mathrm{kJ/kg\cdot K} \times (0.05)}{1146\ \mathrm{kg/m^3}}$$

$$= 3.587\ \mathrm{kJ/kg\cdot K} \quad \triangleleft$$

문제 설명으로부터, 나노유체의 동점성계수는 다음과 같이 된다.

$$\mu_{nf} = 855 \times 10^{-6}\ \mathrm{N\cdot s/m^2} \times (1 + 2.5 \times 0.05) = 962 \times 10^{-6}\ \mathrm{N\cdot s/m^2} \quad \triangleleft$$

나노유체의 열확산율은 다음과 같이 된다.

$$\alpha_{nf} = \frac{k_{nf}}{\rho_{nf}c_{p,nf}} = \frac{0.705\ \mathrm{W/m\cdot K}}{1146\ \mathrm{kg/m^3} \times 3587\ \mathrm{J/kg\cdot K}} = 171 \times 10^{-9}\ \mathrm{m^2/s} \quad \triangleleft$$

부가설명:

1. 나노유체의 열전도도와 기저유체(물)의 열전도도 비는

$$\frac{k_{nf}}{k_{bf}} = \frac{0.705\ \mathrm{W/m\cdot K}}{0.613\ \mathrm{W/m\cdot K}} = 1.150$$

비슷하게, $\rho_{nf}/\rho_{bf} = 1.149$, $c_{p,nf}/c_{p,bf} = 0.858$, $\mu_{nf}/\mu_{bf} = 1.130$, and $\alpha_{nf}/\alpha_{bf} = 1.166$. 상대적으로 큰 열전도도와 열확산도를 갖는 나노유체는 특정분야에서 열전달을 촉진시키기 위해 이용된다. 그러나 모든 열물성치들이 나노입자의 영향을 받는데, 6장과 9장에서 살펴보듯이 점도와 비열과 같은 상태량들은 부정적인 영향을 받는다. 이러한 영향으로 대류열전달에 나노유체를 사용하는 경우 열적 성능이 낮아질 수 있다.

2. 나노유체의 열전도율(및 점도)에 대한 표현은 접촉하지 않은 구형 입자의 희석된 혼합물에 한해서만 적용된다. 몇 가지 경우에, 입자들은 분리된 상태로 남아 있지 않고, 긴 체인으로 **덩어리**로 될 수 있어 유체를 통한 열전도에 대한 효과적인 경로와 더 큰 체적 열전도율을 제공한다. 이런 이유로, 열전도율에 대한 표현은 구형의 나노 입자로 인해 증가될 수 있는 **최소** 열전도율을 말한다. 구형 입자의 응집에 상응하는 나노유체의 최대 가능 **등방성**(isotropic) 열전도율에 대한 표현은 참고문헌 [21]에 설명되어 있으며, 이는 비구형 입자의 현탁액에 대한 표현이기도 하다[22]. 이러한 표현들은 또한 호스트 바인딩 매체(host binding medium) 내에 산재된 입자상으로 구성된 나노 구조의 **복합 재료**(composite material)에 적용될 수 있으며, 이는 3장에서 더 자세히 다룰 것이다.
3. 나노유체의 밀도와 비열은 평균값이다. 따라서 이러한 상태량들은 기저유체에 나노입자들이 분산되어 있는 양상에 영향을 받지 않는다.

2.3 열확산 방정식

전도 해석의 주목적은 매질의 경계에 부과된 조건들로부터 초래되는 매질 내의 **온도장**(temperature field)을 결정하는 것이다. 즉 매질 내의 위치에 따라 온도가 어떻게 변화하는가를 나타내는 **온도분포**(temperature distribution)를 알고자 하는 것이다. 일단 이 온도분포가 알려지면 Fourier의 법칙으로부터 매질 내의 임의점에서나 매질 표면상에서의 전도 열유속을 계산할 수 있다. 또한 알고자 하는 다른 중요한 양들을 결정할 수도 있다. 고체에서는 온도분포를 알면 열응력, 팽창 및 처짐의 크기를 알 수 있으므로, 구조적인 완전성을 확인할 수 있다. 또한 온도분포는 단열재의 두께를 최적화하거나, 재료에 사용된 특수 도장(coating)이나 접착제의 적합성을 결정하기 위하여 사용될 수 있다.

우리는 이제 매질 내부의 온도분포를 구할 수 있는 미분방정식을 유도하고자 한다. 체적운동(유동대류)이 없고, 온도분포 $T(x, y, z)$를 직교좌표로 나타낸 균질의 매질을 생각해 보자. 에너지 보존을 적용하는 방법론을 따르면(1.3.1절), 먼저 그림 2.11에 나타낸 것과 같이 극히 작은(미소) 검사체적 $dx \cdot dy \cdot dz$을 정의한다. 두 번째 단계는 한 순간 시간에서 열역학 제1법칙을 공식화하는 것을 택하여, 이 검사체적에 관련된 에너지 과정들을 고려하는 것이다. 만약 온도구배가 존재한다면, 각각의 검사면을 가로질러 전도 열전달이 발생할 것이다. x, y 및 z 좌표 위치에서, 각각의 검사면에 수직인 전도 열전달률을 각각 q_x, q_y 및 q_z라는 항으로 나타낸다. 다른 한쪽 표면에서의 열전달률은 다음과 같이 고차의 항들을 무시한 Taylor 급수 전개로서 나타낼 수 있다.

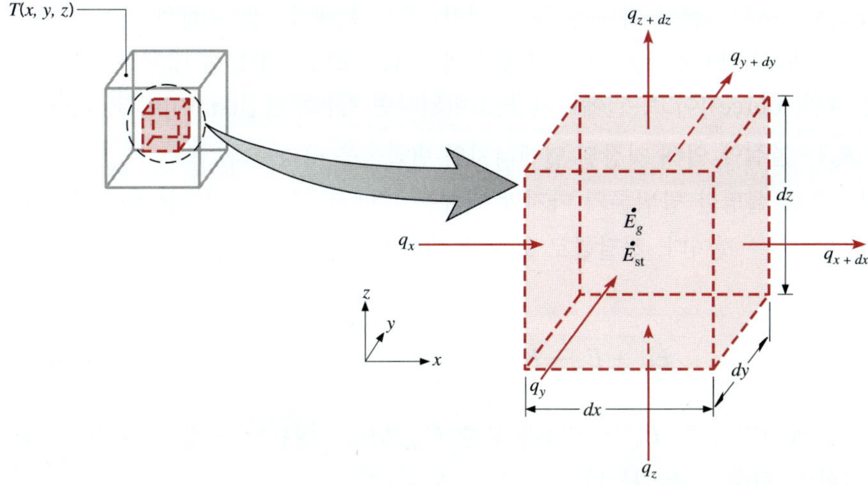

그림 2.11 직교좌표계에서 전도 해석을 위한 미소 검사체적 $dx\ dy\ dz$.

$$q_{x+dx} = q_x + \frac{\partial q_x}{\partial x}dx \tag{2.13a}$$

$$q_{y+dy} = q_y + \frac{\partial q_y}{\partial y}dy \tag{2.13b}$$

$$q_{z+dz} = q_z + \frac{\partial q_z}{\partial z}dz \tag{2.13c}$$

말로 표현하면, 식 (2.13a)는 $x + dx$ 위치에서 열전달률의 x 성분은, x 위치에서의 이 성분의 값에다가 이 성분이 x에 대하여 변하는 크기에 dx를 곱한 것을 단순히 더한 것과 같다는 것을 나타낸다.

또한 매질 내에서 열에너지 발생률과 관련된 **에너지 생성**(energy source) 항이 있을 수 있다. 이 항은 다음과 같이 표현된다.

$$\dot{E}_g = \dot{q}\ dx\ dy\ dz \tag{2.14}$$

여기서 $\dot{q}$매질의 단위체적당 에너지 발생률(W/m^3)이다. 에너지 생성에 더하여 검사체적 내의 내부에너지가 변화할 수 있다. 물질의 상변화가 없다면 잠열 효과는 관련이 없으므로 **에너지 저장항**은 현열 변화율로 다음과 같다.

$$\dot{E}_{st} = \frac{\partial U_{sens}}{\partial t} = \rho c_v \frac{\partial T}{\partial t} dx\ dy\ dz = \rho c_p \frac{\partial T}{\partial t} dx\ dy\ dz \tag{2.15}$$

위 식에서 비압축성 물질의 경우 $c_p = c_v$라는 점이 사용되었다.[2]

다시 한 번 $\dot{E}_g$와 $\dot{E}_{st}$ 항이 서로 다른 물리적 과정을 나타낸다는 것에 유의하는 것이 중요하

[2] 본 교재의 나머지 부분에서는 에너지 저장을 c_p를 이용하여 기술할 것이다. c_v 대신 c_p를 이용함으로써 식 2.15를 비압축성 물질을 넘어서 보다 광범위하게 적용할 수 있고 [23, 24], 간단한 정상 유동 열에너지 식(식 1.12e)과도 일관성이 있어진다.

다. 에너지 발생 항 $\dot{E}_g$는 열에너지뿐만 아니라 화학, 전기, 또는 핵에너지를 포함하는 어떤 에너지 변환과정의 표현이다. 에너지 발생 항은 다른 형태의 에너지를 소비하여 물질 내에서 열에너지가 발생한다면 양[즉 열원(source)]이고, 열에너지가 소비된다면 음[즉 열침(sink)]이다. 이에 비하여 에너지 저장 항 $\dot{E}_{st}$는 물질에 의해 저장된 열에너지의 변화율을 나타낸다.

1.3.1절에서 개략적으로 설명한 방법론의 마지막 단계는 앞에서 설명한 전달률 방정식을 사용하여 에너지보존을 표현하는 것이다. **전달률**로 표현한 에너지보존 조건의 일반적인 형태는 다음과 같다.

$$\dot{E}_{\text{in}} + \dot{E}_g - \dot{E}_{\text{out}} = \dot{E}_{\text{st}} \tag{1.12c}$$

따라서 전도 열전달률이 에너지 유입 $\dot{E}_{\text{in}}$과 에너지 유출 $\dot{E}_{\text{out}}$으로 구성된다는 것을 인지하고 식 (2.14)와 (2.15)를 대입하면, 다음 식을 얻는다.

$$q_x + q_y + q_z + \dot{q}\,dx\,dy\,dz - q_{x+dx} - q_{y+dy} - q_{z+dz} = \rho c_p \frac{\partial T}{\partial t} dx\,dy\,dz \tag{2.16}$$

식 (2.13)을 위 식에 대입하면, 다음 식이 얻어진다.

$$-\frac{\partial q_x}{\partial x}dx - \frac{\partial q_y}{\partial y}dy - \frac{\partial q_z}{\partial z}dz + \dot{q}\,dx\,dy\,dz = \rho c_p \frac{\partial T}{\partial t} dx\,dy\,dz \tag{2.17}$$

전도 열전달률은 Fourier의 법칙으로부터 다음과 같이 계산될 수 있다.

$$q_x = -k\,dy\,dz\frac{\partial T}{\partial x} \tag{2.18a}$$

$$q_y = -k\,dx\,dz\frac{\partial T}{\partial y} \tag{2.18b}$$

$$q_z = -k\,dx\,dy\frac{\partial T}{\partial z} \tag{2.18c}$$

여기서는 열전달률을 얻기 위해 식 (2.6)의 각 열유속 성분에 적절한 검사면(미소) 면적을 곱하였다. 식 (2.17)에 (2.18)을 대입하고, 검사체적의 크기($dx\ dy\ dz$)로 나누면 다음과 같은 식을 얻는다.

$$\frac{\partial}{\partial x}\left(k\frac{\partial T}{\partial x}\right) + \frac{\partial}{\partial y}\left(k\frac{\partial T}{\partial y}\right) + \frac{\partial}{\partial z}\left(k\frac{\partial T}{\partial z}\right) + \dot{q} = \rho c_p \frac{\partial T}{\partial t} \tag{2.19}$$

식 (2.19)는 직교좌표로 표시된 **열확산 방정식**(heat diffusion equation)의 일반 형태이다. 일반적으로 **열방정식**(heat equation)으로 알려진 이 방정식은 열전도 해석에 대한 기본적인 도구이다. 이 방정식을 풀면 시간의 함수로서 온도분포 $T(x, y, z)$를 얻을 수 있다. 이 식이 외견상 복잡하다고 해서 중요한 물리적 조건, 즉 에너지보존을 기술한다는 사실을 잊어서는 안 된다. 이 방정식에 나타난 각 항의 물리적인 의미를 명확하게 이해하여야 한다. 한 예로, $\partial(k\,\partial T/\partial x)/\partial x$ 항은 x축 방향으로 검사체적 내로의 **정미** 전도 열유속과 관계가 있다. 이것에 dx를 곱하면 다음과 같다.

$$\frac{\partial}{\partial x}\left(k\frac{\partial T}{\partial x}\right)dx = q''_x - q''_{x+dx} \tag{2.20}$$

y와 z 방향에 대한 열유속에 대해서도 유사하게 나타낼 수 있다. 말로 표현하면, 식 (2.19)의 열방정식은 **매질 내의 임의의 점에서 단위체적 내로 들어간 정미 전도 열전달률과 단위체적당 열에너지 발생률을 더한 것은, 그 체적 내에 저장된 열에너지의 변화율과 같아야 한다**는 것을 나타낸다.

식 (2.19)를 단순화된 형태의 식으로 취급하는 것이 가능하다. 한 예로, 열전도율이 일정하다면 열방정식은 다음과 같다.

$$\frac{\partial^2 T}{\partial x^2} + \frac{\partial^2 T}{\partial y^2} + \frac{\partial^2 T}{\partial z^2} + \frac{\dot{q}}{k} = \frac{1}{\alpha}\frac{\partial T}{\partial t} \tag{2.21}$$

여기서 $\alpha = k/\rho c_p$는 **열확산율**(thermal diffusivity)이다. 열방정식의 일반 형태를 더 단순화하는 것도 가능하다. 예를 들면 **정상상태**(steady state) 조건하에서는 에너지 저장량에 변화가 있을 수 없으므로, 식 (2.19)는 다음과 같이 간단하게 된다.

$$\frac{\partial}{\partial x}\left(k\frac{\partial T}{\partial x}\right) + \frac{\partial}{\partial y}\left(k\frac{\partial T}{\partial y}\right) + \frac{\partial}{\partial z}\left(k\frac{\partial T}{\partial z}\right) + \dot{q} = 0 \tag{2.22}$$

더욱이 열전달이 **1차원**(예를 들어 x 방향)이고 **에너지 발생이 없다면**, 식 (2.22)는 다음과 같이 간단하게 된다.

$$\frac{d}{dx}\left(k\frac{dT}{dx}\right) = 0 \tag{2.23}$$

이 결과에 함축된 중요한 의미는, 에너지 발생이 없는 정상상태 1차원 조건하에서는 열유속이 전달 방향으로 일정($dq''_x/dx = 0$)하다는 것이다.

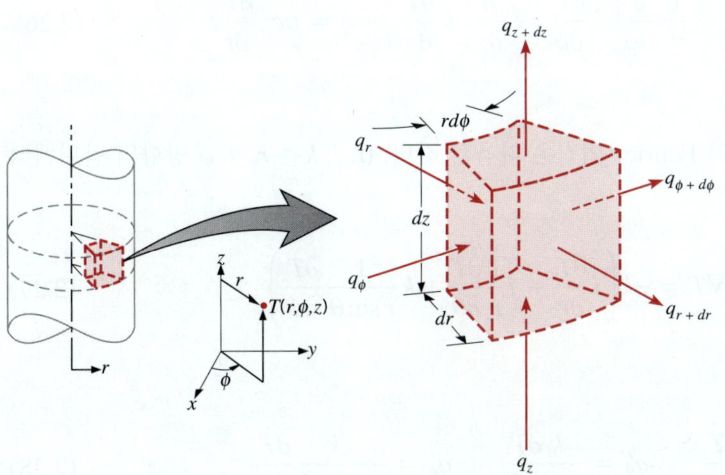

그림 2.12 원통좌표계(r, ϕ, z)에서 전도 해석을 위한 미소 검사체적$dr \cdot r\,d\phi \cdot dz$.

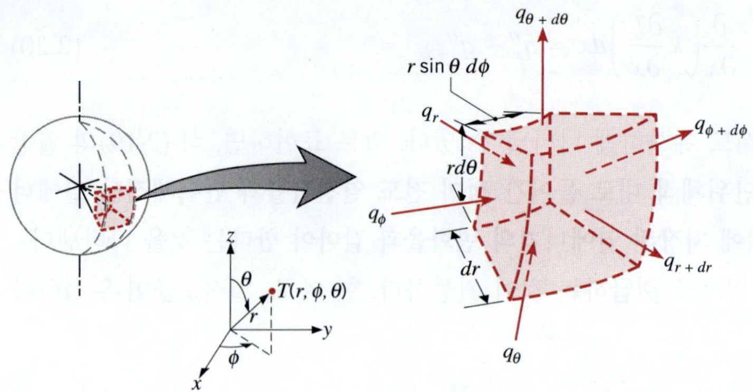

그림 2.13 구좌표계(r, ϕ, θ) 에서 전도 해석을 위한 미소 검사체적 $dr{\cdot}r\sin\theta\, d\phi{\cdot}r\, d\theta$.

열방정식은 원통좌표계와 구좌표계에서도 나타낼 수 있다. 이들 두 좌표계에 대한 미소 검사체적은 그림 2.12와 2.13에 나타나 있다.

원통좌표 원통좌표 식 2.3의 ∇ 연산자를 원통좌표에서 표시하면 열유속 베터의 일반적인 형태와 Fourier 법칙은 다음과 같다. (여기서 $\boldsymbol{i}, \boldsymbol{j}, \boldsymbol{k}$는 r, ϕ, z 방향의 단위벡터를 의미한다.)

$$\boldsymbol{q}'' = -k\nabla T = -k\left(\boldsymbol{i}\frac{\partial T}{\partial r} + \boldsymbol{j}\frac{1}{r}\frac{\partial T}{\partial \phi} + \boldsymbol{k}\frac{\partial T}{\partial z}\right) \tag{2.24}$$

여기서

$$q''_r = -k\frac{\partial T}{\partial r} \qquad q''_\phi = -\frac{k}{r}\frac{\partial T}{\partial \phi} \qquad q''_z = -k\frac{\partial T}{\partial z} \tag{2.25}$$

식 (2.25)는 각각 반지름 방향, 원주 방향, 그리고 축방향(axial direction)의 열유속 성분이다. 그림 2.12의 미소 검사체적에 에너지평형을 적용하면 다음과 같은 열방정식의 일반적인 형태가 얻어진다.

$$\frac{1}{r}\frac{\partial}{\partial r}\left(kr\frac{\partial T}{\partial r}\right) + \frac{1}{r^2}\frac{\partial}{\partial \phi}\left(k\frac{\partial T}{\partial \phi}\right) + \frac{\partial}{\partial z}\left(k\frac{\partial T}{\partial z}\right) + \dot{q} = \rho c_p\frac{\partial T}{\partial t} \tag{2.26}$$

구좌표 구좌표에서 열유속벡터와 Fourier 법칙은 다음과 같다. ($\boldsymbol{i}, \boldsymbol{j}, \boldsymbol{k}$는 r, θ, ϕ 방향의 단위벡터를 의미한다.)

$$\boldsymbol{q}'' = -k\nabla T = -k\left(\boldsymbol{i}\frac{\partial T}{\partial r} + \boldsymbol{j}\frac{1}{r}\frac{\partial T}{\partial \theta} + \boldsymbol{k}\frac{1}{r\sin\theta}\frac{\partial T}{\partial \phi}\right) \tag{2.27}$$

여기서

$$q''_r = -k\frac{\partial T}{\partial r} \qquad q''_\theta = -\frac{k}{r}\frac{\partial T}{\partial \theta} \qquad q''_\phi = -\frac{k}{r\sin\theta}\frac{\partial T}{\partial \phi} \tag{2.28}$$

식 (2.28)은 각각 반지름 방향, 극 방향(polar direction), 방위각 방향(azimuthal direction)의 열유속 성분이다. 그림 2.13의 미소 검사체적에 에너지평형을 적용하면 다음 식과 같은 열방정식의 일반적인 형태가 얻어진다.

$$\frac{1}{r^2}\frac{\partial}{\partial r}\left(kr^2\frac{\partial T}{\partial r}\right)+\frac{1}{r^2\sin^2\theta}\frac{\partial}{\partial \phi}\left(k\frac{\partial T}{\partial \phi}\right)+\frac{1}{r^2\sin\theta}\frac{\partial}{\partial \theta}\left(k\sin\theta\frac{\partial T}{\partial \theta}\right)+\dot{q}=\rho c_p\frac{\partial T}{\partial t} \tag{2.29}$$

미소 검사체적에 보존 법칙을 적용하는 사례들을 알기 위해 식 (2.26) 또는 (2.29)를 유도해 보아야 한다(연습문제 2.27 및 2.28 참조). Fourier 법칙에서 온도구배는 반드시 K/m의 단위를 가져야 한다는 것에 주목하라. 이런 이유로 각 좌표계에서 온도구배를 구할 때에는 호의 **길이** 형태로 미분변화의 항으로 표현해야 한다. 예를 들어 원통좌표계의 원주 방향의 열유속 성분은 $q''_\phi = -(k/r)(\partial T/\partial \phi)$이 아니라 $q''_\phi = -k(\partial T/\partial \phi)$로 표현되어야 한다.

예제 2.3

어느 순간에 두께가 1 m인 벽을 통한 온도분포는 다음과 같이 주어진다.

$$T(x) = a + bx + cx^2$$

여기서 T는 섭씨온도, x는 미터로 표시되며, a = 900°C, b = −300°C/m 및 c = −50°C/m^{2}이다. 면적이 10 m^{2}인 벽에서 균일한 열발생 $\dot{q}$ = 1000 W/m^{3}이 있으며, 벽의 물성치는 ρ = 1600 kg/m^3, k = 40 W/m·K 및 c_p = 4 kJ/kg·K이다.

1. 벽(x = 0)으로 유입되는 열전달률과 벽(x = 1 m)으로부터 유출되는 열전달률을 구하라.

2. 벽 내에서 에너지 저장의 변화율을 구하라.

3. x = 0, 0.25 및 0.5 m에서 온도의 시간 변화율을 구하라.

풀이

제시자료: 균일한 열발생이 일어나는 1차원 벽 내에서 순간 시간 t에서의 온도분포 $T(x)$.

풀이대상:

1. 벽으로 유입되는 열전달률 $q_{in}(x = 0)$과 벽으로부터 유출되는 열전달률 $q_{out}(x = 1\ \text{m})$.

2. 벽 내에서 에너지 저장의 변화율 $\dot{E}_{st}$.

3. x = 0, 0.25 및 0.5 m에서 온도의 시간 변화율.

개략도:

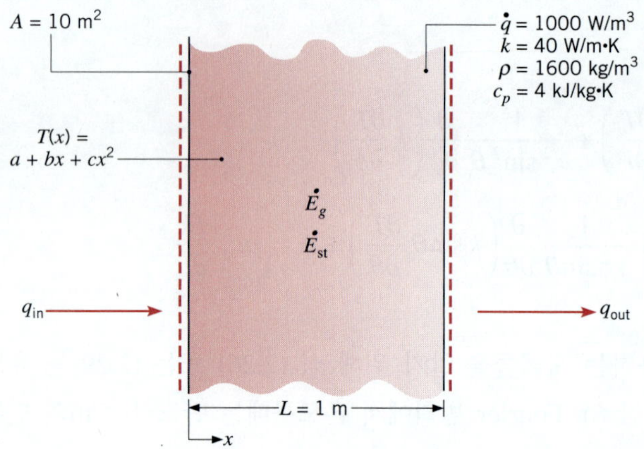

가정:

1. x 방향으로의 1차원 전도.
2. 일정한 물성치를 가진 등방성 매질.
3. 균일한 내부 열발생 $\dot{q}\,(\text{W/m}^3)$.

해석:

1. 일단 매질에 대한 온도분포를 알면, Fourier의 법칙을 사용하여 매질 내 임의의 점이나 매질의 표면에서 전도 열전달률을 구하는 것은 간단한 일이다. 그러므로 식 (2.1)에 규정된 온도분포를 사용하여 원하는 열전달률을 구할 수 있다. 따라서

$$q_{\text{in}} = q_x(0) = -kA\frac{\partial T}{\partial x}\bigg|_{x=0} = -kA(b + 2cx)_{x=0}$$

$$q_{\text{in}} = -bkA = 300°\text{C/m} \times 40\ \text{W/m}\cdot\text{K} \times 10\ \text{m}^2 = 120\ \text{kW} \qquad \triangleleft$$

마찬가지로

$$q_{\text{out}} = q_x(L) = -kA\frac{\partial T}{\partial x}\bigg|_{x=L} = -kA(b + 2cx)_{x=L}$$

$$q_{\text{out}} = -(b + 2cL)kA = -[-300°\text{C/m} + 2(-50°\text{C/m}^2) \times 1\ \text{m}] \times 40\ \text{W/m}\cdot\text{K} \times 10\ \text{m}^2 = 160\ \text{kW} \qquad \triangleleft$$

2. 벽 내에서의 에너지 저장의 변화율 $\dot{E}_{\text{st}}$는 벽에 전체적인 에너지평형을 적용함으로써 구할 수 있다. 벽 주위의 검사체적에 대하여 식 (1.12c)를 사용하면 다음과 같다.

$$\dot{E}_{\text{in}} + \dot{E}_g - \dot{E}_{\text{out}} = \dot{E}_{\text{st}}$$

여기서 $\dot{E}_g = \dot{q}AL$이므로 다음과 같다.

$$\dot{E}_{\text{st}} = \dot{E}_{\text{in}} + \dot{E}_g - \dot{E}_{\text{out}} = q_{\text{in}} + \dot{q}AL - q_{\text{out}}$$

$$\dot{E}_{\text{st}} = 120\ \text{kW} + 1000\ \text{W/m}^3 \times 10\ \text{m}^2 \times 1\ \text{m} - 160\ \text{kW} \qquad \triangleleft$$

$$\dot{E}_{\text{st}} = -30\ \text{kW}$$

3. 매질 내 임의의 점에서 온도의 시간 변화율은 다음과 같이 식 (2.21)의 열방정식을 다시 정리하여 구할 수 있다.

$$\frac{\partial T}{\partial t} = \frac{k}{\rho c_p}\frac{\partial^2 T}{\partial x^2} + \frac{\dot{q}}{\rho c_p}$$

주어진 온도분포로부터 다음과 같이 된다.

$$\frac{\partial^2 T}{\partial x^2} = \frac{\partial}{\partial x}\left(\frac{\partial T}{\partial x}\right)$$

$$= \frac{\partial}{\partial x}(b + 2cx) = 2c = 2(-50°\text{C/m}^2) = -100°\text{C/m}^2$$

이 도함수는 매질 내의 위치에 무관하다는 것에 유의해야 한다. 따라서 온도의 시간 변화율 또한 위치에 무관하므로 다음과 같이 주어진다.

$$\frac{\partial T}{\partial t} = \frac{40\ \text{W/m}\cdot\text{K}}{1600\ \text{kg/m}^3 \times 4\ \text{kJ/kg}\cdot\text{K}} \times (-100°\text{C/m}^2)$$

$$+ \frac{1000\ \text{W/m}^3}{1600\ \text{kg/m}^3 \times 4\ \text{kJ/kg}\cdot\text{K}}$$ ◁

$$\frac{\partial T}{\partial t} = -6.25 \times 10^{-4}\text{°C/s} + 1.56 \times 10^{-4}\text{°C/s}$$

$$= -4.69 \times 10^{-4}\text{°C/s}$$

부가설명:

1. 위의 결과로부터 벽 내의 모든 점에서의 온도는 시간이 경과함에 따라 감소하고 있는 것이 분명하다.

2. 내부 열발생을 갖는 비정상 조건에서도, 온도분포만 알면 항상 전도 열전달률을 계산하기 위하여 Fourier의 법칙을 이용할 수 있다.

마이크로스케일 효과 대부분의 실제 상황에서, 이 교재에서 유도한 열확산 방정식은 확신을 갖고 사용할 수 있다. 그러나 이들 방정식은 전도 효과를 기술한 Fourier 법칙의 사용에 근거를 두고 있는데, Fourier 법칙은 다양한 에너지 운반자가 매체 내에서 열 정보를 전파하는 유한한 속도를 감안하지 않고 있다. 관심의 대상이 되는 열전달 현상이 충분히 긴 시간 스케일 Δt에 걸쳐 일어나 다음 조건이 성립한다면, 유한한 전파 속도의 영향은 무시할 수 있다.

$$\frac{\lambda_{\text{mfp}}}{\bar{c}\Delta t} \ll 1 \qquad (2.30)$$

이 교재의 열확산 방정식은 경계 산란을 명시적으로 고려해야 하는 문제에 대해서는 타당하지 않다. 예를 들면 그림 2.6*b*의 얇은 막 내에서의 온도분포는 앞의 열확산 방정식을 적용해서 구할 수 없다. 마이크로 및 나노스케일의 열전달 응용과 해석방법에 대해 참고문헌 [1, 5, 10, 25]에서 부가적으로 검토할 수 있다.

2.4 경계조건과 초기조건

매질 내의 온도분포를 구하기 위해서는 적절한 형태의 열방정식을 푸는 것이 필요하다. 그러나 이러한 풀이는 매질의 **경계**(boundary)에 존재하는 물리적인 조건에 의존하고, 만약 상황이 시간 종속적이라면, **초기시간**(initial time)에 매질 내에 존재하는 조건에 의존한다. **경계조건**(boundary condition)들에 대해, 수학적인 형태로 간단하게 표현할 수 있는 몇 가지 가능한 방법들이 있다. 열방정식이 공간좌표에 대해서 2계(second order)이기 때문에 계(system)를 기술하기 위해서는 각 좌표에 대하여 두 개의 경계조건이 필요하다. 그러나 열방정식이 시간에 대해서는 1계(first order)이기 때문에 **초기조건**(initial condition)이라 불리는 한 개의 조건만 정해지면 된다.

열전달에서 통상적으로 대하게 되는 세 종류의 경계조건들이 표 2.2에 요약되어 있다. 이 조건들은 1차원 계에 대하여 표면 $x = 0$ 위치에서 자세히 설명되어 있다. 열전달은 온도분포에 의하여 양의 x 방향으로 일어나며, 온도분포는 시간종속일 수도 있으므로 $T(x, t)$로 표시된다. 첫 번째 조건은 표면이 고정온도 T_s로 유지되는 상황에 해당된다. 이것을 일반적으로 **Dirichlet 조건** 또는 **제1종**(first kind) 경계조건이라고 한다. 예를 들면 표면이 용융되는 고체나 비등하는 액체와 접촉하고 있을 때 이 조건에 해당된다. 두 경우에 모두 표면은 상변화 과정의 온도로 유지되는 동안 표면에서 열전달이 있다. 두 번째 조건은 표면에서 고정된 또는 일정한 열유속 q''_s이 존재하는 것에 해당된다. 이 열유속은 식 (2.6)의 Fourier의 법칙에 의하여 표면에서의 온도구배와 관계되며, 이것은 다음과 같이 표현될 수 있다.

$$q''_x(0) = -k\frac{\partial T}{\partial x}\bigg|_{x=0} = q''_s$$

표 2.2 표면($x = 0$)에서 열확산 방정식에 대한 경계조건

1. 일정한 표면온도

$$T(0, t) = T_s \qquad (2.31)$$

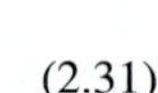

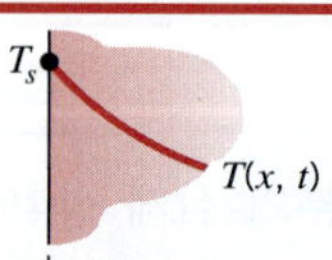

2. 일정한 표면열유속

(a) 유한 열유속

$$-k\frac{\partial T}{\partial x}\bigg|_{x=0} = q''_s \qquad (2.32)$$

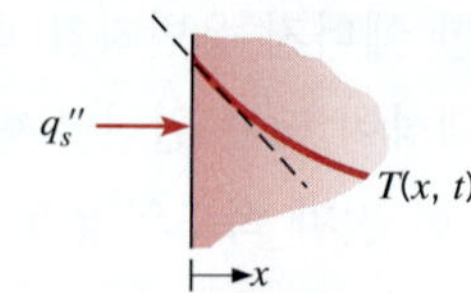

(b) 단열 또는 절연 표면

$$\frac{\partial T}{\partial x}\bigg|_{x=0} = 0 \qquad (2.33)$$

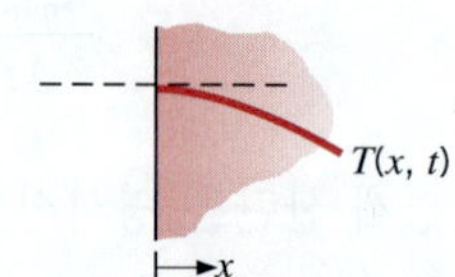

3. 대류 표면 조건

$$-k\frac{\partial T}{\partial x}\bigg|_{x=0} = h[T_\infty - T(0, t)] \qquad (2.34)$$

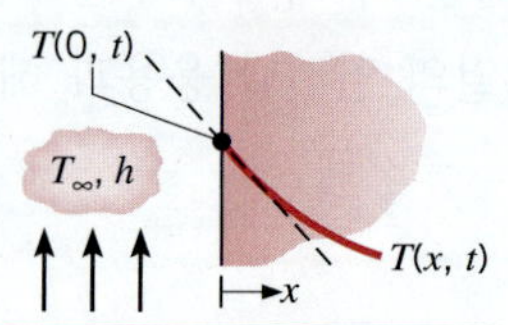

이것을 **Neumann** 조건 또는 **제2종**(second kind) 경계조건이라고 하며, 표면에 얇은 막으로 된 전기가열기를 부착함으로써 실현될 수 있다. 이 조건의 특별한 경우로는 $\partial T/\partial x|_{x=0} = 0$인 **완전 절연**(perfectly insulated) 또는 **단열**(adiabatic) 표면을 들 수 있다. **제3종**(third kind) 경계조건은 표면에서 대류 가열(또는 냉각)이 있을 때에 해당되며, 1.3.1절에 기술된 표면 에너지평형으로부터 얻어진다.

예제 2.4

폭 w가 두께 L보다 매우 큰 직사각형 단면의 긴 구리 막대가 막대의 아래 표면에서 **히트싱크**(heat sink)와 접촉되어 있고, 막대 전체의 온도는 근사적으로 히트싱크의 온도 T_o와 같다. 갑자기 막대에 전류를 통과시키고 온도 T_∞의 공기 흐름이 위 표면을 지나며, 반면에 아래 표면은 T_o로 계속 유지되고 있다. 위치와 시간의 함수로서 막대 내의 온도를 구하기 위하여 풀어야 할 미분방정식과 경계조건 및 초기조건을 구하라.

풀이

제시자료: 초기에 히트싱크와 열평형 상태에 있던 구리 막대가 전류의 통과로 인하여 갑자기 가열된다.

풀이대상: 막대 내의 위치와 시간의 함수로서 온도를 결정하는 데 필요한 미분방정식과 경계조건 및 초기조건.

개략도:

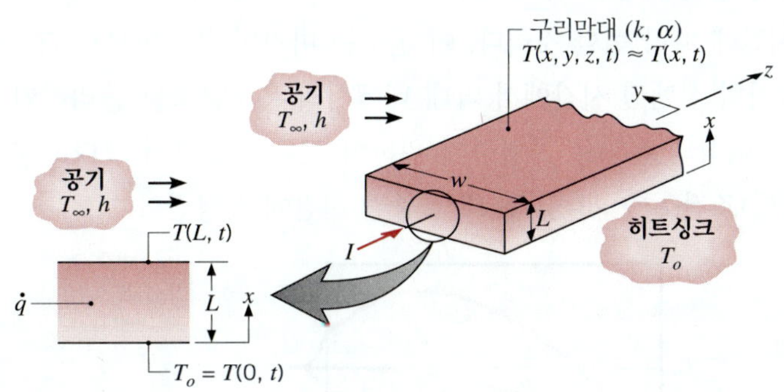

가정:

1. 막대가 길고, $w \gg L$이므로 끝 면과 측면 효과는 무시할 수 있으며, 막대 내에서 열전달은 원칙적으로 x 방향으로의 1차원이다.
2. 균일한 체적 열발생 $\dot{q}$
3. 일정한 물성치.

해석: 온도분포는 열방정식 (2.19)에 의하여 지배되며, 이 문제에서의 1차원, 일정한 물성치 조건에 대하여 열방정식은 다음과 같이 간단하게 된다.

$$\frac{\partial^2 T}{\partial x^2} + \frac{\dot{q}}{k} = \frac{1}{\alpha}\frac{\partial T}{\partial t} \qquad (1) \quad \triangleleft$$

여기서 온도는 위치와 시간의 함수 $T(x, t)$이다. 이 미분방정식은 공간좌표 x에 대해서는 2계이며, 시간 t에 대해서는 1계이므로 x 방향에 대해서는 두 개의 경계조건과, 시간에 대해서는 초기조건이라고 하는 하나의 조건이 있어야 한다. 아래 표면에 대한 경계조건은 표 2.2의 경우 1에 해당한다. 특히 이 표면의 온도가 시간에 따라 고정된 값 T_o로 유지되어 있으므로 다음과 같다.

$$T(0, t) = T_o \qquad (2) \quad \triangleleft$$

이에 반하여 위 표면에는 표 2.2의 경우 3인 대류 표면조건이 적합하다. 그러므로 다음과 같다.

$$-k \frac{\partial T}{\partial x}\bigg|_{x=L} = h[T(L, t) - T_\infty] \qquad (3) \quad \triangleleft$$

초기조건이 변화되기 이전에는 막대가 균일온도 T_o이므로 초기조건은 다음과 같다.

$$T(x, 0) = T_o \qquad (4) \quad \triangleleft$$

T_o, T_∞, $\dot{q}$ 및 h를 알고 있다면, 식 (1)에서 (4)까지를 이용하여 전류의 부과에 따른 시간변화의 온도분포 $T(x, t)$를 얻을 수 있다.

부가설명:

1. $x = 0$에서 히트싱크는 표면을 얼음 통에 노출시키거나 **차가운 평판**에 접촉시켜 유지할 수 있다. 차가운 평판은 열전도율이 큰 고체(보통 구리) 내에 기계 가공된 냉각제 채널을 포함하고 있다. 채널을 통해 액체(보통 물)를 순환시킴으로써 평판과 평판에 접촉되어 있는 표면은 거의 균일한 온도로 유지될 수 있다.
2. 위 표면의 온도 $T(L, t)$는 시간에 따라 변할 것이다. 이 온도는 미지의 온도이므로 $T(x, t)$를 구한 후에 얻을 수 있다.
3. 과도 과정의 시작부터 끝까지의 선택된 시간에서 막대 내에서의 온도분포를 물리적인 직관을 통하여 스케치할 수 있다. $T_\infty > T_o$이고, 막대를 T_∞ 이상의 온도로 가열하기 위하여 전류가 충분히 크다고 가정하면, 다음의 온도분포는 초기조건($t \le 0$), 최종(정상상태)조건($t \to \infty$) 및 두 개의 중간 시간에 해당한다.

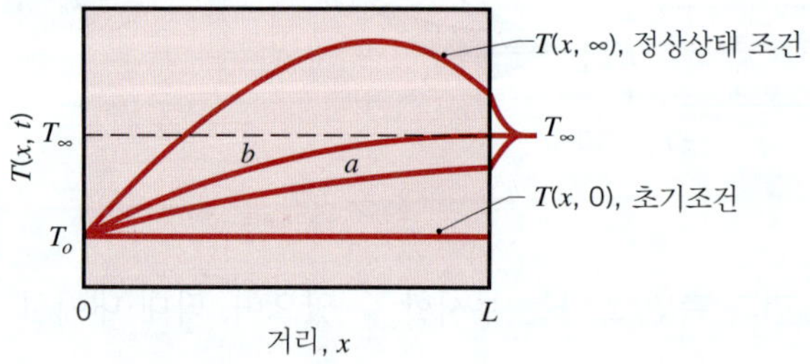

온도분포는 초기조건과 경계조건을 만족시켜야 한다는 것에 주의해야 한다. 라벨 (b)로 표시한 온도분포의 특별한 성질은 무엇인가?

4. 막대의 표면($x = 0, L$)에서 열유속이 시간에 따라 변하는 형태를 또한 직관을 통하여 추론할 수 있다. $q''_x - t$ 좌표계에서 과도적인 변화는 다음과 같다.

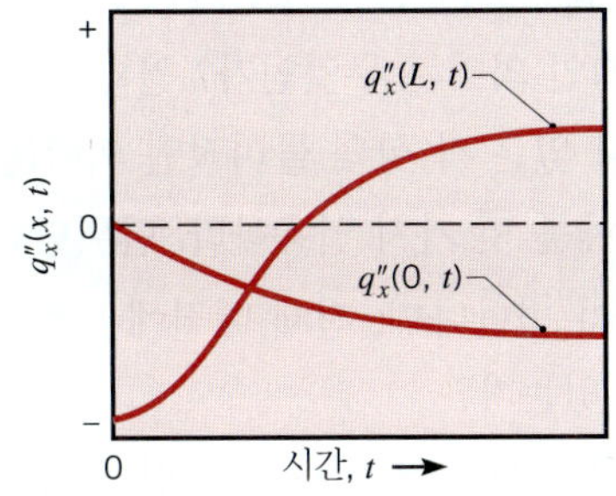

앞에서 언급한 변화는 부가설명 3의 온도분포와 일치한다는 것을 확신해야 한다. $t \rightarrow \infty$에 대하여 $q''_x(0)$와 $q''_x(L)$은 체적 열발생률과 어떻게 연관되어 있는가?

2.5 요약

이 장의 상대적인 간결성에도 불구하고, 이 장의 중요성이 과소평가되어서는 안 된다. 전도율 방정식인 Fourier 법칙을 이해하는 것은 필수적이다. 열물리적 물성치의 중요함에 대해 알고 있어야 하며, 시간이 지나면서 많은 실제 재료의 물성치의 크기를 결정할 감각을 개발해야 할 것이다. 마찬가지로 열 방정식이 미소 검사체적에서의 에너지보존 원리를 적용해 구해지는 것이며, 물질 내에서 온도분포를 결정하는 데 사용된다는 것을 인식해야 한다. 온도분포에 대해 알게 되면, Fourier 법칙은 상응하는 전도 열전달률을 구하는 데 이용될 수 있다. 열 방정식과 결합하는 다양한 종류의 열적 경계조건에 대해 확실히 파악하는 것이 필수적이다. 2장은 3장부터 5장까지 수록된 내용의 기초를 다루고 있으므로, 자주 복습하기를 권장한다. 다음의 질문에 대답함으로써 다양한 개념을 이해하였는지를 시험할 수 있다.

- **Fourier 법칙**의 일반적인 공식(어떤 기하학적인 형상에도 적용할 수 있는)에 있어서, 벡터 양과 스칼라 양은 무엇인가? 식의 오른쪽에 마이너스(−) 부호가 왜 있는가?
- **등온표면**이란 무엇인가? 이 표면 위에 있는 어떤 위치에서의 열유속에 대하여 무엇을 말할 수 있는가?
- 직교좌표계, 원통좌표계 및 구좌표계의 각 직각 방향에 대한 **Fourier 법칙**은 각각 어떤 형태를 갖는가? 각 경우에 있어서 온도구배의 단위는 무엇인가? 기억해서 각 방정식을 쓸 수 있는가?
- 물질의 중요한 물성치가 **Fourier 법칙**에 의해 정의된다. 그것은 무엇인가? 그것의 물리적인 의미는 무엇인가? 그것의 단위는 무엇인가?
- **등방성** 재질이란 무엇인가?
- 일반적으로 고체의 열전도율이 액체의 열전도율보다 더 큰 이유는 무엇인가? 액체의 열전도율이 기체의 열전도율보다 더 큰 이유는 무엇인가?
- 일반적으로 전기적인 양도체의 열전도율이 부도체의 열전도율보다 큰 이유는 무엇인가? 산화베릴륨, 다이아몬드, 실리콘 카바이드와 같은 물질(표 A.2 참조)들이 이 규칙에 예외인 이유는 무엇인가?
- 단열시스템의 **유효 열전도**도는 전도에 의한 열전달 효과만을 고려한 것인가?
- 기체의 열전도율이 온도의 증가에 따라 증가하는 이유는 무엇인가? 기체의 열전도율이 압력에

거의 영향을 받지 않는 이유는 무엇인가?

- **열확산율**의 물리적인 의미는 무엇인가? 열확산율은 어떻게 정의되며, 단위는 무엇인가?
- **열방정식**에 나타나 있는 각 항의 물리적인 의미는 무엇인가?
- **열에너지 발생**의 예를 몇 가지 인용하라. 단위면적당 발생하는 열에너지 발생률 $\dot{q}$체적 V의 매질 내에서 위치에 따라 변한다면, 전체 매질에 대한 에너지 발생률 $\dot{E}_g$는 알고 있는 $\dot{q}(x, y, z)$로부터 어떻게 결정될 수 있는가?
- 화학적으로 반응하는 매질에 대하여 어떤 종류의 반응이 열에너지의 **발생**($\dot{q} > 0$)을 제공하는가? 어떤 종류의 반응이 열에너지에 대한 **소멸**($\dot{q} < 0$)을 제공하는가?
- 매질 내에서 온도분포에 대한 **열방정식**을 풀기 위하여 **경계조건**을 매질의 표면에서 규정해야 한다. 일반적으로 어떤 물리적 조건이 이 목적에 적합한가?

참고문헌 *References*

1. Flik, M. I., B.-I. Choi, and K. E. Goodson, *J. Heat Transfer*, **114**, 666, 1992.
2. Klemens, P. G., "Theory of the Thermal Conductivity of Solids," in R. P. Tye, Ed., *Thermal Conductivity*, Vol. 1, Academic Press, London, 1969.
3. Yang, H.-S., G.-R. Bai, L. J. Thompson, and J. A. Eastman, *Acta Materialia*, **50**, 2309, 2002.
4. Chen, G., *J. Heat Transfer*, **118**, 539, 1996.
5. Carey, V. P., G. Chen, C. Grigoropoulos, M. Kaviany, and A. Majumdar, *Nano. and Micro. Thermophys. Engng*. **12**, 1, 2008.
6. Padture, N. P., M. Gell, and E. H. Jordan, *Science*, **296**, 280, 2002.
7. Schelling, P. K., L. Shi, and K. E. Goodson, *Mat. Today*, **8**, 30, 2005.
8. Baxter, J., Z. Bian, G. Chen, D. Danielson, M. S. Dresselhaus, A. G. Federov, T. S. Fisher, C. W. Jones, E. Maginn, W. Kortshagen, A. Manthiram, A. Nozik, D. R. Rolison, T. Sands, L. Shi, D. Sholl, and Y. Wu, *Energy and Environ. Sci*., **2**, 559, 2009.
9. Vincenti, W. G., and C. H. Kruger Jr., *Introduction to Physical Gas Dynamics*, Wiley, New York, 1986.
10. Zhang, Z. M., *Nano/Microscale Heat Transfer*, McGraw-Hill, New York, 2007.
11. McLaughlin, E., "Theory of the Thermal Conductivity of Fluids," in R. P. Tye, Ed., *Thermal Conductivity*, Vol. 2, Academic Press, London, 1969.
12. Foust, O. J., Ed., "Sodium Chemistry and Physical Properties," in *Sodium-NaK Engineering Handbook*, Vol. 1, Gordon & Breach, New York, 1972.
13. Mallory, J. F., *Thermal Insulation*, Reinhold Book Corp., New York, 1969.
14. American Society of Heating, Refrigeration and Air Conditioning Engineers, *Handbook of Fundamentals*, Chapters 23–25 and 31, ASHRAE, New York, 2001.
15. Zeng, S. Q., A. Hunt, and R. Greif, *J. Heat Transfer*, **117**, 1055, 1995.
16. Sengers, J. V., and M. Klein, Eds., *The Technical Importance of Accurate Thermophysical Property Information*, National Bureau of Standards Technical Note No. 590, 1980.
17. Najjar, M. S., K. J. Bell, and R. N. Maddox, *Heat Transfer Eng*., **2**, 27, 1981.
18. Hanley, H. J. M., and M. E. Baltatu, *Mech. Eng*., **105**, 68, 1983.
19. Touloukian, Y. S., and C. Y. Ho, Eds., *Thermophysical Properties of Matter, The TPRC Data Series* (13 volumes on thermophysical properties: thermal conductivity, specific heat, thermal radiative, thermal diffusivity, and thermal linear expansion), Plenum Press, New York, 1970 through 1977.
20. Chow, T. S., *Phys. Rev. E*, **48**, 1977, 1993.
21. Keblinski, P., R. Prasher, and J. Eapen, *J. Nanopart. Res*., **10**, 1089, 2008.
22. Hamilton, R. L., and O. K. Crosser, *I&EC Fundam*. **1**, 187, 1962.
23. Panton, R. L., *Incompressible Flow*, Wiley, Hoboken, 2013.
24. Burmeister, L. C., *Convective Heat Transfer*, Wiley-Interscience, New York, 1993.
25. Cahill, D. G., W. K. Ford, K. E. Goodson, G. D. Mahan, A. Majumdar, H. J. Maris, R. Merlin, and S. R. Phillpot, *App. Phys. Rev*., **93**, 793, 2003.

연습문제 *Problems*

Fourier의 법칙

2.1 다음에 보이는 것처럼 축대칭 형상을 통한 정상상태, 1차원 열전도를 가정한다. 물성치가 일정하고 열발생이 없다고 가정하여, $T - x$ 좌표계에 온도분포를 스케치하라. 도시된 곡선의 형상을 간략하게 설명하라.

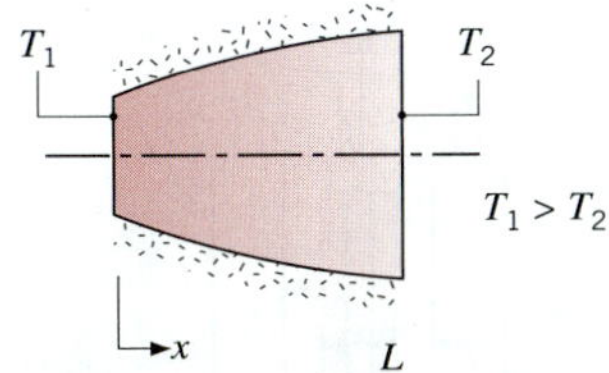

2.2 바깥 반지름이 r_1인 고온 수관의 온도가 T_1이다. 열손실을 줄이기 위해 사용된 두꺼운 단열재는 바깥 반지름 r_2에서 온도가 T_2이다. $T - r$ 좌표 상에서, 일정한 물성치를 갖는 1차원 정상상태 열전달에 대한 단열재 내에서의 온도분포를 스케치하라. 도시된 곡선의 형태가 옳다는 것을 간단하게 설명하라.

2.3 다음에 나타낸 바와 같이 대칭형상을 통한 정상상태 1차원 열전도가 일어난다고 가정한다.

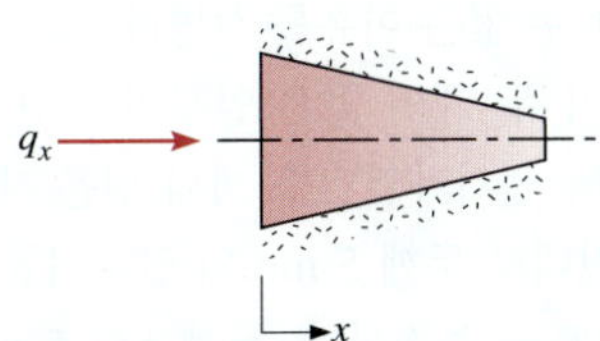

내부 열발생이 없다고 가정했을 때, 다음 조건에 대한 열전도율 $k(x)$의 식을 유도하라: $A(x) = (1 - x)$, $T(x) = 300(1 - 2x - x^3)$ 및 $q = 6000$ W. 여기서 A는 제곱미터, T 는 절대온도, x는 미터이다.

2.4 열전도율의 온도 의존도가 고체 내에서 온도분포에 끼치는 영향을 구하기 위하여 온도 의존도를 다음 식으로 표현할 수 있는 재료를 고려하자.

$$k = k_o + aT$$

여기서 k_o는 양의 상수이고, a는 양이나 음이 될 수 있는 계수이다. $a > 0$, $a = 0$ 및 $a < 0$의 세 경우에 대하여 평면벽 내에서 열전달과 관련된 정상상태 온도분포를 스케치하라.

2.5 한 젊은 기술자가 고출력 적외선 레이저로부터의 조사에 노출될 수 있는 민감한 전자장비에 대한 열보호 장벽 설계에 대한 요청을 받았다. 기술자는 학창시절에 낮은 열전도율 물질이 좋은 절연특성을 제공한다는 것을 배워서, 보호 장벽에 대해 열전도율 $k_a = 0.005$ W/m·K의 특성이 있는 나노구조의 에어로젤(aerogel)의 사용을 제안하였다. 기술자의 감독자는 에어로젤이 낮은 열전도율을 가졌기 때문에 이 제안에 대하여 의심을 가졌다. (a) 순수 알루미늄, (b) 유리 및 (c) 에어로젤의 갑작스런 레이저 조사에 대하여 고려하라. 레이저는 $G = 10 \times 10^6$ W/m²의 조사를 제공한다. 알루미늄, 유리 및 에어로젤에 대한 흡수율이 각각 $a = 0.2$, 0.9 및 0.8이고, 장벽의 초기온도는 $T_i = 300$ K이다. 감독자가 염려한 이유를 설명하라. 힌트: 모든 물질은 열팽창(수축)이 일어나고, 물질 내부에서 발생하는 국부 응력은 대략적으로 국소 온도구배에 비례한다.

2.6 두께 $2L = 80$ mm인 1차원 평면벽이 $\dot{q} = 1000$ W/m³의 열에너지를 균일하게 발생시키고 $T_\infty = 30$°C의 주변 유체에 의해 $x = \pm 40$ mm에서 대류에 의해 냉각된 벽 내에서 정상상태의 온도분포가 $T(x) = a(L^2 - x^2) + b$이라면, 벽에서의 열전도율은 얼마인가? 대류열전달계수 h의 값은 얼마인가? 여기서 $a = 15$°C/m²이고 $b = 40$°C이다.

2.7 두께가 100 mm이며, 열전도율이 100 W/m·K인 평면벽을 고려하자. 정상상태 조건으로 $T_1 = 400$ K 및 $T_2 = 600$ K이다. 다음에 나타낸 좌표계에 대하여 열유속 q''_x과 온도구배 dT/dx를 구하라.

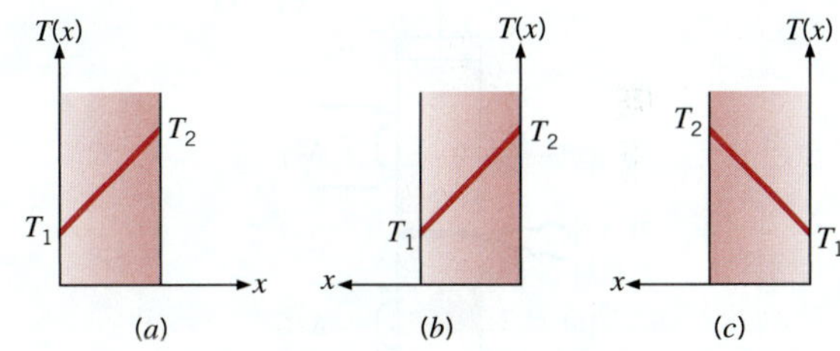

2.8 다음 그림과 같은 2차원 물체에서 표면 A에서의 구배는 $\partial T/\partial y = 40$ K/m.이다. 표면 B에서의 $\partial T/\partial y$와 $\partial T/\partial x$는 얼마인가?

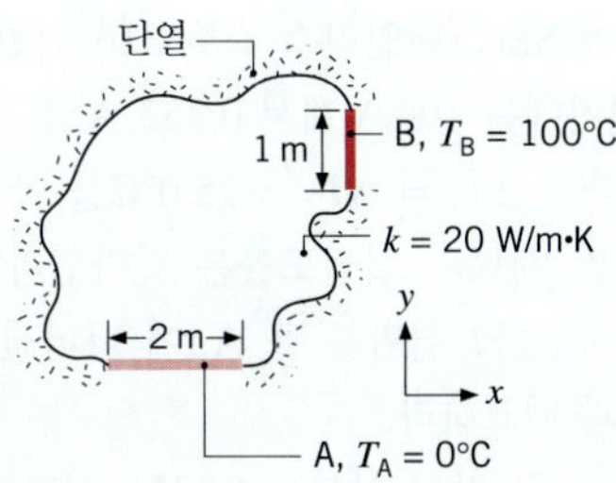

2.9 정상상태, 1차원 전도가 열전도율 k가 일정하고 단면적이 $A_x(x) = A_o e^{ax}$(A_o와 a는 상수)로 변화하는 막대에서 일어난다. 막대의 측면은 단열되어 있다.

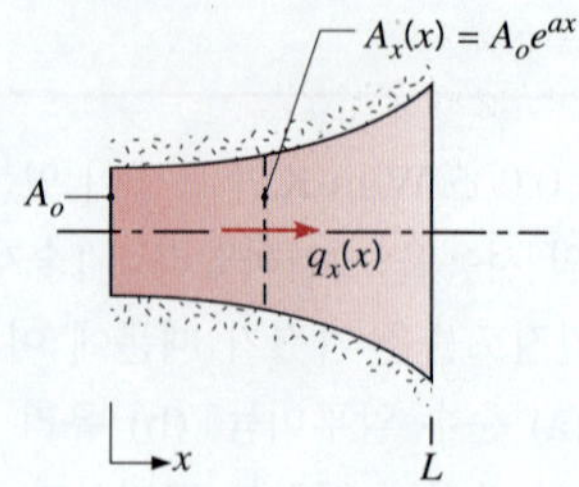

(a) 전도 열전달률 $q_x(x)$에 대한 식을 쓰라. 이 식을 사용하여 온도분포 $T(x)$를 결정하고, $T(0) > T(L)$에 대한 온도분포를 정성적으로 스케치하라.

(b) 체적 열발생률 $\dot{q} = \dot{q}_o \exp(-ax)$ (여기서 $\dot{q}_o$는 상수임)로 막대 내부에서 열에너지가 발생되는 상태를 고려하자. 좌측면($x = 0$)이 잘 단열되어 있을 때 $q_x(x)$에 대한 식을 구하라.

열물리적 물성치

2.10 열전도율을 측정하는 장치에 지름이 30 mm이고 길이가 60 mm인 두 개의 동일한 시편 사이에 끼워진 전기가열기를 사용하는데, 이것들은 순환하는 유체에 의하여 균일한 온도 T_o = 77°C로 유지되는 평판들 사이에서 압착된다. 모든 표면들 사이에는 열접촉을 좋게 하기 위해 전도성 그리스(conducting grease)를 사용한다. 차온 열전대(differential thermocouple)가 15 mm 간격을 두고 시편에 끼워져 있다. 시편들을 통해 1차원 열전달이 이루어지도록 시편들의 측면이 단열되어 있다.

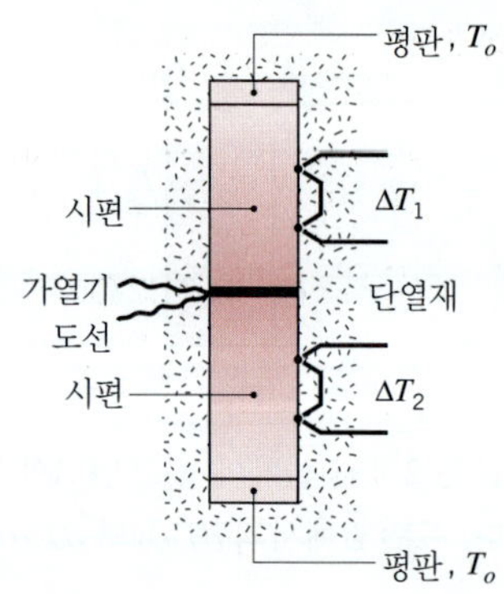

(a) 이 장치에 SS(스테인리스 스틸)316 시편 두 개를 넣었을 때, 가열기에는 100 V에서 0.353 A의 전류가 흐르고, 차온 열전대는 $\Delta T_1 = \Delta T_2$ = 25.0°C를 나타낸다. 스테인리스강 시편 재료의 열전도율은 얼마인가? 시편의 평균온도는 얼마인가? 결과를 표 A.l에 나타낸 이 재료의 열전도율 값과 비교하라.

(b) 실수로, (a)와 같이 상부에 SS316 시편이 갖추어진 장치의 하부에 암코강(Armco iron) 시편을 놓았다. 이 같은 조건에서 가열기에는 100 V에서 0.601 A의 전류가 흐르고, 차온 열전대는 $\Delta T_1 = \Delta T_2$ = 15.0°C를 나타낸다. 암코강 시편의 열전도율과 평균온도는 얼마인가?

(c) 가열기-시편 조합을 한 개 사용하는 것보다 가열기를 끼운 동일한 두 개의 시편을 갖춘 장치 구조가 유리한 점은 무엇인가? 시편의 측면으로부터의 열손실이 심각해지는 때는 언제인가? $\Delta T_1 \neq \Delta T_2$가 되는 조건은 무엇인가?

2.11 한 엔지니어가 에어로젤(aerogel) 물질의 열전도율을 측정하기를 원한다. 에어로젤은 열전도율이 매우 작을 것으로 예상된다.

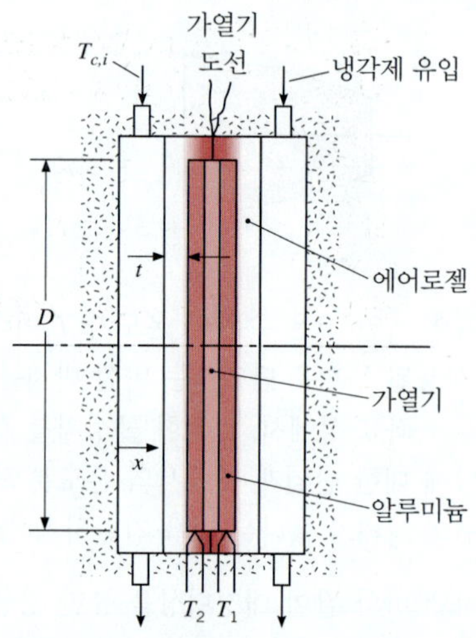

(a) 연습문제 2.10의 장치로는 에어로젤의 열전도율을 정확히 측정할 수 없는 이유를 설명하라.

(b) 엔지니어가 두 개의 얇은 알루미늄 판 사이에 지름 D = 150 mm의 전기가열기를 끼워 넣은 새로운 장치를 설계한다. 열전대로 두께 5 mm의 알루미늄 판의 정상상태 온도 T_1 및 T_2를 측정한다. 두께 t = 5 mm의 에어로젤 시트를 알루미늄 판 바깥쪽에 놓고 입구 온도 $T_{c,i}$ = 25°C인 냉각제로 에어로젤의 외부 표면을 낮은 온도에서 유지한다. 반지름 방향의 열손실을 최소화하기 위한 단열이 이루어지도록 원형 에어로젤 시트로 만들어 여기에 가열기와 알루미늄 시트를 넣는다. 정상상태에서 $T_1 = T_2$ = 55°C이고 가열기에는 10 V에서 125 mA의 전류가 흐른다. 에어로젤의 열전도율 값을 구하라.

(c) 두께 5 mm의 알루미늄 판의 두께를 가로지르는 온도차를 계산하라. 알루미늄 판의 온도를 측정하는 축방향 위치를 아는 것이 중요한지 아닌지를 설명하라.

(d) 전체 유량 $\dot{m}$ = 1 kg/min(두 흐름의 각각에 대하여 0.5 kg/min)인 냉각제로 액체 물을 사용한다면 물의 출구 온도 $T_{c,o}$는 얼마인가?

2.12 항공기에 있는 300 mm × 300 mm인 창을 고려하라. 창의 안쪽 표면으로부터 바깥 표면까지의 온도차 80°C에 대하여 두께 L = 10 mm인 폴리카보네이트, 소다석회유리 및 에어로젤로 만들어진 창을 통한 열손실을 각각 계산하라. 에어로젤과 폴리카보네이트의 열전도율은 각각 k_{ag} = 0.014 W/m·K

와 k_{pc} = 0.21 W/m·K이다. 300 K인 소다석회유리의 열전도율 값을 구하라. 항공기에는 130개의 창이 있으며 기내 공기를 가열하는 비용이 $1/kW·h일 경우, 8시간 대륙 간 비행 동안에 창을 통한 열손실과 관련된 비용을 비교하라.

2.13 다음과 같은 과제를 수행하기 위해 *IHT*를 이용하라.

(a) 온도 범위 300 ≤ T ≤ 600 K에 걸쳐, 순구리, 2024 알루미늄, AISI 302 스테인리스강의 열전도율을 그래프로 나타내라. 하나의 그래프에 모든 자료를 포함하고, 관찰한 경향에 대하여 언급하라.

(b) 온도 범위 300 ≤ T ≤ 800 K에 걸쳐, 헬륨과 공기의 열전도율을 그래프로 나타내라. 하나의 그래프에 모든 자료를 포함하고, 관찰한 경향에 대하여 언급하라.

(c) 온도 범위 300 ≤ T ≤ 360 K에 걸쳐, 엔진 오일, 에틸렌글리콜 및 물의 동점도를 그래프로 나타내라. 하나의 그래프에 모든 자료를 포함하고, 관찰한 경향에 대해 언급하라.

(d) 온도 T = 300 K에서, 체적분율 범위 0 ≤ φ ≤ 0.08에 걸쳐, 물-Al_2O_3 나노유체의 열전도율을 그래프로 나타내라. 예제 2.2를 참고하라.

2.14 큰 열전도율을 가진 금속이 크기는 작지만 체적을 알고 있는 경우를 고려하자.

(a) 열전도율이 크기 때문에, 가벼운 가열에 반응하여 금속 내에서 발달되는 공간적 온도구배는 작다. 공간적 온도구배를 무시하고, 금속의 고정면이 전기히터에 의해 열전달률 q를 공급받을 때, 시간 $T(t)$에 대한 물체의 온도를 구할 수 있는 미분방정식을 유도하라.

(b) 한 학생이 측정된 열반응과 예측된 열반응을 비교함으로써 미지의 금속을 식별하는 것을 제안했다. 일단 이들이 서로 부합하면, 관련된 열물리적 물성치가 결정될 수 있다. 그리고 차례로, 그 금속은 문헌의 물성 자료와의 비교에 의해 식별될 수 있다. 이 식별 방법이 잘 될 수 있을까? 후보 금속으로 알루미늄, 금 및 은을 고려하라.

2.15 어느 온도에서 헬륨의 열전도도가 0.15 W/m·K이다. 이상기체를 가정하고 헬륨의 온도를 계산하고 이를 표 A.4에서의 온도와 비교하라.

2.16 재료의 열전도율 k와 비열 c_p를 결정하는 방법이 그림으로 설명되어 있다. 초기에는 지름 D = 60 mm, 두께 L = 10 mm인 두 개의 동일한 시편과 얇은 가열기가 균일한 온도 T_i = 23.00°C로 되어 있고, 단열 분말로 둘러싸여 있다. 각각의 시편 접촉면 위에 균일한 열유속 q''_o을 공급하기 위하여 갑자기 가열기에 전기를 공급하였고, 열유속은 시간주기 Δt_o 동안에 일정하게 유지된다. 갑작스러운 가열이 시작된 후 짧은 시간 동안에, 이 접촉면에서의 온도 T_o는 다음 식과 같이 열유속과 관계된다.

$$T_o(t) - T_i = 2q''_o\left(\frac{t}{\pi\rho c_p k}\right)^{1/2}$$

특정한 실험시간 동안, 전기가열기는 Δt_o = 120 s 동안 15.0 W를 소모하고, 30 s 가열 후의 접촉면에서 온도는 T_o(30 s) = 24.57°C이다. 가열기에 전기 공급을 중단한 오랜 시간 후에($t \gg \Delta t_o$), 시편은 균일한 온도 $T_o(\infty)$ = 33.50°C에 도달하였다. 부피와 질량의 측정에 의해 결정된 시편 재료의 밀도 ρ = 3965 kg/m³이다.

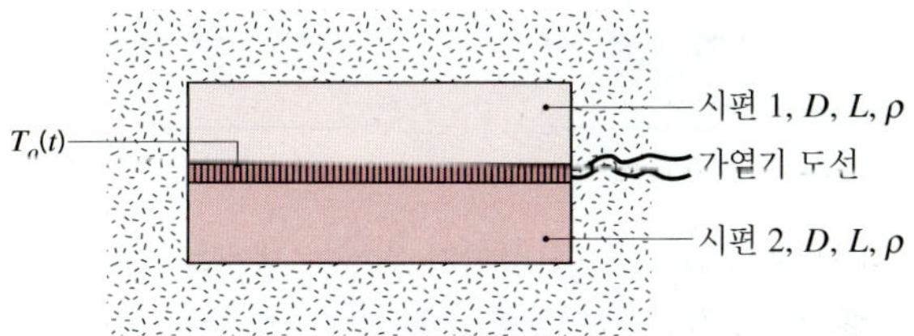

시험 재료의 비열과 열전도율을 구하라. 표 A.1 또는 A.2에서의 열물리적 물성치를 고찰함으로써 시험 시편 재료의 재질을 결정하라.

2.17 스테인리스강의 원통형 막대는 막대의 끝을 제외하고 외부 표면이 단열되어 있다. 정상상태 온도분포는 $T(x) = a - bx/L$이다. 여기서 a = 305 K이고 b = 10 K이다. 막대의 지름과 길이는 각각 D = 20 mm와 L = 100 mm이다. 막대를 통한 열유속 q''_x을 결정하라. 힌트: 막대의 질량은 M = 0.248 kg이다.

열방정식

2.18 주어진 순간에 무한 균질 물체 내의 온도분포는 다음과 같은 한수로 주어진다.

$$T(x, y, z) = x^2 - 2y^2 + z^2 - xy + 2yz$$

물성치가 일정하고 내부 열발생이 없다고 가정할 때, 온도가 시간에 따라 변화하는 영역을 구하라.

2.19 1차원 평면벽에서 미소길이 dx인 검사체적의 온도분포를 고려하자.

(a) 정상상태라 하자. 검사체적 내에 열에너지가 생성되고 있는가? 그렇다면 열생성은 양수인가 음수인가?

(b) (a)와 마찬가지로 정상상태에서의 온도분포라 하자. 체적 열생성이 양수인가 음수인가?

(c) 정상상태가 아니고 체적 열에너지 생성이 없는 경우를 생각하자. 미소 검사체적내 물질의 온도는 올라갈 것이가 내려갈 것인가?

(d) 파트 (c)와 같이 비정상상태라 하자. 온도는 올라가는가 아니면 내려가는가?

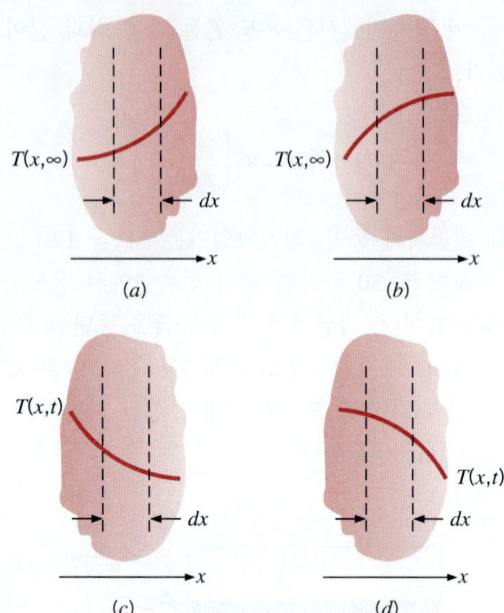

2.20 스토브 위에 놓고 물을 끓이기 위하여 냄비를 사용한다. 스토브로부터 고정된 열전달률 q_o로 열이 전달된다. 이 과정에는 두 단계가 있다. 단계 1에서는 자연대류에 의해 냄비로부터 열이 전달되어 물은 초기(방) 온도 T_i로부터 비등점까지 상승한다. 이 단계 동안에 대류열전달계수 h는 상수값을 갖는다고 가정할 수 있으므로 물의 체적 온도는 $T_\infty = T_\infty(t)$로 시간에 따라 증가한다. 단계 2에서는 물이 비등하게 되고, 가열이 계속되어도 물의 온도는 고정값 $T_\infty = T_b$를 유지한다. 스토브와 물이 접촉하는 표면에 대하여 각각 $x = 0$와 $x = L$에 대응하는 좌표계를 써서 두께 L이고 지름 D인 냄비 0바닥을 고려하라.

(a) 단계 1 동안에 냄비 바닥에서 위치와 시간에 따른 온도변화 $T(x, t)$를 구하기 위한 열방정식과 경계/초기조건에 대한 식을 쓰라. 결과를 냄비 재질의 적절한 물성치들과 매개변수 q_o, D, L, h 및 T_∞ 의 항으로 나타내라.

(b) 단계 2 동안에 물과 접촉하는 냄비 표면은 고정된 온도 $T(L, t) = T_L > T_b$이다. 냄비 바닥에서 온도분포 $T(x)$를 구하기 위한 열방정식과 경계조건에 대한 식을 쓰라. 결과를 냄비 재질의 적절한 물성치들과 매개변수 q_o, D, L 및 T_L의 항으로 나타내라.

2.21 지름 60 mm인 원통형 원자로 연료봉에서 균일한 내부 열발생 $\dot{q} = 5 \times 10^7$ W/m^{3}이 발생하며, 정상상태 조건하에서 온도분포는 $T(r) = a + br^2$이다. 여기서 T는 섭씨온도이고, r은 미터로 표시되며, $a = 800$°C이고, $b = -4.167 \times 10^5$ °C/m^{2}이다. 연료봉의 물성치는 $k = 30$ W/m·K, $\rho = 1100$ kg/m^3, 그리고 $c_p = 800$ J/kg·K이다.

(a) $r = 0$(중심선)와 $r = 25$ mm(표면)에서 봉의 단위 길이당 열전달률은 얼마인가?

(b) 원자로 동력 수준이 갑자기 $\dot{q} = 10^8$ W/m^{3}으로 증가된다면, 이때 $r = 0$와 $r = 25$ mm에서 초기시간 온도 변화율은 얼마인가?

2.22 임의의 순간에 두께가 0.3 m인 벽을 가로지르는 온도분포는 $T(x) = a + bx + cx^2$이다. 여기서 T는 섭씨온도, x는 미터로 표시되며, $a = 200$°C, $b = -200$°C/m 및 $c = 30$°C/m^{2}이다. 벽의 열전도율은 1 W/m·K이다.

(a) 단위 표면적에 대하여 벽으로 들어가는 열전달률과 벽에서 나가는 열전달률을 구하고, 벽에 저장되는 에너지 변화율을 구하하라.

(b) 차가운 표면이 100°C의 유체에 노출되면, 대류열전달계수는 얼마인가?

2.23 두께 $2L = 40$ mm이고 열전도율 $k = 5$ W/m·K인 평면벽에서 체적 열발생률이 $\dot{q}$균일하다. 반면에 평면벽의 양쪽 표면 ($x = -L, +L$)은 온도 $T_\infty = 20$°C인 유체에 노출되어 대류열전달이 일어난다. 정상상태 조건하에서 벽 내에서의 온도분포는 $T(x) = a + bx + cx^2$이며, 여기서 $a = 82.0$°C, $b = -210$°C/m, $c = -2 \times 10^4$°C/m^{2}이고, x의 단위는 m이다. x 좌표의 원점은 벽의 중앙단면이다.

(a) 온도분포를 스케치하고 중요한 물리적인 특징을 확인하라.

(b) 벽에서 체적 열발생률 $\dot{q}$얼마인가?

(c) 표면열유속 $q''_x(-L)$과 $q''_x(+L)$을 구하라. 이 열유속은 열발생률과 어떤 관계가 있는가?

(d) $x = -L$과 $x = +L$에서의 표면에 대한 대류열전달계수는 얼마인가?

(e) 열유속 분포에 대한 식 $q''_x(x)$를 구하라. 어느 위치에서 열유속이 0인가? 열유속 분포의 중요한 특징을 설명하라.

(f) 열발생의 근원이 갑자기 활동하지 않는다면($\dot{q} = 0$), 이 순간에 벽 내에 저장된 에너지의 변화율은 얼마인가?

(g) $\dot{q} = 0$에서 벽은 결국 어느 온도에 도달하는가? 이 상태에 도달하기 위하여 벽의 단위면적당 유체에 의해 제거되는 에너지(J/m^2)는 얼마인가? 벽 재질의 밀도와 비열은 각각 2600 kg/m^{3}과 800 J/kg·K이다.

2.24 초기시간, 정상상태 및 몇몇 중간 시각에서 일련의 1차원 평면벽 내에서의 온도분포는 다음과 같다.

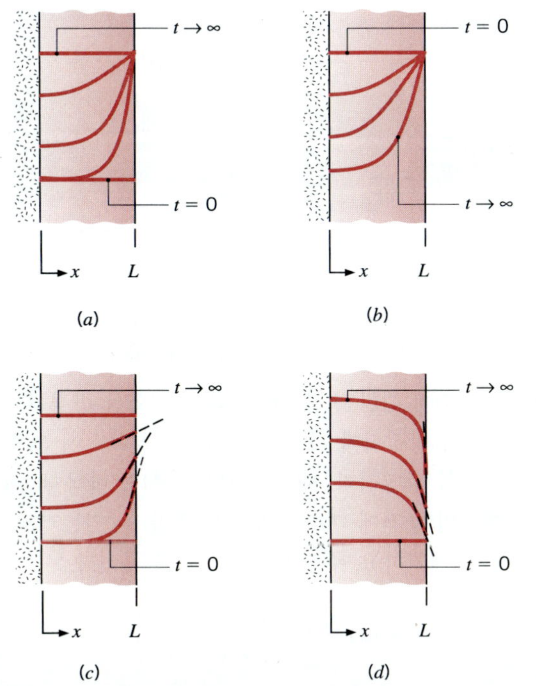

각각의 경우에 대하여 열확산 방정식의 적절한 형태를 나타내라. 또한 $x = 0$와 $x = L$에서 적용되는 초기조건과 경계조건에 대한 식을 기술하라. 체적 열 발생이 일어난다면, 체적 열 발생은 벽 전역에서 균일하다. 물성치는 일정하다.

2.25 두 개의 다른 재질 A와 B로 이루어진 복합 막대에서 A와 B의 길이는 각각 $0.5L$이다.

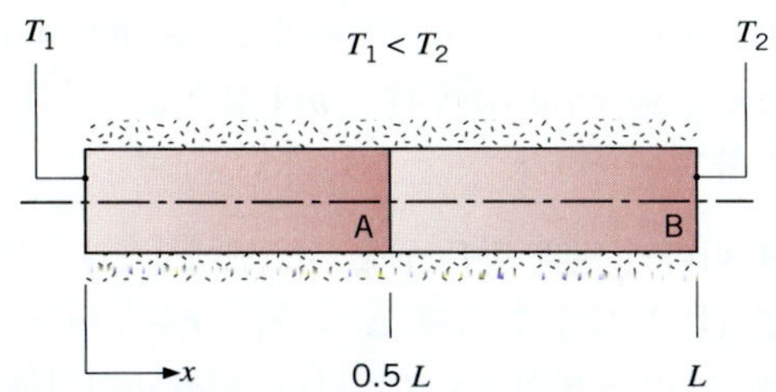

물질 A의 열전도율은 재질 B의 절 반으로, 즉 $k_A/k_B = 0.5$이다. 각각의 정상상태의 온도분포 $T(x)$와 열유속 분포 q''_x을 스케치하라. 물성치는 일정하고 두 재질모두 내부 열발생은 없다고 가정한다.

2.26 열전도율이 5 W/m·K로 일정하고 두께가 40 mm인 평면벽에서 균일한 내부에너지 발생과 함께 1차원 정상상태의 열전도가 일어난다. 이러한 조건하에서 온도분포는 $T(x) = a + bx + cx^2$이다. $x = 0$에서 표면의 온도는 $T(0)$; $T_o = 130°C$이고, $T_\infty = 30°C$, $h = 500\ W/m^2 \cdot K$인 유체와 대류가 일어난다. $x = L$에서 표면은 잘 단열되어 있다.

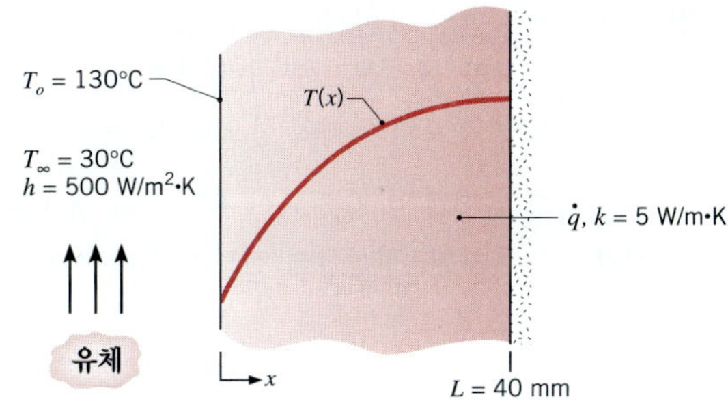

(a) 벽에 전체 에너지평형을 적용하여, 내부에너지 발생률 $\dot{q}$ 구하라.

(b) 경계조건을 주어진 온도분포에 적용하여 계수 a, b 및 c를 구하라. 이 결과를 이용하여 온도분포를 계산하고 도시하라.

(c) 대류열전달계수가 반감되는 조건을 고려하라. 그러나 내부에너지 발생률은 변하지 않는다. 새로운 값 a, b 및 c를 구하고, 그 결과를 이용하여 온도분포를 도시하라. 힌트: $T(0)$가 더 이상 130°C가 아님을 인지하라.

(d) 내부에너지 발생률이 두 배가 되고 대류열전달계수는 변하지 않는($h = 500\ W/m^2 \cdot K$) 조건하에서, 새로운 값 a, b 및 c를 구하고, 이에 상응하는 온도분포를 도시하라. (b), (c) 및 (d)의 결과를 각각 경우 1, 2, 3으로 언급하라. 이 세 가지 경우에 대한 온도분포를 비교하고, 그 분포에 대한 h와 $\dot{q}$의 영향을 토의하라.

2.27 그림 2.12에 나타낸 미소 검사체적으로 시작하는 원통좌표계에 대하여 식 (2.26)의 열확산 방정식을 유도하라.

2.28 그림 2.13에 나타낸 미소 검사체적으로 시작하는 구좌표계에 대하여 식 (2.29)의 열확산 방정식을 유도하라.

2.29 레이저 조사에 노출된 열전도율이 k이고 두께가 L인 반투명의 재료에서 정상상태 온도분포가 다음과 같다.

$$T(x) = -\frac{A}{ka^2}e^{-ax} + Bx + C$$

여기서 A, a, B 및 C는 알고 있는 상수이다. 이러한 상태에 대해서 재료의 복사 흡수율은 분포된 열발생 항 $\dot{q}(x)$에 의해 나타낼 수 있다.

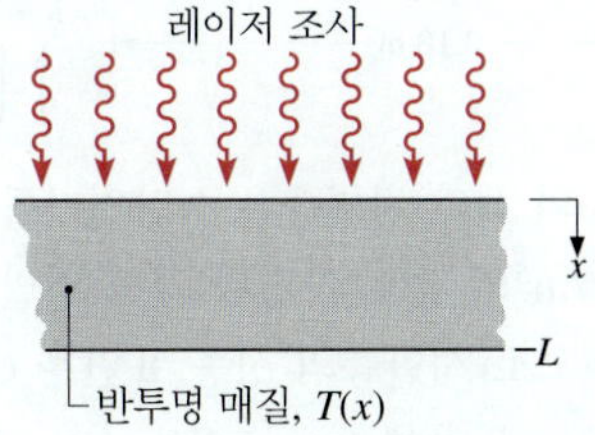

(a) 전·후면에서의 전도 열유속에 대한 식을 구하라.

(b) $\dot{q}(x)$에 대한 식을 유도하라.

(c) 전체 재료에서 단위 표면적당 흡수되는 복사율을 나타내는 식을 유도하라. 온도분포에 대한 알고 있는 상수, 재료의 열전도율 및 재료의 두께의 항으로 결과를 나타내라.

2.30 안쪽 반지름 r_1과 바깥쪽 반지름 r_2인 원통형의 셸 내에서 에너지 발생이 없는 1차원, 정상상태 전도가 일어난다. 어떤 조건이 아래와 같은 선형 온도분포를 가능하게 하는가?

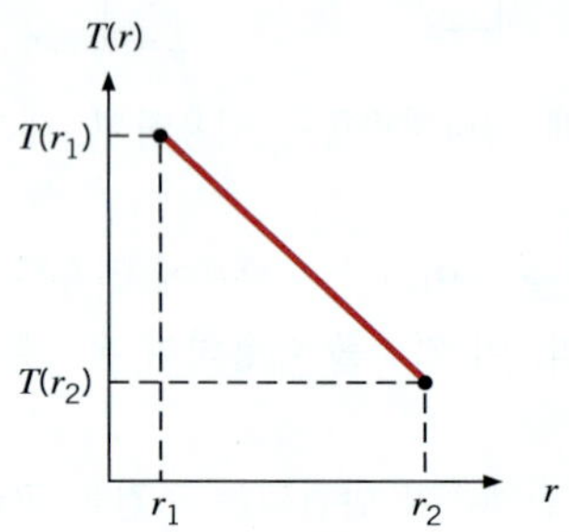

2.31 열전도율 k, 두께 L의 1차원 벽에서 정상상태 온도분포가 $T = ax^3 + bx^2 + cx$이다. 벽에서의 단위체적당 열발생률과 두 개의 벽 표면($x = 0, L$)에서의 열유속에 대한 식을 유도하라.

2.32 내부에너지 발생이 없는 1차원, 정상상태 전도가 열전도율이 일정한 평면벽에서 일어난다.

(a) 제시된 온도분포가 가능한가? 그 이유를 간단히 설명하라.

(b) $x = 0$에서의 온도와 유체의 온도는 각각 $T(0) = 0°C$와 $T_\infty = 20°C$로 고정되어 있을 때 $10 \le h \le 100\ W/m^2 \cdot K$의 구간에서 h의 함수로서 $x = L$에서 온도 $T(L)$을 계산하고 도시하라. 결과에 대하여 간단히 설명하라.

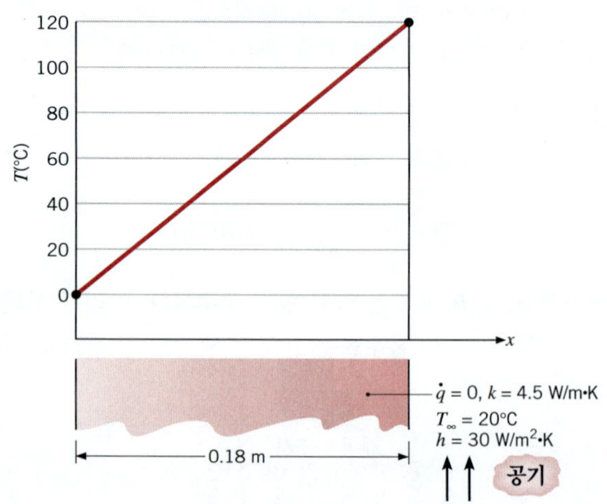

2.33 두께 $L = 1$ m의 석탄 평면층은 석탄입자들의 느린 산화에 의해 $\dot{q} = 10\ W/m^3$의 율로 균일한 체적 열발생이 일어난다. 낮 동안에 평균적으로 석탄층의 상층 표면은 $G_S = 400\ W/m^2$의 태양조사를 받는 동안에 $h = 5\ W/m^2 \cdot K$, $T_\infty = 25°C$인 주위 공기와 대류에 의해서 열을 전달한다. 대기로부터의 조사는 무시할 수 있다. 표면의 태양 흡수율과 방사율은 각각 $\alpha_S = \varepsilon = 0.95$이다.

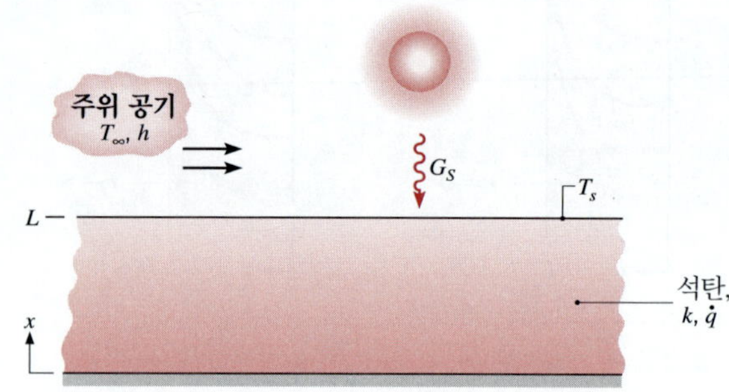

(a) 석탄층에 대한 정상상태 형태의 열확산 방정식을 나타내라. 이 방정식이 다음 형태의 온도분포식에 의해 충족되는지를 증명하라. 이 온도분포로부터, 바닥 표면($x = 0$)에서의 조건에 대하여 무엇을 말할 수 있는가? 온도분포를 스케치하고, 주요 형상에 명칭을 붙이라.

$$T(x) = T_s + \frac{\dot{q}L^2}{2k}\left(1 - \frac{x^2}{L^2}\right)$$

(b) $x = L$에서 단위면적당 전도에 의한 열전달률에 대한 식을 구하라. 층의 위 표면에 대하여 검사면에 에너지 균형을 적용하여 T_s에 대한 식을 구하라. 규정된 조건에 대한 T_s와 $T(0)$를 계산하라.

(c) G_S와 h의 일일 평균값들은 연간 측정시간, 구름의 양, 그리고 바람상태와 같은 많은 인자에 의존한다. $h = 5\ W/m^2 \cdot K$일 때, $50 \le G_S \le 500\ W/m^2$에 대한 G_S의 함수로서 T_s와 $T(0)$를 계산하고 도시하라. $G_S = 400\ W/m^2$일 때 $5 \le h \le 50\ W/m^2 \cdot K$에 대한 h의 함수로서 T_s와 $T(0)$를 계산하고 도시하라.

2.34 그림에 나타낸 것과 같은 원통 시스템에서 r과 z 방향으로의 온도변화는 무시할 수 있다. $\Delta r = r_o - r_i$는 r_i에 비하여 작고, 지면에 수직인 z 방향으로의 길이를 L이라고 가정한다.

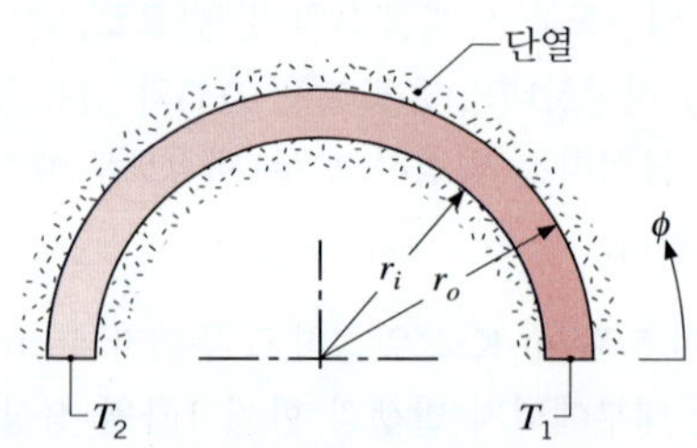

(a) 적절하게 정의된 검사체적으로 시작하고, 에너지 발생과 저장 효과를 고려하여, 원주 방향 좌표 ϕ로써 온도변화를 나타내는 미분방정식을 유도하라. 이 결과를 식 (2.26)과 비교하라.

(b) 내부 열발생이 없고 물성치가 일정한 정상상태 조건에 대하여 상수 T_1, T_2, r_i 및 r_o의 항으로 온도분포 $T(\phi)$를 구하

라. 이 온도분포는 ϕ에 대하여 선형인가?

(c) (b)의 조건에 대하여 열전달률 q_ϕ에 관한 식을 쓰라.

2.35 원통형 셸(shell) 형태 안에 있는 미소 검사체적으로 시작하여 내부 열발생을 갖는 1차원 원통형 반지름 좌표계에 대한 열확산 방정식을 유도하라. 이 결과를 식 (2.26)과 비교하라.

2.36 구형 셸 형태 안에 있는 미소 검사체적으로 시작하여 내부 열발생을 갖는 1차원 구형 반지름 좌표계에 대한 열확산 방정식을 유도하라. 이 결과를 식 (2.29)와 비교하라.

2.37 증기 파이프가 안쪽 반지름과 바깥쪽 반지름이 각각 r_i와 r_o인 단열재로 싸여 있다. 특정한 시점에서 단열재의 온도분포는 다음과 같은 형태로 나타난다.

$$T(r) = C_1 \ln\left(\frac{r}{r_o}\right) + C_2$$

정상상태인가, 과도상태인가? 열유속과 열전달률은 반지름에 따라 어떻게 변하는가?

2.38 반지름 r_i, 열전도율 k_r인 긴 전도 막대를 통하여 전류가 흐를 때 $\dot{q}$율로 균일한 체적 가열이 일어난다. 전도 막대는 바깥쪽 반지름 r_o와 열전도율 k_c이며 전기적으로 부도체인 피복재로 싸여 있고 인접한 액체에 의해서 대류 냉각이 일어난다.

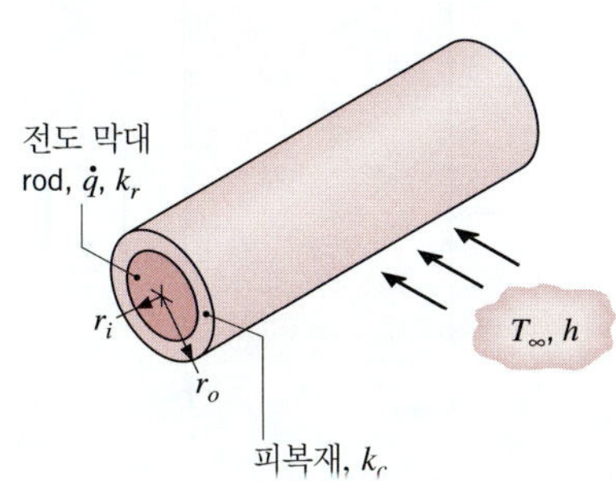

정상상태에 대하여 막대와 피복재에 대한 적절한 형태의 열방정식을 나타내라. 이들 방정식의 풀이에 대한 적절한 경계조건을 나타내라.

2.39 열전도율 $k = 16$ W/m·K, 바깥 반지름 $r_o = 1$ m이고 전체 길이 $2z_o = 5$ m인 중공 원통 고체 내에서 2차원 정상상태 전도가 일어난다. 여기서 좌표계의 원점은 중심선의 중앙에 위치한다. 중공 원통의 안쪽 표면은 단열되어 있고, 원통 내에서의 온도분포는 $T(r, z) = a + br^2 + c \ln r + dz^2$의 형태를 갖는다. 여기서 $a = -20°\text{C}$, $b = 150°\text{C/m}^2$, $c = -12°\text{C}$, $d = -300°\text{C/m}^2$이고 r과 z의 단위는 미터(m)이다.

(a) 원통의 안쪽 반지름 r_i를 결정하라.

(b) 체적 열발생률 $\dot{q}(\text{W/m}^3)$에 대한 식을 구하라.

(c) 바깥 표면에서 축방향 열유속의 분포 $q''_r(r_o, z)$를 구하라. 바깥 표면에서의 열전달률은 얼마인가? 열전달이 원통 안으로 들어가는가, 또는 원통에서 나가는가?

(d) 원통의 양끝 면들에서 반지름 방향의 열유속 분포 $q''_r(r, +z_o)$와 $q''_r(r, -z_o)$를 구하라. 이에 상응하는 열전달률은 얼마인가? 그들이 원통 안으로 들어가는가, 또는 원통에서 나가는가?

(e) 이 결과가 원통에서 전체 에너지평형과 일치하는 것을 입증하라.

2.40 반지름 r_1과 열전도율 k_c인 전선이 바깥 표면의 반지름이 r_2이고 인접 공기와의 대류열전달과 주위와의 복사 열교환을 하는 절연 슬리브로 둘러싸여 있다. 전류가 전선을 흐를 때 열에너지가 체적 열발생률 $\dot{q}$로 전선 내부에 발생된다.

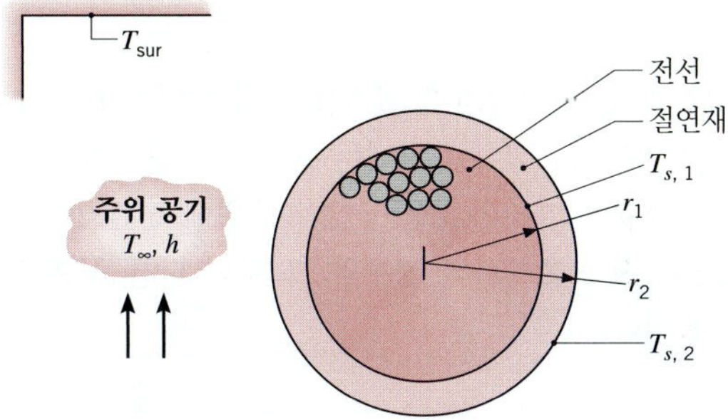

(a) 절연재와 전선에 대한 정상상태 형태의 열확산 방정식을 쓰라. 이들 방정식이 다음의 온도분포식에 의해 충족되는 것을 증명하라.

$$\text{절연재: } T(r) = T_{s,2} + (T_{s,1} - T_{s,2})\frac{\ln(r/r_2)}{\ln(r_1/r_2)}$$

$$\text{전선: } T(r) = T_{s,1} + \frac{\dot{q}r_1^2}{4k_c}\left(1 - \frac{r^2}{r_1^2}\right)$$

전선과 슬리브에서의 온도분포 $T(r)$을 스케치하고 주요 특징에 명칭을 붙이라.

(b) Fourier의 법칙을 적용하여 슬리브를 통해 단위 길이당 전도 열전달률이 다음 식과 같이 나타날 수 있다는 것을 보이라.

$$q'_r = \frac{2\pi k_s(T_{s,1} - T_{s,2})}{\ln(r_2/r_1)}$$

전선 둘레에 있는 검사면에 에너지평형을 적용하여 $\dot{q}$와 r_1의 항으로 결과를 나타내는 q'_r에 대한 대체식을 구하라.

(c) 슬리브의 바깥 표면 둘레에 있는 검사면에 에너지평형을 적용하여 $T_{s,2}$를 $\dot{q}$ r_1, h, T_∞, ε및 T_{sur}의 함수로서 구할 수 있는 식을 구하라.

(d) 단위 길이당 전기저항 $R'_e = 0.005$ Ω/m, 반지름 $r_1 = 15$ mm 및 열전도율 $k_c = 200$ W/m·K인 전선을 통해서 250 A의 전류가 흐르기 위한 조건을 고려한다. $k_s = 15$ W/m·K, $r_2 = 15.5$ mm, $h = 25$ W/m²·K, $\varepsilon = 0.9$, $T_\infty =$

25°C 및 T_{sur} = 35°C일 때 전선의 중심에서의 온도 T_o와 표면온도 $T_{s,1}$ 및 $T_{s,2}$를 구하라.

(e) 모든 조건이 동일할 때 15.5 ≤ r_2 ≤ 20 mm의 구간에서 r_2의 함수로서 T_o, $T_{s,1}$, $T_{s,2}$를 계산하고 도시하라.

2.41 안쪽 반지름과 바깥쪽 반지름이 각각 r_i, r_o인 구형 셀이 열소산 요소를 포함하고 있다. 특정 순간의 셀에서의 온도분포는 다음 식의 형태인 것으로 알려져 있다.

$$T(r) = \frac{C_1}{r} + C_2$$

조건들이 정상상태인가, 과도상태인가? 열유속과 열전달률은 반지름에 따라서 어떻게 변하는가?

도식적 표시

2.42 다음 그림과 같이 물성치가 일정하고 내부 열발생이 없는 질량 M의 1차원 시스템이 초기에는 온도 T_i로 균일하다. 표면 x = 0에서 균일한 열유속 q''_o을 공급하기 위해 전열기를 갑자기 작동시켰다. $x = L$에서의 경계와 그 밖의 다른 곳은 완전히 단열되어 있다.

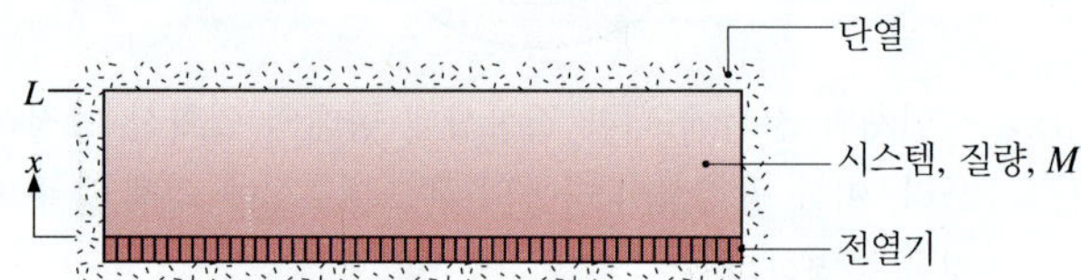

(a) 시스템에서 위치와 시간의 함수로서 온도를 구하는 데 사용될 수 있는 미분방성식을 구하고 경계조건과 초기조건들을 나타내라.

(b) $T - x$ 좌표계에 초기조건($t \le 0$)에서와 전열기가 작동한 후 여러 시간에서의 온도분포를 스케치하라. 정상상태의 온도분포에 도달할 수 있는가?

(c) $q''_x - t$ 좌표계에 시간의 함수로서 $x = 0$, $x = L/2$, $x = L$의 평면에서 열유속 $q''_x\,(x, t)$를 스케치하라.

(d) 시간 t_e가 경과된 후, 전열기의 스위치를 끊었다. 단열이 완전하다고 가정한다면, 시스템은 결국 균일한 온도 T_f에 도달할 것이다. 매개변수 q''_o, t_e, T_i와 시스템의 특성값 M, c_p 및 A_s(전열기 표면적)의 함수로서 T_f를 구하는 데 이용할 수 있는 식을 유도하라.

2.43 두께 $2L$인 큰 평판이 온도 T_i = 200°C로 균일하다. 이것을 온도 T_∞ = 20°C인 액체 욕조에 갑자기 넣어 담금질한다. 액체로의 열전달은 대류열전달계수 h에 의한 특성을 갖는다.

(a) x = 0가 평판의 중간면에 위치한다면 $T - x$ 좌표계에 다음의 초기조건($t \le 0$), 정상상태 조건($t \to \infty$) 및 두 개의 중간 시간대에 대한 온도분포를 스케치하라.

(b) $q''_x - t$ 좌표계에 $x = L$에서 시간에 따른 열유속의 변화를 스케치하라.

(c) h = 100 W/m^2·K라면, $x = L$과 t = 0에서 열유속은 얼마인가? 벽의 열전도율 k = 50 W/m·K라면, $x = L$에서 대응하는 온도구배는 얼마인가?

(d) 밀도 ρ = 2770 kg/m^{3}이고 비열 c_p = 875 J/kg·K이며, 두께 $2L$ = 20 mm인 평판을 고려하자. 평판에 에너지평형을 적용함으로써, 정상상태 조건에 도달하는 데 필요한 시간 동안에 욕조로 전달되는 평판의 단위 표면적당 에너지 양(J/m^2)을 구하라.

(e) 다른 고찰로부터 담금질 과정 동안에 $x = +L$과 $x = -L$에서의 열유속은 시간에 따라 지수함수적으로 감소하여 관계식 $q''_x = A\,\exp(-Bt)$를 따른다는 것을 알았다. 여기서 t의 단위는 s이고, $A = 1.80 \times 10^4$ W/m^2, $B = 4.126 \times 10^{-3}\ s^{-1}$이다. 이 정보를 이용하여 담금질 과정 동안에 유체로 전달되는 평판의 단위 표면적당 에너지 양을 구하라.

2.44 다음 그림과 같이 물성치가 일정하고 내부 열발생이 없는 평면벽이 초기에는 온도 T_i로 균일하다. $x = L$에서의 표면이 대류열전달계수 h인 T_∞의 유체에 의해서 갑자기 가열된다. x = 0에서의 경계는 완전히 단열되어 있다.

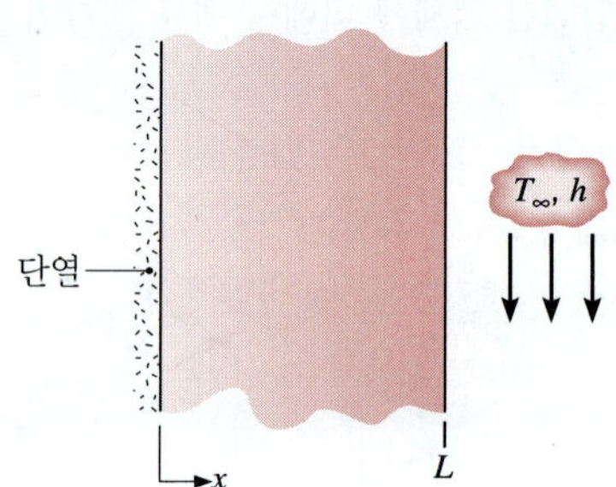

(a) 벽 내에서 위치와 시간의 함수로서 온도를 구하는 데 이용할 수 있는 미분방정식과 경계조건 및 초기조건을 나타내라.

(b) $T - x$ 좌표계에 다음의 조건들에 대한 온도분포를 스케치하라: 초기조건($t \le 0$), 정상상태($t \to \infty$), 그리고 두 개의 중간 시간대.

(c) $q''_x - t$ 좌표계에 x = 0과 $x = L$의 위치에서의 열유속을 스케치하라. 즉 $q''_x(0, t)$와 $q''_x(L, t)$가 시간에 따라 어떻게 변하는가를 정성적으로 나타내라.

(d) 벽의 단위체적당 벽으로 전달된 총에너지(J/m^3)를 나타내는 식을 쓰라.

2.45 다음의 두 경우에 대하여 재질 A와 재질 B로 구성된 복합벽 내에서 정상상태 온도분포를 고려하라. 내부의 열 발생은 없다. 그리고 전도 과정은 1차원이다.

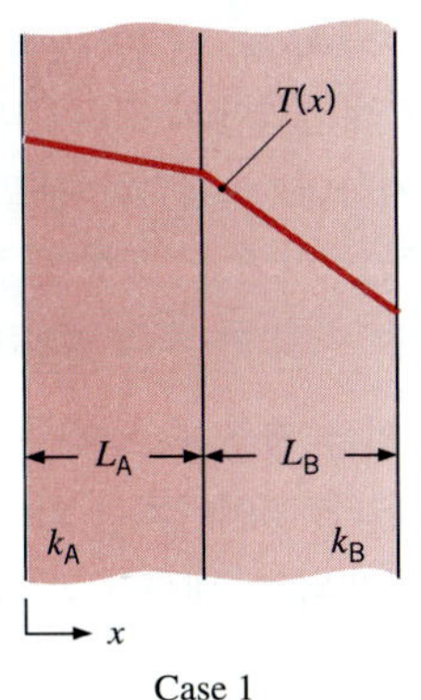

Case 1

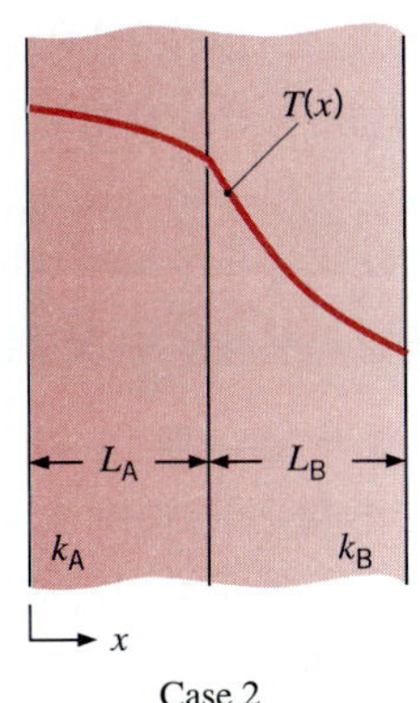

Case 2

각 경우에 대한 다음 질문에 답하라. 어느 재질이 더 높은 열전도율을 갖고 있는가? 열전도율은 온도에 따라 두드러지게 변화하는가? 만약 그렇다면 어떻게 하여 그렇게 되는가? 복합벽을 통한 열유속 분포 $q''_x(x)$를 나타내라. 각 재질의 두께와 열전도율이 두 배가 되고 경계의 온도가 같게 유지된다면, 열 유속 분포에 어떤 영향을 미칠 것인가?

경우 1. 그림에 나타낸 것과 같이 두 재질에서 모두 선형의 온도분포가 존재한다.

경우 2. 그림에 나타낸 것과 같이 두 재질에서 모두 비선형의 온도분포가 존재한다.

2.46 물성치가 일정한 평면벽이 초기에 온도 T_o로 균일하다. $x = L$에서의 표면이 갑자기 대류열전달계수 h인 $T_\infty(< T_o)$의 유체에 대류상태로 노출된다. 또한 벽 내부에 최대 정상상태 온도를 유발시키기에 충분히 큰 균일한 내부체적 가열량 $\dot{q}$가 발생되고, 이것은 유체의 온도보다 높다. $x = 0$에서의 경계는 T_o로 유지된다.

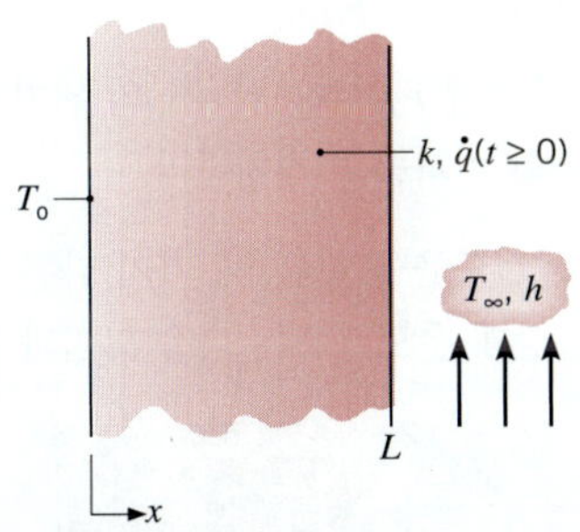

(a) $T - x$ 좌표계에 다음과 같은 조건에 대한 온도분포를 스케치하라: 초기조건($t \leq 0$), 정상상태($t \to \infty$), 그리고 두 개의 중간 시간대. 또한 $x = L$의 경계에서 열흐름이 없을 때의 특별한 조건에 대한 온도분포를 나타내라.

(b) $q''_x - t$ 좌표계에 $x = 0$와 $x = L$의 위치에서의 열유속, 즉 $q''_x(0, t)$와 $q''_x(L, t)$를 스케치하라. 시간에 따른 열유속 변화의 특징을 기술하라.

2.47 재질 A와 B로 구성된 복합벽 내에서의 정상상태 온도분포를 고려하라.

전도 과정은 1차원이다. 어떤 재질에서 균일한 체적 열발생이 일어나는가? $x = -L_A$에서 경계조건은 무엇인가? 재질 A의 열전도율이 두 배로 된다면, 온도분포가 어떻게 변경될 것인가? 재질 B의 열전도율이 두 배가 된다면, 온도분포가 어떻게 변경될 것인가? 두 개의 재질 사이의 접하는 면에서 접촉 저항이 존재하는가? 복합벽을 통한 열유속 분포 $q''_x(x)$를 스케치하라.

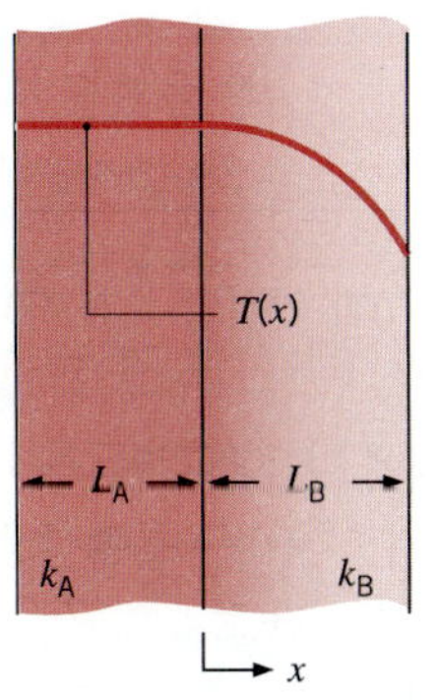

2.48 반지름이 r_1인 구형 입자가 열발생률 $\dot{q}$로 균일하게 열을 발생시킨다. 입자는 주위 공기에 의해 냉각되는 바깥 반지름 r_2의 구형 셀에 들어 있다. 입자와 셀의 열전도율은 각각 k_1과 k_2이고, $k_1 = 2k_2$이다.

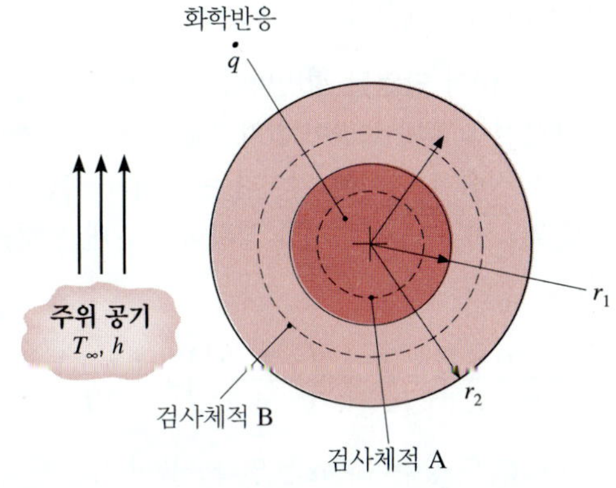

(a) 구 내부의 임의의 위치에 자리 잡은 구형 검사체적 A에 에너지보존법칙을 적용하여 온도구배 dT/dr과 국부 반지름 $r(0 \leq r \leq r_1)$ 사이에서의 상관관계를 구하라.

(b) 구형 셀 내부의 임의의 위치에 자리 잡은 구형 검사체적 B에 에너지보존법칙을 적용하여 온도구배 dT/dr과 국부 반지름 $r(r_1 \leq r \leq r_2)$ 사이에서의 상관관계를 구하라.

(c) $T - r$ 좌표계에 $0 \leq r \leq r_2$ 범위에 걸쳐 온도분포를 스케치하라.

2.49 두께가 $L = 0.1$ m인 평면벽에서 체적 가열률은 $\dot{q}$로 균일하다. 벽의 한 표면($x = 0$)은 단열되어 있고, 다른 표면은 $T_\infty = 20°C$인 유체에 노출되어 있다. 대류열전달은 $h = 1000$ W/m^2·K의 특성을 갖는다. 초기에 벽 내의 온도분포는 $T(x, 0) =$

$a + bx^2$이며, 여기서 $a = 300°C$, $b = 21.0 \times 104°C/m^2$이고, x의 단위는 m이다. 갑자기 체적 열발생이 정지하는($t \geq 0$에서 $\dot{q} = 0$) 반면에, 대류열전달은 $x = L$에서 계속 일어난다. 벽의 물성치는 $\rho = 7000\ kg/m^3$, $c_p = 450\ J/kg{\cdot}K$, $k = 90\ W/m{\cdot}K$이다.

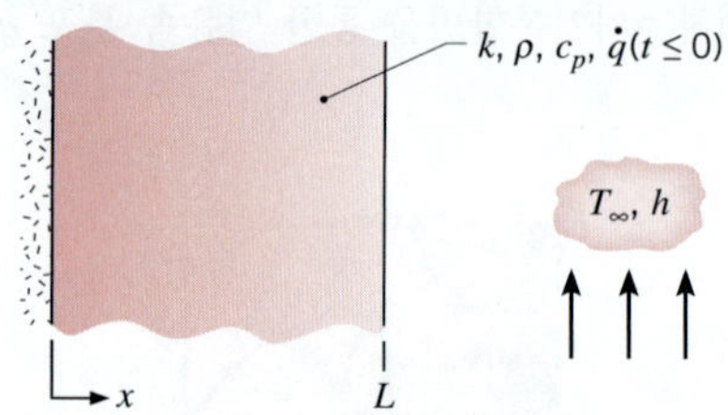

(a) 초기조건($t < 0$)과 연관된 체적 에너지 발생률 $\dot{q}$의 크기를 구하라.

(b) $T - x$ 좌표계에 다음과 같은 조건에 대한 온도분포를 스케치하라: 초기조건($t < 0$), 정상상태 조건($t \to \infty$), 그리고 두 개의 중간 조건들.

(c) $q''_x - t$ 좌표계에 대류과정에 노출된 경계에서 열유속의 시간에 따른 변화 $q''_x(L, t)$를 스케치하라. $t = 0$에서 상응하는 열유속의 값 $q''_x(L, 0)$을 구하라.

(d) 벽이 초기조건에서 정상상태 조건으로 냉각됨으로써 유체흐름에 의해 단위면적당 벽으로부터 제거되는 에너지의 양(J/m^2)을 계산하라.

2.50 한쪽 면($x = 0$)이 단열된 평면벽이 초기에 온도 T_i로 균일하고, $x = L$에서 노출된 표면이 갑자기 온도 T_s로 증가되었다.

(a) 다음 방정식이 연이어 일어나는 위치와 시간에 대한 벽 온도 $T(x, t)$의 변화 특성을 정확히 나타내는 것을 입증하라.

$$\frac{T(x,t) - T_s}{T_i - T_s} = C_1 \exp\left(-\frac{\pi^2}{4}\frac{\alpha t}{L^2}\right)\cos\left(\frac{\pi}{2}\frac{x}{L}\right)$$

여기서 C_1은 상수이고 α는 열확산율이다.

(b) $x = 0$와 $x = L$에서의 열유속에 대한 식을 구하라.

(c) $t = 0$, $t \to \infty$, 그리고 두 개의 중간 시간대에서의 온도분포 $T(x)$를 스케치하라. $x = L$에서의 열유속 $q''_L(t)$의 시간에 따른 변화를 스케치하라.

(d) α는 표면온도의 변화에 대하여 재질의 열적 반응에 어떠한 영향을 미치는가?

2.51 1차원 복합 평판 벽은 총 두께가 $2L$이다. 재질 A는 $-L \leq x < 0$의 영역을 맡고 균일한 $\dot{q}$의 체적 열발생률을 갖는 화학적 **발열** 반응을 한다. 재질 B는 $0 \leq x \leq L$의 영역을 맡고 균일한 $\dot{q}_B = -\dot{q}_A$의 체적 열발생률을 갖는 화학적 **흡열** 반응을 한다. 표면 $x = \pm L$은 단열되어 있다. $k_A = k_B$, $k_A = 0.5k_B$ 및 $k_A = -k_B$의 각각에 대하여 $-L \leq x \leq L$의 영역에서 정상상태 온도 $T(x)$와 열유속 분포 $q''_x(x)$를 스케치하라. 스케치한 분포의 중요한 특성들을 나타내라. $\dot{q}_B = -2\dot{q}_A$이라면, 정상상태 온도분포를 스케치할 수 있겠는가?

2.52 전형적으로 헤어 드라이어에서 공기는 전류가 흐르는 감겨진 와이어를 가로질러 흐르면서 가열된다. 열에너지는 와이어 내에서 가열하는 전기저항에 의해 발생되고, 대류에 의해 와이어 표면으로부터 공기로 전달된다. 와이어의 초기온도는 방안 온도 T_i와 같고, 전기저항 가열은 $t = 0$에서 공기흐름과 같이 동시에 시작되는 조건을 고려하라.

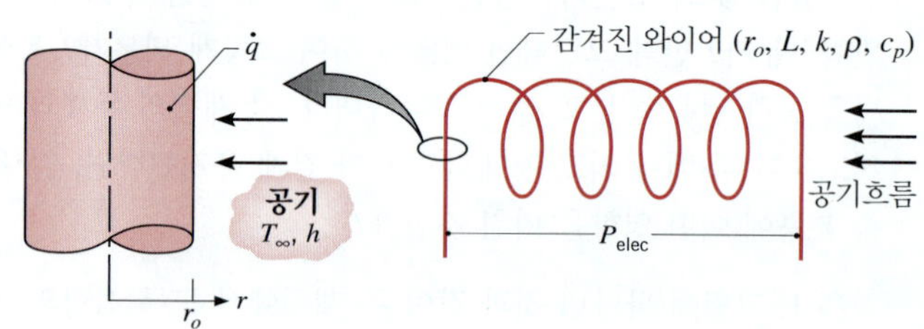

(a) 와이어 반지름 r_o, 공기 온도 T_∞ 및 대류열전달계수 h에 대한 와이어의 순간적인 열반응 $T(r, t)$를 지배하는 열방정식과 경계/초기조건에 대한 식을 쓰라.

(b) 와이어의 길이와 반지름이 각각 500 mm와 1 mm라면 $P_{elec} = 500\ W$의 동력 소비에 대한 체적 열에너지 발생률은 얼마인가? 정상상태 조건하에서 대류 열유속은 얼마인가?

(c) $T - r$ 좌표계에 다음 조건에 대한 온도분포를 스케치하라: 초기조건($t \leq 0$), 정상상태 조건($t \to \infty$) 및 두 개의 중간 시간대.

(d) $q''_r - t$ 좌표계에 $r = 0$와 $r = r_o$의 위치에 대한 시간에 따른 열유속의 변화를 스케치하라.

2.53 각각 일정한 열전도율을 갖는 세 가지 다른 재질의 복합 평면벽에서의 정상상태 온도분포는 다음 그림과 같다.

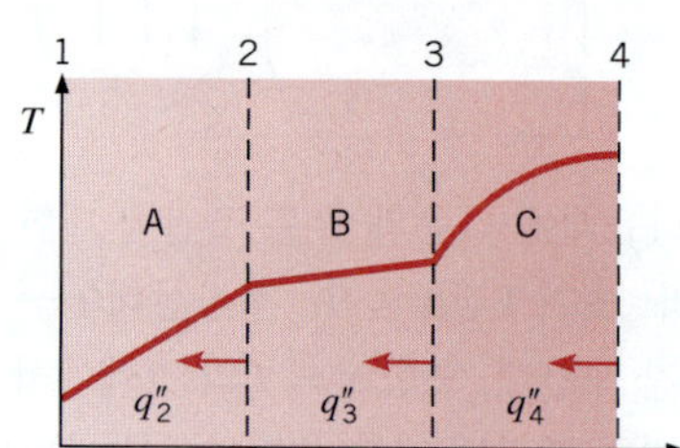

(a) q''_2와 q''_2 그리고 q''_3와 q''_4의 상대적인 크기를 설명하라.

(b) k_A와 k_B, 그리고 k_B와 k_C의 상대적인 크기를 설명하라.

(c) x의 함수로 열유속을 스케치하라.

CHAPTER 03

1차원 정상상태 열전도

One-Dimensional, Steady-State Conduction

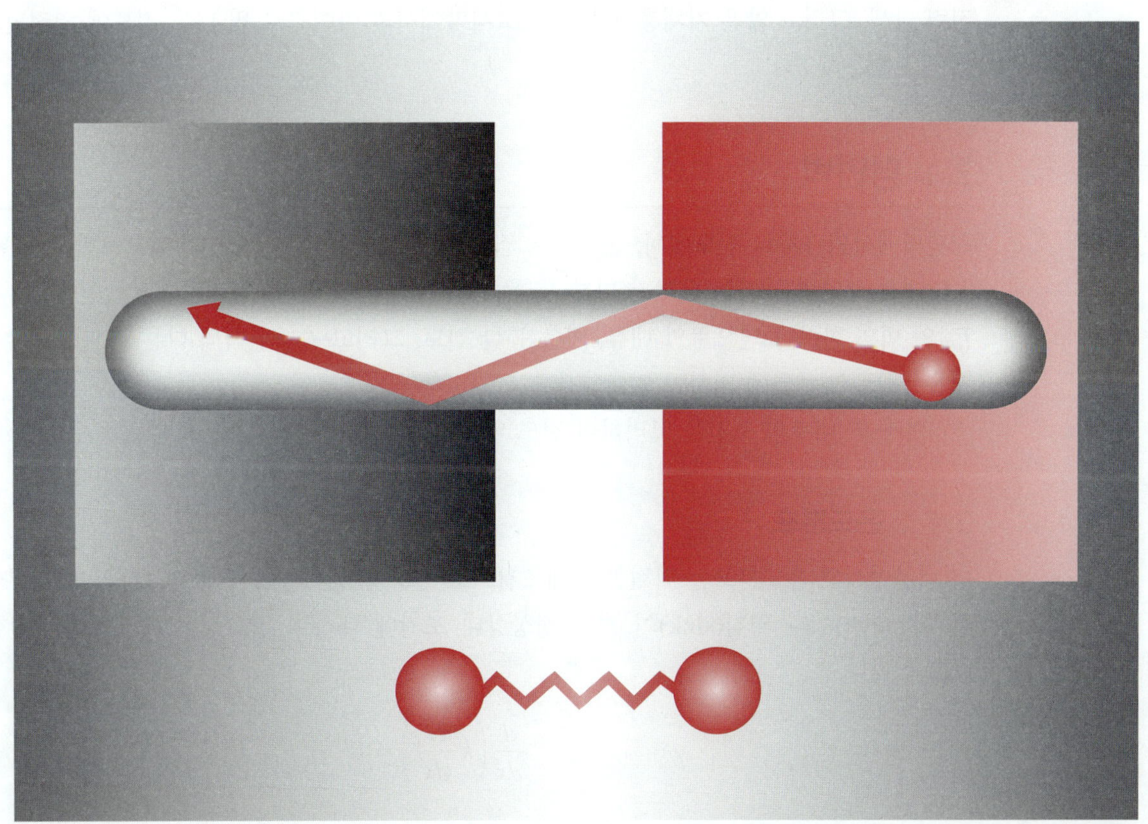

이 장에서는 열이 **1차원 정상상태**(one-dimensional, steady-state) 조건하에서 확산에 의하여 전달되는 상황을 다룬다. '1차원'이란 말은 종속변수들의 공간적인 변화를 나타내기 위하여, 단지 하나의 좌표만이 필요하다는 것을 뜻한다. 따라서 **1차원** 계(system)에서 온도구배는 단지 하나의 좌표방향에 따라서만 존재하며, 열전달은 그 방향으로만 일어난다. 각 위치에서의 온도가 시간에 대해 독립적이라면, 그 계를 **정상상태**에 있다고 한다. 1차원 정상상태 모델은 비록 간단하지만 많은 공학적인 계를 정확하게 나타내는 데 사용할 수 있다.

내부 열에너지 발생이 없는 열전달을 다룸으로써(3.1절에서 3.4절까지) 1차원 정상상태 전도를 고려하는 것으로 이 장을 시작한다. 여기서의 목표는 일반적인 형상(평판, 원통 및 구)에서의 온도분포와 열전달률에 대한 식을 결정하는 것이다. 이러한 형상에 대한 부가적인 목표는 **열저항**(thermal resistance)의 개념을 소개하고, 전류 흐름에 대해 전기회로를 사용하는 것처럼 열흐름을 모델링하는 데 **열회로**(thermal circuit)를 사용하는 방법을 보여 주는 것이다. 내부 열발생의 영향은 3.5절에서 다루는데, 이 절에서의 목표도 온도분포와 열전달률을 구하기 위한 식을 얻는 것이다. 3.6절에서는 **확장표면**(extended surface)에 대한 1차원 정상상태 전도의 특별한 경우를 고려한다. 가장 일반적인 형태로서 이러한 표면을 **휜**(fin)이라 부르며, 이것은 인접한 유체로 대류에 의해 열전달을 증가시키는 데 사용된다. 관련된 온도분포와 열전달률을 구하는 데 부가해서 휜 효능을 결정하는 데 사용할 수 있는 **성능변수**(performance parameter)를 소개하고자 한다. 마지막으로 3.7절에서 **신진대사 열발생과 관류**(perfusion) 효과를 포함한 인체, Seebeck 효과에 의한 열전력 발생, 그리고 **얇은 기체층이나 얇은 고체막**에서의 마이크로 및 나노 전도에 열전달과 열저항 개념을 적용하였다.

3.1 평면벽

평면벽에서의 1차원 전도에서, 온도는 x 좌표만의 함수이며 열은 이 방향으로만 전달된다. 그림 3.1a에서 평면벽은 서로 온도가 다른 두 유체 사이에 놓여 있다. 열전달은 $T_{\infty,1}$인 고온유체로부터 $T_{s,1}$인 벽의 한쪽 표면으로의 대류, 벽을 통한 전도, 그리고 $T_{s,2}$인 벽의 다른 쪽 면으로부터 $T_{\infty,2}$인 저온유체로의 대류에 의하여 일어난다.

먼저 벽 내부의 조건을 고려하여 전도 열전달률을 얻을 수 있는 온도분포를 구하자.

3.1.1 온도분포

벽 내부에서의 온도분포는 적절한 경계조건으로 열방정식을 풀어 구할 수 있다. 벽 내부에 분포된 열원(source)이나 열침(sink)이 없는 정상상태 조건에 대하여 열방정식 (2.23)의 적절한 형태는 다음과 같다.

$$\frac{d}{dx}\left(k\frac{dT}{dx}\right) = 0 \tag{3.1}$$

따라서 식 (2.2)로부터 **열발생이 없는 평면벽에서 1차원 정상상태 전도에 대하여 열유속은 일정하며 x와 무관하다**. 벽재료의 열전도율이 일정하다고 가정하면, 위의 방정식을 두 번 적분하여 다음과 같은 **일반해**(general solution)를 얻을 수 있다.

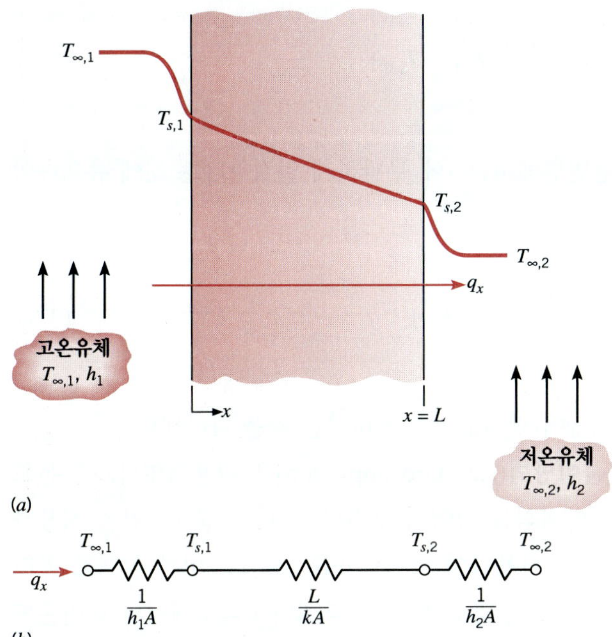

그림 3.1 평면벽을 통한 열전달. (*a*) 온도분포. (*b*) 등가 열회로.

$$T(x) = C_1 x + C_2 \tag{3.2}$$

적분상수 C_1과 C_2를 구하기 위하여 경계조건을 도입하여야 한다. 이 경우에는 $x = 0$와 $x = L$에서 제1종 조건을 적용하면, 다음과 같다.

$$T(0) = T_{s,1} \quad \text{그리고} \quad T(L) = T_{s,2}$$

일반해에 $x = 0$에서의 조건을 적용하면 다음과 같다.

$$T_{s,1} = C_2$$

마찬가지로 $x = L$에서는 다음과 같다.

$$T_{s,2} = C_1 L + C_2 = C_1 L + T_{s,1}$$

위의 두 식을 연립하여 풀면 다음과 같다.

$$\frac{T_{s,2} - T_{s,1}}{L} = C_1$$

위의 결과들을 일반해에 대입하면, 온도분포는 다음과 같다.

$$T(x) = (T_{s,2} - T_{s,1})\frac{x}{L} + T_{s,1} \tag{3.3}$$

이 결과로부터 **열발생이 없고, 열전도율이 일정한 평면벽 내에서의 1차원 정상상태 전도일 때 온도는 x에 따라 선형적으로 변한다**는 것을 알 수 있다.

온도분포를 얻었으므로 전도 열전달률을 구하기 위하여 Fourier의 법칙인 식 (2.1)을 사용한다. 즉

$$q_x = -kA\frac{dT}{dx} = \frac{kA}{L}(T_{s,1} - T_{s,2}) \tag{3.4}$$

A는 열전달 방향에 **수직**인 벽의 면적이며, 평면벽에서는 x에 무관하게 일정하다는 것에 유의해야 한다. 따라서 열유속은 다음 식과 같다.

$$q''_x = \frac{q_x}{A} = \frac{k}{L}(T_{s,1} - T_{s,2}) \tag{3.5}$$

식 (3.4)와 (3.5)는 열전달률 q_x와 열유속 q''_x이 x에 관계없이 일정하다는 것을 나타낸다.

앞에서 전도 문제를 풀기 위하여 **표준 풀이방법**(standard approach)을 사용하였다. 즉 온도 분포에 대한 일반해는 먼저 적절한 형태의 열방정식을 풀어서 구한다. 그리고 경계조건을 적용하여 특수해를 구하고, Fourier의 법칙에 특수해를 사용하여 열전달률을 구한다. 비록 실제로 알려진 것이 표면온도가 아니라 주위 유체 온도이지만, 이 방법에서는 $x = 0$와 $x = L$에서의 표면온도를 경계조건으로서 명시했다는 것에 주목하자. 그러나 인접한 유체 온도와 표면온도는 표면 에너지평형을 통해 쉽게 연관시킬 수 있으므로(1.3.1절 참조), 식 (3.3)에서 (3.5)까지를 표면온도 대신 유체 온도로 나타내는 것은 간단하다. 또 다른 방법으로서, 식 (3.2)의 적분상수를 구하기 위하여 제3종 경계조건으로 표면 에너지평형을 사용하면 동일한 결과를 직접 얻을 수 있다(연습문제 3.1 참조).

3.1.2 열저항

여기서, 내부 열 발생이 없고 물성치가 일정한 1차원 열전달이라는 특수한 경우에 대해 식 (3.4)는 매우 중요한 개념을 제안하고 있다는 것에 주목하자. 특히 열과 전하의 확산 사이에는 유사성이 존재한다. 전기저항이 전기전도에 관계가 있는 것과 같이 열저항은 열전도에 관계가 있다. 저항을 구동 포텐셜(driving potential)과 이에 따른 전달률의 비로 정의한다면, 식 (3.4)로부터 평면벽 내에서 **전도 열저항**(thermal resistance for conduction)은 다음 식과 같다.

$$R_{t,\text{cond}} \equiv \frac{T_{s,1} - T_{s,2}}{q_x} = \frac{L}{kA} \tag{3.6}$$

마찬가지로 같은 계 내에서 전기전도에 대하여 Ohm의 법칙으로 다음과 같은 형태의 전기저항을 구할 수 있다.

$$R_e = \frac{E_{s,1} - E_{s,2}}{I} = \frac{L}{\sigma A} \tag{3.7}$$

식 (3.6)과 (3.7) 사이의 상사성은 명백하다. 또한 열저항은 표면에서 대류에 의한 열전달과 연관시킬 수 있다. Newton의 냉각법칙으로부터 다음 식을 얻는다.

$$q = hA(T_s - T_\infty) \tag{3.8}$$

따라서 **대류 열저항**(thermal resistance for convection)은 다음 식과 같다.

$$R_{t,\text{conv}} \equiv \frac{T_s - T_\infty}{q} = \frac{1}{hA} \tag{3.9}$$

회로 표현방법은 열전달 문제를 개념화하고 정량화하는 데 유용한 도구를 제공한다. 대류표면 조건을 갖는 평면벽의 **등가 열회로**(equivalent thermal circuit)를 그림 3.1*b*에 나타내었다. 열전달률은 회로의 각 요소를 개별적으로 고려함으로써 구할 수 있다. q_x가 회로망을 통해 일정하므로 다음과 같이 표현할 수 있다.

$$q_x = \frac{T_{\infty,1} - T_{s,1}}{1/h_1 A} = \frac{T_{s,1} - T_{s,2}}{L/kA} = \frac{T_{s,2} - T_{\infty,2}}{1/h_2 A} \tag{3.10}$$

또한 열전달률은 **총합 온도차**(overall temperature difference) $T_{\infty,1} - T_{\infty,2}$와 **총 열저항**(total thermal resistance) R_{tot}을 사용하여 다음과 같이 표현할 수도 있다.

$$q_x = \frac{T_{\infty,1} - T_{\infty,2}}{R_{\text{tot}}} \tag{3.11}$$

전도와 대류저항들이 직렬이어서 더할 수 있기 때문에 총 열저항은 다음 식과 같다.

$$R_{\text{tot}} = \frac{1}{h_1 A} + \frac{L}{kA} + \frac{1}{h_2 A} \tag{3.12}$$

기체 내에서의 자유대류에서 종종 그러하듯이 대류열전달계수가 작다면 표면과 그 주위 사이에서의 복사 열교환도 중요해질 수 있다. **복사 열저항**(thermal resistance for radiation)은 식 (1.8)을 참조하여 다음과 같이 정의할 수 있다.

$$R_{t,\text{rad}} = \frac{T_s - T_{\text{sur}}}{q_{\text{rad}}} = \frac{1}{h_r A} \tag{3.13}$$

한 표면과 **큰 주위 사이의 복사에 대해서 h_r**은 식 (1.9)로부터 구한다. 표면복사 열저항과 대류열저항이 병렬로 작용하고, $T_\infty = T_{\text{sur}}$이라면 이들을 조합하여 하나의 유효 표면저항을 얻을 수 있다.

3.1.3 복합벽

복합벽(composite wall)과 같은 더 복잡한 계에 대해서도 등가 열회로를 사용할 수 있다. 이러한 벽은 다른 재료들로 만들어진 층들(layers)로 인한 여러 개의 직렬과 병렬 열저항을 갖는다. 그림 3.2의 직렬 복합벽을 생각해 보자. 이 계에 대한 1차원 열전달률은 다음 식과 같이 표현할 수 있다.

$$q_x = \frac{T_{\infty,1} - T_{\infty,4}}{\Sigma R_t} \tag{3.14}$$

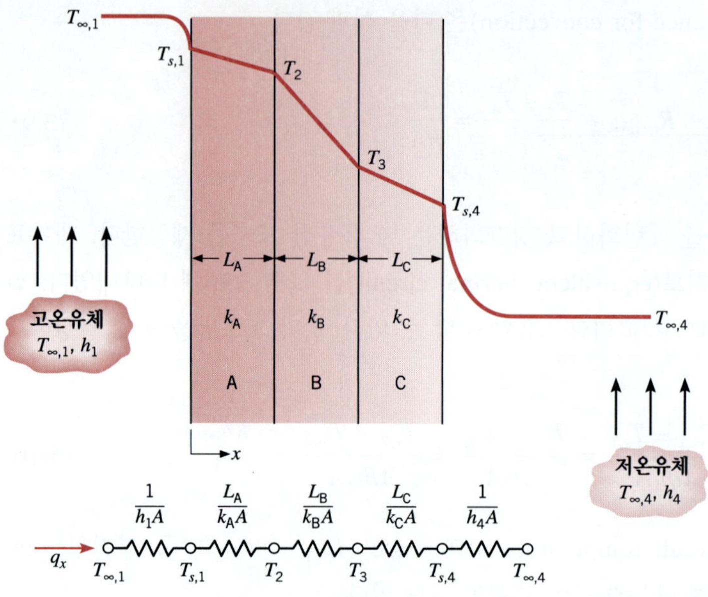

그림 3.2 직렬 복합벽에 대한 등가 열회로.

여기서 $T_{\infty,1} - T_{\infty,4}$는 총합 온도차이며, 합산기호(Σ)는 모든 열저항을 포함한다. 따라서 다음과 같이 나타낼 수 있다.

$$q_x = \frac{T_{\infty,1} - T_{\infty,4}}{[(1/h_1 A) + (L_A/k_A A) + (L_B/k_B A) + (L_C/k_C A) + (1/h_4 A)]} \tag{3.15}$$

다른 방법으로서, 열전달률을 각 요소에 관련된 온도차와 저항으로 연관시킬 수 있다. 예를 들면

$$q_x = \frac{T_{\infty,1} - T_{s,1}}{(1/h_1 A)} = \frac{T_{s,1} - T_2}{(L_A/k_A A)} = \frac{T_2 - T_3}{(L_B/k_B A)} = \cdots \tag{3.16}$$

복합계에 있어서는 Newton의 냉각법칙과 유사한 표현으로서 다음 식과 같이 정의되는 **열관류계수**(overall heat transfer coefficient) U를 사용하는 것이 편리하다. 따라서

$$q_x \equiv UA\,\Delta T \tag{3.17}$$

여기서 ΔT는 총합 온도차이다. 열관류계수는 총 열저항과 관련되어 있으며, 식 (3.14)와 (3.17)로부터 $UA = 1/R_{tot}$이다. 따라서 그림 3.2의 복합벽에 대한 열관류계수는 다음 식과 같다.

$$U = \frac{1}{R_{tot} A} = \frac{1}{[(1/h_1) + (L_A/k_A) + (L_B/k_B) + (L_C/k_C) + (1/h_4)]} \tag{3.18}$$

일반적으로 다음과 같이 쓸 수 있다.

$$R_{tot} = \Sigma R_t = \frac{\Delta T}{q} = \frac{1}{UA} \tag{3.19}$$

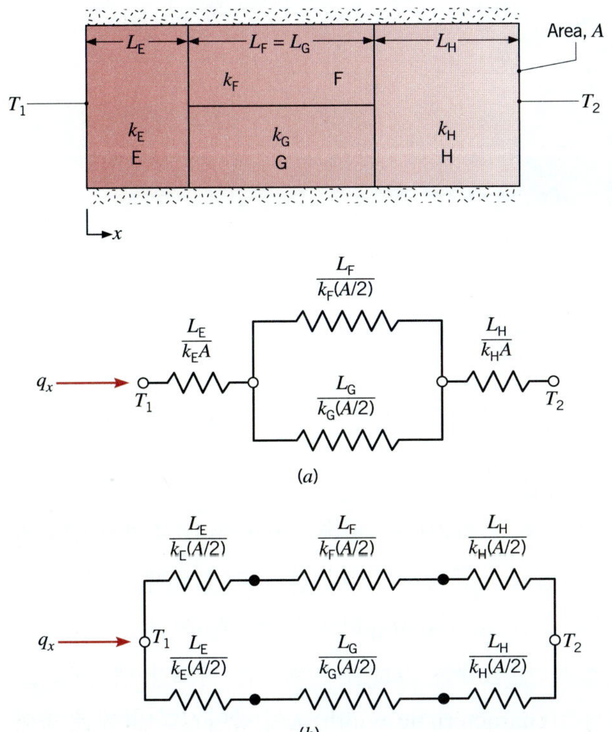

그림 3.3 직렬-병렬 복합벽에 대한 등가 열회로.

복합벽의 특성은 그림 3.3에 보이는 바와 같이 직렬-병렬의 배열로 나타낼 수도 있다. 이제는 열흐름이 다차원이지만, 이를 1차원 조건으로 가정하는 것은 종종 합리적이다. 이 가정을 근거로 하여 두 개의 서로 다른 열회로를 사용할 수 있다. 경우 (*a*)에서는 x 방향에 수직인 표면이 등온이라고 가정하며, 경우 (*b*)에서는 x 방향에 평행한 표면이 단열이라고 가정하는 것이다. R_{tot}에 대하여 다른 결과가 얻어지고, q의 대응하는 값이 실제 열전달률과 서로 다르게 나타난다. 이 차이들은 2차원 효과가 더 커짐에 따라 $|k_F - k_G|$의 증가와 더불어 증가한다.

3.1.4 접촉저항

비록 지금까지는 무시하였지만, 복합계에서는 재료 사이의 접촉면을 가로지르는 온도강하가 어느정도 있을 수 있다는 것을 인식하는 것이 중요하다. 이 온도변화는 **열접촉저항**(thermal contact resistance, 본 교재에서 종종 '접촉저항' 또는 '접촉열저항'이라고도 함) $R_{t,c}$라고 하는 것에 기인한다. 이것을 그림 3.4에 나타내었으며, 접촉면의 단위면적당 저항은 다음과 같이 정의된다.

$$R''_{t,c} = \frac{T_A - T_B}{q''_x} \tag{3.20}$$

주로 표면거칠기 효과 때문에 유한한 접촉저항이 존재한다. 대부분의 경우에 공기로 채워진 틈새들과 함께 접촉점들이 산재되어 있다. 따라서 열전달은 실제 접촉면을 가로질러 흐르는 전도와 틈새를 가로질러 흐르는 전도와 복사, 또는 그 중의 하나에 의해 일어난다. 접촉저항은 접촉점과 틈새에 의한 두 개의 병렬 저항으로 볼 수 있다. 접촉 면적은 전형적으로 작고, 특히 거친 표면

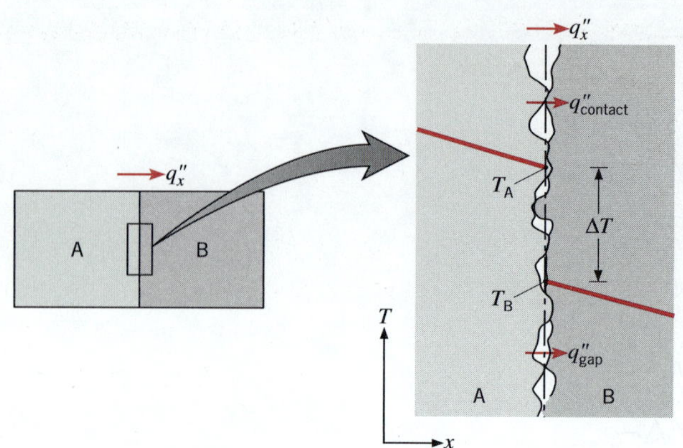

그림 3.4 접촉열저항으로 인한 온도강하.

에 대해서는 저항의 대부분이 틈새에 의해 만들어진다.

접촉 공간에 있는 유체보다 열전도율이 큰 고체가 차지하는 접촉점의 면적을 증가시키면 접촉저항을 감소시킬 수 있다. 그러한 효과는 결합압력을 증가시키거나 접촉 표면의 거칠기를 감소시킴으로써 가능하다. 또한 열전도율이 큰 접촉 공간 유체를 사용하여 접촉저항을 감소시킬 수도 있다. 이런 점에서 유체가 없으면(진공시킨 접촉면) 틈새를 가로질러 흐르는 전도가 제거되므로 접촉저항이 증가한다. 마찬가지로 틈새의 특성폭(characteristic width) L이 작아진다면(예를 들어 접촉표면들이 매우 매끈한 경우), 마이크로스케일 효과에 의해 L/λ_{mfp}는 2.2절에서 언급한 바 계면 기체(interfacial gas)에 의한 열전도율 효과가 감소하는 값으로 근접한다.

$R''_{t,c}$을 예측할 수 있는 이론들이 개발되고는 있지만, 가장 믿을 만한 결과는 실험적으로 얻은 것들이다. 금속 접촉면에 가한 하중의 효과를 표 3.1a에서 볼 수 있으며, 이것은 진공상태하에서 열저항의 개략적인 범위를 나타낸 것이다. 알루미늄 접촉면의 열저항에 대한 접촉 공간 유체의 효과를 표 3.1*b*에 나타내었다.

표 3.1의 결과에 반하여, 많은 경우에 서로 다른 고체 사이의 접촉 및/또는 가능한 여러 틈새 물질(충전물)에 따라 달라진다(표 3.2). 접촉하는 표면 사이의 틈을 채워 주는 틈새물질의 열전도율이 공기의 열전도율보다 크다면 접촉저항을 감소시킬 것이다. 이 목적에 아주 적합한 두 종류의 물질은 연질 금속과 열그리스(thermal grease)이다. 인듐, 납, 주석 및 은 등의 금속들을 박막(thin foil) 형태로 충전하거나 접촉 모재 중의 한쪽에 얇게 피복하여 적용할 수 있다. 실리콘을 기본으로 하여 만든 열그리스는 열전도율이 공기의 열전도율보다 50배나 더 큰 물질로 틈새를 완전히

표 3.1 접촉열저항: (*a*) 진공조건하에서의 금속계면들, (*b*) 여러 가지 유체들과 접하는 알루미늄 계면(10 μm 표면거칠기, 10^5 N/m^2)[1]

열저항, $R''_{t,c} \times 10^4$ (m^2·K/W)				
(*a*) 진공계면			**(*b*) 계면유체**	
접촉압력	100 kN/m^2	10,000 kN/m^2	공기	2.75
스테인리스강	6–25	0.7–4.0	헬륨	1.05
구리	1–10	0.1–0.5	수소	0.720
마그네슘	1.5–3.5	0.2–0.4	실리콘오일	0.525
알루미늄	1.5–5.0	0.2–0.4	글리세린	0.265

표 3.2 대표적인 고체/고체 계면에서의 열저항

계면	$R''_{t,c} \times 10^4$ $(m^2 \cdot K/W)$	출처
공기 속에서의 실리콘 칩/겹친 알루미늄 (27–500 kN/m²)	0.3–0.6	[2]
인듐 박편 충전물이 있는 알루미늄/알루미늄 (~100 kN/m²)	~0.07	[1, 3]
인듐 박편 충전물이 있는 스테인리스/스테인리스 (~3500 kN/m²)	~0.04	[1, 3]
금속(Pb)으로 피복된 알루미늄/알루미늄	0.01–0.1	[4]
다우코닝 340 그리스가 있는 알루미늄/알루미늄 (~100 kN/m²)	~0.07	[1, 3]
다우코닝340 그리스가 있는 스테인리스/스테인리스 (~3500 kN/m²)	~0.04	[1, 3]
0.02 mm에 폭시가 있는 실리콘 칩/알루미늄	0.2–0.9	[5]
15 μm 주석 땜납이 있는 황동/황동	0.025–0.14	[6]

채울 수 있기 때문에 매력적이다.

앞에서 설명한 비영구적 접촉면과는 달리 많은 접촉면들은 영구적으로 접착된 접합부를 포함하고 있다. 이러한 접합부는 에폭시, 납 성분이 풍부한 연납, 또는 금과 주석의 합금과 같은 경납으로 만들 수 있다. 모재와 접합물질 사이에서의 접촉저항으로 인하여 접합부의 실제 열저항은 접합물질의 두께 L과 열전도율 k로부터 계산된 이론적인 값(L/k)보다 더 크다. 에폭시나 납에 의해 형성된 접합부의 열저항은 제조하는 동안에 만들어졌거나 정상적으로 조작되는 동안이라도 열사이클링(thermal cycling)의 결과로 형성될 수 있는 공극(void)들과 균열에 의해 불리하게 영향을 받을 수도 있다.

열접촉저항의 결과와 모델에 대한 더 광범위한 내용은 Snaith 등[3], Madhusudana and Fletcher [7] 및 Yovanovich[8]를 참조하라.

3.1.5 다공성 물질

많은 응용에서 열전달이 비유동성 고체와 유체의 결합으로 이루어진 **다공성 물질**(porous media) 내에서 발생하게 된다. 유체가 기체이거나 또는 액체로서 채워지면, 다공성 물질이 **포화**되었다고(saturated) 말한다. 이와는 대조적으로, **불포화** 다공성 물질 내에는 3개의 상들(phases)이 모두 존재한다. 이런 다공성 물질의 예로는 과립제 사이를 차지하고 있는 유체 분말 장치와 단열 시스템 그리고 2.2.1절의 나노유체 등이 있다. 유체의 흐름을 통한 비유동성 고체로 구성된 포화된 다공성 물질은 **충전층**(packed bed)이라 하며, 7.8절에서 논의한다.

그림 3.5a에 보이는 것처럼, $x = 0$에서의 표면온도 T_1, $x = L$에서의 표면온도 T_2의 포화된 다공성 물질에 대하여 고려해 보자. 정상상태에 도달한 이후에, 만약 $T_1 > T_2$일 경우, 열전달률은 다음과 같이 표현된다.

$$q_x = \frac{k_{\text{eff}} A}{L}(T_1 - T_2) \tag{3.21}$$

여기서 k_{eff}는 유효 열전도율이다. 식 (3.21)은 유체의 흐름과 물질 내에서의 복사 열전달을 무시할 수 있는 경우에 유효하다. 유효 열전도율은 전체 체적(고체와 유체)에 대한 유체의 체적으로 정의된 물질 기공률(또는 공극률, porosity) 또는 공동분율(void fraction) ε에 따라 변한다. 게다가 k_{eff}는 각 상(phase)의 열전도율에 의존하는데, 여기서는 $k_s > k_f$임을 가정하였다. 자세한 고체 상태의 기하학적 구조, 예를 들어 크기 분포 그리고 각 분말 입자의 패킹 배열 또한 k_{eff} 값에 영향을 미친다. 인접한 고체 입자들 사이의 접점에서 발달한 접촉저항은 k_{eff} 값에 영향을 미칠 수 있다. 2.2.1절에서 논의했던 것처럼, 나노 스케일의 현상도 유효 열전도율에 영향을 미친다. 따라서 k_{eff}를 예측하는 것은 어려울 수 있으며, 일반적으로 쉽게 이용할 수 없는 매개변수에 대한 정확한 지식을 필요로 한다.

현상의 복잡성에도 불구하고, 그림 3.5*b*와 그림 3.5*c*의 복합벽을 고려함으로써 유효 열전도율 값은 일괄적으로 나타낼 수도 있다. 그림 3.5*b*에서 물질은 길이 εL의 유체영역과 길이 $(1-\varepsilon)L$의 고체영역으로 구성된 등가의 직렬 복합벽으로 모델링되었다. 대류는 없고($h_1 = h_2 = 0$) 전도항만 두 개가 있는 모델에 식 (3.17)과 식 (3.18)을 적용하면 다음과 같다.

$$q_x = \frac{A\Delta T}{(1-\varepsilon)L/k_s + \varepsilon L/k_f} \tag{3.22}$$

식 (3.21)의 결과를 이와 같다고 놓으면, 다음과 같은 식을 얻을 수 있다.

$$k_{eff,min} = \frac{1}{(1-\varepsilon)/k_s + \varepsilon/k_f} \tag{3.23}$$

또 다른 방법으로서, 그림 3.5*a*의 물질은 그림 3.5*c*에 보인 것과 같이 폭 εw의 유체영역과 폭 $(1-\varepsilon)w$의 고체영역으로 구성된 등가의 병렬 복합벽에 의해 묘사될 수 있다. 병렬관계에서 식 (3.21)과 두 저항을 고려한 등가저항에 대한 표현은 다음과 같이 주어진다.

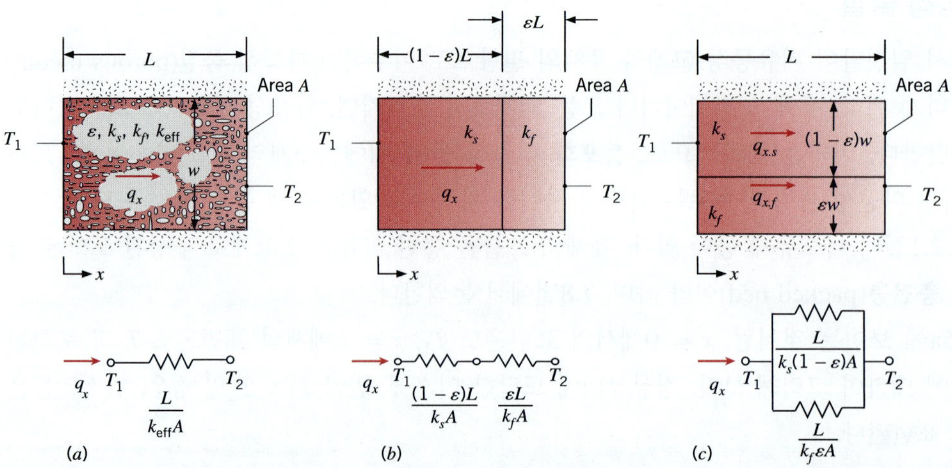

그림 3.5 다공성 물질. (*a*) 물질과 물성치. (*b*) 직렬 열저항의 표현. (*c*) 병렬 열저항의 표현.

$$k_{\text{eff,max}} = \varepsilon k_f + (1-\varepsilon)k_s \tag{3.24}$$

식 (3.23)과 식 (3.24)는 k_{eff}의 최소 및 최대 가능한 값을 갖지만, 나노 스케일의 영향을 무시할만한 특정 복합 시스템에 대해 보다 정확한 식들이 유도되었다. Maxwell[9]은 균일하게 분포된 비접촉 구형 봉입물을 산재시킨 고체 매트릭스의 유효 전기전도율을 유도하였다. 식 (3.6)과 (3.7)의 상사성을 고려하면, Maxwell의 결과는 구형 유체 영역의 희석 분포가 존재하는 고체상의 연결 구조로 구성된 포화 다공성 물질의 유효 열전도율을 구하는데 이용할 수 있다. 그 결과는 아래 식의 형태와 같다[10].

$$k_{\text{eff}} = \left[\frac{k_f + 2k_s - 2\varepsilon(k_s - k_f)}{k_f + 2k_s + \varepsilon(k_s - k_f)}\right]k_s \tag{3.25}$$

식 (3.25)는 그림 3.5*a*에서 도식적으로 보이는 것처럼 상대적으로 작은 공극률($\varepsilon \lesssim 0.25$)에 대하여 유효하다. 이것은 예제 2.2에서 고체 입자의 희석 혼합물을 포함하는 유체에 대해 도입한 식과 상등하지만, 고체와 유체는 반대로 배치된 것이다.

다공성 물질 내의 전도를 분석할 때, 유효 열전도율의 잠재적인 방향 의존성에 대하여 고려하는 것이 매우 중요하다. 예를 들어 x 방향의 유효 열전도율이 수직 방향의 k_{eff} 값들과 완전히 다르기 때문에 그림 3.5*b* 또는 그림 3.5*c*에 나타난 물질들은 등방성 성질들에 의해서 특성을 나타낼 수 없다. 따라서 식 (3.23)과 (3.24)는 유효 열전도율의 실제 값을 제시하는 데 사용할 수 있지만, 등방성 물질에 대해서는 k_{eff} 값의 가능한 범위를 초과하여 예측하게 되는 것이 일반적이다. 등방성 물질에 대한 표현들은 오직 공극률과 고체와 유체의 열전도율에 기초하여, 가능한 최대 및 최소 유효 열전도율들을 구하기 위한 식들을 전개하였다. 특히 등방성 다공성 물질에서 k_{eff}의 **최대** 가능값은 식 (3.25)와 같이 주어지는데, 이는 연결 구조를 가지며 높은 열전도율을 갖는 고체 상태에 해당한다. 등방성 물질에 대하여 k_{eff}의 가능한 **최솟값**은 물질 내에서 유체상태가 길고 임의의 방향으로 돌출된 경우에 해당한다[12]. 포화된 다공성 물질에서의 전도에 대한 추가적인 정보는 참고문헌 [13]에서 확인할 수 있다.

예제 3.1

IHT

예제 1.6에서 공기와 물이 있는 환경에서 사람 몸으로부터의 열손실률을 계산해 보았다. 주위(공기 또는 물)가 10°C인 것을 제외하고는 똑같은 조건을 생각해 보자. 열손실률을 감소시키기 위해 사람은 극도로 낮은 열전도율(0.014 W/m·K)을 가지는 나노구조의 실리카 에어로젤(aerogel)로 만들어진 특수 스포츠 의복(방한, 방수복)을 입고 있다. 의복(방한, 방수복)의 외부 표면 방사율이 0.95일 때, 열손실률을 100 W(일반적인 신진대사 열발생률)로 감소시키는 데 필요한 에어로젤 단열재의 두께는 얼마인가? 그리고 최종 피부 온도는 얼마인가?

풀이

제시자료: 두께를 알고 있는 피부/지방층의 안쪽 표면온도, 열전도율 및 표면면적. 방한, 방수복의 열전도율과 방사율. 외기 온도.

풀이대상: 열손실률을 100 W로 줄이는 데 필요한 단열재의 두께와 이에 상응하는 피부 온도.

개략도:

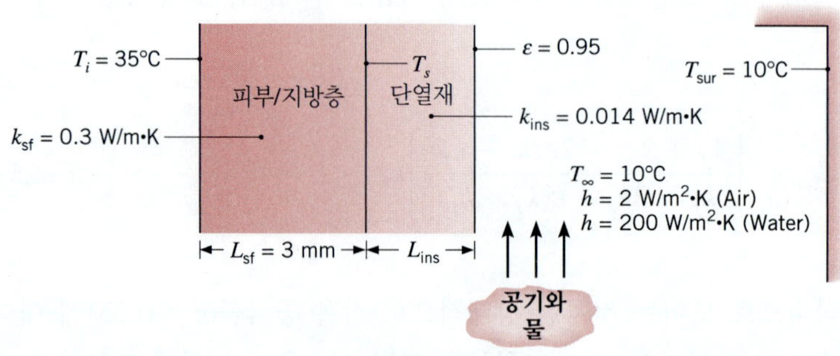

가정:

1. 정상상태.
2. 피부와 단열층을 통한 전도에 의한 1차원 열전달.
3. 접촉저항은 무시.
4. 열전도율은 일정.
5. 피부 표면과 주위 사이의 복사 열교환은 작은 표면과 공기 온도에서의 큰 밀폐공간(enclosure) 사이에 있다.
6. 액체로 된 물은 열복사에 투과되지 않는다.
7. 태양 복사는 무시.
8. 두 번째 질문에서 몸은 물에 완전히 잠겨 있다.

해석: 열흐름에 대한 저항이 바깥 표면에서의 대류와 복사, 그리고 피부/지방층과 단열층과의 전도와 관계가 있다는 것을 고려함으로써 열회로를 구성할 수 있다. 따라서 회로와 저항은 다음과 같은 형태를 갖는다(물에 대한 $h_r = 0$).

전체 열저항은 식 (3.19)에서와 같이 원하는 열손실률을 구하기 위해 필요하다.

$$R_{\text{tot}} = \frac{T_i - T_\infty}{q} = \frac{(35 - 10)\ \text{K}}{100\ \text{W}} = 0.25\ \text{K/W}$$

피부/지방층 안쪽과 차가운 주위 사이의 전체 열저항은 피부/지방층과 단열층들에 대한 전도 저항 그리고 병렬로 작용하는 대류, 복사와 관련된 유효저항을 포함한다. 그러므로 다음과 같은 식으로 나타낼 수 있다.

$$R_{tot} = \frac{L_{sf}}{k_{sf}A} + \frac{L_{ins}}{k_{ins}A} + \left(\frac{1}{1/hA} + \frac{1}{1/h_rA}\right)^{-1} = \frac{1}{A}\left(\frac{L_{sf}}{k_{sf}} + \frac{L_{ins}}{k_{ins}} + \frac{1}{h + h_r}\right)$$

이 식은 단열 두께에 대해서도 적용될 수 있다.

공기 복사열전달계수는 예제 1.6과 같은 값을 취할 수 있다**:** $h_r = 5.9\ \text{W/m}^2\cdot\text{K}$.

$$L_{ins} = k_{ins}\left[AR_{tot} - \frac{L_{sf}}{k_{sf}} - \frac{1}{h + h_r}\right]$$

$$= 0.014\ \text{W/m}\cdot\text{K}\left[1.8\ \text{m}^2 \times 0.25\ \text{K/W} - \frac{3\times10^{-3}\ \text{m}}{0.3\ \text{W/m}\cdot\text{K}} - \frac{1}{(2+5.9)\ \text{W/m}^2\cdot\text{K}}\right]$$

$$= 0.0044\ \text{m} = 4.4\ \text{mm}$$ ◁

물

$$L_{ins} = k_{ins}\left[AR_{tot} - \frac{L_{sf}}{k_{sf}} - \frac{1}{h}\right]$$

$$= 0.014\ \text{W/m}\cdot\text{K}\left[1.8\ \text{m}^2 \times 0.25\ \text{K/W} - \frac{3\times10^{-3}\ \text{m}}{0.3\ \text{W/m}\cdot\text{K}} - \frac{1}{200\ \text{W/m}^2\cdot\text{K}}\right]$$

$$= 0.0061\ \text{m} = 6.1\ \text{mm}$$ ◁

피부 온도는 피부/지방층을 통과하는 전도로 생각하여 계산할 수 있다.

$$q = \frac{k_{sf}A(T_i - T_s)}{L_{sf}}$$

T_s에 대해 나타내면

$$T_s = T_i - \frac{qL_{sf}}{k_{sf}A} = 35°\text{C} - \frac{100\ \text{W}\times3\times10^{-3}\ \text{m}}{0.3\ \text{W/m}\cdot\text{K}\times1.8\ \text{m}^2} = 34.4°\text{C}$$ ◁

피부 온도는 위의 두 가지 경우에서 모두 동일하다. 왜냐하면 열손실률과 피부/지방층의 물성치가 동일하기 때문이다.

부가설명:

1. 미세구조로 된 실리카 에어로젤은 고체가 5% 정도밖에 안 되는 극다공성 물질이다. 이 물질의 열전도율은 구멍들을 채우고 있는 가스의 열전도율보다 훨씬 더 작다. 2.2절에서 설명한 것과 같이, 이러한 외관상 불가능한 결과는 다공 크기가 20 nm 정도로 작아서, 가스의 평균자유경로가 감소되어 열전도율이 낮아지기 때문이다.
2. 100 W로 열손실률이 감소되면서, 사람은 냉각되지 않고 극도로 추운 환경에서 살아남을 수 있는 것이다. 34.4°C의 피부 온도는 편안한 느낌을 줄 수 있다.
3. 물의 경우에 단열재의 열저항이 대부분을 차지하고 나머지 다른 저항들은 무시될 수 있다.
4. 공기와 관련된 대류열전달계수는 바람 상태에 따라 넓은 범위에서 변할 수 있다. 이것이 변하면 단열층의 외부 표면 온도도 변화될 것이다. 그래서 복사열전달계수도 이 온도에 따라 달라지면서 다양해질 수 있다. 이런 점을 고려하면 더욱 완벽하게 해석할 수 있을 것이다. 복사열전달계수는 식 (1.9)에 주어져 있다.

$$h_r = \varepsilon\sigma(T_{s,o} + T_{sur})(T_{s,o}^2 + T_{sur}^2) \quad (1)$$

여기서 $T_{s,o}$는 단열층의 외부 표면온도이고 다음과 같이 계산될 수 있다.

$$T_{s,o} = T_i - q\left[\frac{L_{sf}}{k_{sf}A} + \frac{L_{ins}}{k_{ins}A}\right] \quad (2)$$

본 문제의 해에서 나타난 다음 식을 이용한다.

$$L_{ins} = k_{ins}\left(AR_{tot} - \frac{L_{sf}}{k_{sf}} - \frac{1}{h + h_r}\right) \quad (3)$$

위의 값들을 모두 이용하여 이들 방정식으로부터 $0 \leq h \leq 100$ W/m^2·K 영역에서의 h값을 구하였으며, 그 결과를 다음과 같이 도식적으로 나타내었다.

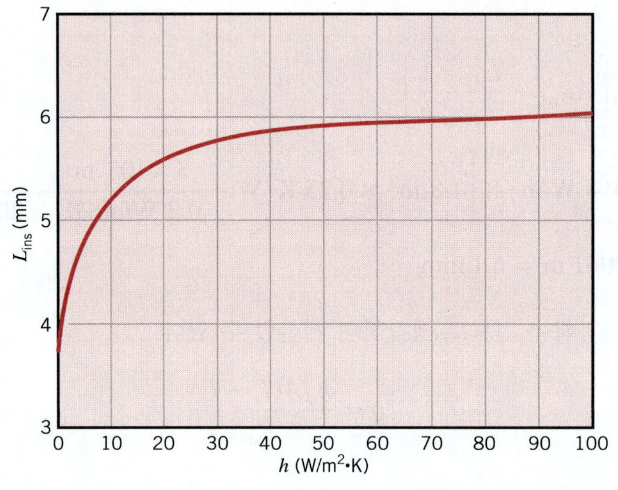

h의 증가는 대응하는 대류저항을 감소시키고, 그때 100 W의 열전달률을 유지하기 위해 부가적인 단열재가 필요하다. 열전달계수가 대략 60 W/m^2·K를 초과한다면 대류저항이 무시될 수 있으며, h의 추가적인 증가가 필요한 단열재 두께에 미치는 영향이 줄어들게 된다.

바깥 표면온도와 복사열전달계수 또한 계산될 수 있다. h가 0에서 100 W/m^2·K로 증가되면 $T_{s,o}$는 294 K에서 284 K로 감소되고 반면에 h_r은 5.2에서 4.9 W/m^2·K로 감소하게 된다. 그러나 최초에 측정된 h_r = 5.9 W/m^2·K는 정확도가 높지 않기 때문에 h = 2 W/m^2·K인 복사 열전달의 더욱 완전한 모델을 이용한다면 문제의 처음 부분에서 계산된 값에 가까운 복사열전달계수 5.1 W/m^2·K와 필요한 단열재 두께 4.2 mm를 얻을 수 있다.

5. *IHT*에 있는 예제 3.1을 보라. 이 문제는 또한 열저항 네트워크 빌더(network builder)인 *Models/Resistance Networks*를 사용하여 풀 수도 있다.

예제 3.2

얇은 실리콘 칩과 두께 8 mm 알루미늄 기판(substrate)이 두께 0.02 mm 에폭시 접합(epoxy joint)에 의해 분리되어 있다. 칩과 기판의 변 길이가 각각 10 mm이고, 노출된 표면은 온도가 25°C이며, 대류열전달계수가 100 W/m^2·K인 공기에 의해 냉각된다. 칩이 정상상태하에서 10^4 W/m^{2}를 소산시킨다면, 최대 허용온도 85°C 이하에서 칩이 작동할 수 있는가?

풀이

제시자료: 실리콘 칩의 크기, 열소산 및 최대 허용온도, 알루미늄 기판과 에폭시 접합의 두께, 노출된 칩과 바탕 표면에서의 대류조건.

풀이대상: 최대 허용온도를 초과할 것인가 아닌가?

개략도:

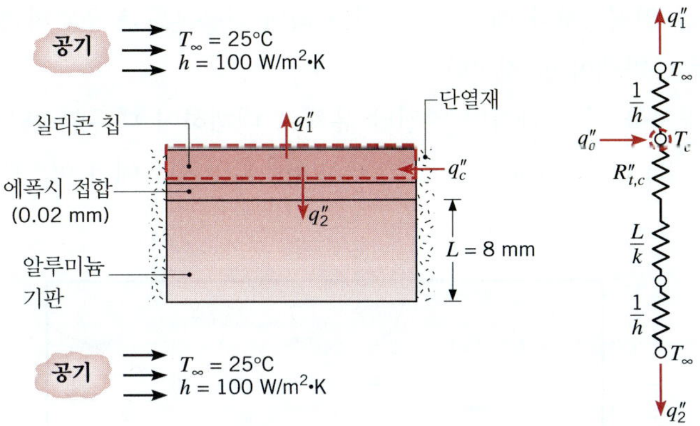

가정:

1. 정상상태 조건.
2. 1차원 전도(복합체의 측면으로부터의 열전달 무시).
3. 칩의 열저항 무시(등온 칩).
4. 일정한 물성치.
5. 주위와의 복사 열교환 무시.

물성치: 표 A.1에서 순수 알루미늄(T~350 K): $k = 239$ W/m·K.

해석: 칩 내에서 소산된 열은 직접적으로 노출된 표면으로부터 그리고 간접적으로 에폭시 접합과 알루미늄 기판을 통해 공기로 전달된다. 칩에 대한 검사면에 에너지평형을 적용시키면, 단위 표면적을 기준으로 해서 다음 식이 얻어진다.

$$q_c'' = q_1'' + q_2''$$

또는

$$q_c'' = \frac{T_c - T_\infty}{(1/h)} + \frac{T_c - T_\infty}{R''_{t,c} + (L/k) + (1/h)}$$

신중하게 T_c를 추정하기 위하여, 표 3.2로부터 가능한 최대의 값으로 $R''_{t,c} = 0.9 \times 10^{-4}$ m^2·K/W를 택하여 쓴다. 따라서

$$T_c = T_\infty + q_c''\left[h + \frac{1}{R''_{t,c} + (L/k) + (1/h)}\right]^{-1}$$

또는

$$T_c = 25°\text{C} + 10^4 \text{ W/m}^2$$
$$\times \left[100 + \frac{1}{(0.9 + 0.33 + 100) \times 10^{-4}}\right]^{-1} \text{m}^2 \cdot \text{K/W}$$
$$T_c = 25°\text{C} + 50.3°\text{C} = 75.3°\text{C} \quad \triangleleft$$

따라서 칩은 최대 허용온도 이하에서 작동할 것이다.

부가설명:

1. 접합과 기판의 열저항은 대류 열저항보다 매우 작다. 칩의 최대 허용온도를 초과하려면 접합저항이 비현실적으로 큰 값인 50×10^{-4} m²·K/W로 증가해야 할 것이다.
2. 공기속도를 증가시키거나 공기를 더 효과적인 열전달 유체로 대체하여 대류열전달계수를 증가시키면 허용 발열률 소산은 증가할 것이다. T_c = 85°C이고 $100 \le h \le 2000$ W/m²·K의 범위에서 이러한 선택을 할 경우에 대해 다음과 같은 결과를 얻었다.

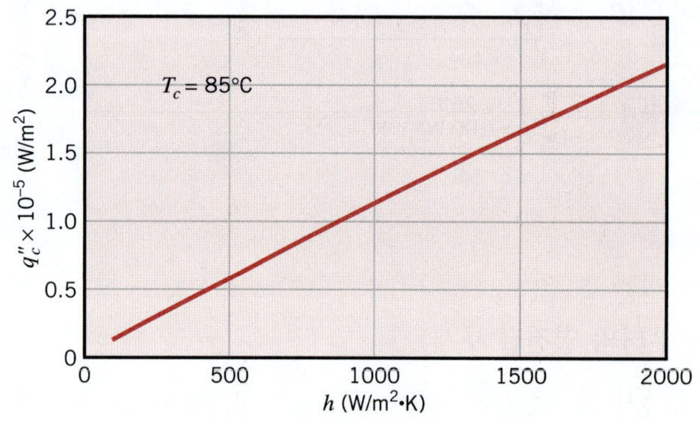

$h \to \infty$일 때, $q''_2 \to 0$이고, 사실상 모든 칩 발열률은 유체흐름으로 직접 전달된다.

3. 계산된 바와 같이 공기 온도(T_∞ = 25°C)와 칩 온도(T_c = 75.3°C)의 차이는 50.3 K이다. 이것은 온도차이기 때문에 50.3°C와 같다는 것을 명심하라.
4. 공기공급 채널이 막혀 칩(위) 표면 또는 기판(아래) 표면 위로의 공기흐름이 중지되는 조건을 고려하자. 표면으로부터의 열전달을 무시할 수 있다면, $q''_c = 10^4$ W/m²에 대한 최종 칩 온도는 몇 도인가? [답: 126°C 또는 125°C]

예제 3.3

어떤 태양광 패널이 위에서부터 아래로 3 mm 두께의 산화세륨이 도핑된 유리(k_g = 1.4 W/m·K), 0.1 mm 두께의 광학 접착제(k_a = 145 W/m·K), 내부에서 태양에너지를 전기에너지로 변환시켜 주는 **박막** 실리콘, 0.1 mm 두께의 땜납 층(solder layer), 그리고 2 mm 두께의 질화알루미늄 기판으로 구성되어 있다. 실리콘 층 내 태양–전기에너지 변환 효율 h는 실리콘 온도 T_{si}의 증가에 따라 감소하는데, 이를 식으로 표현하면 $\eta = a - bT_{si}$이다(여기서 a = 0.553, b = 0.001 K^{-1}). 실리콘 온도 T_{si}의 범위는 300 K ≤ T_{si} ≤ 525 K이다. 입사되는 태양 조사 G_S = 700 W/m² 중에서 7%는 산화세륨이 도핑된 유리에 의해 반사되고, 10%는 표면 유리에 흡수되며, 나머지 83%는 투과하여 실리콘 층에 흡수된다. 태양 조사량 중 흡수된 일부는 열에너지로 변환되며 나머지는 전기에너지로 변환된다. 일반적으로 유리의 방사율은 $\varepsilon = 0.90$이며, 바닥과 양쪽 측면은 단열되어 있다. $h = 35\ \text{W/m}^2\cdot\text{K}$, $T_\infty = T_{sur} = 20°\text{C}$일 때, 길이 $L = 1\ \text{m}$, 너비 $w = 0.1\ \text{m}$의 태양광 패널에서 생산된 전력 P를 구하라.

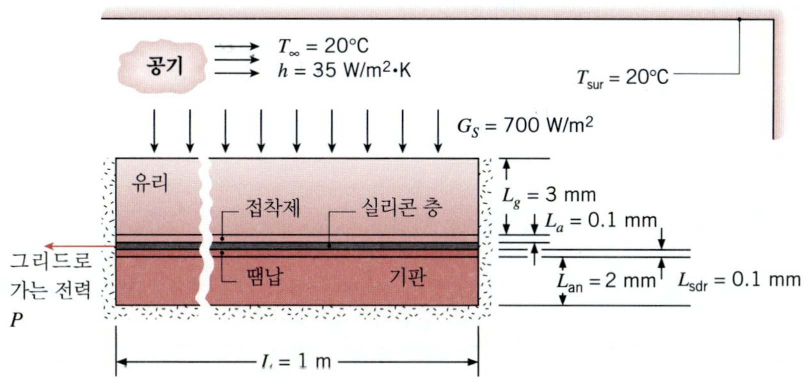

풀이

제시자료: 태양광 패널의 치수 및 소재. 소재의 특성, 태양 조사, 대류전달계수와 대기 온도, 표면의 방사율과 주위 온도. 조사량 분할, 태양–전기에너지 변환 효율식.

풀이대상: 태양광 패널로부터 발생된 전력 P.

개략도:

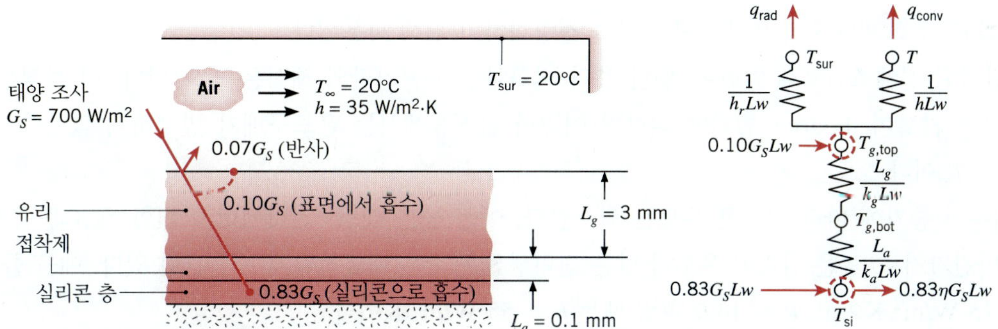

가정:

1. 정상상태 조건.
2. 1차원 열전달.
3. 일정한 물성치.
4. 접촉 열저항 무시.
5. 실리콘 층 내 열변화 무시.

해석: 단열된 태양광 패널의 바닥에서는 열전달이 없다. 따라서 땜납 층와 질화알루미늄 기판은 결과에 영향을 미치지 않으며, 패널에 흡수된 모든 태양에너지는 결국 유리 표면으로부터 복사와 대류열전달의 형태 그리고 그리드 전력 $P = \eta 0.83\ G_S Lw$으로 패널을 떠나야 한다. 실리콘 층과 관련된 노드(node)의 에너지평형은 다음과 같다.

$$0.83G_S Lw - \eta 0.83 G_S Lw = \frac{T_{si} - T_{g,top}}{\dfrac{L_a}{k_a Lw} + \dfrac{L_g}{k_g Lw}}$$

이 식을 태양−전기에너지 변환 효율로 바꾸어 정리하면

$$0.83G_S(1 - a + bT_{si}) = \frac{T_{si} - T_{g,top}}{\dfrac{L_a}{k_a} + \dfrac{L_g}{k_g}} \tag{1}$$

유리 표면과 관련된 노드에 대해 두 번째 에너지평형을 적용시키면

$$0.83G_S Lw(1-\eta) + 0.1G_S Lw = hLw(T_{g,top} - T_\infty) + \varepsilon\sigma Lw(T_{g,top}^4 - T_{sur}^4)$$

태양−전기에너지 변환 효율에 관한 식을 이전 식으로 바꾸어 정리하면 다음 식과 같이 된다.

$$0.83G_S(1 - a + bT_{si}) + 0.1G_S = h(T_{g,top} - T_\infty) + \varepsilon\sigma(T_{g,top}^4 - T_{sur}^4) \tag{2}$$

결국 식 (1)과 식 (2)를 연립하여 풀면 $T_{si} = 307\ \text{K} = 34°\text{C}$가 된다. 이 값을 태양−전기에너지 변화 효율식에 대입하면, $\eta = 0.553 - 0.001\ \text{K}^{-1} \times 307\ \text{K} = 0.247$이 된다. 따라서 태양광 패널에 의해 발생된 전력은

$$P = \eta 0.83 G_S Lw = 0.247 \times 0.83 \times 700\ \text{W/m}^2 \times 1\ \text{m} \times 0.1\ \text{m} = 14.3\ \text{W}$$ ◁

부가설명:

1. 에너지보존의 정확한 응용은 실리콘의 온도와 전력을 결정하기 위해 중요하다. 태양에너지는 열과 전기에너지로 변환된다. 그리고 열 회로는 **오직** 열에너지 전달을 정량화하기 위해 사용된다.
2. 열적으로 단열된 경계조건으로 인하여, 땜납 층과 질화알루미늄 기판의 해석은 필요 없다. 이 물질들을 통해서는 전도가 일어나지 않으며, Fourier 법칙에 의하면 이러한 물질들에서는 온도구배가 발생하지 않는다. 정상상태에서는 $T_{sdr} = T_{an} = T_{si}$이다.
3. 대류전달계수의 증가에 따라 실리콘 온도는 감소한다. 이는 높은 태양−전기에너지 변환 효율과 증가된 전력생산을 가져온다. 마찬가지로, 높은 실리콘 온도와 낮은 전력생산은 작은 대류전달계수와 관련 있다. 예를 들어 $P = 13.6$ W일 때 $h = 15\ \text{W/m}^2\cdot\text{K}$이고, $P = 14.6$ W일 때는 $h = 55\ \text{W/m}^2\cdot\text{K}$이다.
4. 상대적으로 고가인 태양광 패널 대신 저렴한 집중 거울(focusing mirror)이나 렌즈를 이용하여 태양에너지를 집중시킴으로써 태양광 시스템 비용을 상당히 줄일 수 있다. 그러나 이때는 열관리가 더욱 중요해진다. 예를 들어 태양광 패널로 공급되는 조사가 집광으로 인해 $G_S = 7{,}000\ \text{W/m}^2$로 증가한다면, 실리콘의 온도가 $T_{si} = 119°\text{C}$로 증가하기 때문에 $h = 55\ \text{W/m}^2\cdot\text{K}$에서 조차도 변환 효율은 $\eta = 0.160$으로 낮아진다. 결국 태양광 전력 생산 비용을 줄이기 위해 가장 중요한 것은 집광형 태양광 시스템에 사용할 수 있는 보다 나은 냉각 기술을 확보하는 것이다.
5. *IHT*나 다른 상용코드 또는 공학 계산기를 이용하면 식 (1)과 (2)의 연립방정식을 풀 수 있다. 시행착오법을 통해 풀 수도 있으나 상당한 노력이 요구된다. 식 (1)과 식 (2)는 실리콘 온도에 대한 하나의 초월방정식으로 정리할 수 있으나, 그래도 이 식은 반드시 수치적으로 혹은 시행착오법으로 풀어야 한다.

예제 3.4

지름이 D = 14 nano-m인 탄소 나노튜브의 열전도율을 측정하기 위하여 질화실리콘 웨이퍼(silicon nitride wafer)로 제작된 측정기구가 사용된다. 측정기구의 온도는 T_∞ = 300 K이다. 길이가 20 nano-m인 나노튜브는 두개의 정사각형 판 위에 놓여 있고, 각 정사각형 판은 0.5 μm의 두께와 10 μm × 10 μm 의 넓이이다. 두 정사각형 판(가열판과 측정판)은 s = 5 μm 간격으로 떨어져 있다. **가열판**(온도 T_h)에는 얇은 백금막이 있어 q = 11.3 μW의 전력을 전기저항열로 소산시키다. **측정판**에서도 판의 온도(T_s)를 측정하기 위하여 비슷한 백금 막이 사용된다. 백금의 전기적인 저항 $R(T_s) = E/I$는 전압차와 백금 막을 지나는 전류를 측정하여 구할 수 있다. 측정판의 온도 T_s는 백금의 전기저항과 온도의 관계로부터 결정될 수 있다. 각 판은 폭과 두께가 각각 w_{sn} = 3 μm, t_{sn} = 0.5 μm이고 L_{sn} = 250 μm 길이인 두 개의 질화실리콘 빔에 걸려 있다. 폭과 두께가 각각 w_{pt} = 1 μm, t_{pt} = 0.2 μm인 백금선은 가열판에 전기를 넣기 위해 각 질화실리콘 빔 안에 매몰되어 있거나 온도 T_s를 결정하는 데 관련된 전압차를 감지하게 된다. 모든 실험은 주위 온도 T_{sur} = 300 K의 진공상태, T_s = 308.4 K의 정상상태에서 수행된다. 탄소 나노튜브의 열전도율을 구하라.

풀이

제시자료: 치수, 가열판에서의 분산된 열, 측정판과 질화실리콘 웨이퍼의 주위 온도.

풀이대상: 탄소 나노튜브의 열전도율.

개략도:

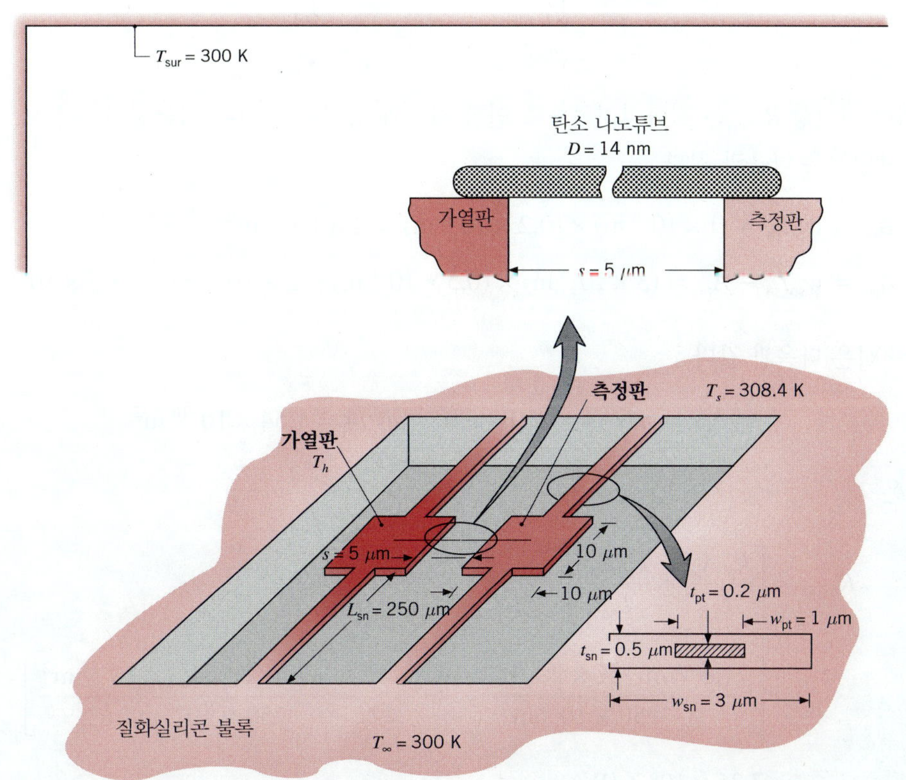

가정:

1. 정상상태 조건.

2. 1차원 열전달.

3. 가열판과 측정판은 등온상태.

4. 표면과 주위 사이의 복사 열교환은 무시.

5. 대류손실은 무시.

6. 백금 신호선에서의 저항 가열은 무시.

7. 일정한 물성치.

8. 나노튜브와 판 사이의 접촉저항은 무시.

물성치: 표 A.1에서 백금(325 K, 가정): $k_{pt} = 71.6$ W/m·K. 표 A.2에서 질화실리콘(325 K, 가정): $k_{sn} = 15.5$ W/m·K.

해석: 열에너지는 가열판에서 두개의 지지 빔으로 전달됨과 동시에 탄소 나노튜브를 통해 측정판으로 전달된다. 따라서 열회로는 다음과 같다.

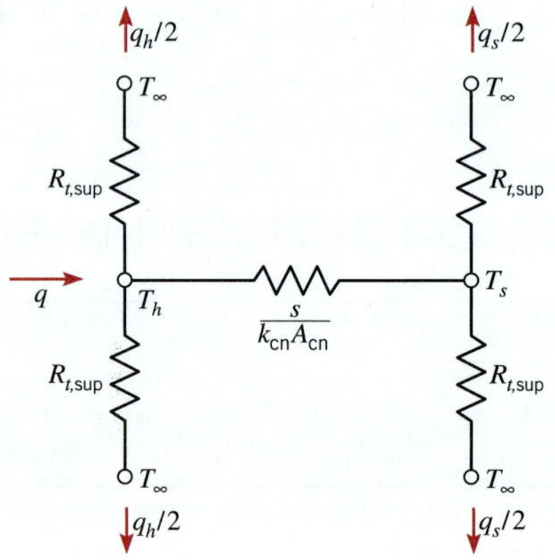

여기서 각 지지 빔에서 열저항 $R_{t,\text{sup}}$은 질화실리콘으로 인한 저항과 병렬로 연결된 백금선의 저항으로 구성되어 있다.

지지 빔 재질의 단면적은 다음과 같다.

$$A_{\text{pt}} = w_{\text{pt}}t_{\text{pt}} = (1\times10^{-6}\ \text{m})\times(0.2\times10^{-6}\ \text{m}) = 2\times10^{-13}\ \text{m}^2$$

$$A_{\text{sn}} = w_{\text{sn}}t_{\text{sn}} - A_{\text{pt}} = (3\times10^{-6}\ \text{m})\times(0.5\times10^{-6}\ \text{m}) - 2\times10^{-13}\ \text{m}^2 = 1.3\times10^{-12}\ \text{m}^2$$

탄소 나노튜브의 단면적은 다음과 같다.

$$A_{\text{cn}} = \pi D^2/4 = \pi(14\times10^{-9}\ \text{m})^2/4 = 1.54\times10^{-16}\ \text{m}^2$$

각 지지대의 열저항은

$$R_{t,\text{sup}} = \left[\frac{k_{\text{pt}}A_{\text{pt}}}{L_{\text{pt}}} + \frac{k_{\text{sn}}A_{\text{sn}}}{L_{\text{sn}}}\right]^{-1}$$

$$= \left[\frac{71.6\ \text{W/m}\cdot\text{K}\times2\times10^{-13}\ \text{m}^2}{250\times10^{-6}\ \text{m}} + \frac{15.5\ \text{W/m}\cdot\text{K}\times1.3\times10^{-12}\ \text{m}^2}{250\times10^{-6}\ \text{m}}\right]^{-1}$$

$$= 7.25\times10^{6}\ \text{K/W}$$

측정판 지지대를 통한 열전달량은

$$q_s = 2(T_s - T_\infty)/R_{t,\mathrm{sup}} \tag{1}$$

식 (1)과 $q_h = q - q_s$, 그리고 T_h와 T_∞를 연결하는 열회로를 고려하면 다음 식이 유도된다.

$$T_h = T_\infty + \frac{1}{2}q_h R_{t,\mathrm{sup}} = T_\infty + \frac{1}{2}qR_{t,\mathrm{sup}} - (T_s - T_\infty) \tag{2}$$

T_h와 T_s를 열결하는 열회로에서 $q_s = (T_h - T_s)/(s/(k_{\mathrm{cn}}A_{\mathrm{cn}}))$ 그리고 식 (1)과 (2)를 이용하면

$$k_{\mathrm{cn}} = \frac{q_s s}{A_{\mathrm{cn}}(T_h - T_s)} = \frac{2(T_s - T_\infty)s/R_{t,\mathrm{sup}}}{A_{\mathrm{cn}}\left(\frac{1}{2}qR_{t,\mathrm{sup}} - 2(T_s - T_\infty)\right)}$$

$$= \frac{2 \times (308.4\ \mathrm{K} - 300\ \mathrm{K}) \times 5 \times 10^{-6}\ \mathrm{m}/7.25 \times 10^{6}\ \mathrm{K/W}}{1.54 \times 10^{-16}\mathrm{m}^2 \times \left(\frac{1}{2} \times 11.3 \times 10^{-6}\ \mathrm{W} \times 7.25 \times 10^{6}\ \mathrm{K/W} - 2 \times (308.4\ \mathrm{K} - 300\ \mathrm{K})\right)}$$

$$k_{\mathrm{cn}} = 3113\ \mathrm{W/m \cdot K}$$ ◁

부가설명:

1. 그림 2.4에 보이는 순수한 금속의 열전도율 값에 비해 측정된 열전도율은 매우 크다.
2. 나노스케일에서의 저항은 매우 작기 때문에 탄소 나노튜브, 가열판, 측정판 사이의 접촉저항은 무시할 수 있다.
3. 가열판 윗면과 아랫면에서 T_{sur}으로 흑체 복사를 가정하여 복사 열전달을 예측해 보자. $T_h = 332.6$ K에서 $q_{\mathrm{rad},b} \approx 5.67 \times 10^{-8}\ \mathrm{W/m^2\,K^4} \times 2 \times (10 \times 10^{-6}\ \mathrm{m})^2 \times (332.6^4 - 300^4)\mathrm{K}^4 = 4.7 \times 10^{-8}\ \mathrm{W} = 0.047\ \mu\mathrm{W}$, 따라서 복사는 무시할 수 있다.

3.2 전도 해석의 대체 풀이방법

3.1절의 전도 해석은 **표준 풀이방법**을 사용하여 수행하였다. 즉 온도분포식 (3.3)을 얻기 위하여 열방정식을 풀었고, 열전달률식 (3.4)를 얻기 위해 Fourier의 법칙을 적용하였다. 그러나 주어진 조건들로부터 대체 풀이방법(alternative approach)을 사용할 수도 있다. 그림 3.6의 계에서 전도를 고려하면, **열발생이 없고 측면으로의 열손실이 없는 정상상태 조건**에 대하여 열전달률 q_x는 x에 무관하게 일정해야 한다는 것을 알 수 있다. 즉 미소 요소 dx에 대하여 $q_x = q_{x+dx}$이다. 물론 이 조건은 에너지보존 필요조건의 결과이며, 비록 면적 $A(x)$가 위치에 따라 변하고, 열전도율 $k(T)$가 온도에 따라 변하더라도, 이 조건을 적용하여야 한다. 더욱이 온도분포가 x와 y에 따라 변하는 2차원일지라도 y 방향의 변화를 무시하고, x의 **1차원** 분포로 가정하는 것이 합리적인 경우가 있다.

위의 조건들에 대하여 전도 해석을 할 때 Fourier의 법칙만을 사용하는 것이 가능하다. 특히 전도 열전달률이 **일정**하므로, 그 값이나 온도분포를 모를지라도 전달률 방정식을 **적분**할 수 있다. 그림 3.6의 계에 적용할 수 있는 Fourier의 법칙 식 (2.1)을 고려해 보자. q_x의 값이나 $T(x)$의 형태를 모를지라도, q_x가 일정하다는 것을 알고 있다. 따라서 Fourier의 법칙을 다음과 같이 적분 형태

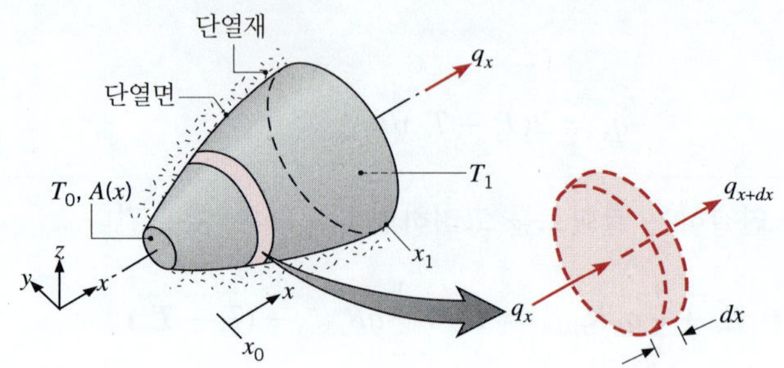

그림 3.6 전도 열전달률이 일정한 계.

로 나타낼 수 있다.

$$q_x \int_{x_0}^{x} \frac{dx}{A(x)} = -\int_{T_0}^{T} k(T)\, dT \tag{3.26}$$

단면적은 알고 있는 x의 함수일 수 있으며, 재질의 열전도율은 알고 있는 것과 같이 온도에 따라 변할 수 있다. 온도 T_0인 x_0 점으로부터 적분을 하면, 이 결과 식은 $T(x)$의 함수 형태로 주어진다. 더욱이 임의의 점 $x = x_1$에서의 온도가 $T = T_1$이라면, x_0와 x_1 사이에서 적분하여 q_x를 계산할 수 있는 식을 얻는다. 만일 면적 A가 일정하고 k가 온도에 무관하다면, 식 (3.26)은 다음과 같이 간단하게 된다.

$$\frac{q_x\, \Delta x}{A} = -k\, \Delta T \tag{3.27}$$

여기서 $\Delta x = x_1 + x_0$이고 $\Delta T = T_1 - T_0$이다.

확산 문제들을 푸는 데 있어 적분 형태의 확산율 방정식을 이용하는 경우가 많다. 그러나 이렇게 할 때는 **열발생이 없는 정상상태 1차원** 열전날이라는 제한소건이 있다는 것을 반드시 명심하여야 한다.

예제 3.5

다음 그림은 내열 도기로 제작된 원추형 단면을 나타낸 것이다. 이것은 지름이 $D = ax$인 원형 횡단면으로 되어 있으며, 여기서 $a = 0.25$이다. 작은 쪽 끝은 $x_1 = 50$ mm 되는 곳이며, 큰 쪽 끝은 $x_2 = 250$ mm 되는 곳이다. 그리고 끝 면의 온도는 $T_1 = 400$ K이고 $T_2 = 600$ K이며, 측면은 단열이 잘 되어 있다.

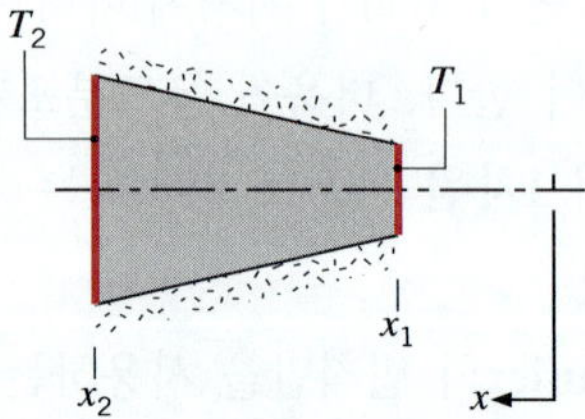

1. 1차원 조건을 가정하여 기호 형식으로 온도분포식 $T(x)$를 유도하고, 온도분포를 나타내라.

2. 원추를 통해 흐르는 열전달률 q_x를 계산하라.

풀이

제시자료: 지름이 $D = ax$이고, $a = 0.25$인 원형 횡단면을 갖는 원추에서의 전도.

풀이대상:

1. 온도분포 $T(x)$.

2. 열전달률 q_x.

개략도:

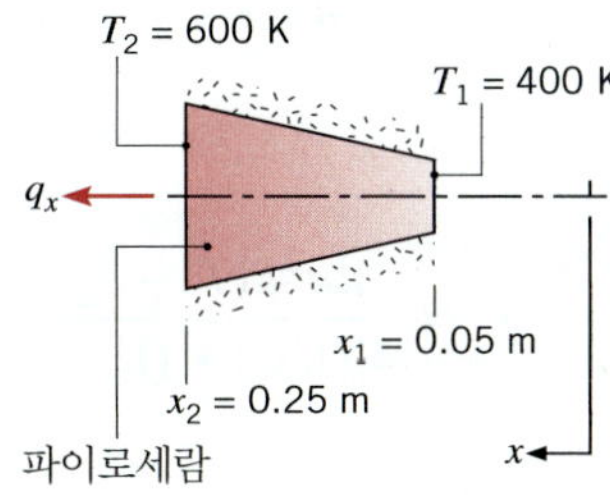

가정:

1. 정상상태 조건.

2. x 방향으로의 1차원 전도.

3. 내부 열발생이 없음.

4. 물성치가 일정함.

물성치: 표 A.2에서 내열 도기(500 K): $k = 3.46$ W/m·K.

해석:

1. 내부 열발생이 없는 정상상태 1차원 조건하에서 열전도가 일어나므로 열전달률 q_x는 x에 무관하며 일정하다. 따라서 온도분포를 구하기 위하여 Fourier의 법칙 식 (2.1)을 사용한다.

$$q_x = -kA\frac{dT}{dx}$$

여기서 $A = \pi D^2/4 = \pi a^2 x^2/4$이며, 위 식의 변수를 분리하면 다음과 같다.

$$\frac{4q_x dx}{\pi a^2 x^2} = -kdT$$

원추 내에서 x_1으로부터 임의의 위치 x까지 적분하고, q_x와 k가 일정하다는 것을 상기하면 위 식은 다음과 같이 된다.

$$\frac{4q_x}{\pi a^2}\int_{x_1}^{x}\frac{dx}{x^2} = -k\int_{T_1}^{T} dT$$

따라서

$$\frac{4q_x}{\pi a^2}\left(-\frac{1}{x}+\frac{1}{x_1}\right) = -k(T - T_1)$$

또는 T에 관하여 풀면 다음과 같다.

$$T(x) = T_1 - \frac{4q_x}{\pi a^2 k}\left(\frac{1}{x_1} - \frac{1}{x}\right)$$

비록 q_x가 일정할지라도 q_x는 아직 미지수이다. 그러나 $T(x_2) = T_2$인 $x = x_2$에서 위의 식을 계산하면 q_x를 결정할 수 있다. 따라서

$$T_2 = T_1 - \frac{4q_x}{\pi a^2 k}\left(\frac{1}{x_1} - \frac{1}{x_2}\right)$$

그리고 q_x에 관하여 풀면 다음과 같다.

$$q_x = \frac{\pi a^2 k(T_1 - T_2)}{4[(1/x_1) - (1/x_2)]}$$

이 q_x를 $T(x)$에 대한 식에 대입하면, 온도분포는 다음과 같다.

$$T(x) = T_1 + (T_1 - T_2)\left[\frac{(1/x) - (1/x_1)}{(1/x_1) - (1/x_2)}\right] \quad \triangleleft$$

이 결과로부터, x의 함수로서 온도를 계산할 수 있으며, 온도분포는 다음 그림과 같다.

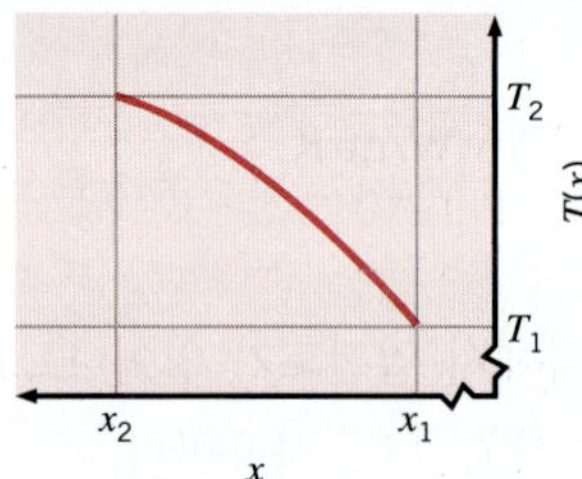

Fourier의 법칙으로부터 $dT/dx = -4qx/k\pi a^2x^2$이므로, 온도구배와 열유속은 x가 증가함에 따라 감소한다는 것에 주목하라.

2. 열전달률에 대한 앞의 결과에 수치를 대입하면 다음과 같다.

$$q_x = \frac{\pi(0.25)^2 \times 3.46\ \text{W/m}\cdot\text{K}\ (400 - 600)\ \text{K}}{4\,(1/0.05\ \text{m} - 1/0.25\ \text{m})} = -2.12\ \text{W} \quad \triangleleft$$

부가설명: 매개변수 a가 증가할수록 거리에 따른 횡단면적의 변화가 현저해지므로 1차원 가정은 점점 부적절하게 된다.

3.3 반지름 방향 계

원통형 계와 구형 계에서는 종종 반지름 방향으로만의 온도구배가 형성되므로, 이때는 1차원으로 취급할 수 있다. 더욱이 열발생이 없는 정상상태 조건하에서 이러한 계들은 적합한 형태의 열방정식으로 시작하는 **표준** 풀이방법, 또는 적합한 형태의 Fourier의 법칙으로 시작하는 **대체** 풀이방법

으로 해석할 수 있다. 이 절에서는 표준 풀이방법으로 원통형 계를 해석할 것이며, 대체 풀이방법에 의해서 구형 계를 해석할 것이다.

3.3.1 원통

일반적인 예로서 내부 표면과 외부 표면이 온도가 서로 다른 유체에 노출되어 있는 속이 빈 원통이 있다(그림 3.7). 열발생이 없는 정상상태 조건에 대하여 열방정식인 식 (2.26)의 적합한 형태는 다음과 같다.

$$\frac{1}{r}\frac{d}{dr}\left(kr\frac{dT}{dr}\right) = 0 \tag{3.28}$$

여기서 우선 k를 변수로서 취급한다. 이 결과의 물리적인 중요성은 Fourier의 법칙의 적절한 형태를 고려하면 명백해진다. 고체 내에서 임의의 원통 표면을 가로질러 전도되는 에너지율은 다음과 같이 나타낼 수 있다.

$$q_r = -kA\frac{dT}{dr} = -k(2\pi rL)\frac{dT}{dr} \tag{3.29}$$

여기서 $A = 2\pi rL$은 열전달 방향에 수직인 면적이다. 식 (3.28)은 $kr(dT/dr)$의 크기가 r에 무관하다는 것을 나타내므로, 식 (3.29)로부터 전도 **열전달률** q_r(열유속 q_r''이 아님)은 **반지름 방향으로 일정하다**는 것을 알 수 있다.

식 (3.28)을 풀고 적합한 경계조건을 적용함으로써 원통에서의 온도분포를 구할 수 있다. k 값이 일정하다고 가정하면, 식 (3.28)을 두 번 적분하여 다음과 같은 일반해를 얻을 수 있다.

$$T(r) = C_1 \ln r + C_2 \tag{3.30}$$

적분상수 C_1과 C_2를 구하기 위하여 다음과 같은 경계조건을 도입한다.

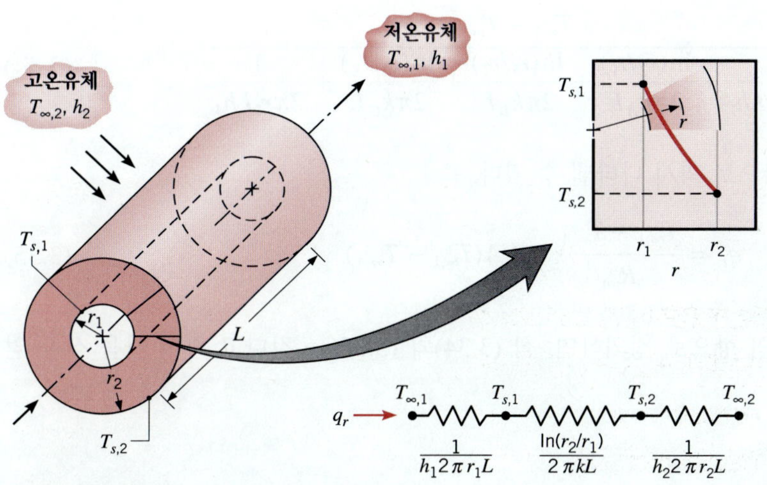

그림 3.7 대류 표면조건을 갖는 속이 빈 원통.

$$T(r_1) = T_{s,1} \quad \text{and} \quad T(r_2) = T_{s,2}$$

이 조건들을 일반해에 적용하여 다음의 식을 얻는다.

$$T_{s,1} = C_1 \ln r_1 + C_2 \quad \text{and} \quad T_{s,2} = C_1 \ln r_2 + C_2$$

C_1과 C_2에 대해 풀어서 일반해에 다시 대입하면, 다음 식을 얻는다.

$$T(r) = \frac{T_{s,1} - T_{s,2}}{\ln(r_1/r_2)} \ln\left(\frac{r}{r_2}\right) + T_{s,2} \tag{3.31}$$

원통 벽을 통과하는 반지름 방향 전도와 관련한 온도분포는 같은 조건하에서 평면벽에 대한 것처럼 선형적이 아니라, 대수적인(logarithmic) 것에 주목하자. 대수 온도분포를 그림 3.7에 나타내었다.

온도분포식 (3.31)을 Fourier의 법칙 식 (3.29)와 함께 사용하면, 열전달률에 대해 다음의 식을 얻는다.

$$q_r = \frac{2\pi Lk(T_{s,1} - T_{s,2})}{\ln(r_2/r_1)} \tag{3.32}$$

이 결과로부터 원통 벽 내에서 반지름 방향 전도에 대한 열저항은 다음 식으로 나타난다.

$$R_{t,\text{cond}} = \frac{\ln(r_2/r_1)}{2\pi Lk} \tag{3.33}$$

이 저항은 그림 3.7의 직렬 회로도에 나타나 있다. q_r의 값이 r에 무관하므로 대체 풀이방법을 사용함으로써, 즉 식 (3.29)를 적분함으로써 앞의 결과를 얻을 수 있었다는 것을 유의하라.

이번에는 그림 3.8의 복합계를 고려하자. 복합 평면벽을 어떻게 다루었는지를 다시 생각해 보고 접촉면의 접촉저항을 무시하면, 열전달률은 다음과 같이 나타낼 수 있다.

$$q_r = \frac{T_{\infty,1} - T_{\infty,4}}{\dfrac{1}{2\pi r_1 L h_1} + \dfrac{\ln(r_2/r_1)}{2\pi k_A L} + \dfrac{\ln(r_3/r_2)}{2\pi k_B L} + \dfrac{\ln(r_4/r_3)}{2\pi k_C L} + \dfrac{1}{2\pi r_4 L h_4}} \tag{3.34}$$

앞의 결과를 열관류계수의 항으로 역시 나타낼 수 있다. 즉

$$q_r = \frac{T_{\infty,1} - T_{\infty,4}}{R_{\text{tot}}} = UA(T_{\infty,1} - T_{\infty,4}) \tag{3.35}$$

U를 안쪽 면적 $A_1 = 2\pi r_1 L$의 항으로 정의하면, 식 (3.34)와 (3.35)를 같다고 하여 다음 식을 얻는다.

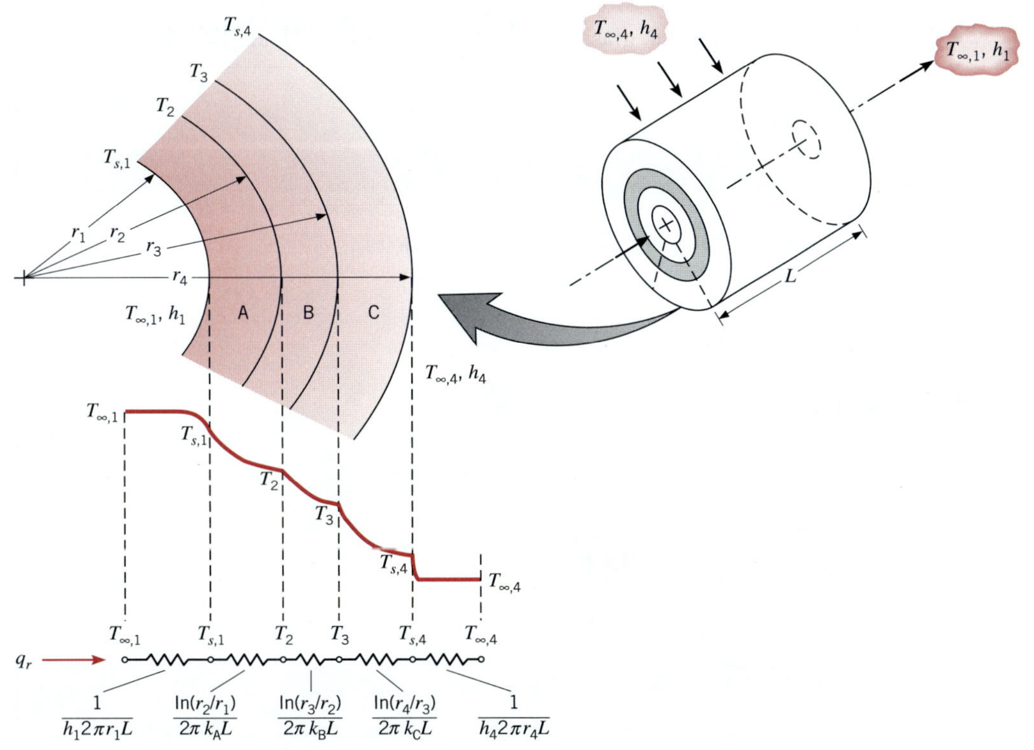

그림 3.8 복합 원통 벽에 대한 온도분포.

$$U_1 = \frac{1}{\frac{1}{h_1} + \frac{r_1}{k_A}\ln\frac{r_2}{r_1} + \frac{r_1}{k_B}\ln\frac{r_3}{r_2} + \frac{r_1}{k_C}\ln\frac{r_4}{r_3} + \frac{r_1}{r_4}\frac{1}{h_4}} \tag{3.36}$$

이러한 정의는 임의적이며, 열관류계수는 A_4 또는 중간에 있는 어느 면적의 항으로도 다음과 같이 정의할 수 있다.

$$U_1A_1 = U_2A_2 = U_3A_3 = U_4A_4 = (\Sigma R_t)^{-1} \tag{3.37}$$

U_2, U_3 및 U_4의 특정한 형태는 식 (3.34)와 (3.35)로부터 유도할 수 있다는 것에 유의하라.

예제 3.6

반지름 방향 계에서 단열재 두께를 증가시킴에 따라 생기는 영향으로 인하여 최적의 단열재 두께가 존재할 가능성이 있다. 특히 단열재를 첨가함에 따라 전도저항이 증가할지라도, 대류저항은 바깥 표면적의 증가로 감소한다. 따라서 열전달에 대한 전체 저항을 최대로 하여 열손실을 최소로 하는 단열재 두께가 존재할 수 있다. 다음의 계를 고려하여 이 문제를 풀라.

1. 저온의 냉매를 수송하기 위하여 반지름이 r_i인 얇은 구리관을 사용한다. 이 관의 온도는 T_i이며, 관 둘레의 주위 공기 온도 T_∞보다 낮다. 관에 단열재를 적용할 때 최적의 두께가 존재하는가?

2. 두께가 0, 2, 5, 10, 20 및 40 mm인 단열재가 부착된 지름 10 mm의 관에 대하여 관의 단위 길이당 총 열저항을 계

산하여 위의 결과를 확인하라. 단열재는 다공성 유리(cellular glass)로 이루어져 있으며, 바깥 표면의 대류열전달계수는 5 W/m^2·K이다.

풀이

제시자료: 반지름이 r_i이고, 온도가 T_i인 얇은 구리관이 주위 공기로부터 단열되어 있다.

풀이대상:

1. 열전달률을 최소로 하는 최적의 단열재 두께의 존재 여부.
2. 다공성 유리 단열재의 두께 변화에 따른 열저항.

개략도:

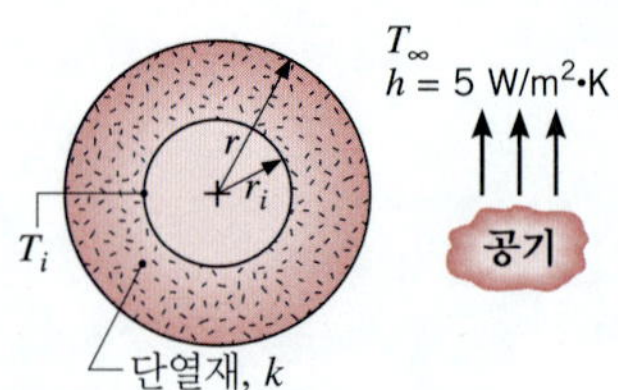

가정:

1. 정상상태 조건.
2. 반지름(원통의) 방향으로의 1차원 열전달.
3. 관벽에서의 열저항은 무시함.
4. 단열재의 물성치가 일정함.
5. 단열재의 바깥 표면과 주위 사이의 복사 열교환은 무시함.

물성치: 표 A.3에서 다공성 유리(285 K로 가정함)**:** k = 0.055 W/m·K.

해석:

1. 냉매와 공기 사이의 열전달에 대한 저항은 단열재 내에서의 전도와 공기 내에서의 대류에 의해 지배된다. 따라서 열회로는 다음과 같다.

q' ← T_i —$\frac{\ln(r/r_i)}{2\pi k}$—$\frac{1}{2\pi r h}$— T_∞

여기서 단위 길이당 전도 및 대류저항은 각각 식 (3.33) 및 (3.9)로부터 구한다. 따라서 관의 단위 길이당 총 열저항은 다음과 같다.

$$R'_{\text{tot}} = \frac{\ln(r/r_i)}{2\pi k} + \frac{1}{2\pi r h}$$

여기서 관의 단위 길이당 열전달률은 다음과 같다.

$$q' = \frac{T_\infty - T_i}{R'_{\text{tot}}}$$

최적의 단열재 두께는 q'을 최소로 하거나 R'_{tot}을 최대로 하는 r 값과 관계가 있다. 이러한 값은 다음과 같은 필요조건으로부터 구할 수 있다.

$$\frac{dR'_{tot}}{dr} = 0$$

따라서

$$\frac{1}{2\pi kr} - \frac{1}{2\pi r^2 h} = 0$$

또는

$$r = \frac{k}{h}$$

앞의 결과가 총 열저항을 최대화하는지 최소화하는지를 결정하기 위하여 2차 도함수를 구해야 한다. 따라서

$$\frac{d^2R'_{tot}}{dr^2} = -\frac{1}{2\pi kr^2} + \frac{1}{\pi r^3 h}$$

이며, 또는 $r = k/h$에서 다음과 같다.

$$\frac{d^2R'_{tot}}{dr^2} = \frac{1}{\pi(k/h)^2}\left(\frac{1}{k} - \frac{1}{2k}\right) = \frac{1}{2\pi k^3/h^2} > 0$$

2차 도함수가 항상 양이므로, $r = k/h$는 총 열저항이 최대가 아니라 최소일 때의 단열재 반지름이다. 따라서 **최적** 단열재의 두께는 **존재하지 않는다**.

위의 결과로부터 다음과 같은 **임계 단열 반지름**(critical insulation radius)의 항으로 생각하는 것이 보다 더 의미가 있음을 알 수 있다.

$$r_{cr} \equiv \frac{k}{h}$$

여기서 $r_i < r_{cr}$이면 r이 증가함에 따라 q'은 증가하고, $r_i > r_{cr}$이면 r이 증가함에 따라 q'은 감소한다.

2. $h = 5\ \text{W/m}^2\cdot\text{K}$이고 $k = 0.055\ \text{W/m}\cdot\text{K}$일 때, 임계 반지름은 다음과 같다.

$$r_{cr} = \frac{0.055\ \text{W/m}\cdot\text{K}}{5\ \text{W/m}^2\cdot\text{K}} = 0.011\ \text{m}$$

$r_{cr} > r_i$이므로 단열재 두께가 다음의 값으로 될 때까지 단열재의 첨가에 따라 열전달이 증가할 것이다.

$$r_{cr} - r_i = (0.011 - 0.005)\ \text{m} = 0.006\ \text{m}$$

앞에서 정한 단열재의 두께에 대응하는 열저항을 계산하여 다음과 같이 도면으로 나타내었다.

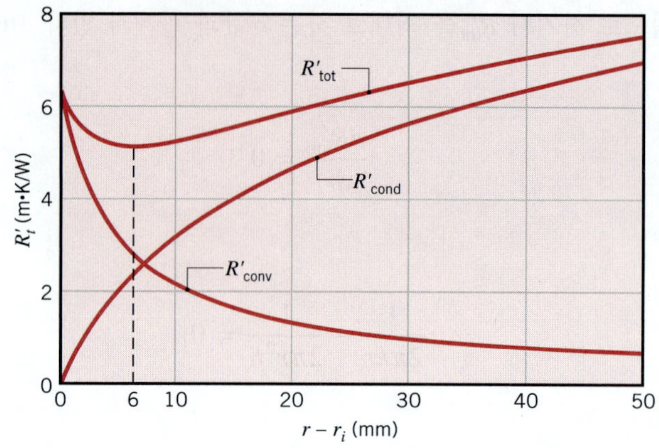

부가설명:

1. 단열재 두께가 20 mm일지라도 총 열저항은 단열재가 없을 때의 총 열저항보다 크지 않다는 사실에서 임계 반지름의 영향을 알 수 있다.
2. 이 경우 지름 $r_i < r_{cr}$이면, 단열재의 첨가에 따라 총 열저항은 감소하므로 열전달률은 증가한다. 이 경향은 단열재의 바깥 반지름이 임계 반지름과 같아질 때까지 계속된다. 전기 단열재의 첨가는 도선에서 주위로 소산되는 열을 전달하는 것에 도움을 줄 수 있기 때문에 이 경향은 도선을 통한 전류의 흐름에 대하여 바람직하다. 반대로 $r_i > r_{cr}$이면, 단열재의 첨가는 총 열저항을 증가시키므로 열손실이 감소된다. 이러한 거동은 주위로의 열손실을 감소시키기 위하여 단열재를 첨가해야 할 파이프를 통한 증기의 흐름에 대하여 바람직한 것이다.
3. 반지름 방향 계에 있어서 단열재의 적용을 통해 총 열저항을 감소시키려는 문제는 지름이 작은 와이어나 관, 그리고 대류열전달계수가 작을 때, 즉 $r_{cr} > r_i$인 경우에만 존재한다. 전형적인 단열재($k \approx 0.03$ W/m·K)와 공기의 자연대류($h \approx 10$ W/m^2·K)일 때, $r_{cr} = (k/h) \approx 0.003$ m이다. 이와 같이 임계 단열 반지름이 매우 작기 때문에 일반적으로 $r_i > r_{cr}$이므로, 임계 반지름의 영향에 대하여 염려할 필요가 없다.
4. 임계 반지름의 존재는 원통(또는 구)에서 반지름 방향 전도에 대한 것처럼 열전달 방향으로 열전달 면적의 변화가 필요하다. 평면벽에서는 열흐름 방향에 수직인 면적이 일정하므로 임계 단열재 두께가 없다(총 열저항은 단열재 두께가 증가하면 항상 증가한다).

3.3.2 구

그림 3.9의 속이 빈 구에서의 열전도 해석에 대체 풀이방법을 적용하여 보자. 에너지보존법칙에 의하면, 그림의 미소 검사체적에 대하여 열발생이 없는 정상상태 1차원 조건에서 $q_r = q_{r+dr}$이어야 한다. Fourier의 법칙의 적절한 형태는 다음과 같다.

$$q_r = -kA\frac{dT}{dr} = -k(4\pi r^2)\frac{dT}{dr} \tag{3.38}$$

여기서 $A = 4\pi r^2$은 열전달 방향에 수직인 면적이다.

q_r이 일정하고 r에 무관하다는 것을 인정하면, 식 (3.33)은 다음과 같이 적분 형태로 나타낼 수 있다.

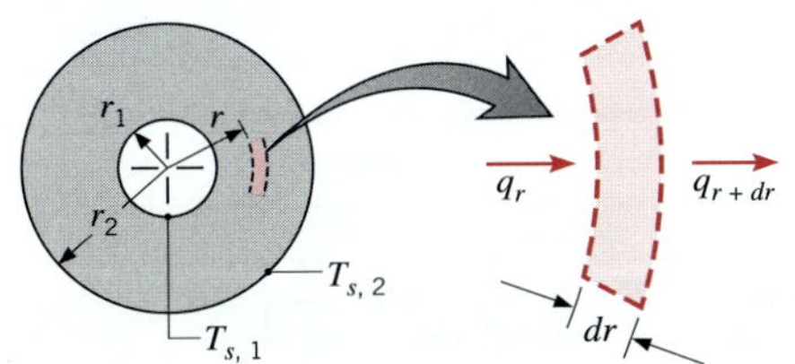

그림 3.9 구형셸에서의 전도.

$$\frac{q_r}{4\pi}\int_{r_1}^{r_2}\frac{dr}{r^2} = -\int_{T_{s,1}}^{T_{s,2}} k(T)\,dT \tag{3.39}$$

k가 일정하다고 가정하면, 다음 식을 얻는다.

$$q_r = \frac{4\pi k(T_{s,1} - T_{s,2})}{(1/r_1) - (1/r_2)} \tag{3.40}$$

열저항이 온도차를 열전달률로 나눈 것으로 정의된다는 것을 상기하면 다음의 식을 얻는다.

$$R_{t,\text{cond}} = \frac{1}{4\pi k}\left(\frac{1}{r_1} - \frac{1}{r_2}\right) \tag{3.41}$$

적절한 형태의 열방정식으로 시작하는 표준 풀이방법을 이용하여 온도분포와 식 (3.40), (3.41)을 구할 수 있다는 것에 주목하자.

복합 구를 복합 벽과 복합 원통을 다룬 방법과 같은 방법으로 취급하여 복합 구에 대한 적절한 형태의 총 열저항과 열관류계수를 구할 수 있다.

3.4 1차원 전도 결과의 요약

열에너지 발생이 없는 평면벽, 원통형 벽, 또는 구형 벽에서의 1차원 정상상태 전도에 대해 많은 중요한 문제를 다루었다. 이들 세 가지 형상에 대한 중요한 결과를 표 3.3에 요약하였다. 여기서 ΔT는 그림 3.1, 3.7, 그리고 3.9에 표시한 안쪽 표면과 바깥쪽 표면 사이에서의 온도차 $T_{s,1} - T_{s,2}$를 나타낸다. 각 경우에서 열방정식으로 시작하여 온도분포, 열유속, 열전달률 및 열저항에 대한 대응하는 식을 유도할 수 있다.

3.5 열에너지 발생이 있는 전도

앞 절에서는 매질 내에서의 온도분포를 매질의 경계조건만으로 구하는 전도 문제들을 고려하였다. 이제 매질 **내부**에서 일어날 수 있는 과정들이 온도분포에 주는 부가적인 영향을 고려해 보자. 특히 어떤 다른 에너지 형태로부터의 **변환**에 의해 **발생**하는 열에너지에 대한 상황을 고려해 보고자 한다.

일반적인 열에너지 발생 과정은 전류가 흐르는 매질에서 **전기에너지로부터 열에너지로의 변**

표 3.3 열발생이 없는 1차원 정상상태의 열방정식에 대한 해

	평면벽	원통형 벽[a]	구형 벽[a]
열방정식	$\frac{d^2T}{dx^2} = 0$	$\frac{1}{r}\frac{d}{dr}\left(r\frac{dT}{dr}\right) = 0$	$\frac{1}{r^2}\frac{d}{dr}\left(r^2\frac{dT}{dr}\right) = 0$
온도분포	$T_{s,1} - \Delta T \frac{x}{L}$	$T_{s,2} + \Delta T \frac{\ln(r/r_2)}{\ln(r_1/r_2)}$	$T_{s,1} - \Delta T \left[\frac{1-(r_1/r)}{1-(r_1/r_2)}\right]$
열유속(q'')	$k\frac{\Delta T}{L}$	$\frac{k\,\Delta T}{r\ln(r_2/r_1)}$	$\frac{k\,\Delta T}{r^2[(1/r_1)-(1/r_2)]}$
열전달(q)	$kA\frac{\Delta T}{L}$	$\frac{2\pi Lk\,\Delta T}{\ln(r_2/r_1)}$	$\frac{4\pi k\,\Delta T}{(1/r_1)-(1/r_2)}$
열저항($R_{t,\text{cond}}$)	$\frac{L}{kA}$	$\frac{\ln(r_2/r_1)}{2\pi Lk}$	$\frac{(1/r_1)-(1/r_2)}{4\pi k}$

[a]단열재의 임계 반지름은 원통에 대하여 $r_{cr} = k/h$이고 구에 대하여 $r_{cr} = 2k/h$임.

환[**Ohm 가열**, **저항가열**, 또는 줄(Joule) 가열]을 포함한다. 전류 I가 전기저항 R_e인 매질을 통해 흐를 때 발생하는 에너지 발생률은 다음과 같다.

$$\dot{E}_g = I^2 R_e \tag{3.42}$$

만일 이러한 열에너지 발생(W)이 체적 V인 매질을 통해 균일하게 일어난다면, 이때의 체적당 열에너지 발생률(W/m^3)은 다음과 같다.

$$\dot{q} \equiv \frac{\dot{E}_g}{V} = \frac{I^2 R_e}{V} \tag{3.43}$$

에너지 발생은 원자로의 연료 원소 내에 있는 중성자의 감속과 흡수 또는 매질 내에서 발생하는 발열 화학반응의 결과로서 또한 일어날 수 있다. 물론 흡열반응은 열에너지를 화학결합 에너지로 변환시키는 역효과(열에너지의 소멸)를 갖는다. 최종적으로, 전자기 에너지에서 열에너지로의 변환은 매질 내부로 복사 에너지를 흡수함으로써 일어날 수 있다. 예를 들어 감마광선이 원자로 외부 구성요소들(덮개, 열차폐물, 압력 용기 등)에 흡수되거나, 가시광선이 반투명 매질에 흡수될 때 이러한 과정이 일어날 수 있다. 에너지 발생은 에너지 저장과 혼동되어서는 안 된다(1.3.1절 참조).

3.5.1 평면벽

단위체적당 에너지 발생이 균일하고($\dot{q}$ 일정), 표면들이 $T_{s,1}$과 $T_{s,2}$로 유지되고 있는 그림 3.10a의 평면벽을 고려해 보자. 열전도율 k가 일정하면, 열방정식 (2.22)의 적절한 형태는 다음과 같다.

$$\frac{d^2T}{dx^2} + \frac{\dot{q}}{k} = 0 \tag{3.44}$$

일반해는 다음과 같다.

$$T = -\frac{\dot{q}}{2k}x^2 + C_1 x + C_2 \tag{3.45}$$

여기서 C_1과 C_2는 적분상수이다. 주어진 경계조건을 식으로 나타내면 다음과 같다.

$$T(-L) = T_{s,1} \qquad \text{and} \qquad T(L) = T_{s,2}$$

위의 식을 이용하여 적분상수를 구하면 다음과 같다.

$$C_1 = \frac{T_{s,2} - T_{s,1}}{2L} \quad \text{and} \quad C_2 = \frac{\dot{q}}{2k}L^2 + \frac{T_{s,1} + T_{s,2}}{2}$$

따라서 이 경우의 온도분포는 다음과 같다.

$$T(x) = \frac{\dot{q}L^2}{2k}\left(1 - \frac{x^2}{L^2}\right) + \frac{T_{s,2} - T_{s,1}}{2}\frac{x}{L} + \frac{T_{s,1} + T_{s,2}}{2} \tag{3.46}$$

물론 Fourier의 법칙에 식 (3.46)을 사용하여 벽 안에 있는 임의의 점에서의 열유속을 구할 수 있다. 그러나 **열발생이 있는 경우, 열유속은 이미 x에 독립적이지 않다**는 것에 유의해야 한다.

양쪽 표면이 동일 온도 $T_{s,1} = T_{s,2} \equiv T_s$로 유지되어 있을 때, 앞의 결과는 간단하게 된다. 이때 온도분포는 그림 3.9b에서와 같이 중앙 단면에 대해서 **대칭**이며, 다음과 같이 주어진다.

$$T(x) = \frac{\dot{q}L^2}{2k}\left(1 - \frac{x^2}{L^2}\right) + T_s \tag{3.47}$$

최고온도는 중앙 단면에 존재하며 다음과 같다.

$$T(0) \equiv T_0 = \frac{\dot{q}L^2}{2k} + T_s \tag{3.48}$$

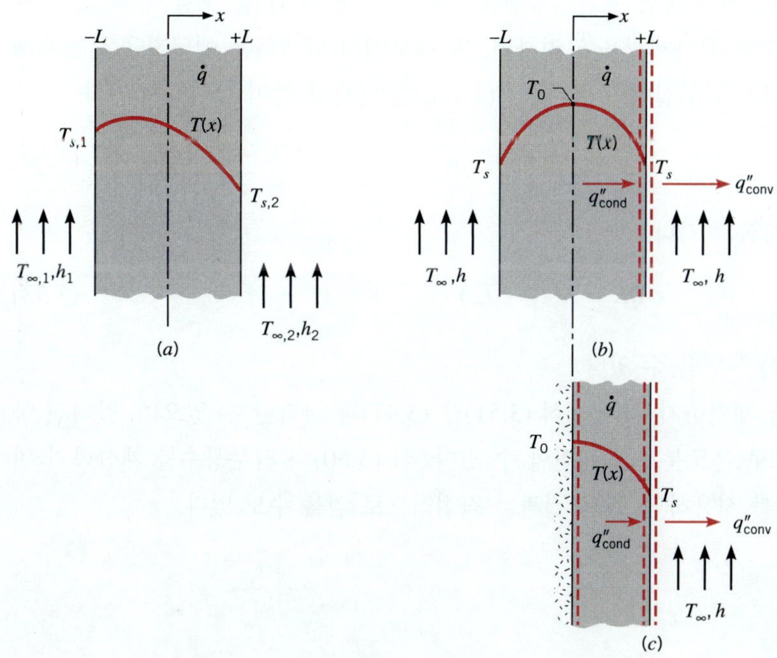

그림 3.10 열발생이 균일한 평면벽 내에서의 전도. (a) 비대칭 경계조건. (b) 대칭 경계조건. (c) 중앙 단면이 단열인 표면조건.

이 경우 온도분포식 (3.42)는 다음 식과 같이 표현될 수 있다.

$$\frac{T(x) - T_0}{T_s - T_0} = \left(\frac{x}{L}\right)^2 \tag{3.49}$$

그림 3.10b에 있는 대칭 평면에서의 온도구배는 0, 즉 $(dT/dx)_{x=0} = 0$이라는 것에 유의하는 것이 중요하다. 따라서 이 평면을 가로지르는 열전달이 없으며, 그림 3.10*c*에 나타낸 바와 같이 **단열**(adiabatic) 표면이라고 말할 수 있다. 즉 이 결과는 식 (3.47)을 한쪽 면($x = 0$)이 완전히 단열되어 있고 다른 쪽 면($x = L$)은 고정된 온도 T_s로 유지되어 있는 평면벽에도 적용할 수 있다는 것을 의미한다.

앞의 결과를 이용하기 위해서는 표면온도 T_s를 알아야 한다. 그러나 일반적인 상황에서는 알고 있는 온도는 T_s가 아니라, 인접한 유체온도라는 것이다. 따라서 T_s를 T_∞와 연관시키는 것이 필요하다. 이 관계는 표면 에너지평형을 적용하여 얻을 수 있다. 대칭인 평면벽(그림 3.10*b*)이나 단열된 평면벽(그림 3.10*c*)에 대하여 $x = L$인 곳의 표면을 고려한다. 복사를 무시하고 적절한 전달률 방정식을 대입하면 식 (1.13)으로부터 주어진 에너지평형은 다음과 같이 간단하게 된다.

$$-k\left.\frac{dT}{dx}\right|_{x=L} = h(T_s - T_\infty) \tag{3.50}$$

$x = L$에서의 온도구배를 얻기 위하여 식 (3.47)을 대입하여 다음의 식을 얻는다.

$$T_s = T_\infty + \frac{\dot{q}L}{h} \tag{3.51}$$

따라서 T_∞, $\dot{q}$ L 및 h를 알면 T_s를 계산할 수 있다.

그림 3.10*b*나 3.10*c*의 평면벽에 총합 에너지평형을 적용하여 식 (3.51)을 구할 수도 있다. 예를 들어 그림 3.10*c*의 벽에 대한 검사체적을 고려하면, 벽 내부에서 발생되는 에너지율은 경계에서 대류에 의해 방출되는 에너지율과 같아야 한다. 식 (1.12c)는 다음과 같이 간단하게 된다.

$$\dot{E}_g = \dot{E}_{\text{out}} \tag{3.52}$$

또는 단위 표면적에 대하여 다음과 같다.

$$\dot{q}L = h(T_s - T_\infty) \tag{3.53}$$

이를 T_s에 대해 풀면 식 (3.51)을 얻을 수 있다.

온도분포식으로부터 T_s를 제거하기 위하여 식 (3.51)을 (3.47)과 결합할 수 있으며, 알려진 양들인 $\dot{q}$, L, k, h 및 T_∞의 항으로 온도분포를 표현할 수 있다. 식 (3.50)의 적분상수를 계산하기 위하여 경계조건으로 식 (3.45)를 사용하면, 같은 결과를 직접적으로 얻을 수도 있다.

예제 3.7

평면벽이 두 가지의 재료 A와 B로 복합되어 있다. 재료 A의 벽은 균일한 열발생 $\dot{q} = 1.5 \times 10^6$ W/m^{3}이 있고, $k_A = 75$ W/m·K 및 두께 $L_A = 50$ mm이다. 벽재료 B는 열발생이 없으며, $k_B = 150$ W/m·K, 두께 $L_B = 20$ mm이다. 재료 A의 안쪽 표면은 잘 단열되어 있고, 반면에 재료 B의 바깥 표면은 $T_\infty = 30$°C이고, $h = 1000$ W/m^2·K인 물의 흐름에 의하여 냉각되고 있다.

1. 정상상태 조건하에서 복합 평면벽 내에서 존재하는 온도분포를 그리라.
2. 단열표면의 온도 T_0와 냉각표면의 온도 T_2를 구하라.

풀이

제시자료: 내부 열발생이 있는 재료 A의 평면벽은 한쪽 면이 단열되어 있으며, 재료 B의 두 번째 벽에 접하고 있다. 재료 B는 열발생이 없고, 대류에 의하여 냉각되고 있다.

풀이대상:

1. 복합 평면벽에서의 정상상태 온도분포
2. 복합 평면벽의 안쪽과 바깥쪽의 표면온도

개략도:

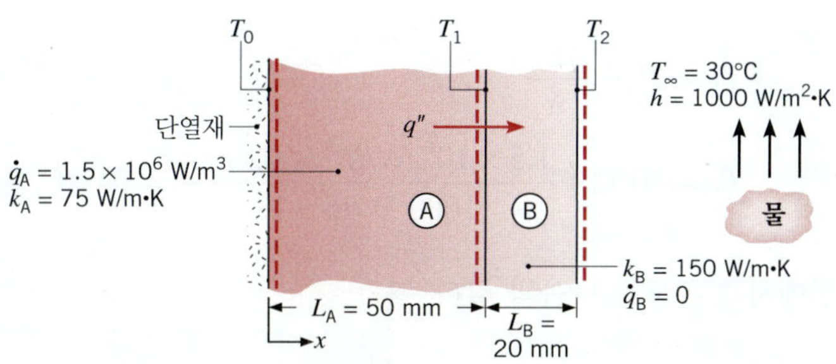

가정:

1. 정상상태 조건.
2. x 방향으로의 1차원 전도.
3. 벽 사이의 접촉저항은 무시함.
4. 재료 A의 안쪽 표면은 단열되어 있음.
5. 재료 A와 B의 물성치는 일정함.

해석:

1. 주어진 물리적 조건으로부터 복합벽 내에서의 온도분포는 아래의 그림에 보이는 것처럼 다음 특징들을 갖고 있다.
   (a) 재료 A에서는 포물선.
   (b) 단열된 경계에서는 기울기가 0.
   (c) 재료 B에서는 선형.
   (d) 접촉면에서의 기울기 변화 $= k_B/k_A = 2$.
   (e) 물에서의 온도분포는 표면 근처에서 온도구배가 크다는 특징이 있음.

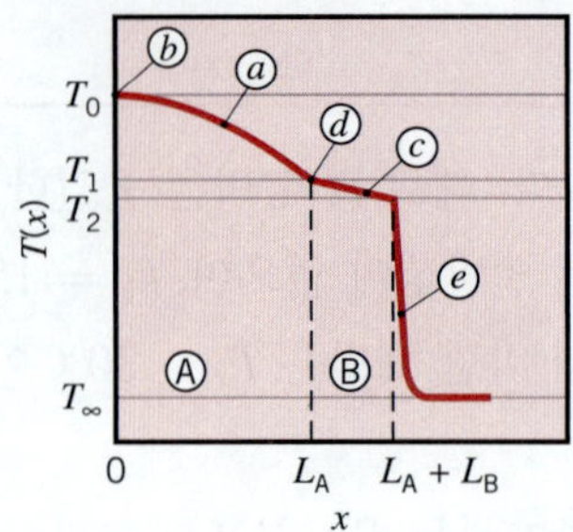

2. 재료 B에 대한 검사체적에 에너지평형을 적용하여 바깥 표면온도 T_2를 구할 수 있다. 이 재료 내에서는 열발생이 없으므로, 정상상태 조건이고 단위 표면적에 대하여 $x = L_A$에서 재료 B 내로의 열유속은 $x = L_A + L_B$에서 대류에 의하여 재료 B로부터 전달되어 나가는 열유속과 같아야 한다. 그러므로

$$q'' = h(T_2 - T_\infty) \tag{1}$$

이다. 열유속 q''은 재료 A에 대한 검사체적에 두 번째 에너지평형을 적용함으로써 구할 수 있다. 특히 $x = 0$에서의 표면은 단열되어 있으므로 유입 에너지가 없으며, 발생되는 에너지율은 흘러 나가는 에너지율과 같아야 한다. 따라서 단위 표면적에 대하여 다음 식과 같아야 한다.

$$\dot{q}L_A = q'' \tag{2}$$

식 (1)과 (2)를 연립하여 풀면, 바깥 표면온도는 다음과 같다.

$$T_2 = T_\infty + \frac{\dot{q}L_A}{h}$$

$$T_2 = 30°\text{C} + \frac{1.5 \times 10^6 \text{ W/m}^3 \times 0.05 \text{ m}}{1000 \text{ W/m}^2 \cdot \text{K}} = 105°\text{C}$$ ◁

식 (3.48)로부터 단열된 표면에서의 온도는 다음과 같다.

$$T_0 = \frac{\dot{q}L_A^2}{2k_A} + T_1 \tag{3}$$

여기서 T_1은 다음의 열회로에서 구할 수 있다.

$$q'' \rightarrow \; T_1 \; \underset{R''_{\text{cond, B}}}{\text{—}\!\!\!\text{VVV}\!\!\!\text{—}} \; T_2 \; \underset{R''_{\text{conv}}}{\text{—}\!\!\!\text{VVV}\!\!\!\text{—}} \; T_\infty$$

즉

$$T_1 = T_\infty + (R''_{\text{cond,B}} + R''_{\text{conv}})q''$$

여기서 단위 표면적에 대한 열저항은 다음과 같다.

$$R''_{\text{cond,B}} = \frac{L_B}{k_B} \qquad R''_{\text{conv}} = \frac{1}{h}$$

따라서

$$T_1 = 30°\text{C} + \left(\frac{0.02\ \text{m}}{150\ \text{W/m}\cdot\text{K}} + \frac{1}{1000\ \text{W/m}^2\cdot\text{K}}\right)$$
$$\times 1.5 \times 10^6\ \text{W/m}^3 \times 0.05\ \text{m}$$
$$T_1 = 30°\text{C} + 85°\text{C} = 115°\text{C}$$

T_1을 식 (3)에 대입하면 다음과 같다.

$$T_0 = \frac{1.5 \times 10^6\ \text{W/m}^3 (0.05\ \text{m})^2}{2 \times 75\ \text{W/m}\cdot\text{K}} + 115°\text{C} \quad \triangleleft$$
$$T_0 = 25°\text{C} + 115°\text{C} = 140°\text{C}$$

부가설명:

1. 열발생이 있는 재료 A는 열회로 요소로 나타낼 수 없다.
2. 대류에 의한 열전달에 대한 저항이 재료 B에서 전도에 의한 열전달에 대한 저항보다 $R''_{\text{conv}}/R''_{\text{cond}} = 7.5$로 훨씬 더 크므로, 표면과 유체 사이의 온도차는 재료 B를 가로지른 온도강하보다 $(T_2 - T_\infty)/(T_1 - T_2) = 7.5$로 매우 크다. 이 결과는 해석 1에서 그림으로 나타낸 온도분포와 일치한다.
3. 표면과 접촉면 온도(T_0, T_1 및 T_2)는 열발생률 $\dot{q}$ 열전도율 k_A와 k_B 및 대류열전달계수 h에 의해 지배를 받는다. 각 재료는 최대 허용 작동온도가 있으며, 시스템의 열적 파손을 피해야 한다면 이 온도를 초과해서는 안 된다. 공기냉각과 액체냉각을 각각 대표하는 h의 값인 $h = 200$과 $1000\ \text{W/m}^2\cdot\text{K}$에 대하여 온도분포를 계산하고 다음의 도면에 기입함으로써 이들 매개변수 중 하나의 영향을 조사한다.

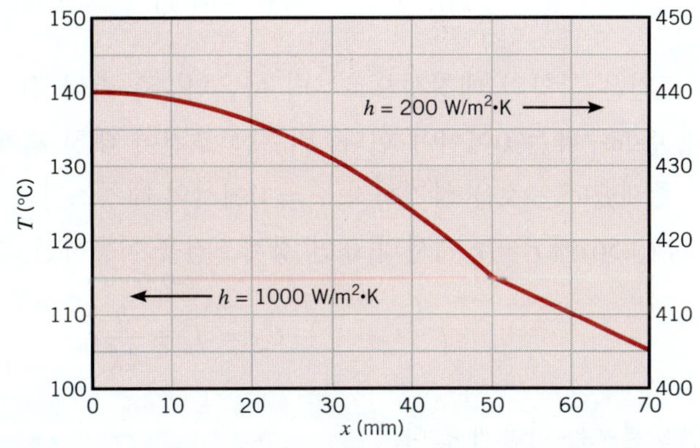

두 분포의 모양이 동일함에 주목하라. 높은 온도가 우측 세로축의 높은 온도가 낮은 대류열전달계수에 의한 결과이다. $x = 50$ mm에서 온도구배 dT/dx에 약간의 불연속성이 있다는 것에 주목하자. 이 불연속성에 대한 물리적인 근거는 무엇인가? 이 위치에서 접촉저항을 무시한다고 가정하였다. 시스템 전반에 걸쳐 온도 불연속성에 대한 접촉저항의 영향은 무엇인가? 전형적인 온도분포를 개략적으로 나타내라. $\dot{q}$, k_A, 또는 k_B가 증가하면 온도분포에 미치는 영향은 무엇인가? 온도분포에 그러한 변화의 영향을 정성적으로 나타내라.

4. 이 예제는 *IHT*의 *Advanced* section에 풀이되어 있다.

3.5.2 반지름 방향 계

열발생은 여러 가지 반지름 방향 형상에서 일어날 수 있다. 전류가 흐르는 선이나 원자로의 연료요소를 나타낼 수 있는 그림 3.11에서와 같이 속이 찬 긴 원통을 생각하자. 정상상태에서 원통 내에서 발생하는 열발생률은 원통 표면에서 이동하는 유체로 대류전달되는 열전달률과 같아야 한다. 이 조건은 표면온도를 일정한 값 T_s로 유지하게 한다.

원통 내에서의 온도분포를 구하기 위하여, 적절한 형태의 열방정식으로 시작한다. 열전도율 k가 일정할 때, 식 (2.26)은 다음과 같이 간단하게 된다.

$$\frac{1}{r}\frac{d}{dr}\left(r\frac{dT}{dr}\right)+\frac{\dot{q}}{k}=0 \tag{3.54}$$

변수를 분리하고 균일한 열발생을 가정하면, 이 식을 적분하여 다음의 식을 얻을 수 있다.

$$r\frac{dT}{dr}=-\frac{\dot{q}}{2k}r^2+C_1 \tag{3.55}$$

이 과정을 반복하면 온도분포에 대한 일반해는 다음과 같다.

$$T(r)=-\frac{\dot{q}}{4k}r^2+C_1\ln r+C_2 \tag{3.56}$$

적분상수 C_1과 C_2를 구하기 위하여 다음과 같은 경계조건을 적용한다.

첫 번째 조건은 상황의 대칭성으로부터 나온다. 즉 속이 찬 원통에서 중심선은 온도분포의 대칭선이며, 온도구배는 0이어야 한다. 비슷한 조건이 대칭 경계조건을 갖는 벽의 중앙 단면(그림 3.10*b*)에 존재했다는 것을 상기하자. $r = 0$에서의 대칭조건과 식 (3.55)로부터 $C_1 = 0$인 것이 분명하다. 식 (3.56)에 $r = r_o$에서의 표면 경계조건을 이용하면, 다음의 값을 얻는다.

$$C_2 = T_s+\frac{\dot{q}}{4k}r_o^2 \tag{3.57}$$

따라서 온도분포는 다음과 같다.

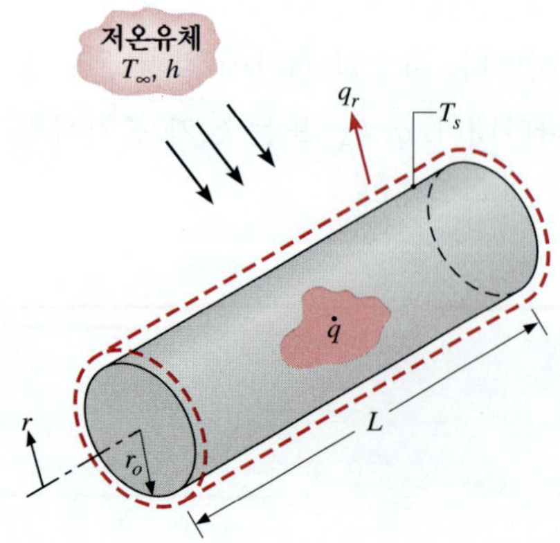

그림 3.11 열발생이 균일한 속이 찬 원통 내에서의 전도.

$$T(r) = \frac{\dot{q}r_o^2}{4k}\left(1 - \frac{r^2}{r_o^2}\right) + T_s \tag{3.58}$$

중심선에서의 온도를 식 (3.58)에서 계산하고, 이 결과로 식 (3.58)을 나누면, 다음과 같은 무차원 형태의 온도분포를 얻는다.

$$\frac{T(r) - T_s}{T_o - T_s} = 1 - \left(\frac{r}{r_o}\right)^2 \tag{3.59}$$

여기서 T_o는 중심선의 온도이다. 물론 Fourier의 법칙에 식 (3.58)을 사용하여 임의 위치에서 원통의 반지름 방향으로의 열전달률을 계산할 수 있다.

표면온도 T_s를 저온유체의 온도 T_∞와 연관시키기 위해서, 표면 에너지평형이나 총합 에너지 평형을 사용할 수 있다. 두 번째 풀이방법을 선택하여 다음 식을 얻는다.

$$\dot{q}(\pi r_o^2 L) = h(2\pi r_o L)(T_s - T_\infty)$$

또는

$$T_s = T_\infty + \frac{\dot{q}r_o}{2h} \tag{3.60}$$

3.5.3 도표화된 해결법

부록 C는 균일한 에너지를 발생하는 1차원 평면형, 원통형 및 구형 등의 기하학적 형상에 적용 될 수 있는 서로 다른 표면조건의 조합들을 다루기 위해 편리하고 체계적인 과정이 수록되어 있다. 부록의 도표로 제시된 결과로부터 **제2종** 경계조건(균일한 표면열유속)과 **제3종** 경계조건(대류전달계수 h 또는 열관류계수 U에 비례하는 표면열유속)에 대한 온도분포, 열유속 그리고 열전달률을 간단히 얻을 수 있다. 부록의 내용에 익숙해지는 것을 권장한다.

3.5.4 저항 개념의 응용

열발생 효과에 대해 주의를 기울이라는 말로 논의를 마친다. 특히 이러한 효과가 존재할 때, 열전달률은 공간 좌표에 관계없이 일정하지 않다. 따라서 3.1절과 3.3절에서 전개한 열저항 개념과 이와 연관된 열전달률 방정식을 사용하는 것은 **적합하지 않다**.

예제 3.8

IHT

바깥 반지름 r_2에서는 단열되어 있고, 안쪽 반지름 r_1에서는 냉각되고 있으며, 관 내부에 균일한 열발생 $\dot{q}$(W/m^3)가 있는 긴 고체 관을 생각하자.

1. 관 내에서의 온도분포에 대한 일반해를 구하라.

2. 실제 적용에 있어 단열표면($r = r_2$)에서 허용할 수 있는 최대온도에 한계가 있을 것이다. 이 한계를 $T_{s,2}$라 정하면, 이 한계가 일반해에서 나타나는 임의의 상수들을 결정하는 데 사용할 수 있는 적절한 경계조건인 것을 확인하라. 온도

분포식의 이들 상수와 위의 조건에 대응하는 형태를 구하라.

3. 관의 단위 길이당 열제거율을 구하라.

4. 온도 T_∞의 냉각제를 사용할 수 있다면, 주어진 $T_{s,2}$와 $\dot{q}$의 값에서 운전을 허용하기 위해 안쪽 표면에서 유지되어야 하는 대류열전달계수를 나타내는 식을 구하라.

풀이

제시자료: 균일한 열발생이 있는 고체 관이 바깥 표면에서는 단열되어 있으며, 안쪽 표면에서는 냉각되고 있다.

풀이대상:

1. 온도분포 $T(r)$의 일반해.

2. 적절한 경계조건과 이 조건에 대응하는 온도분포식.

3. 열제거율.

4. 안쪽 표면에서의 대류열전달계수.

개략도:

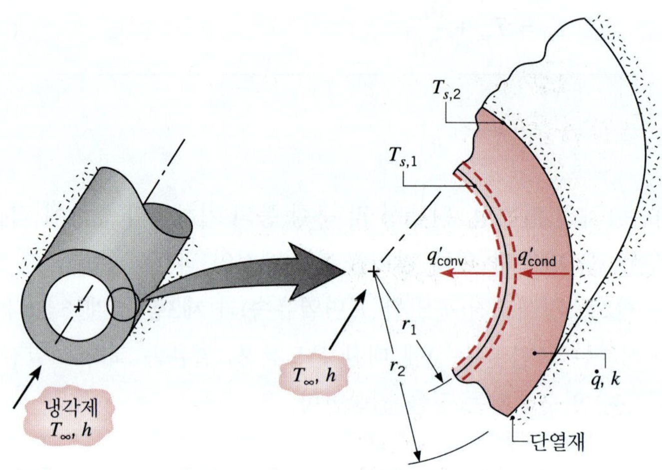

가정:

1. 정상상태 조건.

2. 반지름 방향의 1차원 전도.

3. 일정한 물성치.

4. 균일한 체적당 열발생.

5. 단열된 바깥 표면.

해석:

1. $T(r)$을 구하기 위해서 적절한 형태의 열방정식 (2.26)을 풀어야 한다. 주어진 조건에 대하여 이 식은 식 (3.54)로 간단하게 되며, 일반해는 식 (3.56)으로 주어진다. 그러므로 이 해는 속이 찬 원통(그림 3.11)뿐만 아니라, 원통형 셸(shell: 벽을 갖는 구조)에도 적용된다.

2. C_1과 C_2를 구하기 위하여 두 개의 경계조건이 필요하며, 이 문제에서는 r_2에서 두 개의 조건을 규정하는 것이 적절하

다. 주어진 온도한계를 고려하면

$$T(r_2) = T_{s,2} \tag{1}$$

이며, 단열된 바깥 표면에 Fourier의 법칙 식 (3.29)를 적용하면 다음과 같다.

$$\left.\frac{dT}{dr}\right|_{r_2} = 0 \tag{2}$$

식 (3.56)과 (1)을 이용하면 다음과 같다.

$$T_{s,2} = -\frac{\dot{q}}{4k}r_2^2 + C_1 \ln r_2 + C_2 \tag{3}$$

마찬가지로 식 (3.55)와 (2)로부터 다음과 같다.

$$0 = -\frac{\dot{q}}{2k}r_2^2 + C_1 \tag{4}$$

식 (4)로부터

$$C_1 = \frac{\dot{q}}{2k}r_2^2 \tag{5}$$

식 (3)으로부터

$$C_2 = T_{s,2} + \frac{\dot{q}}{4k}r_2^2 - \frac{\dot{q}}{2k}r_2^2 \ln r_2 \tag{6}$$

식 (5)와 (6)을 일반해 식 (3.56)에 대입하면 다음과 같다.

$$T(r) = T_{s,2} + \frac{\dot{q}}{4k}(r_2^2 - r^2) - \frac{\dot{q}}{2k}r_2^2 \ln\frac{r_2}{r} \tag{7}$$

3. r_1에서의 전도 열전달률을 구하거나 관의 총 열발생률을 구하여 열제거율을 구할 수 있다. Fourier의 법칙으로부터

$$q_r' = -k2\pi r\frac{dT}{dr}$$

따라서 식 (7)을 대입하여 r_1에서의 결과를 계산하면 다음과 같다.

$$q_r'(r_1) = -k2\pi r_1\left(-\frac{\dot{q}}{2k}r_1 + \frac{\dot{q}}{2k}\frac{r_2^2}{r_1}\right) = -\pi\dot{q}(r_2^2 - r_1^2) \tag{8}$$

또 다른 방법으로 관이 r_2에서 단열되어 있기 때문에 관에서 열이 발생되는 율은 r_1에서의 제거율과 같아야 한다. 즉, 관에 관한 검사체적에 대하여 에너지보존의 필요조건 식 (1.12c)는 $\dot{E}_g - \dot{E}_{\text{out}} = 0$으로 간략하게 된다. 여기서 $\dot{E}_g = \dot{q}\pi(r_2^2 - r_1^2)L$이고, $\dot{E}_{\text{out}} = q'_{\text{cond}}L = -q_r'(r_1)L$이다. 따라서 다음과 같이 된다.

$$q_r'(r_1) = -\pi\dot{q}(r_2^2 - r_1^2) \tag{9}$$

4. 에너지보존의 필요조건 식 (1.13)을 안쪽 표면에 적용하면 다음과 같다.

$$q'_{\text{cond}} = q'_{\text{conv}}$$

또는

$$\pi\dot{q}(r_2^2 - r_1^2) = h2\pi r_1(T_{s,1} - T_\infty)$$

따라서

$$h = \frac{\dot{q}(r_2^2 - r_1^2)}{2r_1(T_{s,1} - T_\infty)} \tag{10}$$

여기서 $T_{s,1}$은 식 (7)에 $r = r_1$을 대입하여 구할 수 있다.

부가설명:

1. 해석 3에서 Fourier의 법칙의 적용을 통해 식 (8)에서 $q'_r(r_1)$의 부호는 음이며, 이것은 음의 r 방향으로 열이 흐르는 것을 의미한다는 것에 주목하자. 이때 에너지평형을 적용하면 벽에서 밖으로 열이 흐른다고 할 수 있다. 그러므로 q'_{cond}를 $-q'_r(r_1)$로 표시했으며, $(T_\infty - T_{s,1})$보다는 $(T_{s,1} - T_\infty)$의 항으로 q'_{conv}를 나타내었다.

2. 앞의 해석 결과는 최대 관 온도 $T_{s,2}$를 주어진 값 이하로 유지하는 데 필요한 대류열전달계수를 결정하는 것에 이용할 수 있을 것이다. 열전도율 $k = 5$ W/m·K, 안쪽 및 바깥 반지름이 각각 $r_1 = 20$ mm 및 $r_2 = 25$ mm, 최대 허용온도 $T_{s,2} = 350$°C인 관을 고려하자. 관의 열발생률 $\dot{q} = 5 \times 10^6$ W/m^{3}이고 냉각제의 온도는 $T_\infty = 80$°C이다. 식 (7)로부터 $T(r_1) = T_{s,1} = 336.5$°C를 얻어, 식 (10)에 대입하면 필요한 대류열전달계수 $h = 110$ W/m^2·K를 얻는다. *IHT Workspace*를 사용하여, 최대 관 온도에 대한 대류열전달계수와 열발생률의 영향을 결정하기 위하여 매개변수 계산을 수행할 수 있다. 그리고 결과를 세 종류의 $\dot{q}$값에 대해 h의 함수로서 그래프로 나타낸다.

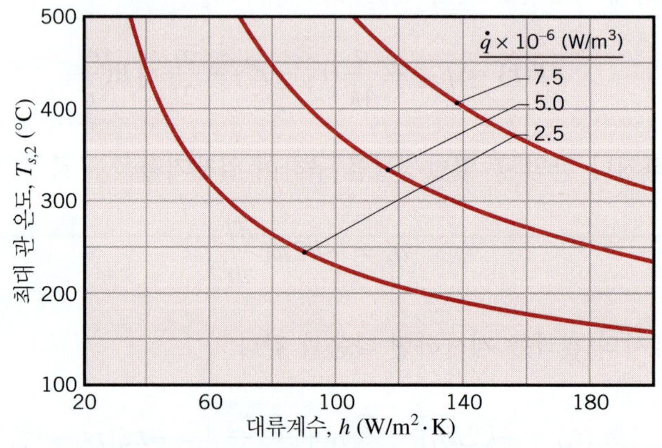

각 열발생률에 대해 $T_{s,2} \le 350$°C를 유지하는 데 필요한 h의 최소값을 그래프로부터 결정할 수 있다.

3. 온도분포식 (7)은 부록 C의 결과를 사용하여 역시 얻을 수 있다. $r = r_1$에서 표면 에너지평형을 적용하여 $q(r_1) = -\dot{q}\pi(r_2^2 - r_1^2)L$을 구하고, $(T_{s,2} - T_{s,1})$은 식 (C.8)로부터 구할 수 있다. 이 결과를 식 (C.2)에 대입하여 $T_{s,1}$을 소거하고 원하는 식을 구한다.

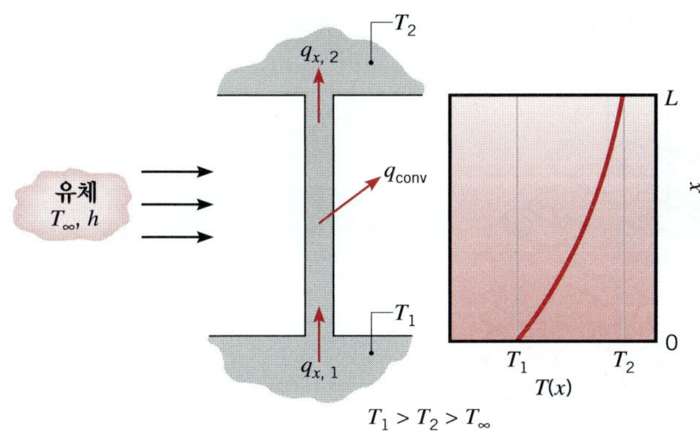

그림 3.12 구조 요소 내에서 전도와 대류의 복합.

3.6 확장표면에서의 열전달

확장표면(extended surface)이란 말은 일반적으로 고체 내에서 전도에 의한 열전달과 고체의 경계로부터 대류(및/또는 복사)에 의한 열전달을 포함하는 특별한 경우를 표현하는 데 사용된다. 지금까지 고체의 경계로부터의 열전달은 고체 내에서 전도에 의한 열전달과 같은 방향이라고 생각해 왔다. 대조적으로 확장표면에 대해서는 경계로부터의 열전달 방향은 고체 내에서 열전달의 주 방향에 수직이 된다.

온도가 다른 두 벽에 연결되어 있고 유체가 가로질러 흐르고 있는 지지대를 고려하자(그림 3.12). $T_1 > T_2$이면, 방향의 온도구배는 지지대 내에서 전도에 의한 열전달을 유지시킨다. 그러나 $T_1 > T_2 > T_\infty$이면 유체로 대류에 의한 열전달이 동시에 일어나 q_x를 야기하며, 따라서 온도구배의 크기 $|dT/dx|$는 x가 증가함에 따라 감소한다.

전도와 대류가 결합된 효과를 포함하는 다른 경우가 많이 있지만, 가장 흔한 응용은 특히 고체와 이에 인접한 유체 사이에서 열전달률을 **증가**시키기 위하여 확장표면을 사용하는 것이다. 이러한 확장표면을 **휜**(fin)이라 한다.

그림 3.13*a*의 평면벽을 고려하자. 만일 T_s가 고정되어 있다면, 열전달률을 증가시킬 수 있는 방법에는 두 가지가 있다. 유체속도를 증가시킴으로써 대류열전달계수 h를 증가시킬 수 있는 것과 유체온도 T_∞를 낮출 수 있는 것이다. 그러나 h를 가능한 최대값으로 증가시키는 것으로는 원하는 열전달률을 얻는 데 불충분하거나, 부수되는 비용이 너무 비싼 것 등 여러 상황이 있을 수 있다. 이러한 비용은 유체운동을 증가시켜 h를 증가시키는 데 필요한 송풍기나 펌프 구동력 요구와

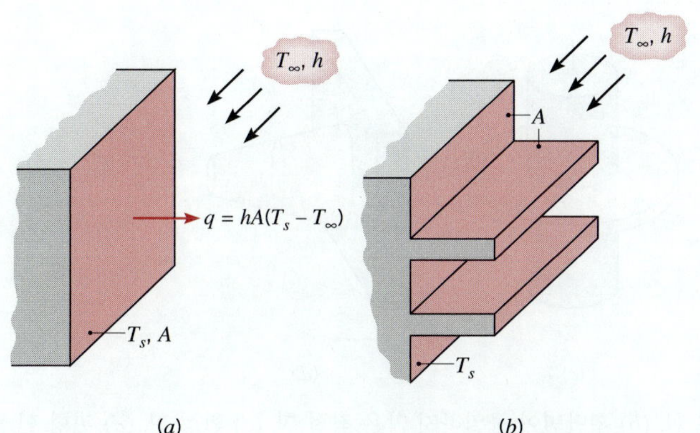

그림 3.13 평면벽으로부터 열전달을 증가시키기 위한 휜의 사용. (*a*) 휜이 부착되지 않은 표면. (*b*) 휜이 부착된 표면.

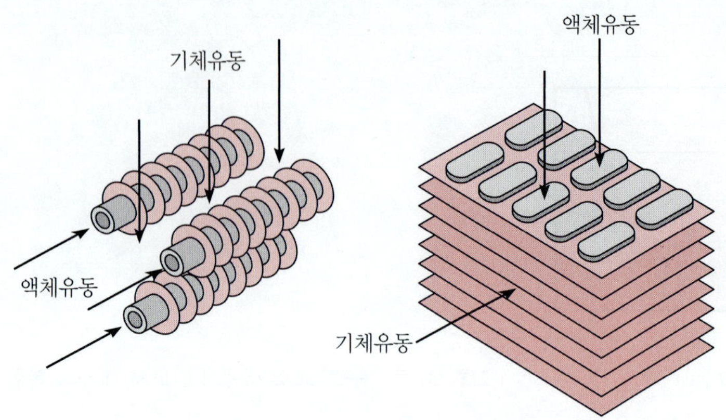

그림 3.14 휜이 부착된 대표적인 열교환기의 개략도.

관련된다. 또한 T_∞를 감소시키는 두 번째 방법은 비현실적인 경우가 많다. 그러나 그림 3.13*b*를 검토해 보면, 세 번째의 방법이 있음을 알 수 있다. 즉 대류가 일어나는 표면적을 증가시켜 열전달률을 증가시킬 수 있다. 이를 위하여 벽으로부터 주위 유체로 **확장된**(extended) **휜**을 사용한다. 휜 재료의 열전도율은 휜의 온도분포에 큰 영향을 주므로, 열전달률이 증가되는 정도에 영향을 미친다. 이상적으로, 휜 재료의 열전도율은 충분히 커서 휜 바탕으로부터 휜 끝까지의 온도변화를 최소로 할 수 있어야 한다. 극단적으로 열전도율이 무한대로 클 때 휜 전체의 온도는 휜 바탕 표면 온도와 같게 되므로 가능한 최대의 열전달이 일어난다.

우리는 이미 여러 가지 휜의 응용에 익숙해져 있다. 오토바이와 잔디 깎는 기계의 엔진 케이스 또는 전력 변압기를 냉각시키기 위한 배열을 생각해 보자. 또한 공기와 공기 조화기의 작동 유체 사이에서의 열교환을 촉진시키기 위하여 사용되는 휜이 부착된 관도 생각할 수 있다. 휜이 부착된 일반적인 두 가지 관 배열을 그림 3.14에 나타내었다.

여러 가지의 휜 형상을 그림 3.15에 나타내었다. **직선 휜**(straight fin)은 **평면벽**에 부착된 확장표면이다. 직선 휜의 단면적은 일정한 것 또는 벽으로부터의 거리 x에 따라 변하는 것이 있다. **환형 휜**(annular fin)은 원통에 원주 방향으로 부착된 것이며, 그 단면은 원통 중심선으로부터의 반지름에 따라 변한다. 앞에 언급한 휜의 형태들은 사각형 단면을 가지며, 그 단면적이 직선 휜에서는 두께 t와 폭 w의 곱이며, 환형 휜에서는 두께 t와 원둘레 $2\pi r$의 곱이 된다. 이와는 달리 **핀형 휜**(pin fin) 또는 **가시형 휜**(spine fin)은 단면이 원형인 확장표면이다. 핀형 휜 역시 단면적이 일

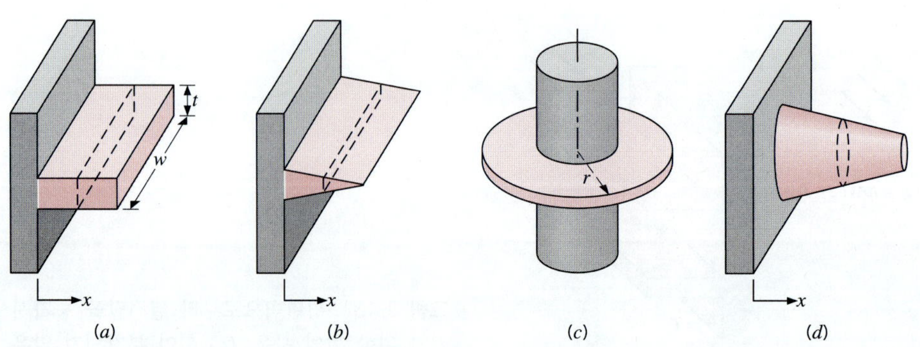

그림 3.15 휜의 형상. (*a*) 횡단면이 균일한 직선 휜. (*b*) 횡단면이 균일하지 않은 직선 휜. (*c*) 환형 휜. (*d*) 핀형 휜.

정할 수도 있고, 일정하지 않을 수도 있다. 어떤 적용에 있어서 특별한 휜 형태의 선택은 휜이 표면 대류열전달계수를 감소시키는 정도와 휜을 통과하는 흐름과 연관된 압력강하를 증가시키는 정도뿐만 아니라, 공간, 무게, 제작 그리고 비용조건들에 의해 지배될 수 있다.

3.6.1 일반적인 전도 해석

공학자로서 특수한 확장표면이나 휜 배열이 표면으로부터 주위 유체로의 열전달을 얼마나 개선시킬 수 있는가에 관심을 갖는 것은 당연하다. 휜과 연관된 열전달률을 구하기 위해서 먼저 휜의 온도분포를 알아야 한다. 앞에서 계에 대하여 적용한 것처럼, 적절한 미소 요소에 에너지평형을 적용하는 것으로 시작하자. 그림 3.16의 확장표면을 고려하자. 적절한 가정을 설정하면 해석이 간단해진다. 비록 휜 내에서 전도가 실제로는 2차원적이지만, 축방향(x-)의 1차원 조건으로 가정한다. 휜 표면의 임의점에서 유체로 대류되는 에너지율은 횡단(y-, z-) 방향에서 전도에 의하여 휜 표면의 임의의 점에 도달하는 에너지율과 같아야 한다. 그러나 실제로 휜은 얇고 축방향의 온도변화가 횡단 방향의 온도변화보다 훨씬 크다. 그러므로 x 방향의 1차원 전도로 가정할 수 있다. 정상상태 조건으로 고려하고, 열전도율은 일정하며, 표면으로부터의 복사는 무시할 수 있으며, 열발생이 없고, 대류열전달계수 h가 표면 전체에 걸쳐 일정하다고 가정한다.

그림 3.16의 미소 요소에 대하여 에너지보존의 요구조건 식 (1.12c)를 적용하면 다음 식을 얻는다.

$$q_x = q_{x+dx} + dq_{\text{conv}} \tag{3.61}$$

Fourier의 법칙으로부터 다음과 같다.

$$q_x = -kA_c \frac{dT}{dx} \tag{3.62}$$

여기서 A_c는 **횡단면적**(cross-sectional area)이며, x에 따라 변할 수 있다. $x + dx$에서의 전도 열전달률은 다음과 같이 표현할 수 있다.

$$q_{x+dx} = q_x + \frac{dq_x}{dx} dx \tag{3.63}$$

따라서 다음과 같다.

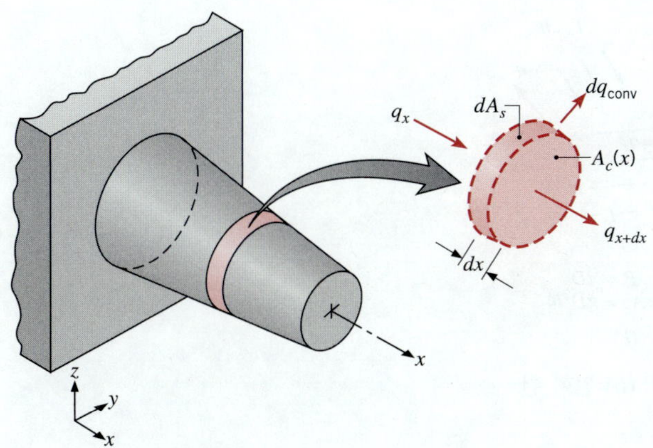

그림 3.16 확장표면에 대한 에너지평형.

$$q_{x+dx} = -kA_c \frac{dT}{dx} - k\frac{d}{dx}\left(A_c \frac{dT}{dx}\right)dx \tag{3.64}$$

대류열전달률은 다음과 같이 나타낼 수 있다.

$$dq_{\text{conv}} = hdA_s(T - T_\infty) = hPdx(T - T_\infty) \tag{3.65}$$

여기서 dA_s는 미소 요소의 **표면적** dA_s는 미소요소의 표면족이고 P는 주위길이(perimeter)이다. 앞의 열전달률식들을 에너지평형식 (3.61)에 대입하면 다음 식을 얻는다.

$$\frac{d}{dx}\left(A_c \frac{dT}{dx}\right) - \frac{hP}{k}(T - T_\infty) = 0$$

또는

$$\frac{d^2T}{dx^2} + \left(\frac{1}{A_c}\frac{dA_c}{dx}\right)\frac{dT}{dx} - \frac{hP}{kA_c}(T - T_\infty) = 0 \tag{3.66}$$

이 결과는 확장표면에 대한 에너지방정식의 일반적인 형태가 된다. 적절한 경계조건에 대한 이 에너지방정식의 해는 온도분포를 제공하여 주며, 식 (3.62)에 이 온도분포식을 이용하면 임의 x에서 전도 열전달률을 계산할 수 있다.

3.6.2 횡단면적이 균일한 휜

식 (3.66)을 풀기 위해서는 형상을 더 명확하게 정의하여야 할 필요가 있다. 단면적이 일정한 가장 간단한 경우인 직사각형 휜과 핀형 휜을 먼저 고려하자(그림 3.17). 각각의 휜은 온도 $T(0) = T_b$인 바탕 표면에 붙어 있으며, 온도 T_∞인 유체 내로 확장되어 있다.

주어진 휜에서 A_c와 P는 일정하다. 따라서 $dA_c/dx = 0$이므로, 식 (3.66)은 다음과 같이 간단하게 된다.

$$\frac{d^2T}{dx^2} - \frac{hP}{kA_c}(T - T_\infty) = 0 \tag{3.67}$$

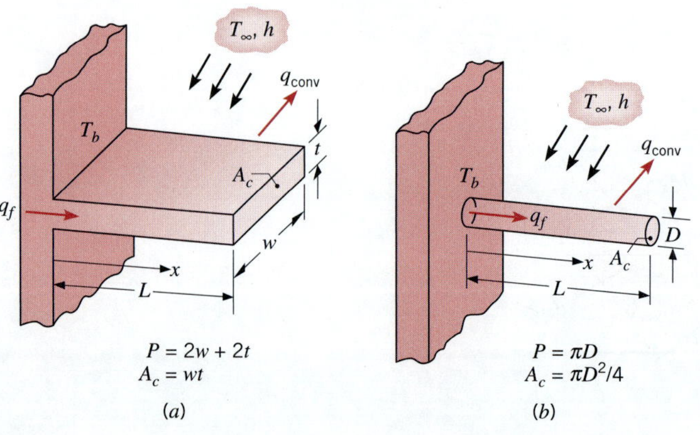

그림 3.17 횡단면이 균일한 직선 휜. (*a*) 사각형 휜. (*b*) 핀형 휜.

이 식의 형태를 간단하게 하기 위하여 **초과온도**(excess temperature)를 다음 식과 같이 정의하여 종속변수를 변환시킨다.

$$\theta(x) \equiv T(x) - T_\infty \tag{3.68}$$

여기서 T_∞는 일정하므로, $d\theta/dx = dT/dx$이다. 식 (3.68)을 (3.67)에 대입하여 다음 식을 얻는다.

$$\frac{d^2\theta}{dx^2} - m^2\theta = 0 \tag{3.69}$$

여기서

$$m^2 \equiv \frac{hP}{kA_c} \tag{3.70}$$

식 (3.69)는 일정한 계수를 갖는 선형 동차 2계 미분방정식이다. 이것의 일반해는 다음 형태와 같다.[1]

$$\theta(x) = C_1e^{mx} + C_2e^{-mx} \tag{3.71}$$

식 (3.71)의 상수 C_1과 C_2를 구하기 위하여, 적절한 경계조건을 규정하는 것이 필요하다. 첫 번째 경계조건은 휜의 바탕(base, '베이스'라고도 함)($x = 0$)에서의 온도의 항으로 규정할 수 있으며 다음과 같이 표현된다.

$$\theta(0) = T_b - T_\infty \equiv \theta_b \tag{3.72}$$

두 번째 경계조건은 휜의 끝(tip)($x = L$)에서 규정되며, 다음 네 개의 다른 물리적 상황 중 어느 하나에 해당한다.

첫 번째 조건인 경우 A는 휜의 끝에서 대류열전달이 생기는 경우이다. 에너지평형을 이 끝 주위의 검사면(그림 3.18)에 적용하여 다음 식을 얻는다.

$$hA_c[T(L) - T_\infty] = -kA_c \left.\frac{dT}{dx}\right|_{x=L}$$

또는

$$h\theta(L) = -k\left.\frac{d\theta}{dx}\right|_{x=L} \tag{3.73}$$

즉 휜의 끝으로부터 대류에 의하여 유체로 전달된 에너지율은 휜을 통해 전도에 의하여 휜의 끝에 도달하는 에너지율과 같아야 한다. 식 (3.71)을 (3.72)와 (3.73)에 대입하면 각각 다음 식을 얻는다.

$$\theta_b = C_1 + C_2 \tag{3.74}$$

[1] 직접 대입하여 봄으로써 식 (3.71)이 식 (3.69)의 해임을 확인할 수 있다.

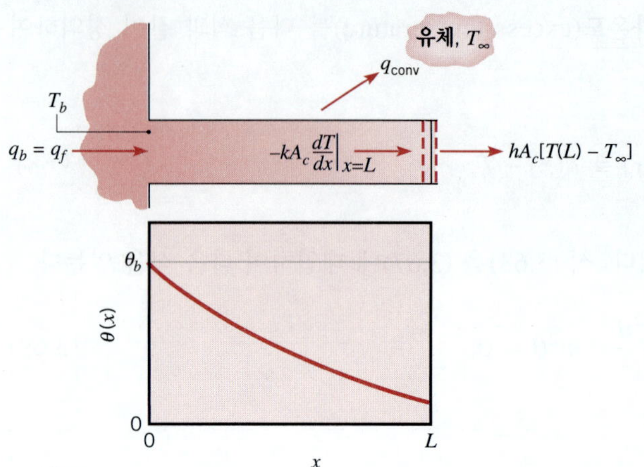

그림 3.18 횡단면이 균일한 휜에서의 전도와 대류.

그리고

$$h(C_1 e^{mL} + C_2 e^{-mL}) = km(C_2 e^{-mL} - C_1 e^{mL})$$

C_1과 C_2를 구하여 정리하면 다음 식과 같다.

$$\frac{\theta}{\theta_b} = \frac{\cosh m(L-x) + (h/mk)\sinh m(L-x)}{\cosh mL + (h/mk)\sinh mL} \tag{3.75}$$

이 온도분포의 형태를 도식적으로 그림 3.18에 나타내었다. 온도구배의 크기는 x가 증가함에 따라 감소하는 것에 주목하자. 이러한 경향은 휜 표면으로부터의 계속적인 대류 손실로 인하여 x가 증가함에 따라 전도 열전달률 $q_x(x)$가 감소한 결과이다.

특히 전체 휜으로부터 전달되는 열전달량이 궁극적인 관심사항이다. 그림 3.18로부터 휜의 열전달률 q_f는 두 가지 다른 방법으로 구할 수 있으며, 이 두 가지 방법 모두 온도분포를 이용한다. 더 간단한 방법은 휜의 바탕에 Fourier의 법칙을 적용하는 것이다. 즉

$$q_f = q_b = -kA_c \frac{dT}{dx}\Big|_{x=0} = -kA_c \frac{d\theta}{dx}\Big|_{x=0} \tag{3.76}$$

그러므로 온도분포 $\theta(x)$를 안다면, 다음 식과 같이 주어지는 q_f를 구할 수 있다.

$$q_f = \sqrt{hPkA_c}\,\theta_b \frac{\sinh mL + (h/mk)\cosh mL}{\cosh mL + (h/mk)\sinh mL} \tag{3.77}$$

다르게 말하면 에너지보존이란 휜으로부터 대류에 의하여 전달되는 열전달률은 휜의 바탕을 통해 전도되는 열전달률과 같아야 한다는 것을 뜻한다. 따라서 q_f에 대한 다른 공식은 다음과 같다.

$$q_f = \int_{A_f} h[T(x) - T_\infty]\, dA_s$$

$$q_f = \int_{A_f} h\theta(x)\, dA_s \tag{3.78}$$

여기서 A_f는 휜의 끝을 포함하는 **휜의 전체 표면적**이다. 식 (3.78)에 (3.75)를 대입하면 식 (3.77)을 얻을 수 있다. 식 (3.75)와 (3.77)은 표 3.4에 제시되고 있다. 여기서 $M = \sqrt{hPkA_c}\,\theta_b$ 이다.

표 3.4 횡단면이 균일한 휜에 대한 온도분포와 열손실

경우	휜 끝에서의 조건 $(x = L)$	온도분포 θ/θ_b	휜 열전달률 q_f
A	대류열전달: $h\theta(L) = -kd\theta/dx\vert_{x=L}$	$\dfrac{\cosh m(L-x) + (h/mk)\sinh m(L-x)}{\cosh mL + (h/mk)\sinh mL}$ (3.75)	$M\dfrac{\sinh mL + (h/mk)\cosh mL}{\cosh mL + (h/mk)\sinh mL}$ (3.77)
B	단열: $d\theta/dx\vert_{x=L} = 0$	$\dfrac{\cosh m(L-x)}{\cosh mL}$ (3.80)	$M \tanh mL$ (3.81)
C	규정된 온도: $\theta(L) = \theta_L$	$\dfrac{(\theta_L/\theta_b)\sinh mx + \sinh m(L-x)}{\sinh mL}$ (3.82)	$M\dfrac{(\cosh mL - \theta_L/\theta_b)}{\sinh mL}$ (3.83)
D	무한 휜$(L \to \infty)$: $\theta(L) = 0$	e^{-mx} (3.84)	M (3.85)
$\theta \equiv T - T_\infty$ $\theta_b = \theta(0) = T_b - T_\infty$	$m^2 \equiv hP/kA_c$ $M \equiv \sqrt{hPkA_c}\,\theta_b$		쌍곡선함수에 대한 표는 부록 B.1에 수록되어 있다.

두 번째 휜의 끝 조건인 경우 B는 휜 끝으로부터의 대류 열손실을 무시할 수 있다고 가정한 것으로, 이 경우에 대해서는 휜 끝이 단열된 것으로 취급할 수 있으며, 다음 식으로 나타낼 수 있다.

$$\left.\frac{d\theta}{dx}\right|_{x=L} = 0 \tag{3.79}$$

위 식에 식 (3.71)을 대입하고, m으로 나누면 다음 식을 얻는다.

$$C_1e^{mL} - C_2e^{-mL} = 0$$

위 식과 식 (3.74)를 이용하여 C_1과 C_2를 계산하고 그 결과를 식 (3.71)에 대입하면 표 3.4의 식 (3.80)과 가터 휜의 온도분포를 얻을 수 있다. 식 (3.80)을 식 (3.76)에 대입하면 휜 열전달율은 표 3.4의 식 (3.81)과 같이 구해진다.

같은 방법으로 휜 끝의 온도가 주어진 경우 C에 대해서도 온도분포와 열전달율을 얻을 수 있다. 즉, 두번째 경계조건은 $\theta(L) = \theta_L$이고, 온도분포와 열전달율은 각각 표 3.4의 식 3.82와 식 3.83과 같다. 경우 D는 매우 긴 휜의 경우인데 앞의 결과를 확장한 흥미로운 확장을 보여준다. 즉, $L \to \infty$이면 $\theta_L \to 0$이므로 휜 온도와 열전달율은 표 3.4의 식 (3.84)와 식 (3.85)와 같이 손쉽게 구할 수 있다.

예제 3.9

지름이 5 mm인 매우 긴 막대의 한 끝이 100°C로 유지되어 있다. 막대의 표면은 대류열전달계수가 100 W/m^2·K인 25°C의 주위 공기에 노출되어 있다.

1. 순수 구리, 2024 알루미늄 합금 그리고 AISI 316 스테인리스강으로 만든 막대의 길이방향 온도분포를 구하라. 각각의 막대로부터의 열손실은 얼마인가?
2. 열손실을 정확히 추정하기 위하여 막대의 **길이가 무한하다**고 가정하려면 막대는 얼마나 길어야 하는지 계산하라.

풀이

제시자료: 주위 공기에 노출된 긴 원형 막대.

풀이대상:

1. 막대를 구리, 알루미늄 합금, 또는 스테인리스강으로 만들었을 때의 온도분포와 열손실.
2. 막대가 무한히 길다고 가정하려면 막대는 얼마나 길어야 하는가?

개략도:

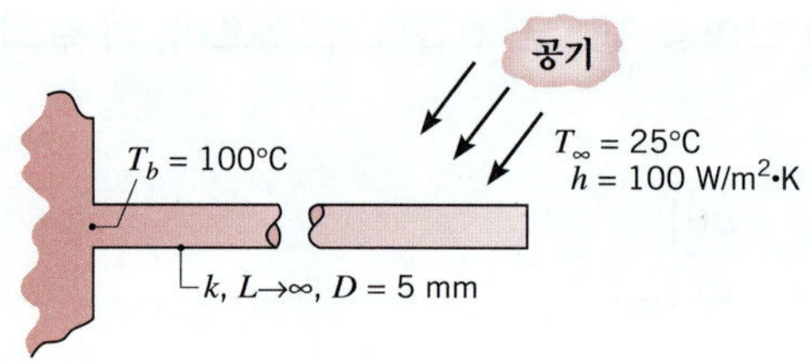

가정:

1. 정상상태 조건.
2. 막대의 길이 방향으로의 1차원 전도.
3. 일정한 물성치.
4. 주위와의 복사 열교환은 무시.
5. 열전달계수가 균일함.
6. 무한히 긴 막대.

물성치: 표 A.1에서 구리[$T = (T_b + T_\infty)/2 = 62.5°C \approx 335$ K]: $k = 398$ W/m·K. 표 A.1에서 2024 알루미늄(335 K): $k = 180$ W/m·K. 표 A.1에서 스테인리스강 AISI 316(335 K): $k = 14$ W/m·K.

해석:

1. 무한히 긴 휜의 가정에 근거하여 온도분포는 다음과 같이 나타낼 수 있는 식 (3.84)로부터 구해진다.

$$T = T_\infty + (T_b - T_\infty)e^{-mx}$$

여기서 $m = (hP/kA_c)^{1/2} = (4h/kD)^{1/2}$이다. 구리, 알루미늄 합금 및 스테인리스강의 열전도율뿐만 아니라 h와 D를 대입하면 m의 값은 각각 14.2, 21.2 및 75.6 m^{-1}이 된다. 따라서 온도분포를 계산하여 도면으로 나타내면 다음과 같다.

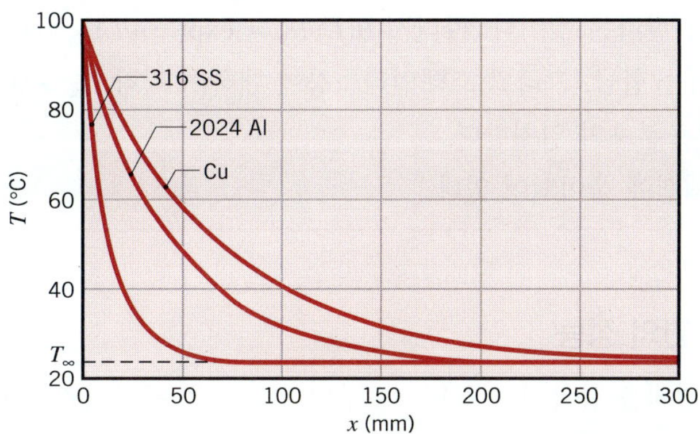

이들 온도분포로부터 스테인리스강, 알루미늄 합금 및 구리에 대하여 막대의 길이를 각각 50, 200 및 300 mm 이상으로 더 길게 하더라도 부가적인 열전달은 거의 없다는 것이 분명하다.

식 (3.85)로부터 열손실은 다음과 같다.

$$q_f = \sqrt{hPkA_c}\,\theta_b$$

따라서 구리에 대하여

$$q_f = \left[100\ \text{W/m}^2\cdot\text{K} \times \pi \times 0.005\ \text{m} \times 398\ \text{W/m}\cdot\text{K} \times \frac{\pi}{4}(0.005\ \text{m})^2\right]^{1/2}(100-25)°\text{C}$$
$$= 8.3\,\text{W} \qquad \triangleleft$$

마찬가지로 알루미늄 합금과 스테인리스강에 대하여 열손실률은 각각 $q_f = 5.6$ W와 1.6 W이다.

2. 무한한 길이의 휜에 대한 가정은 식 (3.81)과 (3.85)를 비교함으로써 타당성을 평가할 수 있다. tanh $mL \geq 0.99$, 즉 $mL \geq 2.65$이면 두 식들은 거의 동일한 결과를 주어 만족할 만한 근사값을 제공한다. 따라서 휜의 길이가 다음 식을 만족한다면 무한히 길다고 가정할 수 있다.

$$L \geq L_\infty \equiv \frac{2.65}{m} = 2.65\left(\frac{kA_c}{hP}\right)^{1/2}$$

구리에 대하여

$$L_\infty = 2.65\left[\frac{398\ \text{W/m}\cdot\text{K}\times(\pi/4)(0.005\ \text{m})^2}{100\ \text{W/m}^2\cdot\text{K}\times\pi(0.005\ \text{m})}\right]^{1/2} = 0.19\ \text{m} \qquad \triangleleft$$

알루미늄 합금과 스테인리스강에 대한 결과는 각각 $L_\infty = 0.13$ m와 $L_\infty = 0.04$ m이다.

부가설명:

1. 앞의 결과는 만일 $mL \geq 2.65$이라면, 휜의 열전달률을 무한히 긴 휜에 대한 열전달률 근사값으로부터 정확하게 예측할 수 있다는 것을 시사한다. 그러나 무한히 긴 휜에 대한 온도분포 근사값이 온도분포 $T(x)$를 정확하게 예측하는 것이라면 mL의 값은 더 큰 값을 필요로 할 것이다. 이 값은 식 (3.84)로부터 추론할 수 있으며 필요조건은 휜 끝의 온도

가 유체 온도에 매우 가까워야 한다는 것이다. 따라서 $\theta(L)/\theta_b = \exp(-mL) < 0.01$이기 위해서는 $mL > 4.6$이 되어야 하고, 이 경우 구리, 알루미늄 합금, 그리고 스테인리스강에 대하여 각각 $L_\infty \approx 0.33$, 0.23, 그리고 0.07 m이다. 이들 결과는 해석 1에 나타낸 온도분포와 일치한다.

2. 이 예제는 *IHT*의 *Advanced* 섹션에 풀이되어 있다.

3.6.3 휜의 성능

유효 표면적을 증가시켜 표면으로부터 열전달을 증가시키는 데 휜을 사용한다는 것을 상기하자. 그러나 휜 자체는 전도 저항을 가진다. 이러한 이유로 휜 사용이 열전달을 항상 증가시킨다는 것을 보장하지는 않는다.

휜유용도와 휜저항 휜의 성능을 평가하는 하나의 방법은 휜유용도(또는 휜유효라고도 함) ε_f를 구하는 일이다. 휜유용도는 **휜으로의 열전달율과 휜이 없을 때의 열전달율의 비로서 정의된다**. 즉

$$\varepsilon_f = \frac{q_f}{hA_{c,b}\theta_b} \tag{3.86}$$

여기서 $A_{c,b}$는 휜 바탕에서의 횡단면적이다. 일반적으로 휜의 사용은 $\varepsilon_f \gtrsim 2$일 때만 유효하다.

3.6.2절에서 고려한 4가지 휜 끝(tip) 조건에 따른 결과에서, 균일 단면적을 가진 휜의 유용도는 각 q_f를 $hA_{c,b}\theta_b$로 나누어 줌으로써 구할 수 있다.[2] 예를 들어 무한히 긴 휜(표 3.4의 Case D)에서, 휜 표면에서의 대류열전달계수가 휜이 없는 경우와 동일한 조건에서, 다음과 같다.

$$\varepsilon_f = \left(\frac{kP}{hA_c}\right)^{1/2} \tag{3.87}$$

이 결과로부터 몇 가지 중요한 경향을 추론할 수 있다. 열전도율이 높은 재료를 사용하면 분명히 휜유용도를 향상시킬 수 있다. 알루미늄 합금과 구리를 생각해 볼 때, 비록 구리가 열전도율의 관점에서는 유리할지라도 가격이 저렴하고 무게가 가볍다는 것과 연관된 부가적인 이점 때문에 알루미늄 합금이 더 일반적으로 선택된다. 또한 횡단면적에 대한 둘레길이의 비율을 증가시키면 휜 유용도가 향상된다. 이런 이유로 인하여 휜 사이에서의 흐름이 심하게 방해를 받아 대류열전달계수가 감소되는 정도로 휜 간격을 감소시키지 않는다는 조건하에서 휜은 **얇으면서** 휜 사이 간격이 좁은 것이 좋다.

식 (3.87)은 대류열전달계수 h가 작은 쪽에 휜을 사용하는 것이 더욱 유리할 수 있다는 것을 보여 준다. 따라서 표 1.1에서 보는 바와 같이 유체가 액체일 때보다는 기체일 때 그리고 특히 표면 열전달이 자유대류에 의하여 일어날 때, 휜에 대한 필요성이 더 크다는 것이 분명하다. 기체와 액체를 분리시키는 표면에 휜을 사용한다면, 대류열전달계수가 더 작은 기체 쪽에 일반적으로 휜을 설치한다. 흔한 예로 자동차 라디에이터에 있는 관을 들 수 있다. 휜을 주위 공기의 흐름(작은 h)이 있는 관의 바깥 표면에 설치하고, 물의 흐름(큰 h)이 있는 안쪽 표면에는 설치하지 않는다.

[2] 휜을 설치함으로써 표면 대류계수가 달라지겠지만 보통 이 효과는 무시한다.

$\varepsilon_f > 2$가 휜의 설치를 정당화하는 기준으로서 사용된다면 식 (3.87)은 $(kP/hA_c) > 4$인 조건이 된다.

식 (3.87)은 L을 무한대로 했을 때 도달되는 ε의 상한값을 제공한다. 그러나 열전달을 최대로 증가시키기 위하여 매우 긴 휜을 사용할 필요는 없다. 휜 끝에서의 단열조건을 고려한다면, 예제 3.9는 $mL = 2.65$일 때 가능한 최대 열전달률의 99%를 얻을 수 있다는 것을 말해 준다. 따라서 휜을 $L = 2.65/m$을 초과하여 확장하는 것은 별로 의미가 없다.

휜의 성능은 열저항의 항으로 또한 정량화할 수 있다. 구동 포텐셜로서 휜의 바탕과 유체 온도 사이의 차이를 취급하여, **휜저항**(fin resistance)을 다음과 같이 정의할 수 있다.

$$R_{t,f} = \frac{\theta_b}{q_f} \tag{3.88}$$

이 결과는 특히 휜이 부착된 표면을 열회로에 의해 나타낼 때 매우 유용하다. 휜 끝의 소선에 따라 q_f에 대한 적절한 식은 표 3.4로부터 얻을 수 있다는 것에 주목하자.

면유체에 노출된 바탕면으로 인한 열저항은

$$R_{t,b} = \frac{1}{hA_{c,b}} \tag{3.89}$$

면식 (3.86)과 (3.88)을 결합하면 다음과 같다.

$$\varepsilon_f = \frac{R_{t,b}}{R_{t,f}} \tag{3.90}$$

따라서 휜유용도는 열저항의 비율로서 나타낼 수 있으며, ε_f를 증가시키기 위하여 휜의 전도/대류 저항을 감소시키는 것이 필요하다. 휜이 열전달을 증가시키기 위한 것이라면, 휜의 열저항이 노출된 바탕의 열저항보다 커서는 안 된다.

휜효율 휜의 성능을 측정하는 또 다른 방법은 휜효율 η_f를 사용하는 것이다. 휜효율을 정의하는 논리적 방법은 실제 열전달율 q_f를 가능한 최대 열전달율로 나누는 것이다. 휜에서의 최대 열전달율은 휜 전체가 바탕 온도 T_b와 같을 때 이루어진다. 따라서

$$n_f \equiv \frac{q_f}{q_{\max}} = \frac{q_f}{hA_f(T_b - T_\infty)} = \frac{q_f}{hA_f\theta_b} \tag{3.91}$$

여기서 A_f는 휜의 표면적이다. 횡단면적이 균일하고 휜 끝이 단열된 직선 휜에 대하여 식 (3.81)과 (3.91)은 다음과 같다.

$$\eta_f = \frac{M \tanh mL}{hPL\theta_b} = \frac{\tanh mL}{mL} \tag{3.92}$$

표 B.1을 참조하면, 이 결과는 L이 0과 ∞에 접근함에 따라 η_f가 각각 최대값인 1과 최소값인 0에

접근한다는 것을 말해 준다. 휜효율을 알면 식 (3.88)과 (3.91)에 의하여 휜저항을 구할 수 있다.

$$R_{t,f} = \frac{1}{hA_f\eta_f} \tag{3.93}$$

수정 휜 길이 식 (3.77)은 활성의 휜 끝(대류열전달이 있는 휜 끝)을 가진 직선 사각형 휜의 열전달율에 대한 다소 복잡한 식을 보여주고 있다. 식 (3.81) 단열 휜 끝의 결과에 사각형 휜의 경우 $L_c = L_1 + (t/2)$, 핀 휜의 경우 $L_c = L_1 + (D/4)$를 사용하면 활성 휜 끝에 대해 근사적이지만 정확한 결과를 구할 수 있다[14]. 이는 휜 끝에서 대류열전달이 일어나는 실제 휜으로부터의 열전달과 휜 끝이 단열된 수정된 길이만큼 더 긴 휜으로부터의 열전달이 같다는 가정에 입각한 것이다. 따라서 휜 끝에서 대류열전달이 일어나는 휜에서의 휜 열전달률은 다음과 같이 근사화할 수 있다.

$$q_f = M \tanh mL_c \tag{3.94}$$

그리고 이에 대응하는 휜효율은 다음과 같다.

$$\eta_f = \frac{\tanh mL_c}{mL_c} \tag{3.95}$$

(ht/k) 또는 $(hD/2k) \leqslant 0.0625$이면, 근사화와 연관된 오차는 무시할 수 있다[15].

사각형 휜의 폭이 두께보다 매우 크다면, 즉 $w \gg t$라면, 둘레길이를 $P = 2w$로 근사화할 수 있고, 다음과 같이 쓸 수 있다.

$$mL_c = \left(\frac{hP}{kA_c}\right)^{1/2} L_c = \left(\frac{2h}{kt}\right)^{1/2} L_c$$

분자와 분모에 $L_c^{1/2}$를 곱하고, 수정된 휜의 종단면적(profile area) $Ap = L_c t$를 도입하면 다음과 같다.

$$mL_c = \left(\frac{2h}{kA_p}\right)^{1/2} L_c^{3/2} \tag{3.96}$$

따라서 그림 3.19에 나타낸 것처럼 휜 끝에서 대류열전달이 일어나는 직사각형 휜의 효율은 $L_c^{3/2}(h/kA_p)^{1/2}$의 함수로 나타낼 수 있다. 동일한 함수적 관련성은 그림 3.19와 3.20에 나타난 모든 휜에 적용된다.

3.6.4 횡단면적이 불균일한 휜

휜의 횡단면이 균일하지 않다면 휜의 열적 거동을 해석하는 것은 더 복잡하게 된다. 이 경우에는 식 (3.66)의 두 번째 항이 존속되어야 하고, 그 해는 단순한 지수 함수나 쌍곡선 함수의 형태가 아니다. 특별한 경우로 그림 3.20에 삽입된 그림에 나타낸 환형 휜을 고려하자. 비록 휜 두께가 균일(t는 r에 무관하다)하더라도, 횡단면적 $A_c = 2\pi rt$는 r에 따라 변한다. 식 (3.66)에서 x를 r로 치환하고, 표면적을 $A_s = 2\pi(r^2 - r_1^2)$으로 나타내면 휜의 열전달률 방정식의 일반적인 형태는 다음 식과 같이 간단하게 된다.

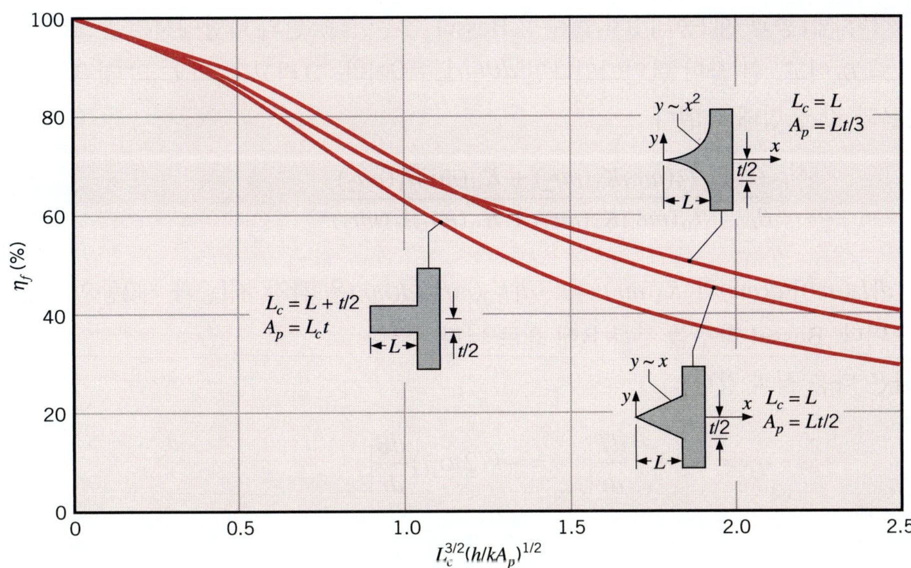

그림 3.19 직사각형, 삼각형 및 포물선형 종단면을 갖는 직선 휜의 효율.

$$\frac{d^2T}{dr^2} + \frac{1}{r}\frac{dT}{dr} - \frac{2h}{kt}(T - T_\infty) = 0$$

또는 $m^2 \equiv 2h/kt$와 $\theta \equiv T - T_\infty$로 놓으면 다음과 같다.

$$\frac{d^2\theta}{dr^2} + \frac{1}{r}\frac{d\theta}{dr} - m^2\theta = 0$$

앞의 식은 0차수의 **수정 Bessel 함수**(modified Bessel equation)이고, 이 식의 일반해는 다음의 형태가 된다.

$$\theta(r) = C_1 I_0(mr) + C_2 K_0(mr)$$

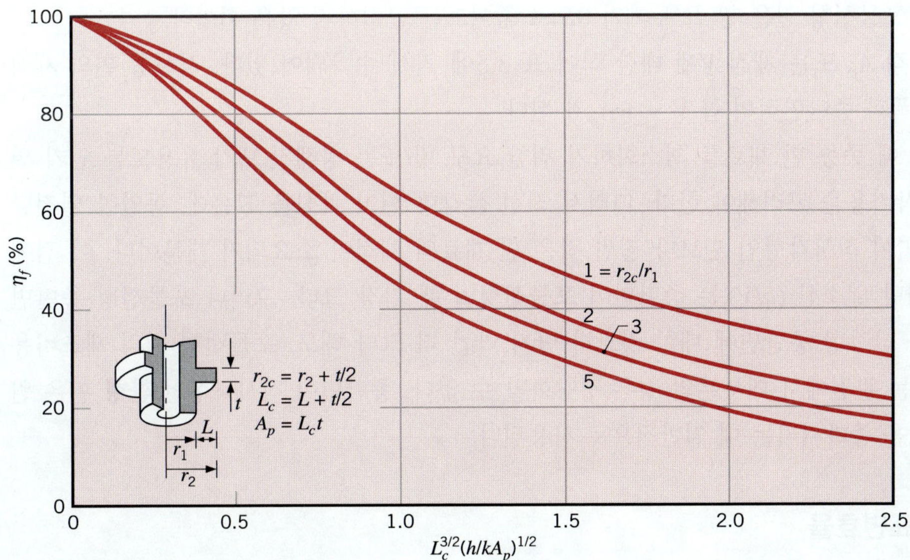

그림 3.20 직사각형 종단면을 갖는 환형 휜의 효율.

여기서 I_0와 K_0는 각각 제1종과 제2종의 0차수 수정 Bessel 함수이다. 휜의 바탕에서의 온도가 주어져 있다면 $\theta(r_1) = \theta_b$이고, 휜 끝이 단열되었다면 $d\theta/dr|_{r_2} = 0$이다. 그리고 C_1과 C_2의 값을 구하면 온도분포는 다음과 같은 형태로 된다.

$$\frac{\theta}{\theta_b} = \frac{I_0(mr)K_1(mr_2) + K_0(mr)I_1(mr_2)}{I_0(mr_1)K_1(mr_2) + K_0(mr_1)I_1(mr_2)}$$

여기서 $I_1(mr) = d[I_0(mr)]/d(mr)$과 $K_1(mr) = -d[K_0(mr)]/d(mr)$은 각각 제1종과 제2종의 수정 제1계 Bessel 함수이다. Bessel 함수를 부록 B에 표로 나타내었다.

휜의 열전달률은 다음 식과 같다.

$$q_f = -kA_{c,b}\left.\frac{dT}{dr}\right|_{r=r_1} = -k(2\pi r_1 t)\left.\frac{d\theta}{dr}\right|_{r=r_1}$$

따라서

$$q_f = 2\pi k r_1 t \theta_b m \frac{K_1(mr_1)I_1(mr_2) - I_1(mr_1)K_1(mr_2)}{K_0(mr_1)I_1(mr_2) + I_0(mr_1)K_1(mr_2)}$$

위 식으로부터 휜효율은 다음과 같다.

$$\eta_f = \frac{q_f}{h2\pi(r_2^2 - r_1^2)\theta_b} = \frac{2r_1}{m(r_2^2 - r_1^2)}\frac{K_1(mr_1)I_1(mr_2) - I_1(mr_1)K_1(mr_2)}{K_0(mr_1)I_1(mr_2) + I_0(mr_1)K_1(mr_2)} \tag{3.97}$$

휜 끝의 반지름 r_2를 $r_{2c} = r_2 + (t/2)$ 형태의 수정된 반지름으로 치환한다면 이 결과를 대류열전달이 일어나는 실제의 휜 끝에 대하여 적용할 수 있다. 결과를 그림 3.20에 도식적으로 나타내었다. 그림 3.19는 삼각형과 포물선 직선 휜에 대한 결과들을 포함하고 있다.

여러 가지 일반적인 휜 형태에 대한 휜효율식과 표면적이 표 3.5에 요약되어 있다. 비록 두께나 지름이 균일하지 않은 휜에 대한 결과는 휜 끝이 단열되었다고 가정하여 구했지만, 대류의 효과는 수정된 길이[식 (3.95)와 (3.100)]나 수정된 반지름[식 (3.97)]을 사용함으로써 반영할 수 있다. 삼각형 휜과 포물선형 휜은 휜 끝 두께가 0으로 줄어드는 균일하지 않은 휜이다.

휜의 종단면적 A_p 또는 체적 V에 대한 식이 표 3.5에 역시 수록되어 있다. 직선형 휜의 체적은 단순히 휜의 폭과 종단면적의 곱 $V = wA_p$가 된다.

휜은 설계할 때 종종 휜 재료를 최소화하기 위한 요구 및/또는 정해진 냉각 유용도를 얻기 위하여 필요한 제작비용을 고려해야 한다. 따라서 직선 삼각형 휜이 관심을 끄는데, 동일한 열전달에 대하여 종단면이 직사각형인 휜보다 훨씬 적은 휜 재료의 체적이 소요되기 때문이다. 이 점에 관해서 단위체적당 열소산 $(q/V)_f$는 종단면이 **포물선형**일 때 가장 크다. 그러나 포물선형 종단면에 대한 $(q/V)_f$가 삼각형 종단면에 대한 것보다 단지 약간 더 크다 해도, 포물선형 휜의 제조비용이 더 많이 든다는 관점에서 대부분의 경우 정당화될 수 없다. 종단면이 직사각형인 **환형** 휜은 원형관에서 열전달을 증가시키는 데 일반적으로 사용된다.

3.6.5 종합 표면효율

단일 휜의 성능을 나타내는 휜효율 η_f에 반해서 **종합 표면효율**(overall surface efficiency) η_o는

표 3.5 일반적인 휜 형태에 대한 휜효율

직선 휜

직사각형[a]

$A_f = 2wL_c$

$L_c = L + (t/2)$

$A_p = tL$

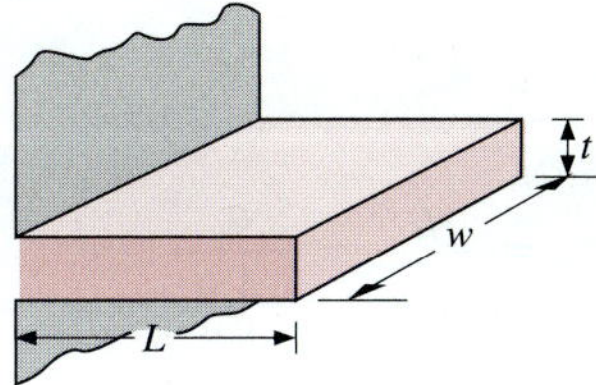

$$\eta_f = \frac{\tanh mL_c}{mL_c} \quad (3.95)$$

삼각형[a]

$A_f = 2w[L^2 + (t/2)^2]^{1/2}$

$A_p = (t/2)L$

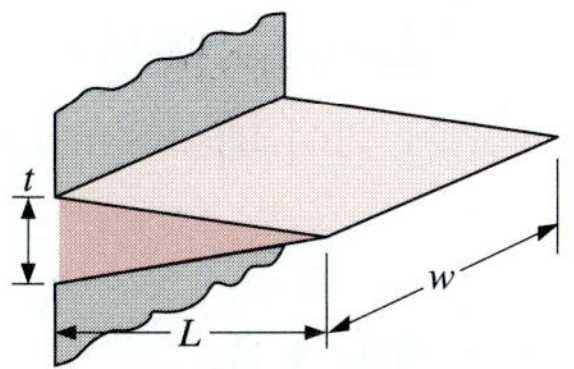

$$\eta_f = \frac{1}{mL}\frac{I_1(2mL)}{I_0(2mL)} \quad (3.98)$$

포물선형[a]

$A_f = w[C_1L + (L^2/t)\ln(t/L + C_1)]$

$C_1 = [1 + (t/L)^2]^{1/2}$

$A_p = (t/3)L$

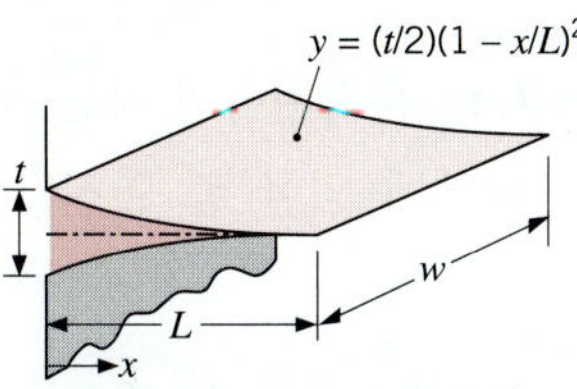

$$\eta_f = \frac{2}{[4(mL)^2 + 1]^{1/2} + 1} \quad (3.99)$$

원형 휜

직사각형[a]

$A_f = 2\pi(r_{2c}^2 - r_1^2)$

$r_{2c} = r_2 + (t/2)$

$V = \pi(r_2^2 - r_1^2)t$

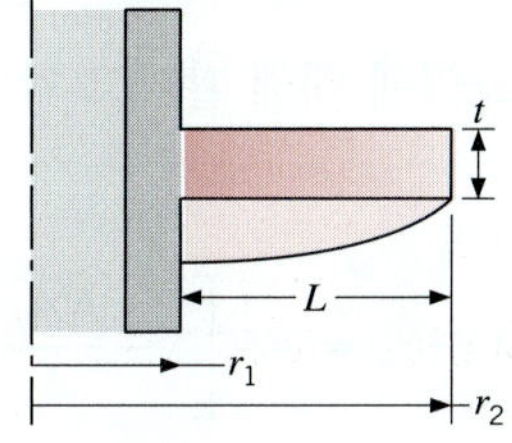

$$\eta_f = C_2\frac{K_1(mr_1)I_1(mr_{2c}) - I_1(mr_1)K_1(mr_{2c})}{I_0(mr_1)K_1(mr_{2c}) + K_0(mr_1)I_1(mr_{2c})} \quad (3.97)$$

$$C_2 = \frac{(2r_1/m)}{(r_{2c}^2 - r_1^2)}$$

핀형 휜

직사각형[b]

$A_f = \pi DL_c$

$L_c = L + (D/4)$

$V = (\pi D^2/4)L$

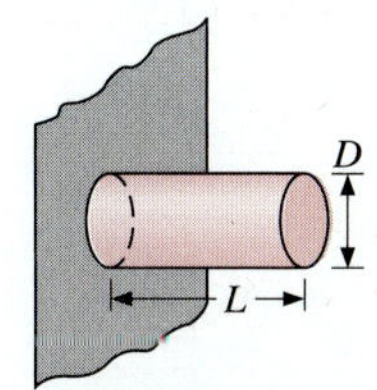

$$\eta_f = \frac{\tanh mL_c}{mL_c} \quad (3.100)$$

삼각형[b]

$A_f = \frac{\pi D}{2}[L^2 + (D/2)^2]^{1/2}$

$V = (\pi/12)D^2L$

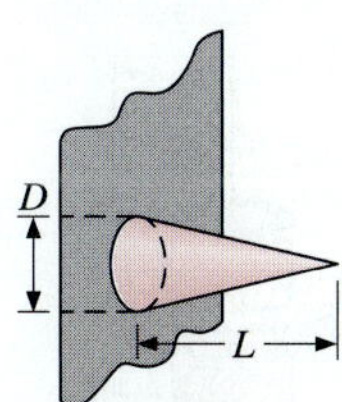

$$\eta_f = \frac{2}{mL}\frac{I_2(2mL)}{I_1(2mL)} \quad (3.101)$$

포물선형[b]

$A_f = \frac{\pi L^3}{8D}\left\{C_3C_4 - \frac{L}{2D}\ln[(2DC_4/L) + C_3]\right\}$

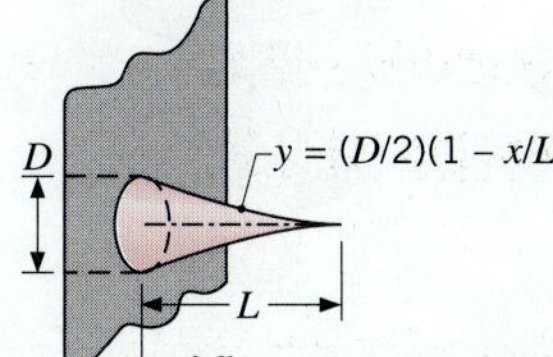

$$\eta_f = \frac{2}{[4/9(mL)^2 + 1]^{1/2} + 1} \quad (3.102)$$

$C_3 = 1 + 2(D/L)^2$

$C_4 = [1 + (D/L)^2]^{1/2}$

$V = (\pi/20)D^2L$

[a] $m = (2h/kt)^{1/2}$.

[b] $m = (4h/kD)^{1/2}$.

휜의 **배열**(array)과 휜이 부착되어 있는 바탕 표면의 특성을 나타낸다. 전형적인 배열을 그림 3.21에 나타내었으며, 여기서 S는 휜 피치(pitch)를 표시한다. 각 경우에 총합 표면효율은 다음 식과 같이 정의된다.

$$\eta_o = \frac{q_t}{q_{\max}} = \frac{q_t}{hA_t\theta_b} \tag{3.103}$$

여기서 q_t는 휜과 바탕의 노출된 부분[흔히 **기초**(prime) 표면이라고 한다]과 연관된 표면적 A_t로부터의 총 열전달률이다. 한 개의 표면적이 A_f인 휜이 배열에서 N개 있고, 기초 표면적을 A_b로 나타낸다면 총 표면적은 다음과 같다.

$$A_t = NA_f + A_b \tag{3.104}$$

노출된 바탕과 같이 휜 표면 전체가 온도 T_b로 유지된다면 가능한 최대 열전달률을 얻을 수 있다.

휜과 기초(휜이 없는) 표면으로부터 대류에 의한 총 열전달률은 다음 식과 같이 나타낼 수 있다.

$$q_t = N\eta_f hA_f\theta_b + hA_b\theta_b \tag{3.105}$$

여기서 대류열전달계수 h는 휜 표면과 기초 표면에 대해 같다고 가정한 것이고, 단일 휜의 휜효율이다. 그러므로

$$q_t = h[N\eta_f A_f + (A_t - NA_f)]\theta_b = hA_t\left[1 - \frac{NA_f}{A_t}(1-\eta_f)\right]\theta_b \tag{3.106}$$

식 (3.106)을 (3.103)에 대입 하면 다음 식과 같다.

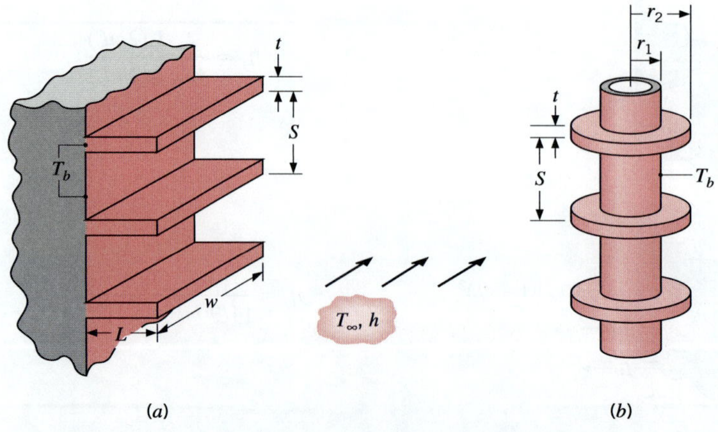

그림 3.21 대표적인 휜 배열. (a) 직사각형 휜. (b) 환형 휜.

$$\eta_o = 1 - \frac{NA_f}{A_t}(1 - \eta_f) \tag{3.107}$$

η_o를 알고 있으면, 휜 배열에 대한 총 열전달률을 계산하는 데 식 (3.103)을 이용할 수 있다.

휜저항의 정의, 즉 식 (3.88)을 상기하면, 휜 배열의 열저항에 대한 식을 나타내는 데 식 (3.103)을 이용할 수 있을 것이다. 즉

$$R_{t,o} = \frac{\theta_b}{q_t} = \frac{1}{\eta_o h A_t} \tag{3.108}$$

여기서 $R_{t,o}$는 휜에서 전도와 대류에 의한 그리고 기초 표면으로부터 대류에 의한 평행 열흐름 통로에 대한 유효저항이다. 그림 3.22는 평행 통로에 대응하는 열회로와 유효저항의 항으로 나타낸 예이다.

휜을 휜이 확장된 벽과 일체로 제작 가공한다면(그림 3.22*a*) 휜 바탕에는 접촉저항이 없다. 그러나 일반적으로 휜은 분리되어 제작되고 야금술적인 결합이나 접착제에 의한 결합에 의해 벽에 부착된다. 다른 방법으로 벽재료에 기계 가공된 홈에 휜을 강제로 끼워 넣는 **압축결합**(press fit)을 할 수도 있다. 이러한 경우(그림 3.22*b*)에서는 총합 열성능에 나쁜 영향을 줄 수 있는 열접촉저항 $R_{t,c}$가 존재한다. 여기서 다음 식과 같은 접촉저항이 포함된 유효 회로저항을 다시 얻을 수 있다.

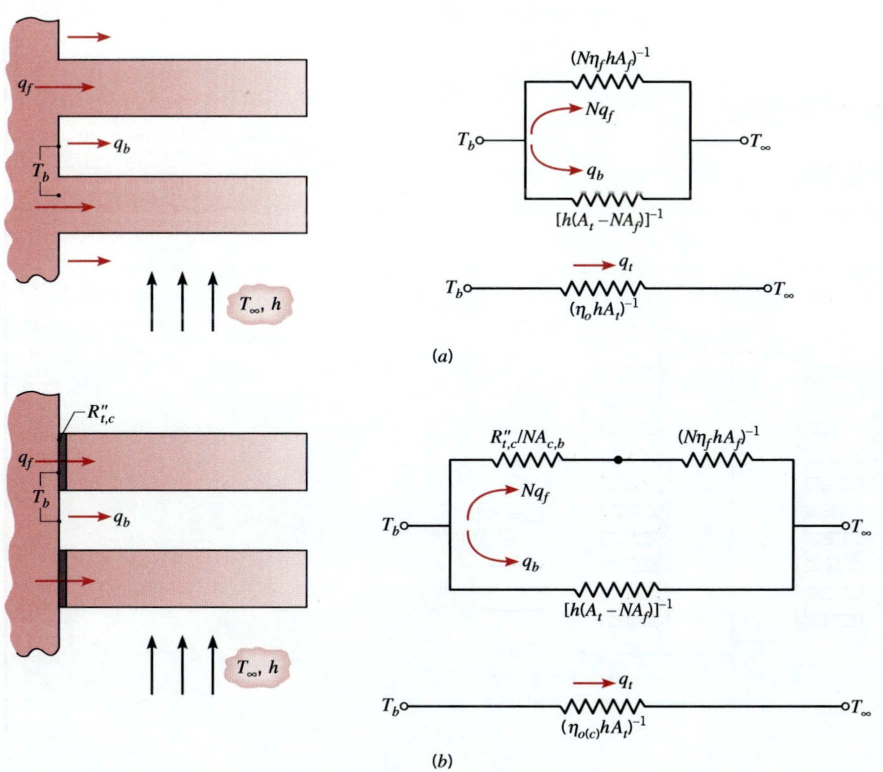

그림 3.22 휜 배열과 열회로. (*a*) 바탕과 일체로 된 휜. (*b*) 바탕에 부착된 휜.

$$R_{t,o(c)} = \frac{\theta_b}{q_t} = \frac{1}{\eta_{o(c)} h A_t} \tag{3.109}$$

대응하는 총합 표면효율이 다음 식과 같다는 것을 쉽게 나타낼 수 있다.

$$\eta_{o(c)} = 1 - \frac{NA_f}{A_t}\left(1 - \frac{\eta_f}{C_1}\right) \tag{3.110a}$$

여기서

$$C_1 = 1 + \eta_f h A_f (R''_{t,c} / A_{c,b}) \tag{3.110b}$$

제작할 때는 $R_{t,c} \ll R_{t,f}$가 되도록 주의해야 한다.

예제 3.10

2024-T6 알루미늄 합금으로 만든 오토바이의 엔진 실린더는 높이 $H = 100$ m이고, 바깥지름 $D = 2r_1 = 50$ mm이다. 대표적인 작동조건에서 $q_t = 2$ kW의 열이 실린더에서 300 K인 주위 공기로 전달된다(75 W/m^2·K). 주위로 열전달을 증가시키기 위하여 환형 휜들을 실린더와 일체로 주조하였다. 두께 $t = 4$ mm, 길이 $L = 20$ mm인 휜 5개를 같은 간격으로 설치한 것을 고려하자. 휜을 사용함으로써 열전달은 얼마나 증가하는가?

풀이

제시자료: 휜이 부착된 오토바이 엔진 실린더의 운전조건.

풀이대상: 휜 사용으로 인한 실린더의 온도 감소

개략도:

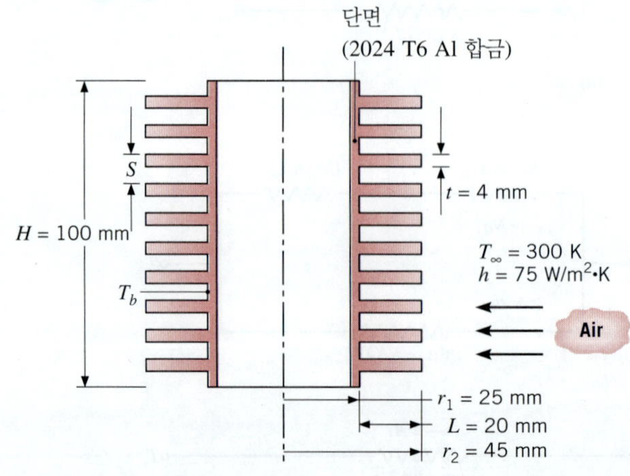

가정:

1. 정상상태 조건.
2. 휜 두께 방향의 균일한 온도.
3. 일정한 물성치.
4. 주위와의 복사 열교환은 무시.
5. (휜이 있거나 없거나) 바깥 표면 전체에 걸쳐 대류열전달계수는 균일함.

물성치: 표 A.1에서 2024-T6 알루미늄($T \approx 550$ K): $k = 186$ W/m·K.

해석: 휜이 있는 조건에서 식 (3.106)은 실린더 온도를 구하기 위한 다음 식으로 재정리할 수 있다.

$$T_b = T_\infty + \frac{q_t}{hA_t\left[1 - \dfrac{NA_f}{A_t}(1 - n_f)\right]}$$

여기서 $A_f = 2\pi(r_{2c}^2 - r_1^2) = 2\pi[(0.047\ \text{m})^2 - (0.025\ \text{m})^2] = 0.00995\ \text{m}^2$ 그리고, 식 (3.104)로부터, $A_t = NA_f + 2\pi r_1(H - Nt) = 0.0995\ \text{m}^2 + 2\pi(0.025\ \text{m})[0.10\ \text{m} - 0.04\ \text{m}] = 0.109\ \text{m}^2$. $r_{2c}/r_1 = 1.88$, $L_c = 0.022$ m, $A_p = 8.8 \times 10^{-5}\ \text{m}^2$을 이용하면 다음 결과를 얻는다. $L_c^{3/2}(h/kA_p)^{1/2} = 0.221$. 따라서 그림 3.20[또는 식 (3.96)]으로부터, 휜효율은 $\eta_f \approx 0.96$이다. 휜이 있는 실린더의 온도는

$$T_b = 27°\text{C} + \frac{2000\ \text{W}}{75\ \text{W/m}^2 \cdot \text{K} \times 0.109\ \text{m}^2\left[1 - \dfrac{10 \times 0.00995\ \text{m}^2}{0.109\ \text{m}^2}(1 - 0.96)\right]} = 282°\text{C}$$

휜이 없는 실린더의 온도는

$$T_{b,\text{wo}} = T_\infty + \frac{q_t}{h(2\pi r_1 H)} = 27°\text{C} + \frac{2000\ \text{W}}{75\ \text{W/m}^2 \cdot \text{K}\,(2\pi \times 0.025\ \text{m} \times 0.10\ \text{m})} = 1725°\text{C}$$

따라서 실린더 온도 감소는

$$\Delta T_b = T_{b,\text{wo}} - T_b = 1725°\text{C} - 282°\text{C} = 1443°\text{C}$$ ◁

부가설명:

1. 표 A.1으로부터 2024-T6 알루미늄의 녹는점은 775 K = 502°C이다. 엔진은 파손을 피하기 위해 휜을 부착해야 한다.
2. 휜은 매우 효율적이다. 등온 휜을 가정하면($\eta_f = 1$), 실린더 온도는 $T_b = T_\infty + q_t/hA_t = 272°\text{C}$가 되는데, 이 값은 예측한 온도보다 약간 낮을 뿐이다.
3. 보다 낮은 실린더 온도는 보다 많은 휜을 부착하여 얻을 수 있다. 휜 배열의 양 끝에 2 mm의 여유를 두고 휜 최소간격을 4 mm로 하면 가능한 휜의 최대 갯수는 $N_{\max} = H/S = 0.10\ \text{m}/(0.004 + 0.004)\ \text{m} = 12.5$, 따라서 $N_{\max} = 12$이다. 12개의 휜을 사용하면 실린더 온도는 $T_b = 245°\text{C}$가 된다.
4. 열전도율을 구하기 위해 가정한 온도 550 K (277°C)는 타당하다.
5. *IHT*의 *Models/Extended surfaces* 옵션에 직선형 휜, 핀형 휜, 원형 휜 및 휜 배열에 대한 즉시 풀 수 있는 모델이 마련되어 있다. 모델은 그림 3.19와 3.20 및 표 3.5의 휜효율 관계식을 포함하고 있다.

3.7 1차원 정상상태 열전도의 다른 응용

1차원 정상상태 전도를 세 가지 특별한 경우에 대해 논의하고 본장을 마치고자 한다. 인체 내 열전달을 정량적으로 구하는 것이 점차 중요해지고 있다. 왜냐하면 극한온도를 수반하는 새로운 의학치료법의 개발과 극지방이나 심해[16], 또는 우주와 같은 극한 환경으로의 탐험이 많아지고 있기 때문이다. 살아 있는 생체 내의 열전달 해석은 3.5절에서 보인 열에너지 발생과 3.6절에서 보인 확장된 표면에서의 열전달을 포함한다. 열전소자발전(thermoelectric power generation)은 반도체 소자에서 열이 전기 출력으로 바뀌는 과정인데, 발전에 동반되는 폐열 에너지를 줄이는 데 크게 유용하다(그림 1.12*a*). 열 형태의 에너지가 전기 출력 형태의 2차적 형태로 바뀌기 때문에 열전소자 에너지 변환은 1.3절에서 보이듯이 열역학 1법칙의 세심한 적용이 필요하다. 이 해석은 3.5절과 부록 C에 제시된 에너지 발생이 있는 열전도와 관련이 있다. 마지막으로 2.2.1절에 보인 나노 스케일 효과가 물질의 열물성치에 어떤 작용을 하는지에 대한 보다 정량화된 내용을 다룬다.

3.7.1 생체열 방정식

다음 두 주제에서, 살아 있는 세포조직 내의 열전달 현상은 기존의 공학 재료에 비해 훨씬 복잡하다. 신진대사(metabolic) 열발생 및 흐르는 혈액 및 주변 조직들 사이에서의 열에너지 교환이 바로 그것이다. Pennes[17]는 이 영향들을 설명하기 위해 열방정식을 수정하였는데, 이것은 오늘날 Pennes 식 또는 생체열 방정식(bioheat equation)으로 알려져 있다. 생체열 방정식은 한계를 가지고 있는 것으로 알려져 있으나, 살아 있는 세포조직 내 열전달을 이해하는 데 아직까지는 유용한 도구가 되고 있다. 여기서는 1차원 정상상태 열전달의 경우에 대해 생체열 방정식의 단순화된 형태를 제시한다.

신진대사의 열발생 및 혈액과의 열에너지 교환은 열에너지 발생의 영향으로 볼 수 있다. 그러므로 두 열원을 고려하여 식 (3.44)로 나타낼 수 있다.

$$\frac{d^2T}{dx^2} + \frac{\dot{q}_m + \dot{q}_p}{k} = 0 \tag{3.111}$$

여기서 $\dot{q}_m$와 $\dot{q}_p$는 각각 **신진대사** 및 **관류**(perfusion) 열원에 관한 항이다. 관류 항은 혈액과 조직 사이에서의 열교환을 나타내며, 열전달이 혈액으로부터 이루어지는지 또는 혈액으로 이루어지는지에 따라 에너지 열원(source) 또는 열침(sink)이 된다. 식 (3.111)에서 열전도율은 일정하다고 가정하였다.

Pennes는 작은 체적의 조직 내에서는 혈액이 동맥의 온도 T_a로 작은 모세혈관으로 들어가서 국소 조직의 온도 T로 흘러 나간다고 가정하여 관류 항 $\dot{q}_p$에 관한 식을 제안했다. 조직에 의한 열획득률은 혈액으로부터의 열손실률이다. 관류율이 ω [세포조직의 단위체적(m^3)당 단위체적 혈류량(m^3/s)]라면, 혈액으로부터의 열손실은 식 (1.12e)로 구할 수 있으며, 단위체적당 다음과 같다.

$$\dot{q}_p = \omega\rho_b c_b (T_a - T) \tag{3.112}$$

여기서 ρ_b와 c_b는 각각 혈액의 밀도 및 비열을 나타낸다. $\omega\rho_b$는 단위체적의 조직당 혈액의 질량유량이다.

식 (3.112)를 식 (3.111)에 대입하면

$$\frac{d^2T}{dx^2} + \frac{\dot{q}_m + \omega\rho_b c_b (T_a - T)}{k} = 0 \tag{3.113}$$

확장표면에서 앞에서의 경험을 상기해 보면, $\theta \equiv T - T_a - \dot{q}_m/\omega\rho_b c_b$ 형태로 초과온도를 정의하는 것이 편리하다. 그러면 T_a, $\dot{q}_m$, ω 및 혈액의 물성치를 모두 일정하다고 가정할 때, 식 (3.113)은 다음과 같이 쓸 수 있다.

$$\frac{d^2\theta}{dx^2} - \tilde{m}^2\theta = 0 \tag{3.114}$$

여기서 $\tilde{m}^2 = \omega\rho_b c_b/k$이다. 이 방정식은 식 (3.69)에서의 형태와 동일하다. 그러므로 경계조건의 형태에 따라, 살아 있는 조직 내 온도분포를 예측하기 위해 표 3.4의 결과를 사용하는 것이 가능할 것이다.

예제 3.11

예제 1.6에서 피부/지방(skin/fat)층 안쪽 표면의 온도는 35°C로 주어져 있다. 실제로 이 온도는 몸 내부에서 일어나는 현상을 포함한 열전달 조건에 따른다. 피부/지방층에 있는 근육 영역을 고려해 보자. 근육 조직 내의 깊이가 L_m = 30 mm인 위치에서의 온도는 신체 중심부 온도인 T_c = 37°C로 가정할 수 있다. 근육의 열전도율은 k_m = 0.5 W/m·K이다. 근육 내의 신진대사 열발생률은 $\dot{q}_m$ = 700 W/m³이다. 관류율(perfusion rate)은 ω = 0.0005 s^{-1}이고, 혈액의 밀도와 비열은 각각 ρ_b = 1000 kg/m³, c_b = 3600 J/kg·K이다. 동맥혈(arterial blood) 온도 T_a는 몸 속 온도와 같다. 피부/지방층의 두께, 방사율 그리고 열전도율은 예제 1.6에 제시되어 있는 것과 같다. 피부/지방층 내의 국소 관류율과 신진대사 열발생률은 무시할 수 있다. 예제 1.6의 공기와 물 속에서 몸으로부터의 열손실률과 피부/지방층의 안쪽 표면온도를 예측하고자 한다.

풀이

제시자료: 근육층과 피부/지방층의 치수와 열전도율, 피부 방사율과 표면적. 근육층 내의 신진대사 열발생률과 국소 관류율. 신체의 중심부와 동맥의 온도. 혈액의 밀도와 비열. 주위의 조건.

풀이대상: 몸에서의 열손실률과 피부/지방층의 안쪽 표면온도.

개략도:

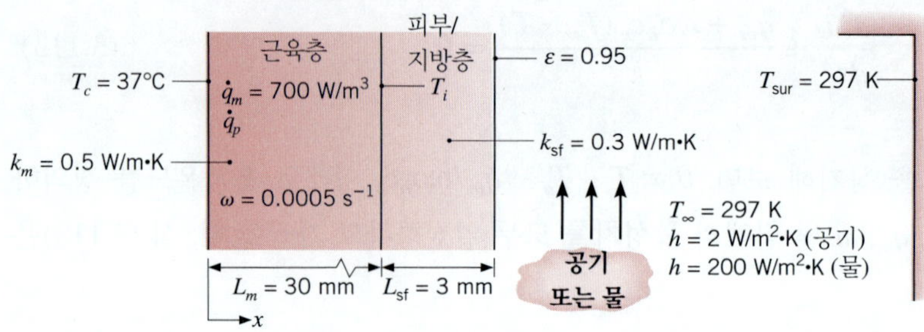

가정:

1. 정상상태 조건.
2. 근육과 피부/지방층을 통한 1차원 열전달.
3. 신진대사 열발생률, 국소 관류율, 동맥 온도, 혈액의 물성치와 열전도율은 모두 일정.
4. 예제 1.6으로부터 알고 있는 복사열전달계수.
5. 태양으로부터의 조사(irradiation) 효과는 무시.

해석: 근육층의 해석과 피부/지방층을 통한 주위환경으로의 열전달 문제를 조합해 보자. 피부/지방층을 통한 주위환경으로의 열전달률은 전체 저항 R_{tot}를 사용하여 다음과 같이 표현할 수 있다.

$$q = \frac{T_i - T_\infty}{R_{\text{tot}}} \tag{1}$$

예제 3.1에서와 같지만, 피부가 공기에 노출된 경우에 대해, R_{tot}는 피부/지방층을 통과하는 직렬의 전도와 서로 병렬로 작용하는 대류와 복사에 의한 열전달을 포함한다. 그러므로

$$R_{\text{tot}} = \frac{L_{\text{sf}}}{k_{\text{sf}}A} + \left(\frac{1}{1/hA} + \frac{1}{1/h_rA}\right)^{-1} = \frac{1}{A}\left(\frac{L_{\text{sf}}}{k_{\text{sf}}} + \frac{1}{h + h_r}\right)$$

예제 1.6에서, 공기에 대한 수치들을 사용하면 다음과 같이 된다.

$$R_{\text{tot}} = \frac{1}{1.8\ \text{m}^2}\left(\frac{0.003\ \text{m}}{0.3\ \text{W/m}\cdot\text{K}} + \frac{1}{(2 + 5.9)\ \text{W/m}^2\cdot\text{K}}\right) = 0.076\ \text{K/W}$$

물에 대해서는 $h_r = 0$, $h = 200\ \text{W/m}^2\cdot\text{K}$, $R_{\text{tot}} = 0.0083\ \text{W/m}^2\cdot\text{K}$이다.

근육층 내의 열전달은 식 (3.114)로 표현된다. 경계조건은 온도 T_c와 T_i로 주어지는데, 여기서 T_i는 아직 미지수이다. 초과온도 θ의 항으로 경계조건을 표현하면 다음과 같다. 초과온도 $\theta = T - T_a - \dot{q}_m/\omega\rho_b c_b$로 나타낸 경계조건은 다음과 같다.

$$\theta(0) = T_c - T_a - \frac{\dot{q}_m}{\omega\rho_b c_b} = \theta_c \quad \text{and} \quad \theta(L_m) = T_i - T_a - \frac{\dot{q}_m}{\omega\rho_b c_b} = \theta_i$$

따라서 주어진 온도를 포함하는 두 개의 경계조건으로부터, θ에 대한 해는 표 3.4의 경우 C에 주어져 있다.

$$\frac{\theta}{\theta_c} = \frac{(\theta_i/\theta_c)\sinh \tilde{m}x + \sinh \tilde{m}(L_m - x)}{\sinh \tilde{m}L_m}$$

표 3.4에 주어진 q_f 값은 $x = 0$에서의 열전달률이지만 여기서는 관심의 대상이 아니다. 그보다는, 근육에서 나가 피부/지방층으로 들어오는 열전달률을 구해서, 이를 피부/지방층을 통해서 주위환경으로 전달되는 열전달률과 동일하게 놓고자 한다. 그러므로 $x = L_m$에서의 열전달률을 계산하면 다음과 같다.

$$q\bigg|_{x=L_m} = -k_m A\frac{dT}{dx}\bigg|_{x=L_m} = -k_m A\frac{d\theta}{dx}\bigg|_{x=L_m} = -k_m A\tilde{m}\theta_c \frac{(\theta_i/\theta_c)\cosh \tilde{m}L_m - 1}{\sinh \tilde{m}L_m} \tag{2}$$

식 (1)과 식 (2)를 조합하면

$$-k_m A\tilde{m}\theta_c \frac{(\theta_i/\theta_c)\cosh \tilde{m}L_m - 1}{\sinh \tilde{m}L_m} = \frac{T_i - T_\infty}{R_{\text{tot}}}$$

θ_i 항에 T_i가 있다는 것을 상기하여 이 식을 T_i에 대해 풀면

$$T_i = \frac{T_\infty \sinh \tilde{m}L_m + k_m A\tilde{m}R_{\text{tot}}\left[\theta_c + \left(T_a + \dfrac{\dot{q}_m}{\omega\rho_b c_b}\right)\cosh \tilde{m}L_m\right]}{\sinh \tilde{m}L_m + k_m A\tilde{m}R_{\text{tot}}\cosh \tilde{m}L_m}$$

여기서

$$\begin{aligned}\tilde{m} &= \sqrt{\omega\rho_b c_b/k_m} = [0.0005\ \text{s}^{-1} \times 1000\ \text{kg/m}^3 \times 3600\ \text{J/kg}\cdot\text{K}/0.5\ \text{W/m}\cdot\text{K}]^{1/2} \\ &= 60\ \text{m}^{-1}\end{aligned}$$

$$\sinh(\tilde{m}L_m) = \sinh(60\ \text{m}^{-1} \times 0.03\ \text{m}) = 2.94$$

$$\cosh(\tilde{m}L_m) = \cosh(60\ \text{m}^{-1} \times 0.03\ \text{m}) = 3.11$$

이고,

$$\begin{aligned}\theta_c &= T_c - T_a - \frac{\dot{q}_m}{\omega\rho_b c_b} = -\frac{\dot{q}_m}{\omega\rho_b c_b} = -\frac{700\ \text{W/m}^3}{0.0005\ \text{s}^{-1} \times 1000\ \text{kg/m}^3 \times 3600\ \text{J/kg}\cdot\text{K}} \\ &= -0.389\ \text{K}\end{aligned}$$

초과온도는 온도 차이이기 때문에 절대온도나 섭씨온도로 나타낼 수 있다.

그러므로 공기에 대해서는

$$T_i = \frac{\{24°\text{C} \times 2.94 + 0.5\ \text{W/m}\cdot\text{K} \times 1.8\ \text{m}^2 \times 60\ \text{m}^{-1} \times 0.076\ \text{K/W}[-0.389°\text{C} + (37°\text{C} + 0.389°\text{C}) \times 3.11]\}}{2.94 + 0.5\ \text{W/m}\cdot\text{K} \times 1.8\ \text{m}^2 \times 60\ \text{m}^{-1} \times 0.076\ \text{K/W} \times 3.11} = 34.8°\text{C}$$ ◁

열손실률은 다음과 같다.

$$q = \frac{T_i - T_\infty}{R_{\text{tot}}} = \frac{34.8°\text{C} - 24°\text{C}}{0.076\ \text{K/W}} = 142\ \text{W}$$ ◁

같은 방법으로 물에 대하여 구하면

$$T_i = 28.2°C$$ ◁

$$q = 514\,W$$ ◁

부가설명:

1. 공기중에서의 열손실은 예제 1.6과 잘 일치한다. 그 이유는 예제 1.6에서 제시한 피부/지방층의 온도(T_i = 35°C)가 여기서 계산한 온도(T_i = 34.8°C)와 비슷하기 때문이다. 반면에 물에서의 열손실은 예제 1.6에서 계산된 값과 잘 일치하지 않는데 그 이유는 여기서 계산한 값(28.2°C)이 예제 1.6에서 제시한 값과 다르기 때문이다.
2. 실제로 우리 몸은 다양한 방법으로 열환경에 적응한다. 예를 들어 매우 춥게 느끼면 신진대사 열발생률이 증가되어 몸이 떨리게 된다. 만약 너무 더우면 피부표면 부근의 국소 관류율이 증가해서 피부 온도가 국소적으로 증가하므로, 주위로의 열손실이 증가한다.
3. 관류율 값의 범위 내에서 계산을 반복할 수 있으며, 관류율에 대한 열손실의 관계가 아래의 그림에 도시되어 있다. 그림에서와 같이 근육 온도가 낮아지면서 따뜻한 동맥에 의한 관류 영향이 더욱 뚜렷해지기 때문에, 물 속에서의 경우에 이 효과가 더욱 크게 나타난다.

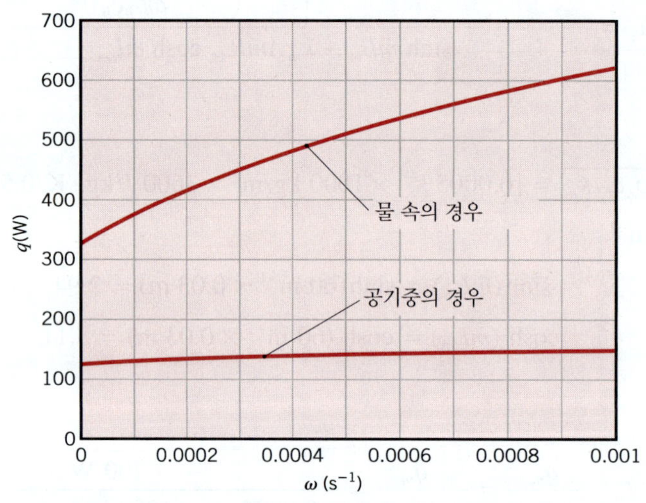

3.7.2 열전발전

1.6절에서 언급했던 것처럼, 세계적으로 소비된 에너지의 대략 60%가 저급열(low-grade heat) 형태로 낭비된다. 그런 만큼, 이런 에너지 흐름을 회수하여 그 일부를 유용한 전력으로 변환하기 위한 기회가 있다. 그 하나의 접근 방법이 **열전발전**(thermoelectric power generation)이라는 것으로서, 물질 내에서 온도가 변화할 때 해당 전압변화가 유도되는 **Seebeck 효과**라고 정의된 기본원리에 의해 동작하는 것이다. **Seebeck 계수** S는 전압과 온도변화 사이의 비례상수를 나타내는 물질의 성질이며, volts/K 단위를 가진다. 그림 3.23a에 나와 있는 것처럼 1차원 열전도가 일어나며 일정한 성질을 가지는 물질에 대해

$$E_1 - E_2 = S(T_1 - T_2) \tag{3.115}$$

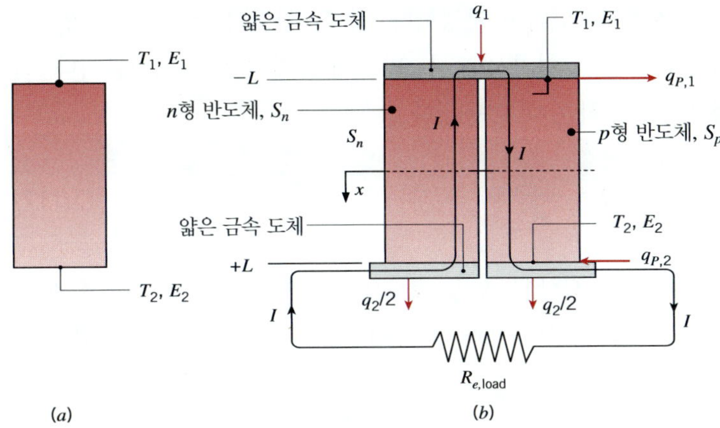

그림 3.23 열전현상. (*a*) Seebeck 효과. (*b*) 반도체 펠릿 한 쌍($N = 1$) 으로 구성된 간단한 열전회로

전기적 전도물질은 얼마나 많은 전자들을 확산시키는지에 따라 양(positive) 또는 음(negative)의 Seebeck 계수값을 가진다. 금속의 Seebeck 계수는 아주 작지만, 어떤 반도체 물질에서는 상대적으로 아주 큰 값을 가진다.

전기회로에 그림 3.23*a*의 물질이 설치된다면, Seebeck 효과에 의해 유도된 전압차는 전류 I를 구동할 수 있고, 물질을 통해 온도차를 유도한 폐열에 의해 전력이 발생할 수 있다. 그림 3.23*b*에서 보이는 것은 반도체 물질의 두 개의 **펠릿**(pellet)으로 구성된 간이 **열전회로**이다. 소량의 2차 요소를 펠릿의 재료에 혼합함으로써 Seebeck 효과에 의해 유도된 전류의 **방향**을 조절할 수 있다. 각각 양과 음의 Seebeck 계수 특성을 가진 ***p*형** 및 ***n*형** 반도체는 그림에서 보이는 것처럼 배열될 수 있다. 열은 조립체의 윗 부분에 공급되고, 아랫부분에서 방출된다. 그리고 얇은 금속 도체가 전기저항 $R_{e,\text{load}}$로 표현되는 외부 부하에 반도체를 연결한다. 궁극적으로, 발생된 전력은 그림 3.23*b*에서 보이는 것처럼 열전달률 및 한 쌍의 반도체성 펠릿과 관련성을 가진다.

유도전류 I뿐만 아니라, 열전효과 또한 서로 다른 두 물질의 **접점에서** 열의 발생과 흡수를 유도한다. 이 열원 또는 히트싱크 현상은 **Peltier 효과**(Peltier effect)로 알려져 있다. 그리고 다음과 같은 식으로 표현되는 흡수된 열량 q_P는 인접한 물질들의 Seebeck 효과와 관련되어 있다.

$$q_P = I(S_p - S_n)T = IS_{p\text{-}n}T \tag{3.116}$$

앞선 수식에서, S_p와 S_n은 p형과 n형 반도체에 해당하고, 미분 Seebeck 계수는 $S_{p-n} \equiv S_p - S_n$으로 나타낸다. 식 (3.116)은 켈빈 온도이다. n형에서 p형의 반도체로 전류가 흐를 때 열흡수는 양의 값이고, 열발생은 음의 값이다. 따라서 그림 3.23*b*에서처럼, 열흡수는 반도체 펠릿과 높은 쪽 얇은 금속 도체 사이의 따듯한 접점 사이에서 발생하고, Peltier 열발생은 펠릿과 낮은 쪽 도체 사이의 차가운 접점에서 발생한다.

$T_1 > T_2$일 때, 장치로부터 q_1과 q_2 각각의 열전달률은 적절한 형태의 에너지방정식으로 구할 수 있다. 그림 3.23*b* 조립도에서처럼 정상상태 1차원 열전도에 대한 분석은 다음과 같이 진행된다.

얇은 금속 커넥터의 열과 전기 전도성이 상대적으로 높다고 가정하면, 전기저항에 의한 열소산은 단면적 $A_{c,s}$를 가지는 각각의 반도체 펠릿 내에서만 발생한다. 각 반도체 펠릿 사이의 어떤 기체 내의 열전달이든 그 열저항은 무시할 수 있다고 가정한다. 각 두 펠릿의 전기저항은 $R_{e,s} = \rho_{e,s}(2L)/A_{c,s}$로 표현된다는 것을 고려해야 한다. 여기서 $\rho_{e,s}$는 반도체 물질의 전기 저항률이다. 식 (3.43)은 각 펠릿의 균일한 용적 생산율을 구하는 데 이용된다.

$$\dot{q} = \frac{I^2 \rho_{e,s}}{A_{c,s}^2} \tag{3.117}$$

두 펠릿(예외: $S_p = -S_n$)의 각 열물성치는 무시할 수 있을 정도의 접촉저항이며, 동일할 뿐 아니라 일정하다고 가정하면, 식 (C.7)은 반도체 물질의 안과 밖으로의 열전도를 표현하기 위해 이용된다.

$$q(x = L) = 2A_{c,s}\left[\frac{k_s}{2L}(T_1 - T_2) + \frac{I^2 \rho_{e,s} L}{A_{c,s}^2}\right] \tag{3.118a}$$

$$q(x = -L) = 2A_{c,s}\left[\frac{k_s}{2L}(T_1 - T_2) - \frac{I^2 \rho_{e,s} L}{A_{c,s}^2}\right] \tag{3.118b}$$

두 펠릿 모두에서 괄호 밖의 두 성분은 열전달을 설명하는데, 그에 대한 증명으로, $q(x = L) > q(x = -L)$이다.

Peltier 효과로 인하여, 식 (3.118a)와 식 (3.118b)로 표현된 수식에서 안팎으로의 열전달률 q_1과 q_2는 일치하지 않는다. $x = -L$에서 얇은 금속 전도체와 반도체 물질 사이 접점에 대한 검사면의 에너지평형 결합식 (3.116)을 정리하면

$$q_1 = q(x = -L) + q_{P,1} = q(x = -L) + IS_{p\text{-}n}T_1 \tag{3.119}$$

이와 마찬가지로 $x = L$에서

$$q_2 = q(x = L) - IS_{n\text{-}p}T_2 = q(x = L) + IS_{p\text{-}n}T_2 \tag{3.120}$$

식 (3.118b)와 (3.119)를 연립하면

$$q_1 = \frac{A_{c,s}k_s}{L}(T_1 - T_2) + IS_{p\text{-}n}T_1 - 2\frac{I^2 \rho_{e,s} L}{A_{c,s}} \tag{3.121}$$

이와 마찬가지로 식 (3.118a)와 식 (3.120)을 조합하면 다음과 같이 주어진다.

$$q_2 = \frac{A_{c,s}k_s}{L}(T_1 - T_2) + IS_{p\text{-}n}T_2 + 2\frac{I^2 \rho_{e,s} L}{A_{c,s}} \tag{3.122}$$

열전장치에 대한 전체 에너지평형으로부터, Seebeck 효과에 의해 발생된 전력은

$$P = q_1 - q_2 \tag{3.123}$$

또한 식 (3.121)과 식 (3.122)를 다음과 같이 나타낼 수 있다.

$$P = IS_{p\text{-}n}(T_1 - T_2) - 4\frac{I^2\rho_{e,s}L}{A_{c,s}} = IS_{p\text{-}n}(T_1 - T_2) - I^2R_{e,\text{tot}} \tag{3.124}$$

여기에서 $R_{e,\text{tot}} = 2R_{e,s}$이다.

Seebeck 효과에 의해 유도된 한 쌍의 반도체 펠릿의 전압차는 상대적으로 작다. 그림 3.24a에서 보이는 것처럼 전압차를 증폭시키기 위해, $N \gg 1$개의 반도체 펠릿을 직렬로 연결하여 열전 **모듈**을 제작한다. 모듈의 구조적 강도를 유지하고 주위와 전기적으로 절연시키기 위해 보통 세라믹으로 제작되는 얇은 층의 유전성 재료로 모듈의 양쪽에 붙인다. 얇은 세라믹 층의 열저항은 무시할 수 있다고 가정하면, 식 (3.121), (3.122), (3.124)를 수정함으로써 q_1, q_2와 전체 모듈 전력 P_N은 다음과 같이 쓸 수 있다.

$$q_1 = \frac{1}{R_{t,\text{cond,mod}}}(T_1 - T_2) + IS_{p\text{-}n,\text{eff}}T_1 - \frac{I^2R_{e,\text{eff}}}{2} \tag{3.125}$$

$$q_2 = \frac{1}{R_{t,\text{cond,mod}}}(T_1 - T_2) + IS_{p\text{-}n,\text{eff}}T_2 + \frac{I^2R_{e,\text{eff}}}{2} \tag{3.126}$$

$$P_N = q_1 - q_2 = IS_{p\text{-}n,\text{eff}}(T_1 - T_2) - I^2R_{e,\text{eff}} \tag{3.127}$$

여기에서 $S_{p\text{-}n,\text{eff}} = NS_{p\text{-}n}$ 및 $R_{e,\text{eff}} = NR_{e,s}$는 **유효** Seebeck 계수 및 모듈의 총 내부 전기저항인 반면에 $R_{t,\text{cond,mod}} = L/NA_sk_s$은 모듈의 p-n 반도체 매트릭스와 관련된 전도저항이다. 그림 3.24b는 대류로 가열되고 냉각된 열전모듈의 등가 열회로를 보이고 있다. 복사나 전도에 의해 가열이나 냉각을 적용한다면, 그에 맞추어 회로의 열전모듈 부분 외부의 저항 네트워크도 수정되어야 한다.

그림 3.23b의 단일 열전회로로 되돌아 가서, 효율은 $\eta_{TE} \equiv P/q_1$로 정의된다. 식 (3.121)과 (3.124)로부터 효율은 복잡한 방식이지만 전류에 의존한다는 것을 볼 수 있다. 그러나 효율은 부하저항에서의 변화를 통해 전류를 조절함으로써 최대화할 수 있다. 결과적인 최대 효율은 다음과 같이 주어진다[18].

$$\eta_{TE} = \left(1 - \frac{T_2}{T_1}\right)\frac{\sqrt{1 + Z\overline{T}} - 1}{\sqrt{1 + Z\overline{T}} + T_2/T_1} \tag{3.128}$$

여기서 $\overline{T} = (T_1 + T_2)/2$, $S \equiv S_p = -S_n$이며 Z는 아래 식과 같다.

$$Z = \frac{S^2}{\rho_{e,s}k_s} \tag{3.129}$$

$Z\overline{T}$가 증가할 때 효율도 함께 증가하기 때문에, $Z\overline{T}$는 열전발전과 관련된 무차원 형태의 **장점지수**

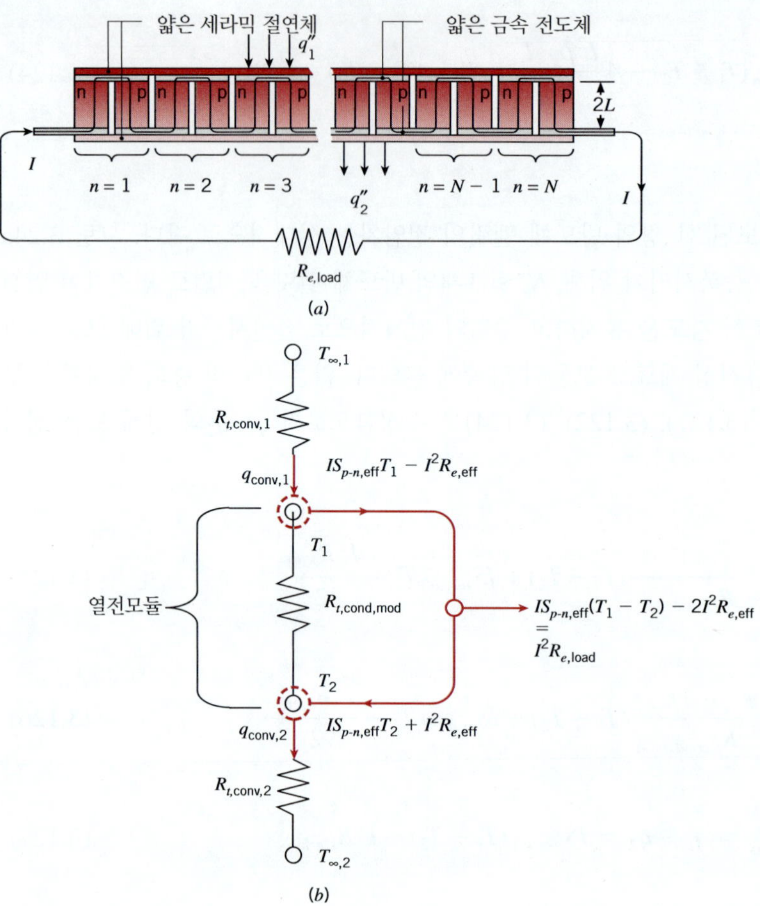

그림 3.24 열전모듈. (*a*) *N*개의 반도체 쌍으로 구성된 모듈의 단면도. (*b*) 대류로 가열 및 냉각되는 모듈의 등가 열회로.

(figure of merit)로 볼 수 있다[19]. $Z\overline{T} \rightarrow \infty$일 때, $\eta_{TE} \rightarrow (1 - T_2/T_1) = (1 - T_c/T_h) \equiv \eta_C$인데, 여기서 η_C는 카르노 효율이다. 1.3.2절에서 논의했던 것처럼, 결국 열전달 분석을 통해 적절한 고온과 저온의 온도를 찾지 못하면 카르노 효율, 그리고 이번에는 열전효율을 결정할 수 없다.

$Z\overline{T}$가 상호 연관된 전기전도율과 열전도율의 항으로 정의되었기 때문에, 포논(phonon)과 전자(electron)의 움직임 그리고 이번에는 물질의 열과 전기전도율을 독립적으로 조절하기 위하여 주로 나노구조의 물질을 조작함으로써 반도체 펠릿의 속성을 맞추기 위한 광범위한 연구가 수행되고 있다. 현재 실온에서는 약 1에 해당하는 $Z\overline{T}$ 값을 확보하고 있다. 마지막으로, 열전모듈이 반대로 작동될 수 있다는 것에 주목해야 한다. 즉 모듈에 전력을 공급하면 외부 세라믹 표면으로부터, 또는 세라믹 표면으로의 열전달률을 제어할 수 있다. 이러한 **열전 냉동기**나 **열전 히터**들은 광범위하게 응용된다. 열전 난방과 냉방 모듈과 관련된 1차원 정상상태 열전달 모델에 관한 포괄적인 논의가 가능하다[20].

예제 3.12

$M = 48$ 열전모듈 배열(array)을 스포츠카 배기구에 설치한다. 각 모듈은 유효 Seebeck 계수 $S_{p\text{-}n,\text{eff}} = 0.1435$ V/K와 내부전기저항 $R_{e,\text{eff}} = 8\ \Omega$을 가진다. 또한 각 모듈의 너비와 길이는 $W = 54$ mm이며, 반도체 펠릿 $N = 100$쌍으로 이루어져 있다. 각 펠릿은 $2L = 5$ mm의 총 길이, $A_{c,s} = 1.2 \times 10^{-5}\ \text{m}^2$의 면적을 가지며, $k_s = 1.2$ W/m·K의 열전도 특성이 있다. 각 모듈의 고온부는 $T_{\infty,1} = 550°\text{C}$, $h_1 = 40\ \text{W/m}^2\cdot\text{K}$인 배기가스에 노출되지만, 각 모듈의 반대쪽은 압축수에 의해 $T_{\infty,2} = 105°\text{C}$, $h_2 = 500\ \text{W/m}^2\cdot\text{K}$로 냉각된다. 모듈들이 직렬로 연결된다면, 부하저항은 $R_{e,\text{load}} = 400\ \Omega$이다. 고온 배기가스로부터 얻어지는 전력은 얼마인가?

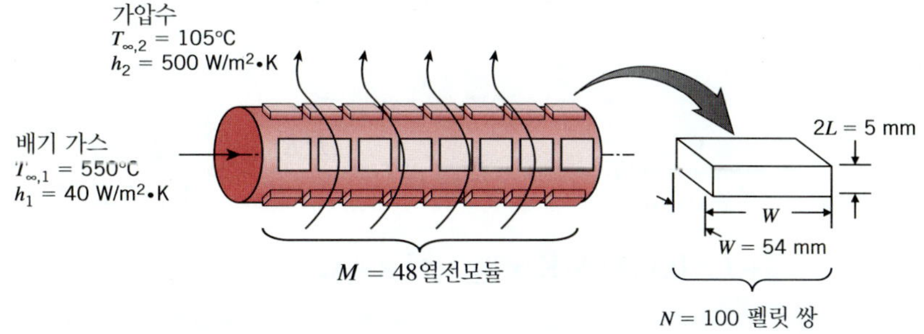

풀이

제시자료: 열전모듈 물성치, 차원, 각 모듈의 반도체 쌍의 수, 배열에서의 모듈 수. 배기가스 온도와 압축수의 온도, 모듈 표면에서의 고온부와 저온부의 대류계수. 모듈은 직렬로 연결되어 있고, 부하의 전기저항을 알고 있다.

풀이대상: 모듈 배열로부터 발생한 전력.

개략도:

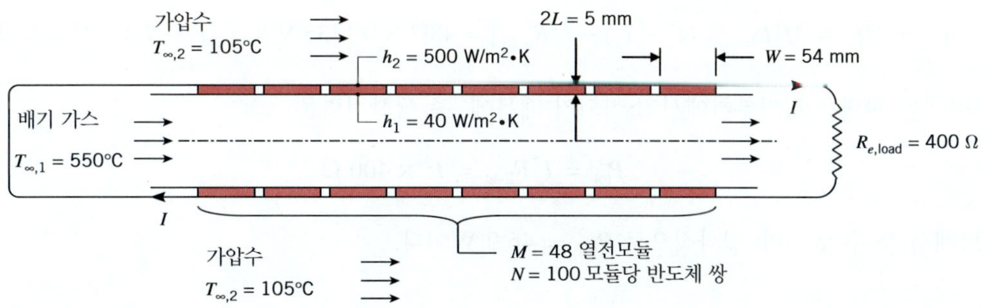

가정:

1. 정상상태 조건.
2. 1차원 열전달 모델.
3. 일정한 물성치.
4. 전기적, 열적 접촉저항은 무시.
5. 복사열교환 무시, 모듈 내 가스 열전달 무시.
6. 모듈의 금속접촉과 세라믹 단열재에 의한 전도저항 무시.

해석: 먼저, 단일 모듈을 분석한다. 각 모듈 반도체 배열의 전도저항은

$$R_{t,\text{cond,mod}} = \frac{L}{NA_{c,s}k_s} = \frac{2.5 \times 10^{-3}\ \text{m}}{100 \times 1.2 \times 10^{-5}\ \text{m}^2 \times 1.2\ \text{W/m}\cdot\text{K}} = 1.736\ \text{K/W}$$

식 (3.125)로부터

$$q_1 = \frac{1}{R_{t,\text{cond,mod}}}(T_1 - T_2) + IS_{p\text{-}n,\text{eff}}\,T_1 - \frac{I^2 R_{e,\text{eff}}}{2} = \frac{(T_1 - T_2)}{1.736\ \text{K/W}} + I \times 0.1435\ \text{V/K} \times T_1 - I^2 \times 4\ \Omega \tag{1}$$

한편 식 (3.126)으로부터

$$q_2 = \frac{1}{R_{t,\text{cond,mod}}}(T_1 - T_2) + IS_{p\text{-}n,\text{eff}}\,T_2 + \frac{I^2 R_{e,\text{eff}}}{2} = \frac{(T_1 - T_2)}{1.736\ \text{K/W}} + I \times 0.1435\ \text{V/K} \times T_2 + I^2 \times 4\ \Omega \tag{2}$$

고온의 표면에서, Newton의 냉각법칙은 아래와 같이 표현된다.

$$q_1 = h_1 W^2 (T_{\infty,1} - T_1) = 40\ \text{W/m}^2\cdot\text{K} \times (0.054\ \text{m})^2 \times [(550 + 273)\text{K} - T_1] \tag{3}$$

반면에 저온의 표면에서는 다음과 같다.

$$q_2 = h_2 W^2 (T_2 - T_{\infty,2}) = 500\ \text{W/m}^2\cdot\text{K} \times (0.054\ \text{m})^2 \times [T_2 - (105 + 273)\text{K}] \tag{4}$$

4개의 식은 q_1, q_2, T_1, T_2, I와 같이 5개의 미지수를 기진다. 직렬로 연결된 모듈에서, $M = 48$ 모듈에 의해 발생된 총 선력은 부하저항에서 소비된 전력과 같다. 식 (3.127)을 정리하면

$$P_{\text{tot}} = MP_N = M[IS_{p\text{-}n,\text{eff}}(T_1 - T_2) - I^2 R_{e,\text{eff}}] = 48[I \times 0.1435\ \text{V/K} \times (T_1 - T_2) - I^2 \times 8\ \Omega] \tag{5}$$

열전모듈에 의해 발생한 전력은 전기부하에서 소비되기 때문에, 총 생산전력은

$$P_{\text{tot}} = I^2 R_{\text{load}} = I^2 \times 400\ \Omega \tag{6}$$

식 (1)~(6)은 연립해서 풀 수 있으며, 결과적으로 $P_{\text{tot}} = 46.9$ W이다. ◁

부가설명:

1. 그림 3.24*b*에 대해 등가 열회로를 검사함으로써 식 (1)부터 식 (5)까지를 쉽게 구할 수 있다.
2. $T_1 = 173°\text{C}$와 $T_2 = 134°\text{C}$는 각각 모듈 표면의 온도이다. 문제의 서술에 이러한 표면온도가 구체화된다면, 식 (5)와 식 (6)으로부터 바로 전력을 구할 수 있다. 그러나 어떤 열전발전기의 실용적 설계에 있어서도 열전달 분석은 발생된 전력을 결정하기 위해 반드시 수행되어야 한다.
3. 발생 전력은 대류열전달 저항에 아주 민감하다. $h_1 = h_2 \rightarrow \infty$일 때, $P_{\text{tot}} = 5900$ W. 모듈과 유체 흐름 사이의 열저항을 줄이기 위해, 모듈을 가로지르는 온도차를 증가시키는 휜이 달린 히트싱크가 자주 사용된다. 그러면 결과적으로 전력발생이 증가한다. 최대의 전력발생을 위해서는 열관리와 설계를 잘하는 것이 극히 중요하다.

4. 열전모듈로 배기구에 있는 열에너지를 회수하면 교류발전기의 필요성을 제거할 수 있다. 이로 인해 결과적으로 엔진에 의한 정미 출력이 증가하고, 자동차의 무게가 감소하며, 연비가 10%까지 증가하게 된다.
5. 난방 모드에서 작동하는 열전모듈을 자동차 시트에 내장시키고, 열전 배기에너지 회수장치를 동력원으로 하여 전체 탑승공간을 난방하는 에너지 비용을 감소시킨다. 또한 시트모듈은 냉방모드에서도 동작될 수 있으며 잠재적으로 증기압축식 공기조화기의 필요성을 제거할 수 있다. R134a와 같은 일반냉매는 해로운 온실가스이며, 밀봉부와 연결부의 누출과 충돌에 의한 사고 누출로 대기로 방출된다. 자동차용 증기압축식 공기조화기를 개인용 열전시트 냉각기로 교체함으로써 매년 미국에서 대기로 방출되는 4500만 미터톤의 CO_2를 제거할 수 있다.

3.7.3 나노 전도

마지막으로 물리적 크기가 작아서 나노 스케일 효과가 중요한 경우를 고려하고자 한다.

얇은 기체층을 통한 전도 그림 3.25는 길이 L로 떨어져 있는 두 등온 고체 표면 사이에서 기체 분자들의 순간 궤적을 나타내고 있다. 1.2.1절에서 논의되었던 것처럼, **체적** 유체 운동이 없는 경우에도 각 분자들은 균일한 표면온도 $T_{s,1}$ 및 $T_{s,2}$를 각각 유지하는 두 고체 경계면에 지속적으로 충돌한다. 분자들은 다른 분자들과 충돌하면서 기체 상태의 매질 **안에서** 에너지를 교환한다. 기체층의 두께 $L = L_1$로 클 때는(그림 3.25*a*), 특정 기체 분자가 두 고체 경계면들 중 어느 하나와 충돌하는 경우보다도 더 자주 다른 기체 분자들과 충돌할 것이다. 그 대신 $L = L_2 \ll L_1$ (그림 3.25*b*)인 아주 얇은 기체층의 경우에는, 어느 한 분자가 다른 분자와 충돌할 가능성보다는 두 개의 고체 경계면 중 하나에 부딪힐 확률이 상대적으로 높다.

기체 분자의 에너지량은 병진, 회전 그리고 진동 운동에너지들과 관련성을 가진다. 이것은 궁극적으로는 가스의 온도를 정의하는 분자 규모의 운동에너지이며, 2.2.1절에서 논의했던 것처럼 각 분자들 사이의 충돌은 열전도율의 크기를 결정한다. 그러나 가스 분자가 고체 벽으로부터 반사되거나 산란되는 방법에 따라서도 운동에너지 그리고 결국은 온도에 영향을 미치게 된다. 따라서 L/λ_{mfp}가 작아지면, 벽과 분자 간의 열전달률 q_x를 결정하는 데 중요한 역할을 한다.

개별적 가체 분자가 고체 벽과 충돌하고 이어서 살란하는 것은 **열수용계수**(thermal accommodation coefficient) α_t로 표현된다.

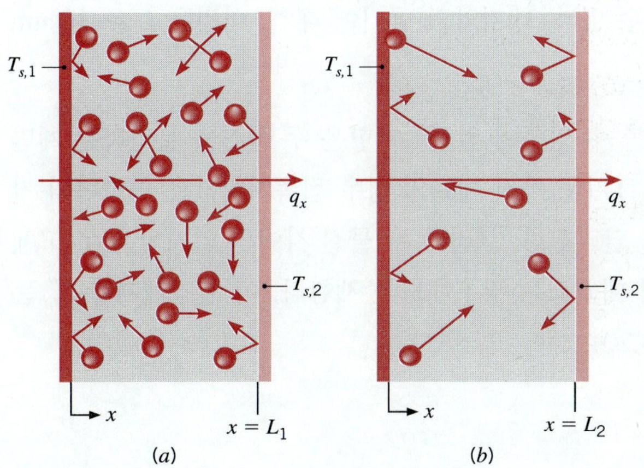

그림 3.25 분자 궤적. (*a*) 상대적으로 두꺼운 기체층. (*b*) 상대적으로 얇은 기체층. 분자들은 서로 충돌하기도 하고 두 고체벽면과 충돌한다.

$$\alpha_t = \frac{T_i - T_{sc}}{T_i - T_s} \tag{3.130}$$

여기서 T_i는 고체표면에 충돌하기 직전의 유효 분자 온도이다. T_{sc}는 표면에서 산란되거나 반사된 바로 직후의 온도이며, T_s는 표면온도이다. 산란된 분자의 온도가 벽면의 온도와 동일할 때 $\alpha_t =$ 1이다. 그 대신에 $T_{sc} = T_i$이면, 분자 운동에너지와 온도는 벽면과의 충돌에 영향을 받지 않으며, $\alpha_t = 0$이다.

온도 $T_{s,1}$과 $T_{s,2} < T_{s,1}$인 두 표면 사이에 들어 있는 이상기체 내의 1차원 전도에 대해, 기체층을 통한 열전달률은 다음과 같이 표현된다[21].

$$q = \frac{T_{s,1} - T_{s,2}}{(R_{t,m-m} + R_{t,m-s})} \tag{3.131}$$

여기서, 분자 수준에서는 열저항들이 분자-분자 간 및 분자-표면 간의 충돌과 관련이 있다.

$$R_{t,m-m} = \frac{L}{kA} \quad \text{and} \quad R_{t,m-s} = \frac{\lambda_{\text{mfp}}}{kA}\left[\frac{2-\alpha_t}{\alpha_t}\right]\left[\frac{9\gamma-5}{\gamma+1}\right] \tag{3.132a,b}$$

앞의 식에서 $\gamma \equiv c_p/c_v$는 이상기체의 비열비이다. 두 고체는 동일한 α_t 값을 가지는 같은 재질로 가정하며, 온도차는 저온벽 면에서의 온도보다 상대적으로 작다고, 즉 $(T_{s,1} - T_{s,2})/T_{s,2} \ll 1$이라고 가정한다. 식 (3.132a, b)는 연립하면 다음과 같이 정리된다.

$$\frac{R_{t,m-s}}{R_{t,m-m}} = \frac{\lambda_{\text{mfp}}}{L}\left[\frac{2-\alpha_t}{\alpha_t}\right]\left[\frac{9\gamma-5}{\gamma+1}\right]$$

이것으로부터 L/λ_{mfp}가 크고 $\alpha_t \neq 0$이면, $R_{t,m-s}$는 무시할 수 있다는 것이 명백하다. 이 경우에 식 (3.131)은 식 (3.6)으로 축소시킬 수 있다. 그러나 L/λ_{mfp}가 작으면, $R_{t,m-s}$는 매우 커질 수 있다. 식 (2.11)로부터, 기체 압력이 감소함에 따라 평균자유경로는 증가한다. 따라서 기체 압력의 감소에 따라 $R_{t,m-s}$는 증가하고, L/λ_{mfp}가 작으면 열전달률은 압력에 의존적이 될 수 있다. 특정한 기체와 표면의 조합에 대한 αt 값은 공기-알루미늄과 공기-강철에 대해 0.87~0.97의 범위이다. 그러나 헬륨이 깨끗한 금속 표면과 상호작용할 때, 이것은 0.02보다 작을 수 있다[21]. 식 (3.131)과 식 (3.132a, b)는 $L/\lambda_{\text{mfp}} \gtrsim 0.1$일 때 적용할 수 있다. 대기압의 공기에 대해, 이것은 $L \gtrsim 10$ nm에 해당한다.

고체-고체 계면을 통한 전도 그림 3.4에서 볼 수 있듯이 열접촉저항은 두 물질을 분리하는 계면과 관련된다. 3.1.4절에서 알 수 있듯이, 보통 크기를 가진 재료의 경우 접촉저항값은 접합면의 거칠기와 지형, 계면의 틈을 채우는 유체에 따라 달라진다. 그러나 두 물질 사이의 열저항은 두 고체의 접촉면이 중간 간격을 두지 않고 완벽하게 매끄러운 경우에도 존재한다. 이 **열경계저항** $R''_{t,b}$는 열접촉저항과 동일한 방식으로 정의된다(식 3.20).

표 3.6 다양한 고체-고체 조합에 대한 300 K에서의 열경계저항, $R''_{t,b} \times 10_{10}$ ($m^2 \cdot K/W$) [22]

고체 A \ 고체 B	알루미늄	금	납
불화바륨(BAF_2)	100	250	161
산화알루미늄(Al_2O_3)	95	222	182
다이아몬드	217	250	323

$$R''_{t,b} = \frac{T_A - T_B}{q''_x} \tag{3.133}$$

궁극적으로 두 물질의 서로 다른 원자 수준의 구조 때문에 접촉저항이 발생한다. 계면에서의 구조 변화는 계년에서의 포논(phonon) 및 전자 전달을 방해하고 열경계저항을 유도한다.

완벽하게 매끄러운 두 고체 사이의 열경계저항의 측정 값은 표 3.6에 나와 있다. 표 3.6의 열경계저항과 표 3.1 및 3.2의 열접촉저항을 비교하면 $R''_{t,b}$가 $R''_{t,c}$ 보다 많은 차수로 작음을 을 알 수 있다. 따라서, 열경계저항은 통상적인 크기의 재료의 응용에서 무시할 수있다. 그러나 나노 구조 물질 또는 나노 소자의 경우 열경계저항은 예제 3.13에서와 같이 중요할 수 있다.

얇은 고체막을 통한 전도 얇은 고체막을 가로지르거나 이를 따라서 일어나는 1차원 전도는 2.2.1절에서 열전도율 k_x와 k_y의 항으로 논의했었다. 얇은 고체막을 통한 열전달률은 식 (2.9a)와 식 (3.5)를 조합하여 근사적으로 구할 수 있으며, 이를 정리하면 다음 식과 같다.

$$q_x = \frac{k_x A}{L}(T_{s,1} - T_{s,2}) = \frac{k[1 - \lambda_{mfp}/(3L)]A}{L}(T_{s,1} - T_{s,2}) \tag{3.134}$$

L/λ_{mfp}가 클 때, 식 (3.134)는 식 (3.4)로 정리된다. k_x에 대한 많은 대체 표현이 가능하며 참고문헌에서 논의된다[21].

예제 3.13

상온의 나노구조 평면 복합벽이 두께가 각각 δ인 금과 산화 알루미늄(사파이어)의 번갈아 구성된 층 $N = 10{,}000$개로 구성되어 있다. 벽의 전체 두께는 $L = 1$ mm 이다. 나노 복합벽의 열저항을 결정하고, 벽이 순수한 금 또는 사파이어로 된 경우($L = 1$ mm)와 비교하라.

풀이

제시자료: 나노구조 평면 복합벽의 조성, 두께 및 번갈은 층 수.

풀이대상: 나노 복합벽, 금, 및 사파이어 벽의 열저항.

개략도:

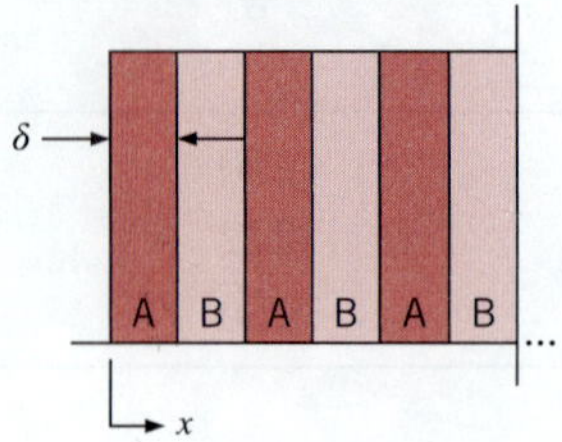

가정:

1. 정상상태
2. x-방향으로의 1차원 열전도
3. 내부 열발생 없음
4. 일정한 열물성

물성치: 표 A.1, 금 (300 K): $k_{\text{au}} = 317$ W/m·K. 표 A.2, 사파이어 (300 K): $k_s = 46$ W/m·K.

해석: 각 층의 두께는 $\delta_{\text{s}} = \delta_{\text{au}} = L/N = 1 \times 10^{-3}$ m/10,000 $= 100 \times 10^{-9}$ m $=$ 100 nm. 표 2.1 에서, $\delta_{\text{s}} > L_{\text{crit},x,s} = 36$ nm 사파이어 열전도율은 큰 재료와 동일하게, $k_s = 46$ W/m K. 금 층에 대해서는, $\delta_{\text{au}} < L_{\text{crit},x,\text{au}} = 220$ nm. 식 2.9a와 표 2.1에서

$$k_{x,\text{au}} = k_{\text{au}}\left[1 - \frac{\lambda_{\text{mfp,au}}}{3\delta}\right] = 317 \text{ W/m}\cdot\text{K}\left[1 - \frac{31 \text{ nm}}{3 \times 100 \text{ nm}}\right] = 284 \text{ W/m}\cdot\text{K}$$

나노 복합벽은 체적으로 볼 때 절반은 금이고 절반은 사파이어이다. 금 층, 사파이어 층 및 금−사파이어 계면의 전도 저항은 직렬로 배열되어 있다. 따라서 단위 면적당 나노 복합벽의 총 열저항은

$$R''_{\text{tot}} = \frac{L/2}{k_{x,\text{au}}} + \frac{L/2}{k_s} + NR''_{t,b}$$

표 3.6에서 금−사파이어 경계면(300 K): $R''_{t,b} = 222 \times 10^{-10}$ m^2·K/W이므로

$$\begin{aligned} R''_{\text{tot}} &= \frac{(0.5 \times 10^{-3} \text{ m})}{284 \text{ W/m}\cdot\text{K}} + \frac{(0.5 \times 10^{-3} \text{ m})}{46 \text{ W/m}\cdot\text{K}} + 1 \times 10^4 \times 222 \times 10^{-10} \text{ m}^2\cdot\text{K/W} \\ &= 2.35 \times 10^{-4} \text{ m}^2\cdot\text{K/W} \end{aligned} \quad \triangleleft$$

금 벽의 열저항은

$$R''_{\text{tot,au}} = \frac{L}{k_{\text{au}}} = \frac{1 \times 10^{-3} \text{ m}}{317 \text{ W/m}\cdot\text{K}} = 3.15 \times 10^{-6} \text{ m}^2\cdot\text{K/W} \quad \triangleleft$$

유사하게, 사파이어 벽은

$$R''_{\text{tot},s} = \frac{L}{k_s} = \frac{1 \times 10^{-3} \text{ m}}{46 \text{ W/m}\cdot\text{K}} = 21.7 \times 10^{-6} \text{ m}^2\cdot\text{K/W} \quad \triangleleft$$

부가설명:

1. 본 예제의 벽은 2.2.1절의 논의를 바탕으로 한 나노구조 물질의 또 다른 예이다. **나노 복합구조물**의 열저항은 순수 금 또는 순수 사파이어 벽보다 훨씬 크다.
2. 높은 열전도율을 갖는 고체 나노 입자를 혼합함으로써 열전도율이 낮은 재료의 열저항을 줄이려는 시도가 있어 왔다. 예를 들어, 예제 3.4의 탄소 나노튜브는 플라스틱 재료와 혼합될 수 있다. 이러한 시도는 나노 입자의 높은 열전도율이라는 유익한 효과와 나노튜브와 주변 기재 사이의 열경계저항과 관련된 부작용 사이의 절충이 요구된다. 이렇게 제조된 나노 복합체는 기본재료 보다 낮거나 높은 열저항을 나타낼 수 있다.
3. N = 10,000이면 벽면의 두께가 L = 1 m이고, 층의 두께는 δ = 100 μm = 0.1 mm 이다. 이 경우, 금 및 사파이어 층의 열전도율은 큰 재료와 동일한 값이며, 금 벽, 복합벽 및 사파이어 벽에 대한 총 열저항은 각각 0.00315, 0.0127 및 0.0217 $m^2 \cdot K/W$이다. 이제 복합벽의 열저항은 나노 크기의 열전달 효과가 없이 금 및 사파이어 벽의 열저항에 의해서만 나타낼 수 있다.
4. 5000 층의 금과 5000 층의 사파이어의 전도저항이 결합되어 하나의 등가 저항이 된다.

3.8 요약

수학적으로는 본질적으로 간단하지만, 1차원 정상상태 열전달은 수많은 공학적 응용에 적용된다. 비록 1차원 정상상태 조건을 정확하게 적용할 수 없을지라도, 때로는 합리적으로 정확한 결과를 얻기 위하여 이러한 가정을 한다. 그러므로 이러한 문제들을 다루는 방법에 완전히 숙달되어야 한다. 특히 3종류의 일반적인 형상 각각에 따른 등가 열회로의 사용과 전도저항에 대한 식에 익숙해야 한다. 아울러 온도분포 및 이에 대응하는 열유속을 얻기 위하여 열방정식과 Fourier의 법칙을 사용하는 방법에 익숙해야 한다. 내부에 분포된 에너지원의 의미를 명확히 이해하여야 한다. 이에 더해, 확장표면이 갖는 열시스템 설계에서의 중요한 역할을 이해하여야 하며, 확장표면의 설계와 성능계산을 수행할 수 있는 능력을 갖추어야 한다. 마지막으로, 이상의 개념들을 인체, 열전 동력 발생, 그리고 마이크로 및 나노스케일 전도에 적용하는 방법을 이해해야 한다.

다음 질문에 답을 함으로써 이 장에서 중요한 개념의 이해 정도를 테스트할 수 있을 것이다.

- **열유속**이 일정하고 열흐름 방향에 무관하다고 할 수 있는 조건은 무엇인가? 이들 조건의 각각에 대하여 조건을 만족시키지 못한다면 열유속이 방향에 무관하지 않다는 것을 확신할 수 있도록 물리적으로 고찰해 보라.
- 열발생이 없는 원통이나 구의 셸에서 1차원 정상상태 전도에 대하여 반지름 방향 열유속은 반지름에 무관한가? 반지름 방향 열전달률은 반지름에 무관한가?
- 열발생이 없는 1차원 정상상태 전도에 대하여 **평면벽** 내에서 온도분포의 형태는 어떠한가? **원통형 셸(또는 벽 구조)**에서의 온도분포 형태 및 **구형 셸**에서의 온도분포의 형태는 어떠한가?
- **열저항**이란 무엇인가? 열저항은 어떻게 정의되는가? 열저항의 단위는 무엇인가?
- **평면벽**을 가로지르는 전도에 대한 열저항식을 기억해서 기술할 수 있는가? 마찬가지로 **원통형 셸**과 **구형 셸**을 가로지르는 전도와 관련된 열저항식을 기술할 수 있는가? 표면으로부터의 대류 열저항과 표면과 큰 주위 사이에서의 정미 복사 열교환과 관련된 열저항식을 기억해서 나타낼

수 있는가?

- **임계 단열 반지름**의 존재에 대한 물리적인 논거는 무엇인가? 열전도율과 대류열전달계수는 임계 단열 반지름의 값에 어떤 영향을 미치는가?
- 고체의 전도저항은 열전도율에 의해 어떤 영향을 받는가? 표면에서 대류 열저항은 대류열전달계수에 의해 어떤 영향을 받는가? 복사 열저항은 표면 방사율에 의해 어떤 영향을 받는가?
- 열이 대류와 복사에 의해 표면으로부터 전달된다면, 열회로에서 대응하는 열저항은 어떻게 나타낼 수 있는가?
- 온도가 다른 유체를 분리하고 있는 평판 벽을 통한 정상상태 전도를 고려하자. 평판의 안쪽 표면과 바깥쪽 표면에 인접하고 있는 유체의 온도는 각각 $T_{\infty,i}$와 $T_{\infty,o}$이다. 바깥쪽 표면에서의 대류열전달계수가 안쪽 표면에서의 대류열전달계수의 5배, 즉 $h_o = 5h_i$이라면, 인접한 유체 온도에 대응하는 평판 표면온도인 $T_{s,o}$ 및 $T_{s,i}$의 상대적인 근사값에 대하여 무엇을 말할 수 있는가?
- 열전도 저항을 **속이 찬** 원통이나 구에 적용할 수 있는가?
- **접촉저항**이란 무엇인가? 접촉저항은 어떻게 정의되는가? 주어진 영역의 접촉면에 대한 접촉저항의 단위는 무엇인가? 단위면적에 대한 접촉저항의 단위는 무엇인가?
- 인접한 표면의 거칠기가 접촉저항에 어떤 영향을 미치는가?
- 두 표면 사이의 접촉 영역에 있는 공기를 헬륨으로 치환한다면, 열접촉저항은 어떤 영향을 받는가? 접촉 영역을 진공으로 한다면, 열접촉저항은 어떤 영향을 받는가?
- **열관류계수**란 무엇인가? 열관류계수는 어떻게 정의되며, **총 열저항**과는 어떻게 관련이 되는가? 열관류계수의 단위는 무엇인가?
- 체적당 균일하게 가열되고 표면에서 대류열전달이 일어나는 속이 찬 원통에서, 열유속은 반지름의 크기에 따라 어떻게 변하는가? 열전달률은 반지름의 크기에 따라 어떻게 변하는가?
- 체적당 균일하게 가열되고 표면에서 대류열전달이 일어나는 속이 찬 원형 구에서 열유속은 반지름의 크기에 따라 어떻게 변하는가? 열전달률은 반지름의 크기에 따라 어떻게 변하는가?
- 열발생이 있고, 표면은 완전하게 단열되어 있는 속이 찬 원통이나 구에서 정상상태 조건을 얻는 것이 가능한가? 설명해 보라.
- 열발생이 있는 재료를 열저항에 의해 기술하고, 열회로 분석에 포함시킬 수 있는가? 그렇다면 이유가 무엇인가? 그렇지 않다면 이유가 무엇인가?
- 마이크로웨이브 오븐 내에서의 요리와 관련된 물리적인 기구는 무엇인가? 보통(대류 또는 복사) 오븐과는 조건이 어떻게 다른가?
- 복사가 반투명 매질의 표면에 입사되어 매질을 통해 전파될 때 흡수된다면, 대응하는 체적당 열발생률 $\dot{q}$이 매질 내에서 균일하게 분포되어 있는가? 그렇지 않다면 $\dot{q}$는 표면으로부터의 거리에 따라 어떻게 변하는가?
- 두께가 $2L$이고 체적당 열발생이 균일하며 양쪽 표면에서의 대류조건이 같은 평면벽과 두께가 L이고 체적당 열발생이 같으며 한쪽 표면은 대류 조건이고 다른 쪽 표면은 단열되어 있는 평면벽은 어느 점에서 유사한가?
- 표면에 **휜**을 부착하는 것은 어떤 목적에 도움이 되는가?
- 확장표면에 대한 일반 형태의 에너지방정식을 유도하는 데 있어서 근사적으로 1차원 전도라고

가정할 수 있는 이유는 무엇인가? 어떤 조건하에서 이 근사가 잘 맞는가?

- 횡단면이 균일한 직선 휜(그림 3.15*a*)을 고려하라. 휜의 x 위치에서 횡단 방향(y)에 대한 온도분포를 스케치하라. 좌표의 원점을 휜의 중심면에 위치시키라($-t/2 \le y \le t/2$). 위치 $(x, t/2)$에서 적용된 **표면** 에너지평형의 형태는 무엇인가?
- **휜유용도(또는 휜유효)**란 무엇인가? 가능한 값의 범위는 얼마인가? 어떤 조건하에서 휜이 가장 유용한가?
- **휜효율**이란 무엇인가? 가능한 값의 범위는 얼마인가? 어떤 조건하에서 휜효율이 가장 큰가?
- **휜저항**이란 무엇인가? 휜저항의 단위는 무엇인가?
- 휜의 열전도율이 증가한다면, 휜의 유용도, 효율 및 열저항은 어떤 영향을 받는가? 대류열전달계수가 증가한다면? 휜의 길이가 증가한다면? 휜의 두께(또는 지름)가 증가한다면?
- 관 속에 흐르는 고온 물로부터 관 밖에 흐르는 공기로 열이 전달된다. 열전달률을 증가시키기 위하여 휜을 관의 안쪽 표면에 설치해야 하는가? 또는 바깥 표면에 설치해야 하는가?
- 휜은 주조공정이나 압출공정을 이용하여 표면과 일체가 되게 제조할 수 있고, 따로따로 표면에 납땜하거나 접착시킬 수 있다. 열적인 고려에서 어느 방법이 가장 좋은가?
- 생체열 방정식에서 두 개의 열원에 대한 물리적인 근원에 대해서 설명하라. 어떤 조건에서 관류항이 열침(heat sink)이 되는가?
- 열침은 열전기기에 의해 발생되는 전력을 어떻게 증가시키는가?
- 분자-벽 간의 상호작용과 연관된 열저항은 어떤 조건에서 중요해지는가?

참고문헌 *References*

1. Fried, E., "Thermal Conduction Contribution to Heat Transfer at Contacts," in R. P. Tye, Ed., *Thermal Conductivity,* Vol. 2, Academic Press, London, 1969.
2. Eid, J. C., and V. W. Antonetti, "Small Scale Thermal Contact Resistance of Aluminum Against Silicon," in C. L. Tien, V. P. Carey, and J. K. Ferrel, Eds., *Heat Transfer—1986,* Vol. 2, Hemisphere, New York, 1986, pp. 659–664.
3. Snaith, B., P. W. O'Callaghan, and S. D. Probert, *Appl. Energy,* **16,** 175, 1984.
4. Yovanovich, M. M., "Theory and Application of Constriction and Spreading Resistance Concepts for Microelectronic Thermal Management," Presented at the International Symposium on Cooling Technology for Electronic Equipment, Honolulu, 1987.
5. Peterson, G. P., and L. S. Fletcher, "Thermal Contact Resistance of Silicon Chip Bonding Materials," Proceedings of the International Symposium on Cooling Technology for Electronic Equipment, Honolulu, 1987, pp. 438–448.
6. Yovanovich, M. M., and M. Tuarze, *AIAA J. Spacecraft Rockets,* **6,** 1013, 1969.
7. Madhusudana, C. V., and L. S. Fletcher, *AIAA J.,* **24,** 510, 1986.
8. Yovanovich, M. M., "Recent Developments in Thermal Contact, Gap and Joint Conductance Theories and Experiment," in C. L. Tien, V. P. Carey, and J. K. Ferrel, Eds., *Heat Transfer—1986,* Vol. 1, Hemisphere, New York, 1986, pp. 35–45.
9. Maxwell, J. C., *A Treatise on Electricity and Magnetism*, 3rd ed., Oxford University Press, Oxford, 1892.
10. Hamilton, R. L., and O. K. Crosser, *I&EC Fund.* **1**, 187, 1962.
11. Jeffrey, D. J., *Proc. Roy. Soc. A*, **335**, 355, 1973.
12. Hashin Z., and S. Shtrikman, *J. Appl. Phys*., **33**, 3125, 1962.
13. Aichlmayr, H. T., and F. A. Kulacki, "The Effective Thermal Conductivity of Saturated Porous Media," in J. P. Hartnett, A. Bar-Cohen, and Y. I Cho, Eds., *Advances in Heat Transfer*, Vol. 39, Academic Press, London, 2006.
14. Harper, D. R., and W. B. Brown, "Mathematical Equations for Heat Conduction in the Fins of Air Cooled Engines," NACA Report No. 158, 1922.
15. Schneider, P. J., *Conduction Heat Transfer*, Addison-Wesley, Reading, MA, 1957.
16. Diller, K. R., and T. P. Ryan, *J. Heat Transfer*, **120**, 810, 1998.
17. Pennes, H. H., *J. Applied Physiology*, **85**, 5, 1998.
18. Goldsmid, H. J., "Conversion Efficiency and Figure-of-Merit," in D. M. Rowe, Ed., *CRC Handbook of Thermoelectrics*, Chap. 3, CRC Press, Boca Raton, 1995.
19. Majumdar, A., *Science*, **303**, 777, 2004.
20. Hodes, M., *IEEE Trans. Com. Pack. Tech.*, **28**, 218, 2005.
21. Zhang, Z. M., *Nano/Microscale Heat Transfer*, McGraw-

Hill, New York, 2007.
22. Cahill, D. G., P. V. Braun, G. Chen, D. R. Clarke, S. Fan, K. E. Goodson, P. Keblinski, W. P. King, G. D. Mahan, A. Majumdar, J. M. Humphrey, S. R. Phillpot, E. Pop, and L. Shi, *App. Phys. Rev.*, **1**, 011305, 2014.

연습문제 *Problems*

평면벽 및 복합벽

3.1 그림 3.1에서와 같이 온도가 각각 $T_{\infty,1}$과 $T_{\infty,2}$인 고온유체와 저온유체를 분리시키는 평면벽을 고려하자. $x = 0$와 $x = L$에서의 경계조건으로 표면 에너지평형을 사용하여[식 (2.34) 참조], 벽 내에서의 온도분포와 열유속을 $T_{\infty,1}$, $T_{\infty,2}$, h_1, h_2, k 및 L의 항으로 나타내라.

3.2 추운 지역에 위치할 새 건물을 설계하고 있는데, 지하실 벽의 두께가 $L = 250$ mm가 되도록 계획하고 있다. 지하실의 내벽과 외벽 온도가 각각 $T_i = 20°C$, $T_o = 0°C$이다. 건축가는 벽 재료를 열전도율 $k_{ac} = 0.15$ W/m·K인 기포가 있는 콘크리트 벽돌, 아니면 자갈 섞인 콘크리트로 명시할 수 있다. 자갈 섞인 콘크리트를 통한 전도 열유속을 기포가 있는 콘크리트벽의 열 유속 수준으로 낮추려면, 자갈 섞인 콘크리트벽의 안쪽에 붙일 압출된 폴리스티렌 판(extruded polystyrene sheet)의 두께를 얼마로 해야 하는가? 지하실 바닥의 치수는 25 m × 40 m이고, 예상 렌트비는 \$50/m²/월이다. 만일 지하실 벽이 자갈이 섞인 콘크리트벽에 폴리스티렌 단열재를 적용하는 것으로 명시된다면 렌트 수입 중 허비된 연간 비용이 얼마나 되는지 구하라.

3.3 자동차 뒷유리 창의 안쪽 표면에 얇고 투명한 필름형의 히터를 부착하여 성에를 제거한다. 이 히터를 전기로 가열하면 안쪽 표면에 균일한 열유속을 공급할 수 있다.

(a) 두께 4 mm의 창유리에 대해, 안쪽 표면의 온도와 대류열전달계수가 각각 $T_{\infty,i} = 25°C$와 $h_i = 10$ W/m²·K이고, 외부(대기)의 공기온도와 대류열전달계수는 각각 $T_{\infty,o} = -10°C$와 $h_o = 65$ W/m²·K일 때, 안쪽 표면온도를 15°C로 유지하기 위해 단위면적당 공급해야 할 전력을 계산하라.

(b) 실제로는 날씨 조건과 자동차의 속도에 따라 $T_{\infty,o}$와 ho가 변한다. $h_o = 2$, 20, 65와 100 W/m²·K의 값에 대하여, $230 \le T_{\infty,o} \le 0°C$의 범위에서 $T_{\infty,o}$의 함수로 필요한 전력의 값을 구하고 도표로 나타내라. 그 결과로부터 h_o가 낮은 값에서 가열기 작동의 필요성에 대하여 무슨 결론을 내릴 수 있는가? 이 결론은 $T_{\infty,o}$의 값에 의해 어떤 영향을 받는가? 만일 $h \sim V^n$일 때, 자동차 속도는 가열기 작동을 위한 필요에 대해 어떤 영향을 미치는가? 여기서 V는 자동차 속도이고 n은 양의 지수이다.

3.4 50년 전에 지어진 큰 대학의 기숙사 외벽이 열전도율 $k_s = 0.1$ W/m·K, 두께 $L_s = 25$ mm인 외장재로 지어졌다. 겨울에 열손실을 줄이기 위해 원래의 외장재의 외부에 열전도율 $k_i = 0.029$ W/m·K인 압출 단열재를 $L_i = 25$ mm 두께로 덧붙여 전체 기숙사를 감싸기로 결정했다. 다음에는 압출 단열재에 열전도율 $k_g = 1.4$ W/m·K, 두께 $L_g = 5$ mm의 건축용 유리를 덧붙이기로 했다. 건물 내부와 외부의 공기온도가 각각 $T_{\infty,i} = 22°C$, $T_{\infty,o} = -20°C$일 때 원래 벽과 개선된 벽을 통과하는 열유속을 각각 구하라. 내부와 외부의 대류열전달계수는 각각 $h_i = 5$ W/m²·K, $h_o = 25$ W/m²·K이다.

3.5 어떤 제조공정중에 그림과 같이 투명한 필름을 회로기판에 접합하려 한다. 온도 T_0에서 접착제를 경화하기 위하여 열유속 q''_0(W/m²)를 공급하는 데 복사열원을 사용하며, 모두가 접합 표면에 흡수된다. 회로기판 뒷면은 온도 T_1으로 유지되어 있고, 필름의 자유표면은 대류열전달계수가 h이며, 온도가 T_∞인 공기에 노출되어 있다.

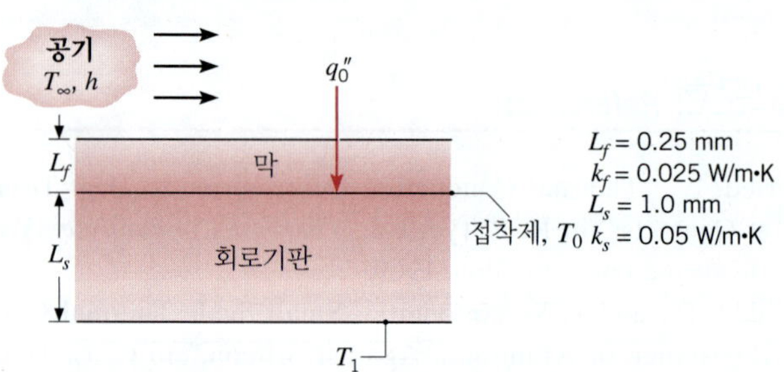

(a) 정상상태 열전달 상황을 표현하는 열회로를 그려라. 모든 요소, 절점(node) 및 열전달률에 명칭을 붙여 표시하고, 기호 형식으로 나타내라.

(b) $T_\infty = 20°C$, $h = 50$ W/m²·K 및 $T_1 = 30°C$라고 가정한다. 접합표면을 $T_0 = 60°C$로 유지하는 데 요구되는 열유속 q''_0을 계산하라.

(c) $0 \le L_f \le 1$ mm에 대하여 필름 두께의 함수로서 필요한 열유속을 구하고 그림으로 나타내라.

(d) 만약 필름이 불투명하고 복사 열유속이 필름 상부의 표면에서 흡수된다면, 접합을 하는 데 필요한 열유속은 얼마인가? $0 \le L_f \le 1$ mm에 대하여 L_f의 함수로서 결과값을 그림으로 나타내라.

3.6 냉장고의 벽은 보통 금속 시트 패널 사이에 절연층을 끼워 넣어 만든다. 벽은 열전도율 $k_i = 0.046$ W/m·K이고 두께 $L_i =$

50 mm인 유리 섬유 단열재와 열전도율 k_p = 60 W/m·K이고 두께 L_p = 3 mm인 강 패널로 만들어져 있다. 벽이 $T_{\infty,i}$ = 4°C인 냉장고 공기와 $T_{\infty,o}$ = 25°C인 대기를 분리하고 있다면, 단위면적당 열은 얼마나 전달되는가? 안쪽 표면과 바깥 표면에서 자연대류와 관련된 대류열전달계수는 $h_i = h_o$ = 5 W/m^2·K로 간주할 수 있다.

3.7 두께가 1 mm이고 열전도율이 k_{ss} = 15 W/m·K인 두 장의 스테인레스 스틸 시트 사이에 열전도율이 k_{ins} = 1.5 W/m·K인 단열재가 샌드위치되어 있다. 벽은 온도가 $T_{\infty,1}$ = 50°C, $T_{\infty,2}$ = 25°C인 두 유체 사이에 있다. 표에 나와 있는 각 경우에 대하여 복합 벽을 통과하는 열 유속을 60 W/m^{2}로 제한하는 데 필요한 절연체의 두께를 결정하라. 대류열전달계수는 개스–자유 대류에 대해서는 h = 5 W/m^2·K, 기체–강제 대류에 대해서는 h = 50 W/m^2·K, 액제 강제 대류에 대해서는 h = 500 W/m^2·K, 비등과 응축에 대해서는 h = 5000 W/m^2·K이다.

Case	h_1 (W/m^2·K)	h_2 (W/m^2·K)
1	기체–자유 대류	기체–자유 대류
2	기체–강제 대류	기체–자유 대류
3	기체–강제 대류	액체–강제 대류
4	응축	비등

3.8 두께가 12 mm인 물의 수평층이 있는데, 맨 윗면의 표면온도는 T_c = −6°C이고, 맨 밑면의 표면온도는 T_h = 3°C이다. 정상상태에서의 고체–액체 경계면의 위치를 구하라.

3.9 대류열전달계수를 측정하기 위한 한 기법으로, 단열재료에 얇은 금속 박판(foil)의 한 면을 부착하고, 다른 표면은 측정하려고 하는 유체흐름 상태에 노출되게 한다.

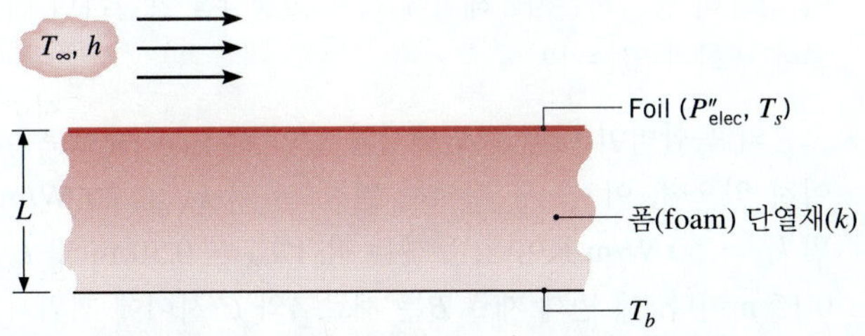

박판을 통하여 전류가 흐르게 되면 박판 내에서 열이 균일하게 소산되고, 대응하는 열유속 P''_{elec}은 전압과 전류를 측정하여 추론할 수 있다. 만약 단열재 두께 L과 열전도율 k를 알고 있고, 유체, 박판 및 단열재 온도(T_∞, T_s, T_b)가 측정된다면, 대류열전달계수를 구할 수 있다. $T_\infty = T_b$ = 25°C, P''_{elec} = 2000 W/m^2, L = 10 mm 및 k = 0.040 W/m·K의 조건을 고려하자.

(a) 표면 위로 물이 흐를 때, 박판 온도를 측정하면 T_s = 27°C이다. 대류열전달계수를 구하라. 소산된 전력이 모두 대류에 의해서 물로 전달된다는 가정을 하면 어떤 잘못을 초래하는가?

(b) 그 대신에, 표면 위로 공기가 흐르고 온도가 T_s = 125°C라면 대류열전달계수는 얼마인가? 박판은 방사율이 0.15이고, 25°C인 큰 주위에 노출되어 있다. 소산된 전력이 모두 대류에 의해서 공기로 전달된다는 가정을 하면 어떤 오차를 초래하는가?

[c] 보통 열유속 계측기는 고정온도(T_s)에서 작동된다. 이 경우에 전력소산으로 대류열전달계수의 직접적인 계측을 할 수 있다. T_s = 27°C일 때 $10 \le h_o \le 1000$ W/m^2·K에 대하여, h_o의 함수로서 P''_{elec}을 그림으로 나타내라. 단열재를 통과하는 전도를 무시한 것과 관련된 오차에 대해 h_o는 어떤 영향을 미치는가?

3.10 춥고 바람 부는 날에 경험하는 **풍랭**(wind chill)은 노출된 인간의 피부로부터 주위 대기로 열전달을 증가시키는 것과 관계가 있다. 두께가 3 mm이고, 안쪽 표면이 40°C의 온도로 유지되어 있는 지방질의 조직층을 생각해 보자. 바람이 없는 날에 바깥쪽 표면에서의 대류열전달계수는 25 W/m^2·K이지만, 풍속이 30 km/h일 때는 대류열전달계수가 65 W/m^2·K에 달한다. 두 가지 경우에서 대기 온도는 −15°C이다.

(a) 바람 부는 날에 대한 바람 없는 날의 단위면적당 열손실비는 얼마인가?

(b) 바람 없는 날과 바람 부는 날에 피부 바깥쪽의 표면온도는 각각 얼마인가?

(c) 바람 부는 날 공기온도가 −15°C일 때 발생하는 열손실과 같은 열손실이 바람 없는 날에 발생한다고 가정하면, 공기온도는 몇 도가 되어야 하는가?

3.11 보온 창유리가 7 mm 간격의 공기공간을 둘러싸고 있는 두께 7 mm인 두 개의 유리판으로 이루어져 있다. 이 유리는 −10°C인 외부 대기와 20°C인 실내 공기를 분리한다. 안쪽(실내 측) 표면에서의 대류열전달계수는 10 W/m^2·K이다.

(a) 만약 바깥 공기(대기)와 관련한 표면의 대류열전달계수가 h_o = 80 W/m^2·K라면, 길이가 0.8 m, 폭이 0.5 m인 창유리를 통한 열손실은 얼마인가? 단, 복사는 무시하고, 창유리 사이에 밀폐되어 있는 공기는 정체되어 있다고 가정한다.

[b] $10 \le h_o \le 100$ W/m^2·K에 대하여 열손실에 대한 h_o의 영향을 계산하고 도표로 나타내라. 동일한 두께의 세 번째 창유리와 두 번째 공기공간을 추가한 삼중 창유리 구조에 대해서 반복해서 계산하라.

3.12 어떤 집의 벽이 그림에 나타낸 것과 같이 나무, 유리섬유 단열재 및 석고판의 복합벽으로 되어 있다. 추운 겨울날의 대류열전달계수는 h_o = 60 W/m^2·K이고, h_i = 30 W/m^2·K이다. 또

벽의 전체 표면적은 350 m^{2}이다.

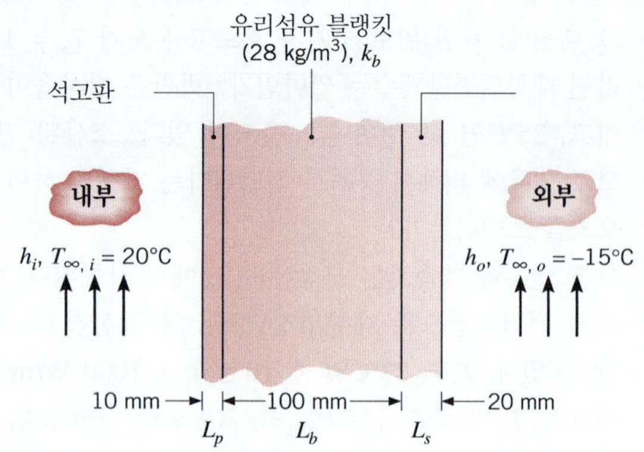

(a) 주어진 조건에 대하여 내부와 외부 표면의 대류 영향을 포함하는 벽의 총 열저항에 대한 식을 기호로 나타내라.

(b) 벽면을 통과하는 총 열손실을 구하라.

(c) 만약 바람이 세차게 불어서 h_o = 300 W/m^2·K까지 올라간다면, 열손실은 몇 % 증가되는가?

(d) 벽면을 지나는 열흐름의 양을 결정하는 지배적 저항은 얼마인가?

3.13 내부 공기가 $T_{\infty,i}$ = 20°C와 h_i = 30 W/m^2·K인 조건하에서 연습문제 3.12의 복합벽을 고려하자. 그러나 외부 공기가 다음 식과 같이 시간에 따라 변하는 온도분포를 갖는 좀 더 실제적인 조건을 이용하라.

$$T_{\infty,o}(\text{K}) = 273 + 5\sin\left(\frac{2\pi}{24}t\right) \qquad 0 \le t \le 12 \text{ h}$$

$$T_{\infty,o}(\text{K}) = 273 + 11\sin\left(\frac{2\pi}{24}t\right) \qquad 12 \le t \le 24 \text{ h}$$

또한, 외벽에서 h_o = 60 W/m^2·K이다. 벽 내부에서 에너지 저장의 변화를 무시할 수 있는 준정상상태로 가정하여, 총 표면적이 200 m^{2}일 경우 벽을 통한 하루 동안의 열손실을 구하라.

3.14 얇은 금속 판 사이에 열전도율 k = 0.05 W/m·K인 단열재를 끼워 넣어 건조용 오븐벽을 제작하였다. 오븐 공기는 $T_{\infty,i}$ = 300°C이고, 이에 대응하는 대류열전달계수는 h_i = 30 W/m^2·K이다. 안쪽 벽 표면은 오븐 내에 있는 고온 물체로부터 복사 열유속 q''_{rad} = 100 W/m^{2}을 흡수한다. 방 공기는 $T_{\infty,o}$ = 25°C이고 바깥 표면으로부터의 대류 및 복사에 대한 열관류계수는 10 W/m^2·K이다.

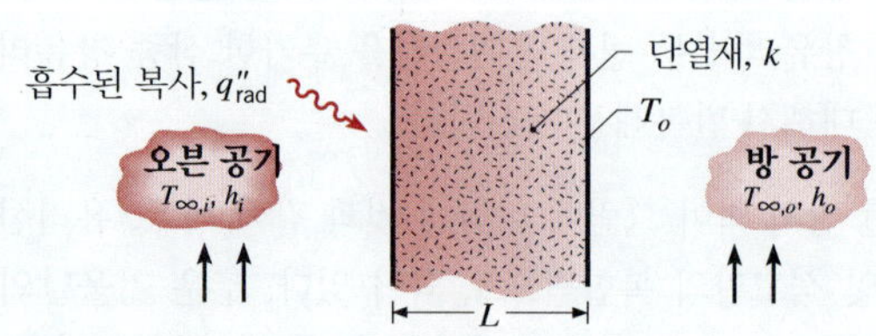

(a) 벽에 대한 열회로를 그리고, 모든 온도, 열전달률 및 열저항 값을 나타내라.

(b) 벽 바깥 표면을 안전접촉 온도인 T_o = 40°C로 유지하기 위하여 필요한 단열재 두께 L을 구하라.

3.15 8 mm 두께의 단단한 나무판자, 중심거리 0.65 m에 40 mm × 130 mm 크기의 단단한 나무 기둥들이 있는 유리섬유 단열재(표면에 종이 부착, 28 kg/m^3)와 두께가 12 mm인 석고(질석) 벽판으로 된 복합벽을 고려하자.

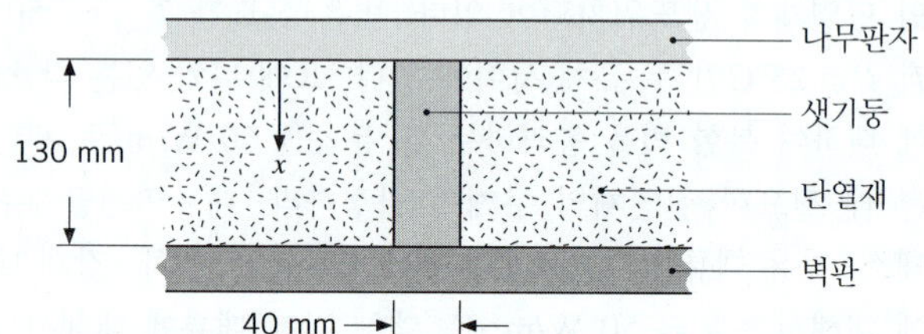

높이가 2.5 m이고 폭이 6.5 m인 벽면(높이가 2.5 m인 기둥이 10개 있다)과 관련된 열저항은 얼마인가?

3.16 대류 오븐은 휀이 있는 오븐실 내부에서 강제 대류를 유도하는 원리로 작동된다. 대류 기능을 사용할 수 없는 경우, 오븐은 작은 케이크만 구울 수 있다. 오븐의 벽은 두 개의 얇은 판금 사이에 샌드위치된 k_{ins} = 0.03 W/m·K, L = 30 mm 두께의 단열층으로 구성되어 있다. 오븐의 외벽은 h_{ext} = 2 W/m^2·K이고 23°C인 공기에 노출되어 있다. 내부 오븐의 공기온도는 180°C이다. 복사 열전달을 무시하고, 대류방식 운전이 안 되고 있는 상태에서 오븐 내부의 지연 대류열전달계수가 h_{fr} = 3 W/m^2·K일 때 오븐 벽을 통한 정상상태 열유속을 구하라. 대류방식 운전이 실행되었을 때 벽면을 통한 열유속을 구하라. 이 경우 강제 대류열전달계수는 h_{fo} = 27 W/m^2·K이다. 대류방식 운전을 하면, 오븐으로부터 부엌으로의 열손실이 상당히 증가하는가? 해석에 복사 열전달을 포함하면 이 결론에 변화가 있는가?

3.17 오븐의 복합벽이 아래 그림에서와 같이 세 가지 재료로 이루어져 있으며, 이 중 두 가지는 열전도율이 k_A = 20 W/m·K 및 k_C = 50 W/m·K이며, 두께는 각각 L_A = 0.30 m 및 L_C = 0.15 m이다. 세 번째 재료 B는 재료 A와 C 사이에 끼워져 있으며, 그 두께는 L_B = 0.15 m이다. 그러나 열전도율 k_B는 알려져 있지 않다.

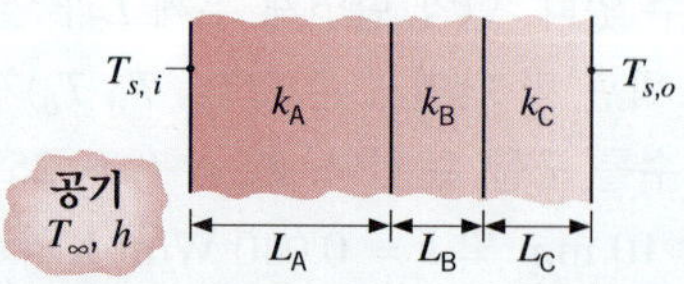

정상상태 운전조건하에서 측정에 의하면 바깥 표면온도 $T_{s,o}$ = 20°C, 안쪽 표면온도 $T_{s,i}$ = 600°C 그리고 오븐 공기온도

T_∞ = 800°C이다. 안쪽의 대류열전달계수 h는 25 W/m^2·K이다. k_B의 값은 얼마인가?

3.18 조그마한 기숙사용 냉장고의 열적 특성을 문이 닫혀져 있고 냉장고가 T_∞ = 25°C인 주위 공기에 놓여 있는 상태에서 서로 다른 두 실험에 의해 결정한다. 먼저 냉장고의 플러그가 뽑혀 있는 동안에 전기가열기를 냉장고 내부 공간 속에 매달아 놓는다. 가열기가 20 W를 소산하고 있는 동안, 내부 공간 속에서 90°C의 정상상태를 기록하고 있다. 두 번째 실험은 가열기를 제거한 후 냉장고를 작동시키고, 정해진 시간 동안 정상상태 공간온도를 5°C로 유지하면서 냉장고를 작동하는 데 필요한 전기에너지를 기록한다. 정상상태 작동이 12시간 동안 지속되는 이러한 실험에서, 입력 전기에너지는 125,000 J이다. 냉장고의 성능계수(COP)를 구하라.

3.19 어떤 특정한 열 시스템이 전도 열저항이 각각 R_1 = 2 K/W, R_2 = 4 K/W, 그리고 R_3 = 8 K/W인 고정된 형상의 물체를 3개 포함하고 있다. R_1, R_2, R_3와 관련된 전체 열저항 R_{tot}을 최소화하고자 한다. 수석 엔지니어가 3개 중 하나의 물체에 대해서만 대체 물질을 사용함으로써 제한된 예산을 투자하고자 한다. 대체 물질은 정상값의 두 배의 열전도율을 가진다. R_{tot}를 가장 큰 폭으로 줄이기 위해서는 어느 물체(1, 2, 혹은 3)를 대체 물질로 만들어야 하는가? 힌트: 두 경우를 생각해 보자. 하나는 세 개의 열저항이 직렬로 배열된 경우이고, 다른 하나는 세 개의 저항이 병렬로 배열된 경우이다.

3.20 **턴아웃 코트**(turnout coat)로 부르는 소방대원의 보호복은 그림으로 나타낸 것처럼 공기 간극(gap)에 의해 분리된 세 개의 층으로 구성되어 있다.

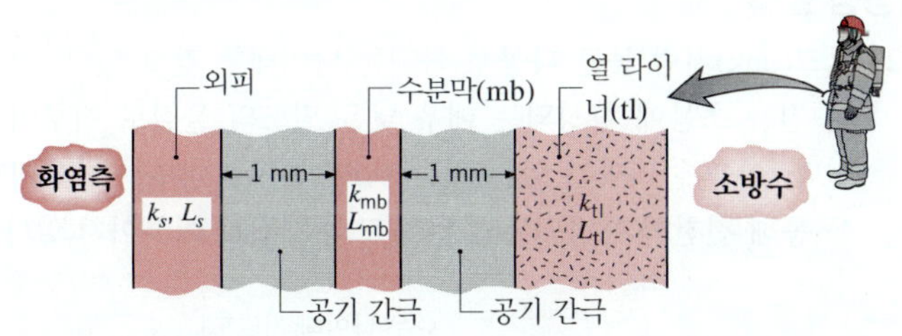

세 개의 층에 대한 대표적인 크기와 열전도율은 다음과 같다.

층	두께(mm)	k (W/m·K)
외피(s)	0.8	0.047
수분막(s)	0.55	0.012
열라이너(tl)	3.5	0.038

층 사이의 공기 간극은 두께가 1 mm이고, 정체된 공기를 통한 전도 및 복사 열교환에 의해 열이 전달된다. 간극에 대한 선형화된 복사열전달계수는 다음과 같이 근사화할 수 있다: $h_{rad} = \sigma(T_1 + T_2)(T_1^2 + T_2^2) \approx 4\sigma T_{avg}^3$. 여기서 T_{avg}는 간극을 구성하는 표면의 평균온도이고 간극을 통한 복사 열유속은 $q''_{rad} = h_{rad}(T_1 - T_2)$로 나타낼 수 있다.

(a) 턴아웃 코트를 열회로로 나타내고 모든 열저항을 써 넣으라. 각 층과 간극에서 전도와 복사 열전달 과정에 대한 단위면적당 열저항(m^2·K/W)을 계산하여 표로 나타내라. 양쪽 간극의 복사저항을 근사화하기 위하여 T_{avg} = 470 K의 값을 이용할 수 있다고 가정한다. 저항의 상대적인 크기에 대하여 부가 설명하라.

(b) 소방대원이 자주 대하게 되는 **프리 플래시 오버**(pre-flash-over) 화재 환경에 대하여 턴아웃 코트의 화염 쪽에서의 복사 열유속은 0.25 W/cm^{2}이다. 턴아웃 코트 안쪽 표면의 온도가 화상을 입을 수 있는 조건인 66°C라면, 턴아웃 코트의 바깥 표면온도는 몇 °C인가?

접촉저항

3.21 예제 1.5에서 물이 초기에 융해온도의 액체라 하자. 외벽 표면이 갑자기 T_1 = −30°C로 감소하여 물의 고체화가 진행된다. 실제로, 응고가 진행됨에 따라 고체 벽과 얼음 사이의 계면에서 열접촉저항이 발생한다. 설명 2의 치수를 고려하여 동결 초기 직후 계면 열저항 $R''_{t,c}$를 결정하라. 초기 응고 속도는 0.05 g/s 이다.

3.22 한 복합벽이 100°C의 액체 냉매로부터 2600°C의 연소가스를 분리하고 있다. 가스 쪽과 액체 쪽의 대류열전달계수는 각각 50과 1000 W/m^2·K이다. 이 벽은 가스 쪽에 10 mm 두께의 베릴륨 산화물(beryllium oxide) 층, 액체 쪽에 20 mm 두께의 스테인리스강(AISI 304) 슬랩(slab)으로 구성되어 있다. 산화물과 강판 사이의 접촉저항은 0.05 m^2·K/W이다. 복합벽의 단위 표면적당 열손실은 얼마인가? 가스로부터 액체로의 온도분포를 그리라.

3.23 진공상태에서 15 mm 두께의 두 개의 스테인리스 강판에 1 bar의 접촉 압력이 가해지고 있는 상태에서 두 판 사이의 온도 강하가 150°C 발생한다. 판을 통과하는 열유속은 얼마인가? 접촉면에서의 온도 강하는 얼마인가?

3.24 열전도율 k_A = 0.1 W / m K, k_B = 0.04 W/m·K, 두께 L_A = 10 mm, L_B = 20 mm의 두 가지 재료로 구성된 평면 복합벽을 고려해보자. 두 재료 사이의 계면에서의 접촉 저항은 0.30 m^2·K/W로 알려져있다. 재료 A는 h = 10 W/m^2·K, 200°C인 유체에 접하고, 재료 B는 h = 20 W/m^2·K, 40°C인 유체에 접하고 있다.

(a) 높이가 2 m이고 폭이 2.5 m인 벽을 통한 열전달율은 얼마인가?

(b) 온도 분포를 스케치 하라.

3.25 약 10^6개의 별개의 전기부품이 최대 열소산이 30,000 W/m^2인 집적회로(칩) 위에 배치될 수 있다. 바깥표면이 h_o = 1000 $W/m^2 \cdot K$이고 $T_{\infty,o}$ = 20°C인 절연 유체에 매우 얇은 칩이 노출되고, 안쪽 표면은 회로판에 부착된다. 칩과 회로판 사이의 열접촉저항은 10^{-4} $m^2 \cdot K/W$이고 회로판의 두께와 열전도율은 각각 L_b = 5 mm와 k_b = 1 $W/m \cdot K$이다. 회로판의 다른 표면은 h_i = 40 $W/m^2 \cdot K$와 $T_{\infty,i}$ = 20°C인 대기에 노출되어 있다.

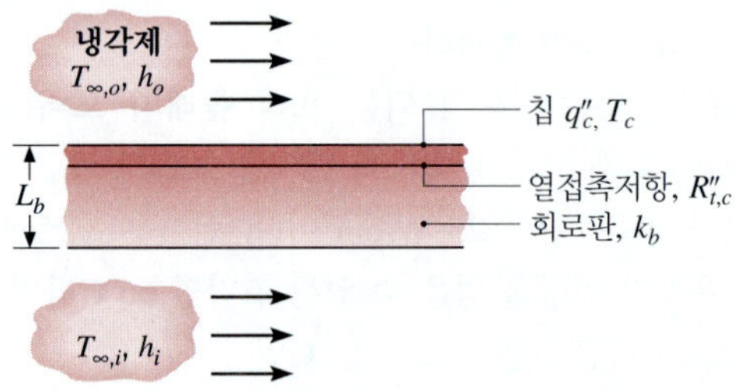

(a) 정상상태에 대응하는 등가 열회로를 그리라. 변수 형태로 적절한 저항, 온도 및 열유속의 명칭을 붙이라.

(b) 칩의 열소산이 q''_c = 30,000 W/m^2인 정상상태하에서, 칩의 온도는 얼마인가?

(c) 최대 허용 열유속 $q''_{c,m}$은 칩온도가 85°C를 넘지 않는 제한에 의해서 정해진다. 앞의 조건에 대한 $q''_{c,m}$을 구하라. 만일 공기가 절연유체 대신 쓰이고 대류열전달계수가 한 자리 내로 감소된다면, h_o = 100 $W/m^2 \cdot K$에 대하여 $q''_{c,m}$의 값은 얼마인가? 공기 냉각에서 알루미늄 산화 회로판을 사용하거나 칩과 회로판 접촉면에 $R''_{t,c}$ = 10^{-5} $m^2 \cdot K/W$인 전도 페이스트(paste)를 사용함으로써 크게 개선될 수 있는가?

3.26 한 변이 4 m인 상용 등급의 한 정육면체 냉동고가 복합벽으로 되어 있다. 복합벽의 바깥판은 두께 7.0 mm인 탄소강판, 중간층은 두께 100 mm인 코르크 단열재, 안쪽판은 두께 7.0 mm인 알루미늄 합금(2024)으로 구성되어 있다. 단열재와 금속 조각판들 사이의 접착 경계면에서 열접촉저항은 $R''_{t,c}$ = 2.5 × 10^{-4} $m^2 \cdot K/W$이다. 바깥 표면과 안쪽 표면의 온도가 각각 25°C와 −5°C인 조건을 유지하기 위한 냉동고의 정상상태 냉방부하는 얼마인가?

3.27 물리학자들이 탄소 나노튜브의 이론적인 열전도율을 $k_{cn,T}$ = 5000 $W/m \cdot K$으로 결정하였다.

(a) 탄소 나노튜브의 실제 열전도율을 이론적인 열전도율과 같다고 가정할 때, 예제 3.4에서와 같이 탄소 나노튜브와 가열판 및 측정판(sensing island)의 상부 표면과의 열접촉저항 $R_{t,c}$를 구하라.

(b) (a)에서 계산된 열전도율 값을 이용하여, 5 μm ≤ s ≤ 20 μm인 판(island) 간격에서의 열접촉저항으로 인한 가열판과 측정판 사이의 총 저항의 비율을 그려라.

3.28 알루미늄 케이스 내에 파워 트랜지스터가 들어 있다. 열전도율 k = 240 $W/m \cdot K$, 두께 L = 6 mm, 폭 W = 20 mm의 직사각형 알루미늄판에 알루미늄 케이스의 바닥이 부착되어 있다. 케이스는 1 bar의 접촉압력을 유지해 주는 나사에 의해 바닥판(base plate)에 결합되어 있다. 판의 뒤 표면은 T_∞ = T_{sur} = 25°C인 대기 및 큰 주위와 대류 및 복사에 의해 열을 전달한다. 표면은 방사율 ε = 0.9이고, 대류열전달계수 h = 4 $W/m^2 \cdot K$이다. 케이스는 완전하게 둘러싸여 있어 열전달은 바닥판을 통해서만 유일하게 일어난다고 가정할 수 있다.

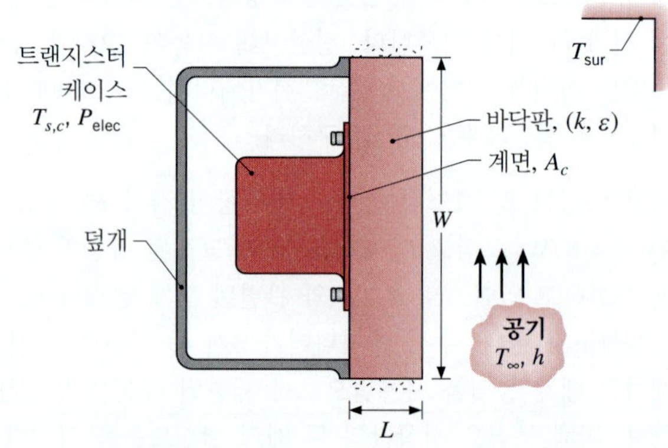

(a) 공기로 채워진 알루미늄 대 알루미늄 접촉면이 면적 A_c = 2 × 10^{-4} m^2, 표면거칠기는 10 mm일 경우, 최대 허용 동력소산은 얼마인가? 케이스의 표면온도 $T_{s,c}$는 85°C를 초과하지 않는다.

(b) 판 표면에 공기를 강제로 유통시킴으로써 대류열전달계수를 증가시킬 수 있다. 4 ≤ h ≤ 200 $W/m^2 \cdot K$의 범위에 걸쳐 대류열전달계수의 증가 효과를 조사해 보라.

다공성 물질

3.29 오크(oak)처럼 **둥근 다공성** 목재는 나이테를 갖고 있다. 어두운 결은 초봄에 형성되는 매우 낮은 밀도의 물질로 이루어져 있다. 이를 둘러싸고 있는 옅은 색의 목재는 대부분 발육기간을 통해 천천히 형성되는 높은 밀도의 재질로 이루어져 있다.

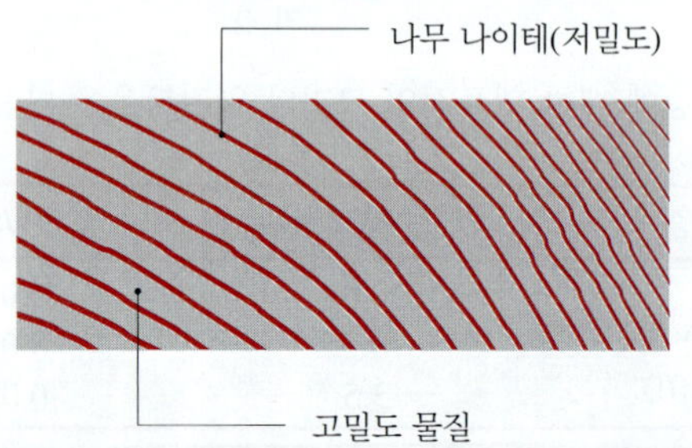

낮은 밀도의 재료가 높은 다공성을 갖고, 오크가 매우 건조하다고 가정하고, 결을 형성하는 것으로 나타나는 부분이 오크 단면에서 차지하는 분율(fraction)을 구하라. 힌트: 결의 평행

한 방향의 열전도율이 표 A.3의 반경 방향 열전도율과 같다고 가정하라.

3.30 유리 섬유 단열재 솜의 밀도는 $\rho = 28 \text{ kg/m}^3$이다. $T = 300$ K에서 단열재의 유효 열전도율의 가능한 최대 및 최솟값을 구하라. 그 값을 표 A.3의 값과 비교하라.

3.31 체적비로 65%의 자갈이 섞인 콘크리트와 35%의 공기로 이루어진 가벼운 콘크리트 혼합물의 밀도, 비열, 열전도율을 구하라. $T = 300$ K에서 상태량을 구하라.

3.32 밀도가 1500 kg/m^{3}인 경량 콘크리트 슬랩(slab)은 견고한 석재 혼합 콘크리트 매트릭스로 구성되는데, 그 안에 구향의 작은 공기주머니가 형성된다. 슬랩의 유효 열전도율을 결정하라. 물성치는 $T = 300$ K에서의 값을 사용하라.

3.33 두께 L인 일차원 평면벽이 $\varepsilon(x) = \varepsilon_{max}(x/L)$로 묘사되는 선형적이며 비균일 기공률 분포를 갖는 고체 물질로 만들어졌다. $k_s = 10$ W/m·K, $k_f = 0.1$ W/m·K, $L = 1$ m, $\varepsilon_{max} = 0.25$, $T(x = 0) = 30°\text{C}$, $q''_x = 100 \text{ W/m}^2$일 때 다공성 재질의 최소 유효열전도율 식을 사용해서, 또한 Maxwell 식에서의 최대 유효 열전도율 식을 사용해서 그리고 $k_{eff}(x) = k_s$인 경우에 대해 정상상태 온도분포 $T(x)$를 도시하라.

대체 방법의 전도 해석

3.34 아래 그림은 순수 알루미늄으로 제조된 원추형의 일부를 보여주고 있다. 원형 횡단면의 지름은 $D = ax^{1/2}$이고, 여기서 $a = 0.4 \text{ m}^{1/2}$이다. 작은 단면은 $x_1 = 24$ mm에 위치하고, 큰 단면은 $x_2 = 124$ mm에 위치한다. 이들 단면에서의 온도는 $T_1 = 600$ K이고, $T_2 = 400$ K이다. 단, 옆 표면은 잘 단열되어 있다.

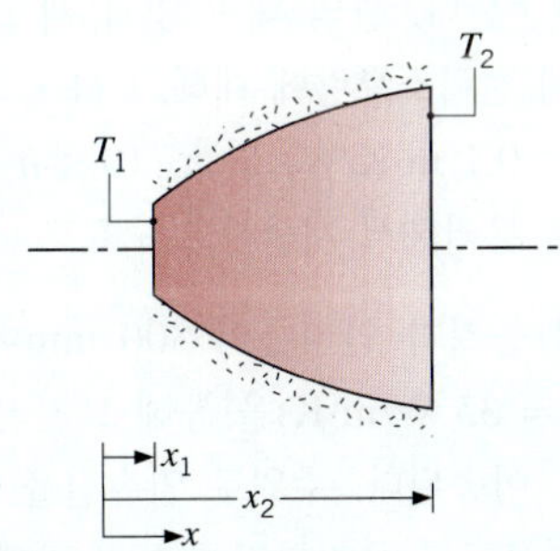

(a) 1차원 조건으로 가정하여 기호 형태로 온도분포 $T(x)$의 식을 유도하고 온도분포를 그리라.

(b) 열전달률 q_x를 계산하라.

3.35 3.2 절의 대체 전도 분석을 사용하여, 벽 온도가 $T_{s,1}$ 및 $T_{s,2}$인 그림 3.7의 중공형 실린더에 대한 반경방향 열전달량 q_r을 유도하시오. 유도된 식을 사용하여 내부 및 외부 반경이 각각 $r_1 = 50$ mm 및 $r_2 = 75$ mm이고, 길이가 $L = 2$ m인 중공 실린더에서의 열전달량을 구하라. 실린더의 열전도율은 $k = 2.5$ W/m·K이고 안쪽 면과 바깥쪽 면의 온도는 각각 $T_{s,1} = 100°\text{C}$, $T_{s,2} = 67°\text{C}$이다.

3.36 끝을 자른 한 고체 원추가 원형 횡단면을 가지며, 단면의 지름은 $D = ax^{3/2}$ 형태의 식으로 축좌표의 함수로 표현된다. 여기서 $a = 1.0 \text{ m}^{-1/2}$이다.

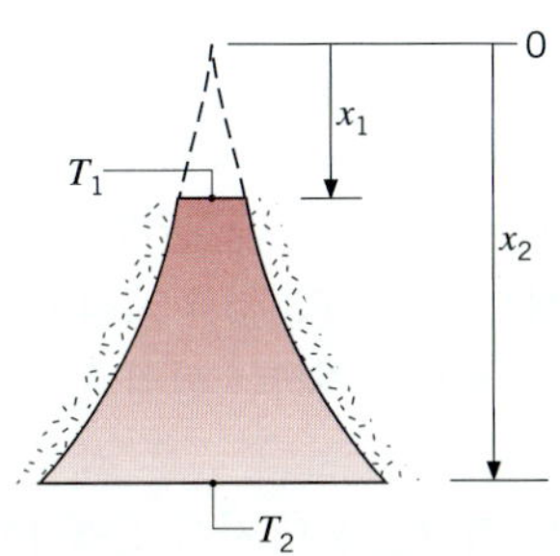

옆 표면은 잘 단열되어 있으며, x_1에 위치한 원주의 위 표면은 T_1으로 유지되며, x_2에 위치한 바닥 표면은 T_2로 유지된다.

(a) 온도분포 $T(x)$에 대한 식을 구하라.

(b) 만일 이 원추가 순수 알루미늄으로 만들어져 있고, $x_1 = 0.075$ m, $T_1 = 100°\text{C}$, $x_2 = 0.225$ m, $T_2 = 20°\text{C}$라면, 원추를 가로질러 흐르는 열전달률은 얼마인가?

3.37 그림 2.5에 의하면 광범위한 온도 범위에 걸쳐 여러 가지 고체의 열전도율의 온도 의존성은 $k = k_o + aT$ 형태의 선형식으로 근사화할 수 있다. 여기서 k_o는 양의 상수이고, a는 양 또는 음의 계수이다. 내부와 외부 표면이 각각 T_0와 T_1으로 유지되어 있는 평판 벽을 지나는 열유속에 대한 식을 구하라. 아울러 $a > 0$, $a = 0$ 및 $a < 0$에 대응하는 온도분포 형태를 개략적으로 그려라.

3.38 안쪽 및 바깥 반지름이 각각 r_i와 r_o이며, 온도가 각각 T_i와 T_o로 유지되어 있는 관벽을 생각하자. 원통의 열전도율은 온도에 따라 변하며, $k = k_o\,(1 + aT)$ 형태의 직선 식으로 나타낼 수 있다. 여기서 k_o와 a는 상수이다. 관의 단위 길이당 열전달률을 나타내는 식을 구하고, 관벽의 열저항을 구하라.

3.39 측정에 의하면 열발생이 없는 평판 벽의 정상상태 전도에서 중심에서의 온도가 직선 온도분포에서보다 ΔT_o만큼 더 높은 볼록한 온도분포를 나타낸다.

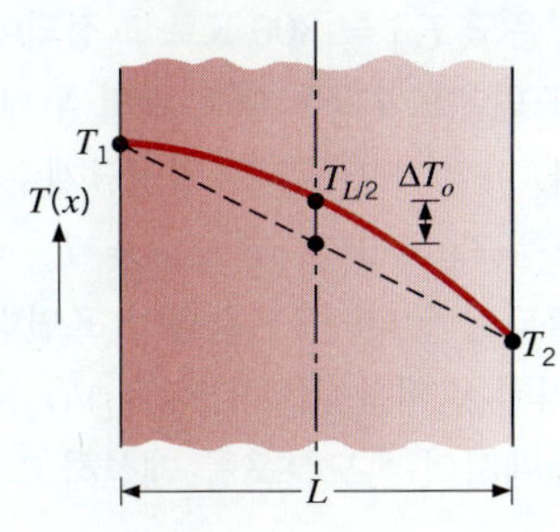

열전도율은 $k = k_o(1 + \alpha T)$ 형태로 온도에 대해 선형적인 관계를 갖는다고 가정한다. 여기서 α는 상수이다. α를 ΔT_o, T_1, T_2의 함수로 나타내는 관계식을 구하라.

3.40 약 50 nm의 공간 분해능으로 목표물의 표면온도를 측정하는 데 사용되는 장치를 그림으로 간략하게 나타내었다. 이 도구는 매우 뾰족한 침과 표면 위를 탐색하는 매우 작은 외팔보(cantilever)로 구성되었다. 탐침의 끝은 원형 단면이고, 다결정의 실리콘 이산화물질로 제조되었다. 대기 온도는 외팔보의 주축 끝에서 $T_\infty = 25°C$로 측정되었다. 그리고 이 장치에는 뾰족한 끝의 상부면 온도(T_{sen})를 측정하기 위한 센서가 장착되어 있다. 주축 끝과 감지하는 탐침 사이의 열저항 $R_t = 5 \times 10^6$ K/W이다.

(a) 표면온도와 감지된 온도 사이의 열저항을 결정하라.

(b) 감지된 온도가 $T_{sen} = 28.5°C$일 때, 표면의 온도를 결정하라.

힌트: 비록 나노 단위(scale)의 열전달 효과가 중요하더라도, 탐침의 끝에 인접한 공기 안에서 일어나는 전도는 Fourier의 법칙으로 나타낼 수 있고, 열전도율은 표 A.4에서 찾을 수 있다고 가정하라.

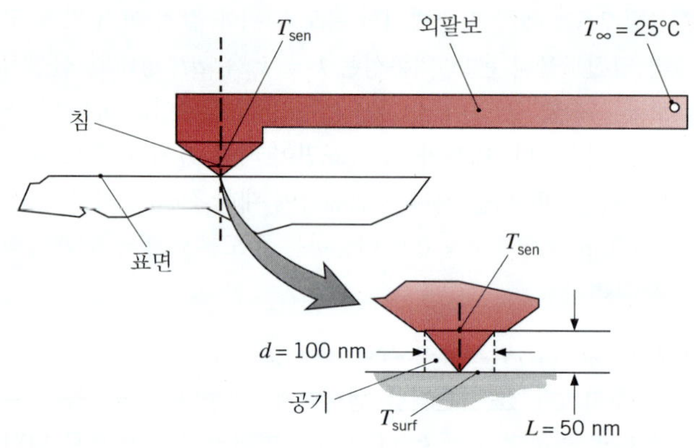

원통 벽

3.41 바깥지름이 0.12 m인 증기관이 규산칼슘(calcium silicate) 층으로 단열되어 있다.

(a) 만일 단열재의 두께가 20 mm이고 안쪽과 바깥쪽의 표면온도가 각각 $T_{s,1} = 800$ K, $T_{s,2} = 490$ K라면, 파이프의 단위 길이당 열손실(q')은 얼마인가?

[(b)] 안쪽 표면온도 $T_{s,1} = 800$ K로 고정되어 있고, 열손실 q'과 바깥 표면온도 $T_{s,2}$에 대한 단열 두께의 영향을 조사하고자 한다. 바깥 표면은 대류열전달계수 $h = 25$ W/m²·K인 공기흐름($T_\infty = 25°C$)과 $T_{sur} = T_\infty = 25°C$인 넓은 주위에 노출되어 있다. 규산칼슘의 표면방사율은 대략 0.8이다. 무차원 반지름 좌표 $(r - r_1)/(r_2 - r_1)$의 함수로서 단열재 내에서의 온도분포를 계산하고 도표로 나타내라. 여기서 $r_1 = 0.06$ m이고 r_2는 변수이다($0.06 < r_2 \le 0.20$ m). $0 \le (r_2 - r_1) \le 0.14$ m에 대하여 단열재 두께의 함수로서 열손실을 계산하고 도표로 나타내라.

3.42 가정용 온수기의 에너지 소비는 두 가지 요소가 있다. (i) 사용된 온수를 대체하기 위해 도입된 지하수를 히터 보관 온도까지 만들기 위해 공급되어야 하는 에너지. (ii) 물이 규정된 온도로 저장되는 동안 발생하는 열 손실을 보상하는 데 필요한 에너지. 우리는 물이 55°C의 규정된 온도로 저장되는 동안 발생하는 열 손실을 보상하기 위해 필요한 에너지를 결정하고자 한다. 원통형 저장 탱크 (평평한 끝이 있는)는 100 gal의 용량을 가지고 있으며, 연평균 20°C인 주변 공기로부터 측면과 끝벽을 단열시키는 데 발포 우레탄이 사용된다. 열전달에 대한 저항은 단열재에서의 전도와 공기 중의 자유 대류에 의해 좌우되며, $h \approx 2$ W/m²·K이다. 전기 저항 가열을 사용하여 손실을 보상하고, 전기 비용이 \$0.18/kWh인 경우 열 손실과 관련된 연간 비용이 50달러 미만인 탱크 및 단열 치수를 지정하라.

3.43 긴 원통 관의 바깥 표면을 얇은 전열기로 감싸고 있으며 원통 안쪽 표면온도는 5°C로 유지되고 있다. 관벽의 안쪽과 바깥쪽의 반지름은 각각 25 mm와 75 mm이고, 열전도율은 10 W/m·K이다. 전열기와 관의 바깥 표면 사이의 열접촉저항은 (관의 단위 길이당) $R'_{t,c} = 0.01$ m·K/W이다. 전열기의 바깥 표면은 $T_\infty = -10°C$이고 대류열전달계수 $h = 100$ W/m²·K인 유체에 노출되어 있다. 전열기를 $T_o = 25°C$로 유지하는 데 필요한 관의 단위 길이당 전열기 동력(power)을 구하라.

[3.44] 연습문제 3.43에서, 전열기를 $T_o = 25°C$로 유지하는 데 필요한 전력은 벽재료의 열전도율 k, 열접촉저항 $R'_{t,c}$ 및 대류열전달계수 h에 의존한다. 관의 내면 및 유체로의 열전달뿐 아니라 히터의 전체 전력소요량에 대해, k ($1 \le k \le 200$ W/m·K), $R'_{t,c}$ ($0 \le R'_{t,c} \le 0.1$ m·K/W) 및 h ($10 \le h \le 1000$ W/m²·K)의 변화 효과를 분리해서 계산하고 도표로 나타내라.

3.45 575°C의 과열 증기가 안지름이 300 mm이고, 벽두께가 30 mm인 강관($k = 35$ W/m·K)을 통해 보일러로부터 발전 플랜트의 터빈으로 이송된다. 주위로 열손실을 줄이고 **만져도 안전한** 바깥 표면온도를 유지하기 위하여 관에 규산칼슘 절연층($k = 0.10$ W/m·K)을 입혔다. 한편, 단열재의 퇴화를 줄이기 위해 방사율 $\varepsilon = 0.20$인 얇은 알루미늄 박판으로 단열재를 둘러쌌다. 공기와 발전 플랜트의 벽 온도는 27°C이다.

(a) 강관의 안쪽 표면온도는 증기 온도와 같고, 알루미늄 박판에 대한 바깥 표면 대류열전달계수는 6 W/m²·K라고 가정하면, 알루미늄의 온도가 50°C를 초과하지 않도록 보장하는 데 필요한 단열재의 최소 두께는 얼마인가? 관의 단위 길이 m당 열손실은 얼마인가?

(b) 알루미늄 온도와 관의 단위 길이당 열손실에 단열재의 두께가 미치는 효과를 조사하라.

3.46 얇은 전열기를 긴 원통형 막대와 안지름과 바깥지름이 각각 15 및 30 mm인 동심관 사이에 삽입하였다. 막대(A)의 열전도율은 $k_A = 0.10$ W/m·K이며, 관(B)의 열전도율은 $k_B = 1.25$ W/m·K이고, 관의 바깥표면은 온도가 $T_\infty = -15$°C이며, 열전달계수가 50 W/m^2·K인 유체와 대류열전달한다. 원통 표면과 전열기 사이의 열접촉저항은 무시할 수 있다.

(a) 원통 B의 바깥 표면을 5°C로 유지하는 데 필요한 원통의 단위 길이당 전력(W/m)을 구하라.

(b) 원통 A의 중심에서의 온도는 얼마인가?

3.47 지름 2 mm인 전선이 두께 2 mm인 고무 외피(k = 0.13 W/m·K)에 의해 단열되어 있고, 전선/외피 경계면의 열접촉저항은 $R''_{t,c} = 3 \times 10^{-4}$ m^2·K/W이다. 외피의 바깥 표면에서의 대류열전달계수는 10 W/m^2·K이고 대기의 온도는 20°C이다. 단열재의 온도가 50°C를 초과하지 않는다면, 도체의 단위 길이당 방출될 수 있는 최대 허용 전력은 얼마인가? 단열재의 임계 반지름은 얼마인가?

3.48 균일한 체적률 $\dot{q} = 2 \times 10^6$ W/m^{3}로 열에너지가 발생하는 긴 막대를 통해 전류가 흐른다. 막대는 속이 빈 세라믹 원통과 동심을 이루며, 공기로 채워진 밀폐공간을 만든다.

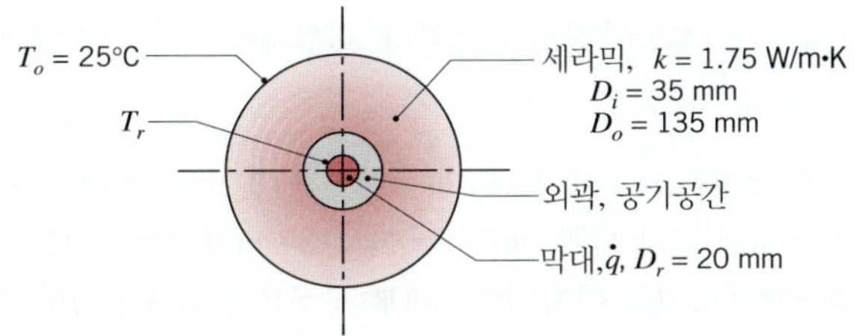

밀폐공간 표면 사이에서 복사로 인한 단위 길이당 열저항은 R'_{rad} = 0.30 m·K/W이고, 밀폐공간에서 자연대류와 관련된 열전달계수는 h = 20 W/m^2·K이다.

(a) 막대의 표면온도 T_r을 계산하기 위하여 사용할 수 있는 열회로를 구성하라. 온도, 열전달률, 열저항을 써 넣고, 각 열저항 값을 구하라.

(b) 앞의 조건에 대한 막대의 표면온도를 계산하라.

3.49 얇은 벽으로 구성되어 있는 냉동장치의 증발기 부분이 두께가 얇은 지름 10 mm의 관으로 구성되어 있으며, 관을 통해 온도 −18°C의 냉매가 지나간다. 100 W/m^2·K의 표면 대류열전달계수를 유지하면서 공기가 관 위를 흐르면서 냉각된 후, 계속해서 냉동 칸으로 흘러 들어간다.

(a) 앞의 조건과 함께 공기의 온도가 −3°C라면, 관의 단위 길이당 공기로부터 획득하는 열량은 얼마인가?

(b) 냉동기의 성에 제거장치가 작동하지 않으면 성에가 관 표면의 바깥쪽에 천천히 쌓일 것이다. 성에층의 두께 범위 $0 \le \delta \le 4$ mm에서 관의 냉동능력에 대한 성에 형성의 영향을 산정하라. 성에의 열전도율을 0.4 W/m·K로 가정할 수 있다.

(c) 냉동기의 성에 제거장치가 작동하지 않아, 성에층이 2 mm로 형성된 후에 냉동기의 전원을 차단하였다. 관이 T_∞ = 20°C인 대기 속에 있고, 자연대류가 2 W/m^2·K의 대류열전달계수로 유지된다면, 성에가 녹는 데 얼마나 걸리겠는가? 성에는 질량밀도가 700 kg/m^{3}이고, 융해잠열이 334 kJ/kg이라고 가정할 수 있다.

3.50 한 원통형 복합벽이 열전도율이 k_A와 k_B인 두 가지 물질로 구성되어 있고, 이들은 매우 얇은 전기저항 가열기에 의해 분리되어 있으나, 두 면 사이의 접촉저항은 무시할 수 있다.

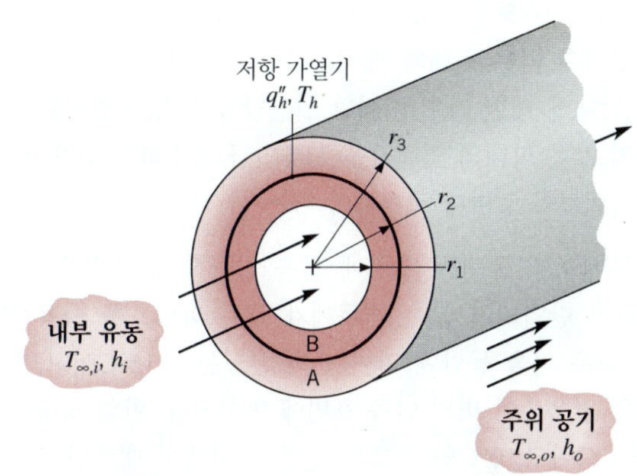

관을 통해 펌핑된 액체는 온도가 $T_{\infty,i}$이고, 복합벽의 안쪽 표면에서 대류열전달계수가 h_i이다. 바깥 표면은 온도가 $T_{\infty,o}$이고 대류열전달계수가 h_o인 대기에 노출되어 있다. 정상상태하에서 균일한 열유속 q''_h이 전열기에 의해 소산된다.

(a) 이 시스템의 등가 열회로를 그리고, 관련된 변수들을 사용하여 모든 저항들을 나타내라.

(b) 전열기 온도 T_h를 결정하기 위하여 사용할 수 있는 식을 구하라.

(c) 바깥 유체와 안쪽 유체로의 열흐름의 비 q'_o/q'_i에 대한 식을 구하라. 이 비를 최소화하기 위하여 문제의 변수를 어떻게 조정할 수 있는가?

3.51 길고 벽두께가 얇은 파이프를 통해 흐르는 증기가 파이프 벽의 온도를 균일하게 600 K로 유지시킨다. 이 파이프는 A와 B의 두 가지 다른 재료로 구성된 단열 덮개로 싸여 있다.

두 재료 사이의 접촉면에서 접촉저항은 무한하다고 가정할 수 있으며, 바깥 표면 전체는 T_∞ = 320 K와 h = 25 W/m^2·K인 공기에 노출되어 있다.

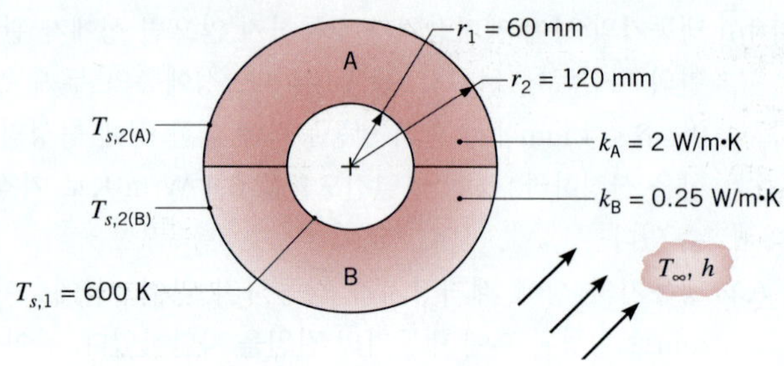

(a) 이 시스템의 열회로를 그려라. 모든 적절한 절점들과 저항들에 명칭(위의 기호를 사용해서)을 붙여라.

(b) 위의 조건에서 파이프로부터의 전체 열손실은 얼마인가? 바깥 표면온도 $T_{s,2(A)}$와 $T_{s,2(B)}$는 얼마인가?

3.52 지름 10 mm의 전도체 막대에 베이클라이트 코팅을 한다. 전도체 막대 표면은 전류를 흘려 보내 200°C로 유지된다. 이 막대는 25°C의 유체 속에 있으며 대류열전달계수는 140 W/m^2·K이다. 코팅과 관련한 막대의 임계 반지름은 얼마인가? 코팅하지 않은 막대와 베이클라이트를 임계 반지름만큼 코팅한 막대에 대한 단위 길이당 열전달률은 각각 얼마인가? 코팅하지 않은 막대의 열전달을 25%만큼 감소하기 위해서는 베이클라이트를 얼마나 코팅해야 하는가?

3.53 외부에서 작동되는 장치에 물을 공급하기 위해서 지름 100 mm인 단열되지 않은 벽두께가 얇은 파이프를 사용한다. 특히 추운 겨울 동안에 파이프 벽 온도는 −15°C이고, 원통 형태의 얼음층이 벽의 안쪽 표면에 형성된다. 만일 평균 물 온도가 3°C이고, 0°C인 얼음의 안쪽 표면에서 대류열전달계수가 2000 W/m^2·K라면 얼음층의 두께는 얼마인가?

구형 벽

3.54 구형 파이렉스 유리 용기의 내경, 외경이 각각 D_1 = 0.1 m, D_2 = 0.2 m이다. 내부 표면온도는 $T_{s,1}$ = 100°C이고 외부 표면온도는 $T_{s,2}$ = 45°C이다.

(a) 용기 두께의 중간 지점에서의 온도를 구하라. T (r_m = 0.075 m)이다.

(b) 용기의 재질이 알루미늄이라면 (a)에서의 온도와 치수의 경우에 대해 중간 지점에서의 온도가 어떻게 바뀌는지 구하라.

3.55 예제 3.6에서 단열된 원통형 관의 임계 단열 반지름에 대한 식을 유도하였다. 단열된 구에 대한 적절한 식을 유도하라.

3.56 중앙에 전열기가 있고 알루미늄으로 만들어진 속이 빈 구가 단열재의 열전도율을 구하기 위한 실험에 사용된다. 구의 안지름과 바깥지름은 각각 0.15 m와 0.18 m이고, 실험은 알루미늄 안쪽 표면온도가 250°C를 유지하고 있는 정상상태 조건하에서 이루어진다. 특정한 시험에서 구의 바깥쪽 표면에 두께 0.12 m로 구형 단열덮개를 부착한다. 이 시스템은 공기온도가 20°C인 방 안에 있으며 단열재의 바깥 표면에서의 대류열전달계수는 30 W/m^2·K이다. 정상상태 조건에서 전열기에 의해 80 W가 소산된다면, 단열재의 열전도율은 얼마인가?

3.57 우주왕복선에서 액화 산소를 저장하기 위한 구형 탱크를 바깥지름 0.80 m와 두께 5 mm인 스테인리스강으로 만들고자 한다. 액화 산소의 비등점과 융해잠열은 각각 90 K와 213 kJ/kg이다. 이 탱크는 온도를 240 K로 유지하기 위한 큰 칸막이 안에 설치된다. 비등으로 인한 산소 손실을 하루 1 kg 이하로 유지할 수 있는 단열 시스템을 설계하라.

3.58 어떤 저장탱크가 길이 L = 2 m이고 안지름 D_i = 1 m인 원통형 부분과 반구형의 양 끝 부분으로 구성되어 있다. 탱크는 두께 20 mm의 유리(파이렉스, pyrex)로 되어 있고, 온도가 300 K이고 대류열전달계수는 10 W/m^2·K인 대기에 노출되어 있다. 탱크는 가열된 기름을 저장하는 데 사용되며, 안쪽 표면온도는 400 K이다. 만약 위의 조건이 유지된다면 기름 속에 잠긴 가열기에 공급해야 할 전력은 얼마인가? 복사의 영향은 무시하고 파이렉스의 열전도율은 1.4 W/m·K라고 가정한다.

3.59 지름 1 m의 구형 탱크 내부에서 발열화학 반응이 일어나고, 주위 공기 온도가 25°C일 때 벽의 온도는 200°C이다. 외부 온도를 40°C로 줄이기 위해 우레탄 폼을 사용한다면 요구되는 우레탄 폼의 두께는 얼마인가? 두 경우 모두에서 대류열전달계수는 20 W/m^2·K로 가정한다. 단열재를 사용하면 열전달률이 몇 %나 감소하는가?

3.60 안쪽 반지름 r_1 = 0.30 m의 복합구형 셸이 바깥 반지름 r_2 = 0.36 m인 납과 바깥 반지름 r_3 = 0.37 m인 AISI 302 스테인리스강으로 만들어져 있다. 내부 공동은 $\dot{q} = 5 \times 10^5$ W/m^{3}의 율로 열을 발생시키는 방사성 폐기물로 채워져 있다. 온도 T_{∞} = 10°C이고 균일한 대류열전달계수 h = 500 W/m^2·K인 바닷속에 컨테이너를 집어넣는 것이 제안되었다. 이 제안과 관련해서 어떤 문제들이 있는가?

3.61 약을 만들기 위한 반응기로 사용되는 구형 용기(vessel)가 벽두께 10 mm인 스테인리스강(k = 17 W/m·K)으로 만들어졌고, 안지름이 1 m이다. 용기의 바깥 표면은 대류열전달계수를 6 W/m^2·K로 가정할 수 있는 주위 공기(T_{∞} = 25°C)에 노출되어 있다.

(a) 정상상태 작동 시간 동안에 안쪽 표면온도는 반응기 내에서 발생되는 에너지에 의해 50°C로 유지된다. 용기로부터의 열손실은 얼마인가?

(b) 용기의 바깥 표면에 두께 20 mm의 유리섬유(k = 0.040 W/m·K) 단열층을 부착하였다. 그리고 열에너지 발생률이 변하지 않는다면, 용기의 안쪽 표면온도는 얼마인가?

3.62 안쪽 반지름과 바깥 반지름이 각각 r_i 및 r_o인 구형 셸이 $\dot{q}$W/m^3)의 균일한 체적 발생률을 제공하는 열발생 물질로 채워져 있다. 셸의 바깥 표면은 온도가 T_∞이고 대류열전달계수가 h인 유체에 노출되어 있다. 셸에서 정상상태 온도분포 $T(r)$에 관한 식을 구하고, r_i, r_o, $\dot{q}$ h, T_∞와 셸 재료의 열전도율 k로 식을 나타내라.

3.63 지름 3 m의 구형 탱크에 −60°C의 액화 석유가스가 들어 있다. 열이 들어오는 것을 줄이기 위해 열전도율이 0.06 W/m·K이고 두께가 250 mm인 단열재를 탱크에 적용하였다.

(a) 대기 온도가 20°C이고 바깥 표면에서의 대류열전달계수가 6 W/m^2·K일 때, 단열층 내에서 온도가 0°C인 위치의 반지름을 구하라.

(b) 대기에 있는 습기가 단열재로 들어갈 수 있다면, 단열재 내에서 얼음의 생성에 대하여 무슨 결론을 내릴 수 있는가? 얼음의 생성은 액화석유 가스로 열이 전달되는 데 어떤 효과를 주는가? 이 상황을 어떻게 피할 수 있는가?

3.64 반지름 r_o = 0.1 mm의 반구형 열원으로 근사화할 수 있는 트랜지스터가 큰 실리콘 회로기판(k = 125 W/m·K) 속에 끼워져 있고 q의 율로 열을 소산한다. 잘 단열된 평판 위쪽 표면을 제외한 실리콘의 모든 경계는 대기온도 T_∞ = 27°C로 유지되고 있다.

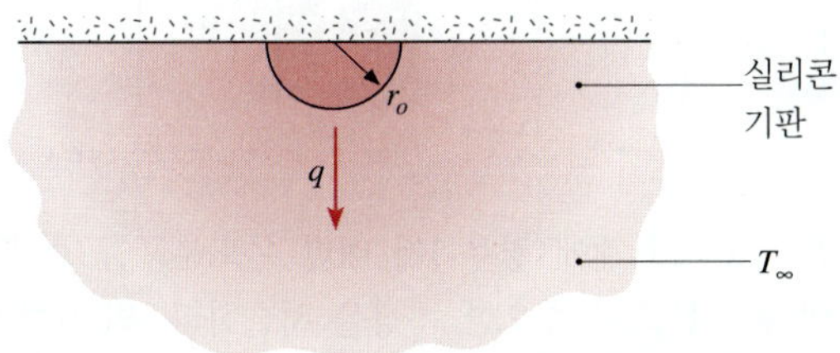

회로기판 온도분포에 대한 일반적인 식을 구하고, q = 4 W일 때 열원의 표면온도를 구하라.

3.65 액체 질소 (T = 77 K)가 열전도율 k = 0.15 W/m·K의 균일한 두꺼운 단열층으로 덮여진 얇은 구형 컨테이너에 보관되어 있다. 단열재의 외부 표면온도는 $T_{s,2}$ = 20°C이다. 공간 제약 때문에 단열재의 외부 반경은 r_2 = 0.5 m로 고정된다. 단위 질소량당 최소 열전달율을 가지는 얇은 벽의 구형 컨테이너 반경을 구하라. 또한 단위 질소량당 최소 열전달율을 계산하라.

열에너지 발생이 있는 전도

3.66 길이 L = 1 m 및 직경 D = 40 mm를 가진 코팅되지 않은 솔리드 케이블이 h = 55 W/m^2·K, T_∞ = 20°C인 대류 조건에 노출되어 있다. 순수 구리, 순수 알루미늄 또는 순수 주석 인 경우 케이블이 전달할 수 있는 최대 전류를 결정하라. 최소 와이어 온도를 구하라. 전기 비저항은 녹는 점에서 구리와 알루미늄에 대해 ρ_e = 10 × 10^{-8} Ω·m이며, 주석의 전기 비저항은 녹는 점에서 ρ_e = 20 × 10^{-8} Ω·m이다.

3.67 열전도율이 4 W/m·K이고 균일한 열발생률이 1000 W/m^{3}인 두께 200 mm의 벽에 의해 온도 $T_{\infty,i}$ = 50°C인 체임버(chamber) **안쪽** 공기를 대류적으로 h_i = 20 W/m^2·K로 가열한다. 벽 안에서 발생된 열이 $T_{\infty,o}$ = 25°C이고 h_o = 5 W/m^2·K인 체임버 **바깥쪽**으로 손실되는 것을 막기 위해 매우 얇은 스트립 전열기를 바깥쪽 벽에 설치하여 균일한 열유속 q''_o을 공급하였다.

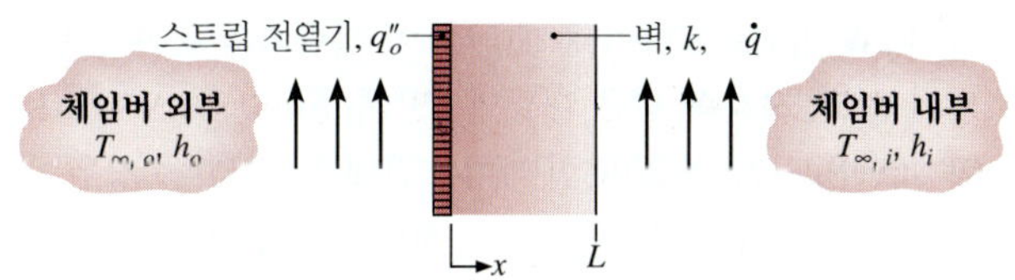

(a) 벽 내부에서 발생된 열이 체임버의 **바깥쪽**으로 손실되지 않는 조건에 대하여 $T - x$ 좌표계에 벽의 온도분포를 나타내라.

(b) 위 (a)의 조건에 대하여 벽 경계의 온도 $T(0)$와 $T(L)$은 얼마인가?

(c) 벽 내부에서 발생한 모든 열이 체임버 **안쪽**으로 전달되기 위하여 스트립 전열기가 공급해야 할 q''_o의 값을 구하라.

(d) 스트립 전열기의 열유속이 일정하게 유지되는 동안, 벽 내에서의 열발생이 중지된다면, 바깥벽 표면의 정상상태 온도 $T(0)$는 얼마인가?

3.68 0.3 MW/m^{3}의 균일한 체적 열발생을 갖는 두께 0.1 m, 열전도율 25 W/m·K인 평면벽의 한 면이 단열되어 있고, 나머지 한 면은 92°C의 유체에 노출되어 있다. 벽과 유체 사이의 대류열전달계수는 500 W/m^2·K이다. 벽 내에서의 최고온도를 구하라.

3.69 겨울에 가축을 먹일 큰 원통 모양의 건초더미의 직경이 D = 2 m이고, 이들을 서로 끝을 맞대 일렬로 길게 저장하였다. 건초더미 안에서 미생물 에너지가 발생한다. 만일 농부가 너무 습한 조건에서 건초를 보관하면 에너지가 너무 많이 발생할 수 있다. 건초더미의 열전도율이 k = 0.04 W/m·K이라고 가정하고, 건조한 건초($\dot{q}$ = 1 W/m^3), 습한 건초($\dot{q}$ = 10 W/m^3), 축축한 건초($\dot{q}$ = 100 W/m^3)에 대해 최대 정상상태 건초 온도를 구하라. 외부 조건은 T_∞ = 0°C, h = 25 W/m^2·K이다.

3.70 연습문제 3.69의 원통형 건초더미를 생각하자. 축축한 건초에서 발생하는 미생물 에너지를 물을 가열하는 데 사용하고자 한다. 직경 30 mm의 두께가 얇은 튜브를 원통형 건초더미의 가운데로 삽입하는 것을 고려해 보자. $T_{\infty,i}$ = 20°C, h_i = 200

$W/m^2 \cdot K$ 상태에서 튜브 속으로 물이 흐른다.

(a) 튜브의 단위 길이당 물로 전달되는 정상상태 열전달을 구하라.

(b) 건초더미 직경방향 온도분포 $T(r)$을 도시하라.

(c) 건초더미 직경 $0.2\ m \le D \le 2\ m$에 대해 튜브의 단위 길이당 물로 전달되는 열전달을 도시하라.

3.71 한 복합 평면벽이 열전도율이 각각 $k_A = 0.24\ W/m \cdot K$, $k_B = 0.13\ W/m \cdot K$, $k_C = 0.50\ W/m \cdot K$이고 벽의 두께가 각각 $L_A = 20\ mm$, $L_B = 13\ mm$, $L_C = 20\ mm$인 3개의 물질로 구성되어 있다.(물질 A, B, C는 왼쪽에서 오른쪽으로 정렬되어 있다.) 물질 A와 B 그리고 물질 B와 C 접촉면에서 모두 $R''_{t,c} = 10^{-2}\ m^2 \cdot K/W$의 접촉저항이 존재한다. 이 복합벽의 왼쪽 면은 단열되어 있고, 오른쪽 면은 대류열전달계수 $h = 10\ W/m^2 \cdot K$, 바깥 표면온도 $T_\infty = 20°C$인 대류조건에 놓여 있다. 경우 1에서 물질 A 내부의 열발생률은 $\dot{q} = 5000\ W/m^3$이다. 경우 2에서는 물질 C 내부에서 열발생률이 $\dot{q} = 5000\ W/m^3$이다.

(a) 경우 1에서 정상상태 조건의 복합벽에서 최고 온도를 결정하라.

(b) 경우 1에서 $T - x$ 좌표 상에 정상상태 온도분포를 간략히 그리라.

(c) 경우 1에서 사용된 것과 같은 $T - x$ 좌표상에 경우 2에서의 정상상태 온도분포를 그리라.

3.72 니크롬선을 코일 형태로 감고, 공기가 이 선을 직교류로 통과하게 함으로써 공기 가열기를 제작할 수 있다. 지름 $D = 1\ mm$, 전기저항 $\rho_e = 10^{-6}\ V \cdot m$, 열전도율 $k = 25\ W/m \cdot K$ 및 방사율 $\varepsilon = 0.20$인 니크롬선으로 제작된 가열기를 고려하라. 가열기는 대류열전달계수 $h = 250\ W/m^2 \cdot K$인 유동 조건하에서 $T_\infty = 50°C$의 공기가 공급되도록 설계되어 있다. 니크롬선을 둘러싸고 있으며 공기가 흐르는 하우징(housing)의 온도는 $T_{sur} = 50°C$이다.

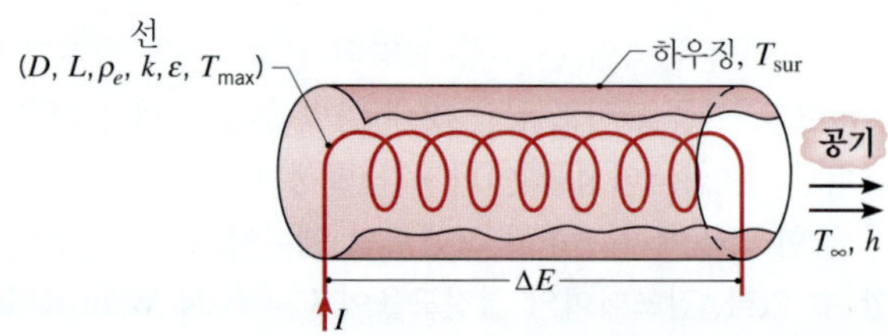

니크롬선의 최고 허용온도가 $T_{max} = 1200°C$라면, 최대 허용 전류 I는 얼마인가? 이용할 수 있는 최대 전압이 $\Delta E = 110\ V$라면, 가열기에서 사용할 수 있는 니크롬선의 길이 L은 얼마이며, 이에 따라 가열기의 소요 동력은 얼마인가? 힌트: 풀이에서 니크롬선 내의 온도변화는 무시한다고 가정한다. 그러나 원하는 결과를 얻은 후에는 이 가정의 타당성을 평가하라.

3.73 한쪽 면은 $T_{s,1}$으로 유지되고 다른 면은 단열이 되어 있는 두께 L의 일차원 평면벽에서 균일한 에너지 발생이 있다고 가정하자.

(a) k, $\dot{q}$ L, 그리고 $T_{s,1}$을 이용해서, 차가운 면으로 가는 전도 열유속과 뜨거운 면의 온도 $T_{s,2}$를 표현하라.

(b) 양쪽 표면온도들이 $T_{s,1}$과 $T_{s,2}$이고 에너지 발생이 없는 평면벽 내에서의 열유속과 (a)의 열유속을 비교하라.

3.74 부록 C의 식 C.2, C.5 및 C.8을 유도하라.

3.75 부록 C의 식 C.3, C.6 및 C.9를 유도하라.

3.76 두께가 $2L$이고 열전도율이 k인 평면벽에서 균일한 체적 열발생률은 $\dot{q}$ 경우 1에 대한 스케치에 나타낸 것처럼 $x = -L$에서의 표면은 완벽하게 단열되어 있고, 다른 표면은 균일하게 일정한 온도 T_o를 유지하고 있다. 경우 2에서는 A와 B의 두 단면을 전기적으로 절연하기 위하여 벽의 중간점($x = 0$)에 매우 얇은 단열재 스트립을 삽입하였다. 스트립의 열저항은 $R''_t = 0.0005\ m^2 \cdot K/W$이다. 벽과 관련된 매개변수는 $k = 50\ W/m \cdot K$, $L = 20\ mm$, $\dot{q} = 5 \times 10^6\ W/m^3$ 및 $T_o = 50°C$이다.

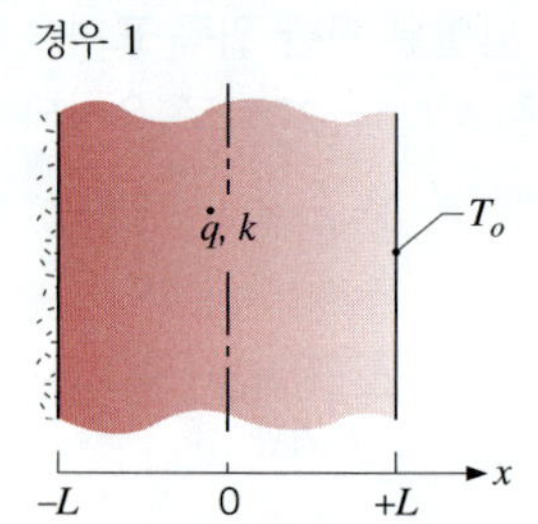

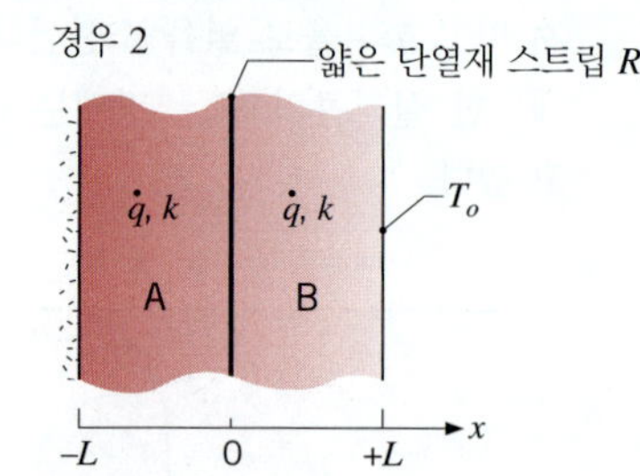

(a) $T - x$ 좌표계에 경우 1에 대한 온도분포를 스케치하라. 이 온도분포의 중요한 특징을 서술하라. 벽 내에서 최고 온도의 위치를 확인하고 이 온도를 계산하라.

(b) 같은 $T - x$ 좌표계에 경우 2에 대한 온도분포를 스케치하라. 이 온도분포의 중요한 특징을 서술하라.

(c) 경우 2에 대하여 $x = 0$에서 두 벽 사이에서의 온도차는 얼마인가?

(d) 경우 2의 복합 평면벽 내에서 최고 온도의 위치는 어디인가? 이 온도를 계산하라.

3.77 두께 $2L$의 핵연료 요소가 두께 b의 강철 피복(steel cladding)으로 씌워져 있다. 핵연료 안에서 $\dot{q}$율로 발생한 열은 한 표면에 인접해 있고 대류열전달계수 h의 특성을 갖는 T_∞인 유체에 의해 제거된다. 다른 표면은 잘 단열되어 있고, 핵연료와 강철의 열전도율은 각각 k_f와 k_s이다.

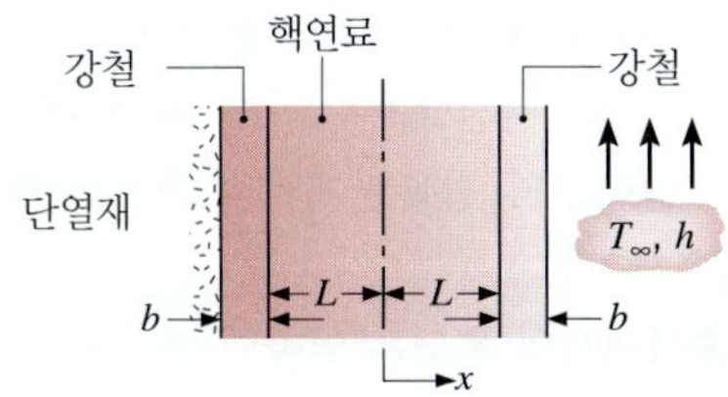

(a) 핵연료 내의 온도분포 $T(x)$에 관한 방정식을 구하라. 결과를 $\dot{q}$ k_f, L, b, k_s, h 및 T_∞로 나타내라.

(b) 전체 시스템에 대한 온도분포 $T(x)$를 개략적으로 그려라.

3.78 연습문제 3.67에서 스트립 전열기는 벽으로부터 바깥쪽으로의 열손실에 대해 방어의 목적으로 작동한다. $\dot{q}_o$, $T_{\infty,i}$와 같은 체임버 작동조건에 의해 필요한 열유속 q''_o이 결정된다. 방어용 전열기(guard heater)의 조절기 설계에 있어 첫 단계로서, $200 \le \dot{q} \le 2000$ W/m^{3}과 $T_{\infty,i}$ = 30, 50, 70°C에 대하여 $\dot{q}$함수로서 q''_o과 $T(0)$를 계산하고 그림으로 나타내라.

3.79 그림과 같은 1차원 복합 실린더는 정상상태 조건이다. 3가지 재료는 k_A, $k_B = 2k_A$ 및 $k_C = k_A$의 열전도율을 각각 갖는다. 균일한 체적 에너지($\dot{q}$) 발생은 물질 B 내에서 일어나고 접촉저항은 r_A와 r_B에 존재한다. 실린더는 진공 챔버 내에 배치되어 $r = r_C$에서만 복사 손실이 발생한다.

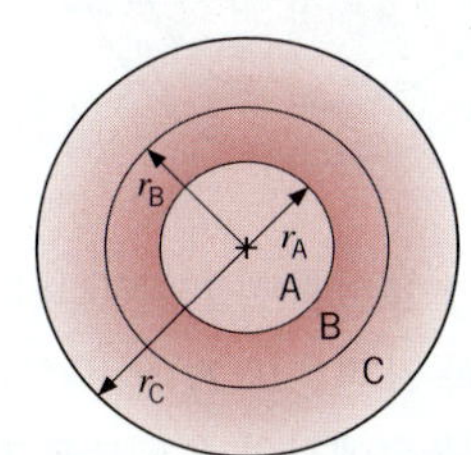

(a) 세 가지 재료 각각에 적합한 열전달식을 작성하라.

(b) 주어진 값들과 주위 온도 T_{sur} 및 노출 된 표면의 방사율을 이용하여 $T(r_C)$에 대한 식을 작성하라.

(c) $T - r$ 좌표에서 $r_A = r_B - r_A = r_C - r_B$인 경우에 대해 반경방향 온도 분포 $T(r)$을 스케치하라($0 \le r \le r_C$).

(d) $q'' - r$ 좌표에서 반경방향 열유속을 스케치하라($0 \le r \le r_C$).

3.80 열전도율 k인 평면벽의 노출된 표면($x = 0$)이 다음과 같이 체적 가열을 변하게 하는 마이크로파 복사를 받고 있다.

$$\dot{q}(x) = \dot{q}_o\left(1 - \frac{x}{L}\right)$$

여기서 $\dot{q}_o$(W/m^3)는 일정하다. $x = L$에서 경계는 완전히 단열되어 있고, 노출된 표면은 일정한 온도 T_o로 유지된다. x, L, k, $\dot{q}$ 및 T_o의 항으로 온도분포 $T(x)$를 구하라.

3.81 두께 L의 석영창(quartz window)이 강철을 어닐링(annealing)하는 가열로에서 관측창으로 사용된다. 이 창문의 안쪽 표면($x = 0$)은 가열로 내의 고온 가스로부터 복사에 의한 균일한 열유속 q''_o이 조사된다. 이 복사의 일부분 β가 안쪽 표면에서 흡수되고, 남은 복사는 부분적으로 석영을 통과할 때 흡수된다고 가정한다. 이 흡수로 인한 체적 열발생은 다음과 같은 형태의 식으로 표현할 수 있다.

$$\dot{q}(x) = (1 - \beta)q''_o \alpha e^{-\alpha x}$$

여기서 α는 석영의 흡수율이다. 창문의 바깥 표면($x = L$)으로부터 온도 T_∞의 대기로 일어나는 대류열전달은 대류열전달계수 h에 의한 특성을 갖는다. 바깥 표면으로부터 복사에 의한 방사와 함께 안쪽 표면으로부터의 대류 및 복사에 의한 방사는 무시할 수 있다. 석영 내에서의 온도분포를 구하고, 앞에서 언급된 변수들을 사용하여 결과를 나타내라.

3.82 안쪽과 바깥쪽의 반지름이 각각 r_i와 r_o인 원통형 셀이 균일한 체적 발생률 $\dot{q}$ (W/m^3)를 가진 열발생 물질로 채워져 있다. 안쪽 표면은 단열되어 있고, 바깥 표면은 온도 T_∞, 대류열전달계수 h인 유체에 노출되어 있다.

(a) 셀 내의 정상상태 온도분포 $T(r)$을 r_i, r_o, $\dot{q}$, h, T_∞ 및 셀 재료의 열전도율 k의 항으로 나타내라.

(b) $\dot{q}$셀 크기의 항으로 셀의 바깥 반지름에서의 열전달률 $q'(r_o)$에 대한 식을 구하라.

3.83 예제 3.8의 형상을 고려하자. 스테인리스 강관 내에서 균일 체적 열발생이 전류에 의해 유도되고, 열이 관을 통해 흐르는 공기로 대류에 의해 전달된다. 관벽은 안쪽 반지름 r_1 = 25 mm, 바깥 반지름 r_2 = 35 mm, 열전도율 k = 15 W/m·K, 전기저항 $\rho_e = 0.7 \times 10^{-6}$ V·m 및 최고 허용 운전온도는 1400 K이다.

(a) 관의 바깥 표면은 완전히 단열되어 있고, 공기의 흐름은 온도 $T_{\infty,1}$ = 400 K이고 대류열전달계수 h_1 = 100 W/m^2·K인 특성을 갖는다고 가정하라. 최대 허용전류 I를 구하라.

(b) 위 (a)에서의 전류와 3개 값의 h_1(100, 500 및 1000 W/m^2·K)에 대해 관벽 내에서 반지름 방향의 온도분포를 계산하고 도표로 나타내라. h_1의 각 값에 대하여 관의 단위 길이당 공기로의 열전달률을 구하라.

(c) 사실상 아무리 좋은 단열재라도 관의 외부 표면에서 단열상태를 유지할 수는 없을 것이다. 열전도율 k = 1.0 W/m·K인 내화성 단열재의 사용을 고려하고, 바깥 표면에서의 복사 에너지 교환은 무시한다. h_1 = 100 W/m^2·K와 (a)에서 구한 최대 허용전류에 대하여, 두 값의 단열재 두께(δ = 25, 50 mm)에 대한 복합벽에서의 온도분포를 계산하고 도표로 나타내라. 단열재의 바깥 표면은 $T_{\infty,2}$ =

300 K이고 $h_2 = 25\ \mathrm{W/m^2 \cdot K}$인 실내 공기에 노출되어 있다. 각 단열재 두께에 대하여 안쪽 공기흐름과 주위 공기로 관의 단위 길이당 열전달률을 구하라.

3.84 핵반응 연료 요소가 반지름 r_1, 열전도율 k_f인 원통형 고체 핀(solid pin)으로 구성되어 있다. 연료 핀은 바깥 반지름 r_2, 열전도율 k_c인 피복재와 잘 접촉되어 있다. 정상상태 조건에서 균일한 열발생이 체적당 열발생률 $\dot{q}$로 연료 내에서 일어나고, 피복재의 바깥쪽 표면은 온도가 T_∞이며, 대류계수가 h인 특성을 갖는 냉각제에 노출되어 있다.

(a) 연료와 피복재에서의 온도분포식 $T_f(r)$과 $T_c(r)$을 각각 구하라. 이 결과들을 앞에서 언급한 변수들만의 항으로 나타내라.

(b) $k_f = 2\ \mathrm{W/m \cdot K}$이고, $r_1 = 6$ mm인 산화 우라늄 연료 핀과 $k_c = 25\ \mathrm{W/m \cdot K}$이고, $r_2 = 9$ mm인 피복재를 고려하자. 만일 $\dot{q} = 2 \times 10^8\ \mathrm{W/m^3}$, $h = 2000\ \mathrm{W/m^2 \cdot K}$ 및 $T_\infty = 300$ K라면, 연료 요소 내에서 최고 온도는 얼마인가?

[(c)] $h = 2000$, 5000 및 10,000 $\mathrm{W/m^2 \cdot K}$의 값에 대하여 온도분포를 계산하고 그래프로 나타내라. 연료 요소 중심의 온도를 1000 K 이하로 유지하려 한다면, 냉각제의 흐름을 조절하여 h의 값을 조절함으로써 가능한가?

3.85 고온의 가스 냉각형 원자로가 복합 원통형 벽으로 구성되어 있다. 원통형 벽은 토륨 연료 요소($k \approx 57\ \mathrm{W/m \cdot K}$)가 흑연($k \approx 3\ \mathrm{W/m \cdot K}$)으로 둘러싸여 있고, 동심원 냉각 채널을 통해 헬륨 기체가 흐르고 있다. 헬륨의 온도는 $T_\infty = 600$ K이고, 흑연의 바깥표면에서의 대류열전달계수는 $h = 2000\ \mathrm{W/m^2 \cdot K}$인 조건을 고려한다.

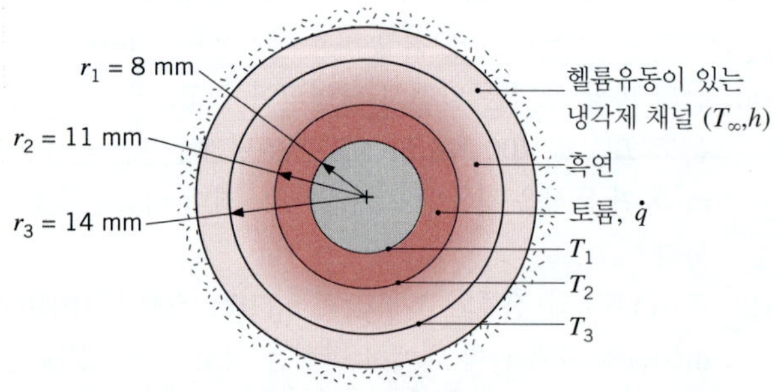

(a) 열에너지가 $\dot{q} = 10^8\ \mathrm{W/m^3}$의 율로 연료 요소 내에서 균일하게 발생된다면, 연료 요소의 안쪽과 바깥쪽의 온도 T_1과 T_2는 각각 얼마인가?

[(b)] 선택된 $\dot{q}$값에 대하여 복합벽 내에서의 온도분포를 계산하고 도표로 나타내라. $\dot{q}$의 최대 허용값은 얼마인가?

3.86 열전도율이 $0.5\ \mathrm{W/m \cdot K}$인 지름 200 mm의 긴 원통형 막대에서 균일한 체적당 열발생이 24,000 $\mathrm{W/m^3}$이다. 막대에는 바깥지름이 400 mm이고 열전도율이 $4\ \mathrm{W/m \cdot K}$인 원형 슬리브가 끼워져 있다. 슬리브의 바깥 표면은 직교유동하는 27°C의 공기에 노출되어 대류열전달계수가 $25\ \mathrm{W/m^2 \cdot K}$이다.

(a) 막대와 슬리브의 접촉면에서의 온도와 바깥 표면에서의 온도를 구하라.

(b) 막대 중심에서의 온도는 얼마인가?

3.87 열전도율이 k인 방사성 물질로 만든 반지름이 r_o인 고체 구가 온도 T_∞이고 대류열전달계수가 h인 액체 용기 속에 놓여 있다. 고체 속에서 체적당 열발생률 $\dot{q}$열이 균일하게 발생한다. 고체 내에서 반지름 방향의 정상상태 온도분포를 구하고, 이것을 r_o, $\dot{q}$, k, h 및 T_∞의 항으로 나타내라.

3.88 안쪽과 바깥 반지름이 각각 $r_i = 0.5$ m이고 $r_o = 0.6$ m인 구형의 스테인리스강($k_{ss} = 15\ \mathrm{W/m \cdot K}$) 용기 속에 방사성 폐기물($k_w = 20\ \mathrm{W/m \cdot K}$)이 저장되어 있다. 균일한 체적당 열발생률 $\dot{q} = 10^5\ \mathrm{W/m^3}$으로 폐기물 속에서 열이 발생되고, 용기의 바깥 표면은 $h = 1000\ \mathrm{W/m^2 \cdot K}$이고 $T_\infty = 25$°C인 흐르는 물에 노출되어 있다.

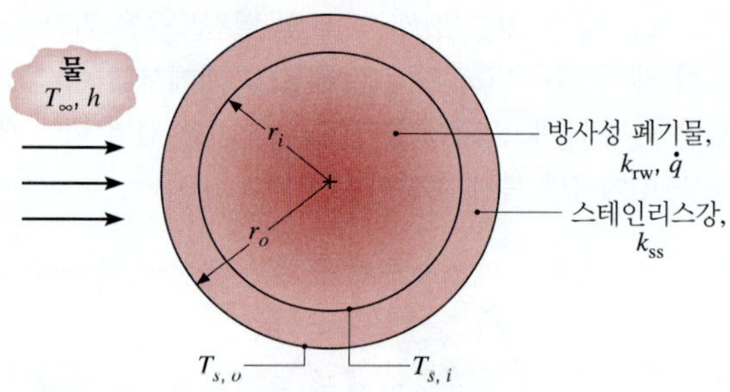

(a) 정상상태 바깥 표면온도 $T_{s,o}$를 구하라.

(b) 정상상태 안쪽 표면온도 $T_{s,i}$를 구하라.

(c) 방사성 폐기물 속에서의 온도분포 $T(r)$에 대한 식을 구하라. 이것을 r_i, $T_{s,i}$, k_{rw} 및 $\dot{q}$항으로 나타내라. $r = 0$에서의 온도를 구하라.

[(d)] 이전 설계의 연장선상에서 안쪽 반지름($r_i = 0.5$ m)이 동일한 스테인리스강 용기 속에 열전도율은 같지만 열발생이 두 배($\dot{q} = 2 \times 10^5\ \mathrm{W/m^3}$)인 폐기물을 저장하는 것이 제안되었다. 안전을 고려해서 최대 시스템 온도는 475°C를 초과하지 않아야 하며, 용기벽의 두께는 $t = 0.04$ m보다 얇아서는 안 되고, 되도록 본래의 설계($t = 0.1$ m)에 가까워야 한다. 바깥쪽 대류열전달계수를 얻을 수 있는 최댓값 $h = 5000\ \mathrm{W/m^2 \cdot K}$(물의 속도 증가에 의함)까지 변화시킬 때의 효과와 용기벽 두께를 변화시킬 때의 효과를 산정하라. 제안된 바와 같은 확장 설계가 가능한가? 그렇다면 h와 t에 대한 적당한 운전과 설계조건을 추천하라.

3.89 생물학적으로 활성이 있는 독특한 특성을 갖는 과일, 야채, 그

리고 기타 생산물들은 조심스럽게 다뤄야 한다. 포도당은 내부에너지가 발생하면서 이화작용을 하여 이산화탄소, 수증기 및 열을 발생시킨다. 지름이 각각 80 mm인 사과들이 들어 있는 상자에 5°C의 공기가 0.5 m/s로 통과한다. 이에 대한 열전달계수는 7.5 $W/m^2 \cdot K$이다. 각 사과 내에서 열에너지는 총 열 발생률 4000 J/kg·day로 균일하게 발생된다. 사과의 밀도와 열전도율은 각각 840 kg/m^3과 0.5 W/m·K이다.

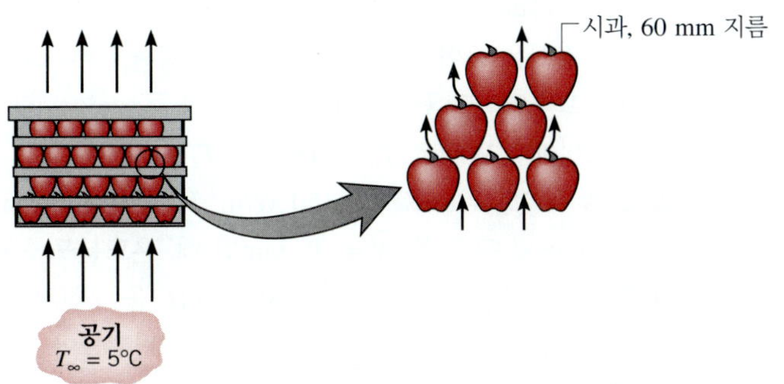

(a) 사과의 중심과 표면의 온도들을 구하라.

(b) 상자 안에 층층이 쌓인 사과에 대하여 대류열전달계수는 $h = C_1 V^{0.425}$와 같이 속도에 의존하며, 여기서 $C_1 = 10.1$ $W/m^2 \cdot K \cdot (m/s)^{0.425}$이다. $0.1 \le V \le 1$ m/s에 대하여 공기 속도의 함수로서 중심과 표면의 온도들을 구하고 도표로 나타내라.

3.90 도식적으로 나타낸 특성길이 a, 열전도율 k 및 균일한 체적당 에너지 발생률 $\dot{q}$와 같은 평면벽, 긴 원통 및 구를 고려하라.

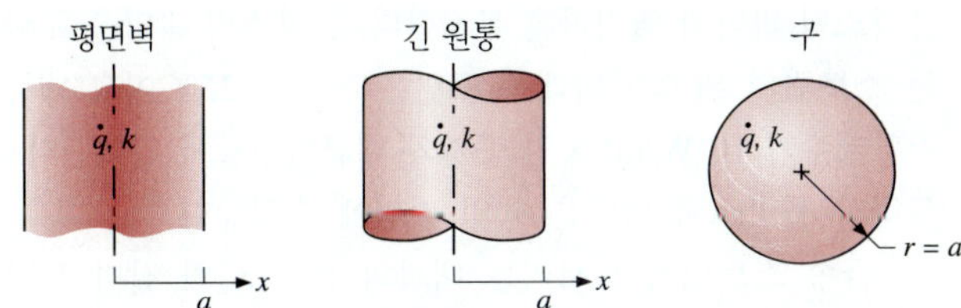

(a) 같은 그래프에 각 형태의 무차원 특성길이 x/a, 또는 r/a에 대한 정상상태 무차원 온도 $[T(x \text{ 또는 } r) - T(a)]/[(\dot{q} a^2)/2k]$를 그려라.

(b) 중심과 표면 사이에서 가장 작은 온도차를 나타내는 형태는 어느 것인가? 체적 대 표면적의 비율을 비교함으로써 이 거동을 설명하라.

(c) 핵연료 요소로 사용하기 위해 가장 좋은 형태는 어느 것인가? 그 이유를 설명하라.

확장표면과 단순 휜

3.91 그림의 복사열 게이지는 콘스탄탄(constantan) 금속 포일(foil)로 되어 있다. 콘스탄탄 박판은 검은색으로 칠해져 있고, 반지름 R과 두께 t의 원판형이다. 게이지는 밀폐된 공간 내에 위치해 있다. 박판에 흡수되는 입사 복사 열유속 q_i''은 바깥 주위로 확산되고, 일정한 온도 $T(R)$에서 히트싱크로서 작용하는 구리 링 안으로 확산된다. 두 개의 구리 도선은 박판의 중심과 구리 링에 연결되어 열전대 회로를 구성한다. 이것은 박판 중심과 끝 부분 사이의 온도차 $\Delta T = T(0) - T(R)$을 측정한다.

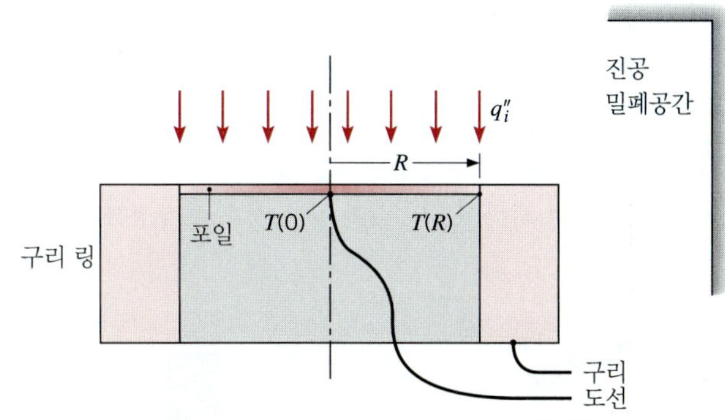

정상상태에서 박판에서의 온도분포 $T(r)$을 결정하는 미분방정식을 구하라. 이 방정식을 풀어 ΔT와 q_i''의 관계를 구하라. 박판과 주위 사이에서의 복사교환은 무시해도 좋다.

3.92 다음 그림과 같은 평판형 태양열 집열기의 흡수기에 구리 배관이 연결되어 있다 .

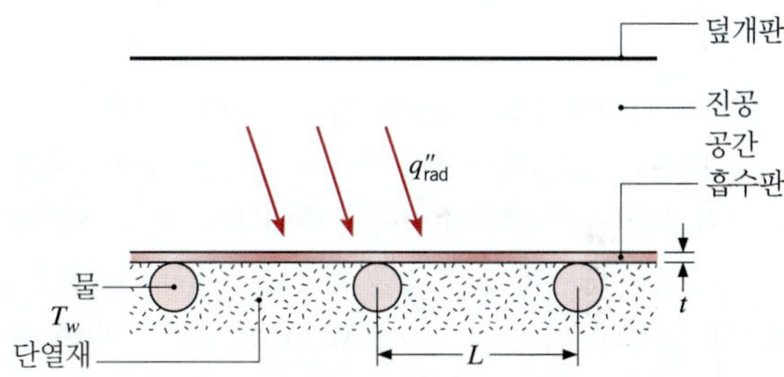

알루미늄 합금(2024-T6)으로 만든 흡수판의 두께는 5 mm이고, 바닥면은 잘 단열되어 있다. 흡수판의 위 표면과 부녕한 덮개판 사이에는 진공공간이 있다. 관 사이의 간격은 $L =$ 0.018 m로 일정하고, 집열된 에너지를 이동시키기 위하여 물이 관을 통하여 순환한다. 물의 온도는 $T_w = 60°C$로 균일하다고 가정한다. 정상상태 운전조건에서 표면으로의 정미 복사 열유속 $q''_{rad} = 775$ W/m^2일 때, 판의 최대온도와 관의 단위 길이당 열전달률은 얼마인가? q''_{rad}은 흡수판에 의한 태양열 복사흡수와 흡수기와 덮개판 사이의 복사 열교환의 정미 효과를 나타낸다는 것에 유의하라. 관의 바로 위에 있는 흡수판의 온도는 물의 온도와 같다고 가정한다.

3.93 나노와이어(내부가 채워진 나노튜브)를 성장시키기 위한 한 가지 방법은 초기에 평판 표면에 액체 촉매의 작은 액적들을 증착시키는 것이다. 표면과 촉매는 가열되며, 동시에 나노와이어를 형성하는 화학 성분들의 혼합물이 포함된 고온 저압의 가스에 노출된다. 그 액체 촉매는 위쪽 표면을 통하여 천천히

가스 내 화학 성분을 흡수하여 고체물질로 변환시킨 후, 아래쪽의 액체–고체 경계면에 침착시켜 그 결과 나노와이어가 형성된다. 촉매액은 나노와이어의 끝 부분에 남아 있게 된다.

실리콘 카바이드 표면 위에서 지름 15 nm의 실리콘 카바이드 나노와이어가 성장하는 것을 고려하자. 표면은 T_s = 2400 K의 온도를 유지하며, 사용된 촉매액이 기능을 발휘하기 위해서는 2400 K ≤ T_c ≤ 3000 K 범위에서 유지되어야 한다. 주위의 환경이 $h = 10^5$ W/m^2·K, T_∞ = 8000 K의 조건일 때 나노와이어의 최대 성장길이를 결정하라. 나노와이어의 물성치는 실리콘 카바이드의 값과 같은 것으로 가정하라.

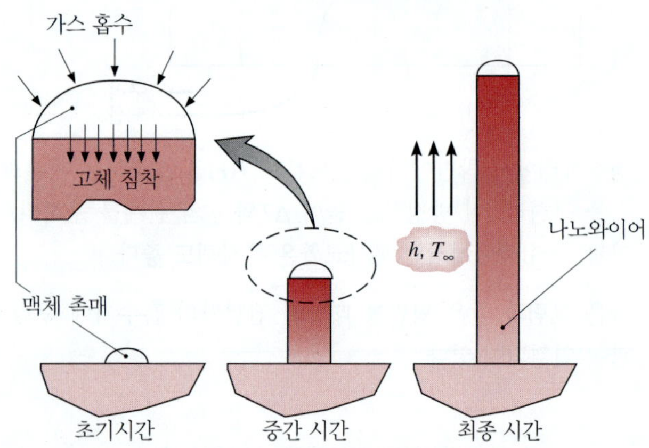

3.94 연습문제 1.39에서 묘사된 PV 실리콘 제조 공정을 생각해 보자. 실리콘의 얇은 판이 용융상태의 실리콘 풀에서 **매우 천천히** 당겨진다. 성장 체임버 안에서 주변 온도 T_∞ = 527°C에 노출된다. 성장 체임버 안에 있을 때 실리콘 판의 노출된 면에서의 대류열전달계수는 h = 7.5 W/m^2·K이다. 실리콘 판의 최대허용속도 V_{si}를 계산하라. 실리콘 용융잠열은 h_{sf} = 1.8 × 10^6 J/kg이다. 응고로 인해 방출되는 에너지가 판을 따라 전도에 의해 배출된다고 가정할 수 있다.

3.95 아래 그림과 같이 구리 배관이 두께 t인 태양열 집열판에 연결되어 있으며, 작동유체는 관 위의 판 온도를 T_o로 유지시킨다. 판의 위 표면으로 균일한 정미 복사 열유속 q''_{rad}이 있고, 바닥 표면은 잘 단열되어 있다. 또한 위 표면은 대류열전달계수 h가 균일하고, 온도가 T_∞인 유체에 노출되어 있다.

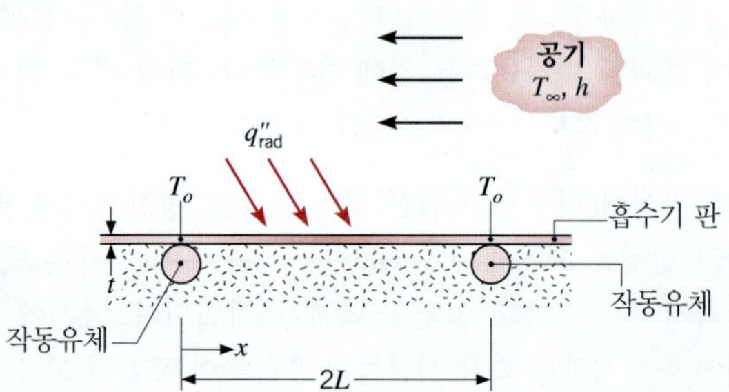

(a) 판에서의 온도분포 $T(x)$를 지배하는 미분방정식을 유도하라.

(b) 적절한 경계조건에 대한 미분방정식의 해를 구하라.

3.96 길이 L, 두께 t, 폭 W ≫ L인 얇은 평판이 서로 다른 온도, $T(0) = T_o$ 및 $T(L) = T_L$을 가진 두 개의 히트싱크에 열적으로 결합되어 있다. 바닥 면은 단열되어 있지 않다. T_∞이고 대류열전달계수가 h인 유체와 이 표면 사이에서 대류열전달이 일어난다.

(a) 평판에서의 정상상태 온도분포 $T(x)$를 구하는 미분방정식을 유도하라.

(b) 앞의 방정식을 풀어 온도분포를 구하고, 평판으로부터 히트싱크로의 열전달률에 대한 식을 구하라.

(c) q''_o = 20,000 W/m^2, T_o = 100°C, T_L = 35°C, T_∞ = 25°C, k = 25 W/m·K, h = 50 W/m^2·K, L = 100 mm, t = 5 mm 및 판의 폭 W = 30 mm일 때, 온도분포를 도표로 나타내고 싱크 열전달률 $q_x(0)$와 $q_x(L)$을 구하라. 다른 변수들은 변하지 않고 다음 세 경우의 변수들이 변화할 때의 온도분포를 같은 그래프에 나타내라: (i) q''_o = 30,000 W/m^2, (ii) h = 200 W/m^2·K 및 (iii) h = 200 W/m^2·K일 때 $q_x(0) = 0$에 대한 q''_o의 값.

3.97 한 접합작업에서 다음 그림과 같이 뒷면에 접착제가 붙어 있는 얇은 플라스틱 박막의 위쪽 표면에 걸쳐 일정한 열유속 q''_o을 가해서 금속 스트립에 붙이기 위해 레이저를 이용한다. 금속 스트립은 두께가 d = 1.25 mm이고, 폭은 플라스틱 박막보다 상대적으로 크다. 스트립의 열물성치는 ρ = 7850 kg/m^3, c_p = 435 J/kg·K 및 k = 60 W/m·K이다. 폭 w_1 = 40 mm인 플라스틱 박막의 열저항은 무시한다. 플라스틱 박막을 포함하는 스트립의 위쪽과 아래쪽 표면은 온도가 25°C이고 대류열전달계수가 10 W/m^2·K인 공기와 대류열전달이 일어난다. 스트립과 플라스틱 박막은 책의 지면에 수직방향으로 매우 길다. 금속 스트립의 모서리는 대기의 온도 T_∞와 같다고 가정한다.

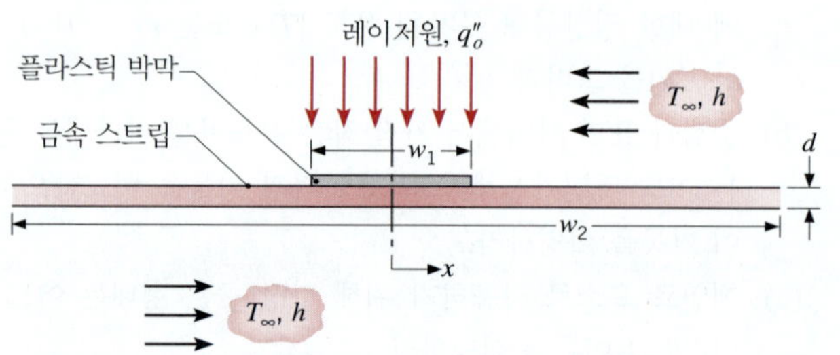

(a) 플라스틱 박막($-w_1/2 \le x \le +w_1/2$)으로 덮인 금속 스트립 부분의 온도분포에 대한 식을 유도하라.

(b) 레이저에 의해 공급되는 열유속이 10,000 W/m^{2}일 때, 플라스틱 막의 중심(x = 0)과 끝 부분($x = \pm w_1/2$)에서의 온도를 구하라.

(c) 전체 스트립에 대한 온도분포를 그래프로 그리고 특징을

기술하라.

3.98 지름 D, 열전도율 k 및 길이 $2L$인 막대를 고려하라. 막대는 길이 $-L \leq x \leq 0$의 위치에서 완전하게 단열되어 있고, $0 \leq x \leq +L$ 위치에서는 유체(T_∞, h)와 대류열전달이 일어난다. 한쪽 끝은 온도 T_1으로 유지되어 있고, 다른 끝은 접촉면의 열접촉저항 $R''_{t,c}$에 의해 온도 T_3의 히트싱크로부터 분리되어 있다.

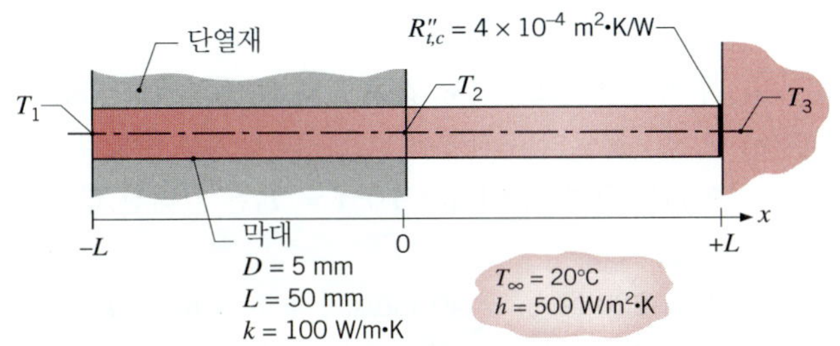

(a) $T - x$ 좌표계에 온도분포를 스케치하고 중요한 특징을 기술하라. $T_1 > T_3 > T_\infty$로 가정한다.

(b) 시스템의 열적 및 기하학적 변수들의 항으로 중간점의 온도 T_2에 대한 식을 구하라.

(c) T_1 = 200°C, T_3 = 100°C 및 그림에 나타낸 조건에 대하여 T_2를 계산하고, 온도분포를 그려라. 온도분포의 중요한 특징을 언급하고, (a)에서 스케치한 것과 비교하라.

3.99 탄소 나노튜브가 온도가 각각 T_∞ = 300 K인 두 개의 둔덕 사이의 폭 s = 5 mm의 홈을 가로질러 매달려 있다. 초점이 맞추어진 레이저빔이 q = 10 μW의 에너지를 왼쪽 둔덕으로부터 ξ 거리에서 나노튜브에 조사하고 있다. 나노튜브 온도는 프로브를 사용해서 나노튜브의 중간지점에서 측정된다. 측정된 나노튜브 온도는 ξ_1 = 1.5 mm일 때 T_1 = 324.5 K, ξ_2 = 3.5 mm 일 때 T_2 = 326.4 K이다.

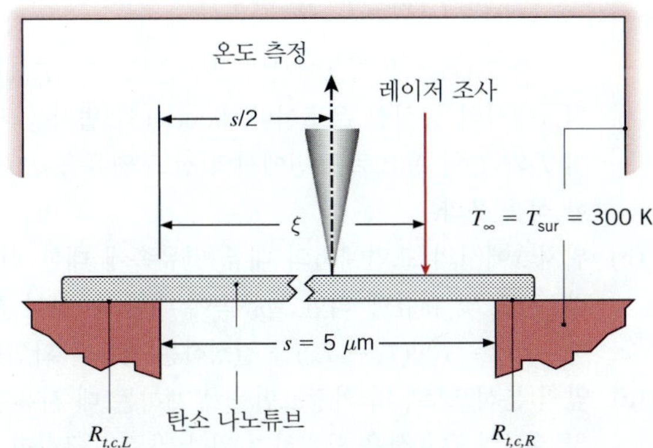

왼쪽과 오른쪽 나노튜브 끝의 두 개의 접촉저항 $R_{t,c,L}$, $R_{t,c,R}$을 각각 구하라. 실험은 300 K의 진공상태에서 수행되었다. 나노튜브의 열전도율과 직경은 각각 k_{cn} = 3100 W/m·K, D = 14 nm이다.

3.100 전체 길이 L = 200 mm이고 지름 D = 12.5 mm인 프로브(probe)가 덕트벽을 통해 삽입되어 있다. 삽입된 부분의 길이 L_i에 속하는 부분은 온도가 $T_{\infty,i}$인 흐르는 물에 접촉해 있다. 삽입된 막대 부분에서의 대류열전달계수는 h_i = 1100 W/m²·K이고, 공기에 노출된 막대 부분에서의 대류열전달계수는 h_o = 10 W/m²·K이다. 프로브의 열전도율은 177 W/m·K이고, 덕트벽과 열적 접촉은 거의 없다.

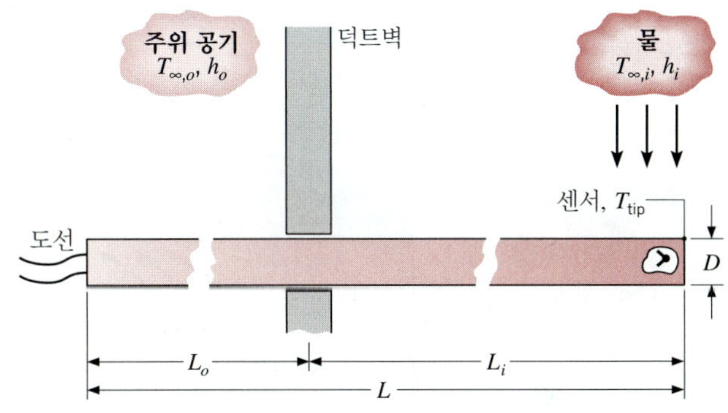

(a) 프로브의 끝 부분 온도 T_{tip}과 물의 온도 $T_{\infty,i}$의 차($\Delta T_{err} = T_{tip} - T_{\infty,i}$)인 측정오차를 계산하는 식을 유도하라. 힌트: 덕트벽을 원점으로 하는 좌표계를 정하고, 프로브는 같은 바탕온도를 가지면서 덕트로부터 안쪽과 바깥쪽으로 뻗은 두 개의 휜으로 취급한다. 표 3.4에서의 경우 A를 이용한다.

(b) 물과 주위 공기온도가 각각 80°C와 20°C일 때, L_i/L = 0.225, 0.425 및 0.625인 조건에 대하여 삽입된 길이의 함수로서 측정오차 ΔT_{err}를 계산하라.

(c) 측정오차에 대한 프로브의 열전도율과 물의 속도(h_i) 영향을 계산하고 그래프로 나타내라.

3.101 길이 $2L$, 지름 D 및 열전도율 k인 금속 막대가 완전히 절연된 벽 속에 끼워져 있고 길이의 반은 공기흐름에 노출되어 있다. 공기는 온도가 T_∞, 막대 표면에서의 대류열전달계수는 h이다. 전자기장으로 인해 막대가 **삽입된** 부분에서는 일정한 체적당 에너지 발생률 $\dot{q}$가 유도된다.

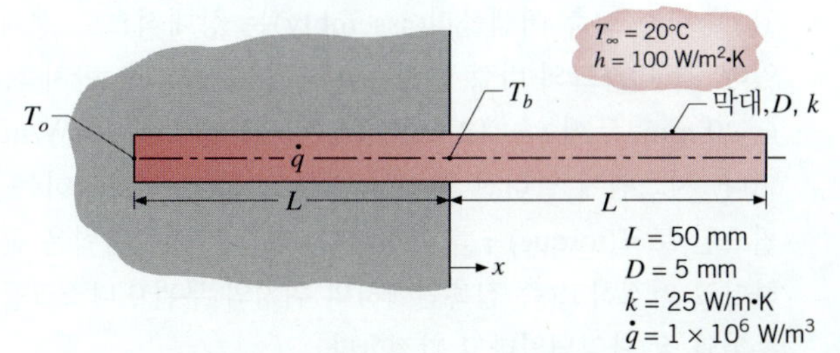

(a) 노출된 막대의 바탕(base)에서 반쪽 부분에 대한 정상상태 온도 T_b에 대한 식을 유도하라. 노출된 영역은 상당히 긴 휜으로 간주할 수 있다.

(b) 삽입된 막대의 반쪽 끝에서 정상상태 온도 T_o에 대한 식을 유도하라.

(c) 그림에 나타낸 수치값을 이용하여 막대에서의 온도분포를 그리고, 온도분포에 대한 중요한 특징을 언급하라. 막대가 긴 휜처럼 거동하는가?

3.102 가스터빈 엔진에서 회전하는 디스크에 부착되어 있는 터빈 블레이드가 $T_\infty = 1200°C$인 가스흐름에 노출되어 있고, 블레이드 전체에 걸쳐 대류열전달계수는 $h = 250\ W/m^2 \cdot K$로 유지된다.

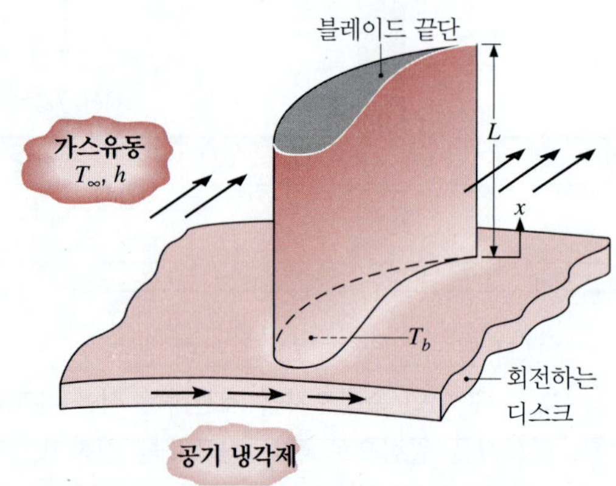

$k \approx 20\ W/m \cdot K$인 인코넬(Inconel)로 제작된 블레이드는 길이 $L = 50$ mm이다. 블레이드의 형상은 횡단면이 $A_c = 6 \times 10^{-4}\ m^2$로 균일하고, 둘레길이는 $P = 110$ mm이다. 장착 디스크를 통해 순환하는 공기를 사용하여 제안된 블레이드 냉각설계에 의하면 각 블레이드 바탕의 온도를 $T_b = 300°C$로 유지할 수 있다.

(a) 블레이드의 최고 허용온도가 1050°C이고, 블레이드 끝단이 단열되어 있다고 가정한다면, 제안된 냉각설계는 만족할 만한가?

(b) 제안된 냉각설계에서 각 블레이드로부터 냉각제로 전달되는 열전달률은 얼마인가?

3.103 디스크 브레이크(disc brake)와 관련된 마찰계수 μ를 결정하는 실험에서, 한 디스크와 축은 일정한 각속도 ω로 회전하고 있고, 디스크/축 어셈블리(assembly)는 상대적으로 정지해 있다. 각 디스크의 바깥 반지름 $r_2 = 180$ mm, 축 반지름, $r_1 = 20$ mm, 두께 $t = 12$ mm이고, 열전도율 $k = 15\ W/m \cdot K$이다. 시스템에 알려진 힘 F를 가하고, 회전을 유지하는 데 필요한 토크(torque) τ를 측정한다. 디스크 접촉압력은 균일하다고 가정하고(즉 접촉면에서의 위치와 무관), 디스크들은 주위와 잘 단열되었다고 가정한다.

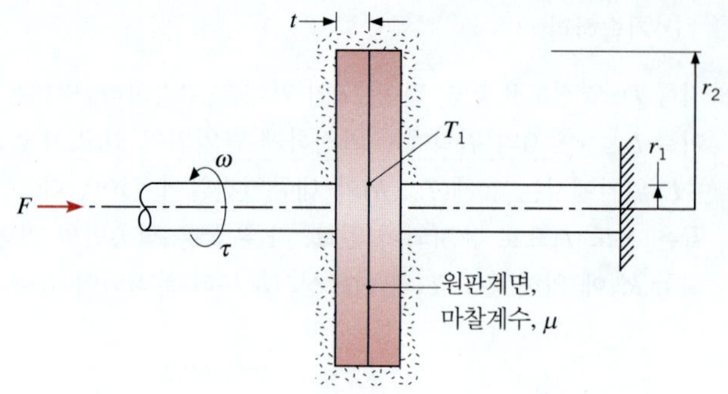

(a) 주어진 값들로부터 m 값을 구하는 식을 나타내라.

(b) $r_1 \le r \le r_2$의 구간에서 디스크의 반지름 방향 온도분포 $T(r)$을 구하라. 여기서 $T(r_1) = T_1$은 알려진 값으로 가정한다.

(c) $F = 200$ N, $\omega = 40$ rad/s, $\tau = 8$ N·m 및 $T_1 = 80°C$인 실험조건을 고려할 때 마찰계수와 최고 디스크 온도를 계산하라.

3.104 길이 방향으로 열이 흐르는 사각형 횡단면의 확장표면을 고려하라.

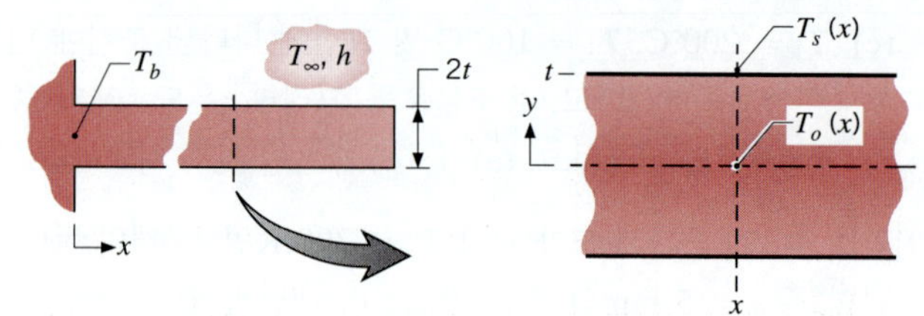

이 문제에서는 3.6.1절의 1차원 해석이 유효하도록, 직교 방향(y 방향) 온도구배가 길이 방향(x 방향) 온도구배와 비교해서 무시할 수 있는 조건을 결정하고자 한다.

(a) 직교 방향 온도구배는 포물선으로 다음 식의 형태이다.

$$\frac{T(y) - T_o(x)}{T_s(x) - T_o(x)} = \left(\frac{y}{t}\right)^2$$

여기서 $T_s(x)$는 위치 x에서의 표면온도이고, $T_o(x)$는 위치 x에서의 중심선 온도이다. Fourier의 법칙을 사용하여 T_s와 T_o의 항으로 표면에서의 전도 열유속 $q''_y(t)$에 대한 식을 쓰라.

(b) 위치 x에서의 표면에서의 대류 열유속에 대한 식을 쓰라. 전도 및 대류에 의한 열유속에 대한 두 식이 같다고 하여 $(T_o - T_s)/(T_s - T_\infty)$를 결정하는 변수를 확인하라.

(c) 앞의 분석으로부터 확장표면을 설계하는 데 사용된 1차원 가정의 유효성을 확립하기 위한 기준을 구하라.

3.105 긴 원형 알루미늄 막대의 한쪽 끝이 가열된 벽에 접촉되어 있고, 대류에 의해 차가운 유체로 열을 전달하고 있다.

(a) 막대의 지름이 3배가 된다면 열제거율은 얼마나 많이 변하는가?

(b) 동일한 지름의 구리 막대로 알루미늄을 대체하면 열제거율은 얼마나 많이 변하는가?

3.106 길이 100 mm, 지름 5 mm의 황동 막대가 200°C의 주물(casting)로부터 수평 방향으로 확장되어 있다. 막대는 $T_\infty = 20°C$이고 $h = 30\ W/m^2 \cdot K$인 공기중에 있다. 주물로부터 25, 50, 100 mm 되는 곳에서의 막대의 온도는 얼마인가?

3.107 휜의 끝 조건이 휜의 열성능에 영향을 미치는 정도는 휜 형상, 열전도율 및 대류열전달계수에 따라 결정된다. 길이 $L = 10$ mm, 두께 $t = 1$ mm 및 폭 $w \gg t$인 알루미늄 합금($k = 180\ W/m \cdot K$)의 사각형 휜을 고려하라. 휜의 바탕온도는 $T_b = 100°C$이고, 휜은 온도 $T_\infty = 25°C$인 유체에 노출되어 있다.

(a) 전체 휜 표면 위에서의 대류열전달계수가 $h = 100\ W/m^2 \cdot K$로 균일하다고 가정하여, 표 3.4의 경우 A와 B에 대한 단위폭당 휜 열전달률 q_f', 휜효율 η_f, 휜유용도 ε_f, 단위폭당 휜 열저항 $R_{t,f}'$ 및 휜 끝 온도 $T(L)$을 구하라. 이 결과를 **무한 휜**(infinite fin)으로 가정한 결과와 비교하라.

(b) $10 < h < 1000\ W/m^2 \cdot K$에서 열전달률에 대한 대류열전달계수의 영향을 조사해 보라. 또한 스테인리스강($k = 15\ W/m \cdot K$)에 대한 이러한 변수의 영향도 고려해 보라.

3.108 균일한 단면의 핀형 휜(pin fin)이 알루미늄 합금($k = 150\ W/m \cdot K$)으로 만들어졌다. 휜의 직경은 $D = 3$ mm이고, 대류열전달계수가 $h = 220\ W/m^2 \cdot K$인 조건에 노출되어 있다. 휜효율이 $\eta_f = 0.65$라고 알려져 있다. 휜 길이 L과 휜 유용도 ε_f를 구하라. 휜 끝에서의 대류열전달에 대해 설명하라.

3.109 휜의 끝 조건이 휜의 열성능에 영향을 미치는 정도는 휜 형상, 열전도율 및 대류열전달계수에 따라 결정된다. 휜의 바탕 온도가 $T_b = 100°C$인 알루미늄 합금($k = 180\ W/m \cdot K$)의 사각형 휜을 고려하라. 휜은 온도 $T_\infty = 25°C$인 유체에 노출되어 있고, 휜 표면에 대한 대류열전달계수는 $h = 100\ W/m^2 \cdot K$로 균일하다고 가정할 수 있다.

(a) 길이 $L = 10$ mm, 두께 $t = 1$ mm 및 폭 $w \gg t$인 휜에 대하여, 표 3.4의 경우 A 및 B에 대한 단위폭당 휜 열전달률 q_f', 휜효율 η_f, 휜유용도 ε_f, 단위폭당 휜 열저항 $R_{t,f}'$, 휜 끝 온도 $T(L)$을 구하라. 이 결과를 **무한 휜**으로 가정한 결과와 비교하라.

(b) $3 < L < 50$ mm에서 열전달률에 대한 길이 L의 영향을 조사해 보라. 스테인리스강($k = 15\ W/m \cdot K$)에 대한 이러한 변수의 영향도 고려해 보라.

3.110 지름 $D = 10$ mm의 두 개의 긴 구리 막대가 끝과 끝이 650°C의 용융점을 가진 납으로 납땜되었다. 막대는 온도 25°C, 대류열전달계수 $10\ W/m^2 \cdot K$인 공기중에 있다. 납땜하는 데 필요한 최소 공급 동력은 얼마인가?

3.111 연습문제 3.93의 나노와이어의 초기성장 단계 동안, 촉매액 방울의 작은 섭동으로 인해 이 방울이 중심부에서 벗어난 상태로 나노와이어의 꼭대기에 점착하게 되는 원인이 될 수 있다. 결과적으로 고체와 액체 접촉면(고-액 계면)에서 고체의 불균일한 침착(deposition)은 스케치에서 보는 것처럼 스프링 반지름 r, 스프링 피치 s, 총 스프링(스프링현, chord) 길이 L_c, 스프링 끝단 사이의 거리 L 등으로 정의될 수 있는 **나노스프링**과 같은 설계된 형상을 제작하는 데 이용될 수 있다. 지름 $D = 15$ nm, $r = 30$ nm, $s = 25$ nm, $L_c = 425$ nm의 실리콘 카바이드 나노스프링을 고려하자. 실험적으로 평균 스프링 피치 $\bar{s}$는 $d\bar{s}/d\bar{T} = 0.1$ nm/K의 관계에 따라 평균온도 $\bar{T}$와 더불어 변한다. 이 정보를 이용하여, 한 학생이 나노스프링 한쪽 끝단에 작은 히터를 연결하고, 나노스프링의 한쪽 끝단의 온도를 초기값보다 높여 줌으로써 구성할 수 있는 **나노액추에이터**(nanoactuator)를 제안하였다. 바탕 온도가 $T_b = 50°C$, $h = 10^6\ W/m^2 \cdot K$, $T_\infty = T_i = 25°C$일 때, 작동(actuation) 거리를 계산하라. 하부온도가 1°C 미만으로 조절될 수 있을 경우, 작동 거리로 조절될 수 있는 정확도를 계산하라. 힌트: 스프링이 가열되어도 스프링 반지름은 변하지 않는다고 가정하라. 스프링의 총 길이는 다음 식으로 근사화될 수 있다.

$$L = \frac{\bar{s}}{2\pi} \frac{L_c}{\sqrt{r^2 + (\bar{s}/2\pi)^2}}$$

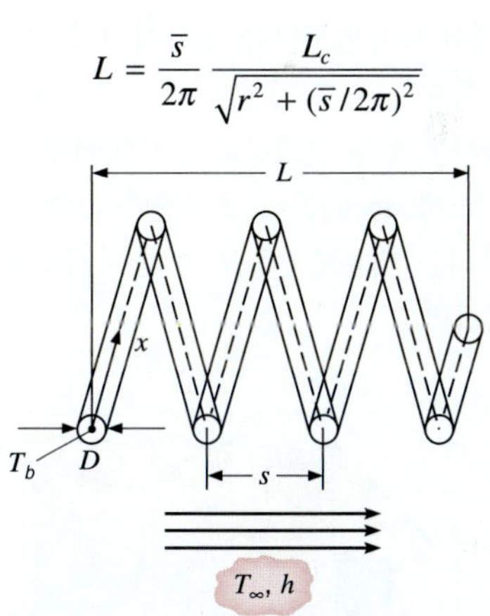

3.112 서로 다른 물질로 구성되었지만 지름이 같은 길고 가느다란 두 개의 막대를 고려하자. 각 막대의 한쪽 끝은 100°C로 유지되는 바탕 표면에 붙어 있고, 막대의 표면은 20°C의 대기에 노출되어 있다. 열전대로 각 막대의 길이를 따라 측정함으로써 막대의 온도는 $x_A = 0.15$ m와 $x_B = 0.075$ m 위치에서 같다는 것이 관찰되었다. 여기서 x는 바탕 표면에서부터의 거리이다. 막대 A의 열전도율이 $k_A = 70\ W/m \cdot K$로 알려져 있을 경우, 막대 B에 대한 열전도율 k_B의 값을 구하라.

3.113 고체 물질의 열전도율을 측정하기 위한 실험장치가 두 개의

긴 막대들을 사용해서 만들어졌다. 이 막대들 중 하나는 열전도율이 k_A인 표준물질로 만들어졌고, 다른 하나는 알고자 하는 열전도율 k_B인 물질이라는 것을 제외하고는 모든 항목에서 동일하다. 두 개의 막대는 모두 한쪽 끝이 고정된 온도 T_b의 열원에 접해 있고, 온도가 T_∞인 유체에 노출되어 있으며, 열원으로부터 고정된 거리 x_1에서 온도를 측정하기 위하여 열전대가 설치되어 있다. 만일 표준물질이 k_A = 200 W/m·K인 알루미늄이고, T_b = 100°C와 T_∞ = 25°C에 대하여 x_1에서 측정값들이 T_A = 75°C와 T_B = 60°C를 나타낸다면, 측정 물질의 열전도율 k_B는 얼마인가?

휜 시스템과 배열

3.114 휜 배열에서 휜과 기초 표면(prime area)에 대한 대류열전달계수는 유체흐름이 방해를 받아 일반적으로 휜 수의 증가에 따라 감소한다. 그림 3.21*a*와 같이 벽 높이가 20 mm, w = 20 mm, t = 2 mm 그리고 L = 20 mm인 휜 배열를 고려하자. 휜 알루미늄이고, 바탕과 주변공기온도는 T_b = 95°C, T_∞ = 20°C이다. 첫 번째 근사치로 $h = h_{max} \times (1 - N/N_{max})$로 가정한다. 여기서 N_{max}는 표면에 배치할 수 있는 휜의 최대 개수이므로 N_{max} = 20 mm/2 mm = 10이다. h_{max} = 50 W/m²·K의 경우, N = 0, 3, 6, 9 휜에 대한 총 열전달량을 결정하라.

3.115 휜이 부착된 통로(finned passage)들이 소형 열교환기 코어(core)들에서 대류열전달을 향상시키기 위해 평행한 평판들 사이에 만들어진다. 전자장비 냉각이 중요한 응용분야인데, 열을 소산하고 있는 전기부품들 사이에 한 개 이상의 공기로 냉각되는 스택(stack)들이 놓여진다. 길이 L과 두께 t로 h와 T_∞에 상응하는 대류조건들을 가진 직사각형 휜들의 단일 스택을 고려하라.

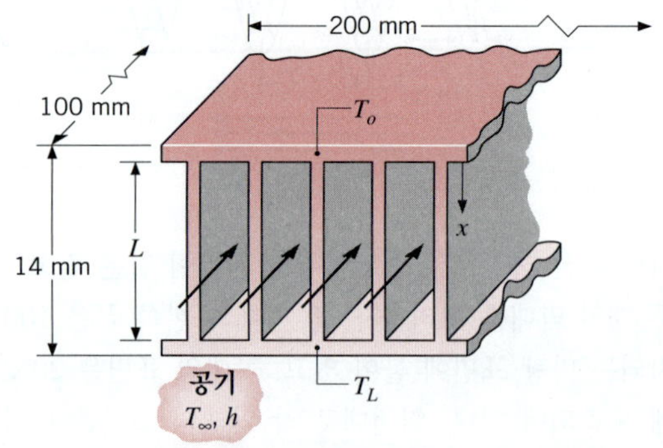

(a) 바탕 온도 T_o와 T_L을 사용하여 휜 열전달률 $q_{f,o}$와 $q_{f,L}$에 대한 식을 구하라.

(b) 특정한 응용에서 폭 200 mm와 깊이 100 mm의 스택이 각각의 길이가 L = 12 mm인 휜 50개를 포함한다. 스택 전체는 모든 곳이 두께 1.0 mm인 알루미늄으로 만들어져 있다. 만약 서로 반대편에 위치한 평면들에 부착된 전기 부품들과 관련된 온도한계값이 T_o = 400 K, T_L = 350 K인 허용 최고 평면온도로 나타난다면, h = 150 W/m²·K이고 T_∞ = 300 K인 경우에 대한 최대 동력소산은 얼마인가?

3.116 연습문제 3.115의 휜 배열은 일반적으로 **고밀도 열교환기**(compact heat exchanger)에서 볼 수 있는데, 그 기능은 한 유체에서 다른 유체로 열을 전달하는 데 단위체적당 넓은 표면적을 제공하는 것이다. 두 번째 유체가 평행 평판에서 동일한 온도를 유지하고($T_o = T_L$) 따라서 휜 배열의 중간 면에 대해 대칭성이 있는 조건을 고려하자. 이 열교환기는 공기가 흐르는 방향으로 길이가 1 m이고, 공기흐름과 휜 표면에 수직인 방향으로 폭이 1 m이다. 인접한 평행 평판들 사이의 휜 통로의 길이는 L = 8 mm이고, 휜 열전도율과 대류열전달계수는 각각 k = 200 W/m·K(알루미늄) 및 h = 150 W/m²·K이다.

(a) 만약 휜 두께와 피치가 각각 t = 1 mm와 S = 4 mm이면, 휜 배열의 반쪽 부분에 대한 $R_{t,o}$의 값은 얼마인가?

(b) 휜 두께와 피치가 각각 0.5 mm와 3 mm보다 작아서는 안 된다는 구속조건하에서, t와 S의 변화에 따른 효과를 산정하라.

3.117 모터 사이클의 엔진 실린더는 2024-T6 알루미늄 합금으로 제작되어 있다. 실린더의 높이는 0.15 m, 바깥 지름은 D = 50 mm이다. 대표적인 작동 조건에서 실린더 외벽의 온도는 500 K이고, 300 K인 주변 공기에 노출되어 있다. 대류열전달계수는 50 W/m²·K이다. 환상 휜이 실린더에 일체형으로 주조되어 주변으로의 열전달을 향상 시킨다. 5개의 환상 휜이 있는데 휜 사이 간격은 일정하고, 휜 두께는 t = 6 mm, 길이는 L = 20 mm 이다. 휜으로 인하여 증가된 열전달량은 얼마인가?

3.118 예제 1.5에서 우리는 P = 9 W의 전기를 생산하기 위하여 PEM 연료전지를 $T_c \approx$ 56.4°C로 유지하고, 11.25 W 를 연료전지로부터 제거해야 하며, 냉각 공기의 온도와 속도가 각각 T_∞ = 25°C, V = 9.4 m/s로 하여야 함을 알았다. 이와 같은 대류 조건을 만들기 위하여 연료전지는 50 mm × 26 mm 인 직사각형 덕트 중앙에 위치하며, 50 mm × 50 mm × 6 mm인 연료전지의 바깥부분과의 사이에 10 mm의 간극(gap)을 가진다. 덕트의 윗면과 아랫면은 단열되어 있다. 연료전지에 의해 구동되는 작은 홴이 냉각 공기를 순환시키는 데 사용된다. 특정 홴 공급 업체의 데이터 시트를 살펴보면 홴의 동력소비율과 홴의 체적유량의 비는 $10^{-4} \le \dot{\forall}_f \le 10^{-2}$ m³/s 범위에서 $P_f/\dot{\forall}_f = C$ = 1000 W/(m³/s)이다.

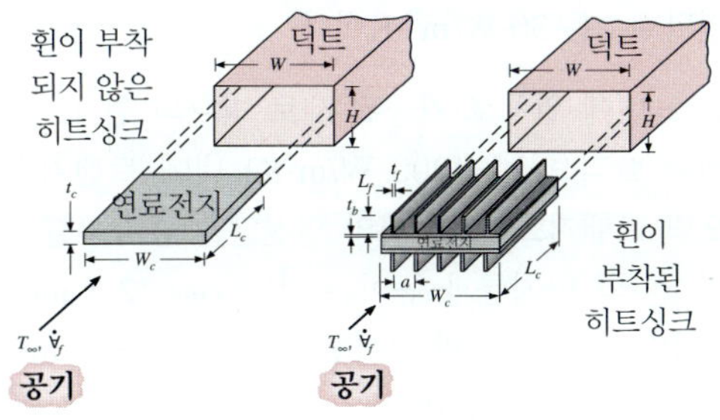

1. 연료전지와 홴 시스템에 의해 발생되는 정미 전력 $P_{net} = P - P_f$를 구하라.
2. 연료전지 본체의 상단과 하단에 알루미늄(k = 200 W/m·K) 휜을 부착한다. 접촉부분의 열저항은 $R''_{t,c} = 10^{-3}$ m²·K/W이며, 히트싱크의 바닥면 두께는 t_b = 2 mm이다. N개의 직사각형 휜은 각각 길이 L_f = 8 mm, 두께 t_f = 1 mm이고 연료전지의 전체 길이 L_c = 50 mm에 걸쳐 있다. 히트싱크가 있을 때, 복사 손실은 무시할 만하며, 대류열전달계수는 전형적인 공기 채널의 크기와 형상에 대하여 다음과 같이 표현될 수 있다. $h = 1.78\, k_{air}(L_f + a)/(L_f \cdot a)$, 여기서 a는 휜 사이의 거리이다. 파트 2에 해당하는 열 회로를 그리고 홴 소비 전력을 파트 1에 있는 값의 절반으로 줄이기 위해 필요한 휜의 수를 구하라.

3.119 단일 집적회로(칩) 안에 점점 더 많은 구성품들이 장착되면서 소산되는 열의 양은 점점 증가하고 있다. 그러나 이러한 증가는 약 75°C의 허용 최고 칩 작동온도로 인해 제한을 받는다. 열의 방출을 최대로 하기 위하여 한 변이 12.7 mm인 정사각 칩의 바깥 표면에 4 × 4 배열의 구리 핀형 휜들을 야금술적으로 결합하는 것이 제안되었다.

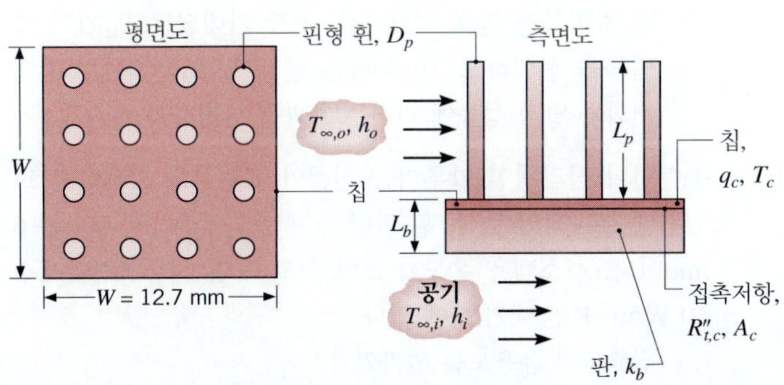

(a) 1차원 정상상태 조건에서 핀들과 칩 사이의 접촉저항은 무시한다고 가정할 때, 핀–칩–판의 조립부에 대한 등가 열회로를 스케치하라. 적절한 저항들, 온도들, 열전달률을 변수의 형태로 표기하라.

(b) 연습문제 3.25에서 제시된 조건들에 대하여 핀이 부착되어 있을 때 칩 안에서 열이 방출될 수 있는 최대 열전달률은 얼마인가? 즉 T_c = 75°C에 대한 q_c의 값은 얼마인가? 핀의 지름과 길이는 D_p = 1.5 mm와 L_p = 15 mm이다.

3.120 연습문제 3.119에서 제시된 h_o = 1000 W/m²·K는 큰 값으로서 액체 냉각의 특성이다. 실질적으로는 공기냉각을 사용하는 것이 선호되는데, 이때 대류열전달계수의 합리적인 상한값은 h_o = 250 W/m²·K이다. 만약 최고 허용 칩 온도 75°C를 포함한 연습문제 3.119의 남은 조건들이 계속 유효할 경우, 핀형 휜 형상의 변화가 칩 열전달률에 미치는 효과를 산정하라. 변수 변화는 사각 배열 내에 있는 핀의 총수 N, 핀 지름 D_p, 핀 길이 L_p를 포함한다. 그러나 결과값 $N^{1/2}D_p$는 배열을 통한 적절한 공기흐름 통로를 보장하기 위해 9 mm를 초과하지 않아야 한다. 칩 냉각을 향상시키는 설계를 추천하라.

3.121 최근의 PC 칩에는 수많은 장치들이 있기 때문에, 적절한 작동온도로 칩을 유지하는 데 휜이 부착된 히트싱크가 자주 사용된다. 53 mm × 57 mm의 바탕 면적(휜이 없는)을 가진 두 개의 휜 설계를 평가한다. 휜들은 횡단면이 정사각형이고 열전도율이 175 W/m·K인 압출된 알루미늄 합금으로 만들어졌다. 냉각 공기는 25°C로 공급되고 최고 허용 칩 온도는 75°C이다. 설계의 다른 특징과 작동조건들은 다음 표에 주어져 있다.

	휜 치수			
설계	단면 $w \times w$ (mm)	길이 L (mm)	배열 내 휜의 수	대류계수 (W/m² · K)
A	3 × 3	30	6 × 9	125
B	1 × 1	7	14 × 17	375

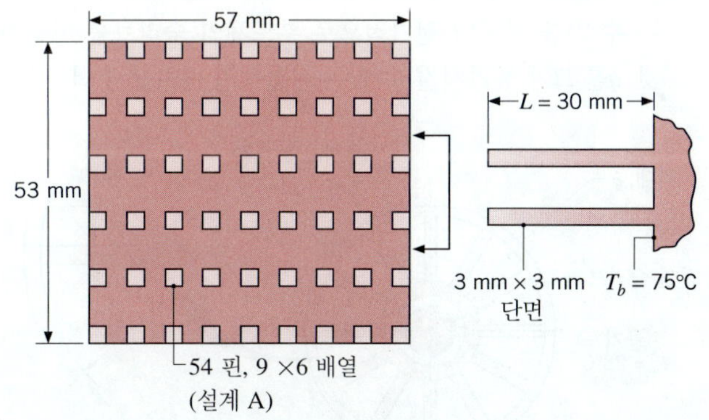

어떤 휜 배치가 더 나은지를 결정하라. 분석에 있어서, 단일 휜의 열전달률, 효율 및 유용도뿐만 아니라 휜 배열의 총 열전달률과 총합 효율을 계산하라. 컴퓨터 내부의 자산은 중요하기 때문에 두 개의 설계에 대한 단위체적당 총 열전달률을 비교하라.

3.122 연습문제 3.121의 설계 B를 고려하자. 시간이 지나면 휜이 분리된 미세한 그루브 사이에 먼지가 모일 수 있다. 그림에서 보는 바와 같이, 두께 L_d의 먼지층의 형성을 고려하자. $0 \le L_d \le 5$ mm의 영역에서 먼지층에 대한 설계 B의 총 열전달률을 계산하고 그리라. 먼지의 열전도율은 $k_d = 0.032$ W/m·K로 쓸 수 있다. 휜 끝에서는 대류의 영향이 없다.

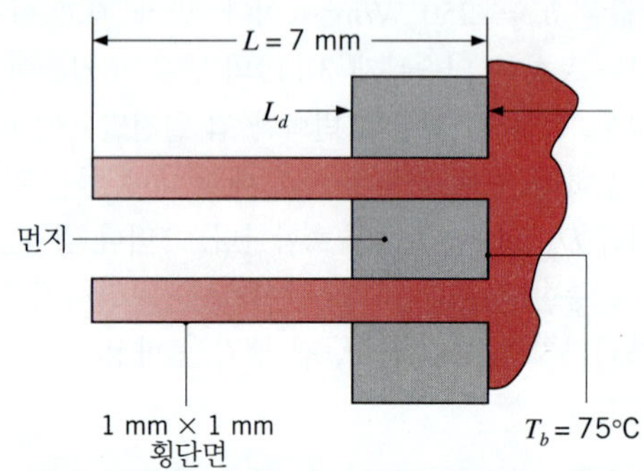

3.123 지름이 20 mm이고 열전도율이 1.5 W/m·K인 긴 막대에서 균일한 내부 체적 열에너지 발생률이 10^6 W/m^{3}이다. 막대는 두께가 2 mm이고 열전도율이 0.5 W/m·K인 전기절연성 슬리브로 싸여 있다. 그림에 보이는 것과 같이 12개의 리브(rib)와 치수들로 된 스파이더(spider)가 열전도율이 175 W/m·K이며 막대를 지탱하고 지름 80 mm인 관에 동일 중심성을 유지하는 데 사용된다. T_∞ = 25°C의 공기가 스파이더 표면 위를 통과하고, 대류열전달계수는 20 W/m^2·K이다.

중심선 온도가 100°C를 초과하지 못하도록 하면서 막대 내에서 체적당 가열을 증가시키고자 한다. 독립적으로 또는 동시에 영향을 받을 수 있는 다음 변화의 효과를 결정하라: (i) 공기 속도를 증가시켜 결국 대류열전달계수 증가, (ii) 리브의 수 또는 두께의 변화, (iii) 더 큰 열전도율(무정형의 탄소 또는 수정)을 가지며 전기적으로 부도체인 슬리브를 사용하는 것. $\dot{q}$를 크게 증가시킬 수 있는 실질적인 배치를 추천하라.

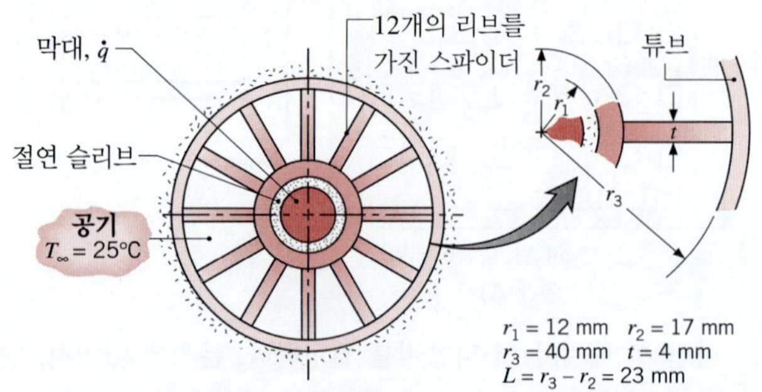

3.124 평면벽에 단면이 직사각형인 알루미늄 휜들을 부착시키는 것과 관련된 열전달의 증가(%)를 구하라. 휜들은 길이가 50 mm이고, 두께가 0.5 mm이며, 4 mm의 거리(250 fins/m)에 등간격으로 위치하고 있다. 휜이 없는 벽과 관련된 대류열전달계수는 40 W/m^2·K이고, 휜이 설치되었을 때의 벽의 대류열전달계수는 30 W/m^2·K이다.

3.125 바깥 표면에 일체로 가공된 세로 방향의 휜 12개가 있는 알루미늄 슬리브(k = 200 W/m·K) 내에 트랜지스터를 끼워 넣으면 트랜지스터로부터의 열전달을 증가시킬 수 있다. 트랜지스터의 반지름과 높이는 각각 r_1 = 2.5 mm와 H = 4 mm이다. 그리고 휜의 길이 $L = r_3 - r_2$ = 8 mm이고 균일한 두께 t = 0.8 mm이다. 슬리브 바탕의 두께는 $r_2 - r_1$ = 1 mm이고 슬리브–트랜지스터 접촉면의 접촉저항은 $R''_{t,c} = 0.6 \times 10^{-3}$ m^2·K/W이다. T_∞ = 20°C인 공기가 거의 균일한 대류열전달계수 h = 30 W/m^2·K의 조건으로 휜 표면 위를 흐른다.

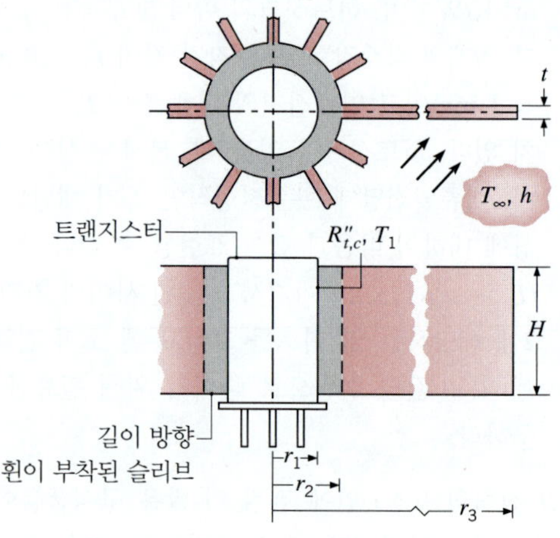

(a) 트랜지스터 케이스의 온도가 T_1 = 80°C라면 슬리브로부터의 열전달률은 얼마인가?

(b) 케이스 온도를 80°C로 유지하면서 열방출을 증가시킬 수 있도록 설계 및/또는 작동조건들을 개선하기 위해 취할 수 있는 모든 방법들을 확인하라. 각 방법의 상대적인 장점들을 말로 평가하라. 가장 기대되는 세 가지 방법들을 선택하고, 이에 따른 설계 및/또는 작동조건의 변화가 열적 성능에 미치는 효과를 산정하라.

3.126 종단면이 삼각형인 알루미늄 휜들이 표면온도 250°C인 평면벽에 부착되어 있다. 휜 바탕 두께는 2 mm이고 길이는 6 mm이다. 시스템은 온도가 20°C이고 표면 대류열전달계수 40 W/m^2·K인 대기 속에 있다.

(a) 휜효율과 유용도는 얼마인가?

(b) 단일 휜에 의한 단위폭당 열소산은 얼마인가?

3.127 종단면이 직사각형인 환형 알루미늄 휜들이 바깥지름이 50 mm이고 바깥 표면의 온도가 200°C인 원형관에 부착되어 있다. 휜들은 두께가 4 mm이고 길이가 15 mm이다. 시스템은 20°C의 온도와 40 W/m^2·K의 표면 대류열전달계수를 가진 대기 속에 있다.

(a) 휜효율과 유용도는 얼마인가?

(b) 관길이 m당 125개의 휜이 위치한다면 관의 단위 길이당 열전달률은 얼마인가?

3.128 연소실의 실린더들을 공기로 냉각하는 데 원통벽(k = 50 W/m·K)에 환형 휜(k = 240 W/m·K)을 가진 알루미늄 케이스를 결합하는 것이 제안되었다.

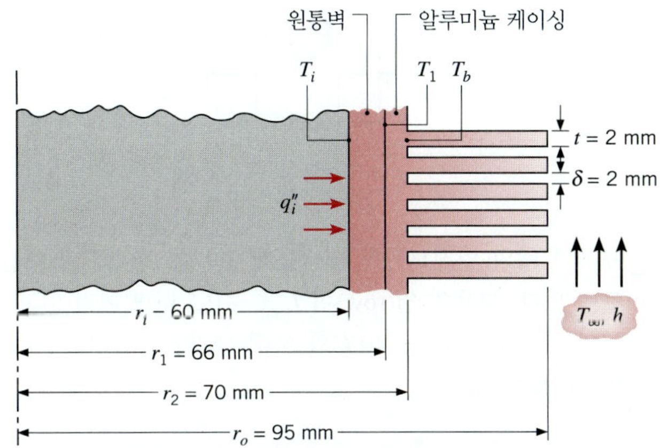

공기는 320 K이고 관련된 대류열전달계수는 100 W/m^2·K이다. 내부 표면에서 가열이 주기적일지라도, 평균시간의 열유속 q_i''= 10^5 W/m^{2}인 정상상태 조건으로 가정한다. 벽과 케이싱 사이의 접촉저항을 무시한다고 가정할 때, 벽 내부온도 T_i, 계면 온도 T_1 그리고 휜 바탕 온도 T_b를 구하라. 내부 열접촉저항이 $R''_{t,c}$ = 10^{-4} m^2·K/W일 때 위의 온도를 구하라.

3.129 연습문제 3.128의 공기 냉각 연소 실린더를 고려하자. 그러나 안쪽 표면에 균일한 열유속이 적용되는 대신에 연소가스의 시간 평균온도가 T_g = 1100 K이고 관련된 대류열전달계수는 h_g = 150 W/m^2·K인 조건들을 고려한다. 실린더/케이싱의 접촉저항을 포함하는 다른 모든 조건들은 모두 같다. 실린더의 내부 온도 T_i, 계면 온도 $T_{1,i}$와 $T_{1,o}$ 그리고 휜 바탕 온도 T_b와 실린더 단위 길이당 열전달률(W/m)을 구하라. 휜의 간격이 d = 2 mm로 고정되도록 제한되어 있다면 휜의 수를 줄이는 것을 감수하면서 휜 두께를 증가시킬 경우에 나타나는 효과를 평가하라.

생체열 방정식

3.130 예제 3.11의 조건을 고려하되, 이제는 그 사람이 운동을 하고 있어서(공기중에서) 신진대사 열발생률이 8배 증가하여 5600 W/m^{3}으로 된 점만 다르다고 하자. 예제에서와 동일한 피부온도를 유지하기 위해서는 몇 L/s의 땀을 흘려야 하는가?

3.131 공기중에서 예제 3.11의 조건들을 고려하되, 이번에는 공기 및 주위 온도가 모두 15°C라는 것만 다르다. 인간은 추위를 느끼면 몸을 떨어서 신진대사 열발생률을 증가시킨다. 이러한 조건하에서 편안한 피부온도 33°C를 유지하려면 체적당 신진대사 열발생률은 얼마가 되어야 하는가?

3.132 팔뚝에서의 열전달을 고려하자. 여기서 팔은 반지름이 50 mm인 원통 모양의 근육과 두께 3 mm의 피부와 지방의 외부층으로 볼 수 있다(뼈의 존재는 무시). 근육 내부에서 신진대사 열발생량과 관류량이 있다. 신진대사 열발생률, 관류율, 동맥 온도 그리고 혈액, 근육, 피부/지방층의 물성치는 예제 3.11와 같다. 외부와 주위는 예제 3.11의 대기 환경과 동일하다.

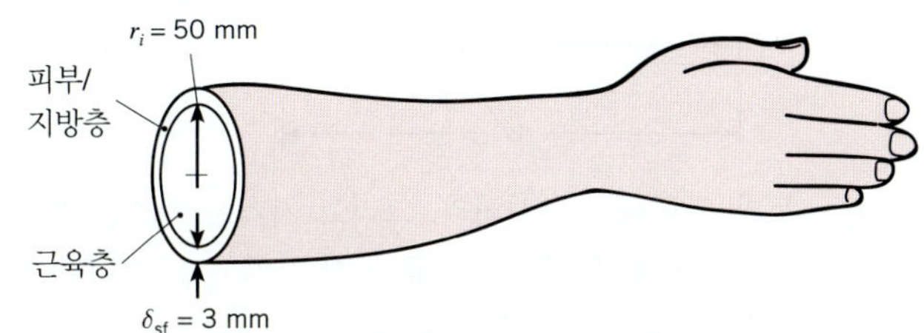

(a) 반지름 방향계를 사용하여 생체열 방정식을 쓰라. 팔뚝의 중심선에서 대칭성을 나타내는 경계조건과 근육의 바깥 표면에서 주어진 온도를 나타내는 경계조건을 적으라. 미분방정식을 풀고 경계조건을 적용하여 온도분포를 구하라. 3.6.4절에서 제시한 수정 Bessel 함수의 도함수를 참조하라.

(b) 근육의 외부표면으로부터 열유속과 피부/지방층을 통하여 외부로 방출되는 열유속을 같다고 하여 근육 외부표면의 온도를 결정하라.

(c) 팔뚝의 최고 온도를 계산하라.

열전발전

3.133 예제 3.12의 M = 48 모듈들 중의 하나에 대해 폐열을 전기에너지로 변환하는 것과 관련된 아래의 여러 가지 효율 값들을 구하라

(a) 열효율 $\eta_{\text{therm}} \equiv P_{M=1}/q_1$을 구하라.

(b) 하나의 모듈에 대해 열전 장점지수 $Z\overline{T}$를 구하고, 식 (3.128)을 사용해서 열전효율 η_{TE}를 구하라.

(c) Carnot 효율 $\eta_{\text{Carnot}} = 1 - T_2/T_1$을 구하라.

(d) $h_1 = h_2 \rightarrow \infty$인 경우에 대해 열전효율과 Carnot 효율을 구하라.

(e) 열전장치의 에너지 변환 효율은 보통 식 (3.128)로 구한다고 알려져 있다. 그러나 T_1과 T_2 대신에 각각 $T_{\infty,1}$과 $T_{\infty,2}$가 계산에 쓰인다. $T_{\infty,1}$과 $T_{\infty,2}$의 부적절한 사용에 따른 η_{TE}를 구하고 (b)와 (d)의 답과 비교하라.

3.134 예제 3.12의 열전모듈 중의 하나가 뜨거운 가스 $T_{\infty,1}$ = 450°C와 차가운 가스 $T_{\infty,2}$ = 20°C 사이에 장착되었다. 가스가 흐르는 것과 관련된 대류열전달계수는 $h = h_1 = h_2$ = 80 W/m^2·K이고, 부하에 대한 전기저항은 $R_{e,\text{load}}$ = 4 Ω이다.

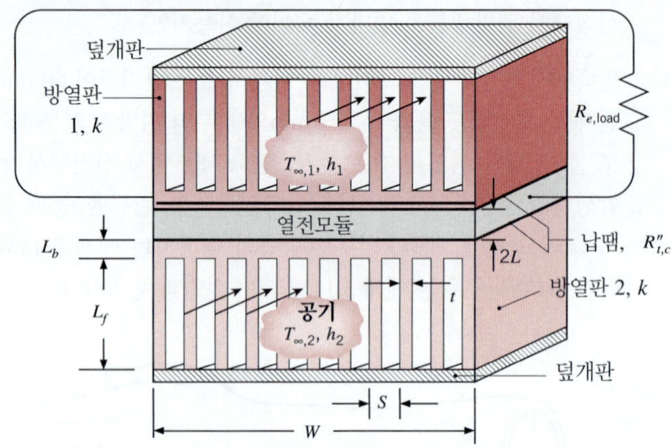

(a) 등가 열회로를 도시하라. 그리고 차가운 가스와 뜨거운 가스가 대류에 의해 모듈을 직접 가열하고 냉각할 때(히트싱크 없음) 모듈에 의해 발생되는 전기발전량을 계산하라.

(b) 밑부분 두께 L_b = 4 mm, 휜 길이 L_f = 20 mm인 두 개의 히트싱크(k = 180 W/m·K, 그림 참조)가 모듈의 윗부분과 밑부분에 납땜되어 있다. 휜 간격은 3 mm이고, 납땜 부분의 열저항은 $R''_{t,c} = 2.5 \times 10^{-6}$ m²·K/W이다. 각각의 히트싱크는 N = 11개의 휜이 있으며, 따라서 $W = (N-1)S + t$와 $s - t$ = 3 mm의 요구 조건으로부터 t = 2.182 mm이고, s = 5.182 mm이다. 등가 열회로를 도시하라. 그리고 모듈에 의해 생산되는 전력량을 구하라. (a)의 답과 비교하라. (a)에서와 같은 단열 휜 끝(tip) 조건과 대류열전달계수 값을 가정하라.

3.135 나무 스토브에서 발생하는 열을 이용하여 전력을 생산하는 열전모듈이 있다. 표면온도가 T_s = 375°C인 나무 스토브의 수직면 위에 예제 3.12의 열전모듈을 설치하였다고 생각하자. 접촉 열저항 $R''_{t,c} = 5 \times 10^{-6}$ m²·K/W이 스토브와 열전모듈 사이의 경계면에 존재한다. 방 안과 벽 온도는 $T_\infty = T_{sur}$ = 25°C이다. 열전모듈의 노출된 면의 방사율 ε = 0.90이고, h = 15 W/m²·K의 대류열전달이 일어난다. 등가 열회로를 그리라. 모듈에 의해 생산되는 전력을 구하라. 부하 전기저항은 $R_{e,load}$ = 3 Ω이다.

3.136 궤도를 도는 인공위성의 발전기는 사각형 단면의 밀폐용기 안에 있는 긴 원통형 우라늄 열원으로 이루어져 있다. 우라늄에서 발생하는 에너지가 용기를 나올 수 있는 유일한 방법은 예제 3.12의 4줄의 열전모듈을 통해서이다. 열전모듈은 전력을 생산하고, T_{sur} = 4 K의 깊은 공간으로 열을 방사한다. 각 열마다 20개의 모듈이 있어서 전부 $M = 4 \times 20$ = 80개의 모듈이 있는 경우를 생각해 보자. 모듈은 전기부하 $R_{e,load}$ = 250 Ω과 함께 직렬로 연결되어 있다. 그것의 방사율은 ε = 0.93이다. $\dot{E}_g$ = 1, 10, 100 kW일 때 발전량을 구하라. 또한 3가지 열에너지 발생률에 대한 모듈의 표면온도를 구하라.

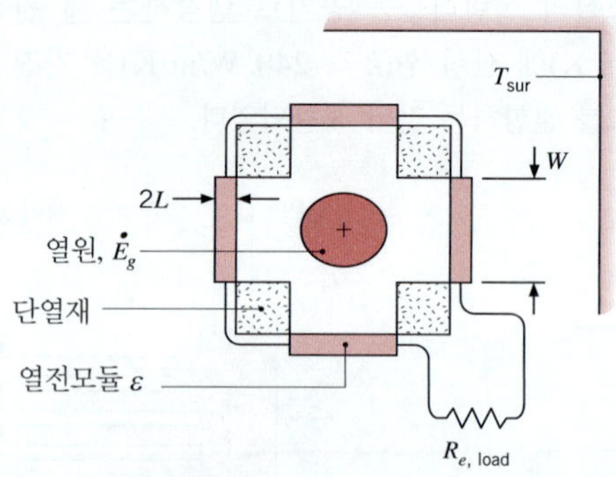

3.137 예제 3.12의 열전모듈이 연습문제 3.92의 평편한 흡수판에 붙어 있다. 모듈의 열(row)이 L_{sep} = 0.5 m 떨어져 있고, 모듈의 뒷부분이 T_w = 40°C의 물에 냉각된다. 이때 h = 45 W/m²·K이다.

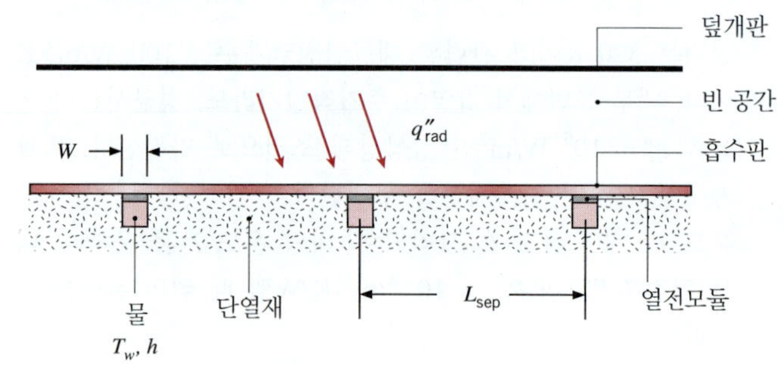

부하저항 60 Ω과 함께 전기적으로 직렬로 연결된 열전모듈의 한 줄에서 생산되는 발전량을 구하라. 흐르는 물로의 열전달률을 계산하라. 모듈의 열의 길이와 튜브의 길이가 $L_{row} = 20W$(W = 54 mm)인 서로 붙어 있는 20개의 모듈의 열이 예제 3.12의 모듈 치수와 같다고 가정하라. 접촉 열저항과 튜브 벽에 의한 온도강하를 무시하라. 그리고 튜브 벽의 높은 열전도율이 튜브 둘레를 균일한 온도를 만든다고 가정하라. 열전모듈에 의한 열저항 때문에 튜브 바로 위의 흡수판의 온도가 물 온도와 같다고 가정하는 것은 더 이상 적절하지 않다.

마이크로 혹은 나노 스케일 전도

3.138 10 mm × 10 mm 평행한 알루미늄판 사이의 공기층을 통한 전도 열전달을 구하라. 판 온도는 각각 $T_{s,1}$ = 305 K, $T_{s,2}$ = 295 K이고, 공기는 대기압이다. L = 1 mm, L = 1 μm, L = 10 nm의 간격에 대해 전도 열전달을 구하라. 열수용계수를 α_t = 0.92로 가정하라.

3.139 (i) α_t = 0.92인 스틸 판 사이의 공기, (ii) α_t = 0.02인 깨끗한 알루미늄 사이의 헬륨에 대해 분자–표면 충돌(molecule-surface collision)과 관련된 열저항 $R_{t,m-s}$가 분자-분자 충돌과 관련된 열저항 $R_{t,m-m}$의 1%보다 작은 경우에서의 평행한 간격 L을 구하라. 가스들은 대기압 상태이고, 온도는 $T = 300$ K이다.

3.140 대기압하에서 경계면 온도가 $T_{s,1} = 301$ K, $T_{s,2} = 299$ K인 여러 가지 판의 층을 통과하는 전도 열유속을 구하라. 힌트: 고체 안에서는 마이크로 혹은 나노 스케일 효과를 고려하지 말라. 알루미늄과 공기 경계의 열수용계수는 $\alpha_t = 0.92$로 가정하라.

(a) 경우 A: 판 층은 알루미늄이다. $L_{tot} = 600$ mm와 $L_{tot} = 600$ nm에 대해 열유속 q''_x을 구하라.

(b) 경우 B: 전도가 공기층을 통해 일어난다. $L_{tot} = 600$ mm와 $L_{tot} = 600$ nm에 대해 열유속 q''_x을 구하라.

(c) 경우 C: 복합재료 벽이 2개의 알루미늄판 사이에 낀 공기로 이루어져 있다. $L_{tot} = 600\ \mu$m(알루미늄판 두께 $\delta = 40\ \mu$m) 그리고 $L_{tot} = 600$ nm(알루미늄판 두께 $\delta = 40$ nm)의 경우에 대해 열유속 q''_x을 구하라.

(d) 경우 D: 복합재료 벽이 8개의 알루미늄판 사이의 7개의 공기층으로 이루어져 있다. $L_{tot} = 600\ \mu$m(알루미늄판과 공기층의 두께 $\delta = 40$ mm) 그리고 $L_{tot} = 600$ nm(알루미늄판과 공기층의 두께 $\delta = 40$ nm)의 경우에 대해 열유속 q''_x을 구하라.

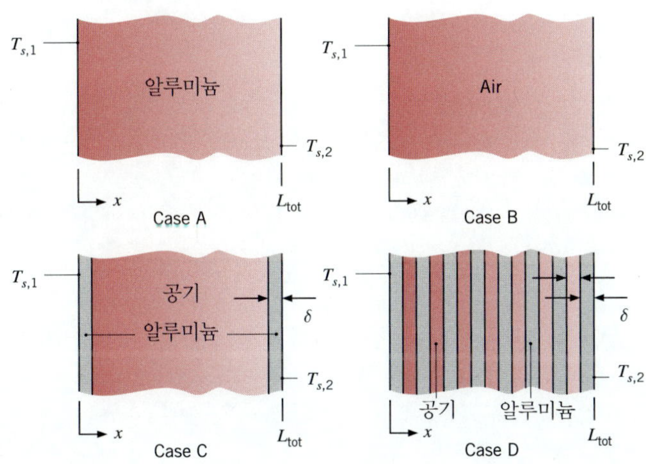

3.141 Knudsen 수 $Kn = \lambda_{mfp}/L$은 잠재적인 마이크로 혹은 나노 스케일 효과를 묘사하는 데 사용되는 무차원 매개변수이다. 분자-분자 충돌과 관련된 열저항에 대한 분자-표면 충돌에 기인한 열저항의 비 $R_{t,m-s}/R_{t,m-m}$를 Knudsen 수, 열수용계수 α_t, 이상기체의 비열비 γ를 이용해서 표현하라. $\gamma = 1.4$와 $\gamma = 1.67$(각각 공기와 헬륨에 해당하는)에 대해 α_t에 대한 $R_{t,m-s}/R_{t,m-m} = 0.01$과 관련된 임계 Knudsen 수 Kn_{crit}를 도시하라.

3.142 원자층 증착 과정을 통해 텅스텐과 산화알루미늄층이 두께 $\delta = 0.5$ nm로 엇갈려 층을 이루는 나노라미네이트 재료(nanolaminated material)가 만들어진다. 각 텅스텐-알루미늄 경계층의 열저항이 $R''_{t,i} = 3.85 \times 10^{-9}$ m^2·K/W이다. 얇은 산화알루미늄과 텅스텐층의 열전도율의 이론값은 각각 $k_A = 1.65$ W/m·K, $k_T = 6.10$ W/m·K이다. 상대량들은 $T = 300$ K에서 구하였다.

(a) 나노라미네이트 재료의 실제 열전도율을 구하라. 표 A.1과 A.2에 주어진 산화알루미늄과 텅스텐의 열전도율과 실제 나노라미네이트 재료의 열전도율을 비교하라.

(b) 텅스텐과 산화알루미늄층의 열전도율이 표에 주어진 열전도율 값과 같다고 가정하고 나노라미네이트 재료의 실제 열전도율을 구하라.

3.143 안 지름이 $D_i = 1$ mm이고 두께가 0.1 mm인 알루미늄 튜브가 생체 유체의 이송에 이용된다. 튜브는 $N = 500$개의 알루미늄과 산화 알루미늄(사파이어)이 교대로 이루어진 층으로 코팅되어 있다. 각 틈의 두께는 60 nm이다. 튜브 단위 길이에 대하여 알루미늄과 나노-복합-코팅의 반경방향 열저항을 구하라. 알루미늄의 평균 자유 거리는 $\lambda_{mfp,Al} = 35$ nm이다. 나노-복합-코팅이 단열재로서 효과적인지에 대하여 설명하라.

CHAPTER

04

2차원 정상상태 열전도

Two-Dimensional, Steady-State Conduction

지금까지 좌표계의 한 방향으로만 온도구배가 매우 큰 열전도 문제들만 살펴보았다. 그러나 1차원 열전도로 해석하면 많은 경우에 있어서 문제들을 크게 단순화하게 되며, 따라서 다차원 효과를 고려할 필요가 있게 된다. 이 장에서는 정상상태하에서 2차원적 시스템을 다룰 수 있는 몇 가지 기법들을 생각하고자 한다.

우리는 온도와 열전달률을 결정하기 위한 대체 접근방법(4.1절)을 간단히 살펴봄으로써 2차원 정상상태 전도 열전달에 대한 고찰을 시작한다. 이 접근방법은 이상적인 조건들에 대해 얻을 수 있는 **엄밀해**(exact solution)로부터 복잡도와 정확도가 경우에 따라 변하는 **근사적 방법**들에까지 걸쳐 있다. 4.2절에서 우리는 정확한 해를 얻는 것과 관련된 수학적인 이슈들을 고찰한다. 4.3절에서는 여러 가지 간단한 형상에 대해 존재하는 정확한 해의 다른 형태에 대해 언급할 것이다. 4.4절과 4.5절에서의 목적은 컴퓨터의 도움을 받아 매질 내부와 경계에서 온도와 열전달률을 **수치해석적**(**유한차분** 또는 **유한요소**) **방법**을 이용해서 어떻게 정확하게 예측할 수 있는지를 보이는 것이다.

4.1 일반적인 고려 사항 및 풀이 기법

2차원 열전도가 있는 긴 각기둥 형태의 고체를 고려해 보자(그림 4.1). 두 표면은 단열되어 있고, 다른 표면들은 서로 다른 온도, 즉 $T_1 > T_2$로 유지되고 있다면, 면 1에서 면 2로 전도에 의한 열전달이 일어난다. 식 (2.3) 또는 (2.4)와 같은 Fourier 법칙에 의해, 고체 내부의 국소 열유속은 모든 곳에서 **등온선**(isotherm)에 수직인 벡터이다. 열유속 벡터의 방향은 그림 4.1의 **열유선**(heat flow line)으로 나타나며, 이 벡터는 x와 y 방향의 열 유속 성분의 합이다. 이 성분들은 식 (2.6)에 의해 결정된다. 정의에 의해 열유선은 열흐름의 방향과 같기 때문에 **열유선을 가로질러 열이 전도되지 않으며**, 따라서 가끔 **단열선**(adiabat)이라 부른다. 반대로, 단열면(혹은 대칭선)들은 열유선이 된다.

어떠한 전도 해석에서도 두 가지의 목적이 있다는 것을 기억하자. 첫 번째 목적은 매체 내의 온도분포를 구하는 것이고, 이것은 이 문제에서 $T(x, y)$를 정하는 것이다. 이 목적은 적절한 형태의 열 방정식을 풀어서 얻을 수 있다. 열발생이 없고 균일한 열전도율을 갖는 2차원 정상상태에 대해 이 식은 식 (2.22)로부터 다음과 같이 쓸 수 있다.

$$\frac{\partial^2 T}{\partial x^2} + \frac{\partial^2 T}{\partial y^2} = 0 \tag{4.1}$$

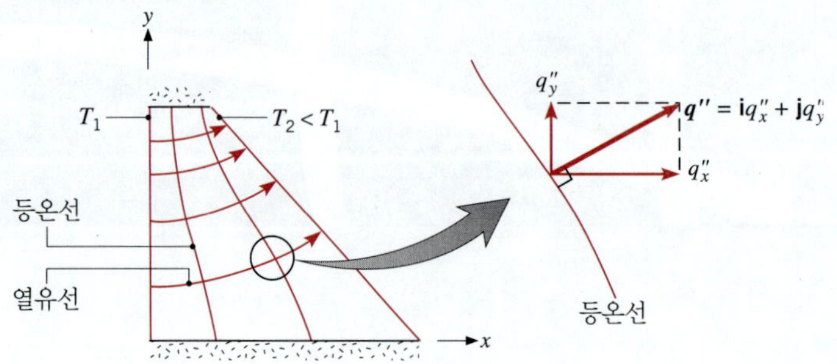

그림 4.1 2차원 전도.

식 (4.1)을 $T(x, y)$에 대해 풀 수 있다면, 두 번째 중요한 목적을 만족시키는 것은 간단한 일이며, 이것은 식 (2.6)을 적용하여 열유속의 성분인 q_x''과 q_y''을 구하는 것이다. 식 (4.1)을 푸는 방법은 **해석적**, **도식적**, **수치적**(**유한차분**, **유한요소**, 또는 **경계요소**) 접근방법을 사용하는 것이다.

해석적 방법은 식 (4.1)에 대한 수학적 엄밀해를 찾는 것이다. 이 문제는 상미분방정식 대신 편미분방정식을 포함하기 때문에, 3장에서 다룬 문제들보다 난이도가 높다. 이러한 식들을 풀기 위한 몇 가지 방법들이 있지만, 이들의 해는 일반적으로 복잡한 수학적 급수와 함수들을 포함하며, 제한된 경우의 간단한 기하학적 형태와 경계조건들에 대해서만 얻을 수 있다[1~5]. 그럼에도 종속변수 T가 독립변수 (x, y)에 대한 연속적인 함수로 구해지기 때문에 이 해들은 가치가 있다. 그러므로 이 해는 매체 내의 **임의의** 점에서의 온도를 계산하는 데 사용될 수 있다. 해석적 방법의 본질과 중요성을 나타내기 위해, 4.2절에서 **변수분리법**(separation of variable)을 이용해 식 (4.1)에 대한 엄밀해를 구할 것이다. 열전도 형상계수와 무차원 열전달률(4.3절)은 실제 공학적인 분야에서 일반적으로 만나게 되는 형상에 대한 기존의 해를 편집한 것들이다.

임의의 점에서 **정확한** 결과를 제공하는 해석적 방법과는 달리, 도식적 방법과 수치적 방법은 **불연속적인** 점들에서의 **근사적** 결과들만을 제공한다. 수치적 방법들에 기초한 컴퓨터 해로 대체될 수 있지만, 온도분포를 빠르게 예측하기 위해서는 도식적 또는 유속구획(flux plotting) 방법을 사용할 수 있다. 이 방법은 단열과 등온 경계조건을 포함하는 2차원 문제로 제한된다. 이 방법은 그림 4.1에서 기술한 것처럼 등온선이 열유선에 수직이어야 한다는 사실에 기초한다. 해석적 또는 도식적 접근방법과 달리, 수치적 방법(4.4절과 4.5절)은 다양한 경계조건들을 포함하고 있는 복잡한 2차원 또는 3차원 형상에 대한 정확한 결과를 얻기 위해 사용할 수 있다.

4.2 변수분리 방법

변수분리 방법이 2차원 열전도 문제를 푸는 데 어떻게 사용될 수 있는가를 알기 위해 그림 4.2의 시스템을 생각해 보자. 얇은 직사각형 평판 또는 긴 직사각형 막대의 세 측면은 일정 온도 T_1으로 유지되고, 네 번째 면은 $T_2 \neq T_1$ 온도로 유지되고 있다. 이 평판이나 막대의 끝이 표면에서 발생하는 열전달을 무시한다고 가정하면, x–y 평면에 수직인 온도구배는 무시할 수 있다 $(\partial^2 T/\partial z^2 \approx 0)$. 그리고 전도 열전달은 주로 x와 y 방향으로 이루어진다.

우리는 온도분포 $T(x, y)$에 관심이 있지만, 해를 단순화하기 위해 다음과 같은 변환을 도입한다.

$$\theta \equiv \frac{T - T_1}{T_2 - T_1} \tag{4.2}$$

식 (4.2)를 (4.1)에 대입하면, 변환된 미분방정식은 다음과 같다.

$$\frac{\partial^2 \theta}{\partial x^2} + \frac{\partial^2 \theta}{\partial y^2} = 0 \tag{4.3}$$

방정식이 x와 y 모두에 대해 2차이므로 각 좌표축에 대해 두 개씩의 경계조건이 필요하다. 이들은

도식적 방법의 설명과 사용 예는 보충 섹션 4S.1을 참조하라.

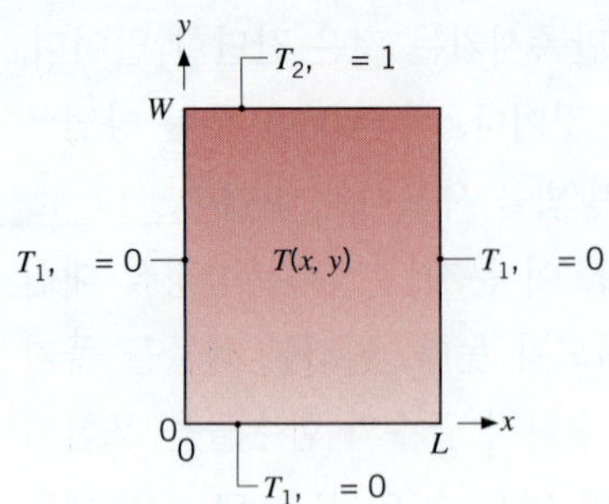

그림 4.2 얇은 직사각형 판 혹은 긴 직사각형 막대기에서의 2차원 전도.

다음과 같다.

$$\theta(0,\ y) = 0 \text{ 그리고 } \theta(x,\ 0) = 0$$
$$\theta(L,\ y) = 0 \text{ 그리고 } \theta(x,\ W) = 1$$

식 (4.2)의 변환을 통해 4개의 경계조건 중에 세 개는 동차(homogeneous)가 되었고, θ의 값은 0에서 1 사이로 제한됨을 유념하자.

이제 해가 두 함수의 곱으로 표시될 수 있다는 가정을 통해 변수분리 방법을 적용하고자 한다. 이 중 한 함수는 x만의 함수이며, 다른 한 함수는 y만의 함수이다. 즉 다음과 같은 형태의 해가 존재한다고 가정한다.

$$\theta(x,\ y) = X(x) \cdot Y(y) \tag{4.4}$$

이를 식 (4.3)에 대입하고 XY로 나누면 다음 식을 얻을 수 있다.

$$-\frac{1}{X}\frac{d^2X}{dx^2} = \frac{1}{Y}\frac{d^2Y}{dy^2} \tag{4.5}$$

이 미분방정식이 실제로 분리 가능하다는 것은 명백하다. 즉 식의 좌변은 x만의 함수이고, 우변은 y만의 함수이다. 그러므로 양변이 같은 상수일 경우에만 일반적으로 등식이 성립할 수 있다. 아직 모르는 값인 이 **분리상수**(separation constant)를 λ_2라고 하면 다음 식을 얻을 수 있다.

$$\frac{d^2X}{dx^2} + \lambda^2 X = 0 \tag{4.6}$$

$$\frac{d^2Y}{dy^2} - \lambda^2 Y = 0 \tag{4.7}$$

따라서 하나의 편미분방정식이 두 개의 상미분방정식으로 변하였다. λ^2을 양의 상수로 지정하는 것은 임의적인 것이 아니라는 것을 유념하자. 만일 음의 값이나 $\lambda^2 = 0$이 선택된다면, 위에 서술한 경계조건을 만족하는 해를 얻는 것은 불가능하다는 것을 쉽게 알 수 있다(연습문제 4.1).

식 (4.6)과 (4.7)의 일반해는 각각 다음과 같다.

$$X = C_1 \cos \lambda x + C_2 \sin \lambda x$$
$$Y = C_3 e^{-\lambda y} + C_4 e^{+\lambda y}$$

이때 2차원 해의 일반적인 형태는 다음과 같다.

$$\theta = (C_1 \cos \lambda x + C_2 \sin \lambda x)(C_3 e^{-\lambda y} + C_4 e^{\lambda y}) \tag{4.8}$$

$\theta(0, y) = 0$의 조건을 적용하면, $C_1 = 0$임은 명백하다. 또한 $\theta(x, 0) = 0$이라는 요구조건으로부터, 다음 식을 얻을 수 있다.

$$C_2 \sin \lambda x(C_3 + C_4) = 0$$

이 식은 $C_3 = -C_4$인 경우에만 충족된다. $C_2 = 0$이 되어도 이 요구조건이 충족될 수 있지만, 이때는 $\theta(x, y) = 0$이 된다. 그리고 이것은 경계조건 $\theta(x, W) = 1$을 만족시키지 못한다. $\theta(L, y) = 0$이라는 요구조건을 고려하면, 다음 식을 얻을 수 있다.

$$C_2 C_4 \sin \lambda L(e^{\lambda y} - e^{-\lambda y}) = 0$$

이 조건이 충족될 수 있는(그러면서도 0이 아닌 해를 갖는) 유일한 방법은 λ가 $\sin \lambda L = 0$이 되는 불연속적인 값을 갖도록 하는 것이다. 그러면 이 값들은 다음과 같은 형태를 갖는다.

$$\lambda = \frac{n\pi}{L} \qquad n = 1, 2, 3, \ldots \tag{4.9}$$

여기서 정수 $n = 0$은 $\theta(x, y) = 0$을 의미하므로 배제된다. 이제 원하는 해는 다음과 같이 표현된다.

$$\theta = C_2 C_4 \sin \frac{n\pi x}{L}(e^{n\pi y/L} - e^{-n\pi y/L}) \tag{4.10}$$

상수 값들을 조합하고 새로운 상수가 n에 종속적인 것을 고려하면 다음을 얻을 수 있다.

$$\theta(x, y) = C_n \sin \frac{n\pi x}{L} \sinh \frac{n\pi y}{L}$$

여기서도 역시 $(e^{n\pi y/L} - e^{-n\pi y/L}) = 2 \sinh(n\pi y/L)$라는 사실을 이용하였다. 위의 형태에서 우리는 미분방정식과 경계조건을 만족시키는 무한 개수의 해를 실제로 얻게 된다. 그러나 문제가 선형이기 때문에, 좀 더 일반적인 해는 중첩에 의해 다음과 같이 얻을 수 있다.

$$\theta(x, y) = \sum_{n=1}^{\infty} C_n \sin \frac{n\pi x}{L} \sinh \frac{n\pi y}{L} \tag{4.11}$$

계수 C_n을 구하기 위해 다음과 같은 나머지 경계조건을 사용한다.

$$\theta(x, W) = 1 = \sum_{n=1}^{\infty} C_n \sin \frac{n\pi x}{L} \sinh \frac{n\pi W}{L} \tag{4.12}$$

식 (4.12)가 C_n을 구하기 위한 매우 복잡한 관계식처럼 보일지라도, 표준적인 방법을 이용할 수 있다. 이 방법은 **직교함수**(orthogonal function)를 이용하여 무한급수를 구성하는 것이다. $a \le x \le b$의 구간에서 함수 $g_1(x), g_2(x), \ldots, g_n(x), \ldots$ 의 무한 조합은 다음의 조건이 성립할 때 직교한다고 한다.

$$\int_a^b g_m(x) g_n(x) dx = 0 \qquad m \neq n \tag{4.13}$$

$0 \le x \le L$의 구간에서 삼각함수 $\sin(n\pi x/L)$과 $\cos(n\pi x/L)$을 포함한 많은 함수들이 직교성을 갖는다. 지금과 같은 문제에서 이 방법의 유용성은 임의의 함수 $f(x)$를 직교함수들의 무한급수로 표현할 수 있다는 사실에 근거한다.

$$f(x) = \sum_{n=1}^{\infty} A_n g_n(x) \tag{4.14}$$

이 급수에서 계수 A_n의 형태는 식의 양변에 $g_m(x)$를 곱하고 양 극한 a와 b 사이에서 적분을 수행하면 구할 수 있다.

$$\int_a^b f(x) g_m(x)\,dx = \int_a^b g_m(x) \sum_{n=1}^{\infty} A_n g_n(x)\,dx \tag{4.15}$$

그러나 식 (4.15)의 우변에서 한 항을 제외한 나머지는 모두 0이 된다는 것은 식 (4.13)으로부터 명백하므로, 다음 식만이 남는다.

$$\int_a^b f(x) g_m(x)\,dx = A_m \int_a^b g_m^2(x)\,dx$$

따라서 A_m에 대해 풀고, m과 n을 바꿈으로써 어떠한 A_n에 대해서도 위 관계가 성립한다는 것을 고려하면, 다음 식을 얻는다.

$$A_n = \frac{\int_a^b f(x) g_n(x)\,dx}{\int_a^b g_n^2(x)\,dx} \tag{4.16}$$

$f(x)$의 적절한 형태를 무한급수로 만들면 C_n에 대해 식 (4.12)를 풀기 위해 직교함수들의 성질을 이용할 수 있다. 식 (4.14)로부터 $f(x) = 1$과 직교함수 $g_n(x) = \sin(n\pi x/L)$를 선택해야 한다는 것은 명백하다. 이들을 식 (4.16)에 대입하면 다음을 얻는다.

$$A_n = \frac{\int_0^L \sin\frac{n\pi x}{L}\,dx}{\int_0^L \sin^2\frac{n\pi x}{L}\,dx} = \frac{2}{\pi}\frac{(-1)^{n+1}+1}{n}$$

따라서 식 (4.14)로부터 다음을 알 수 있다.

$$1 = \sum_{n=1}^{\infty} \frac{2}{\pi}\frac{(-1)^{n+1}+1}{n} \sin\frac{n\pi x}{L} \tag{4.17}$$

이는 단순히 1을 Fourier 급수(Fourier series)로 전개한 것이다. 식 (4.12)와 (4.17)을 비교하면 다음 식을 얻을 수 있다.

$$C_n = \frac{2[(-1)^{n+1}+1]}{n\pi \sinh(n\pi W/L)} \qquad n = 1, 2, 3, \ldots \tag{4.18}$$

식 (4.18)을 (4.11)에 대입하면 다음과 같은 최종 해를 얻을 수 있다.

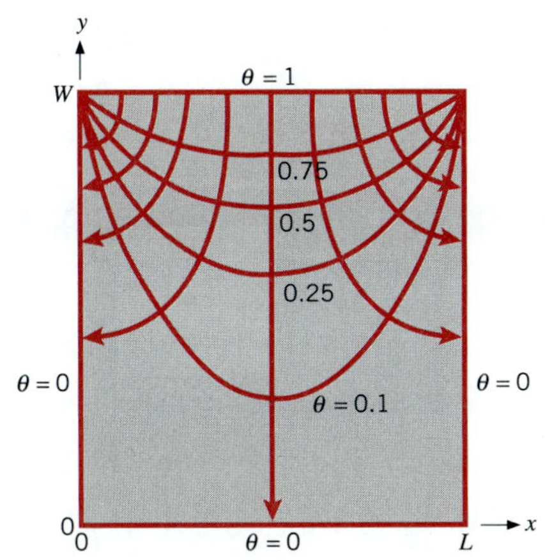

그림 4.3 직사각형 판에서의 2차원 전도에 대한 등온선과 열유선들.

$$\theta(x, y) = \frac{2}{\pi}\sum_{n=1}^{\infty}\frac{(-1)^{n+1}+1}{n}\sin\frac{n\pi x}{L}\frac{\sinh(n\pi y/L)}{\sinh(n\pi W/L)} \tag{4.19}$$

식 (4.19)는 수렴하는 급수이며, 이로부터 어떠한 x와 y에 대해서도 θ의 값을 계산할 수 있다. 대표적인 결과가 직사각 평판의 개략도에 등온선의 형태로 나타나 있다(그림 4.3). θ의 값에 대응하는 온도 T는 식 (4.2)로부터 구할 수 있으며, 열유속의 성분은 식 (2.6)과 함께 식 (4.19)를 사용하여 결정할 수 있다. 열유속 성분으로부터 열유선을 결정하며, 이것이 그림에 나타나 있다. 온도 분포가 $x = L/2$에서 대칭이며, 또한 그 위치에서 $\partial T/\partial x = 0$인 것을 유의하라. 따라서 식 (2.6)으로부터 $x = L/2$에서의 대칭면이 단열면이고, 그것이 열유선이라는 것을 알 수 있다. 그러나 판의 위쪽 모퉁이(corner)들에서 지정된 불연속들은 물리적으로는 이치에 맞지 않는다는 것에 유의하라. 실제로 모퉁이들 부근에서 온도구배를 크게 유지할 수는 있으나, 불연속은 존재할 수 없다.

원통형 및 구형 계를 포함하여 다른 많은 기하학적 형태와 경계조건들에 대한 엄밀해들이 얻어져 있다. 이러한 해들은 전도 열전달을 전문적으로 다룬 문헌들에 나타나 있다[1~5].

4.3 전도형상계수와 무차원 열전도율

일반적으로 2차원 혹은 3차원의 에너지방정식을 해석적으로 푸는 것은 시간이 많이 걸리고, 많은 경우에 있어서 푸는 것이 불가능하다. 따라서 종종 다른 방법을 취하게 된다. 많은 경우 2차, 3차원의 전도 문제들은 열확산 방정식의 **존재**하는 해를 이용하여 빨리 계산할 수 있다. 이러한 해들은 **형상계수**(shape factor) S, 또는 정상상태의 **무차원 열전도율**(dimensionless conduction heat rate) q^*_{ss}로 알려져 있다. 형상계수는 다음과 같이 표현된다.

$$q = Sk\Delta T_{1-2} \tag{4.20}$$

여기서 ΔT_{1-2}는 예를 들면 그림 4.2에 나타낸 것처럼 경계 사이의 온도차를 나타낸다. 또한 2차 전도저항이 다음과 같이 표현된다.

$$R_{t,\text{cond(2D)}} = \frac{1}{Sk} \tag{4.21}$$

형상계수들은 다양한 2차원이나 3차원 시스템들에 대해 해석적으로 얻어졌고, 일반적인 형상들에 대한 결과는 표 4.1에 나타나 있다. 이러한 결과들은 다른 많은 형상들[6~9]에 대해서도 이용할 수 있다. 경우 1~8과 경우 11에서는 2차원 전도 현상이 균일한 온도로 유지되는 경계들 사이에서 일어난다고 추정된다. 여기서 $\Delta T_{1-2} = T_1 - T_2$이다. 경우 9에서는 3차원 전도가 모서리 지역에 존재하고, 한편 경우 10에서는 등온 디스크(T_1)와 디스크로부터 멀리 떨어진 균일한 온도(T_2)의 반무한(semi-infinite) 매질 사이에서 전도가 일어난다. 형상계수는 1차원 형상들에 대해서도 정의될 수 있으며, 표 3.3의 결과로부터 평면, 원통형 및 구형의 벽에 대해 형상계수는 각각 A/L, $2\pi L/\ln(r_2/r_1)$ 및 $4\pi r_1 r_2/(r_2 - r_1)$이 됨을 알 수 있다.

경우 12~15는 동일 온도(T_1)의 물체로부터의 전도와 관련된 것인데, 이 물체는 그 물체로부터 멀리 떨어진 곳의 온도가 균일한(T_2) 무한 매질 안에 묻혀 있다. 무한 매질의 경우 **특성길이**(characteristic length)를 다음과 같이 정의함으로써 유용한 결과들을 얻을 수 있다.

$$L_c \equiv (A_s/4\pi)^{1/2} \tag{4.22}$$

여기서 A_s는 물체의 표면적이다. 물체에서 무한 매질까지의 전도 열전달률은 **무차원 열전도율**(dimensionless conduction heat rate)[10]로 다음과 같이 표현된다.

$$q_{ss}^* \equiv qL_c/kA_s(T_1 - T_2) \tag{4.23}$$

표 4.1에서 분석적으로 또한 수치해석적으로 얻어진 q_{ss}^*의 값은 넓은 범위의 기하학적인 형상들에 대해 비슷하다. 이러한 유사성의 결과로서 q_{ss}^*의 값은 q_{ss}^* 값이 이미 알려진 형상과 **유사한** 형상들에 대해 **예측**이 가능하다. 예를 들면 $0.1 \le d/D \le 10$ 범위 이상의 입방 모양(경우 15)으로부터의 무차원 열전도율은 표 4.1에 나타난 q_{ss}^*의 값을 보간하면 근사적으로 구할 수 있다. 다른 형상들에 대한 q_{ss}^*을 예측하기 위해 활용될 수 있는 또 다른 방법이 참고문헌 [10]에 설명되어 있다. 표 4.1*b*의 q_{ss}^*에 대한 결과가 표 4.1*a*에 열거된 S에 대한 식으로 변환될 수 있다. 예를 들면 경우 10의 형상계수는 경우 13(무한 매질을 2개의 인접한 반무한 매질로서 볼 수 있다)의 무차원 열전도율로부터 얻을 수 있다.

표 4.1에 있는 형상계수들과 무차원 열전도율은 일정한 온도로 유지되는 물체와 관련이 있다. 일정한 열유속 조건에 대해서는 물체의 온도가 더 이상 균일하지 않고, 가열된 물체의 주변에 있는 가장 찬 온도까지 공간적으로 변한다. 따라서 S 또는 q_{ss}^*를 정의하는 데 사용되는 온도차는 물체의 **공간 평균**(spatially averaged) 온도를 포함하는 온도차 ($\bar{T}_1 - T_2$)로 대체되거나, 열을 내는 물체의 표면 **최고** 온도와 멀리 떨어진 주위 매질 내 온도와의 차($T_{1,\max} - T_2$)로 대체된다. 경

2차원 형상계수의 도식적 풀이방법은 보충 섹션 4S.1을 참조하라.

표 4.1 선택된 시스템에 대한 전도형상계수와 무차원 전도 열전달률

(a) 형상계수[$q = Sk(T_1 - T_2)$]

시스템	개략도	제한조건	형상계수
경우 1 반무한 매질에 묻혀 있는 등온 구	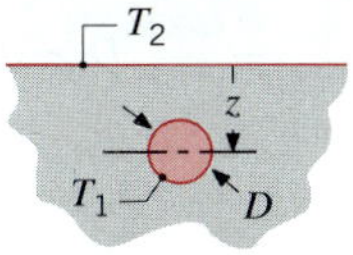	$z > D/2$	$\dfrac{2\pi D}{1 - D/4z}$
경우 2 반무한 매질에 묻혀 있는 길이 L인 수평 등온 원통		$L \gg D$	$\dfrac{2\pi L}{\cosh^{-1}(2z/D)}$
		$L \gg D$ $z > 3D/2$	$\dfrac{2\pi L}{\ln(4z/D)}$
경우 3 반무한 매질에 묻혀 있는 수직 원통	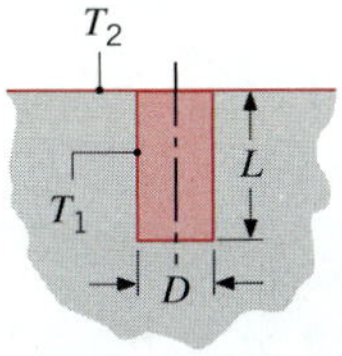	$L \gg D$	$\dfrac{2\pi L}{\ln(4L/D)}$
경우 4 반무한 매질에 묻혀 있는 길이 L인 두 원통들 사이의 전도	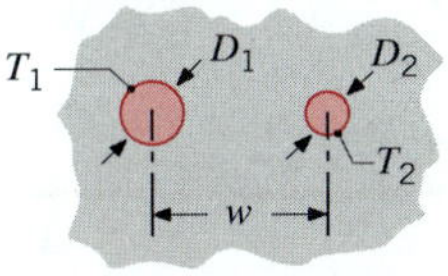	$L \gg D_1, D_2$ $L \gg w$	$\dfrac{2\pi L}{\cosh^{-1}\left(\dfrac{4w^2 - D_1^2 - D_2^2}{2D_1D_2}\right)}$
경우 5 길이 L과 무한한 폭을 갖는 두 평행 평면의 중앙면에 묻혀 있는 같은 길이의 수평 원통	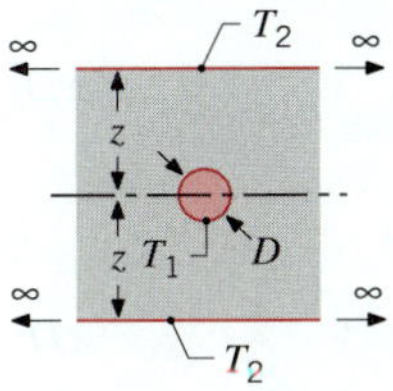	$z \gg D/2$ $L \gg z$	$\dfrac{2\pi L}{\ln(8z/\pi D)}$
경우 6 길이 L과 정사각형 고체의 중심에 묻혀 있는 같은 길이의 원통	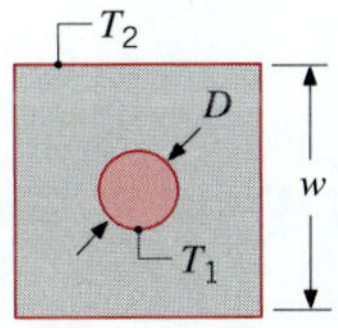	$w > D$ $L \gg w$	$\dfrac{2\pi L}{\ln(1.08\, w/D)}$
경우 7 길이 L의 원통 내에 묻혀 있는 같은 길이의 편심 원통	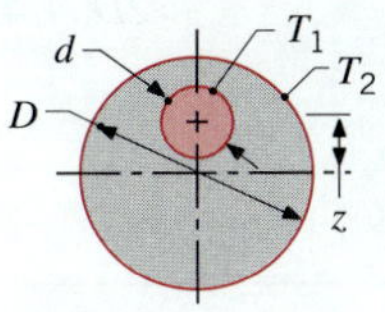	$D > d$ $L \gg D$	$\dfrac{2\pi L}{\cosh^{-1}\left(\dfrac{D^2 + d^2 - 4z^2}{2Dd}\right)}$

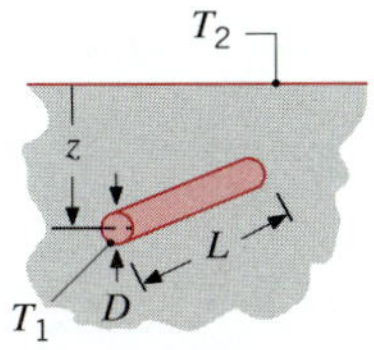

표 4.1 선택된 시스템에 대한 전도형상계수와 무차원 전도 열전달률(계속)

시스템	개략도	제한조건	형상계수
경우 8 인접한 벽들의 모서리를 통한 전도	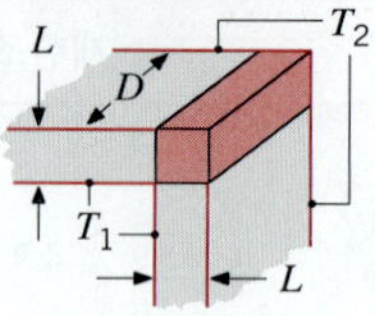	$D > 5L$	$0.54D$
경우 9 벽면 사이 온도차 ΔT_{1-2}를 갖는 세 벽들의 모서리를 통한 전도	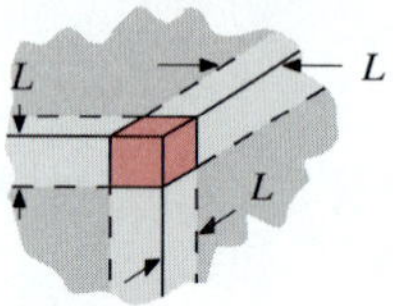	$L \ll$ 벽의 길이와 폭	$0.15L$
경우 10 열전도율이 k이고 온도가 T_2인 반무한 매질 위체 놓여 있는 지름이 D이며 온도가 T_1인 원판	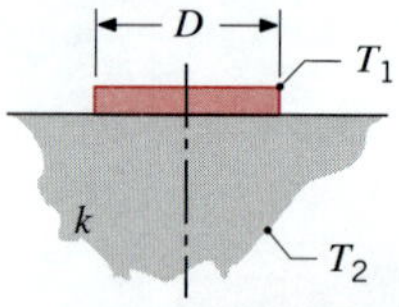	없음	$2D$
경우 11 길이 L의 사각형 채널		$\frac{W}{w} < 1.4$	$\frac{2\pi L}{0.785 \ln (W/w)}$
		$\frac{W}{w} > 1.4$	$\frac{2\pi L}{0.930 \ln (W/w) - 0.050}$
		$L \gg W$	

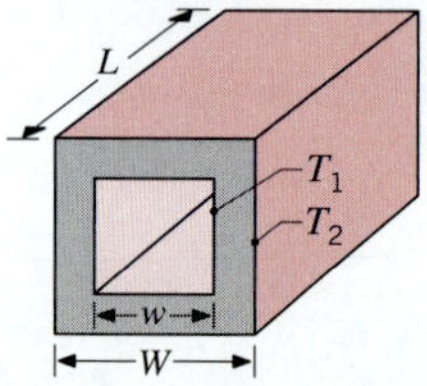

(*b*) 무차원 전도 열전달률[$q = q_{ss}^* kA_s(T_1 - T_2)/L_c$; $L_c \equiv (A_s/4\pi)^{1/2}$]

시스템	개략도	A_s	q_{ss}^*
경우 12 온도가 T_2인 무한 매질 내의 지름이 D이고 온도가 T_1인 등온 구	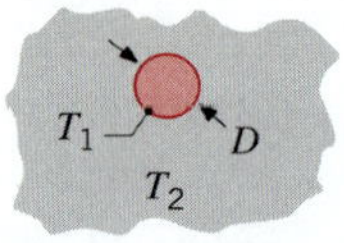	πD^2	1
경우 13 온도가 T_2인 무한 매질 내의 지름이 D이고 온도가 T_1인 매우 얇은 등온 디스크	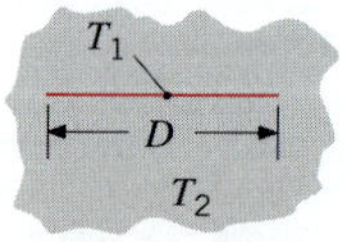	$\frac{\pi D^2}{2}$	$\frac{2\sqrt{2}}{\pi} = 0.900$
경우 14 온도가 T_2인 무한 매질 내의 길이가 L, 폭이 w, 그리고 온도가 T_1인 매우 얇은 직사각형	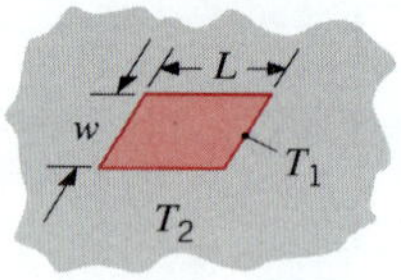	$2wL$	0.932
경우 15 온도가 T_2인 무한 매질 내의 높이 d, 폭 D의 정사각형 단면을 갖는 온도가 T_1인 직육면체	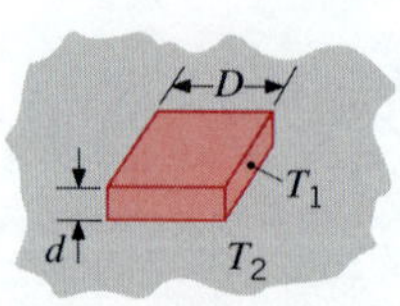	$2D^2 + 4Dd$	d/D — q_{ss}^*: 0.1 — 0.943 1.0 — 0.956 2.0 — 0.961 10 — 1.111

우 10(열전도율이 k이고, 온도가 T_2인 반무한 매질과 접촉하는 지름이 D인 원판)의 **균일하게 가열**되는 형상인 경우, S 값은 평균 디스크 온도와 최고 디스크 온도에 근거한 온도차에 대해 각각 $3\pi^2 D/16$과 $\pi D/2$이다.

예제 4.1

d = 5 mm인 어떤 금속 전선이 열전도율 k = 0.35 W/m·K인 단열재로 덮여 있다. 일반적인 설치의 경우, 코팅된 와이어는 대류와 복사 열전달계수를 합친 총 열전달계수가 h = 15 W/m^2·K인 상황에 노출될 것으로 예상된다. 옴 가열(Ohmic heating)로 인한 전선의 온도상승을 최소화하기 위해, 단열재의 두께가 명시되었으며 따라서 **임계 단열 반지름**이 얻어졌다(예제 3.6 참조). 그러나 와이어를 코팅하는 과정에서, 전선의 원주 방향으로 단열재의 두께가 변하는 종종 발생하고, 이로 인해 코팅에 대해 상대적으로 전선의 편심이 초래된다. 임계 단열 두께의 50%에 해당하는 편심 때문에 발생하는 단열재의 열저항의 변화를 구하라.

풀이

제시자료: 와이어 지름, 대류 조건, 단열재의 열전도율.

풀이대상: 코팅 두께의 원주 방향 변화에 따른 와이어 코팅의 열저항.

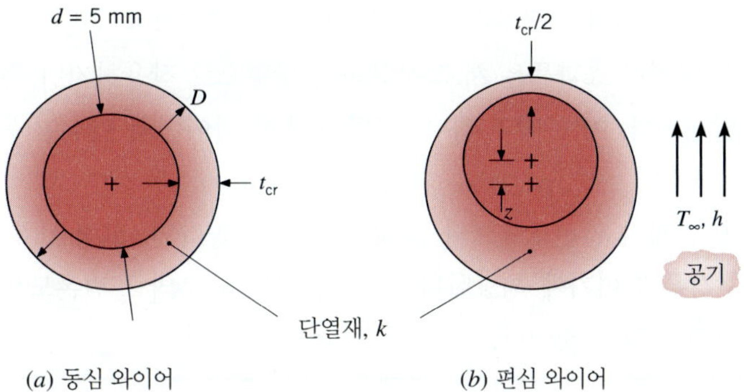

(a) 동심 와이어 (b) 편심 와이어

가정:

1. 정상상태.
2. 2차원 전도.
3. 일정한 물성치.
4. 코팅의 내부 및 외부 표면의 온도는 균일하다.

해석: 예제 3.6으로부터, 임계 단열 반지름은 다음과 같다.

$$r_{cr} = \frac{k}{h} = \frac{0.35\ \text{W/m}\cdot\text{K}}{15\ \text{W/m}^2\cdot\text{K}} = 0.023\ \text{m} = 23\ \text{mm}$$

그러므로 임계 단열 두께는 다음과 같다.

$$t_{cr} = r_{cr} - d/2 = 0.023\ \text{m} - \frac{0.005\ \text{m}}{2} = 0.021\ \text{m} = 21\ \text{mm}$$

동심 와이어와 관련된 코팅의 열저항은 식 (3.33)으로 구할 수 있고, 다음과 같이 된다.

$$R'_{t,\text{cond}} = \frac{\ln[r_{cr}/(d/2)]}{2\pi k} = \frac{\ln[0.023\ \text{m}/(0.005\ \text{m}/2)]}{2\pi(0.35\ \text{W/m}\cdot\text{K})} = 1.0\ \text{m}\cdot\text{K/W}$$

편심된 와이어에 대해, 단열재의 열저항은 표 4.1의 경우 7을 이용해서 구할 수 있다. 여기서 편심량은 $z = 0.5 \times t_{cr} = 0.5 \times 0.021 \text{ m} = 0.010 \text{ m}$이다.

$$R'_{t,\text{cond(2D)}} = \frac{1}{Sk} = \frac{\cosh^{-1}\left(\dfrac{D^2 + d^2 - 4z^2}{2Dd}\right)}{2\pi k}$$

$$= \frac{\cosh^{-1}\left(\dfrac{(2 \times 0.023 \text{ m})^2 + (0.005 \text{ m})^2 - 4(0.010 \text{ m})^2}{2 \times (2 \times 0.023 \text{ m}) \times 0.005 \text{ m}}\right)}{2\pi \times 0.35 \text{ W/m} \cdot \text{K}}$$

$$= 0.91 \text{ m} \cdot \text{K/W}$$

그러므로 단열재 열저항의 감소율은 0.10 m·K/W 혹은 10%이다. ◁

부가설명:

1. 국부적인 단열재 두께의 감소는 단열재의 국부적인 열저항을 더 작게 만든다. 반대로, 코팅이 더 두꺼운 위치에서는 국부적인 열저항이 증가된다. 이러한 효과들은 서로 상쇄하는 방향으로 작용하지만, 정확히 상쇄되지는 않는다. 최대 열저항은 동심 와이어에서 발생한다. 이 문제의 경우, 코팅에 대한 와이어의 편심이 동심 와이어의 경우에 비해 열적 성능을 **증가**시킨다.
2. 만일 와이어의 열전도율이 단열재의 열전도율보다 상대적으로 더 높다면, 코팅 내부의 표면은 거의 균일한 온도가 될 것이다. 금속제 와이어의 경우가 여기에 해당한다. 그러나 코팅 외부의 표면온도는 국부적으로 단열재 두께가 변하기 때문에 완전하게 균일하지는 않을 것이다.

4.4 유한차분 방정식

4.1절과 4.2절에서 논의하였듯이, 어떤 특정한 경우들에 대해 해석적인 방법은 정상상태 2차원 열전도 문제의 정확한 수학적 해를 얻는 데 사용할 수 있다. 이러한 해들은 간단한 형상과 경계조건들에 대해 얻어진 것들이며, 참고문헌 [1~5]에 잘 나타나 있다. 그러나 대부분의 2차원 문제들에서 이러한 해를 이용할 수 없는 형상과 경계조건들을 갖는 경우가 그렇지 않은 경우보다 더 많다. 이러한 경우에 가장 좋은 대안은 **유한차분법**(finite-difference method), **유한요소법**(finite-element method), 또는 **경계요소법**(boundary-element method) 등과 같은 **수치적** 방법을 사용하는 것이다. 유한차분법은 적용이 용이하기 때문에 수치해석적인 기법을 소개하는 데 매우 적합하다.

4.4.1 절망조직

매체 내의 어떠한 임의의 점에서도 온도를 구할 수 있는 해석적 방법과는 대조적으로 수치해석적 해는 **불연속적인** 점들에서만 온도를 얻을 수 있다. 그러므로 수치해석의 첫 번째 단계는 이러한 점들을 선정하는 것이다. 그림 4.4를 참조하면, 관심의 대상이 되는 매체를 많은 수의 작은 영역들로 분할하고, 각 영역의 중심에 기준점들을 할당함으로써 이 작업을 수행할 수 있다. 이 기준점은 보통 **절점**[nodal point, 또는 간단히 **절**, 노드(node)]이라는 용어로 부르고, 이 점들의 모

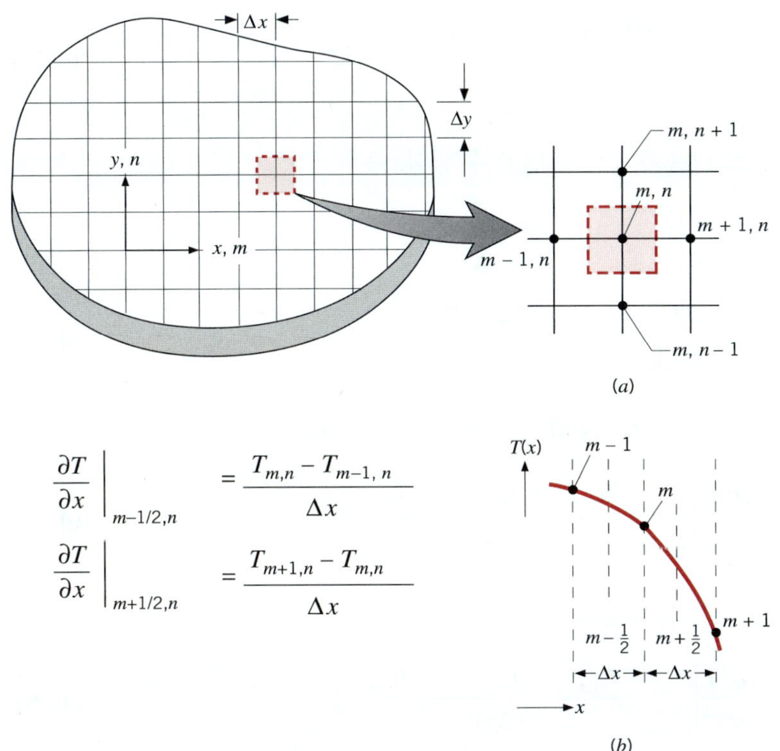

$$\left.\frac{\partial T}{\partial x}\right|_{m-1/2,n} = \frac{T_{m,n} - T_{m-1,n}}{\Delta x}$$

$$\left.\frac{\partial T}{\partial x}\right|_{m+1/2,n} = \frac{T_{m+1,n} - T_{m,n}}{\Delta x}$$

(b)

그림 4.4 2차원 전도. (*a*) 절망조직도. (*b*) 유한차분 근사.

임은 **절망조직**(nodal network), **격자**(grid), **메시**(mesh) 등으로 부른다. 절점들은 번호 부여 방법(numbering scheme)에 의해 명시되고, 2차원 계에 대해서는 그림 4.4*a*와 같은 형태가 된다. x 및 y 방향 위치는 각각 m과 n 지표들로 표시된다.

각 절점은 한 특정 영역을 대표하며, 그 절점의 온도는 영역 내 **평균**온도를 나타낸다. 예를 들어 그림 4.4*a*에서 절점 (m, n)의 온도는 그 주위에 음영을 넣은 부분의 평균온도로 볼 수 있다. 절점들을 임의로 선정하는 경우는 드물며, 보통 기하학적인 편의나 원하는 정확도 등에 따라 선정한다. 계산의 수치적인 정확성은 표시된 절점의 수에 따라 크게 변한다. 이 숫자가 크면(즉 **격자가 조밀하면**) 정확한 해를 얻을 수 있다.

4.4.2 열방정식의 유한차분 형태

온도분포를 수치해석적으로 구하기 위해서는 온도가 알려지지 않은 각 절점에 대해 적절한 보존 방정식을 써야 한다. 그 결과로 구성된 연립방정식들을 동시에 풀어서 각 절에서의 온도를 구한다. 내부에 열발생이 없고 열전도율이 일정한 2차원 계의 **모든 내부** 절점에 대해 **정확한** 형태의 에너지보존 조건이 식 (4.1)의 열방정식으로 주어진다. 그러나 이 계를 절망조직으로 나타내면 이 방정식의 **근사식** 또는 **유한차분식**을 사용할 필요가 있다.

2차원 계의 내부 절점에 적합한 유한차분식은 식 (4.1)로부터 직접 추론할 수 있다. 2차 도함수 $\partial^2 T/\partial x^2$를 고려해 보자. 그림 4.4*b*로부터 절점 (m, n)에 대해 이 도함수의 값은 다음과 같이 근사화할 수 있다.

$$\left.\frac{\partial^2 T}{\partial x^2}\right|_{m,n} \approx \frac{\partial T/\partial x|_{m+1/2,n} - \partial T/\partial x|_{m-1/2,n}}{\Delta x} \tag{4.24}$$

온도구배도 절점 온도들의 함수로 다음과 같이 표현할 수 있다. 즉

$$\left.\frac{\partial T}{\partial x}\right|_{m+1/2,n} \approx \frac{T_{m+1,n} - T_{m,n}}{\Delta x} \tag{4.25}$$

$$\left.\frac{\partial T}{\partial x}\right|_{m-1/2,n} \approx \frac{T_{m,n} - T_{m-1,n}}{\Delta x} \tag{4.26}$$

식 (4.25)와 (4.26)을 식 (4.24)에 대입하면 다음의 결과를 얻을 수 있다.

$$\left.\frac{\partial^2 T}{\partial x^2}\right|_{m,n} \approx \frac{T_{m+1,n} + T_{m-1,n} - 2T_{m,n}}{(\Delta x)^2} \tag{4.27}$$

유사한 방법으로 진행하면 다음 식을 쉽게 얻을 수 있다.

$$\left.\frac{\partial^2 T}{\partial y^2}\right|_{m,n} \approx \frac{T_{m,n+1} + T_{m,n-1} - 2T_{m,n}}{(\Delta y)^2} \tag{4.28}$$

$\Delta x = \Delta y$인 절망조직을 사용하고 식 (4.27)과 (4.28)을 식 (4.1)에 대입하면 다음 결과를 얻을 수 있다.

$$T_{m,n+1} + T_{m,n-1} + T_{m+1,n} + T_{m-1,n} - 4T_{m,n} = 0 \tag{4.29}$$

따라서 절점 m, n에 대해 **엄밀한 미분방정식** 형태인 열방정식이 **근사적인 대수방정식**으로 변환되었다. 이 근사적인 **열방정식의 유한차분식은** 인접한 네 개의 절점과 동일한 거리에 있는 어떠한 내부 절점들에도 적용할 수 있다. 간단히 말하면, 내부 절점의 온도는 네 개의 인접한 주위 절점들 온도의 평균과 같아야 한다는 것이다.

4.4.3 열방정식의 유한차분 형태: 에너지평형법

많은 경우, **에너지평형법**(energy balance method)으로 불리는 방법으로 유한차분식을 만드는 것이 바람직하다. 앞으로 알게 되겠지만, 이 접근방법은 여러 종류의 재료를 포함하는 문제, 내부에 열발생원이 있는 문제, 또는 노출된 표면이 좌표축에 정렬되지 않은 문제와 같은 여러 가지 다른 현상을 해석할 수 있게 해 준다. 에너지평형법에서는 각 절점 영역에 대한 검사체적에 에너지보존 법칙을 적용함으로써 그 절점에 대한 유한차분식을 얻는다. 열흐름의 실제 방향(절점 안으로 혹은 밖으로)은 보통 미리 알지 못하므로, **모든 열흐름이 절점 안쪽으로 향한다고 가정**하고 에너지평형을 수식화하는 것이 편리하다. 당연히 이러한 조건은 불가능한 것이지만, 전달률 방정식이 이 가정에 따라 일관된 방법으로 표현된다면 유한차분식의 올바른 형태를 얻을 수 있다. 그러면 열발생이 있는 정상상태 조건에 대해 식 (1.12c)의 적절한 형태는 다음과 같다.

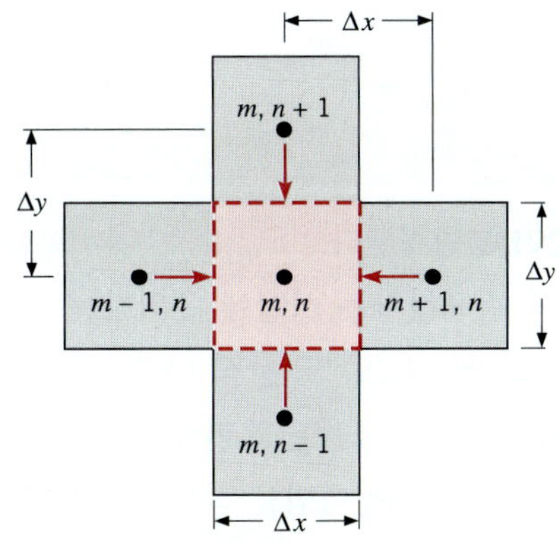

그림 4.5 인접한 절점들로부터 내부 절점으로의 전도.

$$\dot{E}_{\text{in}} + \dot{E}_g = 0 \tag{4.30}$$

식 (4.30)을 그림 4.5의 내부 절점 (m, n) 주위의 검사체적에 적용하는 것을 고려하자. 2차원 조건의 경우, 에너지 교환은 열발생뿐 아니라 절점 (m, n)과 인접한 네 개 절점들 간의 열전도에 의해 영향을 받는다. 따라서 식 (4.30)은 다음과 같이 된다.

$$\sum_{i=1}^{4} q_{(i)\to(m,n)} + \dot{q}(\Delta x \cdot \Delta y \cdot 1) = 0$$

여기서 i는 인접한 절점들을 나타내고 $q_{(i) \to (m, n)}$은 절점들 간의 열전도율이며, 단위깊이를 가정한다. 열전도율 항을 산정하기 위해 열전도는 x 방향 또는 y 방향으로의 **통로**를 따라서만 일어난다고 **가정**한다. 따라서 Fourier 법칙의 단순화된 형태를 사용할 수 있다. 예를 들어 절점 $(m-1, n)$으로부터 절점 (m, n)으로의 전도에 의한 에너지 전달률은 다음과 같이 표현된다.

$$q_{(m-1,n) \to (m,n)} = k(\Delta y \cdot 1)\frac{T_{m-1,n} - T_{m,n}}{\Delta x} \tag{4.31}$$

$(\Delta y \cdot 1)$은 열전달 면적이고 $(T_{m-1,n} - T_{m,n})/\Delta x$는 두 절점 사이의 경계에서 온도구배에 대한 유한차분 근사식이다. 나머지 열전도율들은 다음과 같이 표현된다.

$$q_{(m+1,n) \to (m,n)} = k(\Delta y \cdot 1)\frac{T_{m+1,n} - T_{m,n}}{\Delta x} \tag{4.32}$$

$$q_{(m,n+1) \to (m,n)} = k(\Delta x \cdot 1)\frac{T_{m,n+1} - T_{m,n}}{\Delta y} \tag{4.33}$$

$$q_{(m,n-1) \to (m,n)} = k(\Delta x \cdot 1)\frac{T_{m,n-1} - T_{m,n}}{\Delta y} \tag{4.34}$$

각 열전도율을 산정할 때 인접한 절점의 온도에서 절점 (m, n)의 온도를 뺐다는 것을 유의하자. 이렇게 하는 것은 열흐름이 절점 m, n으로 일어난다는 가정 때문이며, 그림 4.5에 나타낸 화살표의 방향과 일관성이 있다. 식 (4.31)로부터 식 (4.34)까지를 에너지평형식에 대입하고 $\Delta x = \Delta y$임을 상기하면, 열발생이 있는 내부 절점에 대한 유한차분 방정식은 다음과 같이 된다.

$$T_{m,n+1} + T_{m,n-1} + T_{m+1,n} + T_{m-1,n} + \frac{\dot{q}(\Delta x)^2}{k} - 4T_{m,n} = 0 \tag{4.35}$$

만일 내부에 분포된 에너지원이 없다면($\dot{q} = 0$), 이 식은 식 (4.29)로 변형된다.

온도가 알려지지 않은 모든 절점에 대해 유한차분 방정식이 필요하다는 사실에 유의하는 것이 중요하다. 그러나 그러한 모든 점들을 내부 절점으로 분류하고 식 (4.29) 또는 식 (4.35)를 사용하는 것이 항상 가능하지는 않다. 예를 들어 단열된 면이나 대류조건에 노출된 표면에서의 온도가 알려지지 않은 경우가 있다. 이러한 표면 위의 점들에 대해서는 에너지평형법을 적용하여 유한차분 방정식을 구해야 한다.

이 방법을 좀 더 설명하기 위해 그림 4.6의 내부 코너(corner)에 해당하는 절점을 생각하자. 이 절점은 3/4 음영부를 대표하며 온도가 T_∞인 인접한 유체와 대류에 의해 에너지 교환을 한다. 절점 영역 (m, n)으로의 열전도는 고체 영역에서 이웃한 절점들로부터 네 개의 서로 다른 통로를 따라 일어난다. 열전도율 q_{cond}는 다음과 같이 표현할 수 있다.

$$q_{(m-1,n) \to (m,n)} = k(\Delta y \cdot 1)\frac{T_{m-1,n} - T_{m,n}}{\Delta x} \tag{4.36}$$

$$q_{(m,n+1) \to (m,n)} = k(\Delta x \cdot 1)\frac{T_{m,n+1} - T_{m,n}}{\Delta y} \tag{4.37}$$

$$q_{(m+1,n) \to (m,n)} = k\left(\frac{\Delta y}{2} \cdot 1\right)\frac{T_{m+1,n} - T_{m,n}}{\Delta x} \tag{4.38}$$

$$q_{(m,n-1) \to (m,n)} = k\left(\frac{\Delta x}{2} \cdot 1\right)\frac{T_{m,n-1} - T_{m,n}}{\Delta y} \tag{4.39}$$

위에서 절점 영역 $(m - 1, n)$과 $(m, n + 1)$로부터의 열전도에 사용된 면적은 각각 Δy와 Δx에 비례하며, 절점 영역 $(m + 1, n)$과 $(m, n - 1)$로부터의 전도는 각각 폭의 크기가 반인 $\Delta y/2$와 $\Delta x/2$인 통로를 따라 일어난다는 점에 유의하자.

절점 영역 (m, n) 안에서의 조건은 또한 유체와의 대류교환에 의해 영향을 받으며, 이 교환은 x 및 y 방향의 반쪽 통로를 따라 일어난다고 볼 수 있다. 전체 대류열전달 q_{conv}는 다음과 같이 쓸 수 있다.

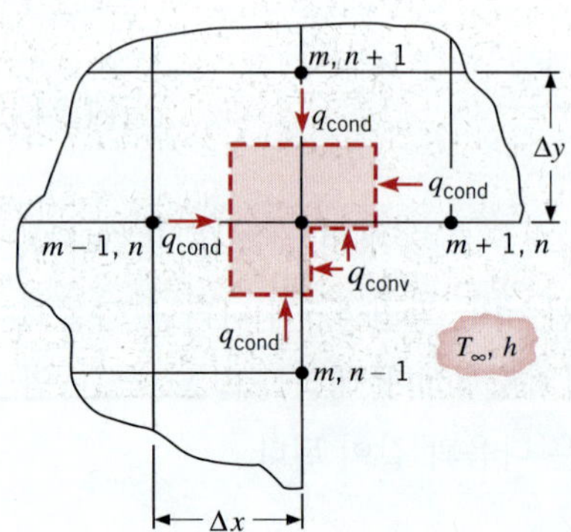

그림 4.6 표면 대류가 있는 고체의 내부 코너에 대한 유한차분 방정식.

$$q_{(\infty)\rightarrow(m,n)} = h\left(\frac{\Delta x}{2}\cdot 1\right)(T_\infty - T_{m,n}) + h\left(\frac{\Delta y}{2}\cdot 1\right)(T_\infty - T_{m,n}) \qquad (4.40)$$

이 식에는 모서리의 노출된 표면들이 절점의 온도 $T_{m,\,n}$으로 일정하다는 가정이 내재되어 있다. 이 가정은 전체 절점 영역이 한 온도로 대표된다는 개념과 일치하며, 이 온도는 영역 내의 실제 온도 분포의 평균값을 나타낸다. 비정상상태(transient), 3차원 그리고 열발생 등의 효과들이 없다면, 식 (4.30)의 에너지보존에 의해 식 (4.36)으로부터 식 (4.40)까지의 합은 0이 되어야 한다. 따라서 이 식들을 합하여 재정리하면 다음 식을 얻는다.

$$T_{m-1,n} + T_{m,n+1} + \frac{1}{2}(T_{m+1,n} + T_{m,n-1}) + \frac{h\Delta x}{k}T_\infty - \left(3 + \frac{h\Delta x}{k}\right)T_{m,n} = 0 \qquad (4.41)$$

여기서 역시 격자는 $\Delta x = \Delta y$이다.

내부 열발생이 없는 상황에서 몇 가지 일반적인 형상에 적합한 절점 에너지방정식은 표 4.2에 제시되어 있다.

표 4.2 절점 유한차분 방정식의 요약

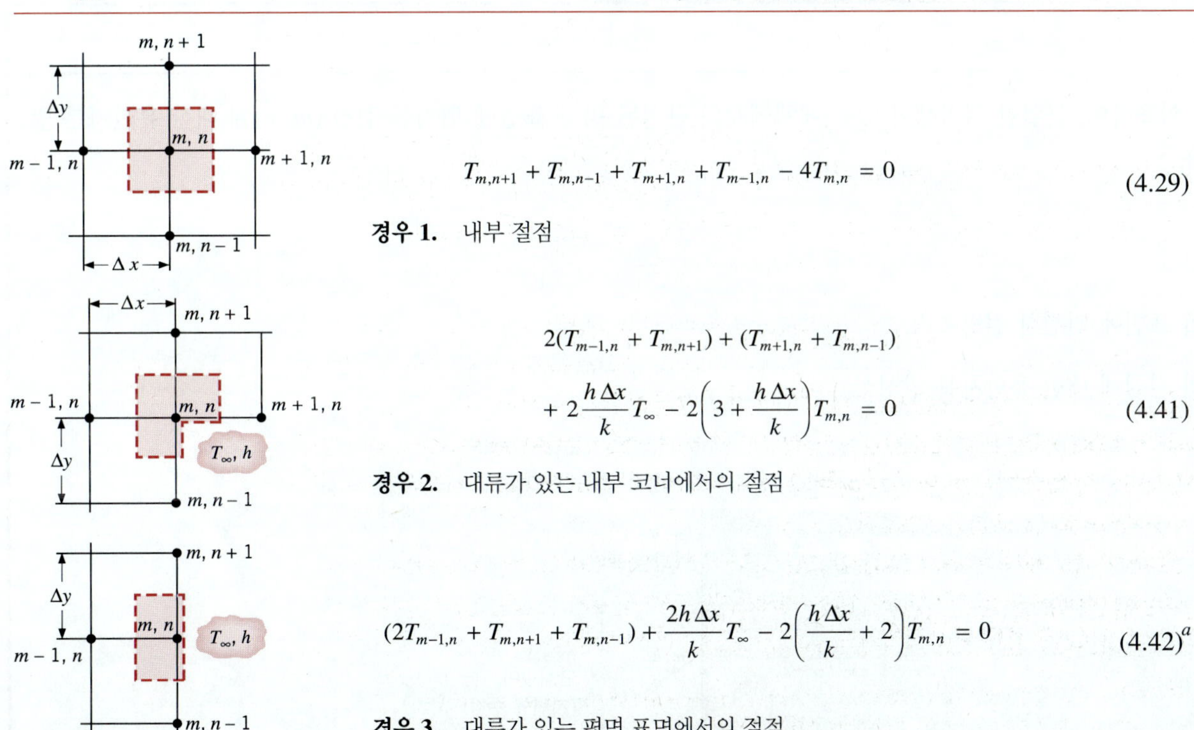

배열	$\Delta x = \Delta y$일 때의 유한차분 방정식	
경우 1. 내부 절점	$T_{m,n+1} + T_{m,n-1} + T_{m+1,n} + T_{m-1,n} - 4T_{m,n} = 0$	(4.29)
경우 2. 대류가 있는 내부 코너에서의 절점	$2(T_{m-1,n} + T_{m,n+1}) + (T_{m+1,n} + T_{m,n-1}) + 2\frac{h\,\Delta x}{k}T_\infty - 2\left(3 + \frac{h\,\Delta x}{k}\right)T_{m,n} = 0$	(4.41)
경우 3. 대류가 있는 평면 표면에서의 절점	$(2T_{m-1,n} + T_{m,n+1} + T_{m,n-1}) + \frac{2h\,\Delta x}{k}T_\infty - 2\left(\frac{h\,\Delta x}{k} + 2\right)T_{m,n} = 0$	(4.42)[a]

표 4.2 계속

배열	$\Delta x = \Delta y$일 때의 유한차분 방정식	
$m-1, n$; T_∞, h; m, n; Δy; $m, n-1$; Δx	$(T_{m,n-1} + T_{m-1,n}) + 2\dfrac{h\,\Delta x}{k}T_\infty - 2\left(\dfrac{h\,\Delta x}{k} + 1\right)T_{m,n} = 0$ **경우 4.** 대류가 있는 외부 코너에서의 절점	(4.43)
$m, n+1$; Δy; m, n; q''; $m-1, n$; $m, n-1$; Δx	$(2T_{m-1,n} + T_{m,n+1} + T_{m,n-1}) + \dfrac{2q''\,\Delta x}{k} - 4T_{m,n} = 0$ **경우 5.** 균일 열유속을 받는 평면에 있는 절점	(4.44)[b]

[a,b] 단열면(또는 대칭면)에 대한 유한차분 방정식을 얻기 위해서는 간단히 h 또는 q''를 0으로 하면 된다.

예제 4.2

에너지평형법을 이용하여, 균일한 열발생이 있는 매체에서의 단열된 평판 표면에 위치한 절점 (m, n)에 대한 유한차분 방정식을 유도하라.

풀이

제시자료: 단열 표면에 인접한 절망조직.

풀이대상: 표면 절점에 대한 유한차분 방정식.

개략도:

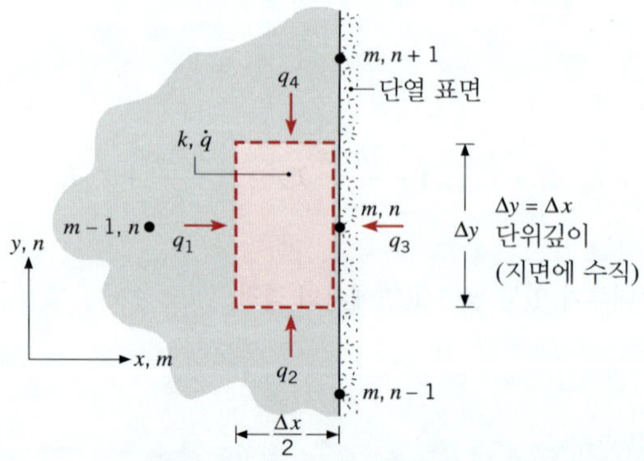

가정:

1. 정상상태.

2. 2차원 전도.
3. 일정한 물성치.
4. 균일한 내부 열발생.

해석: 절점 (m, n)에 관련된 영역 $(\Delta x/2 \cdot \Delta y \cdot 1)$에 대한 검사면에 에너지보존식 (4.30)을 적용하면, 체적당 열발생률 $\dot{q}$가 있을 때 다음과 같이 된다.

$$q_1 + q_2 + q_3 + q_4 + \dot{q}\left(\frac{\Delta x}{2} \cdot \Delta y \cdot 1\right) = 0$$

여기서

$$q_1 = k(\Delta y \cdot 1)\frac{T_{m-1,n} - T_{m,n}}{\Delta x}$$

$$q_2 = k\left(\frac{\Delta x}{2} \cdot 1\right)\frac{T_{m,n-1} - T_{m,n}}{\Delta y}$$

$$q_3 = 0$$

$$q_4 = k\left(\frac{\Delta x}{2} \cdot 1\right)\frac{T_{m,n+1} - T_{m,n}}{\Delta y}$$

위 식을 에너지보존식에 대입해서 $k/2$로 나누면, 다음과 같다.

$$2T_{m-1,n} + T_{m,n-1} + T_{m,n+1} - 4T_{m,n} + \frac{\dot{q}(\Delta x \cdot \Delta y)}{k} = 0 \qquad \triangleleft$$

부가설명:

1. 내부 절점에 대해 유한차분 방정식[식 (4.35)]과 대칭 조건 $T_{m+1,n} = T_{m-1,n}$을 이용함으로써 같은 결과를 얻을 수 있다. 만약 $\dot{q} = 0$이면, 식 (4.42)에서 $h = 0$로 설정함으로써 원하는 결과를 얻을 수 있다(표 4.2).
2. 앞에서 언급한 유한차분 방정식의 응용으로서, 다음과 같이 내부의 열에너지가 미지의 열발생률 $\dot{q}$로 균일하게 분포된 2차원 시스템을 고려해 보자. 고체의 열전도율은 알려져 있으며, 한 표면에서의 대류조건도 알려져 있다. 더구나 유한차분 격자의 절점에 해당되는 위치에서의 온도들이 측정되었다.

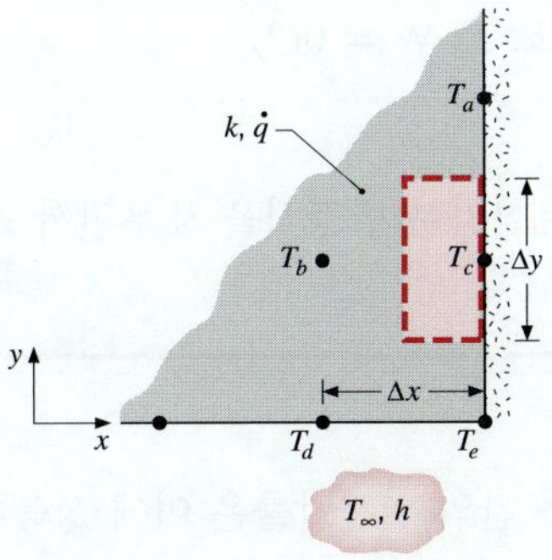

$T_a = 235.9°C$ $\quad T_b = 227.6°C$

$T_c = 230.9°C$ $\quad T_d = 220.1°C$

$T_e = 222.4°C$ $\quad T_\infty = 200.0°C$

$h = 50\ W/m^2 \cdot K$ $\quad k = 1\ W/m \cdot K$

$\Delta x = 10\ mm$ $\quad \Delta y = 10\ mm$

절점 c에 유한차분 방정식을 적용함으로써 열발생률을 구할 수 있다.

$$2T_b + T_e + T_a - 4T_c + \frac{\dot{q}(\Delta x \cdot \Delta y)}{k} = 0$$

$$(2 \times 227.6 + 222.4 + 235.9 - 4 \times 230.9)°\text{C} + \frac{\dot{q}(0.01\ \text{m})^2}{1\ \text{W/m} \cdot \text{K}} = 0$$

$$\dot{q} = 1.01 \times 10^5\ \text{W/m}^3$$

정해진 열적 조건들과 $\dot{q}$의 값으로부터 절점 e에서의 에너지보존법칙이 충족되는지 여부를 결정할 수 있다. 이 절점 주위의 검사체적에 에너지평형을 적용해 보면 다음과 같다.

$$q_1 + q_2 + q_3 + q_4 + \dot{q}(\Delta x/2 \cdot \Delta y/2 \cdot 1) = 0$$

$$k(\Delta x/2 \cdot 1)\frac{T_c - T_e}{\Delta y} + 0 + h(\Delta x/2 \cdot 1)(T_\infty - T_e) + k(\Delta y/2 \cdot 1)\frac{T_d - T_e}{\Delta x}$$
$$+ \dot{q}(\Delta x/2 \cdot \Delta y/2 \cdot 1) = 0$$

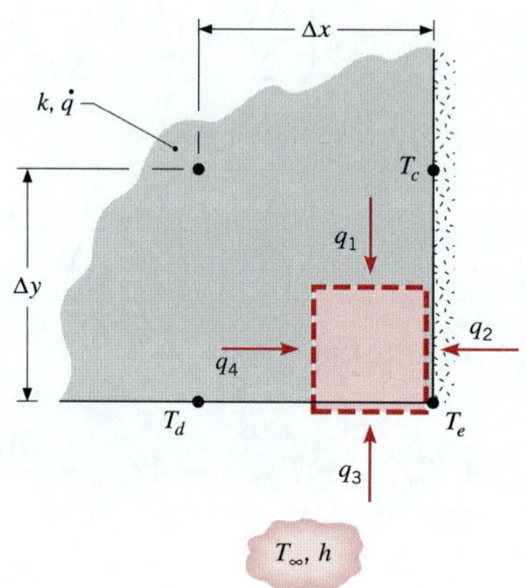

만일 에너지평형이 충족되면, 이 식의 좌변은 0이 될 것이다. 이 값들을 대입해 보면 다음을 얻을 수 있다.

$$1\ \text{W/m} \cdot \text{K}(0.005\ \text{m}^2)\frac{(230.9 - 222.4)°\text{C}}{0.010\ \text{m}}$$
$$+ 0 + 50\ \text{W/m}^2 \cdot \text{K}(0.005\ \text{m}^2)(200 - 222.4)°\text{C}$$
$$+ 1\ \text{W/m} \cdot \text{K}(0.005\ \text{m}^2)\frac{(220.1 - 222.4)°\text{C}}{0.010\ \text{m}} + 1.01 \times 10^5\ \text{W/m}^3(0.005)^2\ \text{m}^3 = 0(?)$$
$$4.250\ \text{W} + 0 - 5.600\ \text{W} - 1.150\ \text{W} + 2.525\ \text{W} = 0(?)$$
$$0.025\ \text{W} \approx 0$$

에너지평형이 정확하게 충족되지 않는 것은 온도 측정 상의 오차, 유한차분 방정식을 세우면서 포함된 근사값, 비교적 성긴 격자 등에 기인한다.

열저항을 이용한 에너지평형식 인접한 절점들 간의 열전달률은 이에 상응하는 열저항을 이용하여 식으로 만들 수 있다는 것을 알면 유용하다. 예를 들면 그림 4.6을 참조하여, 절점 $(m-1, n)$에서 (m, n)으로의 전도에 의한 열전달률은 다음과 같이 표현된다.

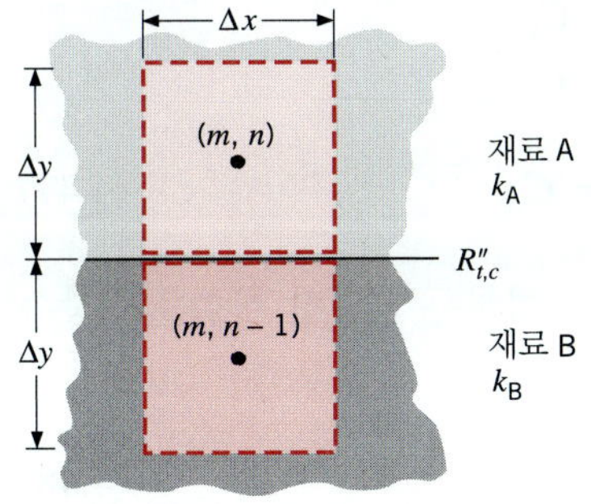

그림 4.7 경계면 접촉저항이 있는 인접한 서로 다른 물질 사이의 전도.

$$q_{(m-1,n)\to(m,n)} = \frac{T_{m-1,n} - T_{m,n}}{R_{t,\text{cond}}} = \frac{T_{m-1,n} - T_{m,n}}{\Delta x/k\,(\Delta y \cdot 1)}$$

이 결과는 식 (4.36)의 결과와 같다. 비슷한 방법으로, 대류에 의한 절점 (m, n)으로의 열전달률은 다음과 같이 표현된다.

$$q_{(\infty)\to(m,n)} = \frac{T_\infty - T_{m,n}}{R_{t,\text{conv}}} = \frac{T_\infty - T_{m,n}}{\{h[(\Delta x/2)\cdot 1 + (\Delta y/2)\cdot 1]\}^{-1}}$$

이 식은 식 (4.40)과 같다.

열저항 개념을 활용한 예로서, 두 개의 상이한 물질을 분리하는 경계면을 고려하는데, 이것은 열접촉저항 $R''_{t,c}$(그림 4.7)으로 특성을 나타낼 수 있다. 절점 (m, n)으로부터 $(m, n-1)$로의 열전달률은 다음과 같이 표현된다.

$$q_{(m,n)\to(m,n-1)} = \frac{T_{m,n} - T_{m,n-1}}{R_{\text{tot}}} \tag{4.45}$$

여기서 단위깊이당 열저항은 다음과 같다.

$$R_{\text{tot}} = \frac{\Delta y/2}{k_A(\Delta x \cdot 1)} + \frac{R''_{t,c}}{\Delta x \cdot 1} + \frac{\Delta y/2}{k_B(\Delta x \cdot 1)} \tag{4.46}$$

4.5 유한차분 방정식의 해

일단 절망조직이 구성되고 각 절점에 관한 적절한 유한차분 방정식이 작성되고 나면 온도분포를 구할 수 있다. 그러면 문제가 선형대수방정식들을 푸는 단순화된 문제로 전환된다. 이 절에서는 선형대수방정식들을 행렬방정식으로 만들고, 역행렬법으로 그 해를 구하는 방법에 대해 간단히 논의한다. 또한 해의 정확도를 검증하기 위한 몇 가지 고려 사항에 대해 논의한다.

4.5.1 행렬 방정식의 구성

N개의 미지의 온도에 대한 N개의 유한차분 방정식 계를 고려하자. 이중 하첨자(m, n)보다는 하나의 정수로 된 하첨자를 사용하여 절점을 구분하면, 방정식들을 다음과 같이 쓰는 작업으로부터 역행렬을 구하는 과정을 시작할 수 있다.

$$
\begin{aligned}
a_{11}T_1 + a_{12}T_2 + a_{13}T_3 + \cdots + a_{1N}T_N &= C_1 \\
a_{21}T_1 + a_{22}T_2 + a_{23}T_3 + \cdots + a_{2N}T_N &= C_2 \\
\vdots \quad\quad \vdots \quad\quad \vdots \quad\quad \vdots \quad\quad \vdots \quad &\quad \vdots \\
a_{N1}T_1 + a_{N2}T_2 + a_{N3}T_3 + \cdots + a_{NN}T_N &= C_N
\end{aligned} \tag{4.47}
$$

여기서 $a_{11}, a_{12}, \ldots, C_1$ 등은 $\Delta x, k, h$ 그리고 T_∞와 같은 양들을 포함하는 알려진 계수들과 상수들이다. 행렬의 표현을 사용하면 이 방정식들은 다음과 같이 쓸 수 있다.

$$
[A][T] = [C] \tag{4.48}
$$

여기서

$$
A \equiv \begin{bmatrix} a_{11} & a_{12} & \cdots & a_{1N} \\ a_{21} & a_{22} & \cdots & a_{2N} \\ \vdots & \vdots & & \vdots \\ a_{N1} & a_{N2} & \cdots & a_{NN} \end{bmatrix}, \quad T \equiv \begin{bmatrix} T_1 \\ T_2 \\ \vdots \\ T_N \end{bmatrix}, \quad C \equiv \begin{bmatrix} C_1 \\ C_2 \\ \vdots \\ C_N \end{bmatrix}
$$

계수행렬(coefficient matrix) $[A]$는 $N \times N$의 정방형이며 이의 **요소**(element)들은 이중 하첨자로 표시되는데 첫째와 둘째 하첨자는 각각 행과 열을 나타낸다. 행렬 $[T]$와 $[C]$는 단일 열을 가지며 **열벡터**(column vector)라고 알려져 있다. 일반적으로 이들을 각각 **해벡터**(solution vector) 및 **우측벡터**(right-hand side vector)라고 한다. 식 (4.48)의 좌변이 의미하는 행렬의 곱을 수행하면 식 (4.47)이 얻어진다.

선형대수방정식[11, 12]들은 여러 가지 수학적인 방법을 이용하여 풀 수 있다. 많은 컴퓨터 소프트웨어 프로그램들이 해벡터$[T]$를 구하기 위해 식 (4.48)을 푸는 능력을 갖추고 있다. 행렬이 작다면, 프로그램이 가능한 계산기나 손으로 풀 수도 있다. 손이나 컴퓨터 계산에 적당한 하나의 방법이 부록 D에 있는 Gauss-Seidel 방법이다.

4.5.2 해의 정확성 검증

온도들이 계산된 절점영역에 대한 검사면에서 에너지평형을 수행하여 수치적인 해가 정확하게 계산되었는지를 확인하는 것이 좋은 습관이다. 온도를 에너지평형식에 대입한 후, 만일 평형이 정확하게 맞지 않는다면, 유한차분 방정식에 오류가 있는지 검토해야 한다.

유한차분 방정식을 적절히 수식화해서 풀었다 하더라도, 결과는 아직 실제 온도분포에 대해 별로 정확하지 않은 근사값을 보일 수도 있다. 이것은 절점들 간의 유한한 간격(Δx, Δy)과 Fourier의 전도법칙, $-k(dy \cdot 1)\partial T/\partial x$에 대한 $k(\Delta y \cdot 1)(T_{m-1,n} - T_{m,n})/\Delta x$과 같은 유한차분 근사 때문이다. 절망조직이 촘촘해질수록(Δx와 Δy가 줄어들수록) 유한차분 근사가 점점 더 정확해진다는 것을 앞에서 보였다. 따라서 정확한 결과를 원한다면 격자에 대해 검토를 해야 하며 이에 따라 촘촘한 격자를 사용했을 때의 결과를 성긴 격자를 사용했을 때의 결과와 비교하여야 한다. 예를 들어 어떤 사람이 Δx와 Δy를 1/2로 줄여서 절점의 개수와 유한차분 방정식의 개수를 네 배로 늘릴 수 있을 것이다. 만일 해가 만족스럽게 일치하지 않는다면 계산된 온도가 Δx와 Δy의 선택에 따라 더 이상 크게 변하지 않을 때까지 격자를 더 촘촘하게 할 수 있다. 격자 크기가 더 이상 결과에 영향을 미치지 않는 경우 실제 문제에 대해 엄밀해를 얻었다고 볼 수 있다.

수치적 해를 검증하는 또 다른 방법은 계산 결과를 엄밀해로 얻어진 결과와 비교해 보는 것이다. 예를 들어 그림 4.2에 나타낸 실제 문제의 유한차분해를 식 (4.19)로 주어진 엄밀해와 비교해 볼 수 있다. 그러나 엄밀해가 알려진 경우에 대해서 수치해를 구하려는 경우가 별로 없다는 사실을 생각해 보면 이 방법은 사용이 매우 제한적이라 할 수 있다. 그럼에도 불구하고 엄밀해가 존재하지 않는 복잡한 문제들에 대한 수치해를 구할 때 사용될 유한차분 과정을 그 문제의 단순화된 형태에 적용하여 시험해 보는 것이 종종 유용하다.

예제 4.3

IHT

1.6절에서 언급한 바와 같이 가스터빈 엔진에서 기술 발전의 주목적은 가스터빈 블레이드(blade)의 작동에 관련된 온도 한계를 증가시키는 데 있다. 예를 들면, 블레이드 내부에 유동 채널들을 가공하고 이들을 통해 공기를 유통시키는 내부 냉각을 이용하는 것이 일반적이다. 내부에 직사각형 채널들이 가공되어 있는 직사각형 고체로 터빈 블레이드를 근사화하여 위의 방법의 효과를 평가하고자 한다. 열전도율이 k = 25 W/m·K인 블레이드의 두께는 6 mm이며, 각 채널은 단면이 2 mm × 6 mm인 직사각형이고, 인접한 채널과의 간격은 4 mm이다.

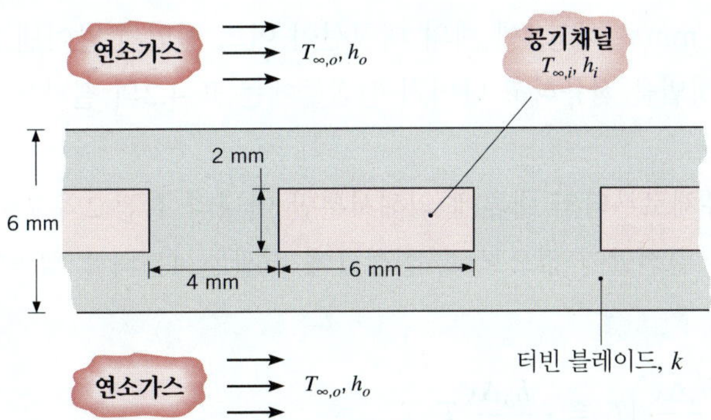

h_o = 1000 W/m^2·K, $T_{\infty,o}$ = 1700 K, h_i = 200 W/m^2·K 그리고 $T_{\infty,i}$ = 400 K인 작동조건하에서 터빈 블레이드의 온도장과 단위 길이당 채널로의 열전달률을 구하라. 어느 위치에서 온도가 최고로 되는가?

풀이

제시자료: 채널이 속에 들어 있는 가스터빈 블레이드의 치수와 작동조건.

풀이대상: 블레이드 내부의 온도장 및 최고 온도 발생지점, 단위 길이당 채널로의 열전달률.

개략도:

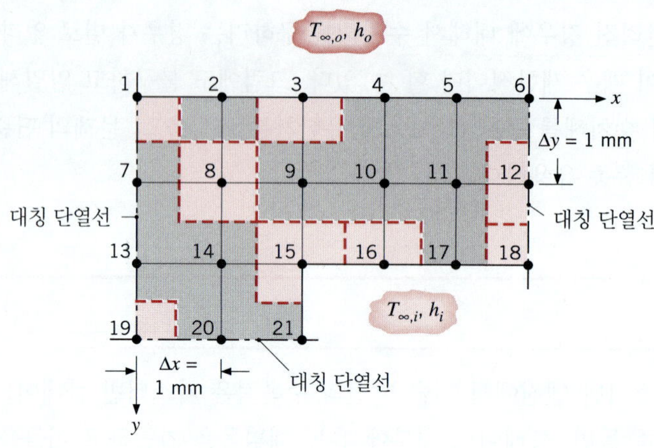

가정:

1. 정상상태, 2차원 열전도.
2. 일정 물성치.

해석: 격자간격을 $\Delta x = \Delta y = 1$ mm로 하고, 세 개의 대칭선이 어느 선인지 알아낸 후, 위의 절망조직을 구성한다. 절점 1, 6, 18, 19 및 21에 에너지평형법을 적용하고 나머지 절점들에는 표 4.2의 결과를 사용하여 유한차분 방정식들을 얻을 수 있다.

절점 1로의 열전달은 밖에 있는 유체로부터의 대류에 의해서뿐만 아니라 절점 2와 7로부터의 전도에 의해 일어난다. 대칭 단열선을 지난 영역으로부터는 열전달이 없으므로, 절점 1에 연관된 4분의 1 영역에 에너지평형을 적용하면 다음과 같은 유한차분 방정식을 얻는다.

$$\text{절점 1:} \quad T_2 + T_7 - \left(2 + \frac{h_o \Delta x}{k}\right) T_1 = -\frac{h_o \Delta x}{k} T_{\infty,o}$$

절점영역 6에 대해서도 유사한 결과를 얻을 수 있는데, 이 절점도 상당하는 표면조건(두 개의 전도, 한 개의 대류, 한 개의 단열)의 특성을 갖기 때문이다. 절점 2에서부터 5까지는 표 4.2의 경우 3에 해당되며, 절점 3을 예로 보면 다음과 같다.

$$\text{절점 3:} \quad T_2 + T_4 + 2T_9 - 2\left(\frac{h_o \Delta x}{k} + 2\right) T_3 = -\frac{2h_o \Delta x}{k} T_{\infty,o}$$

절점 7, 12, 13 및 20은 표 4.2의 경우 5에서 $q'' = 0$인 경우에 해당한다. 절점 12를 예로 보면 다음과 같다.

$$\text{절점 12:} \quad T_6 + 2T_{11} + T_{18} - 4T_{12} = 0$$

절점 8부터 11까지와 14는 내부 절점들인데(경우 1), 절점 8에서의 유한차분 방정식은 다음과 같다.

$$\text{절점 8:} \quad T_2 + T_7 + T_9 + T_{14} - 4T_8 = 0$$

절점 15는 내부 코너(경우 2)이므로 다음과 같이 쓸 수 있다.

$$\text{절점 15:} \quad 2T_9 + 2T_{14} + T_{16} + T_{21} - 2\left(3 + \frac{h_i \Delta x}{k}\right) T_{15} = -2\frac{h_i \Delta x}{k} T_{\infty,i}$$

한편, 절점 16과 17은 대류가 일어나는 평면 위에 있다(경우 3).

$$\text{절점 16:}\quad 2T_{10} + T_{15} + T_{17} - 2\left(\frac{h_i \Delta x}{k} + 2\right)T_{16} = -\frac{2h_i \Delta x}{k}T_{\infty,i}$$

절점영역 18과 21로의 열전달은 인접한 두 절점들로부터의 열전도와 내부 흐름으로부터의 대류 그리고 인접한 단열선으로부터는 열전달이 없다는 특징이 있다. 절점영역 18에 에너지평형을 적용하면 다음과 같다.

$$\text{절점 18:}\quad T_{12} + T_{17} - \left(2 + \frac{h_i \Delta x}{k}\right)T_{18} = -\frac{h_i \Delta x}{k}T_{\infty,i}$$

마지막으로 특수한 경우는 절점영역 19인데, 이것은 두 개의 단열면을 가지며, 다른 두 표면들로부터는 전도에 의한 열전달이 일어난다.

$$\text{절점 19:}\quad T_{13} + T_{20} - 2T_{19} = 0$$

21개의 유한차분 방정식을 미리 정해진 조건하에서 모르는 온도를 구하기 위해 풀면 다음과 같은 결과를 얻는다.

T_1	T_2	T_3	T_4	T_5	T_6
1526.0 K	1525.3 K	1523.6 K	1521.9 K	1520.8 K	1520.5 K
T_7	T_8	T_9	T_{10}	T_{11}	T_{12}
1519.7 K	1518.8 K	1516.5 K	1514.5 K	1513.3 K	1512.9 K
T_{13}	T_{14}	T_{15}	T_{16}	T_{17}	T_{18}
1515.1 K	1513.7 K	1509.2 K	1506.4 K	1505.0 K	1504.5 K
T_{19}	T_{20}	T_{21}			
1513.4 K	1511.7 K	1506.0 K			

온도장도 등온선의 형태로 표현할 수 있는데, 네 개의 등온선을 아래 그림에 개략적으로 나타내었다. 열유속선은 모든 곳에서 등온선과 직교하고 대칭 단열면과는 일치하도록 유의해서 그려야 한다. 연소가스와 공기에 노출된 표면들은 등온이 아니다. 따라서 열유선은 이러한 경계에 직교하지 않는다.

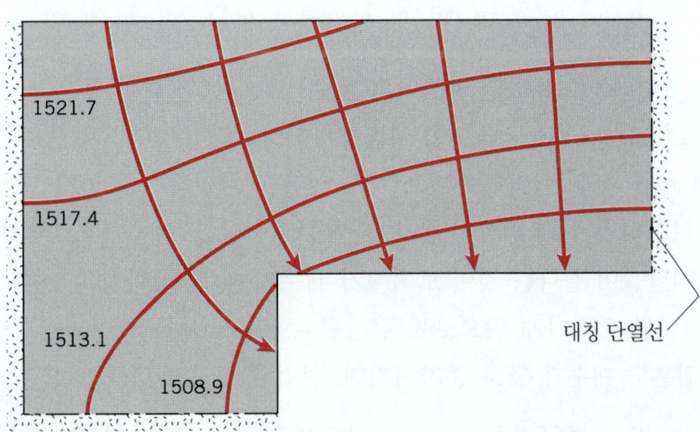

예상되는 바와 같이, 냉각제로부터 가장 먼 위치인 절점 1에서 최고 온도가 존재한다.

채널의 단위 길이당 열전달률은 다음 식으로 나타낼 수 있다.

$$q' = 4h_i[(\Delta y/2)(T_{21} - T_{\infty,i}) + (\Delta y/2 + \Delta x/2)(T_{15} - T_{\infty,i})$$
$$+ (\Delta x)(T_{16} - T_{\infty,i}) + \Delta x(T_{17} - T_{\infty,i}) + (\Delta x/2)(T_{18} - T_{\infty,i})]$$

또 다른 방법으로 구하면 다음과 같다.

$$q' = 4h_o[(\Delta x/2)(T_{\infty,o} - T_1) + (\Delta x)(T_{\infty,o} - T_2) + (\Delta x)(T_{\infty,o} - T_3)$$
$$+ (\Delta x)(T_{\infty,o} - T_4) + (\Delta x)(T_{\infty,o} - T_5) + (\Delta x/2)(T_{\infty,o} - T_6)]$$

여기서 4를 곱한 것은 대칭 조건으로부터 유래한다. 두 가지 경우에 대해 다음 결과를 얻는다.

$$q' = 3540.6 \text{ W/m}$$ ◁

부가설명:

1. 식 (4.48)의 행렬 표현법에 의해 절점 1부터 21까지의 방정식은 $[A][T] = [C]$ 형태로 표현된다. 여기서

$$[A] = \begin{bmatrix}
-a & 1 & 0 & 0 & 0 & 0 & 1 & 0 & 0 & 0 & 0 & 0 & 0 & 0 & 0 & 0 & 0 & 0 & 0 & 0 & 0 \\
1 & -b & 1 & 0 & 0 & 0 & 0 & 2 & 0 & 0 & 0 & 0 & 0 & 0 & 0 & 0 & 0 & 0 & 0 & 0 & 0 \\
0 & 1 & -b & 1 & 0 & 0 & 0 & 0 & 2 & 0 & 0 & 0 & 0 & 0 & 0 & 0 & 0 & 0 & 0 & 0 & 0 \\
0 & 0 & 1 & -b & 1 & 0 & 0 & 0 & 0 & 2 & 0 & 0 & 0 & 0 & 0 & 0 & 0 & 0 & 0 & 0 & 0 \\
0 & 0 & 0 & 1 & -b & 1 & 0 & 0 & 0 & 0 & 2 & 0 & 0 & 0 & 0 & 0 & 0 & 0 & 0 & 0 & 0 \\
0 & 0 & 0 & 0 & 1 & -a & 0 & 0 & 0 & 0 & 0 & 1 & 0 & 0 & 0 & 0 & 0 & 0 & 0 & 0 & 0 \\
1 & 0 & 0 & 0 & 0 & 0 & -4 & 2 & 0 & 0 & 0 & 0 & 1 & 0 & 0 & 0 & 0 & 0 & 0 & 0 & 0 \\
0 & 1 & 0 & 0 & 0 & 0 & 1 & -4 & 1 & 0 & 0 & 0 & 0 & 1 & 0 & 0 & 0 & 0 & 0 & 0 & 0 \\
0 & 0 & 1 & 0 & 0 & 0 & 0 & 1 & -4 & 1 & 0 & 0 & 0 & 0 & 1 & 0 & 0 & 0 & 0 & 0 & 0 \\
0 & 0 & 0 & 1 & 0 & 0 & 0 & 0 & 1 & -4 & 1 & 0 & 0 & 0 & 0 & 1 & 0 & 0 & 0 & 0 & 0 \\
0 & 0 & 0 & 0 & 1 & 0 & 0 & 0 & 0 & 1 & -4 & 1 & 0 & 0 & 0 & 0 & 1 & 0 & 0 & 0 & 0 \\
0 & 0 & 0 & 0 & 0 & 1 & 0 & 0 & 0 & 0 & 2 & -4 & 0 & 0 & 0 & 0 & 0 & 1 & 0 & 0 & 0 \\
0 & 0 & 0 & 0 & 0 & 0 & 1 & 0 & 0 & 0 & 0 & 0 & -4 & 2 & 0 & 0 & 0 & 0 & 1 & 0 & 0 \\
0 & 0 & 0 & 0 & 0 & 0 & 0 & 1 & 0 & 0 & 0 & 0 & 1 & -4 & 1 & 0 & 0 & 0 & 0 & 1 & 0 \\
0 & 0 & 0 & 0 & 0 & 0 & 0 & 0 & 2 & 0 & 0 & 0 & 0 & 2 & -c & 1 & 0 & 0 & 0 & 0 & 1 \\
0 & 0 & 0 & 0 & 0 & 0 & 0 & 0 & 0 & 2 & 0 & 0 & 0 & 0 & 1 & -d & 1 & 0 & 0 & 0 & 0 \\
0 & 0 & 0 & 0 & 0 & 0 & 0 & 0 & 0 & 0 & 2 & 0 & 0 & 0 & 0 & 1 & -d & 1 & 0 & 0 & 0 \\
0 & 0 & 0 & 0 & 0 & 0 & 0 & 0 & 0 & 0 & 0 & 1 & 0 & 0 & 0 & 0 & 1 & -e & 0 & 0 & 0 \\
0 & 0 & 0 & 0 & 0 & 0 & 0 & 0 & 0 & 0 & 0 & 0 & 1 & 0 & 0 & 0 & 0 & 0 & -2 & 1 & 0 \\
0 & 0 & 0 & 0 & 0 & 0 & 0 & 0 & 0 & 0 & 0 & 0 & 0 & 2 & 0 & 0 & 0 & 0 & 1 & -4 & 1 \\
0 & 0 & 0 & 0 & 0 & 0 & 0 & 0 & 0 & 0 & 0 & 0 & 0 & 0 & 1 & 0 & 0 & 0 & 0 & 1 & -e
\end{bmatrix} \qquad [C] = \begin{bmatrix} -f \\ -2f \\ -2f \\ -2f \\ -2f \\ -f \\ 0 \\ 0 \\ 0 \\ 0 \\ 0 \\ 0 \\ 0 \\ 0 \\ -2g \\ -2g \\ -2g \\ -g \\ 0 \\ 0 \\ -g \end{bmatrix}$$

$h_o\Delta x/k = 0.04$와 $h_i\Delta x/k = 0.008$을 이용하면 방정식의 계수들을 다음과 같이 계산할 수 있다: $a = 2.04$, $b = 4.08$, $c = 6.016$, $d = 4.016$, $e = 2.008$, $f = 68$, $g = 3.2$. 행렬방정식의 해를 구하기 위해 표준적인 방법을 사용할 수 있다.

2. 유한차분 방정식을 만들고 해를 구하는 과정에서 오차가 없음을 확인하려면 검사 표면 주변의 모든 절점 영역에서 에너지보존이 충족되는지 확인하기 위해 계산된 온도를 사용해야 한다. 연소가스로부터 블레이드로의 열전달률과 블레이드로부터 공기로의 열전달률이 같다는 것이 보여졌기 때문에 이 확인 과정은 이미 수행되었다.

3. 유한차분 해의 정확도는 격자를 조밀하게 함으로써 향상될 수 있다. 예를 들어 만일 격자간격을 반으로 하여($\Delta x = \Delta y = 0.5$ mm) 미지의 절점온도 개수가 65로 증가시키면, 선정된 몇몇 온도들과 열전달률의 값은 다음과 같다.

$$T_1 = 1525.9 \text{ K}, \qquad T_6 = 1520.5 \text{ K}, \qquad T_{15} = 1509.2 \text{ K},$$
$$T_{18} = 1504.5 \text{ K}, \qquad T_{19} = 1513.5 \text{ K}, \qquad T_{21} = 1505.7 \text{ K},$$
$$q' = 3539.9 \text{ W/m}$$

두 경우에 대한 결과들은 매우 잘 일치한다. 물론 조밀한 메시를 사용하면 수식화 및 계산 시간이 증가되며, 많은 경우에 성긴 격자들로부터 얻은 결과도 만족할 만하다. 적절한 격자의 선택은 공학자들의 판단에 달려 있다.

4. 가스터빈 업계에서는 블레이드의 온도를 낮추는 방법을 채택하는 데 많은 관심이 있다. 이러한 방법에는 열전도율이 보다 큰 합금을 사용하거나 또는 채널을 통과하는 냉각제의 유량을 증가시켜 h_i를 크게 하는 방법들이 포함된다. $\Delta x = \Delta y = 1$ mm로 구한 유한차분 해를 이용하며, k와 h_i를 변화시킴에 따라 다음과 같은 결과를 얻을 수 있다.

k (W/m·K)	h_i (W/m^2·K)	T_1 (K)	q' (W/m)
25	200	1526.0	3540.6
50	200	1523.4	3563.3
25	1000	1154.5	11,095.5
50	1000	1138.9	11,320.7

왜 k와 h_i의 값을 증가시키면 블레이드의 온도가 감소하는가?

5. 블레이드의 외부 표면의 온도가 매우 높으므로, 복사에 의한 주위로의 손실이 상당할 수 있다. 유한차분 해석에서 복사 열전달률 방정식[식 (1.8)과 (1.9)]을 선형화하여 복사를 대류와 같은 방법으로 다루면 이러한 복사효과를 고려할 수 있다. 그러나 복사열전달계수 h_r은 표면온도에 의존하므로, 얻어진 표면온도들이 각 절점에서 h_r을 계산하는 데 사용한 온도와 일치하는 것을 확실히 하기 위해 반복적인(iterative) 유한차분 해가 필요하다.

6. *IHT*에 있는 예제 4.3을 보라. 이 문제는 *IHT*의 *Advanced* 섹션에 있는 *Tools, Finite-Difference Equations*를 이용해서 풀 수 있다.

4.6 요약

이 장의 가장 중요한 목적은 2차원 열전도 문제에 대한 본질과, 그 해를 구하기 위해 이용 가능한 방법들에 대한 이해를 증진시키는 것이다. 2차원 문제를 대하면, 먼저 엄밀해가 알려져 있는지를 확인해야 한다. 이것은 열방정식에 대한 엄밀해가 구해져 있는 우수한 참고문헌[1~5] 중 일부를 살펴보면 된다. 또한 고려 대상인 시스템에 대해 형상계수나 무차원 열전도율이 알려져 있는지도 확인해야 한다[6~10]. 그러나 형상계수의 사용이나 무차원 열전도율, 혹은 엄밀해의 이용이 불가능한 경우가 종종 있고, 이때는 유한차분 혹은 유한요소 해를 사용해야 할 필요가 있다. **이산화 과정**(discretization process)의 본질적 특성을 이해하고, 절망조직의 이산화된 점들에 대해 유한차분 방정식을 만들고 이를 푸는 방법을 알아야 한다. 다음의 질문들에 답을 함으로써 관련된 개념들에 대한 여러분의 이해도를 시험해 볼 수 있다.

- **등온선**이란 무엇인가? **열유선**이란 무엇인가? 이 두 선들은 기하학적으로 어떻게 연관되는가?
- **단열선**이란 무엇인가? 이것은 대칭선과 어떤 관계가 있는가? 이것은 등온선과 어떻게 교차하는가?
- 2차원 계의 정상상태 열전도에서 열전달률과 전체 온도차 사이의 관계에 대한 형상의 효과를 나타낼 수 있는 매개변수들은 무엇인가? 이 매개변수들이 열전도저항과 어떻게 관련이 있는가?
- **절점**의 온도에 의해 표현되는 것은 무엇이며, 절점온도의 정확성은 **절망조직**의 설정에 어떻게 의존하는가?

참고문헌 *References*

1. Schneider, P. J., *Conduction Heat Transfer*, Addison-Wesley, Reading, MA, 1955.
2. Carslaw, H. S., and J. C. Jaeger, *Conduction of Heat in Solids*, Oxford University Press, London, 1959.
3. Özisik, M. N., *Heat Conduction*, Wiley Interscience, New York, 1980.
4. Kakac, S., and Y. Yener, *Heat Conduction*, Hemisphere Publishing, New York, 1985.
5. Poulikakos, D., *Conduction Heat Transfer*, Prentice-Hall, Englewood Cliffs, NJ, 1994.
6. Sunderland, J. E., and K. R. Johnson, *Trans. ASHRAE*, **10**, 237–241, 1964.
7. Kutateladze, S. S., *Fundamentals of Heat Transfer*, Academic Press, New York, 1963.
8. General Electric Co. (Corporate Research and Development), *Heat Transfer Data Book*, Section 502, General Electric Company, Schenectady, NY, 1973.
9. Hahne, E., and U. Grigull, *Int. J. Heat Mass Transfer*, **18**, 751–767, 1975.
10. Yovanovich, M. M., in W. M. Rohsenow, J. P. Hartnett, and Y. I. Cho, Eds., *Handbook of Heat Transfer*, McGraw-Hill, New York, 1998, pp. 3.1–3.73.
11. Gerald, C. F., and P. O. Wheatley, *Applied Numerical Analysis*, Pearson Education, Upper Saddle River, NJ, 1998.
12. Hoffman, J. D., *Numerical Methods for Engineers and Scientists*, McGraw-Hill, New York, 1992.

연습문제 *Problems*

엄밀해

4.1 2차원 정상상태 전도에 대한 변수분리 방법(4.2절)에서 식 (4.6) 및 (4.7)의 분리상수 λ^2은 양의 상수이어야 한다. λ^2이 음의 상수이거나 0이면 주어진 경계조건을 만족시키지 못한다는 것을 보이라.

4.2 2차원의 직사각 평판이 주어진 경계조건 하에 있다. 4.2절에서 제시된 열방정식의 엄밀해의 결과를 이용하되, 계산해야 하는 무한급수의 처음 다섯 항을 고려하여 중앙점 (1, 0.5)에서의 온도를 계산하라. 무한급수의 처음 세 항만을 사용함으로써 초래되는 오차를 산정하라. 온도분포 $T(x, 0.5)$와 $T(1.0, y)$를 도시하라.

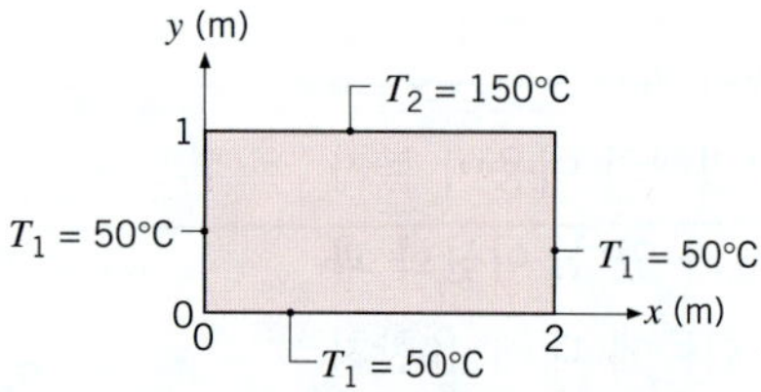

4.3 연습문제 4.2의 2차원 직사각형 평판의 열전도율이 50 W/m·K 라고 생각하자. 온도분포의 엄밀해를 구한 다음, 아랫면($0 \le x \le 2$, $y = 0$)을 따라 평판의 단위두께당 열전달률에 대한 식을 유도하라. 무한급수에서 처음 다섯 개의 0이 아닌 항들을 고려하여 열전달률을 구하라.

4.4 2차원 직사각형 평판이 그림에 표시된 경계조건들을 가진다. 정상상태 온도분포 $T(x, y)$와 $0 \le x \le a$에서 정상상태 열유속 분포 $q''(x, y = b)$에 대한 식을 유도하라.

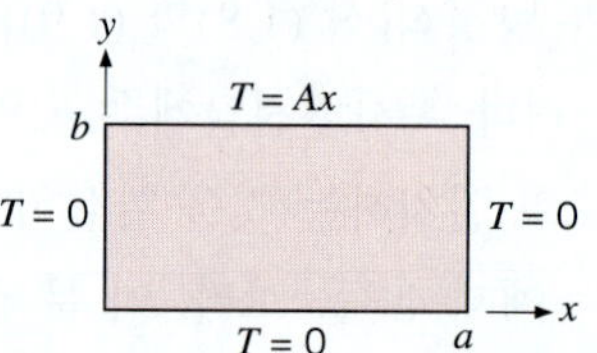

4.5 2차원 사각 평판이 3면은 일정한 온도 경계조건이고 위 표면은 균일한 열유속 조건이다. 4.2절의 일반적인 접근을 사용하여 평판에서의 온도분포식을 유도하라.

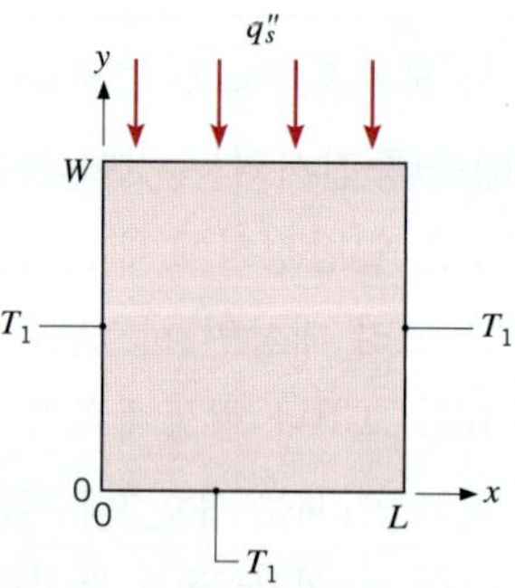

형상계수 및 무차원 전도 열전달률

4.6 자유대류열전달은 때때로 식 (4.20)의 $q_{conv} = Sk_{eff}\,\Delta T_{1-2}$로 정량화된다. 여기서 k_{eff}는 유효 열전도율이다. k_{eff}/k 비율은 점선으로 표시한 유선으로 보이는 바와 같이 부력에 의해 유도된 유체 유동 때문에 1보다 더 크다.

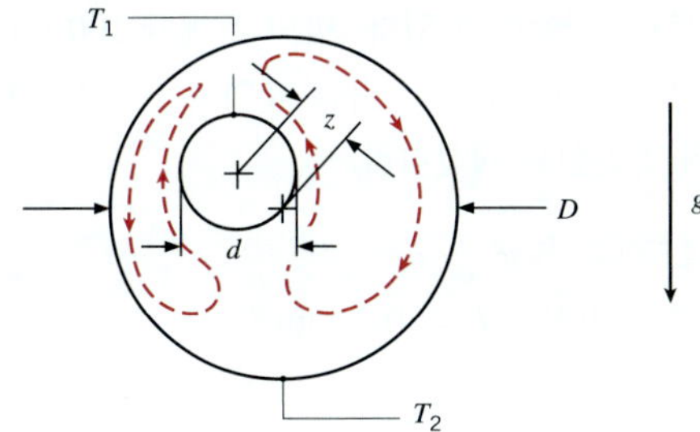

그림과 같이 구성된 실험에서 표면온도 $T_1 = 50°C$이고 $T_2 = 20°C$일 때 단위 길이당 열전달률이 $q'_{conv} = 89$ W/m이다. 실린더의 안지름과 바깥지름은 각각 $d = 20$ mm과 $D = 60$ mm이고 편심도 $z = 10$ mm일 때, k_{eff} 값을 구하라. 유체의 실제 열전도율은 $k = 0.27$ W/m·K이다.

4.7 $W = L$인 정사각형 횡단면을 갖는 평판의 경우에 대하여 연습문제 4.5를 고려한다.

(a) $q = S_{max}\,k(T_{2,max} - T_1)$와 같이 윗 표면의 최고온도와 관련된 형상계수 S_{max}에 대한 식을 유도하라. 여기서 $T_{2,max}$는 $y = W$에서의 최대 온도이다.

(b) $q = S_{avg}k(\overline{T}_2 - T_1)$와 같이 윗 표면의 평균온도와 관련된 형상계수 Savg에 대한 식을 유도하라. 여기서 $\overline{T}_2$는 $y = W$에서의 평균온도이다.

(c) $y = W$에서의 최고 및 평균온도를 결정하기 위해 사용될 수 있는 형상계수를 구하라. $T_1 = 0°C$, $L = W = 10$ mm, $k = 20$ W/m·K 및 $q''_s = 1000$ W/m^{2}일 때 최고 및 평균온도를 구하라.

4.8 방사성 폐기물이 임시로 구형의 용기에 저장되었으며, 이 용기는 그 중심이 지표면 아래 10 m 되는 곳에 묻혀 있다. 용기의 바깥지름은 2 m이며, 방사성 물질의 자연붕괴 결과 500 W의 열량이 방출된다. 만일 지표면의 온도가 20°C라면, 정상상태 조건하에서 용기의 바깥 표면온도는 얼마인가? 축척에 알맞도록 그려진 땅–용기 시스템의 개략도에 대표적인 등온선과 열유선을 나타내라.

4.9 표 4.1b에서 경우 12~15에 대한 무차원 전도 열전달률을 근거로 하여 온도 T_2인 반무한 매질의 표면에 위치한 온도 T_1의 다음 물체에 대한 형상계수를 구하라. 반무한 매질의 표면은 단열되어 있다.

(a) 표면과 같은 높이로 묻힌 반구.

(b) 표면 위에 있는 원판(disk), 이 결과를 표 4.1a의 경우 10과 비교하라.

(c) 표면 위에 있는 사각형.

(d) 표면과 같은 높이로 묻힌 직육면체.

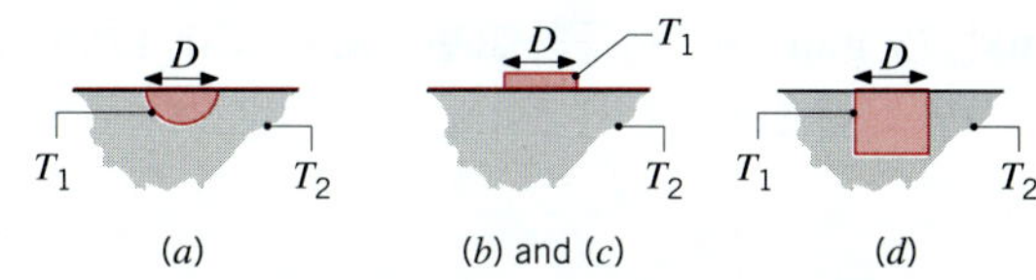

4.10 지름 $D = 80$ mm이고 표면온도는 각각 $T_1 = 300.1$ K와 $T_2 = 299.9$ K인 두 입자 사이에서의 열전달률을 구하라. 입자들은 접촉되어 있고 주위는 공기에 의해 둘러싸여 있다.

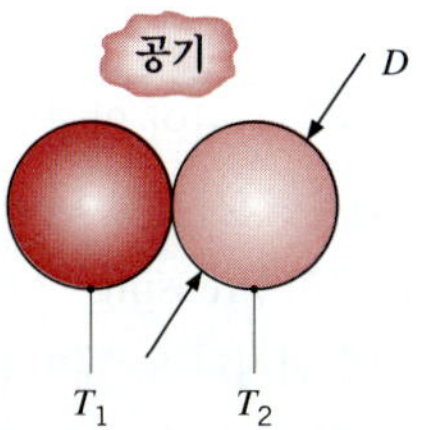

4.11 개략도에 나타낸 것과 같이 한 2차원 물제의 왼쪽과 오른쪽 표면이 등온 조건으로 되어 있다. 양쪽 경사 표면들은 단열이고 물체의 깊이 $L = 100$ mm이다.

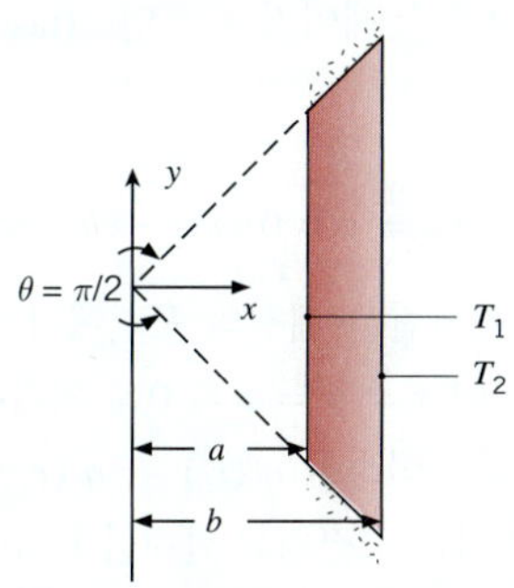

(a) $a = 10$ mm, $b = 12$ mm인 물체에 대한 2차원 형상계수를 구하라.

(b) $a = 10$ mm, $b = 15$ mm인 물체에 대한 2차원 형상계수를 구하라.

(c) (a)와 (b)에서 형상계수를 구하기 위하여 3.2절의 대체적(alternative) 전도 해석 방법을 사용하라. (a)와 (b)에서 구한 값과 대체적 전도 해석에서의 대략적인 형상계수 값을 비교하라.

(d) $T_1 = 100°C$와 $T_2 = 60°C$일 때 (a)와 (b)에서 $k = 15$ W/m·K인 경우 단위깊이당 열전달률을 구하라.

4.12 길이가 80 mm이고 지름이 4 mm인 전기가열기가 열전도율이 15 W/m·K인 재료로 만들어진 큰 블록(block)의 표면에 수직으로 뚫린 구멍에 삽입되어 있다. 블록의 표면온도가 25°C일 때 가열기가 200 W의 열을 내면, 가열기에 의해 올릴 수 있는 온도는 얼마인가?

4.13 간격이 0.5 m 떨어진 두 개의 평행한 파이프라인이 열전도율 0.5 W/m·K인 땅에 묻혀 있다. 관들의 바깥지름은 각각 100

mm와 75 mm이며, 이들의 표면온도는 각각 175°C와 5°C이다. 두 파이프라인들 사이의 단위 길이당 열전달률을 계산하라.

4.14 표면온도가 85°C인 지름 50 mm의 관이 아래 및 위 표면온도가 20°C인 두께 0.2 m의 콘크리트 슬랩(slab)의 중심평면에 묻혀 있다. 도표로 제시된 관계식을 이용하여 이 형상에 대해 적절한 형상계수를 구하라. 관의 단위 길이당 열전달률을 구하라.

4.15 450 K의 가압된 수증기가 벽이 얇고 지름이 0.5 m인 긴 관을 통해 흐르고 있다. 관은 정사각형 단면을 가지며 한 모서리가 1.5 m인 콘크리트 케이싱(casing)으로 둘러싸여 있다. 관의 축은 케이싱의 중심에 위치하며, 케이싱의 외부 표면은 300 K로 유지되어 있다. 관의 단위 길이당 열손실은 얼마인가?

4.16 레이저가 조사되는 재질 내의 온도분포는 조사를 받는 재질의 물성치와 레이저 빔의 동력, 크기 및 형상에 의해 결정된다. 빔 형상은 전형적인 가우시안(Gaussian) 분포이고, 국부 빔 조사 열유속[종종 레이저 플루언스(laser fluence)라 부름]은 다음과 같다.

$$q''(x, y) = q''(x = y = 0)\exp(-x/r_b)^2\exp(-y/r_b)^2$$

x 및 y 좌표는 조사받은 재질의 표면에서 중요한 위치를 결정한다. 빔의 중심이 $x = y = r = 0$에 위치하는 경우를 고려한다. 빔은 국부 플루언스가 $q''(r_b) = q''(r = 0)/e \approx 0.368q''(r = 0)$인 방사 위치로서 정의된 반지름 r_b를 갖는 특징이 있다.

가우시안 가열에 대한 형상계수는 $S = 2\pi^{1/2}r_b$이다. 여기서 S는 $T_{1,\max} - T_2$의 항으로 정의된다.[Nissin, Y. I., A. Lietoila R. G. Gold, and J. F. Gibbons. J. *Appl. Phys*., **51**, 274, 1980.] $r_b = 0.1$ mm 및 동력 $P = 1$ W를 갖는 가우시안 빔에 의해 열전도율 $k = 27$ W/m·K과 흡수율 $\alpha = 0.45$인 재질의 조사와 관련된 최대 정상상태 표면온도를 계산하라. 조사가 같은 지름과 동력의 원형 빔으로부터 오지만 균일한 플루언스(fluence)(플랫 빔: a flat beam)의 특징이 있는 경우 발생할 수 있는 최대 온도와 비교하라. 또한 균일한 플루언스 경우에 대한 조사 표면의 평균온도를 계산하라. 조사점으로부터 먼 곳의 온도는 $T_2 = 25$°C이다.

4.17 85°C의 뜨거운 물이 지름이 30 mm인 얇은 벽의 구리 관을 통하여 흐른다. 이 관은 35°C로 유지되며 지름이 120 mm인, 편심된 원통형 셸로 둘러싸여 있다. 관과 셸의 중심 사이의 떨어진 거리로 정의되는 편심도는 20 mm이다. 관과 셸 사이의 공간은 열전도율이 0.05 W/m·K인 단열재로 채워져 있다. 관의 단위 길이당 열손실을 계산하고, 그 결과를 이들을 동심으로 배치하였을 때의 열손실과 비교하라.

4.18 외부의 크기가 0.70 m인 정육면체의 노(furnace)가 내화벽돌(내화점토)로 만들어져 있다. 벽의 두께가 100 mm이고, 안쪽 표면의 온도가 620°C이고 바깥 표면의 온도가 40°C일 때, 노로부터의 열손실을 계산하라.

열회로에 의한 형상계수

4.19 어떤 이중 유리창이 $L = 0.2$ mm의 간극으로 분리된 두 장의 유리 판으로 구성된다. 간극은 진공이므로 이를 통한 전도와 대류는 무시한다. 각각의 유리 판을 통한 압력차에 의해 부과되는 응력으로 인하여 유리가 깨지지 않게 하기 위하여 길이 $L = 0.2$ mm, 지름 $D = 0.15$ mm인 작은 원형 기둥(pillar)이 유리 시트 사이에 삽입되어 있다. 기둥과 판 사이에는 접촉저항 $R''_{t,c} = 1.5 \times 10^{-6}$ m^2·K/W이 존재한다. 유리 온도가 $T_1 = 20$°C와 $T_2 = 210$°C일 때 개별적인 AISI 302 스테인리스강 기둥을 통한 전도 열전달량을 구하라.

4.20 원유 수송에 사용되는 송유관은 그 중심선이 지표면 아래로 3 m 되는 곳에 매설되어 있다. 관의 바깥지름은 1 m이고, 두께 200 mm인 한 겹의 다공질 유리(cellular glass)로 단열되어 있다. 110°C로 가열된 기름이 관을 통해 흐르고 지표면의 온도가 −10°C일 때, 관의 단위 길이당 열손실은 얼마인가?

4.21 긴 전력 수송용 케이블을 2 m의 깊이(지면으로부터 케이블 중심선까지의 거리)로 매설하였다. 케이블은 지름이 0.1 m인 박관(thin-walled pipe) 속에 들어 있고, 케이블을 **초전도**(superconducting, 전력 소산이 전혀 없음)가 되게 하기 위하여 케이블과 관 사이의 공간을 77 K의 액체질소로 채워 두었다. 만약 관이 두께 0.05 m의 초단열재($k_i = 0.005$ W/m·K)로 싸여 있고 땅($k_g = 1.2$ W/m·K) 표면의 온도가 300 K이면, 관의 단위 길이에 대하여 저온(cryogenic) 냉동기에 의해 유지되어야 할 냉각부하는 W/m 단위로 얼마인가?

4.22 물체의 표면온도를 측정하기 위해 한 작은 장치를 사용한다. 지름 $D = 120$ μm의 열전대 비드(bead)가 표면으로부터 $z = 100$ μm 떨어진 곳에 위치해 있다. 큰 조종장치(manipulator)에 의해 지름 $d = 25$ μm, 길이 $L = 300$ μm인 두 개의 열전대 와이어가 고정되어 있다. 조종장치의 온도는 $T_m = 23$°C이다.

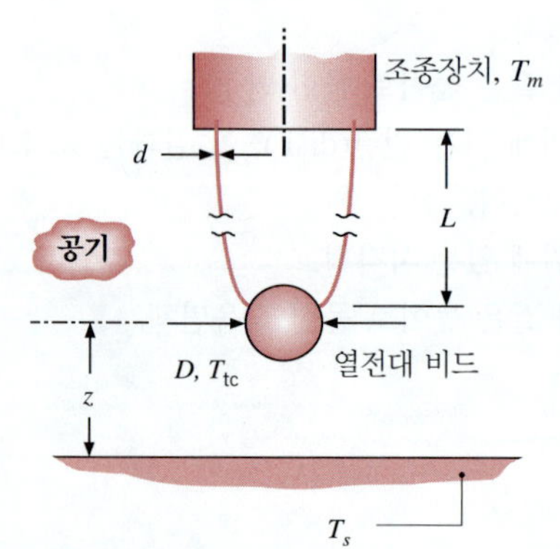

열전대가 온도 T_{tc} = 29°C를 기록한다면, 표면온도는 몇 °C인가? 크로멜(chromel)과 알루멜(alumel) 열전대 와이어의 열전도율은 각각 k_{Ch} = 19 W/m·K와 k_{Al} = 29 W/m·K이다. 복사와 대류 효과는 무시한다.

4.23 두 개의 두꺼운 벽이 두께 L의 진공 간극으로 나뉘어져 있다. 벽들 사이에는 직경 D의 원통이 존재하고 모든 벽들은 고도로 연마되어 있다(낮은 방사율). 원통으로부터 멀리 떨어져 있는 벽들의 온도는 $T_{b,1}$과 $T_{b,2}$이다.

(a) 열저항 회로도를 도시하라.

(b) $T_{b,1}$과 $T_{b,2}$ 사이의 전도를 고려하여 형상계수 S에 관한 식을 유도하라.

(c) D = 0.01 m, L = 0.5 m, k = 23 W/m·K일 때 형상계수값을 결정하라.

4.24 고온 유체가 두께 L_B = 7.5 mm인 덮개판(B)과 불충분하게 접촉하고 있는 두께 L_A = 30 mm의 주철재 압반(cast iron platen)(A)의 원형 채널을 통과하고 있다. 채널은 지름 D = 15 mm이고 중심선 사이의 거리가 L_o = 60 mm이다. 재료들의 열전도율들은 k_A = 20 W/m·K, k_B = 75 W/m·K이며 두 재료들 사이의 접촉저항은 $R''_{t,c} = 2.0 \times 10^{-4}$ m²·K/W이다. 고온 유체는 온도가 T_i = 150°C이고, 대류열전달계수가 1000 W/m²·K이다. 덮개판은 대류열전달계수가 200 W/m²·K이며 T_∞ = 25°C의 주위 공기에 노출되어 있다. 채널과 압반 위아래 표면 사이의 형상계수는 4.25이다.

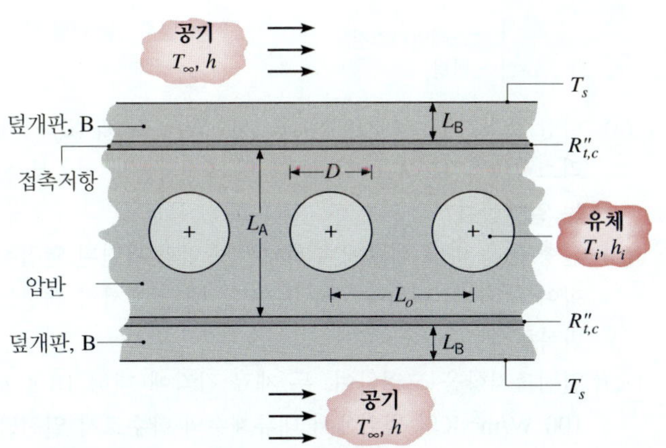

(a) 지면에 수직 방향으로 단위 길이당 단일 채널로부터의 열전달률 q_i'을 구하라.

(b) 덮개판의 바깥 표면온도 T_s를 구하라.

(c) 중심선 사이의 간격변화가 q_i'과 T_s에 미치는 영향에 대하여 평가하라. 아랫면을 절연하는 것이 q_i'과 T_s에 어떠한 영향을 미치는가?

4.25 알루미늄 히트싱크(k = 240 W/m·K)가 내부의 폭이 w = 25 mm인 정사각 채널들로 구성된 전자 칩 배열을 냉각시키는 데 사용된다. 이 채널들을 통해서는 액체가 흘러 균일한 표면온도 T_1 = 20°C를 유지한다고 가정한다. 채널의 바깥쪽 폭과 길이는 각각 W = 40 mm, L = 160 mm이다.

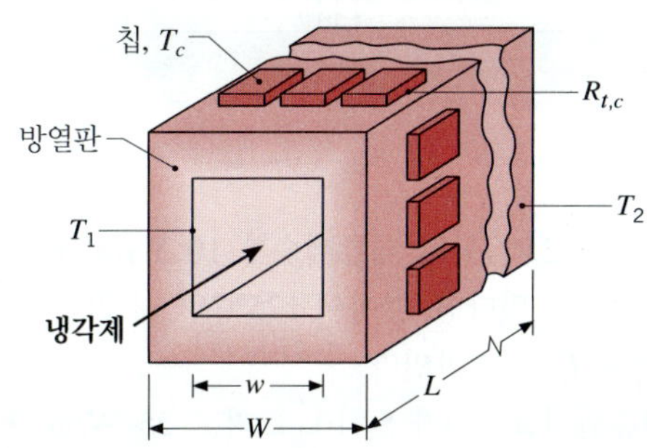

만일 히트싱크 외부 표면에 부착된 N = 120개의 칩들이 근사적으로 일정한 표면온도 T_2 = 50°C를 유지하며, 칩들로부터 방출되는 모든 열들이 냉각수로 전달된다면, 칩당 열방출량은 얼마인가? 만일 각 칩과 히트싱크 사이의 접촉저항이 $R_{t,c}$ = 0.2 K/W이면, 칩의 온도는 얼마인가?

4.26 열병합발전소로부터 온수가 지름 D = 150 mm인 강관을 통해 상업적 및 산업적 사용자들에게로 보내지는데, 각 관들은 정사각 단면을 갖는(w = 300 mm) 콘크리트(k = 1.4 W/m·K)의 중심에 놓여진다. 콘크리트의 외벽은 온도 T_∞ = 0°C, h = 25 W/m²·K인 대기에 노출되어 있다.

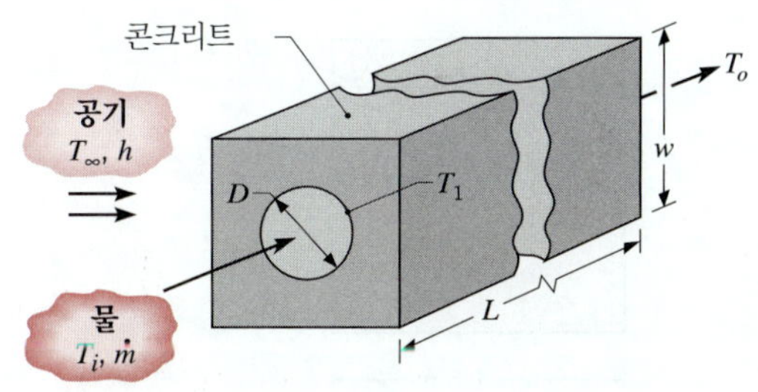

(a) 만일 관을 통해 흐르는 물의 입구온도가 T_i = 90°C라면, 입구 주위의 관 단위 길이당 열손실은 얼마인가? 관의 온도 T_1은 입구의 물 온도와 같다고 가정한다.

(b) 100 m 길이의 관을 통해 흐르는 물의 입구와 출구 온도차가 5°C를 넘지 않는다면, 최소 허용유량 $\dot{m}$은 얼마인가? 물의 비열로는 c = 4207 J/kg·K를 사용해도 좋다.

4.27 지름이 1 mm인 긴 콘스탄탄 와이어(constantan wire)가 큰 구리 블록의 표면에 맞대기 용접되어 열전대 접점을 형성하고 있다. 이 와이어는 확장표면(fin)과 같은 역할을 하여 표면에서의 열이 흐르게 하므로, 감지부위의 온도 T_j가 블록의 온도 T_o보다 낮아지게 하고 있다.

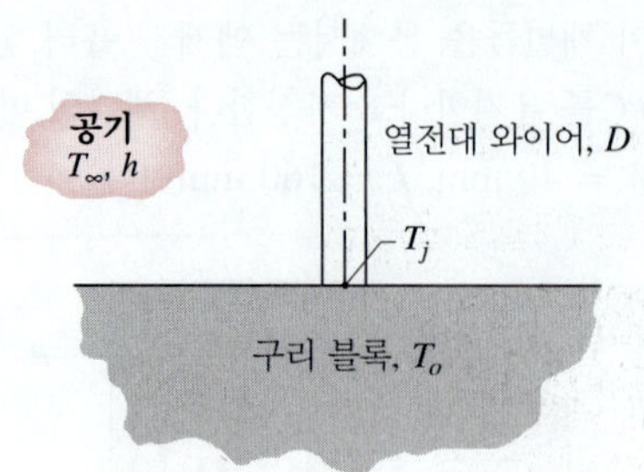

(a) 온도가 25°C이고 대류계수가 10 W/m²·K인 공기 중에 와이어가 있다면, 블록이 125°C일 때 열전대의 측정오차 $(T_j - T_o)$는 얼마인가?

(b) 대류열전달계수가 5, 10, 그리고 25 W/m²·K의 값들을 가질 때, 블록 재료의 열전도율 15~400 W/m·K의 범위에 대하여 이의 함수로서 측정오차를 도시하라. 작은 지름의 와이어를 사용하는 것은 어떠한 환경조건에서 유리한가?

4.28 한 변이 $w = 1.5$ m인 정사각 단면의 고체 블록의 중심을 통해 지름 $D = 0.375$ m의 구멍을 뚫었다. 블록의 구멍 길이 $\lambda = 4$ m이고 블록의 열전도율은 $k = 27$ W/m·K이다. 바깥 표면은 $T_{\infty,2} = 25$°C 및 $h_2 = 4$ W/m²·K인 주위 공기에 노출되어 있고, $T_{\infty,1} = 300$°C 및 $h_1 = 50$ W/m²·K인 고온 오일이 구멍을 통해 흐른다. 대응하는 열전달률과 표면온도를 구하라.

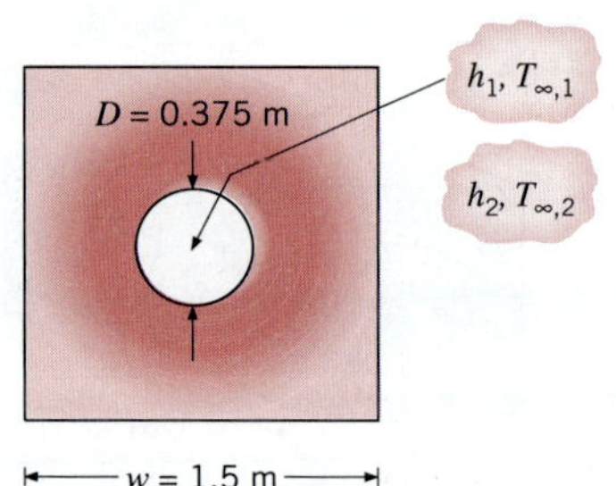

4.29 이글루(igloo)가 내부 반지름이 1.8 m이고 눈(snow)으로 다져진 두께가 0.5 m인 벽으로 된 반구 형상으로 만들어졌다. 이글루 내부에서는 표면 열전달계수가 6 W/m²·K이며 외부에서는 보통의 바람 조건하에서 열전달계수가 15 W/m²·K이다. 다져진 눈의 열전도율은 0.15 W/m·K이다. 이글루가 자리 잡고 있는 빙원(氷原, ice cap)의 온도는 −20°C이고 열전도율은 다져진 눈의 것과 같다.

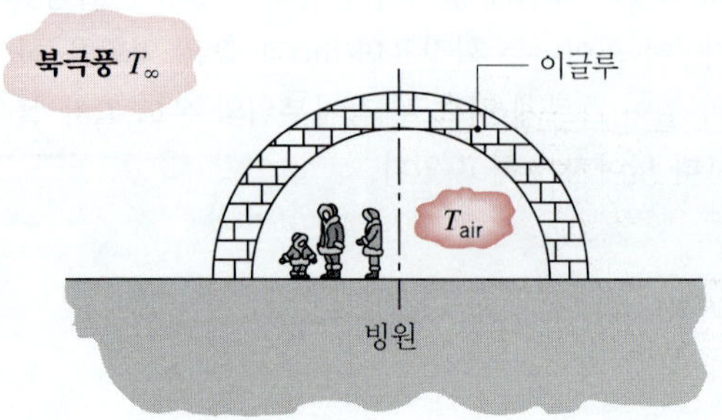

(a) 거주자의 체열이 이글루 속에서 320 W의 연속적인 열원을 공급한다고 가정하여 외부 공기온도가 $T_\infty = -40$°C일 때 내부 공기온도를 계산하라. 이글루의 바닥을 통한 열손실을 반드시 고려하라.

(b) 위 (a)에서의 열회로를 이용하여 어느 변수들이 내부 공기온도에 중대한 영향을 미치는가를 결정하기 위한 매개변수의 민감도 분석(sensitivity analysis)을 수행하라. 예를 들어 풍속이 매우 빠른 조건에서는 바깥쪽 대류계수가 두 배 또는 세 배가 될 수도 있다. 벽 두께를 반 또는 두 배로 하여 이글루를 짓는 것이 의미가 있는가?

4.30 3장에서 휜(fin)이 바탕(base) 재료에 부착되어 있을 때는 항상 휜 바탕온도가 변하지 않는다고 가정하였다. 실제로는 만약 바탕 재료의 온도가 유체온도를 초과할 때, 휜을 부착하면 접점온도 T_j가 바탕의 원래 온도보다 낮아지고, 바탕 재료로부터 휜으로의 열유동은 2차원이다. 접합부로부터 훨씬 먼 곳에서 $T_b = 100$°C로 유지된 바탕재료에 지름 $D = 5$ mm의 긴 알루미늄 핀형 휜(pin fin)이 부착되어 있는 경우에 대한 조건들을 생각하자. 휜의 대류조건은 $h = 50$ W/m²·K, $T_\infty = 25$°C이다.

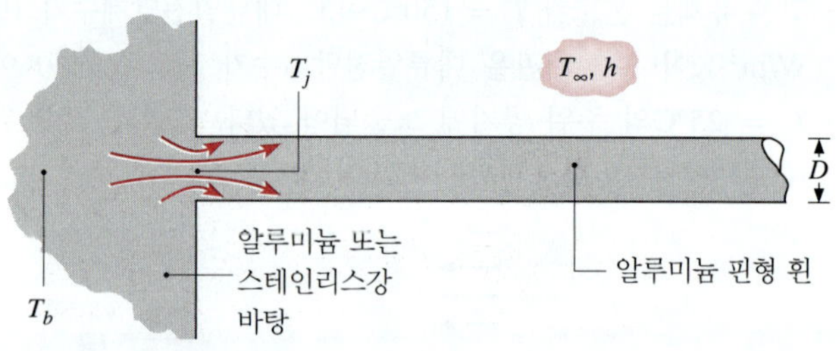

(a) 바탕 재료가 (i) 알루미늄($k = 240$ W/m·K)과 (ii) 스테인리스강($k = 15$ W/m·K)일 때 휜 열전달률과 접합부 온도는 얼마인가?

(b) 핀형 휜을 바탕 재료에 부착하는 방법과 관련된 열접촉저항이 $R''_{t,j} = 3 \times 10^{-5}$ m²·K/W일 때 앞에서의 계산들을 반복하라.

(c) 열접촉저항을 고려하여, 두 재료 각각에 대해 $10 \le h \le 100$ W/m²·K의 범위에서 대류계수의 함수로서 열전달률을 도시하라.

4.31 직경 $D = 10$ mm이고 온도 $T_1 = 100$°C인 원통이 $w = 11$ mm로 압출 코팅된 베이클라이트 중앙에 존재한다. 대기온도 $T_\infty = 25$°C이고 베이클라이트 바깥 표면 대류열전달계수 $h = 100$ W/m²·K이다. 원통의 단위 길이당 열전달률을 구하라. $10 \text{ mm} \le w \le 100$ mm에서 길이당 열전달률을 도시하라. 그래프를 입증하기 위해 베이클라이트 두께에 대한 열전달률의 의존도를 설명하라. 또한, 원통으로부터의 열전달을 최대화하는 임계값 w에 대한 식을 유도하라.

4.32 공기 히터의 요소가 지름 D의 긴 원형 막대들로 구성되어 있으며, 이들을 휜이 부착된 슬리브(sleeve)에 삽입하고 여기서 열에너지는 전기저항에 의해 발생한다. 두께가 t이고 길이가 L인 N개의 휜이 폭 w인 사각 슬리브와 일체형으로 제작된다. 정상상태 작동조건에서 열에너지 발생률은 슬리브를 지나는 공기로의 열전달률과 일치한다.

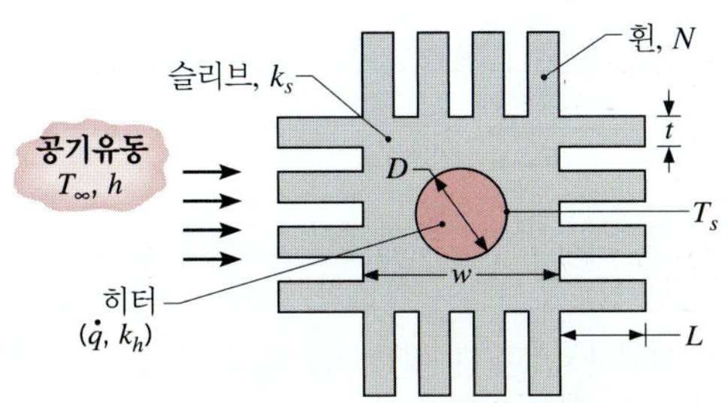

(a) 히터 둘레에서 균일한 표면온도 T_s가 유지되고 공기 유동의 온도 T_∞와 대류열전달계수 h가 알려져 있는 조건에서, 단위 길이당 공기로의 열전달률을 구하는 식을 구하라. $T_s = 300°C$, $D = 20$ mm, 알루미늄 슬리브($k_s = 240$ W/m·K), $w = 40$ mm, $N = 16$, $t = 4$ mm, $L = 20$ mm, $T_\infty = 50°C$ 그리고 $h = 500$ W/m^2·K일 때 열전달률을 계산하라.

(b) 앞에서의 열전달률과 열전도율 $k_h = 400$ W/m·K인 구리 히터에 대해, 요구되는 히터 내부의 체적 열발생률과 이에 해당하는 중심선에서의 온도는 얼마인가?

(c) 다른 모든 것들이 변하지 않을 때, 휜의 매개변수들(N, L, t)의 변화가 열전달률에 미치는 영향을 검토하라. 단, 휜의 두께와 휜 사이의 간격은 2 mm 미만으로 될 수는 없다.

4.33 큰 기판(substrate)에 부착된 작은 열원에서, 기판 내 다차원 열전도에 관한 분산(spread) 저항은 아래 식으로 근사화할 수 있다. (Yovanovich, M. M. and V. W. Antonetti, *Adv.Thermal Modeling Elec. Comp. and Systems*, Vol. 1, A.Bar-Cohen and A. D. Kraus, Eds., Hemisphere, NY, 79-128, 1988.)

$$R_{t(\text{sp})} = \frac{1 - 1.410\,A_r + 0.344\,A_r^3 + 0.043\,A_r^5 + 0.034\,A_r^7}{4k_{\text{sub}}A_{s,h}^{1/2}}$$

여기서 $A_r = A_{s,h}/A_{s,\text{sub}}$은 기판 면적에 대한 열원의 면적비이다. 이 식을 한 면의 폭 $L_h = 5$ mm이고 피치가 $S_h = 10$ mm인 정사각 칩들의 정렬 배열에 적용할 것을 고려하라. 칩들과 열전도율 $k_{\text{sub}} = 80$ W/m·K인 기판의 경계면은 열접촉저항 $R''_{t,c} = 0.5 \times 10^{-4}$ m^2·K/W로 특성을 나타낼 수 있다.

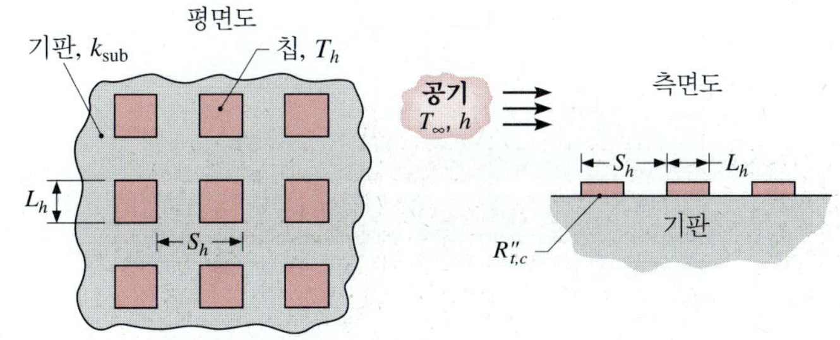

칩과 기판 위를 지나는 공기유동($T_\infty = 15°C$)에 관한 대류열전달계수가 $h = 100$ W/m^2·K라면, 칩의 온도가 $T_h = 85°C$를 초과하지 않기 위해 허용 가능한 칩의 방열률은 얼마인가?

유한차분 방정식: 유도

4.34 표 4.2의 2번 절점배열을 고려하여, 다음 경우에 대하여 정상상태 조건들에서의 유한차분 방정식들을 유도하라.

(a) 내부 코너의 수평 경계는 완전히 단열되어 있고, 수직 경계에서는 대류과정(T_∞, h)이 일어난다.

(b) 내부 코너의 양쪽 경계가 완전히 단열되어 있다. 이 결과는 식 (4.41)과 어떻게 비교되는가?

4.35 표 4.2의 4번 절점배열을 고려하여 다음 경우들에 대하여 정상상태 조건들에서의 유한차분 방정식을 유도하라.

(a) 외부 코너의 위쪽 경계는 완전히 단열되어 있고, 측면 경계는 대류과정(T_∞, h) 하에 있다.

(b) 외부 코너의 양쪽 경계가 완전히 단열되어 있다. 이 결과는 식 (4.43)과 어떻게 비교되는가?

4.36 수치적인 방법의 장점 중 하나는 복잡한 경계조건을 처리하는 능력이다. 아래 그림에서 경계조건이 절점 (m, n)의 위치에서 규정된 열유속 q''_s에서 대류열전달로 변경된다. 이 절점에서 정상상태 2차원 유한차분 방정식을 구하라.

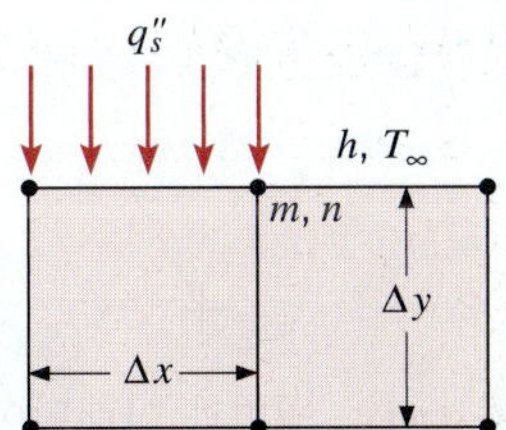

4.37 서로 다른 두 재료가 접한 검사체적과 관련된 전도에 대하여 $q_{(m-1,n)\to(m,n)}$, $q_{(m+1,n)\to(m,n)}$, $q_{(m,n+1)\to(m,n)}$ 및 $q_{(m,n-1)\to(m,n)}$에 대한 표현을 구하라. 두 재료 사이의 경계면에서의 접촉저항은 없다. 검사체적은 도면에 수직으로 길이 L이다. 절점 (m, n)에 대한 정상상태 조건에서 유한차분 방정식을 구하라.

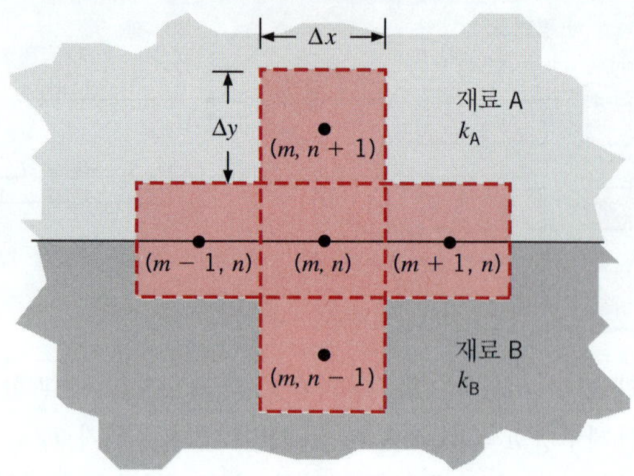

4.38 체적당 열발생이 있는 정상상태 조건에서 1차원 (반지름 방향) 원통형 좌표계에서의 열전달을 고려하자.

(a) 임의의 내부 절점 m에 대한 유한차분 방정식을 유도하라.

(b) 대류과정(T_∞, h)에 놓인 외부 경계에 위치한 절점 n에 대한 유한차분 방정식을 유도하라.

4.39 2차원 원통형 배열에서 절점의 반지름 방향 간격(Δr)과 원주 방향 간격($\Delta\phi$)이 균일하다. $r = r_i$에 있는 경계의 온도는 T_i로 균일하다. 그림에서와 같이 반지름 방향의 한쪽 경계는 단열되어 있고, 한쪽 표면은 (T_∞, h)의 대류에 노출되어 있다. (i) 절점 2, (ii) 절점 3, (iii) 절점 1에 대한 유한차분 방정식들을 유도하라.

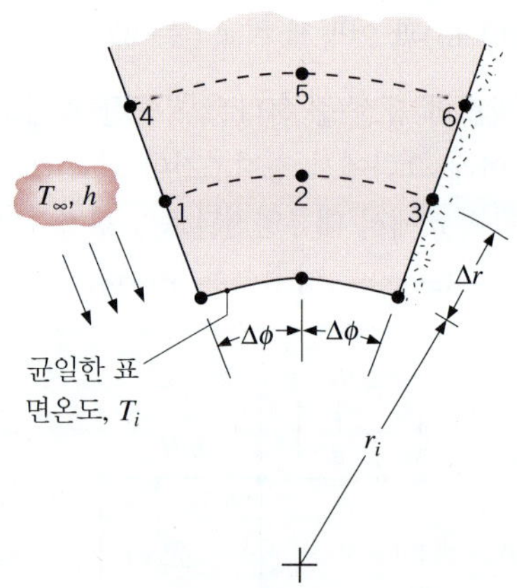

4.40 어떤 버스바(bus bar)의 윗면과 아랫면이 $h_u \neq h_l$로서 T_∞인 공기에 의하여 대류로 냉각되고 있다. 측면들은 열접촉저항 $R''_{t,c}$에 의하여 온도 T_o인 히트싱크와 접촉을 유지함으로써 냉각되고 있다. 버스바의 열전도율은 k이며, 그 폭은 두께 L의 두 배이다.

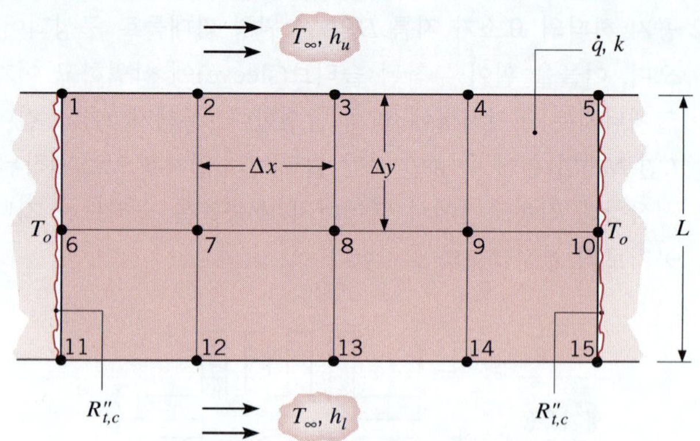

전류의 통과로 인하여 단위체적당 $\dot{q}$율로 균일하게 열이 발생하는 정상상태 조건을 생각하자. 에너지평형법을 사용하여 절점 1과 절점 13에 대한 유한차분 방정식들을 유도하라.

4.41 다음의 절점배열에 대한 절점의 유한차분 방정식들을 유도하라.

(a) 유체온도 T_∞와 열전달계수가 h인 대류에 놓인 대각선 경계 위의 절점 (m, n). 단, $\Delta x = \Delta y$라 가정하라.

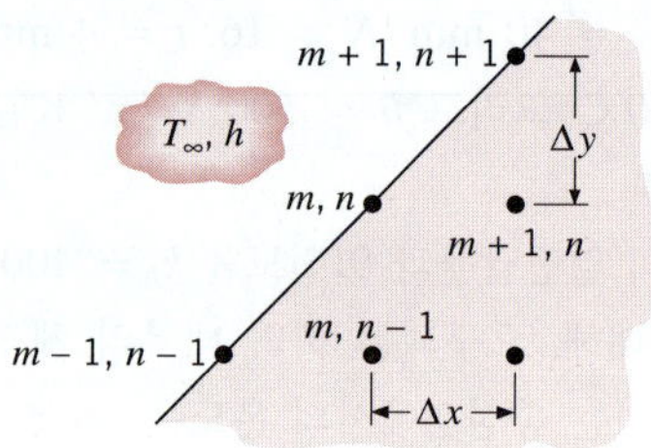

(b) 윗면이 일정한 열유속 q''_o에 노출되어 있고, 대각선 표면의 열전달계수가 h이며, 온도가 T_∞인 유체로서 대류 냉각 과정에 노출된 절삭공구의 팁(tip)에서의 절점 (m, n). 단, $\Delta x = \Delta y$로 가정하라.

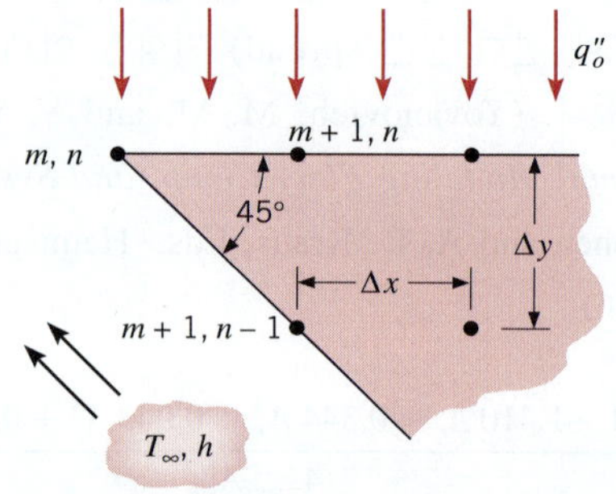

4.42 팁(tip) 각도가 60°인 문제 4.41의 절삭 공구를 고려하여 절점 (m, n)에서의 절점의 유한차분 방정식을 유도하라.

4.43 열전도율이 k인 계에 대해 내부 열발생이 없는 정상상태 조건을 나타내는 2차원 격자($\Delta x = \Delta y$)를 생각하자. 경계들 중 하나는 일정온도 T_s이고 나머지 경계면들은 모두 단열되어 있다.

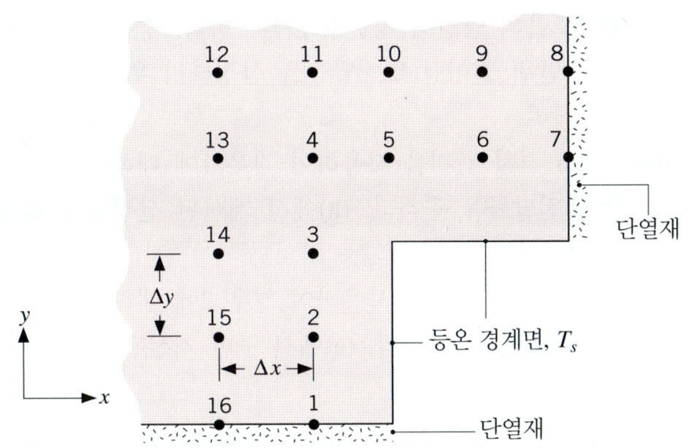

등온 경계면(T_s)을 통과하는 지면에 수직 방향으로 단위 길이당 열전달률에 대한 식을 유도하라.

4.44 균일한 단면적을 가진 1차원 휜의 끝(tip), $x = L$(표 3.4, 경우 B 참소)이 난열뇌어 있는 경우를 생각하사. 열선날계수 h 및 열전도율 k는 물론 휜의 바탕(base)에서의 온도 T_b와 인접한 유체의 온도 T_∞가 알려져 있다.

(a) 임의의 내부 절점 m에 대한 유한차분 방정식을 유도하라.

(b) 단열된 휜 끝에 위치한 절점 n에 대한 유한차분 방정식을 유도하라.

유한차분 방정식: 해석

4.45 내부 열발생이 없으며 아래와 같은 절점온도들을 갖는 2차원 계에 대한 절망조직을 생각하자. 격자간격이 125 mm이고, 재료의 열전도율이 50 W/m·K일 때 등온면(T_s)으로부터 지면에 수직 방향으로 단위 길이당 열전달률을 계산하라.

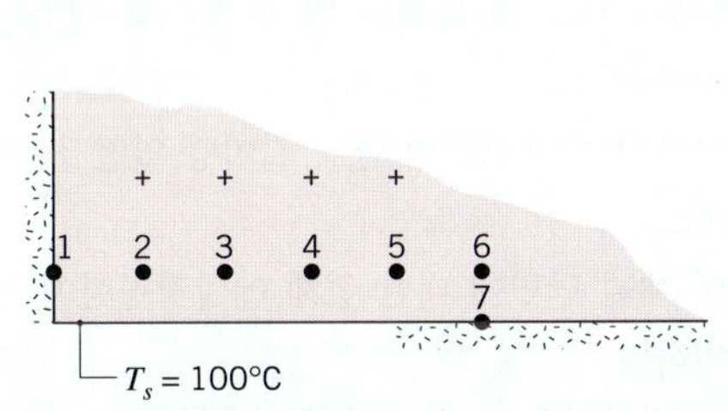

Node	T_i (°C)
1	120.55
2	120.64
3	121.29
4	123.89
5	134.57
6	150.49
7	147.14

4.46 어떤 고대의 신화에서는 군인들이 선체 위에서 광택을 낸 청동 방패로 햇빛을 반사시켜 배를 불타게 해서 나무배를 파괴한 방법을 묘사하고 있다. 신화의 타당성을 시험하기 위해 대학생 그룹이 거울을 이용하여 열전도율 $k = 0.8$ W/m·K, 두께 $t = 10$ mm, 면적 100 mm × 100 mm인 합판 모형에 햇빛을 반사시킨다. 모형의 밑부분에는 온도 $T_w = 20$°C인 물이 있다. 반면에 공기온도는 $T_\infty = 25$°C이고 주위온도는 $T_{sur} = 23$°C이다. 나무의 방사율은 $\varepsilon = 0.90$이다. 합판의 앞쪽과 뒤쪽의 양쪽 표면에서의 $h = 5$ W/m²·K이다. 모형의 앞쪽 표면에서 N명인 학생들의 거울로부터 흡수된 조사량은 $G_{S,N} = 70,000$ W/m²이다.

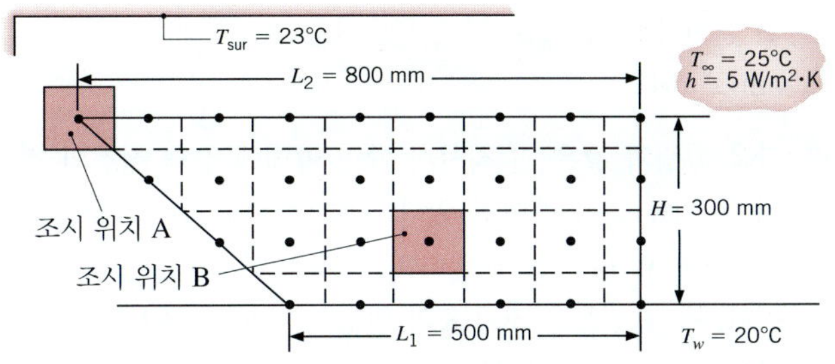

(a) 논쟁은 광선이 위치 A 또는 위치 B 중 어느 곳에 초점을 맞추어야 하는지에 관한 것이다. $\Delta x = \Delta y = 100$ mm로 유한차분 방법을 사용하고 나무를 2차원 확장된 표면을 간주하여(그림 3.17a), 위치 A 또는 위치 B에 빛을 비춘 학생들은 정상상태에서 최고 국소 온도를 결정함으로써 나무를 점화하는 데 위치 A 또는 위치 B 중 어느 위치가 더 효율적이라는 것에 대하여 다른 학생들에게 설명하라.

(b) 어떤 학생들은 스테인리스강을 녹이기 위해 같은 기술을 사용할 수 있는지에 대하여 궁금해한다. $k = 15$ W/m·K와 $\varepsilon = 0.2$인 같은 크기의 스테인리스강 모형을 고려하여 (a)를 반복하라. 흡수된 조사량 값은 (a)에서와 같다.

4.47 $L_c = \sqrt{2} \cdot 10$ mm $= 14.14$ mm인 정사각형 채널이 두께 $L_p = 40$ mm인 평판의 중앙선을 따라 등간격 $S = 25$ mm로 배열되어 있다. 고온과 저온의 유체가 채널을 따라 그림과 같이 교차하여 흐른다. 고체 평판 내 최고 및 최저 온도와 평판 단위 길이 당 열전달률을 구하라. $T_{\infty,h} = 120$°C, $T_{\infty,c} = 20$°C, $h = 40$ W/m²·K, $k = 14$ W/m·K를 갖는 총 $N = 50$개의 채널이 존재한다. $\Delta x = \Delta y = 5$이고 계산 영역은 그림에 표시되어 있다.

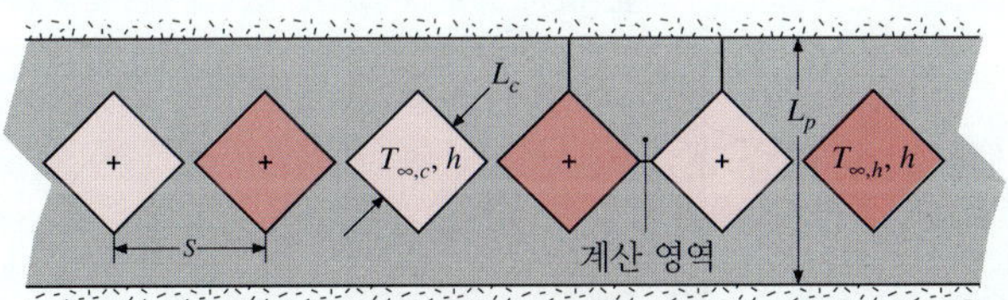

4.48 직사각 단면(20 mm × 30 mm)을 가지며 열전도율 k가 20 W/m·K인 긴 전도성 막대에서 표면들은 300 K로 유지되며 $\dot{q} = 5 \times 107$ W/m³의 균일한 열이 발생하고 있다.

(a) 격자간격 5 mm로 유한차분 방법을 사용하여 막대 내부에서의 온도분포를 구하라.

(b) 경계조건들을 변경하지 않은 채 중앙점 온도가 600 K에 도달하려면 열발생률은 얼마가 되어야 하는가?

4.49 고온의 배기가스를 통과시키는 한 굴뚝(flue)이 한 변의 길이가 300 mm인 정사각 단면을 갖는다. 벽은 두께가 150 mm이

고 열전도율이 0.85 W/m·K인 내화벽돌로 만들어져 있다. 안쪽 표면과 바깥 표면이 각각 350°C와 25°C로 유지될 때, 단위 길이당 굴뚝으로부터의 열손실을 계산하라. 격자간격은 75 mm로 하라.

4.50 다음 그림과 같은 긴 직사각 단면 막대에서 세 절점의 정상상태 온도(K)들이 주어져 있다. 막대에서의 체적당 열발생률은 5×10^7 W/m^{3}으로 균일하며, 막대의 열전도율은 20 W/m·K이다. 두 측면들은 300 K의 일정한 온도로 유지되어 있으며, 다른 측면들은 단열되어 있다.

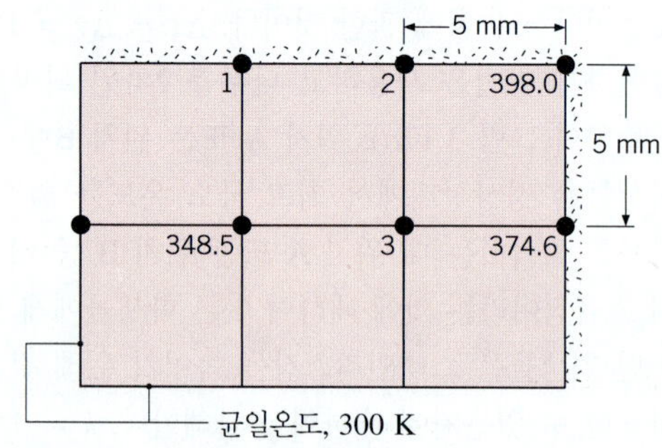

(a) 절점 1, 2 및 3에서의 온도들을 구하라.

(b) 절점의 온도들을 이용하여 막대로부터 단위 길이당 열전달률(W/m)을 계산하라. 이 결과를 체적 열발생률과 막대의 치수들을 이용해서 구한 열전달률과 비교하라.

4.51 최종 생산품에서 물성치의 공간적 분포를 확인하기 위하여 의도적으로 기능성 등급의 재료를 제조한다. L = 20 mm인 $L \times L$의 2차원 물체를 고려한다. 기능성 등급으로 명시된 재료의 열전도율 분포는 $k(x)$ = 20 W/m·K + (7070 W/m$^{5/2}$·K) $x^{3/2}$이다. 경우 1과 2로 표시된 두 세트의 경계조건이 적용된다.

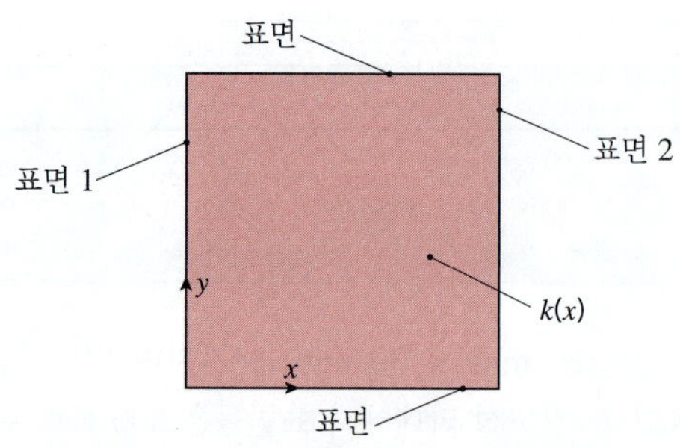

경우	표면	경계조건
1	1	T = 100°C
—	2	T = 50°C
—	3	단열
—	4	단열
2	1	단열
—	2	단열
—	3	T = 50°C
—	4	T = 100°C

(a) 열전도율의 공간적 평균값 $\bar{k}$를 구하라. 경우 1과 2에 대하여 단위 길이당 열전달률을 산정하기 위하여 이 값을 사용하라.

(b) 2 mm 격자 간격을 사용하여 경우 1에 대하여 단위깊이당 열전달률을 구하라. (a)에서 계산된 산정치와 결과치를 비교하라.

(c) 2 mm 격자 간격을 사용하여 경우 2에 대하여 단위깊이당 열전달률을 구하라. (a)에서 구한 계산된 산정치와 결과치를 비교하라.

4.52 유동 채널의 대칭부에서 선정된 절점들의 정상상태 온도들이 다음과 같이 알려져 있다: T_2 = 95.47°C, T_3 = 117.3°C, T_5 = 79.79°C, T_6 = 77.29°C, T_8 = 87.28°C 그리고 T_{10} = 77.65°C. 벽의 균일한 체적 열발생률은 $\dot{q}$ = 10^6 W/m^{3}이며, 열전도율은 k = 10 W/m·K이다. 채널의 안쪽 및 바깥쪽 표면들은 유체온도 $T_{\infty,i}$ = 50°C 및 $T_{\infty,o}$ = 25°C 그리고 대류계수 h_i = 500 W/m^2·K 및 h_o = 250 W/m^2·K 조건하에 있다.

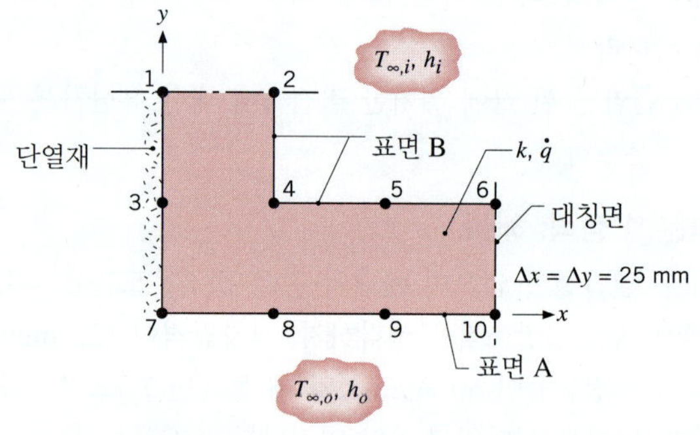

(a) 절점 1, 4, 7 및 9에서의 온도들을 구하라.

(b) 바깥 표면 A에서 인접한 유체로 단위 길이당 열전달률(W/m)을 계산하라.

(c) 내부의 유체로부터 표면 B로의 단위 길이당 열전달률(W/m)을 계산하라.

(d) 위의 결과들이 채널 단면에 대한 전체 에너지평형에 부합하는지를 증명하라.

4.53 연습문제 4.25에서 개략적으로 보인 바와 같은 알루미늄 히트싱크(k = 240 W/m·K)를 고려한다. 정사각 채널의 내부 및 외부 채널의 폭은 각각 w = 20 mm와 W = 40 mm이며, 전자칩들에 의해 외부 표면의 온도는 T_s = 50°C로 유지된다. 이 경우에 알려진 것은 내부 표면의 온도가 아니라 채널을 통해 흐르는 냉각수와 관련된 조건들(T_∞, h)이며, 채널 단위 길이당 냉각수로의 열전달률을 계산하려고 한다. 이 목적으로 채널의 대칭부 및 $\Delta x = \Delta y$ = 5 mm인 2차원 격자를 고려한다.

(a) T_∞ = 20°C이고 h = 5000 W/m^2·K인 경우, 미지의 온도 $T_1, \ldots, T_7$ 그리고 채널 단위 길이당 열전달률 q'을 구하라.

(b) 미지의 온도들과 열전달률에 대해 h의 변화가 주는 영향을 평가하라.

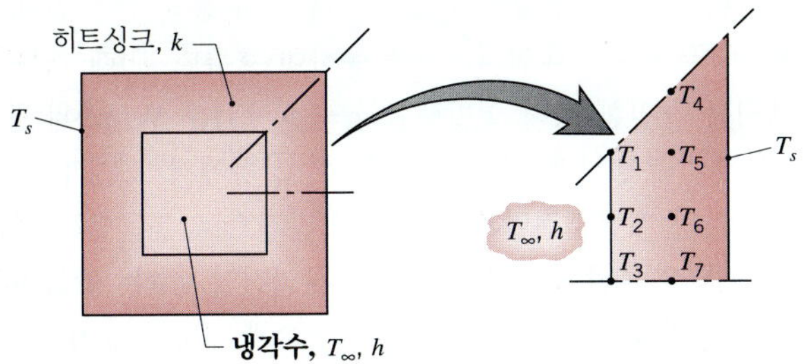

4.54 비교적 복잡한 형상 내에서의 전도는 종종 **서브도메인**(subdomain)들에 적용한 후에 이들을 연결하여 구성하면 이 책의 유한 차분 방법을 사용하여 계산할 수 있다. 직사각형과 원통형 벽 모양의 서브도메인들이 그림에서 점선으로 나타낸 공유하는 검사표면에서 연결되어 형성된 2차원 도메인(domain)을 고려하라. 점선으로 표시된 검사표면을 따라 두 개의 서브도메인에서의 온도가 동일하고, 원통벽 형 서브도메인으로의 국부 전도 열유속은 직사각형 서브도메인으로부터의 국부 전도 열유속과 동일하다는 것에 주목하라.

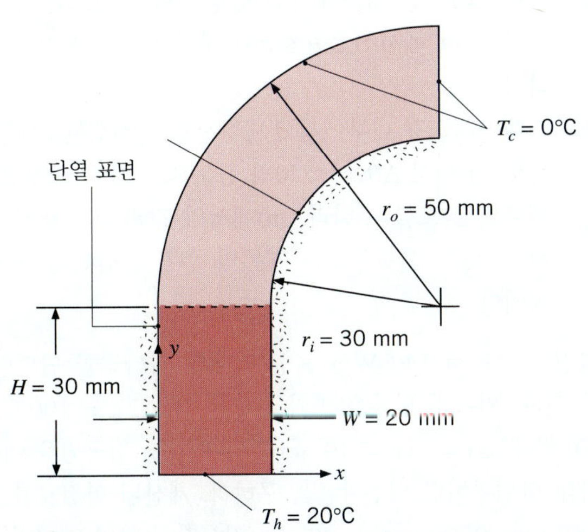

$\Delta x = \Delta y = \Delta r = 10$ mm, $\Delta\phi = \pi/8$을 사용하여 단위깊이당 열전달률 q'을 계산하라. 직사각형 서브도메인의 바닥은 $T_h = 20°C$로 유지되고, 반면에 원통벽 형 서브도메인의 수직 표면과 바깥지름 r_o에서의 표면온도는 $T_c = 0°C$이다. 나머지 표면은 단열되어 있고 열전도율은 $k = 10$ W/m·K이다.

4.55 연습문제 4.54에서 언급된 것과 비슷한 방법으로 공유하는 점선의 검사표면에서 직사각형과 반원통 모양의 서브도메인들을 붙여서 형성한 비원형 단면의 2차원 관을 고려하라. 점선으로 된 검사표면을 따라서는 두 개의 서브도메인에서의 온도가 동일하고, 반원통 모양의 서브도메인에서의 국부 전도 열유속은 직사각형 서브도메인에서의 국부 전도 열유속과 동일하다는 것에 주목하라. 도메인의 밑부분은 응축하는 수증기에 의해 $T_s = 100°C$로 유지되고, 흐르는 유체의 온도와 대류열전달계수는 그림에 나타냈다. 나머지 표면은 단열되어 있고 열전도율은 $k = 15$ W/m·K이다.

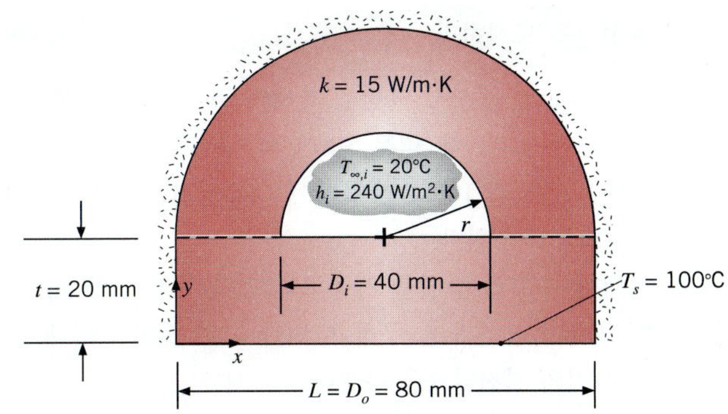

$\Delta x = \Delta y = \Delta r = 10$ mm와 $\Delta\phi = \pi/8$을 이용하여 관의 단위 길이당 열전달률 q'을 구하라. 힌트: 대칭성을 활용하여 전체 도메인의 절반만 고려하라.

4.56 열전도율이 1.5 W/m·K인 2차원 계에서 선택된 몇 개의 절점들의 정상상태 온도(°C)들이 다음의 격자에 표시되어 있다.

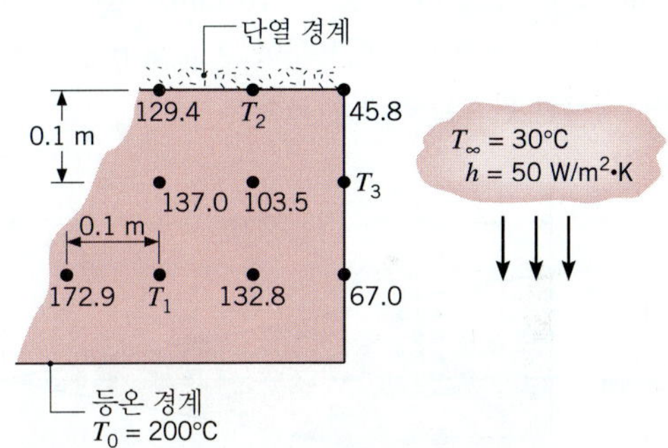

(a) 절점 1, 2 및 3에서의 온도를 구하라.

(b) 지면에 수직 방향으로 단위 길이당 계로부터 유체로의 열전달률을 계산하라.

4.57 다음과 같이 표면온도들이 주어진 정사각 단면에서 2차원 정상상태 전도를 고려하라.

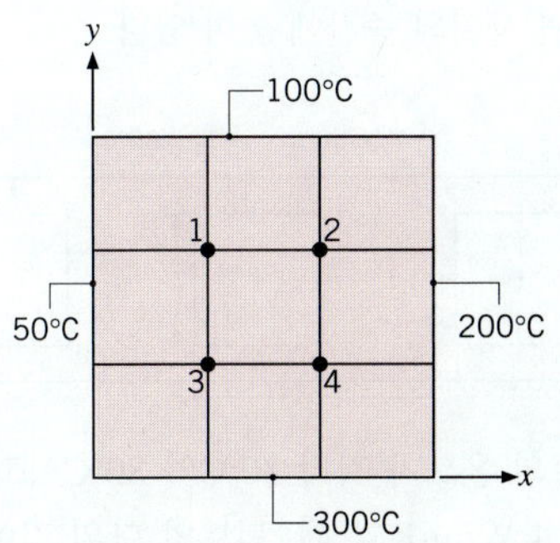

(a) 절점 1, 2, 3 및 4에서의 온도를 구하라. 중앙점에서의 온도를 산정하라.

(b) 격자의 간격을 1/2로 축소하여 위의 그림에 대응하는 절점들의 온도를 구하라. 구한 결과를 성긴 격자를 이용했을 때의 결과와 비교하라.

(c) 촘촘한 격자를 사용한 결과로부터 75, 150 및 250°C 등온선들을 도시하라.

4.58 한 변이 0.8 m인 정사각 단면을 가지며 열전도율이 2 W/m·K인 긴 막대가 있다. 세 면은 300°C의 균일한 온도로 유지된다. 네 면은 온도가 100°C인 유체에 대류열전달계수가 10 W/m²·K로 노출되어 있다.

(a) 적절한 수치적 방법을 사용하되 격자간격을 0.2 m로 하여, 중심점의 온도를 구하고, 막대 단위 길이당 막대와 유체 사이의 열전달률을 구하라.

(b) 격자간격을 1/2로 축소하여 중앙점 온도와 열전달률을 구하라. 유체에 노출된 표면을 지나는 온도분포를 도시하라. 또 200 및 250°C 등온선들을 작도하라.

4.59 길이 L = 50 mm, 바탕 두께 t = 20 mm의 2차원 직선 삼각형 휜을 고려하자. 휜의 열전도율은 k = 25 W/m·K이다. 바탕 온도는 T_b = 50°C이고 휜은 h = 50 W/m·K, T_∞ = 20°C의 대류 조건에 노출된다. Δx = 10 mm와 Δy = 2 mm의 유한차분 격자와 대칭성을 이용하여 휜효율 η_f를 구하라. 그림 3.19에 제시된 휜효율 값과 비교하라.

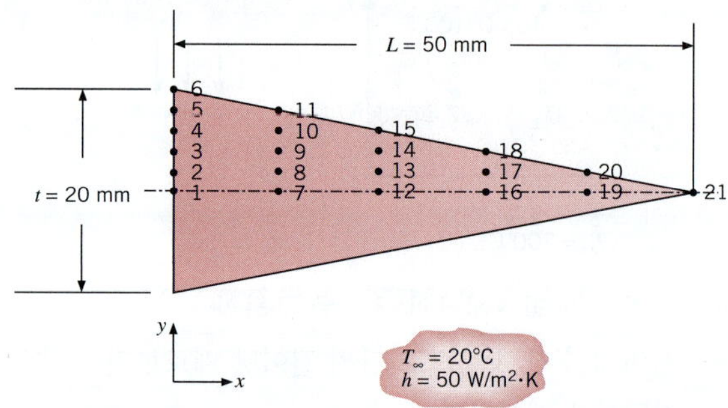

4.60 큰 표면적을 가열하는 통상적인 구조는 표면 아래에 있는 직사각 덕트들을 통해 따뜻한 공기를 흘리는 것이다. 덕트는 정사각형이며, 방 공기에 노출되어 있는 위 표면과 단열되어 있는 아래 표면 사이의 중간에 놓여 있다.

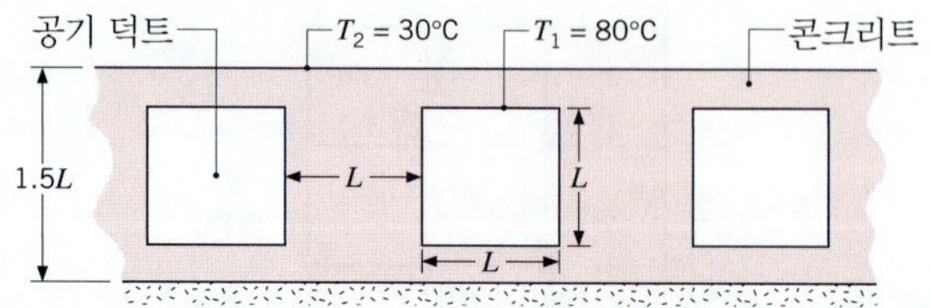

바닥과 덕트의 온도가 각각 30°C와 80°C이고, 콘크리트의 열전도율이 1.4 W/m·K일 때, 덕트의 단위 길이당 각 덕트로부터의 열전달률을 계산하라. $\Delta x = 2\Delta y$인 격자간격을 사용하라. 여기서 $\Delta y = 0.125L$이고, L = 150 mm이다.

4.61 지름 Δ = 25 mm의 긴 고체 원통이 매우 얇고(t = 50 μm), 열전도율 k = 25 W/m·K인 고도로 연마된 금속 피복으로 덮힌 단열 코어로 구성되어 있다. 전류는 원통의 한쪽 끝에서 다른 쪽 끝으로 스테인리스강을 통하여 흐른다. 이때 피복 내부에서는 균일한 체적 열발생률 $\dot{q} = 5 \times 10^6$ W/m³이 생긴다. 6장에서 분명하게 될 것이지만, 이 상황에서 표면과 공기 사이에서의 대류열전달계수 값은 공간적으로 불균일하다. 실험상의 공기 유선 조건에 대해서 대류열전달계수는 각도 θ에 따라 다음과 같이 변한다. $0 \le \theta < \pi/2$에 대하여 $h(\theta) = 26 + 0.637\theta - 8.92\theta^2$이고 $\pi/2 \le \theta \le \pi$에 대하여 $h(\theta) = 5$이다.

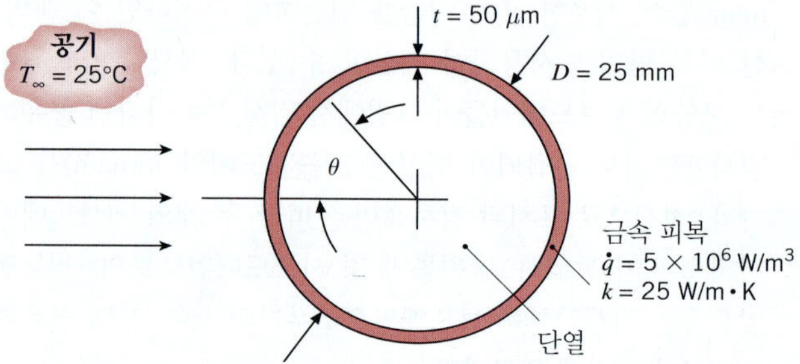

(a) 스테인리스강 내부에서 θ 방향으로의 전도를 무시하고, T_∞ = 25°C에서 $0 \le \theta \le \pi$에 대한 온도분포 $T(\theta)$를 도시하라.

(b) 스테인리스강 내부에서 θ 방향으로의 전도를 고려하여, $0 \le \theta \le \pi$에서 $\Delta\theta = \pi/20$의 증분으로 하여 스테인리스강 내부의 온도를 구하라. (a)에서의 값과 온도분포를 비교하라. 힌트: 온도분포는 원통의 수평 중심선에 대하여 대칭이다.

4.62 열전도율 k = 140 W/m·K인 막대의 사다리꼴 단면이 그림과 같다. 왼쪽과 오른쪽 면의 온도는 각각 T_h = 100°C, T_c = 0°C이다. $\Delta x = \Delta y$ = 10 mm인 유한차분 접근법을 이용하여 막대 단위길이당 열전달률을 구하라. 계산된 열전달률을 높이가 20 mm인 20 mm × 30 mm 직사각형 단면 막대의 열전달률과 비교하라.

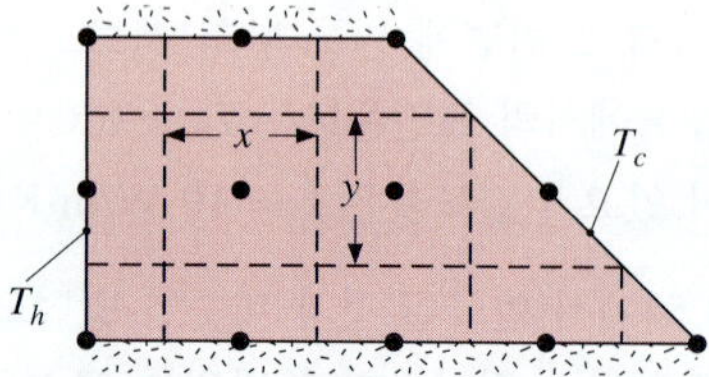

4.63 극히 작은 구멍들의 패턴을 갖는 두께 0.25 mm의 한 얇은 금속 박판이 이온빔(ion beam)의 전압을 제어하기 위한 가속격자(acceleration grid)로서 사용된다. 이와 같은 격자는 반도체의 제조를 위한 화학적 증기증착(CVD: chemical vapor deposition) 과정에 사용된다. 격자의 위 표면은 이온빔의 흡수에 의

하여 일어나는 균일한 열유속 $q_s'' = 600\ W/m^2$에 노출되어 있다. 박판의 가장자리는 300 K로 유지되는 수냉식 싱크(sink)와 열적으로 결합되어 있다. 박판의 위 표면과 아래 표면은 300 K로 유지되고 있는 진공 밀폐공간 벽들과 복사교환을 한다. 박판의 유효 열전도율은 40 W/m·K이고 방사율은 0.45이다.

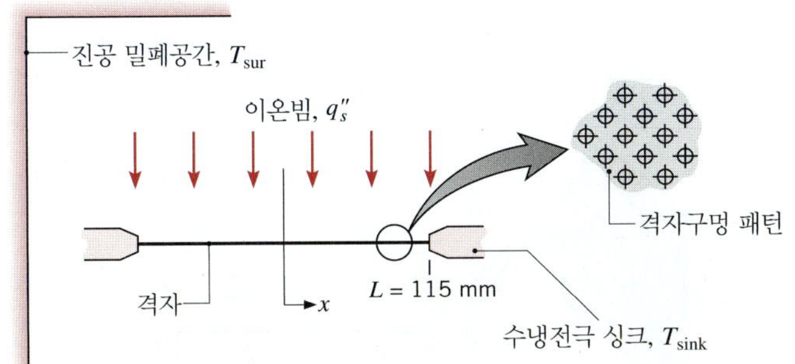

1차원 전도로 가정하고 격자를 x 방향으로의 10개의 절점들로 나타낸 유한차분법을 사용하여, 격자에 대한 온도분포를 계산하라. 힌트: 에너지평형을 요구하는 각 절점에 대하여 식 (1.9)로 계산된 복사계수 h_r로 선형화된 형태의 복사율 방정식인 식 (1.8)을 사용하라.

4.64 0.4 m × 0.6 m인 직사각 횡단면을 가지며 열전도율이 1.5 W/m·K인 긴 막대가 다음 그림과 같은 경계조건들에 놓여 있다.

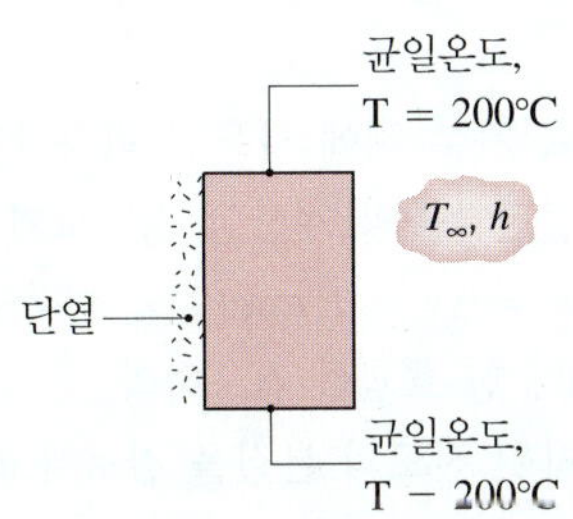

두 측면은 200°C의 균일한 온도로 유지된다. 한 측면은 단열되어 있으며, 나머지 측면은 $T_\infty = 30°C$, $h = 50\ W/m^2 \cdot K$인 대류과정을 겪는다. 격자간격을 0.1 m로 하고 적절한 수치적 방법을 사용하여, 막대 안의 온도분포와 막대의 단위 길이당 막대와 유체 사이의 열전달률을 구하라.

4.65 그루브(groove)들이 포함되어 있는 평판의 위 표면이 $T_1 = 200°C$의 균일한 온도로 유지되고 있다. 아래 표면은 $T_2 = 20°C$이며, 열전도율은 15 W/m·K이고, 그루브 간격(w)은 0.16 m이다.

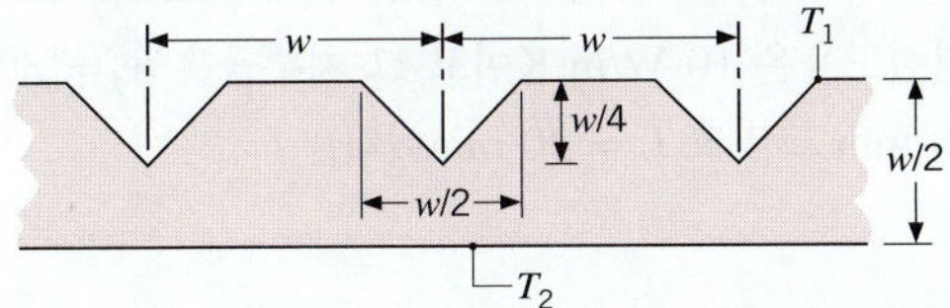

(a) $\Delta x = \Delta y = 40$ mm의 격자 크기로 유한차분법을 사용하여 미지의 절점온도들을 구하고, 한 그루브 간격의 폭(w)당 그리고 지면에 수직 방향으로 단위 길이당 열전달률을 계산하라.

(b) $\Delta x = \Delta y = 10$ mm의 격자 크기로 앞에서의 계산을 반복하여 온도장과 열전달률을 구하라. 또한 아래 표면이 균일한 온도 T_2가 아니라 $T_\infty = 20°C$인 유체에 노출되어 있는 조건을 고려하자. $\Delta x = \Delta y = 10$ mm로 $h \to \infty$인 경우는 물론, $h = 5$, 200 및 1000 $W/m^2 \cdot K$의 값들에 대하여 온도장과 열전달률을 구하라.

4.66 연습문제 4.2의 2차원 직사각 평판을 고려하자. $\Delta x = \Delta y = 0.25$ m로 적절한 수치적 방법을 사용하여 중앙점 (1, 0.5)에서의 온도를 구하라.

4.67 D와 L이 각각 벽의 깊이와 두께일 때 $D > L/5$인 인접하는 벽들의 모서리를 통한 전도에 대한 형상계수가 표 4.1에 나타나 있다. 모서리의 2차원적 대칭요소가 그림의 (a)에 나와 있는데, 이는 대각선 대칭 단열선과 온도분포가 T_1과 T_2 사이에서 선형적이라고 가정된 벽 두께의 한 부분에 의하여 둘러싸여 있다.

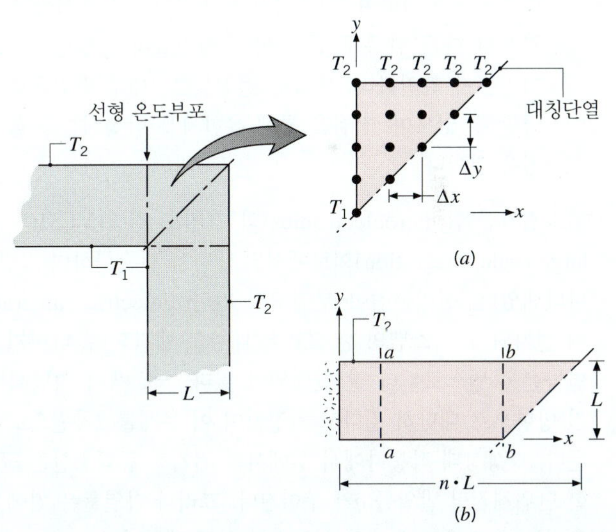

(a) $L = 40$ mm로 그림 (a)의 절망조직을 사용하여 $T_1 = 100°C$와 $T_2 = 0°C$인 경우에 대하여 이 요소 내의 온도분포를 구하라. $k = 1$ W/m·K인 경우 단위깊이($D = 1$ m)당 열전달률을 산정하라. 모서리에 대한 대응하는 형상계수를 결정하고, 그 결과를 표 4.1의 것과 비교하라.

(b) $n = 1$ 또는 $n = 1.5$의 값을 선택하여 그림 (b)의 사다리꼴에 대한 절망조직을 만들고, 이에 대한 온도장을 구하라. 횡단면 $a-a$ 및 $b-b$를 가로질러 선형적인 온도분포를 가정하는 것에 대한 타당성을 평가하라.

4.68 어떤 긴 삼각형 막대의 대각선은 잘 단열되어 있고, 같은 길이의 모서리들은 균일한 온도 T_a와 T_b로 유지되고 있다.

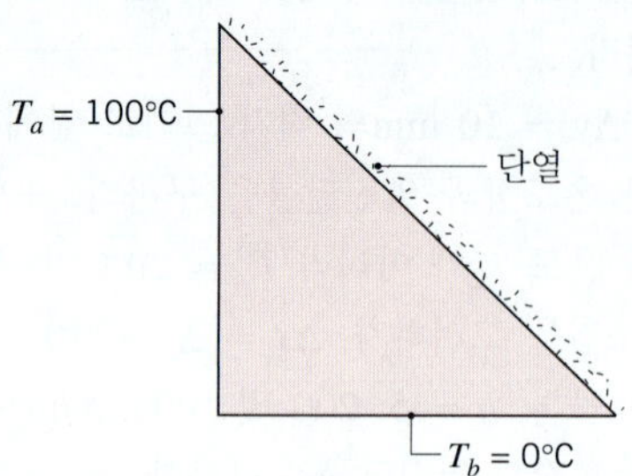

(a) 각 모서리를 따라서 다섯 개의 절점들을 배치한 절망조직을 만들라. 대각선 표면 위의 한 절점에 대하여 적합한 검사체적을 정의하고 이에 대응하는 유한차분 방정식들을 유도하라. 대각선 절점에 대해 이 식을 사용하고, 내부 절점들에 대해서는 적절한 방정식을 사용하여 막대에 대한 온도분포를 구하라. 축척에 의해 그린 형상의 도면 위에 25, 50 및 75°C 등온선들을 나타내라.

(b) 단열된 대각선 표면이 대칭면이라는 것을 인식하면, 대각선 절점에 대한 유한차분 방정식을 얻기 위한 대체적이면서도 간단한 과정을 도출할 수 있다. 정방형 5 × 5의 절망조직을 고려하여 그 대각선을 대칭선으로 표시하자. 대각선의 다른 한쪽에 있는 어느 절점들이 동일한 온도를 가지는지 확인하라. 대각선 절점들을 '내부'절점들로 취급할 수 있으며, 점검을 통해 유한차분 방정식들을 쓸 수 있을 것이다.

4.69 미소전자공학(microelectronics)의 고밀도 집적(VLSI: very large scale integration)회로에서의 냉각을 단순화하여 그림에 나타내었다. 실리콘칩이 부전도성 기판(dielectric substrate)에 설치되어, 시스템의 한 표면은 대류로 냉각되며, 나머지 표면들은 주변으로부터 잘 단열되어 있다. 시스템이 지면에 수직 방향으로 대단히 길다고 가정하여 이 문제를 2차원으로 다룬다. 정상상태 작동하에서 칩에서의 전기적 동력소산은 균일한 단위체적당 발열률 $\dot{q}$가 주어진다. 그러나 가열률은 칩에 허용되는 최고 온도에 대한 제약으로 인해 제한된다.

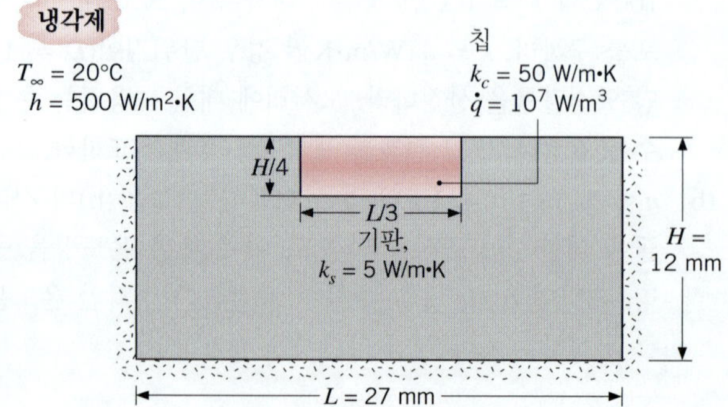

그림에 표시된 조건들에 대하여, 칩에서의 최고 온도가 산업규격으로 정해진 허용 최고 작동온도인 85°C를 초과할 것인가? 제안되는 격자간격은 3 mm이다.

4.70 평판(k = 10 W/m·K)이 길이 L = 8 mm와 폭 w = 4 mm의 직사각 횡단면을 갖는 일련의 길이 방향 립(rib)에 의하여 보강되어 있다. 평판의 바탕은 균일한 온도 T_b = 45°C로 유지되는 한편, 립 표면은 T_∞ = 25°C의 온도와 h = 600 W/m²·K의 대류계수를 가지는 공기에 노출되어 있다.

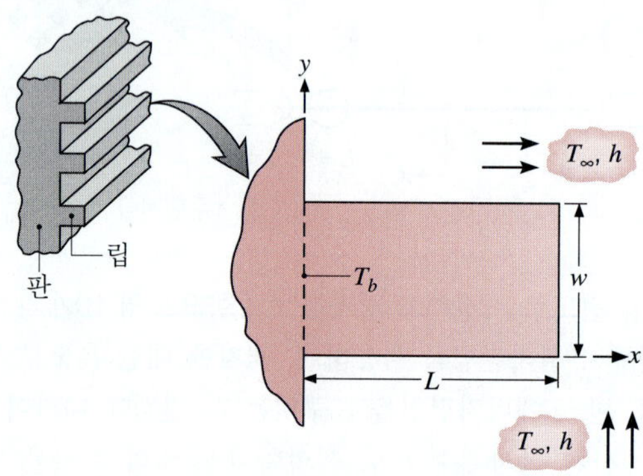

(a) $\Delta x = \Delta y$ = 2 mm일 때 총 5 × 3의 절점들 및 영역들로 유한차분법을 사용하여 온도분포와 바탕으로부터의 열전달률을 계산하라. 이 결과를 립에서의 열전달을 1차원으로 가정함으로써 휜의 거동을 근사화하여 얻은 결과와 비교하라.

(b) 앞에서의 유한차분 해에 사용된 격자간격은 성긴 것이어서 온도와 열전달률의 계산상 정밀도가 좋지 않았다. 절점간격을 $\Delta x = \Delta y$ = 1 mm(9 × 3 격자)로 감소시켜 격자를 조밀하게 한 효과를 검토하라.

(c) 립에서의 2차원 전도의 본질을 검토하고 1차원 근사화가 합리적일 수 있는 기준을 결정하라. 이것은 유한차분 해석을 연장하여, 길이 L은 일정하게 유지하면서 $1.5 \le L/w \le 10$의 범위에 대해 바탕으로부터의 열전달률을 립 길이의 함수로 계산함으로써 수행할 수 있다. 이 결과를 립을 휜으로 근사화하여 계산한 것과 비교하라.

4.71 노의 지붕(furnace roof)을 지지하고 있는 아이빔(I-beam)의 아래쪽 반이 가열 구역 안으로 연장되어 있다. 웹(web)은 잘 단열되어 있지만, 플랜지(flange) 표면은 T_∞ = 400°C이고, 대류계수가 h = 150 W/m²·K인 고온 기체에 의하여 대류가 일어난다. 웹을 가로지르는 온도분포가 T_w = 100°C로 균일하다고 가정하여 플랜지 구역(그림 a)의 대칭요소를 고려하자. 빔의 열전도율은 10 W/m·K이고 그 치수들은 w_f = 80 mm, w_w = 30 mm 그리고 L = 30 mm이다.

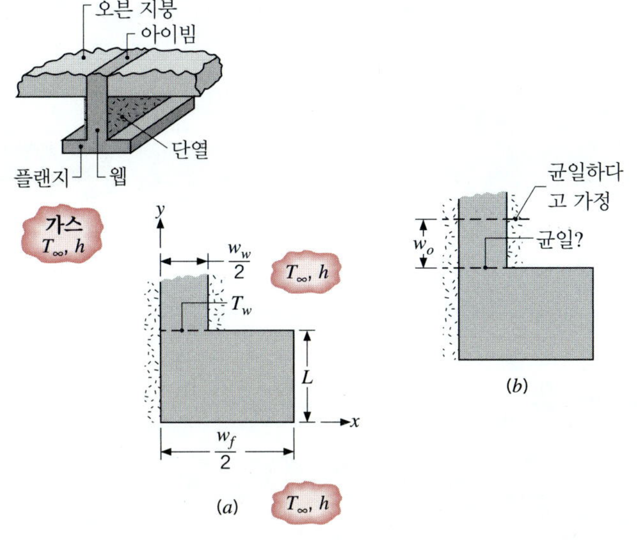

(a) 5 × 4의 절망조직을 사용하여 단위 길이당 빔으로의 열전달률을 계산하라.

(b) 웹–플랜지 경계면을 가로질러 온도분포가 균일하다고 가정하는 것이 합리적인가? 그림 (*b*)의 L자 형상 영역을 고려하고 조밀한 격자를 사용하여 웹–플랜지 계면을 지나는 온도분포를 구하라. 단, 거리는 $w_o \geq w_w/2$가 되도록 하라.

4.72 긴 사다리꼴 막대의 두 표면온도들은 균일하며, 나머지 표면들은 잘 단열되어 있다. 재료의 열전도율이 20 W/m·K일 때, 유한차분법을 사용하여 막대의 단위 길이당 열전달률을 구하라. 간격증분을 10 mm로 하여 Gauss-Seidel 방법을 사용하라.

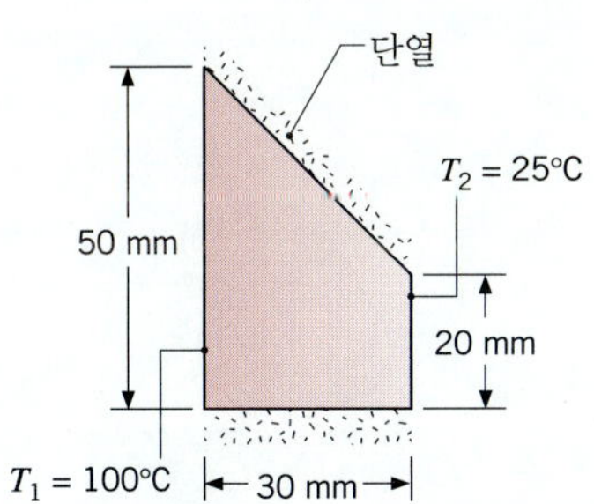

4.73 지름이 작으며 50 W/m(그림에 수직 방향으로의 길이)를 소산하는 전기 가열요소가 열전도율 2 W/m·K의 세라믹 평판을 가열하기 위해 사용된다. 평판의 위 표면은 30°C의 주위 공기에 대류계수 100 W/m²·K로 노출되어 있으며, 아래 표면은 잘 단열되어 있다.

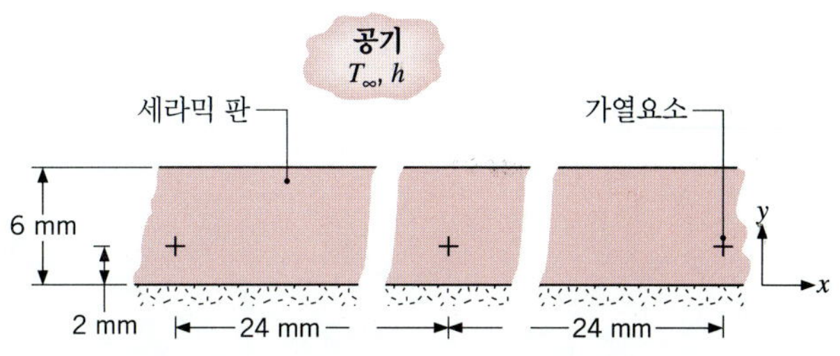

(a) Δx = 6 mm와 Δy = 2 mm의 격자간격으로 Gauss-Seidel 방법을 사용하여 평판 내부의 온도분포를 구하라.

(b) 계산된 절점온도들을 사용하여 평판에서의 온도분포를 예시하기 위하여 네 개의 등온선들을 스케치하라.

(c) 평판으로부터 유체로 대류에 의한 열손실을 계산하라. 이 값과 요소의 열소산율을 비교하라.

(d) 이 경우에 대하여 $\Delta x = \Delta y$로 하지 않아서 얻는 이점이 있다면 무엇이겠는가?

(e) $\Delta x = \Delta y$ = 2 mm로 평판 내의 온도장과 평판으로부터의 열전달률을 계산하라. 어떤 경우에도 평판 내 임의의 위치에서 온도가 400°C를 초과해서는 안 된다. 만일 공기 유동이 단절되고 h = 10 W/m²·K인 자연대류에 의해 공기로의 열전달이 일어난다면 이 한계를 초과할 것인가?

CHAPTER 05

과도 열전도

Transient Conduction

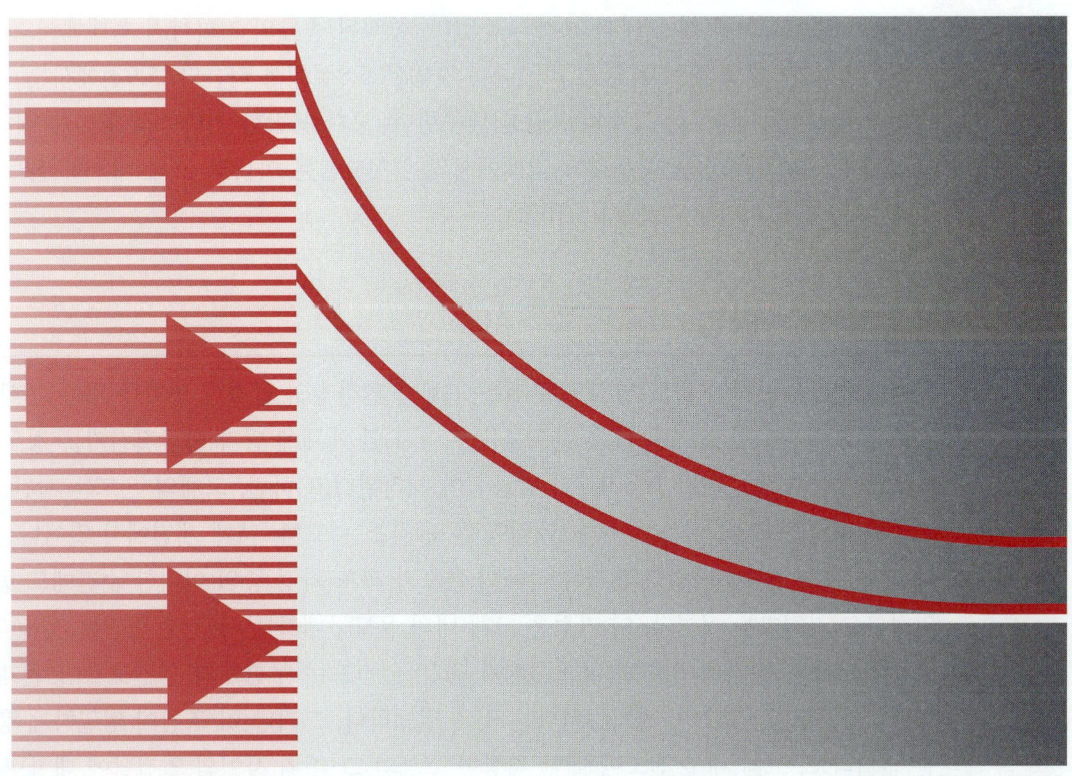

전도 문제를 다루는 데 있어서 점차적으로 더 복잡한 조건들을 고려하여 왔다. 내부 열발생이 없는 1차원 정상상태 전도의 간단한 경우에서부터 시작하였으며, 다차원 효과와 열발생 효과에 의한 복잡한 경우를 차례로 고려하였다. 그러나 시간에 따라 조건이 변화하는 경우는 아직 다루지 않았다.

그러나 많은 열전달 문제들이 시간 의존적이라는 것을 알고 있다. 이러한 **비정상**(unsteady) 또는 **과도**(또는 천이, transient)문제는 전형적으로 시스템의 경계조건들이 변화할 때 발생한다. 예를 들어 시스템의 표면온도가 바뀌면, 시스템 각 점에서의 온도 역시 변화하기 시작할 것이다. 이 변화는 **정상상태**(steady state)온도분포에 도달할 때까지 계속될 것이다. 뜨거운 금속 빌릿(billet)을 가열로에서 꺼내서 차가운 공기유동에 노출시킨 경우를 생각해 보자. 에너지는 대류와 복사에 의하여 표면으로부터 주위로 전달된다.

이 장에서의 목적은 천이과정 중 고체와 그 주위와의 열교환을 계산하는 것뿐 아니라 고체 내부에서의 온도분포가 시간에 따라 변하는 것을 계산하는 과정을 전개하는 것이다. 이 과정의 본질은 그 과정에 대한 가정에 의존한다. 예를 들어 만일 고체 내부에서의 온도구배가 무시할 만하다면, **집중용량법**(lumped capacitance method)이라고 하는 비교적 간단한 방법으로 시간에 따른 온도 변화를 계산할 수 있다. 이 방법은 5.1절로부터 5.3절까지에 전개되어 있다.

온도구배가 무시될 수 없는 경우이지만 고체 내부의 열전달이 1차원일 때는, 열방정식에 대한 엄밀해를 사용하여 위치와 시간의 함수로 온도를 계산할 수 있다. 이 풀이방법들은 5.4절로부터 5.6절에 걸쳐 **유한한 고체**(finite solid)(평면벽, 긴 원통 및 구)들에 대해서 그리고 5.7절에서는 **반무한**(semi-infinite)**고체**에 대해 고려되고 있다. 한정된 종류의 기하학적 형태에서의 2차원 또는 3차원 열전도에 대해 풀이 과정을 적용하는 방법은 5.8절에서 다룬다. 5.9절에서는 표면에서 주기적인 가열을 받는 반무한 고체의 응답을 탐구한다. 보다 복잡한 기하학적 형태에 대해서는 유한차분법 또는 유한요소법을 사용해야 경계에서의 열전달률뿐 아니라 고체 내부의 온도가 시간에 따라 변하는 것을 예측할 수 있다(5.10절).

5.1 집중용량법

단순하지만 일반적인 과도 열전도 문제는 고체가 열환경의 급격한 변화를 겪는 문제이다. 초기에 온도가 T_i로 균일한 뜨거운 금속 단조물을 $T_\infty < T_i$인 액체에 담가 담금질시키는 경우를 생각해 보자(그림 5.1 참조). 시간 $t = 0$부터 담금질이 시작된다고 하면, 고체의 온도는 시간 $t > 0$에서 감소하여 결국은 T_∞에 이를 것이다. 이러한 온도 감소는 고체–액체 계면에서 일어나는 대류열전달에 기인한다. 집중용량법의 본질은 고체의 온도가 과도 과정 중의 어떠한 순간에도 **공간적으로 균일**하다고 가정하는 것이다. 이 가정은 고체 내의 온도구배를 무시할 수 있다는 것을 의미한다.

Fourier의 법칙에 의하면 온도구배가 없는 열전도는 무한대의 열전도율이 존재한다는 것을 의미한다. 이러한 조건이 불가능하다는 것은 명백하다. 그러나 이 조건이 엄밀하게 충족되는 경우는 없더라도, 고체 내부 전도에 대한 저항이 고체와 그 주위 사이의 열전달에 대한 저항에 비하여 작다면, 근사적으로는 충족된다. 이제 이러한 경우가 실제로 일어난다고 가정해 보자.

고체 내부의 온도구배를 무시한다면, 더 이상 열방정식의 윤곽 내에서 이 문제를 생각할 수 없다. 그 대신 과도적인 온도 응답은 고체에 대한 총에너지평형을 수식화하여 구할 수 있다. 이 평

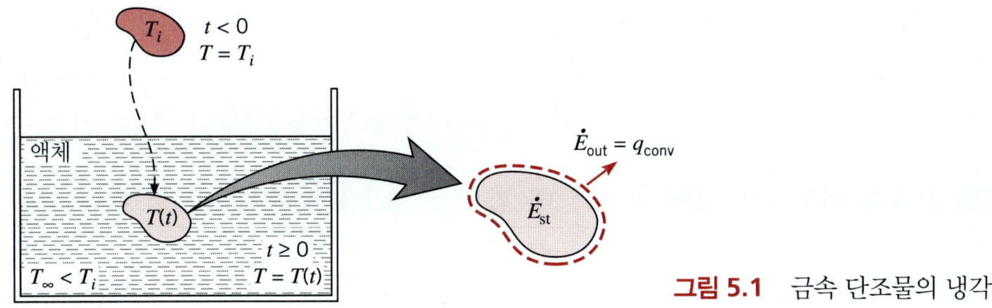

그림 5.1 금속 단조물의 냉각.

형은 표면에서의 열손실률과 내부에너지의 변화율을 관련시켜야 한다. 그림 5.1의 검사체적에 식 (1.12c)를 적용하면, 이 요구조건은 다음 형태로 나타난다.

$$-\dot{E}_{out} = \dot{E}_{st} \tag{5.1}$$

또는

$$-hA_s(T - T_\infty) = \rho Vc\frac{dT}{dt} \tag{5.2}$$

다음과 같이 온도차의 정의를 도입한다.

$$\theta \equiv T - T_\infty \tag{5.3}$$

T_∞가 일정하면$(d\theta/dt) = (dT/dt)$임을 감안하여 다음 식을 얻을 수 있다.

$$\frac{\rho Vc}{hA_s}\frac{d\theta}{dt} = -\theta$$

변수들을 분리하고 $t = 0$에 대한 초기조건 $T(0) = T_i$에서부터 적분하면 다음과 같은 식을 얻는다.

$$\frac{\rho Vc}{hA_s}\int_{\theta_i}^{\theta}\frac{d\theta}{\theta} = -\int_0^t dt$$

여기서

$$\theta_i \equiv T_i - T_\infty \tag{5.4}$$

적분의 값을 구하면 다음과 같다.

$$\frac{\rho Vc}{hA_s}\ln\frac{\theta_i}{\theta} = t \tag{5.5}$$

또는

$$\frac{\theta}{\theta_i} = \frac{T - T_\infty}{T_i - T_\infty} = \exp\left[-\left(\frac{hA_s}{\rho Vc}\right)t\right] \tag{5.6}$$

식 (5.5)를 사용하면 고체가 어떤 온도 T에 이르는 데 필요한 시간을 구할 수 있고, 거꾸로 식 (5.6)을 사용하여 어떤 시간 t에서 고체가 도달할 온도를 계산할 수 있다.

앞의 결과에 의하면 고체와 유체 온도 사이의 차이는 t가 무한대에 가까워짐에 따라 지수적으로 감소하여 0이 되어야 한다는 것을 나타낸다. 이러한 거동이 그림 5.2에 표시되어 있다. 또한 식 (5.6)으로부터($\rho Vc/hA_s$)은 **열적 시간상수**(thermal time constant)로 해석할 수 있다. 이 시간상수는 다음과 같이 표현된다.

$$\tau_t = \left(\frac{1}{hA_s}\right)(\rho Vc) = R_t C_t \tag{5.7}$$

여기서 R_t는 식 (3.9)로부터 대류열전달에 대한 저항이며, C_t는 고체의 **집중열용량**(lumped thermal capacitance)이다. R_t 또는 C_t가 증가하면 열적인 환경의 변화에 고체가 더 느리게 응답하게 되어 열적 평형상태($\theta = 0$)에 이르는 데 필요한 시간이 증가할 것이다. 이 거동은 전기적 RC회로에서 저항을 통하여 축전기(capacitor)가 방전할 때 일어나는 전압이 감소하는 것과 유사하다.

어느 시간 t까지 일어나는 총에너지 전달 Q를 구하려면 다음과 같이 간단히 쓸 수 있다.

$$Q = \int_0^t q\,dt = hA_s \int_0^t \theta\,dt$$

식 (5.6)으로부터 θ를 대입하고 적분하면 다음 결과를 얻는다.

$$Q = (\rho Vc)\theta_i\left[1 - \exp\left(-\frac{t}{\tau_t}\right)\right] \tag{5.8a}$$

물론 Q는 고체의 내부에너지의 변화에 관계되고, 방정식 (1.12b)에 의하면 다음과 같다.

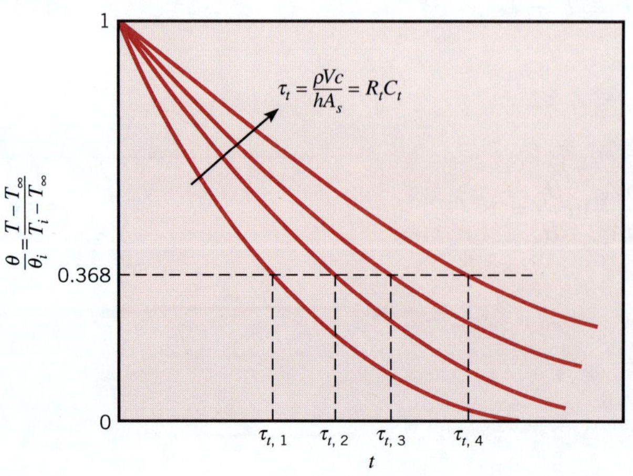

그림 5.2 열적 시간상수 τ_t가 다른 경우들에 대한 집중용량 고체의 과도적 온도 응답.

$$-Q = \Delta E_{st} \tag{5.8b}$$

담금질의 경우 Q는 양의 값이며, 고체는 에너지의 감소를 겪는다. 식 (5.5), (5.6) 그리고 식 (5.8a)는 고체가 가열되는 경우($\theta < 0$)에도 적용되며, 이 경우에서는 Q가 음이고 고체의 내부에너지는 증가한다.

5.2 집중용량법의 타당성

앞의 결과로부터 왜 집중용량법을 매우 선호하는가를 쉽게 알 수 있다. 이 방법은 과도 열전도 문제를 푸는 데 사용될 수 있는 가장 간단하고 편리한 방법이다. 그러므로 어떠한 조건하에서 이 방법이 합리적인 정확도를 가지고 사용될 수 있는지를 결정하는 것이 중요하다.

적합한 판단 기준을 얻어 내기 위하여 면적 A인 평면벽을 통한 정상상태 전도를 고려하자(그림 5.3). 지금 정상상태 조건을 가정하고 있지만, 이 판단 기준은 천이 과정에도 쉽게 확장 적용될 수 있다. 한쪽 표면의 온도가 $T_{s,1}$으로 유지되고 있으며, 다른 한쪽 표면은 온도 $T_\infty < T_{s,1}$인 유체에 노출되어 있다. 이 표면의 온도는 $T_{s,2}$ 로서 $T_\infty < T_{s,2} < T_{s,1}$가 된다. 따라서 정상상태 조건하에서 식 (1.13)의 표면 에너지평형식은 다음과 같이 간단히 된다.

$$\frac{kA}{L}(T_{s,1} - T_{s,2}) = hA(T_{s,2} - T_\infty)$$

여기서 k는 고체의 열전도율이다. 이를 재정리하면 다음과 같은 관계식을 얻는다.

$$\frac{T_{s,1} - T_{s,2}}{T_{s,2} - T_\infty} = \frac{(L/kA)}{(1/hA)} = \frac{R_{t,\text{cond}}}{R_{t,\text{conv}}} = \frac{hL}{k} \equiv Bi \tag{5.9}$$

식 (5.9)에서 나타난 (hL/k)는 **무차원 매개변수**(dimensionless parameter)이다. 이것은 **Biot 수**(Biot number)라 칭하며, 이것은 표면 대류효과가 포함되는 전도 문제에서 기본적인 역할을 한다. 식 (5.9)와 그림 5.3에 설명되어 있는 바와 같이 Biot 수는 표면과 유체 사이의 온도차에 비교한 고체 내부에서의 온도강하의 척도이다. 특히 $Bi \ll 1$에 해당하는 조건들에 유의하라. 이러한 조건들에 대하여, 천이 과정 동안 임의 시간에 고체 부분에 걸쳐 균일한 온도분포를 **가정**하는 것

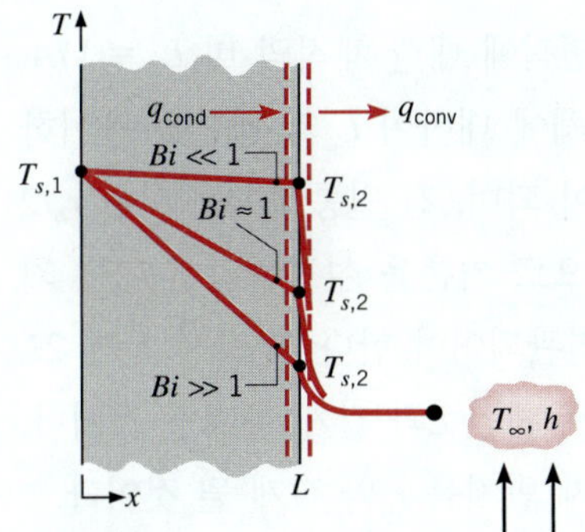

그림 5.3 표면 대류가 있는 평면벽에서 정상상태 온도분포에 대한 Biot 수의 영향.

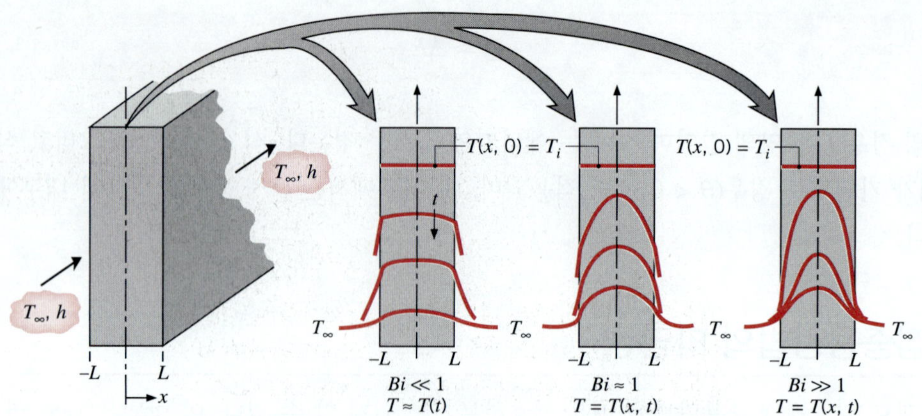

그림 5.4 대류에 의해 대칭적으로 냉각되는 평면벽에서 Biot 수가 다른 경우들에 대한 과도 온도분포.

이 타당하다는 것을 나타낸다. 이 결과는 또한 Biot 수를 식 (5.9)의 열저항들의 비로 해석하는 것과도 관련시킬 수 있다. **만약 $Bi \ll 1$이면 고체 내의 전도에 대한 저항은 유체 경계층을 가로지르는 대류저항보다 훨씬 작다**. 따라서 온도분포가 균일하다는 가정이 합리적이다.

Biot 수는 과도 열전도 문제에서 중요하기 때문에 이를 도입하였다. 그림 5.4의 평면벽을 생각해 보자. 이 벽은 초기에 균일한 온도 T_i에 있는데 $T_\infty < T_i$인 유체에 잠기면 대류냉각을 겪는다. 이 문제는 x방향의 1차원으로 다룰 수 있고, 위치와 시간에 따른 온도변화 $T(x, t)$가 관심의 대상이다. 이 변화는 Biot 수의 영향을 많이 받는 함수이며, 세 가지 조건들이 그림 5.4에 표시되어 있다. $Bi \ll 1$인 경우는 고체 내부에서의 온도구배가 작고 $T(x, t) \approx T(t)$이다. 실제로 모든 온도차는 고체와 유체 사이에서 나타나며, 고체의 온도는 T_∞로 감소하는 동안에 거의 균일하게 유지된다. 그러나 Biot 수가 중간부터 높은 값들을 갖는 경우는 고체 내의 온도구배가 중요하다. 그러므로 $T = T(x, t)$이다. $Bi \gg 1$에 대해서는 고체를 가로지르는 온도차가 표면과 유체 사이의 온도차보다 훨씬 크다는 것에 주목하라.

집중용량법의 중요성을 강조하면서 이 절을 마감한다. 이 방법은 본질적으로 간단하기 때문에 과도 열전도 문제를 해결할 때 선호된다. 이러한 문제를 접했을 때, **제일 먼저 해야 할 일은 Biot 수를 계산하는 것이다**. 만일 다음 조건이 충족된다면, 집중용량법을 사용할 때 동반되는 오차는 작아진다.

$$Bi = \frac{hL_c}{k} < 0.1 \tag{5.10}$$

편의상 식 (5.10)의 **특성길이**(characteristic length)는 고체의 표면적에 대한 체적의 비 $L_c \equiv V/A_s$로 정의하는 것이 통례이다. 이와 같은 정의는 복잡한 형상의 고체에 대하여 L_c의 계산을 용이하게 하고, 이것은 두께 $2L$의 평면벽(그림 5.4)의 경우 반두께인 L이 되며, 긴 원통에 대해서는 $r_o/2$가 되고, 구에 대해서는 $r_o/3$이 된다. 그러나 만약 보수적인 입장으로 기준을 설정하려면 L_c는 최대의 공간적인 온도차에 해당하는 길이 스케일(length scale)과 연관되어야 한다. 따라서 두께 $2L$의 대칭적으로 가열되는(또는 냉각되는)평면벽에 대하여 L_c는 반두께인 L과 같게 유지될 것이다. 그러나 긴 원통 또는 구에 대하여 L_c는 $r_o/2$또는 $r_o/3$이 아니라 실제 반지름 r_o와 같게 될 것이다.

마지막으로, $L_c \equiv V/A_s$임을 이용하여 식 (5.6)의 지수를 다음과 같이 나타낼 수 있음을 알 수 있다.

$$\frac{hA_s t}{\rho Vc} = \frac{ht}{\rho c L_c} = \frac{hL_c}{k}\frac{k}{\rho c}\frac{t}{L_c^2} = \frac{hL_c}{k}\frac{\alpha t}{L_c^2}$$

또는

$$\frac{hA_s t}{\rho Vc} = Bi \cdot Fo \tag{5.11}$$

여기서 Fo는 Fourier 수라고 하며 다음과 같이 정의한다.

$$Fo \equiv \frac{\alpha t}{L_c^2} \tag{5.12}$$

이것은 **무차원 시간**(dimensionless time)이며, Biot 수와 함께 과도 열전도 문제의 특성을 나타내는 데 사용된다. 식 (5.11)을 식 (5.6)에 대입하면 다음과 같은 관계식을 얻는다.

$$\frac{\theta}{\theta_i} = \frac{T - T_\infty}{T_i - T_\infty} = \exp(-Bi \cdot Fo) \tag{5.13}$$

예제 5.1

구로 근사화할 수 있는 열전대 접점(thermocouple junction)이 기체 유동의 온도를 측정하는 데 사용된다. 접점 표면과 기체 사이의 대류계수는 h = 400 W/m^2·K로 알려져 있으며 접점의 열물성치들은 k = 20 W/m·K, c = 400 J/kg·K및 ρ = 8500 kg/m^{3}이다. 열전대가 1 s의 시간상수를 가지기 위한 접점의 지름을 구하라. 온도가 25°C인 접합점이 200°C의 기체유동 속에 놓이면 접점온도가 199°C에 도달하는 데 얼마나 오래 걸리겠는가?

풀이

제시자료: 기체 유동의 온도를 측정하기 위해 사용된 열전대 접점의 열물성치들.

풀이대상:

1. 시간상수가 1 s되는 데 필요한 접점의 지름.
2. 200°C의 기체유동 내에서 199°C에 도달하는 데 요구되는 시간.

개략도:

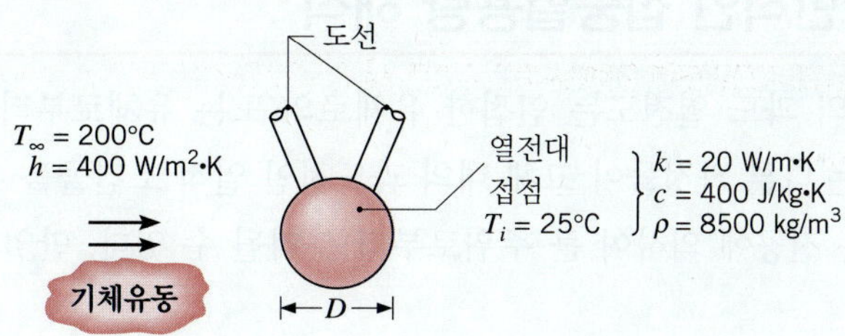

가정:

1. 접점의 온도는 항상 균일하다.
2. 주위와의 복사 열교환은 무시할 만하다.
3. 도선을 통한 전도에 의한 손실은 무시한다.
4. 일정 물성치.

해석:

1. 접점의 지름을 모르기 때문에, 집중용량법의 사용에 대한 판정기준인 식 (5.10)이 충족되는지를 결정할 때까지는 해를 구하기 시작할 수 없다. 그러나 합리적인 방법으로 지름을 구하고 다음에 판정기준이 충족되는지를 결정한다. 식 (5.7)과 구에 대하여 $A_s = \pi D^2$, $V = \pi D^3/6$이라는 사실로부터, 다음과 같이 쓸 수 있다.

$$\tau_t = \frac{1}{h\pi D^2} \times \frac{\rho\pi D^3}{6}c$$

위 식을 정리하여 수치를 대입하면 다음과 같다.

$$D = \frac{6h\tau_t}{\rho c} = \frac{6 \times 400\ \text{W/m}^2\cdot\text{K} \times 1\ \text{s}}{8500\ \text{kg/m}^3 \times 400\ \text{J/kg}\cdot\text{K}} = 7.06 \times 10^{-4}\ \text{m} \quad \triangleleft$$

식 (5.10)으로부터 $L_c = r_o/3$으로 하면 다음을 얻는다.

$$Bi = \frac{h(r_o/3)}{k} = \frac{400\ \text{W/m}^2\cdot\text{K} \times 3.53 \times 10^{-4}\ \text{m}}{3 \times 20\ \text{W/m}\cdot\text{K}} = 2.35 \times 10^{-3}$$

따라서 식 (5.10)이($L_c = r_o/3$는 물론 $L_c = r_o$에 대하여) 충족되고, 아주 훌륭한 근사적 방법으로 집중용량법이 사용될 수 있다.

2. 식 5.5, 5.6으로부터 접점이 온도 T에 도달하는 데 소요되는 시간은 다음과 같이 표현될 수 있다.

$$t = \frac{\rho Vc}{hA_s}\ln\left(\frac{T_i - T_\infty}{T - T_\infty}\right) = \tau_t \ln\left(\frac{T_i - T_\infty}{T - T_\infty}\right)$$

그러므로, 온도 $T = 199°\text{C}$에 도달하는 데 소요되는 시간은

$$t = \tau_t \ln\left(\frac{25 - 200}{199 - 200}\right) = 5.2\tau_t = 5.2 \times 1\ \text{s} = 5.2\ \text{s} \quad \triangleleft$$

부가설명: 접점과 주위 사이의 복사 교환과 도선을 통한 전도에 의한 열전달은 접점의 시간 응답에 영향을 줄 것이며, 실제로 평형온도는 T_∞와는 다른 값이 될 것이다.

5.3 일반적인 집중열용량 해석

고체에서의 과도 열전도는 인접한 유체로의(또는 유체로부터의) 대류열전달에 의하여 시작되지만, 이와는 다른 과정들이 고체 내의 과도적인 열적 조건들을 유도할 수도 있다. 예를 들면 고체가 기체 또는 진공에 의하여 큰 주위로부터 분리될 수 있다. 만일 고체와 주변의 온도가 다르면 복사

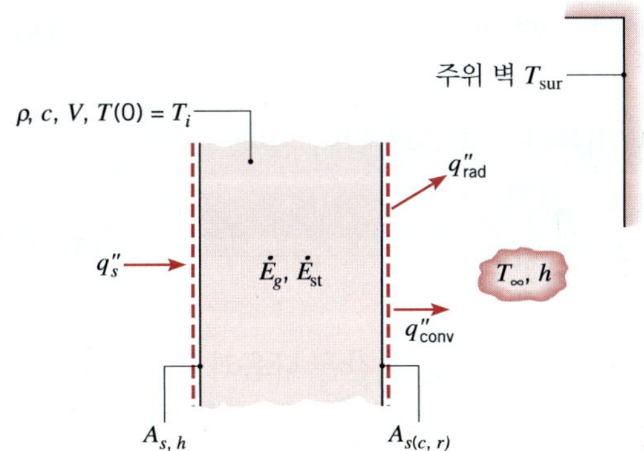

그림 5.5 일반적인 집중열용량 해석에서의 검사면.

교환에 의해 고체의 내부 열에너지가 변하고 따라서 온도가 변하게 된다. 또한 표면의 일부 또는 전부에 열유속이 가해지거나, 고체 내부에서 에너지의 발생이 시작됨으로써도 온도 변화가 유발될 수 있다. 예를 들면 막(film) 또는 시트(sheet)형 전기히터를 표면에 부착시킴으로써 표면을 가열할 수 있으며, 한편 전류를 고체에 통과시킴으로써 열에너지를 발생시킬 수 있을 것이다.

그림 5.5는 대류, 복사, 표면열유속 그리고 내부에너지 발생 등에 의하여 동시에 고체의 열적 조건이 영향받고 있는 상황을 나타내고 있다. 초기에는($t = 0$)고체의 온도(T_i)가 유체의 온도 T_∞ 그리고 주위의 온도 T_{sur}와 다르며, 표면가열과 체적가열(q''_s과 $\dot{q}$)이 모두 시작된다고 가정한다. 가해진 열유속 q''_s과 대류-복사 열전달은 각각 표면의 서로 배타적인 부분 $A_{s(h)}$와 $A_{s(c,r)}$에서 일어나고, 대류-복사전달은 표면으로부터 일어난다고 가정한다. 게다가 대류와 복사가 같은 표면에 대하여 규정되었으나, 표면들은 실제로 다를 수 있다($A_{s,c} \neq A_{s,r}$). 어떠한 순간 t에 에너지보존식을 적용하면, 식 (1.12c)로부터 다음을 얻을 수 있다.

$$q''_s A_{s,h} + \dot{E}_g - (q''_{conv} + q''_{rad})A_{s(c,r)} = \rho V c \frac{dT}{dt} \tag{5.14}$$

또는 식 (1.3a)와(1.7)로부터 다음을 얻는다.

$$q''_s A_{s,h} + \dot{E}_g - [h(T - T_\infty) + \varepsilon\sigma(T^4 - T^4_{sur})]A_{s(c,r)} = \rho V c \frac{dT}{dt} \tag{5.15}$$

식 (5.15)는 비선형이고, 1계(first-order)의 비제차(nonhomogeneous), 상미분방정식이므로 적분을 통해 엄밀해를 얻을 수 없다.[1] 그러나 이 방정식의 단순화된 형태에 대해서는 엄밀해를 얻을 수 있다.

5.3.1 복사만 있는 경우

가해진 열유속이나 열발생이 없고, 대류가 존재하지 않거나(진공)복사에 비하여 무시할 수 있다면, 식 (5.15)는 다음과 같이 간단히 된다.

[1] 근사적 유한차분 해는 시간미분을 **이산화**(discretizing)하고(5.10절 참조) 시간에 따라 풀이를 **진행**(marching)함으로써 구할 수 있다.

$$\rho Vc \frac{dT}{dt} = -\varepsilon A_{s,r} \sigma (T^4 - T_{sur}^4) \tag{5.16}$$

변수를 분리하고 초기조건으로부터 임의의 시간 t까지 적분하면 다음과 같이 된다.

$$\frac{\varepsilon A_{s,r}\sigma}{\rho Vc}\int_0^t dt = \int_{T_i}^T \frac{dT}{T_{sur}^4 - T^4} \tag{5.17}$$

양변의 적분들을 계산하고 재정리하면, 온도 T에 도달하는 데 필요한 시간은 다음과 같이 된다.

$$t = \frac{\rho Vc}{4\varepsilon A_{s,r}\sigma T_{sur}^3}\left\{\ln\left|\frac{T_{sur}+T}{T_{sur}-T}\right| - \ln\left|\frac{T_{sur}+T_i}{T_{sur}-T_i}\right| + 2\left[\tan^{-1}\left(\frac{T}{T_{sur}}\right) - \tan^{-1}\left(\frac{T_i}{T_{sur}}\right)\right]\right\} \tag{5.18}$$

이 식은 고체가 어떤 온도 T에 도달하는 데 걸리는 시간을 결정하는 데 사용될 수 있다. 또한, 식 5.17은 $T_{sur} = 0$ (깊은 우주 공간으로의 복사)과 같은 제한적 조건을 위해 적분될 수 있다.

$$t = \frac{\rho Vc}{3\varepsilon A_{s,r}\sigma}\left(\frac{1}{T^3} - \frac{1}{T_i^3}\right) \tag{5.19}$$

5.3.2 복사를 무시할 수 있는 경우

복사를 무시할 수 있고, h가 시간에 대해 독립적일 때에도 식 (5.15)에 대한 엄밀해를 얻을 수 있다. 온도차 $\theta \equiv T - T_\infty$를 도입하면 $d\theta/dt = dT/dt$이 되고, 식 (5.15)는 다음과 같은 형식의 선형 1계 비제차 미분방정식으로 된다.

$$\frac{d\theta}{dt} + a\theta - b = 0 \tag{5.20}$$

여기서 $a \equiv (hA_{s,c}/\rho Vc)$ 그리고 $b \equiv [(q_s'' A_{s,h} + \dot{E}_g)/\rho Vc]$이다. 식 (5.20)은 그것의 제차해와 특수해를 합하여 풀 수 있으나, 또 다른 방법은 다음의 변환에 의해 비제차성을 제거하는 것이다.

$$\theta' \equiv \theta - \frac{b}{a} \tag{5.21}$$

$d\theta'/dt = d\theta/dt$를 고려하면, 식 (5.21)을 식 (5.20)에 대입하여 다음을 얻을 수 있다.

$$\frac{d\theta'}{dt} + a\theta' = 0 \tag{5.22}$$

변수를 분리하고 0부터 t까지(θ_i'부터 θ'까지) 적분하면 다음과 같다.

$$\frac{\theta'}{\theta_i'} = \exp(-at) \tag{5.23}$$

또는 θ'과 θ에 온도를 대입하면 다음과 같이 된다.

$$\frac{T - T_\infty - (b/a)}{T_i - T_\infty - (b/a)} = \exp(-at) \tag{5.24}$$

따라서 다음 식이 유도된다.

$$\frac{T - T_\infty}{T_i - T_\infty} = \exp(-at) + \frac{b/a}{T_i - T_\infty}[1 - \exp(-at)] \tag{5.25}$$

당연히 $b = 0$일 때 식 (5.25)는 식 (5.6)이 되고 $t = 0$에서 $T = T_i$가 된다. $t \to \infty$에 따라서 식 (5.25)는 $(T - T_\infty) = (b/a)$가 되고, 이것은 또한 정상상태 조건들에 대하여 그림 5.5의 검사면에 대한 에너지평형을 수행함으로써도 얻어질 수 있다.

5.3.3 대류만 존재하지만 대류열전달계수가 변하는 경우

자연대류나 비등을 포함하는 경우에서와 같이 대류계수 h가 물체와 유체 사이의 온도차에 따라 변하는 경우도 있다. 이러한 상황에서는 대류계수를 종종 다음 식의 형태로 근사화할 수 있다.

$$h = C(T - T_\infty)^n \tag{5.26}$$

여기서 n은 상수이고 매개변수 C는 $\mathrm{W/m^2 \cdot K^{(1+n)}}$의 단위를 갖는다. 만일 복사, 표면가열 그리고 체적 열발생 등이 무시할 만하다면, 식 (5.15)는 다음과 같이 쓸 수 있다.

$$-C(T - T_\infty)^n A_{s,c}(T - T_\infty) = -CA_{s,c}(T - T_\infty)^{1+n} = \rho Vc \frac{dT}{dt} \tag{5.27}$$

앞서 정의한 θ와 $d\theta/dt = dT/dt$를 위의 식에 대입하고 변수를 분리한 후 적분하면 아래와 같이 된다.

$$\frac{\theta}{\theta_i} = \left[\frac{nCA_{s,c}\theta_i^n}{\rho Vc}t + 1\right]^{-1/n} \tag{5.28}$$

만일 열전달계수가 온도에 대해 독립적이면, 즉 $n = 0$이면, 식 (5.28)은 식 (5.6)과 같이 된다.

5.3.4 추가적인 고려 사항

어떤 경우는 주위 온도가 시간에 따라 변할 수도 있다. 예를 들어 그림 5.1의 용기가 체적이 일정하며 단열되어 있다면, 금속 단조물이 냉각됨에 따라 액체 온도는 상승할 것이다. 시간에 따라 고체(또는 액체)의 온도가 변하는 문제의 해석적 해는 예제 11.8에 제시되어 있다. 예제 5.2로부터 5.4까지를 통해 알 수 있듯이, 물성치가 변하는 경우나 시간 의존적인 경계조건, 내부에너지 발생률, 또는 표면 가열 및 냉각 등을 포함하는 다양한 경우에 대해 열방정식을 수치적으로 풀 수 있다.

예제 5.2

IHT

예제 5.1에서의 열전대와 대류조건을 고려하는데, 여기서는 기체의 유동을 둘러싸는 덕트의 벽들과 복사 열교환을 허용한다. 만일 덕트 벽들의 온도가 400°C이고 열전대 비드(bead, 구슬 모양의 용접점)의 방사율이 0.9라고 하면, 접합점(junction 또는 접점)의 정상상태 온도는 얼마인가? 또한 접합점의 온도가 초기조건인 25°C로부터 상승하여 정상상태 값에 1°C이내로 근접하게 되는 시간을 계산하라.

풀이

제시자료: 뜨거운 벽의 덕트를 통해 흐르는 기체유동의 온도를 측정하는 데 사용하는 열전대 접점의 열물리적 성질과 지름.

풀이대상:

1. 접점의 정상상태 온도.
2. 열전대가 정상상태 온도에 1°C 이내로 접근하는 데 소요되는 시간.

개략도:

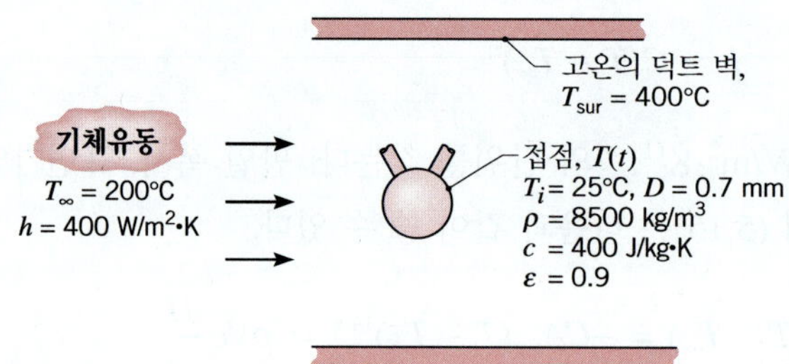

가정: 예제 5.1과 같으나, 복사 열전달이 더 이상 무시되지 않으며, 작은 표면과 큰 주위와의 열교환으로 근사화된다.

해석:

1. 정상상태에서 열전대 접점의 에너지평형식은 다음 형태가 된다.

$$\dot{E}_{in} - \dot{E}_{out} = 0$$

접점으로의 정미 복사량은 접점으로부터 기체로의 대류로 평형을 이루어야 함을 알고 있으므로, 에너지평형식은 다음과 같다.

$$[\varepsilon\sigma(T_{sur}^4 - T^4) - h(T - T_\infty)]A_s = 0$$

수치들을 대입하면 온도는 다음과 같이 계산된다.

$$T = 218.7°C$$ ◁

2. 초기에 $T(0) = T_i = 25°C$인 접점의 온도–시간 이력 $T(t)$는 천이조건에서의 에너지평형식을 따른다.

$$\dot{E}_{in} - \dot{E}_{out} = \dot{E}_{st}$$

식 (5.15)에서 에너지평형식은 다음과 같이 표현된다.

$$-[h(T - T_\infty) + \varepsilon\sigma(T^4 - T^4_{\text{sur}})]A_s = \rho Vc\frac{dT}{dt}$$

이 1계 미분방정식의 해는 수치 적분에 의해 구할 수 있는데, 결과는 $T(4.9\text{ s}) = 217.7°\text{C}$이다. 따라서 정상상태 값에 1°C 이내로 접근하는 데 필요한 시간은 다음과 같다.

$$t = 4.9\text{ s.}$$ ◁

부가설명:

1. 뜨거운 덕트 벽들과의 복사 교환 효과로 인해 접점의 온도가 증가되며, 열전대가 실제 기체 유동의 온도보다 18.7°C 만큼 높은 잘못된 기체 온도를 가리키게 된다. 정상상태 온도에 1°C 이내로 접근하는 데 필요한 시간은 대류열전달만을 고려하는 예제 5.1에서의 결과보다 약간 짧다. 왜 그렇게 된다고 생각하는가?

2. 접점의 반응과 지시된 기체 유동 온도는 가스 유동 속도에 의존하며, 이는 다시 대류계수의 값에 영향을 준다. 대류계수 h가 200, 400 그리고 800 $\text{W/m}^2\cdot\text{K}$의 값을 갖는 경우에 열전대 접점의 온도-시간 이력을 다음 그래프에 나타내었다.

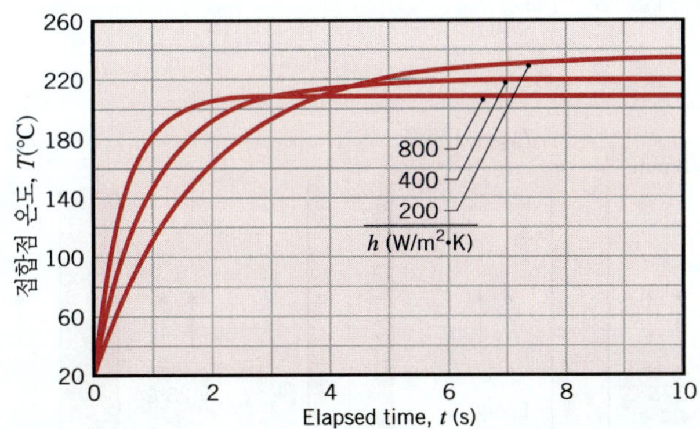

대류계수의 값을 증가시킨 효과로, 접점이 기체 유동 온도에 보다 가까운 값을 나타낸다. 더욱이 그 효과는 접점이 근접한 정상상태(near-steady-state) 조건에 도달하는 데 필요한 시간을 단축한다. 이러한 결과에 대해 어떤 물리적인 설명을 할 수 있는가?

3. 대류 복사의 가열과 냉각에 관련된 문제에서 집중용량법의 타당성을 확인하고 **효과적인** 열전달계수 $h_{\text{eff}} \equiv h + h_r$을 정의하기 위해 식 1.9가 사용될 수 있다. 첫 번째 근사로서 $Bi_{\max} = h_{\text{eff,max}}L_c/k < 0.1$이면 우리는 집중용량법을 채택할 수 있다. 이 문제에서 $T_{\max} = 218.7°\text{C} = 491.7\text{ K}$이고 $h_{\text{eff,max}} = h + \varepsilon\sigma\,(T_{\max} + T_{\text{sur}})(T^2_{\max} + T^2_{\text{sur}}) = 400\text{ W/m}^2\cdot\text{K} + 0.9 \times 5.67 \times 10^{-8}\text{ W/m}\cdot\text{K}^4(491.7 + 673)\text{K}(491.7^2 + 673^2)\text{K}^2 = 400\text{ W/m}^2\cdot\text{K} + 41\text{ W/m}^2\cdot\text{K} = 441\text{W/m}^2\cdot\text{K}$이다. 그러므로, $Bi_{\max} = h_{\text{eff,max}}(r_o/3)/k = 2.6 \times 10^{-3} < 0.1$이다. 이 부등식은 복사가 분석에 포함될 때 집중용량 근사화가 유효함을 **제시**한다.

4. 이 교재를 위한 *IHT*소프트웨어는 Der(T, t)라는 적분함수를 포함하고 있는데, 이것은 온도-시간 도함수를 나타내고 1계 미분방정식을 적분하는 데 사용할 수 있다.

예제 5.3

두께 3 mm의 알루미늄 합금(k = 177 W/m·K, c = 875 J/kg·K 그리고 ρ = 2770 kg/m^3)으로 된 패널(panel)이 양면에 T_c = 150°C 또는 그 이상에서 적어도 5분 동안 경화되어야 하는 에폭시 도장으로 마감되었다. 경화작업에 대한 생산라인은 두 단계의 공정으로 되어 있다: (1) 큰 오븐에서 $T_{\infty,o}$ = 175°C의 온도와 h_o = 40 W/m^2·K의 대류계수를 가진 공기로 가열하는 공정, (2) 큰 체임버에서 $T_{\infty,c}$ = 25°C의 온도와 h_c = 10 W/m^2·K의 대류계수를 가진 공기로 냉각하는 공정이 그것이다. 프로세스의 가열부분은 시간간격 t_e 동안 수행되는데 이는 150°C에 도달하는 데 필요한 시간 t_c보다 5분 더 걸리는 시간($t_e = t_c$ + 300 s)이다. 도장의 방사율은 ε = 0.8이며, 오븐 및 체임버 벽의 온도는 각각 175°C 및 25°C이다. 만약 패널을 초기온도가 25°C인 오븐 속에 넣고 **만져도 안전한** 온도인 37°C에서 체임버로부터 꺼낸다면 두 단계 경화작업에 대한 총 경과시간은 얼마인가?

풀이

제시자료: 도장된 알루미늄 패널이 150°C의 온도에서 적어도 5분 동안 유지되는 2단계의 가열/냉각과정에 관한 작동조건들.

풀이대상: 두 단계의 공정에 요구되는 총 시간.

개략도:

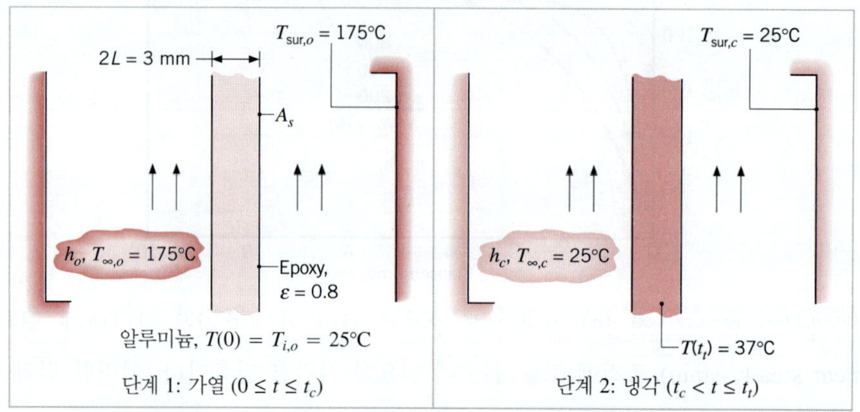

가정:

1. 패널 온도는 어떠한 순간에도 균일하다.
2. 에폭시의 열저항은 무시할 수 있다.
3. 일정 물성치.

해석: 집중용량 근사화(lumped capacitance approximation)의 유효성 평가를 위해 먼저 대류 및 복사에 영향을 받는 가열 및 냉각 과정들에 대한 Biot 수를 계산한다. 예제 5.2의 부가설명 3에 의하면 복사열전달계수의 대푯값은 최대 가능 평판 온도 $T_{\max,o}$ = 175°C = 448 K를 이용하고 $T_{sur,o} = T_{\infty,o}$를 가정하여 다음과 같이 구할 수 있다.

$$
\begin{aligned}
h_{\text{eff},\max,o} &= h_o + h_{r,\max,o} = h_o + \varepsilon\sigma(T_{\max,o} + T_{\text{sur},o})(T^2_{\max,o} + T^2_{\text{sur},o}) \\
&= 40\ \text{W/m}^2\cdot\text{K} + 0.8 \times 5.67 \times 10^{-8}\ \text{W/m}^2\cdot\text{K}^4\,(448 + 448)\text{K}(448^2 + 448^2)\text{K}^2 \\
&= 40\ \text{W/m}^2\cdot\text{K} + 16\ \text{W/m}^2\cdot\text{K} = 56\ \text{W/m}^2\cdot\text{K}
\end{aligned}
$$

다시 예제 5.2의 부가설명 3에 의해 가열을 위한 Biot 수는

$$
Bi_o = \frac{h_{\text{eff},\max,o}L_c}{k} = \frac{(56\ \text{W/m}^2\cdot\text{K})(0.0015\ \text{m})}{177\ \text{W/m}\cdot\text{K}} = 4.8 \times 10^{-4}
$$

여기서 L_c는 패널 절반 두께이다. 또한, 냉각 단계에서 $T_{\max,c} = 175°\text{C}$와 $T_{\text{sur},c} = 25°\text{C}$를 이용하여 $h_{\text{eff},\max,c} = 49.8\ \text{W/m}^2\cdot\text{K}$과 $Bi_c = 4.2 \times 10^{-4}$을 얻는다. Bi_o와 Bi_c가 모두 0.1보다 작으므로 전체 가열/냉각 과정에서 집중용량 근사화가 유효하다.

$V = 2LA_s$와 $A_{s,c} = A_{s,r} = 2A_s$를 이용하면 식 5.15는 다음과 같이 표현될 수 있다.

$$
-[h(T - T_\infty) + \varepsilon\sigma(T^4 - T^4_{\text{sur}})] = \rho c L\frac{dT}{dt}
$$

여기서 h, T_∞, T_{sur}은 두 과정의 단계에서 각각 다른 값을 가진다.

적절한 시간증분 Δt를 선택하여 이 방정식의 우변을 수치적으로 적분하여 $t = \Delta t$, $2\Delta t$, $3\Delta t$ 등에서의 패널 온도를 구할 수 있다. $\Delta t = 10$ s를 선택하고 가열 과정에 대한 계산은 $t_e = t_c + 300$ s까지 연장되는데, 이 시각은 패널이 $T_c = 150°\text{C}$에 도달하는 데 걸리는 시간보다 5분 후이다. 시각 t_e에서는 냉각 과정이 시작되어 $t = t_t$에서 패널 온도가 37°C에 도달될 때까지 계속된다. 적분은 *IHT*를 사용하여 수행하였으며, 계산의 결과는 아래에 도시하였다.

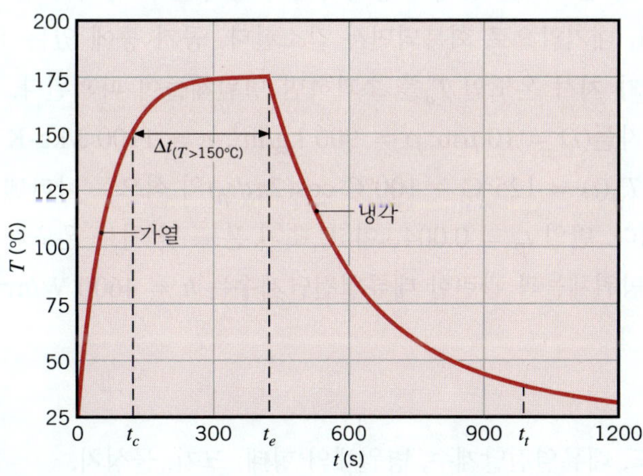

두 단계 공정에 대한 총 시간은 다음과 같다.

$$
t_t = 989\ \text{s} \qquad \triangleleft
$$

이 중에는 $t_c = 124$ s와 $t_e = 424$ s 등의 시간들이 있다.

부가설명:

1. 두 단계 공정의 경과 시간을 단축시키고자 하면, 대류계수를 증가시키거나 연장된 가열 기간을 단축하는 방법을 사용할 수 있다. 후자의 선택은 냉각과정 초기의 일정 부분 동안 패널 온도가 150°C 이상으로 유지된다는 사실에 의하

여 가능하게 된다. 따라서 경화 요구조건을 만족시키기 위하여 $t = t_c$로부터 5분이나 가열을 연장할 필요가 없다. 만일 대류계수가 $h_o = h_c = 100\ \text{W/m}^2\cdot\text{K}$로 증가되고, 연장된 가열기간이 300 s로 유지된다면 수치적분에 의해 $t_c = 58$ s와 $t_t = 445$ s를 얻을 수 있다. 패널 온도가 150°C를 초과하고 있는 시간 간격은 $\Delta t_{(T > 150°\text{C})} = 306$ s($58\ \text{s} \le t \le 364$ s)이다. 만일 연장된 가열기간을 294 s로 감소시키면 수치적분으로 $t_c = 58$ s와 $t_t = 439$ s 그리고 $\Delta t_{(T > 150°\text{C})} = 300$ s가 된다. 따라서 총 공정 시간을 단축하면서 여전히 경화 요구조건을 충족시킬 수 있다.

2. 일반적으로 수치적분의 정확도는 Δt를 감소시킴으로써 향상되지만 계산 시간은 늘어나게 된다. 그러나 이 문제의 경우에는 $\Delta t = 1$ s로 얻은 결과가 실질적으로 $\Delta t = 10$ s로 얻은 결과와 동일하며, 이로 인해 큰 시간 증분을 사용해도 온도이력을 정확하게 계산하는 데 충분하다는 것을 알 수 있다.
3. 이 예제의 완전한 풀이과정은 *IHT*의 *Advanced* 섹션에서 *Models*, *Lumped Capacitance*를 사용하면 바로 풀 수 있는(ready-to-solve) 모델로 제공되고 있다. 이 모델은 부가설명 1의 결과를 확인하거나, 이와 무관하게 경화 공정의 변경 가능 여부를 조사하는 데 사용할 수 있다.
4. Biot 수가 작지 않으면 집중용량법을 적용하는 것이 부적절하다. 중간 또는 큰 값의 Biot 수의 경우에는, 고체 표면의 열에너지가 안쪽으로 전파되기 때문에, 가열이 종료된 후에도 고체의 중앙선 부근의 온도가 한동안 계속 증가할 것이다. 고체의 중앙선 부근 온도는 그 후 최댓값에 도달한 다음 정상상태의 값까지 감소할 것이다. 패널의 중앙선 최고 온도와 이들 최고 온도에 도달하는 시간과의 상관관계가 넓은 범위의 Bi_h와 Bi_c값에 대해 구해져 있다[1].

예제 5.4

병원의 수술실에 공급할 공기는 1단 압축기를 강제로 통과하면서 정화된다. 공기가 압축기를 통과하면서 초기에 공기온도는 압축효과에 의해 상승했다가, 대기압으로 회복되면서 감소한다. 공기 중에 있는 유해한 병원체 입사들도 가열되었다가 냉각되는데, 만일 최고 온도가 **치사** 온도인 T_d를 초과하면 병원체들이 파괴된다. 정화되지 않은 공기 중에 분산되어 있는 구형(spherical)병원체 입자들($D = 10\ \mu\text{m}$, $\rho = 900\ \text{kg/m}^3$, $c = 1100\ \text{J/kg}\cdot\text{K}$ 그리고 $k = 0.2\ \text{W/m}\cdot\text{K}$)을 고려한다. 이 과정에서 공기의 온도는 $T_\infty(t) = 125°\text{C} - 100°\text{C}\cdot\cos(2\pi t/t_p)$의 식으로 나타낼 수 있으며, 여기서 t_p는 압축기를 통해 유동하는 동안의 공정시간이다. 만일 $t_p = 0.004$ s이고, 초기 온도 및 치사 온도가 각각 $T_i = 25°\text{C}$ 및 $T_d = 220°\text{C}$이면, 병원체들이 파괴되겠는가? 병원체들과 관련한 대류열전달계수는 $h = 4600\ \text{W/m}^2\cdot\text{K}$이다.

풀이

제시자료: 시간에 따른 공기 온도, 대류열전달계수, 병원체의 형태, 크기, 물성치.

풀이대상: $t_p = 0.004$ s 동안 병원체들이 파괴될 것인가를 판단함.

개략도:

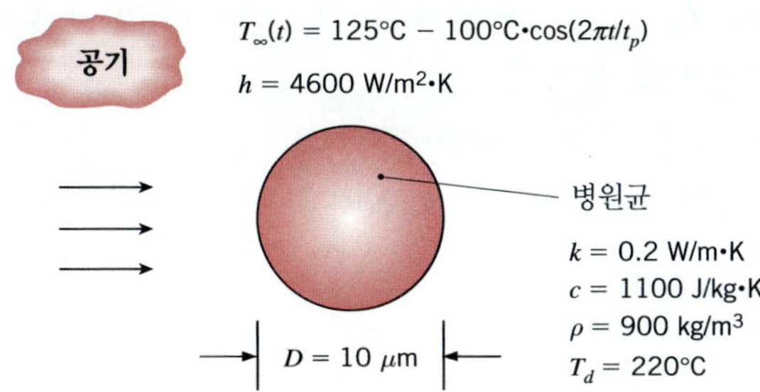

가정:

1. 물성치들은 일정하다.
2. 복사는 무시할 만하다.

해석: 구형의 병원체들에 관한 Biot 수는 다음과 같다.

$$Bi = \frac{h(D/6)}{k} = \frac{4600\ \mathrm{W/m^2 \cdot K} \times (10 \times 10^{-6}\ \mathrm{m}/6)}{0.2\ \mathrm{W/m \cdot K}} = 0.038$$

따라서 집중용량법의 적용이 타당하며 식 (5.2)를 적용할 수 있다.

$$\frac{dT}{dt} = -\frac{hA_s}{\rho Vc}[T - T_\infty(t)] = -\frac{6h}{\rho cD}[T - 125°\mathrm{C} + 100°\mathrm{C} \cdot \cos(2\pi t/t_p)] \tag{1}$$

위의 1계 미분방정식에 대한 해는 해석적 방법 또는 수치적 적분에 의해 얻을 수 있다.

수치적 적분 식 (1)의 수치해는 입자의 초기온도를 T_i로 하고 *IHT* 또는 이와 상등한 수치적 도구로 방정식을 적분해서 얻을 수 있다.

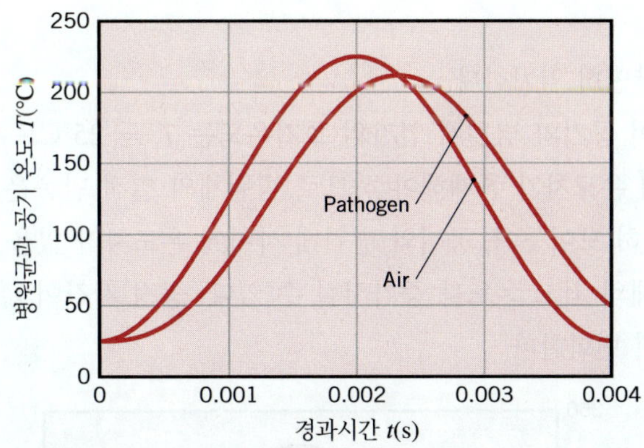

계산된 병원체의 온도를 검토해 보면

$$T_{\max} = 212°\mathrm{C} < 220°\mathrm{C}$$

따라서 병원체는 파괴되지 않는다. ◁

해석적 해 식 (1)은 선형 비제차 미분방정식이므로 제차 방정식의 해와 특이해(particular solution)의 합, 즉 $T = T_h + T_p$로 그 해를 구할 수 있다. 제차 해의 부분인 T_h는 제차 미분방정식 $dT_h/dt = -(6h/\rho cD)T_h$에 해당하는 해인데, 이는 이미 잘 알려진 형태로서, $T_h = C_0 \exp(-6ht/\rho cD)$이다. 특이해 T_p는 미정계수법을 사용하여 구할 수 있다. 함수와 상수항을 포함하는 비제차 항에 대해 특이해는 $T_p = C_1 \cos(2\pi t/t_p) + C_2 \sin(2\pi t/tp) + C_3$의 형태를 갖는 것으로 가정한다. 이 식을 식 (1)에 대입하여 계수들을 정하면 다음과 같다.

$$T_p = 125°C - 100°C \times A\left[\cos\left(\frac{2\pi t}{t_p}\right) + \frac{2\pi\rho cD}{6ht_p}\sin\left(\frac{2\pi t}{t_p}\right)\right] \tag{2}$$

여기서

$$A = \frac{(6h/\rho cD)^2}{(6h/\rho cD)^2 + (2\pi/t_p)^2}$$

그 후에 합성한 해 $T = T_h + T_p$에 초기조건 $T(0) = T_i$를 적용하여 $C_0 = 100°C(A - 1)$를 얻는다. 따라서 입자의 온도는 다음 식으로 나타난다.

$$T(t) = 125°C + 100°C\left\{(A-1)\exp\left(-\frac{6ht}{\rho cD}\right) - A\left[\cos\left(\frac{2\pi t}{t_p}\right) + \frac{2\pi\rho cD}{6ht_p}\sin\left(\frac{2\pi t}{t_p}\right)\right]\right\} \tag{3}$$

병원체의 최고 온도를 구하기 위해서는 식 (3)을 미분하고 그 결과를 0으로 놓으면 된다. 이 과정에 의해 최고 온도에 도달하는 데 소요되는 임계 시간 t_{crit}을 구하는 길고 암시적(implicit)인 식을 얻을 수 있다. 그러면 최고 온도는 식 (3)에 $t = t_{crit}$을 대입하여 계산할 수 있다. 다른 방법으로서, 식 (3)을 도식화하거나 $T(t)$를 도표화하여 최고 온도를 찾으면 다음과 같다.

$$T_{max} = 212°C < 220°C$$

따라서 병원체는 파괴되지 않는다는 것을 알 수 있다. ◁

부가설명:

1. 해석적인 해와 수치적인 해는 당연히 일치한다.
2. 앞 그래프에서 확인할 수 있듯이 공기와 병원체 입자의 초기온도는 $T_i = 25°C$로 동일하다. 병원체를 가열하거나 냉각하는데는 공기와 입자 사이에 온도차가 존재해야 하므로 병원체의 열적 반응은 공기보다 느리다. 식 (1)에 의해서도 그러하지만 그래프에서 명백히 보이듯이, 공기와 병원체 사이에 온도차가 없을 때 입자는 최고 온도에 도달한다.
3. 이 공정 시간을 연장하면 병원체의 최고 온도를 증가시킬 수 있다. 공정 시간이 $t_p = 0.008$ s이 되면, 공기와 병원체 입자의 온도는 아래 그림과 같이 변화한다.

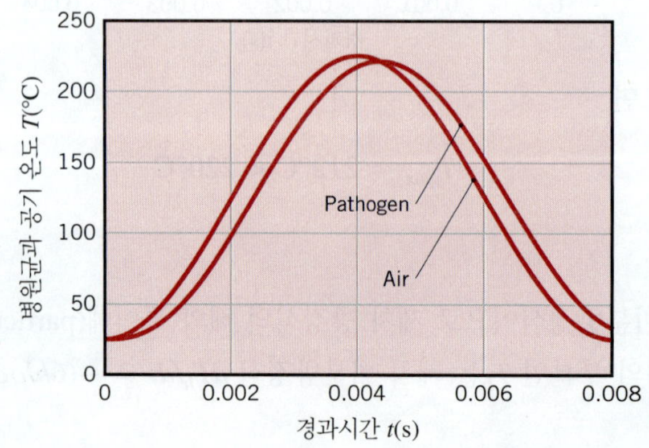

이 경우에 최고 온도는 $T_{max} = 221°C > T_d = 220°C$가 되어 병원체는 사멸된다. 그러나 이 사이클의 지속시간은 원래 주어진 값의 두 배가 되므로, $t_p = 0.004$ s의 경우에 비해 약 반에 해당하는 공기만 수술실에 공급할 수 있다. 수술실로 공급하는 공기의 양과 공기의 청정도가 서로 상충하는(trade-off) 조건이 된다.

4. 문제에서의 극한 온도를 토대로 하고 입자의 방사도를 1로 가정하여 최대로 가능한 복사열전달계수를 계산하면 아래와 같다.

$$h_{r,max} = \sigma(T_{max} + T_{min})(T_{max}^2 + T_{min}^2)$$
$$= 5.67 \times 10^{-8}\ \text{W/m}^2 \cdot \text{K}^4 \times (498 + 298)\text{K} \times (498^2 + 298^2)\text{K}^2 = 15.2\ \text{W/m}^2 \cdot \text{K}$$

$h_{r,max} \ll h$이므로 복사 열전달은 무시할 만하다는 것을 알 수 있다.

5. *IHT*소프트웨어의 Der(T, t)함수를 사용하여 이 문제의 수치해를 구하였다. 이 예제에서와 같이, *IHT*와 같은 수치도구에 친숙해지면 많은 경우에 해석적 해를 얻는 것보다 매우 빠른 시간에 수치해를 구할 수 있다. 더구나 이 예제에서의 병원체 온도와 같은 종속변수 또는 변수의 최댓값 또는 최솟값을 찾는 경우에는, 이들을 해석해를 이용하여 찾는 것보다 직관에 의해 극댓값 또는 극솟값을 찾는 것이 빠른 경우가 많다. 그러나 해석적인 해는 매개변수들의 의존도를 명백하게 보임으로써 통찰력을 제공할 수 있는데, 이것은 수치해로는 접근하기 어려운 점이다.

6. 수치해를 얻기 위해 시간 증분 $\Delta t = 10\ \mu s$가 사용되었다. 일반적으로 Δt를 감소시킴으로써 수치적분의 정확도를 향상시킬 수 있지만, 이때는 계산 시간의 증가를 감수해야 한다. 이 예제에서는 $\Delta t = 5\ \mu s$인 경우의 결과가 이보다 큰 시간 증분을 사용하여 얻은 결과와 실제로 동일한데, 둘 중의 어느 시간 증분 값을 사용하여도 정확히 온도 이력을 추적하고 최고 입자 온도를 찾아내는 데 충분하다는 것을 알 수 있다.

7. 치사온도에서 순간적으로 병원체가 사멸한다는 가정은 근사적이다. 병원체의 파괴는 고온에 지속적으로 노출된 시간에도 의존한다[2].

5.4 공간적 영향

Biot 수가 작지 않은 경우가 자주 있는데, 이때는 매질 내에서의 온도구배를 더 이상 무시할 수 없다는 사실을 고려하여야 한다. 집중용량법을 사용하면 부정확한 결과를 얻게 되므로 이 장의 나머지 부분에서 제시된 다른 방법들을 사용해야 한다.

가장 일반적인 형태로 과도 열전도 문제는 직교좌표계에 대하여 식 (2.19)로 표현되고, 원통좌표와 구좌표계에 대해서는 각각 식 (2.26)과 식 (2.29)의 열방정식으로 표현되었다. 이 편미분방정식들의 해는 시간과 공간좌표들에 따른 온도 변화를 나타낸다. 그러나 그림 5.4의 평면벽의 경우와 같이, 많은 문제들에서는 내부의 온도분포를 나타내기 위해 하나의 공간좌표만이 필요하다. 내부 열발생이 없고, 열전도율이 일정하다고 가정할 때, 식 (2.19)는 다음과 같이 간단하게 된다.

$$\frac{\partial^2 T}{\partial x^2} = \frac{1}{\alpha}\frac{\partial T}{\partial t} \tag{5.29}$$

온도분포 $T(x, t)$를 얻기 위해 식 (5.29)를 풀려면, 하나의 **초기조건**(initial condition)과 두 개의 **경계조건**(boundary condition)들을 규정하는 것이 필요하다. 그림 5.4의 전형적인 과도 열전도 문제에 대하여 초기조건은 다음과 같다.

$$T(x, 0) = T_i \tag{5.30}$$

그리고 경계조건들은 다음의 두 식들로 주어진다.

$$\left.\frac{\partial T}{\partial x}\right|_{x=0} = 0 \tag{5.31}$$

and

$$-k\left.\frac{\partial T}{\partial x}\right|_{x=L} = h[T(L, t) - T_\infty] \tag{5.32}$$

식 (5.30)은 시간 $t = 0$일 때의 균일한 온도분포를 가정한다. 식 (5.31)은 벽의 중앙 평면에서의 **대칭 요구조건**을 반영한다. 그리고 식 (5.32)는 시간 $t > 0$일 때의 표면조건을 나타낸다. 식 (5.29)에서부터 (5.32)까지의 식들에 의하면, 벽에서의 온도는 x와 t뿐만 아니라 다음 식과 같이 다수의 물리적인 매개변수들에 의존한다는 것이 명백하다.

$$T = T(x, t, T_i, T_\infty, L, k, \alpha, h) \tag{5.33}$$

이전의 문제들은 해석적 방법 또는 수치적 방법으로 풀 수 있다. 이 방법들은 다음의 절들에서 고려할 것이다. 그러나 우선 지배방정식을 **무차원화**(nondimensionalizing)함으로써 얻을 수 있는 이점에 주목하는 것이 중요하다. 이는 관계되는 변수들을 적절한 **그룹**으로 정리함으로써 이루어진다. 종속변수 T를 생각해 보자. 만일 온도차 $\theta \equiv T - T_\infty$를 **가능한 최대 온도차** $\theta_i \equiv T_i - T_\infty$로 나누면, 종속변수의 무차원 형태를 다음과 같이 정의할 수 있다.

$$\theta^* \equiv \frac{\theta}{\theta_i} = \frac{T - T_\infty}{T_i - T_\infty} \tag{5.34}$$

따라서 θ^*는 $0 \le \theta^* \le 1$의 범위 내에 있어야 한다. 무차원 공간좌표는 다음과 같이 정의할 수 있다.

$$x^* \equiv \frac{x}{L} \tag{5.35}$$

여기서 L은 평면벽 두께의 절반이며 무차원 시간을 다음과 같이 정의한다.

$$t^* \equiv \frac{\alpha t}{L^2} \equiv Fo \tag{5.36}$$

여기서 t^*는 식 (5.12)의 무차원 **Fourier 수**와 동일한 것이다.

식 (5.34)로부터 (5.36)까지의 정의를 식 (5.29)로부터 (5.32)까지의 식에 대입하면 열방정식은 다음과 같이 된다.

$$\frac{\partial^2 \theta^*}{\partial x^{*2}} = \frac{\partial \theta^*}{\partial Fo} \tag{5.37}$$

그리고 초기조건과 경계조건들은 다음과 같이 된다.

$$\theta^*(x^*, 0) = 1 \tag{5.38}$$

$$\left.\frac{\partial \theta^*}{\partial x^*}\right|_{x^*=0} = 0 \tag{5.39}$$

그리고

$$\left.\frac{\partial \theta^*}{\partial x^*}\right|_{x^*=1} = -Bi\ \theta^*(1, t^*) \tag{5.40}$$

이다. 여기서 **Biot 수**는 $Bi = hL/k$이다. 식 (5.33)의 함수적 의존성은 무차원 형식으로 다음과 같이 표현할 수 있다.

$$\theta^* = f(x^*, Fo, Bi) \tag{5.41}$$

x^*변화를 제외하면 유사한 함수적 의존성이 집중용량법에 대해 식 (5.13)에 표시된 바와 같이 얻어졌음을 상기하자.

식 (5.33)과 식 (5.41)을 비교해 보면, 문제를 무차원 형식으로 바꾸는 것이 상당한 이점이 있다는 것이 명백하다. 식 (5.41)은 **주어진 기하학적 형상에 대하여 과도 온도분포가 x^*, Fo, Bi의 보편적인 함수**임을 암시한다. 즉 **무차원 해**는 T_i, T_∞, L, k, α, 또는 h의 특정 값에 의존하지 않고 규정된 형태로 나타난다. 이러한 일반화에 의하면 매우 간단하게 과도해(transient solution)들을 표시하고 이용할 수 있으므로, 이후의 절에서는 무차원 변수들을 광범위하게 사용할 것이다.

5.5 대류가 있는 평면벽

많은 단순화된 형상들과 경계조건들에 대해 과도 열전도 문제의 엄밀한 해석적 해가 얻어졌으며, 참고문헌[3~6]에 잘 정리되어 있다. 이 목적으로 변수분리 방법(4.2절)을 포함하여 여러 가지의 수학적 방법이 사용될 수 있으며, 대표적으로 무차원 온도분포에 대한 해인 식 (5.41)은 무한급수의 형식을 가진다. 그러나 아주 작은 Fourier 수의 경우를 제외하면, 이 급수들은 1항으로 근사화할 수 있으며, 그 결과는 편리한 도식적 형태로 나타낼 수 있다.

5.5.1 엄밀해

두께가 $2L$인 **평면벽**을 생각해 보자(그림 5.6*a*). 두께가 벽의 폭과 높이에 비하여 작다면, 열전도가 x 방향으로만 일어난다고 가정하는 것은 합리적이다. 만일 벽이 초기에 균일한 온도 $T(x, 0) = T_i$이고, 갑자기 온도 $T_\infty \neq T_i$인 유체에 잠긴다면, 이 결과로 생기는 온도분포들은 식 (5.38)로부터 (5.40)까지의 조건에 관련하여 식 (5.37)을 풀면 얻을 수 있다. $x^* = \pm 1$인 표면에서의 대류 조건

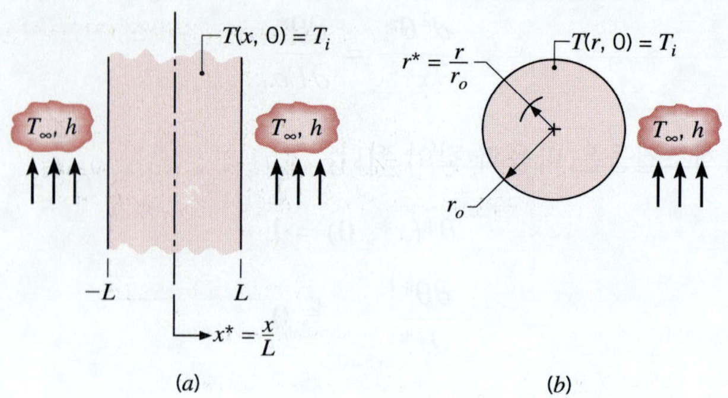

그림 5.6 초기에 균일한 온도를 갖는 1차원 계가 갑자기 대류 조건에 놓이게 되는 경우. (*a*) 평면벽. (*b*) 무한 원통 또는 구.

이 같기 때문에, 온도분포는 어떠한 순간에도 $x^* = 0$인 중앙단면에 대하여 대칭이어야 한다. 이 문제에 대한 엄밀해는 다음과 같은 형태이다[4].

$$\theta^* = \sum_{n=1}^{\infty} C_n \exp(-\zeta_n^2 Fo)\cos(\zeta_n x^*) \tag{5.42a}$$

여기서 $Fo = \alpha t/L^2$이고 계수 C_n은 다음과 같다.

$$C_n = \frac{4\sin\zeta_n}{2\zeta_n + \sin(2\zeta_n)} \tag{5.42b}$$

그리고 ζ_n의 불연속적인 값[고유치(eigenvalue)]들은 다음과 같은 초월방정식(transcendental equation)에 대한 양의 근(root)들이다.

$$\zeta_n \tan\zeta_n = Bi \tag{5.42c}$$

이 방정식의 처음 네 개의 근이 부록 B.3에 주어져 있다. 식 (5.42a)로 주어진 엄밀해는 $0 \le Fo \le \infty$ 범위의 어떤 시간에 대해서도 적용된다.

5.5.2 근사해

$Fo > 0.2$의 값들에 대해, 무한 급수해인 식 (5.42a)는 이 급수의 첫 번째 항으로 근사화할 수 있다는 것을 보일 수 있다(연습문제 5.43). 이 근사에 의하면, 온도분포의 무차원 형태는 다음과 같아진다.

$$\theta^* = C_1 \exp(-\zeta_1^2 Fo)\cos(\zeta_1 x^*) \tag{5.43a}$$

또는

$$\theta^* = \theta_o^* \cos(\zeta_1 x^*) \tag{5.43b}$$

이며 여기서 $\theta_o^* \equiv (T_o - T_\infty)/(T_i - T_\infty)$는 다음 식으로 표시되는 중앙 단면($x^* = 0$)의 온도이다.

1항 근사의 도식적 표현은 보충 섹션 5S.1에 제시되어 있다.

표 5.1 과도 1차원 열전도의 경우에 대하여 급수해의 1항 근사에 사용되는 계수

	평면벽		무한 원통		구	
Bi^a	ζ_1(rad)	C_1	ζ_1(rad)	C_1	ζ_1(rad)	C_1
0.01	0.0998	1.0017	0.1412	1.0025	0.1730	1.0030
0.02	0.1410	1.0033	0.1995	1.0050	0.2445	1.0060
0.03	0.1732	1.0049	0.2440	1.0075	0.2991	1.0090
0.04	0.1987	1.0066	0.2814	1.0099	0.3450	1.0120
0.05	0.2218	1.0082	0.3143	1.0124	0.3854	1.0149
0.06	0.2425	1.0098	0.3438	1.0148	0.4217	1.0179
0.07	0.2615	1.0114	0.3709	1.0173	0.4551	1.0209
0.08	0.2791	1.0130	0.3960	1.0197	0.4860	1.0239
0.09	0.2956	1.0145	0.4195	1.0222	0.5150	1.0268
0.10	0.3111	1.0161	0.4417	1.0246	0.5423	1.0298
0.15	0.3779	1.0237	0.5376	1.0365	0.6609	1.0445
0.20	0.4328	1.0311	0.6170	1.0483	0.7593	1.0592
0.25	0.4801	1.0382	0.6856	1.0598	0.8447	1.0737
0.30	0.5218	1.0450	0.7465	1.0712	0.9208	1.0880
0.4	0.5932	1.0580	0.8516	1.0932	1.0528	1.1164
0.5	0.6533	1.0701	0.9408	1.1143	1.1656	1.1441
0.6	0.7501	1.0814	1.0184	1.1345	1.2644	1.1713
0.7	0.7506	1.0919	1.0873	1.1539	1.3525	1.1978
0.8	0.7910	1.1016	1.1490	1.1724	1.4320	1.2236
0.9	0.8274	1.1107	1.2048	1.1902	1.5044	1.2488
1.0	0.8603	1.1191	1.2558	1.2071	1.5708	1.2732
2.0	1.0769	1.1785	1.5994	1.3384	2.0288	1.4793
3.0	1.1925	1.2102	1.7887	1.4191	2.2889	1.6227
4.0	1.2646	1.2287	1.9081	1.4698	2.4556	1.7202
5.0	1.3138	1.2402	1.9898	1.5029	2.5704	1.7870
6.0	1.3496	1.2479	2.0490	1.5253	2.6537	1.8338
7.0	1.3766	1.2532	2.0937	1.5411	2.7165	1.8673
8.0	1.3978	1.2570	2.1286	1.5526	2.7654	1.8920
9.0	1.4149	1.2598	2.1566	1.5611	2.8044	1.9106
10.0	1.4289	1.2620	2.1795	1.5677	2.8363	1.9249
20.0	1.4961	1.2699	2.2881	1.5919	2.9857	1.9781
30.0	1.5202	1.2717	2.3261	1.5973	3.0372	1.9898
40.0	1.5325	1.2723	2.3455	1.5993	3.0632	1.9942
50.0	1.5400	1.2727	2.3572	1.6002	3.0788	1.9962
100.0	1.5552	1.2731	2.3809	1.6015	3.1102	1.9990
∞	1.5708	1.2733	2.4050	1.6018	3.1415	2.0000

[a] Bi는 평면벽에 대해서 $Bi = hL/k$이며, 무한 원통과 구에 대해서는 $Bi = hr_o/k$이다(그림 5.6 참조).

$$\theta_o^* = C_1 \exp(-\zeta_1^2 Fo) \tag{5.44}$$

식 (5.43b)의 중요한 의미는 **벽 내부의 임의 위치에서 온도의 시간에 대한 종속성은 중앙 단면에서 온도의 시간에 대한 종속성과 동일하다**는 것이다. 계수 C_1과 ζ_1은 각각 식 (5.42b)와 식 (5.42c)에 의하여 계산되고, 정해진 범위의 Biot 수에 대한 값들이 표 5.1에 주어져 있다.

5.5.3 총에너지 전달

많은 경우에 과도적인 과정에서 임의의 시간 t까지 벽에서 나간(또는 벽으로 들어온) 총에너지를 파악하는 것이 유용하다. 초기조건($t = 0$)과 임의 시간 $t > 0$에 의하여 한정되는 시간 간격에 대하여 에너지보존의 요구조건인 식 (1.12b)를 적용할 수 있다.

$$E_{\text{in}} - E_{\text{out}} = \Delta E_{\text{st}} \tag{5.45}$$

벽으로부터 전달된 에너지 Q를 E_{out}과 같다고 하고, $E_{\text{in}} = 0$ 그리고 $\Delta E_{\text{st}} = E(t) - E(0)$로 놓으면 다음 식을 얻는다.

$$Q = -[E(t) - E(0)] \tag{5.46a}$$

또는

$$Q = -\int \rho c[T(x, t) - T_i]\, dV \tag{5.46b}$$

여기서 적분은 벽의 체적 전체에 대하여 수행한다. 다음과 같은 Q_o를 도입하여 위의 결과를 무차원화하는 것이 편리하다.

$$Q_o = \rho c V(T_i - T_\infty) \tag{5.47}$$

이것은 유체온도를 기준으로 한 벽의 초기 내부에너지로 해석될 수 있다. 이것은 또한 그 과정이 시간 $t = \infty$까지 계속될 때 일어날 수 있는 **최대**의 에너지 전달량이다. 그러므로 물성치가 일정하다고 가정할 때, 시간 간격 t동안 벽으로부터 전달되는 총에너지와 가능한 최대의 에너지와의 비는 다음과 같다.

$$\frac{Q}{Q_o} = \int \frac{-[T(x, t) - T_i]}{T_i - T_\infty} \frac{dV}{V} = \frac{1}{V}\int (1 - \theta^*)\, dV \tag{5.48}$$

평면벽에 대한 온도분포의 근사적 형태인 식 (5.43b)를 사용하여 식 (5.48)로 주어진 적분을 수행하면, 다음과 같은 식을 얻을 수 있다.

$$\frac{Q}{Q_o} = 1 - \frac{\sin \zeta_1}{\zeta_1} \theta_o^* \tag{5.49}$$

여기서 θ_o^*는 식 (5.44)로부터 계산할 수 있으며 C_1과 ζ_1의 값은 표 5.1에 나와 있다.

5.5.4 부가적인 고려

수학적인 문제가 정확하게 같기 때문에, 앞에서의 결과는 또한 한 면($x^* = 0$)이 단열되어 있고, 다른 면($x^* = +1$)에서는 대류전달이 일어나는 두께 L의 평면벽에 적용될 수 있다. 이 동등성은 $x^* = 0$에서 대칭 조건이든 단열인 조건이든 관계없이 경계조건이 $\partial\theta^*/\partial x^* = 0$이라는 사실에서 나온 결과이다.

앞의 결과들은 표면온도가 급격하게 변하는 평면벽의 과도적인 응답을 구하는 데도 사용할 수 있다. 이 과정은 무한대의 대류계수를 가지는 경우와 동등하므로 Biot 수를 무한대로 하고($Bi = \infty$), 유체온도 T_∞는 주어진 표면온도 T_s로 대치한다.

5.6 대류를 동반하는 반지름 방향 계

초기의 온도가 균일하고 대류조건의 변화가 동반되는 반지름 r_o인 무한 원통 또는 구(그림 5.6*b*)에 대하여 5.5절의 결과와 유사한 결과들을 전개할 수 있다. 즉 반지름 방향 온도분포의 시간 종속성에 대하여 엄밀한 급수해를 얻을 수 있으며, 대부분의 조건들에 대하여 1항 근사를 사용할 수 있다. 무한 원통은 반지름 방향으로의 1차원 전도로 가정할 수 있는 이상화된 경우이다. 이는 $L/r_o \gtrsim 10$인 원통에 대하여 합리적인 근사이다.

5.6.1 엄밀해

균일한 초기 온도와 대류 경계조건들에 대한 해 [4]들은 다음과 같다.

무한 원통 무차원 형태로 온도는 다음과 같다.

$$\theta^* = \sum_{n=1}^{\infty} C_n \exp(-\zeta_n^2 Fo) J_0(\zeta_n r^*) \tag{5.50a}$$

여기서 $Fo = \alpha t/r_o^2$이고 $r^* = r/r_o$이다.

$$C_n = \frac{2}{\zeta_n} \frac{J_1(\zeta_n)}{J_0^2(\zeta_n) + J_1^2(\zeta_n)} \tag{5.50b}$$

그리고 ζ_n의 불연속적인 값은 다음의 초월방정식의 양의 근들이다.

$$\zeta_n \frac{J_1(\zeta_n)}{J_0(\zeta_n)} = Bi \tag{5.50c}$$

여기서 $Bi = hr_o/k$이다. J_1과 J_0는 제1종의 Bessel함수들이며 그 값들은 부록 B.4에 나와 있다. 초월 방정식 (5.50c)의 근은 Schneider[4]에 의하여 표로 제시되었다.

구 마찬가지로 구에 대해서는 다음과 같다.

$$\theta^* = \sum_{n=1}^{\infty} C_n \exp(-\zeta_n^2 Fo) \frac{1}{\zeta_n r^*} \sin(\zeta_n r^*) \tag{5.51a}$$

여기서 $F_o = \alpha t/r_o^2$이고 $r^* = r/r_o$이다.

$$C_n = \frac{4[\sin(\zeta_n) - \zeta_n \cos(\zeta_n)]}{2\zeta_n - \sin(2\zeta_n)} \tag{5.51b}$$

ζ_n의 불연속적인 값들은 다음의 초월방정식의 양의 근들이다.

$$1 - \zeta_n \cot\zeta_n = Bi \tag{5.51c}$$

여기서 $Bi = hr_o/k$이다. 초월방정식의 근들이 Schneider[4]에 의하여 표로 제시되었다.

5.6.2 근사해

무한 원통과 구에 대하여 $Fo > 0.2$일 때, 이전의 급수해들을 단일 항에 의하여 다시 근사화할 수 있다. 그러므로 평면벽의 경우에 있어서와 마찬가지로, 반지름 방향 계에서도 임의의 위치에서 온도의 시간 의존성은 중심선 또는 중심점에서의 온도의 시간 의존성과 동일하다.

무한 원통 식 (5.50a)에 대한 단일 항 근사는 다음과 같이 쓸 수 있다.

$$\theta^* = C_1 \exp(-\zeta_1^2 Fo) J_0(\zeta_1 r^*) \tag{5.52a}$$

또는

$$\theta^* = \theta_o^* J_0(\zeta_1 r^*) \tag{5.52b}$$

이다. 여기서 θ_o^*는 중심선의 온도를 나타내며, 다음과 같은 형태를 가진다.

$$\theta_o^* = C_1 \exp(-\zeta_1^2 Fo) \tag{5.52c}$$

계수 C_1과 ζ_1의 값들은 이미 알려져 있으며, 일정 범위의 Biot 수들에 대하여 표 5.1에 제시되어 있다.

구 식 (5.51a)로부터 1항 근사는 다음과 같이 쓸 수 있다.

$$\theta^* = C_1 \exp(-\zeta_1^2 Fo) \frac{1}{\zeta_1 r^*} \sin(\zeta_1 r^*) \tag{5.53a}$$

또는

$$\theta^* = \theta_o^* \frac{1}{\zeta_1 r^*} \sin(\zeta_1 r^*) \tag{5.53b}$$

이다. 여기서 θ_o^*는 중심점에서의 온도를 나타내며, 다음과 같은 형태를 가진다.

$$\theta_o^* = C_1 \exp(-\zeta_1^2 Fo) \tag{5.53c}$$

계수 C_1과 ζ_1의 값들은 이미 알려져 있으며, 일정 범위의 Biot 수들에 대하여 표 5.1에 제시되어 있다.

1항 근사의 도식적 표현은 보충 섹션 5S.1에 제시되어 있다.

5.6.3 총에너지 전달

5.5.3절에서와 같이 시간간격 $\Delta t = t$ 동안에 무한 원통 또는 구로부터의 총에너지 전달을 구하기 위하여 에너지평형을 적용할 수 있다. 근사해인 식 (5.52b)와 식 (5.53b)를 대입하고 식 (5.47)로부터 Q_o를 도입하면, 그 결과들은 다음과 같다.

무한 원통

$$\frac{Q}{Q_o} = 1 - \frac{2\theta_o^*}{\zeta_1} J_1(\zeta_1) \tag{5.54}$$

구

$$\frac{Q}{Q_o} = 1 - \frac{3\theta_o^*}{\zeta_1^3}[\sin(\zeta_1) - \zeta_1 \cos(\zeta_1)] \tag{5.55}$$

중심온도의 값 θ_o^*은 해당되는 시스템에 대하여 표 5.1의 계수를 사용하여 식 (5.52c) 또는 식 (5.53c)로부터 구할 수 있다.

5.6.4 부가적인 고려

평면벽에서처럼, 앞에서의 결과들은 표면온도가 급격하게 변하는 긴 원통과 구의 과도적인 응답을 예측하는 데 사용할 수 있다. 즉 Biot 수를 무한대로 놓고, 유체온도 T_∞를 일정한 표면온도 T_s로 대치한다.

예제 5.5

지름이 1 m이고, 벽 두께가 40 mm인 AISI 1010강(steel)으로 만들어진 관로(pipeline)를 고려하자. 관은 외부가 두껍게 단열되어 있고, 유체가 흐르기 전에 관벽의 온도는 −20°C로 균일하다. 유동 초기에 관의 안쪽 표면에 $h = 500\ \text{W/m}^2\cdot\text{K}$에 해당하는 대류조건을 일으키면서 60°C의 뜨거운 기름이 펌핑되었다.

1. 흐름이 시작된 후 8 min이 되었을 때 적절한 Biot 수와 Fourier 수는 얼마인가?
2. $t = 8$ min일 때 단열재로 덮인 관의 외부 표면온도는 얼마인가?
3. $t = 8$ min에서 기름으로부터 관으로의 열유속 $q''(\text{W/m}^2)$은 얼마인가?
4. $t = 8$ min에서 관의 길이 1 m당 얼마의 에너지가 기름으로부터 관으로 전달되었는가?

풀이

제시자료: 대류표면 조건에 갑자기 노출된 관벽.

풀이대상:

1. 8 min 후의 Biot 수와 Fourier 수.
2. 8 min 후의 외부 관 표면의 온도.

3. 8 min일 때 벽으로의 열유속.

4. 8 min 후에 관으로 전달된 단위 길이당 에너지.

개략도:

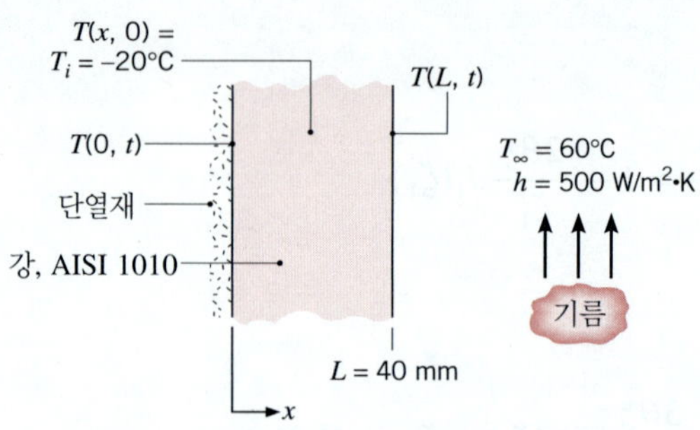

가정:

1. 두께가 지름보다 훨씬 작기 때문에 관벽을 평면벽으로 근사화할 수 있다.

2. 일정 물성치들.

3. 관의 외부 표면은 단열되어 있다.

물성치: 표 4.1에서 AISI 1010강 [$T = (-20 + 60)°C/2 \approx 300$ K]: $\rho = 7832$ kg/m^3, $c = 434$ J/kg·K, $k = 63.9$ W/m·K, $\alpha = 18.8 \times 10^{-6}$m^2/s.

해석:

1. 시간 $t = 8$ min일 때, Biot 수와 Fourier 수는 각각 식 (5.10)과 식 (5.12)로부터 구한다. 이때 $L_c = L$이다. 그러므로 다음과 같다.

$$Bi = \frac{hL}{k} = \frac{500\ \text{W/m}^2\cdot\text{K} \times 0.04\ \text{m}}{63.9\ \text{W/m}\cdot\text{K}} = 0.313 \quad \triangleleft$$

$$Fo = \frac{\alpha t}{L^2} = \frac{18.8 \times 10^{-6}\ \text{m}^2/\text{s} \times 8\ \text{min} \times 60\ \text{s/min}}{(0.04\ \text{m})^2} = 5.64 \quad \triangleleft$$

2. $Bi = 0.313$이므로 집중용량법을 사용하기에 부적합하다. 그러나 $Fo > 0.2$이기 때문에 두께 L인 단열된 관 벽에서의 과도적 조건들이 같은 표면조건을 경험하는 두께 $2L$인 평면벽에서의 과도적 조건들과 같기 때문에, 구하고자 하는 결과들은 평면벽에 대한 1항 근사로부터 구할 수 있다. 중앙 단면의 온도는 식 (5.44)로부터 구할 수 있다.

$$\theta_o^* = \frac{T_o - T_\infty}{T_i - T_\infty} = C_1 \exp(-\zeta_1^2 Fo)$$

여기서 $Bi = 0.313$, $C_1 = 1.047$ 그리고 표 5.1로부터 $\zeta_1 = 0.531$ rad이다. $Fo = 5.64$에 대해 중앙 단면의 온도는 다음과 같다.

$$\theta_o^* = 1.047 \exp[-(0.531\ \text{rad})^2 \times 5.64] = 0.214$$

그러므로 8 min 후 외부 관 표면의 온도는 평면벽의 중앙 단면의 값에 해당하며 다음과 같다.

$$T(0,\ 8\ \text{min}) = T_\infty + \theta_o^*(T_i - T_\infty) = 60°\text{C} + 0.214(-20 - 60)°\text{C} = 42.9°\text{C} \quad \triangleleft$$

3. $x = L$에서 안쪽 표면으로의 열전달은 대류에 의한 것이고, 임의의 시간 t에서 열유속은 Newton의 냉각법칙으로부터 구할 수 있다. 따라서 $t = 480$ s에서는 다음과 같다.

$$q''_x(L, 480\text{ s}) \equiv q''_L = h[T(L, 480\text{ s}) - T_\infty]$$

표면온도에 대해 1항 근사를 사용하고 식 (5.43b)에 $x^* = 1$을 대입하면 다음의 형태로 된다.

$$\theta^* = \theta_o^* \cos(\zeta_1)$$

$$T(L, t) = T_\infty + (T_i - T_\infty)\theta_o^* \cos(\zeta_1)$$

$$T(L, 8\text{ min}) = 60°\text{C} + (-20 - 60)°\text{C} \times 0.214 \times \cos(0.531\text{ rad})$$

$$T(L, 8\text{ min}) = 45.2°\text{C}$$

따라서 $t = 8$ min에서의 열유속은 다음과 같다.

$$q''_L = 500\text{ W/m}^2 \cdot \text{K}(45.2 - 60)°\text{C} = -7400\text{ W/m}^2 \quad \triangleleft$$

4. 8 min에 걸친 관벽으로의 에너지 전달은 식 (5.47)과 (5.49)로부터 구한다.

$$\frac{Q}{Q_o} = 1 - \frac{\sin(\zeta_1)}{\zeta_1}\theta_o^*$$

$$\frac{Q}{Q_o} = 1 - \frac{\sin(0.531\text{ rad})}{0.531\text{ rad}} \times 0.214 = 0.80$$

이므로 다음과 같다.

$$Q = 0.80\,\rho c V(T_i - T_\infty)$$

또는 관의 단위 길이당 체적 $V' = \pi DL$를 사용하면 다음과 같다.

$$Q' = 0.80\,\rho c \pi DL(T_i - T_\infty)$$

$$Q' = 0.80 \times 7832\text{ kg/m}^3 \times 434\text{ J/kg}\cdot\text{K} \times \pi \times 1\text{ m} \times 0.04\text{ m}(-20 - 60)°\text{C} \quad \triangleleft$$

$$Q' = -2.73 \times 10^7\text{ J/m}$$

부가설명:

1. q''과 Q'에 관련된 음(2)의 부호는 단순히 열전달의 방향이 기름으로부터 관으로(관벽으로)임을 의미한다.

2. 이 예제의 해는 *IHT*의 *Advanced* 섹션에 ready-to-solve모델로 제공되어 있는데, 이것은 *Models*, *Transient Conduction*, *Plane Wall* 옵션을 사용한다. *IHT* 모델은 급수해에 대해 다항 근사를 사용하므로 그 결과들은 앞에서 1항 근사로 얻은 것들보다 정확하다. 5.6절에서 다루는 반지름좌표계에 대해서도 *Transient Conduction*에 대한 *IHT Models*가 구비되어 있다.

예제 5.6

특수 재료의 처리에 대한 새로운 공정을 평가하려고 한다. 이 재료는 반지름 $r_o = 5$ mm인 구이며, 초기에 노(furnace)안에서 400°C로 평형상태에 놓여 있다. 이 구를 갑자기 노에서 꺼내서 두 단계의 냉각 과정을 거치게 한다.

1 단계 중심에서의 온도가 임계값 $T_a(0, t_a) = 335$°C에 도달할 때까지의 t_a의 시간 동안 20°C인 공기 중에서 냉각한다. 이 경우에 대한 대류열전달계수는 $h_a = 10\ \text{W/m}^2\cdot\text{K}$이다.

구가 이 임계온도에 도달한 후에 두 번째 단계가 시작된다.

2 단계 20°C로 잘 저어지는 수조에서 대류열전달계수 $h_w = 6000\ \text{W/m}^2\cdot\text{K}$로서 냉각된다.

재료의 열물성치는 $\rho = 3000\ \text{kg/m}^3$, $k = 20\ \text{W/m}\cdot\text{K}$, $c = 1000\ \text{J/kg}\cdot\text{K}$ 그리고 $\alpha = 6.66 \times 10^{-6}\text{m}^2/\text{s}$이다.

1. 냉각 공정의 1단계가 완결되는 데 요구되는 시간 t_a를 계산하라.
2. 구의 중심온도를(1단계가 완결됐을 때의 조건인) 335°C로부터 50°C로 냉각시키는 데 대해 공정의 2단계 동안에 요구되는 시간 t_w를 계산하라.

풀이

제시자료: 구의 냉각에서 온도에 대한 요구사항들.

풀이대상:

1. 공기 중에서 원하는 냉각을 완결하는 데 요구되는 시간 t_a.
2. 수조 속에서 냉각을 완결하는 데 요구되는 시간 t_w.

개략도:

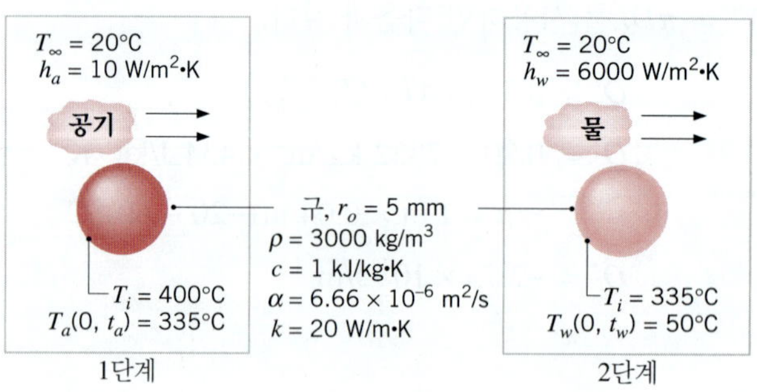

가정:

1. 반경 r방향으로의 1차원 전도.
2. 일정 물성치.

해석:

1. 집중용량법을 사용할 수 있는지를 결정하기 위해 Biot 수를 계산한다. $L_c = r_o/3$일 때, 식 (5.10)으로부터 다음 값을 얻는다.

$$Bi = \frac{h_a r_o}{3k} = \frac{10\ \text{W/m}^2\cdot\text{K} \times 0.005\ \text{m}}{3 \times 20\ \text{W/m}\cdot\text{K}} = 8.33 \times 10^{-4}$$

따라서 집중용량법을 사용할 수 있으며, 온도는 구 전체에 걸쳐 거의 균일하다. 식 (5.5)로부터 다음과 같이 쓸 수 있다.

$$t_a = \frac{\rho Vc}{h_a A_s}\ln\frac{\theta_i}{\theta_a} = \frac{\rho r_o c}{3h_a}\ln\frac{T_i - T_\infty}{T_a - T_\infty}$$

여기서 $V = (4/3)\pi r_o^3$, $A_s = 4\pi r_o^2$이다. 따라서 다음 값을 얻는다.

$$t_a = \frac{3000\ \text{kg/m}^3 \times 0.005\ \text{m} \times 1000\ \text{J/Kg}\cdot\text{K}}{3\times 10\ \text{W/m}^2\cdot\text{K}}\ln\frac{400-20}{335-20} = 94\ \text{s}$$ ◁

2. 냉각 공정의 2단계에서도 또한 집중용량법을 사용할 수 있는지를 결정하기 위하여 다음과 같이 Biot 수를 다시 계산한다.

$$Bi = \frac{h_w r_o}{3k} = \frac{6000\ \text{W/m}^2\cdot\text{K}\times 0.005\ \text{m}}{3\times 20\ \text{W/m}\cdot\text{K}} = 0.50$$

이고 집중용량 방법이 부적절하다. 그러나 적절한 근사로서 구의 온도는 $t = t_a$에서 균일하고 1항 근사가 $t = t_a$로부터 $t = t_a + t_w$까지의 계산에 대하여 사용될 수 있다. 중심온도가 50°C, 즉 $T(0, t_w) = 50°C$에 도달하는 시간 t_w는 식 (5.53c)를 재조정함으로써 얻어질 수 있다.

$$Fo = -\frac{1}{\zeta_1^2}\ln\left[\frac{\theta_o^*}{C_1}\right] = -\frac{1}{\zeta_1^2}\ln\left[\frac{1}{C_1}\times\frac{T(0,t_w)-T_\infty}{T_i - T_\infty}\right]$$

여기서 $t_w = F_o\, r_o^2/\alpha$이다. 지금 Biot 수는 다음과 같이 정의된다.

$$Bi = \frac{h_w r_o}{k} = \frac{6000\ \text{W/m}^2\cdot\text{K}\times 0.005\ \text{m}}{20\ \text{W/m}\cdot\text{K}} = 1.50$$

표 5.1에 의하면 $C_1 = 1.376$과 $\zeta_1 = 1.800$ rad이다. 따라서 다음과 같다.

$$Fo = -\frac{1}{(1.800\ \text{rad})^2}\ln\left[\frac{1}{1.376}\times\frac{(50-20)°\text{C}}{(335-20)°\text{C}}\right] = 0.82$$

그리고

$$t_w = Fo\frac{r_o^2}{\alpha} = 0.82\frac{(0.005\ \text{m})^2}{6.66\times 10^{-6}\ \text{m}^2/\text{s}} = 3.1\ \text{s}$$ ◁

$F_o = 0.82$로서 1항 근사가 정당화된다는 점에 유의하라.

부가설명:

1. 만일 구에서의 온도분포가 1단계 과정 종료 시점에서 균일하지 않았다고 하면 초기 균일 온도를 가정한 1항 근사 또는 엄밀해는 2단계의 계산에서 사용될 수 없다.

2. 2단계의 결론에서 구의 표면온도는 식 (5.53b)로부터 얻어질 수 있다. $\theta_o^* = 0.095$와 $r^* = 1$로서 다음과 같다.

$$\theta^*(r_o) = \frac{T(r_o) - T_\infty}{T_i - T_\infty} = \frac{0.095}{1.800 \text{ rad}} \sin(1.800 \text{ rad}) = 0.0514$$

그리고

$$T(r_o) = 20°\text{C} + 0.0514(335 - 20)°\text{C} = 36°\text{C}$$

구에서의 임의의 위치 그리고 임의의 시간 $t > t_a$에서의 온도를 계산하는 데 무한급수인 식 (5.51a), 그리고 이것의 1항 근사식인 식 (5.53b)를 사용할 수 있다. $(t - t_a) < 0.2(0.005 \text{ m})^2/6.66 \times 10^{-6} \text{ m}^2/\text{s} = 0.75 \text{ s}$에 대하여 급수의 수렴을 보장하기 위해서는 충분한 수의 항들이 보유되어야 한다. $(t - t_a) > 0.75$ s에 대해서는 1항 근사로 만족할 만한 수렴이 얻어진다. $r = 0$와 $r = r_o$에 대한 온도이력을 계산하고 도시하면, $0 \leq (t - t_a) \leq 5$ s에 대하여 다음의 결과를 얻는다.

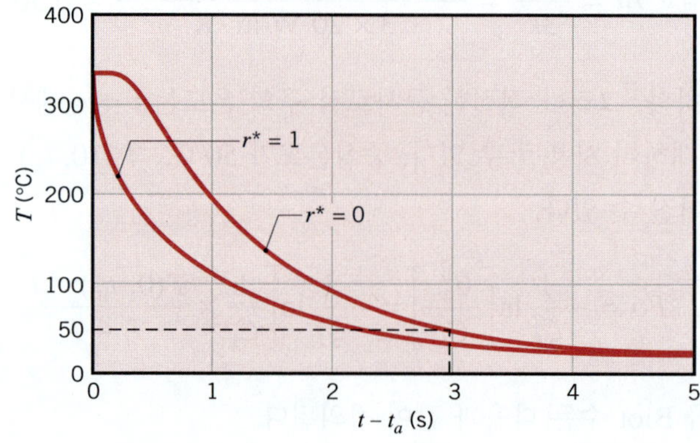

3. *IHT Models, Transient Conduction, Sphere* 옵션을 이용하여 단계 1과 2에서 구가 공기 중에서와 물에서 겪는 냉각과정을 해석할 수도 있다. *IHT Models, Lumped Capacitance* 옵션은 단계 1의 공기 냉각과정을 해석하는 데만 사용할 수 있다.

5.7 반무한 고체

해석적 해를 얻을 수 있는 중요하면서도 단순한 기하학적인 형상이 **반무한 고체**(semi-infinite solid)이다. 이러한 고체는 한 방향을 제외하고는 모든 방향으로 무한히 뻗어 있기 때문에, 하나의 고유한 표면으로 특성을 나타낼 수 있다(그림 5.7). 이 표면에 조건들의 급격한 변화가 가해지면 고체 내부에 과도적 1차원 전도가 일어날 것이다. 반무한 고체로 많은 실제적인 문제들을 유용하게 **이상화**(idealization)할 수 있다. 이것은 지표면 부근의 과도 열전달을 구하거나, 또는 두꺼운 슬랩(slab)와 같은 유한한 고체의 과도적 응답을 근사화하는 데 사용할 수 있다. 후자의 경우 과도기의 초기에는 (표면으로부터 충분히 떨어진)슬랩 내부의 온도가 표면 조건의 변화에 의하여 영향을 받지 않기 때문에 이러한 근사가 합리적이다. 과도 기간의 이른 시간 동안에는 Fourier 수가 매우 작을 수 있으므로 5.5절과 5.6절의 근사적인 해는 타당하지 않을 것이다. 앞 절들에서의 엄밀해로 온도분포를 구할 수는 있지만, 무한급수식을 계산하려면 다수의 항들이 필요하다. 아래의 반무한 고체에 대한 해를 사용하면 종종 작은 *Fo* 값들에서 번거롭게 무한급수에 의한 해를 구해야

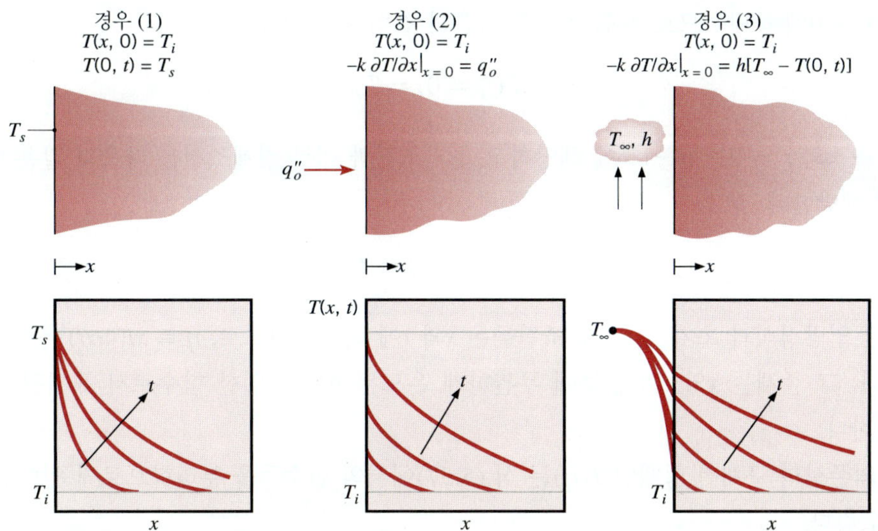

그림 5.7 세 가지 표면조건에 대한 반무한 고체에서의 과도 온도분포: 일정 표면온도, 일정 표면열유속 그리고 표면대류.

할 필요가 없다. $Fo = \alpha t/L^2 \lesssim 0.2$의 경우에 두께가 $2L$인 평면벽을 반무한 고체로 정확하게 근사화할 수 있다는 것을 볼 수 있을 것이다.

반무한 고체에서의 과도 열전도에 대한 열방정식은 식 (5.29)로 주어진다. 초기조건은 식 (5.30)으로 주어지며, 내부의 경계조건은 다음과 같은 형식을 가진다.

$$T(x \to \infty, t) = T_i \tag{5.56}$$

시간 $t = 0$일 때 가해지는 세 가지의 중요한 표면 조건들에 대한 완전해(closed-form solution)가 알려져 있으며[3, 4], 이 조건들이 그림 5.7에 표시되어 있다. 이 조건들은 일정 표면온도 $T_s \neq T_i$의 적용, 일정 표면열유속 q''_o의 적용, 그리고 $T_\infty \neq T_i$ 및 대류계수 h로 특성이 표시되는 유체에 표면이 노출된 것이다.

경우 1에 대한 해는 **상사변수**(similarity variable) η의 존재를 인식함으로써 얻을 수 있는데, 이 변수를 통해 열방정식이 두 독립변수들(x와 t)을 포함하는 편미분방정식으로부터 하나의 상사변수로 표시되는 상미분방정식으로 변환될 수 있다. 우선 이에 관한 미분 연산자들을 다음과 같이 변환하면 이러한 요구사항이 $\eta \equiv x/(4\alpha t)^{1/2}$에 의하여 충족되는 것을 확인할 수 있다.

$$\frac{\partial T}{\partial x} = \frac{dT}{d\eta}\frac{\partial \eta}{\partial x} = \frac{1}{(4\alpha t)^{1/2}}\frac{dT}{d\eta}$$

$$\frac{\partial^2 T}{\partial x^2} = \frac{d}{d\eta}\left[\frac{\partial T}{\partial x}\right]\frac{\partial \eta}{\partial x} = \frac{1}{4\alpha t}\frac{d^2 T}{d\eta^2}$$

$$\frac{\partial T}{\partial t} = \frac{\partial T}{\partial \eta}\frac{\partial \eta}{\partial t} = -\frac{x}{2t(4\alpha t)^{1/2}}\frac{dT}{d\eta}$$

식 (5.29)에 대입하면 열방정식은 다음과 같이 된다.

$$\frac{d^2 T}{d\eta^2} = -2\eta\frac{dT}{d\eta} \tag{5.57}$$

$x = 0$은 $\eta = 0$에 해당하므로 표면 조건은 다음과 같이 표시된다.

$$T(\eta = 0) = T_s \tag{5.58}$$

그리고 $x \to \infty$와 $t = 0$는 $\eta \to \infty$에 해당하고 초기조건과 내부 경계조건은 다음과 같은 하나의 요구 조건에 해당한다.

$$T(\eta \to \infty) = T_i \tag{5.59}$$

변환된 열방정식과 초기 및 경계 조건들은 x와 t에 독립적이므로, $\eta \equiv x/(4\alpha t)^{1/2}$는 명백히 상사변수이다. 그 존재는 x와 t의 값들에 무관하게 온도는 η의 유일한 함수로서 표시될 수 있다는 것을 의미한다.

온도 의존성의 구체적 형태인 $T(\eta)$는 식 (5.57)에서의 변수들을 분리함으로써 얻어질 수 있으며, 다음과 같다.

$$\frac{d(dT/d\eta)}{(dT/d\eta)} = -2\eta\, d\eta$$

이를 적분하면 다음과 같다.

$$\ln(dT/d\eta) = -\eta^2 + C_1'$$

또는 이를 정리하여 다음과 같이 쓸 수 있다.

$$\frac{dT}{d\eta} = C_1 \exp(-\eta^2)$$

두 번째로 적분하면 다음을 얻을 수 있다.

$$T = C_1 \int_0^{\eta} \exp(-u^2)\, du + C_2$$

여기서 u는 적분변수(dummy variable)이다. $\eta = 0$에서의 경계조건인 식 (5.58)을 적용하면 $C_2 = T_s$이고 다음과 같다.

$$T = C_1 \int_0^{\eta} \exp(-u^2)\, du + T_s$$

제 2의 경계조건인 식 (5.59)로부터 다음을 얻는다.

$$T_i = C_1 \int_0^{\infty} \exp(-u^2)\, du + T_s$$

또는 정적분을 계산하면 다음과 같다.

$$C_1 = \frac{2(T_i - T_s)}{\pi^{1/2}}$$

그러므로 온도분포는 다음과 같이 표시될 수 있다.

$$\frac{T - T_s}{T_i - T_s} = (2/\pi^{1/2})\int_0^{\eta} \exp(-u^2)\,du \equiv \text{erf}\,\eta \tag{5.60}$$

여기서 **Gauss 오차함수**(Gaussian error function)인 erf η는 부록 B에 표시되어 있는 표준 수학적 함수이다. η가 무한대로 될수록 erf η는 점근적으로 1에 접근한다. 따라서 0이 아닌 임의 시간에서, 모든 점의 온도값은 T_i로부터 멀어진 크기(T_s에 보다 접근된)의 항으로 예측된다.[2] 표면열유속은 $x = 0$에서 Fourier 법칙을 적용하여 얻을 수 있는데, 이 경우에는 다음과 같다.

$$q_s'' = -k\frac{\partial T}{\partial x}\bigg|_{x=0} = -k(T_i - T_s)\frac{d(\text{erf}\,\eta)}{d\eta}\frac{\partial \eta}{\partial x}\bigg|_{\eta=0}$$

$$q_s'' = k(T_s - T_i)(2/\pi^{1/2})\exp(-\eta^2)(4\alpha t)^{-1/2}\big|_{\eta=0}$$

$$q_s'' = \frac{k(T_s - T_i)}{(\pi\alpha t)^{1/2}} = \frac{(k\rho c)^{1/2}}{(\pi t)^{1/2}}(T_s - T_i) \tag{5.61}$$

$(k\rho c)^{1/2}$은 다양한 열 전도 문제들에서 나타나는데 때로는 재료의 열 침입율이라고 고려된다. 해석적인 해들은 경우 2와 경우 3의 표면 조건들에 대해서도 얻어질 수 있으며, 세 가지 경우 모두에 대한 결과는 다음과 같이 요약할 수 있다.

경우 1. 일정 표면온도: $T(0, t) = T_s$

$$\frac{T(x, t) - T_s}{T_i - T_s} = \text{erf}\left(\frac{x}{2\sqrt{\alpha t}}\right) \tag{5.60}$$

$$q_s''(t) = \frac{k(T_s - T_i)}{\sqrt{\pi\alpha t}} \tag{5.61}$$

경우 2. 일정 표면열유속: $q_s'' = q_o''$

$$T(x, t) - T_i = \frac{2q_o''(\alpha t/\pi)^{1/2}}{k}\exp\left(\frac{-x^2}{4\alpha t}\right) - \frac{q_o''x}{k}\text{erfc}\left(\frac{x}{2\sqrt{\alpha t}}\right) \tag{5.62}$$

경우 3. 표면대류: $-k\dfrac{\partial T}{\partial x}\bigg|_{x=0} = h[T_\infty - T(0, t)]$

$$\frac{T(x, t) - T_i}{T_\infty - T_i} = \text{erfc}\left(\frac{x}{2\sqrt{\alpha t}}\right) - \left[\exp\left(\frac{hx}{k} + \frac{h^2\alpha t}{k^2}\right)\right]\left[\text{erfc}\left(\frac{x}{2\sqrt{\alpha t}} + \frac{h\sqrt{\alpha t}}{k}\right)\right] \tag{5.63}$$

보충 오차함수(complementary error function) erfc w는 erfc w $\equiv 1 -$ erf w로 정의된다.

세 가지 경우에 대한 온도이력들을 그림 5.7에 나타내었는데, 이들의 특징적 차이에 유념할 필요가 있다. 경우 1에서 표면온도가 계단식으로 변화(step change)하면, 매체 내의 온도는 t의 증

---

[2] 경계 조건 정보에서 반무한 고체로 침투하는 무한속도는 물리적으로 비현실적이지만 Fourier의 법칙에서 이 한계는 2.3절에서 논의된 바와 같이 지극히 작은 시간 스케일을 제외하면 중요하지 않다.

가에 따라 단조롭게 T_s에 접근하고, 한편 표면온도구배의 크기 그리고 따라서 표면열유속은 $t^{-1/2}$에 비례하여 감소한다. 매질 내부에 심각한 온도 효과가 전파된 깊이를 **열침투 깊이**(thermal penetration depth) δ_p로 정의할 수 있다. 예를 들어 $(T - T_s)/(T_i - T_s) = 0.90$이 되는 x 위치를 δ_p로 정의하면, 식 (5.60)에 의해 $\delta_p = 2.3\sqrt{\alpha t}$가 된다.[3] 고정된 표면열유속(경우 2)에 대하여 식 (5.62)는 $T(0, t) = T_s(t)$가 $t^{1/2}$에 따라서 단조롭게 증가한다는 것을 나타낸다. 표면대류(경우 3)에 대해서는 시간이 증가함에 따라서 표면온도와 매체 내의 온도들이 유체온도 T_∞에 접근한다. T_s가 T_∞에 접근함에 따라 표면열유속 $q_s''(t) = h[T_\infty - T_s(t)]$은 물론 감소한다.

식 (5.63)으로부터 계산된 특정한 온도이력이 그림 5.8에 도시되어 있다. $h = \infty$에 해당하는 결과는 경우 1의 표면온도의 갑작스런 변화에 관련된 것과 동등하다. 즉 $h = \infty$이면, 표면은 순간적으로 부과된 유체온도($T_s = T_\infty$)가 되고, 식 (5.63)의 우변 제2항이 0으로 되므로 결과는 식 (5.60)과 같다.

초기에 균일한 온도 $T_{A,i}$와 $T_{B,i}$인 두 반무한 고체의 자유표면들이 접촉할 때 경우 1의 흥미로운 치환(permutation)이 일어난다(그림 5.9). 만일 접촉저항을 무시할 만하다면 열평형의 요구사항으로부터, 접촉의 순간($t = 0$)에 양 표면은 $T_{B,i} < T_s < T_{A,i}$인 동일한 온도 T_s로 가정하여야 할 것이다. T_s는 시간이 증가함에 따라서 변화하지 않으므로 고체 각각의 과도 열적 응답과 표면열유속은 각각 식 (5.60)과 식 (5.61)에 의하여 결정된다.

그림 5.9의 평형 표면온도는 표면 에너지평형으로부터 구할 수 있는데, 이는 다음과 같다.

$$q_{s,A}'' = q_{s,B}'' \tag{5.64}$$

$q_{s,A}''$와 $q_{s,B}''$에 식 (5.61)을 대입하고, 그림 5.9의 x좌표를 고려하려면, $q_{s,A}''$에 대한 부호를 변경해야 한다.

$$\frac{-k_A(T_s - T_{A,i})}{(\pi\alpha_A t)^{1/2}} = \frac{k_B(T_s - T_{B,i})}{(\pi\alpha_B t)^{1/2}} \tag{5.65}$$

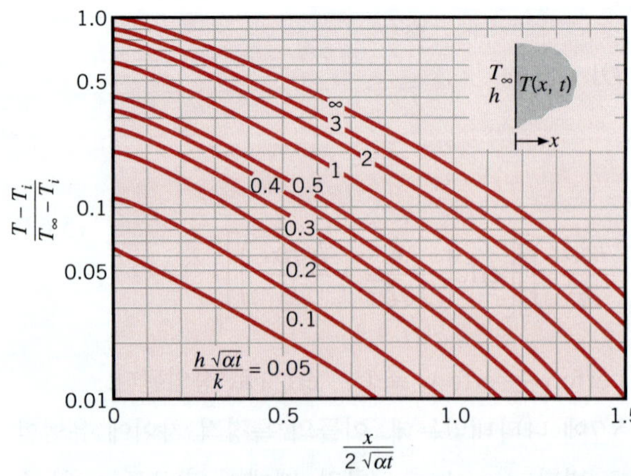

그림 5.8 표면대류가 있는 반무한 고체 내의 온도이력[4]. 허가에 의해 사용함.

[3] 두께가 $2L$인 평면벽에 반무한 근사를 적용하기 위해서는 $\delta_p > L$조건이 필요하다. 열침투 깊이의 식에 $\delta_p = L$을 대입하면 $Fo = 0.19 \approx 0.2$가 된다. 따라서 두께가 $2L$인 평면벽은 $Fo = \alpha t/L^2 \lesssim 0.2$인 경우에 정확하게 반무한 고체로 근사화할 수 있다. 이 제한사항은 5.8절에서도 증명할 것이다.

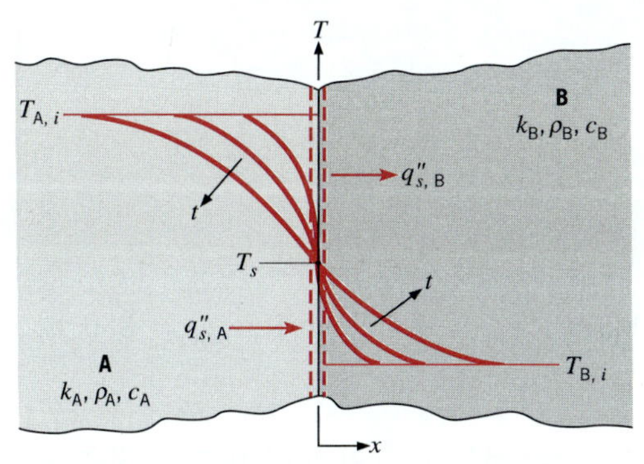

그림 5.9 초기온도가 다른 두 반무한 고체 사이의 경계면 접촉.

T_s에 대하여 풀면 다음과 같이 된다.

$$T_s = \frac{(k\rho c)_A^{1/2} T_{A,i} + (k\rho c)_B^{1/2} T_{B,i}}{(k\rho c)_A^{1/2} + (k\rho c)_B^{1/2}} \tag{5.66}$$

따라서 $m \equiv (k\rho c)^{1/2}$는 T_s가 $T_{A,i}(m_A > m_B)$ 또는 $T_{B,i}(m_B > m_A)$ 중에서 어느 쪽에 더 가깝게 접근하는가를 결정하는 가중인자(weighting factor)이다.

예제 5.7

덥고 맑은 어느 날, 수영장 주위의 콘크리트 바닥의 온도는 $T_d = 55°C$이다. 수영하는 사람은 풀(pool)로 가기 위해 건조한 바닥을 걸어서 건너야 한다. 사람의 건조한 발바닥은 두께가 $L_{sf} = 3$ mm이고 열전도율이 $k_{sf} = 0.3$ W/m·K인 피부/지방층(skin/fat layer)으로 간주한다. 두 종류의 콘크리트 바닥 설치를 고려한다. (i) 암석 성분이 높은 혼합물, (ii) 경량의 혼합재로서 밀도, 비열 그리고 열전도율이 각각 $\rho_{lw} = 1495$ kg/m^3, $c_{lw} = 880$ J/kg·K 그리고 $k_{lw} = 0.28$ W/m·K인 경우. 피부/지방층의 밀도와 비열은 액체 물의 값으로 근사화할 수 있고, 피부/지방층의 초기 온도는 $T_{sf,i} = 37°C$이다. 시간 $t = 1$ s 후에 사람 발바닥의 온도는 얼마가 되겠는가?

풀이

제시자료: 콘크리트의 온도, 발의 초기 온도, 발바닥의 피부/지방층의 두께, 피부/지방층과 경량 콘크리트 혼합물의 물성치.

풀이대상: 시간 $t = 1$ s 후에 사람 발바닥의 온도.

개략도:

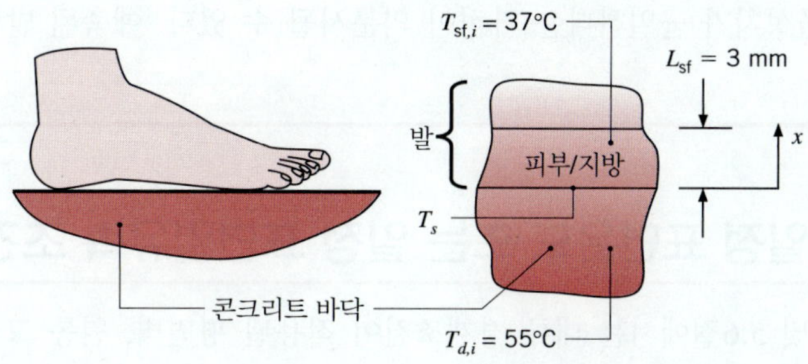

가정:

1. x방향으로의 1차원 전도.
2. 일정하고 균일한 물성치.
3. 무시할 만한 접촉저항.

물성치: 표 A.3에서 암석 혼합 콘크리트에 대해(T = 300 K): ρ_{sm} = 2300 kg/m^3, k_{sm} = 1.4 W/m·K, c_{sm} = 880 J/kg·K, 표 A.6에서 물에 대해(T = 310 K): ρ_{sf} = 993 kg/m^3, c_{sf} = 4178 J/kg·K.

해석: 만일 피부/지방층과 콘크리트가 모두 반무한 매체라면, 식 (5.66)으로부터 수영하는 사람의 발이 바닥과 접촉할 때 표면온도는 T_s로 일정하다. 경량 콘크리트 혼합물 바닥에 대해, t = 1 s에서의 열침투 깊이는 아래와 같다.

$$\delta_{p,\text{lw}} = 2.3\sqrt{\alpha_{\text{lw}} t} = 2.3\sqrt{\frac{k_{\text{lw}} t}{\rho_{\text{lw}} c_{\text{lw}}}} = 2.3\sqrt{\frac{0.28\ \text{W/m}\cdot\text{K} \times 1\ \text{s}}{1495\ \text{kg/m}^3 \times 880\ \text{J/kg}\cdot\text{K}}}$$
$$= 1.06 \times 10^{-3}\ \text{m} = 1.06\ \text{mm}$$

열침투 깊이가 상대적으로 작으므로, 경량 혼합물 바닥은 반무한 매체로서 거동한다고 가정하는 것은 합리적이다. 유사한 방법으로 암석 혼합 콘크리트에 대한 열침투 깊이는 $\delta_{p,\text{sm}}$ = 1.91 mm이며, 발의 피부/지방층에 관한 열침투 깊이는 $\delta_{p,\text{sf}}$ = 0.62 mm이다. 따라서 암석 혼합 콘크리트 바닥이 반무한 매체로서 반응한다고 가정하는 것이 합리적이며, $\delta_{p,\text{sf}} < L_{\text{sf}}$이므로 피부/지방층도 반무한 매체로서 반응한다고 가정하는 것도 맞다. 따라서 두 가지 형태의 콘크리트 바닥에 노출되었을 경우 수영하는 사람의 발 표면온도를 계산하는 데 식 (5.66)을 사용할 수 있다. 경량의 혼합물에 대해서는 다음과 같다.

$$T_{s,\text{lw}} = \frac{(k\rho c)_{\text{lw}}^{1/2} T_{d,i} + (k\rho c)_{\text{sf}}^{1/2} T_{\text{sf},i}}{(k\rho c)_{\text{lw}}^{1/2} + (k\rho c)_{\text{sf}}^{1/2}}$$
$$= \frac{\left[\begin{array}{l}(0.28\ \text{W/m}\cdot\text{K} \times 1495\ \text{kg/m}^3 \times 880\ \text{J/kg}\cdot\text{K})^{1/2} \times 55°\text{C} \\ +\ (0.3\ \text{W/m}\cdot\text{K} \times 993\ \text{kg/m}^3 \times 4178\ \text{J/kg}\cdot\text{K})^{1/2} \times 37°\text{C}\end{array}\right]}{\left[\begin{array}{l}(0.28\ \text{W/m}\cdot\text{K} \times 1495\ \text{kg/m}^3 \times 880\ \text{J/kg}\cdot\text{K})^{1/2} \\ +\ (0.3\ \text{W/m}\cdot\text{K} \times 993\ \text{kg/m}^3 \times 4178\ \text{J/kg}\cdot\text{K})^{1/2}\end{array}\right]} = 43.3°\text{C} \quad \triangleleft$$

암석 혼합 콘크리트에 대해 계산을 반복하면 $T_{s,\text{sm}}$ = 47.8°C가 된다. ◁

부가설명:

1. 수영자에게는 경량 혼합물 콘크리트가 암석 혼합 콘크리트에 비해 시원하다고 느껴진다. 구체적으로 피부/지방층의 초기온도로부터의 온도상승은 암석 혼합 콘크리트에 대해서는 $\Delta T_{\text{sm}} = T_{\text{sm}} - T_{\text{sf},i}$ = 47.8°C − 37°C = 10.8°C이고, 이 온도상승이 경량의 혼합물에 대해서는 $\Delta T_{\text{lw}} = T_{\text{lw}} - T_{\text{sf},i}$ = 43.3°C − 37°C = 6.3°C이다.
2. 노출시간 t = 1 s에 대한 열침투 깊이는 작다. 콘크리트 내부의 암석과 공기낭(air pocket)의 크기가 열침투 깊이의 크기 정도일 수 있으므로, 물성치가 균일하다는 가정이 의문시될 수 있다. 예측된 발의 온도는 대표적인 값으로서만 이해해야 할 것이다.

5.8 일정 표면온도 또는 일정 표면열유속 조건의 물체

5.5절 및 5.6절에서는 대류 경계조건이 적용된 평면벽, 원통 그리고 구의 과도 열적 반응을 상세

히 살펴보았다. 이 절들에서의 해는 Biot 수가 무한대에 이르도록 함으로써 표면온도가 계단식(급격한)변화를 하는 경우에 사용이 가능하다는 점을 지적한 바 있다. 5.7절에서는 표면온도가 계단식 변화를 하거나 일정 열유속이 적용되는 경우에 반무한 고체의 반응을 구하였다. 이 절에서는 일정 온도 또는 일정 열유속 경계조건을 갖는 1차원적 물체들의 과도 열전달에 대한 토론을 마무리할 것이다. 다양한 근사적 해들이 제시되어 있다.

5.8.1 일정 온도 경계조건

아래의 논의는 표면온도가 계단식 변화를 하는 경우에 물체의 과도 열적 반응을 고려한다.

반무한 고체 식 (5.61)의 열유속을 무차원 형태로 변환하여 일정 온도 경계조건을 갖는 물체에 대한 열적 반응을 살펴볼 수 있다.

$$q^* \equiv \frac{q_s'' L_c}{k(T_s - T_i)} \tag{5.67}$$

여기서 L_c는 **특성길이**이며 q^*는 4.3절에서 도입했던 **무차원 열전도율**이다. 식 (5.67)을 식 (5.61)에 대입하면 다음 식을 얻을 수 있다.

$$q^* = \frac{1}{\sqrt{\pi Fo}} \tag{5.68}$$

여기서 Fourier 수는 $Fo \equiv \alpha t/L_c^2$와 같이 정의된다. 식 (5.67)과 (5.68)이 합쳐지면 q_s'' 값은 특성길이 선택과 무관하다는 것을 강조해 두며, 반무한 고체에서 이러한 관계는 당연한 일이다. 식 5.68은 그림 5.10*a*에 도시되어 있으며, $q^* \propto Fo^{-1/2}$의 관계로부터 이 함수의 기울기는 log-log 선도에서 $-1/2$이다.

내부 열전달: 평면벽, 원통 및 구 평면벽, 원통 및 구의 **내부**로의 열전달에 대한 결과들도 그림 5.10*a*에 나타나 있다. 이 결과들은 $Bi \to \infty$인 경우에 대해 식 (5.42), (5.50) 및 (5.51)과 함께 Fourier의 법칙을 사용하여 생성되었다. 5.5절 및 5.6절에서와 같이 특성길이는 두께 $2L$의 평면벽 또는 반지름이 r_o인 원통(또는 구)에 대해 각각 $L_c = L$ 또는 r_o이다. 각각의 형태에 대해 q^*는 처음에 반무한 고체에 대한 해를 따르지만 물체가 평형온도에 도달하고 $q_s''(t \to \infty) \to 0$이 되면서 어떤 위치 이후로는 급격히 감소한다. q^*의 값은 부피에 대해 표면이 넓은 형태일수록 더욱 빨리 감소하는데, 이 경향은 그림 5.10*a*에서 확인할 수 있다.

외부 열전달: 다양한 형상 무한대로 확장된 외부(주위)매체에 묻혀 있는 물체에 대한 추가적 결과들이 그림 5.10*a*에 나타나 있다. 무한매질은 초기에 T_i의 온도에 있다가 물체 표면의 온도가 갑자기 T_s로 바뀐다. 외부의 경우에는 L_c가 4.3.3절의 특성길이, 즉 $L_c = (A_s/4\pi)^{1/2}$이 된다. 무한매질에 둘러싸인 구에서 $q^*(Fo)$의 엄밀해는 다음과 같다[7].

$$q^* = \frac{1}{\sqrt{\pi Fo}} + 1 \tag{5.69}$$

그림에서 볼 수 있듯이 물체의 형상에 무관하게 모든 **외부 경우**에 대해, 적합한 길이 눈금을 그 정의에 사용하면 q^*는 구에 대한 경우와 매우 유사하게 나타난다. 내부 열전달의 경우와 일관된 방식으로 q^*는 초기에 반무한 고체에 대한 해를 따른다. 내부 열전달의 경우와 다른 점은 q^*가 결국에는 0이 아니라 표 4.1에 수록된 q^*_{ss}에 도달한다는 것이다. 식 (5.67)의 q''_s은 불균일 표면열유속을 갖는 형상들에 대해서는 **평균** 열유속의 값이다.

그림 5.10*a*에서와 같이 **모든** 열적 반응은 이른 시간 동안, 즉 *Fo*가 약 10^{-3}보다 작을 때는 반무한 고체에 대한 것과 겹친다. 이것은 주목할 필요가 있는 일관성으로서, 관심의 대상이 내부 또는 외부 열전달인지에 상관없이, 이른 시간 동안의 온도변화는 어떤 물체의 표면 부근 얇은 층에 국한되어 일어난다는 사실을 반영하고 있다. 따라서 이른 시간 동안에는 어떤 물체든지 경계면에 인접한 얇은 지역 안의 온도와 열전달을 예측하기 위해서는 식 (5.60)과 (5.61)을 사용할 수 있다. 예를 들어 반무한 고체의 해를 이용하여 국소 열유속과 국소 무차원 온도를 계산하면 $Fo \leq 10^{-3}$일 때 구를 포함하는 내부 또는 외부 열전달에 대한 엄밀해를 계산한 값에서 약 5% 이내의 오차를 갖는다.

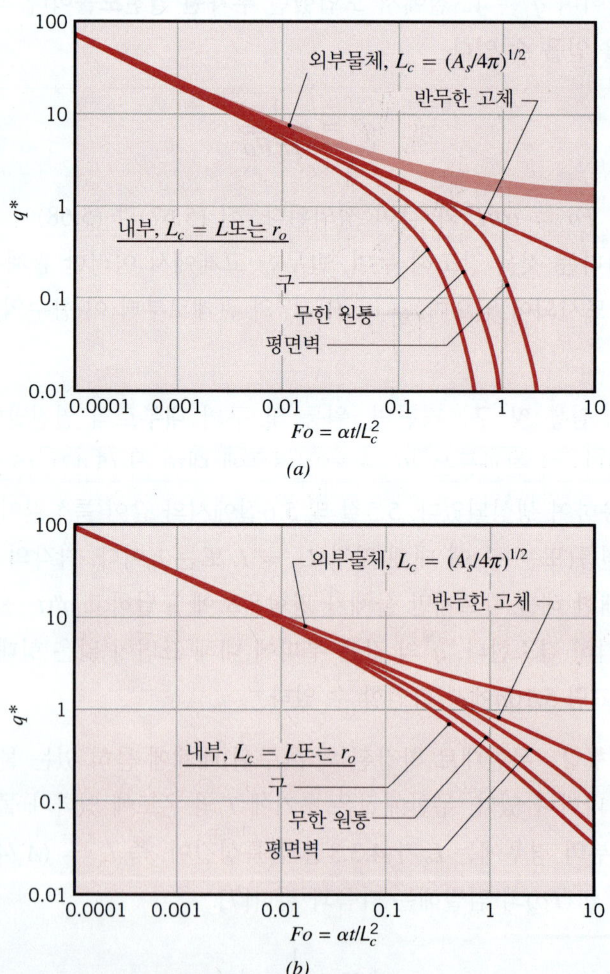

그림 5.10 다양한 기하학적 형태에 대한 과도 무차원 열전도율. (*a*) 일정 표면온도. 표 4.1의 형상들에 대한 결과는 음영 부분 안에 있으며, 참고문헌 [7]로부터 인용. (*b*) 일정 열유속.

5.8.2 일정 열유속 경계조건

어떤 물체에 일정 열유속이 가해질 때 그 결과로 나타나는 표면온도가 종종 관심의 대상이 된다. 이 경우에 식 (5.67)의 분자에 있는 열유속 값이 상수가 되고 분모에 있는 온도차 $T_s - T_i$는 시간에 따라 커지게 된다.

반무한 고체 반무한 고체의 경우에 표면온도 이력은 $x = 0$에서 식 (5.62)를 이용하여 찾을 수 있다. 이를 다시 정리하고 식 (5.67)과 결합하면 다음을 얻는다.

$$q^* = \frac{1}{2}\sqrt{\frac{\pi}{Fo}} \tag{5.70}$$

일정 온도의 경우에서와 같이 $q^* \propto F_o^{-1/2}$이지만, 계수들은 다르게 된다. 식 (5.70)은 그림 5.10*b*에 나타나 있다.

내부 열전달: 평면벽, 원통 및 구 평면벽, 원통 및 구의 **내부** 경우에 대해 두 번째 군의 결과는 그림 5.10*b*에 나타나 있다. 그림 5.10*a*의 일정 표면온도에 대한 결과에서처럼 q^*는 이른 시간 동안에는 반무한 고체의 해를 따르다가 그 후에는 더 빨리 감소하는데, 구가 가장 먼저, 그 다음은 원통, 그리고 마지막으로 평면벽의 순으로 감소가 일어난다. 일정 표면온도의 경우와 비교하면 q^*가 감소하는 율은 그렇게 급하지 않은데, 이는 도달할 수 있는 정상상태라는 것이 없기 때문이다. 즉 표면온도는 시간에 따라 계속해서 상승한다. 늦은 시간 동안에는(즉 Fo가 큰 경우) 표면온도가 시간에 따라 직선적으로 증가하므로 $q^* \propto Fo^{-1}$이 되며, 이는 로그-로그 선도에서 -1의 기울기를 갖는다.

외부 열전달: 다양한 형상 구와 외부 무한 매질 사이의 열전달에 대한 결과들도 역시 그림 5.10*b*에 나타나 있다. 묻혀 있는 구에 대한 엄밀해는 다음과 같다.

$$q^* = [1 - \exp(Fo)\mathrm{erfc}(Fo^{1/2})]^{-1} \tag{5.71}$$

그림 5.10*a*의 일정 표면온도의 경우와 마찬가지로, 이 해는 $q^*_{ss} = 1$로 정상상태에 접근한다. 무한 매질에 묻혀 있는 다른 형태의 물체들에 대해서 F_o는 q^*가 작은 범위에서는 반무한 고체에 대한 해를 따른다. F_o보다 큰 q^* 값에서는 표 4.1에 주어진 q^*_{ss} 값에 점근적으로 접근해야 한다. 여기서 식 (5.67)의 T_s는 불균일 표면온도를 갖는 형상들에 대한 **평균** 표면온도이다.

5.8.3 근사해

$q^*(Fo)$에 대한 간단한 식들이 전개된 바 있다[8]. 이 식들을 사용하면 그림 5.10에 포함된 모든 결과들을 **전범위**의 Fo값에 대해 근사화할 수 있다. 이 식들은 해당되는 엄밀해들과 함께 표 5.2에 수록되어 있다. 표 5.2*a*는 일정 표면온도, 그리고 표 5.2*b*는 일정 표면열유속의 경우에 대한 것이다. 표의 좌측 옆에 있는 각각의 형상에 대해 Fo 및 q^*의 정의에 사용되는 길이 눈금, $q^*(Fo)$에 대한 엄밀해, 이른 시간 동안($Fo < 0.2$) 및 늦은 시간 동안($Fo \geq 0.2$)에 대한 근사해 그리고 근사해 사용과 관련한 최대 퍼센트 오차(이들은 일정 열유속하의 외부 구의 경우를 제외한 모든 결과들에서 $Fo \approx 0.2$에서 발생한다) 등이 제시되어 있다.

표 5.2a 표면온도가 일정한 경우들에 대한 과도 열전달 결과 요약[8][a]

형상	길이값, L_c	$q^*(Fo)$			최대 오차 (%)
		엄밀해	근사해		
			$Fo < 0.2$	$Fo \geq 0.2$	
반무한	L(임의)	$\frac{1}{\sqrt{\pi Fo}}$	엄밀해 사용		없음
내부 열전달					
두께가 $2L$인 평면벽	L	$2\sum_{n=1}^{\infty}\exp(-\zeta_n^2 Fo)\quad \zeta_n = (n-\frac{1}{2})\pi$	$\frac{1}{\sqrt{\pi Fo}}$	$2\exp(-\zeta_1^2 Fo)\quad \zeta_1 = \pi/2$	1.7
무한 원통	r_o	$2\sum_{n=1}^{\infty}\exp(-\zeta_n^2 Fo)\quad J_0(\zeta_n) = 0$	$\frac{1}{\sqrt{\pi Fo}} - 0.50 - 0.65\,Fo$	$2\exp(-\zeta_1^2 Fo)\quad \zeta_1 = 2.4050$	0.8
구	r_o	$2\sum_{n=1}^{\infty}\exp(-\zeta_n^2 Fo)\quad \zeta_n = n\pi$	$\frac{1}{\sqrt{\pi Fo}} - 1$	$2\exp(-\zeta_1^2 Fo)\quad \zeta_1 = \pi$	6.3
외부 열전달					
구	r_o	$\frac{1}{\sqrt{\pi Fo}} + 1$	엄밀해 사용		
다양한 형상(표 4.1, 경우 12~15)	$(A_s/4\pi)^{1/2}$	None	$\frac{1}{\sqrt{\pi Fo}} + q_{ss}^*$, q_{ss}^*를 표 4.1에서 구함		7.1

[a] $q^* \equiv q_s'' L_c / k(T_s - T_i)$ 그리고 $Fo \equiv \alpha t / L_c^2$, 여기서 L_c는 표에 주어진 길이 값, T_s는 물체의 표면온도 그리고 T_i는 (a) 내부 열전달의 경우는 초기의 물체 온도, (b) 외부 열전달의 경우는 무한 매질의 온도.

표 5.2b 표면열유속이 일정한 경우들에 대한 과도 열전달 결과 요약[8][a]

형상	길이값, L_c	$q^*(Fo)$ 엄밀해	근사해 $Fo < 0.2$	근사해 $Fo \geq 0.2$	최대 오차 (%)
반무한	L(임의)	$\frac{1}{2}\sqrt{\frac{\pi}{Fo}}$	엄밀해 사용		없음
내부 열전달					
두께가 $2L$인 평면벽	L	$\left[Fo + \frac{1}{3} - 2\sum_{n=1}^{\infty}\frac{\exp(-\zeta_n^2 Fo)}{\zeta_n^2}\right]^{-1}$ $\zeta_n = n\pi$	$\frac{1}{2}\sqrt{\frac{\pi}{Fo}}$	$\left[Fo + \frac{1}{3}\right]^{-1}$	5.3
무한 원통	r_o	$\left[2Fo + \frac{1}{4} - 2\sum_{n=1}^{\infty}\frac{\exp(-\zeta_n^2 Fo)}{\zeta_n^2}\right]^{-1}$ $J_1(\zeta_n) = 0$	$\frac{1}{2}\sqrt{\frac{\pi}{Fo}} - \frac{\pi}{8}$	$\left[2Fo + \frac{1}{4}\right]^{-1}$	2.1
구	r_o	$\left[3Fo + \frac{1}{5} - 2\sum_{n=1}^{\infty}\frac{\exp(-\zeta_n^2 Fo)}{\zeta_n^2}\right]^{-1}$ $\tan(\zeta_n) = \zeta_n$	$\frac{1}{2}\sqrt{\frac{\pi}{Fo}} - \frac{\pi}{4}$	$\left[3Fo + \frac{1}{5}\right]^{-1}$	4.5
외부 열전달					
구	r_o	$[1 - \exp(Fo)\mathrm{erfc}(Fo^{1/2})]^{-1}$	$\frac{1}{2}\sqrt{\frac{\pi}{Fo}} + \frac{\pi}{4}$	$\frac{0.77}{\sqrt{Fo}} + 1$	3.2
다양한 형상(표 4.1, 경우 12~15)	$(A_s/4\pi)^{1/2}$	없음	$\frac{1}{2}\sqrt{\frac{\pi}{Fo}} + \frac{\pi}{4}$	$\frac{0.77}{\sqrt{Fo}} + q_{ss}^*$	알려지지 않음

[a] $q^* \equiv q_s'' L_c / k(T_s - T_i)$ 그리고 $Fo \equiv \alpha t / L_c^2$, 여기서 L_c는 표에 주어진 길이 값, T_s는 물체의 표면온도 그리고 T_i는 (a) 내부 열전달의 경우는 초기의 물체 온도, (b) 외부 열전달의 경우는 무한 매질의 온도.

예제 5.8

$Fo < 0.2$의 범위에서 타당한 값으로서, 평면벽의 등온 표면으로부터 평면벽의 내부로 전달된 총에너지의 비 Q/Q_o를 나타내는 식을 유도하라.

풀이

제시자료: 일정한 표면온도를 갖는 평면벽.

풀이대상: $Fo = \alpha t/L^2$의 함수로서 Q/Q_o의 식.

개략도:

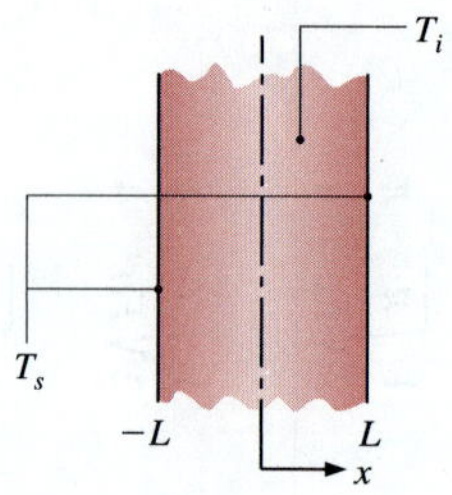

가정:

1. 1차원 전도.
2. 일정 물성치.
3. 표 5.2a에 제시된 근사해의 타당성.

해석: 표 5.2a에서 두께가 $2L$인 평면벽과 $F_o < 0.2$에서

$$q^* = \frac{q_s''L}{k(T_s - T_i)} = \frac{1}{\sqrt{\pi Fo}} \quad \text{where} \quad Fo = \frac{\alpha t}{L^2}$$

이상의 방정식들을 조합하면 다음과 같다.

$$q_s'' = \frac{k(T_s - T_i)}{\sqrt{\pi \alpha t}}$$

Q는 시간 t까지 벽으로 들어간 열을 축적한 양임을 고려하여 다음과 같이 쓸 수 있다.

$$\frac{Q}{Q_o} = \frac{\int_{t=0}^{t} q_s'' dt}{L\rho c(T_s - T_i)} = \frac{\alpha}{L\sqrt{\pi\alpha}} \int_{t=0}^{t} t^{-1/2}\, dt = \frac{2}{\sqrt{\pi}}\sqrt{Fo}$$ ◁

부가설명:

1. 작은 Fourier 수에서 Q/Q_o에 대한 엄밀해는 무한급수식에 포함된 항들을 계산해야 한다. 근사해를 사용하면 Q/Q_o의 계산을 매우 간단히 할 수 있다.
2. $F_o = 0.2$에서 $Q/Q_o \approx 0.5$이다. 평면벽에서 변화 가능한 전체 열에너지 중에서 약 반 정도가 $F_o \le 0.2$ 동안에 발생한다. 식 5.49는 $Fo > 0.2$일 때만 유효하므로 많은 문제에서 엄밀해 대신 1항 근사를 사용할 수 없다.

예제 5.9

암 치료를 위해 제안된 어떤 한 방법을 보면, 특정한 파장에서 조사되는 레이저를 입자들이 효과적으로 잘 흡수할 수 있도록 크기와 조성이 잘 정해진 소형의 복합구조로 된 **나노셸**(nanoshell)을 이용한다[9]. 치료 전에 항체들이 나노 입자들에 부착되며, 이 입자들이 환자의 혈류에 주입되어 신체 전반에 분포된다. 항체들은 환부로 유도되어 암 조직에만 나노셸들을 부착시킨다. 입자들이 종양 내부에 정착되고 나면 레이저 빔이 피부와 암 사이의 조직을 관통하여 나노셸에 흡수되는데, 그러면 암 조직을 가열하여 파괴한다.

지름이 $D_t = 3$ mm로 구형에 가까운 종양에 환자의 신체 외부에 위치한 레이저로부터의 조사를 매우 잘 흡수하는 나노셸들이 균일하게 침투한 경우를 고려한다.

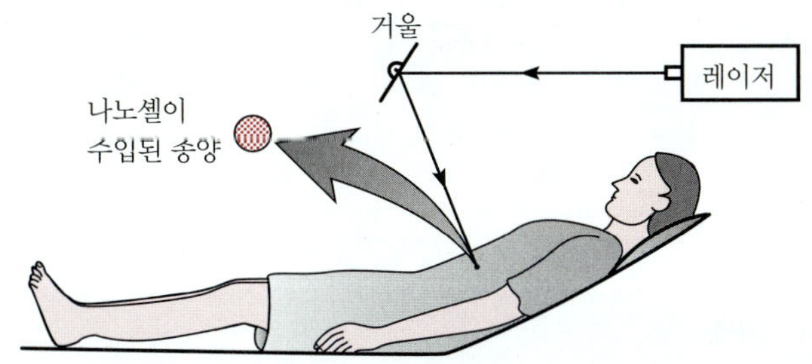

1. 종양의 표면에 정상상태 치료온도가 $T_{t,ss} = 55°C$인 경우에 대해 종양으로부터 주위의 건강한 조직으로 전달되는 열전달률을 구하라. 건강한 조직의 열전도율은 $k = 0.5$ W/m·K이며 신체의 온도는 $T_b = 37°C$이다.
2. 종양이 피부 표면으로부터 $d = 20$ mm 아래에 위치하고, 레이저의 열유속은 $q''_l(x) = q''_{l,o}(1 - \rho)e^{-\kappa x}$로 지수적으로 감소한다면 종양 표면온도를 $T_{t,ss} = 55°C$로 유지하기 위해 필요한 레이저 동력은 얼마인가? 이 식에서 $q''_{l,o}$은 신체 외부의 레이저 열유속이며, 피부표면의 반사율 $\rho = 0.05$ 그리고 종양과 피부 표면 사이 조직에서의 **소멸계수**(extinction coefficient)인 $\kappa = 0.02\ \text{mm}^{-1}$이다. 레이저 빔의 지름은 $D_l = 5$ mm이다.
3. 위 2에서의 레이저 동력에 대해 주변의 조직으로의 열전달을 무시하고 종양의 온도가 $T_{t,ss} = 55°C$에서 3°C 이내로 접근하기 위해 필요한 시간을 계산하라. 조직의 밀도와 비열은 물과 같다고 가정하라.
4. 종양의 열적 질량은 무시하되 주위 조직으로의 열전달은 고려하여 종양의 표면온도가 $T_t = 52°C$에 도달하기 위해 필요한 시간을 계산하라.

풀이

제시자료: 작은 구의 크기, 열전도율, 반사율, 조직의 소멸계수, 피부표면 아래 들어간 구의 깊이.

풀이대상:

1. 종양의 표면온도를 $T_{t,ss} = 55°C$로 유지하기 위한 종양으로부터의 열전달.
2. 종양 표면온도를 $T_{t,ss} = 55°C$로 유지하기 위해 필요한 레이저 동력.
3. 주변 조직으로의 열전달을 무시할 때 종양의 온도가 $T_t = 52°C$에 도달하는 시간.
4. 종양의 열적 질량은 무시하되 주위 조직으로의 열전달은 고려하여 종양의 표면온도가 $T_t = 52°C$에 도달하기 위해 필요한 시간.

개략도:

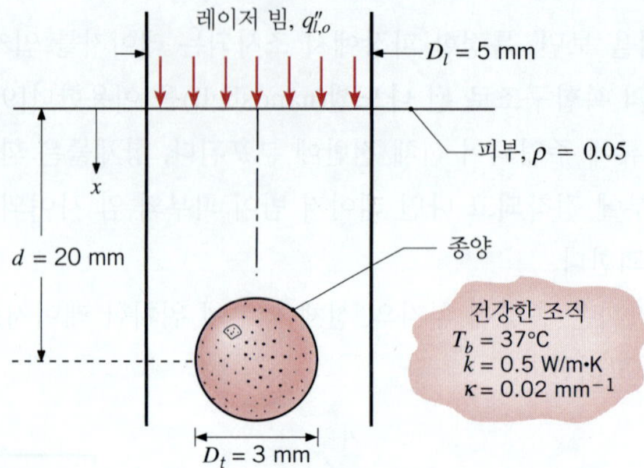

가정:

1. 반지름 방향으로 1차원 열전도.
2. 일정 물성치.
3. 건강한 조직은 무한매질로 취급 가능.
4. 치료를 받는 종양은 레이저로부터 오는 모든 조사를 흡수한다.
5. 종양은 집중열용량으로 거동한다.
6. 나노스케일에서의 열전달 효과는 무시한다.
7. 관류(perfusion)의 효과는 무시한다.

물성치: 표 A.6에서 물(320 K를 가정): $\rho = v_f^{-1} = 989.1\ \text{kg/m}^3$, $c_p = 4180\ \text{J/kg·K}$.

해석:

1. 구형 종양으로부터의 정상상태 열손실은 표 4.1의 경우 12에 대한 식으로부터 무차원 열전달을 산정하여 결정할 수 있다.

$$q = 2\pi k D_t (T_{t,\text{ss}} - T_b) = 2 \times \pi \times 0.5\ \text{W/m}\cdot\text{K} \times 3 \times 10^{-3}\ \text{m} \times (55 - 37)°\text{C}$$
$$= 0.170\ \text{W} \qquad \triangleleft$$

2. 레이저 조사는 종양의 투영면적 $\pi D_t^2/4$에 흡수될 것이다. $q = 0.170$ W에 해당하는 레이저 동력을 계산하기 위해, 먼저 구에 대한 에너지평형식을 쓴다. 구 주위의 검사체적에 대해, 레이저 조사로부터 흡수된 에너지는 건강한 조직들로의 열전도에 의해 상쇄되는데, $q = 0.170\ \text{W} \approx q_l''(x = d)\pi D_t^2/4$이고, 여기서 $q_l''(x = d) = q''_{l,o}(1 - \rho)e^{-\kappa d}$이며 레이저 동력은 $P_l = q''_{l,o}\pi D_l^2/4$이다. 따라서

$$P_l = q D_l^2 e^{\kappa d}/[(1 - \rho)D_t^2]$$
$$= 0.170\ \text{W} \times (5 \times 10^{-3}\ \text{m})^2 \times e^{(0.02\ \text{mm}^{-1} \times 20\ \text{mm})}/[(1 - 0.05) \times (3 \times 10^{-3}\ \text{m})^2] \qquad \triangleleft$$
$$= 0.74\ \text{W}$$

3. 일반적인 집중열용량 열평형인 식 (5.14)는 다음과 같이 쓸 수 있다.

$$q_t''(x=d)\pi D_t^2/4 = q = \rho V c_p \frac{dT}{dt}$$

변수를 분리하고 적합한 한계 사이에서 적분하면

$$\frac{q}{\rho V c_p}\int_{t=0}^{t} dt = \int_{T_b}^{T_t} dT$$

이것으로부터 다음을 얻는다.

$$t = \frac{\rho V c_p}{q}(T_t - T_b) = \frac{989.1\ \text{kg/m}^3 \times (\pi/6) \times (3\times10^{-3}\,\text{m})^3 \times 4180\,\text{J/kg}\cdot\text{K}}{0.170\ \text{W}} \times (52°\text{C} - 37°\text{C})$$

또는

$$t = 5.16\ \text{s} \quad \triangleleft$$

4. 식 (5.71)을 이용하면

$$q/2\pi k D_t(T_t - T_b) = q^* = [1 - \exp(Fo)\text{erfc}(Fo^{1/2})]^{-1}$$

이를 시행착오법에 의해 풀면 $Fo = 10.3 = 4\alpha t/D_t^2$을 얻는다. 이제 $\alpha = k/\rho c_p = 0.50\ \text{W/m}\cdot\text{K}/(989.1\ \text{kg/m}^3 \times 4180\ \text{J/kg}\cdot\text{K}) = 1.21 \times 10^{-7}\ \text{m}^2/\text{s}$에 의해 다음과 같이 시간을 구한다.

$$t = FoD_t^2/4\alpha = 10.3\times(3\times10^{-3}\,\text{m})^2/(4\times1.21\times10^{-7}\,\text{m}^2/\text{s}) = 192\ \text{s} \quad \triangleleft$$

부가설명:

1. 여기서의 해석은 혈액관류를 고려하지 않았다. 혈액의 흐름으로 대류에 의해 따뜻한 액체는 종양으로부터 멀리 이동하게(상대적으로 차가운 혈액은 종양에 가까이 온다)될 것이므로 원하는 치료온도에 도달하기 위해 필요한 동력은 커질 것이다.
2. 다양한 크기의 종양 치료에 필요한 레이저 동력을 문제풀이 1과 2에서와 같이 계산한 결과는 다음 그림과 같다. 종양의 크기가 작을수록 고출력의 레이저가 필요하다는 것이 직관과 상반되는 결과임에 주목하라. 종양을 가열하는 데 필요한 동력은 1에서 계산한 열손실과 같으며, 이것은 예상과 같이 지름의 크기에 비례한다. 그러나 레이저 동력유속(power flux)이 일정하므로 작은 종양은 충분한 에너지를 흡수하지 못한다(흡수한 에너지는 D_t^2에 의존한다). 전체 레이저 동력 중 보다 적은 양이 종양치료에 사용되므로, 작은 종양의 치료에 요구되는 레이저 동력은 커지게 된다.

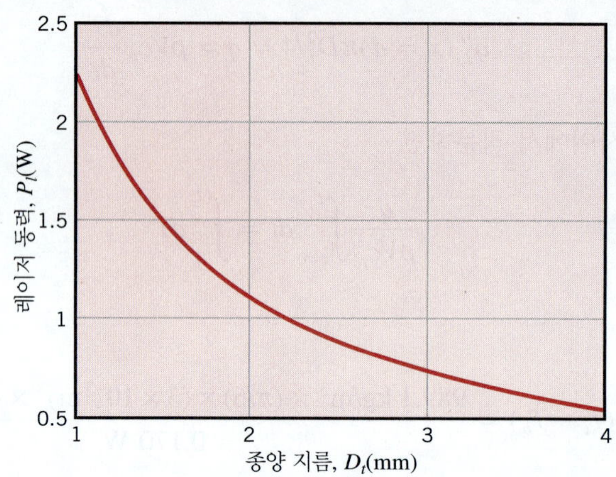

3. 종양의 온도가 정상상태 조건에 도달하는 데 필요한 실제 시간을 계산하기 위해서는, 종양 내부의 온도이력에 대한 해와 동시에 주위 조직에 열확산방정식을 적용하여 수치적인 해를 구해야 할 것이다. 그러나 주위 조직이 정상상태 조건에 도달하는 데는 고립된 구형의 종양의 온도를 올리는 것에 비해 엄청나게 많은 시간이 필요하다는 것을 알고 있다. 이는 종양의 열적 질량이 종양의 크기에 의해 제한되는 데 반해, 주위 조직의 가열을 고려하면 보다 높은 온도가 보다 큰 체적에 전파된다는 사실에 기인한다. 따라서 종양과 주위 조직을 모두 가열하는 실제 시간은 192 s보다 약간 더 클 것이다.

5.9 주기적 가열

과도 열전달에 관한 앞의 논의에서는 일정한 표면온도와 일정한 표면열유속 경계조건들을 겪는 물체들을 고려하였다. 많은 실제 응용에서 경계조건들은 일정하지 않고 해석적 해는 조건들이 시간에 따라 변하는 상황에 대해 얻어졌다. 주기적인 가열(periodic heating)은 일정하지 않은 경계조건들을 갖는 한 상황으로, 펄스 레이저(pulsed laser)를 이용한 재료의 열공정 등 다양한 응용분야에서 사용되며, 태양에너지를 집열하는 장치와 같은 곳에서는 자연적으로 발생한다.

예를 들어 그림 5.11*a*와 같은 반무한 고체를 생각해 보자. $T(0, t) = T_i + \Delta T \sin \omega t$로 표현되는 표면온도이력에 대해 식 (5.29)의 해는 내부 경계조건 $T(x \to \infty, t) = T_i$ 에 따라 결정된다.

$$\frac{T(x, t) - T_i}{\Delta T} = \exp[-x\sqrt{\omega/2\alpha}]\sin[\omega t - x\sqrt{\omega/2\alpha}] \tag{5.72}$$

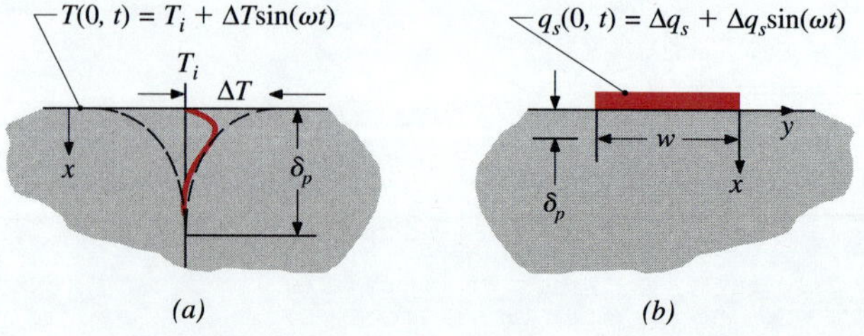

그림 5.11 (*a*) 주기적으로 가열되는 1차원 반무한 고체의 개략도. (*b*) 반무한 고체에 부착되어 주기적으로 가열되는 스트립의 개략도.

이 해는 충분한 시간이 경과한 후에는 모든 온도들이 시간에 대해 불변하는 평균값을 중심으로 주기적으로 변동하는 **준**정상상태(quasi-steady state)에 적용된다. 고체 내부의 위치에서는 변동이 표면온도에 대해 상대적으로 시간지연을 갖는다. 그뿐만 아니라, 재료 내부에서 온도진폭은 표면으로부터의 거리에 지수함수적으로 감소한다. 열침투깊이의 앞선 정의와 일관되게, δ_p는 온도진동의 진폭이 표면의 진폭에 비하여 약 90% 정도 감쇠되는 x 위치와 같이 정의될 수 있다. 이로부터 $\delta_p = 4\sqrt{\alpha/\omega}$가 얻어진다. 표면열유속은 Fourier 법칙을 $x = 0$에 적용하여 결정할 수 있으며, 다음과 같다.

$$q_s''(t) = k\Delta T\sqrt{\omega/\alpha}\,\sin(\omega t + \pi/4) \tag{5.73}$$

식 (5.73)은 표면열유속이 주기적임을 보이고 있는데, 그 시간 평균은 0이 된다.

주기적인 가열은 그림 5.11b에 보이는 바와 같이 2차원 또는 3차원 배치에서도 발생할 수 있다. 이 기하학적 형태에 대해 반무한 고체 위에 놓인 스트립(strip)을 일정하게 가열하면 정상상태를 얻을 수 있음을 상기하라(표 4.1, 경우 13). 유사한 방법으로 스트립에 주기적인 가열($q_s = \Delta q_s + \Delta q_s \sin \omega t$)이 있는 경우에도 준정상상태에 도달할 수 있다. 반복하여 말하자면, 준정상상태는 모든 온도가 시간에 불변인 평균값을 중심으로 변동하는 경우에 도달된다.

그림 5.11b의 2차원 배치에 대한 2차원 천이 열확산 방정식의 해가 이미 얻어져 있는데, 가해지는 주기적 가열의 진폭과 가열된 스트립의 온도 반응상의 진폭과의 관계는 다음 식으로 근사화할 수 있다[10].

$$\Delta T \approx \frac{\Delta q_s}{L\pi k}\left[-\frac{1}{2}\ln(\omega/2) - \ln(w^2/4\alpha) + C_1\right] = \frac{\Delta q_s}{L\pi k}\left[-\frac{1}{2}\ln(\omega/2) + C_2\right] \tag{5.74}$$

여기서 상수 C_1은 가열된 스트립과 그 아래의 물질 사이의 경계면에서 열접촉저항에 따라 달라진다. 온도 변동의 진폭 ΔT는 길이 L이고 폭이 w인 직사각 스트립의 공간적 평균온도에 해당한다는 사실을 주목하라. 스트립으로부터 반무한 매질로의 열유속은 공간적으로 균일하다고 가정한다. 근사화는 $L \gg w$의 경우에 타당하다. 그림 5.11b의 계에 대해 열침투 깊이는 열에너지의 횡방향 확산으로 인하여 그림 5.11a의 경우보다 작으며, $\delta_p \approx \sqrt{\alpha/\omega}$이다.

예제 5.10

나노구조의 유전성(dielectric)재료를 제작하여 다음과 같은 방법으로 열전도율을 측정한다. 두께가 3000옹스트롬(angstrom)이고 폭 w = 100 mm이며, L = 3.5 m인 긴 금속 스트립이 사진석판(photolithography)기법으로 두께 d = 300 μm인 새로운 재료 시편의 상부 표면에 부착되어 있다. 이 스트립은 두 개의 연결 패드(pad)를 통해 공급되는 전류에 의해 주기적으로 가열된다. 가열률은 $q_s(t) = \Delta q_s + \Delta q_s \times \sin(\omega t)$이며 여기서 Δq_s는 3.5 mW이다. 금속 스트립의 순간적 공간 평균온도는 전기저항의 변화 $R(t) = E(t)/I(t)$를 측정하고, 금속의 저항이 온도에 따라 변하는 정도를 알기 때문에 실험적으로 구해진다. 금속 스트립의 측정된 온도는 주기적인데, 상대적으로 낮은 가열 주파수인 $\omega = 2\pi$ rad/s에서 진폭은 ΔT = 1.37 K이며 200π rad/s에서는 0.71 K이다. 나노구조 유전체 물질의 열전도율과 두 개의 주파수에서 열 침투 깊이를 구하라. 물질의 원래 밀도와 비열은 각각 3100 kg/m^{3}과 820 J/kg·K이다.

풀이

제시자료: 얇은 금속 스트립의 크기, 스트립 내에서 발생되는 전기동력의 주파수와 진폭, 유도된 스트립 온도 진동의 진폭, 놓여진 시편의 두께.

풀이대상: 나노구조 재료의 열전도율.

개략도:

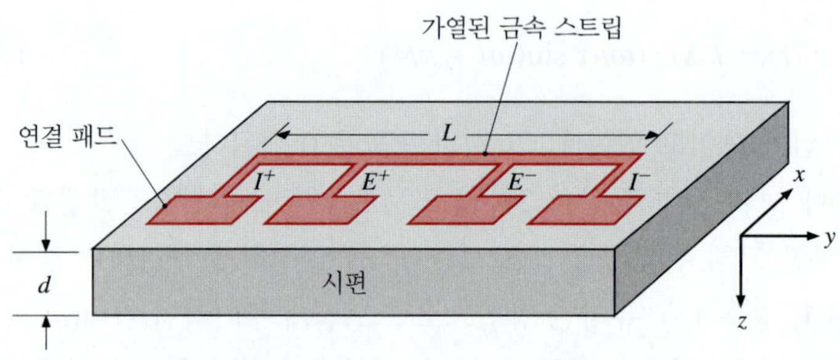

가정:

1. x및 z방향으로의 2차원 천이 열전도.
2. 밀도와 비열은 일정하고 나노구조의 영향을 받지 않는다.
3. 금속 스트립과 시편 윗면으로부터의 복사 및 대류 열손실 무시.
4. 나노구조 재료 시편은 반무한 고체.
5. 가열된 스트립과 시편 사이의 경계면에서 열유속은 일정.

해석: $\omega = 2\pi$ rad/s에서 $\Delta T = 1.37$ K이며 200π rad/s에서는 $\Delta T = 0.71$ K임을 식 (5.74)에 대입하면 2개의 연립 방정식이 나오고 이를 풀면 다음 값들을 얻는다.

$$C_2 = 5.35 \qquad k = 1.11 \text{ W/m} \cdot \text{K}$$ ◁

열확산율은 $\alpha = 4.37 \times 10^{-7}$ m^2/s이며 열침투 깊이는 $\delta_p \approx \sqrt{\alpha/\omega}$로 산정되므로, $\omega = 2\pi$ rad/s에서와 $\omega = 200\pi$ rad/s에서 각각

$$\delta_p = 260\ \mu\text{m}; \delta_p = 26\ \mu\text{m}$$ ◁

가 된다.

부가설명:

1. 앞에서 언급된 실험기법은 광범위하게 사용되고 있으며, 이 방법을 3 ω**방법**이라 부르고 있다. 이 기법은 측정용 박판과 그 아래 재료와의 경계면에 존재할 수 있는 열 접촉 또는 경계 열 저항에 민감하지 않는데, 그것은 서로 다른 여기 주파수(excitation frequency)에서 측정하게 되면 이 효과들이 서로 상쇄되기 때문이다 [10].
2. 열침투 깊이는 시편의 두께보다 작다. 따라서 시편을 반무한 고체로 취급하는 것은 타당한 접근방법이다. 가열 주파수를 더 높이면 더 얇은 시편을 사용할 수 있다.

5.10 유한차분법

지금까지의 과도적 문제들에 대한 해석적 해는 앞 절들에서 고려되었던 1차원의 경우와 같이 간단한 형상과 경계조건들에 한정되었다. 몇몇 간단한 2차원 및 3차원 형상들에 대해서도 해석적 해가 가능하다. 그러나 많은 경우에 형상 그리고/또는 경계조건들 때문에 해석적 방법의 사용이 불가능하므로 **유한차분법**(finite-difference method) 또는 **유한요소법**(finite-element method)에 의존해야 한다. 4.4절에서 정상상태 조건에 대하여 도입되었던 것과 같은 방법들을 바로 과도 문제로 확장한다. 이 절에서는 과도전도 문제에 대한 유한차분 해들의 **현시적**(explicit)형태와 **암시적**(implicit)형태를 고려한다.

5.10.1 열방정식의 이산화: 현시적 방법

다시 그림 4.4의 2차원 계를 생각해 보자. 물성치들이 일정하고 내부 열발생이 없는 과도조건하에서 열방정식 (2.21)의 적절한 형식은 다음과 같다.

$$\frac{1}{\alpha}\frac{\partial T}{\partial t} = \frac{\partial^2 T}{\partial x^2} + \frac{\partial^2 T}{\partial y^2} \tag{5.75}$$

이 방정식의 유한차분 형태를 얻기 위하여 식 (4.27)과 식 (4.28)로 주어지는 공간 도함수에 관하여 **중앙차분**(central difference)근사를 사용할 수 있다. 다시 한 번 하첨자 m과 n이 **이산된 절점**의 x와 y 위치들을 나타내기 위해 사용될 수 있다. 공간뿐만 아니라 시간에 대해서도 이산화해야 한다. 이를 위해 정수 p를 도입하여 다음과 같이 시간을 나타낸다.

$$t = p\Delta t \tag{5.76}$$

식 (5.75)의 시간 도함수에 대한 유한차분 근사는 다음과 같이 나타낼 수 있다.

$$\left.\frac{\partial T}{\partial t}\right|_{m,n} \approx \frac{T^{p+1}_{m,n} - T^{p}_{m,n}}{\Delta t} \tag{5.77}$$

상첨자 p는 T의 시간 의존성을 나타내기 위하여 사용하였으며, 시간 도함수를 **새로운** $(p + 1)$시각과 **이전**(p) 시각에서의 온도차로 표시하였다. 따라서 계산이 간격 Δt로 분리된 연속적인 시간에서 수행되어야 하며, 유한차분 해가 공간에서 이산된 점들에서만 제한적으로 온도를 구한 것처럼, 시간에 있어서도 이산된 시점들에서만 제한적으로 온도를 계산한다.

식 (5.77)을 식 (5.75)에 대입하면, 유한차분 해의 성질은 공간 도함수에 대한 유한차분 근사로 온도가 계산되는 특정한 시간에 의존할 것이다. 해의 **현시적 방법**(explicit method)에서는 **이전**(p) 시각에서 이 온도들을 계산한다. 따라서 식 (5.77)은 시간 도함수에 대한 **전진차분**(forward-difference)근사로 고려된다. 식 (4.27)과 식 (4.28)의 우변의 항을 시간 p에서의 값을 부여하고 식 (5.75)에 대입하면, 내부절점 m, n에서 유한차분 방정식의 현시적 형태는 다음과 같다.

$$\frac{1}{\alpha}\frac{T^{p+1}_{m,n} - T^{p}_{m,n}}{\Delta t} = \frac{T^{p}_{m+1,n} + T^{p}_{m-1,n} - 2T^{p}_{m,n}}{(\Delta x)^2} + \frac{T^{p}_{m,n+1} + T^{p}_{m,n-1} - 2T^{p}_{m,n}}{(\Delta y)^2} \tag{5.78}$$

간단한 2차원 및 3차원 형상들에 대한 해석적 해가 보충 섹션 5S.2에 있다.

이를 새로운 $(p + 1)$ 시각에서의 절점온도에 대하여 풀고 $\Delta x = \Delta y$라고 가정하면 다음과 같이 된다.

$$T_{m,n}^{p+1} = Fo(T_{m+1,n}^{p} + T_{m-1,n}^{p} + T_{m,n+1}^{p} + T_{m,n-1}^{p}) + (1 - 4Fo)T_{m,n}^{p} \tag{5.79}$$

여기서 Fo는 Fourier 수의 유한차분 형태이며 다음과 같다.

$$Fo = \frac{\alpha\Delta t}{(\Delta x)^2} \tag{5.80}$$

이 접근방법은 2차원 또는 3차원 계까지도 쉽게 확장될 수 있다. 만일 계가 x방향으로 1차원이라면, 내부절점 m에 대한 유한차분 방정식의 현시적인 형태는 다음과 같이 간단히 된다.

$$T_{m}^{p+1} = Fo(T_{m+1}^{p} + T_{m-1}^{p}) + (1 - 2Fo)T_{m}^{p} \tag{5.81}$$

식 (5.79)와 식 (5.81)은 새로운 시각에서 **미지의** 절점온도들이 오로지 이전 시각에서의 **기지의** 절점온도들에 의해서만 결정되기 때문에 **현시적**이다. 따라서 미지의 온도는 계산이 간단하다. $t = 0$ $(p = 0)$일 때의 각 내부 절점에서의 온도는 주어진 초기조건들로부터 알고 있으므로 $t = \Delta t(p = 1)$에서부터 계산을 시작하는데, 여기서 각각의 내부 절점에 식 (5.79) 또는 식 (5.81)을 적용하여 온도를 계산한다. 그러고 나서 $t = \Delta t$에 대하여 알려진 온도들을 가지고 $t = 2\,\Delta t(p = 2)$일 때의 온도들을 구하기 위하여 각 절점에 적절한 유한차분 방정식을 적용한다. 이런 방법으로 과도 온도분포는 Δt의 간격을 사용하여 **시간에 따라 진행시킴**으로써 얻어진다.

유한차분 해의 정확도는 Δx와 Δt의 값을 줄임으로써 향상시킬 수 있다. 물론 고려해야 하는 내부절점들의 수는 Δx가 감소함에 따라 증가하며, 설정된 최종 시각에 이르는 데 필요한 시간 간격들의 수는 Δt의 감소에 따라 증가한다. 그러므로 계산시간은 Δx와 Δt가 감소함에 따라 증가한다. Δx는 대표적으로 정확도와 계산상의 요구조건 간의 절충에 의하여 선택된다. 그러나 이 선택이 일단 이루어지고 나면, Δt의 값은 독립적으로 선택할 수 없다. 그 대신 Δt는 **안정성**(stability) 요구사항에 의하여 결정된다.

현시적 방법의 바람직하지 않은 특징은 이 방법이 무조건적으로 안정하지는 않다는 것이다. 과도문제에서 절점온도에 대한 해는 시간이 증가함에 따라 연속적으로 최종(정상상태)값에 가까워져야 한다. 그러나 현시적 방법에 의한 해는 물리적으로는 일어날 수 없는 수치적으로 유도된 진동 특성을 가지는 수도 있는데, 이는 실제적으로는 불가능한 현상이다. 이러한 진동들은 불안정(unstable)하므로, 해가 실제 정상상태 조건으로부터 발산하게 될 수 있다. 이 한계는 x와 시스템의 다른 매개변수들에 의해 좌우된다. 이러한 의존성을 안정성 기준(stability criterion)이라 하는데, 이는 수학적인 방법으로 구해지거나 열역학적인 논리에 의하여 증명될 수 있다(연습문제 5.86 참조).

이 교재에서 취급하는 문제들의 **범주에서는, $T_{m,n}^{p}$이 0보다 크거나 또는 같아야 한다는 복합항과 관련된 계수의 요구조건에 의해 판단기준이 결정된다**. 이미 원하는 형태로 표시된 식 5.79와 식 5.81이 주어져 있으며, 따라서 1차원 내부 절점에 대한 안정성 판단기준은 $(1 - 2Fo) \geq 0$, 또는

$$Fo \le \frac{1}{2} \tag{5.82}$$

그리고 2차원 절점에 대해서는$(1 - 4Fo) \ge 0$ 또는 다음과 같다.

$$Fo \le \frac{1}{4} \tag{5.83}$$

정해진 Δx와 α값들에 대해, 이 기준을 사용하여 Δt의 상한값을 구할 수 있다.

식 (5.79)와 식 (5.81)은 4.4.3절의 에너지평형 방법을 내부절점 주위의 검사체적에 적용하여 유도할 수도 있다. 열에너지 저장의 변화를 고려하면, 에너지평형 방정식의 일반적인 형태는 다음과 같이 나타낼 수 있다.

$$\dot{E}_{\text{in}} + \dot{E}_g = \dot{E}_{\text{st}} \tag{5.84}$$

4.4.3절과 같이, 나음의 유한차분방정식의 유도 과정에서 모든 열유동은 절점을 향한다고 가정할 것이다.

식 (5.84)의 적용 예로 그림 5.12에 나타낸 1차원 계에서의 표면 절점을 고려해 보자. 표면 근처의 열적 조건들을 더 정확하게 결정하기 위해 이 절점은 내부 절점 두께의 절반인 두께로 정하였다. 인접한 유체로부터의 대류열전달이 있고 열발생이 없다고 가정하면, 식 (5.84)로부터 다음 식을 얻을 수 있다.

$$hA(T_\infty - T_0^p) + \frac{kA}{\Delta x}(T_1^p - T_0^p) = \rho cA\frac{\Delta x}{2}\frac{T_0^{p+1} - T_0^p}{\Delta t}$$

또는 $t + \Delta t$에서의 표면온도에 대해 풀면 다음 식을 얻는다.

$$T_0^{p+1} = \frac{2h\,\Delta t}{\rho c\,\Delta x}(T_\infty - T_0^p) + \frac{2\alpha\,\Delta t}{\Delta x^2}(T_1^p - T_0^p) + T_0^p$$

$(2h\Delta t/\rho c\Delta x) = 2(h\Delta x/k)(\alpha\Delta t/\Delta x^2) = 2\,Bi\,Fo$임을 고려하고, T_0^p를 포함하는 항들을 묶으면 다음과 같이 된다.

$$T_0^{p+1} = 2Fo(T_1^p + Bi\,T_\infty) + (1 - 2Fo - 2Bi\,Fo)T_0^p \tag{5.85}$$

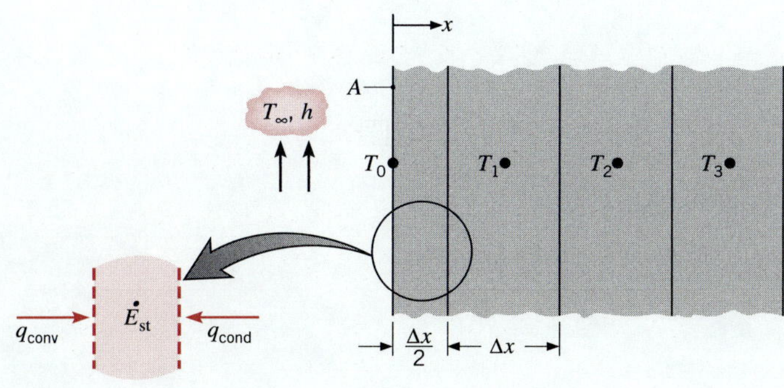

그림 5.12 대류조건하에서 1차원 과도상태 열전도를 하는 표면 절점.

여기서 Biot 수의 유한차분 형태는 다음과 같다.

$$Bi = \frac{h\Delta x}{k} \tag{5.86}$$

안정성 기준을 구하는 과정을 상기하면, T_0^p에 대한 계수는 0보다 크거나 같아야 한다. 그러므로 다음 조건을 얻는다.

$$1 - 2Fo - 2Bi\,Fo \geq 0$$

또는 다음과 같다.

$$Fo(1 + Bi) \leq \frac{1}{2} \tag{5.87}$$

완전한 유한차분 해를 얻기 위해서는 내부 절점에 대하여 식 (5.81)을 사용하고, 표면 절점에 대해서는 식 (5.85)를 사용해야 하므로, 식 (5.87)을 식 (5.82)와 비교하여 어느 요구조건이 더 엄격한가를 결정해야 한다. $Bi \geq 0$이므로, 식 (5.87)에 대한 Fo의 한계값은 식 (5.82)에 대한 한계값보다 작다는 것이 명백하다. 모든 절점들에 대하여 안정성을 보장하려면, 식 (5.87)을 이용하여 허용 가능한 최대의 Fo 그리고 이에 따라 Δt값을 선정해야 한다.

몇 가지의 일반적인 형상들에 대한 현시적 유한차분 방정식의 형태들이 표 5.3a에 제시되어 있다. 각각의 방정식은 해당하는 절점 주위의 검사체적에 에너지평형 방법을 적용하여 유도할 수 있다. 이 방법을 적용할 수 있는 능력에 대한 자신감을 가지려면, 최소한 이 방정식들 중 하나 정도는 증명해 보는 것이 좋다.

예제 5.11

원자로의 연료요소가 두께 $2L = 20$ mm인 평면벽의 형상이며, $h = 1100$ W/m^2·K, $T_\infty = 250$°C로써 대류에 의하여 양쪽 표면들이 냉각된다. 정상적인 운전동력에서, 요소 내의 단위체적당 열발생률은 $\dot{q}_1 = 10^7$ W/m^{3}로 균일하다. 만일 열발생률에 변화가 생기면 정상운전과 관련한 정상상태 조건으로부터의 이탈이 일어날 것이다. 갑작스럽게 $\dot{q}_2 = 2 \times 10^7$ W/m^{3}으로 변화되는 경우를 고려하고, 1.5 s 후 연료요소의 온도분포를 현시적 유한차분 방법에 의하여 구하라. 연료요소의 열물성치들은 $k = 30$ W/m·K, $\alpha = 5 \times 10^{-6}$m^2/s이다.

풀이

제시자료: 표면이 냉각되는 직사각 연료요소 내에서 열발생에 관련한 조건들.

풀이대상: 운전동력이 변한 후 1.5 s가 되었을 때의 온도분포.

표 5.3 과도 2차원 유한차분 방정식의 요약($D_x = D_y$)

절점 형태	(a) 현시적 방법: 유한차분 방정식	(a) 현시적 방법: 안정성 기준	(b) 암시적 방법
1. 내부 절점	$T_{m,n}^{p+1} = Fo(T_{m+1,n}^{p} + T_{m-1,n}^{p} + T_{m,n+1}^{p} + T_{m,n-1}^{p}) + (1-4Fo)T_{m,n}^{p}$ (5.79)	$Fo \le \frac{1}{4}$ (5.83)	$(1+4Fo)T_{m,n}^{p+1} - Fo(T_{m+1,n}^{p+1} + T_{m-1,n}^{p+1} + T_{m,n+1}^{p+1} + T_{m,n-1}^{p+1}) = T_{m,n}^{p}$ (5.95)
2. 대류를 겪는 내부 코너 절점	$T_{m,n}^{p+1} = \frac{2}{3}Fo(T_{m+1,n}^{p} + 2T_{m-1,n}^{p} + 2T_{m,n+1}^{p} + T_{m,n-1}^{p} + 2Bi\,T_\infty) + (1-4Fo-\frac{4}{3}Bi\,Fo)T_{m,n}^{p}$ (5.88)	$Fo(3+Bi) \le \frac{3}{4}$ (5.89)	$(1+4Fo(1+\frac{1}{3}Bi))T_{m,n}^{p+1} - \frac{2}{3}Fo \cdot (T_{m+1,n}^{p+1} + 2T_{m-1,n}^{p+1} + 2T_{m,n+1}^{p+1} + T_{m,n-1}^{p+1}) = T_{m,n}^{p} + \frac{4}{3}Bi\,Fo\,T_\infty$ (5.98)
3. 대류를 겪는 평면의 절점[a]	$T_{m,n}^{p+1} = Fo(2T_{m-1,n}^{p} + T_{m,n+1}^{p} + T_{m,n-1}^{p} + 2Bi\,T_\infty) + (1-4Fo-2Bi\,Fo)T_{m,n}^{p}$ (5.90)	$Fo(2+Bi) \le \frac{1}{2}$ (5.91)	$(1+2Fo(2+Bi))T_{m,n}^{p+1} - Fo(2T_{m-1,n}^{p+1} + T_{m,n+1}^{p+1} + T_{m,n-1}^{p+1}) = T_{m,n}^{p} + 2Bi\,Fo\,T_\infty$ (5.99)
4. 대류를 겪는 외부 코너 절점	$T_{m,n}^{p+1} = 2Fo(T_{m-1,n}^{p} + T_{m,n-1}^{p} + 2Bi\,T_\infty) + (1-4Fo-4Bi\,Fo)T_{m,n}^{p}$ (5.92)	$Fo(1+Bi) \le \frac{1}{4}$ (5.93)	$(1+4Fo(1+Bi))T_{m,n}^{p+1} - 2Fo(T_{m-1,n}^{p+1} + T_{m,n-1}^{p+1}) = T_{m,n}^{p} + 4Bi\,Fo\,T_\infty$ (5.100)

[a] 단열표면(또는 대칭면)에 대한 유한차분 방정식 또는 안정성 기준을 구하려면 간단히 Bi를 0으로 하면 된다.

개략도:

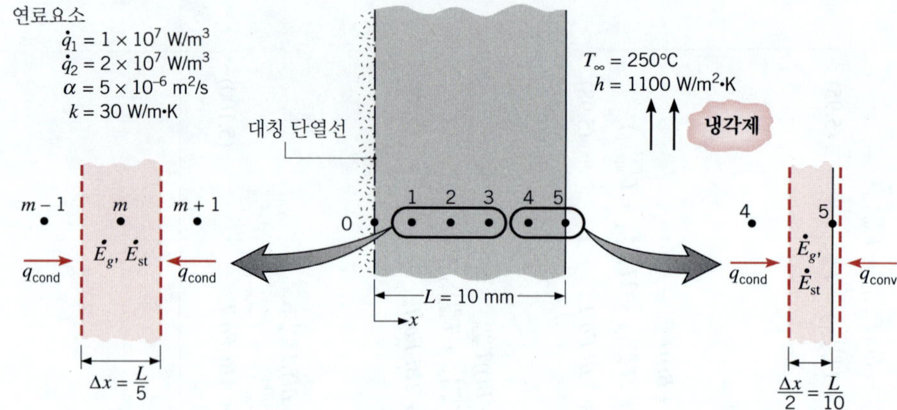

가정:

1. x방향으로 1차원 전도.
2. 균일한 열발생.
3. 일정 물성치.

해석: 간격증분을 $\Delta x = 2$ mm로 하여 수치해를 구한다. 중앙 단면에 대하여 대칭이므로 절망 조직에는 6개의 미지의 절점온도들이 생기게 된다. 에너지평형 방법인 식 (5.84)를 사용하여 임의의 내부 절점 m에 대해 현시적 유한차분 방정식을 다음과 같이 유도할 수 있다.

$$kA\frac{T_{m-1}^p - T_m^p}{\Delta x} + kA\frac{T_{m+1}^p - T_m^p}{\Delta x} + \dot{q}A\Delta x = \rho A \Delta x c\frac{T_m^{p+1} - T_m^p}{\Delta t}$$

T_m^{p+1}에 대하여 풀고 재정리하면 다음과 같다.

$$T_m^{p+1} = Fo\left[T_{m-1}^p + T_{m+1}^p + \frac{\dot{q}(\Delta x)^2}{k}\right] + (1 - 2Fo)T_m^p \tag{1}$$

또한, $x = 0$으로부터 대칭을 고려하여, $T_{-1}^p = T_1^p$일 때 $m = 0$인 절점에서 이 식이 사용될 수 있다. 절점 5의 검사체적에 에너지보존법칙을 적용하여

$$hA(T_\infty - T_5^p) + kA\frac{T_4^p - T_5^p}{\Delta x} + \dot{q}A\frac{\Delta x}{2} = \rho A\frac{\Delta x}{2}c\frac{T_5^{p+1} - T_5^p}{\Delta t}$$

또는 다음과 같다.

$$T_5^{p+1} = 2Fo\left[T_4^p + Bi\,T_\infty + \frac{\dot{q}(\Delta x)^2}{2k}\right] + (1 - 2Fo - 2Bi\,Fo)T_5^p \tag{2}$$

가장 엄격한 안정성 기준은 식 (2)와 관련되어 있으므로, 다음의 요구조건으로부터 Fo를 선택한다.

$$Fo(1 + Bi) \le \frac{1}{2}$$

여기서

$$Bi = \frac{h\,\Delta x}{k} = \frac{1100\ \text{W/m}^2\cdot\text{K}(0.002\ \text{m})}{30\ \text{W/m}\cdot\text{K}} = 0.0733$$

이므로 다음을 얻는다.

$$Fo \le 0.466$$

또는 다음과 같다.

$$\Delta t = \frac{Fo(\Delta x^2)}{\alpha} \le \frac{0.466(2\times 10^{-3}\ \text{m})^2}{5\times 10^{-6}\ \text{m}^2/\text{s}} = 0.373\ \text{s}$$

충분히 안정성 한계 내에 들기 위해 $\Delta t = 0.3$ s를 선택하며, 이는 다음 값에 해당한다.

$$Fo = \frac{5\times 10^{-6}\ \text{m}^2/\text{s}(0.3\ \text{s})}{(2\times 10^{-3}\ \text{m})^2} = 0.375$$

$\dot{q} = \dot{q}_2 = 2 \times 10^7$ W/m를 포함하고 수치값을 대입하면 유한차분방정식은

$$T_0^{p+1} = 0.375(2T_1^p + 2.67) + 0.250T_0^p$$
$$T_m^{p+1} = 0.375(T_{m-1}^p + T_{m+1}^p + 2.67) + 0.250T_m^p \quad m = 1,2,3,4$$
$$T_5^{p+1} = 0.750(T_4^p + 19.67) + 0.195T_5^p$$

초기 온도분포가 주어져야 한다. $\dot{q} = \dot{q}_1$일 때 식 (3.51)로부터,

$$T_5 = T_s = T_\infty + \frac{\dot{q}_1 L}{h} = 250°\text{C} + \frac{10^7\ \text{W/m}^3 \times 0.01\ \text{m}}{1100\ \text{W/m}^2\cdot\text{K}} = 340.91°\text{C}$$

그리고 식 (3.47)로부터

$$T(x) = 16.67\left(1 - \frac{x^2}{L^2}\right) + 340.91°\text{C}$$

절점들의 초기 온도들이 다음 표의 첫째 행에 표시되어 있다.

유한차분 방정식들을 사용하여 원하는 최후의 시각에 도달할 때까지 시간 증분을 0.3 s로 해서 절점온도들을 순차적으로 계산할 수 있다. 그 결과들이 표의 제 2행에서 제 6행까지에 나타나 있으며, 이 값들은 $\dot{q} = \dot{q}_2$로 하여 식 (3.47)과 식 (3.51)을 사용해서 얻어진 새로운 정상상태에서의 값들(제 7행)과 비교할 수 있다.

절점온도(°C)

p	t(s)	T_0	T_1	T_2	T_3	T_4	T_5
0	0	357.58	356.91	354.91	351.58	346.91	340.91
1	0.3	358.08	357.41	355.41	352.08	347.41	341.41
2	0.6	358.58	357.91	355.91	352.58	347.91	341.88
3	0.9	359.08	358.41	356.41	353.08	348.41	342.35
4	1.2	359.58	358.91	356.91	353.58	348.89	342.82
5	1.5	360.08	359.41	357.41	354.07	349.37	343.27
∞	∞	465.15	463.82	459.82	453.15	443.82	431.82

부가설명:

1. 1.5 s일 때의 벽은 과도 과정의 초기 단계이며, 유한차분 해로는 정상상태 상황에 도달하기 위해 추가적인 계산을 많이 해야 한다는 것이 명백하다. 계산시간은 허용 가능한 최대 시간증분($\Delta t = 0.373$ s)을 사용하여 약간 감소시킬 수 있다. 그러나 정확성이 약간 떨어질 것이다. 정확도를 극대화한다는 관점에서 계산 결과가 Δt를 더 감소하여도 무관하게 될 때까지 시간 간격을 감소시켜야 한다.

   유한차분 해를 연장하면 새로운 정상상태 조건을 이루는 데 필요한 시간을 계산할 수 있다. 이와 함께 중앙평면(0)과 표면(5)의 절점들에 대한 온도이력들은 다음의 형태를 갖는다.

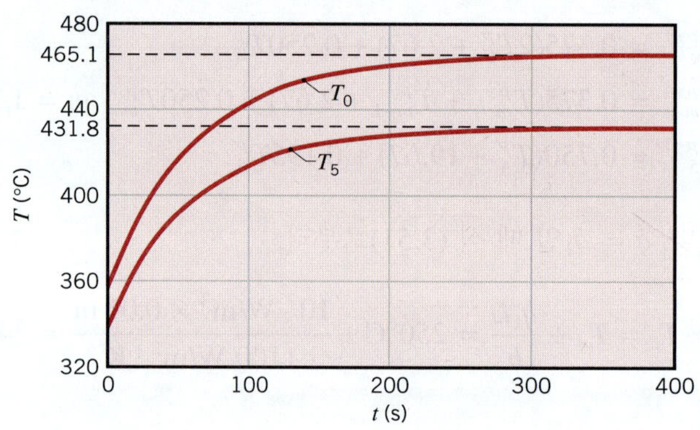

   운전동력의 계단식 변화 이후 250 s이내에 새로운 평형조건에 도달된다는 것을 명백히 알 수 있다.

2. 이 문제는 *IHT*의 *Advanced* 섹션에서 *Tools, Finite-Difference Equations, One-Dimensional, Transient*를 이용하여 풀 수 있다. 이 문제는 *FEHT*를 사용해서도 풀 수 있다.

5.10.2 열방정식의 이산화: 암시적 방법

현시적(explicit)유한차분 기법에서는, $t + \Delta t$에서 임의의 절점에서의 온도를 그 **전 시각** t일 때 동일한 절점과 이에 인접한 절점들의 온도로부터 계산할 수 있다. 그러므로 어떤 시각에서 한 절점온도는 **같은 시각**에 대한 다른 절점들의 온도와는 **독립적으로** 계산된다. 이 방법이 계산상 편리하기는 하지만, Δt를 선택할 때의 제한 때문에 어려운 점이 있다. 시간 간격은 주어진 공간 간격에 대하여 안정성 요구조건에 적합해야 한다. 이러한 이유로 종종 극히 작은 Δt값을 사용해야 하므로, 해를 얻기 위해 매우 많은 수의 시간 간격이 필요할 수 있다.

현시적 유한차분 기법보다 **암시적**(implicit)유한차분 기법을 사용함으로써 종종 계산량을 감소시킬 수 있다. 시간 도함수를 근사화하기 위해 식 (5.77)을 사용함으로써 유한차분 방정식의 암시적 형식을 유도할 수 있으며, 이때 다른 모든 온도는 이전(p)시각에서가 아니라 **새로운** ($p+1$) 시각에서 계산한다. 그러면 식 (5.77)은 시간 도함수에 대한 **후진 차분**(backward-difference) 근사를 제공한다고 생각할 수 있다. 식 (5.78)과는 대조적으로 2차원 계의 내부 절점에 대한 유한차분 방정식의 암시적 형태는 다음과 같다.

$$\frac{1}{\alpha}\frac{T^{p+1}_{m,n}-T^{p}_{m,n}}{\Delta t}=\frac{T^{p+1}_{m+1,n}+T^{p+1}_{m-1,n}-2T^{p+1}_{m,n}}{(\Delta x)^2}+\frac{T^{p+1}_{m,n+1}+T^{p+1}_{m,n-1}-2T^{p+1}_{m,n}}{(\Delta y)^2} \qquad (5.94)$$

$\Delta x=\Delta y$이라 가정하고 재정리하면 다음과 같다.

$$(1+4Fo)T^{p+1}_{m,n}-Fo(T^{p+1}_{m+1,n}+T^{p+1}_{m-1,n}+T^{p+1}_{m,n+1}+T^{p+1}_{m,n-1})=T^{p}_{m,n} \qquad (5.95)$$

식 (5.95)로부터 절점(m, n)의 **새로운** 온도는 인접한 절점의 **새로운** 온도들에 의존한다는 것이 명백한데, 일반적으로 이 온도들은 모두 미지의 상태이다. 그러므로 미지의 절점온도들을 시간 $p+1$에서 구하려면, 모든 절점 방정식들을 **동시에 풀어야** 한다. 이러한 해는 4.5절과 부록 D에서 논의한 바와 같이 행렬 역변환이나 Gauss-Seidel 반복법을 사용하여 얻을 수 있다. **진행해**(marching solution)는 이렇게 $t=\Delta t$, $2\Delta t$ 등의 각 시각에서 절점 방정식들을 동시에 풀어 나가서, 원하는 최종 시각에 이를 때까지 계속되는 과정을 포함한다.

현시적 방법에 비해, 암시적인 공식화는 **무조건 안정**(unconditionally stable)하다는 중요한 장점을 가진다. 즉 모든 계수($T^{p+1}_{m,n}$)들은 양수이고, 모든 공간 및 시간구간들에 대하여 해는 안정을 유지하며, 이 경우 Δx 및 Δt에 대한 어떠한 제한도 존재하지 않는다. 따라서 다소 큰 값의 Δt가 암시적 해법에서 사용될 수 있으므로, 정확도의 손상 없이도 이따금 계산시간을 단축시킬 수 있다. 그럼에도 불구하고 정확도를 극대화하려면, Δt는 그 값을 더 감소시키더라도 결과에 무관하게 되는 것을 보장할 수 있도록 충분히 작아야 한다.

암시적 형태의 유한차분 방정식은 에너지평형 방법으로부터도 유도할 수 있다. 그림 5.12의 표면 절점에 대하여 쉽게 다음 식을 얻을 수 있다.

$$(1+2Fo+2Fo\,Bi)T^{p+1}_{0}-2FoT^{p+1}_{1}=2Fo\,Bi\,T_{\infty}+T^{p}_{0} \qquad (5.96)$$

그림 5.12의 임의의 내부 절점에 대해서도 다음과 같이 나타낼 수 있다.

$$(1+2Fo)T^{p+1}_{m}-Fo(T^{p+1}_{m-1}+T^{p+1}_{m+1})=T^{p}_{m} \qquad (5.97)$$

이 외의 일반적인 형상들에 대한 유한차분 방정식의 암시적 형태가 표 5.3b에 나타나 있다. 각 방정식은 에너지평형 방법을 적용하여 유도할 수 있다.

예제 5.12

IHT

초기에 20°C의 균일한 온도를 갖는 두꺼운 구리 슬랩의 한 면이 갑자기 복사에 노출되어 정미 열유속이 3×10^5 W/m^{2}으로 일정하게 유지된다. 공간 간격 Δx = 75 mm로 하고, 현시적 유한차분 방법과 암시적 유한차분 방법을 사용하여, 2 min이 경과된 후에 조사(照射)된 표면과 이 표면으로부터 150 mm되는 내부 점에서의 온도를 구하라. 이 결과들을 적합한 해석적 해로 얻은 결과와 비교하라.

풀이

제시자료: 초기에 균일한 온도에 있는 두꺼운 구리 슬랩의 한 표면이 일정한 정미 열유속을 받는다.

풀이대상:

1. 현시적 유한차분 방법을 사용하여, 2 min이 경과한 후에 표면과 표면으로부터 150 mm되는 곳에서의 온도를 구하라.
2. 암시적 유한차분 방법을 사용하여 이 계산을 반복하라.
3. 해석적인 방법으로 같은 온도들을 구하라.

개략도:

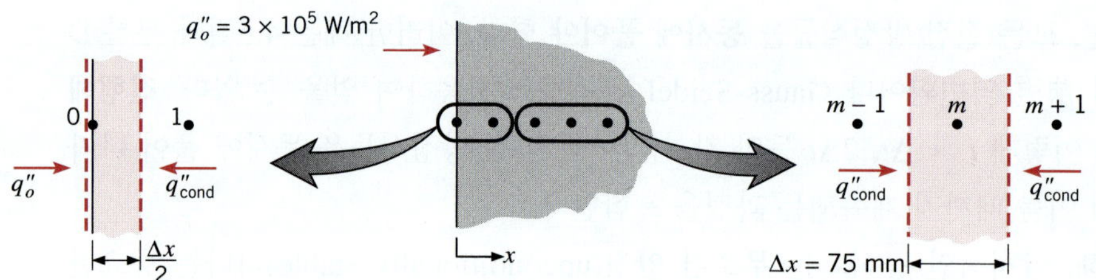

가정:

1. x방향으로의 1차원 전도.
2. 일정 물성치.

물성치: 표 A.1에서 구리(300 K): k = 401 W/m·K, $\alpha = 117 \times 10^{-6}$ m^2/s.

해석:

1. 표면 절점에 대한 현시적 형태의 유한차분 방정식은 절점 주위의 검사체적에 에너지평형을 적용하여 얻을 수 있다.

$$q''_o A + kA\frac{T_1^p - T_0^p}{\Delta x} = \rho A\frac{\Delta x}{2}c\frac{T_0^{p+1} - T_0^p}{\Delta t}$$

또는 다음과 같다.

$$T_0^{p+1} = 2Fo\left(\frac{q''_0 \Delta x}{k} + T_1^p\right) + (1 - 2Fo)T_0^p$$

임의의 내부 절점들에 대한 유한차분 방정식은 식 (5.81)로 주어진다. 표면 절점과 내부 절점들 모두 다음과 같은 안정성 기준에 의하여 제한을 받는다.

$$Fo \le \frac{1}{2}$$

Fo의 최대 허용치를 선택하면 유한차분 방정식들이 간단하게 된다는 것에 유념하여 $Fo = \frac{1}{2}$을 선택한다. 따라서 다음과 같다.

$$\Delta t = Fo\frac{(\Delta x)^2}{\alpha} = \frac{1}{2}\frac{(0.075\ \text{m})^2}{117 \times 10^{-6}\ \text{m}^2/\text{s}} = 24\ \text{s}$$

한편

$$\frac{q_o''\Delta x}{k} = \frac{3 \times 10^5\ \text{W/m}^2\ (0.075\ \text{m})}{401\ \text{W/m}\cdot\text{K}} = 56.1°\text{C}$$

유한차분 방정식들은 표면 절점과 내부 절점들에서 각각 다음과 같이 된다.

$$T_0^{p+1} = 56.1°\text{C} + T_1^p \qquad \text{and} \qquad T_m^{p+1} = \frac{T_{m+1}^p + T_{m-1}^p}{2}$$

계산을 수행하면 그 결과들은 다음의 표와 같다.

$Fo = \frac{1}{2}$에서의 현시적 유한차분 해

p	t(s)	T_0	T_1	T_2	T_3	T_4
0	0	20	20	20	20	20
1	24	76.1	20	20	20	20
2	48	76.1	48.1	20	20	20
3	72	104.2	48.1	34.0	20	20
4	96	104.2	69.1	34.0	27.0	20
5	120	125.2	69.1	48.1	27.0	23.5

2 min 후에 표면온도와 원하는 내부 온도는 각각 $T_0 = 125.3°\text{C}$와 $T_2 = 48.1°\text{C}$이다.

각각의 이어지는 시간 단계에서 절점온도가 초기값으로부터 변화하는 것을 표에서 볼 수 있다. 이 이유 때문에 공식적으로 두 번째 경계조건 $T(x \to \infty) = T_i$를 실행하는 것은 필요없게 된다. 또한, 같은 절점에 대하여 연속적인 시간들에서 동일한 온도값이 계산된다는 것은 현시적 해법에서 허용 가능한 최대값의 Fo를 사용하는 데 따른 특이성이라는 점에 유의해야 한다. 물론, 실제 반응은 시간에 따라 온도가 연속적으로 변해야 하는 것이다.

Fo를 감소시킴으로써 정확도를 향상시킬 수 있는 범위를 알기 위하여 $Fo = \frac{1}{4}$ ($\Delta t = 12$ s)의 경우에 대하여 계산을 다시 해 보자. 그러면 유한차분 방정식은 다음과 같은 형식을 가진다.

$$T_0^{p+1} = \frac{1}{2}(56.1°\text{C} + T_1^p) + \frac{1}{2}T_0^p \qquad \text{and} \qquad T_m^{p+1} = \frac{1}{4}(T_{m+1}^p + T_{m-1}^p) + \frac{1}{2}T_m^p$$

그리고 계산결과들은 다음 표와 같다.

$Fo=\frac{1}{4}$인 경우의 현시적 유한차분 해

p	t(s)	T_0	T_1	T_2	T_3	T_4	T_5	T_6	T_7	T_8
0	0	20	20	20	20	20	20	20	20	20
1	12	48.1	20	20	20	20	20	20	20	20
2	24	62.1	27.0	20	20	20	20	20	20	20
3	36	72.6	34.0	21.8	20	20	20	20	20	20
4	48	81.4	40.6	24.4	20.4	20	20	20	20	20
5	60	89.0	46.7	27.5	21.3	20.1	20	20	20	20
6	72	95.9	52.5	30.7	22.5	20.4	20.0	20	20	20
7	84	102.3	57.9	34.1	24.1	20.8	20.1	20.0	20	20
8	96	108.1	63.1	37.6	25.8	21.5	20.3	20.0	20.0	20
9	108	113.6	67.9	41.0	27.6	22.2	20.5	20.1	20.0	20.0
10	120	118.8	72.6	44.4	29.6	23.2	20.8	20.2	20.0	20.0

2분 후에 원하는 온도값들은 $Fo = \frac{1}{4}$일 때 $T_0 = 118.8$°C 및 $T_2 = 44.4$°C이다. Fo를 감소시킴으로써 온도값들이 반복되는 문제점이 제거되었음이 분명하다. 정확도 향상의 평가는 엄밀해와 비교하여 나중에 얻어질 수 있다. 엄밀해 없이도, Fo값은 결과가 Fo에 근본적으로 독립된 값이 될 때까지 순차적으로 줄어든다.

2. 표면 절점 주위의 검사체적에 관하여 에너지평형을 수행하면, 유한차분 방정식의 암시적 형태는 다음과 같다.

$$q_o'' + k\frac{T_1^{p+1} - T_0^{p+1}}{\Delta x} = \rho\frac{\Delta x}{2}c\frac{T_0^{p+1} - T_0^p}{\Delta t}$$

또는 다음과 같다.

$$(1 + 2Fo)T_0^{p+1} - 2FoT_1^{p+1} = \frac{2\alpha q_o''\,\Delta t}{k\,\Delta x} + T_0^p$$

임의로 $Fo = \frac{1}{2}$ ($\Delta t = 24$ s)를 선택하면, 다음과 같이 된다.

$$2T_0^{p+1} - T_1^{p+1} = 56.1 + T_0^p$$

식 (5.97)로부터 임의의 내부 절점에 대한 유한차분 방정식은 다음과 같은 형태가 된다.

$$-T_{m-1}^{p+1} + 4T_m^{p+1} - T_{m+1}^{p+1} = 2T_m^p$$

반무한 고체를 다루고 있으므로, 원칙적으로 절점의 수는 무한대이다. 그러나 실제로 절점의 수는 관심의 대상이 되는 시간 동안에 경계조건의 변화에 의하여 영향을 받는 절점들까지로 제한될 수 있다. 현시적 해법의 결과들로부터 절점의 수는 $T_0, T_1, \ldots, T_8$에 해당하는 아홉 절점으로 안전하다는 것이 확실하다. 이것으로 $t = 120$ s까지 T_9에 아무런 변화가 일어나지 않고 경계조건이 $T_9 = 20$°C와 같이 수치적으로 사용된다고 가정한다.

이제 각 시간 증분마다 동시에 풀어야 하는 한 세트의 9개 방정식들을 얻는다. 행렬 역변환(matrix inversion)방법을 사용하여 방정식을 [A][T]=[C]의 형식으로 표현하자. 여기서 [A]와 [C]는 다음과 같다.

$$
[A] = \begin{bmatrix}
2 & -1 & 0 & 0 & 0 & 0 & 0 & 0 & 0 \\
-1 & 4 & -1 & 0 & 0 & 0 & 0 & 0 & 0 \\
0 & -1 & 4 & -1 & 0 & 0 & 0 & 0 & 0 \\
0 & 0 & -1 & 4 & -1 & 0 & 0 & 0 & 0 \\
0 & 0 & 0 & -1 & 4 & -1 & 0 & 0 & 0 \\
0 & 0 & 0 & 0 & -1 & 4 & -1 & 0 & 0 \\
0 & 0 & 0 & 0 & 0 & -1 & 4 & -1 & 0 \\
0 & 0 & 0 & 0 & 0 & 0 & -1 & 4 & -1 \\
0 & 0 & 0 & 0 & 0 & 0 & 0 & -1 & 4
\end{bmatrix}
$$

$$
[C] = \begin{bmatrix}
56.1 + T_0^p \\
2T_1^p \\
2T_2^p \\
2T_3^p \\
2T_4^p \\
2T_5^p \\
2T_6^p \\
2T_7^p \\
2T_8^p + T_9^{p+1}
\end{bmatrix}
$$

$[C]$ 성분들의 수치는 이전 시간의 절점온도 값들로부터 계산된다는 점에 유의해야 한다. 또한 앞서 언급한 바와 같이 $T_9^{p+1} = 20°C$일 때 절점 8에 대한 유한차분 방정식이 행렬 $[A]$와 $[C]$에 어떻게 나타나는지 유의하라.

주어진 초기조건에 해당하는 것을 첫째 줄($p = 0$)에 놓고 시작하여 절점온도들의 표를 구성할 수 있다. 계속되는 시각들에서의 절점온도들을 구하기 위해서는 우선 계수행렬의 역행렬을 구해야 한다. 각각의 시 각 $p + 1$에서 $[C]$를 갱신하면서 이 과정을 다섯 번 반복하여 120 s일 때의 절점온도를 구한다. 그 결과 원하는 온도들은 $T_0 = 114.7°C$와 $T_2 = 44.2°C$이다.

$Fo = \frac{1}{2}$ **인 경우의 암시적 유한차분 해**

p	t(s)	T_0	T_1	T_2	T_3	T_4	T_5	T_6	T_7	T_8
0	0	20.0	20.0	20.0	20.0	20.0	20.0	20.0	20.0	20.0
1	24	52.4	28.7	22.3	20.6	20.2	20.0	20.0	20.0	20.0
2	48	74.0	39.5	26.6	22.1	20.7	20.2	20.1	20.0	20.0
3	72	90.2	50.3	32.0	24.4	21.6	20.6	20.2	20.1	20.0
4	96	103.4	60.5	38.0	27.4	22.9	21.1	20.4	20.2	20.1
5	120	114.7	70.0	44.2	30.9	24.7	21.9	20.8	20.3	20.1

3. 슬랩을 반무한 매질로 근사화하면, 적합한 해석적 식은 식 (5.62)로 주어지며, 이것은 슬랩 내 임의의 점에 적용할 수 있다.

$$
T(x,t) - T_i = \frac{2q_o''(\alpha t/\pi)^{1/2}}{k} \exp\left(-\frac{x^2}{4\alpha t}\right) - \frac{q_o'' x}{k} \operatorname{erfc}\left(\frac{x}{2\sqrt{\alpha t}}\right)
$$

이 식은 표면에서 다음과 같이 된다.

$$T(0,\ 120\ \text{s}) - 20°\text{C} = \frac{2 \times 3 \times 10^5\ \text{W/m}^2}{401\ \text{W/m} \cdot \text{K}}(117 \times 10^{-6}\ \text{m}^2/\text{s} \times 120\ \text{s}/\pi)^{1/2}$$

또는 다음과 같다.

$$T(0,\ 120\ \text{s}) = 120.0°\text{C} \quad \triangleleft$$

내부점 $x = 0.15$ m에서는 다음과 같다.

$$\begin{aligned} T(0.15\ \text{m},\ 120\ \text{s}) - 20°\text{C} = &\ \frac{2 \times 3 \times 10^5\ \text{W/m}^2}{401\ \text{W/m} \cdot \text{K}} \\ &\times (117 \times 10^{-6}\ \text{m}^2/\text{s} \times 120\ \text{s}/\pi)^{1/2} \\ &\times \exp\left[-\frac{(0.15\ \text{m})^2}{4 \times 117 \times 10^{-6}\ \text{m}^2/\text{s} \times 120\ \text{s}}\right] \\ &- \frac{3 \times 10^5\ \text{W/m}^2 \times 0.15\ \text{m}}{401\ \text{W/m} \cdot \text{K}} \\ &\times \left[1 - \text{erf}\left(\frac{0.15\ \text{m}}{2\sqrt{117 \times 10^{-6}\ \text{m}^2/\text{s} \times 120\ \text{s}}}\right)\right] \end{aligned}$$

$$T(0.15\ \text{m},\ 120\ \text{s}) = 45.4°\text{C} \quad \triangleleft$$

부가설명:

1. 앞에서 수행하였던 계산의 정확도는 큰 시간간격(Δt = 24 s, 12 s)과 함께 거친 격자(Δx = 75 mm)의 사용으로 역효과가 나타나고 있다. Δx = 18.75 mm와 Δt = 6 s (Fo = 2.0)를 가지고 구한 암시적 해법의 결과들은 아래 표에서 이전 결과들과 비교되며 엄밀해와 잘 일치하는 것을 볼 수 있다.

방법	$T_0 = T(0, 120\ \text{s})$	$T_2 = T(0.15\ \text{m}, 120\ \text{s})$
현시적 해($Fo = \frac{1}{2}$)	125.2	48.1
현시적 해($Fo = \frac{1}{4}$)	118.8	44.4
암시적 해($Fo = \frac{1}{2}$)	114.7	44.2
암시적 해($Fo = 2$)	119.2	45.3
완전해	120.0	45.4

2. t = 60 s와 120 s일 때 구리 슬랩 내의 온도 분포는 아래와 같이 도시된다.

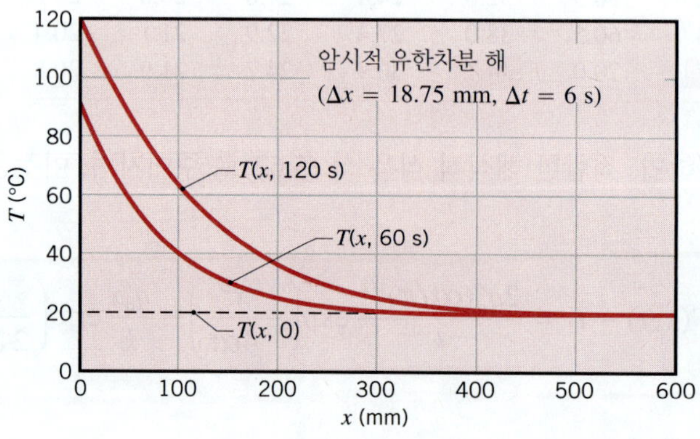

t = 120 s에서, 만약 슬랩의 두께가 약 500 mm 이상이라면 반무한 매체의 가정은 유효함을 주목할 필요가 있다.

3. 좀 더 일반적인 복사 가열 조건은 높은 온도 T_{sur}에 있는 큰 주위에 표면이 갑자기 노출되는 경우라고 할 수 있다(연습문제 5.103). 이때 표면으로 전달되는 정미 복사 열전달률은 식 (1.7)로부터 계산될 수 있다. 표면에서의 대류열전달을 고려한다면, 표면절점에 에너지보존법칙을 적용하여 다음과 같은 형식의 유한차분 방정식을 얻는다.

$$\varepsilon\sigma[T_{sur}^4 - (T_0^p)^4] + h(T_\infty - T_0^p) + k\frac{T_1^p - T_0^p}{\Delta x} = \rho\frac{\Delta x}{2}c\frac{T_0^{p+1} - T_0^p}{\Delta t}$$

이 식은 **비선형**(nonlinear)이기 때문에 이러한 유한차분 방정식을 사용하여 수치해를 얻는 것은 복잡하다. 그러나 식 (1.9)로 정의된 복사열전달계수 h_r을 도입하면 유한차분 방정식을 다음과 같이 선형화할 수 있다.

$$h_r^p(T_{sur} - T_0^p) + h(T_\infty - T_0^p) + k\frac{T_1^p - T_0^p}{\Delta x} = \rho\frac{\Delta x}{2}c\frac{T_0^{p+1} - T_0^p}{\Delta t}$$

복사 Biot 수($Bi_r \equiv h_r\,\Delta x/k$)의 영향이 안정성 기준에 포함되어야 하고, 계산의 각 단계마다의 값을 새롭게 갱신해야 하지만, 일반적인 방법으로 이 풀이 과정을 진행시킬 수 있다. 만일 암시적 방법을 사용한다면, h_r은 $p + 1$에서 계산되며, 이 경우에 각 시간 단계마다 반복계산이 수행되어야 한다.

4. 이 문제는 *IHT*의 *Advanced*섹션에서 *Tools, Finite-Difference Equations, One-Dimensional, Transient*를 사용하여 풀 수 있다. *IHT*의 Der(T,t) 함수는 식 5.75의 온도–시간 도함수를 표현하기 위해 사용될 수 있다. 문제 5.93을 참고하라.

5.11 요약

과도 열전도 문제는 수많은 공학 응용에서 볼 수 있으며, 여러 다른 방법들을 사용하여 다룰 수 있다. 과도 문제에 접했을 때 단순화하는 과정에 대해서 언급할 것들이 많지만, 첫 번째로 해야 할 일은 Biot 수를 계산하는 것이다. 만일 Biot 수가 1보다 훨씬 작다면, 집중용량법을 사용함으로써 최소의 계산 요구량으로 정확한 결과를 얻을 수 있다. 그러나 Biot 수가 1보다 별로 작지 않다면, 공간적인 효과를 고려해야 하므로 다른 방법을 사용해야 한다. 평면벽, 무한 원통 그리고 반무한 고체에 대해서는 간편한 선도와 방정식 형태로 해석적 결과들을 이용할 수 있다. 독자들은 결과들을 언제 그리고 어떻게 사용할 수 있는가를 알고 있어야 한다. 만일 형상이 복잡하거나 또는 경계 조건들의 형식에 의해 이들을 사용할 수 없다면, 유한차분법과 같은 근사적인 수치기법에 의존할 수밖에 없다.

아래의 질문들을 통해 주요한 개념들을 얼마나 잘 이해하고 있는지 시험해 볼 수 있다.

- **집중용량법**은 어떤 조건하에서 열적 환경의 변화에 따른 고체의 과도 응답을 예측하는 데 사용될 수 있는가?
- **Biot 수**의 물리적 의미는 무엇인가?
- 뜨거운 고체가 공기 중에서와 물 속에서 강제대류에 의해 냉각이 될 때를 비교하면, 어느 경우가 집중용량법에 의한 해석을 적용하는 데 더 적합한가? 또한 공기 중에서라면 강제대류인 경우와 자연대류인 경우 중 어느 쪽에서 더 적합한가?

- 구리와 알루미늄으로 만들어진 뜨거운 고체가 냉각되는 경우, 어느 경우가 집중용량법에 의한 해석을 적용하는 데 더 적합한가? 질화실리콘(silicon nitride)과 유리의 경우는 어떠한가?
- 집중용량 고체의 과도 열응답과 관련한 **시간상수**를 결정하는 매개변수들은 무엇인가? 대류계수를 증가시키면 이 응답은 가속되는가 아니면 지연되는가? 고체의 밀도 또는 비열이 증가하면 응답은 어떻게 되는가?
- 평면벽, 긴 원통, 또는 구의 1차원 과도 열전도에서 열적 조건들을 단순하게 나타내기 위해서 어떤 무차원 매개변수들이 사용될 수 있는가? 이 매개변수들은 어떻게 정의되는가?
- 어떠한 기하형태에 대해서도 이른 시간 동안에는 반무한 고체에 대한 해를 적용할 수 있는 이유는 무엇인가?
- **Fourier 수**의 물리적 의미는 무엇인가?
- 표면 조건의 변화에 의해 1차원 전도를 겪는 평면벽, 긴 원통, 또는 구의 과도 열응답을 계산하기 위해 **1항 근사**를 사용하기 위해서는 어떤 조건들이 충족되어야 하는가? 과도 응답의 어떤 단계에서 이 요구조건이 충족되지 않는가?
- 서로 반대편의 표면에 동일한 대류 조건을 갖는 평면벽의 과도적 가열 또는 냉각과정이, 한쪽 벽은 대류에 의해 가열 또는 냉각되지만 다른 쪽은 잘 단열된 평면벽의 경우와 공통적인 점은 무엇인가?
- 어떻게 하면 1항 근사를 사용하여 표면온도가 갑자기 변하는 평면벽, 긴 원통, 또는 구의 과도 열응답을 계산할 수 있는가?
- 1차원 과도 열전도에서 **반무한** 고체를 이상화한다는 의미는 무엇인가? 어떤 조건에서 평면벽을 이상화할 수 있는가?
- 과도 전도 문제에 대한 **현시적** 유한차분 해와 **암시적** 해의 차이는 무엇으로 구별하는가?
- 암시적 유한차분법을 **무조건적으로 안정적**이라고 특징지어 말하는 것은 무엇을 뜻하는가? 현시적 방법에서 안정된 해를 보장하려면 어떤 제한조건을 적용해야 하는가?

참고문헌 *References*

1. Bergman, T. L., *J. Heat Transfer,* **130**, 094503, 2008.
2. Peleg, M., *Food Res. Int.,* **33**, 531–538, 2000.
3. Carslaw, H. S., and J. C. Jaeger, *Conduction of Heat in Solids,* 2nd ed., Oxford University Press, London, 1986.
4. Schneider, P. J., *Conduction Heat Transfer,* Addison-Wesley, Reading, MA, 1957.
5. Kakac, S., and Y. Yener, *Heat Conduction,* Taylor & Francis, Washington, DC, 1993.
6. Poulikakos, D., *Conduction Heat Transfer,* Prentice-Hall, Englewood Cliffs, NJ, 1994.
7. Yovanovich, M. M., "Conduction and Thermal Contact Resistances (Conductances)," in W. M. Rohsenow, J. P. Hartnett, and Y. I. Cho, Eds., *Handbook of Heat Transfer*, McGraw-Hill, New York, 1998, pp. 3.1–3.73.
8. Lavine, A. S., and T. L. Bergman, *J. Heat Transfer,* **130**, 101302, 2008.
9. Hirsch, L. R., R. J. Stafford, J. A. Bankson, S. R. Sershen, B. Rivera, R. E. Price, J. D. Hazle, N. J. Halas, and J. L. West, *Proc. Nat. Acad. Sciences of the U.S.*, **100**, 13549–13554, 2003.
10. Cahill, D. G., *Rev. Sci. Instrum.*, **61**, 802–808, 1990.

연습문제 Problems

정성적인 고찰

5.1 평판에 부착되어 있으며 뒷면에는 단열재가 붙어 있는 얇은 전기가열기를 생각해 보자. 초기에 가열기와 평판의 온도는 주위의 온도 T_∞와 동일하다. 갑자기 가열기를 작동시켜 평판의 안쪽 표면에서 일정한 열유속 q''_o(W/m^2)을 발생시킨다.

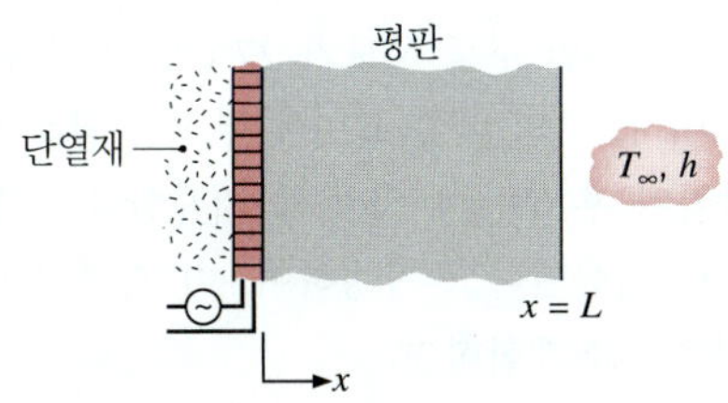

(a) 초기상태, 정상상태 그리고 두 곳이 중간 시간에서익 온도분포를 $T - x$좌표계에 스케치하고 각 경우를 구분할 수 있는 표시를 하라.

(b) 바깥 표면에서의 열유속 $q''_x(L, t)$를 시간의 함수로 스케치하라.

5.2 평면벽의 안쪽 표면은 단열되어 있는 한편, 바깥 표면은 T_∞는 공기유동에 노출되어 있다. 벽은 공기유동과 같은 온도로 균일하다. 갑자기 복사열원이 연결되어 바깥 표면에 균일한 열유속 q''_o이 가해진다.

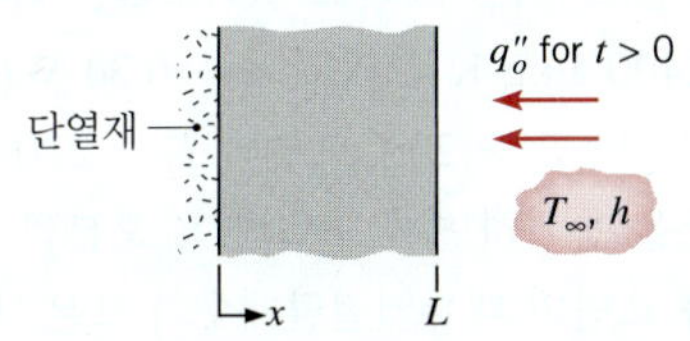

(a) 초기상태, 정상상태 그리고 두 중간 시간에서의 온도분포를 $T - x$좌표계에 스케치하고 각 경우를 구분할 수 있는 표시를 하라.

(b) 바깥 표면에서의 열유속 $q''_x(L, t)$를 시간의 함수로 스케치하라.

5.3 마이크로웨이브 오븐(microwave oven)의 작동원리는 고주파장(high-frequency field)을 적용시켜 식품 내에서 전기적으로 극성을 가진 분자들이 진동을 일으키도록 하는 것이다. 그 정미 효과는 식품 내에서 거의 **균일한 열에너지의 발생**이다. 마이크로웨이브 오븐 안에서 두께가 $2L$인 소고기의 조각을 조리하는 과정을 고려하고 이를 재래식 오븐에서 조리하는 것과 비교하라. 후자의 경우는 조각의 **양면이 복사에 의해 가열된다**. 각각의 경우에 고기를 0°C로부터 **최소한** 90°C까지 가열해야 한다. 각각의 조리 과정 중 선택된 시각에서의 온도분포 스케치를 바탕으로 이들의 경우를 비교하라. 특히 가열되기 시작하는 시각 t_0, 가열하는 과정 동안의 시간 t_1, 가열의 마지막에 해당하는 시간 t_2 그리고 그 후의 냉각 과정 중 충분히 진행된 시간 t_3에 대하여 고려하라.

5.4 두께 b이고 외부 반지름 r_o인 얇은 스테인리스강 디스크가 높은 균일 초기온도 T_i까지 가열된다. 그리고 디스크는 냉각을 위해 작은 스탠드에 놓여진다. 공기와 주변온도는 각각 T_∞와 T_{sur}이다. 디스크 위와 아래의 대류열전달계수는 h_t와 h_b이고 평판의 방사율은 ε이다. 디스크의 과도 열 반응 $T(r, t)$를 결정할 수 있는 미분방정식을 유도하라. 적절한 초기 경계조건을 나열하라.

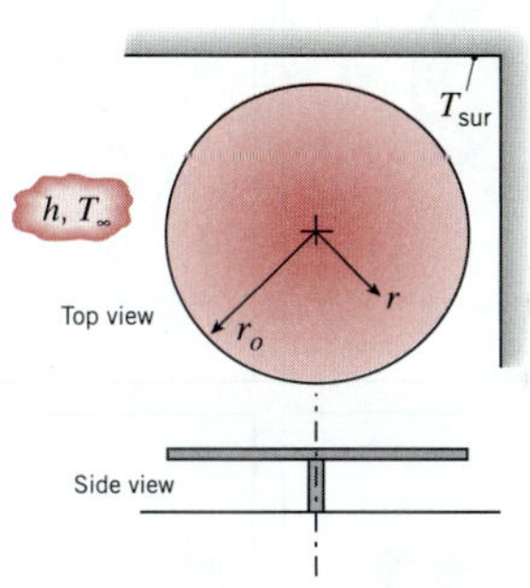

집중용량법

5.5 다음 각 경우들에 대해 고체물체의 과도 열응답과 관련한 근사적 특성길이 L_c와 Biot 수 Bi를 구하라. 집중용량 근사가 타당한지를 논하라. 온도에 대한 정보가 제공되지 않은 경우에 대해서는 T = 300 K에서 물성치를 산정하라.

(a) 직경 D = 65 mm이고 단면적 A_c = 7 mm^{2}이며 열전도율이 k = 2.3 W/m·K인 원환(원형 고리꼴)체가 있다. 원환체의 표면은 대류계수가 h = 50 W/m^2·K에 해당하는 냉각세에 노출되어 있다.

(b) 직사각 단면을 가지며 길고 뜨거운 AISI 302스테인리스강 막대의 사양이 w = 5 mm, W = 7 mm 그리고 L = 150 mm이다. 이 막대는 모든 표면에서 대류열전달계수가 h = 10 W/m^2·K인 냉각제와 접하고 있다.

(c) 내부 및 외부 사양이 각각 w = 25 mm, W = 30 mm이며 긴 알루미늄(2024합금) 압출관을 갑자기 물속에 담가서 4개의 외부 표면에서 대류계수가 h = 40 W/m^2·K이 되었다. 이 관은 양 끝이 막혀서 관 내부에 공기가 갇혀 있다.

(d) 직경 D = 13 mm이고 질량 M = 0.328 kg이며 길이 L = 300 mm인 고체 스테인리스강 막대가 대류계수 h = 30 W/m^2·K에 노출되어 있다.

(e) 직경 D = 12 mm이고 열전도율 k = 120 W/m·K인 고체 구가 내벽의 온도가 T_{sur} = 20°C인 커다란 진공 오븐 안에 매달려 있다. 구의 초기 온도는 T_i = 100°C이고 이

의 방사율은 $\varepsilon = 0.73$이다.

(f) 직경 $D = 20$ mm, 밀도 $\rho = 2300$ kg/m^3, 비열 $c_p = 1750$ J/kg·K 그리고 열전도율 $k = 16$ W/m·K인 긴 원통형 막대가 갑자기 $T_\infty = 20$°C로 대류에 노출되었다. 이 막대는 초기에 온도 $T_i = 200$°C로 균일하였고 시간 $t = 225$ s에 공간 평균온도 $T = 100$°C에 도달하였다.

(g) 위의 (f)를 막대의 직경이 $D = 200$ mm인 경우에 대해 반복하라.

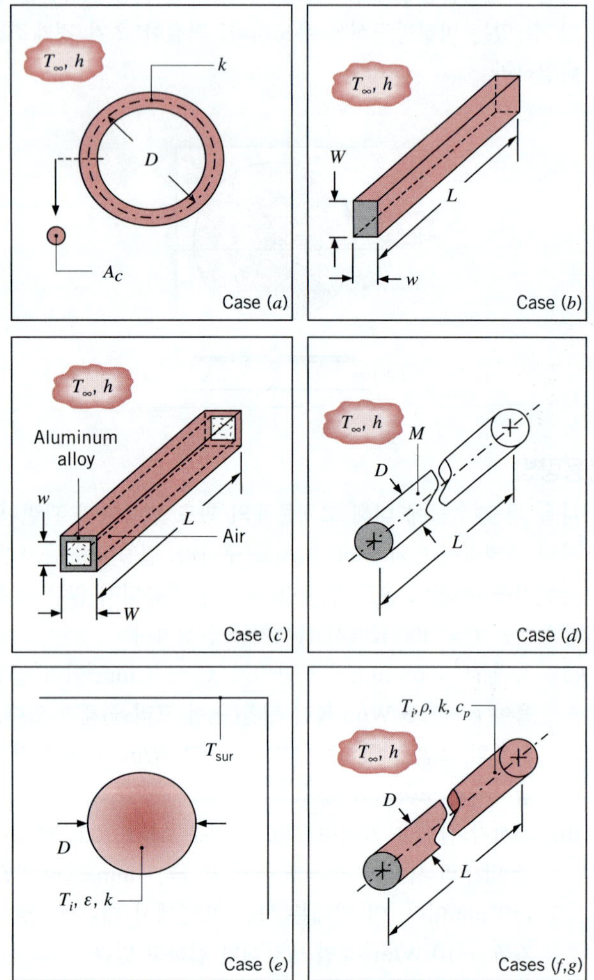

5.6 지름이 12 mm인 강구(steel ball)들을 1150 K까지 가열한 후 $T_\infty = 325$ K, $h = 20$ W/m^2·K인 공기 중에서 400 K까지 서서히 냉각하여 어닐링(annealing)한다. 강철의 물성치들이 $k = 40$ W/m·K, $\rho = 7800$ kg/m^3, $c = 600$ J/kg·K라 가정할 때, 냉각 과정에 필요한 시간을 구하라.

5.7 연습문제 5.6의 강구에서 이번에는 공기온도가 시간 t에 따라 $T_\infty(t) = 325$ K $+ at$로 상승하는 경우를 고려한다. 여기서 a는 0.1875 K/s이다.

(a) 시간 $0 \le t \le 1$ h에 대해 구의 온도를 스케치하라. 또한 그래프에 주위온도 T_∞를 표시하라. 구의 온도거동에서 특별한 사항을 설명하라.

(b) 구의 온도를 시간의 함수로 나타내는 식 $T(t)$를 구하고 $0 \le t \le 1$ h에 대해 구의 온도를 도시하라. 위의 스케치가 정확했는지 살펴보라.

5.8 구를 지나 흐르는 공기에 대한 열전달계수는 순수 구리로 만들어진 구의 온도–시간 이력을 관찰함으로써 결정할 수 있다. 지름이 12.7 mm인 구를 온도가 27°C인 공기 유동에 넣기 전에는 66°C이다. 구의 바깥 표면에 부착된 열전대는 구가 공기 유동에 삽입된 후 69 s에 55°C를 지시한다. 구를 공간적으로 등온 물체로 거동한다고 가정하여, 이 가정의 타당성을 보이고, 열전달계수를 계산하라.

5.9 지름이 300 mm인 고체 강구(AISI 1010)가 두께가 2 mm이고, 열전도율이 0.04 W/m·K인 유전체(dielectric) 재료층으로 피복되어 있다. 피복된 구는 초기에 500°C의 균일한 온도로 두었다가, $T_\infty = 100$°C, $h = 3300$ W/m^2·K인 큰 유조(oil bath)속에서 담금질한다. 피복된 구의 온도가 140°C에 도달하는 데 필요한 시간을 구하라. 힌트: 유전체 재료의 열용량(ρcV)이 강구의 열용량에 비하여 작으므로, 유전체 재료에서의 에너지 저장 효과는 무시하라.

5.10 플레이크 시리얼(flaked cereal)의 두께는 $2L = 1.4$ mm이다. 플레이크의 밀도, 비열 그리고 열전도율은 각각 $\rho = 700$ kg/m^3, $c_p = 2400$ J/kg·K 그리고 $k = 0.34$ W/m·K이다. 이 생산품은 초기온도 $T_i = 20$°C로부터 $T_f = 220$°C까지 컨베이어로 대류오븐을 통과하면서 구워진다. 오븐의 길이 $L_o = 3$ m이고 생산품 표면의 대류열전달계수와 오븐 내 공기온도가 각각 $h = 55$ W/m^2·K와 $T_\infty = 300$°C일 경우, 필요한 컨베이어의 속도 V를 계산하라. 한 엔지니어가 제안하기를 만일 플레이크의 두께가 $2L = 1.0$ mm로 감소한다면 컨베이어의 속도를 증가시켜서 생산성을 높일 수 있다고 한다. 더 얇아진 플레이크에 필요한 컨베이어의 속도를 계산하라.

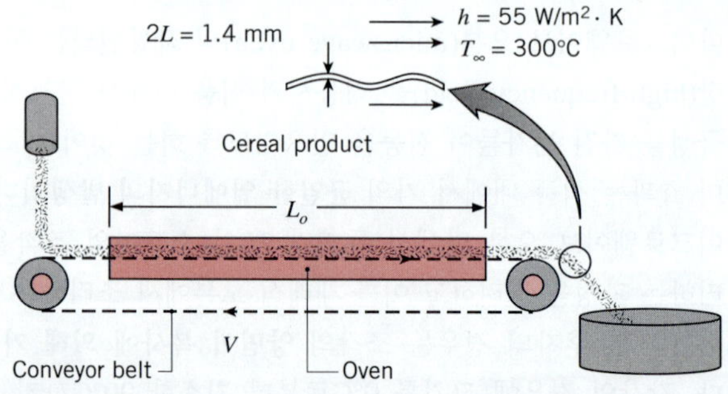

5.11 다리미의 밑판은 두께 $L = 7$ mm이며 알루미늄 합금($\rho = 2800$ kg/m^3, $c = 900$ J/kg·K, $k = 180$ W/m·K, $\varepsilon = 0.80$)으로 만들어져 있다. 판의 안쪽에는 전기저항식 히터가 부

착되어 있으며, 바깥쪽은 $T_\infty = T_{sur} = 25°C$인 주변 공기와 큰 주위에 노출되어 있다. 안쪽과 바깥쪽 면적은 모두 $A_s = 0.040\ m^2$이다.

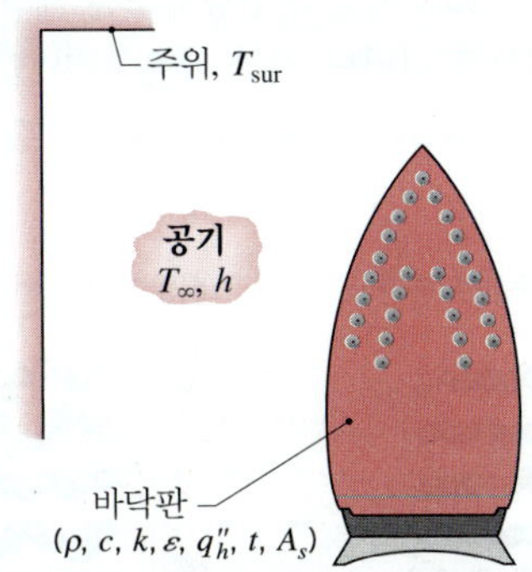

만일 근사적으로 균일한 열유속 $q''_h = 1.5 \times 10^4\ W/m^2$가 밑판의 안쪽 표면에 가해지고 바깥 표면의 대류계수가 $h = 10\ W/m^2 \cdot K$일 경우, 이 판이 135°C의 온도에 도달하는 데 필요한 시간을 산정하라. 힌트: 이 문제를 풀기 위해서는 수치적분을 사용하는 것을 권한다.

5.12 반도체 장치들을 제작하기 위한 도구가 척(chuck)(두꺼운 금속제의 원형 판)으로 구성되어 있는데, 그 위에 로봇 팔에 의해 매우 얇은 실리콘웨이퍼($\rho = 2700\ kg/m^3$, $c = 875\ J/kg \cdot K$, $k = 177\ W/m \cdot K$)가 놓여진다. 일단 위치가 정해지면 척에서의 전기장이 활성화되고 웨이퍼를 척에 확실하게 고정시키는 정전기력이 발생한다. 매 사이클마다 척과 웨이퍼 사이의 신뢰성 있는 열접촉저항을 보장하기 위하여, 가압된 헬륨 가스가 척의 중앙에서 유입되어 울퉁불퉁한 계면영역 사이를 반지름 방향으로 바깥쪽으로 매우 느리게 유동한다.

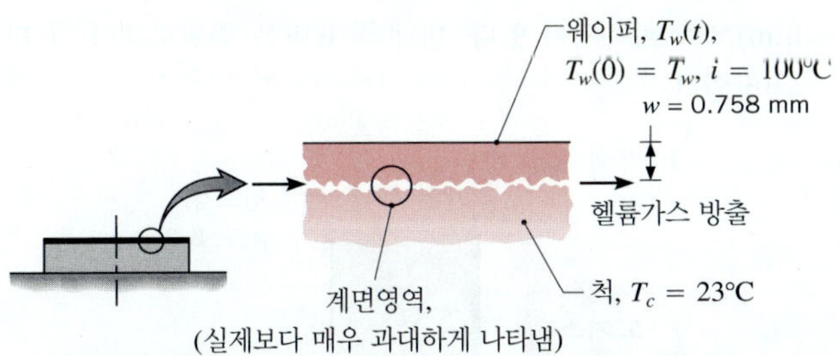

초기에 균일한 온도 $T_{w,i} = 100°C$인 웨이퍼를 갑자기 $T_c = 23°C$로 균일하고 일정한 온도에 있는 척 위에 놓고 실험을 수행하였다. 웨이퍼가 정상 위치에 놓인 다음 정전기력과 헬륨 가스 유동을 가했다. 15초 후에 웨이퍼의 온도는 33°C로 측정되었다. 웨이퍼와 척 사이의 열접촉저항 $R''_{t,c}(m^2 \cdot K/W)$은 얼마인가? 헬륨 대신에 공기를 퍼지 가스(purge gas)로 사용한다면 $R''_{t,c}$의 값은 증가하겠는가, 감소하겠는가, 아니면 그대로 유지될 것인가?

5.13 두께 $2L = 2$ mm인 구리박판의 초기 온도가 $T_i = 118°C$이다. 이를 물속에서 급격히 담금질하여 두 표면에서 비등이 발생하였다. 비등에서는 Newton의 냉각법칙이 $q'' = h(T_s - T_{sat})$로 표현되는데, 여기서 T_s는 고체 표면의 온도, T_{sat}은 유체의 포화온도이다(이 경우는 $T_{sat} = 100°C$). 대류열전달계수는 $h = 1010\ W/m^2 \cdot K^3 (T_s - T_{sat})^2$로 나타낼 수 있다. 박판의 온도가 $T = 102°C$에 도달하는 데 필요한 시간을 계산하라. 시간 $0 \le t \le 0.5$ s에 대해 구리의 온도와 시간의 그래프를 도시하라. 동일한 그래프에, 열전달계수가 구리의 평균온도 $\bar{T} = 100°C$에서 산정된 값으로 일정하다고 가정한 경우의 구리의 온도이력을 나타내라. 집중용량 거동을 가정하라.

5.14 탄소강(AISI 1010)으로 된 지름 80 mm의 축(shaft)들을 가스의 온도가 1200 K이고 열전달계수가 125 $W/m^2 \cdot K$인 가스 연소로(gas-fired furnace)내에서 가열한다. 만일 이 축들이 300 K에서 노에 들어갔다면 중심선의 온도가 800 K가 되기 위해 노 속에 있어야 하는 시간은 얼마인가?

5.15 직경이 $D = 50$ mm인 작은 구형 입자가 형광물질을 함유하는데, 이것은 백색광을 받으면 재료의 온도에 해당하는 파장을 방출한다. 따라서 입자의 색은 온도에 따라 변한다. 이 작은 입자들은 액체 물 속에서 **중간에 부유하므로** 연구자들은 난류유동에서 이들이 방출하는 색을 관찰하여 순간적인 국소 유체온도를 측정하는 데 이용하고자 한다. 만일 입자들의 밀도, 열전도율, 그리고 비열이 각각 $\rho = 999\ kg/m^3$, $k = 1.2\ W/m \cdot K$ 그리고 $c_p = 1200\ J/kg \cdot K$이라면 이 입자들의 시간상수는 얼마인가? 힌트: 입자들이 유체와 함께 이동하므로 입자와 유체 사이의 열전달은 전도에 의해 일어난다. 집중용량 거동을 가정하라.

5.16 휜이 달린 히트싱크(heat sink)위에 설치된 전력 트랜지스터와 같은 전자장치는 내부 열발생과 외부 대류저항을 가지고 있는, 공간적으로는 등온인 물체로 모델화할 수 있다.

(a) 질량이 M, 비열이 c, 표면적이 A_s인 이와 같은 시스템이 초기에 T_∞의 주위와 평형상태에 있다고 하자. 갑자기 전자장치에 전력이 가해져 일정한 열발생 $\dot{E}_g$(W)이 일어난다. 장치의 온도 응답이 다음과 같음을 보이라.

$$\frac{\theta}{\theta_i} = \exp\left(-\frac{t}{RC}\right)$$

여기서 $\theta \equiv T - T(\infty)$이고 $T(\infty)$는 $t \to \infty$에 해당하는 정상상태 온도, $\theta_i = T_i - T(\infty)$, T_i = 장치의 초기온도, R = 열저항 $1/\bar{h}A_s$, C = 열용량 Mc이다.

(b) 60 W를 발생시키는 전자장치가 무게가 0.31 kg인 알루미늄 히트싱크 위에 설치되었으며, 정상상태 조건하에서는 20°C의 주위 공기 속에서 100°C의 온도에 도달한다. 이 장치가 초기에 20°C이었다면 동력을 켠 후 5 min이

되었을 때 이 장치의 온도는 얼마에 도달하는가?

5.17 축열장치가 큰 직사각형 채널로 구성되어 있는데, 이 장치의 바깥 표면들은 잘 단열되어 있으며, 축열물질과 유동 통로가 교대로 이루는 층들을 감싸고 있다.

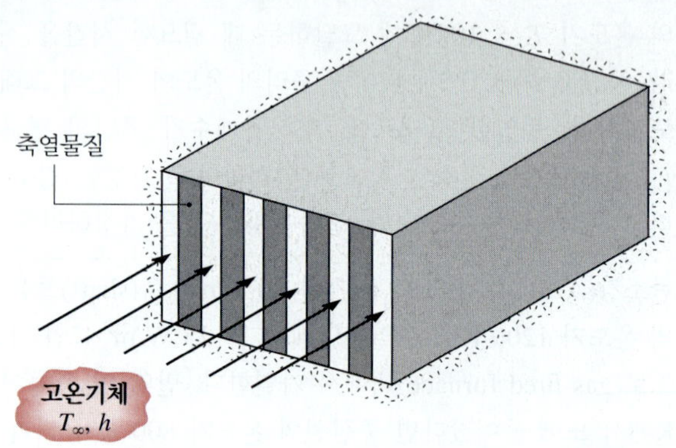

축열물질의 각 층은 폭이 $W = 0.05$ m인 알루미늄 슬랩이며, 초기온도는 25°C이다. 통로를 지나는 고온기체에 의해서 축열장치에 축열이 되는 조건들을 생각해 보자. 이때 고온기체의 온도와 대류계수가 각각 $T_\infty = 600$°C, $h = 100$ W/m^2·K로 채널 전체에 걸쳐 일정하다고 가정한다. 가능한 최대 에너지 저장량의 75%를 저장하는 데 걸리는 시간은 얼마나 되겠는가? 이때 알루미늄의 온도는 얼마인가?

5.18 약품을 생산하는 반응로로 사용되는 한 구형 용기의 벽이 5 mm 두께의 스테인리스강($k = 17$ W/m·K)으로 되어 있고, 그 내부 지름은 $D_i = 1.0$ m이다. 생산과정 중에 이 용기는 $\rho = 1100$ kg/m^{3}이며 $c = 2400$ J/kg·K인 반응물들로 채워지고, 발열반응으로 인해 체적 발생률이 $\dot{q} = 10^4$ W/m^{3}로 에너지를 방출한다. 근사적으로 반응물들은 잘 저어지고 용기의 열용량은 무시할 만하다고 가정한다.

(a) 용기의 외부 표면은 주변 공기($T_\infty = 25$°C)에 노출되어 있고 대류계수 $h = 6$ W/m^2·K을 가정할 수 있다. 만일 반응물의 초기 온도가 25°C라면, 공정시간 5시간 후에 반응물의 온도는 얼마인가? 이때 용기의 외부 표면온도는 얼마인가?

(b) 대류계수의 변화가 반응로 내의 과도 열적 상태에 미치는 효과는 어떠한지 검토하라.

5.19 **분자 전자공학**(molecular electronics)은 컴퓨팅과 자료 저장에 관련하여 새롭게 부상하는 분야로서 분자 스케일에서의 에너지 전달을 이용한다. 이 크기의 스케일에서는 열에너지가 오로지 분자연쇄(molecular chain)의 진동에만 관계된다. 여기에서 제안되는 기구에서 에너지 전달에 대한 주요 저항은 금속과 분자 간 경계면에서의 접촉저항이다. 접촉저항을 측정하기 위해서 개별적인 분자들이 매우 얇은 금으로 된 기판 위에 일정한 패턴으로 **셀프-어셈블**(self-assemble)된다. 이 기판을 단펄스 레이저 조사에 의해 갑자기 가열하여, 동시에 열에너지를 분자들로 전달한다. 분자들은 매우 뜨거운 상태에서 급격하게 진동하고, 이들의 진동강도는 개략도에 점선으로 그려진 원형 선들로 나타난 것과 같은 분자 팁(tip)에 의해 발생하는 전기장의 무질서도(randomness)를 감지하여 측정할 수 있다.

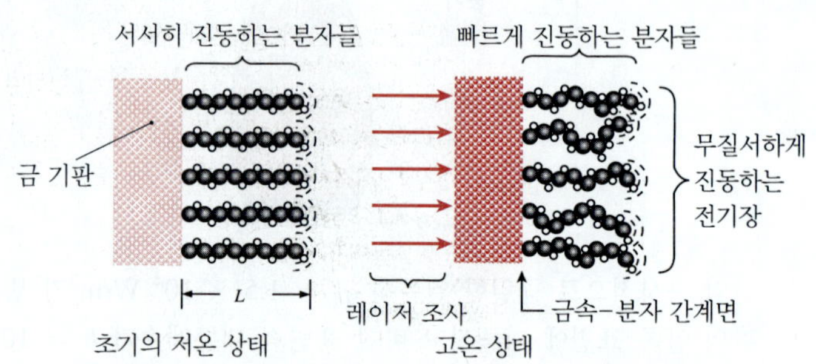

밀도 $\rho = 180$ kg/m^{3}와 비열 $c_p = 3000$ J/kg·K인 분자들이 초기에 늘어진 길이 $L = 2$ nm를 갖는다. 분자 진동의 강도는 초기의 값 I_i로부터 정상상태의 값인 $I_{ss} > I_i$까지 지수적인 반응에 관한 시간상수 $\tau_I = 5$ ps에 따라 지수적으로 증가한다. 분자 진동의 강도가 분자 스케일의 온도를 나타내고, 각 분자는 초기 길이 L과 단면적 A_c를 갖는 원통으로 볼 수 있다고 가정하여, 금속-분자 경계면에서 열적 접촉저항 $R''_{t,c}$을 구하라.

5.20 노의 평면벽이 보통 탄소강(plain carbon steel: $k = 60$ W/m·K, $\rho = 7850$ kg/m^3, $c = 430$ J/kg·K)으로 제작되어 있으며 그 두께는 $L = 10$ mm이다. 이를 노 연소가스에 의한 부식으로부터 보호하기 위해, 벽의 한쪽 표면이 단위 표면적당 $R''_{t,f} = 0.01$ m^2·K/W의 열저항을 갖는 얇은 세라믹 막(ceramic film)으로 피복되어 있다. 반대쪽 표면은 주위로부터 잘 단열되어 있다.

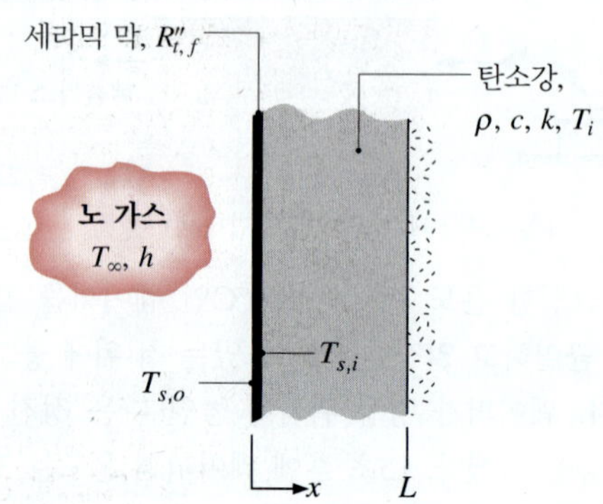

노가 작동을 시작할 때 벽의 초기 온도는 $T_i = 300$ K이고, $T_\infty = 1300$ K인 연소가스가 노에 들어가서 세라믹 막에 $h = 25$ W/m^2·K의 대류열전달계수를 제공한다. 막의 열용량은 무시할 만하다고 가정하면, 강철의 내부 표면이 $T_{s,i} = 1200$ K에 이르는 데 필요한 시간은 얼마인가? 이 시각에서 세라믹 막

노출 표면의 온도 $T_{s,o}$는 얼마인가?

5.21 플라스마 분무코팅(plasma spray-coating) 공정은 보통 마모, 부식, 또는 돌발적인 열적 고장과 같은 인자들에 의한 기능 열화를 유발하는 혹심한 환경에 재료들이 노출되는 경우에 표면을 보호하기 위해 사용된다. 보통은 이러한 목적으로 **세라믹** 코팅(ceramic coating)을 사용한다. 세라믹 분말을 플라스마 토치(plasma torch)의 노즐(양극)을 통해 분사함으로써 입자들을 플라스마 제트(jet)에 혼입시켜, 입자들이 그 속에서 가속되고 가열되도록 한다.

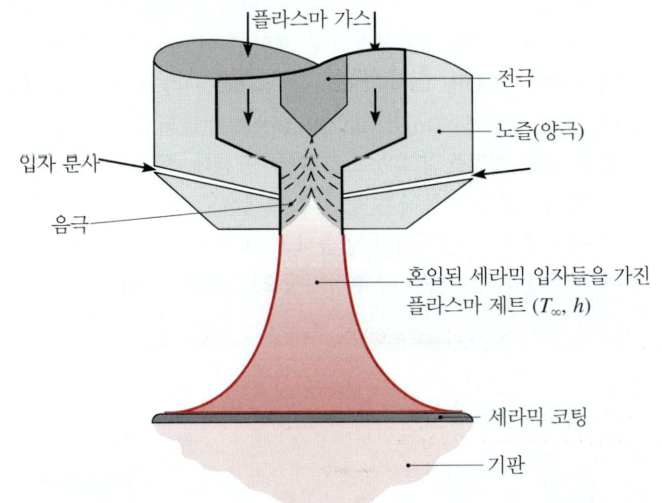

세라믹 입자들은 분무 **비행시간**(time-in-flight) 동안 융해점까지 가열되어 완전한 액체 상태로 변환되어야 한다. 기판(substrate)위에 용융된 액적 **충돌**(splat)로 코팅이 형성되며 신속히 응고된다. 온도 $T_\infty = 10,000$ K이며 입자들의 대류 가열에 대해 $h = 30,000$ W/m^2·K의 계수를 갖는 아크 플라스마(arc plasma)속으로 지름 $D_p = 50$ μm, 밀도 $\rho_p = 3970$ kg/m^3, 열전도율 $k_p = 10.5$ W/m·K 그리고 비열 $c_p = 1560$ J/kg·K의 구형 알루미나(alumina, Al_2O_3)입자들이 분사되는 상황을 고려한다. 알루미나의 융점과 융해잠열은 각각 $T_{mp} = 2318$ K 그리고 $h_{sf} = 3577$ kJ/kg이다.

(a) 복사를 무시하여 입자를 초기온도 T_i로부터 그 융점 T_{mp}까지 그리고 일단 융점에 도달하면, 입자가 완전히 융해하도록 가열하는 데 필요한 비행시간 t_{i-f}에 대한 식을 구하라. $T_i = 300$ K와 주어진 가열조건에 대한 t_{i-f}를 구하라.

(b) 알루미나가 $\varepsilon_p = 0.4$의 방사율을 가지며, 그 입자들이 $T_{sur} = 300$ K인 큰 주위와 복사 교환한다고 가정하여, 복사를 무시하는 경우의 타당성을 평가하라.

5.22 모서리의 길이 $L = 5$ mm이고, 두께 $t = 1$ mm인 칩이 세라믹 기판 위에 설치되어 있고, 그 노출된 표면이 $h = 150$ W/m^2·K이고 $T_\infty = 20$°C인 유전성(dielectric) 액체에 의해 대류냉각되고 있다.

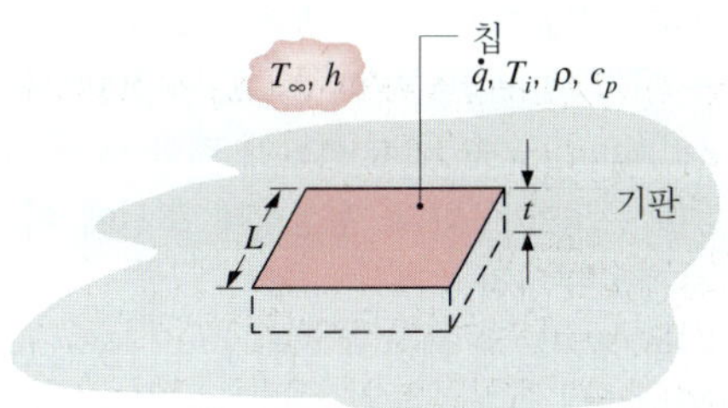

전원이 꺼진 상태에서 칩은 냉각제와 열적 평형($T_i = T_\infty$)상태에 있다. 그러나 칩이 작동하면, 새로운 정상상태에 도달할 때까지 그 온도가 증가한다. 해석을 목적으로, 작동 중인 칩은 단위체적당 $\dot{q} = 9 \times 10^6$ W/m^{3}의 균일한 방열을 하는 특성을 갖는다고 할 수 있다. 칩과 기판 사이의 접촉저항은 무한대이고 칩 내부의 전도저항은 무시할 수 있다고 가정하여, 정상상태 칩 온도 T_f를 구하라. 칩을 작동시킨 후에 이 온도에 1°C 이내로 도달하기 위해 얼마의 시간이 소요되는가? 이 칩의 밀도와 비열은 각각 $\rho = 2000$ kg/m^3, $c = 700$ J/kg·K이다.

5.23 우주왕복선에 탑재된 재료처리 실험에서 지름 10 mm의 피막된 니오븀(niobium)구를 900°C일 때 노에서 꺼내어 300°C까지 냉각한다. 이 온도범위에서 니오븀의 성질이 변하지만, 합리적 근사에 의해 일정한 값들을 가정하여 $\rho = 8600$ kg/m^3, $c = 290$ J/kg·K 그리고 $k = 63$ W/m·K로 할 수 있다.

(a) 만일 벽 온도가 25°C인 큰 진공 체임버 안에서 냉각을 수행할 경우, 피막을 잘 닦아 방사율이 $\varepsilon = 0.1$일 때 최종 온도에 도달하는 데 필요한 시간을 구하라. 만일 피막이 산화되어 $\varepsilon = 0.6$이면 시간은 얼마나 걸리는가?

(b) 냉각에 소요되는 시간을 줄이기 위해, 구를 $T_\infty = 25$°C이고 $h = 200$ W/m^2·K인 불활성기체 내에 잠기도록 하는 방법을 고려한다. 복사를 무시하면 냉각에 소요되는 시간은 얼마인가?

(c) 복사와 대류의 효과를 모두 고려하면 $h = 200$ W/m^2·K와 $\varepsilon = 0.6$인 경우에 소요되는 시간은 얼마인가? 독립적으로 변하는 h와 ε이 냉각시간에 미치는 영향을 조사하라.

5.24 지름 $D = 2$ mm의 긴 철사가 온도 $T_\infty = 25$°C의 유조 속에 잠겨 있다. 철사의 단위 길이당 전기저항은 $R'_e = 0.01$ Ω/m이다. 만일 $I = 100$ A의 전류가 철사를 통해 흐르고 대류열전달계수가 $h = 400$ W/m^2·K이면, 철사의 정상상태 온도는 얼마인가? 전류가 가해진 시간으로부터 철사의 온도가 정상상태 값과 1°C 오차 이내의 온도에 도달하려면 얼마의 시간이 걸리는가? 철사의 물성치들은 $\rho = 8000$ kg/m^3, $c = 500$ J/kg·K, $k = 20$ W/m·K이다.

5.25 과도 과정 동안 평판의 온도가 공간적으로 등온인 연습문제 5.1의 시스템을 고려하자.

(a) 시간의 함수로서 평판 온도 $T(t)$를 q''_o, T_∞, h, L 그리고 평판의 물성치 ρ와 c로 나타내는 식을 구하라.

(b) $T_\infty = 27°C$, $h = 50\ W/m^2 \cdot K$, $q''_o = 5000\ W/m^2$일 때, 두께 12 mm인 순수 구리 평판에 대한 열적 시간상수와 정상상태 온도를 구하라. 정상상태 조건에 이르는 데 필요한 시간을 구하라.

(c) 위(b)의 조건들에 대하여 또한 $h = 100$ 그리고 200 $W/m^2 \cdot K$에 대하여 $0 \le t \le 2500$ s에서 평판의 해당하는 온도이력을 계산하고 도시하라.

5.26 연습문제 5.3에서 언급했듯이 마이크로웨이브 오븐은 음식 내부의 물 분자들을 급속하게 정렬하고 역배열하여 내부에너지 발생을 유발하여, 그것으로 음식을 조리함으로써 작동한다. 그러나 음식물이 처음에 냉동된 상태일 때는 물 분자들이 마이크로웨이브에 반응하여 잘 진동하지 않으므로, 열발생률은 물이 액체인 경우보다 십분의 일에서 백분의 일 크기로 줄어들게 된다.(음식물에 흡수되지 않은 마이크로웨이브 동력은 마이크로웨이브 발생기로 반사되는데, 여기서 발생기에 손상이 가는 것을 방지하기 위해 열의 형태로 소산되어야 한다.)

(a) 초기 온도 $T_i = -20°C$인 냉동된 1 kg의 갈아 놓은 구형 소고기를 $T_\infty = 30°C$이며 $h = 15\ W/m^2 \cdot K$인 마이크로웨이브 오븐 속에 넣은 경우를 고려한다. 물이 모두 얼음의 상태에서 고기가 $T = 0°C$의 균일한 온도에 도달하는 데 얼마나 오래 걸리는지 계산하라. 고기의 물리적 성질은 얼음과 같다고 가정하고 오븐 동력($P = 1$ kW전체)의 3%가 음식물에 흡수된다고 가정한다.

(b) 모든 얼음이 물로 바뀐 뒤에, 만일 95%의 오븐 동력이 음식물에 흡수될 경우 고기의 온도를 $T_f = 80°C$까지 가열하는 데 걸리는 시간을 계산하라.

(c) 마이크로웨이브 오븐에서 음식을 해동할 때, 음식의 다른 부분들이 과도하게 익는 동안 음식의 일부는 아직도 언 상태에 있는 것을 볼 수 있다. 왜 이런 현상이 일어나는지 설명하라. 왜 대부분의 마이크로웨이브 오븐에서 매우 낮은 오븐 동력으로 해동 사이클을 구성하는지 설명하라.

5.27 온도가 T_i로 균일하고, 지름이 D인 금속 구를 갑자기 노에서 꺼내어 공기온도가 T_∞로 균일하고 주변 벽의 온도가 T_{sur}인 큰 방에 가느다란 철사로 매달았다.

(a) 복사에 의한 열전달을 무시하고, 구를 어떤 온도 T로 냉각시키는 데 요구되는 시간에 대한 식을 구하라.

(b) 대류에 의한 열전달을 무시하여 구를 온도 T로 냉각시키는 데 요구되는 시간에 대한 식을 구하라.

(c) 만일 대류열전달과 복사 열전달의 크기가 비슷하다면, 구의 온도가 T로 냉각되는 데 요구되는 시간을 어떻게 구할 것인가?

(d) 지름이 50 mm이고, 초기 온도가 $T_i = 800$ K인 산화피막 처리된(anodized) 알루미늄 구($\varepsilon = 0.75$)를 고려하자. 공기와 주변 모두의 온도와 대류계수는 각각 300 K, 10 $W/m^2 \cdot K$이다. 위 (a), (b), (c)의 조건들에 대하여 구가 400 K로 냉각되는 데 요구되는 시간을 계산하라. 이에 대한 온도이력을 도시하라. 잘 연마된 알루미늄 구($\varepsilon = 0.1$)에 대하여 이 계산을 반복하라.

5.28 영구 우주정거장의 규모가 커지는 것에 따라 소산하는 전기 동력의 양이 증가한다. 정거장 선실의 온도가 정해진 한계를 초과하는 것을 막기 위하여 소산된 열을 우주공간으로 전달하는 것이 필요하다. 이 목적으로 제안된 한 새로운 방열장치로 액적방열기(LDR: Liquid droplet radiator)라고 하는 것이 있다. 열이 고진공유(high vacuum oil)로 전달되고 나면, 고진공유를 작은 액적들의 유동으로 외부 공간에 주사한다. 이 유동은 거리 L만큼 이동하는 동안에 절대온도 0도인 외부 공간으로 복사에 의해 에너지를 방출하고 그 자신은 냉각된다. 그 후에 액적들을 수집하여 우주정거장으로 복귀시킨다.

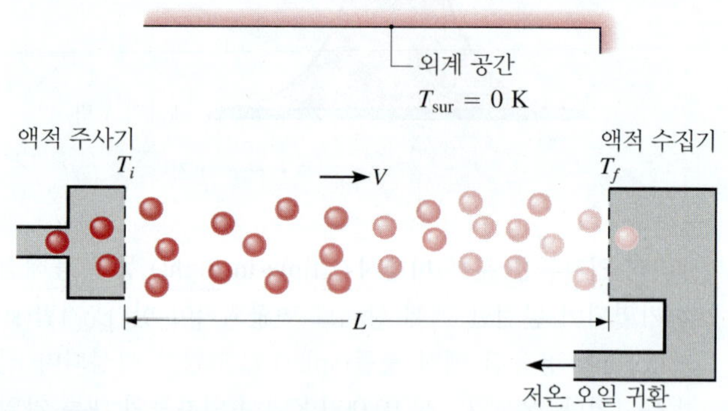

방사율 $\varepsilon = 0.95$이고 지름이 $D = 0.5$ mm인 액적이 $T_i = 450$ K의 온도와 $V = 0.1$ m/s의 속도로 주사되는 조건을 고려한다. 오일의 물성치들은 $\rho = 885\ kg/m^3$, $c = 1900\ J/kg \cdot K$, $k = 0.145\ W/m \cdot K$이다. 각각의 액적이 $T_{sur} = 4$ K인 깊은 우주공간으로 복사한다고 가정하여 액적이 최종온도 $T_f = 300$ K로 수집기에 충돌하는 데 요구되는 거리 L을 구하라. 각각의 액적으로부터 제거되는 열에너지의 양은 얼마인가?

5.29 마모와 파괴에 매우 잘 견디는 특성을 갖는 박막 코팅(thin film coating)은 플라스마 분사 공정에서 초소형 복합재 입자들을 사용하여 형성할 수 있다. 구형의 입자들은 대표적으로 텅스텐 카바이드(WC)같은 **세라믹 코어**(ceramic core)와 코발트(Co)같은 **금속성 셸**(metallic shell)로 구성된다. 세라믹은 고온에서 원하는 경도(hardness)로 박막 코팅을 가능하게 하며, 금속은 피막된 표면 위의 입자들을 결집시키는 역할을 하여 균열이 형성되는 것을 방지한다. 플라스마 분사 공정에서, 입자들이 플라스마 기체 제트 안으로 주입되면 금속성 케이싱

의 용융점 이상의 온도까지 가열되어 입자들이 표면에 충돌하기 전에 케이싱이 녹는다.

지름 $D_i = 16\ \mu$m의 WC코어와 바깥지름 $D_o = 20\ \mu$m의 Co셀로 구성된 구형 입자를 고려한다. 만일 이 입자들이 $T_\infty = 10{,}000$ K 온도의 플라스마 가스 안에서 유동하고, 가스로부터 입자로의 대류계수가 $h = 20{,}000$ W/m^2·K이면, 이 입자들을 초기 온도 $T_i = 300$ K에서 코발트의 용융온도 $T_{mp} = 1770$ K까지 가열하는 데 걸리는 시간은 얼마인가? WC(입자의 코어)의 밀도와 비열은 $\rho_c = 16{,}000$ kg/m^{3}와 $c_c = 300$ J/kg·K이며 코발트(Co, 외부 셀)에 대해서는 $\rho_s = 8900$ kg/m3와 $c_s = 750$ J/kg·K이다. 일단 용융온도에 도달하면, 코발트의 융해잠열을 $h_{sf} = 2.59 \times 10^5$ J/kg이라고 할 때, 코발트를 전부 녹이는 데 필요한 시간은 얼마나 되는가? 집중용량법에 의한 해석을 이용하고 입자와 주위와의 복사교환은 무시해도 좋다.

5.30 제조 과정에서 직경 $D = 300\ \mu$m이고 초기온도 $T_i = 1100$ K인 구형 세라믹 입자가 $T_\infty = 1200$ K, $h = 500$ W/m^2·K인 고온의 기체를 포함하는 체임버에 주입된다. 입자의 밀도 $\rho = 2500$ kg/m^3, 비열 $c = 750$ J/kg·K, 열전도율 $k = 1.4$ W/m·K, 방사율 $\varepsilon = 0.94$이다. 주위 온도는 체임버 벽의 외부 가열과 냉각에 의해 조절된다. $T_{sur} = 750$ K, 850 K, 950 K일 때 $t = 0.1$에서 입자 온도를 구하라. 세 가지 주위온도들에 대해 시간 $0 \leq t \leq 0.5$ s에서 입자 온도를 도시하라.

5.31 길고 광택이 잘 나는 직경 $D = 35$ mm의 알루미늄 막대가 큰 방에 수평으로 걸려 있다. 초기의 막대 온도는 $T_i = 90$°C이고 방의 공기 온도는 $T_\infty = 20$°C이다. 시간 $t_1 = 1250$ s에서 막대의 온도는 $T_1 = 65$°C, 시간 $t_2 = 6700$ s에서 막대의 온도는 $T_2 = 30$°C이다. 식 (5.26)에 나타난 상수 C와 n의 값을 구하라. $0 \leq t \leq 10{,}000$ s에서 막대온도–시간의 그래프를 도시하라. 같은 그래프에 막대의 온도 $\bar{T} = (T_i + T_\infty)/2$에서 산정한 대류열전달계수의 상숫값에 대해 막대온도–시간 그래프를 그려라. 모든 경우에 물성치들은 $\bar{T} = (T_i + T_\infty)/2$에서 산정하라.

5.32 이 문제의 목적은 아래에 보이는 전기 변압기의 정상상태 온도와 과도상태의 온도이력을 계산할 수 있는 열적 모델을 전개하는 것이다.

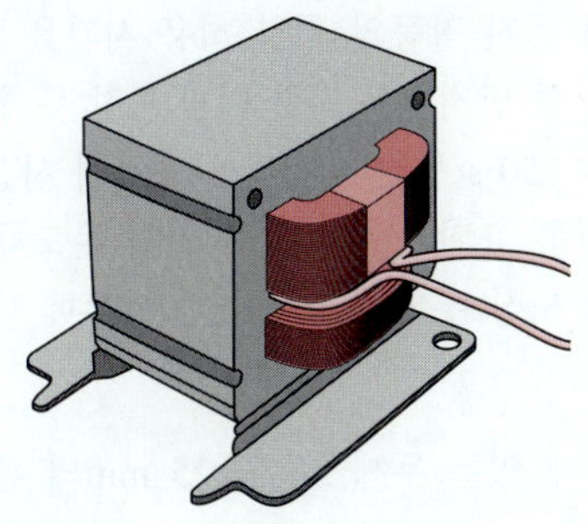

변압기의 외부 형태는 근사적으로 한 모서리의 길이가 32 mm인 정육면체이다. 변압기 안의 철과 구리가 조합된 질량은 0.28 kg이며, 이것의 가중평균 비열은 400 J/kg·K이다. 변압기는 4.0 W를 방출하며 $T_\infty = 20$°C이고 대류계수가 10 W/m^2·K인 주위 공기 속에서 작동한다. 해석상 가정을 세우되 이들을 나열하고 정당화하며, 모델들의 한계에 대해 논하라.

(a) 적절히 정의된 검사체적으로부터 시작하여, 변압기의 정상상태 온도 $T(\infty)$를 계산할 수 있는 모델을 세우라. 주어진 작동조건에서 $T(\infty)$를 계산하라.

(b) 초기에 온도 $T_i = T_\infty$이며 전력이 급격히 가해질 경우, 변압기의 열응답(온도이력)을 계산할 수 있는 모델을 세우라. 정상상태 작동온도에 5°C 이내로 접근하는 데 필요한 시간을 계산하라.

5.33 예제 1.5에서 처음에 용융온도 $T_f = 0$°C에 있는 물의 용해를 고려하였다. 그러나 냉각과정을 겪는 순수 액체는 평형 동결온도 T_f보다 매우 낮은 온도에서는 초냉각(supercooled)액체 상태에 머무를 수 있으며, 특히 액체가 어떤 고체와도 접촉하고 있지 않을 때 더욱 그러하다. 대기 중에 있는 액체 물방울은 초냉각 동결온도가 $T_{f,sc}$이며 이는 물방울의 지름 범위 $10^{-7} < D_p < 10^{-2}$ m에서 $T_{f,sc} = -28 + 0.87\ \ln(D_p)$의 상관식으로 잘 표현된다. 여기서 $T_{f,sc}$는 °C, D_p는 m단위이다. 지름 $D = 50\ \mu$m와 초기온도 $T_i = 10$°C의 물방울이 $T_\infty = -40$°C이고 $h = 900$ W/m^2·K인 주위에 놓일 경우, 물방울이 $T_f = 0$°C에서 응고할 때(경우 A) 그리고 $T_{f,sc}$에서 동결하기 시작할 때(경우 B), 물방울을 완전히 응고시키는 데 필요한 시간을 비교하라. 초기시간으로부터 물방울이 완전히 고체로 되는 시간까지 온도이력을 스케치하라. 힌트: 경우 B에서 물방울이 $T_{f,sc}$에 도달하면 동결하는 물에서 방출된 잠열이 물방울 내의 나머지 액체에 의해 흡수되므로 급속한 응고가 일어난다. 물방울 내에서 얼음이 조금이라도 형성되면, 나머지 액체는 고체(얼음)와 접촉하여 동결온도는 $T_{f,sc}$에서 $T_f = 0$°C로 즉시 이동하게 된다.

1 차원 전도: 평면벽

5.34 대류가 있는 평면벽에 대한 급수해인 식 (5.42)를 고려하자. $Bi = 0.1$, 1, 10을 사용하여 $Fo = 0.1$과 1일 때, 중앙단면($x^* = 0$)과 표면($x^* = 1$)에서의 온도 θ^*를 계산하라. 처음부터 네 개의 고유치들만을 고려하라. 이 결과에 의거하여 근사적인 해인 식 (5.43)과 식 (5.44)의 타당성을 논하라.

5.35 구리로 코팅되고 에폭시로 채워진 유리섬유(epoxy-filled fiberglass) 회로판들이 그림에 나타낸 바와 같이 고압 하에서 스택(stack) 채로 가열 처리된다. 가압–가열 작업의 목적은 유리섬유 판들을 접합하는 에폭시를 경화하여 회로판에 강성

을 부여하기 위해서이다. **북**(book)이라 부르는 스택은 10개의 **회로판**(board)과 11개의 **가압판**(pressing plate)으로 이루어져 있는데, 이는 에폭시가 회로판 사이로 흐르는 것을 방지하고 경화된 회로판을 매끈하게 마무리하기 위한 것이다. 단순화한 열해석을 수행하기 위해서 북이 유효 열전도율(k)과 유효 열용량(ρc_p)을 가진다고 근사화하는 것이 합리적이다. 각각의 회로판과 가압판이 2.36 mm의 두께를 가지며 열물성치가 다음과 같을 때 유효 물성치들을 계산하라: 회로판(b) ρ_b = 1000 kg/m^3, $c_{p,b}$ = 1500 J/kg·K, k_b = 0.30 W/m·K; 가압판(p) ρ_p = 8000 kg/m^3, $c_{p,p}$ = 480 J/kg·K, k_p = 12 W/m·K.

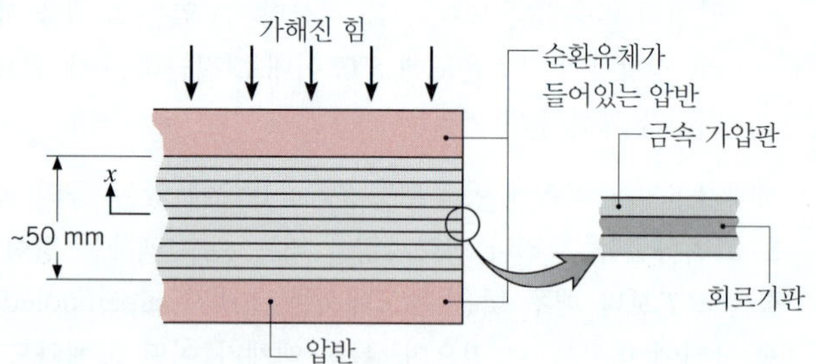

5.36 연습문제 5.35에서 언급한 바와 같이 회로판들이 고압하에서 스택 채로 가열되어 처리된다. 스택 위쪽과 아래쪽의 압반(platen)들은 유체를 순환시킴으로써 균일한 온도로 유지되고 있다. 가압-가열 작업의 목적은 유리섬유 판들을 접합하는 에폭시를 경화하고, 회로판에 강성을 부여하기 위해서이다. 경화조건은 에폭시가 적어도 5 min 동안 170°C 또는 그 이상에서 유지됨으로써 이루어진다. 스택 또는 **북**(회로판과 금속 가압판)의 열물성치들은 k = 0.613 W/m·K와 ρc_p = 2.73 × 10^6 J/m^3·K이다.

(a) 만일 북이 초기에 15°C이고, 압력을 가한 후에 압반이 갑자기 190°C의 균일한 온도로 된다면, 북의 중간면이 170°C의 경화온도에 이르는 데 요구되는 경과시간 t_e는 얼마인가?

(b) 만일 이 순간, 즉 $t = t_e$에서 압반의 온도가 갑자기 15°C로 감소한다면, 스택을 초기의 균일한 온도로 복귀시키기 위해 압반 속의 냉각제 순환에 의하여 북에서 제거해야 할 에너지는 얼마나 되는가?

5.37 어닐링은 철의 깨지기 쉬운 성질을 줄이기 위해 재가열한 후 식히는 과정이다. 처음에 T_i = 150°C로 균일한 온도에 있다가 최소 500°C로 가열되는 125 mm두께의 철판(ρ = 7830 kg/m^3, c = 550 J/kg·K, k = 48 W/m·K)을 재가열하는 단계를 고려한다. 가열은 가스로(gas-fired furnace)에서 수행하는데, 여기서는 T_∞ = 850°C의 연소 생성물이 판의 양쪽 표면에서의 대류계수를 h = 200 W/m^2·K로 유지한다. 이 철판을 노 안에 얼마나 오래 두어야 하는가?

5.38 온도 T_h = 300°C로 뜨겁고 등온 상태인 금속 기판을 피복하는 데 사용하는 두께 L = 4 mm인 아크릴 박판을 고려하자. 아크릴의 물성치는 ρ = 1990 kg/m^3, c = 1470 J/kg·K 그리고 k = 0.21 W/m·K이다. 아크릴과 금속판의 접촉열저항을 무시하고, 아크릴의 단열된 뒤 표면이 연화(softening)온도인 T_{soft} = 90°C에 도달하는 데 걸리는 시간을 계산하라. 아크릴의 초기 온도는 T_i = 20°C이다.

5.39 응력을 해소하고 취성(brittleness)을 줄이기 위해 철을 연속적으로 가열했다가 냉각한다. 125 mm 두께의 판(k = 45 W/m·K, ρ = 7800 kg/m^3, c_p = 500 J/kg·K)이 처음에 300°C의 균일한 온도에 있다가 T_∞ = 750°C 그리고 h = 400 W/m^2·K인 가스로에서 (양쪽 표면이)가열된다. 판에서 최저 온도가 550°C에 도달하는 데 걸리는 시간을 구하라.

5.40 대형 태양열 집광기에서 나오는 유동 공기로부터 열에너지를 흡수하기 위해 암석이 혼합된 콘크리트 슬랩을 사용한다. 이 슬랩은 낮동안 가열되고 야간에는 차가운 공기로 방열한다. 만일 낮동안의 공기 유동에 관한 특성으로 온도와 대류열전달계수가 각각 T_∞ = 200°C와 h = 35 W/m^2·K로 나타난다면, t = 8 h(시간) 동안 Q/Q_o = 0.90이 되도록 총에너지를 전달하는 데 필요한 슬랩의 두께 $2L$은 얼마인가? 콘크리트의 초기온도는 T_i = 40°C이다.

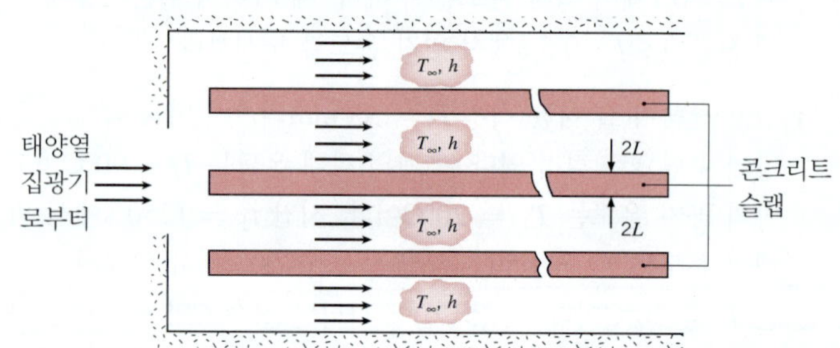

5.41 강철로 만든 로켓 엔진의 노즐이 온도 2300 K와 대류계수 5000 W/m^2·K의 특성을 갖는 연소가스와 접하여 과도 작동 중에 허용 최고 작동온도인 1500 K를 초과해서는 안 된다. 엔진 작동 시간을 연장하기 위하여 노즐의 안쪽 표면에 세라믹 **열장벽 도장**(thermal barrier coating)(k = 10 W/m·K, α = 6 × 10^{-6} m^2/s)을 도포하는 것이 제안되었다.

(a) 만일 세라믹 도장의 두께가 10 mm이고 초기온도가 300 K일 때 엔진 작동의 최장 허용 시간을 보수적으로 산정하라. 노즐 반지름은 복합 벽과 도장 두께보다 훨씬 크다.

(b) $0 \le t \le 150$ s 동안의 시간에 대하여 시간의 함수로서 도장의 안쪽 표면과 바깥쪽 표면의 온도들을 계산하고 도시하라. 도장 두께가 40 mm인 경우에 대해 계산을 반복하라.

5.42 온도 600°C에 있는 두께 $2L$ = 25 mm의 판을 뜨거운 프레

스 작업에서 꺼내고 나서 요구되는 물리적 성질을 얻기 위해 급속히 냉각해야 한다. 공정 엔지니어가 냉각속도를 제어하기 위해 공기 제트(air jet)를 사용할 계획을 하고 있으나, 판의 양쪽을 다 냉각할 필요가 있을지(경우 1)아니면 한쪽 면만을 냉각할지(경우 2)결정을 못하고 있다. **냉각 시간**뿐 아니라 판 안의 최대 온도차가 관심의 대상이다. 만일 이 온도차가 너무 크면 판이 심하게 뒤틀릴 수 있다.

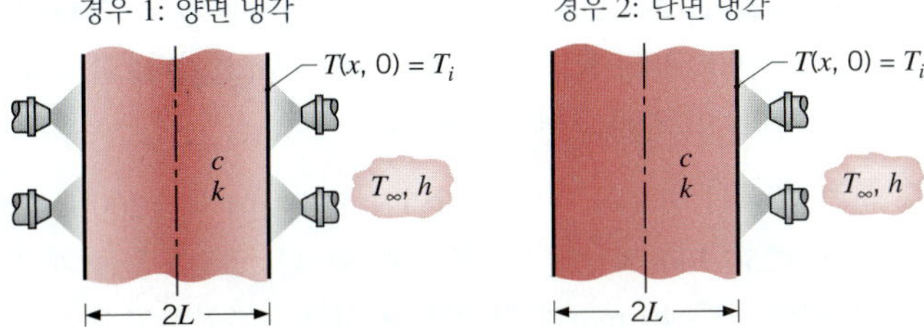

기 공급은 25°C에서 이루어지며, 표면 위의 대류계수는 400 W/m^2·K이다. 판의 열물리적 성질은 ρ = 3000 kg/m^3, c = 750 J/kg·K 그리고 k = 15 W/m·K이다.

(a) *IHT* 소프트웨어를 사용하여 500 s의 냉각기간 동안 경우 1과 2의 온도이력을 계산하고 하나의 그래프에 도시하라. 판의 최고 온도가 100°C에 도달하는 데 소요되는 시간들을 비교하라. 경우 2에서 노출되지 않은 표면으로부터는 열손실이 없다고 가정하라.

(b) 두 경우 모두에 대해, 판 안에서의 최대 온도차를 계산하고 한 그래프에 도시하라. 판 내부에서 시간의 함수로서 온도구배의 상대적 크기에 대해 논하라.

5.43 재료와 두께(L)가 동일한 2개의 판이 서로 다른 초기온도 $T_{i,1}$과 $T_{i,2}$에 있으며, $T_{i,2} > T_{i,1}$이다. 갑자기 이들의 표면을 접촉시키며 두 판의 외부 표면들을 단열한다.

(a) 무차원 온도를 $T^*(Fo) \equiv (T - T_{i,1})/(T_{i,2} - T_{i,1})$으로 정의한다. 두 판의 경계면에서 접촉 열저항을 무시하면, 두 판의 정상상태 무차원 온도 $T^*_{ss,1}$와 $T^*_{ss,2}$는 각각 얼마인가? 임의의 시간에 경계면의 무차원 온도 T^*_{int}는 얼마인가?

(b) 두 판들 사이의 유효 열관류계수를 순간적이며 공간적으로 평균한 무차원 온도를 이용하여 $U^*_{eff} \equiv q^*/(\bar{T}^*_2 - \bar{T}^*_1)$로 정의할 수 있다. 두 판 중 어느 하나로(부터)의 무차원 열전달률은 $q^* = d(Q/Qo)/dFo$로 나타낼 수 있다는 점에 주목하여 $Fo > 0.2$일 때 U^*_{eff}를 나타내는 식을 구하라.

5.44 템퍼링(tempering)과정에서 초기에 T_i로 균일한 온도에 있던 유리판을 갑자기 양쪽 표면의 온도가 T_s로 감소하도록 냉각하였다. 판의 두께는 20 mm이고 유리의 열확산율은 6 × 10^{-7} m^2/s이다.

(a) 중간면의 온도가 그 가능한 최대 온도 감소의 75%에 이르는 데 시간이 얼마나 걸리겠는가?

(b) 만일($T_i - T_s$) = 300°C이면 위(a)의 시간에서 유리 속에서의 최대 온도구배는 얼마인가?

5.45 T_∞ = 200°C인 수증기 체임버 속에서 고무(k = 0.14 W/m·K, α = 6.35 × 10^{-8} m^2/s)의 양쪽 면들을 가열함으로써 타이어의 강도와 안정성을 증진시킬 수 있다. 가열과정에 있어서 20 mm 두께의 한 고무벽(실이 들어가 있지 않다고 가정함)이 25°C의 초기 온도로부터 중앙 단면 온도가 150°C로 된다.

(a) 타이어의 표면 위로 지나는 수증기의 유동이 h = 200 W/m^2·K인 대류계수를 유지한다면 원하는 중앙 단면 온도를 얻기 위해 얼마의 시간이 걸리겠는가?

(b) 가열 과정을 가속하기 위해 전체 과정 동안에 타이어 표면을 200°C로 유지하도록 수증기 유동을 충분히 활성화하는 것이 추천된다. 위 (a)의 조건에 대하여뿐 아니라, 이 경우에 중앙 단면과 표면온도들을 계산하고 도시하라.

5.46 나무 패널에 플라스틱 코팅을 하는데, 처음에는 패널에 녹은 폴리머(polymer)를 퇴적시키고 나서 폴리머의 표면을 25°C의 공기 흐름에 접하게 하여 냉각한다. 초보적 근사로서 폴리머의 고화(solidification)에 결부된 반응열은 무시할 수 있으며 폴리머/나무의 계면은 단열로 가정할 수 있다.

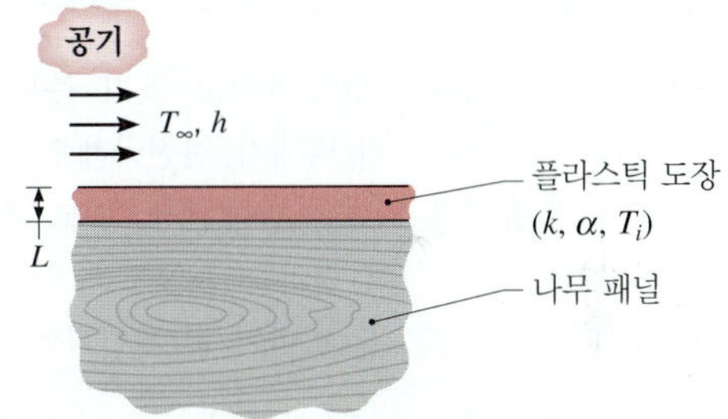

만일 코팅의 두께가 L = 2 mm이고 초기에 균일한 온도 T_i = 200°C에 있었다고 하면, 대류계수 h = 200 W/m^2·K라고 할 때 표면이 만져도 안전한 온도인 42°C에 도달하는 데 걸리는 시간은 얼마인가? 이에 대응하는 계면에서의 온도는 얼마인가? 플라스틱의 열전도율과 열확산율은 각각 k = 0.25 W/m·K 그리고 α = 1.20 × 10^{-7} m^2/s이다.

1차원 전도: 긴 원통

5.47 열물성치가 ρ = 8000 kg/m^3, c = 500 J/kg·K 그리고 k = 50 W/m·K이며, 초기온도가 균일한 지름 60 mm인 긴 막대를 750 K로 유지되는 노에서 강제대류에 의해 가열한다. 이때 대류계수는 1000 W/m^2·K로 산정된다.

(a) 막대의 표면온도가 550 K일 때 막대 중심에서의 온도는 얼마인가?

(b) 열처리 과정에서 막대의 중심선 온도가 T_i = 300 K로부터 T = 500 K로 증가되어야 한다. h = 100, 500 그리고 1000 W/m^2·K에 대하여 중심선의 온도이력들을 계산하

고 도시하라. 각각의 경우에 T = 500 K일 때 계산을 종료할 수 있다.

5.48 지름이 30 mm이며 초기 온도가 1000 K로 균일한 긴 원통을 온도가 350 K로 일정한 큰 유조에 넣어 급격히 담금질한다. 원통의 물성치들은 k = 1.7 W/m·K, c = 1600 J/kg·K 그리고 ρ = 400 kg/m^{3}이며, 대류계수는 50 W/m^2·K이다.

(a) 원통의 표면온도가 500 K에 이르는 데 요구되는 시간을 계산하라.

(b) $0 \leq t \leq 300$ s에 대하여 표면온도이력을 계산하고 도시하라. 만일 오일을 저어서 대류계수가 250 W/m^2·K이 되면 온도이력은 어떻게 변화될 것인가?

5.49 직경 D = 0.5 m인 원통형의 암석 혼합 콘크리트 빔(beam)이 처음에 T_i = 20°C에 있다가 T_∞ = 500°C인 뜨거운 기체에 노출된다. 대류계수는 h = 10 W/m^2·K이다.

(a) 노출된 이후 t = 6 h 경과했을 때 빔의 중앙선 온도를 구하라.

(b) 위 (a)에서와 크기가 같고 같은 조건에 노출되었지만, 밀도 ρ = 1495 kg/m^3, 열전도율 k = 0.789 W/m·K 그리고 비열 c_p = 880 J/kg·K인 경량의 혼합물 콘크리트로 만들어진 제2의 빔에서 중앙선 온도를 구하라.

5.50 사파이어(산화알루미늄)로 만들어지고 초기 온도가 800 K로 균일한 지름 35 mm의 긴 막대가 열전달계수가 1500 W/m^2·K인 300 K의 유체에 의하여 냉각된다. 30초 후에 막대를 단열재로 포장하여 열손실이 일어나지 않도록 한다. 오랜 시간이 지난 후에 막대의 온도는 얼마가 될 것인가?

5.51 프레스 작업을 준비하기 위해 지름이 30 mm인 긴 플라스틱 막대(k = 0.3 W/m·K, ρc_p = 1040 kJ/m^3·K)를 오븐 속에서 균일하게 가열한다. 최선의 결과를 위해, 막대의 온도는 200°C보다 낮아서는 안 된다. 최악의 경우에는 막대가 3 min 동안 컨베이어 위에 머물러 있어 이 동안에 온도 25°C, 대류열전달계수 8 W/m^2·K의 주위 공기에 의한 대류냉각에 노출된다면, 오븐 속에서는 얼마의 균일한 온도까지 막대를 가열해야 하는가? 좋은 결과를 위한 부가적인 조건은 최고–최저 온도차가 10°C보다 작아야 한다. 이 조건을 만족시키는가? 만일 그렇지 않다면, 이를 위하여 무엇을 할 수 있는가?

5.52 열처리 과정의 일부로서 지름 125 mm인 원통형 스테인리스강 304 재질의 막대를 초기 온도 500°C로부터 30°C의 유조에 넣어 냉각한다. 기름을 순환시켜 대류계수를 400 W/m^2·K로 유지한다면, 막대 중심선의 온도가 50°C로 되었을 때 막대를 유조 밖으로 꺼내는데, 이때까지 시간이 얼마나 걸리겠는가? 길이 L = 1 m인 막대를 시간당 10개 처리한다면, 유조에서 에너지를 추출해야 하는 공칭률(즉 냉각 부하)은 얼마나 되는가?

5.53 어떤 제작 공정 중에 지름이 다른 막대들이 열처리 오븐(curing oven)에서 400°C의 균일한 온도에 있다가 꺼내져 25°C의 공기 중에서 강제대류로 냉각된다. 이 라인의 작업자 중 하나가 지름 40 mm인 막대를 **취급안전 온도**인 60°C까지 냉각하는 데 280초가 걸리는 것을 관찰하였다. 대등한 대류계수에 대해 지름 80 mm인 막대를 동일한 온도까지 냉각하는 데 얼마의 시간이 걸리겠는가? 막대의 열물성치는 ρ = 2500 kg/m^3, c = 900 J/kg·K, 그리고 k = 15 W/m·K이다. 결과에 대해 논하라. 이 결과를 예상했었는가?

5.54 어떤 물질의 밀도와 비열이 알려져 있으나(ρ = 1200 kg/m^3, c_p = 1250 J/kg·K), 열전도율은 미지이다. 열전도율을 계산하기 위해 지름 40 mm인 긴 원통형 시편을 가공하고 중심선을 따라 드릴로 가공된 작은 구멍으로 열전대를 삽입하였다.

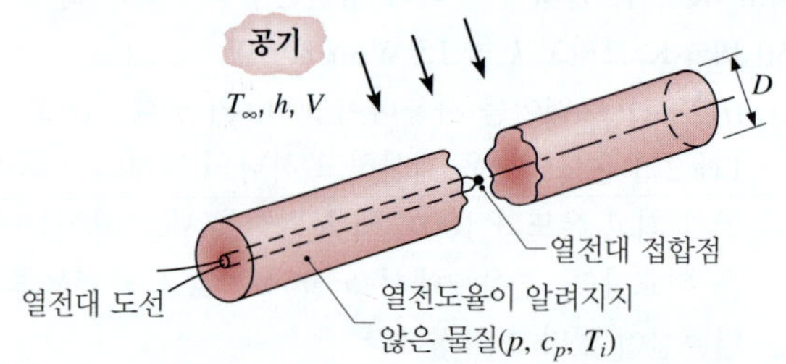

시편이 균일하게 T_i = 100°C의 온도까지 가열된 후에 원통을 지나는 교차류(cross flow)로 25°C의 공기에 의해 냉각한다. 정해진 공기 속도에서 대류계수는 55 W/m^2·K이나.

(a) 냉각한 지 t = 1136 s 후에 중심선 온도가 $T(0, t)$ = 40°C를 기록했다면 이 물질의 열전도율이 k = 0.30 W/m·K임을 증명하라.

(b) 원통을 지나는 교차류의 공기에서 정해진 h = 55 W/m^2·K는 속도 V = 6.8 m/s에 해당하는 값이다. 만일 $h = CV^{0.618}$이고, 여기서 상수 C는 $W \cdot s^{0.618}/m^{2.618} \cdot K$의 단위를 갖는다면, 시간 t = 1136 s에서 중심선의 온도는 $3 \leq V \leq 20$ m/s의 속도에 따라 어떻게 변하는가? 시간 $0 \leq t \leq 1500$ s범위와 속도 3, 10 및 20 m/s에 대해 중심선 온도의 이력을 계산하라.

1차원 전도: 구

5.55 c = 500 J/kg·K, ρ = 7800 kg/m^3, k = 50 W/m·K인 강철 볼베어링을 경화시키는 열처리에서는 볼의 내부를 너무 가열시키지 않고 짧은 시간 동안 표면온도를 증가시키는 것이 바람직하다. 이런 식의 가열은 T_∞ = 1300 K, h = 5000 W/m^2·K인 용융염조(molten salt bath)에 담가 이룰 수 있다. 볼 내부에서 온도가 1000 K를 초과하는 곳이면 어디나 경화될 것이라고 가정하자. 만일 지름이 20 mm인 볼의 초기온도가

300 K라면, 외부 표면 1 mm를 경화시키는 데 요구되는 시간은 얼마인가?

5.56 850°C로 균일하게 가열된 스테인리스강(AISI 304) 볼베어링을 40°C로 유지되는 유조 속에서 담금질하여 경화시킨다. 볼의 지름은 25 mm이고, 유조에서 오일에 관한 대류계수는 800 $W/m^2 \cdot K$이다.

(a) 볼의 표면온도가 100°C에 이를 때까지 담금질을 하려면 볼을 얼마나 오랫동안 기름에 두어야 하는가? 냉각기간이 끝날 때 볼의 중심온도는 얼마인가?

(b) 시간당 10,000개의 볼을 담금질할 때 유조를 40°C로 유지시키기 위하여 냉각장치로 제거해야 할 에너지율은 얼마이어야 하는가?

5.57 직경 $D = 100$이고 초기 균일온도 $T_i = 50°C$인 구형 고체가 $T_\infty = 20°C$로 흐르는 유체 안에 놓여있다. 구의 물성치은 $k = 2\ W/m \cdot K$, $\rho = 2500\ kg/m^3$, $c_p = 750\ J/kg \cdot K$이다. 대류열전달계수 $h = 30\ W/m^2 \cdot K$이다. 구의 표면온도가 26°C에 도달하는 시간을 구하라. 이 시간 동안 구로부터 전달되는 에너지는 얼마인가?

5.58 지름 $D = 0.2$ m이고, 초기온도 $T_i = 400°C$인 강철 볼베어링을 담금질하기 위하여 냉각 공기실이 제안되었다. 실내의 공기는 냉동장치에 의하여 −15°C로 유지되고 있으며, 강철 볼은 컨베이어 벨트에 의하여 공기실을 통과한다. 최적의 베어링을 생산하려면, −15°C 이상에서 초기 열에너지 함유량의 70%가 제거되어야 한다. 복사 효과를 무시할 수 있으며, 공기실 속에서의 대류열전달계수는 1000 $W/m^2 \cdot K$이다. 볼이 공기실에서 머물러야 할 시간을 구하고, 컨베이어의 구동 속도를 추천하라. 강철의 물성치들은 $k = 50\ W/m \cdot K$, $\alpha = 2 \times 10^{-5}\ m^2/s$, $c = 450\ J/kg \cdot K$이다.

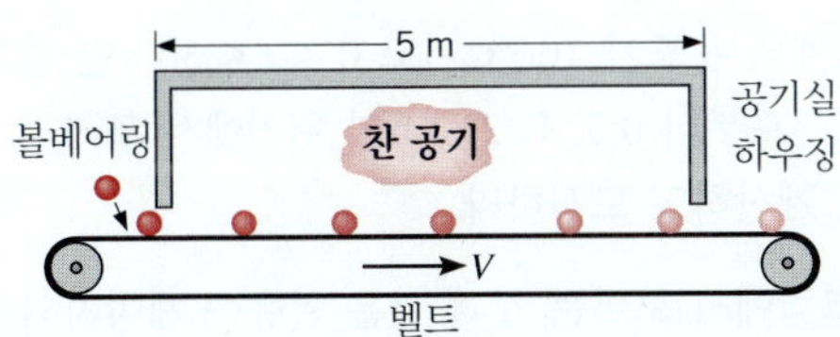

5.59 초기에 800 K이던 지름 30 mm인 구를 75 $W/m^2 \cdot K$인 대류열전달계수를 가지며 320 K로 온도가 일정한 큰 수조에서 담금질한다. 구 재료의 열물성치들은 $\rho = 400\ kg/m^3$, $c = 1600\ J/kg \cdot K$, $k = 1.7\ W/m \cdot K$이다.

(a) 구의 중심과 표면에서의 온도들을 시간의 함수로서 $T-t$ 좌표 위에 정성적으로 나타내라.

(b) 구의 표면이 415 K에 이르는 데 필요한 시간을 계산하라.

(c) 위(b)에서 구한 시간에서 구의 외부 표면에서의 열유속(W/m^2)을 구하라.

(d) 표면온도를 415 K로 냉각시키는 과정 동안 구에서 손실된 에너지(J)를 구하라.

(e) 위 (b)에서 구한 시간에 구를 욕조에서 꺼내어, 구의 표면으로부터 열손실이 없도록 완전한 단열재를 덮었다. 오랜 시간 경과 후에 구의 온도는 얼마가 되는가?

(f) $0 \le t \le 150$ s기간 동안의 중심 및 표면의 온도이력들을 계산하고 도시하라. $h = 200\ W/m^2 \cdot K$로 대류계수가 증가하면 앞에서의 온도이력에 어떻게 영향을 미치는가? $h = 75$ 그리고 200 $W/m^2 \cdot K$에 대하여 $0 \le t \le 150$ s에서 표면열유속을 시간의 함수로 계산하고 도시하라.

5.60 균일하게 400°C로 가열된 지름 40 mm의 구들을 갑자기 오븐에서 꺼내어 대류계수가 300 $W/m^2 \cdot K$이고 온도 25°C로 작동 중인 강제대류 공기조(forced-air bath) 속에 놓았다. 구형 물질의 열물성치는 $\rho = 3000\ kg/m^3$, $c = 850\ J/kg \cdot K$ 그리고 $k = 15\ W/m \cdot K$이다.

(a) 구가 가지고 있던 열에너지의 80%를 제거하려면 공기조 속에 얼마나 있어야 하는가?

(b) 그 후에는 더 이상 주위로의 열전달을 막아 주는 포장용 판지(carton) 안에 구들을 넣는다. 구들이 최종적으로 도달하는 균일한 온도는 얼마이겠는가?

5.61 거미의 뇌에서 어떤 부분이 다양한 시각적 자극에 반응하여 신경 활동을 일으키는지를 파악하기 위해, University of Massachusetts Amherst의 연구자들이 기아에 대한 공포와 같은 감정을 유발할 수 있는 영상이 보여졌을 때 두뇌를 검사하고자 한다. $T_i = 20°C$의 거미가 공포를 느끼는 광경을 보도록 한 직후 $T_\infty = 77$ K의 액체질소에 담갔다. 그 후에 냉동상태에서 두뇌를 해부하여 두뇌의 어떤 부분이 자극에 반응했는지 분석하였다. 열전달 지식을 이용하여 거미의 두뇌가 냉동되기 시작하는 데 얼마의 시간이 경과할지 계산하라. 두뇌는 직경이 $D_b = 1$ mm인 구형이고, $D_c = 3$ mm인 구형 셸(shell)로 근사화할 수 있는 거미의 두흉부 중앙부에 위치해 있다고 가정하라. 두뇌와 두흉부의 물성치는 액체 물의 값과 동일하다. 응고잠열은 무시하고 열전달계수는 $h = 100\ W/m^2 \cdot K$로 가정하라.

5.62 고체 구를 지나는 유동에 대한 대류계수는 초기에 25°C인 구를 75°C인 유동 중에 담가서 과도적인 가열 과정 동안의 어떠한 시간에 그 표면온도를 측정하여 구할 수 있다.

(a) 구의 지름이 0.1 m, 열전도율이 15 $W/m \cdot K$ 그리고 열확산율이 $10^{-5}\ m^2/s$이면, 대류계수가 300 $W/m^2 \cdot K$일 때는 언제 표면온도가 60°C로 기록될 것인가?

(b) $\alpha = 10^{-6}$, 10^{-5} 그리고 $10^{-4}\ m^2/s$에 대하여 중심과 표면에서의 온도이력들을 계산하여 열확산율이 재료의 열응답에 미치는 영향을 산정하라. 기간 $0 \le t \le 300$ s에 대

하여 결과들을 도시하라. 유사한 방법으로 t = 1.5, 15, 그리고 150 W/m·K값들을 고려하여 열전도율의 효과를 평가하라.

5.63 예제 5.6에서와 같이 노에서 갑자기 꺼냈을 때 처음에는 균일한 온도에 있다가 두 단계의 냉각과정을 거치는 구를 고려한다. *IHT*의 *Transient Conduction, Sphere*모델을 사용하여 다음 해들을 구하라.

(a) 1단계로, 20°C의 공기 중에서 대류계수 10 W/m^2·K로 냉각이 이루어지는 동안 중심온도 $T(0, t)$ = 335°C에 도달하는 시간을 계산하라. 이 냉각과정의 Biot 수는 얼마인가? 반지름 방향의 온도구배가 눈에 띄게 있을 것인가? 이 결과를 예제의 결과와 비교하라.

(b) 2단계로, 20°C의 수조에서 대류계수 6000 W/m^2·K로 냉각이 이루어지는 동안 중심온도 $T(0, t)$ = 50°C에 도달하는 시간을 계산하라.

(c) 2단계 냉각과정 동안에 구의 중심과 표면에서 온도이력 $T(r, t)$를 계산하고 도시하라. 이력의 중요한 특성을 확인하고 설명하라. 구 안에서의 온도구배는 언제 가장 크게 될 것으로 예상하는가?

반무한 매질

5.64 구리나 콘크리트와 같이 상이한 재료들로 만들어진 두 개의 블록들이 오랫동안 23°C의 방 안에 놓여 있었다. 두 블록들을 손으로 만져 볼 때, 어느 것이 더 차갑게 느껴지는가? 블록들은 반무한 고체이고, 손의 온도는 37°C라고 가정하라.

5.65 더운 여름날에 아스팔트 포장도로는 50°C의 높은 온도에 도달한다. 포장도로 전체가 이 온도인데, 갑작스러운 폭풍우에 의하여 표면온도가 20°C로 강하된다고 가정하자. 표면이 20°C로 유지되어 있을 때, 아스팔트로부터 30 min 동안 전달될 에너지의 총량(J/m^2)을 계산하라.

5.66 두꺼운 강철 슬랩(ρ = 7800 kg/m^3, c = 480 J/kg·K, k = 50 W/m·K)이 처음에 300°C에 있다가 한쪽 표면에 충돌하는 물 분사에 의해 냉각된다. 물의 온도는 30°C이고, 분사제트는 표면에서 매우 크고 균일한 대류계수를 유지한다. 냉각과정 내내 표면이 물의 온도를 유지한다고 가정하면, 그 표면에서 20 mm떨어진 곳에서의 온도가 50°C에 도달하는 데 얼마의 시간이 걸리겠는가?

5.67 타일 아이언(tile-iron)은 내장된 전기가열기에 의하여 150°C로 유지되고 질량이 큰 평판으로 이루어져 있다. 이 아이언을 타일과 접촉시켜 놓으면 접착제를 연화시켜 타일을 애벌바닥(subfloor)으로부터 쉽게 들어 올릴 수 있게 되어 있다. 접착제는 최소 2 min 동안 50°C 이상으로 가열되면 충분히 연화되지만, 접착제의 열화를 방지하기 위하여 온도가 120°C를 초과해서는 안 된다. 타일과 애벌바닥의 초기 온도가 25°C이며, k = 0.15 W/m·K와 ρc_p = 1.5 × 10^6 J/m^3·K에 상당하는 열물성치들을 가진다고 가정한다.

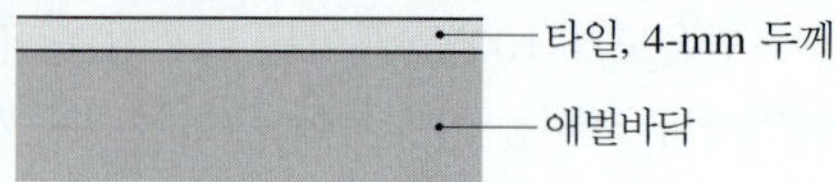

(a) 작업자가 타일 아이언을 사용하여 타일을 들어 올리는 데 걸리는 시간은 얼마인가? 접착제의 온도가 120°C를 초과할 것인가?

(b) 타일 아이언이 한 변의 길이가 254 mm인 정사각형 표면적을 가진다면 타일을 들어 올리는 데 걸리는 시간 동안에 그것으로부터 제거되는 에너지는 얼마인가?

5.68 한 보험회사가 화상재해에 대한 이해를 도모하기 위하여 당신을 고문으로 고용하였다. 그들은 노동자의 신체 일부분이 50°C로부터 100°C까지 범위의 높은 온도를 갖는 기계와 접촉하여 생기는 화상에 특히 관심을 가지고 있다. 회사의 의학 고문은 살아 있는 조직이 $\Delta t \geq$ 10 s 동안 $T \geq$ 48°C로 유지되면, 회복할 수 없는 화상(세포 파멸)을 입을 것이라고 알려 주었다. 회사는 기계의 온도 및 피부와 기계가 접촉한 시간의 함수로서 회복 불능한 피부조직의 손상(피부 표면으로부터의 거리에 의하여 측정된)에 관한 정보를 원한다. 살아 있는 조직은 보통 37°C의 온도를 가지며 등방성이고, 액체 물과 동일한 일정한 물성치들을 가진다고 가정하라.

(a) 문제의 중대성을 산정하기 위하여 온도가 50°C 및 100°C인 기계에 노출된 10 s 후에 온도가 48°C로 도달될 조직 내의 위치들을 계산하라.

(b) 기계의 온도가 100°C이고 $0 \leq t \leq 30$ s인 경우에 대하여 피부로부터 0.5, 1, 2 mm의 위치에서 조직의 온도이력들을 계산하고 도시하라.

5.69 아래 그림에서 보이는 것과 같은 열유속 게이지의 제조과정에서 63.2%의 반응을 보이는 경우 ρ, c_p, k가 게이지 재질의 열역학적 물성치이고 d가 두께일 때 시간상수는 $\tau = (4d^2\rho c_p)/\pi^2 k$이다. 이 관계의 근원을 모르는 상태에서 아래 그림의 두 가지 극한 경우를 고려하여 게이지 모형을 만들어야 한다. 두 가지 경우에 초기 균일온도 T_i인 게이지가 표면온도 $T(0, t) = T_s$에서 갑작스런 변화에 노출된다. (*a*)의 경우 게이지의 뒷면은 단열된다. (*b*)의 경우 게이지는 게이지와 동일 열역학적 물성치을 갖는 반무한 고체 안에 놓여진다.

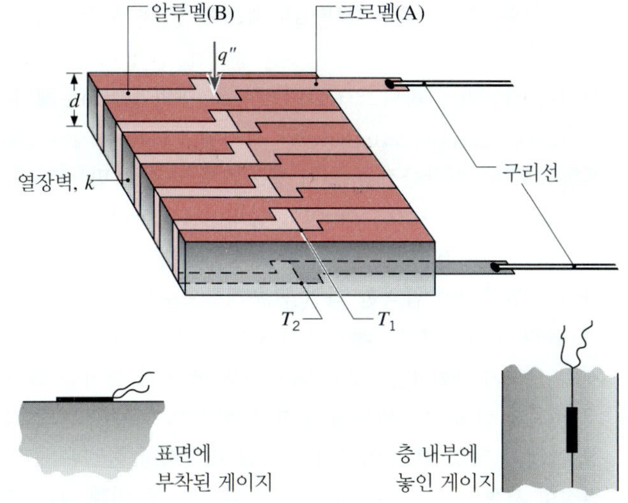

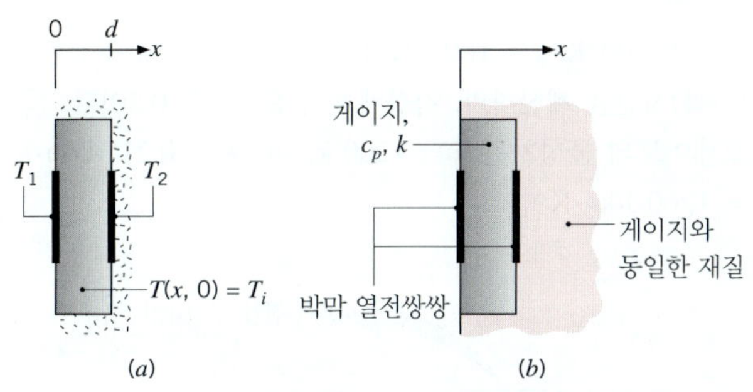

두 가지 경우에 대해 게이지의 시간상수를 예측할 수 있는 관계를 개발하고 제조 관점에서 그들을 비교하라. 다른 적용에서 게이지의 과도 반응에 대한 이 분석으로부터 어떤 결론을 도출할 수 있는가?

5.70 열확산율이 5.6×10^{-6} m²/s이고, 열전도율이 20 W/m·K이며 매우 두꺼운 슬랩이 초기에 325°C의 균일 온도에 있다. 내류열전달계수가 100 W/m²·K이며, 온도가 15°C인 냉각제에 그 표면이 갑자기 노출된다.

(a) 3 min이 경과한 후 표면과 표면으로부터 45 mm깊이에서의 온도들을 구하라.

(b) 다음과 같은 매개변수 변화들에 대하여 $x = 0$ 그리고 $x = 45$ mm에서의 온도이력($0 \le t \le 300$ s)들을 계산하고 도시하라: (i) $\alpha = 5.6 \times 10^{-7}$, 5.6×10^{-6}, 그리고 5.6×10^{-5} m²/s; (ii) $k = 2$, 20 그리고 200 W/m·K.

5.71 충분한 양의 젤이 사용 전에 초음파 탐침의 창 표면에 적용된다. 창은 밀도 $\rho = 1200$ kg/m³, 열전도율 $k = 0.2$ W/m·K, 비열 $c_p = 1200$ J/kg·K인 폴리카보네이트 재질로 만들어진다. 탐침의 초기온도 $T_i = 20$°C이다. 탐침이 환자의 피부에 접촉할 때까지 젤이 탐침에 붙어있는 것을 보장하기 위해 점성에 의존하는 온도는 임계값 아래로 떨어지면 안된다. 이것은 환자에게 접촉하기 전에 젤의 최대온도가 12°C 미만이어야 한다는 요구조건에 부합한다. 요구되는 초기 젤 온도를 결정하라. 젤의 열전도율, 밀도, 비열은 액체 물과 같다고 가정할 수 있다.

5.72 초기에 25°C인 두꺼운 오크(oak)목재 벽이 갑자기 $T_\infty = 800$°C와 $h = 22$ W/m²·K인 연소 생성물에 노출되었다.

(a) 벽의 표면이 400°C의 발화온도에 도달하는 데 요구되는 노출 시간을 계산하라.

(b) $t = 325$ s에서 매체에서의 온도분포를 도시하라. 분포는 $T \approx 25$°C인 위치까지 연장되어야 할 것이다.

5.73 방화벽의 표준규격은 특정한 복사 열유속에 대한 열적 반응에 근거하여 만들 수 있다. 0.25 m두께의 콘크리트 벽($\rho = 2300$ kg/m³, $c = 880$ J/kg·K, $k = 1.4$ W/m·K)을 고려하는데, 이것은 초기에 $T_i = 25$°C의 온도에 있다가 한쪽 벽이 $q_s'' = 10^4$ W/m²의 균일한 열유속을 받도록 램프에 의해 조사된다. 조사된 양에 대한 표면의 흡수율은 $\alpha_s = 1.0$이다. 만일 건물 법규상 30분 간의 가열을 받은 후 조사된 표면과 뒤 표면의 온도가 각각 325°C와 25°C를 넘지 않아야 한다면, 이 요구사항이 충족될 것인가?

5.74 두 물질이 동일한 온도일지라도 접촉해 보면 하나가 다른 것보다 차게 느껴진다. 각각이 300 K의 초기 온도에 있는 구리와 유리의 두꺼운 평판들을 고려하자. 사람의 손가락은 초기 온도가 310 K이며, $\rho = 1000$ kg/m³, $c = 4180$ J/kg·K, $k = 0.625$ W/m·K인 열물성치들을 가진다고 가정할 경우, 구리 또는 유리를 접촉하였을 때 어느 것이 더 차게 느껴지겠는가?

5.75 두께가 25 mm이고, 한 면이 단열되어 있는 두 스테인리스강 판들($\rho = 8000$ kg/m³, $c = 500$ J/kg·K, $k = 15$ W/m·K)이 초기 온도가 각각 400 K와 300 K이었는데, 단열되어 있지 않은 표면들끼리 압착한다. 1 min이 경과한 다음 고온 평판의 단열된 표면의 온도는 얼마인가?

5.76 특수한 도장은 종종 고체 기층(substrate)위에 얇은 층의 용융된 물질을 피복시킴으로써 이루어진다. 응고는 기층 표면에서 시작하여 고체층의 두께 S가 피복물의 두께 δ와 같아질 때까지 진행된다.

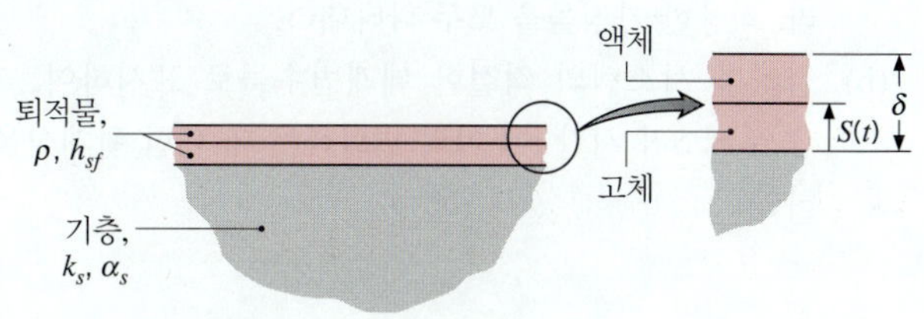

(a) 용해온도 T_f에 있는 용융물질이 초기온도 T_i에 있는 어떤 큰 기층 위에 피복되는 조건들을 고려하자. $t = 0$일 때

$S = 0$으로 해서 그 피복물이 응고 과정 동안 계속해서 T_f로 유지될 경우, 피복물이 완전히 응고하는 데 요구되는 시간 t_d를 산정하는 식을 유도하라. 이 결과를 기층의 열전도율과 열확산율(k_s, α_s), 피복물의 밀도와 융해잠열(ρ, h_{sf}), 피복물 두께 δ 그리고 관련되는 온도들(T_f, T_i)로 표시하라.

(b) 연습문제 5.21의 플라스마 분무 피복 공정을 이용하여 두꺼운 텅스텐 기층 위에 얇은(δ = 2 mm) 알루미나 도장을 도포하였다. 기층은 T_i = 300 K의 균일한 초기온도를 가지며 그 열전도율과 열확산율은 각각 k_s = 120 W/m·K와 $\alpha_s = 4.0 \times 10^{-5}$ m^2/s로 근사화할 수 있다. 알루미나의 밀도와 융해잠열은 각각 ρ = 3970 kg/m^3 그리고 h_{sf} = 3577 kJ/kg이고 알루미나는 그 융해온도(T_f = 2318 K)에서 응고한다. 용융 피복층이 기층 위에 순간적으로 피복된다고 가정하여 피복물이 응고하는 데 소요되는 시간을 산정하라.

5.77 용융 금속이 부도체로 만들어진 주형에서 주조될 때, 열유동에 대한 주된 저항은 주형벽 내에 있다. 열전도율 k_w와 열확산율 α_w의 두꺼운 벽의 주형에서 액체 금속이 응고되는 조건들을 고려하자. 금속의 밀도와 융해잠열이 각각 ρ와 h_{sf}로 표시되며, 그 용융상태와 고체상태에서 모두 금속의 열전도율은 주형의 그것보다 대단히 크다.

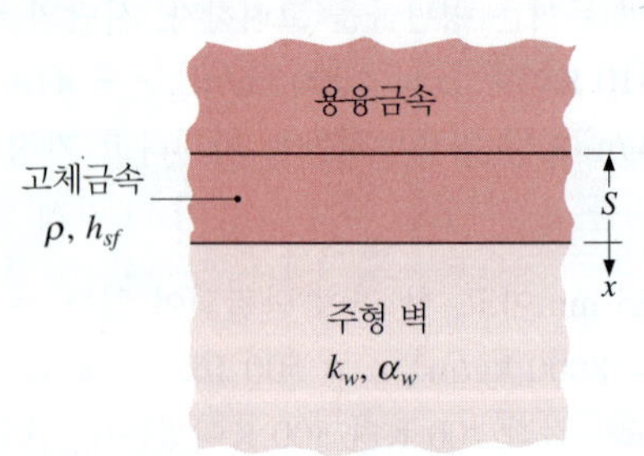

응고 시작 바로 전에(S = 0), 주형의 벽은 모든 곳에서 초기의 균일한 온도 T_i이고 용융 금속은 모든 곳에서 용융온도(융점) T_f이다. 응고가 시작되면, 주형 벽으로의 전도 열전달이 존재하고, 응고된 금속의 두께 S는 시간 t에 따라 증가한다.

(a) t = 0에서와 그 이후 응고 동안의 임의의 두 시각들에서 주형 벽과 금속에서의 1차원 온도분포 $T(x)$를 스케치하라. 적용한 가정들을 모두 나타내라.

(b) 결과를 시스템의 적절한 매개변수들로 표시하여, 고체층 두께 S가 시간 t에 따라 변화하는 데 대한 관계식을 구하라.

일정 표면온도 또는 일정 표면열유속하의 물체와 주기적으로 가열되는 물체

5.78 재기록 가능한 광학디스크(DVD)는 두 개의 1 mm두께의 폴리카보네이트(polycarbonate)판 사이에 15 nm두께의 2성분 혼합물로 된 저장물질을 넣어 샌드위치 구조로 만든다. 아래쪽으로부터 지름이 0.4 μm이고 동력이 1 mW인 상대적으로 고출력인 레이저 빔을 불투명한 저장매체에 조사(irradiation)하여 혼합물질에 급격한 가열을 초래함으로써 자료를 기록한다.(폴리카보네이트는 레이저 조사에 투명하다.) 만일 저장매체의 온도가 900 K를 초과하는 경우, 레이저 조사를 줄이고 그 부위가 급속 냉각되도록 하면 가열되었던 부위에 비결정체형 물질이 형성된다. 이렇게 생성된 비결정형 물질은 주변의 결정형 재료와 다른 반사율을 갖게 되므로, 두 번째 낮은 출력의 레이저로 조사하고 전체 DVD두께에 걸쳐 투과된 레이저 방사의 변화를 탐지하면 판독이 가능하다. 저장매체의 온도를 초기의 300 K에서 1000 K까지 상승시키는 데 필요한 조사(기록)시간을 계산하라. 저장매체의 흡수율은 0.8이다. 폴리카보네이트의 물성치는 ρ = 1200 kg/m^3, k = 0.21 W/m·K, c_p = 1260 J/kg·K이다.

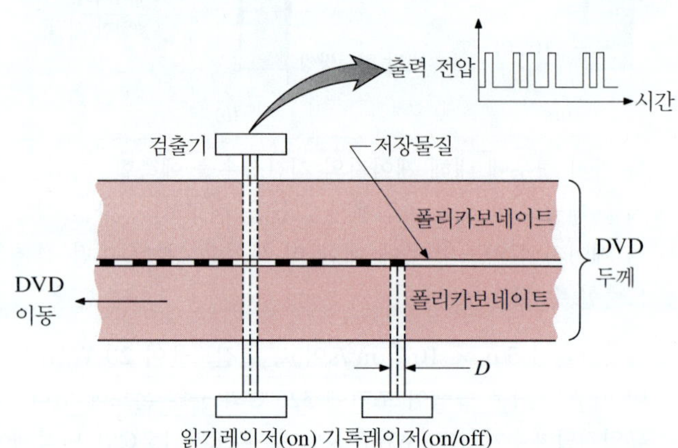

5.79 지열원 열펌프는 공기 대신 땅을 건물 난방(또는 냉방)의 열원(또는 열침)으로 사용한다. 매설된 플라스틱 배관을 통해 액체가 땅으로(부터)에너지를 전달한다. 배관은 흙 온도의 연중 변화가 외기에 비해 매우 적도록 깊이 묻혀 있다. 예를 들어 미국 인디애나 주의 South Bend같은 위치에서는 연중 외기 온도가 −25°C에서 +37°C까지 변하지만, 땅 속 깊은 곳의 온도는 약 11°C로 유지된다. 배관은 서로의 **간격이 촘촘하고** 꾸불꾸불한(serpentine) 형태로 배치되어 있다고 고려한다.

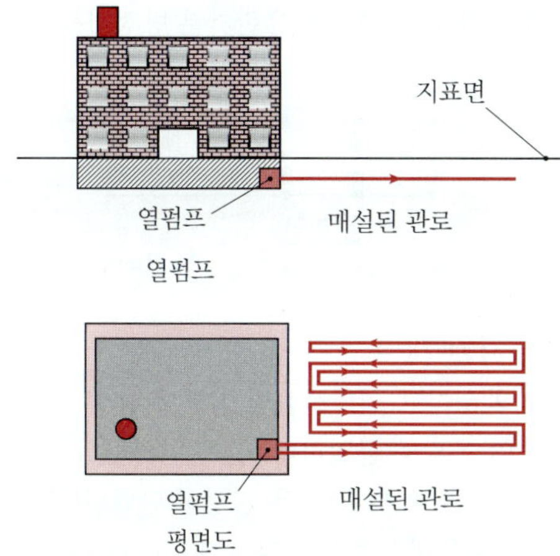

땅을 12개월 동안 일정한 온도의 무한 매체로 취급할 수 있으려면 배관을 얼마나 깊이 매립해야 하는가? 외기 조건의 연중 변화와, 겨울철의 난방으로부터 여름철의 냉방 모드까지 열펌프의 작동 변화에 의한 땅의 주기적인 냉각(또는 가열)을고려하라.

5.80 마이크로웨이브 오븐에서 다양한 음식물을 조리하도록 하기 위해서 마이크로웨이브 에너지를 잘 흡수하는 얇고 금속성인 포장재가 개발되었다. 포장재가 마이크로웨이브로 가열되면, 동시에 뜨거운 포장재로부터 차가운 음식물로 전도가 일어난다. 연습문제 5.33의 냉동된 구형의 갈아 놓은 소고기를 고려하는데, 이번에는 마이크로웨이브를 흡수하는 포장재로 싸여 있다. 오븐 동력의 50%(P = 1 kW 전체)가 포장재에 흡수될 경우 포장재에 인접한 고기가 T = 0°C에 도달하는 시간을 계산하라.

5.81 (a) 무한 원통에서 등온 표면으로부터 전달된 총에너지와 원통의 내부로 전달된 에너지의 비 Q/Q_o를 나타내되, Fo < 0.2 범위에서 타당한 식을 유도하라. 결과는 Fourier 수 Fo를 사용하여 나타내라.

(b) Fo < 0.2의 범위에서, 구의 등온 표면으로부터 구의 내부로 전달되는 총에너지의 비를 나타내는 식 Q/Q_o을 유도하라. 그 결과를 Fourier 수 Fo로 나타내라.

5.82 두께가 $2L$인 평면벽, 반경이 r_o인 무한 원통 그리고 반경이 r_o인 구를 고려하자. 각각이 일정 표면열유속 q''_s을 받고 있다. 표 5.2b에서 $Fo \geq 0.2$에 대한 근사해를 이용하여, 3가지 형태 각각에 대해$(T_{s,\mathrm{act}} - T_i)/(T_{s,\mathrm{lc}} - T_i)$를 나타내는 식을 유도하라. 이 식에서 $T_{s,\mathrm{act}}$는 표 5.2b의 관계식에 의해 계산된 표면의 실제 온도이고, $T_{s,\mathrm{lc}}$는 집중용량 거동과 관련한 온도이다. $(T_{s,\mathrm{act}} - T_i)/(T_{s,\mathrm{lc}} - T_i) \leq 1.1$에 부합하는 기준, 즉 집중용량 근사가 언제 10% 이내로 정확도를 가질 수 있을지 결정하라.

5.83 예제 5.10에서의 실험적 측정을 고려한다. 동일한 길이와 폭을 갖는 동일한 나노구조의 매우 얇은 시편의 열전도율을 측정하고자 한다. 실험상의 불확실성을 최소화하기 위해 실험자는 온도 응답의 진폭 ΔT를 0.1°C 이상으로 하고자 한다. 측정할 수 있는 시편의 최소 두께는 얼마인가? 얇은 시편의 성질들과 적용된 가열률의 크기는 예제 5.10에서 측정하고 사용한 것들과 동일하다고 가정하라.

5.84 각각의 직경 D = 2 mm이고 초기온도 T_i = 90°C인 구의 충전층을 고려하라. T_w = 5°C인 찬 물이 t = 0에서 충전층으로 부어질 때 각각의 구에서 큰 대류열전달계수가 생성된다. t = 0.1, 0.25, 1 s일 때 충전층의 윗 표면 근처에서 개별 구의 온도 변화율(°C/s)을 결정하라. 구의 열역학적 물성치는 파이렉스와 비슷하다.

5.85 추운 겨울 동안 사무실 빌딩은 히트 펌프를 이용하여 빌딩 아래 토양에 저장된 열에너지를 뽑아냄으로써 부분적으로 가열된다. 여름 동안에는 에어컨디셔너를 이용하여 열에너지를 같은 토양으로 보냄으로써 빌딩이 부분적으로 냉각된다. 히트펌프-에어컨디셔닝 시스템은 ΔT = 30°C의 진폭으로 표현되는 토양 표면온도 변화 $T(0,t)$를 생성한다. 토양 내 열 침투 깊이와 최대 토양 표면열유속을 결정하라.

유한차분식: 유도

5.86 현시적 방법에 대한 안정성 기준은 1차원 유한차분 방정식에서 T_m^p항의 계수가 0이거나 또는 양수임을 요구한다. 두 개의 이웃하는 절점(T_{m-1}^p, T_{m+1}^p)에서의 온도들이 100°C이며, 중앙 절점온도(T_m^p)는 50°C인 경우를 생각해 보자. $Fo > \frac{1}{2}$의 값들에 대해서는, 유한차분 방정식이 열역학 제2법칙을 위배하는 T_m^{p+1}의 값을 예측하리라는 것을 보이라.

5.87 지름 D인 얇은 막대가 초기온도 T_{sur}의 큰 진공 밀폐공간인 주위와 평형상태에 있다. 저항이 ρ_e이며 방사율이 ε인 이 막대에 전류 I(A)가 갑자기 통과한다. 이 밖의 관계되는 열적 물성치들은 그림에 나타나 있다. 절점 m에 대한 과도 유한차분 방정식을 유도하라.

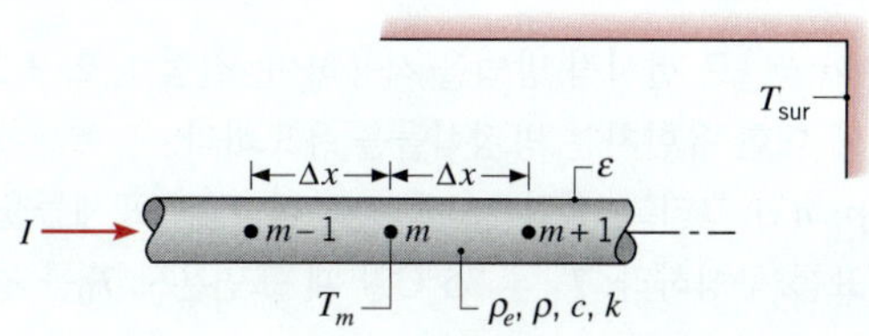

5.88 두께 L = 20 mm의 한 평판 벽(ρ = 4000 kg/m^3, c_p = 500 J/kg·K, k = 10 W/m·K)이 초기에 경계들이 T_1 = 0°C와 T_2 = 100°C로서 선형인 정상상태 온도분포를 가진다. 전류가 갑자기 벽을 통과하여 $\dot{q} = 2 \times 10^7$ W/m^{3}의 율로 균일한 에너지 발생을 일으킨다. 경계조건들 T_1과 T_2는 일정하게 유지된다.

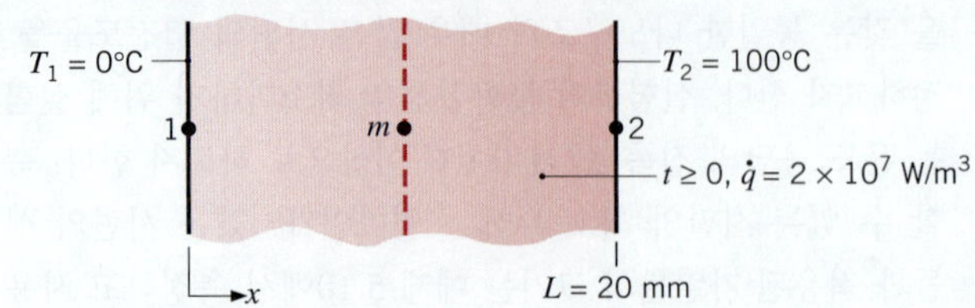

(a) $T - x$좌표계 위에 다음 경우들에 대한 온도분포를 스케치하라: (i) 초기 조건($t \leq 0$), (ii)벽에서의 최고온도가 T_2를 초과한다고 가정한 정상상태 조건들($t \rightarrow \infty$) 그리고 (iii) 두 개의 중간 시각들. 온도분포의 모든 중요한 특징을 기술하라.

(b) 도식적으로 표시된 3개의 절점들(1, m, 2)의 시스템에 대하여 절점 m에 대한 적절한 검사체적을 정의하고, 모든 관련된 과정들을 검증하여 **현시적** 또는 **암시적** 방법을 사용하여 해당하는 유한차분 방정식을 유도하라.

(c) $\Delta t = 5$ s의 시간증분으로 경과시간의 처음 45 s에 대한 T_m의 값들을 얻기 위하여 유한차분법을 사용하라. 경계들에서 해당하는 열유속들, 즉 $q''_x(0, 45\text{ s})$와 $q''_x(20\text{ mm}, 45\text{ s})$를 결정하라.

(d) 격자 크기의 효과를 산정하기 위해, 5개 그리고 11개 절점들의 격자들(각각 $\Delta x = 5.0$ 및 2.0 mm)을 사용하여 해석을 반복하라.

5.89 플라스틱 재료($\alpha = 6 \times 10^{-7}$ m²/s)로 만들어진 한 둥근 원통이 초기에는 20°C의 균일한 온도에 놓여 있고, 그 길이 방향의 표면과 한쪽 끝면은 잘 단열되어 있다. 시간 $t = 0$에서 T_0가 1°C/s의 율로 시간에 따라서 증가하도록 왼쪽 경계에 열이 가해졌다.

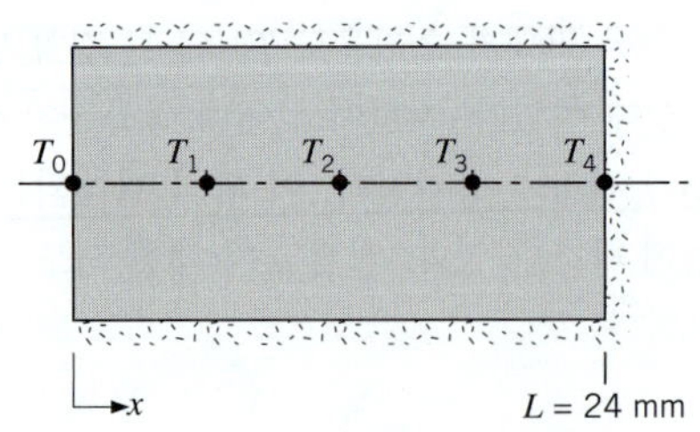

(a) $Fo = \frac{1}{2}$로 현시적 방법을 사용하여, 절점 1, 2, 3 그리고 4에 대한 유한차분 방정식들을 유도하라.

(b) p, $t(s)$ 그리고 절점온도들 T_0부터 T_4의 표제들을 가지는 표를 구성하라. $T_4 = 35°C$일 때 표면온도 T_0를 결정하라.

5.90 3차원 과도 열전도에서 내부 절점에 대한 현시적 유한차분 방정식을 유도하라. 또한 그 안정성 조건을 구하라. 일정 물성치를 가정하고 3개의 모든 방향에 대해 같은 크기의 격자를 사용하라.

5.91 두 개의 서로 다른 물질의 경계에 위치한 절점 0에서의 온도를 구하기 위한 과도, 2차원 유한차분 방정식을 유도하라.

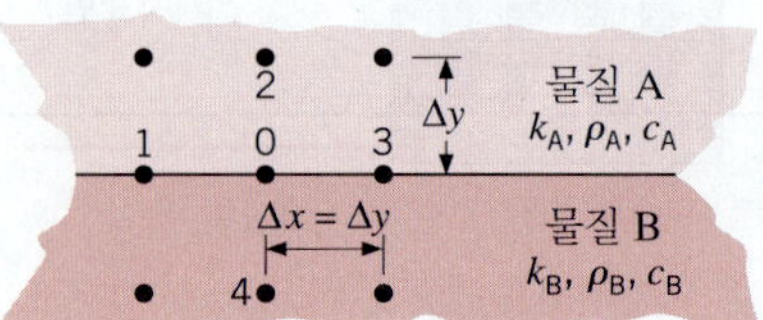

유한차분 해: 1차원 계

5.92 두께가 0.12 m이고 열확산율이 1.5×10^{-6} m²/s인 벽이 초기에 85°C인 온도로 균일하다. 한쪽 면의 온도가 갑자기 20°C로 내려가는 동시에 다른 면은 완전히 단열된다.

(a) 간격증분과 시간증분을 각각 30 mm와 300 s로 하는 현시적 유한차분 방법을 사용하여 $t = 45$ min에서의 온도 분포를 구하라.

(b) $\Delta x = 30$ mm 그리고 $\Delta t = 300$ s로 하여, $0 \leq t \leq t_{ss}$에 대하여 $T(x, t)$를 계산하라. 여기서 t_{ss}는 각 절점에서의 온도가 정상상태 온도의 1°C 이내인 값에 도달하는 데 요구되는 시간이다. $\Delta t = 75$ s에 대하여 앞에서의 계산을 반복하라. Δt의 각각의 값에 대하여 각각의 면과 중앙 단면에 대한 온도이력을 도시하라.

5.93 식 5.75의 온도−시간 함수를 표현하기 위해 *IHT*의 Der(T,t) 함수가 사용될 수 있다. 이 문제에서 우리는 예제 5.12를 풀기 위해 Der 함수를 사용할 것이다.

(a) 에너지평형법을 이용하여, 예제 5.12의 절점 $1 \leq m \leq 8$에서 유한차분방정식의 암시적 형태가 다음과 같이 표현될 수 있음을 보여라.

$$\rho c \Delta x \text{Der}(T_m^{p+1}, t) = \frac{k}{\Delta x}(T_{m-1}^{p+1} - T_m^{p+1}) + \frac{k}{\Delta x}(T_{m+1}^{p+1} - T_m^{p+1})$$

주의: *IHT*에 의해 암시적 유한차분법을 사용할 수 있다.

(b) 예제 5.12의 절점 $m = 0$에서 유한차분방정식의 암시적 형태를 유도하라.

(c) $T_9 = 20°C$에서 $\Delta t = 24$ s인 시간 간격을 사용하여 $t = 120$ s일 때 절점 0에서 8까지의 온도를 결정하라.

5.94 연습문제 3.92의 태양열 집열기를 고려하라. $q''_{rad} = 800$ W/m²인 정상상태 운전조건에 도달한 이후에 구름의 통과에 의해 표면으로의 정미 복사 유속은 $q''_{rad} = 0$으로 갑자기 감소한다.

(a) $q''_{rad} = 800$ W/m²에서 $\Delta x = 10$ mm인 유한차분 모델을 사용하여 흡수판 내 정상상태 온도 분포와 단일 튜브로 전달되는 단위 길이 당 열에너지 변화율 q'을 결정하라. 유한차분방정식의 개수를 최소화하기 위해 (대표 튜브

의 바로 위에 존재하는) $x = 0$으로부터의 대칭 $L/2$을 활용하라. 흡수판의 최대 정상상태 온도는 얼마인가? $T = 325$ K에서 판의 물성치를 평가하라.

(b) 초기조건인 (a)의 온도 분포를 이용하여 시간 주기 $0 \le t \le 500$ s에서 $q''_{rad} = 0$일 때 흡수판 내 온도 분포 $T(x,t)$를 결정하라. 격자 간격 $\Delta x = 10$ mm와 시간 간격 $\Delta t = 1$ s를 사용하라. 시간 주기 $0 \le t \le 500$ s에서 최대 흡수판 온도를 도시하라. $t = 0, 10, 100$ s에서 최대 흡수판 온도는 얼마인가? 힌트: *IHT*의 Der(T,t) 함수를 풀이에 사용하라. 연습문제 5.93 참조

(c) 시간 주기 $0 \le t \le 500$ s에서 단위 길이당 튜브로의 열전달률을 도시하라. 흡수판으로부터 튜브로의 열전달률이 50퍼센트 줄어들기 전까지 구름이 얼마동안 덮여있을 수 있니?

5.95 성형된 플라스틱 제품($\rho = 1200$ kg/m^3, $c = 1500$ J/kg·K, $k = 0.30$ W/m·K)의 한쪽 표면이 일련의 공기 제트에 노출되어 냉각되는데, 그 동안 다른 한 면은 잘 단열되어 있다. 이 제품은 처음에 $T_i = 80$°C로 균일한 온도에 있던 두께가 $L = 60$ mm인 슬랩으로 근사화할 수 있다. 공기 제트들은 $T_\infty = 20$°C 이며, 냉각 표면에서 $h = 100$ W/m^2·K로 균일한 대류계수를 제공하고 있다.

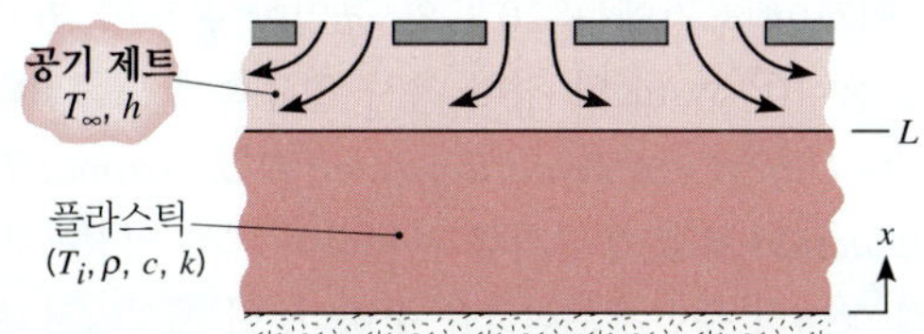

공간 간격 $\Delta x = 6$ mm로 유한차분 해를 사용하여 공기 제트에 1시간 노출된 후에 냉각면과 단열면의 온도를 계산하라.

5.96 균일 초기 온도 T_i를 가지는 1차원 평면벽을 고려한다. 두께가 10 mm인 벽은 열확산율 $\alpha = 6 \times 10^{-7}$ m^2/s를 갖고 있다. 왼쪽 면은 단열되어 있고 오른쪽 면은 갑자기 온도 $T_{s,r}$로 낮아진다.

(a) $\Delta x = 2$ mm이고, $\Delta t = 2$ s를 갖는 암시적 유한차분 방법을 이용하여 왼쪽 면 온도 $T_{s,l}$의 온도가 최대 가능 온도 감소의 50%를 달성할 때까지 걸리는 시간을 구하라.

(b) (a)에서 결정된 시간에 오른쪽 면은 갑자기 초기 온도로 복귀한다. 왼쪽 면 온도가 온도 감소의 20%로, 즉 $T_i - T_{s,l} = 0.2(T_i - T_{s,r})$로 회복하는 데 걸리는 시간을 구하라.

5.97 연습문제 2.46의 평판 벽($k = 50$ W/m·K, $\alpha = 1.5 \times 10^{-6}$ m^2/s)이 $L = 40$ mm의 두께와 $T_o = 25$°C의 초기의 균일한 온도를 가진다. 갑자기 $x = L$에서의 경계는 $T_\infty = 50$°C와 $h = 1000$ W/m^2·K의 유체로 가열되는 한편, 열이 벽 내부에서 $\dot{q} = 1 \times 10^7$ W/m^{3}로 균일하게 발생하였다. $x = 0$에서의 경계는 T_o로 유지되었다.

(a) $\Delta x = 4$ mm와 $\Delta t = 1$ s로 해서 (i) 초기조건, (ii) 정상상태 조건, 그리고 (iii) 두 중간 시각들에 대하여 벽에서의 온도분포들을 도시하라.

(b) $q''_x - t$ 좌표상에 $x = 0$와 $x = L$에서의 열유속을 도시하라. 얼마의 시간이 경과하면 $x = L$에서의 열유속이 0이 되겠는가?

5.98 두께가 $L = 5$ mm이며, 초기에 각각 등온상태에 있는 두 평판 A와 B를 고려하자. 결합 공정에서 두 평판의 면들이 갑자기 접촉된다. 재료 A는 아크릴(acrylic)인데, 초기온도는 $T_{i,A} = 20$°C이고, $\rho_A = 1990$ kg/m^3, $c_A = 1470$ J/kg·K 그리고 $k_A = 0.21$ W/m·K이며, 재료 B는 강철인데, 초기온도는 $T_{i,B} = 300$°C이고, $\rho_B = 7800$ kg/m^3, $c_B = 500$ J/kg·K 그리고 $k_B = 45$ W/m·K이다. 아크릴과 강철의 바깥쪽 표면(뒷면)은 단열되어 있다. 판들 사이의 접촉열저항은 무시하고 아크릴의 바깥쪽 표면온도가 연화온도인 $T_{soft} = 90$°C에 도달하는 데 필요한 시간을 계산하라. 시간 간격 $0 \le t \le 300$ s동안에 두 재료의 평균온도뿐만 아니라 아크릴의 바깥쪽 표면온도를 그래프에 도시하라.

5.99 예제 5.11의 연료요소를 고려하는데, 균일한 체적발생률 $\dot{q} = 10^7$ W/m^{3}에서 작동하다가 발생률이 갑자기 $\dot{q} = 2 \times 10^7$ W/m^{3}로 변한다. *IHT*의 *Finite-Difference Equations, One-Dimensional, Transient Conduction* 모델 생성기를 사용하여 예제에 보이듯이 $\Delta x = 2$ mm로 여섯 개의 절점에 대한 암시적 형태의 유한차분식을 구하라.

(a) 작동 동력이 변한 지 1.5 s 후에 온도분포를 계산하고, 그 결과를 예제에서 표로 나타낸 자료와 비교하라.

(b) *IHT*의 *Explore*와 *Graph* 옵션들을 사용하여 $0 \le t \le 400$ s 동안 중앙 단면(00) 그리고 표면(05)절점에서 온도이력을 계산하고 도시하라. 정상상태 온도들은 얼마인가, 그리고 작동 동력이 변한 후에 새로운 평형상태에 도달하는 데는 대략 얼마의 시간이 걸리는가?

5.100 얇은 슬랩의 연속주조 공정에서 용융된 철은 얇은 고체 셸로 된 금형을 빠져나가고, 롤러 부로 가는 중에 슬랩이 물 분사에 의해 식으면서 용융된 물질이 응고된다. 일단 완전히 응고되고 나면 슬랩은 취급이 가능한 온도까지 계속 냉각된다. 관심의 대상이 되는 것은 공정의 이 부분이다.

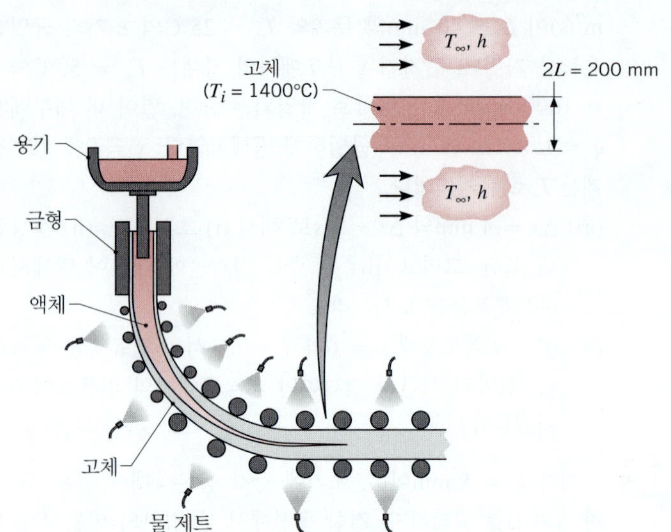

초기에 T_i = 1400°C의 균일한 온도에 있는 200 mm 두께의 강철 고체 슬랩(ρ = 7800 kg/m^3, c = 700 J/kg·K, k = 30 W/m·K)을 고려한다. 이 슬랩은 윗면과 아랫면이 물분사 (T_∞ = 50°C)에 의해 냉각되는데, 이것은 양쪽 표면에서 대략 균일한 대류계수 h = 5000 W/m^2·K를 유지한다. 공간 간격 Δx = 1 mm로 유한차분법을 사용하여 슬랩의 표면이 200°C까지 냉각되는 시간을 구하라. 이때 슬랩의 중앙 단면에서의 온도는 얼마인가? 슬랩이 V = 15 mm/s의 속도로 움직인다면, 냉각부에 필요한 길이는 얼마인가?

5.101 열확산율이 5.6 × 10^{-6} m^2/s이고, 열전도율이 20 W/m·K인 대단히 두꺼운 평판이 초기에 325°C의 온도로 균일하다. 표면이 갑자기 대류열전달계수 100 W/m^2·K인 15°C의 냉각제에 노출되었다. 간격 증분을 Δx = 15 mm, 시간 증분을 18 s로 유한차분 방법을 사용하여 3 min 경과 후에 표면과 표면으로부터 45 mm 깊이에서의 온도를 구하라.

5.102 예제 1.3의 풍력터빈 엔진실을 고려하라. 엔진실은 두께 L = 20 mm인 열가소성 복합 재료로 구성된다. 엔진실 재질의 열전도율, 밀도, 비열은 각각 k = 1.5 W/m·K, ρ = 1250 kg/m^3, c = 1500 J/kg·K이다. 실제로, 열전달계수는 외부 엔진실 표면에서 일정하지 않지만, 열전달계수 $h(t) = \bar{h} + \Delta h \sin(\omega t)$는 엔진실 날개의 회전에 의해 사인 곡선적으로 변한다. $\bar{h}$와 Δh 값은 각각 35 W/m^2·K와 15 W/m^2·K이다. 주파수 ω는 날개 개수 (3)과 날개의 회전속도 (17 rpm)로부터 결정될 수 있다.

t = 0 시간에서 벽을 통과하는 온도 분포는 t = 0이 내부 엔진실 표면이고 A = −3460°C/m, B = 212°C일 때 $T(x, t = 0) = Ax + B$로 주어진다. 이 초기조건을 이용하여 시간 주기 40 ≤ t ≤ 50 s에서 벽 내부 온도 분포 $T(x,t)$를 결정하라. 엔진실 내부 표면은 초기값 212°C로 유지된다고 가정하라. 격자 간격 Δx = 2 mm와 시간 간격 Δt = 0.05 s를 사용하라. 시간 주기 40 ≤ t ≤ 50 s에서 외부 엔진실 표면온도, 외부 표면 대류 열유속, 외부 표면 복사 열유속을 도시하라. 풀이 과정을 통해 관찰된 현상의 물리적 근거를 설명하라. 힌트: *IHT*의 Der(T,t) 함수를 풀이에 사용하라. 연습문제 5.93 참조

5.103 예제 5.12의 부가설명 3를 참고하여 높은 온도(T_{sur})에 있는 커다란 주위와 대류(T_∞, h)에 갑자기 표면이 노출된 경우를 고려하자.

(a) *Fo*, *Bi* 그리고 Bi_r로 표면 절점에 대한 현시적 유한차분 방정식을 유도하라.

(b) 표면 절점에 대한 안정성 기준을 구하라. 이 기준은 시간에 따라 변하는가? 이 기준은 내부 절점에 대한 것보다 더 제한적인가?

(c) 초기온도가 27°C로 균일한 재료(k = 1.5 W/m·K, α = 7 × 10^{-7} m^2/s, ε = 0.9)로 된 두꺼운 슬랩이 1000 K의 커다란 주위에 갑자기 노출되었다. 대류를 무시하고, 10 mm의 간격증분을 사용하여 1 min이 경과한 후에 표면과 표면으로부터 30 mm되는 곳의 온도들을 구하라.

5.104 예제 5.12에서처럼 구리로 된 두꺼운 슬랩을 고려하는데, 이것이 초기에는 20°C의 균일한 온도에 있다가 갑자기 3 × 10^5 W/m^{2}의 정미 복사 열유속에 노출된다. *IHT*의 *Finite-Difference Equations/One Dimensional/Transient Conduction* 모델 생성기를 사용하여 내부 절점들에 대한 암시적 형태의 유한차분식들을 구하라. 이 해석에서 전부 17개의 절점(00~16)에 대해 격자 간격 Δx = 37.5 mm를 사용하고, 시간 간격은 Δt = 1.2 s를 사용하라. 표면 절점 00에 대해서는 예제의 질문 2에서 유도된 유한차분식을 사용하라.

(a) 시간 t = 120 s에서 절점 00과 04에서의 온도, 즉 T(0, 120 s)와 T(0.15 m, 120 s)를 계산하고 이 결과를 예제의 부가설명1에 있는 엄밀해에 의한 것들과 비교하라. 시간 간격 0.12 s를 사용하면 보다 정확한 결과가 가능할 것인가?

(b) x = 0, 150 그리고 600 mm에서 온도이력을 도시하고 그 결과에 대한 특징을 설명하라.

5.105 물성치가 일정하고 두께가 $2L$인 1차원 평면벽이 초기에 균일한 온도 T_i에 있다가 $T_\infty = T_{\infty,1}$이고 $h = h_1$인 주위 유체로 대류에 의해 양면이 가열된다. 시간이 경과한 후 $t = t_1$에서 가열이 중단되고 대류냉각이 시작된다. 냉각조건은 $T_\infty = T_{\infty,2} = T_i$와 $h = h_2$이다.

(a) 가열단계(단계 1)에 대해 열방정식과 초기 및 경계조건들을 무차원 형태로 기술하라. 무차원량 θ^*, x^*, Bi_1, 그

리고 Fo를 사용하여 방정식들을 나타내라. 여기서 Bi_1은 h_1을 사용하여 표현하라.

(b) 냉각단계(단계 2)에 대해 열방정식과 초기 및 경계조건들을 무차원 형태로 기술하라. 무차원량 θ^*, x^*, Bi_2, Fo_1, 그리고 Fo를 사용하여 방정식들을 나타내라. 여기서 Fo_1은 t_1에 해당하는 무차원 시간이며, Bi_2는 h_2를 사용하여 나타내라. 위의 (a)와 일관되도록 무차원 온도는 $T_\infty = T_{\infty,1}$을 사용하여 나타내라.

(c) $Bi_1 = 10$, $Bi_2 = 1$, $Fo_1 = 0.1$인 경우를 고려하자. $\Delta x^* = 0.1$과 $\Delta Fo = 0.001$로 유한차분법을 사용하여 슬랩의 표면($x^* = 1$), 중앙단면($x^* = 0$) 그리고 1/4지점의 단면($x^* = 0.5$)에서의 과도적 열반응을 계산하라. $0 \le Fo \le 0.5$의 범위에서 무차원 시간의 함수로 3개의 무차원 온도를 도시하라.

(d) 중앙단면에서 최소의 무차원 온도를 계산하고 이 최소 온도가 얻어지는 무차원 시간을 계산하라.

5.106 대형 건물의 건축에 철근 콘크리트 기둥이 사용된다. 화재에 의한 고온에서는 금속 코어(core)가 연화되어 구조적인 파괴가 발생할 수 있다. 두께가 75 mm인 2개의 콘크리트 벽들 사이에 강철 코어(50 mm 두께)를 끼워서 만든 200 mm 두께의 복합기둥을 고려한다. 이 기둥은 균일한 초기 온도 $T_i = 27°C$에 있다가 갑자기 양쪽에 노출된 표면이 $T_\infty = 900°C$와 $h = 40\ W/m^2 \cdot K$인 연소생성물에 노출된다. 주위 온도는 역시 900°C이다.

(a) $\Delta x = 10$ mm와 $\Delta t = 100$ s로 암시적 유한차분법을 사용하여 시간 $t = 10{,}000$ s에서 노출된 콘크리트 표면과 강철 판의 중앙에서의 온도를 구하라. 강철의 물성치는 $k_s = 55\ W/m \cdot K$, $\rho_s = 7850\ kg/m^3$, $c_s = 450\ J/kg \cdot K$이다. 콘크리트의 물성치는 $k_c = 1.4\ W/m \cdot K$, $\rho_s = 2300\ kg/m^3$, $c_c = 880\ J/kg \cdot K$, 그리고 방사율 $\varepsilon = 0.90$이다. 시간 구간 $0 \le t \le 10{,}000$ s 동안에 최고 및 최저 강철 온도와 최고 및 최저 콘크리트 온도를 도시하라.

(b) 위의(a)를 반복하는 데 콘크리트와 강철의 경계면에 접촉 열저항 $R''_{t,c} = 0.20\ m^2 \cdot K/W$을 고려하라.

(c) 시간 $t = 10{,}000$ s에서 화재가 소화되고 주위 및 외기 온도가 $T_\infty = T_{surr} = 27°C$로 회복된다. 위의 (a) 및 (b)에서와 동일한 열전달계수와 방사율을 사용하여, 접촉 열저항이 있는 경우와 없는 경우에 대해 각각 최고 강철 온도와 최고 강철 온도가 발생하는 **임계시간**(critical time)을 구하라. 시간 구간 $10{,}000 \le t \le 20{,}000$ s동안에 콘크리트 표면온도, 강철에 접하는 콘크리트 온도, 그리고 강철 온도를 도시하라.

5.107 지름이 10 mm이고 길이가 0.16 m인 스테인리스강(AISI 316)막대의 한쪽 끝을 200°C로 유지되어 있는 고정구(fixture)에 삽입시켰다. 단열 슬리브(sleeve)로 싸인 막대가 전체 길이에 걸쳐 균일한 온도에 도달하였다가, 슬리브를 제거했을 때 막대는 대류열전달계수가 $30\ W/m^2 \cdot K$이고 25°C인 주위 공기에 노출된다.

(a) $\Delta x = 0.016$ m의 공간증분으로서 현시적 유한차분 방법을 사용하여 막대의 중앙 길이에서의 온도가 100°C에 이르는 데 요구되는 시간을 구하라.

(b) $\Delta x = 0.016$ m와 $\Delta t = 10$ s를 사용하여 $0 \le t \le t_1$에 대하여 $T(x, t)$를 계산하라. 여기서 t_1은 막대의 중앙 길이가 50°C에 도달하는 데 요구되는 시간이다. $t = 0$, 200 s, 400 s 그리고 t_1에서의 온도분포를 도시하라.

5.108 연습문제 4.63의 가속-격자 박판($k = 40\ W/m \cdot K$, $\alpha = 3 \times 10^{-5}\ m^2/s$, $\varepsilon = 0.45$)을 고려하자. 다음 목적들에 사용될 수 있는 박판의 암시적 유한차분 모델을 전개하라.

(a) 이온빔 소스(ion beam source)가 작동할 때 박판이 300 K의 균일한 온도라고 가정하여 가운데 길이에서의 온도-시간 이력을 도시하라. 시간이 얼마나 경과되어야 박판에서 이 점의 온도가 정상상태 값의 1 K 이내에 도달하겠는가?

(b) 박판이 정상상태 조건에서 작동되고 있을 때 갑자기 이온빔이 중단되었다. 그 이후에 중앙 길이에서의 온도-시간 이력을 도시하라. 박판에서의 최고 온도점이 **안전 접촉조건**인 315 K로 냉각되기 위하여 얼마의 시간이 걸리는가?

5.109 지름이 3 mm이고, 길이가 120 mm인 탄탈럼(tantalum)막대가 커다란 진공 밀폐공간 내에서 두 개의 전극에 의하여 지지되고 있다. 초기에 막대는 300 K로 유지되어 있는 전극들 및 그 주위와 평형상태에 있다. 전류 $I = 80$ A가 갑자기 막대를 통과한다. 막대의 방사율이 0.1이고 저항이 $95 \times 10^{-8}\ \Omega \cdot m$이라고 가정하자. 표 A.1을 사용하여, 풀이에 요구되는 나머지의 열적 물성치들을 얻으라. 그리고 간격증분을 10 mm로 하는 유한차분 방법을 사용하라.

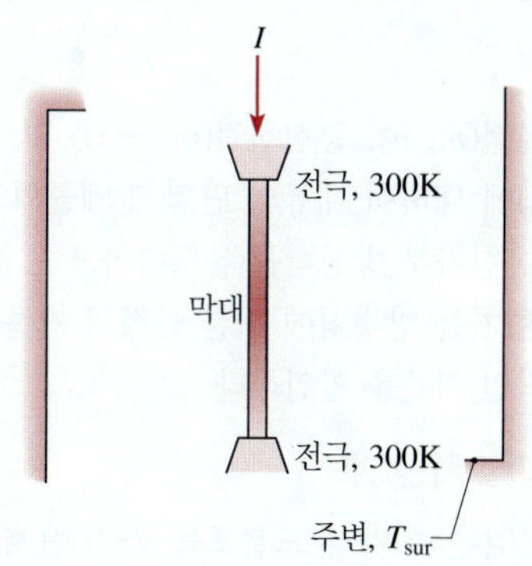

(a) 막대 중앙 길이에서의 온도가 1000 K에 이르는 데 요구되는 시간을 구하라.

(b) 정상상태 온도분포를 구하고, 이 조건에 도달하려면 시간이 대략 얼마나 걸릴 것인지를 구하라.

유한차분 방정식: 원통좌표

5.110 얇은 원판이 코일로부터 유도열을 받으며, 그 효과로 인하여 다음에 나타낸 바와 같은 링(ring) 단면 내에 균일한 열발생을 공급한다. 위 표면에서는 대류가 일어나며, 아래 표면은 잘 단열되어 있다.

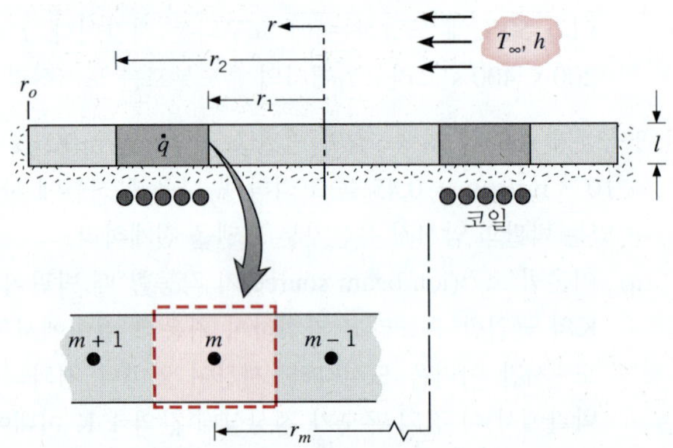

(a) 유도 가열을 받는 영역 내의 절점 m에 대한 과도적 유한차분 방정식을 유도하라.

(b) 정상상태 온도분포를 $T - r$ 좌표계에 정성적으로 스케치하고, 중요한 특성들에 대하여 논하라.

5.111 균일한 체적당 열발생 $\dot{q}$가 일어나는 전기 케이블의 절반이 단열재에 묻혀 있으며, 위 표면은 대류과정(T_∞, h)에 노출되어 있다.

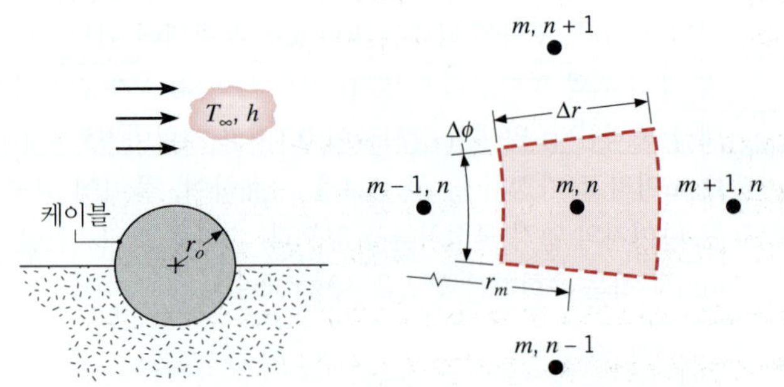

(a) 내부절점(m, n), 중심절점(m = 0) 및 외부 표면 절점(M, n)에 대하여 대류와 단열 경계들의 경우에 대한 현시적 유한차분 방정식을 유도하라.

(b) 각 유한차분 방정식에 대한 안정성 기준을 구하라. 가장 제한적인 기준을 확인하라.

유한차분 방정식: 2차원 계

5.112 다음 표와 같은 초기 온도분포를 가지는(지면에 수직 방향으로) 매우 긴 두 개의 막대를 용접하려고 한다. 시간 t = 0에서 (순수)구리막대의 m = 3인 면이 강철(AISI 1010)막대의 m = 4인 면과 접촉한다. 땜납과 용제는 두께를 무시할 수 있는 계면층으로 작용하며 유효 접촉저항은 $R''_{t,c} = 2 \times 10^{-5}$ m²·K/W이다.

초기온도 (k)

n/m	1	2	3	4	5	6
1	700	700	700	1000	900	800
2	700	700	700	1000	900	800
3	700	700	700	1000	900	800

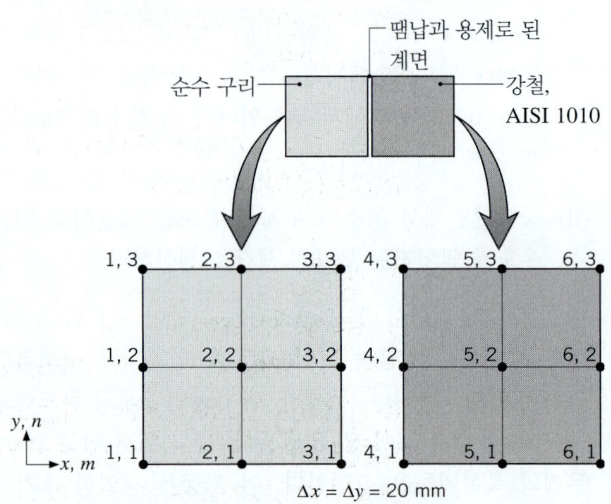

(a) $T_{4,2}$에 대하여 현시적 유한차분 방정식을 Fo와 $Bi_c = \Delta x/kR''_{t,c}$로 나타내도록 유도하고, 이에 해당하는 안정성 기준을 구하라.

(b) Fo = 0.01을 사용하여 접촉한 후의 첫 시간 단계(time step)에서의 $T_{4,2}$를 구하라. Δt는 얼마인가? 안정성 기준을 만족시키는가?

5.113 고온의 배기가스가 통과하는 연통은 한 면이 300 mm인 정사각형 단면을 갖고 있다. 벽들은 열전도율 0.85 W/m·K과 열확산율 $\alpha = 5.5 \times 10^{-7}$ m²/s, 두께 150 mm인 내화벽돌로 제작된다. 초기에는 배기가스가 흐르지 않고 벽들은 균일 온도 25°C이다. 내부 표면이 갑자기 대류열전달계수가 100 W/m²·K이고 350°C인 고온가스에 노출될 때, 외부 표면은 대류열전달계수가 5 W/m²·K이고 25°C인 공기의 대류가 작용한다. 격자 간격 50 mm와 시간 증분 1 h의 암시적 유한차분법을 사용하여 벽에서의 온도분포와 연소가스가 도입된 후 5, 10, 50, 100 h일 때 연통 외부로부터 대류에 의한 열손실률을 구하라.

5.114 열전도율 2 W/m·K인 세라믹 평판을 가열하기 위해 50 W/m (스케치에 수직 길이)로 확산되는 작은 직경의 전기가열 장치가 사용된다. 평판의 위 표면은 대류계수 100 W/m²·K인 30°C의 주위 공기에 노출되고, 아래 표면은 단열되어 있다.

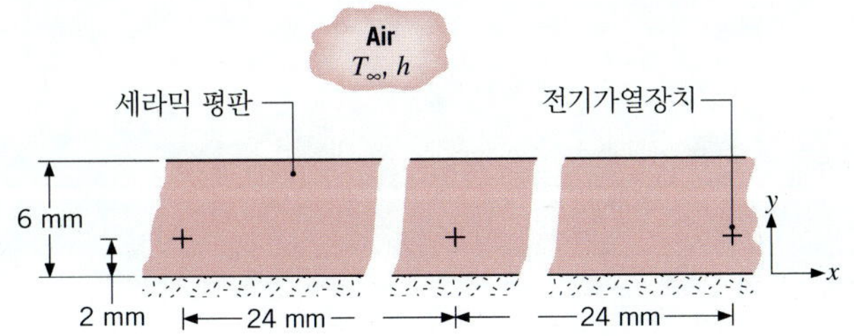

초기에 균일 온도 30°C인 세라믹 평판($\alpha = 1.5 \times 10^{-6}$ m^2/s)에 갑자기 전기가열장치가 작동된다. 암시적 유한차분법을 사용하여 가열장치 바로 위 표면온도와 초기온도의 차이가 정상상태 조건에서 95 %에 도달하는 소요시간을 구하라. 격자 간격 $\Delta x = 6$ mm, $\Delta y = 2$ mm와 시간 증분 1 s를 사용하라.

CHAPTER

06

대류 개론

Introduction to Convection

이제까지는 전도에 의한 열전달에 집중하였으며, 대류는 전도문제에 관해 있을 수 있는 경계조건을 주는 정도로만 생각하였다. 1.2.2절에서 **대류**(convection)라는 용어는 고체 표면과 그 위에 흐르는 유체 사이의 에너지 전달을 기술하기 위하여 사용되었다. 대류는 유체입자들의 집단체적운동[유동대류(advection)]과 유체분자들의 불규칙 운동[전도(conduction) 또는 확산(diffusion)]에 의한 에너지 전달을 포함한다.

대류를 취급하는 두 가지의 주된 목적이 있는데, 이는 대류열전달의 기초가 되는 물리적 메커니즘에 대하여 명확한 이해를 하는 것과 대류열전달 계산을 수행하기 위한 방법들을 개발하고자 하는 것이다. 이 장과 부록 E의 보충자료에서는 주로 전자의 목적에 맞추었다. 물리적인 기본원리들이 토의되며, 매우 중요한 상사성 및 관련된 무차원 매개변수들이 도출된다.

이 장에서 독특한 점은 대류에 의한 물질전달(mass transfer) 효과를 대류열전달의 상사성으로 도입하는 방법이다. 대류에 의한 물질전달에서 총체적 유체운동은 확산과 결합하여 농도구배가 존재하는 화학종의 전달을 증진시키게 된다. 이 책에서는 표면 위에 흐르는 기체흐름에 의하여 휘발성 고체면이나 액체면에서 일어나는 대류물질전달에 초점을 맞추고자 한다.

이와 같이 확립된 개념적 토대 위에서 다음 장에서는 대류효과들을 정량화하기 위한 유용한 방법들이 소개된다. 7장과 8장에서는 각각 외부유동(external flow)과 내부유동(internal flow) 형상에서의 강제대류(forced convection)와 관련된 계수들을 계산하는 방법들이 제시된다. 9장에서는 자유대류(free convection)에서의 계수들을 결정하기 위한 방법들이 기술되고, 10장에서는 상변화(phase change)를 수반하는 대류, 즉 비등(boiling)과 응축(condensation)의 문제들이 고려된다. 11장에서는 여러 공업 분야에서 유체 사이의 열전달에 널리 사용되는 장치인 열교환기(heat exchanger)들을 설계하고 성능을 평가하기 위한 방법들이 소개된다.

따라서 지금부터 대류의 본질에 대하여 이해하는 것부터 시작해 보기로 하자.

6.1 대류경계층

경계층의 개념은 표면과 그 주위를 지나는 유동 사이에서의 대류열전달 및 물질전달에 관한 이해가 중심이 된다. 이 절에서는 속도, 온도, 농도 경계층이 기술되고, 마찰계수(friction coefficient), 대류열전달계수(convection heat transfer coefficient), 대류물질전달계수(convection mass transfer coefficient)와의 관계가 소개된다.

6.1.1 속도경계층

경계층의 개념을 도입하기 위하여 그림 6.1과 같은 평판 상에서의 흐름을 생각해 보자. 유체입자들이 표면과 접촉할 때, 그 속도는 평판 상류의 유체 속도에 비해 현저히 줄어들게 된다. 대부분의 경우 벽면에서의 입자속도는 0으로 가정하는 것이 합당하다.[1] 그렇게 되면, 이 입자들은 인접 유체층 내에서의 입자들의 운동을 저지(retard)하며 이러한 현상은 그 다음의 유체층에서의 유동을

[1] 이것은 3.7.3절에서 토의된 상황에 대한 근사화이다. 거기에서 유체의 분자나 입자들은 끊임없이 표면과 충돌하고 반사된다. 개개 유체입자의 운동량은 표면과의 충돌로 인해 변화하게 된다. 이 효과는 8.8절에서 토의될 **운동량 수용계수**(momentum accommodation coefficient)에 의해 설명된다. 이 장에서는 나노 및 마이크로스케일 효과는 중요하지 않고, 벽면에서 유체 속도 0의 가정이 유효하다고 생각한다.

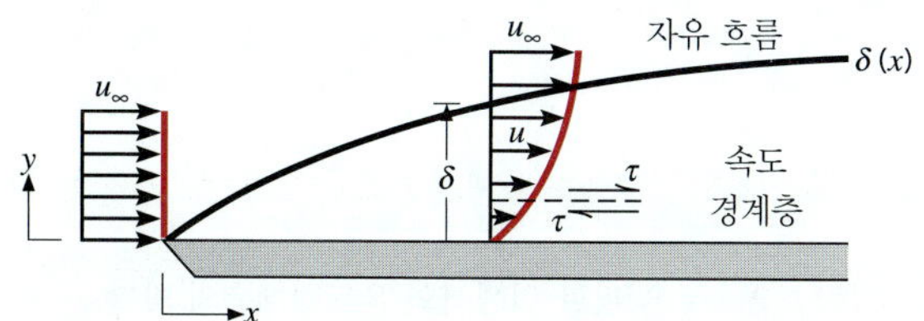

그림 6.1 평판 위에서의 속도경계층의 발달.

계속 저지하게 되어 표면으로부터 거리가 $y = \delta$인 곳까지 계속되고, 그 이상의 영역에서는 그 영향을 무시할 수 있다. 유체운동에서 이러한 저지는 유체의 흐름속도에 평행한 평면에서 작용하는 **전단응력**(shear stress) τ와 관련된다(그림 6.1). 표면으로부터의 거리 y가 증가함에 따라 유체의 x 방향 속도성분 u는 자유흐름 속도값 u_∞에 도달할 때까지 증가한다. 여기서 아래첨자 ∞는 경계층 밖의 **자유흐름**(free stream)에서의 조건을 지칭하기 위하여 사용된다.

δ를 **경계층두께**(boundary layer thickness)라 하며, 보통 $u = 0.99u_\infty$가 되는 y의 값으로 정의한다. **경계층 속도분포**(boundary layer velocity profile)라는 것은 경계층을 가로질러 u가 y에 따라 변화하는 모양을 의미한다. 따라서 유체흐름의 특성은 두 개의 영역으로 표현되는데, 하나는 속도구배와 전단응력이 크고 얇은 유체층(경계층)이고, 또 하나는 속도구배와 전단응력이 무시될 수 있는 경계층의 바깥쪽 영역이다. 선단(leading edge)으로부터의 거리가 증가함에 따라 점성의 효과는 자유흐름으로 더 확산되며, 따라서 경계층은 증가하게 된다(δ는 x의 증가에 따라 증가한다).

이제까지 설명한 경계층은 특히 유체의 속도와 관계가 있으므로 좀 더 정확하게 말하면 **속도경계층**(velocity boundary layer)이라 할 수 있다. 이 경계층은 표면 위를 지나는 유체흐름에서는 언제나 발달되며, 대류전달을 포함하는 문제에 대하여 기본적으로 매우 중요한 사항이다. 특히 유체역학 분야에서 엔지니어에게 경계층의 중요성은 경계층의 표면 전단응력 τ_s와 그와 관련된 표면마찰 효과로부터 그 연유를 찾을 수 있다. 외부유동에서 표면 전단응력은 다음과 같이 표현되는 국소 **마찰계수**(friction coefficient)를 정의하는 데 기본이 되며, 이것은 표면의 마찰저항을 결정하는 가장 핵심적인 무차원 변수이다.

$$C_f \equiv \frac{\tau_s}{\rho u_\infty^2/2} \tag{6.1}$$

Newton 유체(Newtonian fluid)로 가정하면, 표면 전단응력은 다음과 같이 표면에서의 속도구배로부터 구할 수 있다.

$$\tau_s = \mu \frac{\partial u}{\partial y}\bigg|_{y=0} \tag{6.2}$$

여기서 μ는 **점성계수**(dynamic viscosity)라고 알려진 유체의 물성치이다. 속도경계층에서 속도구배는 평판의 선단으로부터의 거리 x에 의존한다. 그러므로 표면 전단응력과 마찰계수 또한 x에 의존하게 된다.

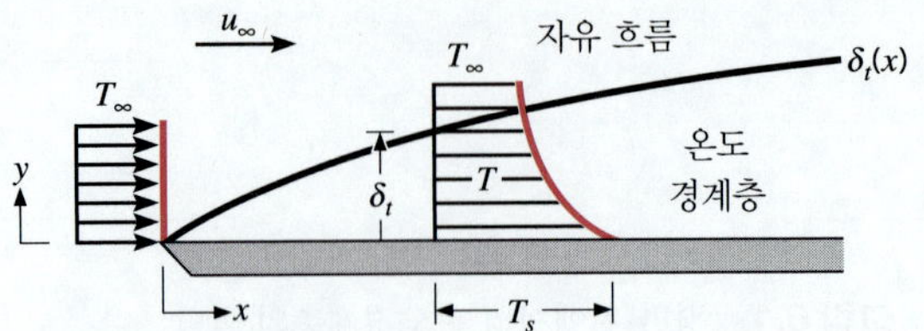

그림 6.2 등온 평판 위에서의 온도경계층의 발달.

6.1.2 온도경계층

표면 위에 유체흐름이 있을 때 속도경계층이 발달되는 것과 마찬가지로, 자유흐름의 유체온도와 표면의 온도가 다르다면, **온도경계층**(thermal boundary layer)이 발달된다. 등온인 평판 위에서의 흐름을 생각해 보자(그림 6.2). 선단에서는 **온도분포**(temperature profile)가 $T(y) = T_\infty$로서 균일하다. 그러나 평판과 접촉하는 유체입자들은 평판의 표면온도 상태로 열적인 평형을 이룬다.[2] 차례로 이 입자들은 인접한 유체층 내의 입자들과 에너지를 교환하며, 유체 내에서 온도구배가 발달된다. 이와 같은 온도구배가 존재하는 유체영역을 온도경계층이라 하며, 그 두께 δ는 일반적으로 $[(T_s - T)/(T_s - T_\infty)] = 0.99$가 되는 y의 값으로 정의된다. 선단으로부터 거리가 증가함에 따라 열전달의 영향은 자유흐름으로 더 침투되고, 따라서 온도경계층은 점점 더 성장하게 된다.

이 경계층 내에서의 조건들과 대류열전달계수 사이의 관계는 쉽게 설명될 수 있다. 선단으로부터의 임의의 거리 x에서의 **국소 표면열유속**(local surface heat flux)은 $y = 0$에서 **유체**에 Fourier의 법칙을 적용함으로써 다음과 같이 구할 수 있다. 즉

$$q''_s = -k_f \left.\frac{\partial T}{\partial y}\right|_{y=0} \tag{6.3}$$

아래첨자 s는 표면열유속임을 강조하기 위해 사용되지만, 나중에는 삭제하게 된다. 이 식은 표면에서 **유체운동이 없고, 에너지 전달은 전도에 의해서만 일어나기 때문에** 매우 합당한 표현이다. Newton의 냉각법칙(Newton law of cooling)을 생각해 보면 다음 식과 같다.

$$q''_s = h(T_s - T_\infty) \tag{6.4}$$

이 식과 식 (6.3)을 결합하여 다음 식을 얻는다.

$$h = \frac{-k_f \partial T/\partial y|_{y=0}}{T_s - T_\infty} \tag{6.5}$$

그러므로 벽의 온도구배 $\partial T/\partial y|_{y=0}$에 큰 영향을 미치는 온도경계층에서의 조건들이 경계층을 가로지르는 열전달률을 결정하게 된다. $(T_s - T_\infty)$는 일정하며 x에 무관하고, 한편 δ_t는 x가 증가함에 따라 증가하므로, 경계층 내의 온도구배는 x가 증가함에 따라 감소하여야 한다. 따라서 $\partial T/\partial y|_{y=0}$

[2] 마이크로 및 나노스케일 효과는 이 장에서는 무시된다고 가정한다. 그래서 3.7.3절의 열수용계수는 1이 된다. 이 경우에 유체 입자들은 평판의 표면과 열적인 평형을 이루게 된다. 마이크로 및 나노스케일 효과는 8.8절에서 다루게 될 것이다.

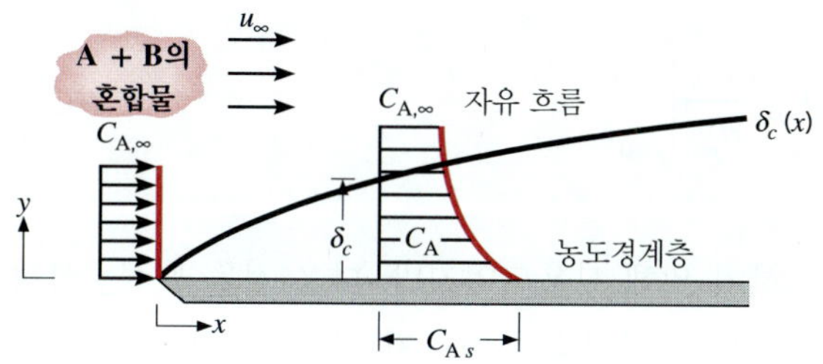

그림 6.3 평판 위에서의 화학종 농도경계층의 발달.

의 크기는 x가 증가함에 따라 감소하며, q_s''과 h는 x가 증가함에 따라 감소하게 된다.

6.1.3 농도경계층

공기가 호수의 수면 위를 지날 때 액상의 물은 증발하게 되고 수증기는 공기흐름 내로 전달된다. 이것은 대류물질전달의 한 예이다. 더욱 일반적으로 어떤 표면 위를 흐르는 화학종 A와 B의 **2성분 혼합물**(binary mixture)에 대해 생각해 보자(그림 6.3). 표면에서 화학종 A의 몰농도(kmol/m3)는 $C_{A,s}$이고 자유흐름에서의 몰농도가 $C_{A,\infty}$이다. 이들이 서로 다르다면 대류에 의해서 화학종 A의 전달이 나타나게 된다. 예를 들어 화학종 A가 액체 표면에서 **증발**(evaporation)로 인해(물의 경우에서와 같이) 또는 고체 표면에서 **승화**(sublimation)로 인해 기체흐름(화학종 B) 내로 전달되는 증기일 수 있으며, 이러한 상황에서 속도경계층 및 온도경계층과 마찬가지로 **농도경계층**(concentration boundary layer)이 발달하게 된다. 농도경계층은 농도구배가 존재하는 유체영역으로서, 그 두께 δ_c는 통상 $[(C_{A,s} - C_A)/(C_{A,s} - C_{A,\infty})] = 0.99$가 되는 y의 값으로 정의된다. 선단에서의 거리가 증가함에 따라 화학종 전달 효과가 점차 자유흐름 내부로 들어가게 되어 농도경계층이 성장한다.

표면과 자유흐름 유체 사이에서의 대류에 의한 화학종의 전달은 농도경계층의 조건에 의해서 결정되며, 우리는 이 전달률을 결정하는 데 관심이 있다. 특히 화학종 A의 몰유속(molar flux) N_A''(kmol/s·m^2)에 흥미가 있다. 확산(diffusion)에 의한 화학종 전달과 관련된 몰유속이 Fourier의 법칙과 유사한 식으로 결정될 수 있다는 사실을 아는 것이 편리하다. 이러한 점에 비추어, **Fick의 법칙**(FIck's law)이라 불리는 식의 표현은 다음과 같다.

$$N_A'' = -D_{AB}\frac{\partial C_A}{\partial y} \tag{6.6}$$[3]

여기서 D_{AB}는 **2성분 확산계수**(binary diffusion coefficient)로서 알려진 2성분 혼합물의 물성치이다. 그림 6.3의 농도경계층 내의 $y > 0$의 임의의 위치에서, 화학종 전달은 확산과 유체의 집단운동(advection, **유동대류**)에 기인한다. 그러나 나노스케일 혹은 마이크로스케일 효과와 화학종 확산이 표면에 수직인 속도에 미치는 영향이 없다면 표면에서의 유체운동은 무시될 수 있다.[4] 따라서 표면에서의 화학종 전달은 단지 확산에 의하게 된다. $y = 0$에서 Fick의 법칙을 적용하면, 몰유속은 다음과 같다.

[3] 이 식은 혼합물의 전체 몰농도 $C = C_A + C_B$가 일정한 경우에 확산에 대한 Fick의 법칙(14.1.3절)의 더 일반화된 근사식이다.

[4] 확산이 집단체적운동(bulk fluid motion)에 미치는 효과를 무시하는 근거는 14.2절과 14.3절에서 논한다.

$$N''_{A,s} = -D_{AB} \frac{\partial C_A}{\partial y}\bigg|_{y=0} \tag{6.7}$$

여기서 아래첨자 s는 표면에서의 몰유속임을 강조하기 위해 사용되었지만, 다음 절들에서는 삭제하게 된다. Newton의 냉각법칙과 유사하게 이 몰유속과 경계층을 가로지르는 농도차를 관계 짓는 하나의 식을 다음과 같이 쓸 수 있다.

$$N''_{A,s} = h_m(C_{A,s} - C_{A,\infty}) \tag{6.8}$$

여기서 h_m(m/s)은 대류열전달계수와 유사하게 **대류물질전달계수**(convection mass transfer coefficient)이다. 식 (6.7)과 식 (6.8)을 결합하여 다음 식을 얻는다.

$$h_m = \frac{-D_{AB}\partial C_A/\partial y|_{y=0}}{C_{A,s} - C_{A,\infty}} \tag{6.9}$$

따라서 표면의 농도구배 $\partial C_A/\partial y|_{y=0}$에 많은 영향을 주는 농도경계층 내의 상태가 대류물질전달계수, 즉 경계층으로의 화학종 전달률에 영향을 주게 된다.

6.1.4 경계층의 중요성

표면 위의 흐름에 대해서도 항상 속도경계층이 존재하고 결국 표면마찰이 있게 된다. 마찬가지로 표변과 사유흐름의 온도가 서로 다르다면 온도경계층도 대류열전달이 일어나며, 항상 존재한다. 이와 유사하게, 화학종 표면에서의 농도와 자유흐름 내에서의 농도가 다르다면 농도경계층과 대류물질전달은 존재하게 된다. 속도경계층은 그 범위가 $\delta(x)$이고, 속도구배와 전단응력이 존재한다는 특징이 있다. 온도경계층은 범위가 $\delta_t(x)$이고, 온도구배와 열전달이 있는 특징을 가지며, 마지막으로 농도경계층은 범위가 $\delta_c(x)$이고, 그 특성은 농도구배와 물질전달로 표현된다. 이 세 가지 경계층이 동시에 존재하는 경우가 있다. 이런 경우 경계층들이 같은 비율로 성장하는 것은 매우 드물며, 일반적으로 특정 위치에서의 경계층두께는 각각 δ, δ_t, δ_c로 서로 다른 값을 갖게 된다.

이 세 가지 경계층에 대한 엔지니어들의 중요한 관심사는 **표면마찰**, **대류열전달** 및 **대류물질전달**이다. 따라서 핵심적인 경계층 매개변수들은 각각 **마찰계수** C_f, **대류열전달계수** h 및 **대류물질전달계수** h_m이다. 이제 대류열전달 및 물질전달 해석에 핵심이 되는 이들 매개변수로 관심을 돌려 보자.

6.2 국소 및 평균대류계수

6.2.1 열전달

그림 6.4a의 조건을 살펴보자. 속도가 V이고 온도가 T_∞인 유체가 면적 A_s인 임의의 형상의 표면

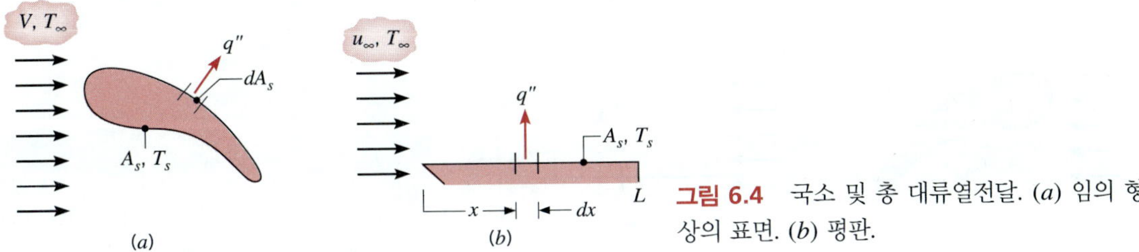

그림 6.4 국소 및 총 대류열전달. (*a*) 임의 형상의 표면. (*b*) 평판.

위를 흐른다. 표면이 균일한 온도 T_s로 주어지고, 만약 $T_s \neq T_\infty$이면 대류열전달이 일어나리라는 것을 알 수 있다. 6.1.2절에서 표면열유속과 대류열전달계수 둘 다 표면에 따라 변하는 것을 알게 되었다. **총 열전달률**(total heat transfer rate) q는 표면 전체에 대하여 국소 열유속을 적분하여 얻을 수 있다. 즉

$$q = \int_{A_s} q'' dA_s \tag{6.10}$$

또는 식 (6.4)로부터 다음과 같다.

$$q = (T_s - T_\infty)\int_{A_s} h dA_s \tag{6.11}$$

전체 표면에 대한 **평균대류계수**(average convection coefficient) $\bar{h}$를 정의하면, 총 열전달률 또한 다음과 같이 표현된다.

$$q = \bar{h}A_s(T_s - T_\infty) \tag{6.12}$$

식 (6.11)과 식 (6.12)를 같다고 하면, 평균대류계수와 국소 대류계수는 다음의 식으로 표현된다.

$$\bar{h} = \frac{1}{A_s}\int_{A_s} h dA_s \tag{6.13}$$

평판 위를 지나는 흐름의 특수한 경우에 대하여(그림 6.4*b*), h는 선단으로부터의 거리 x에 따라서만 변화하고, 식 (6.13)은 다음과 같이 간단히 표현되는 것에 주목하라.

$$\bar{h} = \frac{1}{L}\int_0^L h dx \tag{6.14}$$

대류열전달 문제 국부적 열유속 또는 전체 열전달률은 대부분의 대류열전달 문제에서 매우 중요하다. 이러한 양들은 국부 대류열전달계수(h)와 평균 대류열전달계수($\bar{h}$)에 관한 6.4식과 6.12식으로부터 계산할 수 있다. 이러한 계수들을 계산하여 구하는 것이 바로 **대류열전달 문제**로 볼 수 있다. 그러나, 대류열전달계수는 간단한 문제가 아니라 **유체**의 물성치인 밀도, 점성계수, 열전도율, 비열 등에 연관되어 있고 물체의 표면 형상과 유동 조건에도 의존하고 있다. 유체의 물성치와 유동 조건 등에 관한 여러 복잡한 변수들이 **물체 표면** 부근 경계층에서의 **대류열전달**에 기여한다.

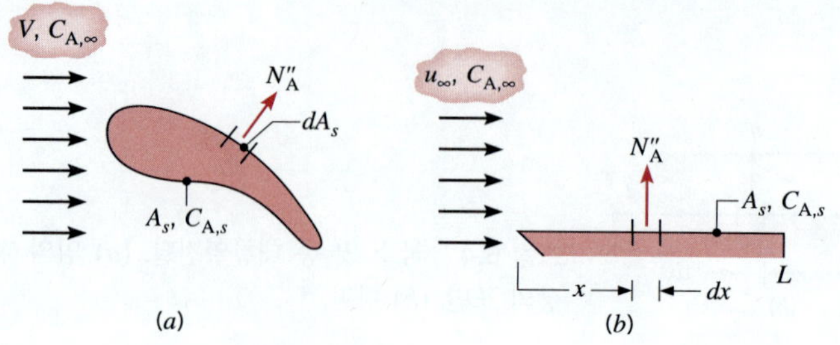

그림 6.5 국소 및 총 대류 화학종 전달. (*a*) 임의 형상의 표면. (*b*) 평판.

6.2.2 물질전달

유사한 결과가 대류물질전달에서도 얻어질 수 있다. 만일 화학종의 몰농도가 $C_{A,\infty}$인 유체가 화학종 농도가 어떤 균일한 값 $C_{A,s} \neq C_{A,\infty}$으로 유지되는 표면 위를 흐른다고 가정하면(그림 6.5*a*), 대류에 의하여 화학종의 전달이 이루어지게 된다. 6.1.3절로부터 표면 몰유속과 대류물질전달계수 둘 다 표면에 따라 변함을 알게 되었다. 표면 전체에 대한 총 몰전달률(total molar transfer rate) N_A(kmol/s)는 다음과 같이 표현된다.

$$N_A = \bar{h}_m A_s (C_{A,s} - C_{A,\infty}) \tag{6.15}$$

여기서 평균 및 국소 물질전달 대류계수는 다음 식의 형태로 관련된다.

$$\bar{h}_m = \frac{1}{A_s}\int_{A_s} h_m dA_s \tag{6.16}$$

특히 그림 6.5*b*의 평판의 경우에는 다음과 같다.

$$\bar{h}_m = \frac{1}{L}\int_0^L h_m dx \tag{6.17}$$

또한 물질의 전달은 질량유속(mass flux) n''_A(kg/s·m^2) 또는 질량전달률 n_A(kg/s)로 표현될 수 있으며, 이는 식 (6.8) 및 (6.15)의 양변에 각각 물질 A의 분자량 $\mathcal{M}_A$(kg/kmol)를 곱함으로써 해결된다. 즉

$$n''_A = h_m (\rho_{A,s} - \rho_{A,\infty}) \tag{6.18}$$

그리고

$$n_A = \bar{h}_m A_s (\rho_{A,s} - \rho_{A,\infty}) \tag{6.19}$$

여기서 ρ_A(kg/m^3)는 물질 A의 질량밀도(mass density)이다.[5] 또한 다음 식을 얻기 위해 식 (6.7)

[5] 앞의 기호설명이 이 책에서 물질전달을 기술하는 데 적합하나, 이것이 결코 표준은 아니며, 다른 책에서의 결과와 일치시키는 데 종종 어려움이 따른다. 구동포텐셜, 유속(flux), 대류계수를 수식화하는 다른 방법은 Webb[1]에 의해 제시되었다.

에 $\mathcal{M}_A$를 곱함으로써 질량기준 Fick의 법칙을 쓸 수 있다.

$$n''_{A,s} = -D_{AB} \frac{\partial \rho_A}{\partial y}\bigg|_{y=0} \tag{6.20}$$

더욱이 식 (6.9)의 분자, 분모에 $\mathcal{M}_A$를 곱함으로써 h_m에 대한 대체 표현을 얻을 수 있다.

$$h_m = \frac{-D_{AB}\,\partial \rho_A/\partial y\big|_{y=0}}{\rho_{A,s} - \rho_{A,\infty}} \tag{6.21}$$

대류물질전달을 계산하기 위해서는 $C_{A,s}$ 또는 $\rho_{A,s}$의 값을 알아야 한다. 이러한 값의 결정은 기체와 액체 또는 고체의 접촉면에서 열역학적 평형상태로 가정함으로써 가능하다. 이 평형조건의 한 가지는 접촉면에서 증기의 온도와 표면온도 T_s가 같다는 것이다. 또 다른 조건은 증기가 **포화상태**(saturated state)이기 때문에 열역학적 표(예: 물인 경우에는 표 A.6)로부터 포화온도에 상응하는 밀도를 구할 수 있다는 점이다. 매우 양호한 근사값으로서, 표면에서 증기의 몰농도는 이상기체의 상태 방정식에 의거하여 증기압으로부터 구할 수 있다. 즉

$$C_{A,s} = \frac{p_{sat}(T_s)}{\mathcal{R}T_s} \tag{6.22}$$

여기서 $\mathcal{R}$는 일반기체상수(universal gas constant)이며, $p_{sat}(T_s)$는 포화온도 T_s에 상응하는 증기압이다. 증기 질량밀도와 몰농도와의 관계는 $\rho_A = \mathcal{M}_A C_A$임을 주목하라.

대류물질전달 문제 국부적 물질전달 유속 또는 전체 물질전달률은 국부 물질전달계수(h_m)와 평균 물질전달계수($\bar{h}_m$)에 관한 식 (6.8)과 식 (6.15)로부터 계산할 수 있다. 이러한 계수들을 계산하여 구하는 것이 바로 **대류물질전달 문제**로 볼 수 있다. 대류물질전달계수는 **유체**의 물성치인 밀도, 점성계수, 확산계수 등에 연관되어 있고 물체의 **표면 형상**과 **유동 조건**에 의존하고 있다.

예제 6.1

표면이 매우 거친 평판 위의 흐름에 대하여 국소 열전달계수 h_x에 대한 실험결과들이 다음의 상관식으로 구해졌다.

$$h_x(x) = ax^{-0.1}$$

여기서 a는 계수(W/m$^{1.9}$·K)이며, x는 평판의 선단으로부터의 거리(m)이다.

1. 평판에서의 평균 열전달계수 $\bar{h}_x$를 위치 x에서 국소 열전달계수 h_x에 대한 비로 표현하는 식을 유도하라.
2. h_x 및 $\bar{h}_x$의 변화를 x의 함수로서 도시하라.

풀이

제시자료: 국소 열전달계수의 변화 $h_x(x)$.

풀이대상:

1. 국소 열전달계수 $h_x(x)$에 대한 평균 열전달계수 $\bar{h}(x)$의 비.

2. x 값에 따른 h_x와 $\bar{h}_x$의 변화에 대한 스케치.

개략도:

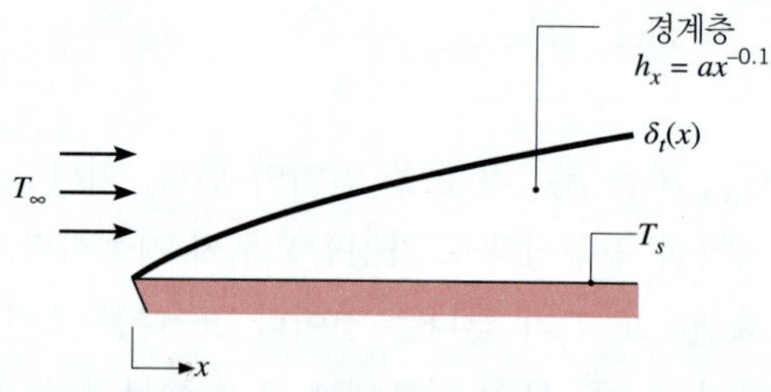

해석:

1. 식 (6.14)로부터 0에서 x까지 대류열전달계수, $h_x(x) = ax^{-0.1}$의 평균값은

$$\bar{h}_x = \frac{1}{x}\int_0^x ax^{-0.1}\,dx = \frac{a}{x}\int_0^x x^{-0.1}\,dx = \frac{a}{x}\left(\frac{x^{+0.9}}{0.9}\right) = 1.11ax^{-0.1}$$

또는 다음과 같다.

$$\bar{h}_x = 1.11h_x$$ ◁

2. x의 변화에 따른 h_x와 $\bar{h}_x$는 다음과 같다.

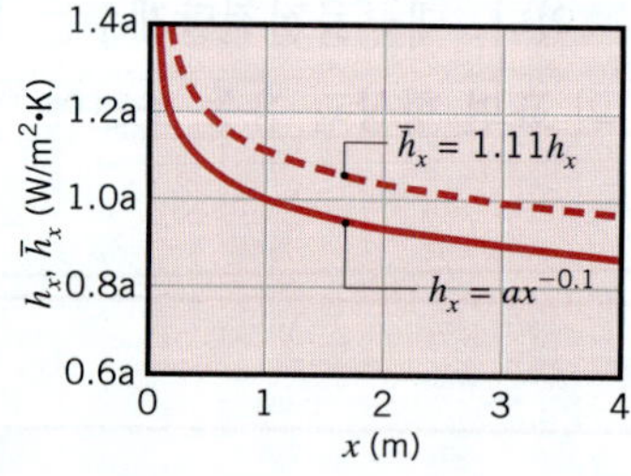

◁

부가설명: 경계층의 발달로 인하여 국소 대류계수와 평균대류계수는 모두 선단으로부터의 거리가 증가함에 따라 감소한다. 그러므로 어떤 위치 x까지의 평균대류계수는 위치 x에서의 국소 대류계수 값보다 커야 한다.

예제 6.2

통상적으로 좀약이라고 알려진 고체 나프탈렌(naphthalene)을 이용하여 지름 20 mm이고 길이가 긴 원통을 제작하여, 평균 대류물질전달계수 $\bar{h}_m = 0.05$ m/s인 공기흐름 속에 노출시켰다. 원통 표면에서 나프탈렌 증기의 몰농도는 5×10^{-6} kmol/m^{3}이며, 분자량은 128.16 kg/kmol이다. 원통의 단위 길이당 질량승화율(mass sublimation rate)은 얼마인가?

풀이

제시자료: 나프탈렌의 포화증기 농도.

풀이대상: 단위 길이당 승화율 n'_A(kg/s·m).

개략도:

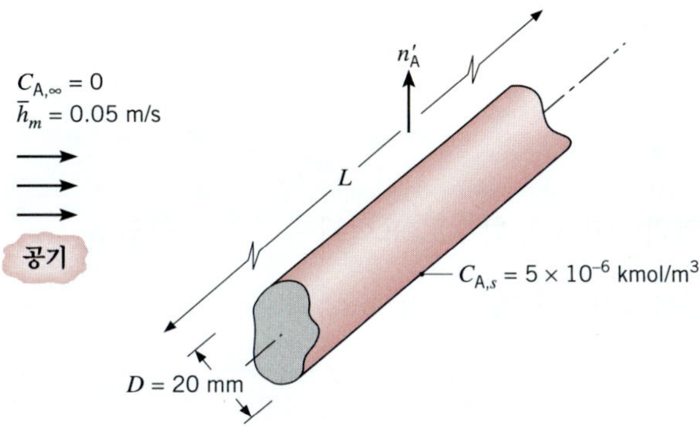

가정:

1. 정상상태 조건.
2. 자유흐름 공기 속에서 나프탈렌의 농도는 무시할 수 있음.

해석: 나프탈렌은 대류에 의하여 공기 중으로 전달되며, 식 (6.15)로부터 원통에 대한 몰전달률(molar transfer rate)은 다음과 같다.

$$N_A = \bar{h}_m \pi DL(C_{A,s} - C_{A,\infty})$$

여기서 $C_{A,\infty} = 0$, $N'_A = N_A/L$이므로, 다음과 같다.

$$N'_A = (\pi D)\bar{h}_m C_{A,s} = \pi \times 0.02 \text{ m} \times 0.05 \text{ m/s} \times 5 \times 10^{-6} \text{ kmol/m}^3$$

$$N'_A = 1.57 \times 10^{-8} \text{ kmol/s} \cdot \text{m}$$

따라서 질량승화율은 다음과 같다.

$$n'_A = \mathcal{M}_A N'_A = 128.16 \text{ kg/kmol} \times 1.57 \times 10^{-8} \text{ kmol/s} \cdot \text{m}$$

$$n'_A = 2.01 \times 10^{-6} \text{ kg/s} \cdot \text{m}$$ ◁

예제 6.3

대기압 하에서 물이 담겨 있는 팬 표면의 어느 지점에서 물의 표면으로부터 거리를 y라고 하고 y에 따른 물의 분압 p_A (atm)을 측정하였으며 그 결과는 다음과 같다.

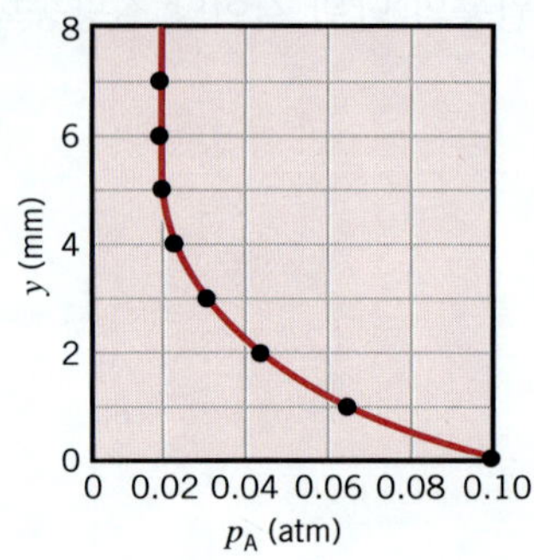

임의의 지점 x에서 대류물질전달계수 $h_{m,x}$를 구하라.

풀이

제시자료: 물의 표면으로부터 임의의 거리 y의 함수로 표현된 수증기의 분압 p_A.

풀이대상: 임의의 위치 x에서 대류물질전달계수.

개략도:

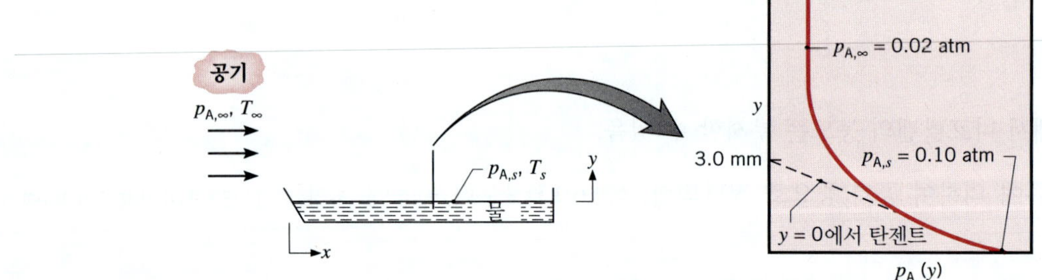

가정:

1. 수증기를 이상기체로 간주함.
2. 등온조건.

물성치: 표 A.6에서 포화증기(0.1 atm = 0.101 bar): T_s = 319 K. 표 A.8에서 수증기–공기(319 K): $D_{AB}(319\ \text{K}) = D_{AB}(298\ \text{K}) \times (319\ \text{K}/298\ \text{K})^{3/2} = 0.288 \times 10^{-4}\ \text{m}^2/\text{s}$.

해석: 식 (6.21)로부터 국소 대류물질전달계수는 다음과 같다.

$$h_{m,x} = \frac{-D_{AB}\, \partial \rho_A / \partial y|_{y=0}}{\rho_{A,s} - \rho_{A,\infty}}$$

수증기를 이상기체로 간주하면

$$p_{\mathrm{A}} = \rho_{\mathrm{A}} RT$$

일정온도 T(등온조건)에서

$$h_{m,x} = \frac{-D_{\mathrm{AB}}\, \partial p_{\mathrm{A}}/\partial y|_{y=0}}{p_{\mathrm{A},s} - p_{\mathrm{A},\infty}}$$

측정된 증기압의 분포로부터

$$\left.\frac{\partial p_{\mathrm{A}}}{\partial y}\right|_{y=0} = \frac{(0 - 0.1)\ \mathrm{atm}}{(0.003 - 0)\ \mathrm{m}} = -33.3\ \mathrm{atm/m}$$

따라서

$$h_{m,x} = \frac{-0.288 \times 10^{-4}\ \mathrm{m^2/s}\ (-33.3\ \mathrm{atm/m})}{(0.1 - 0.02)\ \mathrm{atm}} = 0.0120\ \mathrm{m/s} \qquad \triangleleft$$

부가설명: 액체-증기 접촉면에서의 열역학적 평형으로부터, 접촉면의 온도 T_s = 319 K는 표 A.6으로부터 구하였다.

6.3 층류 및 난류유동

지금까지 대류에 대한 토의에서 **유동조건**의 중요성은 언급하지 않았다. 대류 문제를 다루는 데 필수적인 첫 번째 사항은 그 경계층이 **층류**(laminar)인지 **난류**(turbulent)인지를 결정하는 것이다. 표면마찰과 대류전달률은 경계층이 어떤 흐름인지에 따라 크게 달라진다.

6.3.1 층류 및 난류 속도경계층

평판 위에서의 경계층 **발달**(development)에 대해 그림 6.6으로 설명하고 있다. 많은 경우에 층류와 난류유동 상황 둘 다 일어나며 위치를 보면 층류영역, 난류영역 순이다. 각각의 조건에 대해 유

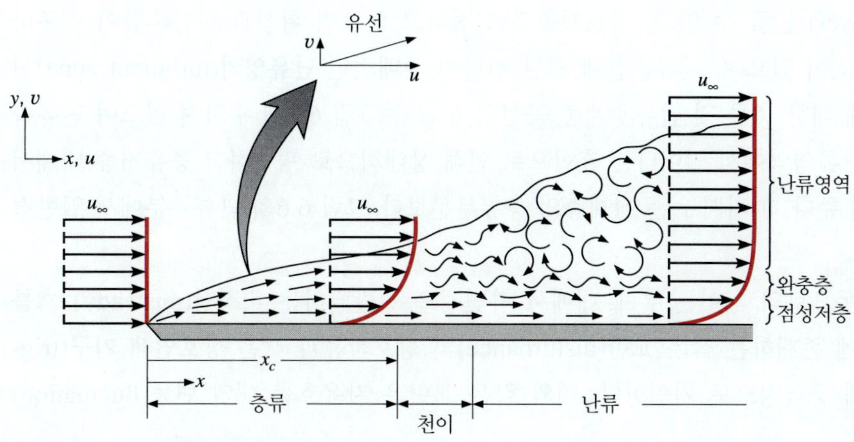

그림 6.6 평판 위에서의 속도경계층의 발달.

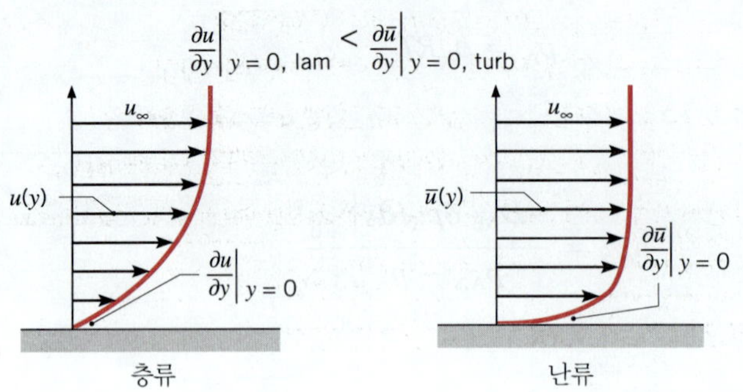

그림 6.7 동일한 자유흐름 속도에서 층류 및 난류 속도경계층의 비교.[6]

체의 운동은 x 방향과 y 방향의 속도성분에 의해 특징지어진다. 벽 근처 유체의 서행은 표면에서 먼 곳의 유체운동을 수반하여 경계층이 x 방향에 따라 성장하게 된다. 다음의 문장에서 설명하고 있는 것처럼, 그림 6.6은 층류와 난류유동 사이에는 뚜렷한 차이가 있음을 보여 주고 있다.

층류경계층 내의 유체흐름은 잘 정돈되어 있으며, 따라서 입자들이 이동하고 있는 유선들을 확인할 수 있다. 6.1.1절에서 경계층두께가 성장하고 있으며 $y = 0$에서의 속도구배는 유선방향(x가 증가)에 따라 감소한다는 것을 알았다. 식 (6.2)로부터 국소 표면 전단응력 τ_s 역시 x가 증가함에 따라 감소한다는 것을 알 수 있다. 잘 정돈된 거동은 **천이영역**(transition zone)까지는 지속되며 그것을 지나면서 층류에서 난류상황으로 변화된다. 천이영역 내의 상황은 시간에 따라 변하며 때때로 층류의 거동이 나타나기도 하고 때때로 난류의 특성이 나타나기도 한다.

일반적으로 충분한 난류 경계층 유동은 매우 불규칙적이고 랜덤한 3차원 운동으로 특성지울 수 있다. 경계층 내의 혼합(mixing)은 고체표면을 향해 고속의 유체를 이동시키고 느린 유체는 한 층 더 자유흐름(free stream) 쪽으로 전달시킨다. 평판 근처에서 간헐적으로 발생되는(급격히 성장하거나 소멸되는) 유선방향 와동(vortex)인 **스트리크**(streak)는 혼합을 상당히 촉진시킨다. 최근에 난류유동 내에서 스트리크와 **거대구조**(coherent structure)는 u_∞를 초과하는 속도에서 **파동**(wave)으로 이동하며 비선형적으로 작용하여 난류의 특징인 무질서한 상황을 일으킨다는 해석적 및 실험적 연구가 발표되었다[2].

무질서한 유동조건으로 되는 상호작용의 결과로서 난류경계층 내의 어느 위치에서 속도와 압력의 변동(fluctuation)이 나타난다. 표면으로부터의 거리의 함수로서 난류경계층을 세 가지의 서로 다른 영역으로 묘사할 수 있다. 확산에 의한 전달이 지배적이며 속도곡선이 거의 선형적인 **점성저층**(viscous sublayer)을 들 수 있고, 점성저층과 인접하고 있으며 확산과 난류혼합이 공존하는 **완충층**(buffer layer)이 있으며, 난류혼합에 의한 전달이 지배적인 **난류영역**(turbulent zone)이 있다. 속도의 x 성분에 대한 층류 및 난류경계층 곡선의 비교가 그림 6.7에 주어져 있으며 난류속도 곡선이 완충층과 난류영역에서 일어나는 혼합으로 인해 상대적으로 평평하고 층류저층 내에서 속도구배가 큼을 보여 준다. 따라서 τ_s는 경계층의 층류부분보다 그림 6.6의 난류부분에서 일반적으로 크다.

층류에서 난류유동으로의 천이는 유체 내에서 자연적으로 발달하는 비정상(unsteady) 흐름 구조 또는 경계층 내에 존재하는 작은 교란(disturbance)의 상호작용과 같은 **상호연쇄 기구**(triggering mechanism)에 궁극적으로 기인한다. 이와 같은 교란은 자유흐름 내의 변동(fluctuation)

[6] 난류유동에서는 속도가 시간에 따라서 변동하기 때문에 그림 6.7에 시간평균속도 $\bar{u}$로 도시한다.

으로부터 비롯하여 생겨나거나 표면거칠기 또는 미세한 표면진동에 의해 야기된다. 난류의 시작은 상호연쇄 기구가 유동방향에 있어서 증폭되는가 줄어드는가에 의존한다. 그것은 **Reynolds 수** (Reynolds number)라고 하는 매개변수들의 무차원 그룹에 의존한다.

$$Re_x = \frac{\rho u_\infty x}{\mu} \tag{6.23}$$

여기서 평판에 대해서 특성길이는 x이며 선단으로부터의 거리이다. 나중에 Reynolds 수는 관성력과 점성력의 비임을 보이게 될 것이다. Reynolds 수가 작으면 관성력은 점성력에 비해 상대적으로 의미가 없다. 따라서 교란은 소산되어 흐름은 층류가 된다. 한편 Reynolds 수가 큰 경우에는 관성력이 상호연쇄 기구를 충분히 증폭하여 난류로의 천이가 일어난다.

경계층 거동을 계산함에 있어서 그림 6.6에서 보는 바와 같이 천이가 어떤 위치 x_c에서 시작된다고 가정하는 것이 합리적인 경우가 많다. 이 위치는 **임계** Reynolds 수 Rex,c에 의하여 결정된다. 평판 위의 흐름에서 $Re_{x,c}$는 대략 10^5부터 3×10^6까지 변화하는 것으로 알려지고 있다. 또한 이 임계 Reynolds 수는 표면거칠기나 자유흐름의 난류 정도에 따른 의존성이 매우 강하다. 임계 Reynolds 수의 대표적인 값은 다음과 같고 경계층 계산에서 종종 가정된다. 특별한 언급이 없는 한 이 값은 평판에 대해서 이용된다.

$$Re_{x,c} \equiv \frac{\rho u_\infty x_c}{\mu} = 5 \times 10^5 \tag{6.24}$$

6.3.2 층류 및 난류의 온도 및 화학종 농도경계층

속도분포는 경계층 내의 열에너지 또는 화학종 전달의 유동대류 성분을 결정하기 때문에 흐름의 본질은 대류 열 및 물질전달률에 매우 큰 영향을 미치게 된다. 층류 속도경계층과 유사하게 열 및 화학종 경계층은 유선방향(x가 증가하는)에 따라 성장하며, $y = 0$에서 유체의 온도 및 화학종구배는 유선방향에 따라 감소하며, 식 (6.5)와 (6.9)로부터 열 및 물질전달률 또한 x의 증가에 따라 감소한다.

마치 $y = 0$에서 속도구배가 크게 되는 것처럼 그림 6.7에 나타낸 난류혼합은 천이영역에서

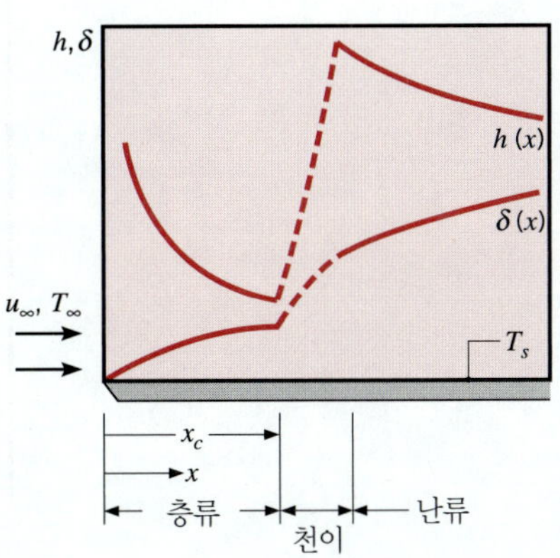

그림 6.8 등온평판 위의 흐름에 대해 속도경계층 두께 δ 및 국소 열전달계수 h의 변화.

열 및 물질전달률이 증가하는 것과 마찬가지로 고체표면에 인접한 온도 및 화학종 농도구배를 크게 촉진한다.

층류와 난류 현상이 모두 발생하면, 속도 경계층 두께 δ과 국부 대류열전달계수 h는 그림 6.8에 나타낸 것처럼 변화한다. 난류는 혼합을 유도해서 온도 및 화학종 경계층의 두께를 결정함에 있어 전도와 확산의 중요성을 감소시키기 때문에 속도, 온도 및 화학종 경계층두께의 **차이**는 층류유동에 비해 난류유동의 경우가 점점 줄어드는 경향이 있다. 식 (6.24)에서 분명히 알 수 있듯이 유체의 밀도나 점성계수가 온도 또는 화학종의 농도에 의존한다면 열 및 물질전달의 존재는 층류에서 난류로의 천이를 일으키는 위치 x_c에 영향을 끼치게 된다.

예제 6.4

길이 $L = 0.6$ m인 평판 위를 속도 $u_\infty = 1$ m/s로 물이 흐른다. 두 경우를 생각해 보자. 하나는 물의 온도가 약 300 K이고 다른 하나는 물 온도가 약 350 K이다. 실험에 의하여 층류와 난류영역에서 국소 대류계수는 아래와 같이 표현된다.

$$h_{\text{lam}}(x) = C_{\text{lam}} x^{-0.5} \quad h_{\text{turb}}(x) = C_{\text{turb}} x^{-0.2}$$

여기서 x는 m 단위이다. 300 K에서

$$C_{\text{lam},300} = 395 \text{ W/m}^{1.5} \cdot \text{K} \quad C_{\text{turb},300} = 2330 \text{ W/m}^{1.8} \cdot \text{K}$$

한편 350 K에서

$$C_{\text{lam},350} = 477 \text{ W/m}^{1.5} \cdot \text{K} \quad C_{\text{turb }350} = 3600 \text{ W/m}^{1.8} \cdot \text{K}$$

명백하게 유체의 여러 물성치는 열에 의존하기 때문에 상수 C는 물의 온도뿐만 아니라 흐름 자체에 의존한다.

두 가지의 물 온도에 대해서 전체 평판의 평균대류계수 $\bar{h}$를 구하라.

풀이

제시자료: 물은 평판 위를 흐른다. 국소 대류계수는 평판의 선단으로부터의 거리 x에 따라 의존함을 나타내는 표현식. 그리고 물의 온도.

풀이대상: 평균대류계수 $\bar{h}$.

개략도:

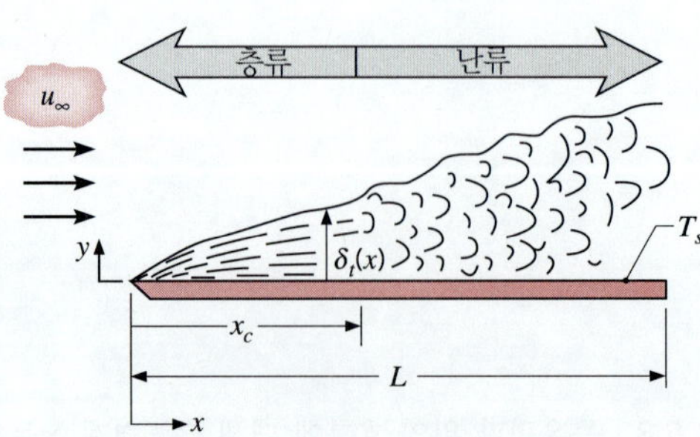

가정:

1. 정상상태 조건.
2. 천이는 임계 Reynolds 수 $Re_{x,c} = 5 \times 10^5$에서 일어난다.

물성치: 표 A.6에서 물($\bar{T} \approx 300$ K): $\rho = v_f^{-1} = 997$ kg/m^3, $\mu = 855 \times 10^{-6}$ N·s/m^2. 표 A.6에서 물($\bar{T} \approx 350$ K): $\rho = v_f^{-1} = 974$ kg/m^3, $\mu = 365 \times 10^{-6}$ N·s/m^2.

해석: 국소 대류계수는 층류 또는 난류조건에 크게 영향을 받는다. 따라서 천이가 발생하는 위치 x_c를 구함으로써 이 조건들이 존재하는 범위를 먼저 정한다. 식 (6.24)로부터 300 K에서 x_c를 구한다.

$$x_c = \frac{Re_{x,c}\mu}{\rho u_\infty} = \frac{5 \times 10^5 \times 855 \times 10^{-6}\ \text{N} \cdot \text{s/m}^2}{997\ \text{kg/m}^3 \times 1\ \text{m/s}} = 0.43\ \text{m}$$

한편 350 K에서 x_c를 구하면

$$x_c = \frac{Re_{x,c}\mu}{\rho u_\infty} = \frac{5 \times 10^5 \times 365 \times 10^{-6}\ \text{N} \cdot \text{s/m}^2}{974\ \text{kg/m}^3 \times 1\ \text{m/s}} = 0.19\ \text{m}$$

식 (6.14)로부터 $\bar{h}$를 구하면

$$\bar{h} = \frac{1}{L}\int_0^L h dx = \frac{1}{L}\left[\int_0^{x_c} h_{\text{lam}}\, dx + \int_{x_c}^L h_{\text{turb}}\, dx\right]$$

또는

$$\bar{h} = \frac{1}{L}\left[\frac{C_{\text{lam}}}{0.5} x^{0.5}\Big|_0^{x_c} + \frac{C_{\text{turb}}}{0.8} x^{0.8}\Big|_{x_c}^{L}\right]$$

300 K에서

$$\bar{h} = \frac{1}{0.6\ \text{m}}\left[\frac{395\ \text{W/m}^{1.5} \cdot \text{K}}{0.5} \times (0.43^{0.5})\ \text{m}^{0.5} + \frac{2330\ \text{W/m}^{1.8} \cdot \text{K}}{0.8} \times (0.6^{0.8} - 0.43^{0.8})\ \text{m}^{0.8}\right] = 1620\ \text{W/m}^2 \cdot \text{K} \quad \triangleleft$$

한편 350 K에서

$$\bar{h} = \frac{1}{0.6\ \text{m}}\left[\frac{477\ \text{W/m}^{1.5} \cdot \text{K}}{0.5} \times (0.19^{0.5})\ \text{m}^{0.5} + \frac{3600\ \text{W/m}^{1.8} \cdot \text{K}}{0.8} \times (0.6^{0.8} - 0.19^{0.8})\ \text{m}^{0.8}\right] = 3710\ \text{W/m}^2 \cdot \text{K} \quad \triangleleft$$

평판에 대한 국소 및 평균대류계수 분포는 아래 그림에 나타내었다.

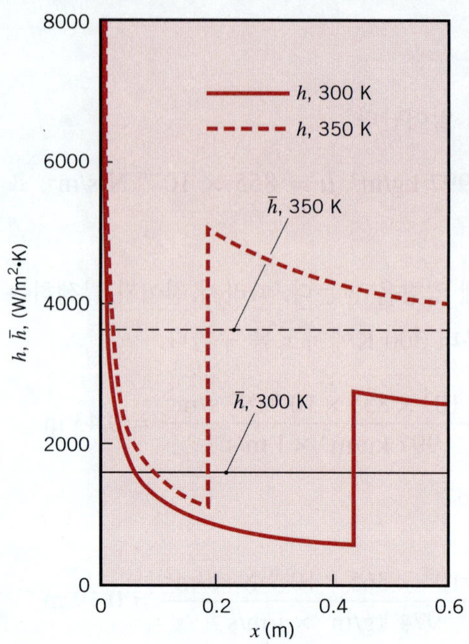

부가설명:

1. $T \approx 350$ K에서의 평균대류계수는 $T \approx 300$ K에서의 값보다 두 배 이상 크다. 이와 같이 온도의 의존성이 큰 것은 고온에서 물의 점성이 작아짐에 따른 x_c의 변화에 주로 기인한다. 대류열전달 해석을 수행함에 있어 유체 물성치의 온도 의존성에 대한 고려가 중요시된다.
2. 국소 대류계수의 공간변화가 중요하다. 가장 큰 국소 대류계수는 평판의 선단에서 발생하며, 그곳은 층류 온도경계층이 가장 얇은 곳이다. 그리고 난류경계층이 가장 얇은 곳은 x_c의 인접 후류 지역이다.

6.4 경계층방정식

그림 6.9에 나타낸 것과 같이, 경계층 내부에 지배하는 방정식을 고려함으로써 경계층 내부 거동을 이해할 수 있고, 대류 이동 현상의 연관성을 설명할 수 있다.

6.1절에서 토의한 바와 같이, 속도경계층은 자유흐름 속도와 벽면의 영속도(zero velocity) 사이의 차이에서부터 생기고, 온도경계층은 표면과 자유흐름과의 온도차에 기인한다. 유체는 화학종 A와 B의 이종 혼합물(binary mixture)로 간주되며, 농도경계층은 자유흐름과 표면에서의 농도 차이에서부터 생긴다($C_{A,\infty} \neq C_{A,s}$). 그림 6.9에서 상대적인 두께($\delta_t > \delta_c > \delta$)에 대한 묘사는 임의로 한 것이며, 상대적 경계층 발달에 영향을 미치는 요인들에 대해서는 이 장의 뒷부분에서 논의할 것이다.

다음 절의 목적은 열 및 화학종 전달을 수반하는 경계층 흐름에 적용할 수 있는 속도, 온도 및 화학종 농도장을 지배하는 미분방정식들을 살펴보는 것이다. 6.4.1절은 층류경계층방정식을 제시하고 부록 F는 난류조건에 대한 관련 방정식을 제공한다. 6.5절에서는 이들 방정식이, 계속되는 장에서 사용될 대류와 연관된, 중요한 무차원 매개변수를 결정하는 데 사용될 것이다.

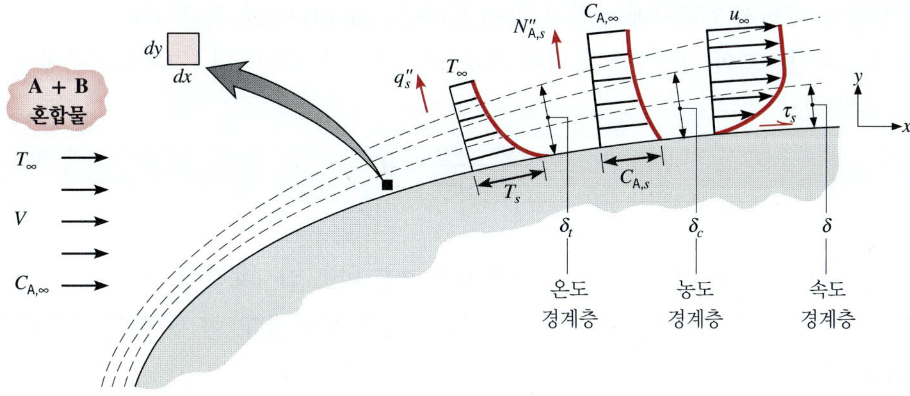

그림 6.9 임의 형상의 표면에서 속도, 온도 및 농도경계층의 발달.

6.4.1 층류유동에 대한 경계층방정식

속도, 온도 및 농도구배가 공존하는 유체유동은 몇 가지 **자연의 기본 법칙**에 순응해야만 한다. 특히 유체의 각각의 지점에서 **Newton의 제2운동법칙**과 마찬가지로 **질량, 에너지 및 화학종의 보존 법칙**을 만족시켜야 한다. 이러한 요구조건을 나타내는 방정식들이 유체 내의 미소 검사체적에 그 법칙을 적용함으로써 유도된다. **물성치가 일정하고, 2차원 정상상태 비압축성 유체유동**에 대한 직교좌표 결과 방정식은 부록 E에 주어진다. 이들 방정식은 층류경계층 해석을 위한 기초가 된다. 난류유동은 본질적으로 비정상(unsteady)이며, 그 지배방정식들은 부록 F에 나타내었다.

중력은 무시하고(식 E.2와 E.3에서 $X = Y = 0$), **열에너지 생성이 없고**(식 E.4에서 $\dot{q} = 0$), **유동은 비반응**(식 E.6에서 $\dot{N}_A = 0$)이라고 제한하고 시작한다. 속도, 온도 및 농도경계층의 조건에 적합한 가정들로써 단순화한다. 특히, 경계층의 두께는 물체가 이루고 있는 크기에 비해 상대적으로 대단히 작다. x 방향 속도, 온도 및 농도는 이와 같이 아주 작은 구간에 걸쳐서 물체 표면에서 자유흐름 값까지 변해야 한다. 그러므로 물체 표면에 수직으로의 구배는 표면방향으로의 구배보다 훨씬 크다. 결과적으로 운동량, 열에너지 및 화학종의 y 방향의 대응항에 비해서 상대적으로 x 방향 확산을 나타내는 항들을 무시할 수 있다. 즉[3, 4]

$$\frac{\partial^2 u}{\partial x^2} \ll \frac{\partial^2 u}{\partial y^2} \qquad \frac{\partial^2 T}{\partial x^2} \ll \frac{\partial^2 T}{\partial y^2} \qquad \frac{\partial^2 C_A}{\partial x^2} \ll \frac{\partial^2 C_A}{\partial y^2} \tag{6.25}$$

x 방향의 항을 무시함으로써 그에 상응하는 x 방향의 전단응력, 전도열유속(conduction heat flux) 및 화학종 확산유속은 무시하여 가정한다. 더욱이 경계층이 대단히 얇기 때문에 경계층 내의 x 방향 압력구배는 다음의 자유흐름 압력구배로 가정된다.

$$\frac{\partial p}{\partial x} \approx \frac{dp_\infty}{dx} \tag{6.26}$$

$p_\infty(x)$는 표면의 기하학적 형상에 의존하고, 전단응력이 무시되는 자유흐름의 유동조건에서부터

이 식들은 6S.1절에서 유도한다.

얻을 수 있다[5]. 따라서 압력구배는 알고 있는 물리량(quantity)으로 취급된다.

앞서 언급된 단순화와 가정들을 통하여 전체적인 연속 방정식은 식 E.1에서처럼 변함이 없다.

$$\frac{\partial u}{\partial x}+\frac{\partial v}{\partial y}=0 \tag{6.27}$$

이 방정식은 질량보존식을 그림 6.9에 나타낸 바와 같은 미소 검사체적 $dx \cdot dy \cdot 1$에 적용한 결과이다. 두 항은 x 및 y 방향 질량의 정미 유출량(유출2유입)을 나타낸다. 이 두 항의 합은 정상유동인 경우 영(zero)이 되어야 한다.

x-운동량방정식(식 E.2)은 다음과 같이 줄일 수 있다.

$$u\frac{\partial u}{\partial x}+v\frac{\partial u}{\partial y}=-\frac{1}{\rho}\frac{dp_\infty}{dx}+\nu\frac{\partial^2 u}{\partial y^2} \tag{6.28}$$

이 방정식은 Newton의 제2운동 법칙을 x 방향으로 유체의 미소 검사체적 $dx \cdot dy \cdot 1$에 적용한 결과이다. 좌변 항은 x-운동량이 미소 검사체적의 경계층을 가로질러 흐르는 유체운동으로 인하여 검사체적을 떠나는 정미 운동량 변화율을 나타내고 있다. 우변의 첫 번째 항은 정미 압력, 두 번째 항은 점성 전단응력에 의한 정미 힘을 나타낸다.

에너지방정식(식 E.4)은 다음과 같이 축소된다.

$$u\frac{\partial T}{\partial x}+v\frac{\partial T}{\partial y}=\alpha\frac{\partial^2 T}{\partial y^2}+\frac{\nu}{c_p}\left(\frac{\partial u}{\partial y}\right)^2 \tag{6.29}$$

이 방정식은 에너지보존법칙을 흐르는 유체의 $dx \cdot dy \cdot 1$ 미소 검사체적에 적용한 결과이다. 좌변의 항들은 유동대류(advection)로 인해 검사체적을 떠나는 열에너지의 정미율을 나타낸다. 우변의 항들은 y 방향 전도로 인한 열에너지의 정미 유입률을 나타낸다. 경계층 내에서 표면을 따라가는 방향의 속도성분 u는 표면에 수직인 속도성분 v보다 훨씬 크고, 표면에 수직인 방향의 속도구배는 표면을 따라가는 방향으로의 속도구배보다 훨씬 큰 경우에, 우변의 마지막 항은 식 E.5의 점성소산이 살아남은 것이다. 대부분의 경우에 유동대류와 전도를 나타내는 항들에 비해서 상대적으로 이 점성소산 항은 무시된다. 그러나 고속 비행체(특히 초음속)에서 수반되는 공기역학적 가열은 이 항이 중요한 대표적인 상황이다.

화학종 보존 방정식(식 E.6)은 다음과 같이 줄어든다.

$$u\frac{\partial C_A}{\partial x}+v\frac{\partial C_A}{\partial y}=D_{AB}\frac{\partial^2 C_A}{\partial y^2} \tag{6.30}$$

이 방정식은 흐름 내의 $dx \cdot dy \cdot 1$ 미소 검사체적에 화학종의 보존 법칙을 적용함으로써 얻어진다. 좌변의 항들은 유동대류에 기인한 화학종 A의 정미 전달량을 나타내는 반면에, 우변의 항들은 y 방향 확산에 따른 정미 유입량을 의미한다.

적당한 경계조건을 지정한 후에, 식 (6.27~6.30)을 풀어서 서로 다른 층류경계층 내에서의 위치에 따라 변하는 u, v, T 및 CA의 공간적인 변화를 구할 수 있다. 비압축성이고 물성치가 일정한 흐름에서는 식 (6.27)과 (6.28)이 식 (6.29)와 (6.30)으로부터 **분리된다**(uncouple). 즉 식 (6.29)와 (6.30)을 배제하고도 **속도장**(velocity field) $u(x, y)$와 $v(x, y)$를 식 (6.27)과 (6.28)로부터 구할 수 있다. $u(x, y)$를 알면 속도구배 $(\partial u/\partial y)|_{y=0}$의 값을 계산할 수 있으며, 벽 전단응력이 식 (6.2)로부터 구해질 수 있다. 이에 반해 식 (6.29)와 (6.30)에서는 u와 v가 나타나 있으므로 온도와 화학종 농도가 속도장에 **결합되어**(couple) 있다. 따라서 $T(x, y)$와 $C_A(x, y)$를 구하기 위하여 식 (6.29)와 (6.30)을 풀기 전에 $u(x, y)$와 $v(x, y)$를 알아야 한다. 일단 $T(x, y)$와 $C_A(x, y)$가 구해지면 대류열전달계수 및 물질전달계수는 각각 식 (6.5) 및 (6.9)로부터 구해질 수 있으며, 이 계수들은 속도장에 대한 의존성이 매우 크다고 할 수 있다.[7]

일반적으로 경계층 해들은 이 책의 수준을 넘어서는 수학적 과정을 포함하기 때문에, 이러한 해의 취급은 평판 위를 흐르는 층류 평행유동(7.2절과 부록 G 참조)에 대한 해석에 한정된다. 그러나 다른 해석적 해들은 대류에 관한 고등과정의 책들[7~9]에서 취급하고 있으며, 상세한 경계층 해들이 수치적(유한차분 또는 유한요소) 방법들에 의하여 구해질 수 있다[10]. 또한 광범위한 공학적 상황과 관련해서는 층류에 비해서 수학적 및 물리적으로 훨씬 복잡한 난류 대류열전달을 수반한다는 것을 알고 있어야 한다. 난류유동에 대한 경계층방정식은 부록 F에 포함되어 있다.

우리는 단순히 해(solution)만을 얻기 위하여 층류경계층방정식들을 유도하지 않은 것을 강조하는 것이 중요하며, 사실 두 가지의 다른 의도가 있다. 첫 번째 동기는 경계층 내에서 일어나는 물리적 현상에 대한 이해를 얻고자 하는 것이다. 이러한 물리적 현상은 경계층 내에서 에너지 및 화학종 전달뿐만 아니라, 벽 마찰에도 영향을 미치게 된다. 두 번째 중요한 동기는 식들이 **운동량 전달**, **열전달** 및 **물질전달** 사이의 중요한 **상사성**(analogy)과 아울러 핵심적인 **경계층 상사 매개변수**(boundary layer similarity parameter)들을 검증하는 데 사용될 수 있다는 사실에 기인한다. 층류 경계층방정식은 이 목적을 위하여 6.5~6.7절에서 사용하게 될 것이다. 그러나 같은 핵심 매개변수와 유사성은 난류조건에서도 마찬가지로 유효하다.

6.4.2 압축성 유동

앞 절과 부록 E의 방정식은 비압축성 유동에 한정된다. 즉 유체의 밀도가 일정하다고 취급한다.[8] 유동과 연관된 **압력변동**의 결과로서 밀도변화가 심하게 일어나는 유동을 압축성으로 간주한다. **압축성 유동**(compressible flow)과 연관된 대류열전달의 취급은 이 책의 범위를 벗어난다. 액체는

[7] 화학종 전달이 속도경계층에 미치는 영향에 특별한 관심을 기울여 보자. 그리고 속도경계층의 발달이 일반적으로 **표면에서** 영의 유체속도(zero fluid velocity)에 의해 특징지어짐을 상기해 보자. 이 상황은 표면을 따라가는 속도성분 u와 마찬가지로 표면에 수직인 속도성분 v와 관계가 있다. 그러나 이와 동시에 표면으로부터 또는 표면으로의 질량전달이 있다면 표면에서의 v는 이미 영이 아님이 확실하다. 그럼에도 불구하고 이 책에서 관심 있는 질량전달 문제에 대해서는 표면에서 $v = 0$으로 가정하는 것은 합리적이다. 이것은 속도경계층에서 질량전달을 무시할 수 있음을 가정하는 것이다. 이 가정은 기상-액상 또는 기상-고상 경계면 각각에서의 증발 또는 승화를 수반하는 많은 문제에 대해 합당하다. 그러나 대규모의 표면 질량전달률을 수반하는 질량전달 냉각 문제에 대해서는 적절하지가 않다[6]. 부가적으로 질량전달에 대해서 보면 경계층 유체는 화학종 A와 B의 2성분 혼합물이고 그 물성치는 혼합물의 물성치가 되어야 한다. 그러나 이 책의 모든 문제에 대해서 $C_A \ll C_B$이고 혼합물의 경계층 물성치(k, μ, c_p 등)를 화학종 B의 물성치로 가정하는 것은 합리적이다.

[8] 9장은 온도에 따른 밀도변화에 기인해서 야기되는 유동을 다룬다. 이들 **자유대류** 유동은 거의 항상 유체가 비압축성인 것처럼 취급할 수 있으나, 운동량방정식에는 부력을 나타내기 위해 추가적인 항이 있다.

거의 항상 비압축성으로 다루어지지만, 흐르는 기체에서 그 속도가 음속에 가깝거나 음속을 초과하게 되면 압력변화를 고려해야 한다. 특히 기체의 경우 비압축성에서 압축성으로의 점진적인 천이는 임계 Mach 수 $Ma_c \approx 0.3$에서 일어난다. 여기서 $Ma \equiv V/a$이고, V와 a는 각각 기체의 속도와 음속이다[11, 12]. 이상기체의 경우 $a = \sqrt{\gamma RT}$이다. 여기서 γ는 비열비($\gamma \equiv c_p/c_v$)이고, R는 기체상수, 온도는 켈빈으로 표시한다. 예로서 $T = 300$ K이고 $p = 1$ atm인 공기의 경우 이상기체로 볼 수 있다. 기체상수는 $R \equiv \mathcal{R}/\mathcal{M} = 8315$ J/kmol·K/28.7 kg/kmol $= 287$ J/kg·K이고, $c_v \equiv c_p - R = 1007$ J/kg·K $-$ 287 J/kg·K $=$ 720 J/kg·K이다. 그러므로 비열비 $\gamma = c_p/c_v = 1007$ J/kg·K/720 J/kg·K $= 1.4$이고, 음속은 $a = \sqrt{1.4 \times 287\,\text{J/kg}\cdot\text{K} \times 300\,\text{K}} = 347$ m/s이다. 따라서 300 K에서 흐르는 공기는 $V > 0.3 \times 347$ m/s $\cong 100$ m/s이면 압축성으로 다루어야 한다.

6장에서 9장까지의 물질은 비압축성 또는 저속 유동이기 때문에 그 물질을 이용해서 대류열전달 문제를 해결하려 할 때 압축성 효과가 중요하지 않음을 확인하는 것이 중요하다.[9]

6.5 경계층 상사: 정규화된 경계층방정식

식 (6.28), (6.29) 및 (6.30)을 좀 더 주의 깊게 고찰한다면, 그들 사이에 강한 상사성(similarity)이 있음을 알게 된다. 사실 식 (6.28)에 나타난 압력구배 항과 식 (6.29)의 점성소산 항이 무시될 수 있다면, 이 세 방정식은 같은 형식이 될 것이다. **각 방정식은 좌변에 유동대류 항과 우변에 확산 항이 있는 것이 특징이다**. 이 식들은 많은 공학적 문제에 적용할 수 있는 **저속의 강제대류 유동**을 기술하고 있다. 이러한 상사성의 관계는 우선 지배방정식을 **무차원화**(nondimensionalizing)함으로써 합리적으로 전개될 수 있을 것이다.

6.5.1 경계층 상사 매개변수

경계층방정식은 우선 다음과 같은 무차원 독립변수들을 정의함으로써 **정규화된다**.

$$x^* \equiv \frac{x}{L} \quad \text{and} \quad y^* \equiv \frac{y}{L} \tag{6.31}$$

여기서 L은 관심이 있는 표면에 대한 **특성길이**(characteristic length, 예를 들면 평판의 길이)이다. 또한 다른 무차원 종속변수들도 다음과 같이 정의될 수 있다.

$$u^* \equiv \frac{u}{V} \quad \text{and} \quad v^* \equiv \frac{v}{V} \tag{6.32}$$

여기서 V는 표면의 상류에서의 속도(그림 6.9)이다. 다른 무차원 종속변수들은 다음과 같다.

$$T^* \equiv \frac{T - T_s}{T_\infty - T_s} \tag{6.33}$$

$$C_A^* \equiv \frac{C_A - C_{A,s}}{C_{A,\infty} - C_{A,s}} \tag{6.34}$$

[9] 높은 속도는 큰 Reynolds 수와 Mach 수를 유발하게 되므로 난류와 압축성은 종종 동시에 일어난다. 충분히 작은 기하학적 형상에 대해 난류인 모든 유동은 또한 압축성임을 보일 수 있다(연습문제 6.25).

표 6.1 무차원 형태의 경계층방정식 및 y 방향 경계조건

경계층	보존 방정식	경계조건: 벽면	경계조건: 자유흐름	상사 매개변수(s)
속도	$u^*\frac{\partial u^*}{\partial x^*} + v^*\frac{\partial u^*}{\partial y^*} = -\frac{dp^*}{dx^*} + \frac{1}{Re_L}\frac{\partial^2 u^*}{\partial y^{*2}}$ (6.35)	$u^*(x^*,0) = 0$	$u^*(x^*,\infty) = \frac{u_\infty(x^*)}{V}$ (6.38)	$Re_L = \frac{VL}{\nu}$ (6.41)
온도	$u^*\frac{\partial T^*}{\partial x^*} + v^*\frac{\partial T^*}{\partial y^*} = \frac{1}{Re_L\, Pr}\frac{\partial^2 T^*}{\partial y^{*2}}$ (6.36)	$T^*(x^*,0) = 0$	$T^*(x^*,\infty) = 1$ (6.39)	$Re_L,\ Pr = \frac{\nu}{\alpha}$ (6.42)
농도	$u^*\frac{\partial C_A^*}{\partial x^*} + v^*\frac{\partial C_A^*}{\partial y^*} = \frac{1}{Re_L\, Sc}\frac{\partial^2 C_A^*}{\partial y^{*2}}$ (6.37)	$C_A^*(x^*,0) = 0$	$C_A^*(x^*,\infty) = 1$ (6.40)	$Re_L,\ Sc = \frac{\nu}{D_{AB}}$ (6.43)

대류 상사 매개변수 Re_L, Pr, 그리고 Sc

따라서 차원변수가 무차원변수[예를 들면 식 (6.31)로부터 $x \equiv x^*L$, $y \equiv y^*L$]의 항으로 기술된다. x, y, u, v, T, C_A에 대한 결과 방정식은 식 (6.28), (6.29) 및 (6.30)에 대입하여 표 6.1에 나타낸 무차원 보존 방정식들을 얻을 수 있다. 여기서 점성소산은 무시하였으며 $p^* \equiv (p_\infty/\rho V^2)$이 무차원 압력이라는 것에 주목하라. 한편 식을 풀기 위하여 필요한 y 방향 경계조건들이 표에 제시되어 있다.

경계층방정식을 정규화함으로써 얻은 세 개의 대단히 중요한 무차원 **상사 매개변수**(similarity parameter)들을 표 6.1에 소개하였다. 그것들은 Reynolds 수 Re_L, Prandtl 수 Pr, Schmidt 수 Sc이다. 이와 같은 상사 매개변수는 대단히 중요하다. 왜냐하면 한 세트의 대류조건하에서 임의 형상의 표면에 대하여 얻어진 결과를 완전히 다른 조건하에서도 **기하학적으로 상사한**(geometrically similar) 표면에 적용할 수 있기 때문이다. 예를 들면 이 조건들은 유체의 종류, 자유유동 값 V에 의해서 정해지는 유체속도 및/또는 특성길이 L에 의해서 정해지는 표면의 크기에 따라 변할 수 있다. 상사 매개변수와 무차원 경계조건들이 같은 경우에 무차원 속도, 온도 및 화학종 농도에 대한 표 6.1의 미분방정식의 해 또한 **동일하게** 된다. 이 개념은 이 절의 나머지 부분에서 더 자세히 서술하게 될 것이다.

6.5.2 해의 함수 형태

표 6.1의 식 (6.35~6.43)은 경계층 결과들이 단순화되고 일반화될 수 있다는 점이 얼마나 중요한가를 암시한다는 관점에서 아주 유용하다. 운동량방정식 (6.35)는 속도경계층에서의 조건이 유체 물성치들 ρ와 μ, 속도 V 및 길이척도 L에 의존함에도 불구하고, 이러한 의존성은 변수들을 Reynolds 수의 형식으로 그룹화함으로써 단순화할 수 있음을 암시한다. 그러므로 식 (6.35)에 대한 해는 다음의 함수 형태로 표현할 수 있을 것이다.

$$u^* = f\left(x^*, y^*, Re_L, \frac{dp^*}{dx^*}\right) \tag{6.44}$$

압력분포 $p^*(x^*)$는 표면의 기하학적 형상에 의존하며, 자유흐름 내의 유동조건들을 고려하여 독립적으로 얻을 수 있기 때문에 식 (6.44)에 나타나는 dp^*/dx^*는 기하학적 형상이 속도분포에 미치는 영향을 설명한다.

식 (6.2), (6.31), (6.32)로부터 표면 $y^* = 0$에서의 전단응력은 다음과 같이 표시할 수 있다.

$$\tau_s = \mu \frac{\partial u}{\partial y}\bigg|_{y=0} = \left(\frac{\mu V}{L}\right)\frac{\partial u^*}{\partial y^*}\bigg|_{y^*=0}$$

그리고 식 (6.1)과 (6.41)로부터 마찰계수는 다음과 같다.

마찰계수:

$$C_f = \frac{\tau_s}{\rho V^2/2} = \frac{2}{Re_L}\frac{\partial u^*}{\partial y^*}\bigg|_{y^*=0} \tag{6.45}$$

또한 식 (6.44)로부터 다음과 같음을 알 수 있다.

$$\left.\frac{\partial u^*}{\partial y^*}\right|_{y^*=0} = f\left(x^*, Re_L, \frac{dp^*}{dx^*}\right)$$

그러므로 **주어진 기하학적 형상에 대하여** 식 (6.45)는 다음과 같이 표현할 수 있다.

$$C_f = \frac{2}{Re_L} f(x^*, Re_L) \tag{6.46}$$

이 결과의 중요성을 결코 간과해서는 안 되며, 식 (6.46)은 엔지니어에게 상당히 중요한 무차원 매개변수인 마찰계수가 오로지 무차원 공간좌표와 Reynolds 수만으로 나타낼 수 있음을 뜻한다. 따라서 주어진 기하학적 형상에 대하여 C_f를 **보편적으로** 적용할 수 있게 x^*와 Re_L의 함수를 구하고자 한다. 즉 이 함수를 상이한 유체들과 넓은 범위의 V와 L에 대하여 적용할 수 있다.

이와 유사한 결과를 열 및 물질전달의 대류계수에 대해서도 얻을 수 있다. 직관적으로 h가 유체 물성치들(k, c_p, μ, ρ), 유체의 속도 V, 길이척도 L 그리고 표면의 기하학적 형상에 의존한다는 것을 예측할 수 있다. 그러나 식 (6.36)은 이 의존성이 단순화될 수 있는 방법을 암시하고 있다. 특히 이 식의 해는 다음과 같은 형식으로 표시할 수 있을 것이다.

$$T^* = f\left(x^*, y^*, Re_L, Pr, \frac{dp^*}{dx^*}\right) \tag{6.47}$$

여기서 dp^*/dx^*에 대한 의존성은 열적 조건에 대한 유체운동(u^*와 v^*)의 영향으로부터 생긴다. 또한 dp^*/dx^*는 표면의 기하학적 형상의 영향을 나타낸다. 식 (6.5)로 정의되는 대류계수와 식 (6.31)과 (6.33)으로 정의되는 무차원 변수들로부터 다음과 같은 상관식이 도출할 수 있다.

$$h = -\frac{k_f}{L}\frac{(T_\infty - T_s)}{(T_s - T_\infty)}\left.\frac{\partial T^*}{\partial y^*}\right|_{y^*=0} = +\frac{k_f}{L}\left.\frac{\partial T^*}{\partial y^*}\right|_{y^*=0}$$

이 식은 Nusselt 수라고 하는 종속 무차원 매개변수에 대한 정의를 암시하고 있다.

Nusselt 수:

$$Nu \equiv \frac{hL}{k_f} = +\left.\frac{\partial T^*}{\partial y^*}\right|_{y^*=0} \tag{6.48}$$

이 매개변수는 표면에서의 무차원 온도구배와 같으며, 표면에서 일어나는 대류열전달의 정도를 말해 준다. 식 (6.47)로부터 **주어진 기하학적 형상에 대하여** Nusselt 수 Nu는 다음과 같이 표현된다.

$$Nu = f(x^*, Re_L, Pr) \tag{6.49}$$

여기서 온도경계층에 대한 Nusselt 수의 관계는 속도경계층에 대한 마찰계수의 관계와 동일한 개념으로 생각할 수 있다. 식 (6.49)는 주어진 기하학적 형상에 대하여 Nusselt 수가 x^*, Re_L과 Pr의 **일반함수**가 되어야 함을 내포하고 있다. 만일 이 함수를 알 수 있다면 유체의 종류에 관계없이 그리고 각기 다른 V와 L 값들에 대하여 Nu 계산이 가능하다. 일단 Nu로부터 국소 대류계수 h를 구하고, **국소** 열유속은 식 (6.4)로부터 계산할 수 있다. 더욱이 **평균** 열전달계수는 물체의 표면을 따라 적분함으로써 구해지므로, 이는 무차원 공간변수 x^*에 독립적이어야 하며, 따라서 **평균** Nusselt 수의 함수 의존성은 다음과 같다.

$$\overline{Nu} = \frac{\bar{h}L}{k_f} = f(Re_L, Pr) \tag{6.50}$$

이와 유사하게, 증발하는 액체나 승화하는 고체표면 위에 흐르는 기체흐름에서 대류물질전달계수 h_m은 상태값 D_{AB}, ρ, m, 그리고 속도 V 및 특성길이 L에 의존한다고 말할 수 있다. 그렇지만 식 (6.37)로부터 이러한 의존성이 단순화될 수 있음을 알 수 있다. 이 방정식 해의 형태는 다음과 같다.

$$C_A^* = f\left(x^*, y^*, Re_L, Sc, \frac{dp^*}{dx^*}\right) \tag{6.51}$$

여기서 dp^*/dx^*에 대한 의존성은 표면의 기하학적 형상의 영향으로부터 기인한다. 식 (6.9)로 정의되는 대류계수와 무차원 변수인 식 (6.31)과 (6.34)로부터 다음과 같음을 알 수 있다.

$$h_m = -\frac{D_{AB}}{L}\frac{(C_{A,\infty} - C_{A,s})}{(C_{A,s} - C_{A,\infty})}\left.\frac{\partial C_A^*}{\partial y^*}\right|_{y^*=0} = +\frac{D_{AB}}{L}\left.\frac{\partial C_A^*}{\partial y^*}\right|_{y^*=0}$$

여기서 Sherwood 수(Sh)라는 또 하나의 종속 무차원 매개변수를 정의할 수 있다.

Sherwood 수:

$$Sh \equiv \frac{h_m L}{D_{AB}} = +\left.\frac{\partial C_A^*}{\partial y^*}\right|_{y^*=0} \tag{6.52}$$

이 매개변수는 표면에서 무차원 농도구배와 같으며, 표면에서 일어나는 대류물질전달의 정도를 제공한다. 식 (6.51)로부터 **주어진 기하학적 형상에 대하여** 다음과 같이 된다.

$$Sh = f(x^*, Re_L, Sc) \tag{6.53}$$

농도경계층에 대한 Sherwood 수의 관계는 온도경계층에 대한 Nusselt 수의 관계와 같으며, 식 (6.53)은 Sherwood 수가 x^*, Re_L 및 Sc의 일반함수이어야 함을 암시하고 있다. Nusselt 수에서와 같이 Re_L 및 Sc만의 함수인 **평균** Sherwood 수의 사용이 가능하다.

$$\overline{Sh} = \frac{\overline{h}_m L}{D_{AB}} = f(Re_L, Sc) \tag{6.54}$$

지금까지의 과정으로부터 저속의 강제대류 경계층에 대하여 관련되는 무차원 매개변수들을 얻었다. 경계층 내에서 일어나는 물리적 과정들을 기술하는 미분방정식들을 무차원화함으로써 관련 무차원 매개변수들을 얻었다. 또 다른 접근방법은 Buckingham의 파이(pi) 정리의 형태에서 차원해석을 이용하는 것이다[5]. 그러나 이 방법의 성공여부는 주로 직관에 의하여 문제에 영향을 미치는 여러 가지 매개변수들을 선택하는 개인의 능력에 달려 있다. 예를 들어 $\overline{h} = f(k, c_p, \rho, \mu, V, L)$이라는 것을 미리 안다면 식 (6.50)을 얻기 위하여 Buckingham의 파이 정리를 사용할 수 있다. 그러나 미분방정식 형태의 보존식들로부터 어림짐작을 배제하였고, 엄밀한 방법으로 상사 매개변수들을 얻었다.

식 (6.50)과 같은 함수 형태로 나타내는 중요성을 충분히 인지해야 한다. 이는 평균 열전달계수 $\overline{h}$의 값을 이론적으로 얻었든 실험적으로 얻었든 수치적으로 얻었든 간에, 원래의 일곱 개 매개변수들 대신에 단지 세 개의 무차원 그룹들에 의하여 완전히 나타낼 수 있음을 뜻한다. 이러한 단순화가 제공하는 편리성과 효력은 7장에서 10장에 걸쳐서 입증하게 될 것이다. 더욱이 일단 식 (6.50)과 같은 형태의 함수관계를 특정한 표면의 기하학적 형상에 대하여 실험측정 등에 의하여 구한다면, 그것은 **보편적으로** 적용할 수 있다고 알려져 있다. 즉 원래의 경계층방정식들에서의 암시적인 가정들(이를테면 점성소산과 체적력들의 무시)이 유효하게 남아 있는 한, 이것은 유체, 속도, 그리고 길이 눈금 등이 달라도 적용할 수 있음을 의미한다.

예제 6.5

그림에서 보는 바와 같이 작동유체로서 공기를 사용하고 있는 터빈 블레이드 부분의 실험이 수행된다. 표면의 특정한 점 (x^*)에서 블레이드로의 열유속이 $q'' = 95{,}000\ \text{W/m}^2$로 계측된다. 800°C의 정상상태 표면온도를 유지하기 위하여 블레이드 내부로 순환되는 냉각수에 의해서 열을 제거한다.

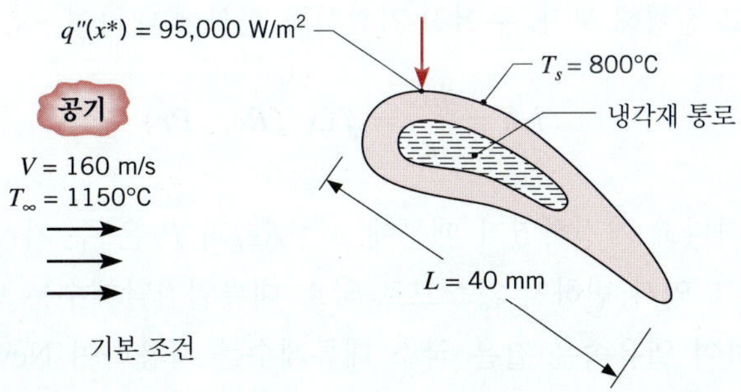

1. 냉각제의 흐름을 증가시켜서 블레이드의 표면온도가 700°C로 하강한다면, x^*에서 블레이드로의 열유속을 구하라.
2. 만일 블레이드가 $T_s = 800°\text{C}$의 상태에서 $T_\infty = 1150°\text{C}$ 및 $V = 80$ m/s의 공기흐름 중에서 작동할 때, $L = 80$ mm인 익현(chord) 길이를 가지며 기하학적으로 유사한 터빈 블레이드에 대하여, 동일한 무차원 위치(x^*)에서의 열유속을 구하라.

풀이

제시자료: 내부적으로 냉각되는 터빈 블레이드의 작동조건들.

풀이대상:

1. 표면온도가 감소하였을 경우에 x^* 점에서 블레이드로의 열유속.

2. 공기속도가 감소한 경우에 동일한 무차원 위치에서 동일한 형태의 보다 큰 터빈 블레이드로의 열유속.

개략도:

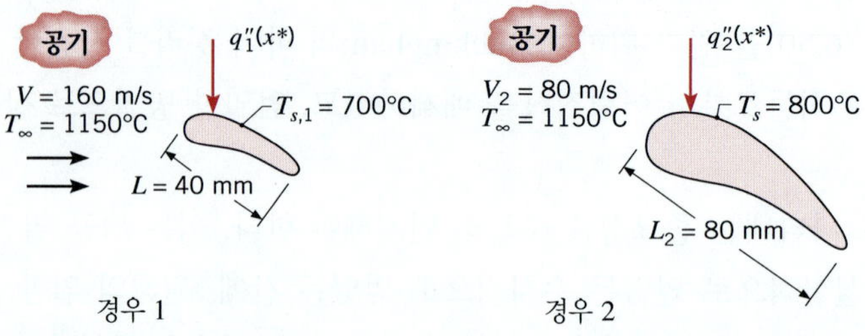

가정:

1. 정상상태 조건, 비압축성 유동.

2. 공기의 물성치는 일정함.

해석:

1. 표면온도가 800°C일 때 표면과 x*에서 공기 사이의 국소 대류열전달계수는 다음의 Newton의 냉각법칙으로부터 얻을 수 있다.

$$q'' = h(T_\infty - T_s)$$

따라서

$$h = \frac{q''}{(T_\infty - T_s)}$$

당분간은 이 값을 계산하지 않고 진행해 보자. 주어진 기하학적 형상에 대하여, 식 (6.49)로부터 다음과 같다.

$$Nu = \frac{hL}{k} = f(x^*, Re_L, Pr)$$

따라서, 공기의 물성치는 일정하다고 가정하였기 때문에, x^*, Re_L과 Pr은 두 가지 경우 모두 같고 국소 Nusselt 수는 변하지 않는다. 더욱이 L과 k 역시 변하지 않으므로 국소 대류열전달계수는 변하지 않는다. 따라서 표면온도가 700°C로 감소되는 경우에 대하여 열유속은 같은 국소 대류계수를 사용하여 Newton의 냉각법칙으로부터 얻을 수 있다.

$$q_1'' = h(T_\infty - T_{s,1}) = \frac{q''}{(T_\infty - T_s)}(T_\infty - T_{s,1}) = \frac{95{,}000\ \text{W/m}^2}{(1150 - 800)\text{°C}}(1150 - 700)\text{°C}$$
$$= 122{,}000\ \text{W/m}^2$$ ◁

2. 큰 블레이드와 감소된 공기흐름과 관련되어 x^*에서의 열유속을 결정하기 위하여(경우 2) 우선 L은 두 배 증가되었지만, 속도는 1/2로 감소되어, 다음과 같이 Reynolds 수는 변하지 않았다는 것에 유의하라. 즉

$$Re_{L,2} = \frac{V_2 L_2}{\nu} = \frac{VL}{\nu} = Re_L$$

또한 x^*와 Pr이 변화하지 않았으므로 국소 Nusselt 수도 같게 된다.

$$Nu_2 = Nu$$

그러나 특성길이가 다르기 때문에 다음과 같이 국소 대류계수는 변한다.

$$\frac{h_2 L_2}{k} = \frac{hL}{k} \qquad \text{or} \qquad h_2 = h\frac{L}{L_2} = \frac{q''}{(T_\infty - T_s)}\frac{L}{L_2}$$

그러므로 x^*에서의 열유속은 다음과 같다.

$$q_2'' = h_2(T_\infty - T_s) = q''\frac{(T_\infty - T_s)}{(T_\infty - T_s)}\frac{L}{L_2}$$

$$q_2'' = 95{,}000 \text{ W/m}^2 \times \frac{0.04 \text{ m}}{0.08 \text{ m}} = 47{,}500 \text{ W/m}^2$$ ◁

부가설명:

1. 해석 2의 두 경우에 대한 Reynolds 수가 서로 다르다고 하면(즉 $Re_{L,2} \neq Re_L$), 국소 열유속 q_2''은 식 (6.49)의 함수의 특별한 형태를 알 경우에만 구할 수 있다. 이와 같은 함수의 형태는 이후의 장에서 많은 상이한 형상들에 대하여 주어진다.
2. 경계층에서의 공기온도 범위는 블레이드 표면온도 T_s에서 주위온도 T_∞까지이다. 따라서 7.1절에서 입증하겠지만 대표적인 공기 물성치는 $T_{f,1} = (T_{s,1} + T_\infty)/2 = (700°\text{C} + 1150°\text{C})/2 = 925°\text{C}$, $T_{f,2} = (800°\text{C} + 1150°\text{C})/2 = 975°\text{C}$의 산술평균 또는 막온도에서 계산된다. 이들 막온도에 해당하는 물성치에 근거하여 두 경우에 대한 Reynolds 수(그리고 Nusselt 수)는 약간 다르게 된다. 그러나 그 차이는 그리 크지 않아 경우 2에 대해서 국소 열유속의 계산값이 크게 변하지는 않는다.
3. $T = 1150°\text{C} = 1423$ K에서 $c_v \equiv c_p - R = 1167 \text{ J/kg·K} - 287 \text{ J/kg·K} = 880 \text{ J/kg·K}$, 비열비는 $\gamma = c_p/c_v = 1167 \text{ J/kg·K}/880 \text{ J/kg·K} = 1.33$이다. 이 공기가 이상기체로 거동한다면 공기에서 음속 $a = \sqrt{\gamma RT} = \sqrt{1.33 \times 287 \text{ J/kg·K} \times 1423 \text{ K}} = 736$ m/s이다. 그러므로 경우 1과 경우 2 각각에 대해 $Ma = V/a = 0.22$와 0.11이다. 따라서 두 경우 모두 비압축성 유동이다. 두 경우 모두 압축성 유동이라면 Nusselt 수 또한 Mach 수에 의존하게 되고 두 경우는 상사하지 않게 된다.

예제 6.6

특성길이 $L_{H_2} = 40$ mm인 2차원 유선형 구조물의 대류냉각을 생각해 보자. 이 유선형 구조물은 $p_{H_2} = 2$ atm, $V_{H_2} = 8.1$ m/s, $T_{\infty,H_2} = -30°\text{C}$의 수소 흐름에 노출되어 있다. 관심사는 표면온도 $T_{s,H_2} = -15°\text{C}$인 경우의 평균 열전달계수 $\bar{h}_{H_2}$의

값이다. 한 엔지니어가 가압 수소를 사용한 고가의 실험을 수행하기보다는 대기압하의 $T_{\infty,\text{Air}} = 23°\text{C}$의 공기를 사용한 풍동실험을 수행함으로써 상사성을 이용하기를 제안하고 있다. 특성길이 $L_{\text{Air}} = 60$ mm, 둘레 $P = 150$ mm인 기하학적으로 상사한 유선형 구조물이 풍동 내에 설치되어 있다. 물체의 단위길이(지면에 수직인 방향)당 열손실이 $q'_{\text{Air}} = 50$ W/m일 때 측정한 표면온도는 $T_{s,\text{Air}} = 30°\text{C}$이다. 풍동실험에 필요한 공기속도 V_{Air}와 수소의 평균 대류열전달계수 $\bar{h}_{H_2}$를 구하라.

풀이

제시자료: 유선형 구조물을 지나는 유동, 수소의 압력, 속도, 온도. 공기의 온도와 압력 그리고 단위 길이당 열손실률, 수소와 공기 내에서의 표면온도.

풀이대상: 공기의 속도와 수소 내에서의 유선형 구조물에 대한 평균 대류열전달계수.

개략도:

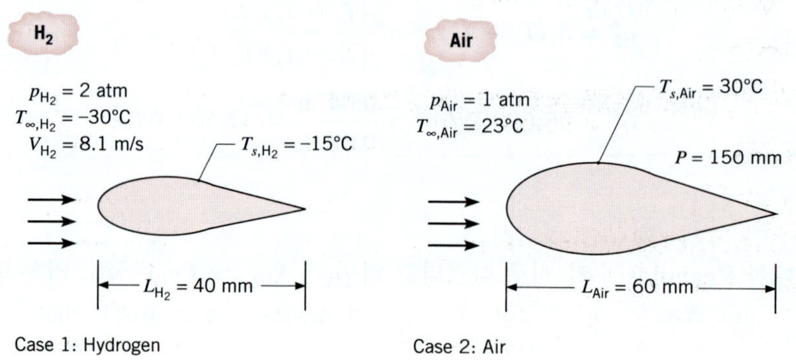

가정:

1. 정상상태, 비압축성 경계조건 거동.
2. 이상기체 거동.
3. 공기의 물성치는 일정함.
4. 점성소산 무시.

물성치: 표 A.4에서 공기($p = 1$ atm, $T_f = (23°\text{C} + 30°\text{C})/2 = 26.5°\text{C} \approx 300$ K)**:** $Pr = 0.707$, $\nu = 15.89 \times 10^{-6}$ m^2/s, $k = 26.3 \times 10^{-3}$ W/m·K. 표 A.4에서 수소($p = 1$ atm, $T_f = -22.5°\text{C} \approx 250$ K)**:** $Pr = 0.707$, $\nu = 81.4 \times 10^{-6}$ m^2/s, $k = 157 \times 10^{-3}$ W/m·K.

물성치 k, Pr, c_p, μ는 압력에 무관하다고 가정한다. 그러나 기체의 경우 동점성계수 $\nu = \mu/\rho$는 밀도에 의존하기 때문에 압력에 따라 변한다. 이상기체법칙 $\rho = p/RT$로부터 온도는 같지만 압력은 p_1, p_2로 다른 기체의 경우 동점성계수의 비는 $(\nu_1/\nu_2) = (p_2/p_1)$이다. 따라서 250 K, 2 atm에서의 수소의 동점성계수는 $\nu_{H_2} = 81.4 \times 10^{-6}$ m^2/s $\times$ 1 atm/2 atm $=$ 40.7×10^{-6} m^2/s이다. Pr은 압력에 무관하므로 $Pr_{H_2}(p = 2 \text{ atm}, T_f = -22.5°\text{C}) = Pr_{\text{Air}}(p = 1 \text{ atm}, T_f = 26.5°\text{C}) = 0.707$이다.

해석: 식 (6.50)으로부터 평균 Nusselt 수는 Reynolds 수와 Prandtl 수와의 함수관계임을 알 수 있다.

$$\overline{Nu}_{H_2} = \frac{\bar{h}_{H_2} L_{H_2}}{k_{H_2}} = f(Re_{L,H_2}, Pr_{H_2}) \qquad \text{and} \qquad \overline{Nu}_{Air} = \frac{\bar{h}_{Air} L_{Air}}{k_{Air}} = f(Re_{L,Air}, Pr_{Air})$$

$Pr_{H_2} = Pr_{Air}$이므로, $Re_{L,Air} = Re_{L,H_2}$이면 상사가 성립되며, 이 경우에 공기와 수소의 평균 Nusselt 수가 같아진다. 수소와 산소의 Reynolds 수를 계산하면 필요 공기 속도를 구할 수 있다.

$$V_{Air} = \frac{Re_{L,Air} \nu_{Air}}{L_{Air}} = \frac{Re_{L,H_2} \nu_{Air}}{L_{Air}} = \frac{V_{H_2} L_{H_2} \nu_{Air}}{\nu_{H_2} L_{Air}}$$

$$= \frac{8.1 \text{ m/s} \times 0.04 \text{ m} \times 15.89 \times 10^{-6} \text{ m}^2\text{/s}}{40.7 \times 10^{-6} \text{ m}^2\text{/s} \times 0.06 \text{ m}} = 2.10 \text{ m/s} \qquad \triangleleft$$

$Re_{L,Air} = Re_{L,H_2}$와 $Pr_{Air} = Pr_{H_2}$이므로 수소와 공기에 대한 Nusselt 수가 같고 Newton의 냉각법칙을 이용하면 다음을 얻는다.

$$\bar{h}_{H_2} = \bar{h}_{Air} \frac{L_{Air} k_{H_2}}{L_{H_2} k_{Air}} = \frac{q'_{Air}}{P(T_{s,Air} - T_{\infty,Air})} \times \frac{L_{Air} k_{H_2}}{L_{H_2} k_{Air}}$$

$$= \frac{50 \text{ W/m}}{150 \times 10^{-3} \text{ m} \times (30 - 23)°\text{C}} \times \frac{0.06 \text{ m} \times 0.157 \text{ W/m} \cdot \text{K}}{0.04 \text{ m} \times 0.0263 \text{ W/m} \cdot \text{K}} = 426 \text{ W/m}^2 \cdot \text{K} \qquad \triangleleft$$

부가설명:

1. 유체의 물성치는 자유흐름과 표면의 산술평균 온도에서 구한다. 7.1절에서 보여 주게 되겠지만 물성치의 온도 의존성은 막온도 $T_f = (T_s + T_\infty)/2$에서의 물성치를 산정하는 것으로 종종 반영할 수 있다.
2. 가압 수소를 활용한 실험은 상대적으로 비싸다. 분자량이 작은 가연가스의 누설을 방지하기 위해서는 주의가 필요하기 때문이다.

6.6 무차원 매개변수들의 물리적 해석

앞에서 기술한 모든 무차원 매개변수들은 경계층뿐만 아니라 8장에서 볼 수 있는 내부유동과 같은 또 다른 흐름형태에서의 조건과 관련이 있는 물리적인 의미를 가진다. Reynolds 수 Re_L(식 6.41)을 생각해 볼 때, 이것은 특성길이 L의 경우에 **점성력에 대한 관성력의 비**로서 해석될 수 있다. 관성력은 움직이는 유체의 운동량 증가와 연관되어 있다. 식 (6.28)로부터 이 힘은 $u\partial u/\partial x$ 형태임이 명백하며, 이 경우에 크기의 정도(order-of-magnitude) 해석에 의한 근사값은 $F_I \approx V^2/L$이 된다. 이와 마찬가지로, 정미 전단력(단위질량당)은 식 (6.28)의 우변 항 $\nu(\partial^2 u/\partial y^2)$ 형식이며, $F_s \approx \nu V/L^2$으로 근사화될 수 있다. 그러므로 두 힘의 비는 다음과 같다.

$$\frac{F_I}{F_s} \approx \frac{\rho V^2/L}{\mu V/L^2} = \frac{\rho VL}{\mu} = Re_L$$

따라서 Re_L의 값이 큰 경우에는 관성력이 지배하는 반면에 이 값이 작은 경우에는 점성력이 지배한다는 사실을 알 수 있다.

앞으로 예상되는 표현들은 몇 가지 중요한 의미를 가지고 있다. Reynolds 수가 층류유동 또는 난류유동의 존재를 결정한다는 것을 6.3.1절로부터 상기하자. 또한 Reynolds 수의 크기가 속도경계층 두께 δ에 영향을 미칠 것이다. 표면 위의 고정된 위치에서 Re_L 값이 증가하면, 관성력에 비하여 점성력은 상대적으로 약하게 되어, 점성의 효과는 자유흐름 깊숙이 침투하지 못하기 때문에 δ 값은 점점 감소하여 소멸하게 된다.

Prandtl 수는 열확산계수 α에 대한 운동량 확산계수로 언급된 동점성계수 ν의 비로 정의 된다. 그러므로 Prandtl 수는 유체의 물성치이다. Prandtl 수는 **속도경계층과 온도경계층에서 확산에 의한 운동량 전달과 에너지 전달의 상대적인 유효도**(effectiveness)**의 척도를 의미한다**. 이와 같은 사실로부터 Pr 값은 속도경계층과 온도경계층의 상대적인 성장에 강한 영향을 미치게 됨을 알 수 있다. 사실상 층류경계층에서는 확산에 의한 수송이 난류혼합에 의하여 심하게 영향을 받지 않기 때문에 다음과 같이 추론하는 것이 합리적이다.

$$\frac{\delta}{\delta_t} \approx Pr^n \tag{6.55}$$

여기서 n은 양의 지수이다. 표 A.4로부터 기체의 Prandtl 수는 거의 1인 것을 알 수 있고, 이 경우에 $\delta_t \approx \delta$이다. 액체 금속의 경우(표 A.7), $Pr \ll 1$, $\delta_t \gg \delta$이다. 오일의 경우(표 A.5)는 그 반대이며, $Pr \gg 1$, $\delta_t \ll \delta$이다.

이와 유사하게, 식 (6.43)과 같이 정의되는 Schmidt 수는 **속도 및 농도경계층에서 확산에 의한 운동량 및 물질전달의 상대적 유효도의 척도이다**. 그러므로 층류유동에서 대류물질전달에 대하여 Schmidt 수는 다음과 같이 상대적인 속도경계층 및 농도경계층의 두께를 결정해 준다.

$$\frac{\delta}{\delta_c} \approx Sc^n \tag{6.56}$$

Pr 및 Sc와 관련된 또 하나의 매개변수가 **Lewis 수**(Le)이며, 다음과 같이 정의된다.

$$Le = \frac{\alpha}{D_{\mathrm{AB}}} = \frac{Sc}{Pr} \tag{6.57}$$

이것은 대류에 의하여 열전달과 물질전달이 동시에 일어나는 경우에 관련된다. 식 (6.55)에서 6.57까지로부터 다음과 같이 된다.

$$\frac{\delta_t}{\delta_c} \approx Le^n \tag{6.58}$$

그러므로 Lewis 수는 상대적인 온도경계층과 농도경계층 두께의 측정값을 말해 준다. 대부분의 경우 식 (6.55), (6.56) 및 (6.58)에서 $n = 1/3$로 가정하는 것이 합리적이다.

표 6.2에는 열전달 및 물질전달에 관련된 문헌에서 자주 나오는 무차원 그룹들이 표시되어 있다. 이 표는 이미 고려한 무차원 그룹들을 포함할 뿐만 아니라, 특정한 대류 문제에서 도출되는 것들도 포함한다. 새로운 무차원 그룹이 나타날 때마다, 그것의 정의와 물리적 의미를 잘 기억해야 할 것이다. **Grashof 수**는 속도경계층 내에서 점성력에 대한 부력의 비의 척도를 말해 준다. 자유대류(9장)에서의 Grashof 수의 역할은 강제대류에서의 Reynolds 수의 역할과 매우 유사하다. **Eckert 수**는 온도경계층을 가로지르는 방향으로의 엔탈피 차이에 대한 흐름의 운동에너지의 척

표 6.2 열전달 및 물질전달에서 사용되는 무차원 그룹

그룹	정의	해석
Biot 수(Bi)	$\frac{hL}{k_s}$	경계층 열저항에 대한 고체의 내부 열저항의 비
물질전달 Biot 수(Bi_m)	$\frac{h_m L}{D_{AB}}$	경계층 화학종 전달저항에 대한 내부 화학종 전달저항의 비
Bond 수(Bo)	$\frac{g(\rho_l - \rho_v)L^2}{\sigma}$	중력과 표면장력의 비
마찰계수(C_f)	$\frac{\tau_s}{\rho V^2/2}$	무차원 표면장력의 비
Eckert 수(Ec)	$\frac{V^2}{c_p(T_s - T_\infty)}$	경계층 엔탈피 차이에 대한 흐름의 운동 에너지
Fourier 수(Fo)	$\frac{\alpha t}{L^2}$	고체 내의 열에너지 저장률에 대한 열전도율의 비, 무차원 시간
물질전달 Fourier 수 (Fo_m)	$\frac{D_{AB}t}{L^2}$	화학종 저장률에 대한 화학종 확산율의 비, 무차원 시간
마찰인자(f)	$\frac{\Delta p}{(L/D)(\rho u_m^2/2)}$	내부흐름에서의 무차원 압력강하
Grash 수(GrL)	$\frac{g\beta(T_s - T_\infty)L^3}{\nu^2}$	점성력에 대한 부력의 비
Colburn j 수(j_H)	$St\,Pr^{2/3}$	무차원 열전달계수
Colburn j 수(j_m)	$St_m\,Sc^{2/3}$	무차원 물질전달계수
Jakob 수(Ja)	$\frac{c_p(T_s - T_{sat})}{h_{fg}}$	액체−증기 상변화 동안에 흡수된 잠열에너지에 대한 흡수된 현열에너지의 비
Lewis 수(Le)	$\frac{\alpha}{D_{AB}}$	열확산계수와 물질확산계수의 비
Macher 수(Ma)	$\frac{V}{a}$	유체의 속도와 음속의 비
Nusselt 수(Nu_L)	$\frac{hL}{k_f}$	순수 전도의 열전달에 대한 대류열전달의 비
Peclet 수(Pe_L)	$\frac{VL}{\alpha} = Re_L\,Pr$	전도 열전달률에 대한 유동 대류열전달의 비
Prandtl 수(Pr)	$\frac{c_p\mu}{k} = \frac{\nu}{\alpha}$	운동량 확산계수와 열확산계수의 비
Reynolds 수(Re_L)	$\frac{VL}{\nu}$	관성력과 점성력의 비
Schmidt 수(Sc)	$\frac{\nu}{D_{AB}}$	운동량 확산계수와 물질확산계수의 비
Sherwood 수(Sh_L)	$\frac{h_m L}{D_{AB}}$	표면에서의 무차원 농도구배
Stanton 수(St)	$\frac{h}{\rho V c_p} = \frac{Nu_L}{Re_L\,Pr}$	수정 Nusselt 수
물질전달 Stanton 수 (St_m)	$\frac{h_m}{V} = \frac{Sh_L}{Re_L\,Sc}$	수정 Sherwood 수
Weber 수(We)	$\frac{\rho V^2 L}{\sigma}$	표면 장력에 대한 관성력의 비

도를 의미하며, 이 Eckert 수는 점성소산이 크게 나타나는 고속운동에서 중요한 역할을 한다. 또한 형식에 있어서는 비슷하지만, Nusselt 수와 Biot 수는 정의와 해석에 있어서 조금 다르다는 것에 유의하라. Nusselt 수와 Bio 수는 수식 형태가 비슷하지만 수식의 정의와 의미는 다르다는 것을 주의해야 한다. Nusselt 수는 유체의 열전도율로 정의되고 비오 수, 식 5.9는 고체의 열전도율을 사용하고 대류열전달 해석에서는 일반적으로 사용하지 않는다.

6.7 경계층의 상사성

경계층의 거동에 관해서 엔지니어로서 우리의 주된 관심사는 무차원 매개변수들인 C_f, Nu 및 Sh이다. 이 세 가지의 매개변수들의 값을 알게 되면, 벽 전단응력, 대류 열 및 물질전달률을 계산할 수 있다. 따라서 대류해석에 있어서 C_f, Nu 및 Sh를 서로 관련시킬 수 있는 상관식이 도출될 수 있다면 매우 유용하리라 생각된다. 그와 같은 상관식이 **경계층 상사**(boundary layer analogy)의 형식으로 이용될 수 있다.

6.7.1 열전달과 물질전달의 상사성

만일 두 개 이상의 과정이 동일한 형태의 무차원 식에 의해서 지배된다면, 그 과정들은 **상사적**(analogous)이라고 말한다. 표 6.1의 식 (6.36)과 (6.37), 그리고 경계조건 식 (6.39)와 (6.40)에서 보는 바와 같이, 대류열전달 및 물질전달은 상사적이다. 각각의 미분방정식은 동일한 형태의 유동 대류와 확산항들로 구성되어 있다. 또한 식 (6.36)과 (6.37)에서 보는 바와 같이 각각의 식은 Re_L로 반영되는 속도장과 관련이 있으며, 매개변수 Pr와 Sc의 역할은 서로 상사적이라고 가정할 수 있다. 이러한 상사성의 중요한 의미는 온도경계층을 지배하는 무차원 상관식이 농도경계층을 지배하는 무차원 상관식과 동일한 형이어야 한다는 점이다. 따라서 적용된 경계조건이 상사적이면 경계층 내에서 온도와 농도의 분포식 또한 동일한 함수 형태이어야 한다.

6.5.2절에서 논의된 사항과 표 6.3의 요약내용을 상기해 보면, 열전달과 물질전달의 상사성에 대한 중요한 결과가 얻어진다. 이 말은 식 (6.47)이 식 (6.51)과 동일한 함수 형태이어야 함을 의미한다. 식 (6.48)과 (6.52)로부터 무차원 온도구배 및 농도구배가 표면에서 계산되기 때문에 Nu와 Sh 값은 상사적이다. 이와 마찬가지로, 식 (6.50)과 (6.54)에서 평균 Nusselt 수와 Sherwood 수에 대한 표현도 동일하다. **따라서 어떤 특정한 기하학적 형상에 대하여, 열전달 및 물질전달 상관식은 서로 교환이 가능하다**. 예를 들어 어떤 특정한 형상에 대하여 일련의 실험을 하여 식 (6.49)와 같은 함수를 구하였다고 하면, 그 결과를 동일한 형상에 대해서 단순히 Nu를 Sh로 Pr를 Sc로 대치하여 대류물질전달에 사용할 수 있다.

이러한 상사성은 다른 두 개의 대류계수를 직접적으로 연관 짓는 데 사용될 수 있다. 다음 장에서는 일반적으로 Nu와 Sh가 각각 Pr^n과 Sc^n에 비례함을 알 수 있으며, 여기서 n은 1보다는 작은 양의 지수이다. 이러한 의존성을 고려하며, 식 (6.49)와 (6.53)으로부터 다음과 같은 상관식을 얻게 된다.

$$Nu = f(x^*, Re_L)Pr^n \qquad \text{and} \qquad Sh = f(x^*, Re_L)Sc^n$$

이 경우에는 함수 $f(x^*, Re_L)$이 동등하므로

표 6.3 경계층 상사와 관련된 함수관계

유체흐름		열전달		물질전달	
$u^* = f\left(x^*, y^*, Re_L, \dfrac{dp^*}{dx^*}\right)$	(6.44)	$T^* = f\left(x^*, y^*, Re_L, Pr, \dfrac{dp^*}{dx^*}\right)$	(6.47)	$C_A^* = f\left(x^*, y^*, Re_L, Sc, \dfrac{dp^*}{dx^*}\right)$	(6.51)
$C_f = \dfrac{2}{Re_L}\dfrac{\partial u^*}{\partial y^*}\Big\vert_{y^*=0}$	(6.45)	$Nu = \dfrac{hL}{k} = +\dfrac{\partial T^*}{\partial y^*}\Big\vert_{y^*=0}$	(6.48)	$Sh = \dfrac{h_m L}{D_{AB}} = +\dfrac{\partial C_A^*}{\partial y^*}\Big\vert_{y^*=0}$	(6.52)
$C_f = \dfrac{2}{Re_L} f(x^*, Re_L)$	(6.46)	$Nu = f(x^*, Re_L, Pr)$	(6.49)	$Sh = f(x^*, Re_L, Sc)$	(6.53)
		$\overline{Nu} = f(Re_L, Pr)$	(6.50)	$\overline{Sh} = f(Re_L, Sc)$	(6.54)

$$\frac{Nu}{Pr^n} = \frac{Sh}{Sc^n} \tag{6.59}$$

식 (6.48)과 (6.52)를 위의 식에 대입하면 다음과 같다.

$$\frac{hL/k}{Pr^n} = \frac{h_m L/D_{AB}}{Sc^n}$$

또는 식 (6.57)로부터

$$\frac{h}{h_m} = \frac{k}{D_{AB} Le^n} = \rho c_p Le^{1-n} \tag{6.60}$$

이 결과는 하나의 대류계수에 관한 정보로부터 다른 하나의 대류계수, 예를 들면 h_m을 결정하는 네 사용될 수 있다. 동일한 상관식이 평균계수 $\overline{h}$와 $\overline{h}_m$에도 적용되며, 층류유동에서와 같이 난류유동에서도 적용이 가능하다. 대부분의 경우 $n = \frac{1}{3}$이라고 가정하는 것이 타당하다.

예제 6.7

임의 형상의 고체가 자유흐름의 온도와 속도가 각각 20°C 및 100 m/s인 공기 중에 놓여 있다. 고체면의 특성길이는 1 m이고, 표면온도는 80°C이다. 이러한 조건하에서 표면의 특정 지점(x^*)에서의 열유속과 경계층 내의 지점(x^*, y^*)에서의 온도의 측정값이 각각 10^4 W/m^2 및 60°C이다. 형상은 같으나 특성길이가 2 m인 또 다른 고체에서 물질전달이 이루어진다. 특히 고체표면 상의 얇은 수막이 자유 흐름속도가 50 m/s인 공기흐름 내에서 증발되며, 공기와 고체면의 온도는 동일하게 50°C이다. 첫 번째 경우에 온도와 열유속을 측정한 곳과 동일한 무차원 위치에서 수증기의 몰 농도와 몰 유속을 구하라.

풀이

제시자료: 온도와 속도가 주어진 공기흐름 내에서 고체면의 특정한 위치에서의 열유속과 경계층의 온도분포.

풀이대상: 유사한 형상이나 크기가 더 큰 표면의 동일한 위치에서 수증기의 농도 및 증발속도.

개략도:

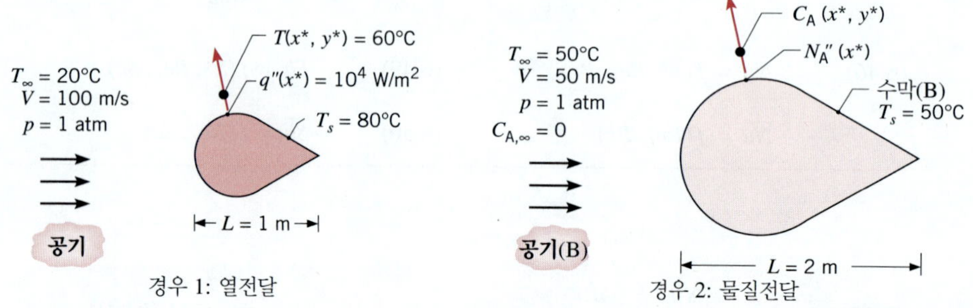

가정:

1. 정상상태, 2차원, 비압축성 경계층 거동, 일정한 물성치들.
2. 경계층 근사화가 유효함.
3. 점성소산은 무시함.
4. 농도경계층 내에서 수증기의 몰분율(mole fraction)이 단위량(1)보다 매우 작음.

물성치: 표 A.4에서 공기(50°C) : $\nu = 18.2 \times 10^{-6}$ m^2/s, $k = 28 \times 10^{-3}$ W/m·K, $Pr = 0.70$. 표 A.6에서 포화 수증기(50°C): $\rho_{A,sat} = v_g^{-1} = 0.082$ kg/m^3. 표 A.8에서 수증기−공기(50°C): $D_{AB} \approx 0.26 \times 10^{-4}$ m^2/s.

해석: 구하고자 하는 몰농도 및 몰유속은 열전달과 물질전달의 상사성을 이용하여 결정될 수 있다. 식 (6.47)과 (6.51)로부터 다음과 같은 사실을 알 수 있다.

$$T^* \equiv \frac{T - T_s}{T_\infty - T_s} = f\left(x^*, y^*, Re_L, Pr, \frac{dp^*}{dx^*}\right)$$

그리고

$$C_A^* \equiv \frac{C_A - C_{A,s}}{C_{A,\infty} - C_{A,s}} = f\left(x^*, y^*, Re_L, Sc, \frac{dp^*}{dx^*}\right)$$

경우 1에 대하여

$$Re_{L,1} = \frac{V_1 L_1}{\nu} = \frac{100 \text{ m/s} \times 1 \text{ m}}{18.2 \times 10^{-6} \text{ m}^2\text{/s}} = 5.5 \times 10^6, \qquad Pr = 0.70$$

반면에 경우 2에 대하여

$$Re_{L,2} = \frac{V_2 L_2}{\nu} = \frac{50 \text{ m/s} \times 2 \text{ m}}{18.2 \times 10^{-6} \text{ m}^2\text{/s}} = 5.5 \times 10^6$$

$$Sc = \frac{\nu}{D_{AB}} = \frac{18.2 \times 10^{-6} \text{ m}^2\text{/s}}{26 \times 10^{-6} \text{ m}^2\text{/s}} = 0.70$$

$Re_{L,1} = Re_{L,2}$, $Pr = Sc$, $x_1^* = x_2^*$, $y_1^* = y_2^*$이고 기하학적 형상이 같기 때문에, 온도와 농도분포는 동일한 함수 형태이다. 따라서

$$\frac{C_A(x^*, y^*) - C_{A,s}}{C_{A,\infty} - C_{A,s}} = \frac{T(x^*, y^*) - T_s}{T_\infty - T_s} = \frac{60 - 80}{20 - 80} = 0.33$$

또는 $C_{A,\infty} = 0$이면

$$C_A(x^*, y^*) = C_{A,s}(1 - 0.33) = 0.67 C_{A,s}$$

그리고

$$C_{A,s} = C_{A,\text{sat}}(50°\text{C}) = \frac{\rho_{A,\text{sat}}}{\mathcal{M}_A} = \frac{0.082 \text{ kg/m}^3}{18 \text{ kg/kmol}} = 0.0046 \text{ kmol/m}^3$$

이므로 다음과 같다.

$$C_A(x^*, y^*) = 0.67\ (0.0046 \text{ kmol/m}^3) = 0.0031 \text{ kmol/m}^3 \quad \triangleleft$$

몰유속은 식 (6.8)로부터 구할 수 있다.

$$N''_A(x^*) = h_m(C_{A,s} - C_{A,\infty})$$

여기서 h_m은 상사성으로부터 계산된다. 식 (6.49)와 (6.53)으로부터 $x_1^* = x_2^*$, $Re_{L,1} = Re_{L,2}$ 및 $Pr = Sc$이기 때문에 이에 상응하는 함수 형태는 동일하다. 따라서

$$Sh = \frac{h_m L_2}{D_{AB}} = Nu = \frac{hL_1}{k}$$

Newton의 냉각법칙 $h = q''/(T_s - T_\infty)$으로부터

$$h_m = \frac{L_1}{L_2} \times \frac{D_{AB}}{k} \times \frac{q''}{(T_s - T_\infty)} = \frac{1}{2} \times \frac{0.26 \times 10^{-4} \text{ m}^2\text{/s}}{0.028 \text{ W/m} \cdot \text{K}} \times \frac{10^4 \text{ W/m}^2}{(80 - 20)°\text{C}}$$

$$h_m = 0.077 \text{ m/s}$$

따라서

$$N''_A(x^*) = 0.077 \text{ m/s}\ (0.0046 - 0.0) \text{ kmol/m}^3$$

또는

$$N''_A(x^*) = 3.54 \times 10^{-4} \text{ kmol/s} \cdot \text{m}^2 \quad \triangleleft$$

부가설명:

1. 농도경계층 내에서는 수증기의 몰분율이 작기 때문에, 공기의 동점성계수(ν_B)가 $Re_{L,2}$를 계산하는 데 사용된다는 것을 인식한다.
2. 경우 1에 대한 공기의 물성치는 막온도(film temperature) $T_f = (T_s + T_\infty)/2 = (80°C + 20°C)/2 = 50°C$에서 계산된다.

6.7.2 증발냉각

열전달과 물질전달의 상사성을 적용할 수 있는 매우 중요한 예는, 액체 위에서 기체가 흐를 때는 언제나 흔히 일어나는 **증발냉각**(evaporative cooling) 과정(그림 6.10)이다. 증발은 액체표면에서 일어나며, 상변화와 관련된 에너지는 액체의 증발잠열(latent heat of vaporization)이다. 증발은 표면 부근의 액체분자들이 표면결합 에너지 이상으로 에너지가 증가되어 충돌이 일어날 때 발생한다. 증발이 유지되기 위한 에너지는 액체의 내부에너지로부터 초래되며, 액체는 온도감소를 가져오게 된다(냉각효과). 그러나 만일 정상상태가 유지된다면, 증발 때문에 액체에 의하여 손실된 잠열은 주위로부터 액체로의 에너지 전달에 의해서 보충되어야 한다. 복사효과를 무시하면, 이 열전달은 기체로부터 현열에너지(sensible energy)의 대류에 의해 이루어지거나, 액체 속의 전기가열기와 같은 다른 방법으로 열이 가해짐으로써 이루어질 수 있다. 액체의 검사면에 에너지보존 방정식(식 1.12c)을 적용하면, 단위 표면적에 대하여 다음과 같다.

$$q''_{\text{conv}} + q''_{\text{add}} = q''_{\text{evap}} \tag{6.61}$$

여기서 q''_{evap}은 다음과 같이 증발잠열과 증발 질량유속(evaporative mass flux)의 곱으로서 근사화될 수 있다.

$$q''_{\text{evap}} = n''_A h_{fg} \tag{6.62}$$

만일 다른 방법에 의해서 부가되는 열이 없다면, 식 (6.61)은 기체로부터의 대류열전달과 액체로부터의 증발열 손실량만으로 표현된다. 식 (6.61)에 (6.4), (6.18) 및 (6.62)를 대입하면, 다음과 같이 된다.

$$h(T_\infty - T_s) = h_{fg} h_m [\rho_{A,\text{sat}}(T_s) - \rho_{A,\infty}] \tag{6.63}$$

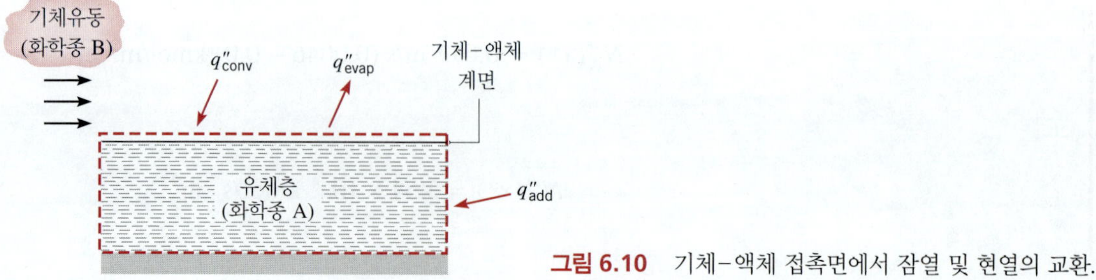

그림 6.10 기체-액체 접촉면에서 잠열 및 현열의 교환.

여기서 표면의 증기밀도는 T_s에서의 포화조건과 관련이 있다. 따라서 냉각효과의 정도는 다음과 같이 표현될 수 있다.

$$(T_\infty - T_s) = h_{fg}\left(\frac{h_m}{h}\right)[\rho_{\text{A,sat}}(T_s) - \rho_{\text{A},\infty}] \tag{6.64}$$

h_m/h을 식 (6.60)에 대입하고, 이상기체 법칙으로부터 증기밀도를 구하여 대입하면, 냉각효과는 다음과 같다.

$$(T_\infty - T_s) = \frac{\mathcal{M}_\text{A} h_{fg}}{\mathcal{R}\rho c_p Le^{2/3}}\left[\frac{p_{\text{A,sat}}(T_s)}{T_s} - \frac{p_{\text{A},\infty}}{T_\infty}\right] \tag{6.65}$$

정확성 측면에서 기체(화학종 B)의 물성치 ρ, c_p, Le 등은 경계층에서 산술평균온도 혹은 막온도 $T_{\text{am}} = T_f = (T_s + T_\infty)/2$로 계산되어야 하며, 한편 화학종 A의 증발잠열(h_{fg})은 표면온도 T_s에서 계산해야 한다. $n = \frac{1}{3}$이라는 대표값이 식 (6.60)의 Pr와 Sc의 지수값으로서 가정된다.

앞서 기술한 결과들은 수많은 환경 및 산업분야에서 기체가 공기이고 액체가 물인 여러 경우에 적용할 수 있다.

예제 6.8

휘발성이 매우 강한 액체로 계속 촉촉이 젖어 있는 섬유로 감겨진 용기가 매우 덥고 건조한 지역에서 음료를 차갑게 유지하는 데 사용될 수 있다. 용기는 주위온도가 40°C인 건조한 공기 중에 놓여 있으며, 축축이 젖어 있는 면과 공기 사이의 열전달 및 물질전달이 강제대류에 의해서 이루어진다고 가정하자. 적시는 물질(wetting agent)은 분자량이 200 kg/kmol이고 기화잠열이 100 kJ/kg으로 알려지고 있다. 주어진 조건에서 포화 증기압은 약 5000 N/m^{2}이며 공기 중에서 증기의 확산계수는 0.2×10^{-4} m^2/s이다. 음료의 정상상태 온도는 얼마인가?

풀이

제시자료: 증발냉각에 의해서 음료 용기를 차갑게 하는 데 사용된 적시는 물질의 물성치.

풀이대상: 음료의 정상상태 온도.

개략도:

공기(B)
$T_\infty = 40°\text{C}$
$\phi_\infty = 0$
T_s
휘발성이 있는 적시는 물질(A)
$h_{fg} = 100$ kJ/kg
$\mathcal{M}_\text{A} = 200$ kg/kmol
$p_{\text{A,sat}}(T_s) = 5000$ N/m^2
$D_{\text{AB}} = 0.2 \times 10^{-4}$ m^2/s
q''_{conv}
q''_{evap}

가정:

1. 열전달과 물질전달은 상사의 적용이 가능함.
2. 증기는 이상기체 거동을 나타냄.
3. 복사효과는 무시함.
4. 공기의 물성치는 300 K로 간주되는 평균 경계층 온도에서 계산됨.

물성치: 표 A.4에서 공기(T_f = 300 K): ρ = 1.16 kg/m^3, c_p = 1.007 kJ/kg·K, $\alpha = 22.5 \times 10^{-6}$ m^2/s.

해석: 상기한 가정을 적용하면, 증발냉각 효과는 식 (6.65)에 의해서 주어진다.

$$(T_\infty - T_s) = \frac{\mathcal{M}_A h_{fg}}{\mathcal{R}\rho c_p Le^{2/3}}\left[\frac{p_{A,\text{sat}}(T_s)}{T_s} - \frac{p_{A,\infty}}{T_\infty}\right]$$

$p_{A,\infty} = 0$라 가정하고 다시 정리하면 다음과 같다.

$$T_s^2 - T_\infty T_s + B = 0$$

여기서 계수 B는

$$B = \frac{\mathcal{M}_A h_{fg} p_{A,\text{sat}}}{\mathcal{R}\rho c_p Le^{2/3}}$$

또는

$$B = [200 \text{ kg/kmol} \times 100 \text{ kJ/kg} \times 5000 \text{ N/m}^2 \times 10^{-3} \text{ kJ/N}\cdot\text{m}]$$
$$\div \left[8.314 \text{ kJ/kmol}\cdot\text{K} \times 1.16 \text{ kg/m}^3 \times 1.007 \text{ kJ/kg}\cdot\text{K} \times \left(\frac{22.5\times10^{-6}\text{ m}^2\text{/s}}{20\times10^{-6}\text{ m}^2\text{/s}}\right)^{2/3}\right] = 9520 \text{ K}^2$$

그러므로

$$T_s = \frac{T_\infty \pm \sqrt{T_\infty^2 - 4B}}{2} = \frac{313 \text{ K} \pm \sqrt{(313)^2 - 4(9520)} \text{ K}}{2}$$

물리적 의미의 견지에서 (2) 부호를 소거하면(만일 $p_{A,\text{sat}} = 0$이고, $B = 0$인 경우에 증발이 없다면 T_s와 T_∞는 같아야 한다) 다음과 같다.

$$T_s = 278.9 \text{ K} = 5.9°\text{C}$$ ◁

부가설명: 이 결과는 열전달과 물질전달의 상사가 적용되는 한 용기의 형상에는 무관하다.

6.7.3 Reynolds 상사

두 번째 경계층의 상사는 표 6.1에서 $dp^*/dx^* = 0$이고 $Pr = Sc = 1$인 경우에 보존식 (6.35~6.37)이 동일하다는 사실로부터 얻을 수 있다. 유입흐름에 평행한 평판의 경우에 $dp^*/dx^* = 0$이고 경계층 바깥의 자유흐름 속도의 변화가 없다. $u_\infty = V$이기 때문에 식 (6.38~6.40) 또한 같은 형태가 된다. 따라서 u^*, T^* 및 C_A^*의 해에 대한 식 (6.44), (6.47)과 (6.51)은 대등해야 한다. 식 (6.45), (6.48)과 (6.52)로부터 다음과 같이 결론을 내릴 수 있다.

$$C_f \frac{Re_L}{2} = Nu = Sh \tag{6.66}$$

Nu와 Sh를 각각 **Stanton 수**(St)와 물질전달 **Stanton 수**(St_m)로 대치하면

$$St \equiv \frac{h}{\rho V c_p} = \frac{Nu}{Re\,Pr} \tag{6.67}$$

$$St_m \equiv \frac{h_m}{V} = \frac{Sh}{Re\,Sc} \tag{6.68}$$

식 (6.66) 또한 다음과 같이 표현될 수 있다.

$$\frac{C_f}{2} = St = St_m \tag{6.69}$$

식 (6.69)는 **Reynolds 상사**(Reynolds analogy)로서 알려져 있으며, 이것은 매우 중요한 공학적 매개변수인 속도, 온도 및 농도경계층을 서로 관련시켜 준다. 만일 속도를 안다면, 이 상사성을 이용하여 다른 변수를 계산할 수 있다. 그러나 이 결과를 사용하는 데는 많은 제약이 따르게 된다. 경계층 근사화의 타당성에 의존할 뿐만 아니라, 식 (6.69)의 정확성은 Pr와 $Sc \approx 1$ 및 $dp^*/dx^* \approx 0$이라는 조건에 달려 있다. 그러나 이 상사성이 어느 정도 수정된다면 비교적 넓은 범위의 Pr와 Sc에서 사용될 수 있다. 특히 **수정 Reynolds 상사**(modified Reynolds analogy) 또는 **Chilton-Colburn 상사**[13, 14]는 다음과 같이 표현된다.

$$\frac{C_f}{2} = St\,Pr^{2/3} \equiv j_H \qquad 0.6 < Pr < 60 \tag{6.70}$$

$$\frac{C_f}{2} = St_m\,Sc^{2/3} \equiv j_m \qquad 0.6 < Sc < 3000 \tag{6.71}$$

여기서 j_H와 j_m은 각각 열전달 및 물질전달에서 **Colburn j 인자**이다. 층류유동에서 식 (6.70)과 6.71은 단지 $dp^*/dx^* < 0$일 때에만 적절하나, 난류유동에서는 이러한 조건들이 압력구배에 비교적 영향을 덜 받으며 이 상관식이 근사값으로서는 유효하다. 만일 상사성이 표면의 모든 위치에서 적용될 수 있다면, 이것은 표면의 평균계수에도 적용이 가능하다.

6.8 요약

이 장에서는 대류이동 현상들에 관련된 몇 가지 기본적인 사항들에 대해서 고찰하였다. 그러나 이 과정에서 앞으로 **대류 문제**에서 해결해야 할 사항이 무엇인가를 진정으로 잊지 않기를 바라는 마음이다. 우리의 주된 목적은 대류계수 h와 h_m을 결정하기 위한 방법을 개발하는 데 있다. 이 계수들은 경계층방정식들을 풀어서 얻을 수 있지만, 이는 단지 이와 같은 해가 쉽게 구해지는 경우의 단순한 흐름상황에 한정된다. 좀 더 실질적인 접근방법은 흔히 식 (6.49)와 (6.53)으로 주어지는 형식의 경험식(empirical relation)으로부터 h와 h_m을 계산하는 것을 뜻한다. 이러한 특별한 상관식은 열전달 및 물질전달의 실험결과들을 적절한 무차원 그룹의 형태로 **상관**시켜서 얻는다. 이 방법은 다음 장들에서 강조될 것이다.

내용의 이해도를 테스트하기 위해서는 항상 자신에게 적절한 질문을 던져 보아야 한다.

- **국소** 대류열전달계수와 **평균** 대류열전달계수의 차이점은 무엇이며, 그 단위는 무엇인가? 화학종 전달에 관한 국소 대류계수와 평균대류계수의 차이점은 무엇이며, 그 단위는 무엇인가?
- **열유속** 및 **열전달률**에 대한 **Newton의 냉각법칙**의 식 형태는 무엇인가? 몰이나 단위질량 기준으로 표현된 대류물질전달에 대한 유사한 형태는 무엇인가?
- 대류에 의한 화학종 전달이 있는 몇 가지 예를 들어 보라.
- **Fick의 법칙**이란 무엇인가?
- **속도**, **온도** 및 **농도경계층**이란 무엇인가? 어떤 조건하에서 그것들이 발달되는가?
- **속도경계층** 내에서 위치에 따라 변하는 양은 무엇인가? **온도경계층**에 대해서는 어떠한가? **농도경계층**에 대해서는 어떠한가?
- 대류 열(물질)전달이 표면 위에 흐르는 유체유동에 관련된 상태에 따라 매우 큰 영향을 받게 된다는 점을 인식하고, 우리가 대류 열(물질)유속을 표면 상의 유체에 Fourier의 법칙(Fick의 법칙)을 적용하여 구할 수 있다는 점에 대해서 어떻게 생각하는가?
- 열전달 및 물질전달이 층류경계층에서 난류경계층으로 천이함에 따라 변화하는 것을 기대할 수 있는가? 만일 그렇다면, 어떻게 변화하는가?
- 자연의 어떤 법칙이 **대류전달 방정식**에 의해서 형상화될 수 있는가?
- 어떤 물리적 과정이 x 성분 운동량방정식(식 6.28)의 항으로 표현될 수 있는가? 에너지방정식(식 6.29) 및 물질 보존 방정식(식 6.30)에 의해서는 각각 어떤 과정이 표현될 수 있는가?
- 어떤 특수한 근사화가 **얇은** 속도, 온도 및 농도경계층 내에서 상정될 수 있는가?
- **막**온도는 무엇이며 어떻게 사용되는가?
- **Reynolds 수**는 어떻게 정의되는가? 물리적 의미는 무엇인가? 임계 **Reynolds 수**의 역할은 무엇인가?
- **Prandtl 수**의 정의는 무엇인가? Prandtl 수가 표면 상의 층류유동에서 속도 및 온도경계층의 상대적인 성장에 어떻게 영향을 미치는가? 액체금속, 기체, 물 및 오일의 상온에서 대표적인 Prandtl 수는 얼마인가?
- **Schmidt 수**의 정의는 무엇인가? **Lewis 수**는? 그것들의 물리적 의미는 무엇이며, 표면 상의 층류유동에서 상대적 속도, 온도 및 농도경계층 발달에 어떻게 영향을 미치는가?

- **마찰계수**는 무엇인가? **Nusselt 수**는? **Sherwood 수**는? 주어진 기하학적 형상에 대한 유동에서, 이러한 값들의 국소 및 평균값을 결정하는 독립 매개변수들은 무엇인가?
- 어떤 조건에서 속도, 온도 및 농도경계층이 **상사적**이라고 말할 수 있는가? 상사 거동의 물리적 기초는 무엇인가?
- **열전달 및 물질전달 상사성**에 의해서 관련되는 중요한 경계층 매개변수는 무엇인가?
- **증발냉각 효과**의 물리적인 토대는 무엇인가? 여러분은 이러한 효과에 대해서 경험한 적이 있는가?
- **Reynolds 상사**에 관련되는 중요한 경계층 매개변수는 무엇인가?
- 난류유동이 층류유동과 구별되는 물리적 특징은 무엇인가?

참고문헌 *References*

1. Webb, R. L., *Int. Comm. Heat Mass Trans.,* **17,** 529, 1990.
2. Hof, B., C. W. H. van Doorne, J. Westerweel, F. T. M. Nieuwstadt, H. Faisst, B. Eckhardt, H. Wedin, R. R. Kerswell, and F. Waleffe, *Science*, **305**, 1594, 2004.
3. Schlichting, H., and K. Gersten, *Boundary Layer Theory*, 8th ed., Springer-Verlag, New York, 1999.
4. Bird, R. B., W. E. Stewart, and E. N. Lightfoot, *Transport Phenomena*, 2nd ed., Wiley, New York, 2002.
5. Fox, R. W., A. T. McDonald, and P. J. Pritchard, *Introduction to Fluid Mechanics*, 6th ed., Wiley, Hoboken, NJ, 2003.
6. Hartnett, J. P., "Mass Transfer Cooling," in W. M. Rohsenow and J. P. Hartnett, Eds., *Handbook of Heat Transfer*, McGraw-Hill, New York, 1973.
7. Kays, W. M., M. E. Crawford, and B. Weigand, *Convective Heat and Mass Transfer*, 4th ed., McGraw-Hill Higher Education, Boston, 2005.
8. Burmeister, L. C., *Convective Heat Transfer,* 2nd ed., Wiley, New York, 1993.
9. Kaviany, M., *Principles of Convective Heat Transfer*, Springer-Verlag, New York, 1994.
10. Patankar, S. V., *Numerical Heat Transfer and Fluid Flow,* Hemisphere Publishing, New York, 1980.
11. Oosthuizen, P. H., and W. E. Carscallen, *Compressible Fluid Flow*, McGraw-Hill, New York, 1997.
12. John, J. E. A., and T. G. Keith, *Gas Dynamics*, 3rd ed., Pearson Prentice Hall, Upper Saddle River, NJ, 2006.
13. Colburn, A. P., *Trans. Am. Inst. Chem. Eng.,* **29**, 174, 1933.
14. Chilton, T. H., and A. P. Colburn, *Ind. Eng. Chem.,* **26,** 1183, 1934.

연습문제 *Problems*

경계층 분포

6.1 등온 평판 위의 유동과 연관된 층류 열경계층 내의 온도분포가 그림에 도시되어 있다. 온도분포는 $x = x_2$에 위치하고 있다.

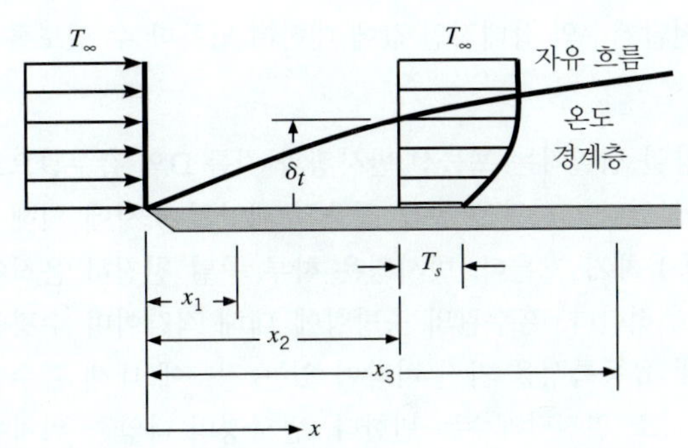

(a) 평판이 유체에 의해 가열되는가? 냉각되는가?

(b) $x = x_1$과 $x = x_3$에서의 온도분포를 신중을 기해서 스케치하라. 그려진 스케치에 근거해서 3곳의 x 위치 중에서 국소 열유속이 가장 큰 곳은? 국소 열유속이 가장 작은 곳은?

(c) 자유흐름의 속도가 증가함에 따라 속도경계층과 열경계층 모두 얇아진다. (i) 자유흐름 속도가 느린 경우와 (ii) 자유흐름 속도가 빠른 경우에 대해 $x = x_2$에서의 온도분포를 신중을 기해서 스케치하라. 그려진 스케치에 근거해서 어느 속도 조건이 보다 큰 국소 대류 열유속을 일으키는가?

6.2 표면 위의 흐름에서, 속도와 온도의 분포는 다음 식과 같다.

$$u(y) = Ay + By^2 - Cy^3 \quad \text{and}$$
$$T(y) = D + Ey + Fy^2 - Gy^3$$

여기서 A에서 G까지의 계수는 상수이다. u_∞, T_∞, 적절한 형상계수 및 유체 물성치 등의 항으로 마찰계수 C_f와 대류계수 h에 대한 식을 구하라.

6.3 가열된 표면 위의 공기흐름에 대해, 경계층 온도분포는 다음 식으로 근사화된다.

$$\frac{T - T_s}{T_\infty - T_s} = 1 - \exp\left(-Pr\frac{u_\infty y}{\nu}\right)$$

여기서 y는 표면으로부터의 수직 거리이고, Prandtl 수($Pr = c_p\mu/k = 0.7$)는 무차원 유체 물성치이다. 만약 $T_\infty = 400$ K, $T_s = 300$ K, $u_\infty/\nu = 5000\ \mathrm{m}^{-1}$이면 표면열유속은 얼마인가?

6.4 $T_\infty = 25°\mathrm{C}$의 온도를 가지고 있는 물은 온도가 $T_{s,1} = 40°\mathrm{C}$인 강철벽(AISI 1010)의 한쪽 표면 위를 흐르고 있다. 벽의 두께는 0.35 m이며, 벽의 다른 표면의 온도는 $T_{s,2} = 100°\mathrm{C}$이다. 정상상태 조건에서, 물 흐름과 관련된 대류계수는 얼마인가? 벽 내부의 온도구배와 벽과 접촉되어 있는 물의 온도구배는 얼마인가? 벽 내부 및 인접한 물의 온도분포를 그려라.

열전달계수

6.5 가열된 수직표면으로부터의 층류 자유대류에 대하여 국소 대류계수는 $h_x = Cx^{-1/4}$으로 표현될 수 있다. 여기서 h_x는 표면의 선단으로부터의 거리가 x인 곳에서의 국소 대류계수이며, 유체 물성치들에 의존하는 C는 x에 무관하다. $\bar{h}_x/h_x$에 대한 식을 구하고, x의 변화에 따른 h_x 및 $\bar{h}_x$의 변화를 스케치하라. 여기서 $\bar{h}_x$는 선단($x = 0$)과 위치 x 사이의 평균대류계수이다.

6.6 길이 $L = 3$ m인 평판을 지나가는 대기공기의 평행유동이 평판 위의 흐름통로에 정지 상태로 놓여 있는 막대들의 배열에 의하여 교란되고 있다.

주어진 V 및 $T_s > T_\infty$ 값에 대하여, 평판표면에서 국소 대류열전달계수의 측정이 실험실에서 실시되었다. 결과는 $h_x = 0.7 + 13.6x - 3.4x^2$의 실험식으로 주어졌으며, 여기서 h_x의 단위는 $\mathrm{W/m^2 \cdot K}$, x의 단위는 m이다. 전체 평판에 대한 평균 대류열전달계수 $\bar{h}_L$과 평판 끝에서의 비 $\bar{h}_L/h_L$을 구하라.

6.7 온도가 T_∞인 원형 고온 가스제트(gas jet)가 균일온도 T_s로 유지되고 있는 반지름이 r_o인 원형평판에 수직으로 분사된다. 평판을 지나는 기체흐름은 축대칭이며, 국소 대류계수가 $h(r) = a + br^n$인 형식으로서 반지름의 함수이다. 여기서 a, b, n은 상수이다. 평판으로의 열전달률을 T_∞, T_s, r_o, a, b 및 n으로 표시하라.

6.8 매끄러운 평판 위에서 유동은 일반적으로 임계 Reynolds 수에 도달하기 전까지 층류 유동으로 유지된다. 그러나 평판의 선단을 거칠게 하면 **유동**을 난류 상태로 만들 수 있다. 특별한 상태의 층류와 난류 조건의 실험에서 국부 열전달계수는 다음 식과 같이 되었다.

$$h_{\mathrm{lam}}(x) = 1.74\ \mathrm{W/m^{1.5} \cdot K}\ x^{-0.5}$$
$$h_{\mathrm{turb}}(x) = 3.98\ \mathrm{W/m^{1.8} \cdot K}\ x^{-0.2}$$

길이가 $L = 0.1$ m와 1 m인 평판들에서 층류와 난류 조건의 유동에 대하여 평균 열전달계수를 구하라.

6.9 길이가 길고 사각단면을 가진 등온(isothermal) 막대에 수직인 흐름에 대한 국소 열전달계수를 구하기 위한 실험이 수행되었다. 그 막대는 너비(흐름에 평행)가 c이며, 높이(흐름에 수직)는 d이다. $10^4 \le Re_d \le 5 \times 10^4$ 범위의 Reynolds 수에 대하여, **면에 평균한**(face-averaged) Nusselt 수는 다음 식으로 잘 표현된다.

$$\overline{Nu}_d = \bar{h}d/k = C\,Re_d^m\,Pr^{1/3}$$

사각막대의 정면, 옆면들 그리고 뒷면의 C와 m 값은 다음에서 구한다.

면	c/d	C	m
전면	$0.33 \le c/d \le 1.33$	0.674	1/2
측면	0.33	0.153	2/3
측면	1.33	0.107	2/3
후면	0.33	0.174	2/3
후면	1.33	0.153	2/3

너비 $c = 40$ mm이고, 높이 $d = 30$ mm인 사각막대의 전체 노출된 표면(즉 네 면의 평균)에 대한 평균 열전달계수의 값을 구하라. 그 막대에 $V = 10$ m/s, $T_\infty = 300$ K의 공기가 가로질러 지나간다. 정면, 옆면, 그리고 뒷면에 대해 면에 평균한 열전달계수의 상대적인 값에 대하여 납득할 수 있도록 설명하라.

6.10 태양열 집열기는 포물선 반사경과 지름 D의 흡수관으로 구성되어 있다. 그 관을 통해 집중된 태양열 조사에 의해 가열될 작동유체가 흐른다. 반사경은 하루 종일 천천히 움직여 태양을 추적한다. 흡수관의 축방향에 대해 직각이며 수평인 정상상태 유동특성을 가진 바람이 있는 경우에 대해 흡수관 표면의 국소 열전달계수는 변한다. 반사경의 다양한 위치에 대한 구성도는 보는 바와 같다.

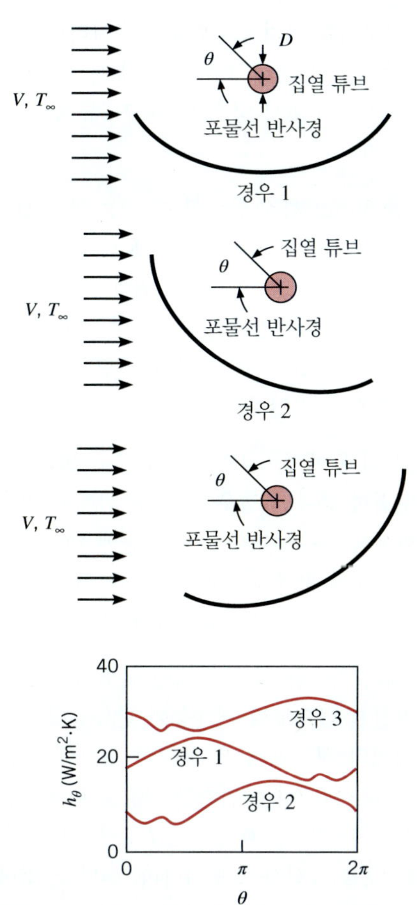

(a) 3가지 경우 각각에 대해 흡수관의 전체 표면적에 대한 평균 열전달계수의 값을 추정하라.

(b) 흡수관이 받는 태양열 조사가 3가지 경우 모두 동일하다고 하면, 집열기 효율이 가장 좋은 것은 어느 경우인가?

6.11 헬륨이 길이가 L = 3 m이고 표면온도가 T_∞ = 25°C인 평판 위로 자유 유동 온도 T_∞ = 25°C로 흐른다. 그런데 유동장 내에 장애물을 설치하면 선단에서부터 거리 x가 증가함에 따라 혼합을 강하게 하는데 경계층 내에서 측정한 온도의 공간 변화는 T(°C) = 25 + 60 exp (−600xy)와 같은 상관 식으로 표현할 수 있다. 여기에서 x, y는 미터 단위이다. 국부 대류열전달계수 h가 x에 따라 변하는 것을 구하고 그래프를 그려라. 평판에서 평균 대류열전달계수 $\bar{h}$를 계산하라.

6.12 가열된 원형판(circular disk)에 수직인 균일한 흐름에 대한 국소 대류열전달계수를 구하기 위하여 실험을 실시하였으며, 다음과 같은 반지름방향의 Nusselt 수의 분포를 얻었다.

$$Nu_D = \frac{h(r)D}{k} = Nu_o\left[1 + a\left(\frac{r}{r_o}\right)^n\right]$$

여기서 n과 a는 양수이다. 정체점에서의 Nusselt 수는 다음과 같이 Reynolds 수(Re_D = VD/ν)와 Prandtl 수로 나타낼 수 있다.

$$Nu_o = \frac{h(r=0)D}{k} = 0.814\, Re_D^{1/2} Pr^{0.36}$$

등온원판으로부터의 열전달에 해당하는 평균 Nusselt 수 $\overline{Nu}_D = \bar{h}D/k$에 대한 식을 구하라. 보통 정체점으로부터의 경계층의 발달로 정체점으로부터의 거리가 증가함에 따라 대류열전달계수가 감소하게 된다. 원판에 대해서는 반대되는 경향이 관찰되는데 이에 대하여 납득할 수 있도록 설명하라.

6.13 위 문제의 결과를 증명하기 위한 실험절차는 구리원판을 초기의 상승된 온도 T_i로 예열한 후, 분사흐름에 의하여 냉각되어 최종온도가 T_f가 될 때까지 온도이력 $T(t)$를 기록하는 것을 의미하며, 측정된 온도감소를 $\overline{Nu}_D$에 대한 상관관계에 기초를 둔 예측과 비교할 수 있다. 상관식에서 a = 0.30과 n = 2를 가정한다.

지름 D = 50 mm이고 길이 L = 25 mm인 원판이 T_i = 1000 K로 예열되고 T_∞ = 300 K인 분사 공기흐름에 의하여 T_f = 400 K까지 냉각되는 실험조건들을 생각해 보자. 원판의 냉각표면은 ε = 0.8의 방사율을 가지며, 온도가 T_{sur} = T_∞인 매우 크며 능온상태인 수변에 놓여 있다. 원판의 나머시 표면은 잘 단열되어 있고 지지막대를 통한 열전달은 무시될 수 있다. 연습문제 6.12의 결과들을 사용하여 V = 4, 20 및 50 m/s의 공기속도에 해당하는 온도이력을 계산하고 그림으로 나타내라. 물성치는 일정하다고 간주하며, 구리는 ρ = 8933 kg/m³, c_p = 425 J/kg·K, k = 386 W/m·K이고, 공기는 ν = 38.8 × 10^{-6} m²/s, k = 0.0407 W/m·K, Pr = 0.684이다.

6.14 만일 그림과 같이 축을 중심으로 한 회전에 기인하여 디스크의 표면에 층류유동이 야기된다면, 국소 대류계수는 반지름에 무관하게 일정(h = C)하다고 알려져 있다. 반지름(r_o)이 100 mm인 디스크가 T_∞ = 20°C인 정지해 있는 공기 중에서 회전하고 있고, C = 20 W/m²·K의 값이 일정하게 유지되는 상태를 고려해 보자.

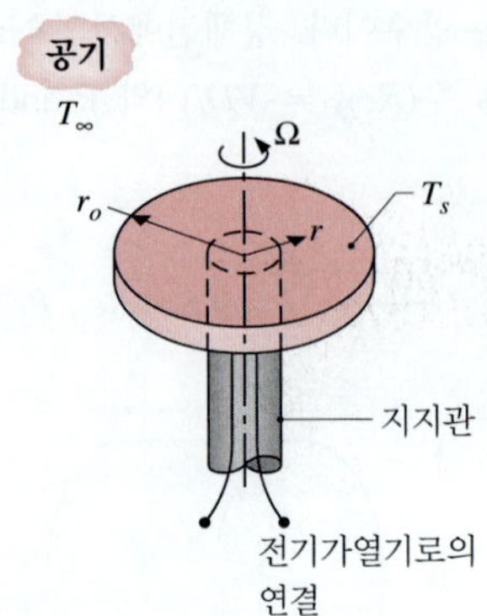

만약 전기가열기가 내장되어 있어 표면의 온도가 T_s = 50°C로 유지된다면, 디스크 표면에서 국소 열유속은 얼마인가? 총 전력 요구량은 얼마인가? 여러분은 디스크 상에 발달되는 경계층의 성질에 대해서 어떻게 말할 수 있겠는가?

6.15 연습문제 6.14의 회전 디스크를 생각해 보자. 정지하고 있는 디스크 형태의 평판이 회전 디스크와 매우 작은 간격 g의 거리에 설치되어 있다. 정지하고 있는 평판과 주위공기의 온도는 T_∞ = 20°C이다. 유동이 층류이고 간격과 반지름의 비 $G = g/r_o$가 매우 작다면 반지름 방향 국소 Nusselt 수는 다음과 같다.

$$Nu_r = \frac{h(r)r}{k} = 70(1 + e^{-140G})\, Re_{r_o}^{-0.456} Re_r^{0.478}$$

여기서 $Re_r = \Omega r^2/\nu$[Pelle J., and S. Harmand, *Exp. Thermal Fluid Science*, **31**, 165, 2007]. 평균 Nusselt 수 $\overline{Nu}_D = \bar{h}D/k$ 값을 구하라. 여기서 $D = 2r_o$이다. 회전 디스크의 온도가 T_s = 50°C라고 하면 g = 1 mm, Ω = 150 rad/s에 대해 디스크의 위 표면으로부터의 총 열유속은 얼마인가? 여러분은 두 디스크 사이의 유동의 성질에 대해서 어떻게 말할 수 있겠는가?

경계층 천이

6.16 x_c = 0.5 m에서 천이가 일어나고 임계 Reynolds 수 $Re_{x,c} = 5 \times 10^5$인 조건하에서 길이 L = 1 m의 평판 위를 지나는 공기흐름을 생각해 보자.

(a) 350 K에서 공기의 열물성치들을 사용하여 공기의 속도를 구하라.

(b) 층류와 난류영역에서의 국소 대류계수는 각각 다음과 같다.

$$h_{\text{lam}}(x) = C_{\text{lam}} x^{-0.5} \text{ and } h_{\text{turb}} = C_{\text{turb}} x^{-0.2}$$

여기서 T = 350 K, C_{lam} = 8.845 W/m$^{3/2}$·K, C_{turb} = 49.75 W/m$^{1.8}$·K이고, x의 단위는 m이다. 층류영역 $0 \le x \le x_c$에 대하여 평균대류계수 $\bar{h}_{\text{lam}}(x)$를 선단으로부터의 거리 x의 함수로서 표시하라.

(c) 난류영역 $x_c \le x \le$ L에 대하여 평균대류계수 $\bar{h}_{\text{turb}}(x)$를 선단으로부터의 거리 x의 함수로서 나타내라.

(d) 동일한 좌표계 위에 $0 \le x \le L$에 대하여 선단으로부터의 거리 x의 함수로서 국소 및 평균대류계수 h_x와 $\bar{h}_x$ 각각을 도시하라.

6.17 공기속도를 50 m/s까지 공급할 수 있는 홴(fan)이 대기온도가 25°C에서 저속풍동에 사용되었다. Reynolds 수 $Re_x = 10^8$까지 평판경계층 거동을 연구하기 위하여 이 풍동을 사용한다면, 사용해야 할 최소 평판길이는 얼마인가? 만일 임계 Reynolds 수가 $Re_{x,c} = 5 \times 10^5$이라면, 선단으로부터 어느 거리에서 천이가 일어날 것인가?

6.18 두 상황에 대해 예제 6.4의 유동조건을 생각해 보자. 하나는 유동이 완전히 층류인 경우이고, 두 번째는 평판의 선단에서 난류가 발생하는 유동이다. 층류유동에 대한 평균대류계수와 난류유동에 대한 평균대류계수가 같게 되는 평판길이 L의 존재여부를 밝히라. 물의 온도는 300 K라고 한다.

6.19 예제 6.4에서 기술한 상황에 대해 특별히 x의 위치에 평판의 표면을 거칠게 함으로써 경계층이 난류상태로 바뀔 수 있다. 따라서 예제의 경우와 같은 매끈한 평판에서의 천이 위치에 비해서 천이가 발생하는 위치를 상류로 **이동**시킬 수 있다. 표면을 거칠게 한 범위는 $0 \le x_r \le L$로서, 평판 전체에 대한 평균대류계수 $\bar{h}$를 계산하고 도시하라. 어떤 x_r 값에서 $\bar{h}$가 최대값 그리고 최소값을 갖는가? 물의 온도는 300 K라고 한다.

6.20 근사적으로 점성계수(μ), 열전도율(k), 비열(c_p)은 압력과 무관한 값이다. 비압축성 유체와 이상기체의 동점도(ν), 열확산율(α)은 압력에 의해 어떻게 변하는가? 온도가 350 K이고 압력이 각각 1, 5, 10 atm일 때 공기의 α를 구하라. 천이 Reynolds 수를 5×10^5으로 가정하고, 온도가 350 K이고 압력이 각각 1, 5, 10 atm이고 u_∞ = 2 m/s일 경우에 대해, 천이가 일어나는 평판의 선단으로부터의 거리를 구하라.

상사성과 무차원 매개변수

6.21 평판 위에서 발달하고 있는 층류경계층을 생각해 보자. 유동은 비압축성이다.

(a) 식 (6.31)과 식 (6.32)를 식 (6.38)에 대입해서 길이 L인 평판 위를 흐르는 유동과 연관된 차원을 갖고 있는 경계조건을 구하라.

(b) 식 (6.31)과 식 (6.32) 그리고 Re_L의 정의를 식 (6.35)에 대입해서 그 결과 식을 식 (6.28)과 비교하라. 평판에 대해 $dp/dx = 0$, $u_\infty = V$이다.

6.22 평판 위의 층류 경계층 유동을 고려하자. 같은 유동 조건에서 $\delta/\delta_t = Pr^n$이라는 사실을 이용하여 아래의 표에서 빈칸에 들어갈 값을 결정하라. 압력은 p = 1 atm이다. 힌트: Appendix A.4에서 A.6을 참고.

유량	온도(K)	δ/δ_t
공기	300	0.89
물(액체)	350	
엔진 오일		15.4
		45.3

6.23 T_∞ = 35°C, V_1 = 100 m/s인 공기흐름에 대하여 특성길이 L_1 = 0.15 m이며, 표면온도 $T_{s,1}$ = 300°C인 터빈 블레이드로부터의 열전달률이 q_1 = 1500 W라는 것이 실험에 의하여 구해졌다. T_∞ = 35°C이고, V_2 = 50 m/s인 공기흐름 속에서 표면온도가 $T_{s,2}$ = 400°C에서 작동되고 특성길이가 L_2 = 0.3 m인 또 다른 터빈 블레이드로부터의 열전달률은 얼마인가? 블레이드의 표면적은 특성길이에 정비례하는 것으로 가정할 수 있다.

6.24 특성길이 L = 1 m인 어떤 불규칙한 형상을 가진 물체의 표면온도가 T_s = 400 K로 균일하게 유지되고 있다. 이 물체는 온도가 T_∞ = 300 K인 대기공기 중에 놓여 있고, V = 100 m/s의 속도로 이동할 때 표면으로부터 공기로의 평균 열유속이 20,000 W/m^{2}이다. 만일 같은 형상이며, 특성길이가 L = 5 m인 제2의 물체가 표면온도 T_s = 400 K로 유지되면서 T_∞ = 300 K인 대기공기 내에 놓인다면, 공기속도가 V = 20 m/s일 때 평균 대류열전달계수의 값은 얼마인가?

6.25 긴 원통의 축에 수직인 유동에 대해 층류에서 난류로의 천이가 임계 Reynolds 수 $Re_{D,c} \approx 2 \times 10^5$에서 발생한 실험이 있다. 여기서 D는 원통의 지름이다. 게다가 비압축성에서 압축성유동으로의 천이가 임계 Mach 수 $Ma_c \approx 0.3$에서 발생하고 있다. 압력 p = 1 atm, 온도 T = 27°C인 공기에 대해 임계 원통지름 D_c를 구하라. 유동이 난류라고 하면 이 임계지름보다 작은 경우에서는 압축성 효과가 중요해질 것이다.

6.26 직교유동 내의 정사각형 막대에 대한 대류열전달계수의 실험 측정값들은 다음과 같다.

$$\bar{h}_1 = 50\ \text{W/m}^2\cdot\text{K} \quad \text{when} \quad V_1 = 20\ \text{m/s}$$
$$\bar{h}_2 = 40\ \text{W/m}^2\cdot\text{K} \quad \text{when} \quad V_2 = 15\ \text{m/s}$$

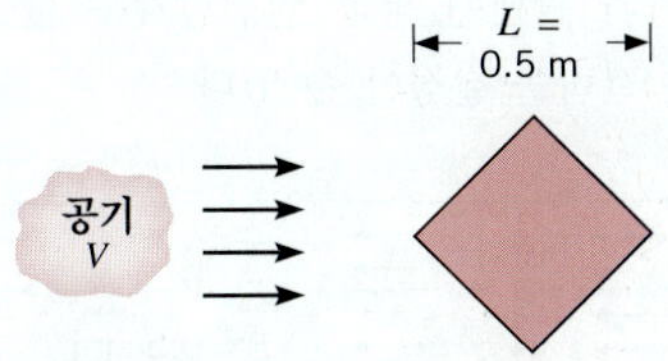

Nusselt 수의 함수형태는 $\overline{Nu} = C\,Re^m\,Pr^n$로 가정하며, 여기서 C, m 및 n은 상수들이다.

(a) V = 15 m/s일 때 L = 1 m인 상사 막대에 대한 대류열전달계수는 얼마인가?

(b) V = 30 m/s일 때 L = 1 m인 상사 막대에 대한 대류열전달계수는 얼마인가?

(c) 만일 특성길이로서 막대의 대각선이 아닌 막대의 변을 사용한다면, 결과는 같을 것인가?

6.27 주어진 크기와 형상을 가진 물체를 강제대류로 냉각함에 있어 각기 다른 유체의 효과를 평가하기 위해서는 모든 유체 물성치가 대류계수에 미치는 영향을 포함하는 **성능지수**(figure of merit) F_F를 도입하는 것이 매우 편리하다. Nusselt 수가 $\overline{Nu}_L \sim Re_L^m Pr^n$의 형태로 표현될 경우, F_F와 유체 물성치의 상호 관계식을 구해 보라. m = 0.80 및 n = 0.33일 때, 공기(k = 0.026 W/m·K, ν = 1.6 × 10^{-5} m^2/s, Pr = 0.71), 물(k = 0.600 W/m·K, ν = 10^{-6} m^2/s, Pr = 5.0)및 유전액체(k = 0.064 W/m·K, ν = 10^{-6} m^2/s, Pr = 25)에 대하여 F_F의 값을 계산하라. 어떤 유체가 냉각에 가장 효과적인 매체인가?

6.28 표면이 매우 거친 평판 위에서의 열전달에 대한 실험결과는 다음과 같은 상관식으로 표현된다.

$$Nu_x = 0.04\,Re_x^{0.9}\,Pr^{1/3}$$

여기서 Nu_x는 평판의 선단으로부터 측정된 위치 x에서의 국소 Nusselt 수의 값이다. 국소 대류열전달계수 h_x에 대한 평균 대류열전달계수 $\bar{h}_x$의 비를 나타내는 식을 구하라.

6.29 자유흐름 속도가 V = 1 m/s인 유체가 특성길이가 L = 1 m인 표면 위에 흐르고 있으며, $\bar{h}$ = 100 Wm^2·K인 경우를 생각해 보자. 유체가 공기, 엔진, 오일, 수은 및 물인 경우에 대하여 무차원 매개변수들 $\overline{Nu}_L$, Re_L, Pr과 $\bar{j}_H$를 계산하라. 유체의 온도는 300 K라고 가정한다.

6.30 길이가 L인 평면 위의 흐름에 대하여 국소 열전달계수 h_x는 $x^{-1/2}$에 따라 변화하는 것으로 알려져 있다. 여기서 x는 평판의 선단으로부터의 거리이다. $x = L$에서 국소 Nusselt 수 Nu_L에 대한 평판 전체에 대한 평균 Nusselt 수 $\overline{Nu}_L$의 비는 얼마인가?

6.31 온도가 20°C이고, 압력이 1 atm인 공기가 평판 위에 흐르는 층류 경계층 유동에서 온도경계층 두께 δ_t는 속도경계층 두께 δ보다 약 13% 더 크다. 동일한 유동조건하에서 유체가 에틸렌글리콜(ethyleneglycol)일 때, δ/δ_t를 구하라.

6.32 300 K의 공기와 380 K의 엔진오일에 대해 평판 위를 흐르는 평행유동을 생각해 보자. 자유흐름의 속도 u_∞ = 2 m/s이다. 표면과 자유흐름 사이의 온도차이는 두 경우 동일하고 $T_s > T_\infty$이다.

(a) 두 유체에 대해 난류로 천이되는 위치 x_c를 구하라.

(b) 평판 위를 흐르는 층류유동에 대해 경계층 두께는 다음과 같다.

$$\frac{\delta}{x} = \frac{5}{\sqrt{Re_x}}$$

각 유체에 대해 $0 \le x \le x_c$의 범위에 걸쳐서 속도경계층 두께 δ를 계산하고 도시하라.

(c) (b)에서 사용된 x의 범위에 걸쳐서 각 유체에 대해 열경계층 두께 δ_t를 계산하고 도시하라. 두 유체가 층류의 조건을 갖는 어떤 x 위치에서 어느 유체가 평판의 표면에서 보다 큰 온도구배 $-\partial T/\partial y|_{y=0}$를 가지는지 설명하라. 어느 유체가 국소 Nusselt 수가 크겠는가? 어느 유체가 국소 열전달계수가 크겠는가?

6.33 $T_\infty = 25°C$, $V = 10$ m/s인 강제로 송풍된 공기가 회로기판 위에 있는 부품들을 냉각시키기 위하여 사용된다. 한 부품은 회로판의 선단으로부터 120 mm에 위치하고 있는 4 mm × 4 mm 크기의 칩이다. 실험에 의하면 회로기판 위를 지나는 흐름은 부품들에 의하여 교란되고 대류열전달은 다음과 같은 상관식으로 표현된다고 한다.

$$Nu_x = 0.04\, Re_x^{0.85} Pr^{1/3}$$

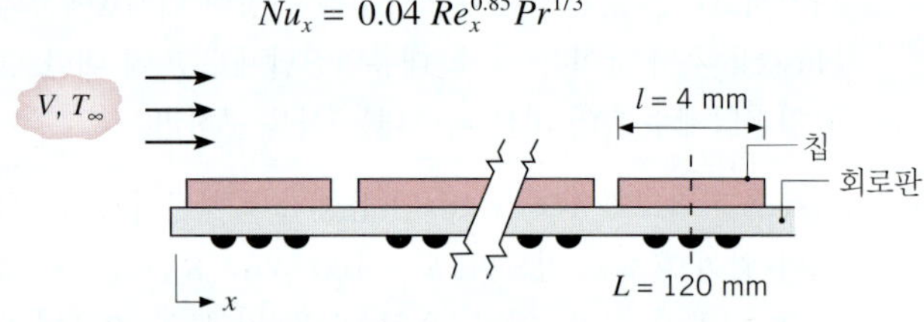

칩이 30 mW의 열을 발산한다면 칩의 표면온도는 얼마인가?

6.34 연습문제 6.33의 강제대류에 의해 냉각되는 부품들을 생각해 보자. 냉각 시스템은 해수면($P \approx 1$ atm)을 기준으로 설계되고 시험된다. 그러나 회로기판은 고도가 2250 m이고 대기압이 76.5 kPa인 멕시코시티에서 고객들에게 판매되었다.

(a) 회로기판이 멕시코시티에서 작동되었을 때, 회로기판의 선단으로부터 120 mm에 위치하고 있는 칩의 표면온도를 구하라. 압력에 따른 다양한 열물성치들의 의존성은 연습문제 6.20에 나타내었다.

(b) 칩의 작동온도는 고객의 위치에 무관해야 한다. 칩이 멕시코시티에서 작동될 때도 온도가 해수면에서와 같게 되기 위해서는 얼마만큼의 공기속도가 요구되는가?

6.35 연습문제 6.33의 회로기판 위의 칩을 생각해 보자. 장시간 동안 안전하게 작동되기 위해서는 칩의 온도가 85°C를 초과해서는 안 된다. $T_\infty = 25°C$의 공기를 이용할 수 있고, 앞에서 기술한 상관식을 적용할 수 있다고 가정하며, 칩의 최대 허용 소산에너지 P_c에 대하여 $1 \le V \le 25$ m/s에서 공기속도의 함수로서 계산하고, 도시하라. 만일 칩의 표면이 0.80의 방사율을 가지며, 회로기판이 벽면온도가 25°C인 어떠한 큰 밀폐공간에 놓여 있다면, $P_c - V$ 선도 상에서 복사의 영향은 무엇인가?

6.36 전자모듈(electronic module)에 결함을 유발하는 주된 원인은 열사이클(간헐적인 가열과 냉각) 동안 야기되는 응력에 관련되어 있다. 예를 들면 각기 열팽창계수가 다른 재질로 만들어진 능동적인(active) 그리고 수동적인(passive) 부품으로 구성된 회로기판(circuit card) 내에서, 열응력은 용접연결 및 선연결과 같은 접합부위에서 손상의 주된 원인이다. 제품의 수명기간 동안 수많은 환경의 변화로부터 초래되는 피로손상(fatigue failure)이 일반적인 관심사이지만, 제품이 소비자에게 전달되기 전에 가속화된 열응력 테스트를 수행하여 결함이 있는 접합부를 찾아내는 것은 가능하다. 이와 같은 경우에, 생산계획의 차질을 최소화하는 데 빠른 열사이클을 이룩하는 것이 매우 중요하다.

회로기판 제조업체가 $\overline{Nu}_L = C\, Re_L^m\, Pr^n$, $m = 0.8$, $n = 0.33$의 관계식으로 표현되는 강제대류 상태에 기판을 놓아 기판 상에 급속 열사이클을 부과하는 기기를 만들고자 한다. 그렇지만 제조업체는 작동유체로서 공기($k = 0.026$ W/m·K, $\nu = 1.6 \times 10^{-5}$ m²/s, $Pr = 0.71$)를 사용해야 할지 절연액체($k = 0.064$ W/m·K, $\nu = 10^{-6}$ m²/s, $Pr = 25$)를 사용해야 할지 잘 모르고 있다. 공기와 액체의 속도가 같고, 부품에 대해서 집중용량 모델(lumped capacitance model)이 유효하다고 가정하여 두 유체에 대한 열 시간상수(thermal time constant)의 비를 구하라. 어떤 유체가 보다 빠른 열응답을 제공하는가?

6.37 어떤 미세검출기는 방 안에 떠돌고 있는 작고 유해한 입자상 물질이 존재함을 알기 위해 정상흐름($T_\infty = 27°C$, $V = 10$ m/s)의 공기를 모니터링한다. 센서의 활성면에 부딪칠 수 있는 입자상 물질과 연관되어 화학반응을 일으키기 위하여 센서는 약간 더 높은 온도로 가열된다. 그러한 표면의 반응이 일어나면, 활성면은 전류를 생산하고, 그 전류는 알람으로 보내진다. 센서헤드의 표면적 및 입자의 포집과 감지 가능성을 최대화하기 위해서 센서헤드는 아주 복잡한 모양으로 디자인되어 있다. 가열센서와 관련된 평균 열전달계수 값을 알아야만 센서에 요구되는 전력을 결정할 수 있다.

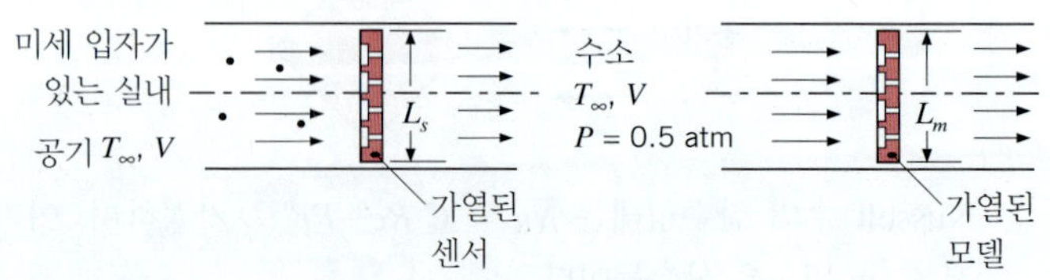

특성길이가 $L_s = 80\ \mu$m인 센서를 생각해 보자. 어떤 센서의 모델을 수소를 작동유체로 사용하는 재순환 밀폐풍동에 설치한

다. 풍동이 절대압력 0.5 atm, 속도 $V = 0.5$ m/s에서 작동될 경우, 요구되는 수소의 온도 및 스케일 모델의 특성길이 L_m을 구하라.

Reynolds의 상사성

6.38 0.2 m × 0.2 m인 얇은 평판이 40 m/s인 대기의 공기흐름과 평행하게 놓여 있다. 공기의 온도는 $T_\infty = 20°C$이며, 평판의 온도는 $T_s = 120°C$로 유지되고 있다. 공기는 평판의 상부표면과 하부표면 위에 흐르고 있으며, 항력을 측정한 결과 0.075 N의 값을 나타냈다. 두평판으로부터 공기로의 열전달률은 얼마인가?

6.39 온도가 140°C로 유지되고 있는 평평한 가열기의 표면 위로 대기공기가 평행하게 흐르고 있다($u_\infty = 15$ m/s, $T_\infty = 15°C$). 가열기의 표면적은 0.25 m^2이고, 공기 흐름은 가열기 위에서 0.25 N의 항력을 일으킨다고 알려져 있다. 주어진 표면온도를 유지하기 위하여 필요한 동력은 얼마인가?

6.40 표면이 매우 거친 평판 위를 지나는 흐름에 대하여 대류열전달 효과는 연습문제 6.28의 식에 연관되어 있음이 알려져 있다. 속도가 50 m/s인 공기흐름에 대하여 평판 선단으로부터의 거리 $x = 1$ m에서의 표면 전단응력은 얼마인가? 공기온도는 300 K로 가정하라.

6.41 위와 아래의 표면이 매우 거친 0.2 m × 0.2 m 크기의 얇고 평평한 평판이 풍동에 설치되어 있으며, 평판의 표면은 30 m/s의 대기흐름과 평행을 유지하고 있다. 공기의 온도는 $T_\infty = 20°C$이며 평판의 온도는 $T_s = 80°C$를 유지하고 있다. 평판은 그림에서 보는 것처럼 중심에 대해 45° 회전되어 있다. 공기는 평판의 위와 아래의 표면 위를 흐르고 있으며, 열전달률을 계측한 값은 2000 W이다. 평판의 항력(drag force)은 얼마인가?

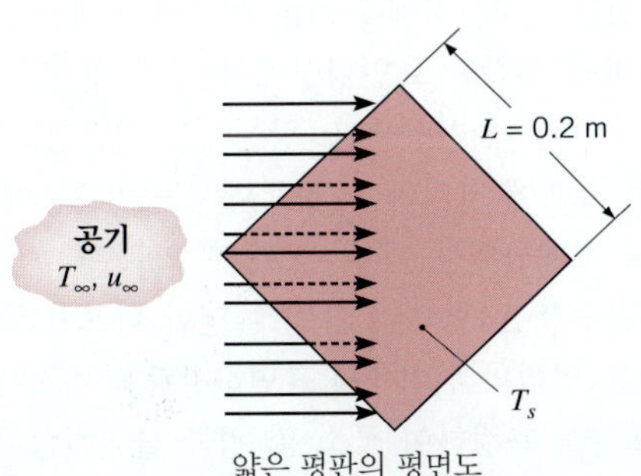

얇은 평판의 평면도

6.42 소형 자가용 경비행기의 날개 위에 얼음이 형성되는 것을 방지하기 위한 한 방법으로, 날개 속에 전기저항 가열소자를 설치하는 방법이 제안되었다. 필요한 동력을 결정하기 위하여, 온도가 −23°C이고 공기 내에서 100 m/s의 속도로 비행하는 조건을 생각해 보자. 날개의 특성길이(L)가 2 m이고 풍동실험에서 평균 마찰계수가 $\bar{C}_f = 0.0025$라면, 표면온도 $T_s = 5°C$로 유지되는 데 필요한 평균 열유속은 얼마인가?

6.43 집적회로(IC)가 조밀하게 분포되어 있고, 120 mm × 120 mm인 회로기판이 2 m/s의 속도로 평행유동하는 공기에 의해서 냉각된다

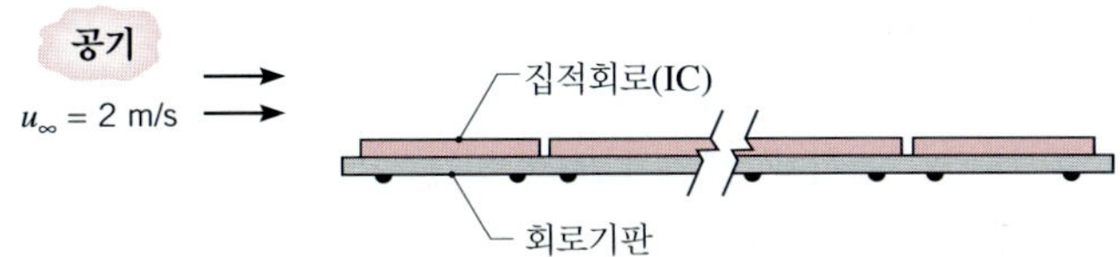

동일조건하에서 이루어진 풍동 실험에서 상부 표면의 평균 마찰 전단응력이 0.0625 N/m^2로 밝혀졌다. 만일 집적회로의 평균 표면온도가 대기 중 공기온도보다 25°C 이상 초과되지 않아야 한다면 기판의 상부 표면으로부터 방출되어야 할 허용동력은 얼마인가? 공기의 열물성치는 300 K에서의 값을 사용하라.

물질전달계수

6.44 어느 더운 여름날의 온도가 27°C이고 상대습도는 30%이다. 1 m^2의 물 표면적당 0.10 kg/h의 비율로 호수의 표면으로부터 물이 증발한다. 물의 표면온도 역시 27°C일 때 대류물질전달계수를 결정하라.

6.45 지름이 230 mm인 홴(pan)에 담겨 있는 23°C의 물이 건조하고 온도가 23°C인 공기 중으로 1.5×10^{-5} kg/s의 질량손실률로 증발된다.

(a) 이 상황에서 대류물질전달계수를 결정하라.

(b) 주위공기의 상대습도가 50%일 때 증발 질량손실률을 계산하라.

(c) 물과 주위공기의 온도가 47°C일 때 증발 질량손실률을 계산하라. 대류 질량 전달계수는 변하지 않고 주위공기는 건조하다고 가정한다.

6.46 제지 공장의 건조기 구역은 직경 1.5 m, 길이 3 m인 원통형 롤러 30개로 구성되어 있다. 각각의 롤러에서 225° 원호는 젖은 종이에 접촉해 있고 나머지 롤러 면은 수막으로 덮여 있는데 수막은 온도 $T_\infty = 35°C$, 상대 습도 95%의 고속 공기에 노출되어 있다. 물의 온도가 90°C이고 노출된 표면에서 물의 총 증발 속도가 80 kg/s일 때, 노출된 롤러 표면에서 면적 평균 물질전달계수를 구하라.

6.47 광합성(photosynthesis)은 푸른 나무들의 잎에서 일어난다. 이 작용은 공기로부터 이산화탄소(CO_2)가 잎의 엽록체로 유입되는 과정을 포함하며, 광합성률은 엽록체에 이산화탄소가 동화(assimilation)되는 비율로 정량화된다. 이런 동화작용은 잎의 표면 위에서 발달되는 경계층을 통하여 이산화탄소의 전달에

의해 강하게 영향을 받는다. 이산화탄소의 밀도가 공기 중에서는 6×10^{-4} kg/m^{3}인 반면에 잎의 표면에서는 5×10^{-4} kg/m^{3}이고 대류물질전달계수가 10^{-2} m/s인 조건하에서, 잎의 단위 표면적에서 단위시간당 동화되는 이산화탄소의 양을 kg으로 나타낼 때의 광합성률은 얼마인가?

6.48 화학종 A는 평판으로부터 화학종 B 내로 증발되어 들어간다. 농도경계층에서 화학종 A의 농도분포가 $C_A(y) = Dy^2 + Ey + F$라 가정하자. 여기서 D, E 및 F는 임의의 x의 위치에서 상수들이고 y는 표면으로부터 수직방향으로 계측된다. 상기한 상수, 자유흐름에서 화학종 A의 농도 $C_{A,\infty}$, 물질확산계수 D_{AB} 등으로써 물질전달 대류계수 h_m을 유도하라. 화학종 A에 대해서 대류에 의한 물질전달의 몰유속 식을 표현하라.

상사성과 열-물질전달 상사

6.49 평균 물질전달계수 $\bar{h}_m$이 10^{-2} m/s로 주어지고 자유흐름 속도 V가 1 m/s인 유체가 특성길이 L이 1 m인 증발표면 또는 승화표면 위에 흐르고 있는 상황을 고려해 보자. 수면 위의 공기흐름, 나프탈렌 위의 공기흐름 및 얼음 위에서 따뜻한 글리세롤의 흐름에 대해서 무차원 매개변수 $\overline{Sh}_L$, Re_L, Sc 및 $\bar{j}_m$을 계산하라. 유체의 온도는 300 K이고 압력은 1 atm이라 가정한다.

6.50 100°C의 일정한 온도에서 길이가 1 m인 불규칙한 형상의 물체가 온도가 0°C, 압력이 1 atm 그리고 속도가 120 m/s인 공기흐름 중에 떠 있다. 공기흐름 내 물체에 가까운 지점에서 측정된 공기온도는 80°C이다. 같은 형상을 갖는 또 다른 물체는 길이가 2 m이고 공기흐름 중에 떠 있으며 공기의 자유 흐름속도는 60 m/s이다. 공기와 물체 둘 다 온도는 50°C이고, 총 압력은 1 atm이다. 물체표면 위의 플라스틱 코팅이 이런 과정에 의해 건조된다. 증기의 분자량이 82이고 50°C에서 플라스틱 재질의 포화압력은 0.0323 atm이다. 50°C인 공기 중에서 증기의 질량확산계수(mass diffusivity)는 2.60×10^{-5} m^2/s이다.

(a) 첫 번째 물체에서 측정된 지점에 상응하는 위치에서 두 번째 물체에 대해 증기농도와 분압을 결정하라.

(b) 만일 첫 번째 물체에 대한 평균 열유속이 $q'' = 2000$ W/m^{2}라면 두 번째 물체에 대한 평균 질량유속 n''_A (kg/s·m^2)은 얼마인가?

6.51 4월의 어느 시원한 날에 옷을 얇게 입은 주자(runner)가 $T_\infty = 10$°C인 주위의 공기로 대류에 의해 500 W의 비율로 열을 잃는다고 하자. 주자의 피부는 건조하고 온도가 $T_s = 30$°C이다. 3개월 후, 주자는 같은 속도로 달리고 있다. 그날은 주위의 온도가 $T_\infty = 30$°C이고 따뜻하며 상대습도 $\phi_\infty = 60\%$였다. 주자는 지금 땀으로 흠뻑 젖어 있고 운동복은 35°C의 균일한 표면온도를 갖는다. 두 조건하에서 공기의 물성치는 $\nu = 1.6 \times 10^{-5}$ m^2/s, $k = 0.026$ W/m·K, $Pr = 0.70$, D_{AB}(수증기-공기) $= 2.3 \times 10^{-5}$ m^2/s의 일정한 값으로 가정할 수 있다.

(a) 여름날에 증발로 인한 물의 손실률은 얼마인가?

(b) 여름날에 총 대류 열손실률은 얼마인가?

6.52 특성 길이 $L = 1$ m이고 물질 A로 코팅된 어떤 물체 위로 대기압 하에서 300 K의 공기가 흐르는 곳에서 실험을 한다. 측정된 평균 물질전달계수는 표에 나타낸 것과 같다. 각각의 경우에 Schmidt 수, Reynolds 수, Sherwood 수를 구하라. $\overline{Sh}$가 Re와 Sc와 관계가 있으며 $\overline{Sh} = CRe_L^m\, Sc^n$로 표현할 수 있다면 실험 결과를 분석하여 C, m, n을 결정하라. 계산된 계수를 바탕으로 물체 위에 속도 3.0 m/s로 흐르는 공기 중으로 벤젠의 증발에 대한 면적 평균 물질전달계수를 구하라.

물질 A	V (m/s)	$\bar{h}_m \times 10^3$ (m/s)
물	2	12
나프탈렌	1.5	3.6
아세톤	2.5	8.0

6.53 굴곡 있는 표면 위에 형성되는 액체 막으로부터의 물의 증발이 산업과정 중에 발생한다. 건조한 공기는 표면 위를 지나고, 많은 실험측정의 결과로부터 대류열전달에 대한 상관식은 다음과 같다.

$$\overline{Nu}_L = 0.43\, Re_L^{0.58}\, Pr^{0.4}$$

(a) 공기의 온도와 속도가 각각 27°C, 10 m/s일 때 특성길이가 $L = 1$ m이고 면적이 1 m^{2}인 표면으로부터 증발률은 얼마인가? 포화증기의 밀도는 대략 $\rho_{A,sat} = 0.0077$ kg/m^{3}이다.

(b) 액체 막의 정상상태 온도는 얼마인가?

6.54 **나프탈렌 승화기법**(naphthalene sublimation technique)은 열 및 물질전달의 상사성에 근거한 해석과 연계된 물질전달 실험을 활용하여 복잡한 표면형상에서 국소 및 평균 대류열전달계수를 구하는 데 사용된다. 상온에서 휘발성 고체상태인 나프탈렌을 표면에 코팅한 후 풍동에서 공기흐름에 노출시킨다. 대안으로 고체물체는 액체 나프탈렌으로부터 만들어진다. 주어진 시간구간 Δt 동안에 승화로 인한 나프탈렌의 손실을 알 수 있으며, 임의의 위치에서 표면하강량을 측정하거나 샘플의 질량손실량을 측정하여 국소 및 평균 물질전달계수를 결정할 수 있다.

$c = 10$ mm, $d = 30$ mm 이외에는 연습문제 6.9에서와 같이, 나프탈렌으로 된 직사각형 막대가 교차흐름에서 $V = 10$ m/s, $T_\infty = 300$ K의 공기에 노출되어 있다고 생각해 보자. $\Delta t = 30$ min의 시간 동안 $L = 500$ mm길이의 막대의 질량 변화를 구하라. 27°C와 1 atm에서 나프탈렌의 고체-증기 포화압력은 $p_{A,sat} = 1.33 \times 10^{-4}$ bar이다.

6.55 표면적(A_s)이 0.05 m^2이고 나프탈렌으로 코팅된 가스터빈 블레이드에 나프탈렌 승화기법(연습문제 6.54)을 적용하는 경우를 생각해 보자.

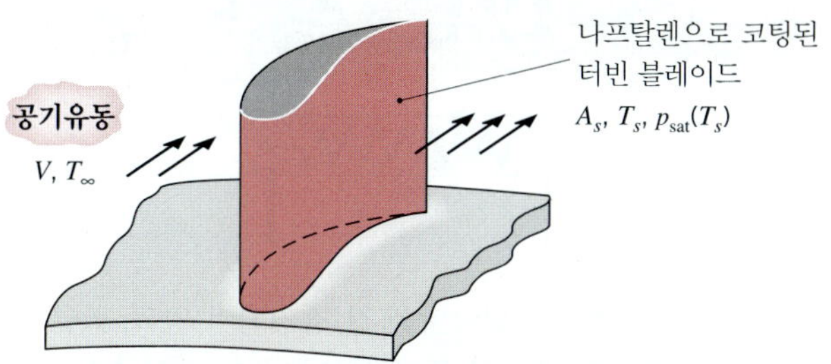

대표적인 운전조건에서 평균 대류열전달계수를 구하는데, 온도(T_∞)가 27°C이고 바람직한 속도로 유동하는 공기 내에 나프탈렌으로 코팅된 블레이드가 30분간 노출되는 실험이 수행된다. 실험 동안 표면온도는 T_s = 27°C이고 실험 후에 블레이드의 질량 감소는 Δm = 8 g이다. 이 운전조건에서 평균 대류열전달계수는 얼마인가?

6.56 베어링 하우징을 지탱하고 있는 유선형의 구조물(strut)이 엔진의 배기로부터 나오는 뜨거운 공기흐름에 노출되어 있다. 그 구조물을 원하는 표면온도 T_s로 냉각시키기 위해서는 공기로부터 평균 대류열전달계수 $\bar{h}$를 결정하기 위한 실험이 필요하다. 같은 형상의 물체에 대한 물질전달 실험을 하여 열전달과 물질전달의 상사성을 이용한 열전달의 결과를 얻는 방법이 결정되었다.

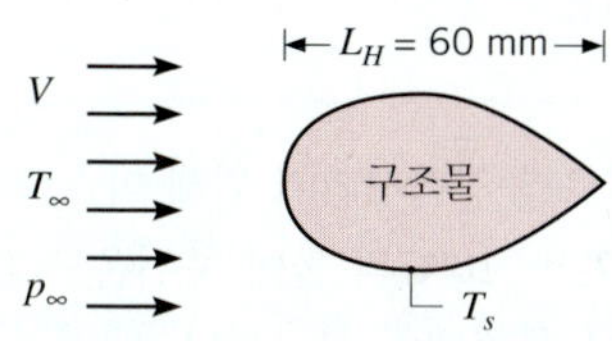

나프탈렌으로 만들어진 절반 크기의 모델 구조물을 이용해서 27°C의 공기흐름에 노출된 상태에서 물질전달 실험이 수행되었으며, 실험결과는 다음과 같다.

Re_L	$\overline{Sh}_L$
60,000	282
120,000	491
144,000	568
288,000	989

(a) 물질전달 실험결과를 이용하여 $\overline{Sh}_L = C\,Re_L^m\,Sc^{1/3}$ 형태의 상관식에서 계수 C와 m을 결정하라.

(b) T_s = 70°C일 때 V = 60 m/s, T_∞ = 184°C이고 p_∞ = 1 atm인 자유 공기흐름 중에 노출되었을 때 L_H = 60 mm인 실제 크기의 구조물에 대한 평균 대류열전달계수 $\bar{h}$를 결정하라.

(c) 구조물은 $A_s = 2.2L_H \cdot l$로 표현될 수 있으며, 여기서 l은 지면에 수직인 방향으로의 길이이다. (b)의 조건들에서 만일 특성길이 L_H가 두 배이면 구조물로의 열전달률의 변화는 얼마인가?

6.57 열전달 실험이 이미 언급된 국소 대류계수 $h_x(x)$의 분포를 나타내는 연습문제 6.6의 상태를 고려해 보자. 그 실험은 표면과 자유흐름의 온도가 각각 310 K와 290 K인 상태에서 행해졌다. 이제 표면과 공기의 온도가 300 K이고 표면은 나프탈렌의 얇은 층으로 코팅되어 있다는 조건하에 실험이 반복된다고 생각해 보자. 이에 상응하는 평균 대류물질전달계수 $\bar{h}_{m,L}$의 값은 얼마인가?

6.58 포식자(predator)로부터 위험을 경감시키기 위하여 모래 뇌조(sand grouse, 케냐의 새)는 지하수원으로부터 충분히 멀리 떨어진 곳에 알을 낳는다. 새끼에게 물을 가져다주기 위해서 모래 뇌조는 가장 가까운 지하수원 근처로 날아가 몸의 밑부분을 물에 담가 깃털 안으로 물을 적신다. 모래 뇌조는 둥지로 돌아와 새끼들에게 깃털에 적셔진 물을 먹일 것이다. 물론 물을 나르는 시간이 너무 길면 증발손실로 인하여 깃털 내의 물은 상당히 감소될 것이며, 새끼들은 탈수에 빠질 것이다.

비행 동안의 대류전달을 좀 더 잘 이해하기 위해서 모래 뇌조 모형을 이용하여 풍동실험을 실행했다. 물이 적셔진 깃털의 부분에 상응하는 모형의 부분을 가열함으로써 평균 대류 전달계수가 결정될 수 있었다. 각각의 다른 속도와 모형의 크기에 대한 결과로부터 다음과 같은 상관식이 도출되었다.

$$\overline{Nu}_L = 0.034\,Re_L^{4/5}\,Pr^{1/3}$$

물이 적셔진 부분의 유효면적은 A_s이며 특성길이는 $L = (A_s)^{1/2}$로 정의된다.

뇌조가 A_s = 0.04 m^2의 깃털에 0.05 kg의 물을 머금고 있고 V = 30 m/s의 일정한 속도로 돌아온다고 가정하자. 주위의 공기는 정체되어 있으며 온도는 T_∞ = 37°C, 상대습도는 ϕ_∞ = 25%이다. 만일 전체 비행 동안 표면 A_s가 T_s = 32°C의 수막으로 덮여 있고, 새가 초기에 적신 양의 50% 정도는 가지고 돌아와야 한다면 최대 거리는 얼마인가?

6.59 봄에 길가나 도로의 콘크리트 표면은 밤에 비가 오지 않았더라도 아침에 젖어 있는 경우가 종종 있다. 전형적인 밤 동안의 상태는 다음 그림에 표시된 바와 같다.

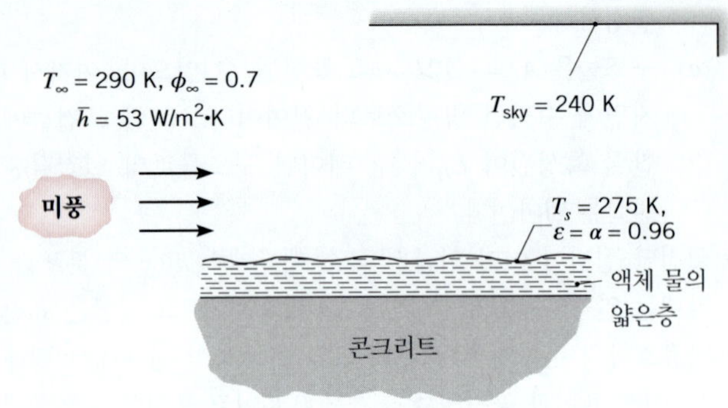

(a) 대류 q''_{conv}, 증발 q''_{evap} 및 하늘과의 복사교환 q''_{rad}을 고려하여 열유속을 구하라.

(b) 여러분의 계산결과로부터 왜 콘크리트가 젖어 있는가에 대한 이유를 제안할 수 있는가? 간단히 설명해 보라.

(c) 열흐름이 액체층으로부터 콘크리트로 일어나는가? 또는 콘크리트로부터 액체층으로 일어나는가? 콘크리트 안으로 또는 콘크리트로부터 전도에 의한 열유속을 구하라.

6.60 32°C의 건공기가 면적이 0.2 m^{2}인 물로 적셔진 판 위에 흐르고 있다. 평균대류계수는 $\bar{h}$ = 20 W/m^2·K이고 평판의 온도를 27°C로 유지하는 데 필요한 가열기의 동력은 432 W이다. 만일 대류계수가 그대로 유지된다면, 32°C의 건공기 내에 적셔진 평판의 온도가 37°C로 유지되는 데 필요한 동력은 얼마인가?

6.61 온도가 32°C인 건조한 공기가 200 mm이고, 폭이 1 m(경우 A)인 젖어 있는 평판 위에 흐르고 있다. 판 안에 묻혀 있는 전기가열기에 의해서 432 W가 공급되고, 표면온도는 27°C이다.

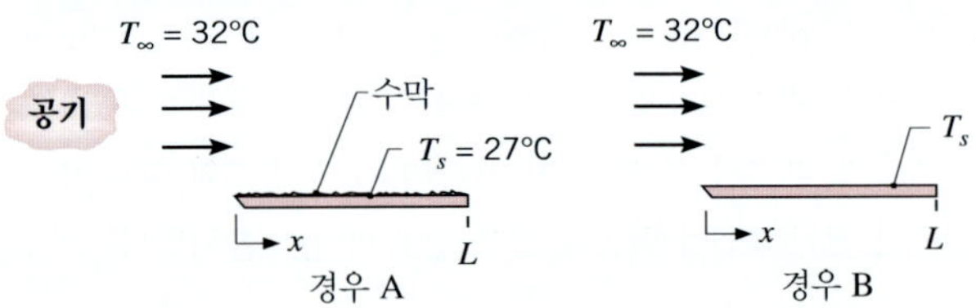

(a) 판으로부터 물의 증발률(kg/h)은 얼마인가?

(b) 장시간 작동 후 평판으로부터 모든 물이 증발되어 그 표면은 건조하게 되었다(경우 B). 경우 A와 같은 동일한 자유흐름 조건과 공급전력하에서 판의 표면온도 T_s를 결정하라. Assume $\overline{Nu}_L = C\,Re_L^{1/2}\,Pr^{1/3}$.

증발냉각

6.62 캘리포니아의 한 성공한 엔지니어가 뒤뜰에 원형의 열욕조를 설치했으며, 보통 아래와 같은 작동조건에서 욕조 안에 고정된 수위를 유지하기 위해서는 0.001 kg/s로 물이 공급되어야 함을 알게 되었다.

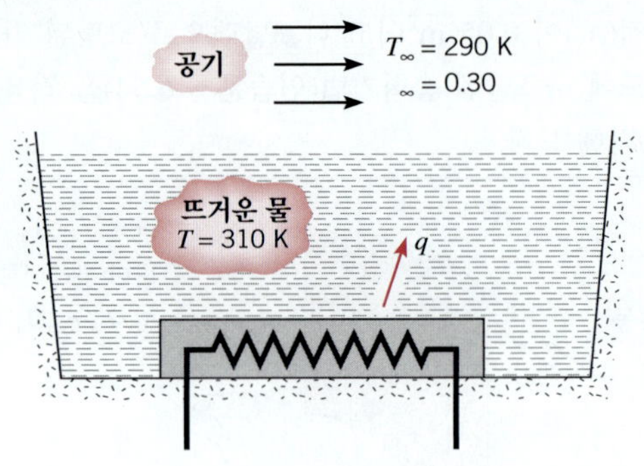

만일 욕조의 옆면과 밑바닥은 잘 절연되어 있고, 공급된 물의 온도가 욕조물의 온도와 동일하다면, 욕조 안의 수온이 310 K로 유지되기 위해서 전기가열기로부터 공급되어야 할 에너지 공급률은 얼마인가?

6.63 매우 청명한 날의 밤에는 공기온도가 0°C 이하로 내려가지 않더라도, 지표면의 얇은 층의 물이 어는 것으로 알려져 있다. 유효 대기온도가 −30°C이고 대류열전달계수가 h = 25 W/m^2·K일 때 청명한 날 밤의 지표면 층을 생각해 보자. 물의 복사율은 1.0이고 전도에 관한 한 지면으로부터는 절연되었다고 가정하자.

(a) 증발을 무시할 때 물이 얼지 않고 내려갈 수 있는 공기의 최저온도를 구하라.

(b) 주어진 조건하에서 수분 증발 시 물질전달계수 h_m(m/s)을 구하라.

(c) 증발효과를 고려하면 물이 얼지 않고 내려갈 수 있는 공기의 최저온도는 얼마인가? 단, 공기는 건조한 상태로 가정한다.

6.64 운동선수의 피로를 경감시키기 위해 미스트 쿨러(mist cooler)가 사용된다. T_i = 10°C의 물이 주위온도 T_∞ = 32°C의 강력한 기류 사이로 무화되어 분사된다. 액적의 입경은 D = 100 μm이다. 액적이 작은 경우에 평균 Nusselt 수는 다음 식과 같은 관계를 가진다.

$$\overline{Nu}_D = \bar{h}D/k = 2$$

(a) 강력한 기류의 두 가지 상대습도 값 ϕ_∞ = 0.20, 0.95에 대해, 액적으로의 대류열전달률, 증발 열손실률, 액적의 온도변화율을 계산하라. 각 경우에 액적에 무슨 일이 생기는지 설명하라.

[b] (a)의 두 가지 상대습도 값의 각각에 대해 정상상태 액적 온도를 계산하라.

6.65 습구(wet-bulb) 및 건구(dry-bulb) 온도의 함수로 표현되는 실제 수증기의 분압에 관한 식은 Carrier 방정식이라고 불리며, 다음과 같다.

$$p_v = p_{gw} - \frac{(p - p_{gw})(T_{\rm db} - T_{\rm wb})}{1810 - T_{\rm wb}}$$

여기서 p_v와 p_{gw}는 습구온도에서 실제 분압과 포화압력을, p는 전체압력을 나타내며(단위는 모두 bar), $T_{\rm db}$와 $T_{\rm wb}$는 절대온도(K)로 각각 건구온도와 습구온도를 나타내고 있다. 1 atm과 37.8°C인 공기가 21.1°C를 지시하고 있는 습구온도계 위에 흐르고 있는 경우를 생각해 보자.

(a) Carrier 방정식을 이용하여 자유흐름 안의 수증기의 분압을 구하라. 상대습도는 얼마인가?

(b) 건습계 도표를 참조하여 지시된 조건에서 상대습도를 직접 구하라. 그리고 (a)와 비교하라.

(c) 식 (6.65)를 사용해서 상대습도를 구하라. 그 결과를 (a), (b)와 비교하라.

6.66 전기적으로 가열되는 판 위에 2 mm 두께로 물이 덮여 있으며, 그 수면 위에 T_∞ = 300 K인 건조한 공기가 흐를 때 물의 온도가 T_w = 340 K로 유지된다(경우 A). 또한 이것은 온도가 300 K인 매우 큰 주위에 놓인다.

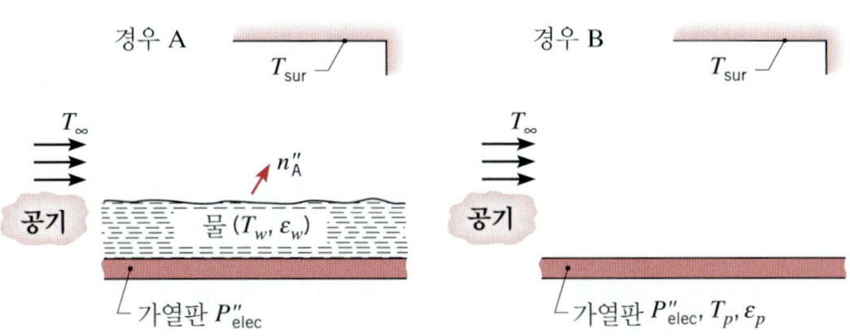

(a) 만일 물의 표면으로부터 증발률이 $n''_{\rm A}$ = 0.030 kg/s·m^{2}라면, 대류물질전달계수에 상응하는 값은 얼마인가?

(b) 물의 온도가 앞서 기술한 온도로 유지되기 위해서 평판의 단위면적당 공급되어야 하는 전력 공급률은 얼마이고, 대류열전달계수에 상응하는 값은 얼마인가? 물의 방사율은 ε_w = 0.95이다.

(c) 만일 (b)에서 구한 동력이 물이 완전히 증발한 뒤에 유지된다면(경우 B), 방사율이 ε_p = 0.60인 평판의 온도는 얼마가 되겠는가?

6.67 일정온도에서 작동되도록 조절된 가열기를 이용하여 작은 물방울의 평균 물질전달계수를 결정하기 위한 실험이 행해졌다. 37°C의 일정한 온도에서 물방울을 완전히 증발시키는 데 요구되는 전력공급의 이력(history)은 아래의 그림과 같다. 물방울이 증발함에 따라, 가열기의 표면에 접촉된 물방울의 지름은 4 mm로 거의 일정하게 유지된다.

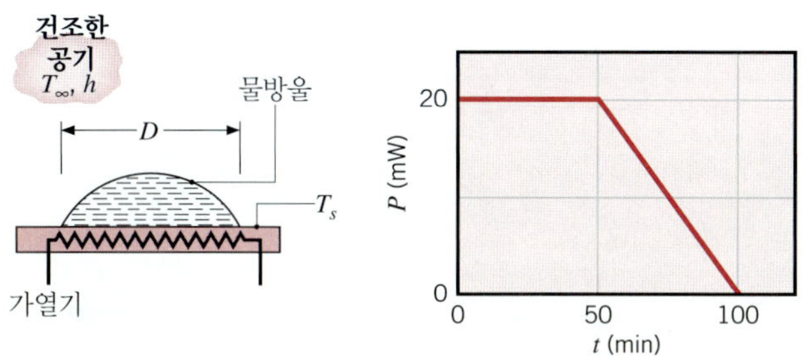

(a) 물방울, 가열기 및 **건조한** 주위의 공기온도가 37°C일 때 증발과정 동안 젖은 영역(wetted area)을 기초로 한 평균 물질전달 대류계수를 계산하라.

(b) 물방울-가열기의 온도가 37°C로 유지되는 동안 **건조한** 주위의 공기온도가 27°C라고 한다면, 물방울을 증발시키는 데 필요한 에너지는 얼마인가?

6.68 접시 세척기에서 건조과정 동안 접시의 온도-시간 이력을 예측할 수 있는 간단한 모델을 개발하도록 요구된다. 건조과정 동안 접시의 온도는 $T_p(t) = T_p(0)$ = 65°C이며 세척기 내의 공기는 T_∞ = 55°C에서 완전히 포화상태(ϕ_∞ = 1.0)이다. 접시의 표면적은 A_s, 질량은 M, 비열은 c이며 mc/A_s = 1600 J/m^2·K이다.

(a) 접시가 완전히 얇은 수막으로 덮여 있고 수막과 접시의 열저항을 무시할 수 있다고 가정하여 접시의 온도를 시간에 대한 함수로 예측할 수 있는 미분방정식을 세우라.

(b) 접시의 평균 열전달계수가 3.5 W/m^2·K이라고 가정할 때, t = 0의 초기조건에서 시간에 따른 접시온도의 변화율 dT/dt(°C/s)를 결정하라.

CHAPTER

07

외부유동

External Flow

이 장에서는 **외부유동**(external flow)에서 표면으로부터 또는 표면으로의 열전달 및 물질전달률을 계산하는 문제에 초점을 맞추기로 한다. 이러한 흐름에서는 경계층들이 인접한 표면들에 의하여 부과되는 제약 없이 자유롭게 발달된다. 따라서 속도구배, 온도구배, 농도구배가 무시될 수 있는 경계층 밖의 흐름영역이 항상 존재할 것이다. 예를 들면 평판(자유흐름 속도의 방향에 경사지거나 평행한) 위에서의 유체운동과 구, 원통, 익형(airfoil), 또는 터빈 블레이드(turbine blade)와 같은 곡면 위에서의 흐름들에서 볼 수 있다.

우선 유체 내에서 **상변화가 일어나지 않는 저속 강제대류** 문제로 국한하여 생각해 보자. 2.2절에서 기술한 유체 내 마이크로스케일이나 나노스케일 효과에 대해서는 고려하지 않는다. **강제대류**에서는 유체와 표면 사이의 상대운동이 홴(fan)이나 펌프와 같은 외부수단에 의하여 유지되고, 유체 내의 온도구배에 따른 부력(**자연대류**)에 의한 흐름은 일어나지 않는다. **내부유동**, **자연대류**, 그리고 **상변화를 동반하는 대류**는 각각 8장, 9장, 그리고 10장에서 다룰 것이다.

이 장의 주된 목적은 여러 가지 흐름형태에 대한 대류열전달계수를 결정하는 일이다. 특히 이 계수를 나타내는 함수의 특정한 형식을 구하고자 한다. 6장에서의 경계층방정식을 무차원화하여 국소 대류계수와 평균 대류계수가 다음 형식의 방정식에 의하여 상관될 수 있다는 것을 알았다.

열전달:

$$Nu_x = f(x^*, Re_x, Pr) \tag{6.49}$$

$$\overline{Nu}_x = f(Re_x, Pr) \tag{6.50}$$

물질전달:

$$Sh_x = f(x^*, Re_x, Sc) \tag{6.53}$$

$$\overline{Sh}_x = f(Re_x, Sc) \tag{6.54}$$

아래첨자 x는 표면 상의 특정한 위치에 관계된 것임을 강조하기 위하여 첨가되었다. 위 막대선(overbar)은 경계층이 발달하기 시작하는 $x^* = 0$으로부터 관심 있는 위치까지의 평균을 나타내는 것이다. **대류 문제**라는 것은 이 함수를 구하기 위한 것임을 상기하자. 우리가 취할 수 있는 접근방법은 이론적인 방법과 실험적인 방법의 두 가지이다.

실험적(experimental) 또는 **경험적**(empirical) **접근방법**은 제한된 실험실 조건하에서 열전달 또는 물질전달 측정을 수행하고, 적절한 무차원 매개변수에 의하여 자료를 상관시키는 것이다. 이러한 접근방법의 일반적인 논의가 7.1절에 주어져 있으며, 이것이 여러 가지 기하학적 형상들과 흐름조건들에 적용되었다. 중요한 결과들이 7.2절부터 7.8절까지에 제시될 것이다.

이론적인 접근방법은 특정한 기하학적 형상에 대하여 경계층방정식을 푸는 것이다. 예를 들면 해로부터 온도분포 T^*를 구하고, 식 (6.48)을 이용하여 국소 Nusselt 수 Nu_x와 국소 대류계수

h_x의 값을 계산할 수 있다. h_x가 표면 위에서 어떻게 변화하는지 안다면, 식 (6.13)에 의하여 평균 대류계수 $\bar{h}_x$와 평균 Nusselt 수 $\overline{Nu}_x$를 결정할 수 있다. 7.2.1절에서 이 접근방법은 **상사법**(similarity method)을 사용하여 평행 층류유동 내의 평판에 대한 경계층방정식의 **엄밀해**(exact solution)를 구할 때 설명한다[1~3]. 동일한 문제에 대한 **근사해**(approximate solution)는 **적분법**(integral method)을 사용하여 부록 G에서와 같이 얻을 수 있다[4].

7.1 경험적인 방법

대류열전달에 대한 상관식을 실험적으로 얻을 수 있는 방법이 그림 7.1에 나와 있다. 만일 평행유동 내에서 평판과 같이, 주어진 기하학적 형상이 $T_s > T_\infty$가 유지되도록 전기로 가열된다면, 표면으로부터 유체로 대류열전달이 일어난다. 총 열전달률 q와 같은 전기동력 $E \cdot I$뿐만 아니라 T_s와 T_∞를 측정하는 것은 간단하다. 그러면 평판 전체에서의 평균 대류열전달계수 $\bar{h}_L$는 식 (6.12)로 표시되는 Newton의 냉각법칙으로부터 계산할 수 있다. 아울러 이미 알고 있는 특성길이 L과 유체 물성치로부터 Nusselt 수, Reynolds 수와 Prandtl 수를 각각 식 (6.50), (6.41) 및 (6.42)의 정의로부터 계산할 수 있다.

앞서 기술한 절차는 여러 가지 실험조건에 대하여 반복할 수 있다. 예를 들면 판 길이 L, 유체의 속도 u_∞를 변화시킬 수 있으며 공기, 물, 또는 엔진오일과 같은 유체의 성질과 관련된 Prandtl 수를 변화시킬 수 있다. 이렇게 함으로써 넓은 범위의 Reynolds 수와 Prandtl 수에 대응하는 여러 가지 Nusselt 수의 값을 얻게 되고, 그 결과를 그림 7.2a와 같이 **로그-로그**(log-log) 그래프에 나타낼 수 있다. 각각의 기호는 실험조건들의 한 세트(set)임을 나타낸다. 흔히 주어진 유체, 따라서 고정된 Prandtl 수에 관련된 결과들은 거의 직선에 가깝게 되며, 이것은 Nusselt 수가 Reynolds 수의 멱법칙(power law) 의존성을 가진다는 것을 나타낸다 따라서 모든 유체에 대해 다음 형식의 대수식으로 나타낼 수 있다.

$$\overline{Nu}_L = C\, Re_L^m\, Pr^n \tag{7.1}$$

여기서 C, m 및 n의 값들은 유체의 성질에 무관하므로, 상이한 Prandtl 수에 해당하는 직선의 군은 그림 7.2b에 나타낸 바와 같이 결과를 $\overline{Nu}_L/Pr^n$로 도시하면 한 개의 직선으로 될 수 있다.

식 (7.1)은 실험적 측정으로부터 추출될 수 있기 때문에 이를 **경험적 상관관계**(empirical correlation)라고 부른다. 그러나 계수 C와 지수들 m과 n의 특정한 값들은 표면의 기하학적 형상의

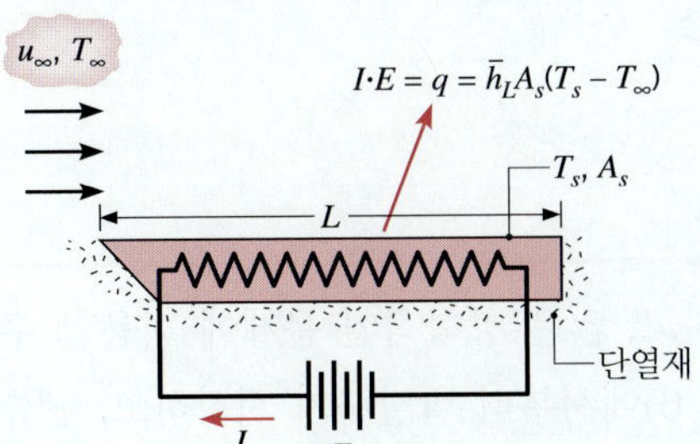

그림 7.1 평균 대류열전달계수 $\bar{h}_L$의 측정을 위한 실험장치.

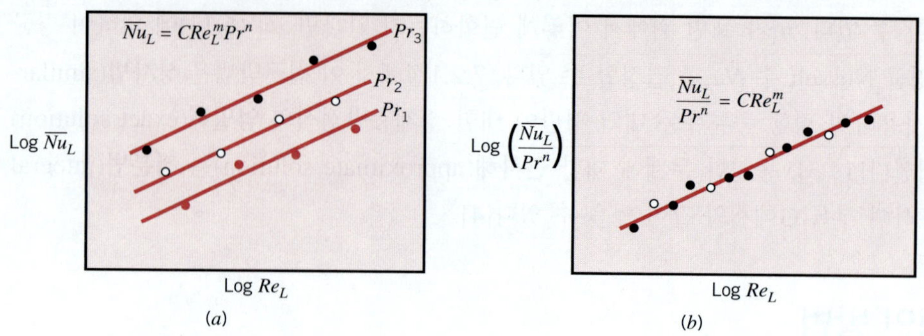

그림 7.2 대류열전달 측정에 대한 무차원 수의 표현.

성질과 흐름 형식에 따라 변화한다.

많은 특정한 경우에 대하여 식 (7.1)로 주어지는 형태의 식을 사용할 것이며, 이 식에는 **일정한 유체 물성치(또는 물성)**라는 가정이 종종 결과에 암시적으로 포함되어 있음을 유의하여야 한다. 그러나 유체 물성치가 경계층을 가로지르는 온도에 따라 변하며, 이 변화는 명백히 열전달률에 영향을 미칠 수 있다는 것을 알고 있다. 이 영향은 두 가지 방법 중의 하나에 의하여 처리될 수 있다. 그 하나의 방법은 **막온도**(film temperature)라고 하는 다음에 정의된 평균 경계층 온도 T_f에서 식 (7.1)에 사용되는 모든 물성치들을 계산하는 것이다.

$$T_f \equiv \frac{T_s + T_\infty}{2} \tag{7.2}$$

다른 하나의 방법은 T_∞에서 모든 물성치를 계산하고, 물성치 변화들을 고려하는 부가적인 매개변수를 식 (7.1)의 우변에 곱하는 것이다. 일반적으로 이 매개변수는 $(Pr_\infty/Pr_s)^r$ 또는 $(\mu_\infty/\mu_s)^r$의 형식이며, 여기서 아래첨자 ∞와 s는 각각 자유흐름 온도와 표면온도에서 물성치들을 계산한다는 것을 뜻한다. 이 두 방법 모두 다음 절에 나오는 결과에 사용된다.

마지막으로, 대류물질전달 상관식을 구하는 것도 실험에 의해서 이루어질 수 있음을 언급한다. 그러나 열전달과 물질전달의 상사성이 적용될 수 있는 조건하에서는(6.7.1절) 물질전달 상관식을 이에 상응하는 열전달 상관식과 동일한 형태의 식으로 가정할 수 있다. 따라서 다음 형태의 상관식을 예측할 수 있다.

$$\overline{Sh}_L = C\, Re_L^m\, Sc^n \tag{7.3}$$

여기에 주어진 기하학적 형상과 흐름조건에서 C, m 및 n의 값은 식 (7.1)에 나타나는 값과 동일하다.

7.2 평판 위의 평행유동

평판 위의 평행유동(그림 7.3)은 비록 그 단순성에도 불구하고, 많은 공학적인 문제에 적용할 수 있다. 6.3절에서 논의한 바와 같이 층류 경계층은 선단($x = 0$)에서부터 발달하기 시작하고, 난류

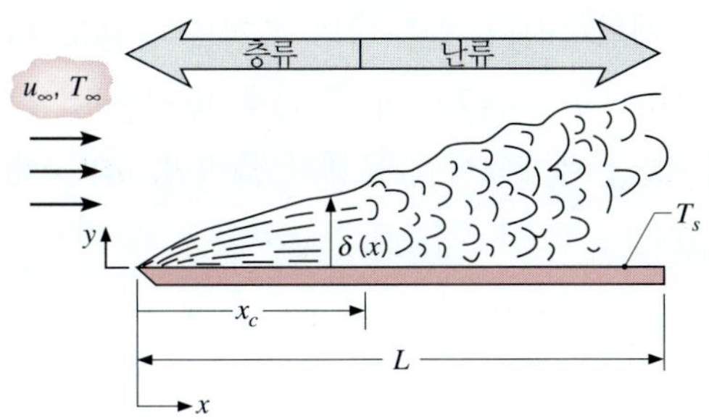

그림 7.3 평판 위의 평행유동.

로의 천이는 임계 Reynolds 수 $Re_{x,c}$에 해당되는 위치(x_c)로부터 하류에서 일어난다. 우리는 각각 그림 6.1, 6.2, 그리고 6.3에서 정량적으로 나타낸 층류 경계층 내의 속도, 온도 그리고 농도 분포를 해석적으로 구함으로써 논의를 시작할 것이다. 이 분포들을 이해함으로써 우리는 국소 및 평균 마찰계수, Nusselt 수 그리고 Sherwood 수에 대한 표현식을 얻을 수 있다. 그 뒤에 우리는 난류 경계층에서의 마찰계수, Nusselt 수 그리고 Sherwood 수에 대한 실험적으로 구한 상관식(correlation)을 살펴 볼 것이다.

7.2.1 등온평판 위의 층류유동: 상사해

중요한 대류 매개변수는 적절한 형태의 경계층방정식을 풀어서 얻을 수 있다. 점성소산은 무시하고 **유체 물성이 일정한 정상, 비압축성 층류유동**이라 가정하고 $dp/dx = 0$임을 인식하면, 경계층 방정식 (6.27), (6.28), (6.29) 및 (6.30)은 다음과 같이 간략히 된다.

연속 방정식:

$$\frac{\partial u}{\partial x} + \frac{\partial v}{\partial y} = 0 \tag{7.4}$$

운동량방정식:

$$u\frac{\partial u}{\partial x} + v\frac{\partial u}{\partial y} = \nu\frac{\partial^2 u}{\partial y^2} \tag{7.5}$$

에너지방정식:

$$u\frac{\partial T}{\partial x} + v\frac{\partial T}{\partial y} = \alpha\frac{\partial^2 T}{\partial y^2} \tag{7.6}$$

화학종 방정식:

$$u\frac{\partial \rho_A}{\partial x} + v\frac{\partial \rho_A}{\partial y} = D_{AB}\frac{\partial^2 \rho_A}{\partial y^2} \tag{7.7}$$

이 방정식들의 해는 일정한 물성치들에 대하여 속도(유체역학적)경계층 내의 조건들이 온도 및 물질농도에 무관하다는 사실에 의하여 단순화된다. 그러므로 식 (7.6)과 (7.7)을 배제하고, 식 (7.4)와 (7.5) 같은 유체역학적 문제를 먼저 풀면 된다. 일단 유체역학적 문제가 풀리면, u와 v에 의존하는 식 (7.6)과 (7.7)의 해를 얻을 수 있다.

유체역학적 해 유체역학적인 해는 Blasius의 방법[1, 2]에 따른다. 그 첫 단계는 다음과 같은 유동함수(stream function) $\psi(x, y)$를 정의하는 것이다.

$$u \equiv \frac{\partial \psi}{\partial y} \quad \text{and} \quad v \equiv -\frac{\partial \psi}{\partial x} \tag{7.8}$$

식 (7.4)는 자동적으로 만족되므로 더 이상 필요하지 않으며, 따라서 새로운 종속변수 f와 독립변수 η는 다음과 같이 각각 정의된다.

$$f(\eta) \equiv \frac{\psi}{u_\infty \sqrt{\nu x / u_\infty}} \tag{7.9}$$

$$\eta \equiv y\sqrt{u_\infty / \nu x} \tag{7.10}$$

이 변수들을 사용하면 편미분방정식 (7.5)가 상미분방정식으로 변환되므로 문제가 한결 간단하게 됨을 알게 될 것이다.

Blasius 해를 **상사해**(similarity solution), 그리고 η를 **상사변수**(similarity variable)라 한다. 이 용어는 선단으로부터의 길이 x에 따라 경계층이 성장함에도 불구하고, 속도분포 u/u_∞가 여전히 **기하학적으로 상사**(geometrically similar)하기 때문에 선택되었다. 이러한 상사성은 함수의 형태가 다음과 같다.

$$\frac{u}{u_\infty} = \phi\left(\frac{y}{\delta}\right)$$

여기서 δ는 경계층 두께이다. Blasius 해로부터 이 두께 δ가 $(\nu x/u_\infty)^{1/2}$에 따라 변화한다고 가정하면 다음과 같이 된다.

$$\frac{u}{u_\infty} = \phi(\eta) \tag{7.11}$$

따라서 속도분포는 x와 y의 함수인 상사변수 η에 의하여 결정될 수 있는 것으로 가정된다.

식 (7.8)에서 식 (7.10)까지로부터 다음과 같다.

$$u = \frac{\partial \psi}{\partial y} = \frac{\partial \psi}{\partial \eta}\frac{\partial \eta}{\partial y} = u_\infty \sqrt{\frac{\nu x}{u_\infty}}\frac{df}{d\eta}\sqrt{\frac{u_\infty}{\nu x}} = u_\infty \frac{df}{d\eta} \tag{7.12}$$

그리고

$$\begin{aligned} v &= -\frac{\partial \psi}{\partial x} = -\left(u_\infty \sqrt{\frac{\nu x}{u_\infty}}\frac{\partial f}{\partial x} + \frac{u_\infty}{2}\sqrt{\frac{\nu}{u_\infty x}}f\right) \\ v &= \frac{1}{2}\sqrt{\frac{\nu u_\infty}{x}}\left(\eta\frac{df}{d\eta} - f\right) \end{aligned} \tag{7.13}$$

또한 속도성분들을 미분하면 다음과 같다.

$$\frac{\partial u}{\partial x} = -\frac{u_\infty}{2x}\eta\frac{d^2f}{d\eta^2} \tag{7.14}$$

$$\frac{\partial u}{\partial y} = u_\infty\sqrt{\frac{u_\infty}{\nu x}}\frac{d^2f}{d\eta^2} \tag{7.15}$$

$$\frac{\partial^2 u}{\partial y^2} = \frac{u_\infty^2}{\nu x}\frac{d^3f}{d\eta^3} \tag{7.16}$$

이 식들을 식 (7.5)에 대입하면 다음의 식을 얻는다.

$$2\frac{d^3f}{d\eta^3} + f\frac{d^2f}{d\eta^2} = 0 \tag{7.17}$$

그러므로 유체역학적 경계층 문제는 비선형 3계 상미분방정식을 푸는 문제로 귀착된다. 적절한 경계조건들은 다음과 같다.

$$u(x, 0) = v(x, 0) = 0 \quad \text{and} \quad u(x, \infty) = u_\infty$$

또는 상사변수들의 항으로는 다음과 같다.

$$\left.\frac{df}{d\eta}\right|_{\eta=0} = f(0) = 0 \quad \text{and} \quad \left.\frac{df}{d\eta}\right|_{\eta\to\infty} = 1 \tag{7.18}$$

식 (7.18)의 조건과 관계되는 식 (7.17)의 해는 급수전개[2]나 수치적 적분[3]에 의한 방법으로 구할 수 있고, 그 결과가 표 7.1에 나타나 있으며, 몇 가지 중요한 결과들이 이 표로부터 추론될 수 있다. 표 셋째 줄의 x 성분 속도분포를 그림 7.4a에 도시하였다. 또한 적절한 근사값으로서 $\eta = 5.0$에서 $(u/u_\infty) = 0.99$임을 알 수 있다. 경계층 두께 δ를 $(u/u_\infty) = 0.99$일 때의 y 값으로 정의하면 식 (7.10)으로부터 다음과 같이 된다.

$$\delta = \frac{5.0}{\sqrt{u_\infty/\nu x}} = \frac{5x}{\sqrt{Re_x}} \tag{7.19}$$

식 (7.19)로부터 δ는 x와 ν가 증가함에 따라 증가하지만, u_∞가 증가함에 따라 감소하는 것이 명백하다(자유흐름 속도가 커지면 커질수록 경계층 두께가 **얇아짐**). 아울러 식 (7.15)로부터 벽에서의 전단응력을 다음과 같이 나타낼 수 있다.

$$\tau_s = \mu\left.\frac{\partial u}{\partial y}\right|_{y=0} = \mu u_\infty\sqrt{u_\infty/\nu x}\left.\frac{d^2f}{d\eta^2}\right|_{\eta=0}$$

그러므로 표 7.1로부터 다음과 같다.

$$\tau_s = 0.332u_\infty\sqrt{\rho\mu u_\infty/x}$$

표 7.1 평판에 대한 층류 경계층 함수[3]

$\eta = y\sqrt{\frac{u_\infty}{\nu x}}$	f	$\frac{df}{d\eta} = \frac{u}{u_\infty}$	$\frac{d^2f}{d\eta^2}$
0	0	0	0.332
0.4	0.027	0.133	0.331
0.8	0.106	0.265	0.327
1.2	0.238	0.394	0.317
1.6	0.420	0.517	0.297
2.0	0.650	0.630	0.267
2.4	0.922	0.729	0.228
2.8	1.231	0.812	0.184
3.2	1.569	0.876	0.139
3.6	1.930	0.923	0.098
4.0	2.306	0.956	0.064
4.4	2.692	0.976	0.039
4.8	3.085	0.988	0.022
5.2	3.482	0.994	0.011
5.6	3.880	0.997	0.005
6.0	4.280	0.999	0.002
6.4	4.679	1.000	0.001
6.8	5.079	1.000	0.000

식 (6.45)로부터 국소 마찰계수는 다음과 같다.

$$C_{f,x} \equiv \frac{\tau_{s,x}}{\rho u_\infty^2/2} = 0.664\, Re_x^{-1/2} \tag{7.20}$$

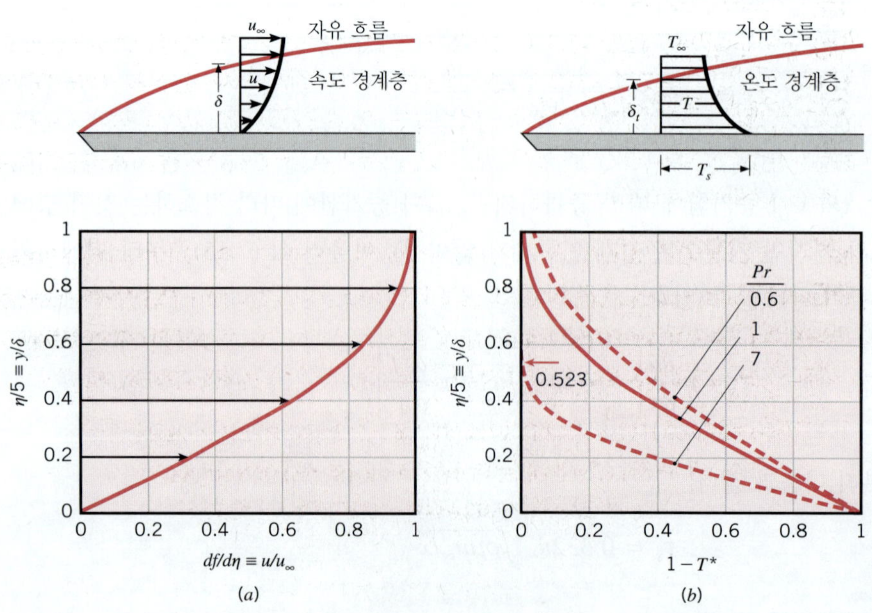

그림 7.4 등온 평판 위의 층류유동에 대한 상사해. (*a*) x 방향 속도. (*b*) Pr = 0.6, 1, 그리고 7일 때의 온도분포.

열전달 해 일단 속도경계층에 관해서 알게 되면 에너지방정식을 풀 수 있다. 먼저 무차원 온도 $T^* \equiv [(T - T_s)/(T_\infty - T_s)]$를 도입하고 $T^* = T^*(\eta)$ 형태의 상사해를 가정한다. 필요한 대입을 하면 식 (7.6)은 다음과 같이 된다.

$$\frac{d^2T^*}{d\eta^2} + \frac{Pr}{2} f \frac{dT^*}{d\eta} = 0 \tag{7.21}$$

식 (7.21)에 변수 f가 나타남으로써 에너지방정식의 해가 유체역학적 조건에 의존한다는 것을 주목하라. 적절한 경계조건들은 다음과 같다.

$$T^*(0) = 0 \quad \text{and} \quad T^*(\infty) = 1 \tag{7.22}$$

식 (7.22)의 조건에 관하여 식 (7.21)을 여러 가지 Prandtl 수의 값에 대하여 수치적분에 의하여 풀 수 있다. $Pr = 0.6, 1, 7$에 대한 대표적인 온도분포를 그림 7.4*b*에 도시하였다. $Pr = 1$일 때에는 온도분포와 속도분포가 동일하다. Prandtl 수가 감소함에 따라 열적 효과는 속도경계층 속으로 더 깊숙히 침투할 뿐만 아니라 $Pr < 1$인 경우에는 속도경계층을 초월한다. 이 해의 중요한 결과는 $Pr \gtrsim 0.6$인 경우, 표면에서의 온도구배 $dT^*/d\eta|_{\eta=0}$에 대한 결과를 다음의 상관식으로 나타낼 수 있다는 것이다.

$$\left.\frac{dT^*}{d\eta}\right|_{\eta=0} = 0.332\,Pr^{1/3}$$

국소 대류열전달계수는 다음과 같이 표현되기 때문에

$$h_x = \frac{q_s''}{T_s - T_\infty} = -\frac{T_\infty - T_s}{T_s - T_\infty} k \left.\frac{\partial T^*}{\partial y}\right|_{y=0}$$

$$h_x = k\left(\frac{u_\infty}{\nu x}\right)^{1/2} \left.\frac{dT^*}{d\eta}\right|_{\eta=0}$$

식 (6.48)로부터 **국소** Nusselt 수는 다음과 같이 된다.

$$Nu_x \equiv \frac{h_x x}{k} = 0.332\,Re_x^{1/2} Pr^{1/3} \qquad Pr \gtrsim 0.6 \tag{7.23}$$

또한 식 (7.21)의 해로부터, $Pr \gtrsim 0.6$에 대해 온도경계층 두께에 대한 속도경계층 두께의 비는 다음과 같다.

$$\frac{\delta}{\delta_t} \approx Pr^{1/3} \tag{7.24}$$

여기서 δ는 식 (7.19)에 의해 주어진다. 예를 들면 그림 7.4*b*에서 보듯이 $Pr = 7$의 경우 $\delta/\delta_t = 1.91$ $(\delta_t/\delta = 0.523)$이다.

물질전달 해 화학종 경계층방정식 (7.7)은 에너지 경계층방정식 (7.6)에서 α를 D_{AB}로 대체한 형태와 같다. 고정된 표면 화학종 농도에 대하여, 정규화된 화학종 밀도 $\rho_A^* = [(\rho_A - \rho_{A,s})/(\rho_{A,\infty} - \rho_{A,s})]$를 도입하고 다음을 유의하자.

$$\rho_A^*(0) = 0 \quad \text{and} \quad \rho_A^*(\infty) = 1 \tag{7.25}$$

그러면 화학종 경계조건이 식 (7.22)에 주어진 온도 경계조건과 같은 형태임을 알 수 있다. 따라서 6.7.1절에서 논의한 바와 같이, 화학종 농도에 대한 미분방정식과 경계조건이 온도에 대한 것과 같은 형태이므로 열 및 물질전달 상사가 적용될 수 있다. 그러므로 식 (7.23)을 참조하면

$$Sh_x \equiv \frac{h_{m,x}x}{D_{AB}} = 0.332\, Re_x^{1/2}\, Sc^{1/3} \qquad Sc \gtrsim 0.6 \tag{7.26}$$

식 (7.24)의 해로부터, 경계층 두께의 비는 다음과 같다.

$$\frac{\delta}{\delta_c} \approx Sc^{1/3} \tag{7.27}$$

앞서 기술한 결과들은 $0 < x < x_c$인 범위 내에서 중요한 층류 경계층 매개변수들을 계산할 때 사용될 수 있으며, 여기서 x_c는 선단으로부터 천이가 시작되는 지점까지의 거리이다. 식 (7.20), 7.23 및 7.26은 $\tau_{s,x}$, h_x와 $h_{m,x}$들이 원칙적으로 선단에서 무한대이며, 흐름방향으로 $x^{-1/2}$에 따라 감소하는 것을 내포하고 있다. 또한 식 (7.24)와 (7.27)은 대부분의 기체에 대한 경우에 Pr이나 Sc의 값이 거의 1이기 때문에 세 가지의 경계층이 거의 동일하게 성장한다는 것을 내포하고 있다.

층류조건에 대한 평균 경계층 매개변수 앞서 기술한 국소적인 결과들로부터 평균 경계층 매개변수들이 결정될 수 있다. 평균 마찰계수는 다음과 같이 정의된다.

$$\overline{C}_{f,x} \equiv \frac{\overline{\tau}_{s,x}}{\rho u_\infty^2/2} \tag{7.28}$$

여기서

$$\overline{\tau}_{s,x} \equiv \frac{1}{x}\int_0^x \tau_{s,x}\, dx$$

$\tau_{s,x}$를 식 (7.20)으로부터 치환하여 적분을 수행하면, 다음 식을 얻는다.

$$\overline{C}_{f,x} = 1.328\, Re_x^{-1/2} \tag{7.29}$$

아울러 식 (6.14)와 (7.23)으로부터 층류유동에 대한 **평균** 열전달계수는 다음과 같다.

$$\overline{h}_x = \frac{1}{x}\int_0^x h_x\, dx = 0.332\left(\frac{k}{x}\right)Pr^{1/3}\left(\frac{u_\infty}{\nu}\right)^{1/2}\int_0^x \frac{dx}{x^{1/2}}$$

적분을 수행하고, 식 (7.23)으로 치환하면 $\overline{h}_x = 2h_x$임을 알 수 있다. 따라서

$$\overline{Nu}_x \equiv \frac{\bar{h}_x x}{k} = 0.664\, Re_x^{1/2}\, Pr^{1/3} \quad Pr \gtrsim 0.6 \tag{7.30}$$

열전달과 물질전달의 유사성을 활용하여, 다음과 같은 결과를 얻을 수 있다.

$$\overline{Sh}_x \equiv \frac{\bar{h}_{m,x} x}{D_{AB}} = 0.664\, Re_x^{1/2}\, Sc^{1/3} \quad Sc \gtrsim 0.6 \tag{7.31}$$

만일 흐름이 표면 전체에서 층류라고 한다면, 아래첨자 x는 L로 대치될 수 있으며, 식 (7.29)와 7.31은 전체 표면에 대한 평균조건을 예측할 때 사용될 수 있다.

앞서 기술한 식들로부터 평판 위에서의 층류에 대해서는 선단으로부터 평판 위의 점 x까지의 **평균** 마찰계수와 **평균** 대류계수가 그 점에서의 **국소**계수들의 **두 배**임을 알 수 있다. 그리고 이 식을 이용하는 데 있어서 변하는 물성치들의 영향은 식 (7.2)와 같이 정의되는 **막온도**에서의 물성치들을 사용함으로써 처리될 수 있다.

액체금속 액체금속과 같은 Prandtl 수의 값이 작은 유체에 대해서는 식 (7.23)을 적용할 수 없으며, 이 경우에는 온도경계층 발달이 속도경계층의 발달보다 상당히 빠르기 때문에($\delta_t \gg \delta$), 온도경계층 전 영역에 걸쳐 균일한 속도($u = u_\infty$)로 가정하는 것이 바람직하다. 이러한 가정에 기초를 둔 온도경계층방정식의 해로부터[5] 다음과 같은 식을 얻을 수 있다.

$$Nu_x = 0.564\, Pe_x^{1/2} \quad Pr \lesssim 0.05, \quad Pe_x \gtrsim 100 \tag{7.32}$$

여기서 $Pe_x \equiv Re_x\, Pr$은 **Peclet 수**이다(표 6.2). 액체금속은 부식성과 반응성이 있다는 단점에도 불구하고 높은 열용량과 열전도율 및 낮은 융점과 증기압과 같은 독특한 물성치를 가지고 있기 때문에, 특히 높은 열전달률을 필요로 하는 여러 응용분야에서 냉각제로 상당한 관심을 끌고 있다.

모든 Prandtl 수에 대하여 적용할 수 있는 단일의 상관식이 Churchill과 Ozoe[6]에 의해서 제안되었으며, 등온평판 위의 층류유동에 대한 국소 대류열전달계수는 다음 식으로부터 구할 수 있다.

$$Nu_x = \frac{0.3387\, Re_x^{1/2}\, Pr^{1/3}}{[1 + (0.0468/Pr)^{2/3}]^{1/4}} \quad Pe_x \gtrsim 100 \tag{7.33}$$

여기서 $\overline{Nu}_x = 2Nu_x$이다.

7.2.2 등온평판 위의 난류유동

본질적으로 비정상 특성인 난류경계층에 대해 해석적으로 엄밀해를 구하는 것은 불가능하다. 실험결과에 의하면[2], Reynolds 수가 약 10^8에 이르는 난류유동에서 국소 마찰계수는 다음과 같은 상관식으로 나타낼 수 있다고 알려져 있다.

$$C_{f,x} = 0.0592\, Re_x^{-1/5} \quad Re_{x,c} \lesssim Re_x \lesssim 10^8 \tag{7.34}$$

또한 속도경계층 두께가 바람직한 근사화로서 다음과 같이 나타낼 수 있다고 알려져 있다.

$$\delta = 0.37x\, Re_x^{-1/5} \tag{7.35}$$

이 결과와 식 (7.19) 및 (7.20)과 같은 층류 경계층에 대한 결과들을 비교해 보면, 난류 경계층이 층류 경계층에 비하여 보다 빠르게 발달하는 반면에(δ는 $x^{4/5}$에 따라 변화하는 반면, 층류에서는 $x^{1/2}$에 따라 변화), 마찰계수는 좀 더 완만하게 감소($x^{-1/5}$ 대 $x^{-1/2}$)함을 알 수 있다. 난류유동에 대하여, 경계층 발달은 분자확산에 의한 것이 아니라, 유체 내의 불규칙 변동에 의하여 크게 영향을 받는다. 그러므로 두 경계층의 상대적인 성장은 Pr 또는 Sc 값에 의존하지 않으며, 식 (7.35)는 속도경계층 두께뿐만 아니라, 온도 및 농도경계층 두께를 얻는 데 이용될 수 있으며, 따라서 난류유동에서는 $\delta \approx \delta_t \approx \delta_c$이다.

수정 Reynolds 상사(또는 Chilton-Colburn 상사)식인 식 (6.70)과 (6.71)로써 식 (7.34)를 사용하면, 난류유동에 대한 **국소** Nusselt 수는 다음과 같다.

$$Nu_x = St\, Re_x\, Pr = 0.0296\, Re_x^{4/5}\, Pr^{1/3} \quad 0.6 \lesssim Pr \lesssim 60 \tag{7.36}$$

그리고 **국소** Sherwood 수는 다음과 같다.

$$Sh_x = St_m\, Re_x\, Sc = 0.0296\, Re_x^{4/5}\, Sc^{1/3} \quad 0.6 \lesssim Sc \lesssim 3000 \tag{7.37}$$

향상된 혼합으로 인하여 난류 경계층은 층류 경계층보다 더 빠르게 성장하며, 결과적으로 마찰계수와 대류계수도 더 커지게 된다.

평균계수에 대한 식이 결정될 수 있지만 층류 경계층이 난류 경계층을 선행하기 때문에 우선 혼합 경계층 조건을 고찰하고자 한다.

7.2.3 혼합 경계층 조건

평판 전체에 걸친 층류유동에 대하여 식 (7.29)에서 (7.31)까지의 식이 평균계수들을 계산하는 데 사용될 수 있다. 더욱이 예를 들어 $0.95 \lesssim (x_c/L) \lesssim 1$ 범위에서 평판의 후단 근처에서 천이가 일어난다면, 이 식들을 이용하여 평균계수들을 합리적인 근사값으로 계산할 수 있다. 그러나 평판의 후단보다는 충분히 상류인 $(x_c/L) \lesssim 0.95$에서 천이가 일어난다면, 표면 평균계수들은 층류 경계층과 난류 경계층 조건들에 의하여 동시에 영향을 받게 될 것이다.

혼합 경계층 상황(그림 7.3)에서 식 (6.14)를 이용하여 전체 평판에 대한 평균 대류열전달계수를 구할 수 있다. 층류영역($0 \le x \le x_c$)에 걸쳐 적분한 후에 난류영역($x_c < x \le L$)에 걸쳐 적분하면 다음과 같이 나타낼 수 있다.

$$\bar{h}_L = \frac{1}{L}\left(\int_0^{x_c} h_{\text{lam}}\, dx + \int_{x_c}^{L} h_{\text{turb}}\, dx\right)$$

여기서 천이는 $x = x_c$에서 갑자기 일어난다고 가정한다. h_{lam}과 h_{turb}에 대해 식 (7.23)과 (7.36)을 각각 대입하면, 다음 식을 얻는다.[1]

$$\bar{h}_L = \left(\frac{k}{L}\right)\left[0.332\left(\frac{u_\infty}{\nu}\right)^{1/2}\int_0^{x_c}\frac{dx}{x^{1/2}} + 0.0296\left(\frac{u_\infty}{\nu}\right)^{4/5}\int_{x_c}^{L}\frac{dx}{x^{1/5}}\right]Pr^{1/3}$$

위의 식을 적분하면 다음과 같다.

$$\overline{Nu}_L = (0.037\, Re_L^{4/5} - A)\, Pr^{1/3} \tag{7.38}$$

$$\begin{bmatrix} 0.6 \lesssim Pr \lesssim 60 \\ Re_{x,c} \lesssim Re_L \lesssim 10^8 \end{bmatrix}$$

여기서 괄호는 적용범위를 나타내고, 상수 A는 임계 Reynolds 수 $Re_{x,c}$에 의하여 결정되며 다음과 같다.

$$A = 0.037\, Re_{x,c}^{4/5} - 0.664\, Re_{x,c}^{1/2} \tag{7.39}$$

이와 유사하게 평균 마찰계수 또한 다음 식을 이용하여 계산할 수 있다.

$$\bar{C}_{f,L} = \frac{1}{L}\left(\int_0^{x_c} C_{f,x,\text{lam}}\, dx + \int_{x_c}^{L} C_{f,x,\text{turb}}\, dx\right)$$

식 (7.20)과 (7.34)로부터 각각 $C_{f,x,\text{lam}}$과 $C_{f,x,\text{turb}}$를 상기 식에 대입하고 적분하면 다음과 같이 된다.

$$\bar{C}_{f,L} = 0.074\, Re_L^{-1/5} - \frac{2A}{Re_L} \tag{7.40}$$

$$[Re_{x,c} \lesssim Re_L \lesssim 10^8]$$

열전달과 물질전달의 유사성을 식 (7.38)에 적용하면 다음과 같이 된다.

$$\overline{Sh}_L = (0.037\, Re_L^{4/5} - A)\, Sc^{1/3} \tag{7.41}$$

$$\begin{bmatrix} 0.6 \lesssim Sc \lesssim 60 \\ Re_{x,c} \lesssim Re_L \lesssim 10^8 \end{bmatrix}$$

완전 난류경계층인 경우($Re_{x,c} = 0$), $A = 0$이 된다. 이러한 조건은 미세한 선이나 어떠한 **난류발생 장치**(turbulence promoter)를 사용하여 경계층 선단에서 **교란**(tripping)을 줌으로써 실현될 수 있다. 천이 Reynolds 수 $Re_{x,c} = 5 \times 10^5$의 경우에 $A = 871$이다.

[1] $x = x_c$에서 급격한 천이가 있다는 가정과 함께, 난류 경계층의 가상적 시작 위치는 $x = 0$으로 가정한다. 이렇게 가정들을 완화시킴으로써 식 (7,38)[7]의 약간 수정된 형태의 식을 얻을 수 있다.

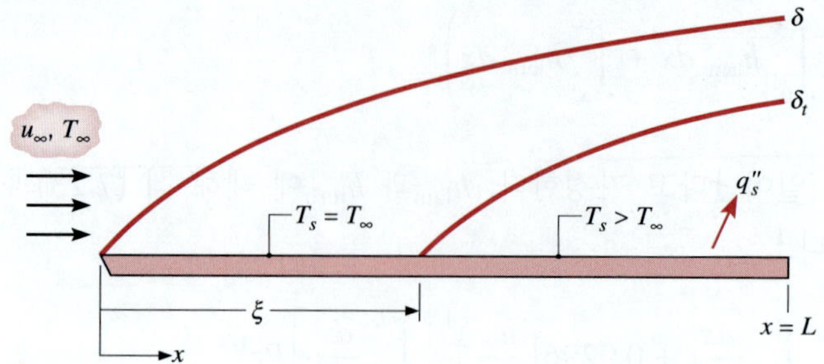

그림 7.5 비가열 시작길이가 있는 평판 위의 평행유동.

앞에서 기술한 모든 상관관계는 식 (7.2)로 정의된 막온도에서의 유체 물성치들을 사용해야 한다.

7.2.4 비가열 시작길이

앞에서 기술한 모든 Nusselt 수에 대한 식들은 표면온도 T_s가 균일한 상황에 제한된다. 흔히 보는 예외적인 상황은 가열부분($T_s \neq T_\infty$)의 상류에 비가열 시작길이(unheated starting length)($T_s = T_\infty$)가 있는 경우이다. 그림 7.5에 나타낸 것처럼 속도경계층 발달은 $x = 0$에서 시작되나, 온도경계층 발달은 $x = \xi$에서 시작된다. 그러므로 $0 \le x \le \xi$에서는 열전달이 없다. 적분 경계층 해[5]를 사용하면, 층류유동에 대해서는 다음과 같다.

$$Nu_x = \frac{Nu_x|_{\xi=0}}{[1-(\xi/x)^{3/4}]^{1/3}} \tag{7.42}$$

여기서 $Nu_x|_{\xi=0}$은 식 (7.23)에서 주어진다. Nu_x와 $Nu_x|_{\xi=0}$은의 양쪽에서의 특성길이 x는 비가열 시작길이의 선단으로부터의 거리이다. 난류유동에 대해서는 다음과 같다.

$$Nu_x = \frac{Nu_x|_{\xi=0}}{[1-(\xi/x)^{9/10}]^{1/9}} \tag{7.43}$$

여기서 $Nu_x|_{\xi=0}$은 식 (7.36)에서 주어진다. 물질전달에 대한 유사한 결과가 (Nu_x, Pr)를 (Sh_x, Sc)로 대치하여 얻어질 수 있다.

앞에서 말한 관계식에 의해서 주어지는 국소 대류열전달계수와 식 (6.14)를 사용하여, 비가열 시작길이가 있는 등온평판에 대한 **평균 Nusselt 수**가 얻어질 수 있다[8]. 표면 전체에 층류유동 또는 난류유동이 발달하고 총 길이가 L인 평판에 대한 식은 다음과 같다.

$$\overline{Nu}_L = \overline{Nu}_L|_{\xi=0}\frac{L}{L-\xi}[1-(\xi/L)^{(p+1)/(p+2)}]^{p/(p+1)} \tag{7.44}$$

여기서 층류인 경우에는 $p = 2$이고 난류인 경우에는 $p = 8$이다. 층류유동에서 $\overline{Nu}_L|_{\xi=0}$은 (x를 L로 대치하여) 식 (7.30)으로부터 얻어지고, 난류유동인 경우에는 $A = 0$일 때의 식 (7.38)에 의해

서 구해진다. $\overline{Nu}_L$은 $\bar{h}L/k$와 같고 $\bar{h}$는 비가열 시작길이가 $(L - \xi)$인 평판의 가열부에 대해서 적용할 수 있음을 기억하라. 그러므로 평판으로부터 총 열전달량을 구하기 위해서는 상응하는 $\bar{h}_L$의 값에 가열부의 면적을 곱해야 한다.

7.2.5 일정 열유속 조건의 평판

평판에 적용되는 조건으로서 균일한 온도보다 균일한 표면열유속일 경우가 또한 가능하며, 층류 유동에 대해서는 다음과 같은 식으로 나타낼 수 있다[5].

$$Nu_x = 0.453\, Re_x^{1/2}\, Pr^{1/3} \qquad Pr \gtrsim 0.6 \tag{7.45}$$

반면에 난류유동에 대해서는 다음과 같이 표현된다.

$$Nu_x = 0.0308\, Re_x^{4/5}\, Pr^{1/3} \qquad 0.6 \lesssim Pr \lesssim 60 \tag{7.46}$$

따라서 Nusselt 수는 층류와 난류에 대하여 일정한 표면온도인 경우에서보다 각각 36%와 4%가 더 큼을 알 수 있다. 비가열 시작길이의 효과에 대한 수정은 식 (7.45), (7.46)과 함께 식 (7.42)와 (7.43)을 각각 사용하여 얻을 수 있다. 만일 열유속이 주어지면, 대류계수는 다음과 같이 국소 표면온도를 결정하는 데 이용될 수 있다.

$$T_s(x) = T_\infty + \frac{q_s''}{h_x} \tag{7.47}$$

총 열전달률은 균일 열유속과 표면적의 곱 $q = q_s''A_s$로부터 쉽게 구할 수 있기 때문에 q를 계산하기 위하여 **평균 열전달계수**를 도입하는 것은 적절하지 못하다. 그러나 평균 표면온도를 구하고자 할 때는 다음 식을 이용하면 된다.

$$(\overline{T_s - T_\infty}) = \frac{1}{L}\int_0^L (T_s - T_\infty)dx = \frac{q_s''}{L}\int_0^L \frac{x}{k\,Nu_x}dx$$

여기서 Nu_x는 적절한 대류상관식으로부터 구한다. 식 (7.45)로부터 대입하면 다음과 같다.

$$(\overline{T_s - T_\infty}) = \frac{q_s''L}{k\,\overline{Nu}_L} \tag{7.48}$$

여기서 $\overline{Nu}_L$는 다음과 같다.

$$\overline{Nu}_L = 0.680\, Re_L^{1/2}\, Pr^{1/3} \tag{7.49}$$

이 결과는 $x = L$에서 식 (7.30)으로 계산하여 얻은 것보다 단지 2% 더 크다. 이러한 차이는 난류유동에서는 더욱 작아지게 되고, 따라서 균일한 표면온도에 대하여 얻는 모든 $\overline{Nu}_L$는 $(\overline{T_s - T_\infty})$를 계산하는 데 식 (7.48)을 사용할 수 있음을 제안하고 있다. 비가열부의 하류가 일정 열유속 상태에 놓여 있는 조건에서 평판 위의 평균온도에 대한 식은 Ameel [8]에 의해서 구해졌다.

7.2.6 대류계수 사용의 제한

이 절의 방정식들이 대부분의 공학계산에 대해서는 적절하지만, 실제로 대류계수들에 대하여 정확한 값을 주는 것은 아니다. 상황은 자유흐름 난동(free stream turbulence)과 표면 거칠기에 따라 변화하고, 이 식들을 사용할 때 25% 정도의 오차가 발생할 수 있다. 자유흐름 난동의 영향에 관한 상세한 내용은 Blair [9]의 문헌을 참조하기 바란다.

7.3 대류 계산을 위한 방법론

지금까지 평판 위의 평행유동에 대한 상관관계들만을 논의하였지만, 다음의 몇 가지 간단한 규칙을 따르면 **임의의 흐름 상황**에 대해서도 대류 상관관계를 쉽게 선택하고 적용할 수 있다.

1. **맨 먼저 흐름의 기하학적 형상을 고찰하라.** 예를 들면 문제가 평판, 구, 또는 원통 위에서의 흐름인가를 검토하라. 물론 특정한 형식의 대류상관식은 기하학적 형상에 의존한다.
2. **적절한 기준온도를 설정하고, 그 온도에서 관련된 유체 물성치를 계산하라.** 경계층 온도차가 크지 않을 때는 식 (7.2)에서 정의되는 막온도가 이 목적에 합당하게 사용될 수 있다. 그러나 자유흐름 온도에서의 물성치를 요구하고 물성치가 일정하지 않은 영향을 고려하는 물성치의 비를 포함하는 상관관계도 고려할 것이다.
3. **물질전달 문제에 있어서 적절한 유체 물성치는 물질 B의 값을 사용하라.** 여기서 대류물질전달에 관한 문제는 단지 **농도가 낮고, 두 물질의 혼합물**인 경우만 취급한다. 즉 $x_A \ll 1$인 물질 A의 이동만이 있는 문제에 한정한다. 혼합물의 물성치에 대한 근사화로서는 물질 B의 값으로 가정할 수 있다. 예를 들면 Schmidt 수는 $Sc = \nu_B/D_{AB}$이고 Reynolds 수는 $Re_L = (VL/\nu_B)$로 될 것이다.
4. **Reynolds 수를 계산하라.** 경계층 조건은 이 매개변수에 의하여 크게 영향을 받는다. 만약 기하학적 형상이 평행유동 내의 평판이라면, 그 흐름이 층류인지 난류인지를 결정하라.
5. **국소계수가 필요한지 표면 평균계수가 필요한지를 결정하라.** 일정 표면온도의 경우 국소계수는 표면 상의 특정한 점에서의 열유속을 결정하기 위하여 사용되는 반면, 평균계수는 표면 전체에 대한 열전달률을 결정하기 위하여 사용된다.
6. **적절한 상관관계를 선택하라.**

예제 7.1

IHT

압력이 6 kN/m^{2}이고, 온도가 300°C인 공기가 길이 0.5 m인 평판 위에서 10 m/s의 속도로 흐른다. 표면온도를 27°C로 유지하는 데 필요한 판의 단위폭당 냉각률을 계산하라.

풀이

제시자료: 등온평판 위에서의 공기흐름.

풀이대상: 평판의 단위폭당 냉각률 q'(W/m).

개략도:

Air
T_∞ = 300°C
u_∞ = 10 m/s
p_∞ = 6 kN/m^2
T_s = 27°C
L = 0.5 m
x

가정:

1. 정상상태, 비압축성 유동 조건.
2. 복사효과는 무시함.

물성치: 표 A.4에서 공기(T_f = 437 K, p = 1 atm): $\nu = 30.84 \times 10^{-6}$ m^2/s, $k = 36.4 \times 10^{-3}$ W/m·K, $Pr = 0.687$. 예제 6.6에서 언급한 바와 같이 k, Pr, c_p, μ와 같은 물성치들은 압력과 무관한 것으로 가정할 수 있다. 그러나 이상기체에 대해서는 동점성계수는 압력에 반비례한다. 따라서 온도 437 K, $p_\infty = 6 \times 10^3$ N/m^{2}에서의 공기의 동점성계수는 다음과 같다.

$$\nu = 30.84 \times 10^{-6} \text{ m}^2/\text{s} \times \frac{1.0133 \times 10^5 \text{ N/m}^2}{6 \times 10^3 \text{ N/m}^2} = 5.21 \times 10^{-4} \text{ m}^2/\text{s}$$

해석: 단위폭의 평판에 대하여 Newton의 냉각법칙에 의하면, 평판으로의 대류열전달률은 다음과 같다.

$$q' = \bar{h}L(T_\infty - T_s)$$

$\bar{h}$를 계산하기 위한 적절한 대류 상관관계를 결정하기 위해서는 우선 Reynolds 수가 결정되어야 한다.

$$Re_L = \frac{u_\infty L}{\nu} = \frac{10 \text{ m/s} \times 0.5 \text{ m}}{5.21 \times 10^{-4} \text{ m}^2/\text{s}} = 9597$$

흐름은 평판 전체에서 층류이므로, 적절한 상관식은 식 (7.30)으로 주어진다.

$$\overline{Nu}_L = 0.664\, Re_L^{1/2}\, Pr^{1/3} = 0.664(9597)^{1/2}(0.687)^{1/3} = 57.4$$

따라서 평균 대류계수는 다음과 같다.

$$\bar{h} = \frac{\overline{Nu}_L k}{L} = \frac{57.4 \times 0.0364 \text{ W/m} \cdot \text{K}}{0.5 \text{ m}} = 4.18 \text{ W/m}^2 \cdot \text{K}$$

그리고 평판의 단위폭당 필요한 냉각률은 다음과 같다.

$$q' = 4.18 \text{ W/m}^2 \cdot \text{K} \times 0.5 \text{ m}\ (300 - 27)°\text{C} = 570 \text{ W/m}$$ ◁

부가설명:

1. 표 A.4의 자료들은 대기압에서의 기체에 적용된다.

2 *IHT*에 있는 예제 7.1은 대류계산 수행을 용이하게 하는 *Correlations*와 *Properties* 도구를 사용하는 방법을 보여준다.

예제 7.2

폭 w = 1 m인 평판이 길이가 L_h = 50 mm이며 독립적으로 제어되는 가열판(heated segment)에 의해 표면온도 T_s = 230°C로 균일하게 유지되고 있다. 만약 25°C의 대기중의 공기가 이 평판 위를 시속 60m/s의 속도로 흐른다면, 어느 가열판이 가장 큰 히터전력(heater power)을 필요로 할 것인가? 또한, 그 전력의 값은 얼마인가?

풀이

제시자료: 분할된 가열기판들이 부착된 평판 위를 지나는 공기흐름.

풀이대상: 요구되는 가열판의 최대 동력.

개략도:

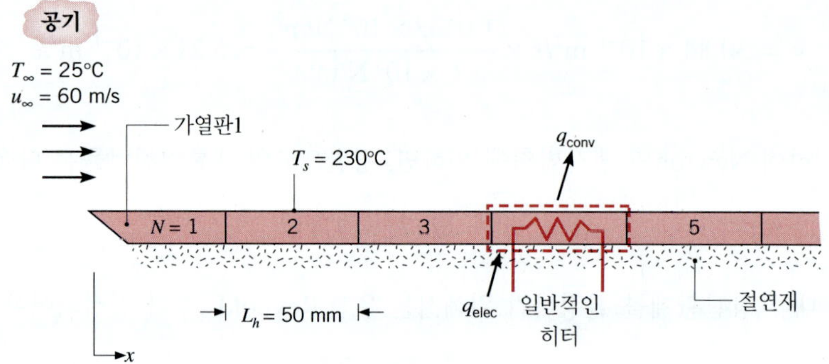

가정:

1. 정상상태, 비압축성 유동 조건.
2. 복사효과는 무시.
3. 가열판의 아래면은 단열되어 있다.

물성치: 표 A.4에서 공기(T_f = 400 K, p = 1 atm): $\nu = 26.41 \times 10^{-6}$ m²/s, k = 0.0338 W/m·K, Pr = 0.690.

해석: 길이 L_h를 사용한 첫번째 가열판의 Reynolds 수는

$$Re_1 = \frac{u_\infty L_h}{\nu} = \frac{60\ \text{m/s} \times 0.05\ \text{m}}{26.41 \times 10^{-6}\ \text{m}^2/\text{s}} = 1.14 \times 10^5$$

이다. 만일 천이 Reynolds 수를 $Re_{x,c} = 5 \times 10^5$이라고 가정하면, 천이는

$$x_c = \frac{\nu}{u_\infty} Re_{x,c} = \frac{26.41 \times 10^{-6}\ \text{m}^2/\text{s}}{60\ \text{m/s}} 5 \times 10^5 = 0.22\ \text{m}$$

즉, 5번째 가열판에서 발생할 것이다. 이 평판의 선단에서부터 거리에 따른 국소 대류열전달계수를 구할 수 있다면, 어느 가열판이 최대의 전력을 필요를 할지에 대한 다음의 세 가지 가능성을 생각할 수 있다.

1. 가열판 1은 가장 큰 국소 층류 대류열전달계수를 갖기 때문이다.
2. 가열판 5는 가장 큰 국소 난류 대류열전달계수를 갖기 때문이다.
3. 가열판 6은 난류조건이 가열판 전체에 적용되기 때문이다.

일반적으로, 가열판 N의 전력 요구량은

$$q_{\text{elec},N} = q_{\text{conv},N} = \bar{h}_N L_h w(T_s - T_\infty) \tag{1}$$

이다. 에너지보존법칙을 적용하면, 가열판 N의 전력 요구량은 가열판 N까지의 열 손실률과 바로 앞 $N-1$ 가열판까지의 열 손실률의 차이가 된다. 가열판 1에서 N까지의 평균 대류열전달계수를 $\bar{h}_{1-N}$으로 정의하면, 가열판 N의 전력요구량은 그 가열판에서의 대류열전달률과 동일하며, 다음과 같이 표현될 수 있다.

$$\begin{aligned} q_{\text{conv},N} &= \bar{h}_{1-N}(NL_h)w(T_s - T_\infty) - \bar{h}_{1-(N-1)}[(N-1)L_h]w(T_s - T_\infty) \\ &= [N\bar{h}_{1-N} - (N-1)\bar{h}_{1-(N-1)}]\, L_h w(T_s - T_\infty) \end{aligned} \tag{2}$$

방정식 (1)과 (2)를 결합하면

$$\bar{h}_N = N\bar{h}_{1-N} - (N-1)h_{1-(N-1)} \tag{3}$$

을 얻을 수 있다. 가열판 1에서 흐름은 층류이며 평균 대류열전달계수 $\bar{h}_1$은 식 (7.30)을 이용하여 구할 수 있다.

$$\overline{Nu}_1 = 0.664\, Re_1^{1/2}\, Pr^{1/3} = 0.664(1.14 \times 10^5)^{1/2}(0.69)^{1/3} = 198$$

따라서,

$$\bar{h}_1 = \frac{\overline{Nu}_1 k}{L_h} = \frac{198 \times 0.0338\ \text{W/m}\cdot\text{K}}{0.05\ \text{m}} = 134\ \text{W/m}^2\cdot\text{K}$$

가열판 5에서는 혼합조건을 적용한다. 즉, $A = 871$ 및 $Re_5 = 5Re_1 = 5.68 \times 10^5$ 조건을 적용하여 가열판 1부터 5까지의 평균 Nusselt 수를 식 (7.38)로부터 구할 수 있다.

$$\overline{Nu}_5 = (0.037Re_5^{4/5} - 871)Pr^{1/3} = [0.037(5.68 \times 10^5)^{4/5} - 871](0.69)^{1/3} = 542$$

따라서,

$$\bar{h}_{1-5} = \frac{\overline{Nu}_5 k}{5L_h} = \frac{542 \times 0.0338\ \text{W/m}\cdot\text{K}}{0.25\ \text{m}} = 73.3\ \text{W/m}^2\cdot\text{K}$$

$\overline{Nu}_4$는 식 (7.30)을 이용하여 구할 수 있다. $Re_4 = 4Re_1 = 4.54 \times 10^5$ 이므로,

$$\overline{Nu}_4 = 0.664(4.54 \times 10^5)^{1/2}(0.69)^{1/3} = 396$$

따라서

$$\bar{h}_{1-4} = \frac{\overline{Nu}_4 k}{4L_h} = \frac{396 \times 0.0338 \text{ W/m} \cdot \text{K}}{0.2 \text{ m}} = 66.8 \text{ W/m}^2 \cdot \text{K}$$

식 (3)을 계산하면 다음과 같다.

$$\bar{h}_5 = 5\bar{h}_{1-5} - 4\bar{h}_{1-4} = 5 \times 73.3 \text{ W/m}^2 \cdot \text{K} - 4 \times 66.8 \text{ W/m}^2 \cdot \text{K} = 99.3 \text{ W/m}^2 \cdot \text{K}$$

가열판 6에서 $\overline{Nu}_6$의 값은 식 (7.38)로부터 구할 수 있다. $Re_6 = 6Re_1 = 6.84 \times 10^5$ 이므로

$$\overline{Nu}_6 = [0.037(6.82 \times 10^5)^{4/5} - 871](0.69)^{1/3} = 748$$

따라서

$$\bar{h}_{1-6} = \frac{\overline{Nu}_6 k}{6L_h} = \frac{748 \times 0.0338 \text{ W/m} \cdot \text{K}}{0.3 \text{ m}} = 84.3 \text{ W/m}^2 \cdot \text{K}$$

식 (3)으로부터

$$\bar{h}_6 = 6\bar{h}_{1-6} - 5\bar{h}_{1-5} = 6 \times 84.3 \text{ W/m}^2 \cdot \text{K} - 5 \times 73.3 \text{W/m}^2 \cdot \text{K} = 139 \text{ W/m}^2 \cdot \text{K}$$

$\bar{h}_6 > \bar{h}_1 > \bar{h}_5$이므로, 최대 전력 요구량은 가열 판 6에서 발생하며 그 값은 아래와 같다.

$$q_{\text{conv},6} = \bar{h}_6 L_h w(T_s - T_\infty) = 139 \text{ W/m}^2 \cdot \text{K} \times 0.05 \text{ m} \times 1 \text{ m} \times (230°\text{C} - 25°\text{C}) = 1430 \text{ W}$$ ◁

부가설명:

1. 비교적 덜 정확하기는 하지만 또 다른 방법은 특정 가열판 N에서의 평균 대류열전달계수는 그 가열판 중앙, $x_{\text{mid},N}$에서의 국소 대류열전달계수로 잘 표현된다고 가정하는 것이다. 이러한 방법을 적용한 결과는 아래의 표와 같다.

가열판	$x_{\text{mid},N}$ (m)	유동	상관식	$h_{x,\text{mid}}$ (W/m²·K)
1	0.025	층류	식 (7.23)	$95 \neq \bar{h}_1$
5	0.225	난류	식 (7.36)	$145 \neq \bar{h}_5$
6	0.275	난류	식 (7.36)	$139 \approx \bar{h}_6$

이 방법을 사용하면 각 가열판의 평균 대류열전달계수를 부정확하게 예측할 뿐만 아니라 가열판 5가 최대의 전력요구량을 갖는다는 잘못된 결과를 얻을 수 있다. 이 방법은 유동천이가 발생하는 부근과는 멀리 떨어진 난류영역과 같이 대류열전달계수의 공간적 변화가 완만한 곳에서만 합당한 결과를 얻을 수 있다.

2. 이 예제는 *IHT*의 *advanced* 섹션에 풀이되어 있다.

예제 7.3

관련 담당자가 미국 남서부 지역의 가뭄으로 인하여 주택 내 수영장 사용의 금지여부 결정 문제에 봉착하게 되었다. 시의 많은 수영장을 담당하는 엔지니어의 장으로서 수영장에서 증발로 인하여 **일일** 수분 손실이 얼마나 되는가라는 질문을 받았다. 대표적인 조건으로서, 물과 주위공기의 온도가 25°C, 주위의 상대습도가 50%, 수영장 면의 크기가 6 m × 12 m이다. 수영장 둘레로 너비 1.5 m의 덱(deck)이 있으며 주변보다 높이 솟아 있다. 수영장의 길이방향으로 공기의 유속이 2 m/s라 가정한다. 또한 공기의 자유흐름의 난류는 무시할 수 있으며, 수면은 매끈하고 수위는 수영장의 모서리와 같다고 가정할 때, 하루에 몇 kg의 수분 손실이 있는가?

풀이

제시자료: 수영장에서의 대기조건, 수영장과 덱의 크기.

풀이대상: 증발에 의한 일일 수분 손실량.

개략도:

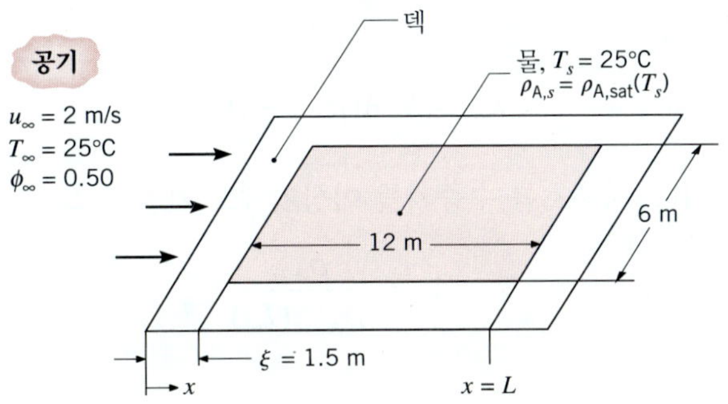

가정:

1. 정상상태, 비압축성 유동 조건.
2. 수면은 매끈하고 자유흐름의 난류는 무시함.
3. 덱은 건조함.
4. 열전달과 물질전달의 유사성 적용 가능함.
5. 유동은 덱 선단에 의해 난류의 영향을 받음.
6. 자유흐름 내 수증기에 대해 이상기체 거동으로 간주함.

물성치: 표 A.4에서 공기(25°C): $\nu = 15.7 \times 10^{-6}$ m²/s. 표 A.8에서 수증기–공기(25°C): $D_{AB} = 0.25 \times 10^{-4}$ m²/s, $Sc = \nu/D_{AB} = 0.60$. 표 A.6에서 포화 수증기(25°C): $\rho_{A,sat} = v_g^{-1} = 0.0226$ kg/m³.

해석: 속도경계층의 선단은 덱의 모서리에 있다. 따라서 수영장의 후단은 선단으로부터 거리 $L = 13.5$ m 떨어진 곳에 있다. 그 지점에서 Reynolds 수는

$$Re_L = \frac{u_\infty L}{\nu} = \frac{2\ \text{m/s} \times 13.5\ \text{m}}{15.7 \times 10^{-6}\ \text{m}^2/\text{s}} = 1.72 \times 10^6$$

열 및 물질전달 상사를 식 (7.44)에 적용하면

$$\overline{Sh}_L = \overline{Sh}_L\big|_{\xi=0} \frac{L}{L-\xi}[1-(\xi/L)^{(p+1)/(p+2)}]^{p/(p+1)} \quad (1)$$

평균 Sherwood 수 $\overline{Sh}_L\big|_{\xi=0}$은 식 (7.41)에서 구해지는데($A = 0$), 경계층이 덱 선단에 의해 교란되기 때문이다.

$$\overline{Sh}_L\big|_{\xi=0} = 0.037\, Re_L^{4/5} Sc^{1/3}$$

$$\overline{Sh}_L\big|_{\xi=0} = 0.037(1.72\times 10^6)^{4/5} \times (0.60)^{1/3} = 3040$$

난류유동에서 $p = 8$일 때 식 (1)은 다음과 같이 계산된다.

$$\overline{Sh}_L = 3040\frac{13.5\text{ m}}{(13.5\text{ m}-1.5\text{ m})}[1-(1.5\text{ m}/13.5\text{ m})^{(8+1)/(8+2)}]^{8/(8+1)} = 2990$$

따라서 다음과 같다.

$$\bar{h}_{m,L} = \overline{Sh}_L\left(\frac{D_{AB}}{L}\right) = 2990\frac{0.26\times 10^{-4}\text{ m}^2/\text{s}}{13.5\text{ m}} = 5.77\times 10^{-3}\text{ m/s}$$

수영장에서 증발률은 다음과 같다.

$$n_A = \bar{h}_m A(\rho_{A,s} - \rho_{A,\infty})$$

여기서 A는 수영장 면적(덱은 제외)이다. 자유흐름 수증기를 이상기체로 가정하고

$$\phi_\infty = \frac{\rho_{A,\infty}}{\rho_{A,\text{sat}}(T_\infty)}$$

$\rho_{A,s} = \rho_{A,\text{sat}}(T_s)$인 조건에서

$$n_A = \bar{h}_m A[\rho_{A,\text{sat}}(T_s) - \phi_\infty \rho_{A,\text{sat}}(T_\infty)]$$

$T_s = T_\infty = 25°\text{C}$이므로 다음과 같다.

$$n_A = \bar{h}_m A\rho_{A,\text{sat}}(25°\text{C})[1-\phi_\infty]$$

따라서

$$n_A = 5.77\times 10^{-3}\text{m/s}\times 72\text{ m}^2 \times 0.0226\text{ kg/m}^3 \times 0.5\times 86{,}400\text{ s/day}$$

$$n_A = 405\text{ kg/day}$$

◁

부가설명:

1. 증발냉각 효과(evaporative cooling effect)에 의해서 수면의 온도는 공기온도보다 약간 낮게 된다.
2. 물의 밀도가 996 kg/m³일 때 체적손실은 $n_A/\rho = 0.4\text{ m}^3/\text{day}$이다. 이것은 하루에 6 mm의 수영장 높이 감소를 의미한다. 물론 여름에 공기온도가 높을 때 손실은 더 커진다.
3. 수영장 덱 길이가 일일 증발률에 미치는 영향이 아래 그림에 나타나 있다. 덱 길이가 증가하면서 총 증발률은 감소하는데, 이것은 수영장에서부터 떨어진 속도경계층의 선단의 확장에 기인한다.

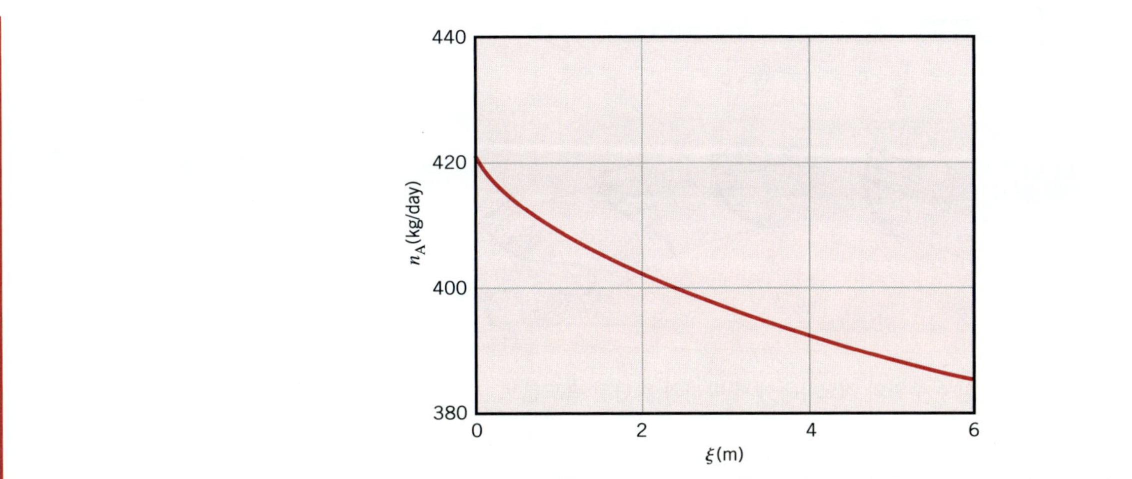

7.4 원통 주위의 직교유동

7.4.1 유동에 관한 고찰

흔히 볼 수 있는 또 하나의 외부유동은 원통의 축에 수직인 유체흐름이다. 그림 7.6에서 보여 주는 바와 같이 자유흐름 중의 유체는 압력의 증가와 함께 **전방 정체점**(forward stagnation point)에서 정지하게 된다. 이 점으로부터 압력은 유선좌표계에서 x가 증가함에 따라서 감소하고, 경계층은 **순압력구배**(favorable pressure gradient)($dp/dx < 0$)하에서 발달하게 된다. 그러나 압력은 결국 최소값에 도달해야 하며, 원통 후면에서의 경계층은 **역압력구배**(adverse pressure gradient)($dp/dx > 0$)하에서 발달하게 된다.

그림 7.6에서 상류속도 V와 자유흐름 속도 u_∞의 차이점을 유의하여야 한다. 평판 위의 평행유동 조건과 달리 u_∞는 정체점으로부터의 거리 x에 의존한다. 비점성 유동(inviscid flow)에 대한 Euler 방정식으로부터[9], $u_\infty(x)$는 $p(x)$와 반대되는 성질을 보여야 한다. 즉 정체점에서는 $u_\infty = 0$이기 때문에 유체는 순압력구배($dp/dx < 0$일 때 $du_\infty/dx > 0$)로 인하여 가속되어, $dp/dx = 0$일 때 최대속도에 도달하며, 그 이후 역압력구배($dp/dx > 0$일 때 $du_\infty/dx < 0$)로 인하여 흐름은 감속하게 된다. 유체가 감속됨에 따라 표면 위치에서 속도구배($\partial u/\partial y|_{y=0}$)는 결국 0이 될 것이다(그림 7.7). 이 점을 **박리점**(separation point)이라 하며, 이 위치에서부터 유체는 압력구배를 극복하기 위한 운동량이 부족해서, 하류로의 계속적인 흐름은 불가능하게 된다. 또한 계속적으로 뒤따라오는 유체가 상류로의 흐름을 방해하기 때문에 **경계층 박리**(boundary layer separation)가 일어나

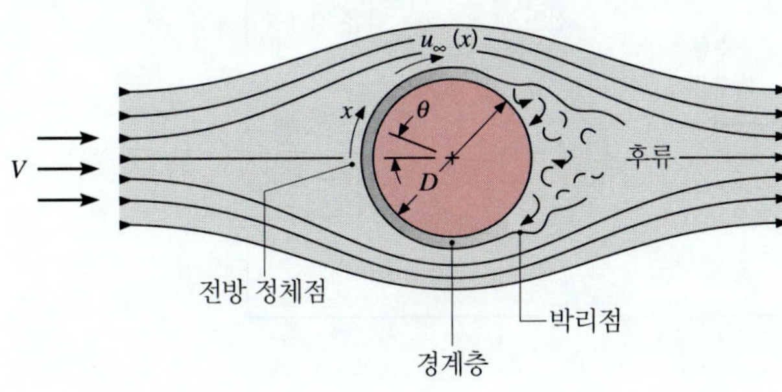

그림 7.6 원통 주위의 직교유동에서 경계층 형성 및 박리.

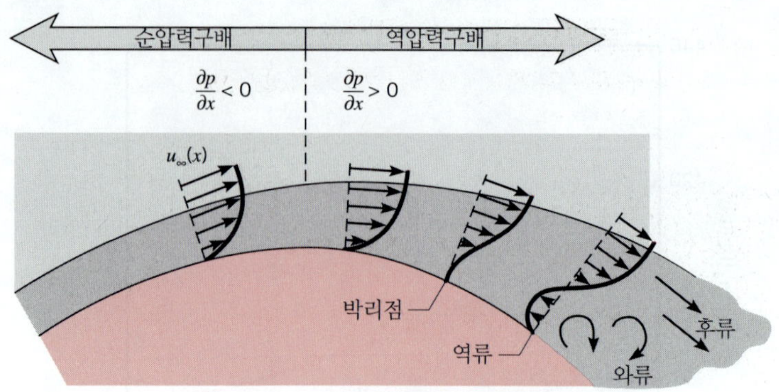

그림 7.7 원통 주위의 직교유동에서 박리와 관련된 속도분포.

게 된다. 이것이 경계층이 표면으로부터 이탈되는 조건이며, 이후의 하류영역에서는 **후류**(wake)가 생성된다. 원통 상의 후류에 관한 유동 조건에 대해서 우수한 비평논문이 Coutanceau와 Defaye[11]에 의해서 제공되고 있다.

Reynolds 수에 영향을 받는 **경계층 천이**(boundary layer transition)의 출현은 박리점의 위치에 매우 큰 영향을 미친다. 원통에 대하여 특성길이는 지름이며, Reynolds 수는 다음과 같이 정의된다.

$$Re_D \equiv \frac{\rho VD}{\mu} = \frac{VD}{\nu}$$

난류 경계층에서의 유체의 운동량은 층류 경계층에서보다 크므로, 천이가 박리의 발생을 지연시킨다고 생각하는 것이 매우 합리적이다. 만일 $Re_D \lesssim 2 \times 10^5$이면 경계층은 층류로 남아 있으며, $\theta \approx 80°$에서 박리가 발생한다(그림 7.8). 그러나 $Re_D \gtrsim 2 \times 10^5$이면, 경계층 천이가 발생하며 박리는 $\theta \approx 140°$로 지연된다.

앞서 기술한 과정들은 원통에 작용하는 항력 F_D에 큰 영향을 미친다. 이 힘은 두 가지 성분으로 구성되는데 한 가지 성분은 경계층 표면의 전단응력[**마찰항력**(friction drag)]에 의한 것이며, 다른 한 성분은 후류의 생성으로 나타나는 흐름방향으로의 압력차에 의한 **형상항력**(form drag) 또는 **압력항력**(pressure drag)이다. 무차원 **항력계수**(drag coefficient) C_D는 다음과 같이 정의된다.

$$C_D \equiv \frac{F_D}{A_f(\rho V^2/2)} \tag{7.50}$$

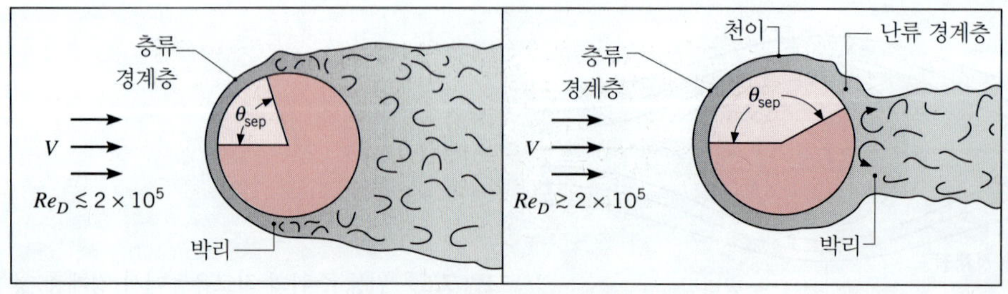

그림 7.8 난류가 박리에 미치는 영향.

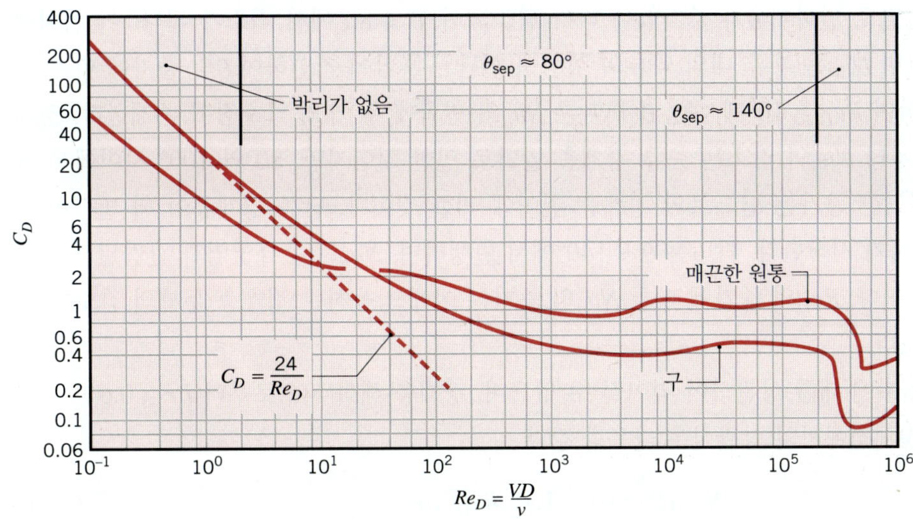

그림 7.9 직교유동 중의 매끈한 원통과 구에 대한 항력계수. 경계층 박리각은 원통에 대한 값임. [2]에서 인용함.

여기서 A_f는 원통의 전방면적(frontal area, 자유흐름 속도에 수직으로 투영된 면적)이다. 항력계수는 Reynolds 수의 함수이며, 그 결과는 그림 7.9에서 보여 주고 있다. $Re_D \lesssim 2$인 경우, 박리효과는 무시될 수 있으며, 항력계수는 마찰항력에 의하여 지배된다. 그러나 Reynolds 수가 증가함에 따라 박리의 영향, 그리고 형상항력이 더 중요하게 된다. $Re_D \gtrsim 2 \times 10^5$에서 일어나는 급격한 CD의 감소는 경계층 천이에 의한 것이며, 이것은 박리를 지연시키게 되고 그 결과 후류영역의 크기가 감소되어 형상항력의 크기가 감소하게 된다.

7.4.2 대류열전달 및 물질전달

공기의 직교유동 속에 있는 원통에 대하여 u의 변화에 따른 국소 Nusselt 수의 변화에 대한 실험결과가 그림 7.10에 표시되어 있다. 예상할 수 있는 바와 같이 결과는 표면에서의 경계층 발달의 성질에 따라 크게 영향을 받는다. $Re_D \lesssim 10^5$의 조건을 고려해 보자. 정체점에서 시작하여 Nu_θ는

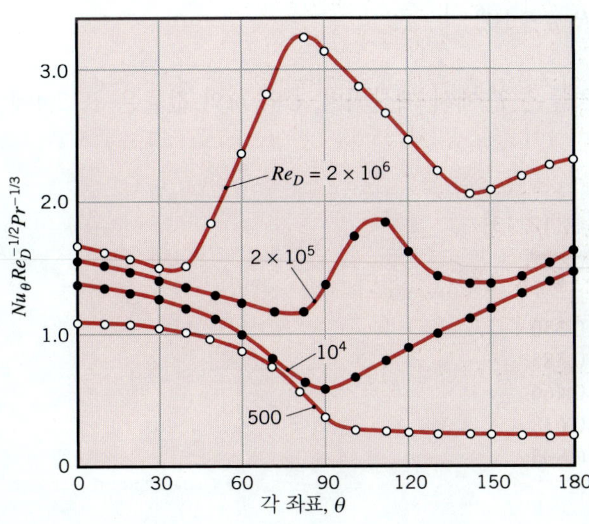

그림 7.10 원통에 수직인 공기흐름에서의 국소 Nusselt 수. (Adapted with permission from Zukauskas, A., "Convective Heat Transfer in Cross Flow," in S. Kakac, R. K. Shah, and W. Aung, Eds., *Handbook of Single-Phase Convective Heat Transfer*, Wiley, New York, 1987.)

층류 경계층의 발달로 인하여 θ가 증가함에 따라 감소되며, $\theta \approx 80°$에서 최소가 된다. 이 위치에서 박리가 일어나며 Nu_θ는 후류 내의 와류의 생성에 연관된 혼합에 기인하여 θ의 증가에 따라 증가한다. 이에 반하여 $Re_D \gtrsim 10^5$에서는, θ에 따른 Nu_θ의 변화에 두 개의 극소점이 존재한다. 정체점에서의 값으로부터 Nu_θ의 감소는 층류 경계층 발달로 인한 것이지만, 80°와 100° 사이에서 발생하는 Nu_θ의 급격한 증가는 난류로의 경계층 천이에 의한 것이다. 난류 경계층이 더 발달하면, Nu_θ는 다시 감소하기 시작한다. 박리는 $\theta \approx 140°$에서 발생하며, Nu_θ는 후류영역과 관련된 혼합에 의하여 다시 증가한다. Re_D의 증가에 따른 Nu_θ의 증가는 이에 상응하는 경계층 두께의 감소에 기인한다고 할 수 있다.

국소 Nusselt 수에 대한 상관식이 얻어질 수 있으며, 경계층 해석[5]으로부터 $Pr \gtrsim 0.6$인 유체에 대하여 앞의 정체점에서의 상관식은 다음과 같다.

$$Nu_D(\theta = 0) = 1.15\, Re_D^{1/2}\, Pr^{1/3} \tag{7.51}$$

그러나 공학적인 관점에서는 전체적인 평균조건들에 더 관심이 있다. 다양한 Prandtl 수를 가진 유체에 대해 설명하기 위해 수정된 Hilpert[12]에 의한 경험적 상관식이 $Pr \gtrsim 0.7$ 범위에서 널리 사용된다.

$$\overline{Nu}_D \equiv \frac{\bar{h}D}{k} = C\, Re_D^m\, Pr^{1/3} \tag{7.52}$$

여기서 상수 C와 m은 표 7.2에 제시되어 있다. 또한 식 (7.52)는 특성길이 D와 표 7.3의 상수들을 사용하여, 비원형 단면의 원통을 지나는 유동에 대해서도 이용될 수 있다. 식 (7.51)과 (7.52)를 사용함에 있어서 모든 물성치들은 막온도에서 계산된 값을 사용한다.

원통 주위의 직교유동에 대해서도 이 밖의 다른 상관식들이 제안되었으며[16, 17, 18], Zukauskas[17]가 제안한 상관식은 다음과 같다.

$$\overline{Nu}_D = C\, Re_D^m\, Pr^n \left(\frac{Pr}{Pr_s}\right)^{1/4} \tag{7.53}$$

$$\begin{bmatrix} 0.7 \lesssim Pr \lesssim 500 \\ 1 \lesssim Re_D \lesssim 10^6 \end{bmatrix}$$

여기서 T_s에서의 Pr_s는 제외하고, 모든 물성치들은 T_∞에서 계산되며, C와 m의 값들은 표 7.4에

표 7.2 원통 주위 직교유동에 대한 식 (7.52)의 상수들[12, 13]

Re_D	C	m
0.4–4	0.989	0.330
4–40	0.911	0.385
40–4000	0.683	0.466
4000–40,000	0.193	0.618
40,000–400,000	0.027	0.805

표 7.3 기체의 직교유동에서의 비원형 원통에 대한 식 (7.52)의 상수들[14, 15][a]

형상		Re_D	C	m
사각형				
$V \rightarrow$ ◇ D		6000–60,000	0.304	0.59
$V \rightarrow$ □ D		5000–60,000	0.158	0.66
육각형				
$V \rightarrow$ ⬡ D		5200–20,400	0.164	0.638
		20,400–105,000	0.039	0.78
$V \rightarrow$ ⬢ D		4500–90,700	0.150	0.638
유동에 수직인 얇은 판				
$V \rightarrow$ ▯ D	Front	10,000–50,000	0.667	0.500
	Back	7000–80,000	0.191	0.667

[a] 이 표의 값은 공기에 대해 Sparrow 등[15]의 추천에 근거한다. 식 (7.52)의 $Pr^{1/3}$ 의존성을 통하여 다른 유체에도 확장됨. Prandtl 수 $Pr = 0.7$은 [15]에 언급된 공기에 대한 실험결과이었음.

표 7.4 원통 주위 직교유동에 대한 식 (7.53)의 상수들[18]

Re_D	C	m
1–40	0.75	0.4
40–1000	0.51	0.5
10^3–2×10^5	0.26	0.6
2×10^5–10^6	0.076	0.7

제시되어 있다. 또한 만일 $Pr \lesssim 10$이면 $\nu = 0.37$이고, $Pr \gtrsim 10$이면 $\nu = 0.36$이다. Churchill과 Bernstein[18]은 이용 가능한 자료를 종합하여 넓은 범위의 Pr뿐만 아니라, Re_D의 전체 범위를 망라하는 단일식을 제안하였다. 이 식은 $Re_D\, Pr \gtrsim 0.2$인 경우에 한하여 사용하기를 바라며, 다음 식과 같다.

$$\overline{Nu}_D = 0.3 + \frac{0.62\, Re_D^{1/2}\, Pr^{1/3}}{[1 + (0.4/Pr)^{2/3}]^{1/4}} \left[1 + \left(\frac{Re_D}{282{,}000}\right)^{5/8}\right]^{4/5} \tag{7.54}$$

여기서 모든 물성치들은 막온도에서 계산된 것이다.

다시 한 번 강조하는데, 앞에서 기술한 상관식을 신성불가침으로 여기지 않도록 주의하라. 각각의 상관식이 어떤 범위의 조건에 대해서는 바람직하지만, 대부분의 공학적 계산에 있어서 20% 이상의 정확도를 기대해서는 안 된다. 식 (7.53)과 (7.54)가 넓은 범위의 조건을 포함하는 최근의 결과에 기초를 두고 있기 때문에 이 책의 계산에서는 이 식들을 일반적으로 사용하였다. 원통에 대해서 개발된 많은 상관식에 대한 광범위한 조사가 Morgan[19]과 Sparrow 등[15]에 의하여 이루어졌다. 마지막으로 열전달과 물질전달의 상사성에 의거하여, 식 (7.51)에서 (7.54)까지를 원통

상의 직교유동에서 대류물질전달에 관계된 문제에 적용할 수 있음을 언급하고자 한다. 그것은 단순히 $\overline{Nu}_D$를 $\overline{Sh}_D$로, Pr를 Sc로 대치함으로써 가능하다. 물질전달 문제에서 경계층 내의 물성치의 변화는 매우 미미하다. 따라서 물질전달 상사성을 이용하여 식 (7.53)을 사용할 때 물성치의 영향을 설명하는 물성치 비율(property ratio)을 무시할 수 있다.

예제 7.4

지름이 12.7 mm이고, 길이가 94 mm인 금속 원통에 대하여 실험이 실시되었다. 원통은 전기가열기에 의하여 내부적으로 가열되며, 저속풍동 내에서 공기의 직교유동이 이루어진다. 자유흐름 공기속도는 V = 10 m/s이고 온도는 26.2°C로 유지되는 흐름조건하에서 전기가열기의 전력손실 P는 46 W이고, 평균 원통 표면온도 T_s는 128.4°C로 측정되었다.

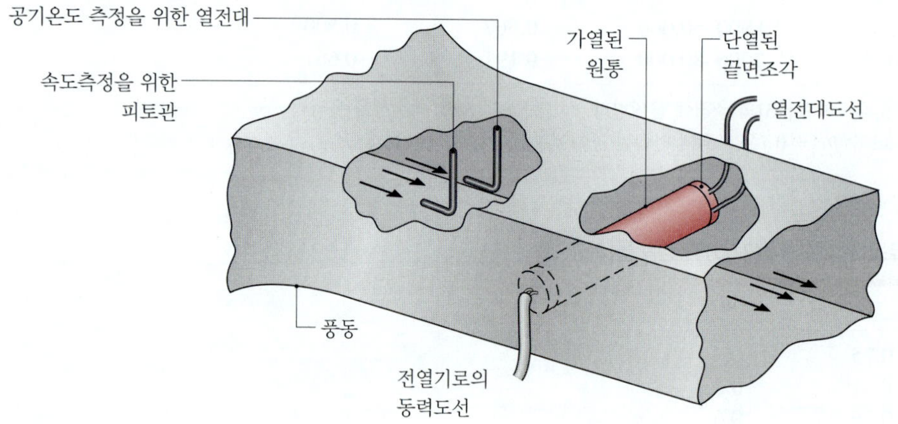

전력손실의 15%는 표면복사와 양단에서 전도에 의한 누적효과의 손실로 평가되었다. (*i*) 공기의 속도 및 온도 측정, (*ii*) 복사열전달 및 실린더 양단에서의 열손실 계산, 그리고 (*iii*) 실제로는 축방향 및 원주방향으로 변하는 실린더 표면온도를 평균함과 연관되어 있는 누적된 불확실성 때문에 대류열전달계수 실험치의 정확도는 20%보다 더 좋을 수 없다.

1. 실험결과로부터 대류열전달계수를 구하라.

2. 실험결과를 적절한 상관식으로부터 계산된 대류열전달계수와 비교하라.

풀이

제시자료: 가열된 원통에 대한 운전조건들.

풀이대상:

1. 운전조건과 관련된 대류열전달계수.

2. 적절한 상관식으로부터 계산된 대류열전달계수.

개략도:

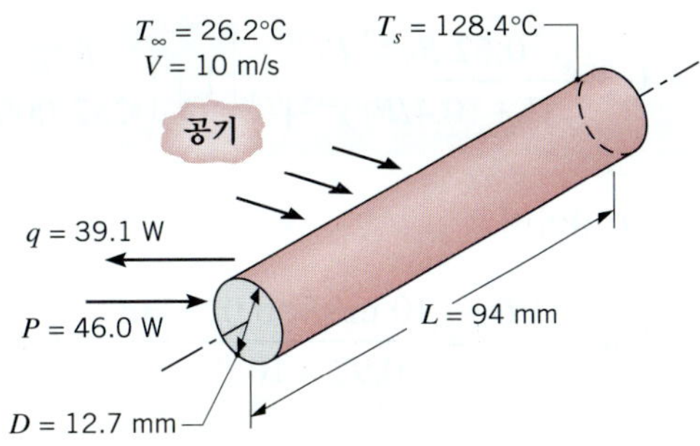

가정:

1. 정상상태 비압축성 유동 조건.
2. 원통 표면의 균일한 온도.

물성치: 표 A.4에서 공기($T_\infty = 26.2°C \approx 300$ K): $\nu = 15.89 \times 10^{-6}$ m^2/s, $k = 26.3 \times 10^{-3}$ W/m·K, $Pr = 0.707$. 표 A.4에서 공기($T_f \approx 350$ K): $\nu = 20.92 \times 10^{-6}$ m^2/s, $k = 30 \times 10^{-3}$ W/m·K, $Pr = 0.700$. 표 A.4에서 공기($T_s = 128.4°C = 401$ K): $Pr = 0.690$.

해석:

1. 대류열전달계수는 Newton의 냉각법칙을 사용하여 실험 데이터로부터 다음과 같이 구할 수 있다. 즉

$$\bar{h} = \frac{q}{A(T_s - T_\infty)}$$

$q = 0.85P$ 그리고 $A = \pi DL$이므로 다음과 같이 계산된다.

$$\bar{h} = \frac{0.85 \times 46\ \text{W}}{\pi \times 0.0127\ \text{m} \times 0.094\ \text{m}\ (128.4 - 26.2)°\text{C}} = 102\ \text{W/m}^2 \cdot \text{K} \qquad \triangleleft$$

2. 다음의 Zukauskas의 관계식 (7.53)을 사용하면

$$\overline{Nu}_D = C\, Re_D^m\, Pr^n \left(\frac{Pr}{Pr_s}\right)^{1/4}$$

이고, Pr_s를 제외한 모든 물성치들은 T_∞에서 계산한다. 따라서

$$Re_D = \frac{VD}{\nu} = \frac{10\ \text{m/s} \times 0.0127\ \text{m}}{15.89 \times 10^{-6}\ \text{m}^2\text{/s}} = 7992$$

이므로, 표 7.4로부터 $C = 0.26$, $m = 0.6$이다. 또한 $Pr < 10$이므로 $n = 0.37$이며 다음과 같이 계산된다.

$$\overline{Nu}_D = 0.26(7992)^{0.6}(0.707)^{0.37}\left(\frac{0.707}{0.690}\right)^{0.25} = 50.5$$

$$\bar{h} = \overline{Nu}_D \frac{k}{D} = 50.5 \frac{0.0263\ \text{W/m} \cdot \text{K}}{0.0127\ \text{m}} = 105\ \text{W/m}^2 \cdot \text{K} \qquad \triangleleft$$

Churchill의 관계식 (7.54)를 사용하면 다음과 같다.

$$\overline{Nu}_D = 0.3 + \frac{0.62\, Re_D^{1/2}\, Pr^{1/3}}{[1 + (0.4/Pr)^{2/3}]^{1/4}}\left[1 + \left(\frac{Re_D}{282{,}000}\right)^{5/8}\right]^{4/5}$$

T_f에서 모든 물성치를 계산하고, $Pr = 0.70$이며

$$Re_D = \frac{VD}{\nu} = \frac{10\text{ m/s} \times 0.0127\text{ m}}{20.92 \times 10^{-6}\text{ m}^2/\text{s}} = 6071$$

이다. 따라서 Nusselt 수와 대류열전달계수는 다음과 같다.

$$\overline{Nu}_D = 0.3 + \frac{0.62(6071)^{1/2}(0.70)^{1/3}}{[1 + (0.4/0.70)^{2/3}]^{1/4}}\left[1 + \left(\frac{6071}{282{,}000}\right)^{5/8}\right]^{4/5} = 40.6$$

$$\bar{h} = \overline{Nu}_D \frac{k}{D} = 40.6 \frac{0.030\text{ W/m}\cdot\text{K}}{0.0127\text{ m}} = 96.0\text{ W/m}^2\cdot\text{K}$$ ◁

또 다른 방법으로 다음과 같은 Hilpert의 상관식 (7.52)를 사용할 수 있다.

$$\overline{Nu}_D = C\, Re_D^m\, Pr^{1/3}$$

모든 물성치들은 막온도에서 계산하며, $Re_D = 6071$, $Pr = 0.70$이므로, 표 7.2로부터 $C = 0.193$, $m = 0.618$이다. 따라서 Nusselt 수와 대류열전달계수는 다음과 같다.

$$\overline{Nu}_D = 0.193(6071)^{0.618}(0.700)^{1/3} = 37.3$$

$$\bar{h} = \overline{Nu}_D \frac{k}{D} = 37.3 \frac{0.030\text{ W/m}\cdot\text{K}}{0.0127\text{ m}} = 88.2\text{ W/m}^2\cdot\text{K}$$ ◁

부가설명:

1. 3개의 상관식을 기초로 계산한 값들은 모두 대류열전달계수의 측정값 $\bar{h} = 102 \pm 20\text{ W/m}^2\cdot\text{K}$ 범위 이내에 있다.
2. 유체의 물성치들을 계산할 때, 적절한 온도를 사용하는 것이 중요함을 인식하라.

예제 7.5

수소는 주로 금속 수소화물 분말(metal hydride powder)에 **흡착**되는 형태로 저장된다. 수소는 필요에 따라 금속 수소화물 전체를 가열함으로써 탈착시킬 수 있다. 속도 $V = 25$ m/s로 정속 주행하는 수소 연료전지 자동차를 생각해보자. 이 차는 금속 수소화물 분말이 담지된 원통형의 스테인리스 금속용기에서 공급되는 수소를 $\dot{m}_{H_2} = 1.35 \times 10^{-4}$ kg/s로 소비한다. 이 금속용기의 내경은 $D_i = 0.1$ m, 길이는 $L = 0.8$ m, 그리고 벽면의 두께 $t = 0.5$ mm이고 $V = 25$ m/s, $T_\infty = 23°\text{C}$로 직교 유동하는 공기에 노출되어 있다.

탈착이 일어나기 위해서 금속 수소화물은 최소 275 K의 작동온도가 유지되어야 한다. 탈착 과정은 열발생률이 다음과 같이 표현되는 흡열반응이다.

$$\dot{E}_g = -\dot{m}_{H_2} \times (29.5 \times 10^3\ kJ/kg)$$

여기에서 $\dot{m}_{H_2}$는 수소의 탈착률(kg/s)이다. 이때, 금속용기가 필요 작동온도를 유지하기 위하여 공기로부터의 대류열전달에 의하여 공급되는 열량을 이외에 얼마만큼의 추가 열량이 금속용기에 공급되어야 하는지를 결정하여라.

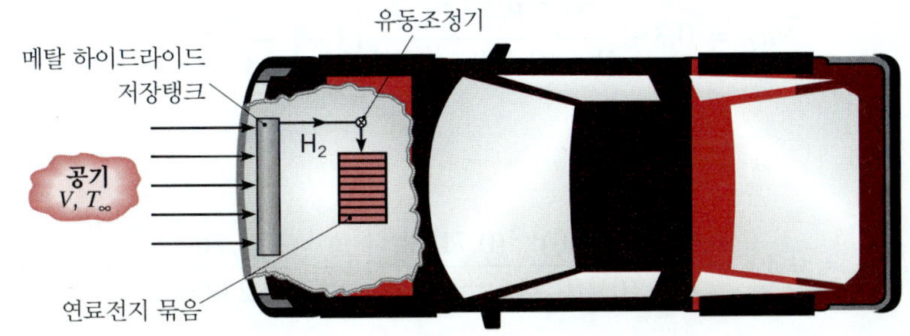

풀이

제시자료: 수소 저장용기의 크기와 모양, 수소 탈착속도, 요구 수소 작동압력, 공기흐름의 속도와 온도.

풀이대상: $p_{H_2} > p_{fc}$가 유지되기 위한 저장용기로의 대류열전달률과 요구되는 부가 가열량.

개략도:

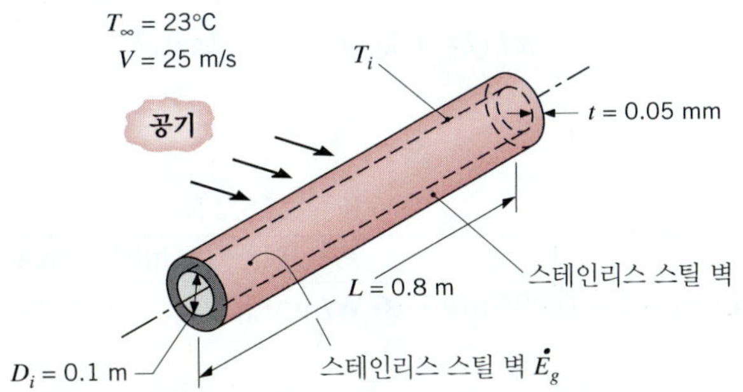

가정:

1. 정상상태 비압축성 유동 조건.
2. 균일한 원통 표면온도.
3. 원통의 양 끝을 통한 열흡수 무시.
4. 균일한 메탈 하이드라이드 온도.
5. 저장용기와 메탈 하이드라이드의 접촉저항 무시.

물성치: 표 A.4에서 공기($T_f \approx 285$ K): $\nu = 14.56 \times 10^{-6}$ m²/s, $k = 25.2 = 10^{-3}$ W/m·K, $Pr = 0.712$. 표 A.1에서 AISI 316 스테인리스강($T_{ss} \approx 300$ K): $k_{ss} = 13.4$W/m·K.

해석: 요구 유량에서 메탈 하이드라이드로부터 수소를 탈착하기 위한 열에너지 발생률은

$$\dot{E}_g = -(1.35 \times 10^{-4}\ kg/s) \times (29.5 \times 10^6\ J/kg) = -3982\ W$$

대류열전달을 결정하기 위해, Reynolds 수를 계산하면

$$Re_D = \frac{V(D_i + 2t)}{\nu} = \frac{23 \text{ m/s} \times (0.1 \text{ m} + 2 \times 0.005 \text{ m})}{14.56 \times 10^{-6} \text{ m}^2/\text{s}} = 173{,}760$$

식 (7.54)를 이용하면

$$\overline{Nu}_D = 0.3 + \frac{0.62\, Re_D^{1/2}\, Pr^{1/3}}{[1 + (0.4/Pr)^{2/3}]^{1/4}} \left[1 + \left(\frac{Re_D}{282{,}000}\right)^{5/8}\right]^{4/5}$$

이것은 다음과 같다.

$$\overline{Nu}_D = 0.3 + \frac{0.62(173{,}760)^{1/2}(0.712)^{1/3}}{[1 + (0.4/0.712)^{2/3}]^{1/4}} \left[1 + \left(\frac{173{,}760}{282{,}000}\right)^{5/8}\right]^{4/5} = 315.8$$

그러므로 평균 대류열전달계수는

$$\bar{h} = \overline{Nu}_D \frac{k}{(D_i + 2t)} = 315.8 \times \frac{25.3 \times 10^{-3} \text{ W/m} \cdot \text{K}}{(0.1 \text{ m} + 2 \times 0.005 \text{ m})} = 72.6 \text{ W/m}^2 \cdot \text{K}$$

식 (3.34)를 단순화하면 다음과 같다.

$$q_{\text{conv}} = \frac{T_\infty - T_i}{\dfrac{1}{\pi L (D_i + 2t)\bar{h}} + \dfrac{\ln[(D_i + 2t)/D_i]}{2\pi k_{\text{ss}} L}}$$

또는 값들을 대입하면

$$q_{\text{conv}} = \frac{296 \text{ K} - 275.2 \text{ K}}{\dfrac{1}{\pi(0.8 \text{ m})(0.1 \text{ m} + 2 \times 0.005 \text{ m})(72.6 \text{ W/m}^2 \cdot \text{K})} + \dfrac{\ln[(0.1 \text{ m} + 2 \times 0.005 \text{ m})/0.1 \text{ m}]}{2\pi(13.4 \text{ W/m} \cdot \text{K})(0.8 \text{ m})}}$$
$$= 406 \text{ W}$$

저장용기가 정상상태의 작동온도를 유지하기 위한 부가적인 열에너지 q_{add}는 에너지평형인 $q_{\text{add}} + q_{\text{conv}} + \dot{E}_g = 0$에서 구할 수 있다. 그러므로

$$q_{\text{add}} = -q_{\text{conv}} - \dot{E}_g = -406 \text{ W} + 3982 \text{ W} = 3576 \text{ W}$$ ◁

부가설명:

1. 부가적인 가열이 복사, 저장용기의 설치장비와 연료라인, 그리고 차가운 저장용기에서의 수증기의 응축 등에 의해 일어난다.
2. 저장용기 벽에서의 전도 열저항, 대류 열저항은 각각 0.0014 K/W와 0.053 K/W이다. 대류 열저항이 지배적이고 저장용기의 외부에 휜을 부착함으로써 저감할 수 있다.
3. 자동차가 고속으로 운전될 때는 요구되는 부가적인 가열이 증가하는데, 그 이유는 수소 소모량은 V^3에 비례하고 열전달계수는 $V_{0.7}$~$V_{0.8}$에 비례하여 증가하기 때문이다. 부가적인 가열은 자동차가 추운 날씨에서 작동할 때도 필요하다.

7.5 구

구를 지나 흐르는 유동과 관련된 경계층 효과는 경계층 특성에 두드러진 역할을 하는 천이와 박리 현상이 존재하는 원통 위의 흐름과 매우 흡사하다. 식 (7.50)에 의하여 정의된 항력계수에 대한 결과들이 그림 7.9에 나타나 있다. Reynolds 수가 대단히 작은 **크리핑 유동**(creeping flow)에서 항력계수는 Reynolds 수에 반비례하며, 이 특정한 관계를 **Stokes 법칙**(Stokes law)이라고 한다.

$$C_D = \frac{24}{Re_D} \qquad Re_D \lesssim 0.5 \tag{7.55}$$

이제까지 많은 열전달 상관식이 제안되었으며, Whitaker[16]는 다음과 같은 식을 추천하고 있다.

$$\overline{Nu}_D = 2 + (0.4\,Re_D^{1/2} + 0.06\,Re_D^{2/3})Pr^{0.4}\left(\frac{\mu}{\mu_s}\right)^{1/4} \qquad \begin{bmatrix} 0.71 \lesssim Pr \lesssim 380 \\ 3.5 \lesssim Re_D \lesssim 7.6 \times 10^4 \\ 1.0 \lesssim (\mu/\mu_s) \lesssim 3.2 \end{bmatrix} \tag{7.56}$$

μ_s를 제외한 모든 물성치들은 T_∞에서 계산된 값이며, 이 결과는 단지 $\overline{Nu}_D$와 Pr를 $\overline{Sh}_D$와 Sc로 대치해서 물질전달에 적용할 수 있다. 구에서의 대류열전달 및 물질전달에 관련된 특수한 경우는 자유낙하하는 액적으로부터의 이동에 관련된다. 다음과 같은 Ranz와 Marshall[20]의 상관식이 종종 사용된다.

$$\overline{Nu}_D = 2 + 0.6\,Re_D^{1/2}\,Pr^{1/3} \tag{7.57}$$

$Re_D \to 0$에서는 식 (7.56)과 (7.57)이 $\overline{Nu}_D = 2$로 되고, 이는 구의 표면으로부터 주위의 정지하고 있는 무한한 매질로의 전도에 의한 열전달에 해당된다(표 4.1의 경우 1 참조).

예제 7.6

열 잉크제트 프린터로부터 전기전도성을 가진 잉크의 작은 액적(D = 55 μm) 줄기를 용착함으로써 전기회로가 광전지 패널 위에 그려진다. 액적의 초기온도는 T_i = 200°C이고, T_{final} = 50°C 액적이 패널을 때리는 것이 바람직하다. 정지하고 있는 공기와 주위의 온도는 $T_\infty = T_{\text{sur}}$ = 25°C이고, 액적은 프린터 헤드로부터 종속도(terminal velocity)로 분사된다. 프린터와 광전지 패널 사이의 필요한 격리거리(standoff distance) L을 구하라. 전기전도성을 가진 잉크액적의 물성치는 ρ_d = 2400 kg/m^3, c_d = 800 J/kg·K, k_d = 5.0 W/m·K이다.

풀이

제시자료: 액적의 크기 및 물성치, 초기 및 필요한 최종 액적 온도. 종속도에서 분사된 액적.

풀이대상: 프린터와 광전지 패널 사이의 필요한 격리거리.

개략도:

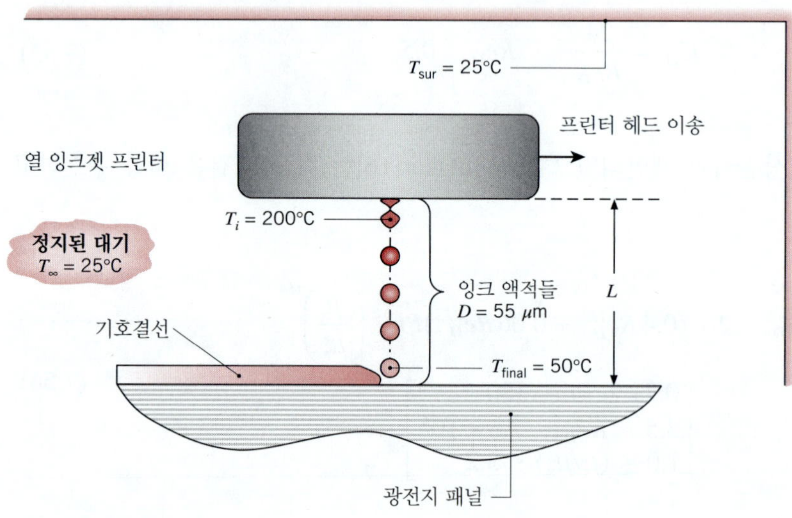

가정:

1. 25°C에서의 공기 물성치.
2. 복사효과는 무시.
3. 액적 내의 온도변화 무시(집중용량 근사화).

물성치: 표 A.4에서 공기(T_f = 75°C): ρ = 1.002 kg/m^3, ν = 20.72 × 10^{-6} m^2/s. 표 A.4에서 공기(T_∞ = 25°C): ν = 15.71 × 10^{-6} m^2/s, k = 0.0261 W/m·K, Pr = 0.708.

해석: 액적은 종속도(terminal velocity)로 움직이므로 각 액적에 가해지는 힘(net force)은 0이 되어야 한다. 그래서 액적의 무게는 액적으로 인해 밀려나 배제된 공기로 인한 부력과 항력에 의해 상쇄된다.

$$\rho_d g\left(\pi\frac{D^3}{6}\right) = \rho g\left(\pi\frac{D^3}{6}\right) + C_D\left(\frac{\pi D^2}{4}\right)\left(\rho\frac{V^2}{2}\right) \tag{1}$$

여기서 식 (7.50)은 항력 F_D를 나타내기 위해 사용된다. 액적은 작기 때문에 Reynolds 수 또한 작을 것으로 생각된다. Stokes 법칙을 따르는 경우라면 식 (7.55)를 사용해서 항력계수를 다음과 같이 나타낼 수 있다.

$$C_D = \frac{24}{Re_D} = \frac{24\nu}{VD} \tag{2}$$

식 (2)를 식 (1)에 대입하고 속도를 구하면

$$V = \frac{gD^2}{18\nu\rho}(\rho_d - \rho) = \frac{9.8\ \text{m/s}^2 \times (55\times10^{-6}\ \text{m})^2}{18\times 20.72\times10^{-6}\ \text{m}^2/\text{s}\times 1.002\ \text{kg/m}^3}\times(2400 - 1.002)\text{kg/m}^3$$

$$= 0.190\ \text{m/s} = 190\ \text{mm/s}$$

따라서 Reynolds 수는 $Re_D = VD/\nu = 0.190 \text{ m/s} \times 55 \times 10^{-6} \text{ m}/20.72 \times 10^{-6} \text{ m}^2/\text{s} = 0.506$이고, Stokes 법칙의 사용이 적절하다. Nusselt 수와 대류계수는 Ranz and Marshall 상관식[식 (7.57)]으로 계산할 수 있다. 이 계산은 자유흐름 온도에서 구한 물성치를 사용한다(표 7.7).

$$\overline{Nu}_D = 2 + 0.6\, Re_D^{1/2}\, Pr^{1/3} = 2 + 0.6 \times \left(\frac{0.190 \text{ m/s} \times 55 \times 10^{-6} \text{ m}}{15.71 \times 10^{-6} \text{ m}^2/\text{s}}\right)^{1/2} \times 0.708^{1/3} = 2.44$$

$$\bar{h} = \frac{\overline{Nu}_D k}{D} = \frac{2.44 \times 0.0261 \text{ W/m} \cdot \text{K}}{55 \times 10^{-6} \text{ m}} = 1160 \text{ W/m}^2 \cdot \text{K}$$

집중용량법(식 5.5)을 적용하면, 필요한 **이동시간**(time-of-flight)은 다음과 같다.

$$t = \frac{\rho_d V c_d}{\bar{h} A_s} \ln\left(\frac{\theta_i}{\theta_{\text{final}}}\right) = \frac{\rho_d c_d D}{6\bar{h}} \ln\left(\frac{T_i - T_\infty}{T_{\text{final}} - T_\infty}\right)$$

$$= \frac{2400 \text{ kg/m}^3 \times 800 \text{ J/kg} \cdot \text{K} \times 55 \times 10^{-6} \text{ m}}{6 \times 1160 \text{ W/m}^2 \cdot \text{K}} \ln\left(\frac{(200 - 25)°\text{C}}{(50 - 25)°\text{C}}\right)$$

$$= 0.030 \text{ s}$$

그리고 격리거리는 다음과 같다.

$$L = Vt = 0.190 \text{ m/s} \times 0.030 \text{ s} = 0.0056 \text{ m} = 5.6 \text{ mm}$$ ◁

부가설명:

1. 집중용량법의 타당성은 Biot 수를 계산함으로써 결정될 수 있다. $L_c = D/2$로 하여 식 5.10을 적용하면

$$Bi = \frac{\bar{h}(D/2)}{k_p} = \left(\frac{1160 \text{ W/m}^2 \cdot \text{K} \times 55 \times 10^{-6} \text{ m}}{2}\right) / 5.0 \text{ W/m} \cdot \text{K} = 0.006 < 0.1$$

이며, 이는 판정기준을 만족시킨다.

2. Sokes 법칙 식 (7.55)를 사용하여 $Re_D \lesssim 0.5$에 대해 항력계수의 Reynolds 수 의존성이 유효함을 기술한다. 큰 입자들에 대해서는 그림 7.9를 보고 C_D와 Re_D 사이의 관계를 결정할 필요가 있다.
3. 입자들이 종속도로 분사되지 않았다면 이동하는 동안에 가속이나 감속이 되어 해석이 복잡하게 된다.
4. 흑체의 거동을 한다고 가정하고, 입자의 최대(초기) 온도 $T_s = 473$ K를 사용하면, 최대 복사 열전달계수는 $h_r = \sigma(T_s + T_{\text{sur}})(T_s^2 + T_{\text{sur}}^2) = 5.67 \times 10^{-8} \text{ W/m}^2 \cdot \text{K}^4 \times (473 \text{ K} + 298 \text{ K}) \times [(473 \text{ K})^2 + (298 \text{ K})^2] = 13.7 \text{ W/m}^2 \cdot \text{K}$. $h_r \ll \bar{h}$이므로 복사 열전달은 무시할 수 있다.

7.6 관군을 가로지르는 유동

관들의 군(bank)이나 묶음(bundle)을 가로지르는 직교유동에서의 열전달은 보일러 내의 증기 발생이나 공기 조화기의 코일 내에서의 공기냉각과 같은 수많은 산업적인 응용과 관련되어 있으며, 기하학적 배열이 그림 7.11에 도식적으로 나타나 있다. 전형적으로 한 유체는 관 외부를 지나며, 이와 다른 온도를 가지는 다른 한 유체가 관 내부를 통과한다. 이 절에서 특히 관심 있는 사항은

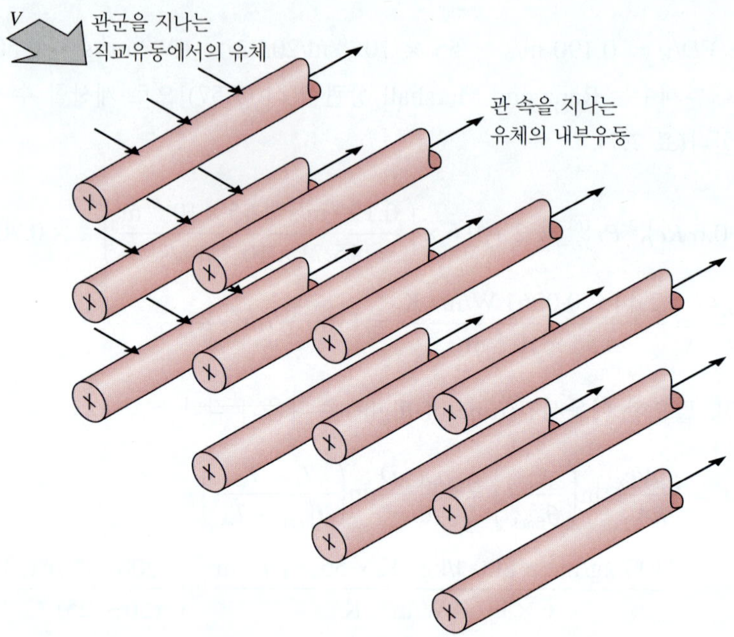

그림 7.11 직교유동의 내 관군의 개략도.

관 외벽을 지나는 직교유동과 관련된 대류열전달이다.

관군의 열(row)은 유체속도 V의 방향에서 **엇갈림**(staggered, 종종 '지그재그'라고도 함)으로 놓여 있거나 **정렬**(aligned)되어 놓여 있다(그림 7.12). 배열은 관 지름 D, 관 중심 사이를 측정한 **가로피치**(transverse pitch) S_T와 **세로피치**(longitudinal pitch) S_L에 의한 특성을 갖는다. 관군 내의 흐름조건은 경계층 박리의 영향과 후류의 상호작용에 의하여 지배되며, 결과적으로 대류열전달에 영향을 미친다.

관군의 첫 번째 열에 위치한 관 주위의 흐름은 직교유동 속에 놓인 단일(고립면) 원통 상의 흐름과 유사하다. 이에 상응하여 첫 번째 열의 하나의 관에 대한 열전달계수는 직교유동 속에 놓인 단일 관에 대한 것과 거의 같다. 후류의 열들에 대해서 유동 조건은 관군의 배열방식에 크게 의존한다(그림 7.13). 정렬배열의 경우, 첫 번째 열 이후의 관들은 상류에 놓인 관들에 의하여 생성되

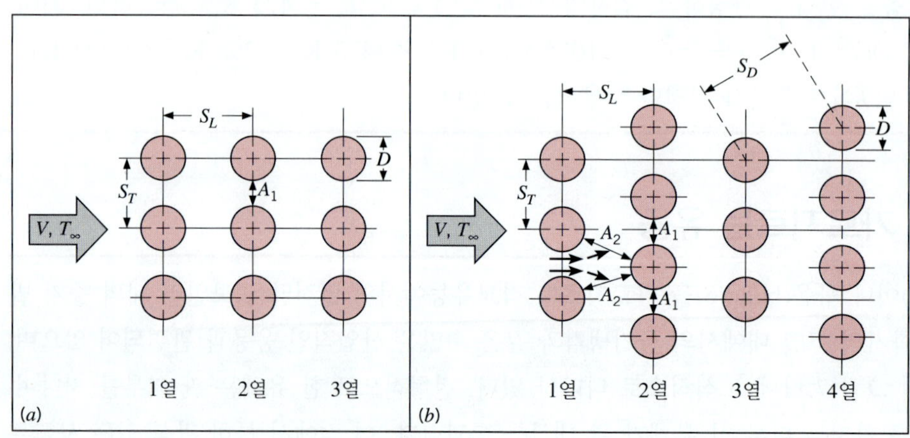

그림 7.12 관군에서의 관 배열. (a) 정렬배열. (b) 엇갈림 배열.

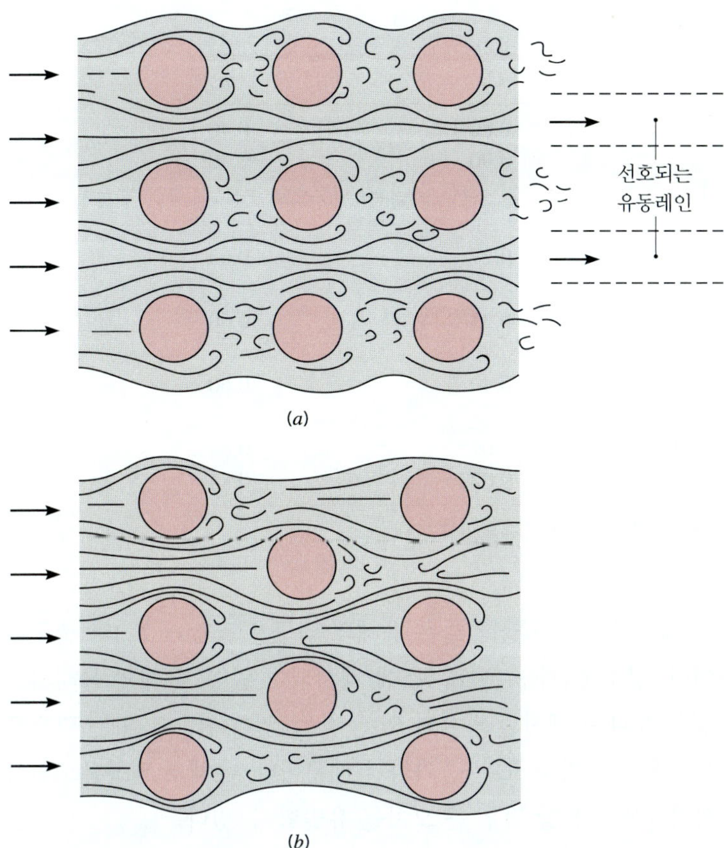

그림 7.13 관군에서의 유동 조건들. (*a*) 정렬배열, (*b*) 엇갈림 배열.

는 후류 중에 놓이게 되고, S_L이 중간 정도의 값인 경우에 하류에 위치한 열에서의 대류계수는 흐름의 혼합(mixing) 또는 난동(turbulation)에 의하여 촉진된다. 전형적으로 대략 다섯 번째 열까지 대류열전달계수는 열의 수가 증가할수록 증가하고 그 이후의 열에서는 유동 조건의 변화가 적으므로 대류계수의 변화도 줄어들게 된다. S_L이 큰 경우에는 상류의 열에 대한 영향이 적어지고 후류 열들의 열전달도 덜 촉진된다. 이와 같은 이유로, $S_T/S_L < 0.7$인 정렬배열의 관군에서는 운전이 바람직하지 않다. 엇갈림 배열의 경우에는, 주흐름의 경로가 굴곡을 이루고 정렬배열의 관 배열에 비해 직교유동 유체의 혼합이 증가한다. 일반적으로 엇갈림 배열에서 흐름이 더욱 많이 꼬불꼬불해질수록 열전달의 촉진 면에서 유리하며, 특히 Reynolds 수가 작을 때($Re_D \lesssim 100$) 더욱 그러하다.

전형적으로 우리는 **전체** 관군에 대한 **평균** 열전달계수를 알고자 한다. Zukauskas [17]는 다음과 같은 상관식을 제안하였다.

$$\overline{Nu}_D = C_1 \, Re_{D,\max}^m \, Pr^{0.36} \left(\frac{Pr}{Pr_s} \right)^{1/4} \tag{7.58}$$

$$\left[\begin{array}{l} N_L \geq 20 \\ 0.7 \lesssim Pr \lesssim 500 \\ 10 \lesssim Re_{D,\max} \lesssim 2 \times 10^6 \end{array} \right]$$

표 7.5 직교유동 내의 관군에 대한 식 (7.58)의 상수들[17]

배열	$Re_{D,\max}$	C_1	m
정렬	$10–10^2$	0.80	0.40
엇갈림	$10–10^2$	0.90	0.40
정렬	$10^2–10^3$	단일(고립된) 원통으로 근사화	
엇갈림	$10^2–10^3$		
정렬 $(S_T/S_L > 0.7)^a$	$10^3–2\times10^5$	0.27	0.63
엇갈림 $(S_T/S_L < 2)$	$10^3–2\times10^5$	$0.35(S_T/S_L)^{1/5}$	0.60
엇갈림 $(S_T/S_L > 2)$	$10^3–2\times10^5$	0.40	0.60
정렬	$2\times10^5–2\times10^6$	0.021	0.84
엇갈림	$2\times10^5–2\times10^6$	0.022	0.84

[a] $S_T/S_L < 0.7$에서는 열전달이 불충분하므로 정렬배열 관은 사용하지 말아야 한다.

여기서 N_L은 관 열의 수이고, Pr_s를 제외한 모든 물성치들은 유체의 입구온도($T_i = T_\infty$)와 출구온도(T_o)의 산술평균 온도에서의 값이며, 상수 C_1과 m은 표 7.5에 제시되어 있다. 유체의 물성치들을 입구온도와 출구온도의 산술평균 온도에서 계산할 필요가 있는 것은, 열이 관으로 또는 관으로부터 전달되는가에 따라 각각 유체의 온도가 감소 또는 증가하기 때문이다. 유체의 평균온도변화 $|T_i - T_o|$가 크면 입구온도에서 물성치들을 사용할 경우 큰 오차를 유발할 수 있다.

만약 관 열의 개수가 20 또는 그 이하인 경우, 즉, $N_L \lesssim 20$, 평균 열전달계수는 일반적으로 더 많은 관 열을 갖는 관군에 비해 상대적으로 감소하는데, 다음과 같은 수정계수를 사용할 수 있다. 즉,

$$\overline{Nu}_D\Big|_{(N_L<20)} = C_2\overline{Nu}_D\Big|_{(N_L\geq20)} \tag{7.59}$$

여기에서 C_2는 표 7.6에 제시되어 있다.

앞서 기술한 상관식들에 대한 Reynolds 수 $Re_{D,\max}$는 관군 내에서 일어나는 **최대 유체속도**에 기초를 둔 것이다: $Re_{D,\max} \equiv \rho V_{\max}D/\mu$. 정렬배열에서 $V_{\max}$는 그림 7.12a의 횡단면 A_1에서 일어나며, 비압축성 유체에 대한 질량보존 조건으로부터 그 값은 다음과 같다.

$$V_{\max} = \frac{S_T}{S_T - D}V \tag{7.60}$$

엇갈림 배열에 대하여, 최대속도는 그림 7.12b의 횡단면 A_1 또는 대각선면 A_2에서 일어날 수 있

표 7.6 $N_L < 20(Re_{D,\max} \gtrsim 10^3)$인 경우에 식 (7.59)의 수정계수 C_2[17]

N_L	1	2	3	4	5	7	10	13	16
정렬	0.70	0.80	0.86	0.90	0.92	0.95	0.97	0.98	0.99
엇갈림	0.64	0.76	0.84	0.89	0.92	0.95	0.97	0.98	0.99

다. 만일 관열이 다음 식을 만족시키도록 배열된다면 최대속도는 A_2에서 일어날 것이다.

$$2(S_D - D) < (S_T - D)$$

여기서 계수 2는 A_1 면에서 A_2 면으로 흐르는 유체의 분기에 기인한다. 그러므로 다음 식이 충족된다면, V_{max}는 A_2에서 일어난다.

$$S_D = \left[S_L^2 + \left(\frac{S_T}{2}\right)^2\right]^{1/2} < \frac{S_T + D}{2}$$

이 경우에 V_{max}는 다음과 같이 주어진다.

$$V_{max} = \frac{S_T}{2(S_D - D)}V \tag{7.61}$$

만일 엇갈림 배열에서 V_{max}가 A_1 면에서 일어난다면, 이 값은 나시 식 (7.60)에 의하여 계산될 수 있다.

유체가 관군을 지나는 동안 온도변화가 크므로 Newton의 냉각법칙에서 온도차로서 $\Delta T = T_s - T_\infty$를 사용하면, 열전달률이 과도하게 예측될 수도 있다. 유체가 관군을 통과할 때, 유체의 온도는 T_s에 접근하고 $|\Delta T|$는 감소한다. 8장에서 ΔT의 적절한 형식은 **대수평균 온도차**(log-mean temperature difference)로 다음과 같다.

$$\Delta T_{lm} = \frac{(T_s - T_i) - (T_s - T_o)}{\ln\left(\dfrac{T_s - T_i}{T_s - T_o}\right)} \tag{7.62}$$

여기서 T_i와 T_o는 유체가 각각 관군으로 들어올 때와 관군에서 나갈 때의 유체온도이다. ΔT_{lm}을 결정하는 데 필요한 출구온도는 다음 식으로부터 얻을 수 있다.

$$\frac{T_s - T_o}{T_s - T_i} = \exp\left(-\frac{\pi D N \bar{h}}{\rho V N_T S_T c_p}\right) \tag{7.63}$$

여기서 N은 관군 내의 관의 총수이며, N_T는 횡단면에서의 관의 수이다. 일단 ΔT_{lm}을 알게 되면, 관들의 단위 길이당 열전달률은 다음 식으로부터 계산될 수 있다.

$$q' = N(\bar{h}\pi D \Delta T_{lm}) \tag{7.64}$$

S_T/D와 S_L/D의 값들에 대한 추가적인 결과는 Zukauskas[17]와 Grimison[21]에 의해 보고되어 있다. Grimison의 결과는 직교유동의 유체로서 공기에 한정되어 있고, 두 참고문헌의 상관식에서 얻어진 평균 Nusselt 수의 예측값은 넓은 범위의 $Re_{D,max}$에 대해 약 15% 범위 내에서 일치한다. 위의 결과는 직교유동 속의 원형관군의 표면으로부터 증발이나 승화에 관련된 물질전달을 결정하는 데 사용될 수 있으며, 이는 단지 위의 결과에서 $\overline{Nu}_D$와 Pr를 각각 $\overline{Sh}_D$와 Sc로 대치함으

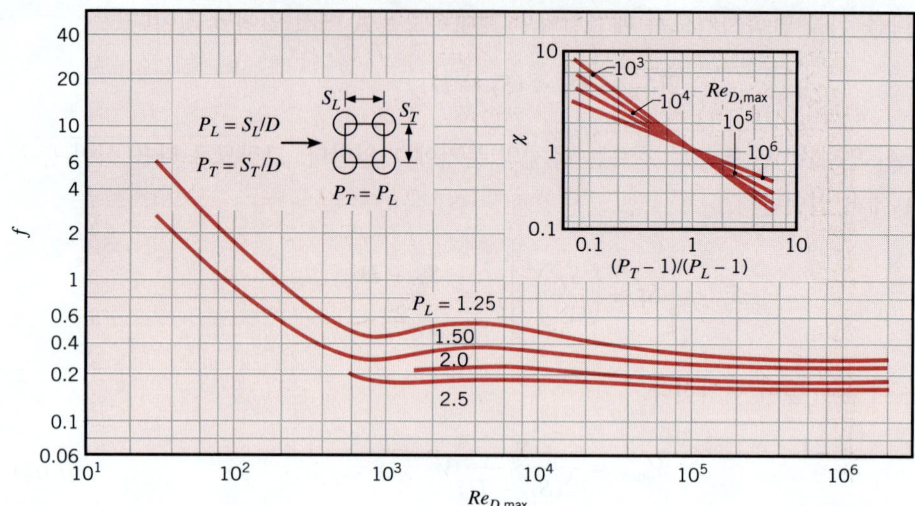

그림 7.14 정렬 관군배열에서 식 (7.65)에 대한 마찰계수 f 및 수정계수 χ[17].(허가에 의해 인용함.)

로써 가능하다.

일반적으로, 관군을 지나는 흐름과 관련된 열관류율(overall heat transfer rate)과 함께 이와 관련된 압력강하에도 큰 관심이 있다. 관군을 지나는 유체를 흐르게 하는 데 필요한 동력은 운전 경비의 대부분을 차지하며, 이것은 다음 식에서 보여 주는 바와 같이 압력강하에 정비례한다[17].

$$\Delta p = N_L \chi \left(\frac{\rho V_{\max}^2}{2} \right) f \tag{7.65}$$

마찰계수(friction factor) f와 수정계수(correction factor) χ는 각각 그림 7.14와 7.15에 나타나 있

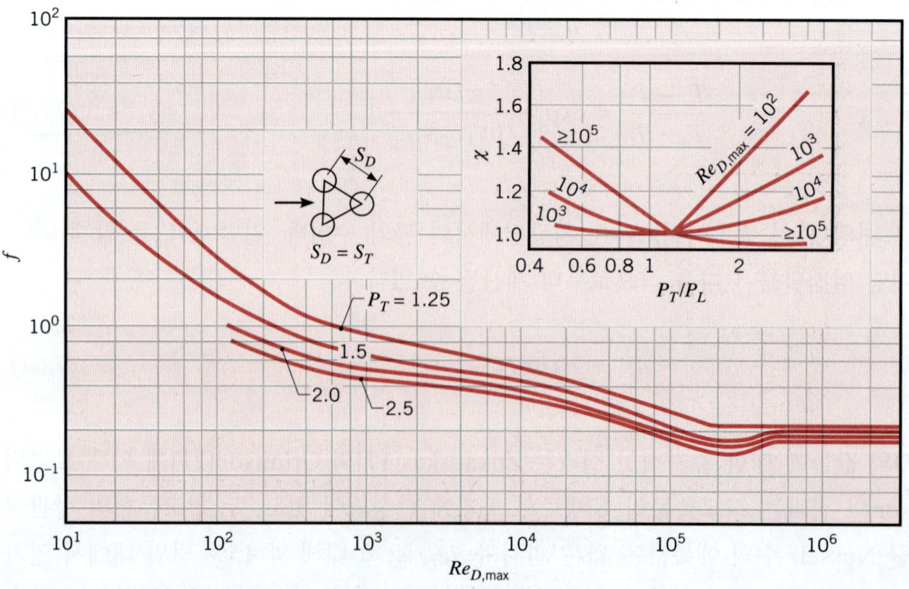

그림 7.15 엇갈림 관군배열에서 식 (7.65)에 대한 마찰계수 f 및 수정계수 χ[17].(허가에 의해 인용함.)

다. 그림 7.14는 무차원 세로피치 $P_L \equiv S_L/D$와 무차원 가로피치 $P_T \equiv S_T/D$가 동일한 정사각형 정렬배열의 경우이다. 삽입된 그림에서 수정계수 χ는 다른 정렬배열에 적용하는 데 이용된다. 마찬가지로 그림 7.15는 이등변 삼각형($S_T = S_D$) 형식의 엇갈림 관군배열에 적용되며, 수정계수는 다른 엇갈림 배열에 결과를 확장하여 사용하는 데 적용된다. 그림 7.14와 7.15에 나타난 Reynolds 수는 최대 유체속도 V_{max}에 기초를 두고 있음에 주목하라.

예제 7.7

고온의 가압수는 공간의 난방이나 산업의 여러 과정에서 이용될 수 있다. 이 경우, 물은 관 속을 통과하고 공기는 관 바깥을 직교유동으로 통과하는 관군을 사용하는 것이 보통이다. 관의 바깥지름이 16.4 mm이고 세로피치 S_L이 34.3 mm이고, 가로피치 S_T가 31.3 mm인 엇갈림 배열을 고려해 보자. 공기흐름 방향으로는 7열의 관이 있고, 1열당 8개의 관이 있다. 보통의 운전조건은 원통표면의 온도가 70°C, 그리고 공기의 상류온도와 속도는 각각 15°C와 6 m/s이다. 공기 측 대류계수와 관군에 대한 열전달률을 구하라. 또한 공기 측의 압력강하는 얼마인가?

풀이

제시자료: 관군의 기하학적 형상과 운전조건.

풀이대상:

1. 공기 측 대류계수와 열전달률.
2. 압력강하.

개략도:

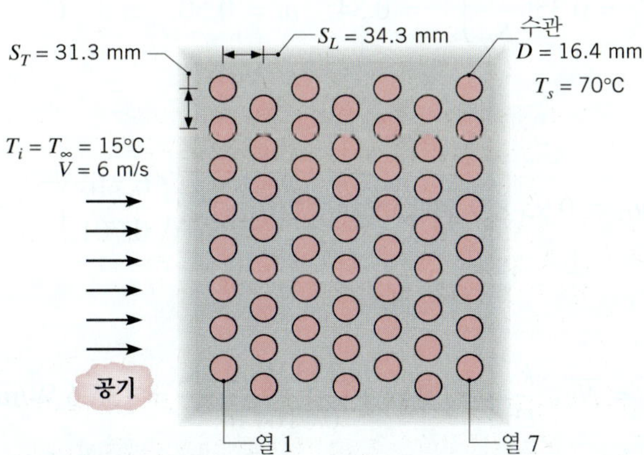

가정:

1. 정상상태 비압축성 유동 조건.
2. 복사효과는 무시함.
3. 관군을 통과할 때 공기온도의 변화가 물성치에 미치는 영향은 무시함.

물성치: 표 A.4에서 공기(T_∞ = 15°C): ρ = 1.217 kg/m^3, c_p = 1007 J/kg·K, ν = 14.82 × 10^{-6} m^2/s, k = 0.0253

W/m·K, $Pr = 0.710$. 표 A.4에서 공기($T_s = 70°C$): $Pr = 0.701$. 표 A.4에서 공기($T_f = 43°C$): $\nu = 17.4 \times 10^{-6}$ m²/s, $k = 0.0274$ W/m·K, $Pr = 0.705$.

해석:

1. 식 (7.58)과 (7.59)로부터 공기 측 Nusselt 수는 다음과 같다.

$$\overline{Nu}_D = C_2 C_1 Re_{D,\max}^m Pr^{0.36}\left(\frac{Pr}{Pr_s}\right)^{1/4}$$

$S_D = [S_L^2 + (S_T/2)^2]^{1/2} = 37.7$ mm가 $(S_T + D)/2$보다 크므로, 최대속도는 그림 7.12의 횡단면 A1 상에서 일어난다. 그러므로 식 (7.60)으로부터

$$V_{\max} = \frac{S_T}{S_T - D}V = \frac{31.3\ \text{mm}}{(31.3 - 16.4)\ \text{mm}}6\ \text{m/s} = 12.6\ \text{m/s}$$

이므로

$$Re_{D,\max} = \frac{V_{\max}D}{\nu} = \frac{12.6\ \text{m/s} \times 0.0164\ \text{m}}{14.82 \times 10^{-6}\ \text{m}^2/\text{s}} = 13{,}943$$

그리고

$$\frac{S_T}{S_L} = \frac{31.3\ \text{mm}}{34.3\ \text{mm}} = 0.91 < 2$$

표 7.5와 7.6으로부터 다음 값을 구한다.

$$C_1 = 0.35\left(\frac{S_T}{S_L}\right)^{1/5} = 0.34, \quad m = 0.60, \quad \text{and} \quad C_2 = 0.95$$

따라서 다음과 같다.

$$\overline{Nu}_D = 0.95 \times 0.34(13{,}943)^{0.60}(0.71)^{0.36}\left(\frac{0.710}{0.701}\right)^{0.25} = 87.9$$

그리고

$$\bar{h} = \overline{Nu}_D\frac{k}{D} = 87.9 \times \frac{0.0253\ \text{W/m}\cdot\text{K}}{0.0164\ \text{m}} = 135.6\ \text{W/m}^2\cdot\text{K} \qquad \triangleleft$$

식 (7.63)에 의하면 다음과 같다.

$$T_s - T_o = (T_s - T_i)\exp\left(-\frac{\pi D N \bar{h}}{\rho V N_T S_T c_p}\right)$$

$$T_s - T_o = (55°\text{C})\exp\left(-\frac{\pi(0.0164\ \text{m})\ 56\ (135.6\ \text{W/m}^2\cdot\text{K})}{1.217\ \text{kg/m}^3(6\ \text{m/s})\ 8\ (0.0313\ \text{m})\ 1007\ \text{J/kg}\cdot\text{K}}\right)$$

$$T_s - T_o = 44.5°\text{C}$$

따라서 식 (7.62)와 (7.64)로부터

$$\Delta T_{\text{lm}} = \frac{(T_s - T_i) - (T_s - T_o)}{\ln\left(\dfrac{T_s - T_i}{T_s - T_o}\right)} = \frac{(55 - 44.5)°\text{C}}{\ln\left(\dfrac{55}{44.5}\right)} = 49.6°\text{C}$$

이며, 다음과 같다.

$$q' = N(\bar{h}\pi D \Delta T_{\text{lm}}) = 56\pi \times 135.6 \text{ W/m}^2 \cdot \text{K} \times 0.0164 \text{ m} \times 49.6°\text{C}$$
$$q' = 19.4 \text{ kW/m}$$ ◁

2. 압력강하는 다음의 식 (7.65)로부터 얻을 수 있다.

$$\Delta p = N_L \chi \left(\frac{\rho V_{\max}^2}{2}\right) f$$

여기서 $Re_{D,\max} = 13{,}943$, $P_T = (S_T/D) = 1.91$, $P_L = (S_L/D) = 2.09$, 그리고 $(P_T/P_L) = 0.91$이므로, 그림 7.15로부터 $\chi \approx 1.04$ 그리고 $f \approx 0.35$이다. 또한 $N_L = 7$이므로 압력강하는 다음과 같이 계산된다.

$$\Delta p = 7 \times 1.04 \left[\frac{1.217 \text{ kg/m}^3 (12.6 \text{ m/s})^2}{2}\right] 0.35$$
$$\Delta p = 246 \text{ N/m}^2 = 2.46 \times 10^{-3} \text{ bars}$$ ◁

부가설명:

1. 만일 $\Delta T_i \equiv T_s - T_i$가 식 (7.64)의 ΔT_{lm} 대신 사용되었다면, 열전달률은 11%만큼 과대하게 예측되었을 것이다.

2. 공기온도가 단지 10.5°C만큼 증가한다고 예측되었으므로 공기의 물성치들을 $T_i = 15°\text{C}$에서 사용하는 것은 근사화로서 매우 합리적이다. 그러나 좀 더 큰 정확성을 원한다면 $(T_i + T_o)/2 = 20.25°\text{C}$에서의 물성치를 사용하여 계산을 반복할 수 있다. 식 (7.63)의 지수항(exponential term)의 밀도 ρ는 예외에 속한다. 이것이 나눗수에 있기 때문에, 밀도는 관군에 유입되는 공기의 실량 유동률과 연결되어 있는 ρV를 제공해 주기 위하여 유입속도와 맞추어져야 한다. 따라서 이 항에 있는 ρ는 T_i에서 계산되어야 한다.

3. 공기의 출구온도와 열전달률은 관열의 수를 증가시킴으로써 증가될 수 있고, 열의 수가 고정되면 공기속도를 조절하여 변화될 수 있다. $5 \le N_L \le 25$와 $V = 6$ m/s인 경우에 식 (7.58), (7.59), 그리고 식 (7.62~7.64)에 의거한 변수들의 계산결과는 다음과 같다.

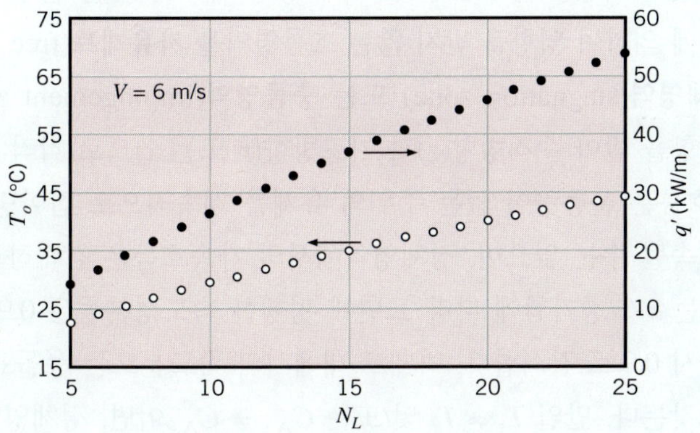

공기의 출구온도는 N_L의 증가에 따라서 점근적으로 표면온도에 접근하고 이 점에서 열전달률은 어떠한 일정한 값에 접근하며, 여기서 관의 열을 더 추가하는 것은 아무런 이점이 없다. N_L의 증가에 따라서 Δp가 선형적으로 증가한다는 점에 주의하라. $N_L = 25$와 $1 \leq V \leq 20$ m/s인 경우에는 다음과 같다.

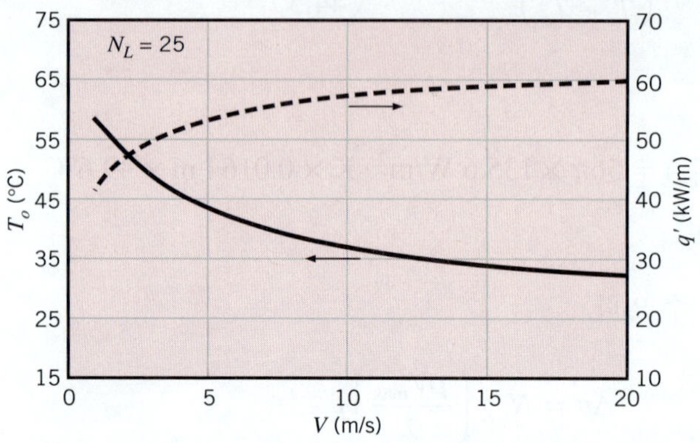

열전달률은 V가 증가함에 따라서 증가하지만, 공기의 출구온도는 감소하여 V가 무한대로 증가함에 따라 T_i에 접근하게 된다.

7.7 충돌제트

표면에 수직으로 충돌하는 단일 가스제트 또는 이러한 제트들의 배열이 대류가열, 냉각, 또는 건조에 대한 촉진된 계수들을 얻기 위하여 이용되고 있다. 응용분야로는 유리판의 불림(tempering), 금속판의 풀림(annealing), 섬유 또는 종이제품의 건조, 가스터빈 엔진에서 가열부의 냉각 및 항공기 시스템에서의 결빙 제거 등을 들 수 있다.

7.7.1 유체역학적 및 기하학적 고찰

그림 7.16에 나타낸 바와 같이 일반적으로 가스제트는 지름이 D인 원형노즐, 또는 폭이 W인 슬롯(직사각형)노즐로부터 정지상태의 주위로 분사된다. 전형적으로 제트는 난류이며 노즐의 출구에서 속도분포가 균일한 특성을 갖는다. 그러나 제트의 출구에서부터 멀어질수록 제트와 주위와의 운동량 교환으로 인하여 제트의 자유 경계층은 확대되고, 그 속에서 균일하게 출구속도가 유지되는 **포텐셜 코어**(potential core)는 수축된다. 포텐셜 코어의 하류에서는 제트의 단면적 전체에 걸쳐 속도분포가 불균일하게 된다. 최대(중앙)속도는 노즐 출구에서 멀어질수록 감소한다. 충돌(표적)표면에 의하여 영향을 받지 않는 흐름영역을 **자유제트**(free jet)라고 한다.

정체영역(stagnation zone) 또는 **충돌영역**(impingement zone) 내에서는 흐름이 표적표면에 의해 영향을 받아 수직방향(z)과 가로방향(r 또는 x)으로 각각 급속히 감속되거나 가속된다. 그러나 이 흐름은 운동량이 없는 주위의 유체를 계속적으로 잡아당기므로 수평방향으로의 가속은 무한히 지속될 수는 없으며, 정체영역에서의 가속흐름은 감속하는 **벽제트**(wall jet)로 변한다. 따라서 r 또는 x가 증가함에 따라 표면에 평행한 속도성분들은 0으로부터 어떤 최대값으로 증가하였다가 다시 0으로 감쇠한다. 벽제트 내에서의 속도분포는 충돌표면과 자유표면 모두에서 0의 속도 특성을 갖는다. 만일 $T_s \neq T_e$ 및/또는 $C_{A,s} \neq C_{A,e}$이면, 정체영역 및 벽제트영역 모두에서 대류열

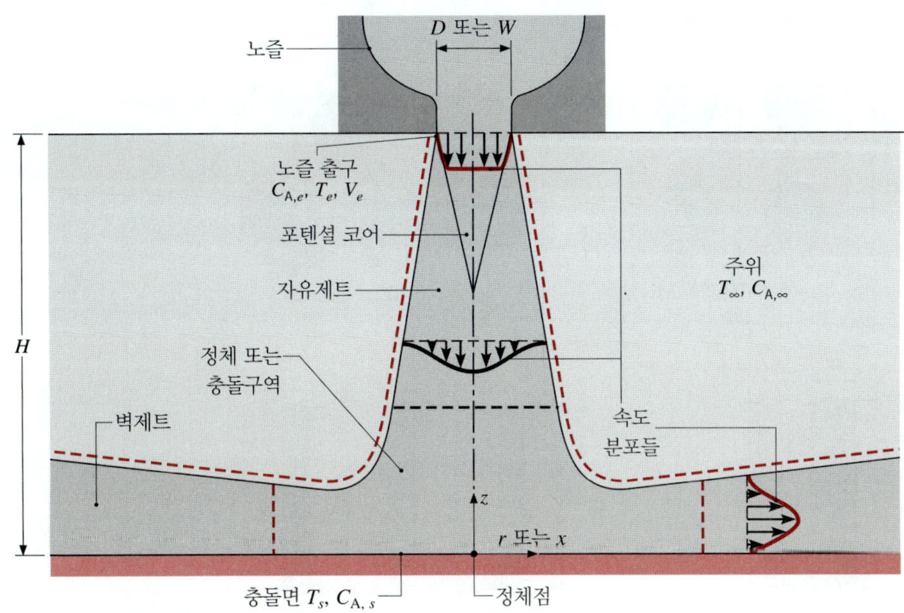

그림 7.16 단일원형 또는 슬롯 가스제트의 표면 충돌.

전달이 일어난다.

많은 경우에 충돌열(물질)전달 기법으로는, 예를 들면 그림 7.17에서 보여 주는 슬롯제트의 배열과 같은 제트의 배열이 사용된다. 이 경우에는 자유제트영역, 정체영역 및 벽제트영역이 나타나는 각 노즐로부터의 흐름에 더하여 인접한 벽제트의 상호작용으로 인한 2차의 정체구역이 나타난다. 이러한 체계에서 많은 경우에 제트는 표적표면과 제트가 시작되는 노즐판에 의하여 갇힌 제한된 공간으로 분사된다. 전체적인 열(물질)전달률은 노즐 출구온도와 충돌 표면온도 사이의 온도(물질농도)를 갖는 **소진가스**(spent gas)가 배기되는 방법에 따라서 크게 영향을 받게 된다. 그림 7.17의 배열에 있어서 소진가스는 노즐 사이의 위쪽으로 흐를 수 없으므로, 대신에 $\pm y$ 방향으로 대칭적으로 흐른다. 가스의 온도(표면냉각) 또는 물질농도(표면증발)는 $|y|$가 증가함에 따라 증가하고, 표면과 가스 사이의 국소 온도차 또는 농도차는 감소하여 국소 대류 열유속이 감소하는 원인이 된다. 한 가지 바람직한 해결방법은 서로 인접해 있는 노즐 사이의 공간을 주위에 떨어져 있게 하여 소진가스가 계속적으로 위쪽으로 흘러서 직접 배출되게 하는 것이다.

원형 및 슬롯노즐의 규칙적인 배열뿐만 아니라 단일원형 노즐 및 슬롯노즐의 평면도가 그림 7.18에 도시되어 있다. 고립노즐(그림 7.18*a*, *d*)의 경우, 국소 및 평균 대류계수는 임의의 $r > 0$

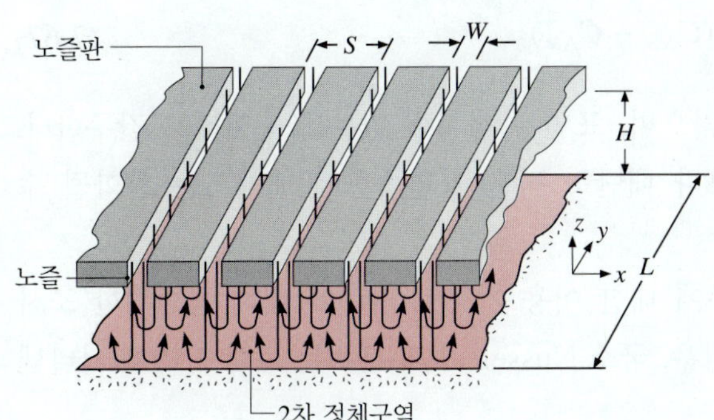

그림 7.17 슬롯제트 배열에서의 표면 충돌.

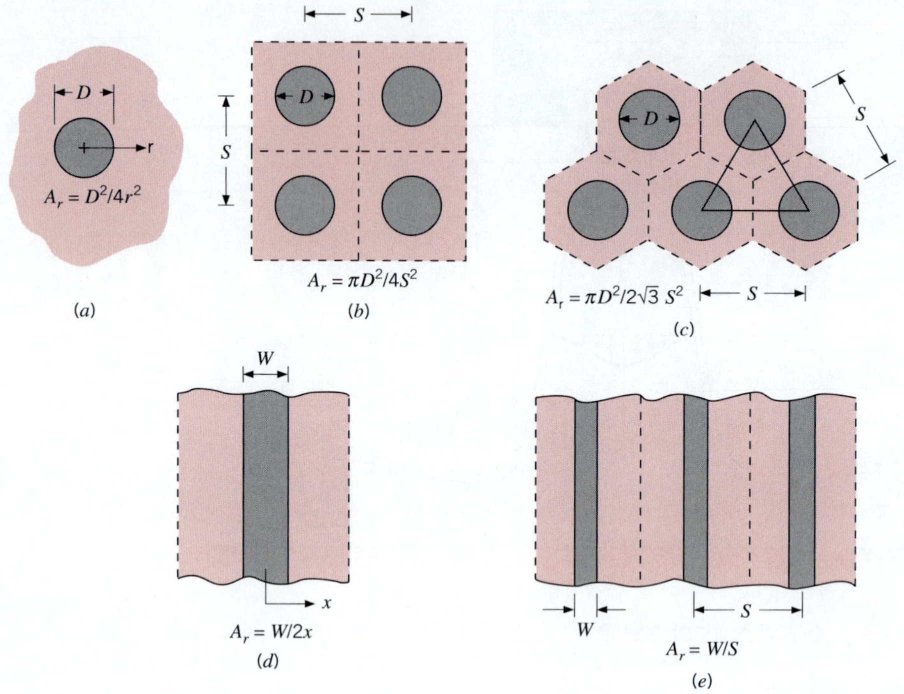

그림 7.18 적절한 기하학적 형상에 대한 평면도. (*a*) 단일 원형제트, (*b*) 원형제트의 정렬배열, (*c*) 원형제트의 엇갈림 배열, (*d*) 단일 슬롯제트, (*e*) 슬롯제트의 배열.

및 $x > 0$과 관련이 있다. 수직방향(z)으로 소진가스를 배출하는 배열 노즐에 있어서는 각각의 단위 셀에서의 국소 및 평균값이 대칭적으로 나타나며 점선으로 구분된다. 많은 경우의 정사각형 정렬배열(그림 7.18*b*) 또는 엇갈림 배열의 원형제트(그림 7.18*c*)의 단위 셀은 각각 정사각형 또는 정육각형에 해당한다. 관련된 기하학적 변수는 셀의 표면적에 대한 노즐 출구의 단면적의 비($A_r \equiv A_{c,e}/Ac_{\text{ell}}$)로 정의되는 상대적 노즐면적이다. 각각의 경우에 S는 배열의 피치를 나타낸다.

7.7.2 대류열전달 및 물질전달

다음에 소개되는 결과에서 가스제트는 균일한 속도 V_e와 온도 T_e 및 물질농도 $C_{A,e}$로 분사된다고 가정한다. 주위와는 열적 및 성분 면에서 평형상태($T_e = T_\infty$, $C_{A,e} = C_{A,\infty}$)라 가정하고, 대류열전달 및 물질전달은 균일한 온도 및/또는 물질성분($T_s \neq T_e$, $C_{A,s} \neq C_{A,e}$)을 갖는 충돌표면에서 일어난다고 간주한다. 그러면 Newton의 냉각법칙 및 물질전달 상사는 다음과 같이 나타낼 수 있다.

$$q'' = h(T_s - T_e) \tag{7.66}$$

$$N''_A = h_m(C_{A,s} - C_{A,e}) \tag{7.67}$$

노즐 출구에서의 난류의 정도에 영향을 받지 않으며, 표면은 정지해 있는 조건이라고 간주한다. 그러나 이러한 요구조건은 제트의 충돌속도보다 대단히 작은 표면속도에 대해서는 완화될 수 있다.

Martin[22]은 충돌 가스제트에서 대류계수에 대한 이용 가능한 자료에 대해 광범위한 조사를 하였으며, 단일 원형노즐 또는 슬롯노즐의 경우, **국소** Nusselt 수의 분포는 그림 7.19에 나타낸

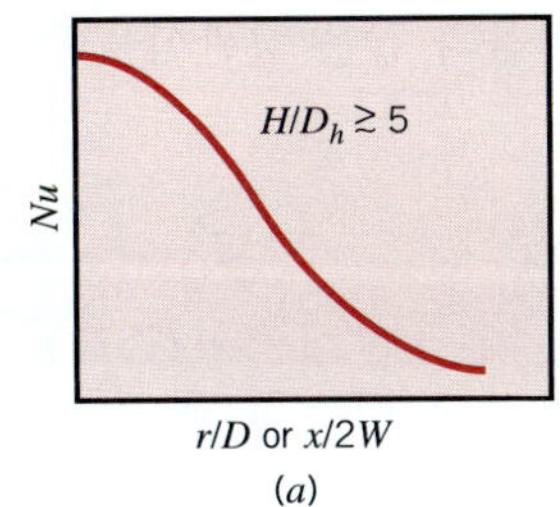

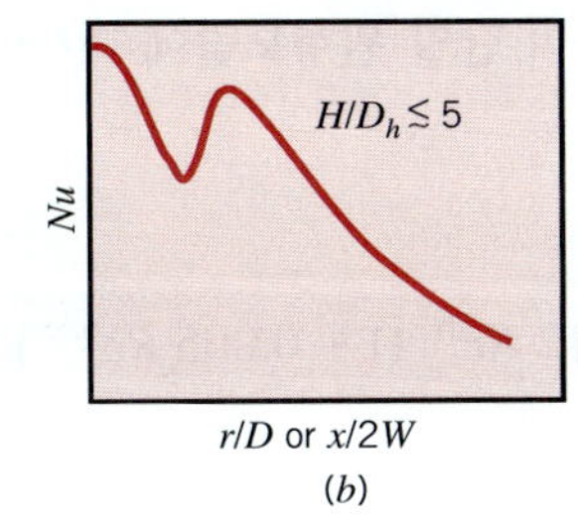

그림 7.19 단일원형 또는 슬롯노즐에 관련된 국소 Nusselt 수의 분포. (*a*) 노즐과 평판 사이의 간격이 상대적으로 큰 경우, (*b*) 작은 경우.

것과 같은 특성을 갖는다. 특성길이는 **수력지름**(hydraulic diameter)으로 단면적의 4배를 둘레길이(perimeter)로 나눈 값으로 정의된다($D_h \equiv 4A_{c,e}/P$). 따라서 특성길이는 원형노즐의 지름이고, $L \gg W$라 가정하면 슬롯노즐 폭의 두 배가 된다. 따라서 원형노즐에 대해서는 $Nu = hD/k$로, 그리고 슬롯노즐에 대해서는 $Nu = h(2W/k)$로 나타낼 수 있다. 노즐과 평판 사이의 간격이 큰 경우는 그림 7.19*a*에서와 같이 Nu 수가 **정체점**(stagnation point) r/D 또는 $(x/2W) = 0$에서 최대값이며, 이로부터 단조롭게 감소되는 종모양의 분포를 나타낸다.

간격이 작을 경우는 그림 7.19*b*에서와 같이 제2의 극대값을 가지는 특성을 보이는데, 이 값은 제트의 Reynolds 수가 증가할수록 증가하며, 최초의 극대값보다 큰 경우도 있다. 그 분기점은 $H/D \approx 5$이며(즉 $H/D \approx 5$에서는 제2의 극대점이 존재함), 이 값은 포텐셜 코어의 길이(그림 7.16)와 어느 정도 관계가 있다. 제2의 극대점이 생기는 것은 가속되는 정체영역의 흐름에서 감속하는 벽제트로 천이과정이 수반되면서 난류의 급격한 증가가 일어나기 때문으로 여겨진다[22]. 이 밖에도 여러 극대점들이 관찰되며 이는 난류 벽제트로의 천이뿐만 아니라 정체구역에서의 와류의 형성에 기인하는 것으로 알려져 있다[23].

또한 제트배열에서 Nu의 제2의 극대가 나타나는 것은 이웃하는 벽제트들의 상호작용과 관련되어 있다[22, 24]. 그러나 그림 7.17의 슬롯제트 배열의 경우를 예로 들면, x와 y의 양 방향에 따라 변화하는 2차원적인 분포를 나타낸다. x 방향으로의 변화에서는 그 극대값들이 제트의 중심선과 인접한 제트들의 중간에서 생긴다는 것을 예상할 수 있으며, 한편 배출되는 유체가 $\pm y$ 방향으로 진행해야 하는 제약 때문에 $|y|$가 증가할수록 가속되어 Nu가 $|y|$에 따라 단조롭게 증가한다. 그러나 배출되는 유동의 단면적이 증가할수록 y에 따른 변화는 감소하고, $S \times H \gtrsim W \times L$인 경우에는 이를 무시할 수 있다[22].

평균 Nusselt 수는 국소값을 적절한 표면적에 대해 적분하여 구할 수 있다. 단일노즐의 경우, 이에 상응하는 열전달 상관식은 다음과 같은 함수로서 나타낼 수 있다.

$$\overline{Nu} = f(Re, Pr, A_r, H/D_h) \tag{7.68}$$

여기서

$$\overline{Nu} \equiv \frac{\bar{h}D_h}{k} \tag{7.69}$$

$$Re = \frac{V_e D_h}{\nu} \tag{7.70}$$

그리고 $D_h = D$(원형노즐) 또는 $D_h = 2W$(슬롯노즐)이다.

원형노즐 Martin[22]은 여러 자료를 검토하여 **단일 원형노즐**에 대하여 다음과 같은 상관식을 추천하고 있다($A_r = D^2/4r^2$).

$$\frac{\overline{Nu}}{Pr^{0.42}} = G\left(A_r, \frac{H}{D}\right)[2\,Re^{1/2}(1 + 0.005\,Re^{0.55})^{1/2}] \tag{7.71}$$

여기서

$$G = 2A_r^{1/2}\frac{1 - 2.2A_r^{1/2}}{1 + 0.2(H/D - 6)A_r^{1/2}} \tag{7.72}$$

이 식의 적용범위는 다음과 같다.

$$\begin{bmatrix} 2000 \lesssim Re \lesssim 400{,}000 \\ 2 \lesssim H/D \lesssim 12 \\ 0.004 \lesssim A_r \lesssim 0.04 \end{bmatrix}$$

$A_r \gtrsim 0.04$에 대하여, $\overline{Nu}$의 결과는 그래프 형태로 사용 가능하다[22].

원형노즐의 배열[$A_r = \pi D^2/4S^2$ 또는 $\pi D^2/2\sqrt{3}S^2$(직렬배열과 엇갈림 배열에 대하여)]에서

$$\frac{\overline{Nu}}{Pr^{0.42}} = 0.5\,K\left(A_r, \frac{H}{D}\right)G\left(A_r, \frac{H}{D}\right)Re^{2/3} \tag{7.73}$$

여기서

$$K = \left[1 + \left(\frac{H/D}{0.6/A_r^{1/2}}\right)^6\right]^{-0.05} \tag{7.74}$$

그리고 G는 식 (7.72)에 주어진 단일 노즐 함수이다. 함수 K는 $H/D \gtrsim 0.6/A_r^{1/2}$에서 배열에 관한 평균 Nusselt 수가 H/D가 증가함에 따라 더욱 급격히 감소한다는 사실을 나타내고 있다. 이 관계식은 다음의 범위에서 유효하다.

$$\begin{bmatrix} 2000 \lesssim Re \lesssim 100{,}000 \\ 2 \lesssim H/D \lesssim 12 \\ 0.004 \lesssim A_r \lesssim 0.04 \end{bmatrix}$$

슬롯노즐 **단일 슬롯노즐**($A_r = W/2x$)에 대하여 추천되는 상관식은 다음과 같다.

$$\frac{\overline{Nu}}{Pr^{0.42}} = \frac{3.06}{0.5/A_r + H/W + 2.78}Re^m \tag{7.75}$$

여기서

$$m = 0.695 - \left[\left(\frac{1}{4A_r}\right) + \left(\frac{H}{2W}\right)^{1.33} + 3.06\right]^{-1} \tag{7.76}$$

그 적용범위는 다음과 같다.

$$\begin{bmatrix} 3000 \lesssim Re \lesssim 90{,}000 \\ 2 \lesssim H/W \lesssim 10 \\ 0.025 \lesssim A_r \lesssim 0.125 \end{bmatrix}$$

1차 근사화로서 식 (7.75)는 $A_r \gtrsim 0.125$에 대하여 적용 가능하고, 정체점($x = 0$, $Ar \to \infty$)에서의 측정값들과 비교하여 40% 이내의 범위에서 예측이 가능하다.

슬롯노즐들의 배열($A_r = W/S$)에 대해서는 다음 형식의 상관식이 추천된다.

$$\frac{\overline{Nu}}{Pr^{0.42}} = \frac{2}{3}A_{r,o}^{3/4}\left(\frac{2\,Re}{A_r/A_{r,o} + A_{r,o}/A_r}\right)^{2/3} \tag{7.77}$$

여기서

$$A_{r,o} = \left[60 + 4\left(\frac{H}{2W} - 2\right)^2\right]^{-1/2} \tag{7.78}$$

이 상관식은 소진가스의 배출유동이 그림 7.17과 같이 $\pm y$ 방향으로 제한되고 배출유동의 면적이 충분히 커서 $(S \times H)/(W \times L) \gtrsim 1$의 조건을 만족시키고 있으며, 부가적인 제한조건은 다음과 같다.

$$\begin{bmatrix} 1500 \lesssim Re \lesssim 40{,}000 \\ 2 \lesssim H/W \lesssim 80 \\ 0.008 \lesssim A_r \lesssim 2.5A_{r,o} \end{bmatrix}$$

최적의 노즐 배열은 H, S 및 D_h의 값들이 주어진 충돌면의 단위 표면적당 전체 가스유량에 대하여 최대 $\overline{Nu}$의 값을 주는 배열이다. H가 정해졌을 때 원형노즐 및 슬롯노즐 배열의 모든 경우에 대한 D_h와 S의 최적값들은 다음과 같다[22].

$$D_{h,\mathrm{op}} \approx 0.2H \tag{7.79}$$

$$S_{\mathrm{op}} \approx 1.4H \tag{7.80}$$

$(D_h/H)^{-1} \approx 5$의 최적값은 근사적으로 포텐셜 코어의 길이와 일치한다. 포텐셜 코어를 넘어서면 중심선에서의 분사속도가 감소하여 대류계수들의 부수적인 감소를 가져온다.

또한 상기의 상관식들은 열전달과 물질전달의 상사성에 의거하여 $\overline{Nu}/Pr^{0.42}$를 $\overline{Sh}/Sc^{0.42}$로 대치하여 대류물질전달에도 적용할 수 있다. 그러나 이러한 식들을 열전달이나 물질전달에 적용할 때는 부과된 조건에 맞도록 제한적으로 사용해야 한다. 예를 들면 제트가 종모양의 노즐이 아니라 날카로운 모서리의 오리피스로부터 분사되는 경우, 상관식을 현재의 형식 그대로 사용할 수 없다. 오리피스 제트는 대류열전달계수를 변화시키는 흐름의 수축 현상에 의하여 크게 영향을 받는다[22, 23]. 또한 대류열전달에 있어서는 제트 출구온도와 주위온도와의 차($T_e \neq T_\infty$)에도 영향을 받는다. 따라서 출구온도는 식 (7.66)으로 주어지는 Newton의 냉각법칙에 적용할 온도로서 적절하지 못하며, 일반적으로 회복온도(recovery temperature) 또는 단열 벽온도(adiabatic wall temperature)로 통용되는 온도로 대치하여야 한다[25, 26]. 결국 노즐지름이 작거나 슬롯 폭이 좁은 경우에는 신중을 기해야 한다. 이런 상황에 대해서 Reynolds 수가 식 (7.71), (7.73), (7.75), (7.77)의 적용범위 내가 되기 위해서는 제트속도가 클 필요가 있다. 제트속도에 근거한 Mach 수가 0.3 이상일 때($V_e/a \gtrsim 0.3$), 이 절의 상관식을 사용할 수 없는 압축성 효과가 중요시된다[27]. 액체 제트충돌, 화염제트충돌, 평평하지 않은 표면에의 충돌에 대한 추가적인 상관식을 구할 수 있다[28~30].

7.8 충전층

고체입자들의 **충전층**(packed bed)을 통과하는 기체유동(그림 7.20)은 열에너지의 전달과 저장, 비균질 촉매반응, 건조를 포함한 많은 산업과정에서 나타난다. 여기서 **충전층**이라는 의미는 입자들의 위치가 **고정**되어 있다는 것이다. 반면에 **유동층**(fluidized bed)은 입자들이 유체를 동반하는 유동대류(advection)의 결과로서 운동상태에 있는 것이다.

충전층에서는 작은 체적 내에 큰 열전달 또는 물질전달 면적이 포함될 수 있고, 충전층의 공극(void) 사이로의 불규칙 유동은 난류의 혼합을 일으켜 전달현상을 촉진시킨다. 여러 가지의 입자형상, 치수, 그리고 충전밀도에 따라 제시된 많은 상관관계들이 참고문헌 [31~34]에 나타나 있다. 구로 채워진 충전층에서의 기체흐름에 대하여 추천된 한 상관식은 다음과 같다.

$$\varepsilon \bar{j}_H = \varepsilon \bar{j}_m = 2.06\, Re_D^{-0.575} \quad \left[\begin{array}{l} Pr(\text{or } Sc) \approx 0.7 \\ 90 \lesssim Re_D \lesssim 4000 \end{array}\right] \tag{7.81}$$

여기서 $\bar{j}_H$와 $\bar{j}_m$은 식 (6.70)과 (6.71)에서 정의된 Colburn j 인자이다. Reynolds 수 $Re_D = VD/\nu$는 구의 지름, 그리고 충전이 없는 빈 채널로 가정하였을 때의 상류속도 V에 의하여 정의된다. ε은 충전층의 **기공율**(porosity) 또는 **공극률**(void fraction, 충전층의 단위체적당 공극의 체적)이며, 보통 이 값의 범위는 0.30부터 0.50까지이다. 이 상관식은 식의 우변에 적절한 수정계수를 곱하여 구가 아닌 다른 충전재료에 적용할 수 있다. 지름과 길이의 비가 1로서 균일치수로 만들어진 원통의 충전층에 대하여 수정계수는 0.79이고 입방체의 충전층에 대해서는 0.71이다.

식 (7.81)을 사용하는 데 있어서, 물성치들은 충전층으로 들어오고 나가는 유체온도들의 산술

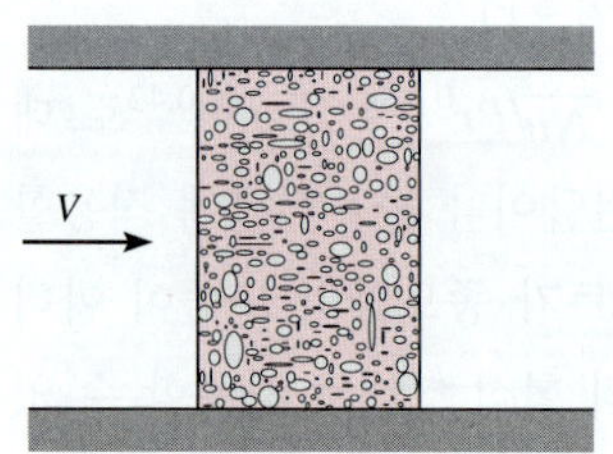

그림 7.20 고체입자로 채워진 충전층을 통한 기체흐름.

평균 온도에서 산정되어야 한다. 입자들이 균일온도 T_s일 때 충전층에 대한 열전달률은 다음 식으로부터 계산될 수 있다.

$$q = \bar{h} A_{p,t} \, \Delta T_{\text{lm}} \tag{7.82}$$

여기서 $A_{p,t}$는 입자의 총 표면적이고, ΔT_{lm}은 식 (7.62)로 정의되는 대수평균 온도차이다. ΔT_{lm}을 계산하는 데 필요한 출구온도는 다음 식으로부터 계산될 수 있다.

$$\frac{T_s - T_o}{T_s - T_i} = \exp\left(-\frac{\bar{h} A_{p,t}}{\rho V A_{c,b} c_p}\right) \tag{7.83}$$

여기서 ρ와 V는 각각 입구에서의 밀도와 속도이며, $A_{c,b}$는 충전층(채널)의 단면적이다.

7.9 요약

이 장에서는 저속 및 중속에서 **외부유동**을 포함하는 중요한 문제의 **강제대류**열전달 및 물질전달에 대해서 고찰해 보았다. 몇 가지의 통상적인 기하학적 형상에 대해서 고찰하였으며, 각각의 대류계수는 경계층 발달의 성질에 따라서 달라진다. 여러분들은 다음과 같은 질문에 초점을 맞추어 관련된 개념들을 올바로 이해하고 있는가를 스스로 점검해 보기 바란다.

- **외부유동**이란 무엇인가?
- 열전달계수 및 물질전달계수의 경험적 상관식은 무엇인가?
- 강제대류에 관한 고유의 무차원 매개변수들은 무엇인가?
- 평판 위의 층류유동에서 속도경계층 두께가 선단으로부터의 거리에 따라 어떻게 변하는가? 난류유동인 경우는 어떠한가? 층류유동에서 어떤 것이 상대속도, 온도경계층 및 농도경계층 두께를 결정하는가? 난류유동인 경우는 어떠한가?
- 평판 위의 **층류유동**에서 **국소** 대류 열 및 물질전달계수는 선단으로부터의 거리에 따라 어떻게 변화하는가? **난류유동**인 경우는 어떠한가? 평판 위에서 난류유동으로 **천이**가 일어나는 곳의 흐름은 어떠한가?
- **비가열 시작길이**가 존재하면 평판 위의 표면으로부터 국소 열전달은 어떻게 변하는가?
- 원통 위의 직교유동에서 표면으로부터 **경계층 박리**를 무엇으로 입증하는가? 상향유동이 층류 또는 난류일 때 박리는 어떻게 영향을 받는가?
- 경계층 박리에 의해서 영향을 받은 원통 상의 직교유동 표면의 국소 대류열전달계수는 어떻게 변하는가? 경계층 천이가 일어나면 어떻게 되는가? 표면에서 국소 최대 및 최소 열전달계수가 존재하는 곳은 어디인가?
- 관의 평균 대류계수는 관군에서의 위치에 따라 어떻게 변하는가?
- 표면 위의 충돌제트에서, **자유제트**의 특징적 양상은 무엇인가? **포텐셜 코어**, **충돌영역**, **벽제트**의 특징은 무엇인가?

- 충돌제트 표면의 어느 지점에서 항상 대류계수의 최대값이 존재하겠는가? 어떤 조건에서 제2의 최대값이 존재할 것인가?
- 충돌제트 **배열**에서 시스템으로부터 배출된 **소진유체**가 어떻게 흐름 및 열전달에 영향을 미치는가?
- 고체입자의 **충전층**과 **유동층**에는 어떤 차이가 있는가?
- **막온도**란 무엇인가?
- 관군이나 충전층으로부터 총 열전달량을 계산할 때 어떤 온도차를 사용해야 하는가?

이 장에서는 또한 여러 가지 외부유동 조건에서 대류전달률을 산정하기 위한 대류상관식들을 모았다. 비교적 단순한 표면 형상에 대한 결과들은 경계층 해석으로부터 유도될 수 있으나, 대부분의 경우에는 실험에 기초를 둔 일반화된 식들로부터 얻어진다. 여러분은 이 장에서 소개된 여러 가지 상관식을 언제 어떻게 사용하는지를 명확히 알아야 하며, 대류문제의 계산에 있어서 일반적인 방법론에 익숙해져야 한다. 보다 용이하게 사용할 수 있도록 관계식들을 표 7.7에 요약하였다.

표 7.7 외부유동에 대한 대류열전달 상관식의 요약[a, b]

상관식		형상	조건[c]
$\delta = 5x\, Re_x^{-1/2}$	(7.19)	평판	층류, T_f
$C_{f,x} = 0.664\, Re_x^{-1/2}$	(7.20)	평판	층류, 국소, T_f
$Nu_x = 0.332\, Re_x^{1/2}\, Pr^{1/3}$	(7.23)	평판	층류, 국소, T_f, $Pr \gtrsim 0.6$
$\delta_t = \delta\, Pr^{-1/3}$	(7.24)	평판	층류, T_f
$\overline{C}_{f,x} = 1.328\, Re_x^{-1/2}$	(7.29)	평판	층류, 평균, T_f
$\overline{Nu}_x = 0.664\, Re_x^{1/2}\, Pr^{1/3}$	(7.30)	평판	층류, 평균, T_f, $Pr \gtrsim 0.6$
$Nu_x = 0.564\, Pe_x^{1/2}$	(7.32)	평판	층류, 국소, T_f, $Pr \lesssim 0.05$, $Pe_x \gtrsim 100$
$C_{f,x} = 0.0592\, Re_x^{-1/5}$	(7.34)	평판	난류, 국소, T_f, $Re_x \lesssim 10^8$
$\delta = 0.37x\, Re_x^{-1/5}$	(7.35)	평판	난류, T_f, $Re_x \lesssim 10^8$
$Nu_x = 0.0296\, Re_x^{4/5}\, Pr^{1/3}$	(7.36)	평판	난류, 국소, T_f, $Pe_x \lesssim 10^8$, $0.6 \lesssim Pr \lesssim 60$
$\overline{C}_{f,L} = 0.074\, Re_L^{-1/5} - 1742\, Re_L^{-1}$	(7.40)	평판	혼합, 평균, T_f, $Re_x = 5 \times 10^5$, $Re_L \lesssim 10^8$
$\overline{Nu}_L = (0.037\, Re_L^{4/5} - 871)\, Pr^{1/3}$	(7.38)	평판	혼합, 평균, T_f, $Re_x = 5 \times 10^5$, $Re_L \lesssim 10^8$, $0.6 \lesssim Pr \lesssim 60$
$\overline{Nu}_D = C\, Re_D^m\, Pr^{1/3}$ (Table 7.2)	(7.52)	원통	평균, T_f, $0.4 \lesssim Re_D \lesssim 4 \times 10^5$, $Pr \gtrsim 0.7$
$\overline{Nu}_D = C\, Re_D^m\, Pr^n\, (Pr/Pr_s)^{1/4}$ (Table 7.4)	(7.53)	원통	평균, T_∞, $1 \lesssim Re_D \lesssim 10^6$, $0.7 \lesssim Pr \lesssim 500$

표 7.7 외부유동에 대한 대류열전달 상관식의 요약[a, b](계속)

상관식		형상	조건[c]
$\overline{Nu}_D = 0.3 + [0.62\, Re_D^{1/2}\, Pr^{1/3} \times [1 + (0.4/Pr)^{2/3}]^{-1/4}] \times [1 + (Re_D/282,000)^{5/8}]^{4/5}$	(7.54)	원통	평균, T_f, $Re_D\, Pr \gtrsim 0.2$
$\overline{Nu}_D = 2 + (0.4\, Re_D^{1/2} + 0.06\, Re_D^{2/3})Pr^{0.4} \times (\mu/\mu_s)^{1/4}$	(7.56)	구	평균, T_∞, $3.5 \lesssim Re_D \lesssim 7 \times 10^6$, $0.71 \lesssim Pr \lesssim 380$, $1.0 \lesssim (\mu/\mu_s) \lesssim 3.2$
$\overline{Nu}_D = 2 + 0.6\, Re_D^{1/2}\, Pr^{1/3}$	(7.57)	낙하 액적	평균, T_∞
$\overline{Nu}_D = C_1 C_2\, Re_{D,\max}^m\, Pr^{0.36}(Pr/Pr_s)^{1/4}$ (Tables 7.5, 7.6)	(7.58), (7.59)	관군[d]	평균, $\overline{T}$, $10 \lesssim Re_D \lesssim 2 \times 10^6$, $0.7 \lesssim Pr \lesssim 500$
Single round nozzle	(7.71)	충돌제트	평균, T_f, $2000 \lesssim Re \lesssim 4 \times 10^5$, $2 \lesssim (H/D) \lesssim 12$, $2.5 \lesssim (r/D) \lesssim 7.5$
Single slot nozzle	(7.75)	충돌제트	평균, T_f, $3000 \lesssim Re \lesssim 9 \times 10^4$, $2 \lesssim (H/W) \lesssim 10$, $4 \lesssim (x/W) \lesssim 20$
Array of round nozzles	(7.73)	충돌제트	평균, T_f, $2000 \lesssim Re \lesssim 10^5$, $2 \lesssim (H/D) \lesssim 12$, $0.004 \lesssim Ar \lesssim 0.04$
Array of slot nozzles	(7.77)	충돌제트	평균, T_f, $1500 \lesssim Re \lesssim 4 \times 10^4$, $2 \lesssim (H/W) \lesssim 80$, $0.008 \lesssim Ar \lesssim 2.5A$
$\varepsilon \overline{j}_H = \varepsilon \overline{j}_m = 2.06\, Re_D^{-0.575}$	(7.81)	구로 형성된 충전층[d]	평균, $\overline{T}$, $90 \lesssim Re_D \lesssim 4000$, Pr (or Sc) ≈ 0.7

[a] 이 표의 상관관계식은 등온표면에 해당된다. 비가열 시작길이를 포함하거나 일정 표면열유속을 포함하는 특별한 경우는 7.2.4절 및 7.2.5절을 참조하라.

[b] 열 및 물질전달 상사가 적용 가능할 때, 그에 상응하는 물질전달 상관식은 Nu와 Pr를 Sh와 Sc로 각각 대체함으로써 얻어진다.

[c] '조건'항에 표시된 온도는 물성치가 계산된 온도를 말한다.

[d] 관군이나 충전층에서 물성치는 평균 유체온도 $\overline{T} = (T_i + T_o)/2$에서 계산된다.

참고문헌 *References*

1. Blasius, H., *Z. Math. Phys.*, **56**, 1, 1908. English translation in National Advisory Committee for Aeronautics Technical Memo No. 1256.
2. Schlichting, H., and K. Gersten, *Boundary Layer Theory*, Springer, New York, 2000.
3. Howarth, L., *Proc. R. Soc. Lond., Ser. A*, **164**, 547, 1938.
4. Pohlhausen, E., *Z. Angew. Math. Mech.*, **1**, 115, 1921.
5. Kays, W. M., M. E. Crawford, and B. Weigand, *Convective Heat and Mass Transfer*, 4th ed. McGraw-Hill Higher Education, Boston, 2005.
6. Churchill, S. W., and H. Ozoe, *J. Heat Transfer*, **95**, 78, 1973.
7. Brewster, M. Q., *J. Heat Transfer*, **136**, 114501–1, 2014.
8. Ameel, T. A., *Int. Comm. Heat Mass Transfer*, **24**, 1113, 1997.
9. Blair, M. F., *J. Heat Transfer*, **105**, 33 and 41, 1983.
10. Fox, R. W., A. T. McDonald, and P. J. Pritchard, *Introduction to Fluid Mechanics,* 6th ed., Wiley, New York, 2003.
11. Coutanceau, M., and J.-R. Defaye, *Appl. Mech. Rev.*, **44**, 255, 1991.
12. Hilpert, R., *Forsch. Geb. Ingenieurwes.*, **4**, 215, 1933.
13. Knudsen, J. D., and D. L. Katz, *Fluid Dynamics and Heat Transfer*, McGraw-Hill, New York, 1958.
14. Jakob, M., *Heat Transfer*, Vol. 1, Wiley, New York, 1949.
15. Sparrow, E. M., J. P. Abraham, and J. C. K. Tong, *Int. J. Heat Mass Transfer*, **47**, 5285, 2004.
16. Whitaker, S., *AIChE J.*, **18**, 361, 1972.
17. Zukauskas, A., "Heat Transfer from Tubes in Cross Flow," in J. P. Hartnett and T. F. Irvine, Jr., Eds., *Advances in Heat Transfer*, Vol. 8, Academic Press, New York, 1972.
18. Churchill, S. W., and M. Bernstein, *J. Heat Transfer*, **99**, 300, 1977.
19. Morgan, V. T., "The Overall Convective Heat Transfer from Smooth Circular Cylinders," in T. F. Irvine, Jr. and J. P. Hartnett, Eds., *Advances in Heat Transfer*, Vol. 11, Academic Press, New York, 1975.
20. Ranz, W., and W. Marshall, *Chem. Eng. Prog.*, **48**, 141, 1952.
21. Grimison, E. D., *Trans. ASME*, **59**, 583, 1937.

22. Martin, H., "Heat and Mass Transfer between Impinging Gas Jets and Solid Surfaces," in J. P. Hartnett and T. F. Irvine, Jr., Eds., *Advances in Heat Transfer*, Vol. 13, Academic Press, New York, 1977.
23. Popiel, Cz. O., and L. Bogusiawski, "Mass or Heat Transfer in Impinging Single Round Jets Emitted by a Bell-Shaped Nozzle and Sharp-Ended Orifice," in C. L. Tien, V. P. Carey, and J. K. Ferrell, Eds., *Heat Transfer 1986*, Vol. 3, Hemisphere Publishing, New York, 1986.
24. Goldstein, R. J., and J. F. Timmers, *Int. J. Heat Mass Transfer*, **25**, 1857, 1982.
25. Hollworth, B. R., and L. R. Gero, *J. Heat Transfer*, **107**, 910, 1985.
26. Goldstein, R. J., A. I. Behbahani, and K. K. Heppelman, *Int. J. Heat Mass Transfer*, **29**, 1227, 1986.
27. Pence, D. V., P. A. Boeschoten, and J. A. Liburdy, *J. Heat Transfer*, **125**, 447, 2003.
28. Webb, B. W., and C.-F. Ma, in J. P. Hartnett, T. F. Irvine, Y. I. Cho, and G. A. Greene, Eds., *Advances in Heat Transfer*, Vol. 26, Academic Press, New York, 1995.
29. Baukal, C. E., and B. Gebhart, *Int. J. Heat and Fluid Flow*, **4**, 386, 1996.
30. Chander, S., and A. Ray, *Energy Conversion and Management*, **46**, 2803, 2005.
31. Bird, R. B., W. E. Stewart, and E. N. Lightfoot, *Transport Phenomena*, 2nd ed., Wiley, New York, 2002.
32. Jakob, M., *Heat Transfer*, Vol. 2, Wiley, New York, 1957.
33. Geankopplis, C. J., *Mass Transport Phenomena*, Holt, Rinehart & Winston, New York, 1972.
34. Sherwood, T. K., R. L. Pigford, and C. R. Wilkie, *Mass Transfer*, McGraw-Hill, New York, 1975.

연습문제 *Problems*

평판 위의 평행유동

7.1 1 m/s의 속도로 평판 위에서 평행하게 흐르는 막온도가 300 K인 다음과 같은 유체, 즉 대기 중의 공기, 물, 엔진오일과 수은을 생각해 보자.

(a) 각각의 유체에 대하여, 선단으로부터 40 mm인 곳에서의 속도경계층 두께와 온도경계층 두께를 구하라.

(b) 각각의 유체에 대하여 같은 좌표계 위에서 선단으로부터 40 mm까지의 경계층 두께를 거리의 함수로서 도시하라.

7.2 대기 중의 공기가 평판 위를 지나는 정상상태의 평행유동을 생각해 보자. 공기의 온도는 300 K이며, 자유흐름 속도는 15 m/s이다.

(a) 선단으로부터의 거리 x = 1, 10, 100 mm인 곳에서의 경계층 두께를 구하라. 만일 제2의 평판을 제1의 평판과 4 mm의 거리에 평행하게 놓는다면, 선단으로부터 얼마의 거리에서 경계층이 마주치는가?

(b) 하나의 평판에 대하여 x = 1, 10, 100 mm인 지점에서 표면 전단응력과 경계층의 경계면에서의 y 속도성분을 구하라.

(c) 경계층 근사화(boundary layer approximation)의 유효성에 대해서 기술하라.

7.3 온도가 T_s인 등온평판 위에 평행하게 흐르며 속도와 온도가 각각 u_∞, T_∞인 액체금속($Pr \ll 1$)의 경우를 생각해 보자. 온도경계층 전체에 걸쳐 $u = u_\infty$라고 가정하고, 이에 상응하는 경계층 에너지방정식을 세우라. 이에 관련된 초기조건($x = 0$)과 경계조건들을 적용하여 경계층 내에서의 온도장 $T(x, y)$를 구하라. 이 결과를 이용하여 국소 Nusselt 수에 대한 식을 구하라. 힌트: 이 문제는 표면온도가 갑자기 변하는 반무한 매질 내의 1차원 열전달과 유사하다.

7.4 평판 위의 흐름에서 경계층 내의 속도분포가 $u = C_1 + C_2 y$인 경우를 생각해 보자. 적절한 경계조건을 적용하여 경계층 두께 δ와 자유흐름 속도 u_∞의 항으로 속도분포에 대한 식을 표현하라. 적분형 운동량방정식(부록 G)을 사용하여 경계층 두께와 국소 마찰계수에 대해서 국소 Reynolds 수로 표현되는 식을 구하라. 위의 결과를 엄밀해(7.2.1절) 및 3차 함수분포(부록 G)에 의한 적분해와 비교하라.

7.5 온도가 T_s인 등온평판 위에서 정상상태 난류 경계층을 생각해 보자. 경계층은 가느다란 와이어에 의하여 선단($x = 0$)에서 '교란(trip)'되고 있다. 물성치들은 일정하고 속도분포와 온도분포는 다음과 같다.

$$\frac{u}{u_\infty} = \left(\frac{y}{\delta}\right)^{1/7} \quad \text{and} \quad \frac{T - T_\infty}{T_s - T_\infty} = 1 - \left(\frac{y}{\delta_t}\right)^{1/7}$$

(a) 실험으로부터 표면 전단응력은 다음과 같이 경계층 두께와 관계가 있는 것으로 알려지고 있다.

$$\tau_s = 0.0228\,\rho u_\infty^2 \left(\frac{u_\infty \delta}{\nu}\right)^{-1/4}$$

운동량 적분방정식(부록 G)을 이용하여 다음과 같음을 보여라.

$$\delta / x = 0.376\, Re_x^{-1/5}.$$

또한 평균 마찰계수 $\overline{C}_{f,x}$를 구하라.

(b) 에너지 적분방정식을 이용하여 국소 Nusselt 수 Nu_x에 대한 식을 구하고, 이 결과를 이용하여 평균 Nusselt 수 $\overline{Nu}_x$

를 구하라.

7.6 평판을 지나는 흐름을 생각해 보자. 여기서 x_1에서부터 x_2까지의 짧은 거리에 대한 평균 열전달계수 $\bar{h}_{1-2}$를 구하고자 하며, $(x_2 - x_1) \ll L$이다.

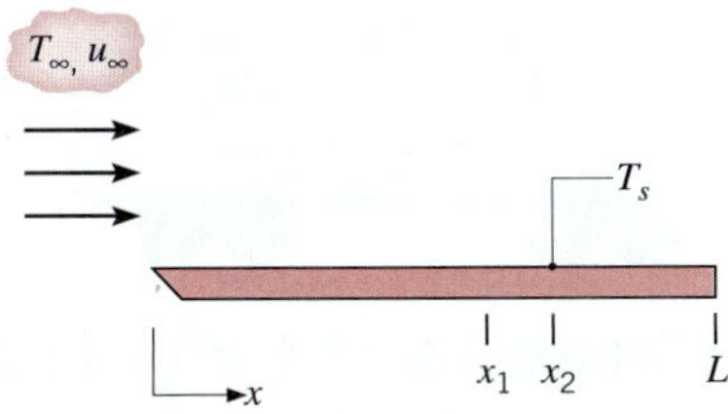

$\bar{h}_{1-2}$를 계산하는 데 다음과 같이 (a) $x = (x_1 + x_2)/2$에서의 국소계수, (b) x_1과 x_2에서의 국소계수들 및 (c) x_1과 x_2에서의 평균계수 등이 사용될 수 있는 각기 다른 세 가지 식을 제시하고 어느 식이 근사적인가를 명시하라. 흐름이 층류, 난류, 또는 혼합류 중 어느 것인가를 생각하여 어느 때 각각의 방정식을 사용하는 것이 적절한지 또는 부적절한지를 명시하라.

7.7 온도가 125°C로 유지되고 있고 길이 1 m인 평판의 양 표면으로 온도가 25°C이고, 속도가 25 m/s인 대기 중의 공기를 생각해 보자. 임계 Reynolds 수가 10^5, 5×10^5 및 10^6으로 주어질 때, 단위폭당 평판으로부터의 열전달률을 결정하라.

7.8 폭이 1 m인 평판이 독립적으로 제어가 가능하며, 두께 $a = 10$ mm, 길이 $b = 50$ mm인 직사각형 모듈(module)들을 사용하여 열을 발생시켜 표면온도가 $T_s = 150$°C로 균일하게 유지되고 있다. 각각의 모듈은 뒷면과 주위로부터 잘 단열되어 있다. 온도가 25°C인 대기 중의 공기가 30 m/s의 속도로 평판을 따라서 흐르고 있다. 모듈의 열물성치들은 $k = 5.2$ W/m·K, $c_p = 320$ J/kg·K, 그리고 $\rho = 2300$ kg/m^{3}이다.

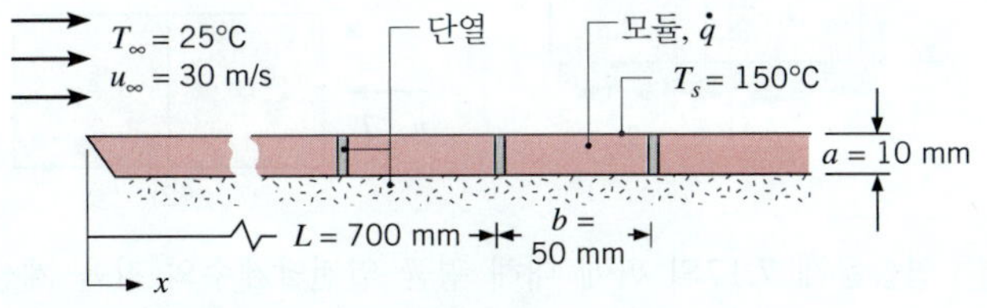

(a) 선단으로부터 거리 700 mm에 있는 모듈에서 요구되는 열발생률 $\dot{q}$(W/m^3)를 구하라.

(b) 열발생 모듈에서의 최고온도 T_{max}를 구하라.

7.9 전기식 공기가열기는 공기흐름 방향으로 길이가 10 mm인 가늘고 긴 금속 스트립(strip)의 수평배열로 이루어져 있으며, 금속 스트립의 상부로 공기가 평행하게 흐른다. 각 금속 스트립의 폭은 0.2 m로 25개의 스트립이 흐름방향을 가로질러 평행하게 배열되어 있어 연속적이고 매끈한 표면을 형성하며, 그 위에 2 m/s의 속도로 공기가 흐르고 있다. 작동 시 각각의 금속 스트립은 500°C로 유지되며 공기는 25°C로 유지된다.

(a) 첫 번째, 다섯 번째, 열 번째 스트립, 그리고 모든 스트립으로부터 대류열전달률은 각각 얼마인가?

[(b)] 2, 5, 그리고 10 m/s일 때 (a)에서 언급된 모든 위치에서 대류열전달률을 구하라. 결과를 표 또는 막대 그래프로 작성하라.

[(c)] 흐름이 스트립의 전체적인 배열에 걸쳐서 완전히 난류라는 조건하에서 (b)를 반복하라.

7.10 평판의 아래와 위로 $u_\infty = 5$ m/s, $T_\infty = 20$°C의 특성을 가지고 흐르는 평행유동을 고려한다.

(a) 길이 $L = 2$ m, 폭 $w = 2$ m인 평판 위의 공기 흐름에서 표면온도가 $T_s = 50$°C와 80°C일 때 평균 대류열전달계수, 대류열전달률, 항력을 구하라.

(b) 길이 $L = 0.1$ m, 폭 $w = 0.1$ m인 평판 위의 물 흐름에서 표면온도가 $T_s = 50$°C와 80°C일 때 평균 대류열전달계수, 대류열전달률, 항력을 구하라.

7.11 어떤 조건하에서 크기가 $L \times 2L$인 평판 위의 평행유동에서 흐름 방향이 길이 L인 변을 따라 향하든, 또는 $2L$인 변을 따라 향하든 관계없이 등온평판으로부터의 총 열전달률이, 같아지는지를 설명하라. 임계 Reynolds 수가 5×10^5이라고 한다면, 어떤 Reynolds 수 Re_L 값에서 총 열전달량이 흐름의 방향에 무관하게 되는가?

7.12 예제 7.2에서 6번째 가열판의 전력요구량이 최대임을 계산하였다. 만약 다른 조건은 동일하고 대기 온도만 $T_\infty =$ 190°C로 증가한다면 어느 가열판의 전력요구량이 최소일까? 그리고 그 값은 얼마인가?

[7.13] 길이가 1 m인 등온평판 위에 2 m/s의 속도로 평행하게 흐르는 온도가 27°C인 물을 생각해 보자.

(a) 천이 Reynolds 수가 (i) 5×10^5, (ii) 3×10^5, 그리고 (iii) 0(완전 난류유동)인 세 흐름 조건에서 평판의 선단으로부터의 거리에 따른 국소 열전달계수 $h_x(x)$의 변화를 도시하라.

(b) (a)의 세 가지 흐름조건에서 거리에 따른 평균 열전달계수 $\bar{h}_x(x)$의 변화를 도시하라.

(c) (a)의 세 가지 흐름조건에서 평판 전체에 대한 평균 열전달계수 $\bar{h}_L$은 얼마인가?

7.14 압력과 온도가 각각 1 atm과 50°C인 공기가 온도가 100°C로 균일하게 가열되고 있는 평판의 상부표면 위로 평행하게 흐른다. 평판은 흐름 방향으로 길이가 0.20 m이고, 폭이 0.10 m이다. 평판의 길이에 근거한 Reynolds 수는 40,000이다. 평판에서 공기로의 열전달률은 얼마인가? 만일 공기의 자유흐름 속도가 두 배로 되고, 압력이 10 atm으로 증가된다면, 열전달률

은 얼마인가?

7.15 광전지 재료보다 집광거울과 렌즈가 값이 싸기 때문에 광전지에 태양광을 집광하는 것을 선호하고 있다. 예제 3.3의 태양전지를 고려한다. 100 mm × 100 mm의 태양전지에 집광된 태양에너지가 방사된다. 집광렌즈가 유리이기 때문에 예제 3.3과 같이 방사광의 10%가 집광렌즈에서 흡수된다. 남은 방사광은 반사되거나(7%) 광전지의 실리콘 반도체 재료에 흡수된다(83%). 광전지는 위와 아래의 표면에 평행하게 흐르는 공기에 의해 냉각된다. 공기의 온도는 25°C이고 속도는 5 m/s이다. 바닥면은 고방사율 페인트 $\varepsilon_b = 0.95$로 도포되어 있다.

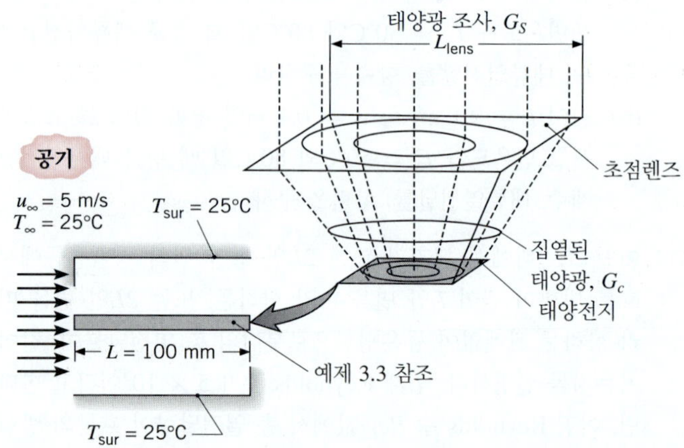

(a) 광전지에서의 기전력과 실리콘 온도를 구하라. 집광렌즈는 L_{lens} = 400 mm이고 방사광을 광전지에 집광한다. 집광렌즈의 온도는 25°C이고 광전지 위 표면의 경계층 발달에 간섭을 하지 않는다고 가정한다. 아래와 위의 경계층은 모두 광전지 선단에서부터 난류 조건이라고 가정한다.

(b) 100 mm ≤ L_{lens} ≤ 600 mm 범위에서 광전지의 기전력과 실리콘 온도를 구하라.

7.16 냉동트럭의 상부 지붕은 알루미늄 합금 패널(t_1 = 5 mm, k_p = 180 W/m·K) 사이에 우레탄폼 단열재(t_2 = 50 mm, k_i = 0.026 W/m·K)가 끼워진 복합 구조로 되어 있다. 지붕의 길이와 폭은 각각 L = 10 m, W = 3.5 m이고 표면 내부온도는 $T_{s,i}$ = −10°C이다. 트럭의 속도가 V = 105 km/h, 공기온도가 T_∞ = 32°C이고 태양복사율이 G_S = 750 W/m²인 경우를 고려해 보자. 지붕의 전역에서 난류유동으로 가정할 수 있다.

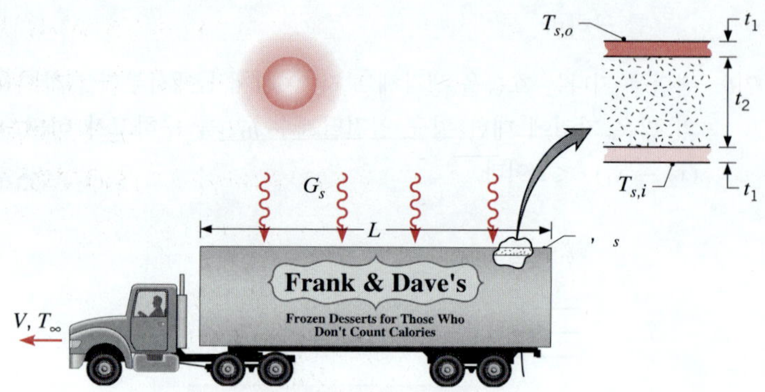

(a) 바깥표면의 태양열 흡수율과 방사율이 같을 경우에(α_S = ε = 0.5), 바깥 표면의 평균온도 $T_{s,o}$를 계산하라. 냉동 시스템에 부과되는 상응하는 열부하는 얼마인가.

(b) 바깥표면에 특수 마무리 처리(α_S = 0.15, ε = 0.8)가 적용될 수 있다. 이러한 처리가 표면온도와 열부하에 어떠한 영향을 미치겠는가?

(c) 만일 $\alpha_S = \varepsilon$ = 0.5이고, 지붕이 단열되지 않았다면(t_2 = 0), 이에 상응하는 표면온도와 열부하는 얼마인가?

7.17 가열된 칸막이방(compartment)의 윗면이 아주 매끈한 부분(A)과 아주 거친 부분(B)으로 구성되어 있고, 표면은 대기 중의 공기흐름 내에 놓여 있다. 표면으로부터의 총 대류열전달을 최소화하기 위해서는 방향 (1) 또는 방향 (2) 중 어느 것이 좋겠는가? 만일 T_s = 110°C, T_∞ = 30°C, 그리고 u_∞ = 20 m/s라면 이 방향에서 전체 표면으로부터의 대류열전달은 얼마인가?

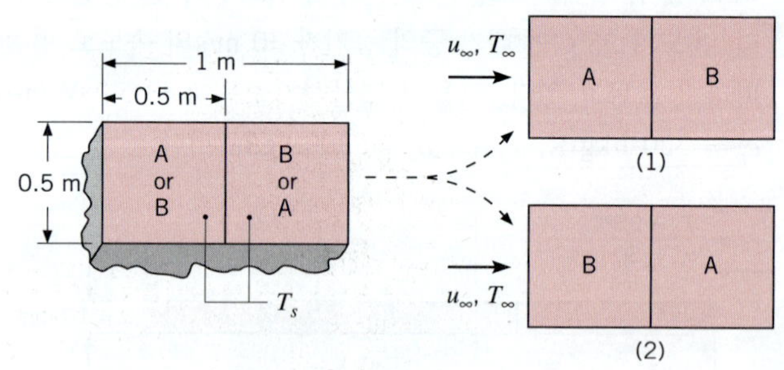

7.18 연습문제 7.17의 판에 대해 평균 열전달계수의 값을 계산하라. 이때 전체 판은 90° 회전해서 선단의 반은 아주 매끈한 부분(A)이고 나머지 반은 아주 거친 부분(B)이다.

7.19 한 변의 길이 L이 1 m이고 두께 δ = 6 mm인 철판(AISI 1010)이 열처리 과정에서 이송되고 있고, 동시에 철판 위로 평행하게 흐르는 속도 u_∞ = 10 m/s, 온도분포 T_∞ = 20°C인 공기에 의해서 냉각된다.

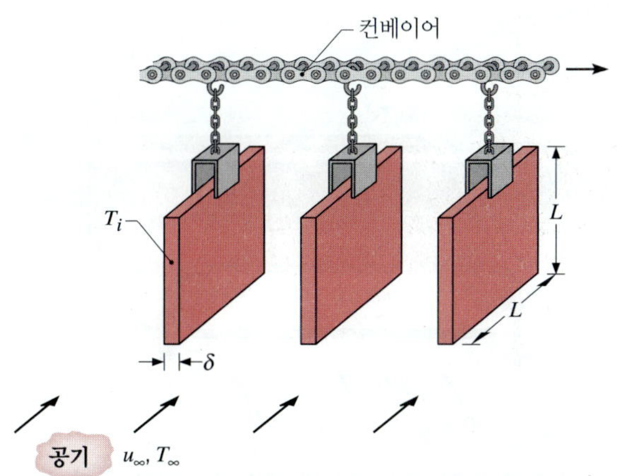

판의 초기온도가 T_i = 310°C일 때, 판으로부터 열전달률은 얼마인가? 이에 상응하는 판 온도의 변화율은 얼마인가? 공기의 속도가 판의 이동속도보다 월등히 크다.

7.20 바람이 고층건물 위의 펜트하우스 탑(penthouse tower)을 지나 불고 있는 날씨조건을 생각해 보자. 바람 부는 방향으로 탑 길이는 10 m이고 10개의 유리창 패널(window panel)이 있다.

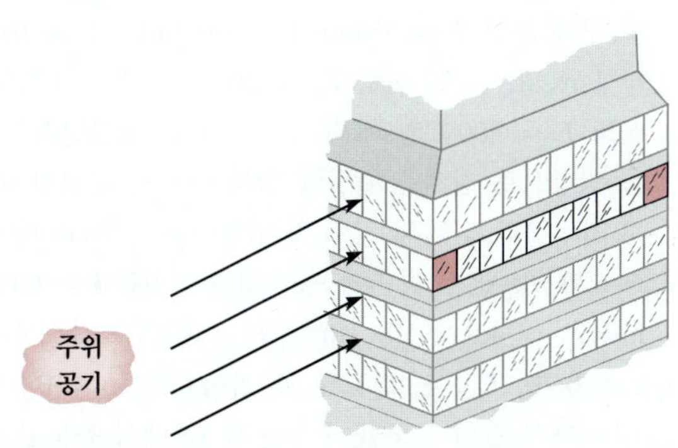

(a) 풍속이 5 m/s일 때 첫 번째, 세 번째, 그리고 열 번째 유리창 패널에 대한 평균 대류계수를 계산하라. 상관식에서 필요한 물성치들은 300 K의 막온도에서의 값을 사용하라. 이 온도가 $-15 \le T_\infty \le 38$°C인 범위의 공기온도에 대하여 막온도로서 적절한 값인가?

(b) 첫 번째, 세 번째, 그리고 열 번째 창에 대하여 $5 \le u_\infty \le$ 100 km/h 범위에서 풍속의 변화에 따른 평균 대류계수의 변화를 하나의 그래프 위에 도시하라. 각 곡선의 중요한 양상과 서로의 상대적인 크기에 대하여 설명하라.

7.21 일기예보 방송에서 온도가 90°F, 남서 방향으로부터 10 mph의 미풍이 있고, 일사량이 400 W/m^{2}인 후텁지근한 날씨가 되겠다고 보고하고 있다. 바람을 맞고 있는 금속으로 된 빌딩 벽을 고찰해 보자. 바람의 방향으로 벽의 길이가 10 m이고, 방사율(emissivity)이 0.93이다. 태양열 조사량이 완전히 흡수되고, 하늘로부터의 조사량은 무시할 수 있으며, 유동은 벽 전체에서 완전 난류유동이라 가정한다. 평균 벽면온도를 구하라.

7.22 금속이나 플라스틱의 얇은 판(sheet)의 제조공정에서는 선적을 하거나 저장을 위해서 제품을 출하하기에 앞서 냉각시키는 것이 보통이다. 통상적으로 두께가 δ이고 폭이 W인 얇은 판을 만드는 연속공정이고, V의 속도로 두 개의 롤러 사이의 거리 L을 이동할 때 냉각된다. 이 문제에서 알루미늄 합금(2024-T6)이 판의 위쪽 표면에서 반대 방향으로 u_∞의 속도로 흐르는 공기에 의해서 냉각되는 경우를 생각해 보자. 판 전체에서 난류 경계층이 발달되도록 난류발생기(turbulence promoter)를 사용한다.

(a) 길이가 dx인 미소 검사면(금속면과 함께 움직이거나 금속면이 통과하는)에 에너지보존법칙을 적용하여, 금속면을 따라 온도분포를 구할 수 있는 미분방정식을 유도하라. 알루미늄의 방사율은 매우 작기 때문에, 복사효과는 무시할 수 있다. 결과를 속도, 두께 및 금속판의 물성치(V, δ, ρ, c_p), 대향유동(counter flow)과 관련된 국소 대류열전달계수 hx 및 공기온도로 나타내라. 냉각 초기에 금속판의 온도(T_i)를 알고 판의 속도가 경계층 발달에 영향을 주지 않을 정도로 작을 경우에, 출구온도 T_o에 대한 식을 얻기 위하여 방정식을 풀라.

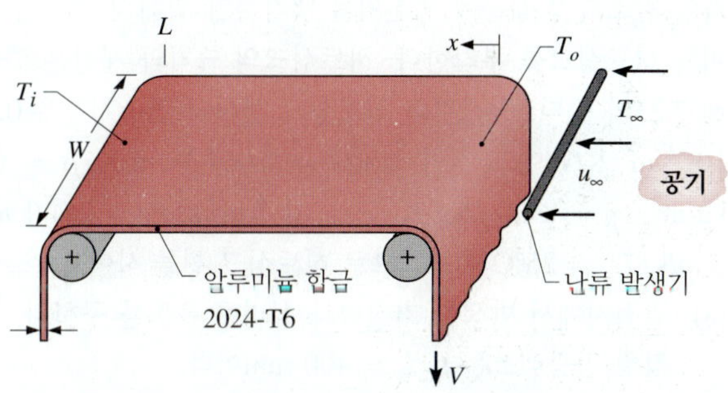

(b) δ = 1 mm, V = 0.15 m/s, L = 5 m, W = 0.5 m, u_∞ = 20 m/s, T_∞ = 30°C 및 T_i = 290°C인 경우에 출구온도 T_o는 얼마인가?

7.23 전자칩 배열이 밀폐된 사각공간에 설치되어 있으며, 부착된 알루미늄 히트싱크에 의하여 냉각이 이루어진다(k = 180 W/m·K). 히트싱크 바닥의 치수는 $w_1 = w_2$ = 100 mm이고, 그 위에 두께가 t = 10 mm이고 피치가 S = 18 mm인 여섯 개의 휜이 있다. 휜 길이는 L_f = 50 mm이고, 휜의 바닥 두께 L_b = 10 mm이다.

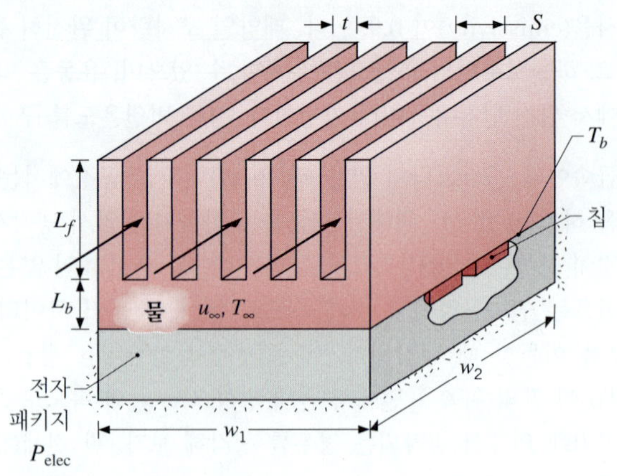

만일 냉각이 히트싱크를 통해서 $u_\infty = 3$ m/s 및 $T_\infty = 17$°C인 물에 의해서 이루어진다면, 칩으로부터 소산 에너지가 $P_{elec} = 1800$ W일 때, 히트싱크의 바닥 온도 T_b는 얼마인가? 휜 표면 및 노출된 바닥의 평균 대류계수는 평판 위의 평행유동으로 가정하여 계산할 수 있다. 물의 물성치는 $k = 0.62$ W/m·K, $\rho = 995$ kg/m^3, $c_p = 4178$ J/kg·K, $\nu = 7.73 \times 10^{-7}$ m^2/s, $Pr = 5.2$로 간주하라.

7.24 연습문제 7.15의 광전지 집광장치를 생각해 보자. 이 장치가 사막 환경에 설치되어 있다. 집광렌즈와 광전지 윗면 사이 공간은 바람이 불어 모래에 의해 마모되는 것으로부터 보호하기 위해 밀봉되어 있다. 밀봉에 의해 전지의 윗면에서의 대류냉각이 감소되기 때문에 광전지를 냉각하기 위해 바닥면에 알루미늄 히트싱크를 부착한다. 히트싱크의 크기와 재질은 연습문제 7.23와 같다. 광전지와 히트싱크 사이의 접촉저항은 0.5×10^{-4} m^2 K/W이고 절연 액체($k = 0.064$ W/m·K, $\rho = 1400$ kg/m^3, $c_p = 1300$ J/kg·K, $\nu = 10^{-6}$ m^2/s, $Pr = 25$)가 $u_\infty = 3$ m/s, $T_\infty = 25$°C의 조건으로 히트싱크 휜들 사이로 흐른다.

(a) 광전지에서 발생한 기전력과 실리콘 온도를 구하라. 정사각형 집광렌즈는 $L_{lens} = 400$ mm이다.

(b) $L_{lens} = 1.5$ m일 때, 히트싱크가 있는 경우와 히트싱크가 없이 바닥면이 절연액체에 의해 직접 냉각되는 경우에 대하여 광전지의 기전력을 구하라.

(c) 알루미늄 히트싱크가 있는 경우에 100 mm $\le L_{lens} \le$ 3000 mm 범위에서 기전력과 실리콘 온도를 구하라.

7.25 금속이나 플라스틱의 얇은 판의 제조공정에서는 선적을 하거나 저장을 위해서 제품을 출하하기에 앞서 냉각시키는 것이 보통이다. 통상적으로 두께가 δ이고 폭이 W인 얇은 판을 만드는 연속공정이고, V의 속도로 두 개의 롤러 사이의 거리 L을 이동할 때 냉각된다. 이 문제에서 판의 상하부로 u_∞의 속도로 직교유동하는 공기에 의해서 냉각되는 주철판을 고려해 보자. 면 전체에서 난류 경계층이 발달되도록 난류발생기를 사용한다.

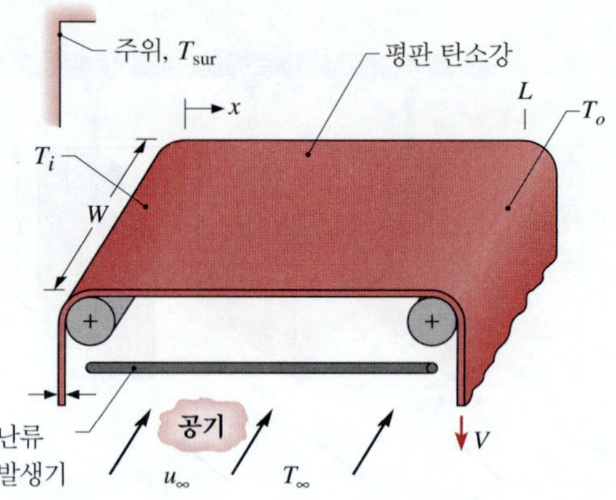

(a) 길이가 dx인 미소 검사면(금속면과 함께 움직이거나 금속면이 통과하는)에 에너지보존법칙을 적용하고, 공기흐름 방향을 균일한 온도로 가정하여, 금속 면을 따라 온도분포 $T(x)$를 구할 수 있는 미분방정식을 유도하라. 복사 및 대류효과를 고려하여 여러분의 결과를 속도, 두께, 판의 물성치(V, δ, ρ, c_p, ε), 직교유동과 관련된 평균 열전달계수 $\bar{h}_W$ 및 주변의 온도들 (T_∞, T_{sur})로 나타내 보라.

(b) 복사를 무시하고 상기의 식을 닫혀진 형태(closed form)로 구해 보라. $\delta = 3$ mm, $V = 0.10$ m/s, $L = 10$ m, $W = 1$ m, $u_\infty = 20$ m/s, $T_\infty = 20$°C 및 냉각 초기의 판의 온도 $T_i = 500$°C일 때, 출구온도 T_o는 얼마인가? 공기흐름 방향으로 경계층 발달에 판의 속도가 무시될 수 있다고 가정하라. 금속의 밀도 및 비열이 $\rho = 7850$ kg/m^3, $c_p = 620$ J/kg·K인 반면에, 공기의 물성치는 $k = 0.044$ W/m·K, $\nu = 4.5 \times 10^{-5}$ m^2/s, $Pr = 0.68$로 간주하라.

(c) $\varepsilon = 0.70$, $T_{sur} = 20$°C일 때 복사효과를 고려하여 $L = 10$ m에서 판의 온도를 구하는 데 (a)에서 유도된 미분방정식을 수치적으로 적분하라. 판을 따르는 온도분포에서 V의 영향을 조사하라.

7.26 강철 스트립이 압연기의 롤러부에서 온도가 1200 K인 상태에서 20 m/s의 속도로 나오고 있다. 길이와 두께는 각각 $L = 75$ m, $\delta = 0.002$ m이고, 밀도와 비열 또한 각각 7900 kg/m^{3}와 640 J/kg·K이다.

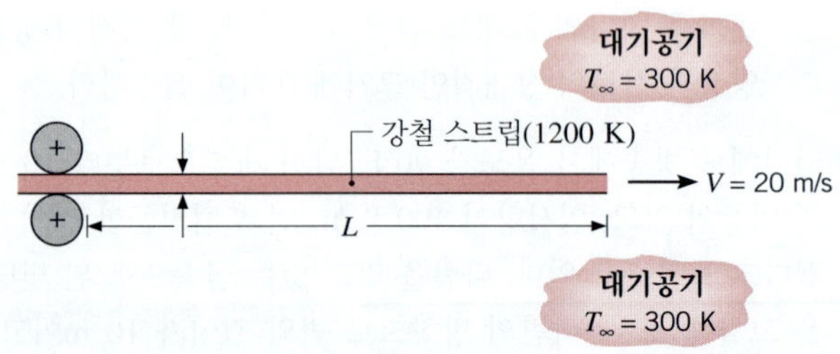

복사와 스트립에서의 전도의 영향들은 무시하고 윗면과 아랫면으로부터 열전달을 고려하여 선단으로부터 0.1 m 지점에서

와 끝단(trailing edge)에서 스트립 온도의 초기시간 변화율을 계산하라. 최저의 냉각률이 발생하는 곳은 선단으로부터 얼마만큼 떨어진 곳인가?

7.27 폭 1 m, 길이 0.2 m인 평판이 온도 32°C로 유지되고 있다. 22°C의 주위유체가 평판 위를 평행하게 흐르고 있다. 다음에 대해서 평균 열전달계수, 판 상부로부터의 대류열전달률, 판에 가해지는 항력을 구하라.

(a) 유체는 0.5 m/s로 흐르는 물이다.

(b) 예제 2.2의 나노유체가 0.5 m/s의 속도로 흐르고 있다.

(c) 물이 2.5 m/s의 속도로 흐르고 있다.

(d) 예제 2.2의 나노유체가 2.5 m/s의 속도로 흐르고 있다.

7.28 각각 40 W를 소산하는 100개의 전기부품들이 정사각형(0.25 m × 0.25 m) 동판의 한 표면 위에 부착되어 있고, 소산된 에너지는 반대쪽 표면을 지나는 평행유동 상태의 물에 전달된다. 평판의 선단에 있는 돌기(protuberance)는 경계층을 교란(trip)시키는 역할을 하며, 평판 자체는 등온상태로 가정될 수 있다. 물의 속도와 온도는 각각 $u_\infty = 2$ m/s, $T_\infty = 17$°C이고 열물성치들은 $\nu = 0.96 \times 10^{-6}$ m²/s, $k = 0.620$ W/m·K, $Pr = 5.2$로 근사화할 수 있다.

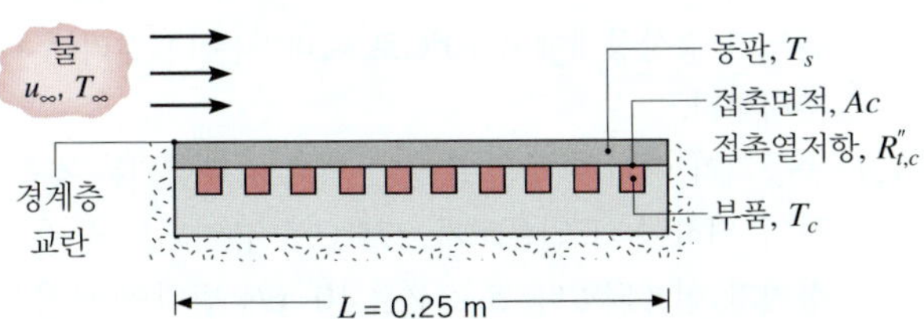

(a) 동판의 온도는 얼마인가?

(b) 만일 각각의 부품들이 평판과 1 cm²의 접촉면적을 가지며 이에 상응하는 접촉저항이 2×10^{-4} m²·K/W라면 부품의 온도는 얼마인가? 동판의 두께방향으로 온도 변화는 무시한다.

7.29 등온평판 위의 평행유동과 연관된 경계층이 판의 폭을 가로질러 뻗어 있는 미세한 철사를 사용함으로써 어느 x 위치에서 교란되고 있다. 임계 Reynolds 수 $Re_{x,c,\mathrm{op}}$의 값을 구하라. 임계 Reynolds 수는 선단에서부터 교란용 철사가 있는 최적위치와 연관되고, 최적의 철사 위치는 따뜻한 판에서 차가운 유체로의 열전달을 최대로 하게 된다.

7.30 회로기판(printed circuit board)에 부착되어 있는 전자부품들이 자유흐름 속도가 10 m/s이고 온도가 27°C인 공기에 의해서 냉각된다. 크기가 4 mm × 4 mm인 각각의 부품들은 40 mW의 열을 소산하고 발생된 열은 윗면으로부터 제거된다. 난류발생기(turbulator)가 회로기판의 선단에 부착되어 있어 경계층을 난류로 만든다.

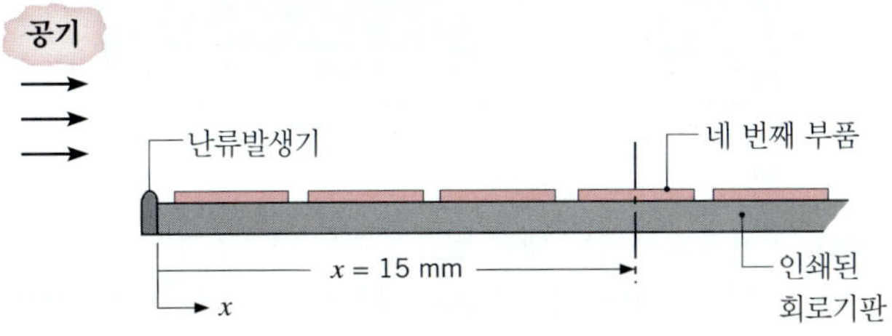

(a) 회로기판의 선단으로부터 15 mm에 위치한 네 번째 부품의 표면온도를 구하라.

(b) $5 \le u_\infty \le 15$ m/s에서 처음에서부터 네 번째까지의 부품들의 표면온도를 자유흐름 속도의 함수로서 도시하라.

(c) 부품의 가장 높은 표면온도가 80°C를 초과하지 않는다면 최소 자유흐름 속도는 얼마인가?

7.31 회로기판 위에 설치된 전자요소들이 25°C와 10 m/s의 강제대류 공기에 의해서 냉각된다. 선단으로부터 80 mm에 위치한 길이 4 mm × 4 mm의 칩을 생각해 보자. 회로기판의 표면이 불규칙하기 때문에 흐름은 교란되며, 따라서 적절한 상관식은 $Nu_x = 0.04Re_x^{0.85}\,Pr^{0.33}$이다.

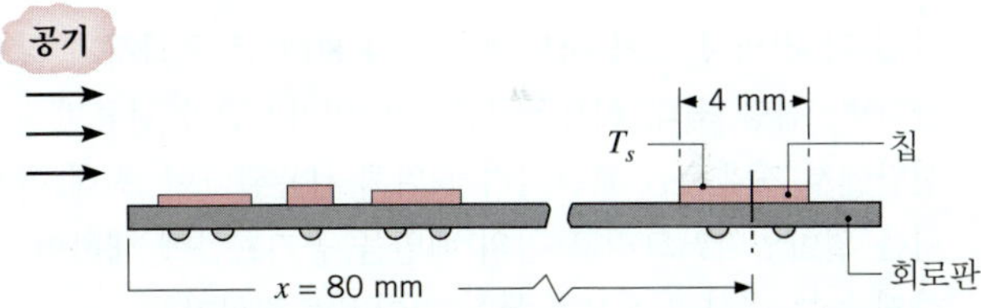

칩에서 열소산율이 40 m/W라 할 때 칩의 표면온도 T_s를 구하라.

7.32 예제 1.5의 것과 유사한 50 mm × 50 mm의 얇은 연료전지를 생각해 보자. 공기가 연료전지의 표면 위를 평행하게 흐른다. 유동을 난류화하기 위해 선단에서부터 거리 $x = x_c$ 위치에 아주 가느다란 철사가 연료전지의 양면을 가로질러 뻗어 있다. 7장의 적절한 상관식을 사용하여, 연료전지를 $T_c = 77$°C로 유지하는 데 필요한 최소속도를 구하라. 그리고 철사의 위치도 구하라. 공기와 넓은 주위의 온도는 $T_\infty = T_{\mathrm{sur}} = 27$°C이고 연료전지는 $\dot{E}_g = 11$ W를 소모한다. 연료전지의 방사율은 $\varepsilon = 0.85$이다.

7.33 평판 태양열 집열기의 덮개판의 온도는 15°C이며 10°C의 공기가 이 평판 위에 $u_\infty = 2$ m/s의 속도로 평행하게 흐른다.

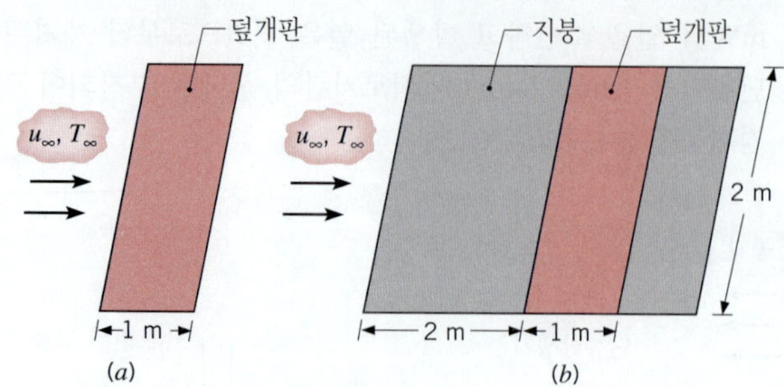

(a) 평판으로부터의 대류 열손실률은 얼마인가?

(b) 만일 이 판이 지붕표면과 같은 높이이며, 지붕의 선단으로부터 거리 2 m인 곳에 설치되었을 때 대류 열손실률은 얼마인가?

7.34 한 면의 길이가 L = 10 mm인 10개의 실리콘 칩의 배열이 한 쪽 표면은 단열되어 있으며 반대 표면은 u_∞ = 30 m/s, T_∞ = 20°C로 평행하게 흐르는 공기에 의하여 냉각되고 있다. 칩이 작동 중에는 전체의 냉각표면에서 균일한 열유속이 유지되도록 각 칩에서는 동일한 전력이 소비된다.

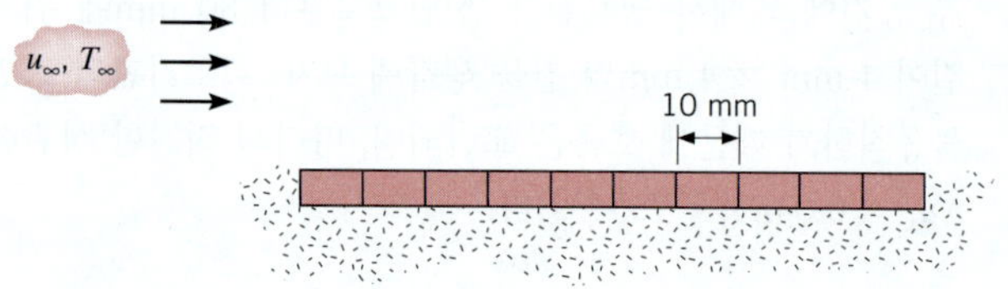

만일 각 칩의 온도가 어느 곳에서나 80°C를 초과하지 않도록 한다면, 칩당 최대 허용동력은 얼마인가? 만약 난류발생기가 선단에서 경계층을 교란시키기 위해 사용된다면, 최대 허용동력은 얼마인가? 그리고 칩의 배열을 공기흐름에 대하여 평행하게 놓는 대신 수직으로 두는 것이 바람직한가?

7.35 정사각형 실리콘 칩(10 mm × 10 mm)의 한 면은 단열되어 있고, 다른 한 면 위는 u_∞ = 20 m/s, T_∞ = 30°C인 공기의 평행유동에 의하여 냉각되고 있다. 작동중일 때는 칩 내부의 동력소산에 의하여 냉각표면에서는 균일 열유속이 유지된다. 만일 칩온도가 그 표면의 어느 위치에서도 80°C를 초과해서는 안 된다면 최대 가능한 동력은 얼마인가? 만일 칩이 20 mm의 비가열 시작길이를 가지는 기판에 같은 높이로 부착되어 있다면, 최대 허용동력은 얼마인가?

원통 상의 직교유동

7.36 다음과 같은 유체들이, 온도가 50°C로 유지되고 있고 지름 10 mm인 원통 상에서 V = 5 m/s 및 T_∞ = 20°C로 수직으로 흐르고 있다: 대기공기, 포화상태의 물, 그리고 엔진오일.

(a) Churchill-Bernstein 상관식을 이용하여 단위 길이당 열전달률 q'을 계산하라.

[(b)] 0.5 ≤ V ≤ 10 m/s에서 q'을 유체속도의 함수로서 도시하라.

7.37 바깥지름이 25 mm인 원형관이 온도가 25°C이고 압력 1 atm인 공기흐름 중에 놓여 있다. 공기는 원형관 위에서 15 m/s의 속도로 수직으로 흐르고, 원형관의 바깥표면은 100°C로 유지된다. 단위 길이당 원형관에 작용하는 항력은 얼마인가? 단위 길이의 원형관으로부터의 열전달률은 얼마인가?

7.38 지름이 D = 10 mm, 열전도율이 k = 240 W/m·K, 밀도가 ρ = 2700 kg/m^{3}이며 비열이 c_p = 900 J/kg·K인 긴 원통형의 전기 가열체가, 온도와 속도가 각각 27°C와 10 m/s로 가열체에 수직으로 흐르는 덕트에 설치되었다.

(a) 복사의 영향은 무시하고 가열체의 단위 길이당 전기에너지가 1000 W/m로 소산될 때 정상상태에서 표면온도를 추정하라.

(b) 가열체가 27°C의 초기온도로부터 작동이 시작될 때 표면온도가 정상상태에서 10°C로 내려가는 데 걸리는 시간을 추정하라.

[**7.39**] 가열체의 표면(ε = 0.8)과 27°C의 큰 밀폐공간인 덕트 벽 사이에서 복사교환이 허용된다고 하고, 연습문제 7.38을 다시 생각해 보자.

(a) 정상상태에서 표면온도를 구하라.

(b) 가열체가 27°C의 초기온도에서 작동되기 시작할 때 표면온도가 정상상태에서 10°C로 내려가는 데 걸리는 시간을 추정하라.

(c) 송풍기가 예기치 않은 운전에 의해서 과열되는 것을 방지하기 위하여, 표면온도가 275°C로 유지되도록 가열제어 장치가 설계되었다. 5 ≤ V ≤ 10 m/s 범위의 공기속도에서 이 온도가 유지되는 데 필요한 동력소산을 구하라.

7.40 지름 D = 100 mm이고 길이 L = 2 m인 실린더 주위를 직교유동하는 대기압의 공기에 의한 대류열전달계수, 대류열저항 그리고 대류열전달율을 구하여라. 실린더의 온도는 T_s = 70°C이고 공기의 속도와 온도는 각각 V = 3 m/s 및 T_∞ = 20°C이다. 실린더 직경의 범위가 0.05 m ≤ D ≤ 0.5 m일 때 실린더에서의 대류열전달계수와 열전달율을 도시하시오.

7.41 지름이 8 mm인 핀형 휜이 Reynolds 수가 3000인 공기의 직교유동에서 강제대류에 의하여 50 W를 소산한다. 만일 휜의 지름이 두 배로 되고 다른 조건들은 그대로 유지된다면 휜의 열전달률은 얼마인가? 핀은 무한히 길다고 가정한다.

7.42 길고 얇은 금속판이 열처리 공정을 거친 후에 수직으로 걸려 있다. 폭 W = 0.2 m, 수직 길이 3 m, 그리고 초기온도 T_s = 320°C인 금속판은 속도 V = 4 m/s이고 T_∞ = 30°C인 대기중의 공기에 의해 냉각된다. 먼저, 공기가 금속판 위를 수평으로 흐를 때의 초기 열손실율(initial rate of heat loss)을 구하라. 그리고 만일 금속판이 공기흐름에 대해 수직으로 세워져 있을

때의 초기 열손실률을 계산하라. 금속판의 전면과 후면의 열손실을 모두 고려하라. 어떤 경우의 냉각율이 최대인가?

7.43 핀형 휜(pin fin)이 산업용 냉각장치에 사용된다. 휜들이 기체 $V = 10$ m/s의 직교유동 내에 있다. 원통형 휜은 지름 $D = 15$ mm이고, 아래 그림의 다른 형상은 그 단면적이 동일하다.

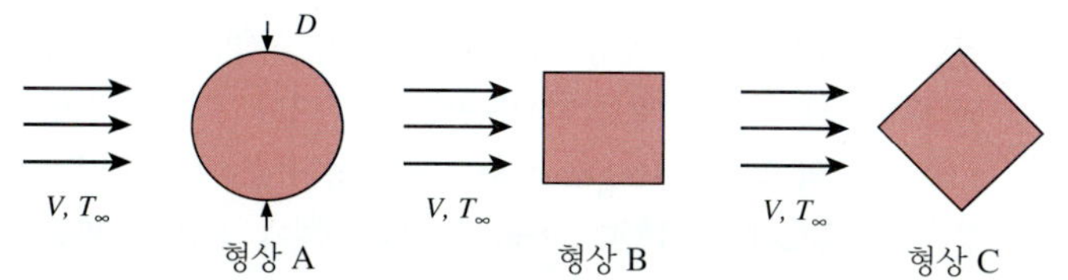

직교유동 내에 있는 원형과 사각형 휜 단면

같은 길이, 즉 같은 질량의 휜에 대해 열전달률이 가장 큰 휜은 어느 것인가? 기체의 물성치는 $T = 350$ K인 공기의 것으로 가정한다. 힌트: 휜은 무한히 길다고 가정하고 원형단면 휜에는 Hilpert 상관식을 적용한다.

7.44 온도가 24°C이고 속도가 5 m/s인 공기가 $T_s = 130$°C로 유지되고 있는 큰 표면 위의 작은 영역 A_s(20 mm × 20 mm) 위에 흐르고 있다. 이 상태에서 0.7 W의 열이 표면 A_s로부터 제거된다. 열제거율을 증가시키기 위하여 지름 5 mm인 스테인리스강(AISI 304) 핀형 휜을 A_s에 부착하였으며, 이 면은 $T_s = 130$°C로 유지된다고 가정한다.

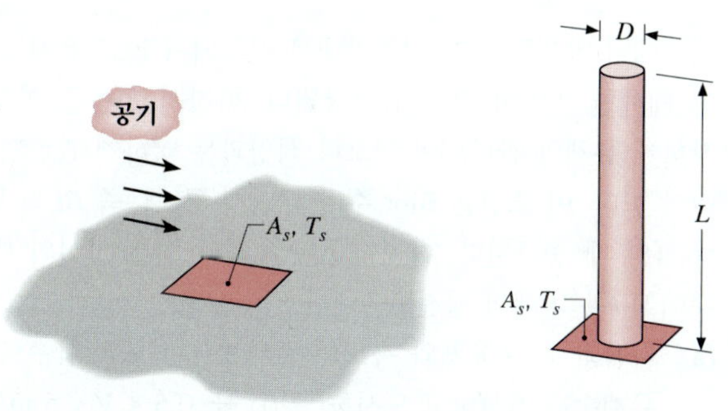

(a) 휜을 통한 최대 가능한 열제거율을 구하라.

(b) (a)에서 제거율이 최대일 때 핀형 휜의 길이는 얼마인가? 힌트: 예제 3.9를 참조하라.

(c) 휜유용도 ε_f를 구하라.

(d) 휜의 설치로 A_s에서 열흐름률은 몇 % 증가하는가?

7.45 50°C의 온수가 한 빌딩으로부터 인접해 있는 다른 빌딩으로 난방용으로 보내진다. 건물 사이의 송수관은 두께가 8 mm이고, 바깥지름이 100 mm인 강관($k = 60$ W/m·K)이다. 겨울철 동안 대표적 외기조건은 공기온도가 $T_\infty = -5$°C이고, 관에 직교하여 흐르는 유속이 $V = 3$ m/s이다.

(a) 만일 온수의 생산비용이 $0.10/kW·h라고 하면, 관의 단위 길이당 단열이 되지 않은 관으로부터 공기로 열손실에 대한 일일 비용은 얼마인가? 관 내에 흐르는 물의 유동과 관련된 대류저항은 무시할 수 있다.

(b) 관의 외면에 10 mm의 두께로 우레탄 단열재($k = 0.026$ W/m·K)를 피복하면, 이에 관련된 비용은 얼마나 절약되겠는가?

7.46 한 면의 폭(W)이 4 mm인 실리콘 칩으로부터 열전달을 촉진하기 위하여 칩의 표면에 구리 핀형 휜을 땜질하여 부착하였다. 핀형 휜의 길이와 지름은 각각 $L = 12$ mm, $D = 2$ mm이고, $V = 10$ m/s, $T_\infty = 300$ K인 공기가 핀형 휜에 수직으로 흐르고 있다. 칩의 표면, 즉 핀형 휜의 바탕(base) 부분은 $T_b = 350$ K의 온도로 유지되고 있다.

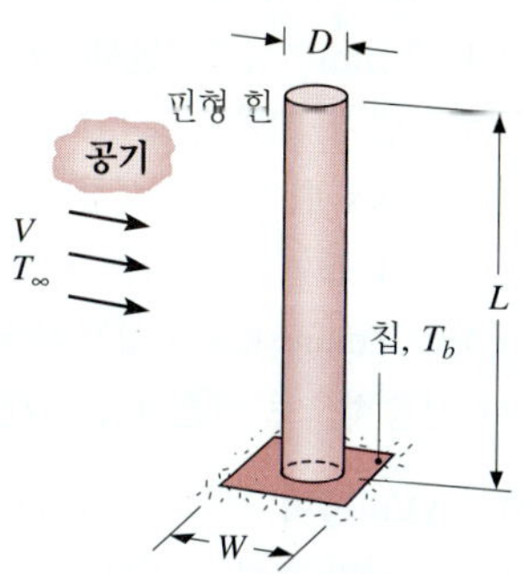

(a) 핀을 지나는 흐름이 칩에 미치는 영향은 무시할 수 있다고 가정할 때 핀의 표면에 대한 평균 대류열전달계수를 구하라.

(b) 복사영향은 무시하고 핀 끝단(pin tip)에서의 대류열전달계수가 (a)에서 계산된 것과 같다고 가정할 때 핀의 열전달률을 구하라.

(c) 복사영향은 무시하고 노출된 칩표면에서의 대류열전달계수가 (a)에서 계산된 것과 같다고 가정할 때 칩으로부터의 총 열전달률을 구하라.

(d) 칩으로부터의 총 열전달률에 대한 속도의 증가($10 \le V \le 40$ m/s)와 핀지름($2 \le D \le 4$ mm)의 영향을 구하고 도시하라. $V = 40$ m/s와 $D = 4$ mm인 경우에 열전달률은 얼마인가?

7.47 열전달 특성으로부터 유동속도를 결정하기 위하여 지름이 D인 가느다란 와이어가 유로에 횡방향으로 놓여 있다. 전류를 통과시켜 와이어를 가열하면, 열은 대류에 의하여 유동유체로 소산된다. 전기적인 측정에 의하여 와이어의 저항이 결정되고, 이 저항으로부터 온도가 알려진다.

(a) 임의의 Prandtl 수의 유체에 대하여 유동속도를 와이어와 유체의 자유흐름과의 온도차로 표현하는 식을 전개하라.

(b) 지름 1 mm인 와이어가 75 W/m를 소산시키면서 45°C에 도달하였다면, 압력이 1 atm이고 온도가 20°C인 공기의 유동속도는 얼마인가?

7.48 공기의 속도변화를 측정하기 위하여 지름이 0.5 mm인 백금선(platinum wire)가 27°C인 공기의 흐름 중에서 77°C의 일정한 온도로 유지되는 데 요구되는 전류를 측정하는 방법이 제안된다.

(a) $40 < Re_D < 1000$ 범위의 Reynolds 수를 가정하여 백금선에 흐르는 전류와 백금선 위에 수직으로 흐르는 공기속도와의 관계를 전개하라. 이 결과를 이용하여 전류의 분율변화(fractional change) $\Delta I/I$와 공기속도의 분율변화 $\Delta V/V$ 사이의 관계를 확립하라.

(b) 공기속도가 10 m/s이고 백금선의 전기 고유저항이 17.1×10^{-5} Ω·m일 때 필요한 전류를 계산하라.

7.49 온도가 80°C이고 속도가 변화하는 물의 직교유동 중에 놓여 있는 지름이 12.5 mm인 온도 센서(sensor)를 해석하기 위하여 컴퓨터 프로그램이 개발되고 있다. $20 < T_s < 80$°C와 $0.005 < V < 0.20$ m/s 범위에서 대류열전달계수를 센서 표면온도 T_s의 함수로서 표현하는 식을 유도하라. $40 < Re_D < 1000$ 범위에 대하여 Zukauskas의 상관식을 사용하고 물의 열물성치는 온도에 선형적으로 의존한다고 가정한다.

7.50 전기저항이 10^{-4} Ω/m이며 지름이 25 mm인 고장력 전선을 통하여 1000 A의 전류가 흐르고 있다.

(a) 만일 온도가 10°C이고 속도가 5 m/s인 공기가 전선에 가로방향으로 흐른다면 그 표면온도는 얼마인가?

(b) 만일 전선을 고체 구리봉으로 근사화할 수 있다면 중심선 온도는 얼마인가?

[(c)] $1 \le V \le 10$ m/s 범위에 대하여 공기속도에 따른 표면온도의 변화를 기술하는 선도를 작성하라.

7.51 직경이 10.5 mm인 온도센서가 자유흐름의 온도가 80°C 이고 가변 유속으로 흐르는 물에 수직으로 놓여서 물의 온도를 측정하고 있다. 센서 표면의 온도 범위가 $20 < T_s < 80$°C이고 유속의 범위가 $0.005 < V < 0.20$ m/s일 때 센서 표면온도의 함수로 표현된 대류열전달계수를 유도하여라. $40 < Re_D < 1000$일 때의 Zukauskas 상관식를 사용하고 물의 Prandtl 수는 선형 온도 의존성을 갖는다고 가정하여라.

7.52 지름이 20 mm인 알루미늄 송전선의 전기저항이 $R'_{elec} = 2.636 \times 10^{-4}$ Ω/m이고 700 A의 전류가 흐른다. 이 송전선이 격심한 바람에 빈번하게 노출되어 있어, 인접선과 접촉확률이 증가하여 스파크가 발생하고 초목 근처에 화재의 위험성을 초래한다. 해결방법은 전선을 단열시키는 것이나 전선의 온도가 올라가는 역효과도 억제하여야 한다.

(a) 공기의 온도가 20°C이고, 전선이 속도 10 m/s의 직교유동에 놓여 있을 때 전선의 온도를 계산하라.

(b) 상기와 같은 조건이나 열전도율이 0.15 W/m·K인 단열재가 2 mm의 두께로 피복되어 있을 때 전선의 온도를 계산하라.

[(c)] 풍속이 2~20 m/s까지 변화할 때 단열재로 피복된 전선과 피복되지 않은 전선의 온도를 계산하고 도시하라. 전선의 온도에 대한 풍속의 영향과 곡선의 특성을 기술하라.

[7.53] 유체속도는 열막센서(hot-film sensor)를 사용하여 측정할 수 있는데, 일반적인 설계방식은 센서요소가 석영(quartz) 막대의 주위둘레에 얇은 필름(막)을 만드는 것이다. 필름은 전형적으로 백금의 얇은(~100 nm) 층으로 구성되며, 이것의 전기저항은 그 온도에 비례한다. 따라서 유체흐름에 놓일 때 필름을 유체의 온도 이상으로 유지하기 위해 전류가 필름을 통과하도록 할 수 있다. 필름의 온도는 그 전기저항을 모니터링함으로써 조절되고, 동시에 전류가 측정하여, 필름에서 소산된 전력을 측정한다.

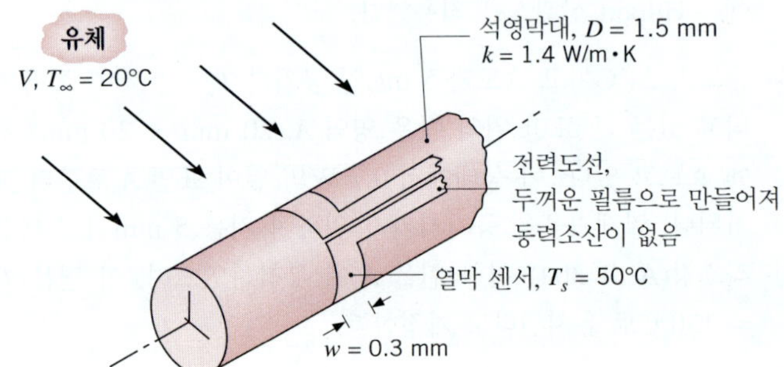

필름에서 발생한 열이 석영막대로 전도되지 않고 유체로 전달될 때에만 원만한 작동이 보장된다. 따라서 필름은 열적으로 강하게 유체와 관련되어 있으나 석영과는 약하게 관련되어 있어야 한다. 이 조건은 Biot 수가 대단히 클 때, 즉 $Bi = \bar{h}D/2k \gg 1$일 때 충족된다. 여기서 $\bar{h}$는 유체와 필름 사이의 대류계수이고 k는 막대의 열전도율이다.

(a) 다음과 같은 유체와 속도의 범위에서 속도의 함수로서 대류계수를 계산하고 도시하라: (i) 물, $0.5 \le V \le 5$ m/s, (ii) 공기, $1 \le V \le 20$ m/s.

(b) 위의 조건에서 열막센서 사용에 관한 적합성을 평가하라.

7.54 절연되어 있지 않은 관이 한 건물에서 다른 건물로 고온의 수증기를 수송하는 데 사용되고 있다. 지름이 0.5 m, 표면온도가 150°C인 관이 210°C인 공기에 노출되어 있다. 공기는 관 위에서 5 m/s의 속도로 수직으로 흐른다.

(a) 관의 단위 길이당 열손실은 얼마인가?

[(b)] 단단한 우레탄폼(k = 0.026 W/m·K)으로 관을 단열하는 효과를 생각해 보자. $0 \le \delta \le 50$ mm 범위에서 열손실을 절연층의 두께 δ의 함수로서 계산하고 도시하라.

7.55 열전대(thermocouple)가 공기온도를 측정하기 위하여 고온의

공기덕트 속에 삽입되었다. 열전대(T_1)는 길이가 L = 0.1 m 이고 안지름과 바깥지름이 각각 D_i = 5 mm, D_o = 8 mm이며 강철로 만들어진 **열전대 삽입통로**(thermocouple well)의 끝단(tip)에 땜납으로 붙어 있다. 또 하나의 열전대(T_2)가 덕트 벽의 온도를 측정하기 위하여 사용되었다.

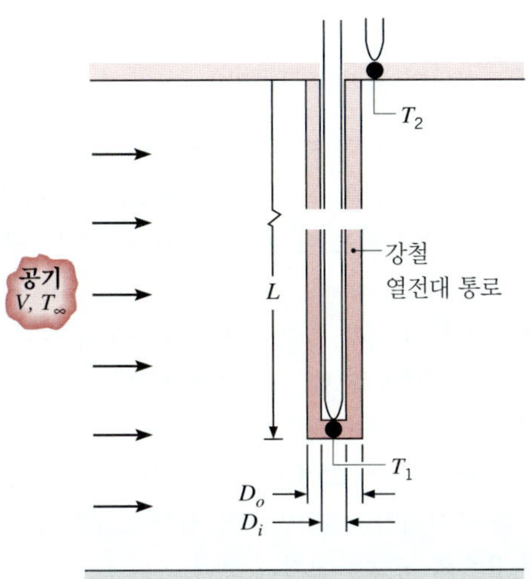

덕트 속의 공기속도는 V = 5 m/s이고 두 개의 열전대는 각각 T_1 = 450 K, T_2 = 375 K의 온도를 나타내고 있다. 복사는 무시하고 공기온도 T_∞를 구하라. 강의 열전도율은 k = 35 W/m·K, 공기의 열물성치는 ρ = 0.774 kg/m^3, μ = 251 × 10^{-7} N·s/m^2, k = 0.0373 W/m·K, Pr = 0.686이라 가정한다.

7.56 지름이 4 mm인 수은 유리막대 온도계가 77°C의 공기가 흐르고 있는 덕트의 벽을 통하여 길이 L만큼 삽입되어 있는 경우를 생각해 보자. 만일 덕트 벽에서 온도계의 유리관이 벽온도 T_w = 15°C와 같다면 유리를 통한 전도에 의하여 유리관 내의 온도가 공기흐름의 온도보다 낮게 된다.

(a) 삽입오차(immersion error) $\Delta T_i = T(L) - T_\infty$를 공기속도, 온도계 지름과 삽입길이 L의 함수로 표시하는 식을 전개하라.

(b) 공기속도가 10 m/s일 때 삽입오차가 0.25°C를 초과하지 않는다면 길이 L이 얼마만큼 삽입되어야 하는가?

(c) (b)에서 계산된 삽입길이를 사용하여 삽입오차를 2 m/s부터 20 m/s까지의 범위에서 공기속도의 함수로 계산하고 도시하라.

(d) 주어진 삽입길이에서 만일 온도계의 지름이 증가하면 삽입오차는 증가하는가 또는 감소하는가? 삽입오차는 지름과 공기속도 중 어느 것에 더 민감한가?

7.57 학생들이 수행하는 실험의 목적은 평판과 공기흐름 사이의 열저항에 관한 핀형 휜의 효과를 결정하는 일이다. 한 변의 길이가 25.9 mm인 연마된(polished) 정사각형의 알루미늄 평판이 T_∞ = 20°C와 u_∞ = 6 m/s인 공기의 평행유동에 노출되고 있다. 전기가열 패치(patch)가 평판의 하단면에 부착되어 있고 모든 조건하에서 15.5 W를 소산한다. 지름 D = 4.8 mm이고 길이 L = 25.4 mm인 핀형 휜이 황동으로 제작되어 표면의 여러 지점에서 평판에 견고하게 부착되었다. 열전대가 평판표면과 휜 중에서 한 개의 선단에 부착되어 있다.

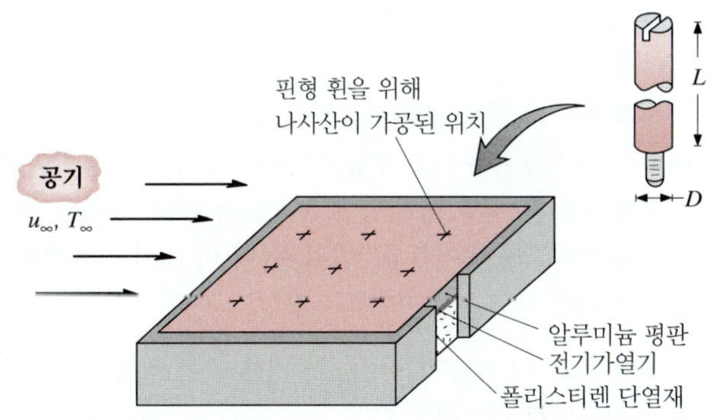

다섯 가지의 핀형 휜 배열에서 온도를 측정한 결과가 아래에 표시되어 있다.

핀형 휜의 수	온도(°C)	
	휜 끝	평판기부
0	—	70.2
1	40.6	67.4
2	39.5	64.7
5	36.4	57.4
8	34.2	52.1

(a) 핀 사이에서 흐름의 상호작용은 무시하고, 실험적인 관찰을 통해 다섯 가지 배열에서 평판과 공기흐름 사이의 열저항(thermal resistance)을 결정하라.

(b) 평판–핀형 휜 시스템의 모델을 제시하고 적절한 대류 상관관계를 사용하여 다섯 가지의 배열에 대한 열저항을 예측하라. 예측값과 실험결과를 비교해 보고, 어떤 차이가 있는지 설명해 보라.

(c) 공기흐름 속도가 두 배로 증가되었을 때 열저항을 예측하기 위하여 각자 새로운 모델을 구상하라.

구

7.58 25°C인 공기가 지름이 10 mm인 구 위에 25 m/s의 속도로 흐르고 있으며, 구의 표면온도는 75°C로 유지되어 있다.

(a) 구에 작용하는 항력은 얼마인가?

(b) 구로부터의 열전달률은 얼마인가?

(c) 공기속도 1 m/s부터 25 m/s까지의 범위에서 구로부터의

열전달을 공기속도의 함수로서 도시하라.

7.59 온도가 30°C이고 유속이 2 m/s인 유체 속에 잠겨 있으며, 표면온도가 60°C이고 지름이 25 mm인 구를 고려해 보자. 유체가 (a) 물 그리고 (b) 대기압 하의 공기일 때 항력 및 열전달률을 계산하라. 결과가 유체의 종류에 따라 다른 이유를 설명해 보라.

7.60 지름이 85 mm이고 300 W의 열을 발산하는 구형의 수중기기가 음파를 발사하여 수중의 상태를 측정하는 데 사용된다.

(a) 만일 이 기기가 조류의 유속이 1 m/s이고 수온이 15°C인 계곡에 떠 있을 때 표면온도를 구하라.

(b) 이 기기가 부주의로 수중으로부터 당겨져서, 동력이 작동되지 않은 채로 대기 중에 노출되어 있다. 공기의 온도가 15°C이고 풍속이 3 m/s라고 할 때 이 기기의 표면온도를 구하라.

7.61 오일이 온도 $T_\infty = 27°C$인 냉각공기에 고온 액체의 안개 형태로 분사되면서 냉각되고 있다. 직경이 $D = 100\ \mu m$이고 온도가 $T_0 = 250°C$ 인 2개의 액적이 갑자기 충돌하여 하나의 액적으로 합쳐진다. 액적의 합쳐짐 전과 후의 오일에서 공기로의 열전달률을 구하여라. 액적의 속도는 $V = 5$ m/s이다.

7.62 세계적으로 매일 10억 개 이상의 구형 땜납(solder ball)이 전자기기의 조립을 위해 만들어지고 있다. 균일 액적 분무(uniform droplet spray) 방법은 압전장치를 사용하는데 용융 땜납 도가니 속에 있는 봉을 진동시켜서 작은 액적의 땜납을 정밀가공된 노즐로부터 분출한다. 액적이 포집 체임버를 가로질러 이동할 때 냉각되어 고화된다. 포집 체임버는 구형 땜납의 표면이 산화되는 것을 방지하기 위해 질소와 같은 불활성가스를 흘려보낸다.

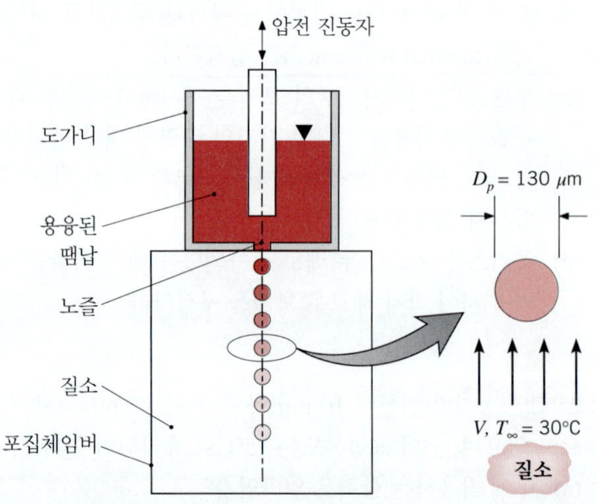

(a) 지름 130 μm의 용융 액적이 30°C와 대기압보다 약간 높은 압력의 기체 질소에 초기온도 225°C, 2 m/s의 속도로 분출된다. 입자의 종말속도와 완전히 고화되는 지점까지의 거리를 구하라. 구형 땜납의 물성치는 $\rho = 8230$ kg/m^3, $c = 240$ J/kg·K, $k = 38$ W/m·K, $h_{sf} = 42$ kJ/kg이다. 땜납의 용융온도는 183°C이다.

(b) 압전장치는 1.8 kHz로 진동하여 매초 1800개의 입자를 만들어 낸다. 일주일 동안 계속 구형 땜납을 생산하기 위해 질소가스를 가로지르는 입자들 사이의 간격을 결정하고 도가니의 체적을 구하라.

7.63 연습문제 5.23에서 대류에 의한 냉각에 대기 중 질소를 사용하는 물질의 제조공정 실험을 생각해 보자. 그러나 주어진 대류계수 값을 사용하는 대신, 적절한 상관식으로부터 계수를 계산하라.

(a) 복사를 무시하고, 질소의 속도와 온도가 각각 $V = 5$ m/s 및 $T_\infty = 25°C$일 때, 구를 900°C로부터 300°C로 냉각시키는 데 요구되는 시간을 결정하라.

[b] $\varepsilon = 0.6$, $T_{sur} = 25°C$에서 대류 및 복사효과를 고려하여, 구를 냉각시키는 데 필요한 시간을 구하라. 결과에 미치는 유속의 영향을 고찰해 보라.

7.64 지름 20 mm인 구리 구가 280 K로 유지되고 있는 물탱크 속으로 떨어져 담금질된다. 구리 구는 수면 위의 충돌 순간에 최종속도에 도달하여 물속으로 낙하하는 것으로 가정할 수 있다. 구에 작용하는 항력과 중력을 같게 놓음으로써 최종속도를 계산하라. 구가 초기온도 360 K에서부터 냉각되어 구의 중심온도가 320 K까지 되는 데 필요한 물탱크의 근사적인 높이는 얼마인가?

7.65 연습문제 7.64의 조건들에 대하여 물 대신 300 K의 엔진오일을 냉각제로서 사용한다면, 최종속도와 필요한 탱크 높이는 얼마인가?

7.66 연습문제 5.21의 플라스마 분무 코팅과정(plasma spray coating process)을 생각해 보자. 미리 제시된 조건들에 더하여 아르곤 플라스마 제트(argon plasma jet)는 $V = 400$ m/s의 평균속도를 가지고 있으나 분사되는 알루미나 입자들의 초기속도는 0으로 간주할 수 있다. 노즐 출구와 기판은 $L = 100$ mm의 거리만큼 떨어져 있고 아르곤 플라스마와 관련된 물성치들은 $k = 0.671$ W/m·K, $c_p = 1480$ J/kg·K, $\mu = 2.70 \times 10^{-4}$ kg/s·m, 그리고 $\nu = 5.6 \times 10^{-3}$ m^2/s로 근사적으로 취할 수 있다.

(a) 플라스마 제트에 의하여 유입되는 입자들의 운동은 Stokes의 법칙에 의하여 지배된다고 가정하여, 입자속도 $V_p(t)$와 노즐 출구로부터의 이동거리 $x_p(t)$를 시간 t의 함수로서 나타내라. 여기서 $t = 0$은 입자의 분사가 시작되는 시점이다. 입자가 노즐 출구로부터 기판까지의 거리 x_p

= L을 지나는 데 걸리는 비행시간과 이 시간에서의 V_p를 구하라.

(b) $(\overline{V - V_p})$ = 315 m/s를 비행시간 동안의 평균 상대속도로 가정하고 플라스마로부터 입자로의 열전달에 관련된 대류계수를 계산하라. 이 계수를 사용하고 초기 입자온도가 T_i = 300 K라 가정하여 입자가 용융점 T_{mp}에 도달되는 시간과 일단 용융점에 도달한 후 완전히 녹을 때까지의 시간을 구하라. 미리 제시된 L 값이 입자가 표면에 충돌하기 전에 완전히 녹을 수 있는 충분한 거리인가?

7.67 알루미늄 용융 액적(molten drop)을 표면에 충돌시켜서 반사율이 매우 높은 코팅을 할 수 있다. 액적들이 인젝터로부터 배출된 후 불활성 기체(헬륨)를 통과하여 기판에 충돌하기까지는 액적 상태로 유지되어야 한다.

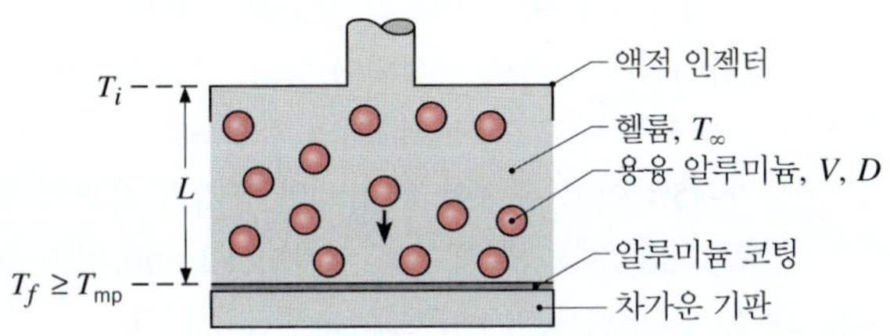

액적의 지름, 속도 및 초기온도가 각각 D = 100 μm, V = 15 m/s 및 T_i = 1100 K이고 온도가 T_∞ = 300 K인 헬륨층을 통과하는 경우를 고찰해 보자. 기판에 충돌할 때 액적의 온도가 알루미늄의 용융점과 동일하거나 그 이상으로 유지될 수 있도록 하는 데($T_f \geq T_{mp}$ = 933 K) 헬륨층의 최대 허용 두께는 얼마인가? 용융상태의 알루미늄의 물성치는 ρ = 2500 kg/m^3, c = 1200 J/kg·K, 그리고 k = 200 W/m·K로 근사화하라.

7.68 조직공학은 조직을 복원하거나 향상시키기 위해 생물학적 대체물질을 개발하는 문제를 다룬다. 일단 만들어지면 실제된 기관은 전통적인 기관 이식 절차에서 발생하는 자연기관의 고질적인 끊어짐을 방지하도록 환자 내부에 심어져야 한다. 인공적인 기관 제조에는 두 개의 중요한 절차가 있다. 첫 번째는 다공성 골격(scaffold)을 전체 형상과 크기뿐만 아니라 기공 크기와 기공 분포까지 고려하여 제작한다. 두 번째로 골격 내의 기공에서 인간 세포가 자랄 수 있도록 골격의 위 표면에 인간 세포를 주입한다. 골격 재질은 미생물에 의해 분해되어 결국 건강한 조직으로 대치된다. 이렇게 하여 인공기관은 환자에 이식될 준비가 된다.

복잡한 기공 형상, 작은 기공 크기, 비정상적인 기관 형상들 때문에 전통적인 골격제조 방법을 사용하기가 어렵다. 성공적으로 사용되고 있는 방법은 **고체 자유형 제조기술**(solid freeform fabrication)인데 작은 구형 입자들이 대체물질에 향하고 있다. 입자들은 초기에 용융상태인데 실온에서의 대체물질과 충돌하면 고화된다. 한 액적씩 액적의 침착 위치를 제어하면 복잡한 골격들을 제조할 수 있다. 연습문제 7.62과 유사한 장치가 균일한 75 μm 지름, 초기온도 T_i = 150°C의 액적을 만드는 데 사용된다. 입자는 T_∞ = 25°C의 정지한 공기에 분사된다. 액적의 물성치는 ρ = 2200 kg/m^3, c = 700 J/kg·K이다.

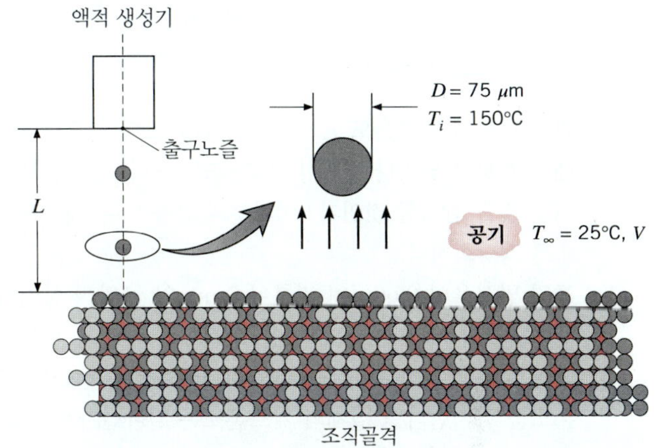

(a) 액적이 노즐을 빠져나올 때 종말속도가 되는 것이 바람직하다. 종말속도를 구하라.

(b) 온도 T_2 = 120°C로 액적이 충돌하는 것이 바람직하다. 노즐과 충돌 구조물의 필요 거리 L은 어떻게 되는가?

7.69 한 변의 길이가 10 mm이고, 두께가 1 mm인 실리콘 칩(k = 150 W/m·K, ρ = 2300 kg/m^3, c_p = 700 J/kg·K)이 지름 1 mm인 구형 땜납(solder ball)(k = 40 W/m·K, ρ = 10,000 kg/m^3, c_p = 150 J/kg·K)에 의해서 기판에 용접되며, 가속 열응력 테스트 동안 유동하는 유전액체(k = 0.064 W/m·K, ν = 10^{-6} m^2/s, Pr = 25)에 노출된다. 1차 근사화로서 칩의 상부와 하부는 난류의 평행유동에 놓여 있는 평판으로 취급하고, 기판과 칩 사이의 땜납 구 위의 흐름은 무시할 수 있다고 가정하라. 그리고 칩과 땜납 사이는 점접촉을 하고 있어 부품들 사이의 전도에 의한 열전달 또한 무시할 수 있다고 가정하라.

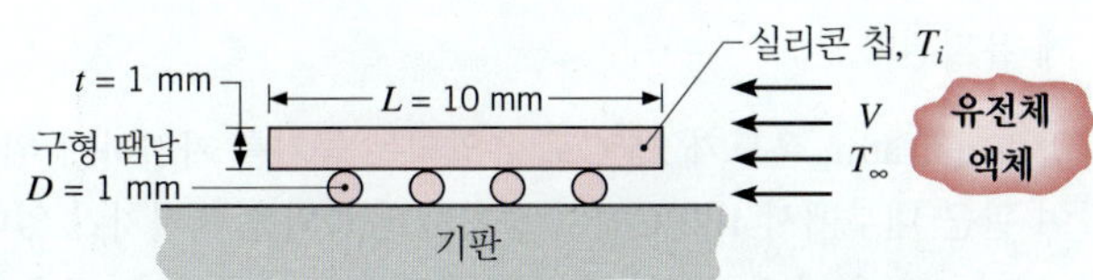

(a) 응력 테스트는 주위온도 T_i = 20°C에서 시작하여 T_∞ = 80°C인 유체에 의한 가열로 이루어진다. 유속이 V = 0.2 m/s일 때, 칩의 시간상수와 땜납 구의 시간상수의 비를 구하라. 어떤 것이 가열 과정에 보다 빠르게 응답하는가?

(b) 접합부에 작용하는 열응력은 칩과 땜납 사이의 온도차에

비례한다. 가열이 시작되고 0.25 s가 지난 후 이 온도차는 얼마인가?

7.70 열전대 접합점이 큰 덕트 내에 흐르는 고온가스의 온도를 측정하기 위하여 덕트에 삽입되었다.

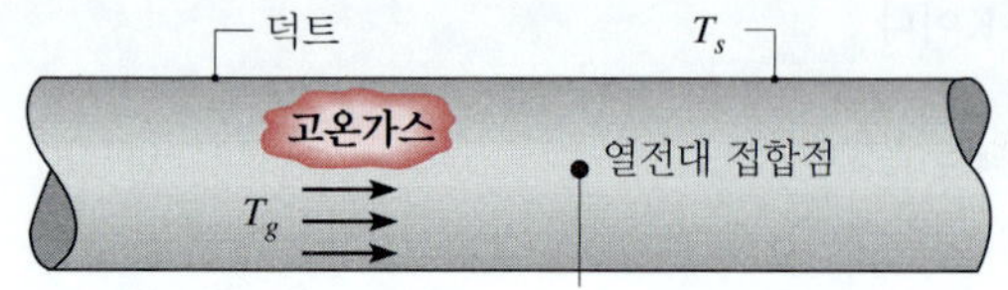

(a) 만일 덕트의 표면온도 T_s가 가스온도 T_g보다 낮으면 열전대는 T_g보다 낮거나 동일한 온도, 또는 보다 높은 온도 중 어느 것을 감지할 것인가? 여러분의 답을 단순 해석을 기초로 정당화하라.

(b) 표면 방사율이 0.60이며 지름이 2 mm인 구의 형상인 열전대 접합점이 3 m/s로 흐르는 가스흐름 중에 놓여 있다. 만일 덕트의 표면온도가 175°C일 때 열전대가 320°C의 온도를 감지한다면 실제의 가스온도는 얼마인가? 가스의 물성치는 대기압에서의 공기의 물성치와 같다고 가정할 수 있다.

(c) 속도와 방사율에서의 변화가 어떻게 온도의 측정오차에 영향을 미칠 것인가? 속도가$1 \le V \le 25$ m/s인 범위에서($\varepsilon = 0.6$), 그리고 방사율이 $0.1 \le \varepsilon \le 1.0$인 범위에서($V = 3$ m/s) 속도 및 방사율에 대한 측정오차를 결정하라.

7.71 연습문제 7.70에 기술된 열전대 접합점($D = 2$ mm, $\varepsilon = 0.60$)을 사용하여 기체흐름에서의 온도측정을 생각해 보자. 만일 기체의 속도와 온도가 각각 3 m/s와 500°C라면 덕트의 표면온도가 200°C일 때 열전대는 몇 도의 온도를 지시할 것인가? 기체는 대기공기의 물성치들을 가진다고 가정한다. 만일 기체의 압력이 두 배로 되고 나머지 조건들이 동일하게 유지된다면 열전대가 지시하는 온도는 얼마인가?

관군

7.72 세로피치와 가로피치가 $S_L = S_T = 20.5$ mm인 좀 더 밀집된 관군에 대하여 예제 7.7을 다시 풀라. 다른 모든 조건들은 같게 유지된다.

7.73 압력이 1 atm, 온도가 25°C로 유입되는 공기를 가열하기 위하여 관군 내부에서 100°C인 수증기가 응축되는 예열기가 있다. 공기는 관 위에 5 m/s의 속도로 수직으로 흐른다. 관군은 $S_T = S_L = 15$ mm인 직사각형으로 정렬배열된 196개의 관들로 구성되어 있으며, 각 관의 길이는 1 m이고, 바깥지름은 10 mm이다. 공기로의 총 열전달률은 얼마인가? 공기흐름에서의 압력강하는 얼마인가?

7.74 증기를 응축시켜 관군 내로 $T_i = 25$°C, $V = 5$ m/s의 상태로 유입되는 공기를 가열하는 데 사용되는 연습문제 7.73($D = 10$ mm, $L = 1$ m, 그리고 $S_T = S_L = 15$ mm)의 정렬배열 관군을 고찰해 보자. 그렇지만 이 경우에 원하는 출구온도와 관군의 수는 알지 못한다. 출구온도가 $T_o \ge 75$°C이 되도록 하기 위한 N_L의 최소값은 얼마인가? 관군을 가로질러 이에 상응하는 압력강하는 얼마인가?

7.75 $S_T = S_L = 20$ mm이고 지름이 10 mm인 관이 정렬배열된 관군을 생각해 보자. 각 열이 50개의 관들로 구성된 10개의 열이 있다. 바깥 표면온도가 27°C로 유지되는 관 속에 찬물이 흐르는 한편, 그 관들 주위는 427°C의 연소가스가 5 m/s의 속도로 직교유동인 상황을 생각해 보자. 연소가스의 물성치는 427°C의 대기공기의 물성치로 근사화될 수 있다. 관군에서의 관의 단위 길이당 총 열전달률 h는 얼마인가?

7.76 공기 덕트 가열기가 세로피치 및 가로피치가 $S_L = S_T = 24$ mm인 정렬배열 가열기로 구성되어 있다. 유동방향으로 세 개의 열($N_L = 3$)이 있고, 열당 네 개의 가열요소($N_T = 4$)가 있다. 온도가 25°C이고 유속이 12 m/s인 공기가 가열기에 수직으로 흐르고 있으며, 가열요소는 지름이 12 mm, 길이가 250 mm, 그리고 표면온도가 350°C로 유지되고 있다.

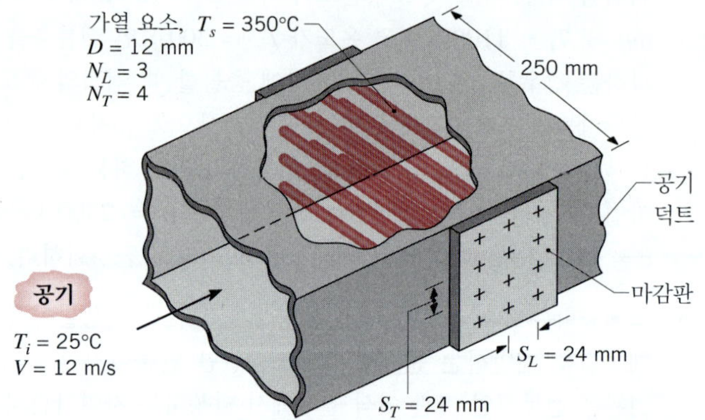

(a) 공기로의 총 열전달량을 구하고, 덕트 가열기를 떠나는 공기의 온도를 결정하라.

(b) 가열기군을 통과할 때 압력강하와 팬 요구동력을 구하라.

(c) 여러분의 풀이과정에서 구해진 평균 대류열전달계수와 단일 가열요소에 대한 대류열전달계수를 비교해 보라. 결과의 차이를 설명하라.

(d) 만일 세로피치 및 가로피치를 30 mm로 증가시키면 공기의 출구온도, 총 열전달량 및 압력강하에 어떠한 영향을 미치는가?

7.77 $S_T = S_L = 60$ mm이고, 관 길이가 1 m이며 지름 30 mm인 관의 정렬배열인 관군을 생각해 보자. 흐름방향으로 10개의 관열($N_L = 10$)이 있고, 열당 7개의 관($N_T = 7$)이 있다. 상류의 흐름조건이 $T_\infty = 27$°C이고 $V = 10.5$ m/s인 공기가 관 위

에 수직으로 흐르고 있으며 관 벽의 온도는 관 내에서 증기응축에 의하여 100°C로 유지된다. 관군에서 나가는 공기의 온도, 관군을 지나는 데 따른 압력강하, 그리고 요구되는 홴 동력을 구하라.

7.78 두 개의 등온평판 각각에 부착된 전기부품이 평판 사이를 지나는 대기공기에 의하여 냉각되고 있으며, 공기로의 열전달을 촉진하기 위하여 알루미늄 핀형 휜의 정렬배열이 사용되었다. 핀의 지름은 $D = 2$ mm이고 길이는 $L = 100$ mm이며 열전도율은 $k = 240$ W/m·K이다. 세로피치와 가로피치는 $S_L = S_T = 4$ mm로서 625개 핀($N_T = N_L = 25$)의 정사각형 배열이 각각 폭이 $W = 100$ mm인 정사각형 평판 위에 설치되어 있다. 온도가 300 K인 공기가 10 m/s의 속도로 핀배열에 유입되고 있다.

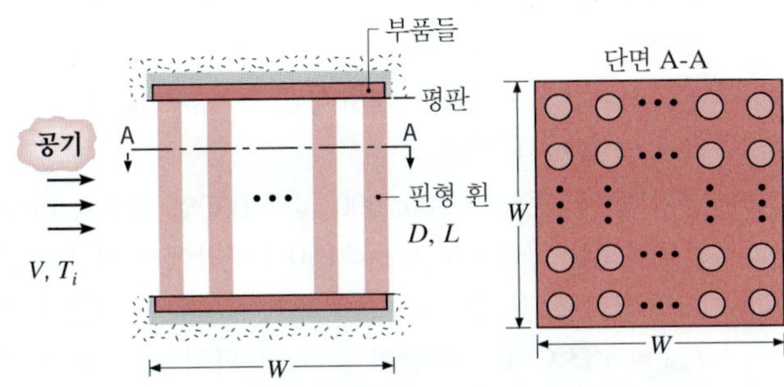

(a) 300 K에서의 공기의 물성치를 사용하여 핀형 휜의 배열에 대한 평균 대류열전달계수를 구하라.

(b) 모든 열전달면(평판과 핀)에서 대류열전달계수가 균일하다고 가정하고 (a)에서의 결과를 사용하여 평판들이 350 K로 유지되고 있을 때 공기 출구온도와 총 열전달률을 구하라. 힌트: 공기 출구온도는 $[(T_s - T_o)/(T_s - T_i)] = \exp[-(\bar{h}A_t\eta_o)/\dot{m}c_p]$인 지수관계에 의하여 지배되며, 여기서 $\dot{m} = \rho VLN_TS_T$는 핀배열을 관통하는 공기의 질량흐름률이고 A_t는 총 열전달면적(평판과 휜), η_o는 식 (3.107)에 정의된 총괄 표면효율이다.

7.79 공기 냉각식 스팀(steam) 응축기는 바깥 관지름이 20 mm이고 세로피치와 가로피치가 각각 $S_L = 60$ mm와 $S_T = 30$ mm인 400개 관의 정사각형 정렬배열($N_L = N_T = 20$)에 공기가 수직으로 흐르는 방식으로 운전되고 있다. 압력이 2.455 bar인 포화증기가 관 내로 유입되며, 관 내에서 수증기가 응축하는 동안 관의 바깥표면의 온도 T_s가 390 K로 일정하게 유지된다고 가정할 수 있다.

(a) 만일 관군을 통과하기 전 상류에서의 공기의 온도와 속도가 각각 $T_i = 300$ K와 $V = 4$ m/s이면 관군에서 나가는 공기의 온도 T_o는 얼마인가? 1차 근사값으로서 공기의 물성치들은 300 K에서의 값을 사용하라.

(b) 만일 관의 길이가 2 m라면 관군에 대한 총 열전달률은 얼마인가? 수증기의 응축률은 kg/s로 얼마인가?

(c) S_L을 30 mm로 감소시키고 N_L을 두 배로 증가시키면 그 영향은 어떠한가? 이 배열에서 공기속도 변화에 대한 영향을 조사하라.

충돌제트

7.80 소형 충돌제트를 이용한 가열과 냉각은 여러 곳에 적용된다. 단일 원형제트에 대해 최소 제트지름을 구하라. 여기서 식 (7.71)이 대기압에서 온도 (a) $T_e = 0$°C, (b) $T_e = 500$°C의 공기에 대해 적용된다.

7.81 지름이 10 mm인 원형 트랜지스터(transistor)가 지름이 2 mm인 둥근 노즐에서 분사되는 속도가 20 m/s이고 온도가 15°C인 공기제트에 의하여 냉각되고 있다. 제트출구와 트랜지스터 노출면의 간격은 10 mm이다.

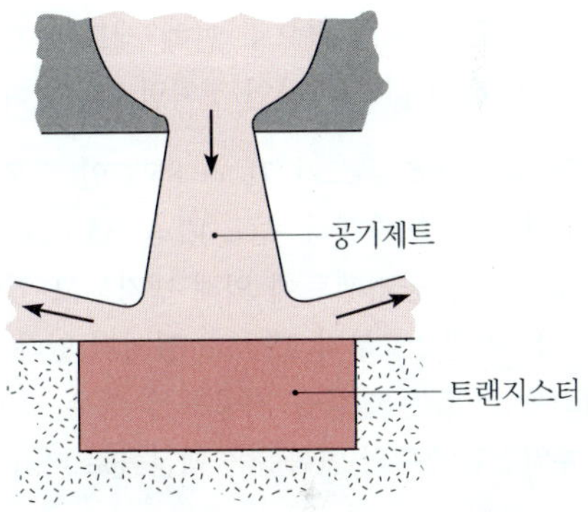

트랜지스터가 노출된 표면을 제외하고는 잘 절연되어 있고, 표면온도가 85°C를 초과하지 않으려면 트랜지스터의 최대 허용 작동동력은 얼마인가?

7.82 AISI 302 스테인리스강으로 만들어진 긴 사각 평판의 초기 온도는 1000 K이며 슬롯제트의 배열에 의하여 냉각된다. 그림 7.17에서 노즐의 폭과 피치는 각각 $W = 10$ mm, $S = 100$ mm이고, 노즐과 평판 사이의 거리는 $H = 200$ mm이다. 평판의 두께와 폭은 각각 $t = 5$ mm, $L = 1$ m이다. 만일 공기가 600 K이고 속도가 30 m/s인 공기분사가 노즐에서 나온다면 평판의 초기 냉각률은 얼마인가?

7.83 저온 프로브는 암성 피부조직을 치료하는 데 사용된다. 그 프로브는 지름 $D_e = 2$ mm의 단일 원형제트로 구성된다. 제트는 바깥지름이 $D_o = 15$ mm인 크고 밀폐된 원통형 관 내에 동심으로 설치된 노즐에서 분출된다. AISI 302 스테인리스강으로 된 프로브의 벽 두께는 $t = 2$ mm이고, 노즐과 프로브의 내면과의 떨어진 거리는 $H = 5$ mm이다.

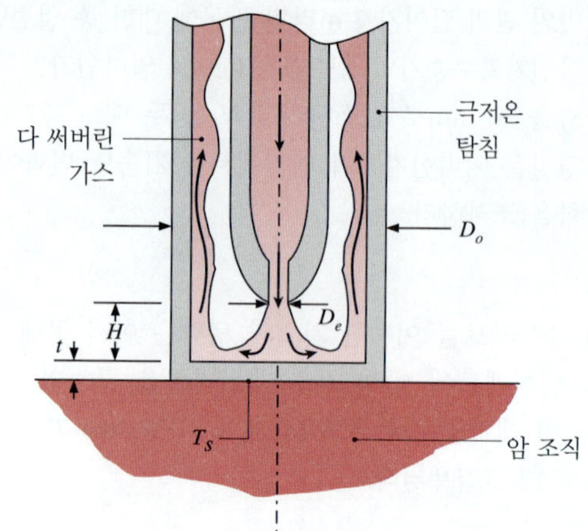

암성 피부조직은 k_c = 0.20 W/m·K이고 프로브 위치에서 멀리 떨어진 온도가 T_c = 37°C인 반무한 매체라고 하면 표면온도 T_s는 얼마인가? 프로브와 피부조직 사이의 접촉저항은 무시한다. T_e = 100 K, V_e = 20 m/s의 차가운 질소는 제트로 분출된다. 힌트: 프로브 벽으로 인해 제트는 갇혀 있고 그림 7.18*c*와 같은 배열 내의 하나인 것처럼 거동한다.

7.84 직경이 25 mm이고 온도가 T_s = 85°C인 고온의 표면이 직경 5 mm의 둥근 노즐에서 속도 V_a = 35 m/s 및 온도 T_a = 25°C로 분사되는 공기제트에 의해 냉각되고 있다. 노즐의 출구부는 고온 평면으로부터 25 mm 떨어져 있다. 만일 공기 대신 이산화탄소 또는 헬륨을 사용했을 경우 고온 표면에서의 평균 대류열전달계수의 변화량을 백분율로 나타내어라.

7.85 10 m/s와 15°C인 공기가 표면온도가 140°C이고, 한 변의 길이가 0.5 m인 정사각형으로 주조된 고온 플라스틱 평판을 냉각시키기 위하여 사용된다. 생산과정에서 생산성을 증진시키기 위하여 폭과 피치가 각각 4 mm, 56 mm이고 노즐–평판의 간격이 40 mm인 슬롯제트의 배열을 사용하여 평판을 냉각시키는 방법이 제안되었다. 분사되는 공기는 온도가 15°C이고 속도는 10 m/s이다.

(a) 평판 위의 평행유동으로 10 m/s와 15°C인 난류화된 공기(turbulated air) 대신 슬롯제트 배열을 사용한다면 냉각률의 증진은 얼마나 이루어질 수 있는가?

(b) 만일 공기속도가 두 배로 증가하면 두 가지의 배열에서 열전달률은 크게 변화할 것인가?

(c) 슬롯제트 배열에서 요구되는 공기의 질량유량은 얼마인가?

7.86 전자부품 조립과정에서 용접 시 충돌제트 사용에 대한 유용성을 검토하도록 요청받고 있다. 그림은 표면접합(surface mount) 부위에 단일 원형노즐을 이용하여 고속으로 뜨거운 공기를 분출시키는 것을 보여 주고 있다.

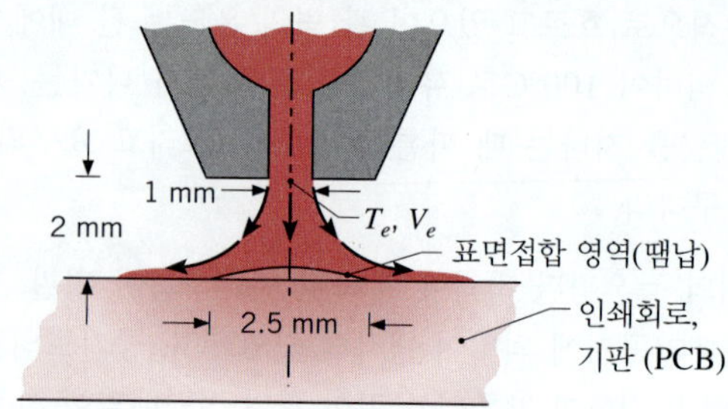

지름이 2.5 mm인 표면접합 부위로부터 2 mm 떨어진 지름이 1 mm인 원형노즐을 고려해 보자.

(a) 공기제트의 속도가 70 m/s이고 온도가 500°C일 때, 표면접합 부위의 평균 대류계수를 구하라.

(b) 기판(PCB) 위의 표면접합 영역은 25°C의 초기온도에서 갑자기 제트에 의해서 대류 가열을 경험하는 반무한 매질로 모델화될 수 있다고 가정하라. 표면온도가 183°C까지 도달하는 데 걸리는 시간을 구하라. 통상적인 용접재의 열물성치는 ρ = 8333 kg/m^3, c_p = 188 J/kg·K, 그리고 k = 51 W/m·K이다.

(c) 공기제트의 온도가 500, 600 및 700°C인 경우에 대하여, 표면온도를 구하고 $0 \le t \le 150$ s 구간에서 시간의 함수로 도시하라. 용접재의 공융온도에 상응하는 저온 한계는 T_{sol} = 183°C이고, 기판이 플라스틱화되는, 즉 유리 천이 온도(glass transition temperature)에 상응하는 고온 한계는 T_{gl} = 250°C이다. 여러분의 결과에 대해서, 그리고 용접에서 제트 사용의 유용성에 대해서 논의하라.

충전층

7.87 열에너지 저장 시스템은 주로 고체의 구슬로 구성된 충전층과 연관되어 있는데, 시스템이 충전되고 있는 동안에는 뜨거운 기체, 그리고 방전되는 동안에는 차가운 기체가 흐른다. 충전과정일 때는 고온의 기체로부터의 열전달에 의해 차가운 구슬에 저장된 열에너지가 증가하고, 방전과정 동안에는 따뜻한 구슬에서 차가운 기체로 열이 전달됨에 따라 저장된 에너지가 감소한다.

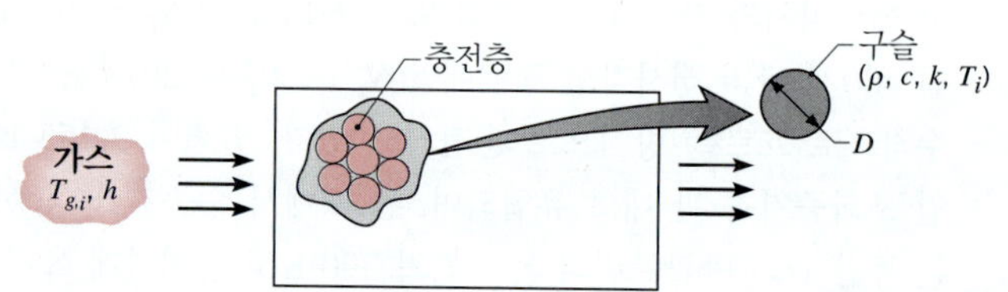

윗 그림과 같이 유입속도와 온도가 각각 V = 1 m/s 및 $T_{g,i}$ = 300°C인 뜨거운 공기에 의해 충전되고 있는 알루미늄 구슬 충전층을 고려해 보자. 이때 대류열전달계수는 지정되지 않은 상태이다. 만일 충전층의 다공도가 ε = 0.40이고 구슬의 초기 온도가 T_i = 25°C일 때, 충전층의 입구 부근에 있는 구슬들이

최대 가능 에너지의 90%를 충전하는 데 걸리는 시간은 얼마인가?

7.88 태양 에너지 및 공업과정 열에너지 이용에 있어서 암석파일(rock pile) 열에너지 저장 시스템 사용이 고려되어 왔다. 길이가 2 m이고 지름이 1 m인 원통형 용기로 되어 있는 어떤 특정한 시스템이 그 속에 지름이 0.03 m인 거의 구형인 암석으로 충전되어 있다. 충전층은 공극공간(void space)이 0.42이고, 암석의 밀도와 비열은 각각 $\rho = 2300$ kg/m^{3}과 $c_p = 879$ J/kg·K이다. 온도가 90°C인 대기 중의 공기가 정상상태에서 1 kg/s의 질량유량으로 암석파일에 공급되는 조건을 고려해 보자. 공기는 용기 속에서 축방향으로 흐른다. 만일 암석의 온도가 25°C라면 공기로부터 암석파일로의 총 열전달률은 얼마인가?

7.89 **페블층 원자로 반응기**(pebble bed nuclear reactor)의 원통 체임버가 길이 $L = 10$ m이고 지름이 $D = 3$ m이다. 이 체임버는 지름이 $D_p = 50$ mm인 구형의 산화우라늄 펠릿으로 충전되어 있다. 각각의 펠릿은 $\dot{E}_g$의 속도로 핵에서 열에너지를 발생시킨다. 페블을 형성하기 위해 펠릿은 $\delta = 5$ mm 두께의 미발열 흑연층으로 코팅되어 있다. 산화 우라늄과 흑연층은 모두 열전도율 2 W/m·K이다. 충전층은 기공률이 $\varepsilon = 0.4$이다. 40 bar로 가압된 헬륨이 페블로부터 열에너지를 흡수하기 위해 사용된다. 헬륨은 $T_i = 450$°C, $V = 3.2$ m/s로 충전층에 들어간다. 헬륨의 물성치는 $c_p = 5193$ J/kg·K, $k = 0.3355$ W/m·K, $\rho = 2.1676$ kg/m^3, $\mu = 4.214 \times 10^{-5}$ kg/s·K, $Pr = 0.654$이다.

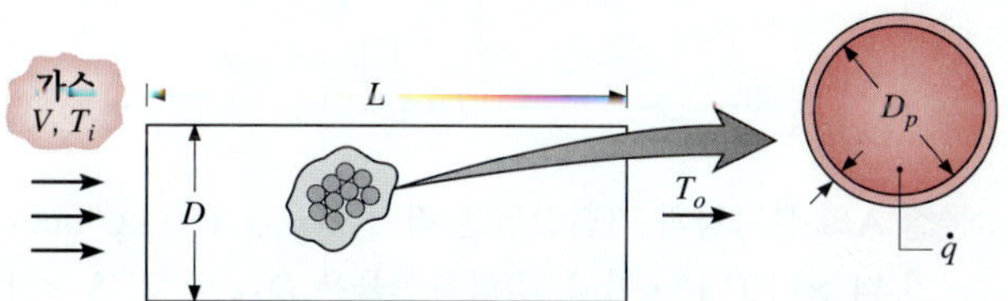

(a) 필요한 총 열에너지 전달률 $q = 125$ MW를 얻기 위해 충전층을 나가는 헬륨의 평균 출구온도 T_o를 결정하고 각각의 펠릿에서 발생하는 열에너지의 크기인 $\dot{E}_g$를 구하라.

(b) 최대 작동온도가 약 2100°C보다 높으면 연료에서 발생하는 에너지 양이 감소한다. 충전층 내의 고온 펠릿 최대 내부온도를 결정하라. Reynolds 수 $4000 \le Re_D \le 10{,}000$ 범위에서 식 (7.81)은 $\varepsilon \bar{j}_H = 2.876\ Re_D^{-1} + 0.3023\ Re_D^{-0.35}$로 대치된다.

7.90 잠열캡슐(latent heat capsule)은 융해잠열이 h_{sf}이고 용융온도가 T_{mp}인 고체-액체 상변화물질(phase-change material)로 채워진 두께가 얇은 구형 셀로 구성된다. 개략도에서 보여 주는 바와 같이, 캡슐은 유체흐름이 있는 원통형 용기에 채워질 수 있다. 만일 상변화물질이 고체 상태이고 $T_{mp} < T_i$이라면, 열이 유체로부터 캡슐로 전달되며, 잠열은 상변화물질이 녹으면서 저장된다. 이와 반대로, 만일 상변화물질이 액체이고 $T_{mp} > T_i$이라면, 상변화물질이 고형화되면서 에너지가 방출되며 열이 유체 내로 전달된다. 양쪽 모두의 상황에서, 충전층 내의 모든 캡슐은 상변화 과정 동안 T_{mp}의 일정온도로 유지되며, 이의 결과로 유체의 출구온도가 T_o로 일정하게 유지된다.

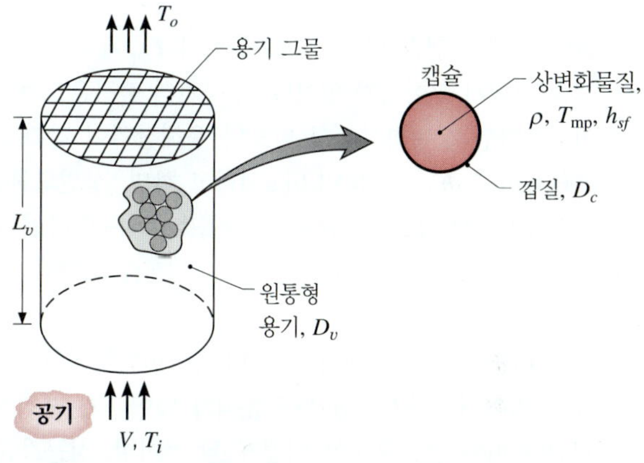

용융점 T_{mp}가 4°C인 유기 화합물이 채워진 캡슐($D_c = 50$ mm)의 충전층($\varepsilon = 0.5$) 내로 공기가 유통되어 냉각시키는 경우를 고려해 보자. 공기는 $T_i = 25$°C, $V = 1.0$ m/s에서 원통형 용기($L_v = D_v = 0.40$ mm)로 유입된다.

(a) 만일 개개의 캡슐 내의 상변화물질이 T_{mp}에서 고체 상태이고 캡슐 내에서 녹는다고 하면, 공기의 출구온도는 얼마인가? 만일 상변화물질의 밀도와 융해잠열이 각각 $\rho = 1200$ kg/m^3, $h_{sf} = 165$ kJ/kg이라고 하면, 상변화물질이 용기 내에서 고상에서 액상으로 변화되는 질량률(mass rate, kg/s)은 얼마인가?

(b) 출구온도에 미치는 입구공기 속도 및 캡슐지름의 영향을 조사하라.

(c) 용기 내의 어느 위치에서 캡슐 내의 상변화물질의 완전융해가 일어나는가? 일단 완전융해가 일어나기 시작하면, 시간에 따른 출구온도는 어떻게 될 것이며, 점근값(asymptotic value)은 얼마인가?

7.91 충전층의 다공성은 용기에 입자를 채워서 충전용기를 진동시킴으로써 감소된다. 진동은 입자의 정착을 촉진시킨다.

(a) 연습문제 7.90a의 공기냉각 과정을 생각해 보자. $\varepsilon = 0.30$이고 상변화물질(PCM)이 용해되는 경우에 출구 공기온도 T_o와 질량률을 구하라. PCM의 총 질량과 공기의 질량유량은 변하지 않는다고 한다. 줄어든 다공성(reduced porosity)을 보정하기 위해 충전용기의 길이 L_v를 줄인다.

(b) 줄어든 다공성을 보정하기 위해 충전용기의 지름 D_v를 줄

이는 경우의 T_o와 PCM의 융해율(melting rate)을 구하여라. 어느 충전용기의 형태가 좋은가?

7.92 연습문제 7.90에서 언급한 잠열캡슐(D_c = 50 mm)의 충전층(ε = 0.5)을 사용하여 주위의 공기를 가열시키도록 요구하는 경우를 고려해 보자. 이 경우에 캡슐 내에는 용융점 T_{mp}가 50°C인 유기 화합물이 채워져 있으며, 공기가 용기($L_v = D_v$ = 0.40 m) 내로 T_i = 20°C 및 V = 1.0 m/s의 상태로 유입된다.

(a) 만일 개개의 캡슐 내의 상변화물질이 T_{mp}에서 액상이고, 캡슐 내에서 고형화가 일어날 때 공기의 출구온도는 얼마인가? 만일 상변화물질의 밀도와 융해잠열이 각각 ρ = 900 kg/m^3, h_{sf} = 200 kJ/kg이라고 하면, 상변화물질이 고상에서 액상으로 변화하는 질량률(kg/s)은 얼마인가?

(b) 출구온도에 미치는 입구공기 속도 및 캡슐지름의 영향을 조사하라.

(c) 용기 내의 어느 위치에서 캡슐 내의 상변화물질의 완전융해가 일어나는가? 일단 완전융해가 일어나기 시작하면, 시간에 따른 출구온도는 어떻게 될 것이며, 점근값은 얼마인가?

7.93 구형 입자들의 충전층은 투과성 발포강체(permeable, rigid foam)를 만들기 위해 고온에서 소결(sintered)된다. 두께 t = 10 mm의 발포박판은 각 지름이 D = 0.6 mm인 소결 청동구들로 구성되어 있다. 발포금속은 ε = 0.25의 다공성을 갖고 있고, 발포박판은 L = 40 mm × W = 40 mm인 풍동의 단면에 채워져 있다. 발포박판의 상면과 하면은 온도 T_s = 80°C를 유지하고 있고, 두 개의 다른 발포 모퉁이들(그림에서 보는 바와 같이 전면 모퉁이와 그에 상응하는 후면 모퉁이)은 단열되어 있다. 상류의 온도와 속도가 각각 T_i = 20°C, V = 10 m/s인 공기가 풍동을 흐르고 있다.

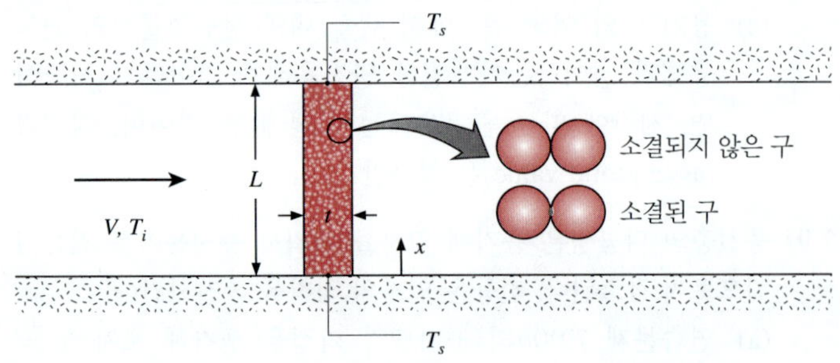

(a) 발포박판이 균일온도 T_s에 있다고 할 때, 공기로의 대류열전달률을 구하라. 실제 열전달률은 당신이 구한 값과 같다고, 작다고, 혹은 크다고 생각하는가?

(b) x 방향으로 1차원 전도라고 가정하여 확장표면해석을 사용해서 공기로의 열전달률을 구하라. 그렇게 하기 위해 식 (3.70)과 관련되어 **유효** 둘레길이가 $P_{eff} = A_{p,t}/L$임을 보여라. 식 (3.25)를 사용하여 발포박판의 유효 열전도율 k_{eff}를 구하라. 실제 열전달률은 당신이 구한 값과 같다고, 작다고, 혹은 크다고 생각하는가?

열전달 및 물질전달

7.94 대기압 상태에서 강제대류에 의한 매끈하고 젖어 있는 평판으로부터의 질량손실을 고려해 보자. 평판의 길이는 0.5 m이고 폭은 3 m이다. 300 K의 건조한 공기가 35 m/s의 자유흐름 속도로 표면온도가 300 K인 평판 위에 흐르고 있다. 평균 물질전달계수 $\bar{h}_m$를 계산하고, 평판으로부터 수증기의 질량손실률(kg/s)을 구하라.

7.95 길이가 0.5 m이고 젖어 있는 평판 위에서 평행하게 흐르고 있는 건조한 대기 중의 공기를 생각해 보자. 공기유속은 35 m/s이고, 공기와 물의 온도는 300 K이다. 평판의 단위폭당 열손실량 q'과 증발률 n'_A을 각각 구하라.

7.96 휘발성 물질(물질 A)로 코팅된 평판이 T_∞ = 20°C이고, u_∞ = 8 m/s인 건조한 대기공기의 평행유동 중에 노출되어 있다. 평판은 전기 가열요소에 의해 134°C의 일정온도로 유지되고 있으며, 표면으로부터는 휘발성 물질이 증발하고 있다. 지면에 수직인 방향으로의 평판의 폭은 0.25 m이며, 바닥은 잘 절연되어 있다.

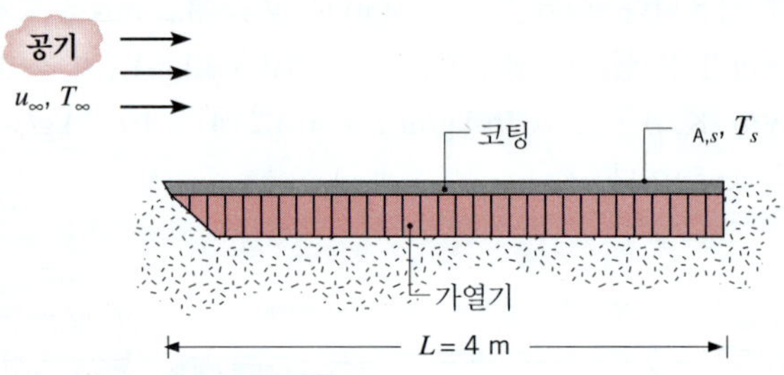

물질 A의 분자량과 기화잠열은 각각 $\mathcal{M}_A$ = 150 kg/kmol, h_{fg} = 5.44 × 10^6 J/kg이고, 질량확산율은 D_{AB} = 7.75 × 10^{-7} m^2/s이다. 물질 A의 포화 증기압이 134°C일 때 0.12 atm이라면 정상상태를 유지하기 위하여 요구되는 전력은 얼마인가?

7.97 자유흐름 속도가 25 m/s이고 350 K인 대기압 상태의 건조한 공기가 길이 1 m인 다공성의 매끄러운 평판 위에 흐르고 있다.

(a) 평판이 350 K의 액체인 물로 포화되었다고 가정하고 평판의 단위폭당 증발질량률 n'_A(kg/s·m)을 구하라.

(b) 공기와 물의 온도가 300, 325 및 350 K일 때 n'_A을 1~25 m/s인 범위에서 속도의 함수로서 도시하라.

7.98 집적회로(integrated circuit) 기판은 판의 밑부분에 회로접점들이 있고 판의 상부는 수조에 노출되어 있다. N = 100인 배열의 회로기판으로부터의 열소산에 관한 개략도는 다음과 같

다. 수조 측면의 길이는 L = 100 mm이고, 수면은 공기의 흐름에 노출되어 있으며, 측면의 돌출부에 의해서 흐름은 난류화된다.

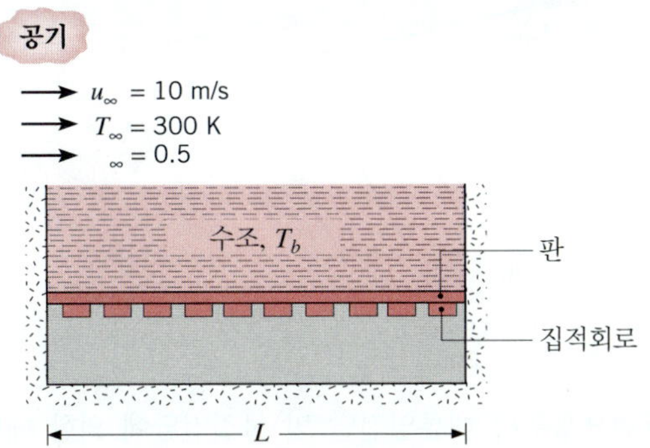

난일 용기의 측면들과 바닥이 주위로부터 질 절연되어 있고, 열은 각 회로에서 일정하게 소산된다면, 물의 온도가 T_b = 350 K로 유지될 때 각 회로로부터 방출되는 열소산율은 얼마인가?

7.99 35°C의 건조한 공기가 20 m/s의 속도로 길이가 500 mm, 폭이 150 mm인 젖어 있는 평판 위에 흐르고 있다. 평판에는 표면의 온도가 20°C로 유지되도록 전열기가 장착되어 전력을 공급하고 있다.

(a) 평판으로부터의 물의 증발률(kg/h)은 얼마인가? 정상상태가 유지되기 위해서는 어느 정도의 전력이 필요한가?

(b) 작동이 오래 지속된 후, 평판의 물은 모두 증발되었고 평판의 표면은 건조되었다. (a)와 동일한 자유흐름 및 공급전력하에서 평판의 온도를 구하라.

7.100 시속 90 km/h로 달리고 있는 소형 화물차(minivan)가 폭풍속을 막 빠져나온 후에 화물차의 천장에는 0.1 mm 두께의 수막이 남겨져 있다. 화물차의 천장은 길이가 6 m인 평판으로 간주할 수 있다. 주위는 27°C의 등온상태이고 상대습도는 80%, 그리고 표면 전체에서의 흐름은 난류라고 가정하자. 화물차의 천장에서 가장 늦게 건조되는 부분은 어느 곳인가? 화물차 천장의 후미(trailing edge)에서 단위면적당 물의 증발률(kg/s·m^2)은 얼마인가?

7.101 상대습도가 40%이고 온도가 T_∞ = 300 K인 주위의 공기가 u_∞ = 12 m/s의 속도로 물이 담겨진 일련의 트레이 위에 평행하게 흐른다.

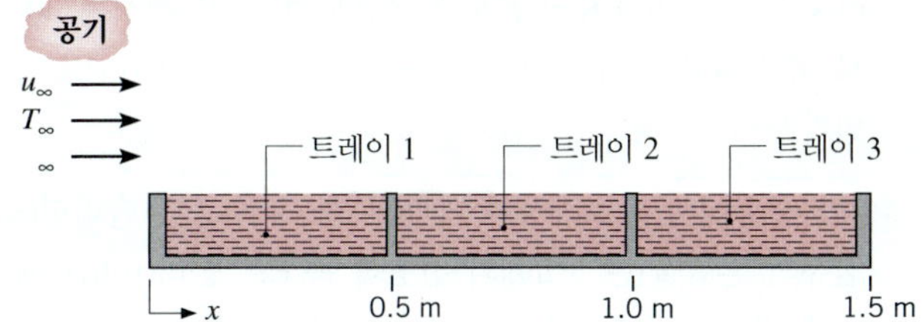

처음 세 개의 트레이 속의 물이 300 K로 유지되기 위해서 공급되어야 할 에너지율은 얼마인가?

7.102 열효율 38%로 운전되고 있는 어느 발전소에서 500 MW의 전력을 생산하고 있다. 발전소에서 벼려지는 열은 폭이 2000 m이고 길이가 2000 m인 냉각연못(cooling pond)에서 주위로 전달된다. 정상상태이고, 주위의 온도는 T_∞ = 20°C, 그리고 상대 습도가 50%일 때, 만일 3 m/s의 산들바람이 연못의 측면과 평행하게 불고 있고 있을 경우의 연못 물의 온도를 구하여라. 대류에 의한 연못으로부터의 열손실률은 얼마인가? 증발에 의한 열손실률은 얼마인가? 대기 조건은 모두 난류 상태이고 복사열전달은 무시한다고 가정하자.

7.103 지름이 20 mm이고 길이가 1 m인 얇은 벽을 갖는 구리관에 $\dot{q}$ = 0.2 MW/m^{3}의 단위 체적당 열에너지를 생성하는 물질이 들어있다. 이 막대관은 대기압 상태이고 속도가 2 m/s인 공기의 직교흐름에 의해 냉각된다. 구리관 내부 물질의 온도는 구리관의 외벽에 두께 t = 2 mm인 얇은 다공성 코팅을 분사함으로써 감소하도록 설계되어 있다. 이 코팅은 곧 액체의 물로 포화 상태가 되고 결국 코팅의 노출된 표면에서 증발냉각이 시작된다. 포화액 상태 코팅의 열전도도는 k_c = 3.5 W/m·K이다. 코팅을 할 때와 하지 않을 때의 구리관의 온도를 구하여라. 주위의 온도는 T_∞ = 25°C이고 상대 습도는 45%이다.

7.104 발전소의 응축기에 사용되는 냉각수는 길이가 1000 m이고 폭이 500 m인 차가운 연못(pond) 내에 저장된다. 하지만 증발손실 때문에 저장소의 적당한 수위를 유지시키기 위해서는 정기적으로 '보충수'의 공급이 필요하다. 물과 공기가 27°C의 등온상태이고, 자유흐름 중인 공기는 건조하고 2 m/s의 속도로 길이가 1000 m인 연못의 길이방향으로 흐르고 있다고 가정하자. 또한 수면 위의 경계층은 모든 곳에서 난류 경계층이라 가정하자. 연못에 날마다 공급되어야 할 보충수의 양을 결정하라.

7.105 종이건조 공정에서, 종이가 0.2 m/s의 속도로 이동하는 벨트 위에 놓여 있으며, 그림 7.18b와 같이 정렬배열의 원형노즐로부터 건조한 공기가 표면 위로 분사되고 있다. 노즐의 지름과 피치가 각각 D = 20 mm, S = 100 mm이고, 노즐-종이 간의 간격 H는 200 mm이다. 공기가 노즐 출구에서 20

m/s의 속도, 300 K의 온도로 유출되며, 젖은 종이는 300 K로 유지되고 있다. 종이의 평균 건조율은 $kg/s \cdot m^2$로 얼마인가?

7.106 제지공장에서 건조과정 중에 있는 한 장의 종이 슬러리(물-섬유의 혼합물)는 5 m/s의 선형적 속도로 롤러(roller)에 둥글게 감기고 있다. 복사 가열기에 의해서 종이의 온도는 T_s = 330 K로 유지되고, 증발에 의해서 건조된다. 종이의 상하부에 있는 주위의 공기는 300 K이다.

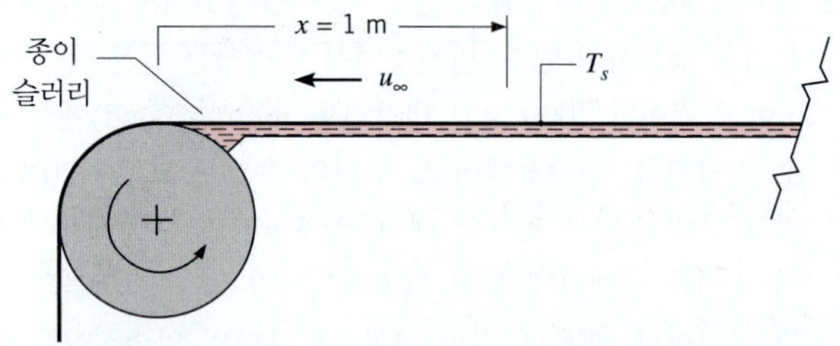

(a) 롤러의 선단으로부터의 거리가 x = 1 m인 지점에서의 증발유속은 얼마인가? 종이가 온도 330 K로 유지되기 위해서 공급되어야 하는 복사율(조사 G)에 해당되는 값은 얼마인가? 종이의 흡수율은 α = 1이다.

(b) 건조와 종이생산 과정을 보다 빠르게 하기 위하여 종이 스트립(strip)의 속도와 온도를 각각 10 m/s와 340 K로 증가시킨다. 종이의 온도를 일정하게 유지시키기 위해서는 조사 G가 종잇조각의 길이 x에 따라 변해야 한다. $0 \le x \le 1$ m 범위에서 $h_{m,x}(x)$, $N''_A(x)$ 및 $G(x)$를 계산하고 도시하라.

7.107 길이가 25 m이고 깊이가 1 m인 삼각형 단면을 가지는 수로가 물을 저장하는 데 사용된다.

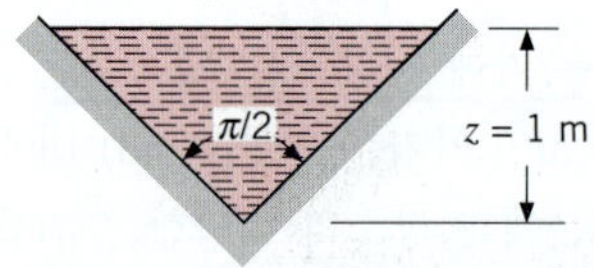

물과 주위의 온도가 각각 25°C이고 상대습도는 50%이다.

(a) 수로의 길이방향으로 공기가 5 m/s의 속도로 흐른다면 표면에서의 증발로 인한 수분손실률은 얼마인가?

(b) 증발에 의한 시간에 따른 수면깊이의 감소율 표현식을 구하라. 위와 같은 조건에서 모든 물이 증발하려면 얼마의 시간이 걸리겠는가?

7.108 온도가 20°C이고 속도가 15 m/s인 건조한 공기가 수분으로 포화된 얇은 다공성 코팅으로 덮인 지름 20 mm인 봉(rod) 위에 흐르고 있다. 봉의 열전도율 k = 175 W/m·K이고 길이는 250 mm이며, 양단에는 35°C로 유지되는 히트싱크가 부착되어 있다.

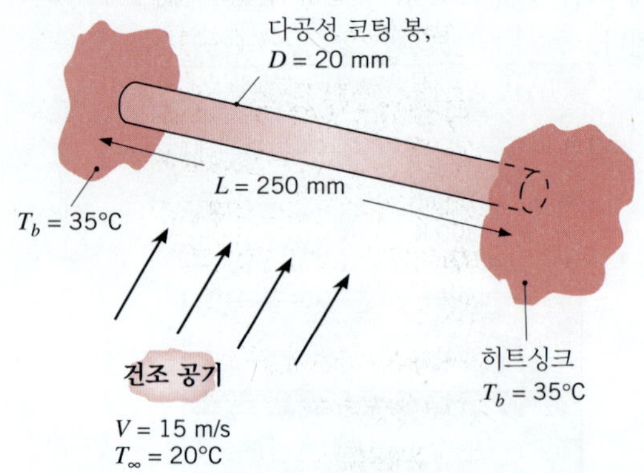

표면으로부터 대류열전달 및 물질전달에 의한 에너지 전달뿐만 아니라 봉에서의 전도를 고려하여 봉-다공성 코팅 시스템에 대한 유한차분 해석(finite-difference analysis)을 수행하라. 봉의 중심에서의 온도와 표면으로부터의 증발률을 계산하기 위하여 상기의 해석을 사용하라. **제안**: 이 시스템의 반(half-length)을 나타내는 데 10노드(node)를 사용한다. 평균 막온도를 기초로 한 총괄 평균 대류열전달계수를 계산하고, 평균 대류물질전달계수를 결정하기 위하여 열전달-물질전달 상사성을 이용한다. 증발이 없는 휜에 대한 해석적 해(analytical solution)와 일치하는 온도분포를 예측하기 위하여 상기의 해석을 이용하여 그 유효성을 입증하라.

7.109 온도가 35°C이고 속도가 15 m/s인 건조한 공기가 지름 20 mm인 긴 원통 위에 흐르고 있다. 원통의 표면은 수분으로 포화된 얇은 다공성 코팅으로 덮여 있으며, 코팅 표면을 20°C로 유지하기 위하여 전력을 공급할 전기가열기가 내장되어 있다.

(a) 단위 길이당 원통으로부터 수분의 증발률(kg/h·m)은 얼마인가? 정상상태를 유지하기 위하여 요구되는 원통의 단위 길이당 전력(W/m)은 얼마인가?

(b) 긴 시간 동안 작동 후에는 코팅 부분의 모든 수분이 증발하게 되고, 표면은 건조하게 된다. 동일한 자유흐름 조건과 (a)의 가열기 전력에서 표면의 온도를 구하라.

7.110 사람의 형체는 지름이 0.3 m이고 길이가 1.75 m이며, 표면온도가 30°C인 옷이 입혀지지 않은 수직 원통으로서 근사화할 수 있다.

(a) 온도가 20°C이고 속도가 10 m/s인 바람이 불 때 열손실량을 계산하라.

(b) 만일 피부가 30°C에서 얇은 층의 수분으로 덮여 있고, 공기의 상대습도가 60%일 때 열손실량은 얼마인가?

7.111 종이건조 과정의 첫 번째 단계에서 지름이 0.15 m인 원통이 젖은 종이로 둘러싸여 있다. 내장된 전기가열기에 의해 종

이의 온도는 70°C로 유지된다. 속도가 10 m/s이고 온도가 20°C인 건조한 공기가 원통을 가로질러 흐르고 있다.

(a) 원통의 단위 길이당 필요한 전력(q')과 증발률(n'_A)을 각각 계산하라.

(b) q'과 n'_A을 건조공기의 속도($5 \le V \le 20$ m/s)와 종이 온도 65, 70, 75°C의 함수로서 도시하라.

7.112 원통형의 건구온도계와 습구온도계가 V의 속도로 덕트를 가로질러 흐르는 습공기의 상대습도 ϕ_∞와 온도 T_∞를 구하기 위하여 지름이 큰 덕트 내에 장착되어 있다. 건구온도계의 유리 표면은 지름이 D_{db}이고 방사율은 ε_g이다. 습구온도계는 밑바닥의 용기로부터 모세관 현상에 의해 계속적으로 유입되는 수분으로 포화된 얇은 심지로 둘러싸여 있다. 습구온도계의 지름은 D_{wb}이고 방사율은 ε_w로 표시된다. 덕트의 안쪽 표면온도는 알고 있는 T_s이고, T_∞보다 낮다. 건구온도 T_{db}와 습구온도 T_{wb} 및 앞에서 기술한 매개변수들에 관한 정보로부터 T_∞와 ϕ_∞를 얻기 위해 사용될 수 있는 표현식을 유도하라. $T_{db} = 45°C$, $T_{wb} = 25°C$, $T_s = 35°C$, $p = 1$ atm, $V = 5$ m/s, $D_{db} = 3$ mm, $D_{wb} = 4$ mm, $\varepsilon_g = \varepsilon_w = 0.95$일 때, T_∞와 ϕ_∞를 구하라. 1차 근사값으로서 건구와 습구공기 물성치를 각각 45°C와 25°C에서 계산하라.

7.113 열오염 문제는 발전소 또는 산업시설로부터 자연수로 온수가 방출되는 것과 관련이 있다. 이러한 문제를 완화시키는 방법은 온수를 방출하기 전에 냉각시키는 것이다. 습식 냉각탑(wet cooling tower)이나 스프레이정(spray pond)을 이용하는 두 가지 방법은 온수를 물방울 형태로 만들어 대기 중으로 어떻게 열을 방출시키는가에 달려 있다. 이런 냉각방식의 메커니즘을 이해하기 위하여 지름이 D이고 온도가 T인 구형 액적이 온도가 T_∞이고 상대습도가 ϕ_∞인 공기 중에서 속도 V로 움직이고 있는 상황을 생각해 보자. 주위의 온도는 T_{sur}로 명기한다. 액적증발률(kg/s)과 냉각률(K/s)을 표현하는 식을 유도하라. $D = 3$ mm, $V = 7$ m/s, $T = 40°C$, $T_\infty = 25°C$, $T_{sur} = 15°C$ 및 $\phi_\infty = 0.60$일 때 액적증발률과 냉각률을 계산하라. 물의 방사율은 $\varepsilon_w = 0.96$이다.

7.114 크랜베리(cranberry)는 재배할 때 물통에서 이송시키면서 수분을 충분히 공급한다. 경작 중 베리의 표면 습기는 세망(fine screen) 위를 구를 때 따뜻한 공기를 유통시켜 건조시킨다. 베리의 평균지름은 15 mm이고, 수분층의 두께는 0.2 mm이다.

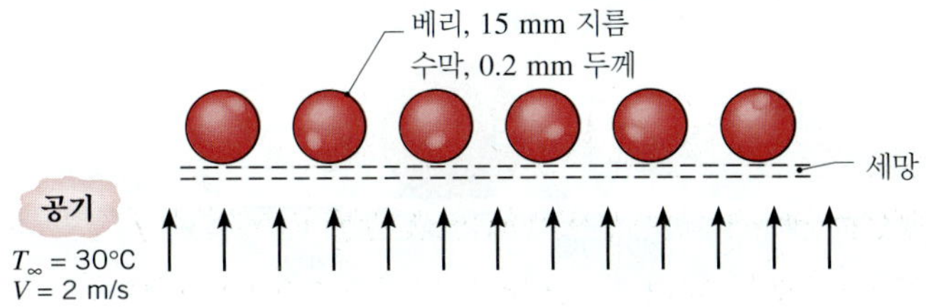

가열된 공기의 속도와 온도가 각각 2 m/s 및 30°C일 때, 베리를 건조시키는 데 요구되는 시간은 얼마인가? 베리 위의 수막의 온도 또한 30°C로 가정하라.

7.115 지름이 0.5 mm인 구형 액적이 1 atm에서 건조하며 정지해 있는 공기 속에서 2.15 m/s의 속도로 낙하한다. 액적 표면온도가 60°C이고 공기온도가 100°C라면 증발률은 얼마인가?

7.116 가정용 난로의 가습장치(humidification system)에서 나오는 지름이 D인 물방울이 따뜻한 공기흐름의 반대방향으로 분사된다. 공기는 액적으로부터 기화에 의하여 가습되고 초과된 물은 **수집판**(splash plate) 위에 포집되어 배수구로 빠져나간다.

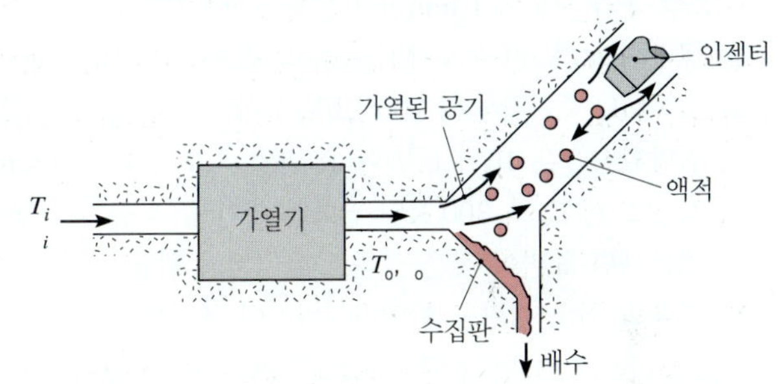

공기가 온도 17°C, 상대습도가 70%인 상태로 가열기로 들어가서 47°C로 가열기에서 빠져나가는 조건을 생각해 보자. 액적지름은 1 mm이고 액적과 가열된 공기와의 상대속도는 15 m/s이다. 흐르는 동안 액적지름의 변화는 무시할 수 있으며, 액적온도는 47°C로 유지된다고 가정할 수 있다. 단일 액적으로부터 증발률은 얼마인가?

7.117 운동형 박테리아는 작은 생물학적 전기화학 엔진으로 회전되는 편모(flagella)가 장착되어 있다. 이것이 박테리아를 숙주액체에서 추진하게 한다. 지름이 $D = 2$ mm인 구형의 **대장균**(Escherichia coli)을 고려하자. 박테리아는 37°C의 물을 기반으로 하는 용액에 있는데 이 용액은 물질확산계수 $D_{AB} = 0.7 \times 10^{-9}$ m²/s이고 에너지 값이 $\mathcal{N} = 16{,}000$ kJ/kg으로 특성화된 양분을 포함하고 있다. 액체와 박테리아의 밀도 차이는 $\Delta\rho_A = 860 \times 10^{-12}$ kg/m³이다. 추진효율을 $\eta = 0.5$라고 가정하고, 대장균의 최대속도를 구하라. 단위 초당 체격지름으로 표현하라.

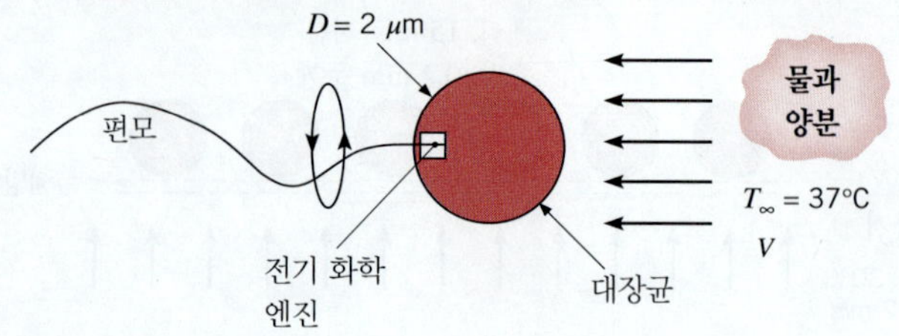

7.118 액체연료 기화과정이 구의 표면이 완전히 젖은 상태로 유지되기에 충분한 연료가 공급되는 다공성 구형 기법(porous sphere technique)을 사용하여 실험실에서 종종 연구되고 있다.

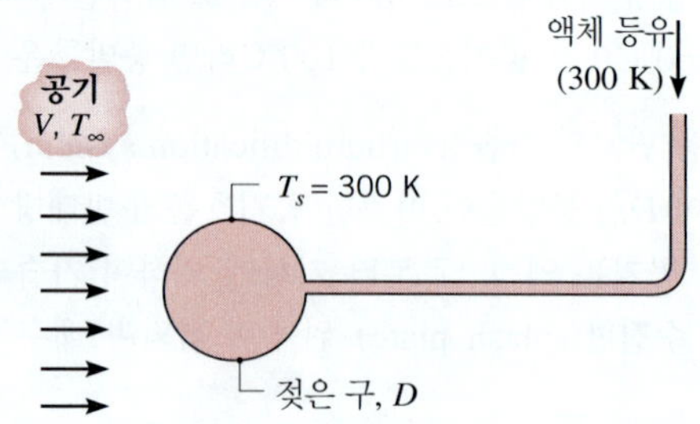

다공성 구의 지름이 1 mm이고 온도가 300 K인 등유의 사용을 생각해 보자. 이 온도에서 등유의 포화 증기밀도는 0.015 kg/m^{3}이고, 증발잠열은 300 kJ/kg이다. 증기-공기 혼합물의 질량확산율은 10^{-5} m^2/s이다. 만일 속도가 $V = 15$ m/s이고, 온도가 $T_\infty = 300$ K인 건조한 대기 중의 공기가 구 위에 흐른다면 표면이 젖은 상태로 유지되기 위해 공급되어야 할 등유의 최소 질량률은 얼마인가? 이 조건하에서 젖은 표면이 300 K로 되기 위해서는 T_∞가 얼마만큼 T_s를 초과해야 하는가?

7.119 $\dot{m}_a$(kg/s)의 질량률로 덕트 내에 흐르는 공기에 수직으로 배열된 관군으로 구성된 공기조화 시스템을 고려해 보자. 관 내로는 냉각수가 흐르고 있어 관 표면의 온도는 $T_s < T_{a,i}$인 일정한 값으로 유지될 수 있으며, 여기서 $T_{a,i}$는 관군의 상류에서의 공기온도이다. 각각의 관 표면에서 얇고 균일한 수막이 유지되어 공기냉각 효과가 증진되는 방법이 제안되어 왔다.

(a) 수막의 온도를 T_s라 가정하여 수막이 없는 냉각량과 수막이 있는 냉각량의 비를 표현하는 식을 유도하라. 냉각량은 $T_{a,i} - T_{a,o}$로 정의되며, 여기서 $T_{a,o}$는 관군의 하류방향의 출구에서의 공기온도이다. 상류방향의 공기는 건조한 상태로 가정할 수 있고, 대류열전달 및 물질전달에 대한 구동 포텐셜(driving potential)은 각각 $(T_{a,i} - T_s)$와 $\rho_{A,sat}(T_s)$로 근사화할 수 있다. 주의: 공기로부터의 총 열손실률은 $q = \dot{m}_a c_{p,a}(T_{a,i} - T_{a,o})$로 표현될 수 있다. $T_{a,i} = 35°C$와 $T_s = 10°C$인 조건하에서 이 비의 값을 결정하라.

(b) 하나의 열에 12개의 관이 있는 5열 관의 관군을 고려해 보자. 각 관의 바깥지름은 8 mm이고 길이는 0.5 mm이며, 관 배열은 $S_T = S_L = 24$ mm의 엇갈림 배열이다. $\dot{m}_a = 0.5$ kg/s, $V = 3$ m/s, $T_{a,i} = 35°C$ 및 $T_s = 10°C$의 조건하에서 관이 젖어 있다면 $T_{a,o}$의 값은 얼마인가? 관군에서 나가는 공기의 습도는 얼마인가?

CHAPTER 08

내부유동

Internal Flow

외부유동에 대한 대류열전달률을 계산하는 방법들을 공부하였으므로, 이제는 **내부유동**(internal flow)에 대한 대류열전달 문제에 대하여 생각해 보기로 한다. 외부유동은 그림 6.6의 평판 경우와 같이, 표면에서 경계층이 외부의 제약 없이 계속적으로 발달될 수 있는 유동이라는 것을 상기하자. 반면에 관 내의 유동과 같은 내부유동은 유체가 표면에 의해 **구속된** 유동이다. 따라서 경계층은 궁극적으로 제약 없이 발달되어 나갈 수 없다. 내부유동의 형상은 화학공정, 환경제어, 그리고 에너지 변환 기술 분야에서 사용되는 유체의 가열과 냉각을 위한 편리한 기하학적 형상을 나타낸다.

이 장에서의 목적은 내부유동과 관련된 물리적 현상들에 대한 이해를 증진시키고 실제적 중요성을 갖는 유동조건에 대한 대류열전달계수를 구하는 데에 있다. 7장에서처럼, 상변화가 일어나지 않는 저속의 강제대류 문제에 관심을 제한할 것이다. 먼저 내부유동에서 경계층 발달의 고유한 특성에 초점을 맞추어 속도(유체역학적)의 영향에 대하여 고찰한다. 그 다음에 온도경계층의 영향에 대하여 고찰하고, 유동방향으로의 유체의 온도변화를 결정하기 위하여 전체적인 에너지평형을 적용한다. 끝으로, 여러 가지 내부유동 조건들에 대해 대류열전달계수를 예측하기 위한 상관식들을 제시한다.

8.1 유체역학적 고찰

외부유동을 고려할 때, 유동이 층류인지 또는 난류인지를 알아보는 것이 필요하다. 그러나 내부유동에 대해서는 입구(entrance)영역과 **완전발달된**(fully developed) 영역의 존재도 고려하여야 한다.

8.1.1 유동조건

유체가 균일한 속도로 들어오는 반지름이 r_o인 원형관 내에서의 층류운동을 고려하자(그림 8.1). 우리는 유체가 표면과 접촉할 때 점성의 영향이 중요해지고, x가 증가함에 따라 경계층이 발달된다는 사실을 알고 있다. 이 발달로 인하여 비점성 유동영역은 줄어들고, 결과적으로 중심선에서 경계층이 병합하게 된다. 경계층이 병합하게 된 이후에는 점성의 영향이 전단면에 걸쳐 확대되고 속도분포는 x가 증가하더라도 더 이상 변화하지 않는다. 이때의 유동을 **완전발달**되었다고 하며 입구에서부터 이 조건이 도달되는 거리를 **유체역학적 입구길이**(hydrodynamic entry length) $x_{fd,h}$라

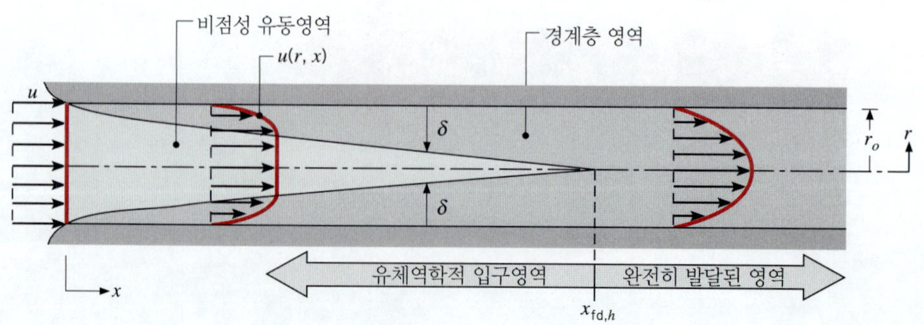

그림 8.1 원형관 내에서의 층류, 유체역학적 경계층의 발달.

고 한다. 그림 8.1에 나타낸 바와 같이 원형관 내의 층류유동의 경우, **완전발달한 속도분포**(fully developed velocity profile)는 포물선 분포이다. 난류에 대해서는 반지름 방향으로의 난류혼합에 의하여 이 분포는 더 **평평**해진다.

내부유동을 다룰 때, 유동이 층류인가 또는 난류인가에 따라 달라지는 입구영역의 크기를 인지하는 것이 중요하다. 원형관 내의 유동에 대한 Reynolds 수는 다음과 같이 정의된다.

$$Re_D \equiv \frac{\rho u_m D}{\mu} = \frac{u_m D}{\nu} \tag{8.1}$$

여기서 u_m은 관의 단면에서의 평균 유체속도이고, D는 관의 지름이다. 완전발달 유동에서 난류의 **시작**에 해당하는 임계 Reynolds 수는 다음과 같다.

$$Re_{D,c} \approx 2300 \tag{8.2}$$

완전난류 조건에 도달하는 데에는 훨씬 더 큰 Reynolds 수($Re_D \approx 10{,}000$)가 요구된다. 난류로의 천이는 입구영역에서의 발달 중인 경계층에서 시작되기 쉽다 [1].

층류유동($Re_D \lesssim 2300$)에 대하여 유체역학적 입구길이는 참고문헌 [2]의 표현으로부터 얻을 수 있다.

$$\left(\frac{x_{\text{fd},h}}{D}\right)_{\text{lam}} \approx 0.05\,Re_D \tag{8.3}$$

이 수식은 유체가 만곡(rounded) 수축노즐로부터 관으로 들어가서 입구에서 거의 균일한 속도분포의 특성을 갖는다는 추정에 기초를 두고 있다(그림 8.1). 난류유동에서의 입구길이에 대한 만족할 만한 일반적인 식은 없지만 입구길이가 Reynolds 수와 거의 무관하다는 것이 알려져 있으며, 1차적인 근사에 의하면 다음과 같이 표현된다[3].

$$10 \lesssim \left(\frac{x_{\text{fd},h}}{D}\right)_{\text{turb}} \lesssim 60 \tag{8.4}$$

이 교재의 목적상, $(x/D) > 10$이면 완전발달된 난류유동이라고 가정한다.

8.1.2 평균속도

속도가 단면 전체에서 변화하고 잘 정의된 자유유동(free stream)이 없으므로, 내부유동을 다룰 때에는 평균속도 u_m을 사용한다. 이 속도는 유체의 밀도 ρ와 관의 단면적 A_c를 곱하면, 관을 통하여 흐르는 질량유량(mass flow rate)이 되도록 정의된다. 따라서

$$\dot{m} = \rho u_m A_c \tag{8.5}$$

균일한 단면적을 가지는 관 내의 정상, 비압축성 유동에서 $\dot{m}$과 u_m은 x에 관계없이 일정하다. 식 (8.1)과 식 (8.5)로부터 **원형관**($A_c = \pi D^2/4$) 내의 유동에 대하여 Reynolds 수가 다음과 같이 되는 것은 명백하다.

$$Re_D = \frac{4\dot{m}}{\pi D \mu} \tag{8.6}$$

질량유량은 질량유속(mass flux, ρu)을 단면적에 대하여 적분하여 구한다.

$$\dot{m} = \int_{A_c} \rho u(r, x)\, dA_c \tag{8.7}$$

따라서 **원형관** 내의 **비압축성** 유동에 대하여 평균속도는 다음과 같이 나타낼 수 있다.

$$u_m = \frac{\int_{A_c} \rho u(r, x)\, dA_c}{\rho A_c} = \frac{2\pi\rho}{\rho\pi r_o^2}\int_0^{r_o} u(r, x) r\, dr = \frac{2}{r_o^2}\int_0^{r_o} u(r, x) r\, dr \tag{8.8}$$

위의 식은 임의의 축방향의 위치에서 속도분포 $u(r)$을 알면, 그 위치에서의 u_m을 구하는 데 사용할 수 있다.

8.1.3 완전발달한 영역에서의 속도분포

원형관의 완전발달한 영역에서 비압축성이며 물성치가 일정한 유체의 층류유동에 대한 속도분포의 형식은 쉽게 결정할 수 있다. 완전발달한 영역에서 중요한 유체역학적 특징은 반지름 방향의 속도성분 y와 축방향 속도성분의 구배($\partial u/\partial x$)가 둘 다 모든 곳에서 영이라는 점이다.

$$v = 0 \quad \text{and} \quad \left(\frac{\partial u}{\partial x}\right) = 0 \tag{8.9}$$

따라서 축방향의 속도성분은 단지 r에만 의존한다. 즉 $u(x, r) = u(r)$이다.

축방향 속도의 반지름에 대한 종속성은 적합한 형태의 x 방향 운동량방정식을 풀어서 얻을 수 있다. 이 형태는 우선 식 (8.9)의 조건에 대하여 완전발달한 영역에서는 정미 운동량 유속이 모든 곳에서 영이라는 것을 인식함으로써 결정된다. 따라서 운동량 보존의 요구조건은 유동 내의 전단 응력과 압력 사이의 단순한 평형으로 귀착된다. 그림 8.2의 고리꼴 미분요소에 대하여 이 힘의 평형은 다음과 같이 표현할 수 있다.

$$\tau_r(2\pi r\, dx) - \left\{\tau_r(2\pi r\, dx) + \frac{d}{dr}[\tau_r(2\pi r\, dx)]dr\right\}$$
$$+\, p(2\pi r\, dr) - \left\{p(2\pi r\, dr) + \frac{d}{dx}[p(2\pi r\, dr)]dx\right\} = 0$$

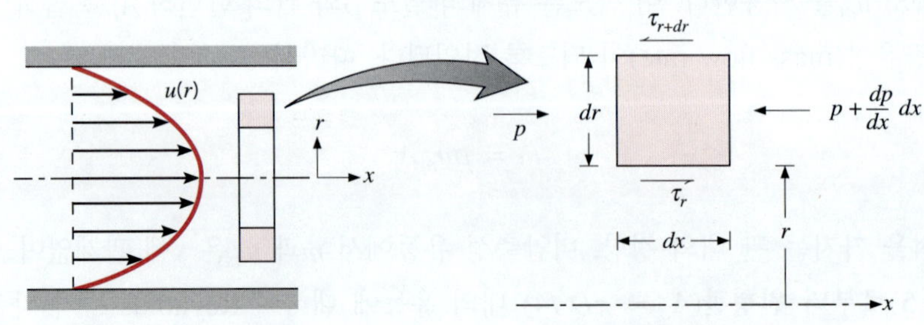

그림 8.2 원형관 내의 층류, 완전발달된 유동에 대한 미분요소에서의 힘의 평형.

이것은 다음과 같이 간략하게 된다.

$$-\frac{d}{dr}(r\tau_r) = r\frac{dp}{dx} \tag{8.10}$$

$y = r_o - r$이므로, 식 (6S.10)으로 주어지는 Newton의 점성법칙은 다음 형태로 나타난다.

$$\tau_r = -\mu\frac{du}{dr} \tag{8.11}$$

따라서 식 (8.10)은 다음과 같이 된다.

$$\frac{\mu}{r}\frac{d}{dr}\left(r\frac{du}{dr}\right) = \frac{dp}{dx} \tag{8.12}$$

축방향 압력구배는 r에 무관하므로, 식 (8.12)를 두 번 적분함으로써 다음의 식을 얻을 수 있다.

$$r\frac{du}{dr} = \frac{1}{\mu}\left(\frac{dp}{dx}\right)\frac{r^2}{2} + C_1$$

그리고

$$u(r) = \frac{1}{\mu}\left(\frac{dp}{dx}\right)\frac{r^2}{4} + C_1 \ln r + C_2$$

적분상수들은 다음의 경계조건들에 의해 결정할 수 있다.

$$u(r_o) = 0 \qquad \text{and} \qquad \left.\frac{\partial u}{\partial r}\right|_{r=0} = 0$$

이들 각각은 관 표면에서의 점착(zero slip) 조건과 중심선에 대한 반지름 방향의 대칭조건이다. 이 상수들을 구하는 것은 간단한 문제이며, 그 결과는 다음과 같다.

$$u(r) = -\frac{1}{4\mu}\left(\frac{dp}{dx}\right)r_o^2\left[1 - \left(\frac{r}{r_o}\right)^2\right] \tag{8.13}$$

따라서 완전발달한 속도분포는 그림 8.2처럼 **포물선**(parabolic)형이다. 압력구배가 항상 음(−)이라는 점을 유의하라.

위의 결과는 유동의 평균속도를 결정하는 데 사용할 수 있다. 식 (8.13)을 식 (8.8)에 대입하고 적분하면 다음과 같은 결과를 얻을 수 있다.

$$u_m = -\frac{r_o^2}{8\mu}\frac{dp}{dx} \tag{8.14}$$

이 결과를 식 (8.13)에 대입하면, 속도분포는 다음과 같이 표현된다.

$$\frac{u(r)}{u_m} = 2\left[1 - \left(\frac{r}{r_o}\right)^2\right] \tag{8.15}$$

u_m은 질량유량을 알면 계산할 수 있으므로, 식 (8.14)는 압력구배를 구하는 데 사용된다.

8.1.4 완전발달한 유동에서의 압력구배와 마찰인자

공학자들은 내부유동을 유지하는 데 필요한 압력강하에 주로 관심을 가지는데 이는 이 매개변수가 펌프나 홴 동력의 요구조건을 결정하기 때문이다. 압력강하를 결정하기 위해서 **Moody**(또는 Darcy)의 **마찰인자**(friction factor)를 이용하는 것이 편리하며, 이것은 다음과 같이 정의되는 무차원 매개변수이다.

$$f \equiv \frac{-(dp/dx)D}{\rho u_m^2/2} \tag{8.16}$$

이 양을 아래에 정의된 **마찰계수**(friction coefficient, 때로는 Fanning 마찰인자라 불림)와 혼동해서는 안 된다.

$$C_f \equiv \frac{\tau_s}{\rho u_m^2/2} \tag{8.17}$$

$\tau_s = -\mu(du/dr)_{r=r_o}$이므로 식 (8.13)으로부터 다음과 같이 된다.

$$C_f = \frac{f}{4} \tag{8.18}$$

식 (8.1)과 (8.14)를 식 (8.16)에 대입하면, 완전발달한 층류유동에 대하여 다음 식을 얻을 수 있다.

$$f = \frac{64}{Re_D} \tag{8.19}$$

완전발달한 난류유동에 대해서는 해석이 훨씬 복잡하기 때문에 궁극적으로는 실험결과에 의존할 수밖에 없다. 마찰인자는 Reynolds 수에 의존할 뿐만 아니라, 관 표면조건의 함수이며 표면거칠기 e가 커질수록 증가한다. 넓은 범위의 조건들에 대해서 계측된 마찰인자들의 상관관계를 Colebrook [4, 5]이 분석해서 다음과 같은 초월 함수로 표현하였다.

$$\frac{1}{\sqrt{f}} = -2.0 \log\left[\frac{e/D}{3.7} + \frac{2.51}{Re_D\sqrt{f}}\right] \tag{8.20}$$

또한 표면조건이 매끈한 경우에 큰 Reynolds 수 영역에 해당하는 마찰인자 상관관계를 Petukhov [6]가 개발하였으며 다음과 같다.

$$f = (0.790 \ln Re_D - 1.64)^{-2} \qquad 3000 \lesssim Re_D \lesssim 5 \times 10^6 \tag{8.21}$$

식 (8.19)와 (8.20)이 그림 8.3의 **Moody 선도** [7]에 나타나 있다.

완전발달한 영역에서는 f, 따라서 dp/dx가 일정함에 유의하라. 식 (8.16)으로부터 완전발달 유동에서 축방향 위치 x_1으로부터 x_2까지의 압력강하 $\Delta p = p_1 - p_2$는 다음과 같이 표현할 수 있다.

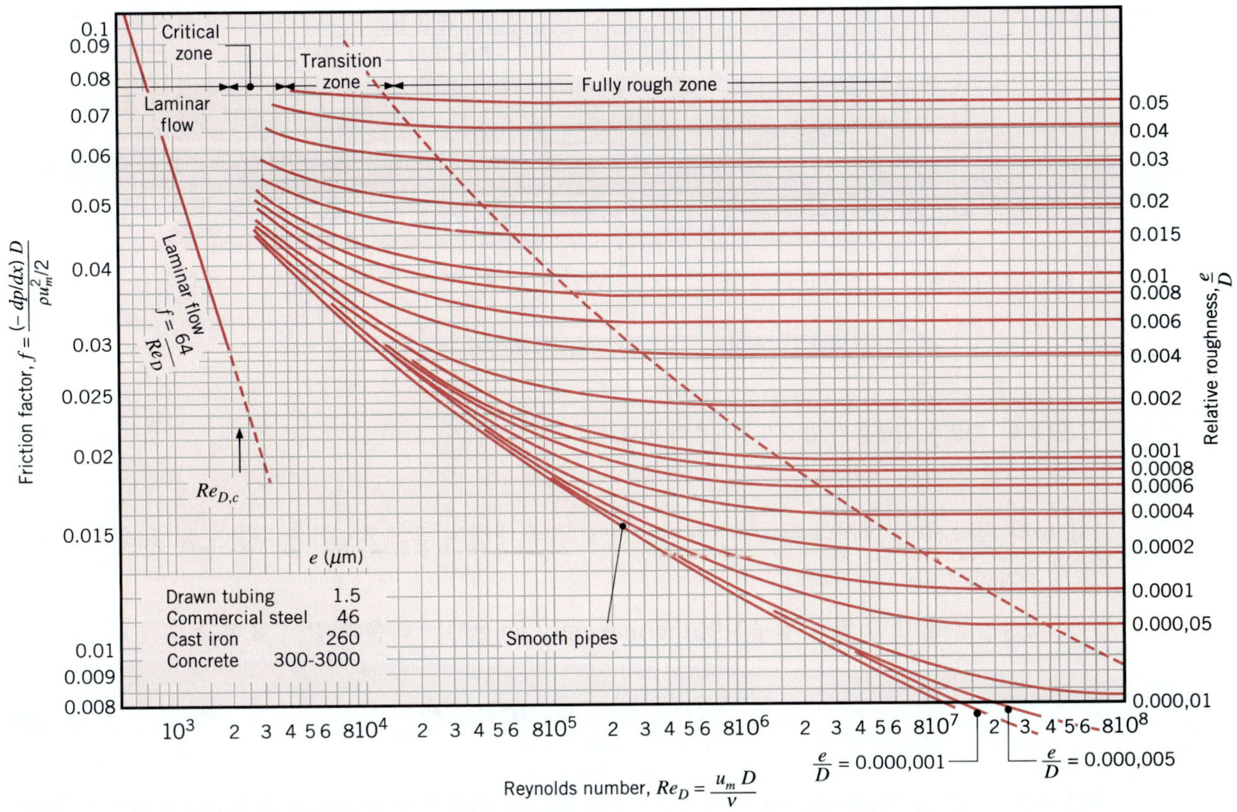

그림 8.3 원형관 내의 완전발달한 유동에 대한 마찰인자[7]. Used with permission from Moody, L. F., *Trans. ASME*, **66**, 671, 1944.

$$\Delta p = -\int_{p_1}^{p_2} dp = f\frac{\rho u_m^2}{2D}\int_{x_1}^{x_2} dx = f\frac{\rho u_m^2}{2D}(x_2 - x_1) \tag{8.22a}$$

여기서 f는 층류에 대하여 그림 8.3 또는 식 (8.19)로부터, 매끈한 관 내의 난류유동인 경우에 대해서는 식 (8.20) 또는 식 (8.21)로부터 구할 수 있다. 압력강하가 있는 유동에 대한 저항을 극복하는 데 요구되는 동력(W)은 다음과 같이 표현된다.

$$P = (\Delta p)\dot{\forall} \tag{8.22b}$$

여기서 체적유량 $\dot{\forall}$는 비압축성 유체에 대해서는 $\dot{\forall} = \dot{m}/\rho$로 표시된다.

8.2 열적 고찰

내부유동의 유체역학에 대해 고찰하였으므로, 이제 열적인 영향들에 대하여 고찰하기로 한다. 그림 8.4에 보이는 바와 같이, 유체가 표면온도보다 낮은 어떤 균일한 온도 $T(r, 0)$로 관으로 들어간다면 대류열전달이 일어나서 **온도경계층**(thermal boundary layer)이 발달하기 시작한다. 더욱이 관 **표면**의 조건이 균일온도(T_s = 일정) 또는 균일 열유속(q''_s = 일정)으로 부과되어 고정된다면, **열적으로 완전발달한 조건**(thermally fully developed condition)에 도달하게 된다. 완전발달한 온도분포 $T(r, x)$의 형상은 일정 표면온도로 유지되느냐, 아니면 일정 열유속으로 유지되느냐

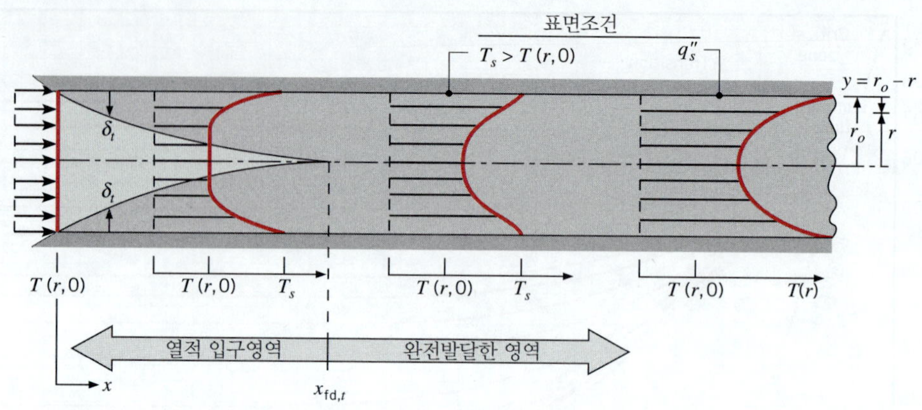

그림 8.4 가열된 원형관 내의 온도경계층의 발달.

에 따라 달라진다. 그러나 두 가지 표면조건 모두에 대하여 유체온도가 입구온도를 초과하는 양은 x가 증가함에 따라 증가한다.

층류유동에 대한 **열적 입구길이**(thermal entry length)는 다음과 같이 표현할 수 있다[3].

$$\left(\frac{x_{\text{fd},t}}{D}\right)_{\text{lam}} \approx 0.05\,Re_D\,Pr \tag{8.23}$$

식 (8.3)과 식 (8.23)을 비교해 보면, $Pr > 1$일 때는 유체역학적 경계층이 온도경계층보다 더 빨리 발달하고($x_{\text{fd},h} < x_{\text{fd},t}$), $Pr < 1$일 때는 그 반대이다. 기름과 같이 Pr 수가 대단히 큰 유체에 대해서는 $x_{\text{fd},h}$가 $x_{\text{fd},t}$보다 대단히 작고 열적 입구영역 전체에 걸쳐서 완전히 발달된 속 도분포로 가정하는 것이 합리적이다. 반면에 난류유동에 대해서는 조건들이 Prandtl 수에 거의 무관하여, 1차적인 근사로서 $(x_{\text{fd},t}/D) = 10$으로 가정한다.

완전히 발달된 영역에서의 열적인 조건들은 몇 가지 흥미롭고 유용한 특징을 가진다. 그러나 이러한 특징들(8.2.3절)을 고찰하기에 앞서 평균온도의 개념과 적절한 형식의 Newton의 냉각법칙에 대한 소개가 필요하다.

8.2.1 평균온도

내부유동을 기술하는 데 자유유동 속도가 없기 때문에 평균속도를 사용한 것과 마찬가지로, 정해진 자유유동 온도가 없기 때문에 **평균온도**(mean temperature) 또는 **혼합평균온도**(bulk temperature)를 사용할 필요가 있다. 평균온도를 정의하기 위해 식 (1.12e)로부터 시작하자.

$$q = \dot{m}c_p(T_{\text{out}} - T_{\text{in}}) \tag{1.12e}$$

오른쪽 항들은 유체에 의해 동반되는 것들로, 비압축성 액체의 경우는 열에너지, 또는 이상기체의 경우는 엔탈피(열에너지와 유동일의 합)를 나타낸다는 것을 상기하자. 이 식을 유도할 때, 입구와 출구 단면적에서는 온도가 일정하다는 것을 암시적으로 가정하였다. 실제 대류열전달이 일어날 때 이것은 사실이 아니므로, $\dot{m}c_pT_m$ 항이 실제 열에너지(또는 엔탈피)의 유동대류율(advection rate)을 단면적 전체를 통하여 적분한 양과 같도록 하여 평균온도를 **정의**한다. 이 실제 유동대류율은 질량유속과 단위질량당 열에너지(또는 엔탈피)의 곱, 즉 c_pT를 단면에 걸쳐 적분하여 구할 수 있다. 그러므로 T_m을 다음과 같이 정의한다.

$$\dot{m}c_pT_m = \int_{A_c} \rho u c_p T dA_c \tag{8.24}$$

또는

$$T_m = \frac{\int_{A_c} \rho u c_p T dA_c}{\dot{m}c_p} \tag{8.25}$$

일정한 ρ와 c_p를 가진 원형관 내의 유동에 대해서 식 (8.5)와 (8.25)로부터 다음과 같이 된다.

$$T_m = \frac{2}{u_m r_o^2}\int_0^{r_o} uTrdr \tag{8.26}$$

T_m에 질량유량과 비열을 곱하면, 유체가 관을 따라 흐를 때 유체와 함께 운반되는 열에너지(엔탈피)의 변화율이 된다는 점에 유의하는 것이 중요하다.

8.2.2 Newton의 냉각법칙

평균온도 T_m은 내부유동에서 편리한 기준 온도로서, 외부유동에서의 자유유동 온도 T_∞와 똑같은 역할을 한다. 따라서 Newton의 냉각법칙은 다음과 같이 표현할 수 있다.

$$q_s'' = h(T_s - T_m) \tag{8.27}$$

여기서 h는 **국소** 대류열전달계수이다. 그러나 T_m과 T_∞ 사이에는 본질적인 차이가 있다. T_∞가 유동방향에 대해 일정한 반면, T_m은 이 방향에 따라 달라진다. 즉 열전달이 일어날 경우, dT_m/dx는 결코 영이 아니다. 열전달이 표면에서 유체로 일어날 경우($T_s > T_m$), T_m은 x에 따라 증가하고, 그 반대의 경우($T_s < T_m$), T_m은 x에 따라 감소한다.

8.2.3 완전발달 조건

표면과 유체 사이에 대류열전달이 존재할 때, 유체의 온도는 x에 따라 계속적으로 변화하므로, 완전발달된 열적 조건에 도달할 수 있는지에 대하여 의문을 가지는 것이 당연하다. 이 상황은 완전발달한 영역에서 T_m은 $(\partial u/\partial x) = 0$이 되는 유체역학적인 경우와는 확실히 다르다. 이와 대조적으로 만약 열전달이 존재한다면, 임의의 반지름 r에서 $(\partial T/\partial x)$ 뿐만 아니라, (dT_m/dx)도 0이 아니다. 따라서 온도분포 $T(r)$은 x에 따라 계속적으로 변화하고 완전발달한 조건은 도저히 도달할 수 없을 것같이 보인다. 이러한 표면적인 모순점은 과도 열전도(5장)와 에너지보존 방정식(6장)에서 한 것처럼, 무차원 형태의 온도를 사용함으로써 해결할 수 있다.

$(T_s - T)/(T_s - T_m)$ 형식의 무차원 온도차를 도입함으로써 이 비(ratio)가 x에 무관한 조건이 존재한다는 것이 알려져 있다[3]. 즉 온도분포 $T(r)$은 x에 따라 계속적으로 변화하더라도 이 분포의 **상대적인** 형상은 더 이상 변화하지 않는다. 이러한 유동을 **열적으로 완전발달하였다**(thermally fully developed)고 한다. 이와 같은 조건이 만족시켜야 할 요구조건은 다음과 같이 공식적으로 표시할 수 있다.

$$\frac{\partial}{\partial x}\left[\frac{T_s(x) - T(r, x)}{T_s(x) - T_m(x)}\right]_{\text{fd},t} = 0 \tag{8.28}$$

여기서 T_s는 관 표면온도이고, T는 국소 유체온도이며, T_m은 관의 단면에 걸친 유체의 평균온도이다.

식 (8.28)로 주어지는 조건은 **균일 표면열유속**(uniform surface heat flux)(q''_s = 일정)인 경우이거나, 또는 **균일 표면온도**(uniform surface temperature)(T_s = 일정)인 경우가 존재하는 관에서 궁극적으로 도달될 수 있다. 이러한 표면조건들은 많은 공학적 응용에서 일어난다. 예를 들면 일정한 표면열유속은 관벽이 전기적으로 가열되거나 또는 외벽이 균일한 복사조사를 받을 때 존재한다. 한편, 일정 표면온도는 상변화(비등이나 응축에 기인한)가 바깥 표면에서 일어나는 경우에 존재한다. 일정 표면열유속 조건과 일정 표면온도 조건을 **동시에** 부과하는 것은 불가능하다. 만일 q''_s이 일정하면 T_s는 x에 따라 변화하여야 하며, 반대로 T_s가 일정하면 q''_s은 x에 따라 변화하여야 한다.

열적으로 발달된 유동의 몇 가지 중요한 특징은 식 (8.28)로부터 추론할 수 있다. 온도비가 x에 무관하므로, 이 비의 r에 관한 미분계수도 x에 무관하여야 한다. 관 표면에서의 이 미분계수를 산정해 보면(T_s와 T_m은 r에 대한 미분에 관한 한 상수임을 유의하라) 다음과 같은 식을 얻을 수 있다.

$$\left.\frac{\partial}{\partial r}\left(\frac{T_s - T}{T_s - T_m}\right)\right|_{r=r_o} = \frac{-\partial T/\partial r|_{r=r_o}}{T_s - T_m} \neq f(x)$$

$\partial T/\partial r$에 대하여 그림 8.4를 참조하면 Fourier 법칙으로부터 다음과 같이 된다.

$$q''_s = -k\left.\frac{\partial T}{\partial y}\right|_{y=0} = k\left.\frac{\partial T}{\partial r}\right|_{r=r_o}$$

그리고 q''_s에 대하여 식 (8.27)의 Newton 냉각법칙으로부터 다음 관계를 얻을 수 있다.

$$\frac{h}{k} \neq f(x) \tag{8.29}$$

따라서 **물성치가 일정한 유체가 열적으로 완전발달한 유동에서 국소 대류열전달계수는 x에 무관하게 일정하다**.

식 (8.28)은 그림 8.5에 나타낸 바와 같이, h가 x에 따라 변화하는 입구영역에서는 충족되지 않는다. 온도경계층 두께가 관 입구에서는 영이므로, 대류열전달계수는 $x = 0$에서 극단적으로 크다. 그러나 온도경계층이 발달됨에 따라 h는 급격히 감소하며, 완전발달한 조건에 도달하면 일정하게 된다.

균일 표면열유속과 같은 특수한 경우에는 더욱 단순화된다. 완전발달한 영역에서 h와 q''_s이 모두 일정하므로, 식 (8.27)로부터 다음과 같이 된다.

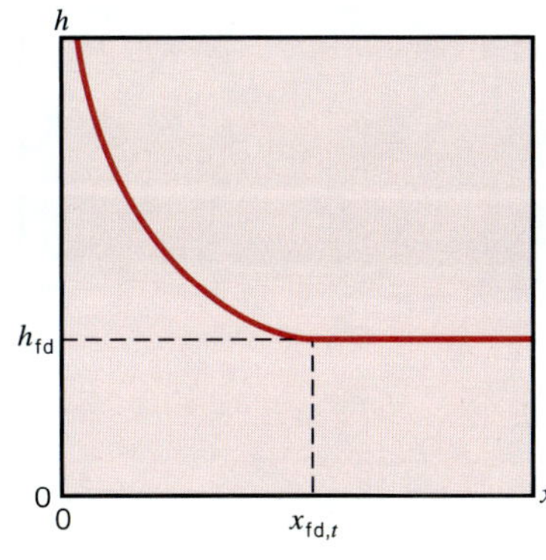

그림 8.5 관 내 유동에서 대류열전달계수의 축방향에 따른 변화.

$$\left.\frac{dT_s}{dx}\right|_{fd,t} = \left.\frac{dT_m}{dx}\right|_{fd,t} \qquad q_s'' = \text{일정} \tag{8.30}$$

식 (8.28)을 전개하고 $\partial T/\partial x$에 대하여 풀면, 다음과 같이 된다.

$$\left.\frac{\partial T}{\partial x}\right|_{fd,t} = \left.\frac{dT_s}{dx}\right|_{fd,t} - \left.\frac{(T_s - T)}{(T_s - T_m)}\frac{dT_s}{dx}\right|_{fd,t} + \left.\frac{(T_s - T)}{(T_s - T_m)}\frac{dT_m}{dx}\right|_{fd,t} \tag{8.31}$$

식 (8.30)에 대입하면, 다음 식을 구할 수 있다.

$$\left.\frac{\partial T}{\partial x}\right|_{fd,t} = \left.\frac{dT_m}{dx}\right|_{fd,t} \qquad q_s'' = \text{일정} \tag{8.32}$$

따라서 축방향의 온도구배는 반지름 방향의 위치에 무관하다. **일정 표면온도**($dT_s/dx = 0$)인 경우 식 (8.31)로부터 다음 식이 구해진다.

$$\left.\frac{\partial T}{\partial x}\right|_{fd,t} = \left.\frac{(T_s - T)}{(T_s - T_m)}\frac{dT_m}{dx}\right|_{fd,t} \qquad T_s = \text{일정} \tag{8.33}$$

이 경우는 $\partial T/\partial x$의 값이 반지름좌표에 의존한다.

앞에서의 결과들로부터 내부유동에 대하여 평균온도는 대단히 중요한 변수임이 명백하다. 이러한 유동을 기술하기 위해서는 평균온도의 x에 따른 변화가 알려져야 한다. 이러한 변화는 유동에 **총합 에너지평형**(overall energy balance)을 적용함으로써 구할 수 있고, 다음 절에서 논할 것이다.

예제 8.1

원형관을 지나는 액체금속의 유동에 대하여 특정한 축방향 위치에서의 속도분포와 온도분포는 각각 균일 분포와 포물선 분포로 근사화할 수 있다. 즉 $u(r) = C_1$ 그리고 $T(r) - T_s = C_1[1 - (r/r_o)^2]$이다. 여기서 C_1과 C_2는 상수이다. 이 위치에서의 Nusselt 수 Nu_D는 얼마인가?

풀이

제시자료: 원형관 내부유동의 특정한 축방향 위치에서의 속도분포 및 온도분포의 형식.

풀이대상: 주어진 위치에서의 Nusselt 수.

개략도:

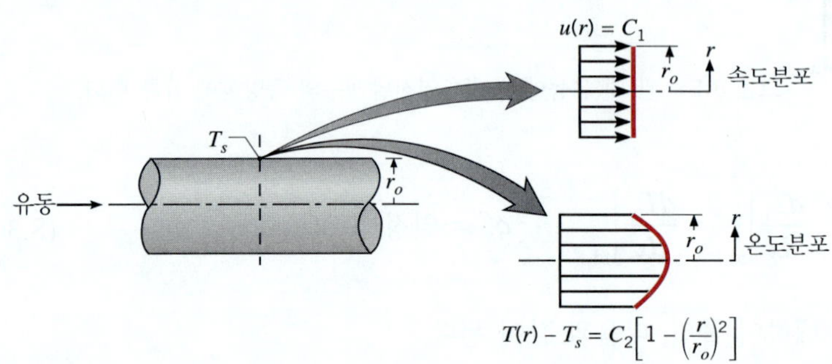

가정: 비압축성, 일정 물성치 유동.

해석: Nusselt 수는 먼저 식 (8.27)로부터 다음과 같이 대류열전달계수를 결정함으로써 구할 수 있다.

$$h = \frac{q_s''}{T_s - T_m}$$

식 (8.26)으로부터 평균온도는 다음과 같다.

$$T_m = \frac{2}{u_m r_o^2}\int_0^{r_o} uTr\,dr = \frac{2C_1}{u_m r_o^2}\int_0^{r_o}\left\{T_s + C_2\left[1 - \left(\frac{r}{r_o}\right)^2\right]\right\} r\,dr$$

또는 식 (8.8)로부터 $u_m = C_1$이므로, 다음과 같이 쓸 수 있다.

$$T_m = \frac{2}{r_o^2}\int_0^{r_o}\left\{T_s + C_2\left[1 - \left(\frac{r}{r_o}\right)^2\right]\right\} r\,dr$$

$$T_m = \frac{2}{r_o^2}\left[T_s\frac{r^2}{2} + C_2\frac{r^2}{2} - \frac{C_2}{4}\frac{r^4}{r_o^2}\right]\Bigg|_0^{r_o}$$

$$T_m = \frac{2}{r_o^2}\left(T_s\frac{r_o^2}{2} + \frac{C_2}{2}r_o^2 - \frac{C_2}{4}r_o^2\right) = T_s + \frac{C_2}{2}$$

열유속은 Fourier법칙으로부터 구할 수 있으며, 이 경우는 다음과 같다.

$$q_s'' = k\frac{\partial T}{\partial r}\bigg|_{r=r_o} = -kC_2 2\frac{r}{r_o^2}\bigg|_{r=r_o} = -2C_2\frac{k}{r_o}$$

따라서

$$q_s'' = k\frac{\partial T}{\partial r}\bigg|_{r=r_o} = -kC_2 2\frac{r}{r_o^2}\bigg|_{r=r_o} = -2C_2\frac{k}{r_o}$$

그리고

$$Nu_D = \frac{hD}{k} = \frac{(4k/r_o)\times 2r_o}{k} = 8$$

◁

8.3 에너지평형

8.3.1 일반적인 고찰

관 내의 유동은 완전히 밀폐되어 있으므로, 에너지평형을 적용함으로써 평균온도 $T_m(x)$가 관을 따라 어떻게 변화하는지, 그리고 총 대류열전달 q_{conv}가 관 입구 및 출구에서의 온도차와 어떻게 연관되는지를 결정할 수 있다. 그림 8.6에 주어진 관유동에 대하여 고려하자. 유체는 일정 유량 $\dot{m}$으로 흐르며, 대류열전달은 안쪽 표면에서 일어난다. 전형적으로 1.3절에서의 4가지 가정 중 하나를 택하여 식 (1.12e)와 같이 단순화된 정상유동 열에너지방정식을 유도하는 것이 타당하다. 예를 들어 점성소산(viscous dissipation)을 무시하여(연습문제 8.9 참조) 유체의 압력변화를 무시할 수 있는 이상기체 또는 비압축성 액체로 모델화할 수 있는 경우가 자주 있다. 추가적으로 축방향으로의 전도에 의한 열전달도 자주 무시되어 식 (1.12e)의 열전달 항은 단지 q_{conv}만 포함하게 된다. 따라서 식 (1.12e)는 일정길이의 관에 대하여 다음과 같이 쓸 수 있다.

$$q_{\text{conv}} = \dot{m}c_p(T_{m,o} - T_{m,i}) \tag{8.34}$$

이 간단한 총괄 에너지평형으로부터 세 개의 중요한 열적 변수들(q_{conv}, $T_{m,o}$, $T_{m,i}$)의 관계가 주어진다. **이것은 표면의 열적 조건이나 관유동 조건에 관계없이 적용되는 일반적인 표현이다.**

식 (1.12e)를 그림 8.6에 나타난 미소 검사체적(differential control volume)에 적용하고, $\dot{m}c_pT_m$이 단면적에 대해 적분된 실제 열에너지(또는 엔탈피)의 유동대류율을 나타내도록 T_m을 정의한다는 사실을 상기하면 다음 식을 얻을 수 있다.

$$dq_{\text{conv}} = \dot{m}c_p[(T_m + dT_m) - T_m] \tag{8.35}$$

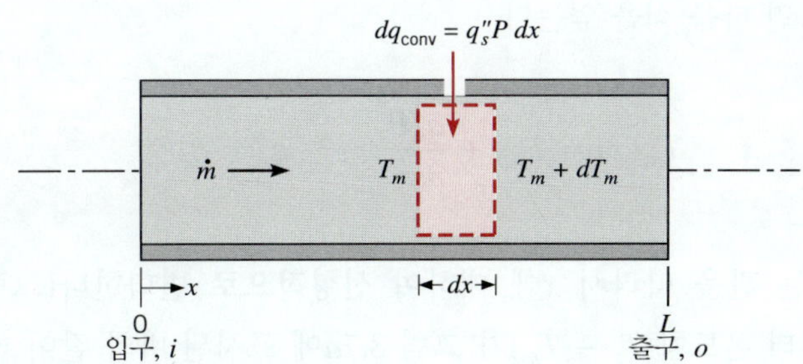

그림 8.6 관에서의 내부유동에 대한 검사체적.

또는

$$dq_{\text{conv}} = \dot{m}c_p dT_m \tag{8.36}$$

식 (8.36)은 미분요소에 대한 대류열전달률을 $dq_{\text{conv}} = q_s''P\,dx$로 표현하면 편리한 형식으로 바꿀 수 있다. 여기서 P는 표면의 주변길이(원형관인 경우 $P = \pi D$)이다. 식 (8.27)을 대입하면, 다음 식을 얻을 수 있다.

$$\frac{dT_m}{dx} = \frac{q_s''P}{\dot{m}c_p} = \frac{P}{\dot{m}c_p}h(T_s - T_m) \tag{8.37}$$

이 식은 T_m의 축방향 변화를 결정할 수 있는 매우 유용한 결과이다. $T_s > T_m$이면 열이 유체로 전달되고, T_m은 x에 따라 증가하며, $T_s < T_m$이면 그 반대가 된다.

식 (8.37)의 우변의 양들이 x에 따라 변화하는 방식에 유의해야 한다. P는 x에 따라 변화할 수도 있으나 가장 일반적인 경우는 이것이 일정한 경우이다(일정 단면적의 관). 이 경우 $P/\dot{m}c_p$의 값은 일정한 상수이다. 대류열전달계수 h는 입구영역(그림 8.5)에서는 x에 따라 변화하지만, 완전발달한 영역에서는 일정하다. 결과적으로 T_s가 일정하더라도 T_m은 항상 x에 따라 변화한다(열전달이 없는 $T_s = T_m$인 평범한 경우는 제외).

$T_m(x)$에 대한 식 (8.37)의 해는 표면의 열적 조건에 의존한다. 관심 있는 두 가지 특별한 경우들은 **일정 표면열유속과 일정 표면온도**임을 상기하자. 이들 조건 중 한 가지가 합리적인 근사 조건이 되는 경우가 보통이다.

8.3.2 일정 표면열유속

일정 표면열유속에 대하여 총 열전달률 q_{conv}를 결정하는 것은 간단한 일이다. q_s''이 x에 무관하므로 다음과 같다.

$$q_{\text{conv}} = q_s''(P \cdot L) \tag{8.38}$$

이 식은 식 (8.34)와 함께 유체의 온도변화 $T_{m,o} - T_{m,i}$를 결정하는 데 사용될 수 있다.

또한 일정한 q_s''에 대하여 식 (8.37)의 중간 항은 x에 무관한 상수이다. 그러므로 다음과 같다.

$$\frac{dT_m}{dx} = \frac{q_s''P}{\dot{m}c_p} \neq f(x) \tag{8.39}$$

$x = 0$에서부터 적분하면 다음 식을 얻는다.

$$T_m(x) = T_{m,i} + \frac{q_s''P}{\dot{m}c_p}x \qquad q_s'' = \text{일정} \tag{8.40}$$

따라서 평균온도는 관을 따라서 x에 대하여 **선형적으로** 변화한다(그림 8.7*a*). 더욱이 식 (8.27)과 그림 8.5로부터 온도차($T_s - T_m$)가 그림 8.7*a*에 표시된 바와 같이 x에 따라 변화함을 예

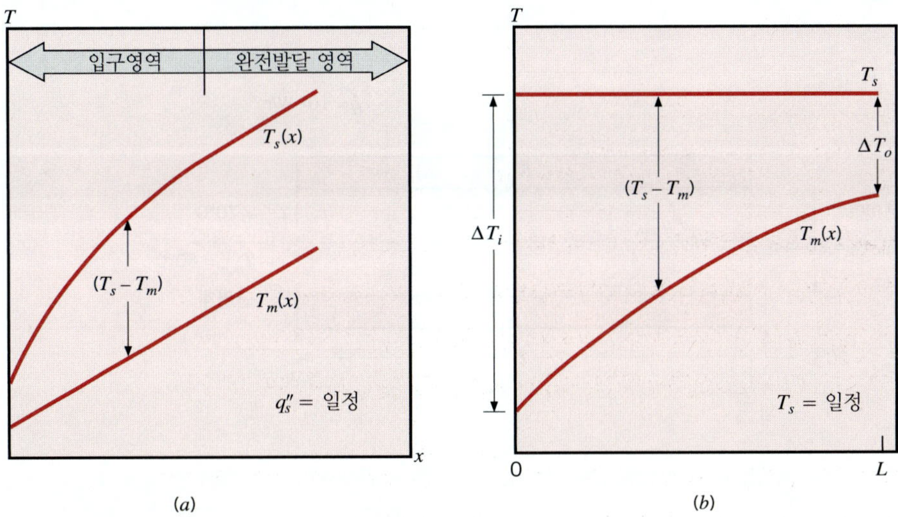

그림 8.7 관 내에서의 열전달에 대한 축방향 온도변화. (*a*) 일정 표면열유속, (*b*) 일정 표면온도.

상할 수 있다. 이 온도차는 처음에는 작으나(입구에서 h가 큰 값을 가지기 때문) 경계층 발달에 의하여 h가 감소하기 때문에 x가 증가함에 따라 증가한다. 그러나 완전발달한 영역에서는 h가 x에 무관하다. 따라서 식 (8.27)로부터 $(T_s - T_m)$도 역시 이 영역에서는 x에 무관하여야 한다.

열유속이 일정하지 않고 x의 알려진 함수로 주어질 때에도 식 (8.37)을 적분하여 x에 따른 평균온도의 변화를 구할 수 있는 것을 상기하라. 마찬가지로 총 열전달률은 $q_{\text{conv}} = \int_0^L q_s''(x) P\, dx$의 요구조건으로부터 얻어질 수 있다.

예제 8.2

입구온도 $T_{m,i} = 20°\text{C}$에서 출구온도 $T_{m,o} = 60°\text{C}$까지 물을 가열하는 시스템은 안지름과 바깥지름이 20 mm와 40 mm인 두꺼운 벽의 관을 통하여 물이 지나가도록 구성되어 있다. 관의 바깥 표면은 잘 단열되어 있으며, 벽 내부에서 전기적 가열을 통하여 $\dot{q} = 10^6\ \text{W/m}^3$의 율로 균일한 열을 공급하고 있다.

1. 물의 질량유량이 $\dot{m} = 0.1$ kg/s일 때, 원하는 출구온도에 도달하기 위해서는 관의 길이가 얼마나 길어야 하는가?

2. 관의 안쪽 표면온도가 출구에서 $T_s = 70°\text{C}$이면, 출구에서의 국소 대류열전달계수는 얼마인가?

풀이

제시자료: 균일한 열발생이 있는 두꺼운 벽으로 된 관을 통한 내부유동.

풀이대상:

1. 원하는 출구온도에 도달하기 위하여 필요한 관의 길이.

2. 출구에서의 국소 대류열전달계수.

개략도:

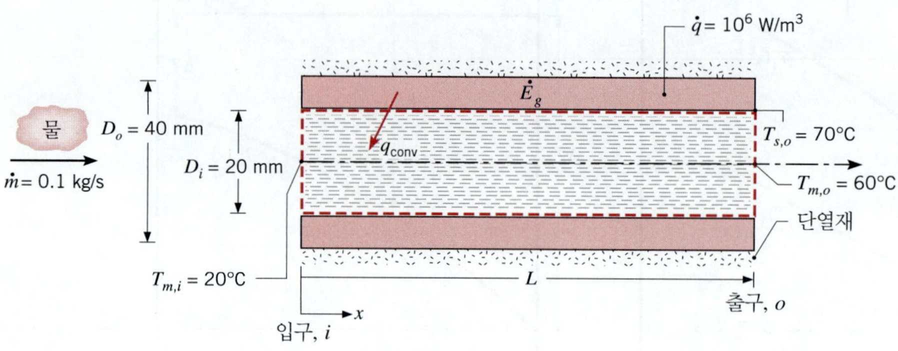

가정:

1. 정상상태 조건들.
2. 균일한 열유속.
3. 비압축성 액체와 점성소산 무시.
4. 일정 물성치들.
5. 단열된 관의 바깥 표면.

물성치: 표 A.6에서 물($\overline{T}_m$ = 313 K): $c_p = 4179$ J/kg · K..

해석:

1. 관의 바깥 표면이 단열되어 있으므로, 관벽 내에서 발생한 에너지율은 물로 대류되는 율과 같아야 한다.

$$\dot{E}_g = q_{\text{conv}}$$

그리고

$$\dot{E}_g = \dot{q}\frac{\pi}{4}(D_o^2 - D_i^2)L$$

이므로, 식 (8.34)로부터 다음과 같이 된다.

$$\dot{q}\frac{\pi}{4}(D_o^2 - D_i^2)L = \dot{m}c_p(T_{m,o} - T_{m,i})$$

또는 다음과 같다.

$$L = \frac{4\dot{m}c_p}{\pi(D_o^2 - D_i^2)\dot{q}}(T_{m,o} - T_{m,i})$$

$$L = \frac{4 \times 0.1\ \text{kg/s} \times 4179\ \text{J/kg} \cdot \text{K}}{\pi(0.04^2 - 0.02^2)\text{m}^2 \times 10^6\ \text{W/m}^3}(60 - 20)°\text{C} = 17.7\ \text{m}$$ ◁

2. 식 (8.27)인 Newton의 냉각법칙으로부터 관 출구에서의 국소 대류열전달계수는 다음과 같다.

$$h_o = \frac{q_s''}{T_{s,o} - T_{m,o}}$$

벽에서의 균일한 열발생이 다음과 같은 일정 표면열유속을 제공한다고 가정하면

$$q_s'' = \frac{\dot{E}_g}{\pi D_i L} = \frac{\dot{q}}{4}\frac{D_o^2 - D_i^2}{D_i}$$

$$q_s'' = \frac{10^6\ \text{W/m}^3}{4}\frac{(0.04^2 - 0.02^2)\,\text{m}^2}{0.02\ \text{m}} = 1.5 \times 10^4\ \text{W/m}^2$$

이므로

$$h_o = \frac{1.5 \times 10^4\ \text{W/m}^2}{(70 - 60)°\text{C}} = 1500\ \text{W/m}^2 \cdot \text{K}$$ ◁

부가설명:

1. 만약 관 전체에 걸쳐서 완전발달한 조건이면, 국소 대류열전달계수와 온도차 $(T_s - T_m)$은 x에 무관하다. 따라서 관 전체에서 $h = 1500\ \text{W/m}^2 \cdot \text{K}$이며, $(T_s - T_m) = 10°\text{C}$이다. 그러므로 입구에서의 안쪽 표면온도는 $T_{s,i} = 30°\text{C}$이다.
2. 요구되는 관길이 L은 $T_m(x)$에 대한 식 (8.40)을 $x = L$에 적용하여 구할 수 있다.

8.3.3 일정 표면온도

총 열전달률과 평균온도의 축방향 분포가 **일정 표면온도** 조건에 대해서는 전혀 달라진다. ΔT를 $T_s - T_m$이라 정의하면, 식 (8.37)은 다음과 같이 쓸 수 있다.

$$\frac{dT_m}{dx} = -\frac{d(\Delta T)}{dx} = \frac{P}{\dot{m}c_p} h \Delta T$$

변수들을 분리하고 관의 입구부터 출구까지 적분하면

$$\int_{\Delta T_i}^{\Delta T_o} \frac{d(\Delta T)}{\Delta T} = -\frac{P}{\dot{m}c_p}\int_0^L h\,dx$$

이며, 또는 다음과 같다.

$$\ln\frac{\Delta T_o}{\Delta T_i} = -\frac{PL}{\dot{m}c_p}\left(\frac{1}{L}\int_0^L h\,dx\right)$$

식 (6.13)으로 주어지는 평균 대류열전달계수의 정의로부터 다음 식을 얻을 수 있다.

$$\ln\frac{\Delta T_o}{\Delta T_i} = -\frac{PL}{\dot{m}c_p}\bar{h}_L \qquad T_s = \text{일정} \tag{8.41a}$$

여기서 $\bar{h}_L$ 또는 간단히 $\bar{h}$는 관 전체에 대한 h의 평균값이다. 다시 정리하면 다음과 같다.

$$\frac{\Delta T_o}{\Delta T_i} = \frac{T_s - T_{m,o}}{T_s - T_{m,i}} = \exp\left(-\frac{PL}{\dot{m}c_p}\bar{h}\right) \qquad T_s = \text{일정} \tag{8.41b}$$

관 내의 관 입구로부터 임의의 축방향 위치 x까지 적분하면 위와 유사하지만 더 일반적인 다음 결과를 얻을 것이다.

$$\frac{T_s - T_m(x)}{T_s - T_{m,i}} = \exp\left(-\frac{Px}{\dot{m}c_p}\bar{h}(x)\right) \qquad T_s = 일정 \tag{8.42}$$

여기서 $\bar{h}(x)$는 관 입구로부터 x까지의 h의 평균값이다. 이 결과는 온도차 $(T_s - T_m)$이 관의 축방향 거리에 따라 **지수적으로 감소함**을 보여 준다. 따라서 축방향 표면온도 분포와 평균온도 분포는 그림 8.7b에 표시된 바와 같다.

온도의 감소가 지수적인 특성을 가지므로, 총 열전달률 q_{conv}에 대한 식을 결정하는 것은 간단하지 않다. 식 (8.34)를 다음과 같이 표시하고

$$q_{\text{conv}} = \dot{m}c_p[(T_s - T_{m,i}) - (T_s - T_{m,o})] = \dot{m}c_p(\Delta T_i - \Delta T_o)$$

식 (8.41a)를 $\dot{m}c_p$에 대입하면, 다음 식을 얻을 수 있다.

$$q_{\text{conv}} = \bar{h}A_s\Delta T_{\text{lm}} \qquad T_s = 일정 \tag{8.43}$$

여기서 A_s는 관의 표면적($A_s = P \cdot L$)이고, ΔT_{lm}은 다음과 같은 **대수평균 온도차**(log mean tem-perature difference)이다.

$$\Delta T_{\text{lm}} \equiv \frac{\Delta T_o - \Delta T_i}{\ln(\Delta T_o/\Delta T_i)} \tag{8.44}$$

식 (8.43)은 관 전체에 대한 Newton 냉각법칙의 한 형태이며, ΔT_{lm}은 관 길이에 걸친 온도차의 적절한 **평균**이다. 이 평균온도차의 대수적 성질은 [$\Delta T_{\text{am}} = (\Delta T_i + \Delta T_o)/2$의 형식인 **산술평균 온도**(arithmetic mean temperature)와 대조적으로] 온도가 지수적으로 감소하는 데 기인한다.

이 절을 끝내기 전에, 많은 응용에 있어서 실제로 주어지는 것이 고정된 관 표면의 온도라기보다는 **외부** 유체의 온도라는 것에 유의하여야 한다(그림 8.8). 이러한 경우, 이 절에서의 결과들에서 T_s 대신에 T_∞(외부 유체의 자유유동 온도), $\bar{h}$ 대신에 $\bar{U}$(평균 열관류계수)를 사용하면 된다. 즉

$$\frac{\Delta T_o}{\Delta T_i} = \frac{T_\infty - T_{m,o}}{T_\infty - T_{m,i}} = \exp\left(-\frac{\bar{U}A_s}{\dot{m}c_p}\right) \tag{8.45a}$$

그리고 다음과 같다.

$$q = \bar{U}A_s\,\Delta T_{\text{lm}} \tag{8.46a}$$

열관류계수는 3.3.1절에서 정의하였으며, 이를 적용하면 관의 안쪽 표면과 바깥 표면에서의 대류에 의한 기여들을 포함하게 된다. 열전도율이 작고 두께가 두꺼운 관에 대해서는 관벽을 통한 열

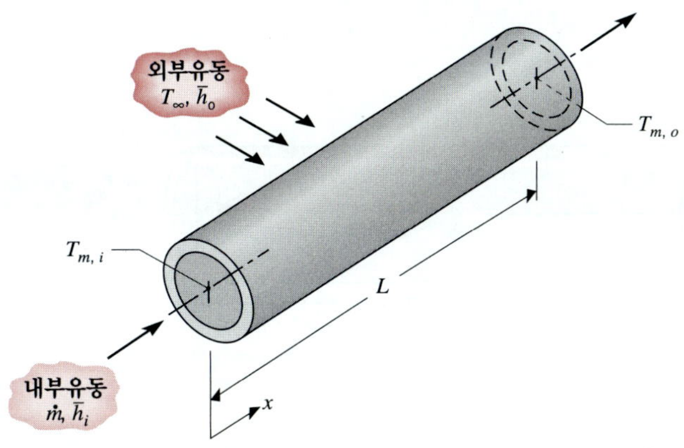

그림 8.8 관의 외부를 유동하는 유체와 내부를 통과하는 유체 사이에서의 열전달.

전도의 영향도 포함해야 할 것이다. 곱 $\bar{U}A_s$는 그것이 관의 안쪽($\bar{U}_i A_{s,i}$) 또는 바깥쪽($\bar{U}_o A_{s,o}$) 표면적들에 관계없이 같은 결과를 가져온다는 것을 상기하자[식 (3.32) 참조]. 또한 $(\bar{U}A_s)^{-1}$은 두 유체들 사이의 총 열저항과 동등하고 이 경우에 식 (8.45a)와 (8.46a)는 다음과 같이 표시할 수 있다.

$$\frac{\Delta T_o}{\Delta T_i} = \frac{T_\infty - T_{m,o}}{T_\infty - T_{m,i}} = \exp\left(-\frac{1}{\dot{m}c_p R_{\text{tot}}}\right) \tag{8.45b}$$

그리고

$$q = \frac{\Delta T_{\text{lm}}}{R_{\text{tot}}} \tag{8.46b}$$

앞에 제시된 조건들의 일반적인 변형은 외부 유체의 자유유동 온도 T_∞보다 **바깥** 표면의 균일한 온도 $T_{s,o}$가 알려진 경우이다. 그러면 앞 방정식에서 T_∞가 $T_{s,o}$로 대치되고 총 저항이 안쪽 유동과 관련된 대류저항과 함께 관의 안쪽 표면과 $T_{s,o}$에 해당하는 표면 사이의 전도에 의한 총 저항을 포함한다.

예제 8.3

지름이 50 mm이고, 길이가 6 m이며 얇은 원형관의 바깥 표면에서 수증기의 응축으로 균일 표면온도가 100°C로 유지된다. 물이 $\dot{m}$ = 0.25 kg/s의 율로 관을 통하여 흐르고, 그 입구온도 및 출구온도는 $T_{m,i}$ = 15°C와 $T_{m,o}$ = 57°C이다. 물의 유동에 따른 평균 대류열전달계수는 얼마인가?

풀이

제시자료: 치수들과 표면온도가 주어진 관을 통하여 흐르는 물의 유량과 입구온도 및 출구온도.

풀이대상: 평균 대류열전달계수.

개략도:

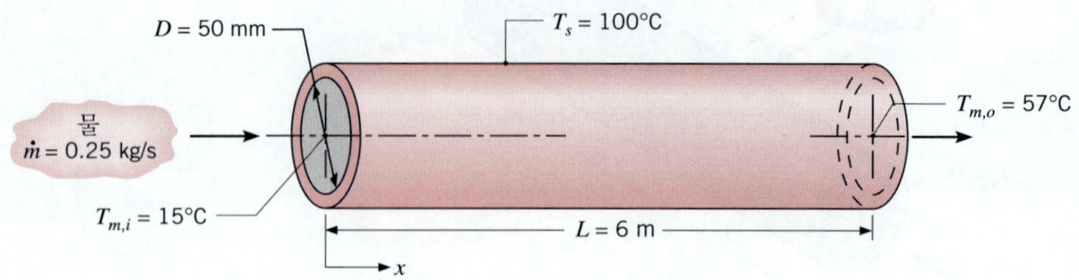

가정:

1. 관벽 전도저항은 무시.
2. 비압축성 액체이며 점성소산 무시.
3. 일정 물성치들.

물성치: 표 A.6에서 물($\bar{T}_m$ = 36°C): $c_p = 4178$ J/kg · K..

해석: 에너지평형 방정식 (8.34)와 율방정식 (8.43)을 결합하면, 평균 대류열전달계수는 다음과 같이 주어진다.

$$\bar{h} = \frac{\dot{m}c_p}{\pi DL}\frac{(T_{m,o} - T_{m,i})}{\Delta T_{\text{lm}}}$$

식 (8.44)로부터

$$\Delta T_{\text{lm}} = \frac{(T_s - T_{m,o}) - (T_s - T_{m,i})}{\ln[(T_s - T_{m,o})/(T_s - T_{m,i})]}$$

$$\Delta T_{\text{lm}} = \frac{(100 - 57) - (100 - 15)}{\ln[(100 - 57)/(100 - 15)]} = 61.6°\text{C}$$

이고, 따라서 다음과 같다.

$$\bar{h} = \frac{0.25 \text{ kg/s} \times 4178 \text{ J/kg} \cdot \text{K}}{\pi \times 0.05 \text{ m} \times 6 \text{ m}}\frac{(57 - 15)°\text{C}}{61.6°\text{C}}$$

또는

$$\bar{h} = 755 \text{ W/m}^2 \cdot \text{K}$$ ◁

부가설명: 관 전체에 걸쳐서 완전발달한 경우이면 국소 열전달계수는 어느 곳에서나 755 W/m^2·K가 된다.

8.4 원형관 내의 층류유동: 열해석과 대류상관식

앞에서의 많은 결과들을 이용하기 위해서는 대류열전달계수를 알아야 한다. 이 절에서는 원형관 내의 층류유동에 대하여 이러한 계수들을 이론적으로 구하는 방법에 대하여 설명한다. 다음 절들에서는 단면이 원형이 아닌 관 내의 유동과 원형관 내의 난류유동에 적합한 실험 상관식들에 대하여 고찰한다.

8.4.1 완전발달 영역

여기서는 **원형관 내에서 완전발달한 비압축성 일정 물성치 유체의 층류유동**에서의 열전달 문제를 이론적으로 다룬다. 결과적인 온도분포는 대류열전달계수를 결정하는 데 사용된다.

온도분포를 지배하는 미분방정식은 그림 8.9의 환상의 미분요소에 단순화된 정상상태 열에너지방정식 (1.12e)[$q = \dot{m}c_p(T_{\text{out}} - T_{\text{in}})$]를 적용함으로써 구해진다. 정미 축방향 전도 효과를 무시한다면, 열입력 q는 반지름 표면을 통한 전도만에 의한 것이다. 완전발달 영역에서는 반지름 방향 속도가 0이므로, 반지름 방향 검사면을 통해서는 열에너지의 유동대류가 없으며 축방향으로만 유동대류가 있다. 따라서 식 (1.12e)는 식 (8.47)로 귀결되고 이는 반지름 방향 전도와 축방향 유동대류 간의 평형을 나타낸다.

$$q_r - q_{r+dr} = (d\dot{m})c_p\left[\left(T + \frac{\partial T}{\partial x}dx\right) - T\right] \tag{8.47a}$$

또는

$$(d\dot{m})c_p\frac{\partial T}{\partial x}dx = q_r - \left(q_r + \frac{\partial q_r}{\partial r}dr\right) = -\frac{\partial q_r}{\partial r}dr \tag{8.47b}$$

축방향의 미소 질량유량은 $d\dot{m} = \rho u 2\pi r dr$이며 반지름 방향 열전달률은 $q_r = -k(\partial T/\partial r)2\pi r dx$이다. 일정 물성치를 가정하면 식 (8.47b)는 다음과 같이 된다.

$$u\frac{\partial T}{\partial x} = \frac{\alpha}{r}\frac{\partial}{\partial r}\left(r\frac{\partial T}{\partial r}\right) \tag{8.48}$$

이제는 **일정 표면열유속**의 경우에 대한 온도분포를 구하고자 한다. 이 경우에는 정미 축방향 전도를 무시하는 가정이 정확히 충족된다. 즉 $(\partial^2 T/\partial x^2) = 0$이다. 식(8.32)의 축방향 온도구배와 식 (8.15)의 축방향 속도 u를 대입하면 에너지방정식(8.48)은 다음과 같이 된다.

$$\frac{1}{r}\frac{\partial}{\partial r}\left(r\frac{\partial T}{\partial r}\right) = \frac{2u_m}{\alpha}\left(\frac{dT_m}{dx}\right)\left[1 - \left(\frac{r}{r_o}\right)^2\right] \qquad q''_s = \text{일정} \tag{8.49}$$

여기서 $T_m(x)$는 x에 대하여 선형적으로 변화하며, $(2u_m/\alpha)(dT_m/dx)$는 상수이다. 변수들을 분리하고 두 번 적분하면 반지름 방향 온도분포에 대한 다음과 같은 식을 얻을 수 있다.

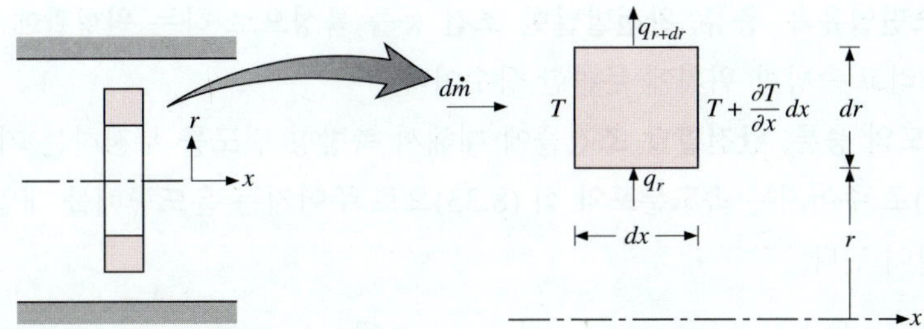

그림 8.9 원형관에서 완전발달 유동, 층류에 대한 미소요소에 관한 열에너지평형.

$$T(r, x) = \frac{2u_m}{\alpha}\left(\frac{dT_m}{dx}\right)\left[\frac{r^2}{4} - \frac{r^4}{16r_o^2}\right] + C_1 \ln r + C_2$$

적분상수들은 적절한 경계조건들을 적용하여 산정할 수 있다. 온도가 $r = 0$에서 유한하다는 요구조건으로부터 $C_1 = 0$이 된다. $T(r_o) = T_s$의 요구조건으로부터 또한 다음과 같이 된다. 여기서 T_s는 x에 따라 변화한다.

$$C_2 = T_s(x) - \frac{2u_m}{\alpha}\left(\frac{dT_m}{dx}\right)\left(\frac{3r_o^2}{16}\right)$$

따라서 일정 표면열유속인 완전발달 영역에 대하여 온도분포는 다음과 같은 형식이다.

$$T(r, x) = T_s(x) - \frac{2u_m r_o^2}{\alpha}\left(\frac{dT_m}{dx}\right)\left[\frac{3}{16} + \frac{1}{16}\left(\frac{r}{r_o}\right)^4 - \frac{1}{4}\left(\frac{r}{r_o}\right)^2\right] \tag{8.50}$$

온도분포에 대한 지식으로부터 다른 모든 열적인 매개변수들을 결정할 수 있다. 이를테면 식 (8.15)와 (8.50)으로 각각 주어지는 속도분포와 온도분포를 식 (8.26)에 대입하고, r에 대하여 적분하면, 다음의 평균온도를 구할 수 있다.

$$T_m(x) = T_s(x) - \frac{11}{48}\left(\frac{u_m r_o^2}{\alpha}\right)\left(\frac{dT_m}{dx}\right) \tag{8.51}$$

식 (8.39)에서 $P = \pi D$와 $\dot{m} = \rho u_m(\pi D^2/4)$임을 고려하면, 다음 식을 얻을 수 있다.

$$T_m(x) - T_s(x) = -\frac{11}{48}\frac{q_s''D}{k} \tag{8.52}$$

Newton의 냉각법칙 식 (8.27)과 (8.52)를 결합하면 다음 식을 얻을 수 있다.

$$h = \frac{48}{11}\left(\frac{k}{D}\right)$$

또는

$$Nu_D \equiv \frac{hD}{k} = 4.36 \qquad q_s'' = \text{일정} \tag{8.53}$$

그러므로 **균일 표면열유속**, **층류**, **완전발달한 조건** 등을 특성으로 하는 **원형관**에 있어서 **Nusselt 수**는 Re_D, Pr, 그리고 축방향 위치에 무관한 상수이다.

일정 표면온도의 층류, **완전발달 조건**들에 대해서 축방향 전도를 무시하는 가정은 종종 합리적이다. 식 (8.15)로 주어지는 속도분포와 식 (8.33)으로 주어지는 온도구배를 대입하면, 에너지방정식은 다음과 같이 된다.

$$\frac{1}{r}\frac{\partial}{\partial r}\left(r\frac{\partial T}{\partial r}\right) = \frac{2u_m}{\alpha}\left(\frac{dT_m}{dx}\right)\left[1 - \left(\frac{r}{r_o}\right)^2\right]\frac{T_s - T}{T_s - T_m} \qquad T_s = \text{일정} \tag{8.54}$$

이 방정식의 해는 온도분포에 축차적으로 근사화하는 반복 절차로 구할 수 있다. 그 결과적인 분포는 단순한 대수식으로 기술할 수 없으나, 결과적으로 얻어지는 Nusselt 수는 다음 식으로 표시된다[3].

$$Nu_D = 3.66 \qquad T_s = \text{일정} \tag{8.55}$$

h를 결정하기 위해 식 (8.53) 또는 (8.55)를 사용할 때는 열전도율을 T_m[1]에서 산정해야 함에 유의하여야 한다.

예제 8.4

인체에서 혈액은 시름이 점점 작아지는 일련의 혈관들을 통하여 심장에서부터 흐른다. 모세혈관들은 가장 작은 혈관들이다. 세 가지 유형의 혈관에 대한 일반적인 직경, 길이 및 평균 혈액 속도가 표에 나와 있다. 생체열 방정식(bioheat equation)의 관류(perfusion) 열원 항[(식 3.112)]은 혈액이 동맥 온도 T_a로 혈관에 유입되어 주변 조직 온도 T(여기서는 T_t 라 함)로 나온다는 가정에 기반하고 있다. 3 가지 유형의 혈관 각각에 대해, 입구 온도 $T_{m,i} = T_a$라고 가정하고 **평균 혈액** 온도가 조직 온도에 접근하는데 (구체적으로는 $(T_t - T_{m,o})/(T_t - T_{m,i}) = 0.05$을 만족시키는 데) 필요한 평형 길이 L을 결정하라[8, 9].

혈관 벽과 주변 조직 사이의 열전달은 유효 열전달계수 $h_t = k_t/D$로 근사화될 수 있다. 여기서 $k_t = 0.5$ W/m·K이다.

혈관	혈관 지름, D (mm)	길이 L_v (mm)	혈액속도, u_m (mm/s)
대동맥	3	200	130
소동맥	0.02	2	3
모세혈관	0.008	1	0.7

풀이

제시자료: 혈관 지름과 평균 혈액속도, 조직의 열전도율과 유효 열전달계수.

풀이대상: 평균 혈액 온도가 조직 온도에 접근하는데 필요한 평형 길이, L.

개략도:

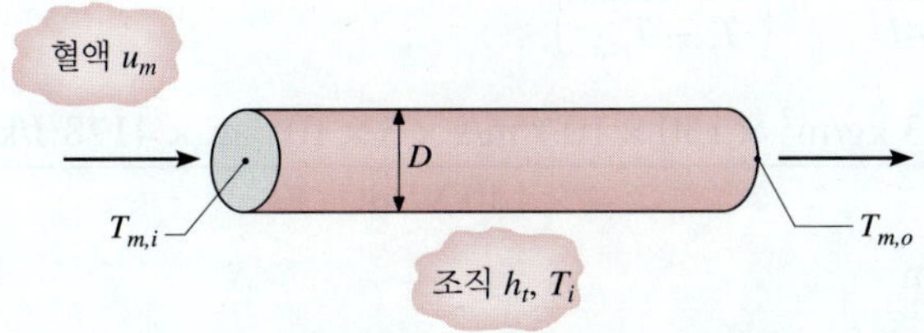

[1] 많은 오일류에서와 같이 점성이 온도에 따라 크게 변하는 특성을 갖는 액체 내에서 열전달이 발생한다면, 식 (8.53) 또는 (8.55)의 Nusselt 수는 이 물성 변화의 영향을 반영하기 위해서 8.4.3절에 설명되어 있는 바와 같이 보정될 수 있다는 것이 실험적으로 밝혀져 있다.

가정:

1. 정상상태 조건.
2. 일정 물성치.
3. 혈관벽의 열저항 무시.
4. 혈액의 열물성치는 물의 물성치로 근사화.
5. 혈액은 무시할 수 있는 점성 소산을 가진 비압축성 액체이다.
6. 조직의 온도는 고정됨.
7. 유동의 맥동 효과는 무시.

물성치: 표 A.6에서 물($\bar{T}_m$ = 310 K) $\rho = v_f^{-1}$ = 993 kg/m^3, c_p = 4178 J/kg·K, μ = 695 × 10^{-6} N·s/m^2, k = 0.628 W/m·K, Pr = 4.62.

해석: 조직의 온도 T_t가 고정되어 있고 혈관 벽과 조직 사이의 열전달은 유효 열전달계수로 표현할 수 있으므로 외부 유체의 자유유동 온도 T_∞를 조직의 온도 T_t로 놓으면 식 (8.45a)가 적용된다. 이 방정식은 요구되는 길이 L을 구하는 데 사용할 수 있다. 그러나 먼저 $\bar{U}$를 구해야 하는데, 이것은 혈액 유동에 대한 열전달계수 h_b를 알아야 한다. 예로서 대동맥을 선택하면 Reynolds 수는 다음과 같이 주어진다.

$$Re_D = \frac{\rho u_m D}{\mu} = \frac{993\ \text{kg/m}^3 \times 130 \times 10^{-3}\ \text{m/s} \times 3 \times 10^{-3}\ \text{m}}{695 \times 10^{-6}\ \text{N} \cdot \text{s/m}^2} = 557$$

따라서 층류유동이다. 다른 혈관은 더 작은 지름을 가지고 있으므로 그들 유동 역시 층류이다. 완전히 발달한 유동으로 가정하고 시작한다. 게다가 일정 표면온도도 아니고 일정 표면열유속도 아니므로 Nusselt 수를 근사적으로 $Nu_D \approx 4$로 잡는다. 이 경우 $h_b = 4k_b/D$이다. 혈관의 열저항을 무시하면 대동맥에서 다음을 구할 수 있다.

$$\frac{1}{\bar{U}} = \frac{1}{h_b} + \frac{1}{h_t} = \frac{D}{4k_b} + \frac{D}{k_t} = \frac{3 \times 10^{-3}\ \text{m}}{4 \times 0.628\ \text{W/m} \cdot \text{K}} + \frac{3 \times 10^{-3}\ \text{m}}{0.5\ \text{W/m} \cdot \text{K}}$$

$$= 7.2 \times 10^{-3}\ \text{m}^2 \cdot \text{K/W}$$

또는

$$\bar{U} = 140\ \text{W/m}^2 \cdot \text{K}$$

요구되는 대동맥의 길이는 $\dot{m} = \rho u_m \pi D^2/4$를 이용하여 식 (8.45a)를 풀면 구할 수 있다.

$$L = -\frac{\rho u_m D c_p}{4\bar{U}} \ln\left(\frac{T_t - T_{m,o}}{T_t - T_{m,i}}\right)$$

$$= -\frac{993\ \text{kg/m}^3 \times 130 \times 10^{-3}\ \text{m/s} \times 3 \times 10^{-3}\ \text{m} \times 4178\ \text{J/kg} \cdot \text{K}}{4 \times 140\ \text{W/m}^2 \cdot \text{K}} \ln(0.05)$$

$$= 8.7\ \text{m}$$

식 (8.3)과 (8.23)을 사용하면

$$x_{\mathrm{fd},h} = 0.05\,Re_D\,D = 0.05 \times 557 \times 3 \times 10^{-3}\ \mathrm{m} = 0.08\ \mathrm{m}$$
$$x_{\mathrm{fd},t} = x_{\mathrm{fd},h}\,Pr = 0.08\ \mathrm{m} \times 4.62 = 0.4\ \mathrm{m}$$

따라서 유동은 8.7 m보다 훨씬 안쪽에서 완전히 발달된다. 다른 두 경우에 대해서 같은 계산을 반복할 수 있으며 그 결과는 아래 표에 수록하였다.

혈관	Re_D	$\bar{U}$ (W/m² · K)	L (m)	$x_{\mathrm{fd},h}$ (m)	$x_{\mathrm{fd},t}$ (m)
대동맥	557	140	8.7	8×10^{-2}	0.4
소동맥	8.6×10^{-2}	2.1×10^{4}	8.9×10^{-6}	9×10^{-8}	4×10^{-7}
모세혈관	8.0×10^{-3}	5.2×10^{4}	3.3×10^{-7}	3×10^{-9}	1×10^{-8}

대동맥에 해당하는 큰 L값은 대동맥의 혈액온도가 입구의 혈액온도에 가깝게 유지됨을 의미한다. 이는 대동맥의 지름이 상대적으로 커서 결과적으로 열관류계수가 작아지기 때문이다. 중간 크기인 소동맥에서는 혈액온도가 10 μm보다 짧은 길이에서 조직온도와 가까워진다. 소동맥의 길이는 수 mm이기 때문에 소동맥을 나기서 모세혈관으로 들어갈 때의 혈액온도는 조직온도와 거의 같다. 따라서 모세혈관에서는 더 이상의 온도의 하강은 없다. 그러므로 혈액의 온도가 조직의 온도와 같아지는 곳은 Pennes가 가정한 것처럼 모세혈관이 아니라 소동맥 그리고 그보다 약간 더 큰 혈관이다.

부가설명:

1. 대동맥의 길이($L_v \approx$ 200 mm)는 계산된 평형길이 L에 비해 작기 때문에 혈액온도는 동맥 입구의 혈액온도에 가깝게 유지되며, 식 (3.112)의 관류 항에 내재된 가정은 만족하지 않는다. 대동맥을 빠져 나가는 혈액은 T_a에 가까운 온도로 소동맥으로 들어가고 소동맥의 길이($L_v \approx$ 2 mm)는 평형길이보다 훨씬 크다. 따라서, 혈액온도는 조직온도에 가까운 상태로 소동맥을 빠져나가며 따라서 관류 항의 가정을 만족한다. 혈액은 소동맥에서 모세혈관으로 이동하기 때문에 혈액온도는 모세혈관에 들어갈 때 이미 조직온도에 도달한다. 따라서, 식 (3.112)의 가정은 모세혈관에서는 만족하지 않는다.
2. 혈액의 물성치도 적당하게 물의 물성치에 가깝다. 최대로 다른 물성치는 점성이다. 혈액은 물보다 점성이 더 높다. 그러나 이 변화는 앞의 계산에 영향을 주지 않는다. Reynolds 수가 더욱 작아지기 때문에 유동은 층류를 유지하며 열전달은 영향을 받지 않는다.
3. 혈구들의 크기는 모세혈관의 지름과 비슷하다. 따라서 모세혈관에 있어서 혈액 유동에 대한 정확한 모델은 혈장에 둘러싸인 개별 혈구를 고려해야 한다.

8.4.2 입구영역

앞 절의 결과들은 속도와 온도 분포가 모두 완전히 발달한 경우에 유효하다. 속도와 온도 분포의 완전발달 여부는 식 (8.3)과 (8.23)에 의하여 결정된다. 만약 둘 다 혹은 하나라도 완전발달하지 않았다면, 그 유동은 아직 **입구영역**(entry region)에 있다고 한다. 반지름 방향의 유동대류 항(입구영역에서 $v \neq 0$)이 있기 때문에 입구영역에서의 에너지방정식은 식 (8.48)보다 더 복잡하다. 게다가 속도와 온도는 r뿐만 아니라 x에도 의존하며, 축방향의 온도구배 $\partial T/\partial x$는 식 (8.32)와 (8.33)을 통하여 더 이상 단순화될 수 없다. 그러나 두 상이한 입구길이에 대한 해가 얻어졌다. **열적 입구길이 문제**(thermal entry length problem)에 대한 해가 가장 간단한 것이며, 이는 **완전 발달한 속도분포**(fully developed velocity profile)의 존재하에서 열적 조건이 발달한다는 가정에 기초를 두었다. 이러한 상황은 열전달이 시작되는 위치가 **비가열 시작길이**(unheated starting length)이후일 때 가능하다. 또한 이것은 기름과 같이 Prandtl 수가 큰 유체에 대한 합리적인 근사로 가정될 수 있다. 비가열 시작길이가 없더라도 큰 Prandtl 수에서 속도경계층의 발달이 온도경계층의 발달보다 훨씬 빨리 일어난다면, 열적 입구길이 근사를 적용할 수 있다. 반면에 온도분포와 속도분포가 동시에 발달하는 경우는 **복합된**(온도 및 속도) **입구길이 문제**가 된다. 유체역학적 조건들이 발달 중인데 열적 조건들이 완전발달일 수는 없다. 온도분포는 속도분포에 의존하기 때문에, 속도가 아직 변화하는 중이라면, 열적 조건이 완전발달할 수 없다.

두 조건(열적 및 복합된 입구길이)에 대한 해가 구해져 있으며[3], 선택된 결과들을 그림 8.10에 나타내었다. 그림 8.10*a*에 명확히 보이듯이 원칙적으로 국소 Nusselt 수 Nu_D는 $x = 0$에서 무한대이고, x가 증가함에 따라 점근값(완전발달한)으로 감소한다. 이 결과들을 **Graetz 수**의 역수인 무차원 매개변수 $x\alpha/(u_m D^2) = x/(DRe_D\,Pr)$에 대하여 도시하였다.

$$Gz_D \equiv (D/x)\,Re_D\,Pr \tag{8.56}$$

열적 입구길이 문제에 있어서 Nu_D가 Gz_D^{-1}에 따라 변화하는 양상은 Pr과 상관없다. 이는 식 (8.13)처럼 주어지는 완전발달한 속도분포가 유체 점성에 독립적이기 때문이다. 이와 대조적으로, 복합 입구길이 문제에 있어서는 결과들이 유체 점성에 매우 민감한 속도분포가 발달하는 과정에 의존한다. 그러므로 열전달 결과는 복합 입구길이 경우의 Prandtl 수에 의존하며, 대다수 기체들의 대표값인 $P_r = 0.7$인 경우에 대해서 그림 8.10*a*에 나타내었다. 입구영역 내의 임의의 위치에서 Nu_D는 Pr의 증가에 따라서 감소하고 $P_r \to \infty$일 때 열적 입구길이 조건에 접근한다. 완전발달

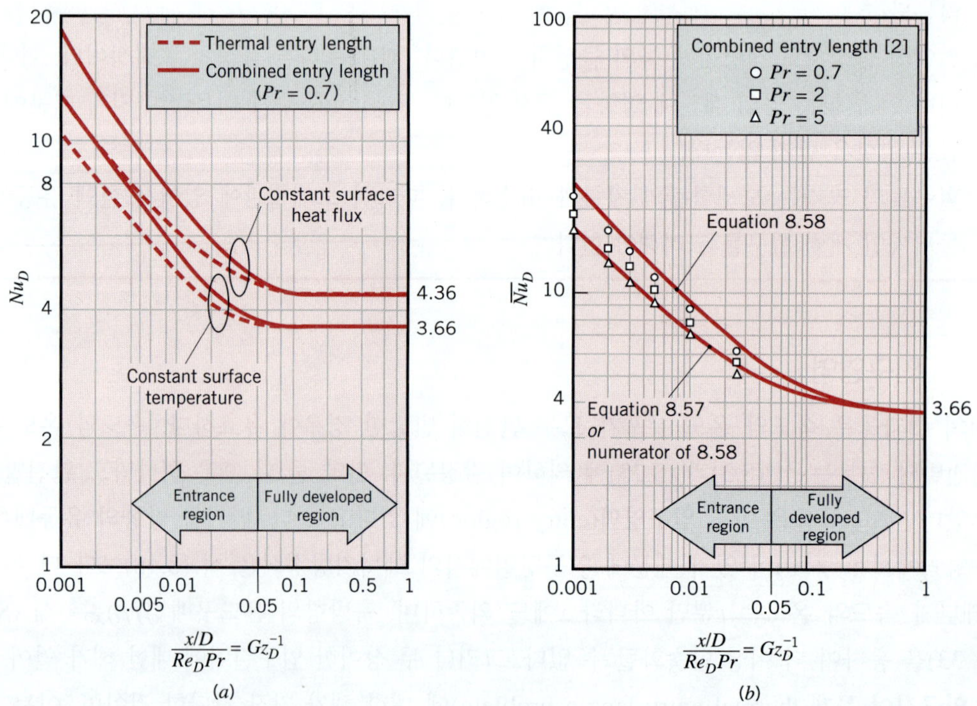

그림 8.10 표면온도가 일정한 원형관에서의 층류유동에 대해서 입구길이 해법으로 얻은 결과: (*a*) 국소 Nusselt 수. (*b*) 평균 Nusselt 수.

조건들이 $[(x/D)/Re_D Pr] \approx 0.05$일 때 도달된다는 점에 유의하라.

일정 표면온도 조건에 대하여 식 (8.42)나 (8.43)에 사용할 **평균** 대류계수를 아는 것이 바람직하다. 적절한 상관식의 선택은 열적 혹은 복합된 입구길이가 존재하는가에 달려 있다.

열적 입구길이 문제에 대해서, Kays[10]는 Hausen[11]의 상관식을 제시한다. 그 식은

$$\overline{Nu}_D = 3.66 + \frac{0.0668\, Gz_D}{1 + 0.04\, Gz_D^{2/3}} \tag{8.57}$$

$$\left[\begin{array}{l} T_s = \text{일정} \\ \text{열적 입구길이} \\ \text{혹은} \\ \text{복합된 입구길이 } Pr \gtrsim 5 \end{array}\right]$$

여기서 $\overline{Nu}_D \equiv \bar{h}D/k$이고, $\bar{h}$는 관 입구에서부터 x까지의 평균 열전달계수이다. 식 (8.57)은 속도분포가 완전발달한 모든 경우에 대하여 이용될 수 있다. 그러나 그림 8.10b에서, $Pr \gtrsim 5$인 경우에는 복합 입구길이 문제의 해[3]와 잘 일치하기 때문에, 열적 입구길이 근사가 분명히 합리적이다.

복합된 입구길이 문제에 대해서, Nusselt 수는 Prandtl 수와 Graetz 수에 의존한다. Baehr와 Stephan[12]은 다음 형태의 상관식을 제시한다.

$$\overline{Nu}_D = \frac{\dfrac{3.66}{\tanh[2.264\, Gz_D^{-1/3} + 1.7\, Gz_D^{-2/3}]} + 0.0499\, Gz_D \tanh(Gz_D^{-1})}{\tanh(2.432\, Pr^{1/6}\, Gz_D^{-1/6})} \tag{8.58}$$

$$\left[\begin{array}{l} T_s = \text{일정} \\ \text{복합된 입구길이} \\ Pr \gtrsim 0.1 \end{array}\right]$$

$Pr = 0.7$인 경우에 계산된 식 (8.58)이 그림 8.10b에 나와 있으며 복합된 입구길이 문제의 지배 방정식들을 해석하여 구한 데이터 점들과 잘 일치한다[3]. $Pr \to \infty$인 경우에는 식 (8.58)의 분모가 1로 접근한다. 따라서 식 (8.58)의 분자는 $Pr \to \infty$인 경우의 열적 입구길이 문제에 대응하며, $0.006 \le Gz_D^{-1} \le 1$ 구간에서는, 역시 그림 8.10b에 나타낸 것처럼, Hausen 상관식의 3%안에 드는 $\overline{Nu}_D$ 값을 준다. 식 (8.57)과 (8.58)의 모든 물성치들은 평균 온도의 산술평균 값 $\bar{T}_m = (T_{m,i} + T_{m,o})/2$에서 산정되어야 한다.

덕트 내의 층류유동 문제는 광범위하게 연구되어 왔으며, 여러 형태의 덕트단면과 표면조건들에 대한 수많은 결과들이 알려져 있다. 대표적인 결과들은 Shah와 London[13]의 논문에 수록되어 있으며 Shah와 Bhatti[14]에 의해 새롭게 조사된 바 있다. 원형이 아닌 덕트에 대한 복합된 입구영역의 상관식은 Muzychka와 Yovanovich[15]가 개발하였다.

8.4.3 온도에 의존하는 물성치

표면온도 T_s와 평균온도 T_m의 차이가 유체 물성치에 큰 변화를 줄 정도로 크면, 식 (8.53), (8.55), (8.57), (8.58)에 의해서 계산된 Nusselt 수가 영향을 받을 수 있다. 기체의 경우에는 그 영향이 보

통 작다. 그러나 액체의 경우에는 점성의 변화가 특히 중요할 수도 있다. 이는 기름의 경우에는 특히 그렇다. 점성의 변화는 반지름 방향으로 속도분포를 변화시키고, 이는 반지름 방향 온도분포에 영향을 주며, 결국 Nusselt 수를 변화시킨다. Kays 등[3]은 액체의 경우에 다음과 같은 보정계수를 추천한다.

$$\frac{Nu_{D,c}}{Nu_D} = \frac{\overline{Nu}_{D,c}}{\overline{Nu}_D} = \left(\frac{\mu}{\mu_s}\right)^{0.14} \tag{8.59}$$

여기서 $Nu_{D,c}$와 $\overline{Nu}_{D,c}$는 보정된 Nusselt 수이고 Nu_D와 $\overline{Nu}_D$는 식 (8.53), (8.55), (8.57), (8.58)에 나타난 Nusselt 수이다. 식 (8.59)의 모든 물성치는 μ_s만 표면온도 T_s에서 계산하고 나머지는 모두 $\overline{T}_m$에서 계산한다. 이 보정계수는, 유동이 완전발달인지 입구영역인지와 상관없이, 원형관 내부의 층류유동에 적용된다. 이 보정계수는 별다른 대안이 없는 경우에는 단면이 원형이 아닌 관들에 적용할 수도 있다[16].

8.5 대류열전달 상관식: 원형관 내의 난류유동

난류유동 조건에 대한 해석은 더 많은 것들을 고려해야 하므로 실험적인 상관식을 구하는 데 중점을 둔다. **매끈한 원형관** 내의 **완전발달한(유체역학적으로나 열적으로)난류유동**에서 **국소 Nusselt** 수는 **Dittus-Boelter 식**[2][17]으로부터 구할 수 있다.

$$Nu_D = 0.023\, Re_D^{4/5}\, Pr^n \tag{8.60}$$

여기서 기열($T_s > T_m$)에 대해서 $n = 0.4$이며, 냉각($T_s < T_m$)에 대해서는 $n = 0.3$이다. 이 식은 다음 조건의 범위에 대하여 실험적으로 확인되었다.

$$\begin{bmatrix} 0.6 \lesssim Pr \lesssim 160 \\ Re_D \gtrsim 10{,}000 \\ \dfrac{L}{D} \gtrsim 10 \end{bmatrix}$$

이 식들은 작거나 보통의 온도차 $T_s - T_m$에 대해서만 사용해야 하며, 모든 물성치들은 T_m에서 산정한다. 물성치가 크게 변화하는 유동에 대해서는 다음과 같은 Sieder와 Tate[18]에 의한 식이 추천된다.

[2] 식(8.60)을 **Dittus-Boelter 식**이라 부르는것이 일반적이지만, 원래의 Dittus-Boelter 식의 실제 형태는 다음과 같다.

$Nu_D = 0.0243\, Re_D^{4/5}\, Pr^{0.4}$ (가열 시)

$Nu_D = 0.0265\, Re_D^{4/5}\, Pr^{0.3}$ (냉각 시)

식 (8.60)의 역사적인 유래는 Winterton[17]에 논의되어 있다.

$$Nu_D = 0.027\, Re_D^{4/5}\, Pr^{1/3}\left(\frac{\mu}{\mu_s}\right)^{0.14} \qquad (8.61)$$

$$\left[\begin{array}{l} 0.7 \lesssim Pr \lesssim 16{,}700 \\ Re_D \gtrsim 10{,}000 \\ \dfrac{L}{D} \gtrsim 10 \end{array}\right]$$

여기서 μ_s를 제외한 모든 물성치들은 T_m에서 산정한다. **앞에서의 상관식은 일정 표면온도와 일정 열유속 조건들 모두에 대하여 훌륭한 근사로서 적용할 수 있다.**

식 (8.60)과 (8.61)은 쉽게 적용할 수 있고 이 교재의 목적에는 확실히 충족되지만 이를 사용하는 데 있어서 25%정도의 오차를 가져올 수 있다. 일반적으로 더 복잡하기는 하지만 아주 최근에 제시된 상관식을 사용하면 이러한 오차를 10% 이내로 줄일 수 있다[6, 19]. 천이 영역을 포함한 큰 Reynolds 수에 대해 유효한 상관식이 Gnielinski[20]에 의해 제안되었다.

$$Nu_D = \frac{(f/8)(Re_D - 1000)\,Pr}{1 + 12.7\,(f/8)^{1/2}\,(Pr^{2/3} - 1)} \qquad (8.62)$$

여기서 마찰인자는 Moody선도에서 구할 수 있으며, 매끈한 관에 대해서는 식 (8.21)로부터 구할 수 있다. 이 상관식은 $0.5 \lesssim P_r \lesssim 2000$ 및 $3000 \lesssim Re_D \lesssim 5 \times 10^6$에 대하여 유효하다. 식 (8.62)는 균일 표면열유속과 균일 표면온도 모두에 대하여 적용할 수 있으며 물성치들은 T_m에서 산정해야 한다. 만약 온도차가 크면 온도에 따른 물성치 변화의 영향을 추가로 고려해야 하며, 가용한 선택 사항들은 Kakac[21]에 의해 조사되었다.

천이영역($2300 < Re_D < 10^4$)에 대하여 특별히 개발된 상관식이 아닌 한 $Re_D < 10^4$에 대하여 난류유동 상관식을 적용할 때는 주의를 기울여야 한다. 만약 상관식이 완전난류 조건들($Re_D > 10^4$)에 대하여 개발된 것이면 다소 작은 Reynolds 수에 대하여 1차적인 근사로서 사용할 수 있으나, 대류전달계수가 과대하게 예측된다는 것을 이해하여야 한다. 만약 높은 정확도를 원한다면 Gnielinski의 상관식 (8.62)를 사용해야 한다. 천이영역의 열전달에 관한 포괄적 논의가 Ghajar와 Tam[22]에 의해 이루어졌다.

식 (8.59)부터 식 (8.62)까지의 상관식들은 매끈한 관들의 경우에 적절하다는 것을 또한 주목하라. 난류유동에서 열전달계수가 벽의 거칠기에 따라 증가하며, 이를 1차적인 근사로서 마찰인자들을 그림 8.3의 Moody선도로부터 구하고 식 (8.62)를 이용하여 계산할 수 있다. 일반적으로는 h가 f의 증가에 따라 증가하지만 f의 증가가 비례적으로 더 크다. 그리고 f가 매끈한 관에 대한 값보다 대략적으로 4배 더 클 경우, h는 f가 더 증가하여도 더 이상 변화하지 않는다[23]. 완전발달한 난류유동에서 대류열전달에 대한 벽면거칠기의 영향을 산정하는 절차들에 대하여 Bhatti와 Shah[19]가 고찰하였다.

난류유동에 대한 입구길이는 전형적으로 $10 \lesssim (x_{fd}/D) \lesssim 60$와 같이 짧기 때문에 관 전체에 대한 평균 Nusselt 수가 완전발달 영역에서의 값과 같다고, 즉 $\overline{Nu}_D \approx Nu_{D,fd}$라고 가정하는 것은 종종 합리적이다. 그러나 짧은 관들에 대해서는 $\overline{Nu}_D$가 $Nu_{D,\text{fd}}$보다 크고 다음 식으로부터 계산될 수 있다.

$$\frac{\overline{Nu}_D}{Nu_{D,\text{fd}}} = 1 + \frac{C}{(x/D)^m} \tag{8.63}$$

여기서 C와 m은 Prandtl 수와 Reynolds 수뿐만 아니라 입구(예를 들면 날카로운 모서리 또는 노즐)와 입구영역(열적 또는 복합)의 성질에 따라 달라진다. 이에 대한 결과들은 참고문헌 [3, 19, 24]에 주어져 있다. 일반적으로$(L/D) > 60$에 대하여 $\overline{Nu}_D = Nu_{D,\text{fd}}$라 가정하는 경우의 오차는 15% 이하이다. $\overline{Nu}_D$를 결정할 때, 모든 유체 물성치들은 평균온도의 산술평균 $\bar{T}_m \equiv (T_{m,i} + T_{m,o})/2$에서 산정해야 할 것이다.

마지막으로 앞에서의 상관식들은 **액체금속**에는 적용할 수 없다는 것에 유의해야 한다. 일정 표면열유속의 매끈한 원형관 내에서의 완전발달한 난류유동에 대하여 Skupinski 등[25]은 다음 상관식을 추천하였다.

$$Nu_D = 4.82 + 0.0185\, Pe_D^{0.827} \quad q_s'' = \text{일정}$$

$$\begin{bmatrix} 3 \times 10^{-3} \lesssim Pr \lesssim 5 \times 10^{-2} \\ 3.6 \times 10^{3} \lesssim Re_D \lesssim 9.05 \times 10^{5} \\ 10^{2} \lesssim Pe_D \lesssim 10^{4} \end{bmatrix} \tag{8.64}$$

마찬가지로 일정 표면온도에 대하여 Sheban과 Shimazaki[26]는 $Pe_D \gtrsim 100$에 대하여 다음 상관식을 추천하였다.

$$Nu_D = 5.0 + 0.025\, Pe_D^{0.8} \quad T_s = \text{일정} \tag{8.65}$$

광범위한 자료와 부가적인 상관식들은 참고문헌 [27]에서 찾아볼 수 있다.

예제 8.5

태양조사(solar irradiation)로부터 전력을 발생시키는 어떤 방법은 햇빛을 포물선형 반사판의 초점에 위치한 흡수관으로 집중시키는 것을 포함한다. 흡수관은 관을 통과하면서 가열되는 액체상태의 **집열유체**(concentrator fluid)을 수송한다. 집열유체는 집열부를 통과한 후에 열교환기로 들어가며, 여기서 Rankine 사이클의 **작동유체**로 열에너지를 전달한다. 냉각된 집열유체는 열교환기를 나온 뒤에 집열부로 돌아온다. 발전소는 많은 집열기로 구성된다.

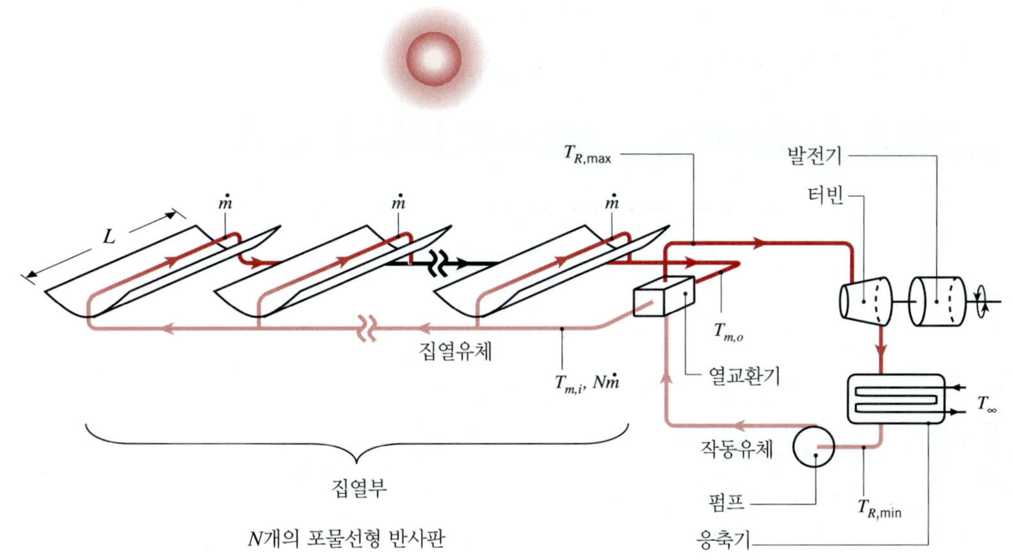

열유속이 관 표면 전체에 동일하다는 가정하에, 집중된 열유속 $q_s'' = 20{,}000\ \text{W/m}^2$이 집열유체를 가열한다고 하자. 집열유체의 밀도는 $\rho = 700\ \text{kg/m}^3$, 열전도율은 $k = 0.078\ \text{W/m}\cdot\text{K}$, 비열은 $c_p = 2590\ \text{J/kg}\cdot\text{K}$, 점성은 $\mu = 0.15 \times 10^{-3}\ \text{N}\cdot\text{s/m}^2$이다. 집열관의 지름은 $D = 70\ \text{mm}$이고, 단일 집열관을 통과하는 유체의 질량유량은 $\dot{m} = 2.5\ \text{kg/s}$이다.

1. 집열유체가 각각의 관에 $T_{m,i} = 400°\text{C}$로 들어오고 $T_{m,o} = 450°\text{C}$로 나간다면, 요구되는 집열관의 길이 L은 얼마인가? 단일 집열기-집열관 조합당 집열유체로의 열전달률은 얼마인가?

2. 집열관 출구에서 관의 표면온도 $T_s(L)$은 얼마인가?

3. 전체 발전소의 최대, 최소 온도는 각각 집열유체의 출구온도 $T_{m,o}$와 주위온도 T_∞이다. 만약 열교환기에서 $\Delta T = T_{m,o} - T_{R,\max} = 20°\text{C}$의 온도 차이가 발생하고, 응축기(condenser)에 두 번째의 온도 차이 $\Delta T = T_{R,\min} - T_\infty = 20°\text{C}$가 있다면, $T_\infty = 20°\text{C}$일 때 $P = 20\ \text{MW}$의 전력을 발생시키기 위하여 필요한, 길이가 L인 집열관의 최소 개수 N은 얼마인가?

풀이

제시자료: 관의 지름, 표면열유속, 유체의 질량유량, 물성치. 집열관 내부 유체의 입구 및 출구 평균온도. 열교환기의 온도 차이와 응축기의 온도 차이.

풀이대상:

1. 요구된 온도상승을 얻기 위한 집열관의 길이 그리고 이에 상응하는 열전달률 q.

2. 집열관 끝에서의 관 표면온도.

3. $P = 20\ \text{MW}$의 전력을 발생시키기 위하여 필요한 집열관의 최소 개수.

개략도:

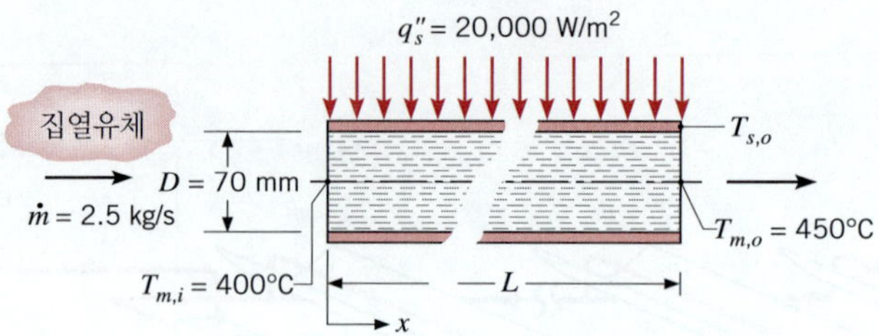

가정:

1. 정상상태.

2. 점성소산을 무시할 수 있는 비압축성 유체.

3. 일정한 물성치.

4. 얇은 관벽.

해석:

1. 일정 열유속 조건으로부터, 식 (8.38)을 적절한 에너지평형식 (8.34)와 함께 사용해서 다음 식을 얻을 수 있다.

$$A_s = \pi DL = \frac{\dot{m}c_p(T_{m,o} - T_{m,i})}{q_s''}$$

즉

$$L = \frac{\dot{m}c_p}{\pi D q_s''}(T_{m,o} - T_{m,i})$$

여기서 L은 집열관의 길이이다. 그러므로

$$L = \frac{2.5\ \mathrm{kg/s} \times 2590\ \mathrm{J/kg \cdot K}}{\pi \times 0.070\ \mathrm{m} \times 20{,}000\ \mathrm{W/m^2}}(450°\mathrm{C} - 400°\mathrm{C}) = 73.6\ \mathrm{m} \qquad \triangleleft$$

열전달률은 다음과 같다.

$$q = q_s''A = q_s''\pi DL = 20{,}000\ \mathrm{W/m^2} \times \pi \times 0.070\ \mathrm{m} \times 73.6\ \mathrm{m}$$

$$= 0.324 \times 10^6\ \mathrm{W} = 0.324\ \mathrm{MW} \qquad \triangleleft$$

2. 집열기 끝에서의 관의 표면온도는 Newton의 냉각법칙 식 (8.27)로부터 얻을 수 있다. 여기서

$$T_s(L) = \frac{q_s''}{h} + T_{m,o}$$

관의 출구에서의 국소 대류열전달계수를 찾기 위해서는 유동 조건의 특성부터 먼저 확인해야 한다. 식 (8.6)으로부터

$$Re_D = \frac{4\dot{m}}{\pi D\mu} = \frac{4 \times 2.5\ \mathrm{kg/s}}{\pi \times 0.070\ \mathrm{m} \times 0.15 \times 10^{-3}\ \mathrm{N \cdot s/m^2}} = 3.03 \times 10^5$$

따라서 유동은 난류이다. 집열유체의 Prandtl 수는 다음 식으로 결정할 수 있다.

$$Pr = \frac{\nu}{\alpha} = \frac{\mu c_p}{k} = \frac{0.15 \times 10^{-3}\ \text{N}\cdot\text{s/m}^2 \times 2590\ \text{J/kg}\cdot\text{K}}{0.078\ \text{W/m}\cdot\text{K}} = 4.98$$

L/D = 73.6 m/0.070 m = 1050이므로, 식 (8.4)로부터 집열기의 끝에서 관 내부 조건은 완전발달이라고 결론 내린다. $x = L$에서의 국소 Nusselt 수는 식 (8.60)으로 구한다.

$$Nu_D = 0.023\, Re_D^{4/5}\, Pr^{0.4} = 0.023 \times (3.03 \times 10^5)^{4/5} \times 4.98^{0.4} = 1113$$

위의 국소 Nusselt 수로부터 국소 대류열전달계수는

$$h = \frac{k}{D} Nu_D = \frac{0.078\ \text{W/m}\cdot\text{K}}{0.070\ \text{m}} \times 1113 = 1240\ \text{W/m}^2\cdot\text{K}$$

집열기 끝에서 관의 표면온도는

$$T_s(L) = \frac{20{,}000\ \text{W/m}^2}{1240\ \text{W/m}^2\cdot\text{K}} + 450^\circ\text{C} = 466^\circ\text{C} \qquad \triangleleft$$

3. 집열기의 최소 개수는 P = 20 MW의 전력을 발생시키기 위하여 필요한 열에너지의 해당하는 최소량을 먼저 계산함으로써 결정할 수 있다. 가능한 최대 효율(carnot)은 $\eta_C = 1 - T_{R,\min}/T_{R,\max} = 1 - (T_\infty + \Delta T)/(T_{m,o} - \Delta T) = 1 - (293\ \text{K} + 20\ \text{K})/(723\ \text{K} - 20\ \text{K}) = 0.555$이다. 따라서 요구되는 최소 열에너지는

$$q_{\min} = \frac{P}{\eta_C} = \frac{20\ \text{MW}}{0.555} = 36.1\ \text{MW}$$

이에 상응하는 집열기의 최소 개수는

$$N = \frac{q_{\min}}{q} = \frac{36.1\ \text{MW}}{0.324\ \text{MW}} = 111 \qquad \triangleleft$$

부가설명:

1. 만약 열교환기와 응축기 내부에서의 온도 차이를 제거할 수 있다면 (ΔT = 0°C), Carnot 효율은 $\eta_C = 12\ T_{R,\min}/T_{R,\max} = 1 - T_\infty/T_{m,o} = 1 - (293\ \text{K})/(723\ \text{K}) = 0.595$이 될 것이다. 이 결과로부터 $q_{\min}$ = 33.6 MW이고 N = 104이다. 열교환기와 응축기의 열저항을 최소화하는 것은 지정된 전력량을 발생시키는 데 필요한 집열기의 개수를 줄여서 발전소의 자본 비용을 절감할 수 있게 해 준다.
2. 실제 열효율은 Carnot 효율보다 낮다. 1980년대 중반 이래로 남부 캘리포니아 주에서 가동하는 포물선 구유형 **태양열 발전소**(SEGS: Solar Electric Generating Stations)들의 공칭 효율은 38%이다. 그러나 집광형 태양열 집열기를 사용하는 발전소의 **총 효율**은 일반적으로 수집기의 태양 에너지 수집률에 대한 전력 생성률의 비율로 정의된다. 태양 에너지에서 열에너지로의 전환에 대해서 공칭 효율이 40%이면, SEGS시스템의 총 효율은 대략 15%이다.
3. 현재 연구의 도전과제는 태양조사가 높을 때에도 끓지 않으면서 밤에는 잘 얼지 않는 집열유체를 개발하는 것이다. 또한 보다 높은 온도에도 견딜 수 있는 값싸고 안전한 유체들의 개발은 Rankine 사이클의 최고 온도 $T_{R,\max}$를 보다 높게 할 것이고 결과적으로 발전소 효율을 증가시킨다.

예제 8.6

어떤 집의 크롤스페이스(crawlspace)에 설치된 지름 D = 0.15 m의 단열되지 않은 박판 덕트를 통하여 질량유량 $\dot{m}$ = 0.050 kg/s로 고온의 공기가 흐른다. 고온의 공기는 103°C로 들어가서 L = 5 m의 거리를 지나는 동안 85°C로 냉각된다. 덕트의 바깥 표면과 T_∞ = 0°C인 주위 공기 사이의 열전달계수는 h_o = 6 W/m^2·K로 알려져 있다.

1. 길이 L에 걸쳐서 덕트로부터의 열손실(W)을 계산하라.

2. x = L에서의 열유속과 덕트 표면온도를 결정하라.

풀이

제시자료: 덕트 내의 고온 공기유동.

풀이대상:

1. 길이 L에 걸친 덕트로부터의 열손실 q(W).

2. x = L에서의 열유속과 표면온도.

개략도:

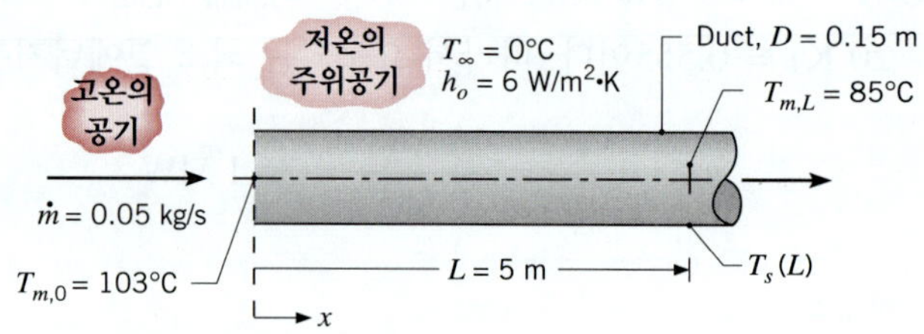

가정:

1. 정상상태 조건들.

2. 일정 물성치들.

3. 이상기체 거동.

4. 점성소산과 압력 변화들은 무시 가능.

5. 덕트벽의 열저항은 무시 가능.

6. 덕트의 바깥 표면에서 균일한 대류열전달계수.

7. 복사 무시 가능.

물성치: 표 A.4에서 공기($\bar{T}_m$ = 367 K): c_p = 1011 J/kg · K, 표 A.4에서, 공기($T_{m,L}$ = 358 K): k = 0.0306 W/m·K, μ = 211.7 × 10^{-7} N·s/m^2, Pr = 0.698.

해석:

1. 식 (8.34)로 주어지는 전체 관에 대한 에너지평형으로부터

$$q = \dot{m}c_p(T_{m,L} - T_{m,0})$$

$$q = 0.05 \text{ kg/s} \times 1011 \text{ J/kg} \cdot \text{K} \ (85 - 103)°\text{C} = -910 \text{ W} \qquad \triangleleft$$

2. $x = L$에서의 열유속에 대한 식은 저항 회로로부터 추정할 수 있다.

$$q_s''(L) \longrightarrow \overset{T_{m,L}}{\circ}\!\underset{\frac{1}{h_x(L)}}{-\!\!\wedge\!\!\wedge\!\!\wedge\!\!-}\!\overset{T_s(L)}{\circ}\!\underset{\frac{1}{h_o}}{-\!\!\wedge\!\!\wedge\!\!\wedge\!\!-}\!\overset{T_\infty}{\circ}$$

여기서 $h_x(L)$은 $x = L$에서의 안쪽 대류열전달계수이다. 따라서 다음과 같다.

$$q_s''(L) = \frac{T_{m,L} - T_\infty}{1/h_x(L) + 1/h_o}$$

안쪽의 대류열전달계수는 Reynolds 수를 알면 구할 수 있다. 식 (8.6)으로부터 다음과 같다.

$$Re_D = \frac{4\dot{m}}{\pi D\mu} = \frac{4 \times 0.05 \text{ kg/s}}{\pi \times 0.15 \text{ m} \times 211.7 \times 10^{-7} \text{ N} \cdot \text{s/m}^2} = 20{,}050$$

따라서 유동은 난류이다. 더욱이$(L/D) = (5/0.15) = 33.3$이므로, $x = L$에서 완전발달 조건들로 가정하는 것이 합리적이다. 따라서 $n = 0.3$인 식 (8.60)으로부터 다음이 된다.

$$Nu_D = \frac{h_x(L)D}{k} = 0.023\, Re_D^{4/5}\, Pr^{0.3} = 0.023(20{,}050)^{4/5}(0.698)^{0.3} = 56.4$$

$$h_x(L) = Nu_D \frac{k}{D} = 56.4 \frac{0.0306 \text{ W/m} \cdot \text{K}}{0.15 \text{ m}} = 11.5 \text{ W/m}^2 \cdot \text{K}$$

따라서 다음과 같다.

$$q_s''(L) = \frac{(85 - 0)°\text{C}}{(1/11.5 + 1/6.0)\text{m}^2 \cdot \text{K/W}} = 335 \text{ W/m}^2$$

다시 저항 회로도를 참조하여 다음 식을 얻을 수 있다.

$$q_s''(L) = \frac{T_{m,L} - T_{s,L}}{1/h_x(L)}$$

따라서 다음과 같다.

$$T_{s,L} = T_{m,L} - \frac{q_s''(L)}{h_x(L)} = 85°\text{C} - \frac{335 \text{ W/m}^2}{11.5 \text{ W/m}^2 \cdot \text{K}} = 55.9°\text{C} \qquad \triangleleft$$

부가설명:

1. 전체 관에 대하여 1번에서 에너지평형을 사용할 때, 물성치들(이 경우는 단지 c_p에 대해서만)은 $\overline{T}_m = (T_{m,0} + T_{m,L})/2$에서 산정한다. 그러나 식 (8.60)의 국소 열전달계수의 상관식을 이용할 때, 물성치들은 국소 평균온도 $T_{m,L} = 85°\text{C}$에서 산정한다.

2. 평균 열관류계수 $\overline{U}$는 식 (8.45a)로부터 결정될 수 있다. 식 (8.45a)를 다음과 같이 바꾸어서 평균 열관류계수를 계산한다.

$$\bar{U} = -\frac{\dot{m}c_p}{\pi DL}\ln\left[\frac{T_\infty - T_{m,o}}{T_\infty - T_{m,i}}\right] = -\frac{0.05\ \text{kg/s} \times 1011\ \text{J/kg}\cdot\text{K}}{\pi \times 0.15\ \text{m} \times 5\ \text{m}}\ln\left[\frac{-85°\text{C}}{-103°\text{C}}\right] = 4.12\ \text{W/m}^2\cdot\text{K}$$

가정 6으로부터 $\bar{h}_o = h_o$이고 $\bar{h}_i = 1/(1/\bar{U} - 1/\bar{h}_o) = 13.2\ \text{W/m}^2\cdot\text{K}$이다. 안쪽의 평균 대류열전달계수는 식 (8.63)으로부터 예상되듯이 $h_x(L)$보다 크다.

3. 이 문제는 일정 표면온도나 일정 표면열유속의 범주에 속하지 않는다. 따라서 여기서는 관으로부터의 총 열손실률이 $q_s''(L)\pi DL = 790$ W로 주어진다고 추정하는 것이 오류가 될 것이다. 이 결과는 실제 열손실률 910 W보다 상당히 작다. 왜냐하면 $q_s''(x)$는 x가 증가함에 따라 감소하기 때문이다. 이 $q_s''(x)$의 감소는 x가 증가함에 따라 $h_x(x)$와 $[T_m(x) - T_\infty]$ 모두가 감소하는 데 기인한다.

8.6 대류상관식: 비원형관과 동심원관 환상공간

지금까지 원형 단면에서의 내부유동에 국한하여 고찰하였으나, 많은 공학적 응용들은 **비원형관**(noncircular tube)에서의 대류전달을 포함한다. 그러나 적어도 1차 근사로서 특성길이를 **유효지름**(effective diameter)으로 사용함으로써 원형관에 대한 많은 결과들을 적용할 수 있다. 이것을 **수력학적 지름**(hydraulic diameter)이라 하며, 다음과 같이 정의한다.

$$D_h \equiv \frac{4A_c}{P} \tag{8.66}$$

여기서 A_c와 P는 각각 유동 단면 면적과 **접수주변길이**(wetted perimeter)이다. Re_D와 Nu_D같은 매개변수들을 계산할 때는 이 지름을 사용해야 한다.

여전히 $Re_D \gtrsim 2300$에서 일어나는 난류유동에 대하여 $Pr \gtrsim 0.7$에 대한 8.5절의 상관식을 사용하는 것이 합리적이다. 그러나 비원형관에서는 대류열전달계수가 주변을 따라 변화하며, 구석에서는 0에 접근한다. 따라서 원형관에 대한 상관식을 사용할 때, 이 계수는 주변길이에 대한 평균으로 추정한다.

층류유동에 대하여 원형관에 대한 상관식을 사용하는 것은 덜 정확하며, 특히 날카로운 구석들을 가진 단면에서 그러하다. 이러한 경우들에 대해 완전발달 조건들에 해당되는 Nusselt 수는 표 8.1로부터 얻어질 수 있으며, 각기 다른 단면들의 덕트를 통하여 흐르는 유동에 대하여 운동량 및 에너지에 대한 미분방정식의 해에 기초를 두고 있다. 원형관에 대해서처럼 표면의 열적 조건에 따라서 결과들이 달라진다. 표에 나타난 일정 표면열유속에 대한 Nusselt 수들은 축(유동)방향으로의 일정한 유속으로, 그러나 임의 단면에서의 주변길이를 따라서는 일정온도를 가정한 것이다. 이 조건은 관벽 재질의 열전도율이 클 때의 특징이다. 균일 표면온도에 대한 결과들은 온도가 축방향과 주변 방향으로 모두 일정할 때 적용할 수 있다. 특히, 다른 단면 형상들에 대한 Nusselt 수들을 비교할 때 주의해야 한다. 어떤 단면의 Nusselt 수가 더 크다고 해서 대류열전달이 반드시 더 효과적으로 일어나는 것을 의미하는 것은 아니다. 수력학적 지름과 접수주변길이가 모두 단면 형상에 의존하기 때문이다.

앞에서 언급한 절차들이 일반적으로는 만족할 만하지만 예외가 있다. 비원형관들에서의 열전달에 대하여 참고문헌 [13, 14, 28]에 상세히 언급되어 있다.

표 8.1 여러 다른 단면을 갖는 관 내에서 완전발달한 층류유동에 대한 Nusselt 수

단면	$\frac{b}{a}$	$Nu_D \equiv \frac{hD_h}{k}$ (일정 q_s'')	(일정 T_s)	$f\,Re_{D_h}$
	–	4.36	3.66	64
a, b	1.0	3.61	2.98	57
a, b	1.43	3.73	3.08	59
a, b	2.0	4.12	3.39	62
a, b	3.0	4.79	3.96	69
a, b	4.0	5.33	4.44	73
b	8.0	6.49	5.60	82
가열	∞	8.23	7.54	96
단열	∞	5.39	4.86	96
	–	3.11	2.49	53

Adapted from W. M. Kays and M. E. Crawford, *Convection Heat and Mass Transfer*, 3rd ed. McGraw-Hill, New York, 1993.

많은 내부유동 문제들은 **동심원관 환상공간**(concentric tube annulus)에서의 열전달을 포함하고 있다(그림 8.11). 유체가 동심관에 의해 형성되는 공간(환상)을 통하여 지나가고, 내부 또는 외부 관의 양 표면으로, 또는 양 표면으로부터 대류열전달이 일어난다. 열유속 또는 온도, 즉 열적 조건을 이들 표면의 각각에 대해 독립적으로 지정할 수 있다. 어떤 경우에서든지 각 표면으로부터의 열유속은 다음 식으로 계산할 수 있다.

$$q_i'' = h_i(T_{s,i} - T_m) \tag{8.67}$$

$$q_o'' = h_o(T_{s,o} - T_m) \tag{8.68}$$

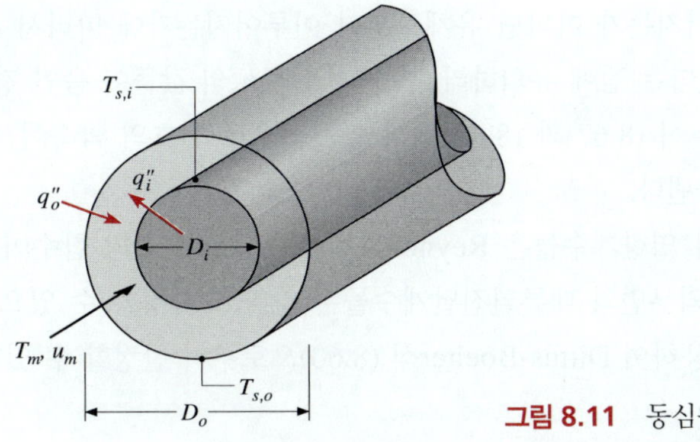

그림 8.11 동심원관 환상공간.

표 8.2 한 표면은 단열되고, 다른 표면은 일정 온도를 갖는 동심원관 환상공간에서 완전발달한 층류유동에 대한 Nusselt 수

D_i/D_o	Nu_i	Nu_o	비고
0	—	3.66	식 (8.55) 참조
0.05	17.46	4.06	
0.10	11.56	4.11	
0.25	7.37	4.23	
0.50	5.74	4.43	
≈1.00	4.86	4.86	표 8.1 참조, $b/a \rightarrow \infty$

Used with permission from W. M. Kays and H. C. Perkins, in W. M. Rohsenow and J. P. Hartnett, Eds., *Handbook of Heat Transfer*, Chap. 7, McGraw-Hill, New York, 1973.

서로 다른 대류열전달계수들이 내부 표면과 외부 표면에 관계되는 것에 유의해야 한다. 상응하는 Nusselt 수는 다음 형태를 가진다.

$$Nu_i \equiv \frac{h_i D_h}{k} \tag{8.69}$$

$$Nu_o \equiv \frac{h_o D_h}{k} \tag{8.70}$$

여기서 식 (8.66)으로부터 수력학적 지름 D_h는 다음과 같다.

$$D_h = \frac{4(\pi/4)(D_o^2 - D_i^2)}{\pi D_o + \pi D_i} = D_o - D_i \tag{8.71}$$

한 표면이 단열되고, 다른 표면이 일정 온도인 완전발달한 층류유동의 경우에 대하여 Nu_i 또는 Nu_o는 표 8.2로부터 구할 수 있다. 이와 같은 경우에 있어서는 등온(비단열)표면과 관련된 대류열전달계수만이 관심거리임에 유의하라.

양 표면에서 균일 열유속 조건이 존재하면 Nusselt 수는 다음 형태의 식으로 계산될 수 있다.

$$Nu_i = \frac{Nu_{ii}}{1 - (q_o''/q_i'')\theta_i^*} \tag{8.72}$$

$$Nu_o = \frac{Nu_{oo}}{1 - (q_i''/q_o'')\theta_o^*} \tag{8.73}$$

이 식에 나타나는 영향계수(influence coefficient)들(Nu_{ii}, Nu_{oo}, θ_i^* 및 θ_o^*)은 표 8.3에서 얻을 수 있다. 열전달이 유체로 이루어지는가 아니면 유체로부터 이루어지는가에 따라서 q_i''과 q_o''이 각각 양의 값과 음의 값이 될 수 있다는 점에 유의하라. 더구나 h_i와 h_o의 값들이 음인 경우들이 일어날 수 있다. 이와 같은 결과들은 식 (8.67)과 (8.68)에서 암시적으로 기호의 약속이 사용될 때 T_s와 T_m의 상대적인 크기들을 나타낸다.

완전발달한 난류유동에서 영향계수들은 Reynolds 수와 Prandtl 수의 함수이다[27]. 그러나 1차적인 근사로서 내부면과 외부면의 대류열전달계수들은 같다고 가정할 수 있으며, 이 값은 식 (8.71)의 수력학적 지름을 이용하여 Dittus-Boelter식 (8.60)으로부터 산정할 수 있다.

표 8.3 양쪽 표면에 균일 열유속이 유지되고 있는 동심원관 환상공간 내의 완전발달한 층류유동에 대한 영향계수들

D_i/D_o	Nu_{ii}	Nu_{oo}	θ_i^*	θ_o^*
0	—	4.364[a]	∞	0
0.05	17.81	4.792	2.18	0.0294
0.10	11.91	4.834	1.383	0.0562
0.20	8.499	4.833	0.905	0.1041
0.40	6.583	4.979	0.603	0.1823
0.60	5.912	5.099	0.473	0.2455
0.80	5.58	5.24	0.401	0.299
1.00	5.385	5.385[b]	0.346	0.346

Used with permission from W. M. Kays and H. C. Perkins, in W. M. Rohsenow and J. P. Hartnett, Eds., *Handbook of Heat Transfer*, Chap. 7, McGraw-Hill, New York, 1973.

a 식 (8.53) 참조

b 한 표면이 단열된 $b/a \to \infty$에 대한 표 8.1 참조.

8.7 열전달 촉진

내부유동과 관련되어 열전달을 촉진시키는 데 몇 가지 유용한 방법들이 있다. 열전달의 촉진은 대류계수의 증가 그리고/또는 대류 표면적의 증가로써 이루어질 수 있다. 예를 들어 난류를 촉진시키기 위하여 표면거칠기를 도입함으로써 h를 증가시킬 수 있다. 이를테면 기계절삭 또는 코일-스프링 선을 삽입하는 방법을 적용할 수 있다. 선을 삽입하면 관의 내벽에 접하는 나선형의 거칠기 요소를 형성할 수 있다(그림 8.12*a*). 다른 방법으로는 꼬인 테이프를 삽입하여 와류(swirl)를 유발하여 대류계수를 증가시킬 수 있다(그림 8.12*b*). 삽입물은 360°의 주기로 꼬인 얇은 스트립으로 이루어진다. 접선 방향의 속도성분을 유도하면 유동의 빠르기가 증가하는데 특히 관벽 근처에서 속도가 증가한다. 안쪽 표면에 길이 방향의 홈을 파서 열전달 면적을 증가시킬 수 있고(그림

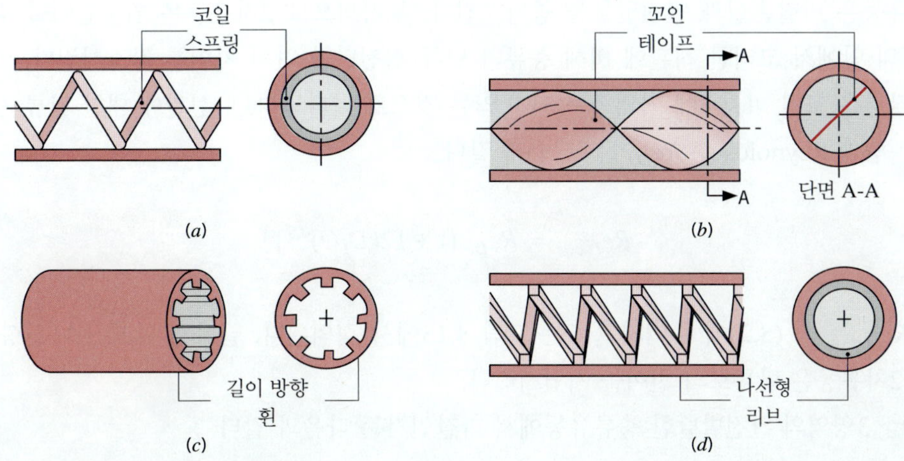

그림 8.12 내부유동 열전달 촉진 방법. (*a*) 코일-스프링 와이어 삽입의 길이 방향의 단면과 단면도, (*b*) 꼬인 테이프 삽입의 길이 방향의 단면과 단면도, (*c*) 길이 방향 휜의 절단면과 단면도, (*d*) 나선형 리브의 길이방향의 단면과 단면도.

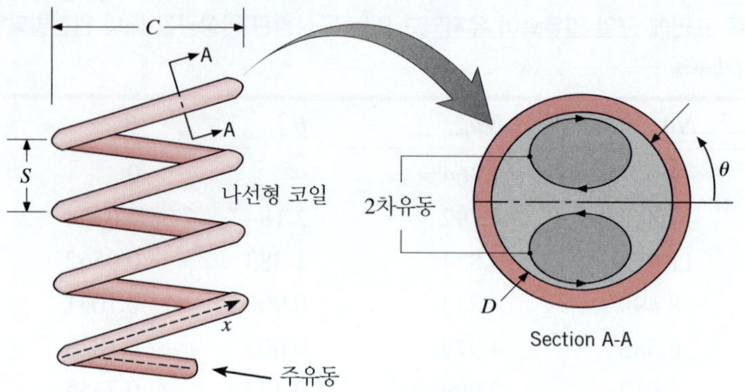

그림 8.13 나선형 코일모양의 관과 확대 단면도에서의 2차유동의 개략도.

8.12*c*), 한편 나선형 휜들이나 리브(rib)들을 사용함으로써 대류계수와 면적을 모두 증가시킬 수 있다(그림 8.12*d*). 열전달 촉진을 평가하는 데 있어서 여기에 수반되는 압력강하의 증가와 이에 따른 휀이나 펌프의 소요동력 또한 유의해야 한다. 촉진 방법에 대한 포괄적인 평가가 참고문헌 [29~32]에 주어져 있다. 그리고 *Journal of Enhanced Heat Transfer*를 통해 이 분야의 최근 발전에 접할 수 있다.

관을 코일모양으로 만들면(그림 8.13) 난류를 유발하거나 추가적인 열전달 면적이 없이도 열전달을 촉진시킬 수 있다. 이 경우에는 유체의 원심력이 길이 방향의 한 쌍의 와류로 구성된 **2차 유동**(secondary flow)을 유도하고, 이 유동은 직관의 조건과는 다르게 관의 원주에 매우 불균일한 국소 열전달계수를 야기할 수 있다. 그러므로 국소 열전달계수는 x뿐만 아니라 θ에 대해서도 변한다. 일정 열유속 조건이 적용되면 평균 유체온도 $T_m(x)$는 식 (8.40)의 에너지보존법칙을 사용하여 계산할 수 있다. 유체가 가열되는 조건에 대해서는 최대 유체온도가 관벽에서 나타나지만 최대 국소온도의 계산은 열전달계수의 θ에 의존하기 때문에 간단하지 않다. 그러므로 일정 열유속 조건이 적용된다면 **주변의 평균**(peripherally averaged) Nusselt 수에 대한 상관식은 거의 사용되지 않는다. 반대로 일정 벽온도 경계조건에 대한 주변 평균 Nusselt 수 상관식은 유용하며 Shah와 Joshi[33]에 의해 제안된 상관식을 다음 문단에서 다룬다.

2차유동은 마찰손실과 열전달률을 증가시킨다. 부가적으로 2차유동은 입구길이를 감소시키고 이 장의 앞에서 고려한 직관에 비해 층류와 난류 열전달률 간의 차이를 감소시킨다. 압력강하와 열전달률은 코일 피치 S에 거의 종속되지 않는 것으로 나타난다. 나선관에 대한 난류 시작점에 해당하는 임계 Reynolds 수 $Re_{D,c,h}$는 다음과 같다.

$$Re_{D,c,h} = Re_{D,c}[1 + 12(D/C)^{0.5}] \tag{8.74}$$

여기서 $Re_{D,c}$는 식 (8.2)에 주어지고 C는 그림 8.13에서 정의된다. 급하게 감겨진 나선형 코일관의 강한 2차유동은 난류로의 천이를 지연시킨다.

$C/D \gtrsim 3$영역의 완전발달한 층류유동에서 마찰인자는 다음과 같다.

$$f = \frac{64}{Re_D} \qquad Re_D(D/C)^{1/2} \lesssim 30 \tag{8.19}$$

$$f = \frac{27}{Re_D^{0.725}}(D/C)^{0.1375} \qquad 30 \lesssim Re_D(D/C)^{1/2} \lesssim 300 \tag{8.75a}$$

$$f = \frac{7.2}{Re_D^{0.5}}(D/C)^{0.25} \qquad 300 \lesssim Re_D(D/C)^{1/2} \tag{8.75b}$$

$C/D \lesssim 3$인 경우 참고문헌 [33]에서 제공된 추천을 따라야 한다. 식 (8.27)을 사용하기 위해 필요한 열전달계수는 다음의 상관식에서 산정할 수 있다.

$$Nu_D = \left[\left(3.66 + \frac{4.343}{a}\right)^3 + 1.158\left(\frac{Re_D(D/C)^{1/2}}{b}\right)^{3/2}\right]^{1/3}\left(\frac{\mu}{\mu_s}\right)^{0.14} \tag{8.76}$$

여기서 a와 b는 아래와 같이 결정한다.

$$a = \left(1 + \frac{927(C/D)}{Re_D^2\,Pr}\right) \quad \text{and} \quad b = 1 + \frac{0.477}{Pr} \tag{8.77a,b}$$

$$\begin{bmatrix} 0.005 \lesssim Pr \lesssim 1600 \\ 1 \lesssim Re_D(D/C)^{1/2} \lesssim 1000 \end{bmatrix}$$

코일모양 내부의 난류유동에 대한 마찰인자 상관식들은 제한된 데이터에 근거하고 있다. 더구나 유동이 난류일 때 2차유동에 의한 열전달 증가는 대수롭지 않다. $C/D \gtrsim 20$인 경우 10%보다도 작다. 그래서 나선형 코일관의 사용을 통한 증가는 단지 층류 상황에서 전형적으로 사용된다. 난류조건에서는 나선 코일관의 처음 반 바퀴 회전에서 완전발달 유동이 되지만 층류에서는 입구길이가 직관의 입구길이보다 20~50% 정도 짧다. 그러므로 입구영역은 대개의 공학 계산에서 무시할 수 있다. 추가적 상관식들도 수집 정리되어 사용할 수 있다[34].

가스와 액체가 직관에서 가열될 때 관의 중심선 주위로 들어가는 유체는 관벽 근처로 들어오는 유체보다 더 빠르게 항상 더 차가운 상태에서 관을 빠져나갈 것이다. 그러므로 같은 가열관에서 진행된 개별 유체의 **시간-온도 이력**은 매우 다른 것이다. 열전달 증가에 부가해서 나선형 코일관에 관련된 2차유동은 직관의 층류에 대한 유체를 **혼합**하여 모든 유체에 대해 비슷한 시간 및 온도 이력의 결과를 가지도록 야기한다. 이것이 코일관이 제약, 화장품, 개인 보호품과 같은 점성이 매우 크고 고부가가치인 유체를 가공하여 만드는 데 자주 사용되는 이유이다[34].

8.8 작은 채널 유동

지금까지는 일반적인 크기의 관과 채널을 다루었다. 그러나 크기가 비교적 작은 채널에서의 강제대류와 관련된 기술들도 많다. 식 (8.53)과 (8.55) 그리고 표 8.1~8.3을 검토해보면 **미세유동장치**(microfluidic device)를 사용하려는 동기는 분명하다. 즉, 대류열전달계수는 수력학적 지름에 반비례하기 때문에, 작은 채널을 사용하면 표 1.1[35]에 제시된 일반적인 값을 훨씬 초과하는 값을 얻을 수 있다.

8.8.1 기체의 미소 대류($0.1\ \mu m \lesssim D_h \lesssim 100\ \mu m$)

대부분의 경우, $D_h \lesssim 100\ \mu$m인 채널 또는 관 내부에서 난류를 얻기 위해서는 기체의 속도가 비현실적으로 높아야 한다. 그러므로 기체와 관련된 난류 미소 대류는 거의 발생하지 않는다. 그러나, 관 혹은 채널 벽과 기체 분자의 상호작용이 대류 과정에 영향을 줄 수 있기 때문에 표준적인 층류 대류상관식은 적용되지 않을 수도 있다. 3.7.3절에서 논의된 바와 같이, 기체 부피의 특성 길이가 기체의 평균자유경로 λ_{mfp}와 같은 크기이면 기체 층에서의 전도가 영향을 받는다. 작은 수력학적 지름을 갖은 채널내에서의 대류도 마찬가지다. 보다 구체적으로, 이전 절들에서 제공된 내부유동 대류상관식들은 $D_h/\lambda_{mfp} \lesssim 100$일 때 기체에 대해서는 적용되지 않는다고 본다. 상온 대기압 공기의 경우 이는 $D_h \lesssim 10\ \mu$m에 해당한다.

만약 그림 3.25의 상황에서 수직 방향으로 체적(bulk)유동이 있었다면, 양쪽 고체 벽면으로부터 분산된 기체 분자들이 기체를 통한 운동량 전달, 즉 기체 안에서의 속도분포에 영향을 주게 된다. 기체의 온도분포는 기체 속도와 관련이 있기 때문에, **운동량적응계수**(momentum accommodation coefficient) α_p는 대류열전달계수에 영향을 미치고, 식 (3.130)의 열적응계수 α_t도 영향을 미친다[36]. 운동량적응계수의 값은 $0 \le \alpha_p \le 1$의 범위를 갖는다. 특히 정반사(specular reflection, 분자의 속력이 변하지 않고, 표면에 대한 반사각과 입사각이 같은 경우)의 $\alpha_p = 0$이다. 반면에 확산반사(diffuse reflection, 정해진 반사각이 없는 경우)의 $\alpha_p = 1$이다. 대부분의 공학적 표면과 상호작용하는 공기의 α_p는 0.87과 1 사이의 값을 가지는 반면, 실리콘 채널에서의 질소, 아르곤, 이산화탄소는 $0.75 \lesssim \alpha_p \lesssim 0.85$의 값을 가진다[36].

기체 분자와 고체 벽 사이의 열 및 운동량 상호작용이 고려된, 미소 내부 기체 유동에서의 대류열전달계수는 분석되어 왔다. 균일한 표면열유속 조건에서 지름 D인 원형관에서 완전발달한 층류유동의 Nusselt 수는 다음과 같이 나타난다[37].

$$Nu_D = \frac{hD}{k} = \frac{48}{11 - 6\zeta + \zeta^2 + 48\Gamma_t} \tag{8.78a}$$

여기에서

$$\zeta = 8\Gamma_p/(1 + 8\Gamma_p) \tag{8.78b}$$

$$\Gamma_p = \frac{2-\alpha_p}{\alpha_p}\left[\frac{\lambda_{mfp}}{D}\right] \tag{8.78c}$$

$$\Gamma_t = \frac{2-\alpha_t}{\alpha_t}\frac{2\gamma}{\gamma+1}\left|\frac{\lambda_{mfp}}{Pr\ D}\right. \tag{8.78d}$$

이다. $\gamma \equiv c_p/c_v$는 기체의 비열비이다. 큰 관 지름의 경우($\lambda_{mfp}/D \to 0$), $Nu_D \to 48/11 = 4.36$이 되어 식 (8.53)과 일치한다.

마찬가지로 a 간격의 큰 평판으로 이루어진 채널에서의 완전발달된 층류유동의 경우, 균일하고 동일한 판 열유속 조건에서 Nusselt 수는 다음과 같다[38].

$$Nu_D = \frac{hD_h}{k} = \frac{140}{17 - 6\zeta + (2/3)\zeta^2 + 70\Gamma_t} \tag{8.79a}$$

여기서

$$\zeta = 6\Gamma_p/(1+6\Gamma_p) \quad (8.79b)$$

이다. 매개변수 Γ_p, Γ_t는 식 (8.78c, d)에서 $D = D_h$일 때 정의된다. 수력학적 지름이 $D_h = 2a$인 무한히 큰 평판의 경우, $\lambda_{mfp}/D_h \to 0$가 되면 $Nu_D \to 140/17 = 8.23$이 되어, 표 8.1과 일치한다.

위의 관계식은 기체 유동이 비압축성으로 취급될 경우, 즉 Mach수가 작을 때($Ma \lesssim 0.3$)만 적용할 수 있다.

8.8.2 액체의 미소 대류

식 (8.19)와 (8.22*a*)는 17 μm지름의 작은 관까지의 층류 액체유동에 적용될 수 있음을 실험적으로 보였으며[39, 40][3], 수력학적 지름이 1 μm인 작은 관까지 대부분의 유체에 유효할 것으로 예상된다[39, 41]. 액체의 미소 내부유동에서 나타나는 대류열전달에 관한 연구는 현재 진행 중이다. $D_h \lesssim 1$ mm인 경우의 액체유동에 대해서는 6장과 8장의 해석결과를 주의 깊게 이용해야 한다.

8.8.3 나노스케일에서의 대류($D_h \lesssim 100$ nm)

수력학적 지름이 $D_h \approx 0.1$ μm = 100 nm에 가까워지면 일반적으로 반드시 분자 간의 상호작용이 유체와 고체 벽에서 큰 부분을 차지한다. 탄소나노튜브 내부 액체대류를 포함해서, 나노스케일에서의 대류는 요즘 연구되는 분야이다 [42].

예제 8.7

조합화학(combinatorial chemistry)은 제약산업에서 치료적 가치가 있는 후보 물질들을 발견하기 위해 추후 선별되는 화합물들의 대규모 집단 즉 라이브러리(library)를 생산하는 데 사용된다. **미소반응기 칩**(microreactor chip)은 2개의 반응물 A와 B를 N개의 고유한 시간-온도 이력으로 처리하여 N개의 새로운 시험용 화합물을 생성한다. 20 mm × 20 mm의 칩은 먼저 1 mm 두께의 유리 현미경 슬라이드(slide)에 두께 $a = 40$ μm의 감광제(photoresist material)를 코팅하여 제작한다. 이어서 폭 $b = 160$ μm 및 길이 $L = 20$ mm의 채널들이 감광제를 식각(etching)하여 형성되고, 두 번째 현미경 슬라이드가 구조물의 상부에 부착된다. 채널 사이의 간격은 $s = 40$ μm이며 따라서 $N = L/(b+s) = 100$개의 평행한 채널이 형성된다. 미소반응기의 입구에서 출구로 $\Delta p = 500$ kPa의 압력차를 가함으로써 각 채널을 통해 유동을 발생시킨다. 반응물들은 $T_{m,i} = 5$°C로 각 채널로 들어가고 N개의 반응 생성물은 칩에서 나올 때 다시 5°C로 냉각된다. 칩 가장자리의 온도를 $T_1 = 125$°C 및 $T_2 = 25$°C로 유지함으로써 N개의 채널 벽은 각각의 고유한 온도로 유지된다. 가장 따뜻

[3] 6.3.1절의 논의로부터, 일반적인 크기의 기기 내에서의 난류는 상대적으로 큰 유체 덩어리의 움직임으로 특성화되는 데 반해, 미소 유체기기 내부에서는 유체 덩어리 부피가 채널의 수력학적 지름에 의해 제한되므로 식 (8.2), (8.20), 그리고 (8.21)이 적용될 수 없을 것이다. 그럼에도 불구하고, 여러 유체에 대해 실험한 결과, 17 μm만큼 작은 직경의 관 내 액체 유동에서 식 (8.2)가 적용될 수 있다[40].

한(125°C) 미소채널(microchannel)과 가장 차가운(25°C) 미소채널의 경우 액체가 벽 온도의 섭씨 1도 이내인 시간을 예측하라. 액체의 열물성은 에틸렌글리콜(ethylene glycol)과 유사하다고 가정하라.

풀이

제시자료: 치수들과 미소반응기내를 흐르는 반응물들에 대한 작동 조건.

풀이대상: 가장 따뜻하고 차가운 채널과 관련된 온도 유지 시간.

개략도:

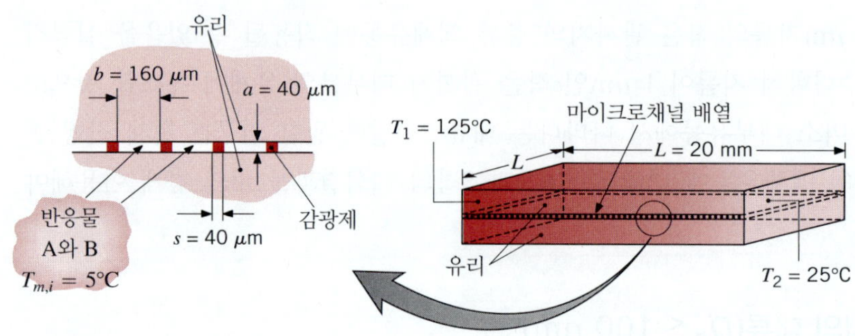

가정:

1. 미소반응기의 폭 방향으로 직선 온도분포.
2. 정상상태 조건.
3. 일정 물성치의 비압축성 액체.
4. 점성소산 무시.
5. 각 채널의 벽 온도는 균일함.

물성치: 표 A.5에서 에틸렌글리콜($\bar{T}_m$ = 288 K): ρ = 1120.2 kg/m^3, c_p = 2359 J/kg·K, μ = 2.82 × 10^{-2} N·s/m^2, k = 247 × 10^{-3} W/m·K, Pr = 269. ($\bar{T}_m$ = 338 K): ρ = 1085 kg/m^3, c_p = 2583 J/kg·K, μ = 0.427 × 10^{-2} N·s/m^2, k = 261 × 10^{-3} W/m·K, Pr = 45.2.

해석: 각 미소채널의 수력학적 지름은 식 (8.66)으로 구할 수 있다.

$$D_h = \frac{4A_c}{P} = \frac{4ab}{(2a+2b)} = \frac{4 \times 40 \times 10^{-6}\ \text{m} \times 160 \times 10^{-6}\ \text{m}}{(80 \times 10^{-6}\ \text{m} \times 320 \times 10^{-6}\ \text{m})} = 64 \times 10^{-6}\ \text{m}$$

유량을 완전발달 조건에서의 마찰인자를 사용하여 구할 수 있도록, 우선 층류 그리고 입구길이가 짧다고 가정한다. 이 가정은 나중에 검증한다. 표 8.1에서 b/a = 4, $f = 73/Re_{D_h}$이다. 이 식을 식 (8.22a)에 대입하고 정리한 후 125°C의 미소채널에 대해서 (이 식 및 이후의 식에서) T_m = 338 K에서의 물성들을 사용하면

$$u_m = \frac{2}{73}\frac{D_h^2 \Delta p}{\mu L} = \frac{2}{73} \times \frac{(64 \times 10^{-6}\ \text{m})^2 \times 500 \times 10^3\ \text{N/m}^2}{0.427 \times 10^{-2}\ \text{N} \cdot \text{s/m}^2 \times 20 \times 10^{-3}\ \text{m}} = 0.657\ \text{m/s}$$

이다. 그러므로 Reynolds 수는

$$Re_D = \frac{u_m D_h \rho}{\mu} = \frac{0.657 \text{ m/s} \times 64 \times 10^{-6} \text{ m} \times 1085 \text{ kg/m}^3}{0.427 \times 10^{-2} \text{ N} \cdot \text{s/m}^2} = 10.7$$

이다. 따라서 유동은 완전한 층류 영역에서 일어난다. 식 (8.3)은 유체역학적 입구길이를 정하는 데 사용되며, 입구길이는

$$x_{\text{fd},h} \approx 0.05\, D_h\, Re_D = 0.05 \times 64 \times 10^{-6} \text{ m} \times 10.7 = 34.2 \times 10^{-6} \text{ m}$$

이며 열적 입구길이는 식 (8.23)에서 구할 수 있으며

$$x_{\text{fd},t} \approx x_{\text{fd},h} Pr = 34.2 \times 10^{-6} \text{ m} \times 45.2 = 1.55 \times 10^{-3} \text{ m}$$

이다. 두 입구길이가 총 미소채널 길이 $L = 20$ mm의 10%보다 작다. 따라서 완전발달한 조건에서의 f값의 사용은 정당하며 $T = 125$°C에서 미소채널에 대한 유량은 다음과 같다.

$$\begin{aligned} \dot{m} &= \rho A_c u_m = \rho a b u_m = 1085 \text{ kg/m}^3 \times 40 \times 10^{-6} \text{ m} \times 160 \times 10^{-6} \text{ m} \times 0.657 \text{ m/s} \\ &= 4.56 \times 10^{-6} \text{ kg/s} \end{aligned}$$

이제 식 (8.42)는 미소채널 입구에서부터 $T_{m,c} = 124$°C, 즉 표면온도의 1°C 내의 온도가 되는 x_c지점까지의 거리를 결정하는 데 사용할 수 있다. 상대적으로 짧은 열적 입구길이 때문에 평균 열전달계수 $\bar{h}$를 열전달계수의 완전발달한 값 h로 대신한다. 표 8.1에서 $b/a = 4$인 경우 $Nu_D = hD_h/k = 4.44$이다. 그러므로

$$\bar{h} \approx h = Nu_D \frac{k}{D_h} = 4.44 \times \frac{0.261 \text{ W/m} \cdot \text{K}}{64 \times 10^{-6} \text{ m}} = 1.81 \times 10^4 \text{ W/m}^2 \cdot \text{K}$$

예상대로 대류계수가 크다.

식 (8.42)를 정리하면

$$\begin{aligned} x_c &= \frac{\dot{m} c_p}{P h} \ln\left[\frac{T_s - T_{m,i}}{T_s - T_{m,c}}\right] = \frac{4.56 \times 10^{-6} \text{ kg/s} \times 2583 \text{ J/kg} \cdot \text{K}}{0.4 \times 10^{-3} \text{ m} \times 1.81 \times 10^4 \text{ W/m}^2 \cdot \text{K}} \ln\left[\frac{(125-5)\text{°C}}{(125-124)\text{°C}}\right] \\ &= 7.79 \times 10^{-3} \text{ m} \end{aligned}$$

따라서, 온도 유지 시간(time-at-temperature)은

$$t_T = (L - x_c)/u_m = (20 \times 10^{-3} - 7.79 \times 10^{-3}) \text{ m}/0.657 \text{ m/s} = 0.019 \text{ s} \qquad \triangleleft$$

가장 낮은 처리 온도인 25°C에 대해서 미소채널에서의 계산을 반복하면 $u_m = 0.0995$ m/s, $Re_D = 0.253$, $x_{\text{fd},h} = 8.09 \times 10^{-7}$ m, $x_{\text{fd},t} = 0.218 \times 10^{-3}$ m, $h = 1.71 \times 10^4$ W/m^2·K, $x_c = 0.73 \times 10^{-3}$ m, and $t_T = 0.19$ s를 얻는다.

부가설명:

1. 유리의 총 두께(2 mm)는 각 미소채널 깊이의 50배 이상 크다. 반면에 유리의 열전도율 $k_{\text{glass}} \approx 1.4$ W/m·K(표 A.3)은 유체의 열전도율보다 5배 이상 크다. 이와 같이 유체의 양이 적기 때문에 칩을 따라 형성된 선형 온도분포에 대한 영향은 무시할 만하다고 판단된다. 각 채널의 위아래 면을 가로지르는 온도차는 대략 $\Delta T = (T_1 - T_2)b/L = (125 - 25)$°C $\times (160 \times 10^{-6}$ m$)/(20 \times 10^{-3}$ m$) = 0.8$°C이다.
2. 8.7절에서 논의한 바와 같이, 가열된 직선 채널 내의 불균일한 속도 및 온도 분포는 채널벽 부근의 유체에 비해서 채널 중심부 유체의 체류시간은 상대적으로 짧게 그리고 온도는 더 차갑게 한다. 미소반응기를 흐르는 유체에 대해서

균일한 온도 유지 시간 이력을 얻는 것은 층류 조건에 의해 어려워진다. 그러나, 곡선형 마이크로 채널을 사용하거나 또는 미소채널의 내벽에 나선형 패턴을 제조하여 소용돌이를 유도하면 유체의 혼합을 향상시켜서 온도 유지 시간 이력을 보다 균일하게 할 수 있다.

3. 가장 뜨거운 채널과 차가운 채널의 평균온도 분포가 아래 나와 있다.

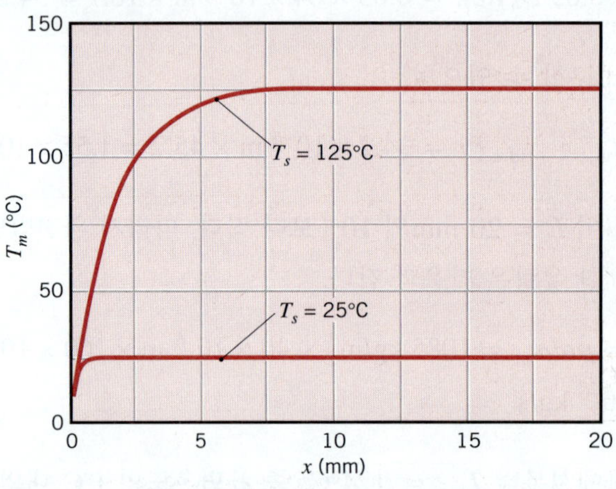

8.9 대류물질전달

대류에 의한 물질전달도 내부유동의 경우에 발생할 수 있다. 예를 들어 기체가 관을 통해 유동하고 있고, 관의 내면이 젖어 있거나 또는 승화가 가능한 경우가 있을 수 있다. 그러면 증발 또는 승화가 일어날 수 있고, 이 결과 농도 경계층(concentration boundary layer)이 발달하게 된다. 마치 열전달에서 유체의 평균온도가 적합한 기준 온도인 것과 같이, 물질전달에서는 평균 성분농도(mean species concentration) $\rho_{A,m}$이 유사한 역할을 하게 된다. 임의의 단면 A_c를 갖는 덕트 내부 흐름에 대해 성분 A의 질량유동률을 $\dot{m}_A = \rho_{A,m} u_m A_c = \int_{A_c} (\rho_A u) dA_c$라고 정의하면, 평균 성분밀도는 당연히 다음과 같다.

$$\rho_{A,m} = \frac{\int_{A_c} (\rho_A u) dA_c}{u_m A_c} \tag{8.80a}$$

또는 원형 단면 관에 대해서는 다음과 같이 된다.

$$\rho_{A,m} = \frac{2}{u_m r_o^2} \int_0^{r_o} (\rho_A u r)\, dr \tag{8.80b}$$

농도 경계층의 발달은 입구영역과 완전발달 영역으로 구분되며, 식 8.23을(Pr을 Sc로 대체하여) 사용하여 층류유동에 대한 **농도 입구길이**(concentration entry length) $x_{fd,c}$를 결정할 수 있다. 식 8.4는 난류유동에 대한 1차적 근사로 재사용할 수 있다. 더욱이 식 8.28의 상사를 고려하여 다음 관계가 충족되면, 층류 및 난류유동 모두에서 완전발달된 조건들이 성립된다.

$$\frac{\partial}{\partial x}\left[\frac{\rho_{A,s} - \rho_A(r, x)}{\rho_{A,s} - \rho_{A,m}(x)}\right]_{fd,c} = 0 \tag{8.81}$$

여기서 관 표면 균일 성분농도 $\rho_{A,s}$가 존재한다고 가정하였다.

성분 A의 질량유속은 다음 수식으로부터 계산될 수 있다.

$$n''_A = \bar{h}_m(\rho_{A,s} - \rho_{A,m}) \tag{8.82}$$

한편 표면적 As의 덕트에 대하여 전 성분전달률은 다음과 같이 쓸 수 있다.

$$n_A = \bar{h}_m A_s \Delta\rho_{A,\mathrm{lm}} \tag{8.83}$$

여기서 **대수평균 농도차**(log mean concentration difference)는 다음과 같이 정의된다.

$$\Delta\rho_{A,\mathrm{lm}} = \frac{\Delta\rho_{A,o} - \Delta\rho_{A,i}}{\ln(\Delta\rho_{A,o}/\Delta\rho_{A,i})} \tag{8.84}$$

이 식은 대수평균 온도차, 식 (8.44)와 유사하며 농도차는 $\Delta\rho_A = \rho_{A,s} - \rho_{A,m}$으로 정의된다. 성분 A에 대한 보존법칙을 덕트 내의 검사체적에 적용하면, 이 성분의 전체 전달률은 다음과 같이 표현된다.

$$n_A = \frac{\dot{m}}{\rho}(\rho_{A,o} - \rho_{A,i}) \tag{8.85}$$

여기서 ρ와 $\dot{m}$은 각각 전체 질량밀도와 질량유동률이며, $\dot{m}/\rho = u_m A_c$이다. 식 (8.83)과 식 (8.85)는 각각 열전달에 대한 식 (8.43)과 식 (8.34)에 대응하는 물질전달식이다. 더욱이 식 8.42에 대한 상사로써, 덕트 입구로부터 거리 x에 따른 평균 증기밀도의 변화를 나타내는 수식은 다음과 같이 기술될 수 있다.

$$\frac{\rho_{A,s} - \rho_{A,m}(x)}{\rho_{A,s} - \rho_{A,m,i}} = \exp\left(-\frac{\bar{h}_m(x)\rho P}{\dot{m}}x\right) \tag{8.86}$$

여기서 P는 덕트의 둘레길이이다.

대류물질전달계수들 h_m과 $\bar{h}_m$은 해당 Sherwood 수에 대해 적절한 상관식으로 부터 얻을 수 있으며, 이들 무차원 수들은 각각 $Sh_D = h_m D/D_{AB}$ 그리고 $\overline{Sh}_D = \bar{h}_m D/D_{AB}$으로 정의된다. 이들 각 상관식의 구체적 형태는 앞의 관련 열전달 상관식들로부터 Nu_D와 Pr을 각각 Sh_D와 Sc로 대체하고 열전달과 물질전달의 상사를 상기함으로써 추론할 수 있다. 예를 들면 원형 덕트를 통한 완전발달된 층류유동에 대해서 덕트 표 면에서 균일한 증기밀도를 가지는 경우에 아래 결과를 얻는다.

$$Sh_D = 3.66 \tag{8.87}$$

완전발달된 난류유동의 경우에 대하여, Dittus-Boelter 식에 상사되는 물질전달 식은 다음과 같다.

$$Sh_D = 0.023\, Re_D^{4/5}\, Sc^{0.4} \tag{8.88}$$

물질전달에 대한 마이크로 크기 조건들은 열전달에 대한 8.8절의 논의와 유사하다.

예제 8.8

액체 암모니아(NH_3) 박막이 지름 $D = 10$ mm, 길이 $L = 1$ m인 관의 안쪽 면에 형성되어 있다. 이 액막을 질량유량 3×10^{-4} kg/s의 건공기를 통과시켜 제거한다. 관과 공기는 25°C에 있다. 평균 대류물질전달계수는 얼마인가?

풀이

제시자료: 관 안쪽 표면에 있는 액체 암모니아가 공기유동 속으로 증발에 의해 제거된다.

풀이대상: 관의 평균 대류물질전달계수.

개략도:

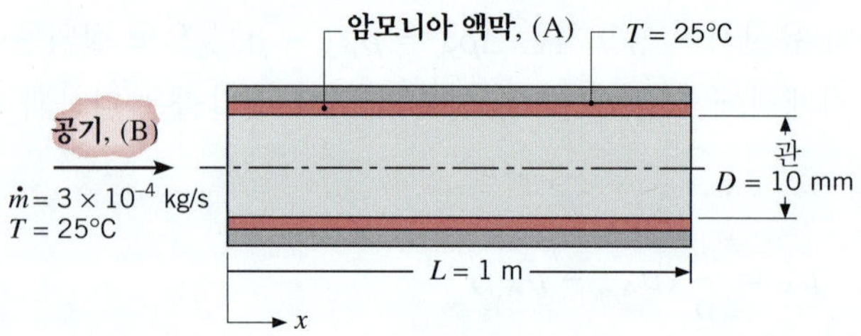

가정:

1. 매끈한 표면과 액체 암모니아 박막.
2. 열과 물질전달 상사 적용.

물성치: 표 A.4에서 공기(25°C): $\nu = 15.7 \times 10^{-6}$ m²/s, $\mu = 183.6 \times 10^{-7}$ N·s/m². 표 A.8에서 암모니아–공기(25°C): $D_{AB} = 0.28 \times 10^{-4}$ m²/s, $Sc = (\nu/D_{AB}) = 0.56$.

해석: 식 (8.6)으로부터

$$Re_D = \frac{4 \times 3 \times 10^{-4}\ \text{kg/s}}{\pi \times 0.01\ \text{m} \times 183.6 \times 10^{-7}\ \text{N} \cdot \text{s/m}^2} = 2080$$

이 경우 유동은 층류이다. 식 (8.3)으로부터 유체역학적 입구길이는

$$x_{\text{fd},h} \approx 0.05\, D\, Re_D = 0.05 \times 0.01\ \text{m} \times 2080 = 1.04\ \text{m}$$

농도 입구길이는 식 (8.23)의 물질전달 상사성으로부터 다음과 같이 얻어질 수 있다.

$$x_{\text{fd},c} \approx x_{\text{fd},h}\, Sc = 1.04\ \text{m} \times 0.56 = 0.58\ \text{m}$$

$x_{\text{fd},h} > L$이므로 복합 입구길이 조건은 심지어 $x_{\text{fd},c} < L$인 경우에도 유지된다. 막 표면에서 일정 암모니아 증기 농도 조건이 유지되고 있고, 이것은 일정 표면온도 조건과 상사적이다. 식 (8.58)의 물질전달 상사성은 $Gz_D = (D/L)Re_D\, Sc = (0.01\ \text{m}/1\ \text{m}) \times 2080 \times 0.56 = 11.6$에서 적절하다. 그러므로

$$\overline{Sh}_D = \frac{\dfrac{3.66}{\tanh[2.264\, Gz_D^{-1/3} + 1.7\, Gz_D^{-2/3}]} + 0.0499\, Gz_D \tanh(Gz_D^{-1})}{\tanh(2.432\, Sc^{1/6}\, Gz_D^{-1/6})}$$

$$= \frac{\dfrac{3.66}{\tanh[2.264 \times 11.6^{-1/3} + 1.7 \times 11.6^{-2/3}]} + 0.0499 \times 11.6 \times \tanh(11.6^{-1})}{\tanh(2.432 \times 0.56^{1/6} \times 11.6^{-1/6})}$$

$$= 4.74$$

최종적으로

$$\overline{h}_m = \overline{Sh}_D \frac{D_{AB}}{D} = \frac{4.74 \times 0.28 \times 10^{-4}\ \mathrm{m^2/s}}{0.01\ \mathrm{m}} = 0.013\ \mathrm{m/s} \qquad \triangleleft$$

부가설명: 관의 전체 길이에 대해 완전발달된 조건이 존재한다고 가정하면 $\overline{Sh}_D = 3.66$이 되는데, 이 결과는 위에서 구한 것보다 23%가 작다.

8.10 요약

이 장에서는 **내부유동**과 관련된 문제들의 중요한 분야인 강제대류 열 및 물질 전달을 고려하였다. 그런 유동들은 수많은 응용에서 접하게 되고, 에너지평형과 적절한 대류상관식들과 관련된 공학적 계산이 수행되어야만 한다. 방법론적으로 우선 유동이 층류인지 또는 난류인지를 결정해야 하고, 입구영역의 길이를 설정해야 한다. 관심사가 국소조건(특정 축방향 위치에서)인가 평균조건(전체 관에 대한)인가를 결정한 후에 문제를 해결하기 위하여 대류상관식을 선택할 수 있고, 적절한 에너지평형의 식을 이용하여 문제를 푼다. 상관식들에 대한 요약은 표 8.4에 주어져 있다.

다음 질문들을 검토하면서 관련된 개념에 대한 이해도를 확인해 보라.

- **유체역학적 입구영역**의 두드러진 특성들은 무엇인가? **열적 입구영역**에 대해서는 어떠한가? 유체역학적 입구길이와 열적 입구길이는 동등한가? 만약 그렇지 않다면, 무엇이 상대적인 길이를 결정하는가?
- **완전발달한 유동**의 두드러진 **유체역학적** 특성들은 무엇인가? 표면거칠기에 영향을 받는 완전발달한 유동의 마찰계수는 어떠한가?
- **평균온도** 또는 **혼합평균온도**는 내부유동의 어떤 중요한 특징과 관련이 있는가?
- **완전발달한 유동**의 두드러진 **열적 특성**은 무엇인가?
- 유체가 균일한 온도의 관으로 들어가고, 관의 표면으로 또는 표면으로부터의 열전달이 있다면, 대류열전달계수는 관 길이에 따라 어떻게 변하는가?
- 균일 표면열유속의 관을 통과하는 유체유동에 대하여 (a) 입구영역과 (b) 완전발달한 영역에서 관 입구로부터의 거리에 따라 유체의 평균온도는 어떻게 변하는가?
- 균일 표면온도의 관을 통과하는 유체유동으로 또는 유체유동으로부터의 열전달에 대하여, 입구로부터의 거리에 따라 유체의 평균온도는 어떻게 변하는가? 입구로부터의 거리에 따라 표면열유속은 어떻게 변하는가? 입구로부터의 거리에 따라 표면온도는 어떻게 변하는가?

표 8.4 원형관에서의 유동에 대한 대류열전달 상관관계식 요약 [a,b,e]

상관관계식		조건
$f = 64/Re_D$	(8.19)	층류, 완전발달
$Nu_D = 4.36$	(8.53)	층류, 완전발달, 일정 q_s''
$Nu_D = 3.66$	(8.55)	층류, 완전발달, 일정 T_s
$\overline{Nu}_D = 3.66 + \dfrac{0.0668\, Gz_D}{1 + 0.04\, Gz_D^{2/3}}$	(8.57)	층류, 열적 입구길이(또는 $Pr \gtrsim 5$인 복합된 입구길이) 일정 T_s, $Gz_D = (D/x)\, Re_D\, Pr$
$\overline{Nu}_D = \dfrac{\dfrac{3.66}{\tanh[2.264\, Gz_D^{-1/3} + 1.7\, Gz_D^{-2/3}]} + 0.0499\, Gz_D \tanh(Gz_D^{-1})}{\tanh(2.432\, Pr^{1/6} Gz_D^{-1/6})}$	(8.58)	층류, 복합된 입구길이, $Pr \gtrsim 0.1$, 일정 T_s, $Gz_D = (D/x)\, Re_D\, Pr$
$\dfrac{1}{\sqrt{f}} = -2.0 \log\left[\dfrac{e/D}{3.7} + \dfrac{2.51}{Re_D \sqrt{f}}\right]$	(8.20)[c]	난류, 완전발달
$f = (0.790 \ln Re_D - 1.64)^{-2}$	(8.21)[c]	난류, 완전발달, 매끈한 벽, $3000 \lesssim Re_D \lesssim 5 \times 10^6$
$Nu_D = 0.023\, Re_D^{4/5}\, Pr^n$	(8.60)[d]	난류, 완전발달, $0.6 \lesssim Pr \lesssim 160$ $Re_D \gtrsim 10{,}000$, $(L/D) \gtrsim 10$, $T_s > T_m$에 대해서 $n = 0.4$ 그리고 $T_s < T_m$에 대해서 $n = 0.3$
$Nu_D = 0.027\, Re_D^{4/5}\, Pr^{1/3} \left(\dfrac{\mu}{\mu_s}\right)^{0.14}$	(8.61)[d]	난류, 완전발달, $0.7 \lesssim Pr \lesssim 16{,}700$ $Re_D \gtrsim 10{,}000$, $L/D \gtrsim 10$
$Nu_D = \dfrac{(f/8)(Re_D - 1000)\, Pr}{1 + 12.7(f/8)^{1/2}(Pr^{2/3} - 1)}$	(8.62)[d]	난류, 완전발달, $0.5 \lesssim Pr \lesssim 2000$, $3000 \lesssim Re_D \lesssim 5 \times 10^6$, $(L/D) \gtrsim 10$
$Nu_D = 4.82 + 0.0185(Re_D\, Pr)^{0.827}$	(8.64)	액체금속, 난류, 완전발달, 일정 q_s'', $3.6 \times 10^3 \lesssim Re_D \lesssim 9.05 \times 10^5$, $3 \times 10^{-3} \lesssim Pr \lesssim 5 \times 10^{-2}$, $10^2 \lesssim Re_D\, Pr \lesssim 10^4$
$Nu_D = 5.0 + 0.025(Re_D\, Pr)^{0.8}$ $u_m = \dot{m}/\rho A_c$	(8.65)	액체금속, 난류, 완전발달, 일정 T_s, $Re_D\, Pr \gtrsim 100$

[a]물질전달 상관식들은 Nu_D와 Pr을 각각 Sh_D와 Sc로 대체하여 얻을 수 있다.

[b]식 (8.53), (8.55), (8.60), (8.61), (8.62), (8.64), (8.65)에서의 물성치들은 T_m에 기초를 두었고, 식 (8.19), (8.20), (8.21)에서의 물성치들은 $T_f = (T_s + T_m)/2$에 근거하였으며, 식 (8.57)과 (8.58)에서의 물성치들은 $\overline{T}_m = (T_{m,i} + T_{m,o})/2$에 기초를 두었다.

[c]식 (8.20)은 매끄러운 관이나 거친 관에, 식 (8.21)은 매끈한 관들에 관련된 것이다.

[d]1차적인 근사로서 만약 $(L/D) \geq 10$이면 전체 관 길이에 걸친 평균 Nusselt 수 $\overline{Nu}_D$를 구하기 위해 식 (8.60), (8.61), (8.62)를 사용할 수 있다. 물성치들은 따라서 평균온도의 평균값 $\overline{T}_m = (T_{m,i} + T_{m,o})/2$에서 구해야 한다.

[e]비원형 단면의 관들에 대해서 $Re_D \equiv D_h u_m/\nu$, $D_h \equiv 4A_c/P$, 그리고 $u_m = \dot{m}/\rho A_c$이다. 완전발달된 층류유동에 대한 결과들이 표 8.1에 주어져 있다. 난류유동에 대해서는 식 (8.60)이 1차 근사로서 사용될 수 있다.

- 일정 표면온도의 관을 통과하는 유체유동으로 또는 유동으로부터의 총 열전달률을 계산하기 위해, 왜 산술평균 온도차를 쓰지 않고 **대수평균 온도차**를 사용하는가?
- 균일 표면열유속의 관을 통과하는 유체유동으로의 총 열전달률을 계산하기 위하여 어떤 두 식을 사용할 수 있는가? 균일 표면온도의 관을 통과하는 유체유동으로 또는 유동으로부터의 총

열전달률을 계산하기 위하여 어떤 두 식을 사용할 수 있는가?

- 어떤 조건하에서, 내부유동과 관련된 Nusselt 수가 Reynolds 수와 무관하게 일정한 값을 갖는가?
- 관을 따라 흐르는 유동과 관련된 평균 Nusselt 수는 완전발달 조건의 Nusselt 수보다 큰가, 같은가, 아니면 작은가?
- 비원형관에서의 특성길이는 어떻게 정의되는가?
- 무엇이 **농도 입구영역**의 두드러진 양상인가?
- 무엇이 물질전달에서 완전발달된 유동의 두드러진 양상인가?
- 대류물질전달 상관식은 어떻게 추론될 수 있는가?

내부유동을 복잡하게 만드는 몇 가지 특성들에 대해서는 이 장에서 고려하지 않았다. 예를 들면 T_s 또는 q_s''이 균일한 표면조건들이 아니라, 축방향으로 변하는 조건들로 주어지는 경우가 존재할 수도 있다. 무엇보다도 이러한 변화 때문에 완전발달 영역의 존재가 배제될 수 있다. 또한 표면거칠기의 영향, 원주 방향에 따른 열유속 또는 온도변화, 넓은 범위로 변화하는 유체 물성치, 또는 천이 유동조건 등이 있을 수 있다. 이러한 영향들에 대한 자세한 검토가 참고문헌 [13, 14, 19, 21, 28]에 주어져 있다.

참고문헌 *References*

1. Abraham, J. P., E. M. Sparrow, and J. C. K. Tong, *Int. J. Heat Mass Transfer*, **52**, 557, 2009.
2. Langhaar, H. L., *J. Appl. Mech.*, **64**, A-55, 1942.
3. Kays, W. M., M. E. Crawford, and B. Weigand, *Convective Heat and Mass Transfer*, 4th ed., McGraw-Hill Higher Education, Boston, 2005.
4. Munson, B. R., D. F. Young, T. H. Okiishi, and W. W. Huebsch, *Fundamentals of Fluid Mechanics*, 6th ed. Wiley, Hoboken, NJ, 2009.
5. Fox, R. W., P. J. Pritchard, and A. T. McDonald, *Introduction to Fluid Mechanics*, 7th ed., Wiley, Hoboken, NJ, 2009.
6. Petukhov, B. S., in T. F. Irvine and J. P. Hartnett, Eds., *Advances in Heat Transfer*, Vol. 6, Academic Press, New York, 1970.
7. Moody, L. F., *Trans. ASME*, **66**, 671, 1944.
8. Chen, M. M., and K. R. Holmes, *Ann. N. Y. Acad. Sci.*, **335**, 137, 1980.
9. Chato, J. C., *J. Biomech. Eng.*, **102**, 110, 1980.
10. Kays, W. M., *Trans. ASME*, **77**, 1265, 1955.
11. Hausen, H., *Z. VDI Beih. Verfahrenstech.*, **4**, 91, 1943.
12. Baehr, H. D., and K. Stephan, *Heat Transfer*, 2nd ed., Springer, Berlin, 2006.
13. Shah, R. K., and A. L. London, *Laminar Flow Forced Convection in Ducts*, Academic Press, New York, 1978.
14. Shah, R. K., and M. S. Bhatti, in S. Kakac, R. K. Shah, and W. Aung, Eds., *Handbook of Single-Phase Convective Heat Transfer*, Chap. 3, Wiley-Interscience, Hoboken, NJ, 1987.
15. Muzychka, Y. S., and M. M. Yovanovich, *J. Heat Transfer*, **126**, 54, 2004.
16. Burmeister, L. C., *Convective Heat Transfer,* 2nd ed., Wiley, Hoboken, NJ, 1993.
17. Winterton, R. H. S., *Int. J. Heat Mass Transfer*, **41**, 809, 1998.
18. Sieder, E. N., and G. E. Tate, *Ind. Eng. Chem.*, **28**, 1429, 1936.
19. Bhatti, M. S., and R. K. Shah, in S. Kakac, R. K. Shah, and W. Aung, Eds., *Handbook of Single-Phase Convective Heat Transfer*, Chap. 4, Wiley-Interscience, Hoboken, NJ, 1987.
20. Gnielinski, V., *Int. Chem. Eng.*, **16**, 359, 1976.
21. Kakac, S., in S. Kakac, R. K. Shah, and W. Aung, Eds., *Handbook of Single-Phase Convective Heat Transfer*, Chap. 18, Wiley-Interscience, Hoboken, NJ, 1987.
22. Ghajar, A. J., and L.-M. Tam, *Exp. Thermal and Fluid Science*, **8**, 79, 1994.
23. Norris, R. H., in A. E. Bergles and R. L. Webb, Eds., *Augmentation of Convective Heat and Mass Transfer*, ASME, New York, 1970.
24. Molki, M., and E. M. Sparrow, *J. Heat Transfer*, **108**, 482, 1986.
25. Skupinski, E. S., J. Tortel, and L. Vautrey, *Int. J. Heat Mass Transfer*, **8**, 937, 1965.
26. Seban, R. A., and T. T. Shimazaki, *Trans. ASME*, **73**, 803, 1951.
27. Reed, C. B., in S. Kakac, R. K. Shah, and W. Aung, Eds., *Handbook of Single-Phase Convective Heat Transfer*, Chap. 8, Wiley-Interscience, Hoboken, NJ, 1987.
28. Kays, W. M., and H. C. Perkins, in W. M. Rohsenow, J. P. Hartnett, and E. N. Ganic, Eds., *Handbook of Heat Transfer, Fundamentals*, Chap. 7, McGraw-Hill, New York, 1985.
29. Bergles, A. E., "Principles of Heat Transfer Augmentation," *Heat Exchangers, Thermal-Hydraulic Fundamentals and Design*,

Hemisphere Publishing, New York, 1981, pp. 819–842.
30. Webb, R. L., in S. Kakac, R. K. Shah, and W. Aung, Eds., *Handbook of Single-Phase Convective Heat Transfer*, Chap. 17, Wiley-Interscience, Hoboken, NJ, 1987.
31. Webb, R. L., *Principles of Enhanced Heat Transfer*, Wiley, Hoboken, NJ, 1993.
32. Manglik, R. M., and A. E. Bergles, in J. P. Hartnett, T. F. Irvine, Y. I. Cho, and R. E. Greene, Eds., *Advances in Heat Transfer*, Vol. 36, Academic Press, New York, 2002.
33. Shah, R. K., and S. D. Joshi, in *Handbook of Single-Phase Convective Heat Transfer*, Chap. 5, Wiley-Interscience, Hoboken, NJ, 1987.
34. Vashisth, S., V. Kumar, and K. D. P. Nigam, *Ind. Eng. Chem. Res.*, **47**, 3291, 2008.
35. Jensen, K. F., *Chem. Eng. Sci.*, **56**, 293, 2001.
36. Zhang, Z. M., *Nano/Microscale Heat Transfer*, McGraw-Hill, New York, 2007.
37. Sparrow, E. M., and S. H. Lin, *J. Heat Transfer*, **84**, 363, 1962.
38. Inman, R., *Laminar Slip Flow Heat Transfer in a Parallel Plate Channel or a Round Tube with Uniform Wall Heating*, NASA TN D-2393, 1964.
39. Sharp, K. V., and R. J. Adrian, *Exp. Fluids*, **36**, 741, 2004.
40. Rands, C., B. W. Webb, and D. Maynes, *Int. J. Heat Mass Transfer*, **49**, 2924, 2006.
41. Travis, K. P., B. D. Todd, and D. J. Evans, *Phys. Rev. E*, **55**, 4288, 1997.
42. Whitby, M., and N. Quirke, in K. D. Sattler, Ed., *Handbook of Nanophysics*, Chap. 11, CRC Press, Boca Raton, FL, 2011.
43. Stroock, A. D., S. K. W. Deteringer, A. Ajdar, I. Mezić, H. A. Stone, and G. M. Whitesides, *Science*, **295**, 647, 2002.

연습문제 *Problems*

유체역학적 고찰

8.1 지름이 25 mm인 관에 27°C의 물이 완전발달하여 0.01 kg/s의 유량으로 흐르고 있다. 이때 관 속 물의 최대속도는 얼마인가? 유동과 관련된 압력구배는 얼마인가?

8.2 35°C의 물을 길이 200 m, 직경 30 mm인 수평 원형관을 통해 0.25 kg/s의 유량으로 펌핑한다. 시간이 지남에 따라 두께 2 mm, 표면 거칠기 $e = 200\ \mu$m의 물때층이 원형관의 내벽에 쌓인다. 물때층이 쌓이기 전과 후 각각에 대하여 원형관 입구에서 출구로의 압력 강하와 필요한 펌프 동력을 결정하라.

8.3 27°C의 물이 길이 600 m, 안지름 0.15 m의 주철 관을 통해 평균속도 0.2 m/s로 흐를 때, 압력강하는 얼마인가?

8.4 27°C의 물이 길이 1 km, 안지름 0.25 m의 관을 평균속도 1 m/s로 흐르고 있다.

(a) 관 표면이 매끄러울 때, 관에서의 압력강하와 그에 따라 요구되는 펌프 동력을 구하라.

(b) 관이 주철로 만들어졌고 표면이 매끄러울 경우, 관에서의 압력강하와 요구되는 펌프 동력을 구하라.

(c) 매끈한 관 표면 조건에서, 평균속도가 0.05 m/s에서부터 1.5 m/s까지 변할 때 압력강하와 요구되는 펌프 동력의 선도를 작성하라.

8.5 완전발달한 층류유동이 평행평판 채널을 흐를 때, x-방향 운동량방정식은 다음과 같이 표현된다.

$$\mu\left(\frac{d^2u}{dy^2}\right) = \frac{dp}{dx} = \text{constant}$$

이 연습문제의 목적은 평행평판 채널에서 속도분포와 압력구배가 8.1절에서 살펴본 원형관의 결과와 유사하게 표현됨을 확인하는 것이다.

(a) 속도분포 $u(y)$가 다음의 포물선 형태를 갖는다는 것을 보이라.

$$u(y) = \frac{3}{2}u_m\left[1 - \frac{y^2}{(a/2)^2}\right]$$

여기서 u_m은 아래 식으로 표현되는 평균속도이다.

$$u_m = -\frac{a^2}{12\mu}\left(\frac{dp}{dx}\right)$$

여기서 $-dp/dx = \Delta p/L$이고, Δp는 길이 L인 채널을 통한 압력강하이다.

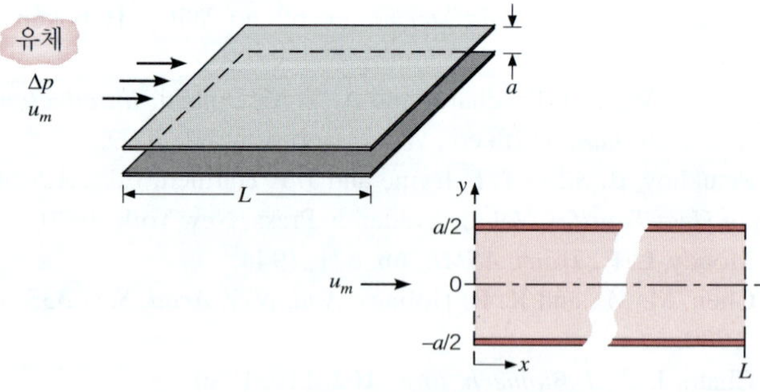

(b) 수력학적 지름 D_h를 특성길이로 사용하여 마찰인자 f를 정의하는 식을 써라. 평행평판 채널에서 수력학적 지름은 무엇인가?

(c) 마찰인자는 $f = C/Re_{D_h}$로 계산된다. 여기서 C는 표 8.1에서 보인 바와 같이 유동 단면에 의존한다. 평행평판 채널에 대한 계수 C는 얼마인가?

(d) 길이가 200 mm이고 간격이 5 mm인 평행평판 채널에서 공기 유동은 $\Delta p = 3.75$ N/m^{2}의 압력강하가 생긴다. 300

K, 대기압 상태인 공기에 대하여 평균속도와 Reynolds 수를 구하라. 완전발달한 유동이라는 가정이 이 경우에 합당한가? 만약 그렇지 않다면, u_m을 산정하는 데 어떤 영향이 있는가?

열적 입구길이와 에너지평형의 고려

8.6 지름 20 mm의 관을 흐르는 가압수, 엔진오일(사용 안한 것)과 NaK(22%/78%)를 고려한다.

(a) 유체온도가 366 K이고 유량이 0.01 kg/s일 때 각 유체에 대하여 평균속도, 유체역학적 입구길이, 열적 입구길이를 구하라.

(b) 300 K, 400 K 온도에서 평균속도가 0.02 m/s인 물과 엔진오일에 대하여 질량유량, 유체역학적 입구길이, 열적 입구길이를 구하라.

8.7 어떤 특정한 축방향 위치에서, 평행평판 채널 층류유동의 속도와 온도분포가 다음의 형태로 나타낸다.

$$u(y) = 0.75[1 - (y/y_o)^2]$$

$$T(y) = 5.0 + 95.66(y/y_o)^2 - 47.83(y/y_o)^4$$

여기서 단위는 각각 m/s와 °C이다.

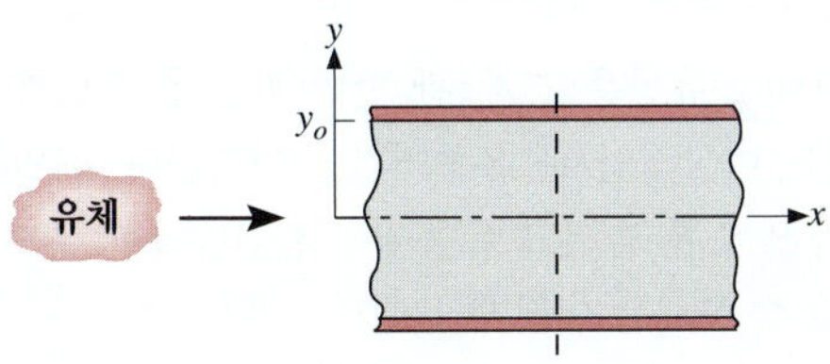

평균속도 u_m과 평균(또는 체적)온도 T_m을 결정하라. 속도와 온도분포를 그래프로 그려라. 구한 u_m과 T_m값이 적당하다고 생각되는가?

8.8 1장에서 비압축성 액체에 대한 정상유동 에너지방정식[식 (1.12d)]에서 유동일(flow work)은 항상 무시할 수 있다고 언급하였다. 알래스카를 횡단하는 파이프라인에서 오일의 높은 점성과 긴 길이는 심각한 압력강하를 야기하므로, 유동일이 중요한지에 대한 의문이 생기는 것이 당연하다. 오일 유량 $\dot{m}$ = 500 kg/s이고 지름 D = 1.2 m이며 길이 L = 100 km인 파이프를 고려한다. 오일의 물성치는 ρ = 900 kg/m³, c_p = 2000 J/kg·K, μ = 0.765 N·s/m²이다. 압력강하, 유동일, 유동일에 의한 온도상승을 계산하라.

8.9 점성소산이 포함되어 있을 때 식 (8.48)에 ρc_p를 곱하면 아래 식이 된다.

$$\rho c_p u \frac{\partial T}{\partial x} = \frac{k}{r}\frac{\partial}{\partial r}\left(r\frac{\partial T}{\partial r}\right) + \mu\left(\frac{du}{dr}\right)^2$$

이 문제에서는 점성소산의 중요성을 알아본다. 고려하는 조건은 원형관에서 식 (8.15)로 주어진 u를 가지는 완전발달 층류 유동이다.

(a) 길이 L과 반지름 r_o의 파이프 영역에 대하여 좌변을 적분하면 이 항이 식 (8.34)의 우변이 됨을 보이라.

(b) 같은 체적에 대하여 점성소산 항을 적분하라.

(c) 위에 계산된 두 항을 같게 놓음으로써 점성소산에 의해 야기되는 온도상승을 구하라. 연습문제 8.8과 같은 조건을 사용하라.

8.10 질량유량이 $\dot{m}$인 지름 D, 길이 L의 원형관을 고려하자.

(a) 일정 열유속 조건에서 관 출구 벽면과 관 입구 벽면의 온도차 $T_s(x = L) - T_{m,i}$와 유체로의 총 열전달률 q의 비를 나타내는 식을 유도하라. 이 결과를 $\dot{m}$, L, 관 출구에서의 국소 Nusselt 수 $Nu_D(x = L)$와 관련된 유체의 물성치를 이용하여 표현하라.

(b) 일정한 표면온도 조건에서 (a)를 반복하라. 위 결과를 $\dot{m}$, L, 관 입구부터 출구까지의 평균 Nusselt 수 $\overline{Nu}_D$와 관련된 유체의 물성치를 이용하여 표현하라.

8.11 온도 $T_{m,i}$ = 75°C, 압력 p = 10 atm의 건조 압축공기가 질량유량 $\dot{m}$ = 0.001 kg/s으로 지름 30 mm, 길이 5 m, 표면온도 T_s = 25°C인 원형관으로 들어간다.

(a) 열적 입구길이, 원형관 출구의 공기의 평균온도, 공기로부터 원형관 벽으로의 열전달률 및 원형관을 통과하는 공기유동에 요구되는 동력을 정하라. 이 조건에서 완전히 발달된 열전달계수는 h = 3.58 W/m²·K이다.

(b) 설비비용을 줄이기 위해, 더 작은 28 mm 직경의 원형관을 사용하는 것이 제안된다. 이 작은 원형관에 대하여 열적 입구길이, 원형관 출구에서 공기의 평균온도, 열전달률, 요구되는 동력을 결정하라. 층류의 경우 완전히 발달된 열전달계수의 값은 원형관 지름에 반비례하는 것으로 알려져 있다.

8.12 대기공기가 원형관의 가열된 부분에 0.005 kg/s의 유량과 20°C의 온도로 유입되고 있다. 이 관은 지름이 D = 50 mm이고, L = 3 m의 전체 길이에 걸쳐서 h = 25 W/m²·K로 완전발달 조건들이 존재한다.

(a) 균일한 표면열유속 q''_s = 1000 W/m²에 대하여 전체 열전달률 q와, 관을 떠나는 공기의 평균온도 $T_{m,o}$를 구하라. 관 입구에서의 표면온도 $T_{s,i}$와 관 출구에서의 관 표면온도 $T_{s,o}$의 값은 얼마인가? T_s와 T_m의 축방향 변화를 스케치하라. 또한 좀 더 실제적인 경우로서 형상은 같지만 국소 대류열전달계수가 x에 따라 변화할 때 정성적으로 T_s와 T_m의 축방향 변화를 스케치하라.

(b) 표면열유속이 x에 따라 선형적으로 변할 때, 즉 q''_s (W/m²) = 500x (m)로 변할 때 q, $T_{m,o}$, $T_{s,i}$ $T_{s,o}$의 값을 구하

라. T_s와 T_m의 축방향 변화를 스케치하라. 또한 좀 더 실제적인 경우로서 형상은 같지만 국소 대류열전달계수가 x에 따라 변화할 때, 정성적으로 T_s와 T_m의 축방향 변화를 스케치하라.

(c) 위 (a)와 (b)의 두 가열조건에 대하여 각각 평균유체온도 $T_m(x)$와 벽온도 $T_s(x)$를 관 거리의 함수로 도시하라. 대류열전달계수가 4배 증가할 때 온도분포에 미치는 효과는 무엇인가?

(d) 각각의 가열 프로세스에 대하여 125°C의 출구온도를 얻기 위해 요구되는 열유속은 얼마인가? 온도분포들을 그래프로 그리라.

8.13 원형관 속의 유동을 고려하자. 시험부(1과 2 사이)에서 열유속 q_s''은 일정하게 유지되고 있다.

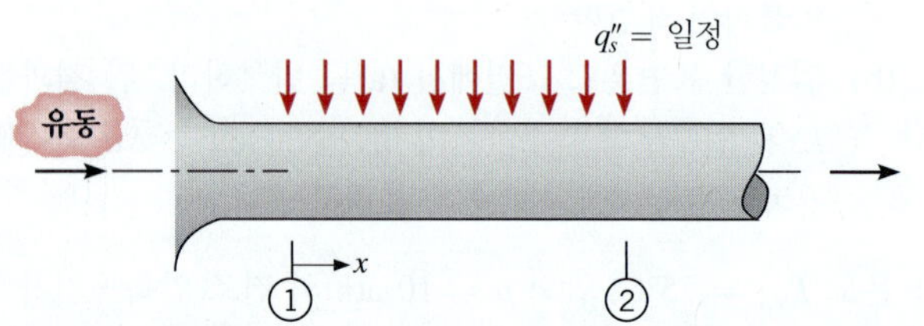

(a) 다음의 두 경우에 대하여 관 표면온도 $T_s(x)$와 유체의 평균온도 $T_m(x)$를 시험부에서 거리 x의 함수로 스케치하라. 경우 A에서 유동은 유체역학적으로 그리고 열적으로 완전발달해 있다. 경우 B에서 유동은 발달하지 않았다.

(b) 두 경우에서 표면열유속 q_s''과 입구평균온도 $T_{m,1}$은 같다고 가정한다. 경우 A의 출구 평균온도 $T_{m,2}$가 경우 B의 출구 평균온도 $T_{m,2}$보다 클 것인가, 같을 것인가, 아니면 작을 것인가? 그 이유를 간단히 설명하라.

8.14 평판형 태양열 집열기(flat-plate solar collector)가 직사각형 채널을 흐르는 대기공기를 가열하는 데 사용된다. 채널의 바닥면은 잘 단열되어 있다. 위쪽 표면은 태양열 복사흡수와 흡수기와 덮개판 사이에서 일어나는 열교환의 정미 효과에 의해 균일한 열유속 q_o''을 받는다.

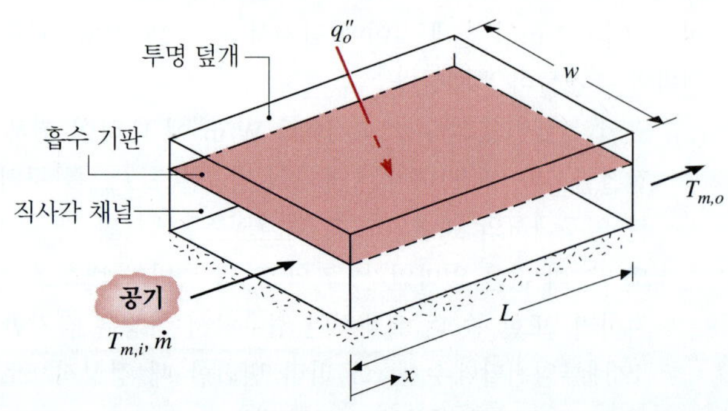

(a) 적절한 미소 검사체적에서 시작하여 평균 공기온도 $T_m(x)$를 채널 입구로부터 거리 x의 함수로 나타내라.이 함수를 풀어서 집열기를 떠나는 공기의 평균온도를 식으로 표현하라.

(b) 공기의 입구 조건이 $\dot{m}$ = 0.1 kg/s, $T_{m,i}$ = 40°C인 경우, L = 3 m, w = 1 m, 그리고 q_o'' = 700 W/m^{2}일 때 공기의 출구온도는 얼마인가? 공기의 비열은 c_p = 1008 J/kg·K이다.

8.15 450 kg/h의 질량유량으로 27°C의 물이 관에 유입되고 있다. 관벽에서 유체로의 열전달은 q_s'(W/m) = ax로 주어진다. 여기서 계수 a는 20 W/m^{2}이고, x (m)는 관 입구로부터의 축방향 거리이다.

(a) 적절히 정의된 관 속의 미소 검사체적에서 시작하여 물의 온도분포 $T_m(x)$에 관한 식을 유도하라.

(b) 30 m길이의 가열부 출구에서 물의 온도를 구하라.

(c) 완전발달한 유동조건과 발달 중인 유동조건에 대하여 평균유체온도 $T_m(x)$와 관벽온도 $T_s(x)$를 관 입구로부터 거리의 함수로 스케치하라.

(d) 위의 q_s' 대신 균일한 표면열유속 q_s''조건으로 (b)에서와 같은 출구 온도를 얻으려 한다. 요구되는 표면열유속 값은 얼마인가? 균일 표면열유속 조건에 대하여 위의 (c)에서 구한 온도분포를 스케치하라.

8.16 슬러그(slug)유동은 전체 관 단면에 걸쳐 속도가 균일하다고 가정하는 이상적인 관 유동조건을 의미한다. 균일한 표면열유속을 가진 층류 슬러그 유동에서 완전발달한 온도분포 $T(r)$과 Nusselt 수 Nu_D는 어떻게 표현되는가?

8.17 그림 8.8의 관 유동조건들에 x방향 미소 검사체적을 적용하여 식 (8.45a)를 유도하라.

8.18 실험원자로의 코어(core) 시뮬레이션 장치가 지름 D이고 길이 L인 긴 얇은 벽의 금속관으로 이루어져 있다. 그리고 이 금속관은 다음의 정현적(sinusoidal)인 열유속 분포가 생기도록 전기적으로 가열되고 있다.

$$q_s''(x) = q_o'' \sin\left(\frac{\pi x}{L}\right)$$

여기서 x는 관 입구로부터 측정한 거리이다. 입구온도 $T_{m,i}$인 유체가 관을 $\dot{m}$의 유량으로 흐르고 있다. 유동이 관 길이 전체에 걸쳐서 완전발달한 난류유동이라고 가정할 때 다음의 각각에 대해 식을 전개하라.

(a) 관으로부터 유체로의 총 열전달률 q

(b) 유체의 출구온도 $T_{m,o}$

(c) 벽온도의 축방향 분포 $T_{s(x)}$

(d) 벽온도가 최고가 되는 곳의 위치와 크기

(e) q_o'' = 10,000 W/m^{2}에 대하여 정현적인 열유속 분포를 가진 길이 4 m, 지름 40 mm인 관을 고려하자. 관을 지나는

유체는 0.025 kg/s의 유량과 4180 J/kg·K의 비열, 25°C의 입구온도 그리고 1000 W/m^2·K의 대류열전달계수를 가진다. 평균유체온도와 표면온도를 관 거리의 함수로 도시하라. 분포들의 중요한 특징을 기술하라. 대류열전달계수와 열유속이 ±25%안에서 변할 때 분포들이 어떤 영향을 받는지 조사하라.

열전달 상관식: 원형관

8.19 엔진오일이 지름 $D = 50$ mm, 길이 $L = 25$ m이고, 표면온도를 150°C로 유지하고 있는 원형관 내부를 지나가며 가열된다.

(a) 오일의 유량이 0.5 kg/s이고 입구온도가 20°C일 때, 오일의 출구온도 $T_{m,o}$는 얼마인가? 관에서의 총 열전달률 q는 얼마인가?

(b) 유량 범위 $0.5 \le \dot{m} \le 2.0$ kg/s에서 $\dot{m}$에 따른 $T_{m,o}$와 q의 변화를 계산하고 그래프로 그리라. 유량(들)이 얼마일 때 q와 $T_{m,o}$가 최대가 되는가? 결과를 설명하라.

8.20 생산의 최종 단계에서 약품이, 지름이 12.7 mm인 곧고 얇은 벽의 스테인리스 강관 내부를 0.2 m/s의 속도로 지나가는 동안 25°C에서 75°C로 가열되며 소독된다. 관 외부를 둘러싼 전기저항 가열기에 의해 균일한 열유속이 유지된다. 만약 관의 길이가 10 m라면 요구되는 열유속은 얼마인가? 만약 유체가 속도는 완전발달한 상태로, 온도는 균일한 상태로 유입된다면, 관 출구에서 그리고 관 입구로부터 0.5 m 떨어진 곳에서의 표면온도는 얼마이겠는가? 유체 물성치들은 근사적으로 $\rho = 1000$ kg/m^3, $c_p = 4000$ J/kg·K, $\mu = 2 \times 10^{-3}$ kg/s·m, $k = 0.8$ W/m·K와 $Pr = 10$을 사용할 수 있다.

8.21 그림 8.4의 관 입구 근처에서 층류 온도경계층 성장을 고려하자. 속도경계층이 관 직경에 비해 상대적으로 얇을 때, 비점성 유동영역은 평균 속도 u_m에 가까운 균일한 속도를 가진다. 따라서 관 내의 경계층 성장은 평판에서의 경계층 성장과 유사하게 발생한다.

(a) 식 (7.23)에서 시작해서 국소 Nusselt 수 Nu_D의 식을 Prandtl 수 Pr과 Graetz 수의 역수 Gz_D^{-1}의 함수로 유도하라. $Pr = 0.7$에 대하여 그림 8.10a에 나타난 좌표를 이용하여 식을 그래프화하라.

(b) 식 (7.30)에서 시작해서 평균 Nusselt 수 $\overline{Nu}_D$의 식을 Prandtl 수 Pr과 Graetz 수의 역수 Gz_D^{-1}의 함수로 유도하라. 얻은 결과를 짧은 x 지역에서의 혼합 입구길이에 대한 Nusselt 수와 비교하라.

8.22 유체가 유량 0.015 kg/s및 입구온도 20°C의 조건으로 관을 흘러 들어간다. 길이 6 m, 지름 15 mm의 관은 30°C의 표면온도를 가진다.

(a) 유체가 물일 경우 유체로의 열전달률을 결정하라.

(b) 예제 2.2의 나노유체에 대하여 열전달률을 결정하라.

8.23 오일 프리히터(preheater)는 지름 10 mm, 길이 5m의 단관으로 구성되어 있고, 그 표면은 연소가스들의 와류(swirling)에 의해 175°C로 유지된다. 엔진오일은 75°C상태에서 들어간다. 오일 출구온도를 100°C로 유지하기 위해 필요한 유량은 얼마인가? 이에 해당하는 열전달률은 얼마인가?

8.24 엔진오일이 5 mm지름 직관을 통하여 1 kg/s율로 흐른다. 오일은 45°C의 입구온도를 가지며 관 출구에서 80°C의 평균온도를 가지도록 가열된다. 관 표면의 온도는 150°C로 유지된다. 요구되는 관의 길이를 구하라. 힌트: 해석을 진행하기 전에 관의 입출구에서 Reynolds 수를 계산하라.

8.25 $p = 1$ atm의 공기가 얇은 벽의 긴 관(지름 $D - 5$ mm, 길이 $L = 2$ m)으로 들어가고 입구온도 $T_{m,i}$는 100°C이다. 관 표면으로부터 공기로 균일한 열유속이 인가된다. 공기의 질량유량은 $\dot{m} = 135 \times 10^{-6}$ kg/s이다.

(a) 출구에서의 관 표면온도가 $T_{s,o} = 160$°C일 때, 관 입구에서의 열전달률을 $T = 400$ K에서의 물성치를 이용하여 구하라.

(b) (a)의 관이 길이가 $L = 0.2$ m로 줄어들면 관 출구에서 유동조건은 어떠한 영향을 받는가? 관 출구에서의 열전달계수는 (a)에서의 열전달계수보다 크겠는가, 같겠는가, 작겠는가?

(c) (a)의 유량이 10배 증가하면 관 출구에서 유동조건에 차이가 있겠는가? 관 출구에서의 열전달계수는 (a)에서의 열전달계수보다 크겠는가, 같겠는가, 작겠는가?

8.26 증기압축식 냉동사이클(vapor-compression refrigeration cycle)을 사용하지 않고 여름 별장을 냉방하기 위해, 인접한 물에 잠겨 있는 플라스틱 관($k = 0.15$ W/m·K, $D_i = 0.15$ m, $D_o = 0.17$ m)을 통하여 공기를 보낸다. 물의 온도는 $T_\infty = 17$°C이고, 대류열전달계수는 $h_o \approx 1500$ W/m^2·K로 파이프 바깥 표면에서 유지된다.

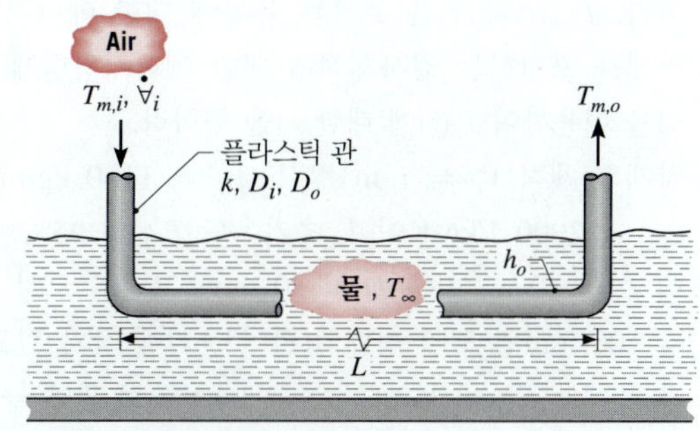

만약 별장으로부터 공기가 온도 $T_{m,i} = 29$°C 상태에서 체적유

량 $\forall_i$ = 0.025 m³/s으로 관에 들어간다면 방출(discharge) 온도 $T_{m,o}$ = 21°C를 위한 관의 길이 L은 얼마인가? 관의 안쪽 표면이 매끄러울 때, 이 길이의 관을 흐르는 공기를 움직이기 위해 필요한 홴의 동력은 얼마인가?

8.27 **배치공정**(batch process)은 최종 생성물의 원하는 화학성분을 얻기 위해 화학 과정이나 제약 과정에서 종종 사용된다. 관련된 열전달 프로세스는 주로 과도 열전달이다. 고정된 체적의 액체를 실온에서부터 원하는 공정온도까지 가열하거나, 혹은 공정온도에서부터 실온까지 냉각하는 과정이다. 배치공정에서 단열되어 있는 **교반 반응기**(stirred reactor) 안으로 약재(찬 유체, c)가 부어진다. 뜨거운 유체(h)가 약재 속에 잠겨진, 표면적이 A_s이고 얇은 벽으로 된 열교환기 코일 관 속을 지나가면서 약재는 가열된다. 뜨거운 유체의 유량은 $\dot{m}_h$, 평균입구온도는 $T_{h,i}$, 비열은 $c_{p,h}$이고 약의 초기온도는 $T_{c,i} < T_{h,i}$이며, 체적은 V_c, 질량밀도는 ρ_c, 그리고 비열은 $c_{v,c}$이다. 뜨거운 유체로부터 약재로의 열전달은 열관류계수 U에 의해 지배된다.

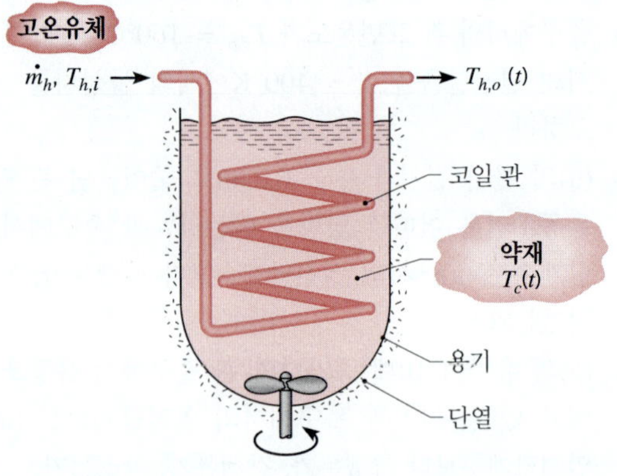

(a) 기본적인 물성치들로부터 시작하여, 가열과정 동안 시간에 따른 T_c와 $T_{h,o}$의 변화를 결정할 수 있는 식을 유도하라. 힌트: 약재로의 열전달률 $q(t)$를 표현하는 데 두 개의 식이 쓰일 수 있다. 하나는 로그평균 온도차에 근거한 것이고, 다른 하나는 관을 흐르는 뜨거운 유체의 유동에 대한 에너지평형에 근거한 것이다. 이 식들을 동등하게 하여, $T_c(t)$와 정해진 매개변수들의 함수로서 $T_{h,o}(t)$를 결정하라. $T_{h,o}(t)$와 관을 흐르는 유동에 대한 에너지평형과, 약재를 포함하는 검사체적에 대한 에너지평형에 관련된 식을 이용하여 $T_c(t)$에 대한 식을 구하라.

(b) 약재의 체적 V_c = 1 m³, 밀도 ρ_c = 1100 kg/m³, 비열 $c_{v,c}$ = 2000 J/kg·K이고, 초기온도 $T_{c,i}$ = 25°C이다. 길이 L = 40 m, 지름 D = 50 mm, 그리고 코일 지름 C = 500 mm인 코일 형태의 관이 용기에 잠겨 있고, 뜨거운 유체는 $T_{h,i}$ = 200°C, $\dot{m}_h$ = 2.4 kg/s로 관에 들어간다. 관로의 바깥 표면에서의 대류열전달계수는 h_o = 1000 W/m²·K으로 어림잡을 수 있고, 유체의 물성치들은 $c_{p,h}$ = 2500 J/kg·K, μ_h = 0.002 N·s/m², k_h = 0.260 W/m·K, 그리고 Pr_h = 20이다. 앞서 말한 조건들에 대해 0 ≤ t ≤ 3600 s의 범위에서 시간의 함수로서 약재온도 T_c와 출구온도 $T_{h,o}$를 컴퓨터로 계산하고 그래프로 그리라. 장치가 T_c = 160°C에 도달하려면 얼마나 걸리는가? 장치 조작자는 $\dot{m}_h$에 변화를 주어 가열시간을 조절할 수 있다. 1 ≤ $\dot{m}_h$ ≤ 5 kg/s일 때, T_c = 160°C의 값에 도달하기 위해 필요한 시간 t_c에 대해서 유량의 효과를 탐구하라.

8.28 물이 유량 2 kg/s로 지름 40 mm인 관을 통해 흐르고 있다. 관 표면온도를 100°C로 유지함으로써 물은 25°C에서 75°C로 가열된다.

(a) 요구되는 관의 길이는 얼마인가?

(b) 물 가열장치를 설계하기 위하여 30~50 mm 범위의 지름을 갖는 관을 사용하려고 한다. 유량이 1, 2, 그리고 3 kg/s일 때 요구되는 관 길이는 각각 얼마인가? 이 설계정보를 도식적으로 표시하라.

(c) 세 유량들에 대하여 관 지름의 함수로서 압력구배를 그래프로 그리라. 관벽은 매끈하다고 가정하라.

8.29 온도 $T_{m,i}$ = 55°C, 압력 p = 15 atm의 건조 압축공기가 질량유량 $\dot{m}$ = 0.05 kg/s으로 지름 50 mm, 길이 2.5 m, 표면온도 T_s = 25°C인 원형관으로 들어간다.

(a) 원형관 출구의 공기의 평균온도, 공기로부터 원형관 벽으로의 열전달률 및 원형관을 통과하는 공기유동에 요구되는 동력을 정하라.

(b) 설비비용을 줄이기 위해, 더 작은 40 mm 직경의 원형관을 사용하는 것이 제안된다. 작은 원형관으로 큰 원형관의 경우와 동일한 열전달률을 얻기 위해 필요한 원형관 길이와 요구되는 동력을 구하라.

8.30 연습문제 7.44에서 살펴본 뜨거운 물이 흐르는 관을 고려하자. 다만 이제는 평균온도 u_m = 0.5 m/s인 관 내의 물 유동에 관련된 대류열저항을 생각해 보자. 이에 상응하는 비절연 관의 미터당 일일 열손실은 얼마인가?

8.31 관 내부 지름이 12 mm이고 길이가 8 m인 두꺼운 벽으로 된 관으로 물이 흐른다. 관은 85°C로 유지되는 잘 혼합된 뜨거운 반응탱크 안에 담겨 있고, 관벽(안쪽 표면의 면적에 근거한)의 전도열저항은 R''_{cd} = 0.002 m²·K/W이다. 공정유체의 입구온도 $T_{m,i}$ = 20°C, 유량은 33 kg/h이다.

(a) 공정유체의 출구온도 $T_{m,o}$를 산정하라. 관 내에서 유체역학적, 열적으로 완전발달되었다고 가정하고, 그 가정이 옳음을 보이라.

(b) 관에서 결합된 열적, 유체역학적 입구조건들이 존재한다면, $T_{m,o}$가 증가할 것인가 감소할 것인가? 이 조건에서 물의 출구온도를 산정하라.

8.32 $T_s < T_m$인 균일한 표면온도의 원형관에서 완전발달한 조건을 고려하자. 질량유량 $\dot{m}$로 흐르는 액체로부터의 열손실을 최소화하는 데 작은 지름과 큰 지름의 관 중 어느 것이 더 효과적인가? 층류 및 난류 조건을 모두 고려하라.

8.33 대기 공기가 길이 10 m, 지름 150 mm인 단열되지 않은 가열 덕트에 온도 60°C, 그리고 유량 0.04 kg/s로 유입되고 있다. 덕트의 표면온도는 대략 T_s = 15°C로 일정하다.

(a) 이 조건들에 대하여 출구공기온도, 열전달률 q, 그리고 압력강하 Δp를 계산하라.

[(b)] 열전달률과 압력강하 사이의 상호조정 관계를 설명하기 위해 0.1~0.2 m 범위에서 지름에 대한 q와 Δp값을 계산하라. 해석 시 총 표면적 $A_s = \pi DL$은 (a)에서 계산된 값으로 유지하라. q, Δp와 L을 덕트 지름의 함수로 도시하라.

8.34 중성자 원자로를 빠르게 냉각시키는 데에 나트륨 및 칼륨의 이원소 합금인 NaK(45%/55%)가 이용된다. NaK가 표면온도가 T_s = 450 K인 지름 D = 50 mm의 관을 통해 $\dot{m}$ = 1 kg/s의 유량으로 흐른다. NaK는 관에 $T_{m,i}$ = 332 K의 온도로 유입되고 $T_{m,o}$ = 400 K의 온도로 배출된다. 관의 길이 L과 관 출구에서의 국소 대류 열유속을 구하라.

8.35 연습문제 4.26에서 살펴본 상자에 싸여진 관을 고려하자. 그러나 지금은 관 위치에 따른 유체의 평균온도와 관 온도 사이의 차이를 허용한다.

(a) 주어진 값들 k, D, w, h, T_∞와 길이 L = 100 m인 관에 대하여, 온도 $T_{m,i}$ = 90°C, 유량 $\dot{m}$ = 2 kg/s로 관에 들어가는 물의 출구온도 $T_{m,o}$는 얼마인가?

(b) 물의 압력강하와 그때 요구되는 펌프 출력은 얼마인가?

[(c)] 덕트의 폭이 w = 0.30 m로 고정되어 있는 조건하에서 출구온도의 유량과 파이프 지름에 따른 영향을 조사하라.

8.36 유량 0.5 kg/s의 액체수은이 표면온도가 450 K로 유지되고 있는 지름 50 mm인 관을 지나면서 300 K로부터 400 K로 가열된다. 적절한 액체금속의 대류열전달 상관식을 이용하여 요구되는 관의 길이를 구하라. 결과를 $Pr \gtrsim 0.7$인 경우에 대하여 적절한 상관식을 이용하여 얻어지는 결과와 비교하라.

8.37 지름이 50 mm인 얇은 벽으로 된 관의 표면이 100°C로 유지되고 있다. 첫 번째 경우 온도가 25°C이고, 속도가 30 m/s인 공기가 직교유동으로 관을 가로질러 흐르고 있다. 두 번째 경우는 온도가 25°C이고, 평균속도가 30 m/s로 완전발달한 공기가 관을 통하여 흐른다. 두 경우에 대하여 관으로부터 공기로의 열유속을 비교하라.

8.38 지름 D = 0.025 m인 수평이고 얇은 벽의 원형관이 열에너지를 저장하는 데 사용되는 n-옥타데칸(파라핀)[n-octadecane(paraffin)]용기 속에 잠겨 있다. 고온의 물이 관을 지나 흐르면서 열이 파라핀으로 전달되어 T_∞ = 27.4°C의 상변화 온도에서 파라핀이 고체상태로부터 액체상태로 바뀐다. 파라핀의 융해잠열과 밀도는 각각 h_{sf} = 244 kJ/kg, ρ = 770 kg/m^{3}이고 물의 열물성치들은 c_p = 4.185 kJ/kg·K, k = 0.653 W/m·K와 $\mu = 467 \times 10^{-6}$ kg/s·m로 취할 수 있다. 또한 Pr = 2.99이다.

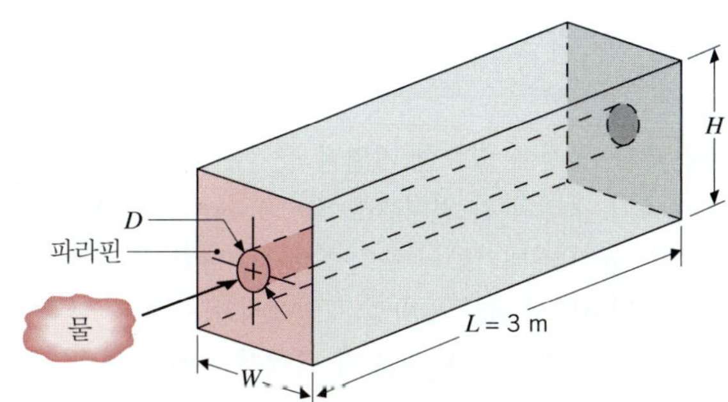

(a) 관 표면이 상변화 온도에 해당하는 균일한 온도를 가진다고 가정하여 물 0.1 kg/s의 유량과 60°C의 입구온도에 대하여 물의 출구온도와 총 열전달률을 구하라. 만약 $H = W$ = 0.25 m이라면 모든 파라핀이 27.4°C의 고체인 초기상태로부터 완전히 액화하기까지 걸리는 시간은 얼마인가?

[(b)] 액화 프로세스는 물의 유량을 증가함으로써 가속될 수 있다. $0.1 \le \dot{m} \le 0.5$ kg/s에 대하여 열전달률과 출구온도를 유량의 함수로 계산하고 그래프로 그리라. $\dot{m}$ = 0.5 kg/s에 대하여 파라핀이 융해하는 데 걸리는 시간은 얼마인가?

8.39 온도 $T_{m,i}$ = 20°C, 압력 p = 20 atm의 압축 공기가 질량유량 $\dot{m} = 6\times 10^{-4}$ kg/s으로 지름 20 mm 의 원형관으로 들어간다. 공기는 출구 평균온도 $T_{m,o}$ = 50°C가 되도록 일정한 표면열유속으로 가열된다. 원형관 길이 L = 0.15, 1.5, 15 m 각 경우에 대해 요구되는 표면열유속과 원형관 출구의 원형관 벽의 온도를 결정하라.

8.40 냉각수가 수증기 응축기(steam condenser)의 지름 25.4 mm의 얇은 벽으로 된 관을 1 m/s로 통과해 흐르고 있고 수증기를 응축함으로써 350 K의 표면온도가 유지되고 있다. 물의 입구온도는 290 K이고 관의 길이는 5 m이다.

(a) 물의 출구온도는 얼마인가? 물의 물성치는 가정된 평균온도 $\bar{T}_m$ = 300 K에서 산정하라.

(b) $\bar{T}_m$에 대하여 가정한 값은 합리적인가? 만약 그렇지 않다면 더욱 적합한 온도에서 산정한 물성치를 사용하여 계산을 반복하라.

[(c)] 관 길이 4 m에서 7 m까지 범위에서 엔지니어는 응축기를 설계할 수 있다. 물의 출구온도가 (b)에서 구한 값으로 유지될 때 어떠한 냉각제 평균 속도들이 가능한지 그래프

로 그리라. 다른 모든 조건들은 같게 유지되고 있다.

8.41 200 kPa의 공기가 150°C와 6 m/s로 지름이 25 mm인 2 m 길이의 얇은 벽의 관에 들어간다. 20 bar의 수증기가 바깥 표면에서 응축한다.

(a) 공기의 출구온도와 압력강하 그리고 공기로의 열전달률을 구하라.

(b) 공기의 압력이 2배가 되었을 때 (a)에서의 값들을 계산하라.

8.42 식품 건조 공정에 필요한 가열된 공기는 20°C의 공기를 수증기 응축기 내부의 긴 원형관(D = 50 mm, L = 5 m)을 통과시켜서 만든다. 대기압의 포화증기가 100°C의 균일한 표면온도를 유지하면서 관들의 바깥 표면에서 응축된다.

(a) 공기유량이 0.01 kg/s로 각 관에서 유지될 때 공기출구온도 $T_{m,o}$와 관의 총 열전달률 q를 결정하라.

(b) 공기 출구온도는 관의 질량유량을 조절함으로써 제어될 수 있다. $0.005 \le \dot{m} \le 0.050$ kg/s에 대하여 $\dot{m}$의 함수로서 $T_{m,o}$를 계산하고 그래프로 그리라. 만약 어떤 건조 프로세스에서 대략 75°C의 공기 1 kg/s가 필요하다면, 관의 지름과 길이가 각각 50 mm와 5 m로 고정되어 있을 때, 공기 가열기에 대하여 규정되어야 할 설계와 운전조건들은 무엇인가?

8.43 고성능 컴퓨터 칩을 냉각하는 일반적인 과정은 칩에 원형 미소채널이 가공되어 있는 히트싱크를 결합시키는 것이다. 작동하는 동안 액체 냉각제(물)가 채널을 순환하여 칩과 히트싱크의 계면에서 균일한 열유속 q_c''이 생긴다. 변의 길이가 $L \times L$인 정사각형 칩의 히트싱크를 고려하자. 여기서 미소채널은 지름이 D이고 피치는 $S = C_1D$이며, C_1은 1보다 크다. 물은 입구온도 $T_{m,i}$로 공급되고 총 질량유량은 $\dot{m}$(전체 히트싱크에 대하여)이다.

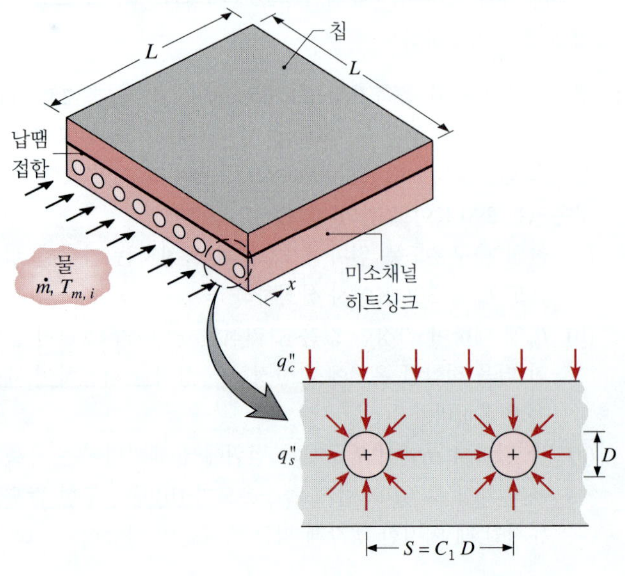

(a) q_c''이 히트싱크에 분산되어 있어 균일한 열유속 q_s''이 각 채널의 표면에서 유지된다고 가정하자. 각 채널에서 평균유체온도 $T_m(x)$와 표면온도 $T_s(x)$의 길이 방향 분포에 대한 식을 구하라. 모든 채널에서 층류, 완전발달 유동을 가정하고 결과를 $\dot{m}$, q_c'', C_1, D, 그리고/또는 L과 적절한 열물리적 물성치들로 표시하라.

(b) L = 12 mm, D = 1 mm, C_1 = 2, q_c'' = 20 W/cm², $\dot{m}$ = 0.010 kg/s, 그리고 $T_{m,i}$ = 290 K에 대하여 온도분포 $T_m(x)$와 $T_s(x)$를 계산하고 그래프로 그리라.

(c) 이와 같은 히트싱크를 설계하는 주된 목적은 히트싱크가 받아들일 수 있는 온도하에서 q_c''을 최대화하는 일이다. L = 12 mm와 $T_{m,i}$ = 290 K의 규정된 값들과 $T_{s,\max} \le 50$°C인 제약조건하에서, 히트싱크의 설계와 작동 조건 변화에 따른 q_c''의 영향을 조사하라.

8.44 컴퓨터의 회로기판에 박혀 있는 칩들을 냉각하는 한 가지 방법은 기판들을 금속 프레임들 안에 넣는 것이다. 이렇게 하면 프레임이 받치고 있는 **저온판**(cold plate)들로 전도가 일어날 수 있는 충분한 경로가 제공된다. 칩들에서 발생된 열은 판들에 뚫려 있는 통로들로 흐르는 물로 전달되어 소산된다. 판들은 큰 열전도율을 갖는 금속(전형적으로 알루미늄이나 구리)으로 만들어졌기 때문에, 균일한 온도 $T_{s,\mathrm{cp}}$에 있다고 가정할 수 있다.

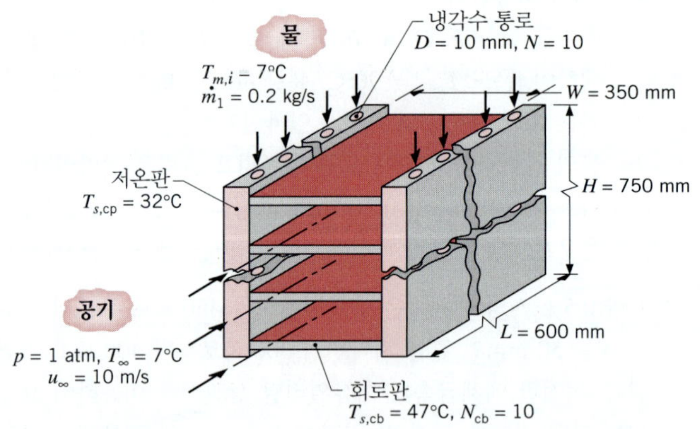

(a) 회로판들이 저온판들에 붙어 있다고 가정한다. 판들은 높이 H = 750 mm, 폭 L = 600 mm이고 각각의 판은 지름 D = 10 mm인 N = 10개의 구멍들을 갖는다. 작동조건이 통로당 $\dot{m}_1$ = 0.2 kg/s이고, $T_{m,i}$ = 7°C인 물이 흐를 때 판의 온도가 $T_{s,\mathrm{cp}}$ = 32°C로 유지되는 것이라고 하면, 회로판에 의하여 얼마나 많은 열이 소산되겠는가?

(b) 시스템 온도의 부수적인 증가 없이 더 높은 동력 발생을 허용하면서, 냉각을 향상시키기 위해 혼합 냉각방법이 사용될 수 있다. 이 방식은 저온판들로 물을 흐르게 하는 것뿐만 아니라, 싸여 있는 회로판들 위에 강제 공기유동을 흘리는 것도 포함한다. 폭 W = 350 mm이고 N_{cb} = 10

인 회로판들이 저온판들에 붙어 있고, $T_{s,cp} = 32°C$일 때 판들의 평균 표면온도는 $T_{s,cb} = 47°C$인 조건을 고려하자. 만약 공기가 판들 위로 $u_\infty = 10$ m/s, $T_\infty = 7°C$인 평행유동 상태에 있다고 하면, 회로판들에 의해 발생되는 열은 공기로 얼마나 전달되는가?

8.45 냉매 R-134a가 안지름이 $D_i = 25$ mm이고 바깥지름이 $D_o = 28$ mm인 테플론(teflon)관 속을 0.1 kg/s로 흐르고 있고, 한편 $V = 25$ m/s와 300 K의 대기공기가 관을 직교유동으로 흐르고 있다. 단위 길이의 관에서 240 K인 냉매로의 열전달률은 얼마인가?

8.46 150°C인 오일이 안지름이 30 mm이고 길이가 긴 얇은 벽의 관 속을 천천히 흐른다. 이 관은 공기의 온도가 20°C이고 관 바깥 표면에서의 대류열전달계수가 11 W/m²·K인 방 안에 매달려 있다. 관의 단위 길이당 열손실을 구하라.

8.47 와이어 프로세스 오븐에서 배출된 배기가스가 높은 굴뚝으로 방출된다. 이때 굴뚝 출구에서의 가스온도와 굴뚝 표면온도가 추정되어야 한다. 출구 가스온도 $T_{m,o}$는 열기둥(thermal plume) 유출물의 분산을 예측하는 데 유용하며, 굴뚝 표면온도 $T_{s,o}$를 통해서 가스 생성물의 응축이 일어나는지 여부를 알 수 있다. 얇은 벽의 원통굴뚝은 지름이 0.5 m, 높이가 6.0 m이다. 배기가스의 유량은 0.5 kg/s이고 입구온도는 600°C이다.

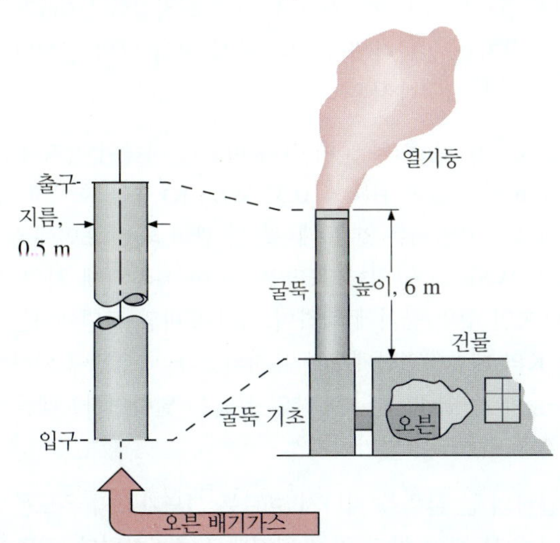

(a) 주위공기 온도와 풍속이 각각 4°C와 5 m/s인 조건을 고려하자. 가스의 열물성치들은 대기 공기의 물성치들과 대략 같다고 간주하여 주어진 조건에서 가스출구온도와 굴뚝의 표면온도를 구하라.

(b) 가스 출구온도는 주위공기 온도와 풍속의 변화에 따라 민감하다. $T_\infty = -25°C$, 5°C, 그리고 35°C에 대하여 $2 \le V \le 10$ m/s 범위에서 풍속의 함수로서 가스 출구온도를 계산하고 그래프로 그리라.

8.48 매립된 파이프라인을 통해 흐르는 유체로부터의 열손실 문제는 상당히 주목을 받고 있다. 실제 적용된 예로는 동력 플랜트의 수증기 및 물 분배라인뿐만 아니라 알래스카의 파이프라인을 들 수 있다. 추운 지방에서 유량이 $\dot{m}_o$인 기름을 수송하는 지름이 D인 강관을 고려하자. 두께 t와 열전도율 k_i인 단열재 층으로 둘러싸인 파이프가 깊이 z(땅 표면으로부터 파이프 중심선까지의 거리)로 땅 속에 매립되어 있다. 파이프의 각 구간 길이는 L이며, 펌프장 사이에 걸쳐 있다. 기름은 가열해서 점도를 낮춰 펌프 동력수요를 줄이도록 만들어져 있다. 펌프장으로부터 유입되는 기름의 온도와 파이프 위의 땅 온도는 각각 $T_{m,i}$와 T_s로 지정되어 있으며 알려져 있다.

기름(o)의 물성치들은 $\rho_o = 900$ kg/m³, $c_{p,o} = 2000$ J/kg·K, $\nu_o = 8.5 \times 10^{-4}$ m²/s, $k_o = 0.140$ W/m·K, $Pr_o = 10^4$으로 근사화되고, 기름의 유량은 $\dot{m} = 500$ kg/s, 파이프 지름은 1.2 m인 조건들에 대하여 고려하자.

(a) 결과들을 D, L, z, t, $\dot{m}_o$, $T_{m,i}$, T_s와 기름(o), 단열재(i), 땅(s)에 대한 적절한 물성치들로 표시하여, 파이프를 떠나는 기름의 온도 $T_{m,o}$를 구하는 데 필요한 모든 식을 구하라.

(b) 만약 $T_s = -40°C$, $T_{m,i} = 120°C$, $t = 0.15$ m, $k_i = 0.05$ W/m·K, $k_s = 0.5$ W/m·K, $z = 3$ m, 그리고 $L = 100$ km라고 하면, $T_{m,o}$의 값은 얼마인가? 그리고 파이프라인의 한 구간으로부터 전달되는 총 열전달률 q는 얼마인가?

(c) 운전관리자가 파이프로부터의 열손실에 관해 파이프의 매설 깊이와 단열재 두께 사이의 절충(trade-off)관계를 알아보고자 한다. 이 설계정보의 도식적 표현을 개발하라

8.49 10 mm 지름과 2 m 길이의 얇은 벽의 관을 고려하자. 물이 큰 수조로부터 $\dot{m} = 0.2$ kg/s와 $T_{m,i} = 47°C$로 관으로 들어가고 있다.

(a) 관 표면이 27°C의 균일한 온도로 유지될 때 물의 출구온도 $T_{m,o}$는 얼마인가? 평균온도 $\bar{T}_m = 300$ K를 가정하여 물의 물성치를 구하라.

(b) 물이 관 밖을 흐르는 $T_\infty = 100°C$와 $V = 10$ m/s공기의 직교유동에 의하여 가열될 때 물의 출구온도는 얼마인가? 공기의 물성치들은 $T_f = 350$ K로 가정된 막온도에서 얻을 수 있다.

(c) 앞에서의 계산에 있어서 $\bar{T}_m$과 T_f의 가정된 값들은 적절한가? 만약 그렇지 못하다면 적절하게 산정한 물성치들을 사용하여 (b)의 조건에서 $T_{m,o}$를 다시 계산하라.

8.50 유량 $\dot{m} = 0.215$ kg/s의 물이 지름 $D = 50$ mm의 얇은 벽의 관을 지나며 70°C에서 30°C로 냉각되고 있다. 관 바깥은 $T_\infty = 15°C$인 냉각제가 직교류로 흐르며 냉각된다.

(a) 냉각제가 공기이고 그 속도가 $V = 20$ m/s일 때 요구되는 관의 길이는 얼마인가?

(b) 냉각제가 물이고 $V = 2$ m/s일 때 요구되는 관의 길이는 얼마인가?

8.51 지름 $D = 2$ mm, 길이 $L = 100$ mm 원형관에 일정 열유속 $q'' = 200{,}000\ \text{W/m}^2$이 인가되면서 질량유량 $\dot{m} = 10$ g/s의 유체가 흐르고 있다. 입구온도가 $T_{m,i} = 29°\text{C}$일 때 순수한 물의 경우 $x = L$ 지점에서의 관벽 온도를 구하라. $\bar{T} = 300$ K에서의 유체 물성치를 사용하라. 같은 조건에서 예제 2.2의 나노유체가 사용될 경우, $x = L$지점에서의 관벽 온도를 구하라.

8.52 75°C에서 조작되고 있는 반응용기에 지름이 15 mm인 얇은 벽의 관을 통해 27°C와 0.12 kg/s인 물을 공급함으로써 열을 제거하고 있다. 관의 바깥 표면과 용기 속 유체 사이의 대류열전달계수는 3000 $\text{W/m}^2\cdot\text{K}$이다.

(a) 출구에서 물의 온도가 47°C를 초과할 수 없다면 용기로부터 열전달률의 최대값은 얼마인가?

(b) 위 (a)의 열전달률을 위해 요구되는 관의 길이는 얼마인가?

8.53 한 난방 사업자가 0.2 kg/s의 물을 얇은 벽의 관 바깥을 지나는 직교류의 고온가스를 사용하여 15°C에서 35°C로 가열하여야 한다.

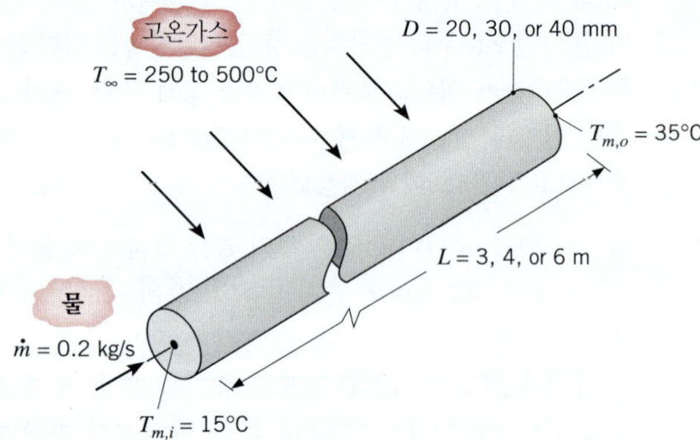

여러분의 임무는 이 요구조건을 만족시키는 관 치수들(D와 L)과 고온가스 조건들(T_∞와 V)의 허용 가능한 조합을 증명할 수 있는 일련의 설계 그래프들을 개발하는 것이다. 해석에 있어서 다음 매개변수들의 범위들을 고려하라: D = 20, 30, 40 mm; L = 3, 4, 6 m; T_∞ = 250, 375, 500°C; $20 \le V \le 40$ m/s.

8.54 배기가스 분석을 위하여 굴뚝에서 가까이에 있는 빌딩의 실험실로 배기가스를 운반하는 데 6 mm의 지름과 20 m의 길이를 가진 얇은 벽의 관이 사용되었다. 가스는 200°C의 온도와 0.003 kg/s의 질량유량으로 관에 유입된다. 온도 15°C의 가을바람이 5 m/s의 속도로 관을 직접 가로질러 불고 있다. 배기가스의 열물성치들은 공기의 것들과 동일하다고 가정한다.

(a) 관 속을 흐르고 있는 배기가스의 평균 열전달계수를 구하라.

(b) 관의 바깥쪽을 가로질러 흐르고 있는 공기의 열전달계수를 구하라.

(c) 열관류계수 U와 배기가스가 실험실에 도달했을 때의 온도를 구하라.

8.55 얇은 벽의 단열되지 않은 지름 0.3 m의 덕트가 큰 상업용 빌딩의 애틱(attic)을 지나 0.05 kg/s의 냉각된 공기를 운송하는 데 사용된다. 애틱의 공기는 37°C이고 자연순환으로 2 $\text{W/m}^2\cdot\text{K}$의 대류열전달계수가 덕트의 바깥 표면에 적용된다. 만약 냉각된 공기가 7°C로 길이 15 m의 덕트에 들어간다면 출구온도와 열전달률은 얼마인가? 냉각된 공기의 물성치들은 300 K로 가정된 평균온도에서 산정한다.

8.56 가압된 물이 $T_{m,i} = 200°\text{C}$에서 $\dot{m} = 2$ kg/s의 유량으로 안지름 $D = 1$ m인 얇은 벽의 원형관을 통하여 동력 플랜트에서 가까운 산업용 사용자에게 공급된다. 관은 열전도율 $k = 0.05$ W/m·K이고, 두께 $t = 0.15$ m인 단열재의 층으로 싸여 있다. 길이 $L = 500$ m인 관은 $T_\infty = -10°\text{C}$, $V = 4$ m/s인 공기의 직교유동에 노출되어 있다. 물의 축방향 좌표에 따른 혼합평균온도 $T_m(x)$의 변화를 계산하는 데 사용될 수 있는 미분방정식을 구하라. 내부의 유동은 완전히 발달된 것으로 가정할 수 있다. 결과를 $\dot{m}$ V, T_∞, D, t, k, 그리고 적절한 물(w)과 공기(a)의 물성치들로 나타내라. 입구에서 관의 단위 길이당 열손실을 구하라. 출구에서 물의 평균온도는 얼마인가?

8.57 290 K와 0.2 kg/s의 물이 안과 바깥 반지름이 각각 10 mm와 13 mm인 테플론 관($k = 0.35$ W/m·K) 속을 흐르고 있다. 전기적으로 가열되는 얇은 테이프를 관의 외부 표면에 둘러싸서 2000 W/m^2의 균일한 표면열유속이 유지되게 하였고, 한편 300 K인 주위 공기에 의하여 테이프 바깥 표면에서는 25 $\text{W/m}^2\cdot\text{K}$의 대류열전달계수가 유지되었다. 테이프에 의하여 소산된 동력 중 물로 전달된 양의 분율은 얼마인가? 테플론 관의 바깥 표면온도는 얼마인가?

8.58 보일러의 큰 굴뚝을 지나서 흐르는 연도가스의 온도를 그림과 같이 원통 관에 쌓여 있는 열전대로 측정하였다. 관축은 가스유동의 법선 방향으로 놓여 있고 열전대는 관 표면의 온도에 해당하는 온도 T_t를 감지한다. 가스의 유량과 온도는 각각 $\dot{m}_g$와 T_g로 나타내었고, 유동은 완전히 발달되었다고 가정할 수 있다. 굴뚝은 박판(sheet metal)으로 만들어졌고 균일한 온도 T_s를 유지하고 있으며, T_∞인 주위 공기와 T_{sur}인 주변에 노출되어 있다. 덕트의 바깥 표면과 관련된 대류열전달계수는 h_o이다. 덕트의 안쪽 면과 관 표면에 관련된 대류계수들은 각각 h_i와 h_t이다. 관과 덕트 표면의 방사율은 각각 ε_t와 ε_s이다.

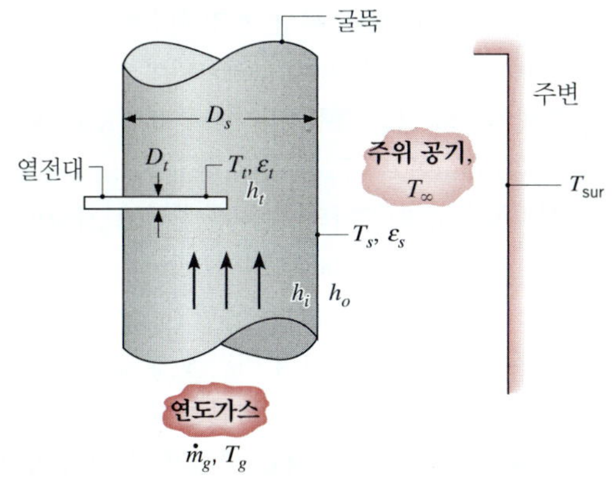

(a) 열전대 관에서의 전도손실을 무시하여, 측정된 온도의 오차($T_g - T_t$)를 예측하는 데 사용될 수 있는 식을 전개하라.

(b) 연관가스가 대기공기의 물성치들을 가진다고 가정하여 $T_t = 300°C$, $D_s = 0.6$ m, $D_t = 10$ mm, $\dot{m}_g = 1$ kg/s, $T_\infty = T_{sur} = 27°C$, $\varepsilon_t = \varepsilon_s = 0.8$ 그리고 $h_o = 25\ W/m^2 \cdot K$ 에 대하여 오차를 산정하라.

8.59 단열재(0.085 W/m·K)가 25 mm 두께의 층으로 피복되어 있는, 지름 50 mm 얇은 벽의 금속관이 큰 방의 천장에 매달려 있다. 이 관은 대기압 상태의 과열 수증기를 운반하고 있다. 관으로 들어가는 수증기 온도는 120°C이고 공기온도는 20°C 이다. 피복된 관의 바깥 표면에서의 대류열전달계수는 10 $W/m^2 \cdot K$이다. 수증기의 속도가 10 m/s일 때 수증기가 응축하기 시작하는 위치는 어디인가?

8.60 생의학 공급품의 제조 공정에 있어서 큰 평판이 45 ± 0.25°C로 유지되어야 한다는 요구조건이 존재한다. 가열관들을 간격 S로 평판에 부착하는 설계안이 제안되었다. 두꺼운 벽의 동관들이 $D_i = 8$ mm의 안지름을 가지며 높은 열전도율의 땜납으로 평판에 부착되어 있고, $2D_i$의 접촉폭을 가진다. 가열유체(에틸렌글리콜)는 각 관을 $\dot{m} = 0.06$ kg/s의 고정된 유량으로 흐른다. 평판은 $w = 25$ mm의 두께를 가지며 15 W/m·K의 열전도율을 가지는 스테인리스강으로 제작되었다.

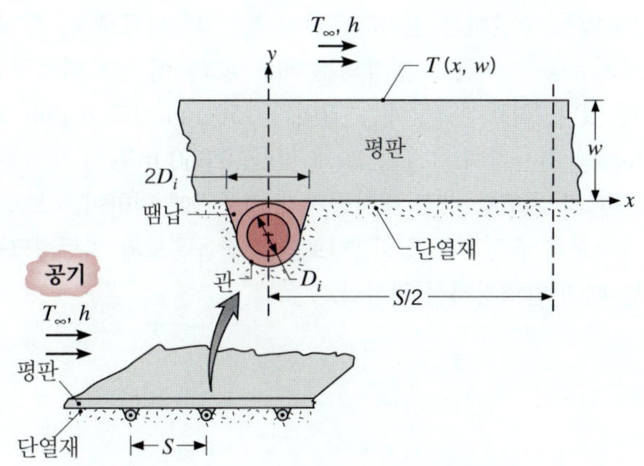

삽입도에 표시된 평판의 2차원 단면을 고려하여, 주위온도가 25°C이고 대류계수가 100 $W/m^2 \cdot K$일 때 45 ± 0.25°C로 평판의 표면온도 $T(x, w)$를 유지시키기 위해 요구되는 가열유체 온도 T_m과 관 간격 S를 구하기 위한 해석을 수행하라.

비원형 덕트

8.61 길이 1 m, 단면이 4 mm × 16 mm인 직사각 덕트에 공기가 3×10^{-4} kg/s, 27°C로 유입되고 있다. 덕트의 표면에 600 W/m^2의 균일한 열유속이 가해질 때, 덕트 출구에서의 공기온도와 덕트의 표면온도는 얼마인가?

8.62 25°C의 공기가 30×10^{-6} kg/s으로 고열전도율 금속 주형을 냉각시키기 위해 사용되는 길이 100 mm인 긴 채널 내로 흐른다. 유동은 유체역학적 그리고 열적으로 완전발달되었다고 가정한다.

(a) 주형 온도가 50°C(경우 A)일 때 원형 채널($D = 10$ mm)에 대하여 공기로 전달되는 열을 구하라.

(b) 새로운 생산 방법(연습문제 8.80)을 사용하면 주형과 같은 금속 대상물에 복잡한 단면의 채널을 쉽게 제작할 수 있다. 채널이 6개의 조그만 삼각형 단면으로 나누어진다는 것을 제외하고 경우 A와 같은 상황에서 공기의 흐름을 고려한다. 경우 A의 유동면적과 경우 B의 전체 유동면적은 같게 한다. 나누어진 채널에 대하여 공기로 전달되는 열을 구하라.

(c) 경우 A와 경우 B에 대하여 압력강하를 비교하라.

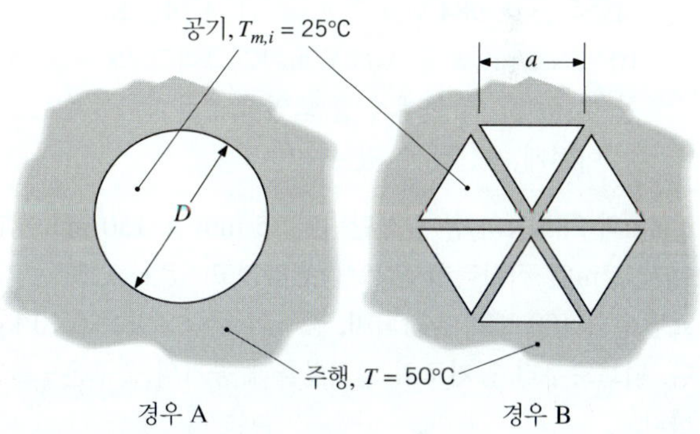

8.63 **저온판**(cold plate)은 능동적인 냉각기구로서 열이 발생하는 장치에 부착되어 열을 소산시키고, 시스템을 허용 가능한 온도로 유지시킨다. 이것은 전형적으로 높은 열전도율 k_{cp}의 재료로 제작되고 그 속에 채널들이 가공되어 냉각제가 지나간다. 높이가 H이고 변의 폭이 W이며, 그 속에 폭 $w = h$의 정사각 채널로 물이 지나가는 한 구리 저온판을 고려하자. 채널 사이의 가로 간격 δ는 바깥쪽 채널과 저온판의 측벽 사이 간격의 2배이다.

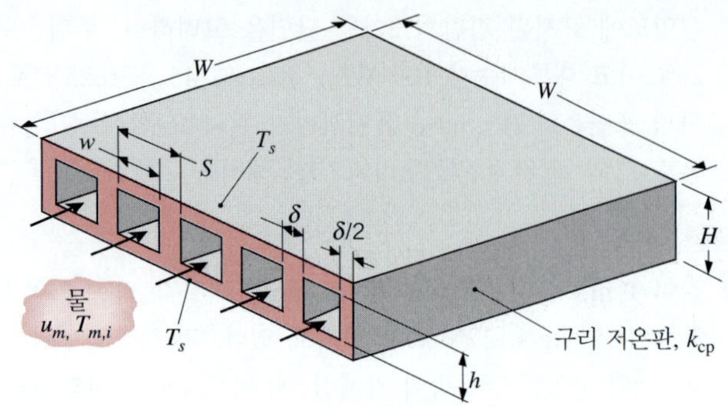

동일한 열발생 장치들이 저온판의 위쪽과 아래쪽에 부착되어 있고 해당하는 표면들이 같은 온도 T_s로 유지되고 있는 조건들을 고려하자. 냉각제의 평균속도와 온도는 각각 u_m과 $T_{m,i}$이다.

(a) 각 채널 전체에서 완전히 발달된 난류유동을 가정하여 주어진 매개변수들로 저온판으로의 총 열전달률 q와 물의 출구온도 $T_{m,o}$를 산정하는 데 사용될 수 있는 방정식들을 구하라.

(b) 폭 $w = 6$ mm와 채널 사이의 간격 $\delta = 4$ mm인 10개의 정사각 채널들을 가지는 폭 $W = 100$ mm와 높이 $H = 10$ mm의 저온판을 고려하자. 물은 $T_{m,i} = 300$ K의 온도와 $u_m = 2$ m/s의 속도로 채널에 들어간다. 만약 저온판의 위 표면과 아래 표면이 $T_s = 360$ K일 때, 출구에서의 물의 온도와 저온판으로의 전체 열전달률은 얼마인가? 구리의 열전도율은 400 W/m·K이고, 물의 평균적인 물성치들은 $\rho = 984$ kg/m^3, $c_p = 4184$ J/kg·K, $\mu = 489 \times 10^{-6}$ N·s/m^2, $k = 0.65$ W/m·K, 그리고 $Pr = 3.15$로 취할 수 있다. 이 설계가 잘 되었다고 생각하는가? 그 성능이 어떻게 개선될 수 있는가?

8.64 1 atm과 285 K의 공기가 단면이 75 mm × 150 mm이고, 길이가 2 m인 직사각형 덕트에 유입되고 있다. 덕트는 일정한 표면온도 400 K로 유지되며, 공기의 질량유량은 0.10 kg/s이다. 덕트로부터 공기로의 열전달률과 공기의 출구온도를 결정하라.

8.65 연습문제 8.63의 저온판 설계는 채널폭의 선택에 관하여 최적화되지 않았으므로 열전달률이 촉진되는 조건을 조사하고자 한다. 구리 저온판의 폭과 높이는 $W = 100$ mm와 $H = 10$ mm로 고정되어 있고, 채널 높이와 채널 사이의 간격은 $h = 6$ mm와 $\delta = 4$ mm로 고정되어 있다. 물의 평균속도와 입구온도는 $u_m = 2$ m/s와 $T_{m,i} = 300$ K로 유지되어 있으며, 동일한 열발생 장치들이 360 K의 표면온도를 유지하기 위하여 저온판의 위와 아래에 부착되어 있다. 채널폭 그리고 채널 수의 변화가 저온판의 열전달률에 미치는 영향을 평가하라. $w = 96$ mm(한 채널)인 극한의 경우를 포함시키라.

8.66 높은 온도의 연소 생성물로부터 열을 회수하는 장치는 연소가스가 평행평판들 사이를 지나가도록 되어 있다. 각각의 판은 반대쪽 표면에서의 물의 유동에 의하여 350 K로 유지된다. 평판 간격은 40 mm이고 가스유동은 완전히 발달되어 있다. 가스의 물성치들은 대기공기의 것들과 같다고 가정할 수 있고, 평균온도와 속도는 각각 1000 K와 60 m/s이다.

(a) 평판의 표면에서의 열유속은 얼마인가?

(b) 만약 두께 20 mm의 제3의 평판을 원래의 평판들 사이의 중간에 매달았을 때, 원래 평판들의 표면열유속은 얼마인가? 온도와 가스의 유량은 바뀌지 않으며, 복사 효과는 무시할 수 있다.

8.67 환자에게 수혈하는 동안에 사용될 혈액가열기의 설계에 관한 타당성 연구를 수행하도록 의뢰를 받았다고 하자. 이 교환기는 200 mL/min의 유량으로 혈액을 10°C인 혈액 은행으로부터 취하여 37°C로 가열한다. 혈액은 6.4 mm × 1.6 mm인 직사각형 단면의 관을 지나 흐르며 관은 40°C의 일정한 온도로 유지되고 있는 두 평판들 사이에 샌드위치 모양으로 끼여 있다.

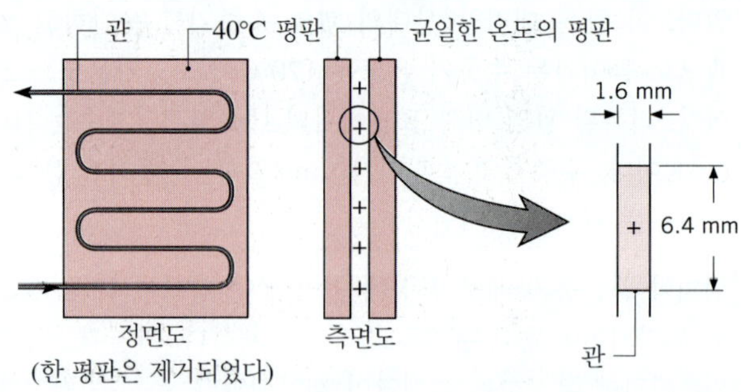

(a) 지정된 유량에서 원하는 출구조건들을 이루는 데 요구되는 관로의 길이를 계산하라. 유동은 완전히 발달하였고 혈액은 물과 동일한 물성치들을 가진다고 가정하라.

(b) 가정들을 평가하고 해석이 필요한 길이를 과대하게 추정하였는지 아니면 과소하게 추정하였는지 지적하라.

8.68 50 W를 소산하는 전자회로판이 두 개의 덕트로 된 강제적인 공기유동에 의하여 냉각되는 히트싱크들에 샌드위치처럼 끼어 있다. 히트싱크들에는 길이가 150 mm이고 6 mm × 25 mm인 직사각형 유로가 20개 있다. 0.060 m^3/s의 체적유량과 27°C의 온도를 가진 대기공기가 송풍기에 의하여 히트싱크를 지나도록 흡입되고 있다. 회로판의 작동온도와 히트싱크를 지날 때의 압력강하를 구하라.

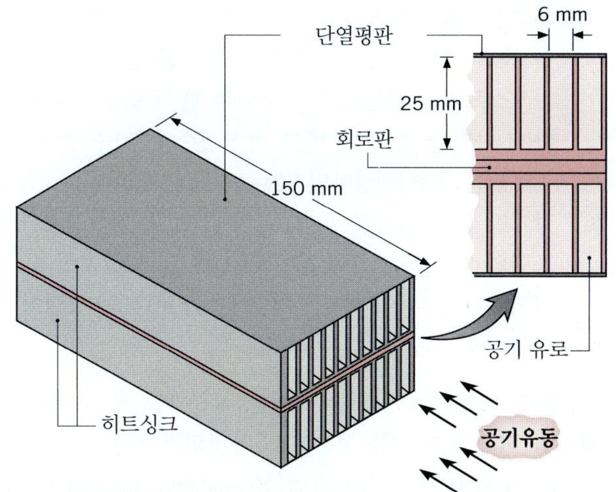

8.69 평평한 금속판에 긴 직사각형 홈들을 밀링으로 만들고 아래 그림처럼 금속판들을 경납땜(brazing)하여 직사각형 채널들을 만든다. 납땜 전에 금속판들을 상대적으로 이동시켜서 큰 채널들(구성 A) 또는 두 배 많은 작은 채널들(구성 B)을 만들 수 있다. 각각의 큰 채널로 온도 $T_m = 27°C$의 에틸렌 글리콜이 0.1 kg/s의 유량으로 흐르는 표면온도 $T_s = 67°C$인 등온판들을 고려하자. 각각의 작은 채널로 흐르는 유량은 0.05 kg/s이다. 치수 a = 10 mm이고 b = 30 mm일 때, 하나의 큰 채널 그리고 한 쌍의 작은 채널에 대해서 단위 채널길이당 열전달률을 결정하라. 또한 구성 A와 구성 B 각각에 대해 유체의 압력 구배를 결정하라.

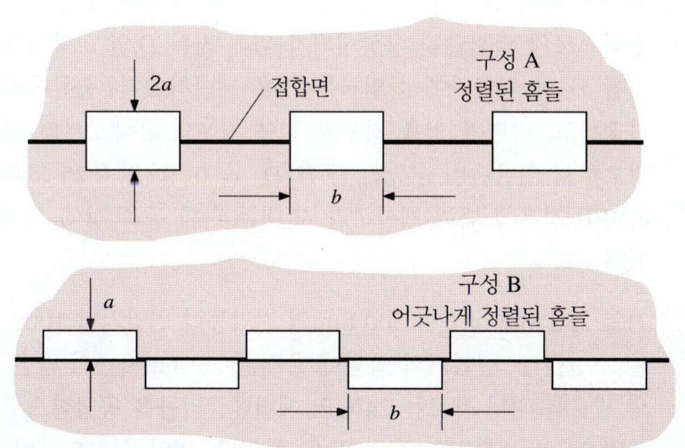

8.70 기관차와 같은 큰 원동기를 감속시키기 위하여 동적 전기제동(dynamic electric braking)이라고 부르는 프로세스가 주전동기(traction motor)를 발전기 모드(generator mode)로 변환시키는 데 사용된다. 발전기 모드에서는 구동륜(drive wheel)으로부터 기계적 에너지가 전류를 발생시키는 데 사용된다. 개략도에 표시된 것과 같이 전기적 동력은 전기적으로 직렬로 연결된 금속 블레이드들의 배열(b)로 이루어진 저항 그리드(resister grid)(a)를 지난다. 블레이드 재료들은 고온, 고전기저항 합금이고 전기적 동력은 내부체적적 발생에 의하여 열로 발산한다. 블레이드들을 냉각하기 위해서 모터-홴(motor-fan)이 고속 공기를 그리드를 통하여 움직이게 한다.

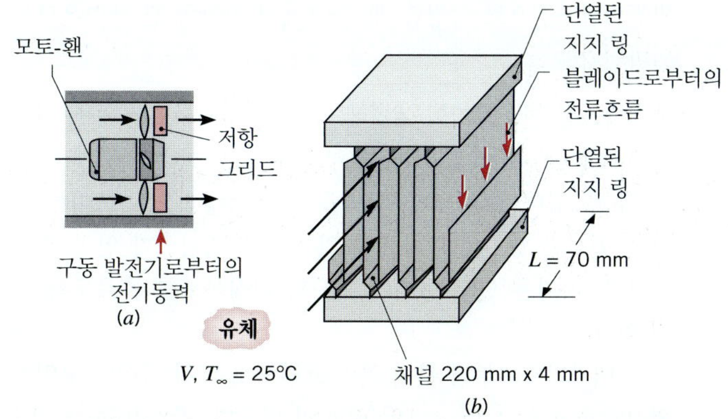

(a) 블레이드들 사이의 공간을 220 mm × 4 mm 단면과 70 mm 길이를 가진 직사각 채널로 취급한다. 공기유동이 각각 25°C와 50 m/s의 입구온도와 속도를 가지며, 블레이드가 600°C의 작동온도를 가질 때 블레이드 한 개당 열제거율을 산정하라.

(b) 한 기관차가 10량의 열차를 견인하려면 이 블레이드 2000개가 있어야 한다. 위 (a)의 여러분의 결과에 근거할 때, 전체 질량이 106 kg인 열차를 동적 전기제동을 사용하여 속도를 120 km/h에서 50 km/h로 감속시키는 데 얼마의 시간이 걸리는가?

8.71 물이 $\dot{m}$ = 0.02 kg/s와 $T_{m,i}$ = 20°C로 지름이 D_i = 25 mm인 안쪽 관과 지름이 D_o = 100 mm인 바깥쪽 관 사이의 환상영역으로 유입되고 있다. 포화증기가 안쪽 관 표면온도를 $T_{s,i}$ = 100°C로 균일하게 유지시키면서 안쪽 관 속을 흐르고 있다. 반면, 바깥쪽 관의 바깥 표면은 잘 단열되어 있다.

(a) 만약 전체 환상영역을 통하여 완전발달한 유동을 가정한다면, 출구 물 온도 75°C를 얻기 위해 필요한 시스템의 길이는 얼마인가?

(b) 그리고 출구에서 안쪽 관으로부터의 열유속은 얼마인가?

(c) 물의 유량이 0.02 kg/s가 아니라 0.30 kg/s라면 환상공간은 얼마나 길어야 하는가?

8.72 그림 8.11을 참고하여 바깥 표면은 단열되어 있고($q''_o = 0$), 안쪽 표면은 균일한 열유속 q''_i을 가지는 환상공간의 조건들을 고려하자. 완전발달한 층류유동이 존재한다고 가정한다.

(a) 환상공간 영역에서의 속도분포 $u(r)$을 구하라.

(b) 온도분포 $T(r)$을 구하고, 안쪽 표면에 관련된 Nusselt 수 Nu_i에 대한 식을 구하라.

8.73 안지름 25 mm, 바깥지름 50 mm인 동심원관 환상공간을 고려하자. 물이 환상영역에 0.04 kg/s, 25°C로 유입된다. 만약

바깥쪽 관벽이 단열되어 있고, 안쪽 관벽이 전기적으로 $q' = 4000$ W/m의 율(단위 길이당)로 가열된다면, 출구에서 물의 온도가 85°C가 되기 위하여 관의 길이는 얼마이어야 하는가? 완전발달조건으로 가정할 때, 출구에서의 안쪽 관 표면온도는 얼마인가?

8.74 배기가스를 연소공기의 예열에 사용하여 기름 또는 가스 연소로(oil-or gas-fired furnace)로부터 폐열을 회수하는 것은 흔히 볼 수 있다. 이와 같은 목적을 위해 통상적으로 쓰이는 기구는 동심관 장치로 이루어져 있는데, 배기가스가 안쪽 관을 지나고, 차가운 연소 공기가 주위의 환상통로를 흐르도록 되어 있다.

배기가스로부터 관의 안쪽 표면으로 단위 길이당 균일한 열전달률 $q_i' = 1.25 \times 10^5$ W/m이 있으며, 공기가 $\dot{m}_a = 2.1$ kg/s의 유량으로 환상통로를 흐르는 조건들을 고려하자. 얇은 벽의 안쪽 관은 $D_i = 2$ m이고, 주변으로부터 잘 단열된 바깥쪽 관의 지름은 $D_o = 2.05$ m이다. 공기의 물성치들은 $c_p = 1030$ J/kg·K, $\mu = 270 \times 10^{-7}$ N·s/m², $k = 0.041$ W/m·K, 그리고 $Pr = 0.68$로 취할 수 있다.

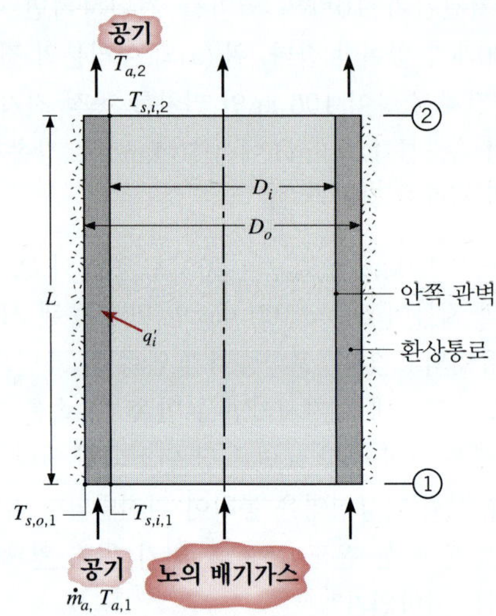

(a) 공기가 $T_{a,1} = 300$ K로 유입되고, $L = 7$ m라면, 공기의 출구온도 $T_{a,2}$는 얼마인가?

(b) 공기의 유동이 환상영역 전체에서 완전발달해 있다면, 이 기구의 안쪽 관의 입구온도($T_{s,i,1}$)와 출구온도($T_{s,i,2}$)는 얼마인가? 입구에서 바깥 표면온도 $T_{s,o,1}$은 얼마인가?

열전달 촉진

8.75 연습문제 8.26의 공기냉각 시스템과 조건들을 고려하자. 주어진 관의 길이는 $L = 15$ m이다.

(a) 공기의 출구온도 $T_{m,o}$는 얼마인가? 요구되는 휀의 동력은 얼마인가?

(b) 안쪽 표면 부근의 유동을 교란시키기 위하여 관 길이 방향으로 코일스프링을 넣음으로써 공기유동과 관련된 대류열전달계수가 두 배로 증가할 수 있다. 만약 그런 열전달 촉진 방법을 채택한다면 그에 따른 값 $T_{m,o}$는 얼마인가? 스프링을 삽입하면 요구되는 휀 동력의 상응하는 증가가 나타날 것이다. 만약 마찰계수가 50% 증가한다면 요구되는 동력은 얼마인가?

(c) 장기간 물에 접촉한 후에, 관의 바깥 표면에 열저항(바깥 표면의 단위면적당)이 $R''_{t,o} = 0.050$ m²·K/W인 유기 물질의 얇은 코팅이 형성되었다. 위 (b)에서의 삽입이 없는 경우의 $T_{m,o}$는 얼마인가?

8.76 연습문제 8.20에서 살펴본 약제품 살균 과정을 고려한다. 약제품이 허용 불가능한 고온으로 가열되는 것을 막을 목적으로, 관 외부 표면에 저항 가열기(resistance heater)를 사용하는 것 대신 대기압의 증기가 응축되도록 하였다. 그로 인해 표면온도는 $T_s = 100$°C로 유지된다.

(a) 연습문제 8.20과 같은 조건에서 약제품의 평균온도를 25°C에서 75°C로 증가시키는 데 필요한 직관 길이 L_s를 구하라.

(b) 직관을 코일관으로 교체하는 것을 고려하자. 코일 지름은 $C = 100$ mm이고, 코일 피치는 $S = 25$ mm이다. 약제의 평균 온도를 원하는 값만큼 증가시키는 데 필요한 코일 관의 총 길이(즉 관 피치와 코일 수의 곱)를 구하라.

(c) 직관과 코일관에서 압력강하를 계산하라.

(d) 증기의 응축률을 계산하라.

8.77 한 공학자가 온도 T_m의 흐르는 유체로부터 온도 $T_{s,o}$의 외부 관벽으로의 열전달을 향상시키기 위해 지름 D_i의 고체막대를 지름 D_o의 원형관에 삽입하는 것을 제안하였다. 층류유동을 가정하고, 막대가 있을 경우와 없을 경우의 유체로부터 외부 관으로의 열유속비 $q''_o/q''_{o,\mathrm{wo}}$를 $D_i/D_o = 0, 0.10, 0.25$ 그리고 0.50의 경우에 대해 계산하라. 막대는 관의 동축 상에 위치해 있다.

8.78 지름 230 mm와 높이 500 mm의 전기동력 변압기가 1000 W를 소산한다. 변압기의 측변에 용접된 20 mm지름의 얇은 벽의 관로를 지나 흐르는 24°C의 에틸렌글리콜을 공급함으로써 표면온도가 47°C로 유지되도록 하였다. 변압기에 의하여 소산된 열의 전부가 에틸렌글리콜로 전달된다고 가정한다.

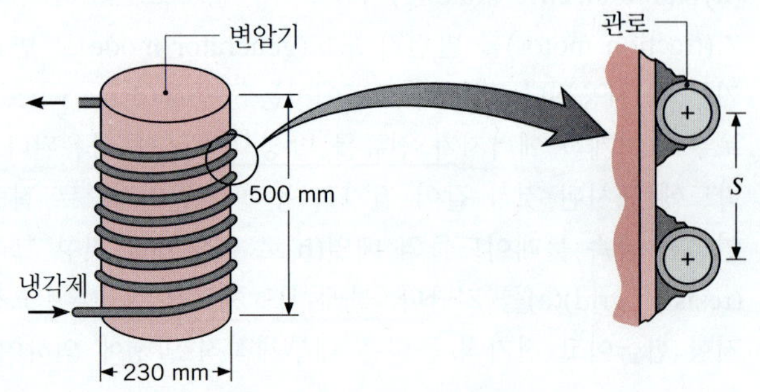

냉각제의 최고허용 온도상승을 6°C로 그리고 관의 전체에서 완전히 발달된 유동을 가정하여 요구되는 냉각제 유량, 관로의 전체 길이, 감겨진 관로들 사이의 간격 S를 결정하라.

8.79 **bayonet냉각기**를 약제유체의 온도를 감소시키는 데 사용한다. 약제유체는 냉각기를 통하여 흐른다. 이때 냉각기는 10 mm 지름의 얇은 벽을 가진 관으로 제작된다. 관은 길이 250 mm인 두 직관 부분과 회전 지름이 75 mm이고 6.5번 회전된 코일관 부분으로 구성되어 있다. 20°C의 냉각수가 h_o = 500 W/m^2·K의 외부표면 열전달계수를 가지고 냉각기 외부에서 흐른다. 약제유체가 0.005 kg/s의 질량유량을 가지고 90°C로 유입되는 상황을 고려하라. 약제의 물성치는 ρ = 1200 kg/m^3, μ = 43 10^{-3} N·s/m^2, c_p = 2000 J/kg·K, k = 0.5 W/m·K이다.

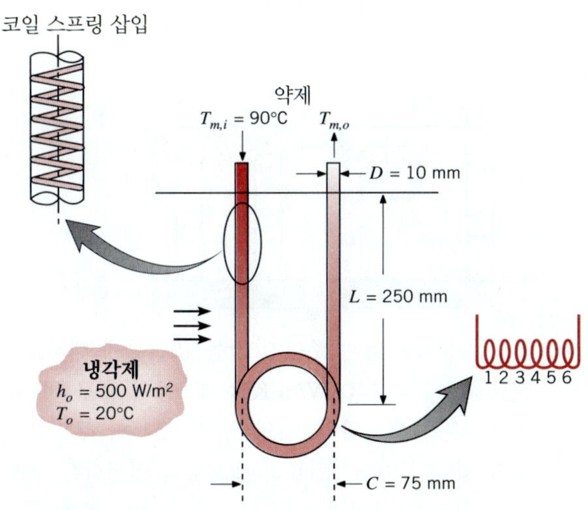

(a) 약제유체의 출구온도를 구하라.

(b) 약제의 출구온도를 더 낮추는 것이 요구된다. 그러나 냉각과정은 복잡하게 구성된 작동 과정 중에 단지 하나이므로 유량은 변화될 수 없다. 한 젊은 공학자가 스프링이 관의 내부 주위의 유동을 교란하고 따라서 내부 관벽에서 열전달계수를 증가시킬 수 있다는 인식 아래 냉각기의 직관 부분에 스테인리스강의 코일 스프링을 삽입하면 출구온도가 감소할 것이라고 제안한다. 선임 공학자는 스프링의 삽입은 직관 내부벽에서 열전달계수를 2배로 만든다고 주장한다. 선임공학자의 주장이 맞다고 가정하여 스프링을 삽입한 관에 대하여 약제유체의 출구온도를 구하라.

(c) 약제의 출구온도는 스프링의 나선 방향(왼손 방향 또는 오른손 방향)에 영향을 받을 것이라고 예상하는가? 이유는?

8.80 사출성형에 사용되는 한 주형이 위 절반과 아래 절반으로 구성되어 있다. 각 절반은 60 mm × 60 mm × 20 mm이며 금속(ρ = 7800 kg/m^3, c = 450 J/kg·K)으로 구성되어 있다. 차가운 금형(100°C)은 열가소성 물질을 주입하기 전에 가압수(0.02 kg/s총 유량과 275°C에서 이용 가능)로 200°C까지 가열된다. 주입은 단지 1초가 걸리고 고온 주형은 뒤이어 성형된 부품을 방출하기 전에 냉각수(0.02 kg/s총 유량과 25°C에서 이용 가능)에 의해 냉각된다. 역시 1초가 걸리는 부품 방출 후에 과정이 반복된다.

(a) 재래식 주형 디자인에서 각 냉각 통로가 성형될 부품에 간섭을 일으키지 않는 곳에서 주형을 통해 파인다. 주형의 각 절반에 5개의 5 mm 지름 60 mm 길이의 유로(총 10개 유로)를 가공할 때 초기 가열률과 초기 냉각률을 구하라. 물의 속도분포는 고온(또는 저온)주형의 각 통로의 입구에서 완전발달되어 있다.

(b) **선택적 자유형 제조**(selective freeform fabrication) 또는 **SFF**로 알려진 새로운 부가적 제조과정은 **등각 냉각 통로**(conformal cooling passage)를 가진 주형을 제작하는 데 쓰인다. 앞에서와 같은 주형을 고려하자. 그러나 SFF방법으로 제조된 주형의 각 절반에 5 mm 지름의 감긴 하나의 등각 냉각 통로가 설계된다. 2개의 감긴 통로 각각은 N = 2 회전을 가지고 있다. 감긴 유로는 성형 부품을 간섭하지 않는다. 등각 채널은 코일 지름 C = 50 mm를 가지고 있다. 물의 총 유량은 (a)와 같다(코일당 0.01 kg/s). 금형의 초기 가열률과 초기 냉각률을 결정하라.

(c) 재래식인 것과 등각 냉각 통로의 표면적을 비교하라. 재래식인 것과 등각의 가열 그리고 냉각 통로로 구성된 주형에 대하여 주형 온도의 변화율을 비교하라. 재래 또는 등각 냉각 통로 중 어느 것이 하루에 더 많은 부품을 생성할 수 있는가? 열가소성 물질의 존재는 무시하라.

8.81 연습문제 8.20의 약제품을 고려한다. 제조과정을 완성하기 이전에 살균온도의 함수로서 약의 선반 수명의 의존관계를 측정하기 위해 시험적으로 실험을 수행한다. 그러므로 시험에서 살균 온도는 조심스럽게 조절되어야 한다. 약제를 잘 혼합하고 관 출구 면적에서 상대적으로 균일 출구온도를 촉진시키기 위하여 실험은 각 10 mm 지름을 가진 2개의 관을 합쳐서 엮어진 코일관으로 구성된 장치를 사용하여 수행된다. 얇은 벽관은 지름 D_r = 40 mm인 고열전도율 봉에 용접된다. 첫 번째 관은 평균속도 u_p = 0.1 m/s와 입구온도 25°C의 약제품을 수송한다. 반면에 두 번째 관은 u_w = 0.12 m/s와 입구온도 127°C의 가압액체수를 수송한다. 관은 서로 접촉되지 않았으나 각 관이 봉을 따라 20바퀴 회전하며 고체 금속봉에 용접되어 있다. 장치의 외부는 잘 단열되어 있다.

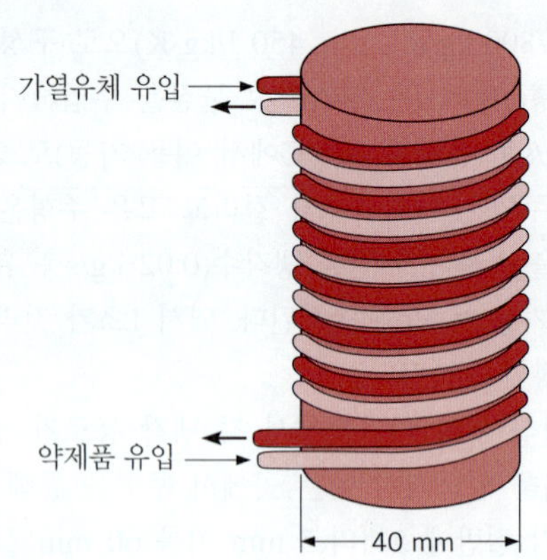

(a) 약제품의 출구온도를 구하라. 액체 물의 물성치는 380 K에서 산정하라.

(b) $0.10 < u_w < 0.25$ m/s 영역의 가압수 속도에 따른 약제 출구온도의 민감도를 조사하라.

작은 채널 내 유동

8.82 높은 출력밀도를 가지는 실리콘 칩들을 냉각하는 매우 유효한 방법은 칩의 배면(회로가 없는)에 미소채널들을 식각하는 것이다. 채널은 실리콘캡(silicon cap)에 의해 덮여 있고 채널에 물이 통과하게 함으로써 냉각이 유지된다.

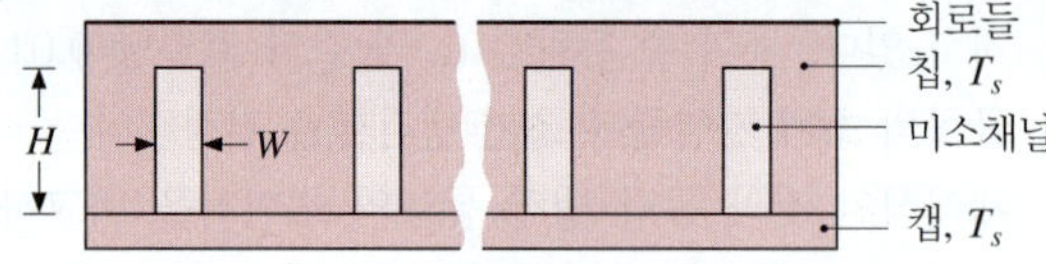

한쪽 면이 10 mm × 10 mm이고 그 속에 각각 폭이 $W = 50$ μm이고 높이가 $W = 200$ μm인 10 mm 길이의 직사각형 미소채널 50개가 식각되어 있는 칩을 고려하자. 물이 각각의 미소채널을 290 K의 온도와 10^{-4} kg/s의 유량으로 들어가고, 칩과 캡이 350 K의 균일한 온도에 놓여 있는 작동조건을 가정하자. 채널에서의 완전히 발달된 유동과 회로에 의하여 소산된 모든 열은 물로 전달된다고 가정하여 물의 출구온도와 칩의 동력소산을 구하라. 물의 물성치들은 300 K에서 산정할 수 있다.

8.83 큰 열전도율 때문에 물은 대류냉각에 선호되는 유체이다. 그러나, 전자장치를 포함하는 기기에서 물은 장치와 접촉해서는 안 되기 때문에 공기같은 비전도성 유체가 물 대신에 일반적으로 사용된다.

문제 8.82의 미소채널 칩냉각 응용을 고려하자. 그러나 이젠 냉각제는 공기이고 채널당 유량 $\dot{m}_1 = 10^{-6}$ kg/s이다. 공기의 출구온도와 칩의 동력소산을 구하라. 공기의 물성들은 $T = 300$ K, $p = 1$ atm에서 구하라. 열적응계수와 운동량적응계수는 각각 $\alpha_t = 0.8$ 그리고 $\alpha_p = 0.9$이다. 마이크로스케일 효과로 인해서 균일 벽온도조건에 대한 $Nu_D = hD_h/k$가 균일 열유속조건을 갖는 원형관에서의 유동과 동일한 비율로 증가한다고 가정한다.

8.84 작은 직경의 관 내부를 이상기체가 흐르고 있다. 마이크로스케일 효과가 고려되어야 하는 기체의 천이 밀도 ρ_c를 위한 식을 유도하라. 기체분자 지름, 보편기체 상수, Boltzmann상수, 그리고 관 직경을 이용하여 표현하라. 수소, 공기, 이산화탄소에서 관 직경 $D = 10$ μm인 경우의 천이 밀도를 계산하라. 계산된 천이 밀도와 대기압 상의 $T = 23$°C 기체 밀도를 비교하라.

8.85 연습문제 8.82의 미소채널 냉각배열에 대하여 고려하자. 그러나 모든 칩과 캡이 균일한 온도에 있다는 가정 대신, 채널 바탕($x = 0$)에서 온도는 $T_s = 350$ K로 지정되어 있고, 각 채널의 옆벽들을 따라 x가 증가함에 따라 온도가 감소하는 보다 신중한(그리고 현실적인) 접근방법을 채택한다.

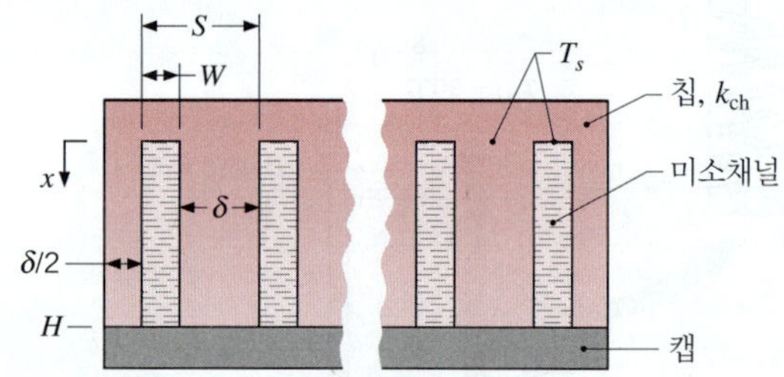

(a) 연습문제 8.82에서 주어진 작동 조건들에 대해, 칩의 열전도율 $k_{ch} = 140$ W/m·K일 때, 물의 출구온도와 칩의 동력소산을 결정하라. 칩의 옆면들로부터 주위로의 열전달과 채널의 옆벽들로부터 캡으로의 열전달은 무시할 수 있다. 채널들 사이의 간격 $\delta = S - W$는 바깥 채널의 옆벽과 칩의 바깥 표면 사이의 간격의 두 배이다. 채널 피치는 $S = L/N$이고, 여기서 $L = 10$ mm는 칩의 폭이고 $N = 50$은 채널의 개수이다.

(b) 연습문제 8.82에서 주어졌고 (a)에서 고려된 채널의 기하학적 배열은 최적화된 것이 아니며, 관련된 치수를 조절함으로써 더 많은 열을 소산시킬 수 있다. 폭 $W = 50$ μm과 채널당 유량 $\dot{m} = 10^{-4}$ kg/s은 그대로 유지시키고, 피치의 값을 $S = 100$ μm로 감소시킬 때의 효과를 고려하라.

8.86 원형관 내부를 흐르는 기체 유동의 경우 난류는 $Re_{D,c} \approx 2300$에서 발생하며, 비압축성에서 압축성 유동으로의 천이는 임계 Mach수 $Ma_c \approx 0.3$에서 발생한다. (i) 공기, (ii) CO_2, (iii) He에 대해 비압축성 난류유동 및 열전달이 일어날 수 없는 임계 관 직경 D_c를 구하라. 대기압 및 온도 $T = 300$ K의 물성치를 이용하라.

8.87 비교적 큰 열전도율 때문에 물은 대류냉각에 선호되는 유체이

다. 그러나 전자장치를 포함하는 기기에서, 물은 장치와 접촉해서는 안 되기 때문에, 외부의 영향을 받지 않도록 밀봉되어야 한다. 관련된 설계와 조작의 복잡성을 피하기 위해 그리고 장치들이 냉각제와의 접촉으로 작동을 멈추게 되지 않는다는 것을 보증하기 위해, 흔히 유전체인 유체가 물 대신에 사용된다. 많은 기체들은 훌륭한 유전체의 성질을 갖고 있으며, 나쁜 열전달 물성치에도 불구하고, 공기는 전자냉각에 흔히 사용된다. 그러나 훌륭한 유전체이며 기체보다 우수한 열전달 물성치들을 갖고 있는 과불화(perfluorinated)액체 집합을 사용하는 대안이 있다.

연습문제 8.85의 미소채널 칩냉각 응용을 고려하였는데, 지금 과플루오르화 액체의 물성치는 c_p = 1050 J/kg·K, k = 0.065 W/m·K, μ = 0.0012 N/s·m^2, 그리고 Pr = 15이다.

(a) H = 200 μm, W = 50 μm이고 S = 20 μm인 채널치수에 대하여, 칩의 열전도율은 k_{ch} = 140 W/m·K이고 폭 L = 10 mm, 채널의 바탕 온도(x = 0) T_s = 350 K, 채널의 입구온도 $T_{m,i}$ = 290 K이고, 채널당 유량 $\dot{m}_1$ = 10^{-4} kg/s일 때, 출구온도와 유전체 액체의 칩 동력소산을 결정하라.

(b) 앞서 말한 조건을 고려하는데, 냉각제로 사용된 공기의 유량이 $\dot{m}_1$ = 10^{-6} kg/s이다. c_p = 1007 J/kg·K, k = 0.0263 W/m·K이고 μ = 185 × 10^{-7} N·s/m^{2}인 물성치들을 이용하여, 출구온도와 칩의 동력소산을 결정하라.

8.88 멀티칩(multichip)배열의 칩으로부터 열을 소산하기 위한 새로운 설계는 칩들이 부착되어 있는 세라믹 기판 속에 절삭된 냉각제 채널들을 포함하고 있다. 정사각형 칩들(L_c = 5 mm)이 S_L = S_T = 20 mm의 세로피치 및 가로피치를 가지고 채널들의 바로 위에 놓여 있다. 물이 각 채널의 정사각형 단면(W = 5 mm)을 지나 u_m = 1 m/s의 평균속도로 유동하고 있으며 그 물성치들은 ρ = 1000 kg/m^3, c_p = 4180 J/kg·K, μ = 855 × 10^{-6} kg/s·m, k = 0.610 W/m·K와 P_r = 5.8로 근사적으로 취할 수 있다. 가로 방향의 대칭성으로 인해 길이 L_s와 S_T의 각각의 기판구획에 대하여 동등한 조건들이 존재한다.

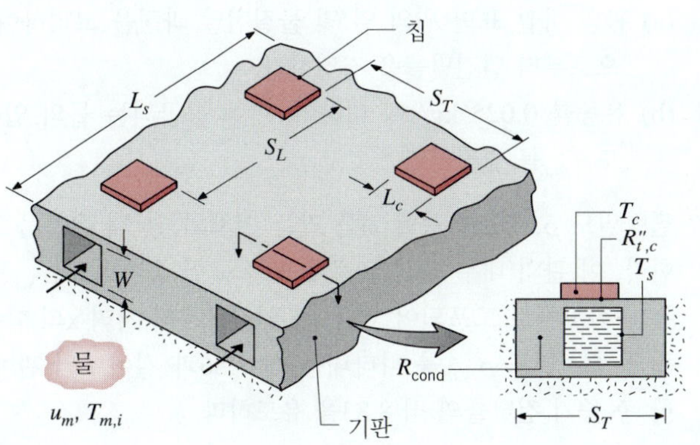

(a) 유동방향으로의 길이가 L_s = 200 mm인 기판을 고려하자. 따라서 총 N_L = 10개의 칩들이 각각의 채널 위에 정렬(in-line)되어 부착된다. 근사적으로 채널 위의 칩들에서 소산된 모든 열은 채널을 지나 흐르고 있는 물에 전달된다고 가정할 수 있다. 만약 각 칩이 5 W를 소산한다면 채널을 지나 흐르는 물의 온도상승은 얼마인가?

(b) 칩-기판 접촉저항은 $R''_{t,c}$ = 0.5 × 10^{-4} m^2·K/W이고 L_s × S_T기판부분에 대한 3차원 전도저항은 R_{cond} = 0.120 K/W이다. 만약 물이 25°C로 기판으로 들어가고 완전히 발달된 유동일 때 칩들의 온도 T_c와 기판채널 표면의 온도 T_s를 구하라.

8.89 미소크기 강제대류를 연구하기 위하여 실험이 고안되었다. $T_{m,i}$ = 300 K의 물이 벽 두께가 1 mm이고 안지름이 50 μm인 식관형 유리관에서 가열된다. T_∞ = 350 K와 V = 2 m/s의 따스한 물이 외관 표면을 가로질러 흐른다. 실험은 1 ≤ Re_D ≤ 2000의 작동영역을 다루도록 고안되어야 한다. 이때 Re_D는 내부유동에 관련된 Reynolds 수이다.

(a) 관이 최고 Reynolds 수와 관련된 열적 입구길이의 2배 길이이어야 한다는 설계기준을 만족시키는 관 길이 L을 구하라. 물의 물성치는 305 K에서 산정하라.

(b) Re_D = 2000과 관련되는 출구온도 $T_{m,o}$를 구하라. 가열수(관 위를 가로지르는 물)의 물성치는 330 K에서 산정하라.

(c) Re_D = 2000일 때 관의 입구에서 출구까지의 압력강하를 구하라.

(d) 관에서 계산된 유량과 압력강하를 기초로 하여 관 입구에서 요구되는 압력을 공급하기 위해 필요한 물기둥(300 K)의 높이와 물 0.1 L를 모으는 데 필요한 시간을 구하라. 관을 따라 흐르는 물의 출구온도 $T_{m,o}$를 어떻게 측정할 것인가에 대해 논하라.

8.90 열 및 운동량 적응계수가 각각 α_t = 0.92, α_p = 0.89인 대류열전달계수가 10% 감소하는 관 지름을 구하라. 동일한 적응계수를 이용하여 h가 10% 감소하는 채널간격 a를 구하라. 관 및 평행판 형태 모두 기체는 T = 350 K 및 대기압의 공기이다. 유동은 일정 열유속 조건에서 완전히 발달한 층류이다.

8.91 미소채널에서 액체 유량과 대류열전달률을 측정하기 위하여 실험이 고안되었다. 채널을 통한 질량유량은 채널을 통해 흐른 액체 양을 측정하고 실험 시간으로 나누어 결정된다. 출구의 유체 평균온도 역시 측정된다. 실험을 수행하는 데 필요한 시간을 최소화하기 위해(즉 질량과 온도가 정확하게 측정되기에 충분한 양의 액체를 모으기 위해) 미소채널 배열이 전형적으로 사용된다. 구리 블록에 제작된 50 μm 지름의 원형단면을 가진 미소채널 배열을 고려한다. 채널의 길이는 20 mm이고 블록은 310 K로 유지되고 있다. 각 채널의 입구와 출구에

서의 압력차가 2.5 × 10^6 Pa가 되도록 가압실로부터 채널로 입구 온도 300 K인 물이 강제대류되고 있다.

많은 미소크기 시스템에서 특성 치수들은 실험기기의 제작동안 제어되는 공차와 비슷하다. 그러므로 실험 결과를 해석할 때 가공 공차의 영향에 대한 신중한 고려가 요구된다.

(a) 구리 블록에 3개의 미소채널을 가공하는 경우를 고려하자. 채널 지름은 가공 제한조건에 의해 약간의 오차를 보여 주며 실제 지름은 각각 45 μm, 50 μm, 55 μm이다. 각 채널의 평균 출구온도에 따라 3개의 채널에서 질량유량을 계산하라.

(b) 3개 채널의 각각을 떠나는 물을 모아 한 개의 용기에 혼합할 때3개의 각 채널을 통과한 평균 유량을 계산하고 세 채널 모두로부터 수집된 물의 평균 혼합온도를 계산하라.

(c) 열정적인 실험가가 평균(50 μm)지름 채널의 성능을 분석하기 위하여 평균 유량과 평균 혼합 출구온도를 사용한다. 그리고 미소채널에서 강제대류가 일어날 때 유량 및 열전달계수가 각각 약 5%씩 증가하고 감소한다고 결론 짓는다. 실험가가 내린 결론의 타당성을 논하라.

물질전달

8.92 공기가 300 K, 유동률 3 kg/h를 가지고 그림에 보이는 것과 같이 30 mm 관을 위쪽으로 통과하고 있다. 얇은 막의 물이 또한 300 K에서 이 관의 내부 표면 위에서 아래쪽으로 서서히 하강하고 있다. 이 상황에 대하여, 대류물질전달계수를 구하라.

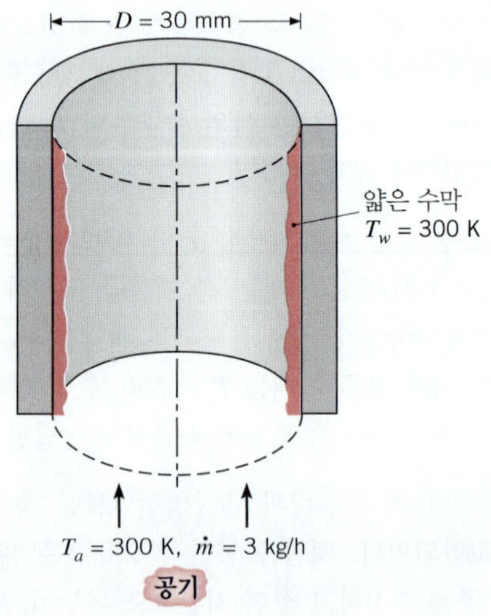

8.93 안쪽 지름이 2 mm인 매우 긴 플라스틱 관의 제작공정에서, 공기가 관 내부를 유동하게 되며 이때 Reynolds 수는 1000이다. 플라스틱 재료의 내부 층이 기화되어 완전발달된 조건하의 공기 유동에 유입된다. 공기와 플라스틱이 모두 400 K에 있고, 플라스틱 증기와 공기의 혼합물에 대한 Schmidt 수가 2.0이다. 대류물질전달계수를 구하라.

8.94 표면이 얇은 나프탈렌 층으로 코팅된 지름 50 mm의 관 내에 27°C, 0.04 kg/s의 완전발달된 대기 공기유동이 있다. 관련 대류물질전달계수는 얼마인가? 속도 및 농도의 입구길이를 각각 계산하라.

8.95 공기가 공기중에서 승화되는 0.5 m 두께의 고체(분자량 95 kg/kmol)블록에 난 구멍을 통해 강제로 통과된다. 온도 320 K, 압력 2 atm의 공기가 질량유량 3 × 10^{-4} kg/s으로 지름 10 mm의 구멍을 통해 흐른다고 하자. 고체-증기 계면에서 승화성 물질의 증기압은 10 mmHg이다. 온도 320 K, 압력 1 atm에서 증기의 공기중 확산계수는 2.5 × 10^{-5} m^2/s이다. 축방향 어떤 위치에서도 공기중에 승화된 증기가 극미량 농도만 있다고 가정하고 x = 0.1, 0.25, 그리고 0.5 m에서의 고체로부터의 국소 질량유속을 결정하라. 계산된 질량유속에 근거하여, 작동 30분 후 각각의 x 위치에서 구멍 직경을 계산하라. 고체 물질의 밀도는 1500 kg/m^3이다.

8.96 건조한 공기가 온도 35°C, 속도 10 m/s에서 얇은 벽의 지름 20 mm, 길이 200 mm를 갖는 관 위를 지나 유동하고 있다. 이 관의 외벽은 섬유질 코팅을 가지고 있으며, 코팅은 물에 포화된 상태이다.

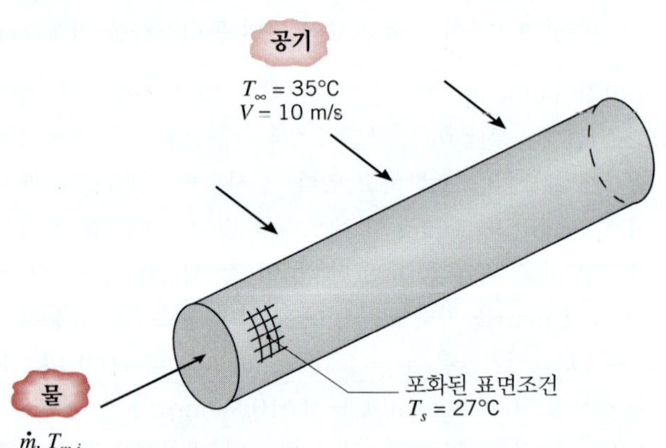

근사적으로 균일한 표면온도 27°C를 유지하기 위하여, 확정된 유동률과 온도 조건에서 물이 관을 통과한다.

(a) 관의 바깥 표면 위의 열 및 물질전달 과정을 고려하여, 관으로부터 열전달률을 결정하라.

(b) 유동률 0.025 kg/s에 대하여, 관에 공급되는 물의 입구온도 $T_{m,i}$를 결정하라.

8.97 질량밀도 ρ, 질량유동률 $\dot{m}$을 갖는 기체의 관 내 유동을 고려한다. 이 관의 내부 표면은 액체 또는 균일 증기밀도 $\rho_{A,s}$를 갖는 승화고체로 도포되어 있다. 관 입구로부터 거리 x의 함수로 평균 증기밀도 $\rho_{A,m}$를 나타내는 식 8.86과 길이 L의 관에 대한 총 증기 전달률의 식 8.83을 유도하라.

8.98 대기공기가 25°C, 3×10^{-4} kg/s에서 지름 10 mm, 길이 1 m를 갖는 원통형 관을 통해 흐르며, 관의 내면은 수막으로 젖어 있다. 관 입구에서 공기가 건조하다고 가정하고, 출구에서 물의 증기밀도를 구하라. 공기에 가해지는 증기의 공급률은 얼마인가?

8.99 가습기는 수직 관들의 다발로 이루어져 있으며, 각 관은 지름이 20 mm이고 이 관들을 통해 건조한 대기 공기가 298 K, 10^{-3} kg/s에서 완전발달된 상태의 유동을 한다. 관의 안쪽 표면은 수막으로 젖어 있다. 출구에서 수증기가 99%의 포화 상태에 도달하는 데 필요한 관 길이를 구하라. 관의 온도를 298 K에 유지하기 위해 각 관에 공급해야 할 에너지율을 구하라.

8.100 원형관의 내부 표면에 보호피막을 가하는 제작공정의 마지막 단계는 관 내에 건조한 대기 공기를 통과시켜 이 공정에 관련된 잔존액체를 제거하는 일이다. 보호피막이 형성된 안지름 50 mm, 길이 5 m의 관을 고려한다. 이 관은 온도 300 K에 유지되고 있으며, 잔존액체는 얇은 막의 형태로 존재하고 이 막의 해당 증기압은 15 mm Hg이다. 이 증기의 분자량과 확산계수는 각각 $\mathcal{M}_A = 70$ kg/kmol과 $D_{AB} = 10^{-5}$ m²/s이다. 공기는 평균속도 0.5 m/s와 온도 300 K로 관에 유입된다.

(a) 관에서 유출되는 공기의 내부 증기 분압과 질량밀도를 추정하라.

(b) 관으로부터 액체 제거율은 kg/s 단위로 얼마인가?

8.101 건조한 공기가 지름 20 mm, 길이 125 mm인 기관(trachea)을 통해 10 liter/min의 율로 흡입된다. 기관의 내부 표면은 정상 체온 37°C에 있고 물로 포화되어 있다고 가정할 수 있다.

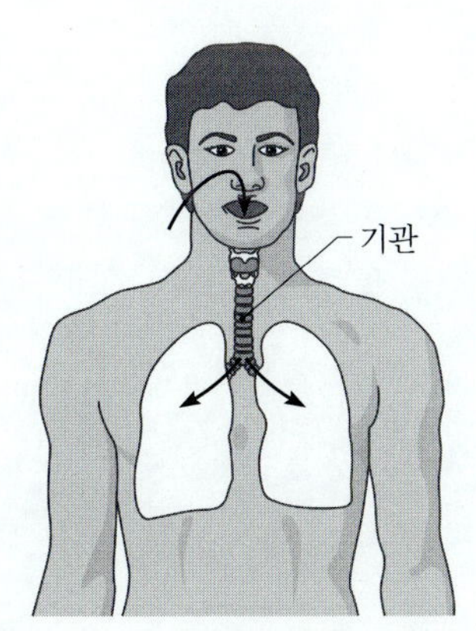

(a) 기관 안에서 정상상태, 완전발달된 유동으로 가정하고, 물질전달 대류계수를 추정하라.

(b) 기관에서 물의 기화에 관련된 1일 물 손실량(liter/day)을 추정하라.

8.102 물질전달 작업에 선행하여 기체 성분 B가 원형 단면 관로 내부를 유동하며, 이 구간의 관로는 기체유동이 층류, 완전발달된 속도분포에 도달할 수 있도록 충분히 길다. 일단 완전발달 조건에 도달된 후, 이 기체는 관 내면이 액체 막(성분 A)으로 젖어 있는 구간으로 유입된다. 이 액막은 관의 표면을 따라 균일한 증기밀도 $\rho_{A,s}$를 유지하고 있다.

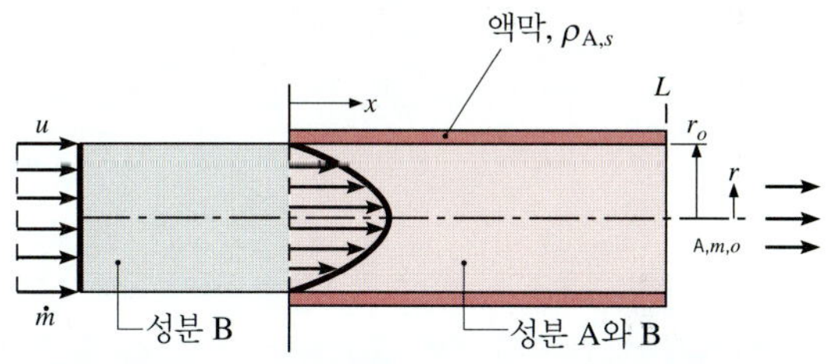

(a) $x > 0$에 대하여, 성분 A의 질량밀도 분포 $\rho_A(x, r)$를 지배하는 미분방정식과 경계조건들을 쓰라.

(b) 이 문제에 대한 열전달 상사는 무엇인가? 이 상사 관계로부터, $0 \leq x \leq L$의 영역에 걸친 물질교환에 관련된 평균 Sherwood 수의 식을 쓰라.

(c) $\pi r_o^2\, dx$의 미소체적에 대하여 성분보존의 적용으로부터 시작하고, $x = L$에서의 평균 증기밀도 $\rho_{A,m,o}$를 구하는 식(식 8.86)을 유도하라.

(d) 성분 B가 25°C, 1기압의 공기이고 액막은 또한 25°C의 물로 이루어진 조건을 고려한다. 질량유량은 $\dot{m} = 2.5 \times 10^{-4}$ kg/s이고 관의 지름은 $D = 10$ mm이다. 만일에 $L = 1$ m라 하면, 관로 출구에서 평균 증기밀도는 얼마인가?

CHAPTER 09

자유대류

Free Convection

앞장들에서는 **외부의 강제적인** 유동조건에 기인한 유체유동들에서의 대류전달을 다루었다. 예를 들면 유체의 운동이 홴이나 펌프에 의하여 일어날 수도 있고, 유체를 지나가는 고체의 추진에 기인할 수도 있다. 온도구배가 존재할 때에는 **강제대류**열전달이 일어날 것이다.

이제는 **강제**속도가 없는 경우에 유체 중에 대류유동이 존재하는 상황에 대하여 고려해 보자. 이러한 상황을 **자유대류**(free convection) 또는 **자연대류**(natural convection)라 하며, 이들은 **밀도구배**(density gradient)가 존재하는 유체에 **체적력**(body force)이 작용할 때 발생한다. 그 정미의 효과가 부력(buoyancy force)이며, 이것이 자유대류 유동을 야기한다. 대부분의 일반적인 경우에 밀도구배는 온도구배에 기인하며, 체적력은 중력장에 기인한다.

자유대류의 유동속도는 일반적으로 강제대류에 의한 것보다 훨씬 작으므로, 이에 대응하는 대류전달률도 작다. 따라서 아마 자유대류의 과정들을 덜 중요하게 생각할지도 모른다. 그러나 이러한 생각은 배제되어야 한다. 다양한 형태의 열전달 효과를 포함한 많은 시스템에서 자유대류는 열전달에 있어서 가장 큰 저항이므로 시스템의 설계나 성능에 있어서 중요한 역할을 한다. 더욱이 열전달률을 최소화하거나 작동비용을 최소로 하는 것이 요구되는 경우, 자유대류는 종종 강제대류보다 선호된다.

물론 많은 응용분야가 있다. 자유대류는 동력기기와 전자기기의 작동온도에 강하게 영향을 준다. 자유대류는 열생산 분야의 광범위한 영역에서 중요한 역할을 한다. 자유대류는 건물 안에 온도분포를 설정하고 난방, 환기와 에어컨 시스템의 열손실 또는 열부하를 결정하는 데 중요하다. 자유대류는 화재 시 연소로 인한 독극 물질을 퍼뜨리고 관련된 열전달 및 물질전달 과정뿐만 아니라 바다 및 대기의 운동까지 좌우하며 환경과학과도 밀접한 관련이 있다.

이 장에서는 부력에 의한 유동의 물리적 원리와 특성에 대해 올바르게 이해하고, 관련된 열전달 현상에 대한 계산을 수행하기 위한 방법을 알아보기로 하자.

9.1 물리적 고찰

강제대류에서는 유동이 외적인 요인에 의하여 발생되지만, 자유대류에서는 유체유동이 유체 내부의 부력에 의해 발생한다. **부력은 유체의 밀도구배와 밀도에 비례하는 체적력이 복합적으로 존재하기 때문에 발생한다**. 회전하는 유체기계에서의 원심력, 또는 대기와 해양의 회전운동들에서의 Coriolis 힘 등도 체적력이지만, 실제적으로 체적력은 보통 **중력**이다. 또한 질량밀도구배가 유체 중에 생길 수 있는 여러 방법들이 있으나, 대부분 보통의 상황에서는 온도구배의 존재에 기인한다. 기체와 액체의 밀도는 온도에 의존하며, 일반적으로(유체의 팽창 때문에) 온도가 증가할수록 감소한다($\partial\rho/\partial T < 0$).

이 교재에서는 밀도구배가 온도구배에 기인하고, 체적력이 중력일 때의 자유대류 문제에 초점을 두고 있다. 그러나 중력장에서 유체 내부에 밀도구배가 존재한다고 하여 자유대류 유동이 반드시 일어나는 것은 아니다. 그림 9.1의 조건을 생각해 보자. 한 유체가 서로 다른 온도($T_1 \neq T_2$)의 두 큰 수평판에 의하여 갇혀 있다. 경우 a에서는 아래 평판의 온도가 위 평판의 온도보다 높고 밀도는 중력 방향으로 감소한다. 온도차가 어떤 임계값보다 크면 **불안정한**(unstable) 조건이 되어 부력이 유동을 지연시키려는 점성력의 영향을 능가하게 된다. 위층에 있는 밀도가 높은 유체에 작용하는 중력이 아래층에 있는 밀도가 낮은 유체에 작용하는 중력보다 크므로 그림에 표시된 순환

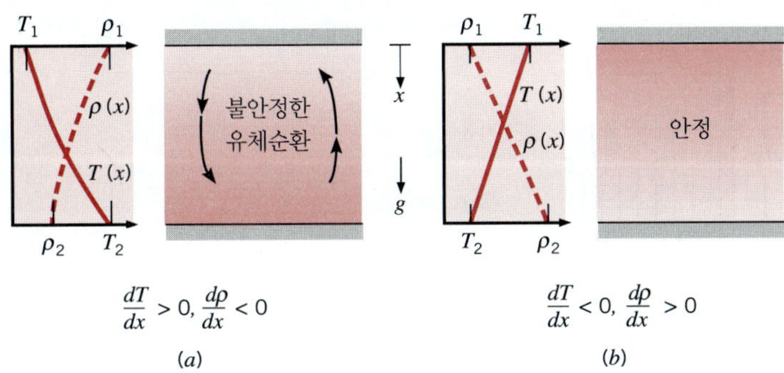

그림 9.1 상이한 온도를 가진 큰 수평평판 사이의 유체에서의 조건들. (*a*) 불안정한 온도구배. (*b*) 안정된 온도구배.

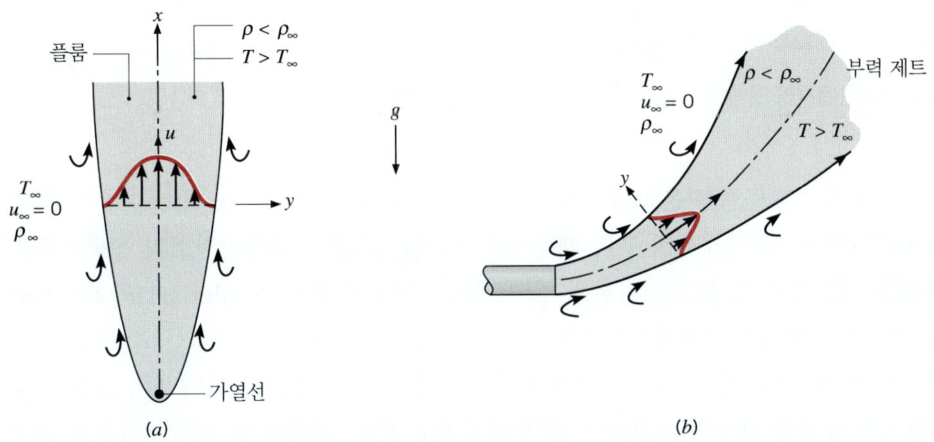

그림 9.2 광대한 정지매질 내에서의 부력에 의하여 야기되는 자유경계층 유동. (*a*) 가열된 와이어 위로 형성되는 플룸. (*b*) 가열된 배출물과 관련된 부력제트.

양식이 존재한다. 무거운 유체는 하강할 것이고, 그 과정 중에 데워지며, 한편 가벼운 유체는 위로 상승할 것이며 이동 중에 냉각된다. 그러나 이 조건들은 $T_1 > T_2$인 경우 *b*에서는 이러한 특성을 니디네지 않으며, 밀도는 중력 방향으로 더 이상 감소하지 않는다. 이 조건들은 **안정된**(stable) 조건이며, 유체의 거시적 운동은 존재하지 않는다. 경우 *a*에서는 자유대류에 의하여 아랫면에서 윗면으로 열전달이 일어나지만, 경우 *b*에서는 열전달이 (윗면에서 아랫면으로) 전도에 의해서만 일어난다.

자유대류는 유동이 어떠한 표면에 의하여 제한되는가에 따라 분류될 수 있다. 인접한 표면이 없는 경우, **자유경계 유동**(free boundary flow)은 **플룸**(plume) 또는 **부력제트**(buoyant jet, 그림 9.2)의 형태로 일어난다. 플룸은 유체 중에 잠긴 뜨거운 물체로부터 상승하는 유체와 연관된다. 그림 9.2*a*에서와 같이 **광대한 정지유체**[1] 속에 잠긴 가열된 열선을 생각해 보자. 열선에 의하여 가열된 유체는 부력에 의하여 상승하면서 동시에 정지된 영역의 유체를 유입한다. 플룸의 폭은 열선으로부터의 거리에 따라 증가하지만, 플룸 자체는 점성의 영향과 플룸에서의 유체의 냉각에 의한 부력의 감소의 결과로 결국은 소멸된다. 플룸과 부력제트의 구별은 일반적으로 초기 유체속도를 기준으로 이루어진다. 이 속도는 플룸의 경우 0이고, 부력제트의 경우는 일정값을 가진다. 그림

[1] 광대한(extensive) 매질은 원칙적으로 무한한(infinite) 매질이다. 정지유체는 운동이 없으므로 가열된 와이어로부터 멀리 떨어진 유체의 속도는 0이다.

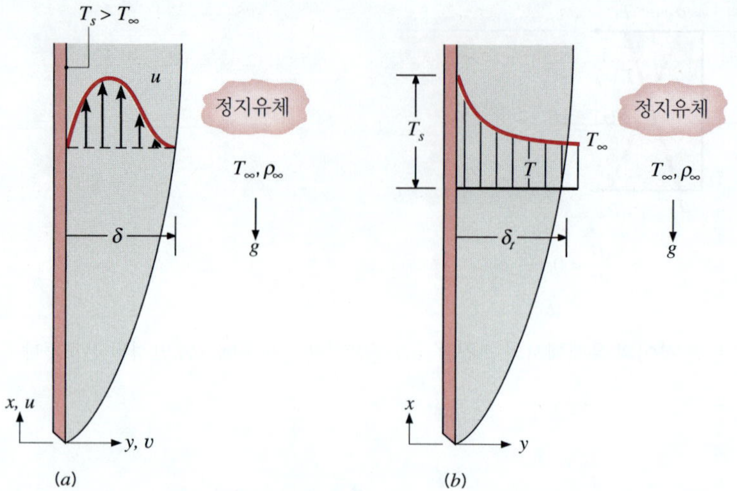

그림 9.3 가열된 수직평판에서의 경계층 전개. (*a*) 속도경계층. (*b*) 온도경계층.

9.2*b*는 뜨거운 유체가 수평제트로 저온의 정지매질로 방출되는 것을 보여 준다. 제트가 수직 방향으로의 운동을 시작한다고 가정한 것은 부력 때문이다. 이러한 조건은 중앙발전소의 응축기로부터 더운물이 찬물의 저장소로 방출되는 경우에 일어난다. 자유경계 유동은 Jaluria[1]와 Gebhart 등[2]에 의하여 상당히 자세하게 다루어졌다.

이 교재에서는 표면에 의하여 제한되는 자유대류 유동에 초점을 맞추고, 뜨거운 수직평판(그림 9.3)에서의 경계층 발달과 관련된 고전적인 예를 다루기로 한다. 평판이 광대한 정지유체 중에 잠겨 있으며, $T_s > T_\infty$이면 평판 근처의 유체의 밀도는 먼 곳에 있는 유체의 밀도보다 작다. 따라서 부력에 의하여 자연대류 경계층이 생성되는데, 경계층 내에서 평판에 의해 가열된 유체는 수직으로 상승하고 정지유체 영역에 있는 유체가 유입된다. 결과적인 속도분포는 강제대류 경계층에서의 속도분포와 다르다. 특히 $y = 0$에서뿐만 아니라 $y \rightarrow \infty$에서도 속도가 0이다. 또한 $T_s < T_\infty$이어도 자유대류 경계층이 전개된다. 그러나 이 경우에는 유체운동이 아래 방향으로 일어난다.

9.2 층류 경계층에 대한 지배방정식

자유대류에서의 운동량 및 에너지 전달을 기술하는 식은 강제대류에서와 마찬가지로 관련된 보존원리로부터 비롯된다. 더욱이 자유대류에 관련된 특정한 과정들은 강제대류를 지배하는 과정들과 대단히 유사하다. 유동대류(advection)와 확산에 의한 에너지 전달이 중요한 것과 마찬가지로 관성력과 점성력은 여전히 중요하다. 이 두 가지 유동 사이의 주요한 차이는 자유대류에서는 부력이 주된 역할을 한다는 점이다. 사실상 유동을 지속시키는 것은 이러한 힘들이다.

부력에 의하여 일어나는 층류 경계층 유동(그림 9.3)에 대하여 생각해 보자. 중력이 음의 x 방향으로 작용하는 정상 2차원 일정 물성치 조건들을 가정하자. 또한 한 가지의 예외는 있으나 유체는 비압축성이라고 가정하자. 유체의 운동을 야기하는 것이 밀도의 변화이기 때문에 이 예외는 부력에 있어서 밀도변화의 영향을 고려하는 것이다. 마지막으로 6.4.1절의 경계층 근사들이 유효하다고 가정하자.

위에서 언급한 바와 같이 단순화하면 x 방향 운동량방정식[식 (E.2)]은 체적력 X가 포함된 것을 제외하면, 경계층방정식[식 (6.28)]으로 된다. 이 힘에 대한 유일한 기여가 중력으로 이루어진다면 단위체적당 체적력은 $X = -\rho g$가 된다. 여기서 g는 중력에 의한 국소 가속도이다. 따라서 x 방향 운동량방정식의 적절한 형식은 다음과 같이 표현된다.

$$u\frac{\partial u}{\partial x} + v\frac{\partial u}{\partial y} = -\frac{1}{\rho}\frac{dp_\infty}{dx} - g + \nu\frac{\partial^2 u}{\partial y^2} \tag{9.1}$$

여기서 dp_∞/dx는 경계층 밖의 정지영역에서의 자유유동 압력구배이다. 이 영역에서 $u = 0$과 식 (9.1)을 사용하면 다음 식이 유도된다.

$$\frac{dp_\infty}{dx} = -\rho_\infty g$$

이 식을 식 (9.1)에 대입하면 다음 식을 얻는다.

$$u\frac{\partial u}{\partial x} + v\frac{\partial u}{\partial y} = g(\Delta\rho/\rho) + \nu\frac{\partial^2 u}{\partial y^2} \tag{9.2}$$

여기서 $\Delta\rho = \rho_\infty - \rho$이다. 이 식은 자유대류 경계층 내의 모든 점에 적용되어야 한다.

식 (9.2)의 우변의 첫째 항은 부력이며, 밀도 ρ가 변수이므로 유동이 일어난다. 단지 온도 변화에 의해 밀도 변화가 일어난다면, 밀도 항은 유체의 물성치인 **체적열팽창계수**(volumetric thermal expansion coefficient)와 연관이 있다.

$$\beta = -\frac{1}{\rho}\left(\frac{\partial\rho}{\partial T}\right)_p \tag{9.3}$$

유체의 이 **열역학적** 물성치는 일정 압력에서 온도의 변화에 응답하는 밀도 변화량의 척도이다. 이를 근사식으로 나타내면

$$\beta \approx -\frac{1}{\rho}\frac{\Delta\rho}{\Delta T} = -\frac{1}{\rho}\frac{\rho_\infty - \rho}{T_\infty - T}$$

이 되고, 따라서 다음과 같다.

$$(\rho_\infty - \rho) \approx \rho\beta(T - T_\infty)$$

식 (9.2)에 대입하면 x 방향 운동량방정식은 다음과 같이 된다.

$$u\frac{\partial u}{\partial x} + v\frac{\partial u}{\partial y} = g\beta(T - T_\infty) + \nu\frac{\partial^2 u}{\partial y^2} \tag{9.4}$$

여기서 유동을 일으키는 부력이 어떻게 온도차와 연관되는지를 명백히 알 수 있다.

부력의 영향들이 운동량방정식 (9.4)에 한정되기 때문에 질량 및 에너지보존 방정식들은 강제대류의 경우와 다르지 않다. 따라서 식 (6.27)와 (6.29)을 이용하면 완전하게 문제를 공식화할 수 있다. 그러면 지배방정식은 다음과 같다.

$$\frac{\partial u}{\partial x} + \frac{\partial v}{\partial y} = 0 \tag{9.5}$$

$$u\frac{\partial T}{\partial x} + v\frac{\partial T}{\partial y} = \alpha\frac{\partial^2 T}{\partial y^2} \tag{9.6}$$

에너지방정식 (9.6)에서 점성소산을 무시했는데, 이는 자유대류에 관련된 작은 속도에 대하여 확실히 합리적인 가정이다. 수학적으로 식 (9.4)에서의 부력 항의 존재로 인해 다루기가 어렵다. 식 (9.4)와 식 (9.5)로 주어진 유체역학적인 문제는 식 (9.6)로 주어지는 열적인 문제와 관련되지 않을 수 없으며, 열적 문제를 제외하고는 풀 수 없다. 운동량방정식의 해는 T를 알아야 구할 수 있으므로, 에너지방정식의 해에 의존하게 된다. 따라서 식 (9.4)부터 식 (9.6)까지는 강하게 연계되어 있으므로 동시에 풀어야 한다.

식 (9.4)에서 알 수 있듯이, 유체의 체적열팽창계수, β는 자유대류에서 유체의 운동을 유발하는 직접적인 역할을 한다. $\rho = p/RT$인 이상기체일 때 식 (9.3)으로부터 체적열팽창계수는 다음과 같이 단순화될 수 있다.

$$\beta = -\frac{1}{\rho}\left(\frac{\partial \rho}{\partial T}\right)_p = \frac{1}{\rho}\frac{p}{RT^2} = \frac{1}{T} \tag{9.7}$$

여기서 T는 절대온도이다. β는 액체나 실제 기체에 대해서는 적절한 물성치표(부록 A)로부터 구해야 한다.

9.3 상사성 고찰

자유대류의 유동과 열전달을 지배하는 무차원 매개변수들에 대하여 고찰하자. 강제대류(6장)에서와 마찬가지로 지배방정식을 무차원화함으로써 이 매개변수들을 얻을 수 있다. 다음의 무차원 매개변수를 정의한다.

$$x^* \equiv \frac{x}{L} \qquad y^* \equiv \frac{y}{L}$$

$$u^* \equiv \frac{u}{u_0} \qquad v^* \equiv \frac{v}{u_0} \qquad T^* \equiv \frac{T - T_\infty}{T_s - T_\infty}$$

여기서 L은 특성길이이며, u_0는 임의의 기준속도이다.[2] 이 무차원 변수들을 x 방향 운동량방정식과 에너지방정식[식 (9.4)과 (9.6)]에 도입하면, 이 식들은 다음과 같이 된다.

$$u^*\frac{\partial u^*}{\partial x^*} + v^*\frac{\partial u^*}{\partial y^*} = \frac{g\beta(T_s - T_\infty)L}{u_0^2}T^* + \frac{1}{Re_L}\frac{\partial^2 u^*}{\partial y^{*2}} \tag{9.8}$$

$$u^*\frac{\partial T^*}{\partial x^*} + v^*\frac{\partial T^*}{\partial y^*} = \frac{1}{Re_L\,Pr}\frac{\partial^2 T^*}{\partial y^{*2}} \tag{9.9}$$

식 (9.8)의 우변의 첫째 항에 나타난 무차원 매개변수는 부력의 직접적인 결과이다. 기준속

[2] 자유대류에서 자유흐름 조건은 정지해 있으므로, 강제대류에서와 같은 논리적인 외부 기준속도(V 또는 u_∞)는 없다.

도 u_0가 임의속도이기 때문에 방정식의 형태가 단순하게 되도록 선택할 수 있다. T^*에 곱하여진 항이 1이 되도록 $u_0^2 = g\beta(T_s - T_\infty)L$을 선택하는 것이 편리하다. 그러면 $Re_L = [g\beta(T_s - T_\infty)L^3/\nu^2]^{1/2}$이 된다. **Grashof 수** Gr_L을 이 Reynolds 수의 제곱으로 정의하는 것이 관례이다.

$$Gr_L \equiv \frac{g\beta(T_s - T_\infty)L^3}{\nu^2} \tag{9.10}$$

결과적으로 식 (9.8)과 식 (9.9)에 있는 Re_L은 $Gr_L^{1/2}$로 대체할 수 있는데, Grashof 수(좀 더 정확히는 $Gr_L^{1/2}$)는 자연대류에서 강제대류의 Reynolds 수와 동일한 역할을 한다. 즉, Reynolds 수는 점성력에 대한 **관성력**의 비를 나타내는 척도이고, Grashof는 점성력에 대한 **부력**의 비를 나타내는 척도이다. 따라서, 자유대류에 대한 열전달 상관식을 다음과 같이 나타낼 수 있다.

$$\overline{Nu}_L = f(Gr_L, Pr) \tag{9.11}$$

무중력 상태를 제외하면 모든 강제대류열전달 현상에는 관성 및 부력이 존재한다. 이와 비슷하게, 만일 자유흐름의 속도, u_∞가 0이 아닌 경우, 그림 9.3의 경계층에 부력 및 관성력이 나타난다. 그림 9.3에서 $u_\infty \neq 0$인 경우 u_∞를 특성속도로 선택하면 결국 $u^*(y^* \to \infty) \to 1$이 되기 때문에 편리하다. 식 (9.8)의 T^*항에 Gr_L/Re_L^2을 곱하면 결과적으로 Nusselt 수는 다음과 같은 형태로 나타낼 수 있다.

$$\overline{Nu}_L = f(Re_L, Gr_L, Pr) \tag{9.12}$$

일반적으로, 유체의 운동은 주로 관성력, 부력 그리고 관성력과 부력의 혼합된 힘에 의해 야기된다. 지배적인 효과는 관성력에 대한 부력의 비를 나타내는 척도인 Gr_L/Re_L^2의 값에 의해 결정된다. 표 9.1에 다양한 대류현상이 요약되어 있다. 6장에서 8장 사이에서는 암시적으로 부등식 $Gr_L/Re_L^2 \ll 1$이 항상 만족된다고 가정하였음을 상기하자. 하지만 9.1절에서 9.8절 사이에서는 $Gr_L/Re_L^2 \gg 1$라고 가정할 것이다. 복합(혼합) 자유 및 강제대류에 대한 논의는 9.9절에 나와 있다.

9.4 수직면에서의 층류 자유대류

층류 자유대류 경계층방정식에 대하여 많은 해가 얻어졌으며, 그중에서 많은 관심을 받는 특수한

표 9.1 자연, 강제 그리고 복합대류 현상과 각 현상에 대한 상관식 형태

현상	관성력에 대한 부력의 비	상관식 형태	
강제대류	$Gr_L/Re_L^2 \ll 1$	$\overline{Nu}_L = f(Re_L, Pr)$	(6.50)
자연대류	$Gr_L/Re_L^2 \gg 1$	$\overline{Nu}_L = f(Gr_L, Pr)$	(9.11)
복합대류	$Gr_L/Re_L^2 \approx 1$	$\overline{Nu}_L = f(Re_L, Gr_L, Pr)$	(9.12)

경우는 광대한 정지매질 내에서의 등온수직면으로부터의 자유대류와 관련된 것이다(그림 9.3). 이러한 기하학적 조건에서 식 (9.4)부터 (9.6)까지는 다음 형태의 경계조건을 만족시키도록 풀어야 한다.[3]

$$y = 0: \quad u = v = 0 \quad T = T_s$$
$$y \to \infty: \quad u \to 0 \quad T \to T_\infty$$

앞에서의 문제에 대한 상사해는 Ostrach[3]에 의하여 구해졌다. 이 해는 다음 형식의 **상사 매개변수**(similarity parameter)를 도입하여 변수를 변환하는 것과 관련된다.

$$\eta \equiv \frac{y}{x}\left(\frac{Gr_x}{4}\right)^{1/4} \tag{9.13}$$

그리고 속도성분들을 다음과 같이 정의하는 유동함수(stream function)로 나타낸다.

$$\psi(x, y) \equiv f(\eta)\left[4\nu\left(\frac{Gr_x}{4}\right)^{1/4}\right] \tag{9.14}$$

앞의 유동함수의 정의로부터 x 방향 속도성분은 다음과 같이 표시된다.

$$\begin{aligned} u &= \frac{\partial\psi}{\partial y} = \frac{\partial\psi}{\partial\eta}\frac{\partial\eta}{\partial y} = 4\nu\left(\frac{Gr_x}{4}\right)^{1/4} f'(\eta)\frac{1}{x}\left(\frac{Gr_x}{4}\right)^{1/4} \\ &= \frac{2\nu}{x}Gr_x^{1/2}f'(\eta) \end{aligned} \tag{9.15}$$

여기서 프라임(prime) 기호가 붙은 양은 η에 대한 미분을 의미한다. 따라서 $f'(\eta) \equiv df/d\eta$이다. 같은 방법으로 y 방향 속도성분 $v = -\partial\psi/\partial x$로 나타내고, 다음의 무차원 온도를 도입하면

$$T^* \equiv \frac{T - T_\infty}{T_s - T_\infty} \tag{9.16}$$

세 개의 원래 편미분방정식들[식 (9.4)부터 식 (9.6)까지]은 다음 형태의 두 개의 상미분방정식으로 변환된다.

$$f''' + 3ff'' - 2(f')^2 + T^* = 0 \tag{9.17}$$

$$T^{*\prime\prime} + 3Pr\,f\,T^{*\prime} = 0 \tag{9.18}$$

여기서 f와 T^*는 h만의 함수이며, 2중 또는 3중 프라임 부호는 각각 η에 관한 2차 및 3차 미분을 뜻한다. f는 속도경계층에서의 중요한 종속변수이며, 연속 방정식 (9.5)는 유동함수를 도입함으로써 자동적으로 충족된다는 점에 유의하라.

운동량방정식과 에너지방정식 (9.17)과 (9.18)을 풀기 위하여 필요한 변환된 경계조건들은 다음과 같다.

---

[3] 식 (9.4)~(9.6)을 사용할 때는 경계층 근사를 가정한다. 그러나 이 근사는 $(Gr_xPr) \gtrsim 10^4$인 경우에만 타당하다. 이 값 보다 작은 범위(선단에 가까운 부근)에서는 경계층 두께가 특성길이 x에 비해 너무 크기 때문에 근사의 타당성이 보장되지 않는다.

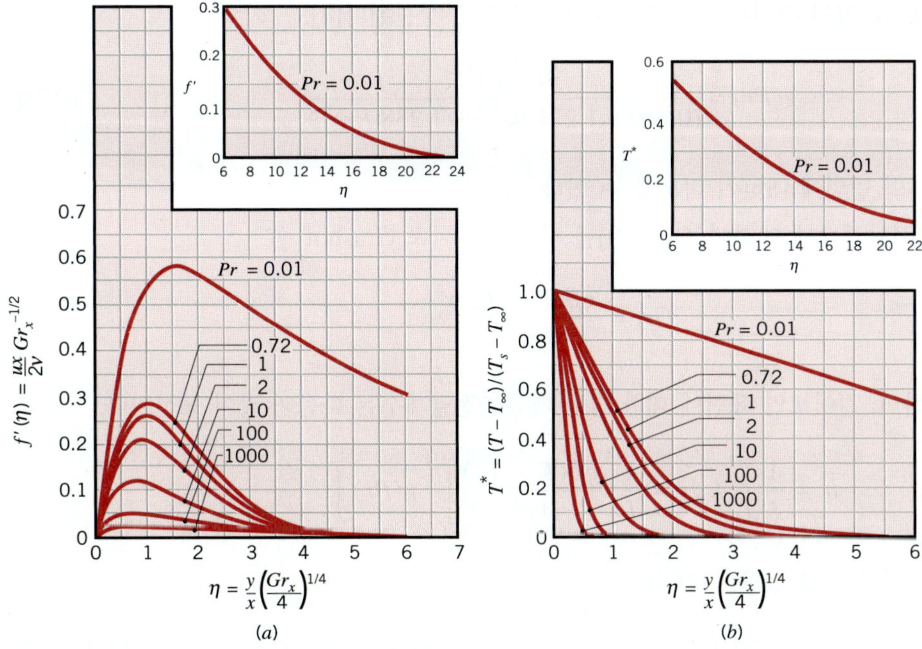

그림 9.4 등온수직면에서의 층류 자유대류 경계층 조건들. (*a*) 속도분포. (*b*) 온도분포[3].

$$\eta = 0: \quad f = f' = 0 \quad T^* = 1$$
$$\eta \to \infty: \quad f' \to 0 \quad T^* \to 0$$

수치해는 Ostrach[3]에 의해 구해졌으며, 대표적인 결과를 그림 9.4에 나타내었다. x 속도성분 u와 임의의 x, y 지점에서의 온도 T는 그림 9.4*a*와 9.4*b*로부터 각각 구할 수 있다.

그림 9.4*b*는 또한 적절한 형태의 열전달 상관식을 추론하는 데 이용할 수 있다. 국소 대류계수 h에 Newton의 냉각법칙을 적용하면, 국소 Nusselt 수는 다음과 같이 표시할 수 있다.

$$Nu_x = \frac{hx}{k} = \frac{[q_s''/(T_s - T_\infty)]x}{k}$$

q_s''을 얻기 위하여 Fourier 법칙을 사용하고 표면에서의 온도구배를 식 (9.13)으로 표현된 h와 식 (9.16)으로 정의된 T^*로 나타내면 다음과 같다.

$$q_s'' = -k\left.\frac{\partial T}{\partial y}\right|_{y=0} = -\frac{k}{x}(T_s - T_\infty)\left(\frac{Gr_x}{4}\right)^{1/4}\left.\frac{dT^*}{d\eta}\right|_{\eta=0}$$

따라서 다음과 같다.

$$Nu_x = \frac{hx}{k} = -\left(\frac{Gr_x}{4}\right)^{1/4}\left.\frac{dT^*}{d\eta}\right|_{\eta=0} = \left(\frac{Gr_x}{4}\right)^{1/4} g(Pr) \tag{9.19}$$

위 식에서, 표면에서의 무차원 온도구배는 Prandtl 수의 함수 $g(Pr)$로 주어짐을 알 수 있다. 이 의존성은 그림 9.4*b*로부터 명확히 알 수 있으며, 선택된 Pr 값들에 대하여 수치적으로 구해져 있다

[3]. 그 결과는 0.5% 범위 내에서 다음 형식의 보간식으로 상관된다[4].

$$g(Pr) = \frac{0.75\, Pr^{1/2}}{(0.609 + 1.221\, Pr^{1/2} + 1.238\, Pr)^{1/4}} \tag{9.20}$$

이는 $0 \le Pr \le \infty$의 범위에 대하여 적용할 수 있다.

국소 대류열전달계수에 대하여 식 (9.19)를 사용하고 국소 Grashof 수

$$Gr_x = \frac{g\beta(T_s - T_\infty)x^3}{\nu^2}$$

에 대하여 대입하면, 길이 L인 표면에 대한 평균 대류열전달계수는 다음과 같이 표현된다.

$$\bar{h} = \frac{1}{L}\int_0^L h\,dx = \frac{k}{L}\left[\frac{g\beta(T_s - T_\infty)}{4\nu^2}\right]^{1/4} g(Pr)\int_0^L \frac{dx}{x^{1/4}}$$

적분을 수행하면 다음 식을 얻을 수 있다.

$$\overline{Nu}_L = \frac{\bar{h}L}{k} = \frac{4}{3}\left(\frac{Gr_L}{4}\right)^{1/4} g(Pr) \tag{9.21}$$

또는 식 (9.19)에 $x = L$을 대입하면 다음과 같이 된다.

$$\overline{Nu}_L = \tfrac{4}{3} Nu_L \tag{9.22}$$

앞에서의 결과는 $T_s > T_\infty$ 또는 $T_s < T_\infty$에 상관없이 적용될 수 있다. $T_s < T_\infty$이면 그림 9.3에서의 결과들이 반대로 된다. 선단은 평판의 상단이 되며, 양의 방향이 중력의 방향으로 정의된다.

9.5 난류의 영향

자유대류 경계층은 층류에만 국한되지 않는다는 것을 기억하고 있어야 한다. 강제대류에서와 같이 **유체역학적 불안정성**(hydrodynamic instability)이 또한 일어난다. 즉 유동에서의 교란들이 증폭되어 층류로부터 난류유동으로의 천이를 이끈다. 이 과정이 가열된 수직평판에 대하여 그림 9.5에 도식적으로 표시되어 있다.

자유대류 경계층에서의 천이는 유체에서의 부력과 점성력의 상대적인 크기에 따라 좌우된다. 이 천이의 발생에 대하여 통례적으로 **Rayleigh 수**로 상관하여 나타내는데, Rayleigh 수는 단순히 Grashof 수와 Prandtl 수의 곱이다. 수직평판에 대한 임계 Rayleigh 수는 다음과 같다.

$$Ra_{x,c} = Gr_{x,c}\, Pr = \frac{g\beta(T_s - T_\infty)x^3}{\nu\alpha} \approx 10^9 \tag{9.23}$$

안정성과 천이의 영향에 대하여 광범위한 검토가 Gebhart 등[2]에 의하여 이루어졌다.

강제대류에서와 마찬가지로 난류로의 천이는 열전달에 큰 영향을 미친다. 따라서 앞 절에서

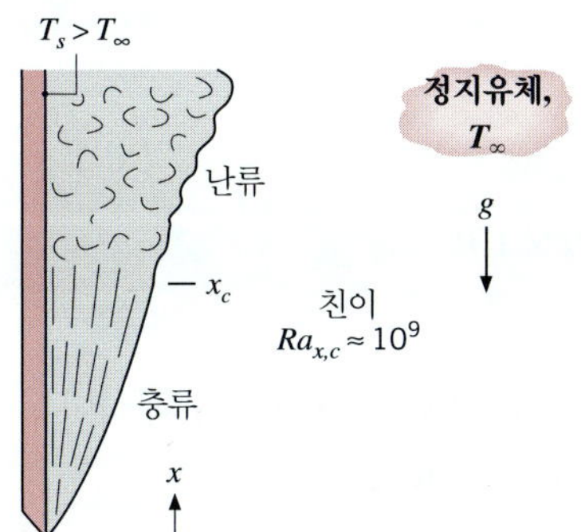

그림 9.5 수직평판에서의 자유대류 경계층 천이.

의 결과는 $Ra_L \lesssim 10^9$일 때에만 적용된다. 난류유동에 대한 적절한 상관식을 얻으려면 실험결과에 크게 의존하여야 한다.

예제 9.1

길이가 0.25 m이고, 온도가 70°C인 수직평판을 고려하자. 이 수직평판은 온도가 25°C인 공기 중에 매달려 있다. 공기가 정지해 있을 때, 이 평판의 뒤쪽 끝단에서의 경계층 두께를 구하라. 이 두께를 공기가 평판에 따라서 자유유동 속도 5 m/s로 흐를 때의 경계층 두께와 비교하면 어떻게 되는가?

풀이

제시자료: 저온인 정지공기 속의 수직평판.

풀이대상: 뒤쪽 끝단에서의 경계층 두께, 5 m/s의 공기속도에 해당하는 경계층 두께와의 비교.

개략도:

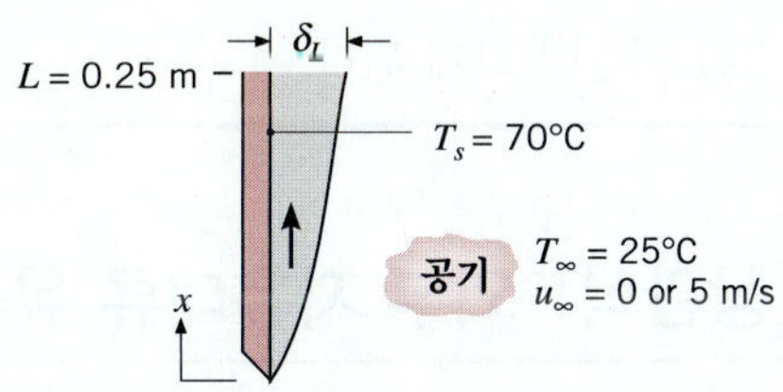

가정:

1. 이상기체.
2. 일정 물성치들.

물성치: 표 A.4에서 공기($T_f = 320.5$ K): $\nu = 17.95 \times 10^{-6}$ m²/s, $Pr = 0.7$, $\beta = T_f^{-1} = 3.12 \times 10^{-3}$ K⁻¹.

해석: 식 (9.10)에서 다음을 얻을 수 있다.

$$Gr_L = \frac{g\beta(T_s - T_\infty)L^3}{\nu^2}$$

$$= \frac{9.8\ \text{m/s}^2 \times (3.12 \times 10^{-3}\ \text{K}^{-1})(70 - 25)°\text{C}(0.25\ \text{m})^3}{(17.95 \times 10^{-6}\ \text{m}^2/\text{s})^2} = 6.69 \times 10^7$$

그러므로 $Ra_L = Gr_L\ Pr = 4.68 \times 10^7$이며, 식 (9.23)으로부터 이 자유유동 경계층은 층류이다. 따라서 9.4절의 해석이 적용될 수 있다. 그림 9.4a의 결과들로부터 $Pr = 0.7$일 때 경계층의 가장자리, 즉 $y \approx \delta$에서 $\eta \approx 6.0$이다. 따라서

$$\delta_L \approx \frac{6L}{(Gr_L/4)^{1/4}} = \frac{6(0.25\ \text{m})}{(1.67 \times 10^7)^{1/4}} = 0.024\ \text{m} \quad \triangleleft$$

그림 9.4a를 보면 최대속도는 $f'(\eta) \approx 0.28$에 해당하고 그 속도는

$$u = \frac{2\nu f'(\eta) Gr_L^{1/2}}{L} \approx \frac{2 \times 17.95 \times 10^{-6}\ \text{m}^2/\text{s} \times 0.28 \times (6.69 \times 10^7)^{1/2}}{0.25\ \text{m}} = 0.33\ \text{m/s} \quad \triangleleft$$

$u_\infty = 5$ m/s의 공기유동의 경우

$$Re_L = \frac{u_\infty L}{\nu} = \frac{(5\ \text{m/s}) \times 0.25\ \text{m}}{17.95 \times 10^{-6}\ \text{m}^2/\text{s}} = 6.97 \times 10^4$$

그리고 $Gr_L/Re_L^2 = 6.69 \times 10^7/(6.97 \times 10^4)^2 = 0.014 \ll 1$이므로 7장의 결과를 활용한 해석이 적용될 수 있다. $Re_L < 5 \times 10^5$이기 때문에 경계층은 층류이며, 식 (7.19)로부터 아래와 같이 경계층두께를 구할 수 있다.

$$\delta_L \approx \frac{5L}{Re_L^{1/2}} = \frac{5(0.25\ \text{m})}{(6.97 \times 10^4)^{1/2}} = 0.0047\ \text{m} \quad \triangleleft$$

부가설명:

일반적으로 강제대류에 비해 자유대류의 경계층 내의 속도는 작고, 이로 인해 경계층은 두껍다. 그 결과 자유대류 경계층은 전형적으로 강제대류 경계층에 비해 열전달 저항이 크게 된다.

9.6 실험적 상관식: 외부 자유대류 유동

앞 절에서는 가열된 수직평판 근처에서의 층류 경계층 성장과 관련된 자유대류와 층류에서 난류로의 천이에 대해 기술하였다. 그 과정에서 Grashof 수 Gr 및 Rayleigh 수 Ra가 소개되었는데, 이 무차원수들은 층류 및 난류 유동조건 및 평판 이외의 기하학적 형태에서 자유대류의 경험적인 상관관계식에서도 나타난다.

이 절에서는 흔히 볼 수 있는바 **유체에 잠긴**(외부유동) 형상들에 대하여 개발된 적절한 실험적 상관식을 요약한다. 이 상관식들은 대부분의 공학적 계산에 적합하며, 일반적으로 다음의 형태로 주어진다.

$$\overline{Nu}_L = \frac{\bar{h}L}{k} = C\,Ra_L^n \tag{9.24}$$

여기서 Rayleigh 수는 다음과 같다.

$$Ra_L = Gr_L\,Pr = \frac{g\beta(T_s - T_\infty)L^3}{\nu\alpha} \tag{9.25}$$

이 수는 그 형상의 특성길이 L을 기준으로 한 것이다. 일반적으로 층류유동과 난류유동에 대하여 각각 $n = \frac{1}{4}$과 $\frac{1}{3}$이다. 난류유동에 대하여 $\bar{h}_L$는 L과 무관하다. 모든 물성치들은 막온도(film temperature) $T_f \equiv (T_s + T_\infty)/2$에서 주어진다는 데 유의하라.

9.6.1 수직평판

식 (9.24)로 주어진 형식은 수직평판에 대하여 개발되었다[5~7]. 층류($10^4 \lesssim Ra_L \lesssim 10^9$)에서 $C = 0.59$ 및 $n = 1/4$이고, 층류와 난류가 혼합된 유동($10^9 \lesssim Ra_L \lesssim 10^{13}$)에서 $C = 0.10$ 및 $n = 1/3$이다. **전체** 영역의 Ra_L에 대하여 적용할 수 있는 상관식이 Churchill과 Chu[8]에 의하여 제시되었으며, 다음과 같은 형태를 가진다.

$$\overline{Nu}_L = \left\{0.825 + \frac{0.387\,Ra_L^{1/6}}{[1 + (0.492/Pr)^{9/16}]^{8/27}}\right\}^2 \tag{9.26}$$

여기에서 L은 평판의 길이를 나타낸다. 식 (9.26)은 대부분의 공학적 계산에 적당하지만, 층류유동에 대해서는 다음 식을 이용하면 보다 나은 정확도를 얻을 수 있다[8].

$$\overline{Nu}_L = 0.68 + \frac{0.670\,Ra_L^{1/4}}{[1 + (0.492/Pr)^{9/16}]^{4/9}} \qquad Ra_L \lesssim 10^9 \tag{9.27}$$

Rayleigh 수가 적당한 크기일 때 식 (9.26)과 (9.27)의 오른쪽 두 번째 항이 우세하여 상관식은 상수 C가 Pr의 함수로 대치된 것을 제외하면 식 (9.24)와 같은 형태가 된다. 그러면 식 (9.27)은 식 (9.21)과 (9.20)에 주어진 해석해와 양적으로 매우 잘 일치하게 된다. 반면에 Rayleigh 수가 작을 때 식 (9.26)과 (9.27)의 오른쪽 첫 번째 항이 우세하고 두 식은 $0.825^2 \approx 0.68$이기 때문에 같은 작용을 한다. 식 (9.26)과 (9.27)의 앞의 상수 항은 작은 Rayleigh 수인 경우 경계층 가정이 무효하며 평판과 평행한 전도가 중요함을 설명한다.

앞에서의 결과들은 등온평판(일정 T_s)에 대하여 얻어진 것임에 유의해야 한다. 대신에 표면조건이 균일한 열유속(일정 q_s'')이면, 온도차($T_s - T_\infty$)는 선단에서 0의 값에서부터 증가하면서 x에 따라 변화할 것이다. 이 변화에 대한 근사적 방법은 $\overline{Nu}_L$과 Ra_L을 평판의 중간지점에서의 온도차 $\Delta T_{L/2} = T_s(L/2) - T_\infty$를 사용하여 정의하면, 등온평판에 대하여 구해진 $\overline{Nu}_L$ 상관식을 여전히 훌륭한 근사로 이용할 수 있다는 결과들[8, 9]에 근거하여 구할 수 있다. 따라서 $\bar{h} \equiv q_s''/\Delta T_{L/2}$와 함께 식 (9.27)과 같은 상관식을 이용하여 $\Delta T_{L/2}$를 구하고(예를 들면 시행착오 방법 사용), 이로부터 중간지점 표면온도 $T_s(L/2)$를 결정할 수 있다. 평판 전체에 걸쳐서 $Nu_x \propto Ra_x^{1/4}$이라고 가정하면

$$\frac{q_s''x}{k\Delta T} \propto \Delta T^{1/4}\, x^{3/4}$$

또는

$$\Delta T \propto x^{1/5}$$

이 된다. 따라서 임의의 x에서의 온도차는 다음과 같이 표시된다.

$$\Delta T_x \approx \frac{x^{1/5}}{(L/2)^{1/5}} \Delta T_{L/2} = 1.15\left(\frac{x}{L}\right)^{1/5} \Delta T_{L/2} \tag{9.28}$$

일정한 열유속의 결과에 대한 더 자세한 검토는 Churchill[10]에 의하여 이루어졌다.

앞에서의 결과들은 경계층 두께 δ가 원통지름 D보다 훨씬 작으면 높이 L인 **수직** 원통에도 적용될 수 있다. 이러한 조건은 다음의 경우에 충족된다고 알려져 있다[11].

$$\frac{D}{L} \gtrsim \frac{35}{Gr_L^{1/4}}$$

Cebeci[12], Minkowycz와 Sparrow[13]는 위의 조건을 만족시키지 못하는 가느다란 수직원통에 대한 결과를 제시하였다. 이때는 가로 방향의 만곡이 경계층 발달에 영향을 미쳐 열전달률을 증가시킨다.

예제 9.2

방 안의 공기가 굴뚝을 통하여 빠져나가는 것을 줄이기 위하여 사용하는 유리창문 방화 스크린의 높이가 0.71 m이며, 폭이 1.02 m이고 온도가 232°C에 이른다. 방 안의 온도가 23°C일 때, 화로로부터 방으로의 대류열전달률을 구하라.

풀이

제시자료: 유리 스크린이 화로의 입구에 놓여 있다.

풀이대상: 스크린과 방 안의 공기 사이의 대류에 의한 열전달.

개략도:

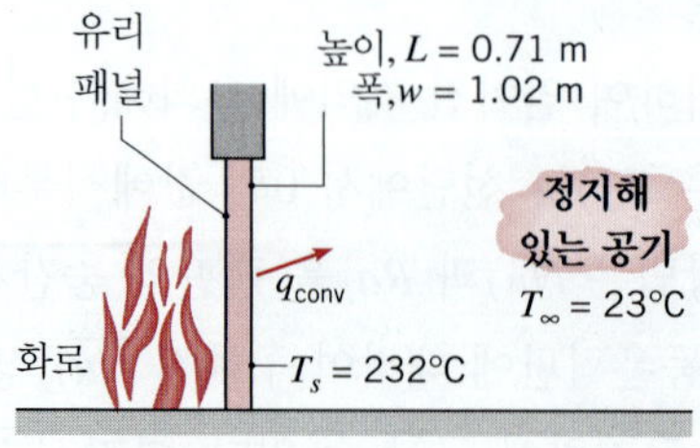

가정:

1. 스크린은 균일한 온도 T_s에 놓여 있다.
2. 방 안의 공기는 정지해 있다.
3. 이상기체.
4. 일정 물성치들.

물성치: 표 A.4에서 공기(T_f = 400 K): $k = 33.8 \times 10^{-3}$ W/m·K, $\nu = 26.4 \times 10^{-6}$ m^2/s, $\alpha = 38.3 \times 10^{-6}$ m^2/s, $Pr = 0.690$, $\beta = (1/T_f) = 0.0025$ K^{-1}.

해석: 패널로부터 방으로의 자유대류에 의한 열전달률은 Newton의 냉각법칙으로 주어진다.

$$q = \bar{h}A_s(T_s - T_\infty)$$

여기서 $\bar{h}$는 Rayleigh 수로부터 구할 수 있다. 식 (9.25)를 이용하면

$$Ra_L = \frac{g\beta(T_s - T_\infty)L^3}{\alpha\nu}$$

$$= \frac{9.8 \text{ m/s}^2 \times 0.0025 \text{ K}^{-1} \times (232 - 23)°\text{C} \times (0.71 \text{ m})^3}{38.3 \times 10^{-6} \text{ m}^2/\text{s} \times 26.4 \times 10^{-6} \text{ m}^2/\text{s}} = 1.813 \times 10^9$$

이 되고, 식 (9.23)으로부터 난류로의 천이가 패널에서 일어남을 알 수 있다. 그러므로 적합한 상관식은 식 (9.26)으로 주어진다.

$$\overline{Nu}_L = \left\{0.825 + \frac{0.387\, Ra_L^{1/6}}{[1 + (0.492/Pr)^{9/16}]^{8/27}}\right\}^2$$

$$\overline{Nu}_L = \left\{0.825 + \frac{0.387(1.813 \times 10^9)^{1/6}}{[1 + (0.492/0.690)^{9/16}]^{8/27}}\right\}^2 = 147$$

따라서

$$\bar{h} = \frac{\overline{Nu}_L \cdot k}{L} = \frac{147 \times 33.8 \times 10^{-3} \text{ W/m} \cdot \text{K}}{0.71 \text{ m}} = 7.0 \text{ W/m}^2 \cdot \text{K}$$

이고, 다음과 같다.

$$q = 7.0 \text{ W/m}^2 \cdot \text{K}(1.02 \times 0.71) \text{ m}^2(232 - 23)°\text{C} = 1060 \text{ W}$$ ◁

부가설명:

1. 복사 열전달의 영향이 종종 자유대류에 비하여 상대적으로 중요하다. 식 (1.7)을 사용하고 유리면에 대하여 $\varepsilon = 1.0$, $T_{sur} = 23°$C로 가정하면, 유리와 주변 사이의 복사 열전달의 정미율은 다음과 같다.

$$q_{rad} = \varepsilon A_s \sigma(T_s^4 - T_{sur}^4)$$

$$q_{rad} = 1(1.02 \times 0.71)\text{m}^2 \times 5.67 \times 10^{-8} \text{ W/m}^2 \cdot \text{K}^4(505^4 - 296^4)\text{K}^4$$

$$q_{rad} = 2355 \text{ W}$$

따라서 이 경우에는 복사 열전달이 자유대류보다 2배 이상 크다.

2. 유리로부터의 열전달에서 복사와 자유대류의 영향은 그 온도에 크게 의존한다. 복사에 대하여 $q \propto T_s^4$ 그리고 자유대류에 대하여 $q \propto T_s^n$(여기서 $1.25 < n < 1.33$)이므로 우리는 온도의 증가가 복사의 상대적 영향 증가로 나타나리라고 예견한다. 이 거동은 $50 \le T_s \le 250°C$에 대하여 온도의 함수로서 열전달률을 계산하고 그려 보면 알 수 있다.

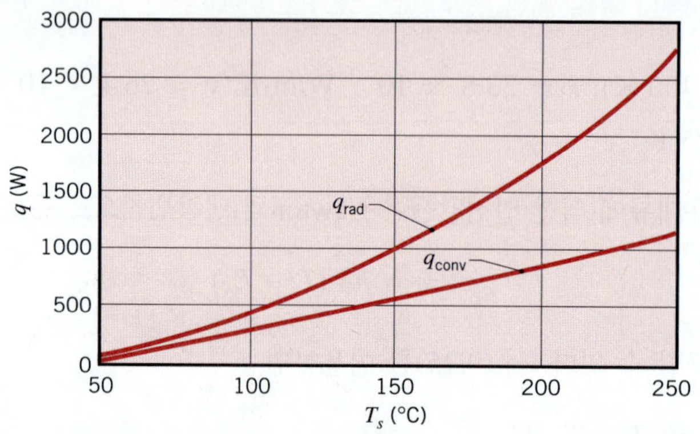

앞의 자유대류 결과를 생성하는 데 사용된 T_s의 각각의 값에 대하여 공기 물성치들은 T_f의 해당하는 값에서 결정되었다.

9.6.2 경사진 판 및 수평판

주위 유체에 대하여 상대적으로 가열(또는 냉각)된 수직평판에 대해서는 평판이 중력벡터와 일직선 상에 놓여 있어서 부력이 유체운동을 단지 수직상향(또는 수직하향)으로 흐르도록 한다. 그러나 평판이 중력에 대하여 경사져 있으면, 부력은 평판의 표면에 평행한 성분뿐만 아니라 법선 방향의 성분도 가지게 된다. 표면에 평행한 방향으로의 부력의 감소로 평판을 따르는 유체속도가 감소하게 되고 이에 따른 대류열전달계수의 감소를 예상할 수 있다. 실제로 이러한 감소가 존재하는지 아닌지는 평판의 윗면 또는 아랫면 중 어느 쪽의 열전달에 관심을 가지는가에 따라 달라진다.

그림 9.6*a*에 나타낸 것처럼 평판이 냉각되어 있는 경우에 평판의 법선 방향인 부력의 y 방향 성분은 평판의 윗면과 접촉하고 있는 경계층 유동을 유지시키는 작용을 한다. 중력가속도의 x 성분이 $g \cos \theta$로 감소되기 때문에 평판을 따르는 유체속도는 감소하며 이에 따라서 윗면으로의 대류열전달은 감소한다. 그러나 아랫면에서 부력의 y 성분은 유체가 표면으로부터 밖으로 이동하게 하는 작용을 하여 표면부터 떨어져 나가는 찬 유체 덩어리들의 방출에 의하여 경계층 유동발달은 방해를 받게 된다(그림 9.6*a*). 그 결과로서 유동은 3차원이 되고, 그림 9.6*b*의 폭 방향(z 방향)의 변화에 의하여 표시된 바와 같이 아랫면으로부터 떨어져 나가는 차가운 유체는 그보다 따뜻한 주위 유체에 의하여 지속적으로 대치된다. 차가운 경계층 유체가 따뜻한 주위 유체로 대치되고 이에 따른 경계층 두께의 감소로 인하여 아랫면의 대류열전달이 증가한다. 실제로 3차원 유동에 의한 열전달 증가는 g의 x 성분의 감소로 인한 열전달의 감소보다 일반적으로 더 크므로 이 복합적인 영향에 의하여 결과적으로 아랫면의 열전달은 증가한다. 마찬가지로 가열되어 있는 평판에서도 이러한 경향이 특징적으로 나타나며(그림 9.6*c*, *d*), 이 경우 3차원 유동이 나타나는 곳은 따뜻한 유체의 덩어리가 떨어져 나가는 윗 평판이다. 이러한 유동들은 여러 명의 연구자들에 의하여 관찰되었다[14~16].

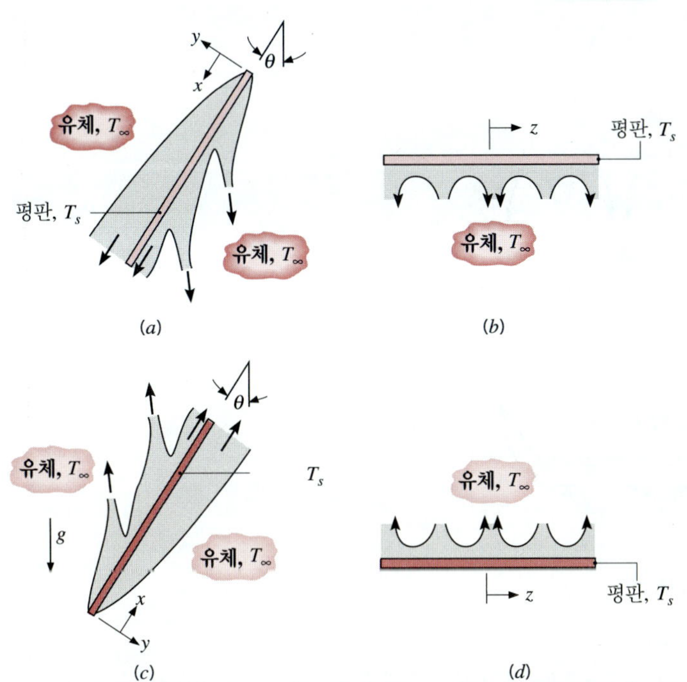

그림 9.6 경사진 평판에서의 부력에 의하여 구동된 유동. (*a*) 저온평판($T_s < T_\infty$)의 윗면과 아랫면에서의 유동의 측면도, (*b*) 저온평판의 아랫면에서의 유동의 단면, (*c*) 고온평판의 윗면과 아랫면에서의 유동의 측면도, (*d*) 고온평판($T_s > T_\infty$)의 아랫면에서의 유동의 단면도.

경사진 평판으로부터의 열전달에 대한 앞선 연구에서, Rich[17]는 평판 Rayleigh 수를 계산할 때 g를 $g \cos \theta$로 대치하면 대류열전달계수를 수직평판에 대한 상관식으로부터 결정할 수 있다고 제안하였다. 그러나 그 이후로 이 방법은 단지 저온평판의 경우 윗면에 대하여, 고온평판의 경우 아랫면에 대해서만 만족스러운 결과를 제공한다는 것이 알려져 있다. 이 방법은 고온평판의 윗면과 저온평판의 아랫면에 대해서는 적절하지 못한데 이는 유동의 3차원으로 인하여 일반적인 상관식을 세우는 데 제한이 따르기 때문이다. 그러므로 저온평판의 윗면과 고온평판의 아랫면에서 $0 \leq \theta \leq 60°C$일 때에 g를 $g \cos \theta$로 대치하고 식 (9.26) 또는 식 (9.27)을 사용한 평균 Nusselt 수 계산을 추천한다. 반대쪽 표면에 대해서는 제안된 상관식이 없으며 참고문헌 [14~16]을 참조해야 한다.

평판이 수평이면 부력은 오로지 표면에 대하여 수직 방향이다. 경사진 평판에서와 같이 유동양식과 열전달은 표면이 냉각되어 있는지, 또는 가열되어 있는지에 따라 그리고 표면이 위쪽으로 향하고 있는지 아래방향으로 향하고 있는지에 따라 크게 의존한다. 윗쪽으로 향한 저온표면(그림 9.7*a*)과 아래쪽으로 향한 고온표면(그림 9.7*d*)에 대하여 유체가 각각 하강, 상승하는 경향은 평판에 의하여 방해를 받는다. 유동은 그것이 끝단들로부터 하강 또는 상승하기 이전에는 수평으로 움직여야 하고 대류열전달은 어느 정도 비효과적이다. 대조적으로 저온표면의 아래쪽(그림 9.7*b*)과 고온표면 위쪽(그림 9.7*c*)의 유동은 각각 유체의 하강하는 덩어리와 상승하는 덩어리에 의하여 구동된다. 물질보존에 따르면 표면으로부터 하강(상승)하는 저온(고온)의 유체는 주위로부터 상승(하강)하는 더운(찬) 유체에 의하여 대치되고 열전달이 더욱더 효과적이 되게 한다.

여러 모양의 수평 평판(예를 들어 정사각형, 직사각형, 또는 원형)에서는 Nusselt 수와

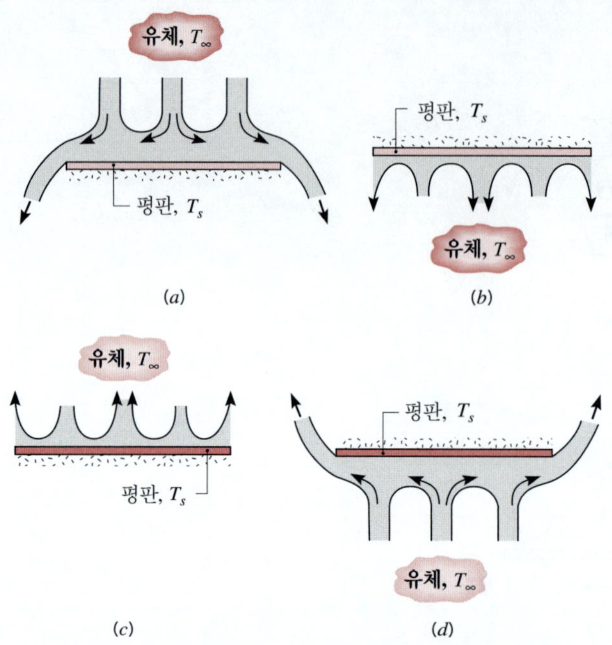

그림 9.7 수평 저온($T_s < T_\infty$)평판들과 고온($T_s > T_\infty$)평판들에서 부력에 의해 구동되는 유동. (*a*) 저온평판의 윗면, (*b*) 저온평판의 아랫면, (*c*) 고온평판의 윗면, (*d*) 고온평판의 아랫면.

Rayleigh 수를 이용하기 위해 특성길이를 정의해야 한다. 실험결과[18, 19]에 의하면, 특성길이를 아래와 같이 정의하면 한 가지 종류의 상관식이 여러 다른 모양의 평판에 적용될 수 있다.

$$L \equiv \frac{A_s}{P} \tag{9.29}$$

여기에서 A_s는 평판의 한쪽 면의 표면적이며 P는 주변길이(perimeter)이다. 이러한 특성길이를 사용하면 평균 Nusselt 수는 아래와 같다.

고온평판의 윗면 또는 저온평판의 아랫면[19]:

$$\overline{Nu}_L = 0.54\, Ra_L^{1/4} \qquad (10^4 \lesssim Ra_L \lesssim 10^7,\ Pr \gtrsim 0.7) \tag{9.30}$$

$$\overline{Nu}_L = 0.15\, Ra_L^{1/3} \qquad (10^7 \lesssim Ra_L \lesssim 10^{11},\ \text{all } Pr) \tag{9.31}$$

고온평판의 아랫면 또는 저온평판의 윗면[20]:

$$\overline{Nu}_L = 0.52\, Ra_L^{1/5} \qquad (10^4 \lesssim Ra_L \lesssim 10^9,\ Pr \gtrsim 0.7) \tag{9.32}$$

추가적인 상관식들은 참고문헌 [21]에서 찾을 수 있다.

예제 9.3

공기가 폭이 0.75 m이고 높이가 0.3 m인 긴 직사각형 난방덕트 내로 흐르면서 덕트 바깥 표면의 온도를 45°C로 유지한다. 덕트가 단열되어 있지 않고 가옥 밑 빈 공간(crawlspace)에서 15°C의 공기에 노출되어 있을 때, 덕트로부터의 단위 길이 미터당 열손실은 얼마인가?

풀이

제시자료: 긴 직사각형 덕트의 표면온도.

풀이대상: 단위 길이 미터당 덕트로부터의 열손실.

개략도:

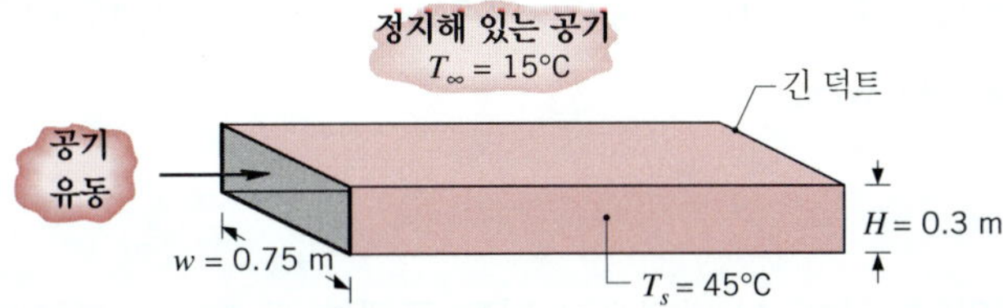

가정:

1. 주위 공기는 정지해 있다.
2. 표면 복사영향은 무시한다.
3. 이상기체.
4. 일정 물성치들.

물성치: 표 A.4에서 공기($T_f = 303$ K): $\nu = 16.2 \times 10^{-6}$ m²/s, $\alpha = 22.9 \times 10^{-6}$ m²/s, $k = 0.0265$ W/m·K, $\beta = 0.0033$ K^{-1}, $Pr = 0.71$.

해석: 표면 열손실은 수직 측면, 수평의 윗면과 아랫면으로부터의 자유대류에 의한 것이다. 식 (9.25)로부터 다음과 같다.

$$Ra_L = \frac{g\beta(T_s - T_\infty)L^3}{\nu\alpha} = \frac{(9.8 \text{ m/s}^2)(0.0033 \text{ K}^{-1})(30 \text{ K})\, L^3\ (\text{m}^3)}{(16.2 \times 10^{-6} \text{ m}^2/\text{s})(22.9 \times 10^{-6} \text{ m}^2/\text{s})}$$

$$Ra_L = 2.62 \times 10^9\ L^3$$

양 측면에서 $L = H = 0.3$ m이다. 따라서 $Ra_L = 7.07 \times 10^7$이다. 그러므로 자유대류 경계층은 층류이며, 식 (9.27)로부터

$$\overline{Nu}_L = 0.68 + \frac{0.670\ Ra_L^{1/4}}{[1 + (0.492/Pr)^{9/16}]^{4/9}}$$

이다. 측면과 관련된 대류열전달계수는

$$\bar{h}_s = \frac{k}{H}\overline{Nu}_L$$

$$\bar{h}_s = \frac{0.0265 \text{ W/m}\cdot\text{K}}{0.3 \text{ m}}\left\{0.68 + \frac{0.670(7.07 \times 10^7)^{1/4}}{[1 + (0.492/0.71)^{9/16}]^{4/9}}\right\} = 4.23 \text{ W/m}^2\cdot\text{K}$$

이다. 윗면과 아랫면에 대하여 $L = (A_s/P) \approx (w/2) = 0.375$ m이다. 따라서 $Ra_L = 1.38 \times 10^8$이며, 식 (9.31)과 (9.32)로부터 각각

$$\bar{h}_t = [k/(w/2)] \times 0.15\, Ra_L^{1/3} = \frac{0.0265\ \text{W/m}\cdot\text{K}}{0.375\ \text{m}} \times 0.15(1.38 \times 10^8)^{1/3}$$

$$= 5.47\ \text{W/m}^2\cdot\text{K}$$

$$\bar{h}_b = [k/(w/2)] \times 0.52\, Ra_L^{1/5} = \frac{0.0265\ \text{W/m}\cdot\text{K}}{0.375\ \text{m}} \times 0.52(1.38 \times 10^8)^{1/5}$$

$$= 1.56\ \text{W/m}^2\cdot\text{K}$$

이 된다. 그러면 덕트의 단위 길이당 열손실률은 다음과 같다.

$$q' = 2q'_s + q'_t + q'_b = (2\bar{h}_s \cdot H + \bar{h}_t \cdot w + \bar{h}_b \cdot w)(T_s - T_\infty)$$

$$q' = (2 \times 4.23 \times 0.3 + 5.47 \times 0.75 + 1.56 \times 0.75)(45 - 15)\ \text{W/m}$$

$$q' = 234\ \text{W/m}$$ ◁

부가설명:

1. 덕트를 단열하여 열손실을 줄일 수 있다. 이 방편으로 덕트 둘레를 싼 25 mm 두께의 블랭킷 단열재(k = 0.035 W/m·K) 층을 고려한다.

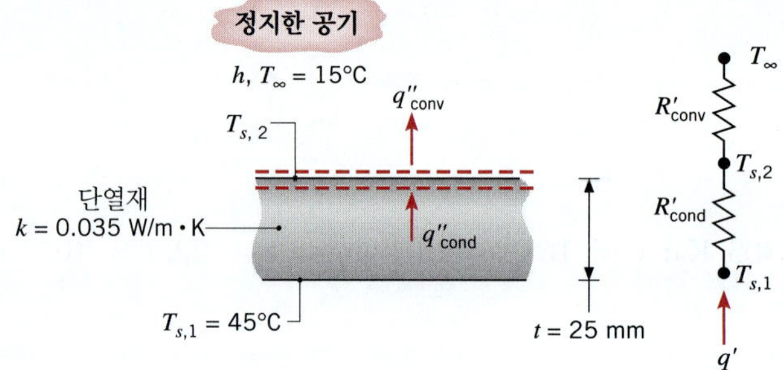

각 표면에서의 열손실은 다음과 같이 표시된다.

$$q' = \frac{T_{s,1} - T_\infty}{R'_{cond} + R'_{conv}}$$

여기서 R'_{conv}은 바깥 표면으로부터의 자유대류와 관련되고, 따라서 미지의 온도 $T_{s,2}$에 의존한다. 이 온도는 바깥 표면에 대한 에너지평형을 적용하여 결정할 수 있고 에너지평형은

$$q''_{cond} = q''_{conv}$$

또는 다음과 같다.

$$\frac{(T_{s,1} - T_{s,2})}{(t/k)} = \frac{(T_{s,2} - T_\infty)}{(1/\bar{h})}$$

상이한 대류열전달계수들이 측면, 윗면 그리고 아랫면($(\bar{h}_s, \bar{h}_t$ 그리고 $\bar{h}_b)$에 관련되므로 3면의 각각에 대하여 이 방정식에 대한 별개의 해를 얻어야 한다. 공기의 물성치들과 대류열전달계수들이 T_s에 의존하기 때문에 해답은 반복적으

로 얻어진다. 계산을 수행하면 다음을 얻는다.

$$
\begin{aligned}
&\text{측면} \quad T_{s,2} = 24°\text{C}, \quad \bar{h}_s = 3.18 \text{ W/m}^2 \cdot \text{K} \\
&\text{윗면} \quad T_{s,2} = 23°\text{C}, \quad \bar{h}_t = 3.66 \text{ W/m}^2 \cdot \text{K} \\
&\text{아랫면} \quad T_{s,2} = 30°\text{C}, \quad \bar{h}_b = 1.36 \text{ W/m}^2 \cdot \text{K}
\end{aligned}
$$

단열재의 구석들을 통한 열손실들을 무시하면 덕트의 단위 길이당 총 열전달률은 다음과 같다.

$$q' = 2q'_s + q'_t + q'_b$$

$$q' = \frac{2H(T_{s,1} - T_\infty)}{(t/k) + (1/\bar{h}_s)} + \frac{w(T_{s,1} - T_\infty)}{(t/k) + (1/\bar{h}_t)} + \frac{w(T_{s,1} - T_\infty)}{(t/k) + (1/\bar{h}_b)}$$

이로부터 다음 값을 얻는다.

$$q' = (17.5 + 22.8 + 15.5) \text{ W/m} = 55.8 \text{ W/m}$$

그러므로 단열은 자연대류에 의한 주위 공기로의 열손실을 76% 감소시킨다.

2. 복사손실들은 무시했지만, 이것들은 여전히 중요하다. 식 (1.7)로부터 ε을 1로 가정하고 T_{sur} = 288 K로 하면 단열되지 않은 덕트에 대하여 q'_{rad} = 398 W/m이 된다. 단열된 덕트에 대한 에너지평형에 있어서 복사의 영향을 포함시키면 바깥 표면온도를 감소시키며, 따라서 대류열전달률을 감소시킨다. 그러나 복사로 인해 총 열전달률($q'_{conv} + q'_{rad}$)은 증가할 것이다.

9.6.3 긴 수평원통

이 중요한 기하학적 형상에 대하여 광범위한 연구가 이루어져 왔으며, Morgan[22]은 많은 기존의 상관식에 대하여 조사하였다. 등온원통에 대하여 Morgan은 다음 형태의 식을 사용할 것을 제안하였다.

$$\overline{Nu}_D = \frac{\bar{h}D}{k} = C\, Ra_D^n \tag{9.33}$$

여기서 C와 n은 표 9.2에 주어졌으며 Ra_D와 $\overline{Nu}_D$는 원통지름에 기초를 두었다. 반면에 Churchill과 Chu[23]는 넓은 범위의 Rayleigh 수에 대하여 다음의 단일 상관식을 추천하였다.

$$\overline{Nu}_D = \left\{0.60 + \frac{0.387\, Ra_D^{1/6}}{[1 + (0.559/Pr)^{9/16}]^{8/27}}\right\}^2 \qquad Ra_D \lesssim 10^{12} \tag{9.34}$$

표 9.2 수평원통에서의 자유대류에 대한 식 (9.33)의 상수[22]

Ra_D	C	n
10^{-10}–10^{-2}	0.675	0.058
10^{-2}–10^{2}	1.02	0.148
10^{2}–10^{4}	0.850	0.188
10^{4}–10^{7}	0.480	0.250
10^{7}–10^{12}	0.125	0.333

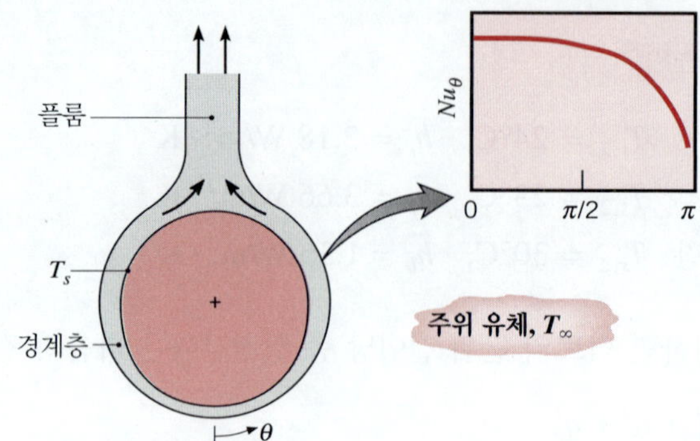

그림 9.8 가열되어 있는 수평원통에서의 경계층 발달과 Nusselt 수의 분포.

위의 상관식은 등온원통의 원주 전체에 대한 평균 Nusselt 수를 제공한다. 가열되어 있는 원통에 대하여 그림 9.8에 나타낸 바와 같이, 국소 Nusselt 수는 원통으로부터 위로 상승하는 플룸(plume)으로 인하여 $\theta = 0$에서 시작하여 $\theta < \pi$에서 종결되는 경계층의 발달에 의해 영향을 받는다. 유동이 전체 표면에 걸쳐서 층류로 유지되는 경우, θ에 따른 국소 Nusselt 수의 분포는 $\theta = 0$에서 최대가 되고 θ가 증가할수록 단조롭게 감쇠하는 특성을 가진다. 이러한 감쇠는 경계층 내에서 난류로의 천이가 일어날 수 있는 충분히 큰 Rayleigh 수($Ra_D \gtrsim 10^9$)일 때는 성립되지 않는다. 원통이 주위 유체에 대하여 상대적으로 냉각되어 있는 경우는 경계층의 발달이 $\theta = \pi$에서 시작되고 국소 Nusselt 수는 이 위치에서 최대가 되고 플룸은 원통으로부터 하강한다.

예제 9.4

예제 2.2의 유체가 열전도율 0.705 W/m·K, 밀도 1146 kg/m^3, 열용량 3587 J/kg·K, 점성계수 962×10^{-6} N·s/m^{2}의 물성치를 가진다고 하자. 지름 D = 20 mm, 초기 온도 T_i = 32°C의 긴 원형 알루미늄 막대를 T_∞ = 22°C 온도의 유체에 갑자기 넣었을 때 65초 후에 막대의 온도가 T_f = 23°C로 측정되었다. 유체의 열팽창계수 β를 구하라.

풀이

제시자료: 직경을 알고 있는 알루미늄 원형 막대의 초기 온도 및 최종 온도. 유체의 온도와 물성치들.

풀이대상: 유체의 열팽창계수.

개략도:

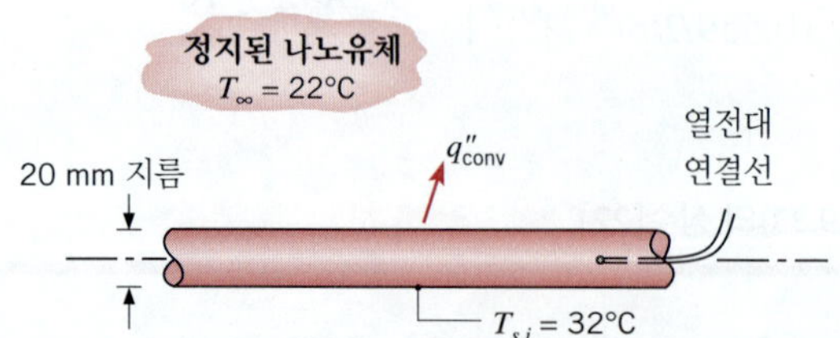

가정:

1. 일정 물성치.

2. 공간적으로 일정한 막대의 온도(집중용량법 적용 가능 여부).

물성치: 표 A.1에서 알루미늄($\bar{T}$ = 300 K): $\rho_s = 2702\ \text{kg/m}^3$, $c_{p,s} = 903\ \text{J/kg·K}$, $k_s = 237\ \text{W/m·K}$.

해석: 시간이 지나면서 막대와 유체의 온도차는 감소하기 때문에 냉각이 진행되면서 대류열전달계수가 감소할 것으로 예상한다. $\bar{h}$는 온도차에 의해 발생한 부력에 종속적이기 때문에 5.3.3절의 분석을 적용할 수 있다. 식 (5.28)과 (5.26)으로부터

$$\frac{\theta}{\theta_i} = \left[\frac{nC_1 A_{s,c}\theta_i^n}{\rho_s V c_{p,s}}t + 1\right]^{-1/n} \tag{1}$$

이다. 여기서 $\bar{h} = C_1(T_s - T_\infty)^n$이고 $\theta = T_s - T_\infty$이다. 식 (9.33)으로부터 $\overline{Nu}_D = C\,Ra_D^n$이다. 식 (9.33)에 Nusselt 수와 Rayleigh 수의 정의를 대입하면

$$\bar{h} = C\frac{k_l}{D}\left[\frac{g\beta D^3}{\nu_l \alpha_l}\right]^n (T_s - T_\infty)^n \tag{2}$$

가 된다. 식 (2)와 $\bar{h} = C_1(T_s - T_\infty)^n$에서

$$C_1 = C\frac{k_l}{D}\left[\frac{g\beta D^3}{\nu_l \alpha_l}\right]^n \tag{3}$$

를 구할 수 있다. $t = t_f$에서의 최종 온도차를 $\theta_f = T_{s,f} - T_\infty$로 정의하고, $\nu_l = \mu_l/\rho_l$, $\alpha_l = k_l/\rho_l c_{p,l}$ 그리고 $A_{s,c}/V = 4/D$를 이용하여 식 (3)을 식 (1)에 대입하면

$$\beta = \frac{k_l \mu_l}{c_{p,l}\rho_l^2 g D^3}\left\{\frac{\rho_s c_{p,s} D^2}{4k_l C n t_f \theta_i^n}\left[\left(\frac{\theta_f}{\theta_i}\right)^{-n} - 1\right]\right\}^{1/n} \tag{4}$$

를 구할 수 있다. Rayleigh 수가 $10^4 \le Ra_D \le 10^7$ 범위에 있다고 가정하면, 표 9.2로부터 $C = 0.480$이고 $n = 0.250$이다. 그러므로 열팽창계수는

$$\beta = \frac{0.705\ \text{W/m}\cdot\text{K} \times 962 \times 10^{-6}\ \text{N}\cdot\text{s/m}^2}{3587\ \text{J/kg}\cdot\text{K} \times (1146\ \text{kg/m}^3)^2 \times 9.8\ \text{m/s}^2 \times (20 \times 10^{-3}\ \text{m})^3}$$
$$\times \left\{\frac{2702\ \text{kg/m}^3 \times 903\ \text{J/kg}\cdot\text{K} \times (20 \times 10^{-3}\ \text{m})^2}{4 \times 0.705\ \text{W/m}\cdot\text{K} \times 0.480 \times 0.25 \times 65\ \text{s} \times (10\ \text{K})^{0.25}}\left[\left(\frac{1.0}{10}\right)^{-0.25} - 1\right]\right\}^{1/0.25}$$
$$= 261 \times 10^{-6}\ \text{K}^{-1}$$ ◁

와 같이 계산된다. 이 열팽창계수를 이용하면 초기 온도차에 근거한 Rayleigh 수는

$$Ra_{D,\max} = \frac{g\beta\theta_i D^3}{\nu_l \alpha_l} = \frac{g\beta\rho^2 c_{p,l}\theta_i D^3}{\mu_l k_l}$$
$$= \frac{9.8\ \text{m/s}^2 \times 261 \times 10^{-6}\ \text{K}^{-1} \times (1146\ \text{kg/m}^3)^2 \times 3587\ \text{J/kg}\cdot\text{K} \times 10\ \text{K} \times (20 \times 10^{-3}\ \text{m})^3}{962 \times 10^{-6}\ \text{N}\cdot\text{s/m}^2 \times 0.705\ \text{W/m}\cdot\text{K}}$$
$$= 1.42 \times 10^6$$

와 같이 계산된다. $\theta_f = \theta_i/10$이므로, 냉각과정에서의 최소 Rayleigh 수는 $Ra_{D,\min} = Ra_{D,\max}/10 = 1.42 \times 10^5$이다. 그러므로 $10^4 < Ra_{D,\min} < Ra_{D,\max} < 10^7$이고 표 9.2로부터 선정한 C와 n 값은 유효하다. 그러므로 앞서 계산된 열팽창계수는 맞게 계산되었다.

부가설명:

1. 냉각과정 동안 막대 온도의 감소 경향은 식 (1)과 함께 식 (3)으로부터 구해진 C_1으로부터 얻어질 수 있다. 막대 온도의 변화는 그림에 나타나 있다.

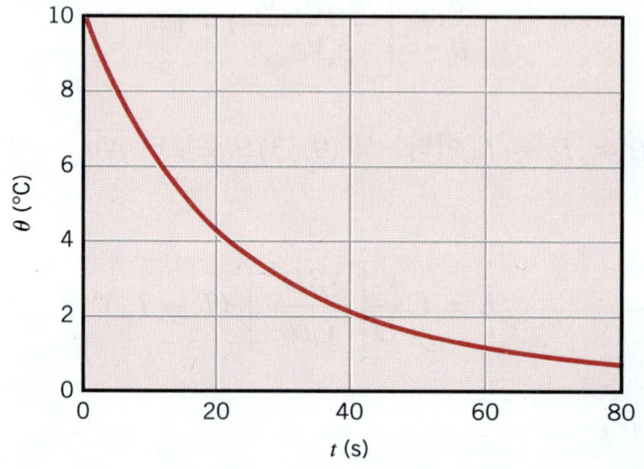

2. 막대와 유체의 온도차는 시간이 지남에 따라 감소하기 때문에 Rayleigh 수 또한 냉각이 진행되면서 감소한다. 이로 인해 냉각과정에서 대류열전달계수가 점진적으로 감소하며, 이는 $\theta(t)$를 안다면 식 (2)로부터 구해낼 수 있다.
3. 대류열전달계수 최대값은 $\bar{h}_{\max} = 584\ \text{W/m}^2\cdot\text{K}$이다. 이는 식 (5.10)이 보수적인 방식으로 적용되었을 때 최대 Biot 수 $Bi_{\max} = \bar{h}_{\max}(D/2)/k_s = 584\ \text{W/m}^2\cdot\text{K} \times (20 \times 10^{-3}\ \text{m}/2)/237\ \text{W/m}\cdot\text{K} = 0.025$에 해당한다. $Bi_{\max} < 0.1$이므로 집중용량법 적용은 적절하다.

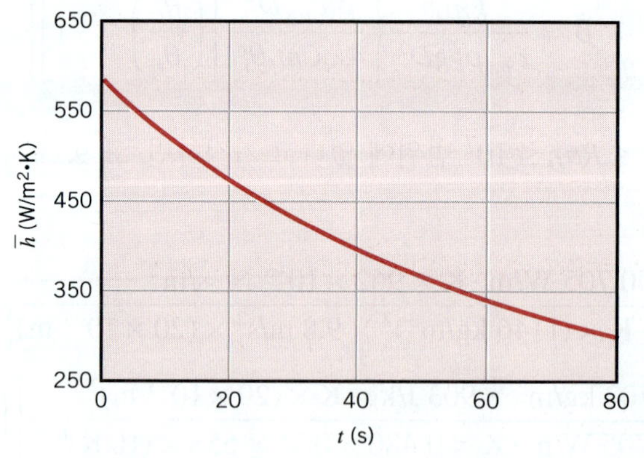

4. 막대 온도는 연속적으로 감소하므로, 유체의 부력은 시간에 따라 감소한다. 그러므로 유체의 속도는 막대와 유체의 온도차가 천천히 줄어듦에 따라서 연속적으로 발달한다. 식 (9.33)은 엄밀하게 정상상태 조건에서만 적용 가능하다. 여기에서 상관관계식을 적용할 때는 막대와 유체 사이에 동일한 온도차가 있었다면 막대로부터의 순간적인 열전달률이 정상상태의 열전달률과 같다고 함축적으로 가정한 것이다. 이러한 가정은 비교적 정확한 예측을 하게 해 주며, 이를 **준정상상태 가정**이라고 한다.

9.6.4 구

Churchill[10]에 의하여 제안된 다음의 상관식은 $Ra_D \lesssim 10^{11}$에서, $Pr \gtrsim 0.7$인 유체 중에 놓인 구에 대하여 사용할 것을 추천한다.

$$\overline{Nu}_D = 2 + \frac{0.589\, Ra_D^{1/4}}{[1 + (0.469/Pr)^{9/16}]^{4/9}} \tag{9.35}$$

$Ra_D \to 0$의 극한에서 식 (9.35)는 $\overline{Nu}_D = 2$로 감소하고 이는 식 (7.56) 및 (7.57)와 일치하는 방법으로 구 표면과 정지 무한매체 간의 전도에 의한 열전달을 나타낸다.

표 9.3 잠긴 형상에 대한 자유대류 실험적 상관관계식 요약

잠겨진 형상	추천되는 상관식	제한조건
1. 수직평판[a]	식 (9.26)	없음
2. 경사진 평판 저온표면 상향 또는 고온표면 하향	식 (9.26) $g \to g\cos\theta$	$0 \le \theta \lesssim 60°$
3. 수평평판 (a) 고온표면 상향 또는 저온표면 하향	식 (9.30) 식 (9.31)	$10^4 \lesssim Ra_L \lesssim 10^7$, $Pr \gtrsim 0.7$ $10^7 \lesssim Ra_L \lesssim 10^{11}$
(b) 고온표면 상향 또는 저온표면 하향	식 (9.32)	$10^4 \lesssim Ra_L \lesssim 10^9$, $Pr \gtrsim 0.7$
4. 수평원통	식 (9.34)	$Ra_D \lesssim 10^{12}$
5. 구	식 (9.35)	$Ra_D \lesssim 10^{11}$ $Pr \gtrsim 0.7$

[a] 상관식은 $(D/L) \gtrsim (35/Gr_L^{1/4})$이면 수직원통에 대해서도 적용할 수 있다.

이 절에서 추천된 상관식을 표 9.3에 요약하였다. 다른 잠겨진 형상과 특수한 조건에 대한 결과는 Churchill[10]과 Raithby와 Hollands[21]가 포괄적으로 제시하고 있다.

9.7 평행평판 채널 내에서의 자유대류

자연대류와 관련된 흔한 기하학적 형상은 반대편 끝단에서 주위로 열린 수직(또는 경사진) 평행평판 채널들을 포함한다(그림 9.9). 이 평판들은 휜들이 부착된 기부표면으로부터의 자유대류열전달을 증가시키기 위하여 사용되는 휜배열을 구성하거나 열을 소산하는 전자부품이 부착된 회로판의 배열을 구성하기도 한다. 표면 열조건들은 등온 또는 등열유속 그리고 대칭($T_{s,1} = T_{s,2}$; $q''_{s,1} = q''_{s,2}$) 또는 비대칭($T_{s,1} \neq T_{s,2}$; $q''_{s,1} \neq q''_{s,2}$) 조건들로 이상화될 수 있다.

수직채널($\theta = 0$)의 경우, 부력은 유동을 전적으로 유동방향(x)으로 일어나게 하는 작용을 하며, 경계층은 $x = 0$에서 시작하여 각 표면에서 발달한다. 짧은 채널 그리고/또는 간격이 큰 채널(작은 L/S)의 경우에는 각 표면에서 경계층이 독립적으로 발달하여 이때의 조건은 무한대의 정지유체 중에 놓인 **고립된 평판**에 대한 조건에 해당한다. 그러나 L/S가 클 경우, 마주 보는 표면에서 발달하는 경계층이 궁극적으로 만나게 되어 완전발달 조건을 이룬다. 채널이 경사진 경우에는 유동방향에 평행한 부력 성분뿐만 아니라 법선 방향 성분도 존재하므로 조건들이 3차원인 2차 유동의 전개에 크게 영향을 받는다.

9.7.1 수직채널

Elenbaas[24]의 대표적인 논문을 시작으로, 대칭 및 비대칭 등온(isothermal) 또는 등열유속(isoflux) 표면조건을 갖는 수직평판에 대한 연구가 광범위하게 수행되었다. **대칭적으로 가열되어 있는 등온평판**들에 대하여 Elenbaas는 다음과 같은 반실험적인 상관식을 구하였다.

$$\overline{Nu}_S = \frac{1}{24} Ra_S \left(\frac{S}{L}\right)\left\{1 - \exp\left[-\frac{35}{Ra_S(S/L)}\right]\right\}^{3/4} \tag{9.36}$$

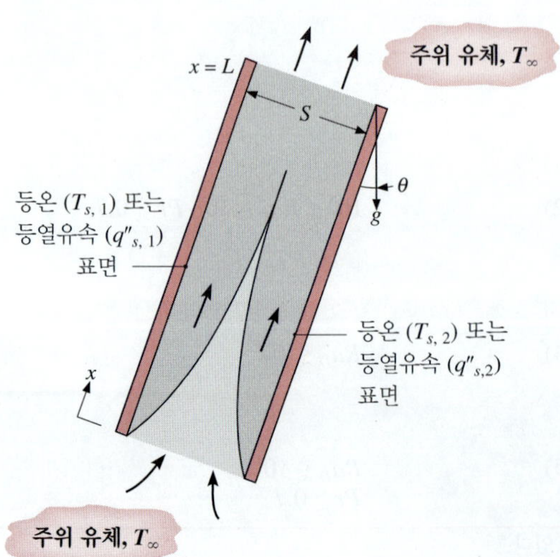

그림 9.9 양 끝이 정지해 있는 유체에 노출되어 있고 가열되는 평행평판들 사이의 자유대류 유동.

여기서 평균 Nusselt 수는

$$\overline{Nu}_S = \left(\frac{q/A}{T_s - T_\infty}\right)\frac{S}{k} \tag{9.37}$$

그리고 Rayleigh 수는 다음과 같이 정의된다.

$$Ra_S = \frac{g\beta(T_s - T_\infty)S^3}{\nu\alpha} \tag{9.38}$$

식 (9.36)은 작동유체가 공기인 경우 다음의 영역에서 사용되었다.

$$\left[10^{-1} \lesssim \frac{S}{L}Ra_S \lesssim 10^5\right]$$

평판에 대한 평균 Nusselt 수를 알면 평판에 대하여 총 열전달률을 결정할 수 있다. 완전발달한 극한의 경우($S/L \to 0$), 식 (9.36)은 다음과 같이 된다.

$$\overline{Nu}_{S(\mathrm{fd})} = \frac{Ra_S(S/L)}{24} \tag{9.39}$$

L의 의존성이 유지되고 있는 것은 $\overline{Nu}_S$를 명쾌하게 알려지지 않은 유체의 혼합평균온도로 정의하지 않고 고정된 입구(주위)온도로 정의했기 때문이다. 자주 접하는 조건의 하나로서 인접한 두 평판에서 한 평판이 등온($T_{s,1}$)이고 다른 한 평판이 절연인 조건($q''_{s,2} = 0$)에 대하여 완전발달된 극한의 경우는 등온표면에 대하여 다음 식이 얻어진다[25].

$$\overline{Nu}_{S(\mathrm{fd})} = \frac{Ra_S(S/L)}{12} \tag{9.40}$$

등열유속의 표면에 대해서는 국소 Nusselt 수를 다음과 같이 정의하는 것이 편리하다.

$$Nu_{S,L} = \left(\frac{q''_s}{T_{s,L} - T_\infty}\right)\frac{S}{k} \tag{9.41}$$

그리고 다음과 같이 정의되는 수정된 Rayleigh 수로 결과들을 상관시키는 것이 더욱 편리하다.

$$Ra_S^* = \frac{g\beta q''_s S^4}{k\nu\alpha} \tag{9.42}$$

하첨자 L은 평판의 온도가 최대인 지점 $x = L$에서의 조건을 뜻한다. 대칭인 등열유속 조건의 평판에 대하여 완전발달된 극한의 경우에 대한 상관식은 다음과 같다[25].

$$Nu_{S,L(\mathrm{fd})} = 0.144\,[Ra_S^*(S/L)]^{1/2} \tag{9.43}$$

그리고 한 표면이 단열된($q''_{s,2} = 0$) 비대칭 등열유속 조건에 대해서는 극한의 경우 다음 식으로 주어진다.

$$Nu_{S,L(\mathrm{fd})} = 0.204\,[Ra_S^*(S/L)]^{1/2} \tag{9.44}$$

앞에서의 완전발달 극한에 대한 관계식과 고립평판 극한에 대하여 이용 가능한 결과를 결합하여 Bar-Cohen과 Rohsenow[25]가 S/L의 완전한 범위에 대하여 적용할 수 있는 Nusselt 수의 상관식을 구하였다. 등온 및 등열유속의 각각의 조건에 대하여 상관식은 다음과 같이 표현된다.

$$\overline{Nu}_S = \left[\frac{C_1}{(Ra_S\,S/L)^2} + \frac{C_2}{(Ra_S\,S/L)^{1/2}}\right]^{-1/2} \tag{9.45}$$

$$Nu_{S,L} = \left[\frac{C_1}{Ra_S^*\,S/L} + \frac{C_2}{(Ra_S^*\,S/L)^{2/5}}\right]^{-1/2} \tag{9.46}$$

여기서 상수 C_1과 C_2의 값이 여러 가지 표면의 열적 조건에 대하여 표 9.4에 주어져 있다. 각각의 경우에 있어서 완전발달 그리고 고립평판에 대한 극한들은 각각 Ra_S(또는 Ra_S^*)$S/L \lesssim 10$과 Ra_S(또는 Ra_S^*) $S/L \gtrsim 100$에 해당한다.

Bar-Cohen과 Rohsenow[25]는 위의 식을 이용하여 배열 중인 각 평판으로부터의 열전달을 최대로 하는 데 필요한 간격 $S_{\max}$뿐만 아니라 등온평판들로 이루어진 배열로부터의 열전달을 최대로 하기 위한 최적 평판간격 S_{opt}를 추정하였다. 배열에 대하여 최적의 조건이 존재하는 것은 S가 감소함에 따라 각 평판으로부터의 열전달은 감소하지만 주어진 체적 내에 놓이는 평판들의 수가 증가한다는 사실에 기인한다. 따라서 S_{opt}는 $\bar{h}$와 총 평판 표면적의 곱이 최대가 되어 배열로부터의 열전달이 최대가 되게 한다. 반면에 각 평판으로부터의 열전달이 최대가 되기 위해서는 $S_{\max}$가 인접한 경계층들이 겹쳐지지 않을 만큼 커서 고립평판의 극한이 전 평판에 대하여 유지되어야 한다.

최적 평판간격에 대한 고려는 폭이 W로 고정된 기저평면으로부터의 자연대류에 의한 열전달을 향상시키기 위해 휜으로 사용된 수직 병렬평판에서 특히 중요하다. 휜의 온도가 주변 유체의 온도를 넘게 되면, 부력에 의해서 휜들 사이에서 유동이 발생한다. 그러나 유동에 대한 저항은 휜들의 표면에 의한 점성력과 관련이 있고, 인접 휜들 사이의 질량유량은 부력과 점성력 간의 평형에 의해 지배된다. S가 감소함에 따라 점성력이 증가하기 때문에 유량이 감소하며, 그에 따라 $\bar{h}$도

표 9.4 수직 평행평판 사이에서의 자유대류에 대한 열전달 매개변수들

표면조건	C_1	C_2	S_{opt}	$S_{\max}/S_{\text{opt}}$
대칭인 등온평판들($T_{s,1} = T_{s,2}$)	576	2.87	$2.71(Ra_S/S^3L)^{-1/4}$	1.71
대칭인 등열유속 평판들($q''_{s,1} = q''_{s,2}$)	48	2.51	$2.12(Ra_S^*/S^4L)^{-1/5}$	4.77
등온/단열 평판들($T_{s,1}, q''_{s,2} = 0$)	144	2.87	$2.15(Ra_S/S^3L)^{-1/4}$	1.71
등열유속/단열 평판들($q''_{s,1} = q''_{s,2} = 0$)	24	2.51	$1.69(Ra_S^*/S^4L)^{-1/5}$	4.77

감소하게 된다. 그러나 W가 고정된 경우, 휜수의 부수적인 증가는 전체 표면적 A_s를 증가시키고 $S = S_{opt}$일 때 $\bar{h}A_s$는 최대가 된다. $S < S_{opt}$일 경우 점성력에 의해 줄어드는 $\bar{h}$의 양이 A_s의 증가보다 크다. $S > S_{opt}$일 경우 A_s가 감소하는 양이 $\bar{h}$의 증가보다 크다.

등열유속인 평판에 대해서는 단순히 S가 감소할수록 총 체적 열전달률이 증가한다. 그러나 주어진 극한 이하에서 T_s를 유지해야 하는 요구는 S를 극단적으로 작은 값으로 감소시키는 것을 배제한다. 따라서 S_{opt}는 온도차 $T_s(L) - T_\infty$의 단위온도차당 최대 체적 열소산을 얻을 수 있는 S의 값으로 정의될 수 있다. 주어진 열유속에 대하여, 가능한 최저 표면온도를 얻게 되는 간격인 S_{max}는 최적을 고려하지 않더라도, 또다시 경계층이 만나는 것을 배제하는 S 값이라 할 수 있다. 두께를 무시할 수 있는 평판들에 대하여 S_{opt}와 S_{max}/S_{opt} 값들이 표 9.4에 제시되어 있다.

앞에서의 상관식들을 사용하는 데 있어서 유체 물성치들은 등온표면에 대해서 평균온도 $\bar{T} = (T_s + T_\infty)/2$에서 그리고 등열유속 표면에 대해서는 $\bar{T} = (T_{s,L} + T_\infty)/2$에서 산정한다.

9.7.2 경사진 채널

Azevedo와 Sparrow[16]가 수중의 경사진 채널에 대하여 실험을 수행하였다. 대칭인 등온평판들 및 등온 절연평판들이 $0 \le \theta \le 45°$의 범위에서 고립평판 극한인 $Ra_S(S/L) > 200$의 조건들에 대하여 고려되었다. 아래 평판이 가열되어 있는 경우, 아래 평판에서 3차원의 2차 유동이 관찰되었으나, 모든 실험조건들에 대하여 ±10% 범위 내에서 다음 상관식으로 나타낼 수 있었다.

$$\overline{Nu}_S = 0.645[Ra_S(S/L)]^{1/4} \tag{9.47}$$

데이터의 상관식으로부터의 이탈은 가열된 아래평판의 경사각이 클 때 가장 컸으며, 이는 3차원의 2차 유동에 의한 열전달 증가에 기인한다. 유체의 물성치는 $\bar{T} = (T_s + T_\infty)/2$에서 산정한다.

9.8 실험적 상관식: 밀폐공간

앞 절에서의 결과들은 고체표면과 광대한 유체매질 사이의 대류열전달에 속한다. 그러나 공학적 응용에서 서로 다른 온도를 가지며 밀폐된(enclosed) 유체에 의해 분리된 표면 사이의 열전달 문제가 자주 등장한다. 이 절에서는 가장 흔히 접하는 형상에 적절한 상관식을 제시한다.

9.8.1 직사각형 공동

직사각형 공동(cavity, 그림 9.10)에 대한 광범위한 연구가 행해졌으며 실험과 이론적 결과에 대한 포괄적인 조사를 참고문헌 [26, 27]에서 찾아볼 수 있다. 마주 보는 두 벽면들은 서로 다른 온도($T_1 > T_2$)로 유지되어 있고, 한편 그 나머지 벽면들은 주변과 단열되어 있다. 뜨거운 표면 및 차가운 표면이 수평면과 이루는 경사각도 τ는 0°(아랫면이 고온벽인 **수평 공동**)에서 90°(옆면이 고온벽 및 저온벽으로 구성된 **수직 공동**) 및 180°(윗면이 고온벽인 **수평 공동**)까지 다양하게 변할 수 있다. 공동을 가로지르는 열유속

$$q'' = h(T_1 - T_2) \tag{9.48}$$

는 τ 값뿐만 아니라 종횡비(aspect ratio) H/L에도 크게 의존한다. 종횡비 w/L이 큰 경우 w/L에 대

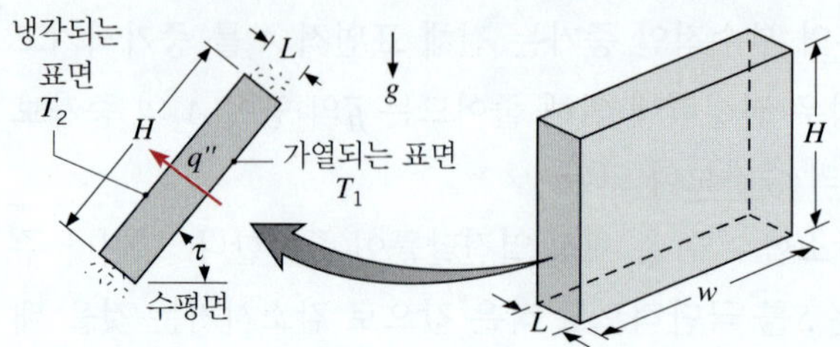

그림 9.10 직사각형 공동 내에서의 자유대류.

한 의존도는 낮으므로 이 교재에서는 그 영향에 대하여 무시한다.

아래로부터 가열되고 있는 수평 공동($\tau = 0$)이 많은 연구자들에 의하여 고찰되었다. H/L, $w/L \gg 1$ 그리고 Rayleigh 수가 임계값 $Ra_{L,c} = 1708$보다 작을 경우, 부력이 점성력에 의한 저항을 극복하지 못하기 때문에 공동 내에서의 유동대류는 일어나지 않는다. 따라서 아랫면에서 윗면으로의 열전달은 전적으로 전도에 의하여 일어난다. 이 조건은 평면 유체층을 통한 1차원 전도에 해당하기 때문에 대류열전달계수는 $h = k/L$이고, 따라서 $Nu_L = 1$이다. 그러나

$$Ra_L \equiv \frac{g\beta(T_1 - T_2)L^3}{\nu\alpha} > 1708$$

에 대해서는 조건들이 열적으로 불안정해지고 공동 내에 유동대류가 존재한다. Rayleigh 수가 $1708 < Ra_L \lesssim 5 \times 10^4$인 범위에서는 유체의 유동이 규칙적인 간격으로 회전 셀(roll cell, 그림 9.11)을 형성하며, 더 큰 Rayleigh 수에 대해서는 셀이 파괴되어 유체유동은 난류가 된다.

1차적 근사로서 아래로부터 가열되는 수평 공동에 대한 대류열전달계수는 Globe와 Dropkin[28]에 의하여 제시된 다음의 상관식으로부터 구할 수 있다.

$$\overline{Nu}_L = \frac{\bar{h}L}{k} = 0.069\, Ra_L^{1/3}\, Pr^{0.074} \qquad 3 \times 10^5 \lesssim Ra_L \lesssim 7 \times 10^9 \tag{9.49}$$

여기서 모든 물성치들은 평균온도 $\bar{T} \equiv (T_1 + T_2)/2$에서 산정한다. 이 상관식은 L/H의 값이 충분히 작아서 측벽의 영향을 무시할 수 있을 때 적용된다. 넓은 범위의 Ra_L에 적용할 수 있는 더 상세한 상관식이 제시되어 있다[29, 30]. 마지막으로 수평 공동의 논의를 마감함에 있어서 $\tau = 180°$인 경우 복사 열전달이 없을 때 윗면에서 아랫면으로의 열전달은 Ra_L의 값에 관계없이 전적으로 전도($Nu_L = 1$)에 의하여 일어난다.

수직 사각 공동($\tau = 90°$)에서, 수평벽들은 단열이지만 수직벽들은 각각 고온벽과 저온벽으

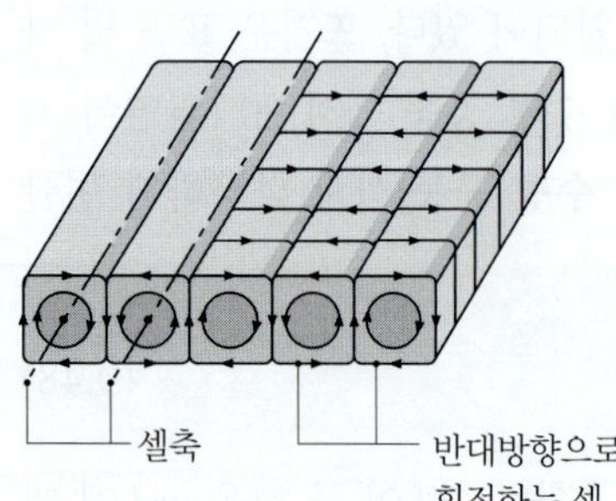

그림 9.11 아래로부터 가열되는 수평 유체층 내에서의 유동대류에 의한 대류의 길이 방향 회전 셀 특성($1708 < Ra_L \lesssim 5 \times 10^4$).

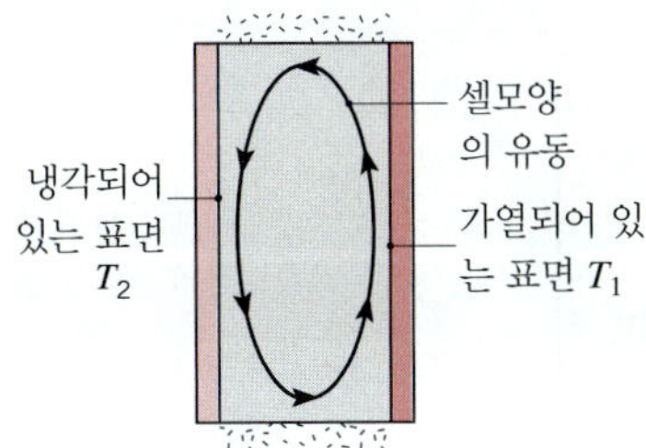

그림 9.12 측벽의 온도들이 상이한 수직 공동 내에서의 셀모양의 유동.

로 구성되어 있다. 그림 9.12에 나타낸 바와 같이, 유체유동은 유체가 고온벽을 따라서 상승하고 저온벽을 따라서는 하강하여 재순환(recirculating) 또는 셀모양(cellular)의 유동 특성을 가진다. Rayleigh 수가 작은 경우($Ra_L \lesssim 10^3$) 부력에 의하여 구동되는 유동이 약하므로 열전달은 주로 유체를 가로지르는 전도에 의하여 일어난다. 따라서 Fourier 법칙으로부터 Nusselt 수는 또다시 $Nu_L = 1$이 된다. Rayleigh 수가 증가할수록 셀모양의 유동이 강해져서 측벽 근처의 얇은 경계층 내로 집중된다. 모서리에서 또 다른 셀유동이 발달할 수 있지만 중심부는 거의 정지상태이고 측벽 경계층은 결국 난류로 천이하는 과정을 거친다. 종횡비가 $1 \lesssim (H/L) \lesssim 10$인 범위에 대하여 다음 상관식들이 제시되었다[27].

$$\overline{Nu}_L = 0.22\left(\frac{Pr}{0.2 + Pr}Ra_L\right)^{0.28}\left(\frac{H}{L}\right)^{-1/4} \qquad \left[\begin{array}{l} 2 \lesssim \dfrac{H}{L} \lesssim 10 \\ Pr \lesssim 10^5 \\ 10^3 \lesssim Ra_L \lesssim 10^{10} \end{array}\right] \tag{9.50}$$

$$\overline{Nu}_L = 0.18\left(\frac{Pr}{0.2 + Pr}Ra_L\right)^{0.29} \qquad \left[\begin{array}{l} 1 \lesssim \dfrac{H}{L} \lesssim 2 \\ 10^{-3} \lesssim Pr \lesssim 10^5 \\ 10^3 \lesssim \dfrac{Ra_L\,Pr}{0.2 + Pr} \end{array}\right] \tag{9.51}$$

한편 이보다 큰 종횡비의 경우에는 아래의 상관식들이 제시되었다[31].

$$\overline{Nu}_L = 0.42\,Ra_L^{1/4}\,Pr^{0.012}\left(\frac{H}{L}\right)^{-0.3} \qquad \left[\begin{array}{l} 10 \lesssim \dfrac{H}{L} \lesssim 40 \\ 1 \lesssim Pr \lesssim 2\times 10^4 \\ 10^4 \lesssim Ra_L \lesssim 10^7 \end{array}\right] \tag{9.52}$$

$$\overline{Nu}_L = 0.046\, Ra_L^{1/3} \quad \begin{bmatrix} 1 \lesssim \dfrac{H}{L} \lesssim 40 \\ 1 \lesssim Pr \lesssim 20 \\ 10^6 \lesssim Ra_L \lesssim 10^9 \end{bmatrix} \tag{9.53}$$

앞 식들로부터 계산된 대류열전달계수는 식 (9.48)과 함께 사용해야 한다. 또다시 모든 물성치들은 평균온도 $(T_1 + T_2)/2$에서 얻어진다.

평판형 태양열 집열기를 포함한 장치에 응용하기 위해서 경사진 공동 내에서의 자유대류에 대한 연구가 촉진되었다[32~37]. 이와 같은 공동에서 유체유동은 그림 9.11의 회전구조와 그림 9.12의 셀구조의 혼합형태로 구성된다. 전형적으로 유동의 두 타입 사이의 천이가 $\overline{Nu}_L$ 값의 상응한 변화를 가지고 임계 경사각 τ^*에서 일어난다. $(H/L) \gtrsim 12$의 종횡비와 경사각이 표 9.5에 주어진 임계값 τ^*보다 작을 경우에 대하여 Hollands 등[37]에 의하여 제안된 다음의 상관식은 가용할 수 있는 데이터들과 아주 잘 일치한다.

$$\overline{Nu}_L = 1 + 1.44\left[1 - \frac{1708}{Ra_L \cos\tau}\right]^{\cdot}\left[1 - \frac{1708(\sin 1.8\tau)^{1.6}}{Ra_L \cos\tau}\right] + \left[\left(\frac{Ra_L \cos\tau}{5830}\right)^{1/3} - 1\right]^{\cdot} \quad \begin{bmatrix} \dfrac{H}{L} \gtrsim 12 \\ 0 < \tau \lesssim \tau^* \end{bmatrix} \tag{9.54}$$

$[\ ]^{\cdot}$ 기호는 대괄호 안의 값이 음이면 0으로 처리하여야 함을 뜻한다. 이는 Rayleigh 수가 임계값 $Ra_{L,c} = 1708/\cos\tau$보다 작으면, 공동 내에 유동이 없음을 의미한다. 종횡비가 작은 경우에 대하여 Catton[27]은 다음 형식의 상관식으로부터 합리적인 결과를 얻을 수 있음을 암시하였다.

$$\overline{Nu}_L = \overline{Nu}_L(\tau = 0)\left[\frac{\overline{Nu}_L(\tau = 90°)}{\overline{Nu}_L(\tau = 0)}\right]^{\tau/\tau^*} (\sin\tau^*)^{(\tau/4\tau^*)} \quad \begin{bmatrix} \dfrac{H}{L} \lesssim 12 \\ 0 < \tau \lesssim \tau^* \end{bmatrix} \tag{9.55}$$

임계 경사각을 넘을 경우, 모든 종횡비(H/L)에 대하여 Ayyaswamy와 Catton[32] 그리고 Arnold 등[35]은 각각 다음과 같은 상관식을 추천하였다[27].

$$\overline{Nu}_L = \overline{Nu}_L(\tau = 90°)(\sin\tau)^{1/4} \qquad \tau^* \lesssim \tau < 90° \tag{9.56}$$

$$\overline{Nu}_L = 1 + [\overline{Nu}_L(\tau = 90°) - 1]\sin\tau \qquad 90° < \tau < 180° \tag{9.57}$$

표 9.5 경사진 직사각형 공동에 대한 임계각

(H/L)	1	3	6	12	>12
τ^*	25°	53°	60°	67°	70°

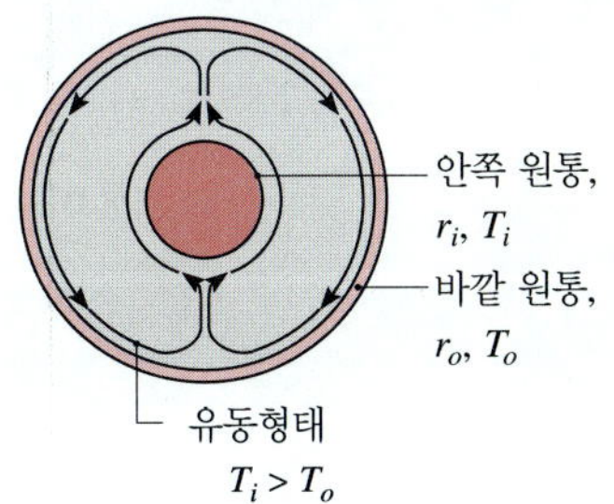

그림 9.13 내부 반경이 r_i이고 외부 반경이 r_o인 긴 동심원통 또는 동심구 사이의 환상공간에서의 자유대류열전달.

9.8.2 동심원통

긴 수평의 동심원통들(그림 9.13) 사이의 환상공간에서의 자유대류열전달은 Raithby와 Hollands [38]에 의해 고찰되었다. 환상영역에서 유동의 특성은 수직 중심면에 대칭을 이루는 두 셀들로 나타낼 수 있다. 안쪽 원통이 가열되고 바깥 원통이 냉각된다면($T_i > T_o$), 유체는 안쪽 그리고 바깥쪽 원통을 따라서 각각 상승 또는 하강한다. $T_i < T_o$이면 셀모양의 유동은 반대로 된다. 각 길이가 L인 원통 간의 대류열전달률(W)은 식 (3.32)[분자 열전도율 대신에 **유효 열전도율**(effective thermal conductivity) k_{eff} 사용]로 나타낼 수 있다.

$$q = \frac{2\pi L k_{\text{eff}}(T_i - T_o)}{\ln(r_o/r_i)} \tag{9.58}$$

가상의 정지유체의 유효 열전도율은 실제 **움직이는** 유체가 전달하는 열전달량과 같은 양의 열을 전달한다고 본다. k_{eff}에 대하여 다음 상관식이 제안된다.

$$\frac{k_{\text{eff}}}{k} = 0.386\left(\frac{Pr}{0.861 + Pr}\right)^{1/4} Ra_c^{1/4} \tag{9.59}$$

여기서 Ra_c에서의 길이척도는 다음과 같다.

$$L_c = \frac{2[\ln(r_o/r_i)]^{4/3}}{(r_i^{-3/5} + r_o^{-3/5})^{5/3}} \tag{9.60}$$

식 (9.59)는 $0.7 \lesssim Pr \lesssim 6000$과 $Ra_c \lesssim 10^7$의 범위에서 사용할 수 있다. 물성치는 평균온도 $T_m = (T_i + T_o)/2$에서 산정한다. 물론 원통 사이의 최저 열전달률은 전도극한 밑으로 떨어질 수 없다. 그러므로 식 (9.59)에서 구한 k_{eff}/k 값이 1보다 작다면 $k_{\text{eff}} = k$가 된다. 원통의 편심영향을 고려한 더 상세한 상관식은 Kuehn과 Goldstein[39]에 의하여 개발되었다.

9.8.3 동심구

Raithby와 Hollands[38]는 또한 동심구들 사이에서의 자유대류를 고찰하였으며, 총 열전달률을 식 (3.40)(분자 열전도율 k 대신에 유효 열전도율 k_{eff} 사용)으로 나타낼 수 있다.

$$q = \frac{4\pi k_{\text{eff}}(T_i - T_o)}{(1/r_i) - (1/r_o)} \tag{9.61}$$

여기서 유효 열전도율은

$$\frac{k_{\text{eff}}}{k} = 0.74\left(\frac{Pr}{0.861 + Pr}\right)^{1/4} Ra_s^{1/4} \tag{9.62}$$

여기서 Ra_s의 길이척도는 다음과 같다.

$$L_s = \frac{\left(\dfrac{1}{r_i} - \dfrac{1}{r_o}\right)^{4/3}}{2^{1/3}(r_i^{-7/5} + r_o^{-7/5})^{5/3}} \tag{9.63}$$

결과는 $0.7 \lesssim Pr \lesssim 4000$과 $Ra_s \lesssim 10^4$인 경우 합리적으로 근사화될 수 있다. 물성치는 평균온도 $T_m = (T_i + T_o)/2$에서 산정되며, 식 (9.62)에서 구한 값이 1보다 작다면 $k_{\text{eff}} = k$가 된다.

예제 9.5

지름 0.1 m인 긴 관이 그 내부로 수증기를 통과시킴으로써 120°C로 유지되고 있다. 복사차폐물이 관과 동심으로 10 mm의 공기 간극(air gap)을 이루면서 설치되어 있다. 이 차폐물이 35°C일 때, 단위 길이당 관으로부터의 자유대류에 의한 열전달을 예측하라. 만약 관과 차폐물 사이에 유리섬유 블랭킷(blanket) 단열재가 채워져 있다면, 열손실은 얼마나 되는가?

풀이

제시자료: 수증기 관과 동심 복사차폐물의 온도와 지름들.

풀이대상:

1. 관의 단위 길이당 열손실.
2. 공기공간(간극)이 유리섬유 블랭킷 단열재로 채워졌을 때의 열손실.

개략도:

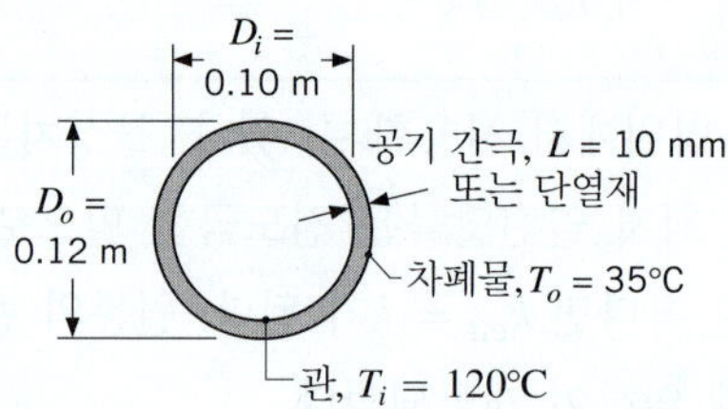

가정:

1. 복사 열전달을 무시할 수 있다.
2. 단열재와의 접촉저항은 무시한다.
3. 이상기체.
4. 일정 물성치들.

물성치: 표 A.4에서 공기[$(T = T_i + T_o)/2 = 350$ K]: $k = 0.030$ W/m·K, $\nu = 20.92 \times 10^{-6}$ m²/s, $\alpha = 29.9 \times 10^{-6}$

m^2/s, $Pr = 0.70$, $\beta = 0.00285\ K^{-1}$. 표 A.3에서 단열재, 유리섬유($T \approx 300$ K): $k = 0.038$ W/m·K.

해석:

1. 식 (9.58)로부터 자유대류에 의한 단위 길이당 열손실은

$$q' = \frac{2\pi k_{\text{eff}}(T_i - T_o)}{\ln(r_o/r_i)}$$

이 되며, 여기서 k_{eff}는 식 (9.59)와 (9.60)으로부터 구할 수 있다.

$$L_c = \frac{2[\ln(r_o/r_i)]^{4/3}}{(r_i^{-3/5} + r_o^{-3/5})^{5/3}} = \frac{2[\ln(0.06\text{ m}/0.05\text{ m})]^{4/3}}{(0.05^{-3/5} + 0.06^{-3/5})^{5/3}\text{ m}^{-1}} = 0.00117\text{ m}$$

를 이용하면

$$Ra_c = \frac{g\beta(T_i - T_o)L_c^3}{\nu\alpha} = \frac{9.8\text{ m/s}^2 \times 0.00285\text{ K}^{-1} \times (120 - 35)°\text{C} \times (0.00117\text{ m})^3}{20.92 \times 10^{-6}\text{ m}^2\text{/s} \times 29.9 \times 10^{-6}\text{ m}^2\text{/s}}$$
$$= 171$$

이며, 따라서 유효 열전도율은

$$k_{\text{eff}} = 0.386k\left(\frac{Pr}{0.861 + Pr}\right)^{1/4} Ra_c^{1/4}$$
$$= 0.386 \times 0.030\text{ W/m}\cdot\text{K}\left(\frac{0.70}{0.861 + 0.70}\right)^{1/4}(171)^{1/4} = 0.0343\text{ W/m}\cdot\text{K}$$

이며, 열손실은 다음과 같다.

$$q' = \frac{2\pi k_{\text{eff}}(T_i - T_o)}{\ln(r_o/r_i)} = \frac{2\pi(0.0343\text{ W/m}\cdot\text{K})}{\ln(0.06\text{ m}/0.05\text{ m})}(120 - 35)°\text{C} = 100\text{ W/m} \quad \triangleleft$$

2. 관과 차폐물 사이 공간에 단열재가 있을 때 열손실은 전도에 의한 것이며, 식 (3.32)와 식 (9.58)을 비교하면

$$q'_{\text{ins}} = q'\frac{k_{\text{ins}}}{k_{\text{eff}}} = 100\text{ W/m}\frac{0.038\text{ W/m}\cdot\text{K}}{0.0343\text{ W/m}\cdot\text{K}} = 111\text{ W/m} \quad \triangleleft$$

부가설명: 비록 단열재를 통한 전도에 의한 열손실이 공기공간을 통한 자유대류에 의한 열손실보다 다소 많으나, 공기공간을 통한 총 열손실은 복사의 영향 때문에 단열재를 통한 열손실을 초과할 수 있다. 복사에 의한 열손실은 작은 방사율의 차폐물을 사용함으로써 최소화할 수 있으며, 이 손실을 계산하는 방법은 13장에서 다룰 것이다.

9.9 복합 자유 및 강제대류

강제대류를 다룰 때(6~8장) 자유대류의 영향은 무시하였다. 이것은 물론 하나의 가정에 불과하다. 왜냐하면, 우리가 알고 있듯이 유체에서 부력은 온도 구배의 결과로서 발생하고, 불안정한 온도구배는 자유대류를 일으킬 수 있기 때문이다. 마찬가지로 이 장의 앞 절들에서는 강제대류의 영

향을 무시할 수 있다고 가정하였다. 이제는 자유대류 및 강제대류의 영향이 대등하여 어떤 한 가지의 과정을 무시하는 것은 적당하지 않은 상황이 일어날 수 있다는 것을 인식해야 한다. 9.3절에서 $(Gr_L/Re_L^2) \ll 1$이면 자유대류를 무시할 수 있으며, $(Gr_L/Re_L^2) \gg 1$이면 강제대류를 무시할 수 있음을 보았다. 따라서 **복합 자유 및 강제대류**(또는 **혼합대류**) 영역은 일반적으로 $(Gr_L/Re_L^2) \approx 1$인 영역이다.

강제유동에서의 열전달에 대한 부력의 효과는 유동방향에 상대적인 부력의 방향에 의하여 크게 영향을 받는다. 부력에 의한 유동과 강제유동이 같은 방향인 경우[**도움 방향 유동**(assisting flow)], 반대 방향인 경우[**반대 방향 유동**(opposing flow)], 직각 방향인 경우[**직각 방향 유동**(transverse flow)] 등 세 가지 특수한 경우에 대하여 광범위한 연구가 이루어졌다. 가열된 수직평판에서의 상향 및 하향 강제유동들은 각각 도움 방향 유동과 반대 방향 유동의 예들이다. 직각 방향 유동에 대한 예로는 가열된 원통, 구, 또는 수평평판 주위의 수평유동이 포함된다. 같은 방향 및 직각 방향 유동의 경우, 부력은 순수 강제대류에 대한 열전달률을 촉진시키는 방향으로 작용하며, 반대 방향 유동의 경우는 감소시키는 작용을 한다.

외부 및 내부유동들에 대한 혼합대류열전달의 상관식은 흔히 다음 형식으로 나타난다.

$$Nu^n = Nu_F^n \pm Nu_N^n \tag{9.64}$$

관심을 갖고 있는 특정한 기하학적 형상에 대하여, Nusselt 수 Nu_F와 Nu_N은 각각 순수 강제대류 및 순수 자연(자유)대류상관식으로부터 구한다. 식 (9.64)의 우변의 양의 부호는 도움 방향 및 직각 방향 유동의 경우에 적용되고 음의 부호는 반대 방향 유동에 적용된다. 수평평판 및 원통(또는 구)과 관련된 직각 방향 유동들에 대해서 각각 $n = 7/2$와 4인 경우가 더 잘 맞지만, $n = 3$인 경우 가장 좋은 자료의 상관식을 흔히 얻을 수 있다.

식 (9.64)는 1차적인 근사로 보아야 하며 혼합대류 문제를 정확하게 취급하려면 발표된 문헌들을 면밀히 검토하여야 한다. 혼합대류 문제는 1970년대 후반에서부터 1980년대 중반에 걸쳐서 많은 관심의 대상이 되었으며 포괄적인 문헌 조사가 이루어졌다[40~43]. 혼합대류에서의 유동은 다양하고 독특한 유동 특성들을 가지고 있기 때문에 열전달에 대한 예측이 어렵다. 예를 들면 수평의 평행평판 채널의 경우, 아랫면의 가열에 의하여 길이 방향의 와동 형태의 3차원 유동이 유도된다. 그리고 Nusselt 수의 길이 방향 변화는 감쇠하는 진동에 의하여 특징적으로 나타난다[44, 45]. 더욱이 채널유동에서는 윗면과 아랫면에서의 대류열전달에 관련되어 심화된 비대칭들이 일어난다[46]. 끝으로 층류 강제대류 유동에 대해서는 부력의 영향이 열전달을 상당히 촉진시키지만 강제유동이 난류인 경우에는 열전달 증대가 일반적으로 무시된다[47].

9.10 대류물질전달

식 (9.2) 우변의 부력 항은 유체 내의 밀도변화 때문이고, 이는 온도구배뿐만 아니라 성분 농도구배로도 발생한다. 따라서 식 (9.10) Grashof 수의 보다 일반적인 형태는

$$Gr_L = \frac{g(\Delta\rho/\rho)L^3}{\nu^2} = \frac{g(\rho_s - \rho_\infty)L^3}{\rho\nu^2} \tag{9.65}$$

이고, 이 식은 농도구배 그리고/또는 온도구배에 의해 구동되는 자연대류 유동에 적용될 수 있다. 9.2절에서 나타냈듯이, 밀도변화가 오로지 온도구배 때문이라면 $(\Delta\rho/\rho) = -\beta\Delta T$이다. 그러나 온도구배가 없더라도 성분구성의 공간적 변화에 의해 유체운동이 여전히 유도될 수 있으며, 상사성을 고려하면 $Sh_L = f(Gr_L, Sc)$라는 결론에 도달할 수 있다. 더구나 대류물질전달에 관한 상관관계식은 열과 물질전달의 유사성을 고려함으로써 열전달에 관한 상관관계식으로부터 추론할 수 있다. 예를 들어 성분 A가 수직면으로부터 정지된 주위유체 B로 증발 또는 승화된다면, 대류물질전달계수는 식 (9.24)와 유사한 형태로부터 구해질 수 있다. 즉

$$\overline{Sh}_L = \frac{\overline{h}_m L}{D_{AB}} = C(Gr_L Sc)^n \tag{9.66}$$

여기서 Gr_L은 식 9.65에 의해 주어진다. 만약 성분 A의 분자량이 성분 B보다 작으면, $\rho_s < \rho_\infty$이고 부력에 의한 유동은 표면을 따라 상승한다. 반대의 경우라면, $\rho_s > \rho_\infty$이고 유동은 하강한다.

등온조건에 대하여 유사성은 앞의 방법에서와 같이 적용될 수 있다. 온도와 성분농도 둘 다에 구배가 존재한다면, 열 및 물질전달은 자연대류에 의해 동시에 발생할 것이다. 상사성을 고려하면 $\overline{Nu}_L = f(Gr_L, Pr, Sc)$와 $\overline{Sh}_L = f(Gr_L, Sc, Pr)$가 되며, 여기서 밀도차 $\Delta\rho$는 온도와 농도 둘 다의 변화 때문이다. 1차 근사화로서, ρ_s와 ρ_∞에 미치는 온도와 농도변화 둘 다의 영향과 $Le = Pr/Sc \approx 1$을 고려하여 $\Delta\rho = \rho_s - \rho_\infty$ 값이 계산된다면, $\overline{Nu}_L = f(Gr_L, Pr)$와 $\overline{Sh}_L = f(Gr_L, Sc)$ 형태의 기존 상관관계식이 대류전달계수를 결정하기 위해 사용될 수 있다. 성분 A와 B의 2성분 혼합물에서 표면과 자유유동 밀도는 각각 $\rho_s = \rho_{s,A} + \rho_{s,B}$와 $\rho_\infty = \rho_{\infty,A} + \rho_{\infty,B}$로 정의되며, 여기서 성분 밀도는 표면과 자유유동 온도에 의존한다. 경계층 내의 평균밀도는 $\rho = (\rho_s + \rho_\infty)/2$이다. Le 수가 1보다 훨씬 작거나 큰 유체와 관련되어 있는 경우에는 문헌을 참고해야 한다.

9.11 요약

부분적으로 또는 전적으로 부력에 기인하는 대류유동에 대하여 고찰하였으며, 이러한 유동을 특징짓는 데 필요한 무차원 매개변수들을 도입하였다. 이제는 언제 자유대류의 영향이 중요한가를 식별할 수 있어야 하며, 관련된 열전달률을 정량화할 수 있어야 한다. 이러한 목적으로 여러 가지의 실험적 상관식들이 제공되어 있다.

관련된 개념을 어느 정도 이해하는가를 알아보기 위해 다음의 질문에 답해 보자.

- **광대한**, **정지**유체란 어떤 것인가?
- 부력구동 유동이 발생하기 위한 조건은 무엇인가?
- 가열된 수직평판 위의 자유대류 경계층에서의 속도분포가 평행평판 위의 강제유동의 경계층에서의 속도분포와 어떻게 다른가?
- 자유대류 경계층에 대한 x 방향 운동량방정식에서 부력 항의 일반적인 형태는 무엇인가? 온도변화에 따라 유동이 일어난다면 이는 어떻게 근사화되는가?
- **Grashof 수**의 물리적 의미는 무엇인가? **Rayleigh 수**는 무엇인가? 각 매개변수는 특성길이에 어떻게 의존하는가?
- 정지공기 내의 가열된 수평평판에서 윗면 또는 아랫면의 열전달이 커지겠는가? 그렇다면 왜 그

런가? 정지공기 내의 냉각된 수평평판에서 윗면 또는 아랫면의 열전달이 커지겠는가? 그렇다면 왜 그런가?

- 수직 평행평판 채널 내부의 자유대류의 경우, 채널의 유량은 어떤 힘의 균형에 의해 지배되는가?
- 등온평판들의 수직채널의 경우, 최적 간격이 존재하는 물리적 배경은 무엇인가?
- 공동의 수직 표면이 가열되거나 냉각될 때 공동 안의 유동의 특성은 무엇인가? 동심 원통형 표면이 가열되거나 냉각된 동심 원통형 표면 사이의 환형공간 내부에서 유동의 특성은 무엇인가?
- **혼합대류**란 단어가 의미하는 바는 무엇인가? 혼합대류 효과가 열전달 해석에서 고려되어야만 하는지를 어떻게 결정하겠는가? 어떤 조건하에서 열전달이 혼합대류에 의해서 향상되는가? 이것은 어떤 조건하에서 감소되겠는가?
- 정지유체 B에서 위쪽으로 향하고 있는 수평면으로부터 성분 A의 전달을 생각해 보라. 만일 $T_s = T_\infty$이고 A의 분자량이 B보다 작다면, 유사한 열전달 문제는 무엇인가? 만일 A의 분자량이 B보다 크다면, 유사한 열전달 문제는 무엇인가?

참고문헌 *References*

1. Jaluria, Y., *Natural Convection Heat and Mass Transfer*, Pergamon Press, New York, 1980.
2. Gebhart, B., Y. Jaluria, R. L. Mahajan, and B. Sammakia, *Buoyancy-Induced Flows and Transport,* Hemisphere Publishing, Washington, DC, 1988.
3. Ostrach, S., "An Analysis of Laminar Free Convection Flow and Heat Transfer About a Flat Plate Parallel to the Direction of the Generating Body Force," National Advisory Committee for Aeronautics, Report 1111, 1953.
4. LeFevre, E. J., "Laminar Free Convection from a Vertical Plane Surface," *Proc. Ninth Int. Congr. Appl. Mech.*, Brussels, Vol. 4, 168, 1956.
5. McAdams, W. H., *Heat Transmission,* 3rd ed., McGraw-Hill, New York, 1954, Chap. 7.
6. Warner, C. Y., and V. S. Arpaci, *Int. J. Heat Mass Transfer,* **11,** 397, 1968.
7. Bayley, F. J., *Proc. Inst. Mech. Eng.,* **169,** 361, 1955.
8. Churchill, S. W., and H. H. S. Chu, *Int. J. Heat Mass Transfer,* **18,** 1323, 1975.
9. Sparrow, E. M., and J. L. Gregg, *Trans. ASME,* **78,** 435, 1956.
10. Churchill, S. W., "Free Convection Around Immersed Bodies," in G. F. Hewitt, Exec. Ed., *Heat Exchanger Design Handbook*, Section 2.5.7, Begell House, New York, 2002.
11. Sparrow, E. M., and J. L. Gregg, *Trans. ASME,* **78,** 1823, 1956.
12. Cebeci, T., "Laminar-Free-Convective Heat Transfer from the Outer Surface of a Vertical Slender Circular Cylinder," *Proc. Fifth Int. Heat Transfer Conf.*, Paper NC1.4, pp. 15–19, 1974.
13. Minkowycz, W. J., and E. M. Sparrow, *J. Heat Transfer,* **96,** 178, 1974.
14. Vliet, G. C., *Trans. ASME,* **91C,** 511, 1969.
15. Fujii, T., and H. Imura, *Int. J. Heat Mass Transfer,* **15,** 755, 1972.
16. Azevedo, L. F. A., and E. M. Sparrow, *J. Heat Transfer,* **107,** 893, 1985.
17. Rich, B. R., *Trans. ASME,* **75,** 489, 1953.
18. Goldstein, R. J., E. M. Sparrow, and D. C. Jones, *Int. J. Heat Mass Transfer,* **16,** 1025, 1973.
19. Lloyd, J. R., and W. R. Moran, *J. Heat Transfer,* **96,** 443, 1974.
20. Radziemska, E., and W. M. Lewandowski, *Applied Energy*, **68**, 347, 2001.
21. Raithby, G. D., and K. G. T. Hollands, in W. M. Rohsenow, J. P. Hartnett, and Y. I. Cho, Eds., *Handbook of Heat Transfer Fundamentals,* Chap. 4, McGraw-Hill, New York, 1998.
22. Morgan, V. T., "The Overall Convective Heat Transfer from Smooth Circular Cylinders," in T. F. Irvine and J. P. Hartnett, Eds., *Advances in Heat Transfer,* Vol. 11, Academic Press, New York, 1975, pp. 199–264.
23. Churchill, S. W., and H. H. S. Chu, *Int. J. Heat Mass Transfer,* **18,** 1049, 1975.
24. Elenbaas, W., *Physica,* **9,** 1, 1942.
25. Bar-Cohen, A., and W. M. Rohsenow, *J. Heat Transfer,* **106,** 116, 1984.
26. Ostrach, S., "Natural Convection in Enclosures," in J. P. Hartnett and T. F. Irvine, Eds., *Advances in Heat Transfer,* Vol. 8, Academic Press, New York, 1972, pp. 161–227.
27. Catton, I., "Natural Convection in Enclosures," *Proc. 6th Int. Heat Transfer Conf.*, Toronto, Canada, 1978, Vol. 6, pp. 13–31.
28. Globe, S., and D. Dropkin, *J. Heat Transfer,* **81C,** 24, 1959.
29. Hollands, K. G. T., G. D. Raithby, and L. Konicek, *Int. J. Heat Mass Transfer,* **18,** 879, 1975.
30. Churchill, S. W., "Free Convection in Layers and Enclosures," in G. F. Hewitt, Exec. Ed., *Heat Exchanger Design Handbook*, Section 2.5.8, Begell House, New York, 2002.

31. MacGregor, R. K., and A. P. Emery, *J. Heat Transfer,* **91,** 391, 1969.
32. Ayyaswamy, P. S., and I. Catton, *J. Heat Transfer,* **95,** 543, 1973.
33. Catton, I., P. S. Ayyaswamy, and R. M. Clever, *Int. J. Heat Mass Transfer,* **17,** 173, 1974.
34. Clever, R. M., *J. Heat Transfer,* **95,** 407, 1973.
35. Arnold, J. N., I. Catton, and D. K. Edwards, "Experimental Investigation of Natural Convection in Inclined Rectangular Regions of Differing Aspect Ratios," ASME Paper 75-HT-62, 1975.
36. Buchberg, H., I. Catton, and D. K. Edwards, *J. Heat Transfer,* **98,** 182, 1976.
37. Hollands, K. G. T., S. E. Unny, G. D. Raithby, and L. Konicek, *J. Heat Transfer,* **98,** 189, 1976.
38. Raithby, G. D., and K. G. T. Hollands, "A General Method of Obtaining Approximate Solutions to Laminar and Turbulent Free Convection Problems," in T. F. Irvine and J. P. Hartnett, Eds., *Advances in Heat Transfer,* Vol. 11, Academic Press, New York, 1975, pp. 265–315.
39. Kuehn, T. H., and R. J. Goldstein, *Int. J. Heat Mass Transfer,* **19,** 1127, 1976.
40. Churchill, S. W., "Combined Free and Forced Convection around Immersed Bodies," in G. F. Hewitt, Exec. Ed., *Heat Exchanger Design Handbook*, Section 2.5.9, Begell House, New York, 2002.
41. Churchill, S. W., "Combined Free and Forced Convection in Channels," in G. F. Hewitt, Exec. Ed., *Heat Exchanger Design Handbook*, Section 2.5.10, Begell House, New York, 2002.
42. Chen, T. S., and B. F. Armaly, in S. Kakac, R. K. Shah, and W. Aung, Eds., *Handbook of Single-Phase Convective Heat Transfer,* Chap. 14, Wiley-Interscience, New York, 1987.
43. Aung, W., in S. Kakac, R. K. Shah, and W. Aung, Eds., *Handbook of Single-Phase Convective Heat Transfer,* Chap. 15, Wiley-Interscience, New York, 1987.
44. Incropera, F. P., A. J. Knox, and J. R. Maughan, *J. Heat Transfer,* **109,** 434, 1987.
45. Maughan, J. R., and F. P. Incropera, *Int. J. Heat Mass Transfer,* **30,** 1307, 1987.
46. Osborne, D. G., and F. P. Incropera, *Int. J. Heat Mass Transfer,* **28,** 207, 1985.
47. Osborne, D. G., and F. P. Incropera, *Int. J. Heat Mass Transfer,* **28,** 1337, 1985.

연습문제 *Problems*

물성치와 일반적인 고찰

9.1 그림 3.1의 1차원 평판의 두께는 $L = 75$ mm이고 열전도율은 $k = 5$ W/m·K이다. 유체 온도는 각각 $T_{\infty,1} = 200°C$, $T_{\infty,2} = 100°C$이다. 표 1.1에 나와 있는 전형적인 대류열전달계수의 최솟값과 최댓값을 사용하여, (i) 기체 자유대류, (ii) 액체 자유대류, (iii) 기체 강제대류, (iv) 액체 강제대류 그리고 (v) 상변화 대류 조건에서의 벽면에서의 최소 및 최대 정상상태 열유속을 구하라.

9.2 표 A.6에 주어진 물에 대한 밀도 값들을 사용하여 300 K에서의 체적 열팽창계수를 식 (9.3)에 주어진 정의로부터 구하고, 결과를 표에 주어진 값과 비교하라.

9.3 특성길이가 $L = 0.5$ m인 한 물체의 온도는 0.5 m/s의 속도로 흐르고 있는 주변 유체보다 10°C 더 높다. 막온도(film temperature) T_f의 범위가 $10 \le T_f \le 90°C$일 때, Reynolds 수, Grashof 수 그리고 Gr_L/Re_L^2에 관한 그래프를 도시하여라. 주변 유체로는 대기압상태의 공기 또는 액체상태의 물을 고려하여라. *IHT*를 사용할 것을 권장한다.

9.4 특성길이가 0.01 m이고, 온도차가 30°C인 경우의 어떠한 물체를 고려한다. 다음에 주어진 조건에서 열물성치들을 산정하고, Rayleigh 수를 결정하라: 공기(1 atm, 400 K), 헬륨(1 atm, 400 K), 글리세린(285 K), 물(310 K).

9.5 여러 가지 다른 액체들의 자연대류에 의한 냉각효과를 확인하기 위해서는 대류계수에 대한 모든 적절한 유체물성들의 영향력을 종합한 장점지수(figure of merit) F_N을 도입하는 것이 편하다. Nusselt 수가 $Nu_L \sim Ra^n$ 형태의 식에 의해 지배된다고 할 때, F_m과 유체 물성치 간의 관계를 구하라. $n = 0.33$일 때, 공기($k = 0.026$ W/m·K, $\beta = 0.0035$ K^{-1}, $n = 1.5 \times 10^{-5}$ m^2/s, $Pr = 0.70$), 물($k = 0.600$ W/m·K, $\beta = 2.7 \times 10^{-4}$ K^{-1}, $\nu = 10^{-6}$ m^2/s, $Pr = 5.0$), 절연용액($k = 0.064$ W/m·K, $\beta = 0.0014$ K^{-1}, $\nu = 10^{-6}$ m^2/s, $Pr = 25$)의 FN 값을 계산하라. 어떤 용액이 가장 효과적인 냉각 보조제인가?

9.6 많은 경우에 밀봉된 밀폐공간을 채운 기체의 자유대류를 다루게 된다. 27°C의 1, 10, 100 bar의 공기를 고려한다. 이 3개의 각 압력에 대하여 연습문제 9.5에서 언급한 장점지수를 결정하라. 어느 공기압이 가장 효과적인 냉각을 제공할 것인가? 힌트: 연습문제 6.20 참조.

수직평판

9.7 130°C의 균일한 표면온도를 갖는 수직평판이 대기압, 25°C의 정지한 공기 중에 매달려 있다.

(a) 하단으로부터 0.25 m 위치에서의 경계층 두께를 계산하라.

(b) 이 지점의 경계층 안에서 최대속도는 얼마인가? 그리고 경계층 안에서 최대속도가 일어나는 위치는 어디인가?

(c) 식 (9.19)로 주어지는 상사해를 이용하여 하단으로부터 0.25 m 위치에서 열전달계수를 결정하라.

(d) 하단으로부터 얼마의 위치에서 경계층이 난류로 되는가?

9.8 높이가 1 m, 폭이 0.6 m인 수직 표면과 그보다 20 K 낮은 정지해 있는 공기와의 자유대류에 의해 열전달률이 알려져 있다. 이 경우와 수직 표면의 높이가 0.6 m이고 폭이 1.0 m이며, 공기 온도가 20 K 더 높을 경우 열전달률의 비는 얼마인가? 복사에 의한 열전달과 공기의 열물성치들에 미치는 온도의 영향은 무시한다.

9.9 $T_\infty = 27°C$의 정지해 있는 대기공기에 놓여 있는 전자기기를 냉각시키기 위하여 사용되는 수직 직사각형 휜들의 배열을 고려한다. 각 휜은 길이가 $L = 20$ mm이고, 높이는 $H = 150$ mm이다. 그리고 대략 $T_s = 77°C$의 균일한 온도에서 조작된다.

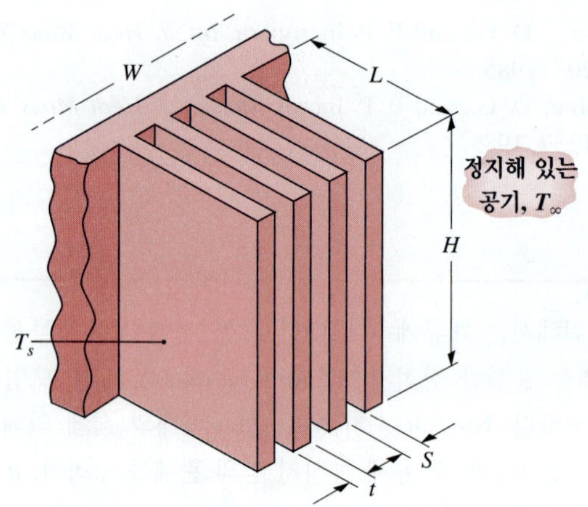

(a) 각각의 휜 표면을 무한한 정지해 있는 매체 속의 수직평판으로 보고 최적의 휜 간격 S가 존재하는 이유를 간략히 설명하라. 주어진 조건에서 S의 최적값을 계산하라(그림 9.4 참조).

(b) 최적의 S 값과 휜 두께 $t = 1.5$ mm일 때, 폭이 $W = 355$ mm인 배열에 대하여 휜들로부터의 열전달률을 계산하라.

9.10 여러 개의 얇은 판들을 20°C의 수조 속에 수직으로 매달아서 냉각시킨다. 판의 초기온도가 54°C이고, 길이가 0.15 m라면, 판 사이의 자유대류 경계층이 서로 간섭하지 않는 판 사이의 최소간격은 얼마인가?

9.11 식 (9.24)로 주어진 자유대류상관식에서 출발하여, 대기압과 400 K의 막온도를 갖는 공기에 대하여, 수직평판의 평균 열전달계수가 다음과 같이 표시될 수 있음을 보이라.

$$\bar{h}_L = 1.40\left(\frac{\Delta T}{L}\right)^{1/4} \qquad 10^4 < Ra_L < 10^9$$

$$\bar{h}_L = 0.98\Delta T^{1/3} \qquad 10^9 < Ra_L < 10^{13}$$

9.12 두께가 5 mm이고 변의 길이가 200 mm인 정사각형인 저온의 알루미늄 평판이 40°C의 공기 중에 수직으로 매달려 있다. 평판의 온도가 15°C일 때, 평균 열전달계수를 경계층방정식의 상사해로부터의 결과들을 이용하여 그리고 실험적 상관식의 결과들을 이용하여 구하라.

9.13 균일한 온도 227°C로 가열된 알루미늄 합금(2024) 평판이 주위 공기온도와 주변들의 온도가 27°C인 방에 수직으로 매달려 냉각되고 있다. 평판은 한 변의 길이가 0.3 m인 정사각형이며, 두께는 15 mm이고, 방사율은 0.25이다.

평판이 자유대류열전달계수를 구하기 위한 실험에 사용되었다. 평판의 온도가 127°C인 순간에 온도의 시간 변화율은 −0.0465 K/s로 관찰되었다. 해당하는 자유대류열전달계수는 얼마인가? 이 결과를 표준적인 실험식을 통해 구한 값과 비교하라.

9.14 내부 공기와 내벽의 온도가 각각 (a) 20°C와 10°C, (b) 27°C와 37°C인 주택의 높이 2.5 m의 수직벽에 대한 평균 열전달계수를 계산하라.

9.15 실린더 상단의 경계층 두께가 대략 실린더 직경의 1/4인 경우, 높이가 L인 수직 등온평판에 대한 층류 자유대류상관식을 직경이 D이고 높이가 L인 수직 등온실린더에 적용할 수 있음을 보여라. 표면온도는 $T_s = 35°C$, 주변의 정지해 있는 공기의 온도는 $T_\infty = 25°C$, 길이는 $L = 0.75$ m일 때, 그보다 작은 경우 평판에 대한 상관식을 적용할 수 없는 실린더의 임계직경 D_{Crit}를 구하여라. 그리고 실린더 임계직경에 해당하는 수직 실린더 벽면으로부터의 자유대류열전달률을 구하여라.

9.16 0.25 m × 0.50 m 크기의 수직평판($T_s = 100°C$)이 정적인 공기($T_\infty = 20°C$) 속에 위치해 있다. 평판으로부터의 열전달을 최소화하기 위해서는 수직평판을 A 또는 B 중 어느 방향으로 놓는 것이 유리한가? 수직평판이 열전달을 최소화하는 방향으로 놓였을 때 평판의 앞면에서의 대류열전달은 얼마인가?

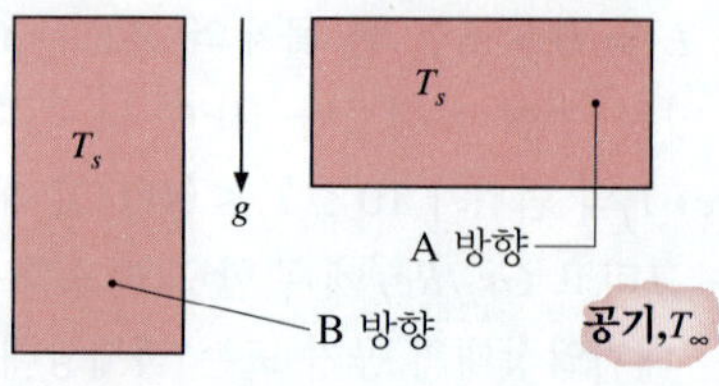

9.17 추운 겨울날 높이 1.8 m이고 폭 1.0 m인 안뜰 창문의 밑부분에 서리가 생겼다. 방의 벽과 공기의 온도는 15°C이다.

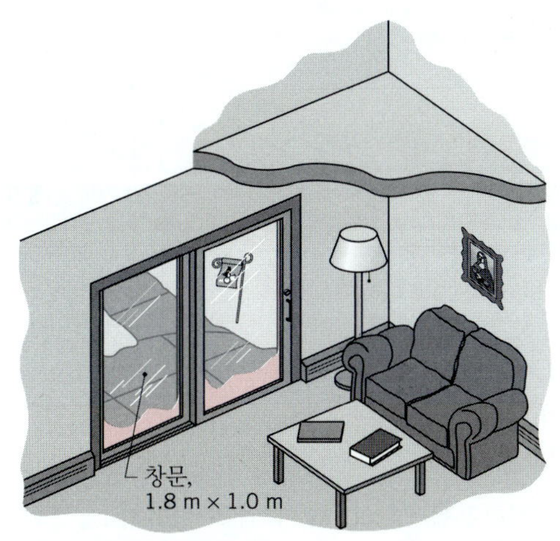

(a) 창문의 위에서보다 아래에서 서리막이 생기는 이유를 설명하라.

(b) 자연대류와 복사로 인해 창문을 통해 빠져나간 열손실을 계산하라. 창문은 0°C의 일정한 온도로 유지되며 유리 표면의 방사율은 0.94로 가정하자. 방이 전기장판으로 가열될 때 전기 사용료가 0.21 $/kW·h라면, 유리창의 열손실로 매일 소비되는 비용은 얼마인가?

9.18 한 면의 길이가 1 m인 얇은 수직 창유리가 $T_{\infty,o} = -20°\text{C}$의 정지 주위공기로부터 $T_{\infty,i} = 20°\text{C}$의 정지 실내공기를 분리한다. 실내의 벽과 외부 주변(경치, 건물 등)은 모두 각각 $T_{\text{sur},i} = 20°\text{C}$와 $T_{\text{sur},o} = 220°\text{C}$에 있다.

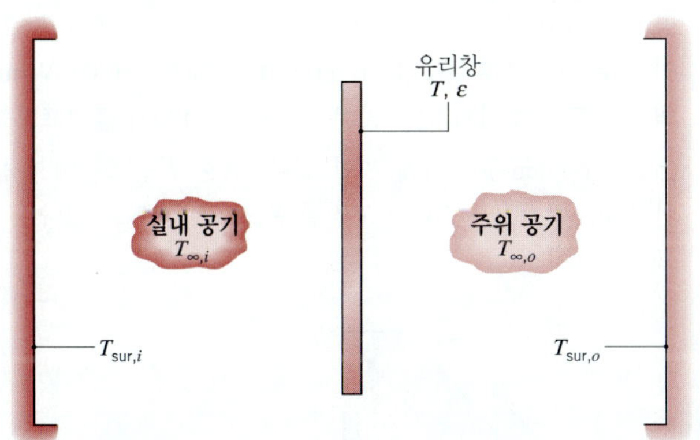

유리의 방사율이 $\varepsilon = 1$이라면, 유리의 온도 T는 얼마인가? 유리를 통한 열손실률은 얼마인가?

9.19 연습문제 9.18의 조건들을 고려해 보자. 그러나 지금은 창의 안쪽과 바깥쪽 온도들 $T_{s,i}$와 $T_{s,o}$ 사이의 차이를 허용하자. $t_g = 10$ mm와 $k_g = 1.4$ W/m·K의 유리 두께와 열전도율에 대하여 $T_{s,i}$와 $T_{s,o}$를 산정하라. 창을 통한 열손실은 얼마인가?

9.20 평균 열전달계수가 $\bar{h}_L$이고 길이 L인 수직 등온평판에서의 층류를 고려하자. 만약 평판이 각각의 길이가 $L_N = L/N$인 N개의 작은 평판으로 분리되어 있다면, 하나의 평판에 대한 평균 열전달계수에 대한 N개의 평판에 대해 평균화된 열전달계수의 비 $\bar{h}_{L,N}/\bar{h}_{L,1}$를 표현하는 식은 무엇인가?

9.21 높이가 0.5 m, 폭이 0.7 m인 가정용 오븐의 문은 작동 중 평균표면온도가 32°C에 도달한다. 주위 공기온도가 22°C일 때, 오븐의 열손실을 계산하라. 문이 1.0의 방사율을 가지며, 주변이 22°C일 때 복사에 의한 열손실과 자유대류에 의한 열손실에 관하여 논의하라.

9.22 폭과 높이($W = L = 1$ m)가 같은 수직 단일 창유리를 고려해 보자. 내부 표면은 온도가 18°C인 방의 공기와 벽에 노출되어 있다.

(a) 추운 외부 공기에 의해 내부 표면에 얇은 서리막이 형성되었다면, 창문을 통한 열손실은 얼마인가?

(b) 무시할 수 없는 두께의 서리막은 분석에 어떤 영향을 미치는가?

(c) 서리의 생성 초기에 유리에서 서리가 성장하는 지점은 어디인가? 서리는 0.90의 방사율을 가진다고 가정한다.

9.23 50°C의 고온 프로세스 유체를 담은 얇은 벽의 용기가 10°C의 정지해 있는 냉수 수조 속에 놓여 있다. 용기의 안쪽과 바깥쪽 표면들에서의 열전달은 수직평판으로부터의 자유대류로 근사화할 수 있다.

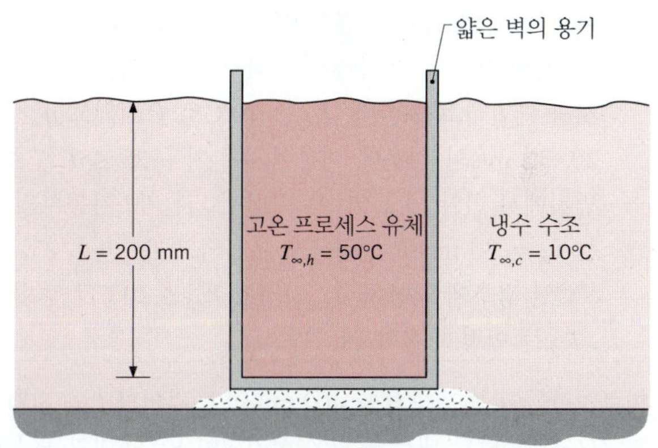

(a) 고온 프로세스 유체와 냉수 수조 사이의 열관류계수를 결정하라. 고온 프로세스 유체의 물성치들은 물의 값과 같다고 가정하라.

(b) 20에서 60°C까지의 범위에 대하여 고온 프로세스 유체온도 $T_{\infty,h}$의 함수로 열관류계수를 도시하라. 다른 모든 조건들은 같게 유지되고 있다.

9.24 커다란 방에 걸려 있는 수직평판을 따라서 발달되는 자유대류 경계층에서 난류로의 천이를 조사하기 위한 실험을 고려한다. 평판은 2개의 알루미늄 평판 사이에 끼워져 있는 얇은 히터로 구성되어 있고 등온이라고 가정한다. 가열평판은 높이가 1 m, 폭이 2 m이다. 정지공기와 주위 모두 25°C이다.

(a) 알루미늄 평판의 노출표면은 대단히 얇게 고방사율(ε =

0.95) 페인트가 코팅되어 있다. $T_s = 35°C$의 온도에 평판을 유지하기 위해 히터에 공급해야 하는 전기출력을 결정하라. 판의 얼마만큼의 부분이 자유대류 경계층에서 난류 조건에 있는가?

(b) 실험자는 페인트의 조도가 경계층에서 난류로의 천이에 영향을 준다고 생각하여 페인트를 벗겨 내고 알루미늄 표면을 광택 내기로 결심한다($\varepsilon = 0.05$). (a)와 같이 평판에 동등한 출력을 가한다면 정상상태 평판 온도는 얼마인가? 평판의 얼마만큼의 부분이 자유대류 경계층에서 난류조건에 있는가?

9.25 자동차의 수직인 뒤쪽 창은 두께가 $L = 8$ mm이고 높이가 $H = 0.5$ m이다. 이 창은 거의 균일한 체적가열 $\dot{q}$(W/m³)을 얻을 수 있도록 미세한 메시(fine-mesh) 와이어로 가열되고 있다.

(a) 창의 안쪽 표면이 10°C의 정지된 공기에 노출되어 있고, 바깥 표면은 20 m/s의 속도로 표면을 평행으로 유동하는 −10°C의 공기에 노출되어 있는 정상상태 조건들을 고려해 보자. 안쪽 창의 온도를 $T_{s,i} = 15°C$로 유지하기 위하여 필요한 단위체적당 열발생률을 구하라.

(b) 안쪽과 바깥쪽 창 온도 $T_{s,i}$와 $T_{s,o}$는 바깥 표면을 지나 흐르는 공기의 속도 θ_∞와 체적 가열률 $\dot{q}$ 그리고 칸막이와 주위 온도 $T_{\infty,i}$와 $T_{\infty,o}$에 의존한다. $T_{s,i}$가 15°C로 유지되어야 한다는 제약과 관련하여 우리는 $T_{\infty,i}$, $T_{\infty,o}$ 그리고/또는 θ_∞의 변화에 응답해서 변화하는 가열률에 관한 안내서를 개발하고자 한다. $T_{\infty,i}$는 10°C로 유지되고 $u_\infty = 10, 20, 30$ m/s인 경우에 대하여, $T_{\infty,o}$가 $-25 \le T_{\infty,o} \le 5°C$ 범위에서 변할 때 $\dot{q}$, $T_{s,o}$는 어떻게 되는가? 자동차의 속도는 $u_\infty = 30$ m/s로 일정하게 유지되고 $T_{\infty,o} = -25, -10, 5°C$인 경우에 대하여, $T_{\infty,i}$가 $5 \le T_{\infty,i} \le 20°C$로 변할 때 $\dot{q}$, $T_{s,o}$는 어떻게 변화하는가?

9.26 회로기판들이 높이가 $H = 400$ mm이고 길이가 $L = 800$ mm인 직사각형 덕트 내부 표면에 설치되어 있다. 기판들이 덕트 내부를 흐르는 공기에 의해 강제대류열전달로 냉각되지만, 전자부품들로부터 방출된 열 모두가 유동에 전달되지는 않는다. 대신 열의 일부는 덕트의 수직벽으로 전도되거나, $T_\infty = T_{sur} = 20°C$의 등가온도를 갖는 대기 공기와 주위에 자연대류와 복사에 의해 전달된다. 벽들은 금속이고, 근사에 의해서 온도 T_s와 같은 온도를 가정할 수 있다.

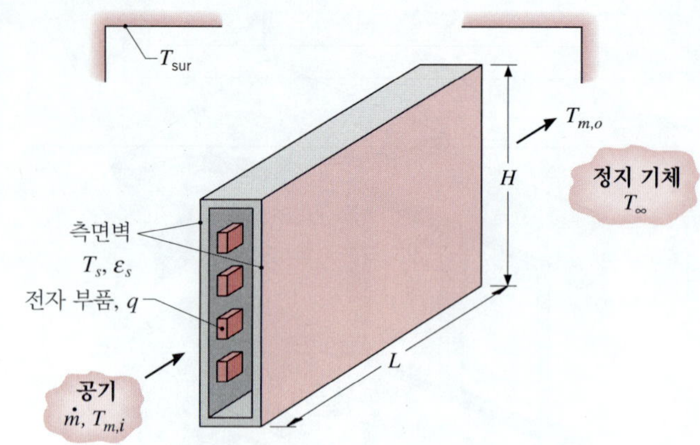

(a) 전자부품들이 200 W의 열을 방출하고, 공기는 덕트로 $\dot{m} = 0.015$ kg/s의 유량으로 유입되며, 그 온도는 $T_{m,i} = 20°C$라고 간주하자. 만약 측면 벽들의 방사율이 $\varepsilon_s = 0.15$이고 공기의 출구 온도가 $T_{m,o} = 30°C$라면, 표면온도 T_s는 얼마인가?

(b) 전자부품들의 온도를 감소시키기 위해서 측면 벽들에서의 열전달을 향상시켜야 한다. 공기유동 조건의 변화가 없다고 가정하고, 측면 벽들에 높은 방사율 코팅($\varepsilon_s = 0.90$)을 하면 이것이 T_s에 미치는 영향은 무엇인가?

(c) 전력이 꾸준히 소산되는 동안 공기유동의 손실이 있다면, $\varepsilon_s = 0.15$와 $\varepsilon_s = 0.90$인 경우에 대하여 각각 T_s의 결과값은 얼마인가?

9.27 높이와 폭이 각각 $H = 1$ m와 $W = 0.65$ m인 냉장고 문이 공기와 벽의 온도가 $T_\infty = T_{sur} = 25°C$인 큰 방에 놓여 있다. 이 문은 폴리스티렌(polystyrene) 단열재($k = 0.03$ W/m·k)의 층으로 이루어져 있고 얇은 강판($\varepsilon = 0.6$)과 폴리프로필렌(polypropylene) 사이에 끼여 있다. 표준 작동조건에서 문의 안쪽 표면은 $T_{s,i} = 5°C$의 고정된 온도로 유지되고 있다.

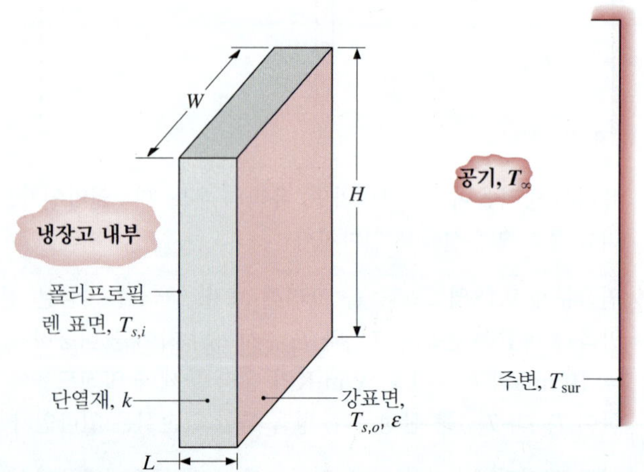

(a) 단열재가 없는($L = 0$) 경우에 해당하는 최악의 조건에서 문을 통과하는 열 획득량(heat gain)을 산정하라.

(b) $0 \le L \le 25$ mm에 대하여 열 획득량과 바깥 표면온도 $T_{s,o}$를 단열재 두께의 함수로 계산하고 도시하라.

9.28 3 atm, 100°C의 공기가 압축기로부터 높이 2.5 m, 지름 0.75 m이고 수직인 흡수기(receiver)로 방출된다. 흡수기 벽의 온도는 균일하고 열저항은 무시할 수 있다고 가정하라. 흡수기 안쪽 면과 바깥쪽 면에서 열전달은 자유대류에 의해 일어난다. 복사교환과 윗면으로부터의 모든 손실은 무시하라.

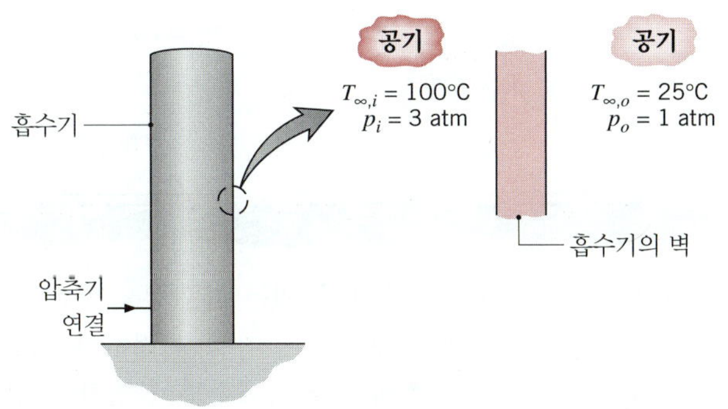

(a) 대기 공기가 25°C일 때 흡수기 벽온도와 열전달률을 산정하라. 자유대류상관식을 쉽게 이용하기 위해, 흡수기 벽온도를 60°C로 가정하여 막온도를 구하라.

(b) 위의 (a)에서 가정한 막온도는 합리적인가? 그렇지 않다면 반복계산을 통해 안정된(수렴한) 값을 구하라.

(c) 앞의 해석에서 무시한 흡수기의 두 특징을 고려해 보자: (i) 방사율이 0.85인 바깥 표면으로부터 온도가 25°C인 큰 주변으로의 복사 열전달, (ii) 열전도율이 0.25 W/m·K이고 두께가 20 mm인 벽의 열저항. 열회로를 통해 시스템을 반복하고, 벽온도들과 열전달률을 산정하라.

9.29 주위 공기온도가 25°C이고 벽 가열패널 높이가 1 m일 때, 최대온도가 37°C를 넘지 않는 범위에서 부과할 수 있는 최대 허용 균일 열유속을 구하라.

수평평판 및 경사평판

9.30 한 변이 0.2 m인 정사각형 단면의 긴 공기조화용 덕트가 있다. 덕트는 내부의 공기유동에 의해 표면온도가 10°C로 유지되고 있다. 수평인 덕트가 단열되어 있지 않고 집 아래 좁은 공간(crawlspace) 내의 35°C인 공기에 노출되어 있다면, 덕트의 단위 길이당 열전달은 얼마인가?

9.31 연습문제 8.78의 변압기를 고려해 보자. 이 변압기의 측면은 1000 W를 제거하는 강제대류 냉각제 관로에 의하여 47°C로 유지되고 있다. 변압기의 표면이 0.80의 방사율을 가진다고 가정하여 자유대류와 복사에 의한 변압기의 냉각을 검토하는 것이 요구되고 있다.

(a) 주위 온도와 주변이 27°C일 때 측면과 위 수평면으로부터 자유대류와 복사에 의하여 제거될 수 있는 열전달률은 얼마인가?

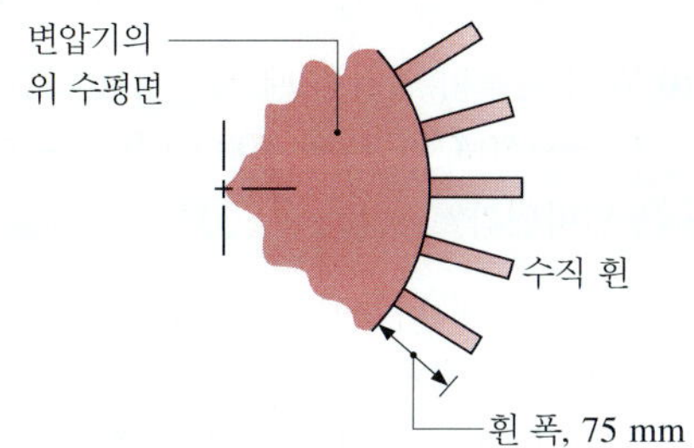

(b) 두께 5 mm, 폭 75 mm, 길이 500 mm의 수직 휜들을 측면에 쉽게 용접할 수 있다. 만약 이와 같은 휜들을 30개 부착한다면 자유대류에 의하여 제거되는 열전달률은 얼마인가?

9.32 지름 400 mm인 수평원판 모양의 전기가열기로 5°C의 엔진오일이 담겨 있는 탱크의 밑면을 가열한다. 가열기 표면온도를 70°C로 유지하는 데 소요되는 동력을 계산하라.

9.33 탄소강(k = 57 W/m·K, ε = 0.5)으로 만들어진 두께 6 mm, 길이 100 mm의 수평 직선 휜을 고려해 보자. 휜의 바탕(base)은 150°C로 유지되고 정지한 주위 공기와 주변들은 25°C로 유지되고 있다. 끝단은 단열이라고 가정하고 휜의 단위폭당 열전달률 q_f'을 계산하여라. 자유대류열전달계수와 선형화된 복사계수를 구하기 위하여 휜 표면의 평균온도를 80°C로 가정하여라. 휜 표면 평균온도의 선택에 따라 휜의 열전달률은 얼마나 민감하게 변하는가?

9.34 초기온도가 T_i = 400°C인 직경 0.5 m이고 두께가 35 mm인 알루미늄 합금 디스크를 T_∞ = 35°C인 큰 유조(oil bath)에서 급속 냉각시킨다. 냉각이 진행되면서, 디스크는 잘 절연된 용기의 바닥에 수평으로 놓이게 된다. 5.3.3절의 결과를 이용하여 디스크의 온도를 100°C까지 감소시키는 데 필요한 시간을 구하여라. 금속의 물성치는 ρ = 1000 kg/m^3, k = 185 W/m·K 그리고 c = 775 J/kg·K 이다.

9.35 어떤 물질의 아랫면은 가열시키고 윗면은 온도가 $T_\infty = T_{sur}$ = 25°C인 정지상태의 공기와 주변에 노출시킴으로써 물질의 열전도율과 표면 방사율을 결정할 수 있다. 시편과 히터의 나머지 표면은 잘 단열되어 있다.

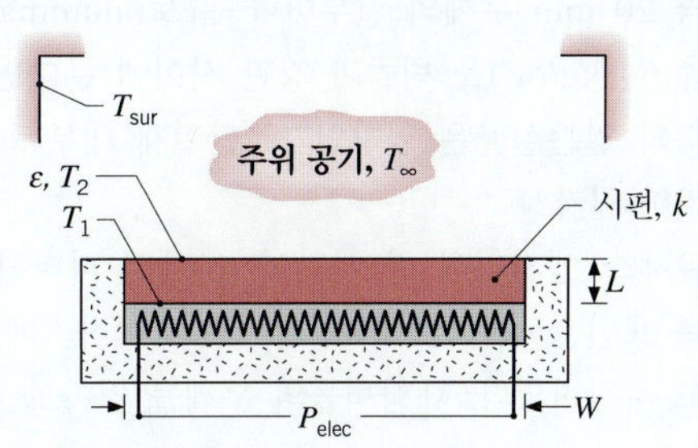

시편의 두께는 L = 25 mm, 정사각형 한 변의 길이는 W = 250 mm로 간주한다. 정상상태 조건하에서 수행된 실험에서 P_{elec} = 70 W의 전력이 공급될 때 시편의 아랫면과 윗면의 온도는 각각 T_1 = 150°C와 T_2 = 100°C이다. 시편의 열전도율과 방사율은 얼마인가?

9.36 많은 랩톱(laptop) 컴퓨터들에 사용되는 열관리 시스템은 중앙처리장치(CPU)의 액체냉각, 랩톱스크린 조립체의 뒷면으로 가열된 액체의 전송, 스크린 조립체 뒷면으로부터 평평한 등온 열분산기(heat spreader)에 의한 열방출 등을 포함한다. 냉각된 액체는 CPU로 다시 돌아오며 과정이 계속된다. 폭 w = 275 mm, 길이 L = 175 mm의 알루미늄 열분산기를 고려한다. 스크린 조립체는 수직 방향에서 θ = 30°의 각도를 이루고 있고 열분산기는 열적으로 전도성이 있는 접착제를 이용하여 두께 t = 3 mm의 플라스틱 하우징(housing)에 붙어 있다. 플라스틱 하우징은 k = 0.21 W/m·K의 열전도율과 ε = 0.85의 방사율을 가진다. 열분산기와 하우징의 경계면의 접촉저항은 $R''_{t,c} = 2.0 \times 10^{-4}$ m²·K/W이다. CPU가 평균적으로 15 W의 열에너지를 발생시킨다면 $T_\infty = T_{sur}$ = 23°C일 때 열분산기의 온도는 몇 도인가? 가장 큰 열저항(접촉, 전도, 복사, 또는 자유대류)은 무엇인가?

9.37 실내 공기와 주변의 온도가 24°C일 때, 직경이 0.25 m이고 방사율이 0.9인 원형 그릴의 표면온도가 130°C로 균일하게 유지되기 위하여 필요한 전력(electric power)을 구하시오.

9.38 연습문제 7.16에서 기술된 냉동트럭 적재함의 지붕을 고려하자. 단, 트럭은 주차해 있다(V = 0). 다른 조건은 변하지 않는다. $\alpha_S = \varepsilon$ = 0.5일 때, 외부표면온도 $T_{s,o}$와 냉동 시스템에 부과되는 열부하를 결정하라. 힌트: $T_{s,o} > T_\infty$, $Ra_L > 10^7$으로 가정하라.

9.39 단열되지 않은 알루미늄 용해로의 4 m × 4 m 크기의 수평지붕이 5 mm 두께의 강판(AISI 1010)으로 덮인 0.08 m 두께의 내화벽돌로 이루어져 있다. 내화벽돌의 표면은 작동 중에 1700 K로 유지되는 노 내의 가스에 노출되며, 한편 강판의 외부 표면은 25°C인 공기와 큰 방의 벽들에 노출되어 있다. 강의 방사율은 ε = 0.3이다.

(a) 지붕으로부터의 열손실률은 얼마인가?

(b) 만약 20 mm 두께의 알루미나-규토(alumina-silica) 단열층(64 kg/m³)을 벽돌과 강판 사이에 둔다면 지붕으로부터의 열손실률은 얼마인가? 단열재 내부 표면의 온도는 얼마인가?

(c) 프로세스 엔지니어 한 사람이 (b)에서 나타난 단열재의 안쪽 표면온도는 안전하게 장기간 조작하기에는 너무 높다고 주장하였다. 내화벽돌의 두께를 얼마로 해야 이 온도를 1350 K로 감소시키겠는가?

9.40 두께가 10 mm이고 한 변의 길이가 200 mm인 정사각형 타일(tile)이 파이렉스(pyrex)의 열물리학적 물성치들 ε = 0.80을 가지며, T_i = 140°C의 초기온도에서 경화 프로세스가 시작된다. 타일의 윗면은 단열되었고, 윗면은 25°C의 주위 공기와 주변들에 노출되어 있다.

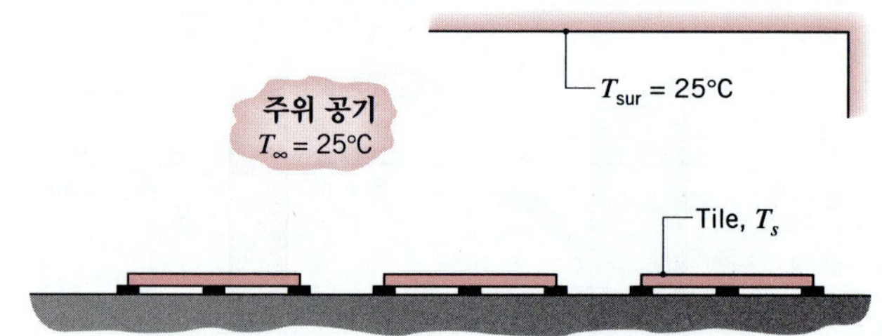

(a) 타일이 안전하게 접촉할 수 있는 최종 온도인 T_f = 40°C에 도달하는 데 요구되는 시간을 산정하라. 평균 자유대류계수와 선형화된 복사계수를 산정하기 위하여 $\bar{T} = (T_i + T_f)/2$의 평균타일 표면온도를 사용하라. 추정한 결과는 $\bar{T}$에 대하여 가정한 값에 얼마나 민감한가?

(b) 주위 공기가 10 m/s의 속도로 타일을 지나 평행유동으로 흐를 때 요구되는 냉각시간을 산정하라.

9.41 집적회로(IC) 기판이 덕트 내부에 적층되어 있고 총 500 W의 열을 발산한다. 덕트는 $w = H$ = 150 mm인 정사각형 단면을 이루고, 길이는 0.5 m이다. 덕트로 25°C, 1.2 m³/min의 공기가 유입되고, 공기와 덕트 내부 표면 간의 대류계수는 $\bar{h}_i$ = 50 W/m²·K이다. 덕트의 모든 외부 표면은 방사율 0.5로 산화피막 처리가 되었고 25°C인 주위 공기와 큰 주변에 노출되어 있다.

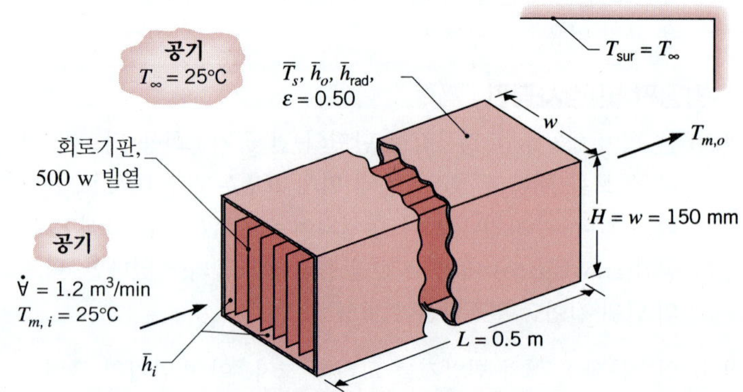

공기의 배출온도인 $T_{m,o}$와 덕트의 평균표면온도인 $\bar{T}_s$를 계산하는 모델을 개발하고자 한다.

(a) 표면온도를 37°C로 가정하고, 덕트의 외부 표면에 대하여 평균 자연대류계수 $\bar{h}_o$를 계산하라.

(b) 표면온도를 37°C로 가정하고, 덕트의 외부 표면에 대하

여 평균 선형 복사계수 $\bar{h}_{rad}$를 계산하라.

(c) IC들로부터의 전력 소산, 덕트를 유동하는 공기의 에너지 변화율 그리고 덕트 공기로부터 주위로의 열전달률을 고려하여 덕트에 에너지평형식을 적용하라. 이 과정의 마지막을 덕트 내부 공기의 평균온도 $\bar{T}_m$와 주위공기 및 주위의 온도 사이의 열저항으로 표현하라.

(d) 위 (c)의 식에 값을 대입하여 공기의 배출온도 $T_{m,o}$를 계산하라. 이에 대응하는 $\bar{T}_s$ 값을 계산하라. 문제의 결과와 모델에 적용된 가정들에 대한 의견을 기술하라.

9.42 한 나무 스토브(stove) 설계는 오로지 주변들로의 복사와 자연대류에 의한 열전달에 의존한다. 큰 방에 있는, 변이 $L_s = 1$ m로 입방체인 밀폐공간을 형성하는 어떤 스토브를 생각해 보자. 스토브의 바깥 벽들은 $\varepsilon = 0.8$의 방사율을 가지며 작동온도는 $T_{s,s} = 500$ K이다.

$T_{s,p} = 400$ K의 작동온도에서 등온이라고 가정할 수 있는 스토브 파이프는 $D_p = 0.25$ m의 지름과 $L_p = 2$ m의 높이를 가지며 스토브로부터 천장으로 뻗어 있다. 스토브는 공기와 벽들이 $T_\infty = T_{sur} = 300$ K인 큰 방 속에 있다. 파이프의 작은 수평부분에서의 열전달과 파이프와 스토브 사이의 복사교환은 무시하며, 스토브와 파이프로부터 주위로의 열전달률을 산정하라.

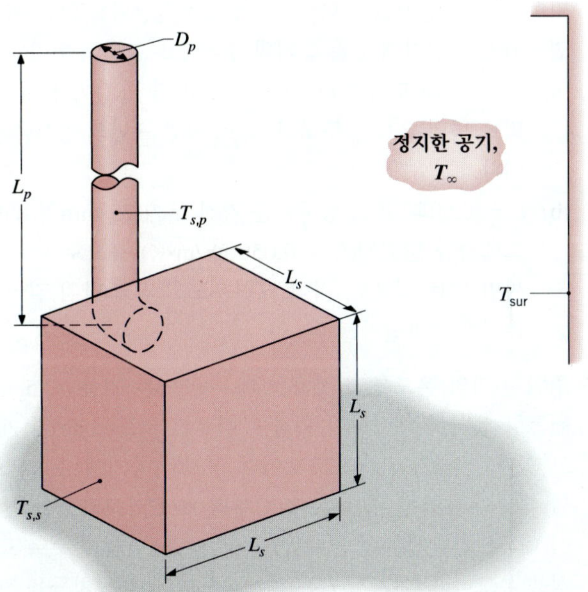

9.43 수평에서 45° 기울어진 1 m × 1 m의 평판이 밑표면에서 350 W/m²의 정미 복사 열유속에 노출되어 있다. 평판의 위 표면이 잘 단열되어 있다면, 주위 공기는 정지해 있고 온도가 0°C일 때, 평판이 도달할 수 있는 온도를 구하라.

수평원통 및 구

9.44 단열되지 않은 수평 수증기 관이 벽과 주위 공기가 300 K인 큰 방을 통과한다. 지름이 150 mm인 관의 방사율은 0.85이고, 바깥 표면온도가 400 K이다. 관으로부터의 단위 길이당 열손실률을 계산하라.

9.45 초기온도가 27°C인 길이 150 mm, 지름 60 mm의 캔 속의 음료를 4°C로 유지되는 냉장고에 넣어 냉각한다. 냉각률을 최대로 하기 위해 캔을 수평으로 놓아야 하는가, 또는 수직으로 놓아야 하는가? 1차적인 근사로서 양 단면들로부터의 열전달은 무시한다.

9.46 지름이 100 mm이고 표면방사율이 0.8이며 단열되지 않은 긴 수증기 라인이 150°C의 수증기를 운반하고 있으며 20°C의 대지와 넓은 주변에 노출되어 있다.

(a) 바람이 없는 날 단위 길이당 열손실을 계산하라.

(b) 풍속이 8 m/s인 선선한 날 열손실을 계산하라.

(c) (a)의 경우, 20 mm 두께의 단열막($k = 0.08$ W/m·K)이 있을 때 열손실을 계산하라. 바람이 적당히 불 때 열손실이 확연히 달라지는가?

9.47 지름이 12.5 mm이고, 바깥 표면온도가 240°C인 수평관이 공기온도가 20°C인 방 안에 놓여 있다. 자유대류에 의한 관의 단위 길이당 열전달을 구하라.

9.48 절대압력이 4 bar인 포화증기가 평균속도 3 m/s로 안지름과 바깥지름이 각각 55 mm, 65 mm인 관을 지나 흐른다. 수증기 유동에 대한 열전달계수는 11,000 W/m²·K로 알려져 있다.

(a) 관이 25 mm 두께의 85% 마그네시아(magnesia) 단열재로 싸여 있으며, 25°C의 대기 공기에 노출되어 있을 경우, 관의 단위 길이에 대하여 방으로의 자유대류에 의한 열전달률을 결정하라. 수증기가 관의 입구에서 포화상태일 때, 길이 30 m인 관의 출구에서의 건도(quality)를 산정하라.

(b) 주변들로의 정미 복사 역시 관에서의 열손실에 영향을 미친다. 만일 단열재가 $\varepsilon = 0.8$의 표면방사율을 가지며 주변들이 $T_{sur} = T_\infty = 25$°C이면 관의 단위 길이당 방으로의 열전달률은 얼마인가? 출구유동의 건도는 얼마인가?

[(c)] 단열재 두께를 증가시키거나, 그 방사율을 감소시킴으로써 열손실을 줄일 수 있다. 만약 $\varepsilon = 0.8$이라면, 50 mm로 단열재의 두께가 증가할 때 그 영향은 어떠한가? 단열재 두께가 25 mm이고 방사율이 0.2로 감소하였을 때의 영향은 어떠한가? 0.2로 방사율을 감소시키고 50 mm로 단열재 두께를 증가시킬 때는 어떠한가?

9.49 지름 10 mm, 길이 300 mm인 수중설치형 전기가열기의 열발생률이 550 W이다. 가열기가 20°C의 큰 물탱크 속에 수평으

로 위치했을 때, 가열기의 표면온도를 계산하라. 가열기가 우발적으로 20°C의 공기 중에서 작동될 때의 표면온도를 계산하라.

9.50 27°C인 주위 공기 중에서 작동되고 있는 전동기의 축의 지름은 20 mm이고, 최고 표면온도는 87°C를 초과해서는 안 된다. 전동기 하우징 속에서의 동력소산 때문에 가능하면 많은 열이 축을 통하여 주위 공기로 방출되는 것이 바람직하다. 이 문제에서 몇가지 열제거 방법을 검토하고자 한다.

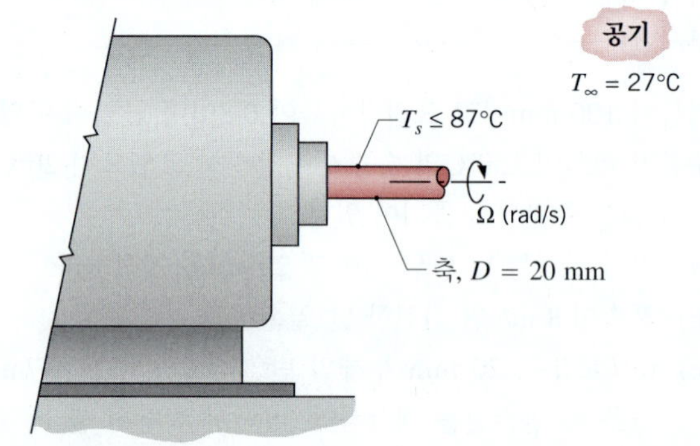

(a) 회전하고 있는 실린더에 대한 대류열전달계수를 산정하는 적절한 상관식은 다음과 같다.

$$\overline{Nu}_D = 0.133\, Re_D^{2/3}\, Pr^{1/3}$$
$$(Re_D < 4.3 \times 10^5, \quad 0.7 < Pr < 670)$$

여기서 $Re_D \equiv \Omega D^2/\nu$이고 Ω는 회전속도(rad/s)이다. 5000~15,000 rpm의 범위에서 회전속도의 함수로서 대류계수와 단위 길이당 최대 열전달률을 결정하라.

(b) 정지하고 있는 축에 대하여 대류계수와 단위 길이당 최대 열전달률을 산정하라. $Re_D < 4.7(Gr_D^3/Pr)^{0.137}$에 대해서는 자유대류와 강제대류의 혼합된 영향이 중요하다. 위의 (a)에서 지정한 회전속도의 범위에 대하여 자유대류 효과들이 중요한가?

(c) 축의 방사율이 0.8이고 주변들이 주위 공기온도에 있을 때 복사교환이 중요한가?

(d) 만일 주위 공기가 축을 직교류로 지날 때 위 (a)에서 계산한 열전달률을 제거하기 위하여 요구되는 공기속도는 얼마인가?

9.51 탄소강(carbon steel, k = 57 W/m·K, ε = 0.5)으로 만들어진 지름 6 mm, 길이 60 mm의 한 수평 핀형 휜(pin fin)을 고려해 보자. 휜의 바탕은 150°C로 유지되어 있고, 정지된 주위 공기와 주변들은 25°C이다. 휜 끝은 단열되었다고 가정하라.

(a) 휜의 열전달률 q_f를 산정하라. 자유대류계수와 선형화된 복사계수를 추정하는 데 있어서 125°C의 평균 휜 표면온도를 사용하라. 평균 휜 표면온도를 선택하는 것은 결과에 얼마나 민감하게 영향을 끼치는가?

(b) 휜에 대하여 대류계수와 복사계수가 평균온도보다는 국소온도에 근거할 때 q_f를 구하기 위하여 유한차분 방법을 사용하라. 이 결과를 위 (a)의 엄밀해와 비교하여 논하라.

9.52 예제 3.6에서 임계단열반경의 개념이 소개되었다. 예제에서 소개된 얇은 벽두께를 갖는 단열 구리관을 생각해 보자. 지금, 온도가 −10°C인 구리관이 온도가 25°C이고 정지되어 있는 공기 중에 수평으로 놓여 있다. 복사열전달 효과를 무시했을 때 10 mm의 단열두께를 갖는 구리관의 단위 길이당 열전달률을 구하여라. 단열두께 $r - r_i$의 범위가 $0 \le r - r_i \le 50$ mm일 때 단위 길이당 전도, 대류 그리고 총 열저항을 그래프로 나타내고 예제의 결과와 비교하여라. 구리관의 지름이 1 mm일 때 위의 계산 및 그래프 작업을 반복하여라. 각각의 경우, 임계단열반경이 존재하는가? 왜 존재하는지 또는 왜 존재하지 않는지 그 이유를 설명하여라. 공기의 물성치는 285 K일 때의 값을 사용하여라.

9.53 지름 25 mm의 수평인 전기케이블의 열소산율이 30 W/m이다. 주위 공기의 온도가 27°C일 때, 케이블의 표면온도를 계산하라.

9.54 고온의 공기가 노로부터 3 m/s의 속도로 지름 0.15 m의 얇은 벽으로 만들어진 강철 덕트를 지나 흐르고 있다. 덕트는 가옥 지붕의 좁은 공간을 지나며 이 덕트의 단열되지 않은 바깥 표면은 0°C의 정지해 있는 공기와 주위에 노출되어 있다.

(a) 평균공기온도가 70°C인 덕트에서 단위 길이당 열손실과 덕트 벽의 온도를 구하라. 덕트 바깥 표면의 방사율은 0.5이다.

(b) ε = 0.60의 표면 방사율을 가진 두께 25 mm의 85% 마그네시아 단열재(k = 0.050 W/m·K) 층으로 덕트를 감싸면 덕트 벽온도, 바깥 표면온도 그리고 단위 길이당 열손실은 얼마인가?

9.55 주위 공기의 온도를 결정하는 데 사용되는 지름 12.5 mm인 원통형 센서를 해석하기 위하여 컴퓨터 코드(code)가 개발되고 있다. 센서가 T_∞ = 27°C이며 정지된 공기에 수평으로 놓일 때 자유대류를 겪는다. 30°C부터 80°C까지의 온도 범위에서 대류열전달계수를 단지 $\Delta T = T_s - T_\infty$만의 함수로 표시한 식을 유도하라. 여기서 T_s는 센서온도이다. 물성치들을 적당한 막온도에서 산정하고 이 근사가 대류열전달계수의 산정에 어떤 영향을 미치는지 보이라.

9.56 실험적인 유동 루프(loop)에서 지름이 20 mm인 얇은 벽 두께의 관 내로 평균온도 45°C인 고온유체가 흐르고 있다. 관은 온도가 15°C인 정지하고 있는 공기 중에 수평으로 설치되어 있다. 실험의 엄격한 온도제어 요구를 만족시키고 고온유체로

부터 주위 공기로의 열손실을 방지하기 위하여 얇은 전기 가열 테이프를 관의 외부 표면에 감기로 하였다.

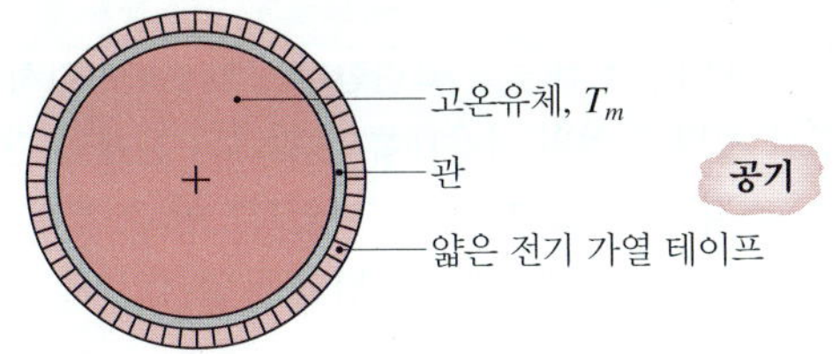

(a) 복사 열손실을 무시하고 균일한 유체온도를 보장하기 위해 전기 테이프에 의하여 공급해야 할 열유속 q''_e을 계산하라.

(b) 테이프의 방사율을 0.95로 하고 주변은 15°C라고 가정하여 요구되는 열유속을 계산하라.

(c) 가열 테이프를 한 겹의 단열재로 감싸면 열손실을 감소시킬 수 있다. $\varepsilon = 0.60$의 표면 방사율을 가지는 85% 마그네시아(magnesia) 단열재($k = 0.050$ W/m·K)에 대하여 0부터 20 mm까지의 범위에서 단열재 두께의 함수로 요구되는 열유속 q''_e을 계산하고 도시하라. 이 범위에서 단열재 두께의 함수로서 관의 단위 길이당 대류와 복사 열전달률들을 계산하고 도시하라.

9.57 지름이 50 mm인 긴 스테인리스강 막대를 고온성형 공정으로 운반하기 위해 오버헤드 컨베이어(overhead conveyer)에 매달기 전에 균일온도 1000 K로 예열하였다. 컨베이어는 벽들과 공기가 300 K인 큰 방 안에 있다.

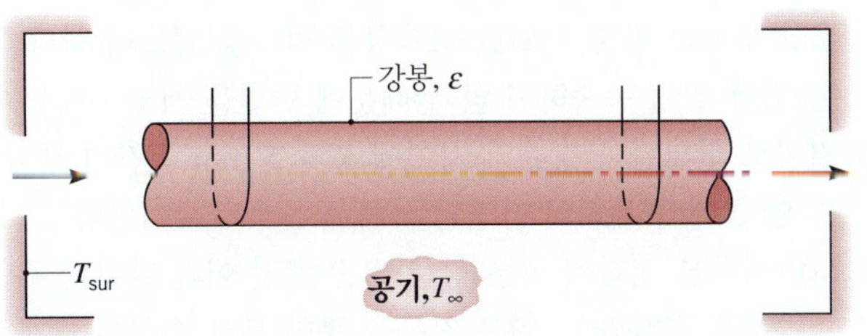

(a) 강봉의 직선운동이 그 표면으로부터의 대류열전달에 미치는 영향은 무시할 수 있다고 가정하여 운반 과정 시작 시점의 평균 대류열전달계수를 구하라.

(b) 강봉의 표면방사율이 $\varepsilon = 0.40$이면 운반 과정을 시작할 때의 유효 복사 열전달계수는 얼마인가?

(c) 위 (a)와 (b)의 결과들에 해당하는 일정한 누적(복사 + 대류) 열전달계수를 가정하였을 때, 만약 성형 공정을 위하여 막대의 중심선에서 온도가 900 K를 초과하여야 한다면 허용할 수 있는 컨베이어의 최대 통과시간은 얼마인가? 강의 물성치는 $k = 25$ W/m·K이고, $\alpha = 5.2 \times 10^{-6}$ m²/s이다.

(d) 대류와 복사에 의한 열전달은 실제로 이동 작업 동안 감소하고 있다. 이 감소를 고려하여 위 (c)의 조건들을 다시 검토하고 허용 가능한 최대의 컨베이어 통과 시간을 보다 정확하게 구하라.

9.58 지름이 15 mm이고 길이가 15 m인 코일 형태의 관을 통해서 2.455 bar로 응축된 포화증기가 흐르고 이로 인해 200리터의 약(pharmaceutical)이 25°C에서 70°C로 가열되는 공정을 생각해 보자. 공정이 진행되는 동안의 어느 시점에서든지 액체는 동일 온도의 무한 정지매질로 근사화될 수 있으며 $\rho = 1100$ kg/m³, $c = 2000$ J/kg·K, $k = 0.25$ W/m·K, $\nu = 4.03$ 10^{-6} m²/s, $Pr = 10$, $\beta = 0.002$ K^{-1}의 일정한 물성치를 가진다고 가정할 수 있다. 응축 수증기와 관벽 간의 열저항은 무시할 수 있다.

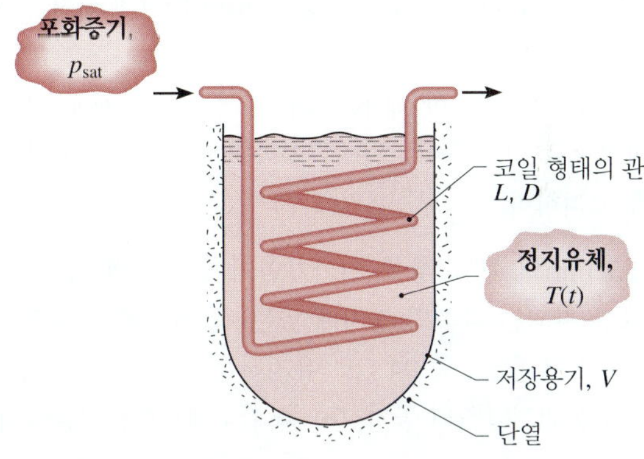

(a) 약으로의 초기 열전달률은 얼마인가?

(b) 탱크와 주변 간의 열전달을 무시하면, 약이 70°C로 가열되는 데 걸리는 시간은 얼마인가? 유체의 온도와 관의 외부 표면에서 대류계수의 시간에 따른 변화를 도시하라. 이 가열과정 동안 응축된 수증기의 양은 얼마나 되는가?

9.59 35°C인 고온유체가 25°C의 정지상태의 공기 중에 수평으로 놓인 관을 지나 수송되고 있다. 각각 동일한 단면 면적을 가지는 다음의 관 형상들 중 자유대류에 의한 주위 공기로의 열손실을 최소화할 수 있는 것은 어느 것인가?

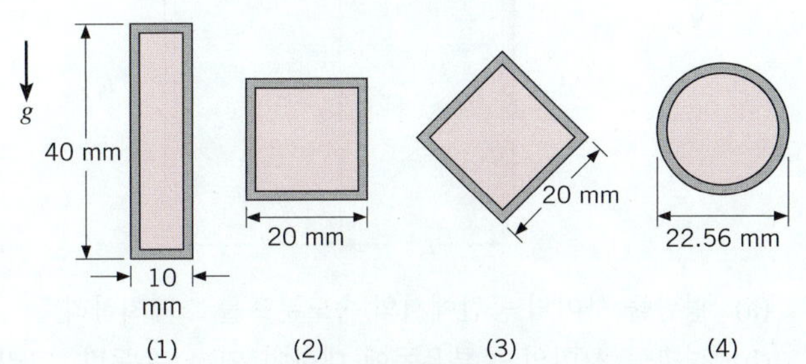

유체 중에 잠긴 물체에 대해 경계층이 물체 표면으로부터 박리되지 않은 경우의 근사적인 층류 대류열전달계수를 구하는 데 다음의 Lienhard의 상관식(*Int. J. Heat Mass Transfer*, **16**, 2121, 1973)을 사용하라.

$$\overline{Nu}_l = 0.52\, Ra_l^{1/4}$$

특성길이 l은 형상표면을 가로지른 경계층에서의 유체의 진행 길이이다. 이 상관식의 유용성을 시험하기 위하여 이 식과 구에 대하여 주어진 상관식을 비교하라.

9.60 300 K와 1 atm인 유체에 잠겨 있는 2 mm 지름의 구를 고려해 보자.

(a) 만약 구 둘레의 유체가 정지해 있고 넓게 퍼져 있다면 구로부터의 열전달의 전도 한계를 $Nu_{D,\text{cond}} = 2$와 같이 표시할 수 있음을 보이라. 힌트: 속이 빈 구의 열저항에 대한 방정식 (3.41)로 시작하여 $r_2 \to \infty$로 놓고 결과를 Nusselt 수로 표시하라.

(b) 자유대류를 생각할 때 Nusselt 수를 전도한계에 대한 것의 2배로 되게 하는 표면온도는 얼마인가? 유체로 공기와 물을 고려하라.

(c) 강제대류를 생각할 때 Nusselt 수를 전도한계에 대한 것의 2배로 되게 하는 속도는 얼마인가? 유체로 공기와 물을 고려하라.

9.61 지름 25 mm의 구 내부에 전기가열기가 심어져 있다. 구가 20°C로 유지되는 다음의 정지해 있는 각 매질에 노출되어 있을 때 구의 표면온도를 94°C로 유지하는 데 요구되는 동력을 20°C의 (a) 대기압하의 공기, (b) 물, (c) 에틸렌글리콜에서 계산하라.

평행평판 채널

9.62 균일한 온도 $T_{s,1} > T_{s,2}$로 유지되고 있는 두 개의 긴 수직평판을 고려해 보자. 평판들은 양 끝이 개방되어 있고 거리 $2L$만큼 떨어져 있다.

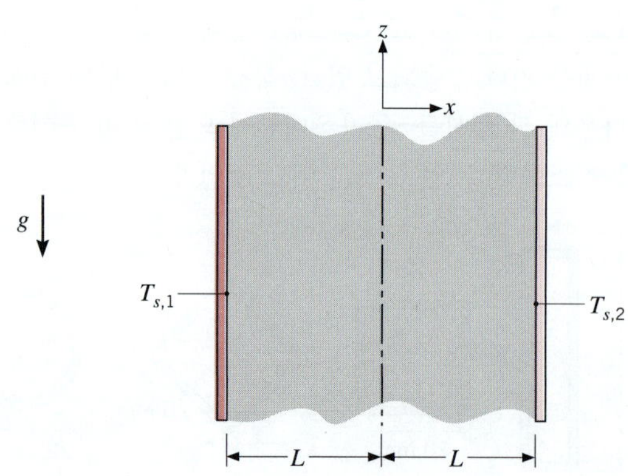

(a) 평판들 사이의 공간에서의 속도분포를 스케치하라.

(b) 평판들 사이의 층류유동에 대하여 연속, 운동량, 그리고 에너지방정식의 적절한 형태들을 쓰라.

(c) 온도분포를 산정하고 그 결과를 평균온도 $T_m = (T_{s,1} + T_{s,2})/2$로 나타내라.

(d) 밀도를 T_m에 해당하는 일정한 ρ_m으로 가정하여 수직압력구배를 산정하라. Boussinesq 근사를 대입한 결과 운동량 방정식의 형태를 구하라.

(e) 속도분포를 결정하라.

9.63 연습문제 9.9의 조건들을 고려한다. 그러나 여기서는 수직인 평행평판 채널 사이의 자유대류와 관련된 문제의 관점에서 고려한다. 최적의 휜 간격 S는 얼마인가? 이 간격과 주어진 t와 W의 값에서 휜으로부터의 열전달률은 얼마인가?

9.64 수직으로 배열된 회로판들이 $T_\infty = 20°\text{C}$인 정지상태의 주위 공기 중에 놓여 있다. 부품들은 기판으로부터 돌출되어 있으나 1차 근사로서 균일한 표면열유속 q_s''을 가진 **평판**(flat plate)으로 가정하는 것이 합리적이다. 길이와 폭이 $L = W = 0.4$ m이고 간격이 $S = 25$ mm인 회로판을 고려해 보자. 만약 최대로 허용 가능한 회로판의 온도가 80°C라면, 회로판당 최대로 허용할 수 있는 동력소산은 얼마인가?

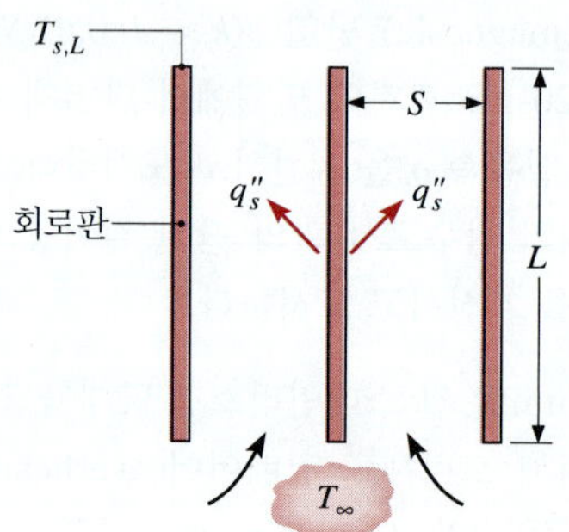

9.65 연습문제 9.17의 거주자들은 대류와 복사에 의한 테라스 창문 열손실과 관련된 주당 \$7 비용을 줄이기로 결정함에 따라 50 mm 두께의 압출 단열판으로 창문 안쪽을 덮으려 한다. 그들은 집안 일에 능숙하지 않기 때문에 단열을 서투르게 하여 그 결과로 단열판과 창유리 사이에 $S = 5$ mm 공간이 생겼으며 방 안 공기가 유리와 단열판 사이 공간으로 유입된다.

(a) 서투른 접합에 따른 창문 열손실 및 이와 관련된 주당 비용을 구하라. 단열은 창문을 통한 복사 손실을 크게 감소시킬 것이다. 손실은 거의 전적으로 대류에 의해 발생할 것이다.

(b) 1 mm ≤ S ≤ 20 mm에 대해 간격의 함수로서 창문을 통한 열손실을 도시하라.

9.66 폭 580 mm의 식기세척기(dishwasher)의 앞쪽 문에 수직인 공기 벤트(vent)가 설치되어 있다. 이 벤트는 높이가 500 mm이고 55°C로 작동하고 있는 내부 세척조(tub)와 열적으로 단열되어 있는 외부 평판 사이의 간격은 20 mm이다.

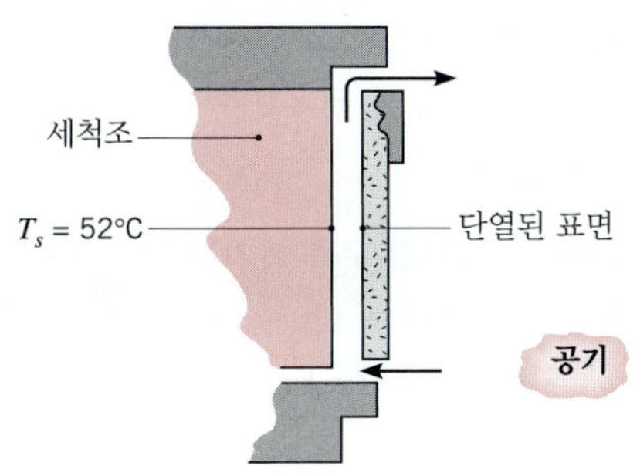

(a) 주위 공기가 30°C일 때 세척조 표면으로부터의 열손실을 구하라.

(b) 문의 설계에서 20 mm 간격을 10 mm만큼 증가 또는 감소시킬 수 있다. 간격의 변경이 열손실을 어떻게 변화시킬지에 관하여 어떤 제안을 하겠는가?

9.67 사유내류 공기히터는 내장된 전기히더에 의해 정해진 온도 T_s로 유지되고 있는 등간격의 병렬 수직평판으로 구성된 배열(array)로 이루어진다. 평판의 길이와 폭은 $L = W = 300$ mm이고 $T_\infty = 25°C$인 정지상태의 대기 내에 있다. 배열의 총 너비는 $W_{ar} = 150$ mm를 넘을 수 없다.

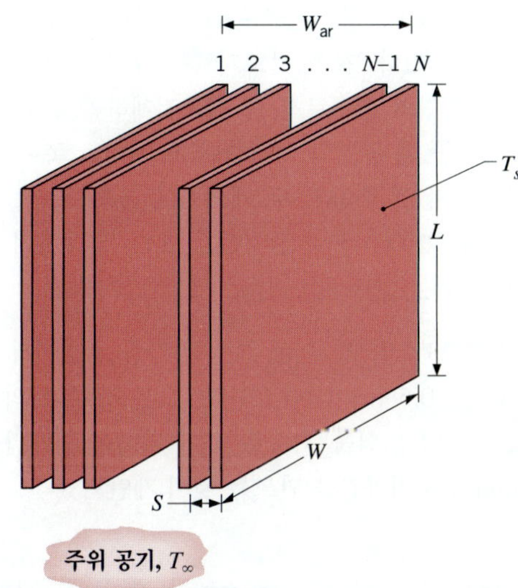

$T_s = 80°C$일 경우 배열로부터의 열전달이 최대가 되는 평판 간격 S는 얼마인가? 이 간격의 경우 배열에는 몇 개의 평판들이 포함되는가? 그리고 그에 따른 배열로부터의 열전달률은 얼마인가?

9.68 한 열의 건조기들이 주위 공기 온도가 27°C인 방의 선반 위에 설치되어 있다. 정육면체 형태의 건조기는 한 변이 500 mm이고 건조기 사이의 간격은 15 mm이다.

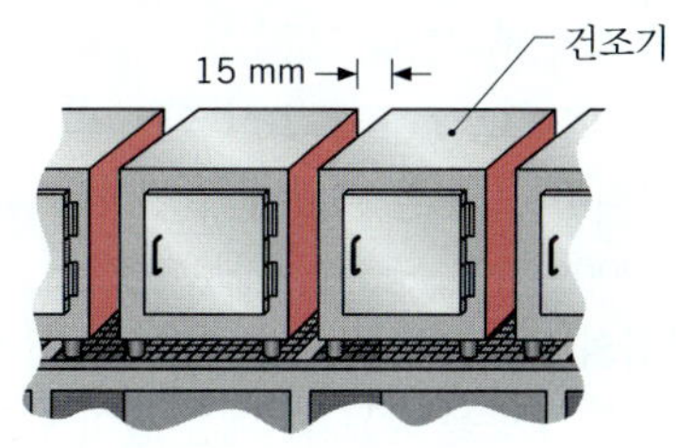

(a) 건조기 표면의 온도가 47°C일 때 건조기의 인접면으로부터의 열손실을 산정하라.

(b) 간격이 열손실에 미치는 영향을 조사하라. 열손실이 최대가 되는 간격은 얼마인가? 이 조건에서 경계층의 움직임을 기술하라. 건조기의 측면을 격리된 수직평판으로 간주하여 이 조건을 분석할 수 있는가?

9.69 평행평판 채널로 구성되어 있는 태양 집열기의 아랫부분은 물 저장용 정체실(plenum), 윗부분은 히트싱크와 연결되어 있다. 채널은 수직축에 $\theta = 30°$ 경사져 있고 투명한 덮개 평판을 가지고 있다. 평판 덮개와 물을 통하여 투과한 태양 복사는 등온 흡수기 평판의 온도를 $T_s = 67°C$로 유지시킨다. 히트싱크로부터 수조로 들어온 물은 $T_\infty = 27°C$이다. 이 시스템은 서모사이펀으로 작동되고 여기서 물의 유동은 부력에 의해서만 구동된다. 평판의 간격과 길이는 $S = 15$ mm, $L = 1.5$ m이다.

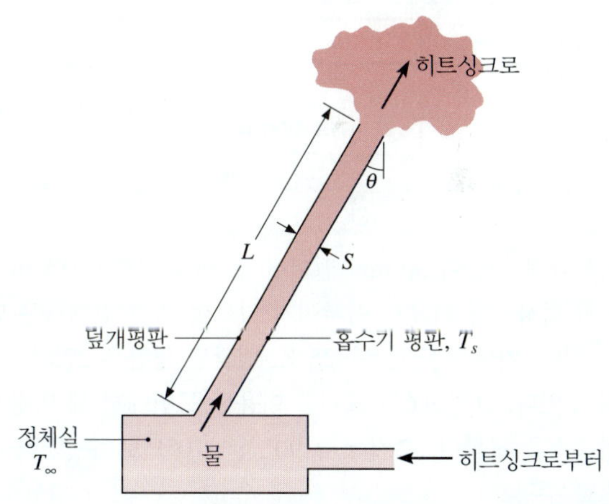

덮개 평판은 물로, 또는 물로부터의 대류열전달에 대해 단열적이라고 가정하여, 유동 방향과 직각 방향으로의 단위폭당 흡수기 판으로부터 물로의 열전달률(W/m)을 구하라.

직사각형 공동

9.70 표 A.3과 A.4의 물성치 자료에서 볼 수 있듯이 실내 온도에서 유리의 열전도율은 공기의 열전도율보다 50배 이상 크다. 그러므로 이중창 구조를 사용해서 두 유리창 사이의 공간을 공기로 채우는 것이 바람직하다. 만일 공기영역을 가로지르는 열전달이 전도에 의한 것이면, 열저항은 영역의 두께 L이 길어짐에 따라 증가한다. 그러나 L이 임계값을 넘어서게 되면 대류가 발생하여 열저항이 감소하기 때문에, 그와 같은 방법

의 효능에는 한계가 존재한다.

온도가 $T_1 = 22°C$, $T_2 = -20°C$인 수직창들로 둘러싸인 대기공기를 고려하자. 만약 대류가 발생하는 임계 Rayleigh 수가 $Ra_L \approx 2000$이라면, 공기를 가로지르는 전도를 위해 허용 가능한 간격의 최대크기는 얼마인가? 이 간격은 유리창들의 온도에 어떠한 영향을 받는가? 예를 들어 공간을 부분적으로 진공하는 경우에, 이 간격은 공기의 압력에 어떠한 영향을 받는가?

9.71 높이 1.2 m, 폭 0.8 m의 건물 유리창이 같은 크기의 덧유리창에 의하여 대기공기와 분리되어 있다. 이 두 유리창 사이의 공기공간의 두께는 0.06 m이다. 건물 유리창과 덧유리창의 온도가 각각 20°C와 −10°C일 때, 이 공기공간을 통한 자유대류에 의한 열손실률은 얼마인가?

9.72 열손실을 감소시키기 위해, 폭 $W = 0.80$ m, 높이 $H = 0.3$ m인 수평 직사각 덕트가 금속 복사 차폐막에 둘러싸여 있다. 직사각 덕트와 차폐막은 두께 $t = 0.06$ m의 공기층으로 떨어져 있다. 직사각 덕트의 벽면온도가 $T_d = 45°C$이고 차폐막의 온도가 $T_{sh} = 25°C$일 때 직사각 덕트의 단위 길이당 대류 열손실을 구하라.

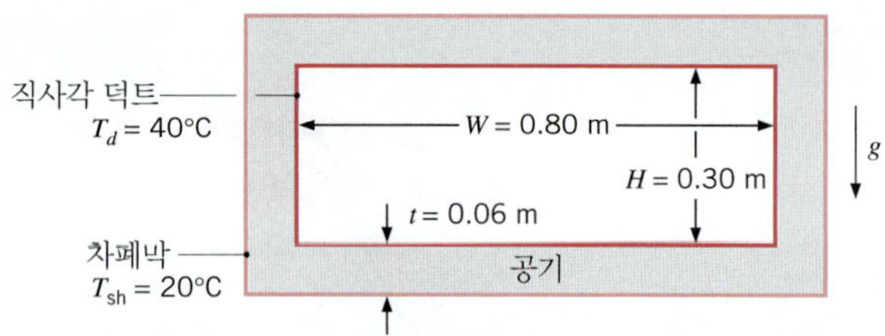

9.73 직사각형 공동이 50 mm 떨어진 두 개의 평행한 0.5 m × 0.5 m의 정사각형 판으로 이루어져 있으며 측면 경계들은 단열되어 있다. 가열된 평판은 325 K, 냉각된 평판은 275 K로 유지되고 있다. 그림 9.6의 표기를 이용해 표면에서 세 방향으로의 열유속을 구하라: 수직 $\tau = 90°$, $\tau = 0°$으로 수평, $\tau = 180°$으로 수평.

9.74 상변화 물질(파라핀)이 커다란 용기에 들어 있는 열저장 시스템을 고려한다. 이 용기의 아래 수평면이 태양 집열기에서 나오는 따뜻한 물에 의하여 $T_s = 50°C$로 유지된다.

(a) 액상의 현열(sensible energy)의 변화는 무시하고 초기에 용기 밑면에서 액체층의 두께가 $s_i = 10$ mm일 때, 5시간 지난 후 녹아 있는 파라핀의 양을 구하라. 연습문제 8.38의 파라핀을 상변화 물질로 사용하고 초기에 상변화 온도 $T_{mp} = 27.4°C$에 있다. 용기 밑면적은 $A = 2.5$ m^{2}이다.

(b) 파라핀을 녹이는 데 필요한 에너지 양과 같은 양의 액체의 온도를 상변화 온도로부터 액체의 평균온도 $(T_s + T_{mp})/2$까지 올리는 데 필요한 에너지 양을 비교하라.

(c) 액상의 현열의 변화를 무시한 채, 가열판을 용기 윗면에 놓고, $s_i = 10$ mm일 때 5시간이 지난 후 녹은 파라핀 양을 구하라.

9.75 수직벽 단면과 동일한 치수를 가지는 수평이고 납작한 지붕단면에 대하여 고려한다. 두 단면들 모두에서 공기 간극에 노출되어 있는 표면은 18°C(안쪽), −10°C(바깥쪽)이다.

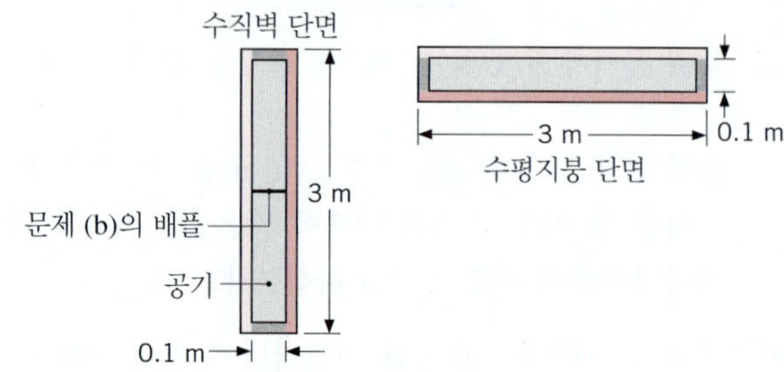

(a) 수직단면에 대한 수평단면의 대류열전달률 비를 구하라.

(b) 수직단면의 중간 높이에 배플(baffle)을 끼워 넣는 것이 이 단면에서의 대류열전달률에 어떠한 영향을 주는가?

9.76 이중창의 창유리 사이 공간을 대기압하의 공기 또는 이산화탄소로 채울 수 있다. 창의 높이는 1.5 m이고 창유리 사이의 간격은 변할 수 있다. 창을 가로지르는 대류열전달률을 예측하여 창유리 간격의 함수로서 해석을 전개하라. 그리고 다른 조건들이 동일할 때 공기와 이산화탄소 중 어느 쪽이 더 적은 열을 전달하는지 결정하라. 두 개의 표면온도 조건들이 알려진 겨울(−10°C, 20°C)과 여름(35°C, 25°C)에 대하여 해석한 결과를 제시하라.

9.77 실내공기가 23°C일 때, 어떤 특정한 작동 조건에서 오븐의 윗면(0.5 m × 0.5 m)이 60°C이다. 오븐으로부터의 열손실을 줄이고, 화재의 위험을 최소로 하기 위하여 덮개판을 추가하여 50 mm의 공기공간을 만드는 것이 제안되었다.

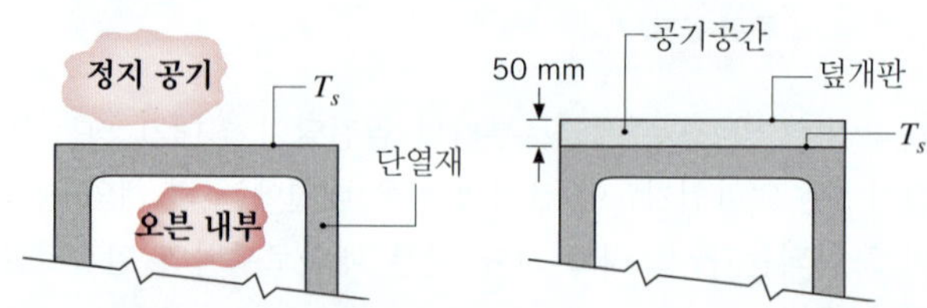

(a) 두 경우들에 대하여 동일한 오븐의 표면온도 T_s를 가정할 때, 덮개판의 설치로 인한 대류열전달 손실의 감소를 구하라. 덮개판의 온도는 얼마인가?

(b) $5 \le L \le 50$ mm 범위에서 간격에 대하여 덮개판의 간격이 대류 열손실과 덮개판 온도에 미치는 영향을 구하라. 최적의 간격이 존재하는가?

9.78 태양열을 이용한 물 가열기가 평판 집열기 및 그것과 연결된

저장 탱크로 구성되어 있다. 집열기는 투명한 평판 덮개와 공기 틈새로 격리되어 있는 흡수판으로 구성되어 있다.

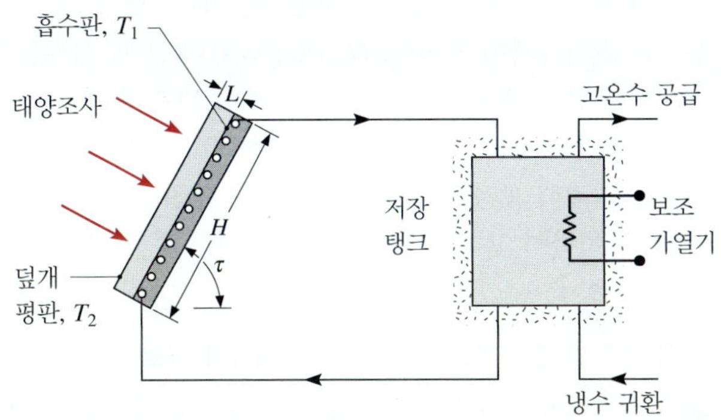

흡수판에 의하여 집열된 태양 에너지의 많은 부분은 흡수판의 배면에 납땜되어 있는 코일 관을 지나는 작동유체로 전달되나 에너지의 일부는 자유대류와 공기 틈새를 횡단하는 정미 복사 전달에 의하여 손실된다. 이 손실에 대한 복사교환의 기여는 13장에서 산정할 것이다. 지금은 자유대류 효과에만 집중한다.

(a) $\tau = 60°$의 각도로 경사져 있고, 변은 $H = w = 2$ m의 치수들을 가지며 $L = 30$ mm의 공기틈새를 가진 집열기를 고려해 보자. 흡수판과 덮개평판이 각각 $T_1 = 70°C$와 $T_2 = 30°C$일 때 흡수판으로부터의 자유대류에 의한 열전달률은 얼마인가?

(b) 자유대류에 의한 열손실은 평판들 사이의 간격에 의존한다. $5 \leq L \leq 50$ mm 범위에 대하여 간격의 함수로 열손실을 계산하고 도시하라.

동심원통과 구

9.79 예제 9.5에서 살펴본 지름이 0.12 m인 원주형 복사 차폐막이 수증기를 운반하는 지름이 0.10 m인 관과 동심축을 이루도록 설치되어 있다. 간격은 $L = 10$ mm인 공기 간극이다.

(a) 35°C로 유지되는 지름 0.14 m인 두 번째 차폐막이 설치되었을 때, 대류에 의한 관의 단위 길이당 열손실을 계산하라. 예제에서의 단일 차폐막에서 구한 결과와 비교하라.

(b) (a)의 두 차폐막 구조에서 환형 동심관에 의해서 형성되는 공기 간극은 $L = 10$ mm이다. 간극이 $L = 15$ mm일 때, 단위 길이당 열손실을 계산하라. 열손실이 늘어나는가, 아니면 줄어드는가?

9.80 동축원통 및 동심구의 유효 열전도율 k_{eff}는 식 (9.59)와 (9.62)에서 구할 수 있다. 원통 및 구 형상에 관련되는 임계 Rayleigh 수 $Ra_{c,crit}$ 및 $Ra_{s,crit}$(이보다 작으면 k_{eff}는 감소한다)에 해당하는 식을 유도하라. 그리고 300 K의 평균온도의 공기, 물, 그리고 글리세린에서의 $Ra_{c,crit}$와 $Ra_{s,crit}$를 계산하라. 특정한 내외부 표면온도와 내부 원통 및 구 반지름에 대해서, $Ra_{c,crit}$와 $Ra_{s,crit}$에 해당하는 외부 원통 및 구 반지름에서의 열전달률에 대해 논의하라.

9.81 태양열 집열기 설계에서 안쪽 관과 바깥쪽 관은 동심을 이루고 있으며, 바깥쪽 관은 태양 복사에 대하여 투명하다. 관들은 얇은 벽으로 되어 있고, 안쪽 지름과 바깥지름이 각각 0.10과 0.15 m이다. 관들 사이의 환상공간은 대기압하의 공기로 채워져 있다. 안쪽 관과 바깥 관의 표면온도가 각각 70°C와 30°C인 작동 조건하에서 관 길이의 미터당 공기공간을 가로지르는 대류 열손실은 얼마인가?

9.82 연습문제 9.81의 태양열 집열기에서 (i) 전도열전달이 환상공간을 가로 질러 이루어진다는 가정과 (ii) 대류열전달이 환상공간을 가로 질러 이루어진다는 각각의 가정하에 외부직경의 범위가 $0.1 \leq D_o \leq 0.25$ m일 때의 집열기 단위 길이당 열손실을 그래프로 도시하여라. 또한, 집열기 단위 길이당 대기로의 열손실이 최소가 되는 외부직경 및 이때의 열손실 값을 구하여라.

9.83 큰 방에 놓여 있는 수평 등온 원형관의 열손실을 감소시키기 위해 제안된 한 방법은 아래 그림과 같이 모든 표면이 낮은 방사율 코팅막으로 칠해진 큰 원형관으로 둘러싸는 것이다.

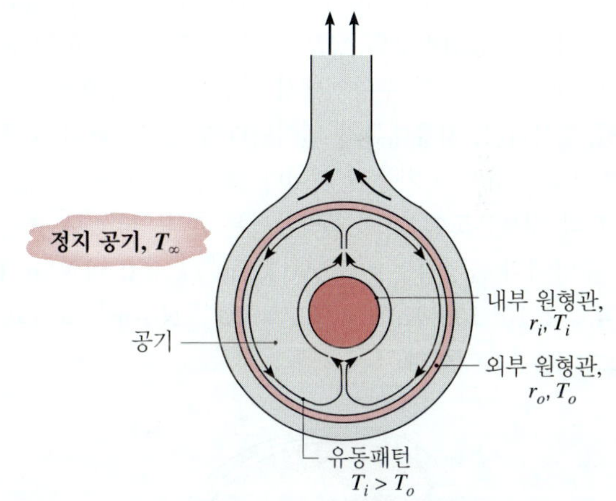

환상 구역에는 대기압 상의 공기가 있다. 동축 내부 원형관의 표면온도는 $T_i = 70°C$이고 반지름은 $r_i = 20$ mm이며, 외기 온도는 $T_\infty = 30°C$일 때 대류 열손실을 감소시키는 외부 원형관의 최적 반지름 r_o를 정하라. 외부 원형관이 없을 경우와 최적 반지름의 외부 원형관이 있을 경우의 대류 열손실을 비교하라. 제안된 방법은 효과적인가?

9.84 얇은 벽의 수평이고 긴 두 개의 관들이 동심을 이루고 있다. 반지름은 각각 100 mm와 125 mm이고, 그 표면은 각각 300 K와 400 K로 유지되고 있다. 환상공간이 5 atm으로 압축된 질소로 채워져 있을 때, 관의 단위 길이당 대류열전달률을 계산하라.

9.85 액체질소가 지름 $D_i = 1$ m인 얇은 벽의 구형 용기(vessel)에 저장되어 있다. 이 용기는 지름 $D_o = 1.10$ m의 얇은 벽의 용기(container) 속에 들어 있으며 두 용기 사이의 공간은 대기 상태의 헬륨으로 채워져 있다.

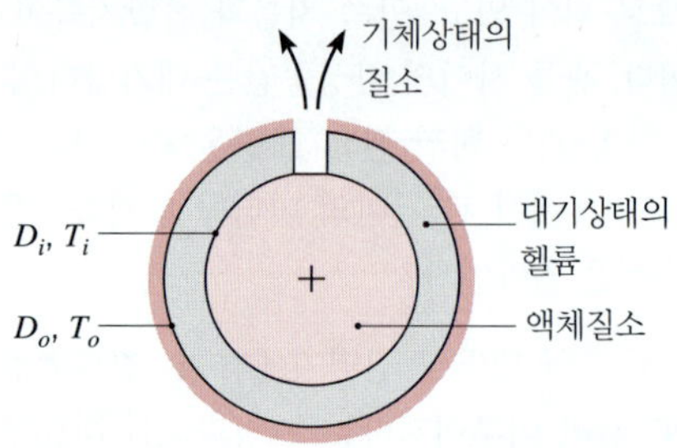

통상적인 작동 조건하에서 안쪽과 바깥의 표면온도는 각각 $T_i = 77$ K와 $T_o = 283$ K이다. 질소의 증발잠열이 2×10^5 J/kg이면 기체상태의 질소가 이 시스템으로부터 빠져나가는 질량유량 $\dot{m}$(kg/s)은 얼마인가?

9.86 인체의 눈은 외부 각막과 내부 홍채-수정체 구조 사이에 수양액이 들어 있다. 어떤 사람은 색소의 조그마한 조각이 간헐적으로 홍채에서 떨어져 각막으로 옮겨 결과적으로 손상을 일으킨다고 추정된다. 각막과 홍채-수정체 구조로 형성된 밀폐 형상을 각각 $r_o = 10$ mm의 바깥 반지름과 $r_i = 7$ mm의 내부 반지름의 동심반구의 쌍으로 근사화할 때 유효 열전도율비 k_{eff}/k를 산정하여 수양액에서 자유대류가 일어날 수 있는지를 조사하라. 자유대류가 일어난다면 손상파편이 홍채에서 각막으로 이류됨이 가능할 것이다. 홍채-수정체 구조는 $T_i = 37°C$의 내부온도에 있고 각막온도는 $T_o = 34°C$로 측정되었다. 수양액의 물성치는 $\rho = 990$ kg/m^3, $k = 0.58$ W/m·K, $c_p = 4.2 \times 10^3$ J/kg·K, $\mu = 7.1 \times 10^{-4}$ N·s/m^2, 그리고 $\beta = 3.2 \times 10^{-4}$ K^{-1}이다.

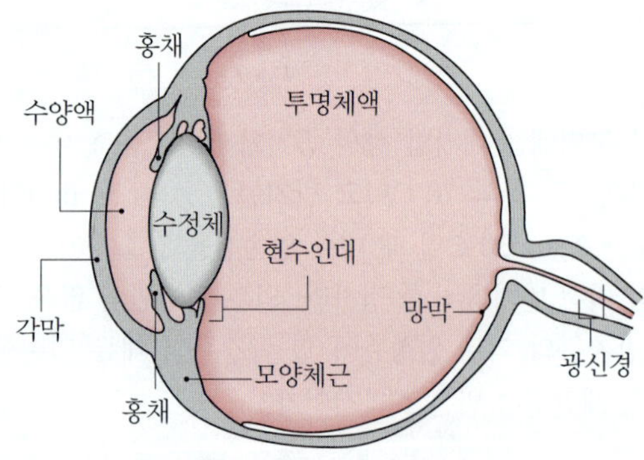

복합대류

9.87 25 mm 지름의 원형 막대의 표면온도가 35°C로 일정하게 유지되고 있다. 온도 20°C의 유체가 0.05 m/s의 속도로 직교방향으로 원형 막대를 지나간다. (i) 공기, (ii) 물, (iii) 엔진 오일 그리고 (iv) 수은의 경우에 자유대류에 의한 열전달이 중요한지 아닌지 판단하라.

9.88 균일한 온도를 갖는 가열된 수직평판을 따라 흐르는 평행공기 유동의 실험결과에 의하면, $Gr_L/Re_L^2 = 0.08$일 때 대류열전달 계수에 대한 자유대류의 영향은 5%이다. 25°C의 대기 중에서 표면온도가 60°C로 유지되고 있는 길이 0.3 m의 가열된 수직 평판을 고려해 보자. 자유대류의 영향이 열전달률의 5% 이하가 되기 위하여 요구되는 공기유동의 최저 수직 방향 속도는 얼마인가?

9.89 주위 온도가 25°C일 때, 높이 150 mm의 회로기판의 수직배열이 기판온도가 60°C를 넘지 않도록 공기로 냉각되고 있다.

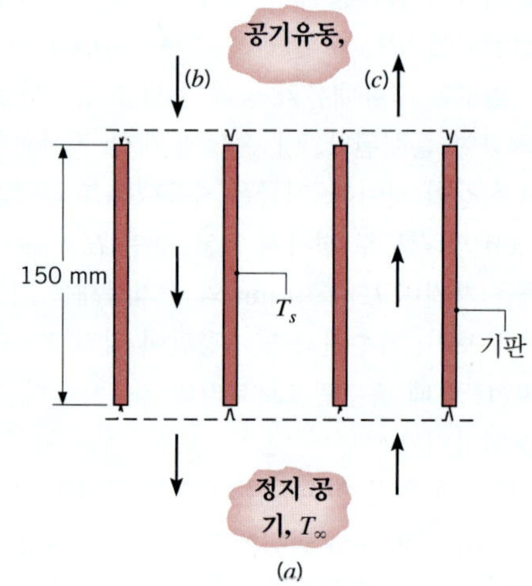

(a)

등온 표면 조건을 가정하여, 아래의 냉각방법에 대해 각 기판당 허용 가능한 전력 소산을 구하라.

(a) 자유대류만 있을 때(강제공기 유동 없음)
(b) 하향속도 0.6 m/s의 공기유동
(c) 상향속도 0.3 m/s의 공기유동
(d) 속도 5 m/s(하향 또는 상향)의 공기유동

9.90 지름이 25 mm이고 수평으로 놓여진 실린더의 표면온도가 35°C로 일정하게 유지되어 있다. 속도가 0.1 m/s이고 온도가 20°C인 대기압의 공기가 실린더를 가로질러 흐르고 있다. 실린더의 단위 길이당 대류열전달률을 계산하고, 만일 실린더의 표면이 단열되어 있다면 실린더가 따뜻한 온도로 유지될 수 있을까?

9.91 저속 풍동 내의 속도를 측정하기 위한 탐침을 길이 $L = 100$ mm, 외경 $D = 8$ mm인 수평 알루미늄관으로 제작하였다. 전력 저항이 움직이지 않는 관 내에 삽입되어 $P = 1.5$ W를 발산하고 있다. 관의 표면온도는 관의 바깥으로부터 방사되는 복사량을 측정하여 실험적으로 구해진다. 표면방사를 최대화하기 위해 관의 바깥면은 방사율 $\varepsilon = 0.95$의 평평한 검정 페

인트로 칠해져 있다.

(a) 공기의 온도 및 직교유동 속도가 각각 $T_\infty = 25°C$ 및 $V = 0.1$ m/s일 때 관의 표면온도를 구하라. 외기 온도는 $T_{sur} = 25°C$이다.

(b) (a) 문제 조건에서 직교속도 0.05 m/s ≤ V ≤ 1 m/s 범위에서의 관 표면온도의 변화를 도시하라.

9.92 장식용 고광택 플라스틱 마무리를 한 정사각형 패널(250 mm × 250 mm)을 125°C의 오븐에서 경화하여 29°C의 정지해 있는 공기 중에서 냉각한다. 품질을 고려할 때 패널들은 수평으로 유지되어야 하고, 냉각률이 조절되어야 한다. 생산성 향상을 위하여 배치(batch) 냉각 방식을 속도 0.5 m/s의 컨베이어 시스템으로 교체하는 것이 제안되었다.

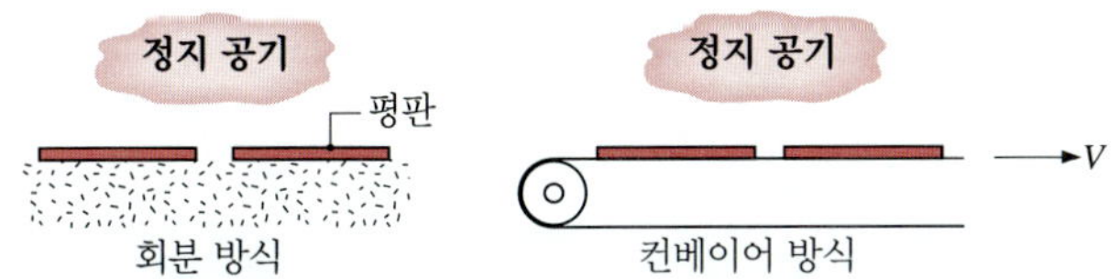

두 가지 방법에 대하여 추기(오븐에서 나온 즉시) 대류열전달률을 비교하라.

9.93 레이저 빔을 가열하여 얇은 줄로 공기 중에 매달려 있는 매우 작은 구의 온도를 최대로 올리는 실험을 고안하였다. 식 (9.64)를 고려하여, 한 연구 조교가 구의 자유대류를 상쇄하기 위해 아래 방향으로의 유동을 인위적으로 발생시켜 열손실을 최소화하고, 정상상태 구 온도를 최대화하는 것을 제안하였다. 극한적으로 매우 작은 구의 경우에 구의 지름과 공기의 열전도율에 의해 표현되는 최소 대류열전달계수는 무엇인가?

물질전달

9.94 물에 흠뻑 젖은 옷을 말리기 위해 대기압의 따뜻한 방에 걸어 두었다. 정지된 공기는 건조하며 온도는 40°C이다. 옷은 25°C의 온도와 수직방향으로 1 m의 특성길이를 갖는다고 가정될 수 있다. 옷의 단위폭당 건조율을 구하라.

9.95 따뜻하고 화창한 날에 205 mm × 245 mm인 젖은 천이 건조되기 위하여 메달려 있다. 정지되어 있는 대기의 온도는 30°C이고 상대습도는 40%이다. 건조율을 최대화시키기 위해서 천의 짧은쪽 또는 긴쪽 중에서 어느 쪽이 수직방향으로 메달려 있어야 하는가? 천의 온도가 26°C일 때의 최대 건조율을 구하여라.

9.96 수조가 37°C의 균일한 온도에서 실험적 생물학적 반응을 하는 여과장치를 유지하기 위해 사용된다. 수조의 위쪽은 폭과 길이가 각각 0.25 m와 0.50 m이고, 여과장치를 쉽게 제거하거나 삽입하기 위해 열려 있다. 수조는 대기압, 온도 20°C, 그리고 상대습도 60%인 공기가 있는 통풍이 안 되는 실험실에 놓여 있다. 실험실의 벽은 25°C의 균일한 온도에 있다.

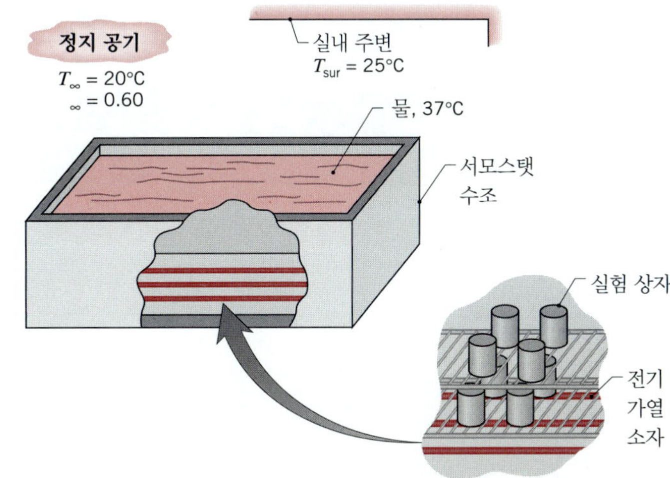

(a) 주위와의 복사교환에 의한 수조 표면으로부터의 열손실을 구하라.

(b) 온도와 농도구배에 의해 구동되는 자연대류 유동에 적용될 수 있는 식 (9.65)를 사용하여 Grashof 수를 계산하라. 수조의 노출된 표면에 적합한 특성길이 L을 사용하라.

(c) (b)에서 구한 Gr_L의 결과를 사용하여 자유대류열전달계수를 구하라.

(d) 열과 물질전달의 유사성을 상기하고, Gr_L을 사용하여 물질전달계수를 구하기 위하여 적절한 상관관계식을 이용하라. 일일 물의 증발률과 증발에 의한 열손실을 계산하라.

(e) 표면으로부터의 총 열손실을 계산하고, 현열, 잠열, 복사 효과의 상대적인 기여도를 비교하라. 해석에서 이루어진 가정, 특히 열과 물질전달의 유사성에 관련된 가정을 검토하라.

9.97 예제 1.5의 PEM 전지와 유사한 연료전지가 수소 대신에 액체 물과 메탄올의 혼합물로 작동하며, 양극은 액체연료와 직접 접촉하도록 놓여 있다. 산소(성분 A)는 노출된 음극으로 자유대류에 의해 전달된다. 따라서 장치를 작동하기 위해 송풍기나 펌프는 필요하지 않다. **수동적**(passive) **직접 메탄올 연료전지**(DMFC: direct methanol fuel cell)의 출력은 **물질전달 제한적**이 될 수 있다. 왜냐하면 DMFC에 의해 생산된 전류는 $I = 4n_A \mathcal{F} \mathcal{M}_A$ 식에 의해 산소의 음극에서의 소비율에 관련되기 때문이다. 여기서 $\mathcal{F}$는 Faraday의 상수 $\mathcal{F}$ = 96,489 coulombs/ mol이다. 120 mm × 120 mm의 막을 갖는 수동적 DMFC를 고려하라. 음극이 위를 향하거나 수직인 경우 음극에서 산소 질량분율이 $m_{A,s} = 0.10$일 때 DMFC에 의해 생산될 수 있는 최대 가능한 전류를 결정하라. 1차 근사화와 수직방향에 상대적인 위치에 대한 장치의 민감도를 보여 주기 위해, 부력은 전극표면과 $T_\infty = 25°C$의 대기공기인 정지된 주위 사이의 산소 질량분율의 변화와 연관된 밀도 차이에 의해 지배된다고 가정하라. 정지된 공기는 질소와 산소로 구성되어 있고, 산소 질량분율은 $m_{A,\infty} = 0.233$이라고 가정하라.

CHAPTER 10

비등 및 응축

Boiling and Condensation

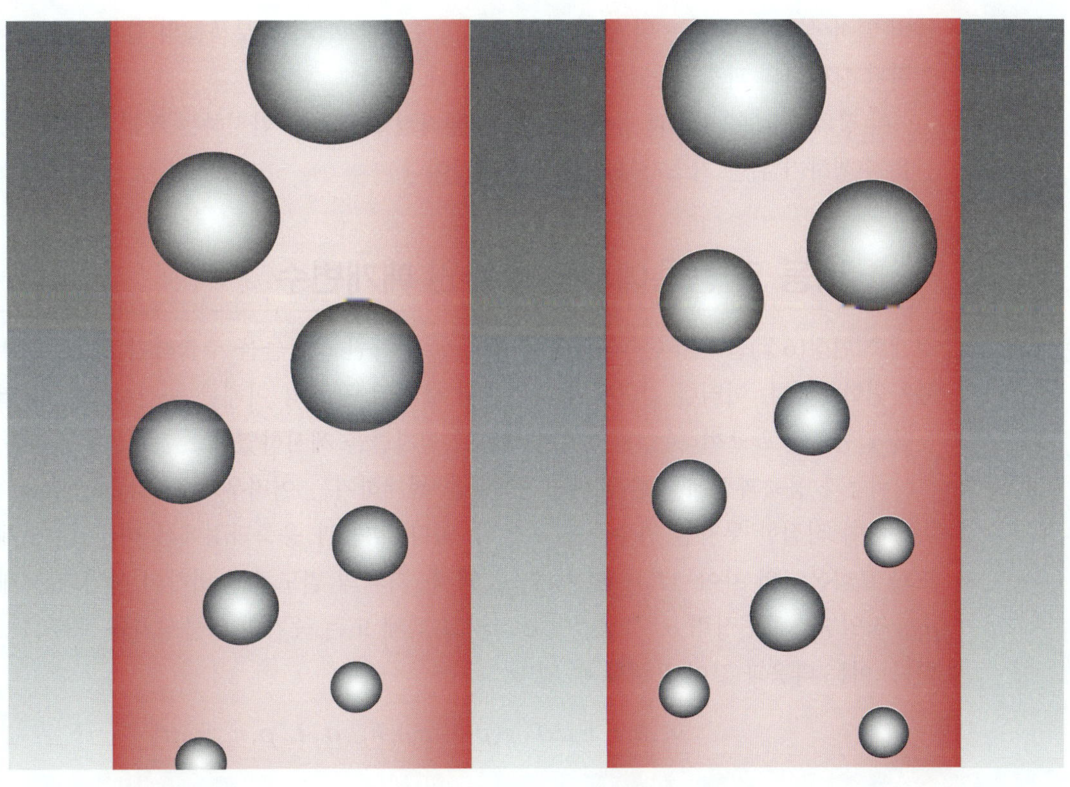

이 장에서는 유체의 상변화와 관련된 대류과정이 중점적으로 다루어진다. 특히 **비등**(boiling) 및 **응축**(condensation)과 같은 고체-액체 또는 고체-증기의 계면에서 일어나는 현상들이 고려된다. 이러한 경우, 상변화와 연관된 **잠열**(latent heat)의 효과가 중요하다. 비등에 의한 액체로부터 증기로의 상변화는 고체면으로부터의 열전달에 의해 유지되며, 반면에 증기로부터 액체로의 응축은 고체면으로의 열전달에 기인한다.

비등과 응축은 유체흐름을 수반하므로, 이들은 대류열전달의 형태로 분류된다. 그러나 이들은 독특한 특성을 가지고 있다. 상변화가 존재하므로 유체로의 또는 유체로부터의 열전달은 유체 온도에 영향을 주지 않고 일어날 수 있다. 사실상, 비등 또는 응축을 통하여 작은 온도차에서도 큰 열전달률을 얻을 수 있다. **잠열** h_{fg} 외에도 이 과정들의 특성을 나타내는 데 있어서 두 가지 변수들, 즉 액체-증기 계면에서의 **표면장력**(surface tension) σ와 두 상 사이의 **밀도차**(density difference)가 중요하다. 이 밀도차는 $g(\rho_l - \rho_v)$에 비례하는 **부력**(buoyancy force)을 유발한다. 잠열과 부력에 의하여 구동된 흐름의 복합적인 효과들 때문에 비등과 응축에 따른 열전달계수와 열전달률은 일반적으로 상변화가 없을 때의 대류열전달에 의한 것보다 훨씬 크다.

큰 열유속을 동반하는 많은 공학적 문제들은 비등과 응축을 포함한다. 폐회로의 동력 사이클에서는 **보일러**(boiler)에서 가압액체가 증기로 변환된다. 증기는 터빈에서 팽창된 후 **응축기**(condenser)에서 액상으로 복귀되고, 그 후 사이클을 반복하기 위해서 펌프에서 가압되어 보일러로 보내진다. 비등과정이 일어나는 **증발기**(evaporator)와 응축과정이 일어나는 응축기는 증기압축 냉동 사이클에서도 또한 필수적인 부품들이다. 비등에 수반되는 높은 열전달계수는 첨단 전자장비들의 열적 성능을 다루는 데 있어 유리하게 간주된다. 이러한 부품들의 합리적인 설계를 위해서는 연관된 상변화의 과정들을 잘 이해하여야 한다.

이 장의 목적은 비등과 응축에 연관된 물리적 조건들을 인지하는 것과 그에 관련된 열전달 계산을 수행하기 위한 기초지식을 제공하는 것이다.

10.1 비등 및 응축에서의 무차원 매개변수

경계층 현상(6장)을 다루는 데 있어서, 적절한 무차원 그룹들을 추출하기 위하여 지배방정식들을 무차원화하였다. 이러한 접근방법은 연관된 물리적 구조의 이해를 증진시켰으며, 열전달의 결과들을 일반화하고 표현하는 데 있어서 간편한 절차들을 제시하였다.

비등과 응축과정에 대한 지배방정식들을 전개하기는 어려우므로, Buckingham pi 이론[1]을 이용하여 적절한 무차원 변수들을 구할 수 있다. 비등과 응축과정에서 대류열전달계수는 표면온도와 포화온도의 차이 $\Delta T = |T_s - T_{sat}|$, 액체-기체의 밀도차에 의하여 야기되는 체적력 $g(\rho_l - \rho_v)$, 잠열 h_{fg}, 표면장력 σ, 특성길이 L 그리고 액체 또는 증기의 열물성치들, 즉 ρ, c_p, k, μ에 의존한다. 이는 다음과 같이 표현할 수 있다.

$$h = h\,[\Delta T, g(\rho_l - \rho_v), h_{fg}, \sigma, L, \rho, c_p, k, \mu] \tag{10.1}$$

5개의 차원들(m, kg, s, J, K)에서 10개의 변수들이 있으므로 (10 − 5) = 5의 *pi* 그룹들이 존재하며, 이는 다음 형식으로 표현될 수 있다.

$$\frac{hL}{k} = f\left[\frac{\rho g(\rho_l - \rho_v)L^3}{\mu^2}, \frac{c_p \Delta T}{h_{fg}}, \frac{\mu c_p}{k}, \frac{g(\rho_l - \rho_v)L^2}{\sigma}\right] \tag{10.2a}$$

또는 무차원 그룹들로 정의하면 다음과 같다.

$$Nu_L = f\left[\frac{\rho g(\rho_l - \rho_v)L^3}{\mu^2}, Ja, Pr, Bo\right] \tag{10.2b}$$

Nusselt 수와 Prandtl 수는 이전의 단상 대류해석에서 이미 소개되었다. 여기에서 새로이 나타난 무차원 변수들은 Jakob 수 Ja, Bond 수 Bo 그리고 Grashof 수[식 (9.10) 참조, 이른바 $\beta\Delta T \approx \Delta\rho/\rho$임을 상기하라]와 매우 유사한 이름 없는 변수이다. 이 이름 없는 변수는 열전달에 부력으로 야기된 유체운동의 영향을 나타낸다. Jakob 수는 응축(비등)이 일어나는 동안 액체(증기)에 의해 흡수되는 잠열에 대한 액체(증기)에 의해 흡수되는 최대 현열의 비이다. 많은 응용에서 현열은 잠열에 비하여 매우 작으며, 따라서 Jakob 수는 작은 값을 갖는다. Bond 수는 표면장력에 대한 부력의 비이다. 다음에 계속되는 절들에서 비등과 응축에 있어서 이들 변수들의 역할이 언급될 것이다.

10.2 비등 모드

고체-액체 계면에서 증발이 일어날 때, 이를 **비등**이라 한다. 비등은 표면의 온도 T_s가 액체의 압력에 해당하는 포화온도 T_{sat}를 초과할 때 일어난다. 열이 고체표면으로부터 액체로 전달되며, 그에 따른 Newton의 냉각법칙은 다음과 같다.

$$q_s'' = h(T_s - T_{sat}) = h\Delta T_e \tag{10.3}$$

여기서 $\Delta T_e \equiv T_s - T_{sat}$를 **초과온도**(excess temperature)라 한다. 비등과정의 특성은 기포의 형성, 성장 그리고 표면으로부터의 분리로 나타낼 수 있다. 증기기포의 성장과 운동은 초과온도, 표면의 특성 및 유체의 표면장력과 같은 열물성치들에 매우 복잡한 형태로 의존한다. 따라서 증기기포 형성의 역학은 표면 근처의 유체운동에 영향을 끼치며, 그로 인하여 열전달계수에 크게 영향을 준다.

비등은 여러 가지 조건들하에서 일어날 수 있다. 예를 들면 **풀비등**(pool boiling)에서는 전체적인 액체는 정지해 있고, 표면 근처 액체의 운동은 자유대류와 기포의 성장 및 분리에 의한 혼합에 기인한다. 반면에 **강제대류비등**(forced convection boiling)에서 유체의 운동은 자유대류 및 기포에 의한 혼합뿐만 아니라 외부수단에 의하여 일어난다. 비등은 또한 액체가 **과냉**(subcooled) 상태인가 또는 **포화**(saturated)상태인가에 따라 분류되기도 한다. 과냉비등에서는 액체의 온도가 포화온도보다 낮으며, 표면에서 형성된 기포는 액체 속에서 응축되기도 한다. 반면에 **포화비등**(saturated boiling)에서는 액체온도가 포화온도보다 약간 높다. 고체표면에서 형성된 기포들은 부력에 의하여 액체 내에서 움직이고, 궁극적으로는 자유표면으로부터 빠져나간다.

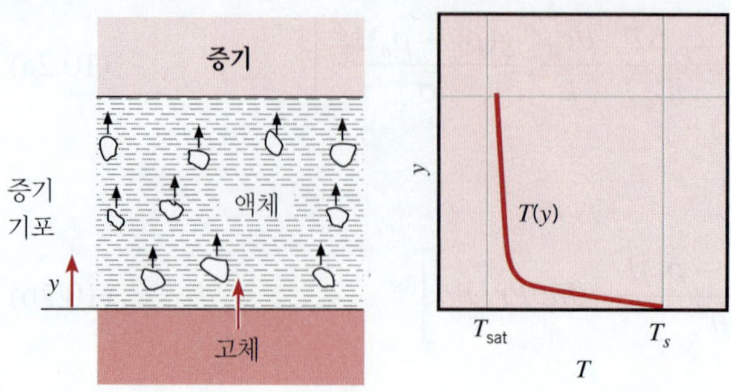

그림 10.1 액체-증기 경계면을 갖는 포화된 풀비등에서의 온도분포.

10.3 풀비등

그림 10.1에 나타낸 것과 같은 **포화풀비등**(saturated pool boiling)은 광범위하게 연구되었다. 고체표면 근처에서 액체온도는 급격하게 증가하지만 대부분의 액체온도는 포화온도보다 약간 높은 온도를 유지한다. 따라서 액체-고체 계면에서 발생된 기포들은 상승하여 액체-증기 계면을 통해 이동된다. 이에 내포된 물리적 현상들은 **비등곡선**(boiling curve)을 검토함으로써 이해될 수 있다.

10.3.1 비등곡선

풀비등의 여러 영역들은 그림 10.2와 같은 장치를 이용하여 Nukiyama[2]에 의하여 최초로 확인되었다. 수평으로 설치된 **니크롬**(nichrome)선으로부터 포화상태의 물로의 열유속은 전류 I와 전위차 E를 측정하여 구해진다. 선의 온도는 온도에 따른 전기저항의 변화를 통하여 얻어진다. 이 장치는 **동력제어**(power-controlled) 가열장치라 하며, 선의 온도 T_s(즉 초과온도 ΔT_e)가 종속변수이고 설정동력(즉 열유속 q''_s)이 독립변수이다. 그림 10.3의 가열곡선(heating curve)에서 화살표를 따라가 보면, 동력이 공급됨에 따라 초과온도 및 열유속이 처음에는 서서히 증가하다가 급격히 증가함을 알 수 있다.

Nukiyama는 기포들의 생성에서 알 수 있듯이 비등은 $\Delta T_e \approx 5°\text{C}$가 될 때까지 시작되지 않음을 관찰하였다. 동력을 더욱 증가시키면 열유속은 대단히 높은 정도까지 증가하다가 **갑자기** q''_{max}보다 약간 큰 값에서 선의 온도가 용융점으로 상승하여 번아웃(burnout)된다. 그러나 용융점(2045 K 대 1500 K)이 매우 높은 **백금**(platinum)선을 사용함으로써 Nukiyama는 번아웃 없이 q''_{max}보다 높은 열유속을 얻을 수 있었다. 그 후 동력을 줄이면 ΔT_e와 q''_s은 그림 10.3의 **냉각곡선**(cooling curve)을 따라 변화하였다. 열유속이 극소점 q''_{min}에 도달하였을 때 동력을 계속 줄이면 초과온도는 급격히 감소하며, 변화과정은 원래의 가열곡선을 따라서 포화점으로 환원된다.

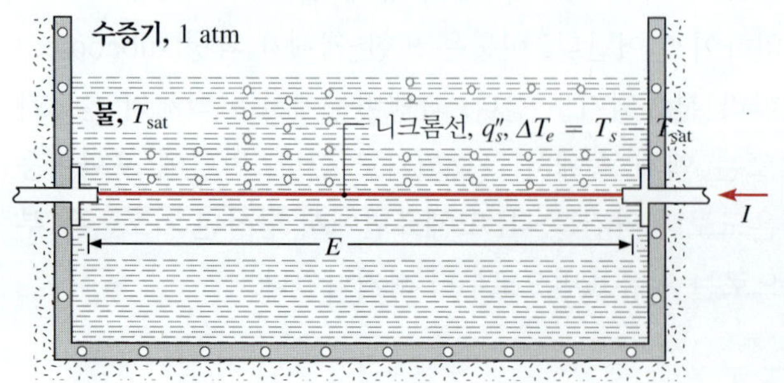

그림 10.2 비등곡선을 설명하기 위한 Nukiyama의 동력제어 가열장치.

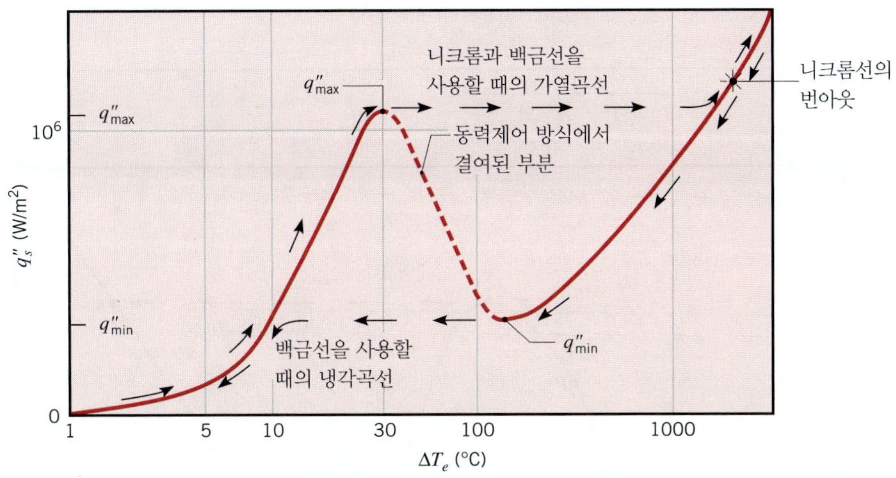

그림 10.3 대기압에서의 포화수에 대한 Nukiyama의 비등곡선.

Nukiyama는 그림 10.3의 이력효과(hysteresis effect)는 ΔT_e가 종속변수인 동력제어 가열방법의 결과인 것으로 믿었었다. 그는 또한 ΔT_e를 독립적으로 제어할 수 있는 가열방법을 사용함으로써 곡선에 점선으로 표시된 재현되지 않는 부분을 구할 수 있을 것으로 믿었다. 그의 추측은 나중에 Drew와 Mueller[3]에 의해 확인되었다. 그들은 여러 다른 압력상태의 관 속에서 수증기를 응축함으로써 관의 바깥 표면에서 비등점이 낮은 유기(organic)유체를 비등시킴으로 인하여 ΔT_e의 값을 제어할 수 있었으며, 따라서 비등곡선의 점선 부분을 구할 수 있었다.

10.3.2 풀비등의 모드

풀비등의 여러 모드 및 영역을 공부함으로써 풀비등의 물리적 구조를 이해할 수 있다. 풀비등의 영역들은 그림 10.4의 비등곡선에 나타나 있다. 그림의 곡선은 1기압의 물에 관한 것이지만, 다른 유체들의 반응도 이와 유사한 경향을 나타낸다. 식 (10.3)으로부터 q''_s은 초과온도 ΔT_e뿐만 아니라 대류열전달계수 h에도 의존함을 알 수 있다. 여러 비등영역들이 ΔT_e의 값에 따라 분류될 수 있다.

자유대류비등 $\Delta Te \le \Delta T_{e,A}$이면 자유대류비등(free convection boiling)이 존재한다. 여기서 $\Delta T_{e,\mathrm{A}} \approx 5$°C이다. 기포의 생성을 유지하기 위해서는 표면온도는 포화온도보다 어느 정도 높아야 한다. 초과온도가 증가함에 따라 마침내 기포의 발생이 일어나지만, A점[**핵비등의 시작**(ONB: onset of nucleate boiling)]보다 낮을 때는 유체운동은 주로 자유대류의 효과들에 의한 것이다. 흐름이 층류인지 난류인지에 따라 h는 각각 ΔT_e의 $\frac{1}{4}$승 또는 $\frac{1}{3}$승에 따라 변화하며, 또한 q''_s은 각각 ΔT_e의 $\frac{5}{4}$승 또는 $\frac{4}{3}$승에 따라 변한다. 큰 수평의 평판에 있어서 유체유동은 난류이고, 그림 10.4와 같은 비등곡선의 자유대류 부분을 예측하기 위해서는 식 (9.31)을 이용할 수 있다.

핵비등 핵비등(nucleate boiling)은 $\Delta T_{e,A} \le \Delta T_e \le \Delta T_{e,C}$의 범위에서 존재하며, 여기서 $\Delta T_{e,C} \approx 30$°C이다. 이 범위에서는 두 개의 다른 흐름영역으로 구별된다. 영역 A-B에서는, 그림 10.2에 나타난 것처럼 핵생성 지점들에서 **고립된 기포**(isolated bubble)들이 형성되어 표면으로부터 분리된다. 이렇게 분리되면서 표면 근처에서 상당한 유체의 혼합이 야기되며, 그에 따라 h와 q''_s은 현저히 증가한다. 이 영역에서는 대부분의 열교환이 표면으로부터 표면 근처에서 운동하는 액체로 직

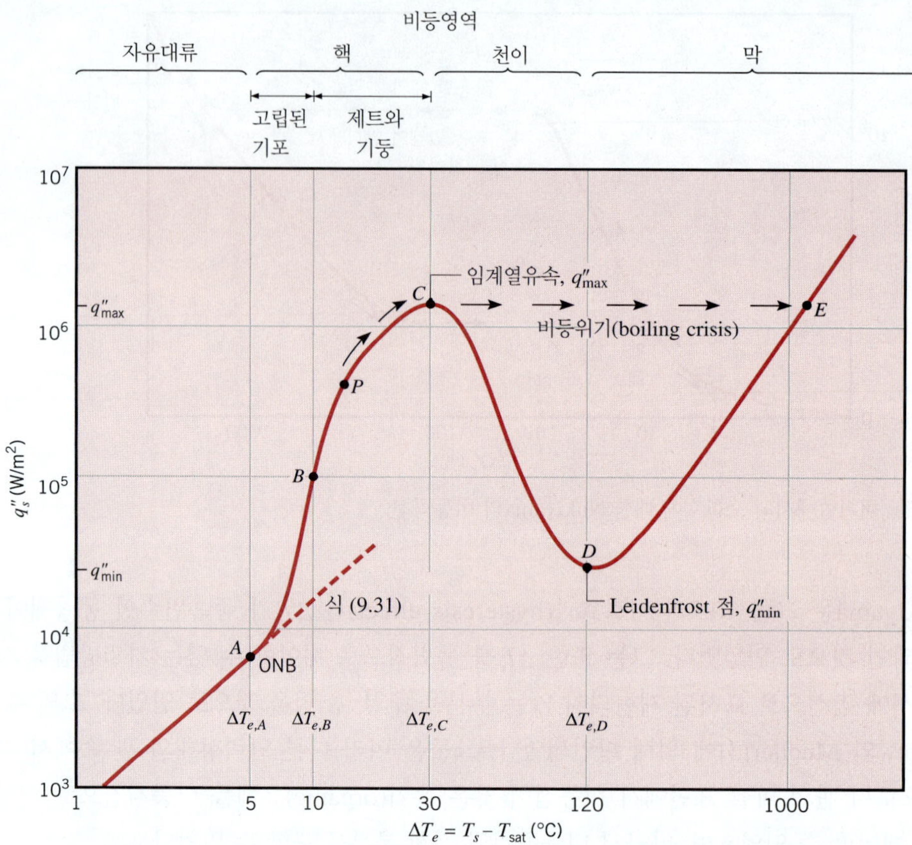

그림 10.4 1 atm에서의 물에 대한 전형적인 과도온도 함수에서의 표면열유속 q''_s, $\Delta T_e \equiv T_s - T_{sat}$.

접 열교환을 통하여 일어나며, 표면에서부터 위로 상승하는 증기기포들에 의하여 일어나는 것은 아니다. ΔT_e가 $\Delta T_{e,B}$를 넘어 커짐에 따라 더 많은 핵 발생지점들이 활성화되고 증가된 기포형성은 기포의 간섭과 합병을 일으킨다. 영역 $B-C$에서는 증기가 **제트**(jet) 또는 **기둥**(column)의 형태로 떨어져 나와서 다음에 증기의 슬러그(slug)들로 합쳐진다. 이러한 현상이 그림 10.5a에 나타나 있다. 조밀하게 존재하는 기포들 사이의 간섭 때문에 표면 근처에서 액체운동은 억제된다. 그림 10.4의 P점은 비등곡선의 변곡점에 해당된다. P점전의 비등곡선은 로그-로그 그림상에서 직선으로 가늠될 수 있고, 이는 $q''_s \propto \Delta T_e^n$을 의미한다. 이 점을 지나면 열유속은 ΔT_e의 증가에 따라 더욱 서서히 증가한다. P점과 C점 사이의 어떤 점에서는 열유속의 증가량이 감소함에 따라 열전달계수, $h = q''_s/\Delta T_e$의 감소를 가져온다.

작은 값의 초과온도로 높은 열전달률과 높은 대류열전달계수를 얻을 수 있기 때문에 많은 공학적 장치들은 이 핵비등영역에서 작동되도록 설계하는 것이 바람직하다. 대류열전달계수의 대략적인 값은 그림 10.4의 비등곡선과 식 (10.3)을 함께 사용하여 추산할 수 있다. q''_s을 ΔT_e로 나누어 보면 대류열전달계수의 값이 10^4 W/m²·K를 초과하는 것이 이 영역의 특징인 것이 분명하다. 이러한 값들은 보통의 상변화가 없는 대류에 대응하는 값보다 상당히 더 크다.

천이비등 $\Delta T_{e,C} \le \Delta T_e \le \Delta T_{e,D}$(여기서 $\Delta T_{e,D} \approx 120$°C)에 해당하는 영역을 **천이비등**(transition boiling), **불안정 막비등**(unstable film boiling), 또는 **부분 막비등**(partial film boiling)이라 한다. 이제는 기포형성이 대단히 급격히 일어나서 증기막 또는 증기 블랭킷(vapor blanket)이 표면에 형

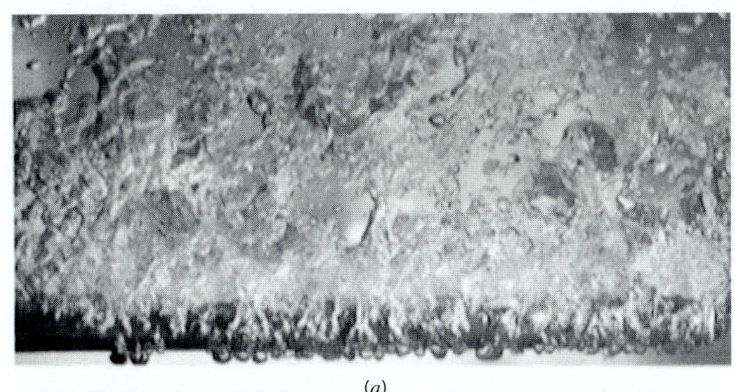

(*a*)

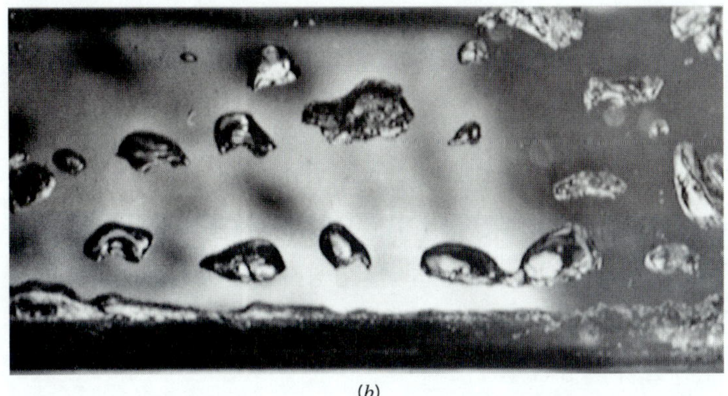

(*b*)

그림 10.5 수평관에서의 메탄올의 비등. (*a*) 제트와 기둥 영역 내의 핵비등. (*b*) 막비등. Professor J.W. Westwater, University of Illinois at Champaign-Urbana 사진 제공.

성되기 시작한다. 표면의 어느 부분에서나 비등의 형태가 막비등과 핵비등 사이를 오가지만, ΔT_e가 증가함에 따라 전체 표면 중에서 막에 의해 덮이는 부분이 증가한다. 증기기포의 열전도율이 액체의 열전도율보다 매우 작으므로, ΔT_e가 증가함에 따라 h(그리고 q''_s)는 감소한다.

막비등 막비등(film boiling)은 $\Delta T_e \geq \Delta T_{e,D}$에서 존재한다. **Leidenfrost 점**[1]으로 불리는 비등곡선의 D점에서 열유속은 최소, 즉 $q''_{s,D} = q''_{\min}$이며, 표면은 **증기 블랭킷**에 의해 완전히 뒤덮인다. 표면으로부터 액체로의 열전달은 증기를 통한 전도와 복사에 의해 일어난다. 표면온도가 증가하면 증기막을 통한 열복사가 커지면서 ΔT_e가 증가함에 따라 열유속이 증가한다. 그림 10.5*b*는 핵비등과 막비등의 형태에 따른 증기의 형성과 기포의 운동을 나타낸다. 이 사진들은 수평관 위에서의 메탄올의 비등에 대하여 얻어진 것이다.

비록 지금까지는 T_s의 제어를 통한 비등곡선에 대하여 언급하였으나, Nukiyama의 실험 및 많은 실제응용(즉 원자로 또는 전기저항 가열장치)에서는 q''_s을 제어함을 반드시 기억하자. 그림 10.4의 P점에서 시작하여 q''_s을 서서히 증가시켜 보자. ΔT_e의 값과 T_s의 값 또한 비등곡선을 따라서 C점으로 증가할 것이다. 그러나 이 점을 지나 q''_s을 더욱 증가시키면 비등곡선을 급격히 벗어나 표면조건이 $\Delta T_{e,C} \approx 30°\text{C}$에서 $\Delta T_{e,E} \equiv T_{s,E} - T_{\text{sat}} \approx 1100°\text{C}$으로 급격히 변한다. $T_{s,E}$가 고체의 용융점보다 클 수 있기 때문에 장치가 손상될 수 있다. 따라서 C점을 종종 번아웃점(burnout point)

[1] Leidenfrost는 1756년에 증기막에 의해 지지되는 물방울들이 고온의 표면 부근에서 움직이면서 천천히 비등하는 것을 관찰하였다.

또는 비등위기(boiling crisis)라 부르며, 임계열유속(CHF: critical heat flux) $q''_{s,C} \equiv q''_{\max}$을 정확히 아는 것이 중요하다. 열전달 표면이 CHF에 가까우면 높은 열유속을 위해 바람직하지만 CHF를 초과하는 것은 바람직하지 않다.

10.4 풀비등 상관식

비등곡선의 형상과 여러 물리적 현상들이 각각의 다른 영역들을 지배한다는 사실을 알고 나면 비등과정에서의 열전달 상관식의 다양성은 별로 놀라운 일이 아니다. 비등곡선(그림 10.4)의 $\Delta T_{e,A}$보다 낮은 영역에서 열전달계수 및 열전달률을 구하기 위해서는 9장의 적절한 자유대류상관식을 이용할 수 있다. 이 절에서는 핵비등 및 막비등에 광범위하게 사용되는 상관식들이 소개된다.

10.4.1 핵 풀비등

핵비등을 해석하기 위해서는 표면에서 핵이 형성되는 지점들의 수와 각 지점의 기포 발생률을 알아야 한다. 이 비등영역의 구조에 대하여 광범위하게 연구되어 왔으나 아직 완전하고 믿을 만한 수학적 모델은 개발되지 못하였다. Yamagata 등[4]은 처음으로 핵 생성지점들이 열전달률에 미치는 영향을 제시하였으며 q''_s은 대략적으로 ΔT_e^3에 비례한다는 것을 검증하였다. 표면열유속과 초과온도 사이의 관계를 반영하는 상관식 개발이 요망된다.

10.3.2절에서 그림 10.4의 영역 A-B에서는 대부분의 열교환이 가열된 표면으로부터 액체로의 직접적인 전달에 의한 것이라고 언급하였다. 따라서 이 영역에서의 비등현상은 유체유동이 떠오르는 기포에 의해 유도되는 액체상태의 강제대류의 일종으로 간주될 수 있다. 강제대류의 상관식은 일반적으로 다음과 같다.

$$\overline{Nu}_L = C_{fc}\, Re_L^{m_{fc}}\, Pr^{n_{fc}} \tag{7.1}$$

그리고 식 (7.1)은 Nusselt 수와 Reynolds 수에 들어갈 특성길이와 특성속도가 주어지면 어떻게 풀비등 데이터들이 상관지어지는지 알려 줄 것이다. 식 (7.1)에 나타난 아래첨자 f_c는 **강제대류**에 관련된 상수임을 나타낸다. 7장에서 보인 바와 같이 복잡한 유동에 있어 이러한 상수들은 실험적으로 결정된다. 떠오르는 기포가 액체와 섞인다고 가정하였기에 상대적으로 큰 가열표면의 경우 적절한 길이차원은 기포지름 D_b이다. 가열표면을 떠날 때의 기포지름은 부력(기포의 출발을 촉진시키며 D_b^3에 비례함)이 표면장력(기포를 면에 점착시키며 Δ_b에 비례함)과 같다는 힘의 균형으로부터 다음과 같은 표현으로 구할 수 있다.

$$D_b \propto \sqrt{\frac{\sigma}{g(\rho_l - \rho_v)}} \tag{10.4a}$$

비례상수는 액체, 증기 그리고 고체면의 접촉각에 의존하며, 접촉각은 고려되는 특정 액체 및 고체면에 따라 다르다. 아래첨자 l과 v는 각각 포화 액체 및 증기를 나타내며 σ(N/m)는 표면장력이다.

액체 운동의 특성속도는 떠나는 기포 뒤를 채우는데 액체의 움직이는 거리(D_b에 비례함)를 기포의 출발들 사이의 시간 t_b로 나눔으로써 구할 수 있다. 시간 t_b는 증기기포를 형성하는 데 필요한 에너지(D_b^3에 비례함)를 고체-증기의 접촉면에 더해진 열전달률(D_b^2에 비례함)로 나눈 것과 같다. 따라서 다음과 같다.

$$V \propto \frac{D_b}{t_b} \propto \frac{D_b}{\left(\dfrac{\rho_l h_{fg} D_b^3}{q_s'' D_b^2}\right)} \propto \frac{q_s''}{\rho_l h_{fg}} \tag{10.4b}$$

식 (10.4a)와 (10.4b)를 식 (7.1)에 대입하고, 비례관계를 상수 C_{fc}에 포함시키고, 그에 따른 h에 관한 표현을 식 (10.3)에 대입하면 다음의 관계식을 얻는다. 여기에서 상수 $C_{s,f}$와 n은 새로이 도입되었으며, 식 (7.1)의 지수 m_{fc}의 값은 2/3로 실험적으로 구해졌다.

$$q_s'' = \mu_l h_{fg} \left[\frac{g(\rho_l - \rho_v)}{\sigma}\right]^{1/2} \left(\frac{c_{p,l}\,\Delta T_e}{C_{s,f}\, h_{fg}\, Pr_l^n}\right)^3 \tag{10.5}$$

식 (10.5)는 Rohsenow[5]에 의해 최초로 개발되었으며 핵비등에 대한 상관식으로 가장 널리 이용되고 있다. 계수 $C_{s,f}$와 지수 n은 표면-액체 조합에 의존하며, 대표적인 값들이 표 10.1에 제시되어 있다. 다른 액체-표면 조합에 대한 값들은 참고문헌 [6~8]에서 얻을 수 있다. 물에 대한 표면장력과 증발잠열의 값들은 표 A.6에, 다른 대표적인 유체들에 대한 값들은 표 A.5에 수록하였다. 또 다른 액체들에 대한 값들은 *Handbook of Chemistry and Physics*의 최신판에서 얻을 수 있다. 만약 식 (10.5)를 임의의 길이차원 L에 근거한 Nusselt 수의 항으로 다시 적으면 $Nu_L \propto Ja^2\, Pr^{1-3n}\, Bo^{1/2}$의 형태가 된다. 식 (10.2b)와 비교해 보면 오직 처음 무차원 변수만 없음을 알 수 있을 것이다. 만약 Nusselt 수를 식 (10.4a)에 주어진 특성 기포지름에 근거하여 나타낸다면 더욱 간단히 $Nu_{D_b} \propto Ja^2 Pr^{1-3n}$로 표현된다.

표 10.1 여러 표면 – 유체 조합에 대한 $C_{s,f}$ 값 [5~7]

표면-유체 조합	$C_{s,f}$	n
물-구리		
흠집이 난	0.0068	1.0
연마된	0.0128	1.0
물-스테인리스강		
화학적으로 부식된	0.0133	1.0
기계적으로 연마된	0.0132	1.0
연삭과 연마된	0.0080	1.0
물-황동	0.0060	1.0
물-니켈	0.006	1.0
물-백금	0.0130	1.0
***n*-펜탄-구리**		
연마된	0.0154	1.7
래핑된	0.0049	1.7
벤젠-크롬	0.0101	1.7
에틸알코올-크롬	0.0027	1.7

Rohsenow의 상관식은 단지 깨끗한 표면에만 적용될 수 있다. 이 식을 이용해 열유속을 계산하는 경우 ±100%까지의 오차가 생길 수도 있다. 그러나 $\Delta T_e \propto (q_s'')^{1/3}$이므로 알고 있는 q_s''을 이용하여 ΔT_e를 구하기 위해 이 식을 사용할 경우는 오차가 세 배만큼 줄어든다. 또한 $q_s'' \propto h_{fg}^{-2}$이고 h_{fg}는 포화압력(온도)이 증가함에 따라 감소하므로, 핵비등 열유속은 액체가 가압됨에 따라 증가한다.

10.4.2 핵 풀비등에 대한 임계열유속

임계열유속 $q_{s,C}'' = q_{\max}''$는 비등곡선에서의 중요한 점을 표시한다. 이 점 근처에서 비등과정이 이루어지는 것이 바람직하다. 그러나 이 임계점을 초과하면 열의 소산 등의 위험에 유의해야 한다. Kutateladze[9]는 차원 해석을 통해서 그리고 Zuber[10]는 유체역학적 안정성 해석을 통하여 다음 형태의 식을 구하였다.

$$q_{\max}'' = Ch_{fg}\rho_v \left[\frac{\sigma g(\rho_l - \rho_v)}{\rho_v^2}\right]^{1/4} \tag{10.6}$$

이는 표면재질에는 무관하고, 가열표면 형상에는 처음 나오는 상수 C를 통하여 약하게 의존한다. 큰 수평 원통, 구 그리고 크고 유한한 가열 표면에 대해서 상수 값에 $C = \pi/24 \approx 0.131$(Zuber 상수)을 넣으면 실험값과 16% 이내로 일치한다[11]. 큰 수평 평판에 대해서는 $C = 0.149$를 넣으면 실험값에 더 좋은 일치를 보인다. 식 (10.6)의 물성치들은 포화온도에서 구해진 것들이다. 식 (10.6)은 가열표면의 특성길이 L이 기포지름 D_b에 비하여 큰 경우에 적용된다. 그러나 Confinement 수 $Co = \sqrt{\sigma/(g[\rho_l - \rho_v])}/L = Bo^{-1/2}$가 대략 0.2보다 클 만큼 가열기가 작으면 보정인자를 적용하여야 한다. Lienhard[11]는 평판, 원통, 구 그리고 수직 방향과 수평 방향의 리본(ribbon) 등을 포함하는 여러 형상에 대한 수정계수들을 제시하였다.

임계열유속이 주로 표면장력과 증발잠열의 압력 의존성을 통하여 압력에 크게 의존한다는 것을 주목하는 것이 중요하다. Cichelli와 Bonilla[13]는 피크(peak) 열유속이 임계압력의 1/3까지는 압력이 증가함에 따라 증가하다가, 그 이후 임계압력에서는 0으로 떨어짐을 실험적으로 증명하였다.

10.4.3 최소 열유속

천이비등영역은 가열기의 표면온도를 제어할 때만 얻어지므로 실제적인 관심이 적다. 이 영역에 대한 적절한 이론이 개발되어 있지 않으나, 이 영역은 액체와 가열표면 사이의 주기적이고 **불안정한**(unstable) 접촉에 의하여 특징지어진다. 그러나 **안정된**(stable) 표면 증기 블랭킷 또는 증기막의 형성과 최소 열유속 조건에 해당되기 때문에 이 영역의 위쪽 한계는 중요하다. 만약 열유속이 이 최소값 이하로 내려가면, 막은 붕괴되어 표면을 냉각시키고 핵비등이 다시 재현된다.

Zuber[10]는 넓은 수평 평판으로부터의 최소 열유속 $q_{s,D}'' = q_{\min}''$인 경우에 대하여 안정성 이론을 이용하여 다음과 같은 식을 유도하였다.

$$q''_{\min} = C\rho_v h_{fg}\left[\frac{g\sigma(\rho_l - \rho_v)}{(\rho_l + \rho_v)^2}\right]^{1/4} \tag{10.7}$$

여기서 물성치들은 포화온도에서 구해졌으며, 상수 $C = 0.09$는 Berenson[14]에 의하여 실험적으로 구해졌다. 이 결과는 보통의 압력하에서 대부분의 유체에 대하여 약 50%까지 정확하지만, 고압에서는 좋지 않은 결과를 가져온다[15]. 유사한 결과가 수평 원통들에 대해서도 구해졌다[16].

10.4.4 막 풀비등

Leidenfrost 점을 넘는 초과온도에서는 연속적인 증기막이 표면을 덮고, 액상과 표면 사이에는 접촉이 이루어지지 않는다. 안정된 증기막에서의 조건들은 층류 막응축(10.7절)의 조건과 매우 유사하므로, 통상적으로 막비등 상관식들은 응축이론에 의해 얻어진 결과들에 기초를 둔다. 지름이 D인 원통이나 구 위에서의 막비등에 대하여 적용되는 이와 같은 한 결과는 다음 형태를 가진다.

$$\overline{Nu}_D = \frac{\bar{h}_{\text{conv}} D}{k_v} = C\left[\frac{g(\rho_l - \rho_v)h'_{fg}D^3}{\nu_v k_v (T_s - T_{\text{sat}})}\right]^{1/4} \tag{10.8}$$

상관상수 C는 수평 원통에 대하여 0.62이고[17], 구에 대하여 0.67이다[11]. 수정된 잠열 h'_{fg}은 증기 블랭킷 속의 온도를 포화온도보다 높게 유지시키는 현열을 고려한 것이다. 이는 $h'_{fg} = h_{fg} + 0.80c_{p,v}(T_s - T_{\text{sat}})$으로 근사적으로 표시할 수 있으나, 증기의 Prandtl 수에 약하게 의존한다고 알려져 있다[18]. 증기의 물성치들은 막온도 $T_f = (T_s + T_{\text{sat}})/2$에서 구해지며 액체의 밀도는 포화온도에서 구해진다.

높은 표면온도($T_s \gtrsim 300°\text{C}$)에서는 증기막을 통한 복사 열전달이 중요해진다. 복사는 막 두께를 증가시키는 작용을 하므로 복사과정과 대류과정을 단순히 더하는 것으로 가정하는 것은 적절하지 않다. Bromley[17]는 수평관의 바깥 표면으로부터의 막비등에 대하여 연구한 결과, 다음 형식의 초월함수식으로부터 총 열전달계수를 계산할 것을 제안하였다.

$$\bar{h}^{4/3} = \bar{h}_{\text{conv}}^{4/3} + \bar{h}_{\text{rad}}\bar{h}^{1/3} \tag{10.9}$$

만약 $\bar{h}_{\text{rad}} < \bar{h}_{\text{conv}}$이면 다음의 간편한 식이 이용될 수 있다.

$$\bar{h} = \bar{h}_{\text{conv}} + \tfrac{3}{4}\bar{h}_{\text{rad}} \tag{10.10}$$

유효복사 열전달계수 $\bar{h}_{\text{rad}}$는 다음과 같이 표현된다.

$$\bar{h}_{\text{rad}} = \frac{\varepsilon\sigma(T_s^4 - T_{\text{sat}}^4)}{T_s - T_{\text{sat}}} \tag{10.11}$$

여기서 ε은 고체의 방사율(표 A.11)이며, σ는 Stefan-Boltzmann 상수이다.

막비등과 막응축 사이의 상사성은 곡률이 큰 작은 표면에 대해서는 적용되지 않는다. 왜냐하면 이 두 과정에 있어서 증기와 액체의 막 두께에 큰 차이가 있기 때문이다. 이 상사성은 또한 수직표면에 대하여 일부의 경우 만족할 만한 예측을 얻을 수 있지만 의문시된다.

10.4.5 풀비등에 대한 매개변수들의 영향

이 절에서는 중력장, 액체과냉, 고체표면 조건들과 같이 풀비등에 영향을 주는 다른 매개변수들을 간단히 고찰한다.

비등에 있어서 **중력장**(gravitational field)의 영향은 우주운항 및 회전기계와 관련된 응용에 있어서는 반드시 고려되어야 한다. 이러한 영향은 앞의 식들에 중력가속도 g가 포함되어 있는 사실에서 명백하다. Siegel[19]은 낮은 중력 영향에 대한 고찰에서 식 (10.6), 식 (10.7) 및 식 (10.8)(최대 및 최소 열유속들과 막비등에 대하여)에 나타난 $g^{1/4}$ 의존성은 g의 값이 0.10 m/s^2 정도까지의 낮은 값에 대하여 정확하다는 것을 확인하였다. 그러나 핵비등에 대하여 열유속은 중력에 거의 무관하다고 입증되었는데, 이 결과는 식 (10.5)의 $g^{1/2}$ 의존성과 상반된다. ONB 근처에서는 중력이 기포에 의해 유도되는 대류에 영향을 미칠 수 있지만, 보통의 중력보다 큰 경우 유사한 영향을 나타낸다.

만약 풀비등 장치에서 액체의 온도가 포화온도보다 낮으면 이 액체는 **과냉**상태이며, 이때 $\Delta T_{sub} \equiv T_{sat} - T_l$이다. 자연대류 영역에서 열유속은 일반적으로 $(T_s - T_l)^n$, 즉 $(\Delta T_e + \Delta T_{sub})^n$에 따라 증가한다. 이 때 $5/4 \le n \le 4/3$이며 고온 표면의 형상에 따라 n값은 달라진다. 이에 비하여 핵비등에 있어서는 최대 및 최소 열유속인 q''_{max}과 q''_{min}는 ΔT_{sub}가 증가함에 따라 선형적으로 증가한다고 알려져 있으나, 과냉의 영 향은 무시할 만하다. 막비등에 대하여 열유속은 ΔT_{sub}가 증가할수록 크게 증가한다.

표면거칠기(또는 표면조도, surface roughness)[기계 절삭, 홈내기, 스코링(scoring), 또는 모래분사(sandblasting) 등에 의한]가 최대 및 최소 열유속들과 막비등에 끼치는 영향은 무시할 만하다. 그러나 Berensen [20]에 의해 입증된 것처럼 핵비등 영역에서는 표면거칠기가 커지면 열유속 또한 크게 증가할 수 있다. 그림 10.6에 나타난 바와 같이 거칠어진 표면은 수많은 공동을 가지며, 이 공동은 증기를 가두어 두는 역할을 하고 기포가 성장할 수 있는 공간을 제공하게 된다. 따라서 매끈한 표면에 비하여 거친 표면에서의 핵 발생지점 밀도는 현저히 크다. 그러나 오래 지속되는 비등에서는 표면거칠기의 영향이 감소하는데, 이는 거칠기에 의해 만들어진 새롭고 넓은 지점들이 증기를 발생시키는 안정된 근원이 아님을 의미한다.

핵비등을 안정되게 **증가**(augmentation)시키는 특수한 표면형태가 상용화되어 있으며, 이는 Webb[21]에 의하여 고찰된 바 있다. **촉진 표면**(enhancement surface)에는 두 가지 형식이 있다: (1) 소결, 경납점, 화염분사, 전해용착, 발포공정 등에 의한 다공성이 매우 높은 물질의 코팅, (2) 연속적으로 증기를 확실하게 가두기 위하여 기계적으로 가공되거나 성형된 2중 재진입(double-reentrant) 공동들(그림 10.7 참조). 이러한 표면들의 핵생성 지점들에서는 증기가 계속적으로 재생산되므로 열전달은 열 배 이상 증가한다. 표면닦음-회전(surface wiping-rotation), 표면진동,

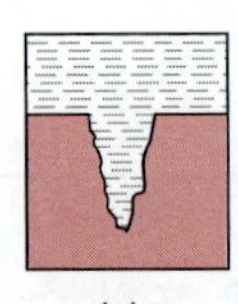
(a)

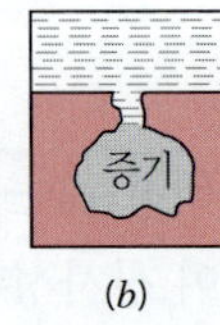

(b)

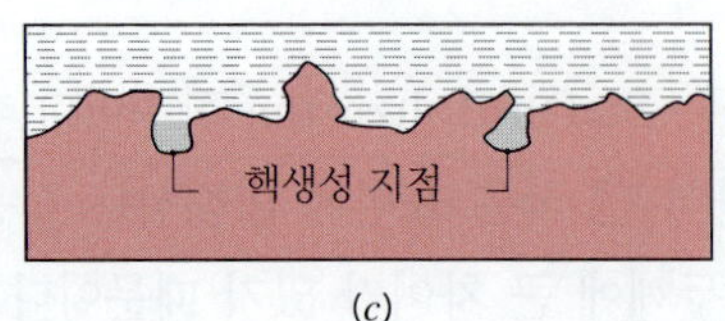

(c)

그림 10.6 핵생성 지점들의 형성. (*a*) 갇혀 있는 증기가 없이 젖어 있는 공동. (*b*) 증기를 가두어 두는 재진입 공동. (*c*) 거친 표면의 확대윤곽.

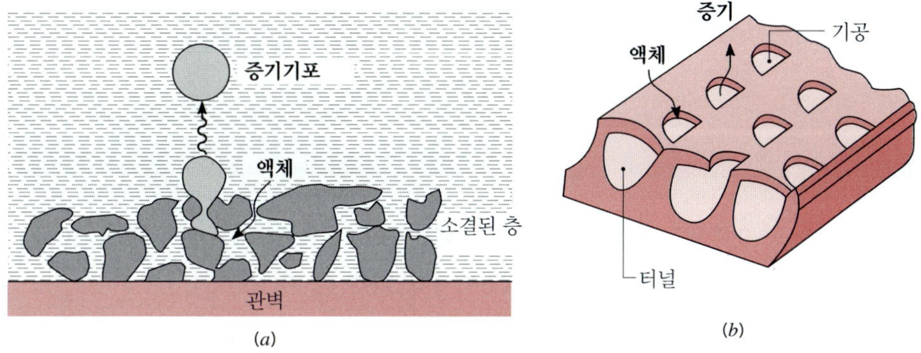

그림 10.7 핵비등의 증가를 위해 정형적으로 만들어진 촉진표면들. (*a*) 소결금속 피복. (*b*) 기계적으로 성형된 2중 재진입(double-reentrant) 공동.

유체진동, 정전기장과 같은 능동형 증가 기술들이 Bergles[22, 23]에 의하여 검토된 바 있다. 그러나 이러한 기술들은 비등장치들을 복잡하게 하고, 많은 경우 내구성이 떨어지므로 실제적으로 응용되는 경우는 거의 없다.

예제 10.1

지름이 0.3 m인 구리 팬(pan)의 바닥이 전열기에 의해 118°C로 유지되고 있다. 이 팬에 있는 물을 비등시키는 데 필요한 동력을 구하라. 증발률은 얼마인가? 또한 임계열유속을 구하라.

풀이

제시자료: 표면온도가 주어진 구리 팬 내에서의 물의 비등.

풀이대상:

1. 비등을 일으키는 데 필요한 전열기의 동력.
2. 비등에 의한 물의 증발률.
3. 번아웃점에 해당하는 임계열유속.

개략도:

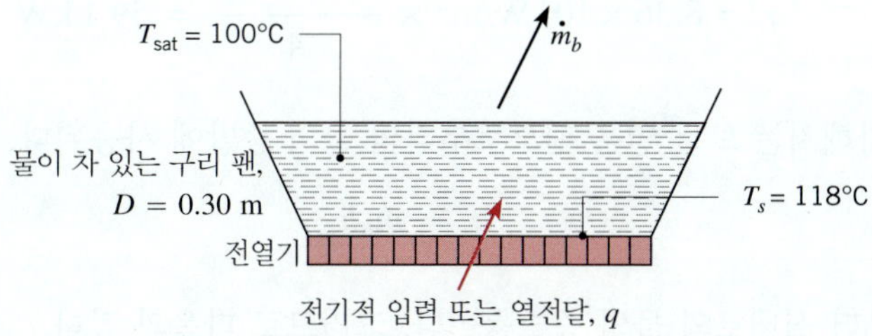

가정:

1. 정상상태.

2. 물은 표준대기압 1.01 bar에 노출됨.

3. 물의 온도는 T_{sat} = 100°C로 균일.

4. 팬 바닥표면은 연마된 구리.

5. 가열기로부터 주위로의 열손실은 무시.

물성치: 표 A.6에서 포화수, 액체(100°C): $\rho_l = 1/v_f = 957.9\ \text{kg/m}^3$, $c_{p,l} = c_{p,f} = 4.217\ \text{kJ/kg·K}$, $\mu_l = \mu_f = 279 \times 10^{-6}\ \text{N·s/m}^2$, $Pr_l = Pr_f = 1.76$, $h_{fg} = 2257\ \text{kJ/kg}$, $\sigma = 58.9 \times 10^{-3}\ \text{N/m}$. 표 A.6에서 포화수, 증기(100°C): $\rho_v = 1/v_g = 0.5956\ \text{kg/m}^3$.

해석:

1. 주어진 1 atm에서 비등하는 물의 포화온도 T_{sat}와 가열된 구리 표면온도 T_s로부터 초과온도 ΔT_e는 다음과 같다.

$$\Delta T_e \equiv T_s - T_{sat} = 118°\text{C} - 100°\text{C} = 18°\text{C}$$

그림 10.4의 비등곡선에 따르면 풀 핵비등은 발생할 것이고, 표면열유속의 예측을 위한 추천 상관식은 식 (10.5)와 같다.

$$q_s'' = \mu_l h_{fg}\left[\frac{g(\rho_l - \rho_v)}{\sigma}\right]^{1/2}\left(\frac{c_{p,l}\,\Delta T_e}{C_{s,f}\,h_{fg}\,Pr_l^n}\right)^3$$

연마된 구리표면–물의 조합에 해당하는 $C_{s,f}$와 n의 값은 표 10.1의 실험결과로부터 결정되며 여기서는 $C_{s,f} = 0.0128$이고, $n = 1.0$이다. 이 수치들을 대입하면, 비등 열유속은 다음과 같이 계산된다.

$$\begin{aligned} q_s'' &= 279 \times 10^{-6}\ \text{N}\cdot\text{s/m}^2 \times 2257 \times 10^3\ \text{J/kg} \\ &\times \left[\frac{9.8\ \text{m/s}^2\ (957.9 - 0.5956)\ \text{kg/m}^3}{58.9 \times 10^{-3}\ \text{N/m}}\right]^{1/2} \\ &\times \left(\frac{4.217 \times 10^3\ \text{J/kg}\cdot\text{K} \times 18°\text{C}}{0.0128 \times 2257 \times 10^3\ \text{J/kg} \times 1.76}\right)^3 = 836\ \text{kW/m}^2 \end{aligned}$$

따라서 비등 열전달률은 다음과 같다.

$$q_s = q_s'' \times A = q_s'' \times \frac{\pi D^2}{4}$$

$$q_s = 8.36 \times 10^5\ \text{W/m}^2 \times \frac{\pi(0.30\ \text{m})^2}{4} = 59.1\ \text{kW} \qquad \triangleleft$$

2. 정상상태 조건하에서 팬에 가해지는 모든 열은 팬으로부터의 물의 증발에 사용된다. 따라서 다음 식이 성립한다.

$$q_s = \dot{m}_b h_{fg}$$

여기서 $\dot{m}_b$는 자유표면으로부터 실내로의 물의 증발률이다. 그러므로 다음과 같다.

$$\dot{m}_b = \frac{q_s}{h_{fg}} = \frac{5.91 \times 10^4\ \text{W}}{2257 \times 10^3\ \text{J/kg}} = 0.0262\ \text{kg/s} = 94\ \text{kg/h} \qquad \triangleleft$$

3. 핵 풀비등에 대한 임계열유속은 식 (10.6)으로부터 계산될 수 있다.

$$q''_{max} = 0.149 h_{fg} \rho_v \left[\frac{\sigma g(\rho_l - \rho_v)}{\rho_v^2} \right]^{1/4}$$

적절한 수치들을 대입하면 다음과 같다.

$$q''_{max} = 0.149 \times 2257 \times 10^3 \text{ J/kg} \times 0.5956 \text{ kg/m}^3$$
$$\times \left[\frac{58.9 \times 10^{-3} \text{ N/m} \times 9.8 \text{ m/s}^2 (957.9 - 0.5956) \text{ kg/m}^3}{(0.5956 \text{ kg/m}^3)^2} \right]^{1/4}$$
$$q''_{max} = 1.26 \text{ MW/m}^2$$
◁

부가설명:

1. 임계열유속 q''_{max} = 1.26 MW/m²은 일상의 대기압에서 비등하는 물에 대한 최대 열유속을 뜻한다는 것에 주목하라. 따라서 q''_s = 0.836 MW/m²의 가열기 작동은 임계조건 이하이다.
2. 식 (10.7)을 사용하면, Leidenfrost 점에서의 최소 열유속은 q''_{min} = 18.9 kW/m²이다. 그림 10.4로부터 이 조건에 대하여 $\Delta T_e \approx 120$°C인 것에 주목하라.

예제 10.2

지름이 6 mm이고 방사율 ε = 1인 금속으로 피복된 가열요소가 수조 속에 수평으로 잠겨 있다. 정상상태 비등조건하에서 금속의 표면온도는 255°C이다. 전열기의 단위 길이당 동력소산을 구하라.

풀이

제시자료: 물 속의 수평원통 바깥 표면으로부터의 비등.

풀이대상: 원통의 단위 길이당 동력소산 q'_s.

개략도:

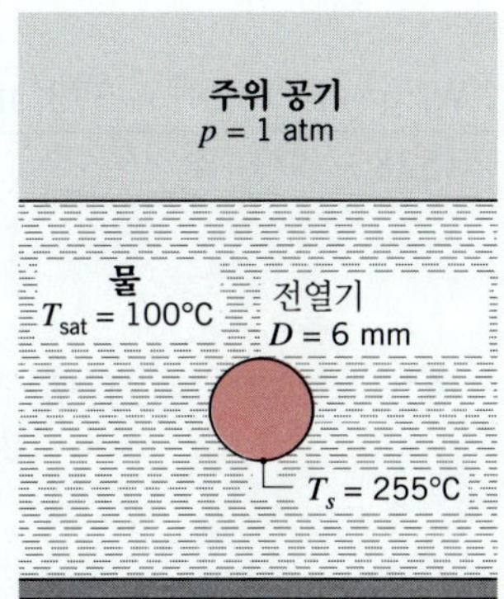

가정:

1. 정상상태.
2. 표준대기압과 균일온도 T_{sat} 상태하의 물.

물성치: 표 A.6에서 포화수, 액체(100°C): $\rho_l = 1/v_f = 957.9\ \text{kg/m}^3$, $h_{fg} = 2257\ \text{kJ/kg}$. 표 A.4에서 포화수증기($T_f \approx 450\ \text{K}$): $\rho_y = 0.4902\ \text{kg/m}^3$, $c_{p,v} = 1.980\ \text{kJ/kg·K}$, $k_v = 0.0299\ \text{W/m·K}$, $\mu_v = 15.25 \times 10^{-6}\ \text{N·s/m}^2$.

해석: 초과온도는 다음과 같다.

$$\Delta T_e = T_s - T_{sat} = 255°\text{C} - 100°\text{C} = 155°\text{C}$$

그림 10.4의 비등곡선에 따르면 막 풀비등 조건에 해당되며, 이 경우 열전달은 대류 및 복사 모두에 기인한다. 열전달률은 식 (10.3)을 따르며, 지름 D의 원통형 표면의 단위 길이에 대하여 다음과 같이 표현할 수 있다.

$$q'_s = q''_s \pi D = \bar{h} \pi D\, \Delta T_e$$

열전달계수 $\bar{h}$는 식 (10.9)로부터 계산된다.

$$\bar{h}^{4/3} = \bar{h}_{conv}^{4/3} + \bar{h}_{rad} \bar{h}^{1/3}$$

여기서 대류 및 복사 열전달계수들은 각각 식 (10.8)과 (10.11)을 따른다. 대류열전달계수에 대해서 다음과 같다.

$$\bar{h}_{conv} = 0.62 \left[\frac{k_v^3 \rho_v (\rho_l - \rho_v) g (h_{fg} + 0.8 c_{p,v} \Delta T_e)}{\mu_v D\, \Delta T_e} \right]^{1/4}$$

$$\bar{h}_{conv} = 0.62 \times \left[\frac{(0.0299\ \text{W/m}\cdot\text{K})^3 \times 0.4902\ \text{kg/m}^3\ (957.9 - 0.4902)\ \text{kg/m}^3 \times 9.8\ \text{m/s}^2}{1} \times \frac{(2257 \times 10^3\ \text{J/kg} + 0.8 \times 1.98 \times 10^3\ \text{J/kg}\cdot\text{K} \times 155°\text{C})}{15.25 \times 10^{-6}\ \text{N}\cdot\text{s/m}^2 \times 6 \times 10^{-3}\ \text{m} \times 155°\text{C}} \right]^{1/4}$$

$$\bar{h}_{conv} = 238\ \text{W/m}^2\cdot\text{K}$$

복사열전달계수에 대해서는 다음과 같다.

$$\bar{h}_{rad} = \frac{\varepsilon \sigma (T_s^4 - T_{sat}^4)}{T_s - T_{sat}}$$

$$\bar{h}_{rad} = \frac{5.67 \times 10^{-8}\ \text{W/m}^2\cdot\text{K}^4 (528^4 - 373^4)\text{K}^4}{(528 - 373)\ \text{K}} = 21.3\ \text{W/m}^2\cdot\text{K}$$

식 (10.9)를 시행착오법으로 풀면 다음과 같다.

$$\bar{h}^{4/3} = 238^{4/3} + 21.3 \bar{h}^{1/3}$$

따라서 다음과 같다.

$$\bar{h} = 254.1\ \text{W/m}^2\cdot\text{K}$$

그러므로 가열요소의 단위 길이당 열전달률은 다음과 같다.

$$q'_s = 254.1\ \mathrm{W/m^2 \cdot K} \times \pi \times 6 \times 10^{-3}\ \mathrm{m} \times 155°\mathrm{C} = 742\ \mathrm{W/m}$$ ◁

부가설명: $\bar{h}$를 계산하는 데 식 (10.10)을 사용함이 적절하며, 이는 동일한 결과(254.0 W/m^2·K)를 낸다.

10.5 강제대류비등

풀비등에서 유체흐름은 주로 가열된 표면으로부터 발생된 기포들의 부력에 의한 운동에 기인한다. 이와는 대조적으로, **강제대류비등**(forced convection boiling)에서는 흐름이 부력의 효과뿐만 아니라 유체의 강제적인(체적) 운동에 기인한다. 강제대류비등은 기하학적 형상에 크게 의존하며, 이에는 가열된 평판이나 원통을 지나는 **외부**(external)흐름이나 **내부**(internal)(덕트)흐름 등이 포함된다. 내부 강제대류비등은 일반적으로 **2상유동**(two-phase flow)이라고 하며, 이는 흐름방향을 따라 액체로부터 기체로의 급격한 변화로 특징지어진다.

10.5.1 외부 강제대류비등

가열된 판 위를 흐르는 외부흐름에 대한 열유속은 비등이 시작될 때까지는 표준의 강제대류상관식으로부터 구할 수 있다. 가열된 판의 온도가 증가하면서 핵비등이 일어나고, 열유속은 증가한다. 증기발생이 광범위하지 않고 액체가 과냉상태인 경우에 대하여 Bergles와 Rohsenow[24]는 총 열유속을 순수 강제대류와 풀비등에 관련된 항들로써 예측하는 방법을 제시하였다.

핵비등에 있어서 강제대류와 과냉은 모두 임계열유속 $q''_{\max}$을 증가시킨다고 알려져 있다. 실험적으로 35 MW/m^2(1 atm에서 물의 풀비등에 대한 1.3 MW/m^{2}와 비교하여)만큼이나 큰 값이 보고되어 있다[25]. 지름 D인 원통 위를 직교하여 흐르는 속도 V의 액체에 대하여 Lienhard와 Eichhorn[26]은 저속 그리고 고속흐름에 대해 다음과 같은 식들을 개발하였다.

저속

$$\frac{q''_{\max}}{\rho_v h_{fg} V} = \frac{1}{\pi}\left[1 + \left(\frac{4}{We_D}\right)^{1/3}\right] \tag{10.12}$$

고속

$$\frac{q''_{\max}}{\rho_v h_{fg} V} = \frac{(\rho_l/\rho_v)^{3/4}}{169\pi} + \frac{(\rho_l/\rho_v)^{1/2}}{19.2\pi\, We_D^{1/3}} \tag{10.13}$$

Weber 수 We_D는 표면장력에 대한 관성력의 비로서 다음과 같이 표시된다.

$$We_D \equiv \frac{\rho_v V^2 D}{\sigma} \tag{10.14}$$

고속영역 및 저속영역의 구별은 각각 열유속 변수 $q''_{\max}/\rho_v h_{fg} V$가 $[(0.275/\pi)(\rho_l/\rho_v)^{1/2} + 1]$보다 작

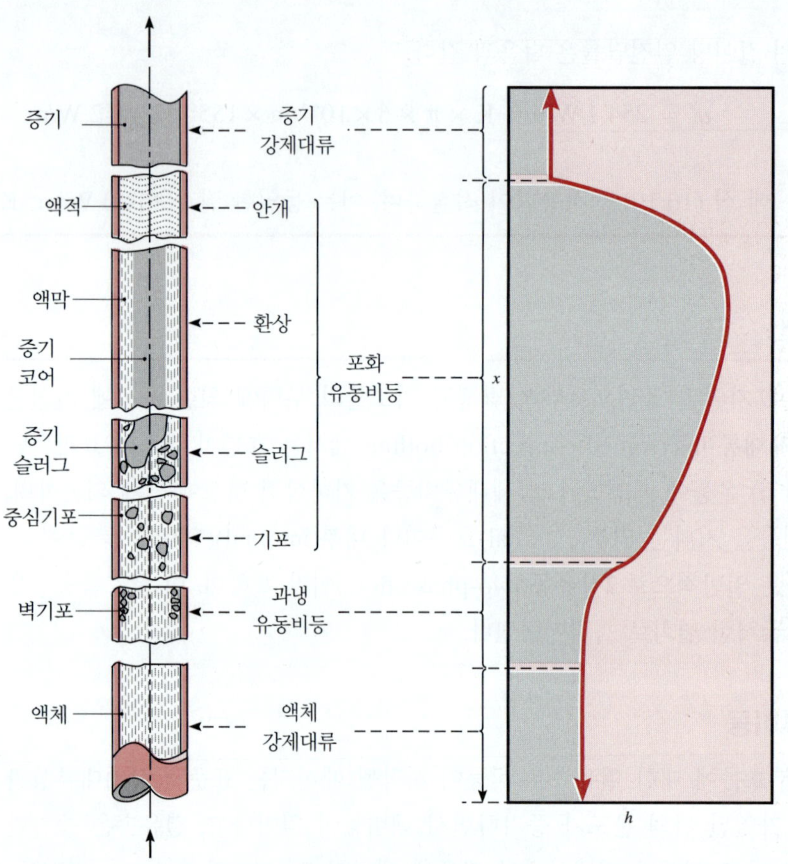

그림 10.8 관 속의 강제대류비등에 대한 흐름영역.

은지 또는 큰시에 따라 결정된다. 대부분의 경우 식 (10.12)와 식 (10.13)은 $q''_{\max}$ 값을 20% 이내의 범위에서 상관시킨다.

10.5.2 2상유동

내부 강제대류비등은 액체가 흐르는 뜨거운 관의 안쪽표면에서의 기포형성과 관련된다. 기포의 성장과 분리는 흐름 속도에 의하여 크게 영향을 받으며, 유체역학적 효과들은 풀비등의 그것과는 상당한 차이가 있다. 내부 강제대류비등에서는 다양한 형태의 2상유동이 수반된다.

그림 10.8과 같이 일정한 표면열유속을 받는 수직관 내에서의 흐름의 전개를 생각해 보자. 관으로 들어오는 과냉된 액체로의 열전달은 초기에는 단상의 강제대류에 의한 것이며, 이는 8장의 상관식들로부터 예측될 수 있다. 관의 더 밑으로 내려가면 벽의 온도가 액체의 포화온도보다 높으므로 **과냉유동 비등영역**(subcooled flow boiling region)에서 기화가 시작된다. 이 영역은 반지름 방향으로의 큰 온도구배와 뜨거운 벽 근방에 형성되는 기포 그리고 관의 중심부위로 흐르는 과냉의 액체가 특징이다. 더욱 밑으로는 기포영역의 두께가 증가하여 궁극적으로는 액체중심이 유체의 포화온도에 도달한다. 그러면 반지름 방향으로 어느 위치에나 기포들이 존재할 수 있으며, 유체 내의 증기의 시간평균 질량분율[2] X는 임의의 반지름 위치에서 0을 초과할 수 있다. 이것이 **포**

[2] 이 용어는 2상유체의 건도(quality)라고 부른다.

화유동 비등영역(saturated flow boiling region)의 시작이다. 포화유동 비등영역에서는 아래와 같이 정의된 평균 증기 질량분율이 증가하며, 증기와 액체상 사이의 큰 밀도차이로 인하여 유체의 평균속도 u_m은 크게 증가한다.

$$\bar{X} \equiv \frac{\int_{A_c} \rho u(r,x) X dA_c}{\dot{m}}$$

포화유동 비등영역의 처음 단계는 **기포흐름 영역**(bubbly flow regime)에 해당한다. $\bar{X}$가 더욱 증가하면 개개의 기포가 합쳐져서 기포의 슬러그(slug)를 형성한다. 이 **슬러그흐름 영역**(slug-flow regime) 다음에 액체가 관의 벽에 막을 형성하는 **환상흐름 영역**(annular-flow regime)이 뒤따른다. 이 막은 안쪽표면을 따라 움직이며, 한편 증기는 관의 중심부를 통하여 더 빠른 속도로 움직인다. 궁극적으로 관의 내부표면에 마른 부분(dry spot)들이 나타나고, **천이영역**(transition regime)에서는 크기가 성장한다. 결국에는 관의 전체 표면이 완전히 건조되며, 이 **안개영역**(mist regime)에서 모든 잔여 액체는 액적의 형태로 관의 중심부위에서 빠른 속도로 이동한다. 모든 액적이 완전히 기화된 후, 유체는 **2단계**의 단상 강제대류영역인 과열된 증기로 이루어진다. 관의 길이를 따라 증기분율이 증가하고, 액상과 기체상태의 밀도차이가 커지고, 따라서 1단계와 2단계의 단상 강제대류영역들 사이의 유체의 평균 유속 차이는 수십 배에 해당한다.

관의 길이 방향 x를 따라서 $\bar{X}$는 감소, u_m은 증가하면서 국소 열전달계수는 심하게 변한다. 일반적으로 과냉유동 비등영역을 통하여 열전달계수는 대략 한 차원 크게 증가할 수 있다. 열전달계수는 포화유동 비등영역의 초기단계에서 더욱 증가한다. 포화유동 비등영역이 깊어짐에 따라 조건은 더욱 복잡해지는데, 이는 식 (10.3)에 정의된 대류계수가 $\bar{X}$가 증가함에 따라 유체나 관 벽의 재질에 따라 증가 **또는** 감소하기 때문이다. 대체적으로 액체에 비하여 증기의 경우에 낮은 열전도율로 인하여 가장 작은 대류계수는 2단계(증기) 강제대류 영역에 존재한다.

매끈한 원통관의 포화유동 비등영역에 대한 다음의 상관식이 개발되었다[27, 28].

$$\frac{h}{h_{\text{sp}}} = 0.6683\left(\frac{\rho_l}{\rho_v}\right)^{0.1} \bar{X}^{0.16}(1-\bar{X})^{0.64} f(Fr) + 1058\left(\frac{q_s''}{\dot{m}'' h_{fg}}\right)^{0.7} (1-\bar{X})^{0.8} G_{s,f} \quad (10.15a)$$

또는 다음과 같다.

$$\frac{h}{h_{\text{sp}}} = 1.136\left(\frac{\rho_l}{\rho_v}\right)^{0.45} \bar{X}^{0.72}(1-\bar{X})^{0.08} f(Fr) + 667.2\left(\frac{q_s''}{\dot{m}'' h_{fg}}\right)^{0.7} (1-\bar{X})^{0.8} G_{s,f} \quad (10.15b)$$

$$0 < \bar{X} \lesssim 0.8$$

여기에서 $\dot{m}'' = \dot{m}/A_c$는 단위단면적당 질량유량이다. 식 (10.15)를 이용함에 있어 큰 값의 열전달계수를 사용해야 한다. 이 식에서 액상의 **Froude 수**는 $Fr = (\dot{m}''/\rho_l)^2/gD$이고, 계수 $G_{s,f}$는 표면-액체의 조합에 따라 다른데, 그 대표적인 값들이 표 10.2에 주어졌다. 식 (10.15)는 수직관뿐만 아니라 수평관에도 적용 가능한데, 여기서 **성층화 매개변수**(stratification parameter) $f(Fr)$는 수평관에서 일어날 수 있는 액체와 증기의 층화를 고려한 것이다. 그 값이 수직관과 $Fr \gtrsim 0.04$인 경우의 수평관에서는 1이다. 또한 $F_r \lesssim 0.04$인 수평관의 경우 $f(Fr) = 2.63Fr^{0.3}$이다. 모든 물

표 10.2 여러 표면-액체 조합에 대한 $C_{s,f}$ 값[27, 28]

상용 구리관의 유체	$G_{s,f}$
케로신	0.488
냉매 R-134a	1.63
냉매 R-152a	1.10
물	1.00
스테인리스 강관인 경우 $G_{s,f}$ = 1을 사용하라.	

성치들은 포화온도 T_{sat}에서 구한다. 단상 대류계수 h_{sp}는 그림 10.8의 액체 강제대류 영역에 관련된 것이며, T_{sat}에서 구해진 물성치를 이용하여 식 (8.62)로부터 구해진다. 식 (8.62)가 난류 유동에 관한 것이기 때문에 식 (10.15)는 단상 대류가 층류인 경우에는 적용하지 않는 것이 좋다. 식 (10.15)는 유로의 치수가 기포지름에 비하여 상대적으로 클 때, 즉 Confinement 수가 $Co = \sqrt{\sigma/(g[\rho_l - \rho_v])}/D_h \lesssim 1/2$[3]인 경우에 적용 가능하다.

식 (10.15)를 사용하기 위해서는 평균 기포 질량분율 $\bar{X}$를 알아야 한다. 일은 무시할 만하고 유체의 운동, 위치에너지의 변화를 무시할 수 있을 때, 식 (1.12d)는 다음과 같이 쓰여진다.

$$\bar{X}(x) = \frac{q_s'' \pi D x}{\dot{m} h_{fg}} \tag{10.16}$$

여기서 x축의 원점 $x = 0$은 $\bar{X}$값이 0을 초과하기 시작한 위치이며, 엔탈피의 변화 $u_t + pv$는 $\bar{X}$값의 변화와 증발잠열 h_{fg}를 곱한 것과 같다.

과냉유동 비등영역, 환상 그리고 안개영역에서의 상관식들은 참고문헌에서 구할 수 있다[28]. 일정한 열유속 조건하에서 임계열유속은 과냉유동 비등영역에서 일어날 수도 있고, $\bar{X}$값이 클 때는 포화유동 비등영역에서, 또는 증기 강제대류 영역에서 일어날 수도 있다. 임계열유속 조건은 극한 조건에서는 관 재질의 용융을 초래하기도 한다[29]. 유동비등에 대한 추가 자료를 참고문헌에서 구할 수 있다[7, 30~33]. 넓은 범위의 작동조건에서 수천 개의 실험적으로 측정된 임계열유속 값들로 이루어진 광범위한 자료 또한 구할 수 있다[34, 35].

10.5.3 미세유로에서의 2상유동

2상 미세유로(microchannel)는 수력학적 지름이 10~1000 μm인 원형이나 비원형관을 통하는 액체의 강제대류비등으로 특징지어지며, 대단히 큰 열전달률을 초래한다[36, 37]. 이런 상황에서는 특성 기포 크기가 관 지름의 상당부분을 차지하게 되어 Confinement 수가 매우 커지기도 한다. 따라서 다양한 형태의 유동영역이 존재하는데, 기포가 가열된 관의 전체 지름을 차지하는 경우도 포함된다[38]. 이는 대류계수 h의 극적인 증가, 즉 그림 10.8의 극대점에 해당하는 것을 초래한다. 그 후로는 그림 10.8처럼 x 값이 증가함에 따라 h 값은 감소한다. 미세유로 유동 비등의 경우, 식 (10.15)를 이용해서는 올바른 열전달계수 값들을 예측할 수도 없고, 올바른 경향도 볼 수 없다. 보다 복잡한 모델링으로의 전환이 반드시 필요하다[36, 39].

10.6 응축: 물리적 구조

응축은 증기의 온도가 포화온도 이하로 내려가면 일어난다. 산업설비에서 이는 보통 증기와 차가운 **표면** 사이의 접촉(그림 10.9*a*, *b*)에 기인한다. 증기의 잠열이 방출되고, 표면으로 열이 전달되어 응축물이 형성된다. 다른 형태의 응축 모드들로서 증기가 응축하여 기체상에 떠 있는 액적의 형태로 안개를 형성하는 **균질응축**(homogeneous condensation, 그림 10.9*c*)과 증기가 차가운 액체와 접촉할 때 일어나는 **직접접촉응축**(direct contact condensation, 그림 10.9*d*)이 있다. 이 장에서는 표면응축에 대해서만 고려한다.

그림 10.9*a*, *b*에 나타난 바와 같이 응축은 표면의 상태에 따라 두 가지 중 한 가지의 형태로 일어난다. 응축의 대부분의 형태는 액체막이 응축표면 전체를 덮고, 중력의 작용으로 표면으로부터 막이 계속적으로 흘러내리는 것이다. **막응축**(film condensation)은 일반적으로 깨끗한 오염되지 않은 표면에서 일어난다. 그러나 표면이 젖는 것을 방지하는 물질로 피복되었다면 **액적응축**(dropwise condensation)이 일어날 수 있다. 액적은 표면 상의 균열, 피트 및 공동에서 형성되고, 계속적인 응축을 통하여 성장하고 합쳐진다. 보통 90% 이상의 표면이 액적들로 덮이는데, 그 크기는 수 마이크로미터부터 눈으로 볼 수 있는 크기의 덩어리까지 분포한다. 이 액적들은 중력의 작용으로 표면으로부터 흘러내린다. 수직 구리표면 위의 수증기의 막응축 및 액적응축이 그림 10.10에 나타나 있다. 액적응축을 촉진시키기 위하여 표면의 왼쪽 부위에는 제2구리 올레인산염(cupric oleate)의 엷은 피복을 입혔다. 지름 1 mm의 열전대 탐침이 사진을 가로질러 뻗어 있다.

막응축이든 액적응축이든 관계없이 응축물은 증기와 표면 사이의 열전달에 있어 저항을 준다. 이 저항은 흐름의 방향으로 증가하는 응축물 두께에 따라 증가하므로, 막응축을 일으키는 상황에서는 짧은 수직면들이나 수평 원통을 사용하는 것이 바람직하다. 따라서 대부분의 응축기는 그 속

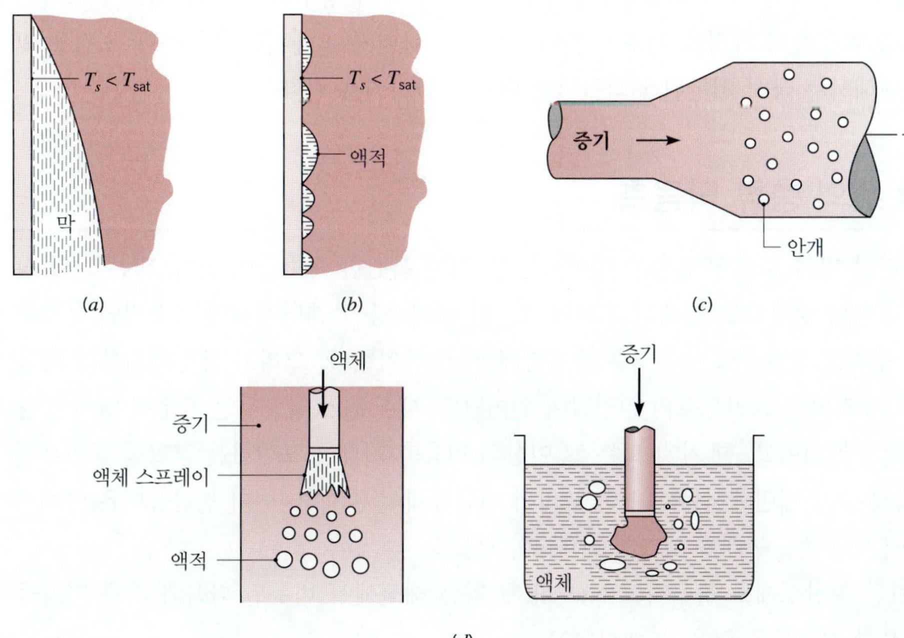

그림 10.9 응축 방식. (*a*) 막. (*b*) 표면 위에서의 액적응축. (*c*) 팽창에 의한 균질응축 또는 안개형성(fog formation). (*d*) 직접접촉응축.

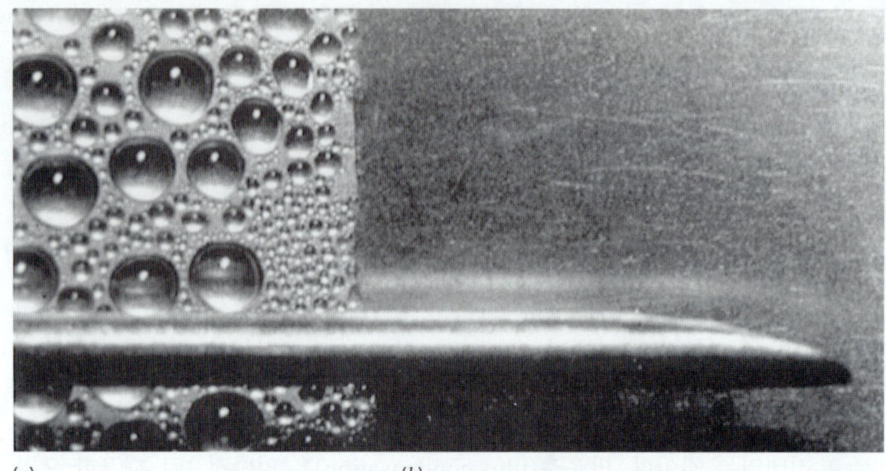

(a) (b)

그림 10.10 수직표면 상의 응축. (*a*) 액적. (*b*) 막. Professor J. W. Westwater, University of Illinois at Champaign-Urbana 사진 제공.

으로 액체 냉각제가 흐르고, 그 주위로 응축되는 증기가 순환하는 수평 관다발로 구성된다. 높은 응축률과 열전달률을 유지하지 위해서는 액적의 형성이 막형성보다 훨씬 우월하다. 액적응축에서는 대부분의 열전달이 지름 100 μm 이하의 액적을 통하여 일어나며, 막응축의 경우보다 한 차수 더 큰 열전달률을 얻을 수 있다. 따라서 젖음을 방지하는 표면피복이 일상적으로 사용되며, 그에 따라 액적응축이 촉진된다. 실리콘, 테플론, 왁스와 지방산의 조제물 등이 이러한 목적으로 종종 사용된다. 그러나 이러한 피복들은 산화, 오염, 또는 즉각적인 제거 등에 의해 점차적으로 그 효과가 감소하여 결국은 막응축이 일어난다.

비록 산업적 응용에서 액적응축을 이루는 것이 바람직하나, 이 상태를 유지하는 것은 어렵다. 이러한 이유로 또한 막응축에 대한 대류열전달계수가 액적응축의 경우보다 작기 때문에 응축기 설계의 계산은 종종 막응축의 가정에 기초를 둔다. 이 장의 나머지 절에서는 막응축에 초점을 맞추고 액적응축에 대해서는 극히 제한된 결과들만 간단히 언급하기로 한다.

10.7 수직판 위의 층류 막응축

그림 10.11a에 나타난 바와 같이 막응축에 있어서는 몇 가지 복잡한 요소들이 있다. 막은 판의 상단에서 생성되어 중력의 영향으로 아래로 흐른다. T_{sat}인 액체-증기 계면에서의 계속적인 응축의 결과로 두께 δ와 응축물 질량유량 $\dot{m}$은 x가 증가함에 따라 증가한다. 그리고 계면에서부터 막을 통하여 $T_s < T_{sat}$로 유지되는 표면으로의 열전달이 일어난다. 대부분의 일반적인 경우에 있어서 증기는 과열상태($T_{v,\infty} > T_{sat}$)이고, 한 가지 또는 그 이상의 비응축 기체를 포함하는 혼합물의 일부일 것이다. 더욱이 액체-증기 계면에서는 유한한 크기의 전단응력이 존재하며, 이 전단응력은 막에서뿐만 아니라 증기에서도 속도구배를 생기게 한다[40, 41].

막응축에 연관된 복잡성에도 불구하고 Nusselt에 의한 해석에서 비롯된 다음과 같은 가정들을 세움으로써 유용한 결과들을 얻을 수 있다[42].

1. 액체막에 대하여 층류흐름과 일정한 물성치들을 가정한다.

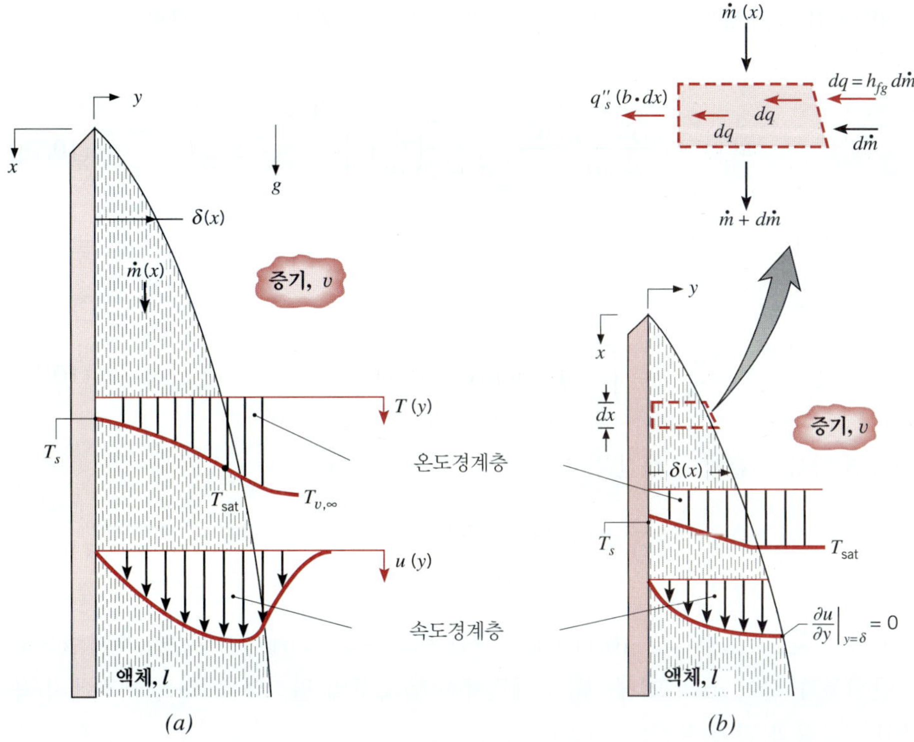

그림 10.11 수직표면 위의 막응축과 관련된 경계층 효과들. (a) 근사가 적용되지 않은 경우. (b) Nusselt의 해석에 관련된 가정이 적용된 폭 b의 수직평판.

2. 기체는 순수 증기이고, T_{sat}과 같은 균일한 온도하에 존재한다고 가정한다. 증기 내에서의 온도구배를 무시하면, 액체-증기 계면으로의 열전달은 증기에서의 전도에 의한 것이 아니라, 계면에서의 응축에 의해서만 일어난다.
3. 액체-증기 계면에서의 전단응력은 무시할 수 있다고 가정하며, 이 경우 $\partial u/\partial y|_{y=\delta} = 0$이다. 이 가정과 앞에서의 균일 증기온도 가정으로부터 그림 10.11*a*에 나타난 바와 같은 증기의 속도경계층 또는 온도경계층은 고려할 필요가 없다.
4. 응축막에서의 유동대류(advection)에 의한 운동량 전달과 에너지 전달은 무시할 수 있다고 가정한다. 막에서의 속도가 낮음을 감안하면 이 가정은 합리적이다. 따라서 막을 통한 열전달은 전도에 의해서만 일어나며, 이 경우 액체 내의 온도분포는 선형적이다.

이러한 가정들을 통한 막의 상태는 그림 10.11*b*에 나타낸 것과 같다.

막에 대한 x 방향 운동량방정식은 식 (9.1)에서 찾을 수 있으며, 여기서 액체에 대해서는 $\rho = \rho_l$ 그리고 $\nu = \nu_l$이고 x 방향이 이제 중력방향이기에 중력 항의 부호가 바뀐다. 압력구배는 자유흐름조건에서 얻어지며, $dp_\infty/dx = +\rho_v g$인데 자유흐름의 밀도는 기체의 밀도이기 때문이다. 네 번째 가정으로부터 운동량 대류 항은 무시될 수 있으며, x 방향 운동량방정식은 다음과 같이 나타낼 수 있다.

$$\frac{\partial^2 u}{\partial y^2} = -\frac{g}{\mu_l}(\rho_l - \rho_v) \tag{10.17}$$

두 번 적분하고, $u(0) = 0$ and $\partial u/\partial y|_{y=\delta} = 0$의 경계조건들을 적용하면 막 내에서의 속도분포는 다음과 같다.

$$u(y) = \frac{g(\rho_l - \rho_v)\delta^2}{\mu_l}\left[\frac{y}{\delta} - \frac{1}{2}\left(\frac{y}{\delta}\right)^2\right] \quad (10.18)$$

이 결과로부터 단위폭에 대한 응축물 질량유량 $\Gamma(x)$는 속도분포를 포함하는 적분의 항으로 얻어진다.

$$\frac{\dot{m}(x)}{b} = \int_0^{\delta(x)} \rho_l u(y)\,dy \equiv \Gamma(x) \quad (10.19)$$

식 (10.18)을 대입하면 다음과 같이 구해진다.

$$\Gamma(x) = \frac{g\rho_l(\rho_l - \rho_v)\delta^3}{3\mu_l} \quad (10.20)$$

x에 따른 δ와 Γ의 변화는 먼저 그림 10.11b에 나타난 미소 요소에 에너지보존을 적용함으로써 구할 수 있다. 단위폭과 길이 dx의 액체-증기 계면에서 막으로의 열전달률 dq는 계면에서 응축에 기인된 에너지 방출률과 같아야 한다. 따라서 다음과 같다.

$$dq = h_{fg}\,d\dot{m} \quad (10.21)$$

또한 대류가 무시되므로 계면을 통한 열전달률은 표면으로의 열전달률과 같아야 한다. 따라서 다음과 같다.

$$dq = q_s''(b \cdot dx) \quad (10.22)$$

액체의 온도분포가 선형적이므로, Fourier의 법칙을 이용하면 표면열유속은 다음과 같다.

$$q_s'' = \frac{k_l(T_{\text{sat}} - T_s)}{\delta} \quad (10.23)$$

식 (10.19)와 (10.21)을 식 (10.23)과 결합하면, 다음 식을 얻을 수 있다.

$$\frac{d\Gamma}{dx} = \frac{k_l(T_{\text{sat}} - T_s)}{\delta h_{fg}} \quad (10.24)$$

식 (10.20)을 미분하면 다음 식이 얻어진다.

$$\frac{d\Gamma}{dx} = \frac{g\rho_l(\rho_l - \rho_v)\delta^2}{\mu_l}\frac{d\delta}{dx} \quad (10.25)$$

식 (10.24)와 (10.25)를 결합하면 다음과 같다.

$$\delta^3 d\delta = \frac{k_l \mu_l(T_{\text{sat}} - T_s)}{g\rho_l(\rho_l - \rho_v)h_{fg}}\,dx$$

$\delta = 0$인 $x = 0$에서부터 표면의 임의의 위치 x까지 적분하면 다음 식을 얻는다.

$$\delta(x) = \left[\frac{4k_l\mu_l(T_{sat} - T_s)x}{g\rho_l(\rho_l - \rho_v)h_{fg}}\right]^{1/4} \tag{10.26}$$

이 결과를 식 (10.20)에 대입하면 $\Gamma(x)$를 구할 수 있다.

$\delta(x)$에 대한 앞에서의 결과는 Nusselt[42]와 Rohsenow[43]에 의해 개선되었는데, 이들은 열대류 효과를 포함하면 증발의 잠열에 한 항이 추가되는 것을 보였다. Rohsenow는 h_{fg} 대신에 $h'_{fg} = h_{fg} + 0.68c_{p,l}(T_{sat} - T_s)$ 형태의 수정된 잠열을 사용하거나, 또는 Jakob 수로 표시되는 다음 식을 사용할 것을 추천하였다.

$$h'_{fg} = h_{fg}(1 + 0.68\,Ja) \tag{10.27}$$

보다 최근에 Sadasivan과 Lienhard[18]가 수정된 잠열은 액체의 Prandtl 수에 약하게 의존함을 보였다.

표면열유속은 다음과 같이 나타낼 수 있다.

$$q''_s = h_x(T_{sat} - T_s) \tag{10.28}$$

식 (10.23)을 대입하면 국소 대류열전달계수는 다음과 같이 표시된다.

$$h_x = \frac{k_l}{\delta} \tag{10.29}$$

또는 식 (10.26)에서 h_{fg}를 h'_{fg}으로 대치하면 다음과 같다.

$$h_x = \left[\frac{g\rho_l(\rho_l - \rho_v)k_l^3 h'_{fg}}{4\mu_l(T_{sat} - T_s)x}\right]^{1/4} \tag{10.30}$$

h_x는 $x^{-1/4}$에 의존하므로 전체 판에 대한 평균 대류열전달계수는 다음과 같다.

$$\bar{h}_L = \frac{1}{L}\int_0^L h_x dx = \frac{4}{3}h_L$$

또는

$$\bar{h}_L = 0.943\left[\frac{g\rho_l(\rho_l - \rho_v)k_l^3 h'_{fg}}{\mu_l(T_{sat} - T_s)L}\right]^{1/4} \tag{10.31}$$

따라서 평균 Nusselt 수는 다음과 같다.

$$\overline{Nu}_L = \frac{\bar{h}_L L}{k_l} = 0.943\left[\frac{\rho_l g(\rho_l - \rho_v)h'_{fg}L^3}{\mu_l k_l(T_{sat} - T_s)}\right]^{1/4} \tag{10.32}$$

이 식을 사용하는 데 있어서 모든 액체 물성치들은 막온도 $T_f = (T_{sat} + T_s)/2$에서 구해야 하며, ρ_v와 h_{fg}는 T_{sat}에서 구해야 한다.

수직판 위의 막응축에 대한 더 상세한 경계층 해석이 Sparrow와 Gregg[40]에 의해 수행되었다. 그 결과들은 Chen[44]에 의해 확인되었는데, 식 (10.32)를 사용할 때의 오차는 $Ja \leq 0.1$ 및 $1 \leq Pr \leq 100$인 경우 3% 이하임을 보여 주었다. Dhir와 Lienhard[45]는 또한 경사진 판에 대해서도 g를 $g \cdot cos\, \theta$로 대치하면 식 (10.32)를 사용할 수 있음을 보였다. 여기서 θ는 수직축과 표면 사이의 각도이다. 그러나 θ가 큰 경우는 주의해서 사용하여야 하며, $\theta = \pi/2$인 경우에는 적용할 수 없다. 이 식은 $R \gg \delta$이면 반지름 R인 수직관의 안쪽 또는 바깥 표면 상의 응축에 대하여 적용할 수 있다.

표면으로의 총 열전달은 식 (10.31)을 사용하여 다음과 같이 Newton의 냉각법칙의 형태로 구할 수 있다.

$$q = \bar{h}_L A(T_{\text{sat}} - T_s) \tag{10.33}$$

따라서 총 응축률은 다음과 같은 관계에서 구할 수 있다.

$$\dot{m} = \frac{q}{h'_{fg}} = \frac{\bar{h}_L A(T_{\text{sat}} - T_s)}{h'_{fg}} \tag{10.34}$$

$\bar{h}_L$의 형식은 기하학적 형상이나 유동조건에 따라 변화하나, 식 (10.33)과 (10.34)는 일반적으로 모든 기하학적 표면형상에 대하여 적용할 수 있다.

10.8 난류 막응축

앞에서 논의된 모든 대류현상에 대해서와 같이 막응축에서도 난류흐름 조건이 존재할 수 있다. 그림 10.12a의 수직면을 고려해 보자. 천이조건은 다음과 같이 정의되는 Reynolds 수로 표현될 수 있다.

$$Re_\delta \equiv \frac{4\Gamma}{\mu_l} \tag{10.35}$$

$\dot{m} = \rho_l u_m b\delta$로 주어지는 응축물 질량유량으로 Reynolds 수를 나타내면 다음과 같다.

$$Re_\delta = \frac{4\dot{m}}{\mu_l b} = \frac{4\rho_l u_m \delta}{\mu_l} \tag{10.36}$$

여기서 u_m은 막에서의 평균 속도이며, 막두께 δ는 특성길이이다. 단상 경계층의 경우와 마찬가지로 Reynolds 수는 흐름상태의 한 지표이다. 그림 10.12b에 나타낸 것처럼 $Re_\delta \lesssim 30$에 대하여 막은 층류이며 파동이 없다. Re_δ가 증가하면 잔물결 또는 파동이 응축막 상에 형성되고, $Re_\delta \approx 1800$에서는 층류로부터 난류로의 천이가 완성된다.

파동이 없는 층류영역($Re_\delta \lesssim 30$)에 대하여 식 (10.35)와 식 (10.20)을 결합하면 다음 식을 얻을 수 있다.

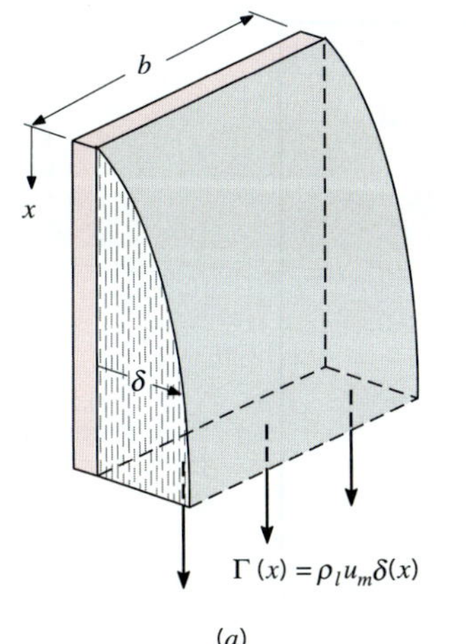

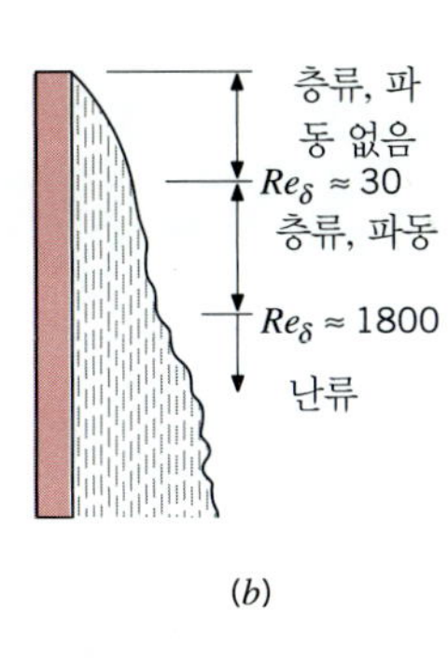

그림 10.12 수직관에서의 막응축. (a) 폭이 b인 관에 대한 응축률. (b) 흐름영역.

$$Re_\delta = \frac{4g\rho_l(\rho_l \quad \rho_v)\delta^3}{3\mu_l^2} \tag{10.37}$$

$\rho_l \gg \rho_v$로 가정하고, 먼저 식 (10.26)과 식 (10.31)을 대입하면 식 (10.37)은 다음과 같이 수정된 Nusselt 수의 항으로 파동이 없는 층류영역의 응축에 대해서 표현된다.

$$\overline{Nu}_L = \frac{\bar{h}_L(\nu_l^2/g)^{1/3}}{k_l} = 1.47\,Re_\delta^{-1/3} \qquad Re_\delta \lesssim 30 \tag{10.38}$$

여기서 평균 열전달계수 $\bar{h}_L$은 전체 수직평판에서의 응축에 관계한다. 수직평판 내 끝단부에서의 유동이 층류, 파동영역에 대하여 Kutateladze [46]은 다음 형태의 상관식을 제시하였다.

$$\overline{Nu}_L = \frac{\bar{h}_L(\nu_l^2/g)^{1/3}}{k_l} = \frac{Re_\delta}{1.08\,Re_\delta^{1.22} - 5.2} \qquad 30 \lesssim Re_\delta \lesssim 1800 \tag{10.39}$$

그리고 난류영역에 대해서는 Labuntsov[47]가 다음과 같은 식을 제시하였다.

$$\overline{Nu}_L = \frac{\bar{h}_L(\nu_l^2/g)^{1/3}}{k_l} = \frac{Re_\delta}{8750 + 58\,Pr_l^{-0.5}(Re_\delta^{0.75} - 253)} \qquad Re_\delta \gtrsim 1800,\ Pr_l \ge 1 \tag{10.40}$$

앞에서의 상관식들의 결과를 그림 10.13에 도시하였는데, 그 경향은 $1 < Re_\delta < 7200$의 범위에서 물에 대하여 Gregorig 등[48]이 실험적으로 입증하였다. 모든 물성치들은 층류 막응축과 같이 식 (10.32) 이하에서 설명한 방식으로 구한다.

식 (10.38)에서 (10.40)까지에 쓰인 Reynolds 수는 응축의 하단, 즉 $x = L$에서의 막두께 δ에 근거한다. 만일 δ가 미지수라면 이 식들에서 Re_δ를 소거하는 것이 바람직하다. 식 (10.34)와 (10.36)을 결합하고 평균 Nusselt 수의 정의를 이용하면

$$Re_\delta = 4P\,\frac{\bar{h}_L(\nu_l^2/g)^{1/3}}{k_l} = 4P\,\overline{Nu}_L \tag{10.41}$$

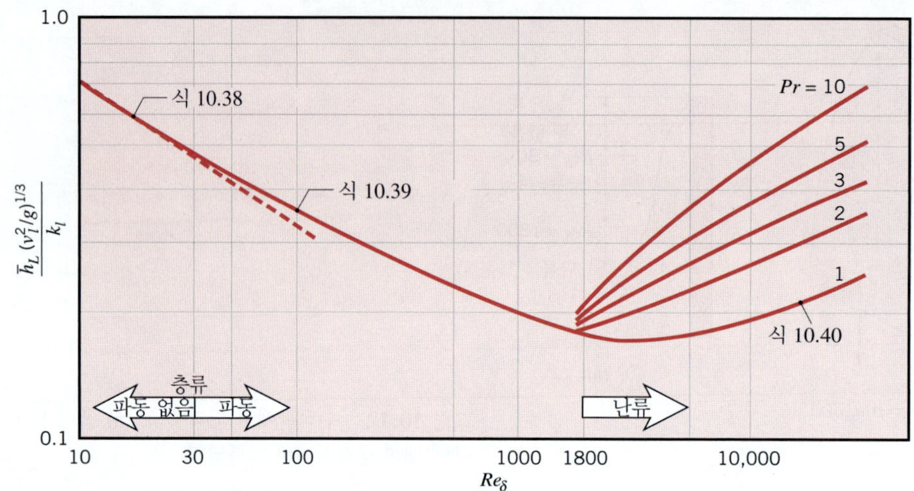

그림 10.13 수직평판 위의 응축에 대한 수정 Nusselt 수.

여기에서 무차원 매개변수 P는

$$P = \frac{k_l L(T_{\text{sat}} - T_s)}{\mu_l h'_{fg}(\nu_l^2/g)^{1/3}} \tag{10.42}$$

식 (10.41)을 식 (10.38), (10.39), (10.40)에 대입하면 평균 Nusselt 수를 P로 나타낼 수 있다.

$$\overline{Nu}_L = \frac{\overline{h}_L(\nu_l^2/g)^{1/3}}{k_l} = 0.943\,P^{-1/4} \qquad P \lesssim 15.8 \tag{10.43}$$

$$\overline{Nu}_L = \frac{\overline{h}_L(\nu_l^2/g)^{1/3}}{k_l} = \frac{1}{P}(0.68\,P + 0.89)^{0.82} \qquad 15.8 \lesssim P \lesssim 2530 \tag{10.44}$$

$$\overline{Nu}_L = \frac{\overline{h}_L(\nu_l^2/g)^{1/3}}{k_l} = \frac{1}{P}[(0.024\,P - 53)Pr_l^{1/2} + 89]^{4/3} \qquad P \gtrsim 2530,\ Pr_l \geq 1 \tag{10.45}$$

식 (10.43)은 $\rho_l \gg \rho_v$인 경우 식 (10.32)와 동일하다.

특정 문제에서는 식 (10.42)에 의하여 P를 구할 수 있고 이를 이용하여 평균 Nusselt 수 또는 평균 열전달계수를 식 (10.43), (10.44), (10.45)로부터 구할 수 있다.

예제 10.3

길이 1 m, 바깥지름 80 mm인 수직관의 바깥 표면이 대기압하의 포화증기에 노출되어 있으며, 이 표면은 관을 통하여 흐르는 차가운 물의 흐름에 의하여 50°C로 유지되고 있다. 냉각수로의 열전달률은 얼마이며, 표면에 증기가 응축되는 율은 얼마인가?

풀이

제시자료: 바깥 표면에 수증기가 응축되는 수직관의 치수와 온도.

풀이대상: 열전달률과 응축률.

개략도:

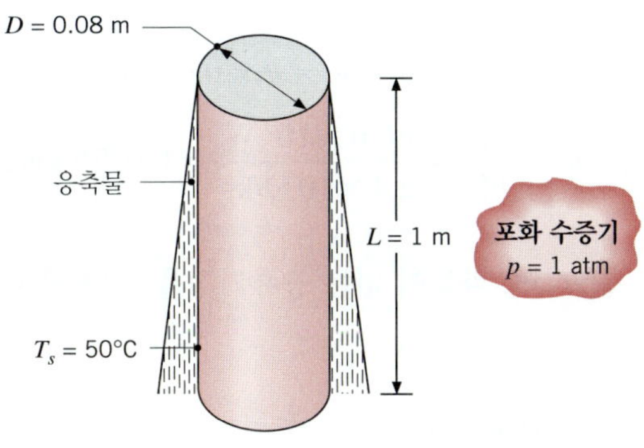

가정:

1. 응축 막두께는 원통 지름에 비하여 작다.
2. 증기 속 비응축 가스의 농도는 무시한다.

물성치: 표 A.6에서 포화 증기(p = 1.0133 bar): T_{sat} = 100°C, $\rho_v = (1/v_g) = 0.596$ kg/m^3, h_{fg} = 2257 kJ/kg. 표 A.6에서 포화수(T_f = 75°C): $\rho_l = (1/v_f) = 975$ kg/m^3, $\mu_l = 375 \times 10^{-6}$ N·s/m^2, k_l = 0.668 W/m·K, $c_{p,l}$ = 4193 J/kg·K, $\nu_l = \mu_l/\rho_l = 385 \times 10^{-9}$ m^2/s.

해석: 응축 막두께는 원통 지름에 비하여 작다고 가정하였기 때문에 10.7절과 10.8절에 있는 상관식들을 이용할 수 있다. 즉

$$Ja = \frac{c_{p,l}(T_{sat} - T_s)}{h_{fg}} = \frac{4193 \text{ J/kg} \cdot \text{K}(100 - 50) \text{ K}}{2257 \times 10^3 \text{ J/kg}} = 0.0929$$

이고, 따라서 아래와 같다.

$$h'_{fg} = h_{fg}(1 + 0.68\, Ja) = 2257 \text{ kJ/kg } (1.0632) = 2400 \text{ kJ/kg}$$

식 (10.42)로부터

$$P = \frac{k_l L(T_{sat} - T_s)}{\mu_l h'_{fg}(\nu_l^2/g)^{1/3}}$$

$$= \frac{0.668 \text{ W/m} \cdot \text{K} \times 1 \text{ m} \times (100 - 50) \text{ K}}{375 \times 10^{-6} \text{ N} \cdot \text{s/m}^2 \times 2.4 \times 10^6 \text{ J/kg}\left[\dfrac{(385 \times 10^{-9} \text{ m}^2/\text{s})^2}{9.8 \text{ m/s}^2}\right]^{1/3}} = 1501$$

따라서 식 (10.44)를 적용한다.

$$\overline{Nu}_L = \frac{1}{P}(0.68P + 0.89)^{0.82} = \frac{1}{1501}(0.68 \times 1501 + 0.89)^{0.82} = 0.20$$

그러면,

$$\bar{h}_L = \frac{\overline{Nu}_L k_l}{(\nu_l^2/g)^{1/3}} = \frac{0.20 \times 0.668 \text{ W/m} \cdot \text{K}}{\left[\dfrac{(385 \times 10^{-9} \text{ m}^2/\text{s})^2}{9.8 \text{ m/s}^2}\right]^{1/3}} = 5300 \text{ W/m}^2 \cdot \text{K}$$

또한 식 (10.33)과 (10.34)로부터 다음을 얻는다.

$$q = \bar{h}_L(\pi DL)(T_{\text{sat}} - T_s) = 5300 \text{ W/m}^2 \cdot \text{K} \times \pi \times 0.08 \text{ m} \times 1 \text{ m } (100 - 50) \text{ K} = 66.6 \text{ kW} \quad \triangleleft$$

$$\dot{m} = \frac{q}{h'_{fg}} = \frac{66.6 \times 10^3 \text{ W}}{2.4 \times 10^6 \text{ J/kg}} = 0.0276 \text{ kg/s} \quad \triangleleft$$

보정된 잠열을 고려하여 식 (10.26)을 이용하면, 파동이 없는 층류가정을 통한 관 바닥에서의 막두께 $\delta(L)$은 다음과 같다.

$$\delta(L) = \left[\frac{4k_l\mu_l(T_{\text{sat}} - T_s)L}{g\rho_l(\rho_l - \rho_v)h'_{fg}}\right]^{1/4}$$

$$\delta(L) = \left[\frac{4 \times 0.668 \text{ W/m} \cdot \text{K} \times 375 \times 10^{-6} \text{ kg/s} \cdot \text{m } (100 - 50) \text{ K} \times 1 \text{ m}}{9.8 \text{ m/s}^2 \times 975 \text{ kg/m}^3 (975 - 0.596) \text{ kg/m}^3 \times 2.4 \times 10^6 \text{ J/kg}}\right]^{1/4}$$

$$\delta(L) = 2.18 \times 10^{-4} \text{ m} = 0.218 \text{ mm}$$

따라서 $\delta(L) \ll (D/2)$이고 수직원통에서 수직판에 대한 상관식을 이용하는 것이 정당화된다.

부가설명:

1. 관의 길이가 더 길어지면 열전달과 물질전달은 증가한다. 길이 $1 \le L \le 2$ m에 대하여 계산하면 아래 그림과 같다. 이 계산 결과는 $1000 \le Re_\delta \le 2330$ 또는 $1500 \le P \le 3010$의 범위를 보인다. $P \le 2530$ ($L \le 1.68$ m) 범위에서는 층류 파동 상관식인 식 (10.44)를 이용하였고, $P > 2530$ ($L > 1.68$ m)에서는 난류영역의 식 (10.45)를 이용하였다. 그러나, $P = 2530$에서 이 두 개의 상관식들은 동일한 값을 주지 않음에 주목하라. 특히, 식 (10.45)는 Pr의 함수이지만 식 (10.44)는 Pr의 함수가 아니다.

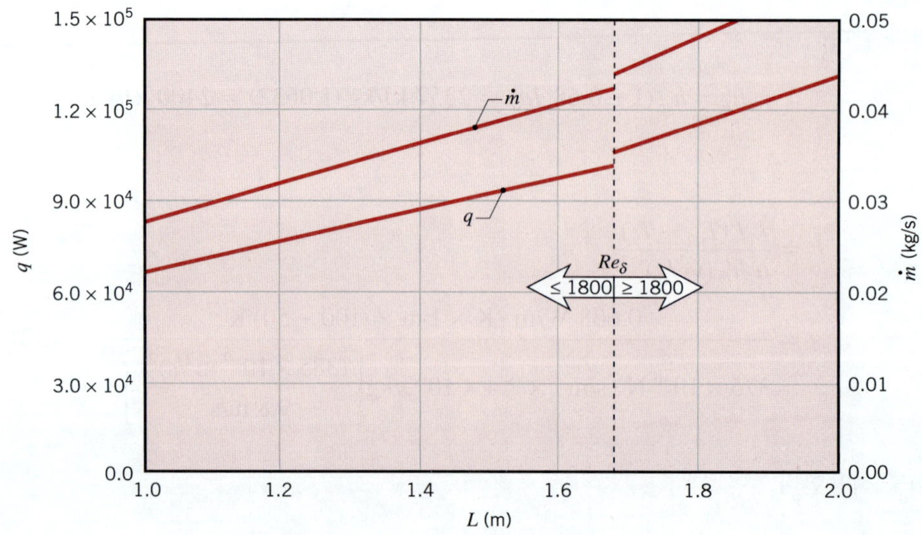

2. 만일 공기와 같은 비응축성 가스가 수증기와 혼합되어 있다면 열전달과 응축률은 현저히 감소한다. 이것은 다양한 효과들의 결과이다[36]. 만일 공기가 수증기 중에 무게 기준으로 1% 존재하면 q와 $\dot{m}$은 65% 감소한다. Rankine 사이클에 사용되는 증기 응축기는 대기압 이하에서 운전되므로 외부공기의 침입을 방지하기 위한 세심한 설계가 필요하다.

10.9 반지름 방향계에서의 막응축

10.7절의 Nusselt 해석은 구(sphere)나 수평관(그림 10.14*a*, *b*) 외부 표면의 막응축에 적용될 수 있으며 평균 Nusselt 수는 다음과 같다.

$$\overline{Nu}_D = \frac{\bar{h}_D D}{k_l} = C\left[\frac{\rho_l g(\rho_l - \rho_v)h'_{fg}D^3}{\mu_l k_l(T_{\text{sat}} - T_s)}\right]^{1/4} \tag{10.46}$$

여기서 C는 구에 대해서는 0.826[49]이고 수평관에 대해서는 0.729[45]이다. 이 식과 다음에 설명할 식 (10.48), (10.49)에서 사용하는 상태량들은 식 (10.32) 이하에서 설명한 방식으로 계산한다.

그림 10.14와 같이 액체와 증기 사이의 경계가 굽어 있다면 표면장력에 의해 경계에서 압력차가 발생한다. 이러한 압력차이는 **Young-Laplace** 식으로 기술할 수 있는데 2차원 시스템의 경우 다음과 같다.

$$\Delta p = p_v - p_l = \frac{\sigma}{r_c} \tag{10.47}$$

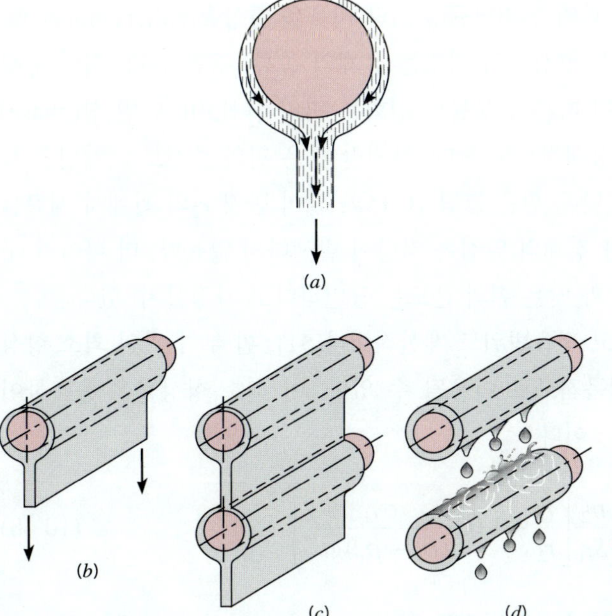

그림 10.14 막응축. (*a*) 구. (*b*) 단일 수평관. (*c*) 연속적인 응축판 시트가 있는 수평관들의 수직열. (*d*) 액적응축이 있는 수평관의 수직열.

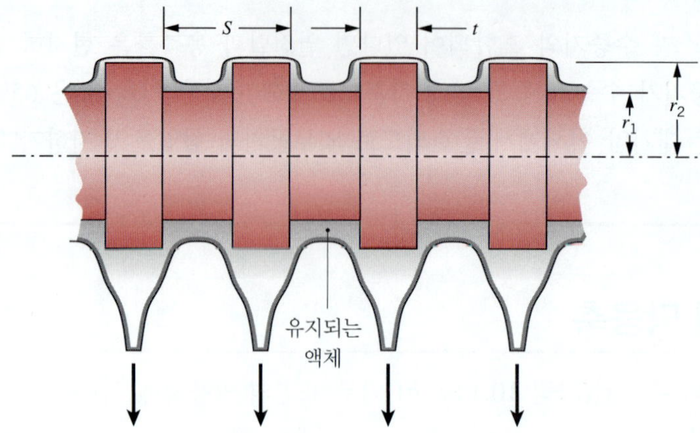

그림 10.15 휜 부착 수평관에서의 응축.

위 식에서 r_c는 액체-증기 경계면의 곡률반경(radius of curvature)이다. 만일 r_c가 경계면을 따라 변화한다면(증기의 압력 p_v는 일정) 액체 내에서의 압력은 변화하여 액체 내 속도에 영향을 주게 되고 결국 열전달에 영향을 미친다. 그림 10.14*b*와 같이 휜이 부착되지 않은 관의 경우, 관 아랫부분으로부터 액체 시트가 떨어져 나가는 부분을 제외하면, 경계면의 곡률은 $r_c \approx D/2$로서 상대적으로 큰 값을 가진다. 따라서 대부분의 액체-증기 경계에서 $p_l \approx p_v$이 성립하므로 표면장력이 응축률에 영향을 주는 정도는 미미하다.

그림 10.15는 환형 휜(annular fin)을 가진 관이다. 이 경우는 휜과 관이 만나는 날카로운 모서리 부분에서 액체-증기 경계의 곡률이 심하게 변화하므로 표면장력의 효과가 중요하다. 휜이 부착된 관에서, 휜의 끝 부분에서는 표면장력이 열전달률을 증대시키지만, 휜과 휜 사이 영역(inter-fin region)에서는 응축물이 휜 사이에 더 오래 머물러 있으려는 경향으로 인해 열전달률이 감소한다. 구의 아랫부분(그림 10.14*a*), 또는 휜 없는 관의 아랫부분(그림 10.14*b*)에 액체 막이 두꺼워지는 것과 마찬가지로 휜 부착 수평관 아랫부분에는 더 많은 응축물이 모인다.

휜 부착 관의 열전달률(q_{ft})과 휜 없는 관의 열전달률(q_{uft})의 비율을 **향상률**(enhancement ratio)로 나타낼 수 있다. 즉 $\varepsilon_{ft} = q_{ft}/q_{uft}$이다. 향상률의 정도는 유체의 종류, 주변 압력, 휜의 형상에 따라 달라지며, 관과 주변의 온도 차이에 따른 향상률의 변화는 미미하다[50]. 단일 상(phase)의 대류열전달보다 응축에 이용되는 휜은 상대적으로 작다. 하지만 낮은 휜의 존재로 액체면은 크게 휘어지므로 열전달률은 크게 증대된다. 낮은 휜은 그림 10.15와 같이 반경 r_2의 관에서 재료를 일부 제거하여 만들 수 있다. 이 경우 휜-관 경계의 열접촉 저항이 발생하지 않는다. 더 나아가 구리와 같이 열전도율이 매우 큰 재료라면 관과 낮은 휜의 온도는 균일하다고 가정할 수 있다.

휜 부착 관의 열전달 상관식은 복잡하고 적용범위도 제한적이다[51]. 휜 부착 관의 **최소** 향상률을 예측하는 Rose[50]의 상관식이 설계목적으로 이용될 수 있다. 이 최소 향상률은 응축물이 휜과 휜 사이에 가득 차 있을 것을 가정한 것이다.

$$\varepsilon_{ft,min} = \frac{q_{ft,min}}{q_{uft}} = \frac{tr_2}{Sr_1}\left[\frac{r_1}{r_2} + 1.02\frac{\sigma r_1}{(\rho_l - \rho_v)gt^3}\right]^{1/4} \tag{10.48}$$

여기서 ρ_l, ρ_v는 식 (10.32) 아랫부분에서 설명한 방법으로 구하고 표면장력 σ는 T_{sat}에서 구한다.

실제의 향상률은 $\varepsilon_{\mathrm{ft,min}}$보다 크다. 물의 경우 $2 \le \varepsilon_{\mathrm{ft}} \le 4$인 것으로 보고되고 있다[50]. Briggs와 Rose[52]는 온도가 균일하지 않은 휜의 경우 열전달률을 계산하기 위한 절차를 제시하였다.

그림 10.14c와 같이 수직으로 정렬된 수평관들에서는 아랫부분 관들의 열전달률이 윗부분 관들에 비하여 낮을 것이다. 그 이유는 아랫부분 관들의 응축물 막 두께가 윗부분에서보다 두껍기 때문이다. N개의 **휜 없는** 수평관들이 수직으로 줄을 이룬다면 평균 열전달계수는

$$\bar{h}_{D,N} = \bar{h}_D N^n \tag{10.49}$$

여기서 $\bar{h}_D$는 가장 위에 있는 관에 대한 열전달계수로서 식 (10.46)에 의해 계산된다. 관을 따라 내려오면서 Nusselt 해석을 수행하면 $n = -1/4$을 구할 수 있으나 경험적으로 $n = -1/6$이 보다 적절하다고 보고되고 있다[53].

지수 n에 대한 해석적인 값과 경험적인 값의 차이는 여러 가지 이유가 있다. 해석에서는 그림 10.14c와 같이 관과 관 사이에 연속적이고 단열된 액체 시트가 존재하는 것을 가정한다. 그러나 액체 시트로의 열전달과 시트가 하강하면서 중력에 의하여 증가하는 운동량으로 인하여 전체적인 열전달은 증대된다. Chen[54]은 이러한 효과를 Jakob 수와 한 줄에서의 관의 수 N으로 나타내었다. 그러나 $Ja < 0.1$인 경우 열전달 증가는 15% 이하일 것이 예측된다. 그림 10.14d와 같이 응축물이 방울져 떨어지는 드리핑(dripping)으로 인하여 $\bar{h}_{D,N}$은 더욱 커진다. 방울져 떨어짐으로써 난류와 파동이 응축물의 막으로 전파되어 열전달을 촉진한다. 환형 휜 부착 관의 경우 관 길이 방향으로의 응축물 이동이 휜으로 인해 저지되기 때문에 아랫부분의 관들 표면은 보다 증기에 많이 노출되어 결과적으로 n은 $-1/6 < n \lesssim 0$ 범위를 가진다[53].

휜이 없는 관의 경우, 길이와 직경의 비가 $1.8 \tan \theta$[55]를 넘으면 식 (10.46)과 (10.49)는 기울어진 관에도 적용할 수 있다. 이 경우 중력가속도 g는 $g \cos \theta$로 바꾸어 주어야 한다. 각도 θ는 수평면으로부터 기울어진 관까지의 각도이다. 휜이 부착되었거나 부착되지 않은 관이거나 간에 불응축 가스가 존재하면 앞의 상관식에서 예측된 대류계수보다 낮아질 것이다.

예제 10.4

400개의 관이 정사각 배열을 하고 있다. 각 관의 지름은 $D = 2r_1 = 6$ mm이다.

1. 휜 없는 수평관들이 $p = 0.15$ bar의 포화증기에 노출되어 있고 관의 표면은 $T_s = 25°\mathrm{C}$라면 튜브뱅크의 단위 길이당 수증기 응축률은 얼마인가?
2. 환형 휜(휜의 높이 $h = r_2 - r_1 = 1$ mm, 두께 $t = 1$ mm, 피치 $S = 2$ mm)을 관에 부착한 경우 최소 응축률을 구하라.

풀이

제시자료: 0.15 bar 포화증기에 노출된 관들의 배치와 표면온도.

풀이대상:

1. 휜 없는 관의 경우 단위 길이당 응축률.

2. 휜 부착 관의 경우 최소 응축률.

개략도:

가정:

1. 공간적으로 균일한 관과 휜의 온도.

2. 평균 열전달계수를 구하는 식 (10.49)에서 $n = -1/6$ 사용.

3. 수증기 내의 불응축 가스는 없는 것으로 간주.

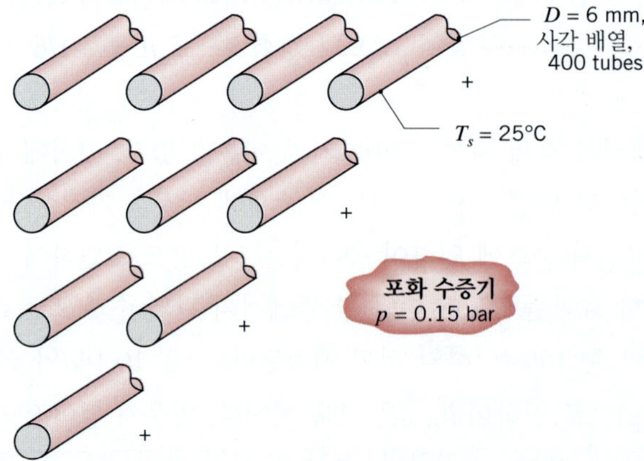

물성치: 표 A.6에서 포화 증기(p = 0.15 bar): $T_{\text{sat}} = 327\text{ K} = 54°\text{C}$, $\rho_v = 1/v_g = 0.098\text{ kg/m}^3$, $h_{fg} = 2373\text{ kJ/kg}$, $\sigma = 0.0671\text{ N/m}$. 표 A.6에서 포화수($T_f$ = 312.5 K): $\rho_l = 1/v_f = 992\text{ kg/m}^3$, $\mu_l = 663 \times 10^{-6}\text{ N·s/m}^2$, $k_l = 0.631\text{W/m·K}$, $c_{p,l} = 4178\text{ J/kg·K}$.

해석:

1. 가장 위에 있는 휜 없는 관에서의 대류계수를 구하기 위해 식 (10.46)을 다음과 같이 변형한다.

$$\bar{h}_D = C\left[\frac{\rho_l g(\rho_l - \rho_v)k_l^3 h'_{fg}}{\mu_l(T_{\text{sat}} - T_s)D}\right]^{1/4}$$

여기서 C는 관에 대한 값 0.729이다.

$$\begin{aligned} h'_{fg} &= h_{fg}(1 + 0.68\,Ja) = h_{fg} + 0.68c_{p,l}(T_{\text{sat}} - T_s) \\ &= 2373 \times 10^3\text{ J/kg} + 0.68 \times 4178\text{ J/kg}\cdot\text{K} \times (327 - 298)\text{ K} \\ &= 2455\text{ kJ/kg} \end{aligned}$$

따라서

$$\begin{aligned} \bar{h}_D &= 0.729\left[\frac{\begin{array}{c}992\text{ kg/m}^3 \times 9.8\text{ m/s}^2 \times (992 - 0.098)\text{ kg/m}^3 \\ \times (0.631\text{ W/m}\cdot\text{K})^3 \times 2455 \times 10^3\text{ J/kg}\end{array}}{663 \times 10^{-6}\text{ kg/s}\cdot\text{m} \times (327 - 298)\text{ K} \times 6 \times 10^{-3}\text{ m}}\right]^{1/4} \\ &= 10{,}980\text{ W/m}^2\cdot\text{K} \end{aligned}$$

식 (10.49)에 의하여 평균 대류계수는

$$\bar{h}_{D,N} = \bar{h}_D N^n = 10{,}980 \text{ W/m}^2 \cdot \text{K} \times 20^{-1/6} = 6667 \text{ W/m}^2 \cdot \text{K}$$

식 (10.34)에 의하여 관의 단위 길이당 응축률은

$$\begin{aligned}\dot{m}'_{\text{uft}} &= N \times N \frac{\bar{h}_{D,N}(\pi D)(T_{\text{sat}} - T_s)}{h'_{fg}} \\ &= 20 \times 20 \times 6667 \text{ W/m}^2 \cdot \text{K} \times \pi \times 6 \times 10^{-3} \text{ m} \times (327 - 298) \text{ K}/2455 \times 10^3 \text{ J/kg} \\ &= 0.594 \text{ kg/s} \cdot \text{m}\end{aligned}$$ ◁

2. 식 (10.48)에 의하여 환형 휜에 의한 최소 향상률은

$$\begin{aligned}\varepsilon_{\text{ft,min}} &= \frac{q_{\text{ft,min}}}{q_{\text{uft}}} = \frac{\dot{m}'_{\text{ft,min}}}{\dot{m}'_{\text{uft}}} = \frac{tr_2}{Sr_1}\left[\frac{r_1}{r_2} + 1.02\frac{\sigma r_1}{(\rho_l - \rho_v)gt^3}\right]^{1/4} \\ &= \frac{1 \times 4}{2 \times 3}\left[\frac{3}{4} + 1.02\frac{0.0671 \text{ N/m} \times 3 \times 10^{-3} \text{ m}}{(992 - 0.098) \text{ kg/m}^3 \times 9.8 \text{ m/s}^2 \times (1 \times 10^{-3} \text{ m})^3}\right]^{1/4} \\ &= 1.44\end{aligned}$$

따라서 휜 부착 관의 최소 응축률은

$$\dot{m}'_{\text{ft,min}} = \varepsilon_{\text{ft,min}}\dot{m}'_{\text{uft}} = 1.44 \times 0.594 \text{ kg/s} \cdot \text{m} = 0.855 \text{ kg/s} \cdot \text{m}$$ ◁

부가설명: 식 (10.49)에서 $n = -1/6$이 사용되었다. 하지만 휜 부착 관에서 n은 $-1/6$에서 0까지의 값을 가질 것으로 기대된다. 만일 $n = 0$이라 가정하면 응축률은

$$\begin{aligned}\dot{m}'_{\text{ft,min}} &= \varepsilon_{\text{ft,min}} \times N \times N \frac{\bar{h}_D(\pi D)(T_{\text{sat}} - T_s)}{h'_{fg}} \\ &= 1.44 \times 20 \times 20 \times 10{,}980 \text{ W/m}^2 \cdot \text{K} \times \pi \times 6 \times 10^{-3} \text{ m} \times (327 - 298) \text{ K}/2455 \times 10^3 \text{ J/kg} \\ &= 1.41 \text{ kg/s} \cdot \text{m}\end{aligned}$$

이 응축률은 응축물이 휜 사이를 모두 채우고 있음을 가정하고 있다. 실제 향상률은 $\varepsilon_{\text{ft,max}} \approx 4$일 것으로 기대된다[50]. $\varepsilon_{\text{ft,max}} = 4$와 $n = 0$를 사용하면

$$\begin{aligned}\dot{m}'_{\text{ft}} &= \varepsilon_{\text{ft,max}} \times N \times N \frac{\bar{h}_D(\pi D)(T_{\text{sat}} - T_s)}{h'_{\text{fg}}} \\ &= 4 \times 20 \times 20 \times 10{,}980 \text{ W/m}^2 \cdot \text{K} \times \pi \times 6 \times 10^{-3} \text{ m} \times (327 - 298) \text{ K}/2455 \times 10^3 \text{ J/kg} \\ &= 3.91 \text{ kg/s} \cdot \text{m}\end{aligned}$$

따라서 휜을 사용함으로써 응축률은 100 × (3.91 − 0.594) kg/s·m/0.594 kg/s·m = 559%까지 증대될 잠재력을 가지고 있다.

10.10 수평관 내에서의 응축

냉동이나 공기조화 장치에 이용되는 응축기는 일반적으로 수평관 또는 수직관의 안쪽에서 증기의 응축이 이루어진다. 관 내부의 상태는 흐르는 증기의 속도, 증기의 질량분율(vapor mass fraction, quality) X 그리고 유체의 상태량에 따라 달라진다. 관을 따라 응축이 진행되므로 질량분율 X도 감소한다. 만일 증기의 속도가 작다면 수평관의 경우 그림 10.16*a*와 같이 응축이 이루어질 것이다. 상부에서 응축된 액체는 아래로 흘러 액체 풀(pool)을 만든다. 또한 액체 풀은 관의 길이 방향으로 움직이는데 이는 흐르는 증기가 전단응력을 액체에 가하기 때문이다. 증기의 속도가 다음 식을 만족시킬 정도로 작은 경우

$$Re_{v,i} = \left(\frac{\rho_v u_{m,v} D}{\mu_v}\right)_i < 35{,}000 \tag{10.50}$$

(여기서 i는 관 입구를 의미), 열전달은 대부분 하강하는 응축 막을 통하여 일어난다. Dobson과 Chato[56]는 $C = 0.555$, $h'_{fg} = h_{fg} + 0.375c_{p,l}(T_{sat} - T_s)$로 변형하여 식 (10.46)을 이용할 것을 권고하고 있다. C의 값은 실린더 외벽 응축의 경우($C = 0.729$)보다 작은데 그 이유는 관 아랫부분에 있는 액체 풀에서의 열전달이 작기 때문이다. 물성치 계산은 식 (10.32) 이하에서 서술한 바와 같다.

증기속도가 큰 경우, 이상유동(two-phase flow)은 난류가 되고 환형이 된다(그림 10.16*b*). 유동 방향으로 진행할수록 환형 주변부의 응축 막이 두꺼워짐에 따라 증기가 있는 중심부는 감소한다. Dobson과 Chato[56]가 제시한 경험적 열전달계수 상관식은

$$Nu_D = \frac{hD}{k_l} = 0.023\, Re_{D,l}^{0.8}\, Pr_l^{0.4}\left[1 + \frac{2.22}{X_{tt}^{0.89}}\right] \tag{10.51a}$$

여기서 $Re_{D,l} = 4\dot{m}(1 - X)/(\pi D \mu_l)$이고 $X \equiv \dot{m}_v/\dot{m}$는 유체 내 증기의 질량분율 그리고 액체와 증기 모두가 난류라는 가정에서 **Martinelli 파라미터 X_{tt}**를 사용하였다.

$$X_{tt} = \left(\frac{1 - X}{X}\right)^{0.9}\left(\frac{\rho_v}{\rho_l}\right)^{0.5}\left(\frac{\mu_l}{\mu_v}\right)^{0.1} \tag{10.51b}$$

식 (10.51)을 개발하면서 Dobson과 Chato는 모든 물성치들을 포화온도 T_{sat}에서 구하였다.

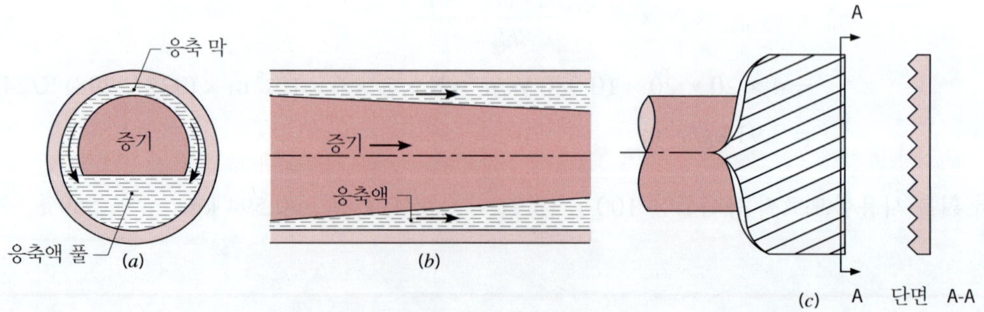

그림 10.16 수평관에 대한 막응축. (*a*) 작은 증기의 속도에 대한 응축 흐름 횡단면. (*b*) 큰 증기의 속도에 대한 응축 흐름 종단면. (*c*) 나선형 패턴에 대한 마이크로 휜 배열.

이 식들은 단위 단면적당 질량유량이 500 kg/s·m^2 이상인 경우 사용될 것이 권장되고 있다[56]. 액체만의 유동이라면 $X \rightarrow 0$, $X_{tt} \rightarrow \infty$, $Re_{D,l} \rightarrow Re_D$가 되어 식 (10.51a)는 Prandtl 수 부분을 제외한 Dittus-Boelter 상관식 (8.60)과 같아진다.

중간 정도의 증기속도이거나 증기 질량분율이 작은 경우, 관 내부 응축에는 보다 복잡한 여러 가지 유동 양상이 나타난다. 각각의 유동 양상에 따른 열전달 상관식들이 개발되어 왔고 이들의 사용에 대한 권고사항들이 Dobson과 Chato[56]에 의해 정리되어 있다. 작은 직경의 관 내에서의 응축은 표면장력 효과가 크게 작용하는 등 여러 가지 고려할 사항들이 있다[36].

관 내부에 작은 휜을 부가하여 응축률을 증대시킬 수 있다. 그림 10.16*c*와 같이 마이크로휜을 구리관 내부 면에 만드는데 0.1 내지 0.25 mm의 삼각형 또는 사다리꼴 형상이 대표적이다. 구리의 표면적 증대, 휜 형상에 의한 난류 발생 그리고 그림 10.15에서 언급한 표면장력 효과로 인하여 열전달이 증가한다. 휜들은 관 길이 방향으로 헬리컬(helical) 또는 헤링본(herringbone) 패턴으로 배치되어 열전달률을 50%에서 180%까지 증대시킨다[51].

10.11 액적응축

일반적으로 액적응축에 있어서의 열전달계수는 막응축에 대한 것보다 한 차원 더 크다. 사실상 액적응축이 고려된 열교환기의 응용에서는 다른 열적인 저항들이 응축에 기인한 저항보다 훨씬 크며, 따라서 응축과정에 대한 믿을 만한 상관식은 필요하지 않다.

표면-유체 장치에 대한 여러 연구[57, 58]에서 대부분의 데이터들은 잘 조성된 구리표면에서의 수증기 응축에 대한 것이며, 다음과 같은 식으로 상관된다[59].

$$\bar{h}_{dc} = 51{,}104 + 2044\,T_{sat}\,(°C) \qquad 22°C \lesssim T_{sat} \lesssim 100°C \tag{10.52}$$

$$\bar{h}_{dc} = 255{,}510 \qquad 100°C \lesssim T_{sat} \tag{10.53}$$

여기서 열전달계수의 단위는 W/m^2·K이다. 열전달률과 응축률은 식 (10.33)과 (10.34)에서 구해지고, h'_{fg}은 식 (10.27)로 주어지고, 물성치들은 식 (10.32) 아래에 설명된 방법으로 구해진다. $\bar{h}_{dc}$에 있어서 과냉($T_{sat} - T_s$)의 효과는 작기 때문에 무시되었다.

수증기에 포함된 비응축 기체들의 영향은 대단히 중요하며, 이에 대하여 Shade와 Mikic[60]이 연구하였다. 또한 응축 표면물질이 구리나 은과 같은 높은 전도성을 가지지 못할 경우, 이의 열저항은 주요 인자로 작용한다. 모든 열은 대단히 작고 표면에 널리 분포되어 있는 액적들로 전달되기 때문에 응축의 활성면적 근처의 표면물질 내부에서의 열흐름선들이 혼잡(crowd)해져서 수축저항(constriction resistance)을 유발한다. 이 영향에 대해서는 Hannemann과 Mikic[61]이 연구하였다.

10.12 요약

이 장에서는 이 과정들에 대한 본질적인 물리적 특성에 대하여 알아보았으며, 근사적인 공학계산에 적합한 상관식들을 제시하였다. 그러나 이 밖에도 수많은 추가적인 정보들을 얻을 수 있으며, 이들 중 많은 부분이 여러 참고문헌[7, 15, 25, 30~33, 36, 51, 56, 58~59, 61~67]에 잘 요약되어 있다.

다음과 같은 질문들을 스스로 던져 봄으로써 상변화를 수반하는 열전달에 대한 이해 정도를 테스트할 수 있다.

- 무엇이 **풀비등**인가? **강제대류비등**은? **과냉비등**은? 또 **포화비등**은?
- **초과온도**는 어떻게 정의되는가?
- **비등곡선**을 그려 보고 주요 영역들과 그 특징들을 살펴보라. **임계열유속**은 무엇인가? **Leidenfrost 점**은 무엇인가? 표면열유속이 제어된다면 비등곡선을 따라 어떻게 진행되는가? 이력현상의 본질은 무엇인가? 표면온도가 제어된다면 비등곡선을 따라 어떻게 진행되는가?
- **핵비등**영역에서 열유속은 초과온도에 따라 어떻게 변하는가?
- **막비등**과 관련된 열전달의 모드는 무엇인가?
- 액체**과냉**의 정도는 어떻게 정의되는가?
- 비등 열유속의 크기는 각각 중력장, 액체과냉 및 표면거칠기의 크기에 따라 어느 정도 지배를 받는가?
- 미세유로에서의 2상유동 및 열전달은 큰 관에서의 2상유동 및 열전달과 어떻게 다른가?
- **액적응축**은 **막응축**에 비하여 어떻게 다른가? 어떤 모드의 응축에서 열전달률이 큰가?
- 수직면의 층류 막응축에서 선단으로부터의 거리에 따라 국소 및 평균 대류열전달계수는 어떻게 변하는가?
- 수직면에서의 막응축의 경우 Reynolds 수는 어떻게 정의되는가? 거기에 따른 유동영역들은 무엇인가?
- 표면장력은 휜 부착 관의 표면 또는 내부에서의 응축에 어떤 영향을 주는가?

참고문헌 *References*

1. Fox, R. W., A. T. McDonald, and P. J. Pritchard, *Introduction to Fluid Mechanics*, 6th ed. Wiley, Hoboken, NJ, 2003.
2. Nukiyama, S., *J. Japan Soc. Mech. Eng.*, **37**, 367, 1934 (Translation: *Int. J. Heat Mass Transfer*, **9**, 1419, 1966).
3. Drew, T. B., and C. Mueller, *Trans. AIChE*, **33**, 449, 1937.
4. Yamagata, K., F. Kirano, K. Nishiwaka, and H. Matsuoka, *Mem. Fac. Eng. Kyushu*, **15**, 98, 1955.
5. Rohsenow, W. M., *Trans. ASME*, **74**, 969, 1952.
6. Vachon, R. I., G. H. Nix, and G. E. Tanger, *J. Heat Transfer*, **90**, 239, 1968.
7. Collier, J. G., and J. R. Thome, *Convective Boiling and Condensation*, 3rd ed., Oxford University Press, New York, 1996.
8. Pioro I. L., *Int. J. Heat Mass Transfer*, **42**, 2003, 1999.
9. Kutateladze, S. S., *Kotloturbostroenie*, **3**, 10, 1948.
10. Zuber, N., *Trans. ASME*, **80**, 711, 1958.
11. Lienhard, J. H., *A Heat Transfer Textbook*, 2nd ed., Prentice-Hall, Englewood Cliffs, NJ, 1987.
12. Nakayama, W., A. Yabe, P. Kew, K. Cornwell, S. G. Kandlikar, and V. K. Dhir, in S. G. Kandlikar, M. Shoji, and V. K. Dhir, Eds., *Handbook of Phase Change: Boiling and Condensation*, Chap. 16, Taylor & Francis, New York, 1999.
13. Cichelli, M. T., and C. F. Bonilla, *Trans. AIChE*, **41**, 755, 1945.
14. Berenson, P. J., *J. Heat Transfer*, **83**, 351, 1961.
15. Hahne, E., and U. Grigull, *Heat Transfer in Boiling*, Hemisphere/Academic Press, New York, 1977.
16. Lienhard, J. H., and P. T. Y. Wong, *J. Heat Transfer*, **86**, 220, 1964.
17. Bromley, L. A., *Chem. Eng. Prog.*, **46**, 221, 1950.
18. Sadasivan, P., and J. H. Lienhard, *J. Heat Transfer*, **109**, 545, 1987.
19. Siegel, R., *Adv. Heat Transfer*, **4**, 143, 1967.
20. Berenson, P. J., *Int. J. Heat Mass Transfer*, **5**, 985, 1962.
21. Webb, R. L., *Heat Transfer Eng.*, **2**, 46, 1981, and *Heat Transfer Eng.*, **4**, 71, 1983.
22. Bergles, A. E., "Enhancement of Heat Transfer," *Heat Transfer 1978*, Vol. 6, pp. 89–108, Hemisphere Publishing, New York, 1978.
23. Bergles, A. E., in G. F. Hewitt, Exec. Ed., *Heat Exchanger Design Handbook*, Section 2.7.9, Begell House, New York, 2002.
24. Bergles, A. E., and W. H. Rohsenow, *J. Heat Transfer*, **86**, 365, 1964.

25. van Stralen, S., and R. Cole, *Boiling Phenomena*, McGraw-Hill/Hemisphere, New York, 1979.
26. Lienhard, J. H., and R. Eichhorn, *Int. J. Heat Mass Transfer*, **19**, 1135, 1976.
27. Kandlikar, S. G., *J. Heat Transfer*, **112**, 219, 1990.
28. Kandlikar, S. G., and H. Nariai, in S. G. Kandlikar, M. Shoji, and V. K. Dhir, Eds., *Handbook of Phase Change: Boiling and Condensation*, Chap. 15, Taylor & Francis, New York, 1999.
29. Celata, G. P., and A. Mariani, in S. G. Kandlikar, M. Shoji, and V. K. Dhir, Eds., *Handbook of Phase Change: Boiling and Condensation*, Chap. 17, Taylor & Francis, New York, 1999.
30. Tong, L. S., and Y. S. Tang, *Boiling Heat Transfer and Two Phase Flow*, 2nd ed., Taylor & Francis, New York, 1997.
31. Rohsenow, W. M., in W. M. Rohsenow and J. P. Hartnett, Eds., *Handbook of Heat Transfer*, Chap. 13, McGraw-Hill, New York, 1973.
32. Griffith, P., in W. M. Rohsenow and J. P. Hartnett, Eds., *Handbook of Heat Transfer*, Chap. 14, McGraw-Hill, New York, 1973.
33. Ginoux, J. N., *Two-Phase Flow and Heat Transfer*, McGraw-Hill/Hemisphere, New York, 1978.
34. Hall, D. D., and I. Mudawar, *Int. J. Heat Mass Transfer*, **43**, 2573, 2000.
35. Hall, D. D., and I. Mudawar, *Int. J. Heat Mass Transfer*, **43**, 2605, 2000.
36. Faghri, A., and Y. Zhang, *Transport Phenomena in Multiphase Systems*, Elsevier, Amsterdam, 2006.
37. Qu, W., and I. Mudawar, *Int. J. Heat Mass Transfer*, **46**, 2755, 2003.
38. Ghiaasiaan, S. M., and S. I. Abdel-Khalik, in J. P. Hartnett, T. F. Irvine, Y. I. Cho, and G. A. Greene, Eds., *Advances in Heat Transfer*, Vol. 34, Academic Press, New York, 2001.
39. Qu, W., and I. Mudawar, *Int. J. Heat Mass Transfer*, **46**, 2773, 2003.
40. Sparrow, E. M., and J. L. Gregg, *J. Heat Transfer*, **81**, 13, 1959.
41. Koh, J. C. Y., E. M. Sparrow, and J. P. Hartnett, *Int. J. Heat Mass Transfer*, **2**, 69, 1961.
42. Nusselt, W., *Z. Ver. Deut. Ing.*, **60**, 541, 1916.
43. Rohsenow, W. M., *Trans. ASME*, **78**, 1645, 1956.
44. Chen, M. M., *J. Heat Transfer*, **83**, 48, 1961.
45. Dhir, V. K., and J. H. Lienhard, *J. Heat Transfer*, **93**, 97, 1971.
46. Kutateladze, S. S., *Fundamentals of Heat Transfer*, Academic Press, New York, 1963.
47. Labuntsov, D. A., *Teploenergetika*, **4**, 72, 1957.
48. Gregorig, R., J. Kern, and K. Turek, *Wärme Stoffübertrag.*, **7**, 1, 1974.
49. Popiel, Cz. O., and L. Boguslawski, *Int. J. Heat Mass Transfer*, **18**, 1486, 1975.
50. Rose, J. W., *Int. J. Heat Mass Transfer*, **37**, 865, 1994.
51. Cavallini, A., G. Censi, D. Del Col, L. Doretti, G. A. Longo, L. Rossetto, and C. Zilio, *Int. J. Refrig.* **26**, 373, 2003.
52. Briggs, A., and J. W. Rose, *Int. J. Heat Mass Transfer*, **37**, 457, 1994.
53. Murase, T., H. S. Wang, and J. W. Rose, *Int. J. Heat Mass Transfer*, **49**, 3180, 2006.
54. Chen, M. M., *J. Heat Transfer*, **83**, 55, 1961.
55. Selin, G., "Heat Transfer by Condensing Pure Vapours Outside Inclined Tubes," *International Developments in Heat Transfer*, Part 2, International Heat Transfer Conference, University of Colorado, pp. 278–289, ASME, New York, 1961.
56. Dobson, M. K., and J. C. Chato, *J. Heat Transfer*, **120**, 193, 1998.
57. Tanner, D. W., D. Pope, C. J. Potter, and D. West, *Int. J. Heat Mass Transfer*, **11**, 181, 1968.
58. Rose, J. W., *Proc. Instn. Mech. Engrs. A: Power and Energy*, **216**, 115, 2001.
59. Griffith, P., in G. F. Hewitt, Exec. Ed., *Heat Exchanger Design Handbook*, Section 2.6.5, Hemisphere Publishing, New York, 1990.
60. Shade, R., and B. Mikic, "The Effects of Non-condensable Gases on Heat Transfer During Dropwise Condensation," Paper 67b presented at the 67th Annual Meeting of the American Institute of Chemical Engineers, Washington, DC, 1974.
61. Hannemann, R., and B. Mikic, *Int. J. Heat Mass Transfer*, **19**, 1309, 1976.
62. Marto, P. J., in W. M. Rohsenow, J. P. Hartnett, and Y. I. Cho, Eds., *Handbook of Heat Transfer*, 3rd ed., Chap. 14, McGraw-Hill, New York, 1998.
63. Collier, J. G., and V. Wadekar, in G. F. Hewitt, Exec. Ed., *Heat Exchanger Design Handbook*, Section 2.7.2, Begell House, New York, 2002.
64. Butterworth, D., in D. Butterworth and G. F. Hewitt, Eds., *Two-Phase Flow and Heat Transfer*, Oxford University Press, London, 1977, pp. 426–462.
65. McNaught, J., and D. Butterworth, in G. F. Hewitt, Exec. Ed., *Heat Exchanger Design Handbook*, Section 2.6.2, Begell House, New York, 2002.
66. Rose, J. W., *Int. J. Heat Mass Transfer*, **24**, 191, 1981.
67. Pioro, L. S., and I. L. Pioro, *Industrial Two-Phase Thermosyphons*, Begell House, New York, 1997.

연습문제 *Problems*

일반적 고찰

10.1 1 atm의 물이 $T_s - T_{sat} = 10°C$인 상태에 있을 때 Jakob 수가 1보다 매우 작음을 보이라. 이와 같은 결과의 물리적 중요성을 설명하고, 이 결과가 다른 유체들에도 적용됨을 증명하라.

10.2 수평으로 놓여진 지름 7 mm인 실린더가 1기압 포화수 속에 있다. 실린더 표면온도는 5°C 초과온도를 가진다. 적절한 자유대류상관식을 이용하여 열유속을 구하고 결과를 그림 10.4의 비등곡선과 비교하라. 앞의 과정을 지름 7 μm, 동일한 초과온

도를 가진 와이어에 대하여 반복하라. 1기압 물에 대한 비등특성을 나타내는 그림 10.4 적용에 대한 의견을 제시하라.

10.3 기포형성에 있어서 표면장력의 역할은 과열액체와 **역학적** 그리고 **열적** 평형상태에 있는 순수 포화증기의 구형 기포를 고려함으로써 설명할 수 있다.

(a) 기포에 대한 적절한 자유물체도를 그리고, 힘의 평형을 고려하여 기포의 반지름에 대한 다음과 같은 식을 구하라.

$$r_b = \frac{2\sigma}{p_{sat} - p_l}$$

여기서 p_{sat}는 포화증기의 압력이고, p_l은 기포 외부의 과열액체의 압력이다.

(b) p-v 선도에 기포와 액체의 상태를 나타내라. 이러한 조건에서 어떠한 변화들이 기포를 성장하게 하는지 또는 소멸하게 하는지 논하라.

(c) 증기가 101°C에서 포화되고 액체의 압력이 100°C의 포화온도에 해당하는 경우와 평형상태에 있을 때의 기포의 크기를 계산하라.

10.4 그림 10.4의 점 A, B, C, D, E에서 대류열전달계수 h를 예측하라. 어느 점이 가장 큰 h 값을 가지는가? 어느 점이 가장 작은 h 값을 가지는가? Leidenfrost 점에서 증기막의 두께를 구하라. 단, 막에서의 복사는 무시하고 고체면은 평판으로 본다.

핵비등과 임계열유속

10.5 전류가 지름이 1 mm인 긴 선을 지나면서 3150 W/m이 방열되며, 이 선이 1 atm의 물 속에 잠겨졌을 때 선의 표면온도가 126°C에 도달하였다. 비등 열전달계수는 얼마인가? 또한 상관계수 $C_{s,f}$의 값을 구하라.

10.6 포화온도보다 10°C 높은 온도를 유지하는 지름이 10 mm인 백금으로 도금한 관의 바깥표면에서 대기압의 물이 비등할 때, 이에 대한 핵 풀비등 열전달계수를 구하라.

10.7 비등곡선의 이력(히스테리시스)특성은 최대와 최소 열유속간의 차이가 작아질수록 덜 도드라진다. 물, 에탄올, R-134a와 R-22에 대해서 최대와 최소 열유속의 비를 계산하라. 어떤 유체가 가장 큰 이력특성을 보일 가능성이 있는가?

10.8 물에서의 핵비등 대류열전달계수(W/m²·K)에 대한 압력의 영향은 다음의 간단한 식으로 고려될 수 있다.

$$h = C(\Delta T_e)^n \left(\frac{p}{p_a}\right)^{0.4}$$

여기서 p와 p_a는 각각 시스템의 압력과 표준 대기압이다. 수평평판에 대하여 $15 < q_s'' < 235$ kW/m²의 범위에서 $C = 5.56$, $n = 3$이며, ΔT_e의 단위는 켈빈이다. $\Delta T_e = 10$°C일 때, 압력이 2와 5 bar인 경우에 대해 위의 식으로부터 예측된 값을 Rohsenow 상관식($C_{s,f} = 0.013$, $n = 1$)으로부터 구한 값과 비교하라.

10.9 예제 10.1에서 물을 담은 퀜에서 활발한 비등이 일어나는 조건들을 살펴보았고, 퀜의 바닥을 일정온도로 유지하기 위해 필요한 전기동력(열률)을 구하였다. 그러나 사실 전기동력은 그로부터 퀜의 온도가 따라 변하는 제어(독립)변수이다.

(a) 예제 10.1에서의 구리 퀜의 핵비등의 경우, $1 \le q \le 100$ kW 영역에 대하여 열률에 따른 퀜의 온도를 계산하고 그려 보라.

(b) 만약 물의 초기온도가 상온이었다면 당연히 비등이 일어날 때까지는 가열이 필요할 것이다. 가열이 시작된 직후의 물의 온도를 20°C로 가정하고, 8 kW의 열률에 대한 퀜 바닥의 온도를 예측하라.

10.10 큰 수평 구리관 표면에서 1기압의 물이 끓고 있다. 열유속은 임계값의 90%이다. 관의 표면은 초기에 자국을 낸 상태(scored)였으나 시간이 지남에 따라 자국은 지워지고 결국 비등은 표면이 매끈한 관에서와 동일하게 된다. 관을 설치한 초기와 장시간 사용한 후에 관의 표면온도를 각각 구하라.

10.11 지름이 180 mm인 구리 냄비의 바닥이 전기 가열요소에 의하여 115°C로 유지된다. 이 냄비에서 물을 끓이는 데 필요한 동력과 증발률을 계산하라. 표면열유속의 임계열유속에 대한 비는 얼마인가? 임계열유속에 도달하는 데 필요한 퀜의 온도는 얼마인가?

10.12 니켈로 도금된 가열판의 두께가 15 mm이고 열전도율이 50 W/m·K인데, 그 판이 대기압 상태의 물(포화상태)에 노출되었다. 열전대가 잘 단열된 판의 뒷면에 부착되었다. 가열판의 전기 동력 발산율은 6.950×10^7 W/m³이고 $T_o = 266.4$°C가 되도록 작동된다.

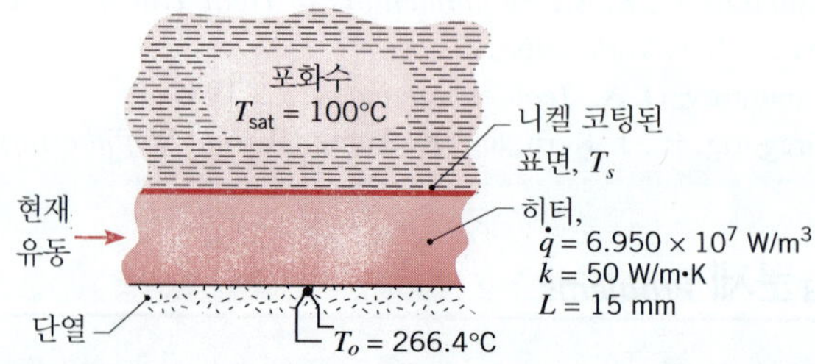

(a) 주어진 정보로부터 표면온도 T_s 및 노출표면으로부터의 열유속을 구하라.

(b) (a)에서 구해진 표면열유속을 이용하여 적절한 비등 상관식을 적용한 표면온도를 산정하라.

10.13 지름이 0.3 m이고 두께가 5 mm인 수평 구리 디스크는 70 kW로 판의 아래로부터 가열되고 있다. 디스크의 상부표면은 잘 연마되어있고 대기압 상태의 물에 접해있다. 핵비등이 발생할 때 디스크의 최대 온도를 구하라. 구리 디스크의 표면온도를 낮추기 위한 노력으로, 1 mm 두께의 니켈 코팅이 디스크 표면에 적용되어 $C_{s,f}$ 값을 낮췄다. 코팅된 디스크의 최대 온도를 구하라. 코팅이 최대 구리 온도를 낮추었는가? 구리 원재료와 니켈 코팅 사이의 접촉저항은 무시하라.

10.14 전자기기의 고집적회로(VLSI)의 개발은 칩을 냉각시키는 기술에 의해 종종 제한된다. 주 컴퓨터(mainframe computer)에서는 각각의 면적이 25 mm^{2}인 수백 개의 칩들이 세라믹 기판 위에 배열되어 있다. 이러한 배열을 냉각하는 방법으로 냉매 R-134a와 같이 비등점이 낮은 유체 속에 담근다. 1 atm, 247 K에서 포화액의 물성치는 $\mu = 1.46 \times 10^{-4}$ N·s/m^2, $c_p = 1551$ J/kg·K 그리고 $P_r = 3.2$이다. $C_{s,f} = 0.004$, $n = 1.7$로 가정한다.

(a) 임계열유속의 50%에서 작동할 때 단일 칩에 의해 소산되는 동력을 구하라. 이에 해당하는 칩의 온도는 얼마인가?

(b) $0.25 \le q_s''/q_{\max}'' \le 0.90$의 범위에서 표면열유속에 대한 칩의 온도를 계산하고 도시하라.

10.15 1 atm의 포화수를 비등시키는 데 지름 25 mm, 길이 0.75 m인 구리관이 사용된다.

(a) 관들이 임계열유속의 75%에서 작동된다면, 750 kg/h의 증기발생률을 얻기 위하여 필요한 관의 수는 얼마인가? 이에 해당하는 관의 표면온도는 얼마인가?

(b) $0.25 \le q_s''/q_{\max}'' < 0.90$의 범위에서 관 표면온도를 열유속의 함수로 계산하고 도시하라. 같은 그래프에 주어진 증기발생률을 공급하는 데 필요한 각각의 관들의 수를 표시하라.

10.16 1 atm의 포화수를 비등시키는 황동판을 $\Delta T_e = 15$°C로 유지하는 데 요구되는 동력(W/m^2)을 구하라. 물을 10 atm으로 압축했다면 소요동력은 얼마인가? 임계열유속에 대하여 이 판은 얼마의 분율로 작동되고 있는가?

10.17 0.5 mm 지름의 수평 백금선을 이용하여 대기압의 절연유체를 가열한다. 선이 임계열유속의 50%로 가열될 때 선의 온도를 구하라. 유체의 물성치들은 $c_{p,l} = 1300$ J/kg·K, $h_{fg} = 142$ kJ/kg, $k_l = 0.075$ W/m·K, $\nu_l = 0.32 \times 10^{-6}$ m^2/s, $\rho_l = 1400$ kg/m^3, $\rho_v = 7.2$ kg/m^3, $\sigma = 12.4 \times 10^{-3}$ N/m, $T_{sat} = 34$°C이다. 핵비등 상수들은 $C_{s,f} = 0.005$, $n = 1.7$로 가정한다. 작은 수평원통들에 대한 임계열유속은 큰 수평원통에 대한 값에 보정인자 F를 곱함으로써 구하는데, 여기서 $F = 0.89 + 2.27\exp(-3.44Co^{-1/2})$이다. confinement 수는 원통의 반지름에 근거하며, 보정인자의 적용범위는 $1.3 \lesssim C_o \lesssim 6.7$이다[11].

10.18 임계열유속이 압력에 크게 의존한다는 것이 실험적으로 증명되어 왔는데, 이 압력 의존성은 주로 유체의 표면장력과 증발잠열이 압력에 의존하기 때문이다. 식 (10.6)을 사용하여 큰 수평표면에서 물에 대한 $q_{\max}''$ 값들을 압력의 함수로 계산하라. 최대의 임계열유속이 대략 임계압력($p_c = 221$ bar)의 1/3에서 일어난다는 것을 보이라. 보통 모든 유체들이 이러한 특성을 가짐을 고려할 때, 임계열유속-압력 값을 표시하는 범용적인 곡선을 도시하는 데 있어서 어떤 좌표들을 사용하여야 하는지를 제시하라.

10.19 중력가속도가 지구의 1/6인 달의 표면에서 1 atm으로 큰 수평표면에서 비등하는 물에 대한 임계열유속은 얼마인가?

10.20 포화액체를 비등하기 위한 가열기가 조밀한 질화붕소(boron nitride) 분말로 충전된 두 동심의 스테인리스 강관들로 이루어져 있다. 전류가 안쪽 관을 지나면서 균일한 체적적 가열 $\dot{q}$ W/m^3)를 발생시키고 있다. 바깥 관의 노출된 표면이 액체와 접촉하고 비등 열유속은 다음과 같이 주어진다.

$$q_s'' = C\left(T_s - T_{sat}\right)^3$$

$$q_s'' = C(T_s - T_{sat})^3$$

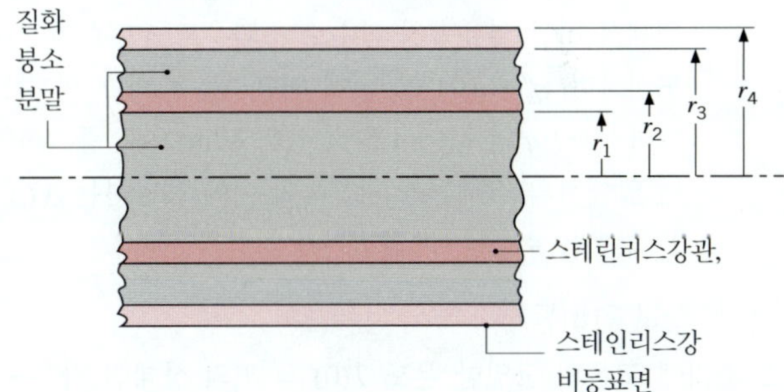

만약 입력동력이 커서 관의 온도가 $T_{ss,x}$를 초과하면 스테인리스 강관들이 심하게 산화된다든지 또는 만약 질화붕소의 온도가 $T_{bn,x}$를 초과하면 질화붕소가 열화될 수 있다. 액체의 포화온도(T_{sat})와 비등표면온도(T_s)들이 주어져 있다고 가정하여 스테인리스강(ss)관들과 질화붕소(bn)에서의 최고온도들에 대한 식들을 유도하라. 결과들을 기하학적 변수(r_1, r_2, r_3, r_4), 열전도율(k_{ss}, k_{bn})과 비등변수(C, T_{sat}, T_s)의 항으로 나타내라.

10.21 비등실험을 수행하기 위한 어떤 장치가 구리막대($k = 400$ W/m·K)로 구성되어 있는데, 이 구리막대의 한 끝은 비등액체에 노출되어 있고, 다른 한 끝은 전기가열기를 감싸고 있

으며, 노출면을 제외하고는 모두 주위로부터 잘 단열되어 있다. 막대 내부에 심어진 열전대를 이용하여 노출표면으로부터의 거리가 x_1 = 10 mm, x_2 = 25 mm인 곳에서 온도들을 측정한다.

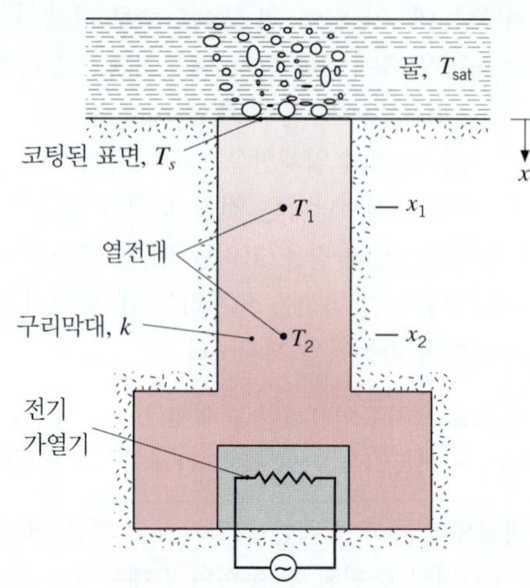

(a) 노출된 표면에 적용된 특수 코팅의 비등특성을 구하기 위한 실험을 수행한다. 정상상태 조건하에, 대기압의 포화수 내에서 핵비등이 유지되고 T_1 = 133.7°C와 T_2 = 158.6°C가 기록되었다. 만약 n = 1이면 Rohsenow 상관식과 관계되는 계수 $C_{s,f}$의 값은 얼마인가?

(b) (a)에서 결정된 $C_{s,f}$ 값을 이용한 Rohsenow 상관식을 적용할 수 있다고 가정하고, $10^5 \le q_s'' \le 10^6$ W/m²의 범위에서 비등 열유속의 함수로 초과온도 ΔT_e를 계산하고 도시하라. q_s''= 10^6 W/m²에 해당하는 T_1과 T_2의 값들은 얼마인가? q_s''의 값이 1.5 × 10^6 W/m²으로 증가하였다면 앞에서의 결과들을 외삽하여 이에 해당하는 ΔT_e, T_1, T_2 값들을 추정할 수 있겠는가?

최소 열유속과 막비등

10.22 초기에 고온의 균일한 온도 $T(0)$ = T_i의 상태인 작은 구리구를 T_{sat}로 유지되는 유체욕조에 갑자기 담갔다. 구의 초기 온도는 그림 10.4의 온도 T_D에 해당하는 Leidenfrost 점보다 높다.

(a) 담금질 과정 동안 구의 평균온도 $\bar{T}(t)$의 시간에 따른 변화를 도시하라. 그 결과에 막, 천이, 핵비등영역들과 단상대류 영역들뿐만 아니라 온도 T_i, T_D, T_{sat}를 표시하라. 온도변화 중의 주요 특징들을 설명하라.

(b) 이 냉각과정 중의 어떤 시간(s)에 구의 표면온도가 그 중심온도로부터 가장 차이가 난다고 예상되는가? 답에 대해 설명하라.

10.23 잘 연마되고 지름 D = 35 mm인 수평 구리관의 최대 및 최소 표면온도를 결정하라. 단, 수평 구리관은 대기압의 물 안에 있고, 이 때 관련 열유속은 2 × 10^4 W/m²이다.

10.24 원판 모양의 터빈 로터를 p = 1기압에서 물속에 넣어 담금질로 열처리를 하고자 한다. 초기에 로터는 T_i = 1100°C로 균일한 온도를 가지고 있으며 물은 로터를 넣을 때 비등점의 온도에 있다.

(a) 집중용량 거동과 일정 물성치를 가정하여 시간에 따른 로터의 온도를 구하여 도시하라. $T(t)$ 곡선에 중요한 사항을 표시하라. 입수하는 로터의 방향은 A와 같다.

(b) 로터의 넓은 표면이 수평이 되도록 방향 B와 같이 입수자세를 바꾸었다. 로터의 온도강하는 방향 A의 경우보다 더 빨리 이루어지는가?

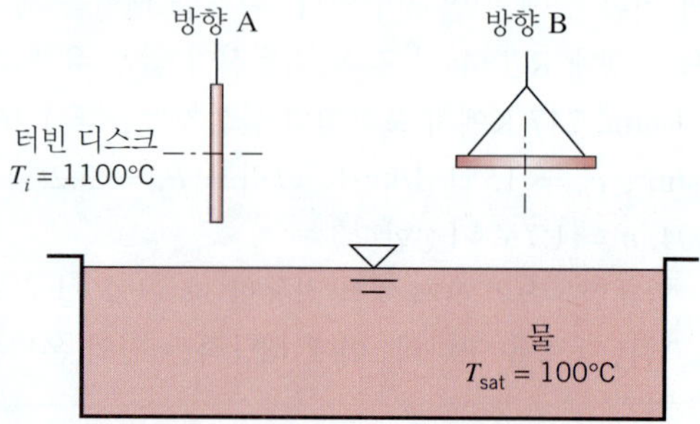

10.25 지름이 20 mm이고 길이가 200 mm이며, 방사율이 0.9인 강봉을 455°C의 가열로에서 꺼내어 갑자기 대기압하의 수조에 담근다. 봉으로부터의 초기 열전달률을 구하라.

10.26 대기압하의 물 속에 잠겨 수평으로 놓인 방사율이 0.5인 2 mm 지름의 전도체를 통하여 전류가 흐른다.

(a) 전도체의 표면온도를 555°C로 유지하기 위해 필요한 단위 길이당 동력소산율을 구하라.

(b) 전도체의 지름이 1.5, 2.0, 2.5 mm인 각 경우에 대하여 단위 길이당 동력소산율을 표면온도($250 \le T_s \le 650$°C의 범위에서)의 함수로 계산하고 도시하라. 별도의 그림에 복사 열전달의 백분율 기여도를 T_s의 함수로 도시하라.

10.27 지름이 D = 1 mm인 수평의 백금선이 대기압 상태의 포화수에 매달려 있다. 선은 전기전류에 의해 가열된다. 선의 표면이 용융점에 도달하는 순간 선으로부터의 열유속을 구하라. 이에 해당하는 선의 중심선에서의 온도를 구하라. 초고온에서의 산화로 인하여 번아웃될 때 선의 방사율은 ε = 0.80이다. 1209 K의 막온도에서 수증기의 물성치들은 ρ_v = 0.189 kg/m³, $c_{p,v}$ = 2404 J/kg·K, ν_v = 231 × 10^{-6} m²/s, k_v = 0.113 W/m·K이다.

10.28 방사율이 ε = 0.25인 1 mm 지름의 수평으로 놓인 백금선이 1 atm의 포화수 속에서 작동된다.

(a) 표면온도가 T_s = 800 K이면 표면열유속은 얼마인가?

(b) 방사율이 0.1, 0.25, 0.95인 경우에 대하여 $150 \le \Delta T_e \le 550$ K의 범위에서 열유속을 표면 초과온도 $\Delta T_e \equiv T_s - T_{sat}$의 함수로 로그-로그 선도에 도시하라. 이 선도 위에 임계열유속과 Leidenfrost 점을 나타내라. 별도로 $150 \le \Delta T_e \le 550$ K에 대하여 총 열유속에 대한 복사의 백분율 기여도를 도시하라.

10.29 열간압연기의 최종 롤러세트를 지나는 강판은 코일로 말리기 이전에 평면 물제트에 의하여 담금질된다. 판의 높은 온도 때문에 제트충돌영역의 바로 후류에 막비등이 일어난다.

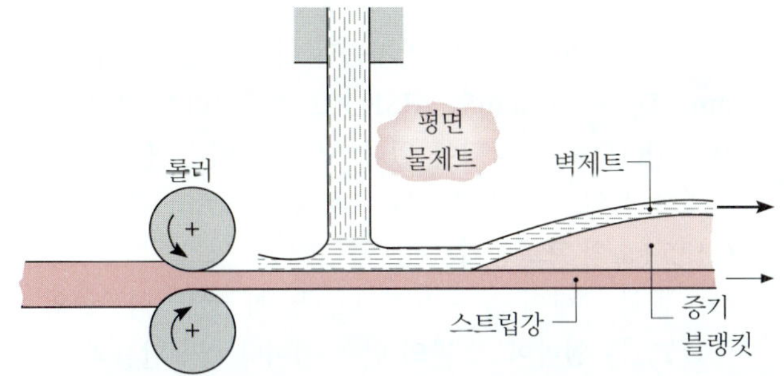

증기블랭킷 아래의 강판의 온도는 907 K이고, 방사율은 0.35라고 가정하자. 강판과 제트의 운동의 영향은 무시하고, 막 내부에서의 대류는 지름이 1 m인 큰 수평원통에 대한 대류로 근사화할 수 있다고 가정하여 강판으로부터 벽제트로의 단위 표면적당 열전달률을 구하라.

10.30 1000 K의 지름 120 mm인 원통이 1 atm의 포화수 속에서 담금질된다. 담금질 과정을 기술하고 이 과정 동안 단위 길이당 최대 열제거율을 구하라.

강제대류비등

10.31 지름 2 mm인 관을 사용하여 이 관에 직각으로 흐르는 1 atm의 포화수를 가열한다. 임계열유속을 0~2 m/s 범위의 물의 유속의 함수로 계산하고 도시하라. 선도에 풀비등영역과 저속 및 고속범위 사이의 천이영역을 나타내라. 힌트: 연습문제 10.17에 지름이 작은 원통에서 일어나는 풀비등에 관한 정보가 있다.

10.32 1 atm의 속도 2 m/s인 포화수가 지름이 5 mm의 원형 가열요소 위를 흐른다. 핵비등을 위해서는 이 요소에 대한 최대 가열률(W/m)이 얼마이어야 하는가?

10.33 수직 강관이 10 bar 압력의 물을 운반한다. 포화액체 상태의 물을 지름이 0.1 m인 관의 바닥 끝($x = 0$)으로 평균유속이 $u_m = 0.05$ m/s가 되도록 압입한다. 관은 균일한 열유속 $q'' = 100{,}000$ W/m^{2}를 제공하도록 연소하는 분쇄석탄에 노출된다.

(a) $x = 15$ m에서의 관벽온도와 흐르는 물의 건도를 구하라. $G_{s,f} = 1$이라고 가정하라.

(b) $x = 15$ m를 지나 T_{sat}의 평균온도로 단상의 증기유동이 있는 위치에서 관벽온도를 구하라. 이 위치에서의 증기 또한 10 bar의 압력에 있다고 가정하라.

(c) $-5\text{ m} \le x \le 30$ m의 범위에서 관벽온도의 분포를 도시하라.

10.34 냉매 R-134a가 10 mm의 안지름, 2 mm의 벽두께를 갖는 매끈한 수평의 관을 흐른다. 냉매는 15°C의 포화온도 상태이며(이때의 $\rho_{v,sat} = 23.75$ kg/m^3) 0.01 kg/s의 유량으로 흐른다. 비등이 일어나기 시작한 위치로부터 0.4 m 지난 위치에서 벽 내면의 열유속이 10^5 W/m^{2}인 경우의 최대 벽온도를 구하라. 관의 재질은 (a) 순수 구리, (b) AISI 316 스테인리스강이다.

막응축

10.35 0.1 bar의 포화증기가 6800 W/m^2·K의 열전달계수를 가지고 안지름과 바깥지름이 각각 16.5 mm와 19 mm인 황동관의 바깥쪽에서 응축된다. 관 내에서 흐르고 있는 물에 대한 대류열전달계수는 5200 W/m^2·K이다. 물의 평균온도가 30°C일 때, 관의 단위 길이당 수증기 응축률을 구하라.

10.36 단열된 측벽들과 저온($T_s < T_{sat}$)의 밑면을 가진 용기가 T_{sat}의 포화증기에 노출되어 있다.

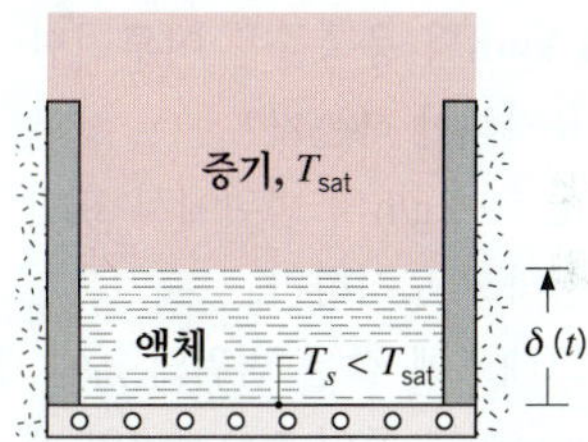

액체에 대하여 선형 온도분포를 가정하여 액체-증기 계면에 대한 에너지평형을 수행하여 다음의 액체층의 성장률에 대한 식을 구하라.

$$\delta(t) = \left[\frac{2k_l(T_{sat} - T_s)}{\rho_l h_{fg}}t\right]^{1/2}$$

200 mm^2 면적의 밑면이 80°C로 유지되면서 1 atm의 포화증기에 노출되어 있을 때 1시간 동안 형성되는 액체층의 두께를 계산하라. 이 결과를 같은 시간 동안에 같은 치수의 **수직** 평판에 의해 형성되는 응축물과 비교하라.

10.37 1 atm의 포화증기가 지름이 100 mm이고, 길이가 1 m이며, 94°C의 균일한 표면온도를 가진 수직관의 바깥표면에서 응축된다. 총 응축률과 관으로의 열전달률을 구하라.

10.38 높이가 10 mm이고 수평 방향으로 1 m인 수직 평판의 앞면에서 물의 총 응축율을 결정하라. 수직평판은 대기압의 포화

유동에 노출되어있고, 75°C로 유지된다. 또한, 수직평판과 동일한 온도조건과 동일한 표면면적을 갖는 1 m 길이의 수평 관에 대해 총 물 응축율을 결정하라.

10.39 길이가 L이고 온도가 일정한 수직평판에서 파동이 없는 층류 막응축의 평균 열전달계수는 $\bar{h}_L$이다. 평판을 길이가 $L_N = L/N$인 N개의 작은 평판으로 분할하였다. N개의 평판에 대한 평균 열전달계수와 한 개의 평판에 대한 평균 열전달계수의 비, $\bar{h}_{L,N}/\bar{h}_{L,1}$을 구하라.

10.40 크기가 2 m × 2 m인 수직판의 한 면은 대기압 상태의 포화증기에, 또 다른 면은 판의 온도를 50°C로 유지시키는 냉각수에 노출되어 있다.

(a) 냉각수 쪽으로의 열전달률은 얼마인가? 판 위의 증기 응축률은 얼마인가?

(b) 수직면으로부터 각도 θ만큼 경사진 판의 경우, 윗면의 응축률에 대한 평균 대류계수는 $\bar{h}_{L(\text{incl})} \approx (\cos\theta)^{1/4} \cdot \bar{h}_{L(\text{vert})}$의 식으로 가정할 수 있는데, 여기서 $\bar{h}_{L(\text{vert})}$는 수직방향으로의 평균계수이다. 만약 2 m × 2 m 크기의 판이 수직으로부터 45° 경사져 있다면 열전달률과 응축률은 얼마인가?

10.41 높이가 500 mm, 폭이 200 mm인 수직평판이 1 atm의 포화증기를 응축하는 데 사용된다.

(a) $\dot{m}$ = 25 kg/h의 응축률을 이루려면 평판의 표면온도를 얼마로 유지해야 하는가?

(b) $15 \leq \dot{m} \leq 50$ kg/h의 범위에서 표면온도를 응축률의 함수로 계산하고 도시하라.

(c) 동일한 그래프에 같은 범위의 $\dot{m}$에 대하여 평판의 높이가 200 mm이고 폭이 500 mm일 때 표면온도를 응축률의 함수로 도시하라.

10.42 응축율은 기체상의 음속에 의해 한정될 수 있다. 따라서 응축은 **음속한계**에 접근할 수 있다. 고체 금속 블록 안에 S = 2 mm인 폭과 L = 200 mm 수직 길이의 홈을 고려하자. 이 홈은 페이지 속 방향이 길이 방향이고, 유체의 흐름은 2차원이다. 대기압의 포화 수증기는 홈의 두 큰 수직 표면위에 응축되는데, T_s = 40°C로 유지된다. 응축이 진행됨에 따라 응축수는 바닥의 개구부를 통해 홈을 빠져나가고 동일한 개구부를 통해 상승하는 포화 수증기에 의해 다시 응축수로 채워진다. 홈 개구부를 통해 상승하는 수증기의 마하수를 예측하라. 어떤 홈 폭의 길이에서 수증기의 마하수는 1에 도달할 수 있는가?

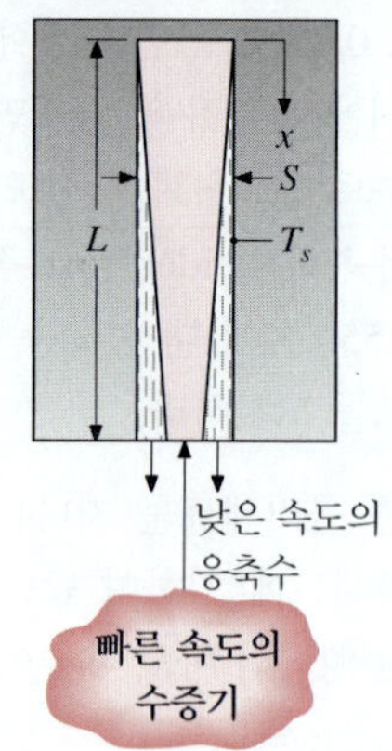

10.43 증기발전소의 응축기는 안지름과 바깥지름이 각각 D_i = 26 mm, D_o = 30 mm인 AISI 302 스테인리스 강관(k_s = 15 W/m·K)으로 구성되어 있다. 관 내부에는 평균온도가 T_m = 290 K인 물이 완전발달 유동으로 흐르고 관의 외부에는 0.135 bar의 포화증기가 응축되고 있다.

(a) 물의 유량이 $\dot{m}$ = 0.25 kg/s일 때 관의 외부면의 온도 $T_{s,o}$는 얼마이고, 관의 단위 길이당 열전달률과 증기 응축률은 얼마인가? 초기가정으로 액막의 물성치들은 포화온도에서 구할 수 있다. 만약 전달률을 증가시키기를 원한다면 무엇이 걸림돌인가?

(b) 물의 유량이 관의 외부면의 온도 $T_{s,o}$에 미치는 영향과 단위 길이당 열전달률에 미치는 영향을 검토하라.

10.44 화학공정에서 포화증기가 수직 길이가 L이고 지름이 D인 얇은 벽으로 된 원통형 용기의 안쪽표면에서 느린 율로 응축된다. 이 용기의 벽은 그 바깥표면을 통하여 흐르는 냉각수에 의해 균일한 온도 T_s로 유지된다.

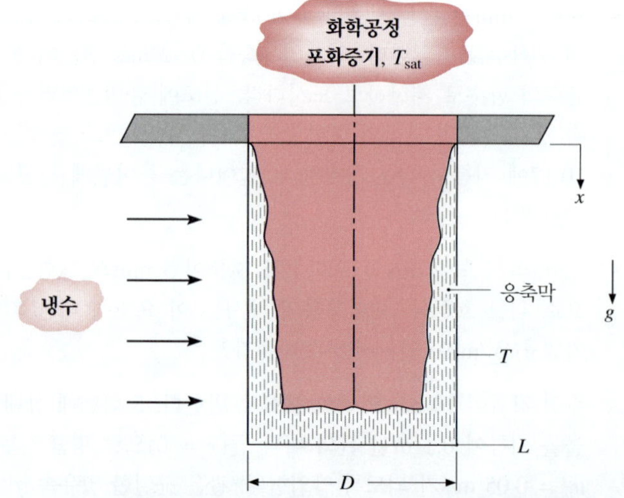

응축막을 층류라 가정하여 이 용기가 응축액으로 채워지는 데 필요한 시간 t_f에 대한 식을 유도하라. 그 결과를 D, L, $(T_{sat} - T_s)$, g 그리고 적절한 물성치들의 항으로 나타내라.

10.45 증기발전소의 응축기가 지름이 25 mm인 900개의 관으로 정사각형 배열로 구성되어 있다. 관 속의 냉각수의 흐름으로 인하여 관 밖에는 0.135 bar의 포화증기가 응축되고 관의 표면온도는 23°C로 유지된다. 관 배열의 단위 길이당 냉각수로의 열전달률은 얼마인가? 또 거기에 따른 응축률은 얼마인가?

10.46 (a) 외경 50 mm인 수평관의 표면온도는 34°C로 유지되고 압력이 0.2 bar인 스팀에 노출되어 있다. 관의 단위 길이당 열전달율과 응축율를 계산하라.

(b) 이제 (a)번 문제에서 고려된 관을 관의 주변을 따라 그림 10.15와 같이 날카로운-모서리 그루브를 밀링가공하여 변형하였다. 2-mm 깊이의 그루브는 폭은 2 mm이고 피치, S = 4 mm이다. 변형된 관에 예상될 수 있는 단위 길이당 최소 응축율 및 열전달률을 계산하라. (a) 문제에서 고려한 원래의 관 대비 얼마나 관의 성능은 향상되었는가?

10.47 표면온도가 70°C이고, 길이가 1 m인 수평관이 1 atm의 포화증기를 응축하는 데 사용된다.

(a) 125 kg/h의 응축률을 얻기 위해서는 필요한 지름이 얼마인가?

(b) $70 \leq T_s \leq 90$°C의 범위에서 관지름이 125, 150, 175 mm인 경우에 대하여 응축률을 표면온도의 함수로 도시하라.

10.48 멀티칩 모듈(multichip module)의 냉각에 대한 한 기법으로 모듈을 포화된 불화탄소 액체 속에 잠기게 하는 방법이 있다. 모듈표면에서 비등으로 발생한 증기는 액체 위쪽의 증기 공간 속에 매달린 구리관의 바깥 표면에서 응축된다. 이 두께가 얇은 구리관의 지름이 D = 10 mm이고, 이는 수평 방향으로 감겨 있다. 이 구리관은 285 K로 들어와 315 K로 나가는 물에 의하여 냉각된다. 모듈 내의 칩들에 의해 소산된 모든 열은 100 mm × 100 mm의 비등표면으로부터 T_{sat} = 57°C인 불화탄소 액체로 10^5 W/m^{2}의 열유속으로 전달된다. 액체의 물성치들은 k_l = 0.0537 W/m·K, $c_{p,l}$ = 1100 J/kg·K, $h'_{fg} \approx h_{fg}$ = 84,400 J/kg, ρ_l = 1619.2 kg/m^3, ρ_v = 13.4 kg/m^3, $\sigma = 8.1 \times 10^{-3}$ N/m, $\mu_l = 440 \times 10^{-6}$ kg/m·s, Pr_l = 9이다.

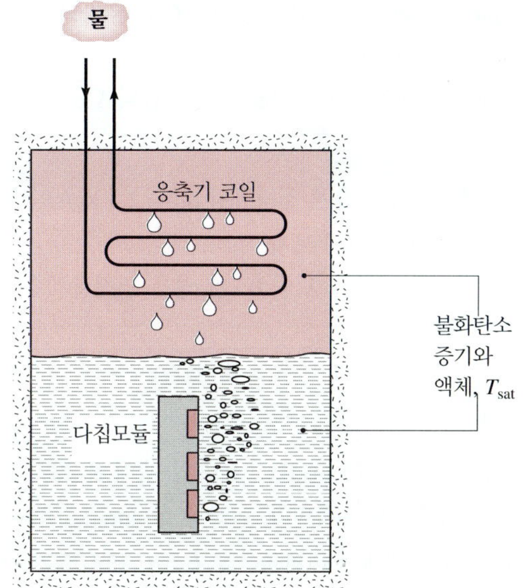

(a) 주어진 열소산에 대하여 필요한 응축률(kg/s)과 물의 유량(kg/s)은 얼마인가?

(b) 관 전체를 완전히 발달된 흐름이라고 가정하여 관의 입구와 출구에서의 관 표면온도를 구하라.

(c) 관의 표면온도가 T_s = 53.0°C로 균일하다고 가정하여 필요한 관의 길이를 구하라.

10.49 1 atm의 포화 에틸렌글리콜 증기 중에 놓인 지름 100 mm, 표면온도 150°C인 구에서의 응축률을 구하라. 액체 물성치들은 373 K에서의 포화상태에 해당하는 액체 물성치들(표 A.5)로 근사화하라.

관 내부에서의 응축

10.50 대기청정법(Clean Air Act)은 1996년부터 미국 내에서 순환성 냉매(CFC)의 생산을 금지하고 있다. 널리 쓰였던 CFC 냉매 중 하나인 R-12는 많은 경우에 있어 비슷한 물성치를 갖는 R-134a로 대체되고 있는데, 가령 대기압에서 R-12와 R-134a의 비등점은 각각 243 K와 246.9 K이다. 다음의 조건에서 두 냉매의 성능을 비교하라. 310 K에서 포화된 냉매 증기가 벽온도가 290 K로 유지된 30 mm 지름의 길이가 0.8 m인 관을 통과하면서 응축된다. 관을 들어올 때 증기의 유량이 0.010 kg/s이라면 응축률은 얼마이며 관을 떠나는 증기의 유량은 얼마인가? T_{sat} = 310 K에서 R-12의 물성치는 ρ_v = 50.1 kg/m^3, h_{fg} = 160 kJ/kg 그리고 $\mu_v = 150 \times 10^{-7}$ N·s/m^{2}이고, T_f = 300 K에서 액상 R-12의 물성치는 ρ_l = 1306 kg/m^3, $c_{p,l}$ = 978 J/kg·K, $\mu_l = 2.54 \times 10^{-4}$ N·s/m^2, k_l = 0.072 W/m·K이다. 포화된 R-134a의 물성치는 ρ_v = 46.1 kg/m^3, h_{fg} = 166 kJ/kg 그리고 $\mu_v = 136 \times 10^{-7}$ N·s/m^{2}이다.

10.51 1.5 bar의 포화증기가 표면이 100°C로 유지되고 있는 지름 75 mm의 수평관의 내부에서 응축된다. 증기가 저속이고 막 응축이라고 가정하여 열전달계수와 관의 단위 길이당 응축률을 구하라.

10.52 연습문제 10.51을 유체 질량유량 $\dot{m}$ = 2.5 kg/s인 높은 증기 속도에 대하여 고려해 보자.

(a) 증기의 질량분율 X = 0.2인 경우 열전달계수와 응축률을 구하라.

(b) $0.1 \le X \le 0.3$에 대하여 열전달계수와 응축률을 도시하라.

10.53 질량유량 $\dot{m} = 8.75 \times 10^{-3}$ kg/s인 냉매 R-22가 7 mm 직경의 관 내부에서 응축된다. 환상 유동(annular flow)이 관측된다. 가압된 냉매의 포화온도는 T_{sat} = 45°C이고 벽의 온도는 T_s = 40°C이다. 증기의 물성치는 ρ_v = 77 kg/m^3, $\mu_v = 15 \times 10^{-6}$ N·s/m^{2}이다.

(a) 열전달계수, 열전달률, 응축률을 증기분율 X = 0.5에 대하여 구하라.

(b) $0.2 < X < 0.8$에 대하여 응축률을 도시하라.

액적응축

10.54 연습문제 10.35를 생각해 보자. 응축률을 증가시키기 위한 노력의 일환으로 청동관의 외면에 액적응축을 촉진시키기 위하여 L = 100 μm 두께의 테플론 피막을 제안하였다. 피막을 입힌 후 새로운 응축 대류계수와 관의 단위 길이당 증기 응축률을 구하라. 제안된 방법의 응축률에 대한 효과를 설명하라(연습문제 10.35에서는 단위 길이당 응축률이 대략 1×10^{-3} kg/s이었다).

10.55 금속 표면의 젖음(wetting)을 방지하여 액적응축을 촉진하고자 금속 표면에 이온이식(ion implantation)을 시행하는 경우가 있다. 젖음 방지 정도, 즉 이온이식 효과성은 금속 종류에 따라 상이하다. 대기압하의 포화 수증기에 노출된 수직 금속판을 고려하자. 판의 두께는 t = 1 mm이고 높이는 L = 250 mm, 폭은 b = 100 mm이다. 수증기에 노출된 판의 표면온도는 T_s = 90°C이고 반대 표면은 차가운 온도 T_c로 유지된다.

(a) 2024-T6 알루미늄에 대하여 T_c를 구하라. 이 금속의 경우 이온이식은 액적응축을 촉진하지 못한다고 가정하라.

(b) AISI 302 스테인리스강에 대하여 T_c를 구하라. 이 금속의 경우 이온이식이 액적응축에 효과적이라고 가정하라.

비등/응축

10.56 열을 소산하는 집적회로의 냉각에 있어서 수동적인 기법의 하나로 집적회로들을 비등점이 낮은 부전도성 유체 속에 잠기게 하는 방법이 있다. 회로들을 냉각할 때에 발생한 증기는 액체 위에 있는 증기공간 속에 매달린 수직평판들에 응축된다. 평판들의 온도는 포화온도 아래로 유지되며, 정상상태에서는 응축기 평판으로의 열전달률과 회로들에 의한 열소산율이 평형을 이룬다.

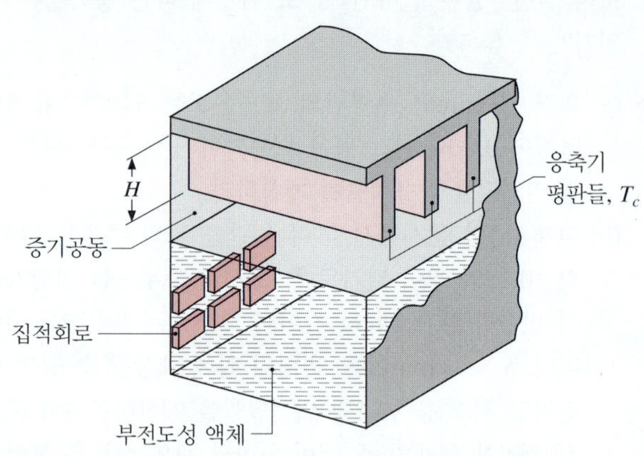

각 표면적이 25 mm^{2}인 회로가 T_{sat} = 50°C, ρ_l = 1700 kg/m^3, $c_{p,l}$ = 1005 J/kg·K, $\mu_l = 6.80 \times 10^{-4}$ kg/s·m, k_l = 0.062 W/m·K, Pr_l = 11.0, σ = 0.013 N/m, $h_{fg} = 1.05 \times 10^5$ J/kg, $C_{s,f}$ = 0.004, n = 1.7인 불화탄수 액체 속에 잠겨 있다고 가정한다. 만약 집적회로들의 표면온도가 T_s = 75°C 이라면 각각의 회로에 의하여 소산된 열전달률은 얼마인가? 만약 높이 H = 50 mm의 응축기 평판들이 내부 냉각제에 의하여 T_c = 15°C로 유지되고 층류 막응축이 가정된다면, 500개의 집적회로들에 의하여 발생된 열과 평형을 유지하기 위해서는 응축기 표면적이 얼마나 필요한가?

10.57 컴퓨터 칩들을 냉각하는 한 새로운 방법으로 포화된 불화탄수가 들어 있는 열사이펀을 사용한다. 이 칩은 컵모양 용기의 바닥에 납땜으로 부착되어 있는데, 용기 내에서 열이 비등에 의해 소산되고 결과적으로 얇은 벽으로 된 관의 안쪽 표면 상에서의 응축에 의해 외부 냉각제(물)로 전달된다.
포화 불화탄소의 물성은 다음과 같다.$c_{p,l}$ = 1100 J/kg·K, h_{fg} = 84,400 J/kg, ρ_l = 1619.2 kg/m^3, ρ_v = 13.4 kg/m^3, $\sigma = 8.1 \times 10^{-3}$ N/m, $\mu_l = 440 \times 10^{-6}$ kg/m·s 그리고 Pr_l = 9.01이다. 또한, 핵비등 상수로서 $C_{s,f}$ = 0.005, n = 1.7 and k_l = 0.054 W/m·K이다.

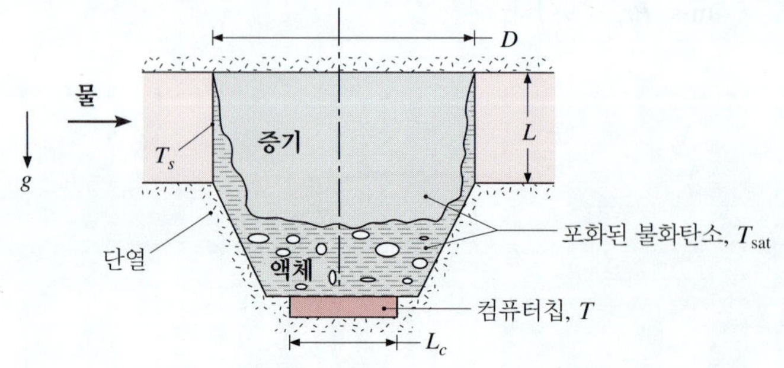

(a) 칩이 정상상태하에서 작동되고 그 표면열유속이 임계 열유속의 90%에서 유지될 때 칩의 온도 T는 얼마인가? 칩의 폭이 한 변에서 L_c = 20 mm일 때 총 열소산은 얼마인가?

(b) 관의 지름이 D = 30 mm이고, 그 표면이 물에 의해 T_s = 25°C로 유지된다면, 주어진 조건들을 유지하기 위해 필요한 관 길이 L은 얼마인가?

10.58 응축-비등 부위가 균일온도 T_s = 100°C에서 작동되는 2 m × 2 m 구리판을 포함하는데, 이 판은 응축되는 포화증기를 핵 풀비등하는 포화액체 X로부터 분리시킨다. 액체 X에 대한 비등곡선의 일부가 아래의 그림에 주어져 있다. 장치로 공급되는 수증기와 액체 X는 모두 포화상태이며, 물응축액과 증기 X의 제거방법은 그림에 나타나 있지 않다. 1 bar에서 유체 X의 포화온도와 승발잠열은 각각 T_{sat} = 80°C, h_{fg} = 700,000 J/kg이다.

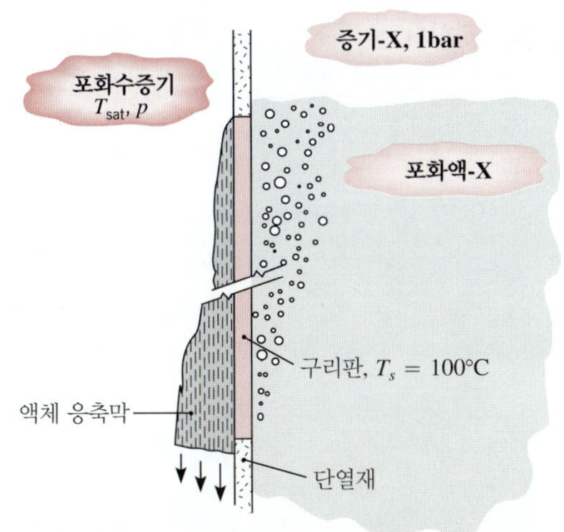

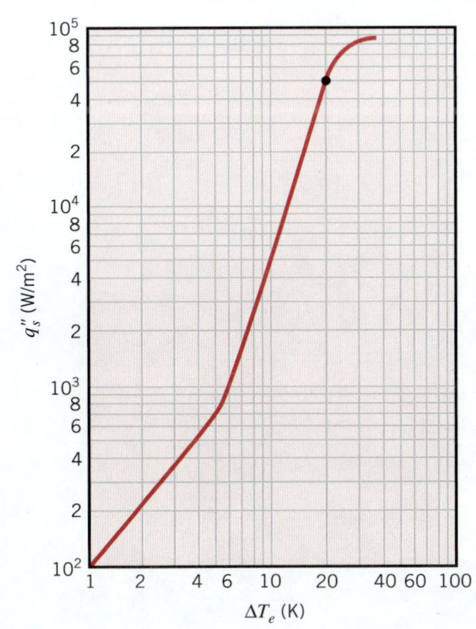

(a) 두 유체들에 대한 증발률 및 응축률(kg/s)을 구하라.

(b) 막응축이 일어난다고 가정하고 수증기의 포화온도 T_{sat}와 압력 p를 구하라.

10.59 얇은 벽으로 된 지름이 D이고 높이가 L인 원통형 용기에 $T_{sat,A}$의 낮은 비등점을 갖는 액체(A)가 높이 y까지 채워져 있다. 이 용기는 높은 비등점을 갖는 유체(B)의 증기로 채워진 큰 통 속에 놓여 있다. 증기 B는 액체 A의 자유표면이 있는 곳에서부터 원통형 용기의 바깥표면에서 층류막을 이루며 응축된다. 이 응축과정에 의해 액체 A는 용기 벽을 따라 $q'' = C(T_s - T_{sat})^3$의 관계로 주어지는 핵비등이 된다. 여기서 C는 알고 있는 실험상수이다.

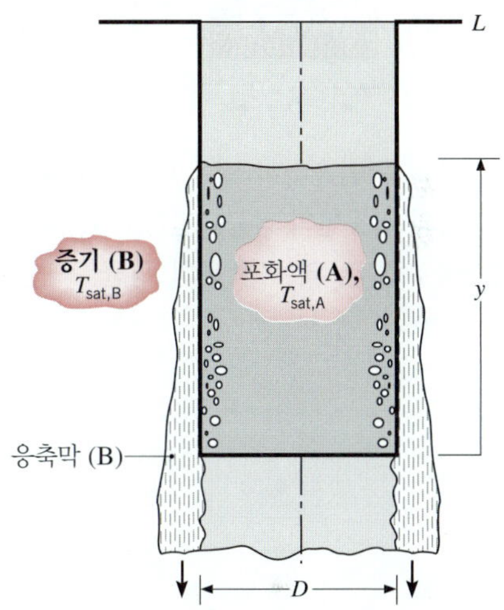

(a) 응축막으로 덮여진 벽의 부분에 있어서 용기 벽의 평균온도 T_s에 대한 식을 유도하라. 유체 A와 B의 물성치들은 알고 있다고 가정하라.

(b) 열이 어떤 율로 액체 A로 공급되는가?

(c) 용기가 초기에 액체로 완전히 채워졌다고 가정하고, 즉 y = L일 때, 용기 내의 액체가 모두 증발하는 데 필요한 시간에 대한 식을 유도하라.

10.60 한 열사이펀(thermosyphon)이 열을 그 비등부에서 흡수하고 응축부에서 방출하는 밀폐된 용기로 구성되어 있다. 지름 D의 기계적으로 연마된 두께가 얇은 스테인리스강 원통으로 만들어진 열사이펀이라 가정하자. 열사이펀에 공급된 열은 길이 L_b의 아래쪽 비등부의 표면에서 대기압의 포화수를 비등시키며, 또 그 열은 증기를 얇은 막으로 응축시킴으로써 배출되는데, 이 응축된 액체는 중력에 의하여 길이 L_c의 응축부의 벽을 따라서 낙하하여 비등부로 되돌아간다. 두 부분은 길이 L_i의 단열부에 의하여 분리된다. 응축부의 상부표면은 단열되었다고 취급될 수 있다. 열사이펀의 치수들은 D = 20 mm, L_b = 20 mm, L_c = 40 mm, L_i = 40 mm이다.

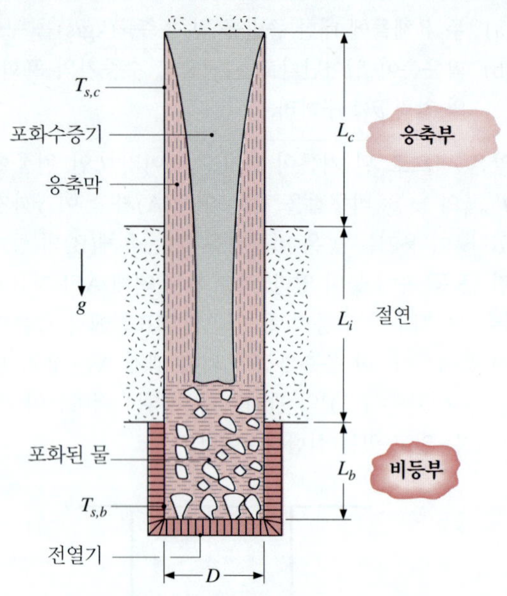

(a) 만약 핵비등 열유속이 임계열유속의 30%로 유지될 경우 그때의 비등면의 평균표면온도 $T_{s,b}$를 구하라.

(b) 총 응축유량 $\dot{m}$ 및 응축부의 평균 표면온도 $T_{s,c}$를 구하라.

10.61 여름철에 집의 천장과 지붕 사이에 갇힌 매우 뜨거운 공기를 거기에 설치된 **수동적인** 물가열기의 에너지원으로 이용하는 것이 제안되었다. 차가운 물을 가열하고 집의 공기조화를 하는 데 있어 모두 에너지비용이 절감되었다. 연습문제 10.60과 비슷한 10개의 열사이펀을 잘 단열된 물가열기의 바닥에 삽입하였다. 각 열사이펀은 L_c = 50 mm 길이의 응축부위, L_i = 40 mm 길이의 단열부위, L_b = 30 mm 길이의 비등부위를 갖는다. 각 열사이펀의 지름 D = 20 mm이다. 열사이펀 내부의 작동유체 p = 0.047 bar의 물이다.

(a) CHF의 25%에서 비등이 일어날 때 10개의 열사이펀에 의한 가열률을 구하라.

(b) 밤에는 천장과 지붕 사이의 공기온도가 물의 온도보다 떨어진다. 뜨거운 물탱크로부터 차가운 공기로의 열손실을 구하라. 이때 탱크의 단열재로의 손실은 무시하고, 각 열사이펀의 스테인리스 강관의 벽두께는 매우 작다고 가정한다.

CHAPTER

11

열교환기

Heat Exchangers

서로 다른 온도와 고체벽으로 분리된 두 유체들 사이의 열교환 과정은 많은 공업 응용분야에서 일어나고 있다. 이 열교환을 수행하는 장치를 **열교환기**(heat exchanger)라 하며 난방, 공기조화, 동력발생, 폐열회수 그리고 화학공정 등에서 찾아볼 수 있다.

이 장에서의 목적은 열교환기의 효율 평가를 위한 성능 변수들을 소개하고, 열교환기를 설계하거나 주어진 조건하에서 작동하는 열교환기의 성능을 예측하는 방법을 개발하는 데 있다.

11.1 열교환기의 형식

일반적으로 열교환기는 **유동배열**(flow arrangement)과 **구조의 형태**(type of construction)에 따라 분류된다. 가장 간단한 열교환기는 **동심관**(concentric)[또는 **이중관**(double-pipe)] 구조에서 고온의 유체와 저온의 유체가 같은 방향 또는 반대 방향으로 흐르는 열교환기이다. 그림 11.1*a*의 **평행유동**(parallel-flow) 배열에서는 고온 및 저온의 유체들이 같은 끝면에서 들어와서, 같은 방향으로 흐르고, 같은 끝면으로 나간다. 그림 11.1*b*의 **대향유동**(counterflow) 배열에서는 유체들이 반대쪽 끝면에서 들어와서 반대 방향으로 흐르고, 서로 반대측 끝면으로 나간다.

위의 경우와 달리 그림 11.2에서의 **휜이 있거나 휜이 없는** 관형 열교환기들에 의해 표시된 것처럼 유체들이 **직교유동**(cross flow, 서로 수직)으로 흐를 수도 있다. 두 장치는 관의 바깥을 지나는 유체가 **혼합되지 않았는가**(unmixed), **혼합되었는가**(mixed)에 따라 구별된다. 그림 11.2*a*에서 휜이 주유동방향(x)을 가로지르는 방향(y)으로의 유동을 막기 때문에 유체는 혼합되지 않았다고 말한다. 이 경우, 유체온도는 x와 y에 따라 변한다. 반면에 그림 11.2*b*의 휜이 없는 관군에서는 가로지르는 방향으로 유체의 운동으로 인해 혼합이 가능하며 온도변화는 주로 주유동방향에 따르

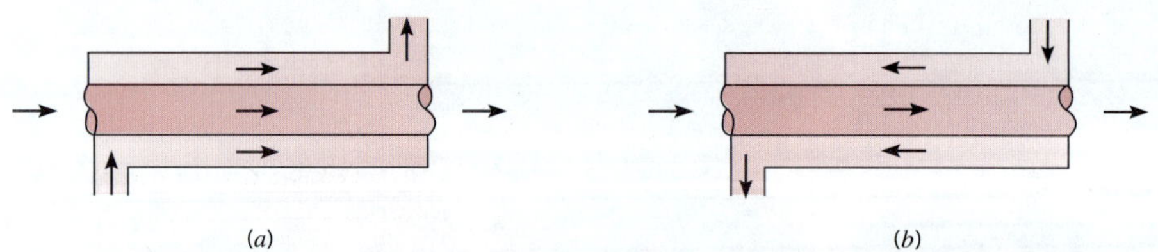

그림 11.1 동심관 열교환기. (*a*) 평행유동. (*b*) 대향유동.

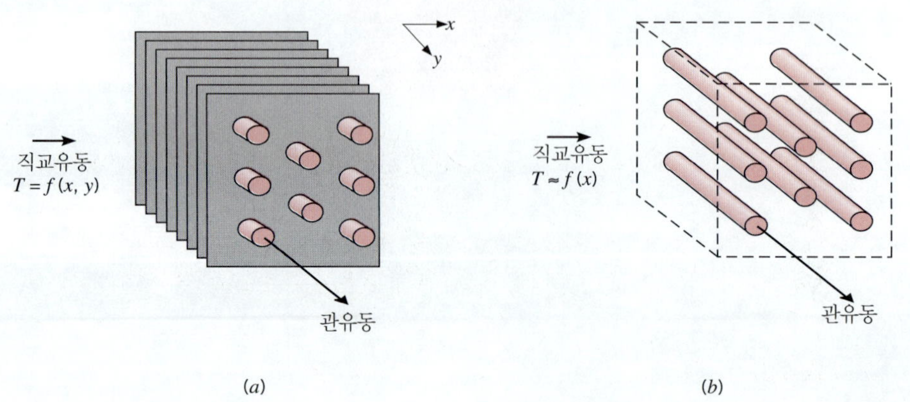

그림 11.2 직교유동 열교환기. (*a*) 두 유체가 혼합되지 않고 휜이 있음. (*b*) 한 유체는 혼합, 다른 유체는 비혼합, 휜이 없음.

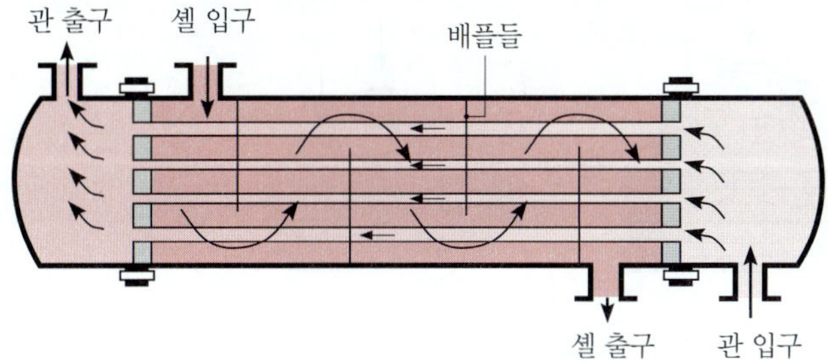

그림 11.3 단일 셸 통로와 단일 관 통로를 가진 셸-앤드-튜브 열교환기(직교-대향유동 작동방식).

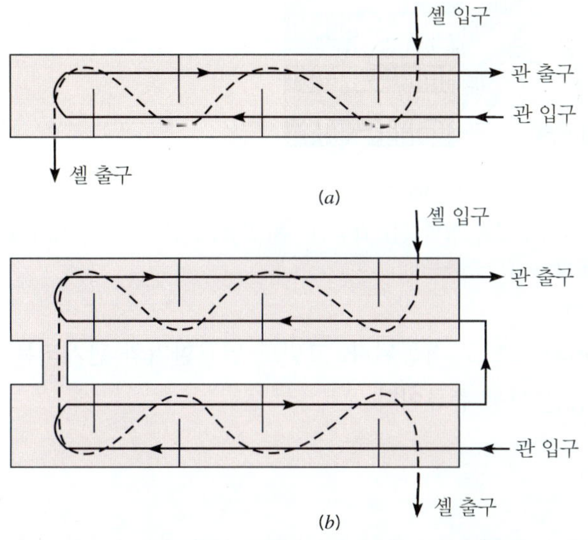

그림 11.4 셸-앤드-튜브 열교환기. (*a*) 한 개의 셸 통로와 두 개의 관 통로. (*b*) 두 개의 셸 통로와 네 개의 관 통로.

다. 관유동은 혼합되지 않으므로 휜이 있는 열교환기에서는 두 유체 모두 혼합되지 않으며, 휜이 없는 열교환기에서는 한 유체는 혼합되고 다른 유체는 혼합되지 않는다. 혼합조건의 성질은 열교환기 성능에도 큰 영향을 미칠 수 있다.

또 다른 일반적인 형태는 **셸-앤드-튜브**(shell-and-tube) 열교환기이다[1]. 셸 통로와 관 통로의 개수에 따라 여러 가지의 특정한 형식으로 구분되며, 그림 11.3에 단일 관과 단일 셸 **통로**(pass)들을 가진 가장 간단한 형식이 제시되어 있다. 배플은 대체로 난류와 직교유동 속도성분을 유발하여 셸 측의 대류열전달계수를 증가시키기 위해 설치된다. 그림 11.4*a*와 11.4*b*에 한 개의 셸 통로와 두 관 통로들 그리고 두 개의 셸 통로들과 네 개의 관 통로들을 가진 배플이 부착된 열교환기들이 각각 제시되어 있다.

특수한 종류의 열교환기는 매우 큰 단위체적당 열전달 표면적(액체의 경우 $\gtrsim 400\ m^2/m^3$, 기체의 경우 $\gtrsim 700\ m^2/m^3$)을 얻기 위하여 사용된다. **고밀도 열교환기**(compact heat exchanger)라고 하는 이 장치는 휜이 달린 관 또는 평판들의 밀집된 배열을 가지며, 적어도 한 유체가 기체이고 따라서 작은 대류열전달계수를 가지는 특성이 있는 경우에 주로 사용된다. 관들은 그림 11.5*a*와 11.5*b*, *c*에서와 같이 각각 **평평하거나 원형**일 수 있으며, 휜들은 그림 11.5*a*, *b*와 11.5*c*에서와 같이 각각 **평판**과 **원형**일 수 있다. 평행평판 열교환기는 휜이 부착되거나 파형으로 되어 있으며, 단

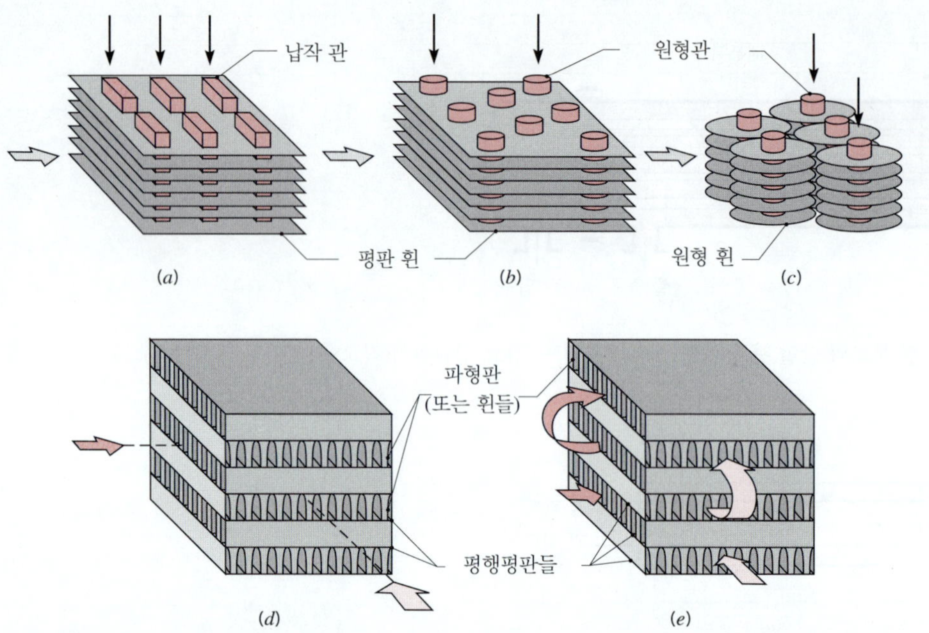

그림 11.5 고밀도 열교환기 중심부. (*a*) 흰-관(평평한 관, 연속 평판 흰). (*b*) 흰-관(원형관, 연속 평판 흰). (*c*) 흰-관(원형관, 원형 흰). (*d*) 평판-흰(단일통로). (*e*) 평판-흰(다중통로).

일통로(그림 11.5*d*) 또는 다중통로(그림 11.5*e*)의 모드로 작동된다. 고밀도 열교환기와 관계되는 유동통로는 일반적으로 작고($D_h \lesssim 5$ mm), 유동은 보통 층류이다.

11.2 열관류계수

모든 열교환기의 해석에 있어서 필수적이지만, 종종 가장 불확실한 부분은 **열관류계수**(overall heat transfer coefficient, 총괄 열전달계수라고도 함)를 결정하는 일이다. 식 (3.19)로부터, 이 계수는 두 유체들 사이의 열전달에 대한 전체 열저항으로 정의된다. 식 (3.18)과 식 (3.36)에서 이 계수는 각각 복합 평면벽과 복합 원통형 벽에 의해 분리된 유체들 사이의 전도저항과 대류저항을 고려하여 결정된다. 두 유체 흐름으로 분리된 벽면에 대한 열관류계수는 다음과 같다.

$$\frac{1}{UA} = \frac{1}{U_c A_c} = \frac{1}{U_h A_h} = \frac{1}{(hA)_c} + R_w + \frac{1}{(hA)_h} \tag{11.1a}$$

아래첨자 c와 h는 각각 고온과 저온의 유체를 의미한다. UA의 곱을 계산할 때, 고온부나 저온부에 대해($U_c A_c = U_h A_h$) 명시할 필요는 없다. 그러나 $A_c \neq A_h$이면 $U_c \neq U_h$이므로 열관류계수에 대한 계산은 고온부 표면적과 저온부 표면적 중 어느 것을 기준으로 하느냐에 달려 있다. 전도저항 R_w는 평판에 관한 식 (3.6)으로부터 또는 원통 벽면에 대한 식 (3.33)으로부터 얻어진다.

식 (11.1*a*)는 오직 **깨끗하고 휜이 없는** 표면에 대해서만 적용할 수 있다는 사실을 인식하는 것이 중요하다. 열교환기가 동작하는 동안 표면은 유체의 불순물, 녹(rust) 형성, 또는 유체와 벽면 물질 사이의 다른 반응으로 인해서 오염되기 쉬워진다. 표면에 연속적으로 박막이나 때(scale)가 점착되면 유체 사이의 열전달에 대한 저항을 심각하게 증가시킬 수 있다. 이 효과는 식 (11.1*a*)에서 **불결계수**(fouling factor) R_f로 정의된 추가적인 열저항을 도입하여 처리할 수 있다. 이 값은 동작온도, 유체 속도 그리고 열교환기의 서비스 길이에 달려 있다.

우리는 유체에 노출된 표면에 휜들을 추가하여 표면적을 증가시킴으로써, 열관류계수를 감소시킬 수 있다는 것을 알고 있다. 그래서 표면오염과 휜(확장된 표면) 효과를 포함한 열관류계수는 다음과 같이 정리할 수 있다.

$$\frac{1}{UA} = \frac{1}{(\eta_o hA)_c} + \frac{R''_{f,c}}{(\eta_o A)_c} + R_w + \frac{R''_{f,h}}{(\eta_o A)_h} + \frac{1}{(\eta_o hA)_h} \tag{11.1b}$$

대표적인 불결계수가 표 11.1에 나타나 있지만, 이 계수는 열교환기 작동 중의 한 변수이다(깨끗한 표면에 대한 0으로부터 침적물이 표면에 축적되면서 증가한다). 불결에 대한 포괄적인 검토는 참고문헌 [2~4]에 제시되어 있다.

식 (11.1b)에서 η_o는 휜이 부착된 표면의 **총합 표면효율**(overall surface efficiency) 또는 **온도 유용**도(temperature effectiveness)라 한다. 이를 이용한 불결이 없는 찬 표면 또는 뜨거운 표면에 대한 열전달률은 다음과 같이 정의한다.

$$q = \eta_o hA(T_b - T_\infty) \tag{11.2}$$

여기서 T_b는 바탕 표면온도(그림 3.21)이고, A는 총(휜과 노출된 기부면을 합한) 표면적이다. 이 양은 3.6.5절에서 소개되었으며 다음 식이 유도되었다.

$$\eta_o = 1 - \frac{A_f}{A}(1 - \eta_f) \tag{11.3}$$

여기서 A_f는 전체 휜 표면적이고 η_f는 단일 휜의 효율이다. 열교환기 해석에 공통적으로 사용되는 기호들과의 일관성을 고려하여 전체 표면적에 대한 휜 표면적의 비를 A_f/A로 표시하였다. 이러한 표현은 NA_f/A_t로 표현된 3.6.5절에서의 표현과는 다른데 여기서 A_f는 단일 휜의 면적을 그리고 A_t는 전체 표면적을 뜻한다. 길이가 L인 직선 휜 또는 핀형 휜(그림 3.17)이 사용되고 휜 끝이 단열되었다고 가정하면 식 (3.81)과 식 (3.91)은 다음과 같다.

$$\eta_f = \frac{\tanh(mL)}{mL} \tag{11.4}$$

표 11.1 대표적인 불결계수[1]

유체	R''_f (m^2 · K/W)
해수와 처리된 보일러 급수(50°C 이하)	0.0001
해수와 처리된 보일러 급수(50°C 이상)	0.0002
하천수(50°C 이하)	0.0002–0.001
연료유	0.0009
냉매	0.0002
수증기(비급유 베어링)	0.0001

여기서 $m = (2h/kt)^{1/2}$이고, t는 휜 두께이다. 몇 가지 자주 사용되는 휜 형상에 대한 효율은 표 3.5로부터 얻을 수 있다.

식 (11.2)는 불결을 무시할 만한 경우에 대응하는 식임에 주의하라. 그러나 만일 불결이 현저히 있다면, 식 (11.2)의 대류계수는 **부분적** 열관류계수의 형태 $U_p = h/(1 + hR''_f)$로 대체되어야만 한다. 차가운 유체와 뜨거운 유체 사이의 열관류계수를 제공하고 있는 식 (11.1b)와 대조적으로, U_p는 하나의 유체와 인접한 면에 연관된 대류계수와 불결계수만 포함하기 때문에, 부분계수라 한다. 따라서 뜨거운 표면과 차가운 표면의 부분계수는 각각 $U_{p,h} = h_h/(1 + h_hR''_{f,h})$와 $U_{p,c} = h_c/(1 + h_cR''_{f,c})$이다. 식 (11.3)은 뜨거운 그리고(또는) 차가운 표면에 대한 η_o를 평가하는 데 사용될 수 있으나, 대응하는 휜효율을 평가하는 데에는 h 대신에 U_p를 사용하여야 한다. 더구나 만일 첫 번째와 다섯 번째 항의 대류계수가 각각 $U_{p,c}$와 $U_{p,h}$로 대체된다면, 식 (11.1)의 우변의 두 번째와 네 번째 항목이 삭제될 수 있다는 것을 쉽게 보여 준다.

식 (11.1a) 또는 식 (11.1b)의 벽전도 항은 일반적으로 높은 열전도율의 얇은 벽이 사용되므로 종종 무시될 수 있다. 또한 대류열전달계수들 중의 하나는 종종 다른 것보다 대단히 작으므로 열관류계수의 결정을 좌우한다. 예를 들어 한 유체가 기체이고 다른 유체가 액체, 또는 액체-증기 혼합물이 응축이나 비등을 하고 있을 경우 기체 측의 대류열전달계수는 훨씬 더 작다. 이러한 이유 때문에 휜이 기체 측의 대류를 증진시키기 위해 사용된다. 열관류계수의 대표적인 값들이 표 11.2에 요약되어 있다.

그림 11.1부터 그림 11.4까지의 휜이 없는 관형 열교환기에 대해 식 (11.1b)는 다음과 같이 된다.

$$\frac{1}{UA} = \frac{1}{U_iA_i} = \frac{1}{U_oA_o} = \frac{1}{h_iA_i} + \frac{R''_{f,i}}{A_i} + \frac{\ln(D_o/D_i)}{2\pi kL} + \frac{R''_{f,o}}{A_o} + \frac{1}{h_oA_o} \tag{11.5}$$

여기서 하첨자 i와 o는 더운 유체 또는 찬 유체에 노출되어 있는 안쪽 관표면($A_i = \pi D_iL$)과 바깥 관표면($A_o = \pi D_oL$)을 나타낸다.

열관류계수는 고온유체 및 저온유체의 대류열전달계수들과 불결계수들 그리고 적절한 기하학적 매개변수들을 알면 결정할 수 있다. 휜이 없는 표면에 대한 대류열전달계수는 7장과 8장에

표 11.2 열관류계수의 대표적인 값들

유체 조합	U (W/m² · K)
물-물	850–1700
물-오일	110–350
수증기 응축기(관 속의 물)	1000–6000
암모니아 응축기(관 속의 물)	800–1400
알코올 응축기(관 속의 물)	250–700
휜이 부착된 관의 열교환기(관 속의 물, 직교유동 중의 공기)	25–50

서 제시된 상관관계로부터 산정할 수 있다. 표준 휜 상태에 대한 대류열전달계수는 Kays와 London[5]이 제시한 결과로부터 얻을 수 있다.

11.3 열교환기 해석: 대수평균 온도차의 이용

열교환기를 설계하거나 성능을 예측하기 위해서는 총 열전달률을 입구와 출구의 유체온도, 열관류계수 그리고 열전달을 위한 총 표면적의 양과 관련시키는 것이 필수적이다. 이와 같은 관계는 그림 11.6에 제시된 바와 같이 고온유체와 저온유체에 총 에너지평형을 적용시킴으로써 쉽게 얻을 수 있다. 특히 q가 고온유체와 저온유체 사이의 총 열전달률이고, 열교환기와 그 주변 사이의 열전달을 무시할 수 있으며, 위치에너지와 운동에너지의 변화들도 무시할 수 있다면, 식 (1.12d)의 에너지평형식은 다음과 같다.

$$q = \dot{m}_h(i_{h,i} - i_{h,o}) \tag{11.6a}$$

그리고

$$q = \dot{m}_c(i_{c,o} - i_{c,i}) \tag{11.7a}$$

여기서 i는 엔탈피이다. 하첨자들 h와 c는 고온유체와 저온유체를 뜻하며, i와 o는 유체입구와 유체출구 조건들을 나타낸다. 만약 유체가 상변화를 일으키지 않고 비열들이 일정하다고 가정하면, 이 식은 다음과 같이 된다.

$$q = \dot{m}_h c_{p,h}(T_{h,i} - T_{h,o}) \tag{11.6b}$$

그리고

$$q = \dot{m}_c c_{p,c}(T_{c,o} - T_{c,i}) \tag{11.7b}$$

위 식에 제시된 온도들은 지정된 위치에서의 평균 유체온도들이다. 식 (11.6)과 식 (11.7)은 유동배열과 열교환기의 형식에 무관하다.

총 열전달률 q를 고온유체와 저온유체 사이의 온도차 ΔT와 연관지어 또 다른 유용한 식을 얻을 수 있다. 여기서 ΔT는 다음과 같다.

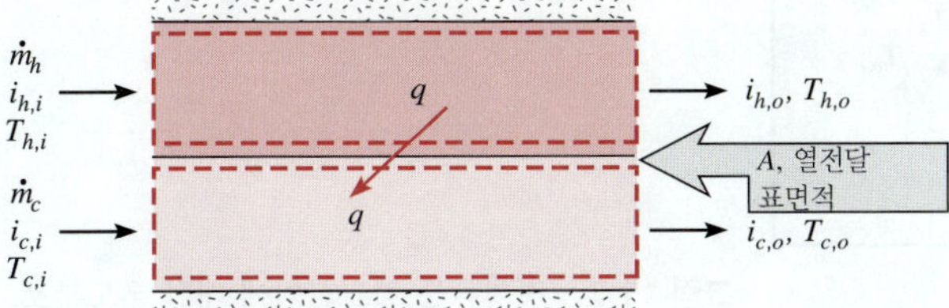

그림 11.6 2유체 열교환기의 고온 및 저온유체들에 대한 총에너지평형들.

$$\Delta T \equiv T_h - T_c \tag{11.8}$$

이러한 식은 단순한 대류열전달계수 h 대신에 열관류계수 U를 사용한 Newton의 냉각법칙의 확장이라 할 수 있다. 그러나 ΔT는 열교환기의 위치에 따라 변화하므로, 다음 형태의 비율 방정식으로 계산해야 한다.

$$q = UA\Delta T_m \tag{11.9}$$

여기서 ΔT_m은 적절한 평균 온도차이다. 식 (11.9)는 식 (11.6) 및 식 (11.7)과 함께 열교환기 해석을 수행하는 데 사용될 수 있다. 그러나 이와 같은 계산을 하기 이전에 ΔT_m의 특정 형식이 정립되어야 한다. 먼저 평행유동 열교환기에 대해 고려하자.

11.3.1 평행유동 열교환기

그림 11.7은 평행유동 열교환기와 관련된 고온유체와 저온유체의 온도분포를 제시한 것이다. 온도차 ΔT는 초기에는 크지만 x가 증가함에 따라 감소하여 점근적으로 0으로 접근한다. 이와 같은 열교환기에서 저온유체의 출구온도는 결코 고온유체의 출구온도를 넘지 못한다. 그림 11.7에서 하첨자 1과 2는 열교환기의 반대쪽 끝면을 지시한다. 이 표시법은 앞으로 고려되는 모든 형식의 열교환기에 사용된다. 평행유동에 대해서는 $T_{h,i} = T_{h,1}$, $T_{h,o} = T_{h,2}$, $T_{c,i} = T_{c,1}$ 그리고 $T_{c,o} = T_{c,2}$이다.

ΔT_m은 고온과 저온유체들의 미소 요소들에 대해 에너지평형을 적용시켜 결정할 수 있다. 각 요소는 그림 11.7에 제시된 바와 같이 길이 dx 그리고 열전달 표면적 dA를 가진다. 에너지평형과 이에 수반되는 해석은 다음 가정에 따라 수행된다.

1. 열교환기는 그 주변과 단열되어 있으며, 고온유체와 저온유체 사이에서만 열교환이 된다.
2. 관에 따른 축 방향 전도는 무시할 수 있다.
3. 위치 및 운동에너지의 변화는 무시할 수 있다.

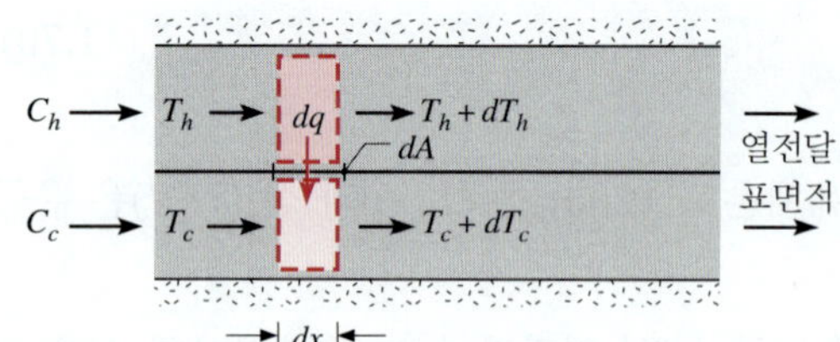

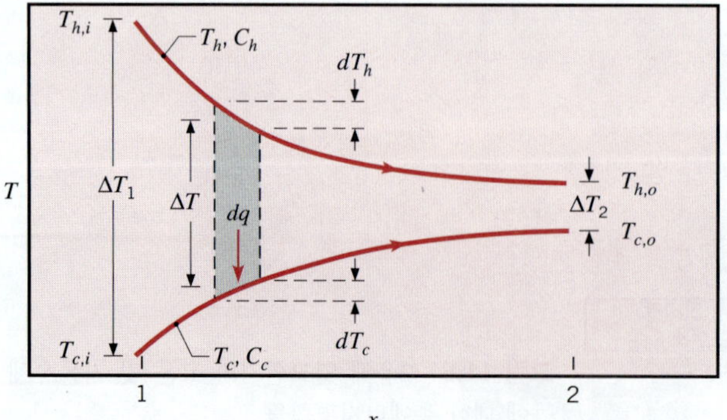

그림 11.7 평행유동 열교환기에 대한 온도분포.

4. 유체의 비열은 일정하다.

5. 열관류계수는 일정하다.

물론 비열은 온도변화에 따라 변화하고, 열관류계수도 유체 물성치와 유동조건의 변화에 의해 변화하게 된다. 그러나 많은 응용에 있어 이러한 변화는 중요하지 않으며, 열교환기에 대해 $c_{p,c}$, $c_{p,h}$와 U의 평균값들을 사용하는 것이 합리적이다.

그림 11.7의 미소 요소 각각에 대해 에너지평형을 적용하면 다음과 같다.

$$dq = -\dot{m}_h c_{p,h}\, dT_h \equiv -C_h\, dT_h \tag{11.10}$$

그리고

$$dq = \dot{m}_c c_{p,c}\, dT_c \equiv C_c\, dT_c \tag{11.11}$$

여기서 C_h와 C_c는 각각 고온유체와 저온유체의 열용량률(heat capacity rate)을 나타낸다. 이 식들을 열교환기를 통해 적분하면 식 (11.6b)와 (11.7b)로 주어지는 총괄 에너지평형을 얻을 수 있다. 표면적 dA를 통한 열전달률은 또한 다음과 같이 표시된다.

$$dq = U\Delta T\, dA \tag{11.12}$$

여기서 $\Delta T = T_h = T_c$는 고온유체와 저온유체 사이의 국소 온도차이다.

식 (11.12)의 적분 형식을 결정하기 위하여 먼저 식 (11.10)과 식 (11.11)을 식 (11.8)의 미분형에 대입하여 다음의 식을 얻을 수 있다.

$$d(\Delta T) = dT_h - dT_c$$

$$d(\Delta T) = -dq\left(\frac{1}{C_h} + \frac{1}{C_c}\right)$$

dq에 대해 식 (11.12)를 대입하고 열교환기 전체에 대해 적분하면 다음과 같이 된다.

$$\int_1^2 \frac{d(\Delta T)}{\Delta T} = -U\left(\frac{1}{C_h} + \frac{1}{C_c}\right)\int_1^2 dA$$

또는

$$\ln\left(\frac{\Delta T_2}{\Delta T_1}\right) = -UA\left(\frac{1}{C_h} + \frac{1}{C_c}\right) \tag{11.13}$$

C_h와 C_c에 대해 각각 식 (11.6b)와 식 (11.7b)를 대입하면 다음과 같이 된다.

$$\ln\left(\frac{\Delta T_2}{\Delta T_1}\right) = -UA\left(\frac{T_{h,i} - T_{h,o}}{q} + \frac{T_{c,o} - T_{c,i}}{q}\right)$$

$$= -\frac{UA}{q}[(T_{h,i} - T_{c,i}) - (T_{h,o} - T_{c,o})]$$

그림 11.7의 평행유동 열교환기에서 $\Delta T_1 = (T_{h,i} - T_{c,i})$이고 $\Delta T_2 = (T_{h,o} - T_{c,o})$이므로 다음을

얻을 수 있다.

$$q = UA\frac{\Delta T_2 - \Delta T_1}{\ln(\Delta T_2/\Delta T_1)}$$

위 식을 식 (11.9)와 비교하여 적절한 평균 온도차를 **대수평균 온도차**(log mean temperature difference) ΔT_{1m}이라고 결론지을 수 있다. 따라서 다음과 같이 표현할 수 있다.

$$q = UA\,\Delta T_{\mathrm{lm}} \tag{11.14}$$

여기서 ΔT_{1m}은 다음과 같다.

$$\Delta T_{\mathrm{lm}} = \frac{\Delta T_2 - \Delta T_1}{\ln(\Delta T_2/\Delta T_1)} = \frac{\Delta T_1 - \Delta T_2}{\ln(\Delta T_1/\Delta T_2)} \tag{11.15}$$

평행유동 교환기에 대해 다음을 상기하자.

$$\begin{bmatrix} \Delta T_1 \equiv T_{h,1} - T_{c,1} = T_{h,i} - T_{c,i} \\ \Delta T_2 \equiv T_{h,2} - T_{c,2} = T_{h,o} - T_{c,o} \end{bmatrix} \tag{11.16}$$

8.3.3절을 보면, 유동유체와 항온에서의 표면 또는 항온에서의 외부유체 사이에 발생하는 열전달에 대한 앞에서의 분석과 관 내부 유동에 대한 분석들 사이에는 상사성이 매우 크다는 것을 알 수 있다. 이러한 이유 때문에, 관 내부 유동은 종종 **단일 유동 열교환기**로 지칭되기도 한다. 식 (8.43)과 (8.44) 또는 식 (8.45a)와 식 (8.46a)는 식 (11.14), (11.15)와 유사하다.

11.3.2 대향유동 열교환기

대향유동 열교환기와 관련된 고온 및 저온유체의 온도분포들이 그림 11.8에 제시되어 있다. 이 배열은 평행유동 열교환기와 대조적으로 한 끝단에서 두 유체의 고온부 사이의 열전달이 있고, 동시에 다른 끝단에서 저온부 사이의 열전달이 있다. 이러한 이유 때문에 x에 관한 온도차 $\Delta T = T_h - T_c$의 변화는 평행유동 열교환기의 입구영역에 대한 온도차만큼 크지 않다. 이 경우에서는 저온유체의 출구온도가 고온유체의 출구온도를 초과할 수 있다.

식 (11.6b)와 식 (11.7b)는 어떤 열교환기에도 적용되므로 대향유동 배열에서도 사용될 수 있다. 더욱이 11.3.1절에서 수행된 것과 같은 해석으로부터 식 (11.14)와 식 (11.15)도 또한 적용될 수 있다. 그러나 **대향유동 교환기**에 대해 끝점의 온도차들은 다음과 같이 정의되어야 한다.

$$\begin{bmatrix} \Delta T_1 \equiv T_{h,1} - T_{c,1} = T_{h,i} - T_{c,o} \\ \Delta T_2 \equiv T_{h,2} - T_{c,2} = T_{h,o} - T_{c,i} \end{bmatrix} \tag{11.17}$$

동일한 출구온도와 입구온도에 대해 대향유동이 평행유동에 비해 대수평균 온도차가 크다. 즉 $\Delta T_{\mathrm{lm,CF}} > DT_{\mathrm{lm},PF}$이다. 그러므로 U의 동일한 값을 가정할 때 주어진 열전달률 q의 효과를 내는 데 요구되는 표면적은 대향유동 배열에 대한 것이 평행유동 배열에 대한 것보다 더 작다. 또한

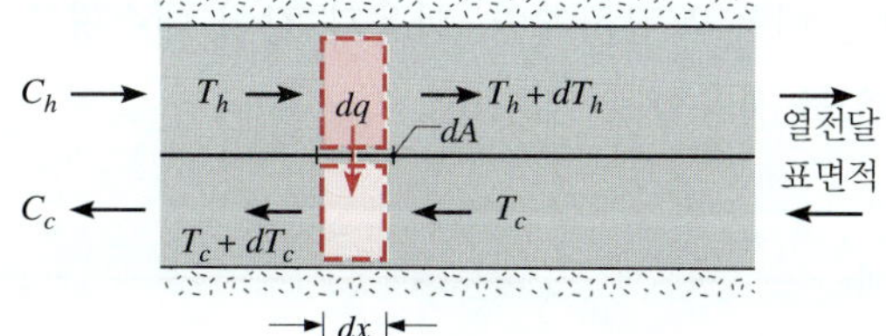

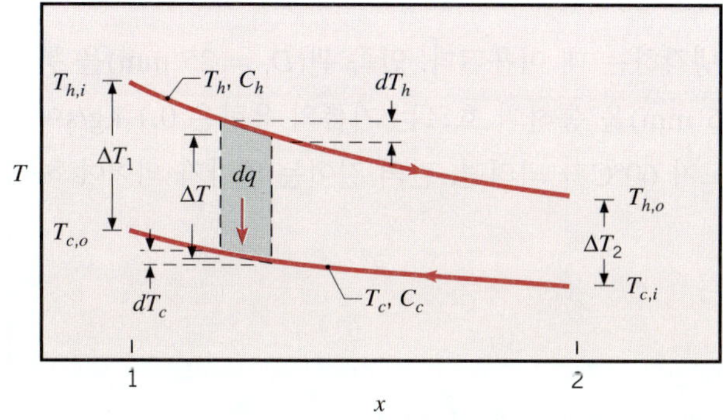

그림 11.8 대향유동 열교환기에 대한 온도분포들.

대향유동에서는 $T_{c,o}$가 $T_{h,o}$보다 클 수 있지만, 평행유동에서는 그렇지 않다는 점에 유의하라.

11.3.3 특수 작동조건

열교환기가 작동되는 어떤 특수한 조건들을 정확히 파악하는 것은 중요한 일이다. 그림 11.9*a*는 고온유체의 열용량률 $C_h \equiv \dot{m}_h c_{p,h}$가 저온유체의 열용량률 $C_c \equiv \dot{m}_c c_{p,c}$보다 훨씬 큰 열교환기에 대한 온도분포를 제시한 것이다. 이 경우 고온유체의 온도는 열교환기 전체에 걸쳐 거의 일정하게 유지되는 반면에, 저온유체의 온도는 증가한다. 같은 조건이 고온유체가 응축되는 증기일 때 이루어진다. 응축은 일정온도에서 일어나고 모든 실제적 경우에 대해 $C_h \rightarrow \infty$이다. 반대로 증발기나 보일러(그림 11.9*b*)에서 상변화가 일어나고, 거의 균일한 온도로 유지되는 것은 저온유체이다 ($C_c \rightarrow \infty$). $C_h \ll C_c$이면, 동일한 효과가 상변화 없이 이루어진다. 응축이나 증발을 수반할 때의 열소비율은 각각 식 (11.6a) 또는 식 (11.7a)로 주어진다. 그림 11.9*a* 또는 그림 11.9*b*에 삽입된 형태는 또한 항온에서의 표면 또는 항온에서의 외부유체와 열교환하는 내부 관 유동(또는 **단일 유동 열교환기**)을 나타내고 있다.

세 번째로 특수한 경우(그림 11.9*c*)는 열용량률이 같은($C_h = C_c$) 대향유동 열교환기이다. 온도차 ΔT가 열교환기 전체에 대해 일정하여야 하며 이 경우에는 $\Delta T_1 = \Delta T_2 = \Delta T_{1m}$이다.

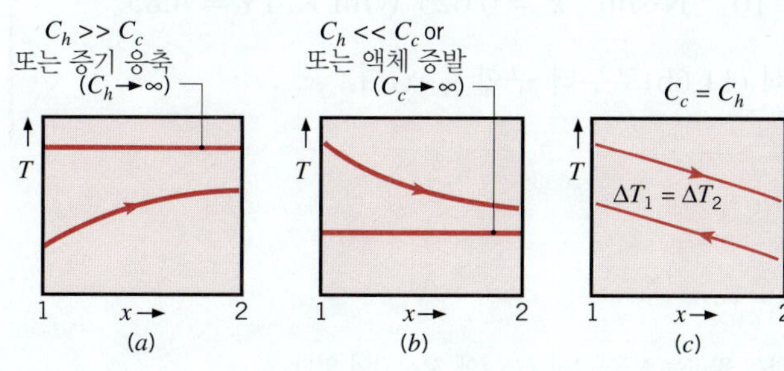

그림 11.9 특수한 열교환기 조건들. (a) $C_h \gg C_c$ 또는 증기의 응축. (b) 액체의 증발 또는 $C_h \ll C_c$. (c) 동등한 유체열용량($C_h = C_c$)을 가진 대향유동 열교환기.

다중통로 및 직교유동 열교환기에서의 유동조건은 더욱 복잡하지만, 다음과 같이 대수평균 온도차를 수정하면 식 (11.6), (11.7), (11.14)와 (11.15)를 사용할 수 있다[6].

예제 11.1

대향유동, 동심관 열교환기가 대형 산업용 가스터빈 엔진의 윤활유를 냉각하는 데 이용된다. 안쪽 관(D_i = 25 mm)을 통하여 흐르는 냉각수의 유량이 0.2 kg/s이고, 바깥쪽 환상공간(D_o = 45 mm)을 통하여 흐르는 기름의 유량은 0.1 kg/s이다. 기름과 물은 각각 100°C와 30°C로 흘러 들어간다. 기름의 출구온도가 60°C가 되려면, 관의 길이는 얼마가 되어야 하는가?

풀이

제시자료: 제시된 안지름과 바깥지름의 대향유동 동심관 열교환기에 대한 유체유량과 입구온도.

풀이대상: 원하는 고온유체 출구온도를 얻기 위한 관의 길이.

개략도:

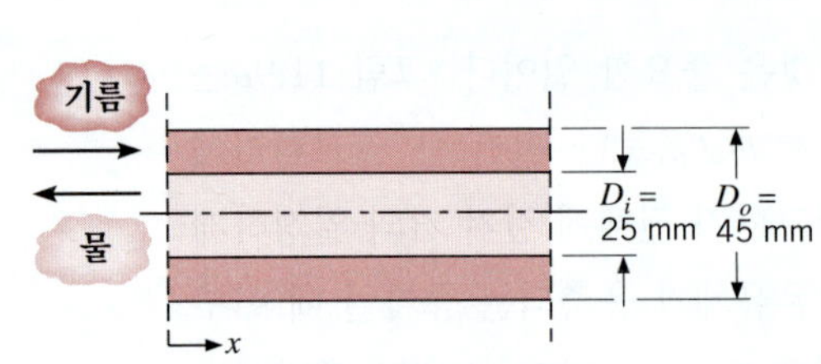

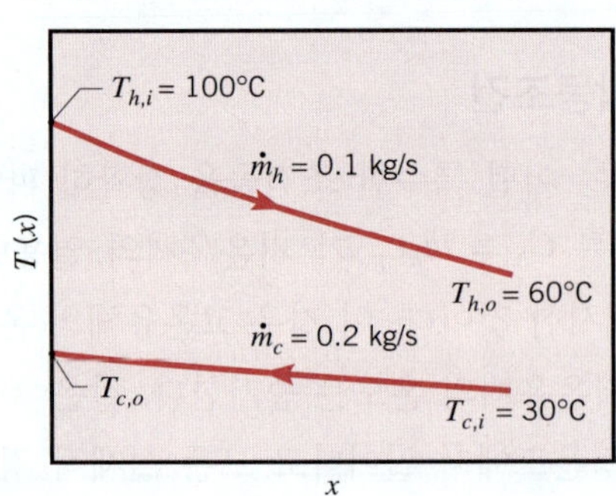

가정:

1. 주변으로의 열손실을 무시할 수 있다.
2. 위치에너지와 운동에너지의 변화들을 무시할 수 있다.
3. 물성치가 일정하다.
4. 관벽의 열저항과 불결계수들은 무시할 수 있다.
5. 물과 기름에 대한 완전발달 조건들(U는 x에 무관하다).

물성치: 표 A.5에서 미사용 엔진오일: ($\bar{T}_h$ = 80°C = 353 K): $c_p = 2131$ J/kg·K, $\mu = 3.25 \times 10^{-2}$ N·s/m^2, $k = 0.138$ W/m·K. 표 A.6에서 물($\bar{T}_c \approx 35$°C): $c_p = 4178$ J/kg·K, $\mu = 725 \times 10^{-6}$ N·s/m^2, $k = 0.625$ W/m·K, $Pr = 4.85$.

해석: 요구되는 열전달률은 고온유체에 대한 전체적인 에너지평형식 (11.6b)로부터 구할 수 있다.

다른 열교환기 형태에 대하여 *LMTD* 방법을 사용하는 원리는 보충 섹션 *11S.1*에 제시되어 있다.

$$q = \dot{m}_h c_{p,h}(T_{h,i} - T_{h,o})$$

$$q = 0.1\ \text{kg/s} \times 2131\ \text{J/kg}\cdot\text{K}\ (100 - 60)°\text{C} = 8524\ \text{W}$$

식 (11.7b)를 적용하면 물의 출구온도는 다음과 같다.

$$T_{c,o} = \frac{q}{\dot{m}_c c_{p,c}} + T_{c,i}$$

$$T_{c,o} = \frac{8524\ \text{W}}{0.2\ \text{kg/s} \times 4178\ \text{J/kg}\cdot\text{K}} + 30°\text{C} = 40.2°\text{C}$$

따라서 물의 물성치들을 평가하기 위해 $\bar{T}_c = 35°\text{C}$를 사용한 것은 적절하다. 요구되는 열교환기의 길이는 식 (11.14)로부터 얻을 수 있다.

$$q = UA\,\Delta T_{\text{lm}}$$

여기서 $A = \pi D_i L$이고, 식 (11.15)와 식 (11.17)로부터 다음과 같다.

$$\Delta T_{\text{lm}} = \frac{(T_{h,i} - T_{c,o}) - (T_{h,o} - T_{c,i})}{\ln[(T_{h,i} - T_{c,o})/(T_{h,o} - T_{c,i})]} = \frac{59.8 - 30}{\ln(59.8/30)} = 43.2°\text{C}$$

식 (11.5)로부터 열관류계수는 다음과 같다.

$$U = \frac{1}{(1/h_i) + (1/h_o)}$$

관에 흐르는 물의 유동의 경우 다음과 같다.

$$Re_D = \frac{4\dot{m}_c}{\pi D_i \mu} = \frac{4 \times 0.2\ \text{kg/s}}{\pi(0.025\ \text{m})725 \times 10^{-6}\ \text{N}\cdot\text{s/m}^2} = 14{,}050$$

따라서 유동은 난류이고, 대류계수는 식 (8.60)으로부터 계산할 수 있다.

$$Nu_D = 0.023\, Re_D^{4/5}\, Pr^{0.4}$$

$$Nu_D = 0.023(14{,}050)^{4/5}(4.85)^{0.4} = 90$$

따라서 다음과 같다.

$$h_i = Nu_D \frac{k}{D_i} = \frac{90 \times 0.625\ \text{W/m}\cdot\text{K}}{0.025\ \text{m}} = 2250\ \text{W/m}^2\cdot\text{K}$$

환상공간을 흐르는 기름의 유동에 대해 수력학적 지름은 식 (8.71)로부터 $D_h = D_o - D_i = 0.02$ m이고 Reynolds 수는 다음과 같다.

$$Re_D = \frac{\rho u_m D_h}{\mu} = \frac{\rho(D_o - D_i)}{\mu} \times \frac{m_h}{\rho\pi(D_o^2 - D_i^2)/4}$$

$$Re_D = \frac{4\dot{m}_h}{\pi(D_o + D_i)\mu} = \frac{4 \times 0.1\ \text{kg/s}}{\pi(0.045 + 0.025)\ \text{m} \times 3.25 \times 10^{-2}\ \text{kg/s}\cdot\text{m}} = 56.0$$

그러므로 환상공간 유동은 층류이다. 환상공간의 안쪽 표면을 따라 온도가 균일하고 바깥 표면이 완전히 단열되어 있다고 가정하면, 안쪽 표면에서의 대류열전달계수는 표 8.2로부터 얻을 수 있다. $(D_i/D_o) = 0.56$이므로 선형보간을 하면 다음과 같다.

$$Nu_i = \frac{h_o D_h}{k} = 5.63$$

그리고

$$h_o = 5.63 \frac{0.138 \text{ W/m} \cdot \text{K}}{0.020 \text{ m}} = 38.8 \text{ W/m}^2 \cdot \text{K}$$

열관류계수는 다음과 같다.

$$U = \frac{1}{(1/2250 \text{ W/m}^2 \cdot \text{K}) + (1/38.8 \text{ W/m}^2 \cdot \text{K})} = 38.1 \text{ W/m}^2 \cdot \text{K}$$

그러므로 열전달률 방정식으로부터 다음과 같은 결과를 얻을 수 있다.

$$L = \frac{q}{U \pi D_i \Delta T_{\text{lm}}} = \frac{8524 \text{ W}}{38.1 \text{ W/m}^2 \cdot \text{K}\ \pi (0.025 \text{ m})(43.2°\text{C})} = 65.9 \text{ m} \quad \triangleleft$$

부가설명:

1. 고온 측의 대류열전달계수는 두 유체들 사이의 열전달률을 제어하며, h_o의 값이 작기 때문에 큰 값의 L이 요구된다. 8.7절에 설명한 것과 같은 열전달 촉진방법을 사용하면 열교환기의 크기를 줄일 수 있다.
2. $h_i \gg h_o$이므로 관벽온도는 냉각수온도에 밀접한 연관성이 있다. 따라서 h_o를 구하기 위해 사용된 균일 벽온도 가정은 적절하다.

예제 11.2

예제 11.1의 대향유동 동심관형 열교환기는 폭이 a이고, N개의 간극(gap)으로 나눌 수 있는 얇은 금속 시트의 층으로 구성되어 있는 고밀도 판형 열교환기로 대체할 수 있다. 오일과 물은 두 공간 내에서 서로 반대 방향으로 $N/2$로 나눠 흘러 들어간다. 특성 외형 길이 L인 정육면체 형상으로 층을 쌓고자 한다. 작동유체가 흘러, 입구온도 및 오일의 요구되는 출구온도는 예제 11.1과 동일할 때 열교환기의 외형길이를 간극의 수의 함수로 구하라. 60개의 간극으로 구분될 때, 판형 열교환기의 물과 기름의 흐름에 의한 압력강하와 예제 11.1에서의 유동 시 압력강하를 비교하라.

풀이

제시자료: 판형 열교환기의 형상. 작동유체의 유량, 입구온도, 요구되는 출구온도.

풀이대상:

1. 열교환기의 외형길이.

2. N = 60개의 간극을 갖는 판형 열교환기와 예제 11.1의 동심관형 열교환기 내의 압력강하.

개략도:

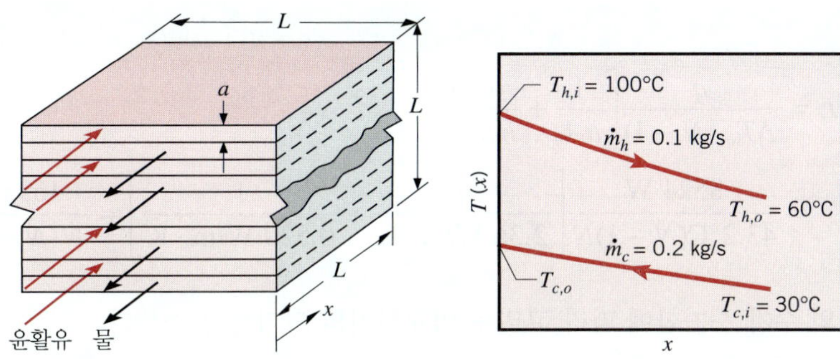

가정:

1. 주위에 의한 열전달은 무시.
2. 운동에너지 및 위치에너지의 변화들은 무시.
3. 물성치는 일정.
4. 판 재료의 열저항과 불결의 영향은 무시.
5. 물과 오일 유동은 완전발달된 상태.
6. 간극과 간극 사이의 열전달계수는 동일.
7. 열교환기의 외형길이는 격의 폭과 비교해서 상당히 큼.

물성치: 예제 11.1을 보라. 추가적으로 표 A.5에서 미사용 엔진오일 ($\bar{T}_h$ = 353 K)**:** ρ = 852.1 kg/m^3. 표 A.6에서 물($\bar{T}_c$ ≈ 35°C)**:** $\rho = v_f^{-1}$ = 994 kg/m^3.

해석:

1. 간극의 폭(gap width)은 열교환기의 총 길이에 관련되어 $a = L/N$, 총 열전달 면적은 $A = L^2(N-1)$로 표현될 수 있다. $a \ll L$이고 층류일 때, 표 8.1에 의해 각 내부 격의 Nusselt 수는 다음과 같다.

$$Nu_D = \frac{hD_h}{k} = 7.54$$

식 (8.66)으로부터 수력학적 지름은 $D_h = 2a$이다. 물에 관해 이전에 언급된 수식을 적용하면

$$h_c = 7.54kN/2L = 7.54 \times 0.625\ \text{W/m}\cdot\text{K} \times N/2L = (2.36\ \text{W/m}\cdot\text{K})N/L$$

마찬가지로 오일의 경우

$$h_h = 7.54kN/2L = 7.54 \times 0.138\ \text{W/m}\cdot\text{K} \times N/2L = (0.520\ \text{W/m}\cdot\text{K})N/L$$

열관류계수는 다음과 같다.

$$U = \frac{1}{1/h_c + 1/h_h}$$

예제 11.1로부터 요구된 대수평균 온도차와 열전달량은 각각 ΔT_{1m} = 43.2°C, q = 8524 W이다. 식 (11.14)로부터

$$UA = \frac{L^2(N-1)}{1/h_c + 1/h_h} = \frac{q}{\Delta T_{lm}}$$

다시 정리하면

$$L = \frac{q}{\Delta T_{lm}(N-1)}\left[\frac{1}{h_c L} + \frac{1}{h_h L}\right]$$

$$= \frac{8524\ \text{W}}{43.2°\text{C}(N-1)N}\left[\frac{1}{2.36\ \text{W/m}\cdot\text{K}} + \frac{1}{0.520\ \text{W/m}\cdot\text{K}}\right] = \frac{463\ \text{m}}{N(N-1)}$$ ◁

다음 그림과 같이, 간극의 수가 증가함에 따라 고밀도 열교환기의 크기는 감소한다.

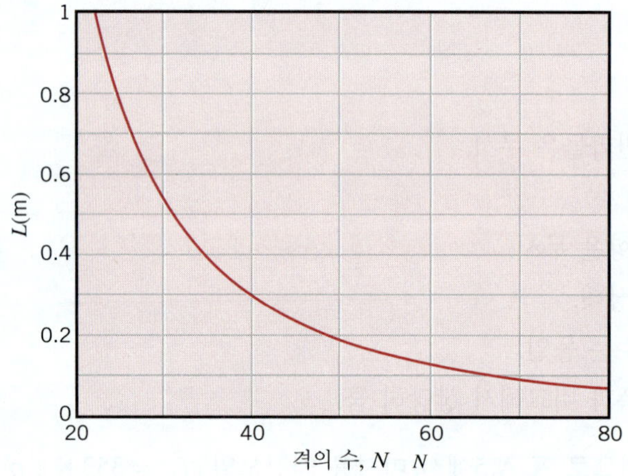

2. $N = 60$ 간극의 경우, 각 격 사이의 거리 $L = 0.131$ m이고, 각 간극의 폭은 $a = L/N = 0.131\ \text{m}/60 = 0.00218$ m 이다.

수력학적 지름은 $D_h = 0.00436$ m이며 물로 채워진 간극에서의 평균 속도는

$$u_m = \frac{\dot{m}}{\rho L^2/2} = \frac{2 \times 0.2\ \text{kg/s}}{994\ \text{kg/m}^3 \times 0.131^2\ \text{m}^2} = 0.0235\ \text{m/s}$$

Reynolds 수는

$$Re_D = \frac{\rho u_m D_h}{\mu} = \frac{994\ \text{kg/m}^3 \times 0.0235\ \text{m/s} \times 0.00436\ \text{m}}{725 \times 10^{-6}\ \text{N}\cdot\text{s/m}^2} = 141$$

름으로 채워진 간극에서는

$$u_m = \frac{\dot{m}}{\rho L^2/2} = \frac{2 \times 0.1\ \text{kg/s}}{852.1\ \text{kg/m}^3 \times 0.131^2\ \text{m}^2} = 0.0137\ \text{m/s}$$

여기서의 Reynolds 수는

$$Re_D = \frac{\rho u_m D_h}{\mu} = \frac{852.1\ \text{kg/m}^3 \times 0.0137\ \text{m/s} \times 0.00436\ \text{m}}{3.25 \times 10^{-2}\ \text{N}\cdot\text{s/m}^2} = 1.57$$

그러므로 위의 해석 1에서 가정한 것처럼 두 유체 모두에 대해 유동은 층류이다. 식 (8.19)와 (8.22a)는 물에 의한 압력강하를 계산하는 데 사용할 수 있다.

$$\Delta p = \frac{64}{Re_D} \cdot \frac{\rho u_m^2}{2D_h} \cdot L = \frac{64}{141} \times \frac{994 \text{ kg/m}^3 \times 0.0235^2 \text{ m}^2/\text{s}^2}{2 \times 0.00436 \text{ m}} = 0.131 \text{ m}$$
$$= 3.76 \text{ N/m}^2 \quad \triangleleft$$

기름에 대해서는

$$\Delta p = \frac{64}{Re_D} \cdot \frac{\rho u_m^2}{2D_h} \cdot L = \frac{64}{1.57} \times \frac{852.1 \text{ kg/m}^3 \times 0.0137^2 \text{ m}^2/\text{s}^2}{2 \times 0.00436 \text{ m}} \times 0.131 \text{ m}$$
$$= 98.2 \text{ N/m}^2 \quad \triangleleft$$

예제 11.1의 경우, 물과 연계된 마찰계수는 식 (8.21)을 사용하여 계산될 수 있으며, 매끈한 표면조건에서 $f = (0.790 \ln(14{,}050) - 1.64)^{-2} = 0.0287$이다. 평균속도는 $u_m = 4\dot{m}/(\rho \pi D_i^2) = 4 \times 0.2 \text{ kg/s}/(994 \text{ kg/m}^3 \times \pi \times 0.025^2 \text{ m}^2)] = 0.410 \text{ m/s}$이고 압력강하는

$$\Delta p = f \cdot \frac{\rho u_m^2}{2D_h} \cdot L = 0.0287 \times \frac{994 \text{ kg/m}^3 \times 0.410^2 \text{ m}^2/\text{s}^2}{2 \times 0.025 \text{ m}} \times 65.9 \text{ m}$$
$$= 6310 \text{ N/m}^2 \quad \triangleleft$$

환상영역을 흐르는 오일의 경우, 평균속도는 $u_m = 4\dot{m}/[\rho\pi(D_o^2 - D_i^2)] = 4 \times 0.1 \text{ kg/s}/ [852.1 \text{ kg/m}^3 \times \pi \times (0.045^2 - 0.025^2)\text{m}^2] = 0.107 \text{ m/s}$이고 압력강하는

$$\Delta p = \frac{64}{Re_D} \cdot \frac{\rho u_m^2}{2D_h} \cdot L = \frac{64}{56} \times \frac{852.1 \text{ kg/m}^3 \times 0.107^2 \text{ m}^2/\text{s}^2}{2 \times 0.020 \text{ m}} \times 65.9 \text{ m}$$
$$= 18{,}300 \text{ N/m}^2 \quad \triangleleft$$

부기설명:

1. 간극의 수를 증가시키면 동시에 더 많은 표면적을 얻게 되어 *UA* 값이 증가하게 되며, 통로가 더 좁아짐에 따라 유체 흐름과 관련된 열전달계수가 증가한다.
2. $N = 60$인 열교환기의 체적에 대한 면적의 비는 $L^2(N-1)/L^3 = (N-1)/L = (60-1)/0.131\ m = 451 \text{ m}^2/\text{m}^3$이다.
3. 동심관형 열교환기의 체적은 $V = \pi D_o^2 L/4 = \pi \times 0.045^2 \text{ m}^2 \times 65.9 \text{ m}/4 = 0.10 \text{ m}^3$이며, 반면에 고밀도 열교환기의 체적은 $V = L^3 = 0.131^3 \text{ m}^3 = 0.0022 \text{ m}^3$이다. 판형 열교환기의 사용으로 기존의 동심관형 열교환기에 비해 97.8%의 체적 감소 결과를 도출했다.
4. 고밀도 열교환기의 사용과 관계된 압력강하는 기존의 동심관형에 비해 뚜렷이 감소하였다. 압력강하는 각각 물에 있어서 99.9%, 오일에 있어서 99.5%가 절감되었다.
5. 열교환기 표면의 불결에 의해 간극폭의 감소가 일어날 뿐 아니라, 열전달률의 감소 및 압력강하의 증가를 초래한다.
6. $h_c > h_h$이기 때문에, 예제 11.1에서처럼 h_c, h_h의 결과를 얻기 위해 동일한 온도 조건의 가정은 타당하므로, 얇은 금속 시트의 온도는 물의 온도에 근접하게 따라갈 것이다.
7. 이러한 열교환기를 제작하기 위한 한 방법은 C. F. McDonald의 문헌 *Appl. Thermal Engin.*, **20**, 471, 2000에 제시되어 있다.

11.4 열교환기 해석: 유용도-NTU 법

유체의 입구온도들이 제시되어 있고, 유체의 출구온도들이 주어지거나 식 (11.6b)와 (11.7b)의 에너지평형식으로부터 쉽게 구할 수 있을 때 대수평균 온도차(LMTD) 방법을 사용하면 쉽게 열교환기 해석을 수행할 수 있다. 그러면 열교환기에 대한 ΔT_{1m}의 값을 결정할 수 있다. 그러나 단지 입구온도들만이 주어져 있다면 LMTD 방법을 사용할 때에 반복계산을 해야 한다. 이러한 경우 **유용도-NTU 법**(effectiveness-NTU method)이라 불리는 또 다른 방법을 사용하는 것이 바람직하다.

11.4.1 정의

열교환기의 유용도를 정의하기 위해 먼저 열교환기에 대한 **최대 가능 열전달률** q_{max}를 결정해야 한다. 원칙적으로 이 열전달률은 무한한 길이의 대향유동 열교환기(그림 11.8)에서 이루어질 수 있다. 이러한 열교환기에서 유체들 중의 한 유체는 최대 가능 온도차 $T_{h,i} - T_{c,i}$를 가질 수 있다. 이 점을 설명하기 위해 $C_c < C_h$인 경우를 생각해 보자. 이 경우는 식 (11.10)과 식 (11.11)로부터 $|dTc| > |dTh|$이다. 따라서 저온유체는 더 큰 온도변화를 겪을 수 있고, $L \rightarrow \infty$이므로 저온유체는 고온유체의 입구온도($T_{c,o} = T_{h,i}$)까지 가열될 수 있을 것이다. 따라서 식 (11.7b)로부터 다음과 같다.

$$C_c < C_h: \qquad q_{max} = C_c(T_{h,i} - T_{c,i})$$

마찬가지로 만약 $C_h < C_c$이면, 고온유체가 더 큰 온도변화를 경험할 것이며 저온유체의 입구온도($T_{h,o} = T_{c,i}$)까지 냉각될 것이다. 그러면 식 (11.6b)로부터 다음을 얻을 수 있다.

$$C_h < C_c: \qquad q_{max} = C_h(T_{h,i} - T_{c,i})$$

앞에서의 결과들로부터 다음과 같이 일반적인 식을 사용할 수 있다.

$$q_{max} = C_{min}(T_{h,i} - T_{c,i}) \tag{11.18}$$

여기서 C_{mim}은 C_c와 C_h 중 작은 것이다. 고온유체와 저온유체의 입구온도들이 주어지면, 식 (11.18)로부터 열교환기에 의해 공급 가능한 최대 열전달률을 구할 수 있다. 여기서 우리는 최대 가능 열전달률이 $C_{max}(T_{h,i} - T_{c,i})$와 같지 않다는 것을 알 수 있다. 만약 열용량률이 더 큰 유체가 최대로 가능한 온도변화가 있다면, $C_c(T_{c,o} - T_{c,i}) = C_h(T_{h,i} - T_{h,o})$의 형식으로 주어지는 에너지 보존은 다른 쪽 유체가 더 큰 온도변화를 수행할 것을 요구할 것이다. 예를 들어 $C_{max} = C_c$이면 $T_{c,o}$가 $T_{h,i}$와 같게 되는 것이 가능하며 $(T_{h,i} - T_{h,o}) = (C_c/C_h)(T_{h,i} - T_{c,i})$이므로 이 경우 $(T_{h,i} - T_{h,o}) > (T_{h,i} - T_{c,i})$가 된다. 이러한 조건이 불가능하다는 것은 분명하다.

유용도 ε을 열교환기에 대해 최대 가능한 열전달률에 대한 실제 열전달률의 비로서 정의하는 것이 적절하다.

$$\varepsilon \equiv \frac{q}{q_{max}} \tag{11.19}$$

식 (11.6b), (11.7b) 및 (11.18)로부터 다음과 같다.

$$\varepsilon = \frac{C_h(T_{h,i} - T_{h,o})}{C_{\min}(T_{h,i} - T_{c,i})} \tag{11.20}$$

또는

$$\varepsilon = \frac{C_c(T_{c,o} - T_{c,i})}{C_{\min}(T_{h,i} - T_{c,i})} \tag{11.21}$$

정의에 의하여 무차원 값인 유용도는 $0 \le \varepsilon \le 1$의 범위에 있어야 한다. ε, $T_{h,i}$ 그리고 $T_{c,i}$가 주어져 있을 때 실제 열전달률을 다음 식으로부터 쉽게 결정할 수 있다.

$$q = \varepsilon C_{\min}(T_{h,i} - T_{c,i}) \tag{11.22}$$

어떠한 열교환기에 대해서도 다음과 같이 표시할 수 있다[5].

$$\varepsilon = f\left(\text{NTU}, \frac{C_{\min}}{C_{\max}}\right) \tag{11.23}$$

여기서 $C_{\min}/C_{\max}$은 고온유체와 저온유체의 열용량률의 상대적 크기에 따라서 C_c/C_h 또는 C_h/C_c와 같다. **전달단위수**(NTU: number of transfer unit)는 열교환기의 해석에서 널리 사용되는 무차원 매개변수이며, 다음과 같이 정의된다.

$$\text{NTU} \equiv \frac{UA}{C_{\min}} \tag{11.24}$$

11.4.2 유용도-NTU 관계

식 (11.23)으로 주어지는 유용도-NTU 관계의 특수한 형식을 결정하기 위하여 $C_{\min} = C_h$인 **평행유동** 열교환기에 대해 고려한다. 식 (11.20)으로부터 다음을 얻는다.

$$\varepsilon = \frac{T_{h,i} - T_{h,o}}{T_{h,i} - T_{c,i}} \tag{11.25}$$

그리고 식 (11.6b)와 식 (11.7b)로부터 다음을 얻을 수 있다.

$$\frac{C_{\min}}{C_{\max}} = \frac{\dot{m}_h c_{p,h}}{\dot{m}_c c_{p,c}} = \frac{T_{c,o} - T_{c,i}}{T_{h,i} - T_{h,o}} \tag{11.26}$$

다음과 같이 표현되는 식 (11.13)을 지금 고려하자.

$$\ln\left(\frac{T_{h,o} - T_{c,o}}{T_{h,i} - T_{c,i}}\right) = -\frac{UA}{C_{\min}}\left(1 + \frac{C_{\min}}{C_{\max}}\right)$$

또는 식 (11.24)로부터 다음을 얻을 수 있다.

$$\frac{T_{h,o}-T_{c,o}}{T_{h,i}-T_{c,i}} = \exp\left[-\text{NTU}\left(1+\frac{C_{\min}}{C_{\max}}\right)\right] \tag{11.27}$$

이 식의 좌변을 정리하면 다음과 같다.

$$\frac{T_{h,o}-T_{c,o}}{T_{h,i}-T_{c,i}} = \frac{T_{h,o}-T_{h,i}+T_{h,i}-T_{c,o}}{T_{h,i}-T_{c,i}}$$

$T_{c,o}$에 대해 식 (11.26)을 대입하면 다음과 같다.

$$\frac{T_{h,o}-T_{c,o}}{T_{h,i}-T_{c,i}} = \frac{(T_{h,o}-T_{h,i})+(T_{h,i}-T_{c,i})-(C_{\min}/C_{\max})(T_{h,i}-T_{h,o})}{T_{h,i}-T_{c,i}}$$

또는 식 (11.25)로부터 다음과 같다.

$$\frac{T_{h,o}-T_{c,o}}{T_{h,i}-T_{c,i}} = -\varepsilon+1-\left(\frac{C_{\min}}{C_{\max}}\right)\varepsilon = 1-\varepsilon\left(1+\frac{C_{\min}}{C_{\max}}\right)$$

위 식을 식 (11.27)에 대입하고 ε에 대해 정리하면, 평행유동 열교환기에 대해 다음 식을 얻을 수 있다.

$$\varepsilon = \frac{1-\exp\{-\text{NTU}[1+(C_{\min}/C_{\max})]\}}{1+(C_{\min}/C_{\max})} \tag{11.28a}$$

표 11.3 열교환기 유용도 관계식[5]

유동배열	관계식	
평행유동	$\varepsilon = \dfrac{1-\exp[-\text{NTU}(1+C_r)]}{1+C_r}$	(11.28a)
대향유동	$\varepsilon = \dfrac{1-\exp[-\text{NTU}(1-C_r)]}{1-C_r\exp[-\text{NTU}(1-C_r)]} \quad (C_r<1)$	
	$\varepsilon = \dfrac{\text{NTU}}{1+\text{NTU}} \quad (C_r=1)$	(11.29a)
셸-앤드-튜브		
단일 셸 통로 (2, 4, . . . 관 통로들	$\varepsilon_1 = 2\left\{1+C_r+(1+C_r^2)^{1/2}\times\dfrac{1+\exp[-(\text{NTU})_1(1+C_r^2)^{1/2}]}{1-\exp[-(\text{NTU})_1(1+C_r^2)^{1/2}]}\right\}^{-1}$	(11.30a)
n 셸 통로들 ($2n$, $4n$, . . . 관 통로들	$\varepsilon = \left[\left(\dfrac{1-\varepsilon_1C_r}{1-\varepsilon_1}\right)^n-1\right]\left[\left(\dfrac{1-\varepsilon_1C_r}{1-\varepsilon_1}\right)^n-C_r\right]^{-1}$	(11.31a)
직교유동(단일 통로)		
두 유체 모두 비혼합	$\varepsilon = 1-\exp\left[\left(\dfrac{1}{C_r}\right)(\text{NTU})^{0.22}\{\exp[-C_r(\text{NTU})^{0.78}]-1\}\right]$	(11.32)
$C_{\max}$ (혼합), $C_{\min}$ (비혼합)	$\varepsilon = \left(\dfrac{1}{C_r}\right)(1-\exp\{-C_r[1-\exp(-\text{NTU})]\})$	(11.33a)
$C_{\min}$ (혼합), $C_{\max}$ (비혼합)	$\varepsilon = 1-\exp(-C_r^{-1}\{1-\exp[-C_r(\text{NTU})]\})$	(11.34a)
모든 열교환기들(C_r = 0)	$\varepsilon = 1-\exp(-\text{NTU})$	(11.35a)

$C_{min} = C_c$인 경우에 대해서도 똑같은 결과가 얻어지므로, 식 (11.28a)는 최소 열용량률을 가지는 것이 고온유체인지 저온유체인지에 상관없이 어떤 평행유동 열교환기에도 적용된다.

여러 종류의 열교환기에서 유사한 식이 구해져 있으며[5], 대표적인 결과가 표 11.3에 요약되어 있다. 여기서 C_r은 **열용량비**로 $C_r \equiv C_{min}/C_{max}$이다. 식 (11.31a)를 유도할 때, 총 NTU는 같은 배열의 셸 통로들 사이에 동일하게 분포되어 있다고[NTU $= n(\text{NTU})_1$] 가정하였다. ε을 결정하기 위해서, $(\text{NTU})_1$을 먼저 셸에 대한 열전달 면적을 사용하여 계산할 수 있으며, 그런 후 ε은 식 (11.30a)로부터 계산되며, 결국 ε_1은 식 (11.31a)로도 계산된다. 보일러나 응축기에서처럼 $C_r = 0$인 경우에 대해서는 모든 **유동배열**에 대해 ε은 식 (11.35a)로 주어진다. **그러므로 이러한 특수한 경우에 대해서는 열교환기 거동이 유동배열에 관계가 없다**. 두 유체들이 모두 혼합되지 않는 직교유동 열교환기에 대해 식 (11.32)는 $C_r = 1$일 때만 정확하다. 그러나 모든 $0 < C_r \le 1$의 범위에 대해 이것은 훌륭한 근사로서 사용될 수 있다. $C_r = 0$인 경우에는 식 (11.35a)가 사용되어야 한다.

열교환기 설계를 위한 계산(11.5절)에서 다음 형식의 ε-NTU 관계로 다루는 것이 더욱 간단하다.

$$\text{NTU} = f\left(\varepsilon, \frac{C_{min}}{C_{max}}\right)$$

ε과 C_r의 함수로서 NTU의 현시적인 관계들이 표 11.4에 제시되어 있다. 식 (11.32)로는 ε과 C_r의 함수로서 NTU에 대한 직접적 관계를 얻을 수 없다. 또한 다중 셸 통로로 구성된 셸-앤드-튜

표 11.4 열교환기 NTU 관계식

유동배열	관계식		
평행유동	$\text{NTU} = -\dfrac{\ln[1 - \varepsilon(1 + C_r)]}{1 + C_r}$		(11.28b)
대향유동	$\text{NTU} = \dfrac{1}{C_r - 1}\ln\left(\dfrac{\varepsilon - 1}{\varepsilon C_r - 1}\right)$	$(C_r < 1)$	
	$\text{NTU} = \dfrac{\varepsilon}{1 - \varepsilon}$	$(C_r = 1)$	(11.29b)
셸-앤드-튜브			
단일 셸 통로 (2, 4, . . . 관 통로들)	$(\text{NTU})_1 = -(1 + C_r^2)^{-1/2} \ln\left(\dfrac{E - 1}{E + 1}\right)$		(11.30b)
	$E = \dfrac{2/\varepsilon_1 - (1 + C_r)}{(1 + C_r^2)^{1/2}}$		(11.30c)
n 셸 통로들 ($2n$, $4n$, . . . 관 통로들)	식 (11.30b)와 식 (11.30c)를 아래 식과 함께 사용 $\varepsilon_1 = \dfrac{F - 1}{F - C_r} \quad F = \left(\dfrac{\varepsilon C_r - 1}{\varepsilon - 1}\right)^{1/n} \quad \text{NTU} = n(\text{NTU})_1$		(11.31b, c, d)
직교유동(단일 통로)			
C_{max} (혼합), C_{min} (비혼합)	$\text{NTU} = -\ln\left[1 + \left(\dfrac{1}{C_r}\right)\ln(1 - \varepsilon C_r)\right]$		(11.33b)
C_{min} (혼합), C_{max} (비혼합)	$\text{NTU} = -\left(\dfrac{1}{C_r}\right)\ln[C_r \ln(1 - \varepsilon) + 1]$		(11.34b)
모든 열교환기들($C_r = 0$)	$\text{NTU} = -\ln(1 - \varepsilon)$		(11.35b)

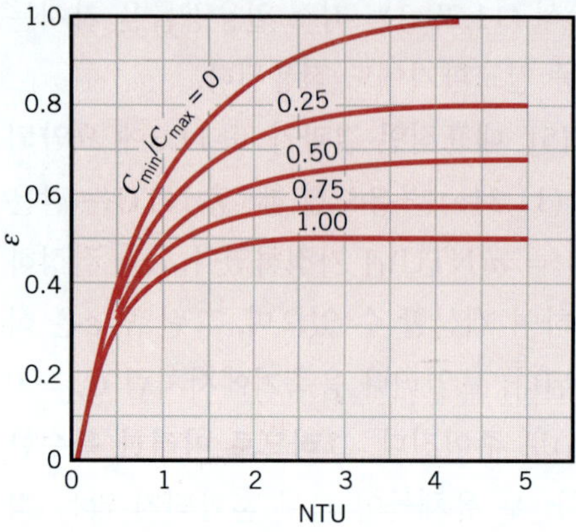

그림 11.10 평행유동 열교환기의 유용도[식 (11.28)].

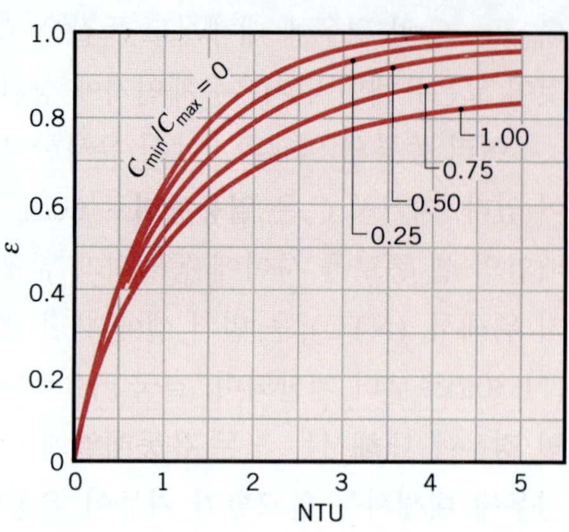

그림 11.11 대향유동 열교환기의 유용도[식 (11.29)].

브 열교환기의 NTU를 결정하기 위해서 전체 교환기에 대해 ε을 먼저 계산해야 한다. 변수 F와 ε_1은 각각 식 (11.31c)와 (11.31b)를 사용하여 계산할 수 있다. 매개변수 E는 식 (11.30c)로 순서대로 구해지며, $(\text{NTU})_1$을 구하기 위해 식 (11.30b)로 대입된다. 식 (11.31d)에 나타나 있는 것처럼, 전체 교환기에 대한 NTU를 구하려면, 이 결과에 n을 곱해야 한다.

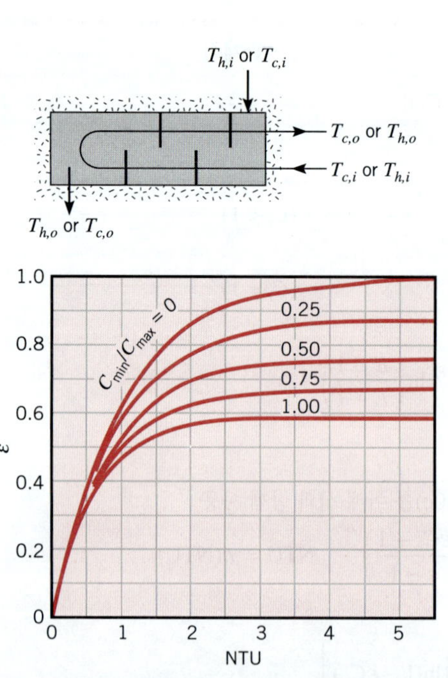

그림 11.12 단일 셸 통로와 두 개의 관 통로의 배수(2, 4, . . . 개의 관 통로)로 된 셸-앤드-튜브 열교환기의 유용도[식 (11.30)].

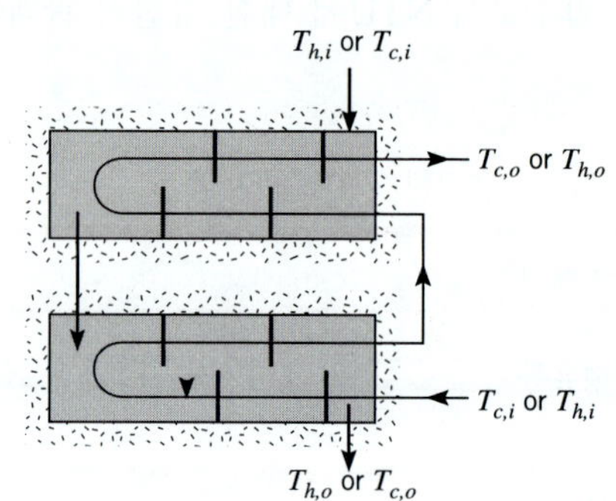

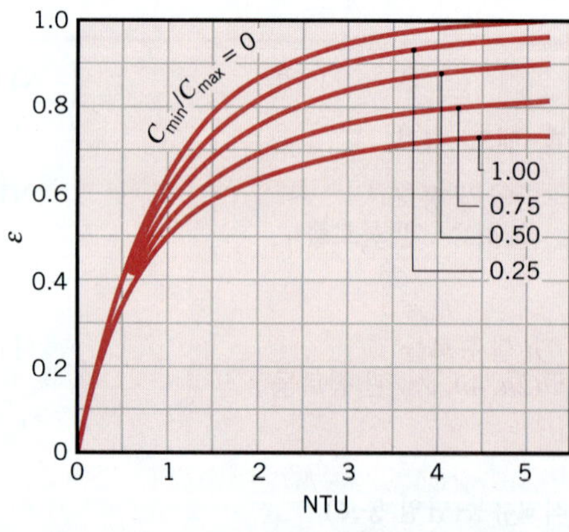

그림 11.13 두 개의 셸 통로와 네 개의 관 통로의 배수(4, 8, . . .개의 관 통로)로 된 셸-앤드-튜브 열교환기의 유용도[n = 2에서 식 (11.31)].

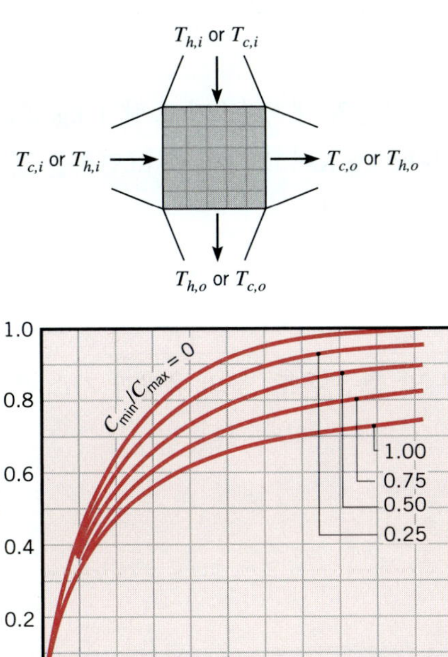

그림 11.14 두 유체가 모두 비혼합인 단일통로, 직교유동 열교환기의 유용도[식 (11.32)].

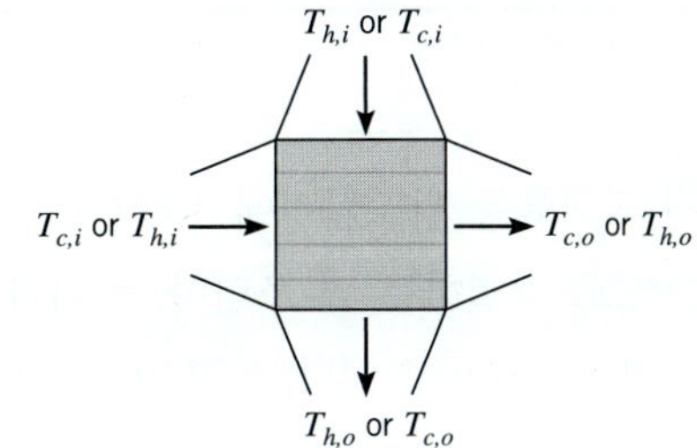

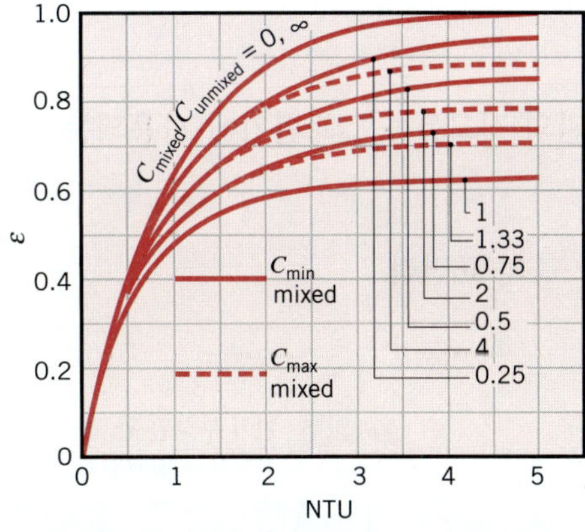

그림 11.15 한 유체는 혼합, 다른 유체는 비혼합인 단일통로, 직교유동 열교환기의 유용도[식 (11.33)과 (11.34)].

앞에서의 식들은 그림 11.10부터 그림 11.15까지에 그래프로 제시되어 있다. 그림 11.13을 사용할 경우 가로좌표는 총 전달단위수에 해당한다[$\text{NTU} = n(\text{NTU})_1$]. 그림 11.15에서 실선은 $C_{\min}$이 혼합, $C_{\max}$는 비혼합이고, 점선은 $C_{\min}$이 비혼합, $C_{\max}$는 혼합에 해당된다. $C_r = 0$에 대해 모든 열교환기들은 같은 유용도를 가지며, 식 (11.35a)로부터 계산된다. 더욱이 NTU $\lesssim 0.25$이면, 모든 열교환기들은 C_r의 값에 관계없이 동일한 유용도를 가지며, ε은 또다시 식 (11.35a)로부터 계산된다. 일반적으로 $C_r > 0$, NTU $\gtrsim 0.25$인 경우, 대향유동 열교환기가 가장 적절하다. 모든 열교환기에서 유용도의 최대값과 최소값은 각각 $C_r = 0$과 $C_r = 1$에 관련된다.

이미 언급했듯이, 직교유동 열교환기와 관련하여, **혼합**과 **비혼합**의 항목은 실제 유동상태의 극단적인 경우를 이상적으로 나타낸 것이다. 즉 대부분의 유동은 완전 혼합 또는 비혼합도 아니며 부분적으로 혼합을 나타낸다. 이 문제는 DiGiovanni와 Webb[7]에 의해 제기되어 왔으며, 대수적인 표현은 부분혼합의 임의의 값에 대해 ε-NTU 관계를 결정하기 위해 개발되어 왔다.

LMTD와 ε-NTU 법은 포괄적인 예측으로 열교환기 분석에 접근하며, 교환기 내의 상태에 관한 정보를 제공하지 않는다는 점을 주목하자. 비록 열교환기 내의 유동과 온도 변화는 상용 CFD (computational fluid dynamic) 컴퓨터 코드를 사용하여 결정할 수 있지만, 더 간단한 수치적인 방식을 채택할 수 있다. 그러한 방식은 동심관과 셸–앤드–튜브형 열교환기에서 온도변화를 구하기 위하여 Ribando 등[8]에 의해 적용되어 왔다.

예제 11.3

휜이 부착된 관으로 만들어진 직교유동 열교환기에 300°C로 들어가 100°C로 나가는 고온의 배기가스가 유량 1 kg/s의 가압된 물을 35°C로부터 125°C로 가열하는 데 쓰인다. 배기가스의 비열은 대략 1000 J/kg·K이고 가스 측 표면적을 기준으로 한 열관류계수는 $U_h = 100\ \text{W/m}^2\cdot\text{K}$이다. NTU 법을 써서 가스 측 표면적 A_h를 구하라.

풀이

제시자료: 휜이 부착된 관의 직교유동 열교환기에 사용되는 물과 고온가스의 입구 및 출구 온도, 물의 유량과 가스 측 열관류계수.

풀이대상: 요구되는 가스 측의 표면적.

개략도:

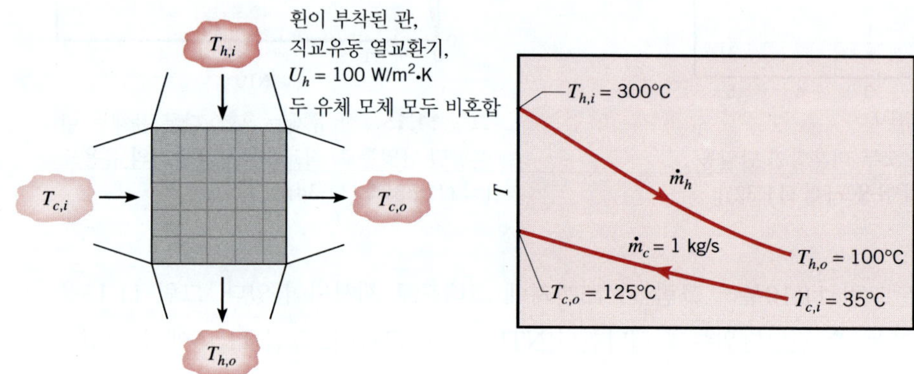

가정:

1. 주변으로의 열손실과 운동 및 위치에너지들의 변화들을 무시할 수 있다.

2. 물성치가 일정하다.

물성치: 표 A.6에서 물($\bar{T}_c$ = 80°C): $c_{p,c} = 4197$ J/kg·K.

해석: 요구되는 표면적은 NTU를 알면 얻을 수 있다. 다시 말하면, 열용량들의 비와 유용도를 알면 구할 수 있다. 최소 열용량률을 결정하기 위하여 우선 다음을 계산한다.

$$C_c = \dot{m}_c c_{p,c} = 1\ \text{kg/s} \times 4197\ \text{J/kg}\cdot\text{K} = 4197\ \text{W/K}$$

$\dot{m}_h$가 제시되어 있지 않으므로, C_h는 전체적인 에너지평형식 (11.6b)와 식 (11.7b)를 조합함으로써 구할 수 있다.

$$C_h = \dot{m}_h c_{p,h} = C_c \frac{T_{c,o} - T_{c,i}}{T_{h,i} - T_{h,o}} = 4197 \frac{125 - 35}{300 - 100} = 1889\ \text{W/K} = C_{\min}$$

식 (11.18)로부터 다음과 같다.

$$q_{\max} = C_{\min}(T_{h,i} - T_{c,i}) = 1889\ \text{W/K}\ (300 - 35)^\circ\text{C} = 5.00 \times 10^5\ \text{W}$$

식 (11.7b)로부터 실제 열전달률은 다음과 같다.

$$q = C_c(T_{c,o} - T_{c,i}) = 4197 \text{ W/K } (125 - 35)°\text{C}$$
$$q = 3.78 \times 10^5 \text{ W}$$

식 (11.19)로부터 유용도는 다음과 같다.

$$\varepsilon = \frac{q}{q_{\max}} = \frac{3.78 \times 10^5 \text{ W}}{5.00 \times 10^5 \text{ W}} = 0.755$$
$$\frac{C_{\min}}{C_{\max}} = \frac{1889}{4197} = 0.45$$

이 값을 그림 11.14에서 찾아보면 다음과 같다.

$$\text{NTU} = \frac{U_h A_h}{C_{\min}} \approx 2.0$$

또는

$$A_h = \frac{2.0(1889 \text{ W/K})}{100 \text{ W/m}^2 \cdot \text{K}} = 37.8 \text{ m}^2$$ ◁

부가설명:

1. 식 (11.32)는 반복계산법이나 시행착오법으로 풀 수 있으며, 차트에서 얻어진 추정치와 매우 잘 일치하는 값 NTU = 2.0이 얻어진다.
2. 열교환기가 정해진 크기(A_h = 37.8 m^2)로 작동할 경우, 실제 성능은 제어가 불가능한 배출가스의 입구온도의 변화($200 \le T_{h,i} \le 400$°C)와 오염에 의한 열교환기 표면들의 점차적인 성능 저하(U_h가 100에서 60 W/m^2·K로 감소)에 따라 달라질 수 있다. $C_{\min} = C_h$ = 1889 W/K로 고정된 값에 대해, U_h의 감소는 NTU의 감소에 해당하고(NTU ≈ 1.20으로), 따라서 열교환기 유용도의 감소를 가져오는데 이는 식 (11.32)로부터 계산할 수 있다. 물의 출구온도 변화의 영향을 계산하여 다음과 같이 도시하였다.

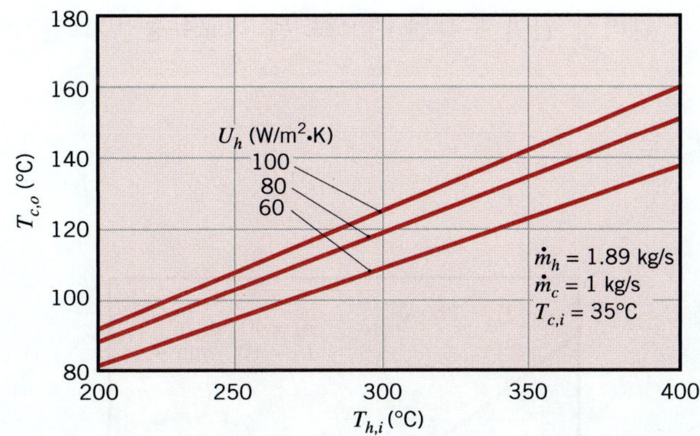

만약에 물의 출구온도를 $T_{c,o}$ = 125°C의 고정된 값으로 유지하려는 의도라면 유량들 $\dot{m}_c$와 $\dot{m}_h$를 조절하여 위에서의 변화를 보상할 수 있다. 이러한 조절량은 모델 방정식들을 이용하여 구할 수 있고, 이는 필수적인 제어기(controller)를 설계하는 데 기초가 된다.

11.5 열교환기의 설계와 성능 계산

열교환기 문제에서 실무 엔지니어는 다음 두 가지 형태에 자주 접하게 된다.

일반적으로 **열교환기 설계문제**에서는 원하는 고온유체 또는 저온유체의 출구온도들과 함께 유체의 입구온도와 유량 등이 제시된다. 따라서 설계문제는 적절한 열교환기의 형태를 선택하고 그것의 크기를 결정하는 문제, 즉 원하는 출구온도에 도달하는 데 필요한 열전달 면적 A를 결정하는 것이다. 설계문제는 특정한 분야에 사용하기 위한 열교환기를 주문제작할 때 자주 접하게 된다. **열교환기 성능계산**에 있어서, 현 상태의 열교환기는 정해진 유량과 입구온도에 해당하는 열전달률과 유체의 출구온도를 결정하기 위해 분석된다. 성능계산은 주로 기존 열교환기의 용도 및 주문자 요구사항에 관계된다.

열교환기 설계문제에 있어서, 먼저 $\varepsilon(C_{min}/C_{max})$를 계산함으로써 NTU 법을 사용하여 A를 구할 수 있고, 반대로 적절한 식(또는 선도)을 이용해서 NTU 값을 얻어 A를 구할 수 있다. 성능계산에 있어서는 NTU 값과 (C_{min}/C_{max}) 값을 계산하여, 특정 열교환기에 적절한 식(또는 선도)으로부터 ε이 결정된다. 또한 q_{max}가 식 (11.18)로부터 계산되므로, $q = \varepsilon q_{max}$의 조건으로부터 실제 열전달률을 간단히 결정할 수 있고, 두 유체의 출구온도들은 식 (11.6b)와 (11.7b)로부터 얻을 수 있다.

예제 11.4

예제 11.3의 열교환기 설계, 즉 가스 측 열관류계수와 면적이 각각 100 W/m^2·K와 40 m^{2}인 휜이 부착된 관의 직교유동 열교환기를 고려하자. 물의 유량과 입구온도는 1 kg/s와 35°C로 유지된다. 그러나 고온가스 발생기의 작동조건의 변화로 가스가 유량 1.5 kg/s와 온도 250°C로 열교환기로 유입된다. 열교환기에 의한 열전달률은 얼마인가? 그리고 가스와 물의 출구온도는 얼마인가?

풀이

제시자료: 표면적과 열관류계수가 알려진 휜이 부착된 관으로 된 직교유동 열교환기에서의 고온 및 저온유체의 입구조건.

풀이대상: 열전달률과 유체 출구온도.

개략도:

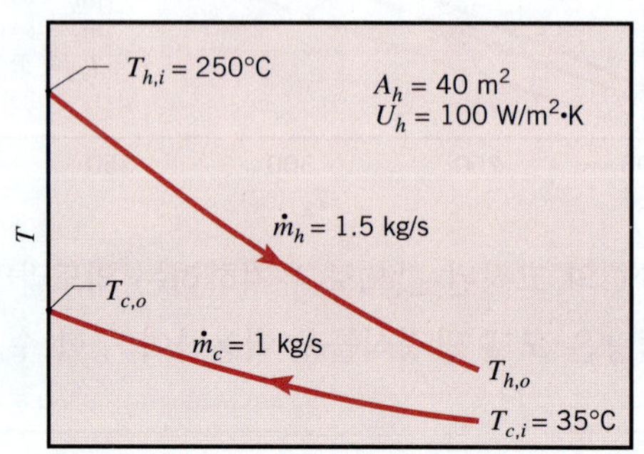

가정:

1. 주변으로의 열손실과 운동에너지와 위치에너지의 변화들은 무시할 수 있다.
2. 물성치가 일정하다(예제 11.3과 동일).

해석: 이 문제는 요구되는 열교환기 **성능계산**을 하는 문제로 분류된다. 열용량률은 다음과 같다.

$$C_c = \dot{m}_c c_{p,c} = 1\ \text{kg/s} \times 4197\ \text{J/kg}\cdot\text{K} = 4197\ \text{W/K}$$

$$C_h = \dot{m}_h c_{p,h} = 1.5\ \text{kg/s} \times 1000\ \text{J/kg}\cdot\text{K} = 1500\ \text{W/K} = C_{\min}$$

이 경우 다음과 같다.

$$\frac{C_{\min}}{C_{\max}} = \frac{1500}{4197} = 0.357$$

NTU는 다음과 같다.

$$\text{NTU} = \frac{U_h A_h}{C_{\min}} = \frac{100\ \text{W/m}^2\cdot\text{K} \times 40\ \text{m}^2}{1500\ \text{W/K}} = 2.67$$

그림 11.14로부터 열교환기 유용도는 $\varepsilon \approx 0.82$이고, 식 (11.18)로부터 최대 가능 열전달률은 다음과 같다.

$$q_{\max} = C_{\min}(T_{h,i} - T_{c,i}) = 1500\ \text{W/K}\,(250 - 35)^\circ\text{C} = 3.23 \times 10^5\ \text{W}$$

따라서 ε의 정의식 (11.19)로부터 실제 열전달률은 다음과 같다.

$$q = \varepsilon q_{\max} = 0.82 \times 3.23 \times 10^5\ \text{W} = 2.65 \times 10^5\ \text{W} \qquad \triangleleft$$

이제 총괄 에너지평형으로부터 출구온도를 결정하는 것은 간단한 일이다. 식 (11.6b)로부터 다음을 얻을 수 있다.

$$T_{h,o} = T_{h,i} - \frac{q}{\dot{m}_h c_{p,h}} = 250^\circ\text{C} - \frac{2.65 \times 10^5\ \text{W}}{1500\ \text{W/K}} = 73.3^\circ\text{C} \qquad \triangleleft$$

그리고 식 (11.7b)로부터 다음과 같다.

$$T_{c,o} = T_{c,i} + \frac{q}{\dot{m}_c c_{p,c}} = 35^\circ\text{C} + \frac{2.65 \times 10^5\ \text{W}}{4197\ \text{W/K}} = 98.1^\circ\text{C} \qquad \triangleleft$$

부가설명:

1. 식 (11.32)으로부터 $\varepsilon = 0.845$이며, 이는 선도로부터 얻은 추정치와 잘 일치한다.
2. 열관류계수를 묵시적으로 $\dot{m}_h$의 변화에 영향을 받지 않는다고 가정하였다. 실제로 $\dot{m}_h$가 대략 20% 감소하면 U_h는 그보다 퍼센트 값은 작지만 상당히 감소한다.
3. 예제 11.3의 부가설명에서 검토하였듯이 물의 출구온도를 일정하게 유지하기 위해서 유량을 조절할 수 있다. 예를 들어 출구온도가 $T_{c,o} = 125^\circ\text{C}$로 유지되어야 한다면 물의 유량은 식 (11.7b)에 주어지는 양으로 감소시킬 수 있다. 즉

$$\dot{m}_c = \frac{q}{c_{p,c}(T_{c,o} - T_{c,i})} = \frac{2.65 \times 10^5 \text{ W}}{4197 \text{ J/kg}\cdot\text{K} (125 - 35)°\text{C}} = 0.702 \text{ kg/s}$$

여기서도 유량의 변화가 U_h에 미치는 영향은 무시할 만하다고 가정하였다. 이 경우 이러한 가정은 적절하다. 왜냐하면 U_h에 지배적인 영향을 미치는 것은 물 측 대류계수가 아니라 가스 측 대류계수이기 때문이다.

예제 11.5

대형 증기 발전소의 응축기는 수증기를 물로 응축하는 열교환기이다. 이 응축기를 단일 셸과 30,000개의 관(각 관은 두 개씩의 통로를 가짐)들로 이루어진 **셸-앤드-튜브** 열교환기로 가정한다. 관은 D = 25 mm인 얇은 벽구조로 되어 있고, 수증기는 대류열전달계수 h_o = 11,000 W/m²·K로 바깥 표면에서 응축된다. 열교환기에 의한 열전달률은 $q = 2 \times 10^9$ W이어야 하며, 이것은 냉각수를 3 × 104 kg/s의 유량으로 관을 통하여 보냄으로써 얻어진다(따라서 관당 유량은 1 kg/s). 물은 20°C로 들어가고 수증기는 50°C에서 응축된다. 응축기로부터 유출하는 냉각수의 온도는 얼마인가? 통로당 소요되는 관의 길이 L은 얼마인가?

풀이

제시자료: 단일 셸과 각각 통로가 두 개인 30,000개의 관들로 이루어진 열교환기.

풀이대상:

1. 냉각수 출구온도.
2. 요구되는 열전달을 얻기 위한 통로당 관의 길이.

개략도:

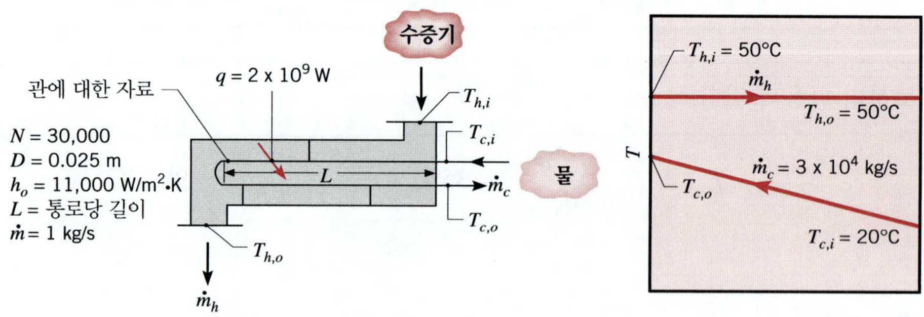

가정:

1. 열교환기와 주변 사이의 열전달 그리고 운동에너지 및 위치에너지의 변화들은 무시할 수 있다.
2. 관 속의 내부유동과 열적 조건들은 완전히 발달되어 있다.
3. 관 재료의 열저항과 불결의 영향은 무시할 수 있다.
4. 물성치가 일정하다.

물성치: 표 A.6에서 물($\overline{T}_c \approx 27°\text{C} = 300$ K로 가정): ρ = 997 kg/m³, c_p = 4179 J/kg·K, $\mu = 855 \times 10^{-6}$ N·s/m², k =

0.613 W/m·K, $Pr = 5.83$.

해석:

1. 냉각수 출구온도는 총괄 에너지평형식 (11.7b)로부터 얻을 수 있다. 따라서 다음과 같다.

$$T_{c,o} = T_{c,i} + \frac{q}{\dot{m}_c c_{p,c}} = 20°\text{C} + \frac{2 \times 10^9 \text{ W}}{3 \times 10^4 \text{ kg/s} \times 4197 \text{ J/kg} \cdot \text{K}}$$

$$T_{c,o} = 36.0°\text{C}$$ ◁

2. 이 문제는 **열교환기 설계계산** 문제로 분류된다. 우선 열관류계수를 NTU 법을 사용하여 결정하면, 식 (11.5)로부터 다음과 같다.

$$U = \frac{1}{(1/h_i) + (1/h_o)}$$

여기서 h_i는 내부유동의 상관식으로부터 추정할 수 있다. 이 경우 다음과 같다.

$$Re_D = \frac{4\dot{m}}{\pi D \mu} = \frac{4 \times 1 \text{ kg/s}}{\pi(0.025 \text{ m})855 \times 10^{-6} \text{ N} \cdot \text{s/m}^2} = 59{,}567$$

따라서 유동이 난류이며 식 (8.60)으로부터 다음을 얻을 수 있다.

$$Nu_D = 0.023\, Re_D^{4/5}\, Pr^{0.4} = 0.023(59{,}567)^{0.8}(5.83)^{0.4} = 308$$

그러므로 다음과 같이 된다.

$$h_i = Nu_D \frac{k}{D} = 308 \frac{0.613 \text{ W/m} \cdot \text{K}}{0.025 \text{ m}} = 7543 \text{ W/m}^2 \cdot \text{K}$$

$$U = \frac{1}{[(1/7543) + (1/11{,}000)] \text{ m}^2 \cdot \text{K/W}} = 4474 \text{ W/m}^2 \cdot \text{K}$$

NTU 법을 사용하면

$$C_h = C_{\max} = \infty$$

그리고

$$C_{\min} = \dot{m}_c c_{p,c} = 3 \times 10^4 \text{ kg/s} \times 4179 \text{ J/kg} \cdot \text{K} = 1.25 \times 10^8 \text{ W/K}$$

다음의 식으로부터

$$\frac{C_{\min}}{C_{\max}} = C_r = 0$$

최대 가능 열전달률은 다음과 같다.

$$q_{\max} = C_{\min}(T_{h,i} - T_{c,i}) = 1.25 \times 10^8 \text{ W/K} \times (50 - 20) \text{ K} = 3.76 \times 10^9 \text{ W}$$

다음의 식으로부터

$$\varepsilon = \frac{q}{q_{\max}} = \frac{2 \times 10^9\ \text{W}}{3.76 \times 10^9\ \text{W}} = 0.532$$

식 (11.35b) 또는 그림 11.12로부터 NTU = 0.759임을 알 수 있다. 식 (11.24)로부터 통로당 관길이는 다음과 같다.

$$L = \frac{\text{NTU} \cdot C_{\min}}{U(N2\pi D)} = \frac{0.759 \times 1.25 \times 10^8\ \text{W/K}}{4474\ \text{W/m}^2 \cdot \text{K}\ (30{,}000 \times 2 \times \pi \times 0.025\ \text{m})} = 4.51\ \text{m}$$ ◁

부가설명:

1. L은 통로당 관의 길이이고 이 경우에 전체 관 길이는 9.0 m이다. 응축기 내에 있는 전체 관의 길이는 $N \times L \times 2$ = 30,000 × 4.51m × 2 = 271,000 m, 즉 271 km이다.
2. 시간이 지남에 따라 열교환기의 성능은 안쪽 및 바깥쪽 관표면들 모두의 오염에 의하여 저하될 수 있다. 따라서 정비 계획으로 불결계수가 $R''_{f,i} = R''_{f,o} = 10-4\ \text{m}^2\cdot\text{K/W}$에 도달할 때 열교환기를 라인으로부터 탈착하여 청소를 하여야 한다. 오염이 성능에 미치는 영향을 결정하기 위하여 ε-NTU 법을 이용하여 총 열전달률을 $R''_{f,o}$이 $R''_{f,i}$과 같다고 가정하고 불결계수의 함수로 계산할 수 있다. 그러면 다음과 같은 결과가 얻어진다.

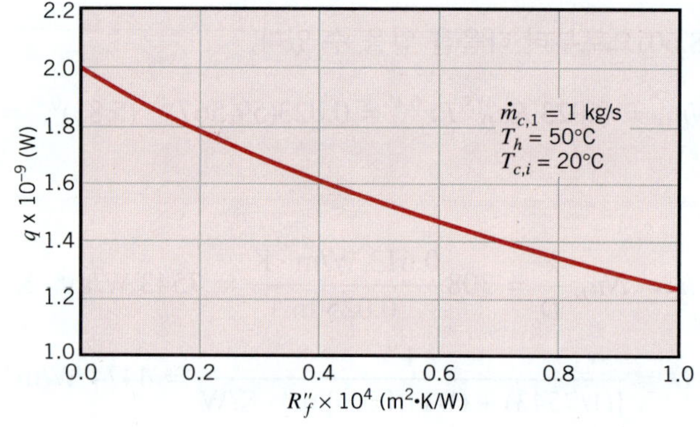

최대 허용오염과 $\dot{m}_{c,1}$ = 1 kg/s의 제한조건에서 $q = 2 \times 10^9$ W의 요구사항을 유지하기 위하여 관길이 또는 관의 수를 증가시켜야 한다. 통로당 길이를 L = 4.51 m로 유지하면 $R''_{f,i} = R''_{f,o} = 10^{-4}\ \text{m}^2\cdot\text{K/W}$에 대해 2×10^9 W를 전달하기 위해서는 N = 48,300개의 관들이 필요하다. 이에 해당하는 총 유량이 $\dot{m}_c = N\dot{m}_{c,1}$ = 48,300 kg/s로 증가함에 따라 물의 출구온도를 $T_{c,o}$ = 29.9°C로 감소시키는 유익한 효과를 가져오며, 따라서 대기로의 방출과 관련하여 잠재적으로 유해한 영향을 개선할 수 있다. 관의 개수를 N = 48,300개 증가시키는 것과 관계된 추가적인 관의 길이는 응축기의 주요 가격의 상당한 증가를 가져올 수 있는 165 km이다.

3. kW·h당 $0.05의 도매값으로 발전하는 증기 발전기가 1250 MW의 전기를 생산한다. 만약 응축기 관들을 청소하기 위해 48시간 동안 운행을 정지한다면, 발전소 주인의 손실은 48 h × 1250 × 10^6 W × $0.05/(1 × 10^3 W·h) = 3백만 달러이다.
4. 각 관 내가 부드러운 표면 상태라고 가정하면, 마찰계수는 식 (8.21)로부터 결정될 수 있다. 즉 $f = (0.970(59{,}567) - 1.64)^{-2} = 0.020$이다. 길이가 L = 9 m인 하나의 관 내에서의 압력강하는 식 (8.22a)로부터 결정될 수 있고, 여기서 $u_m = 4\dot{m}/(\rho\pi D^2) = (4 \times 1\ \text{kg/s})/(997\ \text{kg/m}^3 \times \pi \times 0.025^2\ \text{m}^2) = 2.04\ \text{m/s}$이다.

$$\Delta p = f\frac{\rho u_m^2}{2D}L = 0.020\frac{997\ \text{kg/m}^3(2.04\ \text{m/s})^2}{2(0.025\ \text{m})}9.0\ \text{m} = 15{,}300\ \text{N/m}^2$$

그러므로 48,300개의 관을 통과하는 차가운 물을 순환시키는 데 필요한 전력은 식 (8.22b)를 이용하여 구할 수 있고 다음과 같다.

$$p = \frac{\Delta p \dot{m}}{\rho} = \frac{15{,}300\ \text{N/m}^2 \times 48{,}300\ \text{kg/s}}{997\ \text{kg/m}^3} = 742{,}000\ \text{W} = 0.742\ \text{MW}$$

차가운 물 펌프는 전기모터로 구동된다. 만약 펌프와 모터의 총 효율이 87%라면, 응축기 관의 마찰손실을 극복하기 위한 연간 비용은 24 h/day × 365 days/yr × 0.742 × 10^6 W × \$0.05/1 × 10^3 W·h/0.87 = 374,000달러이다.

5. 최적 응축기 설계는 기본 비용, 작동 비용 및 장치와 관계된 유지 비용뿐만 아니라 요구되는 열성능과 환경적 고려에 기본을 두고 있다.

예제 11.6

지열발전소는 T_G = 147°C로 가압된 심층 지하수를 **유기 Rankine 사이클**(organic Rankine cycle)의 열원으로 사용한다. 이 기관의 작동은 부가설명 2에 설명되어 있다. 단일관과 셸 통로를 가지고 있는 수직적으로 형성된 셸-앤드-튜브(shell and tube) 열교환기로 구성된 증발기는 열을 관 측의 지하수로부터 역으로 흐르는 셸 측의 동력 사이클의 유기유체(organic fluid)로 전달시킨다. 유기유체는 증발기의 셸 측면으로 과냉각 액체상태($T_{c,i}$ = 27°C)로 들어오고, 온도 $T_{c,o}$ = T_{sat} = 122°C의 포화 증기상태($X_{R,o}$ = 1)로 증발기를 빠져나간다. 증발기 내에서 열전달은 단계 A에서(U_A = 900 W/m^2·K) 액상의 지하수와 유기유체 사이에서, 단계 B에서(U_B = 1200 W/m^2·K) 액상의 지하수와 끓는 유기유체 사이에서 일어난다. $\dot{m}_G$ = 10 kg/s와 $\dot{m}_R$ = 5.2 kg/s의 지하수, 유기유체의 유량 비를 계산하기 위해 증발기의 열교환 면적이 정의되어야 한다. 유기 Rankine 사이클의 유기유체의 비열($c_{p,R}$)은 1300 J/kg·K이고, 기화잠열(h_{fg})은 110 kJ/kg이다.

풀이

제시자료: 유기 Rankine 사이클의 유기유체와 지하수의 질량유량. 유기유체의 입출구의 온도와 조건. 지하수의 입구온도. 증발기의 상하부의 전체 열전달 효율.

풀이대상: 요구되는 증발기의 열전달 표면적.

개략도:

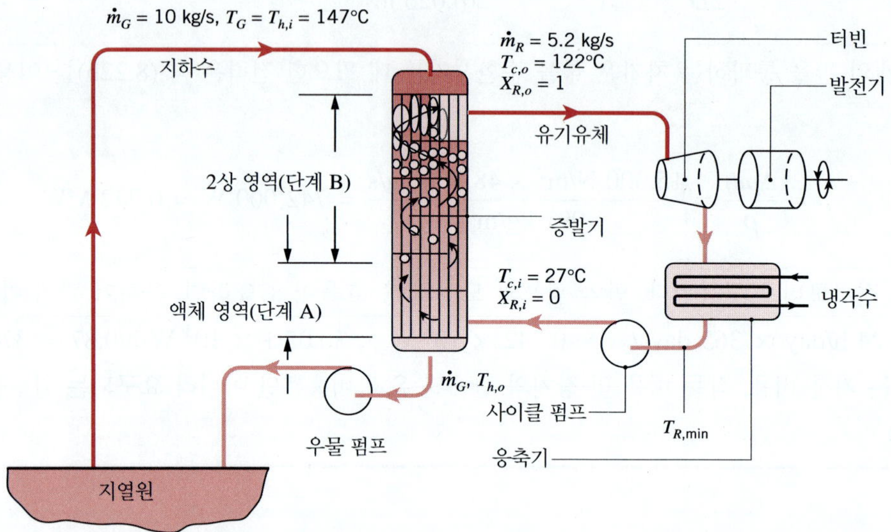

가정:

1. 정상상태 조건.
2. 일정한 물성치.
3. 주변으로의 열손실, 운동, 위치에너지 무시.

물성치: 표 A.6, 물($\bar{T} \approx 405$ K): $c_{p,G} = 4267$ J/kg·K.

해석: 에너지보존의 법칙을 단계 A, B로 구성된 증발기 내의 유기 유체에 적용한다.

$$q = q_A + q_B = \dot{m}_R[c_{p,R}(T_{sat} - T_{c,i}) + h_{fg}]$$
$$= 5.2 \text{ kg/s}[1300 \text{ J/kg}\cdot\text{K } (122 - 27)°\text{C} + 110 \times 10^3 \text{ J/kg}]$$
$$= 642 \times 10^3 \text{ W} + 572 \times 10^3 \text{ W} = 1.214 \times 10^6 \text{ W} = 1.214 \text{ MW}$$

증발기 내의 지하수의 온도는 온수(hot stream)에 대한 에너지평형에 의해 결정된다.

$$T_{h,o} = T_{h,i} - \frac{q}{\dot{m}_G c_{p,G}} = 147°\text{C} - \frac{1.214 \times 10^6 \text{ W}}{10 \text{ kg/s} \times 4267 \text{ J/kg}\cdot\text{K}} = 118.5°\text{C}$$

냉수의 입구와 출구 온도는

$$T_{c,i,A} = T_{c,i} = 27°\text{C}; \quad T_{c,o,A} = 122°\text{C}; \quad T_{c,i,B} = T_{c,o,A} = 122°\text{C}; \quad T_{c,o,B} = T_{c,o} = 122°\text{C}$$

반면에 온수에서는

$$T_{h,i,B} = T_{h,i} = 147°\text{C}; \ T_{h,o,B} = T_{h,i,B} - \frac{q_B}{\dot{m}_G c_{p,G}} = 147°\text{C} - \frac{572 \times 10^3 \text{ W}}{10 \text{ kg/s} \times 4267 \text{ J/kg}\cdot\text{K}} = 133.6°\text{C}$$
$$T_{h,i,A} = T_{h,o,B} = 133.6°\text{C}; \ T_{h,o,A} = T_{h,o} = 118.5°\text{C}$$

증발기의 하부에서 단계 A의 열용량률은

$$C_h = \dot{m}c_{p,h} = \dot{m}_G c_{p,G} = 10 \text{ kg/s} \times 4267 \text{ J/kg}\cdot\text{K} = 42{,}670 \text{ W/K}$$

$$C_c = \dot{m}c_{p,c} = \dot{m}_R c_{p,R} = 5.2 \text{ kg/s} \times 1300 \text{ J/kg}\cdot\text{K} = 6760 \text{ W/K}$$

$$C_{r,\text{A}} = \frac{C_{\min,\text{A}}}{C_{\max,\text{A}}} = \frac{6760}{42{,}670} = 0.158$$

그러므로 증발기의 하부단계와 관련된 효율은

$$\varepsilon_\text{A} = \frac{q_\text{A}}{C_{\min,\text{A}}(T_{h,i,\text{A}} - T_{c,i,\text{A}})} = \frac{642 \times 10^3 \text{ W}}{6760 \text{ W/K} \times (133.6 - 27)°\text{C}} = 0.891$$

NTU는 역류 열교환기의 관계[식 (11.29b)]로부터 구할 수 있다.

$$\text{NTU}_\text{A} = \frac{1}{C_{r,\text{A}} - 1}\ln\left(\frac{\varepsilon_\text{A} - 1}{\varepsilon_\text{A} C_{r,\text{A}} - 1}\right) = \frac{1}{0.158 - 1}\ln\left(\frac{0.891 - 1}{0.891 \times 0.158 - 1}\right) = 2.45$$

따라서 단계 A에서의 요구되는 열전달 면적은

$$A_\text{A} = \frac{\text{NTU}_\text{A} C_{\min,\text{A}}}{U_\text{A}} = \frac{2.45 \times 6760 \text{ W/K}}{900 \text{ W/m}^2\cdot\text{K}} = 18.4 \text{ m}^2$$

단계 B의 상부에 있는 유기 액체에서 상(phase) 변화는 발생한다. 그러므로 $C_{r,B} = 0$ 그리고 $C_{\min,B} = 42{,}670$ W/K이다. 단계 B의 효율은

$$\varepsilon_\text{B} = \frac{q_\text{B}}{C_{\min,\text{B}}(T_{h,i,\text{B}} - T_{c,i,\text{B}})} = \frac{572 \times 10^3 \text{ W}}{42{,}670 \text{ W/K} \times (147 - 122)°\text{C}} = 0.536$$

식 (11.35b)에서

$$\text{NTU}_\text{B} = -\ln(1 - \varepsilon_\text{B}) = -\ln(1 - 0.536) = 0.768$$

그리고

$$A_\text{B} = \frac{\text{NTU}_\text{B} C_{\min,\text{B}}}{U_\text{B}} = \frac{0.768 \times 42{,}670 \text{ W/K}}{1200 \text{ W/m}^2\cdot\text{K}} = 27.3 \text{ m}^2$$

그러므로 전체 열전달 면적은

$$A = A_\text{A} + A_\text{B} = 18.4 \text{ m}^2 + 27.3 \text{ m}^2 = 45.7 \text{ m}^2$$ ◁

부가설명:

1. 칸막이가 된(baffled) 셸-앤드-튜브 열교환기가 사용되었지만, 오직 하나의 튜브 경로가 존재하고, 이것은 역류조건이라고 가정하기에 적절하다.
2. 열역학 사이클은 온도-엔트로피 또는 $T - s$ 선도로 표현된다[9]. 물이 작동유체로 사용되는 Rankine 사이클은 왼쪽 아래에 보인다. 또한 물의 **증기돔**(vapor dome)이 나타나 있고, 아래에는 두 상태, 즉 물과 증기의 혼합물이 존재한다. 과열 수증기는 증기돔의 오른쪽에 있다. 터빈 내의 물의 건도(수질)는 $X_t > 0$이고, 포화액은 포화증기와 섞인다. 포

화액 작은 물방울은 터빈의 손상을 유발시키는 악영향을 블레이드에 끼칠 수 있다. 물을 사용하는 대부분의 Rankine 사이클과 마찬가지로 터빈 내에서 응결이 발생하지 않게 하기 위해서 고가의 **과열기**(superheater)가 추가적으로 요구된다.

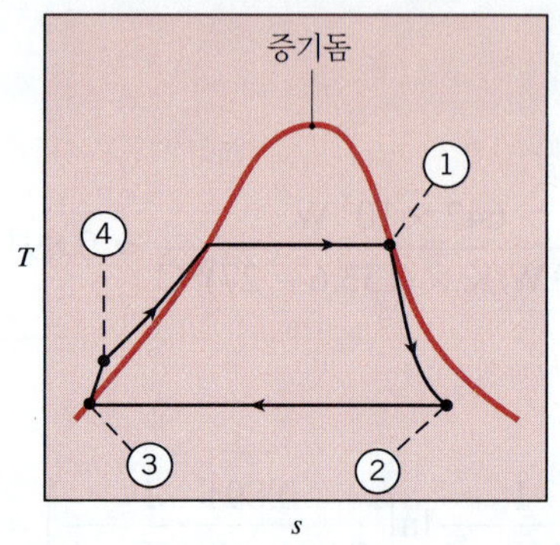

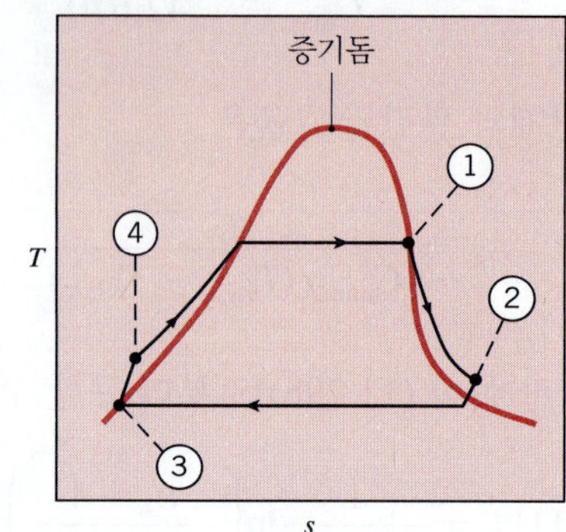

(1) 증발기 배출, 터빈 유입
(2) 터빈 배출, 응축기 유입
(3) 응축기 배출, 펌프 유입
(4) 펌프 배출, 증발기 유입

많은 유기유체들은 오른쪽 위의 그림에 보이는 것과 같이 증기돔에 의한 특징을 가진다. 물을 작동유체로 사용하는 것과 대조적으로 터빈 내에서 응결이 발생하지 않는 것을 확인할 수 있다. 그래서 과열기가 필요하지 않은 점은 예제 8.5와 같이 비용절감이 중요한 지열에너지 발전, 대형 터빈 또는 발전을 위한 디젤 엔진에서 낭비되는 폐열의 개선, 그리고 태양열을 집중시키는 장비 등의 다양한 범위에 유기 Rankine 사이클을 적용하기에 매력적이다[10].

3. 이 문제에서 질량유량과 온도는 최고 압력(20 bar)과 최저 압력(1.2 bar) 내에서 펜타플루오르프로판을 작동 유기유체로 사용하는 250 kW의 전력 발전에 상응한다.

11.6 추가 고려사항

많은 중요한 응용 분야가 있기 때문에, 열교환기의 연구와 발전은 오랜 역사를 지니고 있다. 그러나 이러한 활동은 결코 완료된 것이 아니기에 많은 재능 있는 연구자들이 개선된 디자인과 작동의 방법을 찾고 있다. 사실 에너지보존의 과도한 우려로 이러한 활동이 지속적으로 증가하고 있다. 이 연구의 초점은 열전달이 향상되었다는 것인데, 이는 증가된 **열전달률** 달성을 통한 특별한 열교환기 표면에 대한 연구를 포함하고 있다. 또한 11.1절과 예제 11.2에서 논의했듯이 **고밀도 열교환기**는 전형적으로 열교환의 상승이 필요하고, 적어도 하나의 작동유체가 가스일 때 사용된다. 휜 디자인과 배열에 기인하는 다양한 종류의 관과 판의 배열들이 고려된다.

열전도 해석법뿐만 아니라, LMTD와 NTU 방법은 다음 두 예제와 같은 비슷한 열시스템에 적용할 수 있는 강력한 도구들이다.

고밀도 열교환기 분석에 대한 논의는 보충 섹션 *11S.2*에 나와 있다.

예제 11.7

$W_1 = W_2 = 40$ mm, $L_b = 1.0$ mm, $S = 1.6$ mm, $t = 0.8$ mm, $L_f = 5$ mm인 작은 구리 방열판의 하부 표면은 균일하게 최고온도 $T_h = 50°C$를 나타내고 있다. 방열판 위에 단열캡(insulating cap)이 있다. 물이 냉각수로 사용되고, $T_{m,i} = 30°C$, $u_m = 1.75$ m/s로 들어간다. 평균 열전달계수($\bar{h}$)가 7590 W/m^2·K일 때, 표면으로부터 물로의 열전도율을 구하라.

풀이

제시자료: 구리 방열판의 치수, 방열판의 최고온도와 냉각수의 입구온도, 평균 유속, 평균 열전달계수.

풀이대상: 열전도율.

개략도:

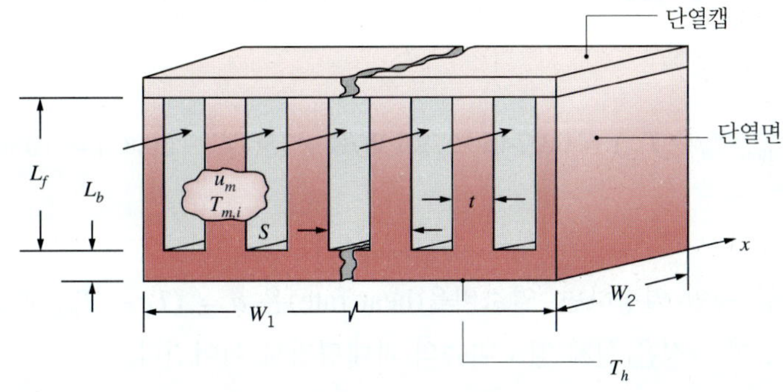

가정:

1. 정상상태 조건.
2. 방열판 위의 끝 부분(tip)은 단열.
3. 방열판의 전후방 면은 단열.
4. 하부 표면은 등온(T_h).
5. 일정한 물성치.
6. 방열판에서 축 방향으로의 전도는 무시.

물성치: 표 A.1, 구리($T = 300$ K): k_{Cu}5401 W/m·K. 표 A.6, 물($\bar{T} \approx 310$ K): $\rho = 993$ kg/m^3, $c_p = 4178$ J/kg·K.

해석: 방열판의 하부 표면은 온도가 균일하고 축 방향 전도는 무시하므로, 방열판의 열의 움직임은 그림 11.9*a*에 보이는 것처럼 단일 흐름 열교환기와 일치한다. 구체적으로 하부 표면의 온도가 *x*축 방향으로 일정하지만, 물의 온도가 방열판을 따라 흐르면서 상승한다. 따라서 식 (11.22)를 사용하여 열전달률을 구할 수 있다.

$$q = \varepsilon C_{\min}(T_{h,i} - T_{c,i}) \tag{1}$$

여기서 $C_{\min} = C_c = \dot{m}_c c_{p,c}$이고, $C_r \to 0$이다. 11.2절과 식 (8.45b)와 (8.46b)에서 논의했듯이, $1/UA$는 열교환기 내의 두 유체 사이의 전체 열저항에 상응하는 NTU를 정의하는 데 사용된다. 이 예시에서 $UA = 1/R_{\text{tot}}$이고, 여기서 R_{tot}은 방열판 아래와 유체 사이의 전체 열저항이다. 그러므로 식 (11.35a)는 다음과 같이 쓰일 수 있다.

$$\varepsilon = 1 - \exp(-\text{NTU}) = 1 - \exp\left(-\frac{UA}{C_{\min}}\right) = 1 - \exp\left(-\frac{1}{R_{\text{tot}}C_{\min}}\right) \tag{2}$$

$C_{\min}$과 R_{tot}이 평가되기만 하면 식 (2)로부터 효율을 구할 수 있고, 식 (1)로부터 열량을 구할 수 있다.

휜(fin)의 개수는 채널의 개수와 일치하고, $N = W_1/S = 40\text{ mm}/1.6\text{ mm} = 25$이다. 최소 열용량률은

$$\begin{aligned} C_{\min} &= \dot{m}_c c_{p,c} = N\rho u_m L_f(S-t)c_p \\ &= 25 \times 993\text{ kg/m}^3 \times 1.75\text{ m/s} \times 0.005\text{ m} \times (0.0016\text{ m} - 0.0008\text{ m}) \times 4178\text{ J/kg}\cdot\text{K} \\ &= 726\text{ W/K} \end{aligned}$$

총 열저항은 부가설명 4에서 계산되며, $R_{\text{tot}} = 17.8 \times 10^{-3}$ K/W이다. 식 (2)로부터

$$\varepsilon = 1 - \exp\left(-\frac{1}{R_{\text{tot}}C_{\min}}\right) = 1 - \exp\left(-\frac{1}{17.8 \times 10^{-3}\text{ K/W} \times 726\text{ W/K}}\right) = 0.0745$$

그리고 식 (1)로부터

$$q = \varepsilon C_{\min}(T_h - T_{c,i}) = 0.0745 \times 726\text{ W/K} \times (50°\text{C} - 30°\text{C}) = 1080\text{ W} \qquad \triangleleft$$

부가설명:

1. 물의 온도가 방열판을 통과하는 동안 일정하면, 열소비율(heat rate)은 $q = (T_h - T_{c,i})/R_{\text{tot}} = (50°\text{C} - 30°\text{C})/17.8 \times 10^{-3}\text{ K/W} = 1120$ W이다. 이 가정은 실제 열소비율의 과대평가로 이어진다.
2. 물의 출구온도는 $T_{c,o} = T_{c,i} + q/C_{\min} = 30°\text{C} + (1080\text{ W})/(726\text{ W/K}) = 31.5°\text{C}$이다.
3. 식 (11.15)와 (11.16)으로부터 $\Delta T_{\text{lm}} = [(T_b - T_{c,i}) - (T_b - T_{c,o})]/\ln[(T_b - T_{c,i})/(T_b - T_{c,o})] = [31.5°\text{C} - 30°\text{C}]/\ln[(50°\text{C} - 30°\text{C})/(50°\text{C} - 31.5°\text{C})] = 19.2°\text{C}$이고, $q = \Delta T_{\text{lm}}/R_{\text{tot}} = 19.2°\text{C}/17.8 \times 10^{-3}\text{ K/W} = 1080$ W이다. 그러므로 다음의 열회로에 나와 있는 적절한 평균 온도차(ΔT_m)는 **대수평균 온도차**이다[11]. 이 문제는 LMTD 접근법을 이용해서 해결할 수 있지만, 반복 풀이가 필요하다.
4. 총 열저항은 아래 열회로와 같다.

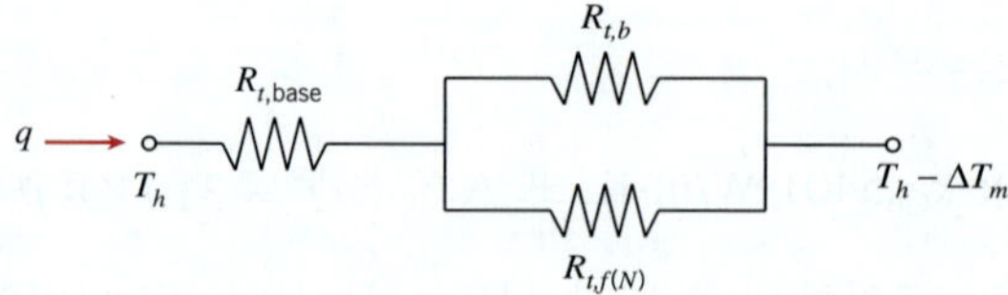

여기에서 ΔT_m은 유체와 방열판 하단부 사이의 평균 온도차이다. 최하단부의 열저항은

$$\begin{aligned} R_{t,\text{base}} &= L_b/(k_{\text{Cu}}W_1W_2) = (0.001\text{ m})/(401\text{ W/m}\cdot\text{K} \times 0.040\text{ m} \times 0.040\text{ m}) \\ &= 1.56 \times 10^{-3}\text{ K/W} \end{aligned}$$

열회로의 병렬 저항은 휜과 휜이 없는 아랫부분을 나타낸다. 두 저항의 조합은 식 (3.108)과 식 (11.3)에서 주어진 것 같이 휜 어레이의 총 열저항이다.

$$R_{t,o} = \frac{1}{\eta_o \bar{h} A} = \frac{1}{\bar{h}[A - A_f(1 - \eta_f)]}$$

위 식에서 A_f는 모든 휜의 표면적이고, $A = A_f + A_b$이다. 이때 A_b는 아랫부분의 휜이 없는 부분의 면적이다. 따라서

$$A_f = 2L_f W_2 N = 2 \times 0.005\ \text{m} \times 0.40\ \text{m} \times 25 = 0.01\ \text{m}^2$$

그리고

$$\begin{aligned} A &= A_f + (W_1 - Nt)W_2 = 0.01\ \text{m}^2 + (0.040\ \text{m} - 25 \times 0.0008\ \text{m}) \times 0.040\ \text{m} \\ &= 0.0108\ \text{m}^2 \end{aligned}$$

η_f는 식 (11.4)에 의해 구해지는 단일 휜의 효율이다. 다음을 처음으로 계산한다.

$$\begin{aligned} mL_f &= \sqrt{2h/k_{\text{Cu}} t} L_f \\ &= \sqrt{2 \times 7590\ \text{W/m}^2 \cdot \text{K}/(401\ \text{W/m} \cdot \text{K} \times 0.0008\ \text{m})} \times 0.005\ \text{m} = 1.09 \end{aligned}$$

그리고

$$\eta_f = \frac{\tanh(mL_f)}{mL_f} = \frac{\tanh(1.09)}{1.09} = 0.732$$

$$\begin{aligned} R_{t,o} &= \frac{1}{\bar{h}[A - A_f(1 - \eta_f)]} \\ &= \frac{1}{7590\ \text{W/m}^2 \cdot \text{K}[0.0108\ \text{m}^2 - 0.01\ \text{m}^2(1 - 0.732)]} = 0.0162\ \text{K/W} \end{aligned}$$

그러므로 총 열저항은

$$R_{\text{tot}} = R_{t,\text{base}} + R_{t,o} = 1.56 \times 10^{-3}\ \text{K/W} + 0.0162\ \text{K/W} = 17.8 \times 10^{-3}\ \text{K/W}$$

예제 11.8

지름 D = 10 mm의 강구가 초기온도($T_{c,i}$) 300 K의 단열된 유조에서 들어가게 되면 초기온도 $T_{h,i}$ = 1000 K에서 냉각된다. 구체의 총 질량(m_h)은 200 kg이고 오일의 질량(m_c)은 500 kg이다. 구체와 오일에 관련된 대류효율(h)은 40 W/m^2·K이고, 강의 물성치는 k_h = 40 W/m·K, ρ_h = 7800 kg/m^3, c_h = 600 J/kg·K이다. 정상상태의 구와 오일의 온도를 구하고, 구의 온도($T_{h,f}$)가 500 K가 될 때까지의 시간을 구하라.

풀이

제시자료: 강구의 질량, 직경, 물성치, 초기온도. 유조의 질량, 초기온도.

풀이대상: 정상상태의 구와 오일의 온도, 구의 온도($T_{h,f}$)가 500 K가 될 때까지의 시간.

개략도:

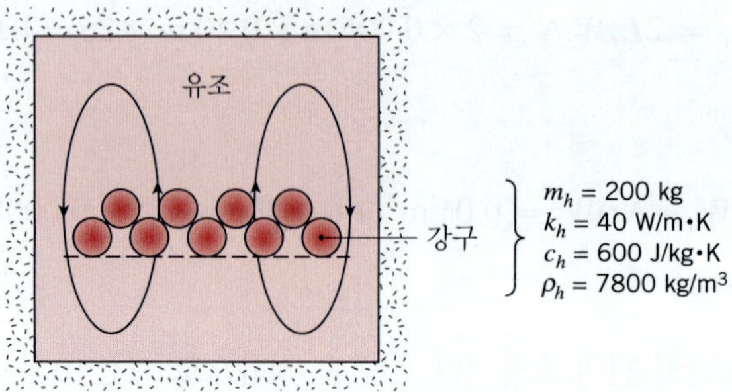

가정:

1. 일정한 물성치.
2. 유조로부터의 열손실은 무시.

물성치: 표 A.5, 엔진오일($\bar{T} \approx 350$ K): $c_c = 2118$ J/kg·K.

해석: 5장의 집중용량분석법을 구체에 적용할 수 있는지 검토한다. $L_c = r_o/3$이고, 식 (5.10)으로부터

$$Bi = \frac{h(r_o/3)}{k_h} = \frac{40\ \text{W/m}^2\cdot\text{K} \times (0.005\ \text{m}/3)}{40\ \text{W/m}\cdot\text{K}} = 0.0017$$

그로부터 식 (5.10)은 충족되고, 구체는 항상 등온 상태를 유지한다. 구체를 정확하게 다룸으로써, 구체(T_h)와 오일(T_c)의 평균온도는 다음과 같은 형태의 에너지 균형으로부터 구해질 수 있다.

$$\Delta E_c = -\Delta E_h = \Delta E = C_{t,c}(T_c - T_{c,i}) = C_{t,h}(T_{h,i} - T_h) \tag{1}$$

여기에서 $C_{t,c} = m_c c_c = 500\ \text{kg} \times 2118\ \text{J/kg}\cdot\text{K} = 1.06 \times 10^6\ \text{J/K}$와 $C_{t,h} = m_h c_h = 200\ \text{kg} \times 600\ \text{J/kg}\cdot\text{K} = 120 \times 10^3\ \text{J/K}$은 식 (5.7)에서 정의된 것과 같이 오일과 구체의 열용량이다. 정상상태 온도는 $T_c = T_h = T_{ss}$일 때 얻어지며, 이것은

$$T_{ss} = \frac{C_{t,h}T_{h,i} + C_{t,c}T_{c,i}}{C_{t,h} + C_{t,c}} = \frac{120 \times 10^3\ \text{J/K} \times 1000\ \text{K} + 1.06 \times 10^6\ \text{J/K} \times 300\ \text{K}}{120 \times 10^3\ \text{J/K} + 1.06 \times 10^6\ \text{J/K}} = 371\ \text{K} \quad \triangleleft$$

이다. 오일의 온도가 시간이 따라 상승하기 때문에, 5장의 주위의 온도 변화가 없는 T_∞을 측정하는 집중용량분석법은 적합하지 않다. 대신에 열전달은 아래에 도식화된 과정을 따른다.

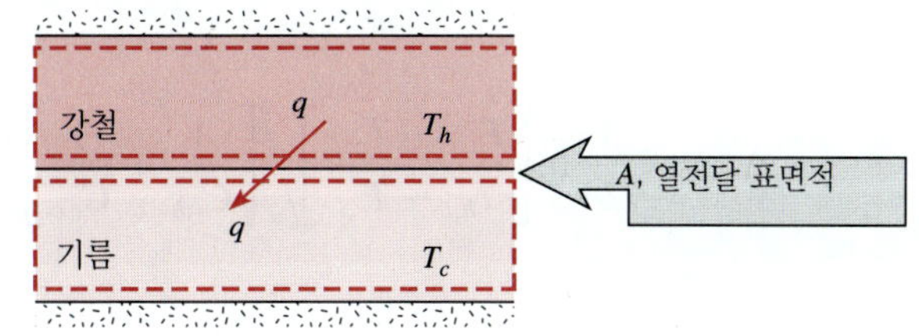

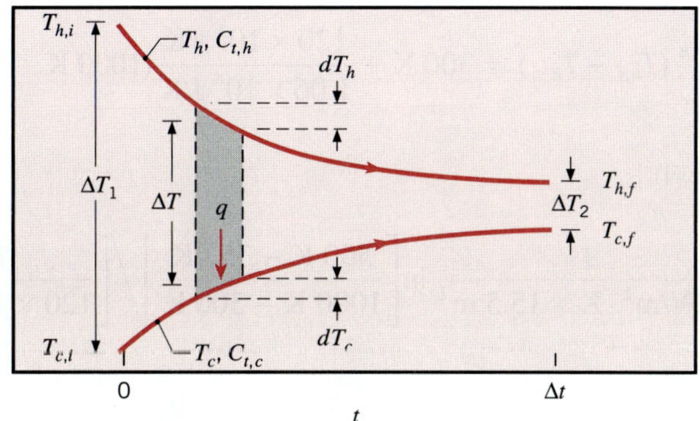

이 과정은 그림 11.7에서의 평행유동 열교환기의 과정과 유사하다. 여기서 N개 구체의 총 열교환 면적은

$$A = N4\pi r_o^2 = \frac{m_h}{\rho_h(4/3)\pi r_o^3}4\pi r_o^2 = \frac{3m_h}{\rho_h r_o} = \frac{3 \times 200\ \text{kg}}{7800\ \text{kg/m}^3 \times 0.005\ \text{m}} = 15.5\ \text{m}^2$$

이다. 에너지평형을 위의 도식에서 보인 각각의 다른 요소에 적용시키면

$$dE = qdt = -C_{t,h}dT_h \quad \text{and} \quad dE = qdt = C_{t,c}dT_c \tag{2a, b}$$

여기서

$$q = hA(T_h - T_c) = UA\Delta T = UA(T_h - T_c) \tag{3}$$

식 (2a, b)에서의 dT_h와 dT_c를 $d(\Delta T) = dT_h - dT_c$로 대체하면 다음과 같이 주어진다.

$$d(\Delta T) = -\frac{qdt}{C_{t,h}} - \frac{qdt}{C_{t,c}} \tag{4}$$

위의 두 식 (3)과 (4)를 정리하면

$$d(\Delta T) = -\frac{UA\Delta T}{C_{t,h}}dt - \frac{UA\Delta T}{C_{t,c}}dt$$

변수분리를 하고 적분을 하면

$$\int_1^2 \frac{d(\Delta T)}{\Delta T} = -UA\left(\frac{1}{C_{t,h}} + \frac{1}{C_{t,c}}\right)\int_{t_1}^{t_2} dt$$

또는

$$\ln\left(\frac{\Delta T_2}{\Delta T_1}\right) = -UA\left(\frac{1}{C_{t,h}} + \frac{1}{C_{t,c}}\right)\Delta t \tag{5}$$

이것을 D_t를 구하기 위해 정리하면

$$\Delta t = -\frac{1}{UA}\ln\left[\frac{T_{h,f} - T_{c,f}}{T_{h,i} - T_{c,i}}\right] \bigg/ \left[\frac{1}{C_{t,h}} + \frac{1}{C_{t,c}}\right] \tag{6}$$

식 (1)로부터

$$T_{c,f} = T_{c,i} + \frac{C_{t,h}}{C_{t,c}}(T_{h,i} - T_{h,f}) = 300\text{ K} + \frac{120 \times 10^3\text{ J/K}}{1.06 \times 10^6\text{ J/K}}(1000\text{ K} - 500\text{ K}) = 357\text{ K}$$

그러므로 식 (6)은 다음과 같이 계산된다.

$$\begin{aligned}\Delta t &= -\frac{1}{40\text{ W/m}^2\cdot\text{K} \times 15.5\text{ m}^2}\ln\left[\frac{500\text{ K} - 357\text{ K}}{1000\text{ K} - 300\text{ K}}\right] \bigg/ \left[\frac{1}{120 \times 10^3\text{ K/J}} + \frac{1}{1.06 \times 10^6\text{ K/J}}\right] \\ &= 278\text{ s}\end{aligned}$$

부가설명:

1. 구체와 오일의 온도변화는 아래에 나타난다. 두 온도의 점근선이 정상상태 값(T_{ss} = 371 K)으로 도달하는 것을 알 수 있다.

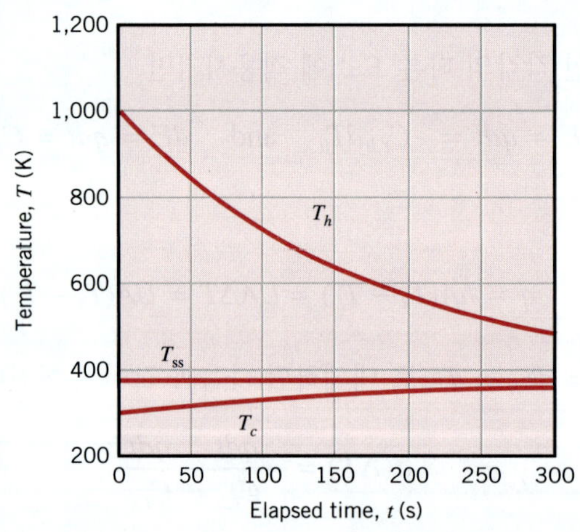

2. 식 (5)는 다음과 같이 다시 쓰일 수 있다.

$$\frac{T_{h,f} - T_{c,f}}{T_{h,i} - T_{c,i}} = \exp\left[-UA\left(\frac{1}{C_{t,h}} + \frac{1}{C_{t,c}}\right)\Delta t\right]$$

무한히 큰 유조에서, $C_{t,c} \to \infty$이고, $T_{c,f} = T_{c,i} = T_\infty$이다. 따라서

$$\frac{T_{h,f} - T_\infty}{T_{h,i} - T_\infty} = \exp\left[-\left(\frac{UA}{\rho_h m_h}\right)\Delta t\right]$$

이는 집중용량분석의 식 (5.6)과 일치한다.

3. 식 (1)로부터 $C_{t,c} = DE/(T_{c,f} - T_{c,i})$와 $C_{t,h} = DE/(T_{h,i} - T_{h,f})$임을 확인할 수 있다. 이 두 식을 식 (6)에 대입하면

$$\ln\left(\frac{\Delta T_2}{\Delta T_1}\right) = -UA\Delta t\left(\frac{T_{h,i} - T_{h,f}}{\Delta E} + \frac{T_{c,f} - T_{c,i}}{\Delta E}\right) = -\frac{UA\Delta t}{\Delta E}(\Delta T_1 - \Delta T_2)$$

이것은 **대수평균 온도차**와 관련한 표현으로 재정리될 수 있다. 이는 식 (11.15)와 같은 형태를 가진다.

$$\Delta E = UA\Delta t \frac{\Delta T_2 - \Delta T_1}{\ln(\Delta T_2/\Delta T_1)} = UA\Delta t\Delta T_{\mathrm{lm}}$$

LMTD 표현을 이 방정식에 적용하면

$$\Delta E = 40\ \mathrm{W/m^2 \cdot K} \times 15.5\ \mathrm{m^2} \times 278\ \mathrm{s}\left[\frac{(500\ \mathrm{K} - 357\ \mathrm{K}) - (1000\ \mathrm{K} - 300\ \mathrm{K})}{\ln\left(\dfrac{500\ \mathrm{K} - 357\ \mathrm{K}}{1000\ \mathrm{K} - 300\ \mathrm{K}}\right)}\right]$$

$$= 60 \times 10^6\ \mathrm{J} = 60\ \mathrm{MJ}$$

이것은 식 (1)과 $\Delta E = C_{t,c}(T_{c,f} - T_{c,i}) = C_{t,h}(T_{h,i} - T_{h,f}) = 1.06 \times 10^6\ \mathrm{J/K^3}(357\ \mathrm{K} - 300\ \mathrm{K}) = 120 \times 10^3\ \mathrm{J/K^3}(1000\ \mathrm{K} - 500\ \mathrm{K}) = 60\ \mathrm{MJ}$을 이용하여 증명할 수 있다.

4. 이와 유사한 방식으로 진행하는 평행유동 2유체 열교환기의 구체 또는 오일의 최대 변화량은

$$\Delta E_{\max} \equiv C_{t,\min}(T_{h,i} - T_{c,i})$$

마찬가지로, 수정된 효율과 NTU는 다음과 같다.

$$\varepsilon^* = \frac{\Delta E}{\Delta E_{\max}} \quad \text{및} \quad \mathrm{NTU}^* = \frac{UA\Delta t}{C_{t,\min}}$$

$C_{t,r} = C_{t,\min}/C_{t,\max}$일 때, 다음과 같이 나타낼 수 있다.

$$\varepsilon^* = \frac{1 - \exp[-\mathrm{NTU}^*(1 + C_{t,r})]}{1 + C_{t,r}} \quad \text{및} \quad \mathrm{NTU}^* = -\frac{\ln[1 - \varepsilon^*(1 + C_{t,r})]}{1 + C_{t,r}}$$

이는 식 (11.28a)와 (11.28b)와 같은 형태이다. 이 문제에서 $C_{t,r} = (120 \times 10^3\ \mathrm{J/K})/(1.06 \times 106\ \mathrm{J/K}) = 0.113$이고, $\varepsilon^* = \Delta E/\Delta E_{\max} = (60 \times 10^6\ \mathrm{J/K})/[120 \times 10^3\ \mathrm{J/K^3}(1000\ \mathrm{K} - 300\ \mathrm{K})] = 0.714$이다. 그러므로

$$\mathrm{NTU}^* = -\frac{\ln[1 - 0.714(1 + 0.113)]}{1 + 0.113} = 1.42$$

그리고

$$\Delta t = \mathrm{NTU}^* C_{t,\min}/UA = 1.42 \times 120 \times 10^3\ \mathrm{J/K}/[40\ \mathrm{W/m^2 \cdot K} \times 15.5\ \mathrm{m^2}] = 278\ \mathrm{s}$$

이것은 이 문제의 결과 값과 일치한다.

5. 이 문제는 다양한 열 시스템의 특징이 되는 **유사 거동**의 값을 나타내었다. 일반적으로 어느 시점의 특정 온도에서 각 물체가 특징을 가진다면, LMTD와 ε-NTU 열교환기 분석은 열이 교환되는 두 물체 사이의 순간적인 열응답을 알아내는 데 사용될 수 있다.

11.7 요약

이 장에서는 근사적인 열교환기 계산을 수행하기 위한 도구들이 전개되었다. 이 주제에 관한 좀 더 상세한 고찰은 열교환기의 해석과 관련한 불확실성에 대한 처리를 포함하여 참고문헌에서 찾아볼 수 있다[3, 4, 7, 12~18].

여기서는 정지하고 있는 벽에 의해 고온유체와 저온유체가 분리된 열교환기로 관심이 제한되었지만, 다른 중요한 대안들도 있다. 이를테면 **증발** 열교환기는 액체와 가스의 **직접접촉**을 가능하게 하며(분리벽이 없다), 잠열 에너지 효과 때문에 단위체적당 큰 열전달률이 가능하다. 또한 가스-가스 열교환기에서는 같은 공간을 고온가스와 저온가스가 교대로 차지하는 **재생식 열교환기**도 자주 이용된다. 충전층 같은 고정 재생식 열교환기에서는 고온가스와 저온가스가 교대로 정지된 다공성 고체에 들어간다. 회전식 재생식 열교환기는 다공성 고체가 연속적으로 흐르는 고온가스와 저온가스에 교대로 그 표면이 노출되는 회전바퀴 형태이다. 이러한 열교환기들에 대한 자세한 설명은 참고문헌에서 찾아볼 수 있다[3, 4, 12, 15, 19~22].

다음의 질문에 답해 봄으로써 기본적인 문제에 대한 이해도를 테스트해 보자.

- **동심관 열교환기**의 두 가지 가능한 배열은 무엇인가? 각 배열에 대해서 유체 출구 온도와 관계된 제약은 무엇인가?
- **직교유동 열교환기**에 적용할 경우, **혼합**과 **비혼합** 용어의 의미는 무엇인가? 무슨 의미에서 실제 상태의 이상화인가?
- **셸-앤드-튜브** 열교환기에서 격막(baffle)은 왜 사용되는가?
- **고밀도 열교환기**의 중요한 특징은 무엇인가?
- **파울링**(fouling)은 열교환기의 열관류계수와 성능에 어떤 영향을 미치는가?
- **휜이 부착된 표면**이 열교환기의 열관류계수와 성능에 어떤 영향을 미치는가? 휜을 사용하기에 가장 적당한 때는 언제인가?
- 열관류계수가 $U = (h_i^{-1} + h_o^{-1})^{-1}$일 때는 언제인가?
- 열교환기의 두 유체에 대한 평균 온도차이의 적절한 식은 무엇인가?
- 열교환기에서 증발 또는 응축을 하고 있는 포화된 유체의 온도 변화에 대해서 어떻게 말할 수 있는가?
- 열교환기에서 가장 큰 온도 변화를 하는 것은 최소의 열용량을 갖는 유체인가, 아니면 최대의 열용량률을 갖는 유체인가?
- 열교환기에서 가능한 최대의 열전달률이 왜 $C_{max}(T_{h,i} - T_{c,i})$가 되지 **않는가?** 차가운 유체의 출구 온도가 뜨거운 유체의 입구 온도를 넘을 수 있는가?
- 열교환기의 **유용도**는 무엇인가? 가능한 값의 범위는 무엇인가? **전달단위수**는 무엇인가? 가능한 값의 범위는 얼마인가?
- 일반적으로 열교환기의 크기(표면적)가 증가한다면, 유용도의 변화는 어떻게 되는가? 열관류계수가 증가하는가? 열용량률의 비가 감소하는가? 전달단위수에 의해 명확해지듯이, 앞서 언급한 경향에 대한 한계가 있는가? 열교환기 크기의 증가와 관련된 불이익은 무엇인가? 열관류계수의 증가와 관련된 불이익은 무엇인가?

참고문헌 *References*

1. *Standards of the Tubular Exchange Manufacturers Association*, 6th ed., Tubular Exchanger Manufacturers Association, New York, 1978.
2. Chenoweth, J. M., and M. Impagliazzo, Eds., *Fouling in Heat Exchange Equipment*, American Society of Mechanical Engineers Symposium Volume HTD-17, ASME, New York, 1981.
3. Kakac, S., A. E. Bergles, and F. Mayinger, Eds., *Heat Exchangers*, Hemisphere Publishing, New York, 1981.
4. Kakac, S., R. K. Shah, and A. E. Bergles, Eds., *Low Reynolds Number Flow Heat Exchangers*, Hemisphere Publishing, New York, 1983.
5. Kays, W. M., and A. L. London, *Compact Heat Exchangers*, 3rd ed., McGraw-Hill, New York, 1984.
6. Bowman, R. A., A. C. Mueller, and W. M. Nagle, *Trans. ASME*, **62**, 283, 1940.
7. DiGiovanni, M. A., and R. L. Webb, *Heat Transfer Eng.*, **10**, 61, 1989.
8. Ribando, R. J., G. W. O'Leary, and S. Carlson-Skalak, *Comp. Appl. Eng. Educ.*, **5**, 231, 1997.
9. Moran, M. J., and H. N. Shapiro, *Engineering Thermodynamics*, 6th ed., Wiley, Hoboken, NJ, 2008.
10. Dai, Y., J. Wang, and L. Gao, *Energy Conv. Management*, **50**, 576, 2009.
11. Webb, R. L., *Trans. ASME, J. Heat Transfer*, **129**, 899, 2007.
12. Shah, R. K., C. F. McDonald, and C. P. Howard, Eds., *Compact Heat Exchangers*, American Society of Mechanical Engineers Symposium Volume HTD-10, ASME, New York, 1980.
13. Webb, R. L., in G. F. Hewitt, Exec. Ed., *Heat Exchanger Design Handbook*, Section 3.9, Begell House, New York, 2002.
14. Marner, W. J., A. E. Bergles, and J. M. Chenoweth, *Trans. ASME, J. Heat Transfer*, **105**, 358, 1983.
15. G. F. Hewitt, Exec. Ed., *Heat Exchanger Design Handbook*, Vols. 1–5, Begell House, New York, 2002.
16. Webb, R. L., and N.-H. Kim, *Principles of Enhanced Heat Transfer*, 2nd ed., Taylor & Francis, New York, 2005.
17. Andrews, M. J., and L. S. Fletcher, *ASME/JSME Thermal Eng. Conf.*, **4**, 359, 1995.
18. James, C. A., R. P. Taylor, and B. K. Hodge, *ASME/JSME Thermal Eng. Conf.*, **4**, 337, 1995.
19. Coppage, J. E., and A. L. London, *Trans. ASME*, **75**, 779, 1953.
20. Treybal, R. E., *Mass-Transfer Operations*, 3rd ed., McGraw-Hill, New York, 1980.
21. Sherwood, T. K., R. L. Pigford, and C. R. Wilkie, *Mass Transfer*, McGraw-Hill, New York, 1975.
22. Schmidt, F. W., and A. J. Willmott, *Thermal Energy Storage and Regeneration*, Hemisphere Publishing, New York, 1981.

연습문제 *Problems*

열관류계수

11.1 연관보일러에서 얇은 벽으로 된 관들의 배열을 통과해 흐르는 고온의 연소생성물이 관의 외부를 흐르는 물을 끓이는 데 사용된다. 설치 시에 열관류계수는 400 W/m²·K였다. 1년간 사용 후에 내부와 외부 관의 표면들이 오염되어 각각의 불결계수가 $R''_{f,i} = 0.0015\ \text{m}^2\cdot\text{K/W}$, $R''_{f,o} = 0.0005\ \text{m}^2\cdot\text{K/W}$이 되었다. 보일러의 관 표면들을 깨끗하게 하기 위한 계획을 어떻게 세워야 하는가?

11.2 산업용 보일러는 내부로 고온의 연소가스가 흐르는 관으로 구성되어 있다. 관 외부에서는 물이 끓는다. 설치 시 깨끗한 보일러의 열관류계수는 300 W/m²·K였다. 경험상으로 내부와 외부 관 표면의 불결계수는 시간이 지남에 따라 각각 $R''_{f,i} = a_i t$와 $R''_{f,o} = a_o t$(여기서 $a_i = 2.5 \times 10^{-11}\ \text{m}^2\cdot\text{K/W}\cdot\text{s}$, $a_o = 1.0 \times 10^{-11}\ \text{m}^2\cdot\text{K/W}\cdot\text{s}$)와 같이 선형적으로 증가할 것으로 예상된다. 열관류계수가 초기 값에서 25% 감소할 때 보일러를 청소하기로 한다면, 첫 번째 청소는 설치 후 언제 계획되어야 하는가? 보일러는 청소 사이에 계속 작동한다.

11.3 내부와 외부 지름이 각각 $D_i = 22$ mm, $D_o = 27$ mm인 302 스테인리스 강관을 직교유동 열교환기에 사용한다. 내부와 외부 표면의 불결계수 R''_f은 각각 0.0004와 0.0002 m²·K/W이다.

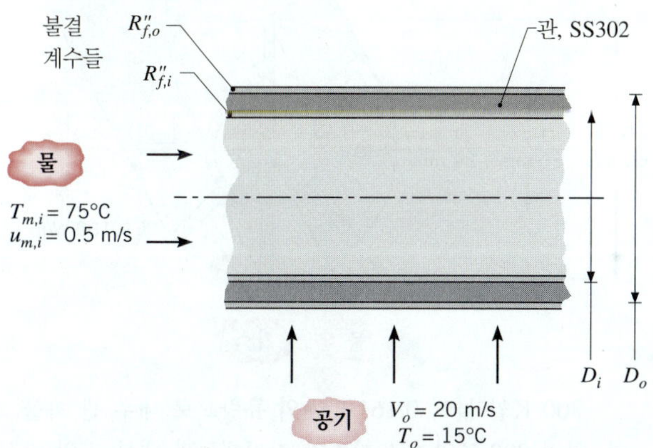

(a) 관의 외부 쪽 면적을 기준으로 하여 열관류계수 U_o를 구하라. 대류, 관벽 전도 그리고 오염으로 인한 열저항들을 비교하라.

(b) 관 위로 공기가 흐르는 대신에, 직교유동의 유체가 속도가 $V_o = 1$ m/s이고 15°C인 물인 경우를 고려하자. 관의 외부 벽면을 기준으로 하여 열관류계수 U_o를 구하라. 대류, 관벽 전도 그리고 오염으로 인한 열저항들을 비교하라.

[(c)] 위 (a)의 물–공기 조건과 평균속도 $u_{m,i}$가 0.2, 0.5, 1.0 m/s인 경우에 $5 \le V_o \le 30$ m/s의 범위에 대해 직교유동 속도의 함수로 열관류계수를 그리라.

[(d)] 위 (b)의 물–물 조건과 직교유동 속도 V_o가 1, 3, 8 m/s인 경우에 $0.5 \le u_{m,i} \le 2.5$ m/s의 범위에 대해 평균속도의 함수로 열관류계수를 그리라.

11.4 내부와 외부의 지름이 각각 D_i = 20 mm와 D_o = 26 mm인 강관(k = 50 W/m·K)이 관 밖을 흐르는 고온가스(h_n = 200 W/m^2·K)로부터 관 내부를 흐르는 저온의 물(h_h = 8000 W/m^2·K)로 열을 전달시키는 데 사용된다. 저온 쪽의 열관류계수 U_c는 얼마인가? 열전달을 촉진하기 위해 직사각형 종단면을 가진 16개의 직선 휜들이 관의 외표면을 따라 길이 방향으로 설치되었다. 휜들은 관의 원주둘레에 등간격으로 배치되었으며 각각은 2 mm의 두께와 15 mm의 길이를 가진다. 해당하는 열관류계수 U_c는 얼마인가?

11.5 열회수장치가 환상공간 내를 지나는 고온의 연도가스로부터 환상공간의 내부 관 속을 흐르고 있는 가압된 물로 에너지를 전달한다. 내부 관은 24 mm와 30 mm의 안쪽 및 바깥지름을 가지며 지름 60 mm의 단열된 외부 관에 부착된 8개의 지지대에 의해 연결되어 있다. 각각의 지지대는 두께가 4 mm이며 탄소강(k = 50 W/m·K)으로 내부 관과 일체로 제작되었다.

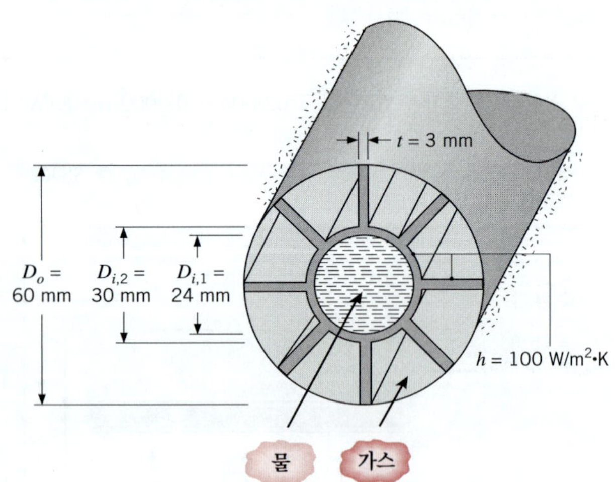

300 K인 물이 0.161 kg/s의 유량으로 내부 관 속을 흐르며, 한편 800 K의 연도가스가 지지대들과 내부 관의 바깥 표면 모두에 대해 100 W/m^2·K의 대류열전달계수를 유지하면서 환상공간을 흐르고 있다. 관의 단위 길이(1 m)당 가스로부터 물로의 열전달률은 얼마인가?

11.6 한 응축기의 새로운 설계가 큰 관에 알맞게 들어 맞는 길이 방향 휜들이 부착된 200 W/m·K의 열전도율을 갖는 관으로 45°C의 응축냉매가 내부 관의 축 방향으로 흐르고 있으며, 물이 0.012 kg/s의 유량으로 내부 관 둘레 6개의 채널 내로 흐르고 있다. 해당 지름들은 D_1 = 10 mm, D_2 = 14 mm 그리고 D_3 = 50 mm이고, 휜 두께는 t = 2 mm이다. 응축냉매와 관련된 대류열전달계수는 상당히 크다고 가정한다.

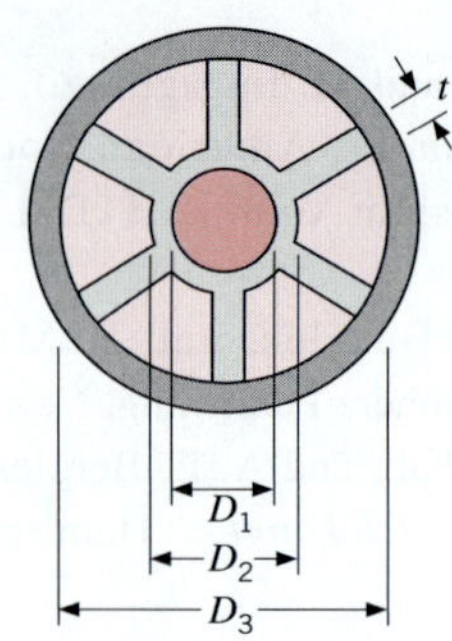

15°C인 물에 대해 관의 구간 내에서 관의 단위 길이당 열 제거율을 구하라.

11.7 관 벽이 얇고 지름이 D = 10 mm인 알루미늄 관들이 공기조화기의 응축기에 사용된다. 관들의 내부응축과 관련된 대류열전달계수는 정상가동 조건에서 h_i = 5000 W/m^2·K이고 관 위로 흐르는 공기 유동에 대해서는 h_o = 100 W/m^2·K로 유지된다.

(a) 휜이 관에 부착되지 않았다면 열관류계수는 얼마인가?

[(b)] 두께 t = 1.5 mm, 바깥지름 D_o = 20 mm 그리고 피치 S = 3.5 mm인 알루미늄 환형 휜을 외부 표면에 부착하였다면 내부 표면에 대한 열관류계수 U_i는 얼마인가? 길이가 1 m인 관에 대해 계산하라. $t \ge 1$ mm, $(S - t) \ge 1.5$ mm인 요구조건에 따라 t와 S의 변화가 U_i에 미치는 영향에 대해 조사하라. 어떤 t와 S의 조합이 가장 좋은 열전달 성능을 나타내는가?

11.8 휜이 부착된 관의 직교유동 열교환기가 가스터빈의 배기가스를 이용하여 가압수를 가열한다. 작동조건의 함수로서 열관류계수를 결정하기 위해 표면적이 10 m^{2}인 열교환기의 원형에 대해 실험실에서 측정이 수행되었다. $\dot{m}_h$ = 2 kg/s, $T_{h,i}$ = 325°C, $\dot{m}_c$ = 0.5 kg/s, $T_{c,i}$ = 25°C인 특수한 조건들하에서 이루어진 측정 결과 물의 출구온도는 $T_{c,o}$ = 150°C를 나타내었다. 이 열교환기의 열관류계수는 얼마인가?

11.9 유량 45,500 kg/h의 물이 전체 표면적이 925 m^{2}인 2셸 통로와 8관 통로를 가진 열교환기에서 80°C에서 150°C로 가열된다. 근사적으로 공기와 같은 물성치들을 가진 고온 배기가스가 350°C로 들어가서 175°C로 나온다. 열관류계수를 구하라.

11.10 새로운 열교환기의 개념은 각각 휜과 같은 형상을 가진 다수의 사출된 폴리프로필렌 시트(k = 0.17 W/m·K)를 연속적으로 적층하고 융착하여 열교환기의 주요 부분을 형성하는 과정으로 이루어진다. 게다가 비용절감을 위해 열교환기는 제품수명을 다한 뒤에 쉽게 재활용될 수 있다. 평균속도 u_m

= 0.1 m/s의 차가운 채널에 평균온도 10°C, 압력 2 atm의 이산화탄소가 흐른다. 따뜻한 채널에서는 30°C, 2 atm의 공기가 0.2 m/s로 흐른다. 200개의 차가운 채널과 200개의 따뜻한 채널로 구성된 열교환기에서, 용접된 접촉면에서의 열접촉저항을 무시할 경우, 열관류계수와 열전달 면적의 곱 U_A를 결정하라.

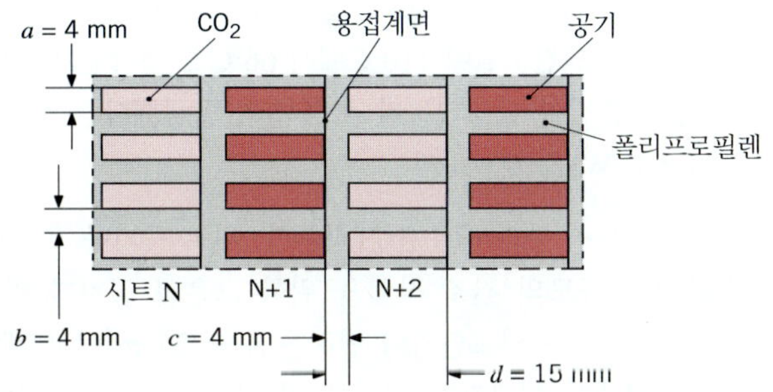

설계와 성능계산

11.11 열교환기의 고온 및 저온 유체에 대한 특성과 유동률이 아래 표에 나타나 있다. 어떤 유체가 열교환기의 열전달률을 제한하는가? 그 이유를 설명하라.

	고온유체	저온유체
밀도, kg/m^3	997	1247
비열, J/kg·K	4179	2564
열전도율, W/m·K	0.613	0.287
점성, N·s/m^2	8.55×10^{-4}	1.68×10^{-4}
유량, m^3/h	12	18

11.12 비열 3500 J/kg·K, 유량 2 kg/s인 공정과정의 유체를 15°C, 2.5 kg/s에서 공급되는 냉각수에 의해 80°C에서 50°C로 냉각시키고자 한다. 열관류계수를 2000 W/m^2·K로 가정하여 다음의 열교환기 형식에 대해 요구되는 열전달 면적을 계산하라: (a) 평행유동, (b) 대향유동, (c) 셀-앤드-튜브, 1셀과 2튜브, (d) 직교유동, 단일통로, 두 유체 모두 비혼합 단독 유동. 해석의 결과들을 비교하라. *IHT* 모델을 사용할 수 있다.

11.13 셀-앤드-튜브 열교환기(2셀, 4관 통로)를 열교환기로 300°C에서 5000 kg/h로 들어오는 가압수로 10,000 kg/h의 가압수를 35°C로부터 120°C로 가열하는 데 사용한다. 열관류계수가 1600 W/m^2·K일 때, 요구되는 열교환기 면적을 구하라.

11.14 연습문제 11.13의 열교환기를 고려하자. 수년을 작동한 후에 저온 물의 출구온도가 같은 유량과 유체 입구온도에 대해 요구되는 120°C가 아니라 95°C 밖에 안되는 것이 관찰되었다. 성능 저하의 원인인 누적된(내부표면과 외부표면) 불결계수를 구하라.

11.15 예제 7.7을 고려하라. ε-NTU법을 이용하여 열전달률을 계산하라. 높이가 $N_T S_T$(여기서 열당 N_T = 8관이고 S_T는 횡단관 피치이다)인 덕트에서의 공기 유동을 가정하라. 관 길이와 덕트 폭은 둘 다 1 m이다.

예제 7.7의 관이 등온이라고 가정한다. 이제 관군을 통과하는 물의 질량 유량률을 10 kg/s라고 고려하라. 예제의 공기 측 평균 대류열전달계수를 이용하여 열교환기의 열관류계수를 결정하라. 물의 물성치는 70°C에서 평가하라. 등온관이라는 가정은 유효한가?

11.16 동심원관 열교환기로 찬물과 뜨거운 물이 각각 $T_{h,i}$ = 200°C, $T_{c,i}$ = 100°C로 들어간다. 출구의 온도는 각각 $T_{h,o}$ = 110°C, $T_{c,o}$ = 125°C이다. 이 열교환기가 평행유동인가 대향유동인가? 열교환기의 유용도는 얼마인가? NTU는 얼마인가?(단, 두 물체에서 상변화는 일어나지 않는다.)

11.17 한 대향유동, 동심원관 열교환기가 환상공간으로 160°C로 공급되고 140°C로 배출되는 고온 오일을 이용하여 물을 20°C에서 80°C로 가열하도록 설계되었다. 얇은 벽으로 된 내부관은 지름 D_i = 20 mm이고, 열관류계수는 500 W/m^2·K이다. 설계조건은 총 열전달률이 3000 W가 되도록 요구한다.

(a) 열교환기의 길이는 얼마인가?

(b) 3년간 작동 후에 열교환기의 물 측의 오염에 의해 성능이 저하되고 같은 유체유량과 입구온도에 대해 물의 출구온도가 65°C 밖에 안된다. 이에 해당하는 열전달률, 오일의 출구온도, 열관류계수 그리고 물 측 불결계수 $R''_{f,c}$의 값은 얼마인가?

11.18 다음 조건하에서 작동하는 면적이 50 m^{2}인 동심관 열교환기를 고려하시.

	고온유체	고온유체
열용량률, kW/K	6	3
입구온도, °C	60	30
출구온도, °C	—	54

(a) 고온유체의 출구온도를 결정하라.

(b) 이 열교환기는 대향유동으로 작동하는가, 평행유동으로 작동하는가? 또는 주어진 정보로부터는 알 수 없는가?

(c) 열관류계수를 계산하라.

(d) 이 열교환기의 유용도를 계산하라.

(e) 만일 열교환기의 길이가 매우 크다면, 열교환기의 유용도는 얼마인가?

11.19 대학 4학년의 종합설계에서 학생에게 아래 표에 맞는 열교환기를 설계하라는 과제가 주어졌다.

	$\dot{m}$(kg/s)	$T_{m,i}$(°C)	$T_{m,o}$(°C)
고온수	28	90	—
저온수	27	34	60

많은 실제 상황에서처럼 고객들은 드러나 있지도 않고, 최종 설계로 정확하게 진행하는 데 요구되는 추가사항을 알지도 못한다. 착수 시에는 단순화된 가정을 근거로 초기 설계를 하고, 그것으로 고객이 요구하는 어떤 추가적인 사항과 협상 조건을 결정하는 견적을 낸다.

(a) 예상한 규격에 맞추어서 열교환기를 설계하라. 가정들을 적고 설명하라. 힌트: U_A의 요구 U 값을 먼저 구하고, 대표적 값을 사용하여 A를 결정하라.

(b) 보다 완벽한 규격을 개발하기 위해서 고객과 함께 개선해야 할 특성과 형식을 파악함으로써 설계과정을 평가하라.

11.20 한 셀-앤드-튜브 열교환기가 물 2.5 kg/s을 15°C에서부터 85°C로 가열하도록 설계되었다. 셀 측으로 160°C의 엔진오일이 지나감으로써 가열될 수 있다. 이 오일은 관 출구에서는 평균 대류열전달계수가 h_o = 400 W/m²·K로 알려져 있다. 물은 10개의 관을 통과해 셀을 가로질러 간다. 각 관벽은 얇으며, 지름 D = 25 mm이다. 그리고 각 관은 셀 측에 8개의 통로를 만든다. 열교환기를 떠난 물의 온도가 100°C라면, 유량은 얼마인가? 관의 설정온도에 도달하려면 얼마 동안 가열해야 하는가?

11.21 윤활유를 냉각하기 위한 동심원관 열교환기가 물을 수송하는 25 mm 지름의 얇은 벽으로 된 내부 관과 윤활유를 수송하는 45 mm 지름의 외부 관으로 구성되어 있다. 열교환기는 60 W/m²·K의 열관류계수를 가진 대향류로 작동되고 표에 제시한 평균 물성치들을 가진다.

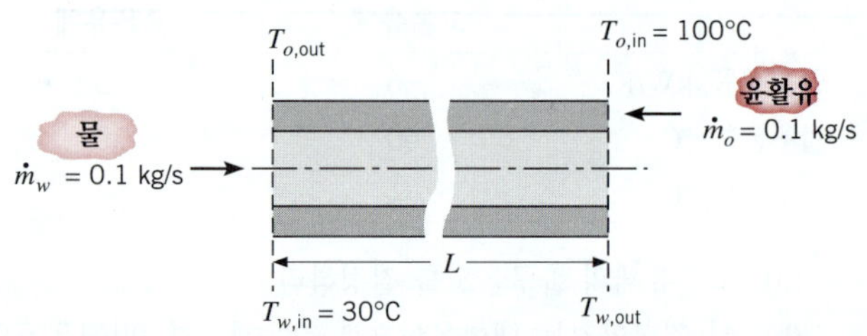

물성치	물	윤활유
ρ (kg/m³)	1000	800
c_p (J/kg · K)	4200	1900
ν (m²/s)	7×10^{-7}	1×10^{-5}
k (W/m · K)	0.64	0.134
Pr	4.7	140

(a) 만일 윤활유의 출구온도가 60°C이면 총 열전달률과 물의 출구온도는 얼마인가?

(b) 열교환기에 대해 요구되는 길이를 구하라.

11.22 어떤 엔진 냉각에 사용되는 대향유동, 동심관 열교환기가 사용기간을 넘어 사용되어 왔다. 열교환기의 열전달 면적은 5 m²이고, 열관류계수의 **설계값**은 38 W/m²·K이다. 시운전을 하는 동안, 25°C, 0.2 kg/s로 공급되는 물에 의해서 유량이 0.1 kg/s인 엔진오일이 110°C에서 66°C로 냉각된다. 사용기간 동안 불결이 발생했는지 결정하라. 발생했다면 불결계수 R''_f(m²·K/W)을 계산하라.

11.23 연소생성물이 통과하는 관군(비혼합) 위로 공기를 흐르게 함으로써 대규모의 건조 작업을 위한 고온의 공기가 만들어진다. 직교유동 열교환기의 면적은 A = 25 m²이고 제안된 작동조건에서 생산자가 제공한 열관류계수는 U = 35 W/m²·K이다. 공기와 연소가스는 각각 비열이 c_p = 1040 J/kg·K라고 가정한다. 1 kg/s의 연소가스 유동이 800 K로 열교환기로 들어가며, 한편 5 kg/s의 공기가 입구온도 300 K를 갖는 조건을 고려하자.

(a) 공기와 가스의 출구온도는 얼마인가?

(b) 장기간 작동 후에 내부 관 표면의 불순물 부착에 의해 불결저항이 R''_f= 0.004 m²·K/W로 예상된다. 관을 세척하기 위해서 작동을 정지해야 하는가?

[(c)] 열교환기의 성능은 표면적 그리고/또는 열관류계수를 증가시킴으로써 향상시킬 수가 있다. 이러한 방법이 $500 \le U_A \le 2500$ W/K에 대해 공기 출구온도에 미치는 영향에 대해 고찰하라.

11.24 1셀 통로와 2관 통로를 가진 셀-앤드-튜브 열교환기가 저온살균하기 전에 우유를 예열하기 위한 **재생기**로 사용된다. 차가운 우유는 $T_{c,i}$ = 5°C로 재생기에 들어가는 반면, 뜨거운 우유는 완전 저온살균을 거쳐서 $T_{h,i}$ = 70°C로 들어간다. 가열된 우유는 재생기를 거친 후에 2차 열교환기로 들어가며, 온도는 $T_{c,o}$에서 70°C로 오른다.

우유의 밀도와 비열은 각각 1030 kg/m³과 3860 J/kg · K이다.

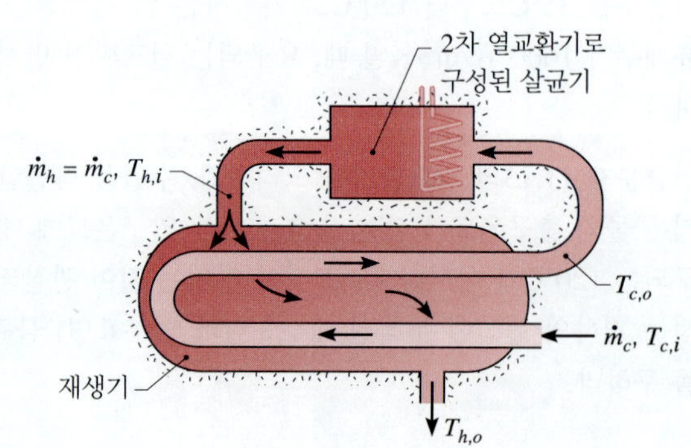

(a) 재생기는 우유의 유량 $\dot{m}_c = \dot{m}_h = 5\,\mathrm{kg/s}$을 저온살균하는 데 사용된다. 이 유량에 대해서, 재생기의 제작자는 열관류계수를 2000 W/m^2·K로 결정한다. 만일 요구되는 재생기의 유용도가 0.5라면, 필요한 열전달 면적은 얼마인가?

(b) 만일 2차 열교환기 내 고온 유체가 에너지를 천연가스의 연소로부터 얻고, 연소기의 효율이 90%라면, 재생기의 설치와 관련해서 에너지와 연료비용은 연간 얼마나 절약되는가? 시설은 연중 내내 작동하고, 천연가스의 비용은 C_{ng} = \$0.02/MJ이다.

11.25 쌍관을 가진 대향류 열교환기가 고온 및 저온 공기유동에 대해 평형이 된 (동일한) 유량 0.003 kg/s로 작동된다. 저온의 유동은 280 K로 들어가고 360 K의 고온 공기에 의해 340 K로 가열되어야 한다. 공기유동의 평균압력은 1 atm이고 저온 공기에 대한 최대 허용 압력강하는 10 kPa이다. 관벽들은 각각 효율이 100%인 휜으로서 작동한다고 가정할 수 있다.

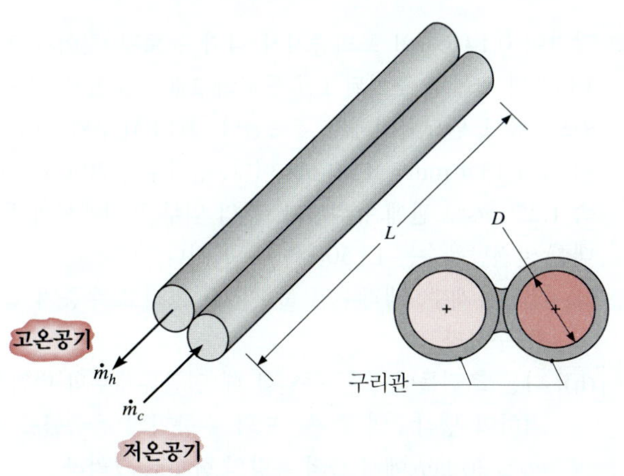

(a) 주어진 열전달과 압력강하 조건들을 만족시키는 관의 지름 D와 길이 L을 구하라.

[b] (a)의 지름 D와 길이 L에 대해 저온 유동의 출구온도, 열전달률 그리고 압력강하를 유량 0.002~0.004 kg/s의 범위에서 평형이 된 유량의 함수로 그리라. 여러분의 결과에 대해 설명하라.

11.26 연습문제 11.25에 있는 것처럼, 길이 5 m, 쌍관, 대향류 열교환기가 건조과정을 위해서 공기를 가열하는 데 쓰인다. 각 관은 일반 탄소강(k = 60 W/m·K)으로 만들어져 있고, 내부 지름과 벽면 두께가 각각 50 mm, 4 mm이다. 관을 연결하는 용접된 연결부위의 단위 길이당 열저항은 R_t' = 0.01 m·K/W이다. 관으로 들어가는 공기는 압력이 5 atm, 온도가 17°C, 유량이 0.030 kg/s이고 다른 관에서는 포화증기가 2.455 bar로 응축되는 조건을 고려하자. 응축을 위한 대류계수는 약 5000 W/m^2·K이다. 공기의 출구온도는 얼마인가? 응축수가 시스템을 빠져나가는 질량유량은 얼마인가? 힌트: 관에서 발생하는 원주방향의 전도 효과를 감안하여 이것을 확장표면으로 취급하라.

11.27 노의 연도가스로부터 열을 회수함으로써 공업용 세척 작용을 위한 고온의 물을 생산한다. 가스가 관의 외부를 지나고 물이 단일통로를 이루는 관 속을 지나는 직교유동 열교환기가 사용되었다. 강관(k = 60 W/m·K)은 D_i = 15 mm와 D_o = 20 mm의 내부 및 외부지름을 가지며, 한편 엇갈린 관배열은 $S_T = S_L$ = 40 mm의 횡피치와 종피치를 가진다. 관 배열 속에 설치된 플리넘(plenum)은 W = 2 m의 폭(관 길이에 해당하는)과 H = 1.2 m의 높이(관의 축에 직각 방향)를 가진다. 따라서 횡단면에서 관의 수는 $N_T \approx H/S_T = 30$이다. 가스의 물성치들은 대기공기의 것으로 근사화할 수 있으며 관들 속의 물의 유동과 관련된 대류열전달계수는 3000 W/m^2·K로 근사화될 수 있다.

(a) 만일 700 K로 열교환기에 들어가는 40 kg/s의 연도가스에 의해 50 kg/s의 물이 290에서 350 K로 가열된다면 이 가스의 출구온도는 얼마이며 관의 열(row) 수 NL은 얼마나 요구되는가?

[b] 물의 출구온도는 가스의 유량 또는 입구온도를 변화시킴으로써 조절할 수 있다. (a)에서 구한 N_L 값과 주어진 값인 H, W, S_T, $\dot{m}_c$, $T_{c,i}$에 대해 $T_{c,o}$를 $T_{h,i}$ = 500, 600 및 700 K인 경우 $20 \le \dot{m}_h \le 40\,\mathrm{kg/s}$의 범위에서 $\dot{m}_h$의 함수로 계산하고 그래프로 그리라. 만일 열교환기 표면에 부식성 증기가 응축되는 것을 막기 위해 $T_{h,o}$가 400 K 이하로 떨어져서는 안 된다면 $\dot{m}_h$와 $T_{h,i}$에 대해 어떤 제약조건이 있겠는가?

11.28 자동차의 내부공간 가열기는 라디에이터의 더운 유체와 외부 쪽의 찬 공기 사이에 열을 교환한다. 물의 유량은 공기에 비해 크며 가열기의 유용도 $\varepsilon \sim \dot{m}_{\mathrm{air}}^{-0.2}$의 관계에 따라 공기의 유량에 달려 있다고 알려져 있다.

(a) 만일 횀이 고속으로 되어 $\dot{m}_{\mathrm{air}}$가 2배로 되었다면, 유체 입구온도가 같게 유지될 때 자동차에 가해지는 열의 증가 %는 얼마인가?

(b) 저속 횀 조건에 대해 가열기는 외부 공기를 0°C에서 30°C로 가열하였다. 횀이 중속(medium)으로 바뀌었을 때 공기유량은 50% 증가하고 열전달은 20% 증가하였다. 새로운 출구온도를 구하라.

11.29 두 개의 동일한 열교환기 A, B로 이루어진 **결합된**(coupled) 셸-인-튜브(shell-in-tube) 열교환기 장치가 있다. 공기가 열교환기 A의 셸 측에 흐르고 있다. 이 공기의 입구온도($T_{h,i,A}$)는 520 K, 유량($\dot{m}_{h,A}$)은 10 kg/s이다. 암모니아가 열교환기 B의 셸에 흐르고 있고 입구온도($T_{c,i,B}$)는 280 K, 유

량($\dot{m}_{c,B}$)은 5 kg/s이다. 튜브 쪽의 유동은 두 교환기 공용이고, 두 관을 통과하는 유량 $\dot{m}_{c,A}$와 유량 $\dot{m}_{h,B}$는 같다. UA는 관계식 $UA_A = a + b\dot{m}_{c,A}$에 의해 열교환기 A의 유량비와 함께 증가한다. 여기에서 a = 6000 W/K, b = 100 J/kg·K이다. 열교환기 B의 $U_{AB} = 1.2UA_A$이다.

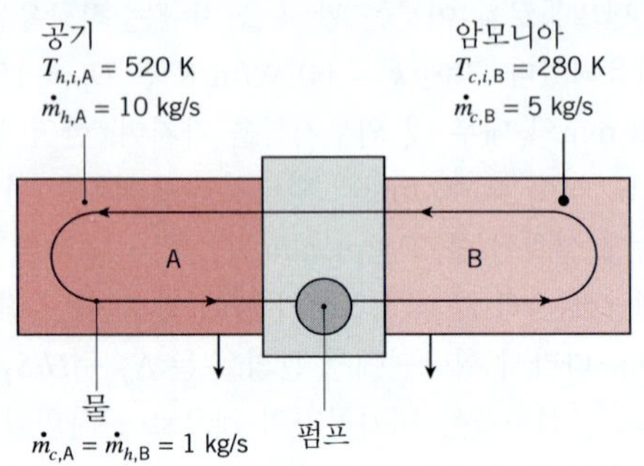

(a) $\dot{m}_{c,A} = \dot{m}_{h,B}$ = 1 kg/s일 때, 공기와 암모니아의 출구 온도와 열전달량을 구하라.

(b) 플랜트 엔지니어가 물의 유량을 조정하도록 하는 가변 스피드 펌프를 설치함으로써 열교환기의 작동을 미세조정하기를 희망한다. 공기와 암모니아의 출구 온도와 물의 유량에 대한 그래프를 그려라. 물의 유량은 0 kg/s ≤ $\dot{m}_{c,A} = \dot{m}_{h,B}$ ≤ 2kg/s이다.

11.30 한 개의 셀 통로와 두 개의 관 통로를 가진 셸-앤드-튜브 열교환기가 고온의 공기를 이용하여 3.0 kg/s로 흐르는 액체 물을 25°C에서 65°C로 가열하기 위해 설계되었다. 공기는 열교환기의 셸로 175°C로 들어가고 열교환기가 새 것일 때 공기는 90°C로 나간다. 열관류계수는 관 내부 물 유동과 관련된 열저항, 관 벽을 통한 전도 그리고 관군을 관통하는 공기 유동으로 구성되어 있으며, 초기값은 200 W/m²·K이다. 시간이 흘러 관의 20%에서 누출이 발생하여 정기 보수 시 용접되어졌다. 작은 수의 관을 통과하여 흐르는 물과 동일한 질량 유량률이면, 열관류계수는 상당히 크게 변할 것으로 예상하는가? 추론을 설명하라. 열관류계수가 변하지 않는다고 가정하고, 관의 80%만 실제로 작동할 때 물의 출구 온도를 결정하라.

11.31 건강상의 이유로 공공장소는 불쾌한 내부 공기와 신선한 바깥 공기의 지속적인 교환이 필요하다. 난방 시간 동안 에너지 절약을 위해, 방출된 뜨거운 실내 공기의 열에너지를 들어오는 차가운 신선한 공기에 전달하는 것은 열에너지를 회수하는 하나의 방편이다. 순수한 두 유체 모두 비 혼합인 연결된 단일통로 직교유동 열교환기가 결합된 형태가 아래 그림과 같이 흡입구와 환기구에 설치되어 있다. 독립된 열교환기 A, B로 구성된 장치에서 부동액을 함유한 물이 작동유체로 사용된다. 그러므로 열은 작동유체를 통해 따뜻한 탁한 공기로부터 신선한 차가운 공기로 전달된다.

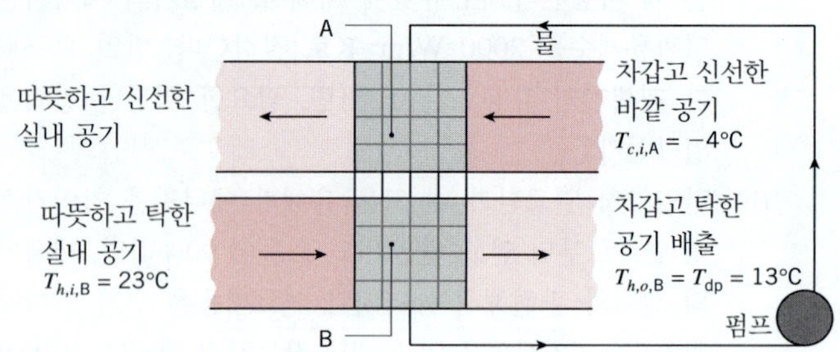

각 덕트에서의 지정된 공기 질량유량($\dot{m}$)이 1.50 kg/s, 각 열교환기에서 열관류계수와 면적의 곱 UA = 2500 W/K, 외부 온도($T_{c,i,A}$)가 −4°C, 내부 온도($T_{h,i,B}$)가 23°C인 경우를 생각해보자. 따뜻한 공기는 가습되었기 때문에, 과도 열전달은 배관에 원하지 않는 응결을 생성할 수 있다. 열교환기 B의 출구 온도가 이슬점 온도 $T_{h,o,B} = T_{dp}$ = 13°C 이하로 떨어지지 않으면서, 열전달을 최대로 만드는 유량은 얼마인가? 힌트: 최대 열용량은 공기와 관련 있다고 가정한다.

11.32 압력이 0.14 bar인 포화증기가 각각 통로당 길이가 2 m인 130개의 관들로 구성된 1셸 통로와 2관 통로들을 가진 셸-앤드-튜브 열교환기에서 응축된다. 관의 내부와 외부 지름이 각각 13.4 mm와 15.9 mm이다. 냉각수는 20°C와 평균유속 1.25 m/s로 관에 유입된다. 관의 외부 표면에서의 응축에 대한 열전달계수는 13,500 W/m²·K이다.

(a) 열관류계수, 냉각수의 출구온도 그리고 수증기 응축률을 구하라.

[(b)] 다른 조건들이 모두 동일할 때 열관류계수의 변화를 고려하여 냉각수의 출구온도와 수증기의 응축률을 10 ≤ $\dot{m}_c$ ≤ 30 kg/s에서 물의 유량의 함수로 그려라.

11.33 보일러에 물을 공급하는 급수가열기가 1셸 통로와 2관 통로들을 가진 셸-앤드-튜브 열교환기로 이루어져 있다. 100개의 얇은 벽으로 된 관들이 각각 20 mm의 지름과 2 m(통로당)의 길이를 가진다. 정상적 작동조건하에서 물은 10 kg/s와 290 K로 관들에 들어가 1 atm의 포화증기를 관의 외부 표면에서 응축시킴으로써 가열된다. 포화증기의 대류열전달계수는 10,000 W/m²·K이다.

(a) 물의 출구온도를 구하라.

[(b)] 다른 조건들이 모두 동일할 때 열관류계수의 변화를 고려하여 물의 출구온도를 5 ≤ $\dot{m}_c$ ≤ 20 kg/s에서 물 유량의 함수로 도시하라.

[(c)] (b)의 그래프 위에 물의 출구온도를 불결계수들 R''_f = 0.0002와 0.0005 m²·K/W에 대해 유량의 함수로 구하여 두 곡선을 추가하라.

11.34 110°C의 포화 증기가 UA가 2.5 kW/K인 셸-앤드-튜브 열

교환기(1셸 통로와 2, 4, . . . 관 통로)에서 응축된다. 냉각수는 40°C로 들어간다.

(a) 150 kW의 열전달량을 유지하는 데 필요한 냉각수의 유량을 구하라.

(b) UA는 유량에 무관하다고 가정하여, 130~160 kW 범위의 열전달량을 공급하기 위한 물의 유량을 계산하고 도시하라. 가정의 타당성을 설명하라.

11.35 셸-앤드-튜브 열교환기(1셸 통로, 2관 통로)가 2.73 kg/s의 유량, 340 K의 포화증기를 응축하는 데 사용된다. 출구관 표면에서 응축이 발생하고, 이에 해당하는 대류계수는 10,000 W/m^2·K이다. 관에 들어가는 냉각수의 온도는 15°C이고, 출구온도는 30°C를 넘지 않아야 한다. 지름이 19 mm인 얇은 벽면 관으로 되어 있고, 관을 통한 수량의 평균 속도는 0.5 m/s로 유지된다.

(a) 사용해야 할 최소한의 관의 수는 얼마이고, 통로마다 관의 길이는 얼마인가?

(b) 열교환기의 크기를 줄이기 위해서, 관에 철망을 삽입해서 물 쪽의 대류계수를 증가시키려고 한다. 만일 철망이 두 개의 요인에 의해서 대류계수를 증가시킨다면, 통로마다 필요한 관의 길이는 얼마인가?

11.36 2유체 열교환기가 고온유체에 대해 65°C와 40°C의 입구 및 출구온도를, 저온유체에 대해 15°C와 30°C의 입구 및 출구 온도를 갖는다. 이 열교환기가 평행유동 조건에서 작동될 것인지 또는 대향유동 조건에서 작동될 것인지를 말할 수 있는가? 열교환기의 유용도는 얼마인가?

11.37 입구와 출구 온도가 고온 유체는 90°C와 45°C이고 저온 유체는 15°C와 42°C인 열교환기가 있다. 이 열교환기는 대향유동 조건에서 작동하고 있는가 아니면 평행유동 조건에서 작동하고 있는가? 열교환기의 유용도를 결정하라.

11.38 뇌는 고온에 매우 민감하다. 얼굴과 목을 지나 심장을 돌아 들어가는 차가운 정맥혈은 뇌로 흘러 들어가는 차가운 동맥혈에 의해서 뇌의 열적 조절에 기여한다. 가슴과 두개골 하부 사이(거리 L = 250 mm)를 흐르는 정맥과 동맥을 고려하자. 두 혈관에서는 서로 반대 방향으로 3×10^{-3} kg/s의 유량이 흐른다. 혈관의 지름은 w = 7 mm이고, 두 혈관의 간격은 D = 5 mm이다. 주변 세포조직의 열전도율은 k_t = 0.5 W/m·K이다. 37°C의 동맥혈과 27°C의 정맥혈이 들어간다면 출구 쪽 동맥혈의 온도는 얼마인가? 만약 동맥혈이 과열되면, 신체는 혈류량이 반감하는 반응을 보인다. 이때 동맥혈이 얼마나 더 높은 온도로 들어갈 수 있고, 출구온도 37°C보다 낮은 온도를 유지하려면 몇 도의 동맥혈이 들어가야 하는가? 힌트: 동맥으로부터의 모든 열이 정맥으로 들어간다면, 두 혈관 사이의 열전달은 표 4.1과 같은 관계로 모델화될 수 있다. 혈액의 물성치는 물과 유사하다.

11.39 평판-핀 열교환기가 공기조화 시스템의 포화된 증기를 응축하기 위해 사용된다. 증기는 45°C에서 포화되고, 0.015 kg/s의 응축량이 시스템 성능 요구로 제시된다. 응축기의 전면면적(frontal area)은 설치조건에 의해서 A_{fr} = 0.25 m^{2}로 고정되고, 냉매에 대해 h_{fg} = 135 kJ/kg의 값으로 가정할 수 있다.

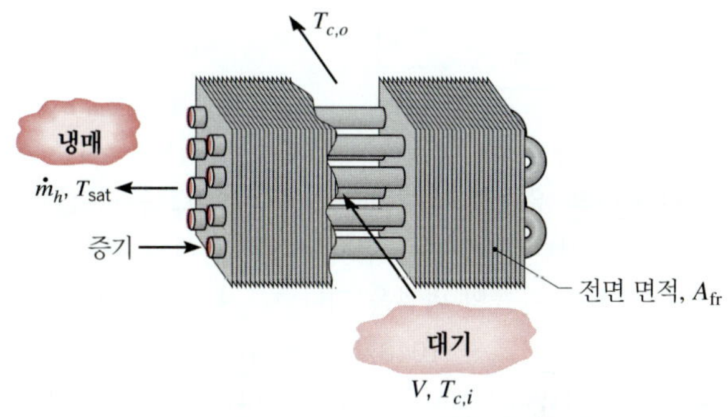

(a) 응축기의 설계는 열교환기 핵심부의 제작자가 열관류계수 U = 50 W/m^2·K로 하기 위해서, 규정된 공기의 입구온도 $T_{c,i}$ = 30°C와 입구속도 V = 2 m/s에 근거해서 이루어진다. 설정된 응축량을 얻기 위해서 필요한 열전달 면적은 얼마인가? 공기의 출구온도는 얼마인가?

(b) 열교환기 핵심부의 제작자로부터, $U \propto V^{0.7}$인 것으로 알려졌다. 매일 작동하는 동안 공기의 입구 온도는 제어하지 않으며, 27°C에서 38°C로 변할 수 있다. 만일 열교환기의 면적이 (a)의 결과로 고정된다면, 설정된 응축량을 유지하기 위해서 필요한 공기의 속도 범위는 얼마인가? 공기의 입구온도의 함수로 속도를 도시하라.

11.40 셸-앤드-튜브 열교환기가 셸을 통해 흐르는 고온의 엔진 오일로 10,000 kg/h의 물을 16°C에서 84°C로 가열한다. 오일은 평균 열전달계수 400 W/m^2·K로 160°C에서 들어와서 94°C로 나가는 단일 셸통로를 이룬다. 물은 각각 셸에서 4 통로를 이루는 안지름 22.9 mm, 바깥지름 25.4 mm의 11개 황동관을 통해 흐른다.

(a) 물에 대해 완전발달된 유동으로 가정하여 통로당 요구되는 관의 길이를 구하라.

(b) (a)에서 구한 관의 길이에 대해 유용도, 유체 출구온도들 그리고 물 측 대류계수를 다른 조건들이 모두 동일하다는 가정하에 $5000 \le \dot{m}_c \le 15,000$ kg/h에서 물의 유량의 함수로 도시하라.

11.41 슈퍼컴퓨터에서 고밀도 회로장치를 특수한 부전도성 액체 속에 담가서 냉각하여 신호전달지연이 크게 감소되고 있다. 유체는 밀폐루프로 컴퓨터를 통하여 펌핑되며, 컴퓨터와 인

접한 셸-앤드-튜브 열교환기는 1셸 통로 2관 통로들을 가지고 있다.

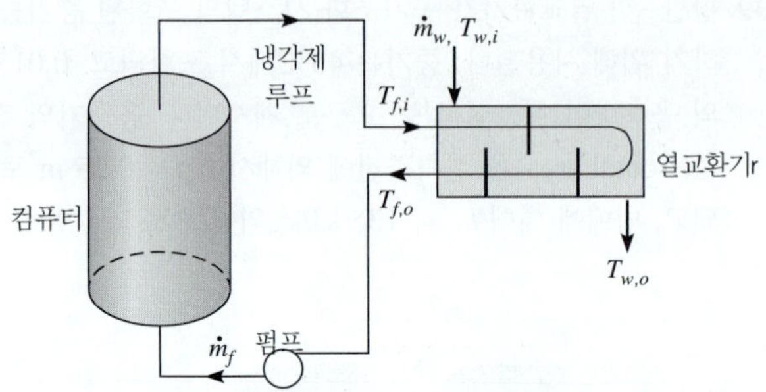

정상적인 작동 중 컴퓨터 내부에서 발생되는 열은 $\dot{m}_f$ = 4.81 kg/s의 유량으로 컴퓨터를 통해서 흐르는 부전도성 유체로 전달된다. 귀환하는 유체는 열교환기의 관 속을 지나 흐르고 열은 관들의 바깥을 지나 흐르는 물로 전달된다. 부전도성 유체는 c_p = 1040 J/kg·K, μ = 7.65 × 10^{-4} kg/s·m, k = 0.058 W/m·K 및 Pr = 14의 일정한 물성치들을 가진다고 가정할 수 있다. 일반적인 작동 동안 $\dot{m}_w$ = 2.5 kg/s의 유량과 $T_{w,i}$ = 5°C의 입구온도를 가진 냉각된 물이 관 바깥으로 지나간다. 물은 4200 J/kg·K의 비열을 가지며 관의 외부표면에서 10,000 W/m^2·K의 평균 대류열전달계수를 가진다.

(a) 만일 열교환기가 각각 지름이 10 mm인 72개의 얇은 벽으로 된 관들로 이루어져 있고 완전히 발달된 유동이 관 내부에 존재한다고 가정하면 관을 통과하는 유동과 관련된 대류열전달계수는 얼마인가?

(b) 만일 부전도성 유체가 $T_{f,i}$ = 25°C에서 열교환기로 들어가 $T_{f,o}$ = 15°C로 나간다면 통로당 요구되는 관의 길이는 얼마인가?

[c] (b)에서 구한 통로당 관 길이를 가진 열교환기에 대해 부전도성 유체의 출구온도를 $4 \le \dot{m}_f \le 6$ kg/s에서 유량의 함수로 도시하라. 이에 상응하는 열관류계수의 변화에 대해 설명하라. 그러나 다른 모든 조건들은 동일하다고 가정한다.

[d] 컴퓨터 설비의 위치설정에 관한 전문가가 저온수($\dot{m}_w$, $T_{w,i}$)를 공급하는 냉수기의 성능변화와 부전도유체의 출구온도 $T_{f,o}$에 미치는 이러한 변화의 영향에 대해 관심을 가지고 있다. 다른 모든 조건들이 동일할 때 저온수 유량이 ±10%로 변하는 것이 $T_{f,o}$에 미치는 영향을 구하라.

[e] (d)의 성능해석 과정을 반복해서 다른 모든 조건들이 동일할 경우 ±3°C로 변하는 물의 입구온도가 $T_{f,o}$에 미치는 영향을 구하라.

11.42 셸-앤드-튜브 열교환기가 이중통로 배열인 135개의 얇은 벽으로 된 관들로 구성되어 있으며, 각각은 지름이 12.5 mm로서 총 표면적 47.5 m^{2}이다. 물(관 측 유체)이 15°C, 6.5 kg/s로 열교환기에 유입되어 200°C와 5 kg/s로 들어오는 배기가스에 의해 가열된다. 가스는 대기공기의 물성치를 가진다고 가정할 수 있으며, 열관류계수는 약 200 W/m^2·K이다.

(a) 가스와 물의 출구온도는 얼마인가?

(b) 완전발달된 유동으로 가정한다면, 관 측의 대류열전달계수는 얼마인가?

[c] 다른 모든 조건들이 동일할 때, 유용도와 유체 출구온도를 6~12 kg/s의 범위에서 물의 유량의 함수로 도시하라.

[d] 다른 모든 조건들이 동일할 때 출구온도 42°C의 고온수를 10 kg/s로 공급하는 열교환기를 위해 요구되는 가스 입구온도는 얼마인가? 이러한 작동조건에 대해 유용도는 얼마인가?

11.43 해양 열에너지 변환 시스템이 전력 발전을 위해 제안되고 있다. 이와 같은 시스템은 작동유체가 증발하여 터빈을 통과한 후에 응축되는 표준 동력 사이클에 기초를 두고 있다. 이 시스템은 해수의 온도가 수면 근처에서 대략 300 K이고, 적당한 깊이에서 온도가 280 K인 매우 특수한 위치에서 사용된다. 온도가 높은 물은 작동유체를 증발시키는 열원(heat source)으로서 사용되며, 온도가 낮은 물은 유체의 응축을 위한 열침(heat sink)으로 사용된다. 3%의 효율(열 입력에 대한 전력 출력)로 2 MW의 전력을 발전하는 발전소를 고려하자. 증발기는 2통로를 이루는 많은 관들로 된 단일 셸로 구성되는 열교환기이다. 만일 해수가 300 K로 들어와서 292 K로 나갈 때, 작동유체가 상변화온도 290 K에서 증발한다면, 증발기에 요구되는 열교환기의 면적은 얼마인가? 증발기를 통과하는 물의 유량은 얼마로 유지되어야 하는가? 열관류계수는 대략 1200 W/m^2·K이다.

11.44 표 11.3의 결과를 이용하여, 평행유동 열교환기에 대한 대향유동 열교환기의 유용도 비에 대한 식을 결정하라. 대향유동과 평행유동에 사용된 동일한 열교환기를 고려하여, 극단적으로 작은 면적(저비용)의 열교환기에 대한 유용도 비의 극한값은 얼마인가? 무한한 면적(고비용)의 열교환기에 대한 유용도 비의 극한값은 얼마인가? C_r = 0.25, 0.5, 0.75일 때 0 ≤ NTU ≤ 10 범위에서 유용도 비를 도시하라. 어떤 조건(고비용 혹은 저비용)에서 대향유동 조건이 평행유동 조건보다 가장 현저히 우수한 성능을 발휘하는가?

11.45 1 atm의 포화과정 수증기가 셸-앤드-튜브 열교환기(1셸 통로, 2관 통로들)에서 응축된다. 냉각수가 15°C에서 3.5 m/s의 평균속도로 관을 들어간다. 관은 14 mm의 지름과 0.5 m 길이의 구리로 만들어진 얇은 벽으로 되어 있다. 관의 외부 표면에서의 응축에 대한 대류열전달계수는 21,800 W/m^2·K이다.

(a) 수증기의 2.3 kg/s을 응축하는 데 요구되는 관/통로의 수를 구하라.

(b) 물의 출구온도를 구하라.

(c) 동일한 물의 유량과 입구온도를 사용한 이 열교환기로 달성될 수 있는 최대로 가능한 응축률을 구하라.

(d) (a)에서 구한 열전달 표면적을 이용해 1~5 m/s 범위의 물의 평균속도에 대해 물의 출구온도와 수증기 응축률을 선도에 나타내라. 셸 측의 대류열전달계수는 변하지 않는다고 가정한다.

11.46 한 대학의 주임 엔지니어가 각 기숙사 샤워 배수관에 대향류 관형 열교환기를 설치하기로 결정하여 많은 신입생 기숙사에 설치하고 있다. 이 구리 배수관의 관벽은 얇으며, 지름은 D_i = 50 mm이다. 샤워 후 배출수(쓰고 버려지는 물)는 열교환기에 $T_{h,i}$ = 38°C로 들어가며, 반면에 기숙사에 공급되는 물의 온도는 $T_{c,i}$ = 10°C이다. 버려지는 배출수는 얇은 낙하 피막이 입혀진 수직 관벽으로 흘러 내려가며, 대류열전달계수는 h_h = 10,000 W/m^2·K이다.

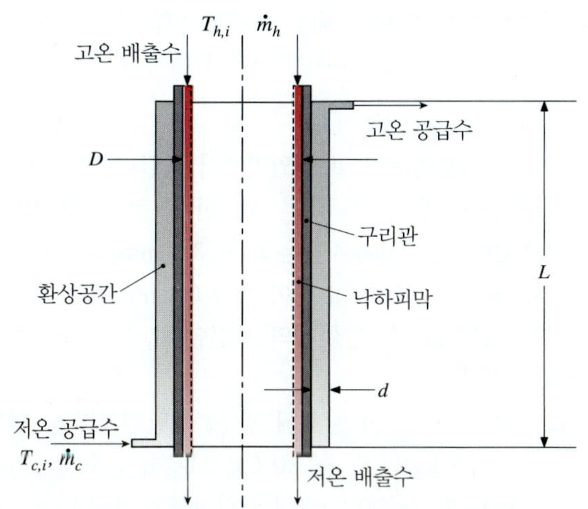

(a) 환상공간의 간격이 d = 10 mm, 열교환기의 길이가 L = 1 m이고 물의 유량 $\dot{m}$ = 10 kg/min일 경우, 이때 데워진 공급수의 열전달률과 출구온도를 구하라.

(b) 나선형 스프링을 환상 간격에 설치하고 공급수가 공급라인의 입구에서 출구까지 나선형 통로를 강제로 흐르게 하면, 열전달계수는 h_c = 9050 W/m^2·K이 된다. 공급수의 열전달량과 출구온도를 구하라.

(c) 15,000명의 학생이 각각 일일 10분 정도 샤워를 하고 온수의 비용이 $0.07/kW·h일 경우, (b)의 결과를 근거로 일일 절약액수를 구하라.

11.47 1셸 통로와 20개의 관 통로를 가진 셸-앤드-튜브 열교환기가 관 측의 고온의 물을 사용하여 셸 측의 오일을 가열한다. 단일 동관은 20 mm와 24 mm의 내부와 외부 지름을 가지고 있고, 통로당 길이는 3 m이다. 물은 87°C와 0.2 kg/s로 유입되어 27°C로 나간다. 오일의 입구와 출구온도는 각각 7°C와 37°C이다. 관의 외부 표면에 대한 평균 대류열전달계수는 얼마인가?

11.48 엔진에서의 오일이 두 유체가 혼합되지 않는 직교유동 열교환기에서 공기에 의해 냉각된다. 대기공기는 30°C와 0.53 kg/s로 유입된다. 오일은 0.026 kg/s와 75°C로 들어가서 지름 10 mm인 관을 통해 흐른다. 완전발달된 유동과 벽에서 일정 열유속으로 가정한 경우에 오일 측의 열전달계수를 구하라. 만일 열관류계수가 53 W/m^2·K이고, 총 열전달 면적이 1 m^{2}이면, 유용도는 얼마인가? 오일의 출구온도는 얼마인가?

11.49 디젤동력 전기발전소로부터 연소가스가 1셸 1관 통로를 가진 셸-앤드-튜브 열교환기 내에서 증기를 발생시키는 데 사용되도록 제안되었다. 강철관은 열전도율이 40 W/m·K, 내부 지름이 50 mm, 벽 두께가 4 mm이다. 유량 2 kg/s의 연소가스가 400°C에서 열교환기로 들어가서 215°C에서 나와야 한다. 관 내의 압력강하를 제한하기 위해서, 관 가스의 속도는 25 m/s를 초과하지 않아야만 한다. 만일 11.7 bar의 포화된 물이 열교환기의 셸 쪽으로 공급된다면, 요구되는 관의 수와 그것의 길이는 얼마인가? 연소가스의 성질은 대기 공기와 같고, 물 쪽의 열저항은 무시할 수 있다고 가정하자. 그러나 관의 가스 쪽의 불결을 감안하여 불결저항으로는 0.0015 m^2·K/W를 사용하라.

11.50 열회수기(recuperator)는 연소생성물(연도가스)로부터 에너지를 추출하여 연소과정에서 사용되는 공기를 가열하는 열교환기이다. 단일통로, 직교유동 열교환기를 회수기로 사용한다고 가정하자.

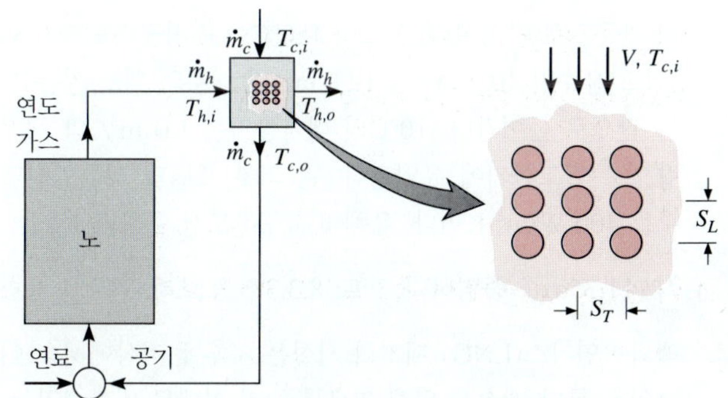

내부와 외부 지름들이 각각 55 mm와 80 mm이고 길이가 L = 1.4 m인 80개의 탄화규소(silicon carbide) 세라믹관(k = 20 W/m·K)들이 종 및 횡피치가 각각 S_L = 100 mm와 S_T = 120 mm인 정렬(aligned) 관군으로 배열되어 있다. 찬 공기가 V = 1 m/s와 $T_{c,i}$ = 300 K의 상류조건으로 관군 밖을 지

나 직교로 흐르고 있는 반면, 입구온도 $T_{h,i}$ = 1400 K인 고온 연도가스는 관 속을 흐르고 있다. 관의 외부 표면은 청결한 반면, 내부 표면은 $R''_f = 2 \times 10^{-4}$ m²·K/W의 불결계수로 되어 있다. 공기와 연도가스의 유량은 각각 $\dot{m}_c$ = 1.0 kg/s와 $\dot{m}_h$ = 1.05 kg/s이다. 1차적 근사로서 (1) 요구되는 공기의 모든 물성치들을 1 atm과 300 K에서 산정하라. (2) 연도가스는 1 atm과 1400 K에서의 공기 물성치들을 가진다고 가정하라. 그리고 (3) 가변적인 물성치들이 대류열전달에 미치는 영향을 다루기 위해 관벽온도가 800 K에 있다고 가정하라.

(a) 만일 연소공기의 온도($T_{c,o}$)에 있어 300 K 이상으로 매 10°C 증가마다 1%의 연료절약이 있다면 주어진 조건의 경우에 연료절약의 백분율(%)은 얼마인가?

(b) 회수기의 성능은 열관류계수와 총 표면적의 곱인 *UA*에 크게 영향을 받는다. $T_{c,o}$와 연료절감 퍼센트를 $300 \le UA \le 600$ W/K에서 *UA*의 함수로 계산하고 도시하라. 유량들의 변화가 없다면, *UA*를 증가시키기 위해 어떤 방법들을 사용할 수 있는가?

11.51 한 동심원관 열교환기가 15°C의 물을 사용하여 에틸렌글리콜을 100°C에서 60°C로 냉각시킨다. 물과 에틸렌글리콜의 유량은 각각 0.5 kg/s이다. 이 열교환기의 최대 가능한 열전달률과 유용도는 얼마인가? 평행류 또는 대향류 작동 방식 중 어느 것이 더 좋은가?

11.52 단일통로의 직교유동 열교환기를 통과하여 흐르는 유체들(비혼합)로 양쪽 모두 물을 사용한다. 고온수가 80°C, 15,000 kg/h로 유입되는 반면, 저온수는 10°C, 18,000 kg/h로 유입된다. 만일 열교환기의 유용도가 65%라면, 저온수의 출구온도는 얼마인가?

11.53 한 직교유동 열교환기가 단면적이 0.6 m²인 덕트 내에 32개의 관군으로 구성된다. 온도가 150°C이고 평균속도가 0.5 m/s인 고온수가 10.2 mm와 12.5 mm인 내부와 외부 지름을 갖는 관으로 들어간다. 10°C의 대기공기는 1.0 m³/s의 체적유량으로 열교환기에 유입된다. 관 외부 표면의 대류열전달계수는 400 W/m²·K이다. 유체의 출구온도를 구하라.

11.54 식 (11.35a)를 증명하라. 힌트: 8.3.3절을 보라.

11.55 액화천연가스(LNG) 재기화 시설은 차후에 지상에서 파이프라인을 통한 배송을 위해 연료를 증기 형태로 변환시키는 수직 열교환기 또는 셸-단일 통로 튜브 번들로 구성된 기화장치(*vaporizer*)를 이용한다. $T_{c,i} = -155$°C, $\dot{m}_{LNG}$ = 150 kg/s의 가압 LNG는 기화장치 외양 탱크(oceangoing tanker)에서 기화기의 바닥으로 선적된다. 가압 LNG는 $T_f = -75$°C의 기화 온도와 $c_{p,l}$ = 4200 J/kg·K의 비열을 가진다. 기화 천연가스의 비열은 $c_{p,v}$ = 2210 J/kg·K인 반면에 가스는 h_{fg} = 575 kJ/kg의 기화잠열을 가진다. LNG는 관을 통해 흐르는 해수에 의해 가열되고, 기화기의 아래에 삽입되는데 이는 $T_{h,i}$ = 20°C와 $c_{p,\mathrm{SW}}$ = 3985 J/kg·K의 비열에서 사용 가능하다. $T_{c,o}$ = 8°C에서 가스가 기화 장치를 빠져나가고, $T_{h,o}$ = 10°C에서 해수가 장치를 빠져나갈 때, 요구되는 열전달 면적을 구하라. 힌트: 도면에 보이는 것처럼 기화장치를 세 부분으로 나누라. U_A = 150 W/m²·K, U_B = 260 W/m²·K, U_C = 40 W/m²·K이다.

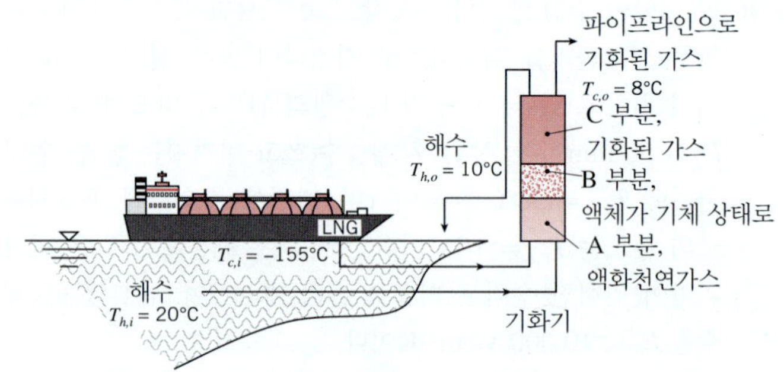

11.56 연습문제 11.55에서 해수가 기화장치 위로 삽입(즉 천연가스와 해수가 역류할 때) 될 경우에 대하여 구하라.

11.57 단일 셸 통로와 2개의 관 통로로 구성된 셸-앤드-튜브 열교환기는 지붕형 태양열 집열기에서 에틸렌글리콜-물 용액을 통해 공급받은 열(셸 측)을 순수한 물(관 측)로 전달하는 데 사용된다. 관의 내부지름은 D_i = 3.6 mm, 외부지름은 D_o = 3.8 mm이다. 100개의 관이 각각 0.8 m(통로당 0.4 m)이고, 에틸렌글리콜-물 혼합액의 열전달계수는 h_o = 11,000 W/m²·K이다.

(a) 순수 구리관이 사용될 경우, 에틸렌글리콜-물 용액($\dot{m}$ = 2.5 kg/s, $T_{h,i}$ = 80°C)으로부터 순수한 물($\dot{m}$ = 2.5 kg/s, $T_{c,i}$ = 20°C)로의 열전달률을 계산하라. 두 유체의 출구온도를 구하라. 에틸렌글리콜-물 혼합액의 밀도와 비열은 각각 1040 kg/m³, 3660 J/kg·K이다.

(b) 구리관군을 같은 지름 및 같은 관벽 두께의 고온 나일론 관군으로 대체하도록 제안되었다. 나일론의 열전도율은 k_n = 0.31 W/m·K이다. (a)와 같은 동일한 에너지 양을 전달할 때 필요한 관길이를 구하라.

11.58 열교환기를 포함한 열역학적 사이클을 해석하는 데 있어 열전달률을 총괄 열저항 R_t와 고온과 저온유체들의 입구온도들로 다음과 같이 표시하는 것이 유용하다.

$$q = \frac{(T_{h,i} - T_{c,i})}{R_t}$$

열전달률은 다음의 전달률 방정식(rate equation)으로도 표시할 수 있다.

$$q = UA\,\Delta T_{\mathrm{lm}} = \frac{1}{R_{\mathrm{lm}}}\Delta T_{\mathrm{lm}}$$

(a) 평행류 **열교환기**에 대한 R_{lm}/R_t의 관계를 어떠한 유체온도들도 포함하지 않고, U, A, C_h, C_c(또는 $C_{\min}$, $C_{\max}$)만을 포함하는 단일 무차원변수 B의 함수로 유도하라.

(b) B = 0.1, 1.0 및 5.0의 값들에 대해 R_{lm}/R_t를 계산하고 그래프를 그리라. 이 그래프로부터 무슨 결론을 도출할 수 있는가?

11.59 25 m/s의 일정속도로 주행중인 오토바이의 공기저항력을 극복하는 데 요구되는 동력은 9 kW이다.

(a) 오토바이에 21% 효율의 내연기관이 장착되어 있다면, 라디에이터의 열전달 면적은 얼마인가?(라디에이터에서의 손실열은 엔진의 에너지 발생량의 79%로 가정한다.) 라디에이터에 흐르는 물의 입구와 출구 평균온도는 각각 $T_{m,i}$ = 400 K, $T_{m,o}$ = 330 K이다. 냉각 공기는 3 kg/s, 300 K이다. 라디에이터는 열관류계수가 400 W/$\mathrm{m^2}$·K인 비혼합형 직교유동 열교환기로 분석될 수 있다.

(b) 오토바이에 50% 효율의 연료전지가 장착되어 있다면 라디에이터 내 순환수(작동유체는 물)의 질량유량 및 전열면적은 얼마인가? 연료전지의 작동한계온도는 약 85°C이며, 라디에이터 순환수의 입구와 출구 평균온도는 각각 $T_{m,i}$ = 355 K, $T_{m,o}$ = 330 K이다. 입구 측 냉각 공기의 온도는 (a)와 같다. 냉각 공기의 유량은 라디에이터의 표면적에 비례한다. 힌트: 반복계산이 필요하다.

(c) 연료전지가 장착된 오토바이 내 순환수의 출구 평균온도와 라디에이터의 열전달 면적을 구하라. 순환수의 유량은 (a)와 동일하다.

11.60 Rankine 동력 시스템에서 1.5 kg/s의 수증기가 0.51 bar에서의 포화증기로 터빈을 빠져나간다. 수증기는 셸-앤드-튜브 열교환기의 관 밖을 지남으로써 포화액으로 응축되고, $T_{c,i}$ = 280 K의 입구온도를 가진 액체 물이 관 내로 지나간다. 응축기는 각각 10 mm 지름을 가진 100개의 얇은 벽으로 된 관들로 되어 있고, 관들을 지나는 물의 총 유량은 15 kg/s이다. 관의 외부 표면에서의 응축과 관련된 평균 대류열전달계수는 약 $\bar{h}_o$ = 5000 W/$\mathrm{m^2}$·K이다. 액체 물의 근사적인 물성치들은 c_p = 4178 J/kg·K, μ = 700 × 10^{-6} kg/s·m, k = 0.628 W/m·K, Pr = 4.6이다.

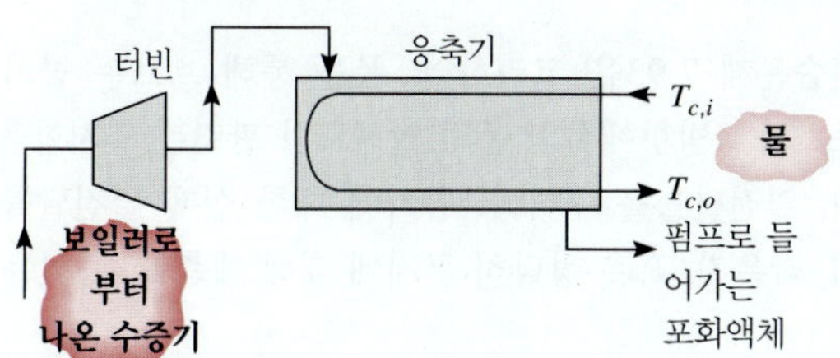

(a) 물의 출구온도는 얼마인가?

(b) 요구되는 관의 길이(관당)는 얼마인가?

(c) 장기간 사용 후, 내부와 외부 관 표면에 쌓인 퇴적물이 0.0003 $\mathrm{m^2}$·K/W의 누적 불결계수를 갖는다. 주어진 입구조건들과 계산된 관 길이에 대해, 얼마만큼의 증기 질량분율이 응축되는가?

[d] (b)에서 계산된 관 길이와 (c)에 주어진 불결계수에 대해 응축기 성능을 증가시키기 위해 물의 유량과 입구온도가 얼마까지 확장될 수 있는지(물리적으로 가능한 범위 내에서) 고찰하라. 결과를 그래프로 나타내고 적절한 결론을 도출하라.

11.61 2 MPa의 압력으로 보일러를 나가는 포화증기와 10 kPa의 응축기 압력을 가진 Rankine 사이클을 생각해 보자.

(a) 이러한 작동조건들에서 이상적인 Rankine 사이클의 열효율을 계산하라.

(b) 만일 사이클에 대한 정미(net) 가역일이 0.5 MW이면 허용 온도상승이 10°C로서 응축기에 15°C로 공급되는 냉각수의 요구 유량을 계산하라.

(c) 응축기가 요구하는 열전달률과 온도조건들을 만족시키는 셸-앤드-튜브 열교환기(1셸 통로, 다관 통로들)를 설계하라. 이 설계에서 관의 수와 지름, 길이를 규정하라.

11.62 균일한 열관류계수로 이루어지며 다음의 조건하에서 작동하는 동심원관 열교환기를 고려해 보자.

	$\dot{m}$ (kg/s)	c_p (J/kg · K)	T_i (°C)	T_o (°C)
저온유체	0.125	4200	40	95
고온유체	0.125	2100	210	—

최대 가능한 열전달률은 얼마인가? 열교환기의 유용도는 얼마인가? 이 열교환기는 평행류로 작동되어야 하는가 대향류로 작동되어야 하는가? 두 가지 유동조건들에 대해 요구되는 면적의 비는 얼마인가?

11.63 예제 11.2에서 40겹의 유한 시트 두께의 영향을 고려하자.

(a) 순수 알루미늄(k_{al} = 237 W/m·K)과 플루오르화 폴리비닐(PVDF, k_{pv} = 0.17 W/m·K) 시트의 두께가 0.8 mm인 열교환기에서 외형 길이(exterior dimension) L을 구하라. 외부판의 위와 아랫부분의 두께는 무시한다.

[b] 알루미늄과 PVDF의 시트 두께 범위 $0 \le t \le 1$ mm에서 열교환기 주요 길이에 대한 함수의 그래프를 그리라.

11.64 고온의 배기가스가 2.5 kg/s의 물을 35°C에서 85°C로 가열하기 위해 사용된다. 공기의 물성치를 가진다고 가정되는 배

기가스가 200°C에서 들어가서 93°C로 나온다. 열관류계수는 180 W/m^2·K이다. 유용도-NTU 법을 사용하여 열교환기의 면적을 계산하라.

11.65 체온 저하상태하에서 심장수술을 할 때, 환자의 혈액은 수술 전에 냉각되고 이후에 다시 가열된다. 이러한 목적으로 지름 55 mm의 얇은 벽으로 된 내부 관을 가지는 길이 0.5 m의 동심원관 대향류 열교환기가 사용되는 것이 제안되었다. 혈액의 비열은 3500 J/kg·K이다.

(a) 만일 $T_{h,i}$ = 60°C와 $\dot{m}_h$ = 0.10 kg/s의 물이 $T_{c,i}$ = 18°C와 $\dot{m}_c$ = 0.05 kg/s로 열교환기에 유입되는 혈액을 가열하기 위해 사용된다면, 열교환기를 나가는 혈액의 온도는 얼마인가? 열관류계수는 500 W/m^2·K이다.

(b) 외과의사가 혈액의 가열과정 동안 물의 유량 또는 입구온도를 변화시킴으로써 열전달률 q와 혈액의 출구온도 $T_{c,o}$를 조절하기를 원한다. 주어진 $\dot{m}_c$와 $T_{c,i}$ 값들에 대해 적절한 조절기를 개발하는 데 도움이 되도록 하기 위해 0.05 ≤ $\dot{m}_h$ ≤ 0.20 kg/s와 $T_{h,i}$ = 50, 60, 70°C의 값들에 대해 $\dot{m}_h$의 $T_{h,i}$ 함수로 q와 $T_{c,o}$를 계산하고 도시하라. 열관류계수에 지배적인 영향을 미치는 것은 혈액의 유동조건들과 관련되기 때문에 U의 값이 500 W/m^2·K으로 일정하다고 가정할 수 있다. 배제되어야 하는 작동조건들이 있는가?

11.66 에틸렌글리콜과 물이 각각 60°C와 10°C로 총 열전달면적이 15 m^{2}인 셸-앤드-튜브 열교환기로 유입된다. 에틸렌글리콜과 물의 유량이 각각 2 kg/s와 5 kg/s인 경우에 대해 열관류계수는 800 W/m^2·K이다.

(a) 열전달률과 유체의 출구온도를 결정하라.

(b) 다른 모든 조건들이 동일하다고 가정하고 유용도와 유체 출구온도들을 0.5 ≤ $\dot{m}_h$ ≤ 5 kg/s에 대해 에틸렌글리콜의 유량의 함수로 도시하라.

11.67 산업용 노의 굴뚝 속에 휜이 없는 관군을 설치함으로써 노의 배기가스로부터 폐열을 회수한다. 유량 0.025 kg/s의 압축된 물은 각각의 관을 통해 흐르면서 단일통로를 이루며, 상류속도가 5.0 m/s인 배기가스는 2.25 kg/s로 관들의 외부를 직교유동으로 흐른다. 관군은 각각의 지름이 25 mm이고, 길이가 4 m인 100개의 얇은 벽으로 된 관들의 정사각형 배열(10 × 10)로 이루어져 있다. 관들은 50 mm의 횡피치로 일직선으로 배열되어 있다. 물과 배기가스의 입구온도는 각각 300 K와 800 K이다. 물의 유동은 완전히 발달되었으며, 가스의 물성치들은 대기공기의 것과 같다고 가정할 수 있다.

(a) 열관류계수는 얼마인가?

(b) 유체의 출구온도는 얼마인가?

(c) 열교환기의 작동은 고온수의 수요에 따라서 변할 수 있다. 주어진 열교환기 설계와 입구 조건들에 대해 0.02 ≤ $\dot{m}_{c,1}$ ≤ 0.20 kg/s에서 관당 물의 유량의 함수로 열회수율과 유체 출구온도를 계산하고 도시하라.

추가사항

11.68 예제 11.8의 부가설명 4에서 주어진 수정된 유효성에 대한 표현 ε^*을 증명하라.

11.69 제조공정에서 1 mm 두께의 관 모양의 강철 칼라(collar)가 직경 3 mm인 원형 단면의 핀(pin)에 축소 맞춤되고자 한다. 축소 맞춤 작업을 시작하기 전에 칼라는 200°C로 가열되고 알루미늄 합금 핀은 −100°C로 냉각된다. 이 온도에 도달하고 난 뒤, 고온의 칼라는 저온의 핀 위로 빠르게 미끄러져 내린다. 핀이 가열되고 팽창하는 동안 칼라는 계속해서 냉각되고 축소되어, 최종적으로 두 개는 단단히 맞추어 진다. 칼라와 핀 사이의 온도차가 50°C로 낮아질 때 단단히 맞추어진다면, 단단히 맞추어지기까지 얼마의 시간이 소요되겠는가? 단단히 맞추어지기 전에 봉과 칼라 접촉면에는 5 × 10^{-4} m^2·K/W의 열접촉저항이 존재한다. 0 ≤ t ≤ 2 s 시간 범위에서 강철과 알루미늄의 온도를 도시하라. 알루미늄 합금의 밀도와 비열은 각각 2800 kg/m^{3}와 1000 J/kg·K이며, 강철의 밀도와 비열은 각각 7800 kg/m^{3}와 510 J/kg·K이다.

11.70 히트싱크를 통한 물 온도의 증가를 고려하여 연습문제 7.23를 풀어 보라. 물의 물성치는 ρ = 995 kg/m^3, c_p = 4178 J/kg·K이다. 힌트: 히트싱크의 윗면으로 물은 빠져나가지 않고, 7장의 관련성을 이용하여 열전달계수를 평가하면 각 휜의 경계층들은 병합되지 않는다고 가정하라. 또한 연습문제 11.54를 보라.

11.71 연습문제 7.23의 히트싱크 전력 소모는 오직 70 W이고, 엔지니어는 냉각을 위해 공기 T_∞ = 20°C에서 사용하는 것을 권장했다. 히트싱크를 통해 흐르는 공기의 온도 증가에 대해 설명하고, 허용되는 전력소모와 공기 출구 온도를 T_b = 70°C 를 초과하지 않는 제약하에서 1 m/s ≤ u_∞ ≤ 5 m/s에서의 속도에 관한 함수로 도시하라. 공기의 물성치는 대략 k = 0.027 W/m·K, n = 16.4 × 10^{-6} m^2/s, Pr = 0.706, ρ = 1.145 kg/m^3 그리고 c_p = 1007 J/kg·K이다. 힌트: 히트싱크의 윗면을 통해서는 공기가 빠져나가지 않는다고 가정하고, 내부 유동에 관한 관련성을 이용하며 연습문제 11.54를 참고하라.

11.72 연습문제 7.93을 고려하라. 폼을 통해 흐르는 공기의 온도 증가와 x 방향에서의 폼의 열전도와 관련된 열저항을 설명하여, 열전달률을 구하라. 공기에 대한 실제 열전달률이 같은지, 작은지, 혹은 상당히 큰지에 대해 예측할 수 있는가?

11.73 연습문제 7.93의 금속폼은 W = 25 mm의 너비로 실리콘칩 표면 측면에 납땜되어 있다. 폼 히트싱크의 높이 L = 10 mm이다. 칩 표면이 70°C를 유지하는 동안, T_i = 27°C, V = 5 m/s의 공기는 폼 히트싱크에 악영향을 미친다. 칩으로부터의 열전달률을 구하라. 열전달률의 보존율을 계산하기 위해, 상부와 히트싱크 양쪽 면으로부터의 전도와 복사는 무시한다.

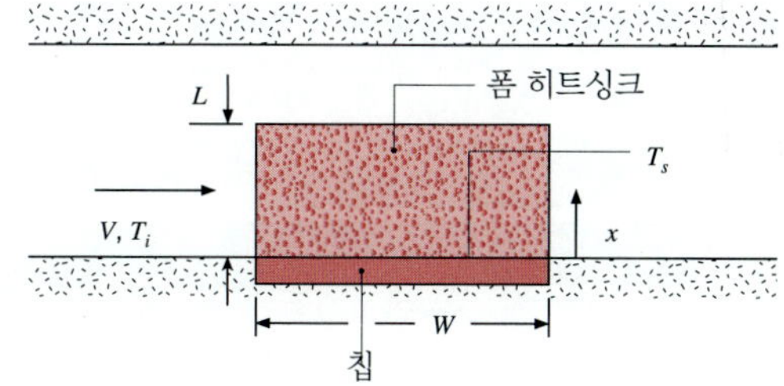

CHAPTER

12

복사의 과정과 성질

Radiation: Processes and Properties

이제 전도 및 대류열전달은 어느 형태의 매질에서 온도구배가 있어야 일어난다는 것을 알고 있다. 반면에 **열복사**(thermal radiation)에 의한 열전달은 매질이 없어도 이루어진다. 복사는 매우 중요한 과정이고, 물리적 관점에서는 열전달의 형태 중에서 가장 흥미로운 것이다. 복사는 화석연료의 연소 및 태양열을 이용한 에너지 변환뿐만 아니라 많은 산업체에서의 가열, 냉각, 건조의 과정에도 관계된다.

이 장에서는 열복사의 생성방법, 복사의 고유한 성질, 복사와 매질과의 상호작용 등을 다룬다. 표면에서의 복사작용과 이러한 작용을 서술하는 데 필요한 물성치들을 중점적으로 다룬다. 13장에서는 두 개 또는 그 이상의 표면들 사이에서의 복사열교환을 계산하는 방법들을 집중적으로 다룰 것이다.

12.1 기본 개념

그림 12.1에 나타낸 것처럼 T_{sur}의 온도를 갖는 주위와 진공으로 둘러싸여 있으며, 초기에는 T_{sur}보다 높은 T_s의 온도를 갖는 고체를 생각해 보자. 진공으로 둘러싸여 있기 때문에 물체의 표면으로부터의 전도나 대류에 의한 에너지 손실은 전혀 없다. 그러나 물체는 냉각되어 결국에는 주위와 열적 평형을 이루는 것을 직관적으로 알 수 있다. 이러한 냉각은 물체에 저장된 내부에너지의 감소와 연관되며, 이는 표면으로부터 직접적인 열복사의 **방사**(emission)결과이다. 물론 물체의 표면은 주위로부터의 복사를 가로막아 흡수하기도 한다. 그러나 $T_s > T_{sur}$이라면 복사에 의한 정미 열전달률 $q_{rad,net}$는 물체의 표면으로부터 나오고, 그 표면은 T_s가 T_{sur}이 될 때까지 냉각된다.

열복사란 물체의 유한한 온도에 의하여 방사되는 에너지율이다. 지금 이 순간에도 열복사는 우리를 둘러싸고 있는 모든 물체에 의하여 방사되고 있다. 즉 만약 실내에 있다면 가구나 방의 벽에 의하여, 만약 실외에 있다면 지층, 건물, 대기, 태양 등에 의하여 열복사가 방사된다. 방사의 기구(mechanism)는 물질을 구성하고 있는 많은 전자들의 진동 및 운동의 결과로 이루어진 에너지 방출과 관련된다. 이러한 진동은 물체의 내부에너지, 즉 온도에 의하여 억제된다. 따라서 열복사의 방사를 물체 내부의 열적으로 야기된 상태와 관련지을 수 있다.

모든 형태의 물질은 복사를 방사한다. 기체나 고온에서의 유리 및 소금 결정체와 같은 반투과성 고체에 있어서의 방사는 그림 12.2에 나타난 것처럼 **체적현상**(volumetric phenomenon)이다. 즉 유한한 체적으로부터의 복사는 국부적 방사를 전체 체적에 대해 적분한 양이다. 그러나 이 책

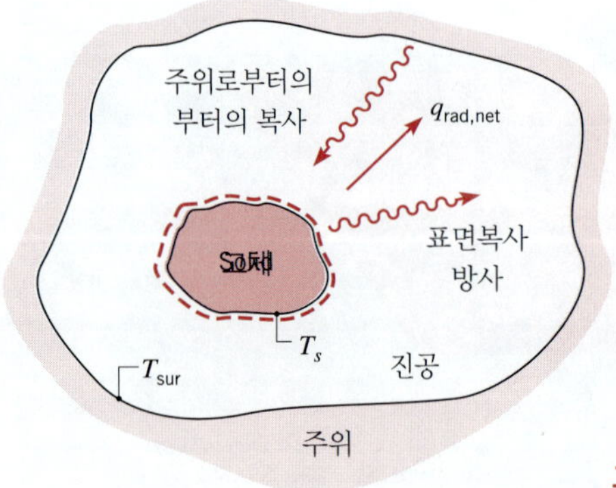

그림 12.1 가열된 고체의 복사 냉각.

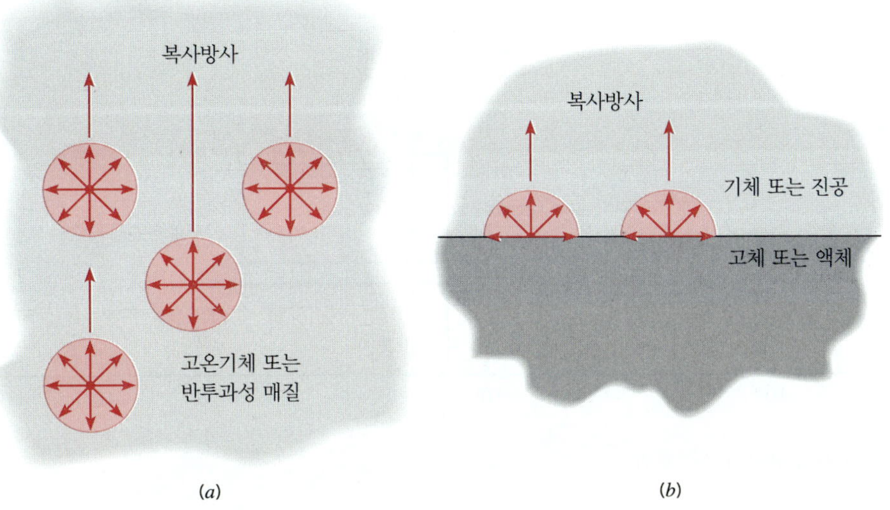

그림 12.2 방사과정. (*a*) 체적현상. (*b*) 표면현상.

에서는 **표면현상**(surface phenomenon)으로서의 복사만 다루도록 한다. 대부분의 고체나 액체에 있어서 내부의 분자에서 방사되는 복사는 이웃의 분자들에 의하여 강하게 흡수된다. 따라서 고체나 액체로부터 방사되는 복사는 노출면으로부터 대략 1 μm 이내에 있는 분자들로부터 기인하는 것이다. 이와 같은 이유 때문에 고체나 액체로부터 근접하는 기체나 진공으로의 복사는 표면현상으로 간주된다. 다만 나노 또는 마이크로 스케일 기기의 경우는 예외로 한다.

복사는 물질로부터의 방사에 기인하며 뒤이어 일어나는 복사의 이동에는 어떠한 물질도 필요로 하지 않는다. 그러나 무엇이 이러한 이동현상의 근원인가? 한 이론에 의하면, 복사는 **광자**(photon) 또는 **양자**(quanta)라고 불리는 입자 집합체의 전달이라 간주된다. 다른 이론에 의하면, 복사를 **전자기파**(electromagnetic wave)의 전파라고 간주하기도 한다. 어떠한 경우에 있어서나 파동의 표준 물성치인 진동수 ν와 파장 λ를 복사에 적용한다. 특정 매질에서의 복사전달에 있어서 이 두 물성치의 관계는 다음과 같다.

$$\lambda = \frac{c}{\nu} \tag{12.1}$$

여기서 c는 매질에서의 광속을 나타내며, 진공에서는 $c_o = 2.998 \times 10^8$ m/s이다. 파장의 단위로는 보통 마이크로미터(μm)가 사용되며, 이는 1 μm = 10^{-6} m이다.

전체적인 전자기 스펙트럼이 그림 12.3에 도시되어 있다. 짧은 파장의 감마선(gamma ray), X선, 자외선(UV: ultraviolet) 복사는 고에너지 관련 물리학자와 원자핵공학자들의 주된 관심사이며, 반면에 긴 파장의 마이크로파(microwave)와 라디오파(radio wave, $\lambda > 10^5$ μm)는 전자공학자들의 관심 대상이다. **열복사**(thermal radiation)는 대략 0.1 μm부터 100 μm까지의 범위로서, UV의 일부와 모든 가시영역(visible)과 적외선(IR: infrared)을 포함하는 스펙트럼의 중간 부분이며, 이 범위가 열전달에 관련된다.

표면에 의해 방사되는 열복사는 어떤 범위의 파장을 포함한다. 그림 12.4*a*에 나타낸 바와 같이, 복사의 크기는 파장에 따라 변화하며, 이러한 의존 특성을 나타내기 위하여 **스펙트럴**(spectral

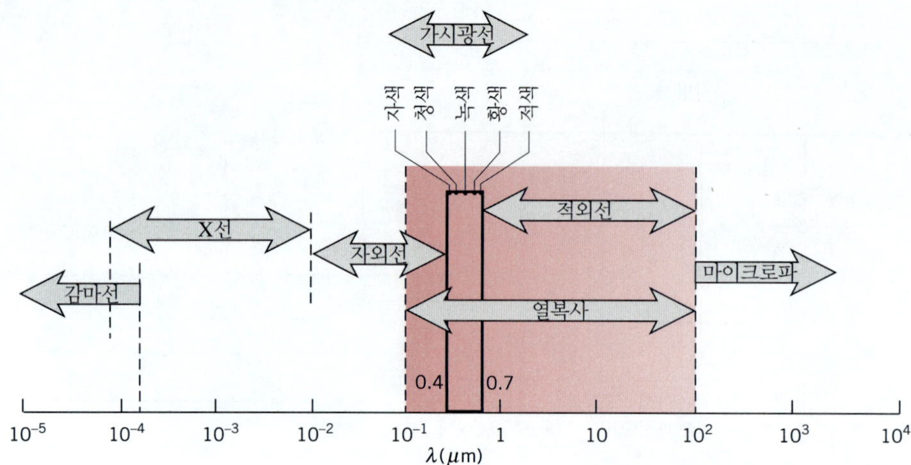

그림 12.3 전자기 복사의 스펙트럼.

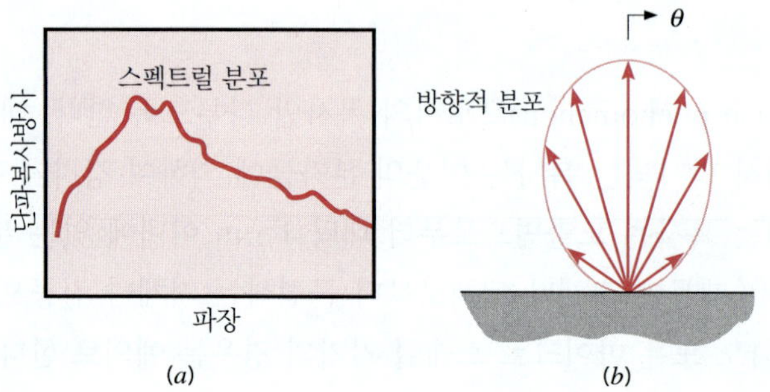

그림 12.4 표면에 의하여 방사된 복사. (*a*) 스펙트럴 분포. (*b*) 방향적 분포.

또는 '**스펙트럼의**')이라는 용어가 사용된다. 나중에 알게 되겠지만, 임의의 파장에서의 복사의 크기와 **스펙트럼 분포**(spectral distribution)는 모두 방사하는 표면의 성질과 온도에 따라 달라진다.

열복사의 스펙트럴 성질은 열복사의 기술을 복잡하게 하는 두 가지 특징 중의 하나이다. 두 번째 특징은 **방향성**(directionality)과 관계된다. 그림 12.4*b*에 나타낸 바와 같이 표면에서의 방사는 어떤 방향을 선호해서 일어나며, 따라서 이는 방사된 복사의 **방향적 분포**(directional distribution)를 갖게 한다. 1장에서 도입된 방사, 흡수, 반사, 투과 개념들을 적절하게 정량적으로 나타내기 위해서는 스펙트럴과 방향성의 효과들을 모두 다루어야 한다.

12.2 복사 열유속

복사 열전달 해석에는 여러 가지 열유속이 존재한다. 그림 12.2*b*와 같이 표면에서 정의될 수 있는 4가지 복사 열유속을 표 12.1에 정리하였다. **방사도**(emissive power)는 단위면적당 표면으로부터 나오는, 즉 방사되는 복사 유속인데 $E(\mathrm{W/m^2})$로 표시된다. 방사도는 표면으로부터 단위 표면적당, 모든 파장 당, 모든 방향에서 방출되는 복사의 비율로 정의된다. 1장에서 방사도는 $E = \varepsilon\sigma T_s^4$[식 (1.5)]를 통해 흑체의 특성으로 관련지었고, 여기서 ε는 **방사율**로 알려진 표면 물성치이다.

각기 다른 온도를 가진 여러 표면으로 이루어진 주변으로부터 어느 표면으로 복사가 들어온

표 12.1 복사유속(모든 파장과 모든 방향에 대하여)

유속(W/m^2)	설명	해설
방사도(emissive), E	표면의 단위면적에서 방사되는 복사율	$E = \varepsilon\sigma T_s^4$
조사(irradiation), G	표면의 단위면적으로 들어오는 복사율	조사는 반사, 흡수, 또는 투과된다.
출사(radiosity), J	표면의 단위면적을 떠나는 복사율	불투명 표면에서 $J = E + \rho G$
정미 복사유속(net radiative flux), $q''_{rad} = J - G$	단위면적의 표면을 떠나는 정미 복사율	불투명 표면에서 $q''_{rad} = \varepsilon\sigma T_s^4 - \alpha G$

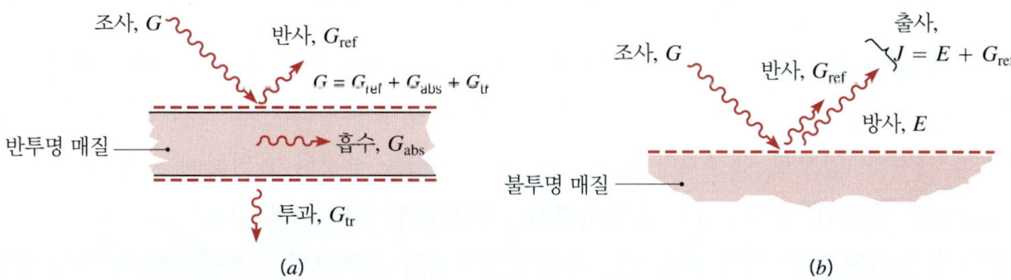

그림 12.5 표면에서의 복사. (*a*) 반투명 매질에서의 반사, 흡수, 투과. (*b*) 불투명 매질에서의 복사.

다. 태양이나 레이저에 의해서도 표면으로 복사가 들어올 수 있다. 어느 경우나 우리는 **조사**(irradiation), G(W/m^2)를 정의할 수 있는데, 모든 파장과 모든 방향에 걸쳐 단위 표면적당 들어오는 복사유속을 의미한다. 표 12.1에서 남은 두 가지 열유속은 표면에 입사된 조사와 관련된다.

1.2.3절에서 설명한 바와 같이 **반투명 매질**(semitransparent medium)표면에 입사된 복사는 반사(reflection)되거나 흡수(absorption)되거나 투과(transmission)된다(그림 12.5*a*). 투과란 복사가 매체를 통과하는 것을 의미하는데, 물이나 유리창을 통해 태양 빛이나 조명이 통과하는 것과 같은 현상이나. 흡수는 복사가 매체와 반응하는 것을 말하며 매체의 내부에너지를 증가시킨다. 반사는 입사된 복사가 방향을 달리하여 표면으로부터 나가는 것을 의미하므로 매체에 영향을 주지 않는다. 조사된 복사유속 중에 반사된 비율을 반사율(reflectivity) ρ, 흡수된 비율을 흡수율(absorptivity) α, 투과된 비율을 투과율(transmissivity) τ라 한다. 표면에 조사된 복사는 반사되거나 흡수되거나 투과되므로

$$\rho + \alpha + \tau = 1 \tag{12.2}$$

불투명(opaque) 매체, 이 경우 투과가 없으므로($\tau = 0$)

$$\rho + \alpha = 1 \tag{12.3}$$

조사가 반사, 흡수, 투과로 분할된다는 것을 이해하였다면 이를 바탕으로 중요한 두 가지 복사유속을 추가적으로 정의할 수 있다. 먼저 **출사**(radiosity) J(W/m^2)를 정의한다. 출사란 표면을 떠나는 **모든** 복사에너지를 의미한다. 불투명 매체의 경우 출사는 방사와 반사의 합이다(그림 12.5b). 따라서

$$J = E + G_{\text{ref}} = E + \rho G \tag{12.4}$$

출사는 반투명체에서도 정의될 수 있는데 이 경우 그림 12.5*a*의 윗면으로 나가는 출사는 매체를 투과하여 아랫면으로 나가는 투과 부분을 포함하여 정의된다.

마지막으로, 표면으로부터의 정미 복사유속(net radiative flux) q''_{rad}(W/m^2)은 나가는 복사에너지와 들어오는 복사에너지의 차이이다.

$$q''_{\text{rad}} = J - G \tag{12.5}$$

식 (12.5), (12.4), (12.3), 그리고 (1.4)를 결합하면 불투명 표면에 대한 정미 복사유속은 다음과 같다.

$$q''_{\text{rad}} = E + \rho G - G = \varepsilon\sigma T_s^4 - \alpha G \tag{12.6}$$

반투명 표면에 대해서는 투과를 고려하여 위 식과 비슷한 표현을 얻을 수 있다. 정미 복사유속 또는 정미 복사열전달률($q_{\text{rad}} = q''_{\text{rad}}A$)은 시스템 내부 온도에 영향을 주므로 열전달 해석에 있어 중요한 의미를 가진다. 앞으로 보겠지만, E, G, J는 결국 q''_{rad}을 결정하기 위하여 사용된다. E, G, J는 자체적으로도 중요한 의미가 있는데 **복사검지**나 **온도측정** 등에 이용된다.

표 12.1에 정의된 여러 가지 유속들은 복사의 방향성과 스펙트럼 특성을 알고서 이를 정량화한 결과들이다. 방향성(directional)효과는 12.3절에 정의된 **복사강도**(radiation intensity)개념을 도입하여 고려되고, 스펙트럼 효과는 12.4절에서 논의되는 흑체 개념을 도입하여 설명된다. 실제 표면의 방사도는 흑체 방사도와 12.5절의 **방사율**(emissivity)정의에 의하여 설명된다. 실제 표면에서 방사율, 흡수율, 반사율, 그리고 투과율의 스펙트럼 특성과 방향 특성은 12.5절과 12.6절에서 다룬다. 12.7절과 12.8절에서는 $\alpha = \varepsilon$인 확산, 회체 표면에 대한 중요한 개념을 발전시킨다. 우리는 지금까지 암묵적으로 복사 열전달을 다루는 데 있어서 확산회체 표면을 가정하였다. 마지막으로 12.9절에서는 환경복사, 즉 태양 복사와 지구 표면으로부터 방사되는 복사사이의 상호작용에 대해 소개할 것이다.

12.3 복사강도

표면에서 방사된 복사는 모든 가능한 방향으로 전파되며(그림 12.4b), 그 방향적 분포를 아는 것이 종종 관심의 대상이 된다. 또한 표면에 입사되는 복사는 여러 다른 방향에서 들어오며, 이 입사된 복사에 대한 표면의 반응도 방향성을 갖는다. 이러한 방향성의 효과는 정미 복사 열전달률을 결정하는 데 있어서 매우 중요한 요소로서, **복사강도**(radiation intensity)의 개념을 도입하여 취급할 수 있다.

12.3.1 수학적 정의

복사 열전달을 수학적으로 다루기 위해서는 그 특성상 구면좌표계를 매우 폭넓게 사용하여야 한다. 그림 12.6*a*에 나타낸 바와 같이 미소 평면각 $d\alpha$는 원의 반지름 사이의 영역으로 정의되며, 이는 원의 반지름 r에 대한 원호의 길이 dl의 비로서 계산한다. 마찬가지로 그림 12.6*b*에서와 같이 미소 입체각 $d\omega$는 구의 반지름 사이의 영역으로 정의되며, 이는 다음의 식과 같이 구의 반지름의

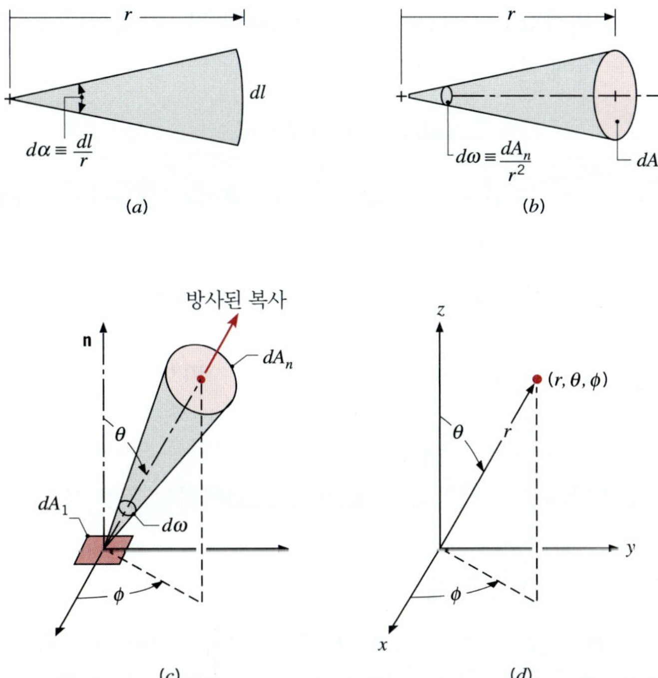

그림 12.6 수학적 정의. (*a*) 평면각. (*b*) 입체각. (*c*) dA_1위의 한 점에서 dA_n에 대한 입체각도 $d\omega$로 일어나는 미소면적 dA_1으로부터의 복사의 방사. (*d*) 구좌표계.

제곱에 대한 구표면 상의 면적요소 dA_n의 비로서 계산된다.

$$d\omega \equiv \frac{dA_n}{r^2} \tag{12.7}$$

그림 12.6*c*와 같이 면적요소 dA_1으로부터 특정 방향으로의 방사에 대하여 고려한다. 이 방향은 구좌표계(그림 12.6*d*)의 천정각(zenith angle) θ와 방위각(azimuthal angle) ϕ로 나타낼 수 있다. 복사가 통과하는 면적 dA_n은 dA_1상의 한 점에서 볼 때 입체각(solid angle) $d\omega$를 갖는다. 그림

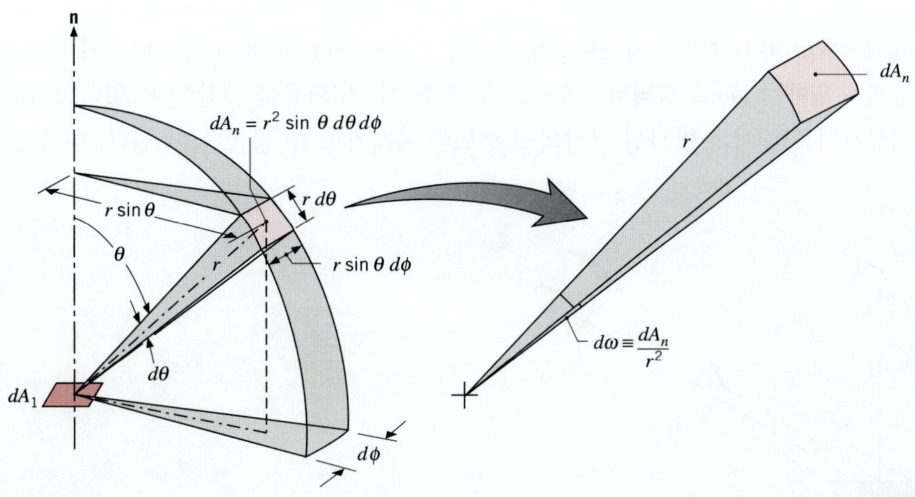

그림 12.7 구좌표계에서 dA_1의 한 점에서 dA_n에 의한 입체각.

12.7에 나타낸 바와 같이 면적 dA_n은 $\rho\ d\theta \times r \sin\theta\ d\phi$의 직사각형이며, 따라서 $dA_n = r^2 \sin\theta\ d_u\ d\phi$로 나타낼 수 있다. 이에 따라 다음과 같이 표현된다.

$$d\omega = \sin\theta\ d\theta\ d\phi \tag{12.8}$$

비투과성(opaque)면적요소 dA_1의 한 점에서 볼 때, 복사는 표면 위로 가상적 반구에서 정의되는 임의의 방향으로 방사된다. 전반구에 관련된 입체각은 식 (12.8)을 $\phi = 0$부터 $\phi = 2\pi$까지, 그리고 $\theta = 0$부터 $\theta = \pi/2$까지 적분하여 다음과 같이 구할 수 있다.

$$\int_h d\omega = \int_0^{2\pi}\int_0^{\pi/2} \sin\theta\ d\theta\ d\phi = 2\pi\int_0^{\pi/2} \sin\theta\ d\theta = 2\pi \text{ sr} \tag{12.9}$$

여기서 아래첨자 h는 적분이 반구(hemisphere)에 걸쳐 수행됨을 의미한다. 평면각의 라디안(radian)에 대응하는 입체각의 단위는 스테라디안(sr: steradian)이라는 것을 유의하라.

12.3.2 복사강도와 방사와의 관계

그림 12.6c로 돌아가서 dA_1으로부터의 방사가 dA_n을 통과하는 방사율에 대하여 알아보자. 이 방사율은 **스펙트럼의 복사강도**(spectral intensity) $I_{\lambda,e}$로 나타낼 수 있다. $I_{\lambda,e}$는 **파장 λ에서** (θ, ϕ) **방향으로, 이 방향에 수직인 방사표면의 단위면적당, 이 방향에 대한 단위입체각당 그리고 λ근처의 단위파장간격 $d\lambda$당 방사되는 복사에너지 변화율로서 정의된다.** 복사강도를 정의하는 데 사용되는 면적은 dA_1의 복사의 방향에 수직 성분인 것을 주목하라. 그림 12.8로부터 이 투영된 면적은 $dA_1 \cos\theta$와 같음을 알 수 있다. 이는 실제로 dA_n에 위치하는 관측자에게 보이는 dA_1의 면적이다. 스펙트럼의 복사강도는 W/m^2·sr·μm의 단위를 가지며, 다음과 같이 나타낼 수 있다.

$$I_{\lambda,e}(\lambda, \theta, \phi) \equiv \frac{dq}{dA_1 \cos\theta \cdot d\omega \cdot d\lambda} \tag{12.10}$$

여기서 $(dq/d\lambda) \equiv dq_\lambda$는 파장 λ의 복사가 dA_1을 떠나 dA_n을 통과하는 변화율이다. 식 (12.10)을 다시 정리하면 다음과 같다.

$$dq_\lambda = I_{\lambda,e}(\lambda, \theta, \phi) dA_1 \cos\theta\ d\omega \tag{12.11}$$

여기서 dq_λ는 W/μm의 단위를 가진다. 이 중요한 식으로부터 한 표면에서 방사된 복사가 (θ, ϕ) 방향의 둘레로 입체각 $d\omega$로 정의되는 공간으로 전파되는 변화율을 계산할 수 있다. 그러나 이 변화율을 계산하기 위해서는 방사된 복사의 스펙트럼 복사강도 $I_{\lambda,e}$를 알아야 한다. 이 양을 결정하

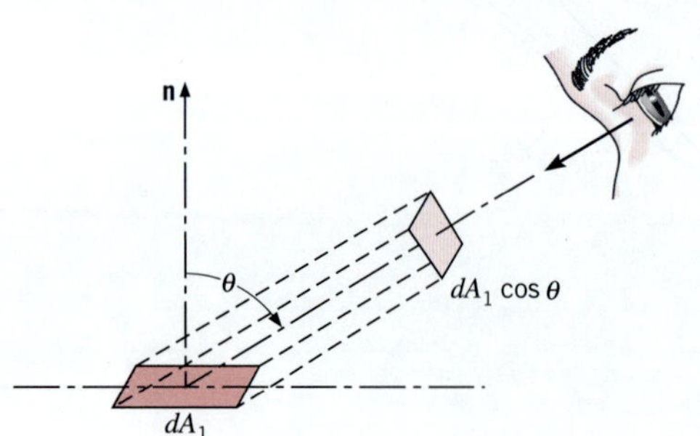

그림 12.8 복사의 방향에 수직인 dA_1의 투영.

는 방법에 대해서는 다음에 계속되는 12.4절과 12.5절에서 논의한다. 식 (12.11)을 방사표면의 단위면적으로 나타내고, 식 (12.8)을 대입하면 dA_1과 연관된 스펙트럼의 **복사유속**(radiation flux)은 다음과 같다.

$$dq''_\lambda = I_{\lambda,e}(\lambda, \theta, \phi) \cos\theta \sin\theta \, d\theta \, d\phi \tag{12.12}$$

$I_{\lambda,e}$의 스펙트럴 분포와 방향적 분포, 즉 $I_{\lambda,e}$ (λ, θ, ϕ)를 알면 어떤 유한 입체각 내로의 또는 어떤 유한 파장구간에서의 방사에 관련된 열유속은 식 (12.12)를 적분함으로써 결정될 수 있다. 예를 들어 **스펙트럼의 반구방사도**(spectral hemispherical emissive power) E_λ(W/m^2·μm)는 파장 1의 복사가 표면으로부터 모든 방향으로 λ근처의 단위파장 $d\lambda$당 그리고 단위 표면적당 방사되는 율로 정의된다. 따라서 그림 12.9에 나타난 바와 같이 dA_1위의 가상적인 반구로의 방사에 관련된 스펙트럼 열유속은 다음과 같다.

$$E_\lambda(\lambda) = q''_\lambda(\lambda) = \int_0^{2\pi} \int_0^{\pi/2} I_{\lambda,e}(\lambda, \theta, \phi) \cos\theta \sin\theta \, d\theta \, d\phi \tag{12.13}$$

$I_{\lambda,e}$는 **투영된**(projected) 면적에 기초를 둔 데 비해 E_λ는 **실제** 표면적에 근거한 유속인 것에 주목하라. 피적분함수에 cos θ항이 있는 것은 이러한 차이 때문이다.

전반구방사도(total hemispherical emissive power) E (W/m^2)는 복사가 가능한 모든 파장에 대해, 가능한 모든 방향으로 단위면적당 방사되는 율이다. 따라서 이는 다음과 같다.

$$E = \int_0^\infty E_\lambda(\lambda) \, d\lambda \tag{12.14}$$

또는 식 (12.13)으로부터 다음과 같이 표현할 수 있다.

$$E = \int_0^\infty \int_0^{2\pi} \int_0^{\pi/2} I_{\lambda,e}(\lambda, \theta, \phi) \cos\theta \sin\theta \, d\theta \, d\phi \, d\lambda \tag{12.15}$$

'방사도'라는 용어는 모든 방향으로의 방사를 의미하므로 형용사 반구(hemispherical)는 불필요

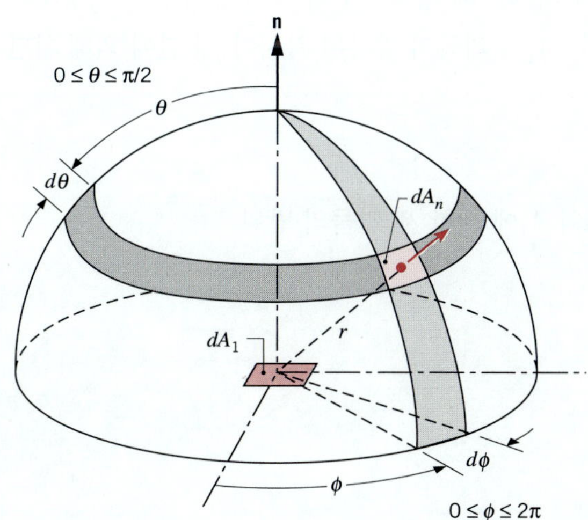

그림 12.9 면적 dA_1의 미소 요소로부터 dA_1의 한 점에 중심이 있는 가상 반구로의 방사.

하므로 자주 생략된다. 따라서 E_λ를 **스펙트럼 방사도**, E를 **전체 방사도**(또는 전방사도)라 칭한다. E는 식 (1.5)에서 처음 도입되었고 표 12.1에서 다시 정의된 바 있다.

표면방사의 방향적 분포는 표면의 특성에 따라 다르지만, 많은 표면에 있어서 합리적인 가정이 가능한 특별한 경우가 있다. 방사된 복사강도가 방향에 무관한 표면을 **확산방사체**(diffuse emitter)라 하고, 이 경우 $I_{\lambda,e}(\lambda, \theta, \phi) = I_{\lambda,e}(\lambda)$이다. 식 (12.13)의 피적분함수에서 $I_{\lambda,e}$를 앞으로 옮겨서 적분하면 다음과 같다.

$$E_\lambda(\lambda) = \pi I_{\lambda,e}(\lambda) \tag{12.16}$$

마찬가지로 식 (12.15)로부터 다음과 같은 결과를 얻는다.

$$E = \pi I_e \tag{12.17}$$

여기서 I_e는 방사된 복사의 **전복사강도**(total intensity)이다. 위의 식에서 나타나는 상수는 2π가 아니라 π이며, sr의 단위를 가지는 것에 주목하라.

예제 12.1

면적이 $A_1 = 10^{-3}$ m^{2}인 작은 표면이 확산방사체이며, 수직 방향으로의 전복사강도의 측정값은 I_n = 7000 W/m^2·sr이다.

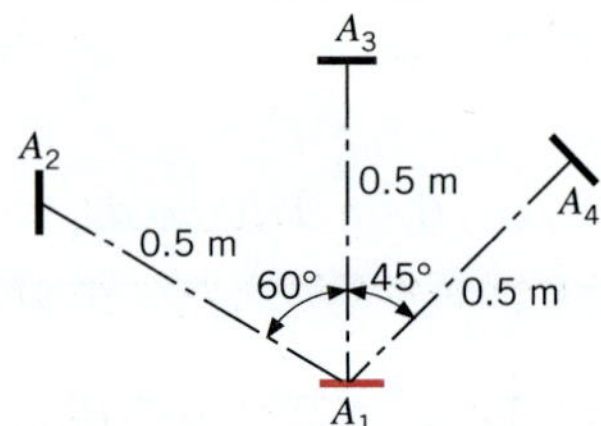

이 표면으로부터 방사되는 복사가 면적이 $A_2 = A_3 = A_4 = 10^{-3}$ m^{2}인 세 개의 다른 표면에 의해 차단되는데, 이 면들은 A_1으로부터 0.5 m 떨어져 있으며, 그 방향은 그림과 같다. 세 방향으로의 방사에 대한 복사강도는 각각 얼마인가? A_1에서 보았을 때 세 면에 대한 입체각은 각각 얼마인가? A_1에 의하여 방사된 복사가 세 면에 의해 차단되는 율은 얼마인가?

풀이

제시자료: 면적 A_1인 확산방사체의 수직복사강도와 A_1에 대한 세 면들의 방위.

풀이대상:

1. 세 방향 각각으로의 방사의 강도.
2. 세 면이 이루는 입체각들.
3. 복사가 세 면에 의해 차단되는 율.

개략도:

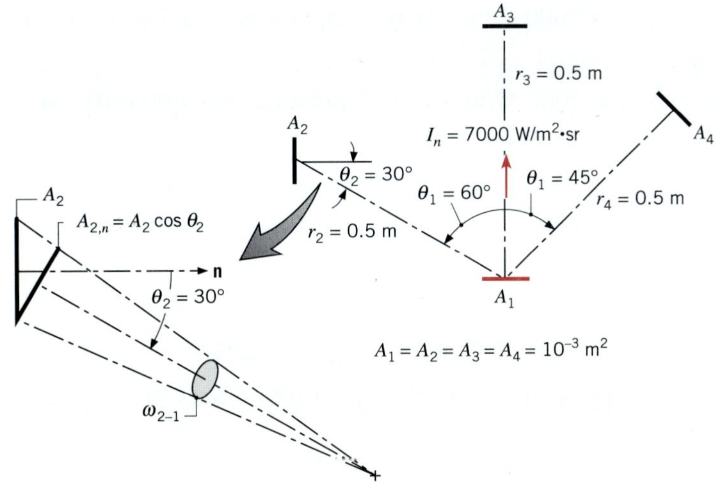

가정:

1. 면 A_1은 확산방사체이다.

2. A_1, A_2, A_3, A_4를 미소 면적으로 간주한다. 즉$(A_j/r_j^2) \ll 1$이다.

해석:

1. 확산방사체의 정의로부터 방사되는 복사강도는 방향에 무관하다. 따라서 각각의 세 방향에 대하여 다음과 같다.

$$I = 7000 \text{ W/m}^2 \cdot \text{sr} \quad \triangleleft$$

2. A_2, A_3와 A_4를 미소 면적들로 간주하면, 입체각은 식 (12.7)로부터 다음과 같이 계산된다.

$$d\omega \equiv \frac{dA_n}{r^2}$$

여기서 dA_n은 복사의 방향에 수직 방향으로의 투영면적이다. 표면 A_3, A_4는 복사방향에 수직이므로 이 평면들로 구성되는 입체각은 이 방정식에서 바로 도출되며 다음과 같다.

$$\omega_{3-1} = \omega_{4-1} = \frac{A_3}{r^2} = \frac{10^{-3}\text{ m}^2}{(0.5\text{ m})^2} = 4.00 \times 10^{-3}\text{ sr} \quad \triangleleft$$

표면 A_2는 복사방향에 수직이 아니므로, $dA_{n,2} = dA_2 \cos\theta_2$인데, 여기서 θ_2는 표면의 수직 방향과 복사방향이 이루는 각도이다. 따라서 다음과 같다.

$$\omega_{2-1} = \frac{A_2 \cos\theta_2}{r^2} = \frac{10^{-3}\text{ m}^2 \times \cos 30°}{(0.5\text{ m})^2} = 3.46 \times 10^{-3}\text{ sr} \quad \triangleleft$$

3. A_1을 미소 면적으로 근사화하면, 복사가 각각의 세 면들에 의해 차단되는 율은 식 (12.11)로부터 예측할 수 있으며, 전체 복사에 대하여 다음과 같다.

$$q_{1-j} = I \times A_1 \cos\theta_1 \times \omega_{j-1}$$

여기서 θ_1은 표면 1에 대한 법선과 복사의 방향 사이의 각도이다. 따라서 다음과 같다.

$$\begin{aligned} q_{1-2} &= 7000\ \text{W/m}^2 \cdot \text{sr}\ (10^{-3}\ \text{m}^2 \times \cos 60°)\ 3.46 \times 10^{-3}\ \text{sr} \\ &= 12.1 \times 10^{-3}\ \text{W} \end{aligned} \quad \triangleleft$$

$$\begin{aligned} q_{1-3} &= 7000\ \text{W/m}^2 \cdot \text{sr}\ (10^{-3}\ \text{m}^2 \times \cos 0°)\ 4.00 \times 10^{-3}\ \text{sr} \\ &= 28.0 \times 10^{-3}\ \text{W} \end{aligned} \quad \triangleleft$$

$$\begin{aligned} q_{1-4} &= 7000\ \text{W/m}^2 \cdot \text{sr}\ (10^{-3}\ \text{m}^2 \times \cos 45°)\ 4.00 \times 10^{-3}\ \text{sr} \\ &= 19.8 \times 10^{-3}\ \text{W} \end{aligned} \quad \triangleleft$$

부가설명:

1. 방사하는 면에 대한 θ_1의 값과 받아들이는 면에 대한 θ_2, θ_3, θ_4의 값들이 상이하다는 것에 유의하라.
2. 표면의 면적들이 떨어진 거리의 제곱에 비해 작지 않으면, 입체각과 복사 열전달률은 각각 식 (12.8)과 식 (12.11)을 적분하여 구해야 한다.
3. 스펙트럼의 복사강도 I_λ를 알고 있으면, 복사율에 있어서 임의의 스펙트럴 성분도 이러한 절차를 통하여 구할 수 있다.
4. 방사되는 복사강도가 방향에 무관하더라도 복사가 각각 세 면에 의해 차단되는 비율은 입체각과 투사면적의 차이에 따라 크게 달라진다. 예를 들어 그림 (*a*)와 같이 θ_1의 변화에 따라 A_4가 움직이는 경우를 생각해 보자. A_4는 항상 복사소스 A_1을 마주 보고 있으며 r_4는 0.5 m로 일정하다.

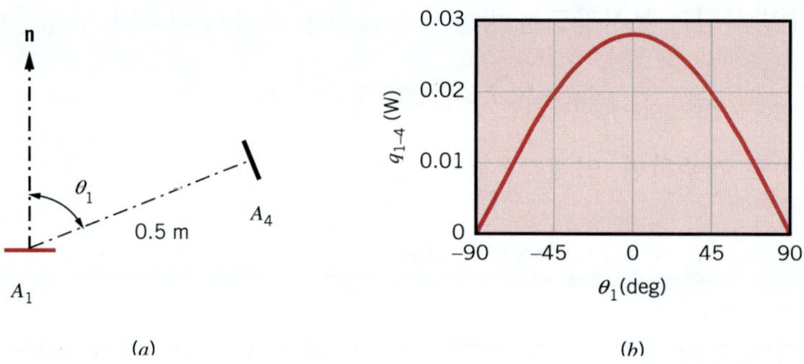

(*a*) (*b*)

따라서 입체각 $\omega_{4-1} = 4.00 \times 10^{-3}$ sr으로 일정하다.

$$q_{1-4} = I \times A_1\omega_{4-1} \cos\theta_1 = [7000\ \text{W/m}^2 \cdot \text{sr} \times 10^{-3}\ \text{m}^2 \times 4.00 \times 10^{-3}\ \text{sr}] \times \cos\theta_1$$

A_1으로부터 방사되어 A_4에 도달하는 에너지를 각도 θ_1에 따라 그림 (*b*)에 도시하였다. 직관에 의한 결과와 동일하게, A_4는 $\theta_1 = 0$일 때 A_1을 가장 많이 볼 수 있으므로 A_4에 도달하는 에너지는 $\theta_1 = 0$일 때 최고치($q_{1-4} = 28.0 \times 10^{-3}$ W)를 가진다. 역시 직관적으로 알 수 있듯이 $\theta_1 = \pm 90°$일 때 A_4에 도달하는 에너지는 0이 된다. 비록 A_1에서 방사되는 복사강도가 각도 θ에 무관할지라도 $\theta_1 = \pm 90°$일 때는 A_4가 A_1을 볼 수 없기 때문에 A_1에서 방사되는 에너지는 A_4에 도달하지 못한다. 실제 표면들은 많은 경우 복사가 확산적으로 일어난다.

12.3.3 조사와의 관계

지금까지 표면에 의해 방사되는 복사에 중점을 두었으나, 앞에서의 개념들은 **입사**(入射, incident)되는 복사(그림 12.10)에도 적용될 수 있다. 입사되는 복사는 다른 표면으로부터의 방사와 반사에

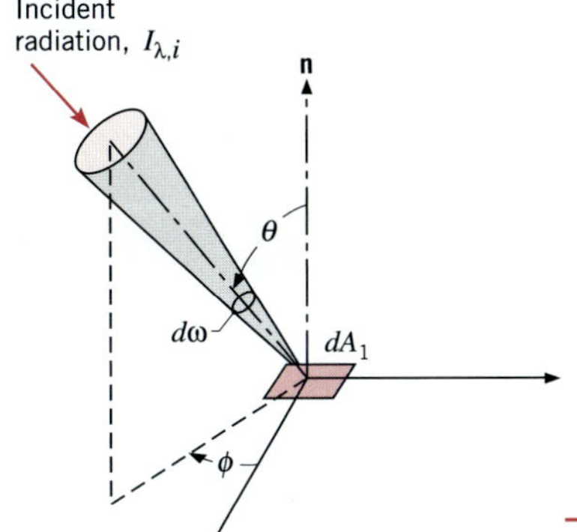

그림 12.10 입사된 복사의 방향적 특성.

기인하며, 스펙트럼의 복사강도 $I_{\lambda,i}(\lambda, \theta, \phi)$에 의해 결정되는 스펙트럴 분포와 방향적 분포를 가진다. 이 스펙트럼의 복사강도는 파장 λ의 복사에너지가 (θ, ϕ)방향으로부터 이 방향에 수직인 **차단표면**(intercepting surface)의 난위년석낭, 이 방향 둘레의 단위입제각당 그리고 λ 근처의 단위 파장간격 $d\lambda$당 입사되는 율로 정의된다.

입사된 복사의 강도는 **조사**(照射, irradiation)라고 하는 중요한 복사유속과 관계되는데, 이는 **모든 방향**으로부터 입사되는 복사를 포함한다. **스펙트럼의 조사** $G_\lambda(\text{W/m}^2\cdot\mu\text{m})$는 파장 λ의 복사가 단위면적당, λ근처의 단위파장간격 $d\lambda$당 표면에 입사되는 복사의 율로 정의된다. 따라서 다음과 같다.

$$G_\lambda(\lambda) = \int_0^{2\pi} \int_0^{\pi/2} I_{\lambda,i}(\lambda, \theta, \phi) \cos\theta \sin\theta \, d\theta \, d\phi \tag{12.18}$$

여기서 $\sin\theta \, d\theta \, d\phi$는 단위입체각이다. $I_{\lambda,i}$가 투영면적으로 정의된 반면, G_λ는 실제 표면적에 근거한 유속이기 때문에 $\cos\theta$항이 나타난다. 모든 방향으로부터 그리고 모든 파장에서의 단위면적당 입사되는 복사의 율을 **전조사**(total irradiation) $G(\text{W/m}^2)$라 하며, 이는 다음과 같다.

$$G = \int_0^\infty G_\lambda(\lambda) \, d\lambda \tag{12.19}$$

또는 식 (12.18)로부터 다음과 같다.

$$G = \int_0^\infty \int_0^{2\pi} \int_0^{\pi/2} I_{\lambda,i}(\lambda, \theta, \phi) \cos\theta \sin\theta \, d\theta \, d\phi \, d\lambda \tag{12.20}$$

전조사는 1.2.3절에 처음 소개되었으며 표 12.1에 다시 언급된 바 있다. 입사복사가 **확산적**(diffuse)이면, $I_{\lambda,i}$는 θ와 ϕ에 무관하며, 따라서 다음과 같다.

$$G_\lambda(\lambda) = \pi I_{\lambda,i}(\lambda) \tag{12.21}$$

그리고 다음과 같이 된다.

$$G = \pi I_i \tag{12.22}$$

예제 12.2

표면조사의 스펙트럴 분포는 다음과 같다.

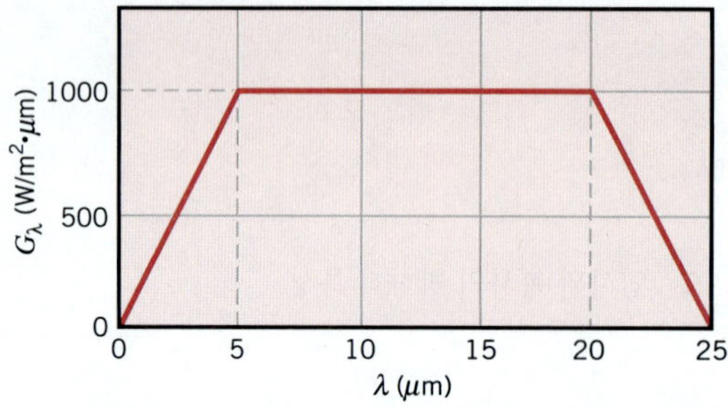

전조사는 얼마인가?

풀이

제시자료: 표면조사의 스펙트럴 분포.

풀이대상: 전조사.

해석: 전조사는 식 (12.19)로부터 구할 수 있다.

$$G = \int_0^\infty G_\lambda \, d\lambda$$

이 적분은 적분구간을 나눔으로써 쉽게 계산된다. 즉 다음과 같다.

$$G = \int_0^{5\,\mu\text{m}} G_\lambda \, d\lambda + \int_{5\,\mu\text{m}}^{20\,\mu\text{m}} G_\lambda \, d\lambda + \int_{20\,\mu\text{m}}^{25\,\mu\text{m}} G_\lambda \, d\lambda + \int_{25\,\mu\text{m}}^{\infty} G_\lambda \, d\lambda$$

그러므로 다음과 같다.

$$\begin{aligned} G &= \tfrac{1}{2}(1000\ \text{W/m}^2 \cdot \mu\text{m})(5-0)\ \mu\text{m} + (1000\ \text{W/m}^2 \cdot \mu\text{m})(20-5)\ \mu\text{m} \\ &\quad + \tfrac{1}{2}(1000\ \text{W/m}^2 \cdot \mu\text{m})(25-20)\ \mu\text{m} + 0 \\ &= (2500 + 15{,}000 + 2500)\ \text{W/m}^2 \\ G &= 20{,}000\ \text{W/m}^2 \end{aligned}$$ ◁

부가설명: 일반적으로 복사에너지원은 조사에 대해서 이처럼 규칙적인 스펙트럴 분포를 주지 않는다. 그러나 비록 적분을 계산하는 것이 더 복잡해질 것 같지만, 스펙트럴 분포를 알 때 전조사를 계산하는 절차는 같다.

12.3.4 불투명 표면에서의 출사

12.2절에서 논의한 바와 같이 출사는 어느 표면을 떠나는 모든 복사에너지를 말한다. 이 출사는 직접적인 방사뿐만 아니라, 조사된 에너지 중 **반사된** 부분을 포함하므로(그림 12.15b), 이는 일반적으로 방사도와 다르다. **스펙트럼의 출사**(spectral radiosity) J_λ(W/m^2·μm)는 파장 λ의 복사가 λ 근처의 단위파장간격 $d\lambda$당 단위 표면적으로부터 떠나는 율을 뜻한다. 이는 모든 방향으로 떠나는

복사를 나타내므로, 다음과 같은 형태의 식에 의해 방사 및 반사와 관련된 강도 $I_{\lambda,e+r}(\lambda, \theta, \phi)$와 관계된다.

$$J_\lambda(\lambda) = \int_0^{2\pi}\int_0^{\pi/2} I_{\lambda,e+r}(\lambda,\theta,\phi)\cos\theta\sin\theta\,d\theta\,d\phi \tag{12.23}$$

따라서 전체 스펙트럼에 대한 **전출사**(total radiosity) $J(\mathrm{W/m^2})$는 다음과 같다.

$$J = \int_0^\infty J_\lambda(\lambda)\,d\lambda \tag{12.24}$$

또는 다음과 같다.

$$J = \int_0^\infty\int_0^{2\pi}\int_0^{\pi/2} I_{\lambda,e+r}(\lambda,\theta,\phi)\cos\theta\sin\theta\,d\theta\,d\phi\,d\lambda \tag{12.25}$$

이 양은 표 12.1에 포함되어 있다. 만약 표면이 **확산반사체**(diffuse reflector)이고 동시에 **확산방사체**(diffuse emitter)이면 $I_{\lambda,e+r}$은 θ에 ϕ와 무관하며, 다음과 같다.

$$J_\lambda(\lambda) = \pi I_{\lambda,e+r}(\lambda) \tag{12.26}$$

그리고 다음과 같다.

$$J = \pi I_{e+r} \tag{12.27}$$

출사와 같은 복사유속은 실제 표면적에 기준을 둔 것이고, 복사강도는 투영면적에 기준을 둔 것임에 유의해야 한다.

12.3.5 불투명 표면에서의 정미 복사유속

식 (12.5)에 나타난 대로 불투명 표면의 정미 복사유속은 밖으로 나가는 출사 J와 들어오는 조사 G의 차이다. 식 (12.20)과 (12.25)로부터 식 (12.5)는 방사와 반사 그리고 조사 강도들로 쓸 수 있다.

$$\begin{aligned} q''_{\text{rad}} = &\int_0^\infty\int_0^{2\pi}\int_0^{\pi/2} I_{\lambda,e+r}(\lambda,\theta,\phi)\cos\theta\sin\theta\,d\theta\,d\phi\,d\lambda \\ &-\int_0^\infty\int_0^{2\pi}\int_0^{\pi/2} I_{\lambda,i}(\lambda,\theta,\phi)\cos\theta\sin\theta\,d\theta\,d\phi\,d\lambda \end{aligned} \tag{12.28}$$

따라서 정미 복사열유속은 알려진 여러 가지 강도들을 안다면 결정할 수 있다. 식 (12.28)에서 적분을 직접 수행하는 경우도 있으나 여기서는 수행하지 않을 것이다. 대신에 완전 방사, 흡수되는 흑체의 복사강도와 방사율, 흡수율, 반사율을 이용하여 여러 가지 복사강도들을 단순화하여 정미 복사열유속을 계산할 것이다.

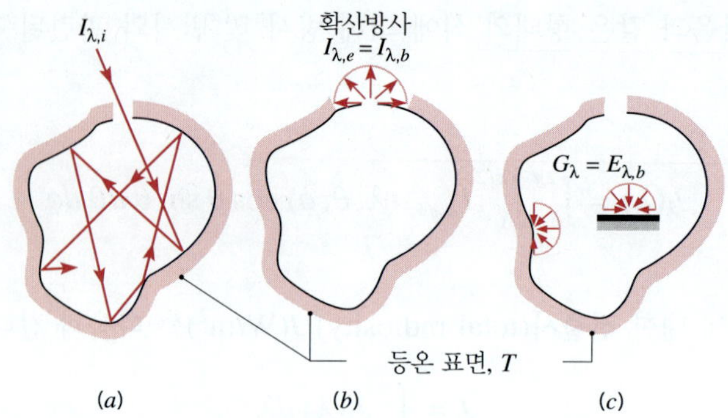

그림 12.11 등온 흑체공동의 특성. (*a*) 완전흡수. (*b*) 개구로부터의 확산방사. (*c*) 내부표면들의 확산조사.

12.4 흑체복사

실제 표면의 방사도, 조사, 출사를 구하기 위해서는 식 (12.8), (12.13) 그리고 (12.18)에서 사용되는 스펙트럼 복사강도(spectral intensity)를 정량화해야 한다. 이를 위해서는 **흑체**(blackbody)의 개념을 도입하는 것이 유용하다.

1. **흑체는 파장과 방향에 관계없이 입사하는 모든 복사를 흡수한다.**
2. **주어진 온도와 파장에 대하여 흑체보다 더 많은 에너지를 방사할 수 있는 표면은 없다.**
3. **비록 흑체에 의하여 방사되는 복사는 파장과 온도의 함수이나 방향에는 무관하다. 즉 흑체는 확산방사체이다.**

완전한 흡수체와 방사체로서 흑체는 실제 표면의 복사 성질을 비교하는 **표준**으로 제공된다.

어떤 표면이 흑체에 가깝게 근사화될 수는 있으나, 흑체의 성질을 완전히 가지지는 못한다. 가장 근접한 근사는 내부표면이 등온인 공동(cavity)에 의해 이루어질 수 있다. 작은 개구부(aperture)를 통해 복사가 들어오면(그림 12.11*a*), 이는 다시 나가기 전에 많은 반사가 이루어진다. 따라서 대부분의 모든 복사가 공동에 의해 흡수되며, 이는 흑체의 반응으로 근사화된다. 그러므로 열역학적 이론으로부터 개구부를 떠나는 복사는 표면온도에만 의존하고, 이는 흑체방사에 해당한다(그림 12.11*b*)고 말할 수 있다. 흑체방사는 확산적이므로 공동을 떠나는 스펙트럼의 복사강도 $I_{\lambda,b}$는 방향에 무관하다. 더욱이 공동 내에서의 복사장은 공동표면으로부터의 방사 및 반사의 누적된 효과이며, 개구부로부터 나가는 복사와 같은 형식이므로 흑체복사장이 공동 내에 존재한다. 따라서 공동 내의 어떤 작은 표면(그림 12.11*c*)에서도 $G_\lambda = E_{\lambda,b}(\lambda, T)$의 조사가 이루어진다. 이 표면은 그 방향에 상관없이 확산적으로 조사된다. **흑체복사는 공동의 표면이 고도로 반사하는지 또는 흡수하는지에 관계없이 공동 내에 존재한다.**

12.4.1 Planck 분포

흑체방사의 스펙트럴 분포는 잘 알려져 있으며, 이는 Planck[1]에 의해 처음으로 다음과 같이 구해졌다.

$$I_{\lambda,b}(\lambda, T) = \frac{2hc_o^2}{\lambda^5[\exp(hc_o/\lambda k_B T) - 1]} \tag{12.29}$$

여기서 $h = 6.626 \times 10^{-34}$ J·s와 $k_B = 1.381 \times 10^{-23}$ J/K는 각각 Planck상수와 Boltzmann상수이고, $c_o = 2.998 \times 10^8$ m/s는 진공에서의 빛의 속도이며, T는 흑체의 절대온도(K)이다. 흑체는 확산방사체이므로, 식 (12.16)으로부터 스펙트럴 방사도는 다음의 형식으로 표시된다.

$$E_{\lambda,b}(\lambda, T) = \pi I_{\lambda,b}(\lambda, T) = \frac{C_1}{\lambda^5[\exp(C_2/\lambda T) - 1]} \tag{12.30}$$

여기서 첫 번째 및 두 번째 복사상수들은 $C_1 = 2\pi h c_o^2 = 3.742 \times 10^8\ \text{W}\cdot\mu\text{m}^4/\text{m}^2$과 $C_2 = (hc_o/k_B) = 1.439 \times 10^4\ \mu\text{m}\cdot\text{K}$이다.

식 (12.30)은 **Planck 분포**(Planck distribution)라고 알려져 있으며, 그림 12.12에 몇 개의 온도에 대하여 도시되어 있다. 몇 가지 중요한 특성은 다음과 같다.

1. 방사된 복사는 파장에 따라 연속적으로 변한다.[1]
2. 어떠한 파장에서도 방사된 복사의 크기는 온도가 증가할수록 증가한다.
3. 복사가 집중되는 스펙트럼 영역은 온도에 의존한다. 온도가 증가할수록 짧은 파장에서 **비교적** 더 많은 복사가 나타난다.
4. 5800 K의 흑체로 근사화될 수 있는 태양에 의해 방사되는 복사의 상당 부분이 스펙트럼의 가시영역에 속한다. 반면에 $T \lesssim 800$ K인 경우에는 방사가 주로 스펙트럼의 적외선 영역에서 일어나며, 눈에는 보이지 않는다.

12.4.2 Wien의 변위법칙

그림 12.12에서 흑체의 스펙트럴 분포는 최대값을 가지며, 여기에 해당되는 파장 λ_{max}는 온도에 의존함을 알 수 있다. 이 의존 특성은 식 (12.30)을 λ에 대하여 미분하고, 그 결과를 0으로 놓으면 구할 수 있다. 그렇게 하면 다음 식을 얻을 수 있다.

$$\lambda_{max} T = C_3 \tag{12.31}$$

여기서 세 번째 복사상수 $C_3 = 2898\ \mu\text{m}\cdot\text{K}$이다.

식 (12.31)은 **Wien의 변위법칙**(Wien's displacement law)이라고 알려져 있으며, 이 법칙에 의해 기술되는 점들의 궤적은 그림 12.12에 점선으로 표시되어 있다. 이 결과에 따르면 최대 스펙트럼의 방사도는 온도가 증가함에 따라 짧은 파장 쪽으로 이동해 간다. 태양은 대략 5800 K의 흑체와 같이 방사하므로, 태양열복사의 경우 이 방사는 가시 스펙트럼의 중간 ($\lambda \approx 0.50\ \mu$m)에서 일어난다. 1000 K인 흑체의 경우 최대 방사는 2.90 μm에서 일어나며, 방사된 복사의 일부는 적색광으로 보인다. 온도가 증가할수록 짧은 파장영역이 더욱 지배적으로 되며, 결국에는 상당량의 방사가 전체 가시 스펙트럼에 걸쳐 일어난다. 예를 들면 2900 K($\lambda_{max} = 1\ \mu$m)에서 작동하는 텅스텐 필라멘트 전구의 경우 대부분의 방사가 적외선 영역에서 이루어지지만 백색광을 방사한다.

[1] 흑체 방사의 **연속**특성은 양자 물질의 **비연속적** 에너지 준위를 고려함으로써 결정될 수 있다. Planck의 흑체 강도 분포의 유도는 양자물리[2]에 있어서 가장 중요한 발견이다.

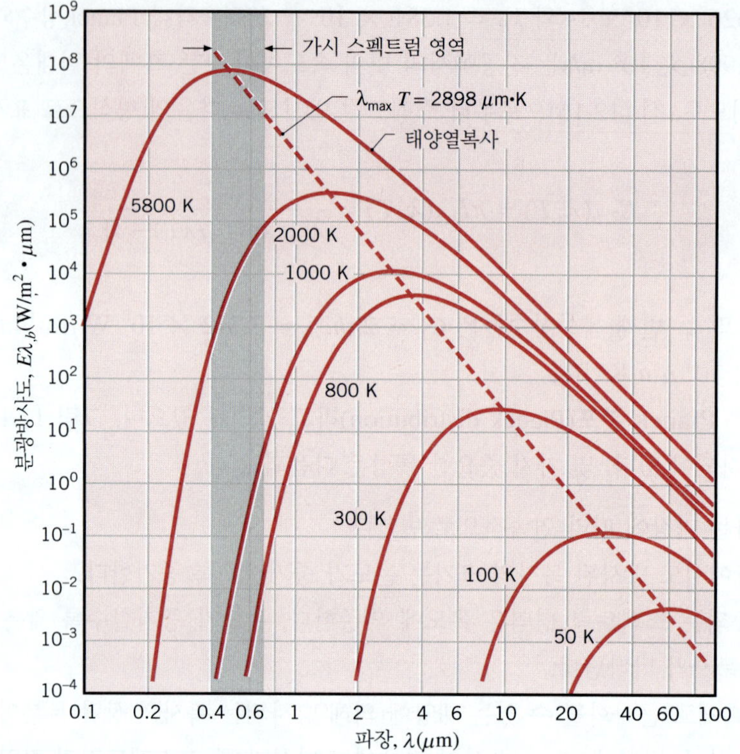

그림 12.12 스펙트럼의 흑체 방사도.

12.4.3 Stefan-Boltzmann 법칙

Planck분포식 식 (12.30)을 식 (12.14)에 대입하면 흑체의 전방사도 E_b는 다음과 같이 표시될 수 있다.

$$E_b = \int_0^\infty \frac{C_1}{\lambda^5[\exp(C_2/\lambda T) - 1]} d\lambda$$

적분을 하면 다음과 같다.

$$E_b = \sigma T^4 \tag{12.32}$$

여기서 **Stefan-Boltzmann 상수**는 C_1과 C_2에 의존하며, 그 수치는 다음과 같다.

$$\sigma = 5.670 \times 10^{-8}\ \text{W/m}^2 \cdot \text{K}^4$$

간단해 보이지만 중요한 이 결과를 **Stefan-Boltzmann 법칙**(Stefan-Boltzmann law)이라고 한다. 이로부터 흑체의 온도만 알면 모든 방향으로 모든 파장에 걸쳐 방사되는 복사량을 간단하게 계산할 수 있다. 이 방사는 확산적이므로, 식 (12.17)로부터 흑체방사에 대한 전복사강도는 다음과 같다.

$$I_b = \frac{E_b}{\pi} \tag{12.33}$$

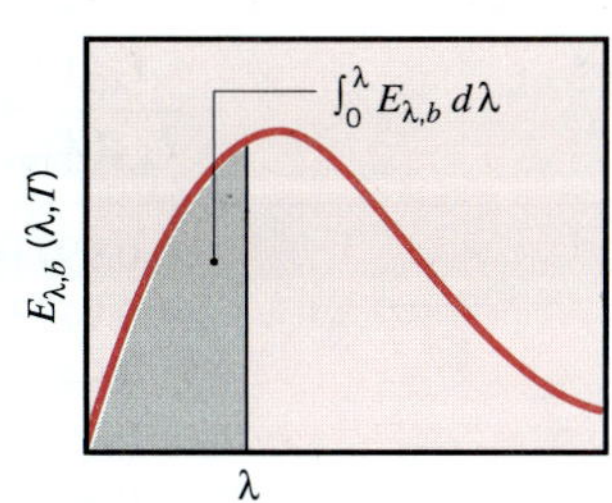

그림 12.13 스펙트럼 밴드 0부터 λ까지에서 흑체로부터의 복사방사.

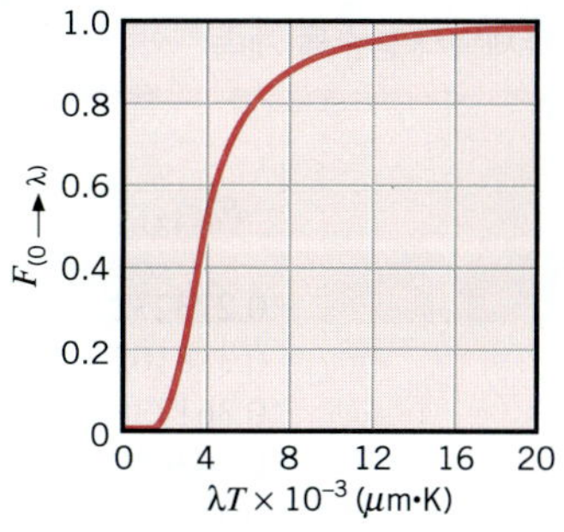

그림 12.14 λT의 함수로 표시한 스펙트럼 밴드 0부터 λ까지의 전흑체방사의 분율.

12.4.4 밴드방사

스펙트럼 효과를 교려하기 위해서는 흑체에서 나오는 전체 방사 에너지 중에 특정 파장 구간, 즉 **밴드**(band)에서 나오는 에너지의 분율을 알 필요가 있다. 주어진 온도와 0과 λ 사이의 구간에 있어서 이 분율은 그림 12.13의 곡선 아래의 전체 면적에 대한 음영으로 표시된 면적의 비로 결정된다. 따라서 다음과 같다.

$$F_{(0\rightarrow\lambda)} \equiv \frac{\int_0^\lambda E_{\lambda,b}\,d\lambda}{\int_0^\infty E_{\lambda,b}\,d\lambda} = \frac{\int_0^\lambda E_{\lambda,b}\,d\lambda}{\sigma T^4} = \int_0^{\lambda T} \frac{E_{\lambda,b}}{\sigma T^5}\,d(\lambda T) = f(\lambda T) \qquad (12.34)$$

피적분 함수($E_{\lambda,b}/\sigma T^5$)가 전적으로 파장-온도의 곱인 λT만의 함수이므로, 식 (12.34)의 적분을 수행하여 λT만의 함수인 $F_{(0\rightarrow\lambda)}$를 구할 수 있다. 이 결과들은 표 12.2와 그림 12.14에 나타나 있다. 또한 다음과 같이 어떤 두 파장 λ_1과 λ_2 사이에서 복사의 분율을 구하는 데 사용할 수 있다.

표 12.2 흑체복사 함수들

λT (μm · K)	$F_{(0\rightarrow\lambda)}$	$I_{\lambda,b}(\lambda, T)/\sigma T^5$ (μm · K · sr)$^{-1}$	$\dfrac{I_{\lambda,b}(\lambda, T)}{I_{\lambda,b}(\lambda_{max}, T)}$
200	0.000000	0.375034×10^{-27}	0.000000
400	0.000000	0.490335×10^{-13}	0.000000
600	0.000000	0.104046×10^{-8}	0.000014
800	0.000016	0.991126×10^{-7}	0.001372
1,000	0.000321	0.118505×10^{-5}	0.016406
1,200	0.002134	0.523927×10^{-5}	0.072534
1,400	0.007790	0.134411×10^{-4}	0.186082
1,600	0.019718	0.249130	0.344904
1,800	0.039341	0.375568	0.519949
2,000	0.066728	0.493432	0.683123
2,200	0.100888	0.589649×10^{-4}	0.816329
2,400	0.140256	0.658866	0.912155
2,600	0.183120	0.701292	0.970891
2,800	0.227897	0.720239	0.997123
2,898	0.250108	0.722318×10^{-4}	1.000000

표 12.2 흑체복사 함수들(계속)

λT $(\mu m \cdot K)$	$F_{(0\rightarrow\lambda)}$	$I_{\lambda,b}(\lambda, T)/\sigma T^5$ $(\mu m \cdot K \cdot sr)^{-1}$	$\dfrac{I_{\lambda,b}(\lambda, T)}{I_{\lambda,b}(\lambda_{max}, T)}$
3,000	0.273232	0.720254×10^{-4}	0.997143
3,200	0.318102	0.705974	0.977373
3,400	0.361735	0.681544	0.943551
3,600	0.403607	0.650396	0.900429
3,800	0.443382	0.615225×10^{-4}	0.851737
4,000	0.480877	0.578064	0.800291
4,200	0.516014	0.540394	0.748139
4,400	0.548796	0.503253	0.696720
4,600	0.579280	0.467343	0.647004
4,800	0.607559	0.433109	0.599610
5,000	0.633747	0.400813	0.554898
5,200	0.658970	0.370580×10^{-4}	0.513043
5,400	0.680360	0.342445	0.474092
5,600	0.701046	0.316376	0.438002
5,800	0.720158	0.292301	0.404671
6,000	0.737818	0.270121	0.373965
6,200	0.754140	0.249723×10^{-4}	0.345724
6,400	0.769234	0.230985	0.319783
6,600	0.783199	0.213786	0.295973
6,800	0.796129	0.198008	0.274128
7,000	0.808109	0.183534	0.254090
7,200	0.819217	0.170256×10^{-4}	0.235708
7,400	0.829527	0.158073	0.218842
7,600	0.839102	0.146891	0.203360
7,800	0.848005	0.136621	0.189143
8,000	0.856288	0.127185	0.176079
8,500	0.874608	0.106772×10^{-4}	0.147819
9,000	0.890029	0.901463×10^{-5}	0.124801
9,500	0.903085	0.765338	0.105956
10,000	0.914199	0.653279×10^{-5}	0.090442
10,500	0.923710	0.560522	0.077600
11,000	0.931890	0.483321	0.066913
11,500	0.939959	0.418725	0.057970
12,000	0.945098	0.364394×10^{-5}	0.050448
13,000	0.955139	0.279457	0.038689
14,000	0.962898	0.217641	0.030131
15,000	0.968933	0.171866×10^{-5}	0.023794
16,000	0.973814	0.137429	0.019026
18,000	0.980860	0.908240×10^{-6}	0.012574
20,000	0.985602	0.623310	0.008629
25,000	0.992215	0.276474	0.003828
30,000	0.995340	0.140469×10^{-6}	0.001945
40,000	0.997967	0.473891×10^{-7}	0.000656
50,000	0.998953	0.201605	0.000279
75,000	0.999713	0.418597×10^{-8}	0.000058
100,000	0.999905	0.135752	0.000019

$$F_{(\lambda_1\rightarrow\lambda_2)} = \frac{\int_0^{\lambda_2} E_{\lambda,b}\,d\lambda - \int_0^{\lambda_1} E_{\lambda,b}\,d\lambda}{\sigma T^4} = F_{(0\rightarrow\lambda_2)} - F_{(0\rightarrow\lambda_1)} \qquad (12.35)$$

표 12.2의 세 번째 및 네 번째 열에 추가적인 흑체함수들이 표시되어 있다. 세 번째 열은 주어진 파장과 온도에 대한 스펙트럼의 복사강도를 계산하는 데 이용된다. 식 (12.29)로부터 이 양을 계산하는 대신에 표시된 $I_{\lambda,b}/\sigma T^5$의 값에 단순히 σT^5을 곱하면 된다. 네 번째 열은 $\lambda_{\max}$에서의 스펙트럼 복사강도에 대한 임의의 파장에서의 스펙트럼 복사강도의 비를 쉽게 계산하는 데 이용된다.

예제 12.3

그림 12.1에서 작은 고체 표면에 대한 정미 복사열유속을 주위온도와 Stefan-Boltzmann상수로 표현하라. 작은 고체는 흑체이다.

풀이

제시자료: 작은 흑체의 표면온도 T_s, 주위온도 T_{sur}.

풀이대상: 작은 물체 표면에서의 정미 복사열유속 표현식 q''_{rad}.

제시자료: 작은 물체에 흑체조사가 일어난다.

개략도:

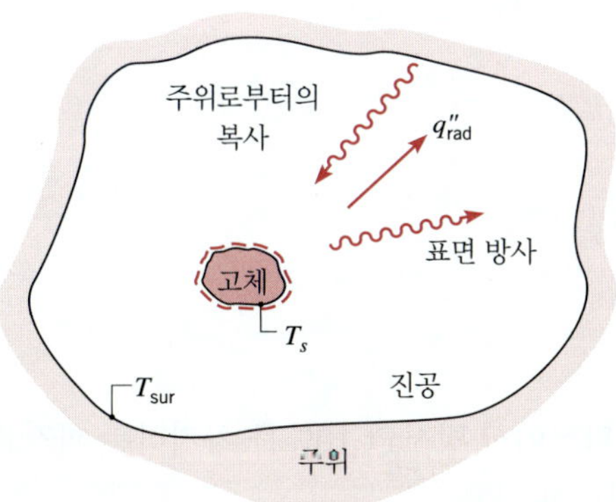

해석: 작은 물체로 들어오는 조사는 반사가 되지 않으므로 식 (12.28)은 다음과 같이 쓸 수 있다.

$$q''_{\text{rad}} = \int_0^\infty \int_0^{2\pi} \int_0^{\pi/2} I_{\lambda,e}(\lambda,\theta,\phi)\cos\theta\sin\theta\, d\theta\, d\phi\, d\lambda - \int_0^\infty \int_0^{2\pi} \int_0^{\pi/2} I_{\lambda,i}(\lambda,\theta,\phi)\cos\theta\sin\theta\, d\theta\, d\phi\, d\lambda \tag{1}$$

작은 물체가 방사하는 복사강도는 흑체의 복사강도와 동일하다. 따라서

$$I_{\lambda,e}(\lambda,\theta,\phi) = I_{\lambda,b}(\lambda,T_s) \tag{2}$$

조사에 해당하는 복사강도 역시 흑체의 복사강도와 같다.

$$I_{\lambda,i}(\lambda,\theta,\phi) = I_{\lambda,b}(\lambda,T_{\text{sur}}) \tag{3}$$

흑체의 복사강도는 확산적이므로 각도 θ와 ϕ에 무관하다. 따라서 식 (2)와 (3)을 식 (1)에 대입하면

$$q''_{\text{rad}} = \int_0^{2\pi}\int_0^{\pi/2} \cos\theta \sin\theta \, d\theta \, d\phi \times \int_0^\infty I_{\lambda,b}(\lambda, T_{\text{sur}})\, d\lambda$$
$$- \int_0^{2\pi}\int_0^{\pi/2} \cos\theta \sin\theta \, d\theta \, d\phi \times \int_0^\infty I_{\lambda,b}(\lambda, T_s)\, d\lambda$$
$$= \pi\left[\int_0^\infty I_{\lambda,b}(\lambda, T_{\text{sur}})\, d\lambda - \int_0^\infty I_{\lambda,b}(\lambda, T_s)\, d\lambda\right]$$

식 (12.32)와 (12.33)을 대입하면

$$q''_{\text{rad}} = \sigma(T_s^4 - T_{\text{sur}}^4)$$ ◁

이 결과는 식 (1.7)에 $\varepsilon = 1$을 적용한 것과 동일하다.

예제 12.4

균일온도 2000 K로 유지되고 있는 큰 등온 밀폐공간을 생각해 보자. 이 밀폐공간의 표면에 있는 작은 개구부로부터 나오는 복사의 방사도를 계산하라. 그 이하의 파장에서 방사의 10%를 차지하는 λ_1은 얼마인가? 그 이상의 파장에서 방사의 10%를 차지하는 파장 λ_2는 얼마인가? 최대 스펙트럼의 방사도는 얼마이며, 이 최대값에 해당하는 파장은 얼마인가? 이 밀폐공간 내에 있는 작은 물체로 입사되는 조사는 얼마인가?

풀이

제시자료: 균일한 온도의 큰 등온 밀폐공간.

풀이대상:

1. 밀폐공간의 작은 개구부의 방사도.
2. 그 이하의 파장에서 또는 그 이상의 파장에서 방사의 10%를 차지하는 파장들.
3. 최대 방사와 연관된 스펙트럼의 방사도와 파장.
4. 밀폐공간 내의 작은 물체로의 조사.

개략도:

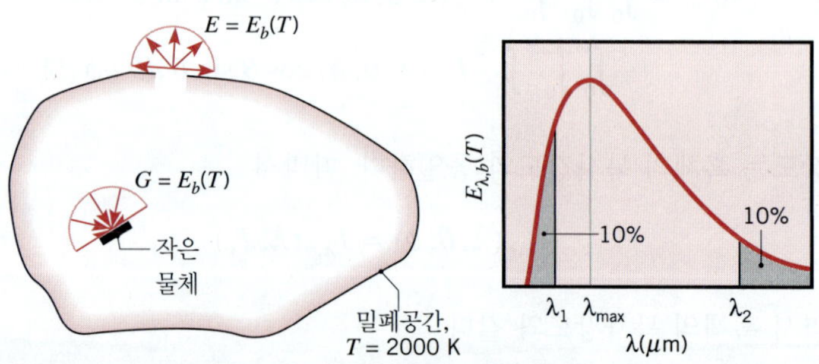

가정: 개구부와 물체의 면적은 밀폐공간의 면적에 비해 대단히 작다.

해석:

1. 등온 밀폐공간의 개구부로부터의 방사는 흑체복사의 특성을 가질 것이다. 따라서 식 (12.32)로부터 다음과 같다.

$$E = E_b(T) = \sigma T^4 = 5.670 \times 10^{-8}\ \mathrm{W/m^2 \cdot K^4}(2000\ \mathrm{K})^4$$
$$E = 9.07 \times 10^5\ \mathrm{W/m^2} \quad \triangleleft$$

2. 파장 λ_1은 방사되는 복사의 10%를 갖는 스펙트럼 밴드($0 \rightarrow \lambda_1$)의 상한에 해당한다. $F_{(0 \rightarrow \lambda_1)} = 0.10$이므로, 표 12.2로부터 $\lambda_1 T = 2195\ \mu\mathrm{m{\cdot}K}$이다. 따라서 다음과 같다.

$$\lambda_1 = 1.1\ \mu\mathrm{m} \quad \triangleleft$$

파장 λ_2는 방사된 복사의 10%를 포함하는 스펙트럼 밴드($\lambda_2 \rightarrow \infty$)의 하한에 해당하므로 다음과 같다.

$$F_{(\lambda_2 \rightarrow \infty)} = 1 - F_{(0 \rightarrow \lambda_2)} = 0.1$$
$$F_{(0 \rightarrow \lambda_2)} = 0.9$$

표 12.2로부터 $\lambda_2 T = 9382\ \mu\mathrm{m{\cdot}K}$이므로 다음과 같다.

$$\lambda_2 = 4.69\ \mu\mathrm{m} \quad \triangleleft$$

3. 식 (12.31)의 Wien의 변위법칙으로부터 $\lambda_{max} T = 2898\ \mu\mathrm{m{\cdot}K}$이므로 다음과 같다.

$$\lambda_{max} = 1.45\ \mu\mathrm{m} \quad \triangleleft$$

이 파장에 대한 스펙트럼의 방사도는 식 (12.30)이나 표 12.2의 셋째 열로부터 계산될 수 있다. $\lambda_{max} T = 2898\ \mu\mathrm{m{\cdot}K}$에 대하여 표 12.2로부터 다음과 같이 된다.

$$I_{\lambda,b}(1.45\ \mu\mathrm{m},\ T) = 0.722 \times 10^{-4}\, \sigma T^5$$

따라서 다음과 같다.

$$I_{\lambda,b}(1.45\ \mu\mathrm{m},\ 2000\ \mathrm{K}) = 0.722 \times 10^{-4}\ (\mu\mathrm{m \cdot K \cdot sr})^{-1} \times 5.67 \times 10^{-8}\ \mathrm{W/m^2 \cdot K^4}\ (2000\ \mathrm{K})^5$$
$$I_{\lambda,b}(1.45\ \mu\mathrm{m},\ 2000\ \mathrm{K}) = 1.31 \times 10^5\ \mathrm{W/m^2 \cdot sr \cdot \mu m}$$

방사가 확산적이므로 식 (12.16)으로부터 다음과 같이 된다.

$$E_{\lambda,b} = \pi I_{\lambda,b} = 4.12 \times 10^5\ \mathrm{W/m^2 \cdot \mu m} \quad \triangleleft$$

4. 밀폐공간 내부의 작은 물체로의 조사는 밀폐공간의 표면온도에서 흑체로부터의 방사와 같다고 할 수 있다. 따라서 $G = E_b(T)$이며, 이 경우 다음과 같다.

$$G = 9.07 \times 10^5\ \mathrm{W/m^2} \quad \triangleleft$$

예제 12.5

한 표면이 1500 K에서 흑체로서 방사한다. 이 표면이 $0° \le \theta \le 60°$에 해당하는 방향으로 그리고 파장범위 $2\ \text{mm} \le \lambda \le 4\ \text{mm}$에서 단위면적당 방사하는 복사율($\text{W/m}^2$)은 얼마인가?

풀이

제시자료: 흑체처럼 방사하는 표면의 온도.

풀이대상: $\theta = 0°$와 $60°$ 사이의 방향으로 그리고 파장 $\lambda = 2\ \mu\text{m}$와 $4\ \mu\text{m}$ 사이에서의 단위면적당 방사율.

개략도:

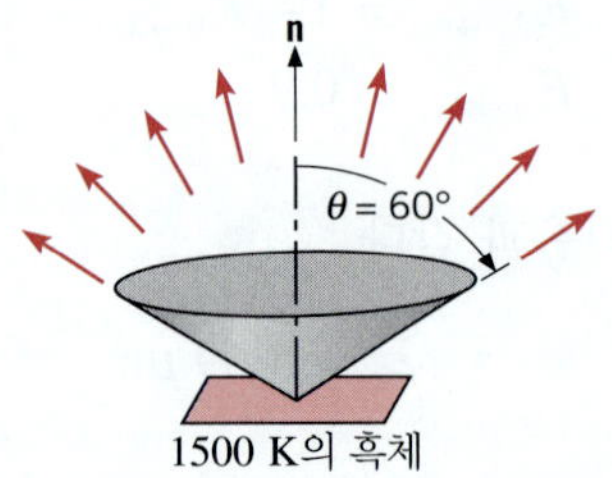

가정: 표면은 흑체방사한다.

해석: 구하고자 하는 방사는 다음과 같이 제한된 적분구간에 대하여 식 (12.15)로부터 구할 수 있다.

$$\Delta E = \int_2^4 \int_0^{2\pi} \int_0^{\pi/3} I_{\lambda,b} \cos\theta \sin\theta \, d\theta \, d\phi \, d\lambda$$

또는 흑체는 확산적으로 방사하므로 다음과 같다.

$$\Delta E = \int_2^4 I_{\lambda,b} \left(\int_0^{2\pi} \int_0^{\pi/3} \cos\theta \sin\theta \, d\theta \, d\phi \right) d\lambda$$

$$\Delta E = \int_2^4 I_{\lambda,b} \left(2\pi \frac{\sin^2\theta}{2} \bigg|_0^{\pi/3} \right) d\lambda = 0.75 \int_2^4 \pi I_{\lambda,b} \, d\lambda$$

식 (12.16)을 대입하여 E_b를 곱하고, 또 나누어 주면 이 결과는 스펙트럼 적분을 계산하는 데 있어서 표 12.2를 이용할 수 있는 형식으로 나타날 수 있다. 특히 다음과 같다.

$$\Delta E = 0.75 E_b \int_2^4 \frac{E_{\lambda,b}}{E_b} d\lambda = 0.75 E_b [F_{(0\to4)} - F_{(0\to2)}]$$

표 12.2로부터 다음과 같다

$$\lambda_1 T = 2\ \mu\text{m} \times 1500\ \text{K} = 3000\ \mu\text{m}\cdot\text{K}: \qquad F_{(0\to2)} = 0.273$$
$$\lambda_2 T = 4\ \mu\text{m} \times 1500\ \text{K} = 6000\ \mu\text{m}\cdot\text{K}: \qquad F_{(0\to4)} = 0.738$$

따라서 다음과 같다.

$$\Delta E = 0.75(0.738 - 0.273)E_b = 0.75(0.465)E_b$$

식 (12.31)로부터 다음과 같이 된다.

$$\Delta E = 0.75(0.465)5.67 \times 10^{-8}\ \text{W/m}^2 \cdot \text{K}^4\ (1500\ \text{K})^4 = 10^5\ \text{W/m}^2$$ ◁

부가설명: 이 결과를 통해 전반구방사도가 방향성과 스펙트럼 제한으로 인하여 각각 25%와 53.5%만큼 감소한다는 것을 알 수 있다.

12.5 실제 표면으로부터의 방사

이상적인 표면의 작용을 서술하기 위하여 흑체의 개념을 도입하였는데, 이제는 **실제** 표면의 작용을 고려해 보자. 흑체는 같은 온도에서 어떤 표면에서보다 가장 많은 복사를 방사한다는 의미에서 이상적인 방사체임을 상기하자. 그러므로 실제 표면으로부터의 방사를 기술하는 기준으로서 흑체를 선택하는 것이 편리하다. **방사율**(emissivity)[2]이라고 알려진 표면복사 물성치는 같은 온도에서 흑체에서 방사되는 복사에 대한 실제 표면에서 방사되는 복사의 **비**로 정의된다.

일반적으로 실제 표면에서 방사되는 스펙트럴 복사는 Planck분포와 다르다(그림 12.15*a*). 더욱이 방향적 분포(그림 12.15*b*)는 확산과 다르다. 따라서 방사율은 어떤 주어진 파장에 대한 방사인가, 또는 어떤 주어진 방향에 대한 것인가, 또는 파장과 방향이 통합된 평균값인가에 따라 다른 값을 가질 수 있다.

모든 파장과 모든 방향을 포함한 방사에 대한 방사율은 **전반구방사율**(total hemispherical emissivity)이다. 이 값은 실제 표면의 전체 방사도 $E(T)$와 같은 온도 흑체의 방사도 $E_b(T)$의 비율이다.

$$\varepsilon(T) \equiv \frac{E(T)}{E_b(T)} \tag{12.36}$$

만일 표면의 전반구방사율을 알면 실제 표면의 방사도는 흑체 방사도와 식 (12.36) 그리고 식

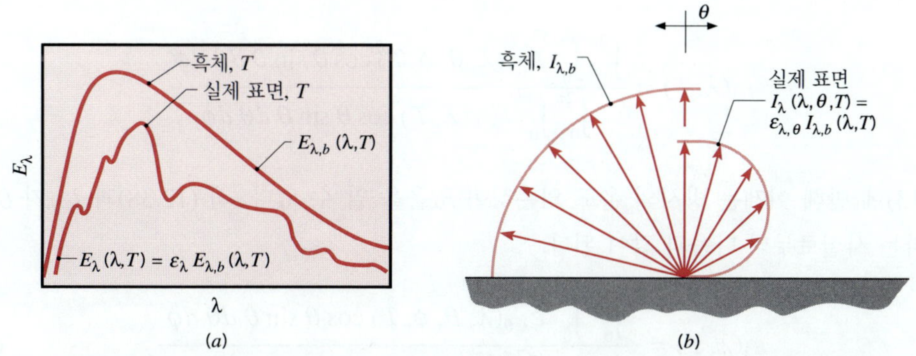

그림 12.15 흑체방사와 실제 표면방사와의 비교. (a) 스펙트럴 분포. (b) 방향적 분포.

[2] 이 책에서는 물질의 복사 물성치를 표현하는 데 있어서 -ance라는 어미 대신 -ivity를 사용한다(예, 'emittance' 대신 'emissivity'). 일부에서는 -ivity라는 어미를 광학적으로 매끈하고 오염되지 않은 표면에만 적용하려는 시도가 있으나, 대부분의 문헌에서 이러한 구별이 이루어지지 않고 있으며, 이 책에서도 이를 따른다.

(12.32)를 이용하여 다음과 같이 쓸 수 있다.

$$E(T) = \varepsilon(T)E_b(T) = \varepsilon(T)\sigma T^4 \tag{12.37}$$

식 (12.37)이 간단해 보이지만 실제로는 $\varepsilon(T)$가 표면 방사의 스펙트럼 특성과 방향 특성에 의존하기 때문에 간단하지 않다. 식 (12.37)을 이해하기 위하여 **스펙트럴 방향방사율**(spectral directional emissivity) $\varepsilon_{\lambda,\theta}(\lambda, \theta, \phi, T)$를 같은 T와 λ에서의 흑체 복사강도와 실제 표면에서 θ, ϕ방향으로 나오는 복사강도의 비로 정의한다.

$$\varepsilon_{\lambda,\theta}(\lambda, \theta, \phi, T) \equiv \frac{I_{\lambda,e}(\lambda, \theta, \phi, T)}{I_{\lambda,b}(\lambda, T)} \tag{12.38}$$

하첨자 λ와 θ가 방사율에 대하여 특정한 파장과 방향을 어떻게 지적하는가에 대해 주목하라. 반면에 괄호 속에 나타나 있는 항들은 파장, 방향 및(또는)온도에 관한 함수임을 나타낸다. 식 (12.38)의 분모의 괄호 안에 방향변수가 없는 것은 복사강도가 방향에 무관하다는 것을 의미하며, 이는 물론 흑체복사의 특성이다. 마찬가지 방법으로, **전방향방사율**(total directional emissivity) ε_θ는 $\varepsilon_{\lambda,\theta}$의 스펙트럼에 대한 평균을 뜻하며, 다음과 같이 정의된다.

$$\varepsilon_\theta(\theta, \phi, T) \equiv \frac{I_e(\theta, \phi, T)}{I_b(T)} \tag{12.39}$$

대부분의 공학적 계산에서 방향에 대한 평균을 나타내는 표면 물성치들을 다루는 것이 바람직하다. 따라서 **스펙트럴 반구방사율**(spectral hemispherical emissivity)은 다음과 같이 정의된다.

$$\varepsilon_\lambda(\lambda, T) \equiv \frac{E_\lambda(\lambda, T)}{E_{\lambda,b}(\lambda, T)} \tag{12.40}$$

이는 스펙트럼 방사도에 대한 식 (12.13)을 대입하면, 방향방사율 $\varepsilon_{\lambda,\theta}$와 관계된다.

$$\varepsilon_\lambda(\lambda, T) = \frac{\int_0^{2\pi}\int_0^{\pi/2} I_{\lambda,e}(\lambda, \theta, \phi, T)\cos\theta\sin\theta\, d\theta\, d\phi}{\int_0^{2\pi}\int_0^{\pi/2} I_{\lambda,b}(\lambda, T)\cos\theta\sin\theta\, d\theta\, d\phi}$$

식 (12.13)에 반해 이제는 방사의 온도 의존성이 있음을 알 수 있다. 식 (12.38)과 $I_{\lambda,b}$가 θ와 ϕ에 무관하다는 사실로부터 다음과 같이 된다.

$$\varepsilon_\lambda(\lambda, T) = \frac{\int_0^{2\pi}\int_0^{\pi/2} \varepsilon_{\lambda,\theta}(\lambda, \theta, \phi, T)\cos\theta\sin\theta\, d\theta\, d\phi}{\int_0^{2\pi}\int_0^{\pi/2} \cos\theta\sin\theta\, d\theta\, d\phi} \tag{12.41}$$

대부분의 표면에 대해 $\varepsilon_{\lambda,\theta}$가 ϕ에 무관하다는 합리적인 가정을 하고, 분모를 계산하면 다음을 얻을 수 있다.

$$\varepsilon_\lambda(\lambda, T) = 2\int_0^{\pi/2} \varepsilon_{\lambda,\theta}(\lambda, \theta, T)\cos\theta \sin\theta \, d\theta \tag{12.42}$$

모든 방향과 파장대에서 평균을 취한 **전반구방사율**(total hemispherical emissivity)은 식 (12.36)으로 정의된다. 식 (12.14)와 (12.40)을 식 (12.36)에 대입하면

$$\varepsilon(T) = \frac{\int_0^\infty \varepsilon_\lambda(\lambda, T) E_{\lambda,b}(\lambda, T)\, d\lambda}{E_b(T)} \tag{12.43}$$

표면의 방사율을 안다면, 그 방사 특성을 계산하는 것은 간단한 일이다. 예를 들어 $\varepsilon_\lambda(\lambda, T)$를 안다면 식 (12.30)와 식 (12.40)을 이용해 임의의 파장과 온도의 표면에 대한 스펙트럼 방사도를 계산할 수 있다.

$$E_\lambda(\lambda, T) = \varepsilon_\lambda(\lambda, T) E_{\lambda,b}(\lambda, T) = \frac{C_1 \varepsilon_\lambda(\lambda, T)}{\lambda^5[\exp(C_2/\lambda T) - 1]} \tag{12.44}$$

이전에 언급한 바와 같이 $\varepsilon(T)$가 알려져 있다면 식 (12.37)과 같이 어느 온도에서나 표면의 방사도를 계산할 수 있다. 많은 다른 물질과 표면코팅에 대하여 이러한 물성치들을 결정하기 위한 실험이 수행되어 왔다.

확산방사체의 방향방사율은 방향에 무관하게 일정하다. 그러나 이러한 조건이 많은 경우에 있어서 합리적인 **근사**이기는 하지만, 모든 표면들은 확산작용과는 어느 정도 차이를 나타낸다. ε_θ의 θ에 따른 대표적인 변화가 전도성과 비전도성 물질에 대하여 그림 12.16에 정성적으로 표시되어 있다. 전도체에 대하여 ε_θ는 $\theta \lesssim 40°$의 범위 내에서 대략 일정하며, 이를 넘어서면 θ가 증가함에 따라 증가하다가 궁극적으로 0으로 감쇠한다. 반면에 비전도체에 대해서는 ε_θ가 $\theta \lesssim 70°$에 대하여 일정하지만 이를 넘어서면 θ가 증가할수록 급격히 감소한다. 이러한 분포에서 방사에 대하여 선호되는 방향이 있으나, 반구방사율 ε은 $\theta = 0$에 해당하는 수직방사율 ε_n과 큰 차이가 없음을 알 수 있다. 실제로 그 비는 전도체에 대하여 $1.0 \le (\varepsilon/\varepsilon_n) \le 1.3$, 비전도체에 대하여 $0.95 \le (\varepsilon/\varepsilon_n) \le 1.0$의 범위를 벗어나는 경우가 드물다. 따라서 다음의 근사는 합리적이다.

$$\varepsilon \approx \varepsilon_n \tag{12.45}$$

앞에서 언급한 기술은 전방사율에 대한 것이지만 이들은 또한 스펙트럼 값에 대해서도 적용된다는 것을 주목해야 한다.

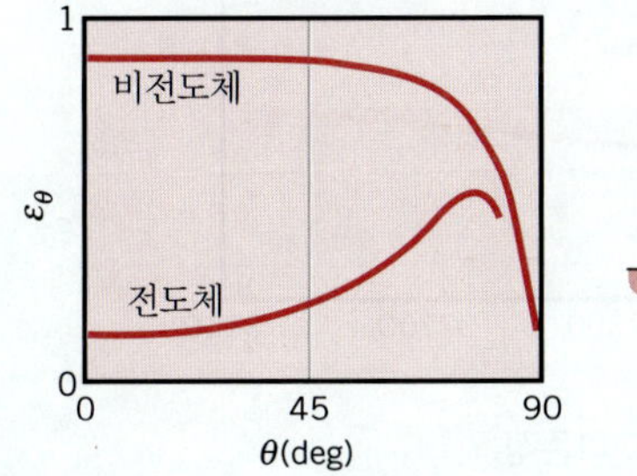

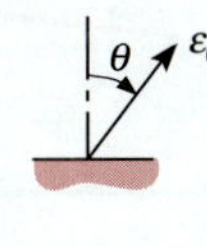

그림 12.16 전방향방사율의 전형적인 방향적 분포.

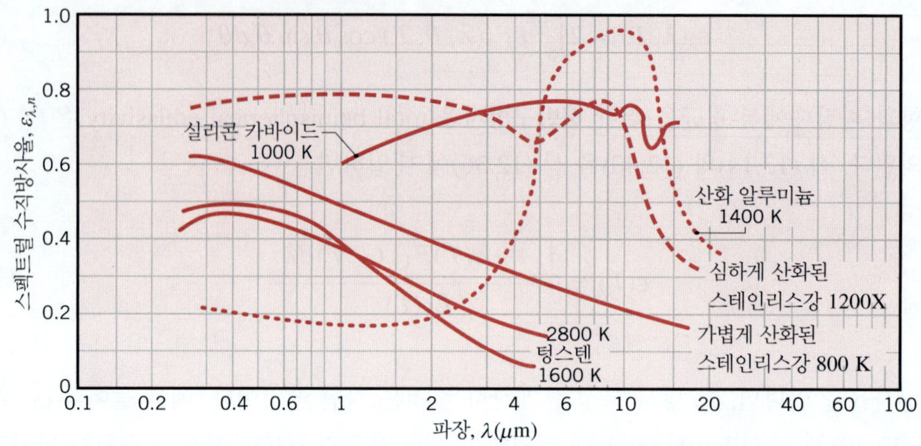

그림 12.17 주요 물질의 스펙트럴 수직방사율 $\varepsilon_{\lambda,n}$의 스펙트럼 의존성.

실제 표면으로부터의 방사의 스펙트럴 분포는 Planck분포(그림 12.15a)와 차이가 나므로, 스펙트럼의 방사율 ε_λ의 값이 파장에 무관하다고 기대해서는 안 된다. ε_λ의 대표적인 스펙트럴 분포를 그림 12.17에 나타내었다. ε_λ의 λ에 따른 변화는 표면코팅의 성질뿐만 아니라, 고체가 전도체인지 아니면 비전도체인지에 따라 달라진다.

전수직방사율 ε_n의 대표적인 값이 그림 12.18과 그림 12.19에 도시되어 있으며, 표 A.11에 나타나 있다. 몇 가지 일반적인 특징은 다음과 같다.

1. 금속표면의 방사율은 일반적으로 작으며, 잘 연마된 금이나 은의 경우 0.02정도의 낮은 값에 도달할 수 있다.
2. 산화물의 층이 있으면 금속표면의 방사율은 상당히 증가될 수 있다. 그림 12.18을 보면 900 K의 스테인리스강에 대하여 연마되었느냐 심하게 산화되었느냐에 따라 그 값은 0.3에서 0.7까지 대조를 이룬다.
3. 비전도체의 방사율은 비교적 크며, 일반적으로 0.6보다 크다.
4. 전도체의 방사율은 온도가 증가할수록 증가한다. 그러나 물질에 따라 비전도체의 방사율은 온도가 증가함에 따라서 증가하기도 하고 감소하기도 한다. 그림 12.18에 도시된 T에 따른 ε_n

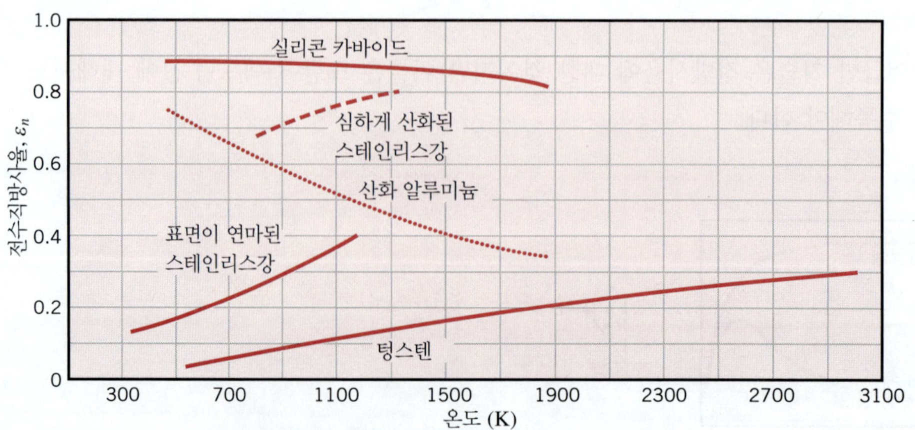

그림 12.18 주요 물질의 전수직방사율 ε_n의 온도 의존성.

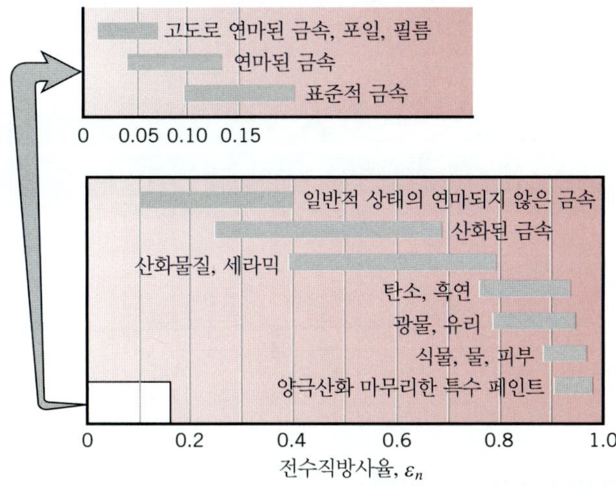

그림 12.19 전수직방사율 ε_n의 대표적인 값들.

의 변화는 그림 12.17에 도시된 $\varepsilon_{\lambda,n}$의 스펙트럴 분포들과 일치하는 것에 주목하라. 이러한 경향들은 식 (12.43)을 따른다. $\varepsilon_{\lambda,n}$의 스펙트럴 분포는 대체적으로 온도와는 무관하지만, 온도가 증가함에 따라 낮은 파장들에서 비례적으로 더 많이 방사한다. 따라서 어떤 특정한 물질에 대하여 $\varepsilon_{\lambda,n}$이 파장이 감소할수록 증가한다면, ε_n은 이 물질에 대하여 온도가 증가할수록 증가한다.

방사율은 표면의 성질에 크게 의존하며, 이 표면의 성질은 제작방법, 열적 사이클링(thermal cycling) 및 주변과의 화학반응에 의해 영향을 받는다는 것에 유의해야 한다. 더 포괄적인 표면방사율에 대한 자세한 내용은 참고문헌 [3~6]에 나타나 있다.

예제 12.6

1600 K의 확산표면에 대한 스펙트럴 반구방사율이 다음 그림과 같다.

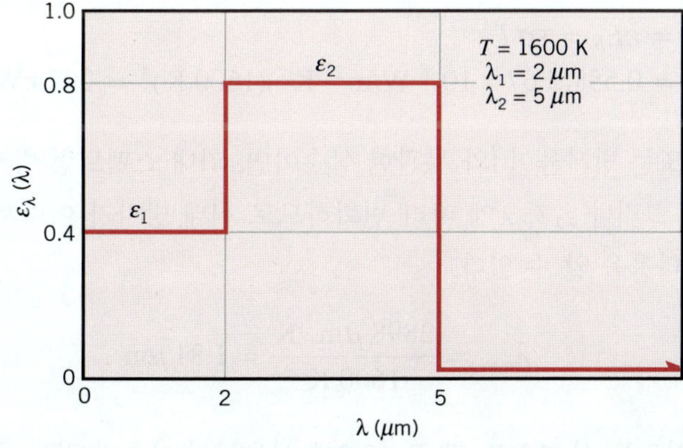

전반구방사율과 전방사도를 결정하라. 스펙트럼의 방사도가 최대일 때 파장은 얼마인가?

풀이

제시자료: 1600 K의 확산표면에 대한 스펙트럼의 반구방사율.

풀이대상:

1. 전반구방사율.
2. 전방사도.
3. 스펙트럼의 방사도가 최대인 파장.

가정: 표면은 확산방사체이다.

해석:

1. 전반구방사율은 식 (12.43)으로 주어지며, 여기서 부분적분을 수행하면 다음과 같이 된다.

$$\varepsilon = \frac{\int_0^\infty \varepsilon_\lambda E_{\lambda,b}\, d\lambda}{E_b} = \frac{\varepsilon_1 \int_0^2 E_{\lambda,b}\, d\lambda}{E_b} + \frac{\varepsilon_2 \int_2^5 E_{\lambda,b}\, d\lambda}{E_b}$$

또는

$$\varepsilon = \varepsilon_1 F_{(0\to 2\,\mu\text{m})} + \varepsilon_2 [F_{(0\to 5\,\mu\text{m})} - F_{(0\to 2\,\mu\text{m})}]$$

표 12.2로부터 다음을 구할 수 있다.

$$\lambda_1 T = 2\,\mu\text{m} \times 1600\text{ K} = 3200\,\mu\text{m}\cdot\text{K}: \qquad F_{(0\to 2\,\mu\text{m})} = 0.318$$
$$\lambda_2 T = 5\,\mu\text{m} \times 1600\text{ K} = 8000\,\mu\text{m}\cdot\text{K}: \qquad F_{(0\to 5\,\mu\text{m})} = 0.856$$

따라서 다음과 같다.

$$\varepsilon = 0.4 \times 0.318 + 0.8[0.856 - 0.318] = 0.558 \qquad \triangleleft$$

2. 식 (12.36)으로부터 전방사도는 다음과 같다.

$$E = \varepsilon E_b = \varepsilon \sigma T^4$$
$$E = 0.558(5.67 \times 10^{-8}\text{ W/m}^2\cdot\text{K}^4)(1600\text{ K})^4 = 207\text{ kW/m}^2 \qquad \triangleleft$$

3. 표면이 흑체처럼 방사하거나, 또는 방사율이 1와 무관한 상수이면, 최대 스펙트럼 방사에 해당하는 파장은 Wien의 변위법칙으로부터 구할 수 있다. 그러나 ε_λ가 λ에 따라 변화하므로 최대 방사가 어디서 일어나는지는 곧바로 명확하게 알 수 없다. 식 (12.31)로부터 다음을 알 수 있다.

$$\lambda_{\max} = \frac{2898\,\mu\text{m}\cdot\text{K}}{1600\text{ K}} = 1.81\,\mu\text{m}$$

이 파장에서의 스펙트럼의 방사도는 식 (12.40)과 표 12.2를 이용하여 다음과 같이 구할 수 있다.

$$E_\lambda(\lambda_{\max}, T) = \varepsilon_\lambda(\lambda_{\max}) E_{\lambda,b}(\lambda_{\max}, T)$$

또는 표면이 확산방사체이므로 다음과 같다.

$$E_\lambda(\lambda_{\max}, T) = \pi\varepsilon_\lambda(\lambda_{\max}) I_{\lambda,b}(\lambda_{\max}, T)$$
$$= \pi\varepsilon_\lambda(\lambda_{\max}) \frac{I_{\lambda,b}(\lambda_{\max}, T)}{\sigma T^5} \times \sigma T^5$$
$$E_\lambda(1.81\ \mu\text{m},\ 1600\ \text{K}) = \pi \times 0.4 \times 0.722 \times 10^{-4}\ (\mu\text{m}\cdot\text{K}\cdot\text{sr})^{-1} \times 5.67$$
$$\times 10^{-8}\ \text{W/m}^2\cdot\text{K}^4 \times (1600\ \text{K})^5 = 54\ \text{kW/m}^2\cdot\mu\text{m}$$

$\lambda = 0$부터 $\lambda = 2\ \mu$m까지 $\varepsilon_\lambda = 0.4$이므로 앞에서의 결과는 영역 $\lambda < 2\ \mu$m에서 최대 스펙트럼의 방사도를 제공한다. 그러나 $\lambda = 2\ \mu$m에서 E_λ가 변하므로, $\lambda = 2\ \mu$m에서의 E_λ의 값은 $\lambda = 1.81\ \mu$m에 대한 값보다 클 수 있다. 실제로 이것이 그 경우인지 결정하기 위해 다음과 같은 계산을 한다.

$$E_\lambda(\lambda_1, T) = \pi\varepsilon_\lambda(\lambda_1)\frac{I_{\lambda,b}(\lambda_1, T)}{\sigma T^5} \times \sigma T^5$$

여기서 $\lambda_1 T = 3200\ \mu$m·K에 대하여, $[I_{\lambda,b}(\lambda_1, T)/\sigma T^5] = 0.706 \times 10^{-4}(\mu\text{m}\cdot\text{K}\cdot\text{sr})^{-1}$이다. 따라서 다음과 같다.

$$E_\lambda(2\ \mu\text{m},\ 1600\ \text{K}) = \pi \times 0.80 \times 0.706 \times 10^{-4}\ (\mu\text{m}\cdot\text{K}\cdot\text{sr})^{-1} \times 5.67$$
$$\times 10^{-8}\ \text{W/m}^2\cdot\text{K}^4\ (1600\ \text{K})^5$$
$$E_\lambda(2\ \mu\text{m},\ 1600\ \text{K}) = 105.5\ \text{kW/m}^2\cdot\mu\text{m} > E_\lambda(1.81\ \mu\text{m},\ 1600\ \text{K})$$

그리고 최대 방사는 다음의 파장에서 일어난다.

$$\lambda = \lambda_1 = 2\ \mu\text{m}$$ ◁

부가설명: 주어진 ε_λ의 스펙트럴 분포에 대하여 스펙트럼의 방사도는 다음 그림과 같이 파장에 따라 변화한다.

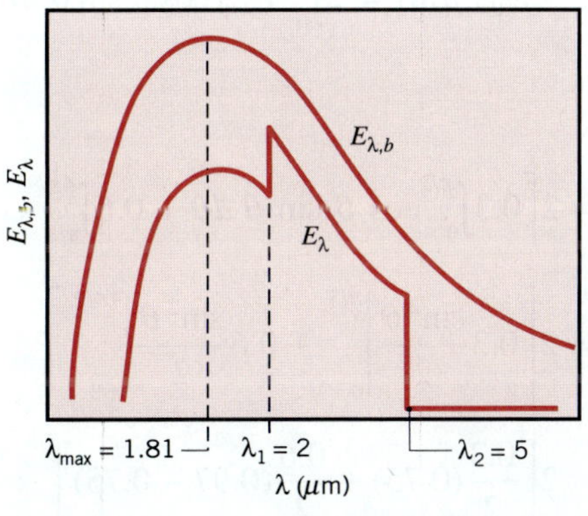

예제 12.7

$T = 2000$ K와 $\lambda = 1.0\ \mu$m에서 어느 금속표면의 스펙트럴 방향방사율을 측정하여 다음 그림과 같이 근사화될 수 있는 방향적 분포를 얻었다.

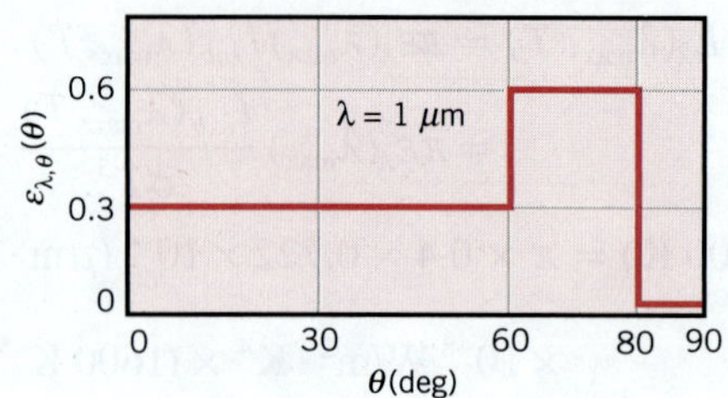

그에 해당하는 스펙트럴 수직방사율, 스펙트럴 반구방사율, 수직 방향으로 방사된 스펙트럴 복사강도 및 스펙트럴 방사도를 구하라.

풀이

제시자료: 2000 K의 금속표면에 대한 $\lambda = 1\ \mu$m에서의 $\varepsilon_{\lambda,\theta}$의 방향적 분포.

풀이대상:

1. 스펙트럴 수직방사율 $\varepsilon_{\lambda,n}$과 스펙트럴 반구방사율 ε_λ.
2. 스펙트럴 수직복사강도 $I_{\lambda,n}$과 스펙트럴 방사도 E_λ.

해석:

1. $\lambda = 1\ \mu$m에서의 $\varepsilon_{\lambda,\theta}$의 측정값으로부터 다음을 알 수 있다.

$$\varepsilon_{\lambda,n} = \varepsilon_{\lambda,\theta}(1\ \mu\text{m},\ 0°) = 0.3 \qquad \triangleleft$$

식 (12.42)로부터 스펙트럴 반구방사율은 다음과 같다.

$$\varepsilon_\lambda(1\ \mu\text{m}) = 2\int_0^{\pi/2} \varepsilon_{\lambda,\theta} \cos\theta \sin\theta\, d\theta$$

또는

$$\varepsilon_\lambda(1\ \mu\text{m}) = 2\left[0.3\int_0^{\pi/3} \cos\theta\ \sin\theta\ d\theta + 0.6\int_{\pi/3}^{4\pi/9} \cos\theta\ \sin\theta\ d\theta\right]$$

$$\varepsilon_\lambda(1\ \mu\text{m}) = 2\left[0.3\frac{\sin^2\theta}{2}\bigg|_0^{\pi/3} + 0.6\frac{\sin^2\theta}{2}\bigg|_{\pi/3}^{4\pi/9}\right] \qquad \triangleleft$$

$$= 2\left[\frac{0.3}{2}(0.75) + \frac{0.6}{2}(0.97 - 0.75)\right]$$

$$\varepsilon_\lambda(1\ \mu\text{m}) = 0.36$$

2. 식 (12.38)로부터 수직 방향으로 $\lambda = 1\ \mu$m에서 방사되는 스펙트럼의 복사강도는 다음과 같다.

$$I_{\lambda,n}(1\ \mu\text{m}, 0°, 2000\ \text{K}) = \varepsilon_{\lambda,\theta}(1\ \mu\text{m},\ 0°)I_{\lambda,b}(1\ \mu\text{m}, 2000\ \text{K})$$

여기서 $\varepsilon_{\lambda,\theta}(1\ \mu\text{m},\ 0°) = 0.3$이며, $I_{\lambda,b}(1\ \mu\text{m},\ 2000\ \text{K})$는 표 12.2로부터 구할 수 있다. $\lambda T = 2000\ \mu\text{m}\cdot\text{K}$에 대하여 $(I_{\lambda,b}/\sigma T^5) = 0.493 \times 10^{-4}(\mu\text{m}\cdot\text{K}\cdot\text{sr})^{-1}$이며, 다음과 같다.

$$I_{\lambda,b} = 0.493 \times 10^{-4}\ (\mu\text{m} \cdot \text{K} \cdot \text{sr})^{-1} \times 5.67 \times 10^{-8}\ \text{W/m}^2 \cdot \text{K}^4\ (2000\ \text{K})^5$$
$$I_{\lambda,b} = 8.95 \times 10^4\ \text{W/m}^2 \cdot \mu\text{m} \cdot \text{sr}$$

따라서 다음과 같다.

$$I_{\lambda,n}(1\ \mu\text{m},\ 0°, 2000\ \text{K}) = 0.3 \times 8.95 \times 10^4\ \text{W/m}^2 \cdot \mu\text{m} \cdot \text{sr}$$
$$I_{\lambda,n}(1\ \mu\text{m},\ 0°, 2000\ \text{K}) = 2.69 \times 10^4\ \text{W/m}^2 \cdot \mu\text{m} \cdot \text{sr} \quad \triangleleft$$

식 (12.40)으로부터 $\lambda = 1\ \mu$m, $T = 2000$ K에 대한 스펙트럼의 방사도는 다음과 같다.

$$E_\lambda(1\ \mu\text{m}, 2000\ \text{K}) = \varepsilon_\lambda(1\ \mu\text{m})E_{\lambda,b}(1\ \mu\text{m}, 2000\ \text{K})$$

여기서

$$E_{\lambda,b}(1\ \mu\text{m}, 2000\ \text{K}) = \pi I_{\lambda,b}(1\ \mu\text{m}, 2000\ \text{K})$$
$$E_{\lambda,b}(1\ \mu\text{m}, 2000\ \text{K}) = \pi\ \text{sr} \times 8.95 \times 10^4\ \text{W/m}^2 \cdot \mu\text{m} \cdot \text{sr}$$
$$= 2.81 \times 10^5\ \text{W/m}^2 \cdot \mu\text{m}$$

따라서 다음과 같다.

$$E_\lambda(1\ \mu\text{m}, 2000\ \text{K}) = 0.36 \times 2.81 \times 10^5\ \text{W/m}^2 \cdot \mu\text{m}$$

또는

$$E_\lambda(1\ \mu\text{m}, 2000\ \text{K}) = 1.01 \times 10^5\ \text{W/m}^2 \cdot \mu\text{m} \quad \triangleleft$$

12.6 실제 표면의 흡수, 반사 및 투과

12.3.3절에서 **스펙트럼의 조사** G_λ(W/m^2·μm)는 파장 1의 복사가 표면의 단위면적당, 그리고 λ근처의 난위파상간격 $d\lambda$당 표면에 입사되는 율로서 정의되었다. 이는 모든 가능한 방향들로부터 입사될 수 있으며, 또한 이는 여러 다른 근원으로부터 기인될 수 있다. **전조사** G(W/m^2)는 모든 스펙트럼에 대한 값을 포함하며 식 (12.19)로부터 구해질 수 있다.

가장 일반적인 상황에서 조사는 물의 층이나 유리판 등과 같은 **반투과성 매질**(semitransparent medium)과 작용한다. 그림 12.20에 표시된 바와 같이 조사의 스펙트럼 성분에 있어서 복사의 일부분은 반사되고, **흡수**되며 **투과**된다. 이 매질에 대한 복사평형으로부터 다음과 같은 식을 얻을 수 있다.

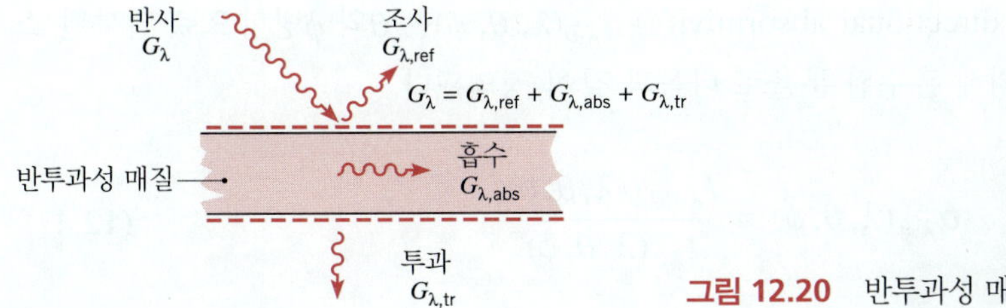

그림 12.20 반투과성 매질에 관한 흡수, 반사 및 투과과정.

$$G_\lambda = G_{\lambda,\text{ref}} + G_{\lambda,\text{abs}} + G_{\lambda,\text{tr}} \tag{12.46}$$

일반적으로 이 성분들을 결정하는 것은 위와 아래 표면의 상태, 복사의 파장 그리고 매질의 조성과 두께 등에 따라 달라지므로 복잡하다. 더욱이 조건들은 매질 내에서 일어나는 **체적적인** 효과에 의하여 크게 영향을 받는다.

대부분의 공학적 응용에 관계되는 한 간단한 경우에 있어서 매질은 입사되는 복사에 대하여 **비투과성**이다. 이 경우에는 $G_{\lambda,\text{tr}} = 0$이고 나머지 흡수 및 반사과정들은 **표면현상**(surface phenomena)으로 취급될 수 있다. 즉 이들은 조사되는 표면으로부터 마이크로미터 단위의 거리 이내의 부분에서 일어나는 과정들에 의하여 지배된다. 따라서 조사는 **표면에 의해** 흡수되고 반사된다고 말하는 것이 적절하며 $G_{\lambda,\text{abs}}$와 $G_{\lambda,\text{ref}}$의 상대적인 크기들은 λ와 표면 물질의 성질에 의존한다. 반사과정은 매질에 대해 영향을 주지 못하지만, 반면에 흡수는 매질의 내부 열에너지를 증가시키는 효과를 준다.

우리가 인식하는 **색채**가 표면흡수와 표면반사에 의해 결정되는 것은 흥미있는 일이다. 표면이 **백열**(incandescent)과 같이 고온($T_s \gtrsim 1000$ K)이 아니면 색채는 전혀 방사에 기인하지 않으며, 방사는 적외선 영역에 집중되므로 눈으로 감지할 수 없다. 반면에 색채는 태양이나 인공적인 광원으로부터 입사되는 조사의 가시 부분의 선택적인 반사와 흡수에 기인한다. 옷이 '붉게'보이는 것은 이 옷이 입사광선의 청색, 녹색 그리고 황색 성분들을 선호적으로 흡수하는 안료(pigment)를 포함하고 있기 때문이다. 따라서 눈에 보이는 반사광에서 흡수되는 이 성분들의 상대적인 기여는 감소하며, 적색 성분이 지배적으로 된다. 마찬가지로 잎이 '녹색'인 것은 잎의 세포가 청색 및 적색은 강하게 흡수하고 녹색은 선호적으로 반사하는 안료인 클로로필(chlorophyll)을 포함하기 때문이다. 입사되는 모든 가시복사를 흡수하는 표면은 '검정색'으로 보이고, 이 복사를 반사하는 표면은 '하얀색'으로 보인다. 그러나 이러한 **시각적인** 효과를 이해하는 데 있어 주의를 해야 한다. 조사의 많은 부분이 적외선 영역에 속하는 경우도 있기 때문에, 주어진 조사에 대해서 표면의 '색깔'이 흡수체 또는 반사체로서의 그의 전반적인 능력을 지시하는 것은 아니다. 예를 들면 눈(snow)과 같은 '흰색' 표면은 가시복사에 대해서는 강하게 반사하지만, 적외선복사는 강하게 흡수하며, 따라서 긴 파장에서는 근사적으로 흑체의 성질을 가진다.

12.2절에서 표면방사 과정을 특징짓기 위하여 방사율이라는 물성치를 도입하였다. 다음의 절들에서는 흡수, 반사 그리고 투과과정들을 특징짓는 물성치들을 소개한다. 일반적으로 이러한 물성치들은 표면물질과 표면상태, 표면온도 그리고 입사복사의 파장과 방향에 의존한다.

12.6.1 흡수율

흡수율(absorptivity)은 조사되는 에너지 중 표면에 의해 흡수되는 분율을 결정하는 물성치이다. 방사율과 마찬가지로, 흡수율 또한 방향과 스펙트럼에 의존하는 성질로 특징지울 수 있다. 표면의 **스펙트럴 방향흡수율**(spectral directional absorptivity) $\alpha_{\lambda,\theta}(\lambda, \theta, \phi)$는 θ와 ϕ방향으로 입사된 스펙트럼의 복사강도의 표면에 의해 흡수된 분율로 다음과 같이 정의된다.

$$\alpha_{\lambda,\theta}(\lambda, \theta, \phi) \equiv \frac{I_{\lambda,i,\text{abs}}(\lambda, \theta, \phi)}{I_{\lambda,i}(\lambda, \theta, \phi)} \tag{12.47}$$

이 식에서, 표면온도에 대한 흡수율의 의존성을 무시하였다. 이러한 의존성은 대부분의 스펙트럼 복사 물성치에 대하여 작다.

앞에서의 결과는 표면이 입사복사의 파장과 방향에 대하여 선택적인 흡수를 보이는 것을 암시하고 있다. 그러나 대부분의 공학적 계산에 있어서 표면 물성치의 방향적 평균을 나타내는 표면 물성치로 계산하는 것이 바람직하다. 따라서 **스펙트럴 반구흡수율**(spectral hemispherical absorptivity) $\alpha_\lambda(\lambda)$는 다음과 같이 정의된다.

$$\alpha_\lambda(\lambda) \equiv \frac{G_{\lambda,\text{abs}}(\lambda)}{G_\lambda(\lambda)} \tag{12.48}$$

위 식은 식 (12.18)과 식 (12.47)로부터 다음과 같이 나타낼 수 있다.

$$\alpha_\lambda(\lambda) = \frac{\int_0^{2\pi}\int_0^{\pi/2} \alpha_{\lambda,\theta}(\lambda,\theta,\phi) I_{\lambda,i}(\lambda,\theta,\phi)\cos\theta\sin\theta\,d\theta\,d\phi}{\int_0^{2\pi}\int_0^{\pi/2} I_{\lambda,i}(\lambda,\theta,\phi)\cos\theta\sin\theta\,d\theta\,d\phi} \tag{12.49}$$

그러므로 α_λ는 복사의 파장과 흡수하는 표면의 성질뿐만 아니라, 입사하는 복사의 방향적 분포에도 의존한다. 입사하는 복사가 확산적으로 분포되고, $\alpha_{\lambda,\theta}$가 ϕ에 무관하다면, 식 (12.49)는 다음과 같이 간단하게 된다는 것에 주목해야 한다.

$$\alpha_\lambda(\lambda) = 2\int_0^{\pi/2} \alpha_{\lambda,\theta}(\lambda,\theta)\cos\theta\sin\theta\,d\theta \tag{12.50}$$

전반구흡수율(total hemispherical absorptivity) α는 방향과 파장 모두에 대하여 통합된 평균을 뜻한다. 이는 전조사 중 표면에 의하여 흡수된 분율로 정의된다.

$$\alpha \equiv \frac{G_\text{abs}}{G} \tag{12.51}$$

그리고 식 (12.19)와 식 (12.48)로부터 다음과 같이 나타낼 수 있다.

$$\alpha = \frac{\int_0^\infty \alpha_\lambda(\lambda)G_\lambda(\lambda)\,d\lambda}{\int_0^\infty G_\lambda(\lambda)\,d\lambda} \tag{12.52}$$

따라서 α는 입사하는 복사의 방향적 분포와 흡수표면의 성질뿐만 아니라, 입사하는 복사의 스펙트럴 분포에도 의존한다. α는 근사적으로 표면온도에 무관하지만, 전반구방사율 ε에 대해서는 그렇게 말할 수 없다는 것에 유의해야 한다. 식 (12.43)으로부터 이 물성치는 온도에 크게 의존한다는 것이 명백하다.

α가 조사의 스펙트럴 분포에 의존하므로 태양열복사를 받는 표면에 대한 α값은 더 낮은 온도의 열원에서 나오는 긴 파장의 복사에 노출된 같은 표면에 대한 a 값과 상당한 차이가 있을 수 있다. 태양열복사의 스펙트럴 분포는 5800 K의 흑체로부터의 방사의 스펙트럴 분포와 거의 일치하므로, 식 (12.52)로부터 태양열복사에 대한 전체 흡수율 α_S는 다음 식과 같이 근사화할 수 있다.

$$\alpha_S \approx \frac{\int_0^\infty \alpha_\lambda(\lambda) E_{\lambda,b}(\lambda, 5800\text{ K})\, d\lambda}{\int_0^\infty E_{\lambda,b}(\lambda, 5800\text{ K})\, d\lambda} \tag{12.53}$$

이 방정식에 나타나 있는 적분은 표 12.2의 흑체복사함수 $F_{(0\rightarrow\lambda)}$를 이용하여 계산할 수 있다.

12.6.2 반사율

표면은 그들이 반사되는 복사의 방식에 따라 **확산반사면**(diffuse surface)또는 **정반사면**(specular surface)으로 이상화될 수 있다(그림 12.21). 확산반사는 입사하는 복사의 방향에 상관없이 반사되는 복사의 강도가 반사각도에 무관할 때 일어난다. 반면에 모든 반사가 입사각도 θ_1과 동일한 θ_2의 방향으로 일어날 때, 정반사가 일어난다고 말한다. 어떤 표면에서도 완전한 확산반사 또는 정반사가 일어날 수 없지만, 잘 연마된 거울과 같은 표면을 정반사면으로 근사화할 수 있고, 거친 표면은 확산반사로 근사화할 수 있다. 대부분의 공학적 응용에서 확산반사로 가정하는 것이 합리적이다.

반사율(reflectivity)은 표면으로 입사하는 복사 중에서 표면에 의해 반사된 분율을 결정하는 물성치이다. 그러나 이 특정한 정의는 이 물성치가 본질적으로 **양방향성**(bidirectional)[7]이므로 여러 가지 다른 형식을 취할 수 있을 것이다. 즉 이는 입사하는 복사의 방향뿐만 아니라 반사되는 복사의 방향에도 의존한다. 반사되는 복사와 연관된 반구에 대하여 통합된 평균값의 반사율을 전적으로 사용하여, 반사된 복사의 방향적 분포를 고려할 필요가 없게 함으로써 이러한 복잡성을 배제할 수 있다. 따라서 표면의 **스펙트럴 방향반사율**(spectral directional reflectivity) $\rho_{\lambda,\theta}(\lambda, \theta, \phi)$는 θ와 ϕ방향으로부터 입사되는 스펙트럼의 복사강도에 대한 표면에 의해 반사되는 분율로서 다음과 같이 정의된다.

$$\rho_{\lambda,\theta}(\lambda, \theta, \phi) \equiv \frac{I_{\lambda,i,\text{ref}}(\lambda, \theta, \phi)}{I_{\lambda,i}(\lambda, \theta, \phi)} \tag{12.54}$$

따라서 **스펙트럴 반구반사율**(spectral hemispherical reflectivity) $\rho_\lambda(\lambda)$는 표면에 의해 반사되는 스펙트럼 조사의 분율로 다음과 같이 정의된다.

$$\rho_\lambda(\lambda) \equiv \frac{G_{\lambda,\text{ref}}(\lambda)}{G_\lambda(\lambda)} \tag{12.55}$$

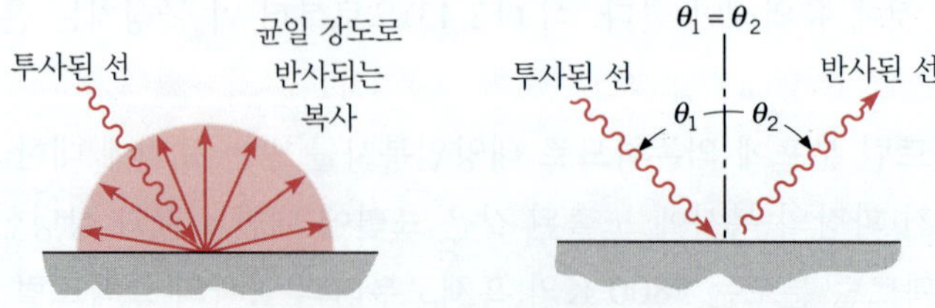

그림 12.21 확산반사와 정반사.

또한 이 식은 다음과 같다.

$$\rho_\lambda(\lambda) = \frac{\int_0^{2\pi}\int_0^{\pi/2} \rho_{\lambda,\theta}(\lambda,\theta,\phi) I_{\lambda,i}(\lambda,\theta,\phi) \cos\theta \sin\theta \, d\theta \, d\phi}{\int_0^{2\pi}\int_0^{\pi/2} I_{\lambda,i}(\lambda,\theta,\phi) \cos\theta \sin\theta \, d\theta \, d\phi} \tag{12.56}$$

전반구반사율(total hemispherical reflectivity) ρ는 다음과 같이 정의된다.

$$\rho \equiv \frac{G_{\text{ref}}}{G} \tag{12.57}$$

그리고 이 경우 다음과 같다.

$$\rho = \frac{\int_0^\infty \rho_\lambda(\lambda) G_\lambda(\lambda) \, d\lambda}{\int_0^\infty G_\lambda(\lambda) \, d\lambda} \tag{12.58}$$

12.6.3 투과율

입사하는 복사에 대한 반투과성 물질의 응답을 다루는 것은 복잡한 문제[7]이지만, 다음과 같이 정의되는 반구투과율(hemispherical transmissivity)을 사용함으로써 종종 합리적인 결과를 얻을 수 있다.

$$\tau_\lambda = \frac{G_{\lambda,\text{tr}}(\lambda)}{G_\lambda(\lambda)} \tag{12.59}$$

그리고 다음과 같다.

$$\tau = \frac{G_{\text{tr}}}{G} \tag{12.60}$$

전투과율(total transmissivity) τ는 다음 식에 의해 스펙트럼의 성분 τ_λ와 관계된다.

$$\tau = \frac{\int_0^\infty G_{\lambda,\text{tr}}(\lambda) \, d\lambda}{\int_0^\infty G_\lambda(\lambda) \, d\lambda} = \frac{\int_0^\infty \tau_\lambda(\lambda) G_\lambda(\lambda) \, d\lambda}{\int_0^\infty G_\lambda(\lambda) \, d\lambda} \tag{12.61}$$

12.6.4 특별한 고찰

식 (12.46)의 복사 평형과 앞 절에서의 정의로부터 **반투명** 매체에 대하여 다음 식이 성립한다.

$$\rho_\lambda + \alpha_\lambda + \tau_\lambda = 1 \tag{12.62}$$

이 결과는 식 (12.2)와 유사하지만, 이번 경우는 스펙트럼 기준인 점이 다르다. 물론 매체가 **불투명**이라면 투과가 없기 때문에 흡수와 반사만이 관계되어 다음과 같다.

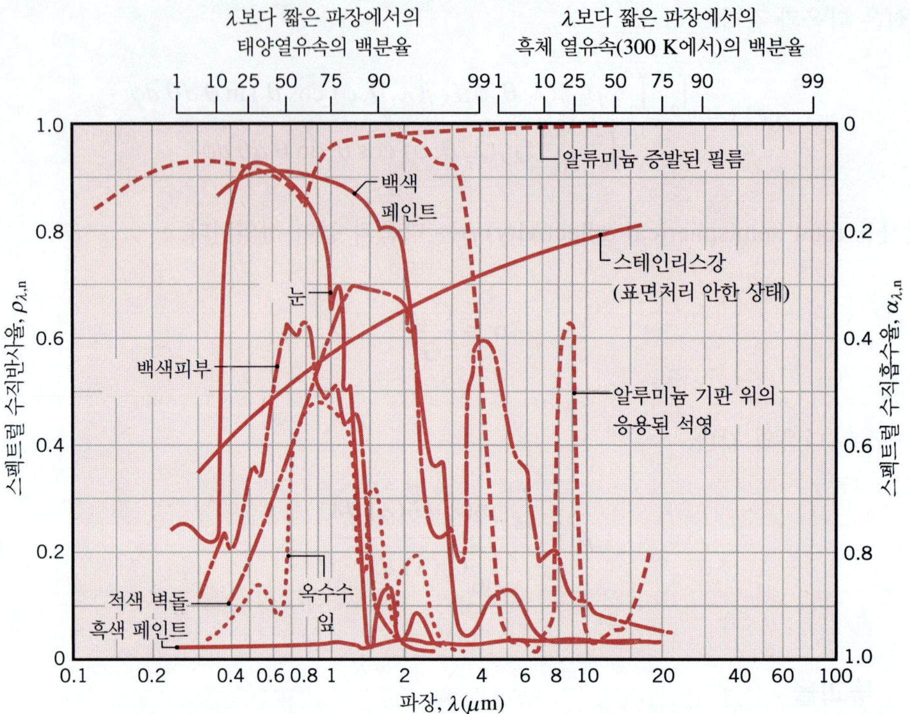

그림 12.22 주요 비투과성 스펙트럴 수직흡수율 $\alpha_{\lambda,n}$과 스펙트럴 수직반사율 $\rho_{\lambda,n}$의 스펙트럼 의존성.

$$\alpha_\lambda + \rho_\lambda = 1 \tag{12.63}$$

이 식은 식 (12.3)과 유사하다. 따라서 하나의 물성치를 알면 다른 물성치를 아는 것이 된다.

몇 가지 선택된 **비투과성** 표면에 대한 수직반사율과 수직흡수율의 스펙트럴 분포가 그림

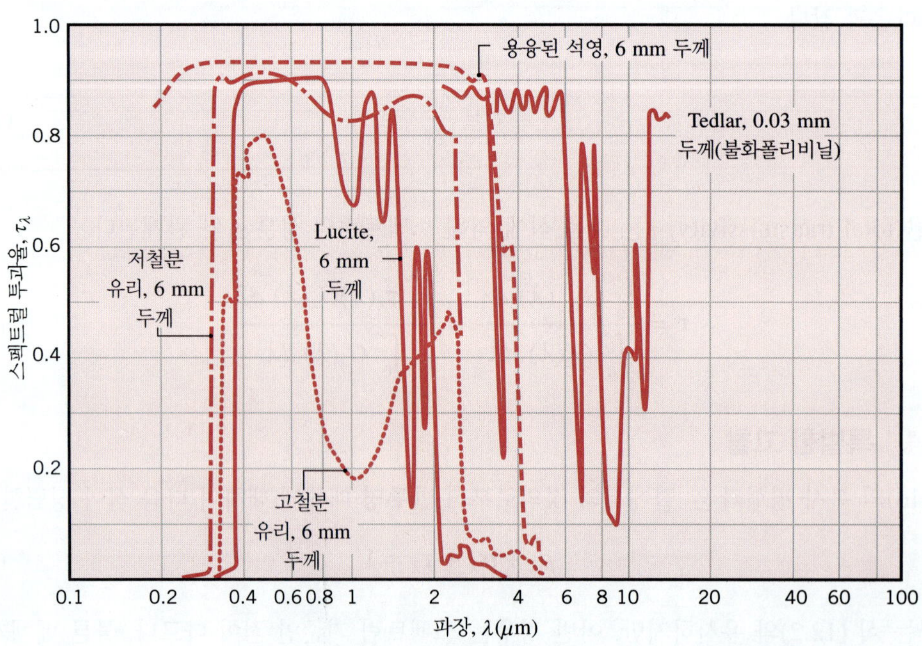

그림 12.23 주요 반투과성 물질의 스펙트럴 투과율 τ_λ의 스펙트럼 의존성.

12.22에 도시되어 있다. 유리나 물과 같은 물질은 짧은 파장에 대해서는 **반투과성**이나, 긴 파장에 대해서는 비투과성이다. 이러한 성질이 그림 12.23에 나타나 있으며, 이 그림은 평범한 몇 가지 **반투과성** 물질의 스펙트럼 투과율을 보여 준다. 유리의 투과율은 철분의 함량에 영향을 받으며, Tedlar와 같은 플라스틱의 투과율은 적외선 영역에서 유리보다 크다는 것에 주목해야 한다. 이러한 사실은 태양열 집열기에 대한 응용에서 덮개판 재질의 선정에 있어 중요하다. 보통의 집열기 덮개판 재질의 태양열복사에 대한 전투과율 값을 표면 태양열 흡수율과 저온방사율과 함께 표 A.12에 나타내었다.

예제 12.8

비투과성 표면의 스펙트럴 반구흡수율과 그 표면에서 스펙트럼의 조사는 다음 그림과 같다.

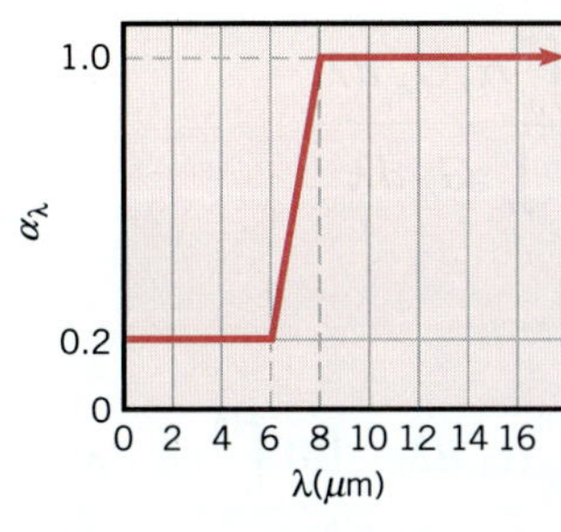

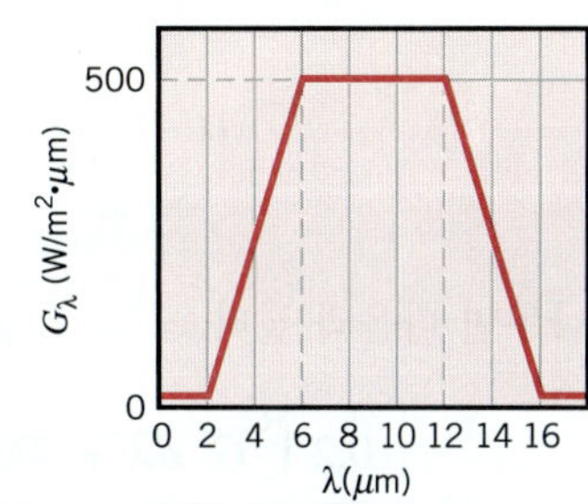

스펙트럴 반구반사율은 파장에 따라 어떻게 변하는가? 표면의 전반구흡수율은 얼마인가? 표면이 초기에 500 K이고, 전반구방사율이 0.8이라면 조사에 노출된 표면은 온도가 어떻게 변하는가?

풀이

제시자료: 표면의 스펙트럼의 반구흡수율과 조사, 표면온도(500 K)와 전반구방사율(0.8).

풀이대상:

1. 반사율의 스펙트럴 분포.
2. 전반구흡수율.
3. 표면온도 변화의 경향.

개략도:

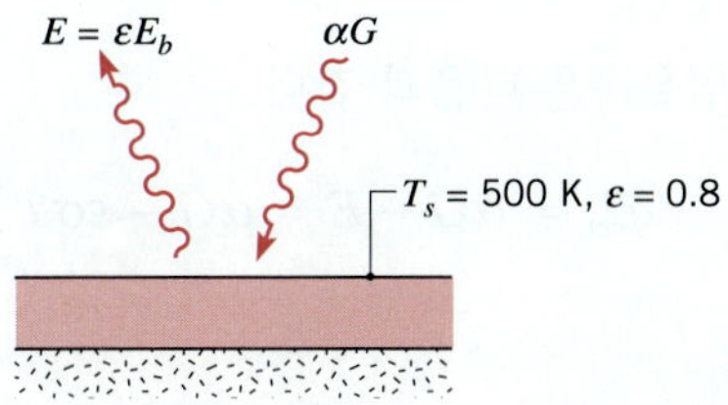

가정:

1. 표면은 비투과성이다.
2. 표면대류효과는 무시한다.

3. 뒷면은 단열되어 있다.

해석:

1. 식 (12.63)으로부터 $\rho_\lambda = 1 - \alpha_\lambda$이다. 따라서 알고 있는 $\alpha_\lambda(\lambda)$로부터 ρ_λ의 스펙트럴 분포는 다음 그림과 같다.

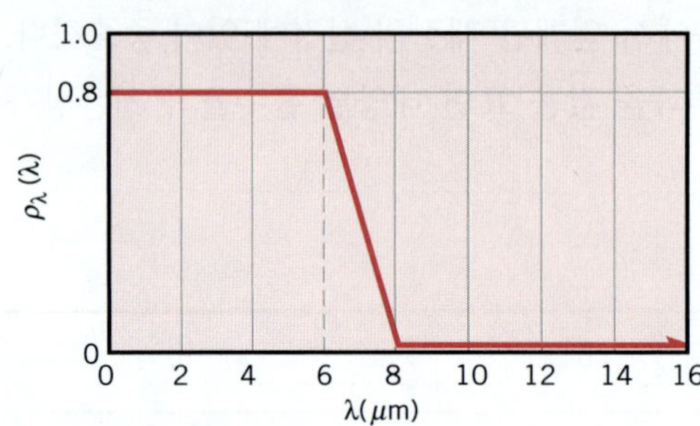

2. 식 (12.51)과 식 (12.52)로부터 다음과 같다.

$$\alpha = \frac{G_{abs}}{G} = \frac{\int_0^\infty \alpha_\lambda G_\lambda \, d\lambda}{\int_0^\infty G_\lambda \, d\lambda}$$

또는 적분을 부분적분으로 나누면 다음과 같다.

$$\alpha = \frac{0.2\int_2^6 G_\lambda \, d\lambda + 500\int_6^8 \alpha_\lambda \, d\lambda + 1.0\int_8^{16} G_\lambda \, d\lambda}{\int_2^6 G_\lambda \, d\lambda + \int_6^{12} G_\lambda \, d\lambda + \int_{12}^{16} G_\lambda \, d\lambda}$$

$$\begin{aligned}\alpha = \{&0.2(\tfrac{1}{2})500\ \mathrm{W/m^2 \cdot \mu m}(6-2)\ \mu\mathrm{m} \\ &+ 500\ \mathrm{W/m^2 \cdot \mu m}[0.2(8-6)\ \mu\mathrm{m} + (1-0.2)(\tfrac{1}{2})(8-6)\ \mu\mathrm{m}] \\ &+ [1 \times 500\ \mathrm{W/m^2 \cdot \mu m}(12-8)\ \mu\mathrm{m} \\ &+ 1(\tfrac{1}{2})500\ \mathrm{W/m^2 \cdot \mu m}(16-12)\ \mu\mathrm{m}]\} \\ &\div [(\tfrac{1}{2})500\ \mathrm{W/m^2 \cdot \mu m}(6-2)\ \mu\mathrm{m} + 500\ \mathrm{W/m^2 \cdot \mu m}(12-6)\ \mu\mathrm{m} \\ &+ (\tfrac{1}{2})500\ \mathrm{W/m^2 \cdot \mu m}(16-12)\ \mu\mathrm{m}]\end{aligned}$$

따라서 다음과 같다.

$$\alpha = \frac{G_{abs}}{G} = \frac{(200 + 600 + 3000)\ \mathrm{W/m^2}}{(1000 + 3000 + 1000)\ \mathrm{W/m^2}} = \frac{3800\ \mathrm{W/m^2}}{5000\ \mathrm{W/m^2}} = 0.76 \quad \triangleleft$$

3. 대류효과를 무시하면, 표면으로의 정미 열유속은 다음과 같다.

$$q''_{net} = \alpha G - E = \alpha G - \varepsilon \sigma T^4$$

따라서 다음과 같다.

$$q''_{net} = 0.76(5000\ \mathrm{W/m^2}) - 0.8 \times 5.67 \times 10^{-8}\ \mathrm{W/m^2 \cdot K^4}(500\ \mathrm{K})^4$$

$$q''_{net} = 3800 - 2835 = 965\ \mathrm{W/m^2} \quad \triangleleft$$

$q''_{net} > 0$이므로 표면온도는 시간에 따라 증가할 것이다.

예제 12.9

평판 태양열 집열기의 덮개유리는 낮은 철분을 함유하고 있으며, 이것의 스펙트럴 투과율은 다음 그림과 같은 분포로 근사화할 수 있다.

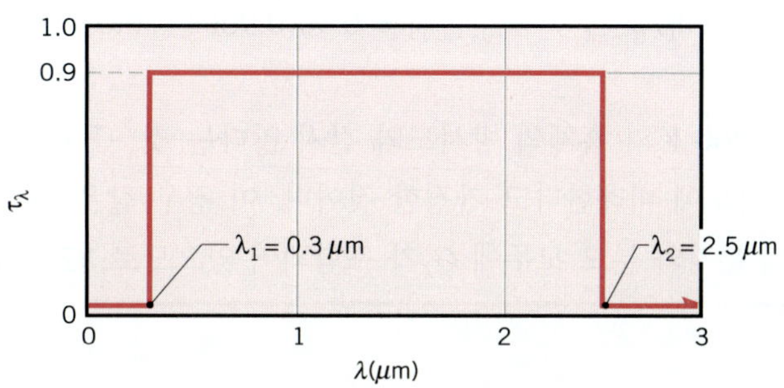

태양열복사에 대한 덮개유리의 전투과율은 일마인가?

풀이

제시자료: 태양열 집열기 덮개유리의 스펙트럴 투과율.

풀이대상: 태양열복사에 대한 덮개유리의 전투과율.

가정: 태양조사의 스펙트럴 분포는 5800 K의 흑체방사의 분포에 비례한다.

해석: 식 (12.61)로부터 덮개의 전투과율은 다음과 같다.

$$\tau = \frac{\int_0^\infty \tau_\lambda G_\lambda \, d\lambda}{\int_0^\infty G_\lambda \, d\lambda}$$

여기서 조사 G_λ는 태양열방사에 의한 것이다. 태양이 5800 K의 흑체와 같이 방사한다고 가정하면 다음과 같다.

$$G_\lambda(\lambda) \propto E_{\lambda,b}(5800\text{ K})$$

τ에 대한 식의 분자와 분모에서 비례상수를 약분하면 다음 식을 얻는다.

$$\tau = \frac{\int_0^\infty \tau_\lambda E_{\lambda,b}(5800\text{ K}) \, d\lambda}{\int_0^\infty E_{\lambda,b}(5800\text{ K}) \, d\lambda}$$

또는 주어진 스펙트럴 분포 $\tau_\lambda(\lambda)$에 대하여 다음과 같다.

$$\tau = 0.90 \frac{\int_{0.3}^{2.5} E_{\lambda,b}(5800\text{ K}) \, d\lambda}{E_b(5800\text{ K})}$$

표 12.2로부터 다음을 얻는다.

$$\lambda_1 = 0.3\ \mu\text{m},\ T = 5800\ \text{K}: \qquad \lambda_1 T = 1740\ \mu\text{m}\cdot\text{K},\ F_{(0\rightarrow\lambda_1)} = 0.0335$$
$$\lambda_2 = 2.5\ \mu\text{m},\ T = 5800\ \text{K}: \qquad \lambda_2 T = 14{,}500\ \mu\text{m}\cdot\text{K},\ F_{(0\rightarrow\lambda_2)} = 0.9664$$

따라서 식 (12.35)로부터 다음과 같다.

$$\tau = 0.90[F_{(0\rightarrow\lambda_2)} - F_{(0\rightarrow\lambda_1)}] = 0.90(0.9664 - 0.0335) = 0.84 \qquad \triangleleft$$

부가설명: 덮개판에서의 조사가 5800 K의 흑체의 방사도와 같지 않다는 것, 즉 $G_\lambda \neq E_{\lambda,b}$(5800 K)인 것을 인식하는 것이 중요하다. 이는 단순히 이 방사도에 비례한다고 가정한 것이며, 이 경우 같은 형식의 스펙트럴 분포를 가지는 것으로 가정하는 것이다. τ에 대한 식의 분자와 분모 모두에 G_λ가 포함되어 있으므로, G_λ를 $E_{\lambda,b}$로 치환하는 것은 가능하다.

12.7 Kirchhoff의 법칙

앞 절에서 방사와 흡수에 관련된 표면 물성치를 별개로 고찰하였다. 12.7절과 12.8절에서는 이들 물성치가 같은 조건을 고려한다.

내부에 여러 개의 작은 물체가 들어 있는 표면온도 T_s의 **큰 등온 밀폐공간**을 고려한다(그림 12.24). 이 내부의 물체는 밀폐공간에 비해 상대적으로 작으므로, 밀폐공간의 표면에 의한 방사 및 반사의 누적된 영향에 기인하는 복사장에 작은 이 물체들이 미치는 영향은 무시할 수 있다. 복사 물성치에 상관없이 이러한 표면은 **흑체공동**(blackbody cavity)을 형성한다는 것을 상기하라. 따라서 그 방향에 상관없이 공동 내의 임의의 물체가 받는 조사는 확산적이며, T_s의 흑체로부터의 방사와 같다.

$$G = E_b(T_s) \tag{12.64}$$

정상상태 조건하에서 물체와 밀폐공간 사이에는 **열적인 평형**(thermal equilibrium)이 존재하여야 한다. 따라서 $T_1 = T_2 = \cdots = T_s$이고, 각 표면으로 정미 에너지 전달률은 0이어야 한다. 물체 1 주위의 검사면에 대하여 에너지평형을 적용하면 다음과 같다.

$$\alpha_1 G A_1 - E_1(T_s)A_1 = 0$$

또는 식 (12.64)로부터 다음과 같다.

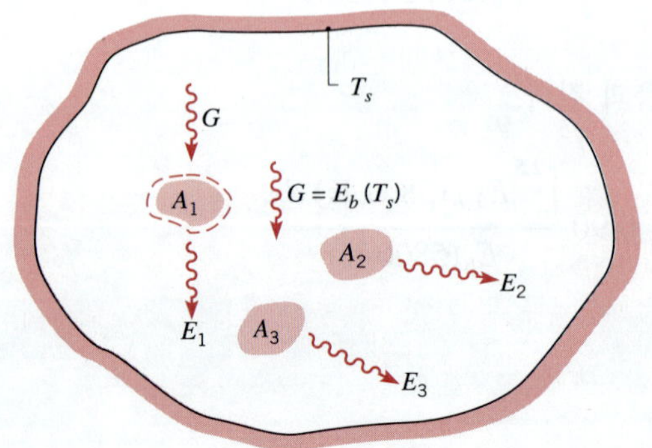

그림 12.24 등온 밀폐공간에서의 복사교환.

$$\frac{E_1(T_s)}{\alpha_1} = E_b(T_s)$$

이 결과는 제한된 물체의 각각에 적용해야 하므로, 다음 관계를 얻을 수 있다.

$$\frac{E_1(T_s)}{\alpha_1} = \frac{E_2(T_s)}{\alpha_2} = \cdots = E_b(T_s) \tag{12.65}$$

이 관계를 **Kirchhoff의 법칙**(Kirchhoff's law)이라 한다. 여기에 내포된 주요한 뜻은 $\alpha \le 1$이므로, $E(T_s) \le E_b(T_s)$라는 것이다. 따라서 **같은 온도에서 어떠한 실제 표면도 흑체표면의 방사도를 초과하는 방사도를 가질 수 없으며**, 이로써 이상적인 방사체로서의 흑체의 의미를 확인할 수 있다.

전반구방사율의 정의인 식 (12.36)으로부터 Kirchhoff의 법칙은 다음의 식과 같이 다른 형태로 나타낼 수 있다.

$$\frac{\varepsilon_1}{\alpha_1} = \frac{\varepsilon_2}{\alpha_2} = \cdots = 1$$

따라서 밀폐공간 내의 어떤 표면에 대해서 다음과 같다.

$$\varepsilon = \alpha \tag{12.66}$$

즉 표면의 전반구방사율은 전반구흡수율과 같다.

식 (12.66)이 각각의 표면들에 대하여 적용될 수 있으면 표면 사이의 복사교환의 계산은 훨씬 간단히 될 수 있다는 것을 다음에 알게 될 것이다. 그러나 이를 유도하는 데 있어서 본질적인 제한조건을 명심해야 한다. 특히 표면조사가 표면과 같은 온도의 흑체로부터의 방사와 같다는 것으로 가정하였다. 12.8절에서는 식 (12.66)을 적용할 수 있는 다소 제한적인 다른 조건을 고려한다.

앞에서의 유도는 스펙트럼 조건에 대하여, 그리고 밀폐공간 내의 어떤 표면에 대해서도 다음과 같이 반복될 수 있다.

$$\varepsilon_\lambda = \alpha_\lambda \tag{12.67}$$

식 (12.67)의 사용과 관련된 조건들은 식 (12.66)과 관련된 조건들보다 덜 제한적이다. 특히 식 (12.67)은 만약 조사가 확산적이거나 또는 표면이 확산적일 때 적용될 수 있음을 알게 될 것이다. **제한조건이 없는 것**에 대한 Kirchhoff 법칙의 형태는 스펙트럼의 방향적 물성치들과 관련된다.

$$\varepsilon_{\lambda,\theta} = \alpha_{\lambda,\theta} \tag{12.68}$$

이 등식은 $\varepsilon_{\lambda,\theta}$와 $\alpha_{\lambda,\theta}$가 본질적(inherent)인 표면 물성치들이므로 **항상** 적용할 수 있다. 즉 이들은 각각 방사되거나 입사되는 복사의 스펙트럼과 방향적 분포에 무관하다.

Kirchhoff 법칙에 대한 더 자세한 내용은 Planck[1]와 Howell 등[7]이 소개하고 있다.

12.8 회체표면

13장에서 만약 식 (12.66)을 각 표면에 적용할 수 있다고 가정하면, 표면들 사이의 복사에너지 교환을 예측하는 문제는 매우 간단하게 된다는 것을 알게 될 것이다. 따라서 이 등식이 이것이 유도된 조건, 즉 조사가 표면에서와 같은 온도에서의 흑체로부터의 방사에 의한다는 것과 다른 조건에서도 적용될 수 있는지 검토하는 것이 중요하다.

스펙트럴 방향방사율과 흡수율이 어느 조건하에서 같다는 사실, 즉 식 (12.68)을 인정하여, 식 (12.67)을 사용하는 것과 관련된 조건들을 고려해 보자. 스펙트럴 반구 물성치의 정의인 식 (12.41)과 식 (12.49)에 따라서, 가령 있다면 어떤 조건하에서 다음 등식이 성립하는지 알아보자.

$$\varepsilon_\lambda = \frac{\int_0^{2\pi}\int_0^{\pi/2} \varepsilon_{\lambda,\theta}\cos\theta\sin\theta\,d\theta\,d\phi}{\int_0^{2\pi}\int_0^{\pi/2}\cos\theta\sin\theta\,d\theta\,d\phi} \overset{?}{=} \frac{\int_0^{2\pi}\int_0^{\pi/2} \alpha_{\lambda,\theta} I_{\lambda,i}\cos\theta\sin\theta\,d\theta\,d\phi}{\int_0^{2\pi}\int_0^{\pi/2} I_{\lambda,i}\cos\theta\sin\theta\,d\theta\,d\phi} = \alpha_\lambda \qquad (12.69)$$

$\varepsilon_{\lambda,\theta} = \alpha_{\lambda,\theta}$이므로, 식 (12.69)를 검토해 보면 다음 조건들 중에서 어느 한 조건이라도 충족되면 식 (12.67)을 적용할 수 있다는 것을 알 수 있다.

1. **조사**가 **확산적**이다($I_{\lambda,i}$가 θ와 ϕ에 무관하다).
2. **표면**이 **확산적**이다($\varepsilon_{\lambda,\theta}$와 $\alpha_{\lambda,\theta}$가 θ와 ϕ에 무관하다).

첫 번째 조건은 많은 공학적 계산에 있어서 합리적인 근사이며, 두 번째 조건은 많은 표면에 대해, 특히 전기적으로 비전도체인 물질(그림 12.16)에 대하여 합리적이다.

확산조사 또는 확산표면 중 어느 하나가 존재한다고 가정하여, 식 (12.66)이 성립하기 위하여 충족되어야 할 추가 조건에 대하여 고려한다. 식 (12.43)과 식 (12.52)로부터 이 등식은 다음 조건이 충족되면 적용할 수 있다.

$$\varepsilon = \frac{\int_0^\infty \varepsilon_\lambda E_{\lambda,b}(\lambda,T)\,d\lambda}{E_b(T)} \overset{?}{=} \frac{\int_0^\infty \alpha_\lambda G_\lambda(\lambda)\,d\lambda}{G} = \alpha \qquad (12.70)$$

$\varepsilon_\lambda = \alpha_\lambda$이므로, 위의 식을 살펴보면 식 (12.66)은 다음 조건 중 어느 한 조건이 충족되면 적용 가능하다는 것이 점검되었다.

1. 조사는 표면온도 T의 흑체로부터의 방사와 같다. 즉 이 경우 $G_\lambda(\lambda) = E_{\lambda,b}(\lambda, T)$ 및 $\Gamma = E_b(T)$이다.
2. **표면**이 **회체**이다(α_λ와 ε_λ가 λ에 무관하다).

첫 번째 조건은 Kirchhoff의 법칙을 유도하는 데 요구되는 주된 가정에 해당됨(12.7절)에 주의하라.

표면의 전흡수율은 조사의 스펙트럴 분포에 의존하므로, 명백하게 $\alpha = \varepsilon$이라고 말할 수는 없다. 예를 들면 어떤 특수한 표면이 한 스펙트럼 영역에서의 복사는 강하게 흡수하고, 다른 영역에서는 실질적으로 흡수하지 않을 수도 있다(그림 12.25*a*). 따라서 그림 12.25*b*의 두 가지 조사장 $G_{\lambda,1}(\lambda)$와 $G_{\lambda,2}(\lambda)$에 대하여 α의 값은 크게 다를 수 있다. 이에 반해 ε의 값은 조사에 무관하다. 따라서 α가 ε의 **항상** 같다고 말할 수 있는 근거는 **없다**.

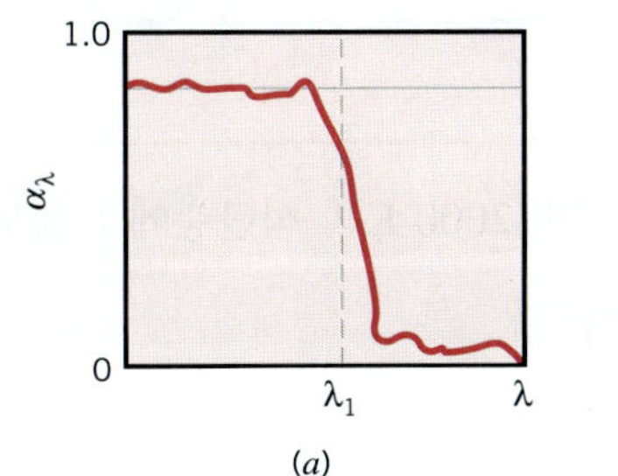

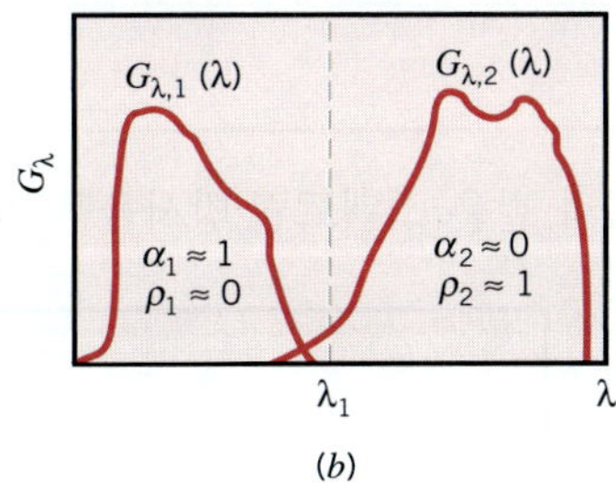

그림 12.25 스펙트럴 분포. (*a*) 표면의 스펙트럴 흡수율. (*b*) 표면에서의 스펙트럴 조사.

회체표면 거동, 즉 식 (12.66)이 타당하다고 가정하기 위하여 α_λ와 ε_λ가 전체 스펙트럼에 걸쳐서 λ에 무관하다고 할 필요는 없다. 실제로 **회체표면**은 조사와 **표면방사의 스펙트럼 영역에 대하여 α_λ와 ε_λ가 λ에 무관한 표면으로 정의할 수 있다**. 식 (12.70)으로부터 그림 12.26의 경우에 대해서 회체표면 거동으로 가정할 수 있다. 즉 조사와 표면방사가 표면의 스펙트럼 물성치가 근사적으로 일정한 영역에 집중되어 있다. 따라서 다음과 같다.

$$\varepsilon = \frac{\varepsilon_{\lambda,o}\int_{\lambda_1}^{\lambda_2} E_{\lambda,b}(\lambda, T)\, d\lambda}{E_b(T)} = \varepsilon_{\lambda,o} \qquad \text{and} \qquad \alpha = \frac{\alpha_{\lambda,o}\int_{\lambda_3}^{\lambda_4} G_\lambda(\lambda)\, d\lambda}{G} = \alpha_{\lambda,o}$$

이 경우 $\alpha = \varepsilon = \varepsilon_{\lambda,o}$이다. 그러나 조사가 $\lambda < \lambda_1$또는 $\lambda > \lambda_4$에 해당하는 스펙트럼 영역에 있다면, 회체표면 거동으로 가정할 수 없다.

$\alpha_{\lambda,\theta}$와 $\varepsilon_{\lambda,\theta}$가 θ와 λ에 무관한 표면을 **확산회체표면**(diffuse, gray surface)이라고 한다(방향에 무관하므로 확산이고, 파장에 무관하므로 회체이다). 이것은 식 (12.66)과 식 (12.67) 모두가 충족되는 표면이다. 다음에 다루게 될 많은 문제들, 특히 13장에서 우리는 이러한 표면조건을 **가정**할 것이다. 그러나 비록 회체표면의 가정은 많은 실제적인 응용에 대하여 합리적이지만, 이를 사용하는 데 있어 특히 조사와 방사의 스펙트럼 영역이 넓게 분포되어 있는 경우에는 주의를 해야 한다.

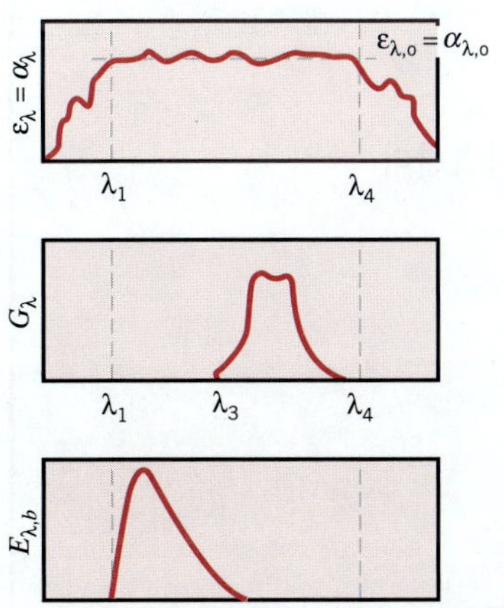

그림 12.26 회체표면 거동을 가정할 수 있는 조건들.

예제 12.10

온도 T_s = 500 K의 확산 내화벽돌벽이 다음과 같은 스펙트럴 방사율을 가지며 2000 K의 석탄층에 노출되어 있다.

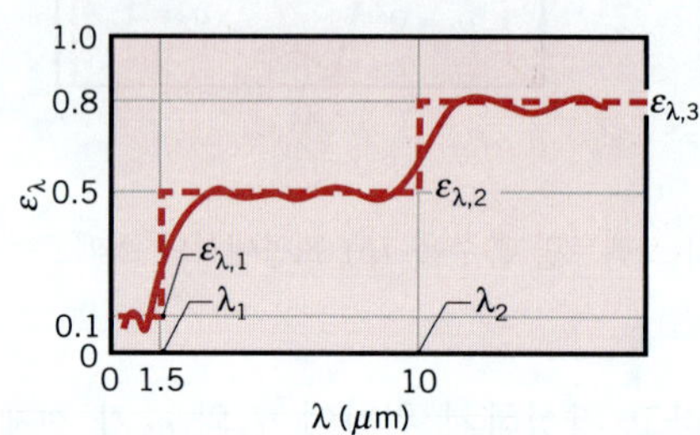

내화벽돌벽의 전반구방사율과 방사도를 결정하라. 석탄의 방사로 인한 조사에 대한 벽의 전흡수율은 얼마인가?

풀이

제시자료: 표면온도 T_s = 500 K와 주어진 $\varepsilon_\lambda(\lambda)$의 벽돌벽이 T_c = 2000 K에서 석탄에 노출되어 있다.

풀이대상:

1. 내화벽돌벽의 전반구방사율.
2. 내화벽돌벽의 전방사도.
3. 석탄으로부터의 조사에 대한 벽의 흡수율.

개략도:

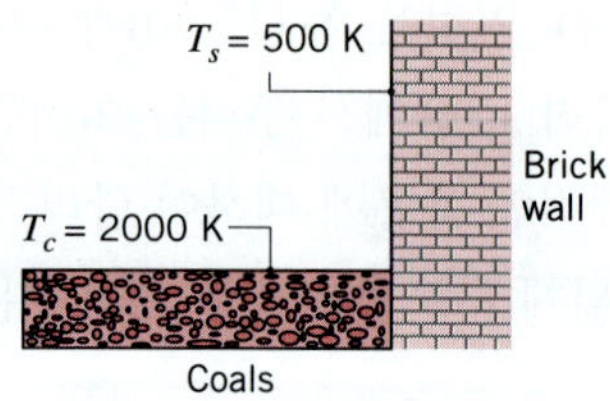

가정:

1. 벽돌벽은 비투과성이며 확산적이다.
2. 벽돌벽으로의 조사의 스펙트럴 분포는 2000 K의 흑체로부터의 방사에 의한 것으로 근사화한다.

해석:

1. 전반구방사율은 식 (12.43)으로부터 다음과 같다.

$$\varepsilon(T_s) = \frac{\int_0^\infty \varepsilon_\lambda(\lambda) E_{\lambda,b}(\lambda, T_s)\, d\lambda}{E_b(T_s)}$$

적분을 부분적분으로 나누면 다음과 같다.

$$\varepsilon(T_s) = \varepsilon_{\lambda,1} \frac{\int_0^{\lambda_1} E_{\lambda,b}\, d\lambda}{E_b} + \varepsilon_{\lambda,2} \frac{\int_{\lambda_1}^{\lambda_2} E_{\lambda,b}\, d\lambda}{E_b} + \varepsilon_{\lambda,3} \frac{\int_{\lambda_2}^{\infty} E_{\lambda,b}\, d\lambda}{E_b}$$

그리고 흑체함수들을 도입하면 다음과 같다.

$$\varepsilon(T_s) = \varepsilon_{\lambda,1} F_{(0\to\lambda_1)} + \varepsilon_{\lambda,2}[F_{(0\to\lambda_2)} - F_{(0\to\lambda_1)}] + \varepsilon_{\lambda,3}[1 - F_{(0\to\lambda_2)}]$$

표 12.2로부터 다음과 같다.

$$\lambda_1 T_s = 1.5\ \mu\text{m} \times 500\ \text{K} = 750\ \mu\text{m}\cdot\text{K}: \qquad F_{(0\to\lambda_1)} = 0.000$$
$$\lambda_2 T_s = 10\ \mu\text{m} \times 500\ \text{K} = 5000\ \mu\text{m}\cdot\text{K}: \qquad F_{(0\to\lambda_2)} = 0.634$$

따라서 다음과 같다.

$$\varepsilon(T_s) = 0.1 \times 0 + 0.5 \times 0.634 + 0.8(1 - 0.634) = 0.610$$ ◁

2. 식 (12.32)와 식 (12.36)으로부터 전방사도는 다음과 같다.

$$E(T_s) = \varepsilon(T_s)E_b(T_s) = \varepsilon(T_s)\sigma T_s^4$$
$$E(T_s) = 0.61 \times 5.67 \times 10^{-8}\ \text{W/m}^2\cdot\text{K}^4(500\ \text{K})^4 = 2162\ \text{W/m}^2$$ ◁

3. 식 (12.52)로부터 석탄으로부터의 복사에 대한 벽의 전흡수율은 다음과 같다.

$$\alpha = \frac{\int_0^\infty \alpha_\lambda(\lambda)\, G_\lambda(\lambda)\, d\lambda}{\int_0^\infty G_\lambda(\lambda)\, d\lambda}$$

표면이 확산적이므로, $\alpha_\lambda(\lambda) = \varepsilon_\lambda(\lambda)$이다. 더욱이 조사의 스펙트럴 분포를 2000 K의 흑체로부터의 방사에 의한 것으로 근사화하면 $G_\lambda(\lambda) \propto E_{\lambda,b}(\lambda, T_c)$이다. 따라서 다음과 같다.

$$\alpha = \frac{\int_0^\infty \varepsilon_\lambda(\lambda) E_{\lambda,b}(\lambda, T_c)\, d\lambda}{\int_0^\infty E_{\lambda,b}(\lambda, T_c)\, d\lambda}$$

적분을 부분적분으로 나누고 흑체함수를 도입하면 다음을 얻는다.

$$\alpha = \varepsilon_{\lambda,1} F_{(0\to\lambda_1)} + \varepsilon_{\lambda,2}[F_{(0\to\lambda_2)} - F_{(0\to\lambda_1)}] + \varepsilon_{\lambda,3}[1 - F_{(0\to\lambda_2)}]$$

표 12.2로부터 다음과 같다.

$$\lambda_1 T_c = 1.5\ \mu\text{m} \times 2000\ \text{K} = 3000\ \mu\text{m}\cdot\text{K}: \qquad F_{(0\to\lambda_1)} = 0.273$$
$$\lambda_2 T_c = 10\ \mu\text{m} \times 2000\ \text{K} = 20{,}000\ \mu\text{m}\cdot\text{K}: \qquad F_{(0\to\lambda_2)} = 0.986$$

따라서 다음과 같다.

$$\alpha = 0.1 \times 0.273 + 0.5(0.986 - 0.273) + 0.8(1 - 0.986) = 0.395$$ ◁

부가설명:

1. 방사율은 표면온도 T_s에 의존하며, 한편 흡수율은 열원온도 T_c에 따라 달라지는 조사의 스펙트럴 분포에 의존한다.

2. 표면이 회체가 아니므로 $\alpha \neq \varepsilon$이다. 이 결과는 예상된 것이다. 방사는 T_s = 500 K에 관계되므로, 그 스펙트럼에서의

최대는 $\lambda_{max} \approx 6\ \mu m$에서 일어난다. 반면에 조사는 $T_c = 2000$ K의 열원으로부터의 방사에 관계되므로 스펙트럼에서의 최대는 $\lambda_{max} \approx 1.5\ \mu m$에서 일어난다. $\varepsilon_\lambda = \alpha_\lambda$가 방사 및 조사 모두의 스펙트럼 범위에서 일정하지 않으므로 $\alpha \neq \varepsilon$이다. 주어진 $\varepsilon_\lambda = \alpha_\lambda$의 스펙트럼 분포에서 ε과 α는 T_s와 T_c가 각각 증가함에 따라 감소하며, $T_s = T_c$인 경우에 한하여 $\varepsilon = \alpha$이다. 앞에서의 ε과 α에 대한 표현식을 사용하여 이들의 T_s와 T_c에 따른 동일한 변화를 구할 수 있으며 다음과 같은 결과가 얻어진다.

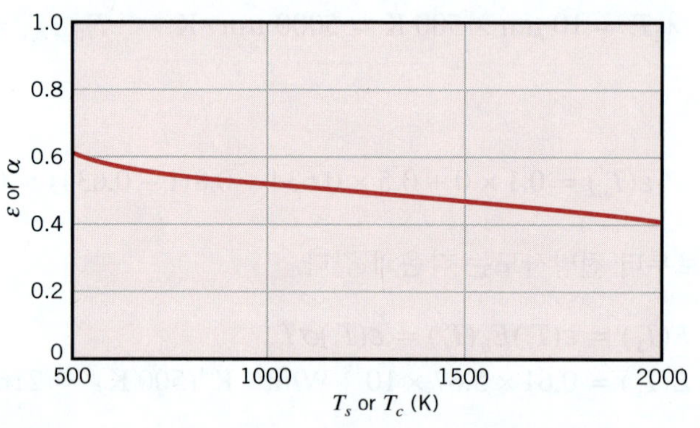

예제 12.11

한 **작은** 고체금속 구의 표면이 스펙트럼 범위 $\lambda \leq 5\ \mu m$에 대하여 $\alpha_\lambda = 0.8$이고, $\lambda > 5\ \mu m$에 대하여 $\alpha_\lambda = 0.1$인 비투과성 확산 물질로 피복되어 있다. 초기에 300 K의 균일한 온도의 구가 벽의 온도가 1200 K인 큰 노 속에 삽입되었다. 초기조건 그리고 최종 정상상태 조건에 대하여 피복의 전반구흡수율과 전반구방사율을 결정하라.

풀이

제시자료: 스펙트럼에 대해 선택적인 흡수율을 가지는 초기온도 $T_s = 300$ K의 작은 금속 구가 $T_f = 1200$ K의 큰 노 속으로 삽입되었다.

풀이대상:

1. 초기조건에 대한 구 피복의 전반구흡수율과 전반구방사율.
2. 구가 노 속에 오랫동안 놓인 후의 α와 ε의 값.

개략도:

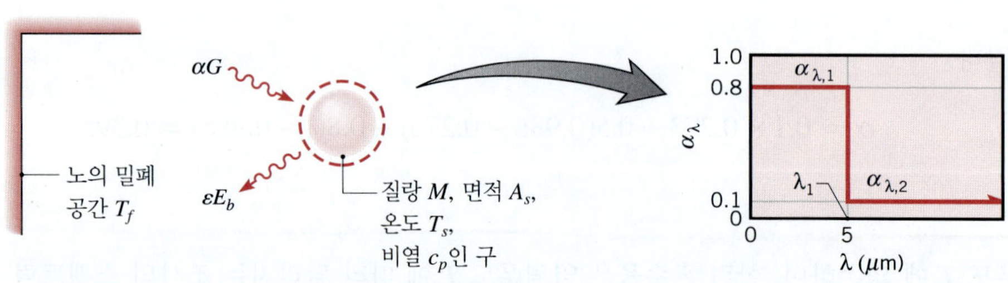

가정:

1. 피복은 비투과성이고 확산적이다.

2. 노 표면이 구 표면보다 훨씬 크므로, 조사는 T_f의 흑체로부터의 방사로 근사화된다.

해석:

1. 식 (12.52)로부터 전반구흡수율은 다음과 같다.

$$\alpha = \frac{\int_0^\infty \alpha_\lambda(\lambda) G_\lambda(\lambda)\, d\lambda}{\int_0^\infty G_\lambda(\lambda)\, d\lambda}$$

또는 $G_\lambda = E_{\lambda,b}(T_f) = E_{\lambda,b}(\lambda,\ 1200\ \mathrm{K})$이므로 다음과 같다.

$$\alpha = \frac{\int_0^\infty \alpha_\lambda(\lambda) E_{\lambda,b}(\lambda, 1200\ \mathrm{K})\, d\lambda}{E_b(1200\ \mathrm{K})}$$

따라서 다음과 같다.

$$\alpha = \alpha_{\lambda,1} \frac{\int_0^{\lambda_1} E_{\lambda,b}(\lambda, 1200\ \mathrm{K})\, d\lambda}{E_b(1200\ \mathrm{K})} + \alpha_{\lambda,2} \frac{\int_{\lambda_1}^\infty E_{\lambda,b}(\lambda, 1200\ \mathrm{K})\, d\lambda}{E_b(1200\ \mathrm{K})}$$

또는

$$\alpha = \alpha_{\lambda,1} F_{(0\to\lambda_1)} + \alpha_{\lambda,2}[1 - F_{(0\to\lambda_1)}]$$

표 12.2로부터 다음과 같다.

$$\lambda_1 T_f = 5\ \mu\mathrm{m} \times 1200\ \mathrm{K} = 6000\ \mu\mathrm{m}\cdot\mathrm{K}: \qquad F_{(0\to\lambda_1)} = 0.738$$

따라서 다음과 같다.

$$\alpha = 0.8 \times 0.738 + 0.1(1 - 0.738) = 0.62$$

식 (12.43)으로부터 전반구방사율은 다음과 같다.

$$\varepsilon(T_s) = \frac{\int_0^\infty \varepsilon_\lambda E_{\lambda,b}(\lambda, T_s)\, d\lambda}{E_b(T_s)}$$

표면은 확산적이어서 $\varepsilon_\lambda = \alpha_\lambda$이므로 다음과 같이 된다.

$$\varepsilon = \alpha_{\lambda,1} \frac{\int_0^{\lambda_1} E_{\lambda,b}(\lambda, 300\ \mathrm{K})\, d\lambda}{E_b(300\ \mathrm{K})} + \alpha_{\lambda,2} \frac{\int_{\lambda_1}^\infty E_{\lambda,b}(\lambda, 300\ \mathrm{K})\, d\lambda}{E_b(300\ \mathrm{K})}$$

또는

$$\varepsilon = \alpha_{\lambda,1} F_{(0\to\lambda_1)} + \alpha_{\lambda,2}[1 - F_{(0\to\lambda_1)}]$$

표 12.2로부터 다음과 같다.

$$\lambda_1 T_s = 5\ \mu\text{m} \times 300\ \text{K} = 1500\ \mu\text{m} \cdot \text{K}: \qquad F_{(0\to\lambda_1)} = 0.014$$

따라서 다음과 같다.

$$\varepsilon = 0.8 \times 0.014 + 0.1(1 - 0.014) = 0.11 \qquad \triangleleft$$

2. 피복의 스펙트럼 특성과 노의 온도가 일정하게 유지되므로, 시간의 증가에 따른 α값의 변화는 없다. 그러나 시간에 따라 T_s가 증가하므로 ε의 값은 변화할 것이다. 충분히 긴 시간이 지나면, $T_s = T_f$이고, $\varepsilon = \alpha(= 0.62)$이 된다.

부가설명:

1. 궁극적으로 평형조건이 존재하며($T_s = T_f$), 이 조건은 Kirchhoff법칙이 유도되었던 조건에 정확히 일치한다. 따라서 α는 ε과 같아야 한다.

2. 구를 집중용량으로 근사화하고 대류를 무시하면, 구 주위의 검사체적에 대한 에너지평형은 다음과 같다.

$$\dot{E}_{\text{in}} - \dot{E}_{\text{out}} = \dot{E}_{\text{st}}$$

$$(\alpha G)A_s - (\varepsilon\sigma T_s^4)A_s = mc_p \frac{dT_s}{dt}$$

이 미분방정식을 풀어 $t > 0$에 대한 $T(t)$를 결정할 수 있고, 시간이 증가함에 따라 발생하는 ε의 변화가 그 결과에 포함되어야 한다.

12.9 환경복사

태양복사는 지구 상 모든 생명체의 기본이다. 광합성 작용을 통하여 태양복사는 인간에게 필요한 음식, 섬유 그리고 연료를 제공한다. 태양복사는 열작용과 광발전을 통하여 열과 전기에 대한 요구를 충족시킬 수 있는 잠재력을 가지고 있다. 태양복사와 지구표면의 대지, 바다로부터 방사되는 복사를 통틀어 **환경복사**(environmental radiation)라 칭한다. 환경복사와 지구 상의 대기가 상호 작용하여 우리 행성의 온도를 결정한다.

12.9.1 태양복사

태양은 지름이 1.39×10^9 m이고 지구로부터 1.50×10^{11} m 떨어져 있는 거의 구형의 복사원이다. 앞에서 언급했듯이 태양은 근사적으로 5800 K의 흑체로 방사한다. 태양에서 방사된 복사광선은 보다 더 넓은 구형의 우주영역을 통과함에 따라 복사유속이 감소하게 된다. 지구대기권 바깥 경계에서 태양열에너지의 유속은 $(r_s/r_d)^2$의 인수에 의해 감소한다. 여기서 r_s는 태양의 반지름, r_d는 태양으로부터 지구까지의 거리이다. **태양상수**(solar constant)[3] S_c는 지구가 태양으로부터의 평균거리만큼 떨어져 있을 때의 태양광선에 수직인 표면에, 지구대기권의 바깥 경계에서 입사되

[3] **태양상수**라는 용어는 예측가능한 방법이 있고, 시간에 따라 변하는 값이라는 점에서 잘못된 명칭이다. 태양에서 방사되는 복사는 높은 흑점 활동주기에 대응하여 최고 방사 열유속(±0.65 W/m²)을 갖고, 11년 사이클을 나타낸다[8].

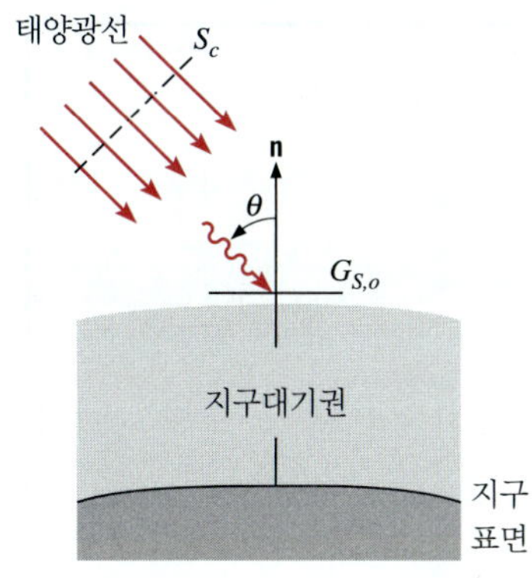

그림 12.27 지구대기권 밖의 태양열복사의 방향적 특성.

는 태양에너지의 열유속으로 정의된다(그림 12.27). 이 상수는 1368 ± 0.65 W/m^{2}의 값을 가진다. **수평**면, 즉 지표에 평행한 면에 대한 태양열복사는 표면의 법선에 대한 **천정각**(zenith angle) θ를 이루는 **평행광선**(parallel ray)들로 보인다. **지구 밖의 태양조사** $G_{S,o}$는 수평면에 대해서 정의되는데, 하루 중 어느 시간 및 일 년 중 계절에 따라 다를 뿐만 아니라, 지리학적 위도에 따라 서로 다르다. 이는 다음 식으로 결정될 수 있다.

$$G_{S,o} = S_c \cdot f \cdot \cos\theta \tag{12.71}$$

수정계수 f는 태양 주위를 공전하는 지구궤도의 편심을 고려한 것이다($0.97 \lesssim f \lesssim 1.03$). 시간과 면적 평균 기준으로 지구는 $S_c \times \pi r_e^2/4\pi r_e^2 = S_c/4 = 342$ W/m^{2}의 태양조사를 받고 있다. 지구의 직경은 $d_e = 2r_e = 1.27 = 10^7$ m이다.

그림 12.28a와 같이 지구 밖에서의 태양조사의 스펙트럼 분포는 5800 K의 흑체에 해당하는 스펙트럼 분포로 가정할 수 있다. 복사는 짧은 파장영역($0.2 \lesssim \lambda \lesssim 3$ μm)에 집중되어 있으며 0.5 μm에서 최고값을 가진다. 그러나 태양복사가 지구대기를 통과하면서 그 크기와 스펙트럼 분포 및 방향성 분포는 상당히 변한다. 이런 변화는 대기성분에 의한 복사의 **흡수**(absorption)와 **산란**(scattering)에 기인한다. 대기의 기체들인 O_3(오존), H_2O, O_2 그리고 CO_2에 의한 흡수 효과가 그림 12.28a 아래 곡선에 나타나 있다. 오존 흡수는 자외선 영역에서 강해서 0.4 μm 이하에서는 상당히 감쇠되고 0.3 μm 이하에서는 완전히 감쇠한다. 가시광선 영역에서는 O_3와 O_2에 의해 약간 흡수되고, 근적외선과 원적외선 영역에서는 수증기에 의한 흡수가 지배적이다. 태양의 스펙트럼 전 영역에 걸쳐 대기 중의 먼지나 에어로졸에 의해서 짧은 파장 복사의 연속적 흡수가 이루어진다. 대기 중 먼지와 에어로졸에는 검댕(soot)과 같은 화석연료 연소 생성물이 포함된다.

대기의 산란은 태양광선의 **방향을 바꾸어** 지구표면에 도달하는 태양복사에 영향을 미친다. 그림 12.29에 보이는 바와 같이 두 가지 산란이 있다. **Rayleigh**(또는 **분자**)**산란**은 매우 작은 기체 분자에 의한 것이다. 복사 파장에 대한 유효 분자 직경의 비율($\pi D/\lambda$)이 1보다 매우 작을 때 발생하며, 복사를 거의 모든 방향으로 균일하게 산란시킨다. 반면에 **Mie산란**은 $\pi D/\lambda$가 1 근처인 큰 먼지나 검댕 입자들로 인해 발생하며 산란의 방향은 입사선 방향으로 집중된다. 따라서 Mie산란된 복사선의 대부분은 태양복사 방향으로 지구표면에 도달한다.

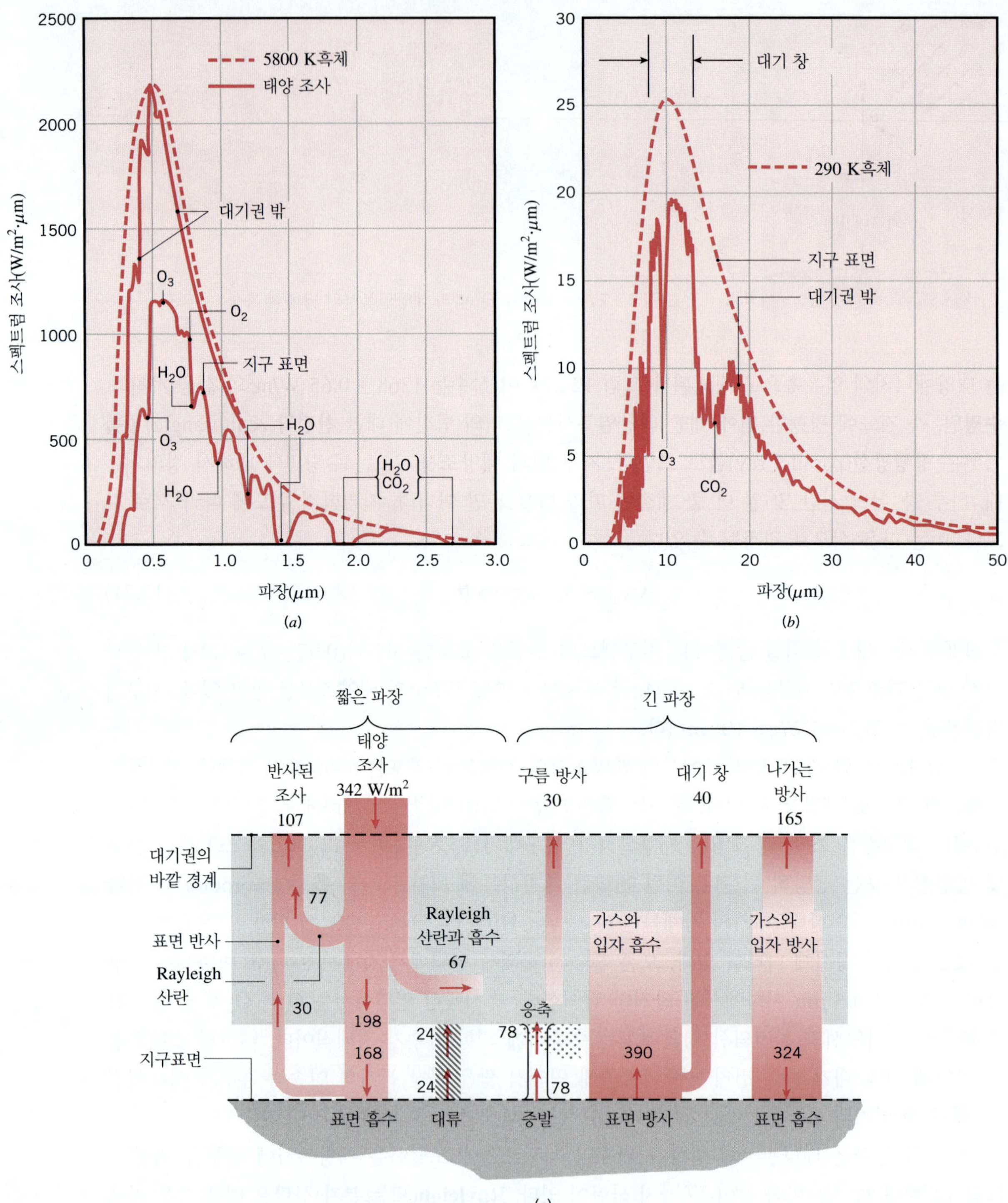

그림 12.28 태양과 환경복사. (*a*) 하강 전파되는 짧은 파장의 태양복사 스펙트럼 분포. (*b*) 상승 전파되는 긴 파장의 환경복사 스펙트럼 분포. (*c*) 보통의 온도와 구름 조건에서 대기에 대한 상의 에너지평형[9].

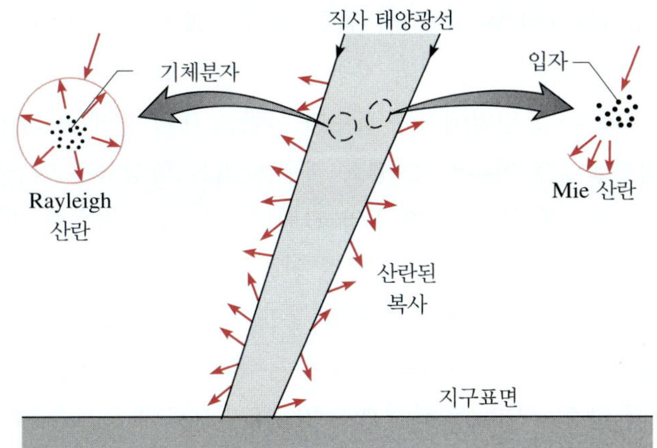

그림 12.29 지구대기권 내에서의 태양복사의 산란.

12.9.2 대기 복사 균형

대기는 위로부터 태양복사, 아래로부터 지구 표면 복사에 의해 조사(irradiation)된다. 지구표면의 평균온도는 290 K이기 때문에 위로 전파되는 복사는 그림 12.28*b*와 같이 긴 파장대에 집중되어 있다. 지구방사의 스펙트럼 분포는 대기권 밖 태양조사(그림 12.28*a*)의 스펙트럼 분포에 비하여 부드럽게 변화한다. 많은 공학적 표면들도 방사가 부드럽게 변화하는 특성을 가지고 있다. 그러나 하강하는 태양복사가 겪는 흡수와 산란을 지상에서 위로 올라가는 방사도 겪게 된다. 수증기에 의한 흡수는 모든 스펙트럼 영역에서 일어난다. 강한 오존 흡수가 9 μm 근처에서 발생하며, CO_2 흡수는 $13 \lesssim \lambda \lesssim 16$ μm 영역이다. **대기창**(atmospheric window)영역이라 부르는 $8 \lesssim \lambda \lesssim 13$ μm에서 지구방사(terrestrial emission)대부분(오존에 의한 강한 흡수 영역은 제외)은 대기의 바깥 부분까지 전파된다. 지구방사의 긴 파장 영역에서 Rayleigh와 Mie산란은 대기 중의 여러 가지 입자와 에어로졸 존재에 기인한다.

하강 전파되는 외계 태양조사(그림 12.28*a*)와 상승하는 지구방사(그림 12.28*b*)는 흡수와 산란으로 변형되고 그 결과는 대기의 에너지평형에 심대한 영향을 준다. 하강 또는 상승하는 복사는 어느 것이나 결과적으로 대기를 가열하는데 그 이유는 대기에서 떠나는 복사에너지보다 들어오는 복사에너지가 더 크기 때문이다. 그러나 이러한 가열은 대기의 성분이 방사하는 복사에 의하여 냉각되므로 평형을 유지한다.

대표적인 에너지 **균형**(그림 12.28*c*)은 짧은 파장 태양복사와 긴 파장 지구복사를 **분할**하는 것이다[9]. 면적평균과 시간평균된 대기권 바깥 가장자리의 태양조사 342 W/m^2 중에 주로 Rayleigh산란에 의하여 77 W/m^{2}는 우주공간으로 반사되고, 67 W/m^{2}는 검댕과 먼지, 구름에 의해 흡수되어 대기를 가열한다. 태양조사의 나머지 부분(198 W/m^2)은 지구표면에 도달하는 데 30 W/m^{2}은 다시 우주공간으로 반사되고 168 W/m^{2}이 흡수된다.

지구표면으로부터 방사되는 긴 파장 복사의 분할은 보다 복잡하다. 시간평균 표면 방사(390 W/m^2) 중 대기창 영역에 해당하는 40 W/m^2 부분을 제외한 나머지 부분은 대기에 흡수된다. 표면 방사의 나머지 부분 350 W/m^{2}는 짧은 파장 복사의 흡수(67 W/m^2), 지구표면으로부터의 대류(24 W/m^2), 대기의 하층부에서 강수(precipitation)형태의 응축(78 W/m^2)과 결합하여 대기를 가열한다. 가열된 대기는 긴 파장 복사에너지를 방사하는 데 165 W/m^{2}은 대기 바깥 부분으로 나가고 지구표면으로 하강하는 복사는 324 W/m^{2}이다. 구름으로부터의 방사는 30 W/m^{2}으로 간주한다. 평형 상태를 **가정**하였으므로 대기의 바깥 면과 지구표면에서의 정미 열전달은 모두 제로가 된다.

실제로 짧은 파장과 긴 파장 영역에서의 흡수와 산란은 대기 중에 포함된 입자의 양과 화학조성에 따라 다르므로 평형상태를 이루지 못한다. 지구 대기를 형성하는 데 영향을 주는 인류적인(anthropogenic)활동은 주로 화석연료의 연소와 관련되는 데 결과적으로 대기 중에 CO_2와 에어로졸 농도를 증가시킨다. 가스 흡수와 에어로졸로 인한 산란(그리고 흡수)은 인간 활동에 의하여 끊임없이 영향을 받는다. 일반적으로 대기 중 CO_2 농도가 증가하면, 지구표면에서 방사되어 대기 중에 흡수된 350 W/m^{2}은 지구표면 가까운 곳에서 흡수되어 대기 상층부에서 우주로 나가는 긴 파장 방사(165 W/m^2)를 감소시킨다. 결과적으로 지구표면으로의 복사유속(324 W/m^2)은 증가한다. 외계로 나가는 긴 파장 방사의 감소로 대기 상층부의 정미 열전달[**복사강제력**(radiative forcing)]이 대기로 향하게 되어 대기 온도는 상승하게 된다.

밖으로 나가는 긴 파장 방사의 감소는 대기 상층부의 다른 요소들, 즉 짧은 파장 태양조사의 Rayleigh산란에 따른 반사의 증가(107 W/m^2)[10]와 짧은 파장 지구표면 복사의 반사(30 W/m^2)[11]증가에 의하여 상쇄될 수 있다. 그러나 연소과정 효율성과 청결성 개선을 위한 공학자들의 노력은 산란을 일으키는 에어로졸과 입자성 물질의 농도를 줄일 수 있다. 연소기술의 향상을 통한 오염물질 발생 감소는 인류 건강에 도움을 주지만, 역설적이게도 유익한 짧은 파장 반사(107 W/m^2)를 감소시킨다. 따라서 대기 온도를 상승시키고, 대기 하층부의 대류와 강수를 변화시켜 잠재적으로 기후 패턴에 영향을 준다[12~14]. 화석연료 연소와 관련된 환경복사 열전달은 분명히 복잡하다. 비록 그들이 완전히 이해되지는 못했지만 지구적 규모로 심대한 충격을 주고 있다.

12.9.3 지상에서의 태양조사

지구표면으로의 태양조사는 가열과 전기 생산을 포함하여 공학적으로 다양하게 이용할 수 있다. 이러한 목적의 태양조사 이용은 화석연료에 대한 종속성을 줄이고 잠재적인 대기 온난화를 누그러뜨릴 수 있을 것이다. 따라서 지구표면에서의 태양조사 특성을 이해하는 것은 매우 중요하다. 태양에너지 기술의 세밀한 부분은 전문서적을 참조하도록 한다[15~19].

지구표면에 도달하는 태양복사의 **방향성 분포**(directional distribution)에 대한 산란과정의 누적 효과를 그림 12.30*a*에 나타내었다. 산란(또는 흡수)되지 않고 대기를 통과한 복사는 천정각의 방향으로 입사되며 이를 **직접복사**(direct radiation)라고 한다. 비록 산란된 복사의 강도가 직접복사의 방향에서 최대이지만, 산란된 복사는 모든 방향으로부터 입사된다. 전체 태양복사 중 산란된

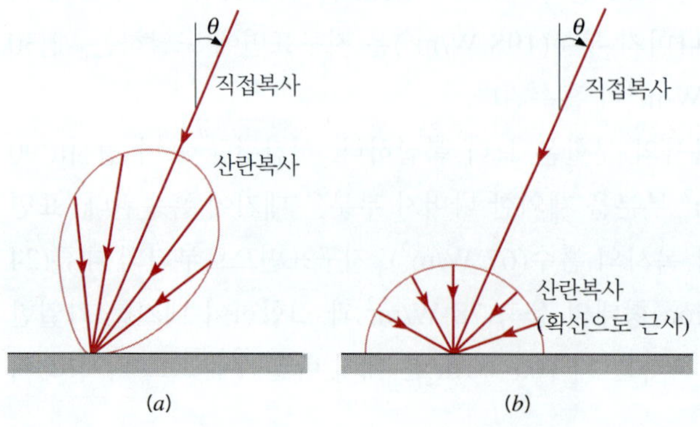

그림 12.30 지구표면에서 태양조사의 방향적 분포. (*a*) 실제적인 분포. (*b*) 확산으로 근사.

복사의 비율은 맑은 날에는 10%에서 흐린 날에는 100%까지 변할 수 있다. 태양복사 중 **산란된** 복사는 종종 방향에 무관하다고 가정되며(그림 12.30*b*)이 복사를 **확산적**(diffuse)이라고 한다.

그림 12.28*c*에서 보이듯이 환경복사의 긴-파장 부분에는 지구표면 방사와 함께 특정 대기성분에서의 가스 방사가 포함된다. 지표면으로부터의 방사도는 전통적인 방법으로 계산할 수 있다.

$$E = \varepsilon\sigma T^4 \tag{12.72}$$

여기서 ε과 T는 표면 방사율과 온도이다. 그림 12.28*b*에서 암시하였듯이 방사율은 일반적으로 1에 가깝다. 예를 들어 물의 경우 방사율은 0.97이다. 그림 12.28*c*에서 $\varepsilon = 0.97$, $\bar{E} = 390\ \text{W/m}^2$을 사용하면 지구표면의 실질적인 복사온도는 $\bar{T} = 291\ \text{K}$이다. 그림 12.28*b*에서 보이듯이 방사는 4~40 μm 스펙트럼 영역에 집중되며 최고값은 10 μm 근처이다.

하강 전파되어 지구표면에 도달하는 대기방사는 주로 대기 중 CO_2와 H_2O 분자로부터이며 5부터 8 μm까지의 스펙트럼 영역과 13 μm 이상의 영역에 집중된다. 대기방사의 스펙트럴 분포는 흑체의 분포에 해당되지는 않지만, 지구표면으로의 조사에 있어서 대기방사의 기여는 식 (12.32)를 이용하여 추산할 수 있다. 특히 대기방사에 의한 지구조사는 다음과 같이 표현될 수 있다.

$$G_{\text{atm}} = \sigma T_{\text{sky}}^4 \tag{12.73}$$

여기서 T_{sky}는 **유효하늘온도**(effective sky temperature)라고 하며, 그 값은 대기조건에 따른 다른데, 그림 12.28*c*의 온화한 온도와 구름 낀 조건에 대해서 $G_{\text{atm}} = 324\ \text{W/m}^2$이고 $T_{\text{sky}} = 275\ \text{K}$이다. 실제 값은 차갑고 맑은 하늘에서의 230 K에서부터 따뜻하며 흐린 날에서의 대략 285 K까지 변한다. 밤에는 대기방사가 지구조사의 유일한 열원이다. 춥고 맑은 밤과 같이 이 방사의 크기가 작을 때는 공기의 온도가 273 K를 초과할지라도 대기에 노출된 물이 얼 수도 있다.

짧은 파장에서의 표면의 스펙트럼 물성치는 긴 파장에서의 값과 상당히 다르다는 것을 기억해야 한다(그림 12.17과 그림 12.22). 태양열복사는 스펙트럼의 짧은 파장영역에 집중되고, 표면 방사는 훨씬 긴 파장에 집중되므로, 대부분의 표면은 태양조사에 대한 반응에 있어서 회체로 근사하될 수 없다. 다른 말로 나타내면, 표면이 태양열 흡수율 α_S는 이 표면의 방사율 ε과 다르다. 대표적인 표면들에 대한 적당한 온도에서의 α_S 값과 방사율의 값을 표 12.3에 나타내었다. α_S/ε의 비는 공학적으로 중요한 인자이다. 표면에서 열을 방출하려는 목적일 때는 작은 값이 바람직하고, 태양열에너지를 집열하기 위한 목적일 때는 큰 값이 필요하다.

표 12.3 그림 12.22에 주어진 스펙트럼의 흡수율을 갖는 표면의 태양열 흡수율 α_S와 방사율 ε

표면	α_S	ε (300 K)	α_S/ε
증발된 알루미늄 막	0.09	0.03	3.0
알루미늄 막 위의 용융된 석영	0.19	0.81	0.24
금속기판 위의 백색 페인트	0.21	0.96	0.22
금속기판 위의 흑색 페인트	0.97	0.97	1.0
표면 광택 없는 스테인리스강	0.50	0.21	2.4
적색 벽돌	0.63	0.93	0.68
사람의 피부(백인종)	0.62	0.97	0.64
눈(snow)	0.28	0.97	0.29
옥수수 잎	0.76	0.97	0.78

예제 12.12

덮개판이 없는 평판형 태양열 집열기가 방사율이 0.1, 태양열 흡수율이 0.95인 선택적 흡수표면을 갖는다. 하루 중 어떤 시간에 태양조사가 750 W/m²일 때 흡수기 표면의 온도 T_s는 120°C이며, 유효하늘온도가 −10°C 그리고 주위 공기온도 T_∞는 30°C이다. 바람이 없는 날의 대류열전달계수는 다음 식으로 가정할 수 있다.

$$\bar{h} = 0.22(T_s - T_\infty)^{1/3}\ \mathrm{W/m^2 \cdot K}$$

이러한 조건에 대하여 집열기로부터의 유용한 열제거율(W/m²)을 계산하라. 이에 해당하는 집열기의 효율은 얼마인가?

풀이

제시자료: 평판형 태양열 집열기의 작동조건.

풀이대상:

1. 단위면적당 유용한 열제거율 q''_u(W/m²).
2. 집열기의 효율 η.

개략도:

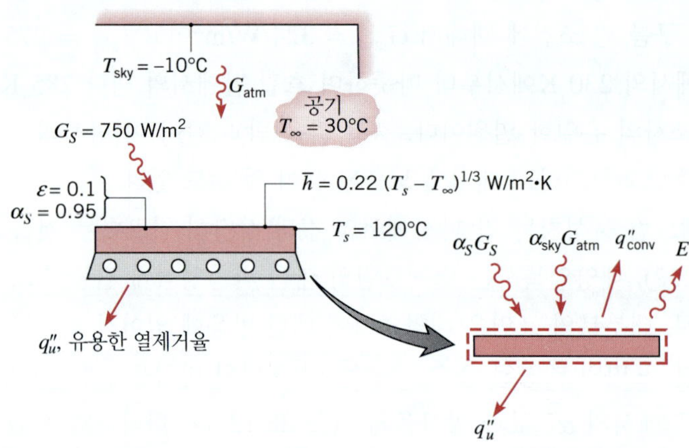

가정:

1. 정상상태.
2. 집열기의 바닥은 잘 단열되어 있다.
3. 흡수기의 표면은 확산적이다.

해석:

1. 흡수기에 대하여 에너지평형을 적용하면 다음과 같다.

$$\dot{E}_{in} - \dot{E}_{out} = 0$$

또는 단위 표면적에 대해서는 다음과 같다.

$$\alpha_S G_S + \alpha_{sky} G_{atm} - q''_{conv} - E - q''_u = 0$$

식 (12.73)으로부터 다음과 같다.

$$G_{atm} = \sigma T_{sky}^4$$

하늘로부터의 복사는 표면방사와 대략 같은 스펙트럼 영역에 집중되므로, 다음과 같이 가정하는 것이 합리적이다.

$$\alpha_{sky} \approx \varepsilon = 0.1$$

그리고 다음과 같다.

$$q''_{conv} = \bar{h}(T_s - T_\infty) = 0.22(T_s - T_\infty)^{4/3} \quad \text{and} \quad E = \varepsilon\sigma T_s^4$$

위로부터 다음을 얻는다.

$$q''_u = \alpha_S G_S + \varepsilon\sigma T_{sky}^4 - 0.22(T_s - T_\infty)^{4/3} - \varepsilon\sigma T_s^4$$

$$q''_u = \alpha_S G_S - 0.22(T_s - T_\infty)^{4/3} - \varepsilon\sigma(T_s^4 - T_{sky}^4)$$

$$q''_u = 0.95 \times 750 \text{ W/m}^2 - 0.22(120 - 30)^{4/3} \text{ W/m}^2 - 0.1 \times 5.67 \times 10^{-8} \text{ W/m}^2 \cdot \text{K}^4 (393^4 - 263^4) \text{ K}^4 \quad \triangleleft$$

$$q''_u = (712.5 - 88.7 - 108.1) \text{ W/m}^2 = 516 \text{ W/m}^2$$

2. 유용한 에너지로서 추출된 태양조사의 분율(fraction)로 정의되는 집열기 효율은 다음과 같다.

$$\eta = \frac{q''_u}{G_S} = \frac{516 \text{ W/m}^2}{750 \text{ W/m}^2} = 0.69 \quad \triangleleft$$

부가설명:

1. G_{atm}의 스펙트럼 영역이 G_S의 스펙트럼 영역과 완전히 다르므로, $\alpha_{sky} = \alpha_S$라고 가정하는 것은 옳지 않다.
2. 대류열전달계수는 대단히 낮다($\bar{h} \approx 1 \text{ W/m}^2 \cdot \text{K}$). $\bar{h} = 5 \text{ W/m}^2 \cdot \text{K}$로 약간 증가시키면 유용한 열유속과 효율은 각각 $q''_u = 154 \text{ W/m}^2$과 $\eta = 0.21$로 감소된다. 덮개판은 흡수기판으로부터의 대류(그리고 복사)열손실을 줄이는 데 상당히 큰 기여를 할 수 있다.

12.10 요약

상당한 분량의 새 용어들과 함께, 많은 중요한 개념들이 이번 장에 소개되었다. 그러나 주제에 대하여 체계적으로 살펴보았으므로, 주의 깊게 내용을 다시 읽어 보면 응용하는 데 있어 불편함이 없을 것이다. 용어에 대한 이해를 돕기 위하여 표 12.4에 용어해설을 마련하였다.

이 장에서 소개된 용어 및 개념들을 이해하였다면 다음의 질문에 대답할 수 있어야 한다.

- 복사란 무엇이며, **복사**를 나타내는 두 가지의 중요한 특징은 무엇인가?
- 표면으로부터 방사되는 복사에너지의 물리적 근거는 무엇인가? 방사는 물체의 열에너지에 어떠한 영향을 주는가?
- 전자기적 스펙트럼의 어느 영역에 **열복사**가 집중되어 있는가?

표 12.4 복사용어 해설

용어	정의
흡수(absorption)	물체에 의하여 차단된 복사를 내부 열에너지로 변환하는 과정.
흡수율(absorptivity)	물체에 의하여 흡수된 복사의 투사된 복사에 대한 분율. 식 (12.47), (12.48) 및 (12.51). 수식어: **방향적**, **반구**, **스펙트럼의**(또는 **스펙트럴**), **전**.
흑체(blackbody)	이상적인 방사체 및 흡수체. 이상적인 거동을 가리키는 수식어. 하첨자 b로 표시함.
확산(diffuse)	방사복사, 반사복사, 또는 투과복사와 관련된 강도의 방향 의존성을 가리키는 수식어.
방향적(directional)	특별한 방향을 가리키는 수식어. 하첨자 θ로 표시함.
방향적 분포(directional distribution)	방향에 따른 변화를 언급함.
방사(emission)	특정한 온도의 물체에 의한 복사 생성과정. 수식어: **확산**, **흑체**, **스펙트럼의**.
방사도(emissive power)	표면의 단위면적당 모든 방향으로 표면에 의하여 방사된 복사에너지의 비율, E(W/m2) 수식어: **스펙트럼의**, **전**, **흑체**.
방사율(emissivity)	동일한 온도에서 흑체에 의해 방사된 복사에 대한 어떤 표면에서 방사된 복사 비. 식 (12.36), (12.38), (12.39) 및 (12.40). 수식어: **방향적**, **반구**, **스펙트럼의**, **전**.
회체표면(gray surface)	스펙트럼의 흡수율과 방사율들이 표면조사와 방사의 스펙트럼 영역에서 파장에 무관한 표면.
반구(hemispherical)	표면 위쪽 공간으로 모든 방향을 가리키는 수식어.
강도(intensity)	특정한 방향으로의, 그 방향에 수직인 단위면적당, 그 방향 둘레의 단위입체각당 복사에너지 전파율, I(W/m2·sr). 수식어: **스펙트럼의**.
조사(irradiation)	표면의 단위면적당 모든 방향으로부터 표면에 투사되는 복사율, G(W/m2). 수식어: **스펙트럼의**, **전**, **확산**.
Kirchhoff의 법칙(Kirchhoff's law)	같은 온도에서 흑체에 의하여 조사된 표면에 대한 방사율과 흡수율 사이의 관계. 식 (12.65), (12.66), (12.67) 및 (12.68).
Planck의 법칙(Planck's law)	흑체로부터 방사의 스펙트럼 분포. 식 (12.30).
출사(radiosity)	표면의 단위면적당 모든 방향으로의 방사와 반사에 의하여 표면을 떠나는 복사율, J(W/m2). 수식어: **스펙트럼의**, **전**.
반사(reflection)	표면에 입사된 복사의 방향을 바꾸는 과정. 수식어: **확산**, **정**.
반사율(reflectivity)	입사된 복사가 물체에 의하여 반사된 분율. 식 (12.54), (12.55) 및 (12.57). 수식어: 방향적, 반구, **스펙트럼의**, **전**.
반투과성(semitransparent)	복사흡수가 체적적 과정인 매질을 가리킴.
입체각(solid angle)	구의 중심에 관하여 구의 표면에 면적의 요소에 의하여 이루어진 영역, ω(sr). 식 (12.7)과 (12.8).
스펙트럼의(spectral)	단일 파장[단색(monochromatic)] 성분을 가리키는 수식어. 하첨자 λ로 표시함.
스펙트럼 분포(spectral distribution)	파장에 따른 변화를 가리킴.
정반사(specular)	반사된 복사의 각도가 투사된 복사의 각도와 같은 표면을 가리킴.

표 12.4 복사용어 해설(계속)

용어	정의
Stefan-Boltzmann 법칙 (Stefan-Boltzmann law)	흑체의 방사도. 식 (12.32).
열복사(thermal radiation)	어떤 특정한 온도에서 물체로부터 방사된 그리고 대략 0.1 μm부터 100 μm까지의 스펙트럼 영역에 집중된 전자기(electromagnetic) 에너지.
전체(total)	모든 파장들에 관한 것을 가리키는 수식어.
투과(transmission)	물체를 지나 통과하는 열복사의 과정.
투과율(transmissivity)	입사된 복사가 물체에 의하여 투과된 분율. 식 (12.59)와 (12.60). 수식어: **반구**, **스펙트럼의**, **전**.
Wien의 변위법칙 (Wien's displacement law)	흑체에 의한 피크방사(peak emission)에 해당하는 파장의 궤적. 식 (12.31).

- 표면에서 **방사되는 스펙트럼의 복사강도**는 무엇인가? 그것은 어떠한 변수들에 의존하는가? 그 변수들 중에서 어떠한 것들을 알아야 물체가 표면에서 일어나는 방사에 의해 잃게되는 열에너지율을 구할 수 있는가?
- **스테라디안**이란 무엇인가? 반구는 얼마의 스테라디안에 해당하는가?
- **스펙트럼 복사**와 **전복사**의 차이는 무엇이며, **방향적** 복사와 **반구** 복사의 차이는 무엇인가?
- **전방사도**는 무엇이며, 이는 표면 에너지 균형에서 어떠한 역할을 하는가?
- **확산방사체**는 무엇이며 이러한 경우에는 복사강도와 전방사도가 어떠한 관계를 갖는가?
- **조사**란 무엇이며, 이는 복사가 확산적일 때 입사되는 복사강도와 어떻게 연관되는가?
- **출사**는 무엇이며, 출사와 전조사는 표면 에너지 균형에서 어떤 역할을 하는가?
- **흑체**의 특성들은 무엇인가? 이는 실제로 자연에 존재하는가? 복사해석에서 흑체거동의 주요 역할은 무엇인가?
- **Planck 분포**는 무엇이며 **Wien의 변위법칙**은 무엇인가?
- 세 개의 온도 $T_1 < T_2 < T_3$에 대한 흑체방사의 스펙트럴 분포를 기억하여 그려 보고, 그 분포의 특징들을 서술해 보라.
- 실온 상태의 표면으로부터 방사되는 복사에너지는 전자기적 스펙트럼의 어느 영역에 집중되는가? 또한 1000°C 표면의 경우는 어떠하며 태양의 표면은 어떠한가?
- **Stefan-Boltzmann 법칙**은 무엇인가? 특정 온도의 흑체로부터 방사되는 전복사강도는 어떻게 구할 것인가?
- 커다란 등온 환경 속의 조그마한 면으로의 전조사는 어떻게 근사화할 것인가?
- **전방사**와 **반구방사**에서 접두어 전 및 반구가 의미하는 바는 무엇인가?
- 천정각이 90°로 근접해 감에 따라 물체의 방향적 방사율은 어떻게 변하는가?
- 물질의 스펙트럼 방사율이 파장이 클수록 증가한다면 이의 전방사율은 온도에 따라 어떻게 변하는가?
- 연마된 금속과 산화된 금속 중 방사율이 큰 것은? 또 벽돌과 얼음 사이에서는?
- **반투과성** 물질에서의 조사에서는 어떠한 과정이 수반되는가? **비투과성** 물질에서는?

- 유리잔과 물은 반투과인가 혹은 비투과인가?
- 물질이 나타내는 색깔은 스펙트럼의 적외선 영역에서의 조사에 대한 반응과 어떠한 관계를 갖는가? 또한 온도에 따라서 색깔은 어떻게 변하는가?
- 눈(snow)은 입사되는 복사에의 좋은 흡수체인가 아니면 반사체인가?
- 물질의 열에너지는 입사되는 복사의 흡수에 의하여 어떠한 영향을 받는가? 또한 입사되는 복사의 반사에는 어떠한가?
- 고정된 온도에서 비투과성 표면의 전흡수율은 조사되는 에너지원이 실온인가 아니면 태양으로부터인가에 따라서 다른가? 반사율은 어떠한가? 방사율은?
- **확산반사체**는 무엇인가? **정반사체**는? 표면거칠기는 표면반사에 어떻게 영향을 미치는가?
- 어떤 조건하에서 표면의 스펙트럴 방사와 방향적 방사가 같아질 것이며, 스펙트럴 흡수와 방향적 흡수가 같아질 것인가? 또한 스펙트럴 방사와 반구방사는 어떠하며 스펙트럴 흡수와 반구흡수는 어떠한가? 또한 전방사와 반구방사 및 전흡수와 반구흡수는 어떠한가?
- **회체표면**은 무엇인가?
- 대기에 포함된 가스와 에어로졸은 어떻게 아래로 전파되는 태양복사의 스펙트럼 바꾸는가? 대기에 포함된 가스와 에어로졸은 어떻게 위로 전파되는 지표방사의 스펙트럼 변화에 변화를 주는가?
- 복사강제(radiative forcing)의 의미는 무엇인가? 지구 대기 온도의 변화에 복사강제는 어떤 영향를 바꾸는가?
- 지구의 유효 복사온도는 대기복사 평형으로부터 어떻게 계산될 수 있는가? 유효 하늘온도는 무엇인가? 그리고 유효 하늘온도는 어떻게 대기복사 평형으로부터 결정될 수 있는가?
- 지구대기권 밖에서의 태양복사의 방향적 특성은 무엇인가? 또한 지구표면에서는 어떠한가?
- Rayleigh산란과 Mie산란의 주요 차이는 무엇인가? 태양과 환경복사 측면에서 이러한 산란현상은 지구 대기의 온도에 어떻게 영향을 주는가? 인류의 활동이 대기에서의 복사산란, 흡수 그리고 방사에 어떻게 영향을 미칠 수 있는가?

참고문헌 *References*

1. Planck, M., *The Theory of Heat Radiation,* Dover Publications, New York, 1959.
2. Zetteli, N., *Quantum Mechanics Concepts and Applications*, Wiley, Chichester, 2001.
3. Gubareff, G. G., J. E. Janssen, and R. H. Torberg, *Thermal Radiation Properties Survey,* 2nd ed., Honeywell Research Center, Minneapolis, 1960.
4. Wood, W. D., H. W. Deem, and C. F. Lucks, *Thermal Radiative Properties,* Plenum Press, New York, 1964.
5. Touloukian, Y. S., *Thermophysical Properties of High Temperature Solid Materials,* Macmillan, New York, 1967.
6. Touloukian, Y. S., and D. P. DeWitt, *Thermal Radiative Properties,* Vols. 7, 8, and 9, from *Thermophysical Properties of Matter,* TPRC Data Series, Y.S. Touloukian and C. Y. Ho, Eds., IFI Plenum, New York, 1970–1972.
7. Howell, J. R., R. Siegel, and M. P. Menguc, *Thermal Radiation Heat Transfer*, 5th ed., Taylor & Francis, New York, 2010.
8. National Academy of Sciences, *Solar Influences on Global Change*, National Academy Press, Washington, D.C. 2004.
9. Kiehl, J. T., and K. E. Trenberth, *Bull. Am. Met. Soc*. **78**, 197, 1997.
10. Myhre, G., *Science*, **325**, 187, 2009.
11. Akbari, H., S. Menon, and A. Rosenfeld, *Climate Change*, **94**, 275, 2009.
12. Arneth, A., N. Unger, M. Kulmala, and M. O. Andreae, *Science*, **326**, 672, 2009.
13. Shindell, D. T., G. Faluvegi, D. M. Koch, G. A. Schmidt, N. Unger, and S. E. Bauer, *Science*, **326**, 716, 2009.

14. Ramanathan, V., P. J. Crutzen, J. T. Kiehl, and D. Rosenfeld, *Science*, **294**, 2119, 2001.
15. Duffie, J. A., and W. A. Beckman, *Solar Engineering of Thermal Processes*, 3rd ed., Wiley, Hoboken, NJ, 2006.
16. Goswami, D. Y., F. Kreith, and J. F. Kreider, *Principles of Solar Energy*, 2nd ed., Taylor & Francis, New York, 2002.
17. Howell, J. R., R. B. Bannerot, and G. C. Vliet, *Solar-Thermal Energy Systems, Analysis and Design,* McGraw-Hill, New York, 1982.
18. Kalogirou, S. A., *Prog. Energy Comb. Sci.*, **30**, 231, 2004.
19. Kalogirou, S. A., *Solar Energy Engineering: Processes and Systems*, Elsevier, Oxford, 2009.

연습문제 *Problems*

복사 열유속

12.1 뒷면이 단열된 불투명 수평 판을 생각하자. 판으로 2500 W/m^{2}이 조사되고 500 W/m^{2}이 반사된다. 판은 227°C이고 방사도가 1300 W/m^{2}이다. 온도가 127°C인 공기가 판 위로 흐르는데 대류계수는 16 W/m^2·K이다. 판의 방사율과 흡수율 그리고 출사(radiosity)를 구하라. 단위면적당 정미 열전달률을 구하라.

12.2 수평 불투명 표면이 77°C로 유지되고 있고 그 위로 27°C, 대류열전달계수 28 W/m^2·K인 공기가 흐르고 있다. 표면의 방사도는 628 W/m^{2}이고 조사는 1380 W/m^2 그리고 반사율은 0.40이다. 표면의 흡수율을 구하라. 정미 복사열전달률을 구하라. 이 열전달은 표면으로 들어가는가 아니면 나오는가? 표면에서 복합 열전달률을 구하라. 이 열전달은 표면을 떠나는가 아니면 들어오는가?

12.3 두께 L = 5 mm인 산화 알루미늄 판의 윗면에 G = 1000 W/m^{2}이 조사되고 h = 45 W/m^2·K, T_∞ = 30°C인 대류조건에 있다. 바닥면은 단열되어 있다. 판의 온도는 400 K이고 α = 0.14, ε = 0.76이다. 판 윗면의 출사와 정미 복사열유속을 구하라. 판의 시간에 따른 온도변화율을 구하라.

12.4 수평 반투명 판의 상하면으로 조사되고 있고 T_∞ = 300 K, h = 40 W/m^2·K의 공기와 대류열전달을 한다. 판의 흡수율은 0.40이다. 정상상태에서 복사탐지기를 이용하여 상면의 출사 J = 5000 W/m^{2}를 측정하였다. 상면의 출사는 투과와 반사, 방사를 모두 포함한 값이다. 판의 온도는 T = 350 K이다.

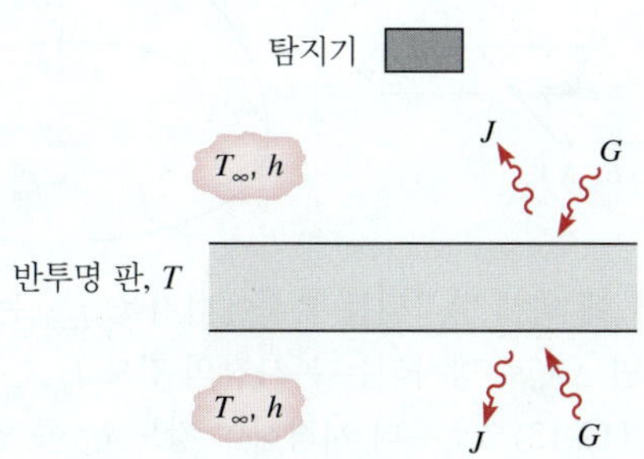

조사 G와 판의 방사율을 구하라. 주어진 조건에서 표면은 회체($\varepsilon = \alpha$)로 볼 수 있는가?

복사강도, 방사도 및 조사

12.5 예제 12.1에서 A_1으로부터의 방사에 의한 A_2, A_3 및 A_4표면에서의 조사는 얼마인가?

12.6 지름 20 mm의 구멍이 나 있고, 방사도가 3.72 × 10^5 W/m^{2}인 노(furnace)를 이용하여 감지면적 1.6 × 10^{-5} m^{2}을 가지는 열유속 게이지를 보정한다.

(a) 구멍에 수직 방향으로 측정했을 때, 게이지의 위치가 얼마만큼 떨어진 곳에서 1000 W/m^{2}의 조사를 받는가?

(b) 게이지가 법선으로부터 20°경사졌을 때 조사는 얼마인가?

(c) 기울어진 각도 0, 20, 60°에 대하여 떨어진 거리가 100에서 300 mm로 변할 때 게이지의 조사를 이 거리의 함수로 도시하라.

12.7 A_1의 복사원으로부터 I_1 = 1.2 × 10^5 W/m^2·sr의 강도로 확산방사되고 있다. 복사감지기 A_2가 복사원으로부터 L_o = 0.2 m의 거리에 수직 방향으로 놓여 있다. 복사원으로부터의 에너지가 감지기에 도달하는 것을 차단하기 위하여 A_1과 A_2의 중간지점에 비투과성 스크린이 설치되어 있다. 조그마한 면 A_m은 완전한 확산거울로서 복사원으로부터 방사되는 에너지를 감지기로 반사하도록 한다.

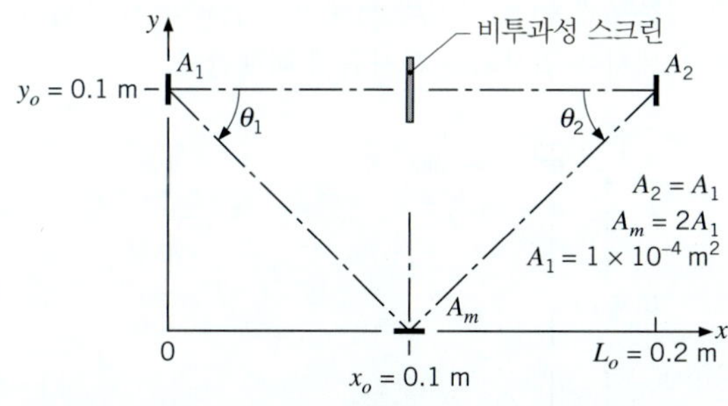

(a) 복사원 A_1으로부터 방사되어 A_m에 입사되는 복사율 $q_{1\to m}$(W)을 구하라.

(b) 복사력 $q_{1\to m}$(W)이 완전히 확산반사된다면 A_m을 떠나는 복사강도 I_m(W/m^2·sr)은 얼마인가?

(c) A_m에서 반사되어 A_2에 입사되는 복사율 $q_{m\to 2}$(μW)을 구하라.

(d) $0 \le y_o \le 0.2$ m 범위에서 수평으로의 간격 y_o에 따른 복사율 $q_{m\to 2}$를 도시하라. 도시된 곡선의 특징을 설명하라.

12.8 복사검출기가 면적 $A_d = 10^{-6}$ m^{2}의 구멍을 가지며 면적이 $A_s = 10^{-4}$ m^{2}인 표면으로부터 $r = 2$ m 거리에 위치해 있다. 검출기의 법선과 표면의 법선이 이루는 각도는 $\theta = 25°$이다.

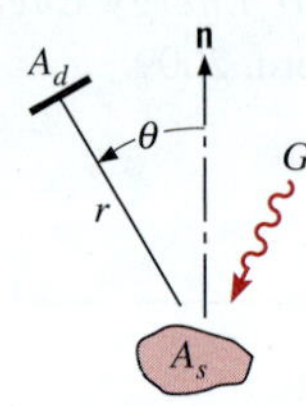

표면은 500 K이고 비투과성이며, 방사율 0.8인 확산회체이다. 표면조사가 2500 W/m^{2}일 때, 검출기가 표면으로부터의 복사를 차단하는 율은 얼마인가?

12.9 지구표면에 입사되는 태양 복사는 직달성분(고정된 천정각 θ에 평행하게 입사되는 광선)과 확산성분(θ에 따라 확산적으로 분포한다고 어림될 수 있는 복사)으로 나눌 수 있다. 태양에서 지구로의 입체각 $\Delta\omega_s = 6.74 \times 10^{-5}$ sr을 통한 직접 태양열복사 강도가 $I_{dir} = 210 \times 10^7$ W/m^2·sr인 하루를 고려해 보자. 확산복사의 강도는 $I_{dif} = 70$ W/m^2·sr이다.

(a) 직접 열복사가 $\theta = 30°$의 각도로 입사된다면 지구표면에서의 전체 태양조사량은 얼마인가?

(b) 태양의 지름이 1.39×10^9 m이고 태양과 지구 사이의 거리가 1.496×10^{11} m이라 가정할 때, 주어진 $\Delta\omega_s$ 값의 타당성을 검토하라.

12.10 어떤 공정의 작동을 시작하기 위해서 컨베이어 시스템 상의 고온부의 접근을 결정하기 위하여 적외선 운동센서(복사탐지기)를 사용한다. 센서의 증폭기 판별기(amplifier discriminator)를 설치하기 위하여 센서의 출력신호 S와 컨베이어 상의 고온부의 위치 사이의 관계식이 필요하다. 센서의 출력신호는 센서에 입사되는 복사율에 비례한다.

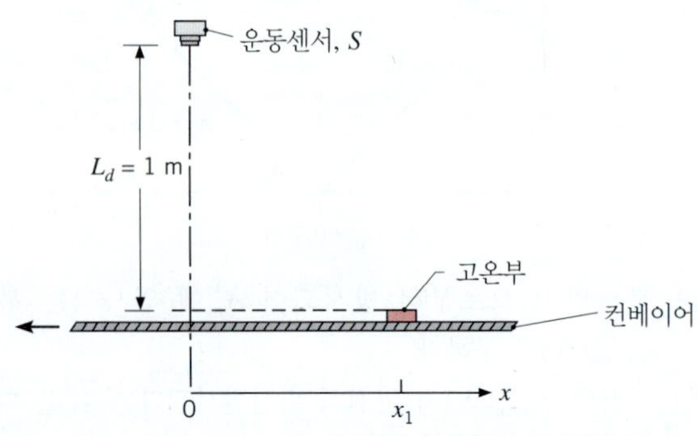

(a) $L_d = 1$ m인 경우, 고온부가 센서의 바로 밑($x = 0$)에 위치했을 때의 신호 S_o의 75%에 해당하는 센서의 신호 S_1이 감지되는 위치 x_1은 어디인가?

(b) $L_d = 0.8$, 1.0, 1.2 m에 대하여 신호비 S/S_o 0.2~1.0의 범위에서 고온부의 위치 x에 따른 S/S_o의 변화를 도시하라. $S/S_o = 0.75$가 되는 x의 위치들을 비교하라.

12.11 얇은 필름 물질을 복사열처리하는 동안 그 형상이 비교적 낮은 공기압력(고무풍선에서와 같이)의 반구 (a) 또는 구 (b)형으로 유지된다. 필름으로의 조사는 면적이 $A_h = 0.0052$ m^{2}인 복사가열기로부터의 방사에 의해 일어나는데 이 가열기는 강도 $I_{e,h} = 169{,}000$ W/m^2·sr으로 확산적으로 방사한다.

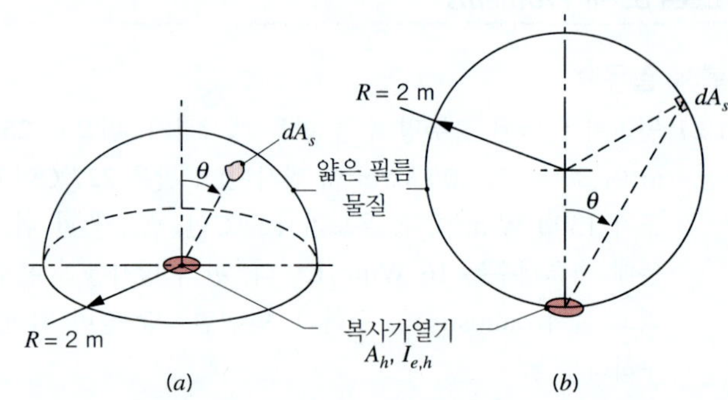

(a) 필름 상으로의 조사를 천정각 θ의 함수로 나타내라.

(b) (a)에서 유도한 표현식을 근거로 하여 어떤 형태에서 더 균일한 조사 G가 얻어지는지 그리고 어떤 형태가 열처리과정에서 더 나은 품질제어를 할 수 있는지 판단하라.

12.12 확산표면에서 $\pi/4 \le \theta \le \pi/2$ 그리고 $0 \le \phi \le \pi$ 방향의 범위로 떠나는 전반구방사도의 분율을 결정하라.

12.13 전방사도가 $E_o = 4000$ W/m^{2}인 한 변이 5 mm인 정사각 확산표면 ΔA_o에 대하여 고려하자. 이 표면 위에 있는 반구공간으로의 방사에 의한 복사장은 확산적이므로 강도 $I(\theta, \phi)$는 균일하다. 더욱이 이 공간이 복사에 관여하지 않는 매질(비흡수, 비산란, 비방사)인 경우, 강도는 어느 (θ, ϕ)방향으로도 반지름 방향에 따라 변하지 않는다. 따라서 P_1과 P_2 어느 지점에서나 강도는 동일하다.

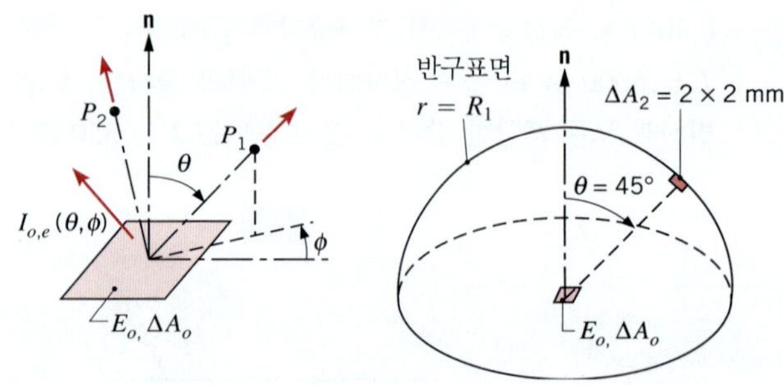

(a) ΔA_o에 의해 방사되는 복사에너지율 q_{emit}는 얼마인가?

(b) 표면 ΔA_o로 방사되는 복사장의 강도 $I_{o,e}$는 얼마인가?

(c) 식 (12.13)으로부터 시작하여 강도 $I_{o,e}$를 안다고 가정하고 q_{emit}에 대한 식을 구하라.

(d) $r = R_1 = 0.5$ m에 위치한 반구표면에 대하여 고려한다. 에너지보존 조건을 이용하여 ΔA_o로부터의 방사에

의해 이 반구표면에 도달하는 복사에너지율을 구하라.

(e) 식 (12.10)을 이용하여 ΔA_o에서 나가는 복사에너지가 반구표면 상의(45°, ϕ)방향에 위치한 작은 면적 ΔA_2에 의해 차단되는 율을 구하라. ΔA_2으로의 조사는 얼마인가?

(f) 위치(0°, ϕ)에 대하여 (e)를 반복 수행하라. 두 위치에서의 조사가 동일한가?

(g) 식 (12.18)을 이용하여 $r = R_1$에 위치한 반구표면 상의 조사 G_1을 구하라.

흑체복사

12.14 세라믹 스토브 덮개의 어두운 면은 흑체로 가정할 수 있다. 스토브 덮개를 포함한 가열기를 전기저항 가열기에 의하여 하부로부터 데운다.

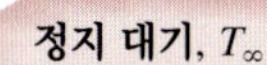

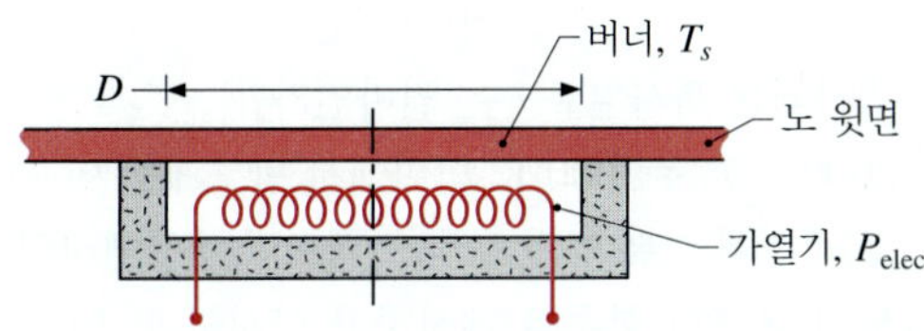

(a) 가열기의 지름은 D = 200 mm이고, T_∞ = 20°C의 대기에서 가열기 표면온도는 250°C로 균일하다. 가열기 위에 주전자나 휀이 없다면 복사와 대류에 의한 열손실률은 얼마인가? 만약 전기가열기로부터 버너로의 에너지 전달 효율이 90%라면 소요 전기동력은 얼마인가? 또한 어느 파장에서 스펙트럼 방사가 최대인가?

(b) $100 \le T_s \le 350$°C의 범위에서 가열기 온도가 열전달률에 미치는 영향을 계산하고 도시하라.

12.15 한 작은 평판이 지구대기권 바로 밖에 위치하고, 이 판의 수직선이 태양의 중심을 지나는 방향으로 향하고 있다. 태양과 지구의 지름은 각각 1.39×10^9 m와 1.29×10^7 m이며, 태양과 지구 사이의 거리는 1.5×10^{11} m이다.

(a) 판 표면 위의 한 점에 대한 태양이 이루는 입체각은 얼마인가?

(b) 지구대기층 밖에서의 알려진 태양조사(G_S = 1368 W/m^2)를 이용하여 판으로의 입사강도 I_i를 구하라.

(c) 입사강도 I_i를 천정각 θ의 함수로 구하여 도시하라. 여기서 θ는 판의 수직으로부터의 각도이다.

12.16 안지름 D = 2 m의 구형 알루미늄 셀을 진공으로 하여 복사시험 체임버로 이용한다. 안쪽 표면을 카본블랙(carbon black)으로 코팅하고 700 K로 유지할 때, 이 체임버 내에 놓인 작은 시험표면으로의 조사는 얼마인가? 안쪽 면에 코팅을 하지 않고 700 K로 유지했을 때의 조사는 얼마인가?

12.17 핵융합을 시작하기 위한 초고온을 얻기 위해 지름 D_p = 1.8 mm인 중수소(deuterium)와 삼중수소(tritium)로 만들어진 구형 펠릿에 레이저를 조사하는 것이 제안되었다.

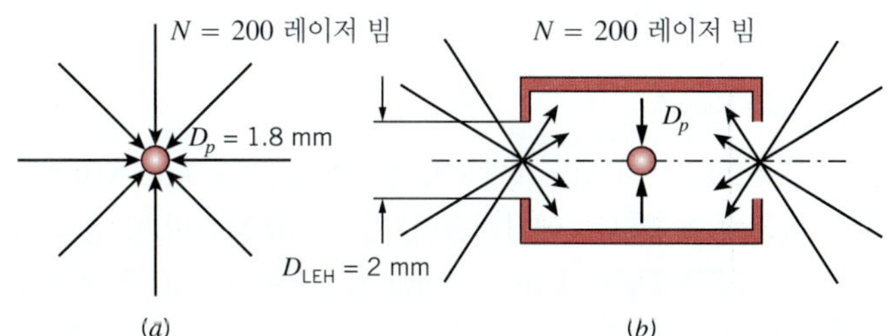

(a) 각각의 출력이 P = 500 W인 200개의 레이저를 펠릿에 조사하는 경우 연료의 온도는 얼마가 되겠는가? 펠릿의 흡수율은 α = 0.3이고 방사율은 ε = 0.8이다.

(b) 실린더 형상의 인클로저(enclosure) 안에 펠릿을 놓는다. 인클로저 양 끝에 지름이 D_{LEH} = 2 mm인 두 개의 구멍을 내어 레이저가 들어오도록 한다. 인클로저 내부의 최고 온도를 구하라.

12.18 밀폐공간의 안쪽 면적이 100 m^{2}이고, 그 안쪽 표면은 흑체이며, 일정온도로 유지되고 있다. 밀폐공간의 작은 개구의 면적이 0.02 m^{2}이다. 이 개구로부터 방사되는 복사력은 70 W이다. 밀폐공간 안쪽 벽면의 온도는 얼마인가? 안쪽 표면이 이 온도로 유지되고 또 표면이 잘 연마되어 있다면, 이 개구로부터 방사되는 복사력의 값은 얼마인가?

12.19 지구의 표면을 흑체로 가정하고, 만약 태양이 5800 K의 흑체라면 지구표면의 온도는 얼마인가? 태양과 지구의 지름은 각각 1.39×10^9 m와 1.27×10^7 m이며, 태양과 지구 사이의 거리는 1.5×10^{11} m이다.

12.20 태양복사를 이용한 전력 생산 방법으로 융점이 높은 소금을 저장하는 대형 컨테이너 안에 위치한 공동으로 태양복사를 집중시키는 방법이 제안되었다. 모든 열손실을 무시한다면 공동으로 들어온 태양조사의 일부는 소금을 녹이는 데 이용되고 나머지는 Rankine사이클에 이용된다. (소금은 낮에 녹았다가 밤에 다시 고체로 되면서 전기를 생산하므로 밤낮으로 전기를 생산할 수 있다.)

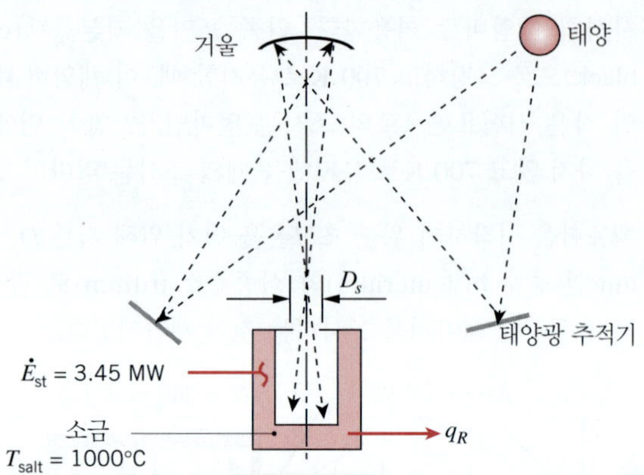

공동으로 들어오는 태양복사 동력이 q_{sol} = 7.50 MW이고 소금에 저장되는 에너지율이 $\dot{E}_{st}$ = 3.45 MW이다. 공동 입구 지름은 D_s = 1 m일 때 Rankine사이클로 보낼 수 있는 열전달 q_R을 구하라. 소금의 온도는 융점인 $T_{salt} = T_m$ = 1000°C이다. 대류나 주변으로의 복사 열손실은 무시한다.

12.21 스펙트럼 방사도에 대한 Planck법칙의 근사로서, Wien과 Rayleigh-Jeans스펙트럼 분포들이 있으며, 이들은 각각 λT가 아주 낮은 한계와 높은 한계에서 유용하다.

(a) $C_2/\lambda T \gg 1$인 경우 Planck의 스펙트럼 분포는 다음 식으로 나타나는 것을 보이라.

$$E_{\lambda,b}(\lambda, T) \approx \frac{C_1}{\lambda^5}\exp\left(-\frac{C_2}{\lambda T}\right)$$

그리고 λT = 2898 μm·K인 조건에 대하여 오차(Planck 법칙과 비교하여)를 결정하라. 이 형태가 Wien의 법칙으로 알려져 있다.

(b) $C_2/\lambda T \ll 1$일 때 Planck분포는 다음 식으로 나타나는 것을 보이라.

$$E_{\lambda,b}(\lambda, T) \approx \frac{C_1}{C_2}\frac{T}{\lambda^4}$$

그리고 λT = 100,000 μm·K인 조건에 대하여 오차(Planck 법칙과 비교하여)를 결정하라. 이 형태가 Rayleigh-Jeans법칙으로 알려져 있다.

12.22 T_f = 2000 K로 유지되는 지름이 D = 12.5 mm인 등온의 흑연(graphite)관으로 구성된 고온로는 열유속게이지를 교정하는 데 있어서 흑체원으로 활용된다. 열유속게이지는 주로 입사되는 복사력을 흡수함으로써 온도변화를 나타내는 서모파일(thermopile)을 장착한 검고 얇은 막으로 구성된다. 관심 대상의 게이지는 5 mm^{2}의 감지면이 있고 고온로와 동축으로 설치되어 있으며, 가열부분의 시작점으로부터 L = 60 mm의 거리에 위치한다. 차가운 연장관을 이용하여 게이지를 다른 외부의 복사원으로부터 차단하고, 흑연 관이 빨리 산화되는 것을 방지하기 위한 불활성 가스를 담을 수 있다.

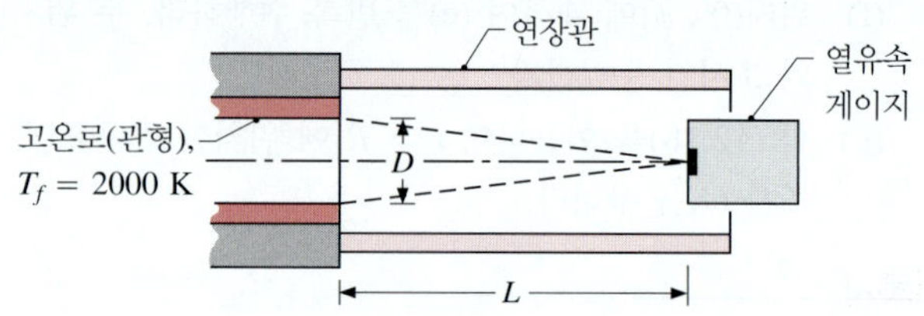

(a) 고온로에 비하여 연장관은 차갑다고 가정하여, 위의 조건에서의 게이지에 도달하는 열유속(W/m^2)을 구하라.

(b) 0.4에서 2.5 μm에 이르는 스펙트럼 영역에 대해서만 감지할 수 있는 같은 면적의 반도체를 이용한(광전도성의) 열유속게이지가 전통적인 게이지 대신 부착되었다. 그렇다면 이와 같은 스펙트럼 영역에 있어서 그 게이지에 입사되는 복사열유속은 얼마인가?

(c) $2000 \le T_f \le 3000$ K 범위에서 반도체를 이용한 게이지로의 전체 열유속 및 특정 스펙트럼 영역에서의 열유속을 노의 온도의 함수로 계산하고 도시하라. 어느 게이지가 노의 온도변화에 더욱 민감한 출력신호를 제공하는가?

12.23 다음 표는 지구로부터 보이는 가장 밝은 네 개의 별을 나타낸다. 별의 온도와 별의 반지름 (1 태양 반지름은 태양의 반지름과 같다.), 지구와 별들 사이의 거리 또한 표시되어 있다. 지구 주위 궤도에 있는 우주인에게 어떤 순서로 별의 밝기가 감소하는지 결정하라.

물질	T_s(K)	R_s (별의 반지름)	D_{s-E} (광년)
아크투루스	4286	25.4	36.7
카노푸스	7350	71.4	310
시리우스 A	9940	1.71	8.60
베가	9602	2.50	25.0

12.24 전기적으로 가동되는 링 형태의 복사가열요소가 T_h = 3000 K로 유지되고, 제조과정에서 표면적이 A_p = 0.007 m^{2}인 작은 물체를 가열하는 데 이용된다. 가열요소의 표면은 흑체로 가정할 수 있다.

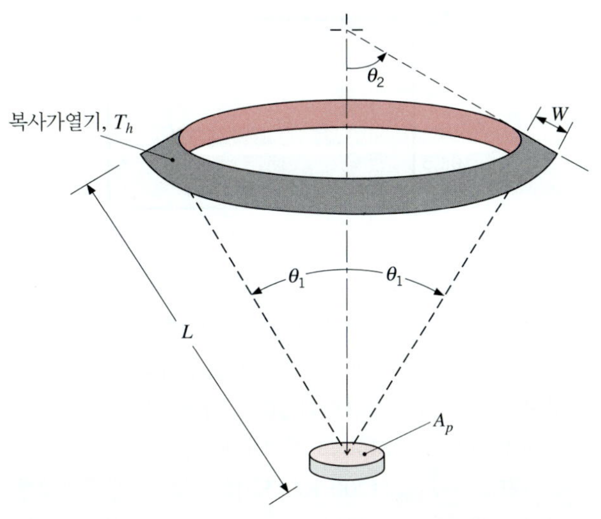

$\theta_1 = 30°$, $\theta_2 = 60°$, $L = 3$ m 및 $W = 30$ mm일 때 가열기에 의해 방사되는 복사에너지가 이 물체에 입사되는 율은 얼마인가?

12.25 흑체로 근사화할 수 있는 작은 개구를 가진 등온로(isothermal furnace)들이 열유속 게이지, 복사온도계 그리고 다른 복사계측기들을 보정하는 데 자주 이용된다. 이러한 응용에 있어서 개구에서의 온도변화와 스펙트럼의 복사강도가 원하는 한계 내에 있도록 노의 동력을 조절하는 것이 필요하다.

(a) 식 (12.30)의 Planck스펙트럴 분포를 고려하여 노의 온도의 변화분율에 대한 스펙트럼의 복사강도의 변화분율의 비가 다음과 같음을 보이라.

$$\frac{dI_\lambda/I_\lambda}{dT/T} = \frac{C_2}{\lambda T}\frac{1}{1-\exp(-C_2/\lambda T)}$$

(b) 이 관계를 이용하여 0.65 μm에서 스펙트럼의 강도가 0.5%이상 변하지 않는다고 신뢰할 수 있도록 2000 K에서 조작되는 노의 온도변화의 허용치를 결정하라. 10 μm에서는 이 허용치가 얼마인가?

복사 물성치: 방사율

12.26 초기온도가 $T_i = 1000$ K인 작은 금속 조각이 저온의 진공 체임버에서 냉각되고 있다. 냉각을 촉진하기 위해 두 개의 표면코팅이 고려되고 있다. 각 표면의 스펙트럼 방사율은 그림과 같다. 어느 코팅이 금속을 $T_f = 500$ K까지 빨리 냉각시킬 수 있겠는가?

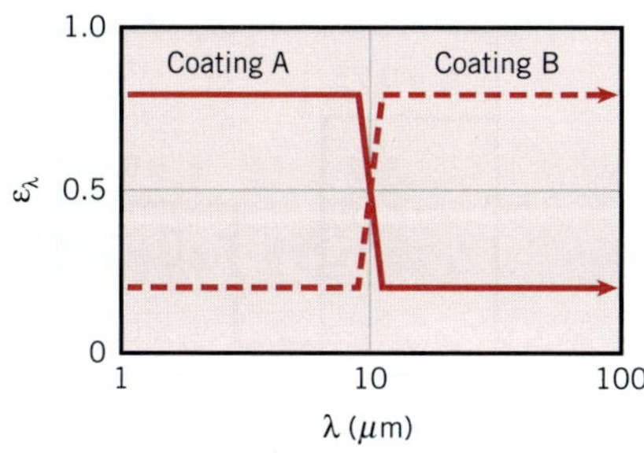

12.27 예제 12.7의 금속표면에 대하여 고려한다. 추가로 스펙트럴 반구방사율을 측정하여 다음과 같이 근사적인 스펙트럴 분포를 얻었다.

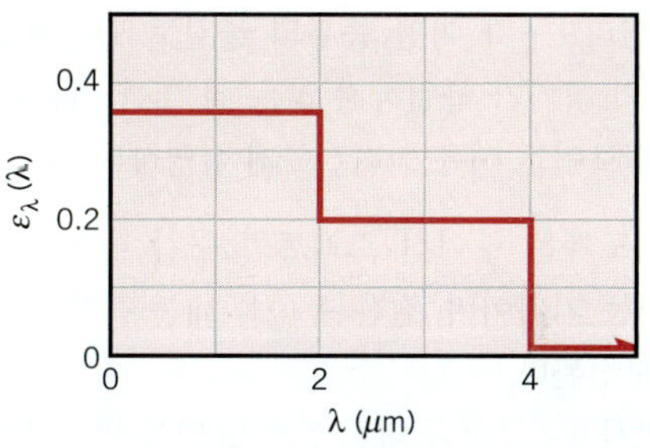

(a) 2000 K에서의 전반구방사율 ε과 전방사도 E의 값들을 결정하라.

(b) 500 ≤ T ≤ 3000 K에 대하여 방사율을 온도의 함수로 도시하라. 방사율의 변화에 대하여 설명하라.

12.28 비금속물질의 방향반구방사율은 $\varepsilon_\theta \approx \varepsilon_n \cos\theta$로 가정할 수 있다. 여기서 ε_n은 수직방사율을 나타낸다. 그런 물질의 경우 전반구방사율은 수직방사율의 2/3에 해당함을 보이라.

12.29 2000 K의 확산 물질의 스펙트럴 방향방사율의 분포는 다음과 같다.

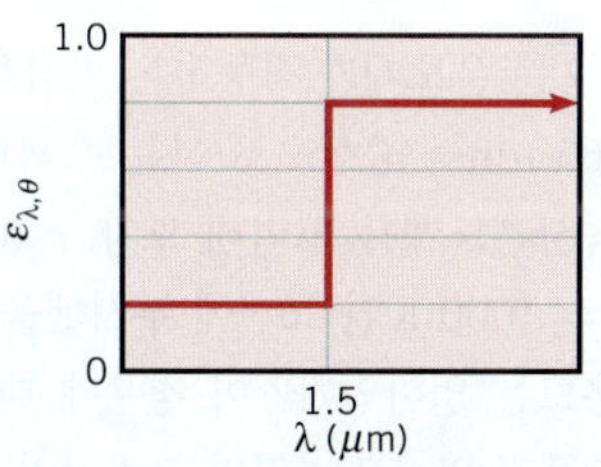

2000 K에서의 전반구방사율을 결정하라. 0.8 μm와 2.5 μm 사이의 스펙트럼 범위에서 그리고 방향 $0 \le \theta \le 30°$에 대한 방사도를 결정하라.

12.30 스펙트럼 반구 방사율이 그림과 같은 어느 확산 표면이 있다. 표면온도 300 ≤ T_s ≤ 1000 K영역에서 방사도가 최소가 되는 온도를 구하라. 표면의 반구방사율과 방사강도를 T = 300, 500, 700 K에 대해서 구하라. 표면이 이와 같은 온도조건일 때 어느 파장에서 최고의 스펙트럴 방사가 발생하는가?

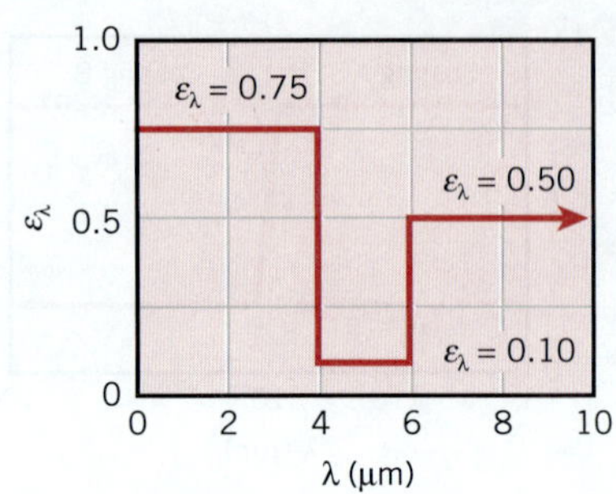

12.31 암실의 공기 중에 매달려 있는 구가 균일한 백열온도로 유지되어 있다. 처음에 육안으로 보았을 때, 구의 가장자리가 더 밝게 보였다. 그러나 몇 시간 후에는 구의 중심 부분이 더 밝게 보였다. 구가 어떤 종류의 물질로 만들어졌는지 추측하라. 구의 밝기가 균일하지 않은 데 대한 이유와 시간에 따라 다르게 보이는 이유를 적절하게 설명하라.

12.32 복사온도계는 주어진 스펙트럼 구간 내에서의 복사유속에 응답하는 기기이며, 같은 유속을 내는 흑체의 온도를 지시하도록 보정된다.

(a) 방사율이 1보다 작은 T_s의 표면을 바라보았을 때, 이 온도계는 휘도(brightness) 또는 스펙트럼 복사휘도(spectral radiance)온도라고 불리는 겉보기(apparent)온도 T_λ를 지시하게 된다. T_λ는 T_s보다 큰가, 작은가, 또는 같은가?

(b) 표면의 스펙트럴 방사도를 Wien의 스펙트럴 분포(연습문제 12.21 참조)와 표면의 스펙트럴 방사율의 항으로 표현하라. 표면의 스펙트럼 복사휘도 온도를 사용하여 동등한 식을 쓰고, 다음 식이 성립함을 보이라.

$$\frac{1}{T_s} = \frac{1}{T_\lambda} + \frac{\lambda}{C_2} \ln \varepsilon_\lambda$$

여기서 λ는 온도계가 작동하는 파장을 뜻한다.

(c) 파장 0.65 μm를 중심으로 하는 스펙트럼 열유속에 응답하는 복사온도계를 고려해 보자. $\varepsilon_\lambda(0.65\ \mu\text{m}) = 0.9$이고, $T_s = 1000$ K인 표면에 투시했을 때, 온도계가 지시하는 온도는 얼마인가? 이 경우에 대하여 Wien의 스펙트럴 분포가 Planck법칙의 합리적인 근사임을 보이라.

12.33 제강공장의 열간압연구역(hot roll section)에서 나온 강판이 1200 K의 온도, $\delta = 3$ mm의 두께 그리고 다음과 같은 스펙트럴 반구방사율의 분포를 갖는다.

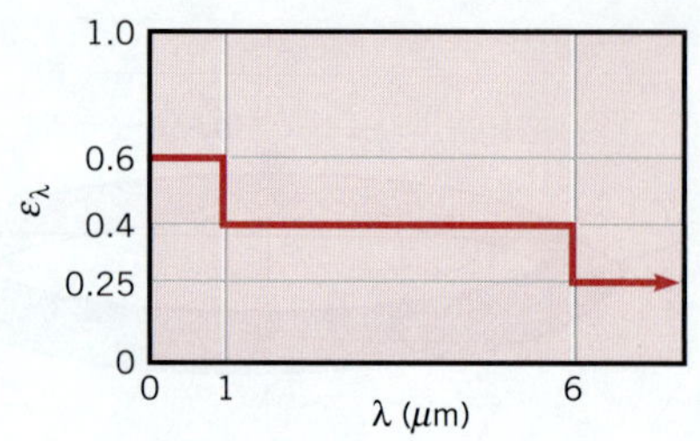

강판의 밀도와 비열은 각각 7900 kg/m^{3}과 640 J/kg·K이다. 전반구방사율은 얼마인가? 강판의 양쪽 면으로부터의 방사를 고려하고 전도, 대류와 주변으로부터의 복사를 무시하여 강판 온도의 초기시간변화율$(dT/dt)_i$를 구하라. 강판이 냉각됨에 따라서 산화되고 그 전반구방사율은 증가한다. 만약 이 증가가 $\varepsilon = \varepsilon_{1200}[1200\ \text{K}/T(\text{K})]$의 식으로 상관관계를 갖는다면 강판이 1200 K로부터 600 K로 냉각되는 데 얼마만큼의 시간이 걸리는가?

12.34 온도 1200 K의 발광하지 않는(nonluminous) 큰 부피의 가스가 2.5 μm와 3.5 μm 사이와 5 μm와 8 μm 사이의 방사밴드들을 가지고 있다. 첫째 밴드에서의 유효방사율은 0.8이고 둘째 밴드에서는 0.6이다. 이 가스의 방사도를 구하라.

흡수율, 반사율 및 투과율

12.35 주어진 스펙트럴 반구반사율 분포를 가진 비투과성 표면이 다음 그림과 같은 스펙트럼의 조사를 받는다.

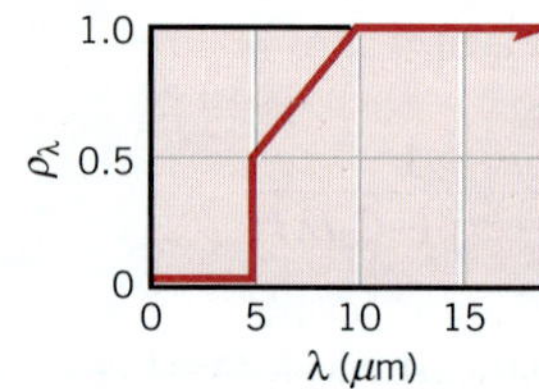

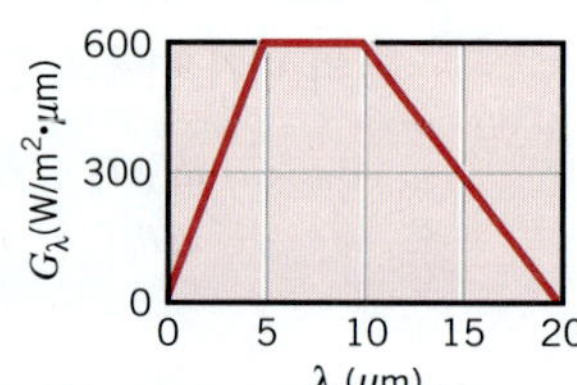

(a) 스펙트럴 반구흡수율 분포를 도시하라.

(b) 표면에의 전조사를 구하라.

(c) 표면에 의해 흡수되는 복사열유속을 구하라.

(d) 이 표면의 전반구흡수율은 얼마인가?

12.36 $T_s = 400$ K인 한 작은 비투과성 확산물체가 내부 벽면의 온도가 $T_f = 2000$ K인 큰 노 안에 매달려 있다. 벽들은 확산회체이며 방사율은 0.20이다. 이 작은 물체표면의 스펙트럴 반구방사율은 다음과 같다.

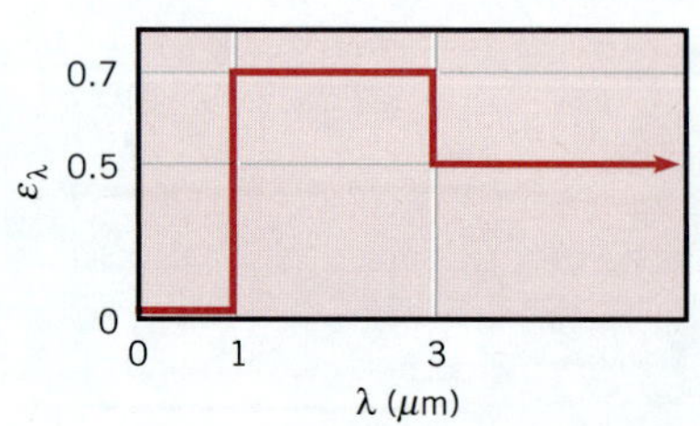

(a) 이 표면의 전방사율과 전흡수율을 구하라.
(b) 반사된 복사유속과 표면으로의 정미 복사유속을 계산하라.
(c) $\lambda = 2\ \mu$m일 때의 스펙트럴 방사도는 얼마인가?
(d) 이 표면에 의해 방사되는 전체 복사의 절반이 포함되는 스펙트럼 영역이 $\lambda \geq \lambda_{1/2}$이라 할 때 파장 $\lambda_{1/2}$는 얼마인가?

12.37 두 얇은 코팅들 중 하나가 금속 표면에 적용되어 **컷오프 파장**, $\lambda_c = 8\ \mu$m의 위와 아래 파장에서 다음과 같은 스펙트럴 방사율을 나타낼 수 있다.

코팅	$\varepsilon_\lambda\ (\lambda_c \leq 8\ \mu m)$	$\varepsilon_\lambda\ (\lambda_c > 8\ \mu m)$
A	0.75	0.25
B	0.25	0.75
없음	0.25	0.25

만약 표면의 온도가 T_s = 600 K이고 주위의 온도가 400 K일 때 코팅이 없는 경우, 코팅 A인 경우, 코팅 B인 경우의 평판 표면에 대해서 출사와 알짜 복사 열유속을 결정하라. 어떤 코팅이 가장 큰 알짜 복사 유속을 나타내는가? 만일 컷오프 파장, λ_c가 8 μm가 아니라 6 μm라면 가장 큰 알짜 복사 유속은 어떤 코팅조건에서 나타나는가?

12.38 백색 페인트(그림 12.22)에 대한 스펙트럴 반사율 분포는 다음과 같은 계단함수로 근사화할 수 있다.

$\lambda\ (\mu m)$	<0.4	0.4–3.0	>3.0
α_λ	0.75	0.15	0.96

이 페인트로 코팅된 한 작은 평판이 큰 밀폐공간 내에 매달려 있고 그 온도는 400 K로 유지된다. 밀폐공간 표면은 3000 K로 유지되고 방사율의 스펙트럴 분포는 다음과 같은 특성을 가진다.

$\lambda\ (\mu m)$	<2.0	>2.0
ε_λ	0.2	0.9

(a) 밀폐공간 표면의 전방사율 ε을 구하라.
(b) 판의 전방사율 ε과 전흡수율 α를 구하라.

12.39 700 K의 확산, 비투과성 표면이 $0 \leq \lambda \leq 3\ \mu$m에 대하여 $\varepsilon_\lambda = 0$, $3\ \mu m < \lambda \leq 10\ \mu$m에 대하여 $\varepsilon_\lambda = 0.9$ 그리고 $10\ \mu m < \lambda < \infty$에 대하여 $\varepsilon_\lambda = 0.9$이다. 1 μm와 6 μm 사이에 균일하게 분포되어 있는 1000 W/m^{2}의 복사유속이 표면의 법선에 대하여 30°의 각도로 표면에 입사되고 있다.

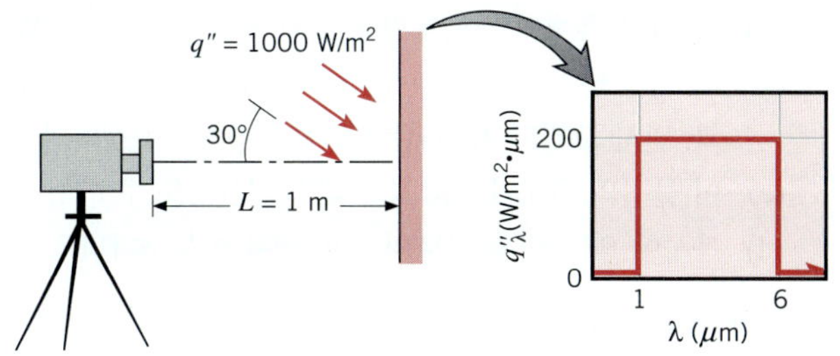

이 표면의 면적 10^{-4} m^{2}로부터 출발하여 그 표면에 수직으로 놓여 있는 복사검출기에 도달하는 전체 복사동력을 계산하라. 검출기의 개구는 10^{-5} m^{2}이고, 표면으로부터의 거리는 1 m이다.

12.40 어떤 비투과성 표면의 스펙트럴 반구흡수율은 다음과 같다.

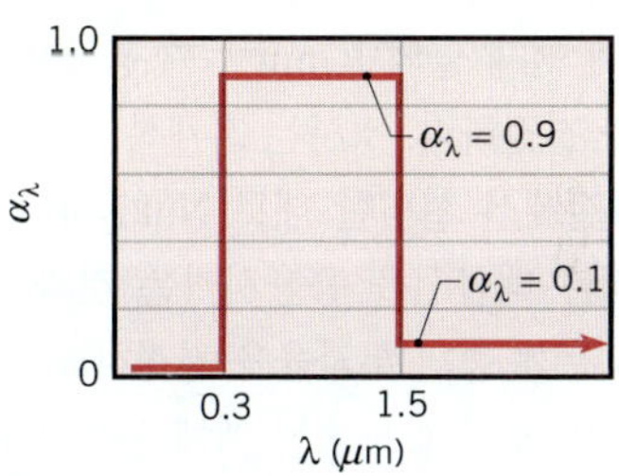

태양열흡수율 α_S는 얼마인가? $\varepsilon_\lambda = \alpha_\lambda$라고 가정하고, 표면이 340 K라면 전반구방사율은 얼마인가?

12.41 어떤 비투과성 표면의 스펙트럼의 반구흡수율과 표면에 입사되는 복사의 스펙트럴 분포는 다음과 같다.

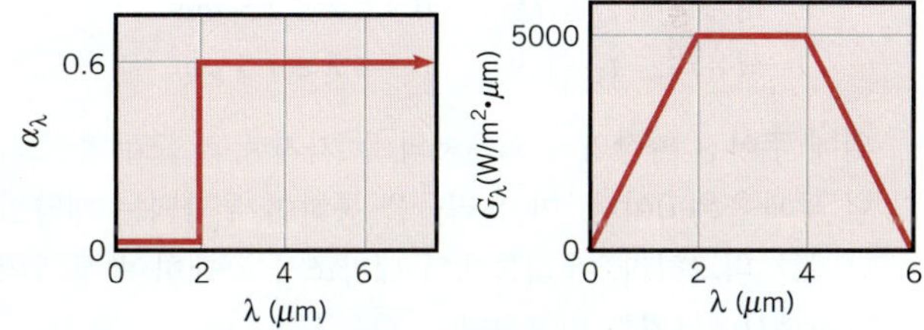

표면의 전반구흡수율은 얼마인가? $\varepsilon_\lambda = \alpha_\lambda$라고 가정하고 표면이 1000 K이면, 전반구방사율은 얼마인가? 표면으로의 정미 복사열유속은 얼마인가?

12.42 파장에 대해 선택적이고 확산적인 어떤 물질의 스펙트럴 흡수율 α_λ와 스펙트럴 반사율 ρ_λ는 다음과 같다.

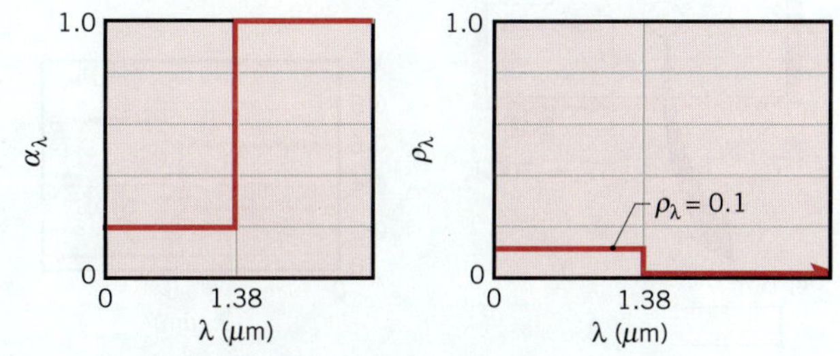

(a) 스펙트럴 투과율 τ_λ를 도시하라.

(b) 5800 K 흑체의 스펙트럴 분포를 가진 $G_S = 750\ W/m^2$의 태양조사가 이 물질에 입사될 때, 이 물질에 의한 투과, 반사 그리고 흡수되는 조사의 분율을 결정하라.

(c) 이 물질의 온도가 350 K일 때 방사율 ε을 구하라.

(d) 복사에 의한 이 물질로의 정미 열유속을 구하라.

12.43 액체 물의 1 mm 두께 층의 스펙트럴 투과율은 다음과 같이 근사화될 수 있다.

$\tau_{\lambda 1} = 0.99$ $\quad 0 \le \lambda \le 1.2\ \mu m$

$\tau_{\lambda 2} = 0.54$ $\quad 1.2\ \mu m < \lambda \le 1.8\ \mu m$

$\tau_{\lambda 3} = 0$ $\quad 1.8\ \mu m < \lambda$

(a) 액체인 물은 임계온도 $T_c = 647.3$ K 이하에서만 존재한다. 물이 비투과성 용기에 보관되고 비등이 일어나지 않을 때 액체 물의 1 mm 두께 층에서 최대 가능한 전투과율을 결정하라. 조사는 흑체복사로 가정하라.

(b) 10.3.1절에서 설명한 대로 Nukiyama의 비등 실험에서 사용되는 백금선을 용융시키는 것과 관련된 액체 물의 1 mm 두께 층의 투과율을 결정하라.

(c) 태양열의 조사에 노출된 액체 물의 1 mm 두께 층의 전투과율을 결정하라. 태양은 $T_s = 5800$ K에서 흑체로서 방사한다고 가정하라.

12.44 평유리와 색유리의 스펙트럼의 투과율은 다음과 같이 근사화할 수 있다.

평유리: $\tau_\lambda = 0.9$ $\quad 0.3 \le \lambda \le 2.5\ \mu m$

색유리: $\tau_\lambda = 0.9$ $\quad 0.5 \le \lambda \le 1.5\ \mu m$

위에 주어진 파장영역 외에서의 두 가지 유리 모두의 스펙트럴 투과율은 0이다. 이 유리들을 통하여 투과되는 태양열에너지를 비교하라. 유리들에의 태양조사에 대하여 투과되는 가시복사에너지를 비교하라.

12.45 0.85의 방사율을 가지며 3000 K인 비투과성, 확산회체벽들로 되어 있는 큰 노를 고려해 보자. 노 속에 파장에 대해서 선택적인 작은 확산물체가 300 K로 유지되고 있다.

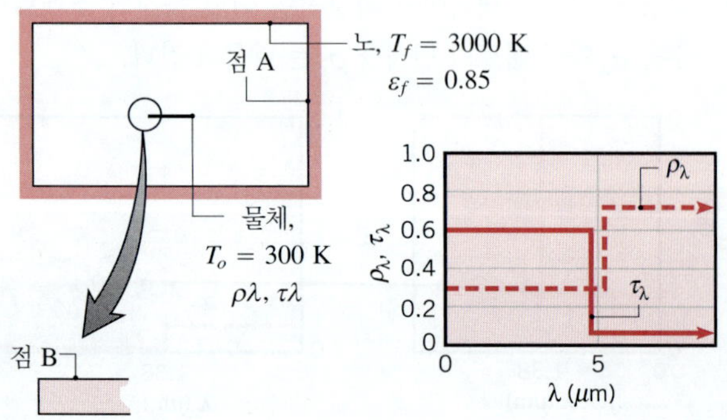

노벽과 물체 위의 지정된 점들 A, B에서의 ε, α, E, G와 J의 값들을 구하라.

12.46 50 μm 두께 폴리머 필름의 스펙트럴 투과율은 파장 2.5 $\mu m \le \lambda \le 15\ \mu m$에 걸쳐 측정된다. 스펙트럴 분포는 2.5 $\mu m \le \lambda \le 7\ \mu m$에 대해 $\tau_\lambda = 0.80$이고, 7 $\mu m < \lambda \le 13\ \mu m$에 대해 $\tau_\lambda = 0.05$이며, 13 $\mu m < \lambda \le 15\ \mu m$에 대해 $\tau_\lambda = 0.55$이다. 이 범위 이외의 투과율 데이터는 계측기 관련 한계 때문에 얻을 수 없다. 필름의 전투과율을 구하고자 한다.

(a) $T = 30°C$에서 흑체로부터 조사와 관련하여 필름의 **가능한 최대의** 전투과율을 구하라.

(b) $T = 30°C$에서 흑체로부터 조사와 관련하여 필름의 **가능한 최소의** 전투과율을 구하라.

(c) (a)와 (b)를 $T = 600°C$의 흑체에 대하여 반복수행하라.

에너지평형 및 복사 성질

12.47 비투과성인 수평판이 L = 21 mm의 두께와 k = 25 W/m·K의 열전도율을 갖는다. 물이 판의 바닥면에 인접하여 흐르고, 온도는 $T_{\infty,w} = 25°C$이다. 공기는 평판 위로 $T_{\infty,a} = 260°C$로 흐르며, $h_a = 40\ W/m^2·K$이다. 평판의 윗면은 확산적이고, $G = 1450\ W/m^2$으로 조사되는데, 이 중 435 W/m^{2}이 반사된다. 정상상태 평판의 위아랫면의 온도는 각각 $T_t = 43°C$이고, $T_b = 35°C$이다. 판의 투과율, 반사율, 흡수율 및 방사율을 구하라. 판은 회체인가? 판의 윗면과 관련된 출사는 얼마인가? 물의 흐름과 관련한 대류열전달계수는 얼마인가?

12.48 표면의 흡수율이 0.9이고 방사율이 0.2인 평판의 상부로 태양으로부터 열유속, 1000 W/m^{2}의 크기로 조사되고 있다. 공기와 주위는 25°C이고 평판과 공기 사이의 대류열전달계수는 20 W/m^2·K이다. 평판의 아랫면은 단열되어있다고 가정할 때, 표면의 대류에 의한 열유속과 복사에 의한 열유속을 결정하라.

12.49 작은 두 표면들 A와 B가 균일온도의 등온 밀폐공간 내에 놓여 있다. 이 밀폐공간은 각 표면으로 6300 W/m^{2}로 조사하며, 표면들 A와 B가 입사된 복사를 흡수하는 율은 각각 5600 W/m^{2}와 630 W/m^{2}이다. 오랜 시간이 지난 후의 조건들에 대하여 고려한다.

(a) 각 표면에 대한 정미 열유속들은 얼마인가? 이들의 온도는 얼마인가?

(b) 각 표면의 흡수율을 구하라.

(c) 각 표면의 방사도는 얼마인가?

(d) 각 표면의 방사율을 구하라.

12.50 열복사에 대해서 불투명인 두 평행 표면을 생각하자. 두 수평면은 두께 L = 0.12 m의 간격으로 떨어져 있다. 상단 표면은 온도가 T_2이고 높은 방사율 페인트로, $\varepsilon \approx 1$ 코팅되어

있다. 하단 표면은 온도가 T_1이고 다음의 특징을 갖는다.

$$\varepsilon_\lambda = 0.1 \qquad 0 \le \lambda \le 10\ \mu m$$
$$\varepsilon_\lambda = 0.8 \qquad \lambda > 10\ \mu m$$

(a) 표면들에 의해 형성된 밀폐공간은 대기압조건의 공기로 채워지고, $T_1 = 500$ K, $T_2 = 300$ K이다. 밀폐공간을 가로지르는 열유속을 구하라.

(b) 밀폐공간은 평균온도, $\bar{T} = 300$ K인 물로 채워져 있다. 하단 표면이 뜨거워지면서 밀폐공간을 가로질러 온도변화가 5 K이 발생한다. 밀폐공간을 가로지르는 열유속을 구하라.

12.51 다음에 나타낸 것과 같은 스펙트럼의 복사 물성치들을 갖는 특수한 확산유리가 큰 오븐 속에서 가열되고 있다. 오븐의 벽들은 0.75의 방사율을 갖는 확산회체표면의 내화벽돌로 라이닝되어 있고, $T_w = 1800$ K로 유지되고 있다. 유리의 온도가 $T_g = 750$ K인 조건들에 대하여 고려해 보자.

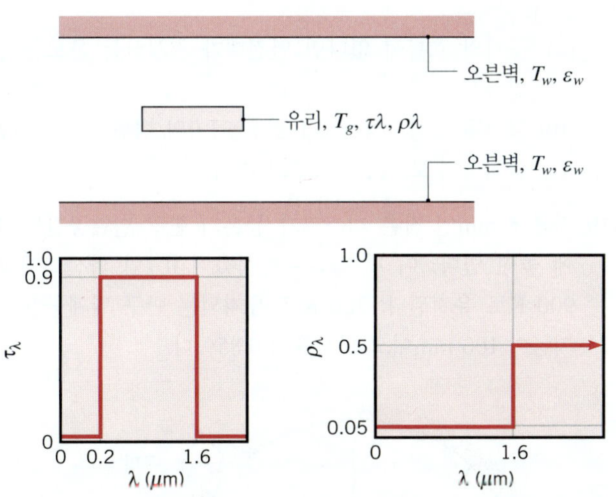

(a) 유리의 전투과율 τ, 전반사율 ρ 및 전방사율 ε은 얼마인가?

(b) 유리로의 정미 복사열유속 $q''_{net,in}$(W/m²)은 얼마인가?

(c) 오븐 벽면온도 1500, 1800, 2000 K에 대하여 $q''_{net,in}$을 $500 \le T_g \le 800$ K의 범위에서 유리온도의 함수로 도시하라.

12.52 비투과성 표면의 아주 작은 시료가 초기에 1200 K이고, 다음과 같은 스펙트럴 반구흡수율을 갖는다.

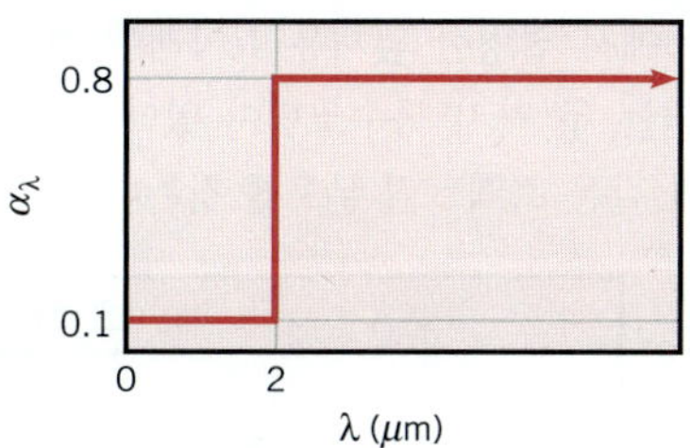

이 시료는 방사율이 0.2이고 2400 K로 유지되고 있는 벽을 가진 대단히 큰 밀폐공간 내에 놓여 있다.

(a) 이 시료표면의 전반구흡수율은 얼마인가?

(b) 전반구방사율은 얼마인가?

(c) 이 시료가 밀폐공간 내에서 오랜 시간이 지난 후에 흡수율과 방사율의 값들은 얼마인가?

(d) 진공의 밀폐공간에 대하여 지름이 10 mm인 구형 시료가 초기온도 1200 K로부터 가열될 때 시료온도의 시간에 따른 변화에 대하여 계산하고 도시하라.

12.53 450°C에서 작동하는 큰 노에 있는 지름 50 mm의 점검구멍이 노로부터 나오는 조사에 대하여 $\tau = 0.8$이고 $\rho = 0$인 물질로 덮여 있다. 이 물질은 방사율이 0.8이며, 상온의 열원으로부터의 조사에 대해서는 비투과성이다. 덮개의 바깥쪽 표면은 주변들에 노출되어 있으며, 주위 공기온도는 27°C이고 대류열전달계수는 50 W/m²·K이다. 덮개 안쪽 표면에서의 대류효과를 무시할 수 있다고 가정하고, 노에 의한 열손실과 덮개의 온도를 계산하라.

12.54 다음의 스펙트럼 특성을 갖는 확산표면이 벽의 온도가 1500 K로 유지되고 있는 큰 노의 밀폐공간에 놓여 있을 때 500 K로 유지되고 있다.

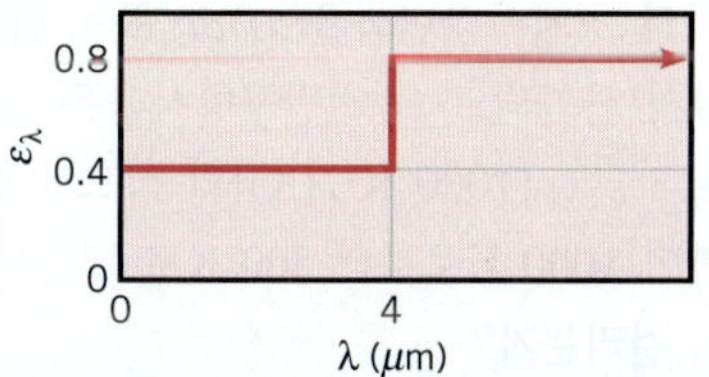

(a) 표면방사도 E_λ의 스펙트럴 분포와 이 표면을 흑체로 가정했을 때의 방사도 $E_{\lambda,b}$의 스펙트럴 분포를 도시하라.

(b) 대류효과를 무시하면 주어진 조건들에 대하여 표면으로의 정미 열유속은 얼마인가?

(c) 정미 유속을 표면온도 $500 \le T \le 1000$ K에 대하여 표면온도의 함수로 도시하라. 같은 축 상에 0.4와 0.8의 전방사율을 갖는 확산회체표면에 대한 열유속을 도시하라.

(d) 주어진 ε_λ의 스펙트럴 분포에 대하여 표면의 전방사율과 전흡수율은 $500 \le T \le 1000$ K의 범위에서 온도에 따라 어떻게 변하는가?

12.55 예제 12.9에서 설명한 덮개유리 아래에 설치된 흡수기 평판에 적용되는 두 가지 특수코팅이 있다. 각 코팅은 확산적이며 그림과 같은 스펙트럴 분포를 갖는다.

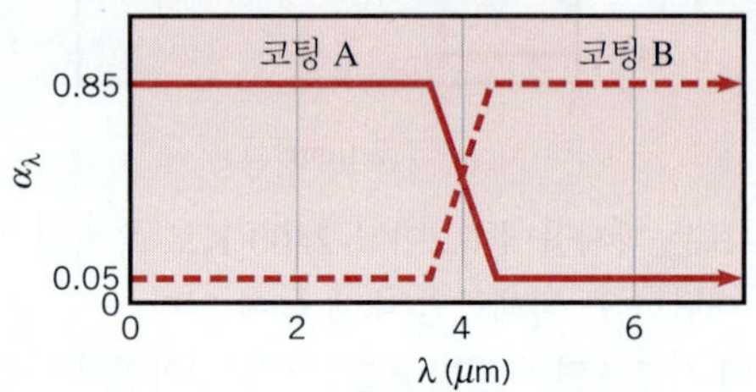

흡수기 평판에 대하여 어떤 코팅을 선택해야 하는가? 간단히 설명하라. 선택된 코팅에 대하여 덮개유리에서의 전체 태양조사가 $G_S = 1000\ \text{W/m}^2$이면, 흡수기 평판의 단위면적당 흡수되는 복사율은 얼마인가?

12.56 제강공장의 열간압연구역(hot roll section)에서 나온 강판이 1000 K의 온도, $\delta = 2.5$ mm의 두께 그리고 다음과 같은 스펙트럴 반구방사율의 분포를 갖는다.

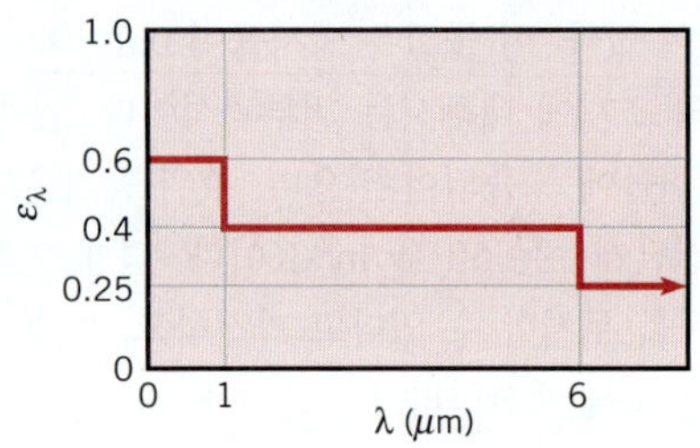

강판의 밀도와 비열은 각각 7900 kg/m³과 640 J/kg·K이다. 전반구방사율은 얼마인가? 강판의 양쪽 면으로부터의 방사를 고려하고 전도, 대류와 주변으로부터의 복사를 무시하여 강판 온도의 초기시간변화율$(dT/dt)_i$를 구하라. 강판이 냉각됨에 따라서 산화되고 그 전반구방사율은 증가한다. 만약 이 증가가 $\varepsilon = \varepsilon_{1000}[1000\ \text{K}/T(\text{K})]$의 식으로 상관관계를 갖는다면 강판이 1000 K로부터 500 K로 냉각되는 데 얼마만큼의 시간이 걸리는가?

12.57 큰 진공체임버의 창이 다음의 스펙트럼 특성을 갖는 물질로 만들어진다. 태양 시뮬레이터(simulator)로부터의 복사에너지의 평행광이 이 창으로 입사되며, 그 유속은 3000 W/m² 이다. 이 진공체임버의 내벽은 창의 면적에 비해 크며, 77 K로 유지되고 있다. 창 바깥의 표면은 25°C의 실내 공기와 접해 있으며, 대류열전달계수는 15 W/m²·K이다.

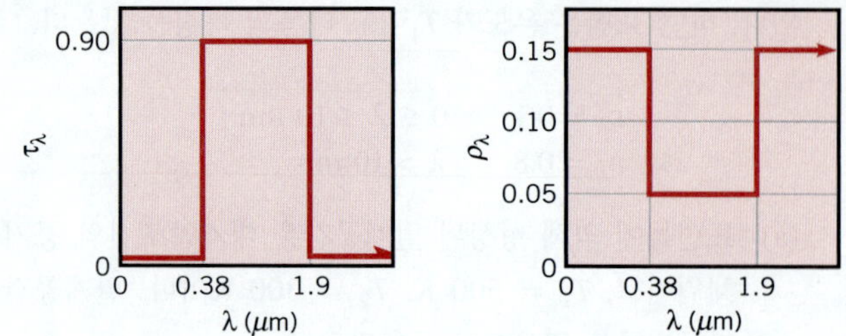

(a) 태양 스펙트럴 분포를 모사하는 태양 시뮬레이터로부터의 복사에 대한 창 물질의 투과율을 구하라.

(b) 창이 그 체임버로부터 단열되어 있다고 가정하면, 창이 도달할 수 있는 정상상태의 온도는 얼마인가?

(c) 투과된 모사 태양열유속을 제외하고, 창의 단위면적당 진공체임버 벽으로의 정미 복사전달을 계산하라.

12.58 방사율이 0.4인 확산회체표면으로 된 지름 4 mm의 스테인리스 강관에 삽입된 열전대가 벽과 공기의 온도가 각각 30°C와 20°C인 공기조화가 된 큰 실내에 수평으로 위치해 있다.

(a) 공기의 흐름이 없다면 열전대가 지시하는 온도는 얼마인가?

(b) 열전대 측정오차를 $0.1 \le \varepsilon \le 1.0$의 범위에서 표면방사율의 함수로 계산하고 도시하라.

12.59 지름 5 mm인 작은 디스크가 등온의 반구 밀폐공간의 중심에 놓여 있다. 이 디스크는 방사율이 0.7인 확산회체이며, 900 K로 유지된다. 300 K로 유지되는 반구 밀폐공간은 반지름이 100 mm이고 방사율이 0.85이다.

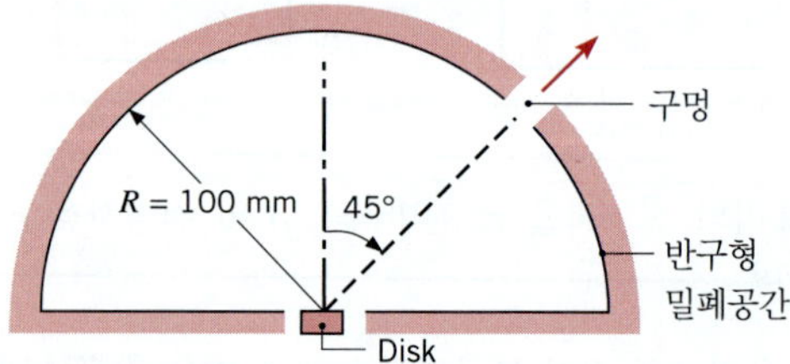

그림과 같이 밀폐공간에 위치한 지름 2 mm의 구멍을 통하여 나가는 복사동력을 계산하라.

12.60 안쪽 표면온도가 1500 K인 노의 지름 20 mm의 개구를 통하여 복사가 나간다. 이 복사의 일부가 이 개구로부터 1 m떨어져 있는 표면적 10^{-5} m²의 검출기에 의해 차단되며, 이 검출기의 방향은 그림과 같다.

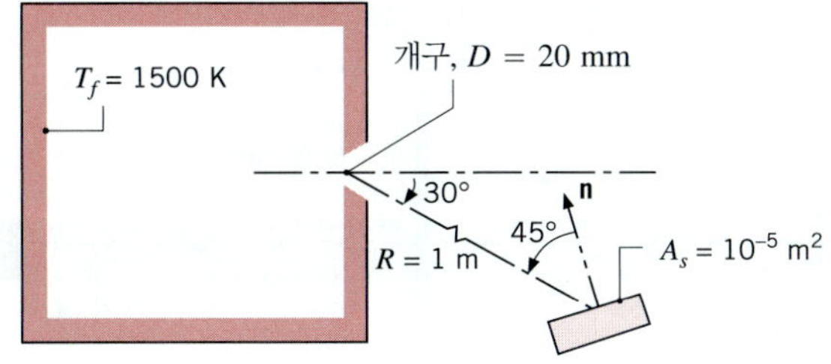

개구가 열려 있을 때, 노에서 나가는 복사가 검출기에 의해 차단되는 율은 얼마인가? 개구가 스펙트럴 투과율이 $\lambda \leq 2$ μm에 대해 $\tau_\lambda = 0.8$이고, $\lambda > 2$ μm에 대해 $\tau_\lambda = 0$인 비투과성 물질에 의해 덮여 있다면, 노에서 나가는 복사가 검출기에 의해 차단되는 율은 얼마인가?

12.61 저철분유리(low iron glass)의 스펙트럴 투과율의 분포(그림 12.23)를 참고하여'온실효과'의 의미가 무엇인지 간단히 설명하라. 즉 유리가 온실의 내용물로의 또는 내용물로부터의 에너지전달에 어떻게 영향을 미치는가?

12.62 지름이 30 mm이고 길이가 150 mm인 실린더가 벽면온도가 1000 K인 매우 큰 로안에서 가열되고 있고, 400 K의 공기는 로 내부를 3 m/s로 순환하고 있다. 다음의 특정 조건에서 실린더의 정상상태 온도를 계산하라.

(a) 실린더는 직교류이고, 표면은 확산회체로 방사율은 0.5이다.

(b) 실린더는 직교류이고, 표면은 파장 선택적으로 $\lambda \leq 3$ μm일 때 $\alpha_\lambda = 0.1$, $\lambda > 3$ μm일 때 $\alpha_\lambda = 0.5$이다.

(c) 실린더의 위치를 바꾸어 공기는 실린더의 길이방향을 향하고 표면은 확산회체이다.

[(d)] 조건이 (a)와 같을 때 공기속도가 $1 \leq V \leq 20$ m/s일 때 공기속도의 함수로 표면온도를 나타내라.

12.63 방사율 0.8의 확산회체표면을 갖는 작은 관의 끝단에 설치된 온도센서가 벽, 공기의 온도가 각각 30°C와 20°C인 공기조화된 큰 방 속의 중앙에 위치한다.

(a) 센서 관과 공기 사이의 대류열전달계수가 5 W/m²·K이면 센서는 얼마의 온도를 지시할 것인가?

(b) 공기흐름이 이 관 위를 지나게 하기 위하여 홴을 사용하였을 때의 영향은 무엇인가? $2 \leq h \leq 25$ W/m²·K, ε = 0.2, 0.5 및 0.8의 값들에 대하여 센서온도를 대류계수의 함수로 도시하라.

12.64 회체표면의 방향흡수율이 θ에 따라 다음과 같이 변한다.

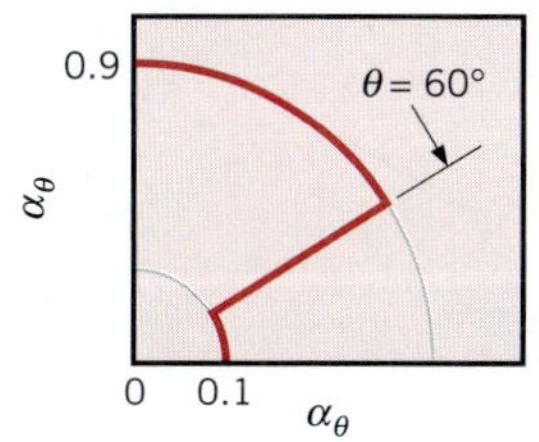

(a) 표면의 반구방사율에 대한 수직방향흡수율 α_n의 비는 얼마인가?

(b) 지구궤도 상에 있는 양면이 모두 이런 표면 특성을 가진 평판을 고려한다. 이 평판의 한 면에 입사되는 태양열유속이 q''_S = 1368 W/m²일 때, 이 평판이 태양광선에 수직 방향이면 평판의 평형온도는 얼마인가? 태양광선에 대해 75°방향이면 평판의 온도는 얼마인가?

[12.65] 실리콘 다이옥사이드의 얇은 층으로 코팅된 알루미늄의 스펙트럴 흡수율은 대략적으로, 정상조건에서 $\lambda < \lambda_c$일 때 $\alpha_{\lambda,1} = 0.98$, $\lambda \geq \lambda_c$일 때 $\alpha_{\lambda,2} = 0.05$이고 **컷오프 파장**, λ_c = 0.15 를 갖는다.

(a) 태양 조사 G_S = 1368 W/m²으로 코팅된 조각평판 알루미늄 상단부가 노출되었을 때 코팅 알루미늄의 평형 온도를 결정하라. 단 뒷면은 단열되어있다.

(b) 코팅의 두께를 바꾸어서 컷오프 파장을 바꿀 수 있다. 표면의 평형온도를 가장 크게 할 수 있는 컷오프 파장, λ_c를 구하라.

12.66 방사율이 0.8이고 확산회체 표면을 갖는 지름 30 mm의 구(k = 185 W/m·K, $\alpha = 7.25 \times 10^{-5}$ m²/s)가 벽이 균일 온도 600 K인 큰 오븐 속에 놓여 있다. 오븐 내의 공기온도는 400 K이고, 구와 오븐 공기 사이의 대류열전달계수는 15 W/m²·K이다.

(a) 구의 온도가 300 K일 때 구로의 정미 열전달률을 구하라.

(b) 구의 정상상태 온도는 얼마인가?

(c) 구가 초기온도 300 K에서 정상상태 온도와의 온도차가 20 K 이내로 될 때까지 얼마나 걸리는가?

[(d)] 방사율 0.2, 0.4, 0.8에 대하여 (c)의 경과 시간을 $10 \leq h \leq 25$ W/m²·K인 범위에서 대류계수의 함수로 도시하라.

복사감지

12.67 서모그래프(thermograph)는 스펙트럼 영역 9~12 μm 내에서 그 복사검출기에 도달하는 피사체로부터의 복사력에 응답하는 기구이다. 서모그래프는 표면온도를 결정할 수 있는 노의 측면과 같은 피사체의 상을 제공하여, 여기서 표면온도를 결정한다.

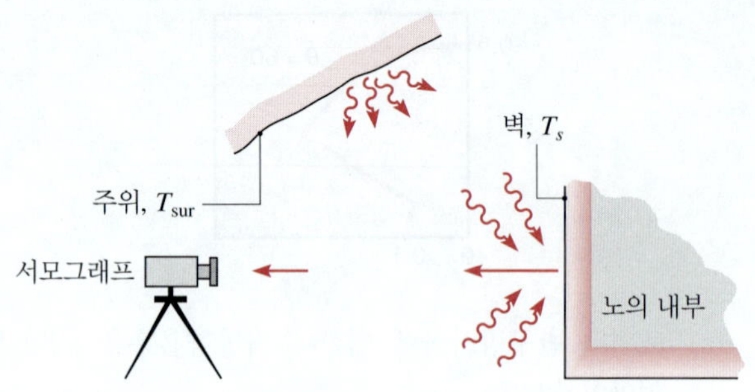

(a) 60°C의 흑체표면에 대하여 스펙트럼 영역 9~12 μm에 대한 방사도를 결정하라.

(b) 수직 방향으로 T_s = 60°C의 작은 흑체 벽면적 200 mm^{2}에 맞추어 바라보았을 때, 같은 영역(9~12 μm)에서 서모그래프가 받는 복사력(W)을 계산하라. 표적물에서 보았을 때 서모그래프의 구멍에 마주 대하는 입체각 ω는 0.001 sr이다.

(c) 벽이 60°C이고 방사율이 0.7인 회체비투과성 확산 물질이고, 주변은 T_{sur} = 23°C의 흑체일 때, 같은 벽면적(200 mm^2)과 입체각(0.001 sr)에 대하여 서모그래프가 받는 복사동력(W)을 결정하라.

12.68 복사검출기가 면적 $A_d = 10^{-6}$ m^{2}의 구멍을 가지며 면적이 $A_s = 10^{-4}$ m^{2}인 표면으로부터 r = 1 m거리에 위치해 있다. 검출기의 법선과 표면의 법선이 이루는 각도는 θ = 30°이다.

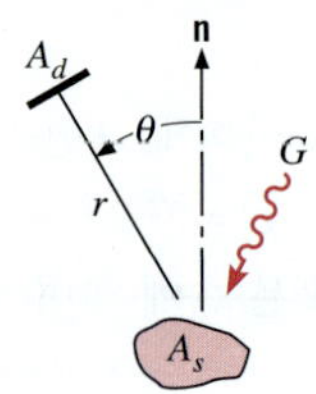

표면은 500 K이고 비투과성이며, 방사율 0.7인 확산회체이다. 표면조사가 1500 W/m^{2}일 때, 검출기가 표면으로부터의 복사를 차단하는 율은 얼마인가?

12.69 지름이 10 mm, 방사율이 0.3이며 온도가 400 K인 확산회체의 비투과성 원판 A_1에 대하여 고려한다. 원판 A_1과 동축으로 그림에 표시된 것과 같은 치수들을 가진 링 모양의 1000 K의 흑체원판 A_2가 있다. A_2의 뒷면은 단열되어 있고 저온으로 냉각되고 있는 검출기의 원판 A_3로 직접 조사하지 않는다. A_3의 지름은 10 mm이고 A_1으로부터 2 m 떨어져 있다.

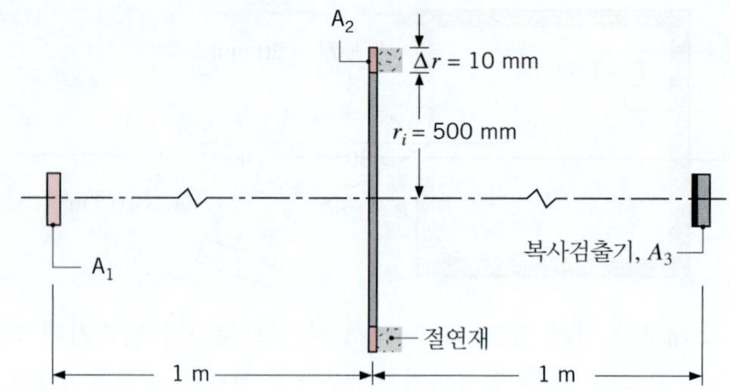

A_1으로부터의 방사와 반사로 인하여 A_3에 입사되는 복사의 율을 계산하라.

12.70 복사온도계는 센서에 도달하는 조사량을 측정하고, 동일한 열유속을 방출하는 흑체의 온도를 지시하도록 보정된다. 방사율이 0.8인 확산 회체의 특성을 갖는 철 빌렛이 벽온도가 1500 K인 로 안에서 가열된다. 복사온도계가 로의 작은 구멍을 통해 빌렛을 향하고 있다. 복사온도계가 1160 K을 가리킬 때 빌렛의 실제 온도를 추정하라. 온도계는 총 조사에 반응한다고 가정하라.

12.71 전하결합소자(CCD: charge-coupled device) 적외선 영상 시스템은 디지털 비디오 카메라와 유사한 방식으로 작동한다. 스펙트럼의 가시광선 영역의 조사에 반응하는 대신에, 적외선 시스템의 CCD 배열 내 각각의 작은 센서는 스펙트럼 영역 9~12 μm에 반응한다. 시스템은 단지 장비 바로 정면으로 오는 복사만 보도록 설계되어 있다는 것에 주의하자. 이 적외선 이미지 시스템을 가지고 풍동 실험 내부의 가열체의 표면온도분포를 구하려고 한다. 주위 온도와 풍동의 공기 온도는 23°C이다.

(a) 사전 실험으로서 풍동 내부에 위치한 온도가 50°C인 작은 알루미늄 빌릿(billet)을 본다. 알루미늄은 고방사율 ε = 0.96을 갖는 페인트로 피복되어 있다. 적외선 영상 시스템이 흑체의 온도를 지시하도록 보정된다면, 6 mm 두께의 융합된 석영창(fused quartz window)을 통해 알루미늄 빌릿을 보도록 한다면 이 시스템이 지시하는 온도는 얼마인가?

(b) 이어지는 실험에서 석영창 대신 얇은(130 mm 두께)가 정용 폴리에틸렌 필름을 사용한다. 이 필름은 시스템의 스펙트럼 영역에서 $\tau \approx$ 0.78이다. 폴리우레탄 필름을 통해 알루미늄 빌릿을 보도록 할 때 적외선 영상 시스템이 지시하는 온도는 얼마인가?

12.72 반지름 9 mm, 온도 600 K의 확산 구체는 0.95의 방사율을 갖는다. 각각 300×10^{-6} m^{2}의 개구 면적을 갖는 두 개의 아주 민감한 복사 감지기가 개략도에 보이는 대로 왼쪽에서 오른쪽으로 고속으로 물체가 통과하는 것을 감지한다. 감지기들은 반구 조사를 검출하며, $\lambda < 2.5$ μm에 대해 $\tau_\lambda = 0.9$, $\lambda \geq 2.5$ μm에 대해 $\tau_\lambda = 0$의 특성을 갖는 필터가 장착되어 있다. 초기 $t_1 = 0$일 때, 감지기 A와 B는 $G_{A,1} = 5.060$ mW/m^{2}과 $G_{B,1} = 5.000$ mW/m^{2}의 조사를 나타낸다. 시간 $t_2 = 4$ ms일 때, 감지기 A와 B는 각각 $G_{A,2} = 5.010$ mW/m^{2}과 $G_{B,2} = 5.050$ mW/m^{2}이다. 주변은 300 K이다. 입자의 속도 성분 v_x와 v_y를 구하라. 입자가 $y = 0$에 위치하는 수평판에 언제 어느 위치에 부딪칠 것인가를 구하라. 힌트: 물체는 감지될 때 $y = 2$ m 위에 위치해 있다. 물체의 궤적은 지면에서 직선으로 가정하라. 구의 투영 면적은 원임을 상기하자.

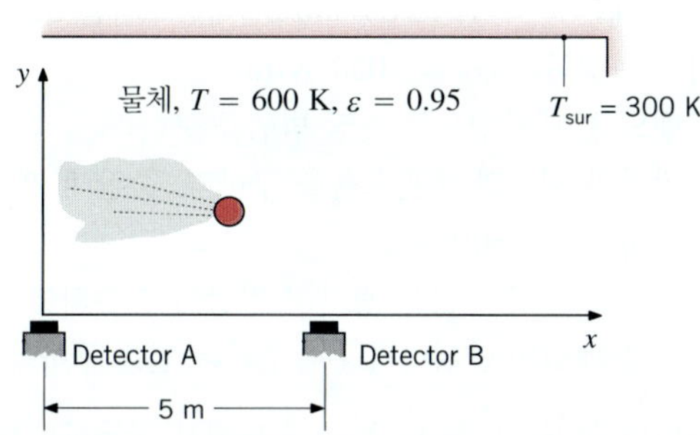

12.73 면적이 $A_d = 4 \times 10^{-6}$ m^{2}인 감지부를 가진 복사검출기가 표적으로부터 거리 $L_t = 1$ m만큼 떨어져 위치해 있을 때 지름 $D_t = 40$ mm인 표적면적으로부터의 복사를 받도록 배치되어 있다. 그림에 나타낸 실험장치에 대하여 지름이 $D_s = 20$ mm인 고온의 시편으로부터 방사되는 복사를 구하고자 한다. 알루미늄 시편의 온도는 $T_s = 700$ K이고 그 방사율은 $\varepsilon_s = 0.1$이다. 표적영역 내에서 시편영역 외부로부터의 복사의 영향을 최소화하기 위하여 링 모양의 저온차폐물을 설치하였다. 시료와 차폐물은 확산방사체이다.

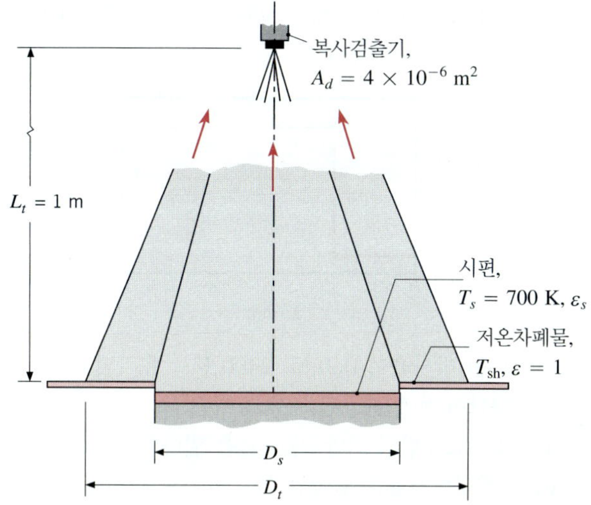

(a) 차폐물이 흑체라고 가정하면 차폐물에서 방사된 복사가 검출기가 받아들이는 전체 복사력의 1%가 되도록 하기 위해서는 차폐물의 온도 T_{sh}를 얼마로 유지해야 하는가?

(b) 저온차폐물로부터 방사되는 복사가 검출기가 받는 전체 복사의 0.05, 1, 또는 1.5%인 조건에 대해 요구되는 저온차폐물 온도 T_{sh}를 $0.05 \leq \varepsilon_s \leq 0.35$의 범위에서 시편 방사율의 함수로 도시하라.

응용

12.74 에폭시 페인트로 새로이 분무된 정사각 판들이 어느 기간 동안 140°C에서 열처리되어야 한다. 이 판들은 큰 밀폐공간 내에 위치하고 적외선 램프들에 의해 가열된다. 각 판의 위 표면의 방사율은 $\varepsilon = 0.8$이고 $T_\infty = 27$°C의 환기 공기 유동에 의해 $h = 20$ W/m^2·K의 대류열전달이 주어졌다. 밀폐공간의 벽면으로부터의 조사는 $G_{wall} = 450$ W/m^{2}이며, 이 조사에 대한 판의 흡수율은 $\alpha_{wall} = 0.7$이다.

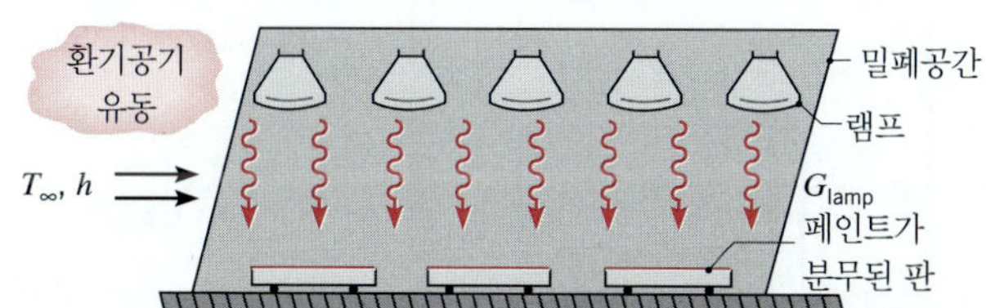

(a) 램프들에 의해서 제공되어야 하는 조사 G_{lamp}를 구하라. 이 조사에 대한 판 표면의 흡수율은 $\alpha_{lamp} = 0.6$이다.

(b) 대류계수 $h = 15$, 20, 30 W/m^2·K에 대하여 램프조사 G_{lamp}를 $100 \leq T_s \leq 300$°C의 범위에서 판의 온도 T_s의 함수로 도시하라.

(c) 대류계수가 10~30 W/m^2·K의 범위이고, 램프조사가 $G_{lamp} = 3000$ W/m^{2}인 경우에 대하여 판의 온도를 $T_s = 140$°C로 유지하기 위한 공기의 온도 T`를 도시하라.

12.75 비투과성 표면의 아주 작은 시료가 초기에 1200 K이고, 다음과 같은 스펙트럴 반구흡수율을 갖는다.

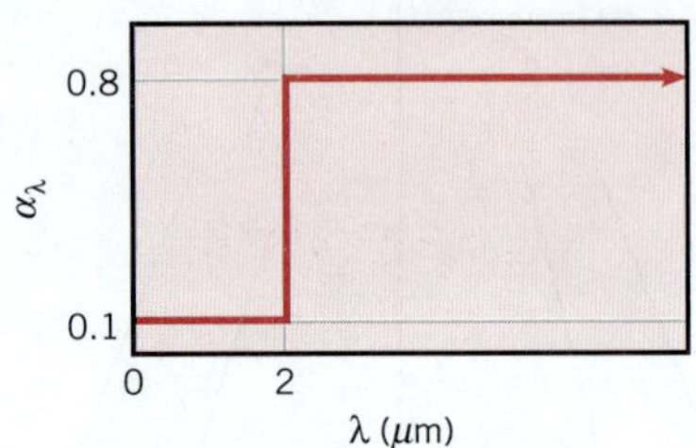

이 시료는 방사율이 0.2이고 2400 K로 유지되고 있는 벽을 가진 대단히 큰 밀폐공간 내에 놓여 있다.

(a) 이 시료표면의 전반구흡수율은 얼마인가?

(b) 전반구방사율은 얼마인가?

(c) 이 시료가 밀폐공간 내에서 오랜 시간이 지난 후에 흡수율과 방사율의 값들은 얼마인가?

(d) 진공의 밀폐공간에 대하여 지름이 10 mm인 구형 시료가 초기온도 1200 K로부터 가열될 때 시료온도의 시간에 따른 변화에 대하여 계산하고 도시하라.

12.76 높은 온도에서 고체의 열전도율을 측정하기 위한 한 방법으로 시료를 큰 노의 바닥에 놓는다. 이 시편의 두께는 L이며, 폭이 W인 정사각 용기 내에 놓는다. 옆면들은 단열되어 있다. 공동의 벽들은 T_w로 유지되어 있고, 한편 시료의 아랫면은 시료 용기 내로 순환되는 냉각제에 의해 훨씬 낮은 온도 T_c로 유지된다. 시료의 표면은 방사율이 ε_s인 확산회체이다. 이것의 온도 T_s는 광학적으로 측정된다.

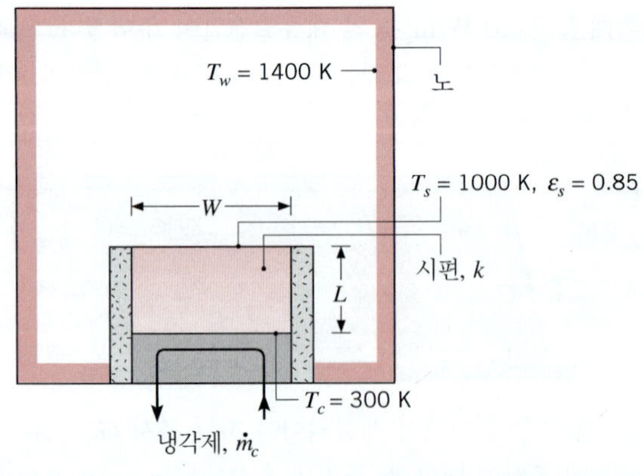

(a) 대류효과를 무시하고 시료의 열전도율을 측정된 양들과 알려진 양들(T_w, T_s, T_c, ε_s, L)로 나타내는 식을 구하라. 측정은 정상상태 조건에서 이루어졌다. T_w = 1400 K, T_s = 1000 K, ε_s = 0.85, L = 0.015 m 및 T_c = 300 K일 때 시료의 열전도율은 얼마인가?

(b) W = 0.10 m이고 냉각제가 유량 $\dot{m}_c$ = 0.1 kg/s의 물이라면, 아랫면 온도를 T_c로 균일하다고 가정하는 것이 합리적인가?

12.77 광전지(photovoltaic)재료는 태양 빛을 바로 전력으로 변환시킨다. 재료에 들어오는 광자(photon)의 일부는 전자들을 이동시키고 이들이 모여 전류를 만든다. 광전지 패널의 총괄효율(η)은 입사되는 복사에너지에 대한 생산된 전기에너지의 비이다. 효율은 기본적으로 광전지 재료의 다음 두 가지 상태량에 따라 달라진다. (i) **밴드 갭**(band gap), 광자의 에너지 상태를 결정하며 전기에너지를 만드는 잠재력을 의미. (ii) 중간대 갭(interband gap) 전환효율(η_{bg}), 밴드 갭 내에 있는 광자의 전체 에너지 중에서 전기로 전환될 수 있는 비율. 따라서 F_{bg}를 표면에 들어오는 광자 중 밴드 갭 내에 존재하는 광자의 비율이라 하면 $\eta = \eta_{bg} F_{bg}$가 성립한다. 광자가 전기에너지로 전환되지 않으면 패널에서 반사되거나 아니면 흡수되어 열로 바뀐다.

밴드 갭이 $1.1 \le B \le 1.8$ eV인 광전지 재료를 생각하자. 여기서 B는 광자의 에너지 상태이다. 광자의 에너지 상태와 파장의 관계는 λ = 1240 eV·nm/B. 태양조사는 5800 K 흑체 복사로 가정하고 G_S = 1000 W/m^2.

(a) 밴드 갭에 해당되는 파장 범위를 구하라.

(b) 광전지 재료의 총괄효율을 구하라. 중간대 갭 전환효율은 η_{bg} = 0.50이다.

(c) 전기로 바뀌지 않은 광자의 절반이 흡수되어 열로 바뀔 경우 패널의 단위면적당 흡수되는 열을 구하라.

12.78 가스터빈 블레이드를 더 높은 온도에서 작동하도록 하는 방법 중 하나로서 인코넬과 같은 특수합금으로 제작한 블레이드 표면에 세라믹 코팅을 적용한다. 이러한 코팅의 신뢰성을 평가하기 위하여 실험실 조건에서 시료를 검사하기 위한 장치가 개발되었다. 이 시료는 벽들이 극저온으로 냉각되고 위 표면에 복사검출기가 장착된 큰 진공체임버의 바닥에 놓인다. 검출기의 표면적은 $A_d = 10^{-5}$ m^{2}이고 시료로부터 L_{s-d} = 1 m 만큼 떨어져 위치하며 면적이 $\Delta A_c = 10^{-4}$ m^{2}인 세라믹 표면의 일부로부터 나오는 복사를 감지한다. 시료의 밑면에 부착된 전기가열기로부터 균일한 열유속 q''_h이 소산되며 이는 시료를 통하여 위쪽으로 전달된다. 가열기의 바닥과 시료의 측면들은 잘 단열되어 있다.

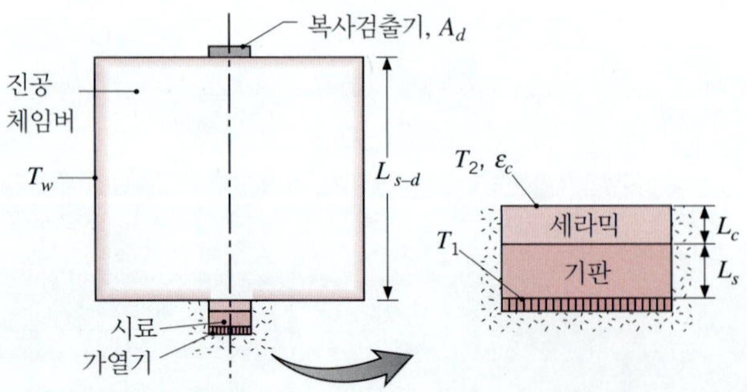

두께가 L_c = 0.5 mm이고 열전도율이 k_c = 6 W/m·K인 세

라믹 코팅이 두께가 $L_s = 8$ mm이고 열전도율이 $k_s = 25$ W/m·K인 금속기판에 도포되는 조건을 고려한다. 세라믹의 비투과성인 표면은 전반구방사율이 $\varepsilon_c = 0.8$인 확산회체로 근사화될 수 있다.

(a) 기판의 밑면온도가 $T_1 = 1500$ K로 유지되고 체임버의 벽면들(복사검출기의 표면 포함)이 $T_w = 90$ K로 유지되는 정상상태 조건을 고려한다. 세라믹과 기판 사이의 계면에서의 열접촉저항을 무시할 수 있다고 가정하고 세라믹 위 표면온도 T_2와 열유속 q_h''을 구하라.

(b) 주어진 조건들에서 세라믹에 의해 방사되는 복사 중에서 검출기에 의해 차단되는 율은 얼마인가?

(c) 반복실험 후에 세라믹 기판 계면에 수많은 균열이 발생하면서 계면에 열접촉저항이 생성되었다. T_w와 q_h''이 (a)에서의 조건으로 유지된다면 T_1은 증가하는가, 감소하는가, 또는 그대로 유지되는가? 마찬가지로 T_2는 증가하는가, 감소하는가, 또는 그대로 유지되는가? 각 경우에 대하여 답하고 이에 대한 근거를 제시하라.

12.79 레이저 물질 프로세스 장치 내에 지름이 $D = 25$ mm, 두께 $w = 1$ mm인 디스크 형태의 시편이 놓여 있다. 이 시편은 아래에 주어진 스펙트럴 방사율 분포 $\varepsilon_\lambda(\lambda)$를 갖는 확산표면을 갖는다. 산화를 줄이기 위해 $T_\infty = 500$ K의 불활성 기체 흐름이 대류계수 $h = 50$ W/m^2·K로 시편의 윗면과 아랫면 위로 흐른다. 이 장치는 $T_{enc} = 300$ K의 등온벽들로 구성된 큰 밀폐공간이다. 시편을 적절한 작동온도 $T_s = 2000$ K로 유지하기 위해서 조작 파장이 $\lambda = 0.5$ mm인 평행 레이저광이 시편의 윗면에 조사된다.

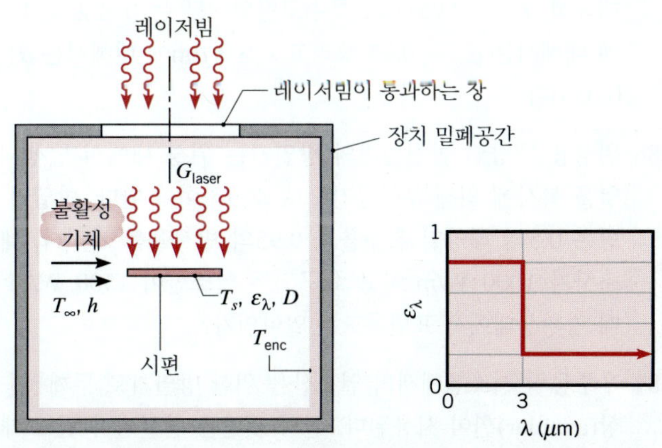

(a) 시편의 전방사율 ε을 구하라.

(b) 밀폐공간의 벽들로부터의 조사에 대한 시편의 전체 흡수율 α를 구하라.

(c) 시편에 대한 에너지평형을 고려하여 시편을 $T_s = 2000$ K로 유지하는 데 필요한 레이저조사 G_{laser}를 구하라.

(d) 레이저와 불활성 기체흐름의 작동이 중지되었을 때 **냉각**과정에 대하여 고려한다. 과정 동안 전방사율을 시편 온도 $T_s(t)$의 함수로 도시하라. 최종조건($t \to \infty$)에 대한 방사율을 포함하여 주요한 특징들을 제시하라.

[e] 이 시편이 그 조작온도 $T_s(0) = 2000$ K에서 **손에 닿아도 안전한** 온도인 $T_s(t) = 40$°C까지로 냉각되는 데 걸리는 시간을 예측하라. 집중용량법을 이용하고 $h = 50$ W/m^2·K 및 $T_\infty = T_{enc} = 300$ K로 불활성기체로의 대류영향을 포함하라. 시료의 열물성치들은 $\rho = 3900$ kg/m^3, $c_p = 760$ J/kg·K, $k = 45$ W/m·K이다.

12.80 지름이 30 mm, 길이가 150 mm인 원통이 1000 K의 벽들로 되어 있고, 한편 400 K의 공기가 3 m/s으로 순환하고 있는 큰 노 속에서 가열되고 있다. 다음과 같은 특정한 조건들하에서 정상상태의 원통온도를 구하라.

(a) 원통이 직교흐름 속에 놓여 있고 그 표면이 0.5의 방사율을 가진 확산회체이다.

(b) 원통이 직교흐름 속에 놓여 있으나 그 표면의 흡수율은 $\lambda \le 3$ μm에 대하여 $\alpha_\lambda = 0.1$ 그리고 $\lambda = 3$ μm에 대하여 $\alpha_\lambda = 0.5$로서 파장에 대하여 선택적이다.

(c) 원통이 공기흐름의 방향이 그 원통의 길이 방향으로 되도록 놓여 있고 그 표면이 확산회체이다.

[d] (a)의 조건에 대하여 원통의 온도를 $1 \le V \le 20$ m/s의 범위에서 공기속도의 함수로 계산하고 도시하라.

12.81 지름 10 mm인 긴 원통형 구리막대에 입힌 얇은 코팅을 벽이 1300 K로 유지되고 있는 큰 노 속에 수평으로 놓아서 열처리시키고 있다. 노는 온도 1300 K와 1 atm의 질소가스로 충전되어 있다. 코팅은 확산적이고 그 스펙트럴 방사율은 다음과 같은 분포를 갖는다.

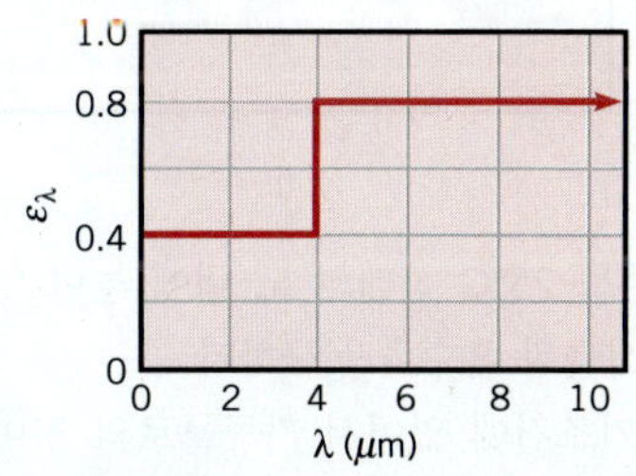

(a) 코팅된 막대들의 온도가 300 K일 때 이들의 방사율과 흡수율은 얼마인가?

(b) 이들의 온도의 초기변화율은 얼마인가?

(c) 코팅된 막대들이 정상상태 온도에 도달하였을 때 방사율과 흡수율은 얼마인가?

[d] 이 막대들이 1000 K에 도달하는 데 걸리는 시간을 예측하라.

12.82 큰 복합대류 및 복사 오븐을 사용하여 지름이 25 mm이고 길이가 0.2 m인 작은 원통형 제품을 열처리한다. 오븐벽들

은 1000 K의 균일한 온도이고 750 K의 고온 공기가 5 m/s의 속도로 원통에 대하여 직교류로 흐르고 있다. 원통표면은 비투과성이고 확산적이며 그림과 같은 스펙트럴 방사율을 가진다.

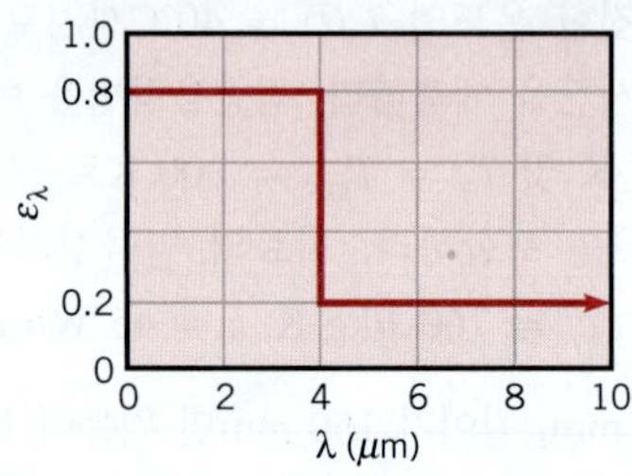

(a) 처음에 300 K로 오븐 속에 놓였을 때 원통으로의 열전달률을 구하라.

(b) 원통의 정상상태 온도는 얼마인가?

(c) 원통의 온도가 정상상태 온도인 50°C 이내로 도달하는 데 얼마나 걸리는가?

12.83 10 mm 두께의 가공물질이 초기에는 25°C의 상태에서 725°C이상의 온도에서 최소한 5분 동안 풀림(annealing)처리되었다가 냉각될 것이다. 가공물은 비투과성이고 확산적이며 방사율 분포는 다음의 그림과 같다. 가열은 벽과 순환 공기의 온도가 750°C인 큰 노에서 이루어지며 대류계수는 100 $\text{W/m}^2\cdot\text{K}$이다. 가공물의 열물성치는 $\rho = 2700\ \text{kg/m}^3$, $c = 885\ \text{J/kg}\cdot\text{K}$, $k = 165\ \text{W/m}\cdot\text{K}$이다.

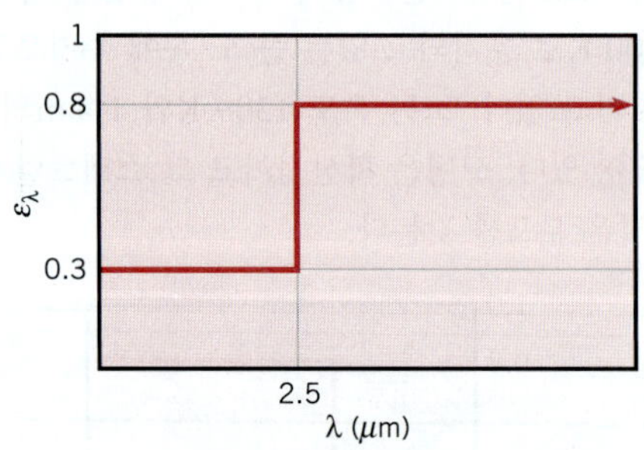

(a) 초기온도 25°C 상태의 노 내에 놓여 있을 때의 가공물의 방사율과 흡수율을 구하라.

(b) 이 초기조건에 있어서 가공물로의 정미 열유속을 구하라. 그에 따른 가공물의 온도변화율 dT/dt는 얼마인가?

(c) 주위와 냉각공기의 온도가 25°C이고 대류계수가 100 $\text{W/m}^2\cdot\text{K}$일 때, 가공물의 온도가 750°C에서 만지기에 안전한 40°C로 냉각되는 데 걸리는 시간을 계산하라.

12.84 태양에너지 집열의 중앙흡수기 개념에 있어서, 다수의 태양광 반사장치들에 의해 탑의 꼭대기에 위치한 흡수기로 $q''_S = 80{,}000\ \text{W/m}^2$의 집중된 태양열유속이 공급된다.

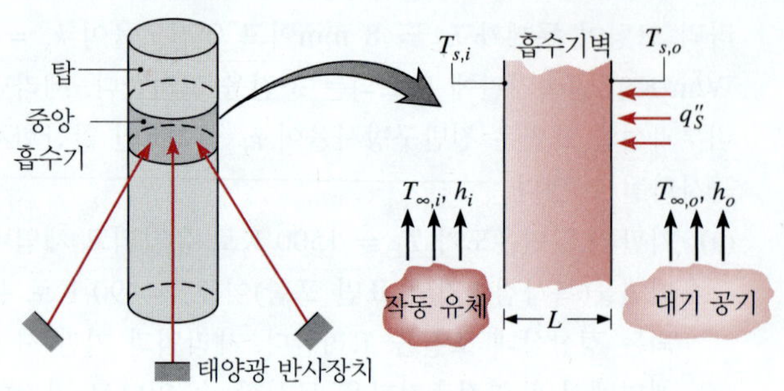

흡수기 벽의 바깥 표면은 태양유속에 노출되어 있으며, $T_{\infty,o} = 300$ K이고 $h_o = 25\ \text{W/m}^2\cdot\text{K}$인 대기 공기에 노출되어 있다. 외부표면은 비투과성이며 확산적이고 $\lambda < 3\ \mu\text{m}$에 대해서는 $\alpha_\lambda = 0.9$이고, $\lambda > 3\ \mu\text{m}$에 대해서는 $\alpha_\lambda = 0.2$의 스펙트럴 흡수율을 가지고 있다. 내부표면은 $T_{\infty,i} = 700$ K이고 $h_i = 1000\ \text{W/m}^2\cdot\text{K}$인 작동유체(가압된 액체)에 노출되어 있다. 외부 표면은 또한 $T_{sur} = 300$ K인 주변에 노출되어 있다. 만약 벽이 $k = 15\ \text{W/m}\cdot\text{K}$인 고온재료로 만들어져 있다면 외부 표면온도가 $T_{s,o} = 1000$ K를 초과하지 않도록 하기 위한 최소 두께 L은 얼마인가? 이 두께와 관련한 집열 효율은 얼마인가?

우주복사

12.85 하나는 흑색으로 도색되고, 다른 하나는 특수코팅(화학적으로 산화된 구리)된 두 평판이 지구궤도 상에 놓여 있고 태양열복사에 노출되어 있다. 태양광선은 평판의 법선과 30° 각도를 이룬다. 이 평판들은 확산적이고 태양열유속이 1368 W/m^2이라 가정하여 각 평판의 평형온도를 예측하라. 흑색으로 도색된 표면의 스펙트럴 흡수율은 대략 $0 \le \lambda \le \infty$에 대해서 $\alpha_\lambda = 0.95$이고, 특수코팅의 경우는 $0 \le \lambda < 3\ \mu\text{m}$에 대해서는 $\alpha_\lambda = 0.95$ 그리고 $\lambda \ge 3\ \mu\text{m}$에 대해서는 $\alpha_\lambda = 0.05$이다.

12.86 위성용 태양열 발전설비의 방열기는 위성 내에서 발생되는 열을 복사에 의해 우주공간으로 소산하여야 한다. 방열기 표면은 0.5의 태양열 흡수율과 0.95의 방사율을 가진다. 태양조사가 1000 W/m^2이고 요구되는 열소산이 1500 W/m^2일 때 평형상태에서 표면온도는 얼마인가?

12.87 우주동력 시스템에서의 열소산을 위한 방열기로 두께 t인 환상(annular)휜이 사용된다. 휜의 뒷면은 단열되어 있고 태양조사 G_S에 노출될 수 있다. 이 휜은 확산적이고 스펙트럴 반사율이 다음과 같이 주어진 파장에 대하여 선택적인 물질로 코팅되어 있다.

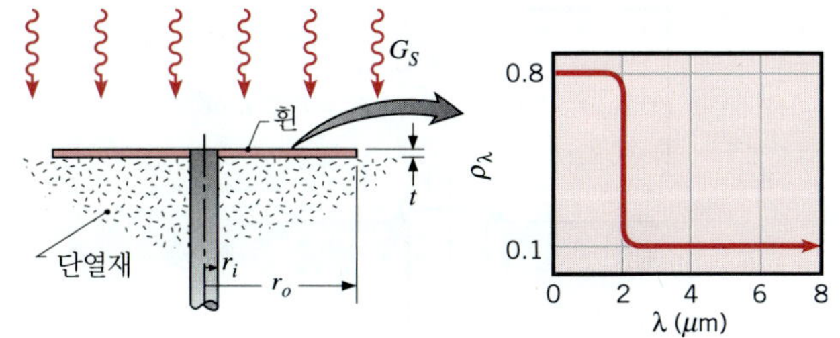

열이 반지름 r_i인 고체 봉을 통하여 휜으로 전도되고 휜의 노출된 윗면은 자유공간으로 방사하는데, 자유공간의 온도는 실질적으로 절대온도 0이다.

(a) 봉으로의 전도에 의해 휜의 기부온도는 $T(r_i) = T_b = 400$ K로 유지되고 휜효율이 100%라면 반지름이 $r_o = 0.5$ m인 휜으로부터의 열소산율은 얼마인가? 방열기가 $G_S = 1000$ W/m^{2}인 태양에 노출되어 있는 경우와 노출되지 않은 경우($G_S = 0$)를 고려하라.

(b) 실제로 휜효율은 100%보다 작으며 그 온도는 반지름이 증가할수록 감소할 것이다. 적절한 검사체적으로부터 시작하여 휜에서의 정상상태 반지름 방향 온도분포를 구하기 위한 미분방정식을 유도하라. 적절한 경계조건을 제시하라.

12.88 두께가 t, 길이가 L, 폭이 W인 사각판이 우주선의 방열기로서 활용될 예정이다. 판재질의 열전도율은 300 W/m·K, 태양흡수율은 0.45, 방사율은 0.9이다. 방열기의 윗면만이 태양복사에 노출되고, 양 옆면은 4 K의 온도를 갖는 깊은 우주(deep space)에 노출된다.

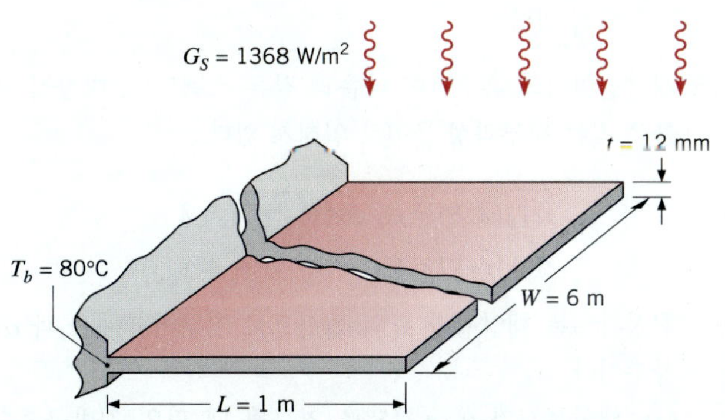

(a) 방열기의 바탕 부분이 $T_b = 80$°C의 온도로 유지된다면 끝 부분의 온도는 얼마이고 열방출률은 얼마인가? 해를 구하기 위해서는 0.1 m의 공간증분을 가지고 수치해석적인 유한차분법을 이용하라.

(b) 우주선이 지구의 어두운 쪽에 위치하여 태양에 노출되지 않을 경우에 (a)의 계산을 반복하라.

(c) $G_S = 0$이고 열전도율이 매우 큰 값을 갖는 경우에 대하여 컴퓨터 코드를 이용하여 열전달률 및 끝 부분의 온도를 계산하라. 그 결과를 방열기의 온도가 T_b로 균일한 경우에 손으로 계산한 결과와 비교하라. 사용한 컴퓨터 코드를 검증하기 위해서 어떠한 방법이 활용될 수 있는가?

12.89 지름이 D인 구형태의 위성이 지구를 중심의 궤도를 갖는데, 스펙트럴 흡수율, $\lambda \le 3\ \mu$m일 때 $\alpha_\lambda = 0.6$, $\lambda \le 3\ \mu$m일 때 $\alpha_\lambda = 0.3$을 갖도록 확산 물질로 코팅되어 있다. 다만, 스펙트럼에 선택적인 물질로 위성 전체를 코팅하는 대신에 위성의 반은 확산 회색 코팅의 특성을 갖는, $\alpha_1 = 0.6$으로 위성의 반은 역시 확산 회색 코팅을 특성을 갖는, $\alpha_2 = 0.3$인 물질로 코팅한다.

(a) 위성이 지구의 밝은면에 위치하고 높은 흡수율 코팅면이 태양을 향할 때 정상상태의 위성의 온도를 결정하라. 낮은 흡수율 코팅면이 태양을 향할 때 정상상태 위성 온도를 결정하라. 힌트: 위성의 한쪽 반구는 태양으로부터 조사되고, 다른 반구의 반은 지구로부터 조사된다고 가정하라.

(b) 위성이 지구의 어두운에 위치하고 높은 흡수율 코팅면이 지구를 향할 때 정상상태의 위성의 온도를 결정하라. 낮은 흡수율 코팅면이 지구를 향할 때 정상상태 위성 온도를 결정하라.

(c) 위성이 지구의 밝은면과 어두운 면을 지날 때 위성의 온도변화를 가장 작게 할 수 있는 방법을 찾아라.

12.90 반지름 3 m의 구형 캡슐(capsule)이 지구궤도에 있는 우주 플랫폼(platform)으로부터 발사되어 16,000 km/s의 속도로 태양의 중심을 향해 날아간다. 캡슐은 밀도-비열의 곱이 4×10^6 J/m^3·K인 집중용량 물체이고, 그 표면은 흑체이다.

(a) 캡슐의 온도를 시간이 함수로 예측할 수 있는 미분방정식을 유도하라. 이 방정식을 풀어서 캡슐의 매개변수들과 초기온도 T_i의 항으로 캡슐의 온도를 시간의 함수로 구하라.

(b) 캡슐이 발사될 당시의 온도가 20°C일 때, 이 캡슐이 파괴되는 온도인 150°C에 도달하게 되는 태양에 대한 상대적 위치를 예측하라.

12.91 한 우주선에 장착된 태양전지판의 면적이 1 m^{2}이고 태양-전기에너지 변환효율은 12%이다. 광전지 배열로 구성된 판의 측면의 방사율은 0.8이고 태양흡수율은 0.8이다. 판 뒷면의 방사율은 0.7이다. 이 배열이 1500 W/m^{2}의 태양조사에 수직 방향으로 향한다.

(a) 주어진 조건에서 판의 정상상태 온도와 생산되는 전기동력(W)을 구하라.

(b) 만약 판이 태양전지가 없는 얇은 판이고 같은 복사 물성치를 갖는 경우에 주어진 조건에서 판의 온도는 얼마인가? 이 결과를 (a)의 결과와 비교하라. 같은지 다른지 그 이유를 서술하라.

(c) 우주선이 지구에 의해 가려진 1500초 후의 태양전지판의 온도를 구하라. 단위면적당 판의 열용량은 9000 J/m^2·K이다.

환경복사

12.92 지붕 위로 바람이 불어서 대류열전달계수가 25 W/m^2·K인 어느 날 큰 평평한 수평 금속 지붕으로 입사되는 태양조사가 1100 W/m^{2}이다. 외부 공기온도는 27°C이고, 입사 태양열복사에 대한 흡수율은 0.60이며, 금속표면의 방사율은 0.20이고, 지붕 아래는 잘 단열되어 있다.

(a) 정상상태 조건들하에서의 지붕의 온도를 예측하라.

(b) 흡수율, 방사율 그리고 대류계수의 변화가 정상상태 온도에 미치는 영향에 대하여 조사하라.

12.93 직접복사가 전체 열유속(선에 수직인 면적을 기준으로 한) $q''_{\text{dir}} = 1000$ W/m^{2}로서 $\theta = 30°$로 입사되고, 확산복사의 전체 강도가 $I_{\text{dif}} = 70$ W/m^2·sr인 맑은 하늘에 대한 조건들에 대하여 고려한다. 지구표면에서의 전체 태양조사는 얼마인가?

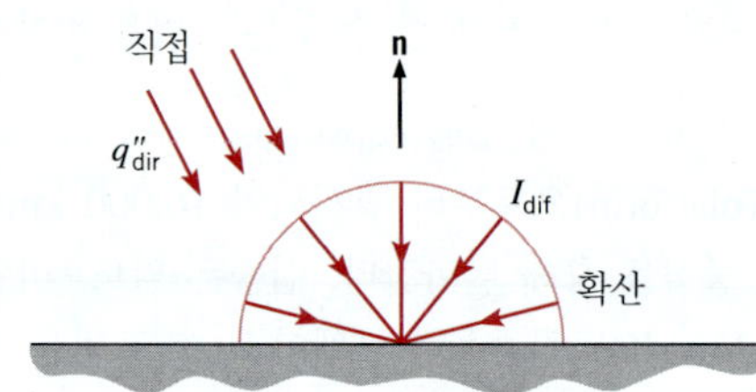

12.94 흐린 날 지구 표면으로의 태양 복사 중에 직달일사량은 대략 다음의 형식으로 표현될 수 있다. $I_i = I_n \cos\theta$, 여기서 I_n은 표면의 수직방향으로 향하는 총 복사 강도를 나타내고, θ는 천정각을 나타낸다. 표면으로의 태양 조사량, $G = 200$ W/m^{2}일 때 I_n의 값은 얼마인가?

12.95 지름 50 mm의 깊은 공동은 흑체로 근사화할 수 있으며, 250°C로 유지되고 있다. 이 공동은 태양조사 800 W/m^2, 25°C인 주위 공기와 주변들에 노출되어 있다. 파장 0.2~4 mm 범위에 대한 스펙트럼의 투과율과 반사율이 각각 0.9와 0인 얇은 창이 공동 입구를 덮고 있다. 파장이 4 μm를 넘을 때, 창은 투과성으로 반응하며, 방사율이 0.95인 확산회체이다. 창의 위 표면에서의 대류열전달계수를 10 W/m^2·K라 가정하고, 공동을 250°C로 유지하는 데 소요되는 동력과 창의 온도를 구하라.

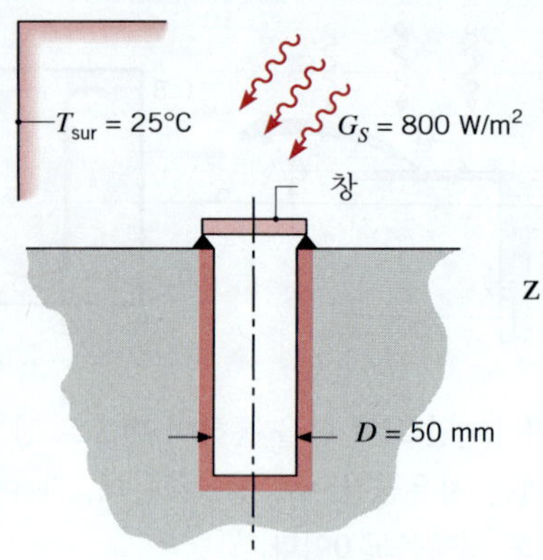

12.96 표면의 태양열 흡수율이 0.9이고 방사율이 0.1인 평판의 윗면에 900 W/m^{2}의 태양열유속이 입사된다. 공기와 주변은 17°C이고, 평판과 공기 사이의 대류열전달계수는 20 W/m^2·K이다. 평판의 아랫면은 단열되었다고 가정하고, 평판의 정상상태 온도를 구하라.

12.97 방향흡수율이 $0 \le \theta \le 60°$에 대하여 0.8이고, $\theta > 60°$에 대하여 0.1인 비투과성 회체표면을 고려한다. 표면은 수평이고 직접복사와 확산복사 성분들로 이루어진 태양조사를 받는다.

(a) 법선으로부터 45°각도로 입사되는 직접 태양열복사에 대한 표면흡수율은 얼마인가? 확산조사에 대한 흡수율은 얼마인가?

(b) 표면과 주변 공기 사이의 대류열전달을 무시할 때, 조사의 직접 및 확산성분들이 각각 600 W/m^{2}과 100 W/m^{2}이면, 표면의 평형온도는 얼마인가? 표면의 뒷면은 단열되어 있다.

12.98 태양집열기의 흡수판이 다음과 같은 스펙트럼, 방향적 흡수율을 갖는 비투과성 물질로 입혀져 있다.

$$\alpha_{\lambda,\theta}(\lambda,\theta) = \alpha_1 \cos\theta \qquad \lambda < \lambda_c$$
$$\alpha_{\lambda,\theta}(\lambda,\theta) = \alpha_2 \qquad \lambda > \lambda_c$$

천정각 θ는 태양광과 판의 법선으로 이루어지며 α_1과 α_2는 상수이다.

(a) 태양복사가 $\theta = 45°$로 입사될 때 판의 전반구흡수율 α_S를 구하는 식을 구하라. $\alpha_1 = 0.93$, $\alpha_2 = 0.25$이고 차단파장이 $\lambda_c = 2$ μm일 때 α_s를 구하라.

(b) 판의 전반구방사율 ε을 나타내는 식을 구하라. 판의 온도가 $T_p = 60°$C이고 α_1, α_2, λ_c가 위와 같을 때 ε을 구하라.

(c) $\theta = 45°$로 입사되는 태양유속이 $q''_S = 1000$ W/m^{2}이고 α_1, α_2, λ_c, T_p의 값이 위와 같을 때 판으로의 정미 복사 열유속 q''_{net}은 얼마인가?

[(d)] 주어진 조건들과 *IHT*의 *Tools*부분의 *Radiation/ Band Emission Factor*를 이용하여 $F_{(0\to\lambda c)}$를 구하고 $0.7 \le \lambda_c \le 5\ \mu$m의 범위에서 α_S, ε, q''_{net}에 대한 λ_c의 영향을 검토하라.

12.99 사막지대에서 밤의 하늘온도가 240°C까지 떨어지는 것은 드문 일이 아니다. 주위 공기온도가 20°C이고 공기흐름이 없을 때의 대류열전달계수가 약 5 W/m^2·K일 때, 깊이가 얕은 냄비의 물이 얼 수 있는가?

12.100 대기로부터 지구표면으로의 조사는 12.9.2절에서 나타낸 바와 같이 대기 창과 관련하여 강한 스펙트럼의 변화를 겪게 된다.

(a) $0 \le \lambda < 8\ \mu$m의 영역에서 일반 조건 내 하늘의 스펙트럴 방사율은 $\varepsilon_{\lambda,1} = 0.90$, $\lambda > 13\ \mu$m의 영역에서 $\varepsilon_{\lambda,3} = 0.85$이다. 대기 창 내에서 $8\ \mu\text{m} \le \lambda \le 13\ \mu$m의 영역에서 스펙트럴 방사율은 대략 $\varepsilon_{\lambda,2} = 0.05$, 0.8 그리고 0.9와 같고 각각 맑은날, 약간 구름낀 날, 매우 흐린날에 해당한다. 세 가지 하늘 조건에 대해 실제 대기 온도 280 K에 해당하는 유효 하늘(천공) 온도를 계산하라.

(b) 남극지방의 춥고 구름이 없는 조건에서 작은 물방울들이 존재하고, 이 지역의 스펙트럴 방사율은 어림잡아 실제 대기온도 220 K의 조건에서 $\varepsilon_{\lambda,1} = 0.75$, $\varepsilon_{\lambda,2} = 0.03$, $\varepsilon_{\lambda,3} = 0.75$로 측정되었다. 이와 같은 조건에서 천공온도를 결정하라. 지구상에서 관측된 가장 낮은 표면온도는 남극에서 200 K보다 작을 수 있음을 설명하라.

12.101 식물의 잎은 내부의 촉촉한 부분과 외부를 연결하는 작은 채널을 가지고 있다. **기공**(stomata)이라 불리는 채널은 식물 전체에 있어 수분 선날의 기본 저항으로 작용한다. 기공의 직경은 대기 중 CO_2 수준에 민감하다. 옥수수잎이 윗부분은 $G_S = 600$ W/m^{2}인 태양조사와 유효하늘온도 $T_{\text{sky}} = 0$°C에 노출되어 있고, 잎의 아랫면은 $T_g = 20$°C인 지면을 보고 있다. 잎의 상하면은 $h = 35$ W/m^2·K, $T_\infty = 25$°C 대류조건이고 기공을 통해 증발이 이루어진다. 시골의 CO_2 농도에 따른 수증기 증발유속은 50×10^{-6} kg/m^2·s이고, 도시에서는 CO_2 농도가 2배가 되고 이때의 수증기 증발유속은 5×10^{-6} kg/m^2·s로 낮아진다. 시골과 도시에서의 잎의 온도를 구하라. 물의 증발잠열은 $h_{fg} = 2400$ kJ/kg이고 잎–하늘, 잎–지면 사이 복사교환에서 $\alpha = \varepsilon = 0.97$을 가정한다. 태양조사에 대해서는 $\alpha_S = 0.76$이다.

12.102 얇은 판유리가 온실지붕으로 사용되었고, 다음 그림과 같이 조사되고 있다.

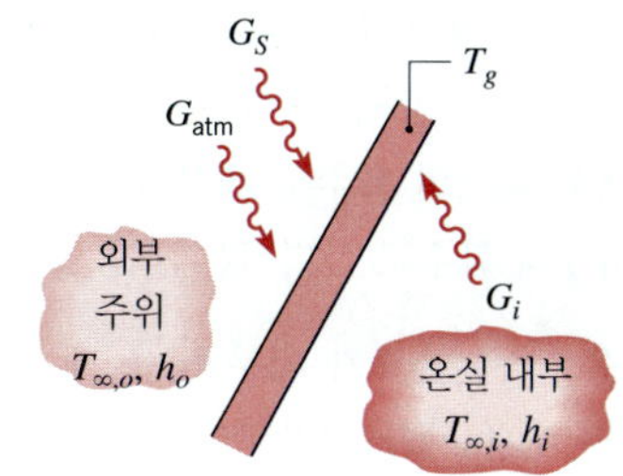

이 조사는 전체 태양열유속 G_S, 대기방사(하늘복사)에 기인한 유속 G_{atm} 그리고 내부표면으로부터의 방사에 기인하는 유속 G_i로 구성된다. 유속들 G_{atm}과 G_i는 원적외선 영역($\lambda \gtrsim 8\ \mu$m)에 집중되어 있다. 이 유리는 또한 안과 바깥 대기들과의 대류에 의해 에너지를 교환한다. 이 유리는 $\lambda < 1\ \mu$m에 대하여 완전히 투과성이고($\lambda < 1\ \mu$m에 대하여 $\tau_\lambda = 1.0$), $\lambda > 1\ \mu$m에 대해서는 $\alpha_\lambda = 1.0$인 비투과성이라고 가정할 수 있다.

(a) 모든 복사유속들이 표면에 균일하게 분포되어 있고, 유리는 균일온도 T_g인 정상상태 조건들로 가정할 때, 단위면적의 유리에 대한 적절한 에너지평형식을 세우라.

(b) $T_g = 27$°C, $h_i = 10$ W/m^2·K, $G_S = 1100$ W/m^2, $T_{\infty,o} = 24$°C, $h_o = 55$ W/m^2·K, $G_{\text{atm}} = 250$ W/m^2 및 $G_i = 440$ W/m^{2}에 대하여 온실 내부의 공기온도 $T_{\infty,i}$를 계산하라.

12.103 집광된 태양복사가 통과하는 투명한 유리창이 있는 진공체임버로 구성된 태양로가 있다. 태양으로부터 입사되는 복사를 반사하는 큰 곡면으로 된 반사경의 초점에 노를 설치함으로써 집광을 이룰 수 있다. 이 노는 고온에서의 물질의 특성을 평가하는 데 사용할 수 있으며, $\lambda \le 4.5\ \mu$m의 범위에서 $\alpha_\lambda = 0.95$이고 $\lambda > 4.5\ \mu$m에서 $\alpha_\lambda = 0.03$인, 확산적이면서 파장에 대해 선택적인 코팅의 내구성을 평가하는 실험을 하고자 한다. 이 코팅은 노 안에 매달려 있는 평판에 적용되어 있다.

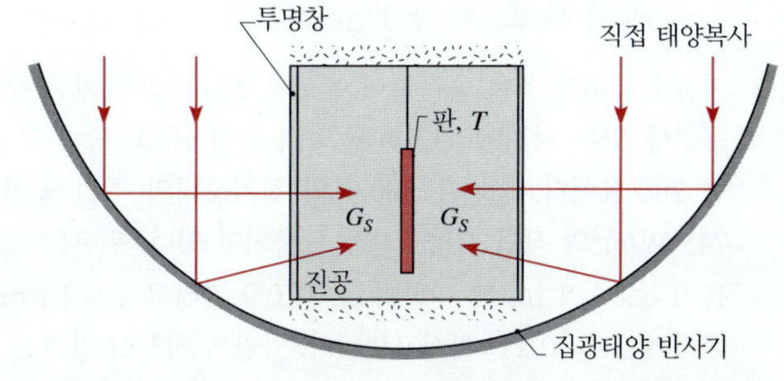

(a) 이 실험을 평판의 정상상태 온도 $T = 2000$ K에서 수행한다면 얼마만큼의 태양조사 G_S가 공급되어야 하는가? 이 조사는 평판 표면 전체에 균일하게 분포한다고 가정할 수 있으며, 다른 열원으로부터의 복사는 무시할 수 있다.

(b) 태양조사는 평판의 온도가 어떤 범위에 걸쳐 작동할 수 있도록 조절할 수 있다. G_S를 $500 \le T \le 3000$ K의 범위에서 온도의 함수로 계산하고 도시하라. 주어진 범위에서 T의 함수로 해당하는 α와 ε의 값들을 도시하라.

12.104 농부들은 유효하늘온도가 너무 낮을 때, 포도를 얼지 않게 하려고 대형 휀(fan)을 사용한다. 포도는 설탕물의 덩어리를 둘러싸고 있는 무시할 만한 열저항을 가진 얇은 껍질로 근사화할 수 있으며, 주위 공기에 노출되어 있고, 위의 하늘과 아래의 지면으로부터 조사되고 있다. 포도를 지름 15 mm인 등온의 구로 가정하고, 각각 하늘과 지면으로부터의 방사에 의한 위와 아래 반구들로의 균일한 흑체조사를 가정한다.

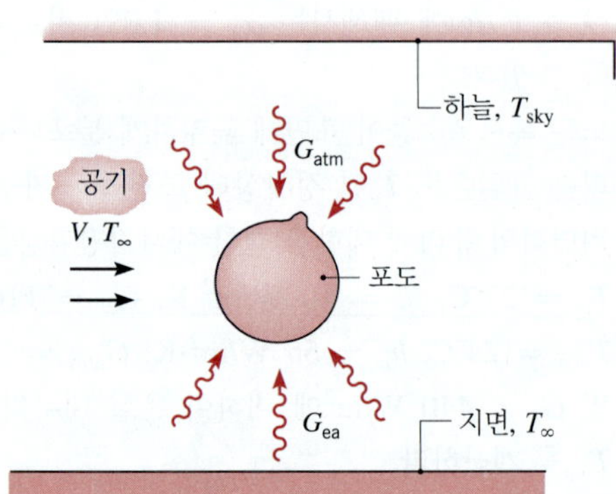

(a) 포도온도의 변화율을 나타내는 식을 유도하라. 그 결과를 대류열전달계수와 적절한 온도들과 복사량들로 나타내라.

(b) $T_{sky} = 235$ K, $T_\infty = 273$ K이고, 휀이 작동하지 않는 ($V = 0$)조건하에서 포도가 얼 것인가를 결정하라. 포도껍질의 방사율이 1이고, 내용물의 열물성치들은 무가당의 물과 같다고 근사화한다. 그러나 설탕이 함유되므로 포도는 -5°C에서 언다.

(c) 모든 조건들이 같게 유지되고 단지 휀이 $V = 1$ m/s로 작동할 때 포도는 얼 것인가?

12.105 지름 0.4 m의 원형 금속판이 온도가 280 K인 메마른 수평구역에 있는 지면에 견고하게 놓여 있다. 유효하늘온도 또한 280 K이다. 원판은 300 K의 정지상태의 주위 공기와 745 W/m^{2}의 직접 태양조사에 노출되어 있다. 원판의 표면은 $0 < \lambda < 1$ μm에 대하여 $\varepsilon_\lambda = 0.9$ 그리고 $\lambda > 1$ μm에 대하여 $\varepsilon_\lambda = 0.2$인 확산표면이다. 약간의 시간이 경과한 다음에 원판은 균일한 정상상태 온도를 이룬다. 흙의 열전도율은 0.52 W/m·K이다.

(a) 입사된 태양조사 중 흡수된 분율은 얼마인가?

(b) 원판 표면의 방사율은 얼마인가?

(c) 340 K의 정상상태 원판온도에 대하여 원판의 위 표면에서의 평균 자유 대류열전달계수를 결정하기 위해 적합한 상관식을 도입하라.

(d) 340 K의 원판온도가 원판에 대한 정상상태 조건이 될 수 있다는 것을 증명하라.

12.106 뒷면에 전기가열기가 있는 비투과성 수평평판을 고려해 보자. 앞면은 20°C의 주위 공기에 노출되어 있고 대류열전달계수는 10 W/m^2·K, 태양조사는 800 W/m^{2}이며 유효하늘온도는 -40°C이다.

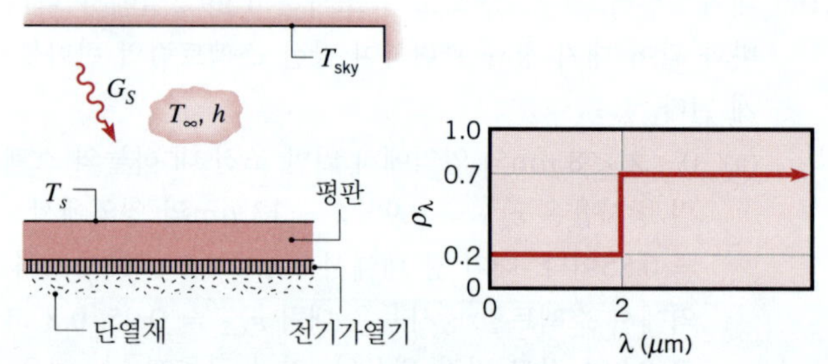

만약 평판이 확산면이고 그림에 주어진 스펙트럼의 반구반사율을 가진다면 평판 표면온도를 $T_s = 60$°C로 유지시키는 데 필요한 전기동력(W/m^2)은 얼마인가?

12.107 지구위성 수신기용 동력증폭기의 노출된 표면이 130 mm × 130 mm이고, 방사율이 0.5인 비투과성 확산회체 피복으로 코팅되어 있다. 대표적인 증폭기의 조작조건에 대하여 다음과 같은 환경조건들하에서 표면온도가 58°C이다: 공기온도 $T_\infty = 27$°C, 하늘온도 $T_{sky} = -20$°C, 대류열전달계수 $h = 15$ W/m^2·K, 태양조사 $G_S = 800$ W/m^2.

(a) 위의 조건들에 대하여 증폭기 내에서 발생된 전기동력을 구하라.

(b) 다음에 표시된 확산코팅(A, B, C)중의 하나를 적용하여 표면온도를 감소시키는 것이 요구된다.

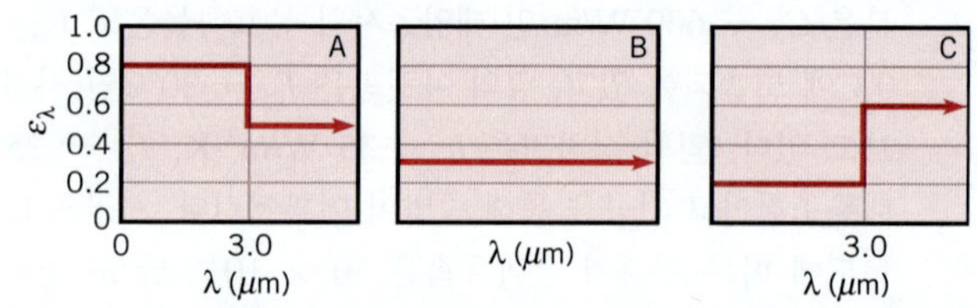

어떠한 코팅을 적용하면 동일한 증폭기 조작조건들과 환경조건들에 대하여 가장 저온의 표면온도를 얻을 수 있는가?

열전달 및 물질전달

12.108 맑은 날 밤에는 공기의 온도가 0°C 이하로 내려가기 이전에 지상의 물의 얇은 층이 언다고 알려져 있다. 유효 하늘온도가 -30°C이고 바람의 영향으로 인한 대류열전달계수는 $h = 25$ W/m^2·K인 맑은 날 밤의 물의 층을 생각해 보

자. 물은 1.0의 방사율을 갖고 전도 열전달에 관한 한 지면으로부터 단열되어 있다고 가정할 수 있다. 증발을 무시할 때, 물이 얼지 않는 공기의 최저온도를 구하라. 이제 증발을 고려한다면, 물이 얼지 않는 공기의 최저온도는 얼마인가? 건(dry)공기로 가정한다.

12.109 물의 얕은 층이 그림과 같이 자연환경에 노출되어 있다.

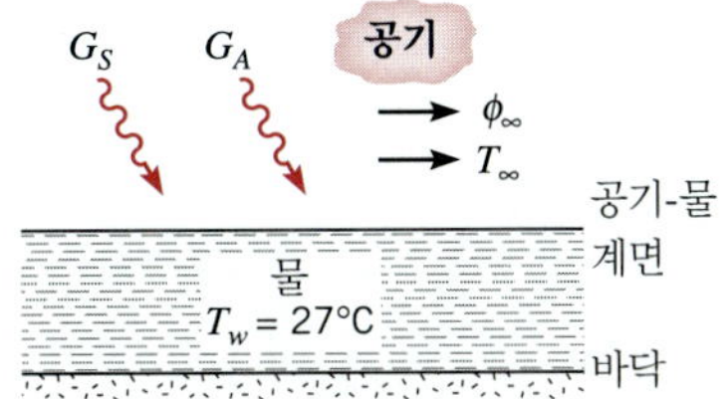

태양 및 대기의 조사가 각각 G_S = 600 W/m^{2}와 G_{atm} = 300 W/m^{2}이고, 공기온도 및 상대습도는 각각 T_∞ = 27°C와 ϕ_∞ = 0.50인 조건을 고려하자. 태양조사 및 대기조사에 대한 물표면의 반사율은 각각 ρ_S = 0.3과 ρ_{atm} = 0이며, 표면의 방사율은 ε = 0.97이다. 공기-물 계면에서의 대류열전달계수는 h = 25 W/m^2·K이다. 물의 온도가 27°C라면 시간이 지남에 따라 온도는 증가할 것인가 또는 감소할 것인가?

12.110 빨랫줄에 걸려 있는 젖은 수건의 한 면은 G_S = 900 W/m^{2}의 태양조사를 받고 있고, 양면 모두 G_{atm} = 200 W/m^{2}의 대기복사와 G_g = 250 W/m^{2}의 지면복사에 노출된다. 보통의 바람상태에서 27°C의 온도와 60%의 상대습도를 갖는 공기의 유동으로 인한 양면에서의 대류열전달계수는 20 W/m^2·K이다. 젖은 수건의 방사율은 0.96이고 태양열 흡수율은 0.65이다. 초기가정으로 대기공기의 물성치는 300 K의 온도에서 구할 수 있다.

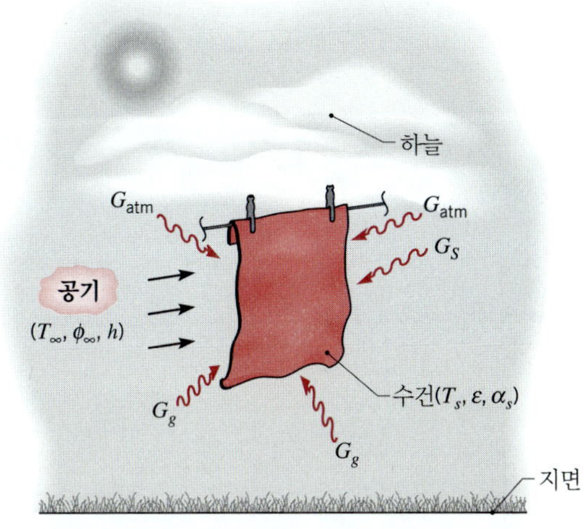

수건의 온도 T_s를 구하라. 0.75 m의 폭과 1.50 m의 길이를 갖는 수건에서 그에 따른 증발률은 얼마인가?

12.111 강제대류와 복사램프로부터의 조사조건하에 있는 젖은 종이수건으로부터의 물질이동을 구하는 실험을 수행하고 있다. 그림에 주어진 T_∞와 T_{wb} 값에 대하여 수건의 온도는 T_s = 310 K였다. 더불어 평판에 대한 상관관계로부터 평균 열전달 및 물질전달 대류계수는 각각 $\bar{h}$ = 28.7 W/m^2·K와 $\bar{h}_m$ = 0.027 m/s이다. 수건의 치수는 92.5 mm × 92.5 mm이고, 수건은 확산회체이며 방사율이 0.96이다.

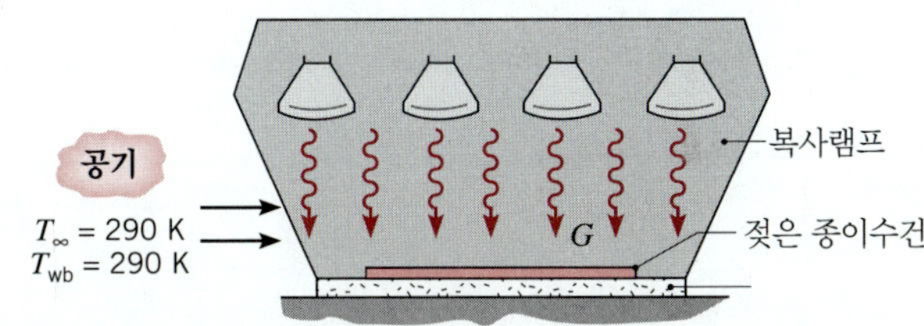

(a) 위의 결과들로부터 증기밀도 $\rho_{A,s}$와 $\rho_{A,\infty}$ 그리고 증발률 n_A(kg/s) 및 수건으로의 알짜 복사전달률 q_{rad}(W)를 구하라.

(b) (a)의 결과를 이용하고 조사 G가 수건에 걸쳐 균일하다고 가정하여 방사도 E, 조사 G, 출사 J를 구하라.

CHAPTER 13

표면 사이의 복사 열교환

Radiation Exchange Between Surfaces

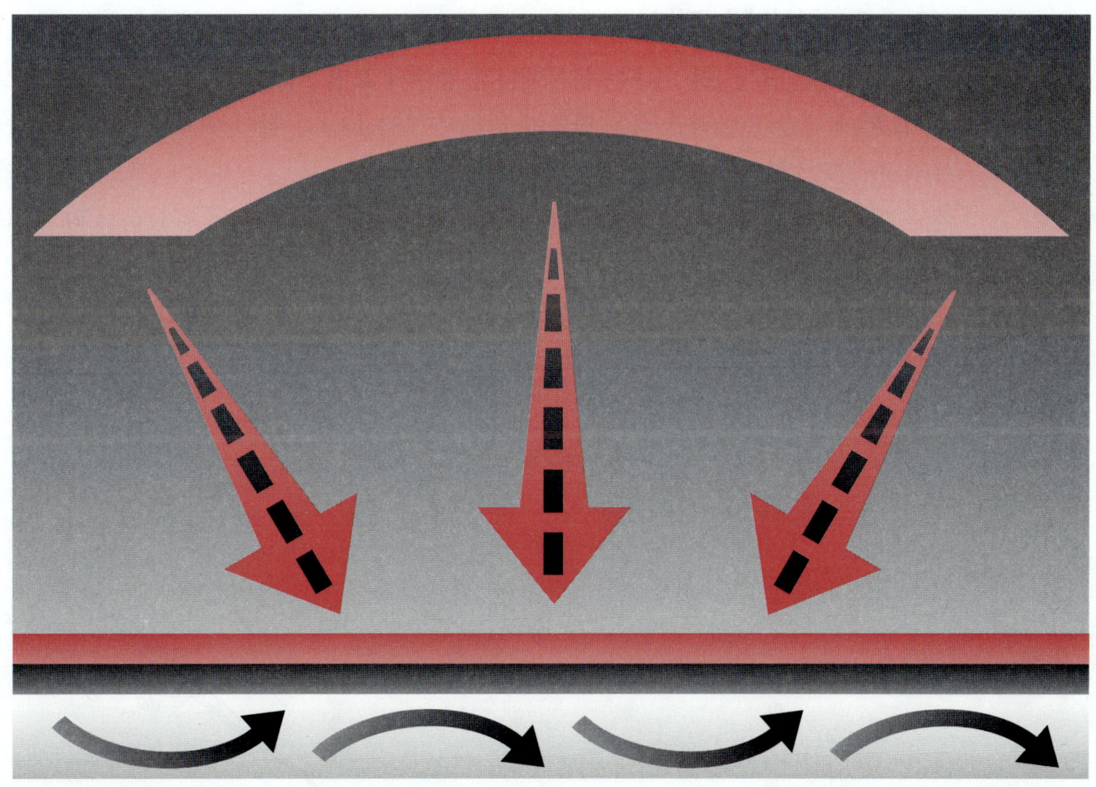

지금까지는 **단일표면**에서 일어나는 복사과정에 대해서만 관심을 가졌으나, 이제는 두 개 또는 그 이상의 표면 사이에서 일어나는 복사 열교환 문제를 생각해 보자. 이 교환은 그 표면의 복사 상태량과 온도뿐만 아니라, 표면의 형상과 방향에 크게 의존한다. 우선 표면들은 복사에 **참여하지 않는 매질**(nonparticipating medium)에 의해 분리되어 있다고 가정한다. 이러한 매질은 방사, 흡수뿐만 아니라 산란도 하지 않으므로, 표면들 사이의 복사 열전달에 전혀 영향을 미치지 않는다. 진공상태가 정확하게 이러한 조건들을 만족시키며, 대부분의 기체들도 이러한 조건을 상당히 잘 만족시킨다.

첫 번째 목적은 **형상계수**(view factor)의 개념을 전개하여 복사 열교환 문제의 기하학적 특성을 정립하는 것이다. 두 번째 목적은 **밀폐공간**을 구성하는 표면들 사이에서의 복사교환을 예측할 수 있는 방법을 설명하는 것이다. 마지막에서는 복사에 **참여하는 매질**(participating medium), 즉 복사를 방출하거나 흡수하는 기체의 영향을 고찰함으로써 표면들 사이의 복사 열교환을 고려하는 것으로 결론을 맺을 것이다.

13.1 형상계수

어떠한 두 표면들 사이의 복사 열교환을 계산하기 위하여 먼저 **형상계수**(view factor, configuration factor, shape factor)의 개념을 도입해야 한다.

13.1.1 형상계수 적분

형상계수 F_{ij}는 **표면 i를 떠나는 복사에너지 중에서 표면 j에 도달하는 복사에너지의 분율**로 정의된다. F_{ij}에 대한 일반적인 식을 만들기 위하여 그림 13.1과 같이 임의의 방향으로 향하는 표면들 A_i와 A_j를 고려하자. 각 표면 위의 요소 면적인 dA_i와 dA_j는 길이가 R인 선으로 연결되어 있고, 이 선은 표면법선 $\mathbf{n}_i$및 $\mathbf{n}_j$와 각각 θ_i와 θ_j의 각도를 이룬다. R, θ_i, θ_j의 값들은 A_i와 A_j위에서 요소면적들의 위치에 따라 변한다.

12.3.2절과 식 (12.11)의 복사강도의 정의로부터 복사에너지가 dA_i를 **떠나서** dA_j에 **도달**하는 전달률은 다음과 같이 표현될 수 있다.

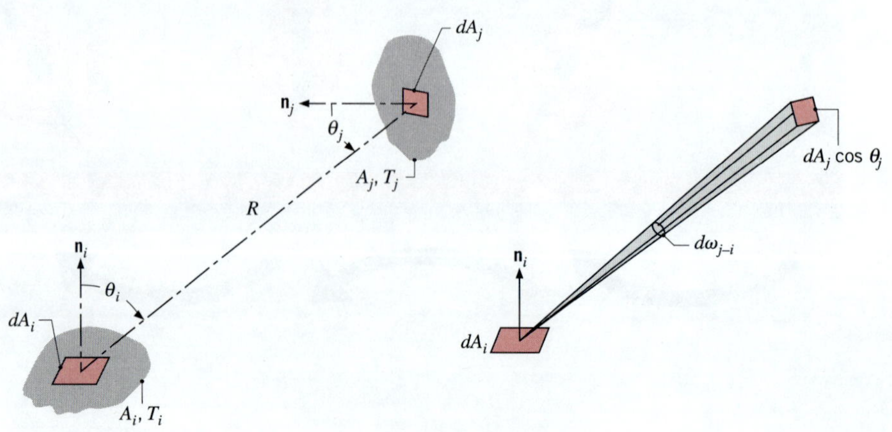

그림 13.1 면적이 dA_i와 dA_j인 미소 면적들 사이의 복사 열교환에 관한 형상계수.

$$dq_{i\to j} = I_{e+r,i} \cos\theta_i \, dA_i \, d\omega_{j-i}$$

여기서 $I_{e+r,i}$는 방사와 반사에 의해 표면 i를 떠나는 복사강도이고, $d\omega_{j-i}$는 dA_i에서 볼 때 dA_j가 이루는 입체각이다. 식 (12.7)로부터 $d\omega_{j-i} = (\cos\theta_j \, dA_j)/R^2$이므로 다음과 같은 식을 얻을 수 있다.

$$dq_{i\to j} = I_{e+r,i} \frac{\cos\theta_i \cos\theta_j}{R^2} dA_i \, dA_j$$

표면 i가 **확산적으로 방사**하고 **반사**한다고 가정하고, 식 (12.27)을 대입하면 다음 식을 얻는다.

$$dq_{i\to j} = J_i \frac{\cos\theta_i \cos\theta_j}{\pi R^2} dA_i \, dA_j$$

표면 i를 떠나 j에 도달하는 전체 전달률은 두 표면에 대해 적분하여 얻을 수 있다. 즉

$$q_{i\to j} = J_i \int_{A_i} \int_{A_j} \frac{\cos\theta_i \cos\theta_j}{\pi R^2} dA_j \, dA_i$$

여기서 출사 J_i는 표면 A_i에 걸쳐서 균일하다고 가정한다. A_i를 떠나서 A_j에 도달하는 복사 열전달의 분율인 형상계수의 정의로부터 형상계수를 다음과 같이 쓸 수 있다.

$$F_{ij} = \frac{q_{i\to j}}{A_i J_i}$$

따라서 다음과 같다.

$$F_{ij} = \frac{1}{A_i} \int_{A_i} \int_{A_j} \frac{\cos\theta_i \cos\theta_j}{\pi R^2} dA_j \, dA_i \tag{13.1}$$

마찬가지로 형상계수 F_{ji}는 A_j를 떠나는 복사에너지 중에 A_i에 도달하는 복사에너지의 분율로 정의된다. 같은 방법으로 식을 전개하면 다음과 같이 된다.

$$F_{ji} = \frac{1}{A_j} \int_{A_i} \int_{A_j} \frac{\cos\theta_i \cos\theta_j}{\pi R^2} dA_j \, dA_i \tag{13.2}$$

식 (13.1)이나 (13.2)는 **확산적인 방사체**와 **반사체**이고, **균일한 출사**를 가지고 있는 임의의 두 표면과 관련된 형상계수를 결정하는 데 사용할 수 있다.

13.1.2 형상계수 상관식

중요한 형상계수 상관식이 식 (13.1)과 (13.2)로 제시되었다. 특히 이 방정식들에 나타나 있는 적분들이 같으므로 다음과 같이 된다.

$$A_i F_{ij} = A_j F_{ji} \tag{13.3}$$

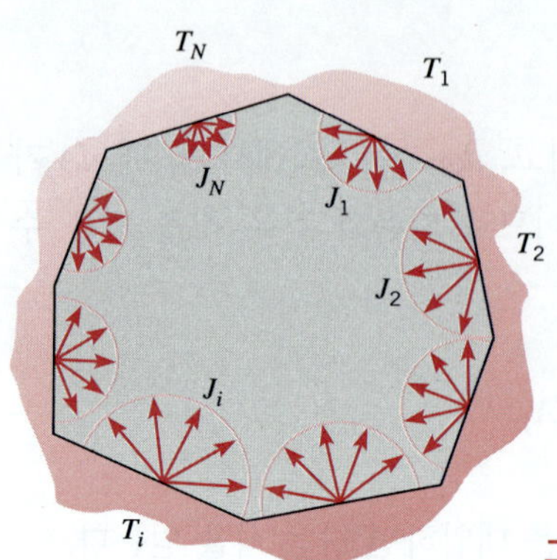

그림 13.2 밀폐공간에서의 복사 열교환.

상호관계식(reciprocity relation)이라고 불리는 이 식은 하나의 형상계수를 아는 상태에서 다른 형상계수를 구할 때 유용하다.

또 다른 중요한 형상계수 상관식은 밀폐공간과 관련된 것이다(그림 13.2). 형상계수의 정의로부터 다음 식과 같은 **합산법칙**(summation rule)을 밀폐공간을 이루는 N개의 표면 각각에 적용할 수 있다.

$$\sum_{j=1}^{N} F_{ij} = 1 \tag{13.4}$$

이 법칙은 표면 i를 떠난 모든 복사에너지는 밀폐공간 표면에 도달해야만 한다는 에너지보존 조건으로부터 나온다. 합산에서 나타나는 F_{ii}항은 표면 i를 떠나 다시 표면 i에 직접 도달하는 복사에너지의 분율을 나타낸다. 표면이 오목하다면, 그 표면은 **자기 자신의 표면을 볼 수 있고**, 따라서 F_{ii}는 0이 아니다. 그러나 평판이나 볼록한 면에 대해서는 $F_{ii} = 0$이다.

N개의 표면으로 이루어진 밀폐공간에서 복사 열교환을 계산하기 위해서는 모두 N^2개의 형상계수가 필요하다. 이 필요조건은 형상계수를 다음과 같이 행렬형태로 배열하면 분명해진다.

$$\begin{bmatrix} F_{11} & F_{12} & \cdots & F_{1N} \\ F_{21} & F_{22} & \cdots & F_{2N} \\ \vdots & \vdots & & \vdots \\ F_{N1} & F_{N2} & \cdots & F_{NN} \end{bmatrix}$$

그러나 모든 형상계수를 **직접적으로** 구할 필요는 없다. 밀폐공간 안의 각 표면에 대해서 합산법칙 식 (13.4)를 적용하여 N개의 방정식으로부터 N개의 형상계수를 구할 수 있다. 더구나 밀폐공간에 대하여 적용이 가능한 상호관계 식 (13.3)을 $N(N-1)/2$번 적용함으로써 $N(N-1)/2$개의 형상계수들을 구할 수 있다. 따라서 단지$[N^2 - N - N(N-1)/2] = N(N-1)/2$개의 형상계수만 직접 구할 필요가 있다. 예를 들면 세 개의 표면들로 구성된 밀폐공간에서 이 조건은 단지 $3(3-1)/2 = 3$개의 형상계수를 구하면 된다는 것이다. 나머지 6개의 형상계수는 식 (13.3)과 (13.4)로부터 얻어지는 6개의 방정식을 풀어서 구할 수 있다.

앞에서 언급한 과정을 설명하기 위하여 그림 13.3의 구형 표면들로 이루어진 간단한 2표면 밀폐공간을 고려하자. 비록 이 밀폐공간은 $N^2 = 4$개의 형상계수들(F_{11}, F_{12}, F_{21}, F_{22})이 있지만,

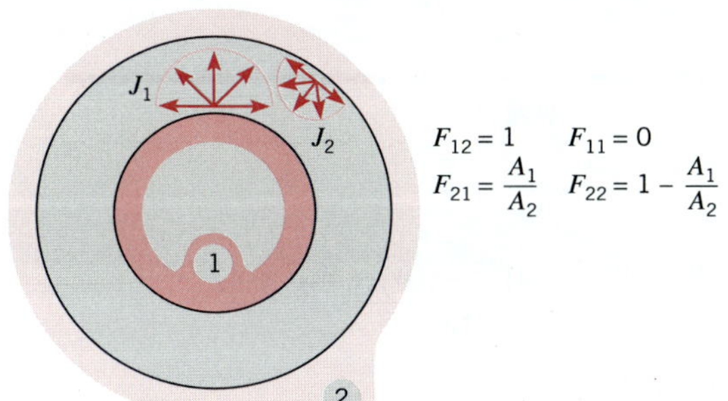

그림 13.3 두 개의 구로 형성된 밀폐공간에 대한 형상계수.

단지 $N(N - 1)/2 = 1$개의 형상계수만 직접 구하면 된다. 이 경우의 형상계수는 주의 깊게 고찰하면 얻을 수 있다. 특히 안쪽 표면을 떠나는 모든 복사는 바깥 표면에 도달하게 되므로 $F_{12} = 1$이다. 그러나 바깥 표면은 자기 자신을 볼 수 있으므로, 바깥 표면을 떠나는 복사에 대해서는 같은 논리가 성립하지 않는다. 그러나 식 (13.3)으로 주어지는 상호관계식으로부터 다음을 얻는다.

$$F_{21} = \left(\frac{A_1}{A_2}\right)F_{12} = \left(\frac{A_1}{A_2}\right)$$

합산법칙으로부터 다음 식도 얻을 수 있다.

$$F_{11} + F_{12} = 1$$

이 경우 $F_{11} = 0$이다. 그리고 다음과 같다.

$$F_{21} + F_{22} = 1$$

여기서

$$F_{22} = 1 - \left(\frac{A_1}{A_2}\right)$$

더 복잡한 형상에 대한 형상계수는 식 (13.1)의 이중적분을 수행하여 구할 수 있다. 많은 다른 표면 배열들에 대하여 해가 구해져 있으며, 이들을 방정식, 그래프 그리고 표의 형태로 이용할 수 있다[1~4]. 몇 가지 일반적인 형상들에 대한 결과들이 표 13.1, 13.2 그리고 그림 13.4부터 13.6까지에 나타나 있다. 표 13.1의 형상은 무한히 길다고(지면에 수직인 방향으로) 가정한 것이며, 따라서 2차원적이다. 표 13.2와 그림 13.4부터 13.6까지의 형상들은 3차원이다.

그림 13.4부터 13.6까지의 결과는 다른 형상계수들을 구하는 데 이용될 수 있다. 예를 들면 원통(혹은 잘린 원뿔 모양)의 옆면에 대한 끝면의 형상계수는 식 (13.4)의 합산법칙과 그림 13.5의 결과를 이용하여 구할 수 있다. 더욱이 두 개의 추가적인 형상계수 관계를 전개하면 그림 13.4와 13.6은 다른 유용한 결과를 얻는 데 이용할 수 있다.

첫째 관계는 세분된 표면에 대한 형상계수의 합산 성질과 관련된 것이며 그림 13.7로부터 추론될 수 있다. 표면 i로부터 n개의 요소로 나누어진 표면 j로의 복사를 고려하면 다음 관계가 명백하게 성립한다.

표 13.1 2차원 기하학적 형상에 대한 형상계수[4]

기하학적 형상	관계식
중심선이 수직으로 연결된 평행평판 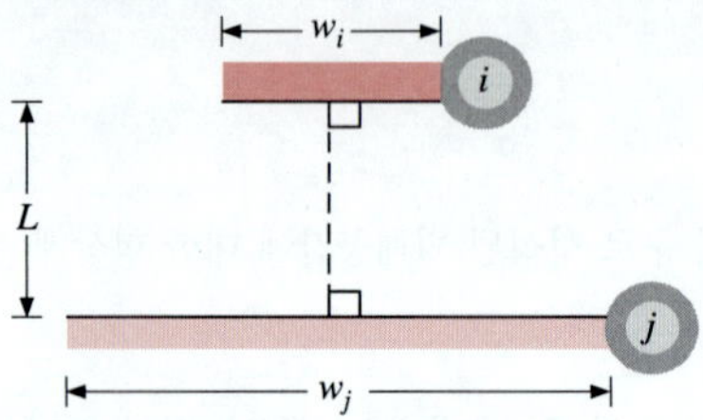	$F_{ij} = \dfrac{[(W_i + W_j)^2 + 4]^{1/2} - [(W_j - W_i)^2 + 4]^{1/2}}{2W_i}$ $W_i = w_i/L,\ W_j = w_j/L$
폭이 같고 모서리를 공유하는 경사진 평행평판 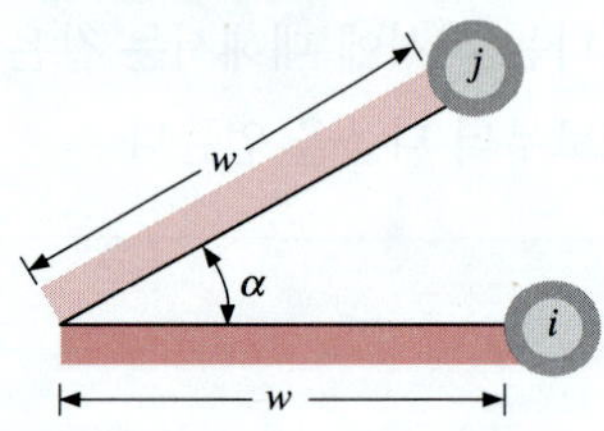	$F_{ij} = 1 - \sin\left(\dfrac{\alpha}{2}\right)$
모서리를 공유하는 수직평판 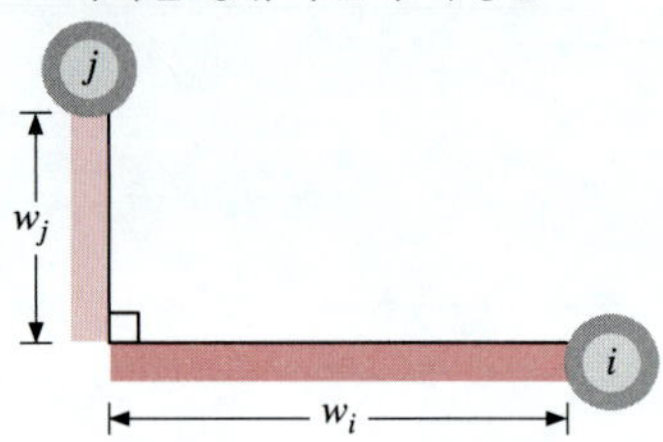	$F_{ij} = \dfrac{1 + (w_j/w_i) - [1 + (w_j/w_i)^2]^{1/2}}{2}$
세 면으로 이루어진 밀폐공간 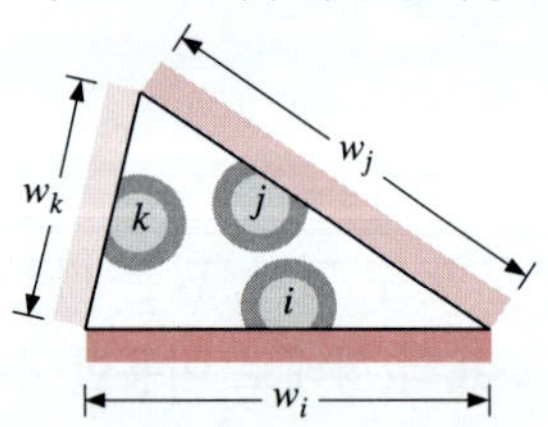	$F_{ij} = \dfrac{w_i + w_j - w_k}{2w_i}$
반지름이 다르고 평행으로 놓인 원통들 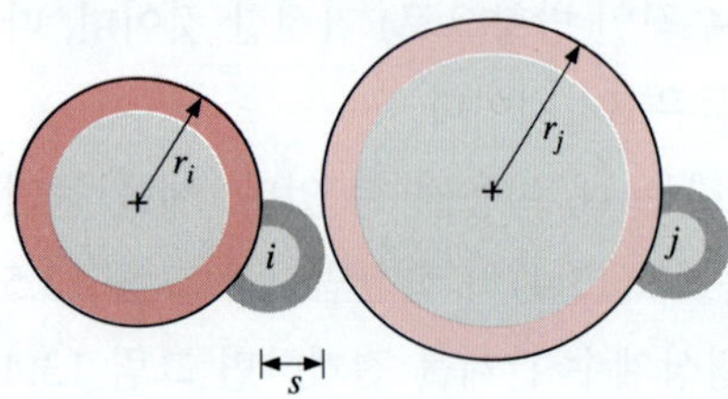	$F_{ij} = \dfrac{1}{2\pi}\Big\{\pi + [C^2 - (R+1)^2]^{1/2} - [C^2 - (R-1)^2]^{1/2} + (R-1)\cos^{-1}\left[\left(\dfrac{R}{C}\right) - \left(\dfrac{1}{C}\right)\right] - (R+1)\cos^{-1}\left[\left(\dfrac{R}{C}\right) + \left(\dfrac{1}{C}\right)\right]\Big\}$ $R = r_j/r_i,\ S = s/r_i$ $C = 1 + R + S$

Data from Howell, J. R., *A Catalog of Radiation Configuration Factors*, McGraw-Hill, New York, 1982.

표 13.1 2차원 기하학적 형상에 대한 형상계수[4](계속)

기하학적 형상	관계식
원통 및 평행한 직사각형 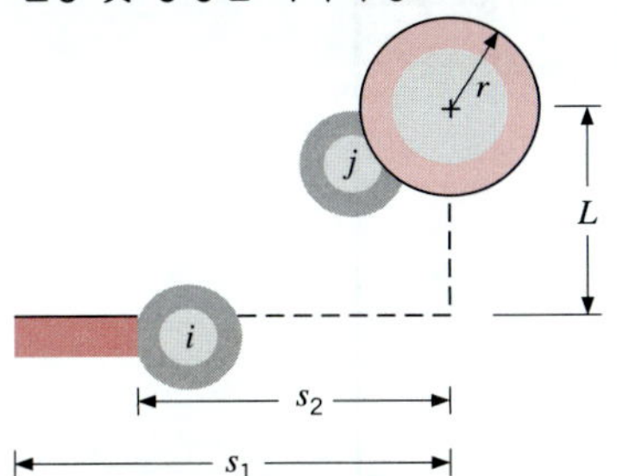	$F_{ij} = \frac{r}{s_1 - s_2}\left[\tan^{-1}\frac{s_1}{L} - \tan^{-1}\frac{s_2}{L}\right]$
무한평면과 일련의 원통 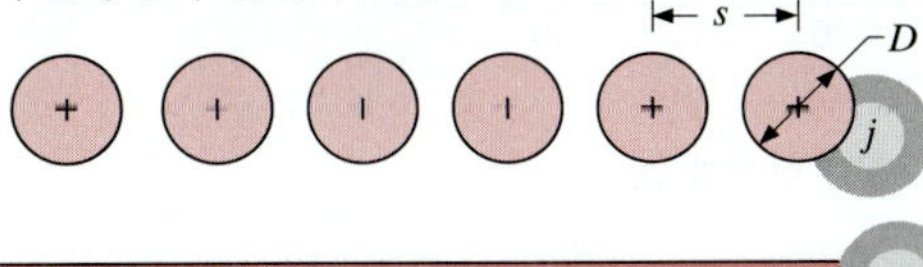	$F_{ij} = 1 - \left[1 - \left(\frac{D}{s}\right)^2\right]^{1/2} + \left(\frac{D}{s}\right)\tan^{-1}\left[\left(\frac{s^2 - D^2}{D^2}\right)^{1/2}\right]$

Data from Howell, J. R., *A Catalog of Radiation Configuration Factors*, McGraw-Hill, New York, 1982.

표 13.2 3차원 기하학적 형상에 대한 형상계수

기하학적 형상	관계식
평행하고 정렬된 직사각형들 (그림 13.4) 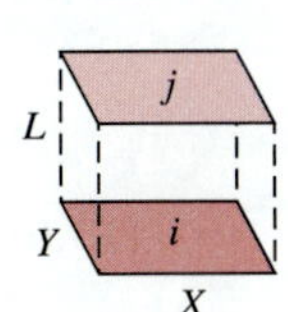	$\bar{X} = X/L,\ \bar{Y} = Y/L$ $F_{ij} = \frac{2}{\pi\bar{X}\bar{Y}}\left\{\ln\left[\frac{(1+\bar{X}^2)(1+\bar{Y}^2)}{1+\bar{X}^2+\bar{Y}^2}\right]^{1/2} + \bar{X}(1+\bar{Y}^2)^{1/2}\tan^{-1}\frac{\bar{X}}{(1+\bar{Y}^2)^{1/2}} + \bar{Y}(1+\bar{X}^2)^{1/2}\tan^{-1}\frac{\bar{Y}}{(1+\bar{X}^2)^{1/2}} - \bar{X}\tan^{-1}\bar{X} - \bar{Y}\tan^{-1}\bar{Y}\right\}$
등축선 상의 평행원판들 (그림 13.5) 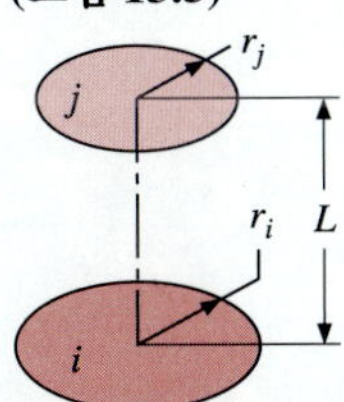	$R_i = r_i/L,\ R_j = r_j/L$ $S = 1 + \frac{1 + R_j^2}{R_i^2}$ $F_{ij} = \frac{1}{2}\{S - [S^2 - 4(r_j/r_i)^2]^{1/2}\}$
모서리를 공유하며 직교하는 직사각형들 (그림 13.6) 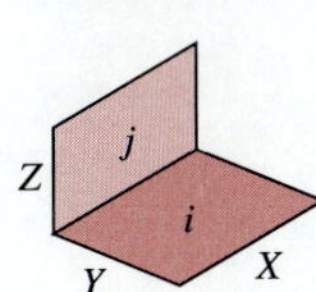	$H = Z/X,\ W = Y/X$ $F_{ij} = \frac{1}{\pi W}\left(W\tan^{-1}\frac{1}{W} + H\tan^{-1}\frac{1}{H} - (H^2+W^2)^{1/2}\tan^{-1}\frac{1}{(H^2+W^2)^{1/2}} + \frac{1}{4}\ln\left\{\frac{(1+W^2)(1+H^2)}{1+W^2+H^2}\left[\frac{W^2(1+W^2+H^2)}{(1+W^2)(W^2+H^2)}\right]^{W^2} \times \left[\frac{H^2(1+H^2+W^2)}{(1+H^2)(H^2+W^2)}\right]^{H^2}\right\}\right)$

Data from Howell, J. R., *A Catalog of Radiation Configuration Factors*, McGraw-Hill, New York, 1982.

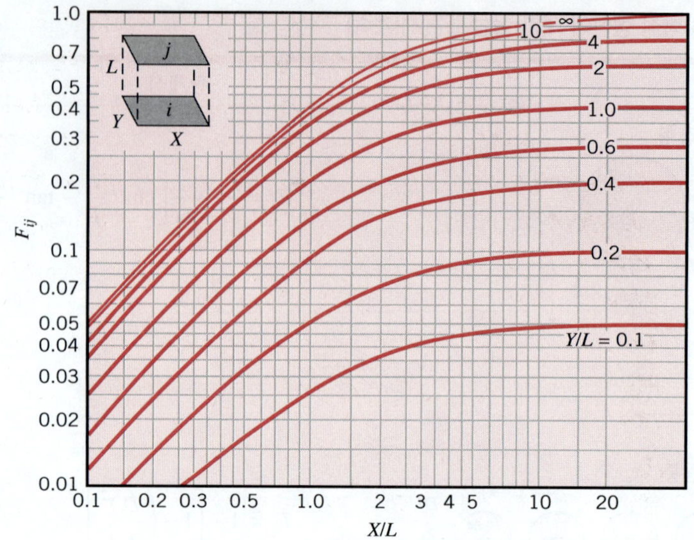

그림 13.4 평행하고 정렬된 직사각형들에 대한 형상계수.

$$F_{i(j)} = \sum_{k=1}^{n} F_{ik} \tag{13.5}$$

여기서 하첨자를 둘러싼 괄호는 복합표면을 뜻하며, 이 경우 (j)는 $(1, 2, \ldots, k, \ldots, n)$과 같다. 이 표현은 단순히 복합표면에 도달하는 복사에너지는 그 표면의 각 부분에 도달하는 복사에너지의 합이라는 것을 뜻한다. 이것은 복사를 받는 표면의 세분된 면에 관한 것이지만, 복사를 보내는 표면의 세분된 면과 관련되는 두 번째의 형상계수 관계를 얻는 데도 이용할 수 있다. 식 (13.5)에 A_i를 곱하고 각 항에 대하여 상호관계식인 식 (13.3)을 적용하면, 다음과 같이 된다.

$$A_j F_{(j)i} = \sum_{k=1}^{n} A_k F_{ki} \tag{13.6}$$

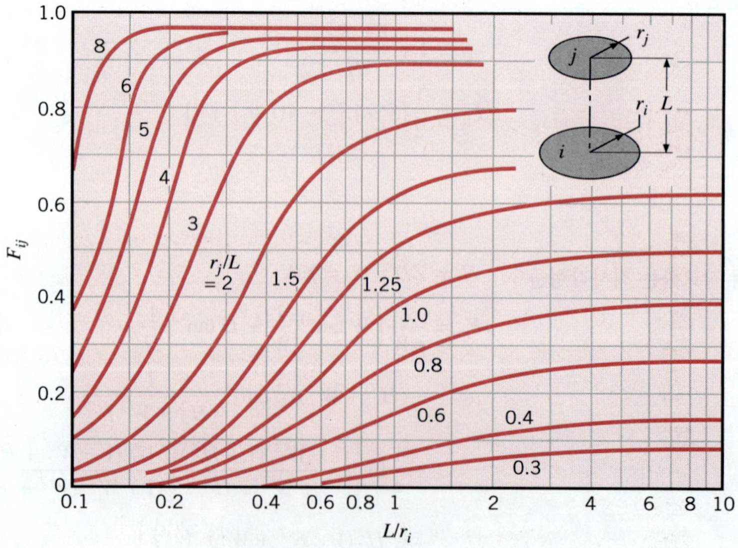

그림 13.5 동축선 상의 평행한 원판들에 대한 형상계수.

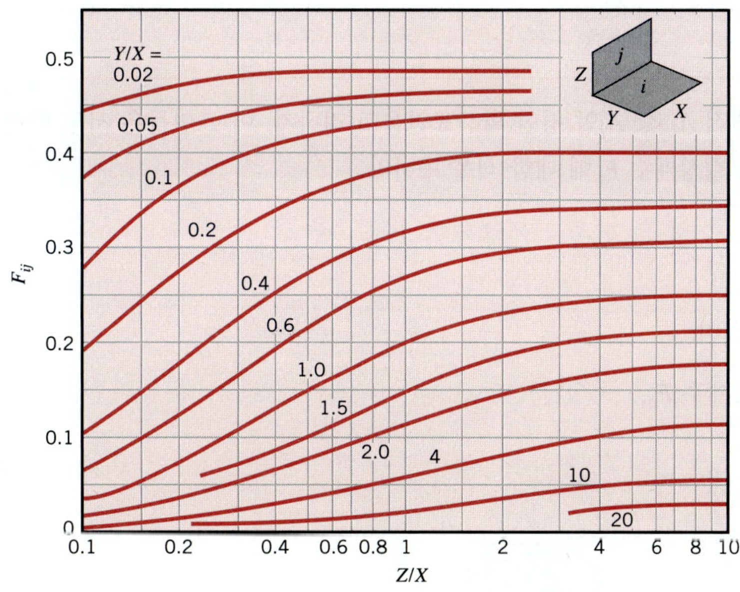

그림 13.6 모서리를 공유하며 직교하는 직사각형의 형상계수.

또는

$$F_{(j)i} = \frac{\sum_{k=1}^{n} A_k F_{ki}}{\sum_{k=1}^{n} A_k} \tag{13.7}$$

식 (13.6)과 (13.7)은 복사를 보내는 표면이 몇 개의 부분으로 구성될 때 적용할 수 있다.

복잡한 형상이 포함된 문제에 대해 식 (13.1)의 해석적인 해는 구해질 수 없으며, 이 경우 형상계수 값은 수치해석적인 방법으로 구해야만 한다. 수백 개 또는 수천 개의 복사표면을 갖는 매우 복잡한 구조물이 포함된 경우에는 수치해석적으로 계산된 형상계수들이 상당히 큰 오차를 갖게 될 수도 있다. 이런 경우에는 식 (13.3)을 이용해서 각 형상계수의 정확도를 검토해야 하고, 식 (13.4)를 이용해서 에너지보존의 법칙이 충족되는지를 판단해야 한다[5].

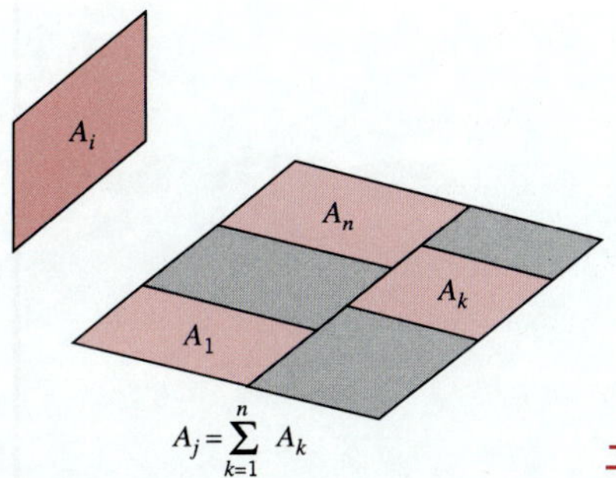

그림 13.7 형상계수의 관계를 설명하기 위해 사용된 면적.

예제 13.1

지름이 D이고, 면적이 A_j인 확산원판과 면적 $A_i \ll A_j$인 평면 확산표면을 고려하자. 이 표면들은 서로 평행하고, A_i는 A_j의 중심으로부터 거리 L인 곳에 위치한다. 형상계수 F_{ij}에 대한 식을 구하라.

풀이

제시자료: 큰 원판에 대한 작은 표면의 위치.

풀이대상: 원판에 대한 작은 표면의 형상계수 F_{ij}.

개략도:

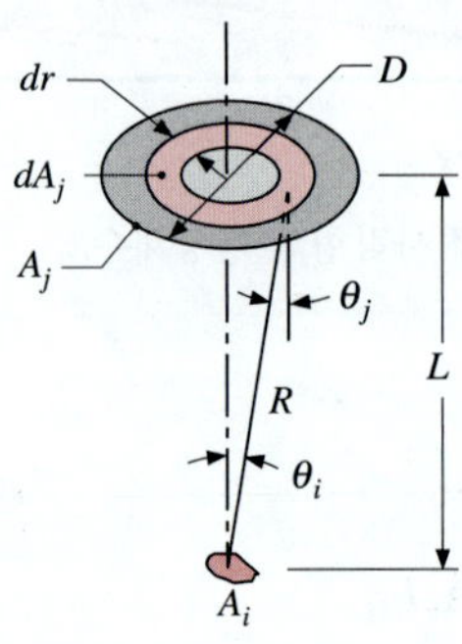

가정:

1. 확산표면들.
2. $A_i \ll A_j$.
3. A_i 표면 위로의 균일한 출사.

해석: 원하는 형상계수는 식 (13.1)로부터 얻을 수 있다.

$$F_{ij} = \frac{1}{A_i}\int_{A_i}\int_{A_j} \frac{\cos\theta_i \cos\theta_j}{\pi R^2} dA_j dA_i$$

θ_i, θ_j 그리고 R은 A_i 위에서의 위치에 거의 무관하므로, 이 식은 다음과 같이 쓸 수 있다.

$$F_{ij} = \int_{A_j} \frac{\cos\theta_i \cos\theta_j}{\pi R^2} dA_j$$

또는 $\theta_i = \theta_j \equiv \theta$이므로 다음과 같다.

$$F_{ij} = \int_{A_j} \frac{\cos^2\theta}{\pi R^2} dA_j$$

$R^2 = r^2 + L^2$, $\cos\theta = (L/R)$ 그리고 $dA_j = 2\pi r\, dr$이므로 다음과 같다.

$$F_{ij} = 2L^2 \int_0^{D/2} \frac{r\,dr}{(r^2 + L^2)^2} = \frac{D^2}{D^2 + 4L^2} \quad \triangleleft \quad (13.8)$$

부가설명:

1. 식 (13.8)은 그림 13.5에서 아래 원의 반지름 r_i가 0에 접근함에 따라 곡선의 점근성을 정량화하는 데 이용될 수 있다.
2. 위의 형상은 형상계수를 식 (13.1)로부터 얻을 수 있는 경우 중에서 가장 간단한 예 중 하나이다. 좀 더 자세한 적분이 요구되는 형상은 참고문헌 [1, 3]에 언급되어 있다.

예제 13.2

다음의 형상에 대한 형상계수 F_{12}와 F_{21}을 구하라.

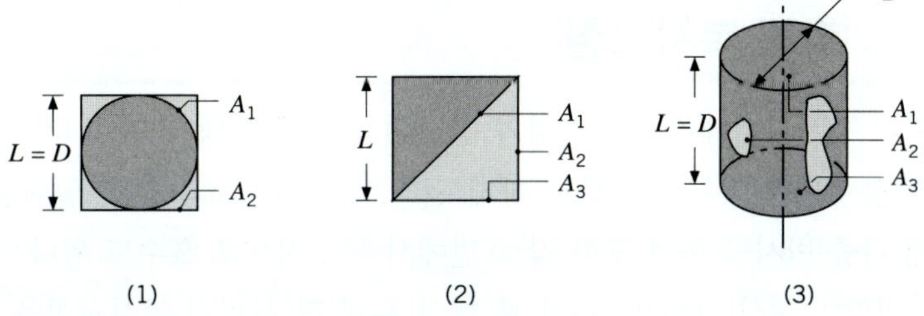

1. 길이 $L = D$인 정육면체 상자 속의 지름이 D인 구.
2. 긴 정사각형 덕트 안의 대각선 분리벽의 한쪽 면.
3. 길이와 지름이 같은 원통형 튜브의 끝면과 측면.

풀이

제시자료: 표면 형상들.

풀이대상: 형상계수들.

가성: 균일한 출사를 갖는 확산표면.

해석: 원하는 형상계수들을 조사, 상호관계, 합산법칙 그리고/또는 선도를 이용하여 얻을 수 있다.

1. 정육면체 속의 구:

직관에 의해 $F_{12} = 1$ ◁

상호관계에 의해 $F_{21} = \dfrac{A_1}{A_2} F_{12} = \dfrac{\pi D^2}{6L^2} \times 1 = \dfrac{\pi}{6}$ ◁

2. 정사각형 덕트 내에서의 분리벽:

합산법칙으로부터 $F_{11} + F_{12} + F_{13} = 1$

여기서 $F_{11} = 0$

대칭성에 의하여 $F_{12} = F_{13}$

따라서 $F_{12} = 0.50$ ◁

상호관계식에 의해 $F_{21} = \dfrac{A_1}{A_2} F_{12} = \dfrac{\sqrt{2}L}{L} \times 0.5 = 0.71$ ◁

3. 원형관:

표 13.2 혹은 그림 13.5와 $r_3/L = 0.5$ 및 $L/r_1 = 2$로부터 $F_{13} = 0.172$

합산법칙으로부터 $F_{11} + F_{12} + F_{13} = 1$

또는 $F_{11} = 0$이므로 $F_{12} = 1 - F_{13} = 0.828$ ◁

상호관계식에 의해 $F_{21} = \dfrac{A_1}{A_2} F_{12} = \dfrac{\pi D^2/4}{\pi DL} \times 0.828 = 0.207$ ◁

부가설명: 실제로 일반적인 표면은 균일한 출사를 받는다고 할 수 없다. 불균일한 조사에 관한 결과는 예제 13.3에서 논의하기로 하자.

13.2 흑체 복사교환

일반적으로 복사에너지는 반사와 방사에 의해 불투명 표면을 떠나고, 다른 불투명 표면에 도달하면서 흡수뿐만 아니라 반사도 하게 된다. 그림 13.8a와 같은 밀폐공간에서 복사는 모든 표면으로부터 다중 반사를 하며 또한 각 표면에서 부분적으로 흡수도 된다.

임의의 형상(그림 13.8)인 두 개의 흑체 면 사이의 복사교환을 생각해 보자. 면 i를 **떠나서** 면 j에 **도달하는** 복사 열전달률을 $q_{i \to j}$라고 정의하면 그것은 다음과 같다.

$$q_{i \to j} = (A_i J_i) F_{ij} \tag{13.9}$$

혹은 출사가 흑체의 방사도(emissive power)와 같기 때문에($J_i = E_{bi}$)

$$q_{i \to j} = A_i F_{ij} E_{bi} \tag{13.10}$$

마찬가지로

$$q_{j \to i} = A_j F_{ji} E_{bj} \tag{13.11}$$

따라서 두 면 사이의 **정미 복사 열교환**(net radiative exchange)은 다음과 같이 정의된다.

$$q_{ij} = q_{i \to j} - q_{j \to i} \tag{13.12}$$

이것에 따라

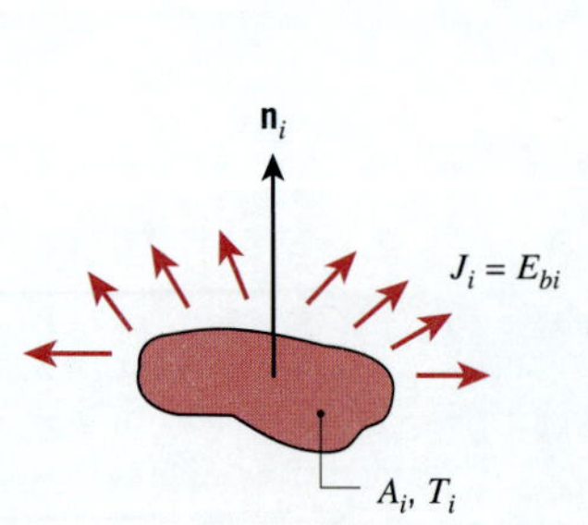

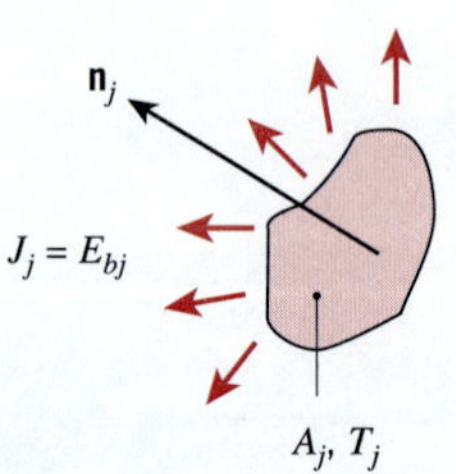

그림 13.8 흑체에 접근한 두 표면 사이의 복사전달.

$$q_{ij} = A_i F_{ij} E_{bi} - A_j F_{ji} E_{bj}$$

혹은 식 (12.32)와 (13.3)으로부터

$$q_{ij} = A_i F_{ij} \sigma (T_i^4 - T_j^4) \tag{13.13}$$

면 j와의 상호작용에 의해 면 i를 **떠나는 정미** 복사 열전달률은 식 (13.13)으로부터 구할 수 있다. 이것은 면 i와의 상호작용에 의해 면 j가 **얻는 정미** 복사 열전달률과 같다.

앞의 결과는 흑체 면으로 둘러싸인 **밀폐공간** 안의 어떠한 면으로부터 정미 복사 열전달을 구할 때도 역시 사용될 수 있다. 면 i로부터의 정미 복사 열전달은 서로 다른 온도로 유지되는 N개 면과의 복사 열전달에 기인하므로 다음과 같이 표현할 수 있다.

$$q_i = \sum_{j=1}^{N} A_i F_{ij} \sigma (T_i^4 - T_j^4) \tag{13.14}$$

정미 복사 열유속 $q_i'' = q_i/A_{irk}$가 1장과 12장에서는 q''_{rad}으로 표시되었으나 여기서부터는 간단히 하첨자 *rad*를 빼기로 한다.

예제 13.3

직경 50 mm, 길이 150 mm의 실린더 형태의 공동형 노(furnace)가 한쪽 끝이 열린 상태로 커다란 주변에 노출되어 있는데, 주변 온도는 27°C로 유지되고 있다. 공동의 옆면이 세 부분으로 나뉘어 독립적으로 가열되고 있는 것과 같이 공동의 밑바닥도 독립적으로 가열되고 있다. 공동의 모든 내부 면을 흑체라고 가정하고 1650°C로 유지된다고 하자. 공동의 밑면으로 들어가는 소요전력은 얼마인가? 공동의 위, 아래, 중간 면에 필요한 전력은 얼마인가? 전기로 가열되고 있는 면의 뒷부분은 잘 단열되어 있다.

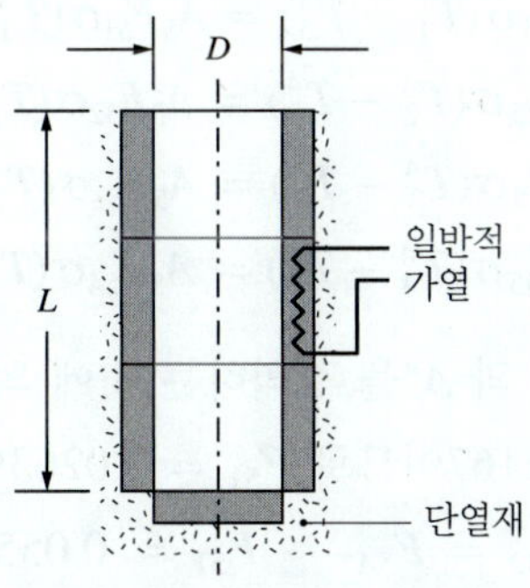

풀이

제시자료: 노 면과 주변의 온도.

풀이대상: 알려진 온도를 유지하기 위해 필요한 네 면에서의 전력.

개략도:

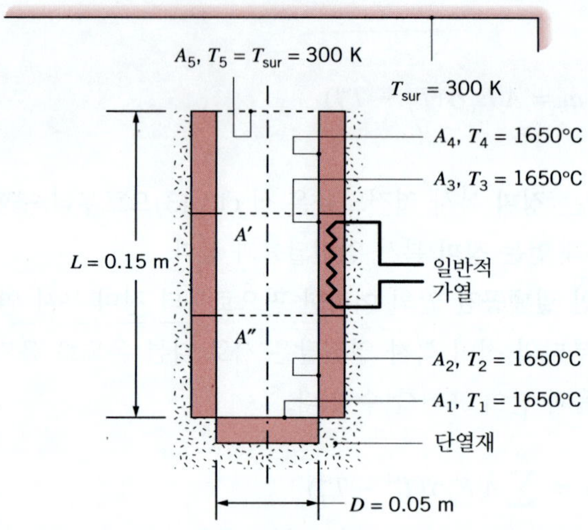

가정:

1. 내부 면들이 균일한 출사와 조사를 하는 흑체처럼 행동한다.
2. 대류에 의한 열전달은 무시할 만하다.
3. 전기적으로 가열되는 면의 뒷면은 단열상태이다.

해석:

앞의 가정에 따르면 노로부터의 유일한 열손실은 개구부로부터의 복사이다. 주변이 매우 크기 때문에 주변으로부터의 조사는 12.7절에서 공부한 것처럼 T_{sur}에서의 흑체로부터의 방사와 같다. 더군다나 노와 주변과의 복사 열전달은 개구부를 통과해야 하므로 복사 열교환은 마치 노와 개구부에 있는 가상의 흑체면 5($T_5 = T_{sur}$) 사이에 있는 것처럼 해석될 수 있다. 이 방법은 예제 13.4에서 자세히 공부하게 된다. 각 면에 전달되는 전력은 면 2의 복사 열손실과 균형을 이룬다. 이것은 식 (13.14)로부터 구할 수 있다. 식 (13.3)을 사용해서 면 1부터 4까지 다음의 식들을 만들 수 있다.

면 1: $$q_1 = A_1F_{15}\sigma(T_1^4 - T_5^4) = A_5F_{51}\sigma(T_1^4 - T_5^4) \quad (1)$$

면 2: $$q_2 = A_2F_{25}\sigma(T_2^4 - T_5^4) = A_5F_{52}\sigma(T_2^4 - T_5^4) \quad (2)$$

면 3: $$q_3 = A_3F_{35}\sigma(T_3^4 - T_5^4) = A_5F_{53}\sigma(T_3^4 - T_5^4) \quad (3)$$

면 4: $$q_4 = A_4F_{45}\sigma(T_4^4 - T_5^4) = A_5F_{54}\sigma(T_4^4 - T_5^4) \quad (4)$$

개략도에 나타낸 것처럼 두 개의 가상 면 A'과 A''을 정의하는 것에 의해 형상계수들을 구할 수 있다. 표 13.2로부터 $(r_i/L) = (r_j/L) = (0.025 \text{ m}/0.150 \text{ m}) = 0.167$이므로 $F_{51} = 0.0263$이다. $(r_i/L) = (r_j/L) = (0.025 \text{ m}/0.100 \text{ m}) = 0.25$이므로 $F_{5A''} = 0.0557$이다. 따라서 $F_{52} = F_{5A''} - F_{51} = 0.0557 - 0.0263 = 0.0294$이다. 마찬가지로$(r_i/L) = (r_j/L) = (0.025 \text{ m}/0.050 \text{ m}) = 0.5$이므로 $F_{5A'} = 0.172$이다. 따라서 $F_{53} = F_{5A'} - F_{5A''} = 0.172 - 0.0557 = 0.1163$이다. 마지막으로 $F_{54} = 1 - F_{5A'} = 1 - 0.172 = 0.828$이다. 네 개의 면에 각각 전달되는 전력은 각 면의 복사 열손실을 나타내는 식 (1~4)를 풂으로써 구할 수 있다. 여기서 $A_5 = \pi D^2/4 = \pi \times (0.05 \text{ m})^2/4 = 0.00196 \text{ m}^2$이다.

$$q_1 = 0.00196 \text{ m}^2 \times 0.0263 \times 5.67 \times 10^{-8} \text{ W/m}^2 \cdot \text{K}^4 \times (1923 \text{ K}^4 - 300 \text{ K}^4) = 39.9 \text{ W} \quad \triangleleft$$

$$q_2 = 0.00196 \text{ m}^2 \times 0.0294 \times 5.67 \times 10^{-8} \text{ W/m}^2 \cdot \text{K}^4 \times (1923 \text{ K}^4 - 300 \text{ K}^4) = 44.7 \text{ W} \quad \triangleleft$$

$$q_3 = 0.00196\ \text{m}^2 \times 0.1163 \times 5.67 \times 10^{-8}\ \text{W/m}^2 \cdot \text{K}^4 \times (1923\ \text{K}^4 - 300\ \text{K}^4) = 177\ \text{W} \quad \triangleleft$$

$$q_4 = 0.00196\ \text{m}^2 \times 0.828 \times 5.67 \times 10^{-8}\ \text{W/m}^2 \cdot \text{K}^4 \times (1923\ \text{K}^4 - 300\ \text{K}^4) = 1260\ \text{W} \quad \triangleleft$$

부가설명:

1. 면 5와 관련된 형상계수를 더하면

$$F_{51} + F_{52} + F_{53} + F_{54} + F_{55} = 0.0263 + 0.0294 + 0.1163 + 0.828 + 0 = 1$$

따라서 식 (13.4)의 밀폐공간의 합산법칙이 충족된다. 이것은 형상계수들이 제대로 계산된 것을 의미한다. 또한 밀폐공간의 합산법칙은 문제의 해를 구하는 데 사용되는 형상계수 중의 하나를 구하는 데 사용할 수 있다.

2. 노로부터의 복사 열손실률은 $q_{tot} = q_1 + q_2 + q_3 + q_4 = 1522\ \text{W} = 1.522\ \text{kW}$이다. 만일 노가 하나의 면 f로 여겨진다면, 열손실률은 다음과 같이 계산될 수 있다: $q_{tot} = A_5 F_{5f}\, \sigma(T_f^4 - T_{\text{sur}}^4) = 0.00196\ \text{m}^2 \times 1 \times 5.67 \times 10^{-8}\ \text{W/m}^2 \cdot \text{K} \times (1923\ \text{K}^4 - 300\ \text{K}^4) = 1.522\ \text{kW}$. $F_{5f} = 1 = F_{51} + F_{52} + F_{53} + F_{54} + F_{55}$이므로 답은 문제의 해와 같다.

3. 각 면 i가 **등온**이고 **균일한 출사 J_i와 균일한 조사 G_i**를 한다고 가정했다. 이것은 등온 노벽이 흑체로 여겨지고($J_i = E_{bi}$)균일한 출사의 가정이 타당하기 때문이다. 그러나 예를 들면 차가운 주변으로부터의 조사가 낮은 지역보다 높은 지역에서의 노 주변에 영향을 미치기 때문에 노 면의 조사분포가 균일하지 않다. 이 효과를 정량화하기 위해서 수직인 모벽을 따른 국소 복사 열유속을 그림에 보인 것처럼 미소면적 $dA = \pi D dx$라는 링 모양을 고려하는 것에 의해 구할 수 있다. 식 (13.13)의 양쪽 항을 dA로 나누면 $q''(x) = F_{dA-A5}\sigma(T_f^4 - T_{\text{sur}}^4)$을 얻을 수 있으며 여기서 개구부 A5의 미소면적 링 부분의 형상계수는 다음과 같다[4].

$$F_{dA-A_5} = \frac{(x/D)^2 + 1/2}{\sqrt{1 + (x/D)^2}} - x/D$$

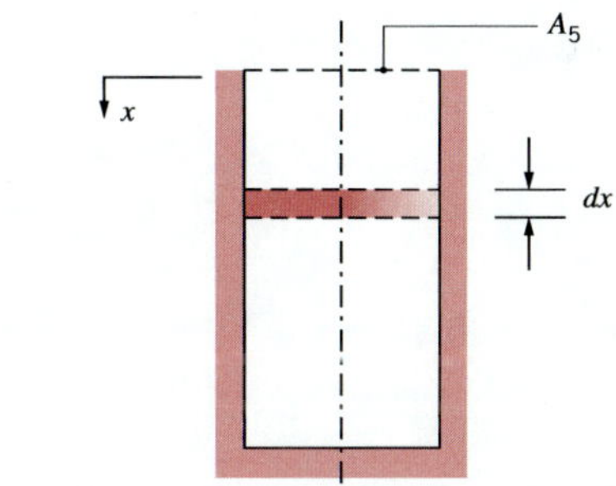

열유속 $q''(x)$ 식에 F_{dA-A5}를 대입하면 아래 그림과 같은 분포를 얻을 수 있다. 세 개의 노 부분들에 관련된 **평균** 열유속은 그림과 같이 나타난다: $\overline{q_2''} = q_2/(\pi DL/3) = 44.7\ \text{W}/(\pi \times 0.05\ \text{m} \times 0.15\ \text{m}/3) = 5690\ \text{W/m}^2 = 5.69\ \text{kW/m}^2$, $\overline{q_3''} = q_3/(pDL/3) = 22.5\ \text{kW/m}^2$, $\overline{q_4''} = q_4/(\pi DL/3) = 160\ \text{kW/m}^2$.

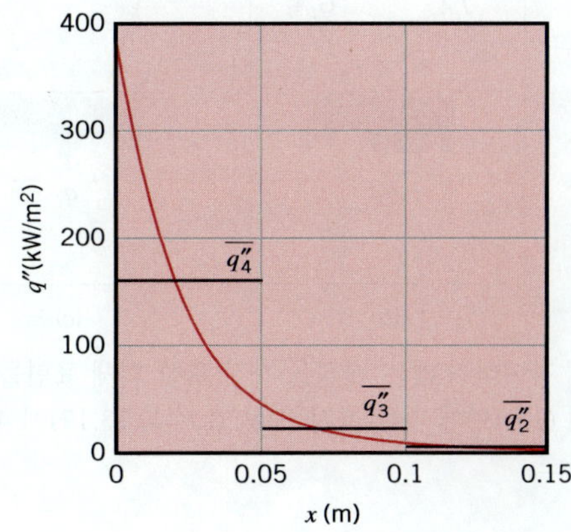

공동의 옆면을 따른 조사의 불균일 때문에 국소 열유속은 노 개구부 근처에서 발생하고 최댓값을 보이며 매우 불균일해진다. 만일 국소 온도 혹은 열유속이 관심대상이라면 좀 더 작은 **복사표면**으로 잘게 나누는 것이 필요하며 이것은 여기서 설명된 것처럼 해석적으로 할 수도 있고 수치해석적으로 할 수도 있다. 국소온도와 열유속을 수치해석적으로 결정하려면 비록 이번의 예처럼 간단한 형상이라 할지라도 수백 혹은 수천 개의 복사면으로 나누어야 한다.

13.3 밀폐공간 내의 비투과, 확산, 회체 표면들 사이에서의 복사 열교환

일반적으로 복사에너지는 반사와 방사에 의해 비투과성 표면을 떠나고, 다른 비투과성 표면에 도달하면서 흡수뿐만 아니라 반사도 하게 된다. 그림 13.9*a*와 같은 밀폐공간에서 복사는 모든 표면들로부터 다중 반사를 하며 또한 각 표면에서 부분적으로 흡수도 된다.

밀폐공간의 복사 열교환을 해석하는 것은 다음과 같은 가정을 하는 것에 의해 간단해질 수 있다. 밀폐공간 내의 각 면은 **등온**상태이고, **균일한 출사와 균일한 조사**를 한다고 가정한다. 면들은 모두 **불투명**($\tau = 0$)하다고 가정한다. 또한 방사율, 흡수율, 반사율이 방향에 무관하고(**확산** 면), 파장에 무관(**회체** 면)이라고 가정한다. 이러한 조건에서는 방사율이 흡수율과 같음($\varepsilon = \alpha$)을 12.8절에서 보였다(Kirchhoff의 법칙). 마지막으로 밀폐공간 내부의 매질이 **복사에 관여하지 않는다**고 가정한다. 일반적으로 문제에서는 각 표면의 온도 T_i나 정미(net)복사 열유속 q_i''은 알려진다. 따라서 이 계산의 목적은 위의 정보들을 이용해서 알려지지 않은 각 표면에서의 복사 열유속과 온도를 구하는 것이다.

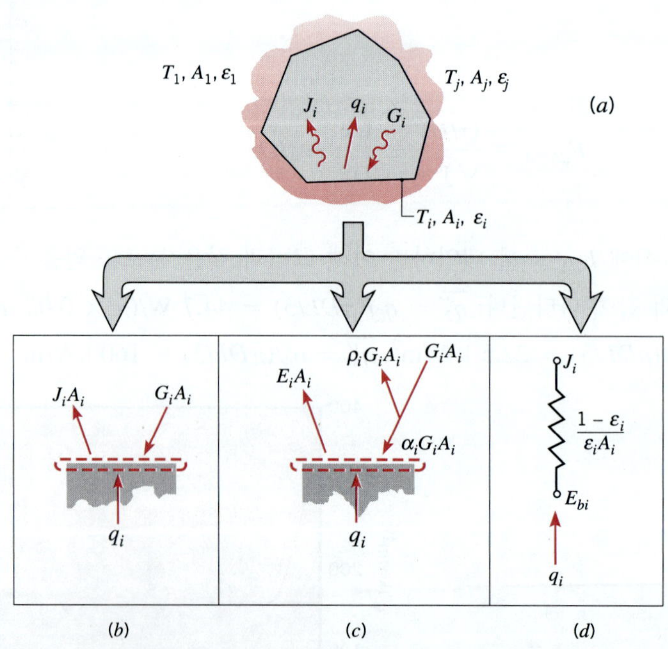

그림 13.9 복사에 참여하지 않는 매질을 가진 확산 회체 표면들로 구성된 밀폐공간 속의 복사 열교환. (*a*) 밀폐공간의 개략도. (*b*) 식 (13.19)에 따른 복사 평형. (*c*) 식 (13.17)에 따른 복사 평형. (*d*) 표면으로부터의 정미 복사전달을 나타내는 회로요소.

13.3.1 표면에서의 정미 복사 열교환

표면 i를 **떠나는 정미**(net)복사율 q_i는 그 표면(그림 13.9*b*)에서 일어나는 복사 상호작용의 정미 효과를 나타낸다. 이것은 표면이 일정온도로 유지되기 위하여 다른 수단에 의해 표면에 전달되어야 하는 에너지 전달률이다. 이것은 면에서의 출사와 조사 사이의 차이와 같으며, 식 (12.5)로부터 다음과 같이 표현된다.

$$q_i = A_i(J_i - G_i) \tag{13.15}$$

식 (12.4)의 출사의 정의를 사용하면 다음과 같다.

$$J_i \equiv E_i + \rho_i G_i \tag{13.16}$$

면으로부터의 정미 복사 열전달은 다음과 같이 쓸 수 있다.

$$q_i = A_i(E_i - \alpha_i G_i) \tag{13.17}$$

여기서 불투명 표면에 대해 $\alpha_i = 1 - \rho_i$인 관계를 사용하였다. 이 관계는 식 (12.6)과 같으며, 그림 13.9*c*에 설명되어 있다. 불투명 확산 회체 표면에 대하여 $\rho_i = 1 - \alpha_i = 1 - \varepsilon_i$이고 $E_i = \varepsilon_i E_{bi}$임을 감안하면 출사는 다음과 같이 나타낼 수 있다.

$$J_i = \varepsilon_i E_{bi} + (1 - \varepsilon_i)G_i \tag{13.18}$$

G_i에 대하여 풀고 식 (13.15)에 대입하면, 다음과 같이 된다.

$$q_i = A_i\left(J_i - \frac{J_i - \varepsilon_i E_{bi}}{1 - \varepsilon_i}\right)$$

또는 다음과 같다.

$$q_i = \frac{E_{bi} - J_i}{(1 - \varepsilon_i)/\varepsilon_i A_i} \tag{13.19}$$

식 (13.19)는 한 표면으로부터 정미 복사 열전달률을 나타낼 수 있는 편리한 식이다. 그림 13.9*d*의 회로요소로 표시될 수 있는 이 전달은 구동 포텐셜($E_{bi} - J_i$)와$(1 - \varepsilon_i)/\varepsilon_i A_i$형태의 **표면 복사 저항**과 관련이 있다. 따라서 그 표면이 흑체일 때 표면이 가지는 방사도가 출사보다 크면 표면으로부터 정미 복사 열전달이 있고, 반대인 경우에는 표면으로 정미 복사 열전달이 일어난다.

하나의 표면이 다른 표면들에 비해서 굉장히 큰 경우를 고려해 보자. 예를 들면 어떤 시스템이 큰 방 안에 있는 여러 개의 작은 표면들로 이루어져 있다고 하자. 이런 경우에는 큰 표면의 면적은 사실상 무한하며($A_i \to \infty$), 그것의 표면복사 저항$(1 - \varepsilon_i)/\varepsilon_i A_i$는 흑체 표면($\varepsilon_i = 1$)에 대해서처럼 실제로 0이 된다. 따라서 $J_i = E_{bi}$이고, **다른 모든 표면보다 상대적으로 큰 표면은 그것이 마치 흑체 표면인 것처럼 다룰 수 있다**. 이와 같은 중요한 결론은 12.7절에서 얻어졌으며, 예제 13.3에서 활용되었다. 여기서 이것은 물리적인 토론에 기초하고 있으며, 회체 표면에서의 복사 열교환을 다루면서 확인되었다. 다시 한 번 더 말하면, 비록 큰 표면이 그 표면 위로 조사되는 복사 중 일부를 반사한다 할지라도 그 반사된 복사에너지가 같은 표면의 다른 지점에 도달할 가능성이 매우 높다는 물리적 설명이 가능하다. 그와 같은 많은 반사가 일어난 후 큰 표면으로 원래 들어왔던 모든 복사에너지는 그 표면에 의해 다시 흡수되고, 작은 표면들에는 아무것도 도달하지 않는다.

13.3.2 표면들 사이의 복사 열교환

식 (13.19)를 사용하기 위해서는 표면 출사 J_i를 알아야 한다. 이 양을 구하기 위하여 밀폐공간의 표면들 사이에서의 복사 열교환을 고려해야 할 필요가 있다.

표면 i의 조사는 밀폐공간 내의 모든 표면에서의 출사로부터 계산될 수 있다. 특히 형상계수의 정의로부터 i를 포함한 모든 표면으로부터 i에 도달하는 총 복사율은 다음과 같다.

$$A_i G_i = \sum_{j=1}^{N} F_{ji} A_j J_j$$

또는 식 (13.3)의 상호관계로부터 다음과 같다.

$$A_i G_i = \sum_{j=1}^{N} A_i F_{ij} J_j$$

면적 A_i를 소거하고 G_i에 대해 식 (13.15)에 대입하면 다음과 같다.

$$q_i = A_i \left(J_i - \sum_{j=1}^{N} F_{ij} J_j \right)$$

또는 식 (13.4)의 합산법칙으로부터 다음과 같다.

$$q_i = A_i \left(\sum_{j=1}^{N} F_{ij} J_i - \sum_{j=1}^{N} F_{ij} J_j \right)$$

따라서 다음과 같다.

$$q_i = \sum_{j=1}^{N} A_i F_{ij} (J_i - J_j) = \sum_{j=1}^{N} q_{ij} \tag{13.20}$$

복사 회로도 접근법 식 (13.20)은 면 i의 정미 복사 열전달률 q_i가 다른 면과의 복사 열전달과 관련된 q_{ij}의 합과 같다는 것을 말한다. 각 요소는 복사 열전달을 일으키는 포텐셜(potential)($J_i - J_j$)과 공간 혹은 기하학적 저항인$(A_i F_{ij})^{-1}$로써 표현될 수 있다(그림 13.10).

식 (13.19)와 (13.20)을 합하면 다음 식을 얻는다.

$$\frac{E_{bi} - J_i}{(1 - \varepsilon_i)/\varepsilon_i A_i} = \sum_{j=1}^{N} \frac{J_i - J_j}{(A_i F_{ij})^{-1}} \tag{13.21}$$

그림 13.10에 나타낸 것처럼 이 식은 표면 i와 관련된 출사 절점에서의 복사평형을 나타낸다. 표면저항을 통하여 i로 들어오는 복사 열전달률(전류흐름)은 i로부터 그에 상응하는 형상 저항을 통하여 다른 모든 표면들로 가는 복사 열전달률(전류흐름)과 같아야 한다.

식 (13.21)은 표면온도 T_i(따라서 E_{bi})를 알고 있을 때 특히 유용하다는 것에 유의하자. 비록 이러한 상황이 일반적이지만, 항상 그렇지는 않다. 특히 온도 T_i가 아니라 표면에서의 정미 복사 열전달률 q_i를 알고 있는 경우가 있다. 이런 경우 좀 더 선호되는 복사평형은 식 (13.20)이며, 이를 다시 정리하면 다음과 같다.

$$q_i = \sum_{j=1}^{N} \frac{J_i - J_j}{(A_i F_{ij})^{-1}} \tag{13.22}$$

회로도 표현을 사용하는 것은 Oppenheim[6]에 의해 처음으로 제안되었다. 밀폐공간 내의 N개의 표면 각각에서의 출사와 관련된 절점을 먼저 확인하는 것으로부터 회로도를 구성할 수 있다. 이 방법은 밀폐공간 내의 복사 열교환을 가시화하는 유용한 도구를 제공하며, 적어도 간단한 밀폐공간의 경우, 복사 열교환의 예측을 위한 기초로 사용될 수 있다.

직접접근법 밀폐공간에서의 복사 열전달을 풀 수 있는 또 다른 방법인 **직접접근법**(direct approach)은 T_i가 알려진 각 표면에 대해 식 (13.21)을 적용하고, q_i가 알려진 각 표면에 대해 식 (13.22)를 적용하는 것이다. 결과식인 N개의 선형 연립대수방정식을 풀어 N개의 미지수 $J_1, J_2, \ldots, J_N$을 구한다. J_i를 알면 식 (13.19)를 사용하여 T_i가 알려진 각 표면에서의 정미 복사 열전달률 q_i를 구할 수 있고, 또는 q_i가 알려진 각 표면에서의 T_i의 값을 구할 수 있다. 밀폐공간의 임의의 N개 표면에 대한 앞의 문제는 반복법 또는 행렬의 역변환(제4장 참조)에 의하여 쉽게 풀 수 있다.

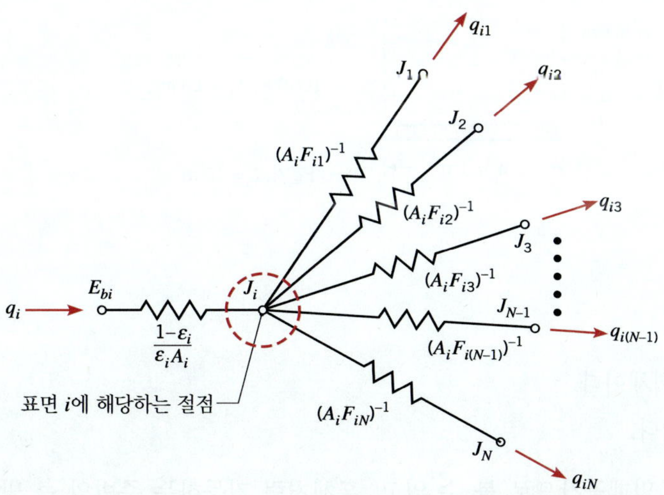

그림 13.10 표면 i와 밀폐공간의 나머지 표면들 사이의 복사 열교환을 나타내는 회로도.

예제 13.4

면적이 $A_2 = 15\ m^2$인 곡면의 태양열 집열기 표면 위의 특수 코팅을 폭 $W = 1$ m인 적외선 가열기에 노출시켜서 경화하였다. 집열기와 가열기의 길이는 각각 $L = 10$ m이고, 거리 $H = 1$ m를 두고 서로 떨어져 있다. 집열기의 윗면과 가열기의 아랫면은 단열이 되어 있다.

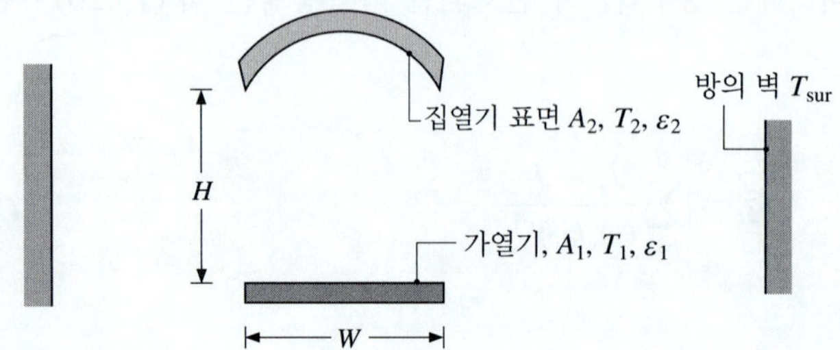

가열기의 온도는 $T_1 = 1000$ K이고 방사율은 $\varepsilon_1 = 0.9$이며, 집열기의 온도는 $T_2 = 600$ K이며 방사율은 $\varepsilon_2 = 0.5$이다. 이 장치는 벽의 온도가 300 K인 큰 방에 놓여 있다. 집열기 표면으로의 정미 열전달률은 얼마인가?

풀이

제시자료: 특수 코팅이 된 곡면 태양열 집열기 표면이 큰 방에서 적외선 가열기로 열처리된다.

풀이대상: 집열기 표면으로의 정미 열전달률.

개략도:

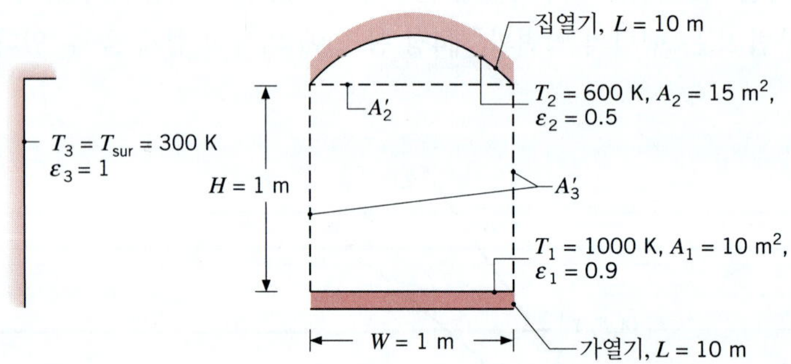

가정:

1. 정상상태의 조건이 존재한다.
2. 대류효과는 무시할 수 있다.
3. 집열기와 가열기의 표면은 확산적이며 회체이다.
4. 주변 방은 크고, 따라서 흑체처럼 거동한다.

해석: 이 시스템은 3개의 면으로 이루어진 밀폐공간으로 볼 수 있고, 흑체처럼 거동하는 주변의 큰 방을 3번째 표면으로 볼 수 있다. 표면 2로 전달되는 정미 복사 열전달률을 구하고자 한다. 이 문제를 복사 회로도와 직접접근법을 이용해서 푼다.

복사 회로도 접근법 복사 회로도는 단계 1에 나타낸 것처럼 각 표면에서의 출사와 관련된 절점을 확정하는 것에 의해 구성된다. 그리고 각 출사 절점은 그림의 단계 2처럼 적절한 공간 저항을 통해 각기 다른 출사 절점들과 연결된다. 주변은 면적은 크지만 그 면적이 명시되지 않은 면으로 다뤄지며, 따라서 공간 저항 $(A_3F_{31})^{-1}$과 $(A_3F_{32})^{-1}$을 표현하는 데 어려움이 있다. 다행히 상호관계[식 (13.3)]로부터 (A_3F_{31})은 (A_1F_{13})으로, (A_3F_{32})는 (A_2F_{23})으로 대체될 수 있고, 이것들은 쉽게 얻어질 수 있다. 마지막 단계는 공간 저항의 적절한 형태를 사용하여 각 면의 온도와 관련된 흑체 방사도를 출사 절점에 연결하는 것이다.

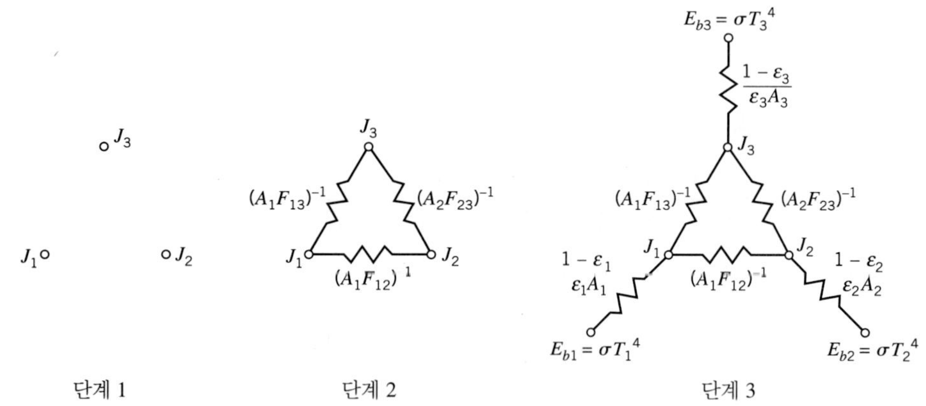

이 문제에서는 표면 3과 관련된 표면 저항은 가정 4에 따라 0이다. 따라서 $J_3 = E_{b3} = \sigma T_3^4 = 459\ \text{W/m}^2$이 된다.

J_1절점에서의 전류들을 더하면 다음과 같이 된다.

$$\frac{\sigma T_1^4 - J_1}{(1-\varepsilon_1)/\varepsilon_1 A_1} = \frac{J_1 - J_2}{1/A_1F_{12}} + \frac{J_1 - \sigma T_3^4}{1/A_1F_{13}} \tag{1}$$

한편, J_2절점에서의 전류들을 더하면 다음과 같이 된다.

$$\frac{\sigma T_2^4 - J_2}{(1-\varepsilon_2)/\varepsilon_2 A_2} = \frac{J_2 - J_1}{1/A_1F_{12}} + \frac{J_2 - \sigma T_3^4}{1/A_2F_{23}} \tag{2}$$

형상계수 F_{12}는 $F_{12} = F_{12'}$이라는 것으로부터 얻어진다. 여기서 A_2'은 집열기 표면의 사각형 밑면으로 그림에 나타나 있다. 그리고 그림 13.4 혹은 표 13.2와 $Y/L = 10/1 = 10$, $X/L = 1/1 = 1$로부터 다음과 같이 된다.

$$F_{12} = 0.39$$

합산법칙과 $F_{11} = 0$으로부터 다음을 알 수 있다.

$$F_{13} = 1 - F_{12} = 1 - 0.39 = 0.61$$

마지막으로 필요한 형상계수는 F_{23}이다. 표면 2로부터 표면 3으로 가는 복사가 가상의 면 A_2'을 통과해야만 하기 때문에 다음과 같음을 알 수 있다.

$$A_2F_{23} = A_2'F_{2'3}$$

그리고 대칭성에 의해 $F_{2'3} = F_{13}$이 된다. 따라서

$$F_{23} = \frac{A_2'}{A_2}F_{13} = \frac{10\ \text{m}^2}{15\ \text{m}^2} \times 0.61 = 0.41$$

식 (1)과 (2)를 J_1과 J_2에 대해 풀 수 있다. $E_{b1} = \sigma T_1^4 = 56{,}700\ \text{W/m}^2$임을 알고, 면적 A_1을 소거하면 식 (1)을 다음과 같이 쓸 수 있다.

$$\frac{56{,}700 - J_1}{(1-0.9)/0.9} = \frac{J_1 - J_2}{1/0.39} + \frac{J_1 - 459}{1/0.61}$$

또는

$$-10J_1 + 0.39J_2 = -510{,}582 \tag{3}$$

$E_{b2} = \sigma T_2^4 = 7348\ \text{W/m}^2$임을 알고, 면적 A_2로 나누면, 식 (2)를 다음과 같이 쓸 수 있다.

$$\frac{7348 - J_2}{(1-0.5)/0.5} = \frac{J_2 - J_1}{15\ \text{m}^2/(10\ \text{m}^2 \times 0.39)} + \frac{J_2 - 459}{1/0.41}$$

또는

$$0.26J_1 - 1.67J_2 = -7536 \tag{4}$$

식 (3)과 (4)를 동시에 풀어 $J_2 = 12{,}487\ \text{W/m}^2$을 구한다.

집열기 표면**으로부터**의 정미 열전달률 q_2에 대한 식은 복사 회로도를 잘 고려하면 다음과 같이 쓸 수 있다.

$$q_2 = \frac{\sigma T_2^4 - J_2}{(1-\varepsilon_2)/\varepsilon_2 A_2}$$

즉

$$q_2 = \frac{(7348 - 12{,}487)\ \text{W/m}^2}{(1-0.5)/(0.5 \times 15\ \text{m}^2)} = -77.1\ \text{kW}$$

따라서 집열기로의 정미 열전달률은 $q_{net} = -q_2 = 77.1$ kW이다. ◁

직접접근법 직접접근법을 사용하여 3개 표면들에 대해 각각 식 (13.21)을 쓸 수 있다. 상호관계를 사용하면, 위로부터 알고 있는 형상계수의 항으로 공간 저항을 다시 쓸 수 있고 A_3를 소거할 수 있다.

표면 1

$$\frac{\sigma T_1^4 - J_1}{(1-\varepsilon_1)/\varepsilon_1 A_1} = \frac{J_1 - J_2}{1/A_1F_{12}} + \frac{J_1 - J_3}{1/A_1F_{13}} \tag{5}$$

표면 2

$$\frac{\sigma T_2^4 - J_2}{(1-\varepsilon_2)/\varepsilon_2 A_2} = \frac{J_2 - J_1}{1/A_2F_{21}} + \frac{J_2 - J_3}{1/A_2F_{23}} = \frac{J_2 - J_1}{1/A_1F_{12}} + \frac{J_2 - J_3}{1/A_2F_{23}} \tag{6}$$

표면 3

$$\frac{\sigma T_3^4 - J_3}{(1-\varepsilon_3)/\varepsilon_3 A_3} = \frac{J_3 - J_1}{1/A_3F_{31}} + \frac{J_3 - J_2}{1/A_3F_{32}} = \frac{J_3 - J_1}{1/A_1F_{13}} + \frac{J_3 - J_2}{1/A_2F_{23}} \tag{7}$$

면적, 온도, 방사율, 형상계수 등을 식 (5)~(7)에 대입하고 이들을 동시에 풀면, $J_1 = 51{,}541\ \text{W/m}^2$, $J_2 = 12{,}487\ \text{W/m}^2$, $J_3 = 459\ \text{W/m}^2$를 얻는다. 식 (13.19)는 표면 2에 대해 다음과 같이 쓸 수 있다.

$$q_2 = \frac{\sigma T_2^4 - J_2}{(1-\varepsilon_2)/\varepsilon_2 A_2}$$

이 결과는 복사 회로도를 사용해서 얻은 결과와 동일하다. 따라서 $q_2 = -77.1\ \text{kW}$이다. ◁

부가설명:

1. 식 (5)~(7)을 동시에 풀기 위해서, 식 (7)의 양쪽에 우선 $(1-\varepsilon_3)/\varepsilon_3 A_3 = 0$을 곱해서 0으로 나누어지는 것을 피하고, $J_3 = \sigma T_3^4$인 식 (7)의 간략한 형태를 얻는다.
2. $J_3 = \sigma T_3^4$을 식 (5)와 (6)에 대입하면, 식 (5)와 (6)이 각각 식 (1)과 (2)와 동일하다는 것이 명백해진다.
3. 직접접근법이 표면 수 $N \geq 4$인 문제에 대해 추천할 만하다. 왜냐하면 면의 수가 늘어남에 따라 복사 회로도가 매우 복잡해지기 때문이다.
4. 13.4절에서 보게 될 예정이지만, 복사 회로도 접근법은 표면으로부터 혹은 표면으로 열에너지가 복사 이외에도 전도나 대류에 의해서 전달될 때 특히 유용하다. 이와 같은 여러 가지 방법의 열전달 현상에서는 표면으로 혹은 표면으로부터 일어나는 부가적인 열전달은 절점으로 들어가는 혹은 나오는 부가적인 전류로 표현될 수 있다.
5. 형상계수의 계산을 간단히 하기 위해 가상의 면(A_2')을 활용하는 것을 유의하자.
6. 우리는 다소 다른 방법으로 해를 구할 수 있다. 표면 1을 떠나는 복사는 주변에 도달하기 위해 열린 면(가상의 표면 3′)을 통해 나가야만 한다. 따라서 다음과 같이 쓸 수 있다.

$$F_{13} = F_{13'}$$
$$A_1 F_{13} = A_1 F_{13'} = A_3' F_{3'1}$$

비슷한 관계를 표면 2와 주변 사이의 열교환에 대해서도 쓸 수 있다. 즉 $A_2 F_{23} = A_3' F_{3'2}$이다. 따라서 위의 복사 회로도에서 출사 절점 3을 연결하는 공간 저항을 표면 3′에 적합한 공간 저항으로 바꿀 수 있다. 저항 회로도는 바뀌지 않고, 공간 저항은 앞의 해에서 결정된 값과 같은 값을 갖는다. 그러나 가상의 면 3′을 사용해서 형상계수를 계산하는 것이 좀 더 편리하다. 표면 3의 표면 저항이 0이므로, **큰 주변과 복사 열전달을 하는 밀폐공간의 열린 면은 그것의 온도가 주변과 같은($T_3 = T_{sur}$)가상의, 반사를 하지 않는 흑체($\varepsilon_3 = 1$)로 볼 수 있다**.

7. 가열기와 흡수기 표면은 균일한 조사와 출사의 특성을 갖는다고 할 수 없다. 계산된 열전달률은 가열기와 흡수기를 부분적인 면들로 나누고, 해석을 반복함으로써 확인할 수 있다.

13.3.3 2표면 밀폐공간

밀폐공간의 가장 간단한 예는 복사가 단지 두 면 사이에서만 교환되는 2표면 밀폐공간이다. 이러한 2표면 밀폐공간의 개략도를 그림 13.11a에 나타내었다. 두 표면만 있기 때문에 표면 1로부터 나가는 정미 복사 열전달률 q_1은 표면 2로 **들어오는** 정미 복사 열전달률 $-q_2$와 같아야 하며, 이 두 양은 1과 2 사이에서 교환되는 정미 복사 열전달률과 같아야 한다. 따라서 다음과 같다.

$$q_1 = -q_2 = q_{12}$$

복사 열전달률은 식 (13.21)을 표면 1과 2에 적용하여 J_1과 J_2에 대하여 얻어지는 두 개의 방정식

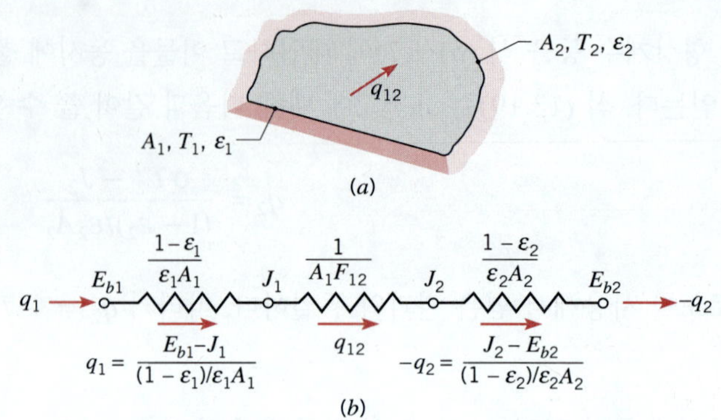

그림 13.11 표면 밀폐공간. (*a*) 개략도. (*b*) 회로도.

들을 풀어서 구할 수 있다. 이 결과는 식 (13.19)와 함께 q_1(또는 q_2)을 구하기 위해 사용할 수 있다. 그러나 이 경우에 그림 13.11*b*에 나타낸 밀폐공간의 회로도를 사용하면 원하는 결과를 더 쉽게 얻을 수 있다.

그림 13.11*b*에서 알 수 있듯이, 표면 1과 2 사이의 복사 열교환에 대한 총 저항은 두 표면저항들과 형상저항으로 구성되어 있다. 따라서 식 (12.32)를 대입하면 표면들 사이의 정미 복사 열교환은 다음과 같이 나타낼 수 있다.

$$q_{12} = q_1 = -q_2 = \frac{\sigma(T_1^4 - T_2^4)}{\dfrac{1-\varepsilon_1}{\varepsilon_1 A_1} + \dfrac{1}{A_1 F_{12}} + \dfrac{1-\varepsilon_2}{\varepsilon_2 A_2}} \tag{13.23}$$

위의 결과는 **밀폐공간을 형성하고 균일한 조사와 출사의 특성을 갖는** 어떠한 두 개의 등온, 확산, 회체 표면에 대해서 사용할 수 있다. 중요한 특수한 경우들이 표 13.3에 요약되어 있다.

13.3.4 복사 차폐물

앞 절의 2표면 밀폐 공간 해석은 연속한 여러 개의 2표면 밀폐 공간으로 구성된 시스템으로 확장할 수 있다. 이러한 방법의 중요한 활용은 2표면 간의 알짜 복사열전달을 감소시키는 낮은 방사율(높은 반사율)을 가지는 **복사 차폐물**(radiation shield)을 사용하는 것이다.

그림 13.12*a*에 예를 들었는데 표면 1과 2 사이에 얇은 복사 차폐물이 놓여 있다. 모든 면에서 에너지 교환은 복사에 의해서만 이루어지고 그 외의 방법으로는 가열되거나 냉각되지 않으면 모든 면에서 복사 열전달률은 모든 면에서 같다. 즉, $q = q_1 = q_{1s} = q_{s2} = -q_2$. 이 방법은 일련의 복사 회로(그림 13.12*b*)로 표현할 수 있다. 이것은 4표면(차폐물의 양면을 포함함)에 대한 표면저항과 인접한 표면 사이의 공간 저항을 포함한다. 차폐물의 한쪽 면의 방사율(ε_{s1})은 반대 면의 방사율(ε_{s2})과 다를 수 있으며 출사들도 항상 다르다. 시스템의 결과적인 열전달률은 다음 식과 같이 된다.

표 13.3 특수한 확산 회체 2표면 밀폐공간

큰(무한한) 평형 평판들

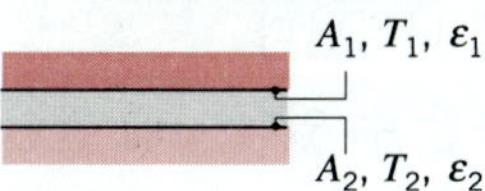

$A_1 = A_2 = A$

$F_{12} = 1$

$$q_{12} = \frac{A\sigma(T_1^4 - T_2^4)}{\dfrac{1}{\varepsilon_1} + \dfrac{1}{\varepsilon_2} - 1} \qquad (13.24)$$

긴(무한한) 동심 원통들

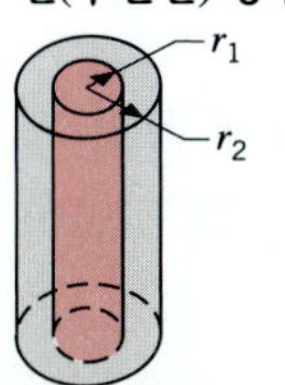

$\dfrac{A_1}{A_2} = \dfrac{r_1}{r_2}$

$F_{12} = 1$

$$q_{12} = \frac{\sigma A_1(T_1^4 - T_2^4)}{\dfrac{1}{\varepsilon_1} + \dfrac{1-\varepsilon_2}{\varepsilon_2}\left(\dfrac{r_1}{r_2}\right)} \qquad (13.25)$$

동심 구들

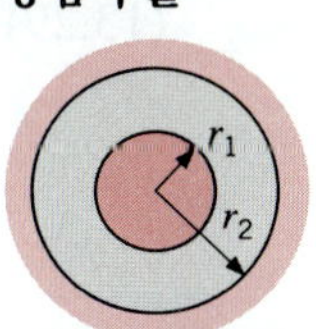

$\dfrac{A_1}{A_2} = \dfrac{r_1^2}{r_2^2}$

$F_{12} = 1$

$$q_{12} = \frac{\sigma A_1(T_1^4 - T_2^4)}{\dfrac{1}{\varepsilon_1} + \dfrac{1-\varepsilon_2}{\varepsilon_2}\left(\dfrac{r_1}{r_2}\right)^2} \qquad (13.26)$$

큰 공동 내부에 볼록한 면을 갖는 작은 물체

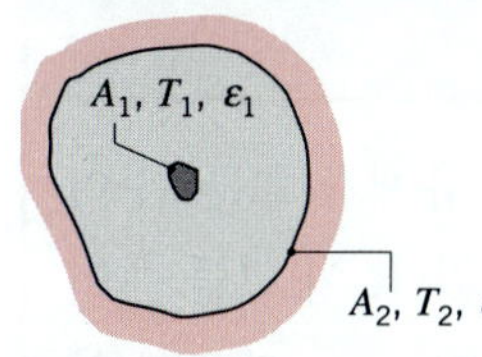

$\dfrac{A_1}{A_2} \approx 0$

$F_{12} = 1$

$$q_{12} = \sigma A_1 \varepsilon_1 (T_1^4 - T_2^4) \qquad (13.27)$$

$$q = \frac{\sigma(T_1^4 - T_2^4)}{\dfrac{1-\varepsilon_1}{\varepsilon_1 A_1} + \dfrac{1}{A_1 F_{1s}} + \dfrac{1-\varepsilon_{s1}}{\varepsilon_{s1} A_s} + \dfrac{1-\varepsilon_{s2}}{\varepsilon_{s2} A_s} + \dfrac{1}{A_s F_{s2}} + \dfrac{1-\varepsilon_2}{\varepsilon_2 A_2}} \qquad (13.28)$$

이 결과는 그림 13.12a 형상에 국한한 것이 아니라, 두 표면을 직접적으로 복사 교환을 완전히 차단하는($F_{12} = 0$) 차폐물이 있는 어떠한 형상에도 적용할 수 있다.

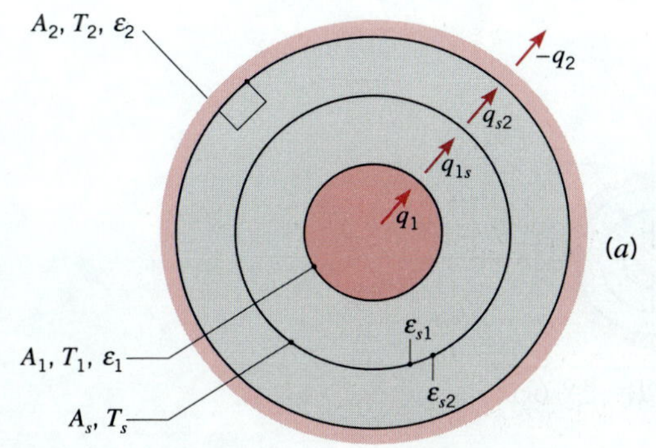

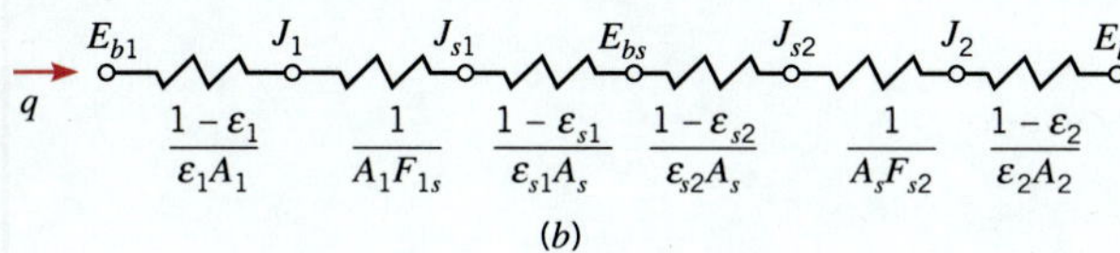

그림 13.12 복사 차폐물이 있는 표면 사이의 복사 교환. (*a*) 개략도. (*b*) 회로도.

복사 차폐물이 없다면 두 표면 1과 2 사이의 복사 열전달률은 식 (13.28)으로 주어진다. 그러나 복사 차폐물이 있으면 식 (13.28)에 명백하게 알 수 있듯이 부가적인 저항이 존재하고 열전달률은 감소한다. 복사 차폐물과 관련한 저항은 방사율 ε_{s1}과 ε_{s2}가 작아도 크게 나타난다.

T_1과 T_2를 알고 있으면 식 (13.28)은 알짜 열전달률을 결정하는 데 이용할 수 있다. q에 관한 지식으로부터 차폐물의 온도 값, T_s는 표면 1과 $s1$ 또는 $s2$와 2 사이에 대하여 식 13.23으로 결정할 수 있다.

앞에서의 절차는 여러 개의 차폐물이 있는 문제에도 확장할 수 있다. 특별한 경우인 무한 평행 평판(모든 형상계수는 1)이고 모든 방사율이 동일한 표면에서 N개의 차폐물이 있는 경우에 아래와 같이 나타낼 수 있다.

$$(q_{12})_N = \frac{1}{N+1}(q_{12})_0 \tag{13.29}$$

여기서 $(q_{12})0$은 차폐물이 없을 때($N = 0$)의 복사 열전달률이다.

예제 13.5

바깥 표면이 $\varepsilon_1 = 0.02$이고 $T_1 = 77$ K이고 확산 회체표면인 지름 20 mm의 긴 관을 통하여 극저온 유체가 흐른다. 이 관은 안쪽 면이 확산 회체표면이고 $\varepsilon_2 = 0.05$, $T_2 = 300$ K인 지름 50 mm의 큰 관과 동심을 이루고 있다. 이 관들 사이의 공간은 진공이다. 관의 단위 길이당 극저온 유체가 얻는 열량을 계산하라. 지름이 35 mm이고 양면이 $\varepsilon_3 = 0.02$인 얇은 복사 차폐물들을 안쪽 면과 바깥쪽 면의 중간에 삽입할 때, 관의 길이당 얻어지는 열 획득의 변화(%)를 계산하라.

풀이

제시자료: 다른 방사율들과 온도들을 가진 확산 회체표면들로 된 동심원관의 배열.

풀이대상:

1. 안쪽 관에 흐르는 극저온 유체가 얻는 열.
2. 안쪽 관과 바깥쪽 관 사이의 중간에 삽입된 복사 차폐물이 있을 때 얻은 열 획득의 % 변화.

개략도:

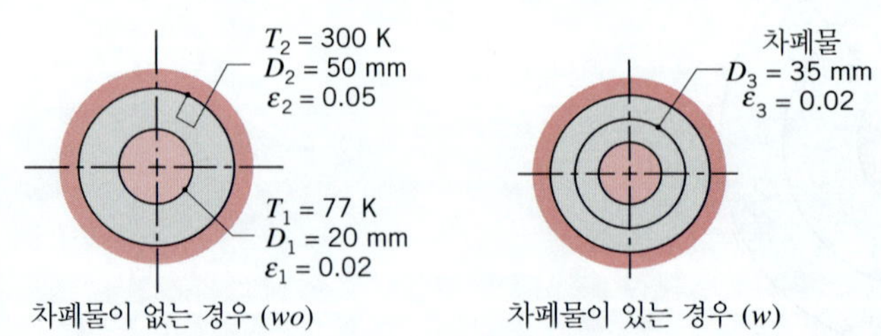

가정:

1 표면들은 확산 회체표면이다.
2. 관 사이의 공간은 진공이다.
3. 복사 차폐물의 전도저항은 무시할 수 있다.

4. 동심원관은 2표면 밀폐공간을 형성한다(끝단의 효과는 무시).

해석:

1. 차폐물이 없는 구조의 회로도가 그림 13.11에 나타나 있으며, 식 (13.25)로부터 원하는 열전달률을 다음과 같이 구할 수 있다.

$$q = \frac{\sigma(\pi D_1 L)(T_1^4 - T_2^4)}{\dfrac{1}{\varepsilon_1} + \dfrac{1-\varepsilon_2}{\varepsilon_2}\left(\dfrac{D_1}{D_2}\right)}$$

따라서 다음과 같다.

$$q' = \frac{q}{L} = \frac{5.67\times10^{-8}\ \mathrm{W/m^2\cdot K^4}\,(\pi\times0.02\ \mathrm{m})[(77\ \mathrm{K})^4 - (300\ \mathrm{K})^4]}{\dfrac{1}{0.02} + \dfrac{1-0.05}{0.05}\left(\dfrac{0.02\ \mathrm{m}}{0.05\ \mathrm{m}}\right)}$$

$$q' = -0.50\ \mathrm{W/m} \quad \triangleleft$$

2. 차폐물이 있는 시스템의 회로도가 그림 13.12에 나타나 있으며, 이 경우 구하고자 하는 열전달률은 다음과 같다.

$$q = \frac{E_{b1} - E_{b2}}{R_{\mathrm{tot}}} = \frac{\sigma(T_1^4 - T_2^4)}{R_{\mathrm{tot}}}$$

여기서

$$R_{\mathrm{tot}} = \frac{1-\varepsilon_1}{\varepsilon_1(\pi D_1 L)} + \frac{1}{(\pi D_1 L)F_{1s}} + 2\left[\frac{1-\varepsilon_s}{\varepsilon_s(\pi D_s L)}\right] + \frac{1}{(\pi D_s L)F_{s2}} + \frac{1-\varepsilon_2}{\varepsilon_2(\pi D_2 L)}$$

또는

$$R_{\mathrm{tot}} = \frac{1}{L}\left\{\frac{1-0.02}{0.02(\pi\times0.02\ \mathrm{m})} + \frac{1}{(\pi\times0.02\ \mathrm{m})1} + 2\left[\frac{1-0.02}{0.02(\pi\times0.035\ \mathrm{m})}\right] + \frac{1}{(\pi\times0.035\ \mathrm{m})1} + \frac{1-0.05}{0.05(\pi\times0.05\ \mathrm{m})}\right\}$$

$$R_{\mathrm{tot}} = \frac{1}{L}(779.9 + 15.9 + 891.3 + 9.1 + 121.0) = \frac{1817}{L}\left(\frac{1}{\mathrm{m}^2}\right)$$

따라서

$$q' = \frac{q}{L} = \frac{5.67\times10^{-8}\ \mathrm{W/m^2\cdot K^4}\,[(77\ \mathrm{K})^4 - (300\ \mathrm{K})^4]}{1817(1/\mathrm{m})} = -0.25\ \mathrm{W/m} \quad \triangleleft$$

따라서 열 획득의 %변화는 다음과 같다.

$$\frac{q'_w - q'_{wo}}{q'_{wo}}\times100 = \frac{(-0.25\ \mathrm{W/m}) - (-0.50\ \mathrm{W/m})}{-0.50\ \mathrm{W/m}}\times100 = -50\% \quad \triangleleft$$

부가설명: 형상이 동심원이고 명시된 방사율과 주어진 온도가 공간적으로 균일하기에 각 면이 균일한 조사와 출사 분포를 가진다고 할 수 있다. 따라서 계산된 열전달률은 원통 면이 작은 복사 면들로 잘게 나누어진다 해도 바뀌지 않을 것이다.

13.3.5 재복사표면

재복사표면(reradiating surface)의 가정은 많은 산업분야에서 일반적으로 적용된다. 이 이상화된 표면은 정미 복사 열전달이 **0**인 특성이 있다($q_i = 0$). 한 표면이 잘 단열되고 반대쪽 표면(복사면)에서 대류효과를 무시할 수 있는 실제 표면이 이 표면에 가깝다. $q_i = 0$일 때, 식 (13.15)와 (13.19)로부터 $G_i = J_i = E_{bi}$이다. 따라서 재복사표면의 출사를 안다면, 그 표면온도는 쉽게 결정할 수 있다. 밀폐공간 내에서 재복사표면의 평형온도는 다른 표면들과의 상호작용에 의해 정해지며, **재복사표면의 방사율과는 무관하다**.

세 번째 표면(면 R)이 재복사를 하는 3표면 밀폐공간을 그림 13.13a에 나타내었다. 그리고 이것에 대한 회로도를 그림 13.13b에 나타내었다. 표면 R은 잘 단열되어 있고, 대류효과는 무시될 수 있다고 가정한다. 따라서 $q_R = 0$이므로 표면 1에서 나오는 정미 복사 **열전달**은 표면 2로 들어가는 정미 복사 열전달과 같아야 한다. 이 경우 회로는 간단한 직렬–병렬 배열이며, 그 해석으로부터 다음과 같이 됨을 쉽게 알 수 있다.

$$q_1 = -q_2 = \frac{E_{b1} - E_{b2}}{\dfrac{1-\varepsilon_1}{\varepsilon_1 A_1} + \dfrac{1}{A_1F_{12} + [(1/A_1F_{1R}) + (1/A_2F_{2R})]^{-1}} + \dfrac{1-\varepsilon_2}{\varepsilon_2 A_2}} \tag{13.30}$$

$q_1 = -q_2$임을 알면 그들의 출사 J_1과 J_2를 결정하기 위해 식 (13.19)를 표면 1과 2에 적용할 수 있다. J_1과 J_2 그리고 형상 저항들을 알면, 재복사표면의 출사 J_R은 다음의 복사평형으로부터 구할 수 있다.

$$\frac{J_1 - J_R}{(1/A_1F_{1R})} - \frac{J_R - J_2}{(1/A_2F_{2R})} = 0 \tag{13.31}$$

재복사표면의 온도는 $\sigma T_R^4 = J_R$의 필요조건으로부터 구할 수 있다.

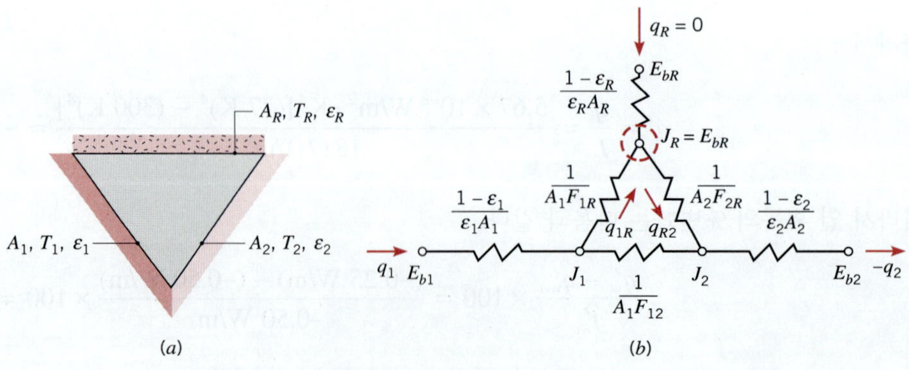

그림 13.13 한 면이 재복사하는 3표면 밀폐공간. (a) 개략도. (b) 회로도.

13.3.2절에 기술된 일반적인 계산과정이 재복사표면이 있는 밀폐공간에도 적용될 수 있다. 이러한 각각의 표면에 대하여 $q_i = 0$인 조건과 식 (13.22)를 사용하는 것이 적절하다.

예제 13.6

가열된 표면이 1200 K로 유지되고, 다른 한 표면은 단열된 긴 삼각형 덕트로 페인트를 경화하는 오븐이 구성되어 있다. 500 K로 유지되고 있는 페인트를 칠한 패널이 세 번째 표면이다. 삼각형 한 변의 폭 $W = 1$ m이고, 가열된 표면 및 단열된 표면의 방사율은 0.8이다. 패널의 방사율은 0.4이다. 정상상태 운전에서 1200 K로 유지하기 위해 덕트의 단위 길이당 가열면에 공급해야 하는 에너지 전달률은 얼마인가? 단열된 표면의 온도는 얼마인가?

풀이

제시자료: 한 면이 단열되어 있고, 다른 면들은 가열 또는 냉각되는 긴 삼각형 덕트의 표면 물성치.

풀이대상:

1. 덕트의 단위 길이당 공급되어야 하는 열전달률.

2. 단열된 표면의 온도.

개략도:

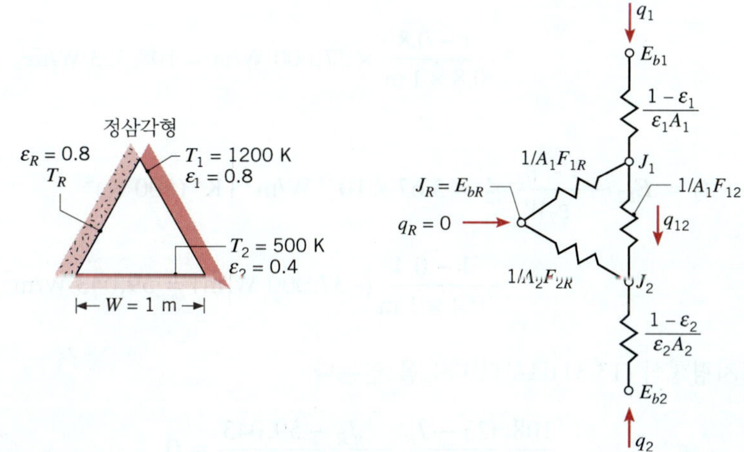

가정:

1. 정상상태의 조건들이 존재한다.

2. 모든 표면들은 비투과, 확산, 회체 표면들이고 균일한 출사를 가진다.

3. 대류효과는 무시할 수 있다.

4. 표면 R은 재복사표면이다.

5. 끝단의 효과들은 무시할 수 있다.

해석:

1. 이 시스템은 한 표면이 재복사하는 3표면 밀폐공간의 모델로 만들 수 있다. 가열된 표면에 공급되어야 하는 에너지

전달률은 식 (13.30)으로부터 다음과 같이 구할 수 있다.

$$q_1 = \frac{E_{b1} - E_{b2}}{\dfrac{1-\varepsilon_1}{\varepsilon_1 A_1} + \dfrac{1}{A_1F_{12} + [(1/A_1F_{1R}) + (1/A_2F_{2R})]^{-1}} + \dfrac{1-\varepsilon_2}{\varepsilon_2 A_2}}$$

대칭성으로부터 $F_{12} = F_{1R} = F_{2R} = 0.5$이다. 또한 $A_1 = A_2 = W{\cdot}L$이고, 여기서 L은 덕트의 길이이다. 따라서 다음과 같다.

$$q_1' = \frac{q_1}{L} = \frac{5.67 \times 10^{-8}\ \text{W/m}^2 \cdot \text{K}^4\,(1200^4 - 500^4)\ \text{K}^4}{\dfrac{1-0.8}{0.8 \times 1\ \text{m}} + \dfrac{1}{1\ \text{m} \times 0.5 + (2+2)^{-1}\ \text{m}} + \dfrac{1-0.4}{0.4 \times 1\ \text{m}}}$$

또는

$$q_1' = 37\ \text{kW/m} = -q_2'$$ ◁

2. 단열된 표면의 온도는 필요조건 $J_R = E_{bR}$으로부터 구할 수 있으며, 여기서 J_R은 식 (13.31)로부터 구할 수 있다. 그러나 이 식을 이용하기 위해서는 J_1과 J_2를 알아야 한다. 표면 에너지평형식 (13.19)를 표면 1과 2에 적용하면 다음과 같이 된다.

$$J_1 = E_{b1} - \frac{1-\varepsilon_1}{\varepsilon_1 W}q_1' = 5.67 \times 10^{-8}\ \text{W/m}^2 \cdot \text{K}^4\,(1200\ \text{K})^4$$

$$-\frac{1-0.8}{0.8 \times 1\ \text{m}} \times 37{,}000\ \text{W/m} = 108{,}323\ \text{W/m}^2$$

$$J_2 = E_{b2} - \frac{1-\varepsilon_2}{\varepsilon_2 W}q_2' = 5.67 \times 10^{-8}\ \text{W/m}^2 \cdot \text{K}^4\,(500\ \text{K})^4$$

$$-\frac{1-0.4}{0.4 \times 1\ \text{m}}(-37{,}000\ \text{W/m}) = 59{,}043\ \text{W/m}^2$$

재복사표면에 대한 에너지평형식 (13.31)로부터 다음을 얻는다.

$$\frac{108{,}323 - J_R}{\dfrac{1}{W \times L \times 0.5}} - \frac{J_R - 59{,}043}{\dfrac{1}{W \times L \times 0.5}} = 0$$

따라서

$$J_R = 83{,}683\ \text{W/m}^2 = E_{bR} = \sigma T_R^4$$

$$T_R = \left(\frac{83{,}683\ \text{W/m}^2}{5.67 \times 10^{-8}\ \text{W/m}^2 \cdot \text{K}^4}\right)^{1/4} = 1102\ \text{K}$$ ◁

부가설명:

1. 재복사표면의 온도가 면 1과 근접한 지역에서는 높고, 면 2와 가까운 지역에서는 낮다고 생각한다. 가정 2의 진실성에 의문을 제기하면서 우리의 직감은 표면의 조사와 출사 분포가 균일하지 않다는 사실과 일치한다. 재복사면의 온도분포는 예제 13.3의 부가설명 3에서 기술한 것처럼 해석적인 혹은 수치해석적인 방법으로 결정할 수 있다. 그러나, 각각의 기하학적 표면이 10개의 작은 요소로 나눌 수 있다면, $(3 \times 10)^2 = 900$개의 형상계수가 필요하다. 출사나 조사가 균일하다고 특정되지 않은 기하학적 표면을 가지는 밀폐공간에서 복사 열전달률의 정확한 예측은 정확도와 계산에 소요되는 시간 사이에 서로 교환이 관련되어 있다.
2. 결과는 ε_R의 값과는 무관하다.
3. 이 문제는 직접접근법을 사용하여 풀 수도 있다. 그 해를 얻기 위해서는 먼저 세 개의 모르는 출사들 J_1, J_2와 J_R을 구해야 한다. 지배방정식은 온도가 알려진 두 표면 1과 2에 대해서는 식 (13.21)을 그리고 표면 R에 대해서는 식 (13.22)를 적용하여 구할 수 있다. 세 방정식들은 다음과 같다.

$$\frac{E_{b1} - J_1}{(1 - \varepsilon_1)/\varepsilon_1 A_1} = \frac{J_1 - J_2}{(A_1 F_{12})^{-1}} + \frac{J_1 - J_R}{(A_1 F_{1R})^{-1}}$$

$$\frac{E_{b2} - J_2}{(1 - \varepsilon_2)/\varepsilon_2 A_2} = \frac{J_2 - J_1}{(A_2 F_{21})^{-1}} + \frac{J_2 - J_R}{(A_2 F_{2R})^{-1}}$$

$$0 = \frac{J_R - J_1}{(A_R F_{R1})^{-1}} + \frac{J_R - J_2}{(A_R F_{R2})^{-1}}$$

면적 A_1을 소거하면, 첫째 방정식은 다음과 같이 된다.

$$\frac{117{,}573 - J_1}{0.25} = \frac{J_1 - J_2}{2} + \frac{J_1 - J_R}{2}$$

또는

$$10J_1 - J_2 - J_R = 940{,}584 \qquad (1)$$

마찬가지로 표면 2에 대해서는 다음과 같다.

$$\frac{3544 - J_2}{1.50} = \frac{J_2 - J_1}{2} + \frac{J_2 - J_R}{2}$$

또는

$$-J_1 + 3.33J_2 - J_R = 4725 \qquad (2)$$

그리고 재복사표면에 대해서는 다음과 같다.

$$0 = \frac{J_R - J_1}{2} + \frac{J_R - J_2}{2}$$

또는

$$-J_1 - J_2 + 2J_R = 0 \qquad (3)$$

식 (1), (2), (3)을 동시에 풀면 다음을 얻는다.

$$J_1 = 108{,}328\ \text{W/m}^2,\ J_2 = 59{,}018\ \text{W/m}^2 \text{ 그리고 } J_R = 83{,}673\ \text{W/m}^2$$

$J_R = \sigma T_R^4$이므로 다음과 같다.

$$T_R = \left(\frac{J_R}{\sigma}\right)^{1/4} = \left(\frac{83{,}673\ \text{W/m}^2}{5.67 \times 10^{-8}\ \text{W/m}^2 \cdot \text{K}^4}\right)^{1/4} = 1102\ \text{K}$$

13.4 멀티모드 열전달

지금까지는 전도와 대류를 무시할 수 있는 조건에서 밀폐공간 내의 복사 열교환을 다루었다. 그러나 많은 응용분야에서 대류 및 전도가 복사와 비교하여 무시하기 힘들므로 열전달 해석에서 고려되어야 한다.

그림 13.14*a*에 주어진 일반적인 표면조건에 대하여 고려하자. 밀폐공간의 다른 표면들과의 복사에 의한 에너지 열교환과 더불어, 예를 들면 전기적 가열과 같은 외부로부터의 열 부가와 대류와 전도에 의한 표면으로부터의 열전달이 있을 수 있다.

$$q_{i,\text{ext}} = q_{i,\text{rad}} + q_{i,\text{conv}} + q_{i,\text{cond}} \tag{13.32}$$

여기서 표면으로부터의 정미 복사 열전달률 $q_{i,\text{rad}}$는 밀폐공간에 대한 표준 계산 방법으로 구할 수 있다. 따라서 일반적으로 $q_{i,\text{rad}}$는 식 (13.19) 또는 (13.20)으로부터 구할 수 있으며, 한편 2표면 밀폐공간과 하나의 재복사표면이 있는 3표면 밀폐공간과 같은 특수한 경우에는 각각 식 (13.23)과 (13.30)으로부터 구할 수 있다. 복사 회로도의 표면 요소들은 그림 13.14*b*에 따라 수정될 수 있으며, 여기서 $q_{i,\text{ext}}$, $q_{i,\text{cond}}$, $q_{i,\text{conv}}$는 표면절점으로 들어가는 또는 표면절점으로부터 나가는 전류의 흐름을 뜻한다. 그러나 $q_{i,\text{cond}}$과 $q_{i,\text{conv}}$는 온도차에 비례하지만 $q_{i,\text{rad}}$는 온도의 4승의 차에 비례한다는 데 유의하자. 표면의 뒷면이 단열되어 있는 경우에는 $q_{i,\text{cond}} = 0$이 되며, 이 같은 경우에는 조건들이 단순하게 된다. 더욱이 외부적인 가열이 없고 대류를 무시할 수 있으면 그 표면은 재복사표면이다.

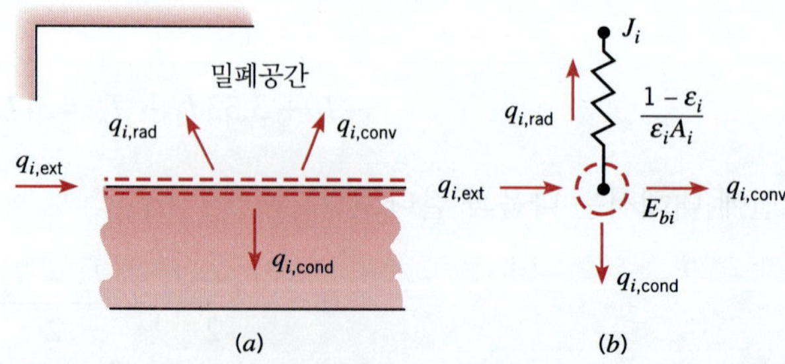

그림 13.14 밀폐공간 내에서의 표면으로부터의 멀티모드 열전달. (*a*) 표면 에너지평형. (*b*) 회로도.

예제 13.7

평판 표면이 1000 K로 유지되고, 나머지 다른 표면은 잘 단열된 반원형관으로 구성된 공기 가열기를 고려하자. 관의 반지름은 20 mm이고, 양 표면 모두의 방사율은 0.8이다. 대기가 관을 통하여 0.01 kg/s와 $T_m = 400$ K로 흐른다면, 평판 표면의 온도를 1000 K로 유지하기 위해 단위 길이당 공급해야 하는 열전달률은 얼마인가? 단일표면의 온도는 얼마인가?

풀이

제시자료: 관형 가열기에서의 공기흐름 조건들과 가열기 표면조건들.

풀이대상: 공급해야 할 열전달률과 단열된 표면의 온도.

개략도:

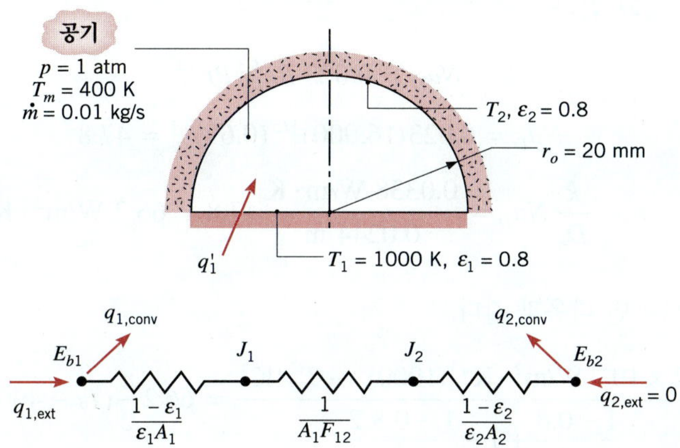

가정:

1. 정상상태 조건.
2. 확산 회체표면.
3. 관 끝 효과들과 기체온도의 축방향의 변화는 무시할 수 있다.
4. 완전히 발달된 흐름.

물성치: 표 A.4에서 공기(1 atm, 400 K): $k = 0.0338$ W/m·K, $\mu = 230 \times 10^{-7}$ kg/s·m, $c_p = 1014$ J/kg·K, $Pr = 0.69$.

해석: 반원형 표면이 잘 단열되어 있고 외부 열공급이 없기 때문에, 표면에서의 에너지평형은 다음과 같다.

$$-q_{2,\text{rad}} = q_{2,\text{conv}}$$

관은 2표면 밀폐공간으로 구성되어 있으므로, 표면 2로 들어오는 정미 복사 열전달은 식 (13.23)으로부터 구할 수 있다. 따라서

$$\frac{\sigma(T_1^4 - T_2^4)}{\dfrac{1-\varepsilon_1}{\varepsilon_1 A_1} + \dfrac{1}{A_1 F_{12}} + \dfrac{1-\varepsilon_2}{\varepsilon_2 A_2}} = hA_2(T_2 - T_m)$$

여기서 형상계수는 $F_{12} = 1$이고, 단위 길이당 표면적은 $A_1 = 2r_o$이고, $A_2 = \pi r_o$이다. 또한

$$Re_D = \frac{\rho u_m D_h}{\mu} = \frac{\dot{m} D_h}{A_c \mu} = \frac{\dot{m} D_h}{(\pi r_o^2/2)\mu}$$

수력학적 지름은 다음과 같다.

$$D_h = \frac{4A_c}{P} = \frac{2\pi r_o}{\pi + 2} = \frac{0.04\pi \text{m}}{\pi + 2} = 0.0244 \text{ m}$$

따라서

$$Re_D = \frac{0.01 \text{ kg/s} \times 0.0244 \text{ m}}{(\pi/2)(0.02 \text{ m})^2 \times 230 \times 10^{-7} \text{ kg/s} \cdot \text{m}} = 16{,}900$$

Dittus-Boelter방정식으로부터 다음과 같다.

$$Nu_D = 0.023\, Re_D^{4/5} Pr^{0.4}$$

$$Nu_D = 0.023(16{,}900)^{4/5}(0.69)^{0.4} = 47.8$$

$$h = \frac{k}{D_h} Nu_D = \frac{0.0338 \text{ W/m} \cdot \text{K}}{0.0244 \text{ m}} 47.8 = 66.2 \text{ W/m}^2 \cdot \text{K}$$

에너지평형식의 양변을 A_1으로 나누면 다음과 같다.

$$\frac{5.67 \times 10^{-8} \text{ W/m}^2 \cdot \text{K}^4 [(1000)^4 - T_2^4] \text{K}^4}{\frac{1 - 0.8}{0.8} + 1 + \frac{1 - 0.8}{0.8} \frac{2}{\pi}} = 66.2 \frac{\pi}{2} (T_2 - 400) \text{ W/m}^2$$

또는

$$5.67 \times 10^{-8} T_2^4 + 146.5 T_2 - 115{,}313 = 0$$

따라서

$$T_2 = 696 \text{ K} \qquad \triangleleft$$

고온 표면에서 에너지평형으로부터,

$$q_{1,\text{ext}} = q_{1,\text{rad}} + q_{1,\text{conv}} = q_{2,\text{conv}} + q_{1,\text{conv}}$$

따라서 단위 길이를 기준으로 하면 다음과 같다.

$$q'_{1,\text{ext}} = h \pi r_o (T_2 - T_m) + h 2 r_o (T_1 - T_m)$$

$$q'_{1,\text{ext}} = 66.2 \times 0.02[\pi(696 - 400) + 2(1000 - 400)] \text{ W/m}$$

$$q'_{1,\text{ext}} = (1231 + 1589) \text{ W/m} = 2820 \text{ W/m} \qquad \triangleleft$$

부가설명:

1. 면에 따른 조사, 출사 그리고 대류 열유속 분포는 균일하지 않다. 결과적으로 단열된 면 온도가 면 1에 근접한 모서리에서 높고 밀폐공간의 둥근 모양 부분에서 낮아지길 기대한다. 여러 가지 면에서 출사, 조사, 온도, 대류 열유속 분포들을 구하는 것은 많은 복사 면들을 고려해서 좀 더 복잡한 해석이 필요하게 된다.
2. 에너지평형을 공기에 관한 미소 검사체적에 적용하면 다음과 같다.

$$\frac{dT_m}{dx} = \frac{q_1'}{\dot{m}c_p} = \frac{2820 \text{ W/m}}{0.01 \text{ kg/s } (1014 \text{ J/kg} \cdot \text{K})} = 278 \text{ K/m}$$

그러므로 공기의 온도변화는 상당히 크며, 좀 더 전형적인 해석은 관을 축방향으로 세분하여 영역 사이의 공기온도와 단열된 표면의 온도의 변화도 고려하는 것이다. 더욱이 복사 열교환의 2표면 해석은 더 이상 적절하지 않다.

13.5 단순화 가정의 의미

비록 표면들 사이의 복사 열전달을 예측하는 방법을 전개해 왔지만, 해석이 가진 본질적인 제한을 인지하고 있는 것이 중요하다. 균일한 출사와 조사 분포를 갖는 방사와 반사를 확산적으로 하는 등온, 불투명, 회체 면과 같은 **이상적인 면**을 해석해 왔음을 상기하라. 더군다나 이제까지 해석한 밀폐공간 내부의 매질은 복사에 관여하지 않는 물질, 즉 표면복사를 흡수하거나 산란하지 않으며, 복사를 방사하지도 않는 물질이라고 가정하였다.

이 장에서 제시하는 해석 기법은 종종 1차적인 예상 값을 얻는 데 사용되고, 또한 많은 경우에서 밀폐공간을 형성하는 다수의 면을 포함하는 복사 열전달에 대해 충분히 정확한 결과를 얻는 데 이용될 수도 있다. 그러나 몇몇 경우에는 가정이 부적절하고 좀 더 정확한 예측방법이 필요하기도 하다. 비록 이 책의 범위 밖에 있긴 하지만 복사 열전달을 해석하는 더 발달된 방법들에 대해서는 참고문헌 [3, 7~12]에서 다루고 있다.

13.6 참여매질 사이의 복사교환

환경복사(12.9절)에 대한 논의를 제외하면, 우리는 불투명한 고체나 액체 표면에서의 복사 열교환에 우리의 관심을 제한하였고, 기체 복사에 대해서는 거의 이야기하지 않았다. O_2나 N_2와 같은 **비극성**(nonpolar)기체에 대해서 이와 같은 가정이 정당화될 수 있다. 왜냐하면 기체가 복사를 방사하지 않고 기본적으로 들어오는 복사 열에너지를 투과하기 때문이다. 그러나 CO_2, H_2O(수증기), NH_3 그리고 탄화수소 기체들과 같은 극성 분자들의 경우는 넓은 온도 범위에 걸쳐서 방사 및 흡수하므로 기체 복사를 무시할 수 없다. 이러한 기체는 파장에 따라 연속적으로 분포되어 있는 고체나 액체로부터의 복사와 달리, 기체 복사는 특정 **파장 간격**(밴드라 불리는)에 집중된다는 사실에 의해 문제가 복잡해진다. 더욱이 기체 복사는 표면현상이 아니고 **체적**현상이다.

13.6.1 체적적 흡수

기체(또는 반투과 액체 또는 고체)에서의 스펙트럼 복사흡수는 매질의 흡수계수 κ_λ(1/m)와 매질

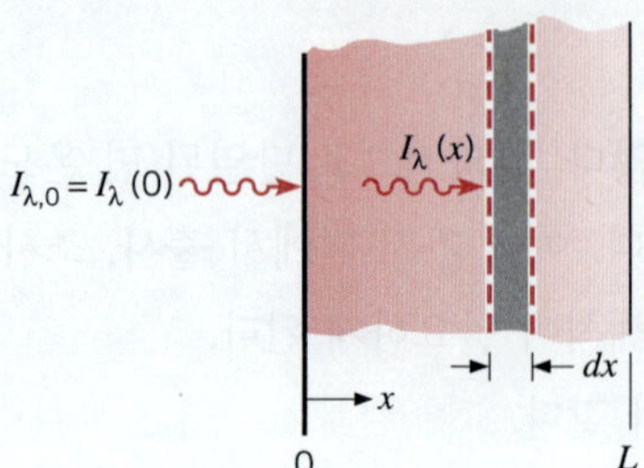

그림 13.15 기체 또는 액체층에서의 흡수.

의 두께 L(그림 13.15)의 함수이다. 강도 $I_{\lambda,0}$의 단색광선이 매질로 들어오면, 이 강도는 흡수로 인해 줄어들고, 두께 dx인 미소 층에서 일어나는 감소는 다음과 같이 표시할 수 있다.

$$dI_\lambda(x) = -\kappa_\lambda I_\lambda(x)\, dx \tag{13.33}$$

변수들을 분리하고 전체 층에 대하여 적분하면 다음을 얻는다.

$$\int_{I_{\lambda,0}}^{I_{\lambda,L}} \frac{dI_\lambda(x)}{I_\lambda(x)} = -\kappa_\lambda \int_0^L dx$$

여기서 κ_λ는 x에 무관하다고 가정한다. 따라서 다음과 같다.

$$\frac{I_{\lambda,L}}{I_{\lambda,0}} = e^{-\kappa_\lambda L} \tag{13.34}$$

Beer의 법칙이라 하는 이 기하급수적인 감소는 근사적인 복사해석에 있어서 유용한 수단이 된다. 예를 들면 이것은 매질의 전체 스펙트럴 흡수율을 추정하는 데 이용될 수 있다. 특히 투과율(transmissivity)은 다음과 같이 정의된다.

$$\tau_\lambda = \frac{I_{\lambda,L}}{I_{\lambda,0}} = e^{-\kappa_\lambda L} \tag{13.35}$$

흡수율(absorptivity)은 다음과 같다.

$$\alpha_\lambda = 1 - \tau_\lambda = 1 - e^{-\kappa_\lambda L} \tag{13.36}$$

Kirchhoff의 법칙이 유효하다고 가정하면 $\alpha_\lambda = \varepsilon_\lambda$이고, 식 (13.36)으로부터 매질의 스펙트럴 방사율도 구할 수 있다.

13.6.2 기체의 방사와 흡수

기체로부터 인접한 표면으로의 복사 열유속을 결정하는 것이 일반적인 공학 계산 중의 하나이다. 이러한 계산에서 고유의 복잡한 스펙트럼과 방향성 효과에도 불구하고 단순화된 방법이 사용될 수 있다. 이 방법은 Hottel[13]에 의해 개발되었으며, 이는 온도 T_g인 반구의 기체질량으로부터 이 반구 바닥의 중앙에 놓인 미소 표면 dA_1으로의 복사 방사를 결정하는 것이다. 단위 표면적당 기체로부터의 방사는 다음과 같이 표현된다.

$$E_g = \varepsilon_g \sigma T_g^4 \tag{13.37}$$

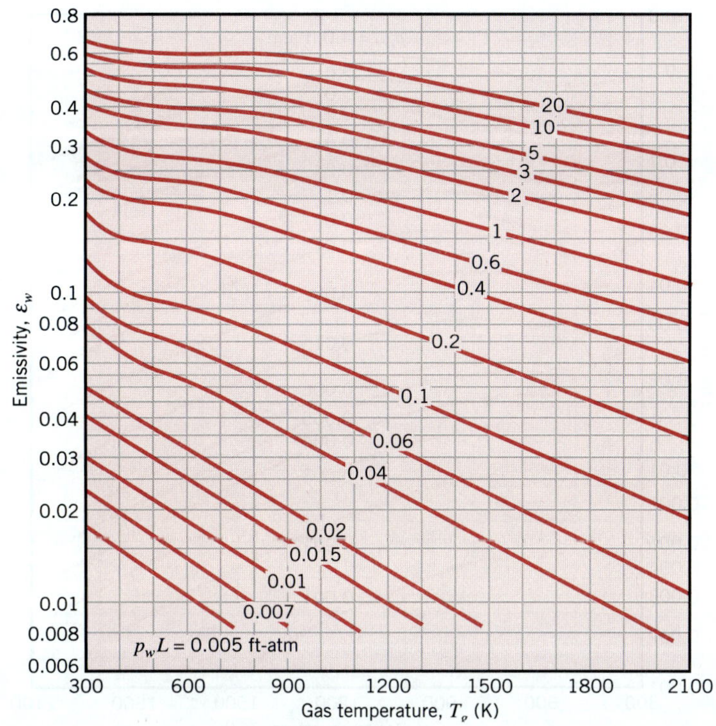

그림 13.16 전압력 1 atm, 반구 형상의 복사에 참여하지 않는 기체 혼합물에서의 수증기의 방사율[13]. 허가에 의해 사용함.

여기서 기체의 방사율 ε_g는 이용 가능한 데이터의 상관식으로부터 결정된다. 특히 ε_g는 온도 T_g와 기체의 전압력 p, 복사 기체 성분의 분압 p_g 그리고 반구의 반지름 L의 항으로 상관지을 수 있다.

수증기의 방사율에 대한 결과가, 전체 압력이 1 atm이고, 여러 가지 다른 값의 수증기 분압과 반구 반지름의 곱에 대하여, 기체온도의 함수로 그림 13.16에 나타나 있다. 전압력이 1 atm이 아닌 경우의 방사율을 구하기 위해서는 그림 13.16의 방사율에 그림 13.17로부터의 수정계수 C_w를

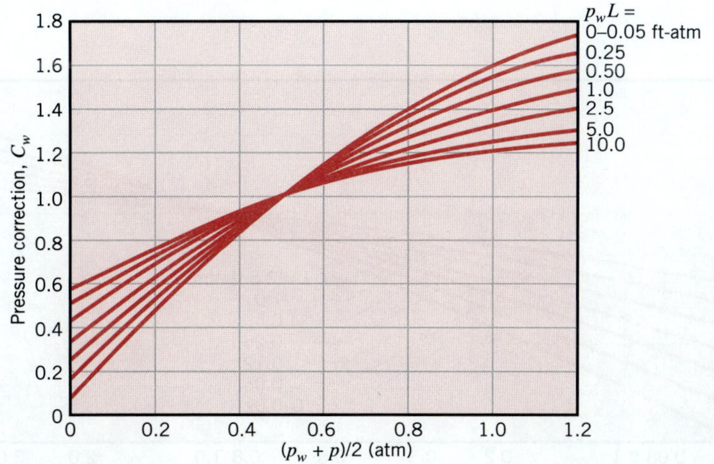

그림 13.17 1 atm이 아닌 압력($\varepsilon_{w,p\neq 1\text{atm}} = C_w\varepsilon_{w,p=1\text{atm}}$)에서의 수증기 방사율을 구하기 위한 수정계수[13]. 허가에 의해 사용함.

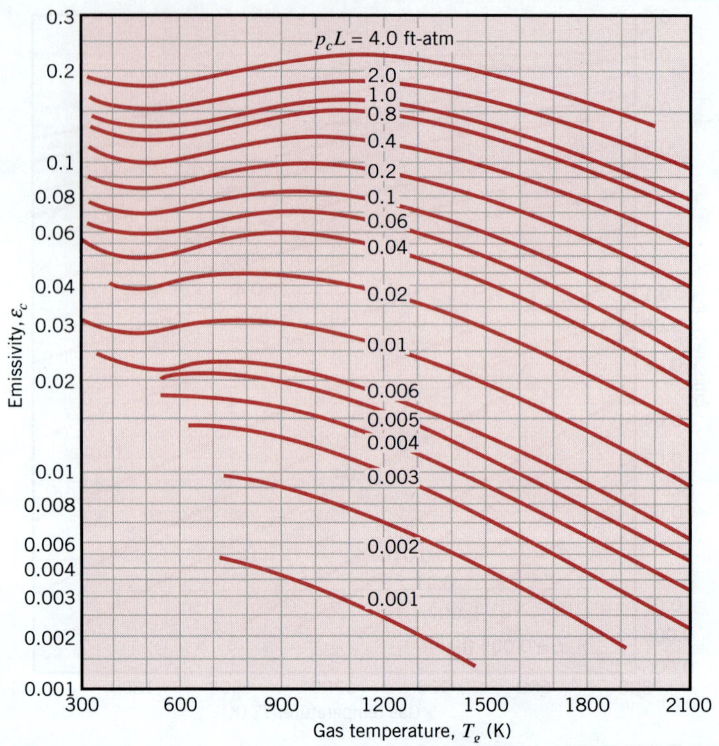

그림 13.18 전압력 1 atm, 반구 형상의 복사에 참여하지 않는 기체 혼합물에서의 이산화탄소의 방사율[13]. 허가에 의해 사용함.

곱해야 한다. 이산화탄소에 대해서도 유사한 결과가 얻어졌으며, 그림 13.18과 13.19에 표시되어 있다.

앞에서의 결과는 수증기 또는 이산화탄소가 복사에 참여하지 않는 다른 성분들과의 혼합물에서 **분리되어** 있는 경우에 적용된다. 그러나 이 결과들은 수증기와 이산화탄소가 복사에 참여하지 않는 다른 혼합물에 **함께** 혼합되어 있는 상황에 대해서도 쉽게 확장하여 적용할 수 있다. 특히 전체 기체 방사율은 다음과 같이 표현된다.

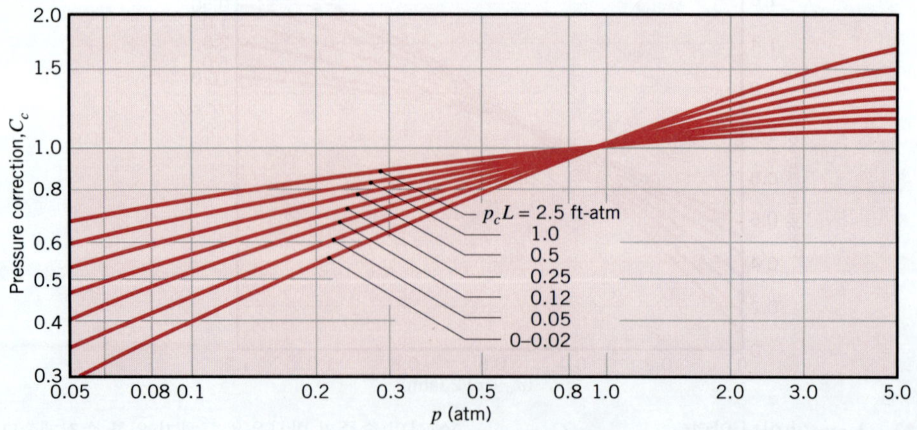

그림 13.19 1 atm이 아닌 압력($\varepsilon_{c,p\neq 1\text{atm}} = C_c\varepsilon_{c,p=1\text{atm}}$)에서의 이산화탄소의 방사율을 구하기 위한 수정계수[13]. 허가에 의해 사용함.

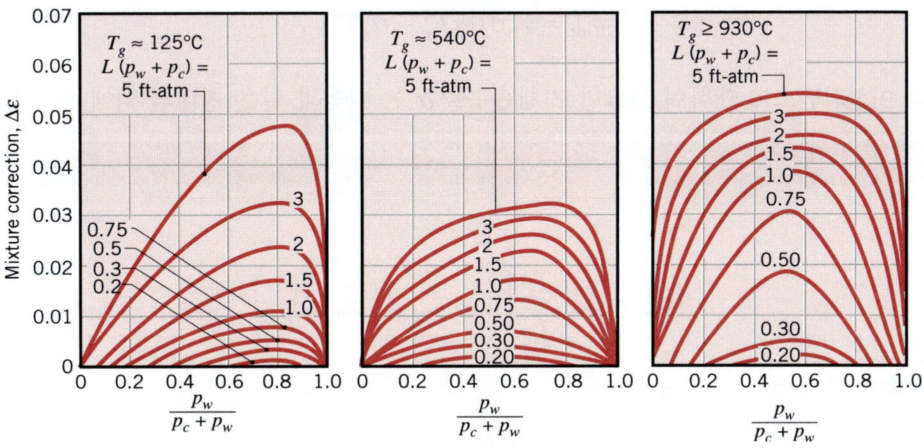

그림 13.20 수증기와 이산화탄소의 혼합물에 관련된 수정계수[13]. 허가에 의해 사용함.

$$\varepsilon_g = \varepsilon_w + \varepsilon_c - \Delta\varepsilon \tag{13.38}$$

여기서 수정계수 $\Delta\varepsilon$은 기체온도의 여러 값들에 대하여 그림 13.20에 나타나 있다. 이 계수는 두 성분들 사이의 복사의 상호흡수와 관련된 방사의 감소를 보정한 것이다.

앞의 결과들은 밑면 중앙의 면적요소로 복사되는 반지름 L인 반구형 기체질량의 방사율을 제공한다. 그러나 **평균광선길이**(mean beam length) L_e의 개념을 도입하면 다른 형상에도 이 결과를 확장 적용할 수 있다. 이 양은 단일 매개변수로서 기체 형상의 크기와 모양 모두에 대한 기체 방사율의 의존성을 상관시키도록 도입되었다. 이는 해석하고자 하는 형상에 대한 방사율과 동일한 방사율을 갖는 반구형 기체질량의 반지름으로 풀이될 수 있다. 이 값은 여러 가지 기체 형상에 대하여 구해져 있으며[13], 대표적인 결과를 표 13.4에 나타내었다. 그림 13.16부터 13.20까지에서 L을 L_e로 치환하면 해석하고자 하는 형상과 관련된 방사율을 결정할 수 있다.

그림 13.16부터 13.20까지와 표 13.4의 결과를 사용하면 인접한 기체로부터의 방사에 기인하는 표면으로의 복사 열전달률을 결정할 수 있다. 이 열전달률은 다음과 같이 나타낼 수 있다.

$$q = \varepsilon_g A_s \sigma T_g^4 \tag{13.39}$$

여기서 A_s는 표면적이다. 표면이 흑체이면, 물론 이 복사를 모두 흡수한다. 흑체표면은 또한 복사를 방사할 것이며, T_s인 표면과 T_g인 기체 사이에서 교환되는 정미 복사 열전달률은 다음과 같다.

표 13.4 여러 가지 기체 형상들에 대한 평균광선길이 L_e

	특성길이	L_e
구(표면으로의 복사)	지름(D)	$0.65D$
무한 원통(곡면으로의 복사)	지름(D)	$0.95D$
반무한 원통(바닥면으로의 복사)	지름(D)	$0.65D$
높이와 지름이 같은 원통(전체 표면으로의 복사)	지름(D)	$0.60D$
무한 평행평면(평면으로의 복사)	평명 사이의 간격(L)	$1.80L$
정육면체(임의 표면으로의 복사)	모서리의 길이(L)	$0.66L$
체적 V의 임의형상(면적 A인 표면으로의 복사)	면적에 대한 체적의 비(V/A)	$3.6V/A$

$$q_{net} = A_s\sigma(\varepsilon_g T_g^4 - \alpha_g T_s^4) \tag{13.40}$$

수증기와 이산화탄소에 대하여 필요한 기체흡수율 α_g는 다음과 같은 형태의 식에 의해 방사율로부터 구할 수 있다[13].

수증기:

$$\alpha_w = C_w\left(\frac{T_g}{T_s}\right)^{0.45} \times \varepsilon_w\left(T_s,\, p_w L_e \frac{T_s}{T_g}\right) \tag{13.41}$$

이산화탄소:

$$\alpha_c = C_c\left(\frac{T_g}{T_s}\right)^{0.65} \times \varepsilon_c\left(T_s,\, p_c L_e \frac{T_s}{T_g}\right) \tag{13.42}$$

여기서 ε_w와 ε_c는 각각 그림 13.16과 13.18로부터 구해지고, C_w와 C_c는 각각 그림 13.17과 13.19로부터 구해진다. 그러나 그림 13.16과 13.18을 사용할 때, T_g는 T_s로 교체되고, $p_w L_e$ 또는 $p_c L_e$는 각각 $p_w L_e(T_s/T_g)$또는 $p_c L_e(T_s/T_g)$로 교체되어야 한다. 또한 수증기와 이산화탄소가 모두 존재할 때, 전체 기체 흡수율은 다음과 같이 표현된다.

$$\alpha_g = \alpha_w + \alpha_c - \Delta\alpha \tag{13.43}$$

여기서 $\Delta\alpha = \Delta\varepsilon$는 그림 13.20으로부터 얻는다.

13.7 요약

이 장에서는 밀폐공간의 표면들 사이에서의 복사 열교환의 해석에 초점을 맞추었으며, 이 교환을 다루는 데 있어서 **형상계수**의 개념을 도입하였다. 이 기하학적 양을 아는 것은 임의의 두 확산표면 사이의 복사 열교환을 구하는 데 필수적이기 때문에, 이를 구하는 방법에 익숙해져야 한다. 또한 **균일한 출사**와 **조사**를 갖는 **등온**, **비투과**, **확산**, **회체**표면들로 구성된 밀폐공간에서의 복사계산을 하는 데에도 익숙해져야 한다. 더욱이 흑체 표면, 2표면 밀폐공간, 또는 재복사표면을 가지는 3표면 밀폐공간과 같은 간단한 경우에 적용하는 결과들에도 익숙해져야 한다.

다음과 같은 질문사항에 대해서 답을 하면서 관련된 개념들에 대한 여러분의 이해도를 점검해 보자.

- **형상계수**란 무엇인가? 두 표면 사이의 형상계수를 계산하는 데 일반적으로 어떠한 가정들이 관련되는가?
- 형상계수에 있어 **상호관계**란 무엇인가? **합산법칙**이란 무엇인가?
- 어떤 면의 자기 자신에 대한 형상계수가 0이 아닐 수가 있는가? 만약 그렇다면 어떤 종류의 면이 그런 특징을 갖는가?
- **복사에 참여하지 않는 매질**이란 무엇인가?
- 흑체로 근사화하지 않는 밀폐공간의 표면들 사이의 복사 열교환을 다루는 데 있어서 어떠한 가정들이 내재되어 있는가? 이러한 가정들의 정당성에 대해서 논하라. 그리고 언제 어디서 이러한

가정들이 정당성을 잃게 되는지 논하라.

- 밀폐공간 내의 표면의 복사 저항은 어떻게 정의되는가? 이 저항을 표면으로부터의 정미 복사 열교환율과 관련지어 주는 구동 포텐셜은 무엇인가? 만일 표면이 흑체로 근사화될 수 있다면 이 저항은 무엇인가?
- 밀폐공간 내의 두 표면 사이의 복사 열교환과 관련된 형상 저항은 어떻게 정의되는가? 이 저항을 표면 사이의 정미 복사 열전달률과 관련지어 주는 구동 포텐셜은 무엇인가?
- **복사 차폐물**이란 무엇이며, 두 표면 사이에 있는 차폐물에 의해서 두 표면 사이의 정미 복사전달량은 어떻게 영향을 받게 되는가? 차폐물이 큰 표면 흡수율을 갖는 것이 유리한가 아니면 큰 반사율을 갖는 것이 유리한가?
- **재복사표면**이란 무엇인가? 어떤 조건에서 표면이 재복사물질로 근사화될 수 있는가? 출사, 흑체의 방사도, 재복사표면에 대한 조사들 사이의 관계는 무엇인가? 그와 같은 표면의 온도는 복사 물성치에 따라 변하는가?
- 표면으로의 정미 복사 열전달이 그 표면으로부터 밀폐공간 내의 기체로의 대류열전달과 평형을 이루는 밀폐공간 내의 표면에 관해서 무슨 설명을 할 수 있겠는가? 표면은 재복사하는가? 표면의 뒷면은 단열 상태인가?
- 표면으로부터의 정미 복사 열전달이 밀폐공간 내에서 기체로부터 대류열전달을 초과하는 밀폐공간 내의 표면을 고려하자. 어떤 다른 과정이 표면에서 독립적으로 또는 집합적으로 일어나야 하는가?
- 어떠한 분자적 특성이 기체의 비방사 그리고 비흡수와 관련이 있는가? 어떠한 특성이 기체에 의한 복사의 방출과 흡수를 가능하도록 하는가?
- 어떠한 특성이 기체에 의한 복사의 방사와 흡수를 비투과성 고체의 방사 및 흡수와 구별되게 하는가?
- 반투과 매질을 통해서 전파되는 복사강도가 어떻게 매질의 거리에 따라 변하는가? 만일 흡수계수가 크다면 이러한 변화에 대해 무슨 설명을 할 수 있는가? 만일 계수가 매우 작다면?

참고문헌 *References*

1. Hamilton, D. C., and W. R. Morgan, "Radiant Interchange Configuration Factors," National Advisory Committee for Aeronautics, Technical Note 2836, 1952.
2. Eckert, E. R. G., "Radiation: Relations and Properties," in W. M. Rohsenow and J. P. Hartnett, Eds., *Handbook of Heat Transfer*, 2nd ed., McGraw-Hill, New York, 1973.
3. Howell, J. R., R. Siegel, and M. P. Menguc, *Thermal Radiation Heat Transfer*, 5th ed., Taylor & Francis, New York, 2010.
4. Howell, J. R., *A Catalog of Radiation Configuration Factors*, McGraw-Hill, New York, 1982.
5. Emery, A. F., O. Johansson, M. Lobo, and A. Abrous, *J. Heat Transfer*, **113**, 413, 1991.
6. Oppenheim, A. K., *Trans. ASME*, **65,** 725, 1956.
7. Hottel, H. C., and A. F. Sarofim, *Radiative Transfer*, McGraw-Hill, New York, 1967.
8. Tien, C. L., "Thermal Radiation Properties of Gases," in J. P. Hartnett and T. F. Irvine, Eds., *Advances in Heat Transfer*, Vol. 5, Academic Press, New York, 1968.
9. Sparrow, E. M., "Radiant Interchange Between Surfaces Separated by Nonabsorbing and Nonemitting Media," in W. M. Rohsenow and J. P. Hartnett, Eds., *Handbook of Heat Transfer*, McGraw-Hill, New York, 1973.
10. Dunkle, R. V., "Radiation Exchange in an Enclosure with a Participating Gas," in W. M. Rohsenow and J. P. Hartnett, Eds., *Handbook of Heat Transfer*, McGraw-Hill, New York, 1973.
11. Sparrow, E. M., and R. D. Cess, *Radiation Heat Transfer*, Hemisphere Publishing, New York, 1978.
12. Edwards, D. K., *Radiation Heat Transfer Notes*, Hemisphere Publishing, New York, 1981.
13. Hottel, H. C., and R. B. Egbert, *AIChE J.*, **38**, 531, 1942.

연습문제 *Problems*

형상계수

13.1 상호관계식(reciprocity theorem)과 그 외의 기본적인 형상계수 관계식들을 이용하여 다음 형상에 대한 F_{12}와 F_{21}을 결정하라. 표나 도표들은 이용하지 말라.

(a) 면적 $A_2 = 2A_1$인 동심의 반구 내의 면적 A_1인 작은 구

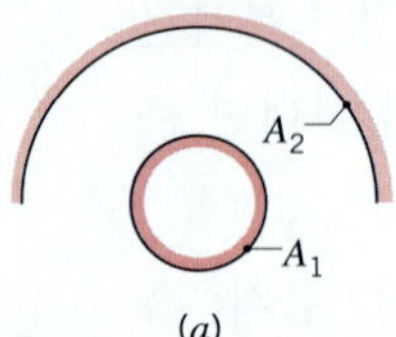

(a)

(b) 긴 덕트

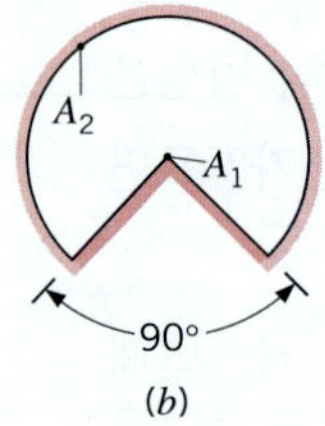

(b)

(c) 경사진 긴 평판들(점 B는 A_1의 중심 바로 위에 위치)

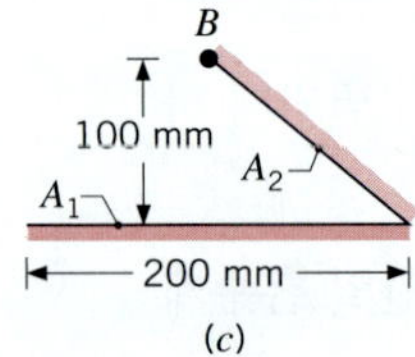

(c)

(d) 무한 평면에 놓인 긴 원통

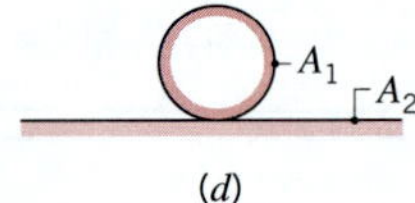

(d)

(e) 반구와 원판 배열

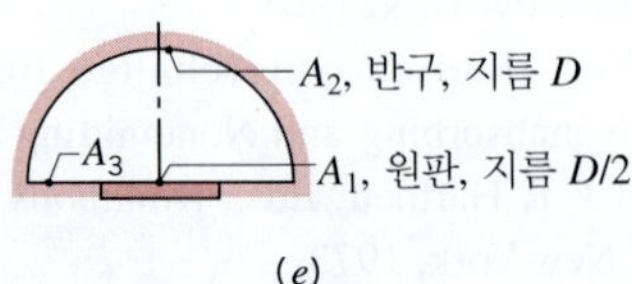

(e)

(f) 긴 개방형 채널

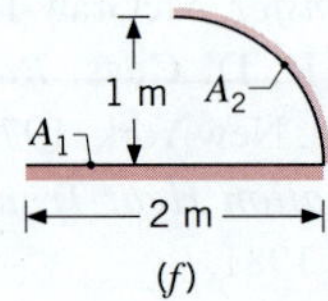

(f)

(g) 긴 동심 원통들

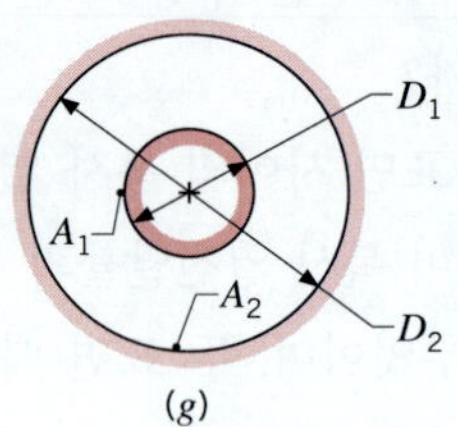

(g)

(h) 긴 원통 내부의 긴 정사각 막대. 또한, F_{22}를 구하라.

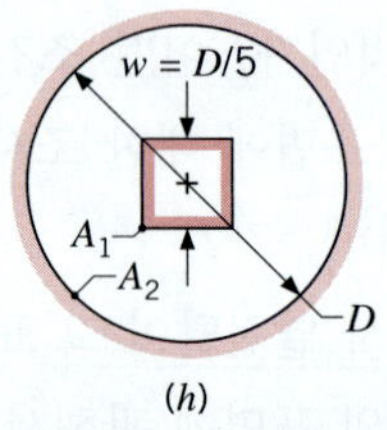

(h)

13.2 반경 $r_1 = 5$ mm인 구형 입자가 내경 $r_2 = 15$ mm이고 길이 $L = 0.5$ m인 원통 관에 얇은 줄로 매달려 있다. $S = 5$와 250 mm일 때 형상 계수 F_{11}, F_{12}, F_{13}과 F_{14}를 구하라. 구형 입자와 원통 관의 바닥 끝(원판 반경 r_3) 사이의 형상 계수는 $R_3 = r_3/S$일 때 $F_{13} = 0.5\left[1-\left(1+R_3^2\right)^{-1/2}\right]$이다.

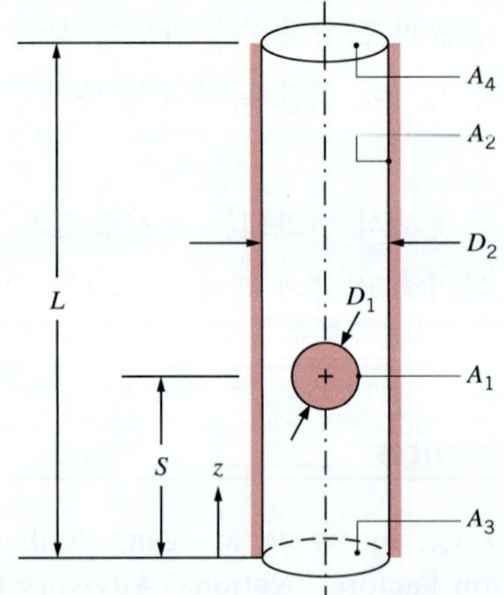

13.3 고체 블록을 가공하여 만든 폭이 W인 다음과 같은 그루브(groove)들을 고려하자.

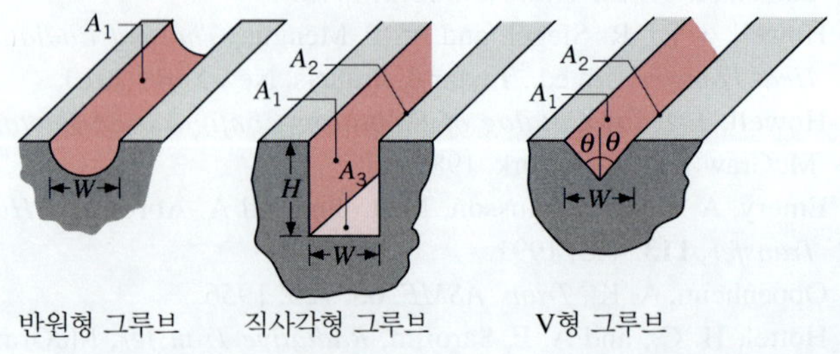

(a) 각 경우에 대해 그루브 외부의 주변에 대한 그루브의 형

상계수 식을 구하라.

(b) V형 그루브에 대한 형상계수 F_{12}에 대한 식을 구하라. 이때 A_1과 A_2는 서로 반대 방향에 위치해 있는 면이다.

(c) 직사각형 그루브에서 $H = 2W$라면, 형상계수 F_{12}는 무엇인가?

13.4 그림과 같이 지름과 길이가 같은 직각 원뿔(원추)과 직각 원형 원통(A_2)이 원형 디스크(A_1)로부터 L_o만큼 떨어진 곳에 동축 상으로 위치해 있다. 원통의 내부 윗면(inner base)과 측면은 단일표면 A_2로 취급할 수 있다. 원뿔과 원통의 개구부에 상응하는 가상 면적은 A_3로 가정한다.

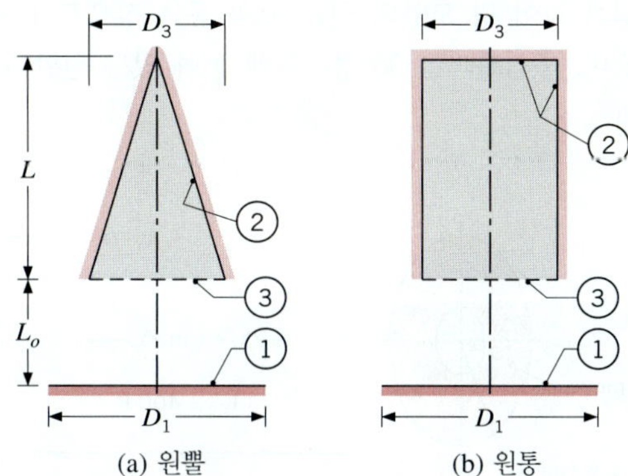

(a) 원뿔 (b) 원통

(a) 두 배열에 대해 $F_{21} = (A_1/A_2)F_{13}$, $F_{22} = 1 - (A_3/A_2)$임을 보이라. 여기서 F_{13}은 동축 상의 두 개의 디스크 사이에 대한 형상계수(표 13.2)이다.

(b) $L = L_o = 50$ mm이고, $D_1 = D_3 = 50$ mm인 경우, 원뿔과 원통 형상에 대한 F_{21}과 F_{22}를 계산하고, 이들의 상대적 크기를 비교하라. 유사점과 차이점을 설명하라.

(c) 다른 변수들은 변하지 않는 상태에서 L이 증가하면 원뿔 및 원통 형상에 대한 F_{21}과 F_{22}의 상대적 크기가 변하는가? L이 매우 큰 한계 상황에서 무슨 일이 일어나는가? L에 따른 F_{21}과 F_{22}의 변화를 도시하고, 주요 특징을 설명하라.

13.5 다음 그림과 같은 동축 상의 평행한 두 개의 고리 형상의 디스크를 고려하라.

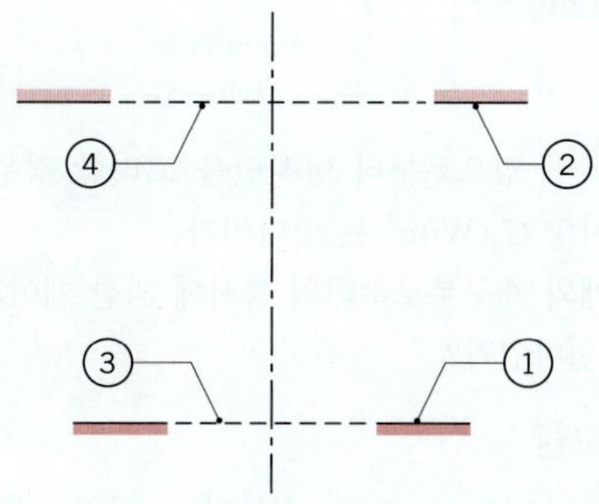

F_{12}를 다음과 같이 표현할 수 있음을 보이라.

$$F_{12} = \frac{1}{A_1}[A_{(1,3)}F_{(1,3)(2,4)} - A_3F_{3(2,4)} - A_4(F_{4(1,3)} - F_{43})]$$

여기서 식의 우변 항의 모든 형상계수는 동축 상의 평행 디스크에 대한 그림 13.5 및 표 13.2로부터 구할 수 있다.

13.6 Hottel[7]의 '교차선법(crossed-strings method)'은 한 방향으로 무한히 긴 표면들 사이의 형상계수를 구하기 위한 매우 간단한 방법이다. (a)와 같이 두 표면이 서로를 바라볼 때 장애물에 의해 방해받지 않는 경우에 대한 형상계수는 다음과 같다.

$$F_{12} = \frac{1}{2w_1}[(ac + bd) - (ad + bc)]$$

4 m 1 m A_2 A_1 (a) (b) (c)

4 m $\theta = 30°$ A_2 A_1 (d) (e)

그림 (b)부터 (e)까지에 대한 형상계수 F_{12}를 구하기 위해 이 방법을 사용하라. 이 결과들을 적절한 그래프와 해석적 표현, 그리고 형상계수 상관식들을 이용해 얻어진 결과들과 비교하라.

13.7 그림과 같은 평행한 직사각형을 고려하라.

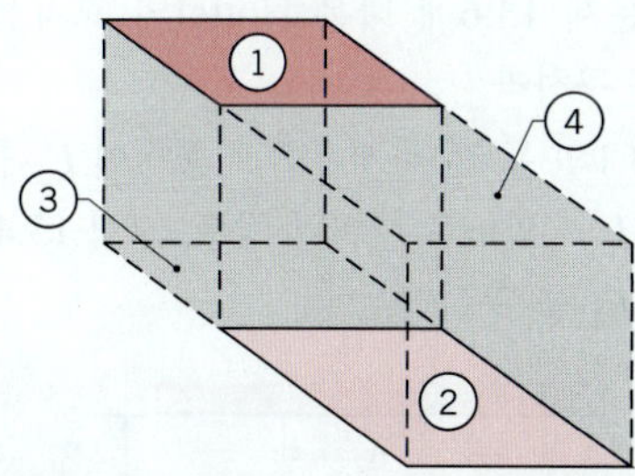

형상계수 F_{12}를 다음과 같이 표현할 수 있음을 보이라.

$$F_{12} = \frac{1}{2A_1}[A_{(1,4)}F_{(1,4)(2,3)} - A_1F_{13} - A_4F_{42}]$$

여기서 식의 우변 항의 모든 형상계수는 정렬된 평행한 사각형에 대한 그림 13.4(표 13.2 참조)로부터 계산할 수 있다.

13.8 다음 그림과 같이 직각을 이루는 직사각 면들을 고려하라.

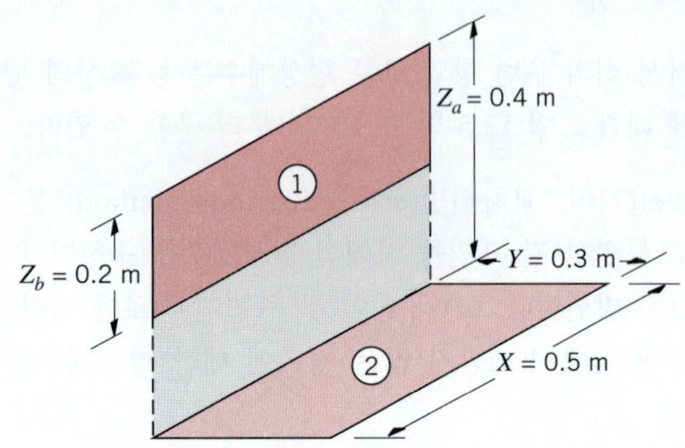

(a) 형상계수 F_{12}를 구하라.

(b) 폭 $X = 0.5$, 1.5 및 5 m인 직사각형에 대해 $0.05 \le Z_b \le 0.4$ m의 범위에서 Z_b의 함수로 F_{12}를 나타내라. 이 결과들을 한 개의 공통 모서리를 갖는 수직 평판들의 2차원 상관식으로부터 구한 형상계수와 비교하라(표 13.1).

13.9 그림과 같은 직사각형들에 대한 형상계수 F_{12}를 구하라.

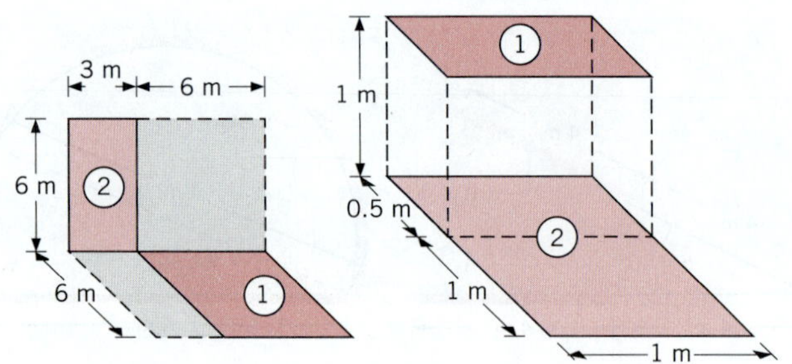

(a) 공유 모서리가 없는 수직인 두 직사각형

(b) 면적이 다른 평행한 두 직사각형

13.10 그림과 같은 지면에 수직인 무한한 평행면을 고려하라.

(a) 그림 13.4의 결과를 이용하여 F_{12}를 구하라.

(b) 표 13.1의 첫 번째 경우를 이용하여 F_{12}를 구하라.

(c) 연습문제 13.6에 나온 Hottel의 교차선법을 이용하여 F_{12}를 구하라.

(d) 표 13.1의 두 번째 경우를 이용하여 F_{12}를 구하라.

(e) $w = L = 2$ m로 늘어날 경우, 그림 13.4의 결과를 이용하여 F_{12}를 구하라.

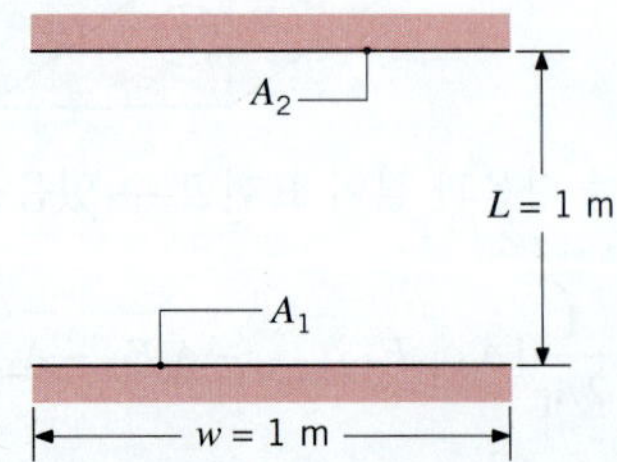

13.11 반지름 R의 구형 밀폐공간의 내부면 상의 두 확산표면 A_1과 A_2를 고려하라. 다음 방법을 이용하여 형상계수 F_{12}를 A_2와 R로 나타내라.

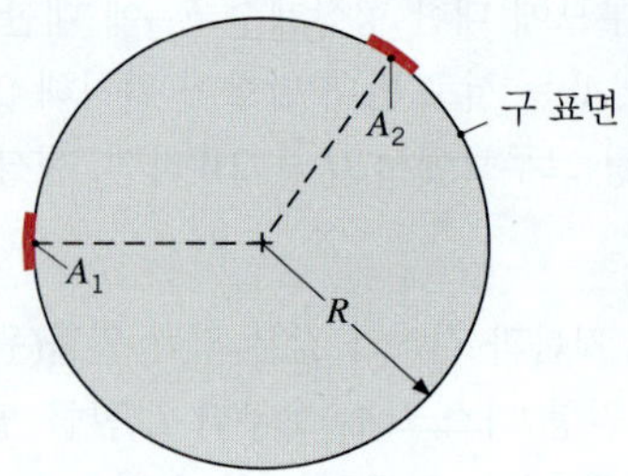

(a) $F_{ij} = q_{i\to j}/A_iJ_i$의 관계로부터 시작해서 F_{12}를 구하라.

(b) 식 (13.1)의 형상계수 적분을 이용하여 F_{12}를 구하라.

13.12 그림과 같이 링 모양의 원판 A_2와 동축 상으로 1 m 거리에 있으며, 중심축과는 30°경사지게 놓여 있는 원판 A_1을 고려하라.

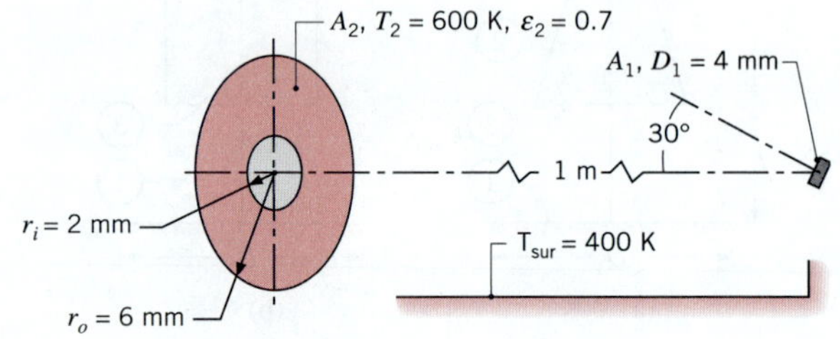

방사율 0.7, 확산 회체표면인 A_2로부터의 복사에 의한 A_1에서의 조사량은 얼마인가?

13.13 지름 4 mm의 열유속 게이지가 개구부 지름이 5 mm이고 온도가 1000 K인 흑체 노(furnace)와 1 m 떨어진 곳에 수직으로 놓여 있다. 노의 확산 회체 표면 덮개 차폐물($\varepsilon = 0.2$)의 바깥지름은 100 mm이고, 온도는 350 K이다. 노와 게이지는 방사율이 0.8이고 온도가 300 K인 벽으로 둘러싸인 큰 방에 놓여 있다.

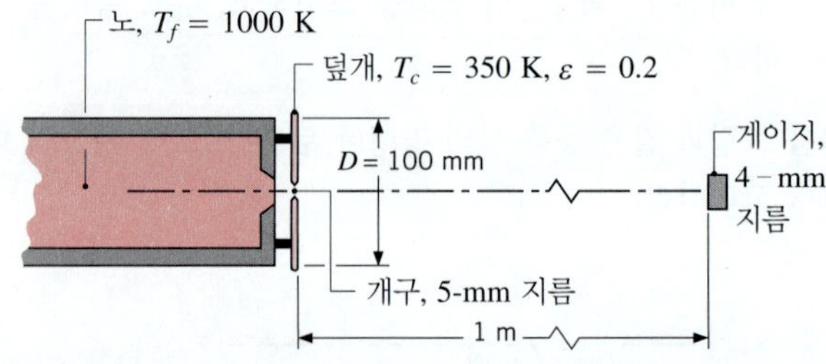

(a) 노의 구멍으로부터 방사만을 고려할 경우, 게이지로의 조사량 G_g(W/m^2)는 얼마인가?

(b) 덮개와 개구부로부터의 복사에 의한 게이지로의 조사량은 얼마인가?

흑체 복사 열교환

13.14 건조오븐(drying oven)이 지름 $D = 1.5$ m의 긴 반원통형 덕트로 이루어져 있다.

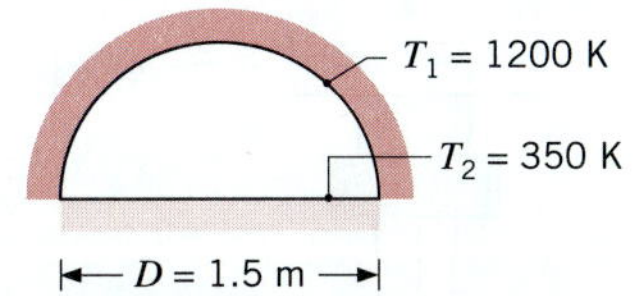

건조되어야 할 물질들이 오븐의 밑면을 덮게 되고, 벽은 1200 K로 유지된다. 건조과정 동안에 물질을 덮고 있는 물층의 온도가 350 K로 유지된다면, 오븐의 단위 길이당 건조율(kg/s·m)은 얼마인가? 물의 표면과 오븐 벽은 흑체로 가정한다.

13.15 다음과 같은 3개의 흑체 표면 배열을 고려하자. 여기서 A_1은 A_2와 A_3에 비해 작다.

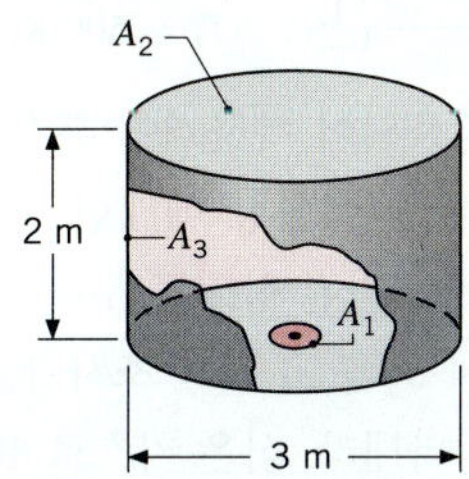

F_{13}의 값을 구하라. $A_1 = 0.05\ \text{m}^2$, $T_1 = 1000$ K, $T_3 = 600$ K일 때 A_1에서 A_3로의 정미 복사 열전달을 구하라.

13.16 지름 25 m의 원형 아이스링크가 지름 35 m의 반구형 돔으로 덮여 있다. 얼음 표면과 돔 표면을 흑체라고 가정하고, 또한 각각의 온도가 0°C, 15°C라고 하면, 돔으로부터 아이스링크로의 정미 복사 열전달률은 얼마인가?

13.17 동축 상에서 평행하게 0.20 m 떨어진 흑체 원판을 고려하자. 지름이 0.40 m인 아래 원판은 500 K로 유지되고, 주위는 300 K이다.

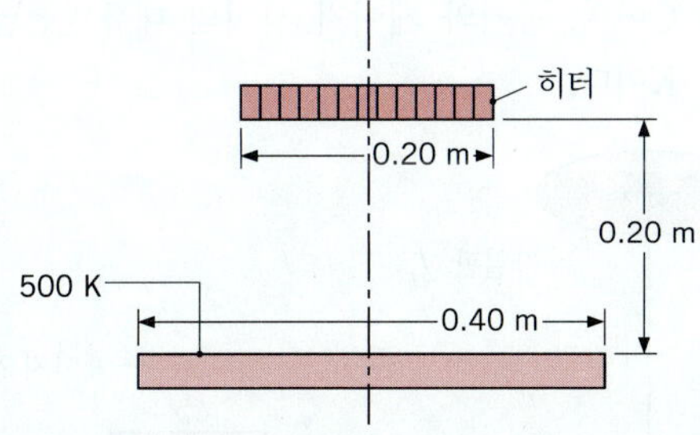

만일 원판 뒤에 있는 히터에 17.5 W의 전력을 공급한다면, 지름 0.20 m인 위쪽 원판의 온도는 몇 도까지 올라가는가?

13.18 지름 500 mm의 원형평판이 온도 $T_1 = 600$ K로 유지되고, 원추형 물체와 동축 상에 위치해 있다. 원추의 바깥 면은 잘 단열되어 있다. 평판과 원추의 표면은 흑체이며, 온도가 300 K인 큰 진공 밀폐공간에 놓여 있다.

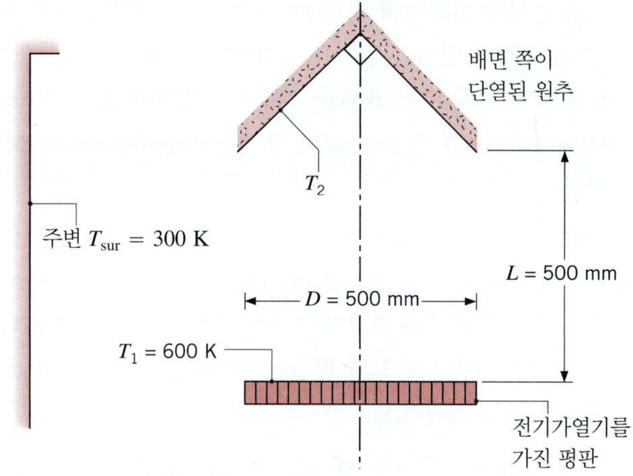

(a) 원추의 표면온도 T_2는 얼마인가?

(b) 원형평판을 600 K로 유지하는 데 필요한 전력은 얼마인가?

13.19 연습문제 13.4에서 예시되고 치수가 주어진 바와 같이 두 가지 형태로 설계된 노가 원판 형상의 작업물(A_1)을 가열하는 데 사용되고 있다. 원추형 및 원통형 노(A_2)에 공급되는 전력은 50 W이다. 작업물은 온도가 300 K인 방 안에 놓여 있고, 배면은 매우 잘 단열 되어 있다. 모든 표면은 흑체라고 가정하고, 각 형태의 노에 대해서 작업물의 온도 T_1과 노의 내부 표면온도 T_2를 결정하라. 해석에 있어서 형상 계수 F_{21} 및 F_{22}에 대한 것은 연습문제 13.4에 제공된 식을 사용하라.

13.20 노가 세 부분으로 구성되어 있는데, 이들은 단열된 원형부분(2)과 원통형 부분(3) 그리고 전기저항 히터가 심어진 중간 원통형 부분(1)으로 나눌 수 있다. 전체 길이와 지름은 각각 200 mm, 100 mm이고, 두 개의 원통형 부분의 길이는 같으며 주위온도는 0 K이다.

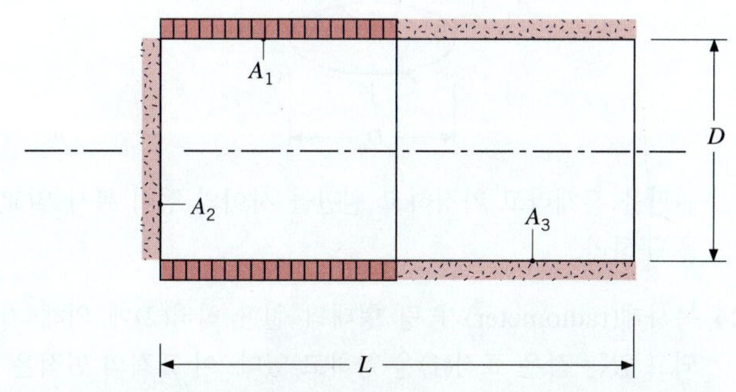

(a) 모든 면이 흑체일 때, 가열 부분이 1000 K로 유지되는 데 필요한 전력 q_1을 구하라.

(b) 단열 부분의 온도 T_2와 T_3는 얼마인가?

(c) $D = 100$ mm인 경우, $1 \le L/D \le 5$인 범위에 대해 q_1, T_2 및 T_3를 길이 대 지름의 비, 즉 L/D의 함수로 도시하라.

13.21 금속 블록을 가공하여 지름 D, 깊이 L의 원통형 공동을 만들었다. 공동의 밑면과 옆면은 각각 $T_1 = 1000$ K, $T_2 = 700$ K로 유지되고 있다. 표면을 흑체라 가정하고, $L = 20$ mm, $D = 10$ mm일 경우 공동의 방사도(emissive power)를 구하라.

13.22 그림과 같은 배열에서 밑의 원판은 지름이 30 mm이고, 온도는 500 K이다. 온도가 1000 K인 위쪽 판은 링 모양의 원판으로 안쪽 지름과 바깥쪽 지름이 각각 0.15 m, 0.2 m이다. 이 윗면은 아래 디스크와 정렬된 상태에서 평행하며, 1 m 간격을 두고 떨어져 있다.

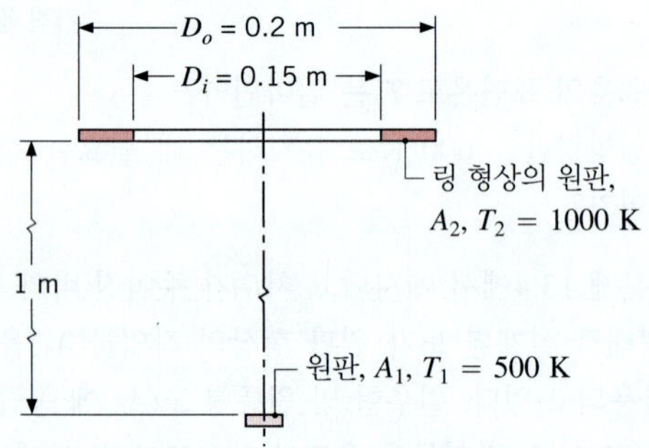

양쪽 표면을 흑체라고 할 때, 정미 복사 열교환을 구하라.

13.23 동축 상의 두 개의 평면 원판이 $L = 0.20$ m만큼 떨어져 있다. 밑의 원판(A_1)은 지름 $D_o = 0.80$ m이고, 온도 $T_1 = 300$ K인 속이 채워진 원판이다. 위쪽 판은 $T_2 = 1000$ K이고, 바깥지름은 같으나, 안쪽지름이 $D_i = 0.40$ m인 링 형상이다.

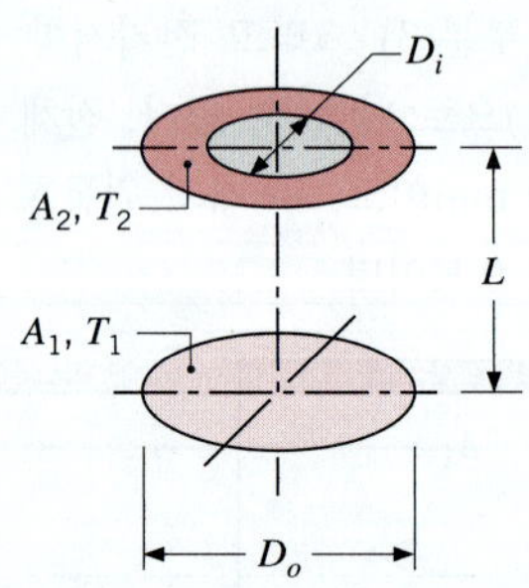

원판을 흑체라고 가정하고 원판들 사이의 정미 복사 열교환을 구하라.

13.24 복사계(radiometer)가 링 형태의 원판 히터(2)에 의해 가열되고 있는 작은 표적(1)을 향하고 있다. 이 표적의 면적은 $A_1 = 0.0004$ m^2, 온도는 $T_1 = 500$ K이고, 확산 회체 방사율 $\varepsilon_1 = 0.8$이다. 히터는 온도 $T_2 = 1000$ K에서 작동하고, 흑체표면을 가진다. 이 복사계는 시편의 전체 면적에 대해 입체각 $\omega = 0.0008$ sr로 바라보고 있다.

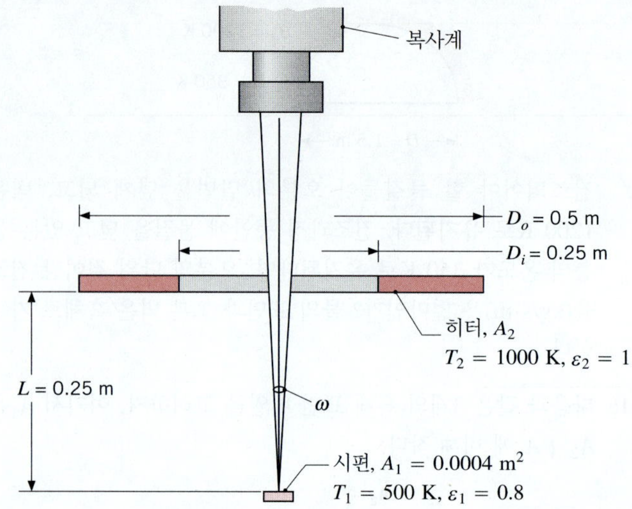

(a) 표적에서 방출되어 복사계에 흡수되는 복사량을 표적의 출사 J_1과 관련된 형상 매개변수들의 함수로 나타내라. 식은 기호로 표기된 상태로 두라.

(b) 표적의 출사 J_1을 표적의 조사량, 방사도, 적절한 복사 물성치로 나타내라. 식은 기호로 표기된 상태로 두라.

(c) 히터에서 방사로 인한 표적의 조사량 G_1을 히터의 방사도, 히터 면적, 적절한 형상계수로 나타내라. 이 식을 사용해서 G_1을 숫자로 구하라.

(d) 앞에서의 표현과 결과를 이용하여 복사계에 의해 모아지는 복사동력을 구하라.

13.25 그림과 같은 배열이 열유속 게이지를 보정하기 위해 사용된다. 게이지는 지름이 10 mm이며, 뒷면을 물로 냉각하여 17°C로 유지되는 흑체 표면으로 이루어져 있다. 지름이 200 mm인 히터는 온도가 800 K로 유지되는 흑체 표면이며, 게이지로부터 0.5 m 떨어진 곳에 위치한다. 주변 및 공기 온도는 27°C이며, 공기와 게이지 사이의 대류열전달계수는 15 W/m^2·K이다.

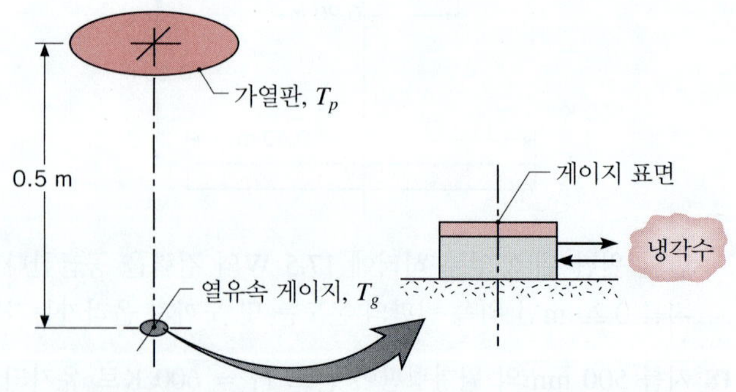

(a) 게이지와 히터 사이의 정미 복사 열교환을 구하라.

(b) 게이지 단위면적당 게이지로의 정미 복사 열전달을 구하라.

(c) 게이지 단위면적당 게이지로의 정미 열전달률을 구하라.

13.26 전기로 가열되는 샘플이 표면온도 T_s = 500 K로 유지되고 있다. 샘플 코팅은 확산적이며 스펙트럼이 선택적이고 스펙트럼 방사율의 분포는 도식적으로 나타낸 것과 같다. 샘플은 L_{sf} = 750 mm로 동축의 거리에 있는 노에 의해 조사되고 있다. 노는 방사율 ε_f = 0.이고 균일한 표면온도 T_f = 3000 K인 등온 벽으로 되어 있다. 면적 $A_d = 8 \times 10^{-5}$ m^{2}인 복사 탐지기가 샘플의 수직 방향에서 45° 방향으로 L_{sd} = 1.0 m 거리로 놓여져 있다. 탐지기는 스펙트럼 범위 3에서 5 mm에서만 스펙트럼 복사력이 민감하다. 샘플의 표면은 T_∞ = 300 K와 h = 20 W/m^2·K의 기체에 의한 대류 환경에 있게 된다. 샘플 틀의 주변은 크며 균일 온도 T_{sur} = 300 K이다.

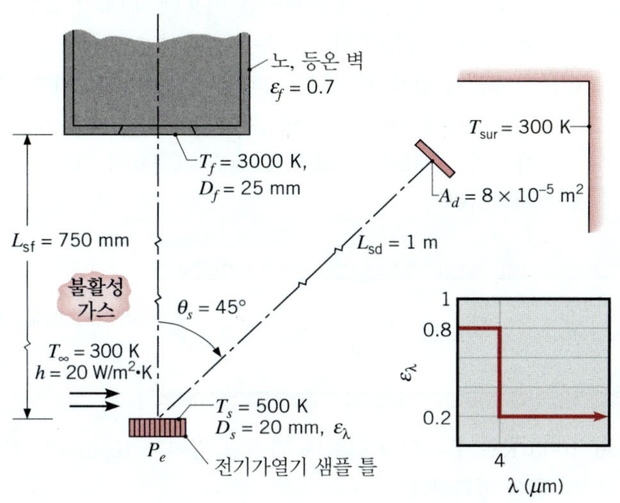

(a) 샘플의 표면온도 T_s = 500 K로 유지되기 위한 전력, P_e를 구하라.

(b) 샘플로부터 방사와 반사된 조사를 고려하여, 스펙트럼 범위 3에서 5 μm에서 탐지기에 투시된 복사력을 구하라.

13.27 두께가 얇은 여러 개의 긴 원형관을 통하여 흐르는 물이 관 배열의 위와 아래에 있는 고온의 평행한 평판들에 의해 가열된다. 두 평판 사이는 진공이며, 평판과 관의 표면은 흑체로 가정한다.

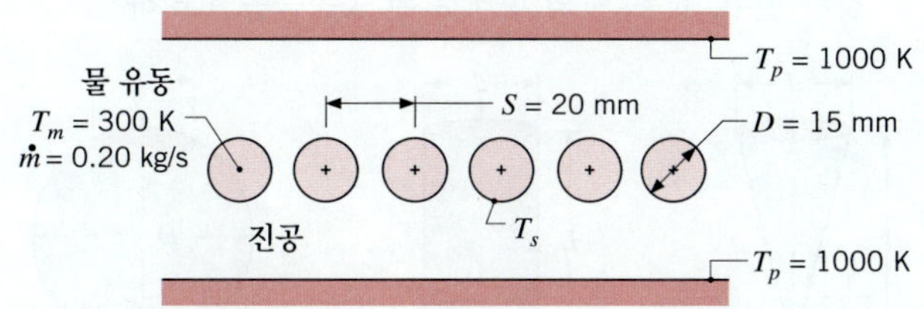

(a) 축방향 변화를 무시하고, 물이 각각의 튜브를 질량 유량 $\dot{m}$ = 0.20 kg/s, 평균 온도 T_m = 300 K인 상태로 흐른다면 관의 표면온도 T_s는 얼마인가?

(b) $0.05 \le \dot{m} \le 0.25$ kg/s인 범위에 대해 표면온도를 질량 유량의 함수로 구하고 그림으로 나타내라.

13.28 단열된 노의 벽을 500 K로 유지하기 위해 일정한 간격으로 배열된 원통형 가열요소의 배열을 사용한다. 맞은편 벽은 300 K의 균일한 온도를 나타낸다.

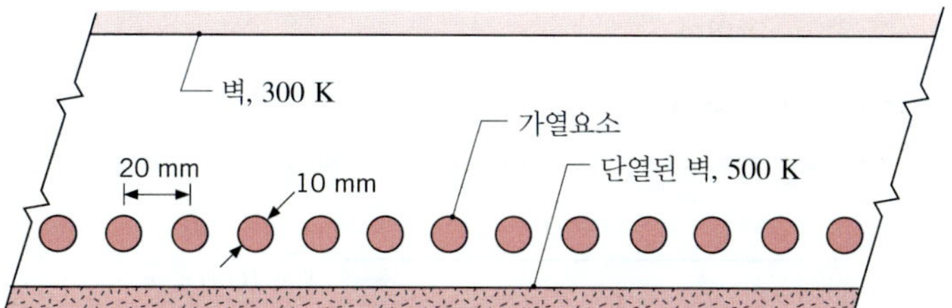

단열된 벽에서는 온도가 450 K인 공기와 대류열전달계수가 200 W/m^2·K인 상태로 대류가 일어난다. 벽과 가열요소가 흑체라면, 가열요소에 필요한 작동온도는 얼마인가?

13.29 생산 공정에서 긴 구리 막대를 가열하고자 한다. 이 막대는 방사율 ε = 1인 얇은 막으로 코팅되어 있고, 표면온도가 1650 K로 유지되는 커다란 진공 오븐 안에 놓여 있다. 막대의 지름은 10 mm이고, 초기 온도 300 K로 오븐 안으로 들어간다.

(a) 막대의 초기 온도 변화율은 얼마인가?

(b) 막대의 온도가 1000 K가 되려면 얼마나 오랜 시간 동안 노 안에 있어야 하는가?

(c) 가열과정을 가속시키기 위해 온도가 1650 K인 연소 가스를 오븐 안에 주입시켰다. 대류열전달계수가 10, 100, 500 W/m^2·K일 때, 막대가 1000 K에 도달하는 데 소요되는 시간을 구하라.

13.30 시간의 함수로서 특정 제품 온도를 요구하는 방식으로 많은 제품들이 생산되고 있다. 그림과 같이 오븐을 통과해서 천천히 운반되고 있는 지름이 10 mm인 긴 원통 모양의 제품을 고려하자. 제품은 거의 흑체라 볼 수 있으며, 제품의 끝 부분이 운반 장치에 부착되어 있다. 주변 온도는 300 K이다. 복사 패널히터는 각각 500 K로 등온이며 거의 흑체 특성을 보인다. 한 기술자가 제품의 열적 반응을 빠르게 바꿀 수 있도록 위쪽의 면을 기울인 새로운 오븐 디자인을 제시하였다.

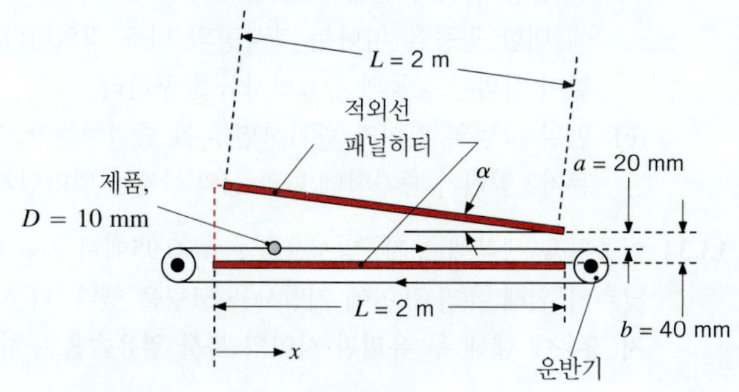

(a) $\alpha = 0$에 대해, $x = 0.5$ m, 1 m에서 제품 위로 입사하는 단위 길이당 복사를 구하라.

(b) $\alpha = \pi/15$에 대해, $x = 0.5$ m, 1 m에서 제품 위로 입사하는 단위 길이당 복사를 구하라. 힌트: 원통으로부터 왼쪽 주변으로의 형상계수는 원통으로부터 그림에 빨간 점선으로 나타낸 두 면으로의 형상계수를 더해서 구할 수 있다.

2표면의 밀폐공간

13.31 확산 회체표면인 두 개의 매우 큰 평행 평판을 고려하자.

위쪽 판에 대한 조사량과 출사를 구하라. 아래 판에 대한 출사는 얼마인가? 평판들의 단위면적당 평판 사이의 정미 복사 열교환은 얼마인가?

13.32 식 (1.7)은 몇 개의 제약이 있는데, 주변은 등온이고 작은 표면에 비하여 상대적으로 크다. 반경은 각각 r_1과 r_2인 등온인 동심 구의 작은 표면과 큰 표면을 고려해 보자.

(a) 다음의 경우에 대하여 식 (1.7)을 이용한 복사 열전달률 값이 식 (13.26)으로 주어진 열전달률 1% 이내로 되도록 하기 위한 반경 비, r_2/r_1을 계산하라. 비투명 표면은 확산, 회체이다.

Case 1: $\varepsilon_1 = 0.9$, $\varepsilon_2 = 0.9$
Case 2: $\varepsilon_1 = 0.9$, $\varepsilon_2 = 0.1$
Case 3: $\varepsilon_1 = 0.1$, $\varepsilon_2 = 0.9$
Case 4: $\varepsilon_1 = 0.1$, $\varepsilon_2 = 0.1$

(b) 작은 구의 두 가지 방사율에 대하여 요구되는 반경비와 큰 구의 방사율 관계 그래프를 그려라.

13.33 방사율 0.8, 온도 1000 K의 확산 회체 물질을 가공하여 지름이 6 mm, 깊이 24 mm의 평평한 바닥을 갖는 구멍을 뚫었다.

(a) 공동의 개구부를 나가는 복사량을 구하라.

(b) 공동의 유효방사율 ε_e는 내부표면온도와 개구부의 면적이 공동의 것과 같은 흑체 공동 개구부로부터의 복사량에 대한 공동을 떠나는 복사량의 비로 정의된다. 위와 같이 정의된 공동의 유효방사율을 구하라.

(c) 만일 구멍의 깊이가 증가하면 ε_e는 증가하는가, 감소하는가? 깊이가 증가함에 따라 ε_e의 한계는 얼마인가?

13.34 이중창을 생각해 보자. 방사율을 $\varepsilon = 0.95$에서 $\varepsilon = 0.05$로 낮추기 위해 유리 표면에 저방사율 코팅을 했다. 다음 두 가지 경우에 대해 두 유리판 사이의 복사 열유속을 구하라. 경우 1: $\varepsilon_1 = \varepsilon_2 = 0.95$, 경우 2: $\varepsilon_1 = \varepsilon_2 = 0.05$, 경우 3: $\varepsilon_1 = 0.05$, $\varepsilon_2 = 0.95$. 유리온도는 각각 $T_1 = 20°C$, $T_2 = -20°C$이다.

13.35 두 개의 큰 평행 평판이 각각 $T_1 = 500$과 $T_2 = 300$ K로 유지되고 있다. 고온 평판의 방사율은 0.9이고 저온 평판은 0.7이다.

(a) 두 평면 사이의 중간에 복사 차폐물로서 박판이 있는 경우와 없는 경우에 복사 열유속을 결정하라. 차폐물 양면의 방사율은 모두 0.05이다.

(b) 평판 박판을 접힌 차폐물을 두 평판 사이에 설치하여 복사 열유속을 더욱 감소하는 방법이 제안되었다. 접힌 각이 $\alpha = \pi/4$인 접힌 차폐물을 이용할 때 복사 열유속을 계산하라. 이 방법이 열유속을 감소시키는가?

(c) 차폐물이 없을 때, 평판 차폐물이 있을 때 그리고 접힌 각의 범위가 $0 \le \alpha \le \pi$인 차폐물이 있을 때의 복사 열유속의 그래프를 그려라. 그려진 그래프에 있는 변화를 설명하라.

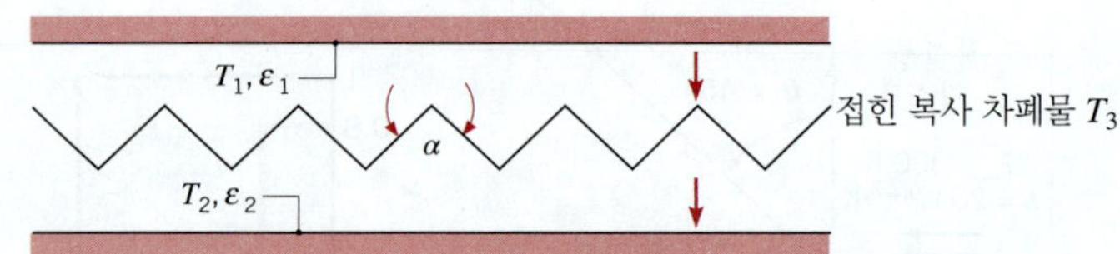

13.36 1000 K로 유지되는 블록에 가공된 깊이가 10 mm인 긴 V형 홈을 생각하자.

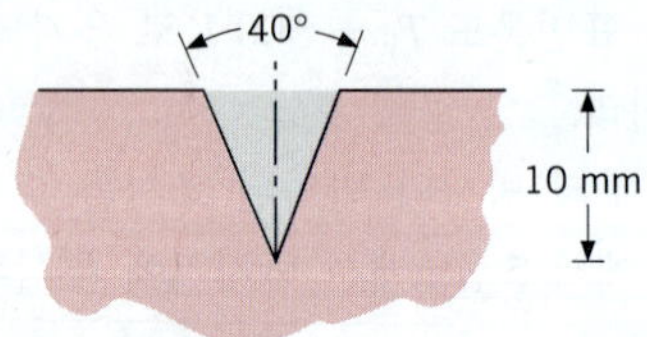

홈 표면이 방사율이 0.6인 확산 회체일 때, 홈으로부터 주위로의 복사 열유속을 구하라. 또한 연습문제 13.33에서 정의된 것과 같은 공동의 유효방사율을 구하라.

13.37 그림과 같이 동일한 개구부 크기(d)와 주(major)길이(L)를 갖는 원추, 원통, 구의 형태로 된 공동들을 고려하자.

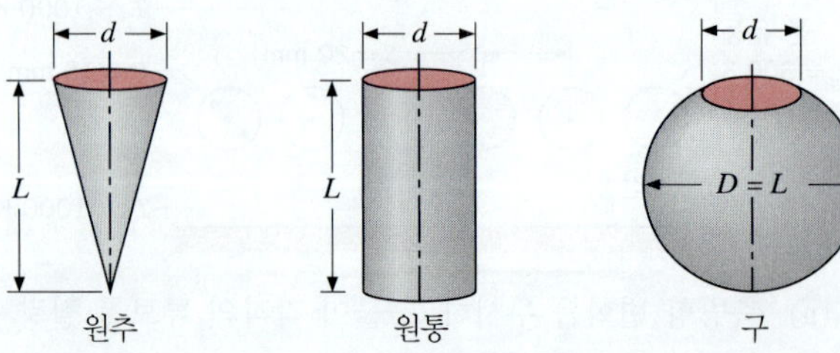

(a) 각각의 공동에서 내부 표면과 공동의 개구부 사이의 형상계수를 구하라.

(b) 안쪽 벽이 ε_w의 방사율을 갖는 확산 회체라고 가정하고, 연습문제 13.33에 정의된 것과 같이 각 공동의 유효방사율 ε_e를 구하라.

(c) 각 공동에 대해 방사율 $\varepsilon_w = 0.5, 0.7$ 및 0.9일 때, 개구부의 크기에 대한 주길이의 비인 L/d의 범위가 1~10인 경우, ε_e를 L/d의 함수로 도시하라.

13.38 더운 지역에 있는 집의 다락방을 생각해 보자. 다락방의 마루는 그림에서와 같이 폭이 $L_1 = 10$ m이고, 천장이 수평면과 이루는 각도가 30°이다. 집 소유주는 다락방 각 면에 밝은 알루미늄 박판($\varepsilon_f = 0.07$)을 붙이는 것으로 열부하를 줄이고자 한다. 박판을 설치하기 전에 면들의 방사율은 $\varepsilon_o = 0.85$이다.

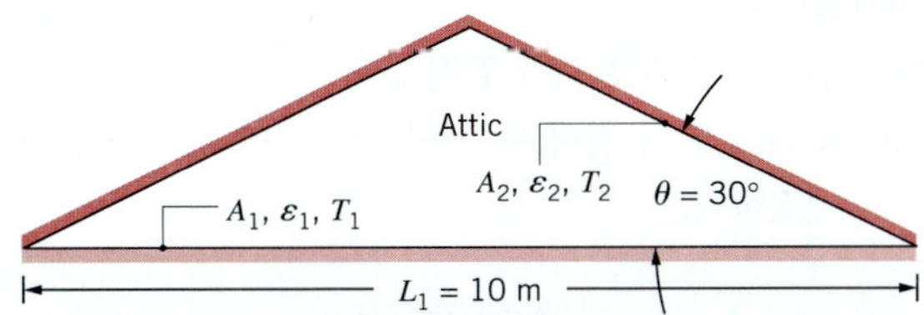

(a) 다락방의 지붕 밑에만 설치하는 것을 생각해 보자. 박판을 붙이기 전과 후의 복사 열전달의 비를 구하라.

(b) 박판이 다락방의 마루 위에만 설치되었을 경우 설치 전과 후의 복사 열전달의 비를 구하라.

(c) 박판이 지붕 밑과 마루 위에 설치되었을 경우 설치 전과 후의 복사 열전달의 비를 구하라.

13.39 지름 100 mm의 길고 얇은 벽을 갖는 수평관이 내부를 통과하는 수증기에 의해 120°C로 유지된다. 복사 차폐물이 관 주위에 설치되어 있고, 관과 차폐물 사이의 간격은 10 mm이며 이 사이에는 공기가 있다. 이때 차폐물의 표면온도는 35°C에 이른다. 관과 차폐물은 방사율이 각각 0.80과 0.10인 확산 회체표면이다. 단위 길이당 관으로부터의 복사 열전달은 얼마인가?

13.40 두께 $t = 5$ mm의 산화된 알루미늄 시트(sheet)가 우주 동력장치에서 열을 제거하기 사용된다. 시트의 모서리는 고온 열원에 부착되어 있고, 시트는 온도 $T = 300$ K로 거의 등온상태로 유지된다. 시트는 조사에 의한 영향을 받지 않는다.

(a) 200 mm × 200 mm의 시트 양면에서 우주로의 정미 복사 열전달을 구하라.

(b) 한 기술자가 지름 3 mm의 구멍들을 시트를 관통해서 뚫을 것을 제안하였다. 구멍은 5 mm 간격으로 배치되어 있다. 구멍의 내부 표면은 가공된 후 산화되었다. 시트의 양면에서 우주로 나가는 정미 복사 열전달을 구하라.

(c) 또 다른 디자인으로서, 밑이 평평한 지름 3 mm의 구멍을 시트를 관통하지 않고, 깊이 2 mm로 각 면에 뚫었다. 시트의 반대편에 위치한 구멍들의 바닥과 분리하기 위해 두께 1 mm의 알루미늄 막을 남겨 두었다. 시트의 양면에서 우주로 나가는 정미 복사 열전달을 구하라.

(d) 3개의 디자인에서 시트의 질량에 대한 정미 복사 열전달의 비를 계산하라.

13.41 지름 10 mm의 매우 긴 전기적 도체가 지름 50 mm이고 표면 방사율이 0.9이며, 온도 27°C의 확산회체인 찬 원통형 관과 동심을 이루고 있다. 전기적 도체의 표면은 방사율 0.6의 확산회체이며, 단위미터당 6.0 W를 방출한다. 두 표면들 사이의 공간을 진공이라고 하면, 도체의 표면온도는 얼마인가?

13.42 액체 산소가 직경이 0.75 m인 벽이 얇은 구형 용기에 저장되어 있다. 그런데 이 용기는 직경이 1.1 m인 얇은 벽의 구형 용기 안에 들어 있다. 불투명, 확산, 회체 용기표면의 방사율은 0.05이고, 용기 사이는 진공이다. 바깥면 온도가 280 K이고, 내면 온도가 90 K이면, 증발에 의한 산소의 질량 손실률은 얼마인가?(산소의 증발잠열은 2.13×10^5 J/kg.)

13.43 $D_1 = 0.8$ m, $D_2 = 1.2$ m인 두 개의 동심구가 공기로 채워진 공간으로 분리되어 있고, 표면온도는 각각 $T_1 = 400$ K, $T_2 = 300$ K이다.

(a) 표면이 흑체라면 구 사이의 정미 복사 열교환율은 얼마인가?

(b) 표면이 $\varepsilon_1 = 0.5$, $\varepsilon_2 = 0.05$인 확산회체이면, 표면 사이의 정미 복사 열교환율은 얼마인가?

(c) $\varepsilon_1 = 0.5$, $\varepsilon_2 = 0.05$, $D_1 = 0.8$ m이면서 D_2를 20 m로 증가시킨다면, 정미 복사 열교환율은 얼마인가? 다른 조건들을 동일하게 유지하면서, 외부표면을 흑체($\varepsilon_2 = 1$)라고 가정하면 얼마의 오차가 생기는가?

(d) $D_2 = 1.2$ m이고 방사율 $\varepsilon_0 = 0.1, 0.5, 1.0$일 때, $0.05 \le \varepsilon_2 \le 1.0$의 범위에서 ε_2의 함수로 정미 복사 열전달률을 계산하고, 그림으로 나타내라.

13.44 두 개의 큰 평행한 평판 사이에서 복사 열전달이 일어나고 있는데, 두 면의 온도는 각각 T_1, T_2로 유지되며, $T_1 > T_2$이다. 평판 사이의 열전달률을 감소시키기 위해 이들을 반대편 표면의 방사율이 서로 다른 얇은 차폐물로 분리시키는 방법이 제안되었다. 특히 한 면의 방사율은 $\varepsilon_s < 0.5$이며, 반대면의 방사율은 $2\varepsilon_s$이다.

(a) 평판 사이의 열전달을 최대로 줄이기 위해서는 차폐면의 방향을 어떻게 해야 하는가? 즉 방사율이 ε_s인 표면과 $2\varepsilon_s$인 표면 중 어떤 것이 T_1인 평판으로 향해야 하는가?

(b) 어떤 방향에서 차폐면의 온도 T_s가 최대가 되는가?

13.45 매우 크고 확산회체이며, 거리가 조금 떨어져 있는 두 개의 평행한 표면을 고려하자. 표면 방사율이 0.8일 때, 두 표면

사이의 복사 열전달률을 1/10로 줄이기 위해서는 차폐물의 방사율이 얼마이어야 하는가?

13.46 벽의 온도가 300 K인 매우 큰 진공 체임버의 바닥에 지름 0.1 m의 흑체 패널이 77 K로 유지되고 있다. 이 패널의 열이득을 줄이기 위해 같은 지름 D와 방사율 0.05인 복사 차폐물을 패널에 매우 가깝게 놓았다. 패널의 정미 열이득을 구하라.

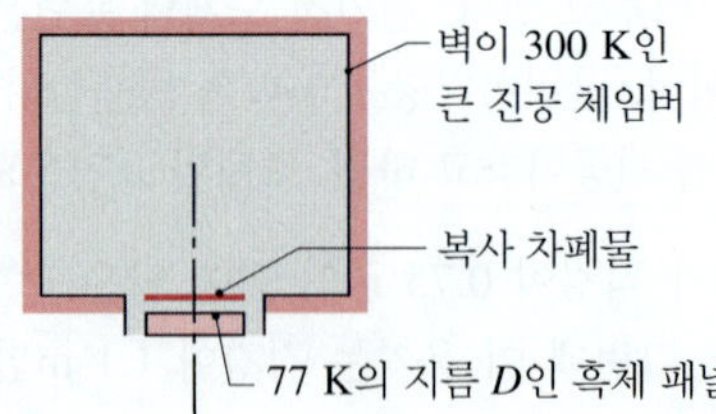

13.47 조밀하게 배열된 극저온 유체 파이프 옆에 노가 있다. 얼음으로 덮인 파이프를 방사율이 $\varepsilon_p = 0.6$이고, 평균 온도가 $T_p = 0°C$인 평판으로 가정한다. 노 벽의 온도는 $T_f = 200°C$이고, 방사율은 $\varepsilon_f = 0.9$이다. 냉동장치 및 파이프를 지나친 열부하로부터 보호하기 위해 그림과 같이 방사율 $\varepsilon_s = 0.1$인 반사 알루미늄 복사 차폐물을 파이프와 노의 벽 사이에 설치한다. 모든 표면은 확산회체로 가정한다.

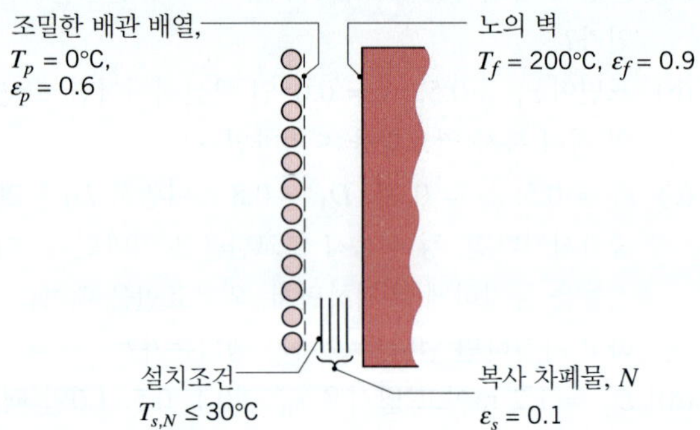

파이프에 가장 인접한 차폐물의 온도 $T_{s,N}$이 30°C보다 낮아야 한다면, 몇 개의 복사 차폐물(N)을 파이프와 노의 벽 사이에 설치하여야 하는가?

13.48 지름 60 mm, 내부와 외부 표면의 방사율이 각각 $\varepsilon_{2,i} = 0.01$과 $\varepsilon_{2,o} = 0.1$인 확산회체로 된 복사 차폐물이 고온의 유체를 수송하는 긴 관과 동심이다. 관 표면은 지름이 20 mm인 흑체이고, 차폐물의 내부는 진공이다. 차폐물 바깥 면은 큰 방에 노출되어 있는데 그 벽은 17°C에 있고 27°C인 공기와 대류열전달을 하며, 대류열전달계수는 10 W/m²·K이다.

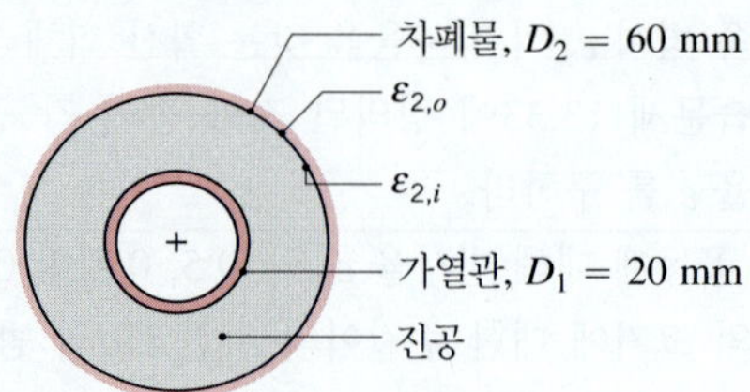

차폐물의 온도가 42°C로 유지될 때, 안쪽 관의 작동 온도를 구하라.

재복사표면으로 구성된 밀폐공간

13.49 긴 도관이 0.5 m 폭의 확산, 회체 벽으로 만들어져 있다. 도관의 상부와 바닥은 단열되어 있다. 벽의 방사율은 각각 $\varepsilon_1 = 0.45$, $\varepsilon_2 = 0.65$이고 1과 2 벽면의 온도는 각각 500 K와 700 K이다.

(a) 단열 벽들의 온도를 결정하라.

(b) 도관의 단위 길이 당 벽면 2로 부터의 복사 열전달률을 결정하라.

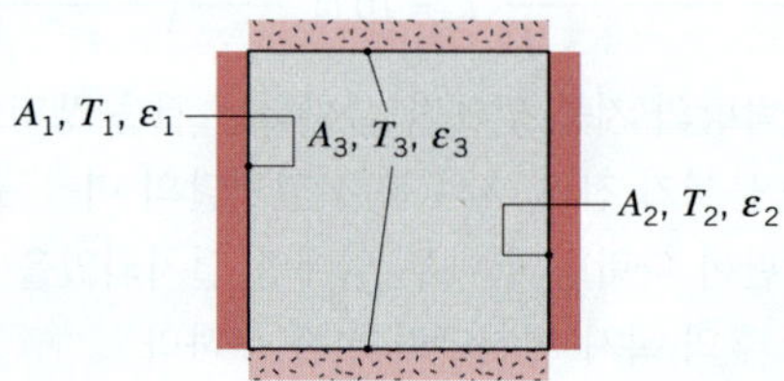

13.50 그림과 같은 3개의 표면으로 구성된 밀폐공간을 고려하자. 아래쪽 판(A_1)은 지름이 200 mm인 흑체원판이고, 10,000 W의 열을 공급하고 있다. 판 A_1과 동축 상에 있는 위쪽 판(A_2)은 방사율 $\varepsilon_2 = 0.8$, 온도 $T_2 = 473$ K의 확산회체 표면이다. 이 판들 사이에 있는 확산회체 표면인 옆면은 완전히 단열되어 있다. 대류열전달은 무시한다.

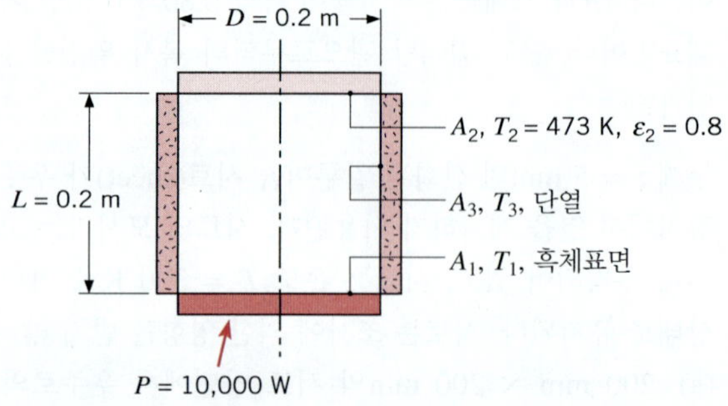

아래쪽 판의 작동온도 T_1과 단열된 옆면의 온도 T_3를 구하라.

13.51 그림과 같이 상부가 잘려진 원뿔형의 노가 있다. 노의 바닥은 방사율이 $\varepsilon_1 = 0.7$이고, 2200 W/m²의 열유속과 함께 1000 K로 유지된다. 옆면은 완전히 단열되어 있고, 방사율 $\varepsilon_3 = 0.3$이다. 모든 면은 확산회체로 가정한다.

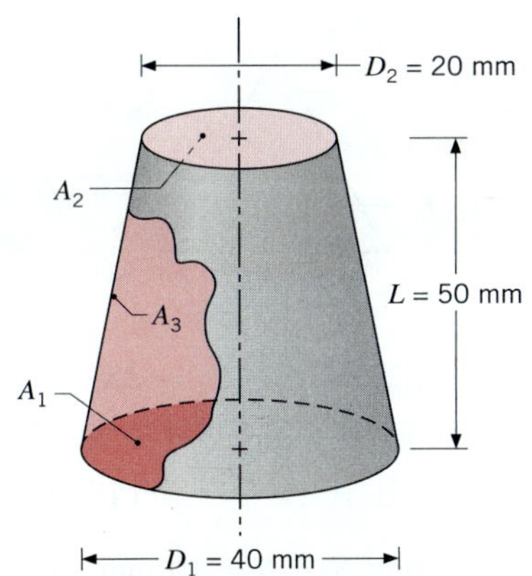

(a) $\varepsilon_2 = 0.5$라면, 윗면의 표면온도 T_2는 얼마인가? 옆면의 온도 T_3는 얼마인가?

(b) 노 바닥의 상태는 변하지 않지만 나머지 모든 표면이 확산회체가 아닌 흑체가 될 때 T_2 및 T_3를 구하라. 확산 및 흑체 밀폐공간 해석으로부터 도출된 결과에 대한 ε_2의 영향을 설명하라.

13.52 벽면온도가 300 K인 큰 방에 지름 0.4 m인 평행하며 정렬되어 있는 두 개의 원판이 0.1 m 떨어져 있다. 한 원판의 방사율이 0.6이고 500 K의 균일한 온도로 유지되며, 다른 원판의 뒷면은 잘 단열되어 있다. 원판들이 확산회체 표면일 경우, 단열된 원판의 온도를 구하라.

13.53 긴 금속 스트립에 코팅된 물질을 경화시키기 위하여 스트립을 정사각형 단면의 긴 오븐의 벽을 따라 설치하였다.

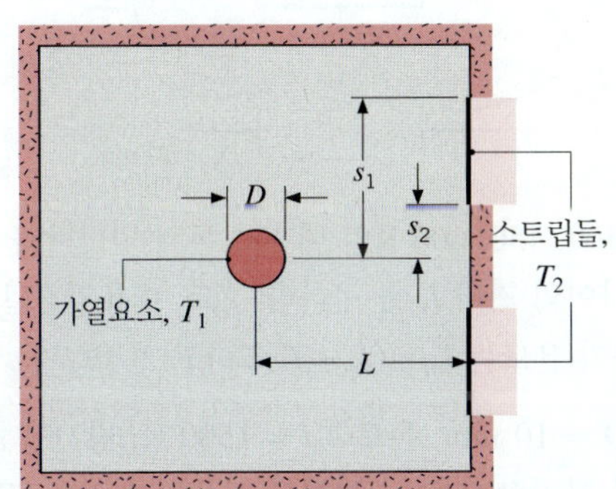

오븐에서의 열적 조건은 지름 D = 20 mm, T_1 = 1700 K에서 작동되고 있는 긴 실리콘 카바이드의 막대(가열 장치)에 의해 유지되고 있다. 한쪽 옆면 벽에 설치된 두 개의 스트립이 막대와 상대적으로 동일한 방향이며(s_1 = 60 mm, s_2 = 20 mm, L = 80 mm), 온도 T_2 = 600 K로 작동하고 있다. 모든 표면은 확산회체이며, $\varepsilon_1 = 0.9$, $\varepsilon_2 = 0.4$이다. 오븐은 스트립면을 제외하고 모든 면이 잘 단열되어 있다. 대류효과를 무시할 때 단위 길이당 요구되는 가열 장치의 동력(W/m)을 구하라.

13.54 지름 200 mm의 수증기 제조 증류장치의 바닥이 복사에 의해 가열되고 있다. 1000°C의 히터는 증류장치 바닥과 지름이 같고, 증류기에서 100 mm 떨어진 곳에 놓여 있다. 증류기 바닥과 히터 표면은 흑체이다.

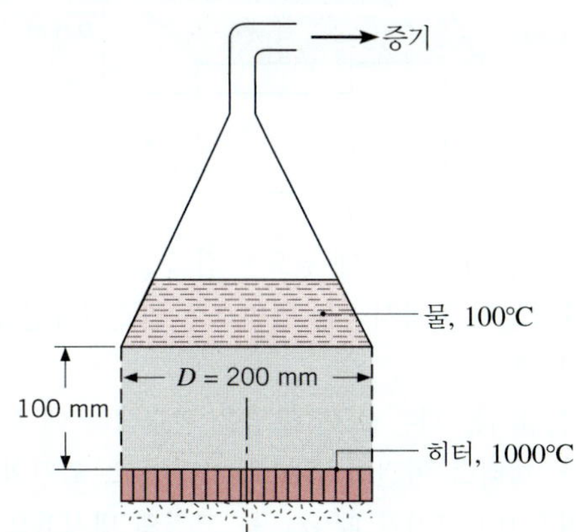

(a) 원통형 측면(점선면)이 27°C의 주변에 노출되기보다는 단열이 된다면, 증기의 생산율이 몇 배로 증가하는가?

(b) 히터 온도가 600, 800, 1000°C일 때, 증류장치 바닥과 히터 간격이 25~100 mm인 범위에 대해 정미 복사 열전달률을 증류장치 바닥과 히터 간격의 함수로서 그림으로 나타내라. 원통형 측면들은 단열되어 있고, 다른 모든 조건들은 동일하다.

13.55 950 K의 용융 상태 알루미늄 합금을 온도가 300 K인 커다란 주위로부터 잘 단열되어 있는 원통형 용기에 부었다. 용기의 안지름은 500 mm, 용융물 표면에서 용기의 상부까지의 거리는 200 mm이다.

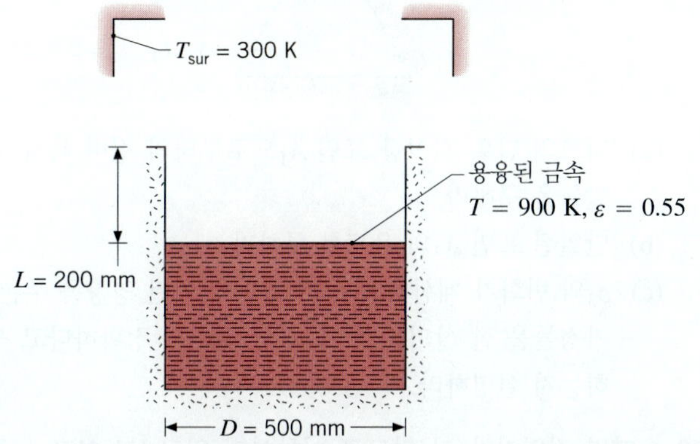

만일 용융물 표면에서 산화알루미늄의 방사율이 0.55라면, 용융물로부터의 정미 복사 열전달률은 얼마인가?

13.56 1 m × 2 m의 금속 표면 위에 도포된 코팅이 전기로 가열되는 같은 크기의 표면에서 0.5 m 아래에 놓인 채로 경화되고 있다. 이 장치는 온도가 300 K인 큰 주변에 노출되어 있다. 히터의 윗면은 잘 단열되어 있고, 코팅된 표면과 정렬되어 있다. 히터 표면과 코팅 표면은 모두 흑체로 가정한다. 경화 공정 동안 히터와 코팅 표면들은 각각 700 K와 400 K로 유

지되고 있으며, 대류효과는 무시한다.

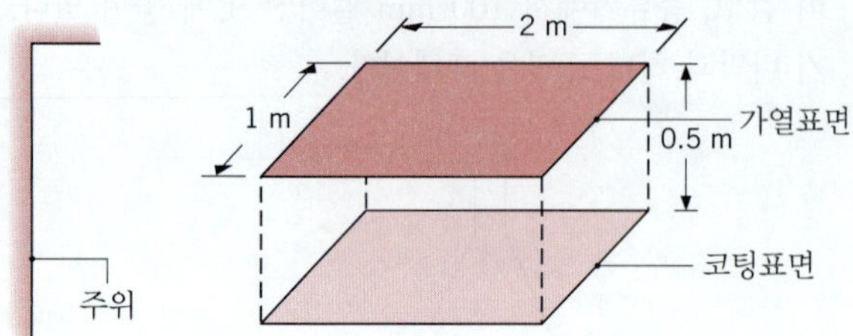

(a) 히터를 작동하는 데 필요한 전력 q_{elec}는 얼마인가?

(b) 표면들이 재복사하는 옆면으로 연결된다면 q_{elec}는 얼마인가?

(c) 이 장치는 다른 표면 코팅을 경화하는 데 사용할 수 있다. 히터를 여전히 흑체로 가정하고, 코팅의 방사율 범위가 0.1~1.0일 때 q_{elec}를 코팅의 방사율의 함수로 계산하고 그림으로 나타내라. 열려진 경우와 재복사면이 있는 경우에 대해 계산하라.

13.57 한 변이 2 m인 정육면체형 노가 강판을 열처리하는 데 이용된다. 노의 윗면은 방사율이 0.8이고, 공급전력이 1.5×10^5 W인 전기 복사 히터로 구성되어 있다. 옆 벽은 잘 단열된 내화재료로, 바닥은 방사율이 0.4인 강판으로 구성되어 있다. 히터와 평판을 확산회체로 가정하고, 평판의 온도가 300 K인 경우를 고려하라. 히터 표면과 옆 벽의 온도는 얼마인가?

13.58 폭 1 m의 확산회체 벽들로 구축된 긴 덕트를 고려하자.

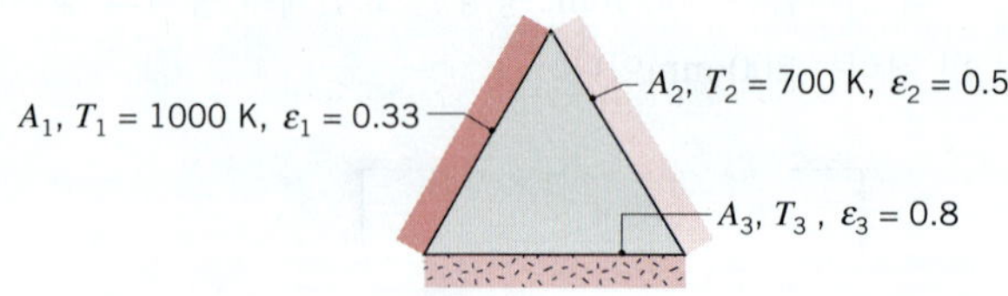

(a) 덕트의 단위 길이당 표면 A_1으로부터의 정미 복사 열전달률을 구하라.

(b) 단열된 표면 A_3의 온도를 구하라.

(c) ε_3의 변화가 계산하여 구한 결과에 어떤 영향을 주는가? 가정들을 잘 살펴본 후에, 구한 결과가 정확하다고 생각하는지 설명하라.

13.59 태양열 집열기가 긴 덕트로 이루어져 있고, 그 안으로 공기가 보내진다. 덕트의 단면은 한 변이 1 m인 정삼각형이다. 한 면은 방사율 $\varepsilon_1 = 0.9$인 유리 덮개로 되어 있으며, 다른 두 옆면은 $\varepsilon_2 = \varepsilon_3 = 1.0$인 흡수판이다.

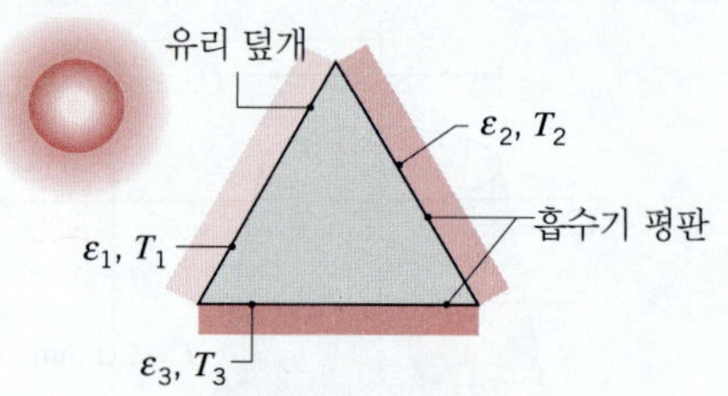

작동되는 동안의 표면온도는 $T_1 = 25°C$, $T_2 = 60°C$, $T_3 = 70°C$라고 알려져 있다. 흡수판과의 열교환 때문에 덮개로 전달되는 정미 복사 열전달률은 얼마인가?

13.60 직경 $D_p = 50$ mm, 두께 $\delta = 10$ mm, 밀도 $\rho = 8000$ kg/m^{3}인 마찰이 없는 피스톤이 전체 길이가 $L = 100$ mm인 수직으로 놓인 실린더에 들어가 있다. 실린더는 매우 낮은 열전도율의 재질로 구멍을 내어 만들어졌다. 공기의 질량 $M_a = 75 \times 10^{-6}$ kg이다. 주변은 $T_{sur} = 300$ K이고, 실린더의 밑면은 온도 T_1이다. 모든 면의 방사율은 $\varepsilon = 0.3$이다.

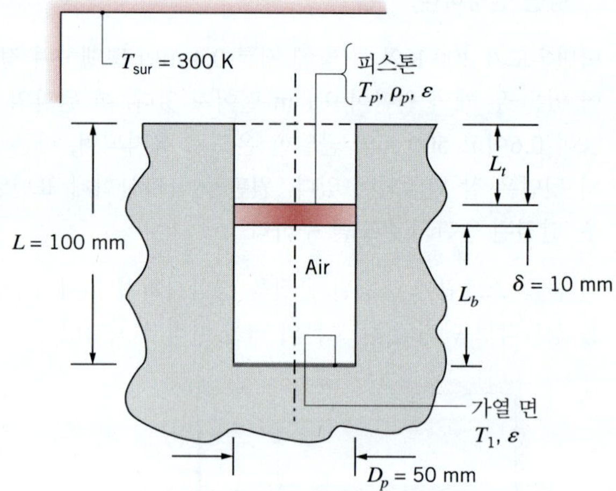

$T_1 = 300, 450, 600$ K일 때 피스톤의 밑바닥과 실린더의 밑바닥 사이의 거리 L_b를 구하라. 힌트: 대류열전달을 무시하고 평균공기 온도는 $\bar{T}_a = (T_p + T_1)/2$라고 가정하자.

13.61 지름 $D = 10$ mm, 온도 $T_1 = 1500$ K, 방사율 $\varepsilon_1 = 1$인 긴 원통형 가열장치가 노 안에서 사용된다. 바닥 면적 A_2는 $\varepsilon_2 = 0.6$인 확산회체 표면이며, 온도는 $T_2 = 500$ K로 유지된다. 옆과 위쪽의 벽들은 $\varepsilon = 0.9$이며 확산회체인 단열 내화벽돌로 만들어졌다. 지면에 수직인 노의 길이가 폭 w와 높이 h에 비해 매우 길다.

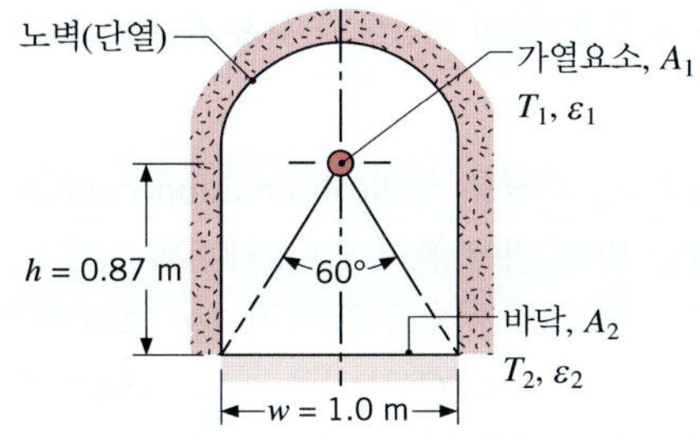

대류열전달을 무시하고 노 벽을 등온이라고 하면, 정상상태를 유지하기 위해 가열장치에 공급해야 할 단위 길이당 전력은 얼마인가? 노 벽의 온도를 계산하라.

13.62 그림과 같이 두 개의 커다란 평판과 그 사이의 내화단열판이 끼워진 형태로 구성된 복합 벽이 있다. 설치과정에서 폭 w = 10 mm인 틈새(gap)가 두께 L = 50 mm, 열전도율 k = 0.05 W/m·K인 내화단열판 내부에 1 m 간격으로 있게 된다. 고온판과 저온판의 온도와 방사율은 각각 T_1 = 400°C, ε_1 = 0.85 및 T_2 = 35°C, ε_2 = 0.5이다. 평판과 단열판은 확산회체표면이라고 가정하자.

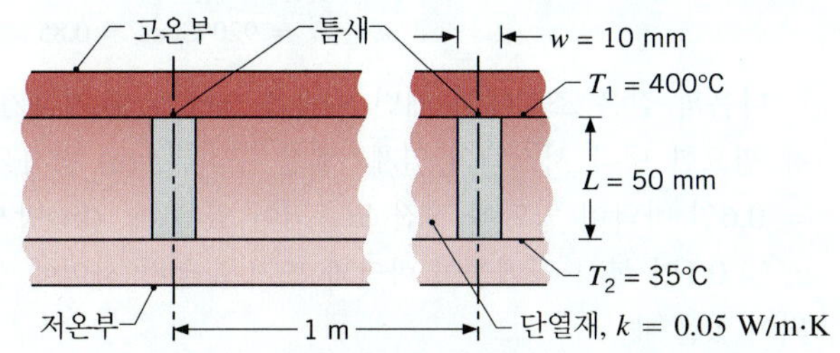

(a) 복합 벽의 단위 길이당(지면에 수직인 방향) 틈새를 통해서 발생하는 복사 열손실을 구하라.

(b) 틈새가 1 m마다 위치해 있는 것을 고려할 때, 복합 벽을 통한 총 열손실 중 얼마가 틈새를 통해 나가는 복사 열전달에 의한 것인가?

13.63 지름 D_1 = 50 mm, 방사율 ε_1 = 0.6의 작은 디스크가 온도 T_1 = 900 K로 유지되고 있다. 이 디스크는 지름이 같고, 양면의 방사율이 모두 ε_2 = 0.02인 반구의 복사 차폐물로 덮여 있다. 이 디스크와 차폐물이 큰 진공용기(ε_4 = 0.85)의 바닥에 놓여 있고, 지름 $D_3 = D_1$이고, 방사율 ε_3 = 0.4, 온도 T_3 = 400 K인 또 다른 디스크를 마주 대하고 있다. 차폐물의 위쪽 디스크에 대한 형상계수 F_{23}은 0.3이다.

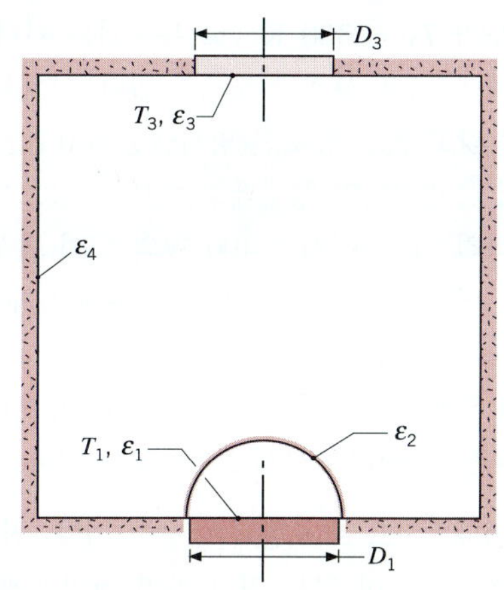

(a) 위 시스템에 대한 등가 열회로를 구성하라. 모든 절점, 저항, 전류에 이름을 붙이라.

(b) 고온 디스크와 시스템의 나머지 사이에서의 정미 열전달률을 구하라.

밀폐공간: 세 개 또는 그 이상의 표면

13.64 지름 D = 100 mm, 깊이 L = 50 mm, 옆 벽과 바닥의 방사율이 0.6인 확산회체, 1500 K의 균일 온도를 갖는 원통형 공동을 고려하자. 공동의 윗면은 열려 있고, 온도가 300 K인 큰 주변에 노출되어 있다.

(a) 공동의 바닥과 옆 벽을 한 면으로 취급하여 공동으로부터의 정미 복사 열전달(q_A)을 계산하라.

(b) 공동의 바닥과 옆 벽을 두 개의 분리된 면으로 취급하여 공동으로부터의 정미 복사 열전달(q_B)을 계산하라.

(c) 5 mm ≤ L ≤ 100 mm의 범위에 대해 L의 함수로 q_A와 q_B 사이의 퍼센트 차이를 그림으로 나타내라.

13.65 지름 0.3 m, 길이 0.3 m의 원형 노를 고려하자. 양 끝은 확산회체이며, 각각 0.4와 0.5의 방사율을 갖고, 온도는 400 K, 500 K이다. 측면 또한 방사율이 0.8이고, 온도가 800 K인 확산회체이다. 각 면에서의 정미 복사 열전달을 구하라.

13.66 세 개의 직경 20 mm인 긴 원통 막대가 오븐에서 열처리되고 있다. 막대의 초기 온도는 300 K이고 오븐의 벽은 숯 코팅이 되어 있으며 450 K이다. 막대와 벽의 방사율은 각각 0.85와 1이다. 세 개의 막대가 오븐 내에서 수평의 가는 선으로 된 선반 위에 평행하게 놓여 져 있다면 서로에 대한 단위 길이 당 초기 복사 열전달률을 결정하라. 면과 면 사이의 거리가 s = 0, 10, 50 mm인 것을 고려하자. 어떤 거리와 어느 막대가 복사 열전달률이 최대인가? 어떤 거리와 어느 막대가 가장 최소인가? 0 ≤ s ≤ 1 m의 분리 거리에 대하여 중간 막대로의 단위 길이 당 열전달률과 바깥 막대로의 열전달률 그래프를 그려라.

13.67 벽면 온도가 $T_3 = 300$ K으로 유지되는 커다란 진공 밀폐 공간 안에 두 개의 볼록한 물체가 있다. 물체들은 같은 면적 0.2 m^2을 갖고 있으며, 같은 방사율 $\varepsilon = 0.2$를 갖고 있다. 물체 1에서 물체 2로의 형상계수는 $F_{12} = 0.3$이다. 물체 2에 히터가 박혀 있고, 여기서 400 W의 열이 발생한다. 물체 1의 온도는 물체 1에 가공된 유로를 통해 유체를 순환시킴으로써 $T_1 = 200$ K으로 유지된다. 물체 1에서 원하는 온도를 유지하기 위해서 유체에 의해 공급(혹은 제거)되어야만 하는 열전달률은 얼마인가? 물체 2의 온도는 얼마인가?

13.68 다음의 밀폐공간으로 표현되는 방이 있다. 천장 (1)은 방사율이 0.8이고, 묻혀 있는 전기 가열 장치들에 의해 40°C로 유지된다. 히터는 또한 방사율이 0.9인 바닥 (2)를 50°C로 유지하는 데 사용된다. 방사율이 0.7인 오른쪽 벽 (3)은 추운 겨울날 온도가 15°C에 달한다. 왼쪽 벽 (4)와 끝 벽(5A, 5B)은 잘 단열되어 있다. 해석을 간단하게 하기 위해, 두 끝 벽들을 단일 표면 (5)로 취급한다.

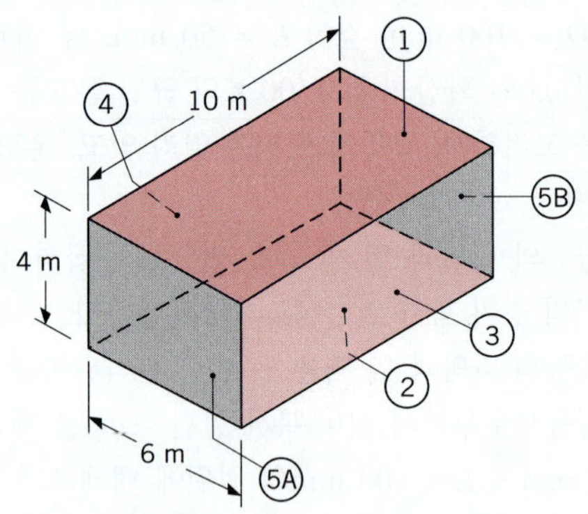

표면들을 확산회체라고 할 때, 각 면으로부터의 정미 복사 열전달을 구하라.

13.69 우주선 내에서 재료를 열처리하기 위한 지름 90 mm, 전체 길이 180 mm의 원통형 노가 있다. 길이 135 mm의 가열부 (1) 안의 가열 장치가 $\varepsilon_1 = 0.8$인 내화성 라이닝을 800°C로 유지시킨다. 하부(2)와 상부(3)의 라이닝은 같은 내화 물질로 만들어졌으나, 단열되어 있다.

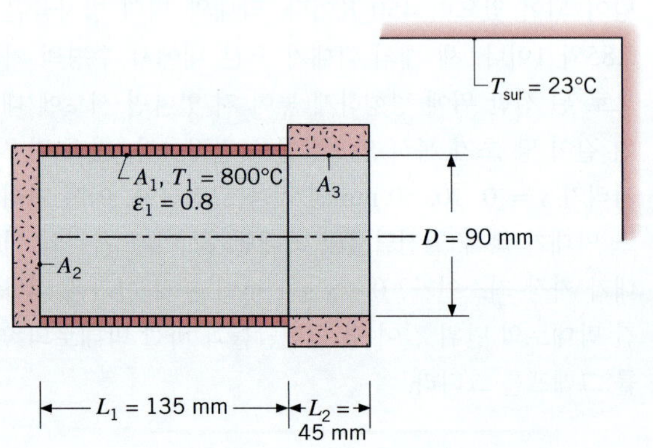

주위 온도가 23°C일 때, 노의 작동조건을 유지하기 위한 필요 전력을 구하라.

13.70 그림과 같이, 관찰용 캐빈(observation cabin)이 열간 압연기의 라인 바로 위에 놓여 있다. 캐빈의 바닥은 온도 $T_{sur} = 80°C$인 압연기 내부의 **주위**(여기서는 보이지 않음)뿐만 아니라 온도 $T_{ss} = 920°C$, 방사율 $\varepsilon_{ss} = 0.85$인 뜨거운 철판부의 일부에 노출되어 있다. 캐빈 내의 운전자를 보호하기 위해서는 캐빈 바닥의 온도를 $T_f = 50°C$로 유지해야 한다.

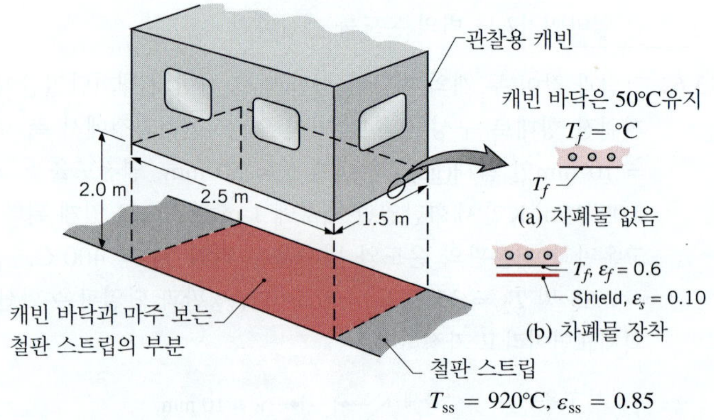

다음과 같은 조건에서 캐빈 바닥을 50°C로 유지하기 위해 필요한 냉각 시스템의 열제거율을 구하라: (a) 방사율 $\varepsilon_f = 0.6$인 바닥이 열판에 직접 노출되어 있을 때, (b) 방사율 $\varepsilon_s = 0.1$인 복사 차폐물이 바닥과 뜨거운 철판 사이에 설치되어 있을 때.

13.71 작은 오븐이 그림처럼 치수가 $L = 0.1$ m인 육면체 박스로 이루어져 있다. 박스의 바닥은 $P = 400$ W를 공급하는 히터로 이루어져 있다. 나머지 벽은 $T_3 = 400$ K으로 유지되는 오븐의 바깥쪽의 주변으로 열을 방출한다. 직경이 $D = 30$ mm인 구형 물체가 오븐의 중앙에 놓여 있다. 구가 오븐에 놓이고 조금 지나서 그것의 온도 $T_1 = 420$ K가 된다. 모든 면의 방사율은 $\varepsilon = 0.4$이다.

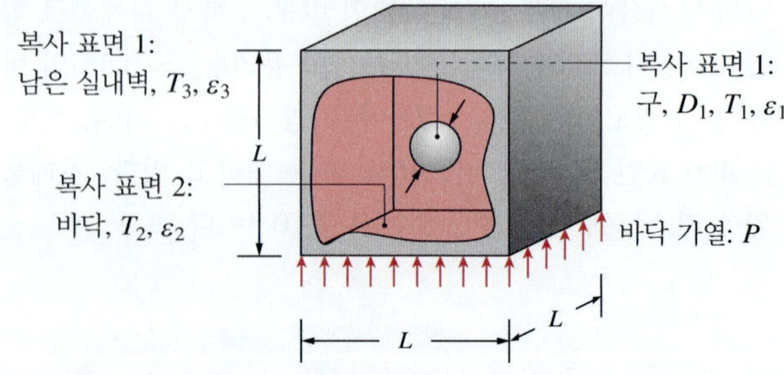

(a) 다음 형상계수를 구하라: F_{12}, F_{13}, F_{21}, F_{31}, F_{23}, F_{32}, F_{33}.

(b) 바닥 온도와 복사에 의해 구를 떠나는 정미 열전달률을 구하라.

다중 열전달: 소개

13.72 방사율 0.8의 비투과, 확산, 회체(200 mm × 200 mm) 평판이 노의 개구부 위에 위치하고, 이 평판이 어떤 순간에 400 K라고 알려져 있다. 노의 바닥은 평판과 크기가 같고 흑체이고 1000 K로 작동한다. 노의 측면은 잘 단열되어 있다. 평판 위쪽은 대류열전달계수가 25 W/m^2·K인 공기와 매우 큰 주위 환경에 노출되어 있다. 공기와 주위의 온도는 각각 300 K이다.

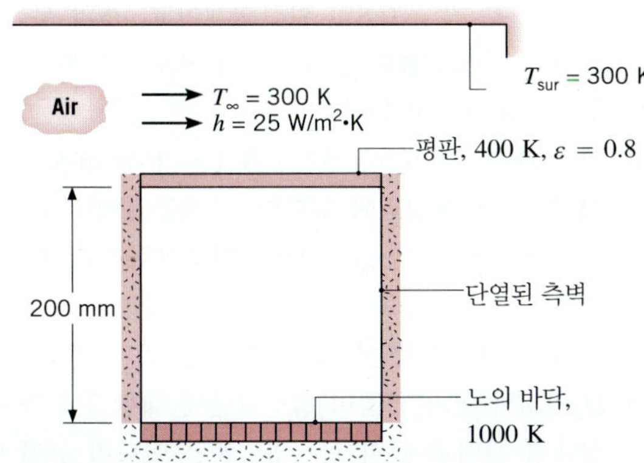

(a) 평판 아랫면으로의 정미 복사 열전달률을 구하라.

(b) 평판의 질량과 비열이 각각 2 kg, 900 J/kg·K라면, 평판의 온도는 시간에 따라 어떻게 변화하는가(dT_p/dt)? 평판의 밑면에서의 대류는 무시한다.

(c) (b)의 해석을 확장하여, 다른 모든 조건이 동일한 상태에서 $350 \le T_p \le 900$ K의 범위에서 평판 온도의 함수로서 평판 온도의 시간에 따른 변화, 즉 dT_p/dt를 그림으로 나타내라. 평판의 정상상태 온도는 얼마인가?

13.73 실리콘 웨이퍼를 만들기 위한 장치가 벽면이 흑체이고 냉각제에 의해 T_{vc} = 300 K로 유지되는 진공 체임버 안에 놓여 있다. 얇은 실리콘 웨이퍼는 전기로 가열되는 온도 T_c인 척(chuck)에 가깝게, 그러나 직접 닿지 않도록 설치된다. 웨이퍼 쪽을 향하는 척의 표면은 흑체이다. 웨이퍼 온도 T_w = 700 K, 표면은 방사율 ε_w = 0.6인 확산회체이다. 웨이퍼와 같은 지름이며 동축 상에 위치한 얇은 금속 포일로 된 그리드는 웨이퍼에 도달하는 이온빔의 출력을 제어하는 기능을 한다. 그리드 표면은 온도 T_g = 500 K의 흑체이다. 웨이퍼를 때리는 이온빔의 효과는 균일한 열유속 q''_{ib} = 600 W/m^{2}을 공급하는 것과 같다. 웨이퍼의 윗면에는 온도 T_∞ = 500 K, h = 10 W/m^2·K인 공정 가스가 흐른다. 웨이퍼와 척 사이의 간격 δ가 매우 작기 때문에 이 사이로 지나가는 프로세스 가스의 영향은 무시한다.

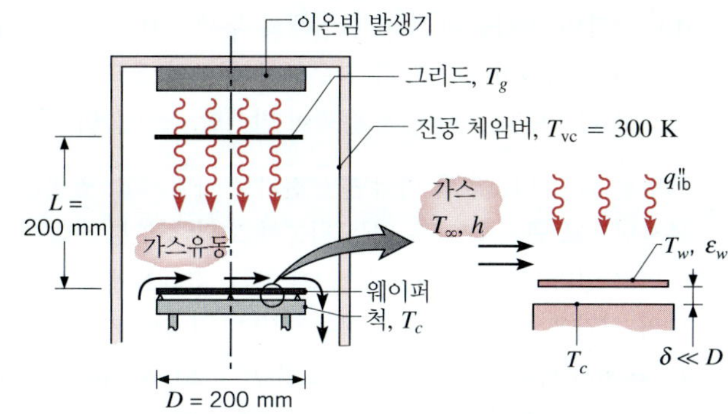

(a) 웨이퍼에 대한 검사면과 모든 관련된 열과정들을 그림으로 간략히 나타내라.

(b) 웨이퍼에 대한 에너지평형을 고려하고, 척의 온도 T_c를 구하라.

13.74 대부분의 건축가들은 아이스링크의 천장의 반사율이 높아야 한다는 것을 알고 있다. 그렇지 않으면, 천장에서 응축이 발생하고, 물방울이 얼음으로 떨어져 얼음 표면을 울퉁불퉁하게 만드는 원인이 된다. 응축은 천장의 표면온도가 아이스링크 공기의 이슬점 이하로 떨어질 때, 천장 위에서 발생한다. 당신의 과제는 천장 온도에 대한 천장 방사율의 효과와 응축에 대한 경향을 알아내기 위한 해석을 수행하는 것이다.

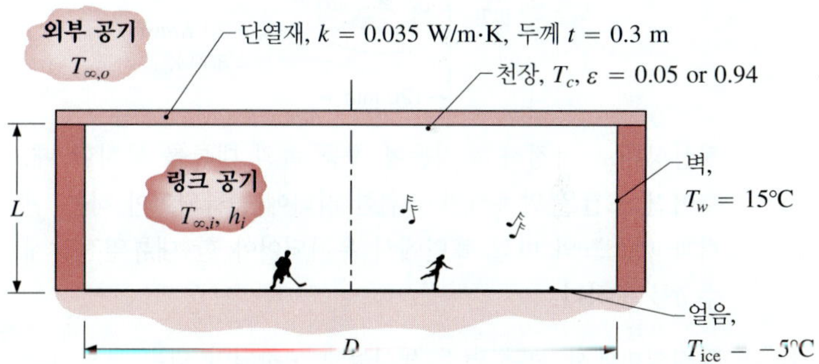

아이스링크는 지름 D = 50 m, 높이 L = 10 m이고, 얼음과 벽의 온도는 각각 −5°C, 15°C이다. 아이스링크 내의 공기 온도는 15°C, 대류열전달계수는 5 W/m^2·K로 천장 표면의 조건을 특징지을 수 있다. 천장 단열재의 두께 및 열전도율은 각각 0.3 m, 0.035 W/m·K이고, 바깥 공기의 온도는 −5°C이다. 천장은 확산회체면이고, 벽과 얼음은 흑체로 가정한다.

(a) 방사율이 0.05(반사율이 높은 패널)이거나 0.94(페인트가 칠해진 패널)인 평평한 천장을 고려하자. 천장 온도에 해당하는 값을 계산하기 위해 천장에서 에너지평형을 구하라. 링크 내 공기의 상대 습도가 70%라면, 위에 주어진 방사율에 대해 모두에서 또는 한쪽에서 응축이 발생하는가?

(b) 각각의 방사율에 대해 단열재의 두께가 $0.1 \le t \le 1$ m인 범위에서 단열재의 함수로서 천장의 온도를 그림으로 나타내라. 천장에서 응축이 발생할 조건을 밝히라.

13.75 코팅된 금속 디스크가 바닥면은 전기로 가열되고, 옆면은 재복사면으로 근사화할 수 있는 원통형 노의 윗부분에 놓여 경화되고 있다. 경화과정은 디스크를 $T_2 = 400$ K에서 어느 정도의 시간을 유지함으로써 이루어진다. 전기로 가열된 면은 $T_1 = 800$ K로 유지되고, 열전도율 $k = 20$ W/m·K인 세라민 베이스 위에 놓여 있다. 세라믹 베이스의 바닥은 공기 및 디스크 위의 커다란 주위 공간과 함께 300 K로 유지된다. 히터와 디스크 안쪽과 바깥쪽 면의 방사율은 각각 $\varepsilon_1 = 0.9$, $\varepsilon_{2,i} = 0.5$ 및 $\varepsilon_{2,o} = 0.9$이다.

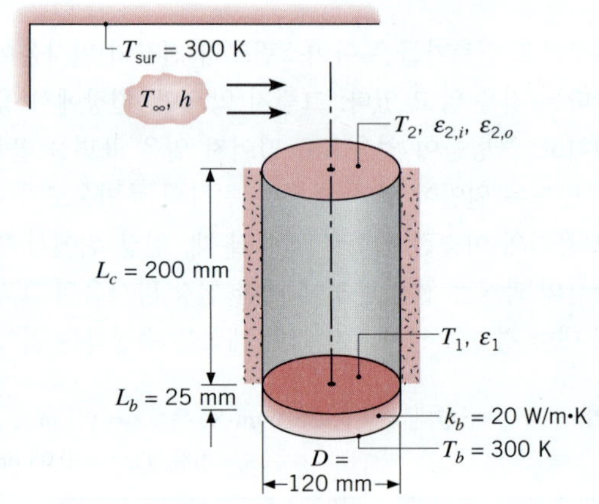

정상상태로 가정하고 원통형 공동 속의 대류를 무시할 때, 주어진 조건을 만족시키기 위한 히터에 공급되어야 하는 전력과 디스크의 바깥 표면에서 유지되어야 할 대류열전달계수 h를 구하라.

13.76 발전설비에서 석탄 연소 생성물에 노출되어 있는 보일러의 관에서 연소 가스에 함유된 재(광물질)에 의한 오염이 발생하게 된다. 재는 관의 바깥 표면에 고체 부착물을 형성하여, 관에 흐르는 가압된 물과 수증기 혼합물로의 열전달을 감소시킨다. 두께가 얇은 보일러 관($D_t = 0.05$ m)이 비등과정에 의해서 표면온도가 $T_t = 600$ K로 유지되는 경우를 고려하자. 관 주위에 흐르는 연소가스의 온도 $T_\infty = 1800$ K이고, 이로 인한 대류열전달계수 $\bar{h} = 100$ W/m²·K이다. 가스 및 보일러 벽면으로부터 관으로의 복사는 $T_{sur} = 1500$ K인 매우 넓은 주위로부터의 복사로 근사화할 수 있다.

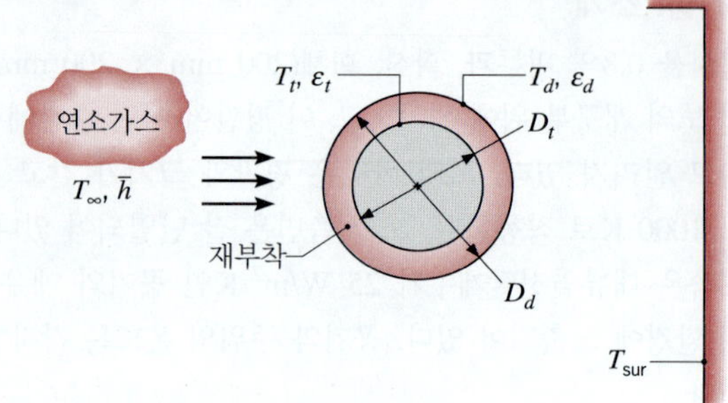

(a) 관 표면은 $\varepsilon_t = 0.8$인 확산회체이고, 재의 부착층(deposit layer)이 **없다면**, 보일러 관으로의 단위 길이당 열전달률 q'은 얼마인가?

(b) 지름 $D_d = 0.06$ m, 열전도율 $k = 1$ W/m·K인 부착층이 관 위에 형성되어 있다면, 부착층 표면온도 T_d는 얼마인가? 부착물은 $\varepsilon_d = 0.9$인 확산회체이고, T_t, T_∞, $\bar{h}$와 T_{sur}은 변하지 않고 그대로이다. 보일러 관으로의 단위 길이당 정미 열전달률 q'은 얼마인가?

(c) D_d와 $\bar{h}$의 변화가 정미 열전달률에 대한 전도와 복사의 상대적 기여도에 미치는 영향뿐만 아니라 q'에 미치는 영향에 대해 고찰하라. 결과를 그래프로 나타내라.

13.77 평행하게 위치한 두 개의 매우 큰 평판을 고려하자. 아래판이 위판보다 따뜻하며, 위판의 온도는 $T_1 = 330$ K로 일정하게 유지된다. 평판 사이의 거리 $L = 0.1$ m이고, 두 표면 사이는 상압의 공기로 채워져 있다. 아래판으로부터의 열유속 $q'' = 250$ W/m²이다.

(a) $\varepsilon_1 = \varepsilon_2 = 0.5$일 때, 아래판의 온도와 복사 열유속에 대한 대류 열유속의 비를 구하라. 공기의 물성치는 $T = 350$ K에서 구하라.

(b) $\varepsilon_1 = \varepsilon_2 = 0.25$와 0.75일 때에 대해 (a)를 다시 계산하라.

13.78 길이 $L = 40$ mm인 평행한 평판 형태의 전기 전도체를 고려하자. 그림과 같이 한쪽 모서리가 세라믹 절연 바탕에 $w = 10$ mm의 간격으로 부착되어 있다. 이 평판들은 $T_{sur} = 300$ K인 넓은 주위에 노출되어 있다. 전도체(1)와 세라믹(2)의 표면들은 각각 $\varepsilon_1 = 0.8$, $\varepsilon_2 = 0.6$인 확산회체이다. 전도체에서의 주어진 작동 전류에 대해 이들의 온도는 $T_1 = 500$ K이다.

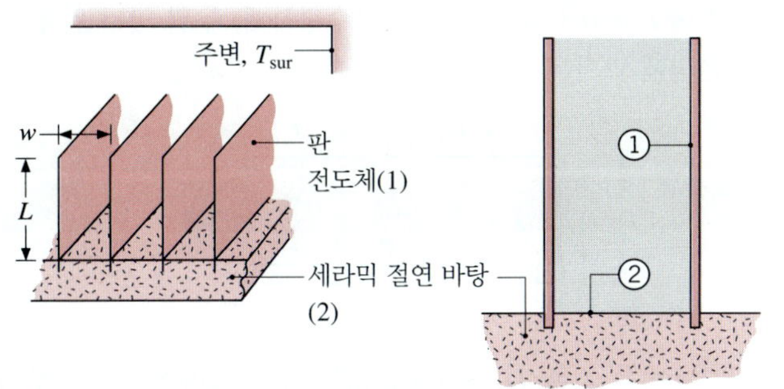

(a) 복사 열교환만을 고려할 때, 전도체 평판의 단위 길이당 방출되는 전력 q_1'을 구하라. 단열된 바탕의 온도 T_2는 얼마인가?

(b) 표면이 온도 300 K, 열전달계수 h = 25 W/m^2·K인 공기와 대류열전달을 할 때, q_1'과 T_2를 구하라.

13.79 스펙트럴 흡수율이 $\lambda < 1$ μm에서 $\alpha_\lambda = 0.9$, $\lambda \geq 1$ μm에서 $\alpha_\lambda = 0.3$인 큰 확산면이 있다. 확산면의 바닥은 잘 단열되어 있고, 윗면은 다음과 같은 두 개의 상이한 조건들 중 한 가지 상태에 노출되어 있다.

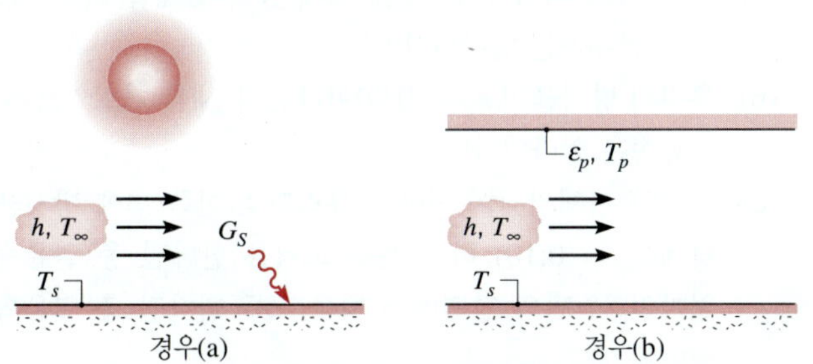

(a) 경우 (a)에서는 G_S = 1200 W/m^{2}의 조사를 공급하는 태양과 T_∞ = 300 K인 공기흐름에 표면이 노출되어 있다. 만일 표면온도 T_s = 320 K라면, 공기흐름에 관련된 대류열전달계수는 얼마인가?

(b) 경우 (b)에서는 표면이 큰 평판에 의해 태양광선으로부터 차단되었고, 공기 흐름이 평판과 표면 사이에서 유지되고 있다. 이 평판은 ε_p가 0.8인 확산회체이다. 만약 T_∞ = 300 K, 대류열전달계수가 (a)에서 얻은 결과와 같다면, 표면을 T_s = 320 K로 유지하기 위해 필요한 평판의 온도 T_p는 얼마인가?

13.80 열전도율 15 W/m·K, 지름 50 mm인 길고 균일한 봉이 내부에서 20 kW/m^{3}의 체적 열발생률로 가열된다. 이 봉은 표면온도가 500°C로 유지되는 지름 60 mm의 커다란 원형관 내에 동축선 상에 위치해 있다. 봉과 관 사이의 영역은 진공이고, 그 표면들은 방사율이 0.2인 확산회체이다.

(a) 봉의 중심 온도와 표면온도를 구하라.

(b) 대기 중의 공기가 봉과 관 사이의 영역에 채워질 때, 봉의 중심 온도 및 표면온도를 구하라.

[c] 관의 지름이 60, 100 및 1000 mm인 경우에 대해, 또한 봉과 관 사이의 영역이 진공상태 혹은 공기로 채워진 경우에 대해, 방사율이 0.1~1.0인 범위에서 표면 방사율의 함수로 중심 온도 및 표면온도를 계산하고 이를 그림으로 나타내라.

13.81 아래의 그림은 얇은 벽에 의해 두 개의 반원통 덕트로 나눠진 기다란 원형 튜브의 단면을 보여 준다.

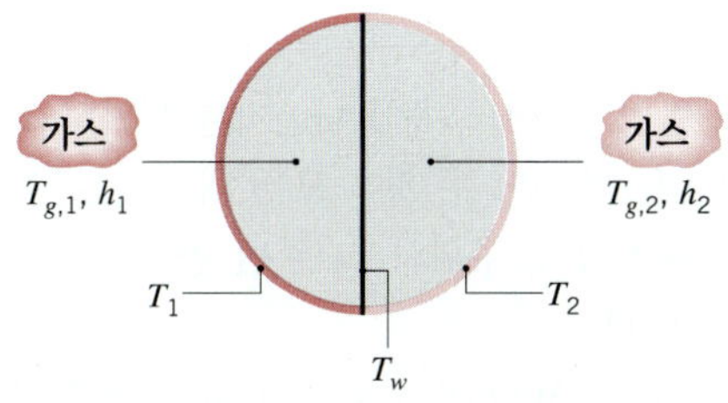

측면 1과 측면 2는 각각 T_1 = 600 K와 T_2 = 400 K로 유지되는 반면에, 덕트 1과 덕트 2를 지나는 가스의 평균온도는 각각 $T_{g,1}$ = 571 K, $T_{g,2}$ = 449 K이다. 앞서 기술한 온도들은 축방향에 대해 불변이다. 가스 표면에서의 대류열전달계수 $h_1 = h_2$ = 5 W/m^2·K인 반면, 모든 덕트는 근사적으로 흑체($\varepsilon_1 = \varepsilon_2 = \varepsilon_w = 1$)로 간주한다. 덕트 벽 온도 T_w는 얼마인가? 측면 1의 덕트에 있는 가스에 관한 에너지평형 방정식을 세워 $T_{g,1}$이 사실상 571 K와 같다는 것을 증명하라.

13.82 높은 방사율의 페인트를 복사 표면에 적용하는 것은 복사에 의한 열전달을 증진시키기 위해 일반적으로 사용되는 방법이다.

(a) 큰 평행한 평판들에 대해, 표면의 온도가 각각 T_1 = 350 K, T_2 = 300 K, 방사율이 $\varepsilon_1 = \varepsilon_2 = \varepsilon_s = 0.85$일 때, 판들 사이에서의 복사 열유속을 구하라.

(b) 높은 방사율(ε_p = 0.98) 페인트가 매우 얇은 층으로 두 표면에 적용되었을 때, 복사 열유속을 구하라.

[c] 페인트 층의 두께가 각각 L = 2 mm이고, 페인트의 열전도율 k = 0.21 W/m·K일 때, 복사 열유속을 구하라.

(d) 페인트를 칠하지 않은 표면의 방사율 ε_s가 $0.05 \leq \varepsilon_s \leq 0.95$로 변할 때, ε_s의 함수로 평판 사이의 복사 열유속을 도시하라. 매우 얇게 페인트를 칠한 경우와 두께 L = 2 mm로 두껍게 페인트를 칠한 표면에 대한 열유속을 같은 그림 위에 나타내라.

다중 열전달: 상급

13.83 큰 노의 위 천장을 열적으로 단열하기 위한 방법으로 두께 L, 열전도율 k의 단열물질을 이용하는 경우(a), 또는 천장 위에 강판을 설치하여 동일한 두께의 공기층을 이용하는 경우(b)가 있다.

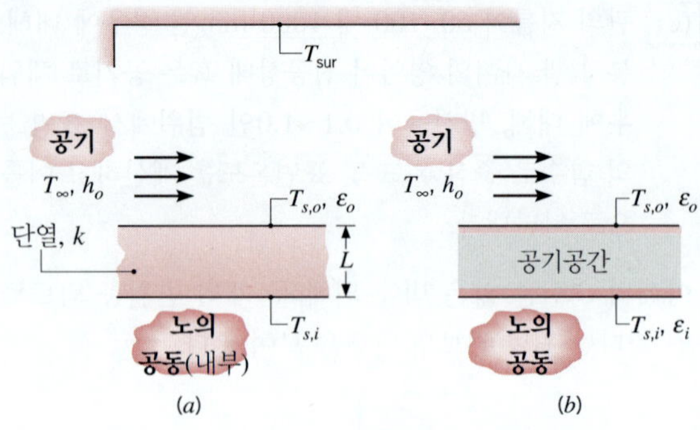

(a) (b)

(a) 두 방법 중 어느 쪽이 나은지를 평가하기 위한 수학적 모델을 세우라. 두 경우 모두 내부표면은 같은 온도 $T_{s,i}$로 유지되고, 주위와 그 주변 공간은 같은 온도($T_\infty = T_{sur}$)이다.

(b) $k = 0.090$ W/m·K, $L = 25$ mm, $h_o = 25$ W/m^2·K이고, 표면이 $\varepsilon_i = \varepsilon_o = 0.50$인 확산회체이며, $T_{s,i} = 900$ K, $T_\infty = T_{sur} = 300$ K라면, 각각의 경우에 대한 외부 표면 온도 $T_{s,o}$와 단위 표면적당 열손실은 얼마인가?

(c) 각각의 경우 $\varepsilon_i = \varepsilon_o$의 값이 0.1~0.9인 범위에서 표면 복사 물성치가 외부 표면온도와 단위면적당 열손실에 미치는 영향을 평가하고, 그 결과를 그림으로 나타내라.

13.84 1장(연습문제 1.64d)에서 기술되었던 것으로, 그림과 같은 복합 단열재를 천장 재료로 고려하고 있다.

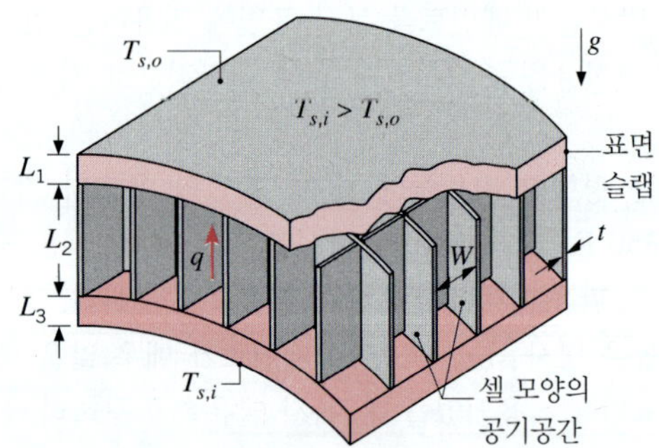

바깥쪽과 안쪽의 슬랩은 두께 $L_1 = L_3 = 12.5$ mm인 저밀도 입자보드이고, 허니콤 코어는 고밀도 입자보드로 만드는 것이 제안되었다. 코어의 정사각형 셀(cell)들은 길이 $L_2 = 50$ mm, 폭 $W = 10$ mm, 벽 두께 $t = 2$ mm이다. 두 입자보드들의 방사율은 약 0.85이고 허니콤 셀들은 1기압의 공기가 채워져 있다. 단열재에 대한 효용성(effectiveness)을 평가하기 위해서 총 열저항을 바닥(안쪽) 표면온도 $T_{s,i}$가 25°C, 위쪽(바깥쪽) 표면온도 $T_{s,o}$는 −10°C인 대표적인 운전조건하에서 구해야 한다. 공기공간에서의 자연대류의 영향을 평가하기 위해서는 셀의 온도차가 20°C라고 가정하고, 7.5°C에서 공기의 물성치를 구하라. 공기공간을 통과하는 복사의 효과를 평가하기 위해서 내부와 외부 슬랩들의 안쪽 표면온도를 각각 −5°C, 15°C로 가정하라.

13.85 길이 $L = 0.3$ m이고, 옆으로(수평하게) 누워 있는 원통형 보온병에 뜨거운 커피가 들어 있다.

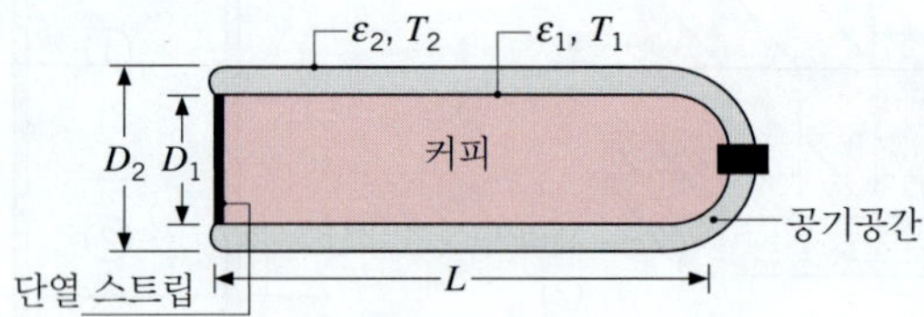

보온병은 지름 $D_1 = 0.07$ m인 유리 플라스크로 이루어져 있다. 이 유리 플라스크는 대기압 상태의 공기에 의해 지름 $D_2 = 0.08$ m의 알루미늄 하우징과 분리되어 있다. 유리병의 외부표면과 하우징의 내부표면은 방사율이 $\varepsilon_1 = \varepsilon_2 = 0.25$인 은으로 코팅되어 있다. 만일 표면온도가 각각 $T_1 = 75$°C, $T_2 = 35$°C라면, 커피로부터의 열손실은 얼마인가?

13.86 연습문제 9.94에서 언급된 조건에 대해서 수직 이중창을 고려하라. 즉 온도가 $T_1 = 22$°C, $T_2 = -20$°C인 수직 이중창은 그 사이에 대기 상태의 공기가 채워져 있다. 대류가 일어나는 임계 Rayleigh 수는 $Ra_{L,c} = 2000$이다.

(a) 창 사이의 최적간격 L_{op}에 대해 공기 틈새를 가로지르는 전도 열유속은 얼마인가?

(b) 유리의 방사율이 $\varepsilon_g = 0.90$이라면, 틈새를 가로지르는 총 열유속은 얼마인가?

(c) 공기와 기체의 접촉면에서 유리판의 한쪽 면에 방사율을 낮게($\varepsilon_c = 0.10$) 하는 특수 코팅을 한다면 총 열유속은 얼마인가? 판의 양면에 코팅을 모두 한다면 총 열유속은 얼마인가?

13.87 흡수판과 단일 덮개판으로 구성된 평판형 태양열 집열기가 수평에 대해 $\tau = 60°$의 각도로 기울어져 있다.

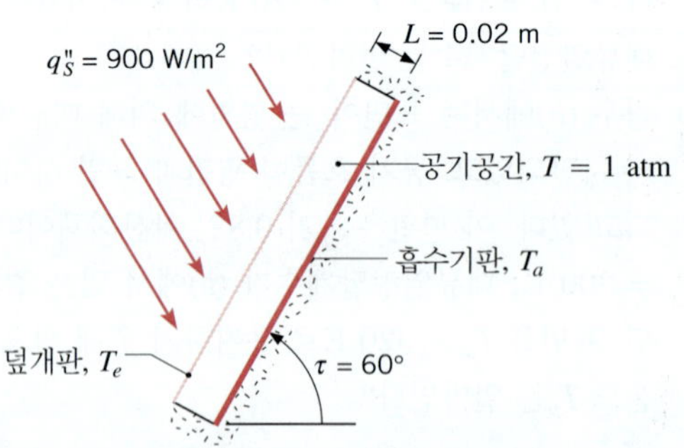

입사되는 태양복사가 수평으로부터 60°인 각도로 들어오고, 태양 열유속이 900 W/m^{2}인 상태를 고려하라. 덮개판은 태양복사($1 \le 3\ \mu$m)를 완전히 투과시키고, 더 긴 파장의 복사는 투과시키지 않는다. 덮개와 흡수판들은 다음 그림과 같은 스펙트럴 흡수율을 갖는 확산표면이다.

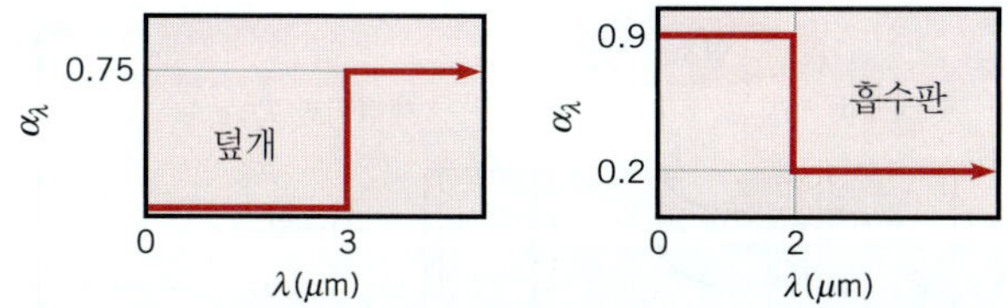

흡수판과 덮개의 길이와 폭은 판 간격 L에 비해 매우 크다. 흡수판의 단위면적당 흡수되는 태양 복사율은 얼마인가? 흡수판의 밑면은 잘 단열되어 있고, 흡수판과 덮개판의 온도가 각각 $T_a = 70°C$, $T_c = 27°C$라면, 흡수판의 단위면적당 열손실은 얼마인가?

13.88 연습문제 13.39의 관과 복사 차폐물을 고려하라. 그러나 여기서는 관과 차폐물 사이의 틈새에서의 자연대류를 감안한다.

(a) 관과 차폐물 사이의 단위 길이당 총 열전달률은 얼마인가?

(b) 차폐물의 지름 변화가 대류 및 복사에 의한 기여뿐만 아니라 총 열전달률에 미치는 효과에 대해 조사하라.

13.89 지름 400 mm인 디스크의 위쪽 표면은 300 K인 조용한 대기와 주변에 노출되어 있지만, 아래쪽 표면은 전기로에 의해서 가열된다. 이 복사로(대류는 무시)는 바닥면($\varepsilon_1 = 0.6$)과 측면($\varepsilon_2 = 1.0$)으로 구성된 원통형 구조로 온도가 $T_1 = T_2 = 500$ K인 상태로 유지된다. 복사로를 향한 디스크의 표면은 흑체($\varepsilon_{d,1} = 1.0$)이고, 위쪽 표면의 방사율은 $\varepsilon_{d,2} = 0.8$이다. 판과 노의 표면들은 확산회체로 가정한다.

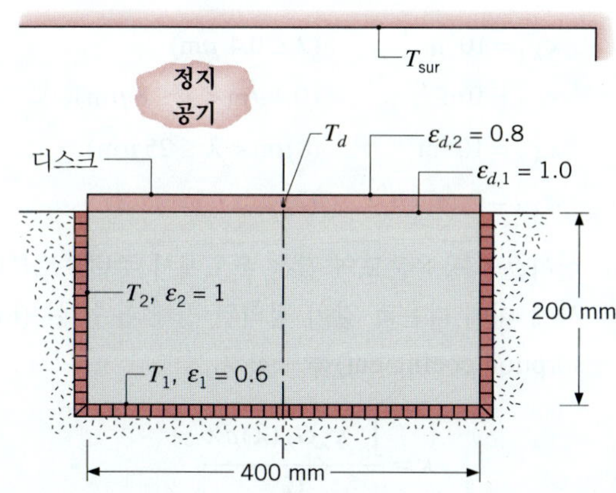

(a) $T_d = 400$ K일 때, 디스크로의 정미 열전달률 $q_{net,d}$를 구하라.

(b) 다른 모든 조건이 동일할 때, $300 \le T_d \le 500$ K인 범위에서 디스크 온도의 함수로서 $q_{net,d}$를 그림으로 나타내라. 디스크의 정상상태 온도는 얼마인가?

13.90 온수 히터의 연관(fire tube)은 지름이 $D = 0.07$ m, 온도 $T_s = 385$ K인 긴 원형관으로 구성되어 있고, 이 관을 통해 온도 $T_{m,g} = 900$ K의 연소가스가 흐른다. 가스에서 관으로의 열전달을 촉진시키기 위해, 관의 중앙면을 따라 얇은 칸막이를 설치한다. 가스의 물성치는 공기와 같으며, 복사에는 관여하지 않는다고 가정한다.

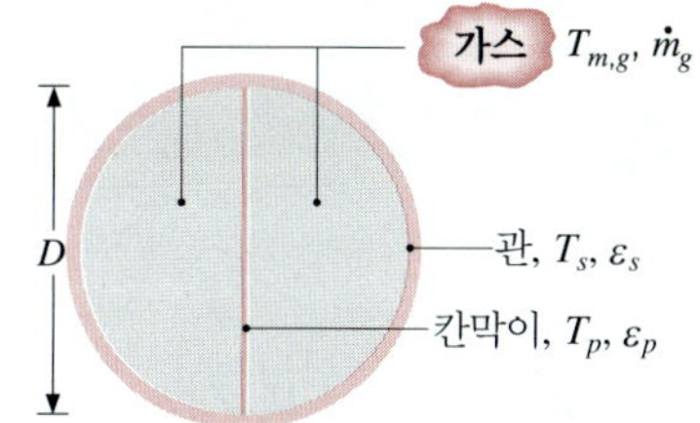

(a) 칸막이가 없고, 가스의 유량이 $\dot{m}_g = 0.05$ kg/s라면, 단위 길이당 관으로의 열전달률 q'은 얼마인가?

(b) 가스유량이 $\dot{m}_g = 0.05$ kg/s이고, 방사율이 $\varepsilon_p = \varepsilon_s = 0.5$인 경우, 칸막이 온도 T_p와 관으로의 총 열전달률 q'을 구하라.

(c) $\dot{m}_g = 0.02, 0.05, 0.08$ kg/s 그리고 방사율이 $\varepsilon_p = \varepsilon_s \equiv \varepsilon$인 경우, $0.1 \le \varepsilon \le 1.0$인 범위에서 ε의 함수로 T_p와 q'을 계산하고 그림으로 나타내라. $\dot{m}_g = 0.05$ kg/s이고, 동일한 방사율일 때, ε의 함수로서 q'에 대한 대류와 복사의 기여를 그림으로 나타내라.

13.91 연습문제 9.85의 조건들을 고려하라. 헬륨으로 채워진 공동을 통한 대류와 복사를 동시에 고려하여 가스 상태의 질소가 시스템으로부터 빠져나가는 질량률을 구하라. 공동의 표면은 방사율 $\varepsilon_i = \varepsilon_o = 0.3$인 확산회체이다. 만일 공동이 진공상태로 되면, 증발을 감소시키기 위해 표면 조건을 어떻게 바꿔야 하는가? 적절한 계산을 통하여 당신의 제안에 대한 근거를 제시하라.

13.92 한 면이 5 m × 5 m인 정사각형 패널 상의 특수표면 코팅은 패널과 같은 치수의 복사 열원 바로 아래에 놓여 경화된다. 이 열원은 확산회체이며, 75 kW의 전력으로 작동한다. 패널의 바닥 표면뿐만 아니라, 히터의 상부 표면은 잘 단열되어 있고, 이 장치는 공기와 벽의 온도가 25°C인 큰 방에 놓여 있다. 코팅 표면은 $\varepsilon = 0.30$인 확산회체이며, 온도의 상한은 400 K이다. 대류열전달을 무시할 때, 패널의 온도가 400 K를 넘지 않도록 하기 위해 히터와 패널 사이에 필요한 최소한의 간격은 얼마인가? 패널의 코팅된 표면에서 대류열전달의 영향을 고려할 때 필요한 최소 간격은 얼마인가?

13.93 지름 $D_1 = 0.005$ m, 방사율 $\varepsilon_1 = 0.80$인 긴 원통형 가열장치로 구성된 표면처리 과정에 사용되는 복사 히터가 있다. 히터의 안쪽 면과 바깥쪽 면의 방사율이 각각 $\varepsilon_{2i} = 0.10$, $\varepsilon_{2o} = 0.80$인 얇고 긴 포물선형 반사체에 의해 부분적으로 둘러싸여 있다. 반사체의 단위 길이당 안쪽과 바깥쪽 표면적은 각각 $A'_{2i} = A'_{2o} = 0.20$ m이고, 안쪽과 바깥쪽의 복합면에 대한 평균 대류열전달계수는 $\bar{h}_{2(i,o)} = 2$ W/m²·K이다. 시

스템은 온도 T_∞ = 300 K, 정지해 있는 무한히 큰 공기 매질 속에 있으며, T_{sur} = 300 K인 매우 큰 주위 환경에 노출되어 있다.

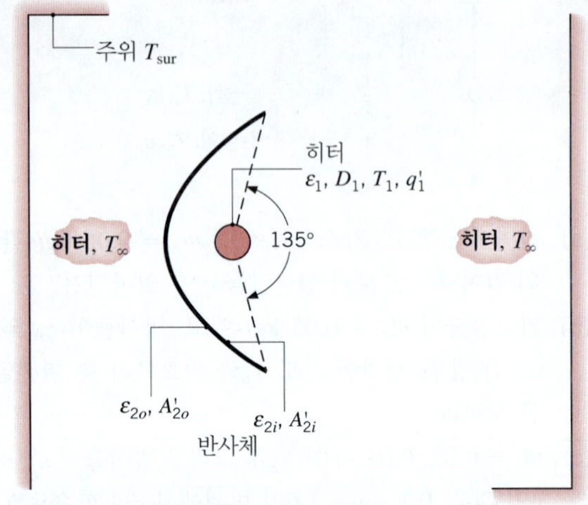

(a) 적절한 복사회로를 그리라. 그리고 회로도 상의 각각의 저항에 대한 식을 구하라.

(b) 정상상태 조건에서 히터로부터 1500 W/m의 전기 동력 P_1'이 방출되고, 히터 표면온도가 T_1 = 1200 K이면, 히터로부터 전달되는 **정미 복사**에너지 전달률은 얼마인가?

(c) 히터로부터 주변으로 전달되는 정미 복사에너지 전달률은 얼마인가?

(d) 반사체의 온도 T_2는 얼마인가?

13.94 벽에 설치된 천연가스 히터는 방사율이 ε_c = 0.95인 세라믹판을 균일 온도 T_c = 1000 K로 유지하기 위해 다공성 촉매패드에서의 연소를 이용한다. 세라믹판은 유리판과 두께 L = 50 mm의 공기 간극에 의해 분리되어 있다. 유리 표면은 확산회체이며, 스펙트럴 투과율과 흡수율은 $0 \le \lambda \le 0.4$ μm에서 $\tau_\lambda = 0$, $\alpha_\lambda = 1$이고, $0.4 < \lambda \le 1.6$ μm에서는 $\tau_\lambda = 1$, $\alpha_\lambda = 0$ 그리고 $\lambda > 1.6$ μm에서는 $\tau_\lambda = 0$, $\alpha_\lambda = 0.9$로 근사화한다. 유리 바깥 표면은 $T_\infty = T_{sur}$ = 300 K인 정지 상태의 대기와 큰 주위에 노출되어 있다. 히터의 높이와 폭은 $H = W$ = 2 m이다.

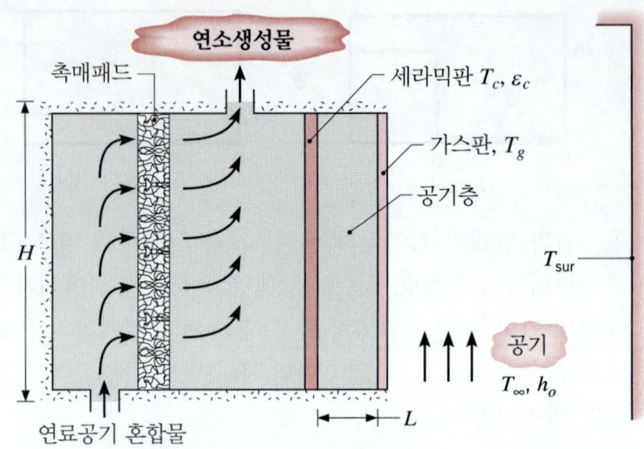

(a) 세라믹판으로부터 조사에 대한 유리의 전투과율은 얼마인가? 유리를 비투과 회체로 간주할 수 있는가?

(b) 주어진 조건에 대해서 유리 온도 T_g와 히터로부터의 열전달률 q_h를 구하라.

(c) 유리 외부 표면에서의 대류열전달계수 h_o를 조절하기 위하여 팬을 사용할 수 있다. 대류열전달계수가 $10 \le h_o \le 100$ W/m^2·K인 범위에서 h_o의 함수로 T_g와 q_h를 계산하고 그림으로 나타내라.

참여 매질

13.95 순수한 고체 실리콘이 연습문제 1.39에서처럼 용융상태로부터 만들어진다. 고체 실리콘은 반투명하고, 순수한 실리콘의 파장성 흡수계수(spectral absorption coefficient)의 분포가 다음과 같이 가정되었다.

$$\kappa_{\lambda,1} = 10^8 \text{ m}^{-1} \quad (\lambda \le 0.4\ \mu\text{m})$$
$$\kappa_{\lambda,2} = 0 \text{ m}^{-1} \quad (0.4\ \mu\text{m} < \lambda \le 8\ \mu\text{m})$$
$$\kappa_{\lambda,3} = 10^2 \text{ m}^{-1} \quad (8\ \mu\text{m} < \lambda \le 25\ \mu\text{m})$$
$$\kappa_{\lambda,4} = 0 \text{ m}^{-1} \quad (25\ \mu\text{m} < 1)$$

(a) 실리콘의 용융온도와 같은 온도에서 주변으로부터의 조사에 대해 다음과 같이 정의된 전체 흡수계수(total absorption coefficient)를 구하라.

$$\kappa = \frac{\int_0^\infty \kappa_\lambda G_\lambda(\lambda)\,d\lambda}{G}$$

(b) 두께가 L = 150 μm이고, 용융온도에 있는 고체 실리콘판의 전체 투과율, 전체 흡수율, 전체 방사율을 예측하라.

13.96 지름 0.5 m인 구형 공동을 가진 노 속에 1 atm, 1400 K인 혼합기체가 들어 있다. 혼합기체는 분압 0.25 atm의 CO_2와 분압 0.75 atm의 질소로 이루어져 있다. 공동의 벽이 흑체라면, 온도를 500 K로 유지하기 위해 필요한 냉각률은 얼마인가?

13.97 가스터빈 연소실을 지름이 0.4 m인 긴 관으로 가정한다. 연소가스는 압력이 1 atm이고 온도는 1000°C인 반면에 연소실 표면온도는 500°C이다. 만일 연소가스가 CO_2와 수증기를 함유하고 있고, 각각의 몰분율이 0.15라고 하면, 흑체로 가정할 수 있는 연소실 표면과 가스 사이의 정미 복사 열유속은 얼마인가?

13.98 전체 압력 1 atm, 온도 1400 K인 연소가스가 각각의 분압이 0.05와 0.10 atm인 CO_2와 수증기를 갖고 있다. 가스가 지름이 1 m이고 표면온도가 400 K인 긴 연도(flue)를 지나간다면, 가스로부터 표면으로의 정미 복사 열유속은 얼마인가? 표면은 흑체로 가정한다.

13.99 0.75 m 떨어진 두 개의 큰 평행판으로 이루어진 노가 있다. 혼합기체는 각각의 몰분율이 0.20, 0.50, 0.15 및 0.15인 O_2, N_2, CO_2와 수증기로 구성되어 있고, 온도 1300 K, 전체 압력 2 atm으로 평판 사이를 흐른다. 평판이 흑체이고 500 K로 유지된다면 평판으로의 정미 복사 열유속은 얼마인가?

13.100 산업과정에서 온도와 압력이 각각 2000 K, 1 atm인 연소생성물이 지름 0.25 m, 안쪽 면이 흑체인 긴 관 속을 흐른다. 연소 가스는 각각의 분압이 0.10 atm인 CO_2와 수증기를 함유하고 있다. 가스는 대기의 열물성치를 갖는다고 가정하고, 질량유량 $\dot{m}$ = 0.25 kg/s인 완전발달 유동이라고 가정할 수 있다. 관은 바깥면에 수직으로 흐르는 물에 의해서 냉각된다. 물의 상류에서의 속도와 온도는 각각 0.30 m/s, 300 K이다. 관벽의 온도와 열유속을 구하라. 힌트: 관벽으로부터의 방사는 무시할 수 있다.

13.101 용해로(melting furnace)에서 가스를 수직 금속관에 흐르게 하고, 포화상태의 물(액체)을 관 둘레의 환상구역의 바닥에서부터 유입시켜 배기가스로부터 폐열을 회수할 수 있다.

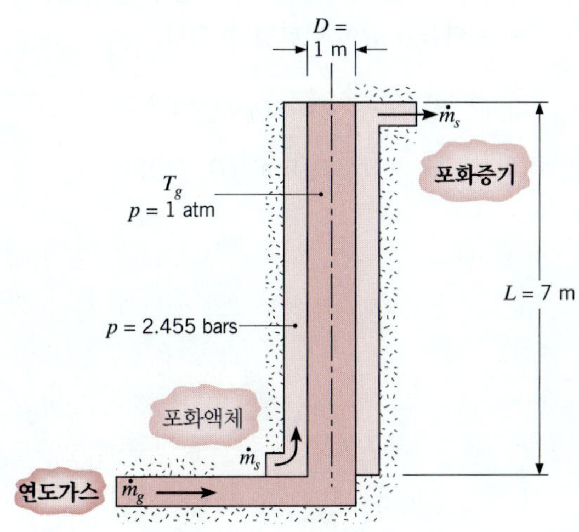

관의 길이와 안지름은 각각 7 m와 1 m이고, 관의 내부표면은 흑체이다. 관 내의 가스는 대기압 상태로, CO_2와 H_2O(증기)의 분압은 각각 0.1과 0.2 atm이며 평균온도는 T_g = 1400 K 정도이다. 또한 기체의 질량유량 $\dot{m}$ = 2 kg/s이다. 포화수가 2.455 bar의 압력으로 유입된다면, 입구에서의 포화액을 출구에서 포화증기로 완전히 변화시키기 위해 필요한 물의 질량유량 $\dot{m}_s$는 얼마인가? 가스의 열물성치는 $\mu = 530 \times 10^{-7}$ kg/s·m, k = 0.091 W/m·K, Pr = 0.70이다.

열전달 및 물질전달

13.102 신문용지의 건조과정에 사용되는 복사오븐(radiant oven)은 단면이 반원형 형태의 긴 덕트(L = 20 m)로 구성되어 있다. 신문용지는 이송벨트 위에 놓여 V = 0.2 m/s의 속도로 이송된다. 신문용지가 오븐의 입구에서는 0.02 kg/m^{2}의 수분을 함유하고 있으나, 출구에서는 완전히 건조되어 배출된다. 신문용지의 품질을 보증하기 위해서는 상온(300 K)에서 건조가 이루어져야 하며, 이러한 조건을 위해서 모든 시스템의 부품과 오븐 내에 흐르는 공기는 300 K로 유지시킨다. 방사율이 0.8이고 온도가 T_1인 반구형 덕트의 내부표면은 건조과정에 필요한 열을 공급해 준다. 신문용지의 젖어 있는 표면은 흑체로서 간주될 수 있으며, 오븐에 유입되는 공기의 온도는 300 K이고 상대습도는 20%이다.

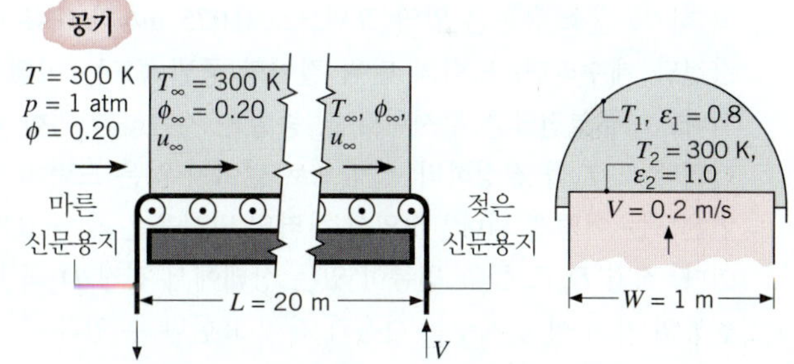

공기의 유속이 매우 크기 때문에 덕트 내의 모든 영역에서는 온도 및 상대습도가 일정하다고 가정할 수 있다. 이 과정에서 정상상태 조건을 만족시키는 데 요구되는 증발률, 공기속도 u_∞ 및 온도 T_1을 계산하라.

13.103 곡물 건조기는 반지름이 R = 1 m이고 매우 긴 반원형의 덕트 형태이다. 바닥면의 반은 방사율이 ε_p = 0.8인 전기적 가열면인 반면에, 나머지 반은 건조되어야 할 곡물이 채워져 있으며 방사율은 ε_g = 0.9이다. 곡물의 온도가 T_g = 330 K인 건조과정에서 1시간 동안에 덕트의 단위 길이(m)당 건조되어야 할 수분량은 2.50 kg이다.

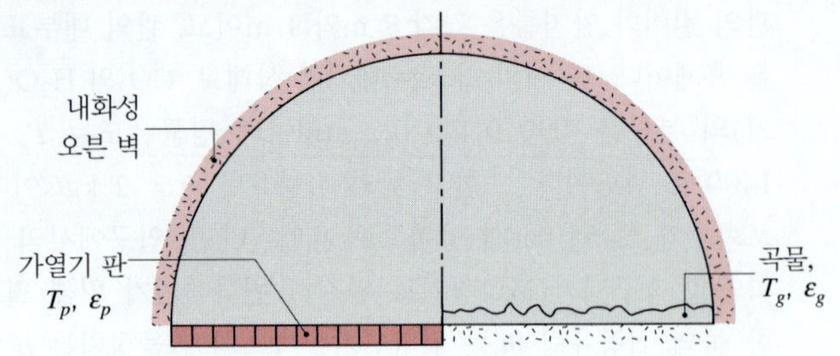

(a) 대류열전달을 무시하고 가열판의 요구되는 온도 T_p를 구하라.

(b) 만일 수증기가 건조한 공기의 흐름에 의해서 덕트로부터 빠져나간다면, 흐름에 의하여 유지되어야 하는 대류물질전달계수 h_m은 얼마인가?

(c) 만일 공기의 온도가 300 K라면, 대류열전달을 무시한다는 가정이 타당한가?

13.104 젖은 제약 알약이 정지한 원통 적외선 히터(D_h = 0.1 m)를 중심으로 천천히 회전하는 원통 드럼(D_d = 0.5 m)으로 구성된 적외선 건조기에서 진행되고 있다. 드럼의 바깥은 잘 단열되어 있다. 알약으로부터의 습기는 건조기의 축방향으로 흐르는 질소로 이동된다. 드럼이 회전할 때 알약은 회전과 중력 가속도의 혼합 효과로 굴러서 드럼의 하부 반 내부 표면에 입혀져 있는 제약 물질에 의해 얇은 층을 형성한다. 알약의 온도는 T_p = 320 K이고 방사율은 ε_p = 0.95이라고 하자. 질소 유동은 알약 표면으로 0.025 m/s의 대류 질량전달 계수라면, 드럼의 단위 길이당 증발속도는 어떻게 되나? 대류열전달을 무시한다면, 증발을 지속하기 위한 히터의 온도 T_h를 결정하라. 알약으로 덮이지 않은 드럼의 표면온도는 어떻게 되나? 적외선 히터의 방사율은 ε_h = 0.85이다. 직경 D_h로 동축 원통이 있는 상태에서 직경 D_d의 반원통의 자체 형상 계수는 다음과 같이 표현할 수 있다.

$$F_{ii} = 1 - \frac{2}{\pi}\{[1-(D_h/D_d)^2]^{1/2} + (D_h/D_d)\sin^{-1}(D_h/D_d)\}$$

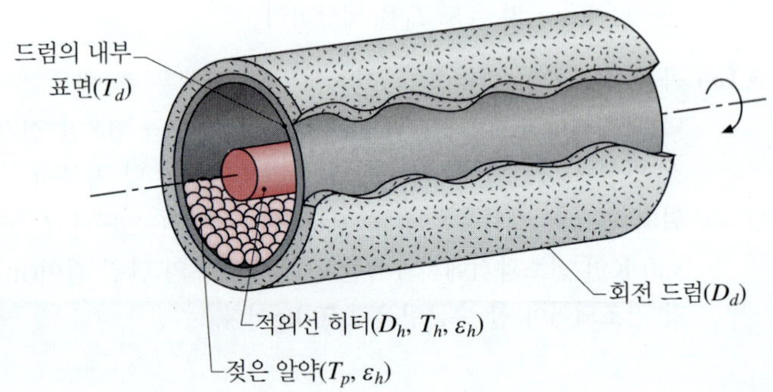

13.105 새로운 **적외선 재순환기**(infrared recycler)는 많은 차량들이 폐차될 때 그것을 분해하거나 부수어서 수백만 kg의 폐 플라스틱을 재사용하는 데 사용되도록 제안되어 왔다. 혼합된 플라스틱류를 폴리프로필렌(polypropylene)이나 폴리카보네이트(polycarbonate)와 같은 부품으로 분류하는 문제에 초점을 맞추기 위해서, 혼합 플라스틱이 유동하는 동안 적외선 재순환기에 노출되어, 여기서 건조된 후에 계속적으로 가열되어 부품 중에 하나는 부드럽게 되는 반면에 나머지는 고체 상태로 있게 된다. 다음에 혼합 플라스틱이 스틸 롤러(steel roller)를 통해서 흐르는 동안 부드럽게 된 플라스틱류는 부착되어 유동으로부터 제거된다. 제2의 부품 제거를 용이하게 하기 위하여 유동중인 플라스틱류는 계속 가열되며, 가열/제거 과정은 모든 부품들이 다 분리될 때까지 계속 반복된다.

지름 D_d = 1 m인 회전 드럼과 동축 상으로 배열된 원통형 가열기로 구성된 시스템의 초기 건조과정을 고찰해 보자. 드럼 안으로 들어간 직후에, 젖은 플라스틱 펠릿(pellet)은 원통의 반 밑부분에 충분히 채워지고, 건조과정 동안 T_p = 325 K의 온도로 유지된다고 가정할 수 있다. 펠릿의 표면적은 방사율이 ε_p = 0.95인 반원통의 면적에 상응하는 것으로 간주할 수 있다.

(a) 만일 드럼을 통해서 건조한 공기가 유동하여 대류물질전달계수가 0.024 m/s로 유지된다면, 드럼의 단위 길이당 증발률은 얼마인가?

(b) 대류열전달을 무시하고, (a)의 증발률을 유지하기 위하여 ε_h = 0.8이고, D_h = 0.10 m인 가열기에 의해서 유지되어야 하는 온도 T_h를 구하라. 드럼의 상부 표면의 온도 T_d는 얼마인가? 드럼의 바깥 표면은 잘 단열되어 있고, 길이 대 지름 비는 매우 크다. 드럼의 상부(d) 및 하부(p) 표면에 적용할 때, 무한히 긴 반원통의 형상계수는 다음과 같이 나타낼 수 있다.

$$F_{ii} = 1 - \frac{2}{\pi}\{[1-(D_h/D_d)^2]^{1/2} + (D_h/D_d)\sin^{-1}(D_h/D_d)\}$$

CHAPTER

14

확산 물질전달

Diffusion Mass Transfer

매질 내에 온도차가 존재하면 열이 전달된다고 배웠다. 마찬가지로 혼합물 내에 화학성분의 농도차가 존재하면 물질전달이 **반드시** 일어난다.[1]

물질전달은 혼합물 내 성분의 농도차이로 인해 일어나는 물질의 이동이다.

온도구배(temperature gradient)가 열전달을 위한 **구동잠재력**(driving potential)이듯이, 혼합물 내의 성분 **농도구배**(concentration gradient)가 그 성분의 전달을 위한 **구동잠재력**을 제공한다.

물질전달(mass transfer)이란 용어가 사용되는 문맥을 명확히 이해하는 것이 중요하다. 체적 유체운동이 있으면 언제나 물질이 확실히 전달되지만, 우리가 명심해야 하는 것은 이것이 아니다. 예를 들면 퀜(fan)에 의해 일어나는 공기의 운동이나 관을 통해 강제적으로 이루어지는 물의 운동을 기술하기 위해 **물질전달**이라는 용어를 사용하지는 **않는다**. 기계적 일에 의한 전체 또는 체적 유체운동이 두 경우에 존재한다. 그러나 농도구배로 인한 혼합물 내 성분의 상대적인 운동을 기술하는 데 물질전달이라는 용어를 사용한다. 한 예는 발전소 굴뚝으로부터 배출되는 황산화물이 주위환경으로 분산되는 것이다. 다른 예는 가정용 가습기에서처럼 수증기가 건조한 공기로 전달되는 것이다.

전도와 대류열전달 방식과 유사한 **물질전달 방식**이 있다. 6장부터 8장까지 대류열전달과 **유사한** 대류에 의한 물질전달을 고려하였으며, 이 장에서는 전도 열전달과 **유사**할 수 있는 확산에 의한 물질전달을 고려하고자 한다.

14.1 물리적 근원과 비율 방정식

물리적 근원과 지배 비율 방정식의 관점에서 볼 때, 확산에 의한 열과 물질전달 사이에는 강력한 유사성이 존재한다.

14.1.1 물리적 근원

같은 온도와 압력에 있는 두 개의 다른 기체 성분이 초기에 격막에 의해 분리되어 있는 방을 생각해 보자. 격막이 제거된다면, 두 성분은 확산에 의해 이동할 것이다. 그림 14.1은 격막을 제거한 직후 존재할 수 있는 상황을 보여 준다. 더 높은 농도는 단위체적당 더 많은 분자를 의미하며, 성분 A의 농도(옅은 점)는 x가 증가함에 따라 감소하는 반면, B의 농도는 x에 따라 증가한다. 물질확산은 농도가 감소하는 방향으로 이루어지기 때문에, 성분 A는 오른쪽으로 그리고 성분 B는 왼쪽으로 순 이동이 있다. 물리적 기구는 x_o에 점선으로 나타낸 가상의 면을 고려함으로써 설명될 수도 있다. 분자운동은 불규칙하기 때문에, 임의의 분자가 왼쪽 또는 오른쪽으로 움직일 확률은 똑같다. 따라서 성분 A의 분자들은 오른쪽보다는 왼쪽(이쪽이 A의 농도가 더 높은 쪽이기 때문에)으로부터 더 많이 가상의 면을 통과한다. 마찬가지로 B 분자의 농도가 가상면의 왼쪽보다는 오른쪽에서 더 높으며, 불규칙한 운동으로 인해 왼쪽으로 성분 B의 **순**(net) 전달이 이루어진다.

[1] 성분(species)은 확산과 유동대류에 의해 이동될 수 있고 그리고/또는 화학반응에 의해 어떤 다른 형태로 변환될 수 있는 이산화탄소 CO_2와 같이 동일함을 증명할 수 있는 분자이다. 성분은 단일 원자 또는 복합의 다원자 분자일 수 있다. 혼합물(공기와 같은)을 성분으로 간주하는 것도 적절할 수 있다.

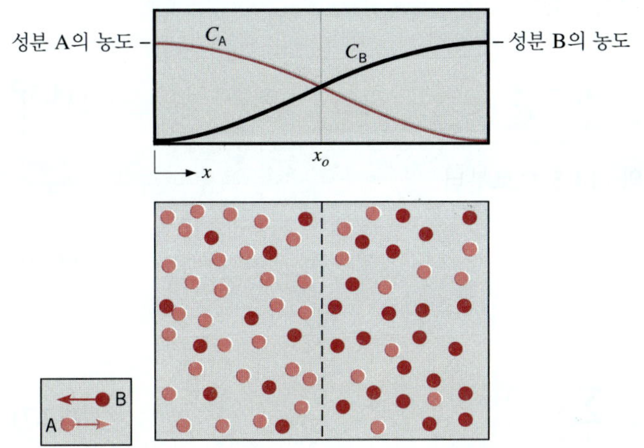

그림 14.1 2성분 기체 혼합물에서 확산에 의한 물질전달.

물론 충분한 시간이 경과한 후에는 A와 B의 농도가 균일하게 되고, 가상면을 통과하는 성분 A 또는 B의 순 이동은 없어진다.

물질확산은 기체뿐만 아니라 액체와 고체에서도 일어난다. 그러나 물질전달이 분자 간의 간격에 강하게 영향을 받기 때문에, 액체보다는 기체에서 그리고 고체보다는 액체에서 확산이 더 쉽게 일어난다. 기체, 액체 그리고 고체에서 일어나는 확산의 예로는 각각 공기 내 자동차 배기로부터의 질소산화물, 물에 용해된 산소 그리고 내열유리(Pyrex) 내 헬륨을 들 수 있다.

14.1.2 혼합물의 조성

이 장에서는 혼합물 내 물질의 전달만 다루기로 한다. 먼저 열역학으로부터 다양한 개념을 정리한다. 혼합물은 두 가지 또는 그 이상의 화학적 구성물(**성분**)로 이루어지며, 임의의 성분 i의 양은 그것의 **질량밀도**(mass density) ρ_i (kg/m^3) 또는 **몰농도**(molar concentration) C_i (kmol/m^3)의 항으로 정량화될 수 있다. 질량밀도와 몰농도는 다음과 같이 그 성분의 분자량 $\mathcal{M}_i$ (kg/kmol)와 관련된다.

$$\rho_i = \mathcal{M}_i C_i \tag{14.1}$$

ρ_i가 혼합물의 단위체적당 성분 i의 질량을 나타내므로, 혼합물의 질량밀도는

$$\rho = \sum_i \rho_i \tag{14.2}$$

이다. 마찬가지로 혼합물의 단위체적당 총 몰수는 다음과 같다.

$$C = \sum_i C_i \tag{14.3}$$

혼합물 내의 성분 i의 양은 그것의 **질량분율**(mass fraction)

$$m_i = \frac{\rho_i}{\rho} \tag{14.4}$$

또는 **몰분율**(mole fraction)

$$x_i = \frac{C_i}{C} \tag{14.5}$$[2]

의 항으로도 정량화될 수 있다. 식 (14.2)와 (14.3)으로부터

$$\sum_i m_i = 1 \tag{14.6}$$

그리고

$$\sum_i x_i = 1 \tag{14.7}$$

이 성립된다.

이상기체의 혼합물에 대하여 임의의 구성물의 질량밀도와 몰농도는 이상기체법칙을 통하여 구성물의 분압과 관련된다. 즉

$$\rho_i = \frac{p_i}{R_i T} \tag{14.8}$$

그리고

$$C_i = \frac{p_i}{\mathcal{R} T} \tag{14.9}$$

여기서 R_i는 성분 i의 기체상수이고 $\mathcal{R}$는 일반기체상수이다. **Dalton의 분압법칙**(Dalton's law of partial pressures)

$$p = \sum_i p_i \tag{14.10}$$

과 함께 식 (14.5)와 (14.9)를 이용하면 다음의 식을 얻는다.

$$x_i = \frac{C_i}{C} = \frac{p_i}{p} \tag{14.11}$$

14.1.3 Fick의 확산법칙

유사한 물리적 기구가 확산에 의한 열과 물질전달에 관련되기 때문에, 상응하는 비율 방정식이 같은 형태를 갖는다는 것은 당연하다. 물질확산에 대한 비율 방정식은 **Fick의 법칙**(Fick's law)으로 알려져 있으며, A와 B로 구성된 **2성분 혼합물**(binary mixture)에서 성분 A의 전달에 대해 벡터 형식으로

[2] 성분 i의 몰분율인 x_i를 공간좌표 x와 혼동하지 말라. 몰분율은 항상 성분명칭을 하첨자로 나타낼 것이다.

$$\mathbf{j}_A = -\rho D_{AB} \nabla m_A \qquad (14.12)^3$$

또는

$$\mathbf{J}_A^* = -CD_{AB} \nabla x_A \qquad (14.13)^3$$

로 표시될 수 있다. 이 식의 형식은 Fourier의 법칙인 식 2.3과 유사하다. 또한 Fourier의 법칙이 한 가지 중요한 전달 물성치인 열전도율을 정의하는 데 작용한 것과 마찬가지로, Fick의 법칙은 또 다른 중요한 전달 물성치, 즉 **2성분 확산계수**(binary diffusion coefficient) 또는 **물질확산계수**(mass diffusivity) D_{AB}를 정의한다.

$\mathbf{j}_A$(kg/s·m^2)는 성분 A의 확산 질량유속으로 정의된다. 이는 단위시간당 및 전달 방향에 수직인 단위면적당 확산에 의해 전달되는 A의 양이며, 혼합물 질량밀도 $\rho = \rho_A + \rho_B$(kg/m^3)와 성분 질량분율 $m_A = \rho_A/\rho$에서의 구배에 비례한다. 성분유속은 몰 기준으로도 평가될 수 있으며, $\mathbf{J}_A^*$(kmol/s·m^2)는 성분 A의 확산 몰유속이다. 이것은 혼합물의 총 몰농도 $C = C_A + C_B$(kmol/m^3)와 성분 몰분율 $x_A = C_A/C$에서의 구배에 비례한다. Fick의 법칙에 대한 앞에서의 형태는 총 질량밀도 ρ 또는 총 몰농도 C가 일정할 때는 단순화될 수 있다.

14.1.4 물질확산계수

두 기체 A와 B로 구성된 2성분 혼합물에 대한 물질확산계수 D_{AB}를 예측하는 데 상당한 주의를 기울여 왔다. 이상기체 거동을 가정하면, 동역학 이론이 다음의 식을 보이는 데 사용될 수 있다.

$$D_{AB} \approx \frac{1}{3}\bar{c}\lambda_{mfp} \sim p^{-1}T^{3/2} \qquad (14.14)$$

여기서 T는 절대온도로 나타낸다. 2.2.1절에서 기술했듯이 $\bar{c}$는 온도가 증가하고 분자량이 감소함에 따라 증가하므로, 물질확산계수는 온도가 증가하고 분자량이 감소함에 따라 증가한다. λ_{mfp}는 기체 압력에 반비례하므로 물질확산계수는 압력이 증가함에 따라 감소한다. 이 관계식은 제한된 압력과 온도 범위에 대해 적용되며, 자료가 이용 가능한 범위 이외의 조건에서 물질확산계수의 값을 평가하는 데 유용하다. Bird 등[1~3]은 이용 가능한 이론적 처리법에 대한 상세한 논의와 실험과의 비교를 제시하고 있다.

2성분 액체용액에 대해서는 실험적인 측정에 전적으로 의존할 필요가 있다. B(용매) 내의 A(용질)가 낮은 농도일 때 D_{AB}는 온도 증가에 따라 증가하는 것으로 알려져 있다. 고체 내 기체, 액체 그리고 고체의 확산에 대한 기구는 아주 복잡하고 일반화된 이론이 이용 가능하지 않다. 더구나 오직 한정된 실험결과만이 문헌에서 이용 가능하다.

몇 가지 혼합물 내의 2성분 확산에 대한 자료가 표 A.8에 나타나 있다. Skelland [4]와 Poling

[3] 식 14.12와 14.13에는 물질확산은 농도구배로부터만 초래된다는 가정이 내포되어 있다. 실제로 물질 확산은 온도구배, 압력구배, 혹은 외부 힘으로부터도 일어날 수 있다. 대부분의 문제에서 이러한 효과들은 무시될 수 있고 지배적인 구동 잠재력은 성분 농도구배이다. 이러한 조건을 **정규확산**(ordinary diffusion)이라고 한다. 다른(고차의) 효과의 취급은 Bird 등[1~3]에 나타나 있다.

등[5]은 이 주제에 대한 보다 상세한 처리법을 제시하고 있다.

예제 14.1

T = 293 K에서 공기, 액체 물, 혹은 철(성분 B) 내 수소(성분 A)의 확산을 고려하라. 어떤 지점에서 농도구배가 dC_A/dx = 1 kmol/m^3·m일 때 몰 및 질량 기준으로 성분유속을 계산하라. 물질확산계수의 값을 열확산계수와 비교하라. 수소의 몰분율 x_A는 1보다 훨씬 더 작다.

풀이

제시자료: T = 293 K에서 공기, 액체 물, 혹은 철 내 수소의 농도구배.

풀이대상: 수소의 몰유속 및 질량유속 그리고 세 가지 경우에 대한 물질 및 열확산계수의 상대적인 값.

개략도:

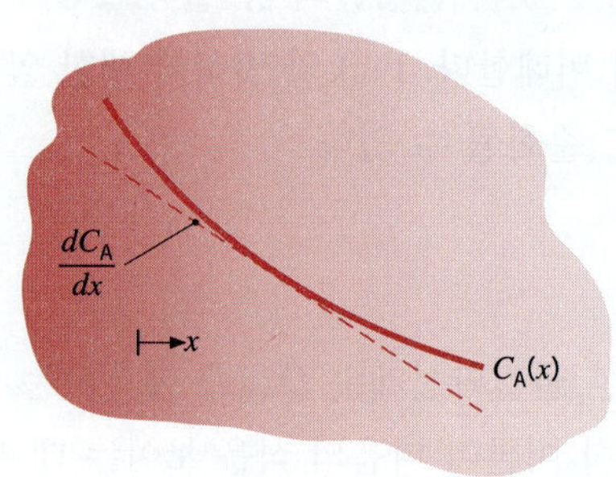

가정: 정상상태 조건.

물성치: 표 A.8, 수소–공기(298 K): D_{AB} = 0.41 × 10^{-4} m^2/s, 수소–물(298 K): D_{AB} = 0.63 × 10^{-8} m^2/s, 수소–철(293 K): D_{AB} = 0.26 × 10^{-12} m^2/s. 표 A.4, 공기(293 K): α = 21.6 × 10^{-6} m^2/s. 표 A.6, 물(293 K): k_f = 0.603 W/m·K, ρ = 998 kg/m^3, c_p = 4182 J/kg·K. 표 A.1, 철(300 K): α = 23.1 × 10^{-6} m^2/s.

해석:

1. 식 (14.14)를 이용하여 T = 293 K에서 공기 내 수소의 물질확산계수를 다음과 같이 구한다.

$$D_{AB,T} = D_{AB,298\,K} \times \left(\frac{T}{298\text{ K}}\right)^{3/2} = 0.41 \times 10^{-4}\text{ m}^2/\text{s} \times \left(\frac{293\text{ K}}{298\text{ K}}\right)^{3/2} = 0.40 \times 10^{-4}\text{ m}^2/\text{s}$$

수소가 **희석 성분**(dilute species), 즉 $x_A \ll 1$인 경우에는, 매질의 열물성치는 성분 B인 **주매질**(host medium)의 것으로 취해질 수 있다. 물의 열확산계수는

$$\alpha = \frac{k}{\rho c_p} = \frac{0.603\text{ W/m}\cdot\text{K}}{998\text{ kg/m}^3 \cdot 4182\text{ J/kg}\cdot\text{K}} = 0.144 \times 10^{-6}\text{ m}^2/\text{s}$$

이다. 물질확산계수에 대한 열확산계수의 비는 식 (6.57)에 정의된 Lewis 수 Le이다.

수소의 몰유속은 식 (14.13)의 Fick의 법칙에 의해 표현된다.

$$J^*_{A,x} = -CD_{AB}\frac{dx_A}{dx}$$

A가 희석 성분이므로 총 몰농도 C는 근사적으로 일정하다. 그러므로

$$J^*_{A,x} = -D_{AB}\frac{dC_A}{dx}$$

이다. 따라서 수소–공기 혼합물에 대해

$$J^*_{A,x} = -0.40 \times 10^{-4}\ \mathrm{m^2/s} \times \left(-1\frac{\mathrm{kmol}}{\mathrm{m^3 \cdot m}}\right) = 4 \times 10^{-5}\frac{\mathrm{kmol}}{\mathrm{s \cdot m^2}} \quad \triangleleft$$

이 된다. 공기 내 수소의 질량유속은 다음의 식으로부터 구해진다.

$$j_{A,x} = \mathcal{M}_A J^*_{A,x} = 2\frac{\mathrm{kg}}{\mathrm{kmol}} \times \left(4 \times 10^{-5}\frac{\mathrm{kmol}}{\mathrm{s \cdot m^2}}\right) = 8 \times 10^{-5}\frac{\mathrm{kg}}{\mathrm{s \cdot m^2}} \quad \triangleleft$$

2. 세 가지 다른 혼합물에 대한 결과를 다음 표에 정리하였다. ◁

성분 B	$\alpha \times 10^6$ (m²/s)	$D_{AB} \times 10^6$ (m²/s)	Le	$j_{A,x} \times 10^6$ (kg/s·m²)
공기	21.6	40	0.54	80
물	0.144	6.3×10^{-3}	23	13×10^{-3}
철	23.1	260×10^{-9}	89×10^6	0.52×10^{-6}

부가설명:

1. 세 가지 매질의 열확산계수는 10의 2승만큼 변한다. 5장에서 이러한 상대적으로 넓은 범위의 열확산계수는 과도 전도과정 동안 물체가 다른 속도로 열적 반응을 하게 되는 원인이라는 것을 보았다. 물질전달에서 물질확산계수는 10의 8승 또는 그 이상만큼 변할 수 있으며, 가장 높은 물질확산계수는 기체 내 기체의 확산과 관련되고 가장 낮은 물질확산계수는 고체 내 확산과 관련된다. 다른 재료는 주매질이 기체, 액체, 혹은 고체냐에 따라 아주 다른 속도로 물질전달에 반응한다.
2. 물질확산계수에 대한 열확산계수의 비인 Lewis 수는 일반적으로 기체에 대해서는 한 자리 수이다. 이는 열적 분포와 성분분포의 변화는 확산에 의한 열전달과 물질전달이 동시에 일어나는 기체에서는 유사한 속도로 진행된다는 것을 암시한다. 고체나 액체에서는 화학성분이 확산에 의해 전달될 수 있는 것보다 열에너지가 훨씬 더 쉽게 전도된다.

14.2 비정체매질에서의 물질전달[4]

14.2.1 절대 및 확산 성분유속

확산 물질전달은 전도 열전달과 유사하고, 식 (14.12)와 (14.13)으로 주어지는 확산유속은 Fourier의 법칙으로 표현되는 열유속과 유사하다는 것을 보았다. 만일 체적운동이 있다면 열전달과 같이 물질전달도 유동대류에 의해 일어날 수 있다. 그러나 전도 열전달과 달리 성분의 확산은 한 지점에서 다른 지점으로 분자 또는 원자의 이동을 항상 포함한다. 많은 경우 이러한 분자규모 운동은 체적운동을 일으킨다. 이 절에서 확산과 유동대류 성분 둘 다를 포함하는 성분의 총(total) 혹은 **절대유속**(absolute flux)을 정의한다.

성분의 절대 질량(또는 몰)유속은 고정좌표계에 상대적인 총 유속으로 정의된다. 절대 질량유속에 대한 표현식을 구하기 위해, A와 B의 2성분 혼합물에서 성분 A를 고려해 보자. 절대 질량유속 $\mathbf{n}''_A$은 다음 식에 의해 성분 절대속도 $\mathbf{v}_A$와 관련된다.

$$\mathbf{n}''_A = \rho_A \mathbf{v}_A \tag{14.15}$$

$\mathbf{v}_A$의 값은 혼합물 내 임의의 점과 연관될 수 있으며, 그 점을 둘러싸는 작은 체적요소 내의 모든 A 입자의 평균속도로 해석된다. 평균 또는 총합 속도는 성분 B의 입자와도 연관될 수 있으며, 이 경우 다음 식과 같다.

$$\mathbf{n}''_B = \rho_B \mathbf{v}_B \tag{14.16}$$

그러면 **혼합물에 대한 질량평균속도**(mass-average velocity for the mixture)는 다음의 요구조건

$$\rho \mathbf{v} = \mathbf{n}'' = \mathbf{n}''_A + \mathbf{n}''_B = \rho_A \mathbf{v}_A + \rho_B \mathbf{v}_B \tag{14.17}$$

으로부터 다음과 같이 얻어질 수 있다.

$$\mathbf{v} = m_A \mathbf{v}_A + m_B \mathbf{v}_B \tag{14.18}$$

속도($\mathbf{v}_A$, $\mathbf{v}_B$, $\mathbf{v}$)와 유속($\mathbf{n}''_A$, $\mathbf{n}''_B$, $\mathbf{n}''$)을 절대량으로 정의했다는 것을 인지하는 것이 중요하다. 즉 그것들은 공간 상에 고정된 축에 의해 표시된다. 질량평균속도 $\mathbf{v}$는 두 가지 이유로 2성분 혼합물의 유용한 변수이다. 첫째, 고정축과 관련된 총 질량유속을 얻기 위해서는 그것에 단지 총 질량밀도를 곱하기만 하면 된다. 둘째, 6장에서 나타내고 토의되었던 것과 같은 질량, 운동량 그리고 에너지보존을 나타내는 식에서 요구되는 것은 질량평균속도이다.

이제 **혼합물의 질량평균속도에 상대적인 성분 A의 질량유속**을 다음과 같이 정의할 수 있다.

$$\mathbf{j}_A \equiv \rho_A (\mathbf{v}_A - \mathbf{v}) \tag{14.19}$$

$\mathbf{n}''_A$이 성분 A의 **절대유속**(absolute flux)인 데 반해, $\mathbf{j}_A$는 성분의 **상대유속**(relative flux) 또는 **확산유속**(diffusive flux)이며 이전에 식 (14.12)의 Fick의 법칙에 의해 주어진 양이다. 그것은 혼합물의 평균운동에 상대적인 성분의 운동을 나타낸다. 식 (14.15)와 (14.19)로부터 다음과 같이 된다.

[4] 정체매질 문제에만 관심이 있다면 14.3절로 바로 가도 된다.

$$\mathbf{n}''_A = \mathbf{j}_A + \rho_A \mathbf{v} \tag{14.20}$$

이 식은 성분 A의 절대유속에 두 가지 기여하는 요소가 있다는 것을 기술한다. 이는 **확산**(diffusion)으로 인한(즉 혼합물의 질량평균 운동에 **상대적인** A의 운동으로 인한) 기여와 **유동대류**(advection)로 인한(즉 혼합물의 질량평균 운동과 **함께하는** A의 운동으로 인한) 기여이다. 식 (14.12)와 (14.17)을 대입하면 다음의 식을 얻는다.

$$\mathbf{n}''_A = -\rho D_{AB} \nabla m_A + m_A(\mathbf{n}''_A + \mathbf{n}''_B) \tag{14.21}$$

식 (14.21)의 우변 두 번째 항이 0이라면, 성분 A의 물질전달은 오로지 확산에 의해서만 일어나며 상황은 순전히 전도에만 의한 열전달과 유사하다. 이러한 것이 일어나는 특수한 상황은 나중에 확인할 것이다.

앞에서 고려한 사항들은 성분 B에 확장될 수 있다. **혼합물의 질량평균속도에 상대적인 B의 질량유속(확산유속)**은 다음과 같다.

$$\mathbf{j}_B \equiv \rho_B(\mathbf{v}_B - \mathbf{v}) \tag{14.22}$$

여기서

$$\mathbf{j}_B = -\rho D_{BA} \nabla m_B \tag{14.23}$$

이다. 식 (14.17), (14.19) 그리고 (14.22)로부터 2성분 혼합물 내의 확산유속은 다음과 같이 관련된다.

$$\mathbf{j}_A + \mathbf{j}_B = 0 \tag{14.24}$$

식 (14.12)와 (14.23)을 식 (14.24)에 대입하고, 2성분 혼합물에서 $m_A + m_B = 1$이기 때문에 $\nabla m_A = -\nabla m_B$라는 것을 인식한다면 다음과 같이 된다.

$$D_{BA} = D_{AB} \tag{14.25}$$

따라서 식 (14.21)에서처럼 성분 B의 **절대**유속은 다음과 같이 표현될 수 있다.

$$\mathbf{n}''_B = -\rho D_{AB} \nabla m_B + m_B(\mathbf{n}''_A + \mathbf{n}''_B) \tag{14.26}$$

비록 앞에서의 식들이 **질량**유속에 적합하다 할지라도 같은 과정이 몰 기준의 결과를 얻는 데도 사용될 수 있다. 성분 A와 B의 절대 몰유속은 다음과 같이 표현될 수 있다.

$$\mathbf{N}''_A \equiv C_A \mathbf{v}_A \quad \text{and} \quad \mathbf{N}''_B \equiv C_B \mathbf{v}_B \tag{14.27}$$

그리고 **혼합물에 대한 몰평균속도**(molar-average velocity for the mixture) $\mathbf{v}^*$는 다음의 요구조건

$$\mathbf{N}'' = \mathbf{N}''_A + \mathbf{N}''_B = C\mathbf{v}^* = C_A \mathbf{v}_A + C_B \mathbf{v}_B \tag{14.28}$$

으로부터 다음 식으로 구해진다.

$$\mathbf{v}^* = x_A\mathbf{v}_A + x_B\mathbf{v}_B \tag{14.29}$$

몰평균속도는 질량평균속도와 같지 않으며 따라서 6장의 보존 방정식에 사용하는 것은 적절하지 않다는 것을 주의하라.

몰평균속도의 중요성은 총 몰농도 C를 곱하였을 때 그것이 고정좌표계에 관한 총 몰유속 $\mathbf{N}''$을 나타낸다는 데 있다. 식 (14.27)은 성분 A와 B의 **절대 몰유속**을 나타낸다. 대조적으로 **확산유속**이라고 하는 혼합물 몰평균속도 $\mathbf{J}_A^*$에 상대적인 A의 몰유속은 식 (14.13)이나 다음 식으로부터 구해질 수 있다.

$$\mathbf{J}_A^* \equiv C_A(\mathbf{v}_A - \mathbf{v}^*) \tag{14.30}$$

식 (14.21)과 유사한 형태의 식을 결정하기 위하여, 식 (14.27)과 (14.30)을 조합하여 다음의 식을 얻는다.

$$\mathbf{N}_A'' = \mathbf{J}_A^* + C_A\mathbf{v}^* \tag{14.31}$$

또는 식 (14.13)과 (14.28)로부터 다음의 식을 얻는다.

$$\mathbf{N}_A'' = -CD_{AB}\nabla x_A + x_A(\mathbf{N}_A'' + \mathbf{N}_B'') \tag{14.32}$$

식 (14.32)는 확산유속과 유동대류유속(advective flux)의 합으로서 절대 몰유속을 나타내고 있다는 데 유의하여야 한다. 우변의 두 번째 항이 0이라면, 질량 대신에 몰로 공식화될 때 물질전달은 오로지 확산에 의해 일어나고 열전도와 유사하다. 2성분 혼합물에 대해 또한 다음의 식이 성립된다.

$$\mathbf{J}_A^* + \mathbf{J}_B^* = 0 \tag{14.33}$$

14.2.2 원주에서의 증발

이제 그림 14.2에 나타낸 2성분 기체혼합물에서의 확산을 고려하자. 고정된 성분농도 $C_{A,L}$과 $C_{B,L}$이 성분 A의 액체층을 담고 있는 관의 상단에서 유지되고 있으며, 시스템은 일정한 압력 및 온도에 있다. 액체계면(liquid interface)에서 증기상과 액체상 사이에 평형이 존재하기 때문에 증기농도는 포화상태에 해당한다. $C_{A,0} > C_{A,L}$이므로 성분 A는 액체계면으로부터 **증발**(evaporate)하고 확산에 의해 위로 전달된다. 화학반응이 없는 정상상태, 1차원 조건에 대하여, 성분 A는 그림 14.2의 검사체적에 축적될 수 없으며 A의 절대 몰유속은 원주 전체에 걸쳐 일정해야 한다. 그러므로 다음 식과 같이 된다.

$$\frac{dN_{A,x}''}{dx} = 0 \tag{14.34}$$

총 몰농도의 정의로부터 원주 전체에 걸쳐 $C = C_A + C_B$, $x_A + x_B = 1$이 된다. $C_{A,0}$. $C_{A,L}$임을 알면 $x_{A,0} > x_{A,L}$과 $x_{B,0} < x_{B,L}$임을 결론지을 수 있다. 그러므로 dx_B/dx는 양이고 기체 B는 원주의 상부로부터 액체계면으로 확산되어야 한다. 그러나 성분 B가 액체 A에 흡수될 수 없다

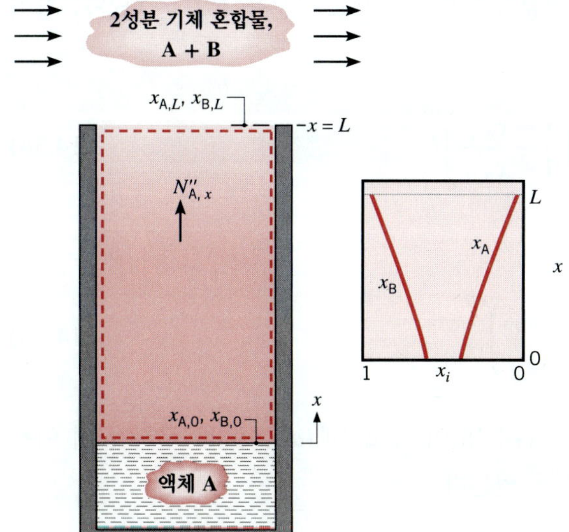

그림 14.2 A + B의 2성분 기체 혼합물 속으로 액체 A의 증발.

면, 정상상태 조건은 그림 14.2의 검사체적 내의 모든 지점에서 $N''_{B,x} = 0$일 때만 유지될 수 있다. 이것이 가능할 수 있는 유일한 방법은 기체 B의 하향 확산이 기체 B의 상향 유동대류와 정확히 균형을 이룰 때이다. 이 중요한 결론이 암시하는 것은 액체 A의 증발률뿐만 아니라 몰분율 분포 $x_A(x)$와 $x_B(x)$ 따라서 성분농도 분포 $C_A(x) = x_A(x)C$와 $C_B(x) = x_B(x)C$를 성공적으로 예측하기 위해서는 원주 내 기체의 유동대류를 고려해야 한다는 것이다. $N''_{A,x}$에 대한 적절한 식은 $N''_{B,x} = 0$라는 요구조건을 식 (14.32)에 대입함으로써 다음과 같이 얻어질 수 있다.

$$N''_{A,x} = -CD_{AB}\frac{dx_A}{dx} + x_A N''_{A,x} \tag{14.35}$$

또는 식 (14.28)로부터 다음과 같다.

$$N''_{A,x} = -CD_{AB}\frac{dx_A}{dx} + C_A v^*_x \tag{14.36}$$

이 식으로부터 성분 A의 확산이동$[-CD_{AB}(dx_A/dx)]$은 체적유동$(C_A v^*_x)$에 의해 향상된다는 것이 명백해진다. 식 (14.35)를 재정리하면 다음의 식을 얻는다.

$$N''_{A,x} = -\frac{CD_{AB}}{1 - x_A}\frac{dx_A}{dx} \tag{14.37}$$

일정한 p와 T에 대해 C와 D_{AB}도 역시 일정하다. 식 (14.37)을 (14.34)에 대입하면 다음의 식을 얻는다.

$$\frac{d}{dx}\left(\frac{1}{1 - x_A}\frac{dx_A}{dx}\right) = 0$$

두 번 적분하면 다음과 같이 된다.

$$-\ln(1 - x_A) = C_1 x + C_2$$

조건 $x_A(0) = x_{A,0}$와 $x_A(L) = x_{A,L}$을 적용하면 적분상수가 구해지고 몰분율 분포는 다음과 같이 된다.

$$\frac{1 - x_A}{1 - x_{A,0}} = \left(\frac{1 - x_{A,L}}{1 - x_{A,0}}\right)^{x/L} \tag{14.38}$$

$1 - x_A = x_B$이므로 다음의 식도 얻는다.

$$\frac{x_B}{x_{B,0}} = \left(\frac{x_{B,L}}{x_{B,0}}\right)^{x/L} \tag{14.39}$$

성분 A의 증발률을 결정하기 위하여, 먼저 식 (14.38)이 농도구배(dx_A/dx)를 구하는 데 이용된다. 그 결과를 식 (14.37)에 대입하면 다음의 식을 얻는다.

$$N''_{A,x} = \frac{CD_{AB}}{L} \ln\left(\frac{1 - x_{A,L}}{1 - x_{A,0}}\right) \tag{14.40}$$

예제 14.2

방수직물(water-resistant fabric)은 불침투성의 폴리머재료로 만들어진다. 수증기가 직물을 통과할 수 있도록 하기 위해, 직물의 미세구조는 두께 $L = 100\ \mu$m인 박판의 전체 두께를 관통하는 지름 $D = 10\ \mu$m의 열린 구멍으로 구성되어 있다. 작은 구멍 지름은 액체 물이 직물을 통과하는 것을 방지한다. 박판의 상부에 포화액체가 존재하고 상대습도 $\phi_\infty = 50\%$의 습공기가 박판의 하부에 존재할 때 수증기가 단일 구멍을 통하여 전달되는 율을 결정하라. 온도 $T = 298$ K, 압력 $p = 1$ atm에서 전달률을 구하라. 온도에 대한 전달률의 민감도를 조사하고, 이 전달률을 구멍 내 혼합물의 몰평균 운동을 무시하고 구한 전달률과 비교하라.

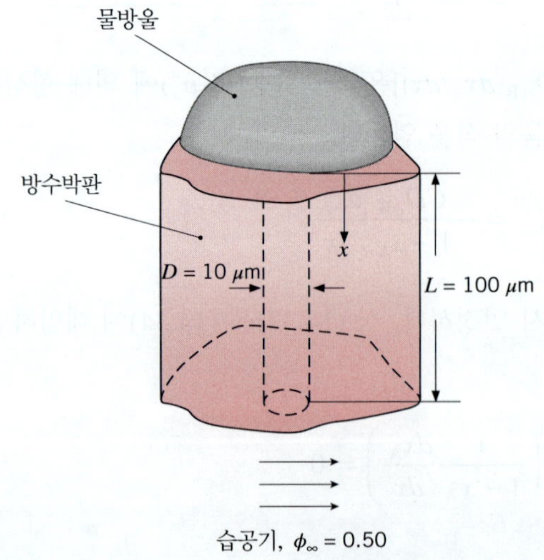

풀이

제시자료: 다공성 박판의 두께와 구멍 지름, 열적 조건 그리고 습도.

풀이대상: 단일 구멍을 통한 증발률.

가정:

1. 정상상태, 등온, 1차원 조건.
2. 화학반응은 없음.
3. 구멍은 박판의 두께를 수직으로 관통하고 단면은 원형이다.
4. 수증기(A)와 공기(B)로 구성된 2성분 시스템.

물성치: 표 A.6, 포화 물, 증기(298 K): $p_{sat} = 0.03165$ bar. 표 A.8, 수증기-공기(298 K): $D_{AB} = 0.26 \times 10^{-4}$ m²/s.

해석:

1. 0이 아닌 몰평균속도의 영향을 고려하여 단일 구멍을 통하여 전달된 수증기를 결정하는 데 식 (14.40)이 사용될 수 있다. 그러므로

$$N_{A,x} = A_{pore} N''_{A,x} = \frac{\pi D^2 C D_{AB}}{4L} \ln\left(\frac{1 - x_{A,L}}{1 - x_{A,0}}\right) \tag{1}$$

이고, 여기서 총 농도는

$$C = \frac{p}{\mathcal{R}T} = \frac{1.0133 \text{ bar}}{8.134 \times 10^{-2} \dfrac{\text{m}^3 \cdot \text{bar}}{\text{kmol} \cdot \text{K}} \times 298 \text{ K}} = 40.9 \times 10^{-3} \text{ kmol/m}^3$$

액적에 인접한 수증기는 포화상태라고 가정하면, 식 (14.11)로 부터 $x = 0$에서의 몰분율은

$$x_{A,0} = \frac{p_{A,sat}}{p} = \frac{0.03165 \text{ bar}}{1.0133 \text{ bar}} = 31.23 \times 10^{-3}$$

이고, $x = L$에서의 몰분율은

$$x_{A,L} = \frac{\phi_\infty p_{A,sat}}{p} = \frac{0.5 \times 0.03165 \text{ bar}}{1.0133 \text{ bar}} = 15.62 \times 10^{-3}$$

이다. 그러므로 구멍당 증발률은 다음과 같이 식 1을 이용하여 구해질 수 있다.

$$N_{A,x} = \frac{\pi \times (10 \times 10^{-6} \text{ m})^2 \times 40.9 \times 10^{-3} \text{ kmol/m}^3 \times 0.26 \times 10^{-4} \text{ m}^2\text{/s}}{4 \times 100 \times 10^{-6} \text{ m}}$$
$$\times \ln\left(\frac{1 - 15.62 \times 10^{-3}}{1 - 31.23 \times 10^{-3}}\right)$$
$$= 13.4 \times 10^{-15} \text{ kmol/s}$$

◁

2. 몰평균속도의 영향을 무시하면 식 (14.32)는 다음과 같이 된다.

$$N''_{A,x} = -CD_{AB}\frac{dx_A}{dx}$$

여기서 총 농도 C는 일정하고 수증기의 유속은 x와 무관하다. 따라서 구멍당 성분전달률은 다음과 같이 된다.

$$N_{A,x} = A_{pore}N''_{A,x} = \frac{\pi D^2 CD_{AB}}{4L}(x_{A,0} - x_{A,L}) \tag{2}$$

$$= \frac{\pi \times (10 \times 10^{-6}\,\text{m})^2 \times 40.9 \times 10^{-3}\,\text{kmol/m}^3 \times 0.26 \times 10^{-4}\,\text{m}^2\text{/s}}{4 \times 100 \times 10^{-6}\,\text{m}}$$

$$\times (31.23 \times 10^{-3} - 15.62 \times 10^{-3})$$

$$= 13.0 \times 10^{-15}\,\text{kmol/s}$$ ◁

유동대류가 고려되면 증발률은 약간 증가할 것으로 예상된다.

3. 증발률의 온도 의존성은 온도에 대한 2성분 확산계수의 민감도[식 (14.14)]인 $D_{AB} \propto T^{3/2}$를 고려하고 $300 < T < 360$ K 범위에 걸쳐 계산을 반복함으로써 결정된다. 아래에 그래프 형태로 표시된 결과는 온도에 대한 증발률의 심각한 의존성을 보여 준다. 이러한 강한 의존성은 표 A.6에서 명확해지겠지만, 주로 온도에 따라 수증기의 포화압력이 심각하게 변화하기 때문이다.

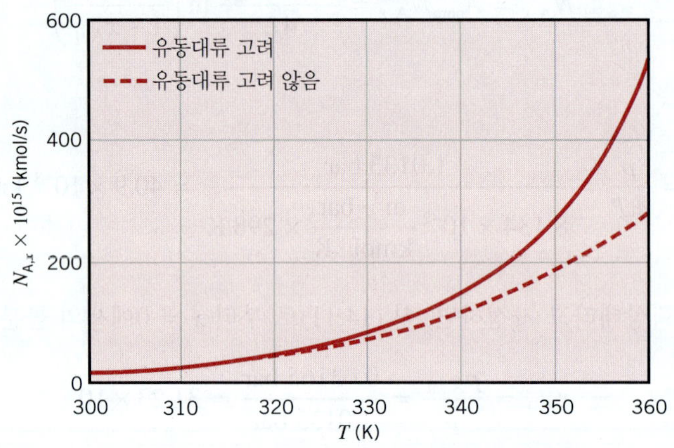

부가설명:

1. 직물의 단위면적당 총 증발률은 단위면적당 구멍의 수에 구멍당 증발률을 곱하면 결정될 수 있다.
2. 이 해를 구할 때 압력은 일정하다고 가정하였다. 몰평균속도가 0이 아니기 때문에 구멍 벽면에서의 마찰을 극복하기 위해 압력구배가 있어야 한다. 구멍이 수직으로 있으면 정압력구배도 존재한다. 마찰을 극복하기 위한 압력구배는 먼저 질량평균속도를 결정함으로써 구할 수 있다. 식 (14.17)로부터

$$v_x = \frac{n''_{A,x} + n''_{B,x}}{\rho} = \frac{n''_{A,x}}{\rho} = \frac{N''_{A,x}\mathcal{M}_A}{\rho} = \frac{N_{A,x}\mathcal{M}_A}{A_{pore}\rho}$$

이다. 그러면 압력구배는 유동을 원형관 내 완전발달된 유동인 것처럼 취급하여 구할 수 있다. 식 8.14로부터

$$\left|\frac{dp}{dx}\right| = \frac{32\mu v_x}{D^2} = \frac{32\nu N_{A,x}\mathcal{M}_A}{A_{pore}D^2}$$

이다. 혼합물은 대부분 공기이므로 공기의 동점성계수를 사용한다. $T = 360$ K, $N_{A,x} = 530 \times 10^{-15}$ kmol/s인 최고 평균속도를 취하면

$$\left|\frac{dp}{dx}\right| = \frac{32 \times 22.0 \times 10^{-6}\ \text{m}^2/\text{s} \times 530 \times 10^{-15}\ \text{kmol/s} \times 18\ \text{kg/kmol}}{\pi(10 \times 10^{-6}\ \text{m})^4/4}$$

$$= 860 \times 10^3\ \text{Pa/m}$$

이다. 그러므로 마찰을 극복하기 위한 압력강하는 다음과 같다.

$$\Delta p_{\text{friction}} = 860 \times 10^3\ \text{Pa/m} \times 100 \times 10^{-6}\ \text{m} = 86\ \text{Pa}$$

만약 구멍이 수직이라면 정압력 변화는

$$\Delta p_{\text{static}} = \rho_{\text{air}}\, gL = 0.970\ \text{kg/m}^3 \times 9.8\ \text{m/s}^2 \times 100 \times 10^{-6}\ \text{m} = 0.001\ \text{Pa}$$

이다. 이러한 압력 차이 둘 다는 대기압과 비교하여 무시할 수 있으므로 압력이 일정하다는 가정은 적절하였다.

3. 수증기의 온도, 결과적으로 포화압력과 몰분율이 증가함에 따라, 몰평균속도는 커지고 유동대류 효과는 중요해진다. 다른 방법으로 수증기의 농도가 작을 때 몰평균속도가 무시될 수 있다. 두 조건 $N''_{B,x} \approx 0$과 $x_A \ll 1$의 존재는 **정체매질 근사화**(stationary medium approximation)로 칭해진다.

14.3 정체매질 근사화

성분의 확산유속에 대한 Fick의 법칙이 식 14.12와 14.13에서 소개되었다. 14.2절에서 물질전달과 관련된 분자 운동은 정지하고 있던 유체에 체적운동을 일으킨다. 이러한 경우 (식 14.21 또는 14.32에 주어진) 총 또는 절대 성분유속은 (식 (14.12) 또는 (14.13)에 주어진) 확산성분 및 체적운동과 연관된 유동대류 성분을 모두 포함한다. 이 절에서는 물질전달에 기여하는 유동대류를 무시하는 것이 적절한 경우를 고려한다.

정지하고 있는 성분 B 내에서 아주 적은 양의 성분 A의 확산이 일어날 때, 물질전달과 연관된 분자 운동은 매질의 심각한 체적운동을 일으키지 않는다. 이러한 상황은 수증기가 방 안의 고체벽을 통해 전달될 때와 같이 정지 액체 또는 고체 주매질(host medium) 내에서 **희석**(dilute)기체 또는 액체가 확산될 때 일반적이다. 이러한 경우 매질은 **정체**(stationary)하고 있는 것으로 가정될 수 있고 유동대류는 무시될 수 있다. **정체매질 근사화**(stationary medium approximation)가 적절한 상황에서는, 식 (14.12)와 (14.13)의 확산 질량 및 몰유속은 절대 질량 및 몰유속과 동일하다.[5] 즉 다음과 같다.

$$\mathbf{n}''_A = \mathbf{j}_A = -\rho D_{AB} \nabla m_A \qquad (14.41)$$

$$\mathbf{N}''_A = \mathbf{J}^*_A = -C D_{AB} \nabla x_A \qquad (14.42)$$

[5] **비정체**매질 내 물질전달에 관한 14.2절을 뛰어넘은 독자를 위해, 고정좌표에 상대적으로 측정한 성분 A의 절대유속은 $\mathbf{n}''_A$(질량유속) 또는 $\mathbf{N}''_A$(몰유속)으로 표시한다. 14.2절을 읽은 독자를 위해, 정체매질 근사화는 주매질(B)은 정체, 즉 $\mathbf{n}''_B = 0$와 $\mathbf{N}''_B = 0$이고, 성분 A는 묽은, 즉 $m_A \ll 1$과 $x_A \ll 1$과 같음 을 유의하라. 따라서 식 (14.21)과 (14.32)에서 유동대류 항은 무시할 수 있으며, 결과적으로 식 (14.41)과 (14.42)가 된다.

더구나 성분 A의 농도가 작기 때문에 총 밀도(ρ) 또는 농도(C)는 근사적으로 주매질인 성분 B의 것과 같다. 중요한 결론은 정체매질 근사화는 전도 열전달과 확산 물질전달 사이의 **유사성**(analogy)을 도입하면 2장에서 5장까지의 많은 결과를 이용할 수 있도록 해 준다는 것이다. 이 장의 나머지에서는 정체매질 근사화가 적절한 경우에만 국한하여 다룰 것이다.

14.4 정체매질에 대한 성분보존

열역학 제1법칙(**에너지보존**법칙)이 열전달 해석에 중요한 역할을 하는 것과 마찬가지로, **성분보존**(conservation of species) 법칙은 물질전달 문제의 해석에 중요한 역할을 한다. 이 절에서는 이 법칙의 일반적 서술뿐만 아니라 정체매질 내 성분 확산에 이 법칙을 적용하는 것을 다룬다.

14.4.1 검사체적에 대한 성분보존

에너지보존 요구조건의 일반식인 식 (1.12c)가 그림 1.8*b*의 검사체적에 대해 표현되었다. 이제 그림 14.3의 검사체적에 대해 유사한 성분 질량보존 요구조건을 표현한다.

어떤 성분의 질량이 검사체적으로 들어가는 변화율과 성분질량이 검사체적 내에서 발생되는 변화율의 합에서 이 성분질량이 검사체적에서 나가는 변화율을 뺀 값은 검사체적 내에 저장되는 성분질량의 증가율과 같아야 한다.

예를 들면 임의의 성분 A는 검사면을 통과하는 유체운동과 확산 둘 다로 인해 검사체적으로 들어오고 나갈 수 있다. 이러한 과정은 $\dot{M}_{\mathrm{A,in}}$과 $\dot{M}_{\mathrm{A,out}}$로 표시되는 **표면**현상이다. 동일한 성분 A가 역시 $\dot{M}_{\mathrm{A},g}$로서 발생할 수 있으며 검사체적 **내에** $\dot{M}_{\mathrm{A,st}}$로서 축적 또는 저장될 수 있다. 그러면 보존방정식은 변화율 기준으로 다음과 같이 표현될 수 있다.

$$\dot{M}_{\mathrm{A,in}} + \dot{M}_{\mathrm{A},g} - \dot{M}_{\mathrm{A,out}} = \frac{dM_{\mathrm{A}}}{dt} \equiv \dot{M}_{\mathrm{A,st}} \tag{14.43}$$

성분발생은 시스템 내에 화학반응이 일어날 때 존재한다. 예를 들면 AB → A + B 형태의 해리반응이 일어나는 경우, 성분 AB의 순수 감소뿐만 아니라 성분 A와 B의 순수 생성이 있을 것이다.

14.4.2 물질확산 방정식

앞에서의 결과는 2장의 열전도 방정식과 유사한 물질 또는 성분확산 방정식을 구하는 데 사용될 수 있다. 정체매질 근사화가 유지되는 성분 A와 B의 2성분 혼합물인 매질을 고려할 것이다. 즉

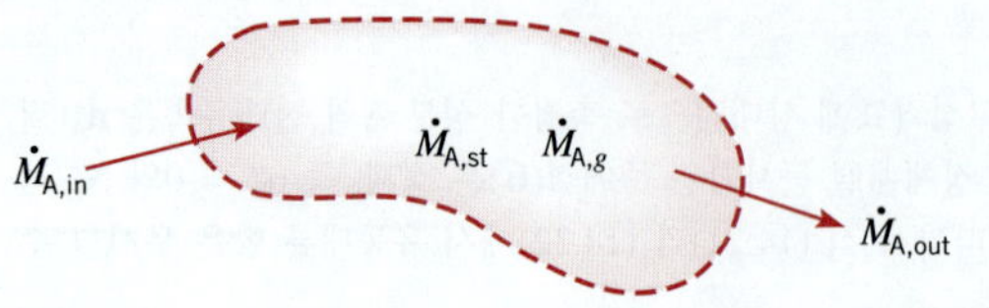

그림 14.3 검사체적에 대한 성분보존.

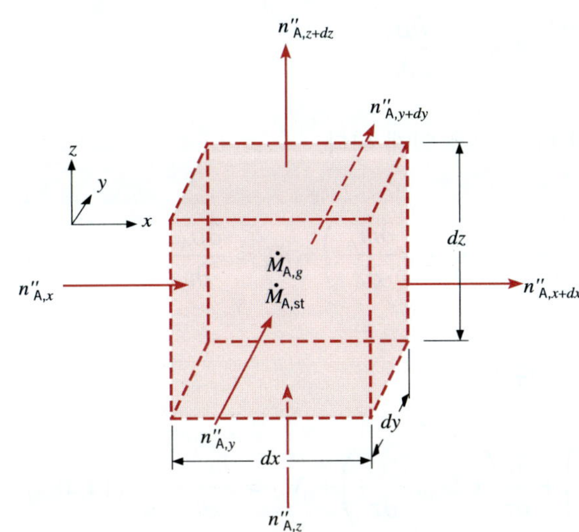

그림 14.4 직교좌표계에서 성분확산 해석을 위한 미소 검사체적 $dx\,dy\,dz$.

유동대류는 무시할 수 있기 때문에 물질전달은 오로지 확산에 의해서만 일어난다고 근사화될 수 있다. 결과 방정식을 풀어 성분 농도분포를 구하고, 이를 다시 Fick의 법칙과 함께 사용하여 매질 내 임의의 지점에서 성분 확산율을 결정할 수 있다.

x, y, z 각각의 좌표방향으로 농도구배를 허용하고, 먼저 매질 내 미소 검사체적 $dx\,dy\,dz$(그림 14.4)를 정의하고 성분 A의 분포에 영향을 주는 과정들을 고찰한다. 농도구배가 있으면 확산은 검사면을 통해 성분 A의 이동을 초래한다. 더구나 정지좌표에 대해 반대쪽에 있는 검사면에서의 성분 이동률은 다음 식으로 관련되어야 한다.

$$n''_{A,x+dx}\,dy\,dz = n''_{A,x}\,dy\,dz + \frac{\partial(n''_{A,x}\,dy\,dz)}{\partial x}dx \tag{14.44a}$$

$$n''_{A,y+dy}\,dx\,dz = n''_{A,y}\,dx\,dz + \frac{\partial(n''_{A,y}\,dx\,dz)}{\partial y}dy \tag{14.44b}$$

$$n''_{A,z+dz}\,dx\,dy = n''_{A,z}\,dx\,dy + \frac{\partial(n''_{A,z}\,dx\,dy)}{\partial z}dz \tag{14.44c}$$

또한 매질 전체에 걸쳐 아마도 불균일하게 일어나는 체적(또는 **균질**) 화학반응이 있을 수 있다. 성분 A가 이러한 반응으로 인해 검사체적 내에서 발생되는 율은 다음 식으로 표시될 수 있다.

$$\dot{M}_{A,g} = \dot{n}_A\,dx\,dy\,dz \tag{14.45}$$

여기에서 $\dot{n}_A$는 혼합물의 단위체적당 성분 A의 질량증가율(kg/s·m^3)이다. 끝으로 이러한 과정은 검사체적 내에 저장되는 성분 A의 질량을 변화시킬 수 있으며, 변화율은 다음과 같다.

$$\dot{M}_{A,st} = \frac{\partial \rho_A}{\partial t}dx\,dy\,dz \tag{14.46}$$

물질 유입률은 $n''_{A,x}$, $n''_{A,y}$, $n''_{A,z}$에 의해 결정되고 유출률은 식 (14.44)에 의해 결정되며, 식 (14.44)~(14.46)을 식 (14.43)에 대입하면 다음의 식을 얻는다.

$$-\frac{\partial n''_A}{\partial x} - \frac{\partial n''_A}{\partial y} - \frac{\partial n''_A}{\partial z} + \dot{n}_A = \frac{\partial \rho_A}{\partial t}$$

그러고 나서 식 (14.41)의 x, y, z 성분을 대입하면 다음 식을 얻게 된다.

$$\frac{\partial}{\partial x}\left(\rho D_{AB}\frac{\partial m_A}{\partial x}\right) + \frac{\partial}{\partial y}\left(\rho D_{AB}\frac{\partial m_A}{\partial y}\right) + \frac{\partial}{\partial z}\left(\rho D_{AB}\frac{\partial m_A}{\partial z}\right) + \dot{n}_A = \frac{\partial \rho_A}{\partial t} \quad (14.47a)$$

몰농도의 항으로는, 유사하게 유도하면 다음 식을 얻는다.

$$\frac{\partial}{\partial x}\left(CD_{AB}\frac{\partial x_A}{\partial x}\right) + \frac{\partial}{\partial y}\left(CD_{AB}\frac{\partial x_A}{\partial y}\right) + \frac{\partial}{\partial z}\left(CD_{AB}\frac{\partial x_A}{\partial z}\right) + \dot{N}_A = \frac{\partial C_A}{\partial t} \quad (14.48a)$$

성분 확산현상을 계속해서 취급하면서 앞에서 나온 방정식의 단순화된 형태를 다룰 것이다. 특히 D_{AB}와 ρ가 일정하다면 식 (14.47a)는 다음의 식으로 표현될 수 있다.

$$\frac{\partial^2 \rho_A}{\partial x^2} + \frac{\partial^2 \rho_A}{\partial y^2} + \frac{\partial^2 \rho_A}{\partial z^2} + \frac{\dot{n}_A}{D_{AB}} = \frac{1}{D_{AB}}\frac{\partial \rho_A}{\partial t} \quad (14.47b)$$

마찬가지로 D_{AB}와 C가 일정하다면 식 (14.48a)는 다음의 식으로 표현될 수 있다.

$$\frac{\partial^2 C_A}{\partial x^2} + \frac{\partial^2 C_A}{\partial y^2} + \frac{\partial^2 C_A}{\partial z^2} + \frac{\dot{N}_A}{D_{AB}} = \frac{1}{D_{AB}}\frac{\partial C_A}{\partial t} \quad (14.48b)$$

식 (14.47b)와 (14.48b)는 열전도 방정식인 식 (2.21)과 유사하다. 열전도 방정식에서처럼 시스템을 기술하는 데 필요한 각 좌표에 2개의 경계조건이 주어져야 한다. 해결하고자 하는 문제가 과도상태이면 **초기시간**에서의 조건도 필요하다. 그러므로 유사한 경계조건 및 초기조건에 대하여, $\rho_A(x, y, z, t)$에 대한 식 (14.47b)의 해와 $C_A(x, y, z, t)$에 대한 식 (14.48b)의 해는 $T(x, y, z, t)$에 대한 식 (2.21)의 해와 동일한 형태이다.

성분확산 방정식은 원통 및 구좌표계로도 표현될 수 있다. 이러한 대체 형태는 열전달에 대한 유사한 표현식인 식 (2.26)과 (2.29)로부터 유추될 수 있으며, 몰농도의 항으로 다음과 같다.

원통좌표계:

$$\frac{1}{r}\frac{\partial}{\partial r}\left(CD_{AB}r\frac{\partial x_A}{\partial r}\right) + \frac{1}{r^2}\frac{\partial}{\partial \phi}\left(CD_{AB}\frac{\partial x_A}{\partial \phi}\right) + \frac{\partial}{\partial z}\left(CD_{AB}\frac{\partial x_A}{\partial z}\right) + \dot{N}_A = \frac{\partial C_A}{\partial t} \quad (14.49)$$

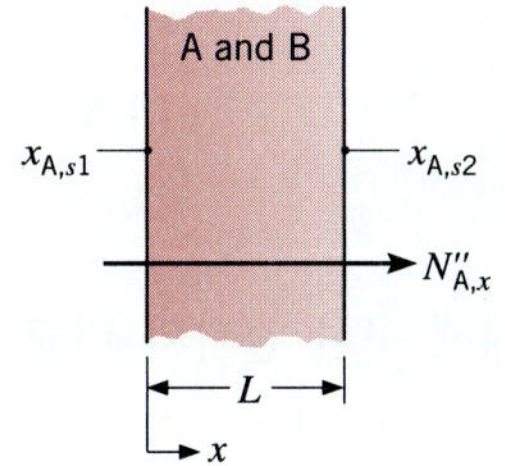

그림 14.5 정체된 평판매질 내의 물질전달.

구좌표계:

$$\frac{1}{r^2}\frac{\partial}{\partial r}\left(CD_{AB}r^2\frac{\partial x_A}{\partial r}\right)+\frac{1}{r^2\sin^2\theta}\frac{\partial}{\partial\phi}\left(CD_{AB}\frac{\partial x_A}{\partial\phi}\right)$$
$$+\frac{1}{r^2\sin\theta}\frac{\partial}{\partial\theta}\left(CD_{AB}\sin\theta\frac{\partial x_A}{\partial\theta}\right)+\dot{N}_A=\frac{\partial C_A}{\partial t} \tag{14.50}$$

물론 더욱 단순한 형태는 화학반응이 없고($\dot{n}_A = \dot{N}_A = 0$) 1차원 정상상태 조건일 때이다.

14.4.3 표면농도가 주어진 정체매질

예를 들어 그림 14.5에 나타낸 것처럼 A와 B의 평면 매질을 통과하는 성분 A의 1차원 확산을 고려해 보자. 균질 화학반응이 없는 정상상태 조건에 대해, 성분확산 방정식(14.48a)의 몰 형식은 다음과 같이 된다.

$$\frac{d}{dx}\left(CD_{AB}\frac{dx_A}{dx}\right)=0 \tag{14.51}$$

총 몰농도와 확산계수가 일정하다고 가정하면 식 (14.51)이 풀어질 수 있으며 그림 (14.5)에 표시된 경계조건을 적용하여 다음을 얻는다.

$$x_A(x)=(x_{A,s2}-x_{A,s1})\frac{x}{L}+x_{A,s1} \tag{14.52}$$

식 (14.42)로부터 다음 식을 얻는다.

$$N''_{A,x}=-CD_{AB}\frac{x_{A,s2}-x_{A,s1}}{L} \tag{14.53}$$

표면적 A를 곱하고 $x_A \equiv C_A/C$로 대치하면 몰률은 다음과 같다.

$$N_{A,x}=\frac{D_{AB}A}{L}(C_{A,s1}-C_{A,s2}) \tag{14.54}$$

이 식으로부터 평면 매질 내에서 확산에 의한 성분전달의 저항을 다음과 같이 정의할 수 있다.

$$R_{m,\text{dif}} = \frac{C_{\text{A},s1} - C_{\text{A},s2}}{N_{\text{A},x}} = \frac{L}{D_{\text{AB}}A} \tag{14.55}$$

앞의 결과를 열발생이 없는 평면벽 내에서 1차원 정상상태 전도(3.1절)에 대해 구한 결과와 비교해 보면, 확산에 의한 열과 물질전달 사이에는 직접적인 유사성이 존재한다는 것이 명백하다.

이러한 유사성은 원통 및 구좌표계에도 적용된다. 원통형 비반응매질 내에서 1차원 정상상태 확산에 대해 식 (14.49)는 다음과 같이 된다.

$$\frac{d}{dr}\left(rCD_{\text{AB}}\frac{dx_{\text{A}}}{dr}\right) = 0 \tag{14.56}$$

마찬가지로 구형 매질에 대해서는 다음과 같이 된다.

$$\frac{d}{dr}\left(r^2CD_{\text{AB}}\frac{dx_{\text{A}}}{dr}\right) = 0 \tag{14.57}$$

식 (14.51)뿐만 아니라 식 (14.56)과 (14.57)은 몰전달률 $N_{\text{A},r}$ 또는 $N_{\text{A},x}$는 전달방향(r 또는 x)으로 일정하다는 것을 나타내고 있다. C와 D_{AB}가 일정하다고 가정하면 식 (14.56)과 (14.57)의 일반해

표 14.1 표면농도가 주어진 정체매질에 대한 성분확산 해의 요약[a]

형상	성분농도 분포, $xA(x)$ 또는 $x_{\text{A}}(r)$	성분확산 저항, $R_{m,\text{dif}}$
	$x_{\text{A}}(x) = (x_{\text{A},s2} - x_{\text{A},s1})\dfrac{x}{L} + x_{\text{A},s1}$	$R_{m,\text{dif}} = \dfrac{L}{D_{\text{AB}}A}$ [b]
	$x_{\text{A}}(r) = \dfrac{x_{\text{A},s1} - x_{\text{A},s2}}{\ln(r_1/r_2)}\ln\left(\dfrac{r}{r_2}\right) + x_{\text{A},s2}$	$R_{m,\text{dif}} = \dfrac{\ln(r_2/r_1)}{2\pi LD_{\text{AB}}}$ [c]
	$x_{\text{A}}(r) = \dfrac{x_{\text{A},s1} - x_{\text{A},s2}}{1/r_1 - 1/r_2}\left(\dfrac{1}{r} - \dfrac{1}{r_2}\right) + x_{\text{A},s2}$	$R_{m,\text{dif}} = \dfrac{1}{4\pi D_{\text{AB}}}\left(\dfrac{1}{r_1} - \dfrac{1}{r_2}\right)$ [c]

[a] C와 D_{AB}는 일정하다고 가정.

[b] $N_{\text{A},x} = (C_{\text{A},s1} - C_{\text{A},s2})/R_{m,\text{dif}} = C(x_{\text{A},s1} - x_{\text{A},s2})/R_{m,\text{dif}}$.

[c] $N_{\text{A},r} = (C_{\text{A},s1} - C_{\text{A},s2})/R_{m,\text{dif}} = C(x_{\text{A},s1} - x_{\text{A},s2})/R_{m,\text{dif}}$.

를 구하는 것은 단순한 문제이다. 주어진 표면 성분농도에 대하여 상응하는 해와 확산저항이 표 14.1에 정리되어 있다. 성분 확산저항이 열전도저항과 정확하게 유사하지만, 3장에서 전도저항으로 하였던 것처럼 복합층에 대하여 확산저항을 직렬로 결합하는 것은 일반적으로 타당하지 않다. 다른 재료 사이의 계면을 가로지르는 불연속적인 성분농도의 존재 때문에 물질전달은 복잡하며, 이는 이 장의 후반부에서 다뤄질 것이다.

예제 14.3

약품의 효력은 고온, 빛 그리고 습기에 장시간 노출되면 감소된다. 정제(tablet) 또는 캡슐 형태이고 욕실의 약품실 같은 습한 환경에 저장될 수도 있는 수증기에 민감한 소비자 제품에 대하여, 약이 복용되기 직전까지 습한 상태에 직접적으로 노출되는 것을 제한하기 위하여 **발포포장**(blister packaging)이 사용된다.

편평한 **뚜껑박판**(lidding sheet)과 각 정제를 담기 위한 홈통을 포함한 발포박판(formed sheet)으로 구성된 발포포장에 담긴 정제를 고려하라. 발포박판은 $L = 50\ \mu$m 두께이고 폴리머재료로 제작되었다. 각 홈통의 지름은 $D = 5$ mm이고 깊이는 $h = 3$ mm이다. 뚜껑박판은 알루미늄 박판으로 제작되었다. 폴리머 내 수증기의 2성분 확산계수는 $D_{AB} = 6 \times 10^{-14}\ m^2/s$이고, 알루미늄은 수증기가 침투할 수 없다고 가정한다. 외부 및 내부표면에서 폴리머 내 수증기의 몰농도가 각각 $C_{A,s1} = 4.5 \times 10^{-3}$ kmol/m^3 및 $C_{A,s2} = 0.5 \times 10^{-3}$ kmol/m^{3}일 때, 수증기가 홈통 벽을 통해 정제로 전달되는 율을 결정하라.

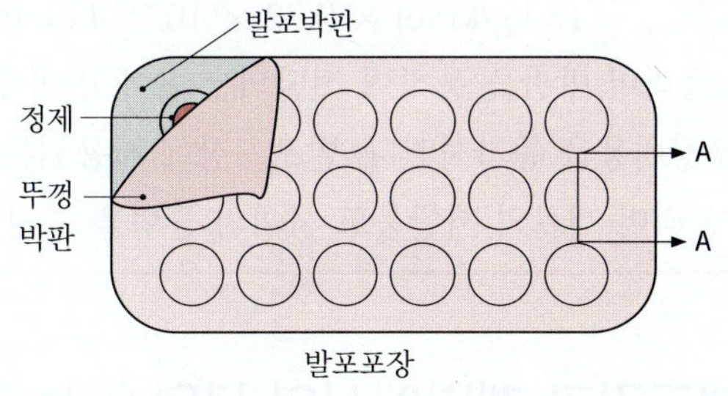

풀이

제시자료: 폴리머 박판의 내부 및 외부표면에서 수증기의 몰농도와 홈통 형상.

풀이대상: 홈통 벽을 통한 수증기의 몰확산 전달률.

개략도:

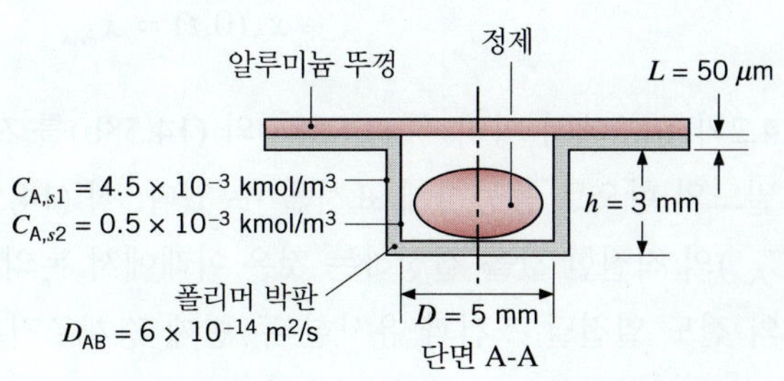

가정:

1. 정상상태, 1차원 조건.
2. 정체매질.
3. 화학반응 없음.
4. 폴리머 박판은 홈통의 치수에 비해 얇고, 확산은 마치 평면벽을 통해 일어나는 것처럼 해석될 수 있다.

해석:

총 수증기 전달률은 홈통의 원통형 벽과 밑면의 원형 표면을 통한 전달률의 합이다. 식 (14.54)로부터 다음과 같이 된다.

$$N_{A,x} = \frac{D_{AB}A}{L}(C_{A,s1} - C_{A,s2}) = \frac{D_{AB}}{L}\left(\frac{\pi D^2}{4} + \pi Dh\right)(C_{A,s1} - C_{A,s2})$$

그러므로 다음과 같다.

$$N_{A,x} = \frac{6\times10^{-14}\ \text{m}^2/\text{s}}{50\times10^{-6}\ \text{m}}\left[\frac{\pi(5\times10^{-3}\ \text{m})^2}{4} + \pi(5\times10^{-3}\ \text{m})(3\times10^{-3}\ \text{m})\right]$$
$$\times(4.5\times10^{-3} - 0.5\times10^{-3})\ \text{kmol/m}^3$$
$$= 0.32\times10^{-15}\ \text{kmol/s}$$ ◁

부가설명:

1. 수증기의 물질확산율은 $n_{A,x} = \mathcal{M}_A N_{A,x} = 18\ \text{kg/kmol} \times 0.32 \times 10^{-15}\ \text{kmol/s} = 5.8 \times 10^{-15}\ \text{kg/s}$이다.
2. 약의 **선반에서의 수명**은 수증기가 폴리머 박판을 통하여 전달되는 율에 반비례한다. 선반에서의 수명은 박판의 두께를 증가시키면 길어질 수 있으나 포장비용을 증가시킨다. 발포포장에 사용되는 재료를 지정할 때는 선반에서의 수명, 비용, 발포도(formability) 그리고 폴리머 재료의 재활용도 사이의 균형을 고려하고 있다.

14.5 경계조건과 계면에서의 불연속 농도

앞 절에서 물질전달저항에 대한 식이 일정 표면농도 경계조건을 적용하여 개발되었다. $x = 0$인 표면에 대하여 일정 표면성분농도 경계조건은 다음과 같이 표시된다.

$$C_A(0,t) = C_{A,s} \tag{14.58a}$$

또는

$$x_A(0,t) = x_{A,s} \tag{14.58b}$$

예제 14.2와 14.3에서 이미 식 (14.58a)와 (14.58b)를 사용하였다. 일정 표면농도 경계조건은 질량 또는 밀도의 항으로 동등하게 표시될 수 있다. 식 (14.58a)와 (14.58b)의 형태는 간단하지만 $x_{A,s}$(또는 $C_{A,s}$)의 적절한 값을 결정하는 것은 아래에서 논의되는 것처럼 복잡할 수 있다.

표 2.2의 전도 열전달 조건과 유사한 두 번째 경계조건은 표면에서 일정한 성분유속 $J^*_{A,s}$ 조건이다. Fick의 법칙인 식 (14.13)을 이용하여 $x = 0$인 표면에 대하여 경계조건은 다음과 같이 표시된다.

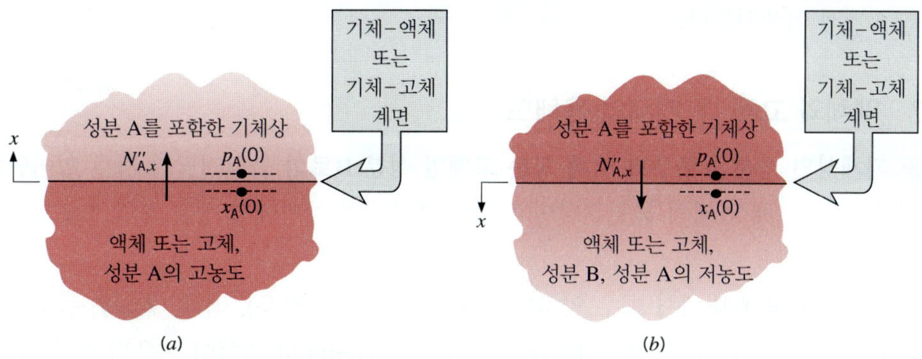

그림 14.6 기체-액체 또는 기체-고체 계면에서의 성분농도. (*a*) 액체 또는 고체로부터 기체로 성분 A의 증발 또는 승화. (*b*) 기체로부터 액체 또는 고체로 약하게 용해된 성분 A의 전달.

$$-CD_{AB}\frac{\partial x_A}{\partial x}\bigg|_{x=0} = J^*_{A,s} \tag{14.59}$$

이러한 조건의 특별한 경우가 정체매질이 고려될 때 $\partial x_A/\partial x|_{x=0} = 0$인 **불침투성 표면**(impermeable surface)에 해당한다. 일정 성분유속 경계조건은 질량 기준으로도 표시될 수 있다.

물질전달을 열전달보다 더욱 복잡하게 만드는 한 가지 현상은 두 재료 사이의 계면에서 온도는 연속적인 반면에 성분농도는 일반적으로 **불연속적**이라는 것이다. 익숙한 예를 들기 위해 공기에 노출되어 있는 저수지를 고려하자. 수증기가 공기로 전달되는 율을 결정하는 데 관심이 있다면, 공기-물 계면에서 공기 내 수증기 농도를 지정할 필요가 있다. 저수지 내 물의 몰분율은 근본적으로 1이다(물에 용해되어 있는 적은 양의 산소와 질소는 무시). 그러나 계면에서 **공기 내** 수증기 몰분율에 대해 $x_{A,s} = 1$이라고 지정하는 것은 올바르지 않다. 명백히 물의 농도는 계면을 가로질러 불연속적이다. 일반적으로 두 재료를 분리하는 계면에서의 농도 경계조건은 계면의 양쪽에서의 농도 사이의 **관계**를 묘사한다. 이 관계는 이론에 기초하거나 실험으로부터 추론된다. 이는 다양한 형태로 표시되고 그중 일부가 이제 소개된다.

14.5.1 증발 및 승화

자주 일어나는 물질전달은 액체 또는 고체표면으로부터 각각 증발 또는 승화로 인해 성분 A가 기체흐름으로 전달되는 경우이다(그림 14.6*a*). **기체상 내**의 조건에 관심이 있으며, 계면($x = 0$에 위치)에서 기체상 내 성분 A의 농도(또는 분압)는 다음의 **Raoult의 법칙**으로부터 쉽게 결정될 수 있다.

$$p_A(0) = x_A(0)p_{A,sat} \tag{14.60}$$

여기서 p_A는 **기체상 내** A의 분압, x_A는 **액체 또는 고체 내** 성분 A의 몰분율, $p_{A,sat}$는 표면온도에서 성분 A의 포화압력이다. Raoult의 법칙은 기체상이 이상기체로 근사화될 수 있고 액체 또는 고체상이 높은 성분 A의 농도를 가진다면 적용된다. 만약 액체 또는 고체가 순수 성분 A, 즉 $x_A = 1$이라면, 식 (14.60)은 $p_A(0) = p_{A,sat}$로 단순화된다. 즉 계면에서 증기의 분압은 계면 온도에서 포화상태에 해당하고 표준 열역학적 표로부터 결정될 수 있다. 이 경계조건은 예제 14.2의 풀이와 6.7.2절에서 이용되었다.

14.5.2 액체와 고체 내 기체의 용해도

이 외에도 **기체상인 성분 A로부터 액체 또는 고체인 성분 B로의** 물질전달이 자주 일어난다(그림 14.6*b*). 액체 또는 고체상 내의 물질전달이 관심의 대상이며 계면에서 성분 A의 농도가 경계조건으로 요구된다.

만일 성분 A가 **액체** 내에서 매우 약하게 용해된다면(x_A가 작음), 액체 내 A의 몰분율을 액체 밖 기체상 내 A의 분압에 연관시키는 데 다음 식과 같이 **Henry의 법칙**이 이용될 수 있다.

$$x_A(0) = \frac{p_A(0)}{H} \tag{14.61}$$

계수 H는 **Henry 상수**로 알려져 있으며, 선별된 수용액에 대한 값이 표 A.9에 수록되어 있다. 비록 H가 온도에 의존한다 할지라도, 압력 의존성은 일반적으로 5 bar까지의 p 값에 대해서는 무시될 수 있다.

기체-고체 계면에서의 조건도 기체인 성분 A가 고체인 성분 B에 용해되어 용액이 형성된다면 결정될 수 있다. 이러한 경우 고체 내 물질전달은 고체의 조직과 무관하며 확산과정으로 취급될 수 있다. 대조적으로 고체의 다공도가 고체를 통한 기체의 이동에 상당히 영향을 미치는 상황이 많이 있다. 이러한 상황은 3.1.5절에서 논의되었던 다공성 매질 내에서의 열전달과 유사한 방식으로 취급될 수 있으나 보다 전문적인 교재[2, 4]에서 기술한 방법을 사용하여 다루어져야 한다.

기체와 고체를 용액으로 취급하면, 계면에서 고체 내 기체의 농도를 **용해도**(solubility) S로 알려진 물성치를 사용함으로써 얻을 수 있다. 이는 다음 식으로 정의된다.

$$C_A(0) = Sp_A(0) \tag{14.62}$$

여기서 $p_A(0)$는 다시 한 번 계면에 인접한 기체의 분압(bar)이다. 계면에서 고체 내 A의 몰농도 $C_A(0)$는 그 단위가 고체의 단위 세제곱미터당 A의 킬로몰이며, 이 경우 S의 단위는 **A의 단위 bar(또는 atm) 분압당 고체의 단위 세제곱미터당 A의 킬로몰**이어야 한다. 몇 가지 기체-고체 조합에 대한 S 값이 표 A.10에 주어져 있다. 용해도 값은 A의 단위 atm 분압당 고체의 단위 세제곱미터당 성분 A의 세제곱미터(0°C와 1 atm인 표준온도와 압력에서) 단위로 자주 표시된다. 이 용해도 값을 $\tilde{S}$로 표시하고 표준온도와 압력에서 1 kmol은 22.414 m^3을 차지한다는 것을 인식하면, 단위 환산은 $S = \tilde{S}/(22.414\ m^3/kmol)$로 주어짐을 알 수 있다.(bar와 atm 사이의 추가적인 변환이 필요할 것이다.)

예제 14.4

헬륨기체가 용해된 실리카(SiO_2)의 구형 용기 내에 20°C에서 저장되어 있으며, 용기의 지름은 0.20 m이고 벽 두께는 2 mm이다. 만일 용기가 4 bar의 초기압력으로 충전된다면, 이 압력이 시간에 따라 감소하는 율은 얼마인가?

풀이

제시자료: 지름 D와 벽 두께 L이 주어진 구형의 융해된 실리카 용기 내 헬륨의 초기압력.

풀이대상: 헬륨 압력의 변화율 dp_A/dt.

개략도:

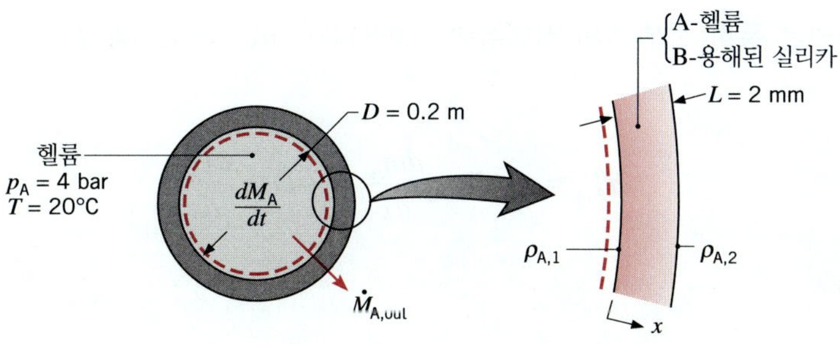

가정:

1. $D \gg L$이므로 확산은 평면벽을 통한 1차원으로 근사화될 수 있다.
2. 준정상상태 확산(압력변화가 충분히 느려서 어떤 순간에도 융해된 실리카를 통한 확산에 대해 정상상태 조건으로 가정할 수 있다).
3. 정체매질은 균일한 밀도 ρ를 갖는다.
4. 외부공기에서 헬륨의 압력은 무시할 수 있다.
5. 헬륨은 이상기체 거동을 한다.

물성치: 표 A.8, 헬륨–융해 실리카(293 K): $D_{AB} = 0.4 \times 10^{-13}$ m^2/s. 표 A.10, 헬륨–융해 실리카(293 K): $S = 0.45 \times 10^{-3}$ kmol/m^3·bar.

해석: 헬륨 압력의 변화율은 헬륨에 대한 검사체적에 성분보존 요구조건인 식 (14.43)을 적용함으로써 얻을 수 있다. 이는 다음과 같다.

$$-\dot{M}_{A,out} = \dot{M}_{A,st}$$

또는 헬륨의 유출은 융해된 실리카를 통한 확산 때문이므로

$$\dot{M}_{A,out} = n''_{A,x} A$$

이고, 질량 저장의 변화는 다음과 같다.

$$\dot{M}_{A,st} = \frac{dM_A}{dt} = \frac{d(\rho_A V)}{dt}$$

성분평형은 다음과 같이 된다.

$$-n''_{A,x} A = \frac{d(\rho_A V)}{dt}$$

$\rho_A = \mathcal{M}_A C_A$임을 인식하고 이상기체법칙

$$C_A = \frac{p_A}{\mathcal{R}T}$$

을 적용하면 성분평형은 다음의 식으로 된다.

$$\frac{dp_A}{dt} = -\frac{\mathcal{R}T}{\mathcal{M}_A V} A n''_{A,x}$$

정체매질에 대해 용해된 실리카를 통한 성분 A의 절대유속은 확산유속 $n''_{A,x} = j_{A,x}$와 같으며, 이러한 경우 Fick의 법칙인 식 14.41로부터

$$n''_{A,x} = -\rho D_{AB} \frac{dm_A}{dx} = -D_{AB} \frac{d\rho_A}{dx}$$

이고, 또는 가정된 조건에 대해

$$n''_{A,x} = D_{AB} \frac{\rho_{A,1} - \rho_{A,2}}{L}$$

와 같이 된다. 성분밀도 $\rho_{A,1}$과 $\rho_{A,2}$는 각각 내부표면과 외부표면에서 용해된 실리카 내부 조건에 속하며, 식 (14.62)를 통해 용해도를 얻음으로써 구할 수 있다. 따라서 $\rho_A = \mathcal{M}_A C_A$를 이용하여 다음의 식을 얻는다.

$$\rho_{A,1} = \mathcal{M}_A S p_{A,i} = \mathcal{M}_A S p_A \qquad \text{그리고} \qquad \rho_{A,2} = \mathcal{M}_A S p_{A,o} = 0$$

여기서 $p_{A,i}$와 $p_{A,o}$는 각각 내부표면과 외부표면에서의 헬륨 압력이다. 그러므로

$$n''_{A,x} = \frac{D_{AB} \mathcal{M}_A S p_A}{L}$$

을 얻고, 성분평형에 대입하면 다음과 같이 된다.

$$\frac{dp_A}{dt} = -\frac{\mathcal{R}TAD_{AB}S}{LV} p_A$$

또는 $A = \pi D^2$과 $V = \pi D^3/6$이므로 다음의 식을 얻는다.

$$\frac{dp_A}{dt} = -\frac{6\mathcal{R}TD_{AB}S}{LD} p_A$$

수치를 대입하면 압력의 변화율은 다음과 같다.

$$\frac{dp_A}{dt} = [-6(0.08314 \text{ m}^3 \cdot \text{bar/kmol} \cdot \text{K})\, 293 \text{ K}\, (0.4 \times 10^{-13} \text{ m}^2/\text{s}) \times 0.45 \times 10^{-3} \text{ kmol/m}^3 \cdot \text{bar} \times 4 \text{ bar}] \div [0.002 \text{ m}\, (0.2 \text{ m})]$$

$$\frac{dp_A}{dt} = -2.63 \times 10^{-11} \text{ bar/s}$$

◁

부가설명: 앞에서의 결과는 시스템에 대한 초기(최대) 누출률을 제공한다. $\rho_{A,1}$이 p_A에 의존하므로 누출률은 내부압력이 감소함에 따라 줄어든다.

예제 14.5

수소 기체가 두께 0.3 mm인 플라스틱 막(membrane)의 양쪽에 3 bar와 1 bar를 유지하고 있다. 온도는 25°C이고 플라스틱 내 수소의 2성분 확산계수는 8.7×10^{-8} m²/s이다. 막에서 수소의 용해도는 1.5×10^{-3} kmol/m³·bar이다. 막을 통한 수소의 물질확산 유속은 얼마인가?

풀이

제시자료: 막의 양쪽에서의 수소의 압력.

풀이대상: 수소 물질 확산유속 $n''_{A,x}$(kg/s·m²).

개략도:

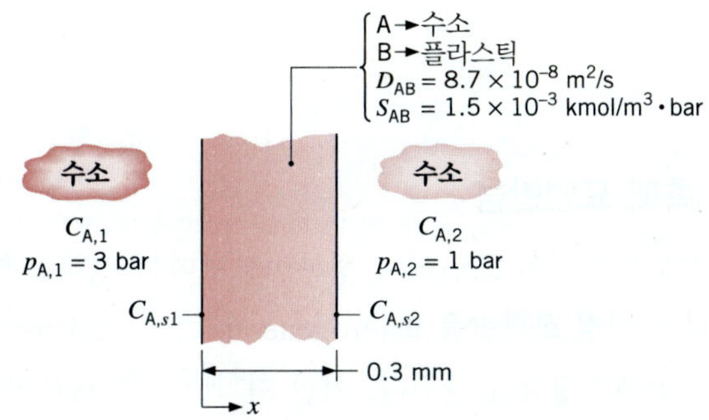

가정:

1. 정상상태, 1차원 조건이 존재한다.
2. 막은 균일한 총 몰농도의 반응하지 않는 정체매질이다.

해석: 주어진 조건에 대해 식 (14.42)는 식 (14.53)으로 되고, 이는 다음과 같이 표시된다.

$$N''_{A,x} = CD_{AB}\frac{x_{A,s1} - x_{A,s2}}{L} = \frac{D_{AB}}{L}(C_{A,s1} - C_{A,s2})$$

수소의 표면 몰농도는 식 (14.62)로부터 구할 수 있고, 여기서

$$C_{A,s1} = 1.5 \times 10^{-3}\ \text{kmol/m}^3 \cdot \text{bar} \times 3\ \text{bar} = 4.5 \times 10^{-3}\ \text{kmol/m}^3$$
$$C_{A,s2} = 1.5 \times 10^{-3}\ \text{kmol/m}^3 \cdot \text{bar} \times 1\ \text{bar} = 1.5 \times 10^{-3}\ \text{kmol/m}^3$$

이므로 다음과 같이 된다.

$$N''_{A,x} = \frac{8.7 \times 10^{-8}\ \text{m}^2/\text{s}}{0.3 \times 10^{-3}\ \text{m}}(4.5 \times 10^{-3} - 1.5 \times 10^{-3})\ \text{kmol/m}^3$$
$$N''_{A,x} = 8.7 \times 10^{-7}\ \text{kmol/s} \cdot \text{m}^2$$

질량 기준으로는

$$n''_{A,x} = N''_{A,x}\mathcal{M}_A$$

이고, 여기서 수소의 분자량은 2 kg/kmol이다. 따라서 다음과 같이 된다.

$$n''_{A,x} = 8.7 \times 10^{-7}\ \text{kmol/s} \cdot \text{m}^2 \times 2\ \text{kg/kmol} = 1.74 \times 10^{-6}\ \text{kg/s} \cdot \text{m}^2 \qquad \triangleleft$$

부가설명: 기체상에서 수소의 몰농도 $C_{A,1}$과 $C_{A,2}$는 막에서의 표면농도와 다르며 다음의 이상기체 상태방정식으로부터 계산될 수 있다.

$$C_A = \frac{p_A}{\mathcal{R}T}$$

여기서 $\mathcal{R} = 8.314 \times 10^{-2}\ \text{m}^3\cdot\text{bar/kmol}\cdot\text{K}$이다. 계산하면 $C_{A,1} = 0.121\ \text{kmol/m}^3$과 $C_{A,2} = 0.040\ \text{kmol/m}^3$을 얻는다. 비록 $C_{A,s2} < C_{A,2}$일지라도 막으로부터 $p_{A,2} = 1$ bar인 기체로 수소 이동이 일어날 것이다. 이와 같이 보기에 이상한 결과는 두 농도가 **다른** 체적을 기준으로 한다는 점을 인식하면 설명될 수 있다. 한 경우에 농도는 막의 단위체적당이고 다른 경우에 농도는 인접한 기체상의 단위체적당이다. 이런 이유 때문에 $C_{A,s2}$와 $C_{A,2}$의 수치를 단순비교함으로써 수소이동의 방향을 추론하는 것은 불가능하다.

14.5.3 촉매 표면반응

물질전달 문제에 있어서 표면에서 성분농도보다는 성분유속이 주어지는 경우가 많다. 이러한 문제 중의 하나는 **이질 화학반응**(heterogeneous chemical reaction)을 촉진시키기 위해 특수한 표면을 사용하는 촉매과정과 연관된다. 이질 화학반응은 재료의 표면에서 일어나고, **표면현상**으로 간주될 수 있으며 경계조건으로 취급될 수 있다.[6] 종종 1차원 확산해석이 촉매반응기의 성능을 **근사화**하기 위해 사용될 수 있다.

그림 14.7의 시스템을 고려해 보자. 성분 A를 포함하는 이질 화학반응을 촉진시키기 위해 촉매면이 기체흐름에 놓여 있다. 반응은 촉매의 단위 표면적당 생성물의 몰률로 정의된 $\dot{N}''_A$의 율로 성분 A를 생성한다고 가정한다. 정상상태 조건에 도달하면 표면으로부터의 성분 전달률 $N''_{A,x}$는 다음 식과 같이 표면 반응률과 같아야 한다.

$$N''_{A,x}(0) = \dot{N}''_A \tag{14.63}$$

또한 성분 A는 두께 L의 얇은 막을 통한 1차원적 전달의 결과로 표면에서 나가고 막 자체 내에서는 반응이 일어나지 않는다고 가정한다. $x = L$에서 A의 몰분율 $x_{A,L}$은 혼합물의 주류 내 조건에 해당하며 알고 있는 것으로 가정한다. 혼합물의 남은 성분을 단일 성분 B로 나타내고 매질이 정체되어 있다고 가정하면, 식 (14.48a)는 다음의 식으로 된다.

$$\frac{d}{dx}\left(CD_{AB}\frac{dx_A}{dx}\right) = 0 \tag{14.64}$$

여기서 D_{AB}는 B 내의 A에 대한 2성분 확산계수이며 B는 다성분 혼합물일 수 있다. C와 D_{AB}를 일정하다고 가정하면 식 (14.64)는 다음의 조건하에서 풀 수 있다.

[6] 식 (14.47)부터 (14.50)에서 나타나는 발생 항은 **체적적**으로 일어나는 화학반응 때문이다. 이러한 체적적 반응은 **균질 화학반응**이라고 하며 14.6절에서 다루어질 것이다.

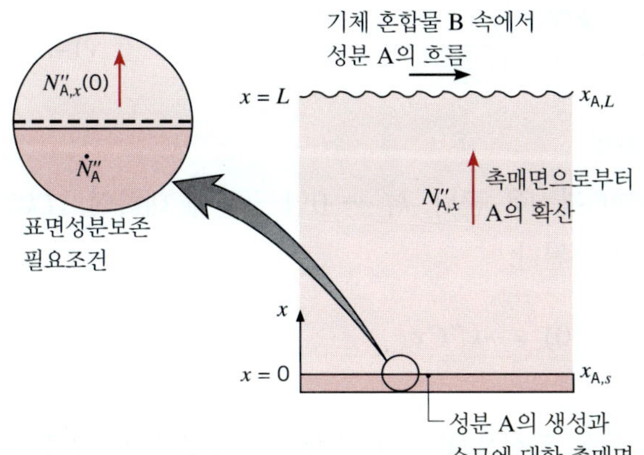

그림 14.7 이질 촉매작용이 있는 1차원 확산.

$$x_A(L) = x_{A,L}$$

그리고

$$N''_{A,x}(0) = -CD_{AB}\frac{dx_A}{dx}\bigg|_{x=0} = \dot{N}''_A \tag{14.65}$$

이러한 표현은 식 (14.63)과 Fick의 법칙의 대용식인 식 (14.42)로부터 얻어진다.

촉매면에서 표면반응률 $\dot{N}''_A$은 일반적으로 표면농도 $C_A(0)$에 의존한다. 표면에서 성분의 소모를 초래하는 1차 반응에서 반응률은 다음의 형태로 된다.

$$\dot{N}''_A = -k''_1 C_A(0) \tag{14.66}$$

여기서 k''_1(m/s)은 반응률 상수이다. 따라서 표면 경계조건인 식 (14.65)는 다음 식으로 된다.

$$-D_{AB}\frac{dx_A}{dx}\bigg|_{x=0} = -k''_1 x_A(0) \tag{14.67}$$

위의 조건하에서 식 (14.64)를 풀면, 농도분포는 선형이며 다음의 형태로 된다는 것이 바로 증명된다.

$$\frac{x_A(x)}{x_{A,L}} = \frac{1 + (xk''_1/D_{AB})}{1 + (Lk''_1/D_{AB})} \tag{14.68}$$

촉매면에서 이 결과는 다음 식으로 된다.

$$\frac{x_A(0)}{x_{A,L}} = \frac{1}{1 + (Lk''_1/D_{AB})} \tag{14.69}$$

그리고 몰유속은 다음과 같다.

$$N''_{A,x}(0) = -CD_{AB}\frac{dx_A}{dx}\bigg|_{x=0} = -k''_1 C x_A(0)$$

또는

$$N''_{A,x}(0) = -\frac{k_1''Cx_{A,L}}{1 + (Lk_1''/D_{AB})} \tag{14.70}$$

이다. 음 부호는 **표면으로의** 물질전달임을 의미한다.

앞의 결과의 두 가지 극한적인 경우가 특별한 관심을 끈다. $k_1'' \rightarrow 0$인 극한에 대하여, $(Lk_1''/D_{AB}) \ll 1$이고 식 (14.69)와 (14.70)은 다음 식으로 된다.

$$\frac{x_{A,s}}{x_{A,L}} \approx 1 \text{ 그리고 } N''_{A,x}(0) \approx -k_1''Cx_{A,L}$$

이러한 경우 반응률은 반응률 상수에 의해 조절되고 확산으로 인한 극한은 무시된다. 이 과정은 **극한반응**(reaction limited)이라 불린다. 반대로 $k_1'' \rightarrow \infty$인 극한에 대하여, $(Lk_1''/D_{AB}) \gg 1$이고 식 (14.69)와 (14.70)은 다음 식으로 된다.

$$x_{A,s} \approx 0 \text{ 그리고 } N''_{A,x}(0) \approx -\frac{CD_{AB}x_{A,L}}{L}$$

이 경우 반응은 표면으로의 확산율에 의해 조절되고, 이 과정은 **극한확산**(diffusion limited)이라 불린다.

14.6 균질 화학반응이 있는 물질확산

열확산이 내부 에너지원에 의해 영향을 받는 것과 마찬가지로, 확산에 의한 성분전달은 균질 화학반응에 의해 영향을 받는다. 정체매질에만 관심을 가지고자 하며 이 경우 식 (14.41) 또는 (14.42)는 절대 성분유속을 결정한다. 또한 정상상태, x 방향으로 1차원 전달이고 D_{AB}와 C가 상수라고 가정하면, 식 (14.48b)는 다음 식으로 된다.

$$D_{AB}\frac{d^2C_A}{dx^2} + \dot{N}_A = 0 \tag{14.71}$$

체적생성률 $\dot{N}_A$는 종종 다음 형태 중 하나를 이용하여 기술된다.

0차 반응:

$$\dot{N}_A = k_0$$

1차 반응:

$$\dot{N}_A = k_1C_A$$

즉 반응이 일정한 율(0차) 또는 국소 농도에 비례하는 율(1차)로 일어난다. k_0와 k_1의 단위는 각각 kmol/s·m^{3}과 s^{-1}이다. $\dot{N}_A$가 양수이면 반응은 성분 A의 발생을 초래하고, 음수이면 A의 소멸을 초래한다.

많은 응용에서 관심의 대상인 성분이 1차 화학반응을 통하여 다른 형태로 변환되며, 식 (14.71)은 다음의 식으로 된다.

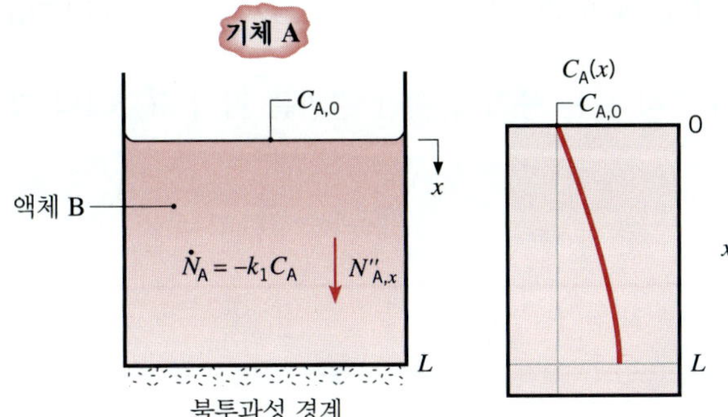

그림 14.8 액체 B 내에서 기체 A의 확산 및 균질반응.

$$D_{AB}\frac{d^2C_A}{dx^2} - k_1C_A = 0 \tag{14.72}$$

이러한 선형, 균실 미분방정식은 다음의 일반해를 갖는다.

$$C_A(x) = C_1e^{mx} + C_2e^{-mx} \tag{14.73}$$

여기서 $m = (k_1/D_{AB})^{1/2}$이며 상수 C_1과 C_2는 주어진 경계조건에 의존한다. 이 방정식의 형태는 확장면에서의 열전도를 나타내는 식 (3.71)의 형태와 일치한다.

그림 14.8에 나타나 있는 상황을 고려해 보자. 기체 A가 액체 B에 용해되어 있으며, 기체 A는 확산에 의해 전달되며 1차 화학반응을 겪고 있다. 용액은 묽으며 계면에서 액체 내 A의 농도는 알고 있는 상수 $C_{A,0}$이다. 용기의 바닥이 A에 대해 불투과성이라면, 경계조건은 다음과 같다.

$$C_A(0) = C_{A,0} \quad \text{그리고} \quad \left.\frac{dC_A}{dx}\right|_{x=L} = 0$$

이러한 성분 경계조건은 표 3.4 경우 B의 열 경계조건과 유사하다. 식 (14.73)은 식 (3.71)과 같은 형태이므로 다음과 같이 된다.

$$C_A(x) = C_{A,0}\frac{\cosh m(L-x)}{\cosh mL} \tag{14.74}$$

특별한 관심의 대상은 바닥에서 A의 농도와 기체–액체 계면을 가로지르는 A의 유속이다. $x = L$에서 식 (14.74)를 적용하면, 다음을 얻는다.

$$C_A(L) = \frac{C_{A,0}}{\cosh mL} \tag{14.75}$$

더구나

$$N''_{A,x}(0) = -D_{AB}\left.\frac{dC_A}{dx}\right|_{x=0}$$

$$= D_{AB}C_{A,0}\,m\left.\frac{\sinh m(L-x)}{\cosh mL}\right|_{x=0}$$

또는

$$N''_{A,x}(0) = D_{AB}C_{A,0}\, m \tanh mL \tag{14.76}$$

이다. 바닥이 고정된 농도로 유지되는 용기나 무한히 깊은 용기에 대한 결과는 각각 표 3.4의 경우 C 및 D와 유사하게 구해질 수 있다.

예제 14.6

활성 또는 비활성표면에 달라붙을 수 있는 박테리아의 군체인 균막(biofilm)은 다양한 인간 감염을 일으킬 수 있다. 균막 안에 살고 있는 박테리아에 의해 야기되는 감염은 균막의 표면에 적용되는 항생제가 막 두께를 통과하여 침투하기 어렵기 때문에 종종 만성적이다. 피부감염과 관련된 균막을 고려하자. 고정된 약물농도 $C_{A,0} = 4 \times 10^{-3}$ kmol/m^{3}이 균막의 윗면에 존재하도록 항생제(성분 A)가 균막(성분 B)의 제일 위층에 적용되었다. 균막 내 약물의 확산계수는 $D_{AB} = 2 \times 10^{-12}$ m^2/s이다. 항생제는 막 안에서의 생화학적 반응에 의해 소모되며, 소모율은 $\dot{N} = -k_1C_A$로 표시되는 약물의 국소 농도에 의존한다. 여기서 $k_1 = 0.1$ s^{-1}이다. 박테리아를 박멸하기 위해서 항생제는 적어도 0.2×10^{-3} kmol/s·m^{3}의 율 ($\dot{N}_A \le -0.2 \times 10^{-3}$ kmol/s·m^3)로 소모되어야 한다. 왜냐하면 이보다 더 작은 절대 소모율에서는 박테리아가 파괴되는 것보다 더 빠르게 자랄 수 있기 때문이다. 항생제에 의해 성공적으로 치료될 수 있는 균막의 최대두께 L을 결정하라.

풀이

제시자료: 국소 항생제 및 균막의 물성치, 약물의 표면농도 그리고 요구되는 항생제의 최소 소모율.

풀이대상: 성공적으로 치료될 수 있는 박테리아가 적재된 균막의 최대두께 L.

개략도:

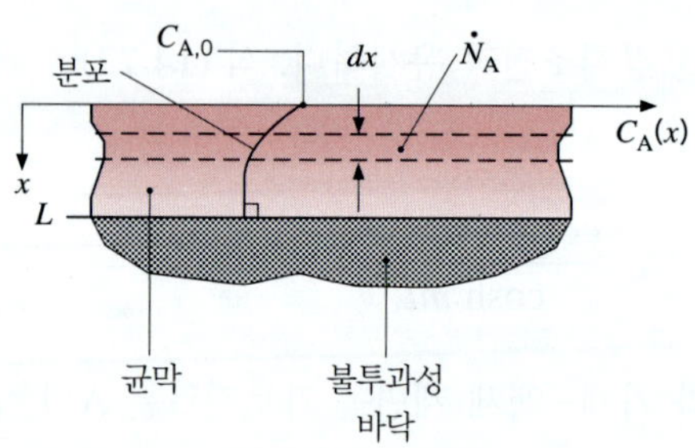

가정:

1. 정상상태, 1차원 조건.
2. 일정 물성치를 갖는 균질의 정체매질.
3. 균막의 바닥은 불투과성.

해석: 항생제의 절대 소모율은 항생제의 농도가 가장 작은 $x = L$에서 가장 작을 것이다. 그러므로 $\dot{N}(L) = -0.2 \times 10^{-3}$ kmol/s·m^{3}을 요구한다. 1차 반응에 대한 표현식은 식 14.74와 결합되어 다음과 같이 된다.

$$\dot{N}_A(L) = -k_1C_A(L) = -k_1\frac{C_{A,0}}{\cosh mL} \tag{1}$$

여기서

$$m = (k_1/D_{AB})^{1/2} = \left(\frac{0.1\ \text{s}^{-1}}{2\times10^{-12}\ \text{m}^2/\text{s}}\right)^{1/2} = 2.24\times10^5\ \text{m}^{-1}$$

이다. 식 (1)을 풀어서 다음의 최대 허용두께를 구한다.

$$L = m^{-1}\cosh^{-1}\left(\frac{-k_1 C_{A,0}}{\dot{N}_A(L)}\right) \quad (2)$$

수치를 식 (2)에 대입하면 다음과 같다.

$$L = (2.24\times10^5\ \text{m}^{-1})^{-1}\cosh^{-1}\left(\frac{-0.1\ \text{s}^{-1}\times4\times10^{-3}\ \text{kmol/m}^3}{-0.2\times10^{-3}\ \text{kmol/s}\cdot\text{m}^3}\right)$$
$$= 5.9\times10^{-6}\ \text{m} = 5.9\ \mu\text{m} \quad \triangleleft$$

부가설명: 항생제가 더 두꺼운 균막에서 박테리아를 박멸하는 능력은 항생제의 높은 소모율과 복잡한 폴리머 모체의 균막을 통한 낮은 확산율에 의해 방해받는다[6]. 항생제의 분자 크기를 감소시켜 적은 저항으로 균막을 통과할 수 있게 함으로써 확산율은 증가될 수 있다. 이는 **나노의학**(nanomedicine)의 활발한 연구분야이다.

14.7 과도확산

정체매질 내 희석성분 A의 과도확산(transient diffusion)에 대하여 5장과 유사한 결과가 얻어질 수 있다. 균질반응이 없고, 일정한 D_{AB}와 C 그리고 x 방향으로 1차원 전달이라고 가정하면, 식 (14.48b)는 다음의 식으로 된다.

$$\frac{\partial^2 C_A}{\partial x^2} = \frac{1}{D_{AB}}\frac{\partial C_A}{\partial t} \quad (14.77)$$

초기에 균일한 농도를 가정하면 다음과 같다.

$$C_A(x, 0) = C_{A,i} \quad (14.78)$$

식 (14.77)은 특정한 기하학적 형상과 표면조건에 의존하는 경계조건에 대해 풀 수 있다. 예를 들면 기하학적 형상이 표면에 대류가 있는 두께 $2L$의 평면벽이라면, 경계조건은 다음과 같다.

$$\left.\frac{\partial C_A}{\partial x}\right|_{x=0} = 0 \quad (14.79)$$

$$C_A(L, t) = C_{A,s} \quad (14.80)$$

식 (14.79)는 중심면에서의 대칭조건을 표현한다. 식 (14.80)은 **물질전달 Biot 수**(mass transfer Biot number) $Bi_m = h_m L/D_{AB}$가 1보다 매우 크다면 표면 대류조건을 나타낸다. 이 경우 매질 내 확산에 의한 성분전달에 대한 저항은 표면에서 대류에 의한 성분전달에 대한 저항보다 훨씬 더 크다. 만일 이러한 상황이 $Bi_m \to \infty$ 또는 $Bi_m^{-1} \to 0$의 극한으로 된다면, 유체 내 성분농도는 본질적으로 균일하고 자유유동 성분농도와 같다. 그러면 표면에서 매질 내 성분농도인 $C_{A,s}$는 식 (14.60) 또는 (14.61)로부터 구해질 수 있고, 여기서 p_A는 성분 A의 자유유동 분압이다.

위의 식들을 무차원화하면 열 및 물질전달 사이의 유사성이 편리하게 적용될 수 있다. 다음과 같이 무차원 농도와 시간을 도입하고

$$\gamma^* \equiv \frac{\gamma}{\gamma_i} = \frac{C_A - C_{A,s}}{C_{A,i} - C_{A,s}} \tag{14.81}$$

$$t_m^* \equiv \frac{D_{AB} t}{L^2} \equiv Fo_m \tag{14.82}$$

식 (14.77)에 대입하면 다음을 얻는다.

$$\frac{\partial^2 \gamma^*}{\partial x^{*2}} = \frac{\partial \gamma^*}{\partial Fo_m} \tag{14.83}$$

여기서 $x^* = x/L$이다. 마찬가지로 초기 및 경계조건은 다음과 같다.

$$\gamma^*(x^*, 0) = 1 \tag{14.84}$$

$$\left.\frac{\partial \gamma^*}{\partial x^*}\right|_{x^*=0} = 0 \tag{14.85}$$

그리고

$$\gamma^*(1, t_m^*) = 0 \tag{14.86}$$

유사성의 존재를 확인하기 위해서는 $B_i \to \infty$인 경우에 대해 식 14.83부터 (14.86)까지를 식 (5.37)부터 (5.39)까지와 식 (5.40)과 비교하기만 하면 된다. $B_i \to \infty$에 대해, 식 (5.40)은 $\theta^*(1, t^*) = 0$로 되며 이는 식 (14.86)과 유사함을 유의하라. 그러므로 두 방정식계는 동등한 해를 가져야 한다.

과도 열 및 물질확산에 대한 변수들 사이의 대응관계가 표 14.2에 요약되어 있다. 이 대응관

표 14.2 과도확산에서 열 및 물질전달 변수 사이의 대응관계

열전달	물질전달
$\theta^* = \dfrac{T - T_\infty}{T_i - T_\infty}$	$\gamma^* = \dfrac{C_A - C_{A,s}}{C_{A,i} - C_{A,s}}$
$1 - \theta^* = \dfrac{T - T_i}{T_\infty - T_i}$	$1 - \gamma^* = \dfrac{C_A - C_{A,i}}{C_{A,s} - C_{A,i}}$
$Fo = \dfrac{\alpha t}{L^2}$	$Fo_m = \dfrac{D_{AB} t}{L^2}$
$Bi = \dfrac{hL}{k}$	$Bi_m = \dfrac{h_m L}{D_{AB}}$
$\dfrac{x}{2\sqrt{\alpha t}}$	$\dfrac{x}{2\sqrt{D_{AB} t}}$

계로부터 5장의 많은 열전달 결과를 이용하여 과도 물질확산 문제를 푸는 것이 가능하다. 예를 들어 $Fo_m > 0.2$인 제한조건이 만족된다면, θ_o^* 와 Fo를 γ_o^*와 Fo_m으로 대치함으로써, $Bi \rightarrow \infty$ ($\zeta_1 = 1.5708$; $C_1 = 1.2733$)와 함께 식 (5.44)를 사용하여 중심면의 농도 $C_{A,o}$를 결정할 수 있다. 반무한 고체와 일정 표면온도나 표면열유속의 물체에 대해 얻은 결과와 함께 나머지 식들도 유사한 방식으로 적용될 수 있다.

예제 14.1과 표 A.8에 나타나 있듯이 많은 액체 및 고체 주매질과 연관된 물질확산계수는 열확산계수와 비교하여 아주 작기 때문에 5.5절과 5.6절의 결과를 사용할 때는 주의하여야 한다. 그러므로 물질전달 Fourier 수 Fo_m의 값은 열전달 Fourier 수 Fo의 값보다 보통 10의 몇 승 정도 더 작다. 따라서 근사해는 $Fo_m > 0.2$일 때만 유효하므로, 5.5.2절과 5.6.2절의 **근사해**(approximate solution)는 정체매질 내 물질전달을 해석하는 데는 종종 중요하지 않다. 5.5.1절과 5.6.1절의 **엄밀식**(exact expression)의 해에 의존하여야 할 것이다. 식 (5.42), (5.50), (5.51)의 무한급수 해는 수렴이 얻어지기까지 많은 항을 평가할 필요가 있을 것이다. 반면에 5.7절의 반무한 고체 해는 경계조건 정보가 주매질로 서서히 확산되어 가기 때문에 종종 물질전달 문제에 적용된다. 5.8절의 근사결과도 그 결과가 전체 Fourier 수 범위에 걸쳐 나타나 있으므로 적용 가능하다.

예제 14.7

경피 약품의 전달에서는 주로 신체에 부착되어 있는 **패치**(patch)로부터 피부를 통과하여 혈류로 약물을 조절하며 시간에 따라 배포한다. 장점으로는 정맥주입 시 일어날 수도 있는 계통의 충격을 줄여 주는 안정되고 부드러운 약품 전달률, 입으로 전달하기를 싫어하거나 의식불명의 환자에게 약물을 전달할 수 있는 점 그리고 사용하기 쉬운 점 등이 있다.

초기에 균일한 약물밀도 $\rho_{A,p,i} = 100\ \text{kg/m}^3$을 포함하고 있는 주매질을 구성하는 길이와 폭이 $L = 50$ mm인 정사각형 패치를 고려하라. 패치는 피부에 적용되며 초기 약품농도 $\rho_{A,s,i} = 0$을 포함하고 있다. $x = 0$에 위치한 패치-피부 경계면에서, 환자 측 약물밀도에 대한 패치 측 약물밀도의 비는 **분할계수**(partition coefficient) $K = 0.5$에 의해 기술된다.

1. 1주일의 치료기간 동안 환자에게 전달된 총 약물량(투약량)을 결정하라. 패치와 피부 내 약물의 확산계수의 공칭값은 각각 $D_{Ap} = 0.1 \times 10^{-12}\ \text{m}^2\text{/s}$와 $D_{As} = 0.2 \times 10^{-12}\ \text{m}^2\text{/s}$이다.
2. 패치의 물질확산계수 D_{Ap}와 환자피부의 물질확산계수 D_{As}에 대한 환자에게 전달된 총 투약량의 민감도를 조사하라.

풀이

제시자료: 경피 패치 내 약품의 초기 밀도, 패치의 크기, 분할계수 그리고 물질확산계수.

풀이대상: 1주일의 기간 동안 환자에게 전달된 총 투약량, 패치와 피부의 물질확산계수에 대한 투약량의 민감도.

개략도:

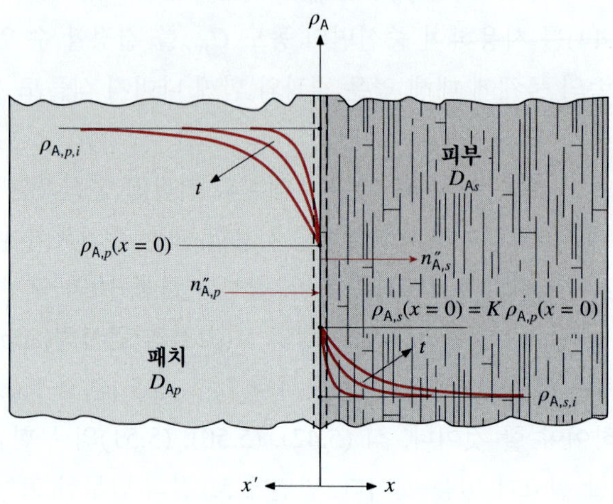

가정:

1. 일정한 물성치의 1차원 조건.
2. 반무한 패치와 피부.
3. 화학반응 없음.
4. 정체매질.

해석:

1. 성분보존 방정식을 패치와 피부 둘 다에 적용한다. 앞에서의 가정으로 식 (14.47b)는

$$\frac{\partial^2 \rho_A}{\partial x^2} = \frac{1}{D_{AB}} \frac{\partial \rho_A}{\partial t}$$

와 같이 되고, 이는 식 (5.29)와 유사하다. 더구나 초기조건

$$\rho_A(x < 0, t = 0) = \rho_{A,p,i}; \quad \rho_A(x > 0, t = 0) = \rho_{A,s,i}$$

경계조건

$$\rho_{A,p}(x \to -\infty) = \rho_{A,p,i}; \quad \rho_{A,s}(x \to +\infty) = \rho_{A,s,i} \tag{1a}$$

그리고 계면조건

$$n''_{A,x,p}(x = 0) = n''_{A,x,s}(x = 0) \tag{1b}$$

는 두 반무한 고체가 열적으로 접촉하고 있는 그림 5.9와 식 (5.64)의 상황과 유사하다. 이 문제에서는 성분의 분배도 역시 고려되어야 한다. 즉 다음과 같다.

$$\rho_{A,s}(x = 0) = K\rho_{A,p}(x = 0) \tag{1c}$$

식 (5.65)와 유사성에 의해 다음을 얻으며

$$\frac{-D_{Ap}[\rho_{A,p}(x=0)-\rho_{A,p,i}]}{\sqrt{\pi D_{Ap}t}} = \frac{D_{As}[\rho_{A,s}(x=0)-\rho_{A,s,i}]}{\sqrt{\pi D_{As}t}}$$

식 (1c)를 대입하고 $\rho_{A,s,i} = 0$임을 유의한 후 이를 풀면 다음과 같이 된다.

$$\rho_{A,s}(x=0) = \rho_{A,p,i}\left(\frac{\sqrt{D_{Ap}}}{\sqrt{D_{As}} + \sqrt{D_{Ap}}/K}\right) \tag{2}$$

환자로 전달되는 약물의 순간유속은 식 (5.61)과의 유사성에 의해 결정될 수 있다.

$$n''_A(x=0,t) = \frac{D_{As}\rho_{A,s}(x=0)}{\sqrt{\pi D_{As}t}} \tag{3}$$

식 (2)를 식 (3)에 대입하면 다음을 얻는다.

$$n''_A(x=0,t) = \frac{\rho_{A,p,i}}{\sqrt{\pi t}}\frac{\sqrt{D_{As}D_{Ap}}}{\sqrt{D_{As}} + \sqrt{D_{Ap}}/K}$$

$t = 0$부터 치료시간 t_t까지 환자에게 전달된 투약량 D는 다음과 같이 표시될 수 있다.

$$D = L^2\int_{t=0}^{t_t} n''_A(x=0,t)dt$$

$$D = \frac{\rho_{A,p,i}L^2}{\sqrt{\pi}}\frac{\sqrt{D_{As}D_{Ap}}}{\sqrt{D_{As}} + \sqrt{D_{Ap}}/K}\int_{t=0}^{t_t} t^{-1/2}\,dt \tag{4}$$

$$= \frac{2\rho_{A,p,i}L^2}{\sqrt{\pi}}\frac{\sqrt{D_{As}D_{Ap}}}{\sqrt{D_{As}} + \sqrt{D_{Ap}}/K}\sqrt{t_t}$$

총 치료시간 $t_t = 7\text{ day} \times 24\text{ h/day} \times 3600\text{ s/h} = 605 \times 10^3\text{ s}$ 동안 투약량은 다음과 같다.

$$D = \frac{2 \times 100\text{ kg/m}^3 \times (50 \times 10^{-3}\text{ m})^2}{\sqrt{\pi}}$$

$$\times \frac{\sqrt{0.2 \times 10^{-12}\text{ m}^2\text{/s} \times 0.1 \times 10^{-12}\text{ m}^2\text{/s}}}{\sqrt{0.2 \times 10^{-12}\text{ m}^2\text{/s}} + \sqrt{0.1 \times 10^{-12}\text{ m}^2\text{/s}}/0.5}\sqrt{605 \times 10^3\text{ s}}$$

$$= 29 \times 10^{-6}\text{ kg} = 29\text{ mg}$$

◁

2. 패치와 피부의 물질확산계수에 대한 투약량의 민감도는 D_{Ap}와 D_{As}의 여러 가지 조합에 대해 식 (4)를 풀면 구할 수 있다. $D_{Ap} = 0.1 \times 10^{-12}\text{ m}^2\text{/s}, 0.01 \times 10^{-12}\text{ m}^2\text{/s}$ 그리고 $D_{As} = 0.1 \times 10^{-12}\text{ m}^2\text{/s}, 0.2 \times 10^{-12}\text{ m}^2\text{/s}, 0.4 \times 10^{-12}\text{ m}^2\text{/s}$에 대해 결과를 다음 그래프에 나타내었다. 어느 물질확산계수가 증가하더라도 투약량은 증가함을 유의하라.

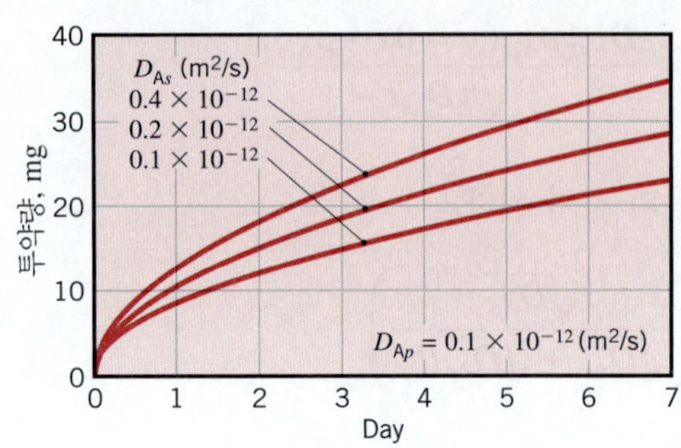

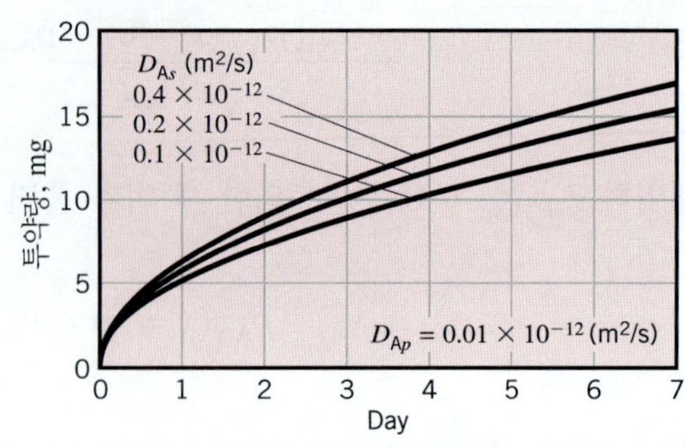

부가설명:

1. 피부의 외부층인 **표피**의 기능은 신체를 외부 오염으로부터 보호하는 것이다. 경피 약품의 전달은 상대적으로 불침투성인 표피를 통하여 확산할 수 있는 아주 작은 분자의 특성을 가지는 약물에 대해서만 가능하다. 물질전달을 고려하면 피부를 통과하여 전달될 수 있는 약품의 수는 제한된다.
2. 피부 확산계수는 환자마다 다르므로 이의 변화에 투약량을 둔감하게 하는 것이 바람직하다. 그러므로 패치의 주매질[**부형약**(vehicle)이라고 함]은 투약량을 조절하는 데 있어 비율제한인자가 되도록 설계된다. 이 문제의 2번 항 결과를 비교하면 명백하듯이, 환자의 피부 확산계수에 대한 투약량의 민감도는 부형약의 물질확산계수를 감소시키면 줄어든다. 일반적으로 $D_{Ap}/D_{As} \ll 1$이 되도록 부형약을 설계하는 것이 바람직하다.
3. 패치는 마치 반무한 매질인 것처럼 약물을 전달하도록 설계된다. 이 가정이 유효하기 위해 요구되는 패치의 두께는 부형약 내 약물의 밀도가 치료기간 동안 $\rho_{A,p,i}$와 $\rho_{A,p}(x = 0)$의 차이의 95%로 줄어드는 위치를 계산함으로써 추정될 수 있다. 식 (5.60)과의 유사성에 의해 약품의 5%가 소모되는 것과 연관된 **농도침투깊이**(concentration penetration depth) $\delta_{p,c}$는 다음 식으로부터 결정될 수 있다.

$$\frac{\rho_{A,p}(x') - \rho_{A,p}(x' = 0)}{\rho_{A,p,i} - \rho_{A,p}(x' = 0)} = 0.95 = \text{erf}\,\frac{\delta_{p,c}}{\sqrt{4D_{Ap}t_t}}$$

   이 식으로 구해 보면 성분침투깊이는 690×10^{-6} m = 0.69 mm이다. 반무한 패치라는 가정은 부형약의 두께가 0.69 mm보다 클 때 유효하다.
4. 부형약이 부가설명 3에서 계산된 성분침투깊이보다 훨씬 얇다면, 실제 투약량은 1주일의 치료기간이 끝나기 이전에 원하는 투약량 이하로 떨어질 것이다. 그러므로 패치 설계 시에는 (a) 반무한 거동을 확실하게 하기 위해 충분한 약물을 적재하는 것과 (b) 패치의 비용을 최소화하는 것 사이의 균형을 고려해야 한다. 실제로 치료기간 이후에 95% 이상의 약물이 부형약에 남아 있으므로, 사용 후 주의하여 패치를 처분할 필요가 있다.

14.8 요약

이 장에서는 확산에 의한 성분전달의 해석에 초점을 맞추었다. 비록 전달률이 일반적으로 특히 액체나 고체에서 작지만, 그 과정은 환경과학과 생활과학뿐만 아니라 많은 과학기술과 밀접한 관계가 있다. 다음 질문에 답해 보면서 기본적인 문제에 대한 이해도를 시험해 보라.

- 각설탕이 커피잔 속에 들어 있다면, 커피 속에서 설탕의 분산을 일으키는 구동 잠재력은 무엇인가? 커피가 정체되어 있다면, 분산을 일으키는 물리적인 기구는 무엇인가? 커피를 휘젓는다면

물리적인 기구는 무엇인가?

- 혼합물 내 성분의 몰농도와 질량밀도 사이의 관계는 무엇인가?
- 혼합물의 질량밀도는 어떻게 정의되는가? 혼합물의 몰농도는 어떻게 정의되는가?
- 혼합물 내 성분의 질량 또는 몰유속을 결정하기 위해 **Fick의 법칙**을 이용하는 데 있어, 무엇이 특별히 결정되어야 하는가?
- 어떤 조건하에서 성분확산 유속이 성분의 이송과 관련된 절대유속과 같아지는가?
- 정체매질 근사화는 무엇인가?
- 성분유속 N''_A은 확산과 균질 화학반응에 의한 발생(또는 소멸)에 의한 성분전달이 있는 정체매질의 위치와 무관한가?
- 어떤 조건하에서 확산저항이 매질의 내부와 외부 표면에서의 알고 있는 성분농도로부터 성분유속을 결정하는 데 사용되는가?
- 열전달에서 평형은 두 상 사이 계면의 기체 측과 액체(또는 고체) 측의 온도가 같음을 나타낸다. 기체와 액체(또는 고체)상에 존재하는 화학성분의 농도에 대해서도 같다고 말할 수 있는가?
- **Raoult의 법칙**은 무엇인가? 기체상 성분의 분압은 인접한 액체 또는 고체 내에서 같은 성분의 몰분율에 어떻게 연관되는가?
- **Henry 상수**는 무엇인가? 액체 내 화학성분의 농도는 인접한 기체 내 성분의 분압에 따라 어떻게 변하는가? 농도는 액체의 온도에 따라 어떻게 변하는가?
- **균질 화학반응**과 **이질 화학반응**의 차이는 무엇인가?
- 이질 촉매과정에서, 과정이 **극한반응**이라면 무엇을 의미하는가? 과정이 **극한확산**이라면 무엇을 의미하는가?
- **0차 반응**은 무엇인가? **1차 반응**은 무엇인가?
- 대류물질전달이 기체가 확산에 의해서 전달되고 있는 액체 또는 고체 위를 지나는 기체 유동과 관련된다면, 확산저항에 대한 대류저항의 비에 대해 무엇을 논할 수 있는가? **물질전달 Biot 수**는 어떻게 정의되는가?
- 과도확산 과정에서 물질전달 Biot 수에 대해 논하라.

참고문헌 *References*

1. Bird, R. B., *Adv. Chem. Eng.*, **1**, 170, 1956.
2. Bird, R. B., W. E. Stewart, and E. N. Lightfoot, *Transport Phenomena*, revised 2nd ed. Wiley, Hoboken, NJ, 2007.
3. Hirschfelder, J. O., C. F. Curtiss, and R. B. Bird, *Molecular Theory of Gases and Liquids*, Wiley, Hoboken, NJ, 1964.
4. Skelland, A. H. P., *Diffusional Mass Transfer*, Krieger, Malabar, FL, 1985.
5. Poling, B. E., J. M. Prausnitz, and J. O'Connell, *The Properties of Gases and Liquids*, 5th ed., McGraw-Hill, New York, 2001.
6. Costerton, J. W., P. S. Stewart, and E. P. Greenberg, *Science*, **284**, 1318, 1999.

연습문제 *Problems*

혼합물 조성

14.1 공기가 단지 O_2와 N_2로만 이루어져 있고 분압의 비가 0.21:0.79라고 가정하면, 각각의 질량분율은 얼마인가?

14.2 n 성분의 이상기체 혼합물을 고려하라.

(a) n 성분 각각의 몰분율과 분자량을 알고 있을 때 성분 i의 질량분율을 결정하기 위한 방정식을 유도하라. n 성분 각

각의 질량분율과 분자량을 알고 있을 때 성분 i의 몰분율을 결정하기 위한 방정식을 유도하라.

(b) 동일한 몰분율의 O_2, N_2, CO_2를 포함하고 있는 혼합물에서 각 성분의 질량분율은 얼마인가? 동일한 질량분율의 O_2, N_2, CO_2를 포함하고 있는 혼합물에서 각 성분의 몰분율은 얼마인가?

14.3 각 성분의 분압이 1 bar인 CO_2와 N_2의 혼합물이 25°C의 용기에 들어 있다. 각 성분의 몰농도, 질량밀도, 몰분율 그리고 질량분율을 계산하라.

14.4 전압력 1 bar인 O_2와 H_2의 혼합물이 용기 안에 들어 있다. O_2의 질량분율은 0.75이다. 혼합물의 온도가 45°C라면 각 성분의 질량밀도, 몰분율, 분압을 계산하라.

14.5 헬륨의 몰분율이 0.75인 He-Xe 혼합물이 항공 전자장비를 냉각하는 데 사용된다. 300 K의 온도와 대기압에서 헬륨의 질량분율과 혼합물의 질량밀도, 몰농도, 분자량을 계산하라. 냉각계통의 용량이 20 L라면 냉각재의 질량은 얼마인가?

Fick의 법칙과 물질확산계수

14.6 350 K, 1 atm에서 암모니아–공기와 수소–공기의 2성분 기체 혼합물에 대해 물질확산계수 D_{AB}의 값을 구하라.

14.7 p = 1.5 atm, T = 320 K에 있는 공기인 물질 B에 대한 물질 A의 분자량 대 물질확산계수 D_{AB}를 그래프로 그려라. 물질 A는 표 A.8의 첫 8개 항의 각각이다. 그래프는 동역학 이론과 일치하는가? 분자량 값에 대해서는 표 A.4와 예제 6.2를 포함한 다양한 출처를 참고하라.

14.8 길이가 100 mm인 속이 빈 강철 원통이 안지름과 바깥지름이 각각 4.30 mm와 5.70 mm인 표면에서 1000°C의 탄소처리 기체(CO와 CO_2의 혼합물)에 노출되어 있다. 탄소가 강철의 내부표면으로부터 외부표면으로 확산되며 100시간 동안 탄소의 총 이송량이 3.6×10^{-3} kg인 정상상태를 고려하라. 반지름에 따른 탄소 조성(탄소의 무게 %)의 변화를 선택된 반지름에 대해 표로 나타내었다.

r (mm)	4.49	4.66	4.79	4.91	5.16	5.27	5.40	5.53
Wt.C (%)	1.42	1.32	1.20	1.09	0.82	0.65	0.46	0.28

(a) Fick의 법칙과 일정한 확산계수 D_{C-Fe} 가정으로부터 $d\rho_C/d(\ln r)$이 일정함을 보여라. 그러한 확산과정에 대하여 $\ln r$의 함수로 탄소의 질량밀도 $\rho_C(r)$을 스케치하라.

(b) 앞에서의 표는 측정된 탄소 질량밀도의 분포에 해당한다. 이러한 확산과정에서 D_{C-Fe}는 일정한가? 그렇지 않다면, 탄소 농도가 증가할수록 D_{C-Fe}는 증가하는가 아니면 감소하는가?

(c) 실험데이터를 이용하여 선택된 탄소 조성에 대해 D_{C-Fe}를 계산하고 도표화하라.

14.9 양단의 온도가 다르게 유지되고 수직축을 가진 밀폐된 원통용기 내에 있는 공기를 고려하라. 공기의 총 압력은 용기의 모든 곳에서 균일하다고 가정하라.

(a) 바닥면이 윗면보다 더 차갑다면 용기 내 조건의 특성은 무엇인가? 예를 들면 성분(O_2와 N_2) 농도의 수직구배가 있을 것인가? 공기의 운동이 있을 것인가? 물질전달이 일어날 것인가?

(b) 상황이 반대로 되면(즉 따뜻한 면이 이제는 바닥에 있으면) 용기 내 조건의 특성은 무엇인가?

14.10 구식의 유리 약단지에 특허약이 들어 있다. 목 부분은 높이가 20 mm, 바닥면의 지름이 10 mm이고 윗면에서 20 mm로 넓어지는 고무마개로 닫혀 있다. 마개 내에서 약 증기의 몰농도는 바닥면에서 2×10^{-3} kmol/m^{3}이고 윗면에서는 무시할 수 있다. 고무 내에서 약 증기의 물질확산계수가 0.2×10^{-9} m^2/s라면, 증기가 마개를 통해 나가는 율(kmol/s)은 얼마인가?

비정체매질: 원주에서의 증발

14.11 2성분 기체혼합물 A와 B를 포함하고 있는 원주로 액체 A의 증발을 고려하라. 다음의 제한적인 경우 중 어느 것이 가장 큰 증발률을 나타내는 특성을 가지고 있는가? 성분 B는 액체 A에 흡수될 수 없고 경계조건은 14.2.2절에서와 동일하다. A의 성분속도에 대한 몰평균속도의 비 $v_x^*/v_{A,x}$가 성분 A의 몰분율에 따라 어떻게 변하는지를 보여라.

14.12 지름이 5 m이고 높이가 100 mm인 뚜껑이 없는 접시(27°C의 물 위에)가 27°C, 상대습도 25%의 주위공기에 노출되어 있다. 물질확산만 일어난다고 가정하고 증발률을 결정하라. 체적유동을 고려하여 증발률을 결정하라.

14.13 반지름이 r_o인 액체 A의 구형 액적이 기체 B의 정지하고 있는 층으로 증발하고 있다. 성분 A의 증발률에 대한 식을 성분 A의 포화압력 $p_A(r_o) = p_{A,sat}$, 임의의 반지름 r에서의 성분 A의 분압 $p_A(r)$, 총 압력 p 그리고 다른 관련된 변수들의 항으로 유도하라. 액적과 혼합물은 균일한 압력 p와 온도 T에 있다고 가정하라.

14.14 소량의 공기가 존재하면 수랭식 증기 응축기 표면으로의 열전달률이 상당히 감소할 수 있다. 순수 증기와 주어진 조건에서의 깨끗한 표면에 대해 응축률은 0.020 kg/m^2·s이다. 증기 내에 정체된 공기가 존재하면, 응축기 표면온도는 28°C에서 24°C로 떨어지고 응축률은 2배로 감소하게 된다.

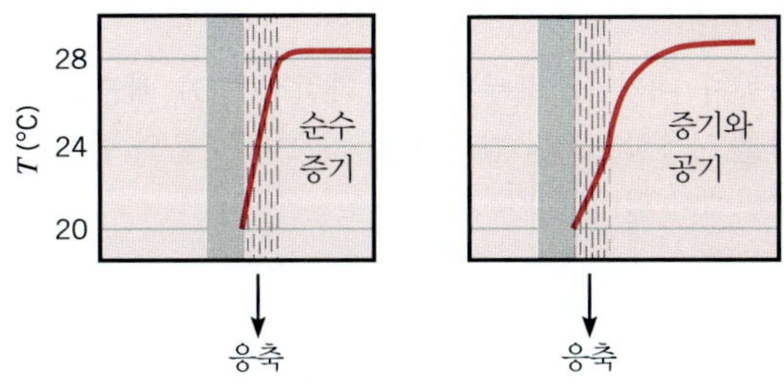

공기-증기 혼합물에 대해, 응축막으로부터의 거리의 함수로 공기의 분압을 결정하라.

14.15 증기-기체 혼합물의 확산계수를 측정하기 위한 실험장치는 원주의 출입구를 거쳐 흐르는 기체 속으로 증발하는 액체상을 포함하고 있는 수직인 작은 지름의 원주로 구성되어 있다. 기체의 유량은 출구면에서 무시할 만한 증기농도를 유지하는 데 충분하다. 원주의 높이는 150 mm이고, 실(chamber) 내의 압력과 온도는 각각 0.25 atm과 320 K로 유지된다.

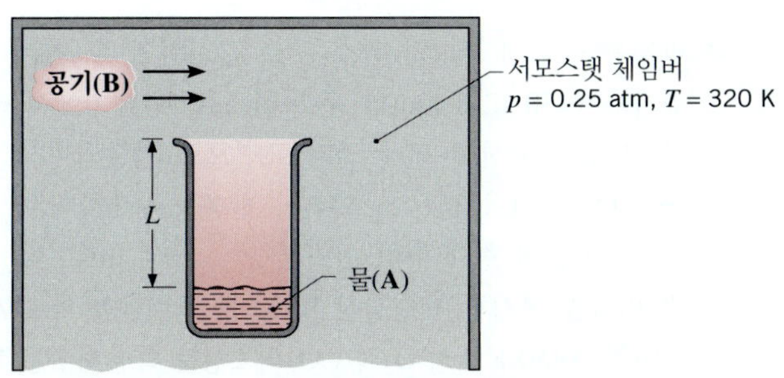

보정을 위해, 알고 있는 증기-공기 혼합물의 D_{AB} 값을 이용하여 앞의 조건하에서 물과 공기로 수행한 실험에 대한 예상 증발률(kg/h·m^2)을 계산하라.

정체매질: 성분보존과 물질확산 방정식

14.16 얇은 플라스틱 막이 기체유동으로부터 헬륨을 분리시키는 데 사용되고 있다. 정상상태 조건하에서 막 내의 헬륨농도는 내부와 외부 표면에서 각각 0.02와 0.005 kmol/m^{3}으로 알려졌다. 막의 두께가 1 mm이고 플라스틱에 대한 헬륨의 2성분 확산계수가 10^{-9} m^2/s라면 확산유속은 얼마인가?

14.17 미소 검사체적에서 일정한 물성치의 성분발생을 고려하여 3차원(직교좌표계) 정체매질 내에서 성분 A에 대한 몰 기준 확산 방정식을 유도하라. 결과를 식 (14.48b)와 비교하라.

14.18 기체상태의 성분(A)이 플라스틱 관(B)의 벽을 통과하고 $\dot{N}_A$ (kmol/s·m^3)의 율로 A가 소모되는 화학반응을 하고 있는 반지름방향 확산을 고려하라. 플라스틱 내에서 성분 A의 몰농도를 지배하는 미분방정식을 유도하라. 결과를 식 (14.49)와 비교하라.

14.19 미소 검사체적에서 성분발생을 고려하여 1차원 구형 정체매질 내에서 성분 A에 대한 몰 기준 확산 방정식을 유도하라. 결과를 식 (14.50)과 비교하라.

14.20 10 bar, 27°C의 기체 수소가 2 mm 두께의 강철 벽으로 된 지름 110 mm의 구형 탱크 내에 저장되어 있다. 강철 내 수소의 몰농도는 내부표면에서 1.50 kmol/m^{3}이고 외부표면에서는 무시할 만하며, 강철 내 수소의 확산계수는 대략 0.3 × 10^{-12} m^2/s이다. 탱크 벽을 통한 확산에 의한 수소의 초기 질량손실률은 얼마인가? 탱크 내 초기 압력강하율은 얼마인가?

계면에서의 불연속 농도

14.21 압력 5 bar인 기체가 지름이 200 mm이고 벽 두께가 1 mm인 구형 고무 용기에 담겨있다. 용기는 압력 1 bar, 온도 20°C의 공기에 노출되어 있다. 기체가 순수 질소일 경우 용기내 압력의 초기 변화율을 결정하라. 기체가 순수 산소일 경우 압력의 시간 변화율을 결정하라. 공기는 O_2와 N_2로만 구성되어 있고 분압의 비는 0.21:0.79라고 가정하라.

14.22 압력 2 atm의 수소가 지름이 40 mm이고 벽 두께가 0.5 mm인 관 내를 흐르고 있다. 외부표면은 수소의 분압이 0.1 atm인 기체유동에 노출되어 있다. 관 재료 내에서 수소의 물질 확산계수와 용해도는 각각 1.8 × 10^{-11} m^2/s와 160 kmol/m^3·atm이다. 시스템이 500 K에 있을 때 단위 길이당 관을 통한 수소의 전달률(kg/s·m)은 얼마인가?

14.23 산소기체가 두께 0.75 mm인 고무막의 양쪽에 1.5 bar와 0.5 bar의 압력으로 유지되고 있으며 전체 시스템의 온도는 25°C이다. 막을 통한 O_2의 몰 확산유속은 얼마인가? 막의 양쪽에서(고무 바깥) O_2의 몰농도는 얼마인가?

14.24 단열재는 수증기의 응축이 일어나면 성능이 저하된다(열전도율 증가가 일어남). 추운 기간 동안 습기 찬 방의 수증기가 건조한 벽(석고 판)을 통해 확산되어 인접한 단열재에서 응축이 될 때 주택의 단열재에서 문제가 발생할 수 있다. 수증기 압력이 방에서 0.03 bar이고 단열재에서 0.0 bar인 조건하에서 3 m × 5 m인 벽의 물질 확산율을 구하라. 건조한 벽의 두께는 10 mm이며 벽 재료에서 수증기의 용해도는 대략 5 × 10^{-3} kmol/m^3·bar이다. 건조한 벽에서 수증기에 대한 2성분 확산계수는 대략 10^{-9} m^2/s이다.

14.25 예제 14.4를 고려하라. 용기 내부 압력은 누출률에 따라 강하한다는 것을 고려하여 용기 내부 압력이 1%와 10% 감소하는데 요구되는 시간을 구하라. 예제 14.4에서 초기 압력강하율을 이용하여 구한 시간과 비교해보아라.

14.26 25°C, 4 bar의 헬륨 기체가 안지름이 200 mm, 두께가 10 mm인 구형 파이렉스(Pyrex) 용기에 담겨 있다. 용기로부터의 질량손실률은 얼마인가?

14.27 예제 14.3의 발포포장 재료를 고려하라.

(a) 예제와 같은 조건하에서, 온도가 295 K이고 포장의 안쪽과 바깥쪽의 상대습도가 각각 $\phi_2 = 0.1$과 $\phi_1 = 0.9$일 때 폴리머재료의 용해도(kmol/m^3·bar)를 결정하라.

(b) 다른 포장재료를 선택하면 필름의 확산계수는 변경될 수 있다. 확산계수를 원래 값의 10%로 감소시켰을 때 총 수증기 전달률을 결정하라.

(c) 노출면에 인접한 재료의 용해도는 여러 가지 얇은 필름으로 코팅하면 변할 수 있다. 원래의 폴리머박판의 양면을 코팅한 다음 양면 근처의 용해도를 원래 값의 10%로 감소시켰을 때 수증기 전달률을 결정하라.

(d) 원래의 폴리머박판의 외부를 코팅한 다음 용해도를 9배 감소시키지만 내부표면은 그대로 둘 때 수증기 전달률을 결정하라.

14.28 폴리머재료를 통한 약품의 전달과 관련된 분할계수(partition coefficient) K를 측정하기 위한 실험이 설계되고 있다. 분할계수는 관심의 대상인 성분(약품)의 계면 양측에서의 밀도비로 정의된다. 실험에서 액체 약품($\rho_p = 1250$ kg/m^3)이 안지름과 바깥지름이 각각 $D_i = 5$ mm와 $D_o = 5.1$ mm인 속이 빈 폴리머 구로 주입된다. 구는 외부표면에서 약품의 밀도가 0인 대류조건에 노출된다. 일주일 후 구의 질량은 $\Delta M = 8.2$ mg만큼 감소하였다. 물질확산계수가 $D_{AB} = 0.2 \times 10^{-11}$ m^2/s라면 분할계수는 얼마인가?

14.29 반도체 제조부터 연료전지 구동에 이르는 응용에서 고순도의 수소가 요구된다. 팔라듐 결정구조는 두께를 통해 원자수소(H)의 전달만 허용하므로, 팔라듐 막이 수소와 다른 기체의 혼합물을 포함하고 있는 오염된 유동으로부터 수소를 여과하는 데 사용된다. 수소분자(H_2)는 먼저 팔라듐 표면에 흡수된 다음 원자(H)로 해리되고 계속해서 금속을 통해 확산된다. H 원자는 막의 반대쪽에서 재결합하여 순수 H_2를 형성한다. H의 표면농도는 $C_H = K_s\, p_{H_2}^{0.5}$의 형태를 가지며, 여기서 $K_s \approx 1.4$ kmol/m^3·bar$^{0.5}$는 **Sievert 상수**로 알려져 있다. 한쪽 관 끝은 수집기 공간에 연결되고 다른 쪽 끝은 밀폐된 팔라듐 관군으로 구성된 산업용 수소 정화장치를 고려하라. 관군은 원통에 삽입되어 있다. $T = 600$ K, $p = 15$ bar, $x_{H_2} = 0.85$의 순수하지 않은 H_2가 원통으로 유입되는 반면, $p = 6$ bar, $T = 600$ K의 순수 H_2가 관을 통해 추출된다. 각 관의 안지름이 $D_i = 1.6$ mm, 벽 두께가 $t = 75$ μm, 길이가 $L = 80$ mm인 $N = 100$개의 관에 대해 순수 산소의 생산율(kg/h)을 결정하라. 600 K의 팔라듐 내 수소(H)의 물질확산계수는 대략 $D_{AB} = 7 \times 10^{-9}$ m^2/s이다.

촉매 표면반응

14.30 자동차 배기가스로부터의 산화질소(NO) 배출은 촉매변환기를 사용함으로써 감소될 수 있으며, 다음의 반응이 촉매제 표면에서 일어난다.

$$NO + CO \rightarrow \tfrac{1}{2}N_2 + CO_2$$

NO의 농도는 배기가스를 표면 위로 통과시킴으로써 감소되며, 촉매제에서의 감소율은 식 (14.66)으로 주어진 형태의 1차 반응에 의해 지배받는다. 1차 근사화로서 NO는 표면에 인접해 있는 두께 L의 얇은 기체막을 통하여 1차원 확산에 의해 표면에 도달한다고 가정할 수 있다. 그림 14.7과 관련하여, 배기가스가 500°C, 1.2 bar에 있고 NO의 몰분율이 $x_{A,L} = 0.10$인 상황을 고려하자. $D_{AB} = 10^{-4}$ m^2/s, $k_1'' = 0.05$ m/s, 막 두께가 $L = 1$ mm라면 촉매제 표면에서 NO의 몰분율과 면적 $A = 200$ cm^{2}인 표면에 대한 NO의 제거율은 얼마인가?

14.31 반지름 $r_o = 1$ mm인 탄소 구로 근사화될 수 있는 미분탄 입자가 1450 K, 1 atm의 순수 산소로 된 대기에서 타고 있다. 산소는 확산에 의해 입자 표면으로 전달되며, $C + O_2 \rightarrow CO_2$의 반응으로 소모된다. 반응률은 1차이고 $N''_{O_2} = -k_1'' C_{O_2}(r_o)$의 형태이며, 여기서 $k_1'' = 0.1$ m/s이다. r_o에서의 변화를 무시하고 정상상태 O_2 몰 소비율을 kmol/s로 결정하라. 1450 K에서 O_2와 CO_2의 2성분 확산계수는 1.71×10^{-4} m^2/s이다.

14.32 유효표면과 그에 따른 화학반응률을 향상시키기 위해 촉매제 표면은 자주 다공성 고체의 형태를 취한다. 그러한 고체 중 하나는 지름 D, 길이 L인 수많은 원통형 구멍으로 구성된 것을 볼 수 있다.

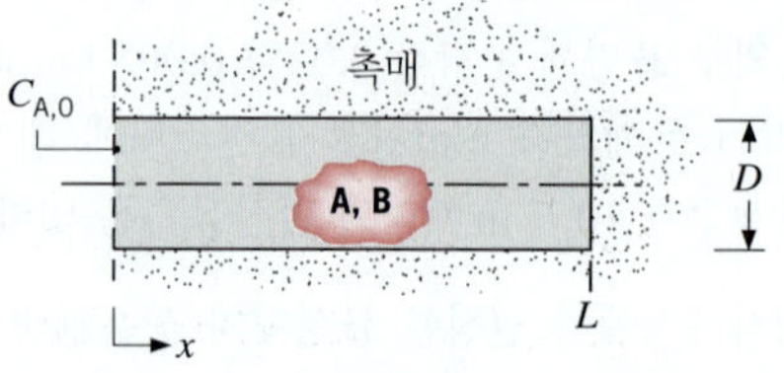

A와 B의 기체 혼합물에서 성분 A가 촉매제 표면에서 화학적으로 소비되는 경우를 고려해 보자. 반응은 1차로 된다고 알려져 있고 표면의 단위면적당 일어나는 반응률은 $k_1'' C_A$로 표시될 수 있으며, 여기서 k_1''(m/s)은 반응률 상수이고 C_A(kmol/m^3)는 성분 A의 국소 몰농도이다. 정상상태 조건하에서 다공성 고체 위의 유동은 구멍 입구에서 일정한 값의 몰농도 $C_{A,0}$를 유지하는 것으로 알려져 있다. 기본 원리로부터 시작하여, 구멍을 따르는 거리 x에 따른 C_A의 변화를 지배하는 미분방정식을 구하라. 적절한 경계조건을 적용하여 방정

식을 풀어 $C_A(x)$에 대한 식을 구하라.

14.33 자동차에서 백금 촉매반응기가 $2CO + O_2 \rightarrow 2CO_2$ 형태의 산화반응으로 일산화탄소를 이산화탄소로 변환하는 데 이용된다. 촉매제 표면과 배기가스 사이의 성분전달은 L = 10 mm 두께의 막에서의 확산에 의해 일어난다고 가정할 수 있다. 압력이 1.2 bar, 온도가 500°C 그리고 CO의 몰분율이 0.0012인 배기가스를 고려하라. 촉매제의 반응률 상수가 k_1'' = 0.005 m/s이고 혼합물 내 CO의 확산계수가 10^{-4} m^2/s라면, 촉매제 표면에서 CO의 몰농도는 얼마인가? 촉매제의 단위면적당 CO의 제거율은 얼마인가? 만일 그 과정을 확산제한으로 만들기 위해 k_1''을 조절한다면 제거율은 얼마인가?

14.34 고순도의 수소를 발생시키기 위하여 수소 분리막으로 사용될 복합팔라듐 관을 제조하는 새로운 과정이 제안되었다. 복합팔라듐 관을 제작하기 위하여, 팔라듐(성분 A)을 포함하고 있는 기체가 다공성 벽으로 된 관을 통해 흐르면 팔라듐이 관 벽의 구멍으로 침전된다. 기체의 질량유량은 $\dot{m}$ 이고 팔라듐의 입구 질량농도는 $\rho_{A,m,i}$이다. 기체와 표면 사이 팔라듐 전달에 대한 물질전달계수는 h_m이고, 침전율은 관 표면에서의 팔라듐의 질량농도에 비례한다. 즉 $-n''_{A,s} = k_1\rho_{A,s}$이다. 팔라듐은 묽은 성분이라서 총 질량유량은 관 길이를 따라 근사적으로 일정하다.

(a) 8.9절에 소개된 대류물질전달 해석에 의거하여, 관 입구로부터의 거리에 따른 팔라듐의 평균 성분밀도 변화에 대한 식을 유도하고, 지름 D의 관에서 국소 침전율(kg/m^2·s)에 대한 식을 결정하라. 다공성 관 벽을 통한 기체의 누설은 무시하라.

(b) 관이 너무 길면 침전두께의 변화는 받아들이기 어려울 정도로 클 것이다. $x = L$과 $x = 0$에서 침전율의 비는 얼마인가?

균질 화학반응: 정상상태

14.35 호흡이 $\dot{N}_A = -k_0$의 균일한 체적률로 발생하는 반지름 r_o의 구형 유기체를 고려하라. 즉 산소(성분 A)의 소모는 0차, 균질 화학반응에 의해 지배된다.

(a) $C_A(r_o) = C_{A,o}$의 몰농도가 유기체의 표면에서 유지된다면, 유기체 내에서 산소의 반지름방향 분포 $C_A(r)$에 대한 식은 무엇인가? 풀이로부터, 결과를 적용하는 데 어떤 한계가 있는지 알 수 있는가?

(b) 유기체 내에서 산소 소모율에 대한 식을 구하라.

(c) 반지름 r_o = 0.10 mm이고 산소 전달에 대한 확산계수가 $D_{AB} = 10^{-8}$ m^2/s인 유기체를 고려하라. $C_{A,o} = 5 \times 10^{-5}$ $kmol/m^3$, $k_0 = 1.2 \times 10^{-4}$ $kmol/s \cdot m^3$이라면, 유기체의 중심에서 O_2의 몰농도는 얼마인가?

14.36 연습문제 14.35에서 구형 유기체에서의 호흡에 대한 더욱 대표적인 모델은 산소 소모가 $\dot{N}_A = -k_1C_A$ 형태의 1차 반응에 의해 지배되는 것이다.

(a) $C_A(r_o) = C_{A,o}$의 몰농도가 유기체의 표면에서 유지된다면, 유기체 내에서 산소의 반지름방향 분포 $C_A(r)$에 대한 식은 무엇인가? 힌트: 성분확산 방정식의 해를 간단하게 하기 위해, $y \equiv rC_A$로 변환하라.

(b) 유기체 내에서 산소 소모율에 대한 식을 구하라.

(c) 반지름 r_o = 0.10 mm이고 확산계수가 $D_{AB} = 10^{-8}$ m^2/s인 유기체를 고려하라. $C_{A,o} = 5 \times 10^{-5}$ $kmol/m^3$, $k_1 = 20$ s^{-1}이라면, 상응하는 유기체의 중심에서의 몰농도 값은 얼마인가? 유기체에 의한 산소의 소모율은 얼마인가?

14.37 연소실의 금속 벽에 인접한 수소와 산소의 혼합물에서 수소 기체의 연소를 고려하라. 연소는 $2H_2 + O_2 \rightarrow 2H_2O$의 화학반응에 따라 일정한 온도와 압력에서 일어난다. 정상상태 조건하에서 벽으로부터 10 mm의 거리에서 수소, 산소, 수증기의 몰농도가 각각 0.10, 0.10, 0.20 $kmol/m^3$으로 측정되었다. 관심 있는 전 영역에서 수증기의 발생률은 0.96×10^{-2} $kmol/m^3 \cdot s$이다. 잔류성분에서 각 성분(H_2, O_2, H_2O)에 대한 2성분 확산계수는 0.6×10^{-5} m^2/s이다.

(a) 벽으로부터의 거리의 함수로 C_{H_2}에 대한 식을 결정하고 정성적인 그림을 작성하라.

(b) 벽에서의 C_{H_2} 값을 결정하라.

(c) (a)에서 사용된 것과 같은 좌표 상에 산소와 수증기의 농도에 대한 곡선을 스케치하라.

(d) x = 10 mm에서 수증기의 몰유속은 얼마인가?

14.38 내부의 폐포로부터 폐 조직을 거쳐 반대편 혈관의 망상조직으로 산소가 전달되는 문제를 고려하라. 폐 조직(성분 B)은 두께 L의 평면벽으로 근사화될 수 있다. 흡입과정은 폐 조직의 내부표면($x = 0$)에서 일정한 산소(성분 A) 몰농도 $C_A(0)$를 유지하는 것으로 가정할 수 있으며, 혈액에 의한 산소의 흡수는 폐 조직의 외부표면($x = L$)에서 일정한 산소 몰농도 $C_A(L)$을 유지하는 것으로 가정할 수 있다. 신진대사 과정 때문에 폐 조직 내에서 산소의 소모가 이루어지며, 반응은 $\dot{N}_A = -k_0$의 0차이다. 폐 조직 내 산소 농도의 분포와 단위 폐 조직 표면적당 혈액에 의한 산소의 흡수율에 대한 식을 구하라.

14.39 로스앤젤레스 대기환경위원회의 직원으로서 대기 중 NO_2의 분포를 계산하는 모델을 개발해 달라는 요청을 받았다. 지표면에서 NO_2의 몰유속 $N''_{A,0}$은 알고 있는 것으로 가정한다. 이 유속은 자동차와 굴뚝의 연기 방출에 기인한다. 지표면으로부터 상당히 높은 곳에서 NO_2의 농도는 0이며 NO_2는 대

기 중에서 화학적으로 반응한다고 알려져 있다. 특히 NO_2는 미연소 탄화수소와 반응하여(태양광에 의해 활성화되는 과정에서) 광화학 스모그의 최종 산물인 PAN(peroxyacetylnitrate)을 생기게 한다. 반응은 1차이며 발생하는 국소 반응률은 $\dot{N}_A = -k_1 C_A$로 나타낼 수 있다.

(a) 정상상태 조건과 정체 대기라고 가정하고, 대기 중 NO_2 몰농도의 수직분포 $C_A(x)$에 대한 식을 구하라.

(b) NO_2의 분압 $p_A = 2 \times 10^{-6}$ bar가 폐 손상을 일으키기에 충분하다면, 스모그 경보를 발할 수 있는 지표면에서의 몰유속 값은 얼마인가? $T = 300$ K인 등온의 대기, $k_1 = 0.03\ s^{-1}$의 반응계수, $D_{AB} = 0.15 \times 10^{-4}\ m^2/s$의 NO_2-공기 확산계수로 가정할 수 있다.

과도확산: 초급

14.40 연습문제 14.39에서 정체 대기 내에서 확산에 의한 NO_2 전달은 정상상태 조건으로 간주되었다. 그러나 이 문제는 실제로 시간에 의존하며, 보다 실질적인 접근은 과도효과를 고려하여야 한다. 대기 내에서 NO_2 농도가 모든 곳에서 0인 이른 아침($t = 0$)부터 시작하여 NO_2의 지표면 방출을 고려해 보자. 방출은 일정한 유속 $N''_{A,0}$으로 하루 종일 일어나며, NO_2는 다시 대기 내에서 1차 광화학반응($\dot{N}_A = -k_1 C_A$)을 겪게 된다.

(a) 대기 내 미소 요소에 대하여 몰농도 $C_A(x, t)$를 결정하는 데 사용될 수 있는 미분방정식을 유도하라. 적절한 초기 및 경계조건을 기술하라.

(b) 광화학반응이 무시될 수 있는 특수한 조건하에서 $C_A(x, t)$에 대한 식을 구하라. 이 조건에 대해 $N''_{A,0} = 3 \times 10^{-11}\ kmol/s\cdot m^2$과 $D_{AB} = 0.15 \times 10^{-4}\ m^2/s$라면, 방출이 시작되고 나서 3 h 후에 지표면과 100 m 높이에서 NO_2의 몰농도는 얼마인가?

14.41 40 mm 두께의 대형 재료 박판이 3 $kmol/m^3$의 균일한 농도를 갖는 용해된 수소(H_2)를 함유하고 있다. 박판이 유체유동에 노출되어 용해된 수소의 농도가 양 표면에서 갑자기 0으로 감소하였다. 이러한 표면조건은 이후로 일정하게 유지된다. 수소의 물질확산계수가 $9 \times 10^{-7}\ m^2/s$라면, 용해된 수소의 밀도가 박판의 중심에서 1.2 kg/m^3의 값이 되는 데 얼마의 시간이 필요한가?

14.42 공기의 습도를 증가시키기 위한 일반적인 과정은 물기둥을 통해 공기를 거품이 일게 하는 것이다. 공기 거품은 반지름 $r_o = 1$ mm인 구이며 25°C의 물과 열적으로 평형상태에 있다고 가정하라. 거품의 중심에서 최대로 가능한(포화) 농도의 99%가 되는 증기농도를 이루기 위해 거품은 얼마 동안 물속에 머물러야 하는가? 물로 들어갈 때 공기는 건조한 상태이다.

14.43 연습문제 14.42을 고려하라. 최대값의 50%인 평균 증기농도를 이루기 위해 거품은 얼마 동안 물속에 머물러야 하는가?

14.44 철은 확산에 의한 탄소의 전달에 의존하는 고온공정에서 탄소로 처리된다. 확산계수 값은 온도에 크게 의존하며 $D_{C-S}(m^2/s) \approx 2 \times 10^{-5} \exp[-17{,}000/T(K)]$로 근사화될 수 있다. 공정이 1000°C에서 이루어지고 탄소의 몰분율이 철의 표면에서 0.02로 유지된다면, 1 mm 깊이에서 철의 탄소 함유량을 초기의 0.1%에서 1.0%로 높이는 데 요구되는 시간은 얼마인가?

14.45 1000°C의 두꺼운 순수 철판이 한 표면에 $C_{C,s}$의 탄소 농도를 일으키는 가스에 평판의 표면이 갑작스럽게 노출되는 침탄공정 중에 있다. 이 온도에서 탄소와 철에 대한 평균확산계수는 $D_{C-Fe} = 3 \times 10^{-11}\ m^2/s$이다. 다음 질문들에 답하는 데 있어 열 및 물질전달 변수 사이의 유사성을 이용하라.

(a) 침탄문제와 유사한 열전달을 고려하라. 물질 및 열전달 시스템을 스케치하라. 변수 사이의 유사성을 보이고 설명하라. 열 및 물질전달 문제에 대한 해석적 해를 제시하라.

(b) 침탄 1시간 후 1 mm 깊이에서 탄소 농도비 $C_C(x, t)/C_{C,s}$를 결정하라.

(c) 유사성으로부터, 평판으로 침투되는 탄소의 질량유속의 시간 의존성이 $n''_C \times \rho_{C,s}(D_{C-Fe}/\pi t)^{1/2}$로 표현될 수 있음을 보여라. 또한 시간 t 동안 철판으로 들어가는 단위면적당 탄소의 질량에 대한 식을 구하라.

14.46 어떤 약품이 위장 관에서 흡수되도록 계획되었다. 약효성분은 $\rho_A = 15\ kg/m^3$의 밀도로 정제에 압축되었고 정제의 나머지는 비약효성분으로 구성되어 있다. 분할계수는 $K = 3 \times 10^{-2}$이고 위장액 내 약효성분의 확산계수는 $D_{AB} = 0.4 \times 10^{-10}\ m^2/s$이다.

(a) 지름 $D = 6$ mm의 구형 정제가 5 h 동안 전달한 투약량을 추정하라. 힌트: 투약 기간 동안 정제 반지름의 변화는 작다고 가정하라.

(b) 섭취 후 빨리 용해되어 약물을 방출하는 젤라틴 캡슐 안에 담겨진 $N = 200$의 작은 구형 정제가 5 h 동안 전달한 투약량을 추정하라. 약물의 초기질량은 (a)와 같다.

14.47 예를 들어 $Q''_o(J/m^2)$만큼의 에너지가 펄스 레이저로부터 순간적으로 방출되어 수반하는 주위로의 손실 없이 반무한 매질의 표면에 흡수된다면, 매질 내에서 계속해서 일어나는 온도분포는 다음과 같다.

$$T(x,t) - T_i = \frac{Q''_o}{\rho c(\pi \alpha t)^{1/2}} \exp(-x^2/4\alpha t)$$

여기서 T_i는 매질의 초기 균일한 온도이다. 상온에서 실리콘(Si) 웨이퍼에 인(P)의 얇은 층이 침전되는 유사한 물질전달 과정을 고려하라. 웨이퍼가 노 안에 놓여 있다면 P의 Si로의 확산은 고온 환경에 의해 상당히 향상된다.

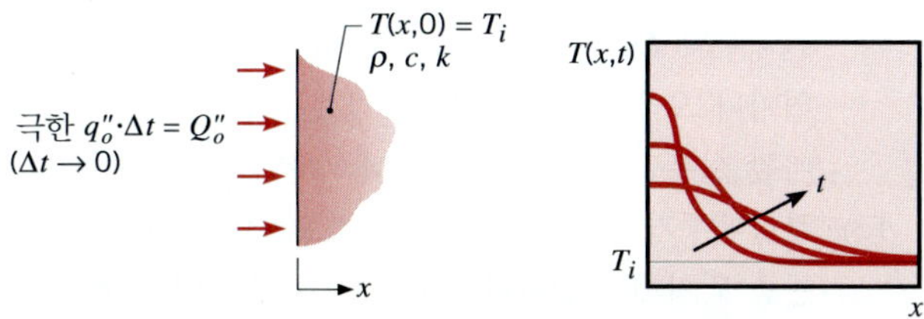

1 μm 두께의 P 막을 갖는 Si 웨이퍼가 갑자기 1000°C의 노 안에 놓이고, 결과적인 P의 분포는 다음 형태의 식으로 표현된다.

$$C_P(x,t) = \frac{M''_{P,o}}{(\pi D_{P\text{-}Si} t)^{1/2}} \exp(-x^2/4D_{P\text{-}Si}t)$$

여기서 $M''_{P,o}$은 농도가 C_P이고 두께가 d_o인 막과 연관된 P의 몰 면적밀도(kmol/m^2)이다.

(a) 유사한 온도와 농도분포에서 변수들 사이의 대응성을 설명하라.

(b) 30 s 후 Si 내 깊이 0.1 μm에서 P의 몰분율을 결정하라. 확산계수는 $D_{P-Si} = 1.2 \times 10^{-17}$ m^2/s이다. P와 Si의 질량밀도는 각각 2000과 2300 kg/m^{3}이고, 분자량은 각각 30.97과 28.09 kg/kmol이다.

과도확산: 고급

14.48 CO_2가 광합성의 반응물로 사용되므로 용액 내 CO_2의 존재는 수초의 성장에 필수적이다. CO_2의 농도(ρ_A)가 모든 곳에서 0인 정체된 물을 고려하라. 시간 $t = 0$에 표면($x = 0$)농도를 일정한 값 $\rho_{A,0}$로 유지하고 있는 CO_2 발생원에 물이 노출되었다. 시간 $t > 0$에서, CO_2는 물에 축적되기 시작하지만 광합성으로 인한 CO_2의 소모에 의해 축적은 방해받게 된다. 단위체적당 이러한 소모율은 반응률 상수 k_1과 국소 CO_2 농도 $\rho_A(x, t)$의 곱과 같다.

(a) 물에서 $\rho_A(x, t)$를 결정하기 위해 사용될 수 있는 미분방정식을 적으라(유도하지 말라). 방정식에서의 각 항은 물리적으로 무엇을 나타내는가?

(b) '깊은' 수심을 가정하여 특수해를 얻기 위해 사용될 수 있는 적절한 경계조건을 적으라. CO_2의 소모를 무시할 수 있는($k_1 \approx 0$) 특수한 경우에 대한 해는 어떠한 형태인가?

14.49 수소가스가 6 mm 두께의 박판재료를 제작하는 공정에 사용된다. 공정의 마지막에 H_2가 320 kmol/m^{3}의 균일한 농도로 재료 내의 용액에 남는다. 재료로부터 H_2를 제거하기 위하여 박판의 양쪽 표면은 500 K와 총 압력 3 atm의 공기유동에 노출된다. 오염 때문에 수소의 분압은 공기유동 내에서 0.1 atm이고, 이는 1.5 m/h의 대류물질전달계수를 제공한다. 박판재료(B) 내에서 수소(A)의 물질확산계수와 용해도는 각각 $D_{AB} = 2.6 \times 10^{-8}$ m^2/s와 $S_{AB} = 160$ kmol/m^3·atm이다.

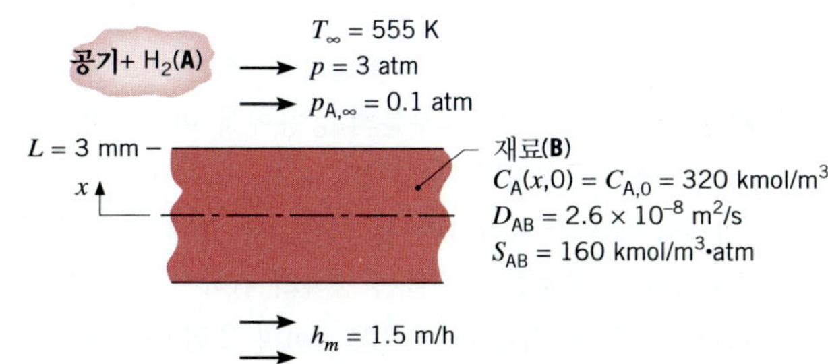

(a) 박판재료를 오랜 시간 동안 공기유동에 노출된 채 둔다고 가정하고, 재료 내 수소의 최종 함유량(kg/m^3)을 결정하라.

(b) 박판 내 과도 물질확산 과정이 진행되는 동안 언제나 균일한 농도로 된다고 가정할 수 있는지 여부를 결정하기 위해 사용될 수 있는 매개변수를 규명하고 평가하라. 힌트: 이런 상황은 과도 열전달 해석을 위한 집중용량법의 타당성을 결정하는 데 사용된 것과 유사하다.

(c) 박판 중심부에서의 수소의 질량밀도를 (a)에서 계산된 극한값의 두 배로 감소시키기 위해 필요한 시간을 결정하라.

14.50 연습문제 14.49에서 나타낸 수소제거 과정에서, 박판재료(B) 내 수소가스(A)의 물질확산계수가 $D_{AB} = 1.8 \times 10^{-11}$ m^2/s(2.6×10^{-8} m^2/s 대신에)인 조건을 고려하라. 보다 작은 D_{AB} 값으로 인해 **균일한 농도**라는 가정이 제거과정 동안 재료 내에 더 이상 존재하지 않는다.

(a) 박판재료를 오랜 시간 동안 공기유동에 노출된 채 둔다면, 재료 내 수소의 최종 함유량(kg/m^3)은 얼마인가?

(b) 박판 내 과도 물질확산 과정을 묘사하는 매개변수를 규명하고 평가하라. 힌트: 이런 상황은 평면벽에서 과도 열전도와 유사하다.

(c) 박판 중심부에서의 수소의 질량밀도를 (a)에서 계산된 극한값의 두 배로 감소시키기 위해 필요한 시간을 결정하라.

(d) 제거과정 동안 언제나 균일한 농도로 가정하여, (a)에서 계산된 극한 밀도의 두 배에 도달하는 데 필요한 시간을 계산하라. (c)에서 구한 결과와 비교하고 그 차이를 설명하라.

14.51 두께 1 mm의 정사각형(100 mm × 100 mm) 폴리머 박판이 온도와 상대습도가 각각 $T = 300$ K와 $\phi = 0$인 공간에

서 정밀저울에 매달려 있다. 시간 $t = 0$에 갑자기 공간의 상대습도가 $\phi = 0.95$로 상승하였다. 박판의 측정된 질량이 24시간 동안에 0.012 mg 그리고 48시간 동안에 0.016 mg만큼 증가하였다. 폴리머 내 수증기의 용해도와 물질확산계수를 결정하라. 예비실험으로부터 물질확산계수는 7×10^{-13} m^2/s보다 크다는 것을 알았다.

14.52 유리표면은 높은 습도에 노출되면 아주 작은 미소균열을 **빠르게** 발생시킨다. 비록 대부분의 응용에서 미소균열이 안전하게 무시될 수 있지만, 광섬유와 같은 아주 작은 유리구조의 기계적 강도를 심각하게 감소시킬 수 있다. 바깥지름 $D_o = 250\ \mu m$의 코팅된 섬유를 형성하기 위하여 아크릴레이트 폴리머로 코팅된 지름 $D_i = 125\ \mu m$의 유리 광섬유를 고려하라. 통신 기술자가 현장에서 기능공이 거칠게 다루더라도 견딜 수 있을 만큼 충분히 강하도록 하기 위해 광섬유를 설치하기 전에 낮은 습도의 환경에 보관하여야 한다고 주장한다. 한 통의 섬유를 설치완료하기 위해 며칠의 덥고 습기 있는 날이 필요하다면, 사전에 조심스럽게 보관하는 것이 미소균열을 예방하는가? 아크릴레이트 내 수증기의 물질확산계수는 $D_{AB} = 5.5 \times 10^{-13}\ m^2/s$이고 유리는 불침투성으로 고려될 수 있다.

14.53 어떤 사람이 자기 몸의 노출된 면적 $A = 0.5\ m^2$ 위에 곤충 퇴치제를 바른다. 사용된 스프레이의 질량은 $M = 10$ g이고, 스프레이는 25%(질량 기준)의 약효성분을 포함하고 있다. 비약효성분은 피부표면으로부터 빨리 증발한다.

(a) 스프레이가 균일하게 뿌려지고 건조한 약효성분의 밀도가 $\rho = 2000\ kg/m^3$이라면, 피부표면에서 약효성분 막의 초기 두께는 얼마인가? 약효성분의 온도, 분자량, 포화압력은 각각 32°C, 152 kg/kmol, 1.2×10^{-5} bar이다.

(b) 공기로의 약효성분의 승화와 관련된 대류물질전달계수가 $\bar{h}_m = 5 \times 10^{-3}$ m/s, 성분–피부 계면과 관련된 분할계수가 $K = 0.05$ 그리고 피부 내 약효성분의 물질확산계수가 $D_{AB} = 1 \times 10^{-13}\ m^2/s$라면, 곤충 퇴치제가 얼마나 오래 유효하게 남아 있겠는가? 분할계수는 피부 바깥 성분밀도에 대한 피부 내 성분밀도의 비이다.

(c) 분할계수가 아주 작아지도록 스프레이가 재처방된다면, 곤충 퇴치제는 얼마나 오래 유효하게 남아 있겠는가?

14.54 2.2.1절에서 보았듯이 Fourier의 법칙은 개별 분자와 연관된 열전달 현상을 예측하는 데는 사용할 수 없다. 유사하게 Fick의 법칙은 다수의 분자의 집단적인 거동을 묘사하고, 소수의 분자의 거동을 예측하는 데는 사용할 수 없다.

인간의 코는 향료물질의 단지 몇 가지 분자에만 민감할 수 있다. 체적적 가열에 대한 강의중 시연에서 교수는 팝콘 한 봉지를 전자레인지로 요리하며 온도 변화를 측정한다. 열전대를 삽입하기 위하여 뜨거운 봉지를 개봉한 1초 후 교수로부터 30 m 떨어진 곳에 위치한 강의실 제일 뒷줄에 앉은 학생은 뜨거운 팝콘의 냄새를 맡는다. 팝콘의 향기가 학생에게 유동대류에 의해 도달했다는게 가능한가? Fourier의 법칙을 이용하여 학생이 $C/C_s = 0.0001$의 향료의 흔적 양에 노출되는데 필요한 시간을 추정하라. 5.7절의 침투깊이 개념과 공기 중 기체에 대한 2성분 확산계수의 전형적인 값을 이용하라. 농도 C_s는 봉지의 개봉구에 위치한 최대 향료 농도이다. 향료물질이 강의실의 앞에서 뒤로 이동하는 속도를 설명하는데 Fick의 법칙이 이용될 수 있는가?

물질의 열물성치

Thermophysical Properties of Matter[1]

표 **페이지**

[1] 물성치의 수치를 나타내는 데 사용되는 표기법은 다음 예와 같다.

T (K)	$\nu \cdot 10^7$ (m^2/s)	$k \cdot 10^3$ (W/m · K)
300	0.349	521

여기서 300 K일 때 $\nu = 0.349 \times 10^{-7}$ m^2/s이고 $k = 521 \times 10^{-3} = 0.521$ W/m·K이다.

표 A.1 선택된 금속 고체의 열물성치[a]

성분	융점 (K)	300 K에서의 물성치 ρ (kg/m³)	c_p (J/kg · K)	k (W/m · K)	$\alpha \cdot 10^6$ (m²/s)	여러 온도(K)에서의 물성치 k (W/m · K)/c_p (J/kg · K) 100	200	400	600	800	1000	1200	1500	2000	2500
Aluminum															
Pure	933	2702	903	237	97.1	302	237	240	231	218					
						482	798	949	1033	1146					
Alloy 2024-T6 (4.5% Cu, 1.5% Mg, 0.6% Mn)	775	2770	875	177	73.0	65	163	186	186						
						473	787	925	1042						
Alloy 195, Cast (4.5% Cu)		2790	883	168	68.2			174	185						
								—	—						
Beryllium	1550	1850	1825	200	59.2	990	301	161	126	106	90.8	78.7			
						203	1114	2191	2604	2823	3018	3227	3519		
Bismuth	545	9780	122	7.86	6.59	16.5	9.69	7.04							
						112	120	127							
Boron	2573	2500	1107	27.0	9.76	190	55.5	16.8	10.6	9.60	9.85				
						128	600	1463	1892	2160	2338				
Cadmium	594	8650	231	96.8	48.4	203	99.3	94.7							
						198	222	242							
Chromium	2118	7160	449	93.7	29.1	159	111	90.9	80.7	71.3	65.4	61.9	57.2	49.4	
						192	384	484	542	581	616	682	779	937	
Cobalt	1769	8862	421	99.2	26.6	167	122	85.4	67.4	58.2	52.1	49.3	42.5		
						236	379	450	503	550	628	733	674		
Copper															
Pure	1358	8933	385	401	117	482	413	393	379	366	352	339			
						252	356	397	417	433	451	480			
Commercial bronze (90% Cu, 10% Al)	1293	8800	420	52	14		42	52	59						
							785	460	545						
Phosphor gear bronze (89% Cu, 11% Sn)	1104	8780	355	54	17		41	65	74						
							—	—	—						
Cartridge brass (70% Cu, 30% Zn)	1188	8530	380	110	33.9	75	95	137	149						
							360	395	425						
Constantan (55% Cu, 45% Ni)	1493	8920	384	23	6.71	17	19								
						237	362								
Germanium	1211	5360	322	59.9	34.7	232	96.8	43.2	27.3	19.8	17.4	17.4			
						190	290	337	343	357	375	395			

표 A.1 계속

성분	융점 (K)	ρ (kg/m³)	c_p (J/kg · K)	k (W/m · K)	$\alpha \cdot 10^6$ (m²/s)	100	200	400	600	800	1000	1200	1500	2000	2500
		300 K에서의 물성치				여러 온도(K)에서의 물성치 k (W/m · K)/c_p (J/kg · K)									
Gold	1336	19300	129	317	127	327	323	311	298	284	270	255			
						109	124	131	135	140	145	155			
Iridium	2720	22500	130	147	50.3	172	153	144	138	132	126	120	111		
						90	122	133	138	144	153	161	172		
Iron															
Pure	1810	7870	447	80.2	23.1	134	94.0	69.5	54.7	43.3	32.8	28.3	32.1		
						216	384	490	574	680	975	609	654		
Armco (99.75% pure)		7870	447	72.7	20.7	95.6	80.6	65.7	53.1	42.2	32.3	28.7	31.4		
						215	384	490	574	680	975	609	654		
Carbon steels															
Plain carbon ($Mn \le 1\%$, $Si \le 0.1\%$)		7854	434	60.5	17.7			56.7	48.0	39.2	30.0				
								487	559	685	1169				
AISI 1010		7832	434	63.9	18.8			58.7	48.8	39.2	31.3				
								487	559	685	1168				
Carbon–silicon ($Mn \le 1\%$, $0.1\% < Si \le 0.6\%$)		7817	446	51.9	14.9			49.8	44.0	37.4	29.3				
								501	582	699	971				
Carbon–manganese–silicon ($1\% < Mn \le 1.65\%$, $0.1\% < Si \le 0.6\%$)		8131	434	41.0	11.6			42.2	39.7	35.0	27.6				
								487	559	685	1090				
Chromium (low) steels															
$\frac{1}{2}$Cr–$\frac{1}{4}$Mo–Si (0.18% C, 0.65% Cr, 0.23% Mo, 0.6% Si)		7822	444	37.7	10.9			38.2	36.7	33.3	26.9				
								492	575	688	969				
1 Cr–$\frac{1}{2}$Mo (0.16% C, 1% Cr, 0.54% Mo, 0.39% Si)		7858	442	42.3	12.2			42.0	39.1	34.5	27.4				
								492	575	688	969				
1 Cr–V (0.2% C, 1.02% Cr, 0.15% V)		7836	443	48.9	14.1			46.8	42.1	36.3	28.2				
								492	575	688	969				

Stainless steels															
AISI 302		8055	480	15.1	3.91			17.3	20.0	22.8	25.4				
								512	559	585	606				
AISI 304	1670	7900	477	14.9	3.95	9.2	12.6	16.6	19.8	22.6	25.4	28.0	31.7		
						272	402	515	557	582	611	640	682		
AISI 316		8238	468	13.4	3.48			15.2	18.3	21.3	24.2				
								504	550	576	602				
AISI 347		7978	480	14.2	3.71			15.8	18.9	21.9	24.7				
								513	559	585	606				
Lead	601	11340	129	35.3	24.1	39.7	36.7	34.0	31.4						
						118	125	132	142						
Magnesium	923	1740	1024	156	87.6	169	159	153	149	146					
						649	934	1074	1170	1267					
Molybdenum	2894	10240	251	138	53.7	179	143	134	126	118	112	105	98	90	86
						141	224	261	275	285	295	308	330	380	459
Nickel															
Pure	1728	8900	444	90.7	23.0	164	107	80.2	65.6	67.6	71.8	76.2	82.6		
						232	383	485	592	530	562	594	616		
Nichrome (80% Ni, 20% Cr)	1672	8400	420	12	3.4			14	16	21					
								480	525	545					
Inconel X-750 (73% Ni, 15% Cr, 6.7% Fe)	1665	8510	439	11.7	3.1	8.7	10.3	13.5	17.0	20.5	24.0	27.6	33.0		
						—	372	473	510	546	626	—	—		
Niobium	2741	8570	265	53.7	23.6	55.2	52.6	55.2	58.2	61.3	64.4	67.5	72.1	79.1	
						188	249	274	283	292	301	310	324	347	
Palladium	1827	12020	244	71.8	24.5	76.5	71.6	73.6	79.7	86.9	94.2	102	110		
						168	227	251	261	271	281	291	307		
Platinum															
Pure	2045	21450	133	71.6	25.1	77.5	72.6	71.8	73.2	75.6	78.7	82.6	89.5	99.4	
						100	125	136	141	146	152	157	165	179	
Alloy 60Pt–40Rh (60% Pt, 40% Rh)	1800	16630	162	47	17.4			52	59	65	69	73	76		
								—	—	—	—	—	—		
Rhenium	3453	21100	136	47.9	16.7	58.9	51.0	46.1	44.2	44.1	44.6	45.7	47.8	51.9	
						97	127	139	145	151	156	162	171	186	
Rhodium	2236	12450	243	150	49.6	186	154	146	136	127	121	116	110	112	
						147	220	253	274	293	311	327	349	376	
Silicon	1685	2330	712	148	89.2	884	264	98.9	61.9	42.2	31.2	25.7	22.7		
						259	556	790	867	913	946	967	992		
Silver	1235	10500	235	429	174	444	430	425	412	396	379	361			
						187	225	239	250	262	277	292			
Tantalum	3269	16600	140	57.5	24.7	59.2	57.5	57.8	58.6	59.4	60.2	61.0	62.2	64.1	65.6
						110	133	144	146	149	152	155	160	172	189
Thorium	2023	11700	118	54.0	39.1	59.8	54.6	54.5	55.8	56.9	56.9	58.7			
						99	112	124	134	145	156	167			
Tin	505	7310	227	66.6	40.1	85.2	73.3	62.2							
						188	215	243							

표 A.1 계속

성분	융점 (K)	300 K에서의 물성치 ρ (kg/m^3)	c_p (J/kg · K)	k (W/m · K)	$\alpha \cdot 10^6$ (m^2/s)	여러 온도(K)에서의 물성치 k (W/m · K)/c_p (J/kg · K) 100	200	400	600	800	1000	1200	1500	2000	2500
Titanium	1953	4500	522	21.9	9.32	30.5 300	24.5 465	20.4 551	19.4 591	19.7 633	20.7 675	22.0 620	24.5 686		
Tungsten	3660	19300	132	174	68.3	208 87	186 122	159 137	137 142	125 145	118 148	113 152	107 157	100 167	95 176
Uranium	1406	19070	116	27.6	12.5	21.7 94	25.1 108	29.6 125	34.0 146	38.8 176	43.9 180	49.0 161			
Vanadium	2192	6100	489	30.7	10.3	35.8 258	31.3 430	31.3 515	33.3 540	35.7 563	38.2 597	40.8 645	44.6 714	50.9 867	
Zinc	693	7140	389	116	41.8	117 297	118 367	111 402	103 436						
Zirconium	2125	6570	278	22.7	12.4	33.2 205	25.2 264	21.6 300	20.7 322	21.6 342	23.7 362	26.0 344	28.8 344	33.0 344	

[a]참고문헌 1~7에서 인용함.

표 A.2 선택된 비금속 고체의 열물성치[a]

성분	융점 (K)	300 K에서의 물성치 ρ (kg/m³)	c_p (J/kg·K)	k (W/m·K)	$\alpha \cdot 10^6$ (m²/s)	여러 온도(K)에서의 물성치 k (W/m·K)/c_p (J/kg·K) 100	200	400	600	800	1000	1200	1500	2000	2500
Aluminum oxide, sapphire	2323	3970	765	46	15.1	450	82	32.4	18.9	13.0	10.5				
						—	—	940	1110	1180	1225				
Aluminum oxide, polycrystalline	2323	3970	765	36.0	11.9	133	55	26.4	15.8	10.4	7.85	6.55	5.66	6.00	
						—	—	940	1110	1180	1225	—	—	—	
Beryllium oxide	2725	3000	1030	272	88.0			196	111	70	47	33	21.5	15	
								1350	1690	1865	1975	2055	2145	2750	
Boron	2573	2500	1105	27.6	9.99	190	52.5	18.7	11.3	8.1	6.3	5.2			
						—	—	1490	1880	2135	2350	2555			
Boron fiber epoxy (30% vol) composite	590	2080													
k, ∥ to fibers				2.29		2.10	2.23	2.28							
k, ⊥ to fibers				0.59		0.37	0.49	0.60							
c_p			1122			364	757	1431							
Carbon															
Amorphous	1500	1950	—	1.60	—	0.67	1.18	1.89	2.19	2.37	2.53	2.84	3.48		
						—	—	—	—	—	—	—	—		
Diamond, type IIa insulator	—	3500	509	2300	—	10,000	4000	1540							
						21	194	853							
Graphite, pyrolytic	2273	2210													
k, ∥ to layers				1950		4970	3230	1390	892	667	534	448	357	262	
k, ⊥ to layers				5.70		16.8	9.23	4.09	2.68	2.01	1.60	1.34	1.08	0.81	
c_p			709			136	411	992	1406	1650	1793	1890	1974	2043	
Graphite fiber epoxy (25% vol) composite	450	1400													
k, heat flow ∥ to fibers				11.1		5.7	8.7	13.0							
k, heat flow ⊥ to fibers				0.87		0.46	0.68	1.1							
c_p			935			337	642	1216							
Pyroceram, Corning 9606	1623	2600	808	3.98	1.89	5.25	4.78	3.64	3.28	3.08	2.96	2.87	2.79		
						—	—	908	1038	1122	1197	1264	1498		

표 A.2 계속

성분	융점 (K)	300 K에서의 물성치				여러 온도(K)에서의 물성치 k (W/m · K)/c_p (J/kg · K)									
		ρ (kg/m³)	c_p (J/kg · K)	k (W/m · K)	$\alpha \cdot 10^6$ (m²/s)	100	200	400	600	800	1000	1200	1500	2000	2500
Silicon carbide	3100	3160	675	490	230			— 880	— 1050	— 1135	87 1195	58 1243	30 1310		
Silicon dioxide, crystalline (quartz)	1883	2650													
k, ∥ to c axis				10.4		39	16.4	7.6	5.0	4.2					
k, ⊥ to c axis				6.21		20.8	9.5	4.70	3.4	3.1					
c_p			745			—	—	885	1075	1250					
Silicon dioxide, polycrystalline (fused silica)	1883	2220	745	1.38	0.834	0.69 —	1.14 —	1.51 905	1.75 1040	2.17 1105	2.87 1155	4.00 1195			
Silicon nitride	2173	2400	691	16.0	9.65	— —	— 578	13.9 778	11.3 937	9.88 1063	8.76 1155	8.00 1226	7.16 1306	6.20 1377	
Sulfur	392	2070	708	0.206	0.141	0.165 403	0.185 606								
Thorium dioxide	3573	9110	235	13	6.1			10.2 255	6.6 274	4.7 285	3.68 295	3.12 303	2.73 315	2.5 330	
Titanium dioxide, polycrystalline	2133	4157	710	8.4	2.8			7.01 805	5.02 880	3.94 910	3.46 930	3.28 945			

[a]참고문헌 1, 2, 3, 6에서 인용함

표 A.3 일반 물질의 열물성치[a]

건축 구조용 재료

명칭/성분	300 K에서의 대표적 물성치		
	밀도, ρ (kg/m^3)	열전도율, k $(W/m \cdot K)$	비열, c_p $(J/kg \cdot K)$
Building Boards			
Asbestos–cement board	1920	0.58	—
Gypsum or plaster board	800	0.17	—
Plywood	545	0.12	1215
Sheathing, regular density	290	0.055	1300
Acoustic tile	290	0.058	1340
Hardboard, siding	640	0.094	1170
Hardboard, high density	1010	0.15	1380
Particle board, low density	590	0.078	1300
Particle board, high density	1000	0.170	1300
Woods			
Hardwoods (oak, maple)	720	0.16	1255
Softwoods (fir, pine)	510	0.12	1380
Masonry Materials			
Cement mortar	1860	0.72	780
Brick, common	1920	0.72	835
Brick, face	2083	1.3	—
Clay tile, hollow			
1 cell deep, 10 cm thick	—	0.52	—
3 cells deep, 30 cm thick	—	0.69	—
Concrete block, 3 oval cores			
Sand/gravel, 20 cm thick	—	1.0	—
Cinder aggregate, 20 cm thick	—	0.67	—
Concrete block, rectangular core			
2 cores, 20 cm thick, 16 kg	—	1.1	—
Same with filled cores	—	0.60	—
Plastering Materials			
Cement plaster, sand aggregate	1860	0.72	—
Gypsum plaster, sand aggregate	1680	0.22	1085
Gypsum plaster, vermiculite aggregate	720	0.25	—

표 A.3 계속

단열재와 단열 구조물

명칭/성분	300 K에서의 대표적 물성치 밀도, ρ (kg/m^3)	열전도율, k ($W/m \cdot K$)	비열, c_p ($J/kg \cdot K$)
Blanket and Batt			
Glass fiber, paper faced	16	0.046	—
	28	0.038	—
	40	0.035	—
Glass fiber, coated; duct liner	32	0.038	835
Board and Slab			
Cellular glass	145	0.058	1000
Glass fiber, organic bonded	105	0.036	795
Polystyrene, expanded			
Extruded (R-12)	55	0.027	1210
Molded beads	16	0.040	1210
Mineral fiberboard; roofing material	265	0.049	—
Wood, shredded/cemented	350	0.087	1590
Cork	120	0.039	1800
Loose Fill			
Cork, granulated	160	0.045	—
Diatomaceous silica, coarse	350	0.069	—
Powder	400	0.091	—
Diatomaceous silica, fine powder	200	0.052	—
	275	0.061	—
Glass fiber, poured or blown	16	0.043	835
Vermiculite, flakes	80	0.068	835
	160	0.063	1000
Formed/Foamed-in-Place			
Mineral wool granules with asbestos/inorganic binders, sprayed	190	0.046	—
Polyvinyl acetate cork mastic; sprayed or troweled	—	0.100	—
Urethane, two-part mixture; rigid foam	70	0.026	1045
Reflective			
Aluminum foil separating fluffy glass mats; 10–12 layers, evacuated; for cryogenic applications (150 K)	40	0.00016	—
Aluminum foil and glass paper laminate; 75–150 layers; evacuated; for cryogenic application (150 K)	120	0.000017	—
Typical silica powder, evacuated	160	0.0017	—

표 A.3 계속

산업용 단열재

명칭/성분	가용 최고 온도(K)	전형적인 밀도 (kg/m³)	여러 온도(K)에서의 대표적 열전도율, k(W/m·K)													
			200	215	230	240	255	270	285	300	310	365	420	530	645	750
Blankets																
Blanket, mineral fiber,	920	96–192									0.038	0.046	0.056	0.078		
metal reinforced	815	40–96									0.035	0.045	0.058	0.088		
Blanket, mineral fiber,	450	10				0.036	0.038	0.040	0.043	0.048	0.052	0.076				
glass; fine fiber,																
organic bonded		12				0.035	0.036	0.039	0.042	0.046	0.049	0.069				
		16				0.033	0.035	0.036	0.039	0.042	0.046	0.062				
		24				0.030	0.032	0.033	0.036	0.039	0.040	0.053				
		32				0.029	0.030	0.032	0.033	0.036	0.038	0.048				
		48				0.027	0.029	0.030	0.032	0.033	0.035	0.045				
Blanket, alumina–																
silica fiber	1530	48												0.071	0.105	0.150
		64												0.059	0.087	0.125
		96												0.052	0.076	0.100
		128												0.049	0.068	0.091
Felt, semirigid;	480	50–125						0.035	0.036	0.038	0.039	0.051	0.063			
organic bonded	730	50	0.023	0.025	0.026	0.027	0.029	0.030	0.032	0.033	0.035	0.051	0.079			
Felt, laminated;																
no binder	920	120											0.051	0.065	0.087	
Blocks, Boards, and																
Pipe Insulations																
Asbestos paper,																
laminated and																
corrugated																
4-ply	420	190								0.078	0.082	0.098				
6-ply	420	255								0.071	0.074	0.085				
8-ply	420	300								0.068	0.071	0.082				
Magnesia, 85%	590	185									0.051	0.055	0.061			
Calcium silicate	920	190									0.055	0.059	0.063	0.075	0.089	0.104

표 A.3 계속

산업용 단열재(계속)

명칭/성분	가용 최고 온도(K)	대표적 밀도 (kg/m³)	여러 온도(K)에서의 대표적 열전도율, k(W/m·K)													
			200	**215**	**230**	**240**	**255**	**270**	**285**	**300**	**310**	**365**	**420**	**530**	**645**	**750**
Cellular glass	700	145			0.046	0.048	0.051	0.052	0.055	0.058	0.062	0.069	0.079			
Diatomaceous	1145	345												0.092	0.098	0.104
silica	1310	385												0.101	0.100	0.115
Polystyrene, rigid																
Extruded (R-12)	350	56	0.023	0.023	0.022	0.023	0.023	0.025	0.026	0.027	0.029					
Extruded (R-12)	350	35	0.023	0.023	0.023	0.025	0.025	0.026	0.027	0.029						
Molded beads	350	16	0.026	0.029	0.030	0.033	0.035	0.036	0.038	0.040						
Rubber, rigid																
foamed	340	70						0.029	0.030	0.032	0.033					
Insulating Cement																
Mineral fiber																
(rock, slag or glass)																
With clay binder	1255	430									0.071	0.079	0.088	0.105	0.123	
With hydraulic																
setting binder	922	560									0.108	0.115	0.123	0.137		
Loose Fill																
Cellulose, wood																
or paper pulp	—	45							0.038	0.039	0.042					
Perlite, expanded	—	105	0.036	0.039	0.042	0.043	0.046	0.049	0.051	0.053	0.056					
Vermiculite,																
expanded	—	122			0.056	0.058	0.061	0.063	0.065	0.068	0.071					
		80			0.049	0.051	0.055	0.058	0.061	0.063	0.066					

표 A.3 계속

기타 재료

명칭/성분	온도 (K)	밀도 ρ (kg/m^3)	열전도율, k ($W/m \cdot K$)	비열, c_p ($J/kg \cdot K$)
Asphalt	300	2115	0.062	920
Bakelite	300	1300	1.4	1465
Brick, refractory				
Carborundum	872	—	18.5	—
	1672	—	11.0	—
Chrome brick	473	3010	2.3	835
	823		2.5	
	1173		2.0	
Diatomaceous	478	—	0.25	—
silica, fired	1145	—	0.30	
Fireclay, burnt 1600 K	773	2050	1.0	960
	1073	—	1.1	
	1373	—	1.1	
Fireclay, burnt 1725 K	773	2325	1.3	960
	1073		1.4	
	1373		1.4	
Fireclay brick	478	2645	1.0	960
	922		1.5	
	1478		1.8	
Magnesite	478	—	3.8	1130
	922	—	2.8	
	1478		1.9	
Clay	300	1460	1.3	880
Coal, anthracite	300	1350	0.26	1260
Concrete (stone mix)	300	2300	1.4	880
Cotton	300	80	0.06	1300
Foodstuffs				
Banana (75.7% water content)	300	980	0.481	3350
Apple, red (75% water content)	300	840	0.513	3600
Cake, batter	300	720	0.223	—
Cake, fully baked	300	280	0.121	—
Chicken meat, white	198	—	1.60	—
(74.4% water content)	233	—	1.49	
	253		1.35	
	263		1.20	
	273		0.476	
	283		0.480	
	293		0.489	
Glass				
Plate (soda lime)	300	2500	1.4	750
Pyrex	300	2225	1.4	835

표 A.3 계속

기타 재료(계속)

명칭/성분	온도 (K)	밀도 ρ (kg/m³)	열전도율, k (W/m · K)	비열, c_p (J/kg · K)
Ice	273	920	1.88	2040
	253	—	2.03	1945
Leather (sole)	300	998	0.159	—
Paper	300	930	0.180	1340
Paraffin	300	900	0.240	2890
Rock				
Granite, Barre	300	2630	2.79	775
Limestone, Salem	300	2320	2.15	810
Marble, Halston	300	2680	2.80	830
Quartzite, Sioux	300	2640	5.38	1105
Sandstone, Berea	300	2150	2.90	745
Rubber, vulcanized				
Soft	300	1100	0.13	2010
Hard	300	1190	0.16	—
Sand	300	1515	0.27	800
Soil	300	2050	0.52	1840
Snow	273	110	0.049	—
		500	0.190	—
Teflon	300	2200	0.35	—
	400		0.45	—
Tissue, human				
Skin	300	—	0.37	—
Fat layer (adipose)	300	—	0.2	—
Muscle	300	—	0.5	—
Wood, cross grain				
Balsa	300	140	0.055	—
Cypress	300	465	0.097	—
Fir	300	415	0.11	2720
Oak	300	545	0.17	2385
Yellow pine	300	640	0.15	2805
White pine	300	435	0.11	—
Wood, radial				
Oak	300	545	0.19	2385
Fir	300	420	0.14	2720

[a]참고문헌 1, 8~13에서 인용함.

표 A.4 대기압에서 기체의 열물성치[a]

T (K)	ρ (kg/m^3)	c_p (kJ/kg · K)	$\mu \cdot 10^7$ (N · s/m^2)	$\nu \cdot 10^6$ (m^2/s)	$k \cdot 10^3$ (W/m · K)	$\alpha \cdot 10^6$ (m^2/s)	Pr
Air, $\mathcal{M}$ = 28.97 kg/kmol							
100	3.5562	1.032	71.1	2.00	9.34	2.54	0.786
150	2.3364	1.012	103.4	4.426	13.8	5.84	0.758
200	1.7458	1.007	132.5	7.590	18.1	10.3	0.737
250	1.3947	1.006	159.6	11.44	22.3	15.9	0.720
300	1.1614	1.007	184.6	15.89	26.3	22.5	0.707
350	0.9950	1.009	208.2	20.92	30.0	29.9	0.700
400	0.8711	1.014	230.1	26.41	33.8	38.3	0.690
450	0.7740	1.021	250.7	32.39	37.3	47.2	0.686
500	0.6964	1.030	270.1	38.79	40.7	56.7	0.684
550	0.6329	1.040	288.4	45.57	43.9	66.7	0.683
600	0.5804	1.051	305.8	52.69	46.9	76.9	0.685
650	0.5356	1.063	322.5	60.21	49.7	87.3	0.690
700	0.4975	1.075	338.8	68.10	52.4	98.0	0.695
750	0.4643	1.087	354.6	76.37	54.9	109	0.702
800	0.4354	1.099	369.8	84.93	57.3	120	0.709
850	0.4097	1.110	384.3	93.80	59.6	131	0.716
900	0.3868	1.121	398.1	102.9	62.0	143	0.720
950	0.3666	1.131	411.3	112.2	64.3	155	0.723
1000	0.3482	1.141	424.4	121.9	66.7	168	0.726
1100	0.3166	1.159	449.0	141.8	71.5	195	0.728
1200	0.2902	1.175	473.0	162.9	76.3	224	0.728
1300	0.2679	1.189	496.0	185.1	82	257	0.719
1400	0.2488	1.207	530	213	91	303	0.703
1500	0.2322	1.230	557	240	100	350	0.685
1600	0.2177	1.248	584	268	106	390	0.688
1700	0.2049	1.267	611	298	113	435	0.685
1800	0.1935	1.286	637	329	120	482	0.683
1900	0.1833	1.307	663	362	128	534	0.677
2000	0.1741	1.337	689	396	137	589	0.672
2100	0.1658	1.372	715	431	147	646	0.667
2200	0.1582	1.417	740	468	160	714	0.655
2300	0.1513	1.478	766	506	175	783	0.647
2400	0.1448	1.558	792	547	196	869	0.630
2500	0.1389	1.665	818	589	222	960	0.613
3000	0.1135	2.726	955	841	486	1570	0.536
Ammonia (NH_3), $\mathcal{M}$ = 17.03 kg/kmol							
300	0.6894	2.158	101.5	14.7	24.7	16.6	0.887
320	0.6448	2.170	109	16.9	27.2	19.4	0.870
340	0.6059	2.192	116.5	19.2	29.3	22.1	0.872
360	0.5716	2.221	124	21.7	31.6	24.9	0.872
380	0.5410	2.254	131	24.2	34.0	27.9	0.869

표 A.4 계속

T (K)	ρ (kg/m³)	c_p (kJ/kg · K)	$\mu \cdot 10^7$ (N · s/m²)	$\nu \cdot 10^6$ (m²/s)	$k \cdot 10^3$ (W/m · K)	$\alpha \cdot 10^6$ (m²/s)	*Pr*
Ammonia (NH_3) *(continued)*							
400	0.5136	2.287	138	26.9	37.0	31.5	0.853
420	0.4888	2.322	145	29.7	40.4	35.6	0.833
440	0.4664	2.357	152.5	32.7	43.5	39.6	0.826
460	0.4460	2.393	159	35.7	46.3	43.4	0.822
480	0.4273	2.430	166.5	39.0	49.2	47.4	0.822
500	0.4101	2.467	173	42.2	52.5	51.9	0.813
520	0.3942	2.504	180	45.7	54.5	55.2	0.827
540	0.3795	2.540	186.5	49.1	57.5	59.7	0.824
560	0.3708	2.577	193	52.0	60.6	63.4	0.827
580	0.3533	2.613	199.5	56.5	63.8	69.1	0.817
Carbon Dioxide (CO_2), $\mathcal{M}$ = 44.01 kg/kmol							
280	1.9022	0.830	140	7.36	15.20	9.63	0.765
300	1.7730	0.851	149	8.40	16.55	11.0	0.766
320	1.6609	0.872	156	9.39	18.05	12.5	0.754
340	1.5618	0.891	165	10.6	19.70	14.2	0.746
360	1.4743	0.908	173	11.7	21.2	15.8	0.741
380	1.3961	0.926	181	13.0	22.75	17.6	0.737
400	1.3257	0.942	190	14.3	24.3	19.5	0.737
450	1.1782	0.981	210	17.8	28.3	24.5	0.728
500	1.0594	1.02	231	21.8	32.5	30.1	0.725
550	0.9625	1.05	251	26.1	36.6	36.2	0.721
600	0.8826	1.08	270	30.6	40.7	42.7	0.717
650	0.8143	1.10	288	35.4	44.5	49.7	0.712
700	0.7564	1.13	305	40.3	48.1	56.3	0.717
750	0.7057	1.15	321	45.5	51.7	63.7	0.714
800	0.6614	1.17	337	51.0	55.1	71.2	0.716
Carbon Monoxide (CO), $\mathcal{M}$ = 28.01 kg/kmol							
200	1.6888	1.045	127	7.52	17.0	9.63	0.781
220	1.5341	1.044	137	8.93	19.0	11.9	0.753
240	1.4055	1.043	147	10.5	20.6	14.1	0.744
260	1.2967	1.043	157	12.1	22.1	16.3	0.741
280	1.2038	1.042	166	13.8	23.6	18.8	0.733
300	1.1233	1.043	175	15.6	25.0	21.3	0.730
320	1.0529	1.043	184	17.5	26.3	23.9	0.730
340	0.9909	1.044	193	19.5	27.8	26.9	0.725
360	0.9357	1.045	202	21.6	29.1	29.8	0.725
380	0.8864	1.047	210	23.7	30.5	32.9	0.729
400	0.8421	1.049	218	25.9	31.8	36.0	0.719
450	0.7483	1.055	237	31.7	35.0	44.3	0.714
500	0.67352	1.065	254	37.7	38.1	53.1	0.710
550	0.61226	1.076	271	44.3	41.1	62.4	0.710
600	0.56126	1.088	286	51.0	44.0	72.1	0.707

표 A.4 계속

T (K)	ρ (kg/m^3)	c_p ($kJ/kg \cdot K$)	$\mu \cdot 10^7$ ($N \cdot s/m^2$)	$\nu \cdot 10^6$ (m^2/s)	$k \cdot 10^3$ ($W/m \cdot K$)	$\alpha \cdot 10^6$ (m^2/s)	Pr
Carbon Monoxide (CO) ***(continued)***							
650	0.51806	1.101	301	58.1	47.0	82.4	0.705
700	0.48102	1.114	315	65.5	50.0	93.3	0.702
750	0.44899	1.127	329	73.3	52.8	104	0.702
800	0.42095	1.140	343	81.5	55.5	116	0.705
Helium (He), $\mathcal{M}$ = 4.003 kg/kmol							
100	0.4871	5.193	96.3	19.8	73.0	28.9	0.686
120	0.4060	5.193	107	26.4	81.9	38.8	0.679
140	0.3481	5.193	118	33.9	90.7	50.2	0.676
160	—	5.193	129	—	99.2	—	—
180	0.2708	5.193	139	51.3	107.2	76.2	0.673
200	—	5.193	150	—	115.1	—	—
220	0.2216	5.193	160	72.2	123.1	107	0.675
240	—	5.193	170	—	130	—	—
260	0.1875	5.193	180	96.0	137	141	0.682
280	—	5.193	190	—	145	—	—
300	0.1625	5.193	199	122	152	180	0.680
350	—	5.193	221	—	170	—	—
400	0.1219	5.193	243	199	187	295	0.675
450	—	5.193	263	—	204	—	—
500	0.09754	5.193	283	290	220	434	0.668
550	—	5.193	—	—	—	—	—
600	—	5.193	320	—	252	—	—
650	—	5.193	332	—	264	—	—
700	0.06969	5.193	350	502	278	768	0.654
750	—	5.193	364	—	291	—	—
800	—	5.193	382	—	304	—	—
900	—	5.193	414	—	330	—	—
1000	0.04879	5.193	446	914	354	1400	0.654
Hydrogen (H_2), $\mathcal{M}$ = 2.016 kg/kmol							
100	0.24255	11.23	42.1	17.4	67.0	24.6	0.707
150	0.16156	12.60	56.0	34.7	101	49.6	0.699
200	0.12115	13.54	68.1	56.2	131	79.9	0.704
250	0.09693	14.06	78.9	81.4	157	115	0.707
300	0.08078	14.31	89.6	111	183	158	0.701
350	0.06924	14.43	98.8	143	204	204	0.700
400	0.06059	14.48	108.2	179	226	258	0.695
450	0.05386	14.50	117.2	218	247	316	0.689
500	0.04848	14.52	126.4	261	266	378	0.691
550	0.04407	14.53	134.3	305	285	445	0.685

표 A.4 계속

T (K)	ρ (kg/m^3)	c_p (kJ/kg · K)	$\mu \cdot 10^7$ (N · s/m^2)	$\nu \cdot 10^6$ (m^2/s)	$k \cdot 10^3$ (W/m · K)	$\alpha \cdot 10^6$ (m^2/s)	Pr
Hydrogen (H_2) *(continued)*							
600	0.04040	14.55	142.4	352	305	519	0.678
700	0.03463	14.61	157.8	456	342	676	0.675
800	0.03030	14.70	172.4	569	378	849	0.670
900	0.02694	14.83	186.5	692	412	1030	0.671
1000	0.02424	14.99	201.3	830	448	1230	0.673
1100	0.02204	15.17	213.0	966	488	1460	0.662
1200	0.02020	15.37	226.2	1120	528	1700	0.659
1300	0.01865	15.59	238.5	1279	568	1955	0.655
1400	0.01732	15.81	250.7	1447	610	2230	0.650
1500	0.01616	16.02	262.7	1626	655	2530	0.643
1600	0.0152	16.28	273.7	1801	697	2815	0.639
1700	0.0143	16.58	284.9	1992	742	3130	0.637
1800	0.0135	16.96	296.1	2193	786	3435	0.639
1900	0.0128	17.49	307.2	2400	835	3730	0.643
2000	0.0121	18.25	318.2	2630	878	3975	0.661
Nitrogen (N_2), $\mathcal{M}$ = 28.01 kg/kmol							
100	3.4388	1.070	68.8	2.00	9.58	2.60	0.768
150	2.2594	1.050	100.6	4.45	13.9	5.86	0.759
200	1.6883	1.043	129.2	7.65	18.3	10.4	0.736
250	1.3488	1.042	154.9	11.48	22.2	15.8	0.727
300	1.1233	1.041	178.2	15.86	25.9	22.1	0.716
350	0.9625	1.042	200.0	20.78	29.3	29.2	0.711
400	0.8425	1.045	220.4	26.16	32.7	37.1	0.704
450	0.7485	1.050	239.6	32.01	35.8	45.6	0.703
500	0.6739	1.056	257.7	38.24	38.9	54.7	0.700
550	0.6124	1.065	274.7	44.86	41.7	63.9	0.702
600	0.5615	1.075	290.8	51.79	44.6	73.9	0.701
700	0.4812	1.098	321.0	66.71	49.9	94.4	0.706
800	0.4211	1.122	349.1	82.90	54.8	116	0.715
900	0.3743	1.146	375.3	100.3	59.7	139	0.721
1000	0.3368	1.167	399.9	118.7	64.7	165	0.721
1100	0.3062	1.187	423.2	138.2	70.0	193	0.718
1200	0.2807	1.204	445.3	158.6	75.8	224	0.707
1300	0.2591	1.219	466.2	179.9	81.0	256	0.701
Oxygen (O_2), $\mathcal{M}$ = 32.00 kg/kmol							
100	3.945	0.962	76.4	1.94	9.25	2.44	0.796
150	2.585	0.921	114.8	4.44	13.8	5.80	0.766
200	1.930	0.915	147.5	7.64	18.3	10.4	0.737
250	1.542	0.915	178.6	11.58	22.6	16.0	0.723
300	1.284	0.920	207.2	16.14	26.8	22.7	0.711

표 A.4 계속

T (K)	ρ (kg/m^3)	c_p (kJ/kg · K)	$\mu \cdot 10^7$ (N · s/m^2)	$\nu \cdot 10^6$ (m^2/s)	$k \cdot 10^3$ (W/m · K)	$\alpha \cdot 10^6$ (m^2/s)	Pr
Oxygen (O_2) *(continued)*							
350	1.100	0.929	233.5	21.23	29.6	29.0	0.733
400	0.9620	0.942	258.2	26.84	33.0	36.4	0.737
450	0.8554	0.956	281.4	32.90	36.3	44.4	0.741
500	0.7698	0.972	303.3	39.40	41.2	55.1	0.716
550	0.6998	0.988	324.0	46.30	44.1	63.8	0.726
600	0.6414	1.003	343.7	53.59	47.3	73.5	0.729
700	0.5498	1.031	380.8	69.26	52.8	93.1	0.744
800	0.4810	1.054	415.2	86.32	58.9	116	0.743
900	0.4275	1.074	447.2	104.6	64.9	141	0.740
1000	0.3848	1.090	477.0	124.0	71.0	169	0.733
1100	0.3498	1.103	505.5	144.5	75.8	196	0.736
1200	0.3206	1.115	532.5	166.1	81.9	229	0.725
1300	0.2960	1.125	588.4	188.6	87.1	262	0.721
Water Vapor (Steam), $\mathcal{M}$ = 18.02 kg/kmol							
380	0.5863	2.060	127.1	21.68	24.6	20.4	1.06
400	0.5542	2.014	134.4	24.25	26.1	23.4	1.04
450	0.4902	1.980	152.5	31.11	29.9	30.8	1.01
500	0.4405	1.985	170.4	38.68	33.9	38.8	0.998
550	0.4005	1.997	188.4	47.04	37.9	47.4	0.993
600	0.3652	2.026	206.7	56.60	42.2	57.0	0.993
650	0.3380	2.056	224.7	66.48	46.4	66.8	0.996
700	0.3140	2.085	242.6	77.26	50.5	77.1	1.00
750	0.2931	2.119	260.4	88.84	54.9	88.4	1.00
800	0.2739	2.152	278.6	101.7	59.2	100	1.01
850	0.2579	2.186	296.9	115.1	63.7	113	1.02

[a]참고문헌 8, 14, 15에서 인용함.

표 A.5 포화유체의 열물성치[a]

포화액체

T (K)	ρ (kg/m^3)	c_p (kJ/kg · K)	$\mu \cdot 10^2$ (N · s/m^2)	$\nu \cdot 10^6$ (m^2/s)	$k \cdot 10^3$ (W/m · K)	$\alpha \cdot 10^7$ (m^2/s)	Pr	$\beta \cdot 10^3$ (K^{-1})
Engine Oil (Unused)								
273	899.1	1.796	385	4280	147	0.910	47,000	0.70
280	895.3	1.827	217	2430	144	0.880	27,500	0.70
290	890.0	1.868	99.9	1120	145	0.872	12,900	0.70
300	884.1	1.909	48.6	550	145	0.859	6400	0.70
310	877.9	1.951	25.3	288	145	0.847	3400	0.70
320	871.8	1.993	14.1	161	143	0.823	1965	0.70
330	865.8	2.035	8.36	96.6	141	0.800	1205	0.70
340	859.9	2.076	5.31	61.7	139	0.779	793	0.70
350	853.9	2.118	3.56	41.7	138	0.763	546	0.70
360	847.8	2.161	2.52	29.7	138	0.753	395	0.70
370	841.8	2.206	1.86	22.0	137	0.738	300	0.70
380	836.0	2.250	1.41	16.9	136	0.723	233	0.70
390	830.6	2.294	1.10	13.3	135	0.709	187	0.70
400	825.1	2.337	0.874	10.6	134	0.695	152	0.70
410	818.9	2.381	0.698	8.52	133	0.682	125	0.70
420	812.1	2.427	0.564	6.94	133	0.675	103	0.70
430	806.5	2.471	0.470	5.83	132	0.662	88	0.70
Ethylene Glycol [$C_2H_4(OH)_2$]								
273	1130.8	2.294	6.51	57.6	242	0.933	617	0.65
280	1125.8	2.323	4.20	37.3	244	0.933	400	0.65
290	1118.8	2.368	2.47	22.1	248	0.936	236	0.65
300	1114.4	2.415	1.57	14.1	252	0.939	151	0.65
310	1103.7	2.460	1.07	9.65	255	0.939	103	0.65
320	1096.2	2.505	0.757	6.91	258	0.940	73.5	0.65
330	1089.5	2.549	0.561	5.15	260	0.936	55.0	0.65
340	1083.8	2.592	0.431	3.98	261	0.929	42.8	0.65
350	1079.0	2.637	0.342	3.17	261	0.917	34.6	0.65
360	1074.0	2.682	0.278	2.59	261	0.906	28.6	0.65
370	1066.7	2.728	0.228	2.14	262	0.900	23.7	0.65
373	1058.5	2.742	0.215	2.03	263	0.906	22.4	0.65
Glycerin [$C_3H_5(OH)_3$]								
273	1276.0	2.261	1060	8310	282	0.977	85,000	0.47
280	1271.9	2.298	534	4200	284	0.972	43,200	0.47
290	1265.8	2.367	185	1460	286	0.955	15,300	0.48
300	1259.9	2.427	79.9	634	286	0.935	6780	0.48
310	1253.9	2.490	35.2	281	286	0.916	3060	0.49
320	1247.2	2.564	21.0	168	287	0.897	1870	0.50

표 A.5 계속

포화액체(계속)

T (K)	ρ (kg/m³)	c_p (kJ/kg · K)	$\mu \cdot 10^2$ (N · s/m²)	$\nu \cdot 10^6$ (m²/s)	$k \cdot 10^3$ (W/m · K)	$\alpha \cdot 10^7$ (m²/s)	Pr	$\beta \cdot 10^3$ (K⁻¹)
Refrigerant-134a ($C_2H_2F_4$)								
230	1426.8	1.249	0.04912	0.3443	112.1	0.629	5.5	2.02
240	1397.7	1.267	0.04202	0.3006	107.3	0.606	5.0	2.11
250	1367.9	1.287	0.03633	0.2656	102.5	0.583	4.6	2.23
260	1337.1	1.308	0.03166	0.2368	97.9	0.560	4.2	2.36
270	1305.1	1.333	0.02775	0.2127	93.4	0.537	4.0	2.53
280	1271.8	1.361	0.02443	0.1921	89.0	0.514	3.7	2.73
290	1236.8	1.393	0.02156	0.1744	84.6	0.491	3.5	2.98
300	1199.7	1.432	0.01905	0.1588	80.3	0.468	3.4	3.30
310	1159.9	1.481	0.01680	0.1449	76.1	0.443	3.3	3.73
320	1116.8	1.543	0.01478	0.1323	71.8	0.417	3.2	4.33
330	1069.1	1.627	0.01292	0.1209	67.5	0.388	3.1	5.19
340	1015.0	1.751	0.01118	0.1102	63.1	0.355	3.1	6.57
350	951.3	1.961	0.00951	0.1000	58.6	0.314	3.2	9.10
360	870.1	2.437	0.00781	0.0898	54.1	0.255	3.5	15.39
370	740.3	5.105	0.00580	0.0783	51.8	0.137	5.7	55.24
Refrigerant-22 ($CHClF_2$)								
230	1416.0	1.087	0.03558	0.2513	114.5	0.744	3.4	2.05
240	1386.6	1.100	0.03145	0.2268	109.8	0.720	3.2	2.16
250	1356.3	1.117	0.02796	0.2062	105.2	0.695	3.0	2.29
260	1324.9	1.137	0.02497	0.1884	100.7	0.668	2.8	2.45
270	1292.1	1.161	0.02235	0.1730	96.2	0.641	2.7	2.63
280	1257.9	1.189	0.02005	0.1594	91.7	0.613	2.6	2.86
290	1221.7	1.223	0.01798	0.1472	87.2	0.583	2.5	3.15
300	1183.4	1.265	0.01610	0.1361	82.6	0.552	2.5	3.51
310	1142.2	1.319	0.01438	0.1259	78.1	0.518	2.4	4.00
320	1097.4	1.391	0.01278	0.1165	73.4	0.481	2.4	4.69
330	1047.5	1.495	0.01127	0.1075	68.6	0.438	2.5	5.75
340	990.1	1.665	0.00980	0.0989	63.6	0.386	2.6	7.56
350	920.1	1.997	0.00831	0.0904	58.3	0.317	2.8	11.35
360	823.4	3.001	0.00668	0.0811	53.1	0.215	3.8	23.88
Mercury (Hg)								
273	13,595	0.1404	0.1688	0.1240	8180	42.85	0.0290	0.181
300	13,529	0.1393	0.1523	0.1125	8540	45.30	0.0248	0.181
350	13,407	0.1377	0.1309	0.0976	9180	49.75	0.0196	0.181
400	13,287	0.1365	0.1171	0.0882	9800	54.05	0.0163	0.181
450	13,167	0.1357	0.1075	0.0816	10,400	58.10	0.0140	0.181
500	13,048	0.1353	0.1007	0.0771	10,950	61.90	0.0125	0.182
550	12,929	0.1352	0.0953	0.0737	11,450	65.55	0.0112	0.184
600	12,809	0.1355	0.0911	0.0711	11,950	68.80	0.0103	0.187

표 A.5 계속

포화액체–증기, 1 atm[b]

Fluid	T_{sat} (K)	h_{fg} (kJ/kg)	ρ_f (kg/m^3)	ρ_g (kg/m^3)	$\sigma \cdot 10^3$ (N/m)
Ethanol	351	846	757	1.44	17.7
Ethylene glycol	470	812	1111[c]	—	32.7
Glycerin	563	974	1260[c]	—	63.0[c]
Mercury	630	301	12,740	3.90	417
Refrigerant R-134a	247	217	1377	5.26	15.4
Refrigerant R-22	232	234	1409	4.70	18.1

[a]참고문헌 15~19에서 인용함.

[b]참고문헌 8, 20, 21에서 인용함.

[c]300 K에 해당하는 물성치.

표 A.6 포화수의 열물성치[a]

온도, T (K)	압력, p (bar)[b]	비체적 (m³/kg) $v_f \cdot 10^3$	v_g	증발잠열 h_{fg} (kJ/kg)	비열 (kJ/kg·K) $c_{p,f}$	$c_{p,g}$	점도 (N·s/m²) $\mu_f \cdot 10^6$	$\mu_g \cdot 10^6$	열전도율 (W/m·K) $k_f \cdot 10^3$	$k_g \cdot 10^3$	Prandtl수 Pr_f	Pr_g	표면장력, $\sigma_f \cdot 10^3$ (N/m)	팽창계수, $\beta_f \cdot 10^6$ (K⁻¹)	온도, T (K)
273.15	0.00611	1.000	206.3	2502	4.217	1.854	1750	8.02	569	18.2	12.99	0.815	75.5	−68.05	273.15
275	0.00697	1.000	181.7	2497	4.211	1.855	1652	8.09	574	18.3	12.22	0.817	75.3	−32.74	275
280	0.00990	1.000	130.4	2485	4.198	1.858	1422	8.29	582	18.6	10.26	0.825	74.8	46.04	280
285	0.01387	1.000	99.4	2473	4.189	1.861	1225	8.49	590	18.9	8.81	0.833	74.3	114.1	285
290	0.01917	1.001	69.7	2461	4.184	1.864	1080	8.69	598	19.3	7.56	0.841	73.7	174.0	290
295	0.02617	1.002	51.94	2449	4.181	1.868	959	8.89	606	19.5	6.62	0.849	72.7	227.5	295
300	0.03531	1.003	39.13	2438	4.179	1.872	855	9.09	613	19.6	5.83	0.857	71.7	276.1	300
305	0.04712	1.005	29.74	2426	4.178	1.877	769	9.29	620	20.1	5.20	0.865	70.9	320.6	305
310	0.06221	1.007	22.93	2414	4.178	1.882	695	9.49	628	20.4	4.62	0.873	70.0	361.9	310
315	0.08132	1.009	17.82	2402	4.179	1.888	631	9.69	634	20.7	4.16	0.883	69.2	400.4	315
320	0.1053	1.011	13.98	2390	4.180	1.895	577	9.89	640	21.0	3.77	0.894	68.3	436.7	320
325	0.1351	1.013	11.06	2378	4.182	1.903	528	10.09	645	21.3	3.42	0.901	67.5	471.2	325
330	0.1719	1.016	8.82	2366	4.184	1.911	489	10.29	650	21.7	3.15	0.908	66.6	504.0	330
335	0.2167	1.018	7.09	2354	4.186	1.920	453	10.49	656	22.0	2.88	0.916	65.8	535.5	335
340	0.2713	1.021	5.74	2342	4.188	1.930	420	10.69	660	22.3	2.66	0.925	64.9	566.0	340
345	0.3372	1.024	4.683	2329	4.191	1.941	389	10.89	664	22.6	2.45	0.933	64.1	595.4	345
350	0.4163	1.027	3.846	2317	4.195	1.954	365	11.09	668	23.0	2.29	0.942	63.2	624.2	350
355	0.5100	1.030	3.180	2304	4.199	1.968	343	11.29	671	23.3	2.14	0.951	62.3	652.3	355
360	0.6209	1.034	2.645	2291	4.203	1.983	324	11.49	674	23.7	2.02	0.960	61.4	697.9	360
365	0.7514	1.038	2.212	2278	4.209	1.999	306	11.69	677	24.1	1.91	0.969	60.5	707.1	365
370	0.9040	1.041	1.861	2265	4.214	2.017	289	11.89	679	24.5	1.80	0.978	59.5	728.7	370
373.15	1.0133	1.044	1.679	2257	4.217	2.029	279	12.02	680	24.8	1.76	0.984	58.9	750.1	373.15
375	1.0815	1.045	1.574	2252	4.220	2.036	274	12.09	681	24.9	1.70	0.987	58.6	761	375
380	1.2869	1.049	1.337	2239	4.226	2.057	260	12.29	683	25.4	1.61	0.999	57.6	788	380
385	1.5233	1.053	1.142	2225	4.232	2.080	248	12.49	685	25.8	1.53	1.004	56.6	814	385
390	1.794	1.058	0.980	2212	4.239	2.104	237	12.69	686	26.3	1.47	1.013	55.6	841	390
400	2.455	1.067	0.731	2183	4.256	2.158	217	13.05	688	27.2	1.34	1.033	53.6	896	400
410	3.302	1.077	0.553	2153	4.278	2.221	200	13.42	688	28.2	1.24	1.054	51.5	952	410
420	4.370	1.088	0.425	2123	4.302	2.291	185	13.79	688	29.8	1.16	1.075	49.4	1010	420
430	5.699	1.099	0.331	2091	4.331	2.369	173	14.14	685	30.4	1.09	1.10	47.2		430

표 A.6 계속

온도, T (K)	압력, p (bar)[b]	비체적 (m³/kg) $v_f \cdot 10^3$	비체적 (m³/kg) v_g	증발잠열 h_{fg} (kJ/kg)	비열 (kJ/kg · K) $c_{p,f}$	비열 (kJ/kg · K) $c_{p,g}$	점도 (N · s/m²) $\mu_f \cdot 10^6$	점도 (N · s/m²) $\mu_g \cdot 10^6$	열전도율 (W/m · K) $k_f \cdot 10^3$	열전도율 (W/m · K) $k_g \cdot 10^3$	Prandtl수 Pr_f	Prandtl수 Pr_g	표면장력, $\sigma_f \cdot 10^3$ (N/m)	팽창계수, $\beta_f \cdot 10^6$ (K⁻¹)	온도, T (K)
440	7.333	1.110	0.261	2059	4.36	2.46	162	14.50	682	31.7	1.04	1.12	45.1		440
450	9.319	1.123	0.208	2024	4.40	2.56	152	14.85	678	33.1	0.99	1.14	42.9		450
460	11.71	1.137	0.167	1989	4.44	2.68	143	15.19	673	34.6	0.95	1.17	40.7		460
470	14.55	1.152	0.136	1951	4.48	2.79	136	15.54	667	36.3	0.92	1.20	38.5		470
480	17.90	1.167	0.111	1912	4.53	2.94	129	15.88	660	38.1	0.89	1.23	36.2		480
490	21.83	1.184	0.0922	1870	4.59	3.10	124	16.23	651	40.1	0.87	1.25	33.9	—	490
500	26.40	1.203	0.0766	1825	4.66	3.27	118	16.59	642	42.3	0.86	1.28	31.6	—	500
510	31.66	1.222	0.0631	1779	4.74	3.47	113	16.95	631	44.7	0.85	1.31	29.3	—	510
520	37.70	1.244	0.0525	1730	4.84	3.70	108	17.33	621	47.5	0.84	1.35	26.9	—	520
530	44.58	1.268	0.0445	1679	4.95	3.96	104	17.72	608	50.6	0.85	1.39	24.5	—	530
540	52.38	1.294	0.0375	1622	5.08	4.27	101	18.1	594	54.0	0.86	1.43	22.1	—	540
550	61.19	1.323	0.0317	1564	5.24	4.64	97	18.6	580	58.3	0.87	1.47	19.7	—	550
560	71.08	1.355	0.0269	1499	5.43	5.09	94	19.1	563	63.7	0.90	1.52	17.3	—	560
570	82.16	1.392	0.0228	1429	5.68	5.67	91	19.7	548	76.7	0.94	1.59	15.0	—	570
580	94.51	1.433	0.0193	1353	6.00	6.40	88	20.4	528	76.7	0.99	1.68	12.8	—	580
590	108.3	1.482	0.0163	1274	6.41	7.35	84	21.5	513	84.1	1.05	1.84	10.5	—	590
600	123.5	1.541	0.0137	1176	7.00	8.75	81	22.7	497	92.9	1.14	2.15	8.4	—	600
610	137.3	1.612	0.0115	1068	7.85	11.1	77	24.1	467	103	1.30	2.60	6.3	—	610
620	159.1	1.705	0.0094	941	9.35	15.4	72	25.9	444	114	1.52	3.46	4.5	—	620
625	169.1	1.778	0.0085	858	10.6	18.3	70	27.0	430	121	1.65	4.20	3.5	—	625
630	179.7	1.856	0.0075	781	12.6	22.1	67	28.0	412	130	2.0	4.8	2.6	—	630
635	190.9	1.935	0.0066	683	16.4	27.6	64	30.0	392	141	2.7	6.0	1.5	—	635
640	202.7	2.075	0.0057	560	26	42	59	32.0	367	155	4.2	9.6	0.8	—	640
645	215.2	2.351	0.0045	361	90	—	54	37.0	331	178	12	26	0.1	—	645
647.3[c]	221.2	3.170	0.0032	0	∞	∞	45	45.0	238	238	∞	∞	0.0	—	647.3[c]

[a]참고문헌 22에서 인용함.

[b]1 bar = 10^5 N/m²

[c]임계온도.

표 A.7 액체금속의 열물성치[a]

성분	융점 (K)	T (K)	ρ (kg/m^3)	c_p (kJ/kg · K)	$\nu \cdot 10^7$ (m^2/s)	k (W/m · K)	$\alpha \cdot 10^5$ (m^2/s)	Pr
Bismuth	544	589	10,010	0.1444	1.617	16.4	1.138	0.0142
		811	9738	0.1545	1.133	15.6	1.035	0.0110
		1033	9454	0.1645	0.8343	15.6	1.001	0.0083
Lead	600	644	10,540	0.159	2.276	16.1	1.084	0.024
		755	10,412	0.155	1.849	15.6	1.223	0.017
		977	10,140	—	1.347	14.9	—	—
Potassium	337	422	807.3	0.80	4.608	45.0	6.99	0.0066
		700	741.7	0.75	2.397	39.5	7.07	0.0034
		977	674.4	0.75	1.905	33.1	6.55	0.0029
Sodium	371	373	928.0	1.38	7.532	86.0	6.69	0.011
		644	860.2	1.30	3.270	72.3	6.48	0.0051
		977	778.5	1.26	2.285	59.7	6.12	0.0037
NaK, (56%/44%)	292	366	887.4	1.130	6.522	25.6	2.552	0.026
		644	821.7	1.055	2.871	27.5	3.17	0.0091
		977	740.1	1.043	2.174	28.9	3.74	0.0058
NaK, (22%/78%)	262	366	849.0	0.946	5.797	24.4	3.05	0.019
		672	775.3	0.879	2.666	26.7	3.92	0.0068
		1033	690.4	0.883	2.118	—	—	—
PbBi, (44.5%/55.5%)	398	422	10,524	0.147	—	9.05	0.586	—
		644	10,236	0.147	1.496	11.86	0.790	0.189
		922	9835	—	1.171	—	—	—
Mercury	234			See Table A.5				

[a]참고문헌 23에서 인용함.

표 A.8 1기압에서의 2성분 확산계수[a, b]

물질 A	물질 B	T (K)	D_{AB} (m^2/s)
Gases			
NH_3	Air	298	0.28×10^{-4}
H_2O	Air	298	0.26×10^{-4}
CO_2	Air	298	0.16×10^{-4}
H_2	Air	298	0.41×10^{-4}
O_2	Air	298	0.21×10^{-4}
Acetone	Air	273	0.11×10^{-4}
Benzene	Air	298	0.88×10^{-5}
Naphthalene	Air	300	0.62×10^{-5}
Ar	N_2	293	0.19×10^{-4}
H_2	O_2	273	0.70×10^{-4}
H_2	N_2	273	0.68×10^{-4}
H_2	CO_2	273	0.55×10^{-4}
CO_2	N_2	293	0.16×10^{-4}
CO_2	O_2	273	0.14×10^{-4}
O_2	N_2	273	0.18×10^{-4}
Dilute Solutions			
Caffeine	H_2O	298	0.63×10^{-9}
Ethanol	H_2O	298	0.12×10^{-8}
Glucose	H_2O	298	0.69×10^{-9}
Glycerol	H_2O	298	0.94×10^{-9}
Acetone	H_2O	298	0.13×10^{-8}
CO_2	H_2O	298	0.20×10^{-8}
O_2	H_2O	298	0.24×10^{-8}
H_2	H_2O	298	0.63×10^{-8}
N_2	H_2O	298	0.26×10^{-8}
Solids			
O_2	Rubber	298	0.21×10^{-9}
N_2	Rubber	298	0.15×10^{-9}
CO_2	Rubber	298	0.11×10^{-9}
He	SiO_2	293	0.4×10^{-13}
H_2	Fe	293	0.26×10^{-12}
Cd	Cu	293	0.27×10^{-18}
Al	Cu	293	0.13×10^{-33}

[a]참고문헌 24, 25, 26에서 인용함.

[b]이상기체 거동을 가정하면, 2성분 혼합기체에 대한 확산계수의 압력과 온도 의존성은 다음의 관계식으로 산정할 수 있다.

$$D_{AB} \propto p^{-1} T^{3/2}$$

표 A.9 보통 압력의 물에서 선택된 기체들의 Henry 상수[a]

	$H = p_{A,i}/x_{A,i}$ (bar)							
T (K)	NH_3	Cl_2	H_2S	SO_2	CO_2	CH_4	O_2	H_2
273	21	265	260	165	710	22,880	25,500	58,000
280	23	365	335	210	960	27,800	30,500	61,500
290	26	480	450	315	1300	35,200	37,600	66,500
300	30	615	570	440	1730	42,800	45,700	71,600
310	—	755	700	600	2175	50,000	52,500	76,000
320	—	860	835	800	2650	56,300	56,800	78,600
323	—	890	870	850	2870	58,000	58,000	79,000

[a]참고문헌 27에서 인용함.

표 A.10 선택된 기체와 고체의 용해도[a]

기체	고체	T (K)	$S = C_{A,i}/p_{A,i}$ (kmol/m³ · bar)
O_2	Rubber	298	3.12×10^{-3}
N_2	Rubber	298	1.56×10^{-3}
CO_2	Rubber	298	40.15×10^{-3}
He	SiO_2	293	0.45×10^{-3}
H_2	Ni	358	9.01×10^{-3}

[a]참고문헌 26에서 인용함.

표 A.11 선택된 표면의 전 수직(n) 또는 전 반구(h) 방사율

금속 고체 및 산화물[a]

명칭/성분		여러 온도(K)에서의 방사율 ε_n 또는 ε_h										
		100	200	300	400	600	800	1000	1200	1500	2000	2500
Aluminum												
Highly polished, film	(h)	0.02	0.03	0.04	0.05	0.06						
Foil, bright	(h)	0.06	0.06	0.07								
Anodized	(h)			0.82	0.76							
Chromium												
Polished or plated	(n)	0.05	0.07	0.10	0.12	0.14						
Copper												
Highly polished	(h)			0.03	0.03	0.04	0.04	0.04				
Stably oxidized	(h)					0.50	0.58	0.80				
Gold												
Highly polished or film	(h)	0.01	0.02	0.03	0.03	0.04	0.05	0.06				
Foil, bright	(h)	0.06	0.07	0.07								
Molybdenum												
Polished	(h)					0.06	0.08	0.10	0.12	0.15	0.21	0.26
Shot-blasted, rough	(h)					0.25	0.28	0.31	0.35	0.42		
Stably oxidized	(h)					0.80	0.82					
Nickel												
Polished	(h)					0.09	0.11	0.14	0.17			
Stably oxidized	(h)					0.40	0.49	0.57				
Platinum												
Polished	(h)						0.10	0.13	0.15	0.18		
Silver												
Polished	(h)			0.02	0.02	0.03	0.05	0.08				
Stainless steels												
Typical, polished	(n)			0.17	0.17	0.19	0.23	0.30				
Typical, cleaned	(n)			0.22	0.22	0.24	0.28	0.35				
Typical, lightly oxidized	(n)						0.33	0.40				
Typical, highly oxidized	(n)						0.67	0.70	0.76			
AISI 347, stably oxidized	(n)					0.87	0.88	0.89	0.90			
Tantalum												
Polished	(h)								0.11	0.17	0.23	0.28
Tungsten												
Polished	(h)							0.10	0.13	0.18	0.25	0.29

표 A.11 계속[b]

비금속 물질[b]			
명칭/성분		**온도 (K)**	**방사율 ε**
Aluminum oxide	(*n*)	600	0.69
		1000	0.55
		1500	0.41
Asphalt pavement	(*h*)	300	0.85–0.93
Building materials			
Asbestos sheet	(*h*)	300	0.93–0.96
Brick, red	(*h*)	300	0.93–0.96
Gypsum or plaster board	(*h*)	300	0.90–0.92
Wood	(*h*)	300	0.82–0.92
Cloth	(*h*)	300	0.75–0.90
Concrete	(*h*)	300	0.88–0.93
Glass, window	(*h*)	300	0.90–0.95
Ice	(*h*)	273	0.95–0.98
Paints			
Black (Parsons)	(*h*)	300	0.98
White, acrylic	(*h*)	300	0.90
White, zinc oxide	(*h*)	300	0.92
Paper, white	(*h*)	300	0.92–0.97
Pyrex	(*n*)	300	0.82
		600	0.80
		1000	0.71
		1200	0.62
Pyroceram	(*n*)	300	0.85
		600	0.78
		1000	0.69
		1500	0.57
Refractories (furnace liners)			
Alumina brick	(*n*)	800	0.40
		1000	0.33
		1400	0.28
		1600	0.33
Magnesia brick	(*n*)	800	0.45
		1000	0.36
		1400	0.31
		1600	0.40
Kaolin insulating brick	(*n*)	800	0.70
		1200	0.57
		1400	0.47
		1600	0.53
Sand	(*h*)	300	0.90
Silicon carbide	(*n*)	600	0.87
		1000	0.87
		1500	0.85
Skin	(*h*)	300	0.95
Snow	(*h*)	273	0.82–0.90

표 A.11 계속

비금속 물질[b]

명칭/성분		온도 (K)	방사율 ε
Soil	(*h*)	300	0.93–0.96
Rocks	(*h*)	300	0.88–0.95
Teflon	(*h*)	300	0.85
		400	0.87
		500	0.92
Vegetation	(*h*)	300	0.92–0.96
Water	(*h*)	300	0.96

[a]참고문헌 1에서 인용함.
[b]참고문헌 1, 9, 28, 29에서 인용함.

표 A.12 선택된 물질에 대한 태양복사 물성치[a]

명칭/성분	α_S	ε^b	α_S/ε	τ_S
Aluminum				
Polished	0.09	0.03	3.0	
Anodized	0.14	0.84	0.17	
Quartz overcoated	0.11	0.37	0.30	
Foil	0.15	0.05	3.0	
Brick, red (Purdue)	0.63	0.93	0.68	
Concrete	0.60	0.88	0.68	
Galvanized sheet metal				
Clean, new	0.65	0.13	5.0	
Oxidized, weathered	0.80	0.28	2.9	
Glass, 3.2-mm thickness				
Float or tempered				0.79
Low iron oxide type				0.88
Metal, plated				
Black sulfide	0.92	0.10	9.2	
Black cobalt oxide	0.93	0.30	3.1	
Black nickel oxide	0.92	0.08	11	
Black chrome	0.87	0.09	9.7	
Mylar, 0.13-mm thickness				0.87
Paints				
Black (Parsons)	0.98	0.98	1.0	
White, acrylic	0.26	0.90	0.29	
White, zinc oxide	0.16	0.93	0.17	
Plexiglas, 3.2-mm thickness				0.90
Snow				
Fine particles, fresh	0.13	0.82	0.16	
Ice granules	0.33	0.89	0.37	
Tedlar, 0.10-mm thickness				0.92
Teflon, 0.13-mm thickness				0.92

[a]참고문헌 29에서 인용함
[b]이 표의 방사율 값은 표면온도가 약 300 K일 때에 해당함.

참고문헌 *References*

1. Touloukian, Y. S., and C. Y. Ho, Eds., *Thermophysical Properties of Matter,* Vol. 1, *Thermal Conductivity of Metallic Solids;* Vol. 2, *Thermal Conductivity of Nonmetallic Solids;* Vol. 4, *Specific Heat of Metallic Solids;* Vol. 5, *Specific Heat of Nonmetallic Solids;* Vol. 7, *Thermal Radiative Properties of Metallic Solids;* Vol. 8, *Thermal Radiative Properties of Nonmetallic Solids;* Vol. 9, *Thermal Radiative Properties of Coatings,* Plenum Press, New York, 1972.
2. Touloukian, Y. S., and C. Y. Ho, Eds., *Thermophysical Properties of Selected Aerospace Materials,* Part I: Thermal Radiative Properties; Part II: Thermophysical Properties of Seven Materials. Thermophysical and Electronic Properties Information Analysis Center, CINDAS, Purdue University, West Lafayette, IN, 1976.
3. Ho, C. Y., R. W. Powell, and P. E. Liley, *J. Phys. Chem. Ref. Data,* **3,** Supplement 1, 1974.
4. Desai, P. D., T. K. Chu, R. H. Bogaard, M. W. Ackermann, and C. Y. Ho, Part I: Thermophysical Properties of Carbon Steels; Part II: Thermophysical Properties of Low Chromium Steels; Part III: Thermophysical Properties of Nickel Steels; Part IV: Thermophysical Properties of Stainless Steels. CINDAS Special Report, Purdue University, West Lafayette, IN, September 1976.
5. American Society for Metals, *Metals Handbook,* Vol. 1, *Properties and Selection of Metals,* 8th ed., ASM, Metals Park, OH, 1961.
6. Hultgren, R., P. D. Desai, D. T. Hawkins, M. Gleiser, K. K. Kelley, and D. D. Wagman, *Selected Values of the Thermodynamic Properties of the Elements,* American Society of Metals, Metals Park, OH, 1973.
7. Hultgren, R., P. D. Desai, D. T. Hawkins, M. Gleiser, and K. K. Kelley, *Selected Values of the Thermodynamic Properties of Binary Alloys,* American Society of Metals, Metals Park, OH, 1973.
8. American Society of Heating, Refrigerating and Air Conditioning Engineers, *ASHRAE Handbook of Fundamentals,* ASHRAE, New York, 1981.
9. Mallory, J. F., *Thermal Insulation,* Van Nostrand Reinhold, New York, 1969.
10. Hanley, E. J., D. P. DeWitt, and R. E. Taylor, "The Thermal Transport Properties at Normal and Elevated Temperature of Eight Representative Rocks," *Proceedings of the Seventh Symposium on Thermophysical Properties,* American Society of Mechanical Engineers, New York, 1977.
11. Sweat, V. E., "A Miniature Thermal Conductivity Probe for Foods," American Society of Mechanical Engineers, Paper 76-HT-60, August 1976.
12. Kothandaraman, C. P., and S. Subramanyan, *Heat and Mass Transfer Data Book,* Halsted Press/Wiley, Hoboken, NJ, 1975.
13. Chapman, A. J., *Heat Transfer,* 4th ed., Macmillan, New York, 1984.
14. Vargaftik, N. B., *Tables of Thermophysical Properties of Liquids and Gases,* 2nd ed., Hemisphere Publishing, New York, 1975.
15. Eckert, E. R. G., and R. M. Drake, *Analysis of Heat and Mass Transfer,* McGraw-Hill, New York, 1972.
16. Vukalovich, M. P., A. I. Ivanov, L. R. Fokin, and A. T. Yakovelev, *Thermophysical Properties of Mercury,* State Committee on Standards, State Service for Standards and Handbook Data, Monograph Series No. 9, Izd. Standartov, Moscow, 1971.
17. Tillner-Roth, R., and H. D. Baehr, *J. Phys. Chem. Ref. Data*, **23**, 657, 1994.
18. Kamei, A., S. W. Beyerlein, and R. T. Jacobsen, *Int. J. Thermophysics*, **16**, 1155, 1995.
19. Lemmon, E. W., M. O. McLinden, and M. L. Huber, *NIST Standard Reference Database* 23: Reference Fluid Thermodynamic and Transport Properties-REFPROP, Version 7.0 National Institute of Standards and Technology, Standard Reference Data Program, Gaithersburg, 2002.
20. Bolz, R. E., and G. L. Tuve, Eds., *crc Handbook of Tables for Applied Engineering Science*, 2nd ed., CRC Press, Boca Raton, FL, 1979.
21. Liley, P. E., private communication, School of Mechanical Engineering, Purdue University, West Lafayette, IN, May 1984.
22. Liley, P. E., Steam Tables in SI Units, private communication, School of Mechanical Engineering, Purdue University, West Lafayette, IN, March 1984.
23. *Liquid-Metals Handbook,* 2nd ed., The Atomic Energy Commission, Department of the Navy, Washington, DC, 1952.
24. Perry, J. H., Ed., *Chemical Engineer's Handbook,* 4th ed., McGraw-Hill, New York, 1963.
25. Geankoplis, C. J., *Mass Transport Phenomena,* Holt, Rinehart & Winston, New York, 1972.
26. Barrer, R. M., *Diffusion in and Through Solids,* Macmillan, New York, 1941.
27. Spalding, D. B., *Convective Mass Transfer,* McGraw-Hill, New York, 1963.
28. Gubareff, G. G., J. E. Janssen, and R. H. Torborg, *Thermal Radiation Properties Survey,* Minneapolis-Honeywell Regulator Company, Minneapolis, MN, 1960.
29. Kreith, F., and J. F. Kreider, *Principles of Solar Energy,* Hemisphere Publishing, New York, 1978.

수학적 관계식과 함수

Mathematical Relations and Functions

표		페이지
B.1	쌍곡선 함수	908
B.2	Gaussian 오차함수	909
B.3	평면벽에서 과도전도에 대한 초월 방정식 $\xi_n \tan \xi_n = Bi$의 처음 네 개의 근	910
B.4	제1종 Bessel 함수	911
B.5	제1종과 제2종의 수정 Bessel 함수	912

B.1 쌍곡선 함수[1]

x	sinh x	cosh x	tanh x	x	sinh x	cosh x	tanh x
0.00	0.0000	1.0000	0.00000	2.00	3.6269	3.7622	0.96403
0.10	0.1002	1.0050	0.09967	2.10	4.0219	4.1443	0.97045
0.20	0.2013	1.0201	0.19738	2.20	4.4571	4.5679	0.97574
0.30	0.3045	1.0453	0.29131	2.30	4.9370	5.0372	0.98010
0.40	0.4108	1.0811	0.37995	2.40	5.4662	5.5569	0.98367
0.50	0.5211	1.1276	0.46212	2.50	6.0502	6.1323	0.98661
0.60	0.6367	1.1855	0.53705	2.60	6.6947	6.7690	0.98903
0.70	0.7586	1.2552	0.60437	2.70	7.4063	7.4735	0.99101
0.80	0.8881	1.3374	0.66404	2.80	8.1919	8.2527	0.99263
0.90	1.0265	1.4331	0.71630	2.90	9.0596	9.1146	0.99396
1.00	1.1752	1.5431	0.76159	3.00	10.018	10.068	0.99505
1.10	1.3356	1.6685	0.80050	3.50	16.543	16.573	0.99818
1.20	1.5095	1.8107	0.83365	4.00	27.290	27.308	0.99933
1.30	1.6984	1.9709	0.86172	4.50	45.003	45.014	0.99975
1.40	1.9043	2.1509	0.88535	5.00	74.203	74.210	0.99991
1.50	2.1293	2.3524	0.90515	6.00	201.71	201.72	0.99999
1.60	2.3756	2.5775	0.92167	7.00	548.32	548.32	1.0000
1.70	2.6456	2.8283	0.93541	8.00	1490.5	1490.5	1.0000
1.80	2.9422	3.1075	0.94681	9.00	4051.5	4051.5	1.0000
1.90	3.2682	3.4177	0.95624	10.000	11013	11013	1.0000

[1]쌍곡선 함수는 다음과 같이 정의된다.

$$\sinh x = \tfrac{1}{2}(e^x - e^{-x}) \qquad \cosh x = \tfrac{1}{2}(e^x + e^{-x}) \qquad \tanh x = \frac{e^x - e^{-x}}{e^x + e^{-x}} = \frac{\sinh x}{\cosh x}$$

변수 u의 쌍곡선 함수의 도함수는 다음과 같이 주어진다.

$$\frac{d}{dx}(\sinh u) = (\cosh u)\frac{du}{dx} \qquad \frac{d}{dx}(\cosh u) = (\sinh u)\frac{du}{dx} \qquad \frac{d}{dx}(\tanh u) = \left(\frac{1}{\cosh^2 u}\right)\frac{du}{dx}$$

B.2 Gaussian 오차함수[1]

w	erf w	w	erf w	w	erf w
0.00	0.00000	0.36	0.38933	1.04	0.85865
0.02	0.02256	0.38	0.40901	1.08	0.87333
0.04	0.04511	0.40	0.42839	1.12	0.88679
0.06	0.06762	0.44	0.46622	1.16	0.89910
0.08	0.09008	0.48	0.50275	1.20	0.91031
0.10	0.11246	0.52	0.53790	1.30	0.93401
0.12	0.13476	0.56	0.57162	1.40	0.95228
0.14	0.15695	0.60	0.60386	1.50	0.96611
0.16	0.17901	0.64	0.63459	1.60	0.97635
0.18	0.20094	0.68	0.66378	1.70	0.98379
0.20	0.22270	0.72	0.69143	1.80	0.98909
0.22	0.24430	0.76	0.71754	1.90	0.99279
0.24	0.26570	0.80	0.74210	2.00	0.99532
0.26	0.28690	0.84	0.76514	2.20	0.99814
0.28	0.30788	0.88	0.78669	2.40	0.99931
0.30	0.32863	0.92	0.80677	2.60	0.99976
0.32	0.34913	0.96	0.82542	2.80	0.99992
0.34	0.36936	1.00	0.84270	3.00	0.99998

[1]Gaussian 오차함수는 다음과 같이 정의된다.

$$\text{erf}\, w = \frac{2}{\sqrt{\pi}} \int_0^w e^{-v^2} dv$$

여오차함수(complementary error function)는 다음과 같이 정의된다.

$$\text{erfc}\, w \equiv 1 - \text{erf}\, w$$

B.3 평면벽에서 과도전도에 대한 초월 방정식 $\xi_n \tan \xi_n = Bi$의 처음 네 개의 근

$Bi = \frac{hL}{k}$	ξ_1	ξ_2	ξ_3	ξ_4
0	0	3.1416	6.2832	9.4248
0.001	0.0316	3.1419	6.2833	9.4249
0.002	0.0447	3.1422	6.2835	9.4250
0.004	0.0632	3.1429	6.2838	9.4252
0.006	0.0774	3.1435	6.2841	9.4254
0.008	0.0893	3.1441	6.2845	9.4256
0.01	0.0998	3.1448	6.2848	9.4258
0.02	0.1410	3.1479	6.2864	9.4269
0.04	0.1987	3.1543	6.2895	9.4290
0.06	0.2425	3.1606	6.2927	9.4311
0.08	0.2791	3.1668	6.2959	9.4333
0.1	0.3111	3.1731	6.2991	9.4354
0.2	0.4328	3.2039	6.3148	9.4459
0.3	0.5218	3.2341	6.3305	9.4565
0.4	0.5932	3.2636	6.3461	9.4670
0.5	0.6533	3.2923	6.3616	9.4775
0.6	0.7051	3.3204	6.3770	9.4879
0.7	0.7506	3.3477	6.3923	9.4983
0.8	0.7910	3.3744	6.4074	9.5087
0.9	0.8274	3.4003	6.4224	9.5190
1.0	0.8603	3.4256	6.4373	9.5293
1.5	0.9882	3.5422	6.5097	9.5801
2.0	1.0769	3.6436	6.5783	9.6296
3.0	1.1925	3.8088	6.7040	9.7240
4.0	1.2646	3.9352	6.8140	9.8119
5.0	1.3138	4.0336	6.9096	9.8928
6.0	1.3496	4.1116	6.9924	9.9667
7.0	1.3766	4.1746	7.0640	10.0339
8.0	1.3978	4.2264	7.1263	10.0949
9.0	1.4149	4.2694	7.1806	10.1502
10.0	1.4289	4.3058	7.2281	10.2003
15.0	1.4729	4.4255	7.3959	10.3898
20.0	1.4961	4.4915	7.4954	10.5117
30.0	1.5202	4.5615	7.6057	10.6543
40.0	1.5325	4.5979	7.6647	10.7334
50.0	1.5400	4.6202	7.7012	10.7832
60.0	1.5451	4.6353	7.7259	10.8172
80.0	1.5514	4.6543	7.7573	10.8606
100.0	1.5552	4.6658	7.7764	10.8871
∞	1.5708	4.7124	7.8540	10.9956

B.4 제1종 Bessel 함수

x	$J_0(x)$	$J_1(x)$
0.0	1.0000	0.0000
0.1	0.9975	0.0499
0.2	0.9900	0.0995
0.3	0.9776	0.1483
0.4	0.9604	0.1960
0.5	0.9385	0.2423
0.6	0.9120	0.2867
0.7	0.8812	0.3290
0.8	0.8463	0.3688
0.9	0.8075	0.4059
1.0	0.7652	0.4400
1.1	0.7196	0.4709
1.2	0.6711	0.4983
1.3	0.6201	0.5220
1.4	0.5669	0.5419
1.5	0.5118	0.5579
1.6	0.4554	0.5699
1.7	0.3980	0.5778
1.8	0.3400	0.5815
1.9	0.2818	0.5812
2.0	0.2239	0.5767
2.1	0.1666	0.5683
2.2	0.1104	0.5560
2.3	0.0555	0.5399
2.4	0.0025	0.5202

B.5 제1종과 제2종의 수정 Bessel 함수[1]

x	$e^{-x}I_0(x)$	$e^{-x}I_1(x)$	$e^{x}K_0(x)$	$e^{x}K_1(x)$
0.0	1.0000	0.0000	∞	∞
0.2	0.8269	0.0823	2.1407	5.8334
0.4	0.6974	0.1368	1.6627	3.2587
0.6	0.5993	0.1722	1.4167	2.3739
0.8	0.5241	0.1945	1.2582	1.9179
1.0	0.4657	0.2079	1.1445	1.6361
1.2	0.4198	0.2152	1.0575	1.4429
1.4	0.3831	0.2185	0.9881	1.3010
1.6	0.3533	0.2190	0.9309	1.1919
1.8	0.3289	0.2177	0.8828	1.1048
2.0	0.3085	0.2153	0.8416	1.0335
2.2	0.2913	0.2121	0.8056	0.9738
2.4	0.2766	0.2085	0.7740	0.9229
2.6	0.2639	0.2046	0.7459	0.8790
2.8	0.2528	0.2007	0.7206	0.8405
3.0	0.2430	0.1968	0.6978	0.8066
3.2	0.2343	0.1930	0.6770	0.7763
3.4	0.2264	0.1892	0.6579	0.7491
3.6	0.2193	0.1856	0.6404	0.7245
3.8	0.2129	0.1821	0.6243	0.7021
4.0	0.2070	0.1787	0.6093	0.6816
4.2	0.2016	0.1755	0.5953	0.6627
4.4	0.1966	0.1724	0.5823	0.6453
4.6	0.1919	0.1695	0.5701	0.6292
4.8	0.1876	0.1667	0.5586	0.6142
5.0	0.1835	0.1640	0.5478	0.6003
5.2	0.1797	0.1614	0.5376	0.5872
5.4	0.1762	0.1589	0.5279	0.5749
5.6	0.1728	0.1565	0.5188	0.5633
5.8	0.1696	0.1542	0.5101	0.5525
6.0	0.1666	0.1520	0.5019	0.5422
6.4	0.1611	0.1479	0.4865	0.5232
6.8	0.1561	0.1441	0.4724	0.5060
7.2	0.1515	0.1405	0.4595	0.4905
7.6	0.1473	0.1372	0.4476	0.4762
8.0	0.1434	0.1341	0.4366	0.4631
8.4	0.1398	0.1312	0.4264	0.4511
8.8	0.1365	0.1285	0.4168	0.4399
9.2	0.1334	0.1260	0.4079	0.4295
9.6	0.1305	0.1235	0.3995	0.4198
10.0	0.1278	0.1213	0.3916	0.4108

[1] $I_{n+1}(x) = I_{n-1}(x) - (2n/x)I_n(x)$

1차원 정상상태 계에서 균일한 에너지 발생과 관련된 열적 조건

Thermal Conditions Associated with Uniform Energy Generation in One-Dimensional, Steady-State Systems

3.5절에서 1차원, 정상상태 조건에서 열에너지의 발생이 있는 전도 문제를 고려하였다. 열방정식의 형태는 계가 평면벽, 원통형 벽, 또는 구형 벽(그림 C.1)인가에 따라 다르다. 각각의 경우에 있어서 각 표면에서의 경계조건에는 몇 가지의 선택적 사항들이 있으므로, 온도분포와 열전달률(또는 열유속)의 특정한 형태들에는 보다 많은 수의 선택적 사항이 있을 가능성이 있다.

각각의 가능한 경계조건들의 조합에 대해 열방정식을 풀기 위한 대체적인 방법은 양 표면에 **제1종 경계조건**(boundary condition of the first kind)인 식 2.31을 적용한 다음, 온도를 모르는 각 표면에 에너지평형을 적용함으로써 해를 얻는 것이다. 각 표면에 균일한 온도 $T_{s,1}$과 $T_{s,2}$가 주어진 그림 C.1의 형상들에 대하여, 적합한 형태의 열방정식에 대한 해는 쉽게 구할 수 있으며 표 C.1에 요약되어 있다. 온도분포를 Fourier 법칙과 함께 사용하면 해당하는 열유속과 열전달률의 분포를 구할 수 있다. 어떤 특정한 문제에서 $T_{s,1}$과 $T_{s,2}$가 모두 알려져 있으면, 관련된 열적 조건들을 완벽하게 결정하는 데 필요한 모든 사항들이 표 C.1의 수식들로 제시되어 있다. 만일 $T_{s,1}$ 또는 $T_{s,2}$가 알려지지 않았더라도, 이 결과 수식들을 표면의 에너지평형식들과 함께 사용하면 요구되는 열적 조건들을 구할 수 있다.

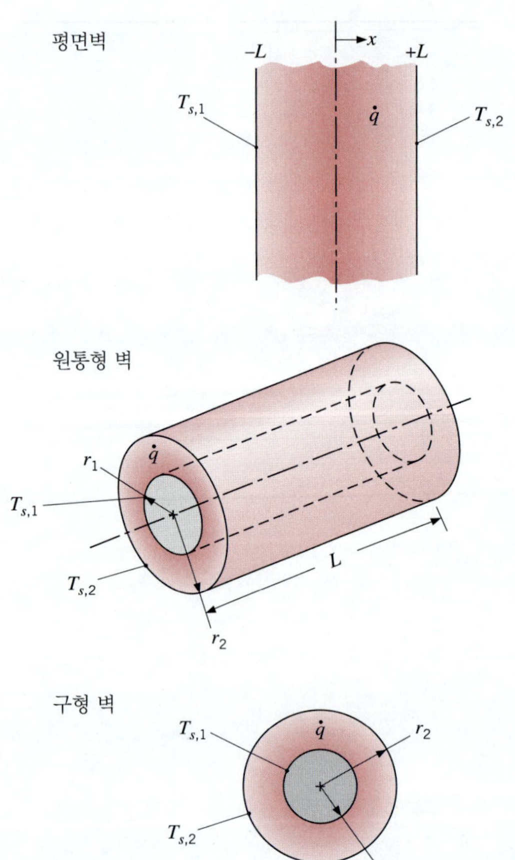

그림 C.1 균일한 열에너지 발생을 갖는 1차원 전도 계: 비대칭 표면조건들을 갖는 평면벽, 원통형 벽 그리고 구형 벽.

표 C.1 균일한 열발생과 비대칭 표면조건들을 갖는 평면, 원통형 그리고 구형 벽에 대한 열방정식의 1차원 정상상태 해

온도분포

평면벽
$$T(x) = \frac{\dot{q}L^2}{2k}\left(1 - \frac{x^2}{L^2}\right) + \frac{T_{s,2} - T_{s,1}}{2}\frac{x}{L} + \frac{T_{s,1} + T_{s,2}}{2} \quad \text{(C.1)}$$

원통형 벽
$$T(r) = T_{s,2} + \frac{\dot{q}r_2^2}{4k}\left(1 - \frac{r^2}{r_2^2}\right) - \left[\frac{\dot{q}r_2^2}{4k}\left(1 - \frac{r_1^2}{r_2^2}\right) + (T_{s,2} - T_{s,1})\right]\frac{\ln(r_2/r)}{\ln(r_2/r_1)} \quad \text{(C.2)}$$

구형 벽
$$T(r) = T_{s,2} + \frac{\dot{q}r_2^2}{6k}\left(1 - \frac{r^2}{r_2^2}\right) - \left[\frac{\dot{q}r_2^2}{6k}\left(1 - \frac{r_1^2}{r_2^2}\right) + (T_{s,2} - T_{s,1})\right]\frac{(1/r) - (1/r_2)}{(1/r_1) - (1/r_2)} \quad \text{(C.3)}$$

열유속

평면벽
$$q''(x) = \dot{q}x - \frac{k}{2L}(T_{s,2} - T_{s,1}) \quad \text{(C.4)}$$

원통형 벽
$$q''(r) = \frac{\dot{q}r}{2} - \frac{k\left[\frac{\dot{q}r_2^2}{4k}\left(1 - \frac{r_1^2}{r_2^2}\right) + (T_{s,2} - T_{s,1})\right]}{r\ln(r_2/r_1)} \quad \text{(C.5)}$$

구형 벽
$$q''(r) = \frac{\dot{q}r}{3} - \frac{k\left[\frac{\dot{q}r_2^2}{6k}\left(1 - \frac{r_1^2}{r_2^2}\right) + (T_{s,2} - T_{s,1})\right]}{r^2[(1/r_1) - (1/r_2)]} \quad \text{(C.6)}$$

열전달률

평면벽
$$q(x) = \left[\dot{q}x - \frac{k}{2L}(T_{s,2} - T_{s,1})\right]A_x \quad \text{(C.7)}$$

원통형 벽
$$q(r) = \dot{q}\pi Lr^2 - \frac{2\pi Lk}{\ln(r_2/r_1)}\cdot\left[\frac{\dot{q}r_2^2}{4k}\left(1 - \frac{r_1^2}{r_2^2}\right) + (T_{s,2} - T_{s,1})\right] \quad \text{(C.8)}$$

구형 벽
$$q(r) = \frac{\dot{q}4\pi r^3}{3} - \frac{4\pi k\left[\frac{\dot{q}r_2^2}{6k}\left(1 - \frac{r_1^2}{r_2^2}\right) + (T_{s,2} - T_{s,1})\right]}{(1/r_1) - (1/r_2)} \quad \text{(C.9)}$$

선택적인 표면 조건들에는 균일 표면열유속(**제2종 경계조건**, 식 2.32 또는 2.33) 또는 대류조건(**제3종 경계조건**, 식 2.34) 등의 명시가 포함될 수 있다. 각각의 경우 표면온도가 미지수일 것이나, 표면 에너지평형을 적용하면 구할 수 있을 것이다. 이와 같은 평형을 적용할 수 있는 형태들이 표 C.2에 요약되어 있다. 관심의 대상이 되는 표면이 열발생이 없는 복합벽과 인접한 경우를 수용하기 위해서 대류계수 h 대신 열관류계수 U를 사용하여 제3종 경계조건이 적용되었다는 점을 유의하라.

한 예로서 균일한(알려진) 표면온도 $T_{s,1}$이 $x = -L$에 주어지고 균일한 열유속 $q''_{s,2}$이 $x = +L$에 주어진 평면벽을 생각해 보자. $T_{s,2}$를 구하기 위해 식 C.11을 사용할 수 있으며, 온도분포, 열유속 분포, 그리고 열전달률 분포를 결정하기 위해 각각 식 C.1, C.4, 그리고 C.7을 사용할 수 있다.

전술한 형태들에 대한 특별한 경우로서 하나의 단열면을 갖는 평면벽, 고체 원통(원형 봉), 그

표 C.2 균일한 열발생을 갖는 평면, 원통형 그리고 구형 벽에 대한 열방정식의 1차원 정상상태 해에 대해 선택적인 표면조건과 에너지평형

평면벽

균일 표면열유속

$$x = -L: \quad q''_{s,1} = -\dot{q}L - \frac{k}{2L}(T_{s,2} - T_{s,1}) \tag{C.10}$$

$$x = +L: \quad q''_{s,2} = \dot{q}L - \frac{k}{2L}(T_{s,2} - T_{s,1}) \tag{C.11}$$

주어진 전달계수와 주변온도

$$x = -L: \quad U_1(T_{\infty,1} - T_{s,1}) = -\dot{q}L - \frac{k}{2L}(T_{s,2} - T_{s,1}) \tag{C.12}$$

$$x = +L: \quad U_2(T_{s,2} - T_{\infty,2}) = \dot{q}L - \frac{k}{2L}(T_{s,2} - T_{s,1}) \tag{C.13}$$

원통형 벽

균일 표면열유속

$$r = r_1: \quad q''_{s,1} = \frac{\dot{q}r_1}{2} - \frac{k\left[\frac{\dot{q}r_2^2}{4k}\left(1 - \frac{r_1^2}{r_2^2}\right) + (T_{s,2} - T_{s,1})\right]}{r_1 \ln(r_2/r_1)} \tag{C.14}$$

$$r = r_2: \quad q''_{s,2} = \frac{\dot{q}r_2}{2} - \frac{k\left[\frac{\dot{q}r_2^2}{4k}\left(1 - \frac{r_1^2}{r_2^2}\right) + (T_{s,2} - T_{s,1})\right]}{r_2 \ln(r_2/r_1)} \tag{C.15}$$

주어진 전달계수와 주변온도

$$r = r_1: \quad U_1(T_{\infty,1} - T_{s,1}) = \frac{\dot{q}r_1}{2} - \frac{k\left[\frac{\dot{q}r_2^2}{4k}\left(1 - \frac{r_1^2}{r_2^2}\right) + (T_{s,2} - T_{s,1})\right]}{r_1 \ln(r_2/r_1)} \tag{C.16}$$

$$r = r_2: \quad U_2(T_{s,2} - T_{\infty,2}) = \frac{\dot{q}r_2}{2} - \frac{k\left[\frac{\dot{q}r_2^2}{4k}\left(1 - \frac{r_1^2}{r_2^2}\right) + (T_{s,2} - T_{s,1})\right]}{r_2 \ln(r_2/r_1)} \tag{C.17}$$

구형 벽

균일 표면열유속

$$r = r_1: \quad q''_{s,1} = \frac{\dot{q}r_1}{3} - \frac{k\left[\frac{\dot{q}r_2^2}{6k}\left(1 - \frac{r_1^2}{r_2^2}\right) + (T_{s,2} - T_{s,1})\right]}{r_1^2[(1/r_1) - (1/r_2)]} \tag{C.18}$$

$$r = r_2: \quad q''_{s,2} = \frac{\dot{q}r_2}{3} - \frac{k\left[\frac{\dot{q}r_2^2}{6k}\left(1 - \frac{r_1^2}{r_2^2}\right) + (T_{s,2} - T_{s,1})\right]}{r_2^2[(1/r_1) - (1/r_2)]} \tag{C.19}$$

표 C.2 계속

주어진 전달계수와 주변온도

$$r = r_1: \quad U_1(T_{\infty,1} - T_{s,1}) = \frac{\dot{q}r_1}{3} - \frac{k\left[\frac{\dot{q}r_2^2}{6k}\left(1 - \frac{r_1^2}{r_2^2}\right) + (T_{s,2} - T_{s,1})\right]}{r_1^2[(1/r_1) - (1/r_2)]} \tag{C.20}$$

$$r = r_2: \quad U_2(T_{s,2} - T_{\infty,2}) = \frac{\dot{q}r_2}{3} - \frac{k\left[\frac{\dot{q}r_2^2}{6k}\left(1 - \frac{r_1^2}{r_2^2}\right) + (T_{s,2} - T_{s,1})\right]}{r_2^2[(1/r_1) - (1/r_2)]} \tag{C.21}$$

리고 고체 구(그림 C.2)가 있다. $dT/dx|_{x=0} = 0$와 $dT/dr|_{r=0} = 0$인 요구조건에 의해, 해당하는 형태의 열방정식을 풀어서 표 C.3의 식 C.22부터 C.24까지를 얻을 수 있다. 해답들은 $x = L$과 $r = r_o$에서 균일한 온도 T_s를 적용한 것에 근거한 것이다. 온도분포와 함께 Fourier의 법칙을 사용하여 열유속 분포(식 C.25~C.27)와 열전달률 분포(식 C.28~C.30) 또한 구할 수 있다. 만일 T_s가 알려져 있지 않다면, 표 C.4에 요약되어 있는 적절한 형태의 표면 에너지평형을 적용하여 이를 구할 수 있다.

평면벽

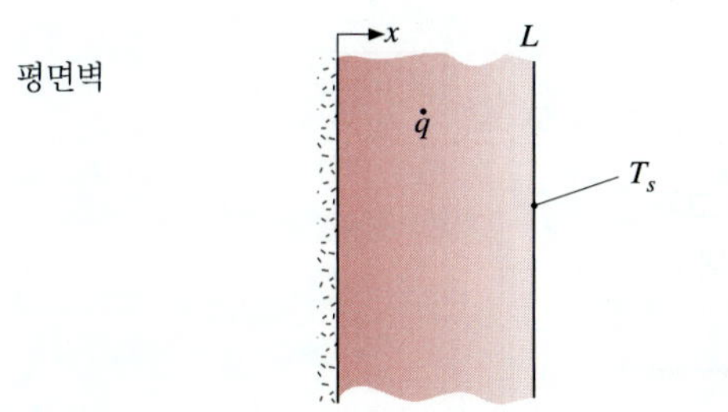

고체 원통

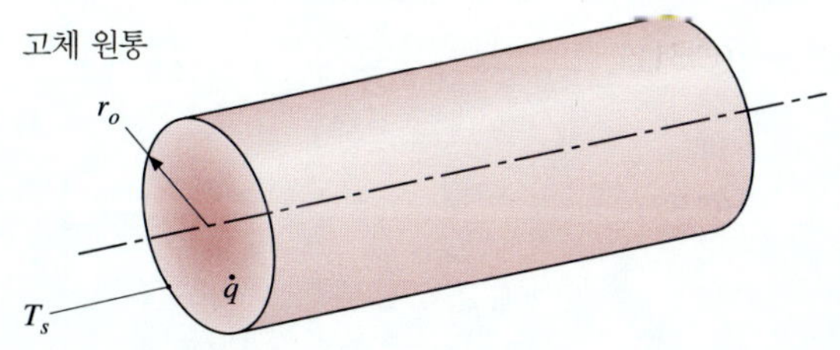

고체 구

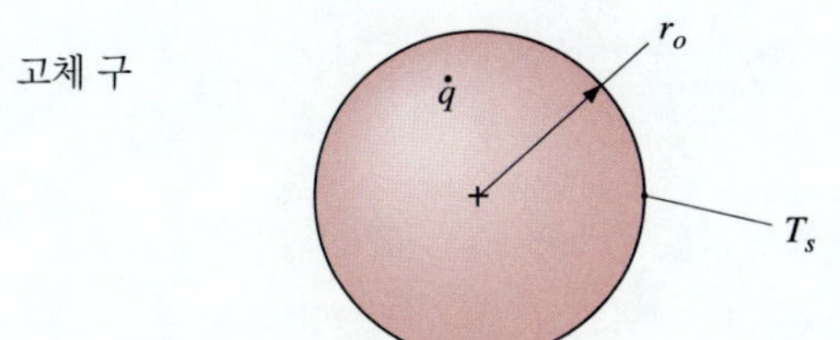

그림 C.2 균일한 열에너지 발생을 갖는 1차원 전도 계: 하나의 단열면을 갖는 평면벽, 고체 원통(원형 봉) 및 고체 구

표 C.3 하나의 단열면을 갖는 평면벽, 고체 원통(원형 봉) 그리고 고체 구에서 균일한 열발생이 있는 열방정식의 1차원 정상상태 해

온도분포

평면벽	$T(x) = \dfrac{\dot{q}L^2}{2k}\left(1 - \dfrac{x^2}{L^2}\right) + T_s$	(C.22)
원형 봉	$T(r) = \dfrac{\dot{q}r_o^2}{4k}\left(1 - \dfrac{r^2}{r_o^2}\right) + T_s$	(C.23)
고체 구	$T(r) = \dfrac{\dot{q}r_o^2}{6k}\left(1 - \dfrac{r^2}{r_o^2}\right) + T_s$	(C.24)

열유속

평면벽	$q''(x) = \dot{q}x$	(C.25)
원형 봉	$q''(r) = \dfrac{\dot{q}r}{2}$	(C.26)
고체 구	$q''(r) = \dfrac{\dot{q}r}{3}$	(C.27)

열전달률

평면벽	$q(x) = \dot{q}xA_x$	(C.28)
원형 봉	$q(r) = \dot{q}\pi Lr^2$	(C.29)
고체 구	$q(r) = \dfrac{\dot{q}4\pi r^3}{3}$	(C.30)

표 C.4 하나의 단열면을 갖는 평면벽, 고체 원통(원형 봉) 그리고 고체 구에서 균일한 열발생이 있는 열방정식의 1차원 정상상태 해에 대해 대체되는 표면조건과 에너지평형

주어진 전달계수와 주변온도

평면벽

$x = L$: $\quad \dot{q}L = U(T_s - T_\infty)$ (C.31)

원형 봉

$r = r_o$: $\quad \dfrac{\dot{q}r_o}{2} = U(T_s - T_\infty)$ (C.32)

고체 구

$r = r_o$: $\quad \dfrac{\dot{q}r_o}{3} = U(T_s - T_\infty)$ (C.33)

Gauss-Seidel 방법

The Gauss–Seidel Method

Gauss-Seidel 방법은 아래에 복사한 식 (4.47)과 같이 표현되는 선형대수 방정식을 푸는 반복적 해법의 한 예이다.

$$\begin{aligned} a_{11}T_1 + a_{12}T_2 + a_{13}T_3 + \cdots + a_{1N}T_N &= C_1 \\ a_{21}T_1 + a_{22}T_2 + a_{23}T_3 + \cdots + a_{2N}T_N &= C_2 \\ \vdots \qquad \vdots \qquad \vdots \qquad \vdots \qquad \vdots \quad &\quad \vdots \\ a_{N1}T_1 + a_{N2}T_2 + a_{N3}T_3 + \cdots + a_{NN}T_N &= C_N \end{aligned} \tag{4.47}$$

방정식의 수가 적을 때는 Gauss-Seidel 반복법을 수작업으로 수행할 수 있다. 식 (4.47)과 같이 나타나는 연립방정식에는 다음과 같은 절차에 의해 Gauss-Seidel 방법을 용이하게 적용할 수 있다.

1. 가능한 범위에서, 행렬의 대각선 요소의 값이 같은 행의 다른 요소들의 값보다 크게 되도록 방정식을 재정렬해야 한다. 즉 $|a_{11}| > |a_{12}|, |a_{13}|, \ldots, |a_{1N}|$; $|a_{22}| > |a_{21}|, |a_{23}|, \ldots, |a_{2N}|$; 등과 같이 되도록 방정식을 차례로 나열하는 것이 바람직하다.
2. 재정렬한 후에는 N개 방정식들을 각각 대각선 성분에 관한 온도에 대해 현시적 형태(explicit form)로 표현되어야 한다. 그러면 해벡터(solution vector)에서의 각 온도는 다음 형태가 된다.

$$T_i^{(k)} = \frac{C_i}{a_{ii}} - \sum_{j=1}^{i-1} \frac{a_{ij}}{a_{ii}} T_j^{(k)} - \sum_{j=i+1}^{N} \frac{a_{ij}}{a_{ii}} T_j^{(k-1)} \tag{D.1}$$

여기서 $i = 1, 2, \ldots, N$이다. 위첨자 k는 반복의 횟수를 나타낸다.

3. 각 온도 T_i에 대하여 초기값($k = 0$)을 가정한다. 실제 해를 합리적으로 추정하여 초기값을 선택하면 이후의 계산량은 줄어들 수 있다.
4. 식 (D.1)에 $k = 1$을 지정하고, 우변의 T_j 항에 가정한 값(두번 째 합산, $k - 1 = 0$) 또는 새로운 값(첫번 째 합산, $k = 1$)을 대입하면 $T_i^{(1)}$의 값이 계산된다. 이 단계가 첫째($k = 1$) 반복계산이다.
5. 식 (D.1)을 이용하여 새로운 $T_i^{(k)}$ 값을 계산하기 위한 반복과정을 계속한다. 이때 우변에서 $1 \le j \le i - 1$인 항에서는 현 단계의 반복에서 구한 $T_j^{(k)}$ 값을, 그리고 $i + 1 \le j \le N$에서는 전 단계의 반복에서 계산하였던 $T_j^{(k-1)}$ 값을 사용한다.
6. 반복계산 과정은 설정된 **수렴기준**(convergence criterion)이 충족될 때 종료한다. 이 기준은 다음과 같이 표현할 수 있다.

$$\left| T_i^{(k)} - T_i^{(k-1)} \right| \le \varepsilon \tag{D.2}$$

여기서 ε은 허용 가능한 온도오차를 나타낸다. 만약 단계 1이 각 방정식에 대하여 완성될 수 있으면, 확립된 계는 **대각선 우세**(diagonally dominant)라고 하며 수렴률이 극대화된다(필요한 반복계산의 수가 최소화된다). 그러나 대각선 우세가 이루어지지 않는 많은 경우에도, 비록 수렴 속도는 늦어지겠지만, 수렴이 달성될 수 있다. 새로운 T_i 값이 계산되는 방법(단계 4, 5)도 유의하여야 한다. 어느 한 특정 반복과정에서 T_i는 순차적으로 계산이 되기 때문에, 다른 T_i의 가장 **최근 추정값**(most recent estimate)을 사용함으로써 각 값을 계산할 수 있다. 이 특성은 식 (D.1)에 함축되어 있으며, 여기서 $1 \le j \le i - 1$에 대하여 각 미지의 값들은 가능한 한 빨리 갱신되고 있다.

Gauss-Seidel 방법을 활용하는 예제는 4S.2절에 나와 있다.

대류전달 방정식

The Convection Transfer Equations

2장에서 전도에 의해 열이 전달되는 정지된 물질을 고려하였으며, 물질 내에서 온도분포를 결정하는 방법을 전개하였다. 미소 검사체적(그림 2.11)에 **에너지보존**(conservation of energy)을 적용하여 **열방정식**(heat equation)이라는 미분방정식을 유도하였다. 주어진 형상과 경계조건에 해당하는 온도분포를 결정하기 위해 미분방정식의 해를 구하였다.

물질이 정지해 있지 않다면 조건은 좀 더 복잡해질 것이다. 예를 들어 만일 에너지보존이 움직이는 유체 내의 미소 검사체적에 적용된다면, 전도와 더불어 유체이동이 검사체적의 표면을 통과하는 에너지 전달에 미치는 영향(**유동대류**)이 반드시 고려되어야 한다. 이 결과 도출되는 바 온도 분포를 예측할 수 있는 기초를 제공하는 미분방정식은 미소 검사체적에 **질량보존**(conservation of mass)과 **Newton의 제2운동법칙**(Newton's second law of motion)을 적용함으로써 얻어지는 속도 분포식을 필요로 한다.

이 부록에서는 **열전달**(heat transfer)과 **물질전달**(mass transfer)이 동시에 이루어지는 **점성유체**(viscous fluid)의 유동에 대한 조건들을 고려한다. 직교 좌표계의 x와 y 방향에서 **일정한 물성치**(constant property)을 갖는 **비압축성 유체**(incompressible fluid)의 **정상상태 2차원 유동**(steady two-dimensional flow)에 국한하여, 유체 내의 속도, 온도, 그리고 성분농도 분포를 예측하는 데 이용되는 미분방정식을 제시한다. 이러한 방정식은 유체 내 미소 검사체적에 Newton의 제2운동법칙과 질량, 에너지, 성분 보존을 적용함으로써 유도할 수 있다.

E.1 질량 보존

점성유체의 유동에 관련되는 하나의 보존법칙은 물질이 결코 생성도 소멸도 될 수 없다는 것이다. 정상상태 유동에 대하여 이 보존법칙은 **질량이 검사체적으로 들어가는 정미 변화율(유입−유출)은 0이어야 한다**는 것이다. 이 법칙을 유동 내 미소 검사체적에 적용하면 다음과 같이 된다.

$$\frac{\partial u}{\partial x} + \frac{\partial v}{\partial y} = 0 \tag{E.1}$$

여기서 u와 v는 **질량평균속도**(mass average velocity)의 x와 y 성분이다.

연속방정식(continuity equation)인 식 (E.1)은 **전체 질량보존**의 요구조건을 표현하는 일반식이며, 유체 내의 모든 곳에서 충족되어야 한다. 유체를 밀도가 일정한 **비압축성**(incompressible)으로 근사화할 수 있다면, 이 식은 단일 성분의 유체에서뿐만 아니라 성분확산 및 화학반응이 일어나는 혼합물에 대해서도 적용된다.

E.2 Newton의 제2운동법칙

점성유체의 유동과 관련되는 두 번째 기본법칙은 **Newton의 제2운동법칙**이다. 정상상태 조건하에서 유체 내 미소 검사체적에 대해, 이 법칙이 요구하는 것은 **검사체적에 작용하는 모든 힘의 합은 운동량이 검사체적을 나가는 정미 변화율(유출−유입)과 같아야 한다**는 것이다.

이 방정식들은 6S.1절에서 유도된다.

유체에는 체적에 비례하는 **체적력**(body force)과 면적에 비례하는 **표면력**(surface force)이라는 두 종류의 힘이 작용한다. 중력, 원심력, 자력, 전기장은 전체 체적력에 관련되며, 유체의 단위 체적당 이 힘의 x와 y 성분을 각각 X와 Y로 표기한다. 표면력은 유체의 **점성응력**(viscous stress)뿐만 아니라 정압(정지압력)으로 인해서도 발생한다.

유체 내 미소 검사체적에 체적력과 표면력을 고려하여 Newton의 제2운동법칙을 x와 y 방향으로 적용하면 다음 식이 얻어진다.

$$\rho\left(u\frac{\partial u}{\partial x}+v\frac{\partial u}{\partial y}\right)=-\frac{\partial p}{\partial x}+\mu\left(\frac{\partial^2 u}{\partial x^2}+\frac{\partial^2 u}{\partial y^2}\right)+X \tag{E.2}$$

$$\rho\left(u\frac{\partial v}{\partial x}+v\frac{\partial v}{\partial y}\right)=-\frac{\partial p}{\partial y}+\mu\left(\frac{\partial^2 v}{\partial x^2}+\frac{\partial^2 v}{\partial y^2}\right)+Y \tag{E.3}$$

여기서 p는 압력, μ는 유체의 점성계수이다.

식 (E.2)와 (E.3)에 나타나는 물리적 의미를 알아보자. 각 식의 좌변에 있는 두 개의 항은 검사체적으로부터 나오는 운동량 유동의 정미 변화율이다. 우변에 있는 항은 차례로 정미 압력힘, 정미 점성력, 그리고 체적력을 나타낸다. 이러한 방정식들은 유체 내 모든 지점에서 충족되어야 하며, 식 E.1과 함께 속도장을 구하기 위해 풀릴 수 있다.

E.3 에너지보존

이 부록의 서두에서 언급하였듯이, 2장에서 전도에 의해 열이 전달되는 정지된 물질을 고려하여 미소 검사체적(그림 2.11)에 에너지보존을 적용하여 열방정식을 유도하였다. 정상상태 조건하에서 **움직이는 유체 내**의 미소 검사체적에 에너지보존을 적용하면, 검사체적으로 들어가는 정미 에너지 변화율에 열 공급률을 더하고, 검사체적 내 유체에 행해지는 일률을 뺀 것이 0이 된다는 것을 나타낸다. 많은 수학적 정리과정을 거치고 나면 그 결과를 **열에너지방정식**(thermal energy equation)으로 표현할 수 있다. 일정한 물성치를 갖는 비압축성 유체의 정상상태 2차원 유동에 대해 미분방정식은 다음과 같이 된다.

$$\rho c_p\left(u\frac{\partial T}{\partial x}+v\frac{\partial T}{\partial y}\right)=k\left(\frac{\partial^2 T}{\partial x^2}+\frac{\partial^2 T}{\partial y^2}\right)+\mu\Phi+\dot{q} \tag{E.4}$$

여기서 T는 온도, c_p는 정압비열, k는 열전도율, $\dot{q}$는 체적당 열에너지 발생율, $\mu\Phi$는 다음과 같이 정의되는 **점성소산**(viscous dissipation)이다.

$$\mu\Phi\equiv\mu\left\{\left(\frac{\partial u}{\partial y}+\frac{\partial v}{\partial x}\right)^2+2\left[\left(\frac{\partial u}{\partial x}\right)^2+\left(\frac{\partial v}{\partial y}\right)^2\right]\right\} \tag{E.5}$$

식 (E.4)와 동일한 형태의 열에너지방정식은 압력변화를 무시할 수 있는 이상기체에도 적용된다.

식 (E.4)에서 좌변에 있는 항은 유체의 체적 운동(유동대류) 때문에 검사체적을 나가는 열에너지의 정미 변화율을 나타내고, 우변에 있는 항은 전도, 점성소산, 그리고 열에너지 발생으로 인한 에너지의 정미 유입률을 나타낸다. 점성소산은 유체 내의 점성효과로 인해 역학적 일이 열에너지로 비가역적으로 변환되는 정미 변화율을 나타낸다. 열에너지 발생 항은 화학, 전기, 전자기, 혹은 핵에너지 등과 같은 다른 형태의 에너지가 열에너지로 변환되는 것을 나타낸다.

E.4 성분 보존

점성유체가 성분 농도구배가 있는 2성분 혼합물로 구성되어 있다면, 성분의 **상대적** 이동이 있을 것이며, 유체 내 모든 위치에서 **성분 보존**이 충족되어야 한다. 정상상태 유동에 대해 이 법칙은 **성분 A가 검사체적으로 들어가는 정미 변화율(유입−유출)에 검사체적 내에서 화학반응에 의한 성분 A의 생성률을 합한 것이 0이 되어야 한다**는 것을 요구한다. 유동 내 미소 검사체적에 이 법칙을 적용하여 몰 기준으로 표현하면 다음과 같은 미분방정식이 얻어진다.

$$u\frac{\partial C_A}{\partial x} + v\frac{\partial C_A}{\partial y} = D_{AB}\left(\frac{\partial^2 C_A}{\partial x^2} + \frac{\partial^2 C_A}{\partial y^2}\right) + \dot{N}_A \qquad \text{(E.6)}$$

여기서 C_A는 성분 A의 몰농도이고, D_{AB}는 2성분 확산계수 그리고 $\dot{N}_A$는 단위체적당 성분 A의 몰 생성률이다. 이 방정식도 물성치가 일정한 비압축성 유체를 가정하여 유도하였다. 좌변에 있는 항은 유체의 체적 운동(유동대류)으로 인한 성분 A의 정미 전달을 나타내고, 우변에 있는 항은 확산으로 인한 정미 유입과 화학반응으로 인한 생성을 나타낸다.

대류전달 방정식의 해를 구하는 예제는 6S.1절에 나와 있다.

난류유동에 대한 경계층방정식

Boundary Layer Equations for Turbulent Flow

6.3절에서 난류유동은 본질적으로 **비정상**(unsteady)이라고 언급하였다. 이러한 거동이 그림 F.1에 나와 있는데, 임의의 유동 특성치 P의 변화가 난류경계층 내 어떤 위치에서 시간의 함수로 나타나 있다. 특성치 P는 속도성분, 유체온도, 혹은 성분농도가 될 수 있으며, 임의의 순간에 **시간평균**(time-mean) 값 $\bar{P}$와 변동성분(fluctuating component) P'의 합으로 나타낼 수 있다. 평균은 전형적인 변동의 주기와 비해 긴 시간에 걸쳐 취해지고, 만약 $\bar{P}$가 시간에 무관하다면 시간평균 유동은 **정상**(steady)이라고 한다.

엔지니어들은 일반적으로 시간평균 특성치 $\bar{P}$에 관심이 있기 때문에, 시간 종속적인 지배 방정식들을 시간에 걸쳐 평균하면 방정식을 푸는 데 어려운 점을 종종 해결할 수 있다. 정상(평균적으로), 비압축성, 일정 물성치, 점성소산을 무시할 수 있는 경계층 유동에 대하여, 잘 확립되어 있는 시간평균 기법[1]을 사용하면 다음 형태의 연속, x 방향 운동량, 에너지, 성분 보존 방정식이 얻을 수 있다.

$$\frac{\partial \bar{u}}{\partial x} + \frac{\partial \bar{v}}{\partial y} = 0 \tag{F.1}$$

$$\bar{u}\frac{\partial \bar{u}}{\partial x} + \bar{v}\frac{\partial \bar{u}}{\partial y} = -\frac{1}{\rho}\frac{d\bar{p}_\infty}{dx} + \frac{1}{\rho}\frac{\partial}{\partial y}\left(\mu\frac{\partial \bar{u}}{\partial y} - \rho\overline{u'v'}\right) \tag{F.2}$$

$$\bar{u}\frac{\partial \bar{T}}{\partial x} + \bar{v}\frac{\partial \bar{T}}{\partial y} = \frac{1}{\rho c_p}\frac{\partial}{\partial y}\left(k\frac{\partial \bar{T}}{\partial y} - \rho c_p\overline{v'T'}\right) \tag{F.3}$$

$$\bar{u}\frac{\partial \bar{C}_A}{\partial x} + \bar{v}\frac{\partial \bar{C}_A}{\partial y} = \frac{\partial}{\partial y}\left(D_{AB}\frac{\partial \bar{C}_A}{\partial y} - \overline{v'C'_A}\right) \tag{F.4}$$

위의 방정식들은 $\overline{a'b'}$ 형태의 추가된 항들이 있는 것을 제외하고는 식 (6.27)~(6.30)(점성소산을 무시한 후)의 층류 경계층에 대한 식들과 유사하다. 이 추가된 항들은 운동량, 에너지, 성분 수송에 미치는 난류변동(turbulent fluctuation)의 효과를 나타낸다.

위에서의 결과를 토대로 하여 일반적으로 다음과 같이 정의되는 **총** 전단응력, **총** 열유속과 **총** 성분유속을 나타내는 것이 관례이며, 이들은 분자확산과 난류혼합에 의한 기여로 이루어져 있다.

$$\tau_{\text{tot}} = \left(\mu\frac{\partial \bar{u}}{\partial y} - \rho\overline{u'v'}\right) \tag{F.5}$$

$$q''_{\text{tot}} = -\left(k\frac{\partial \bar{T}}{\partial y} - \rho c_p\overline{v'T'}\right) \tag{F.6}$$

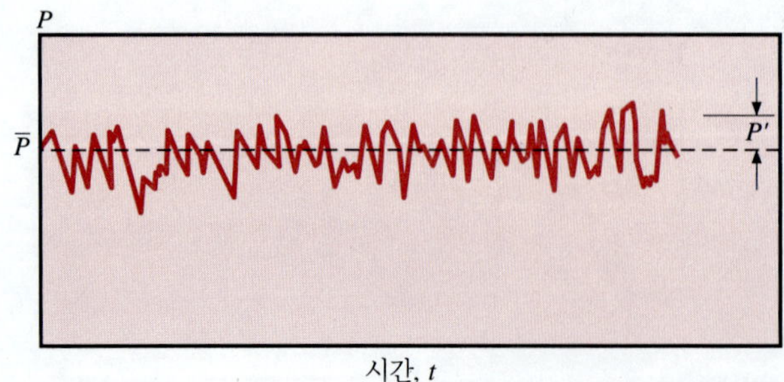

그림 F.1 난류경계층 내 임의의 지점에서 시간에 따른 특성치의 변화.

$$N''_{A,tot} = -\left(D_{AB} \frac{\partial \bar{C}_A}{\partial y} - \overline{v'C'_A} \right) \quad (F.7)$$

이러한 식들의 형태에서 운동량, 에너지, 성분 등의 전달률이 난류의 존재로 인해 어떻게 촉진되는지 알 수 있다. 식 (F.5)에 나타나는 $-\rho\overline{u'v'}$ 항은 난류변동으로 인한 운동량유속을 나타내며 흔히 **Reynolds 응력**이라 한다. 식 (F.6)과 (F.7)에 있는 $\rho c_p \overline{v'T'}$와 $\overline{v'C'_A}$ 항들은 각각 난류변동으로 인한 열유속과 성분유속을 나타낸다. 유감스럽게도 시간평균 기법에 의해 도입된 이 새로운 항들은 추가적인 미지수이므로, 미지수의 수가 방정식의 수를 초과한다. 이 문제를 해결하는 것이 **난류모델링**[2] 분야의 주제이다.

참고문헌 *References*

1. Kays, W. M., M. E. Crawford, and B. Weigand, *Convective Heat and Mass Transfer*, 4th ed., McGraw-Hill Higher Education, Boston, 2005.
2. Wilcox, D. C., *Turbulence Modeling for CFD*, 2nd ed., DCW Industries, La Cañada, 1998.

평판 위의 평행유동에 대한 적분 층류 경계층의 해

An Integral Laminar Boundary Layer Solution for Purullel Flow over a Flat Plate

경계층방정식을 풀기 위한 대체적 방법으로 근사적인 **적분**방법(integral method)이 있다. 이 방법은 1921년에 von Kárman[1]에 의해 처음으로 제안되었으며, Pohlhausen[2]에 의해 처음으로 적용되었다. 이 방법에는 7.2.1절의 **엄밀한**(exact)[**상사**(similarity)] 방법에 본질적으로 나타나는 수학적 복잡성이 없으며, 주요 경계층 변수들(δ, δ_t, δ_c, C_f, h 그리고 h_m)에 대해 합리적으로 정확한 결과를 얻는 데 사용할 수 있다. 이 방법이 다양한 유동조건에 대해 어느 정도 성공적으로 사용되어 오기는 했으나, 여기서는 7.2.1절에서 열거한 바와 같은 제한조건, 즉 **일정한 유체 물성치와 점성소산을 무시할 수 있는 비압축성 층류유동**일 때 평판 위의 평행유동에 대해서만 고찰한다.

이 방법을 사용하기 위해서는 경계층방정식인 식 (7.4)~(7.7)이 적분 형태로 만들어져야 한다. 이 형태는 경계층을 가로지르는 y 방향으로 방정식을 적분하여 얻을 수 있다. 예를 들어 식 (7.4)를 적분하면 다음 식을 얻을 수 있다.

$$\int_0^\delta \frac{\partial u}{\partial x} dy + \int_0^\delta \frac{\partial v}{\partial y} dy = 0 \tag{G.1}$$

또는 $y = 0$에서 $v = 0$이므로 다음과 같이 된다.

$$v(y = \delta) = -\int_0^\delta \frac{\partial u}{\partial x} dy \tag{G.2}$$

유사하게 식 (7.5)로부터 다음 식을 얻을 수 있다.

$$\int_0^\delta u \frac{\partial u}{\partial x} dy + \int_0^\delta v \frac{\partial u}{\partial y} dy = \nu \int_0^\delta \frac{\partial}{\partial y}\left(\frac{\partial u}{\partial y}\right) dy$$

또는 좌변의 둘째 항을 부분적분하면

$$\int_0^\delta u \frac{\partial u}{\partial x} dy + uv\bigg|_0^\delta - \int_0^\delta u \frac{\partial v}{\partial y} dy = \nu \frac{\partial u}{\partial y}\bigg|_0^\delta$$

이 되고, 식 (7.4)와 (G.2)를 대입하면

$$\int_0^\delta u \frac{\partial u}{\partial x} dy - u_\infty \int_0^\delta \frac{\partial u}{\partial x} dy + \int_0^\delta u \frac{\partial u}{\partial x} dy = -\nu \frac{\partial u}{\partial y}\bigg|_{y=0}$$

이 되며, 또는 다음과 같다.

$$u_\infty \int_0^\delta \frac{\partial u}{\partial x} dy - \int_0^\delta 2u \frac{\partial u}{\partial x} dy = \nu \frac{\partial u}{\partial y}\bigg|_{y=0}$$

그러므로 다음과 같이 된다.

$$\int_0^\delta \frac{\partial}{\partial x}(u_\infty \cdot u - u \cdot u) dy = \nu \frac{\partial u}{\partial y}\bigg|_{y=0}$$

다시 정리하면 다음의 식을 얻을 수 있다.

$$\frac{d}{dx}\left[\int_0^{\delta}(u_\infty - u)u\,dy\right] = \nu\frac{\partial u}{\partial y}\bigg|_{y=0} \tag{G.3}$$

식 (G.3)은 경계층 운동량방정식의 적분 형태이다. 유사한 방법으로 다음과 같은 경계층 에너지 및 성분 연속 방정식에 대한 적분 형태를 얻을 수 있다.

$$\frac{d}{dx}\left[\int_0^{\delta_t}(T_\infty - T)u\,dy\right] = \alpha\frac{\partial T}{\partial y}\bigg|_{y=0} \tag{G.4}$$

$$\frac{d}{dx}\left[\int_0^{\delta_c}(\rho_{A,\infty} - \rho_A)u\,dy\right] = D_{AB}\frac{\partial \rho_A}{\partial y}\bigg|_{y=0} \tag{G.5}$$

식 (G.3)~(G.5)는 경계층 전체에 걸친 **적분**(또는 **평균**) 형식의 x 방향 운동량, 에너지 그리고 성분 보존에 대한 요구조건을 만족한다. 반면에 원래의 보존 방정식인 식 (7.5)~(7.7)은 **국소적**으로, 즉 경계층 내의 각 지점에서 보존 요구조건을 만족한다.

적분 방정식은 **근사적인** 경계층 해를 구하는 데 사용할 수 있다. 이 과정에서는 먼저 미지의 u, T 그리고 ρ_A를 이들에 해당되는(**미지의**) 경계층 두께의 항으로 합리적인 함수 형태를 가정한다. 가정된 형태는 적절한 경계조건을 만족시켜야 한다. 이 형태들을 적분 방정식에 대입함으로써 경계층 두께에 대한 식들을 구할 수 있으며 가정한 함수 형태를 완전히 확정할 수 있다. 이 방법은 비록 근사적이지만, 많은 경우 표면 매개변수들에 대해 정확한 결과를 얻을 수 있다.

다음과 같은 적절한 경계조건에 대한 유체역학적 경계층을 고려해 보자.

$$u(y=0) = \frac{\partial u}{\partial y}\bigg|_{y=\delta} = 0 \quad \text{그리고} \quad u(y=\delta) = u_\infty$$

식 (7.5)로부터 $y = 0$에서 $u = v = 0$이므로 다음이 성립한다.

$$\frac{\partial^2 u}{\partial y^2}\bigg|_{y=0} = 0$$

앞의 조건들로부터 속도분포를 다음과 같은 형태의 3차 다항식으로 근사화할 수 있다.

$$\frac{u}{u_\infty} = a_1 + a_2\left(\frac{y}{\delta}\right) + a_3\left(\frac{y}{\delta}\right)^2 + a_4\left(\frac{y}{\delta}\right)^3$$

그리고 경계조건을 적용하여 계수 a_1부터 a_4까지를 결정한다. 이 값들은 $a_1 = a_3 = 0$, $a_2 = \frac{3}{2}$, $a_4 = -\frac{1}{2}$이 됨을 쉽게 알 수 있으며, 이 경우에 다음의 식이 된다.

$$\frac{u}{u_\infty} = \frac{3}{2}\frac{y}{\delta} - \frac{1}{2}\left(\frac{y}{\delta}\right)^3 \tag{G.6}$$

이제 속도분포는 미지의 경계층 두께 δ의 항으로 표시된다. 이 미지수는 식 (G.6)을 (G.3)에 대입하고 y에 대하여 적분하여 다음 식을 얻어서 구할 수 있다.

$$\frac{d}{dx}\left(\frac{39}{280}u_\infty^2\delta\right) = \frac{3}{2}\frac{\nu u_\infty}{\delta}$$

변수들을 분리하고 x에 대해 적분하면 다음 식을 구할 수 있다.

$$\frac{\delta^2}{2} = \frac{140}{13}\frac{\nu x}{u_\infty} + \text{상수}$$

그러나 평판의 선단($x = 0$)에서 $\delta = 0$이므로 적분상수는 0이 되어야 하며, 따라서

$$\delta = 4.64\left(\frac{\nu x}{u_\infty}\right)^{1/2} = \frac{4.64x}{Re_x^{1/2}} \tag{G.7}$$

이 된다. 식 (G.7)을 (G.6)에 대입하고 $\tau_s = \mu(\partial u/\partial y)_s$를 계산하면, 다음의 식도 얻을 수 있다.

$$C_{f,x} = \frac{\tau_s}{\rho u_\infty^2/2} = \frac{0.646}{Re_x^{1/2}} \tag{G.8}$$

앞에서의 과정이 근사적임에도 불구하고 식 (G.7)과 (G.8)은 엄밀해로부터 구한 결과인 식 (7.19) 및 (7.20)과 비교하여 잘 일치한다.

유사한 방법으로 온도분포를 다음 형태로 가정할 수 있다.

$$T^* = \frac{T - T_s}{T_\infty - T_s} = b_1 + b_2\left(\frac{y}{\delta_t}\right) + b_3\left(\frac{y}{\delta_t}\right)^2 + b_4\left(\frac{y}{\delta_t}\right)^3$$

그리고 다음의 조건들로부터 계수들을 결정한다.

$$T^*(y = 0) = \left.\frac{\partial T^*}{\partial y}\right|_{y=\delta_t} = 0$$

$$T^*(y = \delta_t) = 1$$

이들과 더불어 에너지방정식 (7.6)으로부터 추론할 수 있는 아래 조건도 적용한다.

$$\left.\frac{\partial^2 T^*}{\partial y^2}\right|_{y=0} = 0$$

그러면 다음 식을 얻는다.

$$T^* = \frac{3}{2}\frac{y}{\delta_t} - \frac{1}{2}\left(\frac{y}{\delta_t}\right)^3 \tag{G.9}$$

식 (G.6)과 (G.9)를 식 (G.4)에 대입하여 몇 단계의 계산을 수행하고 $Pr \gtrsim 1$로 가정하면, 다음의 식을 얻을 수 있다.

$$\frac{\delta_t}{\delta} = \frac{Pr^{-1/3}}{1.026} \tag{G.10}$$

이 결과는 엄밀해로부터 얻은 결과인 식 (7.24)와 잘 일치한다. 더구나 열전달계수는 다음의 식으

로 계산할 수 있다.

$$h = \frac{-k\,\partial T/\partial y\,\big|_{y=0}}{T_s - T_\infty} = \frac{3}{2}\frac{k}{\delta_t}$$

식 (G.7)과 (G.10)을 대입하면 다음 식을 얻을 수 있다.

$$Nu_x = \frac{hx}{k} = 0.332\,Re_x^{1/2}\,Pr^{1/3} \qquad \text{(G.11)}$$

이 결과는 엄밀해로부터 구한 결과인 식 (7.23)과 정확히 일치한다. 같은 과정을 이용하여 농도경계층에 대해서도 유사한 결과들을 얻을 수 있다.

참고문헌 *References*

1. von Kárman, T., *Z. Angew. Math. Mech.*, **1**, 232, 1921.

2. ohlhausen, K., *Z. Angew. Math. Mech.*, **1**, 252, 1921.

찾아보기

한글 찾아보기

◀ㄱ▶

◀ㅂ▶

◀ㅅ▶

Physical Constants

Universal Gas Constant:

$\mathcal{R} = 8.206 \times 10^{-2}\ \text{m}^3 \cdot \text{atm/kmol} \cdot \text{K}$

$= 8.314 \times 10^{-2}\ \text{m}^3 \cdot \text{bar/kmol} \cdot \text{K}$

$= 8.314\ \text{kJ/kmol} \cdot \text{K}$

$= 1545\ \text{ft} \cdot \text{lb}_f\text{/lbmole} \cdot {}^\circ\text{R}$

$= 1.986\ \text{Btu/lbmole} \cdot {}^\circ\text{R}$

Avogadro's Number:

$\mathcal{N} = 6.022 \times 10^{23}$ molecules/mol

Planck's Constant:

$h = 6.626 \times 10^{-34}\ \text{J} \cdot \text{s}$

Boltzmann's Constant:

$k_B = 1.381 \times 10^{-23}\ \text{J/K}$

Speed of Light in Vacuum:

$c_o = 2.998 \times 10^8\ \text{m/s}$

Stefan-Boltzmann Constant:

$\sigma = 5.670 \times 10^{-8}\ \text{W/m}^2 \cdot \text{K}^4$

Blackbody Radiation Constants:

$C_1 = 3.742 \times 10^8\ \text{W} \cdot \mu\text{m}^4\text{/m}^2$

$C_2 = 1.439 \times 10^4\ \mu\text{m} \cdot \text{K}$

$C_3 = 2898\ \mu\text{m} \cdot \text{K}$

Solar Constant:

$S_c = 1368\ \text{W/m}^2$

Gravitational Acceleration (Sea Level):

$g = 9.807\ \text{m/s}^2 = 32.174\ \text{ft/s}^2$

Standard Atmospheric Pressure:

$p = 101{,}325\ \text{N/m}^2 = 101.3\ \text{kPa}$

Heat of Fusion of Water at Atmospheric Pressure:

$h_{sf} = 333.7\ \text{kJ/kg}$

Heat of Vaporization of Water at Atmospheric Pressure:

$h_{fg} = 2257\ \text{kJ/kg}$